QUÍMICA ANALÍTICA E ANÁLISE QUANTITATIVA

David S. HAGE
James D. CARR

QUÍMICA ANALÍTICA E ANÁLISE QUANTITATIVA

David S. Hage
Universidade de Nebraska, Lincoln
James D. Carr
Universidade de Nebraska, Lincoln

Tradução:
Sônia Midori Yamamoto

Revisão técnica:
Dr. Edison P. Wendler

Bacharel e Licenciado em Química e Mestre em Ciências pela Universidade Federal do Paraná (UFPR).
Doutor em Ciências pela Universidade Federal de São Carlos (UFSCar).
Pesquisador/Químico na Universidade de São Paulo (USP).

©2012 by Pearson Education do Brasil.
Copyright © 2011 Pearson Education, Inc., publishing as Pearson Prentice Hall
Todos os direitos reservados. Nenhuma parte desta publicação poderá ser reproduzida ou transmitida de qualquer modo ou por qualquer outro meio, eletrônico ou mecânico, incluindo fotocópia, gravação ou qualquer outro tipo de sistema de armazenamento e transmissão de informação, sem prévia autorização, por escrito, da Pearson Education do Brasil.

Diretor editorial: Roger Trimer
Gerente editorial: Sabrina Cairo
Editor de aquisição: Vinicius Souza
Coordenadora de produção editorial: Thelma Babaoka
Editora de texto: Sabrina Levensteinas
Preparação: Beatriz R. Garcia
Revisão: Christiane Colas e Alberto Bononi
Capa: Alexandre Mieda
Diagramação: Globaltec Editorial & Marketing

Dados Internacionais de Catalogação na Publicação (CIP)
(Câmara Brasileira do Livro, SP, Brasil)

Hage, David S.
  Química analítica e análise quantitativa / David S. Hage e James D. Carr ; tradução Midori Yamamoto ; revisão técnica Edison Wendler. -- 1. ed. -- São Paulo : Pearson Prentice Hall, 2012.

  Título original: Analytical chemistry and quantitative analysis.
  ISBN 978-85-7605-981-3

  1. Química analítica 2. Química analítica quantitativa I. Carr, James D.. II. Título.

11-09324   CDD-543

Índices para catálogo sistemático:
1. Química analítica   543

Direitos exclusivos cedidos à
Pearson Education do Brasil Ltda.,
uma empresa do grupo Pearson Education
Av. Francisco Matarazzo, 1400,
7º andar, Edifício Milano
CEP 05033-070 - São Paulo - SP - Brasil
Fone: 19 3743-2155
pearsonuniversidades@pearson.com

Distribuição
Grupo A Educação
www.grupoa.com.br
Fone: 0800 703 3444

Sumário

Capítulo 1 Panorama da química analítica 1
1.1 Introdução: o caso do químico misterioso 1
1.2 A história da análise química 2
1.3 Termos gerais usados em análise química 3
1.4 Informações fornecidas pela análise química 6
1.5 Resumo 8
Palavras-chave 8
Outros termos 8
Questões 9
Referências bibliográficas 10

Capítulo 2 Boas práticas de laboratório 11
2.1 Introdução: uma questão de qualidade 11
2.2 Segurança em laboratório 15
2.3 O caderno de laboratório 21
2.4 Relato de dados experimentais 25
Palavras-chave 30
Outros termos 30
Questões 30
Referências bibliográficas 34

Capítulo 3 Medições de massa e volume 36
3.1 Introdução: J. J. Berzelius 36
3.2 Medições de massa 36
3.3 Medições de volume 43
3.4 Amostras, reagentes e soluções 49
Palavras-chave 57
Outros termos 57
Questões 57
Referências bibliográficas 63

Capítulo 4 Tomada de decisões baseada em dados 64
4.1 Introdução: me leva para o jogo? 64
4.2 Descrição de resultados experimentais 66
4.3 Propagação de erros 68
4.4 Distribuição de amostras e intervalos de confiança 72
4.5 Comparação de resultados experimentais 76
4.6 Detecção de valores anômalos 81
4.7 Ajuste de resultados experimentais 84
Palavras-chave 87
Outros termos 88
Questões 88
Referências bibliográficas 96

Capítulo 5 Caracterização e seleção de métodos analíticos 98
5.1 Introdução: o mapa de Vinland 98
5.2 Caracterização e validação de método 99
5.3 Controle de qualidade 105
5.4 Coleta e preparo de amostra 107
Palavras-chave 111
Outros termos 111
Questões 111
Referências bibliográficas 115

Capítulo 6 Atividade química e equilíbrio químico 117
6.1 Introdução: 'E a previsão de longo alcance é...' 117
6.2 Atividade química 119
6.3 Equilíbrio químico 127
Palavras-chave 137
Outros termos 137
Questões 137
Referências bibliográficas 140

Capítulo 7 Solubilidade e precipitação química 142
7.1 Introdução: combate ao câncer de estômago 142
7.2 Solubilidade química 144
7.3 Precipitação química 154
Palavras-chave 160
Outros termos 160
Questões 160
Referências bibliográficas 166

Capítulo 8 Reações ácido-base 167
8.1 Introdução: chuva, chuva, vá embora 167
8.2 Descrição de ácidos e bases 170
8.3 Propriedades ácidas e básicas de uma solução . 175
8.4 Cálculo do pH de soluções ácido-base simples 177
8.5 Tampões e sistema ácido-base polipróticos 182
Palavras-chave 196
Outros termos 196
Questões 196
Referências bibliográficas 203

Capítulo 9 Formação de complexos 205
9.1 Introdução: o que tem na minha maionese? 205
9.2 Complexos metal-ligante simples 206
9.3 Complexos de agentes quelantes com íons metálicos 214
9.4 Outros tipos de complexo 220
Palavras-chave 222
Outros termos 224
Questões 224
Referências bibliográficas 230

Capítulo 10 Reações de oxidação-redução 232
10.1 Introdução: salvando o *Arizona* 232
10.2 Princípios gerais das reações de oxidação-redução 233
10.3 Células eletroquímicas 239
10.4 A equação de Nernst 244
Palavras-chave 252
Outros termos 252
Questões 252
Referências bibliográficas 259

Capítulo 11 Análise gravimétrica 260
11.1 Introdução: preparação da tabela periódica 260
11.2 Realização de uma análise gravimétrica tradicional .. 262
11.3 Exemplos de métodos gravimétricos 268
Palavras-chave 276
Outros termos 276
Questões 276
Referências bibliográficas 281

Capítulo 12 Titulações ácido-base 283
12.1 Introdução: a revolução das titulações 283
12.2 Realização de uma titulação ácido-base 288
12.3 Previsão e otimização de titulações ácido-base 295
Palavras-chave 311
Outros termos 311
Questões 311
Referências bibliográficas 318

Capítulo 13 Titulações complexométricas e de precipitação 319
13.1 Introdução: qual é a dureza da água? 319
13.2 Realização de uma titulação complexométrica 322
13.3 Realização de uma titulação de precipitação 334
Palavras-chave 340
Outros termos 340
Questões 341
Referências bibliográficas 347

Capítulo 14 Introdução à análise eletroquímica 348
14.1 Introdução: um sorriso mais radiante 348
14.2 Princípios gerais de potenciometria 351
14.3 Eletrodos íon-seletivos e dispositivos correlacionados 356
Palavras-chave 360
Outros termos 360
Questões 361
Referências bibliográficas 364

Capítulo 15 Titulações redox 365
15.1 Introdução: demanda química de oxigênio 365
15.2 Realização de uma titulação redox 368
15.3 Previsão e otimização de titulações redox 373
15.4 Exemplos de titulações redox 378
Palavras-chave 385
Outros termos 385
Questões 385
Referências bibliográficas 391

Capítulo 16 Coulometria, voltametria e métodos correlatos 392
16.1 Introdução: a zona morta 392
16.2 Eletrogravimetria 392
16.3 Coulometria 394
16.4 Voltametria e amperometria 396
Palavras-chave 402
Outros termos 402
Questões 402
Referências bibliográficas 404

Capítulo 17 Introdução à espectroscopia 405
17.1 Introdução: a visão de cima 405
17.2 As propriedades da luz 407
17.3 Análise quantitativa baseada em espectroscopia 420
Palavras-chave 426
Outros termos 426
Questões 426
Referências bibliográficas 433

Capítulo 18 Espectroscopia molecular 434
18.1 Introdução: o bom e o mau 434
18.2 Espectroscopia de ultravioleta-visível 436
18.3 Espectroscopia no infravermelho 446
18.4 Luminescência molecular 450
Palavras-chave 454
Outros termos 454
Questões 454
Referências bibliográficas 459

Capítulo 19 Espectroscopia atômica 460
19.1 Introdução: luz estelar, brilho estelar 460
19.2 Princípios da espectroscopia atômica 462
19.3 Espectrometria de absorção atômica 465
19.4 Espectroscopia de emissão atômica 471
Palavras-chave 473
Outros termos 473
Questões 473
Referências bibliográficas 477

Capítulo 20 Introdução a separações químicas 478

20.1 Introdução: a Revolução Verde 478
20.2 Separações químicas baseadas em extrações 479
20.3 Separações químicas baseadas em cromatografia 486
20.4 Uma análise mais detalhada sobre a cromatografia ... 490
Palavras-chave 500
Outros termos 500
Questões 501
Referências bibliográficas 509

Capítulo 21 Cromatografia gasosa 510

21.1 Introdução: há algo no ar 510
21.2 Fatores que afetam a cromatografia gasosa 513
21.3 Cromatografia gasosa, fases móveis e métodos de eluição 517
21.4 Suportes e fases estacionárias em cromatografia gasosa 519
21.5 Detectores de cromatografia gasosa e manipulação de amostra 524
Palavras-chave 532
Outros termos 533
Questões 533
Referências bibliográficas 538

Capítulo 22 Cromatografia líquida 540

22.1 Introdução: combate a uma epidemia moderna 540
22.2 Fatores que afetam a cromatografia líquida 542
22.3 Tipos de cromatografia líquida 544
22.4 Sistema de cromatografia líquida e pré-tratamento de amostra 559
Palavras-chave 567
Outros termos 567
Questões 567
Referências bibliográficas 574

Capítulo 23 Eletroforese 575

23.1 Introdução: o Projeto Genoma Humano 575
23.2 Princípios gerais da eletroforese 577
23.3 Eletroforese em gel 581
23.4 Eletroforese capilar 586
Palavras-chave 594
Outros termos 594
Questões 594
Referências bibliográficas 600

Apêndices **602**
Respostas selecionadas **638**
Glossário **651**
Índice remissivo **684**

Prefácio

O objetivo deste livro é familiarizar o aluno com as técnicas laboratoriais básicas de análise química e com a seleção e o uso adequados desses métodos. Isso inclui itens como o uso e a manutenção adequados de balanças, vidraria e cadernos de laboratório, bem como de ferramentas matemáticas para avaliação e comparação de resultados experimentais. Tópicos básicos de equilíbrio químico são analisados e usados para demonstrar os princípios e a aplicação apropriada dos métodos clássicos de análise como gravimetria e titulações. Os alunos também são apresentados a técnicas instrumentais comuns, como espectroscopia, cromatografia e métodos eletroquímicos. Uma mudança importante em relação a outros livros é a organização do material de tal modo que ele reflita de maneira mais eficiente a importância relativa desses métodos em laboratórios de análise modernos.

Os capítulos estão organizados em vários grupos com temas comuns. Essa concepção nos permite passar facilmente de um assunto a outro de diversas maneiras. Por exemplo, os alunos que necessitam de treinamento em equilíbrio químico e em cálculos relacionados podem aprender sobre esse tema nos capítulos 6 a 10, enquanto aqueles que já têm uma formação sólida nessa área podem passar a capítulos que tratam de técnicas como gravimetria e titulações. Um professor que pretenda discutir alguns métodos instrumentais antes de métodos clássicos pode usar o primeiro bloco de capítulos para fornecer uma visão geral da análise química, seguida de uma discussão sobre eletroquímica, espectroscopia ou cromatografia. Acreditamos que esse formato proporciona ao instrutor maior flexibilidade na utilização do texto, ou que ele funciona como uma introdução de um semestre em química analítica ou como parte de uma sequência mais tradicional de dois semestres que começa com análise quantitativa e depois passa para métodos instrumentais. Esse formato torna o livro uma ferramenta flexível, porém prática, que pode ser utilizada para fornecer os fundamentos da química analítica em conformidade com as recentes orientações da ACS descritas em um relatório de 2008 intitulado 'Undergraduate Professional Education in Chemistry: ACS Guidelines and Evaluation Procedures for Bachelor's Degree Programs'.

Um objetivo fundamental que tínhamos ao escrever este livro era o de transmitir aos alunos uma avaliação do papel que a química analítica tem desempenhado no desenvolvimento da ciência, e que continua a desempenhar na vida cotidiana. Para isso, citamos exemplos reais em cada capítulo para ajudar a ilustrar os princípios discutidos. Esse formato também adota orientações recentes que incentivam o uso da aprendizagem baseada em problemas e pesquisas. Seções especiais também foram incluídas, como quadros que descrevem desenvolvimentos importantes na história da análise química e/ou aplicações comuns de química analítica a problemas do mundo real. Ao ilustrar os métodos, fomos além das análises inorgânicas e orgânicas padronizadas que são comuns em vários textos, e inserimos exemplos de campos que cobrem desde ciência ambiental, monitoramento da poluição e processos industriais até ciências farmacêuticas, análise de alimentos e análises clínicas. Com isso, esperamos que os alunos que lerem este livro adquiram a visão de que a química analítica é uma ciência importante, viva e em constante transformação. Os alunos também devem ter uma consciência maior de como a criação e a utilização de métodos de análise química são primordiais ao processo de descoberta científica.

Uma diferença fundamental entre este livro e outros é a maneira pela qual os alunos aprendem sobre cada tópico. Por exemplo, muitos dos capítulos começam com um cenário de abertura em que se expõe um problema ou um grupo de problemas que requerem o uso de um determinado método analítico. Os alunos são, então, introduzidos ao método e guiados por uma série de tópicos necessários para que compreendam e apliquem a técnica. Esse formato nos permite cobrir os mesmos temas que outros textos de análise quantitativa, mas emprega um estilo mais conveniente do que a abordagem tradicional orientada por tópicos. Outra vantagem desse formato é que ele ajuda os alunos a reconhecer mais facilmente o valor e a utilidade de cada tópico à medida que este é apresentado. Isso é reforçado por exercícios que estão espalhados por todo o livro e por lições de casa com problemas correlacionados que aparecem ao final de cada capítulo. A maioria deles podem ser resolvidos usando-se álgebra elementar; no entanto, também incluímos ao final de cada capítulo a seção de 'Problemas desafiadores', alguns dos quais envolvem o uso de planilhas e tudo o que permite abordar o material do capítulo com mais profundidade. Ao final de cada capítulo há também uma seção intitulada 'Tópicos para discussão e relatórios', a qual fornece ao instrutor e aos alunos oportunidades de explorar materiais e métodos que estejam relacionados com aqueles apresentados no decorrer do capítulo, mas que não costumam ser abordados em um curso tradicional de análise quantitativa. As seções 'Problemas desafiadores' e 'Tópicos para discussão e relatórios' destinam-se a desenvolver as habilidades do aluno em pesquisas baseadas em perguntas e em pesquisas livres na área de química analítica. No âmbi-

Agradecimentos

Qualquer esforço como o de escrever um livro não é o resultado somente do trabalho dos autores, mas de muitos que contribuem com apoio, sugestões e *insights*. Primeiro, gostaríamos de agradecer a nossos familiares por nos apoiarem e ajudarem durante este projeto. Jill, Ben, Brian e Bethany colaboraram de muitas maneiras enquanto D. S. Hage trabalhava em sua parte do projeto, e Rosalind deu seu apoio a J. D. Carr enquanto ele fazia a parte dele. Muitos longos dias e horas foram dedicados à composição deste livro. A ajuda de todos esses familiares que proporcionaram o tempo e o apoio necessários a essa obra foi crucial, e lhes somos muito gratos por isso. Também agradecemos por suas contribuições na revisão, na preparação de gráficos e na aquisição de fotos. Agradecemos particularmente a Jill por toda a sua ajuda na revisão dos textos e das provas durante a criação deste livro.

Muitos alunos também forneceram feedback, comentários e assistência ao longo do desenvolvimento deste livro. Entre eles, citamos (em ordem alfabética): Jeanethe Anguizola, John Austin, Omar Barnaby, Sara Basiaga, Raychelle Burks, Jianzhong Chen, Sike Chen, Mandi Conrad, Abby Jackson, Jiang Jang, Krina Joseph, Liz Karle, Ankit Mathur, Annette Moser, Mary Anne Nelson, Corey Ohnmacht, Efthimia Papastavros, Erika Pfaunmiller, Shen Qin, John Schiel, Matt Sobansky, Sony Soman, Stacy Stoll, David Stoos, Zenghan Tong, Michelle Yoo e Hai Xuan. A contribuição desses atuais professores e futuros líderes em química analítica nos foi muito útil ao tentarmos criar um livro que pudesse ser de fato usado por essas pessoas em sala de aula.

Há também muitos colegas antigos e contemporâneos que contribuíram de várias maneiras. Agradecemos as informações e os esforços de Carlos Castro-Acuna, Paul Kelter e Jody Redepenning nas fases iniciais do projeto. Agradecemos também a Richard Stratton por seu incentivo e apoio nas fases iniciais deste projeto. Valiosos comentários sobre informações de temas específicos também foram recebidos de Daniel Armstrong, Chad Briscoe, Ronald Cerny, Carrie Chapman, Barry Cheung, William Clarke, Patrick Dussault, Don Johnson, Rebecca Lai, Robert Powers, Peggy Ruhn, Ed Schmidt e John Stezowkski.

Agradecemos aos profissionais da editora Pearson que nos ajudaram a transformar ideias e um manuscrito no texto definitivo. Em particular, ao editor Dan Kaveney, à editora assistente Laurie Hoffman e à gerente de produção Maureen Pancza. Micah Petillo e a equipe da GEX Publishing Services também foram uma parte valiosa desse processo. Agradecemos ao Dr. William C. Wetzel (Thomas More College) por sua preciosa contribuição e esforços em verificar a exatidão deste livro. Agradecemos também ao Dr. Bill McLaughlin por sua contribuição durante o projeto e os excelentes materiais complementares que ele desenvolveu, os quais, acreditamos, vão aumentar em muito o impacto que este livro terá em ajudar os alunos a aprender sobre química analítica.

Por fim, gostaríamos de agradecer a todos os revisores que fizeram parte da montagem do texto. Somos gratos a esses químicos por analisarem a totalidade ou parte do manuscrito: Lawrence A. Bottomley (Georgia Institute of Technology), Heather A. Bullen (Northern Kentucky University), James Cizdziel (University of Mississippi), Darlene Gandolfi (Manhattanville College), James G. Goll (Edgewood College), Harvey Hou (University of Massachusetts, Dartmouth), Elizabeth Jensen (Aquinas College), Mark Jensen (Concordia College, Moorhead), Irene Kimaru (St. John Fisher College), Abdul Malik (University of South Florida), Stephanie Myers (Augusta State University), Niina J. Ronkainen-Matsuno (Benedictine University), Brian E. Rood (Mercer University), Clayton Spencer (Illinois College), Cynthia Strong (Cornell College), Matthew A. Tarr (University of New Orleans), Jason R. Taylor (Roberts Wesleyan College), Lindell Ward (University of Indianapolis), William C. Wetzel (Thomas More College) e Xiaohong Nancy Xu (Old Dominion University).

David S. Hage
James D. Carr

No site de apoio de apoio ao aluno deste livro (www.grupoa.com.br), professores podem acessar os seguintes materiais adicionais 24 horas por dia: apresentações em PowerPoint, manual de soluções (em inglês) e banco de exercícios (em inglês).

Esse material é de uso exclusivo para professores e está protegido por senha. Para ter acesso a ele, os professores que adotam o livro devem entrar em contato com seu representante Grupo A ou enviar e-mail para divulgacao@grupoa.com.br

Sobre os autores

David S. Hage é professor de química analítica e bioanalítica no Departamento de Química da Universidade de Nebraska, em Lincoln. Ele obteve seu bacharelado em química e biologia na Universidade de Wisconsin, La Crosse, seu Ph.D. em química analítica na Iowa State University e seu pós-doutorado em química clínica na Mayo Clinic. É professor titular da Universidade de Nebraska, em Lincoln.

Dr. Hage é autor de mais de 145 publicações de pesquisa, resenhas e capítulos de livros. Recentemente, editou um livro intitulado *Handbook of Affinity Chromatography* (Taylor Francis), e é coautor de *Chemistry: An Industry-Based Introduction* (CRC Press). Em 1995, recebeu o Young Investigator Award da American Association for Clinical Chemistry e, em 2005, o Excellence in Graduate Education Award da Universidade de Nebraska, em Lincoln. Foi nomeado professor da cadeira Bessey de Química em 2006 na Universidade de Nebraska.

James D. Carr é professor de química analítica no Departamento de Química da Universidade de Nebraska, Lincoln. Ele obteve seu bacharelado em química na Universidade Iowa State e seu Ph.D. em química na Purdue University. Depois, concluiu seu pós-doutorado na Universidade da Carolina do Norte, Chapel Hill. É professor titular da Universidade de Nebraska, em Lincoln.

Dr. Carr é autor de cerca de 50 publicações de pesquisa e artigos. É coautor de *Chemistry: A World of Choices* (McGraw-Hill), um livro de química geral e artes liberais. Também é autor e coautor de várias versões de manuais de laboratório e guias de estudo em química geral e quantitativa (somente química geral). Conquistou diversos prêmios de ensino, incluindo o University of Nebraska Distinguished Teaching Award em 1981; University of Nebraska Recognition Awards for Contributions to Students em 1992, 1993, 1994, 1995 e 2000; e University of Nebraska Outstanding Teaching and Instructional Creativity Award em 1996. É membro da Universidade de Nebraska, Lincoln Academy of Distinguished Teachers, e recebeu o Distinguished Teacher Award do Nebraska Teaching Improvement Council em 2001.

Capítulo 1

Panorama da química analítica

Conteúdo do capítulo

1.1 Introdução: o caso do químico misterioso
1.2 A história da análise química
    1.2.1 Origens da análise química
    1.2.2 Análise química no mundo moderno
1.3 Termos gerais usados em análise química
    1.3.1 Termos relativos a amostras
    1.3.2 Termos relativos a métodos
1.4 Informações fornecidas pela análise química
1.5 Resumo

1.1 Introdução: o caso do químico misterioso

> *Descemos por uma estreita viela e passamos por uma pequena porta lateral, que dava acesso a uma das alas do grande hospital. Era um território familiar para mim, e não precisei de orientação enquanto subíamos a sombria escadaria de pedra e seguíamos pelo longo corredor, com sua vista de parede caiada e portas cinzentas. Perto do fim, uma passagem baixa e arcada ramificava-se, levando ao laboratório de química. Era um recinto grandioso, repleto de garrafas enfileiradas e amontoadas. Mesas largas e baixas se espalhavam pelo local, apinhadas de retortas, tubos de ensaio e pequenos bicos de Bunsen, com suas chamas azuis bruxuleantes.*
>
> *Havia apenas um aluno no recinto, que estava debruçado sobre uma mesa distante, absorto em seu trabalho. Ao ouvir nossos passos, ele olhou ao redor e se ergueu, com uma exclamação de prazer. 'Descobri! Descobri!', gritou para meu acompanhante, correndo em nossa direção com um tubo de ensaio na mão. 'Descobri um reagente que é precipitado pela hemoglobina e nada mais.' Tivesse ele descoberto uma mina de ouro, maior prazer não poderia ter demonstrado em seu semblante.*
>
> *'Dr. Watson, este é o Sr. Sherlock Holmes', disse Stamford, apresentando-nos.*[1]

Nesse trecho do romance policial de 1887, 'Um estudo em vermelho', Sir Arthur Conan Doyle descreve o primeiro encontro entre o Dr. John H. Watson e o célebre detetive fictício, Sherlock Holmes. Holmes ficou famoso por utilizar a observação cuidadosa e a dedução como ferramentas para desvendar crimes. Mas ele também se baseava fortemente em análises químicas para obter pistas importantes em alguns de seus casos. No trecho anterior, ele está trabalhando em um novo método para a confirmação de manchas de sangue. Tratava-se de um problema que era frequentemente encontrado por agentes da lei na época em que essa história se passa, porque não havia meios confiáveis que comprovassem se uma mancha na roupa de um suspeito era de sangue ou de outra coisa, como lama, ferrugem ou alimento. O método desenvolvido por Holmes solucionou esse problema buscando especificamente pela hemoglobina, a proteína dos glóbulos vermelhos do sangue que produz essa cor.[2] Nos laboratórios modernos, testes clínicos não só confirmam se uma mancha é de sangue como também podem determinar se o sangue é de origem humana ou animal e se provém de determinada vítima ou suspeito.[3-5]

A análise de manchas de sangue é apenas um dos muitos exemplos de como os testes químicos são usados para resolver problemas cotidianos. Outros exemplos incluem técnicas de monitoramento de poluentes no ar ou na água e métodos para a detecção de bactérias ou contaminantes nos alimentos. Medições químicas também são importantes em diversos setores para determinar a qualidade ou a pureza de seus produtos, como os de alimentos, produtos têxteis, medicamentos, plásticos e metais. Além disso, a análise química desempenha um papel importante na ciência forense e em testes clínicos, e é um componente vital das pesquisas em biologia, bioquímica, medicina e ciência dos materiais. Na verdade, é provável que quase todos os dias de sua vida sejam afetados de alguma forma pela análise química.

O campo da química que trata da utilização e do desenvolvimento de ferramentas e processos para análise e estudo de substâncias químicas é conhecido como **química analítica**. A química analítica pode ser definida de forma bastante simples, porém abrangente, como 'ciência das medições químicas'.[6-8] Este livro tem como objetivo apresentar técnicas comuns de identificação, medição e caracterização de substâncias químicas ou suas misturas. Ao ler este livro, você aprenderá como cada um desses métodos funciona e como cada um é usado para resolver vários problemas do mundo real. Os princípios fundamentais de cada técnica também serão apresentados, e você verá como o conhecimento desses princípios pode orientá-lo na escolha correta e na utilização de tais métodos.

1.2 A história da análise química

1.2.1 Origens da análise química

A primeira aplicação do teste químico remonta a tempos antigos. Isso pode ser ilustrado na análise de metais preciosos como ouro e prata. Sabemos, desde o início dos registros históricos, como purificar esses metais, criando a necessidade de métodos capazes de determinar a pureza do produto final. Essa análise era executada por meio de uma versão em pequena escala do processo de obtenção de prata a partir de minério de chumbo — o uso do fogo para extrair a prata do chumbo e outros metais. Para executar esse *ensaio de fogo* (técnica também conhecida como *copelação*, um nome que deriva do uso, nesse método, de um recipiente especial conhecido como *copela*), uma fração do ouro ou da prata era pesada, combinada com chumbo e derretida em um forno. Um fluxo de ar era então usado para converter as impurezas de chumbo e metais em óxidos metálicos sólidos, que poderiam ser facilmente removidos da superfície da prata ou do ouro fundido. A diferença de massa antes e depois do tratamento servia para determinar a pureza original da prata ou do ouro. Há várias referências a esse método na Bíblia.[9-13] Esse ensaio também é mencionado em documentos enviados entre 1350 e 1375 a.C. pelo rei Burraburiash da Babilônia para o faraó Amenófis IV do Egito, nos quais o rei babilônio reclama da qualidade de uma parte do ouro que lhe fora enviado pelo faraó.[9, 12]

Outro exemplo primordial de análise química é um método supostamente desenvolvido pelo matemático grego Arquimedes (287-212 a.C.). O rei Hieron II de Siracusa pediu a ele que verificasse se os ourives o haviam enganado misturando prata ao ouro que ele lhes entregara para fazer uma coroa para uso cerimonial. Depois de refletir sobre como responder a essa pergunta sem danificar a coroa, Arquimedes desenvolveu um método em que comparou as quantidades de água deslocada pela coroa e por uma massa igual de ouro puro.[9,10] Segundo a lenda, Arquimedes teve essa ideia ao entrar em uma banheira e ver a água transbordar. Quando percebeu que esse efeito poderia ser usado para examinar o teor de ouro na coroa, diz-se que ele saltou do banho e exclamou: 'Eureka!' (que significa 'Descobri!'), dando-nos uma expressão que passou a ser associada à descoberta científica.

Nos anos entre a época do Império Romano e a Idade Média, outros métodos de medições químicas foram desenvolvidos para examinar a qualidade de água, metais, medicamentos e corantes.[9] Entretanto, somente no Renascimento essas técnicas se tornaram importantes no estudo sistemático da natureza. Nessa época o termo 'análise química' foi cunhado para descrever tais medições. Esse termo foi sugerido por Robert Boyle, em seu livro *The Skeptical Chymist*, datado de 1661.[9-11] Boyle foi um nobre que ajudou a popularizar o uso cuidadoso de experimentos no estudo das propriedades físicas e da composição da matéria, abrindo desse modo caminho para a química moderna. Na verdade, foi usando essa abordagem que ele desenvolveu o que atualmente se conhece como 'lei de Boyle', a qual descreve a relação entre a pressão e o volume de um número fixo de mols de um gás a uma temperatura constante.

Por muitos anos depois disso, a análise química foi considerada simplesmente uma ferramenta, e não um campo de estudo propriamente dito. Essa situação mudou no final do século XVIII, quando um cientista sueco chamado Torbern Bergman passou a organizar sistematicamente os métodos existentes de análise química de acordo com as substâncias que costumava examinar. Sua obra foi publicada entre 1779 e 1790 em uma coleção de cinco volumes intitulada *Opuscula physica et chemica*. Esse evento é entendido por alguns como representativo do início da análise química como um ramo distinto da química. À medida que o trabalho de Bergman se popularizou, outros livros sobre o tema também começaram a aparecer. Entre eles, uma obra escrita por C. H. Pfaff em 1821 (*Handbuch der analytischen Chemie*), na qual se atribuiu o termo 'química analítica' a esse novo campo da ciência.[9]

1.2.2 Análise química no mundo moderno

Durante a era industrial, a utilização da análise química continuou a aumentar e atualmente é uma parte importante de quase todos os aspectos de nossas vidas. Algumas dessas aplicações são mostradas na Figura 1.1, e abrangem desde a ciência forense até a biotecnologia, a agricultura e a ciência dos materiais. A análise química também é amplamente utilizada em atividades comerciais, o que inclui análises de alimentos, metais e outros produtos manufaturados. Você verá vários exemplos de tais aplicações neste livro, à medida que discutimos os vários métodos utilizados para medições químicas.

Grande parte da química analítica realizada diariamente incorpora um aspecto muito prático e aplicado. Muitas das medições químicas feitas em laboratórios industriais referem-se à determinação da composição ou das propriedades de um produto ou matéria-prima visando a garantir que tal item esteja em condição satisfatória para venda ou utilização posterior (mecanismo conhecido como *controle de qualidade*). Outros exemplos envolvem o uso de análises químicas em hospitais para exames de pacientes ou em laboratórios ambientais que monitoram a qualidade do ar, dos alimentos e da água.

Outra aplicação importante da química analítica acontece no estudo do mundo que nos rodeia. Isso inclui pesquisas sobre o câncer, a descoberta de novas drogas e o desenvolvimento de novos materiais sintéticos, entre outros temas. A utilização de métodos analíticos nesse trabalho costuma ser um processo de duas vias, porque a necessidade de informações químicas mais detalhadas promove o desenvolvimento de novas técnicas, o que conduz a investigações adicionais possibilitadas pela capacidade de obter mais dados sobre uma amostra. Dois exemplos disso são as técnicas de espectroscopia de infravermelho (IV) e de espectrometria de massas (EM), que surgiram no início do século XX como ferramentas de pesquisa para a caracterização de propriedades específicas de átomos e moléculas. Durante a Segunda Guerra Mundial, no entanto, houve um grande crescimento na síntese e no uso de polímeros. Esse crescimento le-

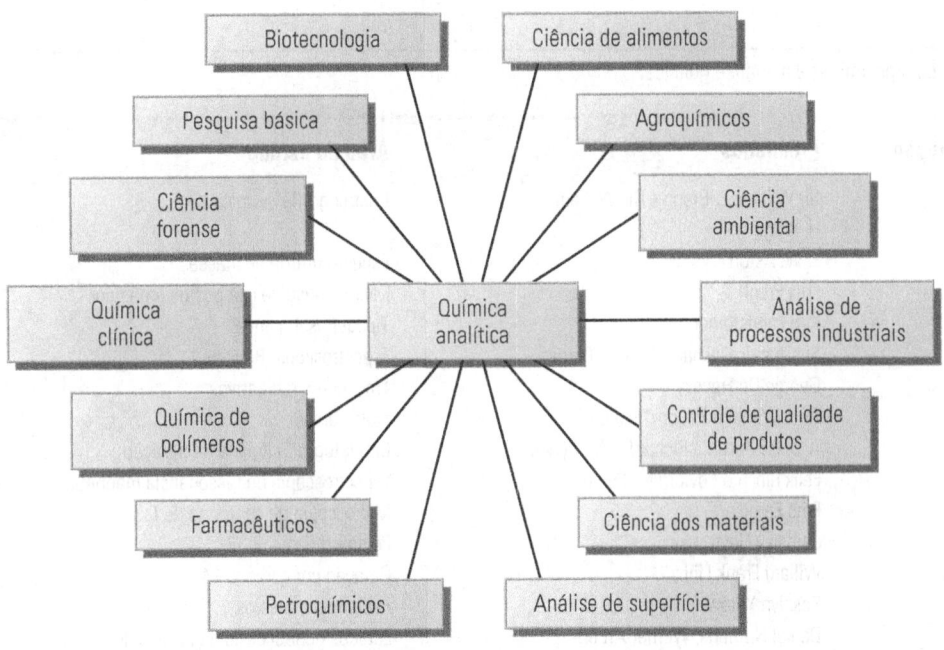

Figura 1.1

Aplicações comuns da química analítica no mundo moderno.[7]

vou à necessidade de técnicas capazes de analisar polímeros e outros compostos, como o uso de IV para examinar grupos funcionais e de EM para determinar as massas e estruturas das moléculas. Esses desdobramentos, por sua vez, facilitaram a síntese e o estudo de outros tipos de substância química.

Considerando-se que a química analítica causa tanto impacto nas mais diversas áreas, não surpreende que as contribuições a esse tema tenham sido feitas por indivíduos vindos de diferentes campos de atuação. A Tabela 1.1 lista os Prêmios Nobel que foram concedidos a pesquisas que resultaram em métodos analíticos novos ou aprimorados. Essa lista inclui personalidades de diversas áreas, como química, física e medicina, e reflete a importância da análise química em todos esses ramos da ciência.

1.3 Termos gerais usados em análise química

1.3.1 Termos relativos a amostras

Agora que vimos o papel que a química analítica desempenha em nosso mundo, precisamos definir alguns termos que usaremos ao longo deste livro para discutir esse tema. Os que vamos considerar primeiro são aqueles usados para descrever o material que pretendemos caracterizar. Na maioria das situações, não é desejável ou prático analisar todo o material de interesse, de modo que, em vez disso, tomaremos uma fração representativa menor para o estudo. Um exemplo disso seria quando um enfermeiro ou médico coleta uma amostra de sangue para determinar a quantidade de um dado medicamento que está presente em seu organismo. A porção de material coletado para análise é chamada de **amostra**.[14] Idealmente, queremos que essa amostra seja a mais representativa possível do restante do material a ser examinado. Meios para cumprir esse objetivo serão descritos no Capítulo 5, quando discutiremos metodologias para aquisição de uma amostra química.

A maioria das amostras contém uma grande variedade de substâncias. O conjunto de substâncias que compõem uma amostra é chamado de **matriz**. A substância em particular que nos interessa medir ou estudar na amostra é denominada **analito**.[14] Em alguns casos, o analito pode ser um átomo, uma molécula ou um íon, enquanto em outros pode ser uma substância estruturalmente complexa, como um polímero, a partícula de um vírus ou uma célula. A técnica utilizada para examinar o analito deverá produzir um indício relacionado com a presença desse analito na amostra. Embora nem sempre tenhamos interesse em analisar outros componentes da amostra, ainda assim devemos considerá-los ao escolher e usar um método de análise. Isso porque nem todos os métodos de análise são compatíveis com todos os tipos de amostra. Além disso, alguns componentes da amostra na matriz poderão causar erro no resultado final, se não forem devidamente tratados antes da análise ou durante esse processo.

Outra forma de classificarmos uma substância é quanto a sua contribuição em relação ao total da amostra. Em um extremo temos os analitos que compõem uma parcela significativa da amostra. O termo **componente majoritário** (ou *constituinte principal*) é usado para se referir a essas substâncias, especialmente se elas compõem mais de 1 por cento da amostra.

Tabela 1.1

Prêmios Nobel concedidos a pesquisas em análise química.

Ano e área de premiação	Premiados	Área de estudo
1915–Física	Sir William L. Bragg e Sir William H. Bragg	Cristalografia de raios X
1922–Química	F. W. Aston	Espectrometria de massa
1923–Química	Fritz Pregl	Microanálise de compostos orgânicos
1930–Medicina	Karl Landsteiner	Tipagem sanguínea
1930–Física	Sir Chandrasekhara Venkata Raman	Espectroscopia Raman
1943–Química	George De Hevesy	Traçadores radioativos
1948–Química	Arne Wilhelm Kaurin Tiselius	Eletroforese
1952–Química	A. J. P. Martin e Richard L. M. Synge	Cromatografia líquida de partição
1952–Física	Felix Bloch e Edward M. Purcell	Espectroscopia de ressonância magnética nuclear
1953–Química	Frits Zernike	Microscopia de contraste de fase
1959–Química	Jaroslav Heyrovsky	Polarografia
1960–Química	Willard Frank Libby	Datação por carbono 14
1977–Medicina	Rosalyn Yalow	Radioimunoensaios
1978–Medicina	Daniel Nathans, Werner Arber e Hamilton O. Smith	Estudos genéticos com enzimas de restrição
1980–Química	Walter Gilbert e Frederick Sanger	Sequenciamento de DNA
1981–Física	Nicolaas Bloembergen e Arthur L. Schawlow	Espectroscopia a laser
1982–Química	Sir Aaron Klug	Microscopia de elétrons cristalográfica
1985–Química	Herbert A. Hauptman e Jerome Karle	Métodos diretos para determinação de estruturas cristalinas
1986–Física	Gerd Binning e Heinrich Rohrer	Microscopia de tunelamento de varredura
1986–Física	Ernst Ruska	Microscopia de elétrons
1991–Química	Richard R. Ernst	Espectroscopia de ressonância magnética nuclear de alta resolução
1993–Química	Kary B. Mullis	Reação em cadeia de polimerase
1999–Química	Ahmed Zewail	Espectroscopia femtossegundo
2002–Química	John B. Fenn e Koichi Tanaka	Ionização por dessorção suave para espectrometria de massa
2002–Química	Kurt Wüthrich	Espectroscopia de ressonância magnética nuclear para estudos tridimensionais de macromoléculas biológicas
2003–Medicina	Paul C. Lauterbur e Sir Peter Mansfield	Ressonância magnética por imagens
2005–Física	John L. Hall e Theodor W. Hänsch	Espectroscopia de precisão baseada em laser
2008–Química	Osama Shimomura, Martin Chalfie e Roger Y. Tsien	Descoberta da proteína fluorescente verde

Fonte: estas informações foram obtidas do *The Nobel Prize Internet Archive* (<http://www.almaz.com/nobel>).

Por exemplo, uma barra de ouro que tem 99 por cento de pureza teria ouro como seu componente majoritário. Uma substância presente em níveis inferiores, como 0,01–1 por cento do total da amostra, é chamada de **componente minoritário**. Da mesma forma, uma substância presente a um nível inferior a 0,01 por cento (100 partes por milhão) é conhecida como **componente residual**. A Tabela 1.2 ilustra esses conceitos baseada no exemplo da composição do ar seco.[15] Essa classificação é importante porque a quantidade relativa de uma substância em uma amostra geralmente representa um fator chave na determinação de quais técnicas podem ser utilizadas para a análise desse analito. Esse tipo de classificação levou a uma divisão de métodos de acordo com seu uso em **análise de componentes majoritários**, **análise de componentes minoritários** ou **análise de traços**.[16]

1.3.2 Termos relativos a métodos

O processo analítico. Um segundo grupo de termos que precisamos definir diz respeito ao método a ser utilizado para caracterizar a amostra. Entre as palavras que já usamos para descrevê-lo estão *ensaio*, *análise* e *determinação*. Para ilustrar isso, podemos dizer que, em nosso exemplo de abertura, Sherlock Holmes estava desenvolvendo um *ensaio* para a *determinação* de hemoglobina no sangue, ou que ele estava conduzindo uma *análise* de hemoglobina. Cada um desses termos se refere ao ato geral de examinar a amostra e seu analito. A abordagem utilizada para realizar esse teste é o **método analítico**, ou 'técnica analítica'. Voltando ao exemplo inicial mais uma vez, podemos dizer que Holmes estava usando o *método analítico* de precipitação seletiva para determinar se a

Tabela 1.2

Tipos de componente da amostra com base na quantidade relativa na amostra.*

Tipo de componente da amostra	Quantidade relativa na amostra	Exemplo: composição de ar seco (sem vapor d´água)
Componente majoritário	1–100%	Nitrogênio (78,1%), Oxigênio (20,9%)
Componente minoritário	0,01–1%	Argônio (0,9%), Dióxido de carbono (0,03%)
Componente residual	< 0,01% (100 ppm)	Neônio (18,2 ppm), Hélio (5,2 ppm), Metano (2 ppm), Criptônio (1,1 ppm), Hidrogênio (0,5 ppm), Dióxido de nitrogênio (0,5 ppm), Xenônio (0,09 ppm)

* Todos os valores são expressos em termos de volume de gás por unidade de volume de ar (v/v). A abreviatura *ppm* na tabela significa 'partes por milhão', em que 1 ppm = 0,0001 por cento (ver Capítulo 3). Os intervalos indicados na tabela para análise de componentes majoritários, minoritários e residuais são apenas aproximados e variam ligeiramente dependendo da técnica e do tipo de amostra que está sendo examinada.

Fonte: estas informações foram obtidas do *CRC Handbook of Chemistry and Physics, 81ª ed.*, CRC Press, Boca Raton, FL, 2000.

---

hemoglobina estava presente em sua amostra. Todo o grupo de operações utilizadas para a análise é conhecido como *procedimento* ou *protocolo*.

Conforme mostrado na Figura 1.2, há muitas etapas no processo global de análise química. Primeiramente é preciso determinar o que está sendo questionado sobre a amostra e identificar as informações que serão necessárias para responder a essa pergunta. No trabalho de Holmes, a pergunta geral era 'A amostra é uma mancha de sangue?', que ele tentou responder buscando a hemoglobina. O segundo passo é selecionar uma amostra adequada. Para isso, deve-se considerar a natureza do material a ser examinado, os tipos de analito a serem medidos e a distribuição e os níveis esperados desses analitos dentro do material. No caso de uma mancha de sangue, esse processo implicaria localizar uma amostra na cena do crime e obter uma porção representativa para análise.

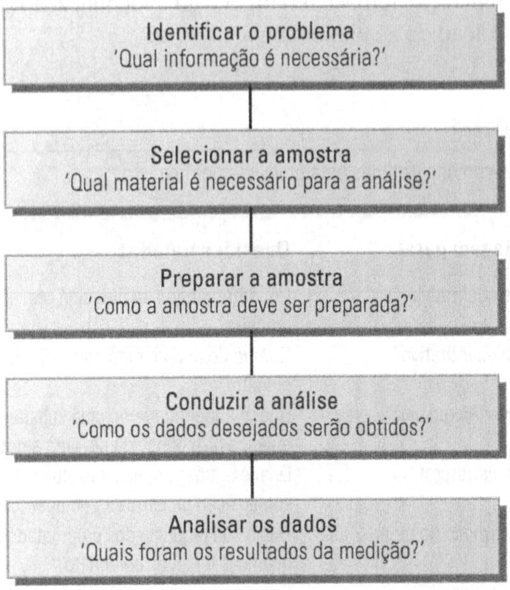

O terceiro passo na análise é a preparação da amostra. O grau de preparação necessário vai depender da complexidade da amostra, dos tipos de analitos a serem examinados e do método de medição. Para a técnica utilizada por Holmes, a preparação da amostra provavelmente consistia em colocar uma pequena parte do material manchado em um recipiente em que reagentes poderiam ser adicionados. O quarto e o quinto passos em uma análise são o teste da amostra propriamente dito e a utilização dos resultados obtidos na medição química ou na caracterização. Na técnica desenvolvida por Holmes, essas etapas foram representadas pela adição de um reagente ao material manchado e a observação quanto à formação de um precipitado provocado pela presença de hemoglobina.

Tipos de métodos analíticos. O fato de haver um grande número de substâncias químicas e de amostras no mundo significa também que precisamos de muitos métodos diferentes para medi-las ou caracterizá-las. Alguns tipos comuns de técnica de análise estão listados na Figura 1.3. Essas técnicas podem ser divididas em três categorias: métodos clássicos, métodos instrumentais e métodos de separação. Os **métodos clássicos** foram as primeiras técnicas analíticas desenvolvidas, e produzem um resultado usando quantidades determinadas experimentalmente, como massa ou volume, juntamente com massas atômicas ou moleculares e reações bem definidas.[17,18] Um exemplo de método clássico é a análise gravimétrica (discutida no Capítulo 11), que se baseia na medição da massa de um produto químico que ou contém ou está relacionado com o analito. O ensaio de fogo para o ouro é um exemplo de método gravimétrico. Outro método desse tipo é a titulação (ver capítulos 12, 13 e 15), em que uma substância química é medida por meio da determinação do volume ou da quantidade de um reagente bem definido que é necessário para reagir com esse analito. A maioria dos

Figura 1.2

As etapas gerais de um procedimento para análise química.

- Identificar o problema — 'Qual informação é necessária?'
- Selecionar a amostra — 'Qual material é necessário para a análise?'
- Preparar a amostra — 'Como a amostra deve ser preparada?'
- Conduzir a análise — 'Como os dados desejados serão obtidos?'
- Analisar os dados — 'Quais foram os resultados da medição?'

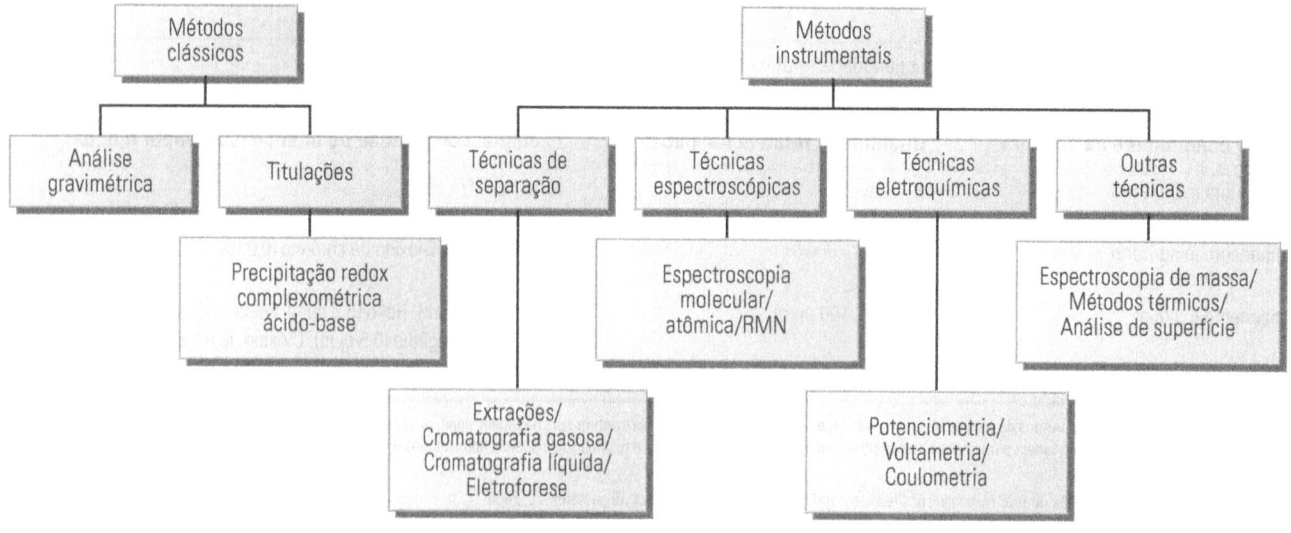

Figura 1.3

Categorias gerais de técnicas analíticas.

métodos clássicos é realizada como técnicas manuais; no entanto, alguns são realizados em laboratórios modernos, com o auxílio de sistemas automatizados.

O **método instrumental** utiliza um sinal gerado por instrumento para detectar a presença de um analito ou determinar a quantidade de um analito em uma amostra. Existem vários métodos instrumentais, que vão desde métodos eletroquímicos (que fazem uso da produção ou do consumo de elétrons por substâncias químicas) a métodos espectroscópicos (que usam radiação eletromagnética para caracterizar ou medir analitos). Outras técnicas dessa categoria são espectrometria de massa, métodos térmicos e abordagens para análise de superfície. As técnicas instrumentais foram desenvolvidas muito tempo depois dos métodos clássicos de análise, mas são utilizadas na maioria das medições químicas atuais.[19,20]

O **método de separação** é uma abordagem utilizada para remover um tipo de substância química de outra. Esse método é, com frequência, necessário quando o objetivo é examinar uma substância química ou um grupo delas em uma amostra complexa. Separações químicas podem ser usadas como parte de um método clássico ou de um método instrumental para isolar um analito de uma amostra, remover substâncias interferentes ou colocar o analito em uma matriz apropriada para mais estudo. Alguns métodos de separação são realizados manualmente (uma extração, por exemplo), enquanto outros requerem equipamentos especiais e são considerados 'métodos instrumentais' (como ocorre com a cromatografia gasosa e a cromatografia líquida de alta eficiência). As técnicas de separação são bastante comuns e constituem uma parte importante dos métodos modernos de análise química.[19,20]

1.4 Informações fornecidas pela análise química

Cada ensaio químico tem seu próprio conjunto de requisitos, mas podemos classificar esses métodos em categorias gerais com base no tipo de informação que eles fornecem sobre uma amostra (Tabela 1.3). A maioria dos ensaios químicos implica uma comparação entre a amostra e um material que sabidamente contém o analito de interesse (conhecido como **padrão**). Essa comparação fornece um meio para a identificação positiva ou a medição do analito em uma amostra.

Tabela 1.3

Questões comuns tratadas pela química analítica.

Abordagem geral	Questões tratadas
Análise qualitativa	Um determinado analito está presente na amostra?
Análise quantitativa	Quanto do analito está presente na amostra?
Identificação química	Qual é a identidade de uma substância química desconhecida em uma amostra?
Análise estrutural	Qual é a massa molecular/atômica, composição ou estrutura do analito?
Caracterização de propriedade	Quais são algumas das propriedades químicas e físicas do analito?
Análise espacial	Como o analito está distribuído por uma amostra?
Análise dependente de tempo	Como a quantidade ou a propriedade de um analito muda ao longo do tempo?

O primeiro tipo de medição química que pode ser realizado é uma **análise qualitativa**. O objetivo aqui consiste em simplesmente determinar se uma substância está presente em uma amostra. Um exemplo seria o ensaio fictício para hemoglobina que foi desenvolvido por Sherlock Holmes para a detecção de sangue. No caso de métodos de análise qualitativa não estamos necessariamente interessados em saber quanto do analito está presente, embora deva haver uma quantidade mínima presente para sua detecção. Em vez disso, só nos importa saber se o composto de interesse está presente acima desse nível mínimo. Essa abordagem também pode ser chamada de **ensaio de triagem**, e costuma ser usada para ajudar a decidir se mais testes devem ser realizados em uma amostra.

Outra pergunta que pode ser feita é 'Quanto do analito está presente na amostra?'. Essa questão é respondida por meio de **análise quantitativa**. O objetivo aqui é medir, **quantizar** ou **quantificar** (fornecer um valor numérico para) a porção real de analito em uma amostra. Tal abordagem é utilizada quando se faz necessário determinar a concentração de um analito ou sua contribuição para a composição global de uma amostra. Por exemplo, a análise quantitativa seria usada por uma indústria alimentícia para medir a proteína, o carboidrato e o teor de gordura contidos em um produto. Esse tipo de análise também seria utilizado por um laboratório hospitalar para determinar se um dado medicamento ministrado a um paciente está dentro da faixa adequada para o tratamento de uma doença.

A análise quantitativa é provavelmente o tipo mais comum de química analítica realizada de modo rotineiro. Ela pode ser usada diretamente em uma amostra ou seguir um ensaio de triagem anterior. Embora as respostas de alguns métodos (como análise gravimétrica ou titulação) possam ser utilizadas diretamente na determinação da quantidade de analito em uma amostra, a maioria dos métodos quantitativos requer o uso de padrões para essa finalidade. Essa tarefa é realizada por meio de um gráfico dos sinais fornecidos por um método para padrões que contenham quantidades conhecidas do analito. Esse processo é chamado de **calibração** e fornece um gráfico conhecido como **curva de calibração** (Figura 1.4). Quando se analisa posteriormente uma amostra pelo mesmo método, o sinal que ela produz é comparado com a curva de calibração, e serve para determinar a quantidade de analito que deve estar presente na amostra para produzir tal resposta.

Além de usar a química analítica para medir uma substância, muitas vezes também é necessário identificar uma substância em uma amostra. Essa aplicação, conhecida como **identificação química**, pode ser usada por um químico para identificar um potencial candidato a medicamento que foi isolado de uma planta, ou por um cientista ambiental para determinar a natureza de um novo poluente encontrado em uma amostra de água ou solo. Uma forma de realizar a identificação química é comparar o comportamento dos compostos desconhecidos em um método análogo àquele observado para amostras-padrão de substâncias químicas conhecidas. Outra forma consiste em usar técnicas que forneçam pistas diretas sobre a composição e a estrutura do composto.

Dois tipos de teste intimamente relacionados com a identificação química são **análise estrutural** e **caracterização de propriedade**. Na análise estrutural, o objetivo é determinar características como massa, composição, grupos funcionais ou a estrutura do analito. Esse tipo de análise pode fornecer a descrição detalhada de uma substância química ou ajudar a identificar outra desconhecida. Na caracterização de propriedade, a medição de uma propriedade química ou física específica do analito é desejada. A caracterização de propriedade de um material pode envolver o estudo de sua interação com luz ou elétrons, sua capacidade de reagir com outras substâncias químicas ou sua cor, forma do cristal e resistência mecânica. Assim como a análise estrutural, a caracterização de propriedade pode ser realizada tanto com amostras-padrão de substâncias químicas conhecidas quanto com compostos desconhecidos que devem ser identificados por meio de suas propriedades medidas.

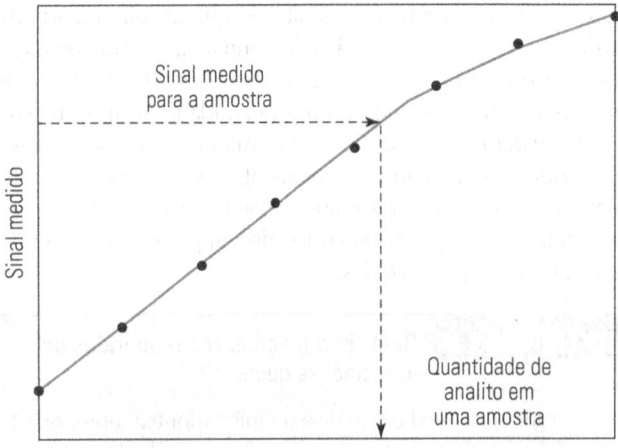

Figura 1.4

O uso de uma curva de calibração para determinar a quantidade de um analito em uma amostra. O sinal plotado nessa curva é determinado por padrões contendo quantidades conhecidas do analito. Os resultados experimentais obtidos para os padrões são representados pelos pontos cheios, e a linha contínua é a curva de melhor ajuste que passa por esses resultados. Mais informações sobre curvas de calibração e suas propriedades podem ser encontradas no Capítulo 5.

Muitos materiais têm composições que diferem de uma seção de sua matriz para a próxima. Nesses casos, o método de *análise espacial* pode ser usado para fornecer informações mais detalhadas sobre a composição do material. A análise espacial trata de determinar como uma substância em particular se distribui por uma matriz examinando pequenas seções do material, dessa maneira permitindo que informações químicas sejam obtidas de diferentes regiões. Esse tipo de análise é útil quando se está examinando um *material heterogêneo* (isto é, um material com uma composição que varia de um ponto a outro dentro de sua estrutura). Um exemplo disso é a *análise de superfície*, usada em setores como a indústria de semicondutores na produção de meios de armazenamento e chips de computador.

Inúmeras amostras estudadas pela análise química são tomadas de sistemas que se modificam ao longo do tempo. Por exemplo, se um médico mede a quantidade de glicose em seu sangue, uma amostra tirada pouco depois de você ter comido dará um resultado muito mais alto do que aquela tomada assim que acorda pela manhã. Essa mudança de concentração pode ser estudada por meio de *análise dependente de tempo* (*temporal*), que examina como a quantidade de um ou mais analitos varia em função do tempo. Alterações em um analito por períodos prolongados normalmente podem ser examinadas com os mesmos métodos empregados na análise quantitativa. No entanto, para períodos curtos de tempo, podem-se exigir técnicas mais especializadas.

EXERCÍCIO 1.1 Quais informações são requeridas de uma análise química?

Que tipo geral de análise química (por exemplo, qualitativa, quantitativa etc.) é necessário em cada das seguintes situações?
a. Um ensaio de água potável para determinar se a concentração de um determinado poluente está dentro dos limites legais.
b. Estudos para determinar a natureza de uma toxina desconhecida em uma amostra de alimento.
c. A localização de um tipo específico de proteína em uma célula.

SOLUÇÃO

(a) Este é um caso de análise quantitativa, porque visa a medir a quantidade de uma substância química específica. (b) Esses estudos implicarão alguma forma de identificação química. Isso pode ser feito pela comparação de uma amostra isolada do composto desconhecido com amostras conhecidas de substâncias químicas padrão, ou pela realização de análise estrutural ou caracterização de propriedade na toxina para se obterem pistas sobre sua identidade. (c) Esta aplicação requer análise espacial, uma vez que é necessário analisar a distribuição e a localização da proteína na célula. Essa análise pode ser realizada em um laboratório de microbiologia ou bioquímica para identificar uma célula ou fornecer pistas sobre a função de uma proteína dentro da célula.

1.5 Resumo

Neste capítulo, vislumbramos pela primeira vez a área da química analítica. Discutimos as origens dessa matéria e consideramos algumas de suas aplicações no mundo de hoje. Consideramos, ainda, alguns termos gerais utilizados na química analítica e conhecemos os tipos de informação que ela pode suprir.

Nos capítulos seguintes iremos revisitar muitos desses conceitos e examinar mais profundamente as técnicas utilizadas em análise química. Nos capítulos 2 a 5, começaremos a estudar algumas das ferramentas básicas aplicadas em qualquer método analítico, como técnicas de boas práticas de laboratório, preparação de soluções e tratamento estatístico dos resultados experimentais. Então, estudaremos métodos clássicos de análise química, como a análise gravimétrica e as titulações. Os capítulos 6 a 10 abrangem uma revisão dos princípios subjacentes ao equilíbrio químico, seguindo-se uma discussão nos capítulos 11 a 13 de como esses princípios são utilizados nos métodos clássicos.

O foco dos capítulos restantes recairá sobre abordagens comuns em análise instrumental. Essa seção começará com uma discussão de métodos eletroquímicos (capítulos 14 a 16), seguida por métodos espectroscópicos (capítulos 17 a 19) e técnicas para separações químicas (capítulos 20 a 23). Ao longo deste livro, você também vai ser apresentado a uma variedade de outras técnicas (como espectrometria de massa e de ressonância magnética nuclear — RMN), que são ferramentas importantes para a química analítica moderna. Em cada caso, você aprenderá sobre diversas aplicações para esses métodos e o impacto de tais métodos em nossa vida cotidiana.

Palavras-chave

Amostra 3
Análise de componentes majoritários 4
Análise de componentes minoritários 4
Análise de traços 4
Análise estrutural 7
Análise qualitativa 7
Análise quantitativa 7
Analito 3

Calibração 7
Caracterização de propriedade 7
Componente majoritário 3
Componente minoritário 4
Componente residual 4
Curva de calibração 7
Ensaio de triagem 7
Identificação química 7

Matriz 3
Método analítico 4
Métodos clássicos 5
Método de separação 6
Método instrumental 6
Padrão 6
Quantizar (quantificar) 7
Química analítica 1

Outros termos

Análise (ensaio, determinação) 4
Análise de superfície 7
Análise dependente de tempo 8

Análise espacial 7
Controle de qualidade 2
Ensaio de fogo (copelação) 2

Material heterogêneo 7
Procedimento (protocolo) 5

Tópicos para discussão e relatos

19. A análise moderna de metais preciosos como ouro e prata muitas vezes combina métodos clássicos de análise química com métodos instrumentais mais modernos.[9] Relate sobre como tais ensaios são realizados atualmente.
20. Obtenha mais informações sobre uma das pessoas listadas na Tabela 1.1 e elabore um relato sobre a contribuição dela para a análise química. Discuta como sua pesquisa impactou seu campo de atuação ou outras áreas da ciência.
21. A disponibilidade de equipamentos comerciais confiáveis para realização de métodos instrumentais ou clássicos tem sido um passo fundamental para determinar a rapidez com que uma nova tecnologia de análise vê seu uso disseminado. Várias pessoas e empresas que desempenharam um papel importante no desenvolvimento desses equipamentos no passado são discutidas nas referências 19 e 20. Obtenha informações sobre uma delas e discuta como seu trabalho contribuiu para o campo da química analítica.
22. A revista *Analytical Chemistry* é uma importante fonte de críticas e artigos sobre a pesquisa de métodos de medições químicas. A Referência 22 descreve como essa publicação mudou ao longo do século passado. Leia esse artigo com atenção e discuta como esse periódico reflete as mudanças na análise química nos últimos 100 anos.
23. Selecione um artigo atual de jornal ou de revista que aborde um tema em que a análise química foi usada para prover informações importantes. Descreva o tipo de análise química realizado e o tipo de informação fornecida. Discuta também como essa informação foi utilizada no artigo.

Referências bibliográficas

1. A. C. Doyle, *A study in scarlet*, Beeton's Christmas Annual, 1887.
2. S. M. Gerber, "A Study in Scarlet: Blood Identification in 1875," *Chemistry and Crime: From Sherlock Holmes to Today's Courtroom*, S. M. Gerber, Ed., American Chemical Society, Washington, DC, 1983, Capítulo 3.
3. F. M. Gdowski, "Bloodstain Analysis-Case Histories," *Chemistry and Crime: From Sherlock Holmes to Today's Courtroom*, S. M. Gerber, Ed., American Chemical Society, Washington, DC, 1983, Capítulo 7.
4. L. Kobilinsky, "Bloodstain Analysis-Serological and Electrophoretic Techniques," *Chemistry and Crime: From Sherlock Holmes to Today's Courtroom*, S. M. Gerber, Ed., American Chemical Society, Washington, DC, 1983, Capítulo 8.
5. C. S. Tumosa, "The Detection and Species Identification of Blood — A Bibliography of Relevant Papers from 1980 to 1995," *Forensic Science Review*, 8, 1996, p.74–90.
6. R. W. Murray, "Analytical Chemistry: The Science of Chemical Measurements," *Analytical Chemistry*, 68, 1991, p.271A.
7. J. Tyson, *Analysis: What Analytical Chemists Do*, Royal Society of Chemistry, Londres, 1988.
8. M. Valcarcel, "A Modern Definition of Analytical Chemistry," *Trends in Analytical Chemistry*, 16, 1997, p.124–131.
9. S. Kallmann, "Analytical Chemistry of the Precious Metals: Interdependence of Classical and Instrumental Methods," *Analytical Chemistry*, 56, 1984, p.1020A–1027A.
10. F. Szabadvary, *History of Analytical Chemistry*, Pergamon Press, Nova York, 1966.
11. G. D. Christian, "Evolution and Revolution in Quantitative Analysis," *Analytical Chemistry*, 66, 1995, p.532A–538A.
12. J. O. Nriagu, "Cupellation: The Oldest Quantitative Chemical Process," *Journal of Chemical Education*, 62, 1985, p.668–674.
13. Exemplos de citações para a análise de fogo na Bíblia incluem Numbers 31:22, 1st Peter 1:7, e Revelation 3:18.
14. H. M. N. H. Irving, H. Freiser, and T. S. West, *Compendium of Analytical Nomenclature: Definitive Rules—1977*, Pergamon Press, Nova York, 1977.
15. *CRC Handbook of Chemistry and Physics*, 81st ed., CRC Press, Boca Raton, FL, 2000.
16. H. A. Laitinen, "History of Trace Analysis," *Journal of Research of the National Bureau of Standards*, 93, 1988, p.175–185.
17. C. M. Beck II, "Classical Analysis: A Look at the Past, Present and Future," *Analytical Chemistry*, 63, 1991, p.993A–1003A.
18. C. M. Beck II, "Classical Analysis: A Look at the Past, Present and Future," *Analytical Chemistry*, 66, 1994, p.224A–239A.
19. J. Poudrier e J. Moynihan, "Instrumentation Hall of Fame," *Made to Measure: A History of Analytical Instrumentation*, J. F. Ryan, Ed., American Chemical Society, Washington, DC, 1999, p.10–38.
20. J. T. Stock, "A Backward Look at Scientific Instrumentation," *Analytical Chemistry*, 65, 1993, p.344A–351A.
21. C. A. Lucy, "Analytical Chemistry: A Literary Approach," *Journal of Chemical Education*, 4, 2000, p.459–470.
22. D. Noble, "From Wet Chemistry to Instrumental Analysis: A Perspective on Analytical Science," *Analytical Chemistry*, 4, 1994, p.251A–263A.

Questões

Introdução e história da análise química

1. Defina os termos 'química analítica' e 'análise química'.
2. Com que objetivo a análise química foi usada pela primeira vez? Como as aplicações de química analítica mudaram desde a Antiguidade até os tempos modernos?
3. Descreva algumas aplicações gerais da química analítica no mundo moderno.
4. Qual é a relação entre a pesquisa em química analítica e a pesquisa em outros campos, como medicina, ciência ambiental ou biologia?

Termos gerais usados em análise química

5. Qual é o significado de 'amostra' em química analítica? Como esse termo está relacionado com os termos 'analito' e 'matriz'?
6. Identifique a amostra, o analito e a matriz em cada uma das seguintes situações.
    (a) Estimativa da quantidade de enxofre no carvão.
    (b) Análise da composição de drogas em um comprimido por uma indústria farmacêutica.
    (c) Medição do monóxido de carbono na fumaça emitida por uma fábrica.
7. Explique a diferença entre componentes majoritários, minoritários e residuais de uma amostra.
8. Determine se cada uma das seguintes substâncias em itens domésticos comuns é um exemplo de componente majoritário, minoritário e residual de uma amostra.
    (a) A quantidade de proteína e gordura em uma porção de 95 por cento de carne magra (5 por cento de gordura).
    (b) A quantidade de aspirina (ácido acetilsalicílico) em um comprimido de 250 mg de venda livre, que contém 80 mg dessa droga.
    (c) A vitamina C em uma laranja, que normalmente contém de 50 a 60 mg de vitamina C por 100 g de massa total.
9. Quais são as cinco etapas gerais em qualquer tipo de análise química?
10. Explique o significado de 'método clássico' em química analítica. O que se entende por 'método instrumental'? Qual é a diferença entre esses dois tipos de método?
11. Discuta por que um método de separação pode ser usado como parte de uma análise química. Cite alguns exemplos de método de separação.

Informações fornecidas pela análise química

12. O que é um padrão? O que é uma curva de calibração? Como se usa cada um deles em análise química?
13. Compare e contraste a informação fornecida por cada um dos seguintes tipos de método analítico geral.
    (a) Análise qualitativa *versus* análise quantitativa.
    (b) Análise estrutural *versus* caracterização de propriedade.
    (c) Análise espacial *versus* análise temporal.
14. Que abordagem geral (por exemplo, análise qualitativa, análise quantitativa etc.) é necessária nas seguintes situações?
    (a) Análise de amostras colhidas de atletas para determinar se eles estão usando drogas para melhorar o desempenho.
    (b) Identificação do composto desconhecido de uma planta que, acredita-se, tenha propriedades antitumorais.
    (c) Medição por uma indústria farmacêutica da quantidade efetiva de uma droga que esteja presente em um de seus produtos.
    (d) Localização do ponto em que um poluente entra em um rio.

Problemas desafiadores

15. A análise de traços pode ser dividida em várias subcategorias, dependendo de quão minúsculo é o analito a ser detectado e do tamanho da amostra a ser usada.[14, 16]
    (a) Verifique as definições para cada um dos seguintes termos e explique como eles diferem uns dos outros: análise de microtraços, análise de nanotraços e análise de picotraços.
    (b) Faça a distinção entre o que se entende por 'análise de microtraço' e 'análise de ultratraço' em testes químicos.
    (c) Identifique diversos exemplos de analitos e amostras que se encaixam nas várias categorias relacionadas em (a) e (b).
16. Procure um trabalho de pesquisa que discuta o desenvolvimento ou a utilização de um método analítico. Identifique cada um dos seguintes fatores nesse trabalho:
    (a) A amostra, o analito e a matriz em estudo.
    (b) O tipo de ensaio, método analítico e procedimento utilizado.
    (c) O tipo geral de método analítico (clássico ou instrumental).
    (d) O tipo de pergunta em questão.
    (e) O formato geral de análise (qualitativa, quantitativa etc.).
17. Uma indicação geral do papel que a química analítica desempenha no mundo pode ser captada nas referências que são feitas sobre esse tipo de teste na literatura e na mídia popular. Um exemplo disso é o trecho de abertura deste capítulo, extraído de *Um estudo em vermelho*. Localize outro exemplo em um livro, filme ou programa de televisão (por exemplo, ver Referência 21). Identifique os tipos de analito que estão sendo medidos e o método usado em seu exemplo. Determine se o método analítico é uma técnica real ou ficcional.
18. O desenvolvimento de aperfeiçoamentos na eletrônica levou a um enorme crescimento no desenvolvimento de novos métodos instrumentais nas décadas de 1940 e 1950. Crescimento semelhante ocorreu com o lançamento dos computadores pessoais nas décadas de 1970 e 1980.[19, 20] Quais tendências atuais e avanços recentes você acha que serão importantes no futuro desenvolvimento da análise química?

Capítulo 2
Boas práticas de laboratório

Conteúdo do capítulo

2.1 Introdução: uma questão de qualidade
    2.1.1 O que são boas práticas de laboratório?
    2.1.2 Como estabelecer boas práticas de laboratório
2.2 Segurança em laboratório
    2.2.1 Componentes comuns de segurança em laboratório
    2.2.2 Identificação de riscos químicos
    2.2.3 Fontes de informação sobre substâncias químicas
    2.2.4 Manipulação adequada de substâncias químicas
2.3 O caderno de laboratório
    2.3.1 Práticas recomendadas para o caderno
    2.3.2 Cadernos e planilhas eletrônicos
2.4 Relato de dados experimentais
    2.4.1 O sistema SI de medidas
    2.4.2 Algarismos significativos

2.1 Introdução: uma questão de qualidade

Ainda citado como o 'julgamento do século', mesmo depois de mais de uma década ter se passado, o caso O. J. Simpson é frequentemente mencionado como um exemplo do que pode dar errado em uma investigação forense. O caso teve início em 17 de junho de 1994, com uma perseguição em baixa velocidade de um Ford Bronco branco pela polícia de Los Angeles. O que se seguiu foi a prisão de O. J. Simpson como suspeito no assassinato de sua ex-mulher, Nicole Brown, e o amigo dela, Ronald Goldman.[1,2] Parte das provas apresentadas no julgamento resultante foi um conjunto de testes de DNA realizados em amostras de sangue e cabelo coletadas das vítimas, da cena do crime e do veículo e das roupas de Simpson (Figura 2.1). Como parte dessa análise, as amostras foram primeiramente processadas por um método conhecido como *reação em cadeia da polimerase* (RCP, do inglês, Polimerase Chain Reaction — PCR) (Quadro 2.1). Embora algumas equivalências de DNA tenham sido encontradas, alegou-se no julgamento que as amostras originais foram obtidas por indivíduos que não haviam sido devidamente treinados para coletá-las. Outras evidências sugeriam que as amostras haviam sido contaminadas durante a coleta e o manuseio, além de terem sido submetidas a uma degradação considerável antes da análise. Por conseguinte, o júri decidiu que os resultados dos testes não forneciam evidências conclusivas nesse caso.[1,2]

Embora seja lamentável que um laboratório produza resultados questionáveis, esse exemplo realmente indica a importância de assegurar que métodos apropriados sejam usados ao se manipular ou analisar uma amostra. Para atingir esse objetivo, todo laboratório deve organizar um conjunto de procedimentos destinados a assegurar que seu trabalho seja realizado de forma segura e válida. Isso se aplica independentemente de se trabalhar em um laboratório comercial, uma universidade, uma agência governamental ou uma instalação industrial. As regras e os procedimentos utilizados para orientar o trabalho nesses ambientes são conhecidos como **boas práticas de laboratório (BPL)**.[4,5] Neste capítulo, discutiremos algumas práticas básicas que devem ser seguidas em todos os laboratórios e verificaremos por que elas são especialmente importantes em química analítica.

2.1.1 O que são boas práticas de laboratório?

As boas práticas de laboratório podem ser consideradas como um conjunto de diretrizes que promovem o trabalho e a conduta laboratoriais adequados. Essa definição abrange muitas coisas. Por exemplo, laboratórios norte-americanos que testam ou desenvolvem aditivos alimentares e medicamentos são obrigados pela Food and Drug Administration a ter orientações apropriadas para treinamento de pessoal, boa seleção e cuidados em relação a instalações e equipamentos, à manipulação e à análise de amostras e ao registro e à comunicação de dados. Diretrizes semelhantes são adotadas pela Agência de Proteção Ambiental dos Estados Unidos (do inglês, United States Environmental Protection Agency — U.S. EPA) para laboratórios e empresas que lidam com inseticidas e herbicidas, bem como por outros países na regulação de indústrias farmacêuticas ou setores que rotineiramente lidam com riscos químicos.[6,7]

Um dos principais propósitos das boas práticas de laboratório em química analítica é garantir que os resultados finais sejam uma representação válida de uma amostra. Para alcançar esse objetivo, é importante considerar todas as etapas de uma análise e adotar procedimentos adequados em cada uma delas. Muitos dos problemas com os resultados de DNA do julgamento de O. J. Simpson poderiam ter sido evitados se os indivíduos responsáveis pela obtenção de provas tivessem sido adequadamente treinados em coleta de amostras de DNA. Da mesma

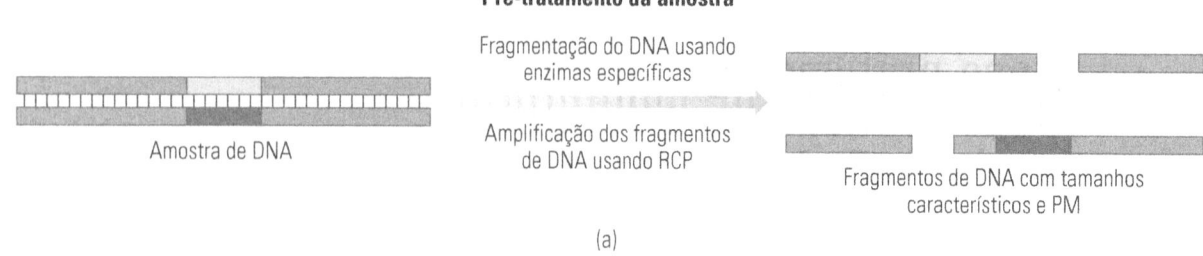

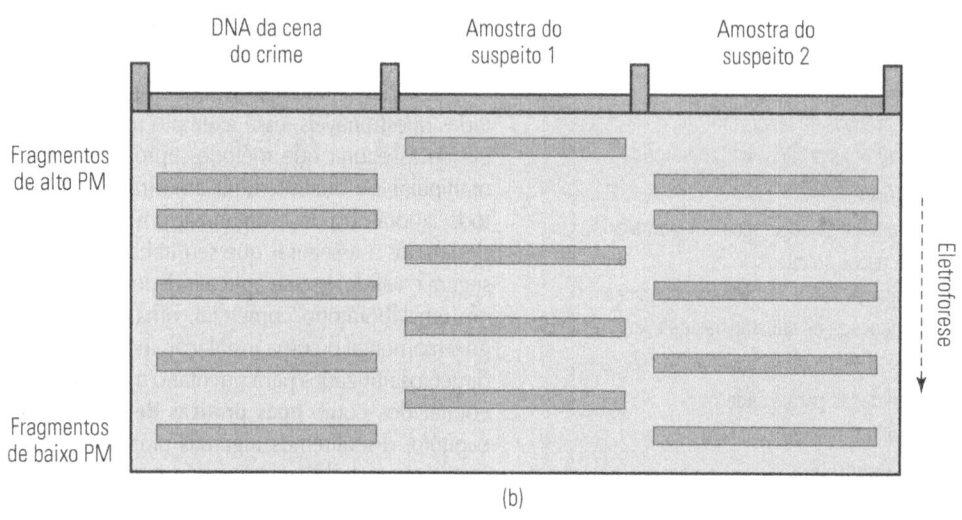

Figura 2.1

Análise e comparação de DNA em amostras forenses. O método de eletroforese, usado neste exemplo para separar e comparar fragmentos de DNA de várias amostras, será discutido em mais detalhes no Capítulo 23. Abreviação: PM, peso molecular (massa molar).

forma, problemas de contaminação e degradação de amostras poderiam ter sido minimizados com procedimentos mais eficazes de armazenamento e de manipulação de amostras de DNA.

2.1.2 Como estabelecer boas práticas de laboratório

Boas práticas de laboratório pressupõem que haja métodos bem definidos que descrevem como o trabalho de rotina em um laboratório deve ser realizado. Esse objetivo é alcançado por meio de um **procedimento operacional padrão** (ou **POP**). Trata-se de um conjunto específico de instruções que descreve como uma determinada tarefa deve ser executada. Um POP pode ser um documento que define o processo de síntese de uma substância química, um protocolo de segurança ou um método para calibrar um instrumento. Em um ambiente de ensino, um POP costuma ser o relato por escrito de uma experiência a ser fornecido aos alunos diretamente por seu instrutor ou por meio de um manual de laboratório.

Um exemplo de um POP (do inglês, Standard Operating Procedure — SOP) é dado na Figura 2.3, onde se descreve o método adequado para a utilização de uma balança eletrônica, um dispositivo comum de laboratório a ser apresentado no Capítulo 3. Como se pode ver nesse exemplo, o procedimento descrito é específico em suas orientações e pode ser facilmente compreendido por qualquer pessoa encarregada de conduzi-lo. As mesmas características devem estar presentes em qualquer POP bem elaborado.

EXERCÍCIO 2.1 Desenvolvimento de um procedimento operacional padrão

Escreva um POP curto para ser usado na evacuação do laboratório em que você trabalha em caso de incêndio. Compartilhe seu procedimento com outras pessoas, usando os comentários feitos para revisar e melhorar seu POP.

SOLUÇÃO

Esse procedimento de evacuação será específico do laboratório em que você trabalha, mas também deve indicar onde os alarmes de incêndio estão localizados, qual é o som emitido por eles, como os indivíduos devem sair do laboratório, para onde devem ir e que ações devem evitar ao sair (por exemplo, tentar apanhar cadernos de laboratório ou outros objetos pessoais).

O exercício anterior mostra que muitos dos procedimentos operacionais padrão de um laboratório podem ser bastante específicos para esse cenário, tal como a rota de evacuação a seguir em caso um incêndio. Mas também existem procedimentos comuns à maioria dos laboratórios, como regras de segurança, manuseio de substâncias químicas, uso de um caderno de laboratório e relato de dados.

Quadro 2.1 Reação em cadeia da polimerase

A reação em cadeia da polimerase (RCP) é um método usado para aumentar a quantidade de uma determinada sequência de DNA. Como resultado, trata-se de uma técnica importante na análise de amostras que podem conter vestígios de DNA, como sangue ou cabelo coletados na cena de um crime. A abordagem geral aplicada em RCP é mostrada na Figura 2.2. O DNA original, ou seções dele, é primeiramente dividido em dois filamentos distintos (etapa 1). Pequenos fragmentos de DNA conhecidos como *iniciadores*, que se ligam a regiões específicas desses filamentos, são então adicionados e agem como um ponto de partida para sua replicação (etapa 2). Enzimas e nucleotídeos também são adicionados, permitindo que as duas partes de DNA de um único filamento sejam convertidas em duas partes de DNA de filamento duplo (etapa 3). Isso encerra um ciclo de RCP. No ciclo seguinte, o DNA é novamente separado em filamentos simples, adicionam-se mais iniciadores e mais reagentes e forma-se mais DNA de filamento duplo. Desse modo, a cada ciclo, a quantidade de DNA é praticamente duplicada.[3]

Para usar RCP em testes forenses, o DNA de uma amostra é cortado em pequenos pedaços por meio de enzimas que o clivam em sequências bem definidas que variam em localização de uma pessoa para outra, como indica a Figura 2.1. Esses fragmentos são então amplificados por RCP e posteriormente separados por tamanho, utilizando-se o método de eletroforese (Capítulo 23). A seguir, o padrão obtido para a amostra de DNA é comparado com os encontrados em outros indivíduos ou amostras. Por exemplo, o DNA encontrado na cena do crime na Figura 2.1 tem a melhor correspondência com a amostra do suspeito número dois porque os padrões obtidos em seus fragmentos de DNA são idênticos.[2]

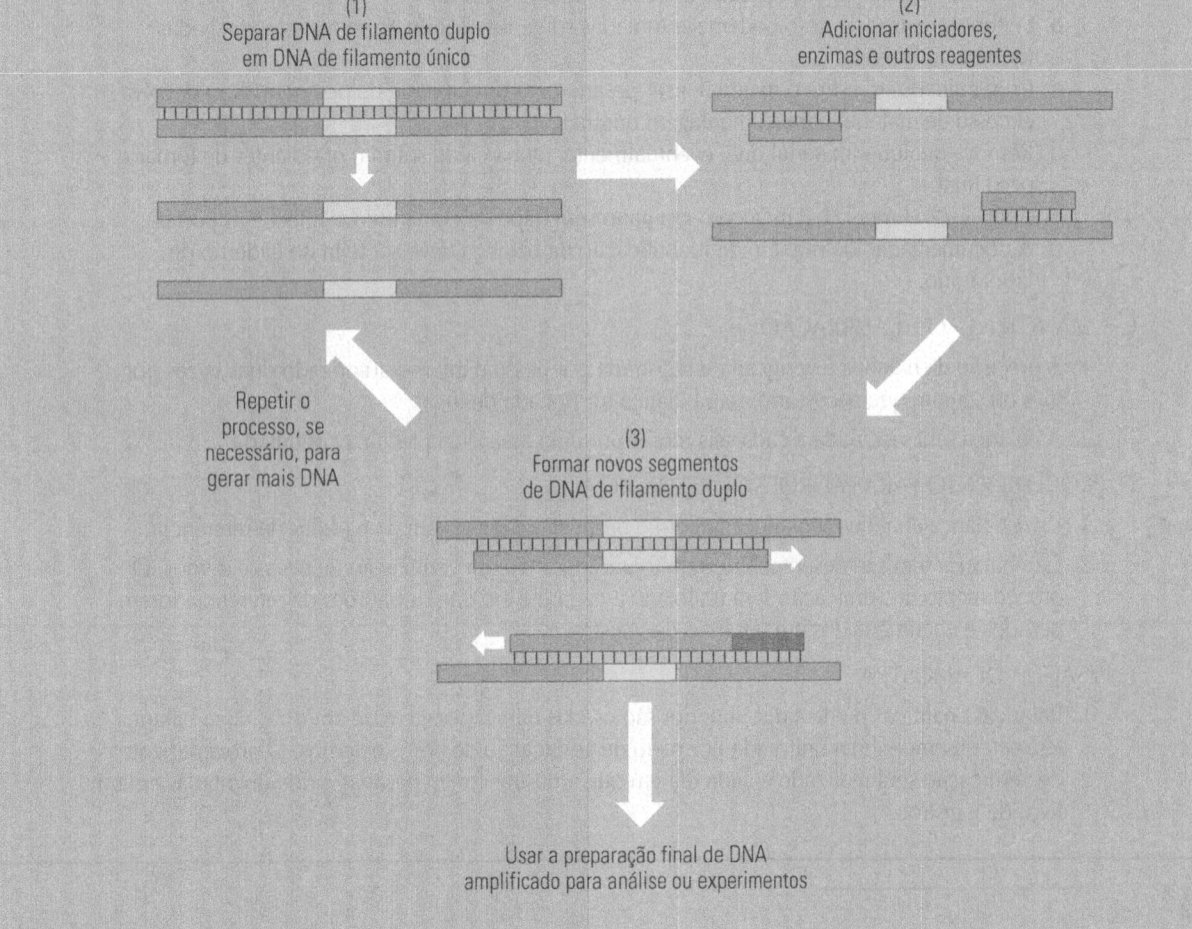

Figura 2.2

Etapas básicas da amplificação de DNA por reação em cadeia da polimerase.

PROCEDIMENTOS OPERACIONAIS PADRÃO
DOC. No. 03.02.009
Edição 10

TÍTULO: Balança eletrônica

OBJETIVO / TEMA: Pesar e exibir com precisão a quantidade correta de uma substância dada

A. CONDIÇÕES DA BALANÇA:

A balança deve ser colocada em um lugar em que não seja afetada por temperatura, correntes de vento, luz solar ou outros fatores externos que possam alterar sua precisão.

B. OPERAÇÃO DA BALANÇA:

1. Se possível, a balança deverá ser mantida ligada o tempo todo. Se ela tiver de ser desligada, aguarde 30 minutos para seu aquecimento.
2. Coloque um recipiente de pesagem no meio do prato e feche as portas (quando aplicável). Deixe que a balança se estabilize.
3. Tare a balança de acordo com as instruções do fabricante.
4. Pesagem:
   a. Mantenha as portas da balança (quando aplicável) abertas apenas pelo tempo suficiente para adicionar o material a ser pesado ao recipiente de pesagem.
   b. Leituras precisas do peso podem ser tomadas somente quando as portas estão fechadas (quando aplicável).
   c. Com cuidado, transfira o material a ser pesado para o recipiente de pesagem. *Não* devolva o excesso de material para a embalagem original.
   d. Remova qualquer material que, eventualmente, tenha caído sobre o prato antes de tomar o peso final.
   e. Após o uso, limpe a balança com um pano sem fiapos ou uma escova e feche as portas.
   f. A documentação do número de identificação da balança deve ser feita no caderno de laboratório.

C. MANUTENÇÃO E CALIBRAÇÃO:

1. A precisão da balança é verificada e registrada por pessoal interno autorizado duas vezes por mês ou sempre que necessário, se a balança for trocada de lugar.
2. A balança será vistoriada a cada seis meses por uma assistência técnica contratada.

D. PROCEDIMENTO PARA PADRÕES DE REFERÊNCIA:

1. Uma balança analítica será alocada com o propósito de pesagem de padrões de referência.
2. Essa balança terá seu desempenho monitorado por meio da verificação de pesos externos. O procedimento de verificação será realizado a cada dia em que os padrões de referência forem pesados e documentados em um livro de registro.

E. PESAGEM DE AMOSTRA:

1. Balanças analíticas ou de carga superior são usadas para a pesagem de amostras. Essa balança terá seu desempenho monitorado por meio de verificação de pesos externos. O procedimento de verificação será realizado a cada dia em que amostras forem pesadas e documentadas em um livro de registro.

Figura 2.3

Exemplo de procedimento operacional padrão (POP) para o uso de uma balança eletrônica.

2.2 Segurança em laboratório

É provável que a parte mais importante das boas práticas de laboratório consista em garantir que suas experiências sejam realizadas de forma segura. Um laboratório de análises químicas costuma ser um lugar seguro para se trabalhar, porque em geral é um local em que se lida com pequenas quantidades de substâncias químicas, e as reações empregadas normalmente não são perigosas. Entretanto, mesmo em um cenário como esse, é possível que acidentes ocorram. Nos laboratórios de química de grandes empresas, os acidentes acarretam uma média de uma hora perdida para cada 400 mil horas de trabalho. Nos laboratórios de ensino, estima-se que o número de acidentes possa ser de cem a mil vezes maior do que no setor industrial.[6]

Uma razão pela qual a taxa de acidentes em laboratórios industriais é menor é que são ocupados por profissionais treinados, e não por alunos que ainda estão aprendendo a lidar com produtos químicos. Outro fator é que os laboratórios industriais seguem diretrizes rígidas que ajudam a criar um ambiente de trabalho seguro. Os POPs utilizados para promover a segurança em um laboratório são chamados de *plano de higiene química* (*PHQ*, do inglês, Chemical Hygiene Plan — CHP).

2.2.1 Componentes comuns de segurança em laboratório

Há muitas coisas que podem ser incluídas no âmbito da categoria de 'segurança em laboratório'. Elas vão desde o uso de uma área de trabalho bem projetada até a disponibilidade de equipamentos de segurança e o treinamento adequado do pessoal no laboratório. A Tabela 2.1 apresenta alguns itens de segurança comuns encontrados em laboratórios químicos, entre os quais estão chuveiros, lava-olhos, saídas de emergência, telefones de emergência, extintores de incêndio, kits de primeiros socorros, equipamento para manipulação de derramamentos químicos e instalações para manipulação, armazenagem e descarte de produtos químicos. Cada um desses itens ajuda a evitar a exposição a substâncias químicas ou minimiza os danos, caso tal exposição ocorra.

Alguns laboratórios possuem recursos adicionais que podem ser incluídos nessa lista. Um exemplo seria o uso de recipientes de risco biológico em uma instalação que lida com materiais biológicos, como a que analisou as amostras de DNA para o julgamento de O. J. Simpson. Outro exemplo seriam as precauções especiais tomadas em um laboratório que trata substâncias radioativas, onde os funcionários precisam monito-

Tabela 2.1

Itens de segurança comuns encontrados em laboratórios químicos.

Protetores oculares	Protetores oculares para laboratórios podem variar de óculos de segurança (que protegem os olhos contra partículas volantes, incluindo substâncias químicas) a óculos de proteção (que são mais robustos e protegem uma área maior ao redor dos olhos) e protetores faciais. Óculos especiais podem ser necessários para trabalhar com fontes de laser ou raios ultravioleta.
Extintores de incêndio	A maioria dos laboratórios de química terá extintores de Classe A, B, ou C, que utilizam uma substância química, como o fosfato monoamônico, para apagar o fogo. Outros extintores químicos podem conter dióxido de carbono, que é especialmente eficiente contra líquidos inflamáveis, ou halon (hidrocarboneto halogenado como CF_3Br ou CF_2BrCl), que funcionam bem com equipamentos elétricos.
Lava-olhos, chuveiros e cobertores antifogo	Muitos laboratórios têm lava-olhos e chuveiros especiais projetados para esguichar grande quantidade de água nos olhos ou no corpo em caso de vazamento químico. Outro item geralmente presente é o cobertor antifogo, que serve para ser enrolado no corpo de uma pessoa caso sua roupa esteja pegando fogo. Todos esses itens devem estar em locais de fácil acesso em uma emergência.
Vestuário de laboratório	Aventais são utilizados para evitar que qualquer derramamento de substância química entre em contato com seu corpo. Luvas especiais podem ser necessárias no manuseio de materiais quentes ou que sejam perigosos ou corrosivos por natureza. Funcionários de laboratório não devem usar sandálias ou sapatos abertos, que podem expor os pés a substâncias químicas ou objetos cortantes (como cacos de vidro) que possam estar no chão. Outras peças de roupa devem ter o comprimento adequado para proteger os braços e as pernas em caso de incêndio ou vazamento. Profissionais com cabelos longos devem prendê-los para evitar o contato acidental com produtos químicos ou fogo.
Treinamento adequado	Todas as pessoas no laboratório devem ser treinadas no manuseio, armazenagem e descarte adequados dos produtos químicos com os quais lidarão. Elas também devem saber manipular com segurança e adequadamente a vidraria e os equipamentos de laboratório que vão utilizar. Deve haver planejamento e treinamento prévios dos funcionários de laboratório sobre como lidar com emergências, como incêndios ou vazamentos químicos. Todos os que trabalham no laboratório devem estar familiarizados com a localização de telefones de emergência e com as rotas adequadas a serem seguidas durante uma evacuação de emergência.
Outros recursos	Todos os itens de segurança e saídas do laboratório devem estar claramente sinalizados e ser de fácil acesso. Os indivíduos treinados em primeiros socorros e limpeza de vazamentos químicos devem estar disponíveis no laboratório ou próximos a ele. Um kit de primeiros socorros e equipamentos para limpar derramamentos de produtos químicos devem estar disponíveis no laboratório, bem como uma área claramente sinalizada para descarte de vidro quebrado.

rar rotineiramente suas áreas de trabalho quanto aos níveis de radiação e usar crachás indicadores que determinam a quantidade de radioatividade a que estiveram expostos.

2.2.2 Identificação de riscos químicos

Definição de risco químico. Para trabalhar com segurança em um laboratório, você deve determinar de antemão se cada produto químico que usa está associado a algum tipo de risco. Isso lhe permite adotar métodos adequados para manipular a substância e minimizar o risco que ela pode representar para você ou outras pessoas no laboratório. Um **risco químico** (ou **substâncias químicas perigosas**) pode ser definido como 'qualquer substância química que representa um risco físico ou à saúde'. Aquelas que representam risco físico incluem as que são explosivas, altamente reativas ou inflamáveis. Já as de risco à saúde são aquelas que podem ser tóxicas ou corrosivas, provocar câncer ou defeitos congênitos, ou causar danos a partes específicas do corpo, como pulmões, pele ou olhos.[7-10] É bastante comum que uma única substância química apresente vários tipos de risco (por exemplo, que seja tanto inflamável quanto tóxica). Diversos termos são usados para descrever esses riscos e efeitos à saúde, incluindo 'carcinogênica', 'corrosiva' e 'irritante'. Definições para esses e outros termos relacionados podem ser encontradas na Tabela 2.2, e mais informações sobre como um produto químico é classificado como um risco podem ser encontradas no Quadro 2.2.

Símbolos de riscos e rótulos químicos. Além de estar familiarizado com os termos usados para descrever substâncias químicas perigosas, você também deve ficar atento aos rótulos dos recipientes de produtos químicos. Nos Estados Unidos, é exigido que todos os fabricantes, distribuidores e importadores de produtos químicos utilizem etiquetas apropriadas de advertência aos riscos químicos. Esses avisos podem vir em forma de palavras, imagens ou símbolos (Figura 2.5), e devem indicar os perigos associados a uma substância química, como ser inflamável ou possível causadora de lesões.

Tabela 2.2

Termos para descrever substâncias químicas que representam riscos físico ou à saúde.

Termo	Definição	Exemplos
Riscos físicos		
Inflamável	Material que se incendeia facilmente.	Gasolina, éter etílico
Explosivo	Substância que pode causar uma súbita e violenta reação química com a liberação de gás e de calor.	Trinitrotolueno (TNT), nitroglicerina
Oxidante	Substância que produz facilmente oxigênio para estimular a combustão ou a oxidação de outras substâncias químicas.	Permanganato de potássio, peróxidos orgânicos
Reativo com água	Substância química que reage com a água, tornando-se inflamável ou emitindo grandes quantidades de substâncias inflamáveis ou tóxicas.	Potássio ou sódio metálico
Gás comprimido	Gás mantido em um recipiente fechado sob elevada pressão.	Cilindros de gás hidrogênio ou oxigênio
Perigos para a saúde		
Radioativo	Material que emite radiação ionizante.	Gás radônio
Toxina aguda	Substância química que causa efeitos nocivos após uma única exposição.	Cianeto de sódio
Toxina crônica	Substância química que causa efeitos nocivos após exposição prolongada.	Benzo[a]pireno (carcinogênico)
Veneno	Substância que pode matar, ferir ou prejudicar um organismo vivo.	Compostos de arsênio
Risco biológico	Substância biológica que representa um perigo para a saúde.	Vírus da AIDS
Agente etiológico	Micro-organismo ou toxina relacionada que pode causar doenças em seres humanos.	Salmonela (comum em intoxicação alimentar)
Irritante	Substância química não corrosiva, que provoca inflamação reversível (inchaço e vermelhidão) quando em contato com tecidos vivos.	Ácido 1-propenilsulfênico (encontrado em cebolas)
Corrosivo	Substância química que provoca a destruição de tecidos vivos no local de contato.	Ácidos e bases fortes, como ácido clorídrico e hidróxido de sódio
Alérgeno	Substância que pode desencadear uma reação alérgica.	Aflatoxinas (encontradas em amendoins)
Asfixiante	Substância química que interfere no transporte de oxigênio pelo corpo.	Monóxido de carbono, gás natural
Carcinogênico	Substância que provoca o surgimento do câncer.	Benzeno, tetracloreto de carbono
Toxina reprodutiva	Agente que causa danos ao sistema reprodutivo, como uma substância que provoca alteração no DNA (um *mutagênico*) ou a produção de defeitos não hereditários (um *teratogênico*).	Etanol, mercúrio e compostos de chumbo

Quadro 2.2 Como determinar o grau de segurança das substâncias químicas

Todas as substâncias químicas podem ser associadas a algum tipo de risco. Isso é verdade até mesmo para as substâncias consideradas 'seguras', como o cloreto de sódio e a glicose, que podem levar a um aumento na pressão arterial ou promover o desenvolvimento de diabetes quando presentes em níveis elevados e prolongados na circulação. Mas como podemos determinar os perigos contidos em um produto químico específico? Essa questão é pertinente ao campo da *toxicologia*, que estuda como as substâncias químicas afetam os organismos vivos. Para determinar o grau de segurança de um produto químico, há várias questões a serem consideradas. Por exemplo, qual quantidade da substância que deverá estar presente para criar um efeito, e qual será a natureza dessa reação? Quando soubermos como responder a essas perguntas, poderemos determinar uma forma de minimizar o risco que corremos ao manusear esses agentes.

Vários métodos são utilizados para identificar substâncias químicas perigosas. Uma estratégia é comparar a estrutura de uma substância química com a de outras cujos efeitos sobre o corpo sejam conhecidos. Outra abordagem muitas vezes usada é a análise dos efeitos em pessoas que tenham sido expostas a um produto químico específico por causa de seu estilo de vida (como no caso do tabagismo ou do uso de drogas ilícitas), de um acidente (como um vazamento de produtos químicos) ou de fatores ambientais (por exemplo, a exposição ao chumbo na pintura de uma casa). Mas, para novas substâncias, especialmente aquelas utilizadas em alimentos e remédios, os riscos químicos são identificados por meio de testes em animais ou outros sistemas vivos como cobaias antes de seu uso em humanos. Esses estudos com animais são frequentemente realizados com ratos ou camundongos, sendo que o agente de interesse é ministrado ao animal pela via mais provável de exposição (boca, pele, pulmões etc.), e mais tarde ele é examinado quanto a alguma reação.[11-13]

Embora os estudos em animais sejam um componente extremamente importante de avaliação do grau de segurança química, eles são caros e demorados. Há também uma preocupação crescente quanto a ética dessa abordagem, o que vem provocando um aumento no desenvolvimento de métodos não baseados em animais.[13] Um bom exemplo é o *teste de Ames* (Figura 2.4), que utiliza micro-organismos para testar a capacidade que uma substância química tem de produzir mutações em DNA.[14, 15] Uma vez que uma substância química perigosa tenha sido identificada, será necessário caracterizar o risco que estaria associado à sua manipulação. Esse processo envolve a determinação da quantidade de substância química que é necessária para provocar uma reação, assim como o risco de uma dose única concentrada (uma *exposição aguda*) *versus* uma dose repetida e prolongada (*exposição crônica*). Também é útil determinar quais órgãos ou partes do corpo serão afetados pela substância.[11-13] Essa informação permite que sejam desenvolvidas medidas de segurança adequadas para lidar com esse agente, as quais serão então incluídas na ficha de informação sobre segurança dos materiais.

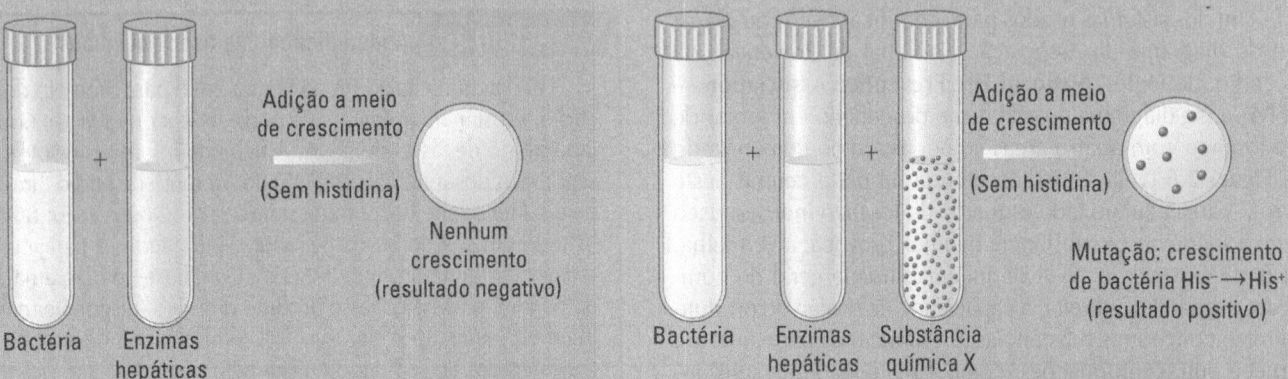

Figura 2.4

Teste de Ames para risco químico. Essa técnica utiliza uma cepa do micro-organismo *Salmonella enterica* (antigo *S. typhimurium*), que tem um gene defeituoso para uma enzima que sintetiza o aminoácido histidina, produzindo a bactéria 'His⁻'. No entanto, a ação de algumas substâncias químicas pode provocar mutação no DNA dessa bactéria e alterá-la para uma forma 'His⁺', capaz de crescer em uma cultura sem a presença de histidina. Esse crescimento indica que a substância química é um possível agente causador do câncer. Uma suspensão de enzimas hepáticas (em geral as de um rato) é usualmente adicionada às bactérias para também produzir e testar metabólitos gerados pela substância química.

Figura 2.5

Símbolos comumente usados para representar riscos químicos. Esses símbolos aparecem em versão colorida no centro deste livro.

Um dos sistemas usados para identificar riscos químicos é o do diagrama da Associação Nacional de Prevenção de Incêndio (do inglês, **National Fire Prevention Association — NFPA**). Esse diagrama é geralmente desenhado em forma de um losango com quatro áreas coloridas, como demonstrado na Figura 2.6 (veja a versão colorida na parte central deste livro). A área azul no lado esquerdo do losango indica o risco geral à saúde que a substância química provoca; a vermelha, na parte superior, o nível de inflamabilidade geral do composto; a amarela, à direita, a capacidade de reação do produto químico com outras substâncias; e a branca, na parte inferior, fornece outras informações, como a reatividade da substância com a água ou a sua capacidade relativa de oxidar outros compostos. As áreas em azul, vermelho e amarelo contêm cada qual um número entre zero e quatro, em que zero representa os compostos mais seguros e quatro, os de maior risco. Às vezes, essa informação é fornecida sem a presença do losango, mas o significado da classificação de zero a quatro é a mesma, independentemente da forma como esses valores são apresentados.

EXERCÍCIO 2.2 A identificação de riscos químicos

O diagrama da NFPA na Figura 2.6 é para brometo de etídio, substância química que pode ser encontrada em um laboratório de testes de DNA. A ficha de informação sobre segurança dos materiais (MSDS) do brometo de etídio também é facilmente encontrada na internet (*Observação*: utilizando um *site* de buscas, procurar utilizando as palavras-chave: ethidium bromide MSDS.). Com base no diagrama da NFPA e na MSDS desse produto químico (disponível na internet), quais tipos de risco físico ou à saúde devem ser considerados ao se lidar com brometo de etídio?

SOLUÇÃO

O diagrama da NFPA para brometo de etídio indica que essa substância não deve representar nenhuma ameaça significativa quanto à inflamabilidade ou reatividade. A mesma etiqueta, porém, também mostra que esse produto químico representa um nível três de risco à saúde. A MSDS do produto fornece informações mais específicas, mostrando que o brometo de etídio é uma substância tóxica que pode causar alterações genéticas hereditárias e agir como um irritante aos olhos, ao sistema respiratório e à pele. Precauções a serem tomadas no manuseio dessa substância também são mencionadas na ficha de informação sobre segurança dos materiais.

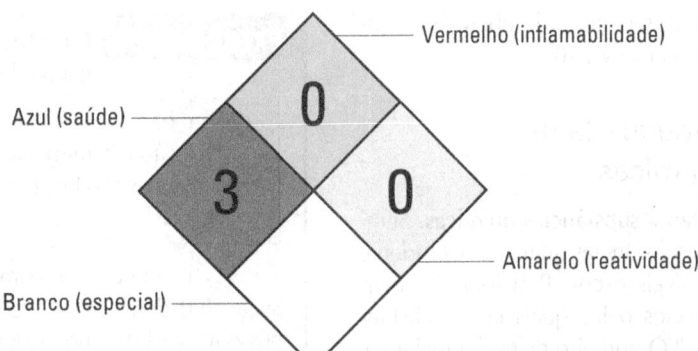

Vermelho (inflamabilidade)		
0		Não combustível
1		Combustível, se aquecido
2	Alerta	Combustível líquido, ponto de fulgor de 38° a 93 °C
3	Cautela	Combustível líquido, ponto de fulgor abaixo de 38 °C
4	Perigo	Gás inflamável ou líquido altamente inflamável

Azul (saúde)		
0		Nenhum risco incomum
1	Cautela	Pode ser irritante
2	Alerta	Pode ser nocivo se inalado ou absorvido
3	Alerta	Corrosivo ou tóxico. Evitar o contato com a pele ou a inalação
4	Perigo	Pode ser fatal em caso de breve exposição. É necessário equipamento de proteção específico

Amarelo (reatividade)		
0	Estável	Não reativo quando misturado à água
1	Cautela	Pode reagir se aquecido ou misturado à água, mas a reação é não violenta
2	Alerta	Instável, ou pode provocar reação violenta, se misturado com água
3	Perigo	Pode ser explosivo sob impacto, se aquecido em área confinada ou misturado à água
4	Perigo	Material explosivo à temperatura ambiente

Branco (especial)	
W	Reativo à água
Ox	Agente oxidante

Figura 2.6

Sistema de rotulagem da National Fire Prevention Association (NFPA). Este diagrama em particular destina-se à substância química brometo de etídio. Em alguns casos, uma linha horizontal com símbolos é usada na categoria branca (especial); por exemplo, um 'W' cortado por uma linha significa que a substância é reativa à água.

2.2.3 Fontes de informação sobre substâncias químicas

Material Safety Data Sheets (MSDS) (**Ficha de informação sobre segurança dos materiais**). É importante considerar os possíveis riscos de cada produto químico com o qual se vai lidar em um laboratório. Existem várias fontes de informação para nos ajudar nessa tarefa. Provavelmente, o mais completo conjunto de dados sobre uma substância química pode ser encontrado em sua **ficha de informação sobre segurança dos materiais** (ou **MSDS**). Trata-se de um conjunto de uma ou mais fichas que devem ser enviadas com cada substância fabricada ou fornecida por uma empresa. Um exemplo de MSDS é dado no Apêndice A. Outros exemplos podem ser encontrados na Internet ou obtidos com fornecedores de produtos químicos.

Basta darmos uma rápida olhada na MSDS no Apêndice A para verificarmos que esse recurso contém uma grande quantidade de informações. Por exemplo, uma MSDS deve descrever as propriedades químicas e físicas de uma substância, incluindo sua capacidade de provocar fogo ou explosão e de reagir com outras. Outros itens que se encontram listados nesse tipo de ficha incluem os possíveis riscos à saúde provocados pelo produto químico e os procedimentos para seu descarte ou medidas a serem tomadas caso alguém seja exposto a ele.

> **EXERCÍCIO 2.3** Como usar uma ficha de informação sobre segurança dos materiais (MSDS)
>
> Determine os riscos físicos e os riscos potenciais à saúde do benzeno usando a MSDS que é fornecida para essa substância no Apêndice A.
>
> **SOLUÇÃO**
>
> A MSDS mostra que o benzeno é um líquido inflamável com classificação de inflamabilidade NFPA de nível três. Os riscos à saúde provocados pelo benzeno incluem irritabilidade do trato respiratório, da pele e dos olhos. Essa substância química é também carcinogênica e mutagênica.

Outros recursos. Existem muitas outras fontes de informação disponíveis que tratam de riscos químicos. Um resumo das propriedades físicas e químicas de compostos comuns pode ser encontrado no *CRC Handbook of Chemistry and Physics*[16] ou no *Merck Index*.[17] Informações sobre os efeitos à saúde provocados por substâncias químicas específicas também podem ser encontradas em *Sigma-Aldrich Library of Chemical Safety*,[18] *Sax's Dangerous Properties of Industrial Materials*[19] e *A Comprehensive Guide to the Hazardous Properties of Chemical Substances*.[20]

Outros textos úteis que abordam a segurança de laboratórios e os riscos químicos incluem as referências 7 a10.

2.2.4 Manipulação adequada de substâncias químicas

Minimização da exposição a substâncias químicas. Sempre que se estiver lidando com substâncias químicas, é prudente minimizar a exposição a possíveis riscos. Para isso, é importante conhecer os diversos meios pelos quais essas substâncias podem entrar no corpo.[7,10] O primeiro deles é a inalação, que pode causar um problema quando se está trabalhando com um gás ou líquido volátil. Uma substância química inalada pode causar danos à boca, à garganta e aos pulmões, ou passar para o sangue e outras partes do organismo. Por exemplo, o éter inalado pode entrar rapidamente no sangue e causar tontura, desorientação e perda de consciência. A inalação de pequenas partículas sólidas também é um problema, porque essas partículas podem se alojar nos pulmões e desenvolver uma irritação de efeito prolongado, como ocorre com as fibras de amianto. A inalação de produtos químicos pode ser significativamente reduzida pela manipulação de substâncias voláteis em uma capela de exaustão. Se necessário, pode-se também usar uma máscara para evitar a inalação de pó ou pequenas partículas.

O contato com a pele ou com os olhos é o segundo meio pelo qual você pode sofrer exposição química. Trata-se do tipo mais comum, por isso o uso de proteção para os olhos e uma roupa adequada quando estiver em um laboratório é *sempre* essencial. Além disso, use luvas adequadas para lidar com produtos químicos perigosos e certifique-se de cobrir adequadamente todos os cortes e escoriações, que podem proporcionar rotas fáceis de entrada. Limpe sua área de trabalho depois de terminar um experimento. Esse hábito evitará expor os outros às substâncias que você utilizou, e é especialmente importante quando se estiver usando equipamentos ou computadores que poderão ser operados por outras pessoas.

A ingestão é a terceira via de exposição química. Não é tão comum como a exposição pela pele e pelos olhos, mas pode ocorrer. Por exemplo, uma pequena quantidade de resíduo químico em suas mãos ou no ar pode entrar em seu corpo enquanto você come. É por essa razão que *nunca* se deve comer ou beber dentro de um laboratório. Aplicar cosméticos, fumar e usar goma de mascar em um laboratório também é desaconselhado. Pela mesma razão, você deve sempre lavar as mãos após manusear substâncias químicas e antes de sair de um laboratório.

A última rota possível de exposição química é por injeção, que pode ocorrer quando se lida com substâncias químicas e objetos pontiagudos, como agulhas e lâminas. Uma injeção acidental não é comum, mas pode ser grave na medida em que pode levar produtos químicos diretamente à corrente sanguínea. A melhor proteção contra a injeção é o manuseio cuidadoso de objetos afiados e seu descarte em um recipiente resistente, devidamente rotulado (assim como o de vidro quebrado). Essa prática não só protege a todos em um laboratório, como também garante que aqueles que posteriormente removerão esses itens possam fazê-lo com segurança.

EXERCÍCIO 2.4 Identificação das precauções na manipulação de substâncias químicas

Com base na MSDS no Apêndice A, quais precauções para proteção e minimização da exposição você deve seguir ao manusear o benzeno?

SOLUÇÃO

As precauções recomendadas são apresentadas na Seção 8.0 dessa MSDS (Controles de exposição/Proteção pessoal). O benzeno é um composto volátil, e por isso uma ventilação adequada é necessária quando se está trabalhando com essa substância, assim como uma proteção respiratória apropriada. Luvas, proteção para os olhos e roupas adequadas também são recomendadas para evitar o contato desse produto com os olhos e a pele. Lavar as mãos após manuseá-lo é uma precaução adicional a ser tomada para evitar uma ingestão acidental.

Armazenagem química. Outro fator a ser considerado como parte do protocolo de segurança no laboratório é a maneira pela qual os produtos químicos são armazenados. O objetivo é mantê-los de uma forma estável que não apresentem risco ou causem qualquer interação com substâncias que estiverem próximas. Existem várias diretrizes gerais de auxílio nesse processo de armazenagem.[7-10] Substâncias inflamáveis ou explosivas devem ser mantidas em armários especiais de metal, concebidos para esse fim. As voláteis devem ser mantidas em áreas bem ventiladas, como em um armário ventilado ou em uma capela de exaustão. Cilindros de gás devem ser firmemente fixados a uma parede ou a uma bancada de laboratório, enquanto as substâncias sujeitas à reação com água devem ser conservadas em ambiente seco, livre de umidade. Também é essencial manter produtos químicos que possam reagir uns com os outros em áreas distintas, como ácidos e bases, ou agentes oxidantes e redutores. Algumas substâncias, assim como muitos dos materiais biológicos, podem exigir refrigeração. Outras, assim como potenciais carcinogênicos, substâncias radioativas ou toxinas, devem ser acondicionadas em áreas próprias, com etiquetas bem visíveis e apropriadas.

É de fundamental importância, quando se está usando ou armazenando produtos químicos, assegurar-se de que os recipientes sejam devidamente rotulados. O rótulo deve incluir (1) o nome da substância química, (2) a data em que foi preparada, recebida e/ou aberta e (3) o nome da pessoa que elaborou ou utilizou a substância. Não se devem usar abreviações de nomes de produtos químicos. Etiquetas adequadas ajudarão os outros a saber exatamente quais substâncias estão contidas em um recipiente. Também ajudarão a evitar erros em experimentos devido a confusões químicas e facilitar a conservação e o posterior descarte de maneira adequada.

Descarte químico. Outra questão a ser considerada como parte da segurança de um laboratório é 'O que fazer com uma substância química utilizada após a experiência ter sido concluída?' Os procedimentos para o descarte ou para a manipulação de produtos químicos usados são chamados de *gestão de resíduos de laboratório*. Realizar esse processo adequadamente vai além de apenas lidar com o excedente de produtos ou de reagentes produzidos durante um experimento. Essa gestão também inclui substâncias que atingiram o prazo de validade ou que podem ter sido modificadas em sua composição original.

É importante saber sempre com antecedência como descartar um produto químico. Um descarte inadequado pode levar à contaminação do meio ambiente ou ao risco de um eventual incêndio ou uma explosão. A Gestão de Segurança e Saúde Ocupacional Norte-americana (do inglês, Occupational Safety and Health Administration — OSHA) e a Agência de Proteção Ambiental dos Estados Unidos (do inglês, United States Environmental Protection Agency — U.S. EPA) exigem que todos os produtos químicos sejam descartados de forma segura e responsável.[7-10, 21] Informações sobre como isso deve ser feito podem ser encontradas na ficha de segurança dos materiais de uma substância. Como exemplo, a MSDS do benzeno no Apêndice A determina que esse produto deve ser descartado (onde isso é permitido por lei) queimando-o em um incinerador químico. Quando realizado corretamente, esse processo converte todo o benzeno (C_6H_6) em água e dióxido de carbono, duas substâncias químicas atóxicas.

O descarte de produtos químicos é uma questão tanto ambiental quanto legal. Por esse motivo, muitas empresas, faculdades e universidades mantêm departamentos especiais para lidar com agências governamentais e para coletar e descartar os excedentes químicos. Embora a maioria dos laboratórios não descarte seus próprios produtos químicos, existem alguns princípios gerais que todos os que trabalham em um laboratório devem seguir. Por exemplo, antes de um material ser preparado para a eliminação, é necessário identificar quais de suas substâncias são perigosas ou apresentam necessidades especiais de descarte. Essa identificação pode ser feita analisando-se recursos como as fichas de segurança dos materiais de substâncias químicas. Caso se esteja lidando com mais de uma substância, é essencial separá-las em grupos com base em sua reatividade e composição. Por fim, todos os produtos químicos em excesso devem ser armazenados em recipientes adequados, e informação suficiente sobre o conteúdo desses recipientes deve ser fornecida, de modo que os procedimentos corretos de descarte possam ser selecionados.

2.3 O caderno de laboratório

Outra parte das boas práticas de laboratório é que os cientistas devem manter um registro completo e exato do trabalho que realizam no laboratório. Isso é feito por meio de um **caderno de laboratório**. Trata-se de um registro dos procedimentos que foram realizados por um cientista em um experimento, dos resultados obtidos e das conclusões extraídas de cada experimento. O caderno de laboratório também desempenha um papel vital quando esses resultados são, eventualmente, comunicados a outras pessoas em artigos ou relatórios, e serve para determinar quando um experimento em particular foi realizado, além de poder ser útil no caso de um cientista requerer uma patente.

A prática de usar cadernos para descrever experiências e observações vem sendo realizada há muitos séculos. Um exemplo famoso disso é o trabalho de Leonardo da Vinci. Ao longo de sua vida (1452-1519), Da Vinci realizou pesquisas e registrou observações em seus cadernos sobre temas que vão desde arquitetura, engenharia e mecânica a geologia, química e biologia. Para proteger suas anotações, ele fazia os registros de trás para a frente, de modo que só podiam ser lidos com um espelho. Isso fez com que muitas de suas descobertas só fossem conhecidas muito tempo depois de sua morte. Em contraste, cientistas modernos usam o caderno de laboratório como uma ferramenta para comunicar claramente seus resultados e procedimentos para utilização por outros.

2.3.1 Práticas recomendadas para o caderno

Embora não existam exigências específicas sobre o que cada caderno de laboratório deve conter, há algumas orientações gerais que devem ser sempre seguidas (Tabela 2.3).[22-25] O propósito por trás de cada uma dessas diretrizes gerais fica evidente quando se considera quais são os objetivos fundamentais de se manter um caderno de laboratório. Um deles é fornecer um relato detalhado e preciso de uma pesquisa que outras pessoas possam usar em seu próprio trabalho. Por isso é importante registrar os dados diretamente no caderno e manter um relatório completo de suas experiências e resultados. O segundo objetivo do caderno é apresentar um registro que será facilmente compreendido por outras pessoas. O uso de títulos claros, de um sumário e de um formato consistente de anotações contribui para que isso seja alcançado. Em terceiro lugar, manter um caderno de laboratório fornece um registro de como e quando os experimentos foram realizados. Um registro como esse é importante em laboratórios acadêmicos e industriais como prova de quando a investigação foi conduzida, para efeito de direitos de propriedade intelectual (conforme necessário para a obtenção de patentes) ou para documentar um trabalho para posterior utilização em relatórios científicos e publicações. Citamos apenas algumas das razões porque é essencial para um profissional de laboratório sempre datar e assinar todas as anotações em um caderno.

A Figura 2.7 traz um exemplo de bom registro e ilustra muitos dos princípios já discutidos. Esse registro é escrito em um estilo fácil de ler e de seguir, e a descrição da experiência é completa o suficiente para permitir que outra pessoa reproduza o experimento. Manter um caderno de laboratório organizado dessa forma requer diligência e prática, mas esse esforço resultará em um instrumento valioso de auxílio ao trabalho em laboratório.

Tabela 2.3

Práticas recomendadas na manutenção de um caderno de laboratório.

Propriedades gerais do caderno	O caderno não deve conter páginas soltas. Todas elas devem ser numeradas com antecedência e usadas em ordem sequencial, sem que se deixem páginas em branco no meio dos registros.
Formato de registro	Todos os registros devem ser fáceis de ler e feitos em tinta permanente (*não* com um lápis ou marcador solúvel em água). O registro de cada experimento deve incluir uma breve declaração do objetivo da experiência, uma descrição dos métodos e das condições utilizadas e uma declaração dos resultados obtidos. Cada uma dessas seções deve conter um título claro e conciso. Além disso, deve haver um sumário no início do caderno em que títulos, datas e páginas de cada experimento sejam listados.
Itens a serem incluídos em um registro	Devem-se incluir estruturas químicas, tabelas e diagramas que resultem dos experimentos ou que os descrevam. Deve-se também incluir uma descrição de como os reagentes e as amostras foram preparados (incluindo massas, volumes e tipos de equipamento utilizados). Todas as abreviaturas utilizadas devem ser definidas no caderno. Devem-se fornecer exemplos de cálculos que foram realizados durante o experimento, inclusive aqueles empregados na preparação de amostras e de reagentes. Em caso de uso de um procedimento desenvolvido por outra pessoa, uma referência a essa fonte se faz necessária. Se forem feitas alterações no procedimento, elas devem ser descritas em detalhes.
Quando fazer um registro	*Sempre* registre os dados diretamente no caderno. Ao medir a massa de uma substância, *não* se deve anotar os valores medidos em uma folha de papel solta e depois transferi-los para o caderno. Isso vale também para outros itens, como esboços de equipamentos e tabelas de dados gerados durante um experimento.
Gráficos e impressos	Gráficos e impressos extraídos de computadores ou instrumentos podem ser adesivados, colados ou grampeados no caderno. Uma breve descrição do que os dados representam e de como eles foram obtidos deve ser feita. Cada item anexado deve ser assinado e datado de tal modo que parte da assinatura e da data esteja no material anexado e parte se sobreponha à página do caderno. Para um grande número de gráficos e impressos, um caderno ou arquivo separado pode ser necessário. No entanto, esses itens também devem ser assinados e datados, e sua localização deve ser claramente descrita no caderno de laboratório principal.
Validação de registro	Assine e date todos os registros no momento em que eles forem feitos. Além disso, deve-se assinar e datar o rodapé de cada página do caderno, assim que tiver sido completada. O caderno também deve ser examinado e assinado periodicamente por pelo menos mais uma pessoa do laboratório, como um supervisor ou professor.
Tratamento de erros	Se houver erros (como, por exemplo, a descrição incorreta de um procedimento ou a anotação incorreta de um dado) ou forem feitas alterações no caderno, as informações a serem corrigidas devem ser riscadas com uma linha horizontal única, colocando-se a data e as iniciais do responsável ao lado da correção. *Nunca* apague ou elimine totalmente um registro anteriormente anotado em um caderno.
Como lidar com espaços vazios	*Nunca* rasgue ou remova qualquer página de um caderno de laboratório. Um caderno bem cuidado não terá nenhuma página em branco entre os registros. Se houver algum espaço não utilizado no final de uma página, pode-se inutilizá-lo colocando-se um grande 'X' no meio.

2.3.2 Cadernos e planilhas eletrônicos

Um tema que vem provocando um interesse crescente em laboratórios químicos é o da utilização de computadores para manter um *caderno eletrônico de laboratório* (*CEL*).[26-28] Trata-se do registro digital de uma experiência laboratorial em que o texto pode ser combinado com gráficos, estruturas, imagens e outras fontes de informação organizadas em um computador. Esse sistema tem o potencial de proporcionar muito mais flexibilidade do que um caderno normal no que se refere à análise de dados, à geração de relatórios e à comunicação de resultados. Cadernos eletrônicos, no entanto, também apresentam potenciais desvantagens, como estarem sujeitos à perda de dados devido a um vírus ou a uma falha de computador. Além disso, problemas de segurança podem surgir se hackers invadirem o sistema. Esses problemas podem ser minimizados ao se fazerem *backups* rotineiros dos cadernos e tomando-se as medidas adequadas para impedir qualquer uso não autorizado. Outro problema em potencial ocorre se os arquivos do CEL forem facilmente atualizáveis ou estiverem sujeitos a adulterações. No entanto, esforços têm sido feitos nos últimos anos para contornar esse problema e tornar as anotações em CEL mais adequadas como registros permanentes do trabalho em laboratório.

Muitos laboratórios industriais usam os cadernos eletrônicos como parte de um *sistema de gerenciamento de informações de laboratório* (*LIMS*). O LIMS é um pacote de software usado para a coleta de dados de instrumentos em um laboratório e para o processamento dessas informações de maneira apropriada a um relatório.[29] Quando se lida com cadernos eletrônicos, um LIMS pode ser modificado para produzir uma cópia impressa e verificável de um registro no momento em que ele é gerado. Em um laboratório pequeno, o mesmo resultado pode ser obtido pela impressão de uma cópia de cada página do caderno eletrônico e pelo arquivamento permanente dessas cópias em uma pasta. Portanto, pelo menos por enquanto, a versão em papel do caderno de laboratório ainda ocupa um lugar importante nos laboratórios de química.[27, 28]

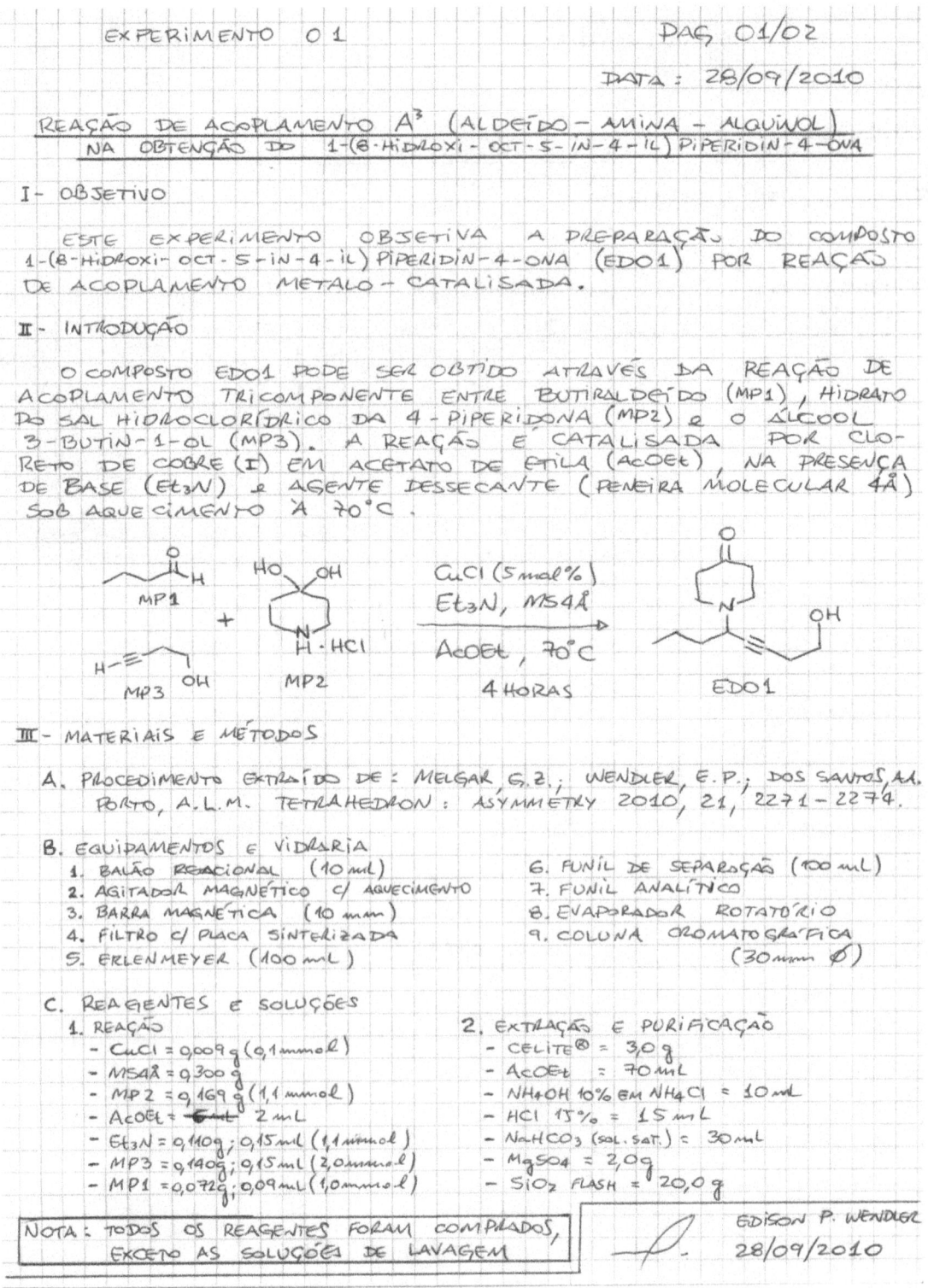

Figura 2.7A

Página de um caderno de laboratório bem organizada por um aluno. (Reproduzido com permissão de Edison P. Wendler.) (*continua na página seguinte*)

Outra ferramenta baseada em computador que pode ser usada tanto em um caderno tradicional quanto em um eletrônico é a **planilha eletrônica de cálculo**. Trata-se de um programa que serve para registrar, analisar e manipular dados; é uma ferramenta valiosa para realizar cálculos repetitivos automaticamente. Um exemplo é mostrado na Figura 2.8. Nessa planilha, um conjunto de resultados foi inserido em uma tabela, onde números ou registros individuais podem ser usados em cálculos

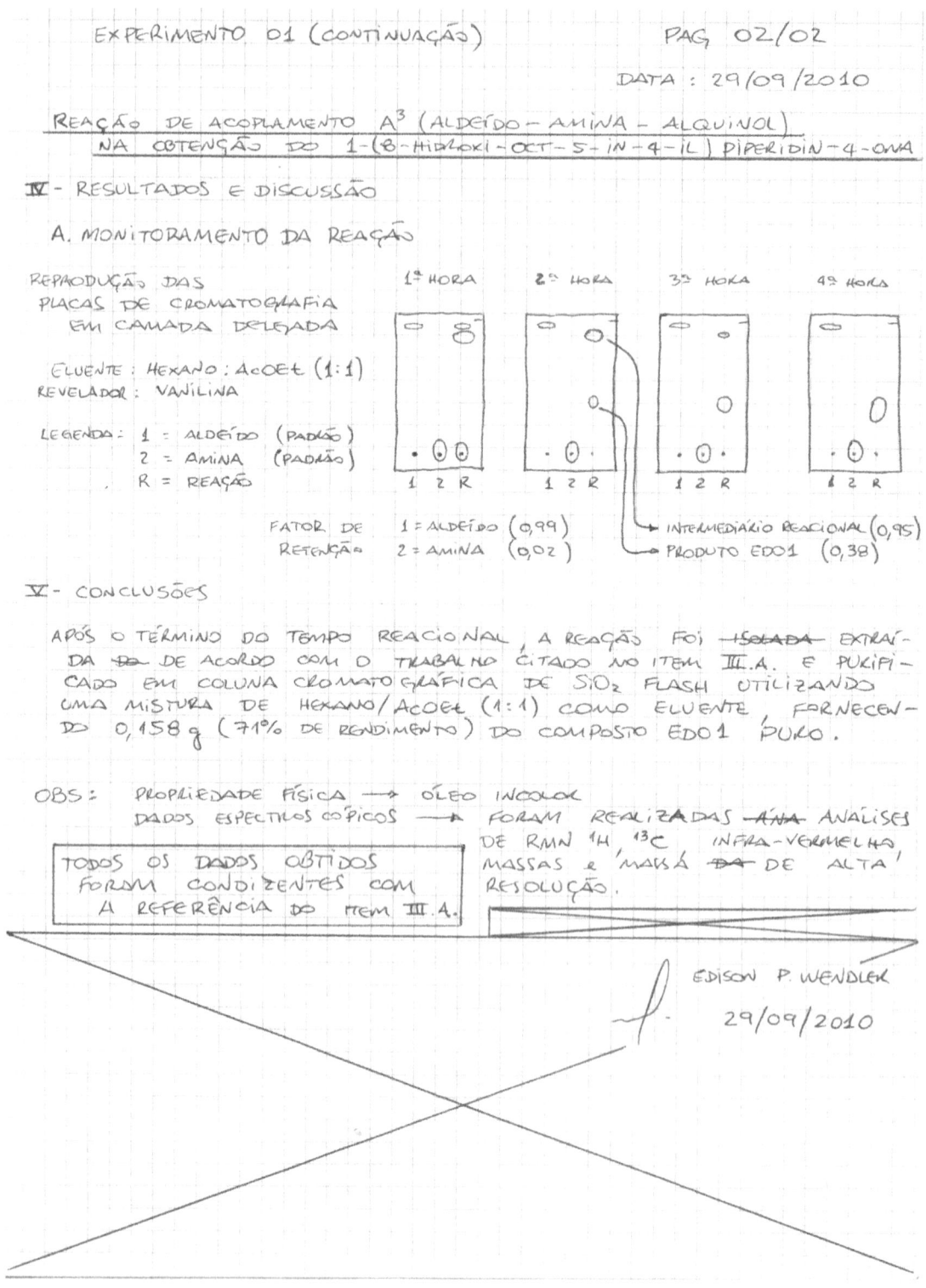

Figura 2.7B

Página de um caderno de laboratório bem organizada por um aluno. (Reproduzido com permissão de Edison P. Wendler.) (*continuação da página anterior*)

ou usados para criar gráficos. Esses gráficos, tabelas e cálculos podem, mais tarde, ser inseridos em um caderno de laboratório e utilizados para preparar relatórios. Ao longo deste livro você terá oportunidades de trabalhar com planilhas para resolver problemas relacionados à química analítica. Para aqueles que não estiverem familiarizados com a utilização de planilhas, um guia passo a passo pode ser encontrado no Apêndice C. Mais auxílio pode ser obtido em fontes como as referências 30 a 33.

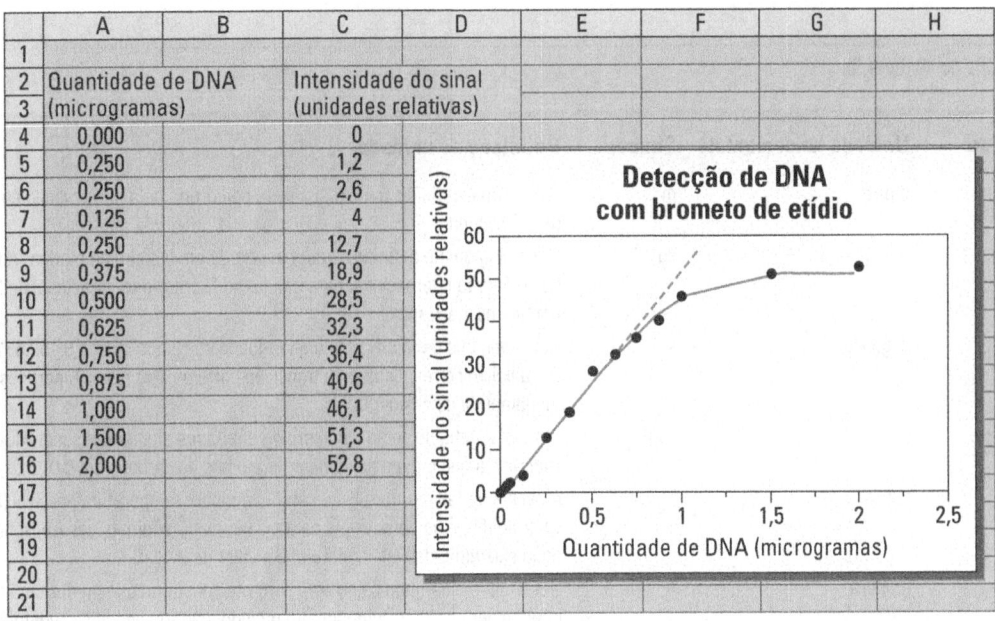

Figura 2.8

Exemplo de planilha utilizada na análise de dados para a medição quantitativa de DNA em amostras com base na fluorescência do brometo de etídio na presença de DNA. A linha tracejada mostra a regressão linear de resposta aos resultados de amostras contendo de 0 a 0,625 μg de DNA, enquanto a linha contínua mostra uma curva suavizada para o conjunto inteiro de dados. Métodos para encontrar a regressão linear para uma relação linear serão discutidos no Capítulo 4.

2.4 Relato de dados experimentais

2.4.1 O sistema SI de medidas

Visto que cientistas devem compartilhar resultados com pessoas de todos os cantos do mundo, já há muito tempo eles reconheceram a necessidade de comunicar seus dados em um conjunto de unidades padrão. Esse objetivo é alcançado por meio do **sistema SI** de medidas, também conhecido como o Sistema Internacional de Unidades ou *Système Internationale d'Unités*. Esse sistema fornece um conjunto de normas uniformes para a descrição de massa, comprimento, tempo e outras grandezas mensuráveis. Seu uso remonta ao final do século XVIII na França, e foi adotado por outras nações, incluindo os Estados Unidos, no *Tratado do Metro*, assinado em Paris em 20 de maio de 1875.

Unidades SI fundamentais e aceitas. Todas as medidas do sistema SI podem ser descritas por um pequeno grupo de unidades fundamentais que estão relacionadas com constantes físicas ou valores bem definidos.[34, 35] Essas *unidades SI fundamentais* são apresentadas na Tabela 2.4. Você provavelmente conhece muitas delas, como o *metro* para unidade de comprimento, o *quilograma* para unidade de massa e o *segundo* para unidade de tempo. Outra unidade SI fundamental é o *mol*, usada em química para a contagem do número de entidades elementares de uma substância (por exemplo, há $6,02 \times 10^{23}$ moléculas de H_2O em um mol de água). As outras unidades fundamentais do sistema SI são o *kelvin* para temperatura, o *ampère* para corrente elétrica e a *candela* para intensidade luminosa.

As sete unidades fundamentais do sistema SI podem ser combinadas para obter outros valores conhecidos como *unidades SI derivadas* (Tabela 2.5). Por exemplo, a unidade SI para carga elétrica (o coulomb, C) é a quantidade de eletricidade que flui por um segundo em uma corrente de um ampère (1 C = 1 A · s). Outras unidades derivadas que usaremos neste livro são volt, joule e graus Celsius. O sistema SI também permite o uso de algumas unidades comuns que estão relacionadas com as unidades SI fundamentais, mas não derivam diretamente delas. Essas unidades relacionadas são chamadas de *unidades SI aceitas*. Exemplos em química analítica incluem o litro como uma medida de volume, minutos e horas como unidades de tempo, o elétron-volt como unidade de energia e a massa atômica unificada como medida de massa.

Conversão de unidades. Embora todas as medidas científicas devam idealmente ser reportadas utilizando-se o sistema SI, muitas vezes encontraremos situações em que os números são reportados em outras unidades. Nos Estados Unidos, exemplos comuns disso são o uso de libras, galões, polegadas, pés e milhas. Há muitos outros trabalhos científicos que divulgaram dados em unidades que, atualmente, não são recomendadas pelo sistema SI. Dessa forma, é importante saber como convertê-las em unidades SI. Uma lista de fatores de conversão disponíveis para esse propósito pode ser encontrada em várias fontes, entre elas o *CRC Handbook of Chemistry and Physics*.[16]

Tabela 2.4

Unidades fundamentais do sistema SI.

Quantidade medida	Unidade fundamental	Símbolo	Definição de unidade
Comprimento	metro	m	Um metro é definido como a distância percorrida pela luz no vácuo em 1/299.792.458 de um segundo.
Massa	quilograma	kg	Um quilograma é definido como a massa de um cilindro de platina-irídio, que é mantida como padrão internacional para o quilo no Escritório Internacional de Pesos e Medidas em Sèvres, na França.
Tempo	segundo	s	Um segundo é definido como a quantidade de tempo igual a 9.192.631.770 ciclos da radiação correspondente à transição entre os dois níveis hiperfinos do estado fundamental do césio-133.
Quantidade de matéria	mol	mol	Um mol é definido como o número de entidades elementares individuais de uma substância que é igual ao número de átomos de carbono em 0,012 kg de carbono-12.
Temperatura	kelvin	K	A escala de temperatura kelvin atribui à menor temperatura possível (zero absoluto) um valor de 0 K, e ao ponto triplo da água (no qual as formas gasosa, sólida e líquida da água existem todas em equilíbrio) um valor de 273,16 K.
Corrente elétrica	ampère	A	Um ampére é definido como uma corrente constante que produz uma força de 2×10^{-7} newton por metro de comprimento quando mantida em dois condutores paralelos e retilíneos de comprimento infinito e seção circular desprezível, que são colocados a um metro de distância um do outro no vácuo.
Intensidade luminosa	candela	cd	A candela é a intensidade luminosa medida em uma determinada direção de uma fonte que emite uma radiação monocromática com frequência de 540×10^{12} hertz e que tem uma intensidade radiante de 1/638 watt por esterradiano na direção observada.

Tabela 2.5

Unidades SI derivadas e aceitas com nomes especiais.

Quantidade medida	Unidade fundamental (símbolo)	Relação com outras unidades SI
Frequência	hertz (Hz)	1 Hz = 1/s
Força	newton (N)	1 N = 1 m · kg/s^2
Pressão	pascal (Pa)	1 Pa = 1 N/m
Energia	joule (J)	1 J = 1 N · m
	elétron-volt (eV)	1 eV = $1,60218 \times 10^{-19}$ J
Carga elétrica	coulomb (C)	1 C = 1 A · s
Potência	watt (W)	1 W = 1 J/s
Potência elétrica	volt (V)	1 V = 1 W/A = 1 J/(A · s)
Resistência elétrica	ohm (Ω)	1 Ω = 1 V/A
Temperatura	graus Celsius (°C)	°C = K − 273,15
Tempo	minuto (min)	1 min = 60 s
	hora (h)	1 h = 3.600 s
	dia (d)	1 d = 86.400 s
Volume	litro (L)	1 L = 10^{-3} m^3
Massa[a]	massa atômica unificada (u)	1 u = $1,66054 \times 10^{-27}$ kg

[a] Em muitos campos relacionados à biologia (e especialmente no trabalho com proteínas), o 'dalton' (símbolo, Da) é comumente usado em lugar da unidade de massa atômica unificada, a qual 1 Da = 1 u.

Para ilustrar como fazer essa conversão, vamos considerar uma constante física que utilizaremos ao longo deste texto — a velocidade da luz no vácuo. Nas unidades em inglês, essa velocidade é comumente dada como 186.000 milhas por segundo. No sistema SI, essa mesma constante seria dada em metros por segundo. Para fazer essa alteração, é preciso obter o fator de conversão entre milhas e metros (1 milha = 1.609 m) e, em seguida, usar esse fator como uma razão na equação a seguir.

Velocidade da luz (m/s) = (186.000 ~~milhas~~/s) · (1.609 m/~~milhas~~)
= 299.000.000 m/s   (2.1)

Agora, o resultado é um valor expresso nas unidades SI adequadas.

Repare que nessa conversão fixamos e comparamos as unidades dos valores em questão para assegurar que o resultado final fosse expresso na unidade desejada. Esse processo é conhecido como **análise dimensional**, e é uma ferramenta que utilizaremos ao longo deste livro para verificar resultados calculados. Para realizar uma análise dimensional, primeiramente é preciso expressar as unidades de todos os valores envolvidos em seu cálculo, como mostra a Equação 2.1. Em seguida, se houver números multiplicados ou divididos entre si, podem-se eliminar todas as unidades comuns que aparecem em ambos os numeradores e denominadores desses termos. Isso foi feito no exemplo anterior riscando-se a unidade de 'milhas' na parte superior e inferior dos termos do lado direito da Equação 2.1. Também deve-se conferir se todos os números a serem adicionados ou subtraídos têm as mesmas unidades (o que não foi necessário no exemplo da 'velocidade da luz', em que só a multiplicação foi usada). Se equações e números forem formulados de modo correto e fatores apropriados de conversão forem utilizados, a resposta final também conterá as unidades corretas.

EXERCÍCIO 2.5 — Conversão entre unidades de temperatura

Uma área em que as conversões são frequentemente necessárias em ciências é a de relatórios e registros de temperatura. Nos Estados Unidos, as temperaturas são geralmente descritas em graus Fahrenheit (°F), enquanto outros países costumam usar graus Celsius (°C), onde °C = (°F – 32) · (5/9). Quando um químico analisa amostras a 77 °F, qual é a temperatura equivalente em °C? Quais unidades devem ser associadas a '32', '5' e '9' na equação de conversão de temperatura para validar esse cálculo?

SOLUÇÃO

Vamos primeiramente usar a análise dimensional para examinar a equação de conversão dada. O termo (°F – 32) deve ter ambos os valores em graus Fahrenheit para produzir um resultado válido. O objetivo desse termo é ajustar os diferentes pontos de referência utilizados nas escalas Celsius e Fahrenheit para o ponto de congelamento da água (32 °F *versus* 0 °C). Em seguida, temos a relação de 5/9, que corrige os diferentes tamanhos dessas escalas, onde uma mudança de cinco graus Celsius corresponde exatamente a nove graus Fahrenheit, ou 5 °C/9 °F. Ao inserir essas unidades na equação de conversão de temperatura, temos a expressão mais completa °C = (°F – 32 °F) · (5 °C/9 °F), que depois podemos empregar da seguinte forma:

(77 °F – 32 °F) · (5 °C/9 °F) = **25 °C**

Note que todas as unidades foram organizadas para nos dar a resposta final desejada em graus Celsius.

Prefixos SI. À medida que nossa compreensão da natureza aumentou, assim foi também com nossa necessidade de descrever quantidades maiores e menores nas medições. Essa necessidade pode ser atendida por meio da *notação científica*. Por exemplo, a velocidade da luz poderia ser escrita em notação científica como $2{,}998 \times 10^8$ m/s, ou aproximadamente 3×10^8 m/s. Outra opção no sistema SI é a utilização de um prefixo em conjunto com a unidade principal de medição para representar vários fatores de 10 (10^3, 10^6, 10^9 e assim por diante). Uma lista dos prefixos e suas abreviações é fornecida na Tabela 2.6. Esses prefixos são usados ao serem adicionados à unidade SI de interesse. Como exemplo, uma velocidade de 3×10^8 m/s também pode ser escrita como 3×10^{10} centímetros por segundo (cm/s), 3×10^5 quilômetros por segundo (km/s) ou 0,3 gigametros por segundo (Gm/s).

A mesma abordagem pode ser usada com todas as outras unidades dadas nas tabelas 2.4 e 2.5, com exceção do quilograma. Para medições de massa, o grama é usado no lugar do quilograma como unidade fundamental à qual o prefixo é adicionado. O prefixo escolhido está geralmente na mesma faixa numérica que o valor que está sendo descrito. Por isso, o prefixo giga foi escolhido para descrever a velocidade da luz, visto que 3×10^8 ficou próximo de 10^9. No entanto, outros prefixos comuns também podem ser selecionados, como ocorreu quando demos a velocidade da luz em unidades de cm/s ou km/s. Nem todos os prefixos na Tabela 2.6 são usuais em química analítica, apesar de que muitos dos que descrevem quantidades moderadas a pequenas são frequentemente empregados nesse campo, sobretudo na análise de traços.

Tabela 2.6

Prefixos usados no sistema SI.

Prefixo do nome (símbolo)	Significado
yotta- (Y)	10^{24} (1 setilhão)
zetta- (Z)	10^{21} (1 sextilhão)
exa- (E)	10^{18} (1 quintilhão)
peta- (P)	10^{15} (1 quatrilhão)
tera- (T)	10^{12} (1 trilhão)
giga- (G)	10^{9} (1 bilhão)
mega- (M)	10^{6} (1 milhão)
quilo- (k)	10^{3} (1 milhar)
hecto- (h)	10^{2} (1 centena)
deca- (da)	10^{1} (dezena)
deci- (d)	10^{-1} (um décimo)
centi- (c)	10^{-2} (1 centésimo)
mili- (m)	10^{-3} (1 milésimo)
micro- (μ)	10^{-6} (1 milionésimo)
nano- (n)	10^{-9} (1 bilionésimo)
pico- (p)	10^{-12} (1 trilionésimo)
femto- (f)	10^{-15} (1 quadrilionésimo)
atto- (a)	10^{-18} (1 quintilionésimo)
zepto- (z)	10^{-21} (1 sextilionésimo)
yocto- (y)	10^{-24} (1 septilionésimo)

> **EXERCÍCIO 2.6** Prefixos SI e análise de DNA
>
> Uma objeção feita no julgamento de O. J. Simpson foi que as amostras de DNA haviam sido contaminadas. Essa questão se tornou uma preocupação porque as amostras haviam sido processadas usando a técnica de RCP, que permite que mesmo uma única cópia de DNA contaminante seja convertida em uma grande quantidade de material. Idealmente, a quantidade de DNA vai duplicar a cada vez que a RCP é realizada em uma amostra. Assim, se começamos com apenas uma molécula de DNA (onde 1 molécula = $1,66 \times 10^{-24}$ mol), obteremos até 2^{15} moléculas de DNA após 15 ciclos de RCP ou 2^{30} moléculas após 30 ciclos. Usando os prefixos da Tabela 2.6, determine quantos mols de DNA poderiam estar presentes após 15 e 30 ciclos de RCP, começando com uma única cópia de DNA.
>
> **SOLUÇÃO**
>
> Sabemos que após 15 ciclos de RCP a quantidade de DNA pode aumentar em até 2^{15} (ou 32.768 vezes). Ao combinar essa informação com o fato de que uma molécula = $1,66 \times 10^{-24}$ mol (ou **1,66 ymol**), obtemos os seguintes números de mols de DNA que poderiam estar presentes após 15 ciclos.
>
> mols duplicados de DNA
> $= (32.768) \cdot (1,66 \times 10^{-24} \text{ mol de DNA})$
> $= 5,44 \times 10^{-20}$ mol = **54,4 zmol** ou **0,0544 amol**
>
> Usando o mesmo método, após 30 ciclos poderia haver $1,78 \times 10^{-15}$ mol, ou **1,78 fmol** de DNA.

2.4.2 Algarismos significativos

Outro uso das boas práticas de laboratório em um relatório de dados é assegurar que se tem o número correto de dígitos ao registrar os resultados. Há dois princípios a serem recordados nesse caso: (1) todas as medições têm algum grau de incerteza intrínseca e (2) a incerteza vai determinar o número de dígitos que se pode usar ao relatar um resultado. O número total de dígitos que podemos usar para relatar um resultado confiável é conhecido como o número de **algarismos significativos** para esse valor.

Registro de resultados. Para ilustrar o que se entende por 'algarismos significativos', vamos analisar dois tipos de dispositivo que podem ser usados para medir a temperatura (Figura 2.9). O primeiro deles é um termômetro eletrônico, com um **mostrador digital**. Nesse caso, a temperatura medida foi convertida em um algarismo com um número bem definido de dígitos. Para ler esse tipo de resultado, geralmente se registram todos os dígitos mostrados (nesse caso, 25,1°C), porque o fabricante desse instrumento predeterminou que o último dígito exibido (o número '1' à direita do decimal) é o primeiro valor que contém certo grau de incerteza. Embora fosse possível desenvolver um mostrador que fornecesse mais dígitos, isso significaria apenas adicionar números que têm variações aleatórias em seus valores.

O segundo tipo de dispositivo disponível é aquele com **mostrador analógico**. Esse mostrador tem um sinal que ainda não foi convertido em um número distinto; em vez disso, exibe uma escala contínua de valores, como o mostrador de um termômetro padrão de mercúrio. Ao registrar um número de tal dispositivo, deve-se encontrar no mostrador os dois valores que estejam um pouco acima e um pouco abaixo da resposta medida. Na Figura 2.9, a temperatura medida está entre 25,0 e 25,2°C. Apesar de não sabermos a temperatura exata além desse ponto, podemos estimar a que distância ela se situa entre esses dois valores para produzir um algarismo mais significativo em nosso valor registrado. Quando fazemos essa estimativa, obtemos um número que fica aproximadamente 0,1 unidade acima de 25 graus, mais uma vez produzindo uma temperatura de 25,1°C.

A mesma abordagem utilizada para a leitura de um mostrador analógico deve ser usada para ler o resultado de um gráfico. É essencial que se leve em conta os algarismos significativos quando se prepara um gráfico, no sentido de que se deve selecionar tanto uma escala quanto uma dimensão de grade que permitam que os dados sejam mostrados com os algarismos mais significativos possíveis. Um exemplo de gráfico preparado dessa forma é dado na Figura 2.10. Essa figura também ilustra algumas boas práticas de laboratório para plotar pontos de dados e rotular um gráfico de modo que o resultado final seja de fácil compreensão para os outros.

Existem algumas regras simples que possibilitam dizer quantos algarismos significativos há ou deveria haver em um número.[36] Uma revisão dessas regras, bem como as de arredondamento de um valor ao número correto de dígitos, pode ser encontrada no Apêndice A. Por exemplo, uma temperatura relatada de 25°C implica dois algarismos significativos, enquanto outra dada como 25,1°C implica três algarismos significativos. Quanto mais algarismos significativos puderem ser atribuídos a um número, mais fácil será analisar e comparar seus dados com os valores de referência ou com os resultados obtidos por outros. É importante, no entanto, evitar a inclusão de algarismos não significativos (aleatórios) em um resultado, porque isso fará com que o número pareça mais confiável do que ele realmente é.

Combinação de resultados. Quando se usa uma série de números para calcular outros valores, é preciso lembrar que a incerteza (ou o número de algarismos significativos) na resposta final será afetada pela incerteza em todos os números usados no cálculo. As regras a serem seguidas na determinação do número de algarismos significativos no cálculo de um resultado também são fornecidas no Apêndice A. Essas normas abrangem muitas operações básicas, como adição, subtração, multiplicação, divisão e o processo de calcular o logaritmo ou antilogaritmo de um número. Um exemplo desse processo é dado no exercício seguinte. Voltaremos a essa questão no Capítulo 4, sob o tópico 'Propagação de erros', quando mais adiante discutirmos a origem dessas regras e uma abordagem mais exata para determinar a incerteza de um valor calculado.

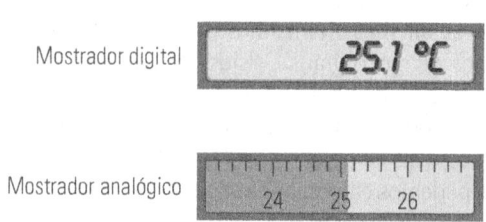

Figura 2.9

Exemplos de mostradores digital e analógico.

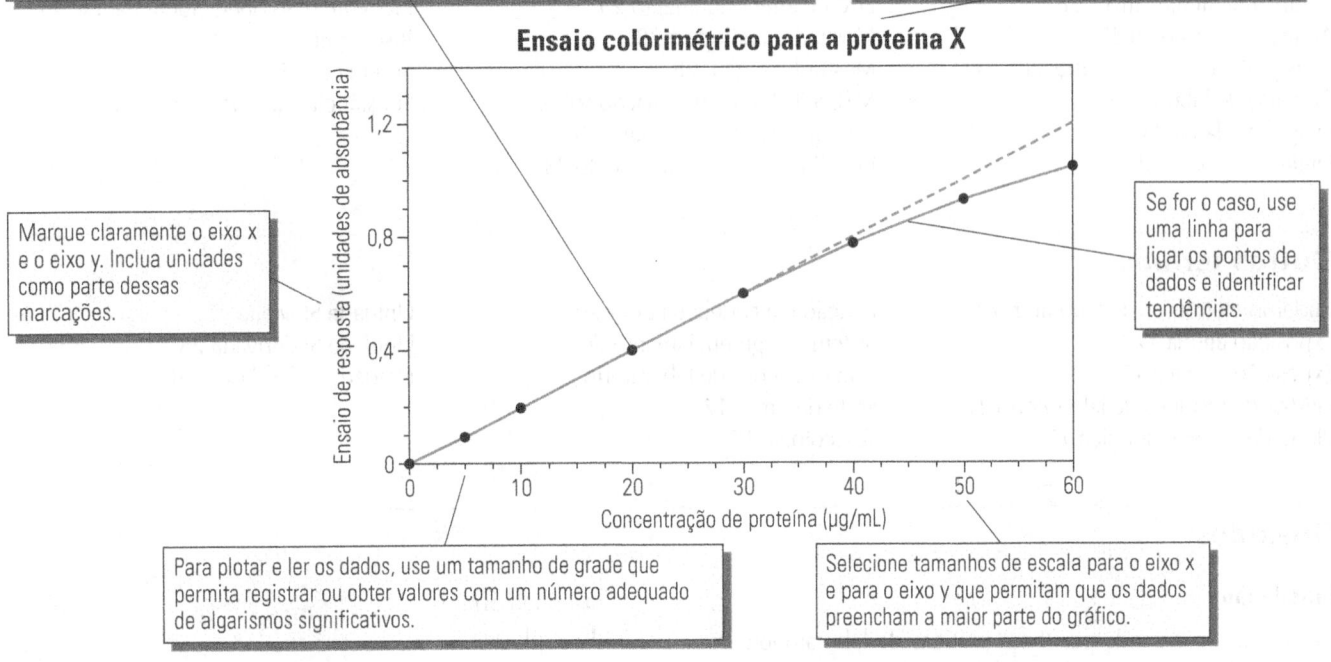

Figura 2.10

Boas práticas de laboratório para a preparação de um gráfico. A linha tracejada mostra a regressão linear de resposta para os resultados das amostras contendo de 0 a 30 μg/mL de proteína X, enquanto a linha contínua mostra uma curva suavizada para o conjunto de dados inteiro. Métodos para encontrar a regressão linear em uma relação linear são discutidos no Capítulo 4.

Observe no exercício anterior que não fazemos o arredondamento para o número correto de algarismos significativos até termos obtido a resposta final. Isso é feito para evitar **erros de arredondamento**, que ocorrem quando um número é arredondado muito cedo em um cálculo. Se não forem tratados adequadamente, esses erros podem resultar na perda de algarismos significativos válidos em um resultado calculado. Um meio de evitar esse tipo de erro consiste em permitir que cada valor do cálculo carregue pelo menos um valor não significativo até o resultado final ser obtido. Esses valores não significativos adicionais são conhecidos como **dígitos de guarda**. Esses dígitos foram sublinhados no exercício anterior (veja o '5' na massa calculada de 252,2341$\underline{5}$ para o carbono em um mol de brometo de etídio, por exemplo). Essa é a mesma prática que adotaremos ao longo deste livro sempre que dígitos de guarda forem necessários.

EXERCÍCIO 2.7 Determinação dos algarismos significativos em uma massa molar

O brometo de etídio ($C_{21}H_{20}BrN_3$) é utilizado em laboratórios de análises para marcar e detectar o DNA. Calcule a massa molar (ou 'peso molecular' em unidades de g/mol) para esse composto, usando o número correto de algarismos significativos em sua resposta.

SOLUÇÃO

As massas atômicas médias de C, H, Br e N (conforme listadas na tabela periódica) são 12,01115, 1,00797, 79,909 e 14,0067 g/mol, respectivamente. Usando esses valores e o número conhecido de átomos em uma molécula de brometo de etídio, pode-se obter a seguinte massa molar para essa substância química.

Carbono	21 · (12,01115 g/mol)	=	252,2341$\underline{5}$
Hidrogênio	20 · (1,00797 g/mol)	=	20,1594
Bromo	1 · (79,909 g/mol)	=	79,909
Nitrogênio	3 · (14,0067 g/mol)	=	+42,0201
Massa molar			394,322$\underline{65}$
		=	394,323 g/mol

Várias regras de algarismos significativos foram utilizadas nesse exemplo. Como 21, 20, 1 e 3 são números inteiros e têm algarismos significativos ilimitados, os produtos das massas atômicas e desses inteiros devem ter o mesmo número de algarismos significativos que as massas atômicas. Quando esses produtos foram adicionados, a soma foi arredondada para ter o mesmo número de dígitos após o decimal que o produto com o menor número de dígitos nesse caso (79,909 para o bromo, que tinha três dígitos à direita do decimal). Esse processo produziu uma resposta final de 394,323 g/mol, com um total de seis algarismos significativos (três para a esquerda e três para a direita do decimal).

Palavras-chave

Algarismos significativos 28
Análise dimensional 27
Boas práticas de laboratório 11
Caderno de laboratório 21
Diagrama da NFPA 18
Dígitos de guarda 29
Erro de arredondamento 29
Mostrador analógico 28
Mostrador digital 28
MSDS (ficha de informação sobre segurança dos materiais) 19
Planilha eletrônica de cálculo 23
Procedimento operacional padrão 12
Risco químico 16
Sistema SI 25
Substâncias químicas perigosas 16

Outros termos

Caderno eletrônico de laboratório 22
Exposição aguda 17
Exposição crônica 17
Gestão de resíduos de laboratório 21
Plano de higiene química 15
Reação em cadeia da polimerase 11
Sistema de gerenciamento de informações de laboratório 22
Teste de Ames 17
Toxicologia 17
Unidade SI aceita 25
Unidade SI derivada 25
Unidade SI fundamental 25

Questões

Introdução

1. O que se entende por 'boas práticas de laboratório'? Por que elas são importantes em laboratórios químicos?
2. O que é um 'procedimento operacional padrão'? Como ele está relacionado com as boas práticas de laboratório?
3. Cite alguns dos procedimentos operacionais padrão que são utilizados no laboratório em que você trabalha.
4. Descreva um procedimento operacional padrão para cada uma das tarefas listadas a seguir.
   (a) Operação de lava-olhos.
   (b) Descarte de agulhas e objetos pontiagudos usados em seu laboratório.
   (c) Armazenamento de ácido clorídrico concentrado.
5. Pesquise na Internet procedimentos operacionais padrão para cada uma das seguintes tarefas.
   (a) Calibração de um frasco volumétrico.
   (b) Preparação de uma solução de ácido crômico.
   (c) Uso de uma pipeta volumétrica.

Segurança em laboratório

6. O que é um 'plano de higiene química'? O que está normalmente incluído em um plano desse tipo?
7. Quais são os itens comuns de segurança encontrados em um laboratório moderno? Qual é a finalidade de cada recurso de segurança?
8. Familiarize-se com os equipamentos de segurança do laboratório em que você trabalha e desenhe um mapa que mostre a localização desses equipamentos. Como eles se comparam aos listados na Tabela 2.1?
9. O que é 'risco químico'? Que tipos de substância são considerados como tal?
10. Defina cada uma das seguintes condições relativas a substâncias químicas que representam riscos físicos.
    (a) Inflamável.
    (b) Explosiva.
    (c) Oxidante.
    (d) Radioativa.
    (e) Reativa com água.
    (f) Gás comprimido.
11. Defina cada um dos seguintes termos relacionados com produtos químicos que representam riscos à saúde.
    (a) Toxina aguda.
    (b) Veneno.
    (c) Risco biológico.
    (d) Carcinogênico.
    (e) Irritante.
    (f) Corrosivo.
    (g) Asfixiante.
    (h) Agente etiológico.
    (i) Toxina reprodutiva.
    (j) Alérgeno.
    (k) Mutagênico.
    (l) Teratogênico.
12. Usando um catálogo de produtos químicos ou um outro recurso, determine que tipos de risco (se houver) estão presentes em cada um dos seguintes compostos.
    (a) Peróxido de hidrogênio.
    (b) Hidróxido de potássio.
    (c) Cloreto de sódio.
    (d) Tetracloreto de carbono.
    (e) Acetonitrila.
    (f) Gás hidrogênio.
13. O que é um diagrama da NFPA? Quais propriedades químicas ou físicas são descritas nesse tipo de etiqueta?

14. Os diagramas da NFPA para acetonitrila e boroidreto de sódio são mostrados na figura a seguir. O que esses diagramas informam sobre as propriedades químicas ou físicas dessas substâncias?

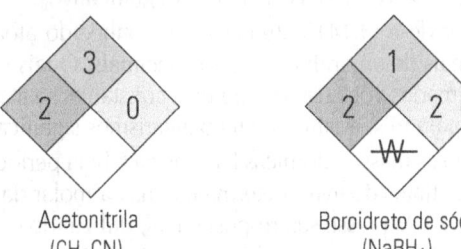

Acetonitrila (CH₃CN)   Boroidreto de sódio (NaBH₄)

15. O que é uma 'ficha de dados sobre a segurança dos materiais'? Que informações ela fornece sobre uma substância química?
16. Use a Internet ou outros recursos para localizar a ficha de dados de segurança para o diclorometano (CH_2Cl_2), um solvente comum utilizado em produtos como tíner. A partir dessa ficha, o que se pode dizer sobre os riscos à saúde e à segurança dessa substância?
17. O hidrogenocarbonato de sódio é comumente usado em laboratórios analíticos para controlar as propriedades ácido/base de uma solução. Essa substância química também é conhecida como 'bicarbonato de sódio', e é usada na cozinha, no creme dental e em purificadores de ar. Obtenha uma cópia da ficha de dados de segurança para esse composto na Internet ou em outra fonte. O que as informações contidas na ficha dizem a respeito da segurança no uso do bicarbonato de sódio nessas aplicações?
18. Quais são os quatro principais meios pelos quais os produtos químicos podem entrar no corpo? Quais precauções podem ser tomadas para minimizar cada uma dessas rotas de exposição a substâncias químicas?
19. Que problemas podem resultar de cada uma das seguintes situações?
    (a) Um técnico trabalha com éter etílico, um produto químico altamente volátil, fora de uma capela de exaustão.
    (b) Um aluno deixa de limpar uma área após derramar uma pequena quantidade de ácido clorídrico nela.
    (c) Um cientista deixa algumas agulhas na bancada depois de usá-las para o preparo de amostras.
    (d) Um trabalhador não consegue rotular um novo reagente químico antes de sair do laboratório.
    (e) Alguns alunos de graduação pedem uma pizza para ser entregue no laboratório.
20. Use a Internet ou outros recursos para determinar como os seguintes produtos químicos devem ser armazenados.
    (a) Hexano.
    (b) Iodeto de sódio.
    (c) Zinco metálico.
21. Segue uma lista de vários produtos químicos que são comumente encontrados em um laboratório. Quais condições de armazenagem são necessárias para cada um deles e quais podem ser armazenados em um mesmo compartimento com segurança?
    (a) *n*-Hexano.
    (b) Benzaldeído.
    (c) Ácido nítrico.
    (d) Ácido fosfórico.
    (e) Hidróxido de sódio.
22. O que é 'gestão de resíduos de laboratório'? Como isso é conduzido em seu laboratório? Qual é o seu papel nesse processo?
23. Usando fichas de dados de segurança ou outros recursos, determine como cada uma das substâncias químicas do Problema 21 deve ser tratada no âmbito da gestão de resíduos de laboratório.

O caderno de laboratório
24. Qual é o papel do caderno de laboratório no mundo atual? Dê três exemplos concretos de por que é importante manter registros completos e atualizados nesse caderno.
25. Cite algumas das práticas recomendadas para a manutenção de um caderno de laboratório. Quais dessas práticas são utilizadas no laboratório em que você trabalha?
26. O que é um 'caderno eletrônico de laboratório'? Quais são as vantagens e desvantagens de usá-lo?
27. O que é uma 'planilha eletrônica de cálculo'? Cite algumas das maneiras de se usar uma planilha de cálculo juntamente com um caderno de laboratório.

Relato de dados experimentais
28. Explique o que se entende por 'sistema SI de medidas'. Por que tal sistema é usado em ciências?
29. O que significa o termo 'unidade SI fundamental'? Liste cada uma das unidades SI fundamentais e descreva que tipos de grandeza elas costumam medir.
30. O que se entende pelos termos 'unidade SI derivada' e 'unidade SI aceita'? Dê dois exemplos específicos para cada um desses dois tipos de unidade.
31. Converta cada um dos seguintes valores em unidades SI fundamental, derivada ou aceita. Em alguns casos, o uso de outro recurso pode ser necessário para encontrar uma unidade de conversão apropriada.
    (a) 22.489 pés
    (b) 5,68 atm
    (c) 130 lb
    (d) 120 milhas/h
    (e) 2.200 cal
    (f) 25,0 gal
32. Converta cada uma das seguintes temperaturas nas unidades solicitadas.
    (a) A temperatura corporal normal de 98,6 °F em °C e K.
    (b) O valor do zero absoluto (0 K) em °C e °F.
    (c) A temperatura padrão de 20 °C em K e °F.
    (d) A temperatura de um freezer (–20 °C) em °F e K.
33. Determine cada um dos valores a seguir usando prefixos SI.
    (a) $2,58 \times 10^{-11}$ g
    (b) 125×10^{-6} L

(c) 150.000 g/mol
(d) 589 × 10⁻⁹ m
(e) 600 × 10⁶ Hz
(f) 25.000 V

34. Qual é a diferença entre um mostrador analógico e um digital? Explique a maneira correta de ler e registrar o resultado de cada um desses dois tipos de mostrador.

35. A Figura 2.11 mostra a escala de um antigo instrumento utilizado na espectroscopia de absorção. Estime os valores representados pela agulha em ambos os lados, superior e inferior, da escala (percentual de transmitância e absorbância).

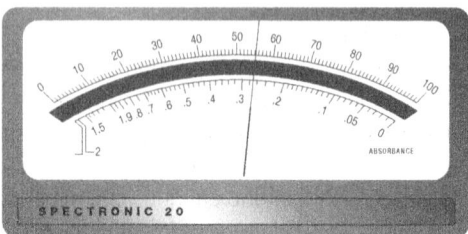

Figura 2.11

Leitura do mostrador analógico de um espectrofotômetro de absorbância Spectronic 20.

36. Que boas práticas de laboratório devem ser seguidas durante a preparação de um gráfico?

37. O que se entende por 'algarismos significativos' em ciências? Por que eles são uma parte importante das boas práticas de laboratório?

38. Quantos algarismos significativos existem em cada um dos números a seguir?
(a) $F = 9{,}64853415 \times 10^4$ C/mol
(b) $m/z = 183{,}2280$ u
(c) $-\log(\%T) = 1{,}238$
(d) 1 km = 0,62137 milhas
(e) 1 in = 2,54 cm
(f) $[OH^-] = 6{,}00 \times 10^{-7}$ M

39. Arredonde cada um dos seguintes números para três algarismos significativos.
(a) $[Na^+] = 1{,}525$ M
(b) $-\log a_{H+} = 7{,}463$
(c) $h = 6{,}6260688 \times 10^{-34}$ J·s
(d) $t = 5{,}515$ ns
(e) $10^{-pCa} = 8{,}370$
(f) $K_a = 0{,}1650$

40. Um aluno precisa somar os seguintes números: 52,7866, 34,0988 e 14,1146. Qual é a soma desses valores após cada um desses três números serem arredondados para cinco, quatro, três ou dois algarismos significativos?

41. Arredonde cada um dos seguintes valores para o número indicado de algarismos significativos.

(a) $8{,}854 \times 10^{-12}$ a dois algarismos significativos.
(b) $1{,}283 \times 10^{-9}$ a três algarismos significativos.
(c) $6{,}735$ a três algarismos significativos.
(d) $3{,}049 \times 10^{15}$ a dois algarismos significativos.

42. O valor de π (3,14159265358...) é conhecido atualmente com mais de um trilhão de casas decimais. Quais números aproximados você usaria para essa constante, se a arredondasse para três, quatro ou cinco algarismos significativos?

43. Usando as massas atômicas listadas na tabela periódica nas páginas finais do livro, determine a massa molar da glicose ($C_6H_{12}O_6$). Expresse sua resposta final, utilizando o número correto de algarismos significativos. Mostre como esse valor se altera quando você a expressa usando três, quatro ou cinco algarismos significativos.

44. Dê as respostas para os seguintes cálculos usando o número correto de algarismos significativos.
(a) $107{,}868 + 35{,}4527$
(b) $2{,}5898 - 0{,}133 - 0{,}003517$
(c) $98{,}4/99{,}976$
(d) $\log(2{,}01 \times 10^{-6})$
(e) antilog$(-2{,}891)$
(f) $10^{-6{,}82}$

45. Dê cada uma das seguintes respostas com o número correto de algarismos significativos.
(a) $189{,}032 + 153{,}02 - 32{,}0861$
(b) $(1{,}053 \times 10^{-5}) \cdot (3{,}56 \times 10^{-8})/(0{,}48)$
(c) $(0{,}9323/0{,}184) + 4{,}8520$
(d) $0{,}998 \cdot (18{,}99840 + 12{,}0107)$
(e) $6{,}82 + \log(0{,}1235)$
(f) $0{,}238 \cdot 10^{-4{,}231}$

46. O que é 'análise dimensional'? Como isso é usado para executar um cálculo?

47. Resolva os cálculos a seguir usando o número correto de algarismos significativos. Use a análise dimensional para determinar as unidades finais de suas respostas.

(a) Massa de Cu em 5 g de $CuSO_4 \cdot H_2O$ =

$$(5{,}000\text{ g }CuSO_4 \cdot H_2O) \cdot \frac{(1\text{ mol }CuSO_4 \cdot H_2O)}{(177{,}63\text{ g }CuSO_4 \cdot H_2O)}$$
$$\cdot \frac{(1\text{ mol }Cu)}{(1\text{ mol }CuSO_4 \cdot H_2O)} \cdot \frac{(63{,}55\text{ g }Cu)}{(1\text{ mol }Cu)}$$

(b) Concentração titulada de NaOH em uma amostra = $(95{,}8\text{ mL} - 25{,}3\text{ mL}) \cdot (1\text{ L}/1000\text{ mL}) \cdot (0{,}105\text{ mol/L HCl}) \cdot (1\text{ mol NaOH}/1\text{ mol HCl})/(0{,}500\text{ L NaOH})$

(c) Massa molar de $C_{12}H_{22}O_{11}$ = $(12\text{ mol C/mol }C_{12}H_{22}O_{11}) \cdot (12{,}01115\text{ g C/mol C}) + (11\text{ mol O/mol }C_{12}H_{22}O_{11}) \cdot (15{,}9994\text{ g O/mol O}) + (22\text{ mol H/mol }C_{12}H_{22}O_{11}) \cdot (1{,}00794\text{ g H/mol})$

(d) Densidade de um cilindro de chumbo = $(23{,}2850\text{ g} - 0{,}0165\text{ g})/[(2{,}52\text{ cm}) \cdot \pi \cdot (0{,}51\text{ cm})^2]$

48. Relate os resultados dos cálculos a seguir usando o número correto de algarismos significativos. Use a análise dimensional para determinar as unidades finais de suas respostas.

(a) $n = PV/RT = [(2,50 \text{ atm}) \cdot (3,15 \text{ L})]/[(0,0821 \text{ L} \cdot \text{atm}/(\text{mol} \cdot \text{K})) \cdot (273,15 \text{ K} + 25,0 \text{ K})]$

(b) $\Delta G°_{AgCl} = -2,303 \cdot (8,314 \text{ J}/(\text{mol} \cdot \text{K})) \cdot (298 \text{ K}) \cdot \log(1,0 \times 10^{10})$

(c) Massa molar de $C_{12}H_{22}O_{11}$

$$-\log(\gamma_{Ca^{2+}}) \frac{[0,51 \cdot (+2)^2 \cdot (0,10)^{\frac{1}{2}}]}{[1+(0,10)^{\frac{1}{2}}]}$$

(d) Porcentagem (m/m) de enxofre em H_2SO_4

$$= 100 \cdot \frac{(1 \text{ mol S}/1 \text{ mol } H_2SO_4) \cdot (32,066 \text{ g S}/1 \text{ mol S})}{(98,078 \text{ g } H_2SO_4/1 \text{ mol } H_2SO_4)}$$

49. A relação para temperaturas expressas em graus Celsius e Kelvin foi dada na Tabela 2.5 como °C = K − 273,15. Quais unidades devem ser associadas com o número '273,15' nessa equação para torná-la válida? Com base na análise dimensional, que outros valores e unidades devem estar presentes para que essa equação seja correta?

50. Dois valores utilizados para a constante da lei do gás ideal (R) são 8,314 J/(mol · K) e 1,987 cal/(mol · K). Prove que esses dois números são equivalentes usando a análise dimensional e os fatores de conversão apropriados.

51. O que é um 'erro de arredondamento'? Como esses erros podem ser minimizados ou evitados?

52. Com base na definição do metro na Tabela 2.4, a verdadeira velocidade da luz no vácuo é de 299.792.458 m/s. Esse valor é próximo, mas não exatamente o mesmo que foi obtido na Equação 2.1. Na sua opinião, qual é a razão para essa diferença?

53. A insulina é um hormônio polipeptídico de duas cadeias que ajuda o corpo a regular os níveis de açúcar no sangue. A fórmula empírica da insulina de seres humanos é $C_{257}H_{383}N_{65}O_{77}S_6$. Calcule a massa molar desse hormônio usando dois algarismos significativos para as massas atômicas do carbono, do hidrogênio, do nitrogênio, do oxigênio e do enxofre. Repita várias vezes esse cálculo utilizando três, quatro, cinco e seis algarismos significativos para cada uma dessas massas atômicas. O que você pode concluir a partir de seus resultados?

Problemas desafiadores

54. A maioria dos laboratórios químicos está equipada com extintores de incêndio Classe A, B ou C. Identifique os tipos de extintor que podem ser encontrados no laboratório em que você trabalha. Discuta como eles funcionam e descreva os tipos de incêndio e as situações em que cada um deve ser usado.

55. Os efeitos de alguns produtos químicos sobre a saúde podem ser direcionados principalmente a órgãos ou tecidos específicos do corpo. Usando as referências 7 a 10 ou outras fontes, determine quais partes do corpo são afetadas por cada um dos seguintes tipos de risco químico. Forneça um exemplo específico de cada um e discuta os problemas de saúde que eles causam.

(a) Neurotoxina.
(b) Nefrotoxina.
(c) Hepatotoxina.
(d) Toxina hematopoiética.

56. 'Inflamável' é um termo que abrange uma ampla gama de riscos físicos. A seguir, apresentamos termos relacionados a ele, porém mais específicos, que são usados às vezes.[7-10] Defina cada um desses termos e dê um exemplo específico de uma substância para cada categoria.

(a) Combustível (inflamável).
(b) Espontaneamente inflamável.
(c) Pirofórico.

57. Os dados a seguir foram obtidos em padrões analisados por espectroscopia de absorção atômica para a medição de cobre na água.

Concentração de cobre padrão	Sinal de resposta (unidades de absorbância)
0,0	0,005
5,0	0,109
10,0	0,206
20,0	0,415
30,0	0,616
40,0	0,809
50,0	1,035

Prepare uma planilha com esses resultados semelhante à mostrada na Figura 2.8. Use essa planilha para preparar uma curva de calibração com esses resultados, seguindo as boas práticas de laboratório para a elaboração de gráficos discutidas neste capítulo.

Tópicos para discussão e relatos

58. O uso de dados científicos em tribunais pode se tornar complicado quando um método relativamente novo, como eram os testes de DNA usados no julgamento de O. J. Simpson, é utilizado para fornecer evidências. As diretrizes atuais que os juízes norte-americanos seguem para determinar se tal prova pode ser utilizada baseia-se no caso de *Daubert* versus *Merrell Dow Pharmaceuticals*.[37,38] Encontre informações sobre esse julgamento e relate como isso afetou a utilização de resultados científicos em tribunais.

59. Testes forenses, como aqueles utilizados no julgamento de O. J. Simpson, são apenas algumas das muitas aplicações da RCP. Outros exemplos incluem seu uso em análise de alimentos, análises clínicas e paleontologia. Busque mais informações sobre essas aplicações de RCP e discuta suas descobertas.

60. Manter uma 'cadeia de custódia' documentada de amostras é um aspecto importante dos testes forenses modernos. Pesquise mais sobre esse tópico. Discuta o significado de 'cadeia de custódia' e descreva os procedimentos aplicados por órgãos policiais e laboratórios no que diz respeito a esse assunto.

Em quais outras áreas você acha que uma cadeia de custódia pode ser essencial no caso de manuseio e análise de amostras?

61. Uma fraude científica que envolve o uso de dados fictícios ou falsificados é um acontecimento extremamente raro, mas ocorre de tempos em tempos. Faça uma pesquisa sobre um caso de fraude científica em jornais ou revistas antigos. Discuta sobre o papel, se foi o caso, que cadernos de laboratório desempenharam na detecção ou confirmação desse tipo de fraude.

62. Embora um laboratório químico seja normalmente um local de trabalho seguro, ocasionalmente acidentes podem ocorrer. Obtenha informações sobre um acidente que tenha ocorrido recentemente em um laboratório industrial ou acadêmico. Descreva por que o acidente aconteceu e discuta o que poderia ter sido feito para evitá-lo.

63. O uso de animais em testes químicos é um tema de debate atual.[11-13] Obtenha mais informações tanto sobre os métodos que utilizam animais quanto sobre sistemas alternativos para testes químicos. Discuta as vantagens e as desvantagens de cada abordagem.

64. Mudanças no sistema SI são feitas periodicamente em uma reunião internacional conhecida como Conferência Geral de Pesos e Medidas (ou *Conférence Générale des Poids et Mesures*). Uma alteração recente diz respeito à definição do quilograma, que até então era a única unidade SI ainda definida com base em um objeto físico.[39] Escreva sobre como a definição do quilograma está sendo modificada para que passe a se basear em uma propriedade física invariável da natureza. Discuta como as definições de algumas outras unidades SI, como o metro e o litro, também mudaram ao longo dos anos.

Referências bibliográficas

1. F. M. Schmalleger, *Trial of the Century: People of the State of California vs. Orenthal James Simpson*, Prentice Hall, Englewood Cliffs, NJ, 1996.
2. B. S. Weir, "DNA Statistics in the Simpson Matter," *Nature Genetics*, 11, 1995, p.365–368.
3. H. A. Erlich, ed., *PCR Technology: Principles and Applications for DNA Amplification*, Oxford University Press, Nova York, 1997.
4. A. T. Sullivan, "Good Laboratory Practices and Other Regulatory Issues: A European View," *Drug Development Research*, 35, 1995, p.145–149.
5. R. A. Nadkarni, "ISO 9000: Quality Management Standards for Chemical and Process Industries," *Analytical Chemistry*, 65, 1993, p. 387A–395A.
6. The Laboratory Safety Workshop, Natick, MA.
7. A. K. Furr, Ed., *CRC Handbook of Laboratory Safety*, 5 ed., CRC Press, Boca Raton, FL, 2000.
8. Forum for Scientific Excellence, *Concise Manual of Chemical and Environmental Safety in Schools and Colleges*, Vols. 1–5, J. P. Lippincott, Nova York, 1990.
9. K. Hall, *Chemical Safety in the Laboratory*, CRC Press, Boca Raton, FL, 1994.
10. National Research Council, *Prudent Practices in the Laboratory*, National Academy Press, Washington, DC, 1995.
11. A. A. Blumberg, "Risks and Chemical Substances," *Journal of Chemical Education*, 71, 1994, p.912–918.
12. A. C. Huggett, B. Schilter, M. Roberfroid, E. Antignac e J. H. Koeman, "Comparative Methods of Toxicity Testing," *Food and Chemical Toxicology*, 34, 1996, p.183–192.
13. A. M. Goldberg e J. M. Frazier, "Alternatives to Animals in Toxicity Testing," *Scientific American*, 261, 1989, p.24–30.
14. B. N. Ames, F. D. Lee e W. E. Durston, "An Improved Bacterial Test System for the Detection and Classification of Mutagens and Carcinogens," *Proceedings of the National Academy of Sciences USA*, 70, 1973, p.782–786.
15. J. McCana e B. N. Ames, "Detection of Carcinogens as Mutagens in the *Salmonella*/microsome test: Assay of 300 Chemicals: Discussion," *Proceedings of the National Academy of Sciences USA*, 73, 1976, p.950–954.
16. D. R. Lide, ed., *CRC Handbook of Chemistry and Physics*, 83 ed., CRC Press, Boca Raton, FL, 2002.
17. P. Heckelman, A. Smith e M. J. Oneil, eds., *The Merck Index*, 13 ed., Merck & Co., Rahway, NJ, 2001.
18. R. E. Lenga, ed., *Sigma-Aldrich Library of Chemical Safety*, 2 ed., Sigma-Aldrich Chemical Co., Milwaukee, WI, 1988.
19. R. J. Lewis, Sr., *Sax's Dangerous Properties of Industrial Materials*, 8 ed., Van Nostrand Reinhold, Nova York, 1992.
20. P. A. Patnaik, *A Comprehensive Guide to the Hazardous Properties of Chemical Substances*, Van Nostrand Reinhold, Nova York, 1992.
21. ACS Task Force on Waste Management, *Laboratory Waste Management: A Guidebook,* American Chemical Society, Washington, DC, 1994.
22. H. M. Kanare, *Writing the Laboratory Notebook*, American Chemical Society, Washington, DC, 1985.
23. J. S. Dood e M. C. Brogan, eds., *The ACS Style Guide: A Manual for Authors and Editors*, American Chemical Society, Washington, DC, 1986.
24. I. Krull e M. Swartz, "Laboratory Notebook Documentation," *LC · GC*, 15, 1997, p.1122–1129.
25. J. R. Wagner, "Purpose and Proper Maintenance of a Laboratory Notebook," *Tappi Journal*, 77, 1994, p.130–132.
26. R. E. Dessy, "Electronic Lab Notebooks: A Shareable Resource," *Analytical Chemistry*, 67, 1995, p.428A––433A.
27. M. C. Fitzgerald, "The Evolving, Fully Loaded, Electronic Laboratory Notebook," *Chemical Innovation*, 30, 2000, p.2–3.

28. R. A. Dabek e J. Orndorff, "Laboratory Notebooks: A Medieval Artifact in an Electronic World," *Chemtech*, mar. 1999, p.6–12.
29. G. A. Gibbon, "A Brief History of LIMS," *Laboratory Automation and Information Management*, 32, 1996, p.1–5.
30. S. Copestake, *Excel 2002 in Easy Steps*, Barnes & Noble, Warkwickshire, UK, 2003.
31. E. J. Billo, *Microsoft Excel for Chemists*, 2 ed., Wiley, Nova York, 2001.
32. R. De Levie, *How to Use Excel in Analytical Chemistry and in General Scientific Data Analysis*, Cambridge University Press, Cambridge, UK, 2001.
33. D. Diamond e V. Hanratty, *Spreadsheet Applications in Chemistry Using Microsoft Excel*, Wiley, Nova York, 1997.
34. B. N. Taylor, ed., *The International System of Units (SI)*, NIST Special Publication 330, National Institute of Standards and Technology, Gaithersburg, MD, 1991.
35. *Correct SI Metric Usage*, United States Metric Association.
36. J. F. Kenney e E. S. Keeping, "Significant Figures," in: *Mathematics of Statistics, Part 1*, 3 ed., Van Nostrand, Princeton, NJ, 1962, p. 8–9.
37. C. A. Kuffner, Jr., E. Marchi, J. M. Morgado e C. R. Rubio, "Capillary Electrophoresis and Daubert: Time for Admission," *Analytical Chemistry*, 68, 1996, p.241A–246A.
38. D. T. Case e J. B. Ritter, "Disconnects between Science and the Law," *Chemical & Engineering News*, 78(7), 2000, p.49–60.
39. S. K. Ritter, "Redefining the Kilogram," *Chemical & Engineering News*, 86(21), 2008, p.43.

Capítulo 3
Medições de massa e volume

Conteúdo do capítulo

3.1 Introdução: J. J. Berzelius
3.2 Medições de massa
    3.2.1 Determinação da massa
    3.2.2 Tipos de balança de laboratório
    3.2.3 Procedimentos recomendados em medições de massa
3.3 Medições de volume
    3.3.1 Determinação do volume
    3.3.2 Tipos de equipamento volumétrico
    3.3.3 Procedimentos recomendados para medições de volume
3.4 Amostras, reagentes e soluções
    3.4.1 Descrição da composição de amostras e reagentes
    3.4.2 Preparo de soluções

3.1 Introdução: J. J. Berzelius

J. J. Berzelius é considerado o maior químico experimental de todos os tempos. Esse cientista sueco foi a principal figura da química durante grande parte da primeira metade do século XIX. Trabalhando com apenas alguns alunos por vez, ele foi o responsável por descobrir vários elementos, determinar o peso atômico de 50 elementos e idealizar o sistema de símbolos elementares (H para hidrogênio, O para oxigênio e assim por diante) que usamos até os dias de hoje. Ele também determinou a composição química de cerca de 2.000 minerais, compilou a primeira lista abrangente de pesos atômicos e cunhou os termos 'proteína' e 'catalisador', além de ter criado diversos tipos de vidraria que ainda podem ser encontrados em laboratórios modernos.[1-3]

Uma característica fundamental do trabalho de Berzelius foi sua insistência na utilização de boas práticas de laboratório e medições cuidadosas. O resultado disso é que todas as massas atômicas que ele descreveu (quando normalizadas para o valor que usou para o oxigênio) estão dentro da faixa de 1 por cento dos valores constantes da tabela periódica moderna.[1-2] Esse nível de precisão é particularmente impressionante porque naquela época não existiam métodos instrumentais de análise como os que conhecemos atualmente. Em vez disso, Berzelius utilizava métodos de análise clássica que empregavam conhecidas reações químicas e medições de massa ou volume de reagentes ou produtos.

A determinação de massa e de volume continua sendo importante nos laboratórios de hoje, e é a base de muitos métodos de referência, sendo aplicada no preparo de amostras e reagentes para outras técnicas analíticas. Neste capítulo, discutiremos as medições de massa e de volume e os procedimentos a serem seguidos nessas medições. Também analisaremos como massa e volume podem ser combinados para descrever o conteúdo de amostras e reagentes.

3.2 Medições de massa

A **massa** é uma das propriedades mais fundamentais da matéria, e é definida como a quantidade de matéria em um objeto. Essa quantidade é geralmente determinada em laboratório por meio de uma **balança**, que é um instrumento preciso de pesagem usado para medir pequenas massas.[4] A balança é o aparelho de medição mais antigo de que se tem conhecimento. Podem-se encontrar referências a balanças e pesos em culturas que vão desde o Egito antigo até a China.[5] O nome 'balança' vem da palavra latina *bilanx*, que significa 'ter dois pratos'.[4] O funcionamento de tal dispositivo é relativamente simples. O objeto a ser medido é colocado sobre um dos dois pratos, enquanto objetos de massa conhecida são adicionados ao outro lado. Quando os dois lados estão nivelados, a massa do objeto é determinada pela soma das massas dos pesos no lado oposto.

Em química analítica, balanças e medições de massa são usadas para muitas finalidades. As balanças servem para medir amostras em análises, pesar substâncias químicas para o preparo de reagentes e determinar a quantidade de um produto resultante de uma reação. As vantagens das medições de massa são que elas podem ser realizadas com rapidez, precisão e reprodutibilidade com equipamentos relativamente simples e de baixo custo. Os únicos requisitos são ter bastante material para análise e que a massa desse material seja suficientemente estável para ser medida.

3.2.1 Determinação da massa

Peso *versus* massa. O processo de determinação da massa ou do peso de uma substância é geralmente chamado de **pesagem**, mas os termos 'massa' e 'peso', na verdade, dizem respeito a coisas bastante diferentes. *Massa* se refere à quantidade de matéria em um objeto. Vimos no Capítulo 2 que a unidade SI fundamental da massa é o *quilograma*, mas ela também pode ser expressa em unidades correlatas, como grama e miligrama. O **peso** difere da massa por ser uma medida da atração de uma força sobre um objeto.[4] Na maioria dos casos, a gravidade é a principal força que age sobre um objeto enquanto ele é pesado, mas outras forças também podem entrar em ação.

A diferença entre massa e peso pode ser ilustrada considerando-se o que aconteceria se você fosse pesado tanto na Terra quanto na Lua. Sua massa seria a mesma em ambos os locais porque seu corpo conteria a mesma quantidade de matéria. No entanto, seu peso na Lua representaria cerca de 1/6 de seu peso na Terra, porque na Lua a gravidade tem somente 16,7 por cento da força da gravidade da Terra. Mesmo que você se desloque do equador para o Polo Norte ou para o Polo Sul, seu peso vai variar até 0,5 por cento no nível do mar. Essa variação ocorre porque a Terra não é uma esfera perfeita, uma característica que faz com que o seu peso e a distância que você está do centro da Terra (que afeta a atração gravitacional) varie em diferentes locais. Alterações semelhantes ocorrem ao nos movermos para cima ou para baixo em altitude, mas nenhum desses fatores irá alterar nossa massa.[4,6,7]

Conversão de peso para massa. É importante saber a diferença entre massa e peso, porque quando colocamos um objeto em uma balança de laboratório estamos medindo a força resultante da gravidade somada a outras forças que agem sobre esse objeto (ou o *peso* do objeto). O que realmente se pretende determinar, no entanto, é a *massa* do objeto. Uma balança faz essa conversão comparando o objeto a um peso de referência com massa conhecida. Quando o objeto e o peso de referência são colocados em lados opostos de uma balança, as mesmas forças do meio circundante atuarão sobre eles, fazendo com que enfrentem o mesmo campo gravitacional local. Assim, a diferença de força entre os dois lados deve estar diretamente relacionada com sua diferença em massa.

As forças que atuam sobre um objeto quando ele é colocado em uma balança estão ilustradas na Figura 3.1. Primeiro, há a força da gravidade que exerce uma força de atração em direção ao solo sobre o objeto. Essa força é descrita pela Equação 3.1.

$$\text{Força da gravidade} = m_{obj} \cdot g \qquad (3.1)$$

onde m_{obj} é a massa do objeto e g é a *constante de aceleração gravitacional*, que mede a força da gravidade em um determinado local. Uma equação semelhante pode ser escrita para o peso de referência, em que a força resultante da gravidade será igual a $m_{ref} \cdot g$.

A gravidade não é a única força que determina o peso de um objeto. Outro fator importante é a **força normal**. Trata-se da força que atua contra a gravidade quando se está pesando um objeto.[4] Isso ocorre sempre que um objeto é cercado por ar ou por qualquer outro meio que não seja o vácuo. Se ele for menos denso que o meio circundante, esse meio vai deslocá-lo para uma área de baixa densidade, fazendo com que o objeto suba. Esse efeito explica por que um balão de hélio flutua no céu. O tamanho dessa força ao pesarmos um objeto está relacionado com a atração gravitacional sobre o meio (ar, geralmente) que se desloca quando o objeto e o peso de referência são colocados na balança. O tamanho dessa força é dado pela Equação 3.2, em que o sinal negativo indica que a força normal devida ao empuxo atua contra a força da gravidade.

$$\text{Força normal} = -m_{ar} \cdot g \qquad (3.2)$$

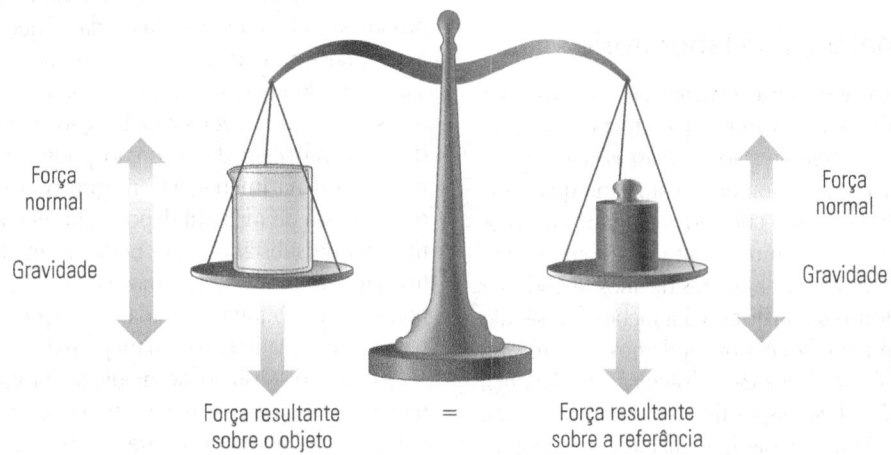

Figura 3.1

Forças que atuam sobre um objeto e um peso de referência quando colocados em lados opostos de uma balança de braços iguais. Quando os dois lados estão nivelados, a força resultante que age sobre o objeto medido e a que age sobre a referência devem ser idênticas, ainda que as contribuições da gravidade e da flutuação possam não ser iguais em ambos os lados.

Nessa relação, a massa de ar deslocado pode ser determinada a partir da densidade do ar (d_{ar}) e do volume do objeto que deslocou esse ar ($m_{ar} = d_{ar} \cdot V_{obj}$). Outra maneira de determinar a massa do ar deslocado é usar a densidade do ar e a massa e a densidade do objeto pesado, em que $m_{ar} = m_{obj} \cdot (d_{ar}/d_{obj})$.

Quando o objeto e o peso de referência estão no mesmo nível em uma balança de braços iguais, as forças globais que atuam sobre o objeto e o peso de referência também devem ser iguais. Podemos descrever essa situação combinando as equações 3.1 e 3.2 para produzir uma nova relação.

Peso do objeto **Peso de referência**

$$m_{obj} \cdot g - m_{obj} \cdot (d_{ar}/d_{obj}) \cdot g = m_{ref} \cdot g - m_{ref} \cdot (d_{ar}/d_{ref}) \cdot g \quad (3.3)$$

Para simplificar essa equação, podemos combinar termos comuns e dividir ambos os lados pela constante g. Podemos, então, reorganizar essa equação para mostrar como a verdadeira massa do objeto (m_{obj}) está relacionada com sua massa aparente, conforme representadas pela massa de referência (m_{ref}).

$$m_{obj} = m_{ref} \cdot \frac{[1-(d_{ar}/d_{ref})]}{[1-(d_{ar}/d_{obj})]} \quad (3.4)$$

A Equação 3.4 indica que a massa do objeto medido estará, de fato, diretamente relacionada com o valor de m_{ref}. É esse princípio que permite que a massa desse objeto seja medida em uma balança. No entanto, essa equação também indica que m_{ref} e a massa real de nosso objeto não têm necessariamente o mesmo valor. Essa diferença ocorre porque a razão $[1 - (d_{ar}/d_{ref})]/[1 - (d_{ar}/d_{obj})]$ também aparece na Equação 3.4. Essa razão representa os diferentes efeitos da força normal que atuam sobre o objeto e o peso de referência. Embora essa razão seja muitas vezes ignorada em medições rotineiras de massa, ela deve ser considerada quando massas de alta precisão são necessárias. Voltaremos a esse tema na Seção 3.2.3, quando veremos como ajustar os valores de massa aos efeitos de força normal. (Veja Quadro 3.1 e Figura 3.2 para uma discussão mais aprofundada de como usar medidas de força em análises químicas.)

3.2.2 Tipos de balança de laboratório

Balanças mecânicas e balanças eletrônicas. Um dos tipos de balança de laboratório é a **mecânica**, que utiliza uma abordagem mecânica para a determinação de massas. Um exemplo é a balança de braços iguais (ou dois pratos), na qual uma amostra e pesos de referência são colocados em lados opostos de um travessão que é fixado em um ponto de apoio central. Esse tipo de balança foi usado por milhares de anos, e pôde ser encontrado em laboratórios de análises até a metade do século XX, mas não é comum em laboratórios modernos.[7] Outro tipo de balança mecânica é a *balança de substituição* ou *balança mecânica de prato único*. Esse dispositivo tem um prato único colocado em um lado de uma haste juntamente com um conjunto de pesos removíveis. O outro lado da haste está ligado a um contrapeso fixo. Quando não há nenhuma amostra, os dois lados da haste repousam em equilíbrio. Quando uma amostra é colocada sobre o prato, as posições de ambos os lados são perturbadas e alguns pesos no lado da amostra são removidos para restaurar as posições iniciais. A massa desses pesos é então utilizada para determinar a massa da amostra.

O tipo mais popular de balança em laboratórios de química modernos é a **eletrônica**, que se divide em dois modelos: **balança analítica** (modelo com compartimento de pesagem fechado) e **balança de precisão** ou *balança de carga superior* (modelo com área de pesagem aberta). Esse dispositivo utiliza um mecanismo eletrônico para determinar a massa de um objeto, o que é feito atrelando-se o prato da amostra a uma ou a mais barras que são mantidas entre as duas extremidades de um ímã permanente. Quando uma amostra é colocada sobre o prato, as barras são empurradas para baixo. Um sensor de posição emite um sinal para que a balança aplique uma corrente através das barras, o que produz uma força eletromagnética que faz com que elas voltem a subir. A potência da corrente aplicada que é necessária para mover a barra e o prato da amostra de volta a suas posições originais é então medida, fornecendo um valor que é proporcional à massa da amostra.[4,7] O baixo custo e a facilidade de uso tornaram as balanças eletrônicas populares nos laboratórios de análises.[4,7,11] O uso desse tipo de balança possibilita a correção eletrônica da massa de um recipiente de amostra e das variações de resposta do instrumento decorrentes de oscilações de temperatura. A maioria das balanças eletrônicas também é capaz de executar uma calibração automática com pesos de referência embutidos e pode fazer interface com computadores para coleta de dados.

Outros dispositivos de medição de massa. Há uma variedade de outros instrumentos que usam as medições de massa em análise química. Um exemplo é a *microbalança de cristal de quartzo* (QCM, do inglês, *quartz crystal microbalance*). Em vez de ser utilizada para medir quantidades relativamente grandes de material, uma QCM serve como um sensor de resíduos de substâncias químicas. Esse dispositivo é construído a partir de um fino cristal de quartzo semelhante aos encontrados em muitos relógios. Nos dois lados do cristal são colocados eletrodos que produzem uma corrente alternada, o que faz o quartzo oscilar a uma determinada frequência. Se as substâncias adsorvem à superfície do cristal, como pode ocorrer quando possuem um revestimento que favorece tal ligação, a massa do cristal vai mudar. Esse processo de adsorção pode produzir uma mudança mensurável na frequência em que o cristal vibra, permitindo que a massa de material depositado seja medida. A quantidade máxima de substância que pode ser medida por esse dispositivo gira em torno de algumas centenas de microgramas, e ele pode ser usado para examinar alterações de massa tão pequenas quanto uma fração de nanograma.[12]

Outro dispositivo de medição da massa que encontraremos neste livro é o *espectrômetro de massa*. Ao contrário de balanças de laboratório, que estimam a massa total de uma amostra, um espectrômetro de massa mede a massa *individual* de átomos e moléculas. Esse tipo de medição é realizado primeiramente ao se converterem os átomos ou as moléculas em

Quadro 3.1 Microscopia de força atômica

Existem outras maneiras, além do uso de balanças de laboratório, pelas quais os cientistas fazem uso de medidas de força para obter informações sobre uma amostra química. Um exemplo importante é o método de *microscopia de força atômica* (ou *AFM*, do inglês, *atomic force microscopy*). Trata-se de um método de alta resolução que é capaz de produzir imagens de átomos ou moléculas na superfície de uma amostra. Essa técnica foi desenvolvida em 1986 e desde então se tornou uma das ferramentas mais valiosas de análise e manipulação de substâncias químicas em nanoescala.[8-10]

O instrumento usado para executar a AFM é chamado de *microscópio de força atômica* (Figura 3.2). Sua concepção básica inclui um pequeno cantiléver com uma ponta afiada (chamada de 'sonda') que é passada sobre a superfície da amostra. A extremidade dessa ponta tem uma largura da ordem de nanômetros, que se compara ao tamanho de átomos e pequenas moléculas. Quando essa extremidade é passada suavemente sobre a amostra, as forças entre a ponta e a amostra causam uma ligeira deflexão na ponta e no cantiléver. Essas deflexões costumam ser medidas por meio de um raio laser que é apontado para o cantiléver e desviado para um dispositivo de detecção que monitora quaisquer pequenas mudanças na posição desse raio laser. Essa informação é então utilizada para criar uma imagem da superfície da amostra.

Embora os instrumentos modernos de AFM sejam capazes de uma resolução em escala atômica, eles são mais comumente utilizados em exames de materiais em escala um pouco maior. Uma grande vantagem da AFM é que, ao contrário de outros métodos de varredura de alta resolução, essa técnica pode ser usada tanto em amostras condutoras quanto nas não condutoras. Também pode ser empregada em amostras que estão ao ar ou em líquidos, e que podem ser encontradas duras ou moles na natureza. Essas propriedades fizeram da AFM uma ferramenta importante em campos que vão desde a ciência de materiais até a pesquisa biomédica.[9,10]

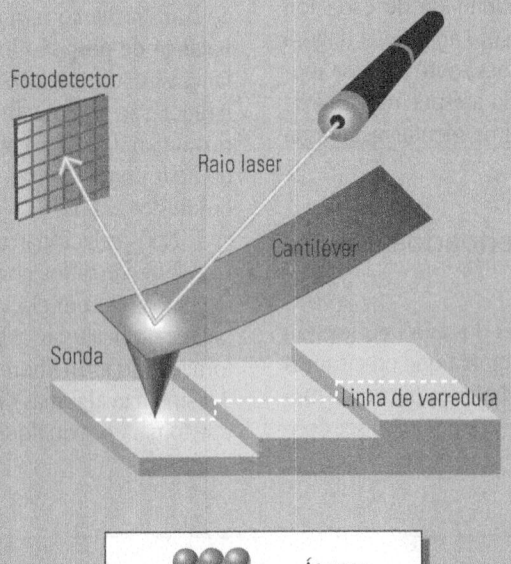

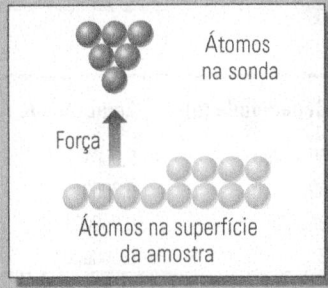

Figura 3.2

Operação básica da microscopia de força atômica (AFM).

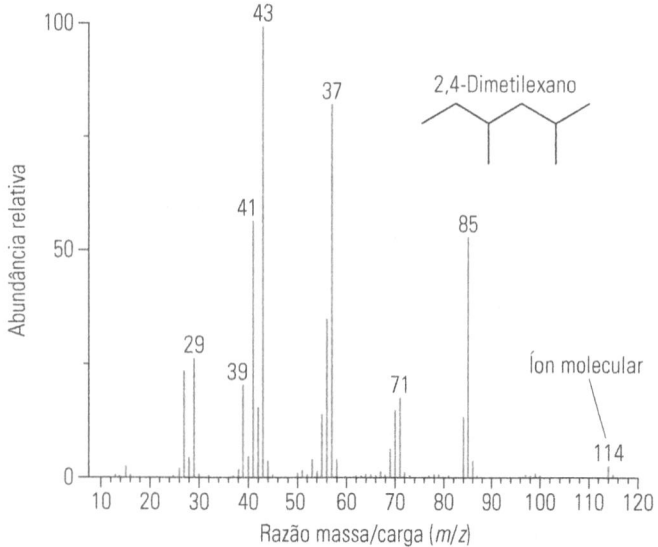

Figura 3.3

Exemplo de espectro de massa.

íons de fase gasosa, que são então separados e analisados com base em sua massa e carga. O resultado é um gráfico conhecido como *espectro de massa*, em que a quantidade de cada íon detectado é plotada *versus* sua *razão massa/carga* (*m/z*) (Figura 3.3). Esse gráfico pode fornecer informações sobre a massa molar da substância e sua estrutura, tornando a espectrometria de massa uma ferramenta extremamente útil na identificação e na caracterização de compostos.[13-15]

3.2.3 Procedimentos recomendados em medições de massa

Seleção e uso de balanças. A maioria dos laboratórios tem vários tipos de balança, portanto uma pergunta que precisamos fazer com frequência é: 'Qual é a melhor balança para uma medição de massa em particular?'. Um fator importante a ser considerado é a *carga máxima* (ou *capacidade*) de cada balança, que se refere à maior massa que uma balança pode medir em bases confiáveis. Outro aspecto que deve ser levado em conta é a *legibilidade*, que representa a menor divisão de massa que pode ser lida no mostrador da balança.[4,7] Um terceiro fator utilizado para comparar balanças é a *resolução* de cada uma, que é determinada pela divisão da capacidade de uma balança por sua legibilidade.[7]

$$\text{Resolução} = \frac{\text{Capacidade}}{\text{Legibilidade}} \quad (3.5)$$

Como se pode observar por essa equação, a resolução é uma medida direta da quantidade de massas diferentes que podem ser determinadas por uma balança em particular (1,0000 g *versus* 1,0001 g, e assim por diante). A maioria das balanças de laboratório tem resolução de pelo menos 10 mil, e existem algumas que chegam a 20 milhões.

A Tabela 3.1 relaciona capacidades, legibilidades e resoluções de várias balanças de laboratório. Esses dispositivos podem ser classificados em um dos dois grupos gerais com base em sua capacidade de leitura e modelo. Uma balança que possui um compartimento fechado de pesagem (para maior estabilidade e precisão) e que pode fornecer medidas de massa na faixa de pelo menos 0,1 miligrama é conhecida como **balança analítica**. Se o instrumento tem uma área aberta de pesagem, chama-se **balança de precisão** (ou *de carga superior*).[4,7] Das diversas balanças listadas na Tabela 3.1, a de precisão padrão e a macroanalítica são as mais frequentemente encontradas em laboratórios de análise, por causa da boa legibilidade e da capacidade de lidar com a gama de massas necessária para a maioria dos ensaios de rotina.

Após selecionar uma balança, devemos verificar se estamos familiarizados com seu uso e os cuidados adequados que devemos ter com ela. Aplicar as boas práticas de laboratório à balança vai ajudar a garantir que ela funcione corretamente, fornecendo as melhores medições de massa possíveis. A Tabela 3.2 sintetiza algumas diretrizes que dizem respeito aos cuidados a se tomar com qualquer balança, assim como com a manipula-

Tabela 3.1

Tipos comuns de balança.

Balanças analíticas	Capacidade (g)	Legibilidade (g)	Resolução
Balança macroanalítica	50 – 400	0,0001	(0,5 – 4) x 10^6
Semimicrobalança	30 – 200	0,00001	(0,3 – 2) x 10^7
Microbalança	3 – 20	0,000001	(0,3 – 2) x 10^7
Ultramicrobalança	2	0,0000001	2 x 10^7
Balanças de precisão	**Capacidade**	**Legibilidade**	**Resolução**
Escala de precisão industrial	30 – 6.000 kg	0,0001 – 0,1 kg	(0,1 – 6) x 10^5
Balança de precisão	100 – 30.000 g	0,001 – 1 g	(0,3 – 2) x 10^5

Fonte: este esquema de classificação e lista de características são de M. Kochsiek, *Glossary of Weighing Terms: A Practical Guide to the Terminology of Weighing*, Mettler-Toledo, Suíça, 1998; e W. E. Kupper, "Laboratory Balances". In: *Analytical Instrumentation Handbook*, 2ª ed., G. W. Ewing, ed., Marcel Dekker, Nova York, 1997, Capítulo 2.

ção de amostras e produtos químicos e com o registro adequado das medições.

Métodos de pesagem. Outra escolha a ser feita antes de se realizar uma medição de massa diz respeito à técnica a ser empregada durante o processo de pesagem. Existem duas abordagens comuns para isso.[6] A primeira é a *pesagem direta*, que é executada pelo simples posicionamento de um objeto sobre o prato da balança e pelo registro da massa exibida no mostrador. Essa abordagem é normalmente utilizada no caso de objetos inertes e sólidos, como os pesos de referência. É importante lembrar que substâncias químicas *nunca* devem ser colocadas diretamente em uma balança. Em vez disso, elas devem ser pesadas no interior de um recipiente ou sobre ele (por exemplo, papel de pesagem, recipiente de plástico ou proveta). Essa precaução protege a balança da exposição a substâncias químicas, mas também dificulta o uso da pesagem direta na maioria das balanças mecânicas.

A pesagem direta pode ser realizada em uma balança eletrônica por meio de um recurso conhecido como *tara*. Trata-se de colocar um recipiente de pesagem vazio na balança e reajustar seu mostrador (pressionando um botão de 'tara', 'zero' ou '*reset*'), de modo que se tenha uma leitura igual a zero na presença do recipiente.[4] Quando um produto químico é colocado nesse recipiente, o mostrador pode então ser usado como uma leitura direta da quantidade de substância adicionada. Após a remoção do objeto e do recipiente, o botão 'tara' pode ser pressionado novamente para fornecer uma leitura igual a zero quando não há nada na balança. Esse último passo é importante quando se está trabalhando com balanças que têm calibração automática, porque a falha em redefinir o valor da tara pode afetar o processo de calibração.

A massa de um produto químico também pode ser determinada por meio de uma abordagem conhecida como *peso por diferença*. Nesse procedimento, a massa de uma amostra é

Tabela 3.2

Boas práticas de laboratório aplicadas ao uso de balanças.

Seleção da balança	A balança deverá ter capacidade e legibilidade que sejam adequadas ao tamanho da amostra que está sendo medida. Em qualquer determinação de massa, é melhor selecionar a balança que fornecerá os números mais significativos para a medição em questão.
Localização da balança	A balança deve ser mantida em qualquer parte de um recinto que esteja protegido de correntes de ar ou de fontes de frio e de calor (por exemplo, portas, janelas, pratos quentes, ventilação de aquecimento ou refrigeração e áreas de tráfego intenso). A balança deve ser mantida sobre uma superfície rígida e resistente, que não seja afetada pela presença do operador ou por vibrações provocadas por máquinas, portas ou elevadores nas proximidades. Devem ser mantidas afastadas, e não compartilhar uma rede elétrica comum que possa causar flutuações erráticas de energia, como motores elétricos.
Cuidados com a balança e sua manutenção	A balança deve ser bem nivelada antes de ser usada em qualquer medição de massa. Além disso, deve ser calibrada em seu local definitivo de utilização, antes que qualquer processamento de amostras seja iniciado. A balança e suas proximidades devem ser mantidas sempre limpas e livres de poeira e derramamento de substâncias químicas. No caso de balanças eletrônicas, certifique-se de tarar o aparelho de volta a zero depois de remover do prato da amostra o item que foi pesado. Em caso de balanças analíticas, manter as portas da área de pesagem fechadas, exceto quando estiver colocando os itens no prato da amostra ou removendo-os dali.
Manipulação da amostra	Em caso de medições precisas de massa, as amostras que forem voláteis ou que podem adsorver água ou dióxido de carbono do ar devem ser pesadas em um recipiente fechado. A amostra deve estar na mesma temperatura da balança e seus arredores, se possível, para evitar a formação de correntes de convecção do ar local em torno do prato da amostra. Deve-se manter a umidade relativa do ar no laboratório em níveis normais para minimizar a presença de eletricidade estática nas amostras, que pode levar a medidas erradas de massa. Evite tocar o objeto sob medição ou o recipiente de pesagem, porque as impressões digitais e a umidade que as mãos adsorvem podem adicionar uma massa detectável a esses itens. Sempre coloque o objeto a ser medido no meio do prato da amostra para obter resultados mais precisos. Não coloque uma amostra líquida que contenha uma barra magnética em uma balança, porque o ímã criará força adicional que atuará na amostra e poderá levar a erros no processo de pesagem.
Registro de medições de massa	Os valores de massa medidos devem ser registrados *diretamente* no caderno de laboratório, utilizando-se o número total de algarismos significativos fornecidos pela balança. Deve-se indicar no caderno se alguma correção de flutuação foi feita. Essa correção costuma ser necessária nos casos em que a massa final precisa estar na faixa de 0,1 por cento de seu valor real. Se uma correção da força normal for feita, a densidade da amostra e a do ar circundante devem ser ambas registradas no caderno. Determinar a densidade do ar também vai exigir a determinação e o registro de pressão atmosférica, temperatura e umidade relativa do ar no momento em que a medição foi feita.

calculada tomando-se a diferença entre a massa dessa amostra mais seu recipiente e a massa do próprio recipiente. Os melhores resultados são obtidos quando a amostra é pesada no mesmo recipiente que será utilizado no estudo ou na preparação final. Se a amostra deve ser transferida de seu recipiente de pesagem para outro, o recipiente deve ser pesado novamente após a amostra ter sido removida. A diferença de massa entre o recipiente final e o recipiente mais a amostra é então usada para determinar a massa da substância que foi transferida. Esse método é mais acurado do que usar apenas o peso inicial do recipiente, porque uma parte da amostra pode ter ficado para trás após a transferência.

Correções da força normal. Até aqui, supomos que a massa exibida por uma balança é igual à da amostra que está sendo pesada. Essa suposição é válida quando o termo de força normal $[1 - (d_{ar}/d_{ref})]/[1 - (d_{ar}/d_{obj})]$ na Equação 3.4 é aproximadamente igual a um e pode ser ignorado. Mas quando devemos considerar os efeitos da força normal? Podemos responder a essa pergunta analisando mais de perto o que afeta a razão $[1 - (d_{ar}/d_{ref})]/[1 - (d_{ar}/d_{obj})]$. Primeiro, há a densidade do meio circundante, que aparece tanto na parte superior quanto na inferior dessa equação como o termo d_{ar}. Para o ar, essa densidade terá um valor médio de $1,2 \times 10^{-3}$ g/cm³. Um segundo fator a ser considerado é a densidade do peso de referência (d_{ref}). Por convenção internacional, esses pesos geralmente têm densidade de 8,0 g/cm³, e são feitos de aço inoxidável.[4,6] O terceiro fator é a densidade do objeto sendo pesado (d_{obj}), que pode ter uma ampla gama de valores e dependerá do tipo de amostra que estamos medindo.

Uma ilustração de como as massas reais e precisas de um objeto são diferentes em diferentes densidades de amostra é apresentada na Figura 3.4. Amostras com densidades menores que o peso de referência (8,0 g/cm³ neste exemplo) produzem massas aparentes inferiores a seus valores reais, enquanto amostras com densidades maiores que o peso de referência têm massas aparentes altas. A dimensão desse erro dependerá de quão diferentes a amostra e os pesos de referência forem em suas densidades. Materiais de amostras com densidades de 2 a 15 g/cm³, como ocorre em muitos sólidos, apresentam erro inferior a 0,01 por cento na massa medida, como indica a Figura 3.4. Em amostras com densidades de 0,8 a 2,0 g/cm³, o que inclui muitos líquidos, esse erro gira em torno de 0,1 a 0,2 por cento.

Uma orientação útil de se lembrar é que os efeitos da força normal devem ser considerados sempre que se quiser medir uma massa com *quatro* ou *mais* algarismos significativos (isto é, quando erros menores que 0,1 a 0,2 por cento se tornam importantes). O processo de ajuste a esses efeitos é conhecido como **correção da força normal**. Essa correção pode ser executada por meio de uma versão modificada da Equação 3.4, em que a massa do peso de referência é substituída pela massa aparente equivalente que é lida no mostrador da balança ($m_{mostrador}$).

$$m_{obj} = m_{mostrador} \cdot \frac{[1-(d_{ar}/d_{ref})]}{[1-(d_{ar}/d_{obj})]} \quad (3.6)$$

A Equação 3.6 mostra que se pode obter a massa medida correta de um objeto quando se conhece (1) a massa aparente exibida pelo mostrador da balança, (2) a densidade da amostra, (3) a densidade do peso de referência usado para calibrar a balança e (4) a densidade do meio circundante.

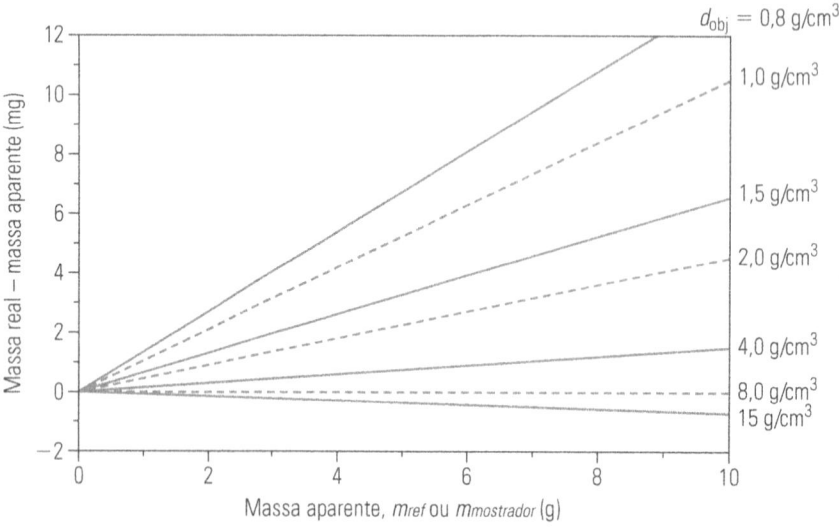

Figura 3.4

Diferença entre as massas reais e mensuradas de amostras ou objetos de diferentes densidades. Essas amostras são comparadas a um peso de referência com densidade de 8,0 g/cm³, e são supostamente circundadas por ar com densidade de $1,2 \times 10^{-3}$ g/cm³.

EXERCÍCIO 3.1 — Correção dos efeitos da força normal

Um recipiente de pesagem é colocado em uma balança, e o mostrador é tarado para que a leitura seja igual a zero. Em seguida, o carbonato de cálcio é colocado nesse recipiente, com uma massa exibida de 10,0150 g. Nesse caso, é desejável conhecer a massa real do carbonato de cálcio com cinco algarismos significativos. A balança foi previamente calibrada com pesos de aço inoxidável de 8,0 g/cm³ e é operada em um laboratório que tem densidade de ar de $1,2 \times 10^{-3}$ g/cm³. Sabe-se que a densidade do carbonato de cálcio puro (calcita) é 2,710 g/cm³. Qual é a massa real da amostra de carbonato de cálcio?

SOLUÇÃO

A massa real pode ser obtida ao substituirmos a massa medida e as densidades da amostra, do ar e dos pesos de referência na Equação 3.6.

$$m_{obj} = m_{mostrador} \cdot \frac{[1-(d_{ar}/d_{ref})]}{[1-(d_{ar}/d_{obj})]}$$

$$= (10,0150\text{g}) \cdot \frac{[1-(0,0012 g/cm^3)/(8,0 g/cm^3)]}{[1-(0,0012 g/cm^3)/(2,710 g/cm^3)]}$$

$$= 10,0179\text{g} = \mathbf{10{,}018\ g}$$

Ao verificar nossa resposta por meio da análise dimensional, obtemos uma resposta final com as mesmas unidades que a massa medida (gramas). Além disso, observamos que as massas medida e real diferem em menos de 0,03 por cento, o que coincide com o tipo de erro sugerido pela Figura 3.4.

Você deve ter notado no exercício anterior que não foram considerados os efeitos da força normal no recipiente de pesagem em si. Essa simplificação foi possível porque usamos o recurso de tara da balança para subtrair o peso do recipiente do peso do recipiente com o carbonato de cálcio. Se a tara e as medições de massa forem realizadas em um intervalo de tempo razoavelmente curto (de modo que a densidade do ar se mantenha inalterada), a força normal no recipiente deverá permanecer constante, permitindo que o peso do recipiente seja anulado ao tararmos a balança. A mesma suposição teria sido verdadeira se tivéssemos usado o peso por diferença para determinar a massa do carbonato de cálcio.

Para ajudá-lo a fazer uma correção como a do exercício anterior, as densidades de muitas substâncias químicas comuns podem ser encontradas em referências como o *CRC Handbook of Chemistry and Physics* ou o *Lange's Handbook of Chemistry*.[16,17] Também é importante conhecer a densidade exata dos pesos utilizados para calibrar uma balança. Embora o aço inoxidável de 8,0 g/cm³ seja normalmente utilizado para esse fim, outros tipos de peso de calibração podem ser empregados em alguns casos. Outro fator que devemos ter em mente é que $1,2 \times 10^{-3}$ g/cm³ é apenas um valor médio da densidade do ar. A densidade do ar real de um laboratório vai depender da pressão atmosférica, da temperatura e da umidade relativa, e pode variar em até 3 por cento a partir desse valor médio.[7] Usar a densidade real do ar em uma correção de força normal é especialmente crucial quando *cinco* ou *mais* algarismos significativos são necessários para determinar uma massa.

3.3 Medições de volume

Outra propriedade importante da matéria é o **volume**, que pode ser definido como a quantidade de espaço ocupado por um objeto tridimensional. Em materiais sólidos, o volume pode ser calculado a partir da altura, da largura e do comprimento do objeto, ou pela medição do volume de líquido que é deslocado por ele. No caso dos líquidos, o volume é determinado pela medição do espaço que o líquido ocupa em um recipiente. Medições de volume têm sido feitas desde tempos antigos em áreas como arquitetura, culinária e comércio. Essas medições também desempenham um papel fundamental na preparação de amostras e de reagentes para análises químicas, assunto no qual vamos nos concentrar neste capítulo. Medições de volume também podem ser utilizadas diretamente para medir teores químicos. Examinaremos esse último tópico mais adiante neste livro, quando discutirmos uma técnica conhecida como 'titulação'.

3.3.1 Determinação do volume

Volume *versus* massa. Embora tanto o volume quanto a massa estejam relacionados com o tamanho de um objeto, o volume apresenta diversas vantagens quando se trata de descrever matérias. Por exemplo, o volume de uma amostra é mais fácil de ser visualizado do que sua massa. Os volumes são mais convenientes de serem medidos no caso de líquidos, caso em que basta colocar o líquido em um recipiente devidamente marcado. Uma desvantagem no uso de volumes é que o volume de uma amostra, ao contrário de sua massa, pode variar de acordo com a temperatura e a pressão. A massa de um objeto também pode normalmente ser mensurada com maior precisão do que seu volume.

A unidade fundamental do volume no sistema SI é o *metro cúbico* (m³), mas essa unidade é relativamente grande, além de não ser particularmente conveniente para ser usada em testes químicos de rotina. Em vez disso, com frequência os químicos usam o *litro* (L), que passou a ser definido no sistema SI como sendo igual a um decímetro cúbico (ou 1.000 cm³). O volume e a massa de um material estão relacionados entre si por meio de sua **densidade**. Ela se refere à massa (m) por unidade de volume (V) de um material, e costuma ser representada pelos símbolos d ou ρ, onde $d = m/V$. Já usamos esta equação na seção anterior, quando discutimos correções para efeitos da força normal. Assim como o volume, a densidade de um objeto muda de acordo com a pressão e a temperatura. Entretanto, a densidade de um material não tem o mesmo valor independentemente do tamanho real do material, o que a torna mais útil do que o volume ou a massa como um meio de identificação química.

Medições de volume analítico. Muitas pessoas estão familiarizadas com as peças comuns de vidraria de laboratório, como o béquer, o erlenmeyer, o tubo de ensaio e a proveta. Esses recipientes de vidro se destinam a aquecer, misturar e manusear soluções, mas normalmente não servem para determinar volumes com exatidão. Mesmo uma proveta de boa qualidade fornecerá uma medida de volume com precisão da ordem de apenas 1 por cento de seu valor real. Em laboratórios de química modernos, as medições de volume mais precisas são feitas em bases rotineiras. Esse nível maior de precisão é obtido por meio de dispositivos especialmente projetados para medições de volume, como balões volumétricos e pipetas volumétricas (alguns dos quais podem determinar um volume com uma precisão de 0,025 por cento).

Uma característica exclusiva desses instrumentos de medição de volume é o material de que são fabricados. Berzelius e outros cientistas de seu tempo faziam sua própria vidraria com vidro do tipo convencional alcalino, que é obtido pela combinação de areia (SiO_2) com calcário ($CaCO_3$) e carbonato de sódio (Na_2CO_3).[18] Atualmente, o vidro mais comumente encontrado em laboratórios é o de *borosilicato*, que contém uma quantidade significativa de óxido de boro (B_2O_3) e uma porcentagem menor de óxido de sódio (Na_2O) e outros óxidos do que o vidro comum. O vidro de borosilicato é mais resistente que o comum para ácidos e bases fortes, e apresenta um terço de variação em tamanho e volume sob o efeito da temperatura.[1,18] Essas propriedades tornam o vidro de borosilicato mais apropriado para a fabricação de dispositivos para medições de volume acuradas.

O problema com qualquer tipo de vidro é que ele acaba perdendo parte de sua massa quando exposto a ácidos ou bases durante longos períodos de tempo. Esse efeito faz o interior do recipiente de vidro ficar 'calcinado'. Esse processo altera o volume real do recipiente e faz com que ele fique mais quebradiço. Outra desvantagem do vidro é que ele pode conter traços de íons metálicos e contaminar as soluções. Essa contaminação pode causar problemas quando se está preparando amostras e reagentes para análise de metais de nível residual. Devido a essas limitações, alguns laboratórios de análises utilizam recipientes especiais de plástico que são feitos de Teflon, polimetilpentano ou polipropileno. Esses materiais oferecem boa resistência à maioria dos reagentes químicos e contêm apenas vestígios de metais. Sua principal desvantagem é que derretem sob temperaturas muito mais baixas do que o vidro, o que limita a faixa de condições sob as quais eles podem ser empregados.

3.3.2 Tipos de equipamento volumétrico

Há um grande número de dispositivos para medir volumes que são utilizados para a medição analítica. Esses dispositivos incluem *balões volumétricos, pipetas volumétricas, buretas, micropipetas* e *seringas*.

Balões volumétricos. Dispositivos que servem para preparar soluções e diluí-las a um volume específico (geralmente de 1 a 2.000 mL). A forma geral de um **balão volumétrico** é mostrada na Figura 3.5, e consiste de um longo pescoço superior com uma parte inferior arredondada e um fundo plano para misturar e acomodar soluções. O topo do pescoço contém uma abertura onde uma tampa pode ser colocada quando se vai misturar o conteúdo do frasco. Há também uma linha gravada no pescoço, que indica onde o *menisco* (ou superfície curva superior) da solução deverá estar localizada quando o volume de líquido no frasco for igual ao volume declarado. A maioria dos frascos volumétricos tem a sigla 'TC' (do inglês, *To Contain*) na lateral, indicando que foi projetado para o volume declarado de líquido.

Em um desses balões normalmente se verá uma letra, como 'A' ou 'B', indicando se é um recipiente de *Classe A* ou de *Classe B*. As propriedades necessárias para um balão volumétrico ser designado como de Classe A são apresentadas na Tabela 3.3. Ambas as classes fornecem medições de volume muito melhores do que o vidro comum, mas os balões de Classe A têm apenas a metade dos erros máximos dos de Classe B. Estes custam menos do que os primeiros, e geralmente se adequam ao uso em aulas ou atividades genéricas. Os de Classe A, no entanto, são os dispositivos de escolha quando se deseja fazer medições de volume de alta qualidade no preparo da solução.

O procedimento de uso de um balão volumétrico é bastante simples. Primeiramente você deve verificar se o recipiente está limpo e livre de quaisquer rachaduras ou outros defeitos. A seguir, coloque nele uma pequena quantidade de solvente e o sólido ou líquido que deseje deixar em solução. Depois, gire o conteúdo até que todo o material adicionado seja dissolvido. Então, mais solvente deve ser adicionado (ainda sem encher

Tabela 3.3

Características de frascos volumétricos de Classe A.*

Tipo de frasco (mL)	Erro máximo admissível (mL)
1	± 0,01
2	± 0,015
5	± 0,02
10	± 0,02
25	± 0,03
50	± 0,05
60	± 0,05
100	± 0,08
110	± 0,08
200	± 0,10
250	± 0,12
500	± 0,20
1000	± 0,30
2000	± 0,50

*As propriedades contidas nesta tabela são as especificadas pela American Society for Testing Materials. O termo 'tolerância' é frequentemente usado em vez de 'erro máximo admissível' para descrever as propriedades desses dispositivos.

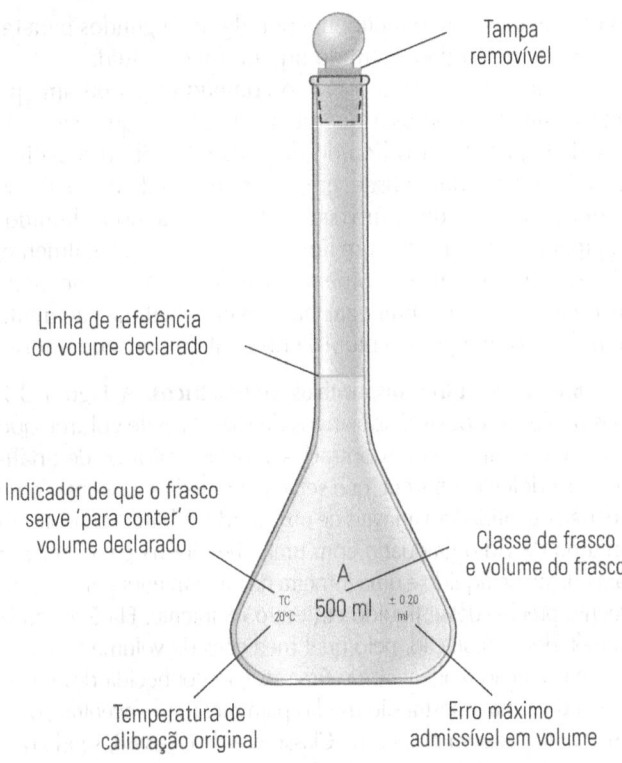

Figura 3.5

Concepção geral de um balão volumétrico. Uma linha é gravada no pescoço do balão para indicar o ponto em que o menisco da solução deverá estar localizado quando o volume de líquido no frasco for igual ao volume declarado do balão. O volume e a temperatura na qual o balão foi calibrado são dados na parte inferior do recipiente acompanhado pelo símbolo 'TC', que significa que ele serve 'para conter' a quantidade declarada de líquido.

totalmente o balão), e o movimento rotacional é repetido. Repousando o balão sobre uma superfície plana e firme, qualquer solvente necessário para encher o balão até sua marca de calibração é cuidadosamente adicionado. Ante a proximidade da linha de calibração, recomenda-se que o solvente seja adicionado gota a gota com a ajuda de uma pequena pipeta (e *não* de uma pisseta, que é mais difícil de ser usada para essa finalidade). Quando a base do menisco do solvente estiver exatamente sobre a linha, uma tampa deverá ser firmemente colocada na boca do frasco, que deverá ser repetidamente agitado, sendo invertido por alguns minutos (por exemplo, inverte-se dez vezes ao longo de quatro a cinco minutos). Esse procedimento garante que o conteúdo do balão exiba uma composição uniforme.

Pipetas volumétricas. Outro importante dispositivo de medição de líquidos é a **pipeta volumétrica** (também conhecida como *pipeta de transferência*). Esse tipo de instrumento, mostrado na Figura 3.6, destina-se a medir e a dispensar um volume único e específico de líquido em um recipiente separado, como um frasco volumétrico. As pipetas volumétricas são utilizadas no caso de volumes que variam entre 0,5 mL e 100 mL, e são empregadas quando é necessário que as medidas tenham confiabilidade na casa de alguns centésimos de um milímetro.

Como ocorre com os balões volumétricos, uma pipeta volumétrica contém uma marcação que indica o volume e a temperatura em que ela foi calibrada. Há também uma marca em torno do pescoço da pipeta que indica onde esse volume calibrado ocorre, bem como uma marcação que indica se a pipeta é de Classe A ou de Classe B. Pipetas de Classe A têm as características relacionadas na Tabela 3.4, enquanto as de Classe B têm erros máximos admissíveis que são o dobro desses níveis. Uma diferença importante em relação aos balões volumétricos é que as pipetas volumétricas servem 'para dispensar', como representa a sigla 'TD' (do inglês, *To Deliver*) em suas laterais. Esse símbolo indica que essas pipetas fornecerão o volume indicado quando for o momento de seu conteúdo ser drenado (*sem* sopro ou qualquer outra forma de liberação forçada) em outro recipiente.

Ao usar uma pipeta volumétrica, você primeiramente deve verificar se ela está limpa e livre de quaisquer rachaduras ou lascas, especialmente na ponta por onde a solução é dispensada. Se a pipeta estiver em boas condições, ambiente seu interior usando um bulbo de borracha ou de plástico ou

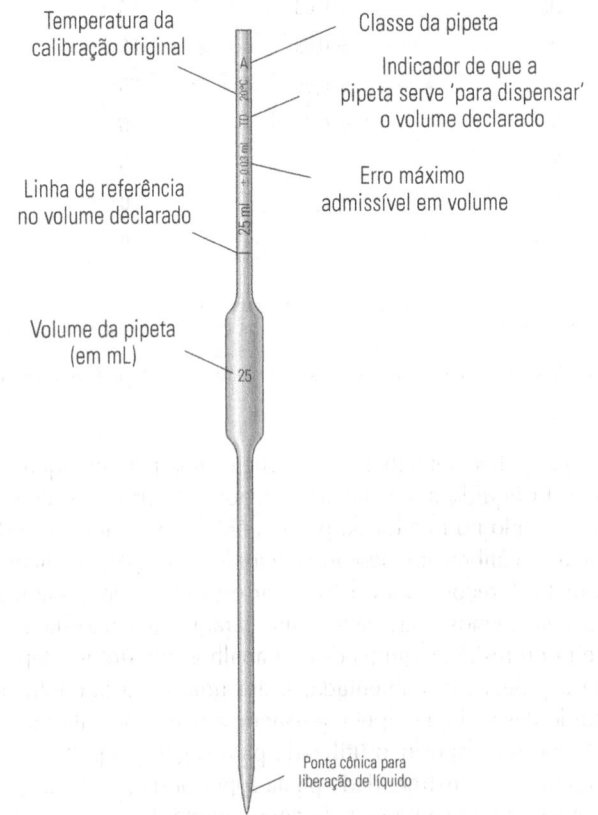

Figura 3.6

Concepção geral de uma pipeta volumétrica. Uma linha é gravada no pescoço da pipeta para indicar o ponto em que o menisco de um líquido deverá estar localizado quando seu volume for igual ao volume declarado da pipeta. O volume e a temperatura em que a pipeta foi calibrada são dados na lateral, acompanhados pelo símbolo 'TD' (do inglês, *To Deliver*), que significa que a pipeta serve 'para dispensar' a quantidade indicada do líquido sem qualquer força ou pressão adicional.

Tabela 3.4

Características de pipetas volumétricas de Classe A.*

Tipo de pipeta (mL)	Erro máximo admissível (mL)	Tempo mínimo de escoamento (s)
0,5	± 0,006	5
1	± 0,006	10
2	± 0,006	10
3	± 0,01	10
4	± 0,01	10
5	± 0,01	15
6	± 0,02	15
7	± 0,02	15
8	± 0,02	15
9	± 0,02	15
10	± 0,02	15
15	± 0,03	25
20	± 0,03	25
25	± 0,03	25
30	± 0,05	25
40	± 0,05	25
50	± 0,05	25
75	± 0,08	30
100	± 0,08	30

*Estas propriedades são aquelas especificadas pela American Society for Testing Materials. Ao se descrever as propriedades desses dispositivos, o termo 'tolerância' é frequentemente usado em vez de 'erro máximo admissível'. O termo 'tempo mínimo de escoamento' se refere ao menor período de tempo aceitável para que todo o líquido de uma pipeta escorra para outro recipiente.

um dispositivo semelhante para sugar uma pequena quantidade do líquido a ser medido. Depois de girar com cuidado o líquido no interior da pipeta (incluindo a parte além da marca de calibração), descarte o líquido usado para ambientar a pipeta. É recomendável executar essa etapa de ambientação pelo menos duas vezes para garantir que não haja ali poeira ou resíduos químicos de trabalhos anteriores. Depois que a pipeta for ambientada, insira uma nova alíquota do líquido desejado na pipeta, passando a marca de calibração. O bulbo ou dispositivo utilizado para sugar o líquido é então retirado da extremidade plana superior da pipeta, a qual deve ser rapidamente vedada com a ponta de seu dedo. Em seguida, limpe suavemente a outra extremidade da pipeta com um pano para remover qualquer excesso de líquido na parte externa. A ponta é, então, apoiada na borda de um recipiente de descarte e a pipeta é lentamente drenada até que o fundo do menisco do líquido esteja na marca calibrada. A pipeta estará pronta para ser levada para junto do recipiente final desejado, no qual seu conteúdo líquido será livremente escoado, enquanto sua ponta é mantida em contato com a parede do recipiente. Ao final dessa etapa, mantenha a ponta da pipeta apoiada no recipiente por alguns segundos para ter certeza de que a drenagem do líquido foi concluída.

É importante *nunca* soprar o conteúdo final de uma pipeta volumétrica ou usar qualquer outra força que não a da gravidade para fazer o líquido fluir para fora do dispositivo. Também é importante usar sempre um bulbo de borracha ou de plástico ou um dispositivo semelhante para inserir líquidos na pipeta, e *nunca* sugar um líquido com a boca. Finalmente, ao terminar de usar uma pipeta, você deve lavá-la com água ou uma solução de limpeza, para evitar qualquer acúmulo de materiais que possa entupi-la ou contaminar seu interior.

Buretas e outros dispositivos volumétricos. A Figura 3.7 mostra alguns outros dispositivos de medição de volume que frequentemente são encontrados em laboratórios de análises. Um deles é a **bureta**, que serve para medir e dispensar com precisão quantidades variáveis de um líquido. A bureta consiste em um tubo de vidro graduado com uma abertura na parte superior para adição de líquido e uma torneira na parte inferior para o escoamento preciso desse líquido em outro recipiente. Ela é utilizada no método de titulação, pelo qual medições de volume acuradas de uma solução reagente e de uma reação conhecida desse reagente com uma amostra são usadas para medir a concentração de um analito. Existem buretas de Classe A e de Classe B, sendo que as comuns retêm de 10 mL a 100 mL de líquido. A escala na parte lateral da bureta varia de acordo com o tamanho do instrumento, sendo que os de Classe A de 10 mL têm divisões de 0,05 mL e erros máximos admissíveis de ± 0,02 mL, enquanto os de 100 mL têm divisões ± 0,20 mL e erros máximos admissíveis de 0,10 mL. Há também modelos especiais para lidar com volumes menores ou maiores de líquidos. Mais informações sobre buretas e seu uso são fornecidas no Capítulo 12.

Outro tipo de dispositivo volumétrico é a *pipeta de Mohr* (ou *pipeta de medição*). Esse tipo possui muitas marcas em sua lateral que permitem uma variedade de volumes líquidos dentro de sua escala calibrada que seja medida e dispensada. Assim como a pipeta volumétrica, a pipeta de Mohr serve 'para dispensar' líquidos por meio do processo natural de drenagem, sem sopro ou qualquer escoamento forçado. As pipetas de Mohr têm volumes de 0,1 a 25 mL e marcas calibradas a intervalos de 0,1, 0,01 ou 0,001 mL. Elas não são tão precisas quanto as volumétricas, mas são mais convenientes para medir uma variedade de volumes ou no caso de volumes que não podem ser dispensados por pipetas volumétricas comuns.

Dois outros tipos de dispositivo volumétrico são a *pipeta sorológica* e a *pipeta de Ostwald-Folin*. Esses modelos são úteis quando se está trabalhando com pequenos volumes de líquido ou quando se deseja que *todo* o líquido medido seja dispensado em um recipiente. Elas se assemelham à de Mohr e à volumétrica, respectivamente. Uma diferença importante é que as sorológicas e as de Ostwald-Folin servem '*para dispensar/soprar*', o que significa que dispensam o volume indicado apenas quando a última gota de seu conteúdo é soprada com um bulbo de pipeta. Por causa dos diferentes modos em que essas pipetas são operadas, é essencial que você sempre conheça bem o tipo de pipeta que estiver usando durante um experimento.

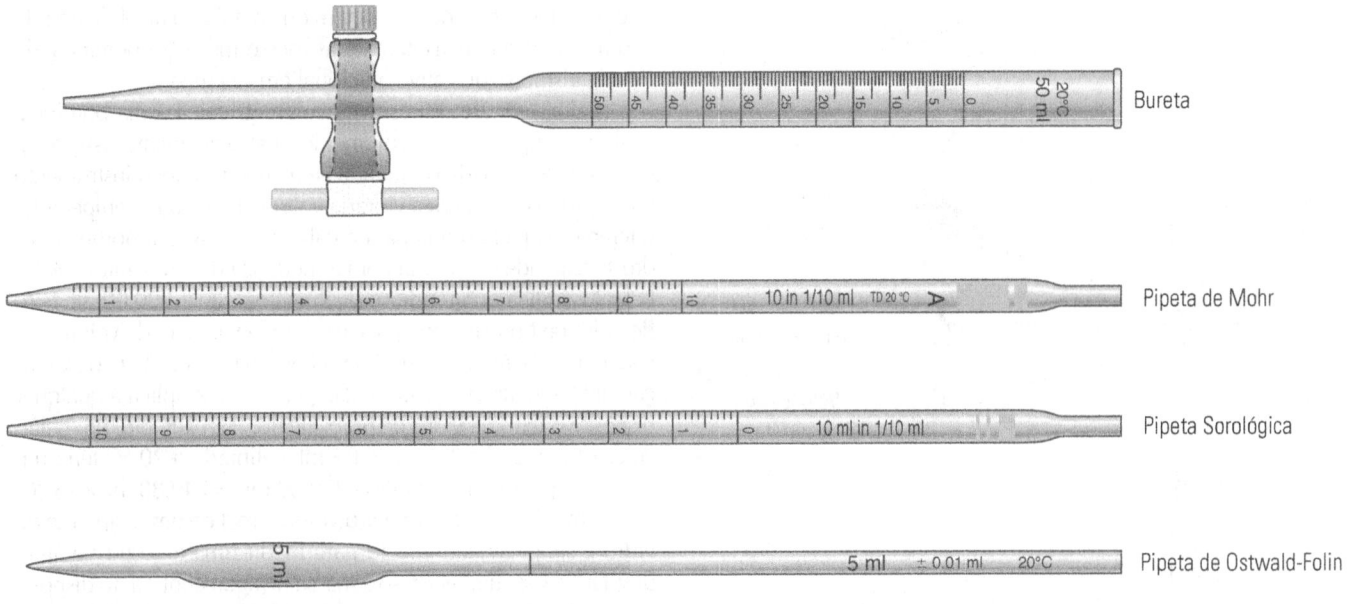

Figura 3.7

Modelos de bureta, pipeta de Mohr, pipeta sorológica e pipeta de Ostwald-Folin.

Para o manuseio de volumes muito pequenos de líquidos, uma *micropipeta* (ou *micropipetador*) pode ser empregada. Esse dispositivo vem com capacidades de volume que normalmente variam de 0,1 μL a 5.000 μL e tem erros admissíveis característicos de ± 0,5 a 2,0 por cento. A micropipeta usa pontas descartáveis que podem ser facilmente substituídas entre uma amostra e outra ou trocadas para prover líquidos em diferentes dosagens. As micropipetas são convenientes quando se está lidando com amostras pequenas ou valiosas, e quando erros de percentuais pequenos são aceitáveis. Algumas são operadas manualmente, enquanto outras são controladas eletronicamente ou até equipadas com múltiplas pontas, permitindo que até 8 a 12 amostras sejam medidas e dispensadas de uma só vez.

Uma *seringa* é um dispositivo volumétrico que consiste de um copo ou de um tambor de plástico graduado que contém a amostra de interesse. Uma agulha aberta permite que a amostra entre no tambor ou saia dele, enquanto o êmbolo serve para empurrar e dispensar essa amostra. As seringas têm capacidade de volume de 0,5 a 500 μL ou mais e, assim como as micropipetas, destinam-se a medir e dispensar amostras de pequeno volume. Diferentemente das micropipetas, as seringas podem funcionar tanto com gases quanto com líquidos. Uma aplicação das seringas é sua utilização para injetar amostras em instrumentos de medições químicas, como veremos quando discutirmos os métodos de cromatografia gasosa e líquida nos capítulos 21 e 22.

3.3.3 Procedimentos recomendados para medições de volume

Seleção e utilização de dispositivos volumétricos. Quatro fatores devem ser considerados quando tivermos de escolher um dispositivo volumétrico: (1) o objetivo geral da medição do volume, (2) o volume ou conjunto de volumes a ser medido, (3) o grau de confiabilidade necessário à medição e (4) o número de medições a fazer. Se você precisa dispensar um volume bem definido de 5 mL de um líquido, uma pipeta volumétrica é uma boa escolha. Contudo, se quiser medir muitos volumes diferentes (por exemplo, na faixa de 3 a 6 mL), uma pipeta de Mohr será melhor. Se volumes inferiores a um mililitro forem medidos, uma seringa ou micropipeta será preferível. Assim como as medidas de massa, as determinações de volume requerem cuidados adequados para produzir bons resultados. Os procedimentos a serem adotados no uso de frascos volumétricos e pipetas volumétricas foram discutidos na Seção 3.3.2. Procedimentos semelhantes para seringas e micropipetas podem ser obtidos com os fabricantes desses dispositivos. A Tabela 3.5 fornece várias regras gerais a serem seguidas ao usarmos um dispositivo volumétrico.

A utilização correta da vidraria volumétrica implica saber ler corretamente o nível de um líquido em tais dispositivos. Para balões e pipetas volumétricas, a base do menisco do líquido deve estar no topo da marca de calibração quando examinado em uma superfície horizontal na altura dos olhos (Figura 3.8). Quando se examina o menisco corretamente, pode-se dizer quando as marcas de calibração de ambos os lados do frasco ou da pipeta se sobrepõem. Em vez disso, olhar para o líquido acima ou abaixo desse nível produziria uma leitura de volume aparente que é muito alta ou baixa (um efeito conhecido como *erro de paralaxe*).[1] Você pode tornar o menisco mais fácil de ser visto, colocando um pedaço de papel, preferencialmente de cor escura, por trás do vidro. Além disso, quando estiver usando um recipiente de vidro com muitas marcas calibradas (como uma pipeta de Mohr ou so-

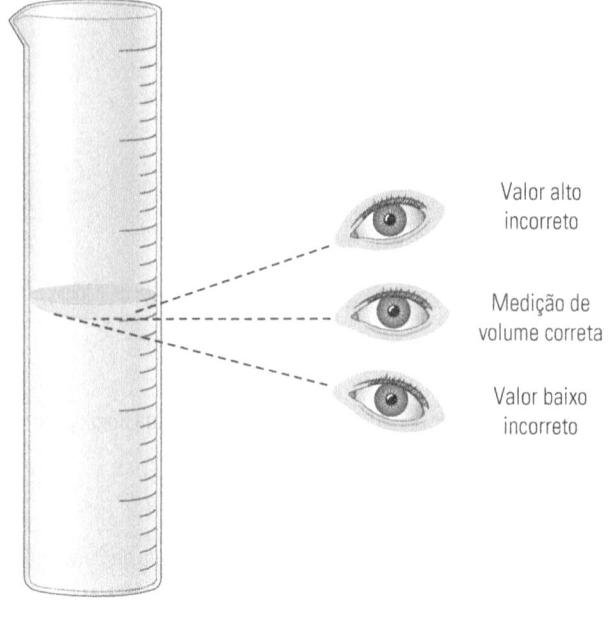

Figura 3.8

Erro de paralaxe e a abordagem correta para a leitura de volumes líquidos em um recipiente de vidro calibrado. O ponto em que cada linha intercepta a parede externa do vidro é o ponto em que o menisco parecerá estar localizado.

rológica), lembre-se de estimar em que medida o nível de líquido ocorre entre as marcas calibradas, desse modo proporcionando um algarismo significativo adicional em sua medida.

Calibração de dispositivos volumétricos. É uma boa ideia calibrar o equipamento volumétrico periodicamente. Isso é especialmente verdadeiro quando se recebe um novo instrumento volumétrico ou se utiliza vidraria volumétrica a uma temperatura diferente daquela usada para a calibração original, porque o vidro se expande ou contrai com a mudança de temperatura. A Tabela 3.6 indica que um frasco volumétrico de 1.000,00 mL feito de vidro de borosilicato apresentará uma variação de volume de cerca de 0,01 mL (ou 0,001 por cento) para cada 1 °C de variação em temperatura.[1] Essa mudança relativa se aplica a qualquer dispositivo feito de vidro de borosilicato. Por exemplo, um balão volumétrico Classe A de 250,00 mL calibrado a 20 °C teria um volume esperado de $0,99950 \cdot 250,00$ mL = 249,88 mL a 15 °C.

Um meio de determinar o volume real de um recipiente de vidro é simplesmente usá-lo para medir uma amostra de água destilada. A seguir, mede-se a massa de água contida no dispositivo e, a partir da densidade conhecida da água sob várias temperaturas (Tabela 3.7), é possível calcular o volume de água que estava presente. É importante corrigir os efeitos da força normal durante esse processo (conforme descrito na Seção 3.2.3), pois geralmente é necessário usar medidas de massa com quatro ou mais algarismos significativos. Um exemplo desse processo de calibração será dado no próximo exercício.

Tabela 3.5

Boas práticas de laboratório no uso de vidraria volumétrica.

Seleção	Conheça bem as propriedades de seu equipamento volumétrico; por exemplo, se está trabalhando com um dispositivo de Classe A ou Classe B, e se ele é concebido 'para dispensar', 'para conter' ou 'para dispensar/soprar'. Anote a temperatura na qual o vidro foi calibrado, e se ela difere da temperatura a ser utilizada.
Condições	Sempre inspecione a vidraria antes de usá-la. Não utilize qualquer material que apresente rachaduras ou lascas. Sujeira e gordura em seu interior podem bloquear as aberturas e retardar o escoamento dos líquidos. Vidraria suja também pode colocar substâncias indesejadas no líquido medido e absorver parte do volume do recipiente, fazendo com que a medição final seja menor do que a indicada.
Limpeza	Limpe a vidraria volumétrica usando um detergente não abrasivo, uma solução ácida de dicromato ou uma solução alcoólica ácida. Complemente a limpeza com diversos enxagues de água destilada ou deionizada. Imediatamente antes do uso, ambiente a vidraria com o líquido que será utilizado para medir ou dispensar.
Calibração	Todos os equipamentos volumétricos devem ser calibrados antes de sua primeira utilização, ou se forem empregados a uma temperatura diferente daquela em que foram originalmente calibrados. Selecione um dispositivo com volume e nível de confiabilidade compatíveis com o necessário em seu método analítico.
Manipulação de equipamentos	Ao colocar um líquido em um recipiente volumétrico, deixe-o em repouso por um breve intervalo de tempo antes de estimar seu volume. Certifique-se de que não há bolhas de ar presas no dispositivo, o que pode levar a uma medida de volume mais baixa. Também não deve haver nenhum material não dissolvido remanescente em sua solução, pois isso pode produzir estimativas de volume inexatas, além de obstruir certos tipos de vidraria (como as pipetas volumétricas).
Registro de resultados	Para os equipamentos que tenham marcas de referência para medições de volume, não se esqueça de examinar o nível de seu líquido e as marcas calibradas na altura dos olhos. Registre os volumes medidos imediatamente em seu caderno de laboratório. Também registre o tipo de dispositivo usado (por exemplo, um balão volumétrico Classe A de 100,00 mL calibrado a 20 °C) e a temperatura durante essa medição.

Tabela 3.6

Alteração de volume pela temperatura da vidraria de borosilicato.*

Temperatura (°C)	Alteração de volume a 20°C
10	$0,99990 \cdot V_{20°C}$
15	$0,99995 \cdot V_{20°C}$
20	$1,00000 \cdot V_{20°C}$
25	$1,00005 \cdot V_{20°C}$
30	$1,00010 \cdot V_{20°C}$

*Estes resultados foram calculados com base em dados fornecidos em H. Diehl, *Quantitative Analysis: Elementary Principles and Practice*, Oakland Street Science Press, Ames, IA, 1970. O termo $V_{20°C}$ se refere ao volume da vidraria a 20°C.

Tabela 3.7

Densidade da água em várias temperaturas.*

Temperatura (°C)	Densidade (g/cm³)	Correção da força normal
10	0,999 702 6	$m_{mostrador} \cdot 1,001\ 052$
11	0,999 608 4	$m_{mostrador} \cdot 1,001\ 052$
12	0,999 500 4	$m_{mostrador} \cdot 1,001\ 052$
13	0,999 380 1	$m_{mostrador} \cdot 1,001\ 052$
14	0,999 247 4	$m_{mostrador} \cdot 1,001\ 052$
15	0,999 102 6	$m_{mostrador} \cdot 1,001\ 052$
16	0,998 946 0	$m_{mostrador} \cdot 1,001\ 052$
17	0,998 777 9	$m_{mostrador} \cdot 1,001\ 053$
18	0,998 598 6	$m_{mostrador} \cdot 1,001\ 053$
19	0,998 408 2	$m_{mostrador} \cdot 1,001\ 053$
20	0,998 207 1	$m_{mostrador} \cdot 1,001\ 053$
21	0,997 995 5	$m_{mostrador} \cdot 1,001\ 054$
22	0,997 773 5	$m_{mostrador} \cdot 1,001\ 054$
23	0,997 541 5	$m_{mostrador} \cdot 1,001\ 054$
24	0,997 299 5	$m_{mostrador} \cdot 1,001\ 054$
25	0,997 047 9	$m_{mostrador} \cdot 1,001\ 055$
26	0,996 786 7	$m_{mostrador} \cdot 1,001\ 055$
27	0,996 516 2	$m_{mostrador} \cdot 1,001\ 055$
28	0,996 236 5	$m_{mostrador} \cdot 1,001\ 056$
29	0,995 947 8	$m_{mostrador} \cdot 1,001\ 056$
30	0,995 650 2	$m_{mostrador} \cdot 1,001\ 05$

*Todas as densidades mostradas para água pura, livre de ar estão a uma pressão de 101,325 kPa (1 atmosfera). As correções da força normal admitem que a densidade do ar é de $1,20 \times 10^{-3}$ g/cm³ e a densidade do peso de referência é 8,00 g/cm³.

EXERCÍCIO 3.2 Calibração de um balão volumétrico

Um balão volumétrico de 200,00 mL é colocado em uma balança eletrônica, o mostrador é ajustado em zero e o balão é preenchido até a marca com água destilada a 25 °C. A massa exibida para a água nesse balão é de 199,2094 g. A densidade do ar circundante é $1,20 \times 10^{-3}$ g/cm³ e a balança foi calibrada com um peso de referência de 8,00 g/cm³. Qual é o volume real do balão a 25 °C?

SOLUÇÃO

Como precisamos de uma massa final para a água com pelo menos quatro algarismos significativos, a massa exibida da água deve, em primeiro lugar, ser corrigida no que se refere aos efeitos da força normal. A densidade da água e a correção da força normal correspondente podem ser encontradas na Tabela 3.7. (*Observação:* o mesmo resultado é obtido por meio da Equação 3.6 e as densidades de água, ar e peso de referência.)

$$m = 199,2094 \text{ g} \cdot (1,001055)$$
$$= 199,4196 \text{ g}$$

Agora que conhecemos a massa de água no balão, o volume dele pode ser determinado dividindo-se a massa pela densidade da água, o que resulta no volume real do frasco a 25 °C.

$$V = \frac{199,4196 \text{ g}}{0,9970479 \text{ g/cm}^3}$$
$$V = 200,0100 \text{ cm}^3 = \mathbf{200,01\ mL}$$

Nesse caso, arredondamos a resposta final para que fosse coerente com o erro esperado na utilização do balão (± 0,10 mL, como consta da Tabela 3.3), e convertemos as unidades de cm³ para mL. Você também pode usar esse resultado para estimar o volume do balão sob temperaturas diferentes. Como exemplo, o volume calculado a 20 °C seria 200,01 mL/1,00005 = 200,00 mL, que seria o volume esperado se 20 °C fosse a temperatura utilizada pelo fabricante para calibrar esse frasco.

3.4 Amostras, reagentes e soluções

A maioria das técnicas analíticas começa com uma medição de massa ou de volume. Por exemplo, a análise do ar requer a coleta de amostras de gás com volume específico, e a determinação da composição do aço pode envolver primeiramente a pesagem de uma amostra de aço. Vamos ver agora como massas e volumes são usados para descrever o conteúdo de amostras e reagentes. Também discutiremos algumas questões a serem consideradas na preparação de amostras e de reagentes para análise.

3.4.1 Descrição da composição de amostras e reagentes

Quando se tem uma mistura química com uma distribuição uniforme para todos os seus componentes, ela é chamada de

solução. O componente mais abundante da solução (ou aquele que é usado para dissolver e conter as demais substâncias químicas) é conhecido como **solvente**. Todas as outras substâncias presentes na mistura são denominadas **solutos**. Como exemplo, quando uma pequena quantidade de cloreto de sódio é dissolvida em água, esse sal se dissocia para formar íons de sódio e íons de cloreto (solutos) em água (solvente).

As verdadeiras soluções têm a mesma composição do começo ao fim, de modo que seu conteúdo geral será idêntico em qualquer porção de tamanho razoável da solução. Como resultado, podemos descrever o teor de uma solução por meio de uma **concentração**, que pode ser definida como a quantidade de uma substância que está presente em um dado volume ou massa de solução.[19] Agora vamos examinar várias maneiras de relatar a concentração de uma solução, bem como a forma como podemos descrever a composição de misturas não uniformes de produtos químicos.

Razões de massa e volume. O modo mais fácil de descrever a composição de qualquer mistura química é simplesmente usar as massas ou os volumes dos diversos componentes que estão presentes na mistura. Um meio de fazer isso é usar a razão **massa/massa (m/m)**. Esse índice é calculado dividindo-se a massa do analito ou da substância de interesse pela massa total da mistura. O componente majoritário de uma mistura é frequentemente descrito por meio de um *percentual em massa* (% m/m), que pode ser encontrado por meio da multiplicação da razão massa/massa por 100.

$$\% m/m = 100 \cdot \frac{\text{Massa química}}{\text{Massa da mistura}} \quad (3.7)$$

Por exemplo, o corpo de uma pessoa que pesa 55 kg possui cerca de 33 kg de água, de modo que o percentual em massa da água seria $100 \cdot (33\,kg)/(55\,kg)$, ou 60% m/m. Ao calcular esse valor, é importante ter as mesmas unidades para os pesos ou as massas tanto da substância química quanto de sua mistura, de modo que a resposta seja expressa como uma fração real ou porcentagem.

EXERCÍCIO 3.3 Cálculo do percentual massa/massa

O elemento cério foi descoberto por J. J. Berzelius e outros cientistas em 1803. Uma das fontes do cério é o mineral bastnasita-(Ce), que tem a fórmula $Ce(CO_3)F$. Se você tivesse um mol de pura bastnasita-(Ce), qual seria o % m/m de cério nesse minério?

SOLUÇÃO

A partir da fórmula química dada, a massa da fórmula da bastnasita-(Ce) é 219,12 g/mol. Sabemos também que cada mol de bastnasita-(Ce) contém um mol de cério (peso atômico = 140,12 g/mol), de modo que a quantidade de cério em um mol de pura bastnasita-(Ce) seria a seguinte:

$$\% \text{ Cério (m/m)} = 100 \cdot \frac{\text{Massa de cério}}{\text{Massa de bastnasita-(Ce)}}$$

$$= 100 \cdot \frac{(1\,mol \cdot 140{,}12\,g/mol)}{(1\,mol \cdot 219{,}12\,g/mol)}$$

% Cério (m/m) = 63,947%

Um valor idêntico de % m/m de cério seria obtido se estivéssemos trabalhando com 0,5 mol ou 2,0 mols desse minério, porque o teor *relativo* de cério nesse material ainda seria o mesmo.

Quando se lida com componentes minoritários ou residuais de uma mistura, outros fatores de multiplicação além de 100 podem ser usados com as razões massa/massa. Usar 1.000 no lugar de 100 produz um resultado em *partes por mil*, que é às vezes representado pelo símbolo ‰. Se quantidades ainda menores de uma substância estiverem presentes, podem-se aplicar fatores de multiplicação como milhão (10^6), bilhão (10^9) ou trilhão (10^{12}). Esse processo forneceria resultados apresentados em unidades de *partes por milhão* (*ppm*), *partes por bilhão* (*ppb*) ou *partes por trilhão* (*ppt*), respectivamente. Essa ideia pode ser ilustrada utilizando-se metais de terras raras, como o lantânio, que podem ser encontrados na bastnasita. Se uma amostra de 100 g de bastnasita-(Ce) contivesse 2 mg de lantânio, a quantidade relativa de lantânio seria $10^6 \cdot (2 \times 10^{-3}\,g\,La)/(100\,g\,\text{bastnasita-(Ce)}) = 20$ ppm de La, ou 20 partes por milhão. Note que o uso de ppm, ppb e ppt é sobretudo uma questão de conveniência, na medida em que nos permite descrever a composição química de maneira simples, como dizer '20 ppm de La' em vez de '0,000020 g La/g amostra'.

Uma segunda maneira de descrever a composição química é usar uma razão **volume/volume (v/v)**. Esse tipo de relação é empregado quando se lida com misturas de líquidos ou gases, nos quais os volumes são mais fáceis de serem medidos do que as massas. Essas razões são frequentemente expressas em % v/v (Equação 3.8), mas também podem ser dadas em partes por mil, ppm, ppb ou ppt.

$$\% \text{ v/v} = 100 \cdot \frac{\text{Volume da substância química}}{\text{Volume da mistura}} \quad (3.8)$$

Uma aplicação comum das razões volume/volume é descrever misturas de alcoóis com água. Por exemplo, um recipiente rotulado como '25% metanol (v/v)' deverá conter 25 mL de metanol para cada 100 mL de solução. No entanto, esse rótulo *não* significa que a solução contém 25 mL de metanol para cada 75 mL de solvente, pois os volumes dos componentes de uma mistura líquida não são estritamente aditivos. Pode-se contornar esse problema simplesmente indicando a quantidade de cada componente colocado na solução. Assim, uma 'solução 25:75 (ou 1:3) de metanol na água' seria a melhor maneira de descrever uma solução que se forma pela adição de 25 mL de metanol a 75 mL de água.

A razão **massa/volume (m/v)** é outra maneira de indicar o teor químico. Essa relação é calculada pela determinação da massa de um composto químico que esteja presente no volume total de uma mistura, e é frequentemente usada para descrever soluções que contenham sólidos dissolvidos como solutos.

$$m/v = \frac{\text{Massa da substância química}}{\text{Volume da mistura}} \quad (3.9)$$

Um exemplo disso seria uma solução de 4,0 g/L de cloreto de ferro(III) na água, que pode ser preparada com a adição de 0,40 g de $FeCl_3$ sólido em água e a diluição de toda a solução para um volume final de 100,0 mL. A vantagem de usar razões massa/volume nessa situação é que ela combina a conveniência das medições de volume para líquidos com a facilidade das medições de massa para sólidos.

Além de ser expressa como uma razão de unidades de massa e volume (como g/L ou mg/L), as razões massa/volume são ocasionalmente dadas como uma porcentagem, ou em termos relacionados como ppm, ppb e ppt. Essas unidades costumam ser empregadas quando razões massa/volume são usadas para descrever soluções diluídas de substâncias químicas na água. A base dessa abordagem é que a densidade da água à temperatura ambiente é aproximadamente 1,0 g/mL, o que significa que um mililitro de água pesa cerca de 1 grama. Por isso, a massa de água (em gramas) pode ser substituída por seu volume (em mL).

EXERCÍCIO 3.4 — Como lidar com razões massa/volume

A Figura 3.9 mostra uma placa de advertência afixada perto de um poço em que se constataram níveis elevados de nitrato. A quantidade de nitrato (nitrogênio) encontrada nessa água foi de 27,5 mg/L. Qual seria esse valor, se ele fosse dado em partes por milhão?

SOLUÇÃO

Trata-se de uma solução aquosa que provavelmente está a temperatura ambiente, ou próxima dela, e por isso sabemos que a densidade é de cerca de 1,0 g/mL. Como resultado, podemos reescrever 27,5 mg/L como é mostrado a seguir:

$$\text{Nitrato} - \text{nitrogênio (m/v)} =$$

$$\frac{(27,5 \text{ mg nitrato} - \text{nitrogênio}) \cdot (1\,g/10^3\,mg)}{(1,000 \text{ L solução}) \cdot (1,0 \text{ g/mL solução}) \cdot (10^3 \text{ mL/L})}$$

$$= \frac{(27,5 \text{ g nitrato} - \text{nitrogênio})}{1,000 \text{ g solução} \cdot 10^6}$$

$$\text{Nitrato} - \text{nitrogênio (m/v)} = 27,5 \text{ ppm}$$

O exercício anterior mostra que uma concentração de 1 ppm (m/v) em uma solução aquosa diluída é aproximadamente igual a 1 mg/L (ou 1 μg/mL). Da mesma forma, uma solução aquosa de 1 ppb (m/v) é aproximadamente igual a 1 μg/L (ou 1 ng/mL) e 1 ppt é aproximadamente igual a 1 ng/L (ou 1 pg/mL). Deve-se enfatizar que essas relações serão válidas *somente* se a solução final tiver uma densidade de 1,0 g/mL. Se não for esse o caso, a razão massa/volume não deve ser dada como porcentagem ou fração relacionada. Em vez disso, essa relação deve ser escrita utilizando-se as unidades de massa e volume do soluto e da solução, como g/mL.

Molalidade e molaridade. Razões de massa e de volume são valiosas quando se lida com as massas ou com os volumes de substâncias químicas. Para entender como essas substâncias podem reagir entre si, é ainda mais valioso conhecer o *número real* de um dado tipo de molécula, átomo ou íon que possa estar presente na solução. No Capítulo 2, vimos que a unidade SI para a quantidade de matéria de qualquer substância é o mol, que é igual a $6,02 \times 10^{23}$. Embora esse número possa parecer grande demais, ele é conveniente para descrever a composição química de muitos materiais, que muitas vezes contêm solutos ou compostos que se aproximam de um mol, ou até o excedem em quantidade.

Para relacionar o número de mols de uma determinada molécula com sua massa, um químico usa a **massa molar** da substância, que pode ser definida como o número de gramas contidos em um mol dessa substância. Para compostos moleculares, a massa molar é geralmente referida como *peso molecular* (MM ou MW, do inglês, Molecular Weight), enquanto para compostos e elementos iônicos a massa molar é também chamada de *fórmula-grama* ou *peso atômico* (ou *íon-grama* e *massa atômica*), respectivamente.

A unidade de concentração que mede a quantidade de soluto em mols é a **molalidade** (representada pelo símbolo *m*). Molalidade é igual ao número de mols de um soluto por quilograma de solvente.

$$m = \frac{\text{Mols de soluto}}{\text{Quilogramas de solvente}} \quad (3.10)$$

Como exemplo, 0,025 mol de cloreto de ferro(II) em 0,500 kg de água resultaria em uma solução que tem uma concentração de 0,025 kg mol/0,500 = 0,050 *m* de cloreto de ferro(II), ou uma solução de 0,050 molal. É importante notar aqui que a massa dada na base da Equação 3.10 é para o solvente, e não para a solução total final. Visto que a molalidade se baseia em uma razão de massas, é importante que se use essa unidade quando variações na temperatura e, portanto, mudanças no volume, são esperadas durante a análise. A molalidade também é útil para descrever a quantidade relativa de *ambos*, o soluto e o solvente, em uma solução.

Uma das desvantagens em usar a molalidade é que o volume total da solução é muito mais fácil de ser medido do que a massa do solvente. Isso é especialmente verdadeiro quando se usa um balão volumétrico para preparar soluções. A utilização de unidades de molalidade também não diz diretamente qual será o volume total da solução. Isso pode representar um grande problema se medições de volume tiverem de ser utilizadas durante a preparação ou a manipulação da solução. É mais comum em trabalhos laboratoriais de rotina usar uma unidade relacionada conhecida como **molaridade** (*M*), que pode ser definida como o número de mols (ou a quantidade de matéria em *gramas*) de uma substância presente em cada litro de solução.

$$M = \frac{\text{Mols de soluto}}{\text{Litros de solução}} \quad (3.11)$$

Para ilustrar essa relação, uma solução com um volume total de 500 mL que contém 1,00 g de glicose (ou $5,56 \times 10^{-3}$ mol) teria uma concentração de glicose de $5,56 \times 10^{-3}$ mol/0,500 L = 0,0111 *M*. Essa mistura também pode ser referida como uma solução de 0,0111 *molar*.

> **Departamento da rodovia**
>
> # AVISO
>
> De acordo com o departamento de saúde, o regulamento que rege os sistemas de abastecimento de água para a região notifica que o sistema está em violação do padrão estabelecido de água potável de 10 mg/L de nitrato de nitrogênio. A concentração de nitratos, conforme determinado pelo laboratório do departamento de saúde a partir de amostras coletadas, é:
>
> 27,5 mg/L
>
> A contaminação por nitrato acima de 10 mg/L de água potável é associada com a incidência de metemoglobinemia infantil ou 'síndrome do bebê azul'. Sintomas ocorrem quando o nitrato é reduzido a nitrato no trato infantil interno. O nitrato, por sua vez, reage com o sangue para reduzir a capacidade de oxigênio para chegar as células do corpo. Crianças com menos de seis mesess de idade têm maior risco de desenvolvimento de metemoglobinemia. Casos de metemoglobinemia em crianças mais velhas e adultos a partir da ingestão de nitrato não têm sido relatadas.
> A água do sistema da região não deve ser usada na preparação de fórmulas infantis, nem como uma fonte de água potável para bebês de seis meses de idade ou menos, lactantes ou mulheres grávidas. Por favor, note que a água fervida não vai diminuir a concentração de nitrato. Para mais informações, os interessados devem entrar em contato.
>
> **Departamento da rodovia**

Figura 3.9

Exemplo de placa que alerta os viajantes sobre os perigos de beber água de um poço local contaminado por nitrato.

EXERCÍCIO 3.5 Uso da molaridade e da molalidade para descrever uma solução

Uma amostra de 2,500 g de hidróxido de sódio (NaOH) é colocada em um balão volumétrico de 250,00 mL e diluída até a marca com água. Mais tarde foi constatado que a massa adicional de água foi de 497,2 g. Qual é a concentração final do NaOH em unidades de molaridade e molalidade?

SOLUÇÃO

A molaridade é encontrada dividindo-se os mols do NaOH adicionado pelo volume total da solução final. Os mols de NaOH presentes em 2,500 g podem ser encontrados usando-se uma massa molar de 40,00 g/mol de NaOH, que resulta em (2,500 g NaOH)/(40,00 g NaOH/ mol NaOH) = 0,6250 mol. A concentração molar seria de (0,6250 mol NaOH/500,00 mL) · (1000 mL/1 L) = 1,250 M. A molalidade da solução é obtida dividindo-se os mols de NaOH por cada quilograma de solvente adicionado. O resultado é uma concentração da solução de (0,6250 mol NaOH/497,2 g água) · (1.000 g água/1 kg água) = 1,257 m de NaOH.

Se um soluto se dissocia em íons ou produz várias formas quando colocado em solução, o número de mols desse soluto utilizado na Equação 3.11 seria baseado na quantidade de matéria em gramas *de fórmula-grama* em vez da quantidade de matéria em gramas do peso molecular. Essa abordagem é então usada para descrever a quantidade total de soluto que foi colocada em solução, produzindo uma concentração em unidades de mols por litro de solução e referida como a *formalidade* (F). Por exemplo, colocando-se 60,05 g de ácido acético (1,000 mol) em 1,000 L de uma solução aquosa produziria uma solução de 1,000 *formal* de ácido acético, mesmo que o ácido acético pudesse estar presente em duas formas, ácido acético (HAc) e íon de acetato (Ac^-). Também podemos descrever as concentrações dessas formas individuais usando a molaridade, mas isso poderia levar a alguma confusão porque formalidade e molaridade têm as mesmas unidades líquidas (mol/L). Devido a isso, alguns especialistas recomendam usar a molaridade para descrever as concentrações de ambos, os solutos moleculares e os iônicos, prática que é adotada neste livro. Como parte desse processo, utilizaremos o termo **concentração analítica** (**C**) em vez de formalidade para nos referirmos à concentração total de uma substância em solução e colchetes para representar a concentração de uma forma individual para a substância (por exemplo, [HAc] ou [Ac⁻], para descrever as concentrações individuais de ácido acético e íon de acetato).

Quando se lida com uma solução aquosa relativamente diluída, em temperatura ambiente (por exemplo, 0,01 M de NaCl ou 0,01 m de NaCl), a molalidade e a molaridade da solução apresentam aproximadamente o mesmo valor numérico, embora tenham diferentes unidades (solução de NaCl/L em mol/L versus mol de NaCl/kg de solvente). Isso ocorre porque a densidade da água e a da solução são ambas de aproximadamente 1,0 g/mL, o que significa que 1 kg de água será quase equivalente a 1 L de solução. Essa relação não será verdadeira se tivermos uma densidade de solução diferente, como acontece quando há uma solução ou um solvente não aquoso com concentração de solutos de moderada a alta. Para soluções concentradas, a molalidade é a unidade de preferência, pois fornece valores independentes da temperatura. Ao trabalhar com soluções diluídas, como as encontradas em muitas amostras de análise química, a molaridade é a unidade de preferência, devido à maior facilidade com que o volume de uma solução pode ser medido em comparação com a massa de um solvente. Por essa razão, a molaridade será a principal unidade de concentração usada neste texto.

Outras unidades. Existem outras medidas de composição química que poderão ser encontradas ocasionalmente em livros, artigos científicos ou catálogos de química. Um desses casos é quando se deve descrever a quantidade de uma substância química sobre uma superfície. Por exemplo, a quantidade de óxido de ferro (ferrugem) na superfície de uma barra de ferro pode ser expressa como uma 'concentração de superfície', com unidades de mols por metro quadrado. Outras unidades de teor químico dependem da capacidade que uma substância tem de tomar parte de uma reação em particular, como a velocidade com que uma solução de enzima catalisa a formação de um produto. Outro exemplo é o uso de radioatividade para descrever a composição química, como a medida do decaimento de carbono-14 para determinar a idade de uma amostra biológica.

Outra medida de reatividade química é a unidade de *normalidade* (representada pelo símbolo N), que descreve a quantidade de uma substância química disponível para um tipo específico de reação, como se faz usando os *equivalentes* da substância por litro de solução. O número de equivalentes que se tem de uma substância química depende de sua estrutura química e do tipo de reação em que ela será empregada. Em uma reação ácido-base (Capítulo 8), o equivalente é dado pelos mols de uma substância necessários para produzir ou consumir uma unidade de íons de hidrogênio tituláveis. Para uma reação de oxidação-redução (Capítulo 10), o equivalente está relacionado a mols de uma substância que são necessários para produzir ou consumir uma unidade de elétrons. Embora os equivalentes químicos ainda sejam empregados para descrever as reações em química analítica, o uso de normalidade como uma unidade de concentração é atualmente desaconselhado.[19] Por isso, essa unidade não será utilizada neste livro, exceto para ilustrar como ela pode ser convertida em outras unidades de concentração.

3.4.2 Preparo de soluções

Pureza química. Quando você prepara uma solução para um método analítico, um fator a considerar é a pureza das substâncias químicas que serão colocadas em suas amostras e reagentes. Idealmente, você não vai querer ter nos reagentes compostos que possam interferir na detecção do analito e causar um resultado impreciso. Você também não vai querer adicionar acidentalmente as mesmas substâncias químicas que deseja determinar, o que criaria um falso resultado 'positivo'. Por essas e outras razões, deve-se sempre usar substâncias de alta pureza em qualquer método analítico.

Para ajudar nessa seleção, os produtos químicos comerciais são geralmente classificados de acordo com sua pureza, como mostra a Tabela 3.8. O trabalho rotineiro que exige subs-

Tabela 3.8

Graus comuns de produtos químicos comercialmente disponíveis.

Tipo de produto	Significado do grau	Usos comuns
Grau certificado ACS	Reagentes químicos que atendem ou excedem as especificações da American Chemical Society (ACS)	Várias aplicações analíticas
Grau USP, BP, EP, NF ou FCC	Reagentes químicos que atendem ou excedem as especificações de U.S. Pharmacopeia (USP), British Pharmacopeia (BP), European Pharmacopeia (EP), National Formulary (NF) ou Food Chemicals Codex (FCC)	Alimentos e indústria farmacêutica, testes biológicos
Grau técnico ou laboratório	Produtos químicos de pureza razoável para os casos em que não existem normas oficiais para os níveis de qualidade ou impureza	Fabricação e usos gerais em laboratório
Grau biotecnologia	Produtos químicos e solventes que foram purificados e preparados para serem usados em biotecnologia	Biologia molecular, ensaios de eletroforese, sequenciamento e síntese de DNA/RNA ou peptídeos
Grau CLAE	Produtos químicos que foram purificados e preparados para serem usados em cromatografia líquida de alta eficiência (CLAE)	Preparação de reagentes e amostras
Grau residual de metais	Produtos químicos preparados para ter baixos níveis de metais residuais	Preparação de reagentes e amostras para análise de traços de metais

tâncias boas, mas não de qualidade excepcionalmente alta, pode ser realizado com materiais que sejam de 'grau técnico' ou 'grau laboratório'. Para o trabalho analítico em geral, substâncias com maior pureza podem ser obtidas a partir de produtos químicos que atendam aos requisitos estabelecidos pela American Chemical Society ou por agências reguladoras dos laboratórios de análises. Há também substâncias que foram preparadas para atender às necessidades de métodos específicos. Exemplos disso são substâncias químicas de 'grau CLAE', 'grau residual de metais' e 'grau biotecnologia'.

Em alguns casos, pode-se precisar de produtos químicos com propriedades especiais. Isso ocorre quando uma solução deve ser usada como reagente em uma titulação, e a concentração real dessa solução ali é primeiramente determinada fazendo com que ela reaja com um composto conhecido como um *padrão primário*. Trata-se de uma substância pura, que é estável durante o armazenamento, pode ser pesada com precisão e sofre uma reação conhecida com a solução que é usada para caracterizar. A solução reagente, que é caracterizada por esse processo, é então referida como um *padrão secundário*. Uma discussão mais aprofundada sobre os padrões primário e secundário para titulações pode ser encontrada nos capítulos 12, 13 e 15.

Ao selecionar substâncias químicas, é importante também considerar a pureza de seus solventes. A água de alta pureza é particularmente crucial porque muitas das amostras e reagentes em química analítica consistem em soluções aquosas. A Tabela 3.9 mostra alguns contaminantes que podem ser encontrados na água comum. Para removê-los, a água deve ser purificada antes de ser usada para o preparo de amostras ou reagentes. Um método comum e relativamente barato de purificação de água é a *destilação*, em que a água é aquecida ao ponto de ebulição e o vapor condensado é usado em uma forma purificada conhecida como *água destilada*. A destilação é um dos métodos de tratamento de água mais antigos e mais eficientes na obtenção de água livre de partículas, sólidos dissolvidos, micro-organismos e pirogênios. (*Observação:* um 'pirogênio' é uma substância que causa febre.) A destilação também pode reduzir a quantidade de compostos orgânicos dissolvidos, mas não ajuda muito na remoção de gases dissolvidos.[20]

Alguns laboratórios tratam ainda mais a água destilada empregando um segundo método, como a *deionização*. Esse método usa cartuchos que trocam os cátions e os ânions na água por íons hidrogênio (H^+) e íons hidróxido (OH^-), que reagirão para formar mais água. A água purificada obtida dessa forma é chamada de *água deionizada* (ou *água DI*). Essa abordagem é eficiente na eliminação de íons e gases dissolvidos como o dióxido de carbono (que está presente na água como ácido carbônico), tornando-se um bom complemento à destilação como meio de tratamento de água.[20] Os sistemas de preparação de água DI também costumam conter cartuchos com carvão ativado para eliminar compostos orgânicos, bem como filtros submicrométricos para remover bactérias e micróbios.

Alíquotas e diluições. Examinaremos agora alguns termos usados para descrever o preparo de soluções. Um deles é **solução-estoque**, que consiste em um reagente utilizado para preparar outras soluções de menor concentração para um ensaio. A vantagem de fazer uma solução-estoque é que ela permite o uso de uma grande massa de soluto, que será mais fácil de manusear e medir do que quantidades menores. Essas soluções também são mais fáceis de serem armazenadas do que as mais diluídas porque ocupam menos espaço para a mesma quantidade de soluto.

Quando parte de uma solução-estoque ou amostra é usada para preparar uma segunda solução de menor concentração, a porção que é extraída da solução original ou amostra é conhecida como **alíquota**. Esta é frequentemente obtida e medida por meio de uma pipeta, micropipeta ou seringa. Se mais solvente for adicionado à alíquota, esse processo passará a ser denominado **diluição**. Por exemplo, suponha que uma alíquota de 10,00 mL de uma solução-estoque seja colocada em um balão volumétrico de 50,00 mL, e que esse balão seja preenchido até a marca com água. O resultado será uma nova solução em que o conteúdo da solução original passou por uma diluição quíntupla. A etapa de diluição é usada para ajustar a concentração de amostras e reagentes para colocá-los em uma escala apropriada para análise química.

Quando se está lidando com alíquotas para realizar uma diluição, é importante manter o controle dos volumes usados em cada etapa. Essa prática é necessária para que se possa voltar a relacionar a concentração da solução final com o conteúdo da amostra ou da solução inicial. Como mostra a Figura 3.10, os mols de cada substância química na alíquota serão iguais aos mols presentes na solução diluída (supondo que as mesmas substâncias não estejam no solvente e nem em outros componentes adicio-

Tabela 3.9

Tipos de contaminantes encontrados na água.

Tipo de contaminante	Exemplos
Sólidos inorgânicos solúveis	Íons de cálcio, íons de magnésio, cloreto, fluoreto, íons de ferro(II) e ferro(III), silicatos, fosfatos e nitratos
Gases inorgânicos dissolvidos	Dióxido de carbono, oxigênio
Orgânicos dissolvidos	Pesticidas e herbicidas, material em decomposição de plantas e animais, gasolina, álcool, cloraminas
Partículas (material particulado)	Areia, silte, argila, partículas coloidais e detritos de canos
Microorganismos	Bactérias, algas, amebas, protozoários, diatomáceas e rotíferos
Pirogênios	Fragmentos da parede celular e lipopolissacarídeos de bactérias

Fonte: as informações contidas nesta tabela foram extraídas de *A Guide to Laboratory Water Purification*, Labconco, Kansas City, MO, 1998.

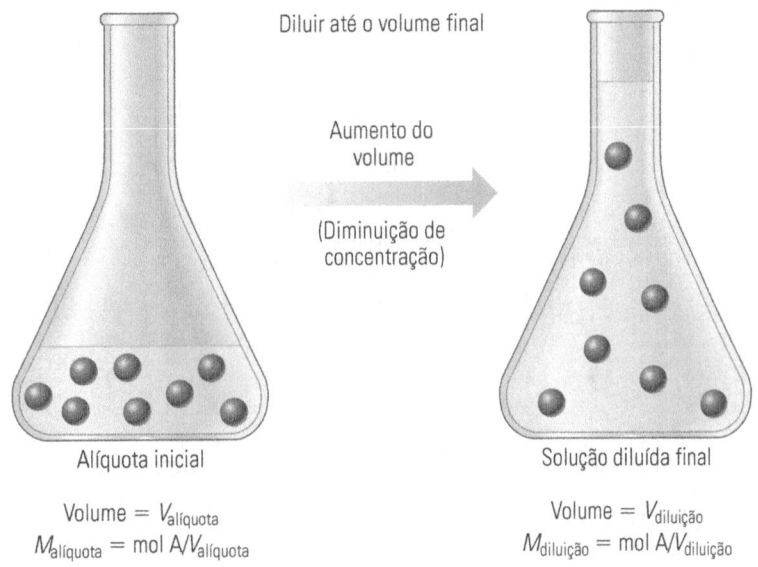

Figura 3.10

Relação entre a quantidade de uma substância química que está presente em uma alíquota e a concentração final dessa substância em uma solução diluída. Nesse exemplo, o total de mols do analito (A) é o mesmo, tanto na alíquota inicial quanto na solução diluída final. Entretanto, a concentração desse analito é menor na solução diluída final, porque esta tem um volume maior do que a alíquota original.

nados). Podemos usar esse fato para relacionar as concentrações iniciais e finais do analito, como mostram as equações a seguir:

$$(\text{mol soluto})_{Diluição} = (\text{mol soluto})_{Alíquota} \quad (3.12)$$

ou

$$M_{Diluição} \cdot V_{Diluição} = M_{Alíquota} \cdot V_{Alíquota} \quad (3.13)$$

Nessas equações, $M_{Alíquota}$ e $M_{Diluição}$ representam a concentração molar do soluto na alíquota e na amostra diluída, e $V_{Alíquota}$ e $V_{Diluição}$ representam os volumes da alíquota e da diluição em litros. Equações semelhantes podem ser escritas em situações em que se lida com concentrações que estão em unidades de molalidade e razões massa/volume. No exercício a seguir, você verá como essas relações podem ser usadas para calcular qual concentração de soluto estará presente em uma solução diluída. Você também pode utilizar essas equações para determinar o tamanho da alíquota e a extensão da diluição necessários para preparar um reagente de uma determinada solução-estoque ou amostra.

EXERCÍCIO 3.6 Preparando uma solução diluída

Uma solução diluída de cloreto de sódio deve ser preparada a partir de uma solução-estoque de 0,1000 M. Uma alíquota de 10,00 mL da solução-estoque é obtida com uma pipeta volumétrica de 10,00 mL e colocada em um balão volumétrico de 50,00 mL. Em seguida, o conteúdo desse recipiente é diluído até a marca com água. Qual é a concentração final de cloreto de sódio na solução diluída?

SOLUÇÃO

A alíquota é a única fonte de cloreto de sódio na solução, de modo que os mols de NaCl na solução diluída serão equivalentes aos que estavam na alíquota de 10,00 mL, ou (0,1000 mol/L) (0,01000 L) = 1,000 · 10^{-3} mol. Quando colocamos essa quantidade de cloreto de sódio em um volume total de 50,00 mL de água (10,00 mL dos quais são provenientes da alíquota), a concentração final de NaCl é (1,000 · 10^{-3} mol)/(0,05000 L) = 0,02000 M. O mesmo resultado é obtido rearranjando-se a Equação 3.13 na fórmula a seguir:

$$M_{Diluição} = M_{Alíquota} (V_{Alíquota}/V_{Diluição})$$
$$= 0,1000 \ M \ \text{NaCl} \cdot (0,01000 \ L/0,05000 \ L)$$

$M_{Diluição} = \mathbf{0,02000 \ M}$ **de NaCl**

Como essa expressão usa uma razão de volumes ($V_{Alíquota}/V_{Diluição}$), teríamos chegado à mesma resposta final mantendo as unidades originais de mililitros, onde 0,01000 L /0,05000 L = 10,00 mL/50,00 mL (ou uma diluição de 1:5 da solução original).

Efeitos da temperatura. Outro fator a ser considerado ao se preparar soluções é a temperatura a que você está submetendo suas amostras e reagentes ao fazê-las e usá-las. O volume e a concentração de uma solução podem mudar de acordo com as oscilações de temperatura (Figura 3.11). Essa alteração pode resultar em erros significativos se for desprezada. Quando se prepara uma solução, o total de mols de cada substância adicionada deve ser

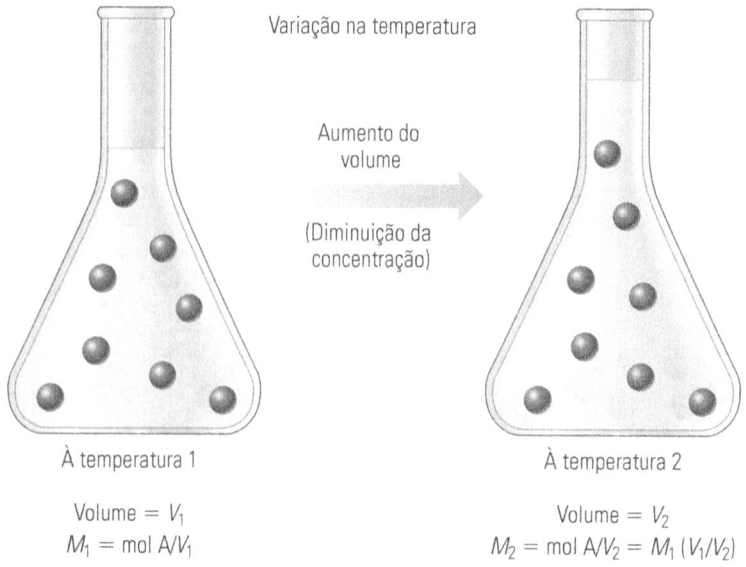

Figura 3.11

Variação do volume e da concentração molar de uma solução de acordo com a temperatura. O total de mols do analito (A) é o mesmo na solução em ambas as temperaturas. Entretanto, a concentração desse analito é menor na solução do lado direito, porque esta tem um volume maior do que a solução à esquerda.

constante, desde que essas substâncias não se degradem ou reajam para formar outras substâncias. Assim, se você conhece o volume (V_1) e a concentração molar (M_1) da solução à temperatura original e medir o volume (V_2) da mesma solução em sua temperatura final, a nova concentração (M_2) na temperatura final pode ser determinada por meio da Equação 3.14.

$$M_1 \cdot V_1 = M_2 \cdot V_2 \quad (3.14)$$

Imagine que você tivesse uma solução de 0,1000 M de cloreto de sódio em água que foi preparada a 20 °C em um balão volumétrico de 500,00 mL. Se você examinar essa solução posteriormente, quando a temperatura for de 25 °C, vai constatar que o volume aumentou em 0,58 mL. Essa alteração no volume afetará a concentração molar do cloreto de sódio. Essa nova concentração pode ser encontrada por meio da Equação 3.14, que dá $M_{25°C} = (0,1000\ M) \cdot (0,50000\ L)/(0,50058\ L) = 0,09988\ M$.

Se você não sabe qual é o volume de sua solução final, mas conhece as densidades das soluções inicial e final (d_1 e d_2), o volume da nova solução pode ser calculado usando-se a Equação 3.15.

$$d_1 \cdot V_1 = d_2 \cdot V_2 \quad (3.15)$$

Você pode então utilizar o valor obtido para V_2 com a Equação 3.14 para determinar a molaridade da solução final. Um exemplo desse processo é dado no Exercício 3.7. Se você analisar mais atentamente as equações 3.14 e 3.15, descobrirá que as unidades de volume em cada lado se cancelam para produzir mols = mols ou massa = massa. Em outras palavras, as duas expressões se baseiam no fato de que o total de massa ou de mols de soluto será constante na solução.

EXERCÍCIO 3.7 Efeitos da temperatura sobre a concentração

Uma solução de $1,0000 \times 10^{-3}\ M$ de ácido clorídrico em água é preparada em um balão volumétrico de 1000,00 mL a 20 °C. Essa solução é reservada para uso posterior. Mais tarde, constata-se que a temperatura dessa solução é de 25 °C. Sabe-se que a densidade era 0,998232 g/mL a 20 °C e que a mesma solução tem uma densidade de 0,997074 g/mL a 25 °C. Determine a concentração de ácido clorídrico a 25 °C.

SOLUÇÃO

Não sabemos o volume exato da solução final, mas conhecemos sua densidade, de modo que, primeiro, será necessário usar a Equação 3.15 para encontrar o novo volume.

$$d_1 \cdot V_1 = d_2 \cdot V_2$$
$$(0,998232\ g/mL) \cdot (1000,00\ mL)$$
$$= (0,997074\ g/mL) \cdot V_2$$
$$V_2 = 1001,16\ mL$$

Podemos usar esse volume com a Equação 3.14 para calcular a concentração molar a 25 °C.

$$M_1 \cdot V_1 = M_2 \cdot V_2$$
$$M_2 \cdot (1001,16\ mL) = (1,0000 \cdot 10^{-3}\ M) \cdot (1000,00\ mL)$$
$$\mathbf{M_2 = 0,9988 \cdot 10^{-3}\ M}$$

Logo, visto que o volume da solução aumentou de 20 °C para 25 °C, verificamos uma pequena *diminuição* na concentração molar do ácido clorídrico.

Palavras-chave

Alíquota 54
Balança 36
Balança analítica 38
Balança de precisão 38
Balança eletrônica 38
Balança mecânica 38
Balão volumétrico 44
Bureta 46
Concentração 50
Concentração analítica 52

Correção da força normal 42
Densidade 43
Diluição 54
Força normal 37
Massa 36
Massa molar 51
Massa/massa 50
Massa/volume 50
Molalidade 51
Molaridade 51

Pesagem 37
Peso 37
Pipeta volumétrica 45
Solução-estoque 54
Soluto 50
Solvente 50
Volume 43
Volume/volume 50

Outros termos

Água deionizada 54
Água destilada 54
Balança de substituição 38
Capacidade (de uma balança) 40
Carga máxima 40
Constante de aceleração gravitacional 37
Equivalente 53
Erro de paralaxe 47
Espectrômetro de massa 38
Formalidade 52
Legibilidade (de uma balança) 40
Menisco 44

Microbalança de cristal de quartzo 38
Micropipeta 44
Microscopia de força atômica 39
Microscópio de força atômica 39
Normalidade 53
Padrão primário 54
Padrão secundário 54
Partes por bilhão 50
Partes por mil 50
Partes por milhão 50
Partes por trilhão 50
Pesagem direta 41

Peso por diferença 41
Pipeta de Mohr 46
Pipeta de Ostwald-Folin 46
Pipeta sorológica 46
Resolução (de uma balança) 40
Seringa 47
Tara ('tarar') 41
Vidraria Classe A 44
Vidraria Classe B 44
Vidro de borosilicato 44

Questões

Determinação da massa

1. Defina o que se entende pelos termos 'massa' e 'peso'. Como eles diferem um do outro? Qual deles é o mais aconselhável para uso em medições científicas?
2. Explique o que se entende por 'pesagem' de uma amostra. Qual é o objetivo desse processo?
3. Descreva o que significa 'força normal'. Como ela afeta a medição de peso? Como ela afeta a medição de massa?
4. Escreva equações que mostrem como as forças de gravidade e normal atuam sobre um objeto quando ele está em uma balança. Demonstre como essas equações podem ser combinadas para relacionar a massa do objeto com a massa do peso de referência.
5. Uma balança eletrônica de prato único é calibrada com um conjunto de pesos padrão em Los Angeles, na Califórnia (altitude de 103 m acima do nível do mar), e a seguir deslocada para Denver, no Colorado (altitude de 1609 m acima do nível do mar). A balança chega em boas condições de funcionamento, mas é constatado que ela passou a fornecer uma leitura de massa defasada em algumas centenas de miligramas para um peso de 1 kg. Após o recalibramento da balança, o resultado correto é obtido. Em sua opinião, o que ocasionou o erro original depois que a balança foi movida?

Tipos de balança de laboratório

6. O que é uma 'balança' e como ela é utilizada na medição de peso ou de massa?
7. O que é uma 'balança mecânica'? Explique como esse tipo de balança opera.
8. O que é uma 'balança eletrônica'? Descreva como funciona esse tipo de balança.
9. O que é uma 'microbalança de cristal de quartzo'? Como esse dispositivo é construído e como ele é usado para fornecer uma medida de massa?
10. Descreva como a massa de espécies químicas individuais pode ser examinada usando-se um espectrômetro de massa. Como os resultados dessa medição são geralmente exibidos?

Procedimentos recomendados para medições de massa

11. Defina 'resolução', 'capacidade' e 'legibilidade'. Quais são a carga máxima, a legibilidade e a resolução das balanças no laboratório em que você trabalha?
12. Que tipo de balança apresentada na Tabela 3.1 você usaria para cada uma das seguintes medidas:

(a) Determinar a massa de uma amostra de 150 g ao décimo de miligrama mais aproximado.
(b) Examinar a massa de uma substância química de 1,00 kg ao 0,01 g mais aproximado.
(c) Medir a massa de uma amostra de 100 mg de proteína ao 0,01 mg mais aproximado.

13. Você recebeu a tarefa de medir a quantidade de íons de cálcio e de magnésio em uma amostra de água usando ácido etilenodiamino tetra-acético (EDTA) como reagente. Para executar esse ensaio, você deve preparar 1,00 L de um reagente que contenha 7,4 g de EDTA dissódico. Visto que o EDTA dissódico tende a absorver água lentamente enquanto é pesado, a concentração de sua solução final é posteriormente determinada reagindo-se uma parte da solução de EDTA com uma solução padrão de carbonato de cálcio, que é preparada para conter 0,35 g de carbonato de cálcio em 250 ml de água. O laboratório em que você trabalha tem duas balanças eletrônicas que podem ser usadas seguindo esse método. Uma delas é de precisão e tem capacidade de 200 g e legibilidade de 0,001 g. A outra é analítica e tem capacidade de 80 g e legibilidade de 0,0001 g. Qual dessas balanças você usaria para pesar o EDTA dissódico e qual usaria para o carbonato de cálcio?

14. Descreva como são executados a 'pesagem direta' e o 'peso pela diferença'. Quais são as vantagens e as desvantagens de cada um desses métodos?

15. O que é 'tara'? Como ela é usada em balanças de laboratório?

16. O que significa fazer uma 'correção de força normal' em uma determinação de massa? Quando tal correção é importante e como ela é realizada?

17. O hidrogenoftalato de potássio ($KHC_8H_4O_4$ ou KHP) é uma substância química usada como padrão primário para determinar a concentração exata de uma base em um reagente. Uma amostra de KHP é colocada em um recipiente de pesagem e fornece uma leitura de massa de 10,4194 g. O KHP é então transferido para um balão volumétrico e o recipiente de pesagem é medido novamente, agora fornecendo uma massa de 5,3052 g. Sabe-se que a densidade do KHP é 1,636 g/cm^3. Se a densidade do ar circundante for $1,2 \times 10^{-3}$ g/cm^3 e a balança tiver sido calibrada com um peso de referência de 8,0 g/cm^3, qual será a massa real de KHP colocada no recipiente?

18. A quantidade de ferro em uma amostra de minério pode ser determinada dissolvendo-se a amostra de minério e precipitando-se os íons de ferro resultantes como óxido férrico hidratado, $Fe_2O_3 \cdot x\, H_2O$. A água nesse precipitado é expelida pelo aquecimento desse material com uma chama, criando Fe_2O_3 sólido.

$$Fe_2O_3 \cdot x\, H_2O \xrightarrow{\Delta} Fe_2O_3 + x\, H_2O \quad (3.16)$$

A massa de Fe_2O_3 é medida e usada para calcular a quantidade de ferro na amostra original. Uma amostra de minério com massa conhecida de 9,85 g é analisada por esse método e produz uma quantidade de Fe_2O_3 que tem massa aparente de 0,3369 g. A densidade do Fe_2O_3 puro é conhecida como 5,25 g/cm^3, e sabe-se que havia somente Fe_2O_3 no produto medido. Se a densidade do ar e os tipos de peso de referência fossem iguais aos do problema anterior, qual seria a verdadeira massa de Fe_2O_3 a ser formada a partir da amostra? Qual seria a quantidade de ferro na amostra original quando dada como um percentual massa/massa?

19. Embora pesos de referência com densidade de 8,0 g/cm^3 sejam atualmente usados para calibrar a maioria das balanças, todos eles são, por sua vez, comparados a um cilindro de platina-irídio com densidade de 21,5 g/cm^3, que é usado como a definição internacional do quilograma. Suponha que um peso de aço inoxidável de 1 kg seja comparado a uma cópia desse cilindro de platina-irídio de 1 kg. Se a densidade do ar circundante for de $1,2 \times 10^{-3} g/cm^3$, de quanto será a correção da força normal que deve ser usada para ajustar a massa aparente do peso de aço inoxidável a seu verdadeiro valor?

Determinação do volume

20. Como o volume de um objeto se relaciona com a massa do objeto? Quais são as vantagens e desvantagens de usar o volume no lugar da massa para descrever um material?

21. Como os requisitos da vidraria volumétrica, como para balões e pipetas volumétricas, diferem daqueles da vidraria comum, como erlenmeyers e provetas?

22. O que é 'vidro de borosilicato'? Como ele difere do vidro alcalino comum? Quais propriedades do vidro de borosilicato o tornam valioso para o uso em vidraria para medições analíticas de volume?

23. Quais materiais, além de vidro, são utilizados para fabricar dispositivos volumétricos? Quais são as vantagens e as desvantagens desses outros materiais em relação ao vidro?

Tipos de equipamento volumétrico

24. Indique a função de cada um dos seguintes dispositivos e descreva como o *design* ajuda cada dispositivo a desempenhar sua função.
    (a) Balão volumétrico.
    (b) Pipeta volumétrica.
    (c) Bureta.
    (d) Micropipeta.
    (e) Seringa.
    (f) Pipeta sorológica.
    (g) Pipeta de Ostwald-Folin.
    (h) Pipeta de Mohr.

25. O que se entende por vidraria de 'Classe A' e vidraria de 'Classe B'? Que tipo de vidraria é mais indicado para medições analíticas de volume?

26. Qual é o significado dos termos 'para dispensar', 'para conter' e 'para dispensar/soprar'? Quais dispositivos estão associados a cada um desses rótulos?

Procedimentos recomendados para medições de volume

27. Liste quatro fatores que devem ser considerados quando você estiver selecionando um dispositivo volumétrico.

28. Que tipo de dispositivo volumétrico pode ser usado para cada uma das seguintes tarefas?
    (a) Transferência de 10,00 mL de uma solução de um balão volumétrico para um recipiente separado.
    (b) Medição de 250 µL de uma solução que contém uma amostra de DNA.
    (c) Liberação repetida de porções de 2,0 mL de um reagente para uma série de tubos de ensaio.
    (d) Medição de uma amostra de sangue de 0,2 mL de um bebê recém-nascido.
    (e) Medição de uma amostra de gás de 2,0 mL.
    (f) Liberação de vários volumes de uma solução de 0,100 M de NaOH para a titulação de um ácido.
29. Cite alguns dos procedimentos gerais que você deve seguir ao analisar, manusear e limpar um dispositivo volumétrico.
30. O que é um erro de paralaxe? Que medidas podem ser tomadas para minimizar esse tipo de erro quando você estiver usando um dispositivo volumétrico?
31. Explique por que é importante calibrar dispositivos volumétricos. Como a temperatura afeta a calibragem?
32. Um balão volumétrico de 50,00 mL é preenchido a 30 °C com água deionizada. A massa de água constatada no frasco a essa temperatura (conforme lida diretamente da balança) é 49,7380 g.
    (a) Qual é o volume interno real do recipiente a 30 °C? (*Nota:* você pode supor uma densidade para o ar circundante de 0,0012 g/cm^3 e que a balança foi calibrada com um peso de referência de 8,0 g/cm^3.)
    (b) Qual é o volume real do balão volumétrico a 20°C?
33. Uma pipeta é ajustada para um volume de 250 µL e usada a 25 °C para dispensar uma amostra de água deionizada para uma pequena proveta colocada em uma balança tarada. A massa da água que é dispensada para a proveta (sem correção dos efeitos da força normal) é 0,2509 g.
    (a) Qual é o volume real de água que foi dispensado pela pipeta nessas condições?
    (b) Se o volume dispensado pela pipeta permanecesse inalterado, qual seria a massa de água dispensada por essa pipeta a 20 °C?

Descrição de composição de amostras e reagentes

34. Defina os termos 'solução', 'soluto', 'solvente' e 'concentração'. Use um reagente que contenha 0,10 M de NaOH em água para ilustrar cada um desses termos.
35. O anticongelante é uma solução preparada pela combinação do etileno glicol líquido ($C_2H_6O_2$) com água. O ponto de congelamento do anticongelante vai depender da quantidade relativa de cada substância química na solução. Se 10,0 kg de etileno glicol líquido forem combinados com 5,0 L de água (densidade = 1,00 g/mL), qual substância nessa mistura será o solvente e qual será o soluto?
36. Defina cada uma das seguintes medidas de teor químico. Indique como essas unidades diferem entre si e descreva os tipos gerais de situação em que são empregadas.
    (a) Massa/massa.
    (b) Volume/volume.
    (c) Massa/volume.
37. Calcule o teor ou a concentração de cada substância nas seguintes misturas:
    (a) Uma solução que contém 250 mL de acetonitrila e 500 mL de metanol diluído em água para um volume total de 2,00 L.
    (b) Uma amostra de aço de 15,2 g que contém 10,69 g de ferro, 2,67 g de cromo, 1,22 g de níquel, 0,306 g de manganês, 0,153 g de silício e 0,122 g de carbono.
    (c) Uma amostra de 5,00 L de água de rio que contém 25 g de sólidos dissolvidos.
38. Determine o teor ou a concentração do analito nas seguintes amostras:
    (a) Uma mistura gasosa para medição de oxigênio que contém 20 mL de oxigênio em um volume total de 3,5 L.
    (b) Uma amostra de 2,00 mL de sangue que contém 12,5 µg de uma droga.
    (c) Uma amostra de 5,00 g de carvão que contém 4,15 g de carbono.
39. Defina cada um dos seguintes termos e indique como eles são usados para descrever o teor de soluções e misturas químicas.
    (a) Partes por mil.
    (b) Partes por milhão.
    (c) Partes por bilhão.
    (d) Partes por trilhão.
    (e) Percentual.
40. Calcule o teor de cada substância química indicada nas misturas a seguir. Forneça os resultados em porcentagem, partes por mil, ppm, ppb ou ppt.
    (a) 0,010 g de Cu^{2+} em uma solução aquosa de 2,0 L.
    (b) $6,2 \times 10^{-3}$ g Be^{+2} em 750 mL de solução aquosa.
    (c) 255 mg de $NaIO_3$ em uma solução aquosa de 1,5 L.
41. De acordo com a EPA dos EUA, o herbicida atrazina não pode estar presente na água potável em níveis acima de 3 µg/L. Nessa concentração, qual é a massa máxima admissível de atrazina que pode estar presente em um copo de água (volume aproximado de 240 mL)?
42. O que se entende por 'massa molar' de um produto químico? Explique como a massa molar está relacionada com os termos 'peso molecular', 'fórmula-grama' e 'massa atômica'.
43. Defina o que se entende pelos termos 'molaridade' e 'molalidade'. Quais são as vantagens e as desvantagens do uso de cada uma dessas unidades?
44. Calcule a molaridade das seguintes soluções:
    (a) 49,73 g de H_2SO_4 dissolvidos em 500,0 mL de solução.
    (b) 4,739 g de $RuCl_3$ dissolvidos em 1,000 L de solução.
    (c) 5,035 g de $FeCl_3$ dissolvidos em 250,00 mL de solução.
    (d) 27,74 g de $C_{12}H_{22}O_{11}$ dissolvidos em 750,0 mL de solução.
45. Uma solução é preparada adicionando-se 5,84 g de formaldeído (CH_2O) a 100,0 g de água. O volume final da

solução é 104,0 mL. Calcule a molaridade e a molalidade do formaldeído nessa solução.

46. A densidade de uma solução 10,0% (m/m) de hidróxido de sódio é 1,109 g/cm³. Calcule tanto a concentração molar quanto a molal de NaOH nessa solução.

47. O que significa quando a unidade de 'formalidade' é usada para descrever a concentração de uma substância química? Como isso está relacionado com a 'concentração analítica' desse produto?

48. Uma solução aquosa de 500,00 mL de ácido acético contém 0,00538 mol de ácido acético e 0,00321 mol de sua base conjugada, o acetato. Quais são as concentrações de ácido acético e de acetato em unidades de formalidade ou molaridade? Qual é a concentração analítica de ácido acético mais acetato nessa solução?

49. Uma porção de 25,00 mL da solução do Problema 48 é diluída com água para um volume total de 100,00 mL, e o pH é ajustado a um valor predeterminado. Constata-se que a nova solução contém 0,000322 mol de ácido acético e 0,000108 mol de acetato. Quais são as concentrações individuais de ácido acético e de acetato nessa solução diluída? Qual é a concentração analítica do ácido acético mais acetato nessa solução?

50. Explique por que a molaridade e a molalidade de uma solução aquosa diluída são aproximadamente iguais em temperatura ambiente. Por que há diferenças nesses valores quando se trabalha com concentrações mais altas e sob diferentes temperaturas e quando se usam outros solventes que não a água?

51. Descreva cada uma das seguintes medidas de teor químico. Em que tipos de situação podemos usar cada uma dessas medidas de conteúdo?
    (a) Concentração de superfície (mol/m²).
    (b) Normalidade (eq/L).

Preparo de soluções

52. Indique o significado de cada um dos seguintes termos em relação à pureza química. Qual desses graus seria encontrado na maioria dos laboratórios de análises de rotina?
    (a) Grau certificado ACS.
    (b) Grau técnico.
    (c) Grau USP.
    (d) Grau residual de metais.
    (e) Grau CLAE.
    (f) Grau biotecnologia.

53. Em titulações, o que se entende por 'padrão primário' e por 'padrão secundário'?

54. Quais tipos de impureza são comumente encontrados na água? Dê um exemplo específico para cada tipo de impureza.

55. Explique como usar destilação e deionização para purificar água. Quais são as vantagens e as desvantagens de cada um desses métodos? Qual deles é usado no laboratório em que você trabalha?

56. Defina os termos 'solução-estoque', 'alíquota e 'diluição' e indique o papel desempenhado por cada um deles durante a preparação de uma solução.

57. Descreva como você prepararia as seguintes soluções:
    (a) 100,00 mL de 1,00 M de NaCl na água, começando com o cloreto de sódio sólido.
    (b) 250 mL de 1,0 M de Na_2SO_4 em água, começando com uma solução de 2,5 M de sulfato de sódio.
    (c) 250 mL de 0,500 M de HCl em água, começando com 12 M de HCl.

58. O ácido nítrico (HNO_3) está comercialmente disponível como uma solução 72% (m/m) (densidade 1,42 g/cm³). Quantos mililitros desse reagente são necessários para preparar 2,00 L de uma solução de 1,00 M de HNO_3?

59. Uma amostra de 1,00 mL de urina é removida de um recipiente de coleta e colocada em um tubo de ensaio com 19,0 mL de água, dando um volume final de 20,0 mL. Se a substância química creatinina tem uma concentração de 8,5 mM na amostra original, qual será sua concentração na solução final diluída?

60. Uma porção de 25,00 g de 1,435 M de NaOH é colocada em um balão volumétrico de 250,00 mL e diluída até a marca com água deionizada. Uma alíquota de 25,00 mL dessa solução-estoque é removida e colocada em um balão de 500,00 mL. Essa solução é então misturada e diluída até a marca com mais água deionizada. Qual é a concentração molar de NaOH na solução final?

61. Explique como uma mudança de temperatura pode afetar a concentração de uma amostra.

62. Um químico farmacêutico pretende estudar o mecanismo de interação de uma droga com suas moléculas-alvo. Para isso, ele prepara cuidadosamente uma solução de 50,0 μM da droga em um tampão aquoso. Essa solução é feita em temperatura ambiente (25 °C), mas deve ser usada sob temperaturas que variam de 4 °C a 45 °C. Admitindo-se que a solução da droga tem essencialmente a mesma densidade da água (1,00000 g/cm³ a 4 °C e 0,99025 g/cm³ a 45 °C), em quanto a concentração da droga vai mudar indo de 25 °C às outras temperaturas que serão aplicadas nesse estudo?

63. Um bioquímico prepara uma solução padrão que contém 25,0 mg/mL da proteína albumina do soro bovino (BSA) em água. Essa solução é preparada a 30 °C e armazenada em um congelador a −20 °C. No momento de usar esse padrão, ele é retirado do congelador, descongelado, homogeneizado e aquecido antes de seu uso no ensaio. Se essa solução estiver a apenas 10 °C quando for usada, qual será a concentração real da proteína?

Problemas desafiadores

64. O método que foi supostamente usado por Arquimedes para examinar a coroa do Rei Hieron (Capítulo 1) envolveu a colocação da coroa e de uma massa equivalente de ouro puro em água e a análise da quantidade de água que cada objeto deslocou. Se você tiver uma coroa de ouro puro (densidade de 19,3 g/cm³) com massa de 1.000 g, qual volume de água será deslocado a 25 °C por essa coroa? Se a densidade da prata pura é de 10,5 g/cm³, qual volume de água é deslo-

cado por uma coroa de 1.000 g que contenha 80 por cento (m/m) de ouro e 20 por cento de prata?

65. O valor de *g*, a constante de aceleração gravitacional local, muda na Terra conforme você se desloca para diferentes altitudes ou muda sua distância para o norte ou para o sul do equador. A variação de *g* em relação à posição na Terra é descrita pela Equação 3.17:

$$g = 9,80632 - 0,02586 \cdot \cos(2\,v) + 0,00003 \cdot \cos(4\,v) - 0,00000293 \cdot h \quad (3.17)$$

onde *v* é a posição acima ou abaixo do equador (em graus) e *h* é a altura acima ou abaixo do nível do mar (em metros).[4]

(a) Obtenha a altitude e a latitude aproximadas da cidade em que seu laboratório está localizado. Qual é o valor de *g* para sua localização? Ignorando os efeitos da força normal, em quanto o peso de um objeto de 1,000 kg mudaria caso ele fosse deslocado do equador no nível do mar para seu laboratório?

(b) Imagine que você tenha sido incumbido de mover uma balança que está no piso térreo de um edifício para o quinto andar, um aumento em altura de aproximadamente 20 m. Em quanto esse movimento afetaria o valor de *g* em torno da balança? Se essa mudança não sofresse nenhuma correção, que efeito o movimento exerceria sobre as medições realizadas na balança?

66. Os gráficos mostrados na Figura 3.4 foram obtidos por meio da relação mostrada na Equação 3.18 entre a densidade de uma amostra e a massa medida *versus* a massa real,

$$(m_{obj} - m_{mostrador}) = m_{mostrador} \cdot \frac{[(0,0012 \text{ g}/cm^3)/d_{obj}] - 0,00015}{1 - [(0,0012 \text{ g}/cm^3)/d_{obj}]} \quad (3.18)$$

onde m_{obj} é a massa real do objeto a ser medido, $m_{mostrador}$ é sua massa aparente e d_{obj} é a densidade do objeto.

(a) Demonstre como essa equação pode ser derivada da Equação 3.6. Quais suposições foram feitas para obter essa relação?

(b) Com base na Equação 3.18, crie uma planilha que possa ser usada para gerar gráficos como os mostrados na Figura 3.4 para cada uma das seguintes substâncias: cortiça (densidade 0,2 g/cm^3), gasolina (0,7 g/cm^3), rocha à base de silicatos (3,0 g/cm^3) e platina (21,4 g/cm^3). De qual desses materiais é esperado que apresente o maior efeito da força normal? E o menor?

67. Embora o valor de 0,0012 g/cm^3 seja frequentemente usado como a densidade do ar em cálculos da força normal, uma densidade mais exata do ar (em unidades g/cm^3) pode ser encontrada pela Equação 3.19,

$$d_{ar} = 0,0012929 \cdot \frac{(273,13\,K)}{T} \cdot \frac{(P - 0,3787 \cdot h)}{760} \quad (3.19)$$

onde *T* é a temperatura absoluta (em K) e *P* é a pressão atmosférica (em mm Hg). O fator *h* é a pressão de vapor da água (em mm Hg), que é a medida da umidade relativa do ar. Este último termo pode ser determinado por medição ou pelo uso do ponto de condensação do ar (ponto de orvalho).[16]

(a) Utilizando a Equação 3.19, estime a densidade do ar a uma temperatura de 28 °C, uma pressão atmosférica de 745 mm Hg e uma pressão de vapor de 11,99 mm Hg (correspondente a um ponto de condensação de 14 °C).

(b) Nas mesmas condições da Parte (a), determine qual seria a massa real de uma amostra de 10,000 g que tem densidade de 0,89 g/cm^3 e está sendo comparada a uma referência com densidade de 8,00 g/cm^3. Como seus resultados se comparam ao que é obtido quando a densidade do ar é tida como 0,0012 g/cm^3?

68. O mercúrio é às vezes usado em lugar de água para calibrar o equipamento volumétrico, principalmente quando se medem pequenos volumes de líquido. Pesquise as propriedades físicas e químicas do mercúrio em sua ficha de dados de segurança de materiais (MSDS) e no *CRC Handbook of Chemistry and Physics*.[16] Com base nessas informações, que vantagens você acha que pode haver no uso de mercúrio para calibrar dispositivos volumétricos? E quais as desvantagens de tal procedimento?

69. A Equação 3.14 foi usada anteriormente para mostrar como se pode fazer um ajuste nos efeitos de temperatura ao se lidar com concentrações molares. Que tipo de relação você usaria para fazer uma correção semelhante no caso de soluções que têm seu conteúdo expresso em razões massa/volume (m/v)? Será que esse mesmo tipo de correção é necessário quando se trabalha com unidades de molalidade, % m/m ou % v/v? Justifique sua resposta.

70. Às vezes, durante uma análise, é necessário converter uma unidade de concentração em outra. Mostre como você converteria cada um dos seguintes pares de unidades de concentração. (*Nota*: algumas dessas conversões podem ser encontradas em fontes como o *CRC Handbook of Chemistry and Physics*.)[16] Indique quais informações adicionais seriam necessárias em cada uma dessas conversões. Confirme sua abordagem por meio da análise dimensional.

(a) Conversão de uma concentração em g/L para molaridade.

(b) Conversão de uma concentração em molaridade para molalidade.

(c) Conversão de uma concentração em mg/L para ppm (m/m).

(d) Conversão de uma concentração em % (m/m) para g/L.

71. Uma característica exclusiva da espectrometria de massa é que ela não só fornece a massa de moléculas como também proporciona informações sobre a composição isotópica dessas moléculas. Um dos resultados dessa capacidade que a espectrometria de massa tem de discriminar entre isótopos é que ela pode produzir vários picos do 'íon molecular' para uma única substância. Exemplos desses picos de isótopos são mostrados na Figura 3.12.

(a) A presença de picos de isótopos torna necessário que se distingam entre as várias maneiras de descrever o peso molecular de um composto em espectrometria de massa. Usando a Referência 19 como guia, defina os termos 'massa média', 'massa nominal' e 'massa monoisotópica' que aparecem na Figura 3.12.

(b) A clorfeniramina ($C_{16}H_{19}ClN_2$) é uma droga encontrada em muitos medicamentos isentos de prescrição médica para tratamento de resfriados. Com base nas massas isotópicas e abundâncias dadas na Referência 16, calcule a massa nominal e a massa monoisotópica dessa droga, sendo este último valor baseado nos isótopos mais abundantes de cada elemento desse composto. Como esses valores se comparam com a massa molecular encontrada quando se usam as massas atômicas listadas na tabela periódica? Explique o motivo de eventuais diferenças nesses valores.

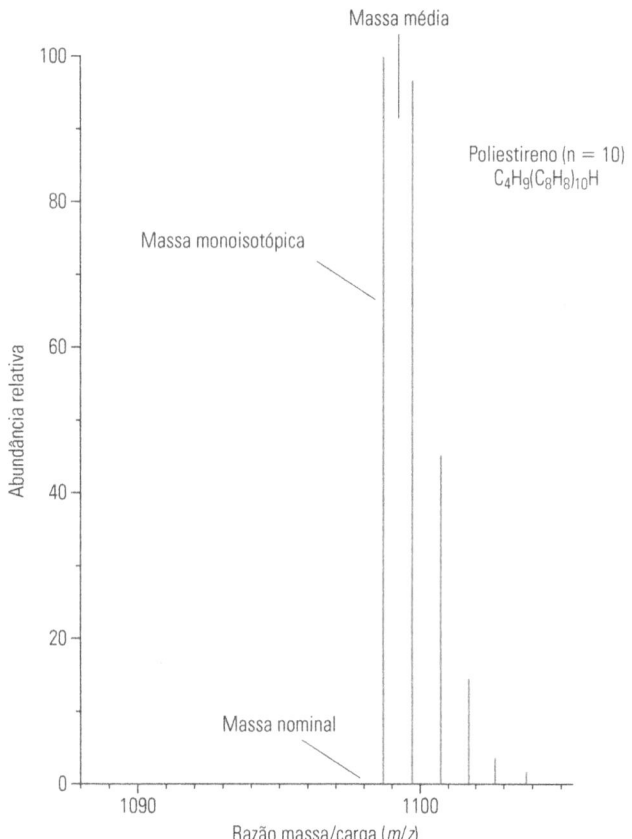

Figura 3.12

Padrão de isótopos para o(s) íon(s) molecular(es) de poliestireno, ilustrando as diferenças entre massa nominal, massa monoisotópica e massa média para essa substância química. (Adaptado de J. Yergey, D. Heller, G. Hansen, R. J. Cotter e C. Fenselau em "Isotopic Distributions in Mass Spectra of Large Molecules," *Analytical Chemistry*, 55, 1983, p.353–356.)

Tópicos para discussão e relatos

72. Visite um laboratório de análises e discuta como as medições de massa e de volume são utilizadas nesse local. Obtenha informações sobre os tipos de dispositivo de medição de massa e volume que são empregados nesse laboratório e sobre os procedimentos adotados no uso desses equipamentos. Além disso, conheça os tipos de amostra e de reagente que estão sendo medidos usando-se esses dispositivos e as precauções especiais que são tomadas durante essas determinações.

73. Usando a Referência 12 e outros recursos, obtenha mais informações sobre a microbalança de cristal de quartzo. Discuta como ela funciona e cite exemplos de algumas aplicações analíticas desse dispositivo.

74. Existem vários outros métodos que podem ser usados para purificar água de laboratório, além de destilação e deionização. Uma lista de algumas dessas técnicas alternativas é fornecida a seguir.[18] Obtenha informações sobre um ou mais desses métodos e descreva como eles funcionam. De que maneira esses métodos se comparam com a deionização e a destilação na remoção de substâncias indesejadas da água?
    (a) Osmose reversa.
    (b) Filtração por carvão ativado.
    (c) Ultrafiltração.
    (d) Filtração microporosa.
    (e) Oxidação por efeito de luz ultravioleta.
    (f) Eletrodiálise.

75. Localize um artigo de pesquisa recente que utilizou o método de microscopia de força atômica (AFM). Discuta como a AFM foi utilizada nesse relato e descreva os tipos de informação fornecidos.

76. A microscopia de força atômica faz parte de uma família maior de técnicas conhecidas coletivamente como *microscopia de varredura por sonda* (*SPM*). A SPM é um tipo de microscópio que utiliza uma sonda física para fazer a varredura de uma superfície e formar a imagem de uma amostra. A seguir está uma lista de vários tipos de microscopia de varredura por sonda.[9,10,20,21,22] Obtenha informações sobre um desses métodos na Internet, em um livro ou em um artigo. Elabore um relatório descrevendo como esse método funciona. Inclua em seu relatório alguns exemplos de aplicações desse método na área de análise química.
    (a) Microscopia de tunelamento com varredura.
    (b) Microscopia eletroquímica de varredura.
    (c) Microscopia de modulação de força.
    (d) Microscopia de força magnética.

Referências bibliográficas

1. H. Diehl, *Quantitative Analysis: Elementary Principles and Practice*, Oakland Street Science Press, Ames, IA, 1970.
2. F. Szabadvary, *History of Analytical Chemistry*, Pergamon Press, Nova York, 1966.
3. "Baron Jöns Jakob Berzelius," *Columbia Electronic Encyclopedia*, Columbia University Press, Nova York, 2000.
4. M. Kochsiek, *Glossary of Weighing Terms: A Practical Guide to the Terminology of Weighing*, Mettler-Toledo, Suíça, 1998.
5. B. Kisch, *Scales and Weights: A Historical Outline*, Yale University Press, New Haven, CT, 1966.
6. M. W. Hinds e G. Chapman, "Mass Traceability for Analytical Measurements," *Analytical Chemistry*, 68, 1996, p.35A–39A.
7. W. E. Kupper, "Laboratory Balances," In: *Analytical Instrumentation Handbook*, 2 ed., G. W. Ewing, ed., Marcel Dekker, Nova York, 1997, Capítulo 2.
8. G. Binnig, C.F. Quate e C. Gerber, "Atomic Force Microscope," *Physical Review Letters*, 56, 1986, p.930–933.
9. E. Meyer, H. J. Hug e R. Bennewitz, *Scanning Probe Microscopy: The Lab on a Tip*, Springer, Nova York, 2003.
10. P. Carlo Braga e D. Ricci, eds., *Atomic Force Microscopy: Biomedical Methods and Applications*, Humana Press, Totowa, NJ, 2003.
11. N. Singer, "The Quiet Revolution in Analytical Balance Technology," *Chemistry*, Springer, Nova York, 2000, p.14–16.
12. C. Henry, "Measuring the Masses: Quartz Crystal Microbalances," *Analytical Chemistry*, 68, 1996, p.625A–628A.
13. M. L Gross, "Mass Spectrometry," In *Instrumental Analysis*, 2 ed., G. D. Christian e J. E. O'Reilly, eds., Allyn & Bacon, Boston, MA, 1986, Capítulo 16.
14. D. A. Skoog, F. J. Holler e T. A. Nieman, *Principles of Instrumental Analysis*, 5 ed., Saunders, Filadélfia, PA, 1998, Capítulo 20.
15. D. O. Sparkman, *Mass Spectrometry Desk Reference*, Global View, Pittsburgh, PA, 2000.
16. D. R. Lide, ed. *CRC Handbook of Chemistry and Physics*, 83 ed., CRC Press, Boca Raton, FL, 2002.
17. J. A. Dean, *Lange's Handbook of Chemistry*, 15 ed., McGraw-Hill, Nova York, 1999.
18. "Glass," *Encyclopedia Britannica*, Encyclopedia Britannica, Inc., Chicago, IL, 1999.
19. J. Inczedy, T. Lengyel e A. M. Ure, *Compendium of Analytical Nomenclature*, 3 ed., Blackwell Science, Malden, MA, 1997.
20. *A Guide to Laboratory Water Purification*, Labconco, Kansas City, MO, 1998.
21. J. Yergey, D. Heller, G. Hansen, R. J. Cotter e C. Fenselau, "Isotopic Distributions in Mass Spectra of Large Molecules," *Analytical Chemistry*, 55, 1983, p.353–356.
22. A. I. Kingon, P. M. Vilarinho e Y. Rosenwaks, *Scanning Probe Microscopy: Characterization, Nanofabrication and Device Application of Functional Materials*, Kluwer Academic, Norwell, MA, 2005.
23. R. Wiesendanger, ed., *Scanning Probe Microscopy: Analytical Methods*, Springer, Nova York, 1998.
24. D. Bonnell, ed., *Scanning Probe Microscopy and Spectroscopy: Theory, Techniques and Applications*, 2 ed., Wiley, Nova York, 2001.

Capítulo 4
Tomada de decisões baseada em dados

Conteúdo do capítulo

4.1 Introdução: me leva para o jogo?
    4.1.1 Tipos de erro de laboratório
    4.1.2 Exatidão e precisão
4.2 Descrição de resultados experimentais
    4.2.1 Determinação do valor mais representativo
    4.2.2 Relatório de variações em um conjunto de resultados
4.3 Propagação de erros
    4.3.1 Adição e subtração
    4.3.2 Multiplicação e divisão
    4.3.3 Logaritmos, antilogaritmos e expoentes
    4.3.4 Cálculos mistos
4.4 Distribuição de amostras e intervalos de confiança
    4.4.1 Descrição da variação em grandes conjuntos de dados
    4.4.2 Descrição da variação em pequenos conjuntos de dados
4.5 Comparação de resultados experimentais
    4.5.1 Requisitos gerais para a comparação de dados
    4.5.2 Comparação de um resultado experimental a um valor de referência
    4.5.3 Comparação de dois ou mais resultados experimentais
    4.5.4 Comparação da variação em resultados
4.6 Detecção de valores anômalos
    4.6.1 Estratégia geral de tratamento de valores anômalos
    4.6.2 Testes estatísticos para valores anômalos
4.7 Ajuste de resultados experimentais
    4.7.1 Regressão linear
    4.7.2 Teste do grau de adequação

4.1 Introdução: me leva para o jogo?

Comunicado da imprensa, 24 de dezembro de 2006:

Atletas da liga principal de beisebol que fazem uso de doping são alvos de investigação e enfrentam penalidades mais rigorosas e a exposição pública quando são apanhados usando esteroides. O Congresso tem elevado as penas para traficantes condenados, e os agentes federais que atuam no combate às drogas estão mostrando uma nova disposição em cooperar com autoridades esportivas para rastrear atletas que usam substâncias proibidas. E, em praticamente todas as escolas de Ensino Médio no país, jovens atletas são alertados sobre os riscos à saúde associados ao uso de substâncias estimulantes. Segundo especialistas, esses são alguns dos impactos que persistem do escândalo dos esteroides BALCO, a investigação federal em curso que revelou o uso de drogas proibidas que melhoram o desempenho por alguns dos maiores atletas do século.[1]

Investigações recentes sobre o uso de esteroides no beisebol profissional levaram a uma maior conscientização da presença e da problemática das drogas estimulantes no esporte. Essa questão existe desde os primeiros Jogos Olímpicos na Grécia Antiga, quando alguns atletas mastigavam tecido embebido em ópio para melhorar seu desempenho físico. O problema se agravou nos tempos modernos. O uso de drogas por atletas não se restringe ao esporte profissional e às Olimpíadas, mas ocorre até em competições universitárias e eventos estudantis.[2-5] Uma das preocupações é o benefício real ou percebido que tais substâncias podem oferecer aos atletas. Outra, mais imediata, é o perigo que essas drogas podem representar à vida e à saúde de um esportista.[3]

A química analítica desempenhou um papel fundamental na revelação do uso de novos esteroides no escândalo BALCO (Figura 4.1).[4] A análise química também é rotineiramente usada na detecção de substâncias proibidas nos Jogos Olímpicos e em outros eventos esportivos. A primeira fase desse processo consiste em um teste de triagem rápida, no qual se realiza uma análise qualitativa para determinar se uma dada droga ou um dado grupo de substâncias está presente em nível acima do predeterminado. Se o resultado do teste de triagem for negativo, o atleta terá passado. Um resultado positivo, no entanto, é seguido por um segundo método mais seletivo e quantitativo para confirmar os resultados. Se a droga for detectada, as devidas ações serão tomadas contra o atleta.[3-5]

Nesse processo, é importante que o analista esteja plenamente ciente da confiabilidade de seus resultados, pois essa informação será usada na tomada de decisões que poderá definir o vencedor de um evento ou o contemplado por uma medalha de ouro. Decisões semelhantes com base em dados devem ser feitas diariamente em outras áreas, incluindo a determinação da qualidade de alimentos e a interpretação de ensaios clínicos. Esse processo requer o conhecimento dos erros que podem

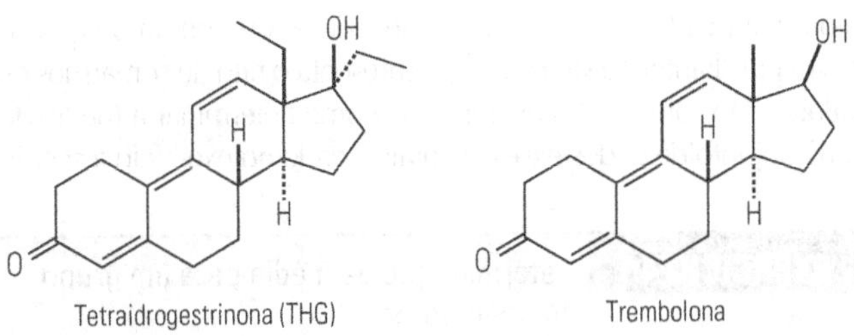

Tetraidrogestrinona (THG)

Trembolona

Figura 4.1

Estrutura de dois esteroides anabolizantes, tetraidrogestrinona (do inglês, THG) e trembolona. Ambas as substâncias são proibidas para uso humano pelo Food and Drug Administration dos Estados Unidos. A identificação do THG como um novo '*designer steroid*' (esteroide planejado) usado por alguns atletas foi a chave do desdobramento do escândalo do esteroide BALCO.[4]

ocorrer em um ensaio e da reprodutibilidade do ensaio. Neste capítulo, examinaremos os tipos gerais de erro que podem ser encontrados em métodos analíticos, aprenderemos a descrever a confiabilidade dos resultados e discutiremos técnicas de comparação de dados experimentais a outros valores. Com essas ferramentas em foco, você será capaz de tomar decisões mais acertadas com base em suas medições.

4.1.1 Tipos de erro de laboratório

Um fato que você sempre deve considerar ao conduzir uma experiência é que *todas* as medições físicas e químicas têm certo grau de incorreção. Existem dois tipos de erro que podem ocorrer em uma medição. O primeiro deles é o **erro sistemático**, representado por um *viés constante* entre os resultados encontrados e a verdadeira resposta. Por exemplo, um erro sistemático surge quando você prepara uma solução com um balão volumétrico incorretamente calibrado. Erros sistemáticos são produzidos por um problema consistente na técnica de um cientista, em um instrumento ou em um procedimento. Embora esses erros possam ocorrer em qualquer medição, é possível eliminá-los por meio de boas práticas de laboratório, conforme mostramos no Capítulo 2. Um meio de alcançar esse objetivo é ter um caderno bem cuidado que possa ser usado para anotar tendências incomuns em experimentos e identificar fontes de erros. O treinamento adequado dos funcionários do laboratório e a manutenção regular dos equipamentos também ajudarão a evitar erros sistemáticos.

A segunda fonte de incorreção experimental é o **erro aleatório**. Esse tipo de incerteza resulta de *variações aleatórias* em dados experimentais. Erros aleatórios estão presentes em todas as medições, e são decorrentes de fatores como variações na leitura de instrumentos e condições experimentais que fogem ao controle. Por exemplo, flutuações devido à eletricidade estática ou a correntes de ar podem causar erros aleatórios quando você usar uma balança. Embora nenhuma medida seja totalmente livre de erros aleatórios, é possível reduzir a dimensão desses erros com o planejamento adequado dos experimentos e a escolha correta de métodos para comparação de dados. Discutiremos esse tema na Seção 4.5, quando examinaremos diversas técnicas de comparação de resultados experimentais.

4.1.2 Exatidão e precisão

Agora que sabemos quais tipos de erro podem ocorrer durante um experimento, consideremos como descrever seus efeitos. Dois termos utilizados para esse fim são *exatidão* e *precisão*. **Exatidão** é usada em ciências para descrever a diferença entre um resultado experimental e seu valor verdadeiro, enquanto **precisão** se refere à variação nos resultados obtidos em condições semelhantes. Para ilustrar a diferença entre esses dois termos, imagine que estamos assistindo a uma competição entre quatro arqueiros nas Olimpíadas (Figura 4.2). O primeiro lança todas as flechas ao alvo, mas elas ficam espalhadas por uma vasta área e longe do centro. Diríamos que esse arqueiro tem pouca exatidão (má pontaria), bem como baixa precisão (pouca consistência). O segundo participante tem em média uma pontaria mais próxima do centro do alvo (muita exatidão), mas ainda há flechas espalhadas por toda a área (baixa precisão). O terceiro é mais consistente na mira, mas tem um arco que faz todas as flechas baterem à esquerda do centro (falta de exatidão, boa precisão). As flechas do quarto arqueiro atingem uma área próxima do centro, o que significa tanto boa exatidão quanto boa precisão.

Dois termos usados para descrever a exatidão são *erro absoluto* e *erro relativo*. O **erro absoluto (e)** de um resultado experimental (*x*) é encontrado pelo cálculo da diferença entre esse resultado e seu valor real (μ).[6]

$$e = x - \mu \qquad (4.1)$$

Se você usasse uma balança para medir uma amostra com massa conhecida de 10,0000 g, mas a balança fornecesse uma

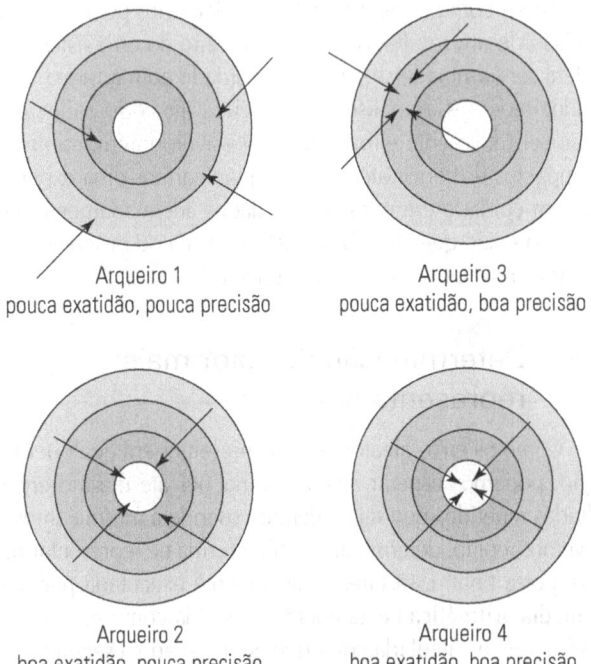

Arqueiro 1
pouca exatidão, pouca precisão

Arqueiro 3
pouca exatidão, boa precisão

Arqueiro 2
boa exatidão, pouca precisão

Arqueiro 4
boa exatidão, boa precisão

Figura 4.2

Ilustração da diferença entre exatidão e precisão utilizando uma competição de arco e flecha como exemplo.

leitura de 9,9995 g, o erro absoluto seria (9,9995 g − 10,0000 g) = −0,0005 g.

O **erro relativo** (e_r) é calculado encontrando-se a diferença entre os valores reais e medidos e dividindo-se essa diferença pela resposta verdadeira.[6]

$$e_r = \frac{x - \mu}{\mu} \qquad (4.2)$$

O erro relativo pode ser expresso como uma fração ou como um valor relacionado, como por exemplo usando-se um percentual ou partes por milhão (ppm). Para exemplificar, o erro percentual relativo na massa de nossa amostra de 10 gramas seria 100 · (9,9995 g − 10,0000 g)/(10,0000 g) = −0,005%.

O objetivo de qualquer medição analítica é obter boa exatidão e uma boa precisão. A precisão está diretamente relacionada com os erros aleatórios, mas a exatidão dos resultados individuais é afetada por ambos, por erros sistemáticos e aleatórios. Por exemplo, embora o arqueiro número 2 da Figura 4.2 tivesse uma boa mira geral, a exatidão de cada lançamento variava. Essa diferença era causada por erros aleatórios. Na próxima seção, aprenderemos a minimizar os efeitos dos erros aleatórios em medições ao aumentar o tamanho de um conjunto de dados para obter uma estimativa mais confiável do resultado verdadeiro.

4.2 Descrição de resultados experimentais

Vimos como erros sistemáticos e aleatórios podem afetar a precisão de um resultado medido. O efeito do erro sistemático poderá ser eliminado se tomarmos cuidado com a forma como conduzimos nossa análise, mas os erros aleatórios nunca poderão ser totalmente eliminados. É possível, porém, minimizar os impactos dos erros aleatórios ao planejarmos uma experiência com cuidado e tratarmos seus dados adequadamente. Esse processo exige que se saiba a melhor forma de descrever e de relatar os resultados de um experimento.

4.2.1 Determinação do valor mais representativo

Como os erros aleatórios estão presentes em qualquer medição, podemos esperar algumas variações até mesmo em resultados repetidos que sejam gerados usando a mesma amostra. Devemos, então, determinar a melhor forma de representar nossa resposta final. Essa tarefa é geralmente executada por meio da **média aritmética** ($\bar{x}$, também conhecida como *mediana* ou *média*), que é calculada conforme demonstrado a seguir.[6]

$$\bar{x} = \frac{(x_1 + x_2 + ... x_n)}{n} = \frac{\sum(x_i)}{n} \qquad (4.3)$$

Nessa equação, *n* é o *número de observações* (ou o número total de valores medidos dentro de um grupo de resultados) e x_i representa cada um dos valores individuais do conjunto (x_1, x_2 e assim por diante). O símbolo '$\sum$' representa o fato de somarmos os valores de x_1 até x_n. Um exemplo de como determinar a média de um conjunto de dados experimentais é dado no exercício a seguir.

EXERCÍCIO 4.1 Determinação da média para um grupo de resultados

A eritropoetina (EPO) é um hormônio natural que aumenta a capacidade do sangue de transportar oxigênio. A EPO recombinante foi utilizada por atletas e atualmente é proibida em competições como as Olimpíadas.[3] Para desenvolver um ensaio com esse hormônio, um químico coletou amostras de sangue de oito pessoas saudáveis que não estavam recebendo qualquer EPO recombinante. As concentrações de EPO medidas nesses indivíduos foram de 9,1, 26,4, 32,1, 15,8, 23,7, 20,5, 13,0 e 27,6 unidades internacionais por litro (UI/L). Qual a concentração média de EPO nessas amostras?

SOLUÇÃO

A concentração média pode ser encontrada por meio da Equação 4.3 (em que cada um dos números do numerador da fração tem unidades de UI/L).

$$\bar{x} = \frac{(9,1 + 26,4 + 32,1 + 15,8 + 23,7 + 20,5 + 13,0 + 27,6)}{8}$$

$$\therefore \bar{x} = 21,0\underline{2} \text{ UI/L} = \mathbf{21,0 \text{ UI/L}}$$

Observe que a média de 21,0 fica entre os valores altos e baixos dentro desse conjunto de dados (9,1 e 27,6), e não é necessariamente igual a qualquer resultado individual utilizado em seu cálculo. Em vez disso, a média situa-se no centro dos dados, tornando-se uma boa representação de todo o conjunto.

Ao longo deste livro, usaremos o símbolo $\bar{x}$ para nos referirmos à *média experimental* de um conjunto de dados e μ para representar a *média real*. Conforme mostrado na Figura 4.3, essa distinção é necessária porque os erros aleatórios fazem com que ($\bar{x}$) seja uma mera aproximação de μ, principalmente quando lidamos com pequenos conjuntos de números. Somente quando temos um grande grupo de números, que faz com que os erros aleatórios se cancelem, é que a média experimental se aproxima da média real em seu valor.

4.2.2 Relatório de variações em um conjunto de resultados

Temos agora um meio de determinar um valor realmente representativo de um conjunto de dados. Mas como podemos descrever a variação dos resultados dentro desse conjunto? Uma forma de fazer isso é usar o **intervalo** (R_x). Esse intervalo resulta da diferença entre os valores maiores e menores (x_{alto} e x_{baixo}).[6]

$$R_x = x_{alto} - x_{baixo} \qquad (4.4)$$

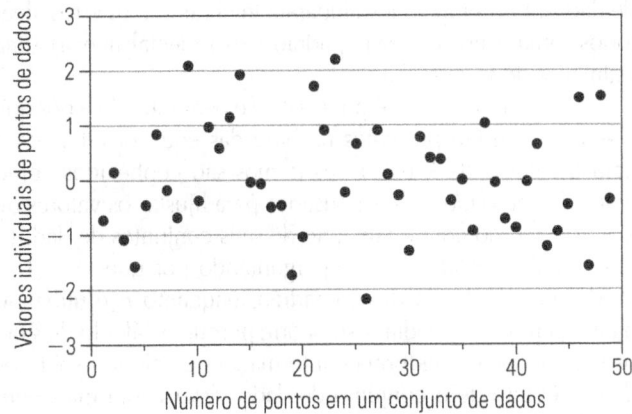

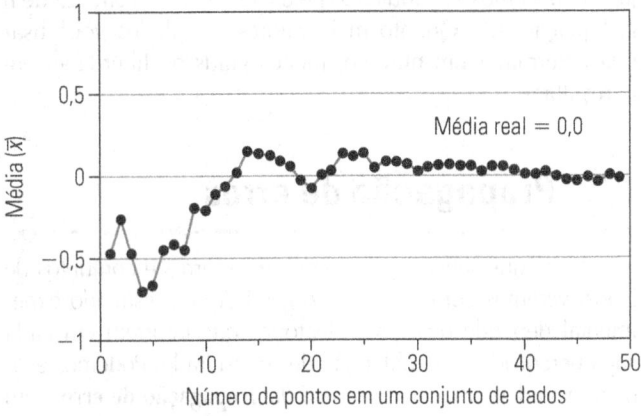

Figura 4.3

Efeito do aumento do número de pontos em um conjunto de dados (n) na média experimental calculada ($\bar{x}$). Os resultados foram obtidos por meio de uma simulação de computador na qual os valores foram selecionados aleatoriamente de acordo com um modelo de distribuição normal. Este gráfico mostra que a média experimental se aproxima de um valor constante (a média real, μ) à medida que se aumenta o número médio de pontos de dados.

Para ilustrar essa ideia, suponha que você tenha um conjunto de quatro amostras de urina das quais tenha medido a gravidade específica (método utilizado para verificar adulteração de amostras de droga). Se essas amostras produzirem gravidades específicas de 1,025, 1,028, 1,032 e 1,035, o intervalo para esse conjunto será (1,035-1,025), ou 0,010. Uma das vantagens do uso de um intervalo para descrever um conjunto de dados é que ele é fácil de ser calculado. No entanto, o intervalo tende a aumentar à medida que se aumenta o número de pontos de dados (Figura 4.4), o que dá aos erros aleatórios uma probabilidade maior de produzir valores extremos. Essa característica dificulta o uso de intervalos na comparação de conjuntos de dados, especialmente se eles contiverem quantidades diferentes de dados.

Um meio mais consistente de descrever a variação em um grupo de resultados é o uso do **desvio-padrão** (s). Esse desvio é calculado por meio da Equação 4.5, em que cada valor do conjunto (x_1 a x_n para n valores) é comparado com a média ($\bar{x}$) desse mesmo grupo de números.

$$s = \sqrt{\frac{\sum(x_j - \bar{x})^2}{n-1}} \quad (4.5)$$

Dois parâmetros relacionados com o desvio-padrão são a *variância* (V) e o *desvio-padrão relativo* (RSD). Este é também chamado de *coeficiente de variação* (CV), e é encontrado tomando-se o desvio-padrão de um grupo de resultados e dividindo-o pela média dos mesmos dados, em que RSD = $s/\bar{x}$ ou RSD (%) = 100 · ($s/\bar{x}$). A variância é simplesmente igual ao quadrado do desvio-padrão, ou V = $(s)^2$, e é importante na descrição da propagação de erros experimentais, como veremos na próxima seção deste capítulo.

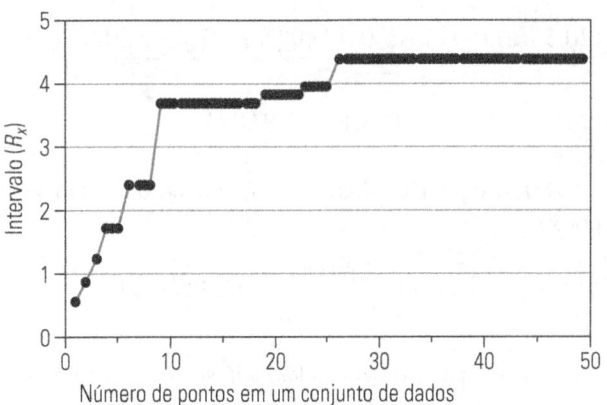

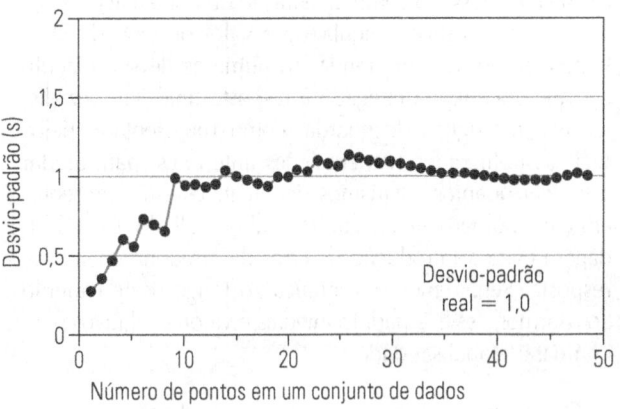

Figura 4.4

Efeito do aumento do número de pontos em um conjunto de dados (n) sobre o desvio-padrão experimental calculado (s) e o intervalo (R_x) para um conjunto de dados. Os resultados foram obtidos usando-se os mesmos valores apresentados na Figura 4.3. Este gráfico mostra que o desvio-padrão experimental se aproxima de um valor constante (o desvio-padrão real, σ) à medida que o número de pontos de dados é aumentado, mas que o intervalo continua a aumentar à medida que n aumenta.

EXERCÍCIO 4.2 — Descrição da variação em um grupo de números

Quais são o intervalo, o desvio-padrão e o RSD das concentrações de EPO do Exercício 4.1?

SOLUÇÃO

O maior e o menor valor nesse conjunto de dados são 32,1 e 9,1 UI/L, de modo que o intervalo seria $R_x = (32{,}1\ \text{UI/L} - 9{,}1\ \text{UI/L}) = 23{,}0\ \text{UI/L}$. A média do Exercício 4.1 resultou em 21,0<u>2</u> UI/L, e pode ser utilizada juntamente com a Equação 4.5 para calcular o desvio-padrão.

$$s = \left[\frac{(9{,}1 - 21{,}0\underline{2})^2 + (26{,}4 - 21{,}0\underline{2})^2 +}{(8-1)} \right.$$

$$\frac{(32{,}1 - 21{,}0\underline{2})^2 + (15{,}8 - 21{,}0\underline{2})^2 + (23{,}7 - 21{,}0\underline{2})^2 +}{(8-1)}$$

$$\left. \frac{(20{,}5 - 21{,}0\underline{2})^2 + (13{,}0 - 21{,}0\underline{2})^2 + (27{,}6 - 21{,}0\underline{2})^2}{8-1} \right]^{1/2}$$

$$= 7{,}8\underline{9}\ \text{UI/L} = \mathbf{7{,}9\ \text{UI/L}}$$

O desvio-padrão relativo é então obtido dividindo-se s por $\bar{x}$.

$$\text{RSD (\%)} = 100 \cdot \frac{7{,}8\underline{9}\ \text{UI/L}}{21{,}0\underline{2}\ \text{UI/L}} = 37{,}\underline{5}\% = \mathbf{38\%}$$

Observe que o desvio-padrão terá sempre as mesmas unidades que $\bar{x}$. Entretanto, o RSD não possui nenhuma unidade porque é a razão entre s e $\bar{x}$. É por isso que geralmente o RSD é expresso como uma fração ou porcentagem (%).

Quando estiver calculando o valor de s ou de RSD, lembre-se de *não* arredondar os números de seu cálculo até que você tenha chegado à resposta final. Em vez disso, use os dígitos de guarda, como representado pelos dígitos sublinhados nas equações anteriores, para ajudar a indicar quantos algarismos significativos estão presentes em cada número até chegar ao final do cálculo. Essa abordagem evita a introdução de erros de arredondamento na resposta. Seguiremos essa prática ao longo deste capítulo ao usarmos desvios-padrão, médias e valores relativos para comparar e analisar dados.

O significado físico de um 'desvio-padrão' pode ser um pouco mais difícil de ser visualizado do que o 'intervalo', mas o desvio-padrão é mais fácil de ser usado quando se comparam grandes conjuntos de dados porque se aproxima de uma constante (desvio-padrão real) à medida que adicionamos mais valores ao conjunto (Figura 4.4). Neste livro, usaremos o símbolo s para representar um desvio-padrão calculado experimentalmente e σ para representar o desvio-padrão real de um conjunto de dados. Essa prática nos ajudará a lembrar que os erros aleatórios tornam nosso desvio-padrão experimental apenas uma estimativa do valor real σ.

Uma coisa que você pode estar se perguntando é por que n e $(n-1)$ estão presentes na base das equações 4.3 e 4.5 para o cálculo de $\bar{x}$ e s. Esses termos são conhecidos como *graus de liberdade* (f), e são usados para ajustar os valores de $\bar{x}$ e s de acordo com o tamanho de seus conjuntos de dados.[6] Você também pode estar se perguntando por que $(n-1)$ é usado no cálculo do desvio-padrão, enquanto n é utilizado para determinar a média. Isso ocorre porque o cálculo de s faz uso da média, o que fornece informações adicionais sobre os dados. O fato de o conjunto de dados estar agora mais bem definido (isto é, de ele ter perdido um grau de liberdade porque conhecemos $\bar{x}$) é indicado pelo uso de $(n-1)$ em vez de n na Equação 4.5. Quanto mais valores calculados você usar para determinar um número, menos graus de liberdade terá no resultado.

4.3 Propagação de erros

Agora que sabemos como descrever erros e conjuntos de dados, veremos como a precisão geral de um resultado experimental depende dos erros aleatórios que ocorrem em cada etapa percorrida até a obtenção desse resultado. Podemos examinar essa dependência por meio da **propagação de erros**, um método que pode ser usado para prever a precisão de um valor experimental e ajudar a identificar os principais fatores que levam a erros aleatórios em uma análise.

4.3.1 Adição e subtração

Um caso em que a propagação de erros pode ocorrer é quando usamos cálculos que envolvem adição ou subtração. Essa situação surge com frequência em experimentos, como quando pesamos amostras, medimos volumes ou calculamos a massa molar. Para descrever a propagação de erros durante esses processos, vamos representar nosso resultado final pelo símbolo 'y' e o erro nesse resultado por seu desvio-padrão, s_y. Além disso, representaremos os valores adicionados ou subtraídos pelos termos 'a', 'b' e 'c', cada qual com seu próprio desvio-padrão (ou erro) de s_a, s_b ou s_c. Para simplificar ainda mais, admitiremos que todos os erros em a, b e c independem uns dos outros e representam apenas variações aleatórias (em outras palavras, eliminamos todos os erros sistemáticos). Nessas condições, pode-se mostrar que o erro final em y está relacionado com os erros aleatórios em a, b e c por meio da Equação 4.6 (apresentada na Tabela 4.1 e derivada no Apêndice A). Assim, ao estimar os erros aleatórios em cada um desses valores iniciais, você poderá estimar o erro aleatório no resultado final. Um exemplo desse processo é dado no exercício a seguir.

Tabela 4.1

Fórmulas gerais de propagação de erros em operações matemáticas comuns.*

Tipo de operação	Exemplo	Relação do erro no resultado (s_y) com erros originais (s_a, s_b e s_c)	
Adição e subtração	$y = a + b - c$	$s_y = \sqrt{(s_a)^2 + (s_b)^2 + (s_c)^2}$	(4.6)
Multiplicação e divisão	$y = a \cdot b/c$	$(s_y/y) = \sqrt{(s_a/a)^2 + (s_b/b)^2 + (s_c/c)^2}$	(4.7)
Logaritmos	$y = \log(a)$	$s_y = 0{,}434 \cdot (s_a/a)$	(4.8)
	$y = \ln(a)$	$s_y = (s_a/a)$	(4.9)
Antilogaritmos	$y = 10^a$	$(s_y/y) = 2{,}303 \cdot s_a$	(4.10)
	$y = e_a$	$(s_y/y) = s_a$	(4.11)
Exponenciação	$y = a^x$	$(s_y/y) = x(s_a/a)$	(4.12)

*A derivação dessas equações é fornecida no Apêndice A. Nessas operações, y representa o resultado calculado, enquanto a, b e c são as variáveis usadas no cálculo. O valor de x na Equação 4.12 representa uma constante conhecida.

EXERCÍCIO 4.3 — Propagação de erros durante os processos de adição e subtração

Um técnico pretende preparar uma solução de efedrina para medir a quantidade dessa droga em amostras de urina. Um recipiente de pesagem é colocado em uma balança e tarado; a seguir, a efedrina é adicionada até que se obtenha uma leitura de 37,5 mg. Essa amostra é transferida para um balão volumétrico e o recipiente volta a ser pesado, mostrando uma massa de 0,3 mg. Se a precisão da balança for ± 0,05 mg, qual será a precisão esperada para a massa de efedrina no recipiente?

SOLUÇÃO

Essa medição se baseou no *peso por diferença* (ver Capítulo 3), pelo qual a diferença entre as massas original e final do recipiente de pesagem fornece a massa da droga transferida.

$$m_{efedrina} = m_{original} - m_{final}$$
$$= 37{,}5 \text{ mg} - 0{,}3 \text{ mg} = 37{,}2 \text{ mg}$$

Como esse cálculo se baseia na subtração, uma versão modificada da Equação 4.6 pode ser usada para determinar o desvio-padrão do resultado final.

$$s_{efedrina} = \sqrt{(s_{original})^2 + (s_{final})^2}$$
$$= \sqrt{(0{,}05 \text{ mg})^2 + (0{,}05 \text{ mg})^2}$$
$$\therefore s_{efedrina} = 0{,}07\underline{1} \text{ mg} = \mathbf{0{,}07 \text{ mg}}$$

Desse modo, o montante de efedrina transferida foi 37,2 mg ± 0,07 mg, onde o segundo valor representa um intervalo de desvio-padrão de ±1 na massa medida.

Outra forma de escrever a expressão anterior é $(s_{efedrina})^2 = (s_{original})^2 + (s_{final})^2$. Essa forma nos mostra que a variância da massa da efedrina, ou $(s_{efedrina})^2$ será igual à soma das variâncias das massas inicial e final que foram medidas $(s_{original})^2$ e $(s_{final})^2$. Assim, embora no presente capítulo nos concentremos na utilização de desvios-padrão para a propagação de erros, você deve ter em mente que, na verdade, estamos analisando como a variância $(s)^2$ muda nesse processo. Essa é a razão pela qual muitas das equações na Tabela 4.1 exibem termos que contêm $(s)^2$.

No exercício anterior, o erro aleatório no resultado calculado, representado por um desvio-padrão de ± 0,07 mg, foi maior do que o erro aleatório em qualquer um dos números utilizados para determinar esse resultado (± 0,05 mg). Isso ocorre sempre que há erros aleatórios que se acumulam durante um cálculo ou um processo experimental. Esse efeito justifica por que se deve tentar minimizar esses erros em cada uma das etapas de um procedimento laboratorial.

Outro aspecto que podemos observar no problema anterior é que o *tamanho absoluto* do erro obtido após a adição ou a subtração (s_y) será determinado pelo *tamanho absoluto* dos erros nos números utilizados para o cálculo (s_a, s_b e s_c). Essa relação é a base da regra para estimar o número de algarismos significativos durante uma adição ou uma subtração que examinamos no Capítulo 2 (veja resumo no Apêndice A). No Exercício 4.3 essa regra também daria uma resposta com um algarismo significativo para a direita da vírgula decimal (37,2 mg). A principal diferença entre essas duas abordagens (propagação de erros *versus* algarismos significativos) é que a propagação de erros fornece uma descrição mais completa dos erros aleatórios. Se tivéssemos usado apenas algarismos significativos, teríamos assumido que nossa massa de 37,2 mg tinha um grau de incerteza de ± 0,1 mg. No entanto, por meio da propagação de erro, sabemos que na realidade esse resultado tem uma precisão de

±0,07 mg. Pode parecer uma diferença pequena, mas que pode se tornar importante se você for usar esse valor em outros cálculos ou tentar otimizar a precisão de uma medição.

4.3.2 Multiplicação e divisão

Assim como na adição e na subtração, é possível determinar como os erros aleatórios são passados de um número para o seguinte durante uma multiplicação ou uma divisão. Essa informação pode ser útil quando se está diluindo uma amostra ou determinando sua concentração por meio de razões massa/volume. Se admitirmos novamente apenas a presença de erros aleatórios independentes, a Equação 4.7 mostrará como o erro final de um resultado calculado dependerá dos erros em todos os números usados para obter esse valor.

EXERCÍCIO 4.4 Propagação de erros durante os processos de multiplicação e de divisão

A amostra de efedrina do Exercício 4.3 é colocada em um balão volumétrico de 250,00 mL e diluída até a marca do recipiente com água deionizada. Se o erro aleatório no volume desse balão for de ± 0,10 mL, qual será a precisão esperada para a concentração de efedrina (em mg/mL) na solução final?

SOLUÇÃO

A concentração (C) de efedrina deve ser determinada por meio de uma razão massa/volume ($C = m/V$), de modo que a precisão da concentração final seja dada pela seguinte fórmula.

$$(s_C/C) = \sqrt{(s_m/m)^2 + (s_V/V)^2}$$

Sabemos os valores de m (37,2 mg), s_m (0,07$\underline{1}$ mg), V (250,00 mL) e s_V (0,10 mL). Também podemos calcular a concentração de efedrina, onde C = (37,2 mg/250,00 mL) = 0,148$\underline{8}$ mg/mL. A precisão da concentração calculada pode ser encontrada colocando-se esses valores na relação anterior.

$$s_C/(0,148\underline{8}\text{ mg/mL})$$
$$= \sqrt{(0,07\underline{1}\text{ mg}/37,2\text{ mg})^2 + (0,10\text{ mL}/250,00\text{ mL})^2}$$
$$s_C = (0,148\underline{8}\text{ mg/mL})$$
$$\cdot\sqrt{(0,07\underline{1}\text{ mg}/37,2\text{ mg})^2 + (0,10\text{ mL}/250,00\text{ mL})^2}$$
$$\therefore s_C = 0,0002\underline{9}\text{ mg/mL} = \mathbf{0,0003\text{ mg/mL}}$$

A partir desse resultado, podemos dizer que a concentração de efedrina foi de 0,1488 ± 0,0003 mg/mL (± 1 s). Outro aspecto que podemos verificar é que o dígito de guarda que tínhamos mantido no valor de 0,1488 nesse cálculo realmente acabou preservado ao determinarmos a precisão desse valor por propagação de erros. Essa é outra razão pela qual a utilização de dígitos de guarda e os arredondamentos apenas na resposta final são recomendados nesses cálculos.

A Equação 4.7 indica que a multiplicação e a divisão produziram um resultado em que o *tamanho relativo* do erro final (s_y/y) dependerá do *tamanho relativo* dos erros nos números utilizados no cálculo (s_a/a, s_b/b e s_c/c). Isso equivale à regra dada no Apêndice A para determinar os algarismos significativos durante uma multiplicação ou uma divisão, que, no Exercício 4.4, teria dado uma resposta com três algarismos significativos (0,149 mg/mL). Com a propagação de erros, conseguimos ganhar um dígito adicional em nossa resposta (0,1488 mg/mL). Essa diferença surgiu porque as regras de algarismo significativo tendem a superestimar os erros aleatórios, demonstrando porque é preferível empregar a propagação de erros ao se realizar cálculos que fazem uso de resultados experimentais.

4.3.3 Logaritmos, antilogaritmos e expoentes

A propagação de erros também pode ser utilizada com outros tipos de operação, como encontrar um logaritmo ou um antilogaritmo, ou trabalhar com um valor que tenha um expoente. As expressões utilizadas na propagação de erros durante esses cálculos são dadas pelas equações 4.8 a 4.12 da Tabela 4.1.

EXERCÍCIO 4.5 Propagação de erros com logaritmos e antilogaritmos

Um dos testes realizados em amostras de urina de atletas é o da medição do pH da urina. Essa medição certifica que tais amostras não foram alteradas para evitar a detecção de substâncias proibidas. Como veremos no Capítulo 8, o pH é aproximadamente igual ao logaritmo negativo da atividade do íon hidrogênio em uma amostra (a_{H^+}), onde pH = $-\log a_{H^+}$ ou $a_{H^+} = 10^{-pH}$.

a. Se uma solução-padrão tem uma atividade de íons hidrogênio de 4,0 (± 0,2) × 10^{-8} M, quais serão o pH e a precisão desse valor de pH?
b. Se o pH de uma amostra de urina é determinado como 6,00 ± 0,05, quais serão o valor e a precisão da atividade do íon hidrogênio na amostra?

SOLUÇÃO

a. O pH dessa solução pode ser obtido por meio de pH = $-\log a_{H^+}$, que resulta em um pH de $-\log(4,0 \times 10^{-8}$ M), ou 7,40. Esse cálculo envolve computar o logaritmo de um número, por isso usaremos a Equação 4.8 para determinar como erros aleatórios na atividade do íon hidrogênio afetarão o erro no pH. O resultado é um pH final de **7,40 ± 0,02**.

$$s_{pH} = 0,434 \cdot (s_{a_{H^+}}/a_{H^+})$$
$$= 0,434 \cdot (0,2\times 10^{-8} M / 4,0\times 10^{-8} M)$$
$$\therefore s_{pH} = \mathbf{0,02}$$

Um processo semelhante pode ser usado para encontrar a precisão de um logaritmo natural, ou ln(a), pela Equação 4.9 na Tabela 4.1.

> b. A atividade de íons hidrogênio em uma solução de pH 6,00 seria $a_{H^+} = 10^{-6,0} = 1,0 \times 10^{-6}$ M. A precisão esperada para esse valor pode ser encontrada pela Equação 4.10.
>
> $$(s_{a_{H^+}} / a_{H^+}) = 2,303\, s_{pH}$$
> $$s_{a_{H^+}} = 2,303 \cdot (a_{H^+} \cdot s_{pH}) = 2,303 \cdot (1,0 \times 10^{-6} M) \cdot (0,05)$$
> $$\therefore s_{a_{H^+}} = 0,1 \times 10^{-6}\, M$$
>
> Nossa resposta final seria uma atividade de íons hidrogênio de **1,0 (±0,1) × 10⁻⁶** *M*. O mesmo processo pode ser utilizado no caso da Equação 4.11, para determinar a precisão de um antilogaritmo natural, e^a.

As equações 4.8 e 4.9 indicam que o *tamanho absoluto* do erro de um logaritmo (s_y) será determinado pelo *tamanho relativo* do erro no número usado para calcular o logaritmo (s_a/a). Essa relação é aproximadamente equivalente à regra do algarismo significativo no Apêndice A, segundo a qual os dígitos à direita do decimal em um logaritmo (a *mantissa*) devem ter o mesmo número de algarismos significativos que o número original. Ambas as abordagens produzem dois algarismos significativos no pH encontrado no exercício anterior, porque a atividade de íons hidrogênio original também tinha dois algarismos significativos.

Nas equações 4.10 e 4.11 ocorre exatamente o oposto. Nesse caso, o *tamanho relativo* do erro de um antilogaritmo (s_y/y) será determinado pelo *tamanho absoluto* do erro no número usado para calcular o antilogaritmo (s_a). Foi essa relação que levou à regra no Apêndice A, segundo a qual os algarismos significativos para antilogaritmos terão o mesmo número de dígitos do que aqueles à direita do decimal no log original. Isso também se encaixa nos resultados obtidos no exercício anterior, em que o antilog de pH 6,00 produziu uma atividade de íons hidrogênio com dois algarismos significativos ($1,0 \times 10^{-6}$ M).

4.3.4 Cálculos mistos

Embora seja útil saber como os erros se propagam em operações simples como adição ou multiplicação, há muitas situações em que vários tipos de operação são utilizados para a obtenção de um resultado. É possível gerar fórmulas como as da Tabela 4.1 para diferentes combinações de cálculo. Um meio alternativo e mais fácil de abordagem é separar essas operações em uma série de etapas que consistem em somente adição ou subtração, multiplicação ou divisão, e assim por diante. Em cada etapa, as equações da Tabela 4.1 poderão ser usadas para examinar os erros aleatórios que se propagam por essa operação em particular. O resultado poderá então ser aplicado na etapa seguinte, até que a resposta final seja obtida. Isso se assemelha ao método que usamos no Capítulo 2 para determinar o número de algarismos significativos em um resultado que envolvia uma série de operações.

Os primeiros cálculos a serem examinados nesse processo são aqueles que aparecem entre parênteses ou entre colchetes. Se não houver colchetes ou parênteses, realize todos os cálculos que envolvam logaritmos, antilogaritmos ou expoentes. A isso se seguem etapas que envolvem multiplicação ou divisão, e depois aquelas que utilizam adição ou subtração. Um exemplo desse processo é dado no Exercício 4.6, que se refere ao uso de uma regressão linear para descrever dados experimentais.

> **EXERCÍCIO 4.6** Propagação de erros em cálculos mistos
>
> Um dos métodos para a detecção de morfina serve para gerar uma curva de calibração em que a resposta do ensaio (y) é plotada em relação à concentração de morfina (x, em mg/L). Isso produz uma linha reta com uma inclinação (m) de 0,253 e um intercepto-y (b) de 0,010, onde $y = mx + b$. A inclinação dessa linha tem um desvio-padrão de ± 0,009, e o desvio-padrão do intercepto é de ± 0,007. Se, por esse método, o resultado encontrado na amostra de um atleta for de 0,541 ± 0,015, quais serão a concentração de morfina na amostra e a precisão estimada dessa concentração?
>
> **SOLUÇÃO**
>
> A concentração de morfina na amostra desconhecida pode ser determinada rearranjando-se a equação da linha de calibração e resolvendo-se x.
>
> $$x = \frac{y-b}{m} = \frac{(0,541-0,010)}{0,253} = 2,09\underline{9}\,\text{mg/L}$$
>
> Para determinar o erro em x, podemos realizar esse cálculo em duas etapas: (1) subtraindo b de y e (2) dividindo a diferença pela inclinação, m. O resultado da primeira etapa, que chamaremos de x_1, contém um erro que pode ser calculado pela Equação 4.6.
>
> $$x_1 = (y-b) = 0,531$$
> $$s_{x1} = \sqrt{(s_y)^2 + (s_b)^2}$$
> $$= \sqrt{(0,015)^2 + (0,007)^2} = 0,016\underline{6}$$
>
> O erro na segunda etapa, em que obtemos nossa resposta final, pode ser determinado pela Equação 4.7.
>
> $$(s_x/x) = \sqrt{(s_{x_1}/x_1)^2 + (s_m/m)^2}$$
> $$s_x = (2,09\underline{9}\,\text{mg/L}) \cdot \sqrt{(0,016\underline{6}/0,531)^2 + (0,009/0,253)^2}$$
> $$= 0,09\underline{9} = \mathbf{0,10\,mg/L}.$$
>
> Logo, a concentração de morfina detectada na amostra do atleta foi de **2,10 ± 0,10 mg/L**.

Repare que, nesse último exercício, tivemos o cuidado de incluir dígitos de guarda ao determinarmos x_1 e s_{x_1} na primeira etapa de nosso cálculo. Isso é fundamental em um processo com várias etapas para evitar a introdução de erros de arredondamento, e fornece os algarismos mais significativos de nosso resultado final.

4.4 Distribuição de amostras e intervalos de confiança

Até aqui, vimos como descrever conjuntos de dados e a forma como os erros aleatórios se propagam pelos cálculos que usam esses valores. Porém, ainda temos de considerar o que é realmente representado pela 'média' ou pelo 'desvio-padrão' ao descrevermos um grupo de números. Nesta seção, veremos como isso pode ser feito usando ferramentas como a distribuição normal, o desvio-padrão da média e os intervalos de confiança.

4.4.1 Descrição da variação em grandes conjuntos de dados

Sabemos agora que variações aleatórias estarão presentes sempre que fizermos uma medição. Se fôssemos fazer a mesma medição muitas vezes e plotar o número de vezes em que obtivéssemos um determinado valor, teríamos um resultado semelhante ao do gráfico na Figura 4.5. Nele, o eixo x dá o intervalo de valores que foram medidos para a amostra, enquanto o eixo y mostra o número de vezes que cada um desses valores foi obtido. Se tomarmos medidas suficientes e tivermos a mesma probabilidade de obter tanto variações altas quanto baixas em um resultado, o gráfico produzido terá uma 'forma de sino', com o centro ocorrendo na média de nosso conjunto de dados. Isso é conhecido como **distribuição normal** ou *distribuição de Gauss*. Curvas de distribuição normal costumam ser usadas em ciências para representar a variação nas medições, pois esse tipo de distribuição pode ser diretamente relacionado com o processo de propagação de erros. Essa característica também torna a distribuição normal útil na comparação de resultados e na estimativa da confiabilidade de uma medição.

A forma da curva de distribuição normal na Figura 4.5 pode ser descrita pela equação a seguir, que relaciona o valor experimental de x com a probabilidade de medir esse valor (y).

$$y = \frac{1}{\sigma\sqrt{2\pi}} \cdot e^{-1/2[(x-\mu)^2/(\sigma^2)]} \quad (4.13)$$

Além de x e y, dois outros fatores que aparecem nessa equação são (1) a média do conjunto de dados (μ), que dá o ponto central da distribuição, e (2) o desvio-padrão do conjunto de dados (σ), que descreve a largura da curva. Trata-se dos mesmos parâmetros que usamos anteriormente para descrever conjuntos de dados pequenos, porém, agora que estamos lidando com um grupo grande de números, a média e o desvio-padrão são bem conhecidos. É por isso que passamos a usar μ e σ no lugar de $\bar{x}$ e s.

A Figura 4.6 mostra como uma alteração na média ou no desvio-padrão afetará a forma de uma curva de distribuição normal. À medida que aumentamos ou diminuímos a média, a

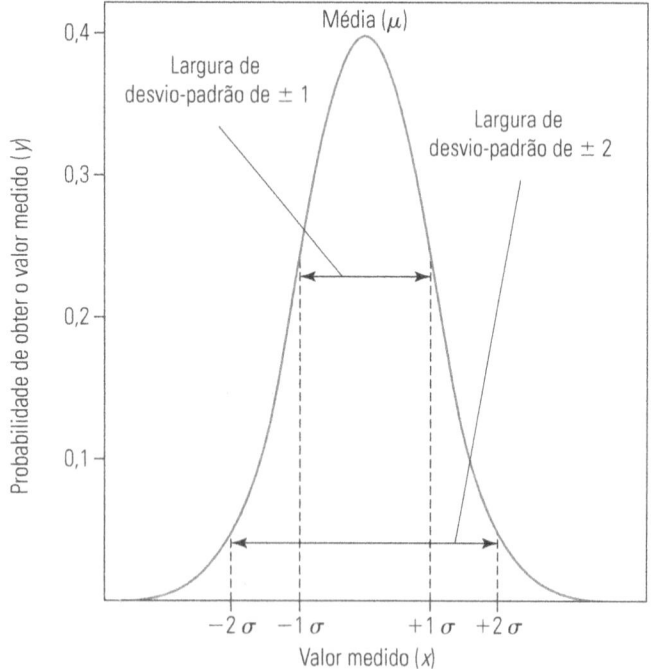

Figura 4.5

Curva de distribuição normal. A média (μ) representa o centro, enquanto o desvio-padrão (σ) é uma medida da largura da curva. Em uma distribuição normal, uma largura de desvio-padrão de exatamente ± 1 ocorre nos *pontos de inflexão*, onde uma linha tangente tocaria a curva.

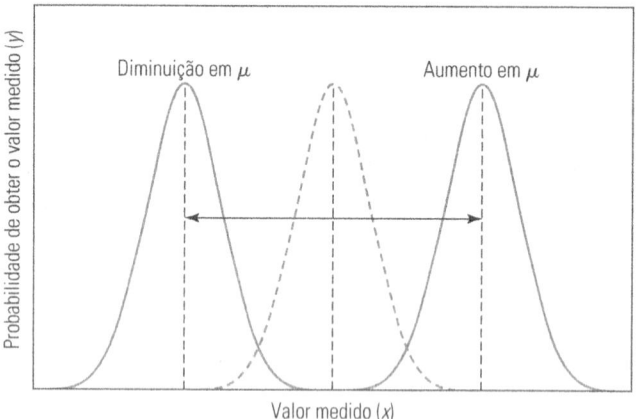

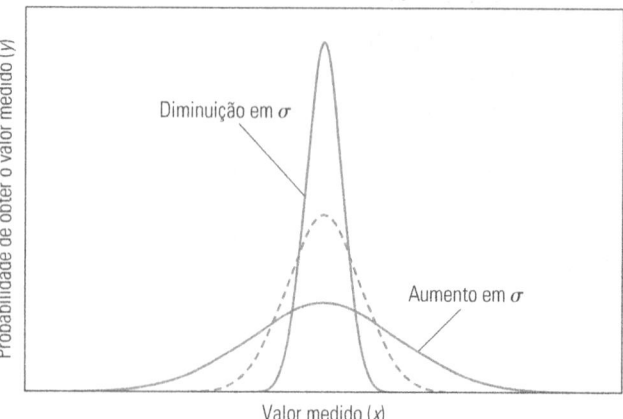

Figura 4.6

Efeitos da mudança da média real (μ) ou do desvio-padrão real (σ) sobre a forma e a posição de uma distribuição normal. A área total sob cada curva é constante nesse conjunto de exemplos.

curva inteira desloca-se para valores maiores ou menores de x. À medida que aumentamos ou diminuímos o desvio-padrão, a curva se torna mais ou menos ampla, respectivamente. Para medições químicas é sempre desejável ter um pequeno desvio-padrão, porque isso representará um grupo de resultados precisos. Isso, por sua vez, facilitará a comparação das médias de conjuntos de dados para que seja constatado se eles representam valores semelhantes ou diferentes.

Se nossos resultados seguem uma distribuição normal, podemos usar a média e o desvio-padrão do conjunto de dados para determinar qual fração de nossos resultados ficará entre quaisquer dois valores medidos. A Tabela 4.2 mostra qual fração dos resultados (como representada pela área sob a distribuição normal) ocorrerá entre a média e um valor de x. Isso é feito usando-se o termo z, onde $z = (x - \mu)/\sigma$, que descreve a diferença entre x e μ em termos do número de desvios-padrão que separa esses dois valores.

Quando usamos uma distribuição normal para descrever medições químicas, há dois intervalos particularmente valiosos de se lembrar. O primeiro é o intervalo de um desvio-padrão acima ou abaixo da média ($\mu \pm 1\ \sigma$). De acordo com a Tabela 4.2, esse intervalo corresponde a uma área relativa de $2 \cdot (0{,}3413) = 0{,}6826$, ou 68,26 por cento dos resultados em uma distribuição normal, ou aproximadamente dois terços de todos os seus valores. O outro intervalo a ser lembrado é o de dois desvios-padrão acima ou abaixo da média ($\mu \pm 2\ \sigma$), o que representa uma área relativa de $2 \cdot (0{,}4772) = 0{,}9544$ na curva de distribuição normal, ou 95,44 por cento de todos os resultados (aproximadamente 95 por cento, ou 19 em 20 valores). Ambos os intervalos são frequentemente usados para descrever conjuntos de dados e comparar resultados experimentais.

4.4.2 Descrição da variação em pequenos conjuntos de dados

Um problema que notamos com respeito a um pequeno conjunto de números é que os valores experimentais para x e s são apenas estimativas da média real e do desvio-padrão, μ e σ. Desse modo, devemos sempre considerar a precisão com a qual conhecemos $\bar{x}$ e s ao usarmos esses valores para descrever dados experimentais.

Desvio-padrão da média. Da mesma forma que usamos s para descrever a variação dentro de um conjunto de dados, também podemos empregar um valor relacionado ($s_{\bar{x}}$) para descrever a precisão de nossa média experimental ($\bar{x}$). Esse novo valor, conhecido como **desvio-padrão da média**, é determinado utilizando-se o desvio-padrão de todo o conjunto de dados (s) e o número de pontos de dados nesse conjunto (n).[6]

$$s_{\bar{x}} = \frac{s}{\sqrt{n}} \qquad (4.14)$$

Por exemplo, suponha que você tivesse uma série de três medidas com média de 12,0 e desvio-padrão de 0,5. O desvio-padrão da média seria $s_{\bar{x}} = 0{,}5/\sqrt{3} = 0{,}3$ para os três pontos. Observe que o tamanho de $s_{\bar{x}}$ é sempre inferior ou igual a s, porque n deve ser maior ou igual a 1. Além disso, sempre que relatar um desvio-padrão da média, você deve indicar o número de pontos em seu conjunto de dados, o que reconhece o fato de que o tamanho de $s_{\bar{x}}$ depende de n.

Vimos anteriormente que, à medida que o número de valores em um conjunto de dados aumenta, o desvio-padrão para todo o conjunto (s) se aproxima de um valor constante (σ). No entanto, se analisarmos como $s_{\bar{x}}$ muda ante um aumento em n, constataremos que seu valor diminui. Esse efeito é ilustrado na Figura 4.7, e ocorre porque a precisão da média experimental aumenta à medida que adquirimos mais dados, tornando $\bar{x}$ uma estimativa mais confiável da média real. Embora o uso de mais medidas proporcione uma estimativa mais precisa do resultado da média para uma amostra ao se diminuir $s_{\bar{x}}$, a aquisição de mais dados também vai aumentar o tempo, o esforço e a amostra necessários para fazer as medições. Como uma compensação entre esforço e reprodutibilidade, três a cinco medidas são recomendadas para a maioria das análises.

Intervalos de confiança. Em ciências, é comum a descrição da variação em números experimentais por meio de um intervalo de valores. Como exemplo disso, poderíamos relatar um resultado oferecendo a média de mais ou menos dois desvios-padrão da média ($\bar{x} \pm 2\ s_{\bar{x}}$). Nessa abordagem, o intervalo de valores que segue nossa média ($\pm 2\ s_{\bar{x}}$) é chamado de *limite de con-*

Tabela 4.2

Áreas sob uma curva de distribuição normal a diversas distâncias da média.*

Distância da média (z)	Área relativa da média para z
0,0	0,0000
0,2	0,0793
0,4	0,1554
0,6	0,2258
0,8	0,2881
1,0	0,3413
1,2	0,3849
1,4	0,4032
1,6	0,4192
1,8	0,4641
2,0	0,4772
2,2	0,4861
2,4	0,4981
2,6	0,4953
2,8	0,4974
3,0	0,4987

*A média da distribuição normal é representada pelo ponto z = 0, onde z é igual ao número de desvios-padrão que separa qualquer ponto de interesse dessa localização central. Uma versão mais completa desta tabela pode ser encontrada no *CRC Handbook of Chemistry and Physics*[3] (D. R. Lide, ed., 83ª ed., CRC Press, Boca Raton, FL., 2002).

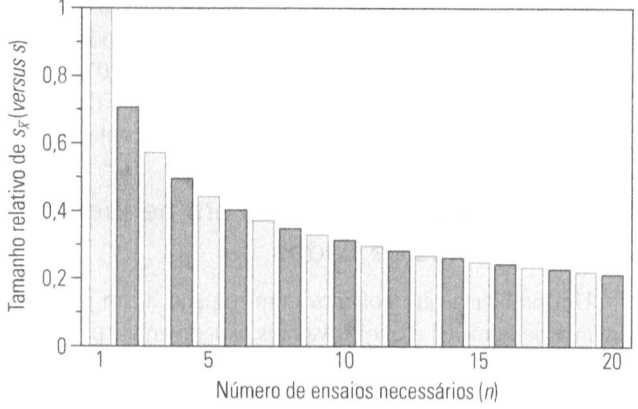

Figura 4.7

Diminuição no desvio-padrão da média ($s_{\bar{x}}$) quando o número de valores individuais em um conjunto de dados (n) é aumentado. Esses resultados foram obtidos por meio da fórmula $s_{\bar{x}}/s = 1/\sqrt{n}$, onde s é o desvio-padrão de todo o conjunto de dados.

fiança, e a média mais esse intervalo ($\bar{x} \pm 2\, s_{\bar{x}}$) é conhecida como **intervalo de confiança** (IC; ou CI, do inglês, *Confidence Interval*).[6] No relato de um intervalo de confiança, o número colocado na frente de $s_{\bar{x}}$ ajuda a especificar o grau de certeza que o experimentador tem sobre o resultado. Por exemplo, sabemos que em uma distribuição normal, um intervalo de ± 2 desvios-padrão significa que há uma chance de aproximadamente 95 por cento de que qualquer valor dado no conjunto de dados estará dentro dessa faixa (ou uma chance de apenas 5 por cento de que vai estar fora desse intervalo). A mesma abordagem geral pode ser usada para fornecer um intervalo no qual 95 por cento dos casos conterão o valor verdadeiro no conjunto de medições experimentais.

Embora seja relativamente fácil determinar o significado desses intervalos para grandes grupos de números, essa tarefa se torna mais complicada no caso de pequenos conjuntos de valores experimentais, como muitas vezes temos em uma análise química. Isso ocorre porque pequenos grupos de números dão uma média e um desvio-padrão que são apenas estimativas de seus valores reais. Por conseguinte, há sempre uma incerteza maior quando se lida com pequenos conjuntos de dados. Essa incerteza pode se refletir no uso de um intervalo de confiança maior e um fator de correção conhecido como **valor *t* de Student (*t*)** (Quadro 4.1). Esse valor *t* pode ser usado para expressar o intervalo de confiança em um grupo de resultados (com base em *s*) ou para a média (com base em $s_{\bar{x}}$) por meio das expressões a seguir. [6,8]

Intervalo de confiança em um grupo de resultados:

$$CI = \bar{x} \pm t \cdot s \qquad (4.15)$$

Intervalo de confiança em um resultado médio:

$$\begin{aligned} CI &= \bar{x} \pm t \cdot s_{\bar{x}} \\ &= \bar{x} \pm t \cdot s / \sqrt{n} \end{aligned} \qquad (4.16)$$

À última equação, foi adicionado o lembrete de que o valor de $s_{\bar{x}}$ é encontrado simplesmente calculando-se a razão $s/\sqrt{n}$ ao escrevermos o intervalo de confiança de uma média experimental.

A Tabela 4.3 fornece os valores *t* que você usaria nas equações 4.15 e 4.16 ao escrever um intervalo de confiança. O valor *t* de Student escolhido para esse propósito vai depender do número de pontos (*n*) em seu conjunto de dados, conforme representado na Tabela 4.3 pelos graus de liberdade (*f*), onde $f = n - 1$. À medida que você adiciona mais pontos de dados, o valor *t* diminui e se aproxima de uma constante. Isso reflete o fato de que a média experimental e os desvios-padrão estão se tornando estimativas mais precisas de seus valores reais. Outro fator que determinará o valor *t* selecionado é o grau de certeza que você gostaria de ter de que a resposta real se enquadrará em seu cálculo do intervalo de confiança. Esse grau de certeza é conhecido como **nível de confiança**. À medida que você prossegue para níveis mais elevados de confiança, o tamanho de *t* aumenta para proporcionar uma probabilidade maior de que o valor real ficará dentro do intervalo especificado.

Tabela 4.3

Valores *t* de Student em diferentes graus de liberdade.*

Graus de liberdade (*f*)	90%	Nível de confiança 95%	99%
1	6,31	12,7	63,7
2	2,92	4,30	9,92
3	2,35	3,18	5,84
4	2,13	2,78	4,60
5	2,02	2,57	4,03
6	1,94	2,45	3,71
7	1,90	2,36	3,50
8	1,86	2,31	3,36
9	1,83	2,26	3,25
10	1,81	2,23	3,17
11	1,80	2,20	3,11
12	1,78	2,18	3,06
13	1,77	2,16	3,01
14	1,76	2,14	2,98
15	1,75	2,13	2,95
16	1,75	2,12	2,95
17	1,74	2,11	2,92
18	1,73	2,10	2,88
19	1,73	2,09	2,86
20	1,72	2,09	2,85
∞	1,64	1,96	2,58

*Todos os valores indicados nesta tabela se referem a um teste *t* de Student de *duas caudas*, no qual levamos em conta o fato de que nosso valor experimental pode ser maior *ou* menor do que o modelo. Uma lista mais completa desses valores *t* pode ser encontrada no *CRC Handbook of Tables for Probability and Statistics*[12] (W. H. Beyer, ed., 2º ed., The Chemical Rubber Co., Cleveland, OH, 1968) ou em outras fontes.

Quadro 4.1 Quem foi Student?

Muitas vezes ao longo da história, a necessidade de melhores métodos de caracterização de materiais levou à criação de novas técnicas de análise e descrição dessas amostras. Às vezes, essas novas abordagens provêm de laboratórios de pesquisa, enquanto outras vezes vêm de um ambiente industrial ou resultam de um esforço conjunto de ambos. Um exemplo desse último caso é o teste t de Student, que foi desenvolvido por um químico e matemático chamado William S. Gossett (1876-1937) (Figura 4.8).

Em 1899, o jovem Gossett começou a trabalhar na cervejaria Guinness em Dublin, na Irlanda. Naquela época, havia um grande interesse por parte da empresa em encontrar maneiras de relacionar as propriedades de suas matérias-primas e as condições de fabricação com a qualidade do produto final. Gossett foi um dos vários cientistas da equipe designados para estudar essa relação. Como parte de seu trabalho, ele constatou que precisava de um meio de descrever distribuições estatísticas para pequenos grupos de amostras. Essa questão não havia sido explorada antes, por isso a empresa providenciou para que Gossett passasse algum tempo com um professor de matemática chamado Karl Pearson, do University College, em Londres.

Durante esses estudos, Gossett criou um novo tipo de distribuição de dados associado a uma distribuição normal por meio de um valor de 't'. Ele estudou essa distribuição e calculou o valor de t para amostras de diversos tamanhos e graus de liberdade. Ao apresentar seus resultados à empresa, foi autorizado a publicar o trabalho desde que não usasse seu verdadeiro nome ou qualquer dado real da empresa.[9,10] Usando o pseudônimo 'Student', Gossett submeteu seus resultados ao jornal *Biometrika*, que os publicou em 1908.[11] Ele continuou a escrever e apresentar trabalhos sob esse pseudônimo por mais de 30 anos, mantendo-se anônimo para a maior parte do mundo nesse período.[9,10]

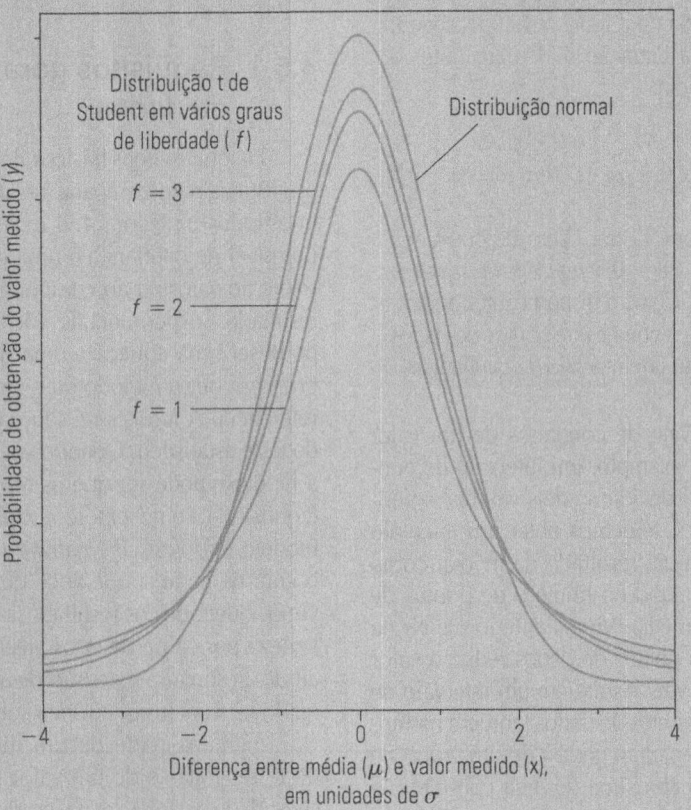

Figura 4.8

A figura indica que a distribuição t de Student é frequentemente muito mais ampla do que uma distribuição normal (mesmo que essas curvas tenham as mesmas áreas), especialmente quando se trabalha com pequenos conjuntos de dados que têm baixos graus de liberdade. No entanto, a distribuição t de Student se torna mais estreita e se aproxima da distribuição normal quando o número de pontos em um conjunto de dados e os graus de liberdade são aumentados. Os t de Student apresentados na Tabela 4.3 representam os intervalos dessa distribuição que contêm uma dada porcentagem de todos os valores da população. Por exemplo, uma distribuição t de Student para um conjunto de dados com dois graus de liberdade terá 95 por cento de seus valores ocorrendo em um intervalo que vai de $-4,30$ a $+4,30$ desvios-padrão em torno da média. Em um conjunto de dados com três graus de liberdade, 95 por cento dos valores de uma distribuição t de Student estarão em um intervalo que vai de $-3,18$ a $+3,18$ desvios-padrão em torno da média.

EXERCÍCIO 4.7 — Intervalos de confiança e limites de confiança

A probenecida é uma droga usada por alguns atletas para evitar a excreção de outras substâncias na urina e, dessa maneira, baixar suas concentrações detectáveis. Um cientista faz três medições de uma amostra de urina suspeita de conter probenecida. Ele obtém um resultado da média igual a 11,8 μg/L e um desvio-padrão para todo o conjunto de resultados igual a 0,2 μg/L. Qual é o intervalo de confiança de 95 por cento para essa média?

SOLUÇÃO

Neste exemplo, analisamos a média em vez de uma população de resultados, e por isso precisamos primeiramente determinar $s_{\bar{x}}$. Usando a Equação 4.14, obtemos $s_{\bar{x}} = 0,2/\sqrt{3} = 0,1\underline{2}$ μg/L. Em seguida, temos de examinar a Tabela 4.3 para verificar o valor que devemos atribuir a t quando temos três medidas (3 − 1 = 2 graus de liberdade), e usamos um nível de confiança de 95 por cento. Esse processo gera um valor t de Student igual a 4,30. A seguir, substituímos esses valores na Equação 4.16 para obter o intervalo de confiança da média.

$$CI = 11,8 \pm (4,30 \cdot 0,1\underline{2} \text{ μg/L})$$
$$\therefore 95\% \; CI = 11,8 \pm 0,5 \text{ μg/L} \quad (\text{em } n = 3)$$

Agora podemos dizer com 95 por cento de confiança que o resultado ficará entre (11,8 − 0,5 μg/L) = 11,3 μg/L e (11,8 + 0,5 μg/L) = 12,3 μg/L. Como a resposta anterior indica, você deve sempre declarar o número de pontos de dados e o nível de confiança ao relatar um intervalo de confiança.

O ideal seria que o intervalo de confiança de um valor experimental fosse estreito. Por exemplo, um intervalo de confiança pequeno torna mais fácil decidir se dois valores experimentais são iguais ou diferentes. Podemos obter um intervalo de confiança mais estreito com um resultado da média, como vimos na Equação 4.16, aumentando o número de pontos de dados usados para calcular a média. Vimos anteriormente na Equação 4.14 que utilizar mais pontos de dados reduz o valor estimado de $s_{\bar{x}}$, o que, por sua vez, resulta em um intervalo de confiança pequeno. Usar mais pontos de dados também melhora a nossa estimativa do desvio-padrão geral s de um grupo de resultados, mas o valor de s se aproxima de uma constante, e não de um valor menor à medida que aumentamos n. O único meio de obtermos um menor intervalo de confiança para uma população de resultados (como descrito pela Equação 4.15 e usando-se s) é melhorando nosso método de medição para obter resultados mais precisos.

A seleção do nível de confiança pode exercer um grande impacto sobre o conjunto de resultados que podemos obter para o intervalo de confiança. Como exemplo disso, um nível de confiança de 90 por cento sempre produzirá um intervalo de confiança menor do que um nível de confiança de 99 por cento. Esse efeito ocorre porque, ao aumentarmos o nível de confiança de que um resultado ficará dentro do intervalo de confiança, também teremos de ampliar a gama de números que usaremos para esse intervalo. Esse conceito é refletido na Tabela 4.3 pelo fato de que o valor de t de Student aumenta em tamanho à medida que passamos de um nível de confiança baixo para um alto. É também por isso que os cientistas nunca podem realmente dizer que estão 100 por cento confiantes em um resultado experimental, porque essa afirmação exigiria que eles tivessem um intervalo de confiança que fosse do infinito negativo ao positivo! Os químicos analíticos geralmente usam um nível de confiança de 95 por cento como um meio-termo entre ter um intervalo de confiança relativamente estreito e outro que ainda é amplo o suficiente para se ter uma boa chance de incluir o resultado real de uma medição.

4.5 Comparação de resultados experimentais

4.5.1 Requisitos gerais para a comparação de dados

Há quatro itens básicos de que você precisa quando utiliza estatísticas para comparar resultados experimentais. Esses itens (mostrados na Figura 4.9) incluem um modelo, uma hipótese, um nível de confiança e uma estatística de teste. O *modelo* se refere ao valor ou ao comportamento previsível aos quais seus resultados experimentais vão ser comparados. Esse modelo pode ser uma equação, uma distribuição prevista, valores obtidos por outro método ou o valor conhecido de um padrão de referência. A *hipótese* é seu palpite inicial sobre os resultados do teste estatístico. Quando você compara resultados analíticos, a hipótese pode ser que os resultados se encaixam no modelo (conhecida como *hipótese nula*) ou que não se encaixam no modelo (*hipótese alternativa*). O *nível de confiança* representa o grau de certeza que você deseja ter em sua comparação. Já vimos que todos os resultados científicos têm algum grau de incerteza por causa de erros aleatórios. O nível de confiança nos ajuda a estimar a extensão dessa incerteza e evitar que tiremos qualquer conclusão errônea sobre nossos dados.

A última parte de um método estatístico é a *estatística de teste*. Trata-se de um valor numérico calculado a partir de seus dados para uso na comparação. Um exemplo comum de estatística de teste é o valor t de Student, que pode ser usado para comparar uma média experimental a outro número. Nesse processo, a estatística de teste calculada para seu resultado é a seguir comparada a um *valor crítico* (como os indicados na Tabela 4.3), que representa o maior valor para a estatística de teste que você pode esperar de um dado número de pontos de dados e nível de confiança selecionado. Veremos um exemplo concreto desse processo na próxima seção, quando discutiremos como comparar uma média experimental a um valor de referência conhecido.

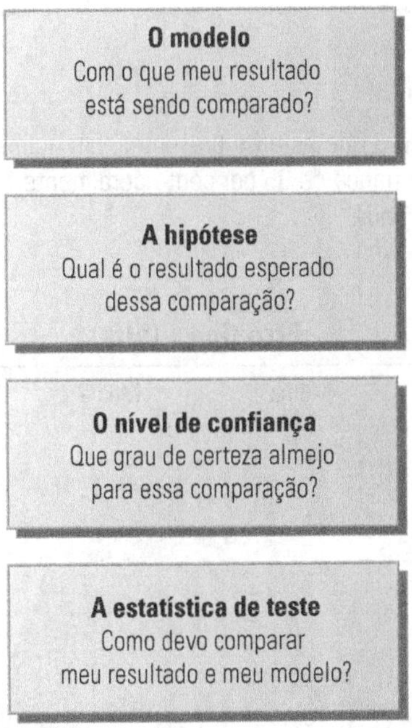

Figura 4.9

Os quatro principais componentes necessários a uma comparação estatística de dados experimentais.

Fluxograma:
- **O modelo** — Com o que meu resultado está sendo comparado?
- **A hipótese** — Qual é o resultado esperado dessa comparação?
- **O nível de confiança** — Que grau de certeza almejo para essa comparação?
- **A estatística de teste** — Como devo comparar meu resultado e meu modelo?

4.5.2 Comparação de um resultado experimental a um valor de referência

Ao trabalhar em um laboratório de análise, muitas vezes você terá de comparar um resultado experimental a um valor de referência conhecido. Por exemplo, esse tipo de comparação pode ser necessário ao determinarmos a exatidão de um novo método. Se o valor de referência for conhecido com exatidão (ou pelo menos tiver uma precisão muito melhor do que o resultado experimental), podemos usar esse valor para representar a 'média' real da amostra, μ. Para comparar esse valor com o resultado médio medido da amostra ($\bar{x}$), podemos usar o valor t de Student como estatística de teste. O resultado é um método estatístico conhecido como **teste t de Student**.

Se partir do pressuposto de que seu valor de referência e resultados experimentais são iguais (a hipótese nula), você poderá testar essa hipótese calculando um valor t de Student conforme mostrado a seguir,[8,13]

$$t = \frac{|\bar{x} - \mu|}{s_{\bar{x}}} \qquad (4.17)$$

onde $\bar{x}$ é o resultado da média experimental, μ é o valor de referência e $s_{\bar{x}}$ é o desvio-padrão da média experimental, conforme dado por $s_{\bar{x}} = s/\sqrt{n}$. As linhas mostradas em cada lado de '$\bar{x} - \mu$' na equação indicam que estamos analisando apenas o valor absoluto, ou positivo, dessa diferença. Os termos $\bar{x}$, μ e $s_{\bar{x}}$ devem ter as mesmas unidades e, portanto, colocá-los na Equação 4.17 deve produzir um valor de t que não tem unidades. Ao examinar essa relação mais atentamente, você verá que t representa simplesmente o número de desvios-padrão que separam $\bar{x}$ e μ. Portanto, um grande valor t de Student implica que $\bar{x}$ e μ são muito diferentes e que, provavelmente, representam números diferentes.

Uma vez que tenhamos calculado t para nossos dados, precisaremos comparar esse resultado com um valor crítico (t_c), obtido na Tabela 4.3. O valor t_c que selecionarmos será determinado pelo número de pontos de dados que foram utilizados para determinar nossa média experimental (conforme representada pelos graus de liberdade, $f = n - 1$) e o nível de confiança que escolhemos para nossa comparação. Se acharmos que $t \leq t_c$, podemos dizer que $\bar{x}$ e μ não são significativamente diferentes no nível de confiança dado.

> **EXERCÍCIO 4.8** Comparação entre um resultado experimental e um valor de referência
>
> São tomadas providências contra atletas olímpicos caso se constate que suas amostras de urina contêm concentrações de cafeína acima de 12,00 μg/mL. Uma amostra de um atleta resulta em uma concentração média de cafeína de 12,16 μg/mL em cinco medições (intervalo de 12,00 a 12,28 μg/mL) com o desvio-padrão dessa média sendo 0,07 μg/mL. O treinador do atleta afirma que esse resultado é estatisticamente equivalente ao ponto de corte de 12,00 μg/mL. Esses dois valores são equivalentes no nível de confiança de 95 por cento?
>
> **SOLUÇÃO**
>
> Nosso modelo nesse exemplo é o valor de 12,00 μg/mL, e somos instruídos a trabalhar no nível de confiança de 95 por cento. Para verificar se nossa média e o valor de referência são iguais (hipótese subjacente), podemos colocar esses valores na Equação 4.17 para calcular um valor t de Student.
>
> $$t = \frac{|12,16\ \mu g/mL - 12,0\ \mu g/mL|}{0,07\ \mu g/mL} = 2,\underline{29}$$
>
> Em seguida, precisamos procurar o valor t crítico de Student na Tabela 4.3 no nível de confiança de 95 por cento e para $f = (5 - 1) = 4$ graus de liberdade. Esse processo produz um valor t_c de 2,78, que é maior do que nosso valor t experimental de 2,$\underline{29}$. Assim, podemos dizer com confiança de 95 por cento que a quantidade de cafeína na amostra do atleta não é significativamente diferente do limite permitido.

Quando estiver usando um teste estatístico, é importante que você escolha o intervalo de confiança a ser empregado *antes* de realizar o teste. Isso é considerado parte das boas práticas de laboratório e ajuda a evitar a introdução de qualquer viés pessoal no resultado final de seu teste. A escolha correta de um intervalo de confiança também pode ajudá-lo a minimizar a possibilidade de uma conclusão errada com base em um teste estatístico (Quadro 4.2).

Quadro 4.2 Seleção de um nível de confiança

A escolha de um intervalo de confiança pode ser muito importante na hora de determinar tanto o resultado quanto a precisão de um teste estatístico. Por exemplo, no Exercício 4.8 concluímos que as concentrações medida e permitida de cafeína não eram significativamente diferentes, porque t era menor que t_c no nível de confiança de 95 por cento. Se tivéssemos optado por um nível de confiança ligeiramente menor, de 90 por cento, isso teria resultado em um valor t de Student crítico menor ($t_c = 2{,}13$ para 4 graus de liberdade) e criado um resultado em que t passaria a ser maior que t_c, indicando que as quantidades medida e permitida de cafeína eram diferentes. Nesse ponto, você provavelmente está se perguntando: 'Por que essa diferença ocorre?' e 'Por que utilizamos inicialmente o nível de confiança de 95 por cento para essa comparação?'

A razão de obtermos esses dois resultados diferentes é que alterar o nível de confiança para o teste também alterou os erros admissíveis nos resultados. Na verdade, existem dois tipos de erro sempre possíveis em um teste estatístico. O primeiro (conhecido como um *erro tipo 1* ou 'alfa') ocorre quando você conclui que o valor do modelo e o experimental não são iguais quando na verdade eles são equivalentes.[8] A Figura 4.10 mostra que essa situação ocorre quando os erros aleatórios fazem com que a diferença entre esses valores esteja fora do intervalo de confiança que está sendo utilizado para sua comparação. A probabilidade de um erro tipo 1 (em termos percentuais) é igual a 100 menos o nível de confiança percentual selecionado para um teste estatístico. Por exemplo, o uso de um nível de confiança de 95 por cento no Exercício 4.8 significa que havia apenas uma chance de $100 - 95 = 5$ por cento de que erros aleatórios fizessem um valor em um determinado conjunto de dados ficar fora do intervalo de confiança permitido. Quando usamos um nível de confiança menor do que 90 por cento, a probabilidade de um erro tipo 1 aumenta para $100 - 90 = 10$ por cento, tornando mais provável que tiremos a conclusão incorreta de que o valor do modelo e o experimental são diferentes. Quando você aumenta o nível de confiança, sempre reduz a chance de que um erro tipo 1 ocorra.

O segundo tipo de erro que pode ser produzido durante um teste estatístico é o *tipo 2* (ou 'beta'). Um *erro tipo 2* ocorre quando você conclui que o resultado é o mesmo de seu modelo, mas o resultado é realmente parte de uma distribuição de dados totalmente diferente.[8] Na Figura 4.10 a chance de ocorrência de um erro tipo 2 é dada pela área de sobreposição entre a distribuição para o resultado testado e a distribuição para o modelo. O uso de um nível maior de confiança aumentará a probabilidade de que um erro tipo 2 esteja presente, porque isso significa que estamos usando um intervalo mais amplo para descrever nosso valor experimental. Como resultado, a seleção de um nível de confiança para um teste estatístico sempre representará um meio-termo entre os tamanhos dos erros tipo 1 e tipo 2 que estarão presentes. Em química analítica, um nível de confiança de 95 por cento geralmente funciona bem para essa finalidade.

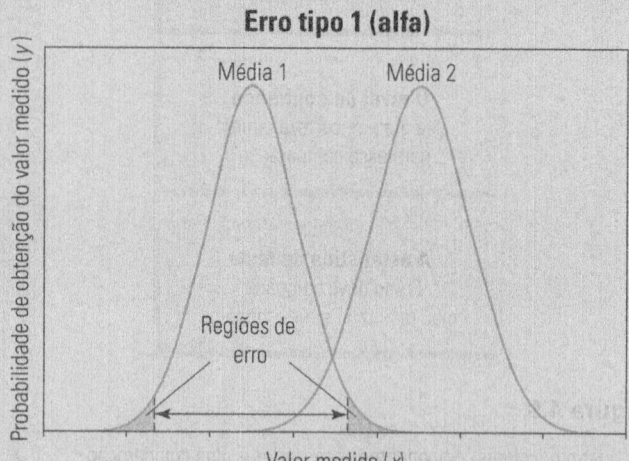

Figura 4.10

Ilustração dos erros tipo 1 e tipo 2 na comparação de dois valores médios. Neste exemplo, o erro tipo 1 é a probabilidade de um resultado pertinente à distribuição do Resultado 1 se situar fora do intervalo utilizado na comparação. A probabilidade de ocorrência desse tipo de erro é igual à fração da distribuição para o Resultado 1 que está fora desse intervalo, e pode ser calculada diretamente a partir do nível de confiança que é usado para compará-la ao Resultado 2. O erro tipo 2 é igual à sobreposição na distribuição para o Resultado 2, com o intervalo que está sendo usado para o Resultado 1 na comparação. O tamanho do erro tipo 2 vai depender da diferença entre os valores médios dos Resultados 1 e 2 e das larguras de suas distribuições correspondentes.

4.5.3 Comparação de dois ou mais resultados experimentais

Resultados individuais. Outra situação frequentemente encontrada em análise química é a necessidade de comparar dois resultados experimentais. Para ilustrar isso, suponha que temos resultados médios para duas amostras ($\bar{x}_1$ e $\bar{x}_2$) que foram medidos pelo mesmo método ou por dois métodos com precisão semelhante. Nessa situação, o modelo seria um dos dois resultados médios e a hipótese que estaríamos testando é que esses dois resultados representam o mesmo número.

O teste estatístico que usamos nessa situação é novamente o valor t de Student, mas agora precisamos modificar essa abordagem para permitir que tanto nosso resultado experimental quanto o modelo tenham alguma incerteza em seus valores. Por isso, em vez de usar os desvios-padrão em qualquer um desses meios, utilizamos um desvio-padrão comum (s_{pool}) que reflete a variação em ambos os resultados.[14]

$$s_{pool} = \sqrt{\frac{(n_1-1)\cdot(s_1)^2 + (n_2-1)\cdot(s_2)^2}{(n_1+n_2-2)}} \quad (4.18)$$

Nessa equação, s_1 e s_2 são os desvios-padrão estimados para os dois conjuntos de dados, e n_1 e n_2 representam o número de pontos em cada um desses conjuntos. Você pode pensar em s_{pool} como uma média ponderada dos desvios-padrão individuais para os dois grupos de resultados. Além disso, assim como podemos usar s_1 ou s_2 para determinar os desvios-padrão das médias $\bar{x}_1$ e $\bar{x}_2$, podemos usar s_{pool} para obter um desvio-padrão para a média combinada ($s_{\bar{x}pool}$), que é encontrada por meio da Equação 4.19.

$$s_{\bar{x}pool} = \frac{s_{pool}}{\sqrt{(n_1\cdot n_2)/(n_1+n_2)}} \quad (4.19)$$

Um modo de ver $s_{\bar{x}pool}$ é considerá-la uma medida da incerteza na diferença entre $\bar{x}_1$ e $\bar{x}_2$.

Se $\bar{x}_1$ e $\bar{x}_2$ representam o mesmo valor, sua diferença ($\bar{x}_1 - \bar{x}_2$) deverá ficar dentro de um número razoavelmente pequeno de desvios-padrão para essa diferença. Isso significa que podemos comparar ($\bar{x}_1 - \bar{x}_2$) diretamente com $s_{\bar{x}pool}$ e usar sua razão para fornecer um valor t de Student nessa comparação.

$$t = \frac{|\bar{x}_1 - \bar{x}_2|}{s_{\bar{x}pool}} \quad (4.20)$$

Um valor pequeno para essa relação poderia indicar que nossos dois resultados são aproximados e, provavelmente, representam o mesmo número. Uma vez que tenhamos calculado esse valor t de Student, devemos compará-lo com um valor crítico (t_c) da Tabela 4.3, conforme obtido para nosso nível de confiança selecionado e usando $f = (n_1 + n_2 - 2)$ como os graus de liberdade. Se t for menor ou igual a t_c, podemos dizer que $\bar{x}_1$ e $\bar{x}_2$ representam o mesmo valor em nosso nível de confiança selecionado.

EXERCÍCIO 4.9 Comparação de dois resultados médios

A gonadotrofina coriônica humana (hCG) é um hormônio de ocorrência natural que foi usado de forma abusiva por alguns atletas devido à sua capacidade de estimular a produção de testosterona. Dois laboratórios que realizam testes de drogas devem ser avaliados quanto à capacidade de medir esse hormônio, utilizando a mesma amostra e método de análise. O primeiro laboratório obtém um nível médio de hCG de 2,99 UI/L ($n_1 = 4$) com um desvio-padrão de 0,06 UI/L, enquanto o segundo laboratório relata um nível médio de 3,13 UI/L ($n_2 = 5$) com um desvio-padrão de 0,08 UI/L. Esses resultados médios são os mesmos no nível de confiança de 95 por cento?

SOLUÇÃO

Se assumirmos que os desvios-padrão para as duas médias são aproximadamente iguais, o primeiro passo para resolver esse problema é usar a Equação 4.18 para obter o desvio-padrão comum.

$$s_{pool} = \sqrt{\frac{(4-1)\cdot(0,06\,UI/L)^2 + (5-1)\cdot(0,08\,UI/L)^2}{(4+5-2)}}$$

$$= \sqrt{\frac{0,0366(UI/L)^2}{7}} = 0,072\,UI/L$$

Em seguida, podemos usar s_{pool}, n_1 e n_2 para determinar o desvio-padrão de nossa média combinada ($s_{\bar{x}pool}$).

$$s_{\bar{x}pool} = \frac{0,072\,UI/L}{\sqrt{(4\cdot 5)/(4+5)}} = 0,048\,UI/L$$

Agora estamos prontos para calcular o valor t de Student para nossos resultados usando a Equação 4.20.

$$t = \frac{|2,99\,UI/L - 3,13\,UI/L|}{0,048\,UI/L} = \mathbf{2,9}$$

Os graus de liberdade nesse caso são $f = (4 + 5 - 2) = 7$, e somos instruídos a trabalhar no nível de confiança de 95 por cento, de modo que o valor crítico t_c da Tabela 4.3 para essa situação seria 2,36. Quando comparamos nossos valores experimentais e críticos, constatamos que t é maior que t_c (2,9 > 2,36). Isso significa que os resultados dos dois laboratórios são significativamente diferentes no nível de confiança de 95 por cento.

Grupos de valores. Outra comparação que frequentemente se faz acontece quando dois conjuntos de amostras idênticas são analisados por diferentes métodos. Se esses métodos tiverem precisão semelhante, poderemos comparar seus resultados usando um procedimento conhecido como **teste t de Student pareado**.[8,14,15] Para configurar esse teste, começamos por fazer uma lista dos resultados obtidos pelos dois métodos para cada amostra conforme demonstrado na Tabela 4.4. A diferença entre cada conjunto

Tabela 4.4

Exemplo de teste t de Student pareado.

Número da amostra	Resultados médios (μmol/L)		Diferença em resultados (μmol/L)
	Método 1	Método 2	$d_i = x_{\text{método 1}} - x_{\text{método 2}}$
1	2,53	2,68	−0,15
2	5,19	5,03	0,16
3	3,60	3,79	−0,19
4	6,42	6,51	−0,09
5	7,08	7,24	−0,16
			$\bar{d} = (\sum d_i)/n$
			$= -0,086\ \mu\text{mol/L}$

de resultados é então calculada (como representado por d_i), e a média dessas diferenças ($\bar{d}$) é determinada, onde $\bar{d} = \sum(d_i)/n$. O tamanho dessa diferença de média ($\bar{d}$) é por fim empregado em nossa comparação dos dois métodos.

Para determinar se as diferenças entre os dois conjuntos de resultados são significativas, temos também que determinar o desvio-padrão para essas diferenças (s_d), que é calculado como mostrado a seguir.

$$s_d = \sqrt{\frac{\sum(d_i - \bar{d})^2}{(n-1)}} \quad (4.21)$$

Podemos então calcular o desvio-padrão da diferença média ($s_{\bar{d}}$).

$$s_{\bar{d}} = \frac{s_d}{\sqrt{n}} \quad (4.22)$$

Se as diferenças nos resultados para os dois métodos só ocorrem por causa de variações aleatórias, a diferença de média desses resultados deve ser semelhante em tamanho a $s_{\bar{d}}$. Com base nesse raciocínio, o valor t de Student a ser utilizado nessa comparação é calculado de acordo com a Equação 4.23.

$$t = \frac{|\bar{d}|}{s_{\bar{d}}} \quad (4.23)$$

Assim que tivermos esse valor t, teremos de compará-lo novamente com um valor crítico da Tabela 4.3, conforme dado para nosso nível de confiança desejado e $f = n - 1$ graus de liberdade, onde n representa o número de pares de pontos de dados que está sendo comparado. Se acharmos que $t \leq t_c$, poderemos dizer que os dois métodos produzem valores estatisticamente idênticos ao nível de confiança dado. Embora esse seja um processo um tanto longo, é bastante valioso na comparação de métodos.

EXERCÍCIO 4.10 Uso do teste t de Student pareado

Os corticosteroides podem ser legitimamente usados por atletas para alívio de inflamação e dor, mas a injeção ou inalação desses compostos é permitida somente quando prescritos em decorrência de uma condição médica. Uma nova técnica para a medição de corticosteroides na urina deve ser comparada com outra já existente. Ambas as abordagens têm precisão semelhante e são utilizadas para analisar uma série de amostras idênticas. O novo método dá resultados médios de 2,53, 5,19, 3,60, 6,42 e 7,08 μmol/L para cinco amostras separadas, enquanto o outro método estabelecido dá resultados médios de 2,68, 5,03, 3,79, 6,51 e 7,24 μmol/L para as mesmas amostras. Os resultados desses dois métodos são equivalentes ao nível de confiança de 95 por cento?

SOLUÇÃO

Nesse exemplo, comparamos várias amostras e temos métodos com precisão comparável, por isso podemos usar um teste t de Student pareado. Para isso, os resultados médios obtidos para todas as amostras são primeiramente apresentados lado a lado, como ilustrado na Tabela 4.4. Em seguida, calculamos a diferença entre cada par de resultados, o que dá uma diferença média entre os dois métodos de −0,086 μmol/L. A seguir, usamos as equações 4.21 e 4.22 para determinar s_d e $s_{\bar{d}}$.

$$s_d = \left[\frac{(-0,15-(-0,086))^2 + (0,16-(-0,086))^2 +}{(5-1)}\right.$$
$$\frac{(-0,19-(-0,086))^2 + (-0,19-(-0,086))^2 +}{(5-1)}$$
$$\left.\frac{(-0,16-(-0,086))^2}{(5-1)}\right]^{1/2}$$

$$= \sqrt{\frac{(0,081\ \mu\text{mol/L})^2}{4}} = 0,14\ \mu\text{mol/L}$$

$$s_{\bar{d}} = \frac{0,14\ \mu\text{mol/L}}{\sqrt{5}} = 0,063\ \mu\text{mol/L}$$

Agora estamos prontos para calcular o valor t de Student pela Equação 4.23.

$$t = \frac{|-0,086\ \mu\text{mol/L}|}{0,063\ \mu\text{mol/L}} = \mathbf{1,4}$$

De acordo com a Tabela 4.3, o valor crítico para nosso teste em $f = (n - 1) = 4$ graus de liberdade e no nível de confiança de 95 por cento seria 2,78. Visto que 1,4 (t) $\leq$ 2,78 (t_c), podemos dizer que os resultados de nossos dois métodos são os mesmos no nível de confiança de 95 por cento.

Uma situação ainda mais complexa do que o último exemplo é aquela em que temos de comparar dois resultados médios obtidos por métodos com uma precisão muito diferente. Embora não exista uma abordagem rigorosa estatística disponível para casos assim, há alguns métodos empíricos que podem ser usados.[8,14] Essa tarefa também pode ser executada por meio de um *gráfico de correlação*, que será discutido no Capítulo 5.

4.5.4 Comparação da variação em resultados

Outra situação que você pode encontrar é a necessidade de comparar a precisão de dois resultados ou métodos. Essa comparação é feita pelo **teste F**.[8,14,15] O modelo nesse teste é o método ou o resultado com o menor desvio-padrão (s_1), e a hipótese que estamos testando é a crença de que esse modelo é o mesmo que o desvio-padrão para o outro método ou resultado (s_2). Essa comparação se dá pela análise da razão entre as variâncias desses dois valores, como indicado na Equação 4.24, o que nos dá uma estatística de teste conhecida como *valor F*.

$$F = \frac{(s_2)^2}{(s_1)^2} \quad \text{(onde } s_2 \geq s_1\text{)} \quad (4.24)$$

Visto que selecionamos s_1 para ser o menor dos dois desvios-padrão, o valor que calculamos para F deve ser sempre maior ou igual a 1. O fato de F se tornar maior representa uma probabilidade maior de que s_1 e s_2 representem números diferentes.

Após termos calculado o valor de F para nossos dados, precisamos compará-lo a um valor crítico apropriado (F_c) em nosso nível de confiança e graus de liberdade desejados. Uma lista de tais valores é dada na Tabela 4.5. Os graus de liberdade nessa tabela são encontrados usando-se $f_1 = (n_1 - 1)$ e $f_2 = (n_2 - 1)$, onde n_1 e n_2 representam o número de pontos para os conjuntos de dados um e dois, respectivamente. Se acharmos que $F \leq F_c$, a precisão desses métodos é considerada a mesma no nível de confiança selecionado.

EXERCÍCIO 4.11 Comparação da precisão de dois métodos

Sabe-se que os dois métodos no Exercício 4.10 têm desvios-padrão de 0,09 e 0,16 μmol/L (para $n_1 = n_2 = 5$) em uma concentração de corticosteroides de 5,0 μmol/L. Pode-se dizer que a precisão do segundo método não é significativamente maior do que a do primeiro ao nível de confiança de 95 por cento?

SOLUÇÃO

Ao fazer essa comparação, poderíamos definir s_2 igual a 0,16 e s_1 igual a 0,09, de modo que $s_2 \geq s_1$. Podemos, então, substituir esses números na Equação 4.24 para calcular um valor para F.

$$F = \frac{(0,16\ \mu\text{mol/L})^2}{(0,09\ \mu\text{mol/L})^2} = 3,\underline{2}$$

Ao analisar a Tabela 4.5, vemos que o valor crítico ao nível de confiança de 95 por cento e para nossos graus de liberdade em particular, em que $f_1 = (n_1 - 1) = 4$ e $f_2 = (n_2 - 1) = 4$, é 6,39. Visto que $F \leq F_c$, podemos dizer com confiança de 95 por cento que a precisão do segundo método não é significativamente maior do que a do primeiro método.

4.6 Detecção de valores anômalos

Sempre haverá alguma pequena variação presente durante a execução de medições repetidas em uma amostra. Ocasionalmente, você vai encontrar um ponto de dados bastante diferente de outros que são obtidos sob condições supostamente idênti-

Tabela 4.5

Valores críticos de teste $F(F_c)$ no nível de confiança de 95 por cento.*

Graus de liberdade no numerador (s_2)	Graus de liberdade no denominador (s_1)									
	1	2	3	4	5	6	7	8	9	10
1	161	18,5	10,1	7,71	6,61	5,99	5,59	5,32	5,12	4,96
2	199	19,0	9,55	6,94	5,79	5,14	4,74	4,46	4,26	4,10
3	216	19,2	9,28	6,59	5,41	4,76	4,35	4,07	3,86	3,71
4	225	19,2	9,12	6,39	5,19	4,53	4,12	3,84	3,63	3,48
5	230	19,3	9,01	6,26	5,05	4,39	3,97	3,69	3,48	3,33
6	234	19,3	8,94	6,16	4,95	4,28	3,87	3,58	3,37	3,22
7	237	19,4	8,89	6,09	4,88	4,21	3,79	3,50	3,29	3,14
8	239	19,4	8,84	6,04	4,82	4,15	3,73	3,44	3,23	3,07
9	241	19,4	8,81	6,00	4,77	4,10	3,68	3,39	3,18	3,02
10	242	19,4	8,78	5,96	4,74	4,06	3,64	3,35	3,14	2,98

*Todos os valores mostrados nesta tabela são para um teste F unicaudal, no qual verificamos se s_2 é maior ou igual a s_1 (o modelo). Um teste F de duas caudas seria necessário se uma questão mais geral fosse perguntada quanto a s_1 e s_2 serem valores equivalentes. Uma lista mais completa de valores de teste F pode ser obtida em *Data Analysis in the Chemical Sciences*[13] (VCH, Nova York, 1993) ou fontes relacionadas.

cas. Se isso for decorrente de um problema com o experimento, muitas vezes um químico experiente será capaz de identificar tal situação e separar adequadamente esse ponto de dados do restante dos resultados. No entanto, há ocasiões em que até o melhor profissional de laboratório encontrará um ponto de dados que simplesmente não parece se enquadrar na tendência observada por outros resultados. O termo **valor anômalo** é usado para descrever tais pontos de dados.[8,14]

4.6.1 Estratégia geral de tratamento de valores anômalos

Químicos e outros cientistas devem constantemente atentar para os valores anômalos. Uma razão para isso é que esses valores podem indicar a presença de erros ou mudanças imprevistas durante uma análise. Essa situação pode ocorrer quando você estiver aprendendo a usar uma nova técnica ou realizando pesquisa em uma área que nunca foi totalmente explorada. Como parte desse processo, é útil ter um plano de como lidar com pontos de dados que parecem ser valores anômalos. Uma coisa simples que você pode fazer é revisar seus resultados para se certificar de que todos os dados foram corretamente registrados e que não foram cometidos erros de cálculo ou plotagem dos resultados. Você também deve determinar se houve alguma diferença nas condições experimentais para o valor anômalo em relação aos outros dados. Esse processo será mais fácil se você tiver um caderno de laboratório bem organizado, que contenha todas as observações e condições pertinentes para o experimento. A familiaridade com as técnicas e as amostras usadas também ajuda nesse processo.

Outra informação valiosa que pode ser utilizada na detecção de valores anômalos é a precisão de seu método de análise. Isso será fácil de estabelecer se você tiver um grande número de pontos de dados para uma amostra, porque assim poderá verificar se o ponto em questão tem uma diferença da média maior do que o esperado. Por exemplo, 95 por cento dos resultados em uma distribuição normal devem estar dentro de dois desvios-padrão da média. Esse tipo de comparação é mais difícil de conduzir no caso de pequenos conjuntos de dados, porque nesse caso você tem apenas uma estimativa da precisão dos dados. Isso pode ser superado por meio do uso de um entre dois métodos estatísticos, o *teste Q* e o *teste T_n*. Lembre-se, porém, de que tais testes devem ser usados *somente* para identificar valores anômalos, e *não* como o único meio de justificar sua eliminação. Um conhecimento profundo de seus métodos e condições é sempre a melhor ferramenta quando você está decidindo se um ponto deve ser mantido em um conjunto de dados.

4.6.2 Testes estatísticos para valores anômalos

Teste Q. O primeiro método que examinaremos para testar valores anômalos é o **teste Q** (também conhecido como *teste de Dixon*).[16,17] Esse teste funciona obtendo-se a diferença absoluta entre um valor anômalo suspeito e o valor mais próximo no restante do conjunto de dados, com essa diferença sendo então comparada ao intervalo total de valores no conjunto. Se a diferença entre o ponto suspeito e seu vizinho mais próximo for maior do que uma fração crítica do intervalo total, o valor suspeito pode ser considerado representativo de um valor anômalo real.

Para executar esse teste, você começa por classificar os resultados do conjunto de dados do menor valor para o maior. Para efeito de argumentação, chamaremos nosso valor anômalo suspeito de x_0 e seu vizinho mais próximo de x_n. Precisamos também identificar o maior valor (x_{alto}) e o menor valor (x_{baixo}) no conjunto de dados para produzir o intervalo. Como x_0 está sempre em uma das extremidades desse intervalo, será o mesmo que o valor alto ou o baixo. Em seguida, calculamos a seguinte razão (Q).

$$Q = \frac{|x_0 - x_n|}{x_{alto} - x_{baixo}} \quad (4.25)$$

A seguir, comparamos nosso valor calculado para Q com um valor de teste crítico (Q_c), como consta na Tabela 4.6. Como vimos em outros testes estatísticos, esse valor crítico dependerá do número total de resultados em nosso conjunto de dados e do nível de confiança que pretendemos utilizar para determinar se x_0 é um valor anômalo real. Se constatarmos que $Q > Q_c$, o ponto de dados suspeito poderá ser considerado um valor anômalo e rejeitado.

Tabela 4.6

Valores críticos (Q_c) para o teste Q.*

Número de valores no conjunto de dados	Valores para Q_c em vários níveis de confiança		
	Nível de confiança = 90%	95%	99%
3	0,941	0,970	0,994
4	0,765	0,829	0,926
5	**0,642**	**0,710**	**0,821**
6	0,560	0,625	0,740
7	0,507	0,568	0,680
8	0,468	0,526	0,634
9	0,437	0,493	0,598
10	**0,412**	**0,466**	**0,568**
11	0,392	0,444	0,542
12	0,376	0,426	0,522
13	0,361	0,410	0,503
14	0,349	0,396	0,488
15	**0,338**	**0,384**	**0,475**
16	0,329	0,374	0,463
17	0,320	0,365	0,452
18	0,313	0,356	0,442
19	0,306	0,349	0,433
20	**0,300**	**0,342**	**0,425**

*Estes valores referem-se a um teste Q de duas caudas e são recomendados em caso de testes gerais de valores anômalos, em que estes podem ser um valor alto ou baixo em um conjunto de dados. Uma lista mais completa dos valores Q_c, incluindo os de teste Q unicaudal, pode ser encontrada em D. B. Rorabacher, "Statistical Treatment for Rejection of Deviant Values: Critical Values of Dixon's 'Q' Parameter and Related Subrange Ratios at the 95% Confidence Level," *Analytical Chemistry*, 63 (1991), p.139-146.

EXERCÍCIO 4.12 — Detecção de valores anômalos usando o teste Q

Uma amostra de urina que contém uma quantidade conhecida de marcadores para a maconha é enviada para vários laboratórios de teste de drogas para avaliar sua capacidade de monitorar esse analito. Esses laboratórios relatam as seguintes concentrações: Lab 1–55,3 µg/L, Lab 2–57,8 µg/L, Lab 3–54,0 µg/L, Lab 4–68,1 µg/L e Lab 5–58,7 µg/L. Use o **teste Q** para determinar se algum desses resultados pode ser considerado um valor anômalo no nível de confiança de 95 por cento.

SOLUÇÃO

Os valores baixo e alto nesse grupo são 54,0 e 68,1 µg/L. O resultado de 68,1 µg/L também é o valor anômalo mais provável, porque está mais longe de seu ponto de dado mais próximo (58,7 µg/L). Quando colocamos esses números na Equação 4.25, obtemos o seguinte valor Q.

$$Q = \frac{|68,1\,\mu g/L - 58,7\,\mu g/L|}{68,1\,\mu g/L - 54,0\,\mu g/L}$$

$$= \frac{|9,4\,\mu g/L|}{14,1\,\mu g/L} = 0,67$$

De acordo com a Tabela 4.6, o valor crítico para essa situação é 0,710, conforme listado para $n = 5$ no nível de confiança de 95 por cento. Nosso valor Q calculado é inferior a 0,710, portanto o ponto em 68,1 µg/L não pode ser considerado um valor anômalo no nível de confiança dado.

O teste Q tem a característica interessante de envolver apenas cálculos simples, mas também apresenta várias desvantagens.[8,18] Em primeiro lugar, não faz uso de todas as informações disponíveis, uma vez que emprega apenas três valores (x_n, x_{alto} e x_{baixo}) do conjunto de dados. O segundo problema é que esse teste é frequentemente mal utilizado. Isso ocorre geralmente porque os valores críticos na Tabela 4.6 admitem a presença de um *único* valor anômalo possível no conjunto de dados. Assim, não é correto usar os valores nessa tabela para eliminar mais de um ponto do mesmo grupo de resultados.

Teste T_n. Um segundo método de detecção de valores anômalos é o **Teste T_n**.[19] Com ele, calculamos a diferença entre a média geral de nosso conjunto de dados ($\bar{x}$) e o valor anômalo suspeito (x_0). Em seguida, dividimos o valor absoluto dessa diferença pelo desvio-padrão dos dados de todo o conjunto (s), o que dá uma razão chamada T_n.

$$T_n = \frac{|x_0 - \bar{x}|}{s} \tag{4.26}$$

Na preparação desse teste, você deve incluir x_0 como parte do conjunto de dados ao calcular $\bar{x}$ e s. Como resultado, esse ponto só pode ser considerado um valor anômalo depois da realização do teste.[19]

A Equação 4.26 indica que T_n é igual ao número de desvios-padrão que separam x_0 e $\bar{x}$. Um grande valor para T_n representará uma grande diferença entre x_0 e $\bar{x}$, como esperado se x_0 for um valor anômalo, enquanto um pequeno valor de T_n representará apenas variações normais devido a erros aleatórios dentro do conjunto de dados. O ponto de corte em que x_0 pode ser considerado um valor anômalo é dado por um valor crítico T_n^* obtido pela Tabela 4.7. A aplicação desse teste é ilustrada no exercício seguinte.

EXERCÍCIO 4.13 — Detecção de valores anômalos usando o Teste T_n

No Exercício 4.12, poderíamos considerar qualquer um dos referidos resultados como um valor anômalo, ao utilizarmos o teste T_n no nível de confiança de 95 por cento?

SOLUÇÃO

A média e o desvio-padrão para esse grupo de números são 58,8 e 5,5 µg/L. Também vimos no último exercício que o valor anômalo mais provável é o de 68,1 µg/L. Quando colocamos esses valores na Equação 4.26, obtemos o seguinte resultado para T_n.

$$T_n = \frac{|68,1\,\mu g/L - 58,8\,\mu g/L|}{5,5\,\mu g/L} = 1,7$$

De acordo com a Tabela 4.7, o valor crítico para cinco pontos de dados no nível de confiança de 95 por cento é 1,715. Quando comparamos isso a T_n, constatamos que $T_n \leq T_n^*$. Portanto, mais uma vez, o valor suspeito não pode ser considerado anômalo no nível de confiança de 95 por cento.

Tabela 4.7

Valores críticos (T_n^*) para o Teste T_n.

Número de valores no conjunto de dados	Valores para T_n^* em vários níveis de confiança		
	Nível de confiança = 90%	95%	99%
3	1,153	1,155	1,155
4	1,463	1,481	1,496
5	**1,672**	**1,715**	**1,764**
6	1,822	1,887	1,973
7	1,938	2,020	2,139
8	2,032	2,126	2,274
9	2,110	2,215	2,387
10	**2,176**	**2,290**	**2,482**
11	2,234	2,355	2,564
12	2,285	2,412	2,636
13	2,331	2,462	2,699
14	2,371	2,507	2,755
15	**2,409**	**2,549**	**2,806**
16	2,443	2,585	2,852
17	2,475	2,620	2,894
18	2,504	2,651	2,932
19	2,532	2,681	2,968
20	**2,557**	**2,709**	**3,001**

*Estes valores estão baseados em dados fornecidos pelo "Standard Practice for Dealing with Outlying Observations" da American Society for Testing and Materials[19] e são apropriados para um teste T_n de duas caudas em que um valor anômalo pode ser um valor alto ou baixo em um conjunto de dados.

Nos últimos dois exercícios, o teste Q e o teste T_n ofereceram, ambos, a mesma conclusão para nossos conjuntos de dados, mas essas abordagens podem fornecer resultados diferentes em outros casos. Essa situação pode ocorrer quando você estiver analisando valores anômalos que estejam próximos dos valores críticos para esses métodos. Por essa razão, você deve escolher o método do qual se valerá para a detecção de valores anômalos *antes* de realizar o teste. A principal vantagem do teste T_n é que ele envolve todos os valores em um conjunto de dados por meio da utilização de $\bar{x}$ e s. Essa característica torna o teste T_n mais robusto do que o teste Q na detecção de valores anômalos. No entanto, o teste T_n ainda parte do pressuposto de que há no máximo um valor anômalo presente, tornando inválido o uso desse método na rejeição de mais de um ponto de cada vez de um conjunto de dados (veja as referências 16 a 18 para abordagens alternativas que podem ser usadas em tal situação).

4.7 Ajuste de resultados experimentais

Nossa investigação final neste capítulo consiste em verificar como podemos ajustar uma equação ou uma linha a um conjunto de resultados. Esse procedimento é muitas vezes necessário ao prepararmos uma curva de calibração ou compararmos resultados experimentais a uma resposta previsível. Existem muitos tipos de equação utilizados em análise química, mas o mais comum é o de uma linha reta. Vamos saber agora como podemos determinar a correlação linear para um conjunto de dados usando um processo conhecido como **regressão linear**.

4.7.1 Regressão linear

A regressão linear envolve tomar um conjunto de valores (x, y) — onde y é a 'variável dependente' e x a 'variável independente' — e ajustá-los a uma equação com a seguinte forma,

$$y_{i,calc} = m\, x_i + b \qquad (4.27)$$

em que m é a **inclinação** (representando a mudança em y versus x), b é o **intercepto** da linha no eixo y, x_i é um valor dado de x no conjunto de dados e $y_{i,calc}$ é a resposta prevista em x_i pela regressão linear. O resultado é uma relação como a mostrada na Figura 4.11.

É possível obter as melhores estimativas para m e b usando-se o método de *análise de mínimos quadrados*, conforme descrito no Apêndice A. Esse método fornece uma série de equações (resumidas na Tabela 4.8) que permitem a inclinação e o intercepto na regressão linear a ser calculada para um determinado conjunto de dados com base no número de pontos do conjunto de dados (n) e nos valores para cada par (x, y).[6,8,14] Embora essas relações possam ser usadas em cálculos manuais (como mostraremos no próximo exercício), elas são também a abordagem utilizada por calculadoras e computadores para obter regressões lineares. Mais informações sobre como criar uma planilha eletrônica para realizar tais cálculos são fornecidas ao final deste capítulo.

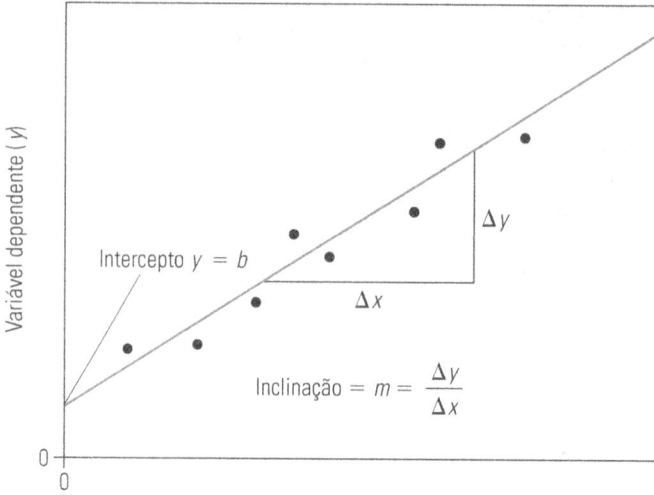

Figura 4.11

Parâmetros usados na descrição de uma regressão linear e um gráfico linear.

EXERCÍCIO 4.14 Determinação de correlação entre parâmetros em uma regressão linear

Padrões que contêm a droga oximorfona são analisados e produzem uma curva de calibração que parece seguir uma linha reta. As alturas de pico medidas por cromatografia líquida para padrões com concentrações de oximorfona de 100, 200, 300, 400 e 500 ng/mL têm valores relativos de 161, 342, 543, 765 e 899, respectivamente. Determine a inclinação e o intercepto que melhor se correlacionam a essa regressão linear.

SOLUÇÃO

A maneira mais fácil de abordar esse problema é preparar uma tabela (como a mostrada aqui) que tenha colunas separadas para cada par x e y, bem como para os valores calculados de x_i^2 e $x_i\, y_i$. Depois, adicionamos os números em cada coluna da tabela para obter Σx_i, Σy_i, $\Sigma x_i y_i$ e Σx_i^2.

x = concentração da droga	y = altura do pico	$x_i\, y_i$	x_i^2
100	161	16.100	10.000
200	342	68.400	40.000
300	543	162.900	90.000
400	765	306.000	160.000
500	899	449.500	250.000
$\Sigma x_i = 1.500$	$\Sigma y_i = 2.710$	$\Sigma x_i y_i = 1.002.900$	$\Sigma x_i^2 = 550.000$

Após obtermos essas somas, podemos substituí-las na Equação 4.28 para determinar a inclinação (m) da regressão linear.

$$m = \frac{\left[n\left(\sum x_i y_i\right) - \left(\sum x_i\right)\left(\sum y_i\right)\right]}{\left[n\left(\sum x_i^2\right) - \left(\sum x_i\right)^2\right]}$$

$$= \frac{[5(1.002.900) - (1.500)(2.710)]}{[5(550.000) - (1.500)^2]}$$

$\therefore m = 1,90$ (*Nota*: essas unidades seriam em mL/ng.)

Da mesma forma, podemos usar essas somas juntamente com a Equação 4.29 para obter o intercepto (b) da regressão linear.

$$b = \frac{\left[\left(\sum y_i\right)\left(\sum x_i^2\right) - \left(\sum x_i y_i\right)\left(\sum x_i\right)\right]}{\left[n\left(\sum x_i^2\right) - \left(\sum x_i\right)^2\right]}$$

$$= \frac{[(2.710)(550.000) - (1.002.900)(1.500)]}{[5(550.000) - (1.500)^2]}$$

$\therefore b = -28$ (*Nota*: esse valor teria unidades de altura de pico relativas.)

Logo, a regressão linear para o nosso conjunto de dados é $y = 1,90 \cdot x + (-28)$. Cálculos semelhantes baseados nas equações 4.31 e 4.32 fornecem desvios-padrão para essa inclinação e intercepto de $\pm 0,08$ mL/ng e ± 27.

Tabela 4.8

Fórmulas para determinar a correlação entre parâmetros em uma regressão linear direta ($y_{i,calc} = m x_i + b$).

Inclinação (m)	$m = \dfrac{\left[n\left(\sum x_i y_i\right) - \left(\sum x_i\right)\left(\sum y_i\right)\right]}{\left[n\left(\sum x_i^2\right) - \left(\sum x_i\right)^2\right]}$	(4.28)
Intercepto (b)	$b = \dfrac{\left[\left(\sum y_i\right)\left(\sum x_i^2\right) - \left(\sum x_i y_i\right)\left(\sum x_i\right)\right]}{\left[n\left(\sum x_i^2\right) - \left(\sum x_i\right)^2\right]}$	(4.29)
Desvio-padrão de todos os valores y (s_y)	$s_y = [\sum (y_i - m x_i - b)^2 / (n - 2)]^{1/2}$	(4.30)
Desvio-padrão da inclinação (s_m)	$s_m = \{n/[n(\sum x_i^2) - (\sum x_i)^2]\}^{1/2} (s_y)$	(4.31)
Desvio-padrão do intercepto (s_b)	$s_b = \{(\sum x_i^2)/[n(\sum x_i^2) - (\sum x_i)^2]\}^{1/2} (s_y)$	(4.32)
Coeficiente de correlação (r)	$r = s_{xy} / \sqrt{s_{xx} s_{yy}}$ onde:	(4.33)
	$s_{xx} = (\sum x_i^2) - [(\sum x_i)^2 / n]$	(4.34)
	$s_{yy} = (\sum y_i^2) - [(\sum y_i)^2 / n]$	(4.35)
	$s_{xy} = (\sum x_i y_i) - [(\sum x_i)(\sum y_i) / n]$	(4.36)

Sempre que usar as equações da Tabela 4.8, você deve estar ciente de que essas equações só fornecerão resultados válidos se seu conjunto de dados atender a três requisitos básicos. Primeiro, supõe-se que a variável independente (x) seja conhecida e que somente a variável dependente (y) contenha erros aleatórios significativos. Em segundo lugar, supõe-se que a variação entre os valores y seja realmente aleatória e tenha um tipo consistente de distribuição. E, terceiro, supõe-se que a variabilidade (ou desvio-padrão) para y seja a mesma em toda a faixa de valores de x sendo correlacionados com a linha. Embora essas hipóteses sejam frequentemente verdadeiras, há muitos casos em que isso não ocorre. Um exemplo é quando você plota os resultados experimentais de um método em relação a outro, onde tanto x quanto y contêm erros aleatórios. Mais informações sobre como lidar com tais situações podem ser encontradas nas referências 8 e 14.

4.7.2 Teste do grau de adequação

Após obter uma regressão linear, é essencial verificar esse ajuste para se certificar de que a linha realmente fornece uma boa descrição dos dados. Esse processo é conhecido como determinação do 'grau de adequação' da linha. Duas ferramentas que auxiliam nesse processo são o *coeficiente de correlação* e o *gráfico residual*.

Coeficientes de correlação. O **coeficiente de correlação (r)** é um número que se pode calcular para uma regressão linear de modo a indicar como ele descreve seus dados. O coeficiente de correlação é encontrado por meio das equações 4.33 a 4.36 na Tabela 4.8 e produzirá um valor entre -1 e 1. Um termo estreitamente relacionado é o *coeficiente de determinação (r^2)*, que é igual ao quadrado do coeficiente de correlação e tem valor entre 0 e 1.[8,14] A Figura 4.12 mostra como o coeficiente de correlação muda conforme o tamanho de um conjunto de dados e a concordância desse conjunto com uma regressão linear. Em tais gráficos, um valor de r igual a 1 ou -1 (ou $|r| = 1$) representa a concordância perfeita entre os pontos de dados e a regressão linear, enquanto um coeficiente de correlação igual a zero representa uma relação aleatória entre a linha e os dados. Um valor positivo para r significa que y e x estão mudando para a mesma direção (por exemplo, o valor de y aumenta à medida que x aumenta), enquanto um valor negativo para r indica que y e x estão mudando para direções opostas.

Devido à presença de erros aleatórios, quase nunca se obtém um coeficiente de correlação que seja exatamente igual a 0, -1 ou 1. Em vez disso, é comum se obter algum valor situado entre esses extremos. Isso significa que você deve examinar o valor de r e determinar se ele representa um ajuste real entre x e y. Como se pode imaginar, testes estatísticos podem nos ajudar a tomar essa decisão, como mostram os valores críticos na Tabela 4.9. Para ilustrar como você poderia usar essa tabela, vamos supor que temos um conjunto de seis pontos (x, y) com um coeficiente de correlação de 0,965 quando comparado a uma regressão linear. A Tabela 4.9 mostra, no nível de confiança de 99 por cento, que um coeficiente de correlação mínimo de

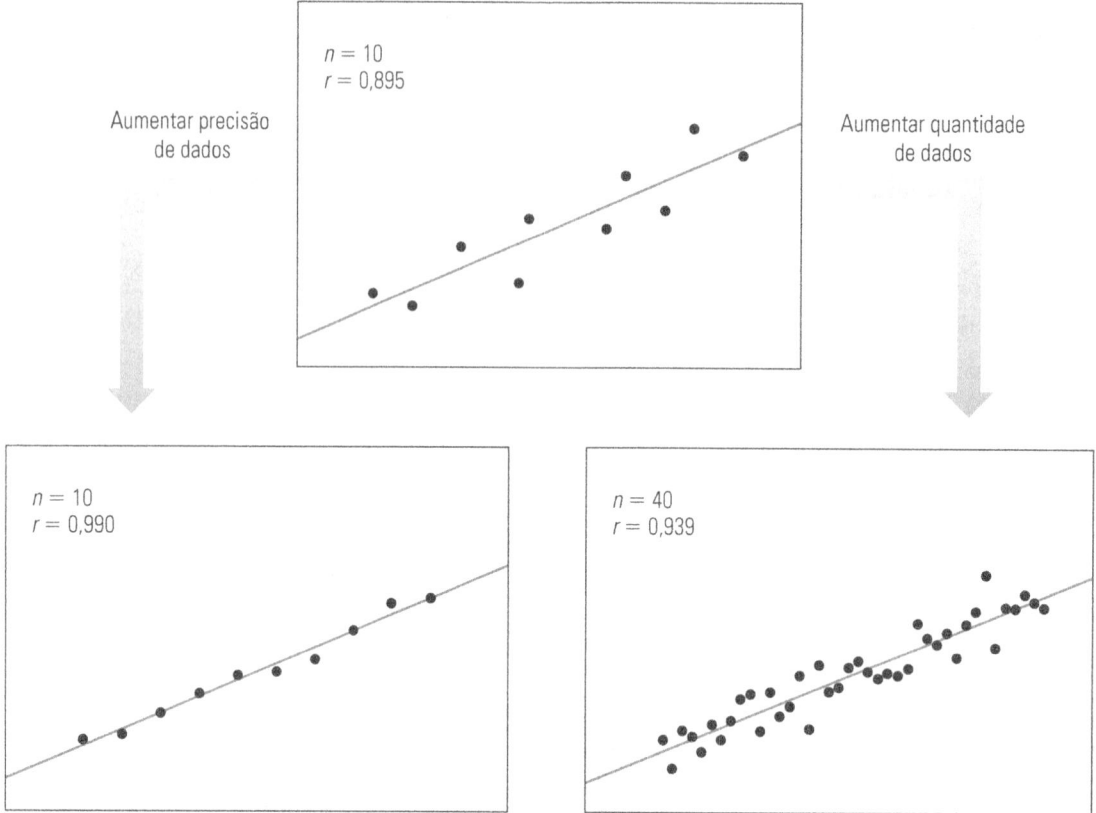

Figura 4.12

Variação no coeficiente de correlação (r) quando o número de valores de um conjunto de dados é aumentado, ou quando a variabilidade no conjunto de dados é aumentada.

0,917 seria esperado em uma relação linear real com seis pontos de dados. Nosso coeficiente de correlação de 0,965 é maior do que esse valor, portanto podemos dizer que há uma chance maior do que 99 por cento de que a regressão linear represente um ajuste real a nossos dados.

EXERCÍCIO 4.15 — Determinação do coeficiente de correlação de uma regressão linear

Qual é o coeficiente de correlação para a regressão linear no Exercício 4.14? Qual é a probabilidade de que essa linha represente uma tendência real entre os valores x e y no conjunto de dados?

SOLUÇÃO

O coeficiente de correlação para esses dados pode ser calculado usando-se a Equação 4.33. Isso, por sua vez, exige que primeiramente usemos as equações 4.34 a 4.36 para encontrar s_{xy}, s_{xx} e s_{yy}. Os valores de $\sum x_i^2$, $\sum x_i$, $\sum x_i y_i$ e $\sum y_i$ nessas equações podem ser obtidos pela tabela que preparamos anteriormente no Exercício 4.14. O valor de $\sum y_i^2$ também pode ser determinado por essa tabela, fornecendo $\sum y_i^2 = 1.831.160$. Quando colocamos esses números nas equações 4.33 a 4.35, obtemos os seguintes resultados:

$$s_{xx} = \left(\sum x_i^2\right) - \left[\left(\sum x_i\right)^2 / n\right]$$
$$= (550.000) - [(1.500)^2 / 5] = 100.\underline{000}$$
$$s_{yy} = \left(\sum y_i^2\right) - \left[\left(\sum y_i\right)^2 / n\right]$$
$$= (1.831.160) - [(2.710)^2 / 5] = 362.\underline{340}$$
$$s_{xy} = \left(\sum x_i y_i\right) - \left[\left(\sum x_i\right)\left(\sum y_i\right) / n\right]$$
$$= (1.002.900) - [(1.500)(2.710)/5] = 189.\underline{900}$$

Em seguida, obtemos o coeficiente de correlação substituindo esses números na Equação 4.33.

$$r = s_{xy} / \sqrt{s_{xx} \, s_{yy}}$$
$$= (189.\underline{900}) / \sqrt{(100.\underline{000}) \cdot (362.\underline{340})}$$
$$\therefore r = \mathbf{0{,}998} \ (\textit{Observação}: \text{este é um número sem unidade})$$

Quando comparamos esse resultado com os valores da Tabela 4.9, verificamos que há uma chance maior do que 99 por cento de que um coeficiente de correlação de 0,998 para cinco pontos de dados represente uma tendência real para essa regressão linear.

Tabela 4.9
Valores críticos para o coeficiente de correlação (r).*

Número de valores no conjunto de dados	Valores para r em vários níveis de confiança		
	Nível de confiança = 90%	95%	99%
3	0,988	0,997	1,000
4	0,900	0,950	0,990
5	**0,805**	**0,878**	**0,959**
6	0,729	0,811	0,917
7	0,669	0,754	0,874
8	0,622	0,707	0,834
9	0,582	0,666	0,798
10	**0,549**	**0,632**	**0,765**
11	0,521	0,602	0,735
12	0,497	0,576	0,708
13	0,476	0,553	0,684
14	0,458	0,532	0,661
15	**0,441**	**0,514**	**0,641**
16	0,426	0,497	0,623
17	0,412	0,482	0,606
18	0,400	0,468	0,590
19	0,389	0,456	0,575
20	**0,378**	**0,444**	**0,561**

*Estes valores referem-se a uma comparação de *duas caudas* e foram obtidos de R. L. Anderson, *Practical Statistics for Analytical Chemists*, Van Nostrand Reinhold, Nova York, NY, 1987. Os valores críticos mostrados aqui para n pontos em uma relação linear são para ($n - 2$) graus de liberdade.

Gráficos residuais. Embora o coeficiente de correlação forneça algumas indicações sobre a forma como uma linha atende a um conjunto de dados, esse valor não deve ser utilizado isoladamente para determinar o grau de adequação. Há muitos casos em que você pode obter um bom coeficiente de correlação mesmo que o conjunto de dados não se ajuste a sua linha. Um exemplo disso é dado na Figura 4.13. No entanto, existe uma maneira de detectar e evitar esse problema usando uma ferramenta conhecida como **gráfico residual**.[8,14]

Um gráfico residual é preparado traçando-se a diferença, ou *residual*, entre cada valor experimental para a variável dependente (y_i) e o valor previsto pela regressão linear ($y_{i,calc}$). Com frequência, esse gráfico inclui uma linha de referência que mostra onde ($y_i - y_{i,calc}$) = 0, resultado que você obteria se houvesse uma concordância perfeita entre os dados e a regressão linear. Se a regressão linear descrever bem os seus dados, o gráfico residual deverá ter somente uma distribuição aleatória de pontos acima e abaixo da linha em ($y_i - y_{i,calc}$) = 0. Se a regressão linear não descrever os dados, uma tendência nos pontos residuais deverá aparecer em vez disso, sinalizando que um ajuste alternativo é necessário. Essa abordagem não só pode testar a correlação direta na regressão linear dos dados, mas também pode ser usada em qualquer outro tipo de linha a qual você desejar comparar com seus resultados.

Palavras-chave

Coeficiente de correlação 85
Desvio-padrão 67
Desvio-padrão da média 73
Distribuição normal 72
Erro absoluto 65
Erro aleatório 65
Erro relativo 66
Erro sistemático 67
Gráfico residual 88

Inclinação 84
Intercepto 84
Intervalo 66
Intervalo de confiança 74
Média (mediana) 66
Nível de confiança 74
Precisão 65
Propagação de erros 68
Regressão linear 84

Teste F 81
Teste Q 82
Teste t de Student 76
Teste t de Student pareado 79
Teste T_n 83
Valor anômalo 82
Valor t de Student 74

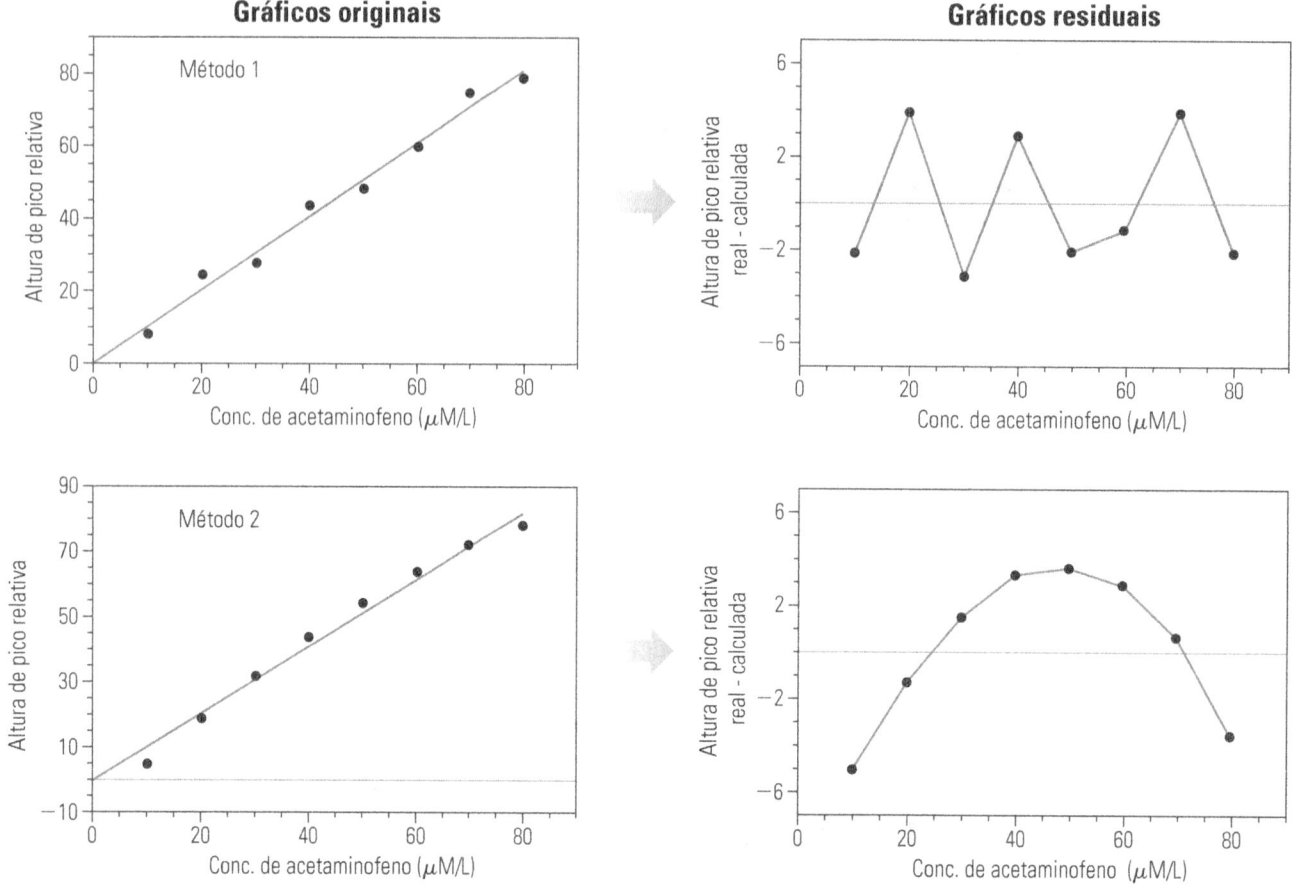

Figura 4.13

Exemplos de gráficos residuais para curvas de calibração lineares e não lineares, quando ambas são comparadas com regressões lineares diretas. As curvas originais apresentadas nos métodos 1 e 2 têm os mesmos coeficientes de correlação e número de pontos de dados, mas os gráficos residuais indicam que somente o método 1 tem um ajuste real a uma relação linear. O padrão não aleatório observado no gráfico residual para o método 2 indica que algum outro tipo de equação deve ser usado para descrever a resposta dessa técnica.

Outros termos

Análise de mínimos quadrados 84
Coeficiente de determinação 85
Coeficiente de variação 67
Desvio-padrão relativo 67
Erro tipo 1 78
Erro tipo 2 78

Estátistica de teste 76
Graus de liberdade 68
Hipótese 76
Hipótese alternativa 76
Hipótese nula 76
Limite de confiança 73

Modelo 76
Número de observações 66
Valor crítico 76
Variância 67

Questões

Tipos de erro de laboratório

1. O que se entende por 'erro sistemático' e por 'erro aleatório'? Por que esses tipos de erro devem ser considerados ao se fazer uma medição?

2. Indique se cada um dos seguintes problemas representa um erro sistemático ou um erro aleatório.

   (a) Uma balança eletrônica que é colocada sobre um balcão próximo a uma área com circulação de ar e vibrações constantes, como em uma área de intensa passagem no laboratório.

   (b) O uso de uma pipeta volumétrica de 10,00 mL com um fragmento de poeira alojado em seu interior.

   (c) A utilização de uma densidade de peso de referência de 8,0 g/cm³ para fazer uma correção de força normal quando uma balança foi, na verdade, calibrada com um peso de referência que tem uma densidade de 7,8 g/cm³.

3. Explique por que erros sistemáticos podem ser eliminados com o uso de boas práticas de laboratório. Discuta por que boas práticas de laboratório podem ser usadas apenas para minimizar, mas não eliminar totalmente, os erros aleatórios.

Exatidão e precisão

4. Qual o significado de 'exatidão' em uma medição científica? Qual o significado de 'precisão'? Como cada um deles é afetado por erros sistemáticos e erros aleatórios?

5. Defina os termos 'erro absoluto', 'erro relativo' e 'erro percentual relativo'. Como cada um deles é empregado em química analítica?

6. Sabe-se que o teor de ATP (adenosina trifosfato) em uma amostra de tecido é de 122 μmol/mL. Um novo ensaio para o ATP fornece os seguintes valores para análises separadas desse tecido: 117, 119, 111, 115 e 120 μmol/mL. Calcule o erro absoluto e o erro relativo para cada um desses resultados.

7. Um instrutor pede a um aluno que dispense três amostras de água de uma pipeta volumétrica Classe A de 25 mL. Por meio de medições de massa, constata-se que a água dispensada por esse aluno tem volumes de 25,12, 25,15 e 25,13 mL. Se essa pipeta tem um volume calibrado de 25,02 mL, determine o erro absoluto e o erro relativo para cada um desses resultados.

8. Um segundo aluno é solicitado pelo mesmo instrutor da Questão 7 a dispensar água usando uma pipeta volumétrica calibrada com volume de 24,99 mL. Medições de massa das amostras de água dispensadas por essa pipeta indicam que esse aluno forneceu um volume de 24,96 mL, 25,01 mL e 25,04 mL.
   (a) Calcule o erro absoluto e o erro relativo para cada um desses resultados.
   (b) Compare esses resultados com os do primeiro aluno da Questão 7. Qual aluno obteve os resultados mais exatos? Qual aluno obteve os resultados mais precisos?

Determinação do valor mais representativo

9. Descreva o que se entende pela expressão 'média aritmética' ao se relatar o resultado de uma experiência. Como a média é calculada para um grupo de resultados experimentais?

10. Calcule a média para cada um dos seguintes conjuntos de dados.
    (a) O valor medido de sódio em um biscoito integral: 87, 89, 90 e 91 mg.
    (b) O comprimento de onda detectado da absorção máxima de luz em um espectro: 278,8, 279,0 e 279,1 nm.
    (c) O tempo de retenção medido para eluição de um pico em uma coluna cromatográfica: 135,2, 134,8, 135,4, 134,2 e 135,0 s.

11. Um químico obtém os seguintes resultados para a massa molar média de uma amostra de polímero: $2,32 \times 10^5$, $2,19 \times 10^5$, $2,15 \times 10^5$, $2,11 \times 10^5$ e $2,27 \times 10^5$ g/mol.
    (a) Qual é o resultado da média de todo esse conjunto de medidas?
    (b) Se a amostra de referência tem uma massa molar média conhecida de $2,21 \times 10^5$ g/mol, qual é o erro absoluto do resultado da média no item (a)? Como esse erro absoluto se compara com o erro absoluto obtido para os valores individuais nesse conjunto de dados?
    (c) Calcule a média e o erro absoluto que seriam obtidos utilizando-se apenas as primeiras duas, três ou quatro medições nesse conjunto de dados. Como esses resultados se comparam com os obtidos quando são usados todos os valores no conjunto de dados?

12. Qual é a diferença entre a 'média experimental' e a 'média real' para um conjunto de dados? Como o número de pontos de dados em um conjunto afeta cada um desses dois valores?

Relatório de variações em um conjunto de resultados

13. Defina cada um dos seguintes termos e explique como eles são calculados ou determinados em um conjunto de resultados experimentais.
    (a) Intervalo.
    (b) Desvio-padrão.
    (c) Desvio-padrão relativo.
    (d) Variância.

14. Como o intervalo e o desvio-padrão são afetados pelo número de pontos em um conjunto de dados? Quais são as vantagens e as desvantagens de se usar o intervalo ou o desvio-padrão para descrever conjuntos de dados?

15. Determine o intervalo e o desvio-padrão de cada um dos seguintes grupos de números. Compare os intervalos e os desvios-padrão que você obtiver para cada grupo.
    (a) A medida do tempo de meia-vida de uma reação química: 32,8, 34,1, 33,7, 32,9 e 33,5 min.
    (b) A quantidade de estanho encontrada em uma amostra de metal: 0,21, 0,24, 0,19 e 0,23% (m/m).
    (c) A concentração medida de uma solução de HCl: 0,01005, 0,01018 e 0,00998 M.

16. Calcule o desvio-padrão relativo e a variância de cada um dos conjuntos de dados da Questão 15. Compare seus resultados com os intervalos e os desvios-padrão que foram encontrados anteriormente nesses mesmos conjuntos de dados. Discuta como cada um desses valores reflete a precisão dos resultados.

17. Os dados mostrados na tabela a seguir foram obtidos para medições replicadas de uma amostra de controle para que fossem utilizados no acompanhamento do desempenho de longo prazo de um instrumento clínico para teste de glicemia. Determine a média, o intervalo, o desvio-padrão e o desvio-padrão relativo desses dados.

Número de série	[Glicose] (mg/dL)
1	98
2	100
3	103
4	94
5	105
6	88
7	105
8	99
9	112
10	95
11	100
12	93
13	109
14	105
15	99
16	97
17	96
18	97
19	99
20	102

18. Uma análise para determinar o peso percentual de cobre em uma amostra de minério fornece os seguintes resultados: 16,54%, 16,30%, 16,64%, 16,67%, 16,70% e 16,49% (m/m).

(a) Quais são a média, o intervalo, o desvio-padrão e o desvio-padrão relativo desse conjunto de dados?

(b) Calcule o intervalo e o desvio-padrão desse conjunto de dados usando apenas os primeiros dois, três, quatro ou cinco dos valores listados. Como esses resultados se comparam com o intervalo e o desvio-padrão que você obtém quando se utilizam todos os números do conjunto de dados?

(c) Como o intervalo e o desvio-padrão no item (b) mudam à medida que mais pontos de dados são utilizados para determinar esses valores? Explique as tendências que você observa.

19. Por que é necessário distinguir entre o desvio-padrão experimental e o desvio-padrão real de um conjunto de dados? Como o número de pontos de dados em um conjunto afeta cada um desses dois valores?

20. O que se entende por 'graus de liberdade' ao se calcular um valor a partir de dados experimentais? Quais são os graus de liberdade quando você está determinando a média ou o desvio-padrão de um conjunto de números?

Propagação de erros

21. O que é a 'propagação de erros'? Por que ela deve ser considerada em análise química?

22. Descreva as equações e as abordagens gerais usadas para conduzir a propagação de erros em cada uma das seguintes operações matemáticas.

(a) Adição.
(b) Subtração.
(c) Multiplicação.
(d) Divisão.

23. Determine o resultado e a precisão do resultado para cada um dos seguintes cálculos usando a propagação de erros. Cada número entre parênteses representa ± 1 desvio-padrão do valor anterior. Relate todas as respostas finais utilizando o número apropriado de algarismos significativos.

(a) $0{,}121 \ (\pm 0{,}009) + 2{,}93 \ (\pm 0{,}04)$
(b) $9{,}23 \ (\pm 0{,}03) + 4{,}21 \ (\pm 0{,}02) - 3{,}26 \ (\pm 0{,}06)$
(c) $91{,}3 \ (\pm 1{,}0) \cdot 40{,}3 \ (\pm 0{,}2) \cdot 21{,}1 \ (\pm 0{,}2)$
(d) $185 \ (\pm 1) \cdot 3{,}2 \ (\pm 0{,}3)/9{,}1 \ (\pm 0{,}1)$
(e) $1 + 6{,}4 \ (\pm 0{,}2) + 36{,}2 \ (\pm 0{,}3)$
(f) $7{,}53 \ (\pm 0{,}1) \times 10^5 \cdot 2{,}9 \ (\pm 0{,}1) \cdot \pi$

24. Descreva as equações e as abordagens gerais usadas para conduzir a propagação de erros em cada uma das seguintes operações matemáticas.

(a) Logaritmos.
(b) Antilogaritmos.
(c) Expoentes.

25. Encontre o resultado e a precisão para cada uma das seguintes operações usando a propagação de erros. Cada número entre parênteses representa ± 1 desvio-padrão do valor anterior. Relate todas as respostas finais utilizando o número apropriado de algarismos significativos.

(a) $\log [2{,}0164 \ (\pm 0{,}0008)]$
(b) $\text{antilog} [-3{,}22 \ (\pm 0{,}02)]$
(c) $10^{2{,}384 \ (\pm 0{,}011)}$
(d) $2 \cdot \log [7{,}05 \ (\pm 0{,}02)]$
(e) $e^{-1{,}68 \ (\pm 0{,}02)}$
(f) $\ln [12{,}6 \ (\pm 0{,}2)]$

26. Qual seria a precisão estimada de cada um dos cálculos realizados nas questões 23 e 25, se você tivesse usado apenas o número de algarismos significativos como um guia para relatar os valores finais, com base nas regras apresentadas no Apêndice A? Como esses resultados se comparam com aqueles obtidos por meio da propagação de erros? Explique as semelhanças e diferenças que você observa nesses resultados.

27. Descreva como a propagação de erros pode ser realizada em cálculos que envolvem mais de uma operação matemática.

28. Encontre o resultado e a precisão de cada uma das seguintes operações utilizando a propagação de erros. Cada número entre parênteses representa ± 1 desvio-padrão do valor anterior. Relate todas as respostas finais utilizando o número apropriado de algarismos significativos.

(a) $[4{,}97 \ (\pm 0{,}05) - 1{,}86 \ (\pm 0{,}01)]/21{,}1 \ (\pm 0{,}2)$
(b) $[1{,}89 \ (\pm 0{,}03) \times 10^3 + 2{,}30 \ (\pm 0{,}06) \times 10^3 - 9{,}8 \ (\pm 0{,}2) \times 10^2] \cdot 5{,}80 \ (\pm 0{,}06) \times 10^{-2}$
(c) $6 \cdot 1{,}00794 \ (\pm 0{,}00007) + 2 \cdot 12{,}0107 \ (\pm 0{,}0008)$
(d) $10^{[7{,}40 \ (\pm 0{,}02) - 3{,}12 \ (\pm 0{,}01)]}$
(e) $2 \cdot \log [0{,}107 \ (\pm 0{,}002)/0{,}158 \ (\pm 0{,}003)]$
(f) $(3/2) \cdot e^{-[2{,}85 \ (\pm 0{,}03)/0{,}103 \ (\pm 0{,}002)]}$

29. Avalie a precisão das respostas para os cálculos na Questão 28 utilizando apenas o número de algarismos significativos como guia para relatar os valores finais, com base nas regras apresentadas no Apêndice A. Como esses resultados podem ser comparados àqueles obtidos ao se utilizar a propagação de erros? Discuta semelhanças e diferenças que você observa nesses resultados.

30. A concentração de hidróxido de sódio em uma solução aquosa deve ser determinada por meio de uma titulação ácido-base em que uma solução contendo uma concentração conhecida de ácido clorídrico é utilizada como titulante. A concentração analítica do hidróxido de sódio (C_{NaOH}) na amostra original pode ser encontrada como segue:

$$C_{NaOH} = (C_{HCl} \cdot V_{HCl}) / V_{NaOH}$$

onde C_{HCl} é a concentração de ácido clorídrico no titulante, V_{HCl} é o volume de titulante necessário para reagir com a amônia e V_{NaOH} é o volume inicial da solução de hidróxido de sódio. A titulação de uma solução de 30,00 ($\pm$ 0,03) mL de hidróxido de sódio requer 24,37 ($\pm$ 0,04) mL de 0,0783 ($\pm$ 0,0003) M de HCl para essa análise. Qual era a concentração de hidróxido de sódio na solução original? Qual é o desvio-padrão da concentração?

31. A massa molar (MM) de alguns compostos pode ser determinada pela lei do gás ideal. Isso é feito pesando-se uma amostra do composto e convertendo-a em gás em um recipiente com volume conhecido. A pressão dentro do recipiente é medida sob uma temperatura conhecida, e a massa molar do composto é calculada por meio das seguintes fórmulas:

$$PV = nRT \qquad MM = m/n$$

onde P é a pressão medida, V é o volume do recipiente, n é o número de mols do composto que está sendo examinado, T é a temperatura absoluta, R é a lei do gás ideal constante, m é a massa da substância em estudo e MM é a massa molar desse composto. Esse experimento é realizado com 0,0500 ($\pm$ 0,0002) g de um composto em um recipiente com volume de 1,000 ($\pm$ 0,005) L. A pressão após o composto ser vaporizado é 0,492 ($\pm$ 0,009)J/L quando a temperatura é 298,2 ($\pm$ 0,5) K. Também é sabido que R tem um valor de 8,31451 ($\pm$ 0,00007)J/(mol $\cdot$ K). A partir desses dados, quais são a massa molar e a precisão esperadas dessa massa do composto a ser estudado?

32. Qual dos fatores do problema anterior contribuiu mais com a precisão da massa molar final? Qual fator contribuiu menos? Com base nessas informações, como você rearranjaria essa experiência para melhorar a precisão de seu resultado final?

33. A mudança na energia livre padrão total (ΔG^o) em uma reação de oxidação-redução (como mostrado a seguir em uma reação de A_{red} com B_{ox}) pode ser determinada por condições padrão usando a seguinte fórmula que relaciona ΔG^o aos potenciais de redução padrão de meia célula, E_A^o e E_B^o.

$$a A_{red} + b B_{ox} \rightleftharpoons a A_{ox} + b B_{red} \quad \Delta G = -abF(E_B^o - E_A^o)$$

onde a e b são os mols de A e B envolvidos na reação de oxidação-redução e F é a constante de Faraday. Um exemplo dessa reação é a combinação de Fe^{2+} com Ce^{4+},

$$Fe^{2+} + Ce^{4+} \rightleftharpoons Fe^{3+} + Ce^{3+}$$

que é descrita em condições normais pelos seguintes parâmetros: $E_A^o = E_{Fe^{3+/2+}}^o = 0,771$ ($\pm$ 0,005) V versus NHE; $E_B^o = E_{Ce^{4+/3+}}^o = 1,44$ ($\pm$ 0,02) V versus NHE; $F = 96485,309$ ($\pm$ 0,029) C/mol (ou J/(V $\cdot$ mol)). Calcule o valor de ΔG^o para a reação Fe^{2+}/Ce^{4+}. Relate sua resposta usando o número correto de algarismos significativos.

Descrição da variação em pequenos conjuntos de dados

34. O que é uma 'distribuição normal'? Por que esse tipo de distribuição é útil na descrição de medições analíticas?

35. Quais são os principais fatores que determinam a forma de uma distribuição normal? Como a forma dessa distribuição muda quando cada um desses fatores é alterado?

36. Qual área relativa em uma distribuição normal fica dentro de um intervalo de $\mu \pm 1\sigma$? Qual área relativa fica dentro de um intervalo de $\mu \pm 2\sigma$? Por que é útil lembrar-se dessas duas faixas ao se comparar conjuntos de dados?

37. O que se entende por 'desvio-padrão da média'? Como esse parâmetro difere do desvio-padrão de um grupo de resultados? Como esses dois parâmetros estão relacionados?

38. Um novo método colorimétrico para o cálcio apresenta os seguintes resultados em análises repetidas de uma única amostra de soro: 9,2, 10,5, 9,7, 11,5, 11,6, 9,3, 10,1, 11,2 e 10,8 mg/dL. Quais são a média e o desvio-padrão da média para esse grupo de valores?

39. Um químico pretende medir o ferro em aço com um desvio-padrão da média que é de $\pm$ 1 por cento ou menos. Se cinco ensaios replicados de uma amostra de aço fornecem um desvio-padrão no resultado da média de $\pm$ 5 por cento, quantos ensaios totais serão necessários até que se obtenha uma média com precisão de $\pm$ 1 por cento?

40. O que é um 'intervalo de confiança'? O que é um 'limite de confiança'? Como esses termos são usados na descrição de medições analíticas?

41. O que é o valor t de Student? O que é um 'nível de confiança'? Como são usados para determinar os intervalos de confiança e os limites de confiança de dados experimentais?

42. Um novo herbicida é medido em amostras de água por meio da cromatografia gasosa. Os seguintes resultados são obtidos na análise replicada de uma única amostra: 3,01 μg/L, 2,92 μg/L, 3,18 μg/L, 3,07 μg/L e 2,84 μg/L. Quais são o resultado da média e o intervalo de confiança de 90 por cento da concentração média de herbicida nessa amostra?

43. A padronização de uma solução de hidróxido de sódio dá as seguintes medidas para a concentração dessa solução: 0,0980, 0,1000, 0,0992, 0,0997 e 0,0993 M.

(a) Quais são a média, o desvio-padrão e o desvio-padrão da média para esses resultados?

(b) Calcule e compare os intervalos de confiança para a média nos seguintes níveis de confiança: 90 por cento, 95 por cento e 99 por cento. Que tendências você observa nesses intervalos de confiança quando o nível de confiança é alterado?

44. Explique por que um número maior de valores em um conjunto de dados permitirá que você obtenha um intervalo mais estreito de confiança no resultado da média do conjunto de dados.

45. Por que a seleção adequada de um nível de confiança é importante ao descrevermos os resultados experimentais? Por que um nível de confiança de 95 por cento é frequentemente usado por analistas químicos?

Requisitos gerais para a comparação dos dados

46. Defina cada um dos seguintes termos e explique como eles são usados na comparação de dados.
    (a) Modelo.
    (b) Hipótese.
    (c) Nível de confiança.
    (d) Estatística de teste.

47. O que se entende por 'valor crítico' em um teste estatístico? Como esse parâmetro é usado em tal teste?

Comparação de um resultado experimental com um valor de referência e outros resultados experimentais

48. O que é um 'teste t de Student'? Como esse teste é realizado ao compararmos um resultado experimental com um valor de referência? Como esse teste é realizado quando você está comparando dois resultados experimentais individuais?

49. A razão de isótopos de gálio 69 e 71 (^{69}Ga/^{71}Ga) deve ser medida por espectrometria de massa. Os resultados obtidos em oito análises de uma amostra de referência são 1,52660, 1,52974, 1,52592, 1,52804, 1,52685, 1,52793, 1,53210 e 1,52698. Sabe-se que essa amostra de referência tem uma razão real ^{69}Ga/^{71}Ga de 1,52810. Os resultados desse método são iguais ao valor real no nível de confiança de 95 por cento?

50. Um químico de alimentos pretende validar um novo método que será utilizado para medir o teor de vitamina C em alimentos. Ele obtém uma amostra de referência de laranja com teor conhecido de vitamina C de 53,2 mg/100 g, ou 0,0532 por cento (m/m). Várias medições repetidas da amostra pelo novo método fornecem estimativas de teor de vitamina C de 0,0482 por cento, 0,0471 por cento, 0,0510 por cento e 0,0495 por cento. O resultado da média do novo método será igual ao teor conhecido da amostra de referência se esses valores forem comparados ao nível de confiança de 90 por cento?

51. O teor de Ca de uma amostra mineral em pó foi analisado quatro vezes por dois métodos que supostamente têm precisão semelhante. Os resultados são mostrados a seguir. Os valores médios desses dois métodos são iguais ao nível de confiança de 90 por cento?

	Percentual de Ca (m/m)
Método 1:	0,0271, 0,0282, 0,0279, 0,0271
Método 2:	0,0271, 0,0268, 0,0263, 0,0274

52. Um instrutor dá a dois alunos porções da mesma amostra de minério para que sejam examinadas por meio de análise gravimétrica. O aluno número 1 obtém os seguintes resultados para o teor de ferro dessa amostra: 35,1, 33,8 e 34,5 mg/g. O aluno número 2 obtém valores de 32,4, 33,1 e 32,7 mg/g. Os resultados da média obtidos por esses dois alunos são os mesmos no nível de confiança de 95 por cento?

53. As medições do aminoácido triptofano em uma amostra de alimento são realizadas por cromatografia em fase gasosa (CG) e cromatografia líquida de alta eficiência (CLAE), e produzem os seguintes resultados:

	Triptofano (μM)	
Número da análise	Método CG	Método CLAE
1	24,2	23,4
2	24,8	23,9
3	24,4	23,5
4	24,6	24,0
5	24,5	23,6
6	24,3	23,7
7	24,5	
8	24,6	

Supondo que a precisão desses métodos seja a mesma, determine se seus resultados são equivalentes ao nível de confiança de 95 por cento.

54. O que é um 'teste t de Student pareado'? Como esse teste é realizado? Em que situações ele pode ser utilizado?

55. Os métodos CG e CLAE utilizados na Questão 53 são usados para examinar um conjunto de cinco amostras diferentes que contêm várias concentrações de triptofano. As concentrações médias de triptofano obtidas por CG para essas cinco amostras são 12,8, 35,2, 25,1, 15,8 e 31,2 μM. As concentrações médias de triptofano obtidas por CLAE para as mesmas cinco amostras são 12,1, 34,7, 25,2, 15,9 e 29,8 μM, respectivamente. Determine se esses dois métodos fornecem resultados estatisticamente idênticos para essas amostras ao nível de confiança de 95 por cento.

56. A agência reguladora envia seis amostras para dois laboratórios de teste de alimentos. Os seguintes teores médios de umidade são relatados à agência pelos dois laboratórios. Esses dois conjuntos de resultados são equivalentes ao nível de confiança de 95 por cento?

Número da amostra	Teor de umidade (% m/m)	
	Lab número 1	Lab número 2
1	10,2	11,0
2	15,3	16,4
3	21,0	21,5
4	13,3	14,1
5	27,8	29,3
6	30,5	32,2

Comparação da variação em resultados

57. O que é o 'teste F'? Como esse teste é realizado? Em que situações ele pode ser utilizado para examinar resultados experimentais?

58. Um novo funcionário de um laboratório é solicitado a medir o teor de proteína de uma amostra teste. Ele obtém valores de 75,1, 73,8, 76,9, 70,1 e 74,2 μg/mL para ensaios replicados. Outro funcionário mais experiente obtém valores de 74,8, 75,2, 76,3, 75,1 e 76,8 μg/mL para a mesma amostra.
    (a) Os resultados médios obtidos por esses dois funcionários são os mesmos no nível de confiança de 95 por cento?
    (b) Qual desses funcionários obteve um resultado com maior grau de variação? Esse nível de precisão é comparável ao nível de confiança de 95 por cento obtido pelo outro funcionário?

59. Na Questão 53, supomos que os métodos CG e CLAE tinham precisão semelhante. Qual desses métodos apresentou maior grau de variação? Esse nível de precisão é comparável ao nível de confiança de 95 por cento ao obtido pelo outro método?

60. Um graduando pretende melhorar a precisão de um novo teste de medicamento. Esse estudante constata que um método de preparação de amostra fornece uma medida de concentração de 1,025 ($\pm$ 0,0020) $\times$ 10^{-6} M para cinco medições repetidas da droga, onde o valor entre parênteses representa um desvio-padrão da população total dos resultados. Um segundo método de preparação da amostra fornece uma concentração da droga de 1,017 ($\pm$ 0,011) $\times$ 10^{-6} M em cinco medições replicadas da mesma amostra. Houve uma melhora significativa na precisão ao se passar de uma abordagem para outra quando esses resultados foram comparados ao nível de confiança de 95 por cento?

Detecção de valores anômalos

61. O que se entende pelo termo 'valores anômalos'? Qual estratégia deve ser usada para tratar valores anômalos potenciais?

62. Explique como o teste Q pode ser usado na detecção de valores anômalos. Quais são as vantagens e as desvantagens desse método?

63. Descreva como o teste T_n pode ser usado na detecção de valores anômalos. Quais são as vantagens e as desvantagens dessa técnica em comparação com o teste Q?

64. Um aluno em um laboratório de análise quantitativa deve determinar a concentração de uma solução de hidróxido de sódio. Os valores obtidos por ele são os seguintes: 0,0210, 0,0212, 0,0208, 0,0225 e 0,0250 M. Qualquer um desses resultados poderia ser rejeitado pelo teste Q ao nível de confiança de 95 por cento?

65. A análise do percentual de níquel em uma amostra de minério apresenta os seguintes resultados de cinco medições repetidas: 16,54, 16,64, 16,30, 16,67 e 16,70% Ni (m/m). Algum desses pontos de dados pode ser rejeitado pelo teste T_n ao nível de 90 por cento? Algum desses pontos de dados pode ser rejeitado pelo teste Q no mesmo nível de confiança? Discuta suas conclusões.

66. Indique por que cada uma das situações a seguir não está de acordo com as boas práticas de laboratório:
    (a) Depois de descobrir a partir do teste Q que um ponto pode ser removido de um conjunto de dados, um estudante utiliza o teste Q para examinar e remover um segundo ponto de dados a partir do mesmo conjunto de dados.
    (b) Um estudante realiza o teste T_n em um conjunto de dados, mas não usa o valor anômalo suspeito para calcular a média ou o desvio-padrão desse teste.
    (c) Um estudante seleciona um nível de confiança com base na possibilidade de ele permitir que um ponto de dados específico em um conjunto seja rejeitado pelo teste Q.

Ajuste de resultados experimentais

67. Qual é o propósito da 'regressão linear'? Por que a regressão linear é útil em química analítica?

68. Defina o que se entende por 'inclinação' e 'intercepto' de uma linha. Mostre como esses termos são usados no fornecimento de uma equação geral para linha reta.

69. Um gráfico de absorbância *versus* concentração fornece os seguintes valores para as amostras que contêm a proteína mioglobina.

Absorbância	Concentração (μg/L)
0,002	0,0
0,062	10,0
0,125	20,0
0,198	30,0
0,244	40,0

Um exame visual desses dados sugere que eles seguem uma relação linear. Calcule a inclinação e o intercepto da regressão linear desses dados.

70. A quantidade de Ca^{2+} em uma amostra é medida usando-se um eletrodo de cálcio íon-seletivo. Os seguintes potenciais (E) são obtidos para padrões que contenham níveis conhecidos de Ca^{2+}, onde pCa = $-$log [Ca^{2+}]. Prevê-se que a resposta deve seguir uma relação linear, o que parece ser verdadei-

ro quando esses dados são plotados. Encontre a inclinação e o intercepto da regressão linear para esses valores.

pCa	E (mV)
5,00	−53,8
4,00	−27,7
3,00	+2,7
2,00	+31,9
1,00	+65,1

71. Quais são os desvios-padrão da inclinação e do intercepto da regressão linear na Questão 70? Segundo a teoria, a resposta obtida deve ter uma inclinação de − 29,6 (ou − 59,2/2) mV por mudança de unidade em pCa a 25 °C. Será que esse valor previsto está de acordo com a inclinação encontrada na Questão 70? Justifique sua resposta.

72. O que é um 'coeficiente de correlação'? Por que um coeficiente de correlação é útil na análise de regressão? Como esse parâmetro se relaciona com o 'coeficiente de determinação'?

73. Qual é o coeficiente de correlação da regressão linear na Questão 69?

74. Qual é o coeficiente de correlação da regressão linear na Questão 70? Qual é a probabilidade de que essa linha represente um ajuste real aos dados?

75. O que é um 'gráfico residual'? Como ele pode ser usado para avaliar uma regressão linear?

76. Prepare um gráfico residual usando os dados e a regressão linear da Questão 70. Será que esse gráfico sustenta a hipótese formulada na Questão 70 de que o conjunto de dados segue uma relação linear? Justifique sua resposta.

77. Um método colorimétrico que utiliza o tiocianato (SCN^-) como reagente é usado para determinar Fe^{3+} na água. Os seguintes resultados são obtidos para 10 padrões de ferro.

Concentração Fe^{3+} (mg/L)	Absorbância
10	0,205
20	0,396
30	0,612
40	0,816
50	0,987
60	1,160
70	1,251
80	1,385
90	1,489
100	1,565

(a) Prepare um gráfico de 'absorbância' *versus* 'Concentração Fe^{3+}' para esses resultados. Determine as regressões lineares para esse ensaio utilizando (1) toda a gama de padrões e (2) apenas os padrões que contenham concentrações de ferro de 10-50 mg/L. Compare as inclinações, os interceptos e os coeficientes de correlação para essas duas regressões lineares. O que você pode concluir a partir dessa comparação?

(b) Prepare gráficos residuais das duas regressões lineares no item (a) para os padrões 10-50 mg/L e para todo o conjunto de padrões de ferro. O que você pode concluir ao comparar esses gráficos residuais?

Problemas desafiadores

78. A concentração sérica total de testosterona em homens adultos segue uma distribuição normal que tem um valor médio de 22,6 nmol/L e um desvio-padrão de 6,0 nmol/L. Se um teste de testosterona sintética tem um limite inferior de 40,0 nmol/L, qual porcentagem de homens adultos normais terá uma concentração acima desse valor? (*Dica*: veja a Tabela 4.2).

79. A densidade de sedimentos em rios e lagos pode variar muito de uma região para outra. Em uma determinada área, a densidade de 25 amostras de sedimento foi determinada. A densidade média das amostras foi de 2,8 g/mL e o desvio-padrão desse conjunto de dados foi de 0,8 g/mL. Supondo que uma distribuição normal esteja presente, qual é a probabilidade de que uma nova amostra da mesma área tenha uma densidade entre 2,6 e 3,0 g/mL?

80. A variância (V) de um conjunto de resultados é frequentemente calculada usando-se a Equação 4.37.

$$V = \frac{\left(\sum x_i^2\right) - \left(\sum x_i\right)^2 / n}{n-1} \quad (4.37)$$

(a) Considerando o fato de que $V = (s)^2$, mostre que a Equação 4.37 é equivalente à Equação 4.5.

(b) Use *ambas* as equações, 4.5 e 4.37, juntamente com a relação $V = (s)^2$ para determinar o desvio-padrão e a variância do seguinte conjunto de números: 0,0998, 0,1000, 0,0992, 0,0997 e 0,0993. Como os resultados das equações 4.5 e 4.37 podem ser comparados em termos dos valores que proporcionam para s e V?

81. Um estudante deseja examinar sua técnica em uma titulação ácido-base para medir a concentração de amônia em uma solução aquosa.

(a) As equações seguintes relacionam a concentração e o volume da solução de amônia (C_{NH_3} e V_{NH_3}) com a concentração e o volume de HCl (C_{HCl} e V_{HCl}) que serão necessários para titular a solução de amônia.

$$(C_{NH_3})(V_{NH_3}) = (C_{HCl})(V_{HCl}) \quad \text{ou} \quad C_{NH_3} = \frac{(C_{HCl})(V_{HCl})}{V_{NH_3}}$$

Se o estudante usar uma solução de amônia com volume de 30,00 (± 0,03) mL, e a titulação dessa solução requer 24,37 (± 0,04) mL de 0,0783 (± 0,003) M de HCl, qual é a concentração esperada de amônia na solução original? Qual é o desvio-padrão estimado para essa concentração com base na propagação de erros?

(b) O mesmo estudante realiza uma série de medidas replicadas usando soluções e condições idênticas às descritas no item (a). Essas medidas fornecem os seguintes valores para a concentração de amônia: $4{,}25 \times 10^{-3}$ M, $4{,}14 \times 10^{-3}$ M, $4{,}20 \times 10^{-3}$ M e $4{,}09 \times 10^{-3}$ M. Quais são a média e o desvio-padrão desse conjunto de resultados?

(c) Compare os resultados dos itens (a) e (b). O que você pode concluir sobre a exatidão e a precisão do estudante que está realizando a titulação? Justifique sua resposta.

82. É comum que os cientistas realizem a regressão linear usando um programa de cálculo ou um computador que calcula automaticamente a inclinação e o intercepto de um determinado conjunto de valores (x, y). Um modo de cumprir essa tarefa é criar uma planilha eletrônica que realize tais operações. Se você não estiver familiarizado com a utilização de um programa de planilha eletrônica, poderá encontrar informações sobre esse tópico no Apêndice C. Para ilustrar como você pode desenvolver uma planilha de regressão linear, usaremos o exemplo dado no Exercício 4.14 para a análise de oximorfona em amostras de urina.

(a) Lembre-se de que nesse exemplo alturas de pico de 161, 342, 543, 765 e 899 unidades relativas foram medidas em concentrações de oximorfona de 100, 200, 300, 400 e 500 ng/mL. Comece sua planilha criando as seguintes colunas, 'concentração da droga (ng/mL)' e 'altura de pico'. Elas serão usadas para representar os valores x e y no conjunto de dados. Na coluna de valores x, digite cada uma de suas concentrações. Na coluna de valores y, digite a resposta correspondente a cada concentração. Depois de ter lançado esses valores, use a planilha para criar um gráfico em que as alturas de pico são representadas pelo eixo y e as concentrações pelo eixo x. Ao preparar esse gráfico, siga as boas práticas de laboratório para elaboração de gráficos que foram apresentadas no Capítulo 2.

(b) Próximo às colunas de concentração e altura de pico, adicione um novo conjunto de colunas, 'x ao quadrado' e 'x vezes y'. Em cada uma dessas novas colunas, use a planilha para calcular e lançar os valores de x^2 e $x \cdot y$ para cada par (x, y). Esse processo deve produzir uma tabela semelhante à utilizada no Exercício 4.14. Ao final de cada coluna, use a planilha de cálculo para determinar a soma de todas as entradas nessa coluna. Isso lhe dará os valores de $\sum x_i, \sum y_i, \sum x_i y_i$ e $\sum x_i^2$. Nesse ponto, compare esses números àqueles calculados no Exercício 4.14, garantindo assim que todas as colunas e operações em sua planilha sejam configuradas corretamente.

(c) Em uma parte separada da planilha, crie um espaço em que os números que você obteve para $\sum x_i, \sum y_i, \sum x_i y_i$ e $\sum x_i^2$ sejam utilizados com a Equação 4.28 para obter a inclinação (m) da regressão linear. Também use esses valores juntamente com a Equação 4.29 para obter o intercepto (b) da regressão linear. Como esses números podem ser comparados com aqueles encontrados no Exercício 4.14?

(d) Crie uma coluna próxima aos dados originais (x, y) e a nomeie como 'y previsto'. Nessa coluna, use a inclinação e o intercepto da regressão linear que você encontrou no item (c) para determinar o valor de correlação de y em cada valor de x. Adicione esses resultados ao gráfico que você montou no item (a) traçando uma linha que conecte os valores y previstos. Compare o ajuste dessa linha com os valores y reais. Seus dados seguem uma relação linear? Justifique sua resposta.

83. Modifique a planilha desenvolvida na questão anterior para fornecer dados sobre o grau de adequação entre um conjunto de valores (x, y) e sua regressão linear. Isso inclui a adição de cálculos para determinar o coeficiente de correlação para a regressão linear e a adição de um gráfico residual para comparar os valores y reais com aqueles previstos pela regressão linear.

(a) Para determinar o coeficiente de correlação, comece com a inserção de uma nova coluna para calcular o quadrado de cada valor de y em seu conjunto de dados. Chame essa coluna de 'y ao quadrado'. No final dessa coluna, insira uma fórmula que determine a soma de todos os valores de y ao quadrado, o que resultará no termo $\sum y_i^2$. Use-o com os números já determinados em sua planilha para $\sum x_i^2, \sum x_i, \sum x_i y_i$ e $\sum y_i$ para calcular s_{xy}, s_{xx} e s_{yy} por meio das equações 4.34 a 4.36. Finalmente, crie um espaço em sua planilha que use a Equação 4.33 e esses números para fornecer o coeficiente de correlação de sua regressão linear. Como seus resultados podem ser comparados àqueles do Exercício 4.15? Como o valor desse coeficiente de correlação muda à medida que você altera os valores de y em seu conjunto original de números?

(b) Para incluir um gráfico residual em sua planilha, comece inserindo uma coluna que calcule a diferença entre os valores iniciais de y e aqueles que são previstos por sua regressão linear. Nomeie essa nova coluna como '$y - y$ previsto'. Esse novo conjunto de números fornece os resíduos que serão utilizados para examinar a concordância entre os dados e a regressão linear. Agora monte um gráfico no qual os valores de x estejam no eixo inferior e os valores correspondentes a '$y - y$ previsto' no eixo à esquerda. Também inclua uma linha horizontal, na qual '$y - y$ previsto' seja igual a zero como uma referência. Quando tiver concluído seu gráfico, examine os resultados. Os valores (x, y) continuam a mostrar um ajuste razoável a uma linha reta? Justifique sua resposta.

84. Já vimos neste capítulo que a seleção de um intervalo de confiança está relacionada com o tamanho dos erros do tipo 1 e do tipo 2 que podem ocorrer quando se utilizam dados experimentais. Os erros do tipo 1 e do tipo 2 são particularmente importantes e devem ser levados em conta em estudos clínicos. Como exemplo disso, imagine que realizamos um estudo em grande escala de um novo método para a medição de glicose no sangue e descobrimos que indivíduos normais apresentaram um resultado de 100 ± 15 (1s) mg/dL, com os pontos individuais nesse conjunto

seguindo uma distribuição normal. Além disso, quando o mesmo método foi utilizado em indivíduos que sofrem de diabetes, ele forneceu resultados que seguiram uma distribuição normal com um nível de glicose médio de 180 ± 30 (1s) mg/dL. Com base nesse estudo, foi então recomendado que o 'intervalo normal' para concentrações de glicose fosse definido como sendo de 75 a 125 mg/dL. A partir desses resultados, qual é a probabilidade de que um indivíduo normal apresente um resultado de glicose *fora* desse 'intervalo normal' (produzindo um erro tipo 1)? Qual é a probabilidade de um paciente diabético apresentar um resultado que esteja dentro do intervalo normal (causando um erro tipo 2)?

Tópicos para discussão e relatórios

85. Obtenha mais informações sobre testes de drogas em atletas a partir das referências 1 a 5 ou por meio de outros recursos. Descreva a abordagem geral utilizada nesses testes e os fatores específicos que devem ser considerados durante a coleta e a análise de suas amostras. Que drogas são examinadas nesse processo? Qual é a importância de cada droga no tocante a como isso afeta o desempenho atlético ou a detecção de drogas? Quais efeitos negativos tais agentes podem causar ao corpo?

86. As missões Apollo à Lua nas décadas de 1960 e 1970 trouxeram muitas amostras lunares de volta à Terra para que suas propriedades químicas e físicas fossem analisadas. Por causa da natureza única e da quantidade limitada de material nessas amostras, era importante que se fizesse uso das boas práticas de laboratório durante todas as etapas da análise.[20] Leia sobre as abordagens que foram utilizadas nesse trabalho e descreva a comparação e a análise de dados que foram realizadas nesse estudo. Inclua em seu relatório itens como a determinação dos valores médios, a detecção de possíveis valores anômalos e a comparação dos resultados de diversos laboratórios e diferentes métodos.

87. A análise de amostras clínicas é um campo em que os erros de laboratório são uma preocupação constante. Um estudo recente estimou o risco relativo de erros e valores anômalos em vários testes clínicos comuns, como aqueles usados para medir níveis de colesterol e glicose no sangue.[21] Obtenha uma cópia desse relatório e discuta seus resultados. Com base nesse relatório, o que você pode concluir sobre a importância e a ocorrência de erros analíticos em laboratórios clínicos?

88. Neste capítulo, aprendemos várias técnicas de comparação de valores médios ou variação de dois números utilizando métodos como o teste *t* de Student ou teste *F*. Mas existem outros testes que podem ser usados para fazer outros tipos de comparação ou para comparar grupos maiores de números. Alguns exemplos desses métodos alternativos estão listados a seguir. Usando as referências 8, 13 e 14 ou outros recursos, obtenha mais informações sobre um ou mais desses métodos. Discuta como esses métodos são executados e descreva os tipos de situação em que cada um é empregado.
   (a) Teste de Duncan.
   (b) Teste de Cochran.
   (c) Análise de variância (ANOVA).
   (d) Teste x^2 (xis ao quadrado).

Referências bibliográficas

1. M. Fainaru e L. Williams, "Steroids Scandal — The Balco Legacy," *San Francisco Chronicle*, 24 dez. 2006.

2. R. Kazlauskas e G. Trout, "Drugs in Sports: Analytical Trends", *Therapeutic Drug Monitoring*, 22, 2000, p.103–109.

3. W. Clarke, W. Klein e D. Palmer-Toy, "Athletic Drug Testing," *Therapeutic Drug Monitoring and Toxicology*, 21, 2000, p.221–230.

4. M. Fainaru-Wada e L. Williams, *Game of Shadows*, Gotham Books, Nova York, 2006.

5. G. Zorpette, "All Doped Up — and Going for The Gold," *Scientific American*, 282, 2000, p.20–22.

6. J. Inczedy, T. Lengyel e A. M. Ure, *Compendium of Analytical Nomenclature*, 3 ed., Blackwell Science, Malden, MA, 1997.

7. D. R. Lide, ed., *CRC Handbook of Chemistry and Physics*, 83 ed., CRC Press, Boca Raton, FL, 2002.

8. P. C. Meier e R. E. Zund, *Statistical Methods in Analytical Chemistry*, Wiley, Nova York, 1993.

9. R. L. Plackett e G. A. Barnard, eds., *"Student": A Statistical Biography of William Sealy Gosset*, Clarendon Press, Oxford, 1990.

10. C. B. Read, "William Sealy Gosset," In *Leading Personalities in Statistical Sciences: From the Seventeenth Century to the Present*, N. L. Johnson e S. Kotz, eds., Wiley, Nova York, 1997, p.327–329.

11. Student, "The Probable Error of a Mean," *Biometrika*, 6, 1908, p.1–25.

12. W. H. Beyer, ed., *CRC Handbook of Tables for Probability and Statistics*, 2 ed., The Chemical Rubber Co., Cleveland, OH, 1968.

13. R. C. Graham, *Data Analysis in the Chemical Sciences*, VCH, Nova York, 1993.

14. R. L. Anderson, *Practical Statistics for Analytical Chemists*, Van Nostrand Reinhold, Nova York, 1987.

15. W. J. Youden, *Experimentation and Measurement*, NIST Special Publication 672, U.S. Department of Commerce, Washington, DC, 1991.

16. W. J. Dixon, "Analysis of Extreme Values," *Annals of Mathematics and Statistics*, 21, 1950, p.488–506.

17. R. B. Dean e W. J. Dixon, "Simplified Statistics for Small Numbers of Observations," *Analytical Chemistry*, 23, 1951, p.636–638.

18. D. B. Rorabacher, "Statistical Treatment for Rejection of Deviant Values: Critical Values of Dixon's 'Q' Parameter and Related Subrange Ratios at the 95% Confidence Level," *Analytical Chemistry*, 63, 1991, p. 139–146.
19. "Standard Practice for Dealing with Outlying Observations," E 178-94, *Annual Book of ASTM Standards*, American Society for Testing and Materials, Filadélfia, PA, 1994, p. 91–107.
20. G. H. Morrison, "Evaluation of Lunar Elemental Analyses," *Analytical Chemistry*, 43, 1971, p.22A–31A.
21. D. L. Witte, S. A. VanNess, D. S. Angstadt e B. J. Pennel, "Errors, Mistakes, Blunders, Outliers, or Unacceptable Results: How Many?" *Clinical Chemistry*, 43, 1997, p.1352–1356.

Capítulo 5
Caracterização e seleção de métodos analíticos

Conteúdo do capítulo

5.1 Introdução: o mapa de Vinland
5.2 Caracterização e validação de método
    5.2.1 Exatidão e precisão
    5.2.2 Resposta de ensaio
    5.2.3 Outras propriedades de métodos analíticos
5.3 Controle de qualidade
    5.3.1 Requisitos gerais para o controle de qualidade
    5.3.2 Preparo e uso de gráficos de controle
5.4 Coleta e preparo de amostra
    5.4.1 Coleta de amostra
    5.4.2 Preparo da amostra

5.1 Introdução: o mapa de Vinland

Em outubro de 1965, estudiosos da Universidade de Yale anunciaram que haviam encontrado um mapa que consideravam ser uma das primeiras representações do Novo Mundo.[1] Uma inscrição no mapa alegava que ele tinha sido preparado por volta de 1440. Esse mapa incluía um desenho da Europa, da Groenlândia, de partes da África e da Ásia e de uma ilha a oeste chamada 'Vinland'. Esta última região tinha uma semelhança notável com a costa da América do Norte que, segundo a tradição, havia sido alcançada pelo norueguês Leif Ericson por volta de 1000 d.C. Esse mapa, atualmente conhecido como o mapa de Vinland, tem sido objeto de controvérsia desde sua descoberta.[2-6]

Vários métodos analíticos foram usados para determinar sua autenticidade. Um grupo de pesquisadores, ao usar o método de datação por radiocarbono, revelou que o pergaminho do mapa correspondia à idade alegada.[4] Um segundo grupo relatou que a composição de elementos de várias áreas do mapa era comparável à de outros documentos da mesma época.[5] Outros cientistas que usaram a microscopia para examinar partículas isoladas extraídas da tinta e do pergaminho do mapa encontraram uma forma artificial de óxido de titânio (anátase) que passou a ser disponibilizada somente a partir de 1917 (Quadro 5.1).[3,6] Portanto, alguns métodos sustentavam a autenticidade do mapa enquanto outros indicavam que se tratava de uma fraude.

O caso do mapa de Vinland ilustra a importância de considerar tanto a amostra quanto a técnica de medição ao selecionar um procedimento de análise química. A Tabela 5.1 contém várias perguntas que devem ser feitas durante esse processo. Questões relacionadas a amostras tratam aspectos como a natureza química ou física do analito e da matriz, como se o analito está em uma forma adequada para o estudo. Questões correlatas abordam a quantidade de analito que deve ser medida e se há outras substâncias interferentes. No caso do mapa de Vinland, a amostra era um material potencialmente valioso com uma composição heterogênea, que exigia abordagens seletivas capazes de lidar com tal artefato sem danificá-lo.

Tabela 5.1
Questões a serem consideradas na escolha de um método de análise química.

Questões relativas à amostra

Que tipo de informação sobre a amostra é necessária?
Quais são os tipos de analito e amostra a serem examinados?
Qual é o intervalo de concentrações do analito ou de propriedades a ser medido?
Se múltiplas formas do analito estiverem presentes, quais devem ser medidas?
Que outras substâncias na amostra podem interferir no método?
Que tipo de preparação de amostra será necessário?
Quantas amostras terão de ser analisadas?
Há algum fator de segurança especial que deve ser considerado para as amostras?

Questões relativas ao método

Que tipo de informação o método fornecerá?
O método é capaz de trabalhar com as amostras e com os analitos desejados?
Que tipo de exatidão e precisão são necessários?
Qual é o alcance de detecção esperado para o método?
Quão seletivo e robusto o método será?
Com que rapidez o método será capaz de analisar amostras?
Quantas amostras o método será capaz de processar?
Qual nível de treinamento ou de experiência é necessário para o método?
Qual é o equipamento necessário e quais custos estão associados a essa técnica?
Há precauções especiais de segurança a serem seguidas nesse método?

Perguntas relativas ao método que você deve fazer antes de realizar uma análise química incluem: 'Esta técnica vai funcionar no caso da amostra desejada?' e 'Será que esse método tem a exatidão e a precisão necessárias para a análise do analito?' Além disso, você deve pensar se o método vai funcionar no caso do intervalo esperado de concentrações de analito e se ele é suficientemente rápido, seletivo e estável para ser aplicado. No caso do mapa de Vinland, isso abrangia a necessidade de um método não destrutivo que pudesse lidar com uma amostra de forma não uniforme. A capacidade de discriminar entre as diferentes formas do analito (uma abordagem conhecida como *especiação química*, como a usada com o mapa de Vinland para detectar anátase) também era importante. Neste capítulo, consideramos várias formas de caracterizar os métodos de análise para ajudar a responder essas e outras questões correlatas à medida que desenvolvemos novos procedimentos de medições químicas.

5.2 Caracterização e validação de método

Para ajudar na escolha de um método analítico, você precisa estar familiarizado com as propriedades utilizadas para caracterizar tais técnicas. Essas propriedades são conhecidas como *figuras de mérito* do método, e incluem aspectos como exatidão, precisão e intervalo utilizável do ensaio. Muitos métodos comuns de análise têm figuras de mérito bem estabelecidas. No entanto, se você estiver desenvolvendo um novo procedimento, as figuras de mérito terão de ser determinadas antes que a técnica para análise de rotina seja usada. O processo de caracterização de uma técnica analítica e prova de que ela cumprirá os propósitos a que se destina é conhecido como **validação de método**.[9,10] Vamos agora examinar mais atentamente esse processo e aprender a caracterizar e a validar métodos analíticos.

5.2.1 Exatidão e precisão

Frequentemente, exatidão e precisão são os dois fatores mais importantes a serem considerados na escolha de um método analítico. Aprendemos no Capítulo 4 que exatidão se refere ao grau com que um resultado experimental se aproxima do valor real, enquanto precisão se refere à reprodutibilidade dos resultados. Em análise química é sempre desejável ter uma técnica exata e altamente precisa, de modo que os resultados forneçam uma boa representação da amostra. Assim, exatidão e precisão são geralmente as primeiras propriedades examinadas durante o processo de validação do método.

Recuperação de contaminante e estudos de correlação. Um meio de determinar a precisão de uma técnica é examinar amostras de referência com propriedades ou montantes conhecidos de analito.[9,10] A seguir, calcula-se o erro absoluto ou o relativo, comparando-se o resultado medido na amostra de referência com o valor conhecido. Isso será relativamente fácil de fazer se você estiver trabalhando com um tipo comum de amostra ou um analito para o qual se pode obter um *material de referência certificado* (MRC). Trata-se de um material que tem documentados os valores de sua composição química ou propriedades físicas. Esses materiais podem ser obtidos de vários fornecedores e agências, como o National Institute of Standards and Technology (NIST) nos Estados Unidos.

Um **estudo de recuperação de contaminante** pode ser usado para avaliar a exatidão de um método analítico quando

---

Quadro 5.1 Um exame minucioso de amostras pequenas

A análise da amostra de partículas menores do que aproximadamente 1 mg de tamanho geralmente requer técnicas de análise e métodos de manipulação de amostras específicos. Uma abordagem poderosa para conhecer a composição dessas pequenas amostras é a *microscopia óptica*. Trata-se de um método em que um microscópio é usado para examinar visualmente uma amostra. Os microscópios ópticos têm sido utilizados há muitos anos em biologia para examinar células e micro-organismos, mas também podem ser usados em análises químicas. Esse tipo de análise é possível porque muitas das pequenas partículas químicas têm uma composição relativamente pura e uma aparência distinta. Por isso, assim como é fácil identificar bactérias e grãos de pólen no microscópio, também é possível utilizar um microscópio para identificar e estudar pequenas partículas químicas.[3,7,8]

O uso do microscópio óptico na análise das partículas retiradas do mapa de Vinland é um dos muitos casos em que esse método foi empregado.[3] Outra aplicação comum de microscópios em análise química é a identificação de fibras de amianto.[7,8]

A olho nu, uma amostra de amianto pode se parecer com muitos outros tipos de fibra. Porém, é possível identificar facilmente a presença de amianto em uma amostra usando-se um microscópio.

Muitas propriedades químicas e físicas de amostras pequenas podem ser conhecidas usando-se microscópios tradicionais ou outros mais especializados que utilizam luz polarizada ou estágios aquecidos. As propriedades de uma partícula que podem ser examinadas por microscopia incluem forma, tamanho, cor, homogeneidade, índice de refração, atividade óptica, ponto de fusão, padrão de congelamento, reações químicas e polimorfismo. As reações químicas, como por exemplo aquelas utilizadas para colorir bactérias, podem ser usadas para ajudar a identificar partículas. Também é possível combinar um microscópio óptico com outras técnicas de análise química. Um exemplo comum disso é o uso de um microscópio óptico com detector de fluorescência. Outros tipos podem ser empregados para realizar espectroscopia de infravermelho em amostras de pequena escala.

se está trabalhando com um analito ou uma amostra para os quais não exista bom material de referência disponível.[9,10] Esse tipo de estudo é conduzido tomando-se uma amostra típica e 'contamina-se' uma parte dela com uma quantidade conhecida do analito. As quantidades de analito nas amostras originais e contaminadas são então medidas. A seguir, a diferença entre valores é comparada com a quantidade adicionada à amostra contaminada. Esse processo permite que a **recuperação percentual**, que é uma medição da exatidão do método, seja calculada.

$$\text{Recuperação percentual} = 100 \cdot \frac{\text{(Mudança na quantidade de analito medido)}}{\text{(Quantidade de analito contaminante na amostra)}} \quad (5.1)$$

Quanto mais próxima de 100 por cento for essa recuperação, mais exata será a medição. Idealmente, a recuperação percentual de um método deve ser determinada em várias concentrações do analito, pois a recuperação pode variar conforme a quantidade de analito em uma amostra é alterada.

EXERCÍCIO 5.1 Determinação da recuperação percentual de um analito

O soro conhecido por ter uma concentração de insulina de $11,2 \times 10^{-6}$ UI/mL é contaminado colocando-se $20,0 \times 10^{-6}$ UI de insulina em 2,00 mL dessa amostra. Quando essa amostra contaminada é analisada, a concentração medida de insulina é de $20,5 \times 10^{-6}$ UI/mL. Qual é a recuperação percentual de insulina nesse ensaio?

SOLUÇÃO

A adição de $20,0 \times 10^{-6}$ UI de insulina a uma amostra de 2,00 mL aumentará a concentração de insulina em $(20,0 \times 10^{-6}$ UI/2,00 mL$) = 10,0 \times 10^{-6}$ UI/mL. A variação medida na concentração de insulina foi de $(20,5 \times 10^{-6}$ UI/mL $- 11,2 \times 10^{-6}$ UI/mL$) = 9,3 \times 10^{-6}$ UI/mL. A recuperação percentual calculada de insulina nesse método seria então como mostrada a seguir.

$$\therefore \text{Recuperação percentual} = 100 \cdot \frac{9,3 \times 10^{-6} \text{IU/mL}}{10,0 \times 10^{-6} \text{IU/mL}} = 93\%$$

Esse resultado indica que o método forneceu um valor um pouco menor do que o esperado. Se uma recuperação baixa for observada em muitas outras amostras, é sinal de que pode existir um erro sistemático no método.

Outro meio de avaliar a exatidão é tomar um grupo de várias amostras e medir a quantidade de analito em cada uma, usando tanto o seu método quanto uma segunda técnica, mais estabelecida.[7,8] Essa abordagem é conhecida como *estudo de correlação*. Um modo de comparar os resultados desses dois métodos é por meio de um teste *t* de Student pareado, conforme descrito no Capítulo 4. Uma segunda abordagem consiste em usar um **gráfico de correlação**.[11] Trata-se de um gráfico em que os resultados de seu novo método são plotados em contraste com os da técnica de referência. Se as duas técnicas apresentarem resultados idênticos ou similares, seu gráfico de correlação deve produzir uma relação linear com a inclinação próxima de 1 e intercepto próximo de zero (Figura 5.1). Um erro sistemático em um dos métodos causará um desvio do comportamento esperado.

Medições de precisão. A precisão de uma técnica analítica pode ser examinada por meio da análise de várias porções da mesma amostra de referência. O desvio-padrão absoluto ou relativo desse grupo de resultados é então calculado, como vimos no Capítulo 4, e usado como um índice da precisão do método. Esse cálculo deve ser feito com várias amostras que contenham diferentes quantidades do analito, porque a precisão de um método pode mostrar uma grande variação com o teor do analito. Esse efeito é ilustrado na Figura 5.2 por meio de um diagrama conhecido como **gráfico de precisão**.[11,12] O propósito de um gráfico de precisão é fornecer uma representação visual de como a precisão de um método muda conforme a propriedade ou a quantidade medida de um analito varia. No exemplo mostrado na Figura 5.2, o desvio-padrão absoluto do ensaio aumenta com a concentração de analito, enquanto o desvio-padrão relativo primeiramente diminui e depois aumenta. Esse comportamento é observado em muitos métodos analíticos e indica a necessidade de medir a precisão de uma ampla gama de condições.

Assim como existem muitos fatores que podem influenciar o desempenho de um método analítico, também são muitas as maneiras de descrever como esses fatores afetam a reproduti-

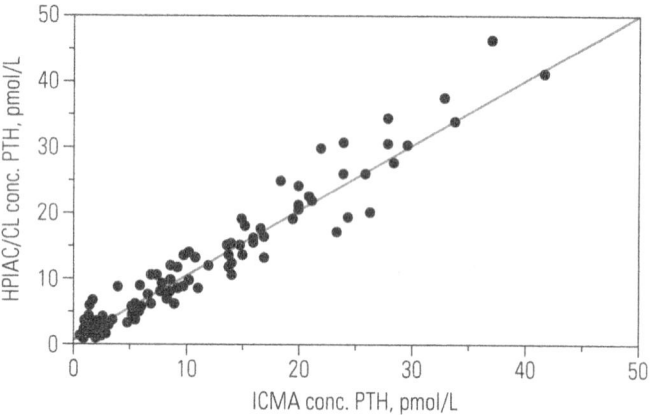

Figura 5.1

Exemplo de gráfico de correlação baseado na análise do hormônio paratireoide (PTH) em várias amostras, tanto por cromatografia de imunoafinidade de alta eficiência com detecção quimioluminescente (HPIAC/CL) quanto por um ensaio imunoquimioluminométrico (ICMA). A linha contínua mostra a regressão linear obtida em 130 amostras de plasma analisadas por ambos os métodos. Nesse caso, a regressão linear tinha uma inclinação de 0,99 ($\pm$ 0,04) e um intercepto de 0,7 ($\pm$ 0,6) pmol/L. A partir desse gráfico e dessa regressão linear, pode-se verificar que os métodos representados no eixo *y* e no eixo *x* forneceram resultados comparáveis. (Reproduzido com permissão de D. S. Hage, B. Taylor e P. C. Kao, 'Intact Parathyroid Hormone: Performance and Clinical Utility of an Automated Assay Based on High-Performance Immunoaffinity Chromatography with Chemiluminescence Detection', *Clinical Chemistry*, 38, 1992, p.1494–1500.)

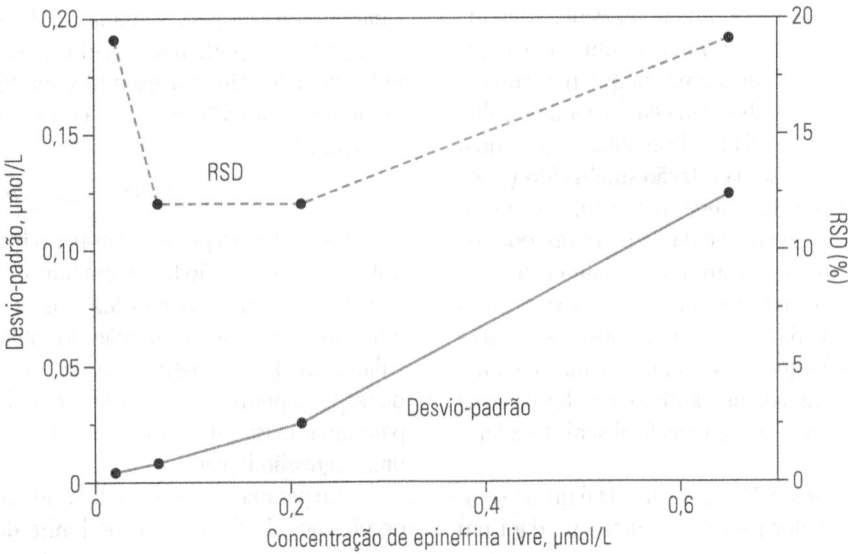

Figura 5.2

Gráfico de precisão que mostra o desvio-padrão e o desvio-padrão relativo (RSD) obtidos em um ensaio para medição da epinefrina livre em urina. Esse gráfico indica o intervalo das concentrações de analito que pode ser examinado com o nível desejado de precisão, desse modo auxiliando a determinação do intervalo utilizável do ensaio e seus limites superior e inferior de detecção. (Gerado com dados obtidos de J. Wassell, P. Reed, J. Kane e C. Weinkove, 'Freedom from Drug Interference in New Immunoassays for Urinary Catecholamines and Metanephrines', *Clinical Chemistry*, 45, 1999, p.2216–2223.)

bilidade da técnica. Um resumo dos termos usados com esse propósito é fornecido na Tabela 5.2.[9-11] Todos esses itens são relatados usando-se um desvio-padrão absoluto ou relativo, mas eles incluem variáveis diferentes. Uma das mais comuns é a *repetibilidade*, que é uma medida de como a análise de uma única amostra pode variar durante uma análise, ou uma série delas.

EXERCÍCIO 5.2 Cálculo da repetibilidade

Três medições do teor de titânio em uma área estreita do mapa de Vinland forneceram concentrações de superfície de 1,9, 2,7 e 2,3 ng/cm² em medições consecutivas dessa amostra.[5] Qual foi a repetibilidade dessa análise?

SOLUÇÃO

A repetibilidade pode ser encontrada pela determinação do desvio-padrão (s) ou do desvio-padrão relativo (RSD) dos dados, como descrito no Capítulo 4, junto a uma média calculada de 2,3 ng/cm² para esse conjunto de resultados.

$$\therefore s = \sqrt{\frac{(2,3-1,9)^2 + (2,3-2,7)^2 + (2,3-2,3)^2}{(3-1)}}$$

$$= 0,4 \text{ ng/cm}^2$$

$$\therefore \text{RSD}(\%) = 100 \cdot \frac{0,4 \text{ ng/cm}^2}{2,3 \text{ ng/cm}^2} = 17\%$$

Assim, a repetibilidade foi de ± 0,4 ng/cm² ou ± 17 por cento em um nível de titânio de 2,3 ng/cm².

5.2.2 Resposta de ensaio

Outra característica fundamental de um método analítico é a maneira como o sinal (ou **resposta**) varia de acordo com a quantidade de substância ou da propriedade que está sendo medida. A resposta é descrita por meio da utilização de parâmetros como limite de detecção, intervalo e sensibilidade ou seletividade.

Limites de detecção. O valor mais alto ou o mais baixo de analito que pode ser detectado por um método analítico é descrito usando-se um **limite de detecção (LOD)**.[9-11] O *limite superior de detecção* é a maior quantidade de analito que pode ser medida por um método com confiança, enquanto o *limite inferior de detecção* se refere à menor quantidade de analito que pode ser medida com confiança.

Tabela 5.2

Tipos de precisão usados para caracterizar métodos analíticos.

Tipos de precisão	Propriedade medida
Repetibilidade	Variação obtida para a mesma amostra durante uma única série de um ensaio.
Precisão intradia	Variação obtida durante um único dia, geralmente no decorrer de várias séries.
Precisão dia a dia	Variação obtida ao longo de dias.
Precisão interoperador	Variação obtida por meio de um único método e amostra, mas por diferentes analistas.
Precisão interlaboratorial	Variação obtida por um único método e amostra, mas por diferentes laboratórios.

O limite inferior de detecção é muitas vezes determinado pela comparação da variação na resposta de um método em uma *amostra em branco* (isto é, uma amostra que não contém nenhum analito) com a resposta observada em materiais conhecidos por conter pequenas quantidades de analito. Essa comparação é feita por meio do cálculo da **relação sinal/ruído (S/N)**, conforme ilustrado na Figura 5.3. Nesse processo, a variação aleatória no sinal em branco é conhecida como *ruído*, que geralmente é medido pela variação entre pico e vale ou desvio-padrão da resposta de fundo (*background*). Da mesma forma, a variação livre na resposta medida entre essa resposta de fundo e a resposta para uma amostra que se sabe conter o analito é chamada de *sinal*. S/N é determinada dividindo-se o valor do sinal pelo ruído. Quanto maior essa razão, mais fácil será detectar o analito em uma amostra.

Uma S/N de dois ou três (S/N = 2:1 ou 3:1) é quase sempre considerada o menor valor para esse índice que dará um sinal mensurável para o analito.[9,10] Outros valores S/N, no entanto, também podem ser usados para determinar o limite inferior de detecção. Por exemplo, muitos laboratórios de testes de drogas usam S/N de 3,3:1, conforme mostrado na seguinte equação.[13]

$$\text{LOD} = 3{,}3\ (s_b/m) \tag{5.2}$$

Essa equação permite estimar o limite inferior de detecção utilizando a regressão linear em uma curva de calibração linear. O valor de s_b na Equação 5.2 é o desvio-padrão da resposta em branco ou o desvio-padrão do intercepto em uma curva de calibração (que representa o 'ruído'), enquanto m é a inclinação da resposta perto do limite inferior de detecção (veja Capítulo 4 para uma revisão de como s_b e m podem ser determinados por uma regressão linear).

Um parâmetro semelhante usado para descrever a resposta de um método é chamado de **limite de quantificação (LOQ)**.

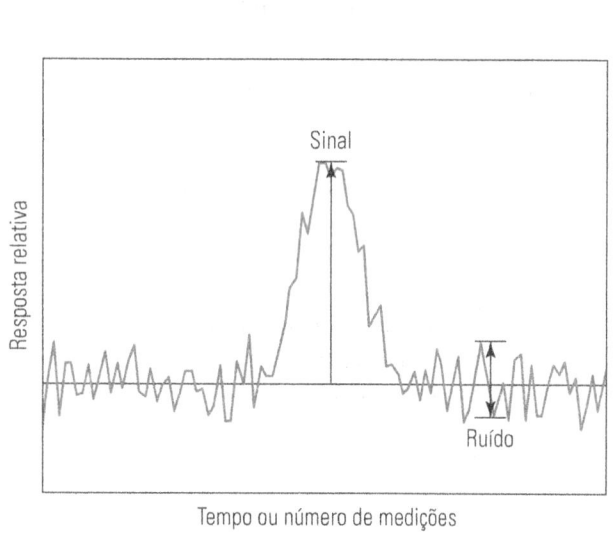
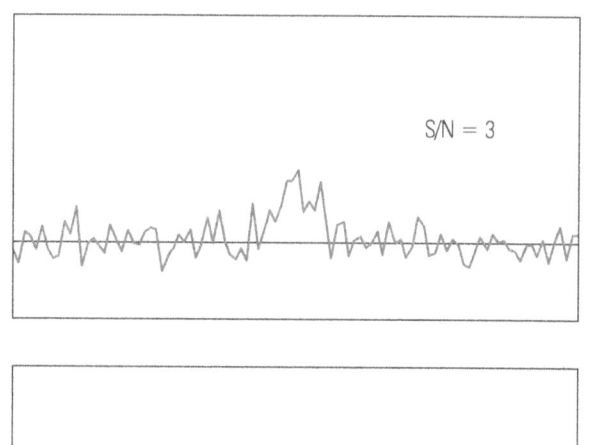
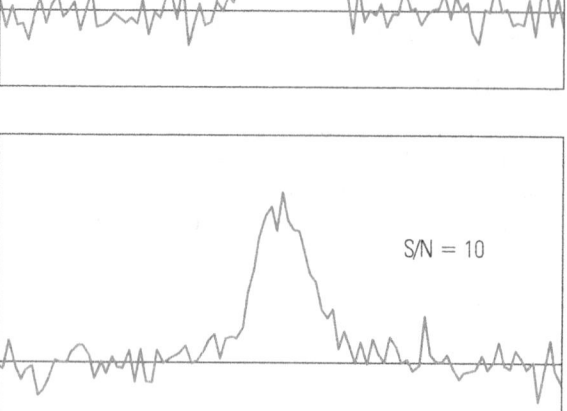

Figura 5.3

Determinação de uma relação sinal/ruído (S/N, do inglês, *Signal/Noise* ou S/R). Nesse exemplo, o sinal é dado pela resposta medida acima do fundo (*background*) médio na ausência de qualquer analito. O ruído é dado somente pela variação aleatória no sinal de fundo, conforme medida pelo desvio-padrão do sinal de fundo ou pela variação do pico ao vale no fundo. Uma vez determinado o valor de S/N, este fornece uma medida de quantas vezes o sinal é maior do que o ruído de fundo. Isso ajuda o analista a determinar em que ponto um sinal confiável pode ser considerado realmente presente em uma medição.

O LOQ representa a menor ou a maior quantidade de analito que pode ser medida em um determinado intervalo de exatidão e/ou precisão. Para ilustrar esse conceito, analisaremos novamente o gráfico de precisão na Figura 5.2. Se nosso objetivo é fazer medições com uma precisão maior do que ± 15 por cento, então 0,05 e 0,4 μmol/L são os LOQs inferior e superior para esse ensaio. Mesmo que pudéssemos detectar quantidades menores ou maiores, esses resultados não seriam úteis, porque não têm a precisão requerida de no mínimo ± 15 por cento que é necessária nesse exemplo em particular.

Além de usar um gráfico de precisão, você pode determinar um LOQ do método por meio de uma relação sinal/ruído. Essa determinação é realizada da mesma forma que a descrita para o LOD, exceto que uma S/N de 10:1 é usada agora como o valor de corte.[13]

$$LOQ = 10\ (s_b/m) \qquad (5.3)$$

Algumas práticas para determinar o menor LOD e LOQ para um ensaio serão fornecidas no próximo exercício.

> **EXERCÍCIO 5.3 Determinação dos limites de detecção e quantificação de um método**
>
> Um novo método de determinação do herbicida atrazina em água resulta em uma curva de calibração linear em níveis de baixo a moderado dessa substância (Figura 5.4). A regressão linear para essa curva é $y = 0,207\ (\pm 0,001) \cdot x + 0,008\ (\pm 0,006)$, onde y é a resposta medida, x é a concentração de atrazina e os valores entre parênteses são os desvios-padrão da inclinação e do intercepto da regressão linear. A partir desses dados, estime o limite inferior de detecção e o limite inferior de quantificação desse ensaio.
>
> **SOLUÇÃO**
>
> Neste caso, o valor de s_b é ± 0,006 (o desvio-padrão do intercepto) e o de m é 0,207 (a inclinação da regressão linear). Colocar essa informação nas equações 5.2 e 5.3 permite calcular os valores de LOD e LOQ.
>
> | | |
> |---|---|
> | LOD = 3,3 (s_b/m) | LOQ = 10 (s_b/m) |
> | = 3,3(0,006)/(0,207) | = 10(0,006)/(0,207) |
> | = 0,09<u>6</u> = **0,1 μg/L** | = 0,2<u>9</u> = **0,3 μg/L** |
>
> Podemos observar aqui que o limite inferior de quantificação é maior que o limite de detecção. Isso ocorre porque critérios mais estritos (S/N = 10 versus S/N = 3,3) foram usados para estimar LOQ em comparação com o LOD.

Faixa e linearidade de ensaio. A 'faixa' de um método analítico está intimamente relacionada com o limite de detecção. Ela se refere a todo o conjunto de concentrações do analito ou propriedades da amostra que se enquadram dentro dos níveis desejados de precisão e exatidão de um método analítico.[9,10] A faixa mais ampla possível de ser usada com uma técnica analítica se estende desde o limite inferior de detecção ao limite superior de detecção (Figura 5.5), e é conhecida como **faixa dinâmica**. Por exemplo, o ensaio na Figura 5.4 tem uma faixa dinâmica que vai desde o limite inferior de detecção (0,1 μg/L)

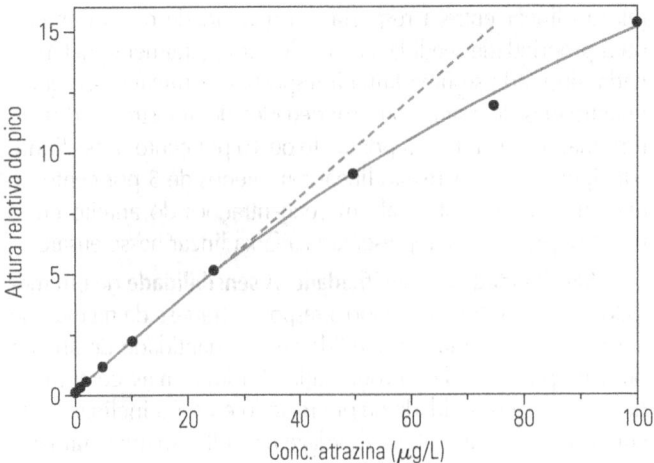

Figura 5.4

Curva de calibração para a atrazina medida em amostras de água por cromatografia líquida de alta eficiência. A atrazina é um herbicida utilizado em todo o mundo para o controle de ervas daninhas em lavouras. A linha tracejada mostra a regressão linear que foi obtida por esse método em concentrações de atrazina abaixo de 25 μg/L. A inclinação e o intercepto dessa regressão linear são dados no Exercício 5.3. A linha contínua mostra a resposta real que foi obtida em todas as concentrações observadas. (Reproduzido com permissão de D. H. Thomas, M. Beck-Westermeyer e D. S. Hage, "Determination of Atrazine in Water Using Tandem High-Performance Immunoaffinity Chromatography and Reversed-Phase Liquid Chromatography", *Analytical Chemistry*, 66, 1994, p.3828–3829.)

até pelo menos 100 μg/L, a maior quantidade de atrazina que produz uma mudança mensurável na resposta.

A faixa dinâmica pode ser dividida em áreas menores que representem tipos específicos de resposta. Uma dessas áreas é a **faixa linear**, que é a parte da faixa de um método que dá uma

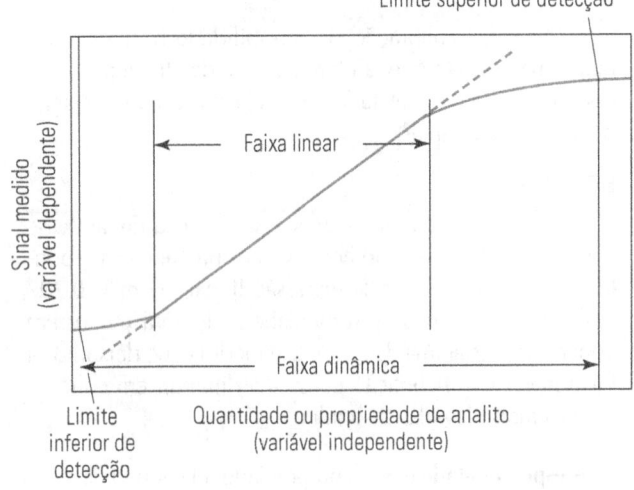

Figura 5.5

Relação geral entre faixa dinâmica, faixa linear e os limites de detecção em um método analítico.

relação linear entre a resposta e a quantidade de um analito ou a propriedade medida. A faixa linear é geralmente determinada ajustando-se uma linha à resposta e verificando-se quais quantidades de analito ou propriedades de amostra produzem um sinal na faixa de ± 5 por cento ou 10 por cento dessa linha. Na Figura 5.4, a regressão linear tem menos de 5 por cento de diferença da resposta real em concentrações do analito entre 0,1 e 32 μg/L, o que representaria a faixa linear nesse ensaio.

Sensibilidade e especificidade. A **sensibilidade** de um método é outro fator relacionado à resposta. Trata-se da medida de como a resposta muda à medida que a quantidade de analito ou a propriedade da amostra varia. A forma mais comum de descrever a sensibilidade de um método é usar a inclinação da curva de calibração.[10] Essa abordagem resulta em um parâmetro conhecido como *calibração da sensibilidade*. Por exemplo, um método que segue uma resposta linear ($y = mx + b$) terá uma calibração da sensibilidade igual à inclinação (m) da regressão linear. Se a resposta do ensaio não é linear, a inclinação e a calibração da sensibilidade serão diferentes em cada ponto na região não linear da curva de calibração.

Embora algumas pessoas usem as expressões 'limite inferior de detecção' e 'sensibilidade' como sinônimos, elas se referem a coisas bem diferentes. O limite inferior de detecção se refere à menor quantidade de analito que pode ser examinado por um método, enquanto a sensibilidade se refere à menor *variação* na quantidade de analito que pode ser detectada. Por isso, um método com uma inclinação acentuada em sua curva de calibração terá uma alta sensibilidade, porque isso faz ser possível observar pequenas diferenças na concentração de um analito. Um método com baixa sensibilidade teria uma pequena inclinação na curva de calibração, o que tornaria mais difícil a discriminação entre duas amostras que contivessem quantidades semelhantes do analito.

EXERCÍCIO 5.4 Determinação da sensibilidade de um método

Qual é a calibração da sensibilidade na Figura 5.6 para uma amostra que contém 20 μg/L de atrazina? Como essa sensibilidade é afetada à medida que a concentração de atrazina aumenta?

SOLUÇÃO

A concentração de 20 μg/L está na faixa linear desse ensaio, e portanto a calibração da sensibilidade nesse ponto é igual à inclinação da regressão linear, ou $m = 0,207$ L/μg. A calibração da sensibilidade se tornará menor em concentrações acima de 32 μg/L, à medida que deixamos a faixa linear e a inclinação começa a diminuir em concentrações mais elevadas de analito.

A **especificidade** é outra propriedade relacionada à resposta,[9,10] e se refere à capacidade de um método analítico de detectar e discriminar entre o analito e outras substâncias químicas em uma amostra. O termo *seletividade* também é usado para descrever essa propriedade. Uma técnica analítica é considerada 'específica' ou 'seletiva' se responde a um único analito ou a um pequeno grupo de substâncias. Procedimentos que detectam uma ampla gama de compostos são frequentemente referidos como *métodos gerais* ou *universais*.

A especificidade de uma técnica é determinada comparando-se a resposta do método ao analito com sua resposta a outros compostos que podem estar presentes na amostra. Uma forma de avaliar a especificidade de um método é usar um **gráfico de interferência** (Figura 5.6). Trata-se de um gráfico em que a quantidade aparente de analito medida por um método é traçada em relação à quantidade de uma segunda substância que foi adicionada à amostra. Tal gráfico torna possível determinar se o agente adicionado criará quaisquer problemas no ensaio. Para ilustrar isso, a Figura 5.6 indica que a medição da bilirrubina pelo Método 1 apresentará uma margem de erro de 10 a 85 por cento quando 0,06 a 6,4 g/L de hemoglobina estiver presente na amostra, enquanto o Método 2 apresentará uma margem de erro muito menor sob essas mesmas condições.

Outra abordagem da descrição da especificidade de um método analítico é a utilização de um *coeficiente de seletividade*.[14] Esse coeficiente é uma razão que compara os sinais produzidos por uma substância com outra após a aplicação do mesmo método. Como exemplo, suponha que temos um método que apresenta uma resposta linear para os compostos A e B. O coeficiente de seletividade desse método para a substância B *versus* A ($k_{B,A}$) seria igual à razão entre as regressões lineares para esses dois agentes, ou $k_{B,A} = (m_B/m_A)$. Esse conceito pode ser ilustrado com a utilização dos dados na Figura 5.6. Essa figura mostra que o Método 1 tem um sinal para a hemoglobina em uma concentração de 0,25 g/L que é aproximadamente igual ao sinal produzido

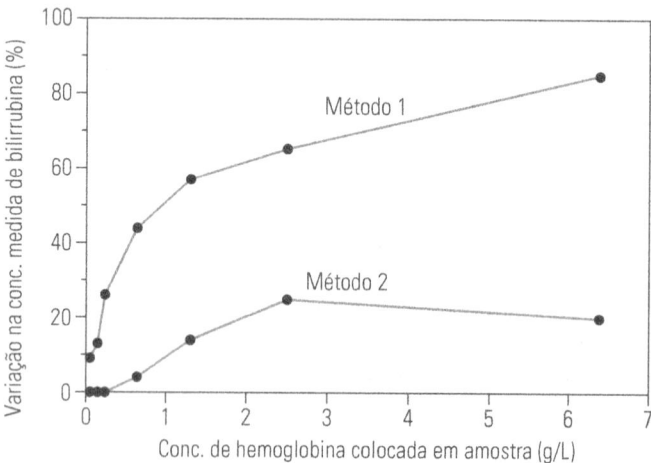

Figura 5.6

Efeitos da presença de hemoglobina em uma amostra de soro em uma medição de bilirrubina por dois métodos analíticos diferentes. A bilirrubina é um produto de degradação normal da hemoglobina e, assim como a hemoglobina, tem a capacidade de absorver fortemente a luz visível. (Gerado com base em dados de M. G. Scott, B. W. C. Lau e J. W. H. Ladenson, 'Improved Total Bilirubin Method for the Olympus AU 5000 that Decreases Interferences by Hemolysis or Azotemia', *Clinical Chemistry*, 34, 1988, p.1921.)

por $8,0 \times 10^{-3}$ g/L de bilirrubina. Assim, o Método 1 tem um fator de seletividade para bilirrubina *versus* hemoglobina que é dado pela equação $(0,25 \text{ g/L})/(8,0 \times 10^{-3} \text{ g/L}) = 31$, o que significa que esse método é mais de 30 vezes mais eficiente na detecção de bilirrubina do que de hemoglobina em tais amostras.

5.2.3 Outras propriedades de métodos analíticos

Uma propriedade adicional que deve ser caracterizada em um ensaio é a velocidade com que o método pode processar amostras. Um fator a ser considerado é o *tempo de análise global* do método, que é o tempo de que todas as etapas da elaboração e análise de uma amostra necessitam. Um fator relacionado é o *rendimento de amostras*. Esse termo se refere ao número de amostras que pode ser processado por um método em um dado período de tempo. Ao descrever essa propriedade, uma técnica com 'alto rendimento' é aquela que pode analisar muitas amostras em um curto período, enquanto uma de 'baixo rendimento' é aquela que pode medir apenas um pequeno número de amostras no mesmo intervalo de tempo.

Os tipos de amostra que podem ser examinados a partir de um método também devem ser considerados. Alguns métodos requerem que uma substância química esteja na fase gasosa antes que possa ser medida, enquanto outros podem exigir um líquido ou um sólido. Às vezes, a quantidade de amostra disponível é muito pequena ou sua concentração é muito baixa para ser analisada por um método específico. Se isso ocorrer, uma abordagem alternativa deve ser encontrada, ou as propriedades da substância e da matriz devem ser ajustadas para satisfazer às exigências do método, como veremos na Seção 5.4.

Outros pontos que devemos considerar durante a escolha do método são custo, disponibilidade e facilidade de uso de uma técnica. O custo total deve incluir os recursos financeiros para a aquisição e a manutenção de todos os equipamentos necessários à análise, bem como o custo de mão de obra e de materiais requeridos pelo método. A disponibilidade e a facilidade de uso estão relacionadas ao custo, pois, muitas vezes, é menos oneroso usar um método para o qual já se tem o equipamento necessário e pessoal treinado. A *robustez* — a capacidade de uma técnica para dar uma resposta consistente quando pequenas variações são feitas em suas condições experimentais — é outra característica importante de um método analítico.[9,10] Essas variações podem incluir pequenas alterações de temperatura, tempos de reação ou composição dos reagentes. É sempre conveniente ter um método altamente robusto no sentido de que menos erros serão introduzidos nos resultados quando essas variações ocorrerem.

5.3 Controle de qualidade

Quando você trabalha em um laboratório de análises, não só precisa saber como usar vários métodos, mas também deve ser capaz de determinar quando um teste não está funcionando corretamente. O processo de monitoramento do desempenho rotineiro de um método analítico é conhecido como **controle de qualidade**.[15]

5.3.1 Requisitos gerais para o controle de qualidade

Há três itens que são usados em qualquer processo de controle de qualidade. O primeiro deles é um **material de controle** (ou 'controle'). Trata-se de uma substância a ser analisada periodicamente por um método analítico para determinar se o procedimento está funcionando de maneira consistente. Existem várias fontes potenciais de controle de materiais, incluindo agências governamentais, associações nacionais e fornecedores. Materiais de controle também podem ser produzidos dentro do próprio laboratório, assim como quando se está medindo novos tipos de substâncias ou amostras.

Há várias características que devem estar presentes em qualquer material de controle. Primeiro, o material de controle deve conter o analito de interesse, de preferência em níveis semelhantes aos de outras amostras que serão analisadas. Segundo, deve ter uma matriz semelhante à de outras amostras para evitar diferenças devido aos efeitos de interferência. Terceiro, uma quantidade suficiente de material de controle deve estar disponível para uso a longo prazo, e deve ser possível armazená-la por longos períodos de tempo. Apesar de alguns materiais de controle se comportarem de maneira estável sob condições normais de laboratório, muitos podem exigir uma área de armazenagem a seco, ou o uso de refrigeração, liofilização ou iluminação especial para impedir sua degradação.

A segunda parte de um programa de controle de qualidade consiste em um **gráfico de controle**. Esse gráfico utiliza os resultados obtidos a partir de um material de controle para acompanhar o desempenho de um método analítico ao longo do tempo (Figura 5.7). Ele pode indicar a ocorrência de uma mudança nos erros sistemáticos ou aleatórios de um método comparando o resultado obtido a partir do material de controle com a faixa de resultados que normalmente se esperaria para o mesmo material. Se um novo resultado ficar fora desse intervalo, o método analítico deverá ser examinado para assegurar que esteja funcionando adequadamente antes de qualquer outra amostra ser testada.

A **avaliação de erro** é a terceira parte de um programa de controle de qualidade. Trata-se do processo de identificar todas as fontes de erros que podem existir em um método analítico e de determinar como corrigi-los. Várias ferramentas servem de auxílio na avaliação de erro. Por exemplo, um fluxograma pode mostrar todas as etapas de uma medição e ajudar a identificar possíveis problemas que possam vir a ocorrer em cada uma delas. Outra ferramenta valiosa é uma lista das principais fontes de erros que podem existir em um método, acompanhada por uma descrição de como cada erro afetará os resultados da medição. O treinamento adequado dos profissionais de laboratório também contribui com a avaliação de erros, porque facilita a identificação e a correção de problemas à medida que eles surgem.

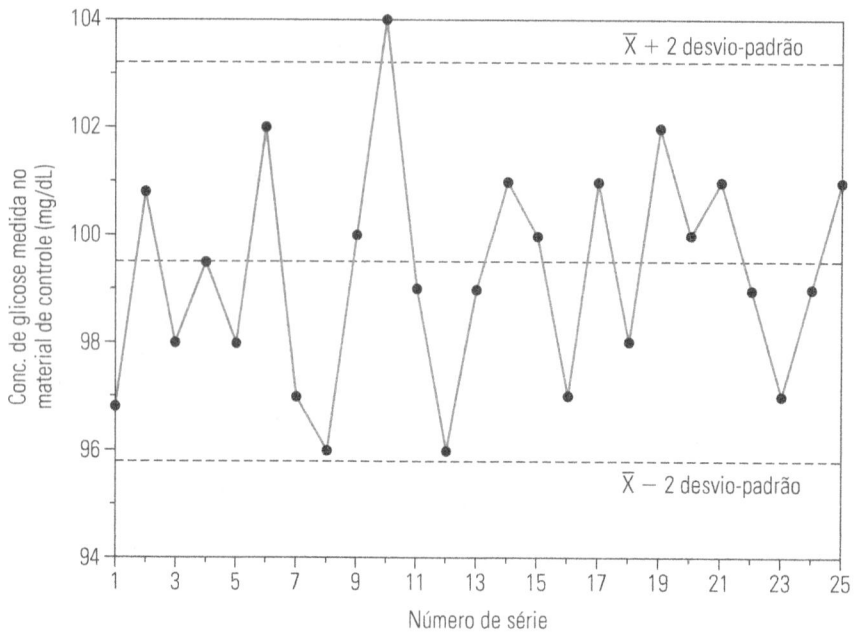

Figura 5.7

Exemplo do gráfico de controle de Levey-Jennings.

5.3.2 Preparo e uso de gráficos de controle

Agora, examinaremos mais profundamente um dos principais componentes de um programa de controle de qualidade, o **gráfico de controle**. O primeiro passo para elaborar um gráfico de controle é obter um material de controle com o analito na matriz apropriada e nas concentrações adequadas. Em seguida, esse material de controle é analisado várias vezes (geralmente de 20 a 30 vezes) por meio do método a ser avaliado, utilizando-se condições idênticas às do teste das amostras. Então, calculam-se a média e o desvio-padrão dos resultados para esse material de controle, que serão aplicados na montagem de um gráfico de controle para a técnica analítica.

A Figura 5.7 mostra o gráfico conhecido como *Levey-Jennings* ou *gráfico individual*.[10,15] Ele é usado em situações nas quais se executa apenas uma medição por analito em uma amostra. O eixo *y* representa as medições adicionais do material de controle tomadas posteriormente, enquanto o eixo *x* mostra o tempo ou a ordem dessas medições. O eixo *y* também contém algumas linhas de referência baseadas nas medidas originais do material de controle, que mostram o intervalo em que os novos valores para esse material devem aparecer. Nesse gráfico em particular, essas linhas ocorrem na média e em dois desvios-padrão acima ou abaixo da média para os resultados originais do material de controle. Como vimos no Capítulo 4, 95 por cento de quaisquer novas determinações feitas para esse mesmo material deverão ocorrer dentro dessa faixa dada se não houver mudanças no método analítico. Se um novo resultado ficar fora desse intervalo (ou 'fora de controle'), uma ação corretiva pode ser necessária antes que outras amostras sejam medidas ou examinadas pelo método.

Visto que faz uso de uma única medida para cada analito, o gráfico de Levey-Jennings é comumente empregado em laboratórios clínicos, onde a quantidade de amostra disponível costuma ser limitada e a rapidez na resposta é exigida. Outros tipos de gráfico de controle podem ser encontrados em outros ambientes. Um exemplo disso é o *gráfico de Shewhart*, com frequência usado em laboratórios industriais e em situações em que se dispõe de tempo e de material suficientes para realizar diversas medi-

> **EXERCÍCIO 5.5** Desenvolvimento e uso de um gráfico de controle
>
> A análise de colesterol em uma amostra de controle de soro apresenta os seguintes resultados: 187, 198, 191, 189, 194, 197, 191, 199, 195, 186, 192, 194, 196, 193, 200, 192, 190, 195, 188 e 191 mg/dL. Esses dados são utilizados para montar um gráfico de Levey-Jennings para esse método. Uma nova medição do mesmo material de controle fornece um valor de 200 mg/dL. Esse novo valor está 'sob controle' ou 'fora de controle' quando se utiliza um intervalo permitido de $\bar{x} \pm 2\,s$? Essa técnica opera a um nível que seja satisfatório para análise de amostra?
>
> **SOLUÇÃO**
>
> Com base nos 20 valores que foram inicialmente medidos para o material de controle, obtemos um resultado médio de 193 mg/dL e um desvio-padrão de 4 mg/dL. Assim, se fizéssemos uma medição adicional para o mesmo material, haveria uma probabilidade de 95 por cento de o novo valor se situar entre $(\bar{x} - 2\,s) = 185$ e $(\bar{x} + 2\,s) = 201$ mg/dL (linhas de referência para o gráfico de controle). O novo valor de 200 mg/dL está dentro dessa faixa. Logo, esse resultado está 'sob controle' e o método pode ser usado em outras amostras.

ções em cada amostra.[11,16] Com essas informações adicionais, é possível determinar um resultado médio, uma faixa e um desvio-padrão para cada amostra e preparar gráficos de controle separados para esses vários parâmetros. Esses gráficos à parte facilitam a identificação e a diferenciação de quaisquer erros sistemáticos ou aleatórios que possam aparecer mais tarde no ensaio. Por exemplo, uma mudança nos erros sistemáticos deve afetar o resultado da média em um gráfico de Shewhart, mas exerce pouco efeito sobre o desvio-padrão ou sobre o intervalo. No entanto, esses outros parâmetros serão afetados por uma mudança na precisão da técnica, o que representa uma alteração em erros aleatórios. Essa informação pode ser útil na localização e na correção de um problema em um método analítico.

5.4 Coleta e preparo de amostra

Além da seleção e da caracterização de sua técnica de medição, é igualmente essencial que sua amostra seja devidamente selecionada e preparada para estudo.[17-20] Não seguir esse padrão produzirá resultados que são uma representação incorreta do material original. Para evitar essa situação, examinaremos algumas diretrizes a serem seguidas ao prepararmos uma amostra para análise.

5.4.1 Coleta de amostra

O tipo de material que você deseja examinar costuma determinar o nível de dificuldade para se obter uma amostra representativa. Se estiver lidando com um líquido ou com um gás, coletar uma amostra pode envolver simplesmente a obtenção de um volume ou de uma massa em quantidade suficiente para a execução de testes. Entretanto, se o material consiste em um grupo de partículas sólidas ou em uma substância não uniforme, você deve considerar como os analitos estão distribuídos nesse material para obter uma parcela representativa para análise. A abordagem específica usada na obtenção de uma amostra é conhecida como *plano de amostragem*.[17] Um exemplo de tal plano é mostrado na Figura 5.8. Como essa figura indica, um plano de amostragem deve incluir todas as etapas envolvidas na seleção, na extração, na conservação, no transporte e na preparação dos materiais a serem estudados em um laboratório. A abordagem específica a ser seguida em um plano de amostragem vai depender do estado físico do material, do tamanho da amostra que é necessário e de quão uniforme é a composição do material original.

A falha na obtenção de uma amostra verdadeiramente representativa levará a um **erro de amostragem**. Trata-se de um erro criado quando se usa apenas uma parte de uma substância não

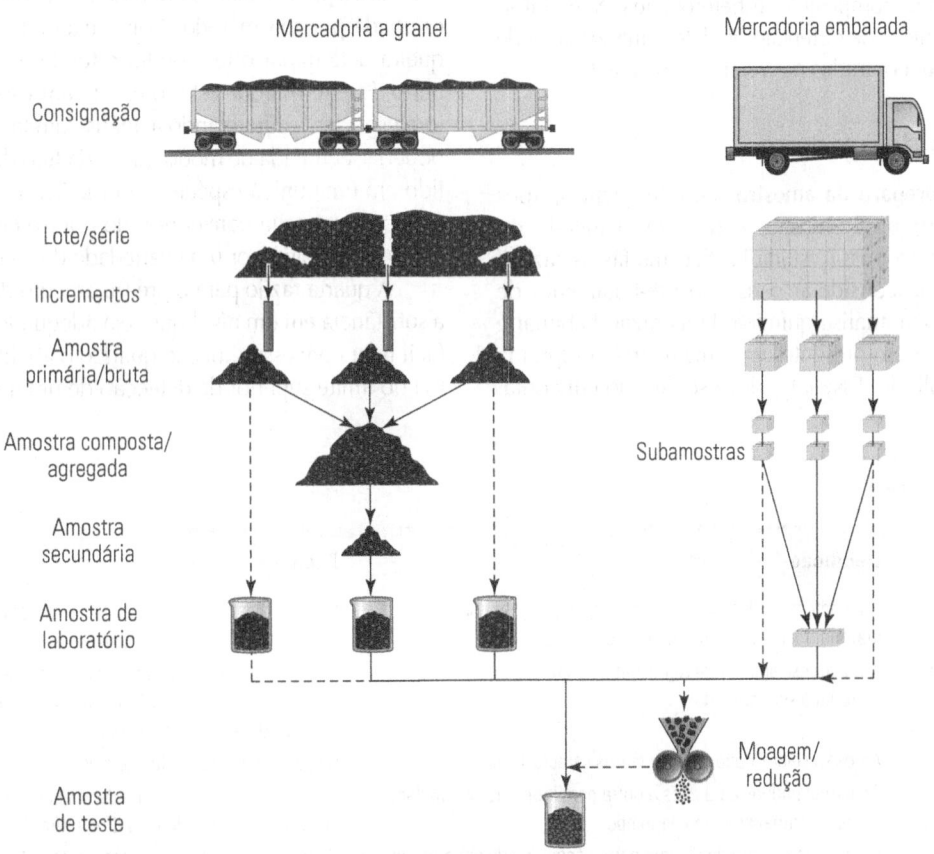

Figura 5.8

Plano de amostragem para medição de matérias-primas a serem utilizadas em um processo industrial. Depois que as operações de amostragem desse plano forem realizadas, a amostra será levada para um laboratório onde poderá ser pesada, imersa em uma solução, tratada e dividida em alíquotas antes de ser analisada. (Adaptado com permissão de R. E. Majors, 'Nomenclature for Sampling in Analytical Chemistry,' LC · GC, 10, 1992, p.500–506.)

uniforme para análise. O tamanho do erro de amostragem vai depender do número de 'partículas' em sua amostra coletada e da fração do material total que é analisado.[18, 20] Quanto maior a quantidade do material original que você usar em uma medição, menor a incidência de erro de amostragem, mas o uso de mais materiais também requer uma amostra maior. Por isso, o mais comum é que os químicos analíticos utilizem apenas uma pequena porção de material para análise. Essa abordagem poderá ainda levar a pequenos erros de amostragem, se você estiver examinando um grande número de partículas, como ocorre frequentemente na medição de moléculas ou íons.

A Tabela 5.3 lista várias abordagens que podem ser utilizadas para se obter uma amostra de um material.[17-20] Por exemplo, uma *amostra aleatória* é adquirida ao se tomar arbitrariamente uma parte de um material e testar essa porção para obter informações sobre todo o conteúdo do material. Esse método funciona bem no caso de um material homogêneo, porém é mais difícil de ser usado no caso de substâncias não uniformes. Uma alternativa é coletar uma *amostra representativa*, o que requer um plano de amostragem bem definido que permita adquirir uma ou mais amostras que reflitam a composição e as propriedades globais do material original. A obtenção de uma amostra representativa envolve mais trabalho do que a amostragem aleatória, mas fornece uma descrição mais precisa de um material, especialmente quando sua composição é heterogênea. Mais informações sobre as técnicas de obtenção de determinados tipos de amostra podem ser encontradas nas referências 18 a 21.

5.4.2 Preparo da amostra

Objetivos do preparo da amostra. Com frequência, após selecionar e adquirir uma amostra, é necessário tratá-la ou prepará-la para que se possa estudá-la. São muitas as razões por que você deveria considerar o uso do pré-tratamento de amostras antes de uma análise química. Uma razão habitual é que os analitos não estão presentes em uma matriz apropriada para o método escolhido. Esse fator deve ser levado em conta, pois todas as técnicas analíticas têm algumas exigências quanto aos tipos de amostra que esses métodos podem usar para estudo. Dois exemplos específicos são os métodos de separação da cromatografia gasosa (CG) e cromatografia líquida (CL). A CG requer que as substâncias químicas estejam presentes na forma gasosa ao serem colocadas no sistema de análise, enquanto em CL elas devem estar presentes na forma líquida. Isso não significa, necessariamente, que a amostra original tenha de ser um gás ou um líquido, mas sim que os analitos devem, ao menos, ser transferidos para tal meio antes de serem examinados usando-se esses métodos.

Uma segunda razão para o pré-tratamento é que se deve lidar com substâncias presentes na amostra que interfiram na medição do analito. Isso pode ser um problema quando você está lidando com amostras complexas. Nessa situação, você pode usar um procedimento que separe o analito de outros componentes da amostra ou eliminar essas interferências, convertendo-as para formas diferentes. Por exemplo, se quisesse medir uma determinada droga no sangue, você talvez usasse uma etapa de pré-tratamento para primeiramente isolar essa droga da amostra. Essa etapa torna a detecção da droga mais fácil e reduz a possibilidade de que outros agentes criem um erro na análise. Uma terceira razão para o pré-tratamento da amostra é a colocação do analito em uma forma química que possa ser estudada por seu método. Como exemplo, suponha que você queira determinar o teor de ferro total de uma amostra de minério. Esse ferro pode estar presente em várias formas químicas (ou 'espécies'), dificultando a análise direta. Então, essa amostra poderia ser tratada de modo que cada tipo de ferro fosse convertido em uma única espécie para medição. Um meio de atingir esse objetivo seria converter todo o ferro em Fe^{2+}, que poderia então ser medido por uma variedade de técnicas.

A quarta razão para o pré-tratamento da amostra é colocar a substância em um nível que seja adequado à detecção. É mais fácil lidar com essa situação quando o analito está presente acima do limite superior de detecção de um método, caso em que

Tabela 5.3

Tipos gerais de amostras analíticas.

Tipo de amostra	Definição	Exemplo
Amostra aleatória	Uma amostra selecionada de modo que qualquer porção do material tenha a mesma chance de ser escolhida.	Seleção aleatória de um recipiente a partir de uma linha de produção para monitoramento de controle de qualidade.
Amostra representativa	Amostra escolhida para representar as propriedades de todo o material a ser estudado.	Uso de uma porção de uma amostra de carne bovina para análise de seu teor nutricional após a amostra ter sido processada em um misturador.
Amostra seletiva	Amostra selecionada para ter certas características.	Preparação de partículas de solo maiores do que 1 mm.
Amostra sequencial	Amostras obtidas uma após a outra para monitorar as mudanças em um material ao longo do tempo.	Coleta periódica de sangue de um paciente para monitorar mudanças no nível de uma droga terapêutica.
Amostra estratificada	Uma amostra extraída de uma parte específica de um material.	Coleta de água de diferentes pontos abaixo da superfície de um lago.
Amostra arbitrada	Amostra coletada e tratada de forma previamente combinada com o propósito de resolver um litígio.	Coleta e manuseio de amostras de urina para testes de drogas em eventos esportivos.

Fonte: esta lista foi baseada em L. H. Keith (ed.), *Principles of Environmental Sampling*, American Chemical Society, Washington, DC, 1996.

a amostra pode ser simplesmente diluída até que a quantidade de analito esteja dentro da faixa mensurável. Uma situação mais difícil ocorre quando o analito está presente em níveis baixos demais para medição. Tal situação pode ser tratada usando-se uma amostra grande e extraindo-se o analito da amostra para que ele seja colocado em um volume menor para análise. No entanto, essa abordagem não vai funcionar se você tiver uma quantidade limitada de amostra ou se estiver manipulando um material raro. Outra estratégia possível é escolher um método capaz de detectar pequenas quantidades do analito. Em alguns casos específicos, pode até ser possível aumentar a quantidade de analito por meio de uma reação catalítica ou enzimática. Vimos um exemplo desse caso no Capítulo 2, onde a reação em cadeia de polimerase foi utilizada para amplificar o DNA em amostras de sangue ou cabelo para testes forenses.

Métodos de preparação. A grande variedade de analitos, amostras e métodos encontrada em química analítica requer uma seleção igualmente vasta de métodos de preparação de uma amostra. Uma lista com vários métodos de preparação de amostras é dada na Figura 5.9. Uma característica comum a todos

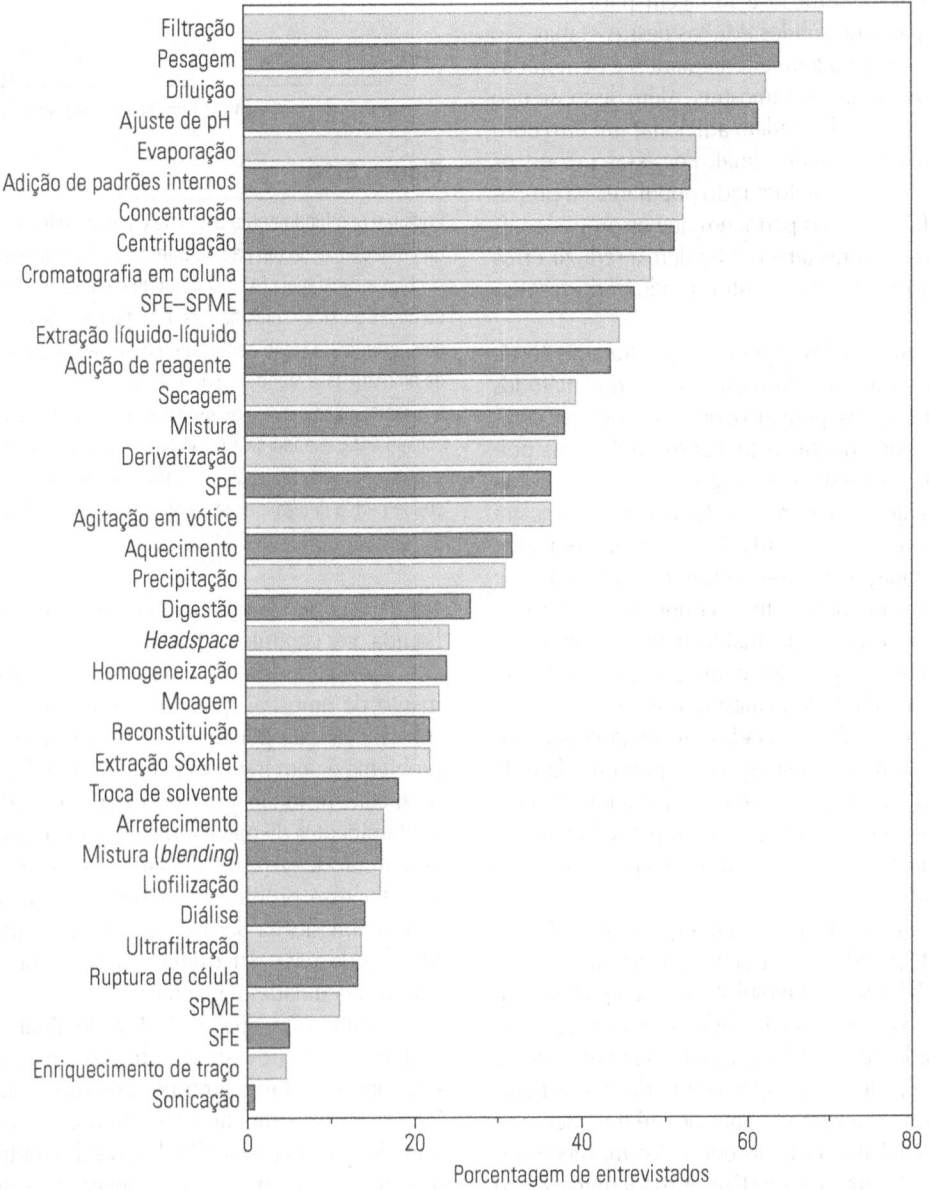

Figura 5.9

Procedimentos comuns de preparo de amostra encontrados em laboratórios de análises químicas. Esta lista é baseada em uma pesquisa com 467 cientistas de laboratório que estavam trabalhando com uma grande variedade de amostras. Mais informações sobre muitas das técnicas indicadas nesta figura podem ser encontradas ao longo deste livro. *Abreviaturas:* SFE: extração com fluido supercrítico; SPE: extração em fase sólida; SPME: microextração em fase sólida. (Reproduzido com permissão de R. E. Majors, 'Trends in Sample Preparation,' LC · GC, 14, 1996, p.754–766.)

esses métodos é que eles envolvem a utilização de uma mudança física ou química no analito ou em sua matriz. A mudança física pode envolver diluição da solução da amostra, pesagem de uma porção de um sólido para análise, filtragem de um precipitado a partir de um líquido ou aquecimento de uma solução para liberar uma substância química volátil. Exemplos de alterações químicas para pré-tratamento de amostras incluem a adição de reagentes para facilitar a detecção de uma substância ou o uso de uma reação que converta as múltiplas formas de um analito em uma única forma.

Muitas vezes, o preparo de amostras requer mais de uma etapa, como pesagem, dissolução e filtragem para preparar amostras líquidas a partir de sólidos. Muitas dessas etapas são de simples execução, mas podem ser entediantes e demoradas quando há um grande número de amostras. Além disso, se não forem realizadas com cuidado, podem adicionar um erro considerável aos resultados da análise final. Por essas razões, os sistemas automatizados estão se tornando populares na preparação de amostras. Tais sistemas permitem que os profissionais de laboratório realizem outras tarefas e tendem a reduzir erros aleatórios durante o preparo da amostra, produzindo resultados mais precisos.

Precauções recomendadas. Apesar do pré-tratamento de uma amostra ser necessário no caso da maioria dos métodos analíticos, vários problemas podem ocorrer se esse procedimento não for executado corretamente. Por exemplo, uma porção do analito pode ser perdida nesse processo, assim como poderia ocorrer durante a transferência do analito da amostra original para uma nova matriz. A perda de analito também pode ser causada por degradação na fase de pré-tratamento ou por conversão incompleta do analito em uma nova forma de medição. Esse problema de perda de analito pode ser detectado por meio de estudos de recuperação (como discutido na Seção 5.2.1), em que a quantidade de analito que permanece após uma fase de pré-tratamento é comparada com a quantidade inicialmente presente. Como exemplo, se você usou uma fase de pré-tratamento em um padrão conhecido por conter 25 mg/L de um analito, mas só mediu 20 mg/L após o procedimento, o percentual de recuperação do analito nessa etapa seria $100 \cdot (20/25) = 80$ por cento.

Para ajudar a corrigir essa perda, uma quantidade *fixa* de outra substância pode ser adicionada à amostra para atuar como um **padrão interno**. Trata-se de uma substância não presente na amostra original, mas que tem propriedades semelhantes às do analito e a capacidade de ser detectada separadamente desse composto. Como o analito e o padrão interno devem se comportar da mesma forma durante as etapas de pré-tratamento, a perda de um se refletirá na perda do outro. Assim, medindo-se a quantidade final de ambas as substâncias e determinando-se a razão de seus sinais, é possível corrigir qualquer alteração no valor de analito que possa ter ocorrido durante o processo de preparação da amostra (como ilustrado na Figura 5.10). Essa abordagem também pode ser usada para ajustar as variações durante a injeção e a análise da amostra em métodos como

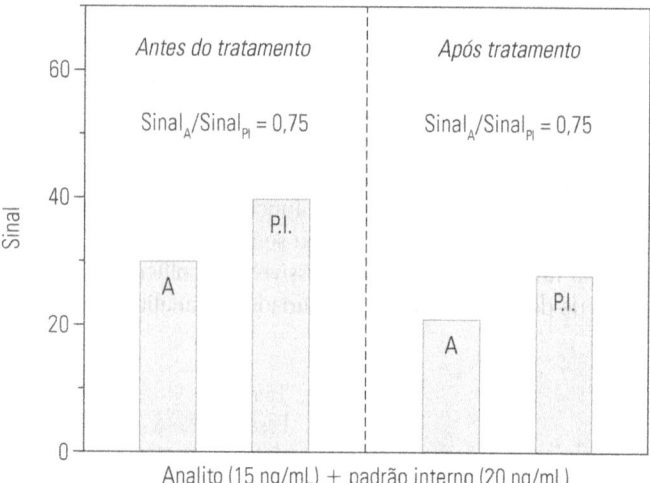

Figura 5.10

Princípio que fundamenta o uso de um padrão interno. Nesse exemplo, uma quantidade fixa de um padrão interno (P.I.) é adicionada a uma amostra que contém a substância (A). Se o analito e o padrão interno têm propriedades químicas e físicas semelhantes, eles também devem ter recuperação e comportamento semelhantes durante todas as etapas de pré-tratamento da amostra. Isso significa que a razão de seus dois sinais permanecerá a mesma, mesmo que a quantidade absoluta de cada um diminua. Por conseguinte, usando-se a razão de seus sinais, em vez de apenas o sinal do analito para quantificação, uma abordagem mais robusta e reproduzível é obtida para a determinação da quantidade do analito nas amostras.

espectroscopia de emissão atômica e cromatografia gasosa ou líquida (ver capítulos 19, 21 e 22).

Um segundo problema pode ocorrer durante o pré-tratamento da amostra, quando são introduzidas na matriz novas substâncias que podem interferir na detecção do analito. Esse problema é com frequência constatado durante a determinação de metais residuais em que mesmo pequenas quantidades de contaminantes de metal em reagentes ou recipientes de amostra podem produzir resultados artificialmente elevados. É possível detectar esse problema por meio de estudos de interferência (como descrito na Seção 5.2.2) ou de testes de especificidade do método para determinar quais as substâncias que podem causar dificuldades na técnica.

Outra coisa que você deve lembrar quando usar o pré-tratamento é que isso sempre resultará na perda de algumas informações sobre a amostra. Remover o analito de sua matriz inicial não só simplifica a mistura a ser testada, mas também impede que você obtenha dados sobre outros componentes da amostra. Da mesma forma, a conversão do analito em uma nova forma pode impedir que você conheça sua composição original. Esse resultado pode ser aceitável em muitos tipos de análise. No entanto, se você não estiver ciente de tais efeitos, essa perda de informação poderá levar a uma interpretação incorreta de seus dados finais.

Palavras-chave

Avaliação de erro 105
Controle de qualidade 105
Erro de amostragem 107
Especificidade 104
Estudo de recuperação de contaminante 99
Faixa dinâmica 103

Faixa linear 103
Gráfico de controle 105
Gráfico de correlação 100
Gráfico de interferência 104
Gráfico de precisão 100
Limite de detecção (LOD) 101
Limite de quantificação (LOQ) 103

Material de controle 105
Padrão interno 110
Recuperação percentual 100
Relação sinal/ruído (S/N) 102
Resposta 101
Sensibilidade 104
Validação de método 99

Outros termos

Amostra aleatória 108
Amostra em branco 102
Amostra representativa 108
Calibração de sensibilidade 104
Coeficiente de seletividade 104
Especiação 99
Estudo de correlação 100
Figuras de mérito 99
Gráfico de Levey-Jennings 106

Gráfico de Shewhart 106
Limite inferior de detecção 101
Limite superior de detecção 101
Material de referência certificado (MRC) 99
Método universal (geral) 104
Microscopia óptica 99
Plano de amostragem 107
Precisão dia a dia 101
Precisão interlaboratorial 101

Precisão interoperador 101
Precisão intradia 101
Rendimento de amostra 105
Robustez 105
Ruído 102
Seletividade 104
Sinal 102
Tempo de análise global 105

Questões

Introdução: caracterização e seleção de método

1. Quais perguntas sobre a amostra devem ser feitas quando se está selecionando um método analítico? Como essas perguntas afetam a concepção do processo de análise?
2. Quais questões a respeito da técnica de análise devem ser abordadas quando se está criando um procedimento para uma análise química? Como essas questões afetam a seleção do método de medição?
3. Liste uma série de fatores que devem ser considerados sobre a amostra e o método na escolha de uma técnica de análise química para cada uma das seguintes situações.
    (a) Medição de oxigênio e dióxido de carbono no sangue durante um procedimento cirúrgico.
    (b) Medição rotineira de acidez em amostras de solo.
    (c) Determinação de um traço de pesticidas em um lote de vegetais que está sendo enviado ao mercado.
    (d) Confirmação da estrutura de um medicamento recém-sintetizado.
4. O mercúrio pode ser encontrado em amostras biológicas como parte de muitas espécies químicas diferentes. Um cientista ambiental gostaria de estudar os efeitos do mercúrio em um determinado tipo de peixe em um lago contaminado. Cite algumas das questões específicas sobre as quais esse cientista deve refletir antes de escolher um método de análise química para essa pesquisa.
5. O que se entende por 'figuras de mérito' em química analítica? Cite alguns exemplos específicos de figuras de mérito.
6. O que é 'método de validação'? Explique sua importância na realização de uma análise química.

Recuperação de contaminante e estudos de correlação

7. Cite algumas orientações gerais usadas para examinar a exatidão de um método analítico. Em que tipos de circunstâncias cada uma dessas abordagens é empregada?
8. O que é 'material de referência certificado'? Por que esse tipo de material é importante na validação do método?
9. Um laboratório de testes de drogas pretende comercializar um método de análise para o controle da droga ciclosporina A em amostras de pacientes transplantados. Descreva como o laboratório poderá avaliar a precisão desse método, utilizando um material de referência certificado.
10. Um material de referência certificado de carvão betuminoso é analisado por um laboratório e é constatado que ele possui um teor médio de alumínio de 0,874 por cento (m/m). O valor reportado para esse mesmo material é 0,855 por cento. Quais são o erro absoluto e o erro relativo do método que foi utilizado nessa análise?
11. Como um estudo de recuperação de contaminante é realizado? Como esse tipo de estudo é utilizado durante a validação de método?
12. Um químico farmacêutico prepara uma amostra de 1,0 mL de soro em branco que foi inoculada com $23,0 \times 10^{-9}$ g de digitoxina, um medicamento usado no tratamento de batimentos cardíacos irregulares. Essa amostra é preparada e analisada por um método que foi previamente calibrado com padrões de digitoxina aquosa. O resultado final é uma

concentração de digitoxina medida de 22,7 μg/L. Qual é a recuperação percentual de digitoxina?

13. A recuperação de um pesticida de uma solução aquosa 5,0 ppb é examinada por um método de extração em fase sólida a ser usado na preparação de amostras de águas subterrâneas. As recuperações encontradas por cinco medições da mesma amostra são 98,7, 101,2, 97,0, 99,1 e 97,6 por cento. Com base nesses resultados, há algum erro sistemático detectável no método de extração no nível de confiança de 95 por cento?

14. Descreva como um teste t de Student pareado pode ser usado na validação de um método.

15. Os dados a seguir foram obtidos por uma indústria alimentícia que pretende adotar um novo procedimento para medir o teor de proteína de seus produtos. Use um teste t de Student pareado para determinar se os procedimentos de análise novos e antigos fornecem os mesmos resultados no nível de confiança de 95 por cento. (*Observação*: você pode supor que a precisão é igual para esses dois métodos.)

Número da amostra	Teor de proteína medido (% m/m)	
	Método de análise antigo	Método de análise novo
1	10,1	10,5
2	25,8	26,9
3	15,3	15,6
4	30,0	32,9
5	6,2	7,8
6	21,7	23,1
7	34,2	36,9
8	40,1	44,8

16. O que é um gráfico de correlação? Como ele é preparado, e como é usado na validação de um método?

17. Os seguintes resultados foram obtidos por meio de métodos baseados em cromatografia líquida (CL) e cromatografia gasosa (CG) para medir a nicotina em fumantes. Prepare um gráfico de correlação para comparar os resultados dos métodos CL com os dados de CG representados pelo eixo x. A partir desse gráfico, o que se pode concluir sobre a correlação entre os dois métodos?

Concentração de nicotina em soro (μg/L)		
Número da amostra	CG	CL
1	2,5	2,8
2	3,2	2,9
3	7,1	7,5
4	10,2	11,5

(*continua*)

(*continuação*)

Concentração de nicotina em soro (μg/L)		
Número da amostra	CG	CL
5	12,9	11,8
6	14,4	16,0
7	16,1	16,3
8	22,7	23,5
9	29,6	30,2
10	33,8	35,9
11	37,4	40,2
12	39,1	41,0
13	42,5	44,3
14	46,7	49,5

18. Use um gráfico de correlação para comparar os dois métodos que foram empregados na Questão 15 para medir o teor de proteína total de amostras de alimentos. Com base nesse gráfico, o que se pode concluir sobre a correlação entre esses dois métodos? Como essa conclusão pode ser comparada ao resultado obtido na Questão 15 ao se aplicar o teste t de Student pareado?

Medições de precisão

19. Cite alguns meios de avaliar a precisão de um método analítico. Quais medidas de precisão do Capítulo 4 são frequentemente utilizadas durante esse processo de avaliação?

20. Um novo método é desenvolvido para medir o antígeno oncofetal CEA como um marcador para câncer colorretal. Esse método apresenta os seguintes resultados para uma amostra de referência de CEA: 15,0, 15,5, 15,3, 14,4 e 16,1 mg/mL. Qual é a precisão desse método, levando-se em conta o desvio-padrão e o desvio-padrão relativo dessa amostra?

21. O mesmo método descrito na Questão 20 é usado para examinar uma segunda amostra de referência que contém uma maior concentração de CEA e fornece os seguintes resultados: 35,3, 36,8, 37,5, 34,0 e 35,9 ng/mL. Qual é a precisão do método para essa segunda amostra em termos de desvio-padrão e desvio-padrão relativo? Como esses resultados se comparam com os encontrados na Questão 20?

22. O que é um gráfico de precisão, e como ele é preparado? Por que esse tipo de gráfico é útil na descrição do desempenho de um método analítico?

23. Os dados a seguir foram obtidos durante a avaliação de um método para análise de acetaminofeno na preparação de medicamentos. Os valores indicados na tabela para as alturas de pico incluem a média e o desvio-padrão encontrados em cinco medições replicatas a cada concentração. Prepare um gráfico de precisão para esse método. Como o desvio-padrão e o desvio-padrão relativo da resposta variam à medida que a concentração do medicamento é aumentada?

Concentração de acetaminofeno (mg/L)	Altura de pico ($\bar{x} \pm 1s$)
5	150 ± 43
10	310 ± 32
20	445 ± 20
30	589 ± 15
40	763 ± 28
50	895 ± 58

24. Um químico farmacêutico pretende utilizar o método do problema anterior para realizar uma medição de rotina do acetaminofeno em comprimidos de medicamento. Espera-se que as amostras extraídas desses comprimidos contenham concentrações de acetaminofeno que estejam no intervalo de 15 a 35 mg/L. Com base nos resultados da Questão 23, qual intervalo de valores de desvio-padrão relativo poderia ser esperado nessa faixa de concentração para essas amostras? Qual intervalo aproximado de concentrações das amostras poderia ser analisado por esse método e fornecer um desvio-padrão relativo de 5 por cento ou abaixo disso?

25. Defina cada um dos seguintes termos e indique como são usados na descrição da precisão de um método analítico.
    (a) Precisão intraensaio.
    (b) Precisão dia a dia.
    (c) Precisão intradia.
    (d) Precisão interoperador.
    (e) Precisão interlaboratorial.

26. Usando a lista na Tabela 5.2, indique o tipo de precisão que deve ser medido em cada uma das situações.
    (a) Um supervisor em um laboratório de controle de qualidade deseja comparar o grau de reprodutibilidade obtido por vários funcionários que se revezam na realização de um ensaio para o teor de colesterol em alimentos.
    (b) Um cientista de campo pretende determinar a reprodutibilidade de um instrumento portátil quando é usado em um local de testes remoto, ao longo de vários dias.
    (c) Um laboratório clínico precisa determinar a extensão da variação que ocorre em uma amostra de controle que é medida várias vezes durante a análise de um grande lote de amostras de soro.

Limites de detecção

27. Descreva o que se entende por 'relação sinal/ruído'. Como isso é utilizado em química analítica?
28. Qual é a diferença entre 'limite de detecção' e 'limite de quantificação? Como cada um desses fatores é determinado em um método analítico?
29. Explique como o limite de detecção ou o limite de quantificação pode ser estimado por meio de um gráfico de precisão.
30. Um toxicologista desenvolveu uma nova técnica para analisar adutos de DNA que poderia ser usada para acompanhar a exposição de seres humanos a agentes cancerígenos no ambiente. Esse método fornece uma regressão linear em uma concentração de adutos de até aproximadamente 100 ng/mL, com uma inclinação de 1250 ± 50 ng/mL acima dessa faixa e um intercepto de 22 ± 10. Estime o limite inferior de detecção e o limite inferior de quantificação para esse ensaio.
31. Um método para medir anticorpos monoclonais fornece uma resposta linear para um gráfico de absorbância *versus* concentração (em unidades de μg/mL). A equação que descreve a regressão linear para esse gráfico é $y = 0,0252 (\pm 0,004)x + 0,004 (\pm 0,003)$. Qual é o limite inferior de detecção aproximado para anticorpos monoclonais nesse método? Qual é o limite inferior de quantificação para esse método?

Intervalo e linearidade de ensaio

32. Defina os termos 'faixa linear' e 'faixa dinâmica' quando usados para descrever técnicas analíticas.
33. Os seguintes dados de calibração foram obtidos por um químico de alimentos que usou espectrometria de absorção atômica para determinar o teor de ferro em fórmulas lácteas e para bebês. Com base em uma regressão linear acima de 0,00-7,50 mg/L, qual é a faixa linear aproximada para esse método? Qual é sua faixa dinâmica? Em cada caso, indique como você definiu ou determinou esses intervalos.

Concentração de ferro (mg/L)	Absorbância medida
0,00	0,002
1,00	0,023
2,00	0,048
5,00	0,118
7,50	0,165
10,00	0,215
12,50	0,254
15,00	0,282
17,50	0,335
20,00	0,346

34. Um novo funcionário no mesmo laboratório da Questão 33 supõe que a resposta linear obtida em amostras contendo entre 0,00 e 7,50 mg/L de ferro também pode ser utilizada em amostras contendo concentrações mais elevadas de ferro. Com base nos dados apresentados na Questão 33, qual dimensão do erro seria produzida na concentração de ferro medida se esse funcionário usasse essa faixa linear com uma amostra que apresentou uma absorbância medida de 0,258? Qual proporção do erro poderia ocorrer em uma amostra com absorbância de 0,340?

Sensibilidade e especificidade

35. Qual é a diferença entre 'sensibilidade' e 'limite de detecção' quando usados para caracterizar um método de análise química?
36. Um aluno escreve um relatório de laboratório no qual afirma que a sensibilidade de um ensaio de alumínio é de 0,03

por cento (m/m) porque essa é a menor quantidade de alumínio que pode ser medida com uma precisão de ± 2 por cento. O que há de errado com a afirmação desse aluno?

37. Qual é a calibração da sensibilidade para o método da Questão 31? Descreva como você determinou esse valor.
38. Qual é calibração da sensibilidade para o método da Questão 33 em uma concentração de ferro de 7,50 mg/L? Como esse valor seria afetado se você passasse para concentrações mais baixas e mais altas na curva de calibração para essa técnica?
39. O que significa 'especificidade' em química analítica? Qual é a diferença entre um método específico e uma técnica geral?
40. O que é 'gráfico de interferência'? Como ele é empregado na validação de um método?
41. Um geoquímico, usando a espectroscopia de emissão atômica, pretende examinar o efeito que diferentes níveis de potássio exercerão sobre amostras a serem medidas quanto ao seu teor de sódio. Descreva como um gráfico de interferência poderia ser utilizado para fornecer essa informação.
42. Sabe-se que a presença de pequenas quantidades de compostos aromáticos em água pode afetar o sinal de fundo de um detector de fluorescência. Um químico de alimentos deseja obter um sinal de fundo de baixo com água para poder usar a fluorescência na medição de baixas concentrações de certas vitaminas solúveis em água. Descreva como um gráfico de interferência poderia ser usado para ajudar a determinar a concentração máxima de compostos aromáticos que pode ser tolerada nesse ensaio.
43. O que é 'coeficiente de seletividade' e como ele é usado na descrição da especificidade de métodos analíticos?

Outras propriedades de métodos analíticos

44. Defina cada um dos seguintes termos em relação aos métodos de análise química. Explique como cada um desses parâmetros pode ser medido.
    (a) Tempo de análise global.
    (b) Rendimento de amostras.
    (c) Robustez.
45. São necessários cerca de 10 minutos para extrair um analito de uma amostra usando-se o método de cromatografia gasosa (CG) para análise de cocaína e seus metabólitos na urina, mais 10 minutos para sua derivação e outros 15 minutos para sua injeção e separação em uma coluna de CG. Qual é o tempo de análise global de cada amostra?
46. É possível modificar o método de cromatografia gasosa (CG) no problema anterior de modo que até 10 amostras possam ser extraídas e derivadas simultaneamente, com cada uma dessas amostras sendo a seguir injetadas, uma de cada vez, em uma única coluna de CG. Qual é o rendimento máximo da amostra usando-se esse método? Como esse rendimento de amostra se modificaria se dois sistemas CG distintos fossem operados ao mesmo tempo e usados para processar essas amostras? Qual seria o tempo de análise global para cada amostra quando esse segundo sistema CG fosse usado?

Controle de qualidade

47. O que é 'controle de qualidade'? Por que ele é importante ao se realizar uma análise química?
48. Quais são as três partes de um programa de controle de qualidade? Qual é a finalidade de cada parte?
49. O que é um 'gráfico de Levey-Jennings'? Como esse tipo de gráfico é usado?
50. Um laboratório de análises clínicas deseja monitorar o desempenho de um instrumento que mede a concentração total do hormônio tiroxina em amostras de soro. Vinte medições do mesmo material de controle de soro fornecem as seguintes concentrações de tiroxina: 8,9, 9,5, 9,2, 8,8, 9,1, 9,0, 8,7, 9,1, 9,3, 9,2, 8,9, 9,0, 9,4, 9,1, 8,7, 9,2, 9,6, 8,9, 9,2 e 9,1 μg/dL. Prepare um gráfico de controle de Levey-Jennings para esse método utilizando uma escala de 1 a 14 dias sobre o eixo x.
51. O mesmo material de controle que foi utilizado no problema anterior é analisado diariamente para examinar o comportamento rotineiro do método na Questão 50. Os valores medidos ao longo das duas semanas seguintes são mostrados na tabela a seguir.

Número do dia	Valor de controle (μg/dL)
1	8,9
2	9,0
3	9,2
4	9,3
5	8,8
6	9,4
7	9,7
8	9,1
9	8,9
10	9,3
11	8,6
12	9,2
13	9,0
14	9,1

Plote os dados anteriores no gráfico de controle montado na Questão 50 e compare esses dados com os limites de controle permitidos. Quais desses resultados são aceitáveis e quais estão 'fora de controle'? Que ação você tomaria se obtivesse um resultado fora de controle?

52. O que é um 'gráfico de Shewhart'? Como ele difere de um gráfico de Levey-Jennings? Como um gráfico de Shewhart é usado?

Coleta e preparo

53. O que é um 'plano de amostragem'? Quais itens devem ser levados em conta no desenvolvimento de um plano de amostragem?

54. O que é 'erro de amostragem'? Quais fatores determinam a proporção do erro de amostragem em uma análise química?
55. O que é uma 'amostra aleatória'? O que é uma 'amostra representativa'? Como cada uma delas é usada?
56. Cite algumas das razões pelas quais o pré-tratamento de uma amostra pode ser necessário antes de uma análise.
57. Compare os procedimentos de preparo de amostras que estão listados na Figura 5.9 com os realizados por você.
58. Cite alguns dos possíveis problemas que podem ocorrer durante o pré-tratamento de uma amostra. Como esses problemas podem ser detectados ou evitados?

Problemas desafiadores

59. As várias propriedades dos métodos analíticos (como exatidão, precisão, limite de detecção, sensibilidade e velocidade) estão, com frequência, relacionadas.[22-24] Por exemplo, desenvolver um método com maior exatidão e precisão pode demandar um aumento no custo do ensaio ou a necessidade de um maior número de etapas de pré-tratamento e análise. Indique qual tipo de relação se pode esperar entre os seguintes parâmetros. Justifique suas respostas.
    (a) Efeito sobre o limite inferior de detecção quando a precisão do ensaio é melhorada.
    (b) Efeito de um aumento de sensibilidade no intervalo do ensaio.
    (c) Efeito de uma diminuição da sensibilidade na robustez do método.
    (d) Efeito de um aumento da precisão na capacidade de determinar a exatidão de um método.
60. Obtenha uma cópia de um catálogo de SRM do National Institute of Standards and Technology (NIST) dos Estados Unidos ou visite a página desse órgão na Internet. Com base nessas informações, identifique pelo menos um material de referência específico que pode ser utilizado em cada uma das seguintes situações.
    (a) Uso do ensaio de fogo para determinar a pureza de lingotes de ouro.
    (b) Análise dos elementos alumínio, cádmio, crômio, ferro, manganês, níquel e vanádio em amostras de solo.
    (c) Medição de creatinina em soro ou urina de seres humanos.
    (d) Análise de metais em catalisadores de automóveis.

Tópicos para discussão e relatórios

61. O exemplo do mapa de Vinland usado no início deste capítulo é apenas um dos muitos casos em que a análise química tem sido utilizada para confirmar ou não a verdadeira identidade de um objeto raro, uma obra de arte ou um precioso documento. Outros exemplos incluem estudos realizados sobre o Sudário de Turim, o busto de Nefertiti e a declaração de Salamanca, entre outros.[25-29] Obtenha informações sobre um desses casos e relate como a química analítica foi utilizada no estudo e caracterização do dado objeto.
62. O uso de robôs de laboratório na preparação de amostras é apenas uma das muitas aplicações que estão surgindo para esses dispositivos dentro de laboratórios de análises.[30,31] Identifique e discuta algumas outras aplicações em que a robótica pode ser valiosa para as medições químicas.
63. A seguir estão vários métodos de rotina, ou mais recentes, de pré-tratamento de amostras que são usados antes da análise química. Obtenha informações sobre a função de cada etapa de pré-tratamento (por exemplo, concentração ou purificação do analito), descreva como funciona o método e cite um exemplo de uma técnica analítica que possa empregar essa etapa de pré-tratamento.
    (a) Extração Soxhlet.
    (b) Extração em fase sólida.
    (c) Sonda de microdiálise.
    (d) Digestão por micro-ondas.

Referências bibliográficas

1. R. A. Skelton, T. E. Marston e G. D. Painter, *The Vinland Map and the Tartar Relation*, Yale University Press, New Haven, 1995.
2. E. Eakin, 'Was 'Old' Map Faked to Tweak the Nazis?' *New York Times*, 14 set. 2002, p.4.
3. W. C. McCrone, 'The Vinland Map,' *Analytical Chemistry*, 60, 1988, p.1009–1018.
4. D. J. Donahue, J. S. Olin e G. Harbottle, 'Determination of the Radiocarbon Age of the Parchment of the Vinland Map,' *Radiocarbon*, 44, 2002, p.45–52.
5. T. A. Cahill, R. N. Schwab, B. H. Kusko, R. A. Eldred, G. Moller, D. Dutschke, D. L. Wick e A. S. Pooley, 'The Vinland Map, Revisited: New Compositional Evidence on Its Inks and Parchment,' *Analytical Chemistry*, 59, 1987, p.829–833.
6. K. L. Brown e R. J. H. Clark, 'Analysis of Pigmentary Materials on the Vinland Map and Tartar Relation by Raman Microprobe Spectroscopy,' *Analytical Chemistry*, 74, 2002, p.3658–3661.
7. W. C. McCrone, *Asbestos Identification*, McCrone Research Institute, Chicago, IL, 1987.
8. W. C. McCrone, 'Why Use the Polarized Light Microscope?' *American Laboratory*, 4, 1992, p.17–21.
9. J. M. Green, 'A Practical Guide to Analytical Method Validation,' *Analytical Chemistry*, 68, 1996, p.305A––309A.
10. M. E. Swartz e I. S. Krull, *Analytical Method Development and Validation*, Marcel Dekker, Nova York, 1997.
11. N. W. Tietz, ed., *Textbook of Clinical Chemistry*, Saunders, Chicago, IL, 1986.
12. W. Horwitz, 'Evaluation of Analytical Methods Used for Regulation of Foods and Drugs,' *Analytical Chemistry*, 54, 1982, p.67A–76A.

13. *Validation of Analytical Procedures, Terms and Definitions*, International Conference on Harmonization of Technical Requirements for Registration of Pharmaceuticals in Human Use, Genebra, Suíça, mar. 1995, ICH-Q2A.
14. D. A. Skoog, F. J. Holler e T. A. Nieman, *Principles of Instrumental Analysis*, 5 ed., Saunders, Chicago, IL, 1998, Apêndice 1.
15. S. Levey e E. R. Jennings, 'The Use of Control Charts in the Clinical Laboratory,' *American Journal of Clinical Pathology*, 20, 1950, p.1059–1066.
16. W. A. Shewhart, *Economic Control of Quality of the Manufactured Product*, Van Nostrand, Nova York, 1931.
17. R. E. Majors, 'Nomenclature for Sampling in Analytical Chemistry,' LC • GC, 10, 1992, p.500–506.
18. C.A. Bicking, 'Principles and Methods of Sampling,' In *Treatise on Analytical Chemistry: Part I—Theory and Practice*, 2 ed., Vol. 1, I. M. Kolthoff e P. J. Elving, eds., Wiley, Nova York, 1978, Capítulo 6.
19. M. Stoeppler, *Sampling and Sampling Preparation: Practical Guide for Analytical Chemists*, Springer-Verlag, Nova York, 1997.
20. P. Gy, *Sampling for Analytical Purposes*, Wiley, Nova York, 1998.
21. L. H. Keith, ed., *Principles of Environmental Sampling*, American Chemical Society, Washington, DC, 1996.
22. M. Valcarcel e A. Rios, 'The Heirarchy and Relationships of Analytical Properties,' *Analytical Chemistry*, 65, 1993, p.781A–787A.
23. P. C. Meier e R. E. Zund, *Statistical Methods in Analytical Chemistry*, Wiley, Nova York, 1993, Capítulo 2.
24. R. L. Anderson, *Practical Statistics for Analytical Chemists*, Van Nostrand Reinhold, Nova York, 1987, Capítulo 6.
25. R. Hedges, 'Relic, Icon or Hoax? Carbon Dating the Turin Shroud,' *Nature*, 385, 1997, p.310.
26. A. A. Cantu, 'Analytical Methods for Detecting Fraudulent Documents,' *Analytical Chemistry*, 63, 1991, p.847A–854A.
27. H. G. Wiedemann e G. Bayer, 'The Bust of Nefertiti,' *Analytical Chemistry*, 54, 1982, p.619A–628A.
28. R. J. H. Clark e P. J. Gibbs, 'Raman Microscopy of a 13th-Century Illuminated Text,' *Analytical Chemistry*, 70, 1998, 99A–104A.
29. A. Burnstock, 'Chemistry Beneath the Surface of Old Master Paintings,' *Chemistry & Industry*, 21 set. 1992, p.692–695.
30. A. Newman, 'Running on Automatic: Laboratory Robotics e Workstations,' *Analytical Chemistry*, 69, 1997, p.255A–259A.
31. R. A. Felder, J. C. Boyd, K. S. Margrey, W. Holman, J. Roberts e J. Savory, 'Robots in Health Care,' *Analytical Chemistry*, 63, 1991, p.741A–747A.

Capítulo 6
Atividade química e equilíbrio químico

Conteúdo do capítulo

6.1 Introdução: 'E a previsão de longo alcance é...'
    6.1.1 Tipos de reação química e transição
    6.1.2 Descrição de reações químicas
6.2 Atividade química
    6.2.1 O que é atividade química?
    6.2.2 Atividade química em métodos analíticos
6.3 Equilíbrio químico
    6.3.1 O que é equilíbrio químico?
    6.3.2 Resolução de problemas de equilíbrio químico

6.1 Introdução: 'E a previsão de longo alcance é...'

Em dezembro de 1997, delegações de mais de 150 nações se reuniram em Kyoto, no Japão, para discutir a questão do aquecimento global.[1] De particular interesse era a teoria de que a temperatura da Terra está subindo em decorrência de um aumento das taxas de dióxido de carbono e de outros gases que retêm o calor da luz solar no planeta. Uma parte do dióxido de carbono que entra na atmosfera advém de fontes naturais, e outra vem de atividades humanas, como por exemplo a queima de combustíveis fósseis.[2-4] Como resultado da reunião de 1997 em Kyoto, foi redigido um tratado que exigia uma redução dramática da produção de CO_2 pelo homem. O tratado entrou em vigor em fevereiro de 2005,[5] mas é persistentemente considerado um tema controverso no tocante a como as emissões de CO_2 poderiam ser reduzidas e a quais seriam os custos para alcançar esse objetivo. Também há divergências sobre como o aquecimento global será afetado por uma mudança nas emissões ou como tal mudança poderia afetar o clima na Terra.[3-9]

Químicos analíticos têm contribuído com essa discussão fornecendo medições dos níveis passados e atuais de CO_2 na atmosfera. Essas medições são feitas em estações localizadas ao redor do mundo que monitoram a concentração de CO_2 na atmosfera há muitas décadas. Os níveis de dióxido de carbono no passado são estimados por meio da análise do teor desse gás em amostras de gelo extraídas de estações como as localizadas na Antártida. Tais amostras são úteis porque o gelo nesses locais nunca derrete, fornecendo um registro contínuo do teor de CO_2 no ar. Os resultados dessas medições são então comparados com estimativas da temperatura média global, permitindo que o efeito do CO_2 no aquecimento global seja avaliado.[3]

Com base em tais medidas, cientistas usam modelos de computador que incorporam dados sobre níveis de CO_2 e temperaturas globais do passado para prever como o clima da Terra vai mudar no futuro. Trata-se de um problema extremamente complexo, e os cientistas devem considerar como o CO_2 é produzido e distribuído no ambiente, assim como o modo pelo qual a luz solar influencia a Terra, o índice pluviométrico e a circulação da água nos oceanos.[9] Assim como as simulações de computador servem para ajudar a prever como será o clima na Terra no futuro, podemos usar cálculos em menor escala para desenvolver ou aperfeiçoar um método de análise química, bem como para descrever a composição de uma amostra ou de um reagente. Esse tipo de trabalho nos ajuda a entender o valor de reações químicas que são importantes para qualquer pessoa que deseje utilizar esses métodos. Neste capítulo, revisamos várias ferramentas matemáticas destinadas a descrever a reatividade de substâncias químicas e ele se estende a quais compostos químicos reagem com substâncias. Nos capítulos seguintes, verificaremos como essas ferramentas se aplicam a reações específicas para a concepção e o uso de métodos analíticos.

6.1.1 Tipos de reação química e transição

Existem muitos tipos de reação ou transição dos quais uma substância química pode participar em uma amostra ou com um reagente. Esses processos normalmente se organizam por categorias que têm algumas características em comum. Alguns dos tipos mais comuns de reação e transição encontrados em análise química são apresentados na Tabela 6.1.

A *reação de precipitação* é um processo importante empregado em química analítica. Ela ocorre quando a combinação de duas ou mais substâncias solúveis leva à criação de outra insolúvel, ou um *precipitado*. No exemplo mostrado na Tabela 6.1, íons carbonato e íons cálcio em água formam o carbonato de cálcio insolúvel, um sólido que sairá da solução. A precipitação e suas aplicações em análise química serão discutidas nos capítulos 7, 11 e 13.

Outro tipo de reação frequentemente usado em análises químicas é a *reação ácido-base*, que pode ser definida, no sentido clássico, como a transferência de um íon hidrogênio de um composto (um ácido) para outro (uma base).[10,11] Um exemplo

Tabela 6.1

Tipos comuns de reações e processos químicos.

Tipo de reação ou processo	Exemplos
Reação de precipitação	Reação de carbonato com Ca^{2+} para formar carbonato de cálcio sólido ($CaCO_3$), a principal substância no calcário. $Ca^{2+} + CO_3^{2-} \rightleftharpoons CaCO_3 (s)$
Reação ácido-base	Dissociação de ácido carbônico (H_2CO_3) na água para produzir bicarbonato (HCO_3^-) $H_2CO_3 + H_2O \rightleftharpoons HCO_3^- + H_3O^+$
Formação de complexo	Ligação do oxigênio com a hemoglobina (Hb) no sangue $Hb + O_2 \rightleftharpoons Hb-O_2$
Reação de oxirredução	Combustão do octano (C_8H_{18}) durante a queima desse composto em um combustível $2\,C_8H_{18} + 25\,O_2 \rightarrow 16\,CO_2 + 18\,H_2O$
Transição de fase	Sublimação de gelo seco para produzir gás de dióxido de carbono $CO_2 (s) \rightleftharpoons CO_2 (g)$
Equilíbrio de solubilidade	Dissolução de gás de dióxido de carbono na água $CO_2 (ar) \rightleftharpoons CO_2 (aq)$

disso é a transferência de um íon hidrogênio do ácido carbônico (H_2CO_3, formado quando o CO_2 se combina com a água) para a água, produzindo o bicarbonato (HCO_3^-). Esse tipo de reação é importante sempre que um ácido ou base for medido ou controlado em uma amostra, como na preparação de um tampão ou em titulações ácido-base (capítulos 8 e 12).

A *formação de complexo* é outro tipo de reação importante em análise química. Ela envolve a formação de um complexo reversível entre duas ou mais substâncias, como um complexo baseado em uma ligação covalente coordenada ou em interações não covalentes.[12] Muitas dessas reações envolvem a ligação de uma substância química que atua como um doador de par de elétron (a hemoglobina, por exemplo) com um receptor de par de elétrons (O_2). No entanto, outras interações podem também estar presentes, como forças iônicas e ligações de hidrogênio. Nos capítulos 9 e 13, veremos muitos exemplos de tais reações e discutiremos sua utilização em análises químicas (por exemplo, titulações de complexação e imunoensaios).

O quarto tipo de reação que analisaremos será a *reação de oxirredução*.[11] Ela ocorre quando há uma troca de elétrons entre as substâncias na qual uma delas tem um ganho líquido de elétrons (ou é *reduzida*), enquanto a outra tem uma perda líquida de elétrons (ou é *oxidada*). Como indicado na Tabela 6.1, a queima de combustíveis como o octano e outras substâncias que contêm carbono ilustra uma reação de oxirredução; outro exemplo é a respiração, em que um alimento é 'queimado' por nosso organismo para gerar energia. Vamos conhecer os princípios básicos de oxirredução no Capítulo 10, e veremos como essas reações são utilizadas em métodos analíticos nos capítulos 14 a 16.

O quinto conjunto de processos químicos relevantes é aquele que envolve apenas uma mudança no *ambiente* de uma substância química. Um exemplo disso é a *transição de fase*, na qual há uma mudança de natureza física, mas não química, em um composto.[10] Alguns exemplos de transição de fase são a conversão de dióxido de carbono sólido em gás CO_2 (processo conhecido como *sublimação*), a ebulição de um líquido para formar um gás e o derretimento de um sólido para formar um líquido. Uma mudança de ambiente também ocorre quando criamos uma solução de uma substância em outra (produzindo um *equilíbrio de solubilidade*),[12] ou quando distribuímos uma substância entre duas ou mais fases químicas (um *equilíbrio de distribuição*).[13] Vamos saber mais sobre esses processos mais adiante neste livro, quando discutirmos a solubilidade química (Capítulo 7) e o uso de transições de fase e de equilíbrios de distribuição em métodos de separação química (capítulos 20-23).

6.1.2 Descrição de reações químicas

Seja qual for o tipo de processo químico que estejamos estudando, há sempre algumas perguntas que podemos fazer sobre esse processo e sobre como ele ocorre. Duas delas poderiam ser 'qual é a quantidade de substância exigida na reação ou processo?' e 'quanto dessa substância está realmente presente?' Discutimos essas questões no Capítulo 2, quando examinamos meios de descrever a composição química de amostras usando molaridade, m/m e unidades afins. Mas há outras questões sobre processos químicos que ainda não abordamos, como por exemplo: 'de que maneira a capacidade de reação de uma substância muda à medida que alteramos seu ambiente?' Essa questão é tratada por meio da *atividade química*, que se refere à quantidade de energia efetivamente disponível de uma substância nas condições utilizadas para uma reação ou uma transição de fase. Como veremos mais adiante, a atividade está estreitamente relacionada com a quantidade total de uma substância em uma amostra.

O segundo conjunto de perguntas que podemos fazer é: 'até onde o processo químico pode chegar?' ou 'quanta energia será emitida por esse processo ou requerida dele?' Essas questões são respondidas por meio do uso da *termodinâmica química*,[12-15] que é o campo da química referente às mudanças de energia que ocorrem durante as reações químicas e as transições de fase e à extensão global em que esses processos podem ocorrer. Para descrever essas propriedades, dedicaremos especial atenção a um fator conhecido como *constante de equilíbrio*,[12] que vamos conhecer na Seção 6.3.

Uma possível terceira pergunta é: 'qual é a velocidade em que um processo químico ocorre?' Essa questão é tratada usando-se a *cinética química*, campo da química que se refere à velocidade dos processos químicos.[12,16,17] Essa informação nos ajuda a determinar o tempo necessário para que um determinado processo ocorra, o que está relacionado com o mecanismo pelo qual a reação ou a transição ocorre. Um exemplo de análise baseada em cinética química é dado no Quadro 6.1. Mais adiante neste livro, veremos outros exemplos de como a velocidade de uma reação pode ser usada em medições químicas.

6.2 Atividade química

Antes de discutirmos as reações e as transições químicas, devemos pensar em como poderíamos descrever a quantidade de cada reagente ou produto nesses processos. Por exemplo, se colocássemos HCl em água, essa substância se dissociaria para produzir íons hidrogênio e íons cloreto. Embora esse processo favoreça fortemente a formação de íons, a afirmação de que independe da concentração ou que todos esses íons atuam independentemente uns dos outros é apenas uma conjectura. Usar essa aproximação pode ser um problema quando lidamos com uma solução concentrada, porque a quantidade total das substâncias dissolvidas (principalmente os íons) pode alterar a reatividade das substâncias químicas e tornar seu comportamento diferente do que se poderia esperar com base em suas concentrações totais.

É especialmente importante estar ciente dessa relação em química analítica, na qual frequentemente medimos a reatividade aparente de uma substância usando um reagente ou um método quando na verdade gostaríamos de conhecer sua concentração total. Para nos ajudar a descrever esse efeito, usaremos o termo 'atividade química' (ou simplesmente 'atividade'). Nesta seção, analisaremos a definição de atividade, verificaremos como ela se relaciona com a concentração de uma substância química e aprenderemos a estimar e controlar a atividade em medições químicas.

6.2.1 O que é atividade química?

Definição de atividade química. A **atividade química** (*a*) é definida pela Equação 6.1 como uma atividade relacionada com a diferença entre a energia μ de uma substância química em uma amostra específica e o valor $\mu°$ da mesma substância em seu estado-padrão.[12]

$$a = e^{(\mu - \mu°)/(RT)} \quad (6.1)$$

Nessa equação, R representa a constante da lei do gás ideal e T representa a temperatura absoluta de nosso sistema. Essa equação compara o *potencial químico* (μ) da substância (uma medida da energia disponível em um mol desse material)[12] com o *potencial químico padrão* ($\mu°$) para o mesmo material em um *estado-padrão*. Essa comparação é necessária para que possamos julgar se a substância se torna mais ou menos reativa quando modificamos seu ambiente a partir de um estado-padrão, que é uma forma pura da substância (por exemplo, um líquido puro ou um sólido puro) ou uma solução que contém uma concentração bem definida dessa substância (por exemplo, uma solução de exatamente 1 *M*). A Tabela 6.2 relaciona os estados-padrão mais usados no caso de substâncias químicas nesse tipo de comparação.

A Equação 6.1 indica que a atividade *a* de uma substância química será um número adimensional, e isso simplesmente reflete a quantidade de energia que ela contém em relação a seu estado-padrão. Outra maneira de analisar essa equação é afirmar que a atividade e a aparente reatividade de uma substância vão mudar quando o meio em que a substância está for alterado. Se uma substância química está em seu estado normal, como quando lidamos com a forma pura de um sólido ou um líquido, o valor de μ será igual ao de $\mu°$, e obteremos uma atividade da Equação 6.1 de $a = 1,0$. Se trabalharmos com uma solução diluída, o potencial químico será, em geral, muito menor do que é para a forma pura do mesmo composto ($\mu < \mu°$), produzindo um valor para *a* que se situa em algum ponto entre 0 (o menor valor possível) e 1,0. Existem também algumas situações em que uma substância pode ter mais energia do que

Tabela 6.2

Estados-padrão de substâncias variadas.

Tipo de substância	Estado-padrão (onde $a = 1$)
Sólido	Forma pura do sólido[a]
Líquido	Forma pura do líquido
Gasoso	Forma pura do gás a 1 bar[b]
Solução de uma substância química dissolvida	Solução de um molar (1 *M*) da substância

[a] Para sólidos com mais de uma forma, o estado-padrão é a forma mais estável do sólido.
[b] É necessário definir a pressão e a temperatura de um gás em condições-padrão, pois o volume, e portanto a quantidade de gás por unidade de volume, vai depender de ambos os fatores. Uma pressão de 1 bar (anteriormente 1 atmosfera) e uma temperatura de 0 °C (273,15 K) costumam ser utilizadas para esse fim, embora outras temperaturas também possam ser selecionadas. Essa combinação de condições é comumente referida como condições normais *de temperatura e pressão*, ou CNTP (do inglês, *standard temperature and pressure*).

Quadro 6.1 Datação por carbono 14

Além de pensar no equilíbrio químico e no ponto até onde uma reação pode chegar, químicos analíticos devem considerar também a velocidade com que uma reação pode ocorrer. A *cinética química* é a área da química que estuda a velocidade das reações químicas. Um excelente exemplo da importância da cinética em química analítica é o método de *datação por carbono 14*.[18-20] Essa técnica é bastante usada em arqueologia, geologia, ciências atmosféricas e medicina para estimar a idade de materiais à base de carbono. O método foi desenvolvido em 1947 por um grupo de cientistas liderados pelo químico norte-americano William F. Libby, que ganhou o Prêmio Nobel de Química em 1960 por esse trabalho.[18]

A datação por carbono 14 baseia-se no fato de que existem três principais isótopos de carbono na natureza: o carbono 12 e o carbono 13, que são estáveis, e o carbono 14, que é radioativo e, lentamente, converte-se em nitrogênio 14 mais um elétron de alta energia, conhecido como partícula beta. O carbono 14 é instável, mas continuamente reabastecido pelo bombardeamento de nitrogênio com nêutrons, que se formam pela interação da radiação cósmica com átomos na atmosfera. Esse processo resulta na produção de carbono 14 adicional e faz com que uma quantidade relativamente consistente dele esteja presente no ar. Esse carbono 14, então, penetra em outras regiões da Terra, à medida que parte do dióxido de carbono no ar vai para os oceanos, sedimenta-se ou é incorporado na cadeia alimentar por meio da fotossíntese.

A maneira pela qual o carbono 14 pode ser usado para determinar a idade de uma amostra vegetal ou animal é mostrada na Figura 6.1. Quando estão vivos, plantas e animais consomem continuamente carbono em alimentos e o eliminam, dando ao organismo uma quantidade de carbono 14 que está em equilíbrio com o ambiente circundante. Quando uma planta ou um animal morre, nenhum novo carbono é adicionado. A quantidade de carbono 14 nessa amostra (assim como em qualquer coisa que seja feita a partir de material vegetal e animal) começa a diminuir ao longo do tempo à medida que o carbono 14 sofre decaimento radioativo para formar nitrogênio 14. O tempo para que metade do carbono 14 passe por esse processo (ou sua 'meia-vida') é 5730 (± 40) anos. Se considerarmos que a razão inicial do carbono 14 para o carbono 12 é conhecida, a data da morte da planta ou do animal pode ser estimada comparando-se esse índice com a quantidade medida de carbono 14 comparada à de carbono 12 na amostra. Essa análise costuma ser feita pela queima de uma pequena porção da amostra para converter carbono em dióxido de carbono e, em seguida, coletar e medir o carbono 14 e o valor total de dióxido de carbono gerado pela amostra. O resultado é então usado com a meia-vida do carbono 14 para determinar o período de tempo decorrido desde que a planta ou o animal que deu origem ao material na amostra original vivia.

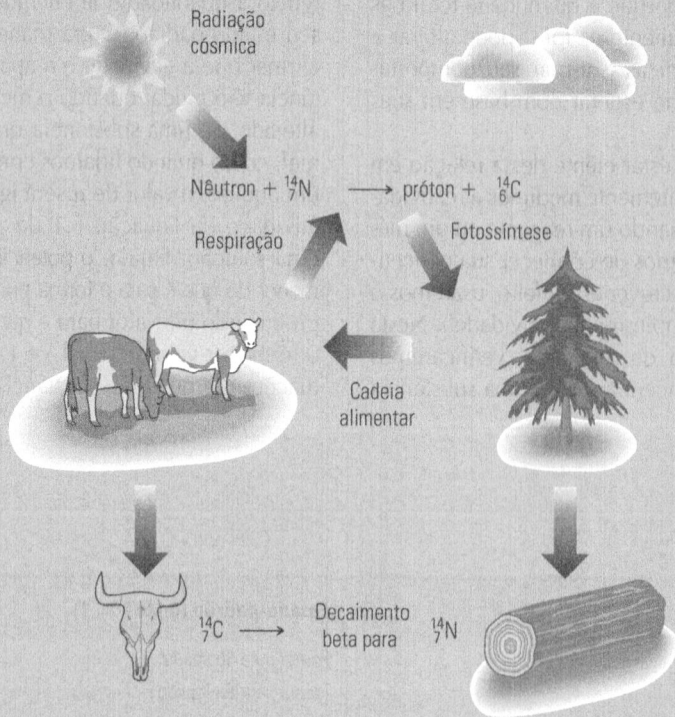

Figura 6.1

Produção e decomposição de carbono 14 que formam a base para a datação por carbono 14. Esta figura mostra como o carbono 14 se forma na atmosfera e sua subsequente absorção por plantas e animais sob a forma de dióxido de carbono. Depois que uma planta ou um animal morre, o carbono 14 para de entrar nesse material, e o carbono 14 restante sofre decaimento para formar nitrogênio 14.

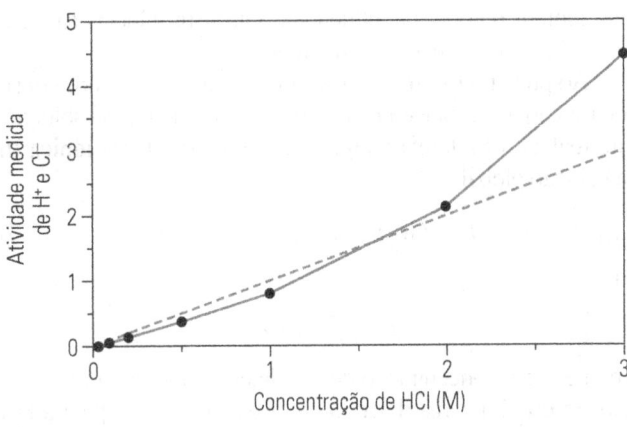

Figura 6.2

Variação na atividade de H^+ e Cl^- em água à medida que a concentração total de HCl é alterada. A linha contínua e os pontos mostram a mudança nas atividades medidas. A linha tracejada é incluída como uma referência e indica em que pontos os valores de concentração e atividade são iguais. (Esse gráfico foi gerado a partir dos dados de D. G. Peters, J. M. Hayes e G. M. Hieftje, *Chemical Separations and Measurements: Theory and Practice of Analytical Chemistry*, Saunders, Filadélfia, PA, 1974, p.46.)

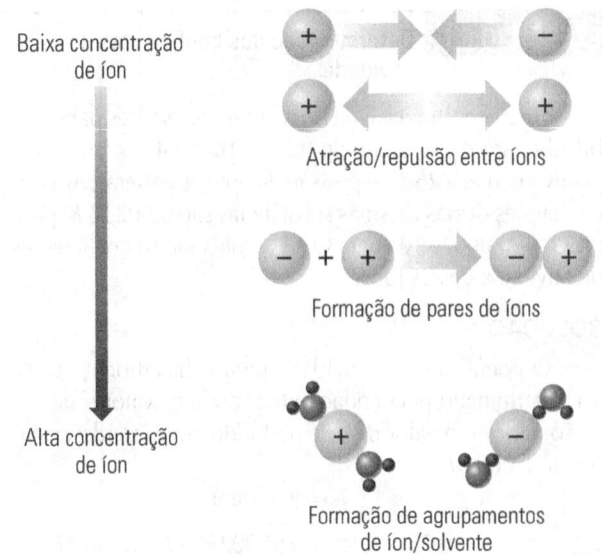

Figura 6.3

Exemplos de efeitos não ideais que podem ocorrer em uma solução contendo íons.

seu estado-padrão. Nesse caso, seu potencial químico é maior que seu estado padrão ($\mu > \mu°$), produzindo um valor para a maior que 1,0.

Para ilustrar essa ideia, vejamos como a atividade HCl muda ao variarmos sua concentração total na água (Figura 6.2). Em concentrações muito baixas (isto é, [HCl] < 0,01 M), as atividades e concentrações dos íons hidrogênio e íons cloreto produzidos a partir de HCl têm valores semelhantes, diferindo em menos de 10 por cento. Sob essas condições, temos uma solução que contém uma grande quantidade de solvente e apenas uma pequena quantidade de íons dissolvidos. O resultado é uma situação em que todos os íons estão totalmente cercados pelo solvente e agem de forma independente um do outro. Mesmo em baixas concentrações de HCl, porém, verifica-se uma pequena diferença entre a atividade de HCl e sua concentração total. Essa diferença ocorre porque os íons formados de HCl realmente exercem certa influência sobre o comportamento uns dos outros. Por exemplo, os íons hidrogênio e os íons cloreto podem se atrair, enquanto íons vizinhos com cargas iguais se repelem (Figura 6.3). Esse processo intensifica-se à medida que lidamos com concentrações maiores, e faz com que a atividade seja menor do que o esperado com base nas concentrações totais de H^+ e Cl^-.

À medida que lidamos com concentrações ainda maiores, outras interações também passam a alterar a atividade da solução de HCl. Por exemplo, pares de íons H^+Cl^- podem se formar, e eles se comportarão diferentemente dos íons individuais de H^+ ou Cl^-. Também haverá mudanças na repulsão e na atração desses íons na medida em que surgirem em níveis elevados o suficiente para alterar as propriedades da solução. Além disso, a presença de grandes quantidades de substâncias químicas dissolvidas pode afetar o comportamento do solvente. No caso da solução de HCl na Figura 6.2, a água utilizada como solvente vai interagir com substâncias iônicas como H^+ e Cl^-. Essa interação forma espécimes maiores como H_3O^+, $H_5O_2^+$ ou $H_9O_4^+$, reduzindo o número de moléculas habituais de água e aumentando a atividade de todos os solutos dissolvidos na solução.

Coeficientes de atividade. A Figura 6.2 mostra que, embora a atividade e a concentração de uma substância química sejam coisas diferentes, os dois termos estão intimamente relacionados. Podemos descrever essa relação usando um **coeficiente de atividade** (γ), como mostra a Equação 6.2.[11,12,21]

$$a = \gamma (c / c°) \qquad (6.2)$$

Nessa equação, a refere-se à atividade de nossa substância, c é a concentração da substância nas condições que estamos examinando e $c°$ é a concentração da mesma substância sob algumas condições de referência (por exemplo, uma concentração de exatamente 1,00 M ao usarmos a molaridade para descrever o teor químico). Às vezes o subscrito 'c' é adicionado ao coeficiente de atividade na Equação 6.2 (escrito como 'γ_c'') para indicar que se trata de um valor baseado em uma 'concentração'. Relações semelhantes podem ser usadas para relacionar a atividade de uma substância com sua molalidade ou com outras medidas de teor químico.[12] Assim como a atividade (a), o coeficiente de atividade para uma substância química é um número adimensional. Isso ocorre porque a concentração c na Equação 6.2 é dividida por $c°$, o que permite eliminar as unidades presentes em ambos os termos. Por $c°$ ser igual a 1, geralmente é omitido e a Equação 6.2 é substituída por outra mais simples: $a = \gamma \cdot c$. Embora $c°$ não apareça no restante deste livro, tenha em mente que ela continua presente quando se utiliza a análise dimensional para verificar as unidades em cálculos de atividade, como ilustra o exercício a seguir.

EXERCÍCIO 6.1 — Determinação dos coeficientes de atividade

Uma amostra da água do mar tem atividades para íons bicarbonato e carbonato de $9{,}75 \times 10^{-4}$ e $4{,}7 \times 10^{-6}$, respectivamente, a 25 °C e pressão de uma atmosfera.[7] As concentrações dessas mesmas substâncias são 0,00238 M para HCO_3^- e 0,000269 M para CO_3^{2-}. Quais são os coeficientes de atividade desses íons?

SOLUÇÃO

O coeficiente de atividade para o bicarbonato pode ser determinado pela Equação 6.2, onde os valores de a e c são dados e o valor de $c°$ é atribuído como sendo exatamente 1,000 M.

$$a = \gamma(c/c°)$$

$$9{,}75 \times 10^{-4} = \gamma\,(0{,}00238\,M / 1{,}000\,M)$$

$$\therefore \gamma = 0{,}410$$

Usando a mesma abordagem, o coeficiente de atividade para o carbonato é determinado como **0,017**. Em ambos os casos, os coeficientes de atividade são muito menores do que 1, o que reflete o fato de que as atividades de bicarbonato e carbonato foram inferiores às concentrações totais desses íons. Apesar de ambos serem solutos diluídos, essa diferença na atividade em função da concentração é causada pela presença de outros íons (por exemplo, Na^+ e Cl^-) que afetam as propriedades globais dessa solução.

Como podemos ver no exercício anterior, tanto a atividade quanto o coeficiente de atividade de um soluto serão afetados pela presença de outras substâncias em uma solução. Quando lidamos com soluções muito diluídas, poucas interações ocorrem entre solutos individuais, tornando as atividades e as concentrações essencialmente iguais e produzindo coeficientes de atividade próximos de 1. À medida que passamos para soluções mais concentradas, mais interações soluto-solvente e soluto-soluto ocorrem, e g geralmente será bem diferente de 1. Esse é um efeito importante a ser considerado quando se realiza um trabalho com soluções, reagentes ou amostras concentradas. Retomaremos essa questão posteriormente, ao analisarmos várias estratégias para lidar com as diferenças entre atividade e concentração em medições analíticas.

Força iônica. Já vimos dois dos efeitos principais que fazem com que as atividades químicas sejam diferentes da concentração química: interações soluto-solvente e interações soluto-soluto. As interações soluto-solvente tendem a ocorrer apenas em concentrações de moderadas a elevadas, e são, muitas vezes (mas nem sempre), desprezíveis em muitas das amostras examinadas em química analítica. As interações soluto-soluto representam um problema maior, porque ocorrem até em níveis razoavelmente baixos de analito. Descrever essas interações de alguma forma nos ajuda a identificar e controlar esse efeito. Isso se aplica particularmente aos íons, já que suas cargas podem lhes conferir o poder de influenciar outras substâncias carregadas por distâncias relativamente longas.

Ao prever a extensão dessas interações, precisamos considerar a carga e a concentração de cada tipo de íon na solução. Para realizar essa tarefa é preciso determinar a **força iônica (I)** da solução global,[12]

$$I = \tfrac{1}{2}(c_1 z_1^2 + c_2 z_2^2 + \cdots + c_n z_n^2) \qquad (6.3)$$

ou

$$I = \tfrac{1}{2}\sum(c_i z_i^2)$$

em que c_i é a concentração de um determinado tipo de íon em solução e z_i é a carga desse íon (por exemplo, '+1' para a H^+, '−1' para Cl^- e '+2' para Cu^{2+}). Obtemos da Equação 6.3 uma força iônica baseada em concentração que é às vezes escrita como 'I_c'.[12] O fato de os termos z aparecerem ao quadrado produz um valor positivo de $c_i z_i^2$ para todos os íons, independentemente de serem negativos ou positivos. O resultado é que o valor de I será sempre positivo. Esses termos elevados ao quadrado também asseguram que íons de carga múltipla exerçam um impacto maior sobre as atividades químicas do que os íons de carga única.

EXERCÍCIO 6.2 — A força iônica da água do mar

Um químico pretende reproduzir os efeitos da água do mar em uma reação, preparando uma solução que contém 0,500 M de cloreto de sódio (NaCl) e 0,050 M de cloreto de magnésio ($MgCl_2$). Se esses sais forem dissolvidos completamente e nenhuma outra substância estiver presente, qual será a força iônica dessa mistura?

SOLUÇÃO

Para determinar a força iônica, precisamos apenas colocar as concentrações e as cargas individuais de cada um dos íons de nossa solução (Na^+, Cl^- e Mg^{2+}) na Equação 6.3. Nesse caso, a concentração total de Cl^- é 0,600 M, o que representa a soma do que é produzido de NaCl (dando 0,500 M Cl^-) e $MgCl_2$ (que dá $2 \cdot 0{,}050 = 0{,}100$ M Cl^-).

$$I = \tfrac{1}{2}[(0{,}500\,M\,Na^+)(+1)^2 + (0{,}600\,M\,Cl^-)(-1)^2 + (0{,}050\,M\,Mg^{2+})(+2)^2] = \mathbf{0{,}650\,M}$$

Observe que a força iônica é maior do que a concentração de qualquer tipo de íon em nossa solução, mesmo do íon com a concentração mais elevada (nesse caso, Cl^-). Esse resultado ocorre porque I é uma medida da influência global de todos os íons sobre a atividade química.

Embora seja possível usar a força iônica para descrever a composição de um reagente ou de uma amostra, ela difere da concentração química de várias maneiras. Por exemplo, a Equação 6.3 indica que o valor de I depende somente da carga e da concentração dos íons em uma solução, e (pelo menos para uma primeira aproximação) não dos tipos específicos de íon presentes. O resultado disso é que uma solução de 0,10 M NaCl (dissociando-se em íons Na⁺ e Cl⁻) terá a mesma força iônica que uma solução 0,10 M de HNO_3 (formando H⁺ e NO_3^-) quando ambas as substâncias se dissociarem completamente na água. Além disso, as concentrações dos componentes da solução não iônica não são levadas em conta no cálculo da força iônica, porque essas substâncias geralmente só interagem com moléculas de soluto ou de solvente muito próximas a elas, e não costumam exercer qualquer efeito considerável sobre a atividade de outras substâncias em uma solução.

6.2.2 Atividade química em métodos analíticos

Visto que uma das aplicações mais comuns da química analítica é a medição de substâncias, é importante considerar como a diferença entre a atividade química e a concentração afetará essas medições. Em tal análise geralmente temos uma série de padrões e reagentes que contêm quantidades ou concentrações conhecidas das substâncias químicas que desejamos usar ou estudar. No entanto, quando usamos tais reagentes ou amostras, os resultados que obtemos muitas vezes se basearão na atividade do analito nas amostras. Esse fato implica que a conversão de atividade em concentração é frequentemente parte integrante de uma análise. Analisaremos agora várias abordagens para lidar com essa questão, incluindo métodos para estimar e controlar a atividade química.

Estimando atividade. O ideal seria que uma análise química medisse diretamente a atividade de um analito e a remetesse de volta para a quantidade de analito na amostra. Muitas das técnicas que usamos em química analítica realmente fornecem uma resposta relacionada com a atividade química (por exemplo, análise gravimétrica, titulação, cromatografia e métodos eletroquímicos). Infelizmente, essa abordagem direta é complicada porque qualquer medida experimental da atividade dá uma média ponderada das atividades de íons de carga tanto negativa quanto positiva em solução (pois um está sempre presente com o outro). Essa média ponderada é representada por um termo conhecido como *coeficiente médio de atividade* ($\gamma_\pm$).[12] A equação a seguir mostra como as atividades de íons individuais (γ_A e γ_B para íons A^{n+} e B^{m-}) estão relacionadas com o coeficiente médio de atividade para um eletrólito forte A_mB_n (isto é, uma substância em que um mol se dissocia para produzir m mols de A^{n+} e n mols de B^{m-}).[22]

$$(\gamma_\pm)^{m+n} = (\gamma_A)^m \cdot (\gamma_B)^n \qquad (6.4)$$

Já vimos um uso desse valor na Figura 6.2, onde a atividade medida para HCl era, na realidade, a atividade média de ambos, H⁺ e Cl⁻, como descrito pelo coeficiente médio de atividade $(\gamma_{\pm HCl})^2 = (\gamma_{H^+})^1 \cdot (\gamma_{Cl^-})^1$.

Se for necessário conhecer a atividade de uma substância química e não dispusermos de tempo ou habilidade para medir esse valor, outra opção é usar uma das diversas equações que foram desenvolvidas para estimar os coeficientes de atividade. Embora esse método não seja tão confiável quanto o uso de um valor medido, ele normalmente fornece uma aproximação razoavelmente boa para soluções diluídas. A relação mais conhecida utilizada com essa finalidade é a **equação estendida de Debye-Hückel**.[11,12,22]

$$\log(\gamma) = \frac{-A \cdot z^2 \cdot \sqrt{I}}{1 + a \cdot B \cdot \sqrt{I}} \qquad (6.5)$$

Essa equação, derivada por Peter Debye e Erich Hückel em 1923 (Quadro 6.2),[23,24] relaciona o coeficiente de atividade de um íon à força iônica de sua solução de (I), à carga do íon (z) e a três parâmetros ajustáveis: a, A e B. O primeiro desses parâmetros ajustáveis é o termo a do tamanho de um íon, que representa a menor distância em que um íon pode se aproximar de outro. A Tabela 6.3 fornece os valores desse termo para muitos íons inorgânicos comuns em água. O Apêndice B fornece uma tabela semelhante para íons orgânicos. Os outros dois parâmetros ajustáveis na Equação 6.5 são A e B, que representam os efeitos da temperatura e do solvente sobre o coeficiente de atividade.[22]

Em água, à temperatura ambiente (25 °C, condição mais utilizada em uma análise química), o valor de A é de cerca de 0,51, e o de B (quando a for dado em picômetro) é de aproxi-

---

Quadro 6.2 Peter Debye (1884-1966) e Erich Hückel (1896-1980)

Debye foi um físico holandês que estudou o comportamento dos íons em solução. Hückel nasceu na Alemanha e foi assistente de Debye em Zurique, onde, em 1923, desenvolveram juntos a famosa equação para descrever os coeficientes de atividade dos íons em solução. Em um trabalho anterior com o cientista suíço Paul Scherrer, Debye demonstrara que os pós de sólidos cristalinos podiam ser examinados com raios X para que as estruturas químicas desses sólidos fossem determinadas, uma técnica agora conhecida como difração de raios X. Debye ganhou o Prêmio Nobel de química em 1936 por seu trabalho e se mudou para os Estados Unidos perto do início da Segunda Guerra Mundial, continuando seus estudos na Universidade de Cornell. A unidade de medida para um momento de dipolo, o *debye* (D), recebeu esse nome em sua homenagem. Depois de trabalhar com Debye, Hückel partiu para a área de mecânica quântica e trabalhou brevemente com Neils Bohr. Mais tarde, Hückel passou a lecionar física em Marburg, na Alemanha, até se aposentar.

Tabela 6.3

Coeficientes de atividade individual estimados em íons inorgânicos em água a 25 °C.*

Tipo de íon	Parâmetro de tamanho de íon a (pm)	Coeficiente de atividade em força iônica I (M)							
		I = 0,0005	0,001	0,002	0,005	0,01	0,02	0,05	0,10
Carga = +1 ou −1									
H^+	900	0,976[a]	0,967	0,955	0,934	0,913	0,889	0,854	0,825
Li^+	600	0,975	0,966	0,953	0,930	0,907	0,878	0,833	0,795
Na^+, ClO_2^-, IO_3^-, HCO_3^-, $H_2PO_4^-$, HSO_3^-, $H_2AsO_4^-$, $[Co(NH_3)_4(NO_2)_2]^+$	400-450[b]	0,975	0,965	0,952	0,928	0,902	0,870	0,817	0,773
OH^-, F^-, SCN^-, OCN^-, HS^-, ClO_3^-, ClO_4^-, BrO_3^-, IO_4^-, MnO_4^-	350	0,975	0,965	0,951	0,926	0,900	0,867	0,811	0,762
K^+, Cl^-, Br^-, I^-, CN^-, NO_2^-, NO_3^-	300	0,975	0,965	0,951	0,925	0,899	0,864	0,806	0,753
Rb^+, Cs^+, NH_4^+, Tl^+, Ag^+	250	0,975	0,965	0,951	0,924	0,897	0,862	0,801	0,745
Carga = +2 ou −2									
Mg^{2+}, Be^{2+}	800	0,906	0,872	0,829	0,756	0,689	0,616	0,516	0,444
Ca^{2+}, Cu^{2+}, Zn^{2+}, Sn^{2+}, Mn^{2+}, Fe^{2+}, Ni^{2+}, Co^{2+}	600	0,904	0,870	0,824	0,747	0,675	0,595	0,482	0,400
Sr^{2+}, Ba^{2+}, Cd^{2+}, Hg^{2+}, Ra^{2+}, S^{2-}, $S_2O_4^{2-}$, WO_4^{2-}	500	0,904	0,868	0,822	0,743	0,668	0,583	0,464	0,376
Pb^{2+}, CO_3^{2-}, SO_3^{2-}, MoO_4^{2-}, $[Co(NH_3)_5Cl]^{2+}$, $[Fe(CN)_5NO]^{2-}$	450	0,903	0,868	0,821	0,740	0,664	0,577	0,454	0,363
CrO_4^{2-}, Hg_2^{2+}, HPO_4^{2-}, SO_4^{2-}, $S_2O_3^{2-}$, $S_2O_6^{2-}$, $S_2O_8^{2-}$, SeO_4^{2-}	400	0,903	0,867	0,820	0,738	0,660	0,571	0,444	0,350
Carga = +3 ou −3									
Al^{3+}, Ce^{3+}, Cr^{3+}, Fe^{3+}, In^{3+}, La^{3+}, Nd^{3+}, Pr^{3+}, Sc^{3+}, Sm^{3+}, Y^{3+}	900	0,801	0,737	0,659	0,539	0,442	0,348	0,241	0,178
$[Co(NH_3)_6]^{3+}$, $[Co(NH_3)_5H_2O]^{3+}$, $[Cr(NH_3)_6]^{3+}$, $[Fe(CN)_6]^{3-}$, PO_4^{3-}	400	0,795	0,726	0,640	0,505	0,393	0,283	0,161	0,094
Carga = +4 ou −4									
Ce^{4+}, Sn^{4+}, Th^{4+}, Zr^{4+}	1100	0,678	0,587	0,485	0,347	0,251	0,172	0,098	0,062
$[Fe(CN)_6]^{4-}$	500	0,667	0,568	0,457	0,304	0,199	0,116	0,046	0,020

*Esta tabela se baseia em dados fornecidos em J. Kielland, 'Individual Activity Coefficients of Ions in Aqueous Solutions', *Journal of the American Chemical Society*, 59, 1937, p.1675-1678.
[a] O último número à direita, sublinhado em cada coeficiente de atividade, é um dígito de guarda (veja discussão sobre dígitos de guarda no Capítulo 2).
[b] Os coeficientes de atividade dados para uma carga ± 1 e a = 400-450 são as médias dos valores obtidos em a = 400 e a = 450.

madamente $3,28 \times 10^{-3}$, ou 1/(305). Jogando esses valores na Equação 6.5, temos a seguinte versão da equação estendida de Debye-Hückel.[22]

Em água a 25 °C,
$$\log(\gamma) = \frac{-0,51 \cdot z^2 \cdot \sqrt{I}}{1 + (a \cdot \sqrt{I})/305} \quad (6.6)$$

Se estivermos trabalhando com uma solução ainda mais diluída, a Equação 6.6 poderá ser mais simplificada para fornecer uma expressão conhecida como *lei limite de Debye-Hückel* (DHLL), onde $\log(\gamma) = -0,51 \cdot z^2 \cdot \sqrt{I}$. Essa equação é muito mais limitada para uso do que as equações 6.5 e 6.6, e por isso utilizaremos as versões mais completas no restante deste capítulo. (*Observação:* em alguns textos, você verá apenas o termo $1+\sqrt{I}$ no denominador da Equação 6.6; isso pressupõe que você está trabalhando com um íon cujo termo a tem aproximadamente 300 pm, fazendo $a/305$ igual a cerca de 1,0.)

Uma forma de usarmos a equação estendida de Debye-Hückel consiste em prever como o coeficiente de atividade de um íon mudará em função da força iônica de sua solução. Um exemplo disso é mostrado na Figura 6.4, em que os coeficientes de atividade efetivamente observados de HCl são comparados com os calculados usando-se a Equação 6.6. O modo como esses valores foram obtidos é ilustrado no exercício a seguir.

EXERCÍCIO 6.3 — Cálculo dos coeficientes de atividade para íons

Usando a Equação 6.6, quais coeficientes de atividade podem ser esperados para H⁺ e Cl⁻ a 25 °C em uma solução aquosa de HCl com força iônica de 0,010 M? Qual é o coeficiente médio de atividade previsto para HCl e como ele se compara com os valores medidos na Figura 6.2?

SOLUÇÃO

Na Tabela 6.3, os parâmetros de tamanho para os íons H⁺ e Cl⁻ são dados como sendo 900 pm e 300 pm. Colocando esses valores na Equação 6.6 com a força iônica dada de 0,010 M, obtemos as seguintes estimativas de coeficientes de atividade para os íons individuais de H⁺ e Cl⁻.

Para H⁺ a $I = 0,010\ M$:

$$\log(\gamma_{H^+}) = \frac{-0,51 \cdot (+1)^2 \cdot \sqrt{0,010\,M}}{1 + (900\ \text{pm}) \cdot \sqrt{0,010\,M} / (305\ \text{pm})}$$

$$\therefore \gamma_{H^+} = 0,91\underline{3} = \mathbf{0,91}$$

Para Cl⁻ a $I = 0,010\ M$:

$$\log(\gamma_{Cl^-}) = \frac{-0,51 \cdot (-1)^2 \cdot \sqrt{0,010\,M}}{1 + (300\ \text{pm}) \cdot \sqrt{0,010\,M} / (305\ \text{pm})}$$

$$\therefore \gamma_{Cl^-} = 0,89\underline{9} = \mathbf{0,90}$$

Essa mesma resposta poderia ter sido obtida interpolando-se entre os coeficientes de atividade fornecidos para esses íons na Tabela 6.3 a forças iônicas semelhantes.

Agora que calculamos os coeficientes de atividade de nossos íons separados, podemos combinar esses valores usando a Equação 6.4 para obter o coeficiente médio de atividade para HCl.

$$(\gamma_{\pm HCl})^{1+1} = (\gamma_{H^+})^1 \cdot (\gamma_{Cl^-})^1$$

$$(\gamma_{\pm HCl})^2 = (0,91\underline{3})^1 \cdot (0,89\underline{9})^1$$

$$\therefore \gamma_{\pm HCl} = 0,90\underline{6} = \mathbf{0,91}$$

Retornando à Figura 6.2, podemos ver que o número calculado está muito próximo do valor esperado de $I = 0,010\ M$ para HCl em água.

O problema da equação estendida de Debye-Hückel é que ela somente apresenta uma boa correlação com coeficientes de atividade experimental até uma força iônica de cerca de 0,10 M (por exemplo, veja a Figura 6.4). Essa diferença ocorre porque a equação estendida de Debye-Hückel considera somente como os coeficientes de atividade dos íons são afetados por simples atração e repulsão entre íons vizinhos. Sob forças iônicas elevadas, outros efeitos como a formação de par de íons e o agrupamento íon/solvente também se tornam significativos. Essa situação demanda equações mais avançadas para estimar coeficientes de atividade (veja as questões ao final deste capítulo).

Embora os íons sejam os principais tipos de substância química afetados por mudanças na força iônica, compostos sem carga também são afetados em pequena escala por essas mudanças. Esse fenômeno, conhecido como *efeito salting-out*, é geralmente verificado como uma ligeira redução na solubilidade

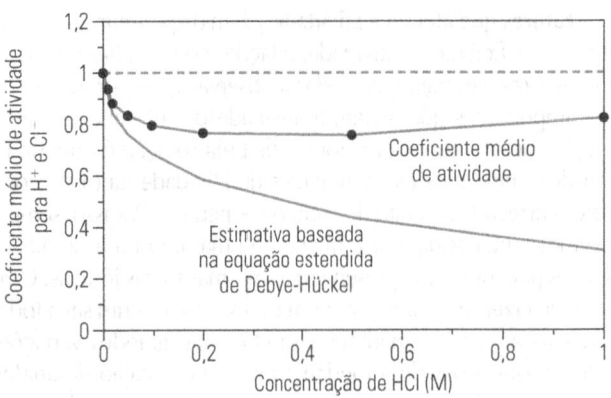

Figura 6.4

Coeficientes médios de atividade real e previstos para HCl com base na equação estendida de Debye-Hückel. (Os resultados experimentais são baseados em dados de D. G. Peters, J. M. Hayes e G. M. Hieftje, *Chemical Separations and Measurements: Theory and Practice of Analytical Chemistry*, Saunders, Filadélfia, PA, 1974, p.46.)

de compostos neutros à medida que a força iônica é aumentada. Esse efeito pode ser visto como um aumento na atividade de um agente neutro, fazendo com que ele tenha uma concentração eficaz maior e saia da solução com mais facilidade. Tal efeito pode ser representado pela seguinte equação,

$$\log(\gamma) = k \cdot I \tag{6.7}$$

em que g é o coeficiente de atividade para o composto neutro, I é a força iônica da solução que contém esse composto e k é uma constante do composto conhecida como seu coeficiente de salting (coeficiente de distribuição).[22] O valor de k se situa entre 0,01 e 0,10 na maioria dos compostos neutros, o que significa que esses compostos terão um aumento na atividade de 1,00 para 1,02–1,26 à medida que aumentarmos I de 0 a 1,0 M. Para forças iônicas baixas ($I < 0,10\ M$), esse efeito causa menos de 2,5 por cento de variação na atividade e é geralmente desprezível. Portanto, o coeficiente de atividade de um composto neutro em tais soluções é aproximadamente igual a 1. No entanto, o coeficiente de *salting* não precisa ser considerado quando se trabalha com forças iônicas mais elevadas.

EXERCÍCIO 6.4 — Cálculo do coeficiente de atividade de um composto neutro

O coeficiente de *salting* para H_2CO_3 na água do mar é de aproximadamente 0,075. Se uma amostra de água do mar tem força iônica de 0,70 M, qual é o coeficiente de atividade para H_2CO_3?

SOLUÇÃO

Podemos estimar o coeficiente de atividade para H_2CO_3 colocando $k = 0,075$ e $I = 0,70\ M$ na Equação 6.7 e resolvendo g.

$$\log(\gamma_{H_2CO_3}) = (0,075) \cdot (0,70\ M) \quad \therefore \gamma_{H_2CO_3} = \mathbf{1,13}$$

Sob essas condições, H_2CO_3 terá uma atividade 13 por cento maior do que ocorreria caso essa mesma substância estivesse presente na água sem sais adicionados.

Fatores que afetam a atividade. Além de permitir que calculemos o coeficiente de atividade, relações como as das equações 6.5 a 6.7 servem para nos ajudar a observar quais são os fatores mais importantes que afetam a atividade de substâncias químicas. Já sabemos que a força iônica de uma solução é importante para determinarmos os coeficientes de atividade tanto de compostos carregados quanto de compostos neutros. Por isso, sempre devemos tentar equiparar a matriz de uma amostra à de nossos padrões para que elas apresentem as mesmas forças iônicas. Uma forma de fazer isso é adicionar um excesso fixo de um sal a todas as nossas amostras e padrões visando evitar grandes variações na força iônica devido a mudanças na concentração do analito ou na composição da amostra. Por exemplo, uma mudança na concentração de Ca^{2+} de 0 para 10 μM em amostras preparadas em uma solução de NaCl de 0,10 M terá um efeito insignificante sobre a força iônica durante a medição dos níveis de Ca^{2+}.

O tipo de solvente usado para preparar uma solução também é importante na determinação da atividade química. Uma forma com que o solvente pode afetar os coeficientes de atividade é por meio de mudanças que ocorrem na *constante dielétrica* (ε) e que vão alterar ambos os termos, A e B, na equação de Debye-Hückel. A constante dielétrica pode ser considerada uma medida do grau em que um solvente ou material permitirá que uma força eletrostática de um corpo carregado (como um íon) afete outro.[15] A constante dielétrica também pode ser usada como um indicador aproximado da 'polaridade' de uma substância química. Em geral, será mais fácil para íons dissolvidos influenciarem uns aos outros por atração ou repulsão quando eles estiverem presentes em um solvente polar como a água (que tem constante dielétrica alta de $\varepsilon = 78,54$ a 25 °C) em contraposição a solventes menos polares como o metanol (CH_3OH, $\varepsilon = 32,63$) ou o etanol (CH_3CH_2OH, $\varepsilon = 24,30$).

As equações 6.5 a 6.7 também mostram como as propriedades de um soluto determinarão até que ponto uma mudança na força iônica afetará sua atividade. A carga (z) em um soluto é um item que aparece na equação de Debye-Hückel. Se compararmos solutos com tamanhos semelhantes, aqueles com maior carga também serão os mais afetados por variações na força iônica e apresentarão uma diferença maior entre atividade química e concentração. É importante que também se leve em conta o tamanho real do soluto. Se compararmos os coeficientes de atividade calculados na Tabela 6.3 para íons hidratados com a mesma carga, mas diferentes valores para a, veremos que, para ir de Rb^+ ($a = 250$ pm) para H^+ ($a = 900$ pm), o coeficiente de atividade em $I = 0,10$ M altera-se de 0,75 para 0,83. No entanto, esse efeito é muito menor do que aquele que se observa ao se aumentar a carga de um íon, e ele é muitas vezes ignorado quando se trabalha com forças iônicas baixas.

Você deve ter notado que os parâmetros de tamanho de íons na Tabela 6.3 não seguem a tendência que se poderia esperar com base na tabela periódica. Ao percorrer a coluna esquerda da tabela periódica de cima para baixo, de H^+ para Li^+, Na^+ e K^+, inicialmente seria de se esperar que esses íons aumentassem de tamanho, porque adicionam um número maior de elétrons, prótons e nêutrons. Na verdade, essa tendência é exatamente o oposto do que vemos quando comparamos os parâmetros de tamanho na Tabela 6.3. A razão para tal diferença é que o parâmetro do tamanho do íon na equação de Debye-Hückel é, na realidade, uma medida do tamanho de um íon mais o solvente em ele que está encapsulado. Quando usamos água como solvente, essa cápsula é denominada *camada de hidratação*, e o tamanho resultante do íon mais esse solvente é conhecido como *raio de hidratação*. Conforme mostrado na Figura 6.5, íons pequenos como Li^+ (e também H^+) possuem uma pequena região de carga concentrada que tende a atrair uma grande quantidade de solvente e formar um grande raio de hidratação. Íons maiores como K^+ e Na^+ têm uma carga menos concentrada, fazendo com que tenham camadas menores de hidratação, mesmo que o íon em si seja muito maior.

Embora a maioria dos químicos analíticos não pense em atividade química enquanto faz seu trabalho diário, eles lidam com essa questão em bases rotineiras por meio dos métodos e reagentes que usam em medições químicas. Na maioria das técnicas analíticas, o problema é tratado gerando-se uma curva de calibração, em que a resposta medida (relacionada com a atividade química) é plotada em relação à concentração ou ao conteúdo dos padrões que contêm quantidades conhecidas da substância de interesse. Se o método de análise foi concebido de modo que as

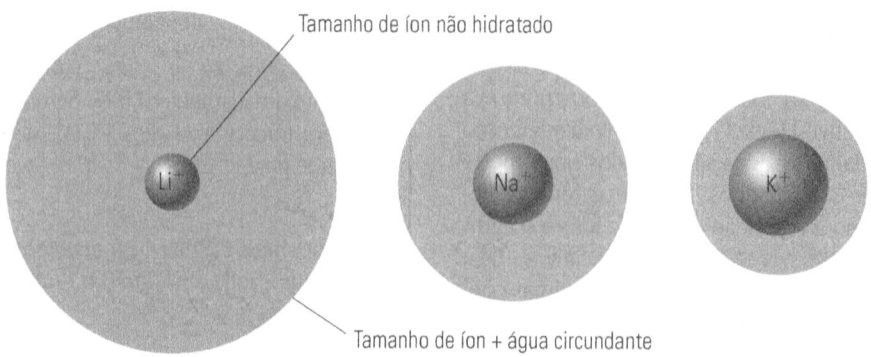

Figura 6.5

Uma comparação entre o diâmetro efetivo de Li^+, Na^+ e K^+ na água e o tamanho desses mesmos íons na ausência de água.

amostras sejam tratadas da mesma maneira que esses padrões, e portanto tenham relações similares entre sua atividade e seu conteúdo, essa curva de calibração pode ser usada para determinar o montante de analito em amostras desconhecidas. Um exemplo dessa abordagem é o gráfico que vimos na Figura 6.2, em que a atividade medida de HCl foi plotada em relação à concentração total na solução. Com base nesse gráfico, podem-se medir as atividades de outras soluções de HCl e relacioná-las com as concentrações de HCl nessas amostras.

6.3 Equilíbrio químico

Até agora discutimos vários tipos de processo químico e examinamos o conceito de atividade química. Nesta seção, conheceremos mais um fator, a constante de equilíbrio, que pode ser usada para ajudar a descrever as reações utilizadas em técnicas analíticas.

6.3.1 O que é equilíbrio químico?

Para entender o que significa 'equilíbrio químico', podemos retomar nosso exemplo inicial de produção e absorção de CO_2 no oceano. O dióxido de carbono e seus compostos relacionados no oceano (como íons carbonato, CO_3^{2-}) provêm de várias fontes, duas das quais são o ar acima da superfície e os materiais depositados no fundo do mar. Para simplificar essa ideia, podemos focar os eventos que ocorrem perto do fundo do mar, onde há restos mortais de vida marinha unicelular, ricos em cálcio. Um composto que pode ser encontrado nesse local é o carbonato de cálcio, $CaCO_3$. Quando o carbonato de cálcio sólido entra em contato com a água, ele se dissocia em uma escala pequena para formar íons cálcio e íons carbonato dissolvidos em água.

$$CaCO_3(s) \rightarrow Ca^{2+} + CO_3^{2-} \quad (6.8)$$

Ao mesmo tempo, alguns dos íons cálcio presentes na água circundante se combinam com os íons carbonato para formar um novo carbonato de cálcio que volta a se acomodar no fundo do oceano.

$$Ca^{2+} + CO_3^{2-} \rightarrow CaCO_3(s) \quad (6.9)$$

Ambos os processos acontecem ao mesmo tempo, mas prosseguem em direções opostas, resultando em um processo contínuo. Para descrever a reação global, podemos combinar esses processos e usar uma seta dupla $\rightleftarrows$ para indicar que a reação ocorre em ambos os sentidos, para a frente e para trás.

$$CaCO_3(s) \rightleftarrows Ca^{2+} + CO_3^{2-} \quad (6.10)$$

O mesmo tipo de reação pode ocorrer em um sistema autocontido, como uma proveta de água que contém carbonato de cálcio sólido. Dado um tempo suficiente, essa reação vai alcançar um ponto em que a velocidade na qual o carbonato de cálcio se dissolve é exatamente igual àquela em que o novo carbonato de cálcio se forma. Essa situação, que ocorre quando as velocidades de reação frontal e reversa são iguais, é conhecida como **equilíbrio químico**, e representada pelo símbolo $\rightleftharpoons$.[11,21]

Em equilíbrio: $\quad CaCO_3(s) \rightleftharpoons Ca^{2+} + CO_3^{2-} \quad (6.11)$

Um equilíbrio químico é importante em análise química porque representa o ponto mais distante até onde uma reação global prosseguirá. O conhecimento desse recurso pode ser bastante útil na preparação de reagentes ou na concepção de um método para obter a quantidade máxima de um produto para medição.

Definição de uma constante de equilíbrio. Quando uma reação atingir o ponto de equilíbrio, a atividade química global de cada produto e de cada reagente se tornará uma constante. Uma forma de descrever essa situação é analisar a quantidade relativa de cada reagente e de cada produto que existe sob essas condições. Isso se dá por meio de uma relação conhecida como **constante de equilíbrio**, representada pelo símbolo geral K.[12,21]

Para ilustrar essa ideia, suponha que tenhamos uma reação envolvendo a combinação de m mols de reagente A com n mols de reagente B que deva produzir r mols do produto C e s mols do produto D.

$$mA + nB \rightleftharpoons rC + sD \quad (6.12)$$

Se o sistema estiver em equilíbrio (como é sugerido pelo símbolo $\rightleftharpoons$), a constante de equilíbrio para essa reação será dada pela seguinte razão de atividades químicas (a_A, a_B, a_C e a_D) para reagentes e produtos, em que cada atividade é elevada a uma potência igual à quantidade estequiométrica de sua substância química correspondente na reação (isto é, a_A é elevada à potência m, a_B é elevada à potência n, e assim por diante).

$$K° = \frac{(a_C)^r (a_D)^s}{(a_A)^m (a_B)^n} \quad (6.13)$$

Como estamos usando apenas atividades nesse caso específico, o resultado é uma relação especial conhecida como *constante de equilíbrio termodinâmico*, $K°$.[12,22] Por exemplo, poderíamos usar a seguinte razão para produzir a constante de equilíbrio termodinâmico da reação de carbonato de cálcio na Equação 6.11.

$$K° = \frac{(a_{Ca^{2+}})(a_{CO_3^{2-}})}{(a_{CaCO_3})} \quad (6.14)$$

Ao escrevermos uma expressão de constante de equilíbrio, é importante utilizar uma reação química *balanceada*, como fizemos no exemplo das equações 6.11 e 6.14. Essa prática é essencial porque cada reação ou produto na reação terá um termo na constante de equilíbrio, e o número de mols desses reagentes ou produtos que tomam parte na reação (isto é, a **estequiometria** de reação)[11,21] vai determinar as potências que aparecem nesses termos.

Uma maneira de usarmos uma constante de equilíbrio é determinar as atividades de todos os produtos e reagentes em uma reação em equilíbrio, como veremos mais adiante neste capítulo. Se conhecermos as atividades finais de nossos reagentes e produtos, também poderemos calcular a constante de equilíbrio de uma reação. Essa abordagem é ilustrada no exercício a seguir. Além disso, uma vez que tenhamos calculado ou medido uma constante de equilíbrio, poderemos utilizá-la para prever como a mesma reação se comportará ao combinarmos outras quantidades de produtos e reagentes.

EXERCÍCIO 6.5 — Cálculo do valor de uma constante de equilíbrio

Uma proveta em temperatura ambiente (25 °C) contém uma solução aquosa de íons cálcio e íons carbonato em contato direto com carbonato de cálcio sólido. É constatado que as atividades dos íons cálcio e íons carbonato são $7{,}0 \times 10^{-5}$, e sabe-se que a atividade do carbonato de cálcio sólido é igual a 1,0. Se essas substâncias estão em equilíbrio, qual é a constante de equilíbrio dessa reação?

SOLUÇÃO

A reação que ocorre aqui é a mesma da Equação 6.11.

$$CaCO_3(s) \rightleftharpoons Ca^{2+} + CO_3^{2-}$$

Para solucionar esse problema, basta colocarmos as atividades de cada uma das substâncias na equação de constante de equilíbrio dessa reação, como na Equação 6.14.

$$K° = \frac{(7{,}0 \times 10^{-5})(7{,}0 \times 10^{-5})}{1} = 4{,}9 \times 10^{-9}$$

Observe que não há unidades fornecidas para o valor de $K°$ porque ele é baseado em atividades químicas que também são números sem unidades. Mais tarde veremos como as constantes de equilíbrio também podem ser escritas em termos de concentrações de produto e reagente.

EXERCÍCIO 6.6 — Relação entre uma constante de equilíbrio e a energia de uma reação

Qual é a mudança de energia livre padrão de Gibbs na reação que abordamos no Exercício 6.5?

SOLUÇÃO

No Exercício 6.5, determinamos que a constante de equilíbrio termodinâmico para a dissolução de carbonato de cálcio em água era $4{,}9 \times 10^{-9}$ a 25 °C (ou 298 K). Podemos, em seguida, colocar esses números na Equação 6.15 acompanhados por um valor de R igual a 8,314 J/(mol · K).

$$\Delta G° = -RT \ln K°$$
$$= -(8{,}314 \text{ J/mol·K}) \cdot (298 \text{ K}) \cdot \ln(4{,}9 \times 10^{-9})$$
$$\therefore \Delta G° = 4{,}74 \times 10^4 \text{ J/mol ou } 47{,}4 \text{ kJ/mol}$$

A Figura 6.6 mostra como os valores de $K°$ e $\Delta G°$ estão relacionados em temperatura ambiente. Como podemos ver, um valor de $K°$ superior a 1,0 produzirá um valor negativo para $\Delta G°$, o que significa que essa reação vai liberar energia enquanto passa de reagentes para produtos. Uma reação com uma constante de equilíbrio inferior a 1,0 produzirá um valor positivo para $\Delta G°$, indicando que ela requer energia adicional para ir dos reagentes aos produtos desejados. Além disso, à medida que $K°$ se torna muito menor ou maior que 1,0, a quantidade de energia livre desprendida ou absorvida pela reação aumenta.

Podemos também usar constantes de equilíbrio para prever a direção para a qual uma reação tenderá a prosseguir quando começamos com determinada quantidade de reagentes ou produtos. Um químico pode, muitas vezes, prever a direção que uma reação poderá tomar usando o **princípio de Le Châtelier**.[11,21] Segundo esse princípio, quando uma mudança ou 'tensão' é introduzida em um sistema em equilíbrio (como uma alteração nas concentrações de reagente ou de produto), o sistema responderá aliviando parcialmente essa tensão (por exemplo, criando mais produtos ou reagentes). Podemos tam-

Uso de constantes de equilíbrio. Uma maneira de usarmos uma constante de equilíbrio é determinar a real extensão em que uma reação processará para a formação de produtos. Uma constante de equilíbrio grande será obtida para uma reação em que a formação de produtos seja favorecida, enquanto um pequeno valor para K ocorrerá se a reação criar apenas uma pequena quantidade de produtos (ou favorecer a presença de reagentes). Como um exemplo disso, no Exercício 6.5 a constante de equilíbrio para dissolver o carbonato de cálcio sólido e formar íons cálcio e íons carbonato foi determinada como sendo $4{,}9 \times 10^{-9}$. Esse resultado nos diz que essa reação favorece fortemente a formação de carbonato de cálcio a partir de íons cálcio e íons carbonato ou de carbonato de cálcio sólido mantido em sua forma atual.

Outra forma de usarmos uma constante de equilíbrio é obtermos informações sobre a mudança de energia que acompanha uma reação. Podemos fazer isso porque uma constante de equilíbrio está diretamente relacionada com a mudança na energia livre padrão de Gibbs ($\Delta G°$), que ocorre à medida que passamos de reagentes para produtos. A verdadeira relação entre $K°$ e $\Delta G°$ é a seguinte:

$$\Delta G° = -RT \ln K° \quad (6.15)$$

em que T é a temperatura absoluta em que a reação está ocorrendo e R é a constante da lei do gás ideal.[11,22] A relação na Equação 6.15 é a base para a forma como escrevemos expressões da constante de equilíbrio, como as mostradas nas equações 6.13 e 6.14. Mais informações sobre essa relação podem ser encontradas nas questões ao final deste capítulo.

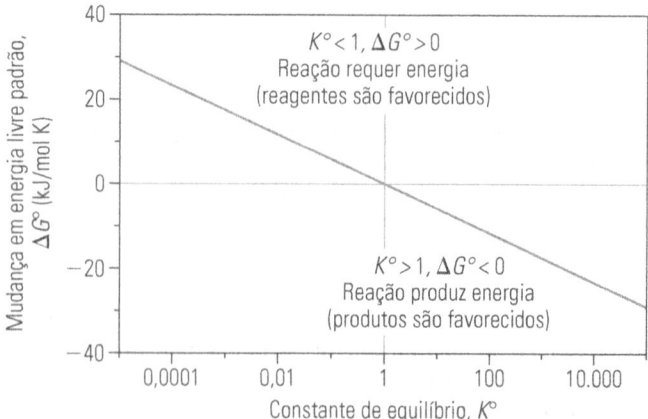

Figura 6.6

Relação entre a constante de equilíbrio termodinâmico ($K°$), a mudança associada na energia livre padrão ($G°$) para uma reação e a temperatura. Este gráfico foi preparado usando-se a Equação 6.15.

bém analisar essa alteração de uma forma mais quantitativa, colocando as atividades (ou concentrações) dessas substâncias no mesmo tipo de relação que usamos para produzir o valor de $K°$ em equilíbrio, mas, desta vez, usando as *condições de não equilíbrio*. Quando fazemos isso, a razão que calculamos é conhecida como **quociente de reação (Q)**.[12,22] Se esse quociente de reação for maior do que $K°$, isso significa que temos produtos demais e que a reação deslocará formando reagentes até que um equilíbrio seja alcançado. Nessa situação, os 'produtos', que são as substâncias químicas escritas no lado direito da equação, estão realmente atuando como os 'reagentes' que dão origem a outras substâncias. Se Q for menor do que $K°$, existe um excesso de reagentes, e mais produtos se formarão até que a reação atinja o equilíbrio. Como veremos mais adiante, esse método também pode ser usado para prever a quantidade de cada reagente e produto que estará presente em equilíbrio.

EXERCÍCIO 6.7 Previsão da direção que uma reação química vai tomar

Uma pequena quantidade de carbonato de cálcio sólido é colocada em água à temperatura ambiente com íons cálcio e carbonato que possuem concentrações iniciais de $1,0 \times 10^{-4}$ M Ca^{2+} e $1,0 \times 10^{-4}$ M CO_3^{2-}. Se admitirmos que as atividades de todas as nossas substâncias dissolvidas são aproximadamente as mesmas que suas concentrações, será que essa mistura reagirá para formar mais íons cálcio e carbonato ou carbonato de cálcio?

SOLUÇÃO

A reação que estamos considerando para essa mistura é a mesma que examinamos nos exercícios 6.5 e 6.6, com uma constante de equilíbrio de $4,9 \times 10^{-9}$ a 25 °C. Para solucionarmos esse problema, basta usar nossas atividades iniciais para calcular Q e comparar esse valor com $K°$. Sob condições de não equilíbrio:

$$Q = \frac{(a_{Ca^{2+}})(a_{CO_3^{2-}})}{(a_{CaCO_3})}$$

$$= \frac{(1,0 \times 10^{-4})(1,0 \times 10^{-4})}{1}$$

$$\therefore Q = \mathbf{1,0 \times 10^{-8}}$$

O valor de Q é maior do que $K°$ para essa reação ($1,0 \times 10^{-8} > 4,9 \times 10^{-9}$), de modo que há mais produto inicialmente presente do que seria esperado em uma condição de equilíbrio. Desse modo, para o equilíbrio ser estabelecido nesse sistema, alguns dos íons cálcio e dos íons carbonato devem se combinar para formar carbonato de cálcio, o que diminuirá o valor de Q até que este se iguale a $K°$.

Constantes de equilíbrio baseadas em concentração. Até aqui, usamos atividades químicas para descrever a quantidade de cada reagente e de cada produto em equilíbrio. Como vimos anteriormente, uma constante de equilíbrio expressa dessa maneira é chamada de *constante de equilíbrio termodinâmico* ($K°$). Embora essas constantes efetivamente dependam de temperatura e pressão, elas independem da força iônica e de outros efeitos que podem causar desvios do comportamento esperado de soluções ideais. Tal característica torna esses valores populares para o uso em tabelas de referência que fornecem constantes de equilíbrio para reações químicas. No entanto, como vimos no Exercício 6.7, muitas vezes é conveniente usar concentrações quando se calculam constantes de equilíbrio ou quocientes de reação. Por exemplo, uma constante de equilíbrio para a reação geral na Equação 6.12 pode ser escrita como mostrado a seguir.

$$K = \frac{[C]^r[D]^s}{[A]^m[B]^n} \quad (6.16)$$

Esse tipo de relação fornece um valor que chamaremos de *constante de equilíbrio dependente de concentração*.[22] Neste livro, às vezes usaremos unidades 'aparentes' com base em molaridade para escrever esse tipo de constante de equilíbrio para as substâncias em solução, mas outras unidades de concentração também podem ser utilizadas (como molalidade ou fração molar). Ao lidar com substâncias em fase gasosa nas reações, unidades como pressões parciais também podem ser empregadas. Para qualquer substância sólida que participe de uma reação, é habitual a utilização de atividades químicas em vez de concentração para descrever essa substância em uma expressão de equilíbrio constante. Fazemos isso no caso dos sólidos porque, como vimos na Tabela 6.2, a atividade química de um sólido é definida como um estado-padrão e tem uma atividade química designada de exatamente 1. Trata-se de um recurso útil quando se trabalha com cálculos e reações que envolvem tais materiais.

Constantes de equilíbrio dependentes de concentração são convenientes quando tais valores foram determinados sob o mesmo conjunto de temperatura, pressão e condições de solução que realmente serão aplicadas em uma análise ou experiência. É importante termos em mente, porém, que constantes de equilíbrio dependentes de concentração dependerão da força iônica e do tipo de mistura a ser analisada, pois as concentrações de cada uma das espécies também são afetadas por esses fatores. Uma constante de equilíbrio dependente de concentração (K) só é aproximadamente igual à constante de equilíbrio termodinâmico ($K°$) para uma reação quando trabalhamos com soluções diluídas (isto é, quando as atividades químicas e as concentrações se assemelham em valor). Essa funcionalidade pode ser um problema se pretendemos estudar uma reação química em concentrações mais elevadas e usamos constantes de equilíbrio termodinâmico fornecidas por tabelas. Para resolver esse problema, precisamos saber exatamente como K e $K°$ se inter-relacionam. Essa relação pode ser determinada retomando-se a Equação 6.2 (aqui representada como $a = \gamma c$), que mostra que a atividade de uma substância química está relacionada a sua concentração por meio de seu coeficiente de atividade. Com base nessa equação, podemos mostrar que a constante de equilíbrio dependente de concentração e a constante de equilíbrio termodinâmico estão correlacionadas da seguinte forma.

$$K° = \frac{(\gamma_C[C])^r(\gamma_D[D])^s}{(\gamma_A[A])^m(\gamma_B[B])^n} \quad (6.17)$$

$$K° = K \cdot \frac{(\gamma_C)^r (\gamma_D)^s}{(\gamma_A)^m (\gamma_B)^n} \qquad (6.18)$$

Uma ilustração das diferenças entre K e $K°$ em relação à dissociação do carbonato de cálcio em íons cálcio e íons carbonato é dada na Tabela 6.4. Como essa tabela mostra, os valores de K e $K°$ são muito próximos em forças iônicas baixas, mas se tornam muito diferentes mesmo para soluções moderadamente concentradas. O tamanho dessa diferença dependerá de fatores como a força iônica, a carga de cada íon e seu tamanho real no solvente. Também dependerá do número de íons envolvidos na reação e se esses íons estão presentes tanto como produtos quanto como reagentes, porque esses itens afetarão o valor da razão do coeficiente de atividade na Equação 6.18. Quanto mais essa relação se desviar de 1, maior será a diferença entre K e $K°$ sob um determinado conjunto de condições de reação.

A Equação 6.18 indica que, se conhecemos o valor termodinâmico de $K°$ para uma reação e podemos estimar os coeficientes de atividade para cada produto e para cada reagente a uma determinada força iônica, também podemos estimar K para a reação sob essas condições. Esse foi o processo realizado para determinar os valores de K mostrados na Tabela 6.4. Também podemos usar a relação na Equação 6.18 de maneira oposta, para passar de uma constante de equilíbrio dependente de concentração para uma constante de equilíbrio termodinâmico usando a força iônica da solução para estimar os coeficientes de atividade de produtos e reagentes. O próximo exercício ilustra essa ideia.

EXERCÍCIO 6.8 Conversão entre K e $K°$

Escreva uma expressão que represente a constante de equilíbrio dependente de concentração para a dissociação do carbonato de cálcio em íons cálcio e íons carbonato. Qual é o valor esperado para K caso essa reação seja conduzida em uma solução em que $\gamma_\pm$ para Ca^{2+} e CO_3^{2-} é de 0,80?

SOLUÇÃO

O valor de K para essa reação é dado pela seguinte equação:

$$K = \frac{[Ca^{2+}][CO_3^{2-}]}{1}$$

em que uma atividade de um é dada para o carbonato de cálcio sólido no denominador. Ao substituir as atividades com concentrações na expressão de equilíbrio termodinâmico formulada para essa mesma reação na Equação 6.14, podemos mostrar que K e $K°$, para essa reação, estão relacionados como segue:

$$K° = \frac{(\gamma_{Ca^{2+}})[Ca^{2+}](\gamma_{CO_3^{2-}})[CO_3^{2-}]}{1}$$

ou

$$K° = K \cdot (\gamma_{Ca^{2+}})(\gamma_{CO_3^{2-}})$$

Ao utilizarmos a Equação 6.4, estimamos $\gamma_{Ca^{2+}}$ e $\gamma_{CO_3^{2-}}$ aproveitando o fato de que $(\gamma_\pm)^2 = (0{,}80)^2 = (\gamma_{Ca^{2+}})^1 (\gamma_{CO_3^{2-}})^1$, produzindo um valor de 0,89\underline{4} para $\gamma_{Ca^{2+}}$ e $\gamma_{CO_3^{2-}}$. Conhecemos também o valor de $K°$ nessa reação ($4{,}9 \times 10^{-9}$ a 25 °C) e, portanto, podemos aplicar a relação anterior para obter o tamanho esperado de K sob as condições de reação dadas.

$$K° = K \cdot (\gamma_{Ca^{2+}})(\gamma_{CO_3^{2-}})$$
$$4{,}9 \times 10^{-9} = K \cdot (0{,}89\underline{4})(0{,}89\underline{4})$$
$$\therefore K = 6{,}1\underline{3} \times 10^{-9} = \mathbf{6{,}1 \times 10^{-9}}$$

Já vimos que as constantes de equilíbrio termodinâmico são adimensionais porque elas se baseiam em atividades. Uma pergunta que podemos fazer é: 'Quais são as unidades em uma constante de equilíbrio baseada em concentração?' É realmente aceitável escrever uma constante de equilíbrio dependente de concentração, com ou sem unidades, dependendo da forma como tal constante está sendo usada. Por exemplo, o valor de K no Exercício 6.8 para a reação de Ca^{2+} com CO_3^{2-} deveria ter unidades aparentes de molaridade elevadas à segunda potência (M^2) com base nos termos que aparecem no numerador e denominador dessa expressão de constante de equilíbrio. (*Observação*: essas unidades serão diferentes para outras reações e tipos de constante de equilíbrio.) É conveniente mostrar essas unidades quando usamos uma constante de equilíbrio para calcular a quantidade de uma substância química em uma dada reação, o que pode ser útil ao utilizarmos a análise dimensional para verificar se obtivemos uma resposta razoável.

Há também casos em que é útil 'eliminar' as unidades em uma constante de equilíbrio dependente de concentração. Esse tipo de situação ocorreu na Equação 6.18 quando relacionamos os valores de $K°$ com K. Nesse caso, nem $K°$ e nem os coeficientes de atividade têm unidades, de modo que a Equação 6.18 implica que K também não tem unidades. No entanto, o que realmente aconteceu foi que cada termo de concentração na expressão para K estava sendo dividido por uma concentração de referência com valor de exatamente 1,00 (por exemplo, um valor de 1 M para uma concentração que se expressa em molaridade). Trata-se da mesma abordagem que discutimos na Equação 6.2 para relacionar atividade e concentração de substâncias químicas, e serve como um fator de conversão para remover todas as unidades de K durante o cálculo. Para lembrarmos desse recurso, sempre que as unidades forem dadas mais adiante neste livro para uma constante de equilíbrio dependente de concentração K vamos nos referir a elas como unidades 'aparentes'.

6.3.2 Resolução de problemas de equilíbrio químico

Vimos anteriormente que se usam muitos tipos de reações em química analítica. Também discutimos que a compreensão

Tabela 6.4

Constantes de equilíbrio termodinâmico e equilíbrio baseado em concentração ($K°$ e K) para a reação $H_2CO_3 \rightleftharpoons HCO_3^- + H^+$ em água a 25 °C.

Força iônica	Coeficientes de atividade[a]			Razão de coeficientes de atividade	Constantes de equilíbrio[b]	
	$\gamma_{H_2CO_3}$	γ_{H^+}	$\gamma_{HCO_3^-}$	$(\gamma_{H^+})(\gamma_{HCO_3^-})/\gamma_{H_2CO_3}$	$K°$	K
0,000	1,000	1,000	1,000	1,000	$4,5 \times 10^{-7}$	$4,5 \times 10^{-7}$
0,001	1,000	0,967	0,965	0,933	$4,5 \times 10^{-7}$	$4,8 \times 10^{-7}$
0,005	1,001	0,934	0,928	0,865	$4,5 \times 10^{-7}$	$5,2 \times 10^{-7}$
0,010	1,002	0,913	0,902	0,822	$4,5 \times 10^{-7}$	$5,5 \times 10^{-7}$
0,050	1,009	0,854	0,817	0,691	$4,5 \times 10^{-7}$	$6,5 \times 10^{-7}$
0,100	1,017	0,825	0,773	0,627	$4,5 \times 10^{-7}$	$7,1 \times 10^{-7}$

[a] Coeficientes de atividade para H^+ e HCO_3^- foram tomados da Tabela 6.3. Os coeficientes de atividade para H_2CO_3 foram calculados utilizando-se a Equação 6.7 com um coeficiente de *salting* de $k = 0,075$.
[b] O valor de K foi determinado por meio da relação $K = K°/$ (razão de coeficientes de atividade), conforme obtido pelo rearranjo da Equação 6.18.

da base fundamental dessas reações nos ajuda a usá-las e a prever como será o seu desempenho em tais métodos. Ser capaz de antecipar quais condições de reação serão necessárias para uma análise parcial implica com frequência o uso de cálculos que envolvem equilíbrios químicos. Por exemplo, podemos usar informações sobre a faixa de concentração esperada de um analito para determinar a composição ideal de um reagente a ser usado para medir um analito. Discutiremos agora algumas questões e abordagens que podem ser usadas para lidar com esses cálculos.

Estratégia geral. Ao resolver qualquer tipo de problema químico, é importante, em primeiro lugar, fazer várias perguntas sobre a reação. Um resumo dessas perguntas consta da Tabela 6.5. Para ilustrar esse processo, suponha que temos uma reação que envolve a dissociação do ácido carbônico na água e que devemos preparar uma solução de 0,00500 M de ácido carbônico em água a 25 °C. Agora veremos como estimar a concentração de íons hidrogênio nessa solução.

A primeira pergunta que precisa ser feita aqui é: *'Quais as reações mais importantes para o problema que se apresenta?'* Para responder a isso, precisamos considerar tanto a reação principal quanto todas as reações paralelas que possam ocorrer no sistema. Em nosso exemplo, a reação principal é a ionização do ácido carbônico para produzir íons bicarbonato e íons hidrogênio, como mostrado na Equação 6.19.

$$H_2CO_3 \rightleftharpoons HCO_3^- + H^+ \quad (6.19)$$

No entanto, existem outras reações capazes de produzir H^+, nosso produto de interesse. Uma delas é a dissociação adicional do bicarbonato para formar mais íons hidrogênio (Equação 6.20); a segunda é a dissociação da água para produzir H^+ e íons hidróxido (Equação 6.21).

$$HCO_3^- \rightleftharpoons CO_3^{2-} + H^+ \quad (6.20)$$

$$H_2O \rightleftharpoons H^+ + OH^- \quad (6.21)$$

Outra possível reação que pode ser importante é a combinação de dióxido de carbono dissolvido em água para formar mais H_2CO_3, produzindo o que se conhece por *reação de hidratação*.

$$CO_2 + H_2O \rightleftharpoons H_2CO_3 \quad (6.22)$$

Embora seja importante considerar essa última reação em um sistema aberto, como se faria ao modelar o aquecimento global, em nosso exemplo específico suporemos que estamos trabalhando com um sistema fechado, no qual o índice de concentração de CO_2 e H_2CO_3 é constante. Esse pressuposto, por sua vez, torna possível que focalizemos as reações de fase de solução nas equações 6.19 a 6.21 pelo restante deste capítulo.

Uma vez que tenhamos identificado as reações que precisamos considerar, a próxima pergunta é: *'O que já se sabe sobre a reação?'* Para responder a isso, devemos pensar nas reações e também nas condições do sistema que estamos estudando. No que diz respeito ao sistema, sabemos que a quantidade total de ácido carbônico colocado originalmente em solução foi de 0,00500 M. Sabemos também que a reação ocorre em água a 25 °C. Está implícito que não há nenhuma outra substância presente em quantidade significativa, como outras fontes de carbonato ou bicarbonato. Além disso, sabemos como as substâncias químicas reagem em nossa solução, bem como a estequiometria entre reagentes e produtos. Finalmente, é útil verificar o que se conhece sobre as constantes de equilíbrio para essas reações. Nesse caso, os valores de K para as reações nas equações 6.19 a 6.21 em água a 25 °C podem ser encontrados na literatura como $4,5 \times 10^{-7}$, $4,7 \times 10^{-11}$ e 1×10^{-14}, respectivamente.

Outra questão a ser feita é: *'Há hipóteses simplificadoras que eu possa fazer sobre o sistema?'* Algumas simplificações podem tornar um problema de equilíbrio bem mais fácil de ser resolvido, mas o número de hipóteses e simplificações também afetará a exatidão da resposta final. Nesse caso, já admitimos que estamos trabalhando com um sistema

Tabela 6.5

Questões a serem consideradas ao solucionarmos problemas de equilíbrio químico.

Quais as reações mais importantes para o problema que se apresenta?
    Qual é a reação de maior interesse?
    Existem reações paralelas a serem consideradas?

O que já se sabe sobre a reação?
    Quanto de cada reagente ou produto está presente no início e/ou término da reação?
    Como os reagentes e os produtos se inter-relacionam (estequiometria de reação)?
    Que outras substâncias químicas estão presentes e podem afetar essa reação?
    O que se sabe sobre os montantes dessas outras substâncias?
    Quais são as condições para a reação (temperatura, solvente etc.)?
    Qual é a constante de equilíbrio da reação?

Há hipóteses simplificadoras que eu possa elaborar sobre essas reações?
    Quais os graus de precisão e de complexidade necessários para o cálculo?
    Concentrações podem ser usadas em vez de atividades químicas?
    Algumas reações podem ser ignoradas ou seus efeitos tratados usando constantes?
    Há algum reagente ou produto cuja concentração não vai mudar significativamente durante a reação?

Quais as equações que posso usar para descrever minha reação?
    Quais são as expressões de equilíbrio para essa reação?
    Quais são as equações de equilíbrio de massa para essa reação?
    Qual é a equação de equilíbrio de carga para o sistema?
    Há equações suficientes para se obter uma resposta?

Qual o método matemático que deve ser usado para resolver essas equações?
    Pode ser usada uma simples equação linear ou equação quadrática?
    É necessário o uso de aproximações sucessivas?
    É necessário o uso de uma planilha ou outro programa de computador?

Minha resposta final faz sentido?
    Todas as concentrações (ou atividades) obtidas são em grandeza razoável?
    Será que os resultados fornecem uma solução adequada para cada equação que foi usada para descrever a reação?

---

fechado, o que nos permite ignorar os efeitos da reação na Equação 6.22. Podemos supor também que a força iônica de nossa mistura de reação é baixa o suficiente para permitir o uso de concentrações em vez de atividades químicas e o uso de nosso valor conhecido de $K°$ em lugar de K. Esta segunda aproximação faz sentido nesse caso, porque (como mostra a Tabela 6.4) mesmo que todo o ácido carbônico se dissociasse para formar íons bicarbonato e hidrogênio, a força resultante iônica de 0,00500 M produziria uma diferença de apenas 15 por cento entre os valores de K e $K°$. Essa aproximação não seria válida, porém, se precisássemos de resultados com mais exatidão para nossos cálculos.

Agora podemos começar a definir as equações de que precisamos para resolver nosso problema. Também temos de verificar quantas variáveis devem ser consideradas e identificar pelo menos tantas equações quanto esse número de variáveis para que possamos obter uma solução. Se assumirmos que as atividades químicas e as concentrações são aproximadamente iguais (ou que K e $K°$ são aproximadamente iguais) e se não levantarmos mais nenhuma hipótese sobre esse sistema, então teremos cinco variáveis com as quais lidar em nosso problema. Essas variáveis incluem a concentração de íons hidrogênio, o principal fator de interesse. Na solução para a concentração de íons hidrogênio, também devemos obter as concentrações de H_2CO_3, HCO_3^-, CO_3^{2-} e OH^-, porque elas afetam o valor de $[H^+]$ por meio das reações que ocorrem no sistema. O último componente remanescente nessas reações é a água (Equação 6.21), mas podemos seguramente assumir que sua atividade é 1 porque ela é o solvente e está em grande excesso em relação às outras substâncias químicas.

Felizmente, já temos três das cinco equações de que precisamos para chegar a essas cinco variáveis. Elas são as expressões de equilíbrio para as três reações nas equações 6.19 a 6.21, que são como seguem, quando escritas em termos de constantes de equilíbrio baseadas na concentração.

Para a reação 6.19: $K_1 = \dfrac{[HCO_3^-][H^+]}{[H_2CO_3]} \approx 4{,}5 \times 10^{-7}$ (6.23)

Para a reação 6.20: $K_2 = \dfrac{[CO_3^{2-}][H^+]}{[HCO_3^-]} \approx 4{,}7 \times 10^{-11}$ (6.24)

Para a reação 6.21: $K_w = \dfrac{[H^+][OH^-]}{1} \approx 1{,}0 \times 10^{-14}$ (6.25)

Se também quisermos incluir unidades aparentes juntamente a essas constantes de equilíbrio para uso em cálculos posteriores, essas unidades seriam M para K_1 e K_2 e M^2 para K_w.

Nesse ponto, temos três equações únicas que descrevem nossas reações, mas ainda temos cinco concentrações desconhecidas. Isso significa que temos de encontrar mais duas equações para descrever nosso sistema. O meio de obtermos essas duas outras equações é usando os métodos de equilíbrio de massa e equilíbrio de carga, como veremos na próxima seção.

Equilíbrio de massa e equilíbrio de carga. Um meio de obtermos equações adicionais para nos ajudar a resolver um problema de equilíbrio é o uso de *equilíbrio de massa*. Trata-se simplesmente da aplicação da lei da conservação de massa, que significa que não podemos criar nem destruir matéria como resultado de uma reação química comum. Um aspecto útil sobre esse conceito a ser levado em conta quando estamos resolvendo um problema de equilíbrio é que a massa total (ou mols) de cada elemento que colocamos em um sistema deve ser igual à soma das massas (ou mols) de todas as formas individuais desse elemento após o equilíbrio ter sido atingido.

O equilíbrio de massa é um instrumento bastante útil quando estamos lidando com um conjunto de reações que envolvem muitas formas diferentes da mesma substância. Um exemplo seria a reação do ácido carbônico para formar bicarbonato e, a seguir, íons carbonato, como é mostrado nas equações 6.19 a 6.21. Nesse caso em particular, muitas vezes não conhecemos as concentrações de cada forma de carbonato, mas certamente sabemos qual é a quantidade total de ácido carbônico inicialmente colocada em solução. Podemos usar essas informações para escrever uma **equação de equilíbrio de massa**, que mostra como a concentração total de uma substância química está relacionada com a concentração de suas várias espécies. A equação de equilíbrio de massa de carbonato em nosso exemplo específico seria como segue.

$$C_{Carbonato} = [H_2CO_3] + [HCO_3^-] + [CO_3^{2-}] \quad (6.26)$$

Nessa equação, o termo $C_{Carbonato}$ também é conhecido como **concentração analítica** do carbonato. A concentração analítica de uma substância química é igual à concentração total dessa substância em uma solução, independentemente de sua forma final ou de seu número de espécies. Ao escrever a Equação 6.26 para o carbonato, não introduzimos nenhuma nova variável porque conhecemos a concentração total de ácido carbônico colocado na solução inicial, 0,00500 M. Você pode ter notado também que essa relação está escrita em termos de concentrações em vez de atividades químicas. A justificativa para esse formato é que estamos agora analisando a composição dessa substância, e não a sua reatividade. Logo, as equações de equilíbrio de massa são sempre expressas em massa, mols ou concentração em vez de atividade química.

Existem vários aspectos essenciais a serem recordados ao se escrever uma equação de equilíbrio de massa. Primeiro, certifique-se de que está levando em conta todas as reações significativas que poderiam envolver substâncias em sua equação de equilíbrio de massa. Se não tiver certeza quanto a incluir ou não uma reação em particular, é melhor considerá-la até que aprenda mais sobre seu sistema e tiver determinado se a reação pode ser ignorada com segurança quando posteriormente fizer suposições que podem simplificar seus cálculos. Em segundo lugar, quando você estiver escrevendo uma equação de equilíbrio de massa, é importante usar reações químicas *balanceadas* sempre. Essa prática fornecerá a estequiometria correta para cada reagente e para cada produto, o que, por sua vez, garantirá que sua equação de equilíbrio de massa relacione corretamente a quantidade de cada forma de uma espécie química com suas outras formas possíveis.

Outro recurso que podemos usar para resolver problemas de equilíbrio é uma **equação de equilíbrio de carga**. Equilíbrio de carga é uma abordagem para a resolução de equações químicas que faz uso do fato de que a soma de todas as cargas positivas e negativas em um sistema fechado deve ser igual a zero. Para que essa situação seja verdadeira, as concentrações de todos os cátions e ânions devem ser balanceadas de tal modo que suas cargas iônicas se cancelem para produzir uma carga líquida neutra para a solução. Um exemplo simples de equação de equilíbrio de carga pode ser obtido analisando-se a água. Como já observamos, até a água pura contém algumas espécies carregadas porque ela vai se dissociar para formar íons hidrogênio e íons hidróxido. No entanto, também sabemos que o número de cargas positivas e o de cargas negativas devem ser iguais para que o sistema como um todo tenha carga líquida neutra. A água pura só pode ter duas espécies carregadas presentes (H^+ e OH^-), o que significa que devemos ter concentrações iguais desses íons ($[H^+] = [OH^-]$) para obter essa carga líquida neutra.

No caso da água pura, a equação de equilíbrio de carga é igual à equação de equilíbrio de massa (isto é, cada mol de água que se dissocia forma um mol de H^+ e um mol de OH^-, ou $[H^+] = [OH^-]$). No entanto, essas equações não são necessariamente as mesmas em soluções mais complexas. Por exemplo, se fôssemos também adicionar cloreto de sódio à água (o que resultaria em íons Na^+ e Cl^-), a equação de equilíbrio de massa entre os íons hidrogênio e hidróxido ainda seria $[H^+] = [OH^-]$, mas a equação de equilíbrio da nova carga passaria a ser $[Na^+] + [H^+] = [OH^-] + [Cl^-]$.

A Equação 6.27 dá uma relação geral que pode ser usada para escrever a equação de equilíbrio de carga para qualquer sistema químico.

$$(1)[C_1^{1+}] + (2)[C_2^{2+}] + \ldots + (n)[C_n^{n+}] =$$

$$(1)[A_1^{1-}] + \ldots + (2)[A_2^{2-}] + \ldots (n)[A_n^{n-}\ldots] \quad (6.27)$$

Nessa expressão, $[C_1^{1+}]$, $[C_2^{2+}]$ e assim por diante referem-se às concentrações de todos os cátions na solução com valores absolutos para suas cargas de +1, +2 etc. Termos semelhantes são usados para representar as concentrações de todos os ânions ($[A_1^{1-}]$, $[A_2^{2-}]$,...) e suas cargas. Portanto, para uma solução de cloreto de sódio na água, o equilíbrio de carga seria $(1)[Na^+] + (1)[H^+] = (1)[OH^-] + (1)[Cl^-]$. O exercício a seguir oferece uma prática adicional com as equações de equilíbrio de carga.

> **EXERCÍCIO 6.9** Elaboração de uma equação de equilíbrio de carga
>
> Escreva uma expressão de equilíbrio de carga para as reações combinadas nas equações 6.19 a 6.21 relativas à produção de íons hidrogênio a partir de ácido carbônico e água. Como essa equação se compara com a de equilíbrio de massa em todas as substâncias que produzem íons hidrogênio nesse sistema?
>
> **SOLUÇÃO**
>
> Existe apenas um tipo de cátion nesse sistema (H^+), mas vários ânions diferentes (HCO_3^-, CO_3^{2-} e OH^-). Quando colocamos esses termos na Equação 6.27, obtemos o seguinte resultado.
>
> $$[H^+] = [HCO_3^-] + 2[CO_3^{2-}] + [OH^-] \quad (6.28)$$
>
> Nesse caso, a equação de equilíbrio de carga também é a equação de equilíbrio de massa em íons hidrogênio, porque existe apenas um tipo de cátion presente nessas reações. No entanto, se houvesse outros tipos de cátion (como Na^+ a partir de cloreto de sódio), as equações de equilíbrio de carga e de equilíbrio de massa não seriam as mesmas em nenhum desses íons. Essa situação nos daria uma equação adicional que poderia ser usada para resolver um problema de equilíbrio que envolvesse tais íons.

Outras ferramentas. Nesse ponto, temos equações suficientes para resolver nosso problema de ácido carbônico. Elas incluem três expressões de constante de equilíbrio (equações 6.23 a 6.25), uma expressão de equilíbrio de massa (Equação 6.26) e uma equação de equilíbrio de carga (Equação 6.28). A próxima questão que devemos abordar é '*Qual método matemático deve ser usado para resolver esse problema?*' Neste livro, abordaremos várias maneiras de se obter uma resposta definitiva para tal problema. Veremos também que a ferramenta específica que escolhemos para resolver um problema dependerá da complexidade do problema e do número de variáveis a serem consideradas.

O problema químico mais simples de ser resolvido é aquele que envolve somente uma reação e uma ou duas variáveis. Exemplos disso são a reação e os cálculos apresentados na Tabela 6.6, onde começamos com uma quantidade total conhecida de ácido carbônico, supondo-se que a dissociação desse ácido seja a única fonte de íons hidrogênio. Agora, tudo o que precisamos para resolver esse problema é tomar os termos de concentração da Tabela 6.6 e colocá-los na expressão de equilíbrio para a reação. (*Observação*: unidades foram incluídas aqui em K_1 para o uso em análise dimensional.)

$$K_1 = \frac{[HCO_3^-][H^+]}{[H_2CO_3]}$$

$$4,5 \times 10^{-7} M = \frac{(x)(x)}{(0,00500 M - x)} \quad (6.29)$$

em que $x = [HCO_3^-] = [H^+]$. Em seguida, podemos reorganizar essa equação para que todos os termos que contenham o nosso (x) desconhecido apareçam no mesmo lado.

$$0 = x^2 + (4,5 \times 10^{-7} M)x - (4,5 \times 10^{-7} M) \cdot (0,00500 M) \quad (6.30)$$

Essa relação está escrita agora como uma **equação quadrática**,[11] na qual o termo de ordem mais alta para 'x' é x^2. A equação quadrática específica que acabamos de mostrar é escrita na forma geral

$$0 = Ax^2 + Bx + C \quad (6.31)$$

em que A, B e C são as constantes que aparecem na frente de x^2, de x e dos termos constantes dessa equação. Por exemplo, na Equação 6.30 o valor de A é 1, de B é $4,5 \times 10^{-7}\,M$ e de C é $-(4,5 \times 10^{-7}\,M)(0,00500\,M)$. É útil reorganizar uma equação quadrática dessa forma, porque os valores de A, B e C podem ser usados para resolver x por meio da **fórmula quadrática**, como vemos a seguir.[11]

$$x = \frac{-B \pm \sqrt{B^2 - 4AC}}{2A} \quad (6.32)$$

O símbolo '$\pm$' nessa equação significa que sempre haverá duas respostas, ou 'raízes', para x, sendo que uma é obtida quando usamos $-B + \sqrt{B^2 - 4AC}$ no numerador e a outra, quando usamos $-B - \sqrt{B^2 - 4AC}$. Na maioria dos problemas químicos, porém, apenas uma dessas raízes fornecerá uma resposta realista para o problema (isto é, um valor que estará dentro da faixa de concentrações ou valores que poderão realmente aparecer em seu sistema).

Tabela 6.6

Uso do equilíbrio de massa para solucionar um problema de equilíbrio simples.*

Reação	H_2CO_3	$\rightleftharpoons$	HCO_3^-	+	H^+
Concentrações iniciais:	0,0050 M		0 M		0 M
Alteração em concentrações:	$-x$		x		x
Concentrações de equilíbrio:	$0,0050 - x$		x		x

*Este tipo de tabela é também conhecido como *tabela ICE* porque relaciona as concentrações 'iniciais', de 'alteração' (*change*, em inglês) e de 'equilíbrio' de cada reagente e produto.

EXERCÍCIO 6.10 — Uso da equação quadrática

Com base na equação quadrática, quais são os valores possíveis para x na Equação 6.30? Com base nesses resultados, quais são as concentrações aproximadas de ácido carbônico, bicarbonato e íons hidrogênio que devem estar presentes em equilíbrio no sistema da Tabela 6.6?

SOLUÇÃO

Já vimos que os valores de A, B e C em nosso exemplo são $A = 1$, $B = 4{,}5 \times 10^{-7}\,M$ e C é $-(4{,}5 \times 10^{-7}\,M)(0{,}00500\,M) = -2{,}25 \times 10^{-9}\,M^2$. Quando substituímos esses valores na equação quadrática, obtemos duas respostas possíveis para x.

$$\text{Primeiro valor de } x = \frac{-(4{,}5 \times 10^{-7}\,M) + \sqrt{(-4{,}5 \times 10^{-7}\,M)^2 - 4(1)(-2{,}25 \times 10^{-9}\,M^2)}}{2(1)}$$

$$= 4{,}7\underline{2} \times 10^{-5}\,M$$

$$\text{Segundo valor de } x = \frac{-(4{,}5 \times 10^{-7}\,M) - \sqrt{(-4{,}5 \times 10^{-7}\,M)^2 - 4(1)(-2{,}25 \times 10^{-9}\,M^2)}}{2(1)}$$

$$= -4{,}7\underline{7} \times 10^{-5}\,M$$

Embora ambos os valores obtidos para x nas equações anteriores façam sentido matematicamente, do ponto de vista químico somente $x = 4{,}7\underline{2} \times 10^{-5}\,M$ é razoável, porque não podemos ter um valor negativo para $x = [\text{HCO}_3^-]$ ou $[\text{H}^+]$. Quando usamos esse resultado com a Tabela 6.6, obtemos as seguintes respostas definitivas para nossas concentrações de equilíbrio ao arredondarmos para o número correto de algarismos significativos.

Em equilíbrio: $[\text{H}_2\text{CO}_3] = 0{,}00500 - x = \mathbf{0{,}00495\,M}$
$[\text{HCO}_3^-] = x = \mathbf{4{,}7 \times 10^{-5}\,M}$
$[\text{H}^+] = x = \mathbf{4{,}7 \times 10^{-5}\,M}$

Ao verificar esses resultados, você poderá observar que todas as concentrações finais estão dentro de um intervalo razoável (nesse caso, entre 0 e 0,00500 M, porque a reação tem uma estequiometria 1:1 entre cada reagente e produto). Além disso, se reinserirmos essas concentrações na expressão de equilíbrio dessa reação, recuperaremos a constante de equilíbrio esperada de $4{,}5 \times 10^{-7}\,M$.

É possível que ocasionalmente você obtenha uma resposta $x = 0$ ao usar a equação quadrática para solucionar a concentração ou a composição de uma substância em equilíbrio. Se isso ocorrer, não significa que não há nada da substância presente. Você não pode ter um equilíbrio sem ter um pouco de *ambos*, reagentes e produtos, presentes, mesmo que em pequena quantidade. O que uma resposta $x = 0$, nesse caso, realmente quer dizer é que a quantidade estimada da substância é bastante pequena em comparação com outras concentrações e termos em seu cálculo, não podendo ser distinguida de um valor igual a zero com o número de dígitos que estão sendo usados para expressar essa resposta. Existem várias maneiras de se contornar esse problema. Em primeiro lugar, veja se é possível usar mais dígitos (sejam algarismos significativos, sejam dígitos de guarda) em seu cálculo; isso ajudará a evitar problemas devido a erros de arredondamento. Segundo, você pode usar as novas informações de que dispõe (de que o valor de 'x' é pequeno em comparação com outros valores em suas equações) para voltar e simplificar suas equações. Essa simplificação deverá, então, levar a uma resposta que seja útil ao seu cálculo.

Se um sistema de reação for muito complexo para ser resolvido diretamente com a fórmula quadrática, outro método deverá ser aplicado. Por exemplo, suponha que não ignoramos a produção de H$^+$ a partir da água ou da dissociação de bicarbonato como foi feito no Exercício 6.10. Em vez de trabalhar com apenas uma reação, como ilustrado na Tabela 6.6, agora devemos considerar todas essas reações ao combinar as expressões de equilíbrio nas equações 6.19 a 6.21 com as equações de equilíbrio de massa e equilíbrio de carga obtidas nas equações 6.26 e 6.28. O resultado é a seguinte relação entre [H$^+$] e outros fatores conhecidos (K_1, K_2 e $C_{\text{Carbonato}}$) que descrevem esse sistema.

$$[\text{H}^+] = C_{\text{Carbonato}} \cdot \frac{K_1[\text{H}^+] + 2K_1 K_2}{([\text{H}^+]^2 + K_1[\text{H}^+] + K_1 K_2)} + \frac{1{,}0 \times 10^{-14}\,M^2}{[\text{H}^+]} \tag{6.33}$$

No próximo capítulo, veremos exatamente como esse tipo de equação combinada foi obtida. Por enquanto, vamos nos concentrar em como determinar o valor de [H$^+$]. A equação quadrática não pode ser usada porque não conseguiremos obter essa expressão na forma necessária a essa abordagem de trabalho. Uma alternativa que pode servir nesse caso é usar a 'função solver' encontrada em muitas calculadoras modernas. Ou então recorrer a uma técnica conhecida como **aproximações sucessivas**.[22]

Para executar aproximações sucessivas, comece colocando em sua equação uma estimativa aproximada de qual seria a concentração do reagente ou do produto de interesse. No exemplo do ácido carbônico, considere a estimativa de que um quinto de nosso ácido carbônico de 0,00500 M se dissocia para produzir íons hidrogênio, ou [H$^+$] = 0,0010 M. Como indicado na Tabela 6.7, em seguida colocamos esse valor no lado direito da Equação 6.33 e calculamos o valor de [H$^+$] na esquerda, o que por sua vez nos dá um resultado de 0,000002 M. Visto que nossa estimativa inicial e esse valor calculado para [H$^+$] não são iguais, fazemos então uma nova estimativa e a colocamos no lado direito da Equação 6.33 para repetir o processo. Cada vez que executamos esse processo, o valor que calculamos para [H$^+$] deve, assim esperamos, aproximar-se de nossa estimativa até chegar ao mesmo valor. Nesse ponto, a equação geral está equilibrada e alcançamos nossa resposta final, $4{,}7 \times 10^{-5}\,M$. Embora essa abordagem possa durar vários ciclos até que cheguemos a uma resposta final, ela tem a vantagem de lidar com equações complexas que não podem ser resolvidas por outros métodos.

Tabela 6.7

Exemplo de um problema de equilíbrio usando-se aproximações sucessivas.

[H$^+$], M estimado	[H$^+$], M calculado	Estratégia para o próximo passo[a]
0,001000	0,000002	O valor calculado é muito mais alto do que o estimado; use uma estimativa menor
0,000100	0,000022	O valor calculado ainda é muito mais alto do que o estimado; diminua mais a estimativa
0,000050	0,000045	O valor calculado é um pouco mais alto do que o estimado; diminua um pouco a estimativa
0,000045	0,000050	O valor calculado é um pouco menor do que o estimado; aumente um pouco a estimativa
0,000047	0,000047	O valor calculado e o valor estimado são iguais; você conseguiu sua resposta!

[a] Outra estratégia seria usar cada valor calculado como um novo valor estimado. Esse método geralmente funciona bem, mas neste exemplo ele consome um número muito maior de ciclos para convergir à resposta final.

Uma terceira opção para resolver problemas de equilíbrio químico é usar computadores para encontrar respostas possíveis para cada cálculo. Esse método se destina a sistemas de modelagem extremamente complexos, como quando os cientistas usam computadores para estudar o destino do dióxido de carbono na atmosfera e prever as consequências das alterações nos níveis de dióxido de carbono. Essa abordagem envolve o uso de um programa criado especialmente para resolver equações múltiplas, como a função 'polinomial' ou 'solver' embutida em uma calculadora. Outra forma de empregar computadores em cálculos de equilíbrio é usar uma planilha eletrônica para descrever as reações de processos químicos de interesse.[22] Um exemplo desse método é dado na Figura 6.7, na qual uma planilha de cálculo foi utilizada para determinar como as concentrações de H_2CO_3, HCO_3^-, CO_3^{2-} e OH^- mudam à medida que a concentração de H$^+$ é fixada em vários valores em uma solução com concentração analítica de carbonato de 0,010 M. Analisaremos esse tipo de sistema no próximo capítulo, e mais adiante neste livro veremos vários outros exemplos de como usar planilhas eletrônicas em cálculos químicos.

Concentrações de H_2CO_3 e espécies relacionadas em 0,100 M de ácido carbônico em vários valores para [H$^+$]

[H$^+$], M	K_{a1}	K_{a2}	[H_2CO_3], M	[HCO_3^-], M	[CO_3^{2-}], M
1,00E+00	4,45E−07	4,69E−11	1,00E−01	4,45E−08	2,09E−18
1,00E−01	4,45E−07	4,69E−11	1,00E−01	4,45E−07	2,09E−16
1,00E−02	4,45E−07	4,69E−11	1,00E−01	4,45E−06	2,09E−14
1,00E−03	4,45E−07	4,69E−11	1,00E−01	4,45E−05	2,09E−12
1,00E−04	4,45E−07	4,69E−11	9,96E−02	4,43E−04	2,08E−10
1,00E−05	4,45E−07	4,69E−11	9,57E−02	4,26E−03	2,00E−08
1,00E−06	4,45E−07	4,69E−11	6,92E−02	3,08E−02	1,44E−06
1,00E−07	4,45E−07	4,69E−11	1,83E−02	8,16E−02	3,83E−05
1,00E−08	4,45E−07	4,69E−11	2,19E−03	9,74E−02	4,57E−04
1,00E−09	4,45E−07	4,69E−11	2,14E−04	9,53E−02	4,47E−03
1,00E−10	4,45E−07	4,69E−11	1,53E−05	6,81E−02	3,19E−02
1,00E−11	4,45E−07	4,69E−11	3,95E−07	1,76E−02	8,24E−02
1,00E−12	4,45E−07	4,69E−11	4,69E−09	2,09E−03	9,79E−02
1,00E−13	4,45E−07	4,69E−11	4,78E−11	2,13E−04	9,98E−02
1,00E−14	4,45E−07	4,69E−11	4,79E−13	2,13E−05	1,00E−01

Fórmulas:

$[H_2CO_3] = (0{,}100*[H^+]^2)/([H^+]^2 + K_{a1}*[H^+] + K_{a1}*K_{a2})$

$[HCO_3^-] = (0{,}100*K_{a1}*[H^+])/([H^+]^2 + K_{a1}*[H^+] + K_{a1}*K_{a2})$

$[CO_3^{2-}] = (0{,}100*K_{a1}*K_{a2})/([H^+]^2 + K_{a1}*[H^+] + K_{a1}*K_{a2})$

Figura 6.7

Resultados de planilha que preveem alterações na concentração de ácido carbônico e espécies afins em uma solução aquosa preparada com uma concentração inicial de 0,10 M de ácido carbônico e que contém várias concentrações fixas de íons hidrogênio. Os termos K_{a1} e K_{a2} são as constantes de equilíbrio para a liberação do primeiro e do segundo íons hidrogênio a partir do ácido carbônico (para obter mais informações sobre reações ácido-base, consulte o Capítulo 8).

Palavras-chave

Aproximações sucessivas 135
Atividade química 119
Coeficiente de atividade 121
Concentração analítica 133
Constante de equilíbrio 127
Equação de equilíbrio de carga 133

Equação de equilíbrio de massa 133
Equação estendida de
  Debye-Hückel 123
Equação quadrática 134
Equilíbrio químico 127
Estequiometria 127

Força iônica 122
Fórmula quadrática 134
Princípio de Le Châtelier 128
Quociente de reação 129

Outros termos

Camada de hidratação 126
Cinética química 119
Coeficiente de *salting* 125
Coeficiente médio de atividade 123
Constante de equilíbrio dependente de
  concentração 129

Constante de equilíbrio
  termodinâmico 127
Constante dielétrica 126
Efeito *salting-out* 125
Equilíbrio de massa 133
Estado-padrão 119

Lei limite de Debye-Hückel 124
Potencial químico 119
Potencial químico padrão 119
Raio de hidratação 126
Termodinâmica química 118

Questões

Tipos de reação química/transição e descrição de reações químicas

1. Que tipos de reação química são usados com mais frequência em química analítica? Cite alguns exemplos de suas aplicações.
2. Cite alguns fatores gerais a serem considerados quando se descreve uma reação química.
3. O que se entende por 'termodinâmica química' e 'cinética química'? Por que esses termos são importantes na descrição de reações químicas?

O que é atividade química?

4. Defina 'potencial químico' e 'atividade química'. Como esses termos estão relacionados?
5. O que significa dizer que uma substância química está em seu 'estado-padrão'? Qual é a atividade de uma substância, quando ela está presente em seu estado normal?
6. Qual é o estado-padrão de cada um dos exemplos a seguir?
   (a) Gás oxigênio.
   (b) Cristais de cloreto de sódio.
   (c) Metanol como solvente.
   (d) Cloreto de sódio dissolvido em água.
   (e) Metanol dissolvido em água.
   (f) Hélio como componente residual do ar.
7. Cite alguns dos efeitos que podem fazer a atividade de uma substância ser diferente da atividade de seu estado-padrão. Como exemplo, ilustre esses efeitos usando uma solução de NaCl em água.
8. Explique por que muitas vezes se atribui à água uma atividade de 1,0 para uma solução aquosa. Em que circunstâncias a atividade de água nessa solução pode não ser igual a 1,0?
9. O que é um 'coeficiente de atividade'? Quais são as unidades em um coeficiente de atividade?
10. Constatou-se que uma solução molal de 0,10 de $AgNO_3$ em água que se dissolve completamente produz uma atividade de 0,0734 para Ag^+ e para NO_3^-. Qual é o coeficiente de atividade de cada um desses íons?
11. Se íons os K^+ e I^- em uma amostra completamente dissolvida de 0,20 molal KI têm cada qual uma atividade de 0,155, quais são os coeficientes de atividade desses íons?
12. Por que é importante considerar as diferenças entre atividade química e concentração quando usamos ou criamos um método analítico? Que problemas podem surgir se essas diferenças não forem levadas em conta?
13. O perclorato de sódio, $NaClO_4$, é um sal que tem alta solubilidade em água. Qual é a força iônica de uma solução aquosa preparada pela adição de 0,20 g desse sal a 1,00 L de água?
14. Qual é a força iônica de uma solução de 0,100 M de NaCl em água? Qual é a força iônica de uma solução de 0,100 M de Na_2SO_4 em água? Compare essas forças iônicas e explique as eventuais diferenças em seus valores.
15. Determine a força iônica de cada uma das misturas a seguir. Em cada caso, assuma que todos os sais se dissolvem completamente e se dissociam em seus respectivos íons.
   (a) 0,10 M de NaCl mais 0,20 M de KI
   (b) 0,050 M de $MgSO_4$ mais 0,050 M de Na_2SO_4
   (c) 0,050 g de KBr mais 0,100 g de KCl em 1,00 L de água

Atividade química em métodos analíticos

16. Qual é a diferença entre um 'coeficiente médio de atividade' e um 'coeficiente de atividade de íon único'? Como eles se inter-relacionam?
17. Uma solução de NaCl produz um coeficiente médio de atividade de 0,85. Se admitirmos que os íons Na^+ e Cl^- têm os mesmos coeficientes de atividade individual, quais serão os valores desses coeficientes de atividade?

18. Uma solução de K_2SO_4 tem um coeficiente médio de atividade de 0,75. Quais são os coeficientes de atividade individuais para K^+ e SO_4^{2-} nessa solução?

19. O que é a equação estendida de Debye-Hückel? Quais informações são necessárias quando se utiliza essa equação para estimar coeficientes de atividade iônica?

20. Qual forma da equação estendida de Debye-Hückel deve ser utilizada quando se lida com uma solução em água a 25 °C? Em que condições o uso da equação estendida de Debye-Hückel é inadequado?

21. Use a equação estendida de Debye-Hückel para estimar cada um dos coeficientes de atividade a seguir. Em cada caso, assuma que a substância dada se dissolve para formar os íons listados.
    (a) Coeficientes de atividade para H^+ e NO_3^- em uma solução de 0,0050 M de HNO_3.
    (b) Coeficientes de atividade para K^+ e OH^- em uma solução de 0,020 M de KOH.
    (c) Coeficientes de atividade para Ba^{2+} e Cl^- em uma solução de 0,010 M de $BaCl_2$.

22. Quais são os coeficientes médios de atividade esperados para as soluções da Questão 21?

23. O que é a lei limite de Debye-Hückel (DHLL)? Use essa equação para recalcular os coeficientes de atividade da Questão 21. Como esses resultados se comparam com os obtidos a partir da equação estendida de Debye-Hückel?

24. Como a atividade de um composto neutro é alterada por uma mudança na força iônica? Como isso se compara ao efeito da força iônica sobre a atividade de uma substância iônica?

25. O que é o 'efeito *salting-out*'? O que é um 'coeficiente de *salting*'?

26. O ácido acético tem um coeficiente de *salting* de 0,066 na presença de NaCl em água. Qual é o coeficiente de atividade aproximado do ácido acético em uma solução de 1,0 M de NaCl em condições ácidas (em que a maior parte do ácido acético está em sua forma original neutra)?

27. Um químico deseja que a atividade de um composto neutro fique na faixa de 1 por cento de sua concentração. Se esse composto tiver um coeficiente de *salting* de 0,15 na presença de KNO_3, qual é a força iônica máxima que poderá estar presente nessa solução para que tal condição seja cumprida?

28. Descreva os seguintes efeitos sobre os coeficientes de atividade com base na equação estendida de Debye-Hückel.
    (a) Efeitos de carga.
    (b) Efeitos de tamanho.
    (c) Efeitos de força iônica.

29. Explique como o uso de um excedente conhecido de um sal como o cloreto de sódio poderia ser usado para manter uma força iônica constante em uma amostra ou reagente.

30. O que é um 'raio de hidratação'? Como esse valor se relaciona com os parâmetros de tamanho de íon utilizados na equação estendida de Debye-Hückel?

31. Explique como uma curva de calibração pode ser usada por um químico analítico para lidar com alterações na atividade química.

O que é equilíbrio químico?

32. O que se entende por 'equilíbrio químico'? Por que é importante levá-lo em consideração em química analítica?

33. O que é uma 'constante de equilíbrio' e como ela é usada para descrever um equilíbrio químico?

34. Escreva expressões de constante de equilíbrio (em termos de atividade) para cada uma das seguintes reações.
    (a) $H_2SO_4 + H_2O \rightleftharpoons H_3O^+ + HSO_4^-$
    (b) $Zn^{2+} + NH_3 \rightleftharpoons Zn(NH_3)^{2+}$
    (c) $PbCl_2(s) \rightleftharpoons Pb^{2+} + 2\,Cl^-$

35. Escreva expressões de constante de equilíbrio em termos de concentrações para cada uma das reações na Questão 34. (*Observação*: quando se trata de um sólido como $PbCl_2$, continue a usar a atividade da substância dada em tal expressão.)

36. Um químico está estudando a dissociação ácida do ácido fórmico em água, conforme representado pela seguinte reação líquida: $HCOOH \rightleftharpoons H^+ + HCOO^-$. É estabelecido que, a 25 °C, as atividades de HCOOH, H^+ e $HCOO^-$ em equilíbrio são $2,0 \times 10^{-4}$, $1,0 \times 10^{-4}$ e $3,6 \times 10^{-4}$. Qual é a constante de equilíbrio para essa reação sob tais condições?

37. A reação de Cd^{2+} com S^{2-} para formar CdS sólido produz uma solução saturada que tem atividades de $8,4 \times 10^{-14}$ para Cd^{2+} e S^{2-} e 1,00 para CdS. Qual é a constante de equilíbrio para essa reação?

38. Como a constante de equilíbrio de uma reação se relaciona com uma alteração na energia livre padrão de Gibbs dessa reação?

39. A reação do ácido aspártico com Ca^{2+} a 25 °C tem uma constante de equilíbrio de 40. Qual é a alteração na energia livre padrão de Gibbs para essa reação?

40. Constatou-se que a ligação de uma droga com uma proteína tem uma constante de equilíbrio de $2,3 \times 10^5$ a 37 °C. Qual é a alteração na energia livre padrão de Gibbs dessa reação?

41. O que é um 'quociente de reação'? Como um quociente de reação se assemelha a uma constante de equilíbrio? E como ele difere?

42. Quando o cromato de prata maciça, $Ag_2CrO_4(s)$, é colocado em água, alguns desses sólidos se dissolvem para formar íons Ag^+ e CrO_4^{2-} de acordo com a seguinte reação:

    $$Ag_2CrO_4(s) \rightleftharpoons 2\,Ag^+ + CrO_4^{2-}$$

    Essa reação tem uma constante de equilíbrio conhecida de $2,4 \times 10^{-12}$ a 25 °C. Se o cromato de prata maciça for colocado em uma solução que contém $1,3 \times 10^{-4}$ M Ag^+ e $6,3 \times 10^{-5}$ M CrO_4^{2-}, qual será o quociente de reação desse processo? Com base nesse valor, que direção essa reação vai tomar ao se aproximar do equilíbrio (isto é, ela vai avançar para formar mais sólido ou para criar mais íons dissolvidos)?

43. A reação a seguir tem uma constante de equilíbrio de $7,1 \times 10^2$ a 25 °C.

    $$H_2(g) + I_2(g) \rightleftharpoons 2\,HI(g)$$

Preveja a direção que essa reação vai tomar (para a esquerda ou a direita) ao ser iniciada com cada um dos conjuntos de reagentes e produtos a seguir. Em cada caso, assuma que as atividades químicas são aproximadamente iguais às concentrações das substâncias listadas.

(a) $[H_2] = 0,81\ M$ $[I_2] = 0,44\ M$ $[HI] = 0,58\ M$
(b) $[H_2] = 0,078\ M$ $[I_2] = 0,033\ M$ $[HI] = 1,35\ M$
(c) $[H_2] = 0,034\ M$ $[I_2] = 0,035\ M$ $[HI] = 1,50\ M$

Resolução de problemas de equilíbrio químico

44. Quais questões você deve considerar ao configurar e resolver um problema de equilíbrio químico?

45. O que é 'equação de equilíbrio de massa'? O que é 'concentração analítica'? Como essas ferramentas podem ser usadas para ajudar a resolver um problema de equilíbrio químico?

46. Quando o ácido fosfórico (H_3PO_4) é dissolvido em água, pode sofrer uma série de reações ácido-base para produzir $H_2PO_4^-$, HPO_4^{2-} e PO_4^{3-}. Escreva a equação de equilíbrio de massa de todas as espécies relacionadas ao ácido fosfórico em tal solução.

47. Uma solução de 0,010 M de Cu^{2+} combina-se com uma solução de 0,030 M de NH_3 para formar vários íons complexos de cobre com fórmulas que variam de $Cu(NH_3)^{2+}$ a $Cu(NH_3)_4^{2+}$. Quais são as expressões de equilíbrio de massa para o cobre e a amônia nessa solução?

48. O que é 'equação de equilíbrio de carga'? Como ela pode ser usada na resolução de um problema de equilíbrio químico?

49. Uma solução é preparada adicionando-se 0,05 M de $CaCl_2$, 0,10 M de NaCl e 0,10 M de $MgCl_2$ à água. Se todos esses sais se dissolvem completamente em água, qual é a equação de equilíbrio de carga para essa solução?

50. A colocação de fluoreto de hidrogênio (HF) em água resulta na conversão parcial dessa substância em íons hidrogênio (H^+) e íons flúor (F^-). Ao mesmo tempo, um pouco da água formará íons hidrogênio e íons hidróxido (OH^-). Escreva a equação do equilíbrio de carga para esse sistema.

51. O que é 'fórmula quadrática'? Em que tipo de situação essa fórmula pode ser uma ferramenta útil na resolução de um problema de equilíbrio químico?

52. Use a fórmula quadrática para resolver x (relatando ambas as respostas possíveis) em cada uma das equações seguintes.
(a) $0 = 8x^2 + 3x + 0,10$
(b) $8,3 \times 10^2 x^2 = 1,5 \times 10^2 - x$
(c) $3,4x = 1,5x^2 - 2,0x + 0,8$
(d) $2,8 \times 10^1 x^3 = 9,1 \times 10^2 x^2 + 4,5x$

53. Use a fórmula quadrática para descobrir qual é a concentração desconhecida em cada uma das equações a seguir.
(a) $0 = [H^+]^2 + (2,5 \times 10^{-4})[H^+] - (3,0 \times 10^{-6})(1,0 \times 10^{-3})$, em que $x = [H^+]$
(b) $(1,0 \times 10^{-4})/[OH^-] = 5,5 \times 10^{-4} + [OH^-]$, em que $x = [OH^-]$

54. O que é o 'método de aproximações sucessivas'? Descreva como esse método pode ser usado para ajudar a resolver problemas de equilíbrio químico.

55. Resolva cada uma das equações a seguir usando o método de aproximações sucessivas.
(a) $0 = 2x^3 + 4x^2 + x + 0,5$
(b) $(2,5 \times 10^{-3} + x)/x = 1,0 \times 10^{-4} x^2$
(c) $9,5x^3 = 0,25x^2 - 1,37x + 5,3$
(d) $3,0 \times 10^3 x^2 = 4,1 \times 10^2 x^3 + 18,0$

56. Use o método de aproximações sucessivas para descobrir qual é a concentração desconhecida de cada uma das equações dadas na Questão 53. Como esses resultados podem ser comparados com aqueles obtidos usando-se a fórmula quadrática?

Problemas desafiadores

57. A equação de Davies (mostrada a seguir) é uma versão empiricamente modificada da equação estendida de Debye-Hückel, que pode ser usada até forças iônicas de cerca de 0,2 M.[22]

$$\log(\gamma) = z^2 \cdot [0,15 \cdot I - \frac{0,51 \cdot \sqrt{I}}{1+\sqrt{I}}]$$

$$= z^2 \cdot I'\ \text{em que}\ I' = [0,15 \cdot I - \frac{0,51 \cdot \sqrt{I}}{1+\sqrt{I}}] \quad (6.34)$$

(a) Use a Equação 6.34 para estimar os coeficientes de atividade iônica individual para e em soluções de NaCl em água que variam de 0 a 0,2 M em concentração.

(b) Faça um gráfico dos valores obtidos na Parte (a) e compare-os com os resultados obtidos com a equação estendida de Debye-Hückel. Em que condições essas duas equações dão resultados semelhantes? Em que condições elas diferem? Qual abordagem é mais exata em força iônica de moderada a alta?

58. Outra abordagem que pode ser utilizada para estimar o tamanho de $K°$ a partir de K, ou de K a partir de $K°$ é tomar o logaritmo de ambos os lados e combinar a expressão resultante com a expressão de Debye-Hückel simplificada na Equação 6.35.[19]

$$\log(K°) = \log(K) + [rAz_C^2 + sAz_D^2 + nAz_B^2]$$
$$\cdot (-0,51 \cdot \sqrt{I})/(1+\sqrt{I}) \quad (6.35)$$

Use essa equação para calcular os valores da constante de equilíbrio dependente de concentração da Tabela 6.4. Quando os resultados são semelhantes? Quando eles diferem? Explique as diferenças que você observou.

59. Quando íons cloreto são adicionados em uma solução de íons prata, o resultado é a formação de cloreto de prata sólido, seguido posteriormente pela formação de vários complexos solúveis à medida que um grande excesso de cloreto é adicionado.

$$Ag^+ + Cl^- \rightleftharpoons AgCl(s)$$
$$AgCl(s) + Cl^- \rightleftharpoons AgCl_2^-$$
$$AgCl_2^- + Cl^- \rightleftharpoons AgCl_3^{2-}$$
$$AgCl_3^{2-} + Cl^- \rightleftharpoons AgCl_4^{3-}$$

Usando mols como sua unidade de teor químico, escreva equações de equilíbrio de massa para os compostos que contêm prata e também para aqueles que contêm cloreto nessa mistura.

60. A seguinte fórmula pode ser usada para estimar a idade de um objeto que contém material vegetal ou animal quando esse material é examinado com datação por carbono 14.

$$t = t_{1/2} \cdot -\frac{\ln(N_t / N_0)}{0{,}693} \quad (6.36)$$

Na equação, t é a idade estimada da amostra, $t_{1/2}$ é a meia-vida do carbono 14, N_t é a quantidade relativa de carbono 14 versus carbono 12 na amostra em estudo e N_0 é a quantidade relativa de carbono 14 versus carbono 12 em um vegetal ou animal vivo. A meia-vida do carbono 14 é de 5.730 anos, e a quantidade relativa de carbono 14 versus carbono 12 em um vegetal ou animal vivo é conhecida por ser aproximadamente $1{,}3 \times 10^{-12}$.

(a) Uma cesta antiga feita de junco é analisada usando-se a datação por carbono 14, e é descoberto que ela contém uma proporção de carbono 14 em relação ao carbono 12 igual a $0{,}42 \times 10^{-12}$. Qual é a idade aproximada dessa amostra?

(b) O método de análise específico que é usado na Parte (a) pode determinar datas de até 60 mil anos atrás. Esse intervalo é definido pelo limite de detecção para o carbono 14 versus carbono 12 na amostra. Que proporção de carbono 14 versus carbono 12 vai estar presente em uma amostra com 60 mil anos de idade?

Tópicos para discussão e relatórios

61. Fale com um meteorologista em uma estação de televisão local, estação de rádio ou jornal. Discuta com ele como as medições químicas e físicas (como pressão, umidade etc.) são realizadas e utilizadas na previsão do tempo. Elabore um relatório que discuta suas descobertas.

62. Há muitos outros tipos gerais de reação além dos que foram listados na Tabela 6.1. Um exemplo abordado brevemente neste capítulo foi a reação de hidratação, em que a água se combina com uma substância química para formar uma nova 'forma hidratada'. A seguir, listamos outras classes de reação. Obtenha mais informações sobre uma ou mais dessas reações e discuta como elas ocorrem. Além disso, tente encontrar um exemplo em que sua reação seja utilizada em um método de análise química.

(a) Reação fotoquímica.

(b) Reação enzimática.

(c) Reação de ionização (fase gasosa).

(d) Polimerização.

63. O campo de paleoclimatologia — estudo de climas passados — faz uso de muitas técnicas para analisar como a composição da atmosfera e a temperatura global mudaram ao longo do tempo. Esse campo utiliza métodos radiométricos como datação por carbono 14 e uma análise cuidadosa de fósseis e composições químicas de amostras coletadas de oceanos, calotas polares ou outras regiões da Terra. Elabore um relatório sobre uma ferramenta analítica usada nesse campo. Descreva o tipo de informação que pode ser coletada pela técnica. Também discuta as vantagens e limitações do método.

64. Várias precauções devem ser tomadas e várias suposições devem ser feitas para que a datação por carbono 14 forneça uma estimativa exata da idade de uma amostra. Por exemplo, a razão carbono 14/carbono 12 varia de acordo com diferentes ambientes, como o ar versus o oceano. Obtenha mais informações sobre a datação por carbono 14 e discuta os tipos de erro que podem estar presentes nesse método. Como esses erros afetam a confiabilidade do método e quais medidas devem ser tomadas para evitar, ou minimizar, esses erros?

65. O uso de computadores em química deu origem a muitos avanços recentes em nosso estudo de interações químicas. Examine edições recentes de revistas como a *Scientific American*, a *Science* ou a *Nature* e localize um artigo em que os computadores tenham desempenhado um papel importante na compreensão de uma reação química. Relate suas descobertas.

66. Uma área da química que utiliza computadores com frequência é a da investigação sobre as estruturas de proteínas e outras moléculas biológicas de grande porte. Alguns pesquisadores têm usado a Internet e voluntariamente dedicado seu tempo a trabalhar usando os computadores de suas casas para contribuir para esse estudo. Obtenha informações sobre esse tipo de esforço de pesquisa. Descreva, em linhas gerais, como esse método funciona e quais os tipos de problema químico examinados por essa abordagem.

67. Use a Referência 25 ou outras fontes para conhecer o histórico do conceito de força iônica. Discuta como esse conceito foi desenvolvido e descreva como ele tem sido usado ao longo dos anos para caracterizar e estudar reações químicas.

68. Saiba mais sobre o desenvolvimento original da equação de Debye-Hückel.[26] Descreva como essa equação se originou e indique como ela tem sido usada pelos químicos para ajudá-los a compreender as reações químicas.

Referências bibliográficas

1. P. Passell, "Global Warming Plan Would Make Emissions a Commodity," New York Times, 24 out. 1997, p.D1.

2. Frederick K. Lutgens e Edward J. Tarbuck, *The Atmosphere: An Introduction to Meteorology*, 10 ed., Pearson Prentice Hall, Upper Saddle River, NJ, 2007, Capítulo 2.

3. Climate Change: State of Knowledge, Executive Office of the President, Office of Science and Technology Policy, Washington, DC, 1997. (Disponível on-line em <http://www.usgcrp.gov/usgcrp/Library/CC-StateOfKnowledge1997.pdf>.)

4. C. Suplee, 'Unlocking the Climate Puzzle,' *National Geographic*, 1998, 193, p.38–71.
5. M. Landler, 'Mixed Feelings as Kyoto Pact Takes Effect,' *New York Times*, 16 fev. 2005, p.C1.
6. A.C. Revkin, 'New Warnings of Climate Change,' *New York Times*, 20 jan. 2007, p.A7.
7. J. Haley, ed., *Global Warming: Opposing Views*, Greenhaven Press, San Diego, CA, 2002.
8. S.G. Philander, *Is the Temperature Rising? The Uncertain Science of Global Warming*, Princeton University Press, Princeton, NJ, 1998.
9. A.C. Revkin, 'Computers Add Sophistication, but Don't Resolve Climate Debate,' *New York Times*, 31 ago. 2004, p.F3.
10. *IUPAC Compendium of Chemical Terminology*, versão eletrônica, http://goldbook.iupac.org
11. *The New Encyclopaedia Britannica*, 15 ed., Encyclopaedia Britannica, Inc., Chicago, IL, 2002.
12. J. Inczedy, T. Lengyel e A. M. Ure, *Compendium of Analytical Nomenclature*, 3 ed., Blackwell Science, Malden, MA, 1997.
13. H. M. N. H. Irving, H. Freiser e T. S. West, *Compendium of Analytical Nomenclature: Definitive Rules—1977*, Pergamon Press, Nova York, 1977.
14. B.E. Smith, *Basic Chemical Thermodynamics*, Oxford University Press, Oxford, 2004.
15. B.J. Ott e J. Buerio-Goates, *Chemical Thermodynamics— Principles and Applications*, Academic Press, Nova York, 2000.
16. J.H. Espenson, *Chemical Kinetics and Reaction Mechanisms*, McGraw-Hill, Nova York, 1981.
17. M.R. Wright, *Introduction to Chemical Kinetics*, Wiley, Hoboken, NJ, 2004.
18. E.C. Anderson, W.F. Libby, S. Weinhouse, A.F. Reid, A.D. Kirshenbau e A.V. Grosse, 'Radiocarbon from Cosmic Radiation,' *Science*, 105, 1947, p.576–577.
19. J.R. Arnold e W.F. Libby, 'Age Determinations by Radiocarbon Content: Checks with Samples of Known Age,' *Science*, 110, 1949, p.678–680.
20. W.F. Libby, 'Accuracy of Radiocarbon Dates,' *Science*, 140, 1963, p.278–280.
21. D. R. Lide, ed., *CRC Handbook of Chemistry and Physics*, 83 ed., CRC Press, Boca Raton, FL, 2002.
22. H. Frieser, *Concepts & Calculations in Analytical Chemistry: a Spreadsheet Approach*, CRC Press, Boca Raton, FL, 1992.
23. P. Debye e E. Hückel, 'The Theory of Electrolytes. I. Lowering of Freezing Point and Related Phenomena,' *Physikalische Zeitshrift*, 24, 1923, p.185–206.
24. P. Debye e E. Hückel, 'The Theory of Electrolytes. II,' *Physikalische Zeitshrift*, 24, 1923, p.305–325.
25. M.E. Sastre de Vicente, 'The Concept of Ionic Strength Eighty Years After Its Introduction in Chemistry,' *Journal of Chemical Education*, 81, 2004, p.750–753.
26. B. Naiman, 'The Debye-Hückel Theory and its Application in the Teaching of Quantitative Analysis,' *Journal of Chemical Education*, 26, 1949, p.280–282.

Capítulo 7
Solubilidade e precipitação química

Conteúdo do capítulo

7.1 Introdução: combate ao câncer de estômago
   7.1.1 O que é solubilidade?
   7.1.2 O que é precipitação?
   7.1.3 Por que solubilidade e precipitação são importantes em análise química?

7.2 Solubilidade química
   7.2.1 O que determina a solubilidade química?
   7.2.2 Como podemos descrever a solubilidade química?
   7.2.3 Como podemos determinar a solubilidade de uma substância química?

7.3 Precipitação química
   7.3.1 O processo de precipitação
   7.3.2 Uso dos produtos de solubilidade para examinar a precipitação
   7.3.3 Efeitos de outras substâncias químicas e reações na precipitação

7.1 Introdução: combate ao câncer de estômago

O câncer de estômago é a segunda maior causa de mortes relacionadas ao câncer no mundo. Felizmente, essa doença pode ser tratada com facilidade se detectada precocemente. A *radiografia* é uma ferramenta frequentemente utilizada pelos médicos para detectar problemas no corpo humano.[1,2] Esse método expõe o paciente a uma pequena dose de raios X. Alguns desses raios são absorvidos por regiões do organismo que contêm elementos com um elevado número atômico, como o cálcio e o fósforo presente nos ossos. Normalmente, os raios X não são absorvidos em uma quantidade significativa pelo estômago e por outros 'tecidos moles', que contêm principalmente elementos de número atômico baixo, como o carbono, o nitrogênio, o hidrogênio e o oxigênio. No entanto, essa limitação pode ser superada pela injeção no estômago, ou outro tecido, de uma substância capaz de efetivamente absorver os raios X. Essa substância é conhecida como *agente de contraste radiológico*.

O bário (número atômico 56) é usado como agente de contraste radiológico quando os médicos desejam examinar estômago e trato digestivo. Esse agente é engolido pelo paciente na forma de uma suspensão de sulfato de bário ($BaSO_4$). Assim que entra no aparelho digestivo, o bário presente nessa substância permite que os raios X sejam usados na visualização do estômago, dessa forma detectando o câncer. O $BaSO_4$ é um sal apenas ligeiramente solúvel em água, mesmo no pH baixo presente no estômago.[1,2] Essa baixa solubilidade é importante porque evita que o bário ingerido saia do estômago e penetre no organismo como íons bário, que podem ser tóxicos em doses elevadas.

O uso de $BaSO_4$ em radiografia é somente um dos exemplos de métodos analíticos que dependem da capacidade de uso ou da formação de uma substância química insolúvel. Neste exemplo, é importante que o analista compreenda quais fatores farão com que o $BaSO_4$ se dissolva ou permaneça como suspensão de $BaSO_4$ sólido. Isso requer um bom conhecimento de solubilidade química e de precipitação. Neste capítulo, examinaremos os temas de solubilidade e de precipitação e verificaremos como esses processos são utilizados em análise química. Também analisaremos as reações envolvidas na dissolução e na precipitação de uma substância, e veremos como usar constantes de equilíbrio para descrever e prever a extensão desses processos.

7.1.1 O que é solubilidade?

O termo **solubilidade** se refere à concentração ou à quantidade máxima de uma substância química que pode ser colocada em um solvente para formar uma solução estável.[3,4] Devemos pensar nesse processo usando uma suspensão de $BaSO_4$ em água como exemplo. Já sabemos que o $BaSO_4$ é apenas ligeiramente solúvel em água. Isso significa que, se adicionarmos o suficiente desse sal à água, acabaremos atingindo um ponto em que parte do $BaSO_4$ se dissolverá e o restante se manterá um sólido em contato com essa solução. Essa situação ocorre em temperatura ambiente, quando pouco mais de 1 mg $BaSO_4$ é adicionado a um litro de água. Embora algumas substâncias possam se dissolver como moléculas intactas, substâncias iônicas como o $BaSO_4$ tendem a se dissolver formando íons. Esse processo, mostrado a seguir, é conhecido como *dissociação iônica*.

$$BaSO_4(s) \rightleftarrows Ba^{2+} + SO_4^{2-} \quad (7.1)$$

Por exemplo, o $BaSO_4$ se dissocia em água enquanto é dissolvido e forma íons solúveis de Ba^{2+} e SO_4^{2-}. Se esses íons estiverem presentes em concentrações suficientemente altas, eles podem se recombinar para formar o $BaSO_4$ sólido. É o equilíbrio entre a dissociação de $BaSO_4$ e sua recombinação que determina a solubilidade total dessa substância em água.

Independentemente de estarmos lidando com o $BaSO_4$ ou com alguma outra substância, a solubilidade observada dependerá de fatores como sua estrutura e o solvente em que ela estiver sendo dissolvida. A extensão dessa solubilidade pode variar bastante, mesmo entre substâncias com fórmulas semelhantes. Por exemplo, os sais de sulfato de estrôncio, cálcio e magnésio (fornecendo $SrSO_4$, $CaSO_4$ e $MgSO_4$) são de 100 a 290 mil vezes mais solúveis do que o $BaSO_4$ em água, apesar de todos eles conterem metais alcalinos terrosos.[5] A solubilidade de uma substância química dependerá também da temperatura e da pressão. Isso é ilustrado pelo aumento de 1,5 vezes da solubilidade do $BaSO_4$ em água entre 18 °C e 50 °C.[4] Outro fator que afetará a solubilidade é a ocorrência de quaisquer reações paralelas que envolvam dissolução química. Examinaremos esse tópico em mais detalhes na Seção 7.3.3 deste capítulo.

7.1.2 O que é precipitação?

Um termo intimamente relacionado à solubilidade é a **precipitação**. Trata-se de um processo que ocorre quando uma porção de uma substância química dissolvida deixa a solução para formar um sólido.[3] Esse processo pode ser ilustrado considerando-se o que acontece quando várias quantidades de $BaSO_4$ são colocadas em água. Primeiramente, há a situação em que o $BaSO_4$ é adicionado em uma quantidade abaixo de seu limite de solubilidade máxima (menos de 1,15 mg de $BaSO_4$ em 1 L de água à temperatura ambiente). O resultado, mostrado na Figura 7.1, é uma *solução insaturada*, em que a concentração final do soluto adicionado pode ser determinada diretamente a partir da quantidade total que foi adicionada à solução. Se continuarmos adicionando $BaSO_4$, acabaremos criando uma situação em que nada mais poderá ser dissolvido. Isso produz uma *solução saturada*, que terá uma concentração dissolvida do soluto igual a sua solubilidade máxima em uma solução em equilíbrio.[3,4,6]

A terceira possibilidade é uma *solução supersaturada*. Isso ocorre quando a concentração de uma substância dissolvida é temporariamente maior do que sua solubilidade máxima em equilíbrio.[3,6] Esse tipo de solução pode ser criado primeiramente ao se produzir uma solução saturada ou quase saturada de uma substância sob condições nas quais se tenha uma solubilidade maior do que a solução final almejada. A Figura 7.2 mostra um meio de fazer isso, em que uma substância é inicialmente dissolvida em temperatura elevada (que tende a aumentar a solubilidade) e a seguir é resfriada (que tende a diminuir a solubilidade). Isso cria uma situação instável em que a substância dissolvida está presente em uma concentração acima de seu limite de solubilidade. Para corrigir essa situação, parte do soluto vai deixar a solução para restabelecer um sistema estável. Se esse material não dissolvido for um sólido, ele será chamado de **precipitado**.

A forma específica que um precipitado sólido assume dependerá em parte da velocidade com que ele é criado. Se esse sólido se formar lentamente, o sólido resultante será relativamente puro e terá um alto grau de ordem em sua estrutura. Esse tipo de precipitado é chamado de *cristal*,[2,4,6] e é criado por meio de um tipo especial de precipitação conhecido como *cristalização*. Esta é uma forma valiosa de purificação de produtos químicos. O controle cuidadoso da precipitação para a obtenção de cristais de alta pureza é também importante na utilização desses cristais no estudo da estrutura química por um método conhecido como *cristalografia de raios X*, como mostrado no Quadro 7.1.

Se a precipitação ocorrer rapidamente, muitas vezes produzirá pequenas partículas sólidas que têm menor ordem do que os cristais. No entanto, essas partículas menores ainda podem ser úteis para isolar e analisar a substância precipitante. Isso é em especial verdadeiro se as partículas são grandes o suficiente para permitir que sejam facilmente removidas da solução por filtração ou centrifugação. A formação de partículas menores (com tamanhos entre 1 nm e 1 μm) dá origem a uma *dispersão coloi-*

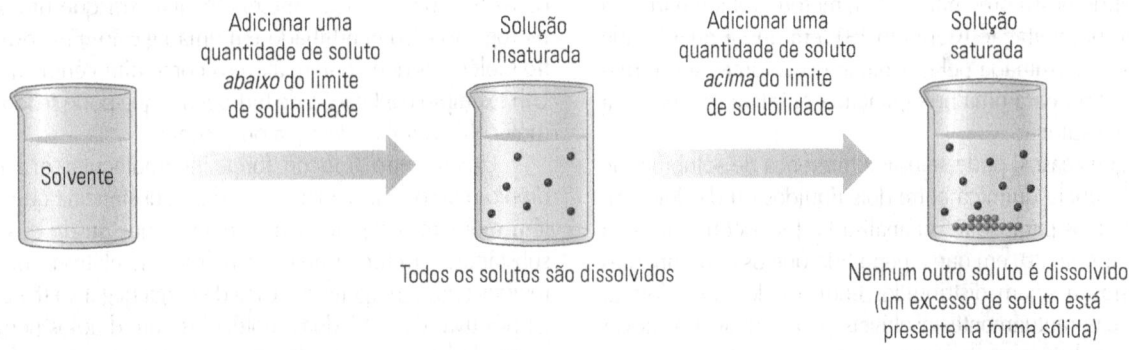

Figura 7.1

Formação de soluções insaturada e saturada.

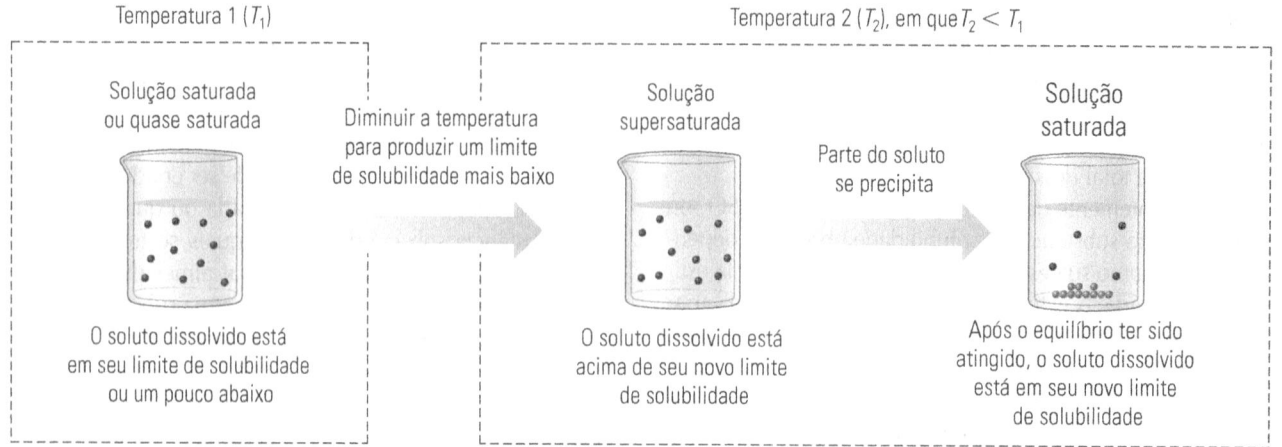

Figura 7.2

Formação de uma solução supersaturada por meio da diferença em solubilidade química que ocorre quando há variação de temperatura.

---

dal, ou 'coloide'.[2-4] Embora haja muitas substâncias úteis que são coloides (como leite, manteiga e tinta para pintura ou impressão), a presença de um coloide normalmente não é desejável em um método de análise se o objetivo consiste em coletar esse precipitado para caracterização e medição.

7.1.3 Por que solubilidade e precipitação são importantes em análise química?

Há muitas razões por que é importante levar em conta a solubilidade e a precipitação de uma substância química durante uma análise. Primeiro, ela deve ser pelo menos parcialmente solúvel em uma amostra se visamos detectar ou medi-la nessa amostra. Além disso, qualquer substância que desejemos colocar em uma solução como reagente deve ser capaz de se dissolver de forma reprodutível e em uma concentração que seja suficiente para nosso propósito. Existem também muitos métodos analíticos que usam a capacidade de uma substância em se precipitar a partir de uma solução. Um exemplo disso é o método gravimétrico (Capítulo 11), em que medições de massa de um precipitado puro são usadas para medir um analito contido nesse precipitado. Um método relacionado é a titulação de precipitação (Capítulo 13), em que a quantidade de analito é determinada pela medição do volume de um reagente necessário para uma precipitação completa do analito a partir de uma solução.

Em alguns casos, pode-se usar a diferença de solubilidade de uma substância química entre dois líquidos ou de dois ambientes químicos para isolar ou analisá-la. Isso ocorre em uma *extração* (Capítulo 20) em que é permitido que os componentes de uma amostra sejam distribuídos entre os dois líquidos ou fases químicas mutuamente insolúveis para ajudar a remover uma ou mais substâncias de outras na amostra. A técnica de *cromatografia*, discutida nos capítulos 20 a 22, é outro método que pode usar as diferenças de solubilidade para separar e analisar várias substâncias em uma amostra.

7.2 Solubilidade química

7.2.1 O que determina a solubilidade química?

Vimos anteriormente que a solubilidade de uma substância química depende da natureza da substância e do solvente. Em geral, o processo de colocar uma substância em outra envolve alterar **forças intermoleculares**. São forças não covalentes; são interações eletrostáticas que levam moléculas ou espécies químicas separadas, mas vizinhas, a atraírem-se uma à outra ou se repelirem.[10,11] Alguns tipos comuns de força intermolecular são mostrados na Figura 7.4. Uma *interação iônica* é um exemplo disso; ela se dá quando uma atração eletrostática ocorre entre dois íons com cargas opostas ou uma repulsão ocorre entre dois íons com o mesmo tipo de carga.[4] A *ligação de hidrogênio* é outro tipo de interação intermolecular, em que um átomo de hidrogênio é compartilhado em uma ligação não covalente entre moléculas que contêm átomos como nitrogênio ou oxigênio. Um exemplo é a ligação de hidrogênio que pode se formar entre moléculas vizinhas de água ou amônia.

Um terceiro tipo de força intermolecular é a *interação dipolo-dipolo*. Ela ocorre entre duas substâncias químicas que têm momentos dipolo permanente, o que se dá quando uma substância tem um arranjo assimétrico de elétrons, produzindo regiões com um ligeiro excesso de carga negativa (δ^-) ou de carga positiva (δ^+).[2,4] Se duas moléculas com dipolos permanentes estão alinhadas adequadamente, essas áreas podem levar duas moléculas a se atraírem. Ambas as substâncias, com e sem di-

Quadro 7.1 Cristalografia de raios X

Os cristais não são somente boas fontes de substâncias químicas puras, mas também podem fornecer informações importantes sobre a estrutura de uma substância. Essa informação pode ser obtida por meio de um método conhecido como *cristalografia de raios X* (Figura 7.3), uma técnica que aproveita o fato de que tais raios são difratados pelo arranjo regular de átomos em um cristal (veja uma abordagem mais detalhada de como a difração ocorre no Capítulo 17). Isso produz uma imagem conhecida como *padrão de difração*, que vai depender do espaçamento e das distâncias entre os átomos no cristal. Esse padrão é então registrado e analisado para que se obtenham informações sobre como esses átomos estão dispostos, fornecendo dados sobre a estrutura tridimensional da substância que compõe esse cristal.[2,7-9]

A cristalografia de raios X costuma ser realizada nos monocristais de uma substância. Essa abordagem é conhecida como *difração de monocristal* e serve para fornecer informações detalhadas sobre substâncias que vão desde pequenas moléculas e íons a grandes substâncias biológicas, como proteínas e DNA. Por exemplo, a primeira estrutura tridimensional de uma proteína (mioglobina) foi determinada por M. Perutz e J. C. Kendrew por meio desse método, o que lhes rendeu o Prêmio Nobel de química em 1958.[2] A cristalografia de raios X com monocristais ainda é um dos principais métodos utilizados para examinar as estruturas de substâncias químicas e bioquímicas. No entanto, a difração de monocristais exige o uso de cristais que sejam puros e que tenham o tamanho adequado para análise. Essa necessidade torna o conhecimento dos fatores que afetam a pureza e a preparação de cristais essencial à obtenção de amostras de boa qualidade para determinar a estrutura de uma substância química.

Se um cristal suficientemente grande e puro de uma substância química não estiver disponível, também é possível realizar cristalografia de raios X usando-se um pó preparado a partir de pequenos cristais da substância desejada. Esse método é conhecido como *difração de pó*. Utilizar um pó em cristalografia de raios X em vez de grandes monocristais torna esse método mais fácil de ser realizado, mas oferece menos informações sobre a estrutura de uma substância. No entanto, o padrão gerado por esse método pode ser com frequência valioso na determinação de identidade, pureza, tamanho de cristal e textura do material em pó sob análise. Essa informação torna a difração de pó útil em áreas como química de materiais e química sintética.

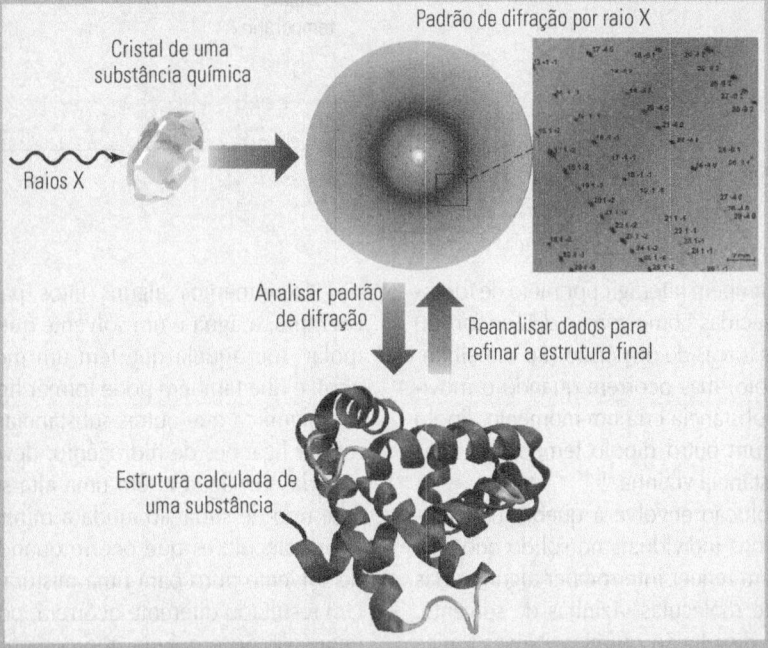

Figura 7.3

Processo geral pelo qual cristalografia de raios X é aplicada para determinar a estrutura de uma substância química. Esse processo começa passando-se os raios X através de um cristal puro da substância. À medida que esses raios X passam através do cristal, o espaçamento e o arranjo dos átomos no cristal criarão um padrão de difração único. Esse padrão consiste em um conjunto de pontos que representam regiões de radiação de raios X relativamente intensa. As posições desses pontos são então analisadas a fim de se obter informações sobre o arranjo dos átomos no cristal. Tal arranjo de átomos possibilita a descoberta da estrutura tridimensional da substância que contém esses átomos. Com frequência, essa análise requer várias etapas de refinamento até que se obtenha uma estrutura química com um nível satisfatório de resolução. O cristal, o padrão de difração e a estrutura mostrados nesse exemplo são da mioglobina. (O padrão de difração da mioglobina foi adaptado de AAAS de F. Schotte, M. Lim, T. A. Jackson, A. V. Smirnov, J. Soman, J. S. Olson, G. N. Phillips Jr., M. Wulff e P. A. Anfinrud, *Science*, 300, 2003, p.1944–1947.)

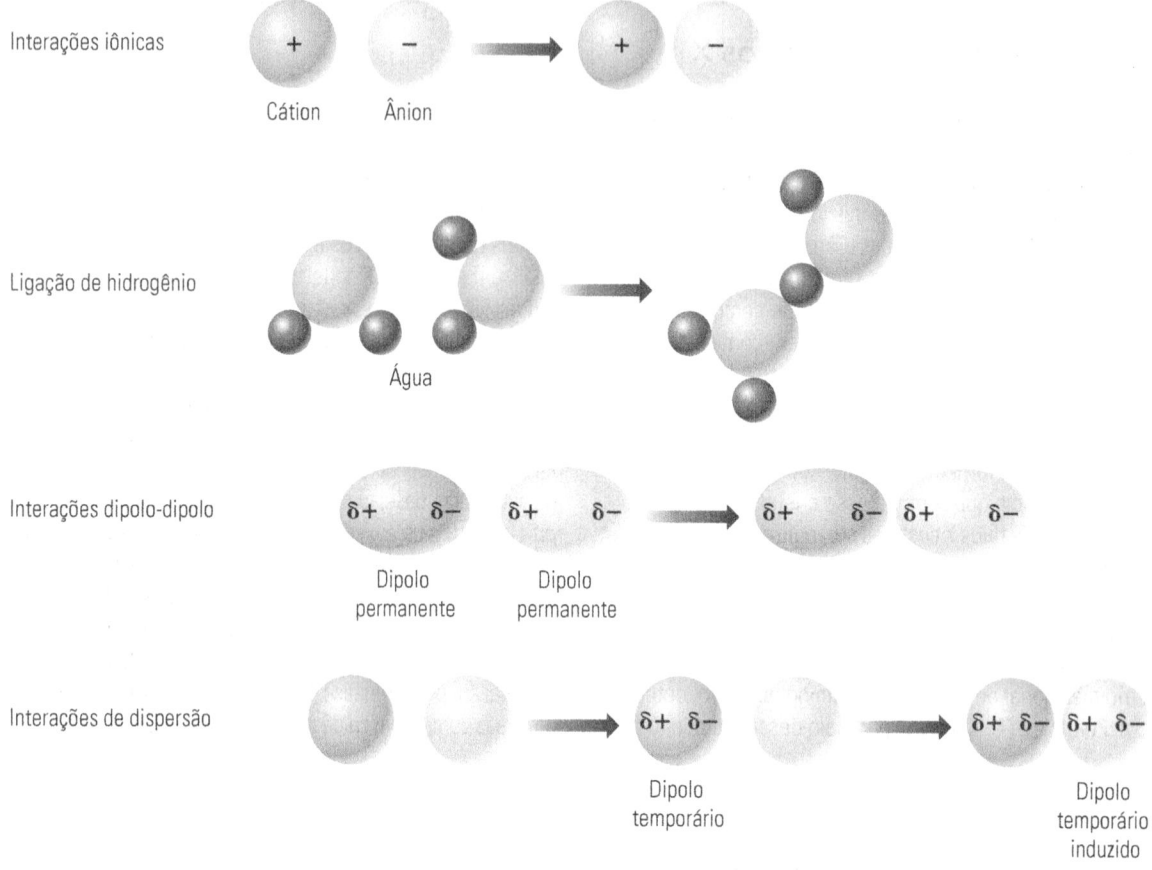

Figura 7.4

Exemplos de forças intermoleculares.

polos permanentes, podem também interagir por meio de *forças de dispersão* (também conhecidas como *forças de London* ou *forças de Van der Waals*).[2] As forças de dispersão são semelhantes às interações dipolo-dipolo, mas ocorrem quando o movimento de elétrons em uma substância cria um momento dipolo temporário, o que induz a um outro dipolo temporário, mas complementar, em uma substância vizinha.[10, 11]

A formação de uma solução envolve a quebra das interações entre moléculas ou íons individuais no sólido que está sendo dissolvido. Isso também requer interromper algumas das forças intermoleculares entre moléculas vizinhas de solvente, e assim abrir espaço para a dissolução química. Novas forças intermoleculares podem, então, formar-se entre o soluto dissolvido e o circundante. Quanto mais fortes forem essas novas forças, mais favorecido será o processo de dissolução do sólido. Quanto mais semelhantes forem o solvente e a dissolução química no que se refere a suas interações intermoleculares possíveis, maior será a solubilidade da substância no solvente. Isso, por sua vez, dependerá das estruturas do solvente e da substância a serem colocadas em solução.

Examinemos alguns fatos para ilustrar essa ideia. Por exemplo, a água é um solvente que é uma substância química 'polar' (ou aquela que tem um momento dipolo permanente alto), e que também pode formar ligações de hidrogênio fortes. Isso significa que outras substâncias polares, ou as que podem formar ligações de hidrogênio, devem ser fáceis de serem dissolvidas em água e têm uma alta solubilidade nesse solvente. Esse tipo de situação ajuda a minimizar a mudança de forças intermoleculares que ocorre quando se passa de um soluto e de solvente puro para uma mistura dos dois em uma solução. Um resultado diferente ocorrerá, porém, se tentarmos produzir uma solução em água que contenha uma substância como o octano. O octano é uma substância 'apolar', que, em essência, não tem nenhum momento dipolo e que não forma ligações de hidrogênio. Nesse caso, as forças intermoleculares que se formam entre o octano e a água são fracas em comparação com as forças presentes entre as moléculas individuais de água. Isso produz uma situação em que apenas uma pequena quantidade de octano vai entrar na água, e que resulta em uma baixa solubilidade de octano nesse solvente.

Essas observações gerais podem ser resumidas na frase 'semelhante dissolve semelhante'. Isso significa apenas que as substâncias que são semelhantes em polaridade e em forças intermoleculares tendem a se dissolver bem uma na outra. Como resultado, compostos que são polares, iônicos ou capazes de formar ligações de hidrogênio (como a glicose e o cloreto de sódio) normalmente dissolvem-se em um solvente polar como a água. Compostos apolares como o octano serão mais bem dissolvidos em solventes apolares (como, por exemplo, o benzeno).

A estrutura de uma substância química, os tipos de átomo presentes e o arranjo tridimensional desses átomos são o que, em última análise, determinam se um produto é 'polar' ou 'apolar'. Isso geralmente permite que um químico experiente determine a polaridade de um composto ao analisar a sua estrutura. No entanto, existem também algumas medidas gerais de polaridade que podem ser usadas. A medida de polaridade de uma substância é seu *momento dipolo*, dado em unidades de debye, ou D. Compostos polares como a água (momento dipolo = 1,85 D) têm um momento dipolo relativamente alto, enquanto uma substância apolar como o benzeno (momento dipolo = 0,00 D) tem um momento dipolo baixo.[4] Uma medida de polaridade química intimamente relacionada a essa é a *constante dielétrica* (como vimos no Capítulo 6), que serve para calcular momentos dipolo. Também é possível classificar substâncias químicas com base em sua polaridade relativa, comparando sua capacidade de dissolução em água *versus* em *n*-octanol (um solvente relativamente apolar). Isso pode ser feito como mostrado na Figura 7.5, por meio do *coeficiente de partição octanol-água* (K_{ow}).[12] Um valor baixo K_{ow} é obtido para substâncias que são polares e que são dissolvidas em água facilmente, enquanto um valor alto K_{ow} é obtido para compostos apolares que são mais bem dissolvidos em octanol. Essa informação é, muitas vezes, usada por cientistas para prever a solubilidade de uma substância química em matrizes diversas, como tecidos biológicos ou solo e água.

> **EXERCÍCIO 7.1** Uso de P_{ow} para estimar a polaridade e a solubilidade química
>
> Um toxicologista descobre que o pesticida DDT tem um valor de K_{ow} de aproximadamente 10^5. O que esse valor diz sobre a polaridade do DDT? A partir dessa informação, você esperaria que o DDT fosse mais solúvel em água ou em um ambiente apolar, como tecido adiposo de animais e humanos?
>
> DDT
> (Dicloro-difenil-tricloroetano)

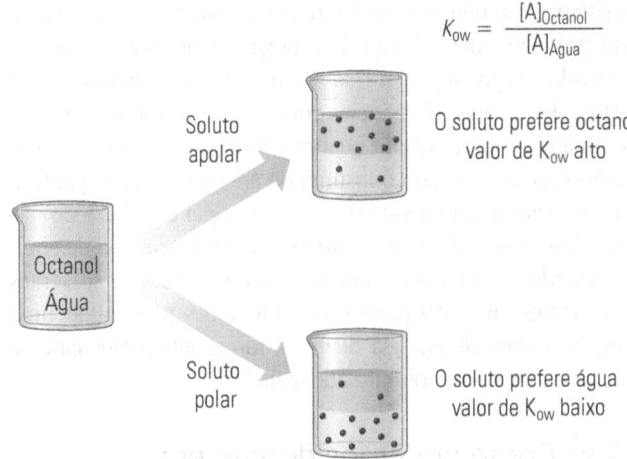

Figura 7.5

Método para a determinação do *coeficiente de partição octanol-água* (K_{ow}) de uma substância. (*Observação:* essa relação também pode ser representada pelos termos P_{ow} ou P.) Nesse método, o analito de interesse (A) é combinado com volumes conhecidos de octanol e água, dois solventes imiscíveis entre si. Parte do analito entrará em cada um desses solventes de acordo com sua solubilidade em água e em octanol. Uma vez que o equilíbrio tenha sido alcançado, determina-se a concentração de analito tanto nas camadas de octanol quanto nas de água. A razão entre essas concentrações é, então, utilizada para determinar o valor de K_{ow}. Solutos polares tendem a ser mais bem dissolvidos em água do que em octanol, o que resulta em um valor baixo de K_{ow}. Solutos apolares são mais bem dissolvidos em octanol do que em água, o que resulta em um K_{ow} alto. A equação mostrada para K_{ow} nesta figura é baseada nas concentrações de uma dada espécie de analito (A) na solução de octanol e água. Na prática, porém, a concentração total do analito (independentemente de sua forma) em cada uma das duas fases costuma ser utilizada para determinar um coeficiente de partição octanol-água, em que $K_{ow} = C_{A,\,Octanol}/C_{A,\,Água}$.

> **SOLUÇÃO**
>
> O grande valor de K_{ow} para DDT indica que ele é muito mais solúvel em um solvente apolar como o octanol do que em água, o que indica que o DDT é um composto apolar. Isso está de acordo com medidas ambientais e toxicológicas, que têm mostrado que esse pesticida tende a se acumular nos tecidos gordurosos de animais e percorre a cadeia alimentar à medida que um animal come outro que tenha sido exposto ao DDT. Embora o DDT seja um inseticida extremamente eficaz, seus possíveis efeitos ambientais levaram a sua proibição nos Estados Unidos e em outros países.

Outra maneira de pensar em solubilidade é no tocante à mudança global de energia que ocorre quando colocamos um soluto em um solvente. Sabemos agora que uma alteração nas forças intermoleculares ocorre quando dissolvemos um soluto em um solvente. Mas uma mudança na entropia, ou na 'ordem' do sistema, também ocorre. Colocar um soluto em um solvente para produzir uma solução dará origem a um sistema menos ordenado, o que significa que a mudança na entropia para a mistura dessas duas substâncias químicas será sempre favorável. No entanto, o processo de quebra e formação de novas forças intermoleculares exigirá o insumo de energia. É esse equilíbrio entre a variação da energia devido à entropia e a alteração nas forças intermoleculares que determina a mudança total da energia quando misturamos soluto e solvente. Solutos e solventes semelhantes em polaridade e em interações produzirão uma variação menor de energia devido a forças intermoleculares e darão origem a uma solubilidade maior.[11,13]

7.2.2 Como podemos descrever a solubilidade química?

Sólidos moleculares. A solubilidade de uma substância pode ser expressa em uma variedade de unidades de teor químico, mas o mais comum é que isso seja feito em termos de molaridade (M) ou de massa de soluto por um determinado volume de solvente (por exemplo, 1,15 mg $BaSO_4$ por 1 L de água). Também é possível escrever uma reação que mostre a relação entre uma substância química em sua forma sólida e essa substância quando dissolvida em uma solução. Para um composto molecular como a glicose ($C_6H_{12}O_6$), o equilíbrio entre a forma sólida e a forma dissolvida pode ser descrito pela seguinte reação.

$$\text{Glicose} \rightleftharpoons \text{Glicose(aq)} \quad (7.2)$$

Neste caso, estamos mudando o meio circundante (de um sólido para uma solução), mas não a estrutura de nossa substância. Esse tipo de processo é, por vezes, chamado de *equilíbrio de solubilidade*[14] e pode ser descrito por meio de uma constante de equilíbrio termodinâmico ($K°$, baseada na atividade) ou de uma constante de equilíbrio baseada em concentração (K, baseada em molaridade ou em outras unidades de concentração para a substância que foi dissolvida na solução).

$$K° = \frac{a_{\text{Glicose(aq)}}}{a_{\text{Glicose(s)}}} = a_{\text{Glicose(aq)}} \quad (\text{em que } a_{\text{Glicose(s)}} = 1) \quad (7.3)$$

$$K = \frac{[\text{Glicose}]}{a_{\text{Glicose(s)}}} = [\text{Glicose}] \quad (7.4)$$

Essas constantes de equilíbrio são conhecidas como **constantes de solubilidade**.[15] Como acabamos de mostrar, podemos simplificar essas expressões de equilíbrio usando o fato de que a forma sólida da glicose terá atividade de exatamente 1, porque esse sólido representa um estado-padrão de glicose (consulte nossas abordagens de atividade e de *estados-padrão* no Capítulo 6). Essa simplificação implica que o valor de $K°$ para uma espécie molecular como a glicose será exatamente igual à atividade da molécula dissolvida em equilíbrio. O valor de K descreverá a concentração desse composto dissolvido com unidades aparentes de 'M'. (*Observação:* lembre-se de que o valor para uma constante de equilíbrio K também pode ser escrito mais apropriadamente sem quaisquer unidades como vimos no Capítulo 6.) Nesse sistema, tanto $K°$ quanto K estão diretamente relacionadas à solubilidade (S) de glicose na solução.

EXERCÍCIO 7.2 Uso de constantes de solubilidade em um sólido molecular

Um médico deseja dar uma solução de alta concentração de glicose para um paciente beber como parte da pesquisa para desenvolver um novo teste de diabetes. O protocolo a ser usado nesse teste exige uma solução de 1,00 M de glicose em água. A solubilidade de glicose (massa molar, 180,16 g/mol) é de aproximadamente 91 g por 100 mL de água a 25 °C. Uma solução de glicose de 1,00 M está acima, abaixo ou dentro desse limite de solubilidade?

SOLUÇÃO

Uma porção de 100,00 mL de uma solução 1,00 M de glicose em água conteria (0,10000 L)(1,00 mol glicose/L)(180,16 g/mol glicose) = 18,0<u>16</u> = **18,0 g/L glicose**. Assim, uma solução de 1,00 M de glicose deve estar bem abaixo do limite de solubilidade, e toda a glicose adicionada deve ser dissolvida sob essas condições. (*Observação:* nesse caso, a concentração desejada de glicose era baixa o suficiente para que fosse seguro ignorar quaisquer alterações em volume ocorridas quando ela foi adicionada à água. Entretanto, esse pode não ser o caso ao examinarmos a concentração de soluções mais concentradas.)

Qualquer tipo de sólido pode ser classificado como 'altamente solúvel', 'pouco solúvel' ou 'insolúvel' em um dado solvente. Os mesmos termos são usados em tabelas de química e física para descrever dados de solubilidade, mas é comum que essas tabelas não tenham definições rígidas para esses termos. Neste livro, usaremos uma solubilidade de 0,5 M ou mais para nos referirmos a uma substância 'altamente solúvel'. Uma solução de glicose em água seria um exemplo desse tipo de sistema. Da mesma forma, usaremos as expressões 'pouco solúvel' e 'insolúvel' quando se tratar de substâncias com solubilidade de 0,05 a 0,5 M e menor do que 0,001 M, respectivamente. No entanto, devemos ter em mente que esses limites de concentração são arbitrários e que o uso de termos como 'solúvel' e 'insolúvel' dependerá de nossa aplicação particular de uma substância química e de sua solução.

Uma suposição que fizemos no exercício anterior foi a de que a forma molecular da glicose era a única espécie dessa substância que estava presente na solução. Mas esse não é o caso de todos os sólidos moleculares. Por exemplo, na verdade, a glicose tem duas formas (α-glicose e β-glicose) que estão em equilíbrio entre si e apresentam solubilidades ligeiramente diferentes. Outros sólidos podem reagir com outros solventes ou com outras substâncias químicas na solução para produzir espécies adicionais a serem consideradas ao se descrever solubilidade. Veremos na Seção 7.3.3 como a presença dessas reações paralelas pode ser usada a nosso favor para alterar e controlar a solubilidade de uma substância. O exercício anterior também supôs que a solução final estava em equilíbrio. Deve-se ter em mente, porém, que até as quantidades mais elevadas de uma substância como a glicose podem ser dissolvidas em bases temporárias, formando uma 'solução supersaturada'.

Sólidos iônicos. Um equilíbrio semelhante ao que vimos para uma substância molecular como a glicose ocorrerá quando dissolvermos parte de um sólido iônico, como, por exemplo, o sulfato de bário, em água.

$$BaSO_4(s) \rightleftharpoons Ba^{2+} + SO_4^{2-} \quad (7.5)$$

No entanto, essa reação agora difere daquela que descrevemos anteriormente para um composto molecular como a glicose no sentido de que a forma, e não apenas o meio, da substância se altera à medida que passamos do sólido iônico para íons dissolvidos.

Assim como para a glicose, podemos descrever o processo na Equação 7.5 para o sulfato de bário usando uma constante de equilíbrio termodinâmico ($K°_{ps}$), ou uma constante dependente de concentração (K_{ps})

$$K°_{ps} = \frac{(a_{Ba^{2+}})(a_{SO_4^{2-}})}{a_{BaSO_4}} \quad (7.6)$$

$$= (a_{Ba^{2+}})(a_{SO_4^{2-}}) \quad \text{(em que } a_{BaSO_4} = 1\text{)}$$

$$K_{ps} = \frac{[Ba^{2+}][SO_4^{2-}]}{a_{BaSO_4}} = [Ba^{2+}][SO_4^{2-}] \quad (7.7)$$

O subscrito 'ps' é utilizado com constantes de equilíbrio para a dissolução/precipitação de um sólido iônico, porque tal constante é muitas vezes chamada de **produto de solubilidade**.[3,4,6,14,15] Aqui, o termo 'produto' se refere ao fato de que essas constantes de equilíbrio são iguais a um múltiplo das concentrações ou das atividades dos íons individuais que se formam à medida que sólidos iônicos se dissolvem no solvente (por exemplo, '$[Ba^{2+}][SO_4^{2-}]$' é o *produto iônico* na Equação 7.7). Você também deve ter notado que a atividade do sólido original ($BaSO_4$, nesse caso) outra vez tem valor 1 e em geral não aparece nas expressões escritas para $K°_{ps}$ ou K_{ps}. Essa prática costuma ser seguida para se escrever produtos de solubilidade e produtos iônicos, e será a abordagem utilizada neste livro.

EXERCÍCIO 7.3 Escrevendo expressões para produtos de solubilidade

Escreva as expressões para produtos de solubilidade para cada uma das reações em água a seguir. Qual é o produto iônico de cada uma dessas expressões?

a. $K°_{ps}$ para $AgBr(s) \rightleftharpoons Ag^+ + Br^-$

b. K_{ps} para $CaF_2(s) \rightleftharpoons Ca^{2+} + 2F^-$

c. K_{ps} para $Fe(OH)_3(s) \rightleftharpoons Fe^{3+} + 3OH^-$

d. K_{ps} para $Mg(NH_4)PO_4(s) \rightleftharpoons Mg^{2+} + NH_4^+ + PO_4^{3-}$

SOLUÇÃO

As seguintes expressões de produtos de solubilidade são obtidas, nas quais as atividades para sólidos puros são atividades atribuídas de exatamente 1 e não são mostradas: (a) $K°_{ps,AgBr} = (a_{Ag^+})(a_{Br^-})$; (b) $K°_{ps,CaF_2} = (a_{Ca^{2+}})(a_{F^-})^2$; (c) $K°_{ps,Fe(OH)_3} = [Fe^{3+}][OH^-]^3$; (d) $K°_{ps,Mg(NH_4)PO_4} = [Mg^{2+}][NH_4^+][PO_4^{3-}]$. Os produtos iônicos das expressões de (a) a (d) seriam $(a_{Ag^+})(a_{Br^-})$, $(a_{Ca^{2+}})(a_{F^-})^2$, $[Fe^{3+}][OH^-]^3$ e $[Mg^{2+}][NH_4^+][PO_4^{3-}]$, respectivamente.

Uma lista de valores K_{ps} para sais comuns usados em análise química é dada na Tabela 7.1. Uma forma de usarmos K_{ps} é prever a solubilidade de uma substância iônica. Por exemplo, sabe-se que o sulfato de bário tem K_{ps} em água igual a $1,08 \times 10^{-10}$ a 25 °C (com unidades aparentes de M^2 para um valor K_{ps} baseado em concentração). Se o sulfato de bário é a única fonte de Ba^{2+} e SO_4^{2-} nessa solução, onde os íons são produzidos em uma proporção de 1:1 (isto é, $[Ba^{2+}] = [SO_4^{2-}]$), podemos usar a expressão K_{ps} para o sulfato de bário para determinar a concentração máxima dos íons que estarão na solução em equilíbrio. (*Observação:* se desejar, unidades aparentes de M^2 podem ser aplicadas a esse K_{ps}, para fins de análise dimensional.)

$$K_{ps} = [Ba^{2+}][SO_4^{2-}] \quad \text{e}$$
$$[Ba^{2+}] = [SO_4^{2-}] \Rightarrow 1,08 \times 10^{-10} \, M^2 = [Ba^{2+}]^2$$
$$\therefore [Ba^{2+}] = 1,04 \times 10^{-5} \, M \quad (7.8)$$

Essa concentração de Ba^{2+} é baixa demais para causar qualquer dano a seres humanos, de modo que o $BaSO_4$ insolúvel ministrado a um paciente por raios X vai passar por seu corpo sem se dissolver consideravelmente e entrar na corrente sanguínea. Mas, no período que permanecer no estômago e nos intestinos, esse sólido permitirá que os raios X possam visualizar as estruturas desses órgãos e levem à detecção de qualquer anormalidade.

EXERCÍCIO 7.4 Cálculo da solubilidade de um sólido iônico

Embora a solubilidade de sólidos iônicos possa ser calculada a partir de seus produtos de solubilidade, o grau da solubilidade dependerá tanto do valor K_{ps} para esse sólido iônico quanto da estequiometria dos íons que compõem

Tabela 7.1

Produtos de solubilidade para substâncias iônicas com baixa solubilidade em água.*

	Substância	Reação de dissociação	Produto de solubilidade, K_{ps}
Sais 1:1[a]	Sulfato de bário	$BaSO_4(s) \rightleftharpoons Ba^{2+} + SO_4^{2-}$	$[Ba^{2+}][SO_4^{2-}] = 1,08 \times 10^{-10}$
	Sulfato de cálcio	$CaSO_4(s) \rightleftharpoons Ca^{2+} + SO_4^{2-}$	$[Ca^{2+}][SO_4^{2-}] = 4,93 \times 10^{-5}$
	Sulfeto de cobre(II)	$CuS(s) \rightleftharpoons Cu^{2+} + S^{2-}$	$[Cu^{2+}][S^{2-}] = 6,3 \times 10^{-36}$
	Cloreto de prata	$AgCl(s) \rightleftharpoons Ag^+ + Cl^-$	$[Ag^+][Cl^-] = 1,77 \times 10^{-10}$
	Brometo de prata	$AgBr(s) \rightleftharpoons Ag^+ + Br^-$	$[Ag^+][Br^-] = 5,35 \times 10^{-13}$
	Iodeto de prata	$AgI(s) \rightleftharpoons Ag^+ + Cl^-$	$[Ag^+][Cl^-] = 8,52 \times 10^{-17}$
Sais 1:2	Fluoreto de bário	$Ba(F)_2(s) \rightleftharpoons Ba^{2+} + 2\,F^-$	$[Ba^{2+}][F^-]^2 = 1,84 \times 10^{-7}$
	Fluoreto de cálcio	$CaF_2(s) \rightleftharpoons Ca^{2+} + 2\,F^-$	$[Ca^{2+}][F^-]^2 = 5,3 \times 10^{-9}$
	Hidróxido de ferro (II)	$Fe(OH)_2(s) \rightleftharpoons Fe^{2+} + 2\,OH^-$	$[Fe^{2+}][OH^-]^2 = 4,87 \times 10^{-17}$
Sais 1:3	Hidróxido de ferro (III)	$Fe(OH)_3(s) \rightleftharpoons Fe^{3+} + 3\,OH^-$	$[Fe^{3+}][OH^-]^3 = 2,79 \times 10^{-39}$

* Estes valores K_{ps} foram obtidos de J.A. Dean, ed., *Lange's Handbook of Chemistry*, 15ª ed., McGraw-Hill, Nova York, 1999. Os valores listados foram adquiridos sob temperaturas entre 18 °C e 25 °C.

[a] Termos como 'sais 1:1' e 'sais 1:2' referem-se à razão estequiométrica do cátion e do ânion que compõem o sal. Por exemplo, hidróxido de ferro(III) é um sal 1:3 porque contém cátion Fe^{3+} e ânion OH^- em uma proporção de 1:3.

---

esse sólido. Para ilustrar isso, consideremos $ZnCO_3$ ($K_{ps} = 1,46 \times 10^{-10}$) e Ag_2CO_3 ($K_{ps} = 8,46 \times 10^{-12}$). Quais seriam as solubilidades esperadas desses sólidos em água pura caso nenhuma reação paralela ou outras fontes para os íons nesses sólidos estivessem presentes? Qual desses compostos é mais solúvel em água? Explique sua resposta.

SOLUÇÃO

Podemos começar a resolver esse problema escrevendo as reações para a dissolução desses sólidos iônicos e suas expressões de constante de solubilidade (em que as unidades aparentes de M^2 e M^3 podem ser usadas para $K_{ps,\,ZnCO_3}$ e $K_{ps,\,Ag_2CO_3}$, respectivamente).

$$ZnCO_3(s) \rightleftharpoons Zn^{2+} + CO_3^{2-}$$

$$K_{ps,\,ZnCO_3} = [Zn^{2+}][CO_3^{2-}] = 1,46 \times 10^{-10}$$

$$Ag_2CO_3(s) \rightleftharpoons 2\,Ag^+ + CO_3^{2-}$$

$$K_{ps,\,Ag_2CO_3} = [Ag^+]^2[CO_3^{2-}] = 8,46 \times 10^{-12}$$

Visto que estamos supondo que não há reações paralelas e nem outras fontes de íons, podemos afirmar para um sal 1:1 como $ZnCO_3$ que a concentração final de Zn^{2+} deve ser igual à concentração final de CO_3^{2-} que é produzido a partir desse sal, ou $[Zn^{2+}] = [CO_3^{2-}]$. Isso significa que podemos substituir o valor de $[Zn^{2+}]$ por $[CO_3^{2-}]$ na equação anterior para $K_{ps,\,ZnCO_3}$, dando o seguinte resultado:

$$K_{ps,\,ZnCO_3} = [Zn^{2+}]^2 = 1,46 \times 10^{-10}\,M^2$$

$$\text{ou } [Zn^{2+}] = [CO_3^{2-}] = 1,21 \times 10^{-5}\,M$$

Isso significa que a solubilidade do $ZnCO_3$ nessas condições (como dado pelo valor final ou de $[CO_3^{2-}]$ ou de $[Zn^{2+}]$) é **$1,21 \times 10^{-5}\,M$**.

De modo análogo, à medida que se dissolve, Ag_2CO_3 forma dois mols de Ag^+ para cada mol de CO_3^{2-} produzido. Se não existem outras fontes para esses íons, podemos afirmar que $[CO_3^{2-}] = \tfrac{1}{2}[Ag^+]$ na solução final. Podemos então usar essa informação com a expressão de solubilidade de Ag_2CO_3 para obter esses valores para $[Ag^+]$ e $[CO_3^{2-}]$.

$$K_{ps,\,Ag_2CO_3} = 8,46 \times 10^{-12} = [Ag^+]^2(1/2\,[Ag^+])$$

$$= 1/2\,[Ag^+]^3$$

$$\therefore [Ag^+] = 2(8,46 \times 10^{-12}\,M^3)^{1/3} = 4,07\underline{5} \times 10^{-4}\,M$$

$$= \mathbf{4{,}08 \times 10^{-4}\,M}$$

$$[CO_3^{2-}] = 1/2\,[Ag^-] = 2,03\underline{7} \times 10^{-4}\,M$$

$$= \mathbf{2{,}04 \times 10^{-4}\,M}$$

A solubilidade do Ag_2CO_3 nessa segunda situação seria dada como $1,02 \times 10^{-4}\,M$ (com base na concentração final de CO_3^{2-}, onde um mol de CO_3^{2-} é formado para cada mol de Ag_2CO_3 que se dissolve). Assim, a solubilidade de Ag_2CO_3 é maior do que a de $ZnCO_3$, embora Ag_2CO_3 tenha K_{ps} menor.

Neste último problema usamos as concentrações dos íons dissolvidos em nosso cálculo de equilíbrio, em vez de suas atividades. Tal abordagem foi razoável nessa situação, porque as concentrações finais dos íons (e a força iônica da solução resultante) são tão baixas que seus coeficientes de atividade devem girar em torno de um. Manteremos essa prática ao longo do capítulo ao tratarmos de substâncias de baixa solubilidade.

Contudo, devemos sempre ter em mente que a utilização de atividades químicas constitui uma abordagem mais apropriada quando lidamos com uma solução com alta concentração dos íons que desejamos ou uma força iônica de moderada a alta.

Alguns sólidos iônicos como NaCl que apresentam alta solubilidade em água são em geral considerados totalmente solúveis nesse solvente. Outros sólidos iônicos que recaem nessa categoria incluem os sais cloreto, brometo e iodeto de todos os cátions (exceto os que envolvem Ag^+, Pb^{2+} e Hg_2^{2+}), como NaCl, KI e $CaBr_2$. Outras substâncias iônicas altamente solúveis em água são aquelas baseadas em cátions de amônio e em ânions de acetato ou perclorato (com exceção de $KClO_4$). Os sais sulfato de elementos do Grupo IA, Mg^{2+} e Fe^{2+} (por exemplo, sulfato de sódio e sulfato de magnésio) e os sais nitrato também são altamente solúveis em água.

Ao lidar com soluções aquosas que envolvem qualquer um desses sólidos iônicos altamente solúveis, frequentemente se supõe que esses sólidos serão totalmente dissolvidos e se dissociarão em seus cátions e ânions correspondentes. Devemos ter em mente, porém, que só porque um sólido iônico tem alta solubilidade em água isso não significa que o composto será dissolvido rapidamente em outros solventes. Por exemplo, o cloreto de sódio pode facilmente ser dissolvido em água, mas é pouco solúvel em etanol. Além disso, é possível se obter uma solução saturada em água até para um sal altamente solúvel. No caso do NaCl, isso ocorre quando se adicionam 357 g desse sal a 1 L de água a 273 K.

A maioria dos sólidos iônicos pode ser colocada em quantidades muito menores de água e será apenas ou um pouco solúvel ou um pouco insolúvel nesse solvente. Exemplos de substâncias iônicas que se enquadram nessa categoria são apresentados na Tabela 7.1, dentre elas sulfato de bário, o cloreto de prata e o fluoreto de cálcio. Para essas substâncias devemos utilizar produtos de solubilidade para determinar quanto de sua forma sólida vai realmente entrar em uma solução. Já vimos alguns exemplos desses cálculos no exercício passado e anteriormente nesta seção. Outros exemplos com situações mais complicadas serão fornecidos mais adiante neste capítulo. Também veremos nos capítulos 11 e 13 como tais cálculos podem ser usados para descrever o comportamento de métodos analíticos que fazem uso de reações de precipitação (por exemplo, a gravimetria e a titulação de precipitação).

Misturas de líquidos. Até aqui, discutimos a solubilidade de sólidos moleculares e iônicos em água, mas o conceito de solubilidade pode ser ampliado para incluir também outros tipos de mistura química. Em primeiro lugar, analisaremos a dissolução de um líquido em outro. Por exemplo, pode-se esperar que líquidos como o etanol, que são polares e capazes de formar ligações de hidrogênio, dissolvam-se bem em água, porque isso os tornaria semelhantes a esse meio em algumas de suas propriedades. Por outro lado, um líquido que é muito apolar e não pode formar ligações de hidrogênio, como o benzeno ou o tetracloreto de carbono, difere muito da água e não se dissolve bem nesse solvente.

Há vários termos usados para descrever até que ponto um líquido se mistura com outro (Figura 7.6). Um deles é *miscível*, que descreve dois líquidos que podem formar uma solução estável quando misturados em qualquer proporção.[4] Por exemplo, a Tabela 7.2 indica que metanol e etanol são miscíveis com água em todas as proporções. A solubilidade de muitos outros alcoóis em água também é alta, mas diminui à medida que sua cadeia de carbono torna-se mais longa e seu comportamento torna-se mais apolar.

A situação oposta ocorre quando dois líquidos são *imiscíveis*, ou não se dissolvem de forma significativa um no outro.[4] A presença de dois líquidos imiscíveis resultará na formação de duas fases líquidas distintas, com o líquido de menor densidade mantendo-se acima do outro. Uma mistura de éter e água exemplifica isso, porque esses líquidos são imiscíveis e formarão duas camadas separadas ao serem combinados. Essa insolubilidade mútua constitui uma característica importante empregada em alguns métodos analíticos, como as extrações líquido-líquido (Capítulo 20).

Se tivéssemos de examinar mais atentamente as fases em uma mistura de água-éter, na verdade constataríamos que a fase superior de éter é uma solução saturada de água em éter e que a fase inferior de água é uma solução saturada de éter em água. No entanto, embora nenhuma das fases seja pura, existe apenas uma pequena quantidade residual de água no éter e de éter na água por causa da baixa solubilidade desses líquidos entre si.

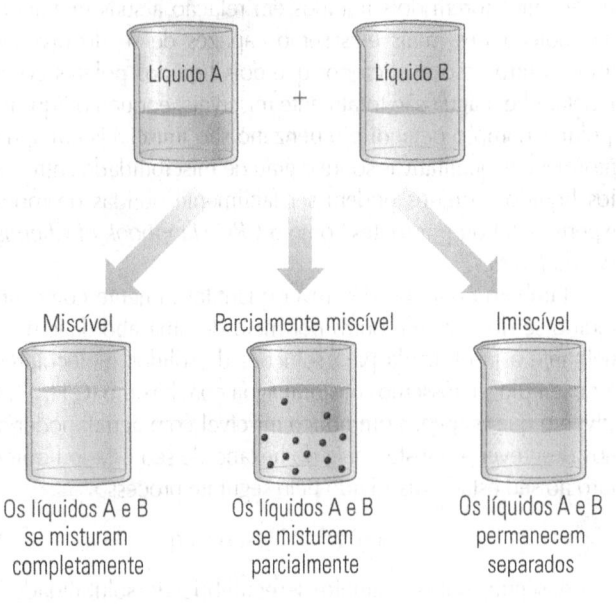

Figura 7.6

Líquidos miscíveis, imiscíveis e parcialmente miscíveis. Os pequenos círculos no diagrama central representam as pequenas quantidades de A e B que se misturam entre si.

Tabela 7.2

Solubilidade de vários alcoóis em água a 20 °C.

Tipo de álcool		Solubilidade em água	
Nome	**Estrutura**	(g/L)	(M)
Metanol	CH_3OH	Totalmente miscível	Totalmente miscível
Etanol	CH_3CH_2OH	Totalmente miscível	Totalmente miscível
n-Propanol	$CH_3CH_2CH_2OH$	Totalmente miscível	Totalmente miscível
n-Butanol	$CH_3CH_2CH_2CH_2OH$	79	1,07
n-Pentanol	$CH_3CH_2CH_2CH_2CH_2OH$	27	0,31
n-Hexanol	$CH_3CH_2CH_2CH_2CH_2CH_2OH$	5,9	0,057
n-Heptanol	$CH_3CH_2CH_2CH_2CH_2CH_2CH_2OH$	0,9	0,008
n-Octanol	$CH_3CH_2CH_2CH_2CH_2CH_2CH_2CH_2OH$	0,54	0,004

Fonte: as informações desta tabela foram obtidas de D. R. Lide, ed., *CRC Handbook of Chemistry and Physics*, 83ª ed., CRC Press, Boca Raton, FL, 2002; e de J. A. Dean, ed., *Lange's Handbook of Chemistry*, 15ª ed., McGraw-Hill, Nova York, 1999.

Para algumas combinações de líquidos, essa mistura pode ser muito maior e resultar em uma diferença de volume da mistura final em relação ao volume total dos dois líquidos combinados. Líquidos que produzem esse tipo de comportamento são muitas vezes considerados *parcialmente miscíveis*.[4]

A solubilidade de um líquido em outro é determinada pelo mesmo tipo de interação intermolecular que afeta a capacidade de um sólido de se dissolver em um líquido. Essas interações incluem ligações de hidrogênio, interações iônicas, interações dipolo-dipolo e forças de dispersão.[11,13] De novo, quanto mais semelhantes forem dois líquidos em relação a suas interações intermoleculares, mais eles serão capazes de se dissolverem um no outro. Isso explica por que dois líquidos polares como o metanol e a água são totalmente miscíveis, enquanto líquidos apolares como o octanol e o benzeno são imiscíveis em água. Informações qualitativas sobre o grau de miscibilidade entre vários líquidos comuns podem ser facilmente obtidas de modo experimental ou por fontes como o *CRC Handbook of Chemistry and Physics*.[4]

Também podemos descrever quantitativamente como um líquido se dissolve em outro por meio de uma abordagem semelhante à já utilizada para soluções de sólidos moleculares. Por exemplo, se fôssemos misturar água com hexano (C_6H_{14}, um solvente que é apenas um pouco miscível com água), poderíamos descrever a transferência do hexano de seu estado líquido puro ao seu estado dissolvido pelo seguinte processo:

$$\text{Hexano(l)} \rightleftharpoons \text{Hexano (aq)} \quad (7.9)$$

A seguir, outro exemplo de equilíbrio de solubilidade,[14] onde alteramos o meio circundante de uma substância química (de um líquido para uma solução), mas não sua estrutura. As constantes termodinâmicas e de equilíbrio baseadas na concentração para esse processo são dadas nas equações 7.10 e 7.11.

$$K° = \frac{a_{\text{Hexano (aq)}}}{a_{\text{Hexano (l)}}} = a_{\text{Hexano(aq)}}$$
$$(\text{em que } a_{\text{Hexano (l)}} = 1) \quad (7.10)$$

$$K = \frac{[\text{Hexano}]}{a_{\text{Hexano(l)}}} = [\text{Hexano}] \quad (7.11)$$

As *constantes de solubilidade* ($K°$ e K) que obtivemos aqui para a dissolução de hexano líquido em água são semelhantes às que vimos anteriormente nas equações 7.3 e 7.4 quando a glicose sólida foi dissolvida em água. Como também vimos em um sólido molecular como a glicose, podemos simplificar essas expressões de equilíbrio usando o fato de que o hexano como líquido puro tem atividade de exatamente 1, porque isso representa um estado-padrão desse produto químico. O resultado é que a constante de solubilidade de um líquido dissolvido, sem reações paralelas, também será igual à solubilidade desse líquido dissolvido quando expressa em termos de atividade (no caso de $K°$) ou como uma concentração molar (unidades aparentes quando se usa K).

EXERCÍCIO 7.5 Usando constantes de solubilidade para preparar uma mistura líquida

Um químico deseja preparar uma solução que contém 1,00 mol de 2-octanol em água. O 2-octanol é um composto relativamente apolar com massa molar de 130,23 g/mol e densidade de 0,8193 g/mL. Se a solubilidade do 2-octanol em água é de 0,96 mL/L a 25 °C, qual volume de água será necessário a essa temperatura para preparar a solução desejada de 2-octanol?

SOLUÇÃO

Um modo de resolvermos esse problema é usando, em primeiro lugar, a densidade e a massa molar do 2-octanol para descrever sua solubilidade em água em unidades de molaridade.

S (em M) =

$$\frac{(\text{Densidade, em g/mL})(S, \text{em mL/L água})}{(\text{MM, em g/mol})}$$

$= [(0,96 \text{ mL 2-octanol/L H}_2\text{O})$

$\cdot (0,8193 \text{ g 2-octanol/mL})]/(130,23 \text{ g/mol 2-octanol})$

$= 0,006040 \text{ M}$

em que MM é o peso molecular ou massa molar. A seguir, podemos usar essa solubilidade para determinar o volume de água (V) necessário para preparar uma solução que contenha 1,00 mol de 2-octanol.

$V = $ (mol 2-octanol)/(S, em g/mol)

$= (1,00 \text{ mol})/(0,006040 \text{ mol/L})$

$= 1,656 \times 10^2 \text{ L} = \textbf{166 L água}$

É possível que uma mistura de dois líquidos imiscíveis apresente gotículas de um líquido que estejam em suspensão em outro líquido. Isso se parece com o caso em que pequenas partículas de precipitados podem formar uma suspensão em um solvente, produzindo um coloide (ver Seção 7.1.2). Um líquido coloide como esse também é conhecido como *emulsão*.[2,3] Embora emulsões sejam sistemas químicos úteis, muitas vezes não são desejáveis em métodos analíticos se o objetivo é separar dois líquidos ou usar esses líquidos separados para que interajam com outras substâncias químicas.

Outra situação em que a combinação de dois líquidos não dá uma mistura simples ocorre quando os dois líquidos reagem entre si. Um exemplo comum é quando um líquido ácido (como o ácido acético) é combinado com outro que pode atuar como uma base (por exemplo, a água que pode atuar tanto como ácido quanto como base). Essa reação produz uma solução que talvez passe a conter alguns dos líquidos originais e mais os seus produtos. Tal situação requer o uso de reações paralelas e equilíbrios químicos para descrever o conteúdo final da mistura. Não lidaremos com o assunto de reações ácido-base agora, mas retomaremos esse tema no Capítulo 8.

Gases dissolvidos. Os gases também podem se dissolver em líquidos e formar soluções saturadas. Por exemplo, a presença de oxigênio dissolvido em água é essencial para animais como os peixes que vivem em lagos e rios. De modo análogo, a medição de oxigênio dissolvido representa uma medida útil da qualidade e da poluição da água. A diferença entre o gás como um soluto e um soluto que foi um sólido ou um líquido é a atividade do gás medida por sua pressão. Isso significa que a atividade de gás puro não é necessariamente igual a 1,00 como o é para solutos sólidos ou líquidos puros, mas vai depender da pressão do gás. Na verdade, a única vez em que a atividade de um gás puro é igual a 1 é quando está sob a pressão de 1 bar e a uma temperatura de 273 K (temperatura e condições de pressão padrão).

A *lei de Henry* serve para descrever a solubilidade de um gás em um líquido,[2,4] onde C_{soluto} é a concentração saturada do gás em um líquido especial, P_{soluto} é a pressão parcial do gás em equilíbrio com a solução e K_H é um fator de proporcionalidade conhecido como *constante da lei de Henry*.

$$C_{soluto} = K_H P_{soluto} \qquad (7.12)$$

Essa relação mostra que a concentração saturada de um gás dissolvido aumentará diretamente em função de sua pressão parcial. As constantes da lei de Henry são conhecidas para vários gases que podem se dissolver em água. Tais valores dependem fortemente da temperatura e do tipo de solvente usado. Alguns valores comuns para essas constantes são apresentados na Tabela 7.3. Com base neles, é possível estimar a concentração saturada de um gás em um líquido se conhecemos sua pressão parcial e sua constante da lei de Henry. O exercício a seguir ilustra esse processo.

Tabela 7.3

Constantes da lei de Henry para gases diversos em água a 25 °C.

Gás	K_H (mol/L · bar)[a]
O_2	$1,26 \times 10^{-3}$
N_2	$6,40 \times 10^{-4}$
CO_2	$3,34 \times 10^{-2}$
H_2	$7,80 \times 10^{-4}$
CH_4	$1,32 \times 10^{-4}$

[a] Estes valores são baseados em dados fornecidos em S. E. Manahan, *Environmental Chemistry*, 6ª ed., Lewis Publishers, Boca Raton, FL, 1994, p.117.

EXERCÍCIO 7.6 Cálculo da solubilidade do oxigênio em água

Qual concentração de oxigênio se dissolverá em água a 25 °C se a pressão parcial externa do oxigênio for 240 torr? Dê sua resposta em mg/L, ou partes por milhão (ppm).

SOLUÇÃO

Para resolver esse problema, precisamos, em primeiro lugar, calcular a pressão parcial em unidades de bar. Quando usamos os fatores de conversão apropriados, temos (240 torr)(1 bar/750,06 torr) = 0,320 bar. Em seguida, sabemos pela Tabela 7.3 que o valor de K_H para oxigênio a 25 °C em água é $1,26 \times 10^{-3}$ mol/L · bar. Quando colocamos toda essa informação na lei de Henry, obtemos a seguinte concentração de oxigênio na água:

$(1,26 \times 10^{-3} \text{ mol/L} \cdot \text{atm})(0,320 \text{ bar}) =$

$4,03 \times 10^{-4} M$ oxigênio

A concentração correspondente em ppm seria, então, determinada como segue:

$C_{soluto} = (4,03 \times 10^{-4} \text{ mol/L})(32,00 \text{ g/mol})(1000 \text{ mg/g})$
$= 12,9 \text{ mg/L}$ ou cerca de **12,9 ppm de oxigênio**

Esses resultados indicam que a concentração do oxigênio em água é relativamente baixa sob essas condições. Isso não é de todo surpreendente, porque o oxigênio molecular é apolar e não forma ligações de hidrogênio, de modo que interage pouco com a água.

Vimos anteriormente como as reações podem ocorrer em um solvente e para alguns sólidos dissolvidos e líquidos. Também é possível que ocorra uma reação química quando certos gases se dissolvem em alguns líquidos. Vimos um exemplo disso no Capítulo 6, onde o dióxido de carbono dissolvido e a água passaram por uma reação ácido-base para formar ácido carbônico (H_2CO_3). Essa reação afetará a quantidade total de gás que se dissolve, porque parte desse gás sofre uma reação paralela para formar uma segunda substância solúvel. Tal processo pode ser útil na captura de um gás ou para convertê-lo em uma forma mais mensurável. Por exemplo, veremos no Capítulo 14 como os eletrodos medidores de CO_2 podem ser desenvolvidos com base na reação do CO_2 dissolvido em água.

7.2.3 Como podemos determinar a solubilidade de uma substância química?

A solubilidade é muitas vezes um dos primeiros fatores a serem examinados em uma nova substância química. Ela pode ser expressa de forma quantitativa (por exemplo, os gramas de uma substância que se dissolverão em 100 mL de um determinado solvente) ou de forma qualitativa, usando termos como 'pouco solúvel', 'muito solúvel' e assim por diante. Tal informação fornece pistas importantes sobre os tipos de solução e de amostra que são compatíveis com a substância e as abordagens que podem ser usadas para manuseá-la e purificá-la.

A maioria das substâncias químicas mais comuns deve ter pelo menos algumas informações sobre sua solubilidade disponíveis na literatura. Por exemplo, o *CRC Handbook and Chemistry and Physics*[4] e o *Lange's Handbook of Chemistry*[5] contêm extensas listas sobre a solubilidade geral de muitas substâncias orgânicas e inorgânicas em água, soluções ácidas ou básicas e solventes orgânicos. A International Union of Pure and Applied Chemistry também mantém uma extensa série de livros dedicados à solubilidade de determinadas classes de compostos (por exemplo, halogenetos, hidróxidos, antibióticos etc.).[16] Esse tipo de informação também pode ser encontrado na ficha de dados de segurança de uma substância (veja um exemplo disso no Apêndice A).

Se estamos trabalhando com uma substância nova ou menos comum e desejamos saber mais sobre sua solubilidade, há muitas maneiras de obter tais informações.[17] Isso costuma ser feito primeiramente de forma qualitativa misturando-se uma determinada quantidade do soluto desejado com o solvente. Para a mistura de um sólido com um líquido, esse processo é acompanhado por um exame da mistura resultante para verificar se há uma mistura uniforme ou qualquer sólido observável que permanece em contato com a solução. A presença de qualquer sólido na solução final indica que foi obtida uma solução saturada. Isso também seria indicado pela presença de uma nebulosidade ou de um espalhamento de luz na solução, que é um sinal de que uma suspensão coloidal está presente.

Uma abordagem semelhante pode ser usada para examinar uma mistura de dois líquidos. Nesse caso, uma solução clara, sem camadas visíveis ou turbidez, representa uma mistura miscível. A existência de um limite distinto entre as fases líquidas na mistura indica que uma solução saturada está presente, enquanto uma mudança no volume dessa mistura em relação ao volume total dos líquidos combinados indica que esses líquidos são parcialmente miscíveis. Se houver alguma turbidez, é sinal de que uma emulsão se formou.

Uma abordagem mais quantitativa que funciona com substâncias de alta solubilidade consiste em adicionar uma massa conhecida do soluto a uma quantidade conhecida de solvente, agitar a uma temperatura conhecida até que se atinja o equilíbrio e filtrar qualquer soluto não dissolvido para a medição. A diferença entre a quantidade de soluto adicionado e o soluto não dissolvido deve fornecer o valor que foi dissolvido. Uma alternativa para solutos não voláteis seria provocar a evaporação do solvente na solução final e depois pesar a massa de soluto que é recuperado de um volume conhecido da solução original.

Medir a quantidade de um composto de baixa solubilidade que é adicionado em uma solução é um pouco mais complicado. Isso geralmente requer uma técnica que determine diretamente a quantidade dessa substância em sua solução final. A solubilidade máxima de tal composto é medida examinando-se a quantidade que permanece na solução em equilíbrio, enquanto quantidades crescentes do soluto são adicionadas à solução. Um exemplo comum disso é o estudo de solubilidade em que um químico farmacêutico examina a capacidade de uma droga, ou de um agente como o $BaSO_4$ de se dissolver ou de permanecer em forma sólida ao ser engolido e ao chegar no estômago.

7.3 Precipitação química

7.3.1 O processo de precipitação

Formação de precipitados. A aparentemente simples reação química geradora de precipitados está longe de descrever a série de eventos que realmente ocorre nesse processo. Já vimos que a precipitação começa quando uma solução supersaturada está presente em uma substância. O primeiro passo da precipitação é a **nucleação**, na qual pequenas partículas (ou 'núcleos') da substância precipitante são formadas.[6] Há alguma controvérsia sobre o tamanho desses núcleos iniciais, mas para alguns sólidos iônicos estima-se que isso demande agrupamentos de apenas 8 a 12 íons.[18, 19]

Esses núcleos atuam como centros sobre os quais mais da substância química desejada pode se acumular para formar partículas maiores. A adição lenta de mais moléculas ou de íons a esses núcleos dá origem a um processo concorrente conhecido como **crescimento de cristais**. Este, por sua vez, pode produzir um precipitado puro ou mesmo um cristal da substância precipitante. No entanto, se a precipitação ocorrer muito rapidamente, haverá muitos núcleos formados e pouco crescimento. O resultado nessa segunda situação é um grande número de pequenas partículas de precipitação e talvez até uma indesejável dispersão coloidal. A consequência disso é que a maneira como uma precipitação se realiza costuma ditar a pureza de um precipitado e a facilidade com que ele é manuseado para aplicação em um método analítico.

Problemas durante a precipitação. Existem várias maneiras pelas quais impurezas podem ser introduzidas em cristais durante o processo de precipitação (Figura 7.7). Por exemplo, a formação de um coloide produzirá uma solução que contém um grande número de pequenas partículas precipitadas. Além de difíceis de serem filtradas e removidas da solução, essas partículas também têm uma grande área de superfície. Isso faz com que essas partículas se juntem (ou 'coagulem') devido às atrações eletrostáticas de íons de cargas opostas sobre as partículas vizinhas. Um dos resultados disso é que algumas impurezas do solvente ou moleculares ficam presas dentro do precipitado. Esse tipo de aprisionamento é chamado de **oclusão** (ou, mais especificamente, 'oclusão molecular').[6] A oclusão também pode ocorrer por causa do rápido crescimento de um precipitado ao redor do solvente e de seu conteúdo. Esse processo pode levar a grandes erros quando os precipitados são usados em análise química quantitativa se as impurezas não forem posteriormente removidas.[20]

Fontes adicionais de contaminação de precipitado envolvem outros íons presentes na solução inicial. Por exemplo, é possível que o precipitado inclua alguns íons diferentes dos cátions ou ânions desejados no precipitado, mas que têm tamanhos e cargas semelhantes. Esse efeito é conhecido como **inclusão**. Um bom exemplo disso é quando íons Pb^{2+} (raio, 1,20 Å) ficam presos em um precipitado de $BaSO_4$ (raio de Ba^{2+}, 1,35 Å) se a solução também contém alguns íons Pb^{2+}, mesmo que a solubilidade do sal entre Pb^{2+} e o sulfato ($PbSO_4$) não seja ultrapassada. Além disso, outras impurezas (incluindo tanto os íons quanto o solvente) podem aderir à superfície de um cristal. Esse processo é conhecido como **adsorção**.[4] Nesse caso, a impureza é considerada 'adsorvida' em vez de 'absorvida', porque algo que é adsorvido adere à superfície de um sólido, enquanto algo que é absorvido se move para o interior do sólido.

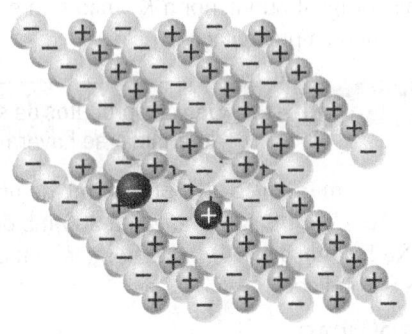

Inclusão: íons contaminantes, com tamanho e carga semelhantes aos dos íons desejados, são incorporados a um cristal/precipitado

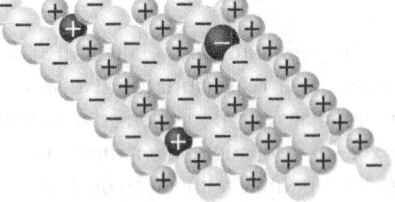

Oclusão: contaminantes são aprisionados dentro de um cristal/precipitado

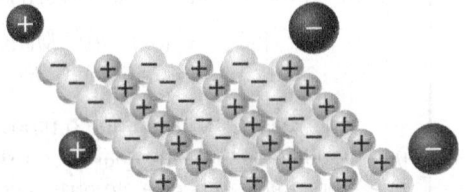

Adsorção: contaminantes são atraídos à superfície de um cristal/precipitado

Figura 7.7

Três maneiras pelas quais as impurezas podem contaminar os cristais durante o processo de precipitação: oclusão, inclusão e adsorção.

A presença de íons e outras impurezas (por meio de oclusão, inclusão ou adsorção) na estrutura de um cristal ou de um precipitado em crescimento produz um efeito conhecido como **coprecipitação**. Esse efeito leva à presença de íons ou de solventes contaminadores em um precipitante, embora esses íons e outras substâncias químicas não estejam presentes em níveis acima de seus próprios limites de solubilidade. Às vezes também é possível que impurezas sejam coletadas de um precipitado depois de ele ter sido formado, mas ainda permanecem em sua solução original (um efeito conhecido como *precipitação posterior*).

Há ocasiões em que os químicos analíticos usam a precipitação apenas para remover um material de uma solução. Nesse caso, a pureza do precipitado final pode não ser uma grande preocupação. Há momentos, porém, em que se almeja um precipitado altamente puro e de composição conhecida. Vamos ver vários exemplos disso no Capítulo 11, quando discutirmos o método quantitativo de *análise gravimétrica*. Também veremos no Capítulo 11 como nosso conhecimento sobre o processo de precipitação e seus problemas pode ser usado para minimizar os efeitos desses problemas pelo uso de métodos como a *digestão* (ou *reprecipitação de Ostwald*), lavagem dos precipitados e *precipitação de uma solução homogênea*.

De modo geral, quando queremos preparar um precipitado o mais puro possível, devemos trabalhar com uma solução diluída. Isso minimiza o grau de supersaturação obtido durante o processo de precipitação. Além disso, qualquer agente de precipitação que seja utilizado deve ser adicionado lentamente e sob agitação. Isso minimiza a ocorrência de altas concentrações locais do agente precipitante e ajuda a promover o crescimento de partículas precipitadas na formação de novas partículas. A solução que está sendo usada para a precipitação também deve ser mantida quente ou morna enquanto o precipitado é formado, bem como por algum tempo após o término da adição de qualquer agente precipitante. Isso fará com que as pequenas e imperfeitas partículas precipitadas se dissolvam e os íons liberados se agreguem a partículas maiores, mais bem definidas.

As técnicas utilizadas para aumentar a pureza de precipitados geralmente envolvem a **reprecipitação**. Nessa abordagem, o precipitado original (que pode conter impurezas) é filtrado do restante da solução original e redissolvido em solvente puro. Esse processo permite a liberação de impurezas que ficaram aprisionadas no precipitado. Um agente de precipitação é readicionado para reagrupar o precipitado; entretanto, agora haverá quantidades muito menores de impurezas presentes do que na solução original. Isso deve, por sua vez, resultar em um precipitado mais puro. A principal desvantagem desse procedimento é que parte do material almejado no precipitado também se perderá durante o processo de reprecipitação.

7.3.2 Uso dos produtos de solubilidade para examinar a precipitação

Determinando se as precipitações vão ocorrer. Como vimos anteriormente, o produto de solubilidade pode ser usado para prever a solubilidade de uma substância iônica em uma solução. No entanto, também podemos utilizar valores K_{ps}, e seus produtos iônicos associados, para prever o grau em que uma substância iônica se precipitará a partir de uma solução. Por exemplo, se íons bário e íons sulfato forem adicionados a uma solução nas formas dos sais solúveis $BaCl_2$ e Na_2SO_4, esses íons se combinarão para formar um $BaSO_4$ sólido.

$$BaCl_2(aq) + Na_2SO_4(aq) \rightleftarrows$$
$$BaSO_4(s) + 2NaCl(aq) \quad (7.13)$$

Seja qual for a origem do bário ou do sulfato, esses íons reagirão para formar $BaSO_4$ insolúvel até que o sistema atinja o equilíbrio. A quantidade de sulfato de bário que se forma pode ser estimada da seguinte maneira: em primeiro lugar, podemos calcular a concentração inicial de cada íon que estará presente após a mistura e colocar esses valores no produto iônico do sal a partir de sua expressão de produto de solubilidade, que nesse caso é $[Ba^{2+}][SO_4^{2-}]$. Podemos então comparar o valor resultante do produto iônico ao valor K_{ps}. Se o produto iônico for maior do que K_{ps}, um precipitado se formará até que as concentrações dos íons atinjam o ponto no qual o produto seja igual a K_{ps}, indicando que uma solução saturada está presente. Por outro lado, se o produto que calculamos com as concentrações iniciais for igual ou inferior a K_{ps}, não será esperada a ocorrência de nenhuma precipitação.

EXERCÍCIO 7.7 Uso dos produtos de solubilidade para determinar se haverá precipitação

Um químico adiciona 50 mL de uma solução de $4,0 \times 10^{-4}$ M de $BaCl_2$ em água a 200 mL de $1,0 \times 10^{-5}$ M de Na_2SO_4 em água. O $BaSO_4$ formará um precipitado sob essas condições?

SOLUÇÃO

Se todo o $BaCl_2$ e todo o Na_2SO_4 realmente se dissolverem, teremos uma concentração de íons bário inicial de $[Ba^{2+}] = (4,0 \times 10^{-4}\ M)(50\ mL/250\ mL) = 8,0 \times 10^{-5}\ M$ e uma concentração de íons sulfato inicial de $[SO_4^{2-}] = (1,0 \times 10^{-5}\ M)(200\ mL/250\ mL) = 8,0 \times 10^{-6}\ M$. Sob essas condições, o produto iônico esperado seria o seguinte:

$$[Ba^{2+}][SO_4^{2-}] = (8,0 \times 10^{-5}\ M)(8,0 \times 10^{-6}\ M)$$
$$= 6,4 \times 10^{-10}\ M^2$$

Esse valor é maior do que o produto de solubilidade para o sulfato de bário, no qual $K_{ps} = 1,08 \times 10^{-10}$, de modo que a precipitação ocorre até que as concentrações diminuam suficientemente para fazer com que o produto iônico se equipare a K_{ps}.

O procedimento que utilizamos no exercício anterior para determinar se uma precipitação ocorrerá é, na verdade, a mesma abordagem que discutimos no Capítulo 6 para comparar o quociente de reação (Q) de uma reação com sua constante de equilíbrio. Nesse caso, o quociente de reação é nosso produto iônico. Se constatarmos que o valor de Q (o produto iônico) é maior do que K_{ps}, teremos a precipitação de nossa solução até que o equilíbrio seja atingido. Se o produto iônico calculado for menor do que o produto de solubilidade ($Q < K_{ps}$), nenhuma precipitação ocorrerá e todos os nossos sólidos iônicos permanecerão em solução. E, finalmente, se o produto iônico calculado for exatamente igual ao produto de solubilidade ($Q = K_{ps}$), nosso sistema estará em equilíbrio e nenhuma mudança adicional no valor evidente de sólido dissolvido ou de precipitado ocorrerá. Nesse ponto, atingimos o equilíbrio, e temos um sistema termodinamicamente estável.

Cálculo da extensão da precipitação. Outra forma de usar os valores K_{ps} e os produtos iônicos é na determinação do quanto de precipitado se formará a partir de uma solução. Isso poderá ser útil se nosso objetivo for usar a precipitação para remover uma quantidade suficiente de analito de uma solução para análise. Podemos determinar isso primeiramente utilizando o produto de solubilidade para estimar a concentração de nossa substância iônica que será dissolvida em equilíbrio. A seguir, podemos comparar isso com a quantidade total da mesma substância que está inicialmente presente na solução e usar a diferença para determinar o montante que se precipitará. Um exemplo disso é dado no exercício a seguir.

EXERCÍCIO 7.8 Cálculo da massa de um precipitado

Que massa de $BaSO_4$ poderíamos esperar que se precipitasse nas condições de reação dadas no Exercício 7.7? Qual fração de todo o bário nesse sistema estará presente nesse precipitado? Qual fração estará presente na solução?

SOLUÇÃO

Íons bário e íons sulfato reagem na proporção de 1:1 para formar sulfato de bário. Isso significa que a concentração de ambos os íons diminuirá na mesma proporção, o que chamaremos de x. Em equilíbrio (isto é, quando a precipitação tiver terminado), as concentrações remanescentes desses íons na solução são de $[Ba^{2+}] = (8,0 \times 10^{-5}\ M - x)$ e $[SO_4^{2-}] = (8,0 \times 10^{-6}\ M - x)$. Quando colocamos essas informações na expressão do produto de solubilidade para o sulfato de bário, obtemos o seguinte resultado:

$K_{ps} = 1,08 \times 10^{-10}$
$= (8,0 \times 10^{-5}\ M - x)(8,0 \times 10^{-6}\ M - x)$

ou

$0 = x^2 - (8,8 \times 10^{-5}\ M)x + 5,32 \times 10^{-10}\ M^2$

Podemos agora resolver x nessa equação usando a fórmula quadrática (Capítulo 6), onde $A = 1$, $B = -8,8 \times 10^{-5}\ M$ e $C = 5,32 \times 10^{-10}\ M^2$ (quando se usam unidades aparentes de M^2 para K_{ps}). Isso nos dá uma resposta final, na qual $x = 6,5 \times 10^{-6}\ M$. A outra hipótese dada pela fórmula quadrática, $x = 8,1 \times 10^{-5}\ M$, não é possível porque exige mais íon bário do que a concentração adicionada total de $8,0 \times 10^{-5}\ M$. Quando uma concentração de $x = 6,5 \times 10^{-6}\ M$ é combinada com o volume conhecido de solução e a massa molar do sulfato de bário, descobrimos que $1,62 \times 10^{-6}$ mol ou $3,8 \times 10^{-4}$ g $BaSO_4$ seria de se esperar no precipitado.

A massa total de bário na solução original era $(0,050\ L)(4,0 \times 10^{-4}\ mol/L)(233,4\ g/mol) = 0,04668$ g, e sabemos que agora a massa total de $BaSO_4$ no precipitado será $3,8 \times 10^{-4}$ g. Isso significa que a fração total de bário no precipitado é $100\ (3,8 \times 10^{-4}\ g)/(0,04668\ g) = 0,81$ por cento. Desse modo, $(100,00 - 0,81) = 99,19$ por cento do bário permanecerá na solução como Ba^{2+} nessas condições.

Uma forma de usarmos o último tipo de cálculo mostrado é determinar quais condições de reagentes e reação devem ser usadas para produzir o grau de precipitação desejado. Como exemplo, no Capítulo 11, discutiremos o método de gravimetria, em que a precipitação de mais de 99,99 por cento do analito é geralmente almejada. Sabemos agora como calcular as chances de obtermos esse grau de precipitação sob um determinado conjunto de condições. Um meio de alterarmos esse grau de precipitação é mudando as quantidades de íons precipitantes (Ba^{2+} e SO_4^{2-} em nosso exemplo atual) que são adicionados à solução original. A temperatura e o tipo de solvente em uso também podem servir para controlar a extensão da precipitação. Outro caminho a ser seguido consiste em adicionar ao sistema outras substâncias químicas ou reações paralelas que sejam capazes de afetar a precipitação de nosso analito desejado. Exemplos dessa abordagem serão discutidos na próxima seção.

7.3.3 Efeitos de outras substâncias químicas e reações na precipitação

Nos exemplos anteriores de precipitação, analisamos um sistema relativamente simples (a precipitação de $BaSO_4$), onde tínhamos apenas uma reação principal e fontes únicas para íons bário e íons sulfato. No entanto, os sistemas químicos reais são normalmente mais complexos do que isso. Por exemplo, podemos ter mais de uma fonte de íons bário ou íons sulfato na solução original. Também podemos ter mais de uma reação que afete a quantidade de precipitação que ocorre quando esses íons se combinam para formar sulfato de bário. Examinaremos agora ambas as situações e verificaremos como elas afetam o processo de precipitação.

Efeito do íon comum. O primeiro caso que analisaremos será o de quando há mais de uma fonte para alguns dos íons que formam um sólido iônico. Por exemplo, suponha que queiramos determinar a concentração de Ba^{2+} que estará presente em uma solução aquosa saturada com $BaSO_4$ sólido. A reação envolvida nesse caso é mostrada a seguir.

$$BaSO_4(s) \rightleftharpoons Ba^{2+}(aq) + SO_4^{2-}(aq) \quad (7.14)$$

Se $BaSO_4$ é a única fonte de Ba^{2+} e SO_4^{2-} nessa solução, esses íons serão produzidos em uma proporção de 1:1 enquanto esse sólido iônico se dissolve na água. Isso significa que uma concentração igual de Ba^{2+} e SO_4^{2-} estará presente em equilíbrio nessa solução. Inserir essa informação na expressão K_{ps} para esse sólido iônico fornece a seguinte relação para tal situação em equilíbrio.

$$\text{Se } [Ba^{2+}] = [SO_4^{2-}]: \quad K_{ps} = [Ba^{2+}][SO_4^{2-}]$$
$$= [Ba^{2+}]^2$$
$$= [SO_4^{2-}]^2 \quad (7.15)$$

Quando procuramos o valor K_{ps} para $BaSO_4$, descobrimos que ele é igual a $1,08 \times 10^{-10}$ (com unidades aparentes de M^2 de acordo com o produto iônico na Equação 7.15). Quando usamos esse valor com a Equação 7.15, temos $[Ba^{2+}] = [SO_4^{2-}] = (K_{ps})^{1/2} = (1,08 \times 10^{-10} M^2)^{1/2} = 1,04 \times 10^{-5} M$.

Se tivéssemos de refazer esse experimento, mas dessa vez para saber a concentração de íons bário quando $BaSO_4$ sólido é dissolvido em uma solução contendo $0,010 \, M \, K_2SO_4$, passaríamos a ter duas fontes de íons sulfato. Isso nos daria uma resposta diferente para a concentração de íons bário.

$$K_{ps} = [Ba^{2+}][SO_4^{2-}] = [Ba^{2+}](0,010 \, M)$$

ou

$$[Ba^{2+}] = K_{ps}/(0,010 \, M) = 1,08 \times 10^{-8} \, M \quad (7.16)$$

Há dois aspectos a serem observados nesse cálculo. Primeiro, a concentração de sulfato real será de $(0,010 \, M + [Ba^{2+}])$, mas o sulfato adicional adquirido pela dissolução de $BaSO_4$ é pequeno a ponto de ser insignificante quando comparado com o de K_2SO_4. Logo, podemos ignorar $BaSO_4$ como fonte de sulfato nesse cálculo. Em segundo lugar, perceba que a concentração de íons bário em uma solução contendo íons sulfato de múltiplas fontes é bem menor do que quando apenas o $BaSO_4$ é dissolvido em água. Essa menor solubilidade se deve ao **efeito do íon comum**,[15] que ocorre quando a presença de fontes adicionais para um ou mais dos íons em um sal dissolvido resulta em uma solubilidade menor para esse sal.

EXERCÍCIO 7.9 Efeito do íon comum

Qual concentração de íon cálcio estará presente em equilíbrio em uma solução saturada com CaF_2 e que contém $0,0100 \, M$ de NaF? Como essa concentração de íons cálcio pode ser comparada com a concentração que seria obtida se nenhum NaF estivesse presente?

SOLUÇÃO

As reações e expressões de equilíbrio a serem consideradas nessa situação são a dissolução de NaF, que pode-se dizer, irá completamente para a solução (tornando $[F^-] = 0,0100 \, M$), e a dissolução de CaF_2, que irá para a solução apenas ligeiramente.

$$CaF_2(s) \rightleftharpoons Ca^{2+}(aq) + 2F^-(aq)$$
$$K_{ps} = [Ca^{2+}][F^-]^2 = 5,3 \times 10^{-9} \quad (7.17)$$

Supondo que a quantidade de F^- produzida a partir de CaF_2 é muito menor do que a quantidade presente de NaF, podemos calcular a quantidade de Ca^{2+} que estaria presente em equilíbrio (em que as unidades aparentes de M^3 podem ser incluídas para K_{ps} com base no produto iônico na Equação 7.17).

$$(5,3 \times 10^{-9} \, M^3) = [Ca^{2+}](0,01 \, M)^2$$
$$[Ca^{2+}] = (5,3 \times 10^{-9} \, M^3)/(0,01 \, M)^2 = 5,3 \times 10^{-5} \, M$$

Em termos comparativos, a quantidade de Ca^{2+} que teria se dissolvido na ausência de NaF (tornando CaF_2 a única fonte de F^-) teria sido a seguinte:

$$K_{ps} = [Ca^{2+}][F^-]^2 = [Ca^{2+}](2[Ca^{2+}])^2 = 4[Ca^{2+}]^3$$
$$[Ca^{2+}] = (5,3 \times 10^{-9} \, M^3/4)^{1/3} = 1,1 \times 10^{-3} \, M$$

Logo, a quantidade de fluoreto de cálcio que entra na solução na ausência de NaF é quase vinte vezes maior do que na presença de $0,0100 \, M$ NaF.

Lidando com reações paralelas. Um dos fatores complicadores ao descrevermos uma reação de precipitação é que frequentemente há uma ou mais reações paralelas que podem afetar esse processo. Isso pode envolver qualquer um dos tipos de reação discutidos no Capítulo 6, como ácido-base, complexação ou reações de oxidação-redução. Para ilustrar isso, consideraremos como a solubilidade de sulfato de bário em água se altera em um pH baixo como o encontrado no estômago. Isso é interessante porque, em valores mais baixos de pH, uma reação ácido-base pode ocorrer entre íons sulfato e íons hidrogênio para produzir HSO_4^-, como mostrado a seguir.

$$SO_4^{2-} + H^+ \rightleftharpoons HSO_4^-$$
$$K = \frac{[HSO_4^-]}{[SO_4^{2-}][H^+]} = 1,0 \times 10^2 \quad (7.18)$$

Sabe-se também que a concentração de íons hidrogênio em fluidos do estômago costuma variar de $3,2 \times 10^{-2} \, M$ a $3,2 \times 10^{-3} \, M$ (produzindo um pH de 1,5 a 2,5). Sob essas condições, é possível determinar que somente cerca de 24 por cento de todas as espécies relacionadas ao sulfato em solução estarão presentes na forma SO_4^{2-}. (*Observação*: veremos como determinar esse valor no Capítulo 8.) Os outros 76 por cento do sulfato dissolvido estarão na forma HSO_4^-, que não reage com íons bário para formar um precipitado. Podemos descrever essa relação usando a Equação 7.19, onde $C_{SO_4^{2-}}$ é a concentração total de todas as espécies de sulfato dissolvidas e $\alpha_{SO_4^{2-}}$ é a fração do sulfato que está realmente presente na forma de SO_4^{2-}.

$$[SO_4^{2-}] = \alpha_{SO_4^{2-}} C_{SO_4^{2-}}$$
$$\approx (0,24) C_{SO_4^{2-}} \text{ em pH 1,5} \quad (7.19)$$

Visto que uma solução com um pH baixo fará com que menos sulfato esteja presente na forma SO_4^{2-}, seria de se esperar que isso aumentasse a solubilidade do sulfato de bário. Podemos determinar a extensão dessa mudança usando a mesma abordagem geral mostrada anteriormente na Equação 7.8, mas dessa vez utilizando $[Ba^{2+}] = C_{SO_4^{2-}}$ em lugar de $[Ba^{2+}] = [SO_4^{2-}]$ para permitir o fato de que o sulfato não está presente em uma forma única.

$$K_{ps} = [Ba^{2+}][SO_4^{2-}] \quad \text{e} \quad [Ba^{2+}] = C_{SO_4^{2-}} \quad (7.20)$$

Se substituirmos a Equação 7.19 e o produto de solubilidade conhecido do sulfato de bário ($K_{ps} = 1,08 \times 10^{-10}$) na expressão K_{ps} na Equação 7.20, podemos calcular o seguinte valor para $[Ba^{2+}]$.

$$1,08 \times 10^{-10} = [Ba^{2+}](0,24) C_{SO_4^{2-}}$$
$$= [Ba^{2+}](0,24)[Ba^{2+}]$$
$$= (0,24)[Ba^{2+}]^2$$
$$\therefore [Ba^{2+}] = 2,1 \times 10^{-5} \ M \text{ em pH 1,5} \quad (7.21)$$

O resultado é um aumento de duas vezes na solubilidade em relação ao resultado obtido pela Equação 7.8, quando a reação paralela do sulfato com íons hidrogênio foi considerada desprezível. O nível de solubilidade ainda é baixo o suficiente para manter a maior parte do sulfato de bário em forma sólida no estômago, mas esse cálculo efetivamente ilustra como as reações paralelas podem afetar a solubilidade de uma substância química.

EXERCÍCIO 7.10 — Efeito das reações ácido-base sobre a solubilidade do $Fe(OH)_3$

Um íon ferro (III) (Fe^{3+}) pode reagir com íons hidróxido para produzir o composto insolúvel $Fe(OH)_3$, como mostrado a seguir.

$$Fe(OH)_3 \rightleftharpoons Fe^{3+} + 3 OH^-$$
$$K_{ps} = [Fe^{3+}][OH^-]^3 \quad (7.22)$$

Esse processo vai depender do pH e da concentração de íons hidrogênio na solução, porque a concentração de H^+ afetará a concentração de íons hidróxido por meio da reação ácido-base a seguir (como mostraremos em detalhes no Capítulo 8, onde K_w tem unidades aparentes de M^2).

$$H_2O \rightleftharpoons H^+ + OH^-$$
$$K_w = [H^+][OH^-] \approx 1,0 \times 10^{-14} \quad (7.23)$$

Qual será a concentração de $[Fe^{3+}]$ em uma solução que contém $Fe(OH)_3$ na presença de um pH 10,00 buffer ($[H^+] = 1,0 \times 10^{-10} M$)? Qual será $[Fe^{3+}]$ em um pH 4,00 buffer ($[H^+] = 1,0 \times 10^{-4} M$)?

SOLUÇÃO

A Tabela 7.2 afirma que K_{ps} para $Fe(OH)_3$ é $1,27 \times 10^{-39}$ (com unidades aparentes de M^4). Também podemos determinar a concentração de íons hidróxido na água em qualquer pH ao rearranjamos a Equação 7.23 na forma $[OH^-] = (1,0 \times 10^{-14})/[H^+]$. Isso significa que, em pH 10,00, a concentração de hidróxido seria de $[OH^-] = 1,0 \times 10^{-14} M^2)/(1,0 \times 10^{-10} M) = 1,0 \times 10^{-14} M$. Em seguida, podemos colocar essa concentração de hidróxido e K_{ps} para $Fe(OH)_3$ na Equação 7.22 para resolver a concentração saturada de Fe^{3+} em pH 10,00.

A pH 10,00:

$$[Fe^{3+}] = K_{ps}/([OH^-])^3$$
$$= (1,27 \times 10^{-39} M^4)/(1,0 \times 10^{-4} M)^3$$
$$= \mathbf{1,3 \times 10^{-27} \ M}$$

Essa concentração estimada de $[Fe^{3+}]$ é notavelmente baixa, o que representa uma solução que contém uma média de menos de um íon Fe^{3+} por mil litros de água!

O mesmo processo pode ser usado para localizar a concentração esperada de Fe^{3+} em água a pH 4,00. Nesse caso, a concentração de hidróxido seria $[OH^-] = (1,0 \times 10^{-14} M^2) / (1,0 \times 10^{-14} M) = 1,0 \times 10^{-14} M$. Inserindo-se esse valor e Kps de $Fe(OH)_3$ na Equação 7.22, obtém-se o resultado mostrado a seguir.

A pH 4,00:

$$[Fe^{3+}] = (1,27 \times 10^{-39} M^4)/(1,0 \times 10^{-10} M)^3$$
$$= \mathbf{1,3 \times 10^{-9} \ M}$$

Embora o resultado seja muito maior do que a concentração que estimamos para Fe^{3+} em pH 10,00, esse valor baixo indica que $Fe(OH)_3$ ainda é bastante insolúvel, mesmo em uma solução relativamente ácida.

Os exemplos anteriores envolveram reações ácido-base como processos paralelos que afetaram a solubilidade de um sólido iônico. Existem muitos outros tipos de reação paralela que também podem afetar a solubilidade química. A formação de um complexo é outro exemplo comum (Capítulo 9). Por exemplo, a solubilidade do sólido iônico $Ni(OH)_2$ é fortemente influenciada por substâncias como a amônia, que podem formar complexos com Ni^{2+}. Essa formação de um complexo pode, por sua vez, afetar a solubilidade de $Ni(OH)_2$ em água, alterando a quantidade de Ni^{2+} disponível para reagir com os íons hidróxido para formar esse sólido. Mais exemplos de reações químicas vinculadas serão apresentados nos capítulos 8 a 10.

Palavras-chave

Adsorção 155
Constante de solubilidade 148
Coprecipitação 156
Crescimento de cristais 155
Efeito do íon comum 158

Forças intermoleculares 144
Inclusão 155
Nucleação 155
Oclusão 155
Precipitação 143

Precipitado 143
Produto de solubilidade 149
Reprecipitação 155
Solubilidade 142

Outros termos

Agente de contraste radiológico 142
Coeficiente de partição
  octanol-água 147
Constante da lei de Henry 153
Cristal 143
Cristalização 143
Cristalografia de raios X 143
Difração de monocristal 145
Difração de pó 145
Dispersão coloidal (coloide) 143

Dissociação iônica 142
Emulsão 153
Equilíbrio de solubilidade 148
Forças de dispersão 146
Imiscíveis 151
Interação iônica 144
Interação dipolo-dipolo 144
Lei de Henry 153
Ligação de hidrogênio 144
Miscível 151

Momento dipolo 147
Padrão de difração 145
Parcialmente miscíveis 152
Precipitação posterior 156
Produto iônico 149
Radiografia 142
Solução insaturada 143
Solução saturada 143
Solução supersaturada 143

Questões

O que é solubilidade?

1. O que é a 'solubilidade' de uma substância química?
2. Como as substâncias iônicas tendem a se dissolver em uma solução? Como isso difere da maneira com que os compostos moleculares como a glicose se dissolvem?
3. Quais são alguns fatores gerais que podem afetar a solubilidade de uma substância química?

O que é precipitação?

4. Defina o termo 'precipitação'. Quais são as condições gerais que podem levar à precipitação de uma substância?
5. Defina cada um dos termos a seguir. Como eles se relacionam com a solubilidade de uma substância química e com sua capacidade de precipitar-se?
   (a) Solução insaturada.
   (b) Solução saturada.
   (c) Solução supersaturada.
6. O que é um 'precipitado'? O que é um 'cristal'? O que é um 'coloide'? Como esses termos estão relacionados?

Por que a solubilidade e a precipitação são importantes em análise química?

7. Por que é importante levar a solubilidade em conta durante uma análise química? Cite dois exemplos de situações em que isso deve ser considerado.
8. Como a precipitação pode ser usada durante uma análise química? Cite dois exemplos.
9. A Figura 7.8 mostra parte de um esquema para a identificação qualitativa de íons inorgânicos, como Al^{3+}, Cr^{3+} e Fe^{3+} em amostras aquosas. Descreva como a precipitação está sendo usada nesse esquema para a identificação dessas substâncias.

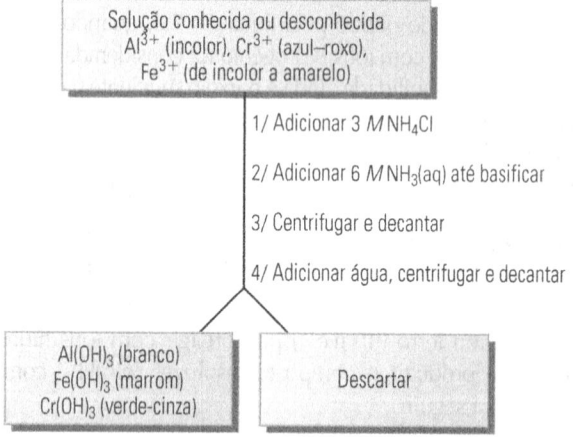

Figura 7.8

Parte de um esquema para a análise qualitativa de Al^{3+}, Cr^{3+} e Fe^{3+} em uma amostra aquosa. O 3 M NH_4Cl adicionado na Etapa 1 serve para atuar como tampão da solução e evitar que o pH aumente demasiadamente quando a amônia for adicionada na Etapa 2. A adição de NH_3 na Etapa 2 levará a um aumento do pH, o que aumenta a concentração de íons hidróxido na solução. O precipitado que se forma na Etapa 3 é isolado por centrifugação, seguida por decantação do líquido que está em contato com esse sólido. Na Etapa 4, adiciona-se água ao precipitado, seguindo-se outra etapa de centrifugação para produzir uma camada de sólido distinto. (Adaptado com permissão de J. Carr, D. Kinnan e C. McLaughlin, *Chemistry 110 Laboratory Manual, University of Nebraska-Lincoln*, Hayden-McNeil Publishing, Plymouth, MI, 2007.)

O que determina a solubilidade química?

10. Descreva o que se entende por 'forças intermoleculares'. Explique como as forças intermoleculares podem afetar a solubilidade química.

11. Defina cada um dos seguintes termos e descreva como eles ocorrem.

    (a) Interação iônica.
    (b) Ligação de hidrogênio.
    (c) Interação dipolo-dipolo.
    (d) Forças de dispersão.

12. Explique o significado da frase 'semelhante dissolve semelhante'. Descreva como essa frase está relacionada com interações intermoleculares e com a solubilidade química.

13. O que significa 'química polar'? O que é uma substância 'apolar'? Como a polaridade de uma substância química afeta suas forças intermoleculares com outras substâncias?

14. O que é um 'momento dipolo'? O que é um 'coeficiente de partição octanol-água'? Como cada um desses itens é usado para descrever a polaridade química?

15. A seguir estão listados as estruturas e os momentos dipolo (entre parênteses) de vários solventes que podem ser encontrados em laboratórios químicos.

    Acetona (2,88 D)
    Benzeno (0,00 D)
    Clorofórmio (1,04 D)
    Dimetilsulfóxido (3,96 D)

    (a) Use as informações anteriores para classificar esses solventes com base em suas polaridades. Qual desses solventes você espera que se misture melhor com água? Qual se mistura melhor com o octano?

    (b) Analise as estruturas mostradas desses solventes. A partir de suas observações, que tipos de força intermolecular você acha que poderiam ser envolvidos na determinação das solubilidades dessas substâncias e da capacidade de cada uma delas em dissolver outros compostos?

16. (a) Use coeficientes de partição octanol-água para classificar as seguintes substâncias químicas com base em sua polaridade.

    Ácido acético (log K_{ow} = 0,17)
    Cicloexano (log K_{ow} = 3,44)
    Propano $CH_3CH_2CH_3$ (log K_{ow} = 2,33)
    n-Propanol $HOCH_2CH_2CH_3$ (log K_{ow} = 0,25)

    (b) Quais dessas substâncias são mais solúveis em água? Quais delas são mais solúveis em n-octanol? Justifique sua resposta.

    (c) Com base nas estruturas dessas substâncias químicas, determine quais forças intermoleculares podem estar envolvidas na determinação de suas solubilidades. Quais tendências você pode observar ao comparar essa lista de forças intermoleculares com os valores K_{ow} desses compostos?

17. (a) Discuta por que tanto as forças intermoleculares quanto a mudança na entropia devido à mistura são importantes para determinar a solubilidade de uma substância química em outra.

    (b) Explique como a sua resposta na Parte (a) se encaixa na equação mostrada a seguir,

    $$\Delta G°_{mix} = \Delta H°_{mix} - T\Delta S°_{mix} \quad (7.24)$$

    onde T é a temperatura absoluta, $\Delta G°_{mix}$ é a mudança global na energia livre padrão por causa da mistura de duas substâncias químicas, $\Delta H°_{mix}$ é a mudança na entalpia padrão por causa da mistura e $\Delta S°_{mix}$ é a mudança na entropia padrão por causa da mistura.

    (c) Com base na Equação 7.24, você espera que a maioria das substâncias se torne mais solúvel ou menos solúvel à medida que a temperatura é aumentada? Justifique sua resposta.

Como podemos descrever a solubilidade química em sólidos moleculares?

18. O que é 'equilíbrio de solubilidade'? Explique por que o processo pelo qual um sólido molecular se dissolve em uma solução é um exemplo de equilíbrio de solubilidade.

19. O que é uma 'constante de solubilidade'? Como isso é usado para descrever a solubilidade de uma substância química?

20. Escreva 'reações' semelhantes à Equação 7.2 para descrever os processos pelos quais os seguintes sólidos moleculares se dissolvem nos solventes mencionados.

    (a) Naftaleno em benzeno.
    (b) Vitamina C em água.
    (c) Iodo em água.
    (d) Iodo em CCl_4.

21. Escreva as expressões que fornecem as constantes de solubilidade K e $K°$ de cada uma das reações na Questão 20.
22. Explique por que as constantes de solubilidade K e $K°$ são muitas vezes iguais à solubilidade (S) de um sólido molecular. Em que situações isso não é verdadeiro?
23. Uma amostra de 5,00 g de ácido benzoico ($C_7H_6O_2$) é dispersa em 250,0 mL de água. Essa mistura é equilibrada, e qualquer ácido benzoico não dissolvido é removido por filtração. Se 4,15 g de ácido benzoico sólido forem encontrados no filtrado, qual será a solubilidade (em M) de ácido benzoico em água?
24. Uma colher de iodo sólido é colocada em 250,0 mL de água e deixada para atingir o equilíbrio. A maior parte do iodo não se dissolve. Após separar a solução do iodo não dissolvido, verifica-se que 0,0781 g de iodo permanece na solução. Qual é a solubilidade do iodo (em unidades de g/L e M) em água nessas condições?

Como podemos descrever a solubilidade química em sólidos iônicos?

25. O que é um produto de solubilidade? Como ele é usado para descrever a solubilidade de uma substância química?
26. Escreva as expressões de solubilidade do produto para cada um dos sais a seguir. Expresse suas respostas em termos de K e $K°$.
    (a) AgBr
    (b) SrF_2
    (c) $Ca_3(PO_4)_2$
    (d) $Mg(NH_4)PO_4$
27. Cite algumas maneiras gerais pelas quais os produtos de solubilidade podem ser usados para descrever a solubilidade ou a precipitação de uma substância química.
28. Sulfeto de zinco (ZnS) é frequentemente usado na construção de dispositivos analíticos que medem ou produzem radiação infravermelha. Um químico deseja utilizar esse sólido iônico para preparar um novo dispositivo para medições espectroscópicas.
    (a) Qual é a solubilidade esperada de ZnS em água pura a 25 °C?
    (b) O sulfeto de cádmio (CdS) é às vezes misturado ao ZnS para produzir alguns dispositivos ópticos. Qual é a solubilidade do CdS em água pura a 25 °C?
29. Classifique cada um dos seguintes grupos de substâncias químicas com base em sua solubilidade em água pura a 25 °C. Use cálculos para sustentar suas respostas. (*Observação:* você pode assumir que nenhuma outra reação paralela significativa está presente.)
    (a) AgBr, AgCl e AgI.
    (b) $CaSO_4$ e oxalato de cálcio hidratado.
    (c) $CaSO_4$ e $BaSO_4$.
    (d) $Al(OH)_3$ e $Ca(OH)_2$.
    (e) $Fe(OH)_2$ e $Fe(OH)_3$.
30. Cite pelo menos cinco exemplos de sais que costumam ser considerados 'altamente solúveis' em água. Dê cinco exemplos de sais que são pouco solúveis ou insolúveis em água.

Como podemos descrever solubilidade química em misturas de líquidos?

31. Defina cada um dos seguintes termos em relação à mistura de líquidos.
    (a) Miscível.
    (b) Parcialmente miscível.
    (c) Imiscível.
32. Descreva o papel que desempenham as interações intermoleculares para determinar se dois líquidos se misturam entre si.
33. Escreva reações que descrevam os processos pelos quais cada um dos líquidos a seguir se dissolverá nos solventes especificados.
    (a) CH_3COOH em água.
    (b) $HOCH_2CH_2OH$ em etanol.
    (c) Br_2 em CCl_4.
34. Escreva as expressões que fornecem as constantes de solubilidade K e $K°$ para cada reação na Questão 33. Explique por que K e $K°$ são muitas vezes iguais à solubilidade de um líquido em outro.
35. Um químico ambiental deseja preparar uma amostra-padrão que contém benzeno (C_6H_6) em água. O benzeno puro tem densidade de 0,8786 g/mL a 25 °C. Sob a mesma temperatura, a solubilidade do benzeno em água é 1,79 g/L.
    (a) Qual é a concentração máxima de benzeno (em unidades de molaridade) que pode ser colocada em água para formar uma solução estável a 25 °C?
    (b) Qual volume de benzeno puro deve ser colocado em água para produzir uma solução com concentração de benzeno final de 1,79 g/L e volume total de 1,00 L?
36. A solubilidade do clorofórmio ($CHCl_3$) em água é de 1,0 mL em 200 mL de água a 25 °C. A densidade do clorofórmio puro é de 1,484 g/mL. Qual é a solubilidade do clorofórmio em unidades de M, em partes por milhão e em partes por bilhão?
37. O aditivo para gasolina MTBE ($C_4H_9OCH_3$) tem solubilidade de 42 g/L em água a 25 °C. Qual é a solubilidade do MTBE quando expressa em unidades de molaridade? Se 0,50 mol de MTBE fosse liberado no meio ambiente, quanto de água seria necessário para dissolver completamente essa substância?
38. O que é uma 'emulsão'? Explique como uma emulsão se forma.
39. Cite um exemplo de como uma reação paralela pode afetar a solubilidade de um líquido em outro.

Como podemos descrever a solubilidade química em gases dissolvidos?

40. O que é a lei de Henry? Como ela é usada para descrever a solubilidade de um gás em um líquido?
41. Qual concentração de oxigênio se dissolve em água a 20 °C e sob pressão atmosférica de 600 torr?

42. Qual é a solubilidade esperada de O_2, N_2, H_2 e CO_2 dissolvidos na água saturada de ar a uma pressão de 1,0 atm e 25 °C?

43. Descreva como as reações paralelas podem afetar a solubilidade de um gás em um líquido. Dê um exemplo desse efeito.

Como podemos determinar a solubilidade de uma substância química?

44. Descreva como a solubilidade pode ser estudada em bases qualitativas para sólidos dissolvidos em líquidos e misturas líquidas.

45. Cite alguns livros e outros recursos que podem ser usados para fornecer informações sobre solubilidade química.

46. Descreva como a solubilidade de um sólido ou de um líquido em um líquido pode ser examinada de forma qualitativa.

47. Quais são as três estratégias que podem ser usadas para determinar a quantidade de um sólido que se dissolve em um líquido? Em que tipos de situação cada uma dessas estratégias pode ser empregada?

O processo de precipitação

48. Quais são as etapas gerais envolvidas na formação de um precipitado químico?

49. Defina os seguintes termos e explique por que eles são importantes na precipitação.
    (a) Nucleação.
    (b) Crescimento de cristal.

50. Explique por que uma solução supersaturada é necessária à formação de precipitados.

51. Por que a velocidade da precipitação é importante na determinação do tipo de precipitado que é formado?

52. Defina cada um dos termos a seguir e explique por que eles são importantes e devem ser levados em conta durante o uso de precipitação.
    (a) Oclusão.
    (b) Inclusão.
    (c) Adsorção.

53. O que é 'coprecipitação'? Por que esse efeito é importante e deve ser levado em conta no uso da precipitação na análise quantitativa?

54. No método de *coleta*, o precipitado de uma substância química (chamado de 'agente de coleta') é usado para coletar uma pequena quantidade de outra substância química residual em uma solução. Explique por que a coprecipitação seria importante em tal método.

55. O que é 'precipitação posterior'? Como ela difere da coprecipitação? Como esses dois processos se assemelham?

56. Duas porções idênticas de uma solução aquosa contendo íons alumínio e uma pequena quantidade de Fe^{3+} são precipitadas pela elevação do pH dessas soluções para formar $Al(OH)_3$. Em um caso, o precipitado é filtrado, secado e tem a massa determinada em 0,2543 g. No outro caso, o precipitado é filtrado, redissolvido com HCl diluído e reprecipitado, seco e tem a massa determinada em 0,2487 g. Explique a diferença em termos de massa desses dois precipitados.

57. Dois estudantes realizam uma análise de Ni^{2+} precipitando-o com o agente dimetilglioxima (dmg). O primeiro deles trabalha em temperatura ambiente e rapidamente acrescenta o montante total exigido de dmg, levando cerca de 30 segundos para formar o precipitado de níquel-dmg. O outro adiciona uma solução de dmg uma gota de cada vez e usa uma solução de amostra morna que é depois deixada para resfriar em temperatura ambiente; esse aluno leva cerca de 30 minutos para realizar essa etapa. Ele é depois capaz de filtrar rapidamente sua precipitação e fecha o laboratório na hora, enquanto o primeiro aluno tem dificuldade em recuperar sua precipitação e precisa repetir o experimento mais tarde. Qual é a razão do problema do primeiro aluno com essa experiência?

58. O que é 'reprecipitação'? Por que isso ajuda a criar precipitados mais puros? Qual é a desvantagem desse método?

Uso de produtos de solubilidade na análise da precipitação

59. Descreva como os produtos de solubilidade podem ser usados para determinar se as precipitações ocorrerão em uma determinada solução.

60. Determine se um precipitado se formará em cada uma das misturas a seguir. Se um precipitado se formar, dê a fórmula desse precipitado e calcule a massa do precipitado que será produzida.
    (a) Uma mistura aquosa contendo 50,0 mL de 0,025 M de $Pb(NO_3)_2$ mais 100 mL de 0,010 M de Na_2SO_4.
    (b) Uma mistura aquosa contendo 50,0 mL de 0,0080 M $Pb(NO_3)_2$ mais 200 mL de 0,0050 M de NaCl.

61. Determine as concentrações das seguintes soluções em que o sólido especificado é deixado para atingir o equilíbrio em água a 25 °C.
    (a) $[Ag^+]$ em uma solução na qual AgI sólido atinge o equilíbrio com água pura.
    (b) $[Pb^{2+}]$ em uma solução na qual $PbCl_2$ sólido atinge o equilíbrio com água pura.
    (c) $[OH^-]$ em uma solução na qual $Ca(OH)_2$ sólido atinge o equilíbrio com água pura.

62. Descreva como os produtos de solubilidade podem ser usados para estimar o grau de precipitação que ocorre a partir de uma determinada solução.

63. Que massa de $PbCl_2$ se precipitaria se 50,0 mL de uma solução 0,050 M de $Pb(NO_3)_2$ fosse misturada em 50,0 mL de HCl de 0,100 M?

64. Um estudante deseja precipitar Fe^{3+} como $Fe(OH)_3$ a partir de uma solução aquosa de 500 mL que contém inicialmente Fe^{3+} de 1,50 mM.
    (a) Se o aluno ajustar o pH dessa solução em 5,00, que massa de $Fe(OH)_3$ será precipitada?
    (b) Que massa de Fe^{3+} permanecerá em solução após o pH ser ajustado em 5,00?

(c) Qual fração de Fe^{3+} original permanecerá em solução após o $Fe(OH)_3$ ser precipitado em pH 5,00?

65. Uma pessoa com fibrose cística normalmente tem Cl^- de 60 a 200 mM em amostras de sua transpiração. O cloreto em uma alíquota de 1,0 mL de tal amostra deve ser medido combinado com 1,0 mL de um reagente contendo $AgNO_3$ de 0,0250 M.

(a) Qual massa de AgCl se precipitará se a amostra original contiver Cl^- de 200 mM?

(b) Qual massa de Cl^- permanecerá em solução após a ocorrência dessa precipitação?

(c) Qual percentual de Cl^- na amostra original terá sido precipitado durante essa análise?

66. Cite algumas orientações gerais que podem ser usadas para alterar o grau de precipitação que ocorre em uma substância química.

Efeitos de outras substâncias químicas e reações na precipitação

67. O que é o 'efeito de íon comum'? Como isso pode afetar a solubilidade de um sólido iônico?

68. Qual concentração de íons prata esperaríamos encontrar em uma solução aquosa saturada com AgBr sólido e que não contém outros íons adicionados? Como essa concentração se alteraria caso o AgBr sólido fosse dissolvido em uma solução aquosa contendo 0,010 M KBr?

69. Um estudante deseja dissolver $Cd(IO_3)_2$ em uma solução aquosa que já contém KIO_3.

(a) Qual é a quantidade máxima de $Cd(IO_3)_2$ que pode se dissolver sem precipitação em água pura a 25 °C?

(b) Qual é a quantidade máxima de $Cd(IO_3)_2$ que pode se dissolver sem precipitação em 0,01 M KIO_3 a 25 °C?

70. Um analista quer dissolver CuI em uma solução aquosa de KI.

(a) Qual é a quantidade máxima de CuI que se dissolve em água pura a 25 °C?

(b) Qual será a solubilidade de CuI se ele for colocado em uma solução aquosa de 0,050 M de KI a 25 °C?

71. Uma porção de 100 mL de 0,020 M $AgNO_3$ em água é adicionada a 100 mL de uma mistura aquosa de NaCl e 0,010 M KBr.

(a) Qual será a solubilidade do Cl^- nessa solução depois de ter atingido o equilíbrio?

(b) Qual será a concentração final de Br^- nessa solução depois de ter atingido o equilíbrio?

(c) Qual teria sido a concentração final de Cl^- se nenhum KBr estivesse originalmente presente?

(d) Qual teria sido a concentração final de Br^- se nenhum NaCl estivesse originalmente presente?

72. Descreva como as reações paralelas podem afetar a solubilidade de um sólido iônico. Cite um exemplo específico desse efeito.

73. Foi demonstrado no Exercício 7.10 que a solubilidade de $Fe(OH)_3$ variará com a acidez de uma solução.

(a) Um químico deseja preparar uma solução aquosa padrão que tem uma concentração de Fe^{3+} igual a $1,0 \times 10^{-5}$ M. Essa solução deve ser preparada deixando-se que a água em um pH ajustado atinja o equilíbrio com $Fe(OH)_3$ sólido. Considerando-se que pH $\approx -\log[H^+]$, qual pH deve ser usado para que a solução aquosa produza essa concentração desejada de $[Fe^{3+}]$?

(b) O pH de uma amostra de água em contato com $Fe(OH)_3$ é de 7,5. Se não houver outros sólidos dissolvidos presentes nessa água, qual é a concentração esperada de Fe^{3+} na amostra?

74. O 'leite de magnésia' é na verdade uma suspensão de hidróxido de magnésio sólido, $Mg(OH)_2$, em água. Supondo que essa suspensão esteja em equilíbrio, use o produto de solubilidade do hidróxido de magnésio para estimar o pH da mistura.

Problemas desafiadores

75. Faça uma pesquisa sobre as estruturas das substâncias químicas a seguir. Com base nessas estruturas, determine se cada uma delas seria classificada como 'polar' ou 'apolar'. Quais desses compostos você diria ser o mais solúvel em água? Qual seria o mais solúvel em benzeno?

(a) Tetracloreto de carbono.

(b) Ácido fórmico.

(c) Tetrahidrofurano.

(d) Naftaleno.

(e) Éster de colesterol.

(f) Sacarina.

76. (a) Use os dados da Tabela 7.1 para preparar um gráfico de solubilidade de água *versus* o número de átomos de carbono que aparecem nos seguintes alcoóis: metanol, etanol, *n*-propanol, *n*-butanol, *n*-pentanol, *n*-hexanol, *n*-heptanol e *n*-octanol.

(b) Qual tendência você observa no gráfico da Parte (a)? Qual é a razão para essa tendência?

77. Um químico analítico deseja selecionar vários pares de solventes imiscíveis para usar na técnica de extração líquido-líquido. Com base em informações extraídas de fontes como o *CRC Handbook of Chemistry and Physics*[4] ou o *Lange's Handbook of Chemistry*,[5] quais dos seguintes pares de solventes funcionariam nesse método? E quais não funcionariam?

(a) Água e acetona.

(b) Água e éter.

(c) CCl_4 e benzeno.

78. Outro químico deseja testar várias combinações de solventes miscíveis para dissolver uma determinada amostra. Usando os mesmos tipos de fonte listados na Questão 76, determine quais dos seguintes pares de solventes vão formar sistemas miscíveis.

(a) Etanol e água.

(b) $CHCl_3$ e CH_2Cl_2.

(c) Hexano e metanol.

79. O limite de toxicidade do íon bário é de 19,2 mg $BaCl_2 \cdot 2H_2O$ por kg de peso corporal. O estômago humano tem um volume de aproximadamente 1,0 L, e um pH normal de 2,0 devido à presença de ácido clorídrico.
    (a) Calcule a concentração de Ba^{2+} que pode estar presente no estômago quando os fluidos encontrados ali estão saturados de $BaSO_4$. (*Observação:* suponha que não haja efeitos de íon comum.)
    (b) Como essa concentração máxima de íons bário no estômago pode ser comparada ao limite de toxicidade superior desse íon?
80. A precipitação de CaF_2 (veja Exercício 7.9) é afetada pela acidez de sua solução. Isso ocorre porque íons flúor podem reagir com água, como mostra a reação a seguir.

    $$F^- + H_2O \rightleftharpoons HF + OH^-$$
    $$K = \frac{[HF][OH^-]}{[F^-](a_{H_2O} = 1)} = 1,5 \times 10^{-11} \quad (7.25)$$

    Também pode ser demonstrado que a fração de flúor presente em uma solução como $F^-(\alpha_{F^-})$ pode ser encontrada pela seguinte fórmula,

    $$\alpha_{F^-} = \frac{K_w}{K_w + K \cdot 10^{-pH}} \quad (7.26)$$

    onde K_w é a constante de autoprotólise para água ($K_W = 10^{-14,00}$ em 25 °C).
    (a) Com base na reação ácido-base anterior, qual solubilidade poderia existir para CaF_2 em água a pH 2,00? Como esse valor pode ser comparado à solubilidade obtida no Exercício 7.9 para uma solução de CaF_2 puro? O que essa comparação lhe diz sobre a importância do pH na solubilidade do fluoreto de cálcio?
    (b) Qual seria a solubilidade esperada para CaF_2 em pH 2,00 em uma solução saturada com esse sólido, mas que também contém NaF de 0,0100 M? Como esse resultado pode ser comparado ao estimado no Exercício 7.9 para uma solução em contato com CaF_2 e que contenha 0,0100 M NaF? O que esse resultado lhe diz sobre o efeito combinado do pH e o efeito de íon comum na solubilidade do fluoreto de cálcio?
    (c) Use uma planilha para preparar um gráfico de solubilidade prevista de CaF_2 *versus* pH para a água pura e para uma solução NaF de 0,0100 M. Quais tendências você observa nesses resultados? Explique essas tendências com base na Equação 7.26 e nos resultados das partes (a) e (b).
81. Usando a lei de Henry, explique como o gás nitrogênio borbulhando através de uma solução aquosa pode ser usado para remover oxigênio dissolvido dessa solução.
82. A solubilidade de AgCl e $BaSO_4$ em várias concentrações de nitrato de potássio é como segue.[21]

Concentração KNO_3 (M)	Solubilidade AgCl (M)	Solubilidade $BaSO_4$ (M)
0,000	$1,278 \times 10^{-5}$	$0,96 \times 10^{-5}$
0,001	$1,325 \times 10^{-5}$	$1,16 \times 10^{-5}$
0,005	$1,385 \times 10^{-5}$	$1,42 \times 10^{-5}$
0,010	$1,427 \times 10^{-5}$	$2,35 \times 10^{-5}$

Explique por que a solubilidade desses compostos aumenta em concentrações mais elevadas de KNO_3 e por que o impacto sobre o $BaSO_4$ é muito maior do que o impacto sobre o AgCl.

Tópicos para discussão e relatos

83. A radiografia é apenas uma das muitas técnicas usadas na medicina moderna para permitir que os médicos examinem várias partes do corpo. Alguns exemplos de outros métodos de diagnóstico por imagem são fornecidos a seguir. Elabore um relatório sobre um desses métodos. Inclua uma descrição dos princípios químicos e físicos por trás desse método. Também indique que tipo de informação seu método pode fornecer sobre o corpo.
    (a) Ressonância magnética (MRI, do inglês, *magnetic ressonance imaging*).
    (b) Tomografia axial computadorizada (CAT scan).
    (c) Ultrassonografia.
    (d) Tomografia por emissão de pósitrons (PET scan).
84. O sulfato de bário é apenas um exemplo de um agente de contraste radiológico usado em radiografia. Substâncias químicas que contêm iodo também costumam ser usadas como agentes de contraste radiológico.

    Obtenha mais informações sobre as substâncias específicas que contêm iodo e que são utilizadas para esse fim, e descreva as propriedades químicas e físicas que as tornam úteis para essa aplicação. Dê alguns exemplos específicos que mostrem como essas substâncias podem ser usadas para fornecer imagens do corpo.
85. Localize um artigo científico recente que cite o método de cristalografia de raios X. Discuta como esse método foi usado no artigo. Que tipos de informação essa técnica proporciona?
86. A solubilidade de uma substância química como o DDT é importante para determinar fatores como sua 'biodisponibilidade' e sua 'bioacumulação' em sistemas vivos. Localize mais informações sobre cada um desses tópicos. Descreva por que esses fatores são importantes na análise de substâncias químicas em sistemas vivos.
87. Existem vários outros tipos de força intermolecular além daqueles mostrados na Figura 7.4. Descreva cada uma das seguintes forças e indique que tipos gerais de substância química dão origem a cada uma dessas forças.

(a) Forças de dipolo induzidas por dipolo.

(b) Forças íon-dipolo.

(c) Forças de dipolo induzidas por íon.

88. A taxa de crescimento de um cristal determina a pureza e o grau de ordem final que se obtém nesse material. Obtenha mais informações de fontes como a Referência 21 sobre os fatores que determinam e realizam o crescimento do cristal. Elabore um relatório em que esse processo seja descrito. Explique por que o controle desse processo é importante em setores como a cristalografia de raios X e a análise gravimétrica.

89. A Referência 13 discute como as forças intermoleculares e as mudanças na entropia podem fazer com que dois líquidos sejam miscíveis, parcialmente miscíveis ou imiscíveis. Obtenha mais informações sobre esse processo e indique como a mudança global na energia do sistema é afetada por esses fatores. Em que circunstâncias dois líquidos serão miscíveis com base nessa mudança em energia? Em que circunstâncias eles serão parcialmente miscíveis ou imiscíveis?

Referências bibliográficas

1. MayoClinic.com, 'Stomach Cancer,' www.mayoclinic.com/health/stomach-cancer
2. *The New Encyclopaedia Britannica*, 15 ed., Encyclopaedia Britannica, Inc., Chicago, IL, 2002.
3. *IUPAC Compendium of Chemical Terminology*, versão eletrônica, http://goldbook.iupac.org
4. D. R. Lide, Ed., *CRC Handbook of Chemistry and Physics*, 83 ed., CRC Press, Boca Raton, FL, 2002.
5. John A. Dean, ed., *Lange's Handbook of Chemistry*, 15 ed., McGraw-Hill, Nova York, 1999.
6. G. Maludziska, ed., *Dictionary of Analytical Chemistry*, Elsevier, Amsterdã, 1990.
7. J. Drenth, *Principles of Protein X-Ray Crystallography*, Springer-Verlag, Nova York, 1999.
8. J.P. Glusker, M. Lewis e M. Rossi, *Crystal Structure Analysis for Chemists and Biologists*, VCH Publishers, Nova York, 1994.
9. G. Rhodes, *Crystallography Made Crystal Clear*, Academic Press, Nova York, 2000.
10. I. Kaplan, *Intermolecular Interactions*, Wiley, Nova York, 2006.
11. B.L. Karger, L.R. Snyder e C. Horvath, *An Introduction to Separation Science*, Wiley, Nova York, 1973.
12. J. Sangster, *Octanol–Water Partition Coefficients — Fundamentals and Physical Chemistry*, Wiley, Nova York, 1997.
13. S.R. Logan, 'The Behavior of a Pair of Partially Miscible Liquids,' *Journal of Chemical Education*, 75, 1998, p.339–342.
14. J. Inczedy, T. Lengyel e A. M. Ure, *Compendium of Analytical Nomenclature*, 3 ed., Blackwell Science, Malden, MA, 1997.
15. H. Frieser, *Concepts & Calculations in Analytical Chemistry: A Spreadsheet Approach*, CRC Press, Boca Raton, FL, 1992.
16. *IUPAC-NIST Solubility Database (NIST Standard Reference Database 106)*, National Institute of Standards and Technology, Gaithersburg, MD, 2003.
17. G.T. Hefter e R.P.T. Tomkins, ed., *The Experimental Determination of Solubilities*, Wiley, Chichester, UK, 2003.
18. I.M. Kolthoff e B. van't Riet, 'Formation and Aging of Precipitates. XLVI. Precipitation of Lead Sulfate at Room Temperature,' *Journal of Physical Chemistry*, 63, 1959, p.817–823.
19. R.W. Ramette, *Chemical Equilibrium and Analysis*, Addison-Wesley, Reading, MA, 1981.
20. I.M. Kolthoff, E.B. Sandell, E.J. Meehan e S. Bruckenstein, *Quantitative Chemical Analysis*, Macmillan, Nova York, 1969.
21. J.M. Garcia-Ruiz, 'Arcade Games for Teaching Crystal Growth,' *Journal of Chemical Education*, 76, 1999, p.499–501.

Capítulo 8
Reações ácido-base

Conteúdo do capítulo

8.1 Introdução: chuva, chuva, vá embora
    8.1.1 O que é um ácido e o que é uma base?
    8.1.2 Por que ácidos e bases são importantes em análise química?
8.2 Descrição de ácidos e bases
    8.2.1 Ácidos fortes e fracos
    8.2.2 Bases fortes e fracas
    8.2.3 Propriedades ácidas e básicas da água
8.3 Propriedades ácidas e básicas de uma solução
    8.3.1 O que é pH?
    8.3.2 Fatores que afetam o pH
8.4 Cálculo do pH de soluções ácido-base simples
    8.4.1 Ácidos e bases monopróticos fortes
    8.4.2 Ácidos e bases monopróticos fracos
8.5 Tampões e sistema ácido-base polipróticos
    8.5.1 Soluções tampão
    8.5.2 Sistemas ácido-base polipróticos
    8.5.3 Zwitterions

8.1 Introdução: chuva, chuva, vá embora

Comunicado da imprensa, 16 de outubro de 2006:
Hoje, a Agência de Proteção Ambiental dos Estados Unidos divulgou seu 'relatório de progresso do programa sobre chuva ácida de 2005', marcando o 11º ano de um dos programas ambientais mais extraordinariamente respeitados e bem-sucedidos da história norte-americana. Desde 1995, o programa reduziu significativamente a deposição ácida no país, diminuindo as emissões de dióxido de enxofre (SO_2) e óxidos de nitrogênio (NO_x). Devido ao monitoramento rigoroso das emissões e ao rastreamento de permissões, a adesão global ao programa de chuva ácida tem sido consistentemente alta, chegando a quase 100 por cento... Em 2005, as emissões de SO_2 por usinas de energia elétrica ficaram mais de 5,5 milhões de toneladas abaixo dos níveis de 1990. As emissões de NO_x baixaram cerca de 3 milhões de toneladas em relação aos mesmos níveis. Os cortes de emissão do programa reduziram a deposição ácida e melhoraram a qualidade da água em lagos e córregos dos Estados Unidos. As reduções de emissões até a presente data também resultaram em uma formação menor de partículas, uma melhora na qualidade do ar e em benefícios à saúde humana.[1]

O tema da chuva ácida vem chamando atenção desde meados do século XIX, quando foi observada pela primeira vez na Inglaterra, perto do início da Revolução Industrial. A chuva ácida tem sido uma preocupação de destaque nas últimas décadas à medida que cada vez mais emissões de gases como o SO_2 e o NO_x penetram na atmosfera como resultado da queima de carvão e de outros combustíveis fósseis. Esse processo é ilustrado na Figura 8.1. Uma vez na atmosfera, esses gases podem reagir na presença de água e de outras substâncias para formar o ácido sulfúrico (H_2SO_4) e o ácido nítrico (HNO_3). A presença desses ácidos abaixa o pH (uma medida do teor de íon hidrogênio) da chuva. O resultado de um pH igual ou menor que 5,0 é chamado de 'chuva ácida'. Uma chuva com pH inferior a esse valor é preocupante, porque pode acarretar danos a plantas, animais, rochas e solo, além de estruturas construídas pelo homem.[2-4]

Os efeitos negativos da chuva ácida têm levado a um esforço mundial de estudar esse fenômeno e minimizar seu impacto. Nos Estados Unidos, a Environmental Protection Agency e o U. S. Geological Survey têm monitorado atentamente a emissão de gases que podem provocar a chuva ácida e medido regularmente o pH da chuva em todo o território norte-americano. Parece que esse esforço, em conjunto com vários programas que visam a reduzir as emissões que causam a chuva ácida, está contribuindo para diminuir as proporções desse problema.[1,3]

Termos como 'ácido' e 'base' são importantes não só para descrever os efeitos ambientais das substâncias químicas, mas também são essenciais na análise de amostras. Na verdade, muitas substâncias químicas encontradas em amostras industriais, biológicas e ambientais têm propriedades de ácido ou de base. Exemplos disso são os ácidos fortes como o ácido clorídrico, as bases fortes como o hidróxido de sódio, os ácidos fracos ou as bases fracas como aminoácidos, ácidos graxos e bases nitrogenadas. Por isso, não é de surpreender que as reações ácido-base sejam importantes em um laboratório de análises. Neste capítulo, examinaremos as propriedades gerais de ácidos e bases e aprenderemos a descrever suas reações. Veremos também como usar essas reações e cálculos correlatos para estimar a extensão de uma reação ácido-base e como usar essa informação em uma análise química.

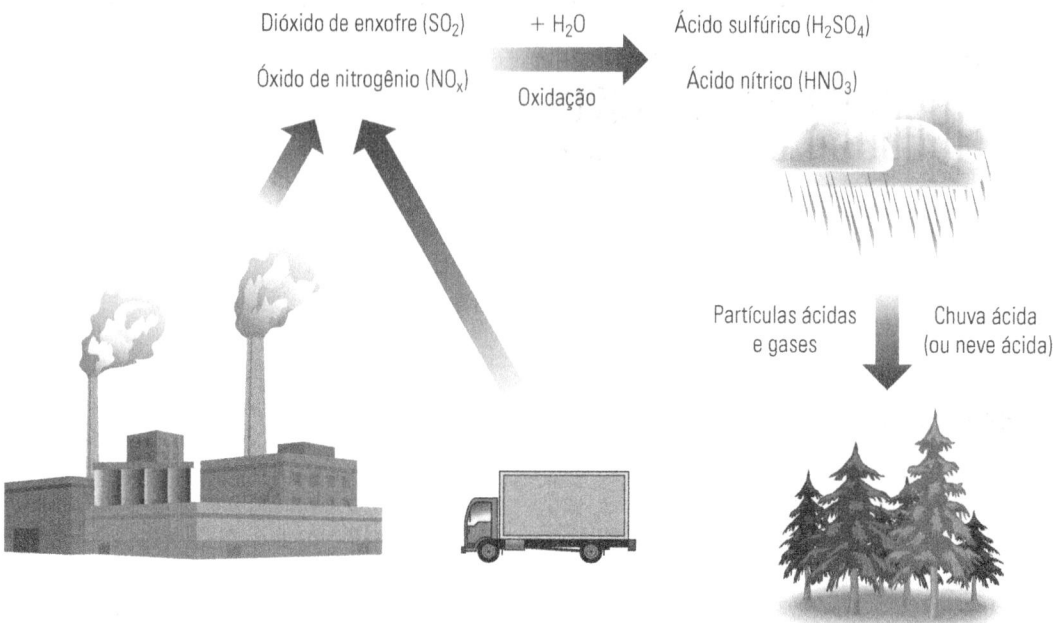

Figura 8.1

Processos envolvidos na formação da chuva ácida. O processo começa com a emissão de dióxido de enxofre ou de óxidos de nitrogênio no ar por meio de processos artificiais ou naturais. Mais tarde, esses gases podem reagir com outros agentes na atmosfera e produzir ácido sulfúrico ou ácido nítrico, respectivamente. Há duas maneiras de esses ácidos atingirem o solo. Na primeira, eles atingem a superfície diretamente ou como parte de partículas que caem na superfície, resultando no que se conhece como *deposição seca*. O ácido sulfúrico e o ácido nítrico no ar podem também se combinar com a água e chegar ao solo em forma de chuva ou de neve. Esse segundo caminho é o que as pessoas normalmente chamam de 'chuva ácida', contudo ele é mais precisamente chamado de *deposição úmida*.

8.1.1 O que é um ácido e o que é uma base?

Um modo de definir os termos 'ácido' e 'base' se dá por uma abordagem proposta em 1884 pelo químico sueco Svante Arrhenius (como parte de sua tese de doutorado).[4,5] No *modelo de Arrhenius*, um *ácido* é uma substância química que resulta em um aumento de íons hidrogênio em solução aquosa, enquanto a base é uma substância química que resulta em um aumento de íons hidróxido.[6] Por exemplo, o ácido nítrico (HNO_3) encontrado na chuva ácida é um ácido de Arrhenius, pois produz íons hidrogênio em água.

$$HNO_3 \rightleftharpoons H^+ + NO_3^- \quad (8.1)$$

O ácido sulfúrico (H_2SO_4) que pode aparecer na chuva também é um ácido de acordo com essa definição, porque também produz íons hidrogênio em água (nesse caso, envolvendo até duas reações sequenciais).

$$H_2SO_4 \rightleftharpoons H^+ + HSO_4^- \quad (8.2)$$

$$HSO_4^- \rightleftharpoons H^+ + SO_4^{2-} \quad (8.3)$$

Nesse mesmo modelo, o hidróxido de sódio (NaOH, uma substância frequentemente usada na reação e na medição quantitativa de ácidos) pode ser definido como uma *base*, porque produz íons hidróxido em água.

$$NaOH \rightleftharpoons Na^+ + OH^- \quad (8.4)$$

Embora o modelo de Arrhenius para ácidos e bases seja simples de ser visualizado, ele tem uma grande limitação, visto que íons hidrogênio não existem por si sós em uma solução como é sugerido nas reações que escrevemos nas equações 8.1 a 8.3. Em vez disso, os íons hidrogênio são cercados por várias moléculas de solvente. Algumas das estruturas produzidas por esses íons em água são mostradas na Figura 8.2. Podemos ver a formação desses íons como a transferência de um íon hidrogênio para a água, que atua como base. Esse processo torna a água (o solvente) extremamente importante na determinação da capacidade de um composto, dentro desse solvente, de rejeitar ou aceitar íons hidrogênio. Como o modelo de Arrhenius não fornece um meio para descrever esse efeito do solvente, ele não é um meio totalmente acurado de descrever o que realmente acontece quando um ácido e uma base reagem em uma solução.

Uma segunda — e mais útil — abordagem para descrever ácidos e bases é o *modelo de Brønsted-Lowry*, que recebeu esse nome em homenagem ao químico dinamarquês Johannes N. Brønsted e ao químico Inglês Thomas M. Lowry, que o propuseram de maneira independente em 1923 (Quadro 8.1).[4,7,8] Esse modelo define um **ácido de Brønsted-Lowry** como uma substância química que doa um próton (ou um íon hidrogênio) para outra substância. De modo análogo, uma **base de Brønsted-Lowry** é uma substância química que pode receber um próton de outra substância (um ácido).[6] Usando esse modelo, exa-

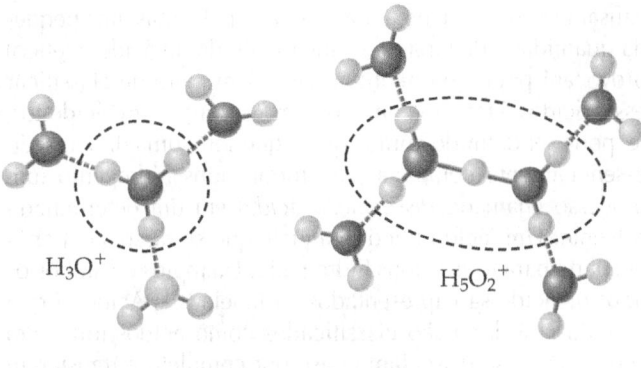

Figura 8.2

Duas estruturas de um 'íon hidrogênio' (H⁺) na água: o íon hidrônio (H_3O^+) e um próton que é compartilhado entre duas moléculas de água ($H_5O_2^+$). Cada uma dessas estruturas é mostrada dentro das elipses tracejadas. As moléculas de água fora dessas elipses representam a primeira camada de hidratação acerca de cada estrutura. As bolas menores são átomos de hidrogênio ou um próton hidratado (localizado no centro ou próximo do centro de cada estrutura), e as bolas maiores são os átomos de oxigênio. As linhas cheias e curtas são ligações covalentes e as linhas tracejadas entre os átomos representam ligações de hidrogênio. Agrupamentos que envolvem até mesmo um número maior de moléculas de água também podem prover outras estruturas para H⁺ na água. (Reproduzido de S. Borman, 'Revisiting the Hydrated Proton,' Chemical & Engineering News, 4 jul. 2005, p.26–27.)

minaremos novamente o que acontece quando o ácido nítrico é colocado em água:

$$HNO_3 + H_2O \rightleftarrows H_3O^+ + NO_3^- \qquad (8.5)$$

No **modelo de Brønsted-Lowry**, o HNO_3 na Equação 8.5 ainda atua como um ácido (um doador de íons hidrogênio), mas a água já pode ser considerada a base (um receptor de íons hidrogênio). Por analogia, podemos estender esse modelo à reação na Equação 8.2, o que nos permite identificar o H_2SO_4 como um ácido (doador de íons hidrogênio) e a água como uma base (um receptor de íons hidrogênio). (*Observação*: o HSO_4^- na Equação 8.3 seria classificado como um ácido porque doa um íon hidrogênio para a água; a mesma substância na Equação 8.2 é considerada uma base, pois poderia, pelo menos em certa medida, receber um íon hidrogênio de H_3O^+ para formar H_2SO_4.) De acordo com o mesmo modelo, o íon hidróxido produzido a partir de NaOH na Equação 8.4 seria definido como uma base porque pode receber um íon hidrogênio, como na reação de OH⁻ com H_3O^+.

$$OH^- + H_3O^+ \rightleftarrows 2H_2O \qquad (8.6)$$

Podemos observar a partir dessa comparação que uma substância que é um ácido ou uma base no modelo de Arrhenius também será um ácido ou uma base no modelo de Brønsted-Lowry.

A Equação 8.5 (e também a Equação 8.6) exemplifica uma **reação ácido-base** completa.[4] No modelo de Brønsted-Lowry, uma reação ácido-base é um processo que envolve a transferência do íon hidrogênio do ácido (HNO_3) para a base (H_2O). Se examinarmos mais atentamente a Equação 8.5, veremos que há de fato um segundo par ácido-base presente nos produtos H_3O^+ e NO_3^-. O produto NO_3^- é chamado de **base conjugada** do ácido nítrico porque pode aceitar um íon hidrogênio de H_3O^+ para novamente formar HNO_3, enquanto H_3O^+ é o **ácido conjugado** da água porque pode doar um íon hidrogênio para NO_3^- e devolver uma molécula de água. Todas as reações ácido-base no modelo de Brønsted-Lowry têm um ácido e uma base em cada lado da reação, sendo que um par é o ácido conjugado e a base conjugada do outro par.[4,9] A partir de agora, neste capítulo, usaremos o modelo de Brønsted-Lowry ao descrevermos ácidos, bases e suas reações. No Capítulo 9, discutiremos uma visão mais geral de ácidos e bases (o *modelo de Lewis*), que pode ser usada com uma gama ainda maior de reações.

8.1.2 Por que ácidos e bases são importantes em análise química?

Você encontrará ácidos e bases em vários tipos de reação e de amostra. Por exemplo, muitos dos produtos químicos industriais mais comuns são ácidos ou bases (Capítulo 11). Ácidos e bases também ocorrem em muitas amostras comuns, como as extraídas de alimentos, sistemas biológicos e amostras ambientais. Esse fato é útil porque podemos usar as propriedades de ácido ou de base dessas amostras para nos ajudar a analisá-las ou prepará-las para análise.

Uma titulação ácido-base é um método no qual as reações ácido-base são usadas diretamente em análise química (Capítulo 12). Essa técnica envolve a reação de uma quantidade conhecida de um ácido ou de uma base reagente com uma quantidade desconhecida de uma base ou de um ácido em uma amostra. Determinando-se a quantidade de reagente necessária para completar essa reação, é possível calcular os mols e a concentração do ácido ou da base na amostra original. Um exemplo dessa abordagem é o uso de uma titulação ácido-base para determinar a concentração de ácido nítrico ou de ácido sulfúrico na água da chuva.

Quadro 8.1   Thomas Martin Lowry (1874-1936) e Johannes Nicolaus Brønsted (1879-1947)

Em 1923, esses dois cientistas propuseram, em pesquisas independentes, uma nova visão de ácidos e bases que passou a ser conhecida como *modelo de Brønsted-Lowry*. Lowry foi um químico inglês, e o primeiro professor de química em uma escola de medicina em Londres. Mais tarde se tornou a primeira pessoa a ocupar uma cadeira de físico-química na Universidade de Cambridge. Brønsted foi um químico dinamarquês que lecionou química inorgânica e físico-química em Copenhagen.

As reações ácido-base também costumam ser usadas no preparo de amostras para análise. Por exemplo, alterar o pH de uma amostra pode servir para controlar a quantidade de um analito ácido ou básico que será transferido da água para um líquido orgânico durante o método de extração líquido-líquido. O ajuste do pH de uma solução também pode servir para alterar outras reações, como precipitações ou processos de formação de complexos que envolvam ácidos e bases fracos. Um exemplo de como uma reação ácido-base pode afetar outra reação foi dado no Capítulo 7, no qual analisamos como uma mudança na concentração de íons hidrogênio pode afetar a solubilidade do sulfato de bário. A dependência que muitas reações têm da concentração de íons hidrogênio é a razão pela qual a chuva ácida exerce tantos efeitos indesejáveis sobre os sistemas naturais e as estruturas construídas pelo homem. Essa dependência também pode ser utilizada pelos químicos para controlar e ajustar a extensão de tais reações durante uma análise química.

8.2 Descrição de ácidos e bases

8.2.1 Ácidos fortes e fracos

Nem todos os ácidos têm o mesmo grau de reatividade. Por exemplo, derramar ácido clorídrico concentrado pode causar um grande dano a suas roupas e pele, mas uma pequena quantidade de vinagre (solução diluída de ácido acético) provocará pouco ou nenhum dano. Um meio de classificar esses ácidos é fazê-lo com base em sua força. Um 'ácido forte' pode ser definido como aquele que sofre uma dissociação essencialmente completa para formar íons hidrogênio (um processo chamado *dissociação ácida*) em um determinado solvente. Um 'ácido fraco' é aquele que se dissocia apenas em parte para formar íons hidrogênio. Exemplos de ambos os tipos de ácido são apresentados na Tabela 8.1. Ácido nítrico e ácido clorídrico são classificados como ácidos fortes em água porque se dissociam quase por completo e transferem um íon hidrogênio para a água para formar H_3O^+. O mesmo se aplica ao ácido sulfúrico, uma vez que ele se dissocia e transfere seu primeiro íon hidrogênio para a água. No entanto, o produto da reação entre ácido sulfúrico e água, HSO_4^-, é um ácido moderadamente fraco porque não se dissocia totalmente. O ácido acético é um ácido ainda mais fraco, que em geral transfere somente uma pequena fração de seus íons hidrogênio (quase sempre menos de 1 por cento) para a água.

Outra forma de descrever a força de um ácido é usar uma constante de equilíbrio especial conhecida como **constante de dissociação ácida**, ou *constante de acidez* (K_a).[10,11] Suponha que temos a reação geral

$$AH + B \rightleftharpoons A + BH \qquad (8.7)$$

Tabela 8.1

Exemplos de ácidos fortes e fracos em água.

Ácidos fortes[a]			
Ácido clórico:	$HClO_3 \rightarrow ClO_3^- + H^+$	Ácido bromídrico:	$HBr \rightleftharpoons Br^- + H^+$
Ácido hidroclorídrico:	$HCl \rightarrow Cl^- + H^+$	Ácido iodídrico:	$HI \rightleftharpoons I^- + H^+$
Ácido nítrico:	$HNO_3 \rightarrow NO_3^- + H^+$	Ácido perclórico:	$HClO_4 \rightleftharpoons ClO_4^- + H^+$
Ácido sulfúrico:[b]	$H_2SO_4 \rightarrow HSO_4^- + H^+$		
	$HSO_4^- \rightleftharpoons SO_4^{2-} + H^+$ (ácido fraco)		

Ácidos fracos		Constante de dissociação de ácido, K_a (25 °C)[c]
Ácido acético:	$CH_3COOH \rightleftharpoons CH_3COO^- + H^+$	$1{,}75 \times 10^{-5}$
Ácido benzoico:	$C_6H_5COOH \rightleftharpoons C_6H_5COO^- + H^+$	$6{,}28 \times 10^{-5}$
Ácido bórico:	$B(OH)_2OH \rightleftharpoons B(OH)_2O^- + H^+$	$5{,}79 \times 10^{-10}$ (K_{a1})
Ácido carbônico:	$H_2CO_3 \rightleftharpoons HCO_3^- + H^+$	$4{,}46 \times 10^{-7}$ (K_{a1})
	$HCO_3^- \rightleftharpoons CO_3^{2-} + H^+$	$4{,}69 \times 10^{-11}$ (K_{a2})
Ácido hidroflorídrico:	$HF \rightleftharpoons F^- + H^+$	$6{,}8 \times 10^{-4}$
Ácido fosfórico:	$H_3PO_4 \rightleftharpoons H_2PO_4^- + H^+$	$7{,}11 \times 10^{-3}$ (K_{a1})
	$H_2PO_4^- \rightleftharpoons HPO_4^{2-} + H^+$	$6{,}34 \times 10^{-8}$ (K_{a2})
	$HPO_4^{2-} \rightleftharpoons PO_4^{3-} + H^+$	$4{,}22 \times 10^{-13}$ (K_{a3})

[a] Os valores de K_a para estes ácidos estão acima ou próximos de $10^{1{,}74}$ = 55,5, o K_a aproximado para H_3O^+.

[b] O ácido sulfúrico é um ácido forte na água somente para a perda de seu primeiro íon hidrogênio, um processo para o qual K_{a1} é aproximadamente $10^{1{,}99}$ = 98. A perda do segundo íon hidrogênio envolve a dissociação do HSO_4^-, para o qual $K_{a2} = 1{,}03 \times 10^{-2}$.

[c] Os valores de K_a nesta tabela foram obtidos em NIST Database 46.

em que AH é um ácido, B é uma base e A e BH são seus produtos. A constante de dissociação de A nessa reação é escrita como mostrado na Equação 8.8, em que a_{AH}, a_B, a_A e a_{BH} são as atividades químicas dos reagentes e dos produtos em equilíbrio.

$$K_a^o = \frac{(a_A)(a_{BH})}{(a_{AH})(a_B)} \qquad (8.8)$$

No Capítulo 6, vimos que também podemos escrever uma constante de equilíbrio baseada na concentração de tal reação (K_a),

$$K_a = \frac{[A][BH]}{[AH][B]} \text{ em que } k_a^o = K_a \cdot \frac{(\gamma_A)(\gamma_{BH})}{(\gamma_{AH})(\gamma_B)} \qquad (8.9)$$

em que γ_A, γ_{BH}, γ_{AH} e γ_B são os coeficientes de atividade que relacionam as atividades dos reagentes e dos produtos a suas concentrações. Alguns exemplos dessas constantes de equilíbrio são apresentados a seguir para a reação ácido-base de ácido nítrico e água (veja reação na Equação 8.5).

$$K_a^o = \frac{(a_{H_3O^+})(a_{NO_3^-})}{(a_{HNO_3})(a_{H_2O})} \text{ ou } K_a = \frac{[H_3O^+][NO_3^-]}{[HNO_3]} \qquad (8.10)$$

Repare que, nessas equações, visto que a água é o solvente, ela terá uma atividade de 1 para uma solução diluída (veja a seção sobre o estado-padrão no Capítulo 6). Desse modo, em vez de colocar a concentração de água na expressão de K_a, essa atividade de 1 é mantida e nenhum termo de concentração de água é fornecido. É por essa razão que o solvente não costuma ser mostrado na expressão de equilíbrio de um ácido-base, mesmo quando o solvente age como o ácido ou como a base. O produto que resulta do solvente (H_3O^+) ainda é mostrado porque ele é um soluto e não tem uma atividade de 1. Embora esse produto seja muitas vezes escrito simplesmente como um íon hidrogênio (H^+), prática seguida mais adiante neste livro, essa abordagem de fato tende a minimizar a importância da água na reação com o ácido.

Algumas constantes comuns de dissociação do ácido estão na Tabela 8.1. Mais exemplos dessas constantes para outros ácidos são listados no Apêndice B, e podem ser encontrados em fontes como o *CRC Handbook of Chemistry & Physics*,[6] assim como em muitas outras.[12-14] Ácidos fortes em água (como HCl e ácido nítrico) têm constantes de dissociação do ácido maiores do que $10^{1,74} = 55,5$, que é o K_a aproximado para H_3O^+ (a forma 'ácida' da água).[14] Esse valor alto de K_a significa que o equilíbrio ácido-base desses ácidos fortes favorecerá sua transferência de íons hidrogênio para a água. Por outro lado, ácidos fracos em água (como o ácido acético) têm constantes de dissociação do ácido que são muito menores do que o K_a de H_3O^+, e geralmente menores do que 1,0. Essa característica significa que as constantes de dissociação do ácido podem ser usadas como um meio direto para comparar a força relativa dos ácidos e para determinar se eles serão fortes ou fracos em um determinado solvente. Como qualquer constante de equilíbrio, o valor de K_a é muitas vezes expresso de modo adimensional (Capítulo 6), mas uma constante de associação de ácido dependente da concentração também pode ser escrita com uma unidade aparente de M quando definida, como mostra a Equação 8.10.

8.2.2 Bases fortes e fracas

Assim como os ácidos, as bases também podem ser classificadas como 'fortes' ou 'fracas'. Vimos anteriormente que um exemplo de uma base forte é o hidróxido de sódio, NaOH. Quando colocado em água, o NaOH se ioniza quase por completo para produzir íons sódio e o íon hidróxido, OH^-. Outros exemplos de bases fortes em água são apresentados na Tabela 8.2. A amônia (NH_3) é um exemplo de base fraca, porque quando é colocada em água somente uma parte dessa base reagirá para formar íons hidróxido.

Assim como a força de um ácido é determinada por sua capacidade de doar um íon hidrogênio para outra substância química, a força relativa de uma base é determinada por sua capacidade de aceitar um íon hidrogênio. Podemos descrever a força de uma base e sua capacidade de aceitar um íon hidrogênio de um ácido usando uma constante de equilíbrio conhecida como **constante de ionização de base** (também chamada de *constante de basicidade* ou *constante de protonação*).[10,11] Esse conceito é ilustrado a seguir em uma reação de amônia com água, em que K_b^o é a constante de ionização de base termodinâmica para essa reação e K_b é a constante de ionização de base dependente da concentração.

$$K_b^o = \frac{(a_{NH_4^+})(a_{OH^-})}{(a_{NH_3})(a_{H_2O})} \text{ ou } K_b \frac{[NH_4^+][OH^-]}{[NH_3]} \qquad (8.11)$$

Nessas equações, a água é o solvente e tem uma atividade de 1, que é usada no lugar da concentração de água na expressão de K_b. Desse modo, como vimos em constantes de dissociação do ácido, a água (o solvente) geralmente não é mostrada em uma expressão K_b ao agir como um ácido. Embora K_b^o seja escrito de modo adimensional, o valor dependente da concentração de K_b pode ser escrito de forma dimensional ou adimensional, com uma unidade aparente de M sendo utilizada quando essa constante é escrita como mostra a Equação 8.11.

8.2.3 Propriedades ácidas e básicas da água

Autoprotólise. Nas reações ácido-base que vimos anteriormente, notamos que a água pode atuar como um ácido ou como uma base. Essa ideia é ilustrada pela reação a seguir, na qual duas moléculas de água reagem (uma como ácido e outra como base) para formar um íon hidrônio (H_3O^+) e íon hidróxido (OH^-). (*Observação*: esse processo é exatamente o inverso da reação que vimos na Equação 8.6.)

$$2H_2O \rightleftharpoons H_3O^+ + OH^- \qquad (8.12)$$

Tabela 8.2

Exemplos de bases fortes e fracas em água.

Bases fortes[a]				
Hidróxido de bário:	$Ba(OH)_2 \rightarrow Ba^{2+} + 2\,OH^-$		Hidróxido de cálcio:	$Ca(OH)_2 \rightleftharpoons Ca^{2+} + 2\,OH^-$
Hidróxido de césio:	$CsOH \rightarrow Cs^+ + OH^-$		Hidróxido de lítio:	$LiOH \rightleftharpoons Li^+ + OH^-$
Hidróxido de potássio:	$KOH \rightarrow K^+ + OH^-$		Hidróxido de rubídio:	$RbOH \rightleftharpoons Rb^+ + OH^-$
Hidróxido de sódio:	$NaOH \rightarrow Na^+ + OH^-$		Hidróxido de estrôncio:	$Sr(OH)_2 \rightleftharpoons Sr^{2+} + 2\,OH^-$

Bases fracas		Constante de ionização de base, K_b (25 °C)[b]
Amônia:	$NH_3 + H^+ \rightleftharpoons NH_4^+$	$1{,}78 \times 10^{-5}$
Dimetilamina:	$(CH_3)_2NH + H^+ \rightleftharpoons (CH_3)_2NH_2^+$	$6{,}01 \times 10^{-4}$
Etilamina:	$C_2H_5NH_2 + H^+ \rightleftharpoons C_2H_5NH_3^+$	$4{,}76 \times 10^{-4}$
Metilamina:	$CH_3NH_2 + H^+ \rightleftharpoons CH_3NH_3^+$	$4{,}47 \times 10^{-4}$
Piridina:	$C_5H_5N + H^+ \rightleftharpoons C_5H_5NH^+$	$1{,}6 \times 10^{-9}$
Trimetilamina:	$(CH_3)_3N + H^+ \rightleftharpoons (CH_3)_3NH^+$	$6{,}35 \times 10^{-5}$

[a] Estas substâncias químicas são consideradas bases fortes porque prontamente se dissociam para produzir íons hidróxido na água. Os íons hidróxido podem, então, agir como aceitadores de íons hidrogênio por meio da seguinte reação: $OH^- + H^+ \rightleftharpoons H_2O$.

[b] Os valores de K_b nesta tabela foram calculados com base em dados obtidos em NIST Database 46.

Substâncias como a água, que podem atuar como um ácido ou como uma base, são denominadas *anfipróticas*, o que significa que podem doar ou aceitar íons hidrogênio.[11] Outras substâncias, além da água, que são anfipróticas estão listadas na Tabela 8.3. Um exemplo disso é o HSO_4^-, que atuou como uma base para a reação na Equação 8.2, mas como um ácido na Equação 8.3. Se uma substância anfiprótica está presente em alta concentração, pode reagir consigo mesma em uma reação ácido-base. Esse tipo de reação é particularmente comum quando a substância anfiprótica é um solvente, como ocorre na Equação 8.12 para a água. Esse tipo especial de reação ácido-base em que a mesma substância é tanto o ácido quanto a base é conhecido como **autoprotólise**.

A autoprotólise da água é um processo importante que ocorre em qualquer solução aquosa. Podemos descrever esse processo usando uma constante de equilíbrio conhecida como **constante de autoprotólise** da água ou K_w.[10,11]

$$K_w^o = \frac{(a_{H_3O^+})(a_{OH^-})}{(a_{H_2O})^2} \quad \text{ou} \quad K_w = [H_3O^+][OH^-] \qquad (8.13)$$

Repare nessas expressões de constante de equilíbrio que a atividade de água é outra vez estabelecida como 1 (porque a água é o solvente). Assim, essa atividade da unidade é mantida no denominador de K_w (mesmo que não apareça), e nenhum outro termo de concentração de água se faz necessário. Se você deseja fornecer unidades para o valor dependente da concentração de K_w, como quando utiliza essa constante para calcular a concentração de íons hidrogênio ou íons hidróxido, a Equação 8.13 indica que as unidades aparentes de M^2 podem ser empregadas com esse valor.

Os valores de K_w sob várias temperaturas são fornecidos na Tabela 8.4. A 25 °C, essa constante de equilíbrio é $1{,}01 \times 10^{-14}$ (ou um valor arredondado de $1{,}0 \times 10^{-14}$), um núme-

Tabela 8.3

Exemplos de solventes anfipróticos e de reações de autoprotólise.

Solvente	Reação de autoprotólise	K_{auto} (25 °C)
Ácido fórmico	$2\,HCOOH \rightleftharpoons HCOOH_2^+ + HCOO^-$	$6{,}3 \times 10^{-7}$
Ácido acético	$2\,CH_3COOH \rightleftharpoons CH_3COOH_2^+ + CH_3COO^-$	$3{,}2 \times 10^{-15}$
Metanol	$2\,CH_3OH \rightleftharpoons CH_3OH_2^+ + CH_3O^-$	$2{,}0 \times 10^{-17}$
Etanol	$2\,CH_3CH_2OH \rightleftharpoons CH_3CH_2OH_2^+ + CH_3CH_2O^-$	$7{,}9 \times 10^{-20}$

ro usado com frequência em cálculos que envolvem reações ácido-base em água. Uma aplicação importante de K_w° e K_w é que eles permitem que a atividade (ou a concentração) de H_3O^+ seja determinada se a atividade (ou a concentração) de OH^- for conhecida para uma solução aquosa. O inverso também é verdadeiro, no qual a atividade e a concentração de água OH^- podem ser usadas para calcular a atividade e a concentração de H_3O^+. Em água *pura*, a única fonte de $[H_3O^+]$ e $[OH^-]$ é a própria água. Dessa forma, com base no equilíbrio de massa, as concentrações de H_3O^+ e OH^- (que se formam da água em uma proporção 1:1) serão iguais sob essas condições. Tais concentrações, porém, não costumam ser iguais se outras substâncias com propriedades de ácido ou de base estão presentes na água.

EXERCÍCIO 8.1 Uso de K_w para determinar $[H_3O^+]$ e $[OH^-]$

Um químico prepara uma solução de ácido clorídrico de $1{,}5 \times 10^{-2}$ M em água a 25 °C. Se o HCl se dissocia por completo e não há nenhuma outra fonte significativa de íons hidrogênio, quais serão as concentrações de H_3O^+ e de OH^- nessa solução? Quais serão essas concentrações se a mesma solução tiver a temperatura aumentada para 60 °C?

SOLUÇÃO

Se supusermos que todo o HCl é dissociado e não há nenhuma outra fonte significativa de íons hidrogênio, o valor de $[H_3O^+]$ será o mesmo da concentração de HCl dissolvido, ou $[H_3O^+] = 1{,}5 \times 10^{-2}$ M. Utilizando a Equação 8.13 e o fato de que $K_w = 1{,}0 \times 10^{-14}$ (com unidades aparentes de M^2) a 25 °C, a concentração de íons hidróxido pode ser determinada.

$$1{,}0 \times 10^{-14}\, M^2 = (1{,}5 \times 10^{-2}\, M)[OH^-]$$

$$\therefore [OH^-] = 6{,}7 \times 10^{-13}\, M \text{ a 25 °C}$$

Se a temperatura da solução for elevada para 60 °C, o valor de $[H_3O^+]$ ainda será igual à concentração de HCl dissolvido, $[H_3O^+] = 1{,}5 \times 10^{-2}$ M. No entanto, agora devemos usar $K_w = 9{,}71 \times 10^{-14}$, conforme listado para 60 °C na Tabela 8.4. Nesse caso, a Equação 8.13 fornece o seguinte resultado.

$$9{,}71 \times 10^{-14}\, M^2 = (1{,}5 \times 10^{-2}\, M)[OH^-]$$

$$\therefore [OH^-] = 6{,}5 \times 10^{-12}\, M \text{ a 60 °C}$$

O efeito nivelador. Agora que sabemos algo sobre as propriedades de ácido e de base da água, examinaremos outra vez as reações da água com outros ácidos e bases. Primeiro, precisamos retomar a reação ácido-base de ácido nítrico com água como mostrado anteriormente na Equação 8.5.

$$HNO_3 + H_2O \rightleftharpoons H_3O^+ + NO_3^- \tag{8.5}$$

Tabela 8.4

Constante de autoprotólise da água (K_w).[*]

Temperatura (°C)	K_w	$pK_w = -\log(K_w)$
0	$1{,}14 \times 10^{-15}$	14,944
5	$1{,}85 \times 10^{-15}$	14,734
10	$2{,}92 \times 10^{-15}$	14,535
15	$4{,}51 \times 10^{-15}$	14,346
20	$6{,}81 \times 10^{-15}$	14,167
25	$1{,}01 \times 10^{-14}$	13,997 ($\approx$ 14,00)[a]
30	$1{,}469 \times 10^{-14}$	13,833
35	$2{,}09 \times 10^{-14}$	13,680
40	$2{,}92 \times 10^{-14}$	13,535
45	$4{,}02 \times 10^{-14}$	13,396
50	$5{,}47 \times 10^{-14}$	13,262
55	$7{,}29 \times 10^{-14}$	13,137
60	$9{,}62 \times 10^{-14}$	13,017

[*] Estes resultados foram obtidos em D. R. Lide, ed., *CRC Handbook of Chemistry and Physics*, 83ª ed., CRC Press, Boca Raton, FL, 2002.
[a] O valor de pK_w é igual a 14,0000 (ou $K_w = 1{,}000 \times 10^{-14}$) a 24 °C.

Em ambos os lados dessa reação temos um ácido (HNO_3 ou H_3O^+) e uma base (H_2O ou NO_3^-). Sabemos também que essa reação vai quase toda para a direita, porque HNO_3 tem dissociação essencialmente completa. Então, por que essa reação é tão favorecida? A resposta é que a água é uma base *muito* mais forte que NO_3^-, de modo que a reação avança principalmente para a direita. O mesmo se aplica às reações ácido-base de HCL, HBr, HI ou $HClO_4$ com água. Visto que todos esses ácidos produzem uma transferência completa de íons hidrogênio para a água, eles parecem ter a mesma força, embora isso de fato não ocorra. Em vez disso, o que aconteceu é que a água reagiu com cada um desses ácidos para produzir um produto comum, H_3O^+.

A capacidade da água de igualar a força de ácidos fortes é conhecida como **efeito nivelador**. Esse efeito significa que o ácido mais forte que pode existir em qualquer quantidade considerável na água é o produto dessas reações, H_3O^+. O mesmo efeito ocorre quando uma base forte como NaOH é colocada em água, mas o produto passa a ser OH^-, a base mais forte que pode existir em qualquer quantidade significativa de água. Esse fenômeno ocorre sempre que uma base mais forte que o íon hidróxido é colocada em água. Por exemplo, colocar óxido de sódio de base forte (Na_2O) em água acarretará a produção quantitativa de íons hidróxido, que, então, agem como uma base forte no lugar do Na_2O.

$$Na_2O + H_2O \rightarrow 2Na^+ + OH^- \tag{8.14}$$

Esse efeito é também uma razão por que as constantes de dissociação do ácido e de ionização de base não costumam ser indicadas para ácidos e bases fortes. O que acontece com essas substâncias é que elas reagem com água para gerar uma produção essencialmente quantitativa de qualquer H_3O^+ (no caso de ácidos fortes) ou OH^- (no caso de bases fortes).

Mesmo que não possamos diferenciar ácidos de bases fortes em água, podemos classificá-los de acordo com sua força se usarmos outros solventes diferentes da água. Por exemplo, um solvente que seja uma base mais fraca do que a água pode discriminar entre HCl e $HClO_4$. Essa ideia é ilustrada a seguir para o caso em que esses ácidos são colocados em ácido acético (CH_3COOH), um solvente ácido.[15]

$$HClO_4 + CH_3COOH \rightleftharpoons ClO_4^- + CH_3COOH_2^+$$
$$K = 1{,}3 \times 10^{-5} \quad (8.15)$$

$$HCl + CH_3COOH \rightleftharpoons Cl^- + CH_3COOH_2^+$$
$$K = 2{,}8 \times 10^{-9} \quad (8.16)$$

Agora podemos observar a partir da constante de equilíbrio dessas reações que $HClO_4$ é um doador mais eficaz de íons hidrogênio (e, portanto, um ácido mais forte) do que HCl. Uma comparação semelhante entre bases fortes pode ser feita usando-se um solvente que seja um ácido mais fraco do que a água, como piridina ou etilenodiamina.

Relação de K_a para K_b. Agora que aprendemos a descrever as forças de ácidos e bases, veremos como essa informação pode ser usada para descrever bases e ácidos conjugados. Primeiro, considerando o que sabemos sobre as forças relativas do ácido nítrico e do ácido acético, o que podemos concluir sobre as forças de suas bases conjugadas, nitrato e acetato? O ácido nítrico é um ácido forte em água, por isso se dissociará quase por completo nesse solvente para formar H_3O^+. Outra abordagem é considerar o íon nitrato uma base tão fraca que pouquíssimo dele retornará para formar ácido nítrico. No caso do ácido acético, que é um ácido fraco em água, a maior parte desse composto permanecerá em sua forma original. Quando a água (no lado do reagente) e o íon acetato (no lado do produto) atuam, ambos, como bases que aceitam íons hidrogênio, o íon acetato vence porque é uma base mais forte do que a água. A partir dessa discussão, podemos observar que ácidos fortes têm bases conjugadas mais fracas que a água, em contrapartida, os ácidos fracos possuem bases conjugadas mais fortes. Usando o mesmo argumento, bases fortes têm ácidos conjugados mais fracos que a água, enquanto bases fracas possuem ácidos conjugados mais fortes.

Também é possível mostrar a relação entre um ácido e sua base conjugada de uma forma mais quantitativa. Essa relação é a seguinte para uma solução diluída,

$$K_w = K_a \cdot K_b \quad (8.17)$$

em que K_w é a constante de autoprotólise da água, K_a é a constante de dissociação do ácido para o ácido e K_b é a constante de ionização de base para sua base conjugada. A Equação 8.17 fornece um meio de determinarmos o valor de K_a para o ácido conjugado em água se conhecemos o K_b da base conjugada, ou nos permite calcular K_b para uma base se conhecemos o K_a de seu ácido conjugado.

EXERCÍCIO 8.2 Determinando K_b de K_a

O ácido acético tem um K_a de aproximadamente $1{,}75 \times 10^{-5}$ em água a 25 °C. Qual é o valor de K_b para a base conjugada, acetato (CH_3COO^-), sob essas condições?

SOLUÇÃO

O valor de K_b para o acetato pode ser determinado colocando-se os valores conhecidos de K_a para o ácido acético e K_w para a água na Equação 8.17. O resultado é mostrado a seguir.

$$1{,}01 \times 10^{-14} = 1{,}75 \times 10^{-5} \cdot K_b \quad \therefore K_b = \mathbf{5{,}77 \times 10^{-10}}$$

O mesmo processo pode ser usado para encontrar K_b para a base conjugada de qualquer outro ácido na água, contanto que se conheça K_a para o ácido e um valor adequado de K_w para nossa solução.

Nesse ponto, você pode estar se perguntando sobre a origem da Equação 8.17. Essa equação simplesmente reflete o fato de que um ácido em uma solução aquosa reage com água para formar H_3O^+, enquanto uma base em uma solução aquosa reage com água para formar OH^-. Esse conceito pode ser demonstrado pelas seguintes reações e expressões de equilíbrio para um ácido fraco (HA) e sua base conjugada (A^-) na água.

$$HA + H_2O \rightleftharpoons A^- + H_3O^+ \quad K_a^o = \frac{(a_{A^-})(a_{H_3O^+})}{(a_{HA})(a_{H_2O})}$$

$$A^- + H_2O \rightleftharpoons HA + OH^- \quad K_b^o = \frac{(a_{HA})(a_{OH^-})}{(a_{A^-})(a_{H_2O})} \quad (8.18)$$

Se multiplicarmos as expressões de equilíbrio para essas duas reações ($K_a^o \cdot K_b^o$) e anularmos os termos comuns em seus numeradores e denominadores, obteremos o resultado mostrado a seguir.

$$K_a^o \cdot K_b^o = \frac{(a_{A^-})(a_{H_3O^+})}{(a_{HA})(a_{H_2O})} \cdot \frac{(a_{HA})(a_{OH^-})}{(a_{A^-})(a_{H_2O})} \quad (8.19)$$

$$\therefore K_a^o \cdot K_b^o = (a_{H_3O^+})(a_{OH^-}) = K_w^o$$
$$(\text{supondo que } a_{H_2O} = 1) \quad (8.20)$$

ou

$$K_a \cdot K_b = [H_3O^+][OH^-] = K_w \quad (8.21)$$

Quando estabelecemos o termo $K_a^o \cdot K_b^o$ como igual a K_w^o (e $K_a \cdot K_b$ como igual a K_w), supomos que a atividade da água é 1. Essa suposição será boa se tivermos uma solução diluída ou apenas moderadamente concentrada do ácido ou da base em água. Esse tipo de situação é encontrado com frequência em química analítica e será o foco do restante deste capítulo. No entanto, as equações 8.20 e 8.21 não serão válidas se você estiver trabalhando com um ácido ou com uma base altamente concentrados.

8.3 Propriedades ácidas e básicas de uma solução

8.3.1 O que é pH?

Uma descrição de pH. O conteúdo de íons hidrogênio (ou melhor, H_3O^+) em uma amostra como a de água da chuva pode ser expresso em termos de atividade ou de concentração, mas esse valor pode abranger uma gama muito ampla. Por esse motivo, muitas vezes é mais conveniente relatar e comparar os níveis de H^+ usando uma escala logarítmica. Os químicos costumam fazer isso utilizando um operador chamado de 'p', que é usado para descrever o logaritmo negativo de um determinado número (por exemplo, $pX = -\log(X)$). O uso desse operador com concentrações de íons hidrogênio dá origem a um termo conhecido como **pH**. Neste livro, utilizaremos a seguinte **definição notacional de pH**,

$$pH = -\log(a_{H^+}) \approx -\log([H^+]) \quad (8.22)$$

em que a_{H^+} e $[H^+]$ são a atividade ou a concentração de 'íons hidrogênio' na amostra.[10,11] Para ilustrar essa definição, usaremos o pH inferior a 5,0 que costuma ser utilizado para definir a chuva ácida. Podemos ver, pela Equação 8.22, que essa faixa de pH significa que a chuva ácida tem uma concentração de íon hidrogênio superior a 1×10^{-5} M, porque $-\log(1 \times 10^{-5}) = 5,0$. A 'definição' dada para o pH pela Equação 8.22 foi usada pela primeira vez em 1909 por S. P. L. Sørensen.[4,16] Apesar de usarmos essa relação para calcular e utilizar valores de pH ao longo deste texto, você deve sempre ter em mente que, no caso da água, é realmente a atividade ou a concentração de íons hidrônio (H_3O^+) que é descrita por esses valores de pH.

A Equação 8.22 é útil quando você está realizando cálculos químicos que envolvem íons hidrogênio, mas essa mesma relação não é uma definição prática de pH. Isso se dá porque a Equação 8.22 descreve o pH com base na atividade de um único íon (H^+), o que constitui um problema porque essa atividade não pode ser mensurada independentemente a partir dos contra-íons (por exemplo, OH^-), que também devem estar presentes para manter o equilíbrio de carga no sistema (Capítulo 6). Uma consequência prática desse fato é que qualquer medição de pH deve ser realizada por um método que tenha sido calibrado com soluções de referência que tenham aceitado valores de pH.[4,10,11,17]

O mesmo tipo de operação que é usado para obter o pH de a_{H^+} ou de $[H^+]$ pode ser usado para descrever outros números que tenham uma ampla faixa de valores. Por exemplo, o termo 'pOH' pode ser utilizado para representar o termo $-\log(a_{OH^-})$, ou $\mathbf{p}K_w$ poderia ser usado no lugar de $-\log(K_w)$. As equações gerais de conversão entre esses parâmetros são mostradas na Figura 8.3. Muitas vezes é conveniente trabalhar com o pH e com os valores relacionados como pK_w e pOH quando se está tentando descrever como esses termos estão interligados. Vimos um exemplo disso na Equação 8.13, na qual K_w estava relacionado com $[H_3O^+]$ (ou '$[H^+]$') e com $[OH^-]$ por $K_w = [H^+][OH^-]$. Outra forma de escrever essa relação é tomar o logaritmo de ambos os lados da equação.

$$pK_w = pH + pOH \quad (8.23)$$

Quando a Equação 8.23 é combinada com $K_w \approx 1,0 \times 10^{-14}$ a 25 °C (ou $\mathbf{p}K_a = 14,00$), obtemos o seguinte resultado.

$$\text{A 25 °C } 14,00 = pH + pOH \quad (8.24)$$

Agora temos duas maneiras diferentes (equações 8.21 e 8.23 a 8.24), mas igualmente válidas, para descrever a relação de concentrações de íon hidrogênio e íon hidróxido em água. O uso das equações 8.23 e 8.24 é mais conveniente quando já sabemos o pH de uma solução aquosa.

Alguns exemplos de como podemos usar essas relações são apresentados no exercício a seguir.

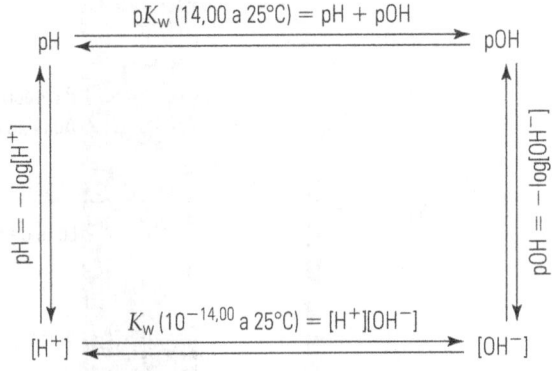

Figura 8.3

Relação geral entre pH, pOH, $[H^+]$ e $[OH^-]$, em que K_w é a constante de autoprotólise da água.

> **EXERCÍCIO 8.3** Cálculo do pH e dos valores relacionados
>
> Determine cada um dos seguintes valores:
> a. o pH de uma amostra de água de rio, em que $[H^+]$ = $3,2 \times 10^{-14}$ M.
> b. o pK_a do ácido acético (K_a = $1,75 \times 10^{-5}$).
> c. o pH de uma amostra de resíduo industrial, em que $[OH^-]$ = $3,1 \times 10^{-5}$ M.
>
> **SOLUÇÃO**
>
> a. pH = $-\log(3,2 \times 10^{-14}$ M$)$ = **3,49**
> b. pK_a = $-\log(1,75 \times 10^{-5})$ = **4,757**
> c. pOH = $-\log(3,1 \times 10^{-5}$ M$)$ = 4,51 e pH = 14,00 − 4,51 = **9,49** (*Observação*: consulte o Apêndice A para um lembrete de como determinar o número de algarismos significativos ao usar valores logarítmicos.)

No exercício anterior, você notará que não atribuímos qualquer unidade de pH ou de pOH, embora nossos valores originais de $[H^+]$ e $[OH^-]$ tivessem unidades de molaridade. Isso ocorre porque termos logarítmicos como pH e pOH (bem como pK_a) são adimensionais. Como vimos no Capítulo 6, no caso de coeficientes de atividade, isso é possível porque há um fator oculto presente em cada uma dessas conversões logarítmicas que permite anular quaisquer unidades para o número original. Se tivéssemos uma concentração de hidrogênio expressa em unidades de molaridade, a forma mais completa da Equação 8.22 seria pH ≈ $-\log([H^+]/\{1\ M\})$, onde o número no denominador seria exatamente igual a 1 e teria as mesmas unidades que o numerador.[10,11] A mesma coisa aconteceu quando determinamos o valor de pOH no Exercício 8.3.

A escala de pH. De acordo com a Equação 8.24, a soma dos valores de pH e pOH de uma solução aquosa deve ser igual a cerca de 14,00 a 25 °C. Essa relação é a base da **escala de pH**, frequentemente utilizada com água e amostras aquosas (Figura 8.4). Ao utilizar essa escala, uma solução aquosa com pH inferior a 7,0 é considerada *ácida* porque contém uma quantidade maior de íons hidrogênio do que de íons hidróxido. Uma solução aquosa com pH superior a 7,0 é chamada *básica* (ou alcalina) porque contém uma quantidade maior de íons

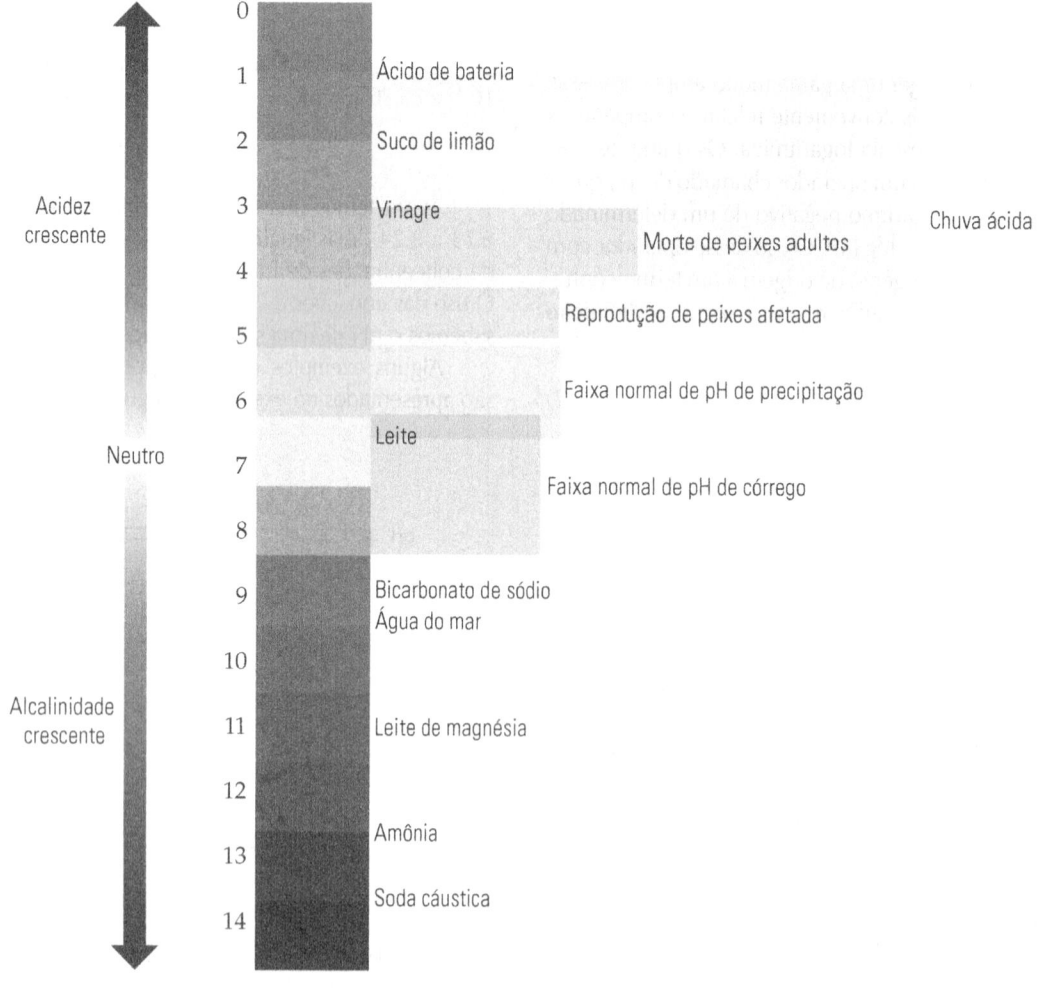

Figura 8.4

Escala de pH em água, incluindo a faixa de valores observados em amostras comuns e na chuva ácida. (Reproduzido com permissão do Website da Environment Canada's Freshwater, <http://www.ns.ec.gc.ca>.)

hidróxido.[4] Uma solução aquosa que tem ou se aproxima de um pH 7,0 é considerada *neutra*, porque apresenta aproximadamente as mesmas quantidades de íons hidrogênio e de íons hidróxido, fazendo com que a solução não seja nem ácida, nem básica.

Os valores de pH de algumas substâncias comuns estão listados na Figura 8.4. Nessa escala, a água pura, que não contenha nenhuma substância química dissolvida, deve ter um pH neutro de exatamente 7,0. A água comum de torneira e a água de um córrego podem ter valores ligeiramente superiores ou inferiores (pH 6-8), devido aos efeitos de sólidos dissolvidos e gases (como o CO_2), que podem afetar os níveis de íon hidrogênio e de íon hidróxido. A chuva normal tem o pH entre 6,5 (ligeiramente ácido) e 5,0, e a chuva ácida, um pH abaixo de 5,0. À medida que nos aproximamos de valores menores de pH e concentrações maiores de íons hidrogênio, encontramos substâncias que contêm ácidos fracos (como o vinagre, que é uma fonte de ácido acético) e ácidos fortes (como o ácido sulfúrico em baterias). No outro extremo da escala de pH, temos um aumento no pH e uma redução nas concentrações de íons hidrogênio, ou níveis mais elevados de íons hidróxido, à medida que avançamos para soluções de bases fracas, como a amônia, e soluções de bases fortes, como a soda cáustica (NaOH).

Visto que o pH é um valor logarítmico, mesmo uma pequena alteração pode representar uma mudança significativa na concentração de íons hidrogênio. Uma alteração de uma unidade no pH corresponderá a uma mudança de dez vezes na concentração de íon hidrogênio. Essa é uma razão por que uma diminuição no pH da chuva é preocupante. Por exemplo, a Figura 8.4 indica que a reprodução de peixes será afetada por uma queda no pH da água de um córrego de 7,0 para 5,0 (o mesmo limite superior de pH usado para definir a chuva ácida).[18] Essa queda no pH tem o mesmo peso que um aumento de 100 vezes na atividade íon hidrogênio e, por causa das muitas reações biológicas afetadas pelo pH, pode levar a danos em organismos vivos.[2-4]

8.3.2 Fatores que afetam o pH

Há vários fatores que afetam o pH de uma solução. O primeiro deles é o tipo de ácido ou de base que está presente na solução. Em geral, um ácido forte como o ácido nítrico produzirá uma solução de pH mais baixo do que um ácido fraco como o ácido acético na mesma concentração analítica, porque o ácido forte reagirá com maior intensidade para formar íons hidrogênio. De modo análogo, uma base forte como o NaOH produzirá um pH mais alto do que uma base fraca como a amônia na mesma concentração analítica, porque a base forte formará mais íons hidróxido. Um segundo fator que afeta o pH é a concentração do ácido ou da base. No caso da chuva ácida, à medida que elevamos a concentração de ácido nítrico ou de ácido sulfúrico, a quantidade de íons hidrogênio que é produzida aumenta e o pH diminui. Da mesma forma, uma elevação na concentração de uma base, seja ela forte ou fraca, resultará em mais íons hidróxido e aumentará o pH da solução.

Um terceiro item importante na determinação do pH de uma solução é o solvente. Vimos anteriormente na Seção 8.2.3 que é o solvente que determina a força relativa de um ácido ou de base e o grau em que tais substâncias podem doar ou receber íons hidrogênio. Isso afeta não somente a força do ácido ou da base, mas também a faixa de valores de pH que podem ser obtidos. Isso ocorre porque a escala de pH é determinada pela constante de autoprotólise do solvente (K_{auto} para um solvente geral, ou K_w para água). Em água, K_w é igual a $1,0 \times 10^{-14}$ a 25 °C, e por isso a escala de pH em água a essa temperatura se estende até $-\log(K_w) = 14,00$. Se fôssemos, em vez disso, usar o óxido de deutério (D_2O) como solvente, K_{auto} a 25 °C seria $1,1 \times 10^{-15}$ e a escala de pH se estenderia até $-\log(K_{auto}) = 14,96$. Se o etanol ou a amônia fossem o solvente, K_{auto} seria $7,9 \times 10^{-20}$ ou $2,0 \times 10^{-28}$, e a escala de pH seria representada por um intervalo que se elevaria para 19,1 ou 27,7.

Visto que a temperatura pode afetar um equilíbrio químico, ela afetará as reações ácido-base, o pH e a atividade de íons hidrogênio resultante dessas reações. Uma forma como a temperatura pode alterar esses processos é mudando os valores de K_a ou K_b. Por exemplo, o pK_a para o ácido fosfórico muda de 2,15 a 2,28 quando passa de 25 °C a 50 °C. Isso significa que esse ácido vai transferir mais íons hidrogênio em água à medida que elevarmos a temperatura acima dessa faixa. Outro item afetado pela temperatura é a constante de autoprotólise do solvente. Para a água, K_w sofre uma variação de cerca de dez vezes entre 25 °C e 60 °C. Essa mudança afetará ligeiramente a escala de pH (indo de um máximo de 13,997 para 13,017, conforme a Tabela 8.4) e alterará o grau em que a água pode atuar como um ácido ou como uma base.

8.4 Cálculo do pH de soluções ácido-base simples

Determinar o pH de uma amostra ou de uma solução é uma das medições mais comuns feitas em química analítica. Esse tipo de medição pode ser realizado de várias maneiras. Dois exemplos são o uso de um eletrodo de pH (ver capítulos 12 e 14) ou de reagentes conhecidos como indicadores ácido-base que mudam de cor de acordo com o pH (discutidos nos capítulos 12 e 18). Também é possível usar cálculos de equilíbrio para estimar o pH que seria esperado de determinada solução se conhecermos as quantidades e os tipos de substância química que essa solução conterá. Esse recurso poderá nos permitir planejar como vamos preparar um reagente para uma medição química ou prever como os componentes de uma amostra se comportarão durante o pré-tratamento ou a análise.

8.4.1 Ácidos e bases monopróticos fortes

Soluções concentradas. Uma situação em que você poderá querer estimar o pH de uma solução é quando está preparando uma solução aquosa relativamente concentrada de um ácido forte. No decorrer deste capítulo, o termo 'concentrado' vai se referir a uma solução da qual podemos ignorar a produção de íons hidrogênio ou íons hidróxido da autoprotólise da água (a reação na Equação 8.12). Também só consideraremos soluções nas quais a concentração de ácido ou de base for baixa o suficiente para que possamos assumir que a atividade da água é aproximadamente 1, como requerido quando se usa a expressão $K_a \cdot K_b = [H_3O^+][OH^-] = K_w$ na Equação 8.21.

Se podemos ignorar a produção de íons hidrogênio ou íons hidróxido de água, a concentração de íon hidrogênio (ou H_3O^+) produzida por uma solução relativamente concentrada de um **ácido monoprótico** forte (HA) (isto é, um ácido que pode doar apenas um íon hidrogênio a uma base) será quase igual à concentração analítica do ácido (C_{HA}), como mostrado na Equação 8.25.

Para um ácido monoprótico forte:

$$[H^+] \approx C_{HA} \text{ por } C_{HA} > 10^{-6} M \qquad (8.25)$$

Essa é a relação que usamos no Exercício 8.1, quando assumimos que uma solução de ácido nítrico de $1,5 \times 10^{-2}$ M se dissociava por completo na água para fornecer uma concentração final de íons hidrogênio de $1,5 \times 10^{-2}$ M. Uma relação semelhante pode ser escrita para uma solução relativamente concentrada de uma **base monoprótica** forte (B), que vai reagir com um ácido para aceitar, essencialmente, um mol de íons hidrogênio (ou formar um mol de íons hidróxido em água) por mol da base original.

Para uma base monoprótica forte:

$$[OH^-] \approx C_B \text{ por } C_B > 10^{-6} M \qquad (8.26)$$

As equações 8.25 e 8.26 têm algumas limitações. Primeiro, ambas se aplicam apenas a ácidos e a bases fortes, com concentrações iguais ou superiores a cerca de 10^{-6} M. Essa limitação se deve à autoprotólise da água, que se torna uma importante fonte de íons hidrogênio e íons hidróxido a concentrações mais baixas. Esse efeito será analisado na próxima seção deste capítulo. Depois, há também uma concentração superior limite para as equações 8.25 e 8.26. Essa segunda limitação ocorre porque supomos nessas equações que a concentração de íons hidrogênio é quase igual à atividade de íons hidrogênio. Essa premissa pode levar a erros quando se trabalha com soluções que têm força iônica moderada ou alta, para as quais a concentração e a atividade de H^+ podem ser bem diferentes. A dimensão desse erro também será examinada mais adiante neste capítulo.

Soluções diluídas. Quando se trabalha em concentrações ácido-base muito baixas, devemos considerar os efeitos da autoprotólise, mesmo ao lidar com ácidos ou bases fortes. Para ilustrar esse conceito, estimaremos qual seria o pH de uma solução de 1×10^{-8} M de ácido nítrico em água. Se usássemos a Equação 8.25 e a concentração analítica de ácido nítrico, obteríamos um valor calculado de pH = $-\log(1 \times 10^{-8} M) = 8,0$. Mas esse resultado não pode estar correto, porque isso significaria que a colocação de um ácido forte em água, na verdade, produziu uma solução básica! O que realmente ocorre quando preparamos uma solução de ácido nítrico de 1×10^{-8} M é que obtemos um pH ligeiramente inferior a 7,0. A razão para essa diferença é que aplicar a Equação 8.25 para um ácido forte (ou a Equação 8.26 para uma base forte) fornece uma descrição incompleta de nosso sistema.

Para obter uma resposta mais realista para o pH do ácido nítrico de 1×10^{-8} M, precisamos considerar tanto o ácido nítrico quanto a água como fontes de íons hidrogênio. Isso pode ser feito usando-se a seguinte relação de equilíbrio de massa:

$$[H^+] = [H^+]_{HNO_3} + [H^+]_{\text{Água}} \qquad (8.27)$$

Nessa equação, $[H^+]$ representa a concentração total de todos os íons hidrogênio na solução, enquanto $[H^+]_{HNO_3}$ ou $[H^+]_{\text{ÁGUA}}$ são as concentrações de íons hidrogênio produzidas pela dissociação do ácido nítrico e da água, respectivamente. Agora podemos reescrever a Equação 8.27 fazendo as seguintes substituições nessa fórmula.

Substituição	Alteração na Equação 8.27
(1) $[H^+]_{HNO_3} = C_{HA}$	$\Rightarrow [H^+] = C_{HA} + [H^+]_{\text{Água}}$
(2) $[H^+]_{\text{Água}} = [OH^-]_{\text{Água}}$	$\Rightarrow [H^+] = C_{HA} + [OH^-]_{\text{Água}}$
(3) $[OH^-]_{\text{Água}} = [OH^-]$	$\Rightarrow [H^+] = C_{HA} + [OH^-]$
(4) $[OH^-] = K_w/[H^+]$	$\Rightarrow [H^+] = C_{HA} + K_w/[H^+]$

A primeira dessas substituições supõe que o ácido nítrico se dissociará por completo para formar um mol de H^+ por mol de ácido nítrico, o que significa que $[H^+]_{HNO_3}$ deve ser igual à concentração analítica do ácido nítrico adicionado. Na segunda substituição, usamos o fato de que cada mol de H^+ que se forma a partir de água será acompanhado pela produção de um mol de OH^- da água. Na terceira, sabemos que a água é a única fonte de íons hidróxido nesse sistema, o que nos permite dizer que $[OH^-]_{\text{Água}} = [OH^-]$, a concentração total de íons hidróxido. Na quarta, a Equação 8.21 mostra que a concentração total de íons hidrogênio em uma solução aquosa será relacionada com a concentração total de íons hidróxido, onde $K_w = [H^+][OH^-]$ ou $[OH^-] = K_w/[H^+]$. Quando substituímos essas relações na Equação 8.27 e rearranjamos essa expressão, obtemos o resultado mostrado a seguir.

Para um ácido monoprótico forte diluído:

$$[H^+] = C_{HA} + K_w/[H^+]$$
$$\text{ou } 0 = [H^+]^2 - C_{HA}[H^+] - K_w \qquad (8.28)$$

Esse resultado nos dá uma fórmula quadrática que pode ser usada para resolver $[H^+]$ e pH, porque o pH = $-\log([H^+])$, se conhecemos os valores de C_{HA} e K_w. Embora tenhamos derivado essa equação para uma solução de ácido nítrico, ela também serve para soluções de qualquer outro ácido monoprótico forte em água. Além disso, a abordagem usada na derivação dessa equação é importante porque ilustra o tipo de raciocínio a ser seguido ao se lidar com um problema de equilíbrio como esse.

Agora podemos determinar os valores possíveis de $[H^+]$ usando a fórmula quadrática (conforme descrita no Capítulo 6), em que $x = [H^+]$, A = 1, B = $-C_{HA}$ ($-1,0 \times 10^{-8}$ M, nesse caso) e $C = -K_w$ (ou $-1,0 \times 10^{-14}$ M^2, quando se incluem unidades aparentes para K_w). A resposta final obtida é $[H^+] = 1,05 \times 10^{-7}$ M, ou pH $= -\log(1,05 \times 10^{-7}) = 6,98$. Esse pH 6,98 para uma solução diluída de ácido nítrico agora faz sentido. Nessa situação, a maioria dos íons hidrogênio na solução é aportada pela autoprotólise da água, mas a adição de ácido nítrico, mesmo em pequena quantidade, é suficiente para fornecer um pH ligeiramente ácido. Como mostrado no exercício seguinte, a mesma abordagem pode ser usada para determinar como o pH de uma solução será afetado pela adição de uma pequena quantidade de base forte.

EXERCÍCIO 8.4 Cálculo do pH de uma solução diluída de uma base forte

Derive uma expressão similar à Equação 8.28 para uma solução diluída de uma base forte. Use essa equação para prever o pH que seria esperado de uma solução de NaOH de 1×10^{-8} M em água.

SOLUÇÃO

Esse caso é semelhante à situação pela qual passamos com o ácido nítrico diluído, exceto que agora temos duas possíveis fontes de íons hidróxido (NaOH e água) e apenas uma fonte de íons hidrogênio (água). A concentração total de íon hidróxido nessa solução, que simplesmente representaremos como $[OH^-]$, pode ser descrita pela relação de equilíbrio de massa mostrada a seguir.

$$[OH^-] = [OH^-]_{NaOH} + [OH^-]_{\text{Água}} \quad (8.29)$$

Agora, podemos fazer um conjunto de substituições semelhante ao que usamos no caso anterior de um ácido forte.

Substituição	Alteração na Equação 8.29
(1) $[OH^-]_{NaOH} = C_B$	$\Rightarrow [OH^-] = C_B + [OH^-]_{\text{Água}}$
(2) $[OH^-]_{\text{Água}} = [H^+]_{\text{Água}}$	$\Rightarrow [OH^-] = C_B + [H^+]_{\text{Água}}$
(3) $[H^+]_{\text{Água}} = [H^+]$	$\Rightarrow [OH^-] = C_B + [H^+]$
(4) $[OH^-] = K_w/[H^+]$	$\Rightarrow K_w/[H^+] = C_B + [H^+]$

A primeira substituição pode ser feita porque sabemos que a concentração de hidróxido de sódio produzida a partir do hidróxido de sódio ($[OH^-]_{NaOH}$) será aproximadamente igual à concentração analítica de NaOH(C_B). Segundo, sabemos que um H^+ será formado para cada OH^- produzido a partir da água, ou $[H^+]_{\text{Água}} = [OH^-]_{\text{Água}}$. Na terceira substituição, a água é a única fonte de H^+ nessa solução, por isso podemos dizer que $[H^+]_{\text{Água}}$ é igual ao total de hidrogênio na concentração, $[H^+]$. E, finalmente, a quarta substituição é baseada no fato de que K_w está relacionada com as concentrações totais de H^+ e OH^- por $K_w = [H^+][OH^-]$, ou $K_w/[H^+] = [OH^-]$. Quando fazemos todas essas mudanças na Equação 8.29, obtemos as seguintes expressões equivalentes que servem para uma solução com qualquer base monoprótica forte em água.

Para uma base monoprótica forte diluída:

$$K_w/[H^+] = C_B + [H^+]$$
$$\text{ou } 0 = [H^+]^2 + C_B[H^+] - K_w \quad (8.30)$$

Agora, a Equação 8.30 pode ser usada para estimar o pH de uma solução de NaOH de 1×10^{-8} M em água. Podemos fazer isso usando a fórmula quadrática para resolver $[H^+]$ na Equação 8.30, onde $x = [H^+]$, $A = 1$, $B = C_B (=1,0 \times 10^{-8} M)$ e $C = -K_w$ (ou $-1,0 \times 10^{-14}$ M^2). A resposta final que obtemos para $[H^+]$ é $9,5\underline{1} \times 10^{-8}$ M, ou pH $= -\log(9,5\underline{1} \times 10^{-8} M) = $ **7,02**. Como esperado, esse pH é ligeiramente superior a 7,0 para a solução diluída de nossa base forte.

Em todos os cálculos anteriores desta seção, estimamos o pH usando concentrações de íons hidrogênio, em que pH $\approx -\log[H^+]$. Sabemos também que o pH está na verdade relacionado com a atividade dos íons hidrogênio e que a atividade e a concentração de um íon geralmente serão iguais apenas se tivermos uma solução com baixa força iônica. Como resultado, o uso de $[H^+]$ no lugar da atividade de íons hidrogênio (a_{H^+}) para calcular o pH dará origem a um erro sistemático. A dimensão desse erro é mostrada na Tabela 8.5 para a água da chuva, que contém várias concentrações de um ácido monoprótico forte. Nesse exemplo, não haverá problema se tivermos soluções com um total de concentrações de ácido e forças iônicas abaixo de $1,0 \times 10^{-3}$ M, mas sob uma força iônica maior existem diferenças entre o pH real e o estimado. Em uma concentração ácida de $1,0 \times 10^{-3}$ M e pH em torno de 3,0, essa diferença gira em torno de 0,02 unidade de pH. Tal diferença aumenta para 0,04 unidade de pH em torno de um pH 2,0 e uma concentração ácida total de $1,0 \times 10^{-2}$ M, e aumenta de novo para 0,08 unidade de pH a um pH próximo de 1,0 e uma concentração ácida total de $1,0 \times 10^{-1}$ M. Os mesmos tipos de erro ocorrem para soluções de bases monopróticas fortes. Portanto, precisamos examinar com cuidado esses efeitos e a concentração do ácido ou da base forte ao nos decidirmos sobre o grau de exatidão e o número de algarismos significativos a serem usados para calcular e relatar o pH de uma solução de ácido forte ou de base forte.

8.4.2 Ácidos e bases monopróticos fracos

Determinar o pH de uma solução que contém um ácido e uma base fracos é semelhante à abordagem utilizada para um ácido e uma base fortes no sentido de que devemos determinar se os efeitos da dissociação da água são importantes, e devemos considerar como esse pH será afetado pela concentração analítica do ácido ou da base. Com ácidos e bases fracos, esse processo é complicado porque não podemos mais supor que essas substâncias químicas estejam reagindo totalmente com água para produzir íons hidrogênio ou íons hidróxido. Veremos como lidar com essa situação para uma solução simples de um ácido fraco ou de base fraca. Também veremos o que pode ocorrer quando criamos misturas de ácidos e bases conjugadas.

Tabela 8.5

Efeitos da concentração sobre o pH estimado e real da água que contém um ácido monoprótico forte (HA).

Concentração de HA, M^a	Força iônica, M^b	Coeficiente de atividade para H^+ (γ_{H^+})^c	pH estimado $pH = -\log([H^+])$	pH real $pH = -\log(a_{H^+}) = -\log(\gamma_{H^+} \cdot [H^+])$	
$1,0 \times 10^{-6}$	$1,0 \times 10^{-6}$	0,999	6,00	6,001	= 6,00
$1,0 \times 10^{-5}$	$1,0 \times 10^{-5}$	0,996	5,00	5,002	= 5,00
$1,0 \times 10^{-4}$	$1,0 \times 10^{-4}$	0,989	4,00	4,005	= 4,00
$1,0 \times 10^{-3}$	$1,0 \times 10^{-3}$	0,967	3,00	3,015	= 3,02
$1,0 \times 10^{-2}$	$1,0 \times 10^{-2}$	0,913	2,00	2,039	= 2,04
$1,0 \times 10^{-1}$	$1,0 \times 10^{-1}$	0,825	1,00	1,083	= 1,08

^{a} Assume-se, neste caso, que o ácido forte se dissocia totalmente e que não existem outras fontes significativas de íons hidrogênio ou A$^-$, produzindo [H$^+$] = [A$^-$] = C_{HA}.
^{b} Como este exemplo usa um ácido monoprótico forte e a dissociação do ácido é a única grande fonte de cátions ou ânions, a força iônica é igual à concentração original do ácido, uma vez que $I = \frac{1}{2}\{[H^+](+1)^2 + [A^-](-1)^2\} = \frac{1}{2}\{C_{HA}(+1)^2 + C_{HA}(-1)^2\} = C_{HA}$. No entanto, a força iônica não seria igual a C_{HA} se um sistema poliprótico não estivesse presente ou se outras importantes fontes de cátions ou ânions estivessem presentes.
^{c} O coeficiente de atividade de H$^+$ para cada força iônica determinada foi encontrado pela equação estendida de Debye-Hückel, conforme descrita no Capítulo 6.

Soluções simples. A situação mais fácil em que podemos determinar o pH de uma solução de ácido ou de base fraca acontece quando adicionamos apenas o ácido ou a base a uma solução e a concentração desse ácido ou dessa base é alta o suficiente para permitir que os efeitos da autoprotólise da água sejam ignorados. Começaremos com o caso em que temos uma solução relativamente concentrada, preparada a partir de um ácido monoprótico fraco como o ácido acético misturado à água. Poderemos simplificar mais esse caso se o ácido acético for a única substância adicionada a essa solução. É possível solucionar o pH dessa solução ao escrevermos a reação e a expressão de *dissociação de ácido* para o nosso ácido fraco (HA).

$$HA \rightleftharpoons H^+ + A^- \qquad K_a = \frac{[H^+][A^-]}{[HA]} \qquad (8.31)$$

Agora podemos fazer as seguintes substituições para relacionar os termos na Equação 8.31 às constantes para esse sistema ou para [H$^+$].

Substituição	Alteração na Equação 8.31
(1) [HA] = C_{HA} − [A$^-$]	$\Rightarrow K_a = \dfrac{[H^+][A^-]}{C_{HA} - [A^-]}$
(2) [A$^-$] = [H$^+$]	$\Rightarrow K_a = \dfrac{[H^+][H^+]}{C_{HA} - [H^+]}$

A primeira dessas substituições baseia-se na equação de equilíbrio de massa para todas as espécies relacionadas ao ácido fraco, na qual a concentração total desse ácido (C_{HA}) é igual à soma das concentrações das formas desse ácido e base ([HA] e [A$^-$]), ou C_{HA} = [HA] + [A$^-$]. A segunda substituição faz uso do fato de que temos uma solução concentrada e começamos com somente HA sendo adicionado à solução. De acordo com a reação na Equação 8.31, esse fato significa que cada mol de A$^-$ que se forma será acompanhado pela produção de um mol de H$^+$ (em que supomos que a produção de H$^+$ da água seja desprezível para essa solução). Quando fazemos essas substituições e rearranjos, temos as seguintes expressões equivalentes.

Para um ácido monoprótico fraco: $K_a = \dfrac{[H^+]^2}{C_{HA} - [H^+]}$

ou $\qquad 0 = [H^+]^2 + K_a[H^+] - K_a C_{HA} \qquad (8.32)$

Se conhecemos K_a e C_{HA} para nosso ácido fraco, podemos usar a equação quadrática para resolver [H$^+$] na Equação 8.32, em que x = [H$^+$], A = 1, B = K_a e C = −$K_a C_{HA}$. Se preparássemos uma solução que tivesse uma concentração total de ácido acético de 0,10 M (K_a = 1,75 × 10^{-5}), por exemplo, o valor estimado de [H$^+$] da Equação 8.32 seria 1,3 × 10^{-3} M, ou pH = −log (1,31 × 10^{-3}) = 2,88.

> **EXERCÍCIO 8.5** O pH de uma solução de ácido fraco
>
> O ácido fluorídrico (HF) é um ácido monoprótico fraco que se forma quando o ácido sulfúrico reage com a fluorita mineral (CaF$_2$). Um químico ambiental pretende estudar os efeitos de soluções de HF diluído em outros minerais. Para isso, esse químico prepara uma solução de 0,010 M de HF em água. Qual é o pH esperado dessa solução a 25 °C?
>
> **SOLUÇÃO**
>
> A concentração analítica total (C_{HA}) de HF é conhecida como 0,010 M e o K_a relatado para esse ácido é 6,8 × 10^{-4} a 25 °C, conforme indicado na Tabela 8.1. Podemos usar essas informações juntamente com a Equação 8.32 para estimar a concentração de íons hidrogênio e o pH da solução de HF.

$$K_a = \frac{[H^+]^2}{C_{HA} - [H^+]}$$

$$\Rightarrow 6{,}8 \times 10^{-4} M = \frac{[H^+]^2}{1{,}0 \times 10^{-2} M - [H^+]}$$

ou

$$0 = [H^+]^2 + (6{,}8 \times 10^{-4} M)[H^+] -$$
$$(6{,}8 \times 10^{-4} M)(1{,}0 \times 10^{-2} M)$$

Nesse caso, podemos resolver [H$^+$] usando a fórmula quadrática, em que $x = [H^+]$, $A = 1$, $B = 6{,}8 \times 10^{-4}\,M$ e $C = -(6{,}8 \times 10^{-4}\,M)(1{,}0 \times 10^{-2}\,M)$. Essa abordagem fornece uma resposta final de [H$^+$] = $2{,}29 \times 10^{-3} M$, ou pH = **2,64**.

O processo de determinar o pH de uma solução não diluída de uma base fraca é semelhante àquele que acabamos de usar para um ácido fraco, mas aplicamos K_b em vez de K_a para descrever o equilíbrio nesse sistema. Precisamos também usar o fato de que $K_w = [H^+][OH^-]$ em água para chegar a uma equação final que pode ser resolvida para [H$^+$], conforme mostramos a seguir.

Para uma base monoprótica fraca:

$$K_b = \frac{[OH^-]^2}{C_B - [OH^-]} = \frac{(K_w/[H^+])^2}{C_B - K_w/[H^+]}$$

ou

$$0 = K_b\,C_B\,[H^+]^2 + K_b\,K_w\,[H^+] - K_w^2 \qquad (8.33)$$

Nesses cálculos, é importante lembrar que um erro sistemático é introduzido sempre que usamos [H$^+$] em lugar de atividade de íons hidrogênio para estimar o pH. Como vimos na Tabela 8.5, pH = –log [H$^+$] é uma aproximação razoável para soluções diluídas, mas pode acarretar problemas com o aumento da força iônica. A dimensão desse erro, sob diferentes forças iônicas, é na verdade a mesma, seja para ácidos e bases fracos, seja para ácidos e bases fortes. Se o ácido ou a base são a única fonte de íons em nossa solução, uma concentração muito maior de ácidos ou bases fracos é necessária para alcançarmos qualquer força iônica porque esses apresentam menos dissociação na água do que ácidos e as bases fortes. Assim, o uso de [H$^+$] em vez da atividade para cálculos de pH tende a ser uma aproximação mais adequada para soluções ácido-base fracas do que para as de ácidos e bases fortes.

Outra fonte de erros nos cálculos de pH é a suposição incorreta de que a autoprotólise da água é uma fonte insignificante de H$^+$ ou OH$^-$ comparado com o nosso ácido ou a nossa base fraca. Podemos adotar a mesma orientação que usamos para ácidos e bases fortes (uma concentração mínima de ácido ou de base de $10^{-6}\,M$ para ignorar a autoprotólise). Visto que ácidos e bases fracos não se dissociam totalmente, porém, os efeitos da autoprotólise às vezes podem ser importantes em concentrações mais elevadas. Isso é especialmente verdadeiro se o valor de K_a ou de K_b para o ácido ou para a base é 10^{-6} ou menor. Algumas equações que servem para calcular o pH nessa situação podem ser encontradas nas questões ao final deste capítulo.

Misturas de ácidos e bases conjugados. As soluções que analisamos até aqui tiveram seus pH determinados pela quantidade de ácido ou de base que colocamos em uma solução e pelos valores de K_a ou K_b para esses compostos. No entanto, o que fazer se quisermos ajustar o pH em algum outro valor? Tal ajuste pode ser feito colocando-se na solução uma quantidade conhecida do ácido conjugado e da base conjugada para nosso sistema. Se quisermos alterar o pH de uma solução contendo ácido acético, podemos adicionar algum acetato (a base conjugada do ácido acético). Se quisermos alterar o pH de uma solução de amônia, podemos adicionar NH$_4^+$ (o ácido conjugado da amônia).

Podemos analisar esse tipo de solução por meio de uma mistura ácido monoprótico fraco/base conjugada como exemplo. Se ignorarmos a dissociação da água, a reação ácido-base principal será a seguinte.

$$HA \rightleftharpoons H^+ + A^- \qquad K_a = \frac{[H^+][A^-]}{[HA]} \qquad (8.34)$$

Podemos agora usar algumas outras equações e fazer substituições na Equação 8.34 para resolver [H$^+$]. Nesse caso, conhecemos o total de concentrações adicionadas do ácido e de sua base conjugada, representados pelos termos C_{HA} e C_{A^-}. Vamos supor que tais concentrações sejam altas o suficiente para que a água seja ignorada como fonte de íons hidrogênio nessa solução. Analisando-se a reação na Equação 8.34, observaremos que haverá um mol de HA consumido para cada mol de H$^+$ produzido. Por causa dessa relação, se originalmente temos uma concentração total para HA de C_{HA}, o valor restante de [HA] em equilíbrio será $C_{HA} - [H^+]$. Isso nos dá a primeira substituição que pode ser feita na Equação 8.34.

Substituição	Alteração na Equação 8.34
(1) $[HA] = C_{HA} - [H^+]$	$\Rightarrow \quad K_a = \dfrac{[H^+][A^-]}{C_{HA} - [H^+]}$
(2) $[A^-] = (C_{A^-} + [H^+])$	$\Rightarrow \quad K_a = \dfrac{[H^+](C_{A^-} + [H^+])}{C_{HA} - [H^+]}$

Sabemos também que cada mol de íons hidrogênio produzido a partir de HA levará à formação de um mol de A$^-$. O resultado dessa relação é que a concentração de A$^-$ em equilíbrio será dada por $[A^-] = C_{A^-} + [H^+]$, que serve para fazer uma segunda substituição. A Equação 8.35 mostra o resultado final obtido.

Para a mistura de um ácido fraco monoprótico e de sua base conjugada:

$$K_a = \frac{[H^+](C_{A^-} + [H^+])}{C_{HA} - [H^+]}$$

ou

$$0 = [H^+]^2 + (C_{A^-} + K_a)[H^+] - K_a\,C_{HA} \qquad (8.35)$$

Temos agora uma equação em termos de [H$^+$] que pode ser resolvida usando-se a fórmula quadrática, em que $x = [H^+]$, $A = 1$, $B = (C_{A^-} + K_a)$ e $C = -K_a\,C_{HA}$. Embora pudéssemos derivar uma equação semelhante para uma mistura de uma base monoprótica fraca com seu ácido conjugado, a Equação 8.35 também poderia ser usada nessa situação se deixássemos a concentração original da base ser C_{A^-} e a concentração original do ácido conjugado ser C_{HA}. Esse processo requer que tenhamos o valor de K_a para o ácido conjugado, conforme pode ser obtido pela Equação 8.17 (segundo a qual $K_w = K_a \cdot K_b$ em água, ou $K_a = K_w/K_b$).

> **EXERCÍCIO 8.6** Determinação do pH de uma mistura ácido-base conjugada
>
> Uma solução aquosa, inicialmente contendo ácido acético de $1,5 \times 10^{-3}$ M e acetato de $0,50 \times 10^{-3}$ M, é preparada. Qual é o pH esperado dessa mistura?
>
> **SOLUÇÃO**
>
> As concentrações originais de ácido acético e de acetato são fornecidas (C_{HA} e C_{A^-}), e podemos verificar a constante de dissociação do ácido para essa reação ($K_a = 1,75 \times 10^{-5}$ M). Se ignorarmos a dissociação ácido-base da água (essa é uma boa suposição, considerando-se as concentrações relativamente altas de ácido acético e acetato), essa informação pode ser inserida na Equação 8.35 para obtermos o pH da solução.
>
> $$K_a = \frac{[H^+](C_{A^-}+[H^+])}{C_{HA}-[H^+]}$$
>
> $$\Rightarrow 1,75 \times 10^{-5} M = \frac{[H^+](0,50 \times 10^{-3} M + [H^+])}{1,5 \times 10^{-3} M - [H^+]}$$
>
> ou
>
> $$0 = [H^+]^2 + (0,50 \times 10^{-3} M + 1,75 \times 10^{-5} M)[H^+] - (1,75 \times 10^{-5} M)(1,5 \times 10^{-3} M)$$
>
> Quando usamos a fórmula quadrática com essa expressão, obtemos $[H^+] = 4,6\underline{5} \times 10^{-5}$ M, ou pH = **4,33**.
>
> Se, em vez disso, tivéssemos preparado uma solução com a mesma concentração total ($2,0 \times 10^{-3}$ M) do ácido acético ou do acetato, o resultado teria sido um pH **3,75** para a solução de ácido acético (conforme determinado pela Equação 8.32) ou um pH **8,03** para a solução de acetato (calculado pela Equação 8.33). É importante notar que o pH da mistura ácido-base conjugada se situa entre os valores de pH esperados somente para o ácido ou para a base conjugada na mesma concentração total. Esse aspecto será importante na próxima seção, quando examinarmos como tais misturas podem servir para controlar e ajustar o pH de uma solução.

8.5 Tampões e sistema ácido-base polipróticos

8.5.1 Soluções tampão

O que é um tampão? Vimos no exercício anterior como é possível controlar o pH de uma solução usando misturas de ácidos com suas bases conjugadas. Esse tipo de mistura é conhecido como **solução tampão** (ou 'buffer'), e resulta em uma solução que tende a manter o mesmo pH, ainda que pequenas quantidades extras de ácido, base ou água sejam adicionadas a ela.[4] Essa propriedade transforma os tampões em ferramentas importantes no controle do pH durante experiências químicas e medições analíticas.

Para ilustrar por que podemos usar uma solução tampão, retomemos a mistura de ácido acético e acetato que consideramos no Exercício 8.6. Nele, determinamos que uma solução que continha ácido acético de $1,5 \times 10^{-3}$ M e acetato de $0,50 \times 10^{-3}$ M teria um pH final de 4,33. Se examinarmos atentamente essa resposta, veremos que a concentração de íons hidrogênio produzidos pela mistura ($4,6\underline{5} \times 10^{-5}$ M) era pequena em comparação com as concentrações originais de ácido acético e acetato. Esse resultado significa que as concentrações finais de ácido acético e acetato são aproximadamente as mesmas que suas concentrações iniciais. Além disso, se fôssemos adicionar uma pequena quantidade de ácido acético ou de acetato a essa mistura, a solução ainda teria aproximadamente o mesmo pH. Em outras palavras, criamos uma solução com um pH que é relativamente imune a pequenas alterações em sua composição.

Praticamente toda mistura ácido fraco–base conjugada pode ser usada como uma solução tampão (com exceção do sistema água/OH$^-$). Esses tampões serão diferentes, no entanto, em termos da faixa de pH pela qual eles controlarão o pH de uma solução. Alguns tampões comuns são mostrados na Tabela 8.6 (veja também o Quadro 8.2 sobre Preparação de tampões). O centro da faixa de pH ideal de um tampão ocorre no ponto em que há concentrações iguais de ácido e de base conjugada. Essa situação fornece um pH igual ao pK_a do ácido fraco. Além disso, a faixa de pH na qual uma mistura de ácido e de base conjugada funcionará como um bom tampão se estenderá tanto acima quanto abaixo desse ponto central (determinado, nesse caso, como o intervalo de pH no qual a razão entre as concentrações ácido/base conjugada varia de 10/1 para 1/10).

Equação de Henderson-Hasselbalch. Outra maneira de estimar o pH de muitas soluções tampão é reorganizar a expressão da constante de dissociação do ácido para a conversão de um ácido fraco (HA) em sua base conjugada (A$^-$), de modo que essa expressão passe a ser feita em termos de pH. Essa tarefa pode ser executada tomando-se o logaritmo da expressão da constante de dissociação do ácido, como mostrado a seguir.

Em equilíbrio:

$$K_a = \frac{[H^+][A^-]}{[HA]} \Rightarrow \log(K_a) = \log(H^+) + \log(\frac{[A^-]}{[HA]})$$

$$\Rightarrow -\log(H^+) = -\log(K_a) + \log(\frac{[A^-]}{[HA]})$$

$$\therefore pH = pK_a + \log(\frac{[A^-]}{[HA]}) \qquad (8.36)$$

Tabela 8.6

Tampões usados como padrões primários.*

Tipo de tampão	Composição	Concentração de tampão	Densidade (g/mL a 25 °C)	pH (a 25 °C)	Alteração de pH conforme temperatura (dpH/dT)	Índice tampão (dB/dpH)
Tartarato	Solução saturada de tartarato de potássio ($KHC_4H_4O_6$)	0,0341 m tartarato ou 0,034 M tartarato	1,0036	**3,557**	−0,0014 pH unidade/°C	0,027 eq/pH unidade
Ftalato	Solução contendo 10,12 g/L de ftalato de potássio ($KHC_8H_4O_4$)	0,05 m ftalato ou 0,04958 M ftalato	1,0017	**4,008**	+0,0012 pH unidade/°C	0,016 eq/pH unidade
Fosfato D	Solução contendo 3,39 g L KH_2PO_4 + 3,53 g L Na_2HPO_4	0,050 m fosfato[a] ou 0,04980 M fosfato	1,0028	**6,865**	−0,0028 pH unidade/°C	0,029 eq/pH unidade
Fosfato E	Solução contendo 1,179 g L KH_2PO_4 + 4,30 g L Na_2HPO_4	0,039125 m fosfato[b] ou 0,038985 M fosfato	1,0020	**7,413**	−0,0028 pH unidade/°C	0,016 eq/pH unidade
Borato	Solução contendo 3,80 g/L de borato de sódio decahidrato ($Na_2BO_4 \cdot 10\ H_2O$)	0,010 m borato ou 0,009971 M borato	0,9996	**9,180**	−0,0082 pH unidade/°C	0,020 eq/pH unidade

*As informações desta tabela foram obtidas de J. Bates, *Research of the National Bureau of Standards*, 66A, 1962, 179 e R. M. C. Dawson et al., 3ª ed., Clarendon Press, Oxford, 1986, p.421.

[a] A concentração das espécies individuais de fosfato em tampão de fosfato D é de 0,025 m ou 0,02490 M para ambos, $H_2PO_4^-$ e HPO_4^{2-}.

[b] A concentração das espécies individuais de fosfato em tampão de fosfato E é 0,008685 m ou 0,008665 M para $H_2PO_4^-$ e 0,03043 m ou 0,03032 M para HPO_4^{2-}.

Quadro 8.2 Preparação de tampões

Soluções tampão são importantes em muitos métodos analíticos, e a escolha certa será determinada por vários fatores. O primeiro desses fatores é o pH no qual pretendemos realizar uma análise. Outros itens a serem considerados são a capacidade tamponante desejada, sua concentração e as mudanças permitidas no pH de acordo com a temperatura. Às vezes, recursos adicionais são desejáveis em um tampão. Por exemplo, um tampão volátil é útil em métodos que envolvem a conversão de amostras de fase líquida em um vapor (como alguns tipos de espectrofotometria de massa). Outros métodos analíticos podem exigir que os tampões apresentem propriedades como um ruído pequeno (como baixa absorbância de luz ou baixa fluorescência) e pouca ou nenhuma interação com analitos, como, por exemplo, íons metálicos.

Há várias maneiras de preparar um tampão. Em alguns casos existem receitas específicas disponíveis para um tampão com pH específico e composição conhecida. Alguns exemplos disso são apresentados na Tabela 8.6 para tampões de padrão primário recomendados pelo National Institutes of Standards and Technology. Muitos laboratórios de análises também têm procedimentos operacionais padrão que descrevem como preparar os tampões comumente usados em suas instalações.

Uma maneira de preparar uma solução tampão é usar os valores de K_a do sistema para prever quanto de um determinado ácido fraco e quanto de sua base conjugada devem ser combinados para produzir o pH desejado. Essa abordagem foi ilustrada na Seção 8.5.1. Entretanto, com essa abordagem, você constatará frequentemente que o pH real da solução é um pouco diferente daquele que você calculou. Isso ocorrerá se você estiver usando um valor baseado em atividade para K_a extraído de uma tabela de referência e não tiver levado em conta como o coeficiente de atividade de íons hidrogênio e o ácido ou a base conjugada em seu tampão variarão com a força iônica. Isso pode ser corrigido conforme descrito no Capítulo 6. Preparar um tampão sob uma temperatura diferente daquela em que o valor de K_a foi determinado produzirá um erro sistemático semelhante. Se existir uma diferença de temperatura de apenas alguns graus, esse erro poderá ser corrigido obtendo-se informações na literatura especializada sobre como o K_a para o sistema tampão em questão deverá variar de acordo com a temperatura (veja a coluna da direita na Tabela 8.6, por exemplo). Para uma diferença maior de temperatura, é aconselhável medir ou obter um valor de K_a que esteja na mesma temperatura que a usada para preparar o seu tampão.

Mesmo que o pH real e o pH esperado de um tampão sejam diferentes, um pequeno ajuste no pH desse tampão pode facilmente ser realizado adicionando-se cuidadosamente um pequeno volume de um ácido forte relativamente concentrado, como o HCl (para baixar o pH), ou uma base forte como o NaOH (para elevar o pH). Essas adições também vão aumentar o volume da solução. Desse modo, quando você estiver trabalhando com um balão volumétrico, esse ajuste de pH deve ser feito um pouco antes da adição de mais solvente para trazer o volume total do tampão até a marca no balão. Ao usar ácidos e bases fortes, é importante tomar cuidado no manuseio dessas soluções e evitar a adição de uma grande quantidade de qualquer um dos dois a seu tampão. Adicionar grandes quantidades dessas soluções de ajuste adicionará outros íons ao tampão, o que aumenta a força iônica e torna difícil a determinação da composição exata de sua solução final. Por essa razão, geralmente não é recomendável preparar um tampão simplesmente adicionando-se um ácido forte ou uma base forte a uma solução que contenha inicialmente apenas um ácido ou uma base fraca (em vez de uma mistura de ambos).

Outra maneira de preparar um tampão é começar com duas soluções: uma contendo somente o ácido fraco e a outra contendo somente a sua base conjugada, mas ambas com a mesma concentração molar total desses agentes. Essas soluções podem então ser combinadas em várias proporções até que se obtenha o pH desejado. Nenhum outro íon é adicionado a esse sistema, porque somente o ácido e sua base conjugada (acompanhados de seus contra-íons associados) estão presentes nessas soluções. Essa abordagem também fornece um tampão no qual a concentração total de ácido e de base conjugada é sempre a mesma. Tal método evita o uso de ácidos e bases fortes, porque é possível ajustar o pH da mistura simplesmente adicionando-se mais da solução de ácido fraco (para baixar o pH) ou mais da base conjugada (para elevar o pH). Os volumes das duas soluções que serão necessários para esse processo podem ser estimados com base na Equação 8.37. Cálculos altamente detalhados para analisar os efeitos da força iônica e da temperatura não são tão cruciais nessa abordagem quanto nos métodos anteriores por causa da facilidade com que o pH pode ser reajustado a um valor desejado adicionando-se mais das soluções do ácido ou da base conjugada.

A expressão final mostrada na Equação 8.36 é conhecida como **equação de Henderson-Hasselbalch**. Essa expressão foi assim chamada em homenagem aos bioquímicos norte-americano e dinamarquês, Lawrence J. Henderson (1878-1942) e Karl A. Hasselbalch (1874-1962), cujo trabalho levou a essa equação quando tentavam entender como os tampões mantêm o pH de sistemas biológicos.[4,19-23]

A equação de Henderson-Hasselbalch é útil porque nos permite verificar como uma mudança na relação $[A^-]/[HA]$ afetará o pH de uma solução tampão. Essa equação também confirma várias de nossas observações anteriores. Primeiro, mostra que o pH de nossa solução será igual ao pK_a de nosso ácido fraco quando as concentrações do ácido fraco e da base conjugada forem iguais, fazendo com que $[A^-]/[HA] = 1$ e $\log([A^-]/[HA]) = 0$. Essa relação também prevê que o intervalo de pH em que essa mistura funciona como um tampão se estenderá pela mesma distância tanto acima quanto abaixo do pK_a, contanto que outros processos ácido-base concorrentes não estejam presentes. Por exemplo, um pH que está 1,0 unidade abaixo do pK_a para o ácido fraco ocorrerá quando $\log([A^-]/[HA]) = -1,0$ ou $[A^-]/[HA] = 0,1$. Um pH que esteja 1,0 unidade acima do pK_a ocorrerá quando $\log([A^-]/[HA]) = +1,0$ ou $[A^-]/[HA] = 10$. De modo geral, para cada variação de dez vezes na relação $[A^-]/[HA]$, haverá uma alteração de uma unidade no pH.

EXERCÍCIO 8.7 Uso da equação de Henderson-Hasselbalch

Prepara-se um tampão aquoso para analisar os vários íons da chuva para que tenha concentrações de equilíbrio de ácido bórico de $5,0 \times 10^{-5}$ M e borato (a base conjugada do ácido bórico) de $2,0 \times 10^{-5}$ M. Usando a equação de Henderson-Hasselbalch, estime o pH dessa solução a 25 °C.

SOLUÇÃO

De acordo com a Tabela 8.1, K_{a1} para ácido bórico a 25 °C é $5,79 \times 10^{-10}$, ou $pK_{a1} = 9,237$. Se ignorarmos os efeitos da dissociação da água, poderemos determinar o pH da solução colocando as concentrações de equilíbrio para o ácido bórico (HA) e para o borato (A^-) na Equação 8.36.

$$pH = pK_a + \log\left(\frac{[A^-]}{[HA]}\right) = 9,237 + \log\left(\frac{2,0 \times 10^{-5} M}{5,0 \times 10^{-5} M}\right)$$

$$\therefore pH = 9,237 + -0,40 = \mathbf{8,84}$$

Nesse caso, teríamos obtido na essência o mesmo resultado utilizando a abordagem exata da Equação 8.35, porque a concentração de íons hidrogênio produzidos ou consumidos para se alcançar o equilíbrio nessa solução é pequena se comparada com as concentrações de nosso ácido ou de nossa base conjugada.

Embora a equação de Henderson-Hasselbalch possa ser bastante útil quando lidamos com tampões, é importante lembrar que existem várias suposições levantadas nessa equação.[21,22] Uma de suas limitações é que ela ignora os efeitos da água como fonte de íons hidrogênio, o que significa que a equação de Henderson-Hasselbalch só se aplica a tampões não diluídos. É também essencial ter em mente que essa equação só descreve o ácido fraco e a sua base conjugada quando eles estão *em equilíbrio*. Esse último fato precisa ser enfatizado porque a equação de Henderson-Hasselbalch costuma ser aplicada pelos cientistas para determinar quais proporções de ácido fraco e de base conjugada devem ser combinadas para produzir um tampão com um pH determinado. Embora as concentrações relativas dessas duas espécies possam ser praticamente as mesmas de suas concentrações de equilíbrio finais quando o pH desejado se aproxima do pK_a do ácido fraco, esse não será o caso quando o pH for significativamente diferente do pK_a. Portanto, devemos sempre nos certificar de que os pressupostos por trás da equação de Henderson-Hasselbalch são aplicáveis a uma determinada solução quando se faz uso dessa expressão.

Se esses pressupostos básicos são aplicáveis, a equação de Henderson-Hasselbalch pode ser usada para fornecer uma primeira estimativa das quantidades relativas de ácido *versus* de base conjugada a serem combinadas para produzir um dado pH para nosso tampão. Isso se faz rearranjando-se a equação da seguinte forma.

$$\log(\frac{[A^-]}{[HA]}) = pH - pK_a \quad \text{ou} \quad \frac{[A^-]}{[HA]} = 10^{(pH-pK_a)} \quad (8.37)$$

Se quiséssemos preparar um tampão com ácido bórico e borato que tivesse um pH final de 8,50, a razão de $[A^-]/[HA]$ em equilíbrio necessária seria $[A^-]/[HA] = 10^{(8,50-9,24)} = 0,12$. Se também conhecemos a concentração total de HA mais A^- que desejamos ter presente na solução, podemos determinar as concentrações reais de HA e A^- em equilíbrio necessárias para fornecer o pH determinado. Em nosso exemplo de tampão ácido bórico/borato, digamos que almejamos um tampão de pH 8,50 que tenha uma concentração analítica (C_{HA}) para todas as espécies ácido bórico-borato de 0,10 M, onde 0,10 M = [HA] + [A^-]. Ao usar o fato de que $[A^-]/[HA] = 0,12$ ao pH de 8,50, a concentração de equilíbrio de ácido bórico nessa solução seria aproximadamente fornecida por 0,10 M = [HA] + 0,12 [HA], ou [HA] = 0,089 M, e a concentração de equilíbrio de borato seria 0,10 M = 0,089 M + [A^-], ou [A^-] = 0,011 M. Se tivéssemos, em vez disso, resolvido esse problema utilizando uma versão modificada da Equação 8.35 (agora resolvendo C_{HA} e C_{A^-} em vez de [H^+], como consta das questões ao final deste capítulo), teríamos descoberto que a quantidade de ácido bórico e borato realmente necessária era $C_{HA} = 0,085$ M e $C_{A^-} = 0,015$ M.

Capacidade tamponante. Embora o pH central em que um tampão vai atuar dependa principalmente do pK_a do ácido nesse tampão, a faixa de pH na qual o tampão age dependerá também das concentrações do ácido e da base conjugada. Concentrações mais altas levam a uma faixa de pH ligeiramente mais ampla que pode ser usada com o tampão, enquanto concentrações menores resultam em uma escala de pH menor.

A capacidade que um tampão tem de proteger uma amostra ou uma solução contra grandes alterações no pH após a adição de um ácido ou de uma base é descrita por um termo conhecido como **capacidade tamponante**.[11,24,25] Trata-se dos mols de ácido forte ou de base forte que devem ser adicionados por litro de tampão para produzir uma mudança de pH de 1,0 unidade no tampão. Como é mostrado no exercício a seguir, a capacidade tamponante pode ser determinada pelas mesmas equações que temos utilizado para o cálculo do pH de um tampão, mas agora com o objetivo de verificar a quantidade de ácido ou de base a ser adicionada para produzir uma mudança no pH 1,0.

EXERCÍCIO 8.8 Cálculo da capacidade tamponante

O solo que contém uma grande quantidade de calcário (carbonato de cálcio, $CaCO_3$) tem a capacidade de atenuar os efeitos da chuva ácida. Qual é a capacidade tamponante, quando o ácido nítrico é adicionado a um tampão de carbonato de 1,000 L com concentrações originais de 0,100 M para o bicarbonato e para a sua base conjugada, o carbonato? Quantos mols de ácido nítrico seriam necessários para diminuir em uma unidade o pH de uma parcela de 0,200 L desse tampão a 25 °C?

SOLUÇÃO

A Tabela 8.1 fornece o K_a para o bicarbonato a 25 °C como $4,69 \times 10^{-11}$, ou $pK_a = 10,329$. Inicialmente temos (0,100 M)(1,000 L) = $1,00 \times 10^{-1}$ mol tanto de bicarbonato quanto de carbonato no tampão. Visto que [HA] = [A^-] nessa solução original, sabemos também que o pH inicial deve ser igual ao pK_a desse tampão (ou pH = 10,329). Para cada x mols de ácido nítrico que adicionamos, convertemos um mol de carbonato em bicarbonato. Sabemos também que a redução máxima permitida no pH é de 1,0 unidade, levando nossa solução de pH 10,329 para pH 9,329. Essa informação pode ser usada com a equação de Henderson-Hasselbalch para estimar quantos mols de HNO_3 serão necessários para produzir essa alteração de pH.

$$pH = 9,329 = 10,329$$
$$+ \log(\frac{0,100 \text{ mol } A^- - x \text{ mol } HNO_3}{0,100 \text{ mol } HA + x \text{ mol } HNO_3})$$

$$10^{(9,329-10,329)} = 10^{(-1,000)}$$

$$= 0,100 = \frac{0,100 \text{ mol } A^- - x \text{ mol } HNO_3}{0,100 \text{ mol } HA + x \text{ mol } HNO_3}$$

$$0,100 \cdot (0,100 \text{ mol } HA + x \text{ mol } HNO_3)$$
$$= 0,100 \text{ mol } A^- - x \text{ mol } HNO_3$$
$$\therefore x = \mathbf{0,125 \text{ mol } HNO_3} \text{ (para 1,00 L)}$$

Para uma parcela de 0,200 L do mesmo tampão, precisaríamos de (HNO_3 de 0,125 mol)(0,200 L/1,00 L) = HNO_3 de **0,025 mol** para a mesma alteração de pH. Se tivéssemos começado com uma concentração maior do tampão, mais HNO_3 seria necessário para provocar a mesma alteração no pH, produzindo uma capacidade tamponante maior. De modo análogo, um tampão de menor concentração teria sido capaz de lidar apenas com pequenas quantidades de ácido, tendo assim uma capacidade tamponante menor.

Um termo intimamente relacionado com a capacidade tamponante é o *índice tampão* (β).[9,24] Trata-se de um termo mais geral que equivale aos mols de um ácido forte ou de base forte necessários para produzir uma determinada alteração de pH por unidade de volume. O índice tampão é representado pela Equação 8.38,

$$\text{índice tampão}(\beta) = -\frac{dA}{dpH} = \frac{dB}{dpH} \quad (8.38)$$

em que $-dA/dpH$ e dB/dpH representam a alteração na quantidade de ácido ou de base a ser adicionada para produzir uma mudança parcial no pH.[9,24] A Figura 8.5 mostra como o índice tampão se altera com o pH de um tampão de ácido monoprótico típico, como, por exemplo, uma mistura de ácido acético e acetato. Algo que podemos observar nessa figura é que o índice tampão é maior no

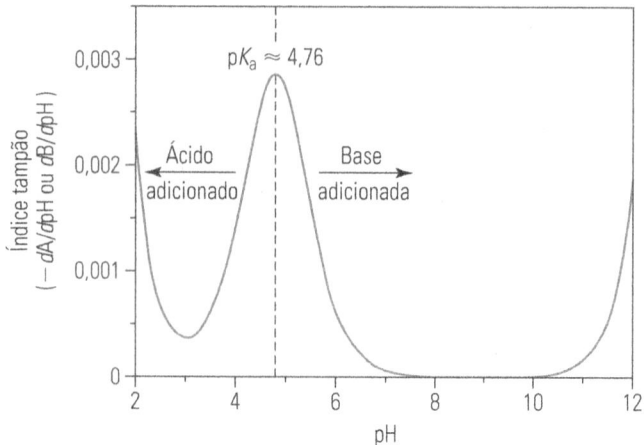

Figura 8.5

Alteração no índice tampão ($-dA/dpH$ e dB/dpH) versus pH de um tampão ácido acético/acetato. O pK_a do ácido acético foi incluído para referência. Este gráfico foi preparado usando-se uma concentração inicial total de 0,10 M de todas as espécies associadas ao acetato e um volume inicial de tampão de 0,050 L, ao qual se adicionam vários volumes de uma solução de 0,10 M contendo um ácido forte ou uma base forte (como HCl ou NaOH). Os valores calculados aqui para dA e dB no índice tampão se baseiam na alteração em mols de ácido forte ou de base forte adicionada; entretanto, o mesmo gráfico geral (mas com uma escala diferente sobre o eixo y) seria obtido se dA ou dB fosse, em vez disso, determinado usando-se a alteração no volume ou na concentração de um ácido forte ou de base forte adicionada. O aumento no índice tampão a valores de pH baixo ou alto deve-se à presença de um excedente de ácido forte ou de base forte nessas regiões. Um valor de $pK_a \approx 4{,}76$ foi usado na elaboração deste gráfico; o valor real de pK_a para o ácido acético é 4,757 a 25 °C.

ponto em que o pH = pK_a para o sistema tampão. Essa máxima reflete o fato de que um tampão será mais resistente à adição de um ácido ou de base nesse pH. O índice também aumenta à medida que ultrapassamos a faixa de atuação do tampão e avançamos para valores de pH muito ácidos ou muito básicos. Esse aumento reflete as altas concentrações de íons hidrogênio presentes na água em um pH baixo e as altas concentrações de íons hidróxido presentes em um pH elevado. Mesmo que nenhum outro componente de tampão esteja presente, esses íons podem ser produzidos a partir da própria água para agora resistir às alterações de pH à medida que uma pequena quantidade de ácido ou de base é adicionada a essas soluções altamente ácidas ou básicas.

8.5.2 Sistemas ácido-base polipróticos

O que é um sistema poliprótico? Até aqui, consideramos apenas ácidos e bases que podem doar ou aceitar um único íon hidrogênio, mas também é possível para um ácido ou para uma base rejeitar um íon hidrogênio ou aceitar mais de um. Substâncias que podem agir dessa maneira são chamadas de **ácidos polipróticos** ou **bases polipróticas**. Um exemplo disso é o ácido carbônico, H_2CO_3, produzido quando a chuva ácida reage com calcário ou mármore. Embora o ácido carbônico possa sofrer uma reação de desidratação para liberar água e dióxido de carbono, também é um ácido que contém dois hidrogênios que podem ser doados a uma base. O resultado é uma série de reações ácido-base que pode produzir uma mistura de ácido carbônico mais sua forma monobásica (bicarbonato, HCO_3^-) e sua forma dibásica (carbonato, CO_3^{2-}).

Ácidos e bases polipróticos são bastante comuns na natureza. Podem ser pequenos compostos inorgânicos e orgânicos, como o ácido carbônico e o ácido cítrico, ou biomoléculas que variam em tamanho, de aminoácidos individuais a agentes maiores, como peptídeos e proteínas. Uma característica que todos esses compostos têm em comum é que cada um dos sítios de seu ácido ou base pode ser descrito usando-se os mesmos tipos de reação ácido-base usados para ácidos e bases monopróticos. No entanto, esses compostos diferem de ácidos e bases monopróticos no sentido de que agora temos dois ou mais sítios que podem atuar como um ácido ou uma base, cada qual com seu próprio valor de K_a ou K_b. Essa ideia é ilustrada na Tabela 8.1 para o ácido carbônico, na qual a perda do hidrogênio ocorre pela primeira vez com um K_a de $4{,}46 \times 10^{-7}$ e a perda do segundo hidrogênio tem um K_a de $4{,}69 \times 10^{-11}$. Observe que, à medida que perdemos cada íon hidrogênio adicional, o valor de K_a diminui. Essa tendência indica que se torna mais difícil para o ácido doar íons hidrogênio quando menos destes estão disponíveis.

Composição fracionária da espécie. Quando colocamos um ácido ou uma base poliprótica em solução, a existência de várias etapas possíveis de dissociação de ácido ou ionização de base também produzirá uma mistura de muitas formas de ácido ou de base que são gerados a partir de nosso agente original. Quando uma substância química existe em múltiplas formas, vimos anteriormente que essas várias formas são referidas como *espécies químicas*.

Para ajudar a prever o comportamento de um ácido ou de uma base poliprótica, é útil determinar a fração desse composto que estará presente em cada uma das várias espécies possíveis em um determinado pH ou outro conjunto de condições. Podemos ilustrar esse processo tomando um ácido monoprótico como exemplo. Em primeiro lugar, sabemos pela Seção 8.4.2 que esse tipo de composto estará presente em equilíbrio de forma protonada (HA) ou desprotonada (A^-), com a razão entre essas formas variando de acordo com o pH. Em segundo, podemos descrever as frações relativas (α_{HA} e α_{A^-}) de nosso composto original que está nessas duas formas, como mostrado a seguir, em que C_{HA} é a concentração analítica de nosso composto,

$$\text{Fração de HA}: \alpha_{HA} = \frac{[HA]}{C_{HA}} = \frac{[HA]}{[HA]+[A^-]} \quad (8.39)$$

$$\text{Fração de } A^-: \alpha_{A} = \frac{[A^-]}{C_{HA}} = \frac{[A^-]}{[HA]+[A^-]} \quad (8.40)$$

em que $1 = \alpha_{HA} + \alpha_{A^-}$. Em terceiro, podemos simplificar essas expressões dividindo numeradores e denominadores por [HA] e usando o fato de que $[A^-]/[HA] = K_a/[H^+]$ a partir da expressão de dissociação do ácido para um ácido monoprótico. Esse processo nos permite reescrever essas equações nas seguintes formas.

$$\alpha_{HA} = \frac{1}{1 + K_a/[H^+]} \quad \text{ou} \quad \alpha_{HA} = \frac{[H^+]}{[H^+] + K_a} \quad (8.41)$$

$$\alpha_{A^-} = \frac{K_a/[H^+]}{1 + K_a/[H^+]} \quad \text{ou} \quad \alpha_{A^-} = \frac{K_a}{[H^+] + K_a} \quad (8.42)$$

Neste livro, esse tipo de relacionamento será referido como uma *equação de composição fracionária da espécie*, porque pode ser usado para mostrar como a fração de uma espécie química mudará conforme um determinado parâmetro sofre variação para um sistema químico. Por exemplo, as equações 8.41 e 8.42 indicam que a fração relativa de HA e A^- vai depender somente da concentração de íons hidrogênio (ou pH) e da constante de dissociação do ácido para HA. Além disso, ambas as frações (α_{HA} e α_{A^-}) são adimensionais, porque elas representam simplesmente a razão da concentração química de uma espécie (HA ou A^-) *versus* a concentração de todas as outras espécies relacionadas (HA e A^- juntos) nesse mesmo sistema.

Essa mesma ideia pode ser estendida a ácidos e bases polipróticos, conforme ilustrado na Tabela 8.7 para o ácido carbônico. Embora possa ser um tanto tedioso derivar equações como as da Tabela 8.7 a partir do zero, esse processo pode ser bastante simplificado usando-se o fato de que as expressões finais vão se enquadrar em um padrão bem definido. Por exemplo, a Tabela 8.7 mostra que o denominador terá $n+1$ termos de um composto que pode perder até n íons hidrogênio (cedendo três termos para o ácido carbônico, que pode perder até dois H^+). Pode-se verificar também que cada um dos termos no denominador representa uma das possíveis espécies que se formará pelo ácido ou pela base. No caso do ácido carbônico, o mais ácido desses compostos (H_2CO_3) é representado pelo termo $[H^+]^2$ à esquerda, ao passo que o mais básico (CO_3^{2-}) é determinado pelo termo $K_{a1}K_{a2}$ à direita. Ao passarmos da esquerda para a direita, cada termo sofre diminuição de uma unidade no expoente em $[H^+]$ e ganha mais um termo K_a começando com K_{a1} e passando para $K_{a1}K_{a2}$. Conhecendo esse padrão, é fácil escrever o denominador da equação de composição fracionária da espécie de qualquer composto que esteja relacionado com um **ácido poliprótico**. Além disso, uma vez determinado esse denominador você simplesmente tem de colocar cada um de seus termos no numerador para obter as equações de composição fracionária da espécie para todos os componentes desejados de seu sistema.

Tabela 8.7

Derivação das equações de composição fracionária da espécie para o ácido carbônico.

$$\text{Fração de } H_2CO_3 \ (\alpha_{H_2CO_3}) = \frac{[H_2CO_3]}{C_{Carbonato}} = \frac{[H_2CO_3]}{[H_2CO_3] + [HCO_3^-] + [CO_3^{2-}]}$$

$$= \frac{1}{1 + [HCO_3^-]/[H_2CO_3] + [CO_3^{2-}]/[H_2CO_3]}$$

$$\therefore \alpha_{H_2CO_3} = \frac{[H^+]^2}{[H^+]^2 + K_{a1}[H^+] + K_{a1}K_{a2}}$$

$$\text{Fração de } HCO_3^- \ (\alpha_{HCO_3^-}) = \frac{[HCO_3^-]}{C_{Carbonato}} = \frac{[HCO_3^-]}{[H_2CO_3] + [HCO_3^-] + [CO_3^{2-}]}$$

$$= \frac{[HCO_3^-]/[H_2CO_3]}{1 + [HCO_3^-]/[H_2CO_3] + [CO_3^{2-}]/[H_2CO_3]}$$

$$\therefore \alpha_{HCO_3^-} = \frac{K_{a1}[H^+]}{[H^+]^2 + K_{a1}[H^+] + K_{a1}K_{a2}}$$

$$\text{Fração de } CO_3^{2-} \ (\alpha_{HCO_3^{-2}}) = \frac{[CO_3^{2-}]}{C_{Carbonato}} = \frac{[CO_3^{2-}]}{[H_2CO_3] + [HCO_3^-] + [CO_3^{2-}]}$$

$$= \frac{[HCO_3^-]/[H_2CO_3]}{1 + [HCO_3^-]/[H_2CO_3] + [CO_3^{2-}]/[H_2CO_3]}$$

$$\therefore \alpha_{CO_3^{2-}} = \frac{K_{a1}K_{a2}}{[H^+]^2 + K_{a1}[H^+] + K_{a1}K_{a2}}$$

em que: $[HCO_3^-]/[H_2CO_3^-] = K_{a1}/[H^+]$

$$[CO_3^{2-}]/[H_2CO_3] = ([CO_3^{2-}]/[HCO_3^-]) \cdot ([HCO_3^-]/[H_2CO_3])$$

$$= (K_{a1}/[H^+])(K_{a2}/[H^+]) = K_{a1}K_{a2}/[H^+]^2$$

EXERCÍCIO 8.9 Elaboração das equações de composição fracionária da espécie para um ácido poliprótico

Escreva equações para as composições fracionárias de todas as espécies que se formam quando o ácido fosfórico é colocado em água.

SOLUÇÃO

O ácido fosfórico é um ácido triprótico com três íons hidrogênio que ele pode doar a uma base. Essa propriedade proporciona ao ácido fosfórico quatro formas ácido-base possíveis que podem existir em solução. Utilizando os padrões que vimos para o ácido carbônico, as equações de composição fracionária da espécie do ácido fosfórico e suas várias formas seriam:

Fração de H_3PO_4: $\alpha_{H_3PO_4} =$

$$\frac{[H^+]^3}{[H^+]^3 + K_{a1}[H^+]^2 + K_{a1}K_{a2}[H^+] + K_{a1}K_{a2}K_{a3}}$$

Fração de $H_2PO_4^-$: $\alpha_{H_2PO_4^-} =$

$$\frac{K_{a1}[H^+]^2}{[H^+]^3 + K_{a1}[H^+]^2 + K_{a1}K_{a2}[H^+] + K_{a1}K_{a2}K_{a3}}$$

Fração de HPO_4^{2-}: $\alpha_{HPO_4^{2-}} =$

$$\frac{K_{a1}K_{a2}[H^+]}{[H^+]^3 + K_{a1}[H^+]^2 + K_{a1}K_{a2}[H^+] + K_{a1}K_{a2}K_{a3}}$$

Fração de PO_4^{3-}: $\alpha_{PO_4^{3-}} =$

$$\frac{K_{a1}K_{a2}K_{a3}}{[H^+]^3 + K_{a1}[H^+]^2 + K_{a1}K_{a2}[H^+] + K_{a1}K_{a2}K_{a3}}$$

em que $1 = \alpha_{H_3PO_4} + \alpha_{H_2PO_4^-} + \alpha_{HPO_4^{2-}} + \alpha_{PO_4^{3-}}$. A última equação nessa série é um lembrete de que a fração total das espécies relacionadas com o ácido fosfórico deve ser igual a 1 (um tipo de equação de equilíbrio de massa em que a quantidade dessas espécies químicas é expressa em termos de composição fracionária, em vez de concentração).

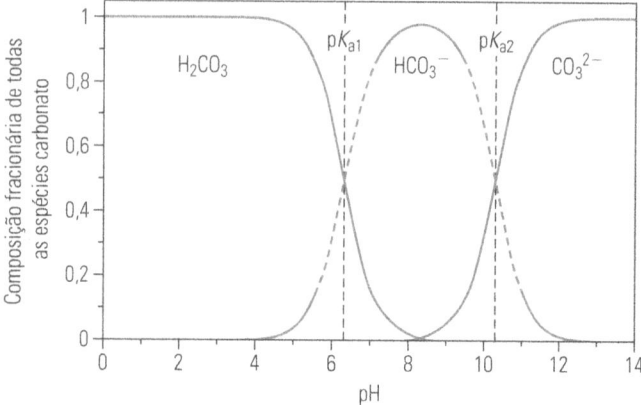

Figura 8.6

Diagrama de composição fracionária da espécie para ácido carbônico, bicabonato e carbonato em água.

Uma aplicação útil da equação de composição fracionária da espécie de um ácido poliprótico é que ela nos permite verificar como as quantidades relativas dos produtos mudam de acordo com o pH. Esse objetivo pode ser atingido usando-se um *diagrama de composição fracionária da espécie*, como ilustrado na Figura 8.6 para o ácido carbônico. Esse diagrama contém um padrão definido em termos de quais espécies predominam em um determinado pH. Esse padrão se torna claro quando você coloca os valores de pK_a para o ácido carbônico nesse diagrama. O que esse diagrama mostra é que o ácido carbônico é a principal espécie em valores de pH abaixo de pK_{a1}. Além disso, HCO_3^- é a principal espécie em valores de pH entre pK_{a1} e pK_{a2}, e CO_3^{2-} é a principal espécie em um pH acima de pK_{a2}. Esse é o mesmo padrão (move-se das espécies mais ácidas para as mais básicas, à medida que o pH é aumentado) que é visto em qualquer ácido poliprótico que tenha uma diferença relativamente grande entre seus valores de pK_a. Conhecer essa tendência vai se revelar importante mais tarde, quando discutirmos como determinar o pH de uma solução de ácido poliprótico.

Outra coisa que você pode se perguntar é o que fazer se tiver uma base poliprótica em vez de um ácido. A resposta é que o mesmo procedimento deve ser usado. A única coisa que se deve ter em mente ao começar com valores K_b é que se deve usá-los primeiramente para determinar os valores de K_a para os ácidos conjugados correspondentes. Então, você poderá tratar esse sistema da mesma forma como a um ácido poliprótico fraco.

Diagramas de composição fracionária da espécie e relações como as das equações 8.41 e 8.42 são úteis para lidar com os processos ácido-base que ocorrem com outras reações paralelas. Vimos um exemplo dessa aplicação no Capítulo 7, quando examinamos o efeito do pH sobre a solubilidade do sulfato de bário. Um item de interesse nesse problema anterior era como uma alteração em pH afetaria a fração de sulfato dissolvido presente como SO_4^{2-}, ou $\alpha_{SO_4^{2-}}$. Como mostra a Tabela 8.1, isso envolve a dissociação do ácido H_2SO_4, um ácido poliprótico que pode perder um íon hidrogênio para formar HSO_4^- (uma reação essencialmente completa com um valor grande para K_{a1}), seguida pela perda de um segundo íon hidrogênio para produzir SO_4^{2-} ($K_{a2} = 1{,}03 \times 10^{-2}$). Sabemos agora que o valor de $\alpha_{SO_4^{2-}}$ em um determinado pH pode ser encontrado pela seguinte equação de composição fracionária da espécie para SO_4^{2-}.

$$\alpha_{SO_4^{2-}} = \frac{K_{a1}K_{a2}}{[H^+]^2 + K_{a1}[H^+] + K_{a1}K_{a2}}$$

$$\approx \frac{K_{a2}}{[H^+] + K_{a2}}$$

(para $K_{a1} \gg K_{a2}$) \hfill (8.43)

Se inserirmos nessas expressões $K_{a1} = 98$ e $K_{a2} = 1{,}03 \times 10^{-2}$ (como obtido pela nota de rodapé da Tabela 8.1), juntamente com $[H^+] = 3,2 \times 10^{-2}$ M, obteremos um valor de 0,24 para $\alpha_{SO_4^{2-}}$ em pH 1,5, o mesmo número utilizado no Capítulo 7 para ajudar a estimar a solubilidade do sulfato de bário nesse pH.

Expressões como as das equações 8.41 a 8.43, da Tabela 8.7 e do Exercício 8.9 podem ser utilizadas para examinar os efeitos combinados de reações ácido-base e outros processos, desde que a reação ácido-base esteja em *equilíbrio*. Felizmente, isso é com frequência verdadeiro, porque muitos processos ácido-base têm taxas de reação rápidas. Veremos mais adiante outros exemplos de como podemos usar equações de composição fracionária da espécie para resolver problemas envolvendo processos ácido-base e reações químicas como complexação (Capítulo 9) ou reações de oxidação-redução (Capítulo 10).

O pH em sistemas polipróticos. Agora que vimos como uma espécie de um sistema poliprótico se altera com o pH, verificaremos como estimar o pH de uma solução que contém tais compostos. Por uma questão de simplicidade, inicialmente assumiremos que estamos trabalhando com uma solução de ácido ou de base poliprótica não diluída, permitindo-nos ignorar os efeitos da água sobre a dissociação do pH.

Existem várias situações possíveis a serem consideradas, mesmo sob essas condições. Primeiro, poderíamos ter uma solução em que começamos somente com a forma mais ácida de nosso agente. No caso do ácido carbônico, essa situação ocorreria se adicionássemos apenas H_2CO_3 à água. Uma vez em água, esse ácido pode doar íons hidrogênio à água para formar primeiramente HCO_3^- para depois formar o CO_3^{2-}, mas (como aparece na Figura 8.6) o segundo desses dois processos (a formação de CO_3^{2-}) não ocorre em nenhum nível significativo na faixa de pH na qual o ácido carbônico (nossa forma de partida) é a espécie dominante. Assim, nesse caso, é seguro considerar somente a formação de bicarbonato a partir do ácido carbônico e usar essa reação somente para estimar a concentração de íons hidrogênio em nossa solução. Em outras palavras, podemos tratar o ácido carbônico como se fosse um ácido monoprótico fraco nessa situação. Isso se dá pela abordagem descrita na Seção 8.4.1.

A segunda situação, muito semelhante, ocorre quando preparamos uma solução que inicialmente tem apenas a forma mais básica de um sistema ácido-base poliprótico. Essa situação pode ser vista na Figura 8.6 ao adicionarmos somente o carbonato à água. Ao aceitar íons hidrogênio da água, o carbonato forma uma pequena quantidade de bicarbonato e outra insignificante de ácido carbônico. Como resultado, podemos determinar o pH dessa solução tratando o carbonato como uma base monoprótica fraca, novamente recorrendo às técnicas discutidas na Seção 8.4.1.

Uma terceira situação que podemos ter com um sistema ácido-base poliprótico ocorre quando preparamos uma solução que contém uma mistura de duas formas ácido-base intimamente relacionadas. Tal situação ocorre se produzirmos uma solução que contenha ácido carbônico e sua base conjugada, o bicarbonato, que são ligados pelo primeiro valor de K_a para o ácido carbônico. O mesmo tipo de situação ocorre quando misturamos bicarbonato e sua base conjugada, o carbonato. Se estamos lidando com uma solução relativamente concentrada, que nos permite ignorar os efeitos da dissociação da água, podemos encontrar o pH dessas misturas usando a mesma abordagem que vimos serem usadas anteriormente para misturas de ácidos monopróticos e suas bases conjugadas. Por exemplo, o pH de uma mistura de ácido carbônico e bicarbonato seria determinado por meio da Equação 8.35, onde o valor da C_{HA} seria a concentração analítica do ácido carbônico, e C_{A^-} seria a concentração analítica de bicarbonato e K_a equivaleria a K_{a1}.

EXERCÍCIO 8.10 Determinação do pH de um sistema ácido-base poliprótico

Qual é o pH esperado para soluções que contêm as seguintes composições iniciais? (*Observação*: em todos os casos, você pode assumir que a autoprotólise da água pode ser ignorada como fonte de íons hidrogênio.)

a. $1,0 \times 10^{-5}$ M ácido carbônico em água
b. $1,0 \times 10^{-6}$ M carbonato de sódio em água
c. $1,0 \times 10^{-5}$ M bicarbonato de sódio mais $1,0 \times 10^{-6}$ M carbonato de sódio

SOLUÇÃO

a. O pH dessa solução pode ser determinado pela Equação 8.32 para um ácido monoprótico, em que $C_{HA} = 1,0 \times 10^{-5}$ M e K_a é igual a $K_{a1} = 4,46 \times 10^{-7}$ M para o sistema carbonato. Usando a fórmula quadrática com a Equação 8.32, podemos resolver $[H^+]$. Esse processo fornece $[H^+] = 1,90 \times 10^{-6}$ M, ou **pH = 5,72**.

b. Nessa situação, estamos começando apenas com uma solução do componente mais básico de nosso sistema poliprótico, o carbonato. Podemos determinar o pH usando a Equação 8.33 e tratando essa situação como uma solução de uma base monoprótica simples. Ao fazer isso, permitimos que $K_b = K_w/K_{a2} = (1,0 \times 10^{-14})/(4,69 \times 10^{-11}) = 2,13 \times 10^{-4}$ e $C_B = 1,0 \times 10^{-6}$ M. Podemos, então, resolver $[H^+]$ em $0 = K_b C_B [H^+]^2 + K_b K_w [H^+] - K_w^2$ empregando a fórmula quadrática, o que resulta em $[H^+] = 4,7 \times 10^{-11}$ M, ou **pH = 10,33**.

c. O pH dessa mistura pode ser determinado aplicando-se a Equação 8.35 e tratando esse sistema como uma mistura de um ácido monoprótico (bicarbonato, nesse caso) e sua base conjugada (carbonato). Ao utilizar essa equação, os valores para C_{HA} e C_{A^-} seriam $1,0 \times 10^{-5}$ M e $1,0 \times 10^{-6}$ M, e K_a seria dado por $K_{a2} = 4,69 \times 10^{-11}$. Ao colocarmos essa informação na Equação 8.35, obtemos

$$0 = [H^+]^2 + (1,0 \times 10^{-6} M + 4,69 \times 10^{-11} M) \cdot [H^+] - (4,69 \times 10^{-11} M)(1,0 \times 10^{-5} M)$$

que pode ser resolvida com a fórmula quadrática para produzir $[H^+] = 4,7 \times 10^{-10}$ M, ou **pH = 9,32**.

Outra situação possível em um sistema poliprótico é a presença de uma solução que contém inicialmente uma das formas intermediárias do sistema poliprótico. Para o ácido carbônico, essa situação ocorreria se preparássemos uma solução adicionando somente bicarbonato de sódio à água. Temos agora duas formas pelas quais esse composto pode reagir, porque pode ou doar um íon hidrogênio à água para formar carbonato ou aceitar um íon hidrogênio da água para formar ácido carbônico. Como vimos no caso da água, essa capacidade do bicarbonato ou de qualquer outra forma intermediária de um sistema ácido-base poliprótico torna tal componente anfiprótico, isto é, capaz de agir como um ácido ou como uma base. O diagrama na Figura 8.6 indica que as duas reações têm a mesma probabilidade de ocorrer, por isso devemos considerar ambas ao estimar o pH de nossa solução.

Embora essa seja uma situação mais complexa do que as que já discutimos para sistemas ácido-base polipróticos, ainda é possível estimarmos o pH de tal solução. Para isso, devemos começar escrevendo todas as reações que envolvem nossa forma intermediária, HA^-, ao considerarmos essa forma como um sal de sódio em água. (*Observação*: isso requer a suposição razoável de que todo o sal de sódio se dissolve completamente para formar íons sódio e HA^-.)

$$NaHA \rightleftharpoons Na^+ + HA^- \quad (8.44)$$

$$HA^- \rightleftharpoons H^+ + A^{2-} \quad K_{a2} = \frac{[H^+][A^{2-}]}{[HA^-]} \quad (8.45)$$

$$HA^- + H_2O \rightleftharpoons H_2A + OH^-$$

$$K_{b2} = \frac{[H_2A][OH^-]}{[HA^-]} \quad (8.46)$$

Para obter uma equação adicional para descrever esse sistema, podemos escrever a equação de equilíbrio de carga dada a seguir (veja o Capítulo 6 para uma revisão sobre equações de equilíbrio de carga).

$$[H^+] + [Na^+] = [HA^-] + [OH^-] + 2[A^{2-}] \quad (8.47)$$

Mas também sabemos que a concentração de íons sódio deve ser igual à concentração analítica de HA^- (C_{HA^-}) que foi adicionada à solução. Também sabemos que a quantidade de HA^- remanescente pode ser determinada subtraindo-se as concentrações de A^{2-} e H_2A dessa concentração analítica, ou $[HA^-] = C_{HA^-} - [H_2A] - [A^{2-}]$. Esse fato nos permite obter uma forma mais simples para nossa equação.

$$[H^+] + C_{HA^-} = (C_{HA^-} - [H_2A] - [A^{2-}]) + [OH^-] + 2[A^{2-}]$$

ou

$$0 = [H^+] + [H_2A] - [OH^-] - [A^{2-}] \quad (8.48)$$

Agora podemos fazer mais algumas substituições para reduzir o número de termos desconhecidos nessa equação. Primeiro, podemos rearranjar a expressão de equilíbrio na Equação 8.45 para obter $[A^{2-}] = K_{a2}[HA^-]/[H^+]$ e usar o fato de que $[OH^-] = K_w/[H^+]$. Depois, podemos converter a expressão de equilíbrio na Equação 8.46 para produzir $[H_2A] = K_{b2}[HA^-]/[OH^-]$ ou a relação equivalente $[H_2A] = [HA^-][H^+]/K_{a1}$. Quando todas essas substituições são inseridas na Equação 8.48, obtemos o seguinte resultado que agora está escrito somente em termos de constantes de equilíbrio e de valores para $[HA^-]$ e $[H^+]$.

$$0 = [H^+] + \frac{[HA^-][H^+]}{K_{a1}} - \frac{K_w}{[H^+]} - \frac{K_{a2}[HA^-]}{[H^+]} \quad (8.49)$$

Para determinar o pH dessa solução, a seguir precisamos reescrever a Equação 8.49 de uma forma que nos permita resolver $[H^+]$. Para isso, multiplicamos ambos os lados da Equação 8.49 por $[H^+]$ e a rearranjamos para resolver a concentração de íons hidrogênio. Tomar a raiz quadrada de ambos os lados dessa última equação leva ao resultado mostrado na Equação 8.50.

$$[H^+] = \sqrt{\frac{K_{a1}(K_w + K_{a2}[HA^-])}{K_{a1} + [HA^-]}} \quad (8.50)$$

Aqui, há duas maneiras de determinar o pH dessa solução. A primeira é uma abordagem exata em que usamos uma equação de composição fracionária da espécie para produzir $[HA^-] = \alpha_{HA^-} C_{HA^-} = \{K_{a1}[H^+]/([H^+]^2 + K_{a1}[H^+] + K_{a1}K_{a2})\}C_{HA^-}$. Embora possamos obter uma resposta dessa forma, a equação resultante é relativamente complexa e exigirá o uso de aproximações sucessivas ou de computadores para se chegar ao valor do pH final. A segunda, e muito mais simples, abordagem é usar o fato de que uma solução que contém apenas uma forma inicial de um ácido ou de uma base fraca normalmente tem apenas uma pequena quantidade dessa espécie convertida em outras formas ácido-base. Tal característica significa que podemos assumir de modo geral que a concentração de HA^- em nos-

Operação	Alteração feita à Equação 8.49
(1) Multiplique ambos os lados por $[H^+]$	$\Rightarrow 0 = [H^+]^2 + \dfrac{[HA^-][H^+]^2}{K_{a1}} - \dfrac{K_w[H^+]}{[H^+]} - \dfrac{K_{a2}[HA^-]}{[H^+]}$
(2) Coloque todos os termos com $[H^+]^2$ do mesmo lado	$\Rightarrow [H^+]^2 + \dfrac{[HA^-][H^+]^2}{K_{a1}} = K_w + K_{a2}[HA^-]$
(3) Combine todos os termos contendo $[H^+]^2$	$\Rightarrow [H^+]^2 \left(\dfrac{K_{a1} + [HA^-]}{K_{a1}}\right) = K_w + K_{a2}[HA^-]$
(4) Divida ambos os lados por $(K_{a1} + [HA^-])/K_{a1}$	$\Rightarrow [H^+]^2 = \left\{\dfrac{K_{a1}(K_w + K_{a2}[HA^-])}{K_{a1} + [HA^-]}\right\}$

sa solução final é aproximadamente igual à sua concentração analítica, ou [HA⁻] ≈ C_{HA^-}. Ao fazermos essa simplificação, a Equação 8.50 se converte na forma mostrada a seguir, que passou a ser relativamente fácil de resolver.

$$[H^+] \approx \sqrt{\frac{K_{a1}(K_w + K_{a2}C_{HA^-})}{K_{a1} + C_{HA^-}}} \qquad (8.51)$$

O exercício a seguir ilustra como essa relação pode ser usada para estimar o pH de um sistema desse tipo.

EXERCÍCIO 8.11 Determinação do pH de uma solução de bicarbonato de sódio

Qual é o pH esperado para uma solução preparada misturando-se bicarbonato de sódio de $1,0 \times 10^{-3}$ M na água se assumirmos que a concentração final de bicarbonato é aproximadamente igual à sua concentração analítica?

SOLUÇÃO

O pH dessa solução pode ser estimado pela Equação 8.51, em que $C_{HA^-} = 1,00 \times 10^{-3}$ M, $K_{a1} = 4,46 \times 10^{-7}$ e $K_{a2} = 4,69 \times 10^{-11}$ (onde tanto K_{a1} quanto K_{a2} teriam M como a unidade aparente). O resultado é o seguinte:

$$[H^+] \approx \sqrt{\frac{K_{a1}(K_{a2}C_{HA^-} + K_w)}{K_{a1} + C_{HA}}} \approx$$

$$\left[\frac{(4,46 \times 10^{-7} M)(1,00 \times 10^{-14} M + 4,69 \times 10^{-11} M}{4,46 \times 10^{-7} M + 1,00 \times 10^{-3} M}\right.$$

$$\left.\frac{\cdot 1,00 \times 10^{-3} M)}{4,46 \times 10^{-7} M + 1,00 \times 10^{-3} M}\right]^{\frac{1}{2}}$$

$$\therefore [H^+] = 5,03 \times 10^{-9} \text{ M ou } pH = 8,30$$

Uma forma mais conveniente da Equação 8.51 pode ser obtida com algumas simplificações. Tais simplificações podem ser feitas porque muitas soluções ácido-base fracas terão alguns termos na Equação 8.51 que são muito maiores do que outros. Isso costuma ocorrer quando $K_{a2} C_{HA^-} \gg K_w$ e $C_{HA^-} \gg K_{a1}$. Nessas condições, o termo do lado direito da Equação 8.51 é reduzido a $\sqrt{K_{a1} K_{a2}}$. Se, em seguida, tomarmos o logaritmo de ambos os lados dessa equação e o substituirmos em pH = –log[H⁺], $pK_{a1} = -\log(K_{a1})$ e $pK_{a2} = -\log(K_{a2})$, obtemos a Equação 8.52.

$$pH \approx \frac{pK_{a1} + pK_{a2}}{2} \qquad (8.52)$$

Essa relação costuma ser útil na obtenção de uma primeira estimativa do pH de uma solução que contenha um *composto anfiprótico* como o carbonato. Por exemplo, o pH que teria sido fornecido por essa equação no exercício anterior seria 8,35, que é próximo ao valor que estimamos ao usar a Equação 8.51. A vantagem da Equação 8.52 é que ela independe da concentração analítica de um composto. No entanto, isso só se aplicará se a concentração analítica se encaixar nas simplificações que fizemos ao derivar a Equação 8.52 (ou seja, $C_{HA^-} \approx [HA^-], C_{HA^-} \gg K_w$ e $C_{HA^-} \gg K_{a1}$).

8.5.3 Zwitterions

Os sistemas ácido-base polipróticos que examinamos até aqui começaram todos com um composto de carga neutra a um pH baixo, como H_2CO_3 e H_3PO_4, e passaram a formar espécies com mais cargas negativas à medida que aumentamos o pH. Uma situação alternativa que você poderá encontrar é um sistema poliprótico no qual ambos os grupos, ácidos e básicos, estão presentes em uma mesma espécie. Alguns exemplos de tais compostos são os aminoácidos, que apresentam a seguinte estrutura geral.

$$\begin{array}{cc} NH_2 & NH_3^+ \\ | & | \\ CH-R & CH-R \\ | & | \\ CO_2H & CO_2^- \end{array}$$

Forma 'neutra'   Forma de zwitterion

Todos os aminoácidos contêm pelo menos uma região ácida (o grupo ácido carboxílico terminal, —COOH) e pelo menos uma região que pode atuar como uma base (o grupo amina terminal, —NH_2). Muitos aminoácidos também têm grupos ácidos ou básicos adicionais em suas cadeias colaterais, como ocorre com a lisina, a arginina e o ácido glutâmico (Tabela 8.8). Embora os aminoácidos sejam geralmente apresentados em uma forma 'neutra', como mostrado anteriormente, a presença dos grupos ácidos e básicos em aminoácidos de fato produz regiões de aminoácidos que contêm cargas locais, mesmo quando a carga total do aminoácido é igual a zero. Uma substância química que possui uma carga líquida igual a zero, mas que contém grupos com um número equivalente de cargas positivas e negativas, é conhecida como **zwitterion**.[26] Outros exemplos, além de aminoácidos, incluem peptídeos e proteínas, ambos produzidos a partir de aminoácidos.

A presença de grupos básicos e ácidos significa que os aminoácidos podem ter diversas espécies presentes em vários valores de pH. Essa ideia é mostrada na Figura 8.7, que mostra como uma mudança no pH altera as frações relativas das três formas ácido-base da glicina, o mais simples dos aminoácidos. Observe nesse caso que a forma presente em um pH baixo na verdade tem carga '+1', que se deve ao hidrogênio que foi adicionado ao grupo amina básico de glicina a um pH baixo. À medida que o pH é aumentado, o grupo de ácido carboxílico de glicina perde seu hidrogênio. O resultado é que uma região na glicina tem carga +1 e uma segunda região tem uma carga –1, produzindo uma carga líquida igual a zero. A um pH ainda mais elevado, o hidrogênio na extremidade amina é perdido, dando à glicina uma carga total de –1. Um padrão semelhante, mas com a possibilidade de mais espécies e estados de carga, é encontrado nos demais aminoácidos. Existem padrões ainda mais complexos para peptídeos e proteínas, que são componentes estruturais e funcionais importantes de sistemas biológicos. Essa relação entre pH e carga é uma das razões

Tabela 8.8

Aminoácidos e suas constantes de dissociação ácida.

Aminoácido	Símbolos[a]		Estrutura	C-terminal	pK_a (a 25 °C)[b] N-terminal	Cadeia lateral
Alanina	A	Ala	NH_3^+ — CH(CH$_3$) — CO$_2$H	2,34	9,87	
Arginina	R	Arg	NH_3^+ — CH(CH$_2$CH$_2$CH$_2$NHC(=NH$_2^+$)NH$_2$) — CO$_2$H	1,82	8,99	12,1[c,d]
Asparagina	N	Asn	NH_3^+ — CH(CH$_2$C(=O)NH$_2$) — CO$_2$H	2,16[c]	8,73[c]	
Ácido aspártico	D	Asp	NH_3^+ — CH(CH$_2$CO$_2$H) — CO$_2$H	1,99	10,00	3,90
Cisteína	C	Cys	NH_3^+ — CH(CH$_2$SH) — CO$_2$H	1,7[d]	10,74	8,36
Ácido glutâmico	E	Glu	NH_3^+ — CH(CH$_2$CH$_2$CO$_2$H) — CO$_2$H	2,16	9,96	4,30
Glutamina	Q	Gln	NH_3^+ — CH(CH$_2$CH$_2$C(=O)NH$_2$) — CO$_2$H	2,19[c]	9,00[c]	
Glicina	G	Gly	NH_3^+ — CH$_2$ — CO$_2$H (R=H)	2,35	9,78	
Histidina	H	His	NH_3^+ — CH(CH$_2$-imidazol$^+$) — CO$_2$H	1,6[d]	9,28	5,97
Isoleucina	I	Ile	NH_3^+ — CH(CH(CH$_3$)CH$_2$CH$_3$) — CO$_2$H	2,32	9,76	

(continua)

Tabela 8.8

Aminoácidos e suas constantes de dissociação ácida (continuação).

Aminoácido	Símbolos[a]		Estrutura	pK_a (a 25 °C)[b]		
				C-terminal	N-terminal	Cadeia lateral
Leucina	L	Leu	NH_3^+–CH[CH$_2$CH(CH$_3$)$_2$]–CO$_2$H	2,33	9,74	
Lisina	K	Lys	NH_3^+–CH[CH$_2$CH$_2$CH$_2$CH$_2$NH$_3^+$]–CO$_2$H	1,77[d]	9,07	10,82
Metionina	M	Met	NH_3^+–CH[CH$_2$CH$_2$SCH$_3$]–CO$_2$H	2,18[c]	9,08[c]	
Fenilalanina	F	Phe	NH_3^+–CH[CH$_2$–C$_6$H$_5$]–CO$_2$H	2,20	9,31	
Prolina	P	Pro	(estrutura cíclica com $^+NH_2$)–CO$_2$H	1,95	10,64	
Serina	S	Ser	NH_3^+–CH[CH$_2$OH]–CO$_2$H	2,19	9,21	
Treonina	T	Thr	NH_3^+–CH[CHOHCH$_3$]–CO$_2$H	2,09	9,10	
Triptofano	W	Trp	NH_3^+–CH[CH$_2$–indol]–CO$_2$H	2,37[c]	9,33[c]	
Tirosina	Y	Tyr	NH_3^+–CH[CH$_2$–C$_6$H$_4$–OH]–CO$_2$H	2,24[c]	9,19[c]	10,47
Valina	V	Val	NH_3^+–CH[CH(CH$_3$)$_2$]–CO$_2$H	2,29	9,72	

[a] Estes símbolos são usados com frequência quando escrevemos as sequências de aminoácidos em peptídeos e proteínas. Os símbolos de uma única letra são atualmente recomendados para essa finalidade; no entanto, os símbolos com três letras são mais encontrados em fontes antigas.

[b] Estes valores de pK_a foram obtidos em NIST Standard Reference Database 46 — *NIST Critically Selected Stability Constants for Metal Complexes Database*, v. 8.0, NIST, Gaithersburg, MD, 2004.

[c] Estes valores são para uma força iônica de 0,1. Todos os outros valores de pK_a listados são para uma força iônica de 0,0.

[d] Estes valores estão listados em NIST Database 46 como de validade questionável.

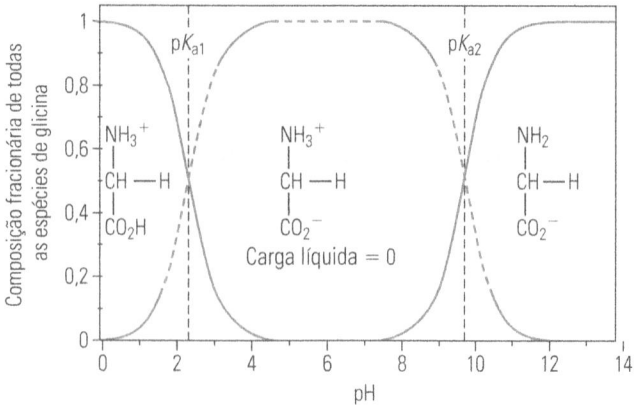

Figura 8.7

Diagrama de composição fracionária da espécie para glicina em água.

pela qual o controle de pH (ou a falta de controle, no caso da chuva ácida) é tão essencial para plantas, animais e outros organismos vivos.

Se você analisar com atenção a Figura 8.7, verá que há um ponto no diagrama em que a carga média em todas as glicinas será exatamente igual a zero. Esse pH especial é conhecido como **ponto isoelétrico (pI)**.[26] O pI de uma zwitterion ocorre na faixa de pH onde a forma com carga zero (que chamaremos de HA) é a dominante e onde as quantidades relativas das formas +1 e −1 (H_2A^+ e A^-) têm concentrações idênticas. Poderemos determinar o valor exato desse pH se soubermos as reações ácido-base e as constantes de dissociação de ácido envolvidas na conversão de HA para A^- e H_2A^+. Por exemplo, rearranjando as expressões de equilíbrio para essas reações, podemos mostrar que $[A^-] = K_{a2} [HA]/[H^+]$ e $[H_2A^+] = [HA][H^+]/K_{a1}$. Também sabemos que, no ponto isoelétrico, $[H_2A] = [A^-]$, ou $[HA][H^+]/K_{a1} = K_{a2}[HA]/[H^+]$. Quando [HA] é cancelado em ambos os lados desta última equação e o logaritmo da equação é tomado, temos o resultado a seguir.

Ponto isoelétrico para uma zwitterion:

$$pI = \frac{pK_{a1} + pK_{a2}}{2} \quad (8.53)$$

Você pode notar que a Equação 8.53 é bastante semelhante à Equação 8.52 para o pH de uma solução contendo uma forma intermediária de um sistema ácido-base poliprótico. Essa semelhança ocorre porque ambas as equações descrevem o pH (nesse caso, o ponto em que pH = pI) de uma solução para uma forma de ácido-base intermediária. O mesmo tipo de relação pode ser derivado para determinar o ponto isoelétrico de uma zwitterion com mais de dois grupos ácido-base. Nessa situação, os valores de pK_a aplicados na Equação 8.53 são aqueles para os processos que têm a forma 'neutra' da zwitterion como o ácido conjugado ou como a base conjugada. Por exemplo, os valores de pK_a a serem usados aqui para o ácido glutâmico seriam 2,16 e 4,30, porque esses são os valores que representam as reações ácido-base que se formam e consomem a forma desse aminoácido com uma carga líquida igual a zero.

> **EXERCÍCIO 8.12** Determinação do ponto isoelétrico de um aminoácido
>
> Um químico ambiental que estuda os efeitos biológicos da chuva ácida deseja preparar uma solução de alanina com um pH exatamente igual ao pI desse aminoácido. A qual pH essa solução deve ser preparada?
>
> **SOLUÇÃO**
>
> A forma de alanina que tem carga líquida igual a zero ocorre quando seu grupo carboxila perde um íon hidrogênio (dando a esse grupo a carga de −1) e a região N-terminal ganha um íon hidrogênio, dando-lhe uma carga local de +1. Os valores de pK_a para esses dois processos são 2,35 e 9,87, conforme obtidos de $K_{a1} = 4{,}47 \times 10^{-3}$ e $K_{a2} = 1{,}35 \times 10^{-10}$. Ao colocarmos esses valores na Equação 8.53, obtemos o seguinte ponto isoelétrico.
>
> $$pI = \frac{pK_{a1} + pK_{a2}}{2} = \frac{2{,}35 + 9{,}87}{2} = 6{,}11$$
>
> Logo, um pH 6,11 deve ser usado para preparar uma solução que forneça pH = pI para a alanina.

Conhecer o valor de pI para um aminoácido, um peptídeo, uma proteína ou para outro tipo de zwitterion pode ser muito útil na identificação e no isolamento dessas substâncias químicas. Veremos um exemplo dessa aplicação no Capítulo 23, quando discutirmos como a *focalização isoelétrica* pode ser aplicada para separar compostos biológicos de acordo com seus pontos isoelétricos. O ponto isoelétrico de uma zwitterion também é importante para determinar a solubilidade de tal composto, porque as proteínas e outros agentes biológicos tendem a ter a menor solubilidade em um pH igual a seu valor de pI.

Zwitterions são importantes não só como analitos, mas também como reagentes. Por exemplo, um grupo de substâncias zwitteriônicas conhecidas como *tampões Good* costumam ser utilizadas no trabalho com amostras biológicas (Tabela 8.9). Esses tampões foram nomeados em homenagem a Norman E. Good,[27] que foi quem primeiro propôs o uso de tais agentes na pesquisa biológica. Esses agentes foram selecionados por Good e seus colaboradores com base em sua boa solubilidade em água, sua **capacidade tampão** na faixa de pH 6 a 8 (condições típicas em sistemas biológicos), sua alta estabilidade e baixo custo e seus efeitos mínimos de sal. Os tampões na Tabela 8.9 também tendem a apresentar baixa absorção de luz em comprimentos de onda acima de 230 nm, uma característica que lhes atribui um ruído quando utilizados em muitos ensaios baseados em espectrofotometria (Capítulo 18).

Tabela 8.9

Exemplos de tampões 'Good'.

Acrônimo	Nome completo e estrutura[a]	pK_a (a 25 °C)[b]
ACES	Ácido N-(2-Acetamido)-2-aminoetanosulfônico $$H_2NCCH_2\overset{+}{N}H_2CH_2CH_2SO_3^-$$ (com C=O)	6,85
ADA	Ácido N-(2-Acetamido)iminodiacético $$H_2NCCH_2\overset{+}{N}H_2 \text{ com } CH_2CO^- \text{ e } CH_2CO^-$$	6,84
BICINE	N,N-bis(2-hidroxietil)glicina $$(HOCH_2CH_2)_2\overset{+}{C}NH_2CH_2CO^-$$	8,33
HEPES	Ácido 2-[4-(2-hidroxietil)-1-piperazinil]etanosulfônico $$HOCH_2CH_2\overset{+}{N}H \quad \overset{+}{H}NCH_2CH_2SO_3^-$$	7,56
HEPPS	Ácido 3-[4-(2-hidroxietil)-1-piperazinil]propanosulfônico $$HOCH_2CH_2N \quad \overset{+}{H}NCH_2CH_2CH_2SO_3^-$$	7,96
MES	Ácido 2-morfolinoetanosulfônico $$O \quad \overset{+}{H}NCH_2CH_2SO_3^-$$	6,27
MOPS	Ácido 3-morfolinopropanosulfônico $$O \quad \overset{+}{H}NCH_2CH_2CH_2SO_3^-$$	7,18
PIPES	Piperazina-1,4-bis(ácido 2-etanosulfônico) $$^-O_3SCH_2CH_2N \quad \overset{+}{H}NCH_2CH_2SO_3^-$$	7,14
TAPS	Ácido N-[tris-(hidroximetil)-metil]-3-aminopropanosulfônico $$(HOCH_2)_3C\overset{+}{N}H_2CH_2CH_2CH_2SO_3^-$$	8,55
TES	Ácido-N-[tris-(hidroximetil)-metil]-3-aminopropanosulfônico $$(HOCH_2)_3C\overset{+}{N}H_2CH_2CH_2SO_3^-$$	7,55
TRICINE	N-[tris-(hidroximetil)-metilglicina $$(HOCH_2)_3C\overset{+}{N}H_2CH_2CO^-$$	8,14

[a] A estrutura mostrada para cada composto é a forma ácida usada como parte do sistema tampão em um pH neutro. O hidrogênio que é perdido para formar a base conjugada é apresentado em negrito.

[b] Os valores de pK_a listados para os hidrogênios estão em negrito. Cada um desses tampões Good tem mais de um grupo ácido e mais de um valor de pK_a. Por exemplo, o pK_a para o grupo de ácido carboxílico em tricina é 2,02, e para os grupos ácidos carboxílicos em ADA é 1,59.

Palavras-chave

Ácido conjugado 169
Ácido monoprótico 178
Ácido poliprótico 187
Autoprotólise 172
Base conjugada 169
Base de Brønsted-Lowry 168
Base monoprótica 178
Base poliprótica 186
Capacidade tampão 194
Constante de autoprotólise 172
Constante de dissociação ácida 170
Constante de ionização de base 171
Efeito nivelador 173
Equação de Henderson-Hasselbalch 182
Escala de pH 176
K_w (constante de autoprotólise da água) 172
Modelo de Brønsted-Lowry 169
pH (definição notacional) 175
pK_a 175
pK_w 175
Ponto isoelétrico 194
Reação ácido-base 169
Solução tampão 182
Zwitterion 191

Outros termos

Anfiprótico 191
Constante de acidez 170
Constante de basicidade 171
Diagrama de composição fracionária da espécie 188
Dissociação de ácido 180
Equação de composição fracionária da espécie 187
Índice tampão 185
Modelo de Arrhenius 168
Modelo de Brønsted-Lowry 168
Tampões Good 194

Questões

O que é um ácido e o que é uma base, e por que eles são importantes em análise química?

1. Qual é a definição de 'ácido' e de 'base' de acordo com o modelo de Arrhenius? Cite alguns exemplos de ácidos e de bases de Arrhenius.

2. Qual é a definição de 'ácido' e de 'base' de acordo com o modelo de Brønsted-Lowry? O que é uma reação ácido-base, conforme definido por esse mesmo modelo? O que se entende por 'ácido conjugado' e 'base conjugada'?

3. Dois químicos, no mesmo laboratório, preparam uma solução de amônia em água. O primeiro marca a sua solução como 'amônia aquosa (NH_3)', enquanto o segundo marca seu recipiente como 'hidróxido de amônia (NH_4OH)'. Esses mesmos químicos escrevem em seus cadernos de laboratório as seguintes reações para descrever a propriedades ácido-base de suas soluções.

   Químico 1: $NH_3 + H_2O \rightleftharpoons NH_4^+ + OH^-$
   Químico 2: $NH_4OH \rightleftharpoons NH_4^+ + OH^-$

   Qual deles está usando o modelo de Arrhenius de ácidos e bases para descrever essa solução? Qual deles está usando o modelo de Brønsted-Lowry de ácidos e bases? Justifique suas respostas.

4. Cite algumas das aplicações de ácidos e bases em análise química. Dê alguns exemplos.

Ácidos fortes e fracos

5. O que se entende por 'ácido forte'? O que é um 'ácido fraco'? Cite alguns exemplos de cada um em água.

6. O que é uma 'constante de dissociação de ácido'? Como o valor dessa constante se relaciona com a força de um ácido?

7. Escreva as expressões de K_a^o para cada uma das seguintes reações.

   (a) $HOCN + H_2O \rightleftharpoons OCN^- + H_3O^+$
   (b) $C_2H_5COOH + H_2O \rightleftharpoons C_2H_5COO^- + H_3O^+$
   (c) $SH^- + H_2O \rightleftharpoons S^{2-} + H_3O^+$
   (d) $2 CH_3COOH \rightleftharpoons CH_3COOH_2^+ + CH_3COO^-$

8. Escreva as expressões de K_a para as reações da Questão 7. Demonstre como K_a se relaciona com os valores de K_a^o para as mesmas reações.

9. Classifique os seguintes ácidos inorgânicos com base em sua força relativa na água. Quais tendências em relação à estrutura química e à força do ácido você percebe em cada um desses exemplos?

   (a) ácido fosfórico, dihidrogenofosfato ($H_2PO_4^-$) e monohidrogênio fosfato (HPO_4^{2-}).
   (b) ácido hipobromoso, ácido hipocloroso e ácido hipoiodoso.
   (c) ácido hipofosfórico, ácido fosfórico e ácido fosfato.

10. Classifique os ácidos orgânicos a seguir com base em sua força relativa em água. Quais tendências em relação à estrutura química e à força do ácido você percebe em cada um desses exemplos?

    (a) ácido acético, ácido bromoacético e ácido cloroacético.
    (b) 2-nitrofenol, 3-nitrofenol, 4-nitrofenol e fenol.
    (c) ácido acético, ácido butanoico, ácido fórmico e ácido propanoico.

Bases fortes e fracas

11. O que se entende por 'base forte'? O que é uma 'base fraca'? Cite alguns exemplos de cada uma em água.

12. O que é uma 'constante de associação de base'? Como o valor dessa constante se relaciona com a força de uma base?

13. Escreva as expressões para os valores termodinâmicos de K_b das seguintes reações:
    (a) $RNH_2 + H_2O \rightleftharpoons RNH_3^+ + OH^-$
    (b) $ClO^- + H_2O \rightleftharpoons HClO + OH^-$
    (c) $RCCO^- + H_2O \rightleftharpoons RCOOH + OH^-$
    (d) $2 CH_3OH \rightleftharpoons CH_3OH_2^+ + CH_3O^-$

14. Escreva as expressões das constantes de ionização de base baseadas em concentração de cada uma das reações na Questão 13. Demonstre como essas constantes se relacionam matematicamente com as constantes de ionização de base termodinâmicas nas mesmas reações.

15. Classifique as seguintes bases em relação a sua força relativa em água. Quais tendências em relação à estrutura química e à força de ácido você percebe em cada um desses exemplos?
    (a) amônia, etilamina e metilamina.
    (b) fosfato, dihidrogenofosfato ($H_2PO_4^-$) e monohidrogênio fosfato (HPO_4^{2-}).
    (c) piridina, piperidina e 2,2'-bipiridina.

As propriedades de ácido e de base da água

16. Qual é a definição de 'composto anfiprótico'? Por que a água é considerada anfiprótica?

17. O que é 'autoprotólise'? Escreva a reação para esse processo na água. Escreva a reação para a autoprotólise de metanol (CH_3OH).

18. O que é uma 'constante de autoprotólise'? Escreva expressões para as constantes termodinâmicas e de autoprotólise dependente de concentração para a água.

19. Determine os seguintes valores para soluções aquosas.
    (a) A concentração de OH^- de uma solução contendo $2,7 \times 10^{-4} M$ H^+ a 25 °C.
    (b) A concentração de H^+ em uma solução contendo $5,1 \times 10^{-5} M$ OH^- a 25 °C.
    (c) As concentrações tanto de H^+ quanto de OH^- em água pura a 10 °C.

20. Peixes e outros organismos aquáticos são sensíveis à concentração de ácido a seu redor. Trutas podem se desenvolver quando a concentração de íons hidrogênio em um lago é $1 \times 10^{-5} M$, mas não sobrevivem se a concentração de íons hidrogênio se eleva acima de $1 \times 10^{-4} M$. Determine se as trutas de lago seriam capazes de sobreviver em (a) uma solução que contivesse 0,365 g de ácido nítrico dissolvido em 1000 L de água e (b) uma solução que contivesse 36,5 g de ácido nítrico dissolvido em 1000 L de água.

21. O que é o 'efeito nivelador'? Como ele ocorre em água? Esse efeito pode ocorrer em outros solventes?

22. Explique como a alteração de solvente pode ser aplicada para determinar a diferença de poder entre dois ácidos fortes. Cite um exemplo de um solvente que sirva para essa finalidade. Que tipo de solvente você usaria para determinar a diferença de poder entre duas bases fortes?

23. Forneça uma equação que mostre como K_a e K_b se relacionam entre si em uma determinada reação ácido-base. Explique por que essa relação depende do solvente em que a reação está ocorrendo.

24. Escreva as fórmulas químicas para as bases conjugadas dos seguintes ácidos. Determine os valores de K_b para cada uma dessas bases conjugadas em água a 25 °C.
    (a) ácido fórmico, HCOOH
    (b) fenol, C_6H_5OH
    (c) ácido crômico, H_2CrO_4
    (d) cromato de hidrogênio, $HCrO_4^-$

25. Escreva as fórmulas para os ácidos conjugados das bases a seguir. Calcule o valor de K_a para cada um desses ácidos conjugados em água a 25 °C.
    (a) amônia, NH_3
    (b) piridina, C_5H_5N
    (c) fosfato, PO_4^{3-}
    (d) fosfato de hidrogênio, HPO_4^{2-}

26. Quais suposições podemos fazer ao derivarmos a relação $K_w = K_a \cdot K_b$? Sob quais condições essa relação deixará de ser válida?

O pH e a escala de pH

27. Qual é a definição notacional comum de pH? Quais são as vantagens e as limitações dessa definição?

28. Mexilhões podem sobreviver em cursos de água com pH 6,8. Eles não sobrevivem em pH 5,2. Qual é a concentração aproximada de íon hidrogênio para cada uma dessas amostras?

29. O pH do sangue humano varia geralmente entre 7,2 e 7,6, sendo que o valor 7,4 é o mais comum. Qual é a faixa de atividades de íons hidrogênio que pode ocorrer no sangue? Qual atividade de íons hidrogênio seria encontrada na maioria das amostras de sangue?

30. Determine cada um dos valores a seguir. Use o número correto de algarismos significativos em suas respostas.
    (a) pH de $[H^+] = 6,3 \times 10^{-6} M$
    (b) pK_b para $K_b = 8,24 \times 10^{-8}$
    (c) pOH para $[H^+] = 2,15 \times 10^{-3} M$
    (d) pCl para $[Cl^-] = 1,5 \times 10^{-4} M$

31. Determine cada um dos valores a seguir. Use o número correto de algarismos significativos em suas respostas.
    (a) $[H^+]$ para pH = 9,3
    (b) K_a para pK_a = 2,22
    (c) $[OH^-]$ para pH = 11,20
    (d) $[Ca^+]$ para pCa = 5,7

32. Explique o que significa a relação $pK_w = pH + pOH$. Descreva como essa expressão é obtida pela Equação 8.21.

33. Discuta por que a relação 14,00 = pH + pOH é estritamente verdadeira somente sob temperatura de 25 °C, ou algo próximo disso. Como você mudaria essa equação para torná-la correta, se estivesse trabalhando a 20 °C? Como você a mudaria para um trabalho realizado a 10 °C?

34. Qual pH ou faixa de pH corresponde a uma solução 'ácida' em água? Qual pH ou faixa de pH corresponde a uma solução 'básica' ou a uma solução 'neutra'?

35. Explique como cada um dos itens abaixo pode afetar o pH de uma solução.
    (a) Um aumento na concentração de um ácido.
    (b) Um aumento na concentração de uma base.
    (c) Uma alteração de solvente, de água para ácido acético.

36. Explique como uma alteração de temperatura pode afetar o pH de uma solução.

Ácidos e bases fortes monopróticos

37. O que é um 'ácido monoprótico'? O que é uma 'base monoprótica'? Cite um exemplo de cada um.

38. Estime o pH de cada uma das soluções a seguir em água a 25 °C. Indique e justifique quaisquer suposições que você faça para obter suas respostas.
    (a) 0,030 M HCl
    (b) 0,0060 M KOH
    (c) 0,50 g/L HNO_3
    (d) 0,2 g/L NaOH

39. O hidróxido de potássio é uma base forte comumente usada na análise de ácidos pelo método de titulação ácido-base. Qual é o pH esperado de uma solução de KOH de 0,0600 M a 25 °C a ser usada como reagente em uma titulação? Se essa base reage na proporção de 1:1 com HCl, qual concentração desse ácido deve estar presente em uma amostra de 20 mL HCl que é exatamente neutralizada por 25 mL dessa solução KOH?

40. Um profissional de laboratório compra uma garrafa de ácido clorídrico concentrado (concentração, 12,0 M). Uma alíquota de 10,00 mL desse ácido concentrado é colocada em um balão volumétrico de 250,00 mL. Esse ácido é então cuidadosamente combinado com água e diluído até a marca no balão volumétrico. Qual é a concentração final de HCl nessa solução? Qual é o pH aproximado que se espera para essa solução a 25 °C?

41. Uma parte de 25,00 mL de uma solução de HCl de 0,100 M em água é combinada com 10,00 mL de uma solução de NaOH de 0,0500 M. Se os íons H^+ e OH^- dessas duas substâncias se combinam em uma proporção de 1:1 para formar água, qual será o pH da solução final a 25 °C?

42. Quais as limitações de usar a concentração total de um ácido forte ou de uma base forte para estimar o pH? Explique as razões de cada uma dessas limitações.

43. Estime o pH de cada uma das seguintes soluções em água a 25 °C. Indique e justifique quaisquer suposições que você faça para obter suas respostas.
    (a) $3,00 \times 10^{-8}$ M KOH
    (b) $6,10 \times 10^{-7}$ M HNO_3
    (c) 1,0 µg/L HBr
    (d) 0,2 µg/L NaOH

44. Um aluno separa uma alíquota de 1,00 mL de uma solução de HCl de $5,00 \times 10^{-4}$ M e a dilui até a marca com água em um balão volumétrico de 1000,00 mL.
    (a) Qual é o pH esperado para a solução final a 25 °C?
    (b) Qual seria o pH esperado se essa solução fosse usada mais tarde a uma temperatura de 20 °C?

45. De que forma a força iônica de uma solução afeta seu pH? Em que condições esses efeitos são mais significativos? Que tipos de erro podem ocorrer em cálculos de pH se as forças iônicas não forem consideradas, mas estiverem presentes?

46. Explique por que diferentes fórmulas são muitas vezes utilizadas para estimar o pH de uma solução de um ácido ou de base fraca *versus* uma solução de um ácido ou de uma base forte. (*Observação:* compare as equações 8.25 e 8.26 com as equações 8.32 e 8.33.) Quais são as razões para essas diferenças?

47. Calcule o pH das seguintes soluções em água a 25 °C nas concentrações analíticas fornecidas.
    (a) 0,0500 M de ácido benzoico.
    (b) $1,75 \times 10^{-4}$ M de ácido fórmico.
    (c) 20 g/L de ácido 2-nitrobenzoico.
    (d) 150 mg/L de ácido cloroacético.

48. Calcule o pH das seguintes soluções em água a 25 °C, nas concentrações analíticas fornecidas.
    (a) 0,0040 M de amônia.
    (b) $6,50 \times 10^{-5}$ M de piridina.
    (c) $7,25 \times 10^{-4}$ M de cianato.
    (d) $9,5 \times 10^{-3}$ M de metilamina.

49. Uma solução aquosa de ácido fluorídrico (HF) deve ser preparada para a análise de sílica (SiO_2) em amostras de minério. Esse processo envolve a reação de sílica com ácido fluorídrico, que produz tetrafluoreto de silício (SiF_4) como um gás. Para se preparar para essa análise, um estudante faz uma solução aquosa com uma concentração analítica de ácido fluorídrico de 0,80 M. Se nenhuma outra fonte significativa de H^+ ou F^- estiver presente, qual seria o pH aproximado para essa solução a 25 °C? (*Observação:* você pode ignorar os efeitos da força iônica para simplificar esse problema.)

50. Calcule o pH das seguintes soluções em água a 25 °C nas concentrações analíticas fornecidas.
    (a) $2,5 \times 10^{-3}$ M de fenol.
    (b) $8,1 \times 10^{-4}$ M de ácido hipocloroso.
    (c) 1,0 mg/L de ciclohexamina.
    (d) 200 mg/L de tiocianato de hidrogênio.

51. O ácido lático é produzido em nossas células musculares quando fazemos esforço para manter a respiração aeróbica. O acúmulo de ácido lático diminui o pH nos tecidos musculares de cerca de 7,0 para 6,5, ponto no qual as enzimas necessárias para uma fonte de energia anaeróbica deixam de funcionar e os músculos não atuam adequadamente. Qual concentração de ácido lático deve estar presente na água para criar um pH de 6,5 a 25 °C?

52. A quantidade de ácido ascórbico (vitamina C) em amostras clínicas deve ser determinada por um ensaio colorimétrico.
    (a) Para se preparar para essa análise, um profissional de laboratório prepara uma solução padrão que contém 10 mg de ácido ascórbico dissolvido em 100,00 mL de água. Qual é o pH esperado desse padrão a 25 °C?
    (b) Um segundo padrão contendo 10 mg de ácido ascórbico (a base conjugada do ácido ascórbico) em 100,00 mL de água é preparado. Qual é o pH esperado desse segundo padrão a 25 °C?

53. A concentração típica de amônia no plasma humano é de aproximadamente 9 a 30 μM. Se fossem preparados dois padrões que contivessem 9 ou 30 μM de amônia dissolvida em água, qual seria o pH aproximado para cada uma dessas soluções padrão?

54. Descreva como um aumento na força iônica pode afetar o pH de uma solução de ácido fraco ou de base fraca. Como essa relação se compara aos efeitos da força iônica em soluções contendo ácidos fortes ou bases fortes?

55. Um químico prepara uma solução padrão de ácido benzoico (massa molar, 122,13 g/mol) pela dissolução de 5,0 μg dessa substância em 1,00 L de água. Embora a substância seja um ácido, uma estimativa com base na Equação 8.32 sugere que essa solução produzirá um pH 7,38 a 25 °C. Qual erro foi cometido ao se estimar desse valor? O que deve ser feito para corrigir esse problema?

56. Estime o pH das misturas a seguir em água a 25 °C usando as concentrações originais fornecidas para cada componente.
    (a) $1,0 \times 10^{-3} M$ de ácido acético e $2,5 \times 10^{-4} M$ de acetato.
    (b) $4,6 \times 10^{-4} M$ ácido benzoico e $5,0 \times 10^{-4} M$ de benzoato.
    (c) $6,9 \times 10^{-5} M$ de amônia e $1,5 \times 10^{-4} M$ de amônio.

57. A quantidade de o-nitrofenol ($C_6H_5NO_3$, um ácido fraco) deve ser determinada em amostras ambientais a partir de uma titulação ácido-base (um método que discutiremos no Capítulo 11).
    (a) Um químico se prepara para essa análise colocando em 100,00 mL de água uma amostra de 0,250 g conhecida por conter cerca de 50 por cento (m/m) de o-nitrofenol. Se não houver outros ácidos ou bases presentes nessa amostra, qual será o pH aproximado esperado para essa solução a 25 °C?
    (b) Vários volumes de uma solução de NaOH de 0,0100 M são a seguir combinados com essa amostra enquanto o pH da mistura resultante é medido. Se os íons OH^- de NaOH reagem na proporção de 1:1 com o-nitrofenol para formar sua base conjugada, quantos mols da base conjugada (o-nitrofenolato) são produzidos após a adição de 25,00, 50,00 e 100,00 mL da solução de NaOH?
    (c) Qual é o pH que se pode prever para cada uma das misturas finais na Parte (b)? Como o valor do pH varia à medida que a quantidade de NaOH adicionado é aumentada?

58. Assim como o exemplo dado na Questão 57, uma titulação ácido-base também pode ser usada para determinar o conteúdo de 4-aminopiridina ($C_5H_6N_2$, uma base fraca) em uma solução.
    (a) Um químico dissolve uma porção 0,2500 g de 4-aminopiridina em 250,00 mL de água. Se foi usada uma amostra pura de 4-aminopiridina, qual é o pH esperado para essa solução a 25 °C?
    (b) Vários volumes de uma solução de HCl de 0,01500 M são combinados com essa amostra enquanto o pH da mistura resultante é medido. Se os íons H^+ de HCl reagem na proporção de 1:1 com 4-aminopiridina para formar seu ácido conjugado, quantos mols desse ácido conjugado são produzidos após a adição de 50,00 e 100,00 mL da solução de HCl?
    (c) Qual é o pH que se pode prever para cada uma das misturas finais na Parte (b)? Como o valor do pH varia à medida que a quantidade de HCl adicionada é aumentada? Como esse comportamento se compara com o observado na Questão 57?

Soluções tampão

59. O que é uma solução tampão? Cite dois exemplos.

60. O que é a equação de Henderson-Hasselbalch? Quais são as suposições feitas no uso dessa equação?

61. Um bioquímico deseja usar ácido fosfórico e dihidrogenofosfato para fazer uma solução tampão com pH final 3,0. Se a concentração total de todas as espécies de fosfato nessa solução deve ser igual a 0,050 M, quais concentrações de ácido fosfórico e de dihidrogenofosfato devem estar presentes em equilíbrio nessa solução?

62. Um químico determina que uma amostra aquosa contendo uma mistura de fenol e fenolato tem concentrações de equilíbrio dessas duas substâncias igual a $2,3 \times 10^{-6} M$ e $1,9 \times 10^{-5} M$. Se essa análise foi realizada a 25 °C e a amostra não continha outros ácidos ou bases principais, qual era o pH da amostra?

63. Um químico analítico prepara um tampão de acetato, combinando $5,0 \times 10^{-5} M$ de ácido acético com $7,5 \times 10^{-5} M$ de acetato de sódio em água a 25 °C. Qual é o pH esperado da solução final?

64. Um laboratório tem vários produtos químicos disponíveis para a preparação de soluções tampão: ácido acético, ácido barbitúrico, ACES, dietanolamina, MES e tricina. Qual deles você sugeriria que fosse usado ao se fazer tampões com os valores de pH a seguir? Justifique cada uma de suas escolhas.
    (a) pH 5,0
    (b) pH 6,0
    (c) pH 7,0
    (d) pH 8,0

65. Um bioquímico deseja preparar tampões de fosfato misturando duas soluções de 0,20 M que contêm dihidrogenofosfato de sódio (NaH_2PO_4) ou fosfato dissódico (Na_2HPO_4).
    (a) Em qual proporção (v/v) essas soluções devem ser combinadas para fornecer um tampão com pH 7,0 a 25 °C? Qual proporção deve ser usada para fornecer um pH 6,5 ou 7,5?

(b) Qual será a concentração total de todas as espécies de fosfato em cada uma dessas soluções? Qual será a fração aproximada de $H_2PO_4^-$ e de HPO_4^{2-} em cada um desses tampões?

(c) Se um volume total de 1,00 L é necessário para uma solução tampão com pH 7,2, quais volumes das duas soluções originais, NaH_2PO_4 e Na_2HPO_4, serão necessários para preparar esse tampão? Quais massas dos sólidos $Na_2HPO_4 \cdot 2H_2O$ e $NaH_2PO_4 \cdot 2H_2O$ serão necessárias para preparar essas soluções?

66. Um químico de pesquisa deseja usar um tampão à base de ácido bórico, $B(OH)_3$.
  (a) Um total de 10,68 g de ácido bórico é dissolvido em 250,00 mL de água. Qual é o pH esperado para essa solução a 25 °C?
  (b) Uma fração de 100,00 mL da solução da Parte (a) é combinada com 50,00 mL de NaOH de 0,5000 M e trazida até um volume total de 250,00 mL em água. Se OH^- e NaOH reagem a uma proporção de 1:1 com o ácido bórico para formar a base conjugada desse composto, qual será o pH aproximado (a 25 °C) da solução tampão que é formada por essa mistura?

67. O que significa 'capacidade tamponante'? Por que é importante considerar essa capacidade ao selecionar ou preparar uma solução tampão?

68. Um tampão baseado em piridina tem um pH 5,00 e uma concentração total para todas as espécies de piridina de 0,050 M. Qual é a capacidade tamponante quando o hidróxido de sódio é adicionado a 1,000 L desse tampão?

69. Um químico prepara 1,000 L de uma solução tampão que contém 0,10 M de ácido málico e 0,10 M de malato. O pH inicial desse tampão é 3,40. Qual é a capacidade tamponante dessa solução?

70. O que é um 'índice tampão'? Como o índice tampão é diferente da capacidade tamponante?

71. Por que a curva do índice tampão na Figura 8.5 atinge o máximo em um pH 4,76? Em qual pH aproximado o máximo dessa curva apareceria se você tivesse de usar um tampão baseado em imidazol? Justifique sua resposta.

Ácidos e bases polipróticos

72. O que é um 'ácido poliprótico' ou uma 'base poliprótica'? Cite um exemplo de cada um.

73. O que é uma 'equação de composição fracionária da espécie'? Como esse tipo de equação pode ser usado para descrever uma solução que contém um ácido ou uma base poliprótica?

74. Escreva a equação de composição fracionária da espécie para todas as formas ácido-base dos compostos a seguir.
  (a) Sulfeto de hidrogênio.
  (b) Ácido succínico.
  (c) Ácido cítrico.
  (d) Lisina.

75. Um químico de alimentos prepara uma solução que contém uma concentração total de 0,20 M de piperazina e apresenta um pH 6,00. Quais são as frações aproximadas de todas as espécies associadas à piperazina nessa solução a 25 °C?

76. Um estudante está pesquisando a ligação do aminoácido triptofano à proteína albumina. A ligação depende do pH da solução. Determine a fração relativa de cada espécie de triptofano que estará presente em uma solução preparada em um pH 7,4. Qual é a principal espécie de triptofano nesse pH?

77. A amônia costuma ser usada como um ligante secundário para ajudar a controlar as reações de complexação entre metais e vários agentes de ligação. A capacidade da amônia de participar dessas reações depende da quantidade relativa dessa substância que está realmente presente na forma NH_3 (versus NH_4^+) em um dado pH.
  (a) A 25 °C, qual será a fração de amônia presente na forma NH_3 em uma solução aquosa com pH 11,0?
  (b) Qual será a concentração de NH_3 a um pH 11,0 se a concentração total de amônia (na ausência de qualquer íon metálico) for 0,025 M?
  (c) Qual será a fração de NH_3 na mesma solução da Parte (a), mas em um pH 7,0? Em qual pH haverá uma quantidade maior de NH_3 disponível para a ligação com íons metálicos?

78. Um forma de descrever a força relativa dos ácidos é comparar a fração dessas substâncias que se dissociam quando colocada em uma solução. Use a equação de composição fracionária da espécie para determinar a fração de dissociação aproximada para cada um dos ácidos a seguir a um pH 2,00.
  (a) HCl
  (b) HNO_3
  (c) Ácido acético
  (d) Ácido fosfórico

79. Quais são as quatro situações gerais que podem ocorrer enquanto você tenta determinar o pH de um sistema poliprótico? Qual estratégia você usaria para determinar o pH em cada uma dessas situações?

80. O que significa o termo composto 'anfiprótico'? Cite dois exemplos específicos de compostos anfipróticos.

81. Estime o pH de cada uma das soluções a seguir. Indique e justifique quaisquer suposições que você fizer para obter suas respostas.
  (a) $2{,}50 \times 10^{-3}\,M$ de H_3PO_4
  (b) $4{,}3 \times 10^{-4}\,M$ PO_4^{3-}
  (c) $5{,}0 \times 10^{-5}\,M$ $H_2PO_4^-$
  (d) $5{,}0 \times 10^{-5}\,M$ HPO_4^{2-}

82. Calcule o pH de cada uma das soluções a seguir. Indique e justifique quaisquer suposições que você fizer para obter suas respostas.
  (a) $5{,}0 \times 10^{-5}\,M$ de ácido crômico
  (b) $5{,}0 \times 10^{-5}\,M$ de cromato
  (c) $2{,}5 \times 10^{-5}\,M$ de H_2CrO_4 e $2{,}5 \times 10^{-5}\,M$ de $HCrO_4^-$

83. Quais suposições são feitas na Equação 8.51? Quais são feitas na Equação 8.52? Quais são as vantagens e as desvantagens de utilizar cada uma dessas equações?

Zwitterions

84. Qual é a definição de uma 'zwitterion'? Explique por que os aminoácidos são zwitterions.

85. O que é um 'ponto isoelétrico'? Por que esse é um parâmetro importante?

86. Calcule os pontos isoelétricos dos aminoácidos a seguir em água a 25 °C.
  (a) Asparagina.
  (b) Isoleucina.
  (c) Metionina.
  (d) Prolina.

87. Qual pH deve ser usado para preparar uma solução de leucina de 0,15 M que tem um pH igual ao ponto isoelétrico para esse aminoácido?

88. Calcule os valores pI para cada um dos aminoácidos a seguir. Explique como você obteve essas respostas.
  (a) Ácido glutâmico.
  (b) Histidina.
  (c) Cisteína.
  (d) Tirosina.

Problemas desafiadores

89. Use o *CRC Handbook of Chemistry and Physics* ou outras referências para localizar os valores a seguir.
  (a) Ácido pícrico, K_a (25 °C).
  (b) Ácido itacônico, K_a (25 °C).
  (c) Ácido acético, pK_a (10 °C).
  (d) Alantoína, pK_a (25 °C).
  (e) Amônia, K_b (10 °C).
  (f) n-Dodecaneamina, pK_b (25 °C).

90. Obtenha informações na Internet ou em fichas com os dados de segurança de materiais sobre os riscos químicos e físicos associados a um ou mais dos ácidos e bases fortes a seguir.
  (a) Ácido clorídrico.
  (b) Hidróxido de sódio.
  (c) Ácido nítrico.
  (d) Ácido perclórico.

91. Usando a propagação de erros, estime o erro relativo máximo que pode estar presente em valores calculados para [H$^+$] quando se deseja um pH com uma precisão que esteja dentro do limite de 0,01 unidade. Qual erro máximo relativo em [H$^+$] é necessário se o pH deve ter uma precisão dentro do limite de 0,02 unidade? Qual incerteza em [H$^+$] estaria presente se o pH fosse medido com uma precisão dentro do limite de 0,005 unidade?

92. Prove que $K_{auto} = K_a \cdot K_b$ em uma reação ácido-base em qualquer solvente anfiprótico.

93. O óxido de deutério (D$_2$O) é muitas vezes usado como solvente em lugar de H$_2$O quando se utiliza o método de espectrofotometria de prótons por ressonância magnética nuclear de próton (^{1}H-RMN) porque, ao contrário da água comum, o D$_2$O não dá ruído nesse método. Assim como a água, o óxido de deutério também pode sofrer autoprotólise, sendo seus produtos D$_3$O$^+$ e OD$^-$.
  (a) Escreva a reação e a expressão de equilíbrio para a autoprotólise de D$_2$O.
  (b) Uma pequena amostra de ácido acético (glacial) puro é dissolvida em D$_2$O. Escreva a reação ácido-base de ácido acético com esse solvente.
  (c) Foi dito anteriormente que o pK_w para D$_2$O é 14,955 a 25 °C. Quais seriam as concentrações esperadas de D$_3$O$^+$ e OD$^-$ em uma amostra pura de óxido de deutério a 25 °C?
  (d) Se pD = –log ([D$_3$O$^+$]), qual seria o valor de pD para uma amostra líquida de D$_2$O puro mantido sob uma temperatura de 25 °C?

94. Prepare uma planilha que use as equações 8.25 e 8.28 para determinar a concentração analítica mínima de um ácido forte em que a dissociação ácida da água pode ser ignorada durante o cálculo de pH. Determine essa resposta para o caso em que o valor do pH deve ter uma precisão dentro do limite de 0,01, 0,02 e 0,05 unidade de pH. Como seus resultados podem ser comparados com o corte geral de > 10^{-6} M que foi dado na Equação 8.25?

95. Use uma planilha para preparar diagramas, para cada uma das seguintes substâncias, que demonstrem como as frações de cada uma de suas formas de ácido ou base se alteram com o pH. Determine as condições de pH em que cada forma seja a espécie principal.
  (a) Ácido fórmico.
  (b) Ácido cítrico.
  (c) Isoleucina.
  (d) Cisteína.

96. Um químico farmacêutico prepara um tampão com pH 7,40 que contém uma concentração total de 0,067 M de NaH$_2$PO$_4$ e de Na$_2$HPO$_4$.
  (a) Qual é a força iônica estimada dessa solução? Quais suposições, caso haja alguma, você fez para obter essa resposta?
  (b) Até que ponto a força iônica dessa solução faz com que K_a seja diferente de K_a° para o sistema de tampão especificado?
  (c) Quais concentrações de H$_2$PO$_4^-$ e HPO$_4^{2-}$ você calcularia estarem presentes nesse tampão com pH 7,4 se a força iônica não fosse considerada? Quantos mols de cada uma dessas espécies você usaria para preparar esse tampão se os efeitos da força iônica fossem ignorados?
  (d) Repita os cálculos da Parte (c), mas, dessa vez, considere a força iônica. Como os seus resultados se comparam com aqueles determinados na Parte (c)?

97. Derive a relação mostrada na Equação 8.33 para uma base monoprótica fraca. Quais suposições foram feitas durante essa derivação?

98. Outro tipo de tampão frequentemente utilizado em estudos farmacêuticos é o tampão fosfato salino (PBS, do inglês, phosphate-buffered saline). Uma receita para esse tampão tem a seguinte composição, que é ajustada a um pH 7,4 após ter sido preparada.

137 mM NaCl
2,7 mM KCl
4,3 mM Na$_2$HPO$_4$
1,4 mM KH$_2$PO$_4$

(a) Qual é a força iônica dessa solução tampão? Qual dos reagentes listados dá a contribuição maior para essa força iônica?

(b) Em que medida o K_a faria a força iônica divergir de $K_a°$ para esse sistema tampão?

(c) Qual pH seria esperado para esse tampão se a força iônica não fosse considerada? Como isso pode ser comparado com o pH final ajustado de 7,4? Quão diferentes são esses valores? Qual é a diferença correspondente em termos de concentração de íons hidrogênio?

99. Para um ácido fraco diluído, podemos obter uma equação em termos de [H$^+$] usando a mesma abordagem descrita na Seção 8.4.1 para um ácido forte diluído. A derivação começa com a equação de equilíbrio de massa a seguir, a qual mostra que temos duas importantes fontes de íons hidrogênio: a água e o ácido fraco (HA).

$$[H^+] = [H^+]_{HA} + [H^+]_{Água} \quad (8.54)$$

O resultado final é o conjunto de expressões mostrado a seguir.

Para um ácido monoprótico fraco diluído:

$$[H^+] = C_{HA} \cdot \frac{K_a}{[H^+]+K_a} + \frac{K_w}{[H^+]}$$

ou

$$0 = [H^+]^3 + K_a[H^+]^2 - (K_w + K_a C_{HA}[H^+]) - K_a K_w \quad (8.55)$$

(a) Identifique cada termo da Equação 8.55. Mostre como essa expressão pode ser derivada a partir da Equação 8.54. Explique as razões por trás de cada etapa em sua derivação.

(b) Um estudante tem uma solução de ácido acético de 0,10 M e a dilui em água a uma concentração analítica de $5,0 \times 10^{-7}$ M. Qual é o pH esperado para essa solução?

(c) Como o pH obtido na Parte (b) pode ser comparado ao resultado que se prevê se os efeitos da dissociação da água são ignorados?

100. Prepare uma planilha que use ambas as equações, 8.32 e 8.55, para determinar qual pH seria obtido em uma determinada concentração analítica para um ácido monoprótico fraco.

(a) Use sua planilha para preparar gráficos de pH versus concentração analítica de ácidos fracos que possuem valores de K_a de 10^{-4}, 10^{-6}, 10^{-8} ou 10^{-10}.

(b) Pelo gráfico da Parte (a), determine a concentração analítica mínima de um ácido fraco que deve estar presente em cada um dos valores especificados de K_a para produzir valores de pH calculados para a Equação 8.32 que estejam dentro do limite de 0,01, 0,02 e 0,05 unidade de pH daquelas previstas pela Equação 8.55.

(c) Como as concentrações analíticas mínimas que você determinou na Parte (b) podem ser comparadas aos resultados obtidos para um ácido forte na Questão 53? Explique as diferenças observadas nesses resultados.

101. Se o pH e a concentração total (C_T) de ácido e de base conjugada são conhecidos para um tampão, a Equação 8.35 pode ser rearranjada da seguinte forma:

$$C_{A^-} = \frac{K_a C_T - K_a[H^+] - [H^+]^2}{K_a + [H^+]}$$

$$e\ C_{HA} = C_T - C_{A^-} \quad (8.56)$$

em que C_{HA} é a concentração total do ácido que foi originalmente adicionado à solução e C_{A^-} é a concentração total da base conjugada que foi inicialmente colocada na solução.

(a) Mostre como as relações na Equação 8.56 podem ser obtidas na Equação 8.35.

(b) Prepare uma planilha em que a Equação 8.56 e a equação de Henderson-Hasselbalch sejam usadas para estimar o pH de uma mistura de um ácido fraco e sua base conjugada em várias concentrações totais diferentes desses dois componentes. Elabore essa planilha usando os valores de K_a de 10^{-4}, 10^{-6} e 10^{-8}. Como os resultados das duas abordagens diferem em seus gráficos? Explique as diferenças observadas.

102. O índice tampão de um sistema ácido-base monoprótico relativamente concentrado pode ser aproximado por meio da Equação 8.57.[24]

$$\beta = 2,3 \cdot \frac{K_a[H^+]}{(K_a+[H^+])^2} \cdot C_{HA} \quad (8.57)$$

(a) Prepare uma planilha em que você use a Equação 8.57 para traçar o índice tampão versus o pH de um ácido fraco com um valor de K_a de 10^{-6} e uma concentração analítica total de 10^{-2} M. Compare seus resultados com aqueles mostrados na Figura 8.5. Quais semelhanças e diferenças você observa?

(b) Elabore gráficos semelhantes de índice tampão versus pH para ácidos fracos com concentrações totais de 10^{-2} M e valores de K_a de 10^{-4}, 10^{-6} ou 10^{-8}. Como esses gráficos são afetados ao se variar o valor de K_a do ácido fraco?

(c) Use sua planilha para preparar gráficos do índice tampão versus o pH de um ácido fraco com um valor de K_a de 10^{-4} e concentrações analíticas totais de 10^{-2}, 10^{-3}, 10^{-4} ou 10^{-5} M. Quais alterações nesses gráficos podem ser notadas ao se variar C_{HA}? O que suas observações revelam sobre o efeito da concentração do tampão sobre o índice tampão?

103. Um valor que muitas vezes é semelhante ao do ponto isoelétrico de uma zwitterion é seu *ponto isoiônico*.[26] Trata-se do pH originado quando somente a forma neutra do composto zwitteriônico (HA) é colocada em uma solução. O ponto isoiônico de uma zwitterion pode ser encontrado pela mesma equação já derivada de uma solução para uma forma intermediária de um sistema ácido-base poliprótico, na qual estamos agora procurando a forma intermediária do HA.

    Ponto isoiônico para HA: $[H^+] \cdot \sqrt{\dfrac{K_{a1}(K_{a2}C_{HA} + K_w)}{K_{a1} + C_{HA}}}$ (8.58)

    (a) Calcule os pontos isoiônicos para as seguintes soluções em água a 25 °C.
    $1{,}5 \times 10^{-4}\,M$ de valina
    $2{,}0 \times 10^{-5}\,M$ de ácido glutâmico
    $5{,}5 \times 10^{-3}\,M$ de lisina
    $2{,}5 \times 10^{-4}\,M$ de histidina

    (b) Quais são os valores isoelétricos para os compostos da Parte (a)?

    (c) Como os pontos isoelétricos da Parte (b) podem ser comparados aos pontos isoiônicos da Parte (a)? Explique quaisquer semelhanças ou diferenças que você notar nesses valores.

Tópicos para discussão e relatórios

104. Localize informações na Internet sobre os efeitos da chuva ácida em sua região. Como esses efeitos se comparam aos de outras regiões dos Estados Unidos ou do mundo? Quais técnicas de análise foram utilizadas para monitorar esses efeitos?

105. A Agência de Proteção Ambiental e o Geological Survey dos Estados Unidos são dois órgãos que monitoram rotineiramente várias substâncias químicas presentes no meio ambiente. Escreva um relatório sobre uma dessas agências e as áreas em que ela realiza a análise química.

106. A maneira pela qual o pH deve ser definido foi tema de muita discussão ao longo dos anos. Obtenha mais informações de fontes como as referências 10, 11 e 17 sobre como o pH é definido para diversas áreas de trabalho e pesquisa. Relate suas descobertas.

107. Entre em contato com um laboratório de análises clínicas ou ambientais em sua região e pesquise como eles usam as medições de pH em seu trabalho. Escreva um relatório sobre suas descobertas.

108. Além de contribuir para a teoria ácido-base, Svante Arrhenius contribuiu de muitas outras formas para o quadro moderno das reações químicas. Obtenha mais informações sobre Arrhenius e sua obra. Descreva como seus estudos contribuíram para a química analítica.

109. A equação de Henderson-Hasselbalch desempenhou um papel importante no passado para ajudar os cientistas a estudar os processos ácido-base comuns.[21-23] Saiba mais sobre a história por trás dessa equação e escreva um relatório sobre como isso afetou a descrição e o uso de reações ácido-base em química e em outros campos.

110. A estrutura do íon hidrogênio ou 'próton hidratado' em água tem sido tema de pesquisa científica há muito tempo. Usando fontes como as referências 28 a 30, descreva algumas outras estruturas possíveis que um íon hidrogênio pode ter com a água. Quais métodos analíticos têm sido usados para estudar essa questão? Cite algumas das dificuldades encontradas na obtenção de métodos para a realização desse trabalho. Que tipos de informação foram obtidos sobre as estruturas de íons hidrogênio na água?

111. Entre em contato com um laboratório de análises clínicas ou ambientais em sua região e pesquise como eles usam os tampões em seu trabalho. Inclua em seu relatório uma descrição dos tipos de solução tampão que eles geralmente usam e as razões pelas quais trabalham com esses tampões específicos.

Referências bibliográficas

1. J. Millett, 'Acid Rain Program Shows Continued Success and High Compliance, EPA Reports', U.S. Environmental Protection Agency, 16 out. 2006.
2. W.B. Grant, 'Acid Rain and Deposition', *Handbook of Weather, Climate and Water*, 1, 2003, p.269–284.
3. U.S. Environmental Protection Agency, '*Acid Rain Program: 2005 Progress Report*', 2006.
4. *The New Encyclopaedia Britannica*, 15 ed., Encyclopaedia Britannica, Inc., Chicago, IL, 2002.
5. S.A. Arrhenius, *Investigations on the Galvanic Conductivity of Electrolytes*, tese de doutorado, Swedish Academy of Sciences, Estocolmo, Suécia, 1884.
6. D. R. Lide, ed., *CRC Handbook of Chemistry and Physics*, 83 ed., CRC Press, Boca Raton, FL, 2002.
7. J.N. Brønsted, 'Some Remarks on the Concept of Acids and Bases', *Recueil des Travaux Chimiques des Pays-Bas*, 42, 1923, p.718–728.
8. T.M. Lowry, 'The Uniqueness of Hydrogen', *Chemistry and Industry*, 42, 1923, p. 43–47.
9. H. Frieser, *Concepts & Calculations in Analytical Chemistry: A Spreadsheet Approach*, CRC Press, Boca Raton, FL, 1992.
10. J. Inczedy, T. Lengyel e A.M. Ure, *Compendium of Analytical Nomenclature*, 3 ed., Blackwell Science, Malden, MA, 1997.
11. H.M.N.H. Irving, H. Freiser e T.S. West, *Compendium of Analytical Nomenclature: Definitive Rules–1977*, Pergamon Press, Nova York, 1977.
12. John A. Dean, ed., *Lange's Handbook of Chemistry*, 15 ed., McGraw-Hill, Nova York, 1999.

13. A.E. Martell e R.M. Smith, *Critical Stability Constants*, Plenum Press, Nova York, 1974.
14. E.P. Serjeant e B. Dempsey, ed., *Ionization Constants of Organic Acids in Solution*, Pergamon Press, Oxford, UK, 1979.
15. J.S. Fritz, *Titrations in Nonaqueous Solvents*, Allyn and Bacon, Boston, MD, 1973.
16. S.P.L. Sörenson, 'Enzyme Studies II. The Measurement and Meaning of Hydrogen Ion Concentration in Enzymatic Processes', *Biochemische Zeitschrift*, 21, 1909, p.131–200.
17. H.B. Kristensen, A. Salomon e G. Kokholm, 'International pH Scales and Certification of pH', *Analytical Chemistry*, 63, 1991, p.885A–891A.
18. A. LaBastille, 'Acid Rain—How Great a Menace?' *National Geographic*, 170, 1981, p.652–681.
19. L.J. Henderson, 'Concerning the Relationship Between the Strength of Acids and Their Capacity to Preserve Neutrality', *American Journal of Physiology*, 21, 1908, p.173–179.
20. K.A. Hasselbalch, 'The Calculation of the Hydrogen Number of the Blood from the Free and Bound Carbon Dioxide of the Same and the Binding of Oxygen by the Blood as a Function of the Hydrogen Number', *Biochemische Zeitschrift*, 78, 1916, p.112–144.
21. H.N. Po e N.M. Senozan, 'Henderson-Hasselbalch Equation: Its History and Limitations', *Journal of Chemical Education*, 78, 2001, p.1499–1503.
22. R. de Levie, 'Henderson-Hasselbalch Equation: Its History and Limitations', *Journal of Chemical Education*, 80, 2003, p.146.
23. J.W. Severinghaus, P. Astrup e J.F. Murray, 'Blood Gas Analysis and Critical Care Medicine', *American Journal of Respiratory and Critical Care Medicine*, 157, 1998, p.S114–S122.
24. V. Chiriac e G. Balea, 'Buffer Index and Buffer Capacity for a Simple Buffer Solution', *Journal of Chemical Education*, 74, 1997, p.937–939.
25. E.T. Urbansky e M.R. Schock, 'Understanding, Deriving and Computing Buffer Capacity', *Journal of Chemical Education*, 77, 2000, p.1640.
26. IUPAC Compendium of Chemical Terminology, versão eletrônica, http://goldbook.iupac.org.
27. N.E. Good, G.D. Winget, W. Winter, T.N. Connolly, S. Izawa e R.M.M. Singh, 'Hydrogen Ion Buffers for Biological Research', *Biochemistry*, 5, 1966, p.467–477.
28. Timothy S. Zwier, 'The Structure of Protonated Water Clusters,' www.sciencexpress.org/29 April 2004/Page 1/10.1126/science.1098129
29. J.M. Headrick, E. C. Diken, R.S. Walters, N.I. Hammer, R.A. Christie, J. Cui, E.M. Myshakin, M.A. Duncan, M.A. Johnson e K.D. Jordan, 'Spectral Signatures of Hydrated Proton Vibrations in Water Clusters', *Science*, 308, 2005, p.1765–1769.
30. S. Borman, 'Revisiting the Hydrated Proton', *Chemical & Engineering News,* 4 jul. 2005, p.26–27.

Capítulo 9
Formação de complexos

Conteúdo do capítulo

9.1 Introdução: o que tem na minha maionese?
   9.1.1 O que é formação de complexos?
   9.1.2 Quais são as aplicações analíticas da formação de complexos?
9.2 Complexos metal-ligante simples
   9.2.1 O que é um complexo metal-ligante?
   9.2.2 Constantes de formação de complexos metal-ligante
   9.2.3 Previsão da distribuição de complexos metal-ligante
9.3 Complexos de agentes quelantes com íons metálicos
   9.3.1 O que é um agente quelante?
   9.3.2 O efeito quelato
   9.3.3 Ácido etilenodiaminotetracético
   9.3.4 Tratamento de reações paralelas
9.4 Outros tipos de complexo
   9.4.1 Descrição geral da formação de complexos
   9.4.2 Exemplos de complexos alternativos

9.1 Introdução: o que tem na minha maionese?

A indústria alimentícia utiliza a análise química diariamente para examinar o conteúdo de seus produtos. A importância da análise química nessa área pode ser facilmente observada ao se verificar a grande quantidade de informações fornecidas no rótulo de um alimento. O rótulo típico exigido exibe as quantidades de proteína, gordura, carboidratos, sódio e colesterol presentes que, em algum momento, foram determinadas pela análise química. Frequentemente, outros ingredientes também são citados nesses rótulos. O rótulo de um pote de maionese na Figura 9.1 lista o 'EDTA cálcio dissódico' como um dos ingredientes. Trata-se de uma substância que se combina firmemente a muitos íons metálicos como o Fe^{3+}. A presença de íons livres de Fe^{3+} na maionese é indesejável porque eles podem levar à oxidação de gorduras insaturadas. Esse processo, por sua vez, produz um gosto desagradável e um odor rançoso. Entretanto, se o EDTA estiver presente, ele se ligará ao Fe^{3+} e evitará que esse íon metálico seja usado na oxidação das gorduras. Por essa razão, o EDTA costuma ser adicionado como conservante a produtos que contêm gorduras e óleos, como a maionese e os molhos para salada.[1] A análise de EDTA nesses alimentos é, portanto, uma parte crucial do processo de controle de qualidade por meio do qual o fabricante garante que seu produto atenda aos padrões exigidos antes de colocá-lo à venda.

Agentes como o EDTA também são reagentes importantes em métodos de análises químicas. Por exemplo, essa substância se liga ao Fe^{3+} e a muitos íons metálicos por um processo conhecido como **formação de complexo**.[2,3] Essa capacidade do EDTA faz dele um reagente popular na mensuração desses íons em métodos como a titulação complexométrica (Capítulo 13). Neste capítulo, discutiremos como agentes como o EDTA podem tomar parte na formação de complexos. Também veremos como descrever as reações de formação de complexos. Para isso, recorreremos novamente aos equilíbrios químicos e às constantes de equilíbrio como ferramentas de auxílio na compreensão e no

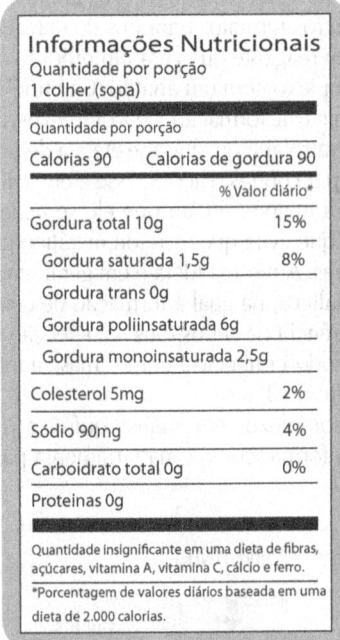

Figura 9.1

Ampliação de rótulo de um pote de maionese que lista o 'EDTA cálcio dissódico' como um de seus ingredientes.

controle desses processos. Em capítulos posteriores, analisaremos como essa informação pode ser usada em métodos analíticos baseados em reações de formação de complexos.

9.1.1 O que é formação de complexos?

A **formação de complexos** é uma reação na qual ocorre uma ligação reversível entre duas ou mais espécies químicas distintas, como o EDTA e o Fe^{3+}. O produto dessa reação é denominado **complexo**.[4,5] Existem muitos tipos de reações de formação de complexos. O primeiro a ser examinado neste capítulo é o que envolve íons metálicos, conforme ilustrado pela ligação de EDTA com Fe^{3+} (seções 9.2 e 9.3). O segundo tipo de formação de complexos a ser apresentado é o que ocorre entre vários tipos de moléculas biológicas e orgânicas (Seção 9.4). Exemplos deste último grupo de reações incluem a ligação de um anticorpo com um agente externo e a ligação de dois filamentos de DNA, como acontece em testes de DNA e na reação em cadeia da polimerase (Capítulo 2).

9.1.2 Quais são as aplicações analíticas da formação de complexos?

A formação de complexos é usada de muitas maneiras em química analítica, por exemplo, para medir a quantidade de um analito. No caso do EDTA e de íons metálicos como o Fe^{3+}, essa abordagem frequentemente envolve o uso de uma titulação (Capítulo 13). Agentes de ligação como o EDTA também podem ser empregados em outros formatos para fins de detecção. Um exemplo disso seria um reagente que gera um produto colorido quando forma um complexo com um analito (Capítulo 18).

Em análise química, a formação de complexos também pode ser usada para controlar a quantidade efetiva de um analito que está disponível para outras reações. Esse efeito é ilustrado pela adição do EDTA à maionese para que ele se ligue com o Fe^{3+}, em um processo que evita que esse íon metálico participe da oxidação de gorduras. A mesma ideia é em geral empregada na análise de íons metálicos, na qual a formação de complexos pode impedir a interferência de certos íons na detecção do analito desejado (um método conhecido como 'mascarante', que será discutido no Capítulo 13).

A formação de complexos em análise química pode ser usada de uma terceira forma, como uma ferramenta para a separação de substâncias químicas. Por exemplo, agentes complexantes podem ser fixados a um suporte sólido para ligar e separar seus componentes-alvo de outras substâncias em uma amostra. Essa abordagem é utilizada em alguns tipos de extração e de cromatografia líquida, métodos que serão discutidos nos capítulos 20 a 22. A formação de complexos também pode levar a uma alteração nas propriedades físicas de um analito, como em seu tamanho e em sua carga aparente. Esse efeito pode ser útil em separações químicas, como veremos ao discutirmos o método de eletroforese (Capítulo 23).

9.2 Complexos metal-ligante simples

O primeiro tipo de formação de complexos que examinaremos é o que ocorre entre um íon metálico e um agente de ligação simples como a amônia ou um íon cloreto. Os químicos sabem há mais de cem anos que Cl^- pode se combinar com Ag^+ para formar AgCl insolúvel (um exemplo de precipitação, como vimos no Capítulo 7). Contudo, os mesmos químicos não entendiam por que o Cl^- não precipitava o Ag^+ tão facilmente quando os íons cloreto eram antes colocados em uma solução contendo um íon metálico como o Co^{3+}. Esses químicos também ficavam confusos com o fato de que uma solução de amônia e de íons cobre produzia uma solução de coloração azul-escuro, da qual era possível recuperar a amônia intacta se fosse posteriormente aquecida (Figura 9.2).

Tais observações foram explicadas em 1893 pelo químico suíço Alfred Werner,[6-9] que sugeriu que essas reações se baseavam em um tipo especial de ligação química. Ele propôs que essas reações eram causadas pela formação reversível de um complexo entre duas espécies químicas, como o Co^{3+} e o Cl^+, ou amônia e íons cobre. Ele também acreditava que esse complexo se formava pelo compartilhamento de um par de elétrons por uma substância (Cl^- ou amônia) com um íon metálico (Co^{3+} ou Cu^{2+}). O tipo de ligação que se forma quando uma substância compartilha um par de elétrons com um íon metálico é chamada de *ligação coordenada* (também conhecida como 'ligação covalente coordenada' ou 'estabilização por retrodoação').[5] A substância que compartilha seu par de elétron com o íon metálico chama-se **ligante** (do latim *ligare*, que significa 'ligar' ou 'amarrar'). O produto dessa reação é conhecido como **complexo metal-ligante** ou *complexo de metal de coordenação*.[10]

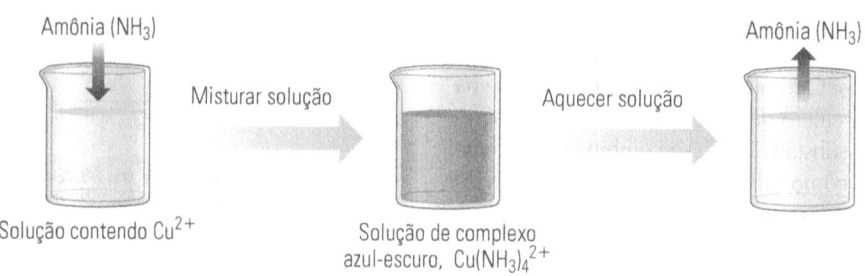

Figura 9.2

Reação de Cu^{2+} com amônia em água para formar um complexo de coloração azulada, $Cu(NH_3)_4^{2+}$. Este complexo se forma por meio de uma reação reversível. Posteriormente, a amônia pode ser liberada desse complexo e removida da solução por aquecimento, deixando para trás os íons Cu^{2+}.

9.2.1 O que é um complexo metal-ligante?

Formação de complexos metal-ligante. A formação de um complexo metal-ligante é realmente um tipo especial de reação ácido-base. No Capítulo 8, estudamos o modelo de ácidos e bases de Brønsted–Lowry, em que um ácido é um doador de próton e uma base é um receptor de próton. Um modelo mais geral que também abrange a formação de complexos metal-ligante foi proposto em 1923 pelo químico norte-americano Gilbert N. Lewis.[9,11,12] Nessa definição mais ampla, um **ácido de Lewis** é uma substância que pode aceitar um par de elétrons de outra substância, enquanto uma **base de Lewis** é uma substância que pode doar um par de elétrons a outra substância.[5,10,13]

A Figura 9.3 ilustra como o modelo ácido-base de Lewis pode ser aplicado à formação de um complexo metal-ligante. Nesse exemplo, a amônia fornece um par de elétrons para os orbitais externos de um íon Cu^{2+}, formando um complexo entre a amônia e esse íon metálico. Visto que o íon Cu^{2+} aceita os elétrons da amônia, ele age como um ácido de Lewis durante essa reação enquanto a amônia atua como uma base de Lewis. Trata-se de um processo reversível, e por isso a amônia pode ser liberada desse complexo por aquecimento (Figura 9.2). Também é possível que tal reação prossiga por etapas adicionais, em que mais de uma molécula de amônia se combina com um íon Cu^{2+}. Por exemplo, a coloração azul-escura de soluções de Cu^{2+} somada à amônia se deve à adição de quatro moléculas de amônia por Cu^{2+}, fornecendo o complexo $Cu(NH_3)_4^{2+}$.

O par de elétrons em amônia que permite sua ligação com Cu^{2+} também participa da ligação da amônia com um íon hidrogênio, na qual a amônia atua como a base de Brønsted–Lowry (um receptor de próton). Na verdade, qualquer substância que seja um ácido ou uma base no modelo de Brønsted–Lowry também é um ácido ou uma base no modelo de Lewis. Essa afirmação é verdadeira porque a transferência de um próton (ou íon hidrogênio) em uma reação ácido-base de Brønsted–Lowry requer que o próton seja adicionado a um par de elétrons na base, fazendo-a atuar como um 'doador de par de elétrons'. Você deve ter em mente, porém, que nem todos os ácidos e bases de Lewis também são ácidos e bases de Brønsted–Lowry, porque muitas das reações ácido-base de Lewis não envolvem transferência de prótons.

A reação ácido-base de Lewis na Figura 9.3 é uma visão simplificada da reação que ocorre de fato entre o Cu^{2+} e a amônia. Essa figura em particular implica que não há nada ligado aos íons Cu^{2+} no início da reação. Entretanto, o que está efetivamente presente no início dessa reação é um complexo entre Cu^{2+} e água, em que a água atua como um ligante para formar o complexo $Cu(H_2O)_6^{2+}$. Um complexo semelhante ocorre quando outros íons metálicos são dissolvidos em solução aquosa.

A presença do complexo $Cu(H_2O)_6^{2+}$ significa que a reação entre o Cu^{2+} aquoso e a amônia, na verdade, exige a substituição de uma base de Lewis relativamente forte (NH_3) para uma base de Lewis mais fraca (H_2O) no íon cobre.

Adição de um NH_3 a Cu^{2+}:

$$Cu(H_2O)_6^{2+} + NH_3 \rightleftarrows Cu(NH_3)(H_2O)_5^{2+} + H_2O \quad (9.1)$$

Se mais amônia é adicionada a essa solução, um total de seis moléculas de amônia pode se combinar com cada íon Cu^{2+}, sendo que as quatro primeiras são adicionadas a baixas concentrações de amônia e as duas últimas, somente a concentrações muito elevadas.[14]

Adição completa de seis NH_3 a Cu^{2+}:

$$Cu(H_2O)_6^{2+} + 6NH_3 \rightleftarrows Cu(NH_3)_6^{2+} + 6H_2O \quad (9.2)$$

Podemos ver agora que cada uma dessas reações tem dois conjuntos de ácidos e de bases de Lewis — um no lado do reagente e o outro no lado do produto. Na Equação 9.1, $Cu(H_2O)_6^{2+}$ é o ácido de Lewis e NH_3, a base de Lewis no lado dos reagentes, enquanto $Cu(NH_3)(H_2O)_5^{2+}$ é o ácido de Lewis e H_2O, a base de Lewis no lado do produto. A extensão relativa dessa reação será determinada pela mudança de energia que ocorre no curso entre esses dois pares ácido-base.

Descrição de complexos metal-ligante. Há muitas substâncias químicas, além da amônia, que podem atuar como ligantes de íons metálicos. Um exemplo que temos observado é a água. Um ânion como o cloreto também pode atuar como um ligante, como ocorre quando Cl^- se liga com Co^{3+} para produzir um complexo de coloração azul-escura. O que todos esses ligantes têm em comum é que eles possuem um par de elétrons que podem doar a um orbital vazio de um íon metálico. Uma substância como a amônia, a água ou o Cl^- que possa doar somente um par de elétrons a um íon metálico é chamada de **ligante monodentado** ou *ligante simples*, em que o termo monodentado significa 'com um dente'.

Exemplos de vários ligantes monodentados são fornecidos na Tabela 9.1. Todos eles podem interagir com um íon metálico ao compartilhar um par de elétrons com esse íon. Para ligantes neutros como NH_3 e H_2O, essa ligação ocorre por meio de elétrons não ligantes em átomos de nitrogênio ou oxigênio. Tam-

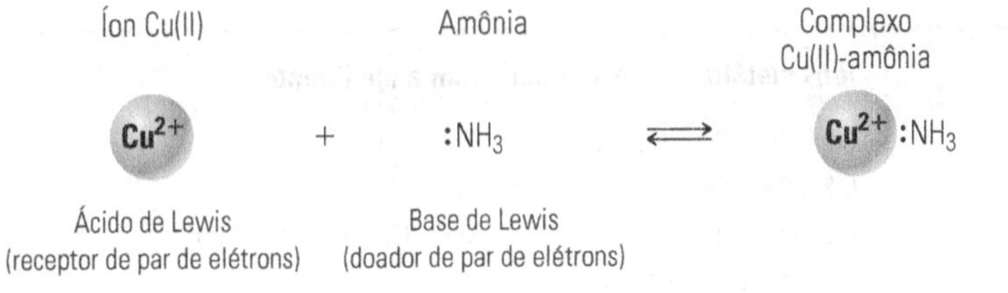

Figura 9.3

Exemplo de um complexo entre um íon de metal (Cu^{2+}) e um ligante monodentado (NH_3). Nesta reação, o íon metálico atua como um ácido de Lewis (receptor de par de elétrons) e o ligante, como uma base de Lewis (doador de par de elétrons). Uma visão mais completa é fornecida na Equação 9.1, na qual a água é incluída como parte dos reagentes e produtos.

bém é possível que um ligante carregado negativamente como o Cl⁻ ou o OH⁻ compartilhe um par de elétrons com um íon metálico, no qual um desses elétrons é também responsável pela carga negativa do ligante.

Pode ser demorado ter sempre que mostrar todas as moléculas de água envolvidas na formação de um complexo metal-ligante ao lidarmos com a água. Por isso, essas reações de formação de complexos são de costume apresentadas de um modo simplificado, sem que a água esteja ligada ao íon metálico. Quando escrevemos as equações 9.1 e 9.2 com base nisso, temos os seguintes resultados:

Adição de um NH_3 a Cu^{2+}:

$$Cu^{2+} + NH_3 \rightleftarrows Cu(NH_3)^{2+} \quad (9.3)$$

Adição total de seis NH_3 a Cu^{2+}:

$$Cu^{2+} + 6NH_3 \rightleftarrows Cu(NH_3)_6^{2+} \quad (9.4)$$

Esse tipo de taquigrafia química, que usaremos daqui para a frente neste capítulo, é semelhante à estratégia que usamos no Capítulo 8 para descrever as reações ácido-base de Brønsted-Lowry em água. Embora a água não seja mostrada, você deve ter em mente que esse solvente ainda pode desempenhar um papel ativo na formação de um complexo metal-ligante. Visto que a água pode agir como uma base de Lewis, a presença desse solvente afetará o grau em que um íon metálico pode reagir com um ligante como a amônia. Quanto mais forte for um ligante como a amônia como uma base de Lewis, mais fácil será para ele substituir as moléculas de água que estiverem ligadas ao íon metálico.

Se você comparar a lista de ligantes e íons metálicos na Tabela 9.1 com as reações de precipitação discutidas no Capítulo 7, encontrará alguma sobreposição. Um bom exemplo disso é a reação de Ag^+ com Cl^-, que leva ao precipitado insolúvel AgCl quando esses dois agentes se combinam em uma proporção 1:1. Se adicionarmos ainda mais Cl^- ao tal sistema, parte desse precipitado poderá realmente se dissolver e formar complexos solúveis como $AgCl_2^-$, $AgCl_3^{2-}$ e $AgCl_4^{3-}$. Algo semelhante acontece na combinação de OH^- com íons metálicos, o que produz um complexo solúvel (como $AlOH^{2+}$ quando OH^- reage de 1:1 com Al^{3+}) ou um precipitado insolúvel (como o $Al(OH)_3$ sal 1:3), a depender das concentrações iniciais desses reagentes. (*Observação:* a adição de um quarto hidróxido nesse caso pode levar a outra espécie solúvel, $Al(OH)_4^-$.)

Nesse momento, abordaremos somente a formação de complexo, mas na Seção 9.3.4 aprenderemos a lidar com situações como essas em que mais de um tipo de reação pode ocorrer ao mesmo tempo para um ligante ou para um íon metálico.

9.2.2 Constantes de formação de complexos metal-ligante

É importante lembrar que um complexo metal-ligante se forma por meio de uma reação reversível na qual o complexo geralmente está em equilíbrio com o íon metálico e o ligante não ligado. Também pode haver mais de um ligante que se agrega ao mesmo íon metálico. O resultado é uma série de reações multietapas para a adição do ligante, e cada etapa tem sua própria constante de equilíbrio. Essa ideia é ilustrada na Tabela 9.2 para a reação de Ni^{2+} em água com amônia, que ocorre por um processo semelhante à reação de Cu^{2+} com amônia.

A forma original do Ni^{2+} nesse caso é um íon níquel cercado por seis moléculas de água, ou $Ni(H_2O)_6^{2+}$. Quando o níquel se combina com a amônia, um mol de água é deslocado para cada mol de amônia que é adicionado. O resultado é uma série de seis reações sequenciais em que cada molécula de água em torno do Ni^{2+} pode ser deslocada por NH_3. A Tabela 9.2 mostra as seis expressões de equilíbrio desse sistema, no qual a constante de equilíbrio para cada etapa durante o processo de formação de complexo é conhecida como **constante de formação** ou *constante de estabilidade*.[2,3,5,10] Uma lista de outras constantes de formação está no Apêndice B. Outras fontes de informação incluem bancos de dados disponibilizados pela International Union of Pure and Applied Chemistry (IUPAC) e pelo National Institute of Standards and Technology (NIST),[15,16] além de textos como o *Critical Stability Constants* e o *Lange's Handbook of Chemistry*.[17,18]

Para a adição de uma amônia a Ni^{2+} (ou a $Ni(H_2O)_6^{2+}$), a constante de formação termodinâmica ($K_f°$) seria escrita como segue:

$$K_f° = \frac{\left(a_{Ni(H_2O)_5\,(NH_3)^{2+}}\right)\left(a_{H_2O}\right)}{\left(a_{Ni(H_2O)_6^{2+}}\right)\left(a_{NH_3}\right)}$$

$$\text{ou } K_f° = \frac{\left(a_{Ni(NH_3)^{2+}}\right)}{\left(a_{Ni^{2+}}\right)\left(a_{NH_3}\right)} \quad (9.5)$$

Tabela 9.1

Exemplos de ligantes monodentados.

Tipo de ligante	Íons metálicos que se combinam a um ligante
Amônia (NH_3)	Cd^{2+}, Co^{2+}, Cu^{2+}, Hg^{2+}, Ni^{2+}, Sn^{2+}, Zn^{2+}
Brometo (Br^-)	Cd^{2+}, Co^{2+}, Cu^{2+}, Hg^{2+}, Ni^{2+}, Pb^{2+}, Sn^{2+}, Zn^{2+}
Cloreto (Cl^-)	Ag^+, Cd^{2+}, Co^{2+}, Cu^{2+}, Fe^{3+}, Hg^{2+}, Mn^{2+}, Ni^{2+}, Pb^{2+}, Sn^{2+}, Zn^{2+}
Cianeto (CN^-)	Cd^{2+}, Fe^{2+}, Fe^{3+}, Hg^{2+}, Ni^{2+}, Zn^{2+}
Fluoreto (F^-)	Ba^{2+}, Be^{2+}, Ca^{2+}, Fe^{2+}, Fe^{3+}, Mg^{2+}, Mn^{2+}
Hidróxido (OH^-)	Ba^{2+}, Be^{2+}, Ca^{2+}, Cd^{2+}, Co^{2+}, Cu^{2+}, Fe^{2+}, Hg^{2+}, Mg^{2+}, Mn^{2+}, Ni^{2+}, Pb^{2+}, Sr^{2+}, Zn^{2+}
Iodeto (I^-)	Cd^{2+}, Co^{2+}, Hg^{2+}, Ni^{2+}, Pb^{2+}, Sn^{2+}, Zn^{2+}
Tiocianato (SCN^-)	Be^{2+}, Cd^{2+}, Co^{2+}, Cu^{2+}, Fe^{2+}, Hg^{2+}, Mn^{2+}, Ni^{2+}, Pb^{2+}, Sn^{2+}, Zn^{2+}

Tabela 9.2

Expressões de equilíbrio para a reação de Ni^{2+} e espécies relacionadas de níquel com amônia em água.*

Reação	Expressão de equilíbrio	K_f (a 25 °C)[a,b]
Adição do primeiro NH_3 ao Ni^{2+}: $Ni^{2+} + NH_3 \rightleftarrows Ni(NH_3)^{2+}$	$K_{f1} = \dfrac{[Ni(NH_3)^{2+}]}{[Ni^{2+}][NH_3]}$	52<u>5</u>
Adição do segundo NH_3: $Ni(NH_3)^{2+} + NH_3 \rightleftarrows Ni(NH_3)_2^{2+}$	$K_{f2} = \dfrac{[Ni(NH_3)_2^{2+}]}{[Ni(NH_3)^{2+}][NH_3]}$	14<u>5</u>
Adição do terceiro NH_3: $Ni(NH_3)_2^{2+} + NH_3 \rightleftarrows Ni(NH_3)_3^{2+}$	$K_{f3} = \dfrac{[Ni(NH_3)_3^{2+}]}{[Ni(NH_3)_2^{2+}][NH_3]}$	45,<u>7</u>
Adição do quarto NH_3: $Ni(NH_3)_3^{2+} + NH_3 \rightleftarrows Ni(NH_3)_4^{2+}$	$K_{f4} = \dfrac{[Ni(NH_3)_4^{2+}]}{[Ni(NH_3)_3^{2+}][NH_3]}$	13,<u>5</u>
Adição do quinto NH_3: $Ni(NH_3)_4^{2+} + NH_3 \rightleftarrows Ni(NH_3)_5^{2+}$	$K_{f5} = \dfrac{[Ni(NH_3)_5^{2+}]}{[Ni(NH_3)_4^{2+}][NH_3]}$	4,5<u>7</u>
Adição do sexto NH_3: $Ni(NH_3)_5^{2+} + NH_3 \rightleftarrows Ni(NH_3)_6^{2+}$	$K_{f6} = \dfrac{[Ni(NH_3)_6^{2+}]}{[Ni(NH_3)_5^{2+}][NH_3]}$	0,93<u>3</u>

* Todos os valores de K_f indicados nessa tabela e nas tabelas 9.4 e 9.5 são escritos como constantes de equilíbrio baseadas em concentração. Expressões semelhantes baseadas em atividades seriam usadas para fornecer constantes de equilíbrio termodinâmico para essas reações (veja o Capítulo 6).
[a] Os valores de K_f foram calculados com base em constantes de formação globais relatadas a uma força iônica de 0,0 M no NIST Standard Reference Database 46—*NIST Critically Selected Stability Constants for Metal Complexes Database*, vol. 8.0, NIST, Gaithersburg, MD, 2004.
[b] Os números sublinhados representam os dígitos de guarda (veja o Capítulo 2). Quando esses valores de K_f são usados em cálculos, eles devem ser tratados como se tivessem dois dígitos significativos em seus valores.

em que a equação do lado direito é a forma simplificada que usaremos neste capítulo. (*Observação:* lembre-se de $a_{H_2O} = 1$ quando trabalhamos com uma solução aquosa, razão pela qual esse termo não é mostrado na forma simplificada dada anteriormente.) A constante de formação baseada em concentração (K_f) para a mesma reação seria escrita como indica a Equação 9.6,

$$K_f = \frac{[Ni(NH_3)^{2+}]}{[Ni^{2+}][NH_3]}$$

em que $K_f^\circ = K_f \dfrac{(\gamma_{Ni(NH_3)^{2+}})}{(\gamma_{Ni^{2+}})(\gamma_{NH_3})}$ (9.6)

em que $\gamma_{Ni(NH_3)^{2+}}$, $\gamma_{Ni^{2+}}$ e γ_{NH_3} são os coeficientes de atividade de reagentes e produtos durante essa reação de formação do complexo.[6] Expressões de equilíbrio semelhantes podem ser escritas para a adição de todas as outras amônias a Ni^{2+}, sendo que cada uma dessas reações tem sua própria constante de formação. Se você precisar incluir unidades nessas constantes de formação para o uso em cálculos, a unidade aparente apropriada será M^{-1}.

A Tabela 9.2 mostra que as constantes de formação baseadas em concentração para a reação de NH_3 com Ni^{2+} em água (K_{f1} a K_{f6}) têm valores que são reduzidos de 525 a 0,93 a 25 °C.

O tamanho dessas constantes de formação é uma medida direta do grau de efetividade com que o ligante vai se combinar com o íon metálico. A redução na constante de formação enquanto cada NH_3 complementar é adicionado aos íons níquel constitui um efeito que ocorre em quase todas as reações de complexação com várias etapas para a adição de um ligante. Tal redução é uma indicação de que se torna cada vez mais difícil para o íon metálico (Ni^{2+}, nesse caso) combinar-se com mais do ligante (NH_3) à medida que uma quantidade maior de ligante é complexada pelo íon metálico. Também por isso é relativamente fácil adicionar quatro moléculas de amônia a Cu^{2+} para formar $Cu(NH_3)_4^{2+}$, enquanto a adição de uma quinta ou de uma sexta molécula exige concentrações muito elevadas de amônia.

9.2.3 Previsão da distribuição de complexos metal-ligante

Podemos ver pela Tabela 9.2 que a reação de um íon metálico com um ligante simples como a NH_3 pode levar a uma mistura complexa de produtos. No caso do Ni^{2+} e da NH_3 na água, cada complexo conterá seis ligantes, mas terão diferentes combinações de água e amônia (veja no Quadro 9.1 uma discussão mais

Quadro 9.1 Uma análise mais aprofundada da formação de complexos metal-ligante

A taxa de uma reação é um aspecto importante a ser considerado em muitos métodos analíticos. Alguns complexos metal-ligante parecem se formar quase de imediato em água, ao passo que outros o fazem mais lentamente. A velocidade dessa reação depende da rapidez com que uma molécula de água pode se desprender do íon metálico para dar lugar a outro ligante. Porém, a perda de uma molécula de água não levará a um novo complexo, a menos que o ligante esteja bastante próximo quando essa perda ocorrer. Se não for esse o caso, outra molécula de água tomará o lugar da primeira e não se observará nenhuma alteração no complexo.

Podemos descrever esse processo analisando mais atentamente a *esfera de coordenação* do complexo, que inclui o íon metálico e os ligantes a seu redor. Para que um ligante esteja próximo o suficiente para a formação do complexo, ele deve ocupar a camada de moléculas imediatamente anexa a esse complexo. Por exemplo, imagine que a espécie $\{M(H_2O)_6^{2+}\}L$ representa um íon metálico que formou um complexo somente com as moléculas de água e que tem um ligante (L) próximo a esse complexo. Para simplificar, vamos supor também que essa espécie esteja em equilíbrio com uma forma de íon metálico não associada a L ou $M(H_2O)_6^{2+}$. Podemos descrever esse equilíbrio usando a *constante de associação de esfera externa*, K_{os}, mostrada a seguir.[19]

$$M(H_2O)_6^{2+} + L \rightleftharpoons \{M(H_2O)_6^{2+}\}L$$

$$K_{os} = \frac{\left[\{M(H_2O)_6^{2+}\}L\right]}{\left[M(H_2O)_6^{2+}\right][L]} \qquad (9.7)$$

O tamanho dessa constante de equilíbrio dependerá da carga do íon metálico (z_M), da carga do ligante (z_L) e da distância entre esses agentes, que normalmente é de 0,4 nm. Alguns valores comuns dessa constante de equilíbrio são $K_{os} = 0{,}16$ quando o produto ($z_M z_L$) é igual a zero, $K_{os} = 1{,}8$ quando ($z_M z_L$) = -2, $K_{os} = 23$ quando ($z_M z_L$) = -4 e $K_{os} = 280$ quando ($z_M z_L$) = -6.[20]

A taxa de formação de complexos entre um íon metálico e um ligante monodentado será determinada por K_{os}, e a constante de velocidade da perda de água (k_{-H_2O}) do íon metálico, em que o produto desses dois termos ($k_{-H_2O} K_{os}$) é igual à constante da taxa de formação de complexo (k_f).

$$\text{Taxa de formação de complexo} = k_{-H_2O} [\{M(H_2O)_6^{2+}\}L]$$

$$= k_{-H_2O} K_{os} [M(H_2O)_6^{2+}][L]$$

$$= k_f [M(H_2O)_6^{2+}][L] \qquad (9.8)$$

Alguns valores comuns de k_{-H_2O} são apresentados na Tabela 9.3. Por exemplo, a reação de Ni^{2+} em água com um NH_3 teria uma constante de taxa de formação que é descrita pela relação $k_f = k_{-H_2O} k_{os} = (2{,}7 \times 10^4 \text{ s}^{-1})(0{,}16 \text{ M}^{-1})$, ou $4{,}3 \times 10^3 \text{ M}^{-1} \text{ s}^{-1}$. As constantes de velocidade da perda de água a partir de íons metálicos que já foram em parte substituídas por outros ligantes podem diferir significativamente dos valores apresentados na Tabela 9.3.

Tabela 9.3

Constantes de velocidade da perda de água (k_{-H_2O}) a partir de íons metálicos.*

Íon metálico	k_{-H_2O} (s^{-1})
Mg^{2+}	$5{,}3 \times 10^5$
Ca^{2+}	5×10^8
Fe^{2+}	$3{,}2 \times 10^6$
Fe^{3+}	$1{,}5 \times 10^2$
Co^{2+}	$2{,}4 \times 10^6$
Co^{3+}	$\ll 10^{-3}$
Ni^{2+}	$2{,}7 \times 10^4$
Cu^{2+}	5×10^9
Zn^{2+}	7×10^7

*Estes valores foram obtidos em D. W. Margerum, G. R. Kayley, D. C. Weatherburn e G. K. Pagenkopf, 'Kinetics and Mechanisms of Complex Formation and Ligand Exchange,' In: *Coordination Chemistry*, vol. 2, A. E. Martell (ed.), ACS Publications, Washington, DC, 1978.

Tabela 9.4

Equações de composição fracionária da espécie para complexos de Ni^{2+} e íons relacionados de níquel com amônia em água.

Composição fracionária de Ni^{2+}	$\alpha_{Ni^{2+}} = \dfrac{[Ni^{2+}]}{C_{Ni}} = \dfrac{1}{1+\beta_1[NH_3]+\beta_2[NH_3]^2+\beta_3[NH_3]^3+\beta_4[NH_3]^4+\beta_5[NH_3]^5+\beta_6[NH_3]^6}$
Composição fracionária de $Ni(NH_3)^{2+}$	$\alpha_{Ni(NH_3)^{2+}} = \dfrac{[Ni(NH_3)^{2+}]}{C_{Ni}} = \dfrac{\beta_1[NH_3]}{1+\beta_1[NH_3]+\beta_2[NH_3]^2+\beta_3[NH_3]^3+\beta_4[NH_3]^4+\beta_5[NH_3]^5+\beta_6[NH_3]^6}$
Composição fracionária de $Ni(NH_3)_2^{2+}$	$\alpha_{Ni(NH_3)_2^{2+}} = \dfrac{[Ni(NH_3)_2^{2+}]}{C_{Ni}} = \dfrac{\beta_2[NH_3]^2}{1+\beta_1[NH_3]+\beta_2[NH_3]^2+\beta_3[NH_3]^3+\beta_4[NH_3]^4+\beta_5[NH_3]^5+\beta_6[NH_3]^6}$
Composição fracionária de $Ni(NH_3)_3^{2+}$	$\alpha_{Ni(NH_3)_3^{2+}} = \dfrac{[Ni(NH_3)_3^{2+}]}{C_{Ni}} = \dfrac{\beta_3[NH_3]^3}{1+\beta_1[NH_3]+\beta_2[NH_3]^2+\beta_3[NH_3]^3+\beta_4[NH_3]^4+\beta_5[NH_3]^5+\beta_6[NH_3]^6}$
Composição fracionária de $Ni(NH_3)_4^{2+}$	$\alpha_{Ni(NH_3)_4^{2+}} = \dfrac{[Ni(NH_3)_4^{2+}]}{C_{Ni}} = \dfrac{\beta_4[NH_3]^4}{1+\beta_1[NH_3]+\beta_2[NH_3]^2+\beta_3[NH_3]^3+\beta_4[NH_3]^4+\beta_5[NH_3]^5+\beta_6[NH_3]^6}$
Composição fracionária de $Ni(NH_3)_5^{2+}$	$\alpha_{Ni(NH_3)_5^{2+}} = \dfrac{[Ni(NH_3)_5^{2+}]}{C_{Ni}} = \dfrac{\beta_5[NH_3]^5}{1+\beta_1[NH_3]+\beta_2[NH_3]^2+\beta_3[NH_3]^3+\beta_4[NH_3]^4+\beta_5[NH_3]^5+\beta_6[NH_3]^6}$
Composição fracionária de $Ni(NH_3)_6^{2+}$	$\alpha_{Ni(NH_3)_6^{2+}} = \dfrac{[Ni(NH_3)_6^{2+}]}{C_{Ni}} = \dfrac{\beta_6[NH_3]^6}{1+\beta_1[NH_3]+\beta_2[NH_3]^2+\beta_3[NH_3]^3+\beta_4[NH_3]^4+\beta_5[NH_3]^5+\beta_6[NH_3]^6}$

aprofundada sobre esse processo). Se soubermos algumas coisas sobre essas reações, poderemos prever a distribuição dos complexos e a quantidade relativa de cada complexo que estará presente em um determinado conjunto de condições. Isso pode ser feito usando-se uma abordagem semelhante à que usamos no Capítulo 8 para descrever a fração de espécies para ácidos polipróticos.

Podemos descrever a fração de espécies para uma série de complexos metal-ligante ao escrevermos, primeiro, uma expressão de equilíbrio de massa para todas as espécies que contenham metais em solução. Isso fornece a equação de equilíbrio de massa para o sistema na Tabela 9.2, onde C_{Ni} é a concentração analítica de todas as espécies de níquel na solução.

$$C_{Ni} = [Ni^{2+}] + [Ni(NH_3)^{2+}] + [Ni(NH_3)_2^{2+}] + [Ni(NH_3)_3^{2+}] + [Ni(NH_3)_4^{2+}] + [Ni(NH_3)_5^{2+}] + [Ni(NH_3)_6^{2+}] \quad (9.9)$$

Essa equação de equilíbrio de massa pode ser usada com as expressões de equilíbrio da Tabela 9.2 para se obterem as equações de composição fracionária de cada espécie de níquel que estará presente a uma determinada concentração de amônia (Tabela 9.4). Para atingir esse objetivo, usaremos primeiro o fato de que a fração de qualquer espécie de níquel, conforme representada pelo símbolo 'α', é igual à concentração dessa espécie em equilíbrio dividida pela concentração analítica de todas as espécies de níquel solúvel, ou $[Ni^{2+}]/C_{Ni}$. A equação de composição fracionária da espécie resultante para Ni^{2+} seria escrita da seguinte forma:

$$\alpha_{Ni^{2+}} = [Ni^{2+}]/([Ni^{2+}]+[Ni(NH_3)^{2+}] + [Ni(NH_3)_2^{2+}]+[Ni(NH_3)_3^{2+}] + [Ni(NH_3)_4^{2+}]+[Ni(NH_3)_5^{2+}] + [Ni(NH_3)_6^{2+}]) \quad (9.10)$$

Segundo, é preciso simplificar esse tipo de relação associando cada uma das concentrações no denominador à concentração conhecida de amônia, $[NH_3]$, e às constantes de formação do sistema. Ao rearranjarmos a expressão para K_{f1} na Tabela 9.2, podemos demonstrar que $[Ni(NH_3)^{2+}] = K_{f1}[Ni^{2+}][NH_3]$. De modo análogo, podemos mostrar que $[Ni(NH_3)_2^{2+}] = K_{f2}[Ni(NH_3)^{2+}][NH_3]$, e assim por diante. Esse processo fornece as relações de equilíbrio inicial listadas na Tabela 9.5.

Tabela 9.5

Derivação das equações de composição fracionária da espécie para complexos de Ni^{2+} e íons relacionados de níquel com amônia em água.

Reação	Relação de equilíbrio inicial		Relações de equilíbrio alternativas	
Adição no primeiro NH_3 a Ni^{2+}	$[Ni(NH_3)^{2+}] = K_{f1}[Ni^{2+}][NH_3]$	=	$K_{f1}[Ni^{2+}][NH_3]$ =	$\beta_1[Ni^{2+}][NH_3]$
Adição do segundo NH_3	$[Ni(NH_3)_2^{2+}] = K_{f2}[Ni(NH_3)^{2+}][NH_3]$	=	$K_{f1}K_{f2}[Ni^{2+}][NH_3]^2$ =	$\beta_2[Ni^{2+}][NH_3]^2$
Adição do terceiro NH_3	$[Ni(NH_3)_3^{2+}] = K_{f3}[Ni(NH_3)_2^{2+}][NH_3]$	=	$K_{f1}K_{f2}K_{f3}[Ni^{2+}][NH_3]^3$ =	$\beta_3[Ni^{2+}][NH_3]^3$
Adição do quarto NH_3	$[Ni(NH_3)_4^{2+}] = K_{f4}[Ni(NH_3)_3^{2+}][NH_3]$	=	$K_{f1}K_{f2}K_{f3}K_{f4}[Ni^{2+}][NH_3]^4$ =	$\beta_4[Ni^{2+}][NH_3]^4$
Adição do quinto NH_3	$[Ni(NH_3)_5^{2+}] = K_{f5}[Ni(NH_3)_4^{2+}][NH_3]$	=	$K_{f1}K_{f2}K_{f3}K_{f4}K_{f5}[Ni^{2+}][NH_3]^5$ =	$\beta_5[Ni^{2+}][NH_3]^5$
Adição do sexto NH_3	$[Ni(NH_3)_6^{2+}] = K_{f6}[Ni(NH_3)_5^{2+}][NH_3]$	=	$K_{f1}K_{f2}K_{f3}K_{f4}K_{f5}K_{f6}[Ni^{2+}][NH_3]^6$ =	$\beta_6[Ni^{2+}][NH_3]^6$

Constantes de formação global a 25 °C: $\beta_1 = 5{,}25 \times 10^2$; $\beta_2 = 7{,}59 \times 10^4$; $\beta_3 = 3{,}47 \times 10^6$; $\beta_4 = 4{,}68 \times 10^7$; $\beta_5 = 2{,}14 \times 10^8$; $\beta_6 = 2{,}00 \times 10^8$.

Nesse ponto, ainda temos muitos termos desconhecidos nessas equações. Um deles é $[Ni(NH_3)^{2+}]$, que aparece no lado direito da relação de equilíbrio inicial para $[Ni(NH_3)_2^{2+}]$. O mesmo problema ocorre em todas as relações iniciais que constam da Tabela 9.5, exceto na primeira, $[Ni(NH_3)^{2+}]$, que é expressa somente em termos de K_{f1}, $[NH_3]$ e $[Ni^{2+}]$ (o último desses termos é o desconhecido almejado). Para contornar o problema, podemos substituir as relações de equilíbrio na parte superior da Tabela 9.5 pelas relações da parte inferior. A primeira dessas equações fornece a relação relativamente simples $[Ni(NH_3)^{2+}] = K_{f1}[Ni^{2+}][NH_3]$. Essa relação significa que podemos usar $K_{f1}[Ni^{2+}][NH_3]$ em lugar de $[Ni(NH_3)^{2+}]$ na próxima equação para $[Ni(NH_3)_2^{2+}]$, produzindo a equação alternativa $[Ni(NH_3)_2^{2+}] = K_{f1}K_{f2}[Ni^{2+}][NH_3]^2$. Se continuarmos esse processo de substituição por toda a Tabela 9.5, um novo conjunto de equações será obtido para todas as espécies de níquel em termos somente de $[Ni^{2+}]$, $[NH_3]$ e as constantes de formação para esse sistema.

Um padrão bem definido aparece nas equações que obtemos durante o processo de substituição. O primeiro que surge ao percorrermos a Tabela 9.5, a partir da primeira adição de amônia até a sexta, é que a potência do termo $[NH_3]$ aumenta em 1 para cada termo, passando de $[NH_3]$ para $[NH_3]^6$. Esse padrão reflete o fato de que cada vez mais moléculas de NH_3 estão se combinando com íons níquel enquanto formam esses complexos de ordem superior. Outro padrão é que o número de constantes de formação que estão sendo multiplicadas juntas aumenta de K_{f1} do primeiro complexo de Ni^{2+} com amônia $(Ni(NH_3)^{2+})$ para $K_{f1}K_{f2}K_{f3}K_{f4}K_{f5}K_{f6}$ no último desses complexos, $(Ni(NH_3)_6^{2+})$.

Equações como essas podem ser ainda mais simplificadas substituindo-se cada produto de constantes de formação por um único termo conhecido como **constante de formação global** (β), *constante de formação cumulativa*.[2,3,5,10] Este termo é definido como segue, para n reações multietapas entre um metal (M) e um ligante (L), levando ao complexo $M(L)_n$ e a um sistema em equilíbrio.

Para reação líquida
$$M + nL \rightleftharpoons M(L)_n \qquad \beta_n = K_{f1}K_{f2}\cdots K_{fn} \qquad (9.11)$$

Com base nessa definição, podemos usar β_6 em lugar de $K_{f1}K_{f2}K_{f3}K_{f4}K_{f5}K_{f6}$, e assim por diante. Essa substituição dá origem às relações alternativas no lado direito da Tabela 9.5 para o sistema de Ni^{2+} e amônia. Nesse tipo de processo de múltiplas etapas (conhecido como uma *reação multietapas*),[5] as constantes de equilíbrio K_{f1}, K_{f2} etc. para as reações individuais são chamadas de **constantes de formação multietapas**.[2,3,10]

Agora que temos equações para todas as espécies de níquel dessa série de reações, podemos usá-las para obter a composição fracionária de qualquer um desses compostos em um determinado conjunto de condições de reação. Para ilustrar isso, retornaremos cada uma das relações de equilíbrio da Tabela 9.4 para nossa expressão de $\alpha_{Ni^{2+}}$ na Equação 9.10.

$$\alpha_{Ni^{2+}} = [Ni^{2+}]/\bigl([Ni^{2+}] + \beta_1[Ni^{2+}][NH_3] +$$
$$\beta_2[Ni^{2+}][NH_3]^2 + \beta_3[Ni^{2+}][NH_3]^3 +$$
$$\beta_4[Ni^{2+}][NH_3]^4 + \beta_5[Ni^{2+}][NH_3]^5 +$$
$$\beta_6[Ni^{2+}][NH_3]^6\bigr) \qquad (9.12)$$

A última questão a ser abordada é a presença de $[Ni^{2+}]$, uma concentração desconhecida que aparece no numerador e no denominador da Equação 9.12. Esse problema pode ser facilmente resolvido dividindo-se os termos superior e inferior da expressão por $[Ni^{2+}]$. O resultado é a relação final mostrada para $\alpha_{Ni^{2+}}$ na Tabela 9.4, que agora está escrita somente em termos da concentração de ligante e das constantes de formação global (β_1 a β_6). O mesmo processo serve para obter as equações de composição fracionária de espécie para qualquer dos demais complexos de Ni^{2+} com amônia. Podemos agora usar essas equações para prever quanto dessas espécies estará presente em equilíbrio sob um determinado conjunto de condições.

EXERCÍCIO 9.1 — Concentração de Ni^{2+} na presença do excesso de amônia

A amônia é frequentemente usada para formar complexo com Ni^{2+} e ajudar a controlar a precipitação desse íon metálico pelo reagente dimetilglioxima. Uma solução aquosa é preparada a 25 °C contendo uma concentração analítica para Ni^{2+} de $1,00 \times 10^{-4}$ M. Essa solução também contém amônia de 1,0 M com pH elevado. (a) Se não houver nenhuma outra reação significativa nessa solução que não seja a combinação de Ni^{2+} com amônia, que fração de todas as espécies de níquel estará presente como Ni^{2+} em equilíbrio? (b) Qual será a concentração molar de Ni^{2+} nessa solução? Qual será a concentração de Ni^{2+} quando expresso como o termo 'pNi', em que $pNi = -\log([Ni^{2+}])$?

SOLUÇÃO

(a) Podemos resolver a primeira parte do problema usando a equação para $\alpha_{Ni^{2+}}$ dada na Tabela 9.4. Para obtermos um resultado para $\alpha_{Ni^{2+}}$ com essa equação, também precisamos dos valores para $[NH_3]$ e β_1 a β_6. Temos a concentração inicial de amônia (1,00 M), que é muito maior do que a quantidade total de Ni^{2+} presente (o excedente é de 10^4 vezes). Logo, podemos supor com segurança que a concentração total de amônia após nossa reação é aproximadamente igual ao seu valor inicial, ou seja, $[NH_3] \approx 1,00$ M. Afirma-se que estamos trabalhando com um pH alto, e que portanto podemos ignorar a conversão de NH_3 para NH_4^+. Também podemos obter os valores de β_1 a β_6 pela Tabela 9.5. Nesse exemplo, os valores de β_1 a β_6 são mostrados, para efeito de análise dimensional, com unidades aparentes de M^{-1} a M^{-6}, embora tal cálculo também possa ser realizado sem a inclusão de unidades nessas constantes. Ao inserirmos esses valores na expressão para $\alpha_{Ni^{2+}}$ chegamos ao seguinte resultado:

$$\alpha_{Ni^{2+}} = 1/\{1+(5,2\underline{5}\times 10^2 M^{-1})(1,00 M)+$$
$$(7,5\underline{9}\times 10^4 M^{-2})(1,00 M)^2 +(3,4\underline{7}\times 10^6 M^{-3})$$
$$(1,00 M)^3 +(4,6\underline{8}\times 10^7 M^{-4})(1,00 M)^4 +$$
$$(2,1\underline{4}\times 10^8 M^{-5})(1,00 M)^5 +$$
$$(2,0\underline{0}\times 10^8 M^{-6})(1,00 M)^6\}$$
$$\therefore \alpha_{Ni^{2+}} = 2,1\underline{5}\times 10^{-9} = \mathbf{2,2\times 10^{-9}}$$

(b) Conhecemos a concentração analítica de todas as espécies de níquel em solução (C_{Ni}), o que significa que podemos determinar $[Ni^{2+}]$ rearranjando a relação entre $\alpha_{Ni^{2+}}$, C_{Ni} e $[Ni^{2+}]$ na Tabela 9.4.

$$(Ni^{2+}) = \alpha_{Ni^{2+}} C_{Ni}$$
$$= (2,1\underline{5}\times 10^{-9})(1,00\times 10^{-4} M)$$
$$= \mathbf{2,2\times 10^{-13}\,M}$$

O valor correspondente de pNi é $-\log(2,2 \times 10^{-13}) = $ **12,66**. Esses resultados mostram que, do total de íons níquel colocados nessa solução, somente $2,2 \times 10^{-13}$ M estarão presentes como Ni^{2+} após atingir o equilíbrio com a amônia. Esse cálculo demonstra que a capacidade de formação de complexo desempenha um papel importante no controle da quantidade de um íon metálico livre que estará disponível para outras reações e análises químicas.

As planilhas modernas facilitaram bastante esse tipo de cálculo.[10] Isso pode ser feito colocando-se a devida equação de composição fracionária da espécie na planilha para determinar seus valores enquanto eles variam de acordo com $[H^+]$ ou outro parâmetro. A informação pode então ser usada para determinar a quantidade relativa das diversas espécies químicas que estarão presentes em um dado conjunto de condições. Por exemplo, a Figura 9.4 mostra que vários tipos de complexo níquel-amônia estão presentes na maioria das concentrações de amônia. Esse tipo de situação é comum em complexos que se formam entre íons metálicos e muitos ligantes monodentados.

É importante notar na Tabela 9.4 que as equações de composição fracionária da espécie seguem um padrão bem definido. Por exemplo, no denominador, temos um termo para cada tipo de espécie que pode se formar a partir do íon metálico original. O íon metálico livre é representado por '1', e a adição de cada ligante a esse íon metálico é representada por cada novo termo à medida que nos movemos para a direita desse denominador. Portanto, tudo que você tem a fazer ao escrever equações de composição fracionária da espécie para uma reação metal-ligante simples é, primeiramente, suprimir o denominador para então determinar qual de seus termos é o apropriado para a espécie de seu interesse em particular.[6] A seguir, você coloca esse termo no numerador para obter a resposta final. O próximo exercício proporcionará alguma prática desse método.

EXERCÍCIO 9.2 — Uso de equações de composição fracionária da espécie para complexos metal-ligante

Em um esquema de identificação qualitativa de prata, mercúrio e íons chumbo em água, todos esses íons formarão precipitados na presença de uma concentração adequada de Cl^-. No entanto, apenas o cloreto de prata se dissolverá quando esse precipitado for, mais tarde, colocado em uma solução contendo amônia. As reações que ocorrem nesse caso entre a Ag^+ e a amônia são mostradas a seguir.

$$Ag^+ + NH_3 \rightleftharpoons Ag(NH_3)^+$$
$$Ag(NH_3)^+ + NH_3 \rightleftharpoons Ag(NH_3)_2^+$$

Escreva uma série de equações que descrevam a composição fracionária de todas as espécies solúveis de prata que estarão presentes em equilíbrio quando Ag^+ reagir com a amônia para formar $AgNH_3^+$ e $Ag(NH_3)_2^+$.

SOLUÇÃO

Existem três formas possíveis de espécie de prata solúvel nesse sistema, Ag^+, $AgNH_3^+$ e $Ag(NH_3)_2^+$. As reações que acabamos de fornecer podem ser representadas pelas constantes de formação K_{f1} e K_{f2} ou pelas constantes de formação global β_1 e β_2, em que $\beta_1 = K_{f1}$ e $\beta_2 = K_{f1}K_{f2}$. Isso nos dará uma equação de composição fracionária da espécie com três termos no denominador, ou $1 + \beta_1[NH_3] + \beta_2[NH_3]^2$. Também sabemos que o primeiro termo deve representar o íon metálico livre (Ag^+), o segundo termo representa $AgNH_3^+$ e o último termo representa $Ag(NH_3)_2^+$. Desse modo, obtemos a seguinte equação de composição fracionária da espécie:

$$\alpha_{Ag} = \frac{1}{1 + \beta_1[NH_3] + \beta_2[NH_3]^2}$$

$$\alpha_{AgNH_3} = \frac{\beta_1[NH_3]}{1 + \beta_1[NH_3] + \beta_2[NH_3]^2}$$

$$\alpha_{Ag(NH_3)_2} = \frac{\beta_2[NH_3]^2}{1 + \beta_1[NH_3] + \beta_2[NH_3]^2}$$

Esta é a mesma resposta que obteríamos se tivéssemos passado pelo processo mais demorado de derivar tais expressões a partir da equação de equilíbrio de massa e das expressões de equilíbrio para esse sistema, como foi ilustrado anteriormente para a reação de íons níquel com a amônia nas tabelas 9.4 e 9.5.

É importante ter algumas coisas em mente quando você usa uma equação de composição fracionária da espécie como as que acabamos de derivar para Ag^+ e Ni^{2+} na presença de amônia. Primeiro, essas equações supõem que a amônia seja o único tipo de ligante que compete com a água para a formação de complexos com esses metais. Se não fosse assim, teríamos que retomar o método mais longo do uso de equações de equilíbrio de massa e de expressões de equilíbrio para examinar os efeitos combinados desses ligantes sobre a composição fracionária de todas as espécies relacionadas com metal na solução. Segundo, imaginamos que sabemos, ou que podemos calcular, a concentração de amônia livre em equilíbrio, porque somente a forma não complexada desse ligante está incluída no termo $[NH_3]$. O fato de que a amônia é uma base fraca significa que uma parte desse ligante também pode estar presente como seu ácido conjugado (NH_4^+) se o pH for suficientemente baixo em nossa amostra. Se conhecemos o pH, podemos determinar qual fração da amônia não complexada está presente em ambas as formas, na base e no ácido conjugados. Podemos, assim, adaptar para o efeito dessa reação paralela em nossa equação de composição fracionária da espécie. Voltaremos a essa ideia na Seção 9.3.4, ao discutirmos como lidar com as reações paralelas durante a formação de complexo.

9.3 Complexos de agentes quelantes com íons metálicos

9.3.1 O que é um agente quelante?

Além da formação de complexo com base em um ligante monodentado, também é possível fazer o mesmo a partir de

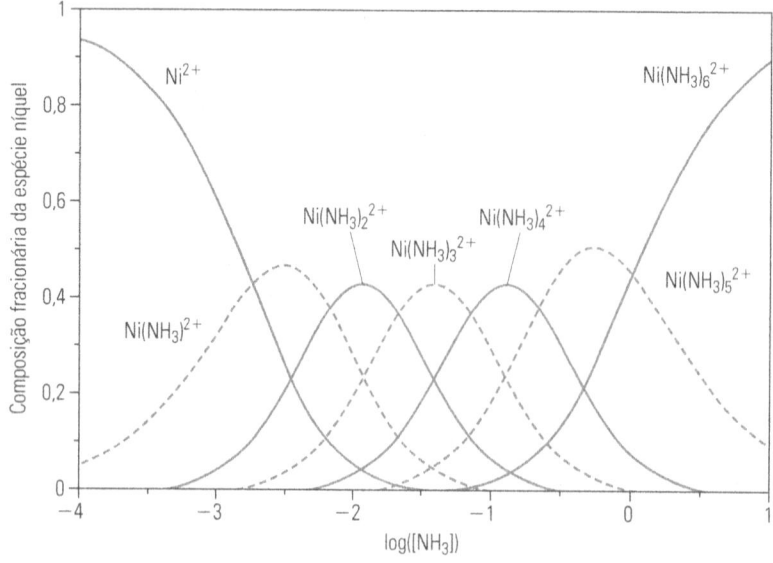

Figura 9.4

Distribuição de várias espécies de níquel em água na presença da amônia como ligante. Essas espécies resultam das reações de formação de complexos apresentadas na Tabela 9.2. Os resultados deste gráfico supõem que, essencialmente, toda a amônia está presente como NH_3 ou que há uma concentração conhecida de amônia nessa forma. Também se supõe que não ocorre nenhuma outra reação significativa que possa afetar as concentrações de Ni^{2+}, de amônia ou de complexos níquel-amônia.

um ligante que tenha mais de um sítio de ligação para um íon metálico. Esse segundo tipo de ligante é conhecido como **agente quelante**.[4] Essa ligação exige que o ligante contenha dois ou mais átomos que tenham um par de elétrons não compartilhados (por exemplo, dois átomos de nitrogênio ou oxigênio), sendo esses dois átomos separados por, pelo menos, dois ou três grupos $-CH_2-$. Esses grupos permitem que ambos os átomos com elétrons não compartilhados atinjam o íon metálico e se liguem a ele ao mesmo tempo, produzindo uma estrutura estável no formato de um anel, normalmente com cinco ou seis átomos em seu interior.[4] Um agente quelante comum é a *etilenodiamina* (Figura 9.5).[9] Esse agente tem a fórmula $H_2NCH_2CH_2NH_2$, na qual dois átomos de nitrogênio são separados por um grupo de espaçamento $-CH_2CH_2-$. Tais características permitem que ambas as extremidades da etilenodiamina se liguem ao íon metálico e originem uma estrutura que contenha um anel de cinco membros.

Os agentes quelantes podem ser divididos em várias subcategorias com base no número de sítios de ligação que possuem para um íon metálico. A etilenodiamina é exemplo de um *ligante bidentado* — que tem dois sítios de ligação para um íon metálico. Outros agentes podem ter três, quatro ou até mais sítios para ligação de metais, o que os torna ligantes *tridentados*, *tetradentados* ou *polidentados*. Todos esses ligantes produzem uma estrutura anelada quando formam um complexo com um íon metálico. O tipo de complexo que se forma entre um íon metálico e um agente quelante é conhecido como **quelato**.[4,5,9] O termo 'quelato' vem da palavra grega *chele* para 'garra' de lagostas e caranguejos, em uma referência à maneira pela qual um agente quelante envolve e se liga a um íon metálico.[21]

9.3.2 O efeito quelato

Os agentes quelantes são valiosos na complexação de íons metálicos porque suas constantes de formação costumam ser muito maiores do que as dos ligantes monodentados. Isso fica claro ao examinarmos as constantes de formação de etilenodiamina (abreviada aqui como 'en'), com Ni^{2+} a 25 °C.[16]

$$Ni^{2+} + en \rightleftharpoons Ni(en)^{2+} \quad K_{f1} = 2,1 \times 10^7 \quad (9.13)$$

$$Ni(en)^{2+} + en \rightleftharpoons Ni(en)_2^{2+} \quad K_{f2} = 1,5 \times 10^6 \quad (9.14)$$

$$Ni(en)_2^{2+} + en \rightleftharpoons Ni(en)_3^{2+} \quad K_{f3} = 1,3 \times 10^4 \quad (9.15)$$

Em comparação, as três primeiras constantes de formação listadas na Tabela 9.2 para a reação entre Ni^{2+} e amônia (um ligante simples que também se liga por meio de um átomo de nitrogênio) são apenas 520, 140 e 46. Há também uma grande diferença na constante de formação global entre a ordem superior do complexo que pode ser formado entre Ni^{2+} e a etilenodiamina, e a amônia. Até três moléculas de etilenodiamina podem reagir com um íon Ni^{2+} para formar o complexo $Ni(en)_3^{2+}$. Esse processo tem a constante de formação global β_3, que é igual a $K_{f1}K_{f2}K_{f3} = (2,1 \times 10^7)(1,5 \times 10^6)(1,3 \times 10^4) = 4,1 \times 10^{17}$. Comparativamente, mesmo a adição de seis moléculas de amônia a Ni^{2+} tem uma constante de formação global (β_6) de apenas $2,0 \times 10^8$. A tendência dos agentes quelantes de fornecer mais complexos estáveis com íons metálicos e de proporcionar constantes de formação global maiores do que os ligantes monodentados é conhecida como **efeito quelato**.

O efeito quelato é útil em análise química por várias razões. Primeiro, a presença de constantes de formação maiores faz ser mais fácil obter reações quantitativas entre íons metálicos e agentes quelantes do que entre íons metálicos e ligantes monodentados. Discutiremos esse efeito no Capítulo 13, quando abordarmos o método de titulação complexométrica. A presença de múltiplos sítios de ligação em um agente quelante significa que também haverá menos espécies a serem consideradas para um íon metálico e seus complexos do que quando se lida com um ligante monodentado. A situação ideal em uma análise química é usar um agente quelante que tenha uma constante de formação grande e que reaja apenas na proporção de 1:1 com o íon metálico, como ocorre quando se trabalha com o EDTA.

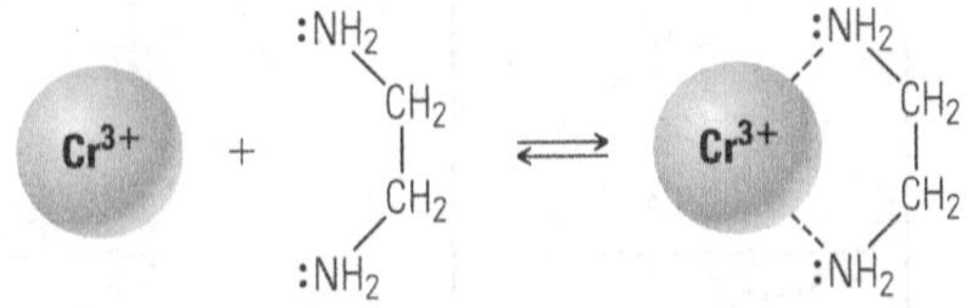

9.3.3 Ácido etilenodiaminotetracético

Estrutura do EDTA. O EDTA é um dos agentes quelantes mais comumente usados. O termo é uma abreviatura do nome químico do **ácido etilenodiaminotetracético**. Vimos anteriormente neste capítulo como o EDTA é com frequência utilizado em alimentos e outros produtos como conservante e agente para a ligação de metal. Na verdade, esse ligante foi sintetizado em meados da década de 1930 com o propósito de desenvolver um agente químico capaz de formar complexos fortes e estáveis com muitos íons metálicos. Esse reagente foi posteriormente testado em 1945 para o uso na análise de íons metálicos, levando a um grupo de métodos ainda usados hoje em dia para medir tais íons.[9,22]

Figura 9.5

Complexo formado entre um íon metálico (Cr^{3+}) e a etilenodiamina (en), um agente quelante bidentado. As moléculas de água que também estão envolvidas na formação de um complexo com Cr^{3+} nesse processo não são mostradas para efeito de simplicidade.

A estrutura do EDTA é mostrada na Figura 9.6. Essa estrutura tem seis localizações possíveis nas quais o EDTA pode se ligar a um íon de metal: dois átomos de nitrogênio e quatro grupos carboxilato. Isso significa que uma única molécula de EDTA pode formar até seis ligações coordenadas com o mesmo íon metálico. O resultado é uma estrutura com vários anéis de cinco membros, criando um complexo 1:1 altamente estável.

A reação geral entre o EDTA e um íon metálico (M^{n+}) pode ser escrita como segue, onde K_f é a constante de formação desse complexo e o $EDTA^{4-}$ é a forma tetrabásica do EDTA (a forma geralmente vista como a que se liga a íons metálicos).

$$M^{n+} + EDTA^{4-} \rightleftarrows M(EDTA)^{n-4}$$

$$K_f = \frac{\left(M(EDTA)^{n-4}\right)}{\left(M^{n+}\right)\left(EDTA^{4-}\right)} \quad (9.16)$$

A estabilidade dos complexos EDTA-íon metálico se reflete nas grandes constantes de formação desses complexos (Tabela 9.6), onde essas constantes são frequentemente listadas como logaritmos devido à ampla faixa de valores que abrangem.[16] Por exemplo, o complexo que se forma entre Ca^{2+} e o $EDTA^{4-}$ tem uma constante de formação de $10^{10,65} = 4,47 \times 10^{10}$ a 25 °C, enquanto a constante de formação entre Fe^{3+} e o $EDTA^{4-}$ à mesma temperatura é $10^{25,1} = 1,3 \times 10^{25}$. Essa forte ligação, aliada à capacidade de reagir com muitos íons metálicos em uma proporção de 1:1, tornou o EDTA útil como agente de ligação para íons metálicos em aplicações que vão desde seu uso como aditivo alimentar até como agente de limpeza no tratamento de contaminação por metal pesado. Essas mesmas propriedades fizeram do quelante uma ferramenta valiosa para análises químicas.[22]

Propriedades ácido-base do EDTA. Um olhar mais atento à estrutura do EDTA na Figura 9.6 indica que todos os seus sítios de ligação a metais também podem atuar como ácidos fracos ou bases fracas. Tanto os dois nitrogênios quanto os quatro grupos de ácido carboxílico no EDTA devem estar em suas formas não protonadas para se ligarem a íons metálicos. Tal situação ocorre porque essas são as formas em que um par de elétrons estará disponível para criar uma ligação coordenada com o íon metálico. Essa característica é a razão pela qual a forma tetrabásica do agente quelante ($EDTA^{4-}$) está escrita na Equação 9.16 como a forma do EDTA responsável pela ligação aos íons de metal.

Para determinar quão fortemente os íons metálicos se ligarão a uma determinada solução de EDTA, devemos considerar o pH de nossa solução e a quantidade relativa desse agente

Tabela 9.6

Constantes de formação para complexos formados entre o EDTA e íons metálicos a 25 °C.*

Íon metálico	log $K_{f, MEDTA}$	Íon metálico	log $K_{f, MEDTA}$
Ag^+	7,20	Lu^{3+}	19,74
Al^{3+}	16,4	Mg^{2+}	8,79
Ba^{2+}	7,88	Mn^{2+}	13,89
Ca^{2+}	10,65	Na^+	1,86
Cd^{2+}	16,5	Ni^{2+}	18,4
Co^{2+}	16,45	Pb^{2+}	18,0
Cu^{2+}	18,78	Sc^{3+}	23,1[a]
Fe^{2+}	14,30	Sm^{3+}	17,06
Fe^{3+}	25,1	Sr^{2+}	8,72
Ga^{3+}	(21,7)	Th^{4+}	23,2
Hg^{2+}	21,5	Vo^{2+}	18,7
In^{3+}	25,0	Y^{3+}	18,08
La^{3+}	15,36	Zn^{2+}	16,5

*As constantes de formação fornecidas para uma força iônica de 0,10 M foram obtidas em NIST Standard Reference Database 46—*NIST Critically Selected Stability Constants for Metal Complexes Database, vol. 8.0*, NIST, Gaithersburg, MD, 2004. Outras constantes de formação para EDTA e espécies afins com íons metálicos podem ser encontradas no Apêndice B. Os valores entre parênteses estão listados em NIST Database 46 como sendo de validade questionável.

[a] O valor para Sc^{3+} foi medido a 20 °C.

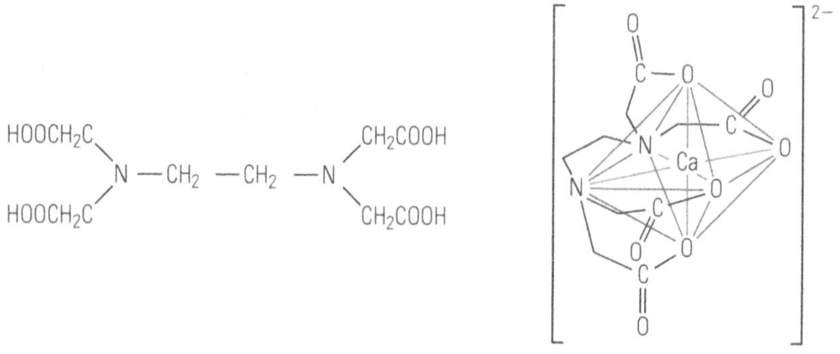

Ácido etilenodiaminotetracético (EDTA)

Complexo EDTA com Ca^{2+} ($CaEDTA^{2-}$)

Figura 9.6

Estrutura do EDTA e seus complexos com um íon metálico (Ca^{2+}). O EDTA é comercializado tanto como um ácido tetraprótico (H_4EDTA, massa molar = 292,24 g/mol) quanto como um sal dissódico ($Na_2H_2EDTA \cdot 2\,H_2O$, massa molar = 372,24 g/mol). Mas a forma tetraprótica é pouco solúvel em água e, por isso, frequentemente se adiciona a ela uma base de NaOH ou KOH para criar soluções de reagentes com concentrações razoáveis. A forma dissódica é bem mais solúvel, mas fornece um pH de solução de cerca de 6 quando é dissolvida, sendo também mais bem dissolvida com a adição de uma base forte.

quelante que estará presente na forma EDTA^{4-}. Os valores de pK_a para os seis sítios ácido-base do EDTA a 25 °C estão listados na Tabela 9.7. Usando a mesma abordagem descrita no Capítulo 8 para outros ácidos polipróticos, podemos usar esses valores para determinar a fração relativa de cada forma de EDTA em diferentes valores de pH. A Figura 9.7 mostra o gráfico da composição fracionária da espécie que é obtido quando fazemos isso, onde o EDTA^{4-} somente se torna a forma principal em valores altos de pH.

A fração de EDTA presente como EDTA^{4-} em equilíbrio pode ser calculada em qualquer pH por meio da fórmula a seguir, que pode ser derivada para ácidos polipróticos, como vimos no Capítulo 8.

$$\alpha_{EDTA^{4-}} = K_{a1}K_{a2}K_{a3}K_{a4}K_{a5}K_{a6} / \left(\left[H^+\right]^6 + K_{a1}\left[H^+\right]^5 + \right.$$
$$K_{a1}K_{a2}\left[H^+\right]^4 + K_{a1}K_{a2}K_{a3}\left[H^+\right]^3 +$$
$$K_{a1}K_{a2}K_{a3}K_{a4}\left[H^+\right]^2 +$$
$$K_{a1}K_{a2}K_{a3}K_{a4}K_{a5}\left[H^+\right] +$$
$$\left. K_{a1}K_{a2}K_{a3}K_{a4}K_{a5}K_{a6} \right) \quad (9.17)$$

A Tabela 9.8 mostra os valores para EDTA^{4-} obtidos por meio dessa fórmula em diversos valores de pH. A Equação 9.17 também pode ser aplicada diretamente no cálculo da fração de EDTA^{4-} em um determinado pH, conforme ilustrado no próximo exercício.

Tabela 9.7

Valores de pK_a para o EDTA.*

Reação ácido-base	K_a (a 25 °C)	pK_a = $-\log(K_a)$
$H_6EDTA^{2+} \rightleftharpoons H^+ + H_5EDTA^+$	$1{,}\underline{0} \times 10^0$	pK_{a1} = 0,0[b,c]
$H_5EDTA^+ \rightleftharpoons H^+ + H_4EDTA$	$3{,}\underline{2} \times 10^{-2}$	pK_{a2} = 1,5[c]
$H_4EDTA \rightleftharpoons H^+ + H_3EDTA^-$	$1{,}0\underline{2} \times 10^{-2}$	pK_{a3} = 1,99
$H_3EDTA^- \rightleftharpoons H^+ + H_2EDTA^{2-}$	$2{,}1\underline{4} \times 10^{-3}$	pK_{a4} = 2,67
$H_2EDTA^{2-} \rightleftharpoons H^+ + HEDTA^{3-}$	$6{,}9\underline{2} \times 10^{-7}$	pK_{a5} = 6,16
$HEDTA^{3-} \rightleftharpoons H^+ + EDTA^{4-}$	$6{,}4\underline{6} \times 10^{-11}$	pK_{a6} = 10,19[d]

* Os valores listados de pK_a foram obtidos em NIST Standard Reference Database 46—*NIST Critically Selected Stability Constants for Metal Complexes Database*, vol. 8.0, NIST, Gaithersburg, MD, 2004.

[a] Os números sublinhados representam dígitos de guarda. Quando esses valores de K_a são usados em cálculos, devem ser geralmente tratados como tendo dois dígitos significativos em seus valores; as exceções são K_{a1} e K_{a2} para EDTA, que possuem somente um dígito significativo.

[b] Esse valor de pK_a se refere a uma força iônica de 1,0 M. Todos os demais valores listados se referem a uma força iônica de 0,10 M.

[c] Esses valores estão listados em NIST Database 46 como sendo de validade questionável.

[d] Esse valor foi determinado usando-se K^+ como eletrólito de fundo. Um pK_{a6} de 9,52 tem sido relatado quando Na$^+$ é usado como um eletrólito de fundo.

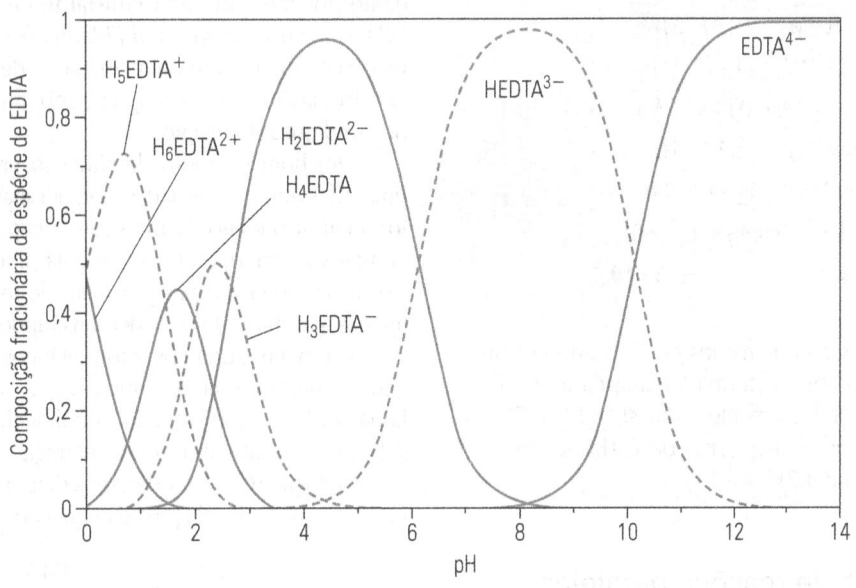

Figura 9.7

Distribuição das frações de várias formas ácido-base de EDTA em função do pH. Esses resultados são baseados nos valores de K_a listados na Tabela 9.7.

EXERCÍCIO 9.3 — O efeito do pH no EDTA

Muitos refrigerantes contêm EDTA como um agente quelante. Um refrigerante popular tem um pH 3,22. Que fração de EDTA nesse produto estará presente como EDTA^{4-} em equilíbrio? Qual é a principal forma de EDTA nesse pH?

SOLUÇÃO

A fração de EDTA^{4-} presente a um pH 3,22 pode ser determinada colocando-se na Equação 9.17 os valores de K_a da Tabela 9.8 e [H$^+$] = $10^{-3,22}$ = 6,03 × 10^{-4} M, com base no pH fornecido de 3,22. (*Observação:* unidades aparentes de M são fornecidas nesse exemplo para K_a para efeito de análise dimensional, mas deve-se lembrar que, conforme discutido no Capítulo 8, os valores de K_a também podem ser corretamente expressos sem qualquer unidade.)

$$\alpha_{EDTA^{4-}} = \{(1{,}0 \times 10^0 M)(3{,}2 \times 10^{-2} M)(1{,}02 \times 10^{-2} M)$$
$$(2{,}14 \times 10^{-3} M)(6{,}92 \times 10^{-7} M)$$
$$(6{,}46 \times 10^{-11} M)\} / \{(6{,}03 \times 10^{-4} M)^6 +$$
$$(1{,}0 \times 10^0 M)(6{,}03 \times 10^{-4} M)^5 +$$
$$(1{,}0 \times 10^0 M)(3{,}2 \times 10^{-2} M)$$
$$(6{,}03 \times 10^{-4} M)^4 + (1{,}0 \times 10^0 M)$$
$$(3{,}2 \times 10^{-2} M)(1{,}02 \times 10^{-2} M)$$
$$(6{,}03 \times 10^{-4} M)^3 + (10 \times 10^0 M)$$
$$(3{,}2 \times 10^{-2} M)(1{,}02 \times 10^{-2} M)$$
$$(2{,}14 \times 10^{-3} M)(6{,}03 \times 10^{-4} M)^2$$
$$+ (1{,}0 \times 10^0 M)(3{,}2 \times 10^{-2} M)$$
$$(1{,}02 \times 10^{-2} M)(2{,}14 \times 10^{-3} M)$$
$$(6{,}92 \times 10^{-7} M)(6{,}03 \times 10^{-4} M)$$
$$+ (1{,}0 \times 10^0 M)(3{,}2 \times 10^{-2} M)$$
$$(1{,}02 \times 10^{-2} M)(2{,}14 \times 10^{-3} M)$$
$$(6{,}92 \times 10^{-7} M)(6{,}46 \times 10^{-11} M)$$
$$\therefore \alpha_{EDTA^{4-}} = 9{,}47 \times 10^{-11} = \mathbf{9{,}5 \times 10^{-11}}$$

Esse resultado indica que menos de 0,1 parte por bilhão de EDTA se apresenta na forma tetrabásica a um pH 3,22. A principal forma é realmente a dibásica, H$_2$EDTA^{2-}, que representa cerca de 77 por cento do EDTA sob essas condições de pH (Figura 9.7).

9.3.4 Tratamento de reações paralelas

Constantes de formação condicional. Muitos ligantes e agentes quelantes como o EDTA também apresentam propriedades ácido-base. O exercício anterior demonstrou que o pH pode exercer um grande efeito sobre a fração ativa de tais agentes de ligação. Esse efeito faz com que seja importante considerar como uma alteração no pH afeta a ligação global desses ligantes para íons metálicos. É possível explicar esse efeito por meio de uma **constante de formação condicional** (K'_f), ou *constante de estabilidade efetiva*.[2] A constante de formação condicional é uma constante de equilíbrio que descreve a formação de um complexo sob um determinado conjunto de condições de reação.

Um bom exemplo de situação em que você pode usar uma constante de formação condicional é o momento em que for analisar o efeito do pH sobre a capacidade do EDTA de se complexar com um íon metálico. Já sabemos que o EDTA pode existir de muitas formas por meio de reações ácido-base, com apenas a forma de EDTA^{4-} demonstrando alguma ligação significativa com a maioria dos íons metálicos. Sabemos também que a fração dessa forma específica ($\alpha_{EDTA^{4-}}$) pode ser calculada pela Equação 9.17, que só exige o conhecimento do pH de nossa solução. Se soubermos a concentração total de EDTA presente nessa solução (C_{EDTA}), poderemos determinar a concentração de EDTA^{4-} usando as relações da Equação 9.18.

$$\alpha_{EDTA^{4-}} = \frac{[EDTA^{4-}]}{C_{EDTA}}$$

$$\text{ou } [EDTA^{4-}] = \alpha_{EDTA^{4-}} C_{EDTA} \quad (9.18)$$

Podemos então substituir $\alpha_{EDTA^{4-}} C_{EDTA}$ por [EDTA^{4-}] na Equação 9.16 e reorganizar essa expressão em termos de uma constante de formação condicional K'_f, a qual dependerá do pH do sistema.

Tabela 9.8

Composição fracionária calculada de EDTA^{4-} em função do pH a 25 °C*.

pH	Fração de EDTA como EDTA^{4-} ($\alpha_{Y^{4-}}$)[a]
0	1,54 × 10^{-23}
1	2,15 × 10^{-18}
2	3,82 × 10^{-14}
3	2,95 × 10^{-11}
4	4,24 × 10^{-9}
5	4,16 × 10^{-7}
6	2,64 × 10^{-5}
7	5,64 × 10^{-4}
8	6,33 × 10^{-3}
9	6,06 × 10^{-2}
10	0,392
11	0,866
12	0,985
13	0,998
14	1,00

*Esses resultados foram calculados usando-se os valores de K_a apresentados na Tabela 9.9.
[a] Os números sublinhados representam dígitos de guarda. Quando essas frações de EDTA^{4-} são usadas em cálculos devem ser tratadas como se tivessem dois dígitos significativos em seus valores.

$$K'_f = K_f \alpha_{EDTA^{4-}} = \frac{[M(EDTA)^{n-4}]}{[M^{n+}]C_{EDTA}} \quad (9.19)$$

Outra vantagem do uso da Equação 9.19 é que ela fornece uma expressão de equilíbrio com base na concentração total de EDTA, uma quantidade que geralmente é conhecida quando utilizamos esse agente quelante.

EXERCÍCIO 9.4 — Uso de uma constante de formação condicional

O EDTA costuma ser adicionado a tubos para coleta de sangue total. O EDTA é usado para ligar Ca^{2+} no sangue e assim impedir o processo de coagulação. Um químico clínico deseja testar um desses tubos usando duas amostras com um pH 7,0 ou 8,0 (soluções que englobam o pH esperado de 7,4 do sangue). Qual será a constante de formação condicional para o complexo de cálcio com EDTA de tais amostras a 25 °C?

SOLUÇÃO

Pela Tabela 9.6, sabemos que o valor de K_f para CaEDTA é $4,4\underline{7} \times 10^{10}$ a 25 °C. Além disso, a Tabela 9.8 fornece a composição fracionária de $EDTA^{4-}$ a 25 °C como $5,6\underline{4} \times 10^{-4}$ a um pH 7,0 e $6,3\underline{3} \times 10^{-3}$ a um pH 8,0. Podemos usar esses valores na Equação 9.19 para obter os seguintes valores de K'_f:

Em pH 7,0: $K'_{f,CaEDTA} = (4,4\underline{7} \times 10^{10}) \cdot (5,6\underline{4} \times 10^{-4})$
$= 2,5\underline{2} \times 10^7 = \mathbf{2,5 \times 10^7}$

Em pH 8,0: $K'_{f,CaEDTA} = (4,4\underline{7} \times 10^{10}) \cdot (6,3\underline{3} \times 10^{-3})$
$= 2,8\underline{3} \times 10^8 = \mathbf{2,8 \times 10^8}$

Esses resultados indicam que a constante de formação condicional para Ca^{2+} com o EDTA no sangue estará entre $2,5 \times 10^7$ e $2,8 \times 10^8$. Se em vez disso usássemos a Equação 9.17 para determinar $\alpha_{EDTA^{4-}}$ a um pH 7,4, isso daria $\alpha_{EDTA^{4-}} = 1,5\underline{0} \times 10^{-3}$ e $K'_{f,CaEDTA} = (4,4\underline{7} \times 10^{10})(1,50 \times 10^{-3})$ $= \mathbf{6,7 \times 10^7}$.

O uso de constantes de formação condicional para que haja uma adaptação aos efeitos do pH sobre as reações ácido-base não se limita ao EDTA, mas também pode ser usado para outros ligantes que atuem como ácidos fracos ou bases fracas. Por exemplo, o efeito da conversão de amônia em seu ácido conjugado NH_4^+ pode ser examinado usando-se a mesma abordagem, utilizando-se a concentração total desse ligante, (C_{NH3}), e α_{NH3}, a fração da espécie ácido-base para o ligante que está presente como NH_3 (a forma que tem um par de elétrons livres e que pode se ligar aos íons metálicos). Esses termos podem ser usados para modificar uma expressão de equilíbrio como aquela da Equação 9.6 para fornecer uma nova expressão que faça uso de uma constante de formação condicional dependente do pH.

$$K'_f = K_f \cdot \alpha_{NH_3} = \frac{[Ni(NH_3)^{2+}]}{[Ni^{2+}]C_{NH_3}}$$

$$\text{em que } \alpha_{NH_3} = \frac{K_{a,NH_4^+}}{[H^+] + K_{a,NH_4^+}} \quad (9.20)$$

A mesma técnica pode ser usada para obter constantes de formação condicional para qualquer ligante que também participe de reações ácido-base aplicando-se a devida equação de composição fracionária da espécie para esse ligante (faça uma revisão do Capítulo 8 e reveja como escrever tal equação).

Previsão dos efeitos de reações paralelas. As constantes de formação condicional podem ser de grande valia na previsão de quanto a extensão de uma reação vai ser alterada com um determinado valor de pH. Essa ideia fica clara na Figura 9.8 para a ligação de Ca^{2+} com o EDTA, conforme descrito pela constante de formação condicional que derivamos na Equação 9.19. Por meio dessa figura, podemos observar que K'_f aumenta com o aumento do pH até se aproximar de seu valor máximo em torno de um pH 11. Também podemos usar esse tipo de gráfico para determinar a faixa de pH a ser empregada para obtermos um determinado intervalo de constantes de formação condicional. Um exemplo disso é mostrado na Figura 9.8 pela linha horizontal, que indica a faixa de pH sobre a qual K'_f excede um valor mínimo de 10^8, condição muitas vezes desejável em titulações que fazem uso do EDTA como reagente.[23]

Uma constante de formação condicional também serve para examinar os efeitos de mais de um tipo de reação paralela. Isso pode ser ilustrado retornando-se à ligação de Ca^{2+} com o EDTA. Embora a Equação 9.19 forneça uma estimativa útil de como o pH pode afetar essa reação, há algumas reações paralelas adicionais que ela não leva em conta. Uma delas ocorre em um pH alto, quando Ca^{2+} reage com OH^- (um ligante que agora compete com $EDTA^{4-}$) para formar o complexo $CaOH^+$.[16]

$$Ca^{2+} + OH^- \rightleftharpoons CaOH^+ \quad K_{f,CaOH^+} = 2,0 \times 10^1 \quad (9.21)$$

Outra reação paralela que pode ocorrer é a ligação simultânea de $EDTA^{4-}$ com ambos, Ca^{2+} e um íon hidrogênio.[16]

$$CaEDTA^{2-} + H^+ \rightleftharpoons CaHEDTA^-$$

$$K_{f,CaHEDTA^-} = 1,3 \times 10^3 \quad (9.22)$$

Embora isso possa levar rapidamente a uma série complexa de reações, podemos de novo lidar com o efeito global do pH sobre esses diversos processos, utilizando uma constante de formação condicional.

Para considerar todas essas reações, podemos escrever a expressão de equilíbrio para a ligação de $EDTA^{4-}$ com Ca^{2+}, como apresentado a seguir,

$$K_{f,CaEDTA^{2-}} \cdot \frac{[CaEDTA^{2-}]}{[Ca^{2+}][EDTA^{4-}]} = \frac{(\alpha_{CaEDTA^{2-}} C_{CaEDTA})}{(\alpha_{Ca^{2+}} C_{Ca})(\alpha_{EDTA^{4-}} C_{EDTA})} \quad (9.23)$$

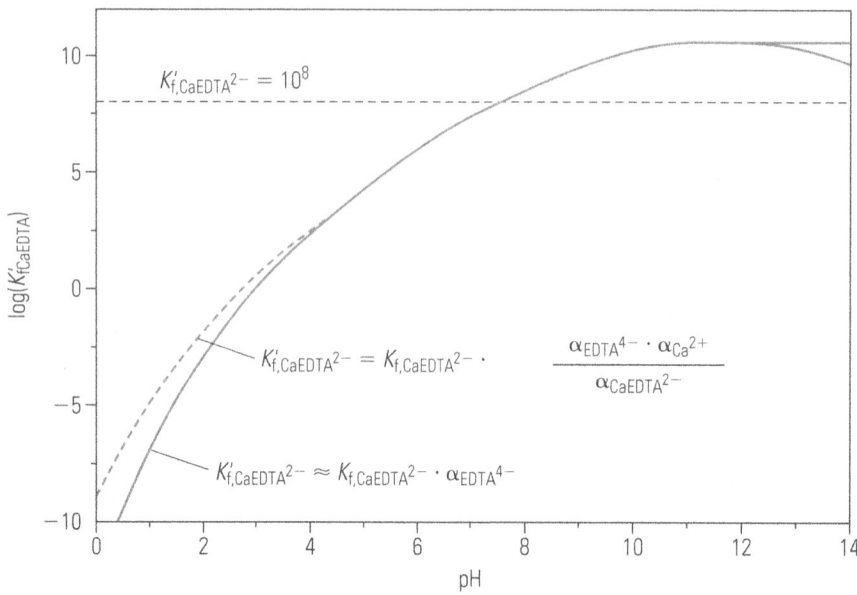

Figura 9.8

Efeito global do pH sobre a constante de formação condicional de EDTA para Ca^{2+}. A linha sólida foi calculada com base na Equação 9.19 e considera somente o efeito do pH nas reações ácido-base de EDTA. A linha tracejada mostra os resultados previstos pela Equação 9.28, que também considera os efeitos do pH sobre a complexação de Ca^{2+} para OH^- e a ligação simultânea de $EDTA^{4-}$ com Ca^{2+} e H^+. A linha horizontal mostra o ponto em que uma constante de formação condicional seria igual a 10^8.

em que $\alpha_{EDTA^{4-}}$ e C_{EDTA} são definidas do mesmo modo que na Equação 9.19. Os novos termos que usamos no lugar de $[CaEDTA^{2-}]$ e $[Ca^{2+}]$ na relação à direita são descritos pelas seguintes expressões de equilíbrio de massa.

$$C_{Ca} = [Ca^{2+}] + [CaOH^+] \quad (9.24)$$

$$C_{CaEDTA} = [CaEDTA^{2-}] + [CaHEDTA^{2-}] \quad (9.25)$$

Essas expressões de equilíbrio de massa, por sua vez, podem se combinar com as expressões de equilíbrio nas equações 9.21 e 9.22 para fornecer as seguintes fórmulas para $\alpha_{Ca^{2+}}$ e $\alpha_{CaEDTA^{2-}}$ que estão relacionadas com a concentração de íons hidrogênio (ou pH) do sistema.

$$\alpha_{Ca^{2+}} = \frac{1}{1 + K_{CaOH^+}(OH^-)} \quad (9.26)$$

$$\alpha_{CaEDTA^{2-}} = \frac{1}{1 + K_{caHEDTA^-}(H^+)} \quad (9.27)$$

Se desejar, você pode simplificar ainda mais a Equação 9.26 substituindo $K_w/[H^+]$ por $[OH^-]$, conforme baseado na relação $K_w = [H^+][OH^-]$ da água (Capítulo 8).

Agora podemos rearranjar a Equação 9.23 a fim de obter a seguinte constante de formação condicional,

$$K'_{f,CaEDTA^{2-}} = K_{f,CaEDTA^{2-}} \cdot \frac{\alpha_{EDTA^{4-}} \cdot \alpha_{Ca^{2+}}}{\alpha_{CaEDTA^{2-}}}$$

$$= \frac{C_{CaEDTA}}{C_{Ca} \cdot C_{EDTA}} \quad (9.28)$$

onde os valores de $\alpha_{EDTA^{4-}}$, $\alpha_{Ca^{2+}}$ e $\alpha_{CaEDTA^{2-}}$ podem ser calculados somente com base nas constantes de equilíbrio para nossas reações e no pH (que, por sua vez, fornece $[H^+]$ e $[OH^-]$). Agora é possível obter uma imagem mais detalhada de como $K'_{f,CaEDTA^{2-}}$ realmente muda conforme o pH analisando-se os efeitos combinados de todas essas reações. Os resultados são incluídos como uma linha tracejada na Figura 9.8. Esse gráfico indica que o primeiro que fizemos com base na Equação 9.19 apresentou uma boa descrição do cálcio ligando-se ao EDTA em uma ampla faixa de pH. No entanto, existem algumas diferenças entre esse primeiro gráfico e o mais detalhado que se baseia na Equação 9.28. Para começar, o novo gráfico indica que haverá uma ligação um pouco mais forte do que originalmente esperávamos a um pH abaixo de 4. Isso se deve à reação adicional na Equação 9.22, que ajuda a promover a ligação total entre Ca^{2+} e EDTA. Em segundo lugar, nosso novo gráfico mostra uma ligação mais fraca do que a esperada a um pH acima de 12. Esse desvio decorre da formação de $Ca(OH)^+$, conforme mostrado na Equação 9.21, que impede a ligação do Ca^{2+} ao EDTA. Esse tipo de informação pode ser importante na otimização do uso de um agente de ligação como o EDTA, especialmente nos casos em que uma alteração relativamente pequena no grau de ligação pode exercer um grande efeito sobre a seletividade desse reagente em uma análise química.

9.4 Outros tipos de complexo

Até aqui, temos nos concentrado em complexos entre íons metálicos e ligantes que se baseavam nas reações ácido-base de Lewis e na formação de complexos de coordenação. Existem outros tipos de complexo encontrados com frequência em química analítica. Eles ainda são formados pela interação reversível de substâncias químicas, porém, muitas vezes envolvem interações não covalentes em vez de ligações de coordenação. Nesta seção, discutiremos os princípios gerais desses outros complexos e consideraremos algumas de suas aplicações em análise química.

9.4.1 Descrição geral da formação de complexos

Podemos expandir nossa visão da formação de um complexo de modo a incluir outros processos, além das reações ácido-base de Lewis, usando a expressão de equilíbrio geral,

$$A + L \rightleftharpoons A-L \qquad K_f = \frac{[A-L]}{[A][L]} \qquad (9.29)$$

em que A é o analito e L, o ligante que se complexa com o analito. Como vimos na formação do complexo metal-ligante, podemos descrever a reação anterior em termos de uma constante de formação, K_f. Entretanto, o analito não está mais limitado a ser um íon metálico, e nem deve se complexar com o ligante através de uma ligação coordenada.

Quando examinamos a formação de complexo nesse sentido mais amplo, surgem realmente muitos tipos de interação que podem levar à formação de um complexo analito-ligante estável. Por exemplo, as ligações de hidrogênio entre analito e ligante podem constituir uma força que mantém essas duas substâncias químicas unidas. Outras forças que podem ajudar a estabilizar o complexo resultante incluem interações dipolo-dipolo, forças de dispersão, ligações de hidrogênio e interações iônicas (consulte o Capítulo 7 para uma revisão sobre interações não covalentes). O ajuste de um determinado analito com um ligante também definirá se o complexo analito-ligante é estável. Embora muitas dessas forças e interações sejam, por si só, fracas (com exceção das interações iônicas), a ocorrência de todas elas ao mesmo tempo pode resultar em uma grande constante de formação.

Ao nos referirmos a outros complexos que não aqueles entre íons metálicos e seus ligantes, o termo **constante de associação (K_A)**, ou *afinidade*, é às vezes usado em lugar da constante de formação (K_f). Isso se aplica, em particular, se o ligante ou o analito forem compostos biológicos. Um termo estreitamente relacionado a esse é a **constante de dissociação (K_D)**,[5] que é igual à recíproca de K_A.

$$K_D = \frac{1}{K_A} = \frac{[A][L]}{[A-L]} \qquad (9.30)$$

O valor de K_A é frequentemente dado com unidades de concentração inversa, enquanto o de K_D é dado com unidades de concentração. Por exemplo, um analito e seu ligante que tenham uma associação constante de 10^7 (geralmente escrito com unidades aparentes de M^{-1}) terão uma constante de dissociação correspondente de 10^{-7} M, ou 0,1 μM. À medida que você prossegue para um complexo mais estável, o valor de K_D diminui, enquanto o de K_A aumenta.

EXERCÍCIO 9.5 Uso de constantes de associação e dissociação

Um químico farmacêutico determina que duas drogas potenciais se ligam à mesma enzima com constantes de dissociação de 1,2 pM e 8,5 nM. Quais são as constantes de associação para essas drogas? Qual droga forma um complexo forte com a enzima?

SOLUÇÃO

As constantes de associação dessas duas drogas são determinadas tomando-se a recíproca de suas constantes de dissociação. Isso resulta em valores de K_A e em unidades aparentes de $1/(1,2 \times 10^{-12} M) = 8,3 \times 10^{11}$ M^{-1} e $1/(8,5 \times 10^{-9} M) = 1,2 \times 10^8$ M^{-1}, respectivamente. A droga que forma o complexo mais estável com a enzima será aquela com os valores mais baixos de K_D e os mais altos de K_A. Isso ocorre nesse caso para a droga que tem $K_D = 1,2$ pM e $K_A = 8,3 \times 10^{11}$ M^{-1}.

9.4.2 Exemplos de complexos alternativos

Você deve ter imaginado pelo exercício passado que os sistemas biológicos são áreas nas quais a formação do complexo é frequentemente encontrada. Isso pode incluir os complexos metal-ligante ou envolver a formação de outros tipos de complexo. Exemplos desse segundo grupo incluem o complexo que se forma entre os dois filamentos de DNA e a ligação de uma enzima com seu substrato. Ambos os casos envolvem um ligante relativamente grande (uma enzima ou um filamento de DNA) que interage por meio de uma ou mais forças com um objetivo específico (uma molécula que se liga à enzima ou a um filamento de DNA que é complementar ao primeiro).

Por meio desse tipo de formação de complexo, muitas das reações em nosso organismo são controladas e conduzidas em bases regulares. Ao fazer uso dessas mesmas reações, também é possível desenvolver métodos analíticos destinados a detectar e medir agentes específicos. Um exemplo comum é o uso de anticorpos na detecção de um analito. Um **anticorpo** é uma proteína produzida pelo sistema imunológico do organismo que tem a capacidade de se ligar especificamente a um agente externo, como uma célula bacteriana, um vírus ou um proteína de outro organismo.[11] A estrutura básica de um anticorpo é mostrada na Figura 9.9. Essa molécula tem uma massa molar normal de 150.000 a 160.000 g/mol, o que a torna muito maior do que qualquer um dos ligantes que discutimos nas seções anteriores deste capítulo. No entanto, ela tem a mesma capacidade de formar complexos reversíveis com analitos por meio de dois sítios de ligação idênticos que se localizam nas extremidades superiores de sua estrutura.[24]

Visto que é possível produzir anticorpos contra uma ampla gama de substâncias estranhas, eles também servem como reagentes em ensaios para vários produtos químicos. Qualquer método analítico que utilize um anticorpo como reagente é conhecido como **imunoensaio**.[5,25,26] Este nome vem do termo *imunoglobulina*, outra denominação para o anticorpo.[5,9] Há tipos de ensaios que são realizados todos os dias com o uso de anticorpos. Entre eles, kits vendidos em farmácias para testes de gravidez, testes utilizados por laboratórios de análise de alimentos para detectar bactérias e muitos dos ensaios que são conduzidos por hospitais para monitorar medicamentos ministrados a pacientes. Duas maneiras comuns de usar anticorpos são o *imunoensaio de ligação competitiva* e o *imunoensaio sanduíche* (Quadro 9.2).

Além dos anticorpos, há muitos outros ligantes que podem ser usados em métodos analíticos. Outro exemplo de menor importância é a *ciclodextrina* (Figura 9.10). Trata-se de um polímero cíclico de glicose que é formado por certos tipos de bactéria.[5,28] O resultado é uma estrutura truncada e cônica que possui um interior apolar e bordas superiores e inferiores polares que são cercadas por grupos de álcool. Tal forma e disposição de grupos são úteis na medida em que alguns compostos orgânicos pequenos podem entrar no interior apolar e formar um complexo relativamente forte com a ciclodextrina. O tamanho da constante de formação desse complexo vai depender de uma série de fatores, incluindo o ajuste do composto à cavidade da ciclodextrina e sua capacidade de formar ligações de hidrogênio ou outras interações com os grupos de álcool na ciclodextrina. Retomaremos a discussão sobre ciclodextrinas e algumas de suas aplicações analíticas quando examinarmos, mais adiante, os métodos de cromatografia líquida e de eletroforese (capítulos 22 e 23).

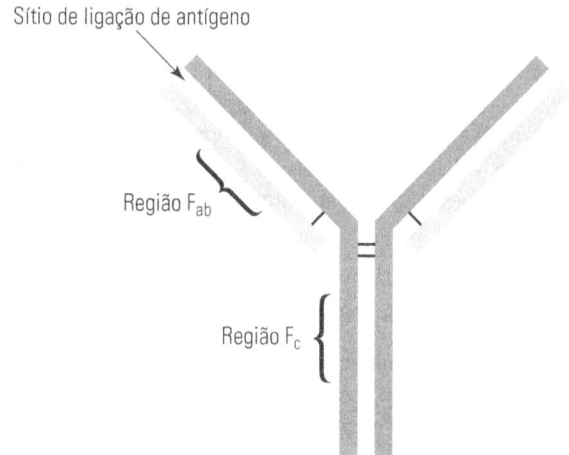

Figura 9.9

Estrutura de um anticorpo comum. Esta figura mostra a imunoglobulina G (ou IgG), o tipo de anticorpo mais comum no sangue. Um anticorpo de classe IgG tem uma estrutura em forma de Y, com diâmetro de aproximadamente 8 a 10 nm (ou 80-100 Å). A parte inferior dessa estrutura é a mesma de um anticorpo para o próximo, e é conhecida como *região F_c*. Os dois braços superiores do anticorpo são idênticos e cada um contém um sítio de ligação para um agente externo, ou *antígeno*. Esses dois braços superiores são conhecidos como *regiões F_{ab}*. Uma mudança na sequência de aminoácidos dessas regiões F_{ab} é o que permite que nosso corpo produza anticorpos com sítios de ligação específicos para diferentes antígenos.

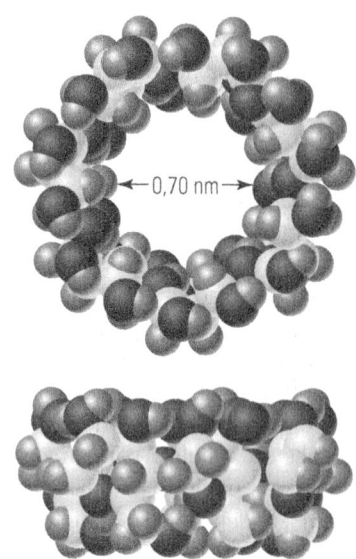

Figura 9.10

Estrutura da β-ciclodextrina. (Reproduzido com permissão de M. Chaplin.)

Palavras-chave

Ácido de Lewis 207
Ácido etilenodiaminotetracético 215
Agente quelante 215
Anticorpo 221
Base de Lewis 207
Complexo 206
Complexo metal-ligante 206

Constante de associação 221
Constante de dissociação 221
Constante de formação 208
Constante de formação condicional 218
Constante de formação global 212
Constante de formação multietapas 212
Efeito quelato 215

Formação de complexo 206
Imunoensaio 221
Ligante 206
Ligante monodentado 207
Quelato 215

Quadro 9.2 Imunoensaios

Há muitas maneiras de se usar os anticorpos em métodos de análise química, dentre as quais duas comuns são em um imunoensaio de ligação competitiva ou em um imunoensaio sanduíche.[25,26] Um *imunoensaio de ligação competitiva* (mostrado na Figura 9.11) envolve a incubação de um analito em uma amostra com uma quantidade fixa de um analito análogo marcado (contendo uma marcação facilmente mensurável) e uma quantidade limitada de anticorpos que se ligam tanto ao analito nativo quanto ao análogo marcado. Uma vez que há somente uma quantidade limitada de anticorpos presentes, o analito e as moléculas marcadas devem competir pelos sítios de ligação nesses anticorpos. Quando é permitido que essa competição ocorra, os compostos que estão ligados aos anticorpos são separados daqueles que permanecem livres em solução. Então, a quantidade do análogo marcado presente tanto na fração ligada quanto na livre é medida. Na ausência de qualquer analito na amostra, a maior quantidade de analito marcado na fração ligada será observada. À medida que a quantidade de analito na amostra aumenta, o nível da marcação ligada também diminuirá, produzindo uma medida indireta da quantidade de analito na amostra. Esse método foi descoberto em 1959 pelos cientistas norte-americanos Rosalyn Yalow e Solomon Berson,* que usaram radioisótopos como os marcadores desse método.[27]

Um *imunoensaio sanduíche*, por sua vez, envolve o uso de dois tipos diferentes de anticorpos, e cada qual se liga ao analito de interesse.[25,26] O primeiro desses dois anticorpos é anexado a um suporte de fase sólida e usado para a extração do analito a partir de amostras. O segundo anticorpo contém uma marcação facilmente mensurável, e é adicionado em solução ao analito antes ou após essa extração; esse segundo anticorpo serve para colocar uma marcação no analito, permitindo que a quantidade de analito no suporte seja medida. Uma vantagem importante de um imunoensaio sanduíche é que ele produz um sinal para a marcação ligada que é diretamente proporcional à quantidade de analito. O fato de que se usam dois tipos de anticorpos proporciona a um imunoensaio sanduíche uma seletividade muito maior do que o da ligação competitiva. A principal desvantagem de um imunoensaio sanduíche é que ele somente pode ser usado para analitos grandes o suficiente para se ligarem simultaneamente a dois anticorpos.

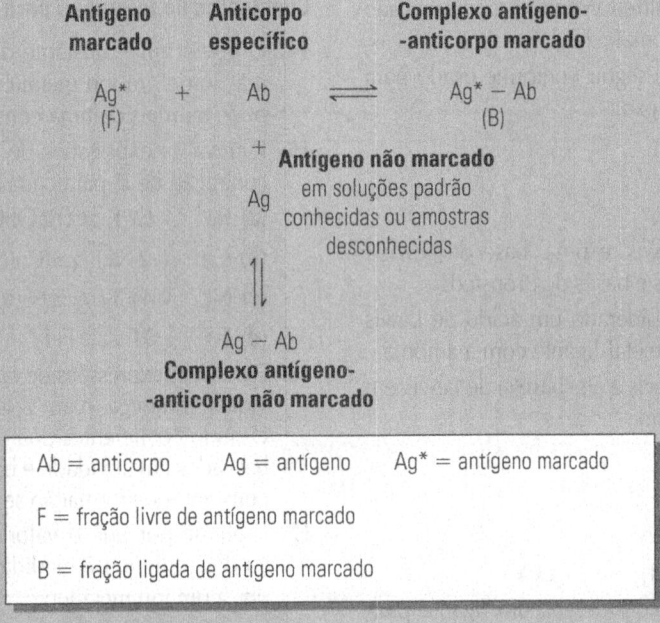

Figura 9.11

RIA, um tipo de imunoensaio de ligação competitiva. A figura foi reproduzida com permissão de © The Nobel Foundation 1977, e foi utilizada pela dra. Yalow na conferência do Prêmio Nobel.

---

* Rosalyn S. Yalow (1921-presente), ganhou o Prêmio Nobel em fisiologia e medicina em 1977 pelo desenvolvimento do radioimunoensaio (RIA, do inglês, *radioimmunoassay*). A dra. Yalow nasceu na cidade de Nova York e recebeu seu Ph.D. em Física em 1945. Mais tarde, ela passou a trabalhar na área de física nuclear e radioisótopos no Bronx Veterans Administration Hospital. Foi ali que começou a estudar como os radioisótopos podem ser utilizados com anticorpos em estudos clínicos. Esse trabalho, por sua vez, levou ao desenvolvimento do RIA por Yalow e Solomon A. Berson (que veio a falecer antes de 1977). Yalow e Berson inicialmente usaram o RIA em 1959 para medir a concentração de insulina no sangue de pacientes diabéticos, mas esse método foi logo adaptado para centenas de outras aplicações. O RIA e sua forma mais geral de imunoensaio de ligação competitiva continuam em uso até hoje em laboratórios clínicos e bioquímicos de todo o mundo.[11]

Outros termos

Afinidade 221
Ciclodextrina 222
Constante de associação de esfera externa 210
Constante de estabilidade 208
Constante de estabilidade efetiva 218
Constante de formação cumulativa 212
Esfera de coordenação 210
Etilenodiamina 215
Imunoensaio de ligação competitiva 222
Imunoensaio sanduíche 222
Imunoglobulina 221
Ligação coordenada 206
Ligante bidentado 215
Ligante polidentado 215
Ligante simples 207
Ligante tetradentado 215
Ligante tridentado 215
Reação multietapas 212

Questões

O que é formação de complexo e quais são suas aplicações analíticas?

1. O que é 'formação de complexo'? Cite dois exemplos de reações que envolvam formação de complexo.
2. Explique por que se adiciona EDTA à maionese. Por que isso é um exemplo de formação de complexo?
3. Cite três maneiras em que a formação de complexo é usada em análise química.

O que é um complexo metal-ligante?

4. Qual foi a contribuição de Alfred Werner à compreensão de reações de formação de complexo?
5. Defina cada um dos termos a seguir conforme usado para descrever formação de complexo.
   (a) Ligação coordenada.
   (b) Ligante.
   (c) Complexo metal-ligante.
6. O que são um 'ácido de Lewis' e uma 'base de Lewis'? Como eles diferem dos ácidos e bases de Brönsted?
7. Explique por que Cu^{2+} é considerado um ácido de Lewis quando forma um complexo metal-ligante com a amônia.
8. Identifique o(s) ácido(s) de Lewis e a(s) base(s) de Lewis em cada uma das reações a seguir.
   (a) $OH^- + Mg^{2+} \rightleftarrows MgOH^-$
   (b) $AgCl_3^{2-} + Cl^- \rightleftarrows AgCl_4^{3-}$
   (c) $Fe^{3+} + EDTA^{4-} \rightleftarrows FeEDTA^-$
   (d) $NH_3 + CH_3COOH \rightleftarrows NH_4^+ + CH_3COO^-$
9. Descreva por que a água é considerada um ligante para muitos íons metálicos.
10. Explique por que todos os ácidos e as bases de Lewis são também ácidos e bases de Brønsted-Lowry, mas nem todos os ácidos e as bases se Brønsted-Lowry são ácidos e bases de Lewis.
11. Defina o termo 'ligante monodentado'. Dê três exemplos específicos de ligantes monodentados.
12. Explique por que as duas reações a seguir são equivalentes se ambas forem realizadas em água. Quais são as vantagens de usar o primeiro tipo de expressão? Quais são as vantagens de usar o segundo?

Reação 1:
$Ni(H_2O)_4(NH_3)_2^{2+} + NH_3 \rightleftarrows Ni(H_2O)_3(NH_3)_3^{2+} + H_2O$

Reação 2:
$Ni(NH_3)_2^{2+} + NH_3 \rightleftarrows Ni(NH_3)_3^{2+}$

13. Analise por que um reagente como o Cl^- ou o OH^- às vezes pode ser usado como um agente de precipitação e outras vezes como um agente complexante para o mesmo íon metálico.

Constantes de formação para complexos metal-ligante

14. O que é uma constante de formação? Explique por que a reação de um íon metálico com um ligante monodentado pode ter mais de uma constante de formação.
15. Escreva as expressões de equilíbrio dependentes de concentração de K_f para cada uma das reações a seguir.
    (a) $Ba^{2+} + OH^- \rightleftarrows BaOH^+$
    (b) $Cu^{2+} + 2NH_3 \rightleftarrows Cu(NH_3)_2^{2+}$
    (c) $Ni^{2+} + 4CN^- \rightleftarrows Ni(CN)_4^{2-}$
    (d) $Fe^{3+} + 6F^- \rightleftarrows FeF_6^{3-}$
16. Escreva as expressões de equilíbrio para K_f em termos de atividades químicas para cada uma das reações na Questão 15. Usando coeficientes de atividade, mostre como os valores baseados em atividade e baseados em concentração dessas constantes de formação se inter-relacionam.
17. Explique por que o valor de uma constante de formação tende a diminuir à medida que mais ligantes são adicionados a um íon metálico.

Prevenção da distribuição de complexos metal-ligante

18. Explique por que um único íon metálico, como Ni^{2+} ou Cu^{2+}, muitas vezes tem uma mistura de muitos complexos diferentes quando se combina com um ligante como NH_3.
19. O que é uma 'constante de formação global'? Como ela difere de uma 'constante de formação multietapas'?
20. O cianeto pode atuar como um ligante de Cd^{2+} para formar complexos de 1:1 a 1:4. As constantes de formação multietapas para essas reações são $K_{f1} = 1,02 \times 10^6$, $K_{f2} = 1,3 \times 10^5$, $K_{f3} = 3,4 \times 10^4$ e $K_{f4} = 1,9 \times 10^2$. Calcule as constantes de formação global para essas reações.

21. Um livro de referência lista as seguintes constantes de formação global para a combinação de brometo com Pb^{2+}: $\log(\beta_1) = 1,77$, $\log(\beta_2) = 2,6$, $\log(\beta_3) = 3,0$ e $\log(\beta_4) = 2,3$. Quais são as constantes de formação multietapas para essas reações?

22. Qual será a concentração de Ni^{2+} em uma solução preparada a 25 °C e um pH elevado adicionando-se 1,0 mL de 0,250 M $Ni(NO_3)_2$ a 100 mL de amônia de 0,058 M? Você pode supor que todo o $Ni(NO_3)_2$ originalmente se dissolve para produzir Ni^{2+} e NO_3^-, e que o valor de $[NH_3]$ em equilíbrio é aproximadamente igual à concentração analítica de amônia.

23. Um livro lista constantes de formação para a criação de complexos de 1:1 a 1:4 entre Cl^- e Hg^{2+}.
    (a) Escreva uma equação de equilíbrio de massa para as formas solúveis de Hg^{2+} (o íon metálico e todos os seus complexos com cloreto) em tal solução.
    (b) Escreva uma equação para a composição fracionária de toda a espécie de mercúrio(II) solúvel que existe como Hg^{2+} em uma solução aquosa que contenha íons cloreto. Sua equação final deve ser escrita apenas em termos de constantes de formação global para o sistema e para a concentração de íons cloreto livres na solução.
    (c) Use a equação que você derivou na Parte (b) para calcular a composição fracionária de toda a espécie de mercúrio(II) solúvel que estará presente em Hg^{2+} a 25 °C em uma solução na qual $[Cl^-] = 0,050$ M. Nessas mesmas condições, qual será o valor de pHg, se pHg = $-\log([Hg^{2+}])$?

24. Foi mencionado anteriormente neste capítulo que, em uma concentração de ligante elevada o suficiente entre uma e seis moléculas de amônia podem se combinar com íons Cu^{2+}.
    (a) Escreva uma equação de equilíbrio de massa para as várias formas de Cu^{2+} e seus complexos com amônia em tal sistema.
    (b) Escreva duas equações que descrevam a composição fracionária de toda a espécie de cobre(II) solúvel que existe como Cu^{2+} ou $Cu(NH_3)_4^{2+}$ em uma solução aquosa de amônia. A forma final dessas equações deve ser expressa somente em termos das constantes de formação global para o sistema e a concentração de amônia livre em solução.
    (c) Use as equações derivadas na Parte (b) para calcular a composição fracionária de toda a espécie de cobre(II) solúvel que estará presente como Cu^{2+} e $Cu(NH_3)_4^{2+}$ em uma solução na qual $[NH_3] = 0,10$ M.

25. Sabe-se que tiocianato (SCN^-) e o Zn^{2+} reagem em água para formar os complexos solúveis $Zn(SCN)^+$ e $Zn(SCN)_2$. Escreva equações de composição fracionária da espécie para Zn^{2+} e cada um de seus complexos com SCN^-. A forma final dessas equações deve ser expressa somente em termos das constantes de formação global para o sistema e a concentração de tiocianato livre em solução.

26. O fluoreto estanoso (SnF_2) é às vezes utilizado em cremes dentais e outros produtos como um agente para prevenir a cárie dentária. Íons flúor podem formar os seguintes complexos solúveis com íons Sn^{2+}: SnF^+, SnF_2 e SnF_3^-. Escreva equações de composição fracionária da espécie para o Sn^{2+} e cada um desses complexos envolvendo F^-. A forma final dessas equações deve ser expressa somente em termos das constantes de formação global para o sistema e para $[F^-]$.

Agentes quelantes

27. O que é um 'agente quelante'? Como ele difere de um ligante monodentado?

28. Explique por que a etilenodiamina é um exemplo de agente quelante.

29. Que tipo de estrutura é produzido quando a etilenodiamina se liga a um íon metálico?

30. Defina cada um dos termos a seguir.
    (a) Ligante bidentado.
    (b) Ligante tridentado.
    (c) Ligante tetradentado.
    (d) Ligante polidentado.

31. O que é um 'quelato'? Descreva o processo geral por meio do qual um quelato se forma.

O efeito quelato

32. Um químico inorgânico descobre que, quando duas moléculas de etilenodiamina se ligam a Co^{2+}, a constante de formação global é $4,2 \times 10^{10}$ a 25 °C. Essa ligação envolve quatro átomos de nitrogênio nas moléculas de etilenodiamina. Entretanto, Co^{2+} tem uma constante de formação global de apenas $2,0 \times 10^5$ à mesma temperatura quando se liga a quatro moléculas de amônia (outro ligante à base de nitrogênio). Explique por que a etilenodiamina tem um complexo mais forte com o Co^{2+} do que com a amônia sob essas condições.

33. O que é o 'efeito quelato'? Por que se acredita que esse efeito ocorre?

34. Explique por que o efeito quelato pode ser útil em uma análise química.

Ácido etilenodiaminotetracético

35. O que é o EDTA? Explique por que EDTA é um exemplo de agente quelante.

36. Um dos primeiros papéis do EDTA foi o de agente de ligação para metais tóxicos como o Pb^{2+}. Escreva a reação desse processo e forneça a constante de formação dessa reação. Discuta as propriedades do EDTA que permitem que ele forme um complexo forte com o Pb^{2+}.

37. Usando o EDTA como reagente, um laboratório determina rotineiramente a 'dureza da água', medindo a quantidade de Ca^{2+} e Mg^{2+} em amostras de água.
    (a) Escreva as reações para a ligação do EDTA com cada um desses íons metálicos.
    (b) Quais são as constantes de formação para os complexos que se formam entre esses íons e o EDTA?

(c) Qual é o volume aproximado de 0,0132 M de EDTA que seria necessário para complexar todo o cálcio em uma solução padrão preparada dissolvendo-se 0,5764 g de carbonato de cálcio em água?

38. Qual massa de $Na_2H_2EDTA \cdot 2H_2O$ deve ser usada para preparar 500 mL de EDTA de 0,0200 M? Qual seria a molaridade de uma solução de EDTA preparada colocando-se 7,50 g de Na_2H_2EDTA em água para fazer 750 mL de solução?

39. Com base na estrutura de EDTA, explique por que esse agente de ligação pode atuar como um ácido ou uma base de Brønsted-Lowry. Quais regiões na estrutura do EDTA dão origem a essas propriedades ácido-base? Quais regiões do EDTA dão origem a sua capacidade de atuar como um ligante para íons metálicos?

40. Um fabricante de xampu deseja incluir o EDTA como aditivo em um produto que terá um pH 'neutro' de 7,5 e 25 °C.
    (a) Que fração do EDTA estará presente em equilíbrio como $EDTA^{4-}$ nesse pH?
    (b) Qual será a principal forma de EDTA nesse produto?

41. Um químico analítico prepara um reagente que contém EDTA em uma solução tamponada a um pH 9,5 e mantida a 25 °C.
    (a) Qual fração do EDTA estará presente em sua forma tetrabásica nessa solução?
    (b) Qual será a principal forma de EDTA nesse reagente?

42. Qual fração de EDTA estará presente na forma $EDTA^{4-}$ a 25 °C e pH 5,0 ou 9,0? Como um aumento de 5,0 para 9,0 no pH deve alterar a ligação de um íon metálico ao EDTA?

43. Um cientista ambiental observa que o grau de ligação entre EDTA e Hg^{2+} aumenta quase 15 mil vezes quando o pH é elevado de 6,0 para 10,0 em uma amostra de água que contém íons Hg^{2+}. Qual é a causa desse efeito?

Tratamento de reações paralelas

44. O que é uma 'constante de formação condicional'? Por que ela é muitas vezes útil para se descrever a formação de complexo?

45. Explique como se pode fazer uma correção das propriedades ácido-base de EDTA usando-se uma constante de formação condicional para a reação de EDTA com íons metálicos.

46. Quais serão as constantes de formação condicional para cada uma das seguintes reações a 25 °C em uma solução aquosa? Suponha que as únicas reações paralelas significativas sejam as reações ácido-base de EDTA.
    (a) Cu^{2+} + EDTA em pH 4,0.
    (b) Ni^{2+} + EDTA em pH 9,0.
    (c) Zn^{2+} + EDTA em pH 8,0.
    (d) Mg^{2+} + EDTA em pH 3,0.

47. Calcule as constantes de formação condicional para cada um dos seguintes complexos em água a 25 °C. Você pode supor que as reações ácido-base de EDTA são as únicas reações paralelas significativas que ocorrem na solução.
    (a) $LaEDTA^-$ em pH 7,5.
    (b) $ScEDTA^-$ em pH 4,2.
    (c) ThEDTA em pH 5,8.
    (d) $CdEDTA^{2-}$ em pH 6,5.

48. Discuta como as constantes de formação condicional podem ser usadas com ligantes diferentes de EDTA que também tenham propriedades ácido-base. Justifique sua resposta usando amônia como exemplo.

49. Qual será a constante de formação condicional para o complexo $Ni(NH_3)^{2+}$ se for permitido que esse complexo se forme em água a 25 °C e a um pH 5,0? Como esse resultado difere da constante de formação condicional que seria obtida em um pH 10,0? Qual desses valores está mais próximo da real constante de formação para $Ni(NH_3)^{2+}$?

50. Um químico deseja examinar o efeito do pH sobre a capacidade da amônia de se complexar com Co^{2+}. Essas experiências devem ser realizadas com valores de pH 4,0, 6,0, 8,0 e 10,0.
    (a) Escreva expressões para as constantes de formação condicional para os seguintes complexos entre íons Co^{2+} e amônia: $Co(NH_3)^{2+}$, $Co(NH_3)_2^{2+}$, $Co(NH_3)_3^{2+}$ e $Co(NH_3)_4^{2+}$.
    (b) Qual fração das várias formas ácido-base de amônia estará presente como NH_3 nos valores especificados de pH?
    (c) Quais são os valores das constantes de formação condicional para todos os complexos na Parte (a) quando esses complexos se formam em cada um dos valores especificados de pH e em água a 25 °C?

51. Explique por que a constante de formação condicional para o complexo de Ca^{2+} com EDTA tem um pH máximo aproximado de 10 a 12. Como esse resultado difere do caso no qual somente as propriedades ácido-base de EDTA são consideradas ao serem contabilizadas as possíveis reações paralelas?

Descrição geral da formação do complexo

52. Escreva uma expressão geral de reação e equilíbrio que possa ser usada para descrever a formação de um complexo 1:1 entre qualquer tipo de analito e de ligante.

53. Se complexos diferentes daqueles entre íons metálicos e ligantes são considerados, quais interações, além das reações ácido-base de Lewis, podem levar à formação de tais complexos?

54. O que é uma 'constante de associação'? Como ela se relaciona com a constante de formação de um complexo?

55. O que é uma 'constante de dissociação'? Como ela se relaciona com a constante de associação e com a constante de formação de complexo?

56. Um bioquímico determina que um receptor se liga a um hormônio com uma constante de dissociação de $6,3 \times 10^{-10}$ M. Qual é a constante de associação para o complexo hormônio-receptor resultante?

57. Um químico analítico determina que um anticorpo se liga a um analito e seu contaminante relacionado com cons-

tantes de associação de $2,7 \times 10^{10}$ M^{-1} e $4,0 \times 10^{6}$ M^{-1}, respectivamente. Quais são as constantes de dissociação desses dois compostos? Qual desses compostos se liga mais estreitamente ao anticorpo?

Exemplos de complexos alternativos

58. O que é um 'anticorpo'? Descreva a estrutura geral e as propriedades físicas de um anticorpo.
59. Como um anticorpo se assemelha aos agentes de ligação que foram discutidos anteriormente neste capítulo? Como um anticorpo difere desses outros agentes de ligação?
60. O que é 'imunoensaio'? Descreva dois tipos diferentes de imunoensaio.
61. O que é 'ciclodextrina'? Qual é a estrutura desse agente de ligação?
62. Descreva como a ciclodextrina pode formar um complexo com outro composto.

Problemas desafiadores

63. Use fontes como as referências 15 a 18 para localizar as constantes de formação de cada um dos seguintes complexos metal-ligante ou quelatos.
    (a) EDTA + Ca^{2+} (37 °C)
    (b) Amônia + Mg^{2+} (25 °C)
    (c) Ácido 4-sulfônico + Cu^{2+} (25 °C)
    (d) Nitroso-2-naftol + Zn^{2+} (25 °C)
    (e) Tioureia + Pb^{2+} (1-6 ligantes a 25 °C)
    (f) Glicina + Ni^{2+} (1-3 ligantes a 25 °C)
64. Localize um método em seu laboratório que envolva o uso de uma solução contendo EDTA. Elabore um procedimento operacional padrão para a preparação dessa solução e sua padronização.
65. Obtenha uma cópia da ficha de dados de segurança de materiais do EDTA. Indique como essa substância deve ser armazenada e descreva quaisquer riscos químicos e físicos associados ao EDTA.
66. A Referência 16 relaciona os seguintes valores de $\log(K_f)$ para EDTA e Mg^{2+} a 25 °C e diversas forças iônicas: $\log(K_f) = 8,79$ a $I = 0,10$ M, 8,67 a $I = 0,50$ M e 8,61 a $I = 1,00$ M. Explique essa tendência com base em seu conhecimento sobre coeficientes de atividade e sua dependência da força iônica.
67. Obtenha os valores das constantes de formação para complexos 1:1 que se formam entre os íons Ni^{2+} quando se utiliza Cl^-, CN^-, NH_3 ou F^- como o ligante. Também obtenha os valores de pK_b para cada um desses ligantes. Use uma planilha para preparar um gráfico de K_{f1} para os complexos de níquel em relação ao pK_b para cada um desses ligantes. Qual tendência você observa nesse gráfico? Qual você acha que é a base dessa tendência?
68. Se o EDTA já está complexado com um íon metálico, é possível que esse íon seja deslocado por outro íon metálico que tenha uma ligação mais forte com o EDTA. Por exemplo, quando o EDTA é usado como conservante em alimentos, na verdade, o que é adicionado é um complexo cálcio-EDT. Quando esse ligante se combina ao Fe^{3+} no alimento para evitar sua deterioração, esse íon metálico deve deslocar o Ca^{2+} que já está ligado ao EDTA. Podemos representar essa competição com a seguinte expressão de reação e equilíbrio:

$$Fe^{3+} + CaEDTA^{2-} \rightleftharpoons FeEDTA^- + Ca^{2+}$$

$$K = \frac{[FeEDTA^-][Ca^{2+}]}{[Fe^{3+}][CaEDTA^{2-}]} \quad (9.31)$$

   (a) A constante de equilíbrio para a reação anterior pode ser calculada usando-se as constantes de formação para $CaEDTA^{2-}$ e $FeEDTA^-$. Qual é o valor dessa constante de equilíbrio a 25 °C?
   (b) Qual é a variação da energia livre padrão total ($\Delta G°$) para a reação na Equação 9.31 a 25 °C? Como essa alteração na energia livre se compara com a da formação separada de $CaEDTA^{2-}$ e $FeEDTA^-$ a 25 °C?

69. Suponha que uma solução aquosa contendo EDTA de 0,00268 mol em um pH 5,0 seja combinada com Cu^{2+} de 0,00100 mol e Ni^{2+} de 0,00185 mol, e que essa mistura seja então levada a um volume final de 500 mL. Usando uma planilha, calcule as concentrações de Cu^{2+}, Ni^{2+}, $NiEDTA^{2-}$, $CuEDTA^{2-}$ e todas as formas de EDTA que estarão presentes a 25 °C, quando essa mistura estiver em equilíbrio.

70. Crie uma planilha que permita plotar a fração de Ni^{2+} e seus vários complexos com amônia. Inclua nessa planilha colunas em que você possa alterar tanto a concentração total de amônia (C_{NH_3}) quanto o pH da solução que afetará a fração das formas ácido-base de amônia que estão presentes como NH_3.
   (a) Use essa planilha para preparar um gráfico no qual se supõe que toda a amônia está presente na forma NH_3 (como ocorreria a um pH elevado). O gráfico deve incluir linhas que mostram as frações de Ni^{2+} e os complexos $Ni(NH_3)^{2+}$ até $Ni(NH_3)_6^{2+}$, quando esses valores são plotados *versus* os valores $\log(C_{NH_3})$ que variam de –4 a 1. Compare seu gráfico com o mostrado na Figura 9.4.
   (b) Prepare dois outros gráficos utilizando as mesmas concentrações totais de amônia como na Parte (a), mas no qual o pH seja agora 6,0 ou 8,0. Como o aparecimento desses novos gráficos se compara com o da Parte (a) ou com o da Figura 9.4?

71. As constantes de formação a 25 °C para EDTA com Mg^{2+}, Ca^{2+}, Sr^{2+}, Ba^{2+} e Ra^{2+} são $10^{8,79}$, $10^{10,65}$, $10^{8,72}$, $10^{7,88}$ e aproximadamente $10^{7,0}$, respectivamente.[16] Compare tal tendência com a posição desses elementos na tabela periódica. Qual tendência você observa nesses valores?

72. O pK_{a6} observado para EDTA a 25 °C é 10,19 quando medido em KCl de 0,10 M, mas 9,52 quando medido em NaCl de 0,10 M.[16] Se for conjecturado que o EDTA não se complexa com K^+, mostre como essa informação pode ser usada para determinar a constante de formação para o complexo de Na^+ com $EDTA^{4-}$.

73. O ácido etilenodiamina monoacético (EDMA) é um agente quelante relacionado ao EDTA que se liga a uma variedade de íons metálicos. Entretanto, o EDMA difere do EDTA na medida em que tem somente três, e não seis, locais em sua estrutura que podem sofrer reações ácido-base.

(a) Escreva as equações de composição fracionária da espécie para cada uma das quatro formas ácido-base possíveis de EDMA.

(b) Os valores de pK_a para EDMA são 2,15, 6,65 e 10,15. Usando essa informação, crie um gráfico que mostra como a fração de cada espécie ácido-base EDMA se altera em função do pH.

(c) Sobre qual faixa de pH a forma mais básica de EDMA será a principal espécie? Como essa faixa pode ser comparada à faixa de pH sobre a qual a forma tetrabásica de EDTA é a principal forma de EDTA?

74. Sob condições adequadas de pH, Cu^{2+} e seus complexos com EDTA podem ter reações paralelas semelhantes às apresentadas na Seção 9.3.4 para Ca^{2+} e EDTA. Por exemplo, Cu^{2+} pode reagir com íons hidróxido, e $EDTA^{4-}$ pode se ligar a ambos, Cu^{2+} e H^+, como mostram as equações 9.32 e 9.33 ao usarem valores de K_f medidos a 25 °C.[16]

$$Cu^{2+} + OH^- \rightleftharpoons CaOH^+$$
$$K_{f,CaOH^+} = 3,2 \times 10^6 \quad (9.32)$$

$$CuEDTA^{2-} + H^+ \rightleftharpoons CuHEDTA^-$$
$$K_{f,CaHEDTA^-} = 1,3 \times 10^3 \quad (9.33)$$

(a) Derive equações de composição fracionária da espécie semelhantes às equações 9.26 e 9.27 para a ligação de Cu^{2+} com EDTA.

(b) Use as equações da Parte (a) para produzir um gráfico que mostre os efeitos do pH sobre a constante de formação condicional para Cu^{2+} com EDTA. Com base nesse gráfico, qual faixa de pH deve fornecer a ligação mais forte entre Cu^{2+} e EDTA?

(c) Outra reação paralela que pode ocorrer durante a reação de $EDTA^{4-}$ com Cu^{2+} é uma combinação dos complexos resultantes com íons hidróxido, como mostra a Equação 9.34.[16]

$$CuEDTA^{2-} + OH^- \rightleftharpoons Cu(OH)EDTA^{3-}$$
$$K_{Cu(OH)EDTA3} = 3,2 \times 10^{-2} \quad (9.34)$$

Modifique as expressões derivadas na Parte (a) para também incluir essa reação paralela e prepare um gráfico semelhante ao elaborado na Parte (b). Como essa reação paralela adicional afeta a constante de formação condicional para Cu^{2+} com o EDTA conforme a variação do pH?

75. Se K_{-H_2O} para Cr^{3+} é $5,8 \times 10^{-7}$ s^{-1}, qual constante de velocidade se deve esperar para a reação a seguir? Mostre como você obteve sua resposta.

$$Cr^{3+} + NH_3 \rightarrow Cr(NH_3)^{3+} \quad (9.35)$$

76. Foi mencionado anteriormente neste capítulo que Cl^- não somente pode combinar com Ag^+ para formar AgCl precipitado como também pode resultar em complexos solúveis, como $AgCl_2^-$ e $AgCl_3^-$. A Tabela 9.9 mostra como a solubilidade do AgCl muda conforme a variação na concentração de íons cloreto.[29,30]

Tabela 9.9

Solubilidade de AgCl em várias concentrações de íons cloreto solúveis.

Concentração de solução de Cl^- (M)	Solubilidade de AgCl (M)
$5,38 \times 10^{-5}$	$5,37 \times 10^{-6}$
$5,92 \times 10^{-5}$	$3,31 \times 10^{-6}$
$1,12 \times 10^{-4}$	$2,04 \times 10^{-6}$
$2,08 \times 10^{-4}$	$1,66 \times 10^{-6}$
$3,44 \times 10^{-4}$	$1,02 \times 10^{-6}$
$5,51 \times 10^{-4}$	$6,92 \times 10^{-7}$
$9,66 \times 10^{-4}$	$6,92 \times 10^{-7}$
$1,10 \times 10^{-3}$	$5,25 \times 10^{-7}$
$1,27 \times 10^{-3}$	$6,02 \times 10^{-7}$
$1,59 \times 10^{-3}$	$5,62 \times 10^{-7}$
$2,75 \times 10^{-3}$	$4,90 \times 10^{-7}$
$5,50 \times 10^{-3}$	$5,75 \times 10^{-7}$
$1,10 \times 10^{-2}$	$6,60 \times 10^{-7}$
$2,75 \times 10^{-2}$	$1,10 \times 10^{-6}$
$5,50 \times 10^{-2}$	$1,95 \times 10^{-6}$
$1,10 \times 10^{-1}$	$3,80 \times 10^{-6}$

(a) Prepare um gráfico de solubilidade do AgCl *versus* a concentração de Cl^- em solução. Prepare um gráfico semelhante usando a solubilidade esperada de AgCl na ausência de qualquer complexação, conforme dado pelo termo $K_{ps,AgCl}/[Cl^-]$.

(b) Quais semelhanças e diferenças você vê ao comparar os dois gráficos da Parte (a)? O que provoca essas semelhanças e diferenças? Que tipo de reação entre Ag^+ e Cl^- você esperaria que fosse a mais importante a baixas concentrações de cloreto? Que tipo de reação seria mais importante a altas concentrações de cloreto?

(c) Prepare um gráfico da solubilidade do AgCl *versus* o termo $1/([Cl^-]\gamma_\pm^2)$ a concentrações de cloreto abaixo de $2,75 \times 10^{-3}$ M (a concentração de cloreto que produz a solubilidade mínima para AgCl na Tabela 9.9). (*Observação:* $\gamma_\pm$ é o coeficiente de atividade médio para Ag^+ e Cl^-, como discutido no Capítulo 6.) Que tipo de comportamento você observa nesse gráfico? Que informações você pode obter da inclinação e do intercepto desse gráfico?

(d) Prepare um gráfico de solubilidade do AgCl *versus* $[Cl^-]$ a altas concentrações de cloreto (ou seja, acima de $2,75 \times 10^{-3}$ M na Tabela 9.9). Que tipo de comportamento você observa nesse gráfico? Que informações você pode obter da inclinação e do intercepto desse gráfico?

77. É possível usar um ligante ou um agente quelante como o EDTA para formar uma solução conhecida como um *tampão metálico* ou tampão pM que é usado para ajudar a manter uma concentração consistente da forma livre de um íon metálico.[3]

(a) Utilizando uma abordagem semelhante à descrita no Capítulo 8 para a equação de Henderson-Hasselbalch, mostre que é possível converter a Equação 9.16 na forma indicada a seguir, onde pM = $-\log([M^{n+}])$.

$$pM = \log K_f + \log\left(\frac{[EDTA^{4-}]}{[MEDTA^{n-4}]}\right) \quad (9.36)$$

(b) Derive uma expressão semelhante à mostrada na Equação 9.36, mas que comece com a Equação 9.19 e utilize a constante de formação condicional K'_f em vez de K_f.

(c) Um bioquímico deseja criar um tampão metálico de íons cálcio. Para isso, ele prepara uma mistura de EDTA de 0,10 M (preparada a partir de H_4EDTA) e de CaEDTA de 0,10 M. Então, essa solução é ajustada e mantida a um pH 7,0. Qual é o valor de pCa (onde pCa = $-\log([Ca^{2+}])$ para essa solução?

(d) Como o valor de pCa será alterado na Parte (c) se o bioquímico usar uma solução com pH 7,0 que contém EDTA de 0,05 M e CaEDTA de 0,15 M? Qual será o pCa se o bioquímico usar uma solução de pH 7,0 que contém EDTA de 0,15 M e CaEDTA de 0,05 M? O que seus resultados informam sobre a capacidade tamponante metálica dessa solução?

78. A quantidade de insulina em uma amostra de soro humano deve ser determinada por um imunoensaio de ligação competitiva (um RIA, conforme discutido no Quadro 9.2). Esse procedimento envolve misturar 100 μL da amostra com uma pequena quantidade fixa de anticorpos anti-insulina mais um montante fixo de insulina ^{125}I marcada. O nível total de radioatividade para essa insulina marcada e adicionada é de 1.500 contagens por minuto (cpm). Após essa mistura ser deixada para incubar por um dia, as frações ligadas ao anticorpo da insulina e à insulina ^{125}I marcada são removidas da mistura e medidas. Os resultados a seguir são obtidos para a amostra de insulina e para uma série de padrões que contêm quantidades conhecidas de insulina.

Concentração de insulina (μUnidades/mL)	Radioatividade de fração ligada (cpm)
0	850
5	825
10	790
20	750
40	525
80	300
160	105
Amostra desconhecida	450

(a) Um modo de preparar uma curva de calibração para esse tipo de ensaio é plotar a relação B/T (em que B é a radioatividade medida na fração ligada e T é a radioatividade total inicialmente adicionada à amostra) *versus* a concentração de analito nos padrões medidos. Prepare esse tipo de gráfico usando os dados na tabela anterior. Que tipo de resposta você observa? Qual concentração essa curva fornece para a amostra desconhecida?

(b) Uma segunda maneira de preparar uma curva de calibração para esse tipo de ensaio é plotar a relação B/T *versus* o logaritmo de base 10 da concentração de analito nos padrões medidos. Prepare esse tipo de gráfico com os dados da tabela e determine a concentração de insulina na amostra desconhecida. Que tipo de resposta você observa para esse segundo gráfico? Quais vantagens ou desvantagens você acha que esse segundo gráfico pode oferecer em comparação com o gráfico que foi preparado na Parte (a)?

79. A quantidade de paratirina (um hormônio com massa molar de 9.500 g/mol) deve ser determinada no plasma humano utilizando-se um imunoensaio sanduíche. Esse método envolve misturar, em primeiro lugar, 100 μL de plasma ou padrões com 200 μL de uma solução tampão contendo uma quantidade fixa de anticorpos marcados, mas solúveis, que podem se ligar à paratirina. Uma pequena conta é então adicionada a cada uma dessas soluções, contendo anticorpos imobilizados que também se ligam à paratirina. Após a conta e a solução serem deixadas para incubar por 24 horas, a conta é removida da solução e lavada para que fique livre de quaisquer componentes da amostra não ligados ou de reagentes excedentes. A quantidade de anticorpos marcados que permanecem na conta é então medida. Esse ensaio fornece os resultados a seguir para uma amostra de plasma desconhecido e uma série de padrões que contêm quantidades conhecidas de paratirina.

Concentração de paratirina (pg/mL)	Sinal devido a anticorpos ligados, marcados
0	100
5	850
10	1.610
20	3.000
40	6.150
80	11.500
160	22.500
Amostra desconhecida	7.500

(a) Uma curva de calibração é preparada para esse ensaio, plotando-se o sinal devido aos anticorpos ligados e marcados *versus* a concentração de paratirina nos padrões. Prepare esse tipo de gráfico usando os dados na tabela. Que resposta você observa? Qual concentração essa curva fornece para a paratirina na amostra desconhecida?

(b) Compare o gráfico que você preparou na Parte (a) com os que foram gerados para o imunoensaio de ligação competitiva na Questão 78. Com base nesses gráficos, quais vantagens você acha que um imunoensaio sanduíche terá na detecção do analito? Cite algumas das possíveis limitações desse ensaio.

Tópicos para discussão e relatórios

80. Obtenha mais informações da Referência 1 e de outros artigos sobre EDTA e outros conservantes que são usados nos alimentos. Descreva a função de cada tipo de conservante e os tipos de reação química (por exemplo, reação ácido-base, formação de complexo e assim por diante) que esses conservantes usam para manter o frescor dos alimentos.

81. A química analítica é importante para a indústria alimentícia porque funciona como uma ferramenta para conhecer a composição dos alimentos e garantir que sejam de boa qualidade e que tenham um conteúdo conhecido. Obtenha informações sobre como o teor de gordura, proteínas e carboidratos de alimentos costuma ser medido. Elabore um relatório sobre esse tema e discuta-o com outros alunos.

82. O Food and Drug Administration (FDA) e o U.S. Department of Agriculture (USDA) desempenharam papéis importantes no passado ao lidar com problemas em suprimentos de alimentos e medicamentos (consulte a Referência 31 para ver um exemplo). Obtenha informações sobre uma questão recente relativa à contaminação ou a outros problemas com um tipo específico de alimento ou medicamento nos Estados Unidos. Que papel a FDA e o USDA desempenharam na solução desse problema? E qual foi o papel que os métodos analíticos desempenharam no tratamento dessa questão?

83. Em 2008, aproximadamente 300 mil crianças adoeceram e seis morreram na China como resultado da adição não autorizada de melamina a produtos lácteos. A melamina é um composto rico em nitrogênio que foi adicionado a esses produtos por alguns fabricantes para aumentar o teor aparente de proteína. Vários indivíduos envolvidos nesse escândalo foram condenados à morte ou à prisão perpétua. O episódio também levou a um clamor por maiores esforços e melhores métodos analíticos para detectar esse tipo de contaminante em alimentos.[32] Obtenha mais informações sobre os esforços que têm sido empreendidos pela China e por outros governos nessa área e elabore um relatório a respeito.

84. Entre em contato com cientistas de um laboratório local e faça perguntas a respeito do uso que fazem do EDTA ou de outros agentes complexantes. Prepare um relatório com suas descobertas.

85. Localize um artigo sobre uma pesquisa recente da *Analytical Chemistry* ou de alguma outra revista que trate de uma análise química que tenha utilizado um agente quelante (como o EDTA) ou um agente complexante biológico (como anticorpos ou ciclodextrinas). Analise como o agente quelante ou o agente biológico foi utilizado no artigo. Como essa aplicação fez uso da capacidade do agente quelante ou do agente biológico de formar complexos com outras substâncias químicas?

86. Um dos primeiros ensaios a utilizar anticorpos para testes foi o esquema de tipagem sanguínea ABO que continua em uso hoje em dia. Obtenha informações sobre esse método e descreva como os anticorpos (normalmente presentes nesse ensaio em forma de 'anti-soros') são utilizados nessa abordagem.

87. Há muitas substâncias, além de amônia, EDTA, anticorpos e ciclodextrinas, que podem formar complexos. Obtenha mais informações sobre um dos agentes biológicos a seguir e saiba sobre como ele é usado como um agente de ligação em análises químicas.
    (a) Éteres de coroa.
    (b) Streptavidina ou avidina.
    (c) Aptâmeros.
    (d) Concanavalina A ou aglutinina de gérmen de trigo.

Referências bibliográficas

1. 'What's That Stuff?', *Chemical & Engineering News*, 11 nov. 2002, p.40.
2. J. Inczedy, T. Lengyel e A.M. Ure, *Compendium of Analytical Nomenclature*, 3 ed., Blackwell Science, Malden, MA, 1997.
3. H.M.N.H. Irving, H. Freiser e T.S. West, *Compendium of Analytical Nomenclature: Definitive Rules–1977*, Pergamon Press, Nova York, 1977
4. G. Maludziska, ed., *Dictionary of Analytical Chemistry*, Elsevier, Amsterdã, 1990.
5. IUPAC Compendium of Chemical Terminology, versão eletrônica, http://goldbook.iupac.org
6. A. Werner, "Contribution to the Theory of Affinity and Valence", *Zeitschrift für Anorganische Chemie*, 3, 1893, p.267–330.
7. G.B. Kauffman, ed., *Coordination Chemistry–A Century of Progress*, Oxford University Press, Nova York, 1997.
8. G.B. Kauffman, *Classics in Coordination Chemistry. Part I: The Selected Papers of Alfred Werner*, Dover Publications, Nova York, 1968.
9. *The New Encyclopaedia Britannica*, 15 ed. Encyclopaedia Britannica, Inc., Chicago, IL, 2002.
10. H. Frieser, *Concepts & Calculations in Analytical Chemistry: A Spreadsheet Approach*, CRC Press, Boca Raton, FL, 1992.
11. G.N. Lewis, *Valence and Structure of Atoms and Molecules*, Dover Publications, Nova York, 1966 (originalmente publicado em 1923).
12. D.A. Davenport, 'Gilbert Newton Lewis: Report of the Symposium', *Journal of Chemical Education*, 61, 1984, p.2–21.

13. D. R. Lide, ed., *CRC Handbook of Chemistry and Physics*, 83 ed., CRC Press, Boca Raton, FL, 2002.
14. L.G. Sillen e A.E. Martell, *Stability Constants of Metal–Ion Complexes, Special Publication 25, Supplement No. 1*, Chemical Society, Londres, 1971.
15. IUPAC, *Stability Constants Database*, IUPAC/Academic Software, Otley, UK, 1993.
16. *(NIST Standard Reference Database 46) NIST Critically Selected Stability Constants for Metal Complexes Database, vol. 8.0*, NIST, Gaithersburg, MD, 2004.
17. A.E. Martell e R.M. Smith, *Critical Stability Constants*, vols. 1–5, Plenum Press, Nova York, 1974.
18. John A. Dean, ed., *Lange's Handbook of Chemistry*, 15 ed., McGraw-Hill, Nova York, 1999.
19. R.M. Fuoss, 'Ionic Association. III. The Equilibrium Between Ion Pairs and Free Ions', *Journal of the American Chemical Society*, 80, 1958, p.5059–5061.
20. D.W. Margerum, G.R. Kayley, D.C. Weatherburn e G.K. Pagenkopf, 'Kinetics and Mechanisms of Complex Formation and Ligand Exchange.' In: *Coordination Chemistry*, vol. 2, A. E. Martell., Ed. ACS Publications, Washington, DC, 1978, p. 1–220.
21. G.T. Morgan e H.D.K. Drew, 'Residual Affinity and Coordination. II. Acetylacetones of Selenium and Tellurium', *Journal of the Chemical Society*, 117, 1920, p.1456–1465.
22. H.A. Laitinen e G.W. Ewing, *A History of Analytical Chemistry*, American Chemical Society/Maple Press, York, PA, 1977.
23. C.N. Reilley e R.W. Schmid, 'Chelometric Titrations with Potentiometric End Point Detection', *Analytical Chemistry*, 30, 1958, p.947–953.
24. C.A. Janeway e P. Travers, *Immunobiology: The Immune System in Health and Disease*, Current Biology Ltd., Londres, 1996.
25. C.P. Price e D.J. Newman, eds., *Principles and Practice of Immunoassay*, 2nd ed., Macmillan, Londres, 1997.
26. J.E. Butler, ed., *Immunochemistry of Solid-Phase Immunoassay*, CRC Press, Boca Raton, FL, 1991.
27. R.S. Yalow e S.A. Berson, 'Immunoassay of Endogenous Plasma Insulin in Man', *Journal of Clinical Investigation*, 39, 1960, p.1157–1175.
28. J. Szejtle, 'Introduction and General Overview of Cyclodextrin Chemistry', *Chemical Reviews*, 98, 1998, p.1743–1753.
29. R. Ramette 'Solubility and Equilibria of Silver Chloride', *Journal of Chemical Education*, 37, 1960, p.348.
30. J.H. Jonte et al. 'The Solubility of Silver Chloride and the Formation of Complexes in Chloride Solution', *Journal of the American Chemical Society*, 74, 1952, p.2052.
31. A.R. Newman, 'The Great Fruit Scares of 1989', *Analytical Chemistry*, 61, 1989, p.861A–863A.
32. S.L Rovner, 'Silver Lining in Melamine Crisis', *Chemical & Engineering News*, 87(21), 2009, p.36–38.

Capítulo 10
Reações de oxidação-redução

Conteúdo do capítulo

- 10.1 Introdução: salvando o *Arizona*
  - 10.1.1 O que são reações de oxidação-redução?
  - 10.1.2 Como as reações de oxidação-redução são usadas em química analítica?
- 10.2 Princípios gerais das reações de oxidação-redução
  - 10.2.1 Descrição das reações de oxidação-redução
  - 10.2.2 Identificação das reações de oxidação-redução
  - 10.2.3 Previsão da extensão das reações de oxidação-redução
- 10.3 Células eletroquímicas
  - 10.3.1 Descrição das células eletroquímicas
  - 10.3.2 Previsão do comportamento de células eletroquímicas
- 10.4 A equação de Nernst
  - 10.4.1 O uso da equação de Nernst
  - 10.4.2 Cálculo dos potenciais para as reações de oxidação-redução
  - 10.4.3 Efeitos da matriz da amostra e das reações paralelas

10.1 Introdução: salvando o *Arizona*

Em 7 de dezembro de 1941, os japoneses lançaram um ataque aéreo contra a frota norte-americana em Pearl Harbor, no Havaí, e esse evento levou à entrada dos Estados Unidos na Segunda Guerra Mundial. O encouraçado *USS Arizona*, que estava ancorado em Pearl Harbor, foi atingido e afundado durante o ataque. Um total de 1.177 marinheiros e fuzileiros navais morreram em decorrência disso, sendo este o maior número de vidas perdidas em um único navio na história da Marinha dos Estados Unidos.[1] Um memorial administrado pelo U. S. National Park Service foi erguido no local em que o navio afundou. No entanto, é crescente o interesse na rapidez com que o *Arizona* deve estar se deteriorando enquanto permanece submerso no fundo do mar. Parte da razão para tal preocupação é o desejo de preservar esse monumento. Há também quase meio milhão de galões de óleo combustível ainda presos no navio, o que poluiria a área ao seu redor se novos buracos surgissem no casco do *Arizona*.[2-3]

Diversas técnicas analíticas estão sendo aplicadas atualmente para o estudo da deterioração do *USS Arizona* com o objetivo de controlar essa degradação e preservar o navio. De particular interesse é o grau de corrosão no casco de aço.[1-4] A corrosão é um tipo de *reação de oxidação-redução*. Outros exemplos desse processo são fotossíntese, combustão e reações empregadas em baterias para gerar eletricidade. Neste capítulo, aprenderemos sobre as reações de oxidação-redução e como descrever esses processos. Também discutiremos como determinar se uma determinada reação de oxidação-redução pode ocorrer e aprenderemos a prever a extensão em que ela ocorrerá. Mais adiante neste livro, usaremos essas informações para descrever e entender vários métodos analíticos que dependem das reações de oxidação-redução.

10.1.1 O que são reações de oxidação-redução?

A **oxidação** é um processo no qual uma substância química perde um ou mais elétrons, tornando-se 'oxidada'. A **redução** é um processo no qual uma substância química ganha um ou mais elétrons, tornando-se 'reduzida'.[5,6] A oxidação deve sempre ocorrer quando há redução, e a redução está sempre presente durante a oxidação, e por isso uma reação que envolve ambos os processos é chamada de **reação de oxidação-redução** (ou *reação redox*).[6,7] As reações de oxidação-redução também são conhecidas como *reações eletroquímicas*, que podem ser definidas como reações que envolvem a troca de elétrons entre as substâncias químicas. O campo de estudo das reações eletroquímicas e suas aplicações é denominado *eletroquímica*.[6]

Para ilustrar uma reação de oxidação-redução, examinaremos atentamente o que ocorre na corrosão do casco de aço do *USS Arizona* (Figura 10.1). O aço utilizado contém principalmente ferro sólido, além de pequenas quantidades de carbono, fósforo, enxofre e sílica, que compõem menos de 0,34 por cento (m/m) do aço. Quando esse aço fica imerso em água do mar, parte do ferro em sua superfície doa elétrons para formar íons Fe^{2+} que entrarão na água, conforme representado pelo processo na Equação 10.1. (*Observação*: também podemos representar esses íons Fe^{2+} na água pelo termo 'Fe^{2+}(aq)', mas o subscrito (aq) não será utilizado no restante desse capítulo para efeito de simplicidade, porque iremos supor que Fe^{2+} e outros íons estão presentes na água, salvo indicação em contrário.)

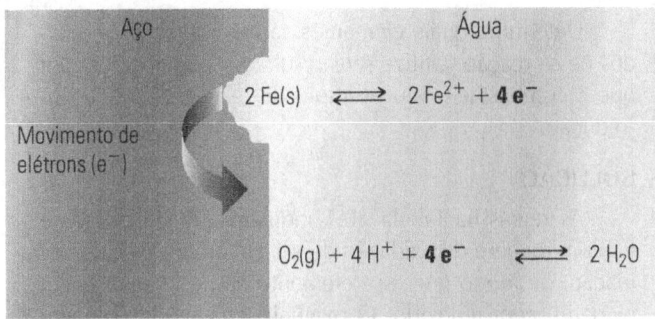

Figura 10.1

Exemplo de uma possível reação de oxidação-redução que pode levar à corrosão do aço em água, como a que ocorre no casco do *USS Arizona*.

$$Fe(s) \rightleftarrows Fe^{2+} + 2e^- \text{ ou } 2Fe(s) \rightleftarrows 2Fe^{2+} + 4e^- \quad (10.1)$$

Tal reação é um exemplo de um processo de oxidação porque cada átomo de Fe(s) perde dois elétrons e parte de um número de oxidação 0 para o +2 ao formar Fe^{2+}. Os elétrons que se perdem são conduzidos pelo aço para outro local, onde podem participar da redução. Por exemplo, esses elétrons podem ser adquiridos por meio do oxigênio dissolvido próximo à superfície do casco para formar água, como indica a Equação 10.2.

$$O_2(g) + 4H^+ + 4e^- \rightleftarrows 2H_2O \quad (10.2)$$

Este segundo processo envolve redução porque os elétrons são ganhos pelo oxigênio à medida que seu número de oxidação vai de zero em O_2 para um valor de –2 em água. O hidrogênio não altera seu número de oxidação durante essa reação ao mudar de H^+ para parte de uma molécula de água.

Embora tenhamos escrito o processo de corrosão nas equações 10.1 e 10.2 por etapas, é importante lembrar que esses eventos de oxidação e redução ocorrem ao mesmo tempo e dependem um do outro para sua troca de elétrons. Outra maneira de representarmos essa reação global é expressa pela Equação 10.3.

Oxidação: $\qquad 2Fe(s) \rightleftarrows 2Fe^{2+} + 4e^-$

Redução: $\qquad \underline{O_2(g) + 4H^+ + 4e^- \rightleftarrows 2H_2O}$

Reação global:
$$2Fe(s) + O_2(g) + 4H^+ \rightleftarrows 2Fe^{2+} + 2H_2O \quad (10.3)$$

Nesse caso, ambos os processos, oxidação e redução, combinaram-se para fornecer uma única equação equilibrada. Os elétrons não são mais mostrados diretamente nessa reação global, mas ainda são transferidos enquanto o Fe(s) é oxidado a Fe^{2+} e o oxigênio é reduzido para produzir água. O resultado para o *USS Arizona* é que parte do Fe(s) na superfície do casco de aço forma Fe^{2+} solúvel e é perdido para a água, criando depressões e furos no casco lentamente.

10.1.2 Como as reações de oxidação-redução são usadas em química analítica?

As reações de oxidação-redução não ocorrem somente na corrosão e em outros processos, mas também servem como ferramentas de análise química. Uma aplicação importante dessas reações é a 'titulação redox' (Capítulo 14), método que pode ser aplicado para medir a concentração de um analito que pode sofrer oxidação ou redução na presença de um reagente específico. As reações de oxidação-redução também costumam ser utilizadas no pré-tratamento de amostras, antes da análise química. Por exemplo, Fe^{3+} pode ser convertido a Fe^{2+} para complexação com 1,10-fenantrolina, resultando em um complexo colorido que possibilita a medição do ferro em uma amostra. Essa etapa de redução pode ser realizada ao, primeiramente, provocarmos a reação entre o Fe^{3+} e o zinco metálico, como mostra a a Equação 10.4, em um processo no qual o zinco é oxidado a Zn^{2+}.

$$2Fe^{3+} + Zn(s) \rightleftarrows Zn^{2+} + 2Fe^{2+} \quad (10.4)$$

Uma vez que as reações de oxidação-redução envolvem a transferência de elétrons, muitas vezes é possível combiná-las com dispositivos que permitem a esses elétrons percorrer um circuito elétrico em que se pode mensurar a corrente resultante. Um método que aplica tal dispositivo é a 'coulometria', no qual o número de elétrons que são transferidos durante uma reação de oxidação-redução serve para determinar os mols de uma substância que está sendo reduzida ou oxidada. Outra técnica que recorre a reações de oxidação-redução em conjunto com um circuito elétrico externo é a 'voltametria', na qual se examina a variação na corrente de um sistema químico enquanto são feitas alterações no potencial elétrico aplicado a esse sistema. Os princípios desses métodos e suas aplicações são descritos no Capítulo 16.

10.2 Princípios gerais das reações de oxidação-redução

10.2.1 Descrição das reações de oxidação-redução

Podemos usar as equações gerais a seguir para representar uma reação de oxidação-redução como a que ocorre durante a corrosão.

Oxidação: $\quad Red' \rightleftarrows Ox' + ne^- \quad (10.5)$

Redução: $\quad \underline{Ox + ne^- \rightleftarrows Red} \quad (10.6)$

Reação global: $\quad Ox + Red' \rightleftarrows Red + Ox' \quad (10.7)$

Na reação global, Ox é a substância que sofre redução e Red' é a que se oxida enquanto *n* elétrons são transferidos de Red' para Ox. Elas são os produtos dessa reação, sendo que Red é a forma reduzida de Ox e Ox' é a forma oxidada de Red'. No processo de corrosão do ferro pela água expresso pela Equação 10.3, Red' e Ox' seriam Fe(s) e Fe^{2+}, enquanto Ox e Red seriam O_2(g) e H_2O. Muitas vezes, é necessário incluir outras espécies químicas para equilibrar uma reação de oxidação-redução, como o H^+ que aparece na Equação 10.3 durante a corrosão do ferro.

Toda reação de oxidação-redução tem dois pares relacionados de substâncias químicas (Ox/Red e Ox'/Red') que formam, cada qual, um *par redox* ou um *sistema redox*.[6] Um par redox consiste em um par de duas formas oxidadas e reduzidas diferentes do mesmo elemento em uma reação de oxidação-redução. Por exemplo, Fe(s) e Fe^{2+} representam um par redox da reação na Equação 10.3. As substâncias O_2(g) e H_2O representam outro par redox nessa reação porque mostram as formas oxidada e reduzida do oxigênio durante o processo de corrosão.

10.2.2 Identificação das reações de oxidação-redução

Uso dos números de oxidação. Todas as reações de oxidação-redução podem ser identificadas pelo fato de que envolvem a oxidação de uma substância química e a redução de outra. Esse processo de oxidação e redução é acompanhado por uma alteração no *número de oxidação* (ou *estado de oxidação*) de alguns elementos nessas substâncias. Um número de oxidação é a carga que um elemento de uma substância química teria caso esse elemento existisse como um íon solitário, mas ainda possuísse o mesmo número de elétrons que tem na substância. A Tabela 10.1 resume algumas regras aplicáveis para determinar o número de oxidação de cada elemento em uma molécula ou um íon.

A Tabela 10.1 pode ser usada para determinar se algum elemento de uma reação se altera quanto a seu número de oxidação. Se tal alteração ocorrer, essa reação consiste em um processo de oxidação-redução. Por exemplo, o processo de corrosão na Equação 10.3 envolve uma mudança no número de oxidação do ferro, de zero em seu estado elementar, Fe(s), para +2, como o íon Fe^{2+}. A redução de oxigênio nessa mesma reação envolve uma alteração no número de oxidação do oxigênio, de zero em O_2 para –2 no oxigênio em água. Durante esse processo, o hidrogênio tem um número de oxidação de +1 tanto em H^+ quanto em H_2O. Portanto, visto que alguns elementos são reduzidos e outros, oxidados, confirmamos que o processo de corrosão mostrado na Equação 10.3 exemplifica um processo de oxidação-redução.

EXERCÍCIO 10.1 Números de oxidação e combustão

O processo de queima de um composto orgânico na presença de oxigênio é conhecido como *combustão*. Um exemplo de combustão é a queima de octano (C_8H_{18}) em óleo combustível, como o que está preso a bordo do *USS Arizona*, para gerar dióxido de carbono e água.

$$2\,C_8H_{18}(l) + 25\,O_2(g) \rightarrow 16\,CO_2(g) + 18\,H_2O(g) \qquad (10.8)$$

Determine quais elementos são oxidados ou reduzidos nessa reação. Utilize seus resultados para explicar por que a combustão é um exemplo de reação de oxidação-redução.

SOLUÇÃO

As regras na Tabela 10.1 indicam que o hidrogênio tem um número de oxidação de +1 em ambos os lados da reação, de modo que esse elemento não está sendo nem oxidado, nem reduzido. O oxigênio está sendo reduzido de sua forma elementar em O_2 (onde tem um número de oxidação igual a zero) a um número de oxidação de –2 em CO_2. Ao mesmo tempo, o carbono é oxidado enquanto vai de um número de oxidação médio de –18/8 = –2,25 em octano para um número de oxidação de +4 em CO_2. Isso torna a combustão um exemplo real da reação de oxidação-redução.

Uso das semirreações. Outra forma de identificar muitos processos comuns de oxidação-redução é usar as **semirreações**. Trata-se de uma 'reação' química que é escrita para mostrar elétrons entre produtos ou reagentes.[8,9] Alguns exemplos são as que ocorrem durante a corrosão do aço em água.

Semirreação de oxidação (Equação 10.1):

$$2\,Fe(s) \rightleftarrows 2\,Fe^{2+} + 4\,e^-$$

Semirreação de redução (Equação 10.2):

$$O_2(g) + 4\,H^+ + 4\,e^- \rightleftarrows 2\,H_2O$$

Como indica o exemplo anterior, há sempre duas semirreações que compõem cada reação de oxidação-redução global. Em primeiro lugar, ocorre uma *semirreação de oxidação*, na qual os elétrons são um dos produtos. Em segundo lugar, dá-se uma *semirreação de redução* simultânea, na qual os elétrons são um dos reagentes. Quando combinamos semirreações equilibradas de oxidação e redução, os elétrons tanto do produto quanto do reagente devem se anular e produzir a reação global observada, como vimos ao combinar as equações 10.1 e 10.2 para obter a Equação 10.3 para a corrosão do ferro.

De certo modo, semirreações são uma forma artificial de analisar um processo de oxidação-redução, porque elas não ocorrem por si mesmas, mas sempre em pares — um processo de oxidação mais um processo de redução. Além disso, os elétrons que são mostrados em semirreações, na verdade, não existem em uma solução; em vez disso, são transferidos diretamente a outra substância química. (*Observação:* em alguns casos, essa outra 'substância' pode ser um eletrodo.) No entanto, as semirreações são bastante úteis aos químicos, porque ajudam a descrever o que ocorre em um processo de oxidação-redução.

Uma lista de semirreações é apresentada na Tabela 10.2, onde, segundo a convenção atual, elas são mostradas como *processos de redução*. Outros exemplos podem ser encontrados no Apêndice B, no *CRC Handbook of Chemistry & Physics*,[10–14]

Tabela 10.1

Regras para a atribuição de números de oxidação.*

1. **O número de oxidação de um elemento livre, não combinado, é zero.**

   Exemplos: o número de oxidação dos átomos de ferro em Fe(s) é zero. O número de oxidação de átomos de oxigênio em O_2(g) também é zero, porque o oxigênio nessa substância não se combina com nenhum outro elemento.

2. **O número de oxidação de um íon monoatômico simples é a carga desse íon.**

   Exemplos: o número de oxidação do ferro em Fe^{2+} é +2, e o número de oxidação de hidrogênio em H^+ é +1.

3. **Quando o hidrogênio é combinado com outros elementos, ele normalmente tem um número de oxidação de +1. Uma exceção ocorre quando o hidrogênio é ligado a um metal para formar um hidreto de metal, caso em que o hidrogênio tem um número de oxidação de –1.**

   Exemplos: o número de oxidação do hidrogênio em H_2O é +1. O número de oxidação do hidrogênio em hidreto de lítio (LiH) é –1.

4. **Quando o oxigênio é combinado com outros elementos, ele em geral tem um número de oxidação de –2. Uma exceção ocorre quando o oxigênio está presente em um peróxido, caso em que o oxigênio tem um número de oxidação de –1.**

   Exemplos: o número de oxidação do oxigênio em H_2O é –2. O número de oxidação do oxigênio em peróxido de hidrogênio (H_2O_2) é –1.

5. **A soma dos números de oxidação de todos os átomos em uma substância química neutra deve ser zero.**

   Exemplos: na água (H_2O), o número de oxidação do hidrogênio é +1, e o número de oxidação do oxigênio é –2, resultando em uma soma dos números de oxidação de 2(+1) + 1(–2) = 0. No caso do peróxido de hidrogênio, o número de oxidação do hidrogênio é +1 e o número de oxidação do oxigênio é –1, resultando em uma soma dos números de oxidação de 2(+1) + 2(–1) = 0.

6. **Em um íon poliatômico, a carga global do íon é igual à soma dos números de oxidação de todos os átomos nesse íon.**

   Exemplo: para o íon hidróxido (OH^-), o oxigênio tem um número de oxidação de –2, e o hidrogênio tem um número de oxidação de +1, resultando em uma soma dos números de oxidação de (–2) + (+1) = –1, ou a carga desse íon.

*Estas regras foram obtidas em *IUPAC Compendium of Chemical Terminology*, versão eletrônica, <http://goldbook.iupac.org>.

e no *Lange's Handbook of Chemistry*,[11] entre outras fontes.[12-14] Você também pode equilibrar e obter novas semirreações usando métodos que são descritos no Apêndice A. Para obter a forma de oxidação de uma semirreação, basta você inverter a semirreação de redução correspondente. Veremos mais adiante como as semirreações podem ser usadas para comparar a capacidade que uma substância química tem de se oxidar e de se reduzir. Elas também mostram as formas que um determinado elemento pode adotar ao sofrer oxidação ou redução, e podem identificar uma reação de oxidação-redução.

EXERCÍCIO 10.2 Uso das semirreações no exame dos processos de oxidação-redução

Um químico pretende analisar o teor de ferro do casco de um navio e, para isso, dissolve uma pequena amostra desse casco e converte todo o ferro da amostra em íons Fe^{2+}. Esses íons, então, reagem com o permanganato (MnO_4^-) durante uma titulação que envolve a seguinte reação.

$$5Fe^{2+} + MnO_4^- + 8H^+ \rightleftharpoons 5Fe^{3+} + Mn^{2+} + 4H_2O \quad (10.9)$$

Use as informações da Tabela 10.2 para determinar quais substâncias estão passando por oxidação e quais estão sofrendo redução nessa reação e escreva as semirreações para esses processos.

SOLUÇÃO

Podemos ver na lista de semirreações da Tabela 10.2 que tanto Fe^{2+} quanto MnO_4^- têm os estados de oxidação alterados nessa reação. As semirreações são dadas a seguir, sendo que a primeira é escrita como uma etapa de oxidação para combinar Fe^{2+} e Fe^{3+} com os lados em que aparecem na Equação 10.9.

Semirreação de oxidação:

$$Fe^{2+} \rightleftharpoons Fe^{3+} + e^- \text{ (ou } 5Fe^{2+} \rightleftharpoons 5Fe^{3+} + 5e^-) \quad (10.10)$$

Semirreação de redução:

$$MnO_4^- + 8H^+ + 5e^- \rightleftharpoons Mn^{2+} + 4H_2O \quad (10.11)$$

O par redox para a primeira semirreação é Fe^{2+} e Fe^{3+}, que é a mesma resposta que teríamos se considerássemos somente os números de oxidação. O par redox da segunda semirreação é MnO_4^- e Mn^{2+}, porque o manganês está passando por uma alteração no número de oxidação durante essa reação. (*Observação:* os elementos H^+ e H_2O não são submetidos a nenhuma variação no número de oxidação.)

10.2.3 Previsão de extensão das reações de oxidação-redução

Uso das constantes de equilíbrio. Um dos modos de descrever a capacidade que uma substância química tem de oxidar ou de reduzir outra é usar uma constante de equilíbrio nessa reação. Por exemplo, a reação de oxidação-redução geral na Equação 10.7 teria a constante de equilíbrio termodinâmico a seguir.

$$Ox + Red' \rightleftharpoons Red + Ox'$$

$$K^\circ = \frac{(a_{Red})(a_{Ox'})}{(a_{Ox})(a_{Red'})} \quad (10.12)$$

Tabela 10.2

Exemplos de semirreações de redução.

Semirreação	Potencial-padrão E^0 (V) versus EPH[a]
Agente oxidante forte ↑ *Agente redutor fraco*	
$MnO_4^- + 8H^+ + 5e^- \rightleftarrows Mn^{2+} + 4H_2O$	+1,51
$Cr_2O_7^{2-} + 14H^+ + 6e^- \rightleftarrows 2Cr^{3+} + 7H_2O$	+1,36
$O_2(g) + 4H^+ + 4e^- \rightleftarrows 2H_2O$	+1,23
$Ag^+ + e^- \rightleftarrows Ag(s)$	+0,80
$Fe^{3+} + e^- \rightleftarrows Fe^{2+}$	+0,77
$O_2(g) + 2H_2O + 4e^- \rightleftarrows 4OH^-$	+0,40
$Cu^{2+} + 2e^- \rightleftarrows Cu(s)$	+0,34
$2H^+ + 2e^- \rightleftarrows H_2(g)$	0,00 (Reação de referência)
$Ni^{2+} + 2e^- \rightleftarrows Ni(s)$	−0,26
$Fe^{2+} + 2e^- \rightleftarrows Fe(s)$	−0,44
$Zn^{2+} + 2e^- \rightleftarrows Zn(s)$	−0,76
$2H_2O + 2e^- \rightleftarrows H_2(g) + 2OH^-$	−0,83
$Al^{3+} + 3e^- \rightleftarrows Al(s)$	−1,68
$Mg^{2+} + 2e^- \rightleftarrows Mg(s)$	−2,36
$Ca^{2+} + 2e^- \rightleftarrows Ca(s)$	−2,84
Agente oxidante fraco *Agente redutor forte* ↓	

[a]Os potenciais-padrão são todos mostrados para a semirreação de redução a 25 °C *versus* o eletrodo padrão de hidrogênio. As substâncias em negrito incluem o elemento que está sendo oxidado ou reduzido na semirreação em questão. A sigla EPH representa o **eletrodo padrão de hidrogênio** (Seção 10.3.2). Os valores indicados foram obtidos em J. A. Dean, ed., *Lange's Handbook of Chemistry*, 15ª ed., McGraw-Hill, Nova York, 1999, e arredondados ao 0,01 V mais próximo.

Podemos também escrever uma constante de equilíbrio baseada em concentração para essa reação (K), em que γ_{Ox}, $\gamma_{Red'}$, γ_{Red} e $\gamma_{Ox'}$ são os coeficientes de atividade dos reagentes e dos produtos especificados.

$$K = \frac{[\text{Red}][\text{Ox}']}{[\text{Ox}][\text{Red}']} \quad e \quad K^\circ = K \cdot \frac{(\gamma_{Red})(\gamma_{Ox'})}{(\gamma_{Ox})(\gamma_{Red'})} \quad (10.13)$$

Como um exemplo específico, as expressões para a reação de corrosão na Equação 10.3, K° e K, seriam escritas da seguinte forma:

$$K^\circ = \frac{(a_{Fe^{2+}})^2(a_{H_2O})^2}{(a_{O_2})(a_{Fe})^2(a_{H^+})^4} \quad ou \quad K = \frac{[Fe^{2+}]^2}{P_{O_2}[H^+]^4} \quad (10.14)$$

Nesse caso, a atividade de um é usada na expressão de K para os valores de a_{Fe} e a_{H_2O}, porque tanto o Fe(s) quanto a água estão presentes em seus estados-padrão (ferro como sólido e água como solvente — veja o Capítulo 6). Na expressão de K também é necessário usar uma pressão parcial em vez de uma concentração para O_2, porque o oxigênio está presente como um gás dissolvido.

EXERCÍCIO 10.3   Constantes de equilíbrio para reações de oxidação-redução

Escreva uma expressão para as constantes de equilíbrio termodinâmico e para as constantes de equilíbrio dependentes de concentração para a reação de titulação na Equação 10.9, na qual a água é usada como solvente.

SOLUÇÃO

As expressões de K° e K obtidas para essa reação de titulação são as seguintes.

$$K^\circ = \frac{(a_{Fe^{3+}})^5(a_{Mn^{2+}})(a_{H_2O})^4}{(a_{Fe^{2+}})^5(a_{MnO_4^-})(a_{H^+})^8}$$

$$ou \quad K = \frac{[Fe^{3+}]^5[Mn^{2+}]}{[Fe^{2+}]^5[MnO_4^-][H^+]^8} \quad (10.15)$$

Nenhum termo de concentração é mostrado para a água na expressão de K porque a água é o solvente e, portanto, tem atividade de um. Todas as outras espécies nessa reação são solutos dissolvidos, e podem ser descritas na expressão de K por meio de suas concentrações molares.

No Capítulo 6, vimos que uma reação tenderá a deslocar de reagentes para produtos se a constante de equilíbrio dessa reação for grande (isto é, muito maior do que um). O fato de que a corrosão do ferro ocorre espontaneamente indica que a constante de equilíbrio desse processo é maior do que um. Uma constante de equilíbrio grande também é desejável quando se usa a reação da Equação 10.9 como base de uma análise química, porque uma constante de equilíbrio grande garantirá que essencialmente todo o MnO_4^- adicionado reagirá com Fe^{2+} na amostra. A constante de equilíbrio da reação de corrosão é $8,2 \times 10^{112}$, e a da titulação de Fe^{2+} pelo permanganato é $1,4 \times 10^{62}$, ambos valores extremamente grandes. Veremos como calcular esses valores na próxima seção.

É importante lembrar que as razões de concentração ou de atividade que aparecem em expressões como as equações 10.12 a 10.14 serão iguais a $K°$ ou K somente se o sistema estiver realmente em equilíbrio. No entanto, muitas reações de oxidação-redução são usadas em condições em que não há equilíbrio. Um bom exemplo disso é o uso de reações de oxidação-redução para produzir energia em uma bateria. Essa geração de energia só pode ocorrer até o sistema ter atingido o equilíbrio, ponto no qual a bateria estará 'inativa'. Em condições de não equilíbrio, a relação de atividades ou de concentrações de todas as espécies na reação é tida como igual ao quociente de reação Q, o qual pode ser comparado ao valor de $K°$ ou K para determinar a direção na qual a reação prosseguirá à medida que se aproxima do equilíbrio (Capítulo 6).

Uso dos potenciais-padrão. Se você examinar com atenção a Tabela 10.2, observará que as semirreações de redução nessa lista são classificadas de acordo com seus 'potenciais-padrão'. Nesse caso, o termo *potencial* se refere a um **potencial elétrico**, que é o trabalho requerido por unidade de carga para mover uma partícula carregada (como um elétron) de um ponto a outro.[7,10] Um potencial elétrico tem unidades de um volt (V), em que $1 V = 1 J/A \cdot s$ no sistema SI (veja o Capítulo 2). A lista na Tabela 10.2 fornece o **potencial de eletrodo padrão** ($E°$) de várias semirreações, que é o potencial elétrico esperado para uma semirreação em condições normais, quando comparado com a seguinte semirreação de referência.

Semirreação de referência:

$$2H^+ + 2e^- \rightleftharpoons H_2(g) \quad E° = 0,000 \text{ V exatamente} \quad (10.16)$$

As condições usadas para determinar o valor de $E°$ incluem temperatura de 25 °C, concentração de exatamente 1 M para todas as substâncias dissolvidas e uma pressão de 1 bar para todos os gases que agem como reagentes ou produtos na semirreação. Veremos, na Seção 10.4, como determinar o potencial de uma semirreação quando se empregam outras condições. Seja qual for a temperatura em uso, o potencial-padrão da semirreação de referência para reduzir H^+ e produzir $H_2(g)$ (Equação 10.16) tem sempre um valor atribuído de exatamente 0,000 V.

Potenciais de eletrodo padrão servem para comparar a capacidade relativa das substâncias químicas de sofrer oxidação ou redução. Um grande potencial positivo para uma semirreação de redução na Tabela 10.2 (assim como o obtido para MnO_4^- ou para o $Cr_2O_7^{2-}$) indica que a substância que está sendo reduzida facilmente receberá elétrons. A mesma propriedade torna essa substância um bom *agente oxidante* (também chamado de *oxidante* ou *oxidador*)[6] porque pode receber elétrons de outras substâncias e levá-las à oxidação. Um grande potencial negativo na Tabela 10.2 indica que o processo de redução correspondente não é favorável, ou que o mais provável é que ocorram reações de oxidação reversa. Tal situação está presente na redução de Mg^{2+} e Ca^{2+}. Entretanto, os produtos dessas mesmas semirreações (metal Mg ou Ca) devem se oxidar facilmente e levar outras substâncias à redução, fazendo-as funcionarem como bons *agentes de redução* ou agentes *redutores*.[6]

Os potenciais-padrão de semirreações também servem para determinar a diferença de potencial sob condições padrão de uma reação de oxidação-redução ($E°_{global}$). Podemos fazer isso tomando o potencial-padrão da substância que está sendo reduzida ($E°_{redução}$) e subtraindo dele o potencial-padrão daquela que está sendo oxidada ($E°_{oxidação}$).[8]

Em condições-padrão:

$$E°_{global} = E°_{redução} - E°_{oxidação} \quad (10.17)$$

O valor de $E°_{global}$ fornece a diferença de potencial elétrico, ou o trabalho por unidade de carga, que é produzido em condições-padrão enquanto os elétrons são transferidos da substância que sofre oxidação para aquela que está sendo reduzida. A Figura 10.2 ilustra essa ideia no caso da corrosão de aço em água, na qual $E°_{global}$ para a Equação 10.3 pode ser determinado tomando-se o potencial de redução padrão da semirreação na Equação 10.1 e subtraindo-se dele o potencial de redução do padrão da semirreação na Equação 10.2. O resultado é $E°_{global} = E°_{redução} - E°_{oxidação} = 1,23 - (-0,44) = 1,67$ V, onde o valor positivo obtido indica que a reação de corrosão ocorrerá espontaneamente em condições normais.

O potencial-padrão está associado, mas não é igual, à alteração em energia livre que ocorre durante uma reação de oxidação-redução. A relação entre $E°_{global}$ e a variação total em energia livre de uma reação de oxidação-redução em condições normais ($\Delta G°$) é apresentada a seguir,

$$\Delta G° = -nFE°_{cel} \quad \text{ou} \quad E°_{cel} = -\frac{\Delta G°}{nF} \quad (10.18)$$

em que n é o número de elétrons envolvidos na reação de oxidação-redução e F é a **constante de Faraday**.[6,8] Essa constante é igual à carga que está presente em um mol de elétrons. Essa carga é dada em unidades de coulomb (C, onde $1 C = 1 A \cdot s$ no sistema SI), resultando em um valor para a constante de Faraday de $9,6485 \times 10^4$ C/mol. Usando a Equação 10.18, é possível fazer a conversão entre $\Delta G°$ e $E°_{global}$ para uma reação de oxidação-redução.

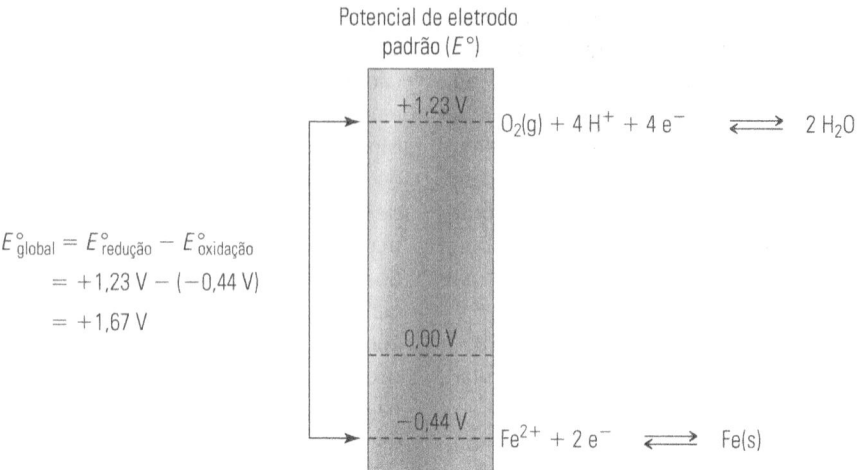

Figura 10.2

Cálculo da diferença líquida potencial em condições normais ($E°_{global}$) que ocorre durante a corrosão do ferro em água na presença de oxigênio dissolvido. Embora ambas as semirreações estejam escritas neste diagrama como processos de redução, a semirreação com o menor potencial de eletrodo padrão ocorrerá como uma reação de oxidação, fornecendo o resultado mostrado na Equação 10.3. Nesse tipo de diagrama, elétrons são liberados pela semirreação de oxidação (isto é, aquela com o menor valor de $E°_{global}$) e consumidos pela de redução (aquela com o maior valor de $E°_{global}$). Esse efeito é o mesmo que o ilustrado pelas semirreações nas equações 10.1 e 10.2 quando elas se combinam para produzir a reação global na Equação 10.3.

EXERCÍCIO 10.4 Cálculo do potencial-padrão de uma reação de oxidação-redução

Qual é o valor de $E°_{global}$ para a titulação de Fe^{2+} com permanganato na Equação 10.9? Qual é o valor de $\Delta G°$ para essa reação? Pode-se esperar que essa reação ocorra espontaneamente como está escrito, quando se trabalha em condições-padrão?

SOLUÇÃO

Essa titulação envolve a oxidação de Fe^{2+} para Fe^{3+} (Equação 10.10) e a redução correspondente de MnO_4^- para Mn^{2+} (Equação 10.11). Os potenciais-padrão da Tabela 10.2 para as semirreações de redução correspondentes são +0,77 V e +1,51 V, respectivamente. Colocando esses valores na Equação 10.17, temos o seguinte valor de $E°_{global}$.

$$E°_{global} = E°_{redução} - E°_{oxidação}$$
$$= 1,51\ V - (0,77\ V) = \mathbf{0{,}74\ V}$$

O valor de $\Delta G°$ para a reação é obtida pela Equação 10.18 e pelo fato de que $n = 5$ para essa reação de oxidação-redução (veja as semirreações equilibradas nas equações 10.10 e 10.11).

$$G° = -nFE°_{global} = -(5)(9{,}6485 \times 10^4\ C/mol)(0{,}74\ V)$$
$$= -(5)(9{,}6485 \times 10^4\ A \cdot s/mol)(0{,}74\ J/A \cdot s)$$
$$= -3{,}5\underline{7} \times 10^5\ J/mol$$
$$= \mathbf{-3{,}6 \times 10^5\ J/mol}$$
$$(ou -3{,}6 \times 10^2\ kJ/mol)$$

O grande valor positivo que obtivemos para $E°_{global}$ e o grande valor negativo encontro para $\Delta G°$ revelam que é preferível que essa reação ocorra em condições-padrão.

Visto que o potencial-padrão está relacionado com $\Delta G°$, ele também pode ser usado para estimar a constante de equilíbrio de uma reação de oxidação-redução. Se conhecemos o número de elétrons n que estão sendo transferidos durante uma reação de oxidação-redução equilibrada, as fórmulas a seguir tornam possível efetuar a conversão entre o potencial-padrão da reação líquida ($E°_{global}$) e a constante de equilíbrio termodinâmico ($K°$) a 25 °C.

$$E°_{global} = \frac{(0{,}05916\ V)}{n} \log(K°)$$
$$ou\ K° = 1{,}0^{(nE°_{global})/(0{,}05916\ V)} \qquad (10.19)$$

Essas relações indicam que uma reação de oxidação-redução com uma grande constante de equilíbrio terá um grande valor positivo para $E°_{global}$. De modo análogo, uma reação de oxidação-redução com uma constante de equilíbrio pequena ($K° < 1$, representando uma reação que procede em direção oposta àquela na qual está escrita) terá um grande valor negativo para $E°_{global}$.

EXERCÍCIO 10.5 Relação entre um potencial-padrão e uma constante de equilíbrio

Calcule o valor de $E°_{global}$ para o processo de corrosão na Equação 10.3. Qual é a constante de equilíbrio esperada para essa reação em condições normais?

SOLUÇÃO

O valor de $E°_{global}$ pode ser determinado usando-se a Equação 10.17 para combinar os potenciais de redução padrão das semirreações nas equações 10.1 e 10.2, onde

$E°_{redução} = 1,23$ V e $E°_{oxidação} = -0,44$ V dos valores que estão listados na Tabela 10.2. Isso resulta no seguinte potencial líquido padrão para o processo de corrosão na Equação 10.3.

$$E°_{global} = E°_{redução} - E°_{oxidação}$$
$$= 1,23\text{ V} - (-0,44\text{ V}) = \mathbf{1,67\text{ V}}$$

Podemos usar a Equação 10.19 para obter $K°$ para essa reação usando o valor calculado de $E°_{global}$ e $n = 4$ para o número de elétrons que estão sendo transferidos nessa reação de oxidação-redução.

$$K° = 10^{(nE°_{global})/(0,05916\text{ V})} = 10^{(4)(1,67\text{ V})/(0,05916\text{ V})}$$
$$\therefore K° = 8,2 \times 10^{112}$$

Novamente, podemos ver pelo grande valor obtido para $K°$ que esse processo de corrosão é muito favorecido, pelo menos termodinamicamente, para que ocorra em condições normais.

Os dois exercícios anteriores ilustraram como o valor de $E°_{global}$ pode ser usado para prever se é provável que uma determinada reação de oxidação-redução ocorra da forma como está escrita. Essa característica é importante porque muitas vezes você não consegue saber com antecedência em qual direção a reação deve prosseguir. Por exemplo, se tivéssemos escrito a reação de titulação na Equação 10.9 na direção oposta, com Fe^{3+} reagindo com Mn^{2+} para formar Fe^{2+} e MnO_4^-, teríamos obtido um valor negativo para o potencial padrão global ($E°_{global} = 0,77$ V $- 1,51$ V $= -0,74$ V). Esse valor negativo teria apenas indicado que a reação não ocorreria espontaneamente como está escrito, mas, na realidade, avançaria na direção oposta. Você também deve ter em mente que, embora os valores do potencial-padrão $E°_{global}$ e a constante de equilíbrio $K°$ indiquem a extensão global em que uma reação pode vir a ocorrer, eles não dizem nada sobre a *velocidade* em que ela ocorrerá. Isso é bom no caso da corrosão do casco de um navio, porque a velocidade dessa reação pode ser bastante lenta, apesar de sabermos agora que esse processo é realmente favorecido em termos de seus valores de $E°_{global}$ e de $K°$.

10.3 Células eletroquímicas

A característica valiosa das reações de oxidação-redução é que muitas vezes é possível separar seus processos de oxidação dos de redução e realizá-los em locais separados. Esse recurso permite medir e controlar o fluxo de elétrons entre o agente oxidante e o agente redutor. Tudo isso é possível usando-se um dispositivo conhecido como *célula eletroquímica*.

10.3.1 Descrição das células eletroquímicas

Conceitos gerais. Uma **célula eletroquímica** é um dispositivo no qual os processos de oxidação e de redução de uma reação de oxidação-redução ocorrem em diferentes locais, com elétrons fluindo de um local para o outro por um circuito externo.[6] Um exemplo comum disso é a *pilha de Daniell* (Figura 10.3).[15,16] Essa pilha faz uso da capacidade que os íons Cu^{2+} têm de serem reduzidos pelo metal de zinco e formar metal de cobre mais íons Zn^{2+} em uma solução aquosa. As semirreações e a reação global que ocorrem nessa pilha são mostradas a seguir.

Semirreação de oxidação:

$$Zn(s) \rightleftarrows Zn^{2+} + 2e^- \quad (10.20)$$

Semirreação de redução:

$$\underline{Cu^{2+} + 2e^- \rightleftarrows Cu(s)} \quad (10.21)$$

Reação global:

$$Zn(s) + Cu^{2+} \rightleftarrows Zn^{2+} + Cu(s) \quad (10.22)$$

O potencial de redução padrão para a conversão de Cu^{2+} em $Cu(s)$ na Equação 10.21 é $+0,34$ V, e o potencial de redução padrão para a conversão de Zn^{2+} em $Zn(s)$ (processo inverso ao mostrado na Equação 10.20) é $-0,76$ V. Isso significa que a reação global na Equação 10.22 tem um potencial-padrão de $E°_{global} = (+0,34$ v$) - (-0,76$ V$) = +1,10$ V, indicando que a reação escrita na Equação 10.22 favorece os produtos à direita. Podemos confirmar isso de modo experimental ao adicionarmos metal de zinco a uma solução aquosa que contenha íons Cu^{2+} em condições normais. Ao fazermos isso, o metal zinco será oxidado para formar Zn^{2+}, enquanto os íons cobre formarão metal de cobre avermelhado que se precipitará da solução.

Quando juntamos metal de zinco e Cu^{2+} em uma solução aquosa, esses dois reagentes trocarão elétrons diretamente uns com os outros enquanto são oxidados e reduzidos. É possível, porém, separá-los em duas áreas distintas e fazer com que troquem elétrons por um circuito elétrico. Essa é a ideia por trás da pilha eletroquímica na Figura 10.3. As semirreações individuais que ocorrem nessa célula são exatamente as mesmas que as mostradas nas equações 10.20 e 10.21, na reação de íons Cu^{2+} com o metal de zinco. A diferença entre as duas situações é o meio pelo qual os elétrons são transferidos do zinco para os íons Cu^{2+}. Na Figura 10.3, os elétrons que se tornam disponíveis devido à oxidação do metal de zinco devem percorrer um circuito externo para chegarem aos íons cobre em uma solução separada, produzindo uma corrente. Esse esquema possibilita usar esse fluxo de elétrons (como em uma bateria) ou medir essa corrente ao estudar o que ocorre na célula eletroquímica.

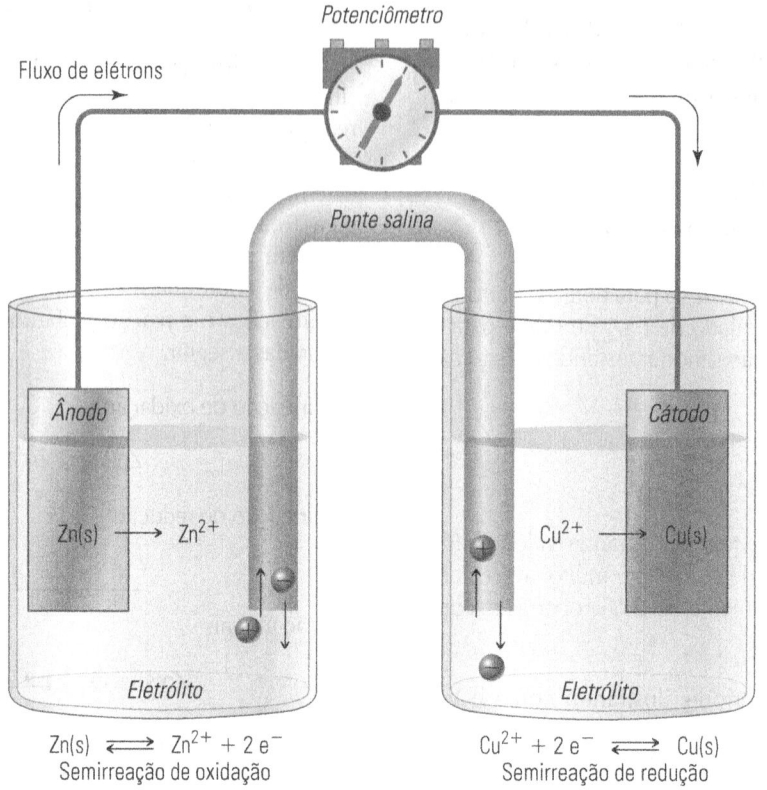

Figura 10.3

Concepção geral de uma pilha de Daniell. Este tipo de célula eletroquímica recebeu tal nome em homenagem ao químico britânico John Frederic Daniell (1790-1845), que inventou essa pilha em 1836 para produzir eletricidade para os telégrafos. O *potenciômetro* mostrado neste diagrama (também conhecido como *voltímetro*) é um dispositivo que serve para medir a diferença de potencial entre os dois eletrodos nessa célula.

As peças de cobre e metal de zinco na Figura 10.3 são chamadas de *eletrodos*. Um **eletrodo** é um material condutor no qual uma das semirreações de uma célula eletroquímica ocorre.[6] Especificamente, é na *superfície* de cada eletrodo que os elétrons são transferidos das substâncias químicas na solução para o circuito interno. Você deve ter notado na Figura 10.3 que o eletrodo de zinco é chamado de *ânodo* e o eletrodo de cobre é chamado de *cátodo*. O **ânodo** em uma célula eletroquímica é o eletrodo no qual uma substância química é oxidada.[5-7] O ânodo da pilha na Figura 10.3 é o eletrodo de zinco porque esse é o lugar em que Zn(s) é oxidado para Zn^{2+}. O **cátodo** é o eletrodo no qual uma substância química é reduzida.[5-7] Na Figura 10.3, Cu^{2+} é reduzido a Cu(s) no eletrodo de cobre, transformando-o em um cátodo.

Os dois eletrodos de uma célula eletroquímica são conectados por um fio e um circuito pelos quais os elétrons podem fluir da semirreação de oxidação para a de redução. As soluções e os metais envolvidos nessas duas semirreações são isolados uns dos outros e colocados em regiões distintas da célula. No entanto, ainda é necessário haver algum contato entre as duas soluções para que a corrente possa fluir. Essa corrente é transportada pelo movimento de íons na solução que envolve cada eletrodo, e essa solução de íons é chamada de *eletrólito*.[6,7] O termo *meia-célula* costuma ser usado para descrever a combinação de um eletrodo individual e seus eletrólitos mais as substâncias associadas necessárias à semirreação que ocorre nesse eletrodo.[8] Visto que sempre há duas semirreações e eletrodos em qualquer célula, existem também duas meias-células presentes. A *ponte salina* é outra característica que pode estar presente na célula, e se trata de um dispositivo que permite o fluxo de corrente entre dois eletrodos, mas evita a mistura de seus eletrólitos.[6] O movimento de íons através de ambos, eletrólitos e ponte salina, é necessário para que se forneça um fluxo de corrente por toda a célula eletroquímica e se mantenha um equilíbrio de carga nesse dispositivo enquanto as substâncias são oxidadas ou reduzidas nos eletrodos (Quadro 10.1).

A Figura 10.4 ilustra uma célula eletroquímica que pode ser usada no estudo dos efeitos da corrosão em um material como o casco de aço de um navio como o *USS Arizona*. A concepção geral da célula assemelha-se à que vimos para a pilha na Figura 10.3. O ânodo nessa nova célula é o eletrodo a ser estudado. O cátodo é feito de um material inerte, como platina ou ouro, o que permite que a oxidação ocorra enquanto o oxigênio dissolvido se combina com os íons hidrogênio e os elétrons fornecidos por esse eletrodo para formar a água. O eletrólito, nesse caso, pode ser uma solução como a água do mar, que fornecerá quaisquer íons necessários para que a carga seja transportada entre os

Quadro 10.1 Uma descrição simplificada de células eletroquímicas

Em vez de usar diagramas completos de células eletroquímicas, com frequência os químicos usam um conjunto padrão de símbolos e notações para descrever essas células a outros cientistas. Por exemplo, suponha que devemos desenvolver uma pilha como a da Figura 10.3, usando uma solução de $ZnSO_4$ de 0,0125 M em água no lado do eletrodo de Zn e uma solução de $CuSO_4$ de 0,0125 M em água no lado contendo o eletrodo de Cu. Essa célula pode ser descrita de uma das formas a seguir.

$Zn(s) \mid Zn^{2+}$ (aq, 0,0125 M) $\parallel Cu^{2+}$ (aq, 0,0125 M) $\mid Cu(s)$

ou

$Zn(s) \mid ZnSO_4$ (aq, 0,0125 M) $\parallel CuSO_4$ (aq, 0,0125 M) $\mid Cu(s)$

Esta notação sempre traz o ânodo e sua meia-célula à esquerda, começando com o material de eletrodo (Zn(s)) seguido pelas substâncias ou pela solução que estão em contato com esse eletrodo (uma solução aquosa de 0,0125 M de Zn^{2+} preparada de $ZnSO_4$, nesse caso). O cátodo é mostrado à direita, com o material de eletrodo listado no canto direito. As concentrações dos íons dissolvidos, moléculas e gases importantes em cada parte da célula também estão incluídas.

As linhas nesse tipo de notação representam os limites entre duas fases. A linha única (|) entre Zn(s) e Zn^{2+} e entre Cu^{2+} e Cu(s) na célula mostrada representa a interface entre o eletrodo sólido e a solução que a circunda, e é nesse momento que um potencial é produzido entre esses componentes de cada meia-célula. As duas linhas (||) no meio da notação representam a ponte salina, que tem dois limites, um para cada lado da ponte, onde se entra em contato com as duas meias-células. Esses limites podem também produzir uma pequena diferença de potencial quando uma corrente passa através da célula e diferentes concentrações de íons são criadas em ambos os lados. Este último efeito pode ser importante quando se usa uma célula para fazer medições químicas (veja mais detalhes no Capítulo 14).

dois eletrodos e a ponte salina. Essa célula em particular também inclui uma fonte de gás oxigênio que pode borbulhar através do eletrólito próximo ao cátodo para ajudar a imitar as reações desejadas de redução e de corrosão (Figura 10.1).

Tipos de célula eletroquímica. Todas as células eletroquímicas podem ser divididas em dois tipos gerais: (1) galvânica ou (2) eletrolítica. A **célula galvânica** (ou *voltaica*) é uma célula eletroquímica na qual a reação de oxidação-redução ocorre es-

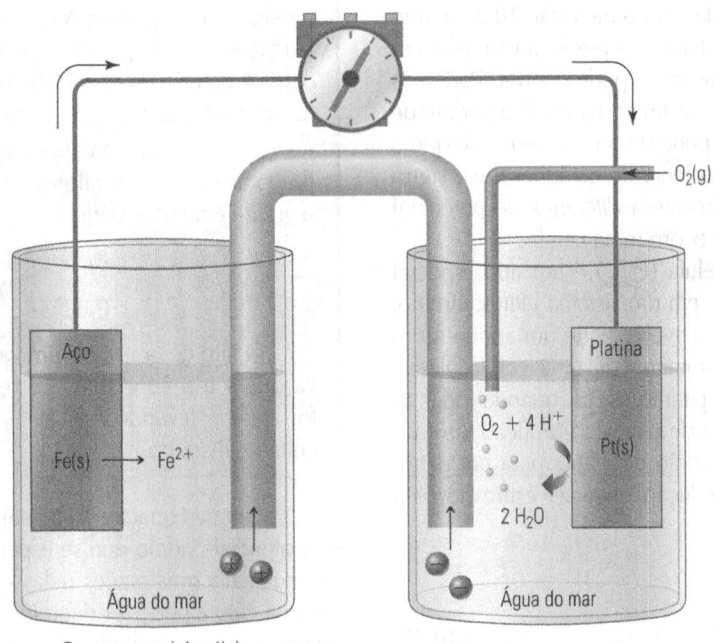

Figura 10.4

Estrutura de uma célula eletroquímica que pode ser usada para estudar a corrosão do aço na presença de oxigênio e de água. Uma célula eletroquímica real tem uma câmara de água para controle de temperatura, com portas de entrada e saída de água nas laterais da célula; há também uma porta no topo, à esquerda, para a introdução de oxigênio e outros gases. O material cuja corrosão deve ser estudada compõe o eletrodo central, com um eletrodo de referência e uma ponte à direita. Essa célula em particular também tem um terceiro contra-eletrodo à esquerda — uma característica presente em muitas células modernas, como veremos no Capítulo 14.

pontaneamente, resultando em um fluxo de elétrons.[6,7] Esse tipo de célula é usado para converter energia química em energia elétrica, como ocorreria em uma bateria (onde o termo *bateria* se refere a um conjunto de células eletroquímicas). O dispositivo na Figura 10.3 é um exemplo de célula galvânica, pois envolve uma reação de oxidação-redução que ocorrerá espontaneamente para fornecer um fluxo de elétrons.

Em uma **célula eletrolítica**, usa-se uma fonte de energia externa para aplicar a corrente elétrica e causar uma reação de oxidação-redução específica. (*Observação:* o fluxo de corrente e a reação que se cria em uma célula eletrolítica é por vezes chamada de *eletrólise*.)[6,7] A célula eletrolítica é o tipo que está presente quando usamos uma fonte de alimentação externa para recarregar uma bateria. Outro exemplo de célula eletrolítica está na *galvanoplastia*, na qual uma fonte de alimentação externa é empregada para fazer com que íons metálicos em uma solução sejam reduzidos para formar um revestimento de metal sólido sobre uma superfície. Uma aplicação desse processo é a produção de aço galvanizado, em que uma camada de zinco é colocada sobre o aço para evitar a corrosão. Uma abordagem semelhante é utilizada para revestir uma superfície com cromo, níquel ou prata. Células eletrolíticas são também usadas em escala industrial para produzir alumínio, cloro, cálcio e sódio, entre outros produtos.[17]

10.3.2 Previsão do comportamento de células eletroquímicas

Potenciais-padrão de célula. Vimos na Seção 10.2.3 como era possível usar potenciais-padrão para prever a extensão em que uma reação de oxidação-redução pode ocorrer. Podemos aplicar a mesma abordagem para estimar o potencial-padrão de uma célula eletroquímica. Isso pode ser feito sabendo-se que o potencial de uma célula (na ausência de qualquer fluxo significativo de corrente) é simplesmente a *diferença* de potencial entre as duas semirreações que ocorrem na célula.

O **potencial-padrão de célula ($E°_{célula}$)** é um tipo especial de potencial a ser determinado em um sistema eletroquímico. Trata-se do potencial que se desenvolve entre um ânodo e um cátodo quando todos os componentes de uma célula eletroquímica estão em seus estados-padrão (isto é, quando todas as substâncias químicas na reação de oxidação-redução têm atividade de um).[8] O potencial-padrão de célula para um determinado sistema de oxidação-redução pode ser estimado pela Equação 10.23.

Em condições-padrão:

$$E°_{célula} = E°_{cátodo} - E°_{ânodo} \quad (10.23)$$

onde $E°_{cátodo}$ e $E°_{ânodo}$ são os potenciais-padrão de eletrodo das semirreações que ocorrem no cátodo e no ânodo, respectivamente. Por exemplo, os valores de $E°_{cátodo}$ e $E°_{ânodo}$ da pilha na Figura 10.3 são +0,34 V e −0,76 V, que representam os potenciais-padrão de eletrodo da redução de Cu^{2+} para $Cu(s)$ e de Zn^{2+} para $Zn(s)$. A aplicação desses valores na Equação 10.23 fornece um potencial-padrão de células estimado de $E°_{célula}$ = (+0,34 V) − (−0,76 V) = +1,10 V, que é o potencial que obteríamos em condições normais ao combinar diretamente Cu^{2+} com $Zn(s)$. A mesma abordagem pode ser usada para determinar o potencial-padrão de célula que se poderia esperar de qualquer outra combinação de semirreações em uma célula eletroquímica.

EXERCÍCIO 10.6 Cálculo do potencial-padrão da célula

Um químico deseja construir uma célula eletroquímica baseada nas semirreações e na reação global a seguir.

Semirreação de oxidação:

$$Ni(s) \rightleftarrows Ni^{2+} + 2e^- \quad (10.24)$$

Semirreação de redução:

$$2Ag^+ + 2e^- \rightleftarrows 2Ag(s)$$
$$(ou\ Ag^+ + e^- \rightleftarrows Ag(s)) \quad (10.25)$$

Reação global:

$$2Ag^+ + Ni(s) \rightleftarrows 2Ag(s) + Ni^{2+} \quad (10.26)$$

Qual é o potencial-padrão estimado para essa célula eletroquímica? As reações nessa célula ocorrerão conforme descrito, sob as condições da reação-padrão?

SOLUÇÃO

Se as semirreações nessa célula eletroquímica ocorrerem como indicado, o processo a ocorrer no cátodo será a redução de Ag^+ para $Ag(s)$ e o processo no ânodo será a oxidação de $Ni(s)$ para Ni^{2+}. Podemos usar essa informação com os potenciais-padrão de redução da Tabela 10.2 para determinar que $E°_{cátodo} = +0,80$ V (para o par redox $Ag+/Ag(s)$) e $E°_{ânodo} = −0,24$ V (para o par redox $Ni^{2+}/Ni(s)$). Quando colocamos esses valores na Equação 10.23, obtemos o seguinte potencial-padrão de célula.

$$E°_{célula} = E°_{cátodo} - E°_{ânodo}$$
$$= 0,80\ V - (-0,24\ V) = \mathbf{+1,03\ V}$$

O fato de obtermos um valor positivo para $E°_{célula}$ indica que a reação global ocorrerá espontaneamente como foi escrita, levando esse sistema a funcionar como uma célula galvânica.

Embora a Equação 10.23 seja muitas vezes útil no cálculo do potencial-padrão que se espera de uma célula eletroquímica, existem várias razões pelas quais o real potencial medido de uma célula pode ser diferente desse valor. Por exemplo, podemos não estar trabalhando em condições-padrão e as atividades de nossos reagentes e produtos podem não ser igual a um — situação que examinaremos com mais detalhes na Seção 10.4. O potencial medido também pode ser afetado pelo fato de que colocamos componentes adicionais em nosso sistema ao construir um dispositivo que separa as duas semirreações. Um exemplo comum disso ocorre quando a presença de uma ponte salina leva à formação de um 'potencial de junção' em cada limite entre o eletrólito e a ponte salina, embora a própria construção da ponte possa minimizar tal efeito. Haverá também alguma resistência ao fluxo de íons através do eletrólito entre os eletrodos e a ponte salina quando a corrente passar pela célula, criando uma mudança de potencial devido a um efeito conhecido como *IR drop*.[18] Apesar de não explorarmos os dois últimos tópicos mais detalhadamente neste capítulo, retomaremos a questão do potencial de junção no Capítulo 14, no qual veremos como minimizar esse efeito no uso de medições de potencial em uma análise química.

O eletrodo padrão de hidrogênio. Já vimos que o potencial-padrão de uma reação de oxidação-redução ou de uma célula eletroquímica sempre se baseia em uma diferença entre os potenciais de dois eletrodos ou semirreações. Essa comparação é necessária porque não é possível medir diretamente o potencial-padrão de um eletrodo ou de uma semirreação sem mencionar um outro eletrodo ou uma semirreação. Para ajudar no processo, também discutiremos na Seção 10.2.3 que a semirreação envolvendo a redução de íons hidrogênio para formar gás hidrogênio tem um valor de referência atribuído de exatamente 0,000 V para determinar os potenciais-padrão de todas as demais semirreações. Essa semirreação serve como base para um eletrodo de referência conhecido como **eletrodo padrão de hidrogênio** (ou **EPH**, do inglês, *standard hydrogen electrode*), que pode ser usado para determinar o potencial-padrão de outros eletrodos.

A estrutura básica de um eletrodo padrão de hidrogênio é apresentada na Figura 10.5. Tal estrutura consiste em um eletrodo inerte de platina em contato com uma solução aquosa que contém íons hidrogênio com atividade de 1 M e gás hidrogênio borbulhando a uma pressão de 1 bar.[5,6] Um eletrodo padrão de hidrogênio atua como o ânodo quando colocado em uma célula eletroquímica, e os componentes da semirreação a ser examinada funcionam como o cátodo. Ao potencial de eletrodo padrão para o eletrodo padrão de hidrogênio é automaticamente atribuído um valor de exatamente 0,000 V a qualquer temperatura. Isso significa que o potencial-padrão de uma célula eletroquímica que contém um EPH pode ser calculado usando-se a Equação 10.27.

Quando se usa um EPH:

$$E^o_{célula} = E^o_{cátodo} - E^o_{EPH}$$
$$= E^o_{cátodo} - (0,000\ V)$$
$$\therefore E^o_{célula} = E^o_{cátodo} \qquad (10.27)$$

O resultado é que o valor de $E^o_{célula}$ medido para essa célula eletroquímica será automaticamente igual ao potencial-padrão da semirreação que ocorre no cátodo.

No passado, o eletrodo padrão de hidrogênio foi usado para ajudar a determinar os potenciais-padrão de muitas das semirreações listadas na Tabela 10.2 e no Apêndice B. Os potenciais-padrão de muitos outros sistemas foram determinados usando-se esse grupo de semirreações como referências secundárias. O eletrodo padrão de hidrogênio assumiu um importante papel histórico ao ajudar os químicos a comparar e estudar as semirreações. Infelizmente, o eletrodo padrão de hidrogênio não é prático, e não é encontrado na maioria dos laboratórios modernos. No Capítulo 14, veremos alguns outros eletrodos de referência atualmente usados em lugar do EPH, como, por exemplo, o eletrodo de calomelano saturado e o eletrodo de cloreto de prata.

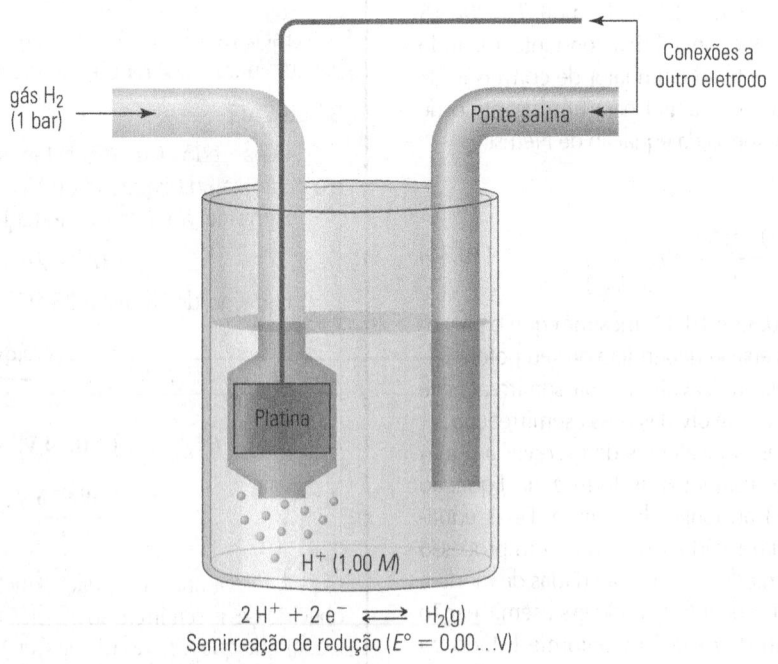

Figura 10.5

Estrutura geral de um eletrodo padrão de hidrogênio (EPH).

10.4 A equação de Nernst

Até aqui, levamos em conta somente as células e as semirreações examinadas sob condições de reação padrão (1 bar de pressão, atividade de 1 mol/L para cada espécie em fase de solução, e assim por diante). É muito mais comum ter uma célula eletroquímica ou uma reação de oxidação-redução que ocorra em outras condições fora do padrão. Essa situação pode ser analisada usando-se uma relação conhecida como **equação de Nernst** (veja o Quadro 10.2).

10.4.1 O uso da equação de Nernst

Princípios gerais. A equação de Nernst é uma expressão usada em uma semirreação *reversível* para relacionar o potencial de redução em condições fora do padrão (E) com as atividades dos reagentes e dos produtos e com o potencial-padrão de redução ($E°$) da semirreação. Para a semirreação geral na Equação 10.28, a equação de Nernst pode ser escrita como mostra a Equação 10.32.

Semirreação geral: $\quad Ox + ne^- \rightleftarrows Red \quad$ (10.28)

Equação de Nernst: $\quad E = E° - \dfrac{RT}{nF}\ln\left(\dfrac{a_{Red}}{a_{Ox}}\right) \quad$ (10.32)

Na Equação 10.32, a_{Ox} é a atividade da espécie sendo oxidada (Ox), a_{Red} é a atividade da espécie sendo reduzida (Red), R é a constante da lei do gás, T é a temperatura (em kelvin), F é a constante de Faraday e n é o número de elétrons envolvidos na semirreação.[6]

Se trabalhamos especificamente a 25 °C, podemos combinar os valores conhecidos de R, T e F (R = 8,314 J/K · mol), T = 298,15 K e F = 96.485 C/mol) para obter uma única constante. Quando combinamos essa nova constante com um fator de conversão de 2,303 ao passar de um logaritmo natural para um logaritmo de base dez, obtemos a seguinte forma da equação de Nernst.

Equação de Nernst a 25 °C:

$$E = E° - \dfrac{0,05916\,V}{n}\log\left(\dfrac{a_{Red}}{a_{Ox}}\right) \quad (10.33)$$

Ambas as equações, 10.32 e 10.33, mostram que o potencial de uma semirreação reversível dependerá de seu potencial-padrão, do número de elétrons envolvidos na semirreação e das atividades das substâncias envolvidas nessa semirreação.

Existem outras maneiras equivalentes de escrever a equação de Nernst; no entanto, usaremos as formas da Equação 10.32 ou da Equação 10.33 ao longo deste livro. Essas equações se aplicam a uma semirreação escrita como um processo tanto de redução quanto de oxidação, mas são dadas de modo a sempre fornecer o potencial esperado quando essa semirreação é escrita como um processo de *redução* (conforme listado na Tabela 10.2). Tal abordagem torna mais conveniente o uso posterior das equações com expressões como as equações 10.17 e 10.23 para calcular $E_{célula}$ e E_{global}.

Semirreações simples. Como um exemplo simples de como escrever uma equação de Nernst para uma semirreação, analisaremos, em primeiro lugar, a conversão de Fe(s) em Fe^{2+} que ocorre durante a corrosão do ferro em aço. (*Observação:* a forma de redução desse processo também é mostrada para referência.)

Semirreação de oxidação (Equação 10.1):

$$Fe(s) \rightleftarrows Fe^{2+} + 2\,e^-$$

Forma de redução da semirreação:

$$Fe^{2+} + 2\,e^- \rightleftarrows Fe(s)$$

A equação de Nernst para essa semirreação a 25 °C pode ser escrita como mostrado a seguir, onde fazemos uso do fato de que $E°_{Fe^{2+}/Fe(s)}$ = –0,44 V e $a_{Fe(s)}$ = 1 (porque Fe(s) está em um estado padrão).

Equação de Nernst a 25 °C:

$$E_{Fe^{2+}/Fe(s)} = E°_{Fe^{2+}/Fe(s)} - \dfrac{0,05916\,V}{2}\log\left(\dfrac{a_{Fe(s)}}{a_{Fe^{2+}}}\right)$$

$$\therefore E_{Fe^{2+}/Fe(s)} = (-0,44\,V) - \dfrac{0,05916\,V}{2}\log\left(\dfrac{1}{a_{Fe^{2+}}}\right) \quad (10.34)$$

Após escrever a equação de Nernst para uma semirreação, você pode calcular o potencial que se poderia esperar dessa semirreação em várias condições. Voltaremos a esse conceito na Seção 10.4.2, quando aprenderemos a usar a equação de Nernst para estimar o potencial de uma célula ou de uma reação de oxidação-redução em condições fora do padrão.

EXERCÍCIO 10.7 — Elaboração de uma equação de Nernst para uma semirreação simples

Escreva a equação de Nernst a 25 °C para a redução de Cu^{2+} para Cu(s) na pilha da Figura 10.3.

SOLUÇÃO

O par redox Cu^{2+}/Cu(s) tem a semirreação de redução e a expressão da equação de Nernst a 25 °C a seguir.

Semirreação de redução (Equação 10.21):

$$Cu^{2+} + 2\,e^- \rightleftarrows Cu(s)$$

Equação de Nernst a 25 °C:

$$E_{Cu^{2+}/Cu(s)} = E°_{Cu^{2+}/Cu(s)} - \dfrac{0,05916\,V}{2}\log\left(\dfrac{a_{Cu(s)}}{a_{Cu^{2+}}}\right)$$

$$\therefore E_{Cu^{2+}/Cu(s)} = (+0,34\,V) - \dfrac{0,05916\,V}{2}\log\left(\dfrac{1}{a_{Cu^{2+}}}\right) \quad (10.35)$$

A forma final da equação inclui o potencial-padrão conhecido dessa semirreação $E°_{Cu^{2+}/Cu}$ = +0,34 V, da Tabela 10.2) e o fato de que a atividade de Cu(s) é igual a 1,0, porque essa forma representa um estado padrão para o cobre. A mesma abordagem poderia ser usada para escrever uma equação de Nernst para o par redox Zn^{2+}/Zn(s) que está presente na pilha na Figura 10.3.

Quadro 10.2 Um olhar mais atento à equação de Nernst

A equação de Nernst é, provavelmente, a mais famosa no campo da eletroquímica. Essa equação foi inicialmente desenvolvida por Walther H. Nernst (1864–1941), um químico alemão que ajudou a fundar o campo da físico-química.[18,19] Além de seu trabalho na área da eletroquímica e sua derivação da 'equação de Nernst', ele realizou pesquisas nas áreas de termodinâmica, fotoquímica e química de estado sólido. Em 1920, recebeu o Prêmio Nobel de química por sua descoberta da terceira lei da termodinâmica.

Existem várias maneiras de se obter a equação de Nernst.[8,20,21] A Figura 10.6 mostra uma abordagem baseada na termodinâmica, que começa por escrever uma expressão para a variação total na energia livre (ΔG) esperada na redução de Ox para produzir Red (Equação 10.29). Essa alteração na energia livre está relacionada com a variação total na energia livre dessa reação em condições padrão ($\Delta G°$) e o quociente de reação do processo de redução (conforme dado pela razão de atividades, a_{Red}/a_{Ox}). Nernst também percebeu que a variação total na energia livre dessa reação estava relacionada à alteração no potencial elétrico criado durante essa reação. Essa relação é fornecida na Equação 10.30 pela fórmula $\Delta G° = -nFE°$, em condições padrão, e a fórmula mais geral $\Delta G = -nFE$.

O próximo passo é usar os dois conjuntos de relações para produzir uma expressão combinada. Isso fornece uma forma da Equação 10.29 que passa a ser expressa utilizando-se $-nFE°$ em vez de $\Delta G°$ e $-nFE$ em vez de ΔG (Equação 10.31). Ambos os lados dessa equação são, então, divididos pelo termo $-nF$. O resultado final é a forma geral da equação de Nernst, dada na Equação 10.32.

$$Ox + ne^- \rightleftharpoons Red \qquad (10.28)$$

Equações iniciais:

$$\Delta G = \Delta G° + RT \ln\left(\frac{a_{Red}}{a_{Ox}}\right) \qquad (10.29)$$

$$\Delta G° = -nFE° \qquad \Delta G = -nFE \qquad (10.30)$$

Expressão combinada:

$$-(nFE) = -(nFE°) + RT \ln\left(\frac{a_{Red}}{a_{Ox}}\right) \qquad (10.31)$$

$$E = E° - \frac{RT}{nF} \ln\left(\frac{a_{Red}}{a_{Ox}}\right) \qquad (10.32)$$

Figura 10.6

Derivação da equação de Nernst. A derivação é discutida no Quadro 10.2.

Semirreações complexas. Em muitas situações há mais de um reagente ou produto em uma semirreação, isso sem incluir os elétrons. Nessa situação, um termo de atividade para cada produto aparecerá no numerador da porção logarítmica da equação de Nernst (quando escrita na forma mostrada na Equação 10.32 ou na 10.33) e um termo de atividade para cada reagente surgirá no denominador. Além disso, cada uma das atividades será elevada a uma potência idêntica ao número de mols que aparece antes desse produto ou reagente na semirreação equilibrada. Essa abordagem segue as mesmas regras que usamos ao longo deste livro para elaborar as expressões de constantes de equilíbrio e quocientes de reação. Para ilustrar, escreveremos a equação de Nernst a 25 °C para a semirreação que descreve a redução de O_2 em condições ácidas para formar água.

Semirreação de redução (Equação 10.2):

$$O_2(g) + 4H^+ + 4e^- \rightleftharpoons 2H_2O$$

Equação de Nernst a 25 °C:

$$E_{O_2/H_2O} = E°_{O_2/H_2O} - \frac{0{,}05916\,V}{n} \log\left(\frac{(a_{H_2O})^2}{(a_{O_2})(a_{H^+})^4}\right)$$

$$\therefore E_{O_2/H_2O} = (+1{,}23\,V)$$

$$- \frac{0{,}05916\,V}{4} \log\left(\frac{1}{(a_{O_2})(a_{H^+})^4}\right) \qquad (10.36)$$

Nesta última equação, substituímos $n = 4$ e $E° = 1{,}23\,V$ pelo par redox O_2/H_2O (veja a Tabela 10.2), além do fato de que $a_{H_2O} = 1$ porque a água é o solvente (um estado-padrão). Essa abordagem também pode ser usada em outras semirreações com múltiplos reagentes ou produtos.

EXERCÍCIO 10.8 Elaboração de uma equação de Nernst para uma semirreação complexa

Escreva uma equação de Nernst a 25 °C para a semirreação mostrada na Equação 10.11 para o permanganato, conforme utilizada para a titulação de Fe^{2+} de uma amostra de ferro ou aço.

SOLUÇÃO

O par redox MnO_4^-/Mn^{2+} tem a seguinte semirreação de redução e expressão da equação Nernst a 25 °C.

Semirreação de redução (Equação 10.11):

$$MnO_4^- + 8H^+ + 5e^- \rightleftharpoons Mn^{2+} + 4H_2O$$

Equação de Nernst a 25 °C:

$$E_{MnO_4^-/Mn^{2+}} = E°_{MnO_4^-/Mn^{2+}}$$

$$- \frac{0{,}05916\,V}{5} \log\left(\frac{(a_{Mn^{2+}})(a_{H_2O})^4}{(a_{MnO_4^-})(a_{H^+})^8}\right)$$

$$\therefore E_{MnO_4^-/Mn^{2+}} = (+1,51\,V)$$

$$-\frac{0,05916\,V}{5}\log\left(\frac{a_{Mn^{2+}}}{(a_{MnO_4^-})(a_{H^+})^8}\right) \quad (10.37)$$

A forma final da equação inclui o potencial de redução padrão conhecido dessa semirreação $E°_{MnO_4^-/Mn^{2+}} = +1,51\,V$, da Tabela 10.2) e o fato de que a atividade de a_{H_2O} é igual a 1,0, porque a água é o solvente dessa reação e está em seu estado padrão.

10.4.2 Cálculo dos potenciais para as reações de oxidação-redução

Abordagem geral. O grande benefício do uso da equação de Nernst é que ela nos permite prever o potencial global que se espera de uma reação de oxidação-redução reversível ou de célula eletroquímica em condições fora do padrão. Isso pode ser obtido utilizando-se a equação de Nernst para determinar o potencial esperado das semirreações pertinentes nas condições de reação especificadas e, em seguida, usando-se esses valores para determinar o potencial global do sistema. Essa segunda etapa é realizada empregando-se as formas das equações 10.17 e 10.23 a seguir, que agora podem ser aplicadas em condições padrão ou fora do padrão.

Em condições padrão ou fora do padrão:

$$E_{global} = E_{Redução} - E_{Oxidação} \quad (10.38)$$

$$E_{célula} = E_{Cátodo} - E_{Ânodo} \quad (10.39)$$

Verificamos a partir dessas duas equações que ainda podemos relacionar os valores potenciais globais de E_{global} para $E_{Redução}$ e $E_{Oxidação}$ (para uma reação de oxidação-redução) ou $E_{célula}$ para $E_{Cátodo}$ e $E_{Ânodo}$ (para uma célula eletroquímica), contanto que usemos, em primeiro lugar, a equação de Nernst para determinar os potenciais das duas semirreações presentes no sistema.

A utilização da equação de Nernst para encontrar um potencial de células pode ser demonstrada usando-se a pilha da Figura 10.3. As equações de Nernst a 25 °C são mostradas a seguir para as duas semirreações nessa pilha.

Semirreação de redução (Equação 10.21):

$$Cu^{2+} + 2e^- \rightleftarrows Cu(s)$$

$$E_{Cu^{2+}/Cu(s)} = (+0,34\,V) - \frac{0,05916\,V}{2}\log\left(\frac{1}{a_{Cu^{2+}}}\right) \quad (10.35)$$

Semirreação de oxidação (Equação 10.20):

$$Zn(s) \rightleftarrows Zn^{2+} + 2e^-$$

$$E_{Zn^{2+}/Zn(s)} = (-0,76\,V) - \frac{0,05916\,V}{2}\log\left(\frac{1}{a_{Zn^{2+}}}\right) \quad (10.40)$$

Agora podemos inserir as atividades de todos os reagentes e produtos nessas semirreações e verificar como isso afetará seus potenciais. O potencial global de células nessas condições é obtido colocando-se esses resultados na Equação 10.39.

$$E_{célula} = E_{cátodo} - E_{ânodo}$$
$$= E_{Cu^{2+}/Cu(s)} - E_{Zn^{2+}/Zn(s)} \quad (10.41)$$

No próximo exercício, praticaremos a realização desses cálculos.

EXERCÍCIO 10.9 — Cálculo do potencial de uma reação de oxidação-redução

Uma pilha é construída com o eletrodo de cobre inicialmente em contato com uma solução aquosa contendo 0,0125 M de CuSO$_4$ ($a_{Cu^{2+}} = 0,0606$, $\gamma_{Cu^{2+}} = 0,485\,M$) e o eletrodo de zinco em contato com uma solução aquosa contendo 0,0125 M de ZnSO$_4$ ($a_{Zn^{2+}} = 0,0606$, $\gamma_{Zn^{2+}} = 0,485$). A pilha tem um potencial original de aproximadamente +1,10 V a 25 °C. Depois de operar por algum tempo, a concentração de Cu^{2+} no cátodo diminui para 0,0025 M ($a_{Cu^{2+}} = 0,00169$, $\gamma_{Cu^{2+}} = 0,675$), e a concentração de Zn^{2+} pelo ânodo aumenta para 0,020 M ($a_{Zn^{2+}} = 0,00852$, $\gamma_{Zn^{2+}} = 0,426$). Qual é o potencial estimado dessa pilha nessas novas condições?

SOLUÇÃO

Para resolver o problema, primeiramente substituímos as atividades de Cu^{2+} e Zn^{2+} nas equações de Nernst por suas duas semirreações correspondentes.

$$E_{Cu^{2+}/Cu(s)} = (+0,34\,V) - \frac{0,05916\,V}{2}\log\left(\frac{1}{0,00169}\right)$$
$$= 0,34\,V - (0,0820\,V) = 0,258\,V$$

$$E_{Zn^{2+}/Zn(s)} = (-0,76\,V) - \frac{0,05916\,V}{2}\log\left(\frac{1}{0,00852}\right)$$
$$= -0,76\,V - (0,0612\,V) = 0,821\,V$$

Em seguida, colocamos esses dois potenciais de meia-célula na Equação 10.41 para determinar o potencial de célula global.

$$E_{célula} = E_{Cu^{2+}/Cu(s)} - E_{Zn^{2+}/Zn(s)}$$
$$= 0,258\,V - (-0,821\,V) = +1,079 = \mathbf{+1,08\,V}$$

O resultado é um potencial ligeiramente menor do que o presente na pilha inicial (+1,10 V). Se continuássemos a operar essa pilha, o valor de $E_{célula}$ acabaria se aproximando de 0,00 V quando o equilíbrio fosse estabelecido e nenhuma energia líquida adicional seria obtida da célula.

Outra abordagem que poderíamos ter usado no último exercício é a de combinar as equações de Nernst para nossas duas semirreações diretamente com a Equação 10.41, e usar essa expressão geral para encontrar E_{global}. Esse método é ilustrado na Tabela 10.3 para uma reação de oxidação-redução geral. A expressão final para E_{global} que é obtida por esse método (veja a Equação 10.44 ou a Equação 10.45) é fornecida agora em termos de $E°_{global}$ e do quociente de reação (Q) para a reação de oxidação-redução equilibrada geral. O valor de n nessa equação é o número de elétrons necessários em cada semirreação (equações 10.5 e 10.6) para que a reação global seja equilibrada sem que nenhum elétron seja mostrado. Não importa se você usa essa abordagem ou a ilustrada no exercício anterior; o valor calculado de E_{global} deve ser o mesmo.

Um recurso útil da equação geral final na Tabela 10.3 para E_{global} é que ela indica que algumas situações especiais podem ocorrer quando se usa uma célula eletroquímica. A primeira surge quando o quociente de reação é exatamente igual a 1,00, o que faz a Equação 10.44 assumir a forma a seguir.

Caso especial 1 — Quociente de reação Q = 1:

$$E_{global} = E°_{global} - \frac{RT}{nF} \ln(1)$$
$$\therefore E_{global} = E°_{global} - 0 \text{ ou } E_{global} = E°_{global} \quad (10.46)$$

Essa situação já existia no exercício anterior, quando começamos com uma pilha que tinha concentrações idênticas de Zn^{2+} e Cu^{2+}, fazendo Q ser aproximadamente igual a 1,00. (*Observação:* Q pode ter diferido um pouco de 1,00 nesse caso porque usamos concentrações em vez de atividades na equação de Nernst.) O resultado foi um valor de E_{global} aproximadamente igual a $E°_{global}$.

A segunda situação especial ocorre quando uma célula eletroquímica está em equilíbrio. Nesse caso, não haverá mais produção de energia líquida pela pilha, conforme indicado por um valor de E_{global} de 0,00 V. Em equilíbrio, o quociente de reação também será igual à constante de equilíbrio de uma reação (Q = K°), o que leva a Equação 10.44 a tomar a forma mostrada a seguir.

Caso especial 2 — Reação em equilíbrio:

$$0 = E°_{global} - \frac{RT}{nF} \ln(K°)$$
$$\therefore E°_{global} = \frac{RT}{nF} \ln(K°) \text{ ou } K° = e^{(nFE°_{global}/RT)} \quad (10.47)$$

O resultado mostra uma relação direta entre $E°_{global}$ e $K°$. Se modificarmos mais a Equação 10.47 para o trabalho a 25 °C e com logaritmos base dez, teremos a Equação 10.19 na Seção 10.2.3.

Tabela 10.3

Equação geral para calcular um potencial de célula.

Reação geral

Semirreação de oxidação:	$Red' \rightleftarrows Ox' + ne^-$	(10.5)
Semirreação de redução:	$Ox + ne^- \rightleftarrows Red$	(10.6)
Reação global:	$Ox + Red' \rightleftarrows Red + Ox'$	(10.7)

Derivação de equação geral para o cálculo do potencial da célula:

$$E_{global} = E_{Redução} - E_{Oxidação} \quad (10.38)$$

$$= \left\{ E°_{Red/Ox} - \frac{RT}{nF} \ln\left(\frac{a_{Red}}{a_{Ox}}\right) \right\} - \left\{ E°_{Red'/Ox'} - \frac{RT}{nF} \ln\left(\frac{a_{Red'}}{a_{Ox'}}\right) \right\} \quad (10.42)$$

$$= \underbrace{(E°_{Red/Ox} - E°_{Red'/Ox'})}_{E°_{global}} - \frac{RT}{nF} \underbrace{\left\{ \ln\left(\frac{a_{Red} \, a_{Ox'}}{a_{Ox} \, a_{Red'}}\right) \right\}}_{\text{Quociente de reação, } Q}$$

Equação final para o cálculo do potencial da célula:

Equação geral:	$E_{global} = E°_{global} - \frac{RT}{nF} \ln(Q)$	(10.44)
Equação a 25 °C:	$E_{global} = E°_{global} - \frac{0,05916 \text{ V}}{n} \log(Q)$	(10.45)

Uso da concentração em vez da atividade. Visto que quase sempre conhecemos a concentração de uma substância química, em vez de sua atividade, costuma ser mais conveniente usar concentrações e não atividades com a equação de Nernst. Na verdade, essa abordagem introduz um erro sistemático no potencial calculado, como demonstra a Equação 10.51 na Tabela 10.4. Essa equação indica que o erro dependerá dos coeficientes de atividade de cada um dos reagentes e produtos no processo de oxidação-redução que estamos examinando. Tais coeficientes de atividade, por sua vez, dependem de fatores como a força iônica e a temperatura do sistema (Capítulo 2).

Se estamos lidando com uma substância química diluída e com uma força iônica baixa, esses coeficientes de atividade se aproximarão de um, o que tornará o termo do erro ($E_{global} - E_{global,Conc}$) na Equação 10.51 próximo de zero. Por exemplo, o potencial que teríamos obtido no Exercício 10.9 ao usar as concentrações de Zn^{2+} e Cu^{2+} teria gerado um erro de apenas +0,01 V em relação ao resultado obtido com as atividades. Nessas condições, o uso de concentrações em lugar das atividades na equação de Nernst em geral resulta somente em um pequeno erro no potencial calculado. Essas condições também nos permitem utilizar a equação de Nernst e um potencial mensurado para determinar a concentração de uma substância oxidada ou reduzida em uma amostra (veja os capítulos 14 e 15). Você deve ter em mente, porém, que erros maiores poderão ser gerados por essa prática quando estiver lidando com um analito carregado que tenha uma concentração de moderada a alta ou que esteja presente em uma solução com uma força iônica razoavelmente alta. Nessas condições, as atividades químicas devem ser utilizadas com a equação de Nernst para fornecer resultados exatos.

10.4.3 Efeitos da matriz da amostra e das reações paralelas

Efeitos do pH. Muitas das semirreações apresentadas na Tabela 10.2 e no Apêndice B serão afetadas por uma alteração no pH. Isso ocorre se H^+ ou OH^- aparecer como um dos reagentes ou produtos na semirreação. Vamos retomar nosso exemplo da corrosão do aço em água do mar para examinar esse efeito.

Semirreação de oxidação (Equação 10.1):

$$2\,Fe(s) \rightleftarrows 2\,Fe^{2+} + 4\,e^-$$

Semirreação de redução (Equação 10.2):

$$O_2(g) + 4\,H^+ + 4\,e^- \rightleftarrows 2\,H_2O$$

A oxidação de Fe(s) para Fe^{2+} não envolve H^+ ou OH^- diretamente, de modo que o potencial para essa semirreação específica não vai mudar com o pH. Entretanto, a redução de O_2 para H_2O realmente envolve H^+ e dependerá do pH. Isso pode ser demonstrado rearranjando-se a equação de Nernst para essa semirreação na forma a seguir, em que, primeiramente, separamos o termo da atividade devido a H^+ e fazemos a conversão de atividade de H^+ para pH.

Expressão original (Equação 10.36):

$$E_{O_2/H_2O} = (+1,23\,V) - \frac{0,05916\,V}{4} \log\left(\frac{1}{(a_{O_2})(a_{H^+})^4}\right)$$

Tabela 10.4

Efeito do uso da concentração para calcular um potencial de célula.

Reação global:

$$Ox + Red' \rightleftarrows Red + Ox' \qquad (10.7)$$

Potencial de célula calculado ao usar atividades (E_{Global}):

$$E_{global} = E^\circ_{global} - \frac{RT}{nF}\ln\left(\frac{a_{Red}\,a_{Ox'}}{a_{Ox}\,a_{Red'}}\right) \qquad (10.43)$$

$$E_{global} = E^\circ_{global} - \frac{RT}{nF}\ln\left(\frac{(\gamma_{Red})(C_{Red})(\gamma_{Ox'})(C_{Ox'})}{(\gamma_{Ox})(C_{Ox})(\gamma_{Red'})(C_{Red'})}\right) \qquad (10.48)$$

$$E_{global} = E^\circ_{global} - \frac{RT}{nF}\ln\left(\frac{(\gamma_{Red})(\gamma_{Ox'})}{(\gamma_{Ox})(\gamma_{Red'})}\right) - \frac{RT}{nF}\ln\left(\frac{(C_{Red})(C_{Ox'})}{(C_{Ox})(C_{Red'})}\right) \qquad (10.49)$$

Potencial de célula calculado ao usar concentrações ($E_{Global,Conc}$):

$$E_{global,Conc} = E^\circ_{global} - \frac{RT}{nF}\ln\left(\frac{(C_{Red})(C_{Ox'})}{(C_{Ox})(C_{Red'})}\right) \qquad (10.50)$$

Erro ao usar concentrações em vez de atividades ($E_{Global} - E_{Global,Conc}$):

$$(E_{global} - E_{global,Conc}) = -\frac{RT}{nF}\ln\left(\frac{(\gamma_{Red})(\gamma_{Ox'})}{(\gamma_{Ox})(\gamma_{Red'})}\right) \qquad (10.51)$$

Passo 1: separar o termo a_{H^+}:

$$\Rightarrow E_{O_2/H_2O} = (+1{,}23\,V) - \frac{0{,}05916\,V}{4}\log\left(\frac{1}{(a_{H^+})^4}\right)$$
$$- \frac{0{,}05916\,V}{4}\cdot\log\left(\frac{1}{a_{O_2}}\right)$$

Passo 2: substituir $\log(1/(a_{H^+})^4) = -4\log(a_{H^+})$ e $pH = -\log(a_{H^+})$:

$$\Rightarrow E_{O_2/H_2O} = (+1{,}23\,V) - \frac{0{,}05916\,V}{4}\cdot 4\cdot pH$$
$$- \frac{(0{,}05916\,V)}{4}\log\left(\frac{1}{a_{O_2}}\right) \quad (10.52)$$

Essa nova equação indica que uma alteração no pH de uma unidade levará a uma alteração no valor de E_{O_2/H_2O} por $4\cdot(0{,}05916\,V)/4 = 0{,}05916\,V$, onde uma redução no pH produzirá um aumento em E_{O_2/H_2O} para um valor mais positivo. Esse resultado deve fazer sentido para você com base na reação da Equação 10.2, pois uma diminuição do pH significará que há uma atividade maior de H^+ (um reagente na Equação 10.2). Essa atividade mais elevada, por sua vez, tornará a redução de O_2 mais provável de ocorrer e gerará um valor mais positivo para E_{O_2/H_2O}. Uma abordagem semelhante pode ser usada para prever o efeito do pH sobre outras semirreações em água que envolvam H^+ ou OH^- como reagentes ou produtos.

EXERCÍCIO 10.10 Efeito do pH sobre uma semirreação de redução

A redução do dicromato ($Cr_2O_7^{2-}$) para Cr^{3+} em água pode ser representada pela seguinte semirreação e pela equação de Nernst quando se trabalha a 25 °C. Qual é o efeito esperado de um aumento do pH sobre o potencial dessa semirreação?

Semirreação de redução:

$$Cr_2O_7^{2-} + 14\,H^+ + 6\,e^- \rightleftarrows 2\,Cr^{3+} + 7\,H_2O$$

$$E_{Cr_2O_7^{2-}/Cr^{3+}} = E^{o}_{Cr_2O_7^{2-}/Cr^{3+}}$$
$$- \frac{0{,}05916\,V}{6}\log\left(\frac{(a_{Cr^{3+}})^2}{(a_{Cr_2O_7^{2-}})(a_{H^+})^{14}}\right) \quad (10.53)$$

SOLUÇÃO

Podemos usar a mesma abordagem demonstrada para o par redox O_2/H_2O para converter a Equação 10.53 em uma forma que está diretamente relacionada com o pH.

Etapa 1 – separar termo a_{H^+}:

$$\Rightarrow E_{Cr_2O_7^{2-}/Cr^{3+}} = E^{o}_{Cr_2O_7^{2-}/Cr^{3+}}$$
$$- \frac{0{,}05916\,V}{6}\log\left(\frac{1}{(a_{H^+})^{14}}\right) - \frac{0{,}05916\,V}{6}\log\left(\frac{(a_{Cr^{3+}})^2}{a_{Cr_2O_7^{2-}}}\right)$$

Etapa 2 – substituir em $\log(1/(a_{H^+})^{14}) = -14\log(a_{H^+})$ e $pH = -\log(a_{H^+})$:

$$\Rightarrow E_{Cr_2O_7^{2-}/Cr^{3+}} = E^{o}_{Cr_2O_7^{2-}/Cr^{3+}} - \frac{0{,}05916\,V}{6}\cdot 14\cdot pH$$
$$- \frac{0{,}05916\,V}{6}\log\left(\frac{(a_{Cr^{3+}})^2}{a_{Cr_2O_7^{2-}}}\right) \quad (10.54)$$

O resultado mostra que cada alteração de uma unidade de pH causa uma mudança de $14\cdot(0{,}05916\,V)/6 = \mathbf{0{,}138\,V}$ no potencial medido para essa semirreação, onde uma diminuição do pH (ou um aumento em a_{H^+}) leva a um valor mais positivo para $E_{Cr_2O_7^{2-}/Cr^{3+}}$.

Os dois últimos exemplos indicam que o pH pode exercer um grande efeito sobre os potenciais de algumas semirreações. Esse fato torna importante controlar o pH de tais reações, caso você queira usá-las para estudar ou analisar outras espécies além de H^+ ou OH^-. Esse efeito torna o uso de tampões ácido-base (como discutido no Capítulo 8) essencial em muitas reações de oxidação-redução. Pode também ser usado como uma forma de determinar o pH por meio de uma medição do potencial. Retomaremos essa ideia no Capítulo 14, ao examinarmos o método de potenciometria.

Tratamento de reações paralelas. O pH de uma solução não é o único fator capaz de afetar o potencial esperado de uma reação de oxidação-redução. A existência de reações paralelas também pode afetar esse potencial se elas alterarem as atividades de algum dos reagentes ou dos produtos que estejam envolvidos na reação de oxidação-redução. Um exemplo que pode ocorrer durante a corrosão do aço em água do mar é a reação de Fe^{2+} com carbonato (CO_3^{2-}) para formar $FeCO_3$ insolúvel. Ela ocorre como mostra a Equação 10.55 e é descrita pelo produto de solubilidade (K_{ps}) para $FeCO_3(s)$ (veja o Capítulo 7 para uma revisão sobre produtos de solubilidade).

$$Fe^{2+} + CO_3^{2-} \rightleftarrows FeCO_3(s)$$
$$K_{ps,FeCO_3} = (a_{Fe^{2+}})(a_{CO_3^{2-}}) = 3{,}13\times 10^{-11}\;(\text{a }25\,°C) \quad (10.55)$$

Se o produto de atividades para Fe^{2+} e CO_3^{2-} excede o valor de K_{ps} dado na Equação 10.55, os dois íons se combinarão para formar $FeCO_3(s)$ como um precipitado. Tal processo diminuirá a atividade de Fe^{2+}, que desse modo afetará o potencial do par redox $Fe^{2+}/Fe(s)$.

Podemos examinar diretamente a alteração nesse potencial combinando a expressão de equilíbrio da reação paralela com a equação de Nernst para a semirreação de interesse. Por exemplo, podemos fazer isso usando o fato de que $a_{Fe^{2+}} = (K_{ps,FeCO_3})/(a_{CO_3^{2-}})$ a partir da expressão do produto de solubilidade na Equação 10.55 e substituindo isso por $a_{Fe^{2+}}$ na equação de Nernst a 25 °C para o par redox $Fe^{2+}/Fe(s)$ (veja a Equação 10.34), como mostramos a seguir.

$$E_{Fe^{2+}/Fe(s)} = (-0,44\,V)$$
$$-\frac{0,05916\,V}{2}\log\left(\frac{a_{CO_3^{2-}}}{K_{ps,FeCO_3}}\right) \quad (10.56)$$

O que fizemos para criar essa equação de Nernst modificada equivale a combinar a semirreação da redução de Fe^{2+} para $Fe(s)$ com a reação de solubilidade para $FeCO_3(s)$.

Semirreação de redução:

$$Fe^{2+} + 2\,e^- \rightleftarrows Fe(s)$$

Reação de solubilidade:

$$\underline{FeCO_3(s) \rightleftarrows Fe^{2+} + CO_3^{2-}}$$

Semirreação combinada:

$$FeCO_3(s) + 2\,e^- \rightleftarrows Fe(s) + CO_3^{2-} \quad (10.57)$$

Se você analisar atentamente os números de oxidação dos elementos nessa semirreação, ainda verá que esse processo envolve a redução de Fe^{2+} para $Fe(s)$. Isso significa que usar a equação de Nernst para a nova semirreação combinada (Equação 10.57), ou para o par redox $Fe^{2+}/Fe(s)$ (Equação 10.34), deve nos fornecer o mesmo potencial calculado de semirreação. No entanto, a nova semirreação combinada que obtivemos também nos permite verificar como uma mudança na concentração de carbonato na solução deve afetar o potencial desse sistema.

EXERCÍCIO 10.11 — Efeito das reações paralelas na equação de Nernst

Foi constatado que uma amostra de aço de uma seção do *USS Arizona* tem um depósito de $FeCO_3$ sólido em contato com água que tem atividade de $1,0 \times 10^{-4}$ para Fe^{2+} e $3,13 \times 10^{-7}$ para CO_3^{2-}. (*Observação:* a maior parte dos carbonatos em água a um pH neutro está presente como bicarbonato.) Qual potencial é previsto pela expressão de Nernst original (Equação 10.34) para o par redox $Fe^{2+}/Fe(s)$ nessas condições? Em tais condições, que potencial é previsto pela expressão modificada de Nernst na Equação 10.56? Justifique sua resposta.

SOLUÇÃO

Ao utilizarmos a equação de Nernst original para o par redox $Fe^{2+}/Fe(s)$ na Equação 10.34, obtivemos o seguinte potencial para esse sistema.

$$E_{Fe^{2+}/Fe(s)} = (-0,44\,V) - \frac{0,05916\,V}{2}\log\left(\frac{1}{1,0\times 10^{-4}}\right)$$
$$= -0,55\underline{8}\,V = \mathbf{-0,56\,V}$$

O resultado obtido quando se utiliza a expressão modificada de Nernst é dado pela Equação 10.56.

$$E_{Fe^{2+}/Fe(s)} = (-0,44\,V) - \frac{0,05916\,V}{2}\log\left(\frac{3,13\times 10^{-7}}{3,13\times 10^{-11}}\right)$$
$$= -0,55\underline{8}\,V = \mathbf{-0,56\,V}$$

Podemos ver agora que ambas as equações de Nernst fornecem exatamente o mesmo resultado para o potencial de semirreação calculado. Isso porque apenas substituímos $a_{Fe^{2+}} = (K_{ps,FeCO_3})/(a_{CO_3^{2-}})$ usando a expressão do produto de solubilidade para $FeCO_3(s)$.

Outra forma de lidar com o problema seria escrever uma equação de Nernst para a reação combinada que é dada na Equação 10.58,

$$E_{FeCO_3(S)/Fe(s)} =$$
$$(-0,44\,V) - \frac{0,05916\,V}{2}\log\left(\frac{1}{K_{ps,FeCO_3}}\right)$$
$$E°_{FeCO_3(S)/Fe(s)} = -0,75\,V$$
$$-\frac{0,05916\,V}{2}\log(a_{CO_3^{2-}}) \quad (10.58)$$

onde a equação de Nernst para essa reação combinada, o valor de $E°_{FeCO_3(s)/Fe(s)}$ é simplesmente a soma de $E°_{Fe^{2+}/Fe(s)}$ e o termo log para $K_{ps,FeCO_3}$. A expressão na Equação 10.58 também resultará em um potencial calculado de $-0,56\,V$ nas condições de reação especificadas neste exercício.

Reações combinadas funcionam bem com sistemas que têm somente algumas reações paralelas. Contudo, em outros, pode haver reações paralelas e muitas semirreações que ocorram simultaneamente. A corrosão do aço em água do mar é um exemplo. Nessa situação, com frequência é útil preparar um gráfico de potencial *versus* pH, que mostra qual forma principal de um determinado elemento (nesse caso, o ferro em aço) é esperada em um conjunto de condições de reação. O gráfico resultante de potencial *versus* pH é conhecido como *diagrama de Pourbaix*.[8,22-24] A Figura 10.7 mostra um exemplo de tal gráfico para uma amostra de ferro em água (usando uma concentração de 1 M para todas as formas solúveis de ferro, nesse caso). Cada área do gráfico representa condições em que uma forma diferente de ferro é a espécie principal. Por exemplo, a principal forma de ferro que se esperaria em um potencial abaixo de $-0,5\,V$ e um pH 5,0 seria $Fe(s)$, a forma que está presente no aço. Se o pH for mantido em 5,0, mas o potencial do sistema for elevado pouco acima de $-0,5\,V$, a principal forma de ferro será Fe^{2+}. Se o potencial for mantido em torno de $-0,5\,V$, mas o pH for aumentado para 8, a principal forma de ferro será $Fe(OH)_2$. Essas informações podem ajudar um químico a decidir quais reações são importantes no âmbito de um dado conjunto de potencial e de condições de pH.

Potenciais formais. Há momentos em que não conseguimos prever com precisão todas as reações paralelas que podem ocorrer em uma amostra durante uma medição do potencial, ou nas quais queremos usar um determinado conjunto de condições para medir o potencial. Um meio comum de lidar com ambas as situações é a aplicação de um **potencial formal**, ou *potencial condicional*. Um potencial formal (representado por $E°'$) assemelha-se a um potencial-padrão no sentido de que representa

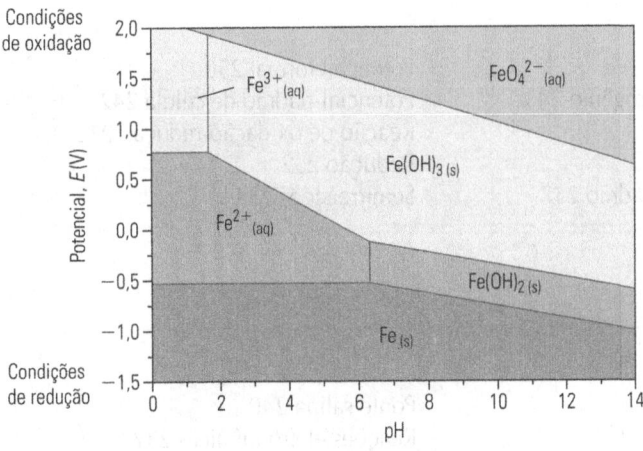

Figura 10.7

Diagrama de Pourbaix (ou *diagrama de potencial/pH*), que mostra as principais formas de ferro presentes em diferentes potenciais e condições de pH em um meio aquoso.[22,23] Este tipo de gráfico recebeu tal nome em homenagem a Marcel Pourbaix (1904-1998), químico de origem russa e o primeiro a usar o gráfico.[23,24] Cada linha neste diagrama Pourbaix indica o ponto em que as principais espécies de ferro se alteram de uma forma para outra a 25 °C com uma concentração de 1 M sendo utilizada para todas as formas solúveis de ferro. Cada linha neste gráfico indica o ponto em que as duas formas de ferro em cada lado da linha estão presentes em quantidades iguais. As linhas verticais se baseiam em uma equação de Nernst que independe do pH, enquanto as linhas diagonais têm dependência de pH. Áreas com sombreamento idêntico representam o mesmo estado de oxidação do ferro (isto é, Fe^{2+} e $Fe(OH)_2$ contêm ferro em um estado de oxidação de +2). Um gráfico semelhante para ferro na presença de uma solução de carbonato pode ser traçado de modo a incluir uma área em que $FeCO_3(s)$ é a espécie principal. Um gráfico assim poderá usar pE em vez de E sobre o eixo y, onde p$E = E/(0,05916$ V).

o potencial esperado de um determinado par redox quando as atividades das espécies submetidas a oxidação ou a redução são exatamente 1,0. No entanto, relata-se um potencial formal, em vez do padrão, no caso de um tipo específico de solução ou eletrólito no qual a oxidação é a reação sob análise.[6]

Os potenciais formais são em geral utilizados na descrição de um processo de oxidação-redução em um pH específico. Por exemplo, suponha que um químico pretenda estudar a oxidação do casco de um navio de aço especificamente em um pH 7,00. Nesse pH, a equação de Nernst que derivamos para a redução de O_2 para H_2O na Equação 10.52 pode ser escrita como na expressão a seguir, onde o termo pH passa a ser uma constante, porque estamos lidando com um pH 7,00.

Potencial formal para Equação 10.52 a um pH 7,00:

$$E_{O_2/H_2O} = \underbrace{(+1,23\,\text{V}) - \frac{0,05916\,\text{V}}{4}\cdot 4\cdot (7,00)}_{E^{o\prime}_{O_2/H_2O} = -0,81\underline{5}\,\text{V}}$$

$$-\frac{0,05916\,\text{V}}{4}\log\left(\frac{1}{a_{O_2}}\right) \quad (10.59)$$

Agora podemos combinar esse termo de pH constante com o potencial-padrão de redução para obter uma nova constante que represente o potencial-padrão formal dessa semirreação a um pH 7,00. A mesma abordagem pode ser adotada para corrigir os efeitos da força iônica, combinando-se o termo coeficiente de atividade com o potencial-padrão na Equação 10.49 (veja a Tabela 10.4). O resultado é um potencial formal que permite o uso de concentrações com a equação de Nernst em um determinado tipo de solução ou amostra.

Os potenciais formais também são úteis quando múltiplas reações paralelas podem ocorrer para um par redox. Um bom exemplo dessa situação se dá durante a redução de Fe^{3+} para Fe^{2+} em água. Essa semirreação apresenta um potencial de eletrodo padrão de +0,77 V, mas em condições ácidas o potencial desse sistema será afetado pelo tipo de ácido presente (Tabela 10.5). Por exemplo, Fe^{3+} pode formar diversos complexos com cloreto (como o $FeCl^{2+}$, o $FeCl_2^+$, e assim por diante) na presença de HCl. Reações secundárias semelhantes podem ocorrer com outros ácidos fortes e alterarão a atividade de Fe^{3+}, afetando o potencial observado para sua redução a Fe^{2+}. O uso de potenciais formais em lugar de potenciais-padrão pode ser útil ao permitir que a extensão desses efeitos seja descrita de um modo relativamente simples.

Tabela 10.5

Potenciais formais para a redução de Fe^{3+} para Fe^{2+} em água.

Semirreação de redução: $Fe^{3+} + e^- \rightleftarrows Fe^{2+}$

Solvente	Potencial formal, $E^{o\prime}$ (*versus* EPH)[a]
Água	+0,77 ($E°$)
1,0 M de HCl	+0,70
0,67 M de H_2SO_4	+0,67
0,3 M de H_3PO_4	+0,44

[a]Estes valores foram obtidos de J. A. Dean, ed., *Lange's Handbook of Chemistry*, 15ª ed., McGraw-Hill, Nova York, 1999.

Palavras-chave

Ânodo 240
Cátodo 240
Célula eletroquímica 239
Célula galvânica 241
Célula eletrolítica 242
Constante de Faraday 237

Eletrodo 240
Eletrodo padrão de hidrogênio 243
Equação de Nernst 244
Oxidação 232
Potencial de eletrodo padrão 237
Potencial elétrico 237

Potencial formal 250
Potencial-padrão de célula 242
Reação de oxidação-redução 232
Redução 232
Semirreações 234

Outros termos

Agente oxidante 237
Agentes redutores 237
Bateria 242
Diagrama de Pourbaix 250
Eletrólito 240

Eletroquímica 232
Número de oxidação 234
Par redox 234
Pilha de Daniell 239

Ponte salina 240
Reações eletroquímicas 232
Semirreação de oxidação 234
Semirreação de redução 234

Questões

O que são reações de oxidação-redução e como são usadas em química analítica?

1. Defina os termos 'oxidação' e 'redução'. Explique por que esses dois processos sempre ocorrem simultaneamente.

2. Descreva o que se entende pelo termo 'reação de oxidação-redução'. Explique por que as reações às vezes são chamadas de 'reações eletroquímicas'.

3. Explique por que a corrosão é um exemplo de reação de oxidação-redução.

4. Descreva pelo menos três maneiras de usar as reações de oxidação-redução como parte de uma análise química.

5. A hidroxilamina (NH_2OH) pode ser usada em uma etapa de pré-tratamento para converter Fe^{3+} em Fe^{2+} antes da realização de um ensaio espectrofotométrico de uma amostra para medir seu teor de ferro. Essa etapa de pré-tratamento ocorre de acordo com a seguinte reação.

$$4\,Fe^{3+} + 2\,NH_2OH \rightleftarrows 4\,Fe^{2+} + N_2O + 4H^+ + H_2O$$

Explique por que essa etapa é um exemplo de reação de oxidação-redução.

Descrição das reações de oxidação-redução

6. O que se entende pelo termo 'par redox'? Como ele é usado para descrever reações de oxidação-redução?

7. Identifique os pares redox em cada uma das reações de oxidação-redução a seguir.

   (a) $Zn + 2\,Ag^+ \rightleftarrows 2\,Ag + Zn^{2+}$
   (b) $Pb + PbO_2 + 4\,H^+ \rightleftarrows 2\,Pb^{2+} + 2H_2O$
   (c) $I_2 + 2\,S_2O_3^{2-} \rightleftarrows 2I^- + S_4O_6^{2-}$

8. Identifique os pares redox em cada uma das semirreações a seguir.

   (a) $Ru^{3+} + e^- \rightleftarrows Ru^{2+}$
   (b) $Ni(OH)_3 + e^- \rightleftarrows Ni(OH)_2 + OH^-$
   (c) $2HOCl + 2\,H^+ + 2\,e^- \rightleftarrows Cl_2 + 2\,H_2O$
   (d) $H_2S \rightleftarrows S + 2H^+ + 2\,e^-$

9. De que formas as reações de oxidação-redução se assemelham às reações ácido-base (Capítulo 8)? Quais são as diferenças entre esses dois tipos de reação?

Identificação das reações de oxidação-redução a partir de números de oxidação

10. O que é um 'número de oxidação'? Quais são as regras para determinar o número de oxidação de um átomo em uma substância química?

11. Determine o número de oxidação de cada átomo nas seguintes substâncias:

    (a) Cl_2
    (b) $Au(s)$
    (c) CaO
    (d) K_2SO_4
    (e) Fe_3O_4
    (f) H_2O_2
    (g) XeF_4
    (h) $(NH_4)_2Cr_2O_7$
    (i) CH_3OH

12. Determine o número de oxidação de cada elemento nas seguintes substâncias:

    (a) Cl^-
    (b) Ca^{2+}
    (c) H_3O^+
    (d) MnO_4^-
    (e) NH_4^+
    (f) IO_3^-
    (g) $Cr_2O_7^{2-}$
    (h) HPO_4^-
    (i) AsO_4^{3-}

13. Explique como os números de oxidação podem ser usados para identificar uma reação de oxidação-redução.
14. Atribua números de oxidação para cada átomo em cada uma das equações a seguir e identifique quais elementos são reduzidos e quais são oxidados.

    (a) $Fe_2O_3(s) + 2\,Al(s) \rightleftarrows Al_2O_3(s) + 2\,Fe(s)$
    (b) $2\,Co(OH)_3(s) + Sn(s) + OH^-(aq) \rightleftarrows$
    $2\,Co(OH)_2(s) + HSnO_2^-(aq) + H_2O(l)$
    (c) $2\,H_2O_2 \rightleftarrows 2\,H_2O + O_2$
    (d) $F_2 + 2\,Br^- \rightleftarrows Br_2 + 2\,F^-$

15. Determine se cada uma das equações a seguir representa uma reação de oxidação-redução. Se for uma reação de oxidação-redução, explique quais átomos passam por oxidação e quais passam por redução.

    (a) $[Ag(NH_3)_2]^+ + Cl^- + 2\,H^+ \rightleftarrows AgCl + 2\,NH_4^+$
    (b) $Cl_2(g) + 2\,KI(aq) \rightleftarrows I_2(g) + 2\,HCl(aq)$
    (c) $BaCl_2(aq) + H_2SO_4(aq) \rightleftarrows BaSO_4(s) + 2\,HCl(aq)$
    (d) $Zn(s) + CuSO_4(aq) \rightleftarrows ZnSO_4(aq) + Cu(s)$

Identificação das reações de oxidação-redução usando semirreações

16. Defina o que se entende pelo termo 'semirreação'. Qual é a diferença entre uma 'semirreação de oxidação' e uma 'semirreação de redução'?
17. Explique por que as semirreações são um meio 'artificial', porém útil, de analisar processos de oxidação-redução.
18. O dicromato ($Cr_2O_7^{2-}$) costuma ser utilizado como reagente na titulação de Fe^{2+}. Essa titulação envolve a seguinte reação de oxidação-redução:

$$Cr_2O_7^{2-} + 6\,Fe^{2+} + 14\,H^+ \rightleftarrows 2\,Cr^{3+} + 6\,Fe^{3+} + 7\,H_2O$$

Determine quais substâncias estão passando por oxidação ou redução nessa reação e escreva as semirreações desses processos.

19. Examine cada uma das reações de oxidação-redução na Questão 15 usando semirreações. Escreva as semirreações para cada processo. Demonstre como essas semirreações podem ser combinadas para fornecer o total de reações oxidação-redução mostradas na Questão 15. Determine também quantos elétrons são transferidos em cada uma das reações.
20. Escreva as semirreações de cada um dos processos a seguir. Identifique quais substâncias são oxidadas ou reduzidas com base nessas semirreações e determine quantos elétrons são transferidos em cada uma das reações.

    (a) $Sn^{2+} + 2\,HgCl_2 \rightleftarrows Sn^{4+} + Hg_2Cl_2 + 2\,Cl^-$
    (b) $I_2 + 2\,S_2O_3^{2-} \rightleftarrows 2\,I^- + S_4O_6^{2-}$
    (c) $H_2O_2 + 2\,Fe^{2+} + 2\,H^+ \rightleftarrows 2\,H_2O + 2\,Fe^{3+}$
    (d) $5\,Br^- + BrO_3^- + 6\,H^+ \rightleftarrows 3\,Br_2(aq) + 3\,H_2O$

Uso das constantes de equilíbrio na descrição das reações de oxidação-redução

21. Escreva uma expressão para a constante de equilíbrio termodinâmico ($K°$) de cada uma das reações de oxidação-redução na Questão 20.
22. Escreva uma expressão para a constante de equilíbrio dependente de concentração (K) das reações de oxidação-redução na Questão 20. Demonstre como K está relacionada com as expressões de $K°$ para essas mesmas reações.
23. Escreva expressões de quociente de reação dependente de concentração (Q) para as reações de oxidação-redução na Questão 20. Explique como essas expressões diferem das obtidas para a constante de equilíbrio dependente de concentração na Questão 22.
24. Uma solução é preparada originalmente com dois solutos, Ox e Red. Ambos têm uma concentração inicial de 1,0 M, mas, ao serem combinadas, começam a sofrer a reação de oxidação-redução mostrada a seguir:

$$Ox + 2\,Red \rightleftarrows Red' + 2\,Ox'$$

Quando a solução atinge o equilíbrio a 25 °C, a concentração de Red é medida e estabelecida em 0,00450 M. Sabendo-se que nenhuma outra reação paralela significativa está presente, quais são as concentrações dos outros reagentes e produtos em equilíbrio? Qual é o valor da constante de equilíbrio a 25 °C para essa reação?

25. Indicou-se anteriormente que a constante de equilíbrio para a reação de permanganato com Fe^{2+} é $1,4 \times 10^{62}$ a 25 °C. Uma mistura de Fe^{2+} (originalmente em uma concentração de 0,0500 M) com uma quantidade estequiométrica de permanganato que é tamponada em um pH 2,50 é deixada a reagir e atingir o equilíbrio. Verifica-se que a concentração final de Fe^{3+} passa a ser igual à concentração original de Fe^{2+} e que Mn^{2+} passa a ter uma concentração que é 20 por cento da de Fe^{2+}. Em teoria, qual será a concentração de permanganato nessa solução em equilíbrio?

Uso dos potenciais-padrão na descrição de reações de oxidação-redução

26. Defina 'potencial de eletrodo padrão'. Quais são as condições de medição de tal potencial?
27. Qual é a semirreação de referência usada para determinar um potencial de eletrodo padrão? O que significa uma determinada semirreação ter um valor de $E°$ maior do que essa semirreação de referência? O que significa uma semirreação ter um valor de $E°$ menor do que essa semirreação de referência?
28. Classifique as seguintes substâncias quanto à capacidade de sofrer redução: Cr^{3+}, Cl_2, Zn^{2+}, Na^+ e O_3. Quais delas seriam os agentes oxidantes mais fortes?
29. Classifique as seguintes substâncias quanto à capacidade de sofrer oxidação: $Cr(s)$, Cl^-, $Zn(s)$, $Na(s)$ e O_2. Quais delas seriam os agentes redutores mais fortes?

30. Forneça uma equação que permita que o potencial-padrão de uma reação de oxidação-redução seja calculado usando-se os potenciais-padrão das semirreações que compõem essa reação global.

31. Calcule o potencial-padrão das reações de oxidação-redução a seguir. Classifique essas reações de acordo com sua tendência a ocorrer sob condições de reação-padrão.
    (a) $Cd(s) + Ni^{2+} \rightleftarrows Ni(s) + Cd^{2+}$
    (b) $Zn^{2+} + Cu(s) \rightleftarrows Cu^{2+} + Zn(s)$
    (c) $Sn^{2+} + Fe(s) \rightleftarrows Sn(s) + Fe^{2+}$

32. Íons prata em uma solução aquosa reagem com bismuto conforme indicado a seguir.

    $$3\,Ag^+ + Bi(s) \rightleftarrows Bi^{3+} + 3\,Ag(s)$$

    Escreva as duas semirreações e calcule o potencial-padrão dessa reação.

33. Como o potencial-padrão de uma reação de oxidação-redução se relaciona com a variação total em energia dessa mesma reação em condições-padrão?

34. O que é a 'constante de Faraday'? Qual é o valor mais comum dessa constante?

35. Calcule o potencial-padrão e a variação em energia livre sob condições-padrão da reação que ocorre quando $Zn(s)$ é convertido em Zn^{2+} ao ser usado para reduzir Fe^{3+} para Fe^{2+} na presença de HCl de 1,0 M.

36. Calcule o valor do potencial e da variação em energia livre em condições-padrão da seguinte reação de oxidação-redução:

    $$Cl_2(aq) + 2\,I^- \rightleftarrows 2\,Cl^- + I_2(aq)$$

37. Forneça uma equação que relacione o potencial-padrão de uma reação de oxidação-redução com a constante de equilíbrio dessa mesma reação. Usando essa equação, demonstre por que um grande valor positivo de $E°$ representaria uma reação espontânea favorável, enquanto um grande valor negativo de $E°$ representaria uma reação não espontânea desfavorável.

38. Qual é a constante de equilíbrio termodinâmico a 25 °C para a reação de oxidação-redução que ocorre em uma pilha de Daniell (Figura 10.5)? Explique como você obteve sua resposta.

39. A tris-fenantrolina ferro (III) ($Fe(phen)_3^{3+}$) pode sofrer uma reação de oxidação-redução com $IrCl_6^{3-}$ para formar $IrCl_6^{2-}$ e $Fe(phen)_3^{2+}$. A constante de equilíbrio dessa reação a 25 °C é determinada por um método espectrofotométrico como 100. Qual é o potencial esperado para essa reação de oxidação-redução nessas condições?

40. Uma amostra de 1,00 g de zinco metálico é colocada em uma solução aquosa de 50 mL de $CuCl_2$ de 0,050 M.
    (a) Escreva a reação de oxidação-redução que ocorrerá entre essas substâncias. Qual é a constante de equilíbrio para essa reação a 25 °C?
    (b) Se for permitido que esse sistema atinja o equilíbrio a 25 °C, qual será a concentração final esperada de todos os reagentes e produtos?

41. Uma solução é preparada com 0,0400 mol de cada uma das seguintes substâncias: Ce^{4+}, Ce^{3+}, Fe^{2+} e Fe^{3+}. A solução é, então, dissolvida em uma solução aquosa de 2,00 L de HCl de 1,0 M.
    (a) Escreva a reação de oxidação-redução que ocorrerá entre essas substâncias. Qual é a constante de equilíbrio dessa reação a 25 °C?
    (b) Se for permitido que a solução atinja o equilíbrio a 25 °C, quais serão as concentrações finais esperadas de todos os reagentes e produtos?

Descrição das células eletroquímicas

42. O que é uma 'célula eletroquímica'? Explique por que é uma ferramenta valiosa no uso e no estudo de reações de oxidação-redução.

43. Descreva como a pilha na Figura 10.3, ou a pilha de Daniell, funciona. Quais são as semirreações usadas nessa pilha? Como a estrutura dessa célula em particular permite separar os componentes dessas duas semirreações?

44. Defina cada um dos termos a seguir e sua função em uma célula eletroquímica.
    (a) Eletrodo.
    (b) Ânodo.
    (c) Cátodo.
    (d) Ponte salina.
    (e) Eletrólito.

45. O que é uma 'célula galvânica'? O que é uma 'célula eletrolítica'? Como esses dois tipos de célula diferem?

46. Explique como é possível que o mesmo conjunto de reações de oxidação-redução às vezes seja usado na forma de uma célula galvânica e outras vezes como uma célula eletrolítica. Cite um exemplo específico.

Previsão do comportamento de uma célula eletroquímica

47. Defina o termo 'potencial-padrão de célula'. Como se calcula esse valor?

48. Calcule os potenciais-padrão de célula das seguintes reações.
    (a) $2\,Ce^{4+} + Zn(s) \rightleftarrows Zn^{2+} + 2\,Ce^{3+}$
    (b) $MnO_4^- + 5\,Fe^{2+} + 8\,H^+ \rightleftarrows Mn^{2+} + 5\,Fe^{3+} + 4\,H_2O$
    (c) $Cr_2O_7^{2-} + 6\,VO^{2+} + 2\,H^+ \rightleftarrows 2\,Cr^{3+} + 6\,VO_2^+ + H_2O$
    (d) $2\,Pu^{3+} + 3\,Mg(s) \rightleftarrows 3\,Mg^{2+} + 2\,Pu(s)$

49. Escreva as duas semirreações de uma pilha na qual um eletrodo é o metal de urânio em contato com uma solução de U^{3+} (preparada pela dissolução de UCl_3 em água) e o outro eletrodo é um fio de platina em contato com uma solução contendo uma mistura de V^{2+} e V^{3+} (preparada pela dissolução de VCl_2 e VCl_3 em água). Calcule o potencial-padrão de célula esperado para esse sistema.

50. Explique por que usar somente potenciais-padrão para semirreações ao calcular o potencial-padrão de célula pode fornecer um valor diferente do real potencial-padrão de uma célula.

51. Explique por que o potencial de uma célula eletroquímica sempre envolve uma comparação entre os potenciais que estão presentes em dois eletrodos ou semirreações.

52. O que é um 'eletrodo padrão de hidrogênio'? Como é utilizado no estudo e na caracterização de reações de oxidação-redução?
53. O título da coluna dos potenciais de redução listados na Tabela 10.2 indica que todos eles foram medidos em relação a um eletrodo padrão de hidrogênio. Use a Equação 10.27 para explicar por que esse tipo de comparação é útil para gerar tal tabela.
54. Uma célula eletroquímica é construída de forma que um eletrodo de calomelano (veja a lista de semirreações no Apêndice B) é usado como o cátodo e um eletrodo padrão de hidrogênio é usado como o ânodo. Qual é o potencial-padrão de célula para esse sistema?
55. Um eletrodo padrão de hidrogênio é utilizado como o ânodo em uma célula eletroquímica que tem o seguinte conjunto de reação de oxidação-redução global:

$$Cu^{2+} + H_2 \rightleftarrows Cu(s) + 2H^+$$

   (a) Escreva as semirreações que ocorrem no cátodo e no ânodo dessa célula.
   (b) Qual é o potencial-padrão de célula para esse sistema?

O uso da equação de Nernst

56. O que é a 'equação de Nernst'? Como ela é utilizada para descrever reações de oxidação-redução?
57. Escreva uma forma geral da equação de Nernst para a redução de Ox a Red pela adição de n elétrons. Qual é a forma mais comum dessa equação quando usada a 25 °C?
58. Alguns livros adotam a seguinte forma da equação de Nernst para uma semirreação geral:

$$E = E° + \frac{RT}{nF} \ln\left(\frac{a_{Ox}}{a_{Red}}\right)$$

   (a) Demonstre que a forma anterior da equação de Nernst é matematicamente equivalente à que foi dada anteriormente na Equação 10.32.
   (b) Derive uma forma da equação de Nernst anterior que poderia ser usada a 25 °C e com logaritmos base 10 em vez de logaritmos naturais.
59. Escreva uma forma geral da equação de Nernst que possa ser usada a qualquer temperatura em cada uma das seguintes semirreações de redução:
   (a) $Cu^{2+} + e^- \rightleftarrows Cu^{2+}$
   (b) $Hg^{2+} + 2e^- \rightleftarrows Hg$
   (c) $Tl^+ + e^- \rightleftarrows Tl$
   (d) $Sn^{4+} + 2e^- \rightleftarrows Sn^{2+}$
60. Escreva uma equação de Nernst que possa ser usada especificamente a 25 °C em cada uma das semirreações na questão anterior.
61. Ao obtermos a Equação 10.3 anteriormente neste capítulo, imaginamos que as seguintes duas semirreações eram equivalentes na oxidação de Fe(s) para Fe^{2+}:

$$2Fe(s) \rightleftarrows 2Fe^{2+} + 4e^- \quad \text{ou} \quad Fe(s) \rightleftarrows Fe^{2+} + 2e^-$$

Escreva as equações de Nernst para a forma de redução de cada uma dessas semirreações. Compare as duas equações de Nernst para verificar se eles fornecerão potenciais calculados para semirreações que sejam matematicamente equivalentes.

62. Escreva uma forma geral da equação de Nernst que possa ser usada a qualquer temperatura em cada uma das seguintes semirreações:
   (a) $AgCl + e^- \rightleftarrows Ag + Cl^-$
   (b) $2H_2O + 2e^- \rightleftarrows H_2 + 2OH^-$
   (c) $NO_3^- + 3H^+ + 2e^- \rightleftarrows HNO_2 + H_2O$
   (d) $2HOCl + 2H^+ + 2e^- \rightleftarrows Cl_2 + 2H_2O$
63. Escreva uma equação de Nernst que possa ser usada especificamente a 25 °C em cada uma das semirreações da questão anterior.
64. Escreva equações de Nernst para as duas semirreações que compõem a reação de oxidação-redução a seguir.

$$H_3PO_4 + H_3AsO_3 \rightleftarrows H_3AsO_4 + H_3PO_3$$

Cálculo de potenciais para reações de oxidação-redução

65. Descreva uma abordagem geral pela qual a equação de Nernst possa ser usada para determinar o potencial líquido de uma reação de oxidação-redução ou de uma célula eletroquímica.
66. Qual é o potencial esperado de uma pilha de Daniell na qual $a_{Zn^{2+}} = 0,340$ e $a_{Cu^{2+}} = 0,135$? Mostre como você obteve sua resposta.
67. Identifique as duas semirreações para o seguinte processo de oxidação-redução.

$$Br_2(aq) + H_3AsO_3 + H_2O \rightleftarrows 2Br^- + H_3AsO_4 + 2H^+$$

   (a) Escreva as equações de Nernst para as semirreações envolvidas nesse processo.
   (b) Calcule o potencial que se poderia esperar dessa reação global a 25 °C e nas seguintes condições de reação: pH 2,00, $[Br_2] = 0,00500\ M$, $[Br^-] = 0,244\ M$, $[H_3AsO_3] = 0,128\ M$ e $[H_3AsO_4] = 0,00367\ M$. (Observação: você pode supor que as atividades e as concentrações das substâncias são aproximadamente iguais nesse exemplo.)
68. Escreva equações de Nernst para as duas semirreações envolvidas no processo de oxidação-redução na Questão 32. Determine o potencial líquido que se poderia esperar dessa reação global a 25 °C, se $[Ag^+] = 0,0100\ M$ e $[Bi^{3+}] = 0,0100\ M$, supondo que as atividades e as concentrações dessas substâncias sejam aproximadamente iguais.
69. Um dos lados de uma célula eletroquímica construída contém um eletrodo de níquel, que está em contato com uma solução aquosa de Ni^{2+} de $0,00040\ M$. O outro lado contém um eletrodo de metal cobalto que está em contato com uma solução aquosa de Co^{2+} de $0,050\ M$.
   (a) Quais são as duas semirreações dessa célula?
   (b) Quais eletrodos você esperaria ser o ânodo e o cátodo com base nos potenciais-padrão de redução de suas semirreações correspondentes?

(c) Qual é o potencial estimado dessa célula a 25 °C com base nas concentrações das espécies listadas?
(d) Quais eletrodos são o cátodo e o ânodo na célula? Justifique sua resposta.

70. Um dos eletrodos de uma célula eletroquímica construída é um pedaço de metal de cobre imerso em uma solução aquosa contendo Cu(NO$_3$)$_2$ de 0,00500 M, e o outro eletrodo é uma peça de metal de prata imersa em uma solução aquosa contendo AgNO$_3$ de 0,235 M.
   (a) Quais são as semirreações esperadas dessa célula?
   (b) Qual é o potencial aproximado a 25 °C com base nas concentrações das substâncias químicas especificadas nessa célula?
   (c) Quais eletrodos são o ânodo e o cátodo?

71. Uma *célula de concentração* é um tipo especial de célula eletroquímica na qual os mesmos pares redox são usados tanto no ânodo quanto no cátodo, mas a diferentes concentrações de espécie.[6] Por exemplo, suponha que tenhamos uma célula eletroquímica em que ambos os eletrodos são feitos de metal de cobre, mas um deles é imerso em uma solução aquosa contendo Cu^{2+} em uma atividade de 0,236 e o outro em uma solução aquosa contendo Cu^{2+} em uma atividade de 0,875. Escreva as semirreações que ocorrem no cátodo e no ânodo e calcule o potencial dessa célula a 25 °C. Explique por que se observa uma diferença de potencial entre esses dois eletrodos.

72. Explique por que usar concentrações em vez de atividades químicas pode induzir a erros quando se calculam potenciais a partir da equação de Nernst.

73. Derive uma equação que mostre o erro a ser introduzido na Questão 68 se forem usadas concentrações em vez de atividades químicas no cálculo do potencial de célula. Você espera que esse erro seja significativo se $I = 0,07$ M?

74. Derive uma equação que mostre o erro a ser introduzido na Questão 70 se forem usadas concentrações em vez de atividades químicas no cálculo do potencial de célula. Você espera que esse erro seja significativo nesse caso em particular? Justifique.

75. Suponha que uma célula eletroquímica seja estabelecida na qual um eletrodo de platina esteja em contato com uma solução contendo [Fe^{2+}] = 0,00235 M e [Fe^{3+}] = 0,00764 M em 0,10 M de H$^+$, e o outro também de platina em H$^+$ 0,01 M e [Mn^{2+}] = 0,0439 M e [MnO$_4^-$] = 0,0764 M.
   (a) Preveja o potencial da célula a 25 °C.
   (b) Calcule o erro introduzido nesse potencial calculado usando concentração em vez de atividade química como se ambas as soluções na célula tivessem força iônica de cerca de 0,10 M. (*Observação:* consulte o Capítulo 6 caso você precise de uma revisão sobre como calcular um coeficiente de atividade para um íon em água.)

Efeitos da matriz da amostra e das reações paralelas

76. Qual das seguintes reações de oxidação-redução ou semirreações serão diretamente afetadas por uma alteração no pH?

(a) BiOCl + 2 H$^+$ + 3 e$^-$ $\rightleftarrows$ Bi + H$_2$O + Cl$^-$
(b) I$_3^-$ + 2 S$_2$O$_3^{2-}$ $\rightleftarrows$ 3 I$^-$ + S$_4$O$_6^{2-}$
(c) CrO$_4^{2-}$ + 4 H$_2$O + 3 e$^-$ $\rightleftarrows$ Cr(OH)$_3$ + 5 OH$^-$
(d) 2 Mn^{2+} + 5 S$_2$O$_8^{2-}$ + 8 H$_2$O $\rightleftarrows$ 10 SO$_4^{2-}$ + 2 MnO$_4^-$ + 16 H$^+$

77. A redução de dicromato (Cr$_2$O$_7^{2-}$) para Cr^{3+} em água pode ser representada pela semirreação a seguir e pela equação de Nernst em condições básicas.

$$Cr_2O_7^{2+} + 7 H_2O + 6 e^- \rightleftarrows 2 Cr^{3+} + 14 OH^-$$

$$E_{Cr_2O_7^{2-}/Cr^{3+}} = E^{\circ}_{Cr_2O_7^{2-}/Cr^{3+}} - \frac{0,05916\ V}{6} \log\left(\frac{(a_{Cr^{3+}})^2 (a_{OH^-})^{14}}{(a_{Cr_2O_7^{2-}})}\right)$$

Qual é o efeito esperado de um aumento do pH no potencial dessa semirreação?
Como esses resultados podem ser comparados aos da Equação 10.54?

78. Um químico deseja usar uma solução de dicromato/cromato em um pH 7,00 para uma titulação redox. Usando a Equação 10.54, estime o potencial de semirreação para a redução de Cr$_2$O$_7^{2-}$ para Cr^{3+} em um pH 7,00. Também calcule o potencial desse processo usando a equação de Nernst dada na Questão 76. Compare os resultados das duas equações.

79. Estime o potencial a 25 °C de uma célula eletroquímica na qual um eletrodo é uma peça de platina mantida em uma solução aquosa, com pH 2,00, de KMnO$_4$ de 0,0015 M e Mn^{2+} de 0,023 M, enquanto o outro é uma peça de platina mantida em uma solução aquosa contendo Sn^{4+} de 0,025 M e Sn^{2+} de 0,014 M. Qual é o potencial estimado dessa mesma célula em um pH 4,00?

80. Explique como é possível usar uma forma modificada de uma equação de Nernst para lidar com uma reação paralela que envolve o agente oxidante ou o agente redutor em uma semirreação.

81. Um fio de prata revestido com AgCl é imerso em uma solução aquosa contendo NaCl de 0,0025 M. O fio e a solução são então usados como um eletrodo em uma célula que também contém um eletrodo padrão de hidrogênio.
   (a) Quais são as semirreações desse processo? Quais são as equações de Nernst para essas semirreações?
   (b) Quais as possíveis reações paralelas, e de que forma elas poderão afetar as semirreações do sistema?
   (c) Qual é o potencial esperado desse sistema a 25 °C?

82. Uma amostra de oxicloreto de bismuto sólido (BiOCl) deve ser reduzida pelo metal de zinco na presença de HCl de 0,00500 M e Zn^{2+} de 0,0200 M.
   (a) Quais são as semirreações desse processo? Quais são as equações de Nernst para essas semirreações?
   (b) Quais são as possíveis reações paralelas, e de que forma elas poderão afetar as semirreações desse sistema?
   (c) Qual é o potencial esperado desse sistema a 25 °C?

83. O que é um 'diagrama de Pourbaix'? Explique por que esse tipo de diagrama é útil quando se trata de sistemas de oxidação-redução que envolvem muitas reações simultâneas.

84. Use o diagrama de Pourbaix para determinar a forma principal de ferro que estará presente em cada uma das seguintes condições:
    (a) pH 4,0 e um potencial de 0,0 V.
    (b) pH 10 e um potencial de –0,6 V.
    (c) pH 1,0 e um potencial de +1,5 V.
    (d) pH 8,0 e um potencial de +1,5 V.

85. O que é um 'potencial formal'? Como ele difere de um potencial-padrão?

86. Um dos eletrodos feitos de platina de uma célula eletroquímica construída está em contato com uma solução aquosa de $[Fe^{2+}] = 0{,}0756\ M$ e $[Fe^{3+}] = 0{,}176\ M$, enquanto o outro está em contato com uma solução aquosa de $[Ce^{4+}] = 0{,}0376\ M$ e $[Ce^{3+}] = 0{,}0987\ M$.
    (a) Qual é o potencial estimado dessa célula a 25 °C? Quais eletrodos são o cátodo e o ânodo?
    (b) Qual é o potencial estimado dessa célula a 25 °C quando as soluções aquosas em ambos os lados também contém HCl de 1,0 M? Compare esse resultado ao potencial estimado na Parte (a).
    (c) Qual é o potencial estimado dessa célula a 25 °C quando as soluções aquosas em ambos os lados contém H_2SO_4 de 1,0 M, em vez de HCl de 1,0 M?

87. Os bioquímicos costumam fazer seus experimentos em soluções a um pH 7,0 ou algo próximo disso. Muitos compostos de interesse biológico que sofrem reações de oxidação-redução podem também atuar como ácidos ou bases. Por exemplo, a redução de piruvato ($C_3H_3O_3^-$) em lactato ($C_3H_5O_3^-$) ocorre de acordo com a semirreação a seguir e tem um potencial-padrão de +0,224 V.

    $$C_3H_3O_3^- + 2\ H^+ + 2\ e^- \rightleftarrows C_3H_5O_3^-$$

    (a) Escreva uma equação de Nernst para essa semirreação a 25 °C.
    (b) Rearranje a equação obtida na Parte (a) para separar todos os termos que sejam claramente atividades de íons hidrogênio. Escreva a forma modificada da equação de Nernst que obtiver.
    (c) O potencial formal desse sistema em um pH 7,00 pode ser obtido combinando-se os termos de $E°$ com as atividade de íons hidrogênio obtidas na Parte (b). Calcule o valor desse potencial formal. Como ele se compara ao valor $E°$?

Problemas desafiadores

88. O Apêndice A descreve várias abordagens de reações de oxidação-redução equilibradas. Use um desses métodos para equilibrar as seguintes reações:
    (a) $Ag^+ + Cu \rightleftarrows Cu^{2+} + Ag$
    (b) $Sn^{4+} + V^{2+} \rightleftarrows V^{3+} + Sn^{2+}$
    (c) $Br^2 + S_2O_3^{2-} \rightleftarrows Br^- + S_4O_6^{2-}$
    (d) $H_2O_2 + CrO_4^{2-} \rightleftarrows O_2 + Cr^{3+}$

89. Use os métodos descritos no Apêndice A para equilibrar cada uma das seguintes reações de oxidação-redução:
    (a) $MnO_4^- + Zn(s) \rightleftarrows Mn^{2+} + Zn^{2+}$ (condições ácidas)
    (b) Fe^{2+} reagindo com Au^+ em água.
    (c) $Cr_2O_7^{2-} + S_2O_3^{2-} \rightleftarrows Cr^{3+} + S_4O_6^{2-}$ (condições básicas)
    (d) $In(s)$ reagindo com Sn^{2+} em água.
    (e) $VO_3^- + Zn(s) \rightleftarrows VO^{2-} + Zn^{2+}$ (condições ácidas)
    (f) IO_3^- reagindo com I^- em água (condições ácidas)

90. Quando usamos o método descrito na Seção 10.2.2 para calcular o número de oxidação para o carbono em um composto orgânico, obtemos um valor médio para todos os átomos de carbono da molécula. Um método diferente possibilitará o cálculo do número de oxidação de cada carbono em um composto. Para que isso aconteça, comece a contar o número de oxidação de um átomo de carbono do zero e acrescente um para cada ligação que o carbono tiver com um átomo mais eletronegativo do que ele (como oxigênio, nitrogênio ou halogêneo) e reduza um para cada ligação com um átomo menos eletronegativo do que ele (normalmente, o hidrogênio).
    (a) Use essa abordagem para determinar os números de oxidação dos dois carbonos terminais e dos seis carbonos internos de n-octano, $CH_3(CH_2)_6CH_3$. Qual é o número de oxidação médio dos átomos de carbono nesse n-octano?
    (b) Calcule o número de oxidação do carbono em cada ácido acético, CH_3COOH. Qual é o número de oxidação médio dos átomos de carbono em ácido acético?

91. Considerando-se o fato de que o potencial líquido de uma reação de oxidação-redução é exatamente 0,00 em equilíbrio, use a equação de Nernst para derivar a relação na Equação 10.19 que é dada entre $K°$ e $E°_{global}$.

92. Use o *CRC Handbook of Chemistry and Physics*[10] ou outras referências[11-14] para localizar potenciais-padrão de redução e potenciais formais a 25 °C para as seguintes semirreações:
    (a) $2\ D^+ + e^- \rightleftarrows D_2\ (E°)$
    (b) $Ir_2O_3 + 3\ H_2O + 6\ e^- \rightleftarrows 2Ir + 6\ OH^-\ (E°)$
    (c) $Np^{4+} + e^- \rightleftarrows Np^{3+}\ (E°\ em\ 1M\ HClO_4)$
    (d) $BrO^- + H_2O + 2\ e^- \rightleftarrows Br^- + 2\ OH^-$
        ($E°'$ em NaOH 1 M)

93. A lista a seguir fornece vários agentes oxidantes e redutores comumente encontrados ou utilizados em laboratórios químicos. Obtenha informações na Internet ou fichas de dados de segurança de materiais sobre riscos químicos e físicos associados a esses agentes.
    (a) Borohidreto de sódio.
    (b) Peróxido de hidrogênio.
    (c) Ozônio.
    (d) Ácido periódico.

94. Use a notação de célula (Quadro 10.1) para descrever as questões 79, 81 e 86. (*Observação:* suponha que uma ponte salina como a da Figura 10.3 esteja presente em cada uma dessas células.)

95. Compare a forma geral da equação de Nernst com a da equação de Henderson-Hasselbalch (Capítulo 8). Quais as

semelhanças as essas duas equações? Quais as diferenças existentes nessas equações e em sua base de suposições?

96. O ozônio (O_3) vai reagir com brometo para produzir bromo e oxigênio (O_2) em água.
    (a) Prepare uma planilha na qual você calculará e plotará o potencial dessa reação a 25 °C e os valores de pH variando de 0,00 a 10,00.
    (b) Elabore um segundo gráfico no qual você calculará e plotará a constante de equilíbrio para essa reação a 25 °C e valores de pH variando de 0,00 a 10,00.
    (c) Com base nesses gráficos das partes (a) e (b), determine se essa reação é mais favorecida em um pH ácido ou em um pH básico. Compare esse resultado com o que se poderia esperar, com base na dependência de pH das equações de Nernst, para as duas semirreações envolvidas nesse processo.

97. O peróxido de hidrogênio tem as suas proporções alteradas para formar água e oxigênio molecular de acordo com a seguinte reação:

$$2H_2O_2 \rightleftarrows 2H_2O + O_2$$

   (a) Quais são as semirreações envolvidas no processo? Quais são as equações de Nernst para essas semirreações?
   (b) Prepare uma planilha na qual você calculará e plotará o potencial e a constante de equilíbrio para essa reação a 25 °C e com valores de pH variando de 0,00 a 10,00. Que tendências você observou nesses gráficos?

98. Escreva as reações que ocorrem em vários limites dentro de um diagrama de Pourbaix. Escreva uma expressão de equilíbrio para cada reação de solubilidade nesse gráfico e uma equação de Nernst para cada reação de oxidação-redução. Use essas equações para explicar por que alguns dos limites desse gráfico mudam de posição de acordo com o pH.

99. Às vezes é útil combinar duas semirreações diferentes para elaborar uma terceira e nova semirreação. Suponha que conheçamos os potenciais-padrão de redução das semirreações a seguir, que envolvem a redução de um elétron de Fe^{3+} para Fe^{2+}, seguida pela redução de dois elétrons de Fe^{2+} para $Fe(s)$.

$$\begin{array}{l} Fe^{3+} + 1e^- \rightarrow Fe^{2+} \quad E_1^o = +0,77\,V\,(a\,25\,°C) \\ \underline{Fe^{2+} + 2e^- \rightarrow Fe_{(s)} \quad E_2^o = -0,41\,V\,(a\,25\,°C)} \\ Fe^{3+} + 3e^- \rightarrow Fe_{(s)} \quad E_3^o = ?\,V \end{array} \quad (10.60)$$

Com as informações fornecidas nas duas primeiras semirreações, também é possível calcular o potencial-padrão que se poderia esperar da nova reação de meia-célula que envolve a redução direta de Fe^{3+} em $Fe(s)$ por um processo de três elétrons. Para calcular o potencial-padrão de uma nova semirreação obtida pela combinação de outras, devemos, cuidadosamente, levar em conta o número de elétrons que estão sendo transferidos em cada uma das reações antigas e novas. Isso é necessário para que se possa pesar apropriadamente as contribuições termodinâmicas de cada semirreação que está sendo combinada para produzir a semirreação global final. Podemos fazer esse ajuste usando a Equação 10.61,

$$n_1 E_1^o + n_2 E_2^o = (n_1 + n_2) E_3^o \quad (10.61)$$

onde $E°$ e n representam os potenciais-padrão e o número de elétrons sendo transferidos em cada uma dessas semirreações, e os subscritos 1 e 2 representam as duas semirreações que estão sendo combinadas para produzir uma terceira.

   (a) Qual é o potencial-padrão esperado para a semirreação na Equação 10.61? Como esse potencial-padrão se compara com os das semirreações que foram combinadas para se obter a nova?
   (b) O potencial-padrão para a redução de Cu^{2+} em $Cu(s)$ é +0,34 V a 25 °C, e o potencial-padrão para a redução de Cu^+ em $Cu(s)$ é +0,52 V a 25 °C. Qual é o potencial-padrão esperado a 25 °C para a redução de Cu^{2+} em Cu^+?

100. A Equação 10.61 também pode ser usada para se obter o potencial-padrão de uma nova semirreação que pode ser combinada com uma semirreação conhecida para produzir uma terceira, também conhecida. Por exemplo, os potenciais-padrão a 25 °C para a redução de O_2 em água e para a redução de peróxido de hidrogênio (H_2O_2) em água foram previamente determinados, como mostrado a seguir.

$$\begin{array}{l} O_2(g) + 2H^+ + 2e^- \rightarrow H_2O_2 \quad E^o = ?\,V \\ \underline{H_2O_2 + 2H^+ + 2e^- \rightarrow 2H_2O \quad E^o = +1,78\,V\,(a\,25\,°C)} \\ O_2(g) + 4H^+ + 4e^- \rightarrow 2H_2O \quad E^o = +1,23\,V\,(a\,25\,°C) \end{array}$$

Use essas informações para estimar o potencial-padrão a 25 °C da redução de oxigênio a peróxido de hidrogênio. Explique como você obteve sua resposta final.

Tópicos para discussão e relatórios

101. O campo da eletroquímica trata do estudo e do uso de reações de oxidação-redução. Muitos cientistas, além de Walther Nernst, contribuíram para esse campo. Obtenha mais informações sobre um dos indivíduos listados a seguir e descreva como o seu trabalho contribuiu para a compreensão atual das reações de oxidação-redução ou das aplicações dessas reações.
    (a) Alessandro Volta.
    (b) Michael Faraday.
    (c) Luigi Galvani.
    (d) John Daniell.

102. Existem vários métodos analíticos atualmente usados no estudo e na preservação de navios como o *USS Arizona*. Obtenha mais informações sobre um ou mais desses métodos e descreva como eles são aplicados na preservação de navios afundados.[1-4]

103. Existem muitos tipos de reação de oxidação-redução que podem ser usados para criar baterias. Obtenha mais informações sobre uma das baterias a seguir e descreva o seu

funcionamento. Inclua em sua descrição as semirreações de oxidação e de redução usadas no interior dessa pilha e algumas de suas aplicações.
(a) Pilha de mercúrio.
(b) Pilha de zinco-carbono de célula seca.
(c) Pilha de chumbo-ácido.
(d) Pilha de lítio.

104. O uso do hidrogênio como combustível para automóveis tem sido tema de grande interesse nos últimos anos. Obtenha mais informações sobre como o hidrogênio pode ser produzido a partir de água e como pode ser utilizado como combustível. Escreva um relatório que demonstre como a produção e o uso do hidrogênio como combustível envolvem reações de oxidação-redução.

Referências bibliográficas

1. M.A. Russell, D.L. Conlin, L.E. Murphy, D.L. Johnson, B.M. Wilson e J.D. Carr, 'A Minimum-Impact Method for Measuring Corrosion Rate of Steel-Hulled Shipwrecks in Seawater', *The International Journal of Nautical Archaelology*, 35, 2006, p.310–318.
2. D.L. Johnson, B.M. Wilson, J.D. Carr, M.A. Russell, L.E. Murphy e D.L. Colin, 'Corrosion of Steel Shipwrecks in the Marine Environment: USS Arizona—Part 1,' *Materials Performance*, 45, 2006, p.40–44.
3. D.L. Johnson, B.M. Wilson, J.D. Carr, M.A. Russell, L.E. Murphy e D.L. Colin, 'Corrosion of Steel Shipwrecks in the Marine Environment: USS Arizona—Part 2' *Materials Performance*, 45, 2006, p.54–57.
4. C.H. Arnaud, 'Saving Shipwrecks', *Chemical & Engineering News*, 85, 2007, p.45–47.
5. *IUPAC Compendium of Chemical Terminology*, versão eletrônica, http://goldbook.iupac.org
6. G. Maludziska, ed., *Dictionary of Analytical Chemistry*, Elsevier, Amsterdã, 1990.
7. J. Inczedy, T. Lengyel, A.M. Ure, *Compendium of Analytical Nomenclature*, 3 ed., Blackwell Science, Malden, MA, 1997.
8. H. Frieser, *Concepts & Calculations in Analytical Chemistry: A Spreadsheet Approach*, CRC Press, Boca Raton, FL, 1992.
9. A.J. Bard e L.R. Faulkner, *Electrochemical Methods: Fundamentals and Applications*, 2 ed., Wiley, Nova York, 2004.
10. D.R. Lide, ed., *CRC Handbook of Chemistry and Physics*, 83 ed., CRC Press, Boca Raton, FL, 2002.
11. John A. Dean, ed., *Lange's Handbook of Chemistry*, 15 ed., McGraw-Hill, New York, 1999.
12. S.G. Bratsch, 'Standard Electrode Potentials and Temperature Coefficients in Water at 298.15 K', *Journal of Physical and Chemical Reference Data*, 18, 1989, p.1–21.
13. A.J. Bard, R. Parsons e J. Jordan, *Standard Potentials in Aqueous Solution*, Marcel Dekker, Nova York, 1985.
14. G. Milazzo e S. Caroli, *Tables of Standard Electrode Potentials*, Wiley, Nova York, 1978.
15. J.F. Daniell, 'On Voltaic Combinations', *Philosophical Transactions*, 1836.
16. D.I. Davies, 'John Frederic Daniell 1791–1845', *Chemistry in Britain*, 26, 1990, p.946–947, 949, 960.
17. *The New Encyclopaedia Britannica*, 15 ed., Encyclopaedia Britannica, Inc., Chicago, IL, 2002.
18. D.A. Skoog, F.J. Holler e S.R. Crouch, *Principles of Instrumental Analysis*, 6 ed., Brooks/Cole, Pacific Grove, CA, 2006.
19. D.K. Barkan, *Walther Nernst and the Transition to Modern Physical Science*, Cambridge University Press, Nova York 1998.
20. A.S. Feiner e A.J. McEvoy, 'The Nernst Equation', *Journal of Chemical Education*, 71, 1994, p.493–494.
21. L. Meites, 'A 'Derivation' of the Nernst Equation for Elementary Quantitative Analysis', *Journal of Chemical Education*, 29, 1952, p.142–143.
22. D.A. Jones, *Principles and Prevention of Corrosion*, 2 ed., Prentice Hall, Upper Saddle River, NJ, 1996.
23. M. Pourbaix, *Atlas of Electrochemical Equilibria in Aqueous Solutions*, 2 ed., National Association of Corrosion Engineers, Houston, TX, 1974.
24. A. Napoli e L. Pogliani, 'Potential-pH Diagrams', *Education in Chemistry*, 34, 1997, p.51–52.

Capítulo 11
Análise gravimétrica

Conteúdo do capítulo

11.1 Introdução: preparação da tabela periódica
    11.1.1 O que é análise gravimétrica?
    11.1.2 Como a análise gravimétrica é usada em química analítica?
11.2 Realização de uma análise gravimétrica tradicional
    11.2.1 Estratégias e métodos gerais
    11.2.2 Filtração de precipitados
    11.2.3 Secagem e pesagem de precipitados
    11.2.4 Métodos para a obtenção de precipitados de alta qualidade
11.3 Exemplos de métodos gravimétricos
    11.3.1 Precipitação de prata com cloreto
    11.3.2 Precipitação de ferro com hidróxido
    11.3.3 Precipitação de níquel com dimetilglioxima
    11.3.4 Análise de combustão
    11.3.5 Análise termogravimétrica

11.1 Introdução: preparação da tabela periódica

A tabela periódica é provavelmente a mais valiosa e amplamente utilizada ferramenta em química. Essa tabela (originalmente desenvolvida em 1872 por Dimitri Mendeleev) fornece uma quantidade enorme de informações sobre as propriedades químicas e físicas dos elementos.[1,2] Um número importante da tabela é a massa atômica de cada elemento. Hoje em dia, esse valor é empregado quase diariamente por químicos, que recorrem a essas informações para determinar as massas das fórmulas químicas e a quantidade de uma substância a ser utilizada para preparar uma determinada amostra ou reagente.

A confiabilidade das massas atômicas listadas na tabela periódica costuma ser inquestionável. No entanto, a exatidão desses valores foi uma fonte de grande preocupação no final do século XIX e início do século XX.[3] Esse tópico foi de particular interesse para um químico norte-americano chamado T. W. Richards,[4-7] que usou várias reações químicas e seu conhecimento de equilíbrio químico para determinar a massa atômica dos elementos (Figura 11.1) utilizando a técnica de *análise gravimétrica*.[3-9] Richards comparou as massas atômicas da prata e do cloreto dissolvendo a massa conhecida da prata pura e precipitando os íons Ag^+ resultantes com Cl^- para pro-

Elemento	Massa atômica anterior	Resultados de Richards	Valor atual
Hidrogênio	1,002	1,0082	(1,0079)
Cobre	63,3	63,57	(63,55)
Bário	137,0	137,37	(137,33)
Estrôncio	87,5	87,62	(87,62)
Zinco	65,0	65,37	(65,41)
Magnésio	24,2	24,32	(24,31)
Cobalto	59,1	58,97	(58,93)
Níquel	58,5	58,68	(58,69)
Ferro	56,00	55,85	(55,85)
Urânio	240,2	238,4	(238,0)
Rubídio	85,5	85,42	(85,47)
Sódio	23,05	22,995	(22,990)
Cloro	35,45	35,458	(35,453)
Bromo	79,95	79,917	(79,904)
Potássio	39,14	39,095	(39,098)
Nitrogênio	14,04	14,008	(14,007)
Enxofre	32,06	32,07	(32,07)
Prata	107,93	107,88	(107,87)
Lítio	7,03	6,94	(6,94)
Cálcio	40,00	40,07	(40,08)
Carbono	12,0	12,005	(12,011)
Alumínio	27,1	26,96	(26,98)
Gálio	69,9	69,716	(69,723)
Césio	132,9	132,81	(132,91)

Figura 11.1

Lista de massas atômicas que foram determinadas por Theodore William Richards (1868-1928) e seus alunos. Richards foi professor na Universidade de Harvard e acreditava que a massa atômica era uma propriedade fundamental para a compreensão das propriedades dos elementos. De suas mais de 300 publicações, mais da metade foi dedicada à determinação da massa atômica e ao aperfeiçoamento de métodos para sua medição. Em 1914, ele recebeu o Prêmio Nobel de Química por esse trabalho, tendo sido o primeiro norte-americano a receber o prêmio. Dentre suas outras pesquisas está um ensaio de 1914 em que ele e Max E. Lambert apresentaram as primeiras evidências experimentais da existência de isótopos com base em suas cuidadosas medições da massa atômica aparente do chumbo radioativo de várias fontes.[7] (Os dados na tabela foram obtidos em A. J. Ihde, 'Theodore William Richards and the Atomic Weight Problem', *Science*, 164, 1969, p.647–651.)

duzir uma amostra mensurável e pura de cloreto de prata sólido (AgCl). Ele, então, converteu esse sólido em óxido de prata (Ag$_2$O) e determinou a massa atômica da prata usando a massa de exatamente 16,00000 para o oxigênio (a massa atômica de referência na época de seus estudos). A mesma abordagem também forneceu a massa atômica do cloreto depois de ter determinado o valor da prata.

Usando a análise gravimétrica, Richards e seus alunos conseguiram determinar a massa atômica de 55 elementos. Os resultados foram considerados os valores mais confiáveis de seu tempo e ainda são notavelmente próximos dos valores modernos de massa atômica.[3-5] A análise gravimétrica persiste como um método importante de medições químicas. Neste capítulo, aprenderemos a realizar uma análise gravimétrica e analisaremos vários exemplos de como essa técnica é utilizada nas medições químicas modernas.

11.1.1 O que é análise gravimétrica?

A **análise gravimétrica** (também conhecida como *gravimetria*) é um método analítico em que são utilizadas somente medições de massa e informações sobre estequiometria de reação para determinar a quantidade de um analito em uma amostra. Um bom exemplo desse método pode ser encontrado no trabalho de T. W. Richards quando ele determinou a massa atômica da prata (Figura 11.2). Nesse caso, os íons prata que haviam sido colocados em uma solução aquosa foram submetidos à reação com íons cloreto para formar um precipitado insolúvel de cloreto de prata (AgCl). Vimos no Capítulo 7 que essa reação tem uma estequiometria conhecida e um produto de solubilidade pequeno (favorecendo a formação de AgCl). Richards a usou para determinar a massa atômica da prata medindo a quantidade de AgCl produzida de uma amostra que continha a massa inicial *conhecida* de prata. Químicos modernos aplicam essa mesma abordagem na análise quantitativa de prata usando a massa atômica conhecida da prata e a massa medida do AgCl para determinar a quantidade de prata presente em uma amostra. Ambos os tipos de experimento fazem uso da estequiometria conhecida dessa reação, na qual um mol de Ag$^+$ reage com um mol de Cl$^-$ para cada mol de AgCl que se forma.

A combinação de íons prata com íons cloreto para formar AgCl é uma das centenas de reações que podem ser usadas na análise gravimétrica. Embora essa abordagem seja simples na teoria, a obtenção de resultados exatos por análise gravimétrica requer grande atenção aos detalhes para que se evitem erros graves. T. W. Richards adotou boas práticas de laboratório, além de seu conhecimento de reações químicas para evitar erros cometidos por outros e para aprimorar a exatidão dos valores de massa atômica.[4,5] Mais adiante neste capítulo, veremos que tipos de métodos e ações ajudam a minimizar os erros e a fornecer mensurações exatas durante as análises gravimétricas para medir substâncias químicas em amostras desconhecidas.

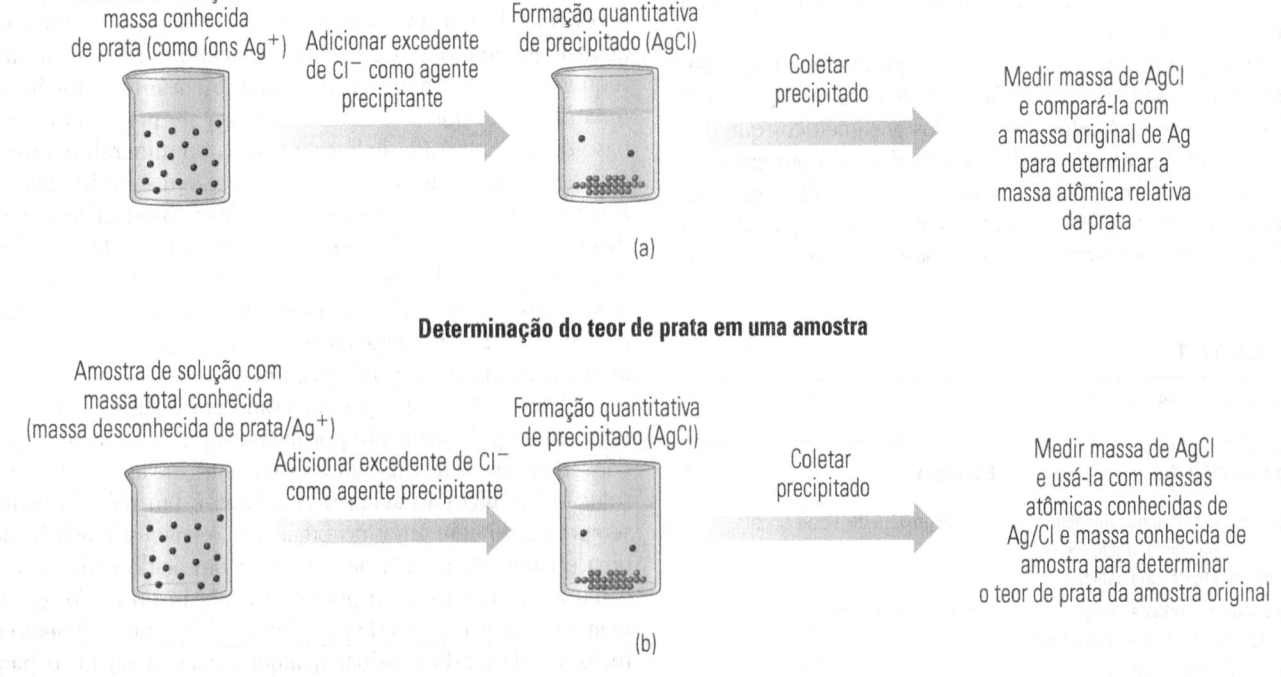

Figura 11.2

Uso da análise gravimétrica e a precipitação de cloreto de prata de T. W. Richards para determinar a massa atômica da prata (a), e uso da análise gravimétrica por um químico moderno para determinar a quantidade de prata em uma amostra (b).

11.1.2 Como a análise gravimétrica é usada em química analítica?

Existem várias maneiras de realizar uma análise gravimétrica, mas todas elas envolvem medição de massa. A Tabela 11.1 mostra várias estratégias utilizadas nessa análise. Os métodos gravimétricos mais tradicionais determinam a massa de uma substância medindo a massa de um precipitado ou de um sólido correlacionado que contenha essa substância em uma relação conhecida. Trata-se do tipo de análise na qual nos concentraremos na maior parte deste capítulo. Esse método geralmente envolve a adição de um agente de precipitação (ou **precipitante**) para que se forme um sólido mensurável, cuja massa possa ser usada para calcular a massa do analito que está presente. Na área intimamente relacionada de titulações de precipitação (veja o Capítulo 13), adota-se o mesmo tipo de reação, mas nesse caso mede-se o volume do reagente adicionado em vez da massa do sólido resultante.

Outros dois tipos de métodos de análise gravimétrica são a análise de combustão e a análise termogravimétrica, que examinaremos na Seção 11.3. Em ambos os métodos, as medições de massa se combinam com a formação ou com a perda de substâncias químicas voláteis. No caso da análise de combustão, uma amostra é queimada para liberar gases como dióxido de carbono e água, que são então recolhidos e pesados para que se determine o teor de carbono e de hidrogênio da amostra original.[10] Em uma análise termogravimétrica, uma amostra é aquecida de forma controlada, e a alteração em sua massa é medida de acordo com a temperatura à medida que libera componentes voláteis ou reage com gases em seu meio circundante.[11] Em ambos os casos, medições de massa e estequiometria de reação são usadas para fornecer informações sobre a composição química de uma amostra.

Uma grande vantagem da análise gravimétrica é que determinar a massa de uma substância é uma das medições mais exatas disponíveis. Muitos dos métodos gravimétricos que discutiremos neste capítulo podem ser realizados com erros inferiores a 0,2 por cento, mesmo quando conduzidos por estudantes relativamente inexperientes. Uma análise gravimétrica tradicional também é econômica e requer uma quantidade mínima de equipamentos, como uma balança de laboratório de alta qualidade e, talvez, uma estufa de secagem. Embora essa abordagem possa se revelar entediante quando aplicada a um grande número de amostras, trata-se de um método relativamente simples de obtenção de resultados altamente exatos e precisos quando se lida com poucas amostras.

Um requisito inerente da análise gravimétrica é que a amostra a ser examinada deve conter analito suficiente para fornecer uma massa mensurável. Para atender a essa exigência em uma análise gravimétrica tradicional, o precipitado final ou o sólido a ser pesado deve ter massa superior a 0,10 g para gerar um erro relativo inferior a 0,2 por cento. A análise gravimétrica é adotada em laboratórios modernos principalmente quando um alto nível de exatidão é absolutamente essencial e não há restrição de tempo. Por exemplo, o National Institute of Standards and Technology usa a análise gravimétrica como uma 'técnica padrão ouro', ou método de referência, para avaliar a exatidão de outras técnicas analíticas.[8,9]

11.2 Realização de uma análise gravimétrica tradicional

11.2.1 Estratégias e métodos gerais

As etapas envolvidas em uma análise gravimétrica tradicional, baseada na precipitação e na formação de um sólido mensurável, são as mesmas etapas gerais seguidas por T. W. Richards para medir as massas atômicas de muitos elementos. Uma vez adquirida a amostra, o primeiro passo é convertê-la em uma forma que possa ser usada em uma análise gravimétrica. Os métodos gravimétricos tradicionais requerem que o analito seja colocado em uma solução de uma forma tal que seja solúvel e possa ser precipitado. No caso de uma amostra de base metálica ou mineral, ela deve ser convertida em íons metálicos solúveis em solução aquosa. Para produzir esses íons metálicos, algumas amostras devem ser dissolvidas em uma solução bastante concentrada de um ácido (por exemplo, HCl, HNO_3, H_2SO_4, $HClO_4$ ou HF). Condições ainda mais extremas são necessárias para outras amostras, que exigem métodos de pré-tratamento, como digestão ácida (*wet ashing*), calcinação (*dry ashing*) e fusão.

O termo '*ashing*', quando usado em análises químicas, refere-se ao pré-tratamento por métodos secos ou úmidos que convertem os metais da amostra em íons metálicos em uma solução.[12] A **digestão ácida** (*wet ashing*) é um método quase sempre usado com amostras orgânicas, e envolve a adição de uma quantidade pesada de amostra a um ácido concentrado e seu aquecimento até o ponto de ebulição do ácido, geralmente em uma cápsula de porcelana.[13,14] Esse procedimento é realizado de modo a oxidar qualquer material orgânico para que ele se perca como CO_2 enquanto os componentes minerais da amostra são mantidos e se dissolvem no ácido como íons metálicos. Essa solução ácida é então diluída com água em um

Tabela 11.1

Tipos gerais de métodos gravimétricos.

Tipo de método	Exemplo
Medição da massa de um sólido que se forma com a precipitação de um analito de uma solução	Análise gravimétrica tradicional
Medição do ganho de massa devido à coleta de uma substância química de uma amostra	Análise de combustão
Medição da variação na massa de uma amostra de acordo com a variação de temperatura	Análise termogravimétrica

balão volumétrico e analisada quanto ao seu teor de íon metálico. Por exemplo, o teor de ferro de uma amostra de carne pode ser determinado por gravimetria se uma parte pesada da carne é fervida em uma mistura de ácido nítrico e ácido perclórico. A reação de digestão converte todo o material orgânico da amostra em gás de CO_2, H_2O e NO_2, mas deixa para trás uma solução ácida que contém íons ferro e íons de quaisquer outros metais que possam ter estado presentes na amostra. Essa solução pode então ser analisada para que se determine o ferro original ou o teor de metal da amostra.

A **calcinação** (*dry ashing*) é um método de preparação de amostras no qual uma parte pesada de uma amostra é aquecida a uma temperatura elevada em uma cápsula de porcelana descoberta. Esse procedimento queima todo o material orgânico e deixa na cápsula os óxidos metálicos não voláteis.[14] Esses óxidos metálicos costumam ser solúveis em uma solução diluída de ácido clorídrico. Por exemplo, se você fosse aplicar a calcinação em uma amostra contendo uma proteína como hemoglobina (que contém os elementos carbono, hidrogênio, nitrogênio, enxofre e ferro), a reação do oxigênio com essa proteína na presença de calor resultaria em CO_2, H_2O, NO_2, SO_2 e Fe_2O_3. Neste cenário, todos os produtos, exceto o óxido de ferro, são gases sob temperaturas elevadas, restando apenas o Fe_2O_3 sólido no cadinho para análise posterior.

Um método especial de preparação de amostras inclui o uso do ácido fluorídrico (HF) para remover materiais à base de sílica (SiO_2) de rochas e minerais.[13,14] Esse procedimento seria usado antes de uma análise gravimétrica como a que se aplica na medição do alumínio na caulinita (uma argila que serve para fazer tijolos e louças). A fórmula geral da caulinita é $Al_2(OH)_4Si_2O_5$, e ela sofre a seguinte reação quando dissolvida em HF:

$$Al_2(OH)_4Si_2O_5(s) + 14\,HF \rightarrow 9\,H_2O + 2\,SiF_4(g) + 2\,AlF_3 \quad (11.1)$$

O tetrafluoreto de silício (SiF_4) formado por essa reação se perde como um gás, o que resulta em uma solução de HF de alumínio que se dissolve na forma AlF_3, que pode ser facilmente medida por análise gravimétrica ou por outras técnicas.

Uma aplicação estreitamente relacionada a essa de HF está na análise de sílica em rochas e minérios, que se vale do fato de o produto SiF_4 ser volátil. Nesse caso, a amostra é aquecida em HF, e o SiF_4 resultante se perde como um gás. A perda medida de massa pode então ser relacionada com a quantidade de SiO_2 presente na amostra original.[13] É preciso tomar muito cuidado ao se utilizar HF nesse tipo de trabalho, porque o reagente pode ser bastante prejudicial à pele e a outros tecidos. Além disso, visto que todo material de vidro e de porcelana contém sílica, qualquer pré-tratamento da amostra com HF para dissolver materiais à base de sílica deve ser realizado em um recipiente de metal, como um cadinho de platina.

A **fusão** (um termo usado aqui para se referir a um método que envolve fundição) é outra forma de pré-tratamento e de dissolução de amostras de rochas ou metais para análise de íons metálicos.[13-16] Nesse procedimento, uma amostra pesada e em pó é misturada ao carbonato de sódio sólido (Na_2CO_3), que atua como um agente de fusão, ou *fundente*. A mistura é colocada em um cadinho de platina e aquecida a uma temperatura incandescente. Sob tais condições, o carbonato de sódio se decompõe para formar CO_2 e óxido de sódio (Na_2O).

$$Na_2CO_3(s) \rightarrow Na_2O(s) + CO_2(g) \quad (11.2)$$

O óxido de sódio fundido é extremamente básico e dissolverá rochas e materiais à base de sílica ao reagir com SiO_2 para formar o sal solúvel em água Na_2SiO_3.

$$Na_2O(fundido) + SiO_2(s) \rightarrow Na_2SiO_3(s) \quad (11.3)$$

Após o processo de fusão ter sido completado e tudo estiver resfriado, o material restante (que contém Na_2SiO_3) é dissolvido em uma solução diluída de ácido clorídrico e analisado quanto ao seu teor de íon metálico. Outros reagentes que também podem ser usados no pré-tratamento de amostras por fusão incluem pirossulfato de potássio ou de sódio, peróxido de sódio e hidróxido de potássio ou de sódio. Mais detalhes sobre esses e outros métodos de preparação de amostras podem ser encontrados nas referências 13 a 15.

11.2.2 Filtração de precipitados

Após um precipitado se formar a partir de uma solução, é necessário isolá-lo para que possamos medir sua massa. Essa etapa envolve a **filtração**, que é um processo no qual se usa um filtro para separar fisicamente um material sólido de um líquido.[16] A mistura original do precipitado sólido e seu líquido circundante é chamada de '*slurry*', e o líquido que está em contato com o precipitado é conhecido como *sobrenadante* ou 'líquido sobrenadante'. O **filtro** utilizado nesse método é uma estrutura porosa que forma uma barreira aos sólidos, mas que permite a passagem do líquido. O líquido que passa por esse filtro é chamado de *filtrado*.[16] Com frequência, a filtração representa uma etapa essencial de uma análise gravimétrica, porque uma alta recuperação do precipitado é requerida a fim de se obterem resultados exatos quando sua massa está relacionada com a quantidade de analito na amostra. Existem dois tipos de método de filtração mais utilizados em gravimetria: (1) o uso de papel de filtro com ignição, ou (2) o uso de um cadinho poroso para recuperar o precipitado.

Uso do papel de filtro e da ignição. O papel de filtro é uma ferramenta relativamente econômica e eficaz de isolar muitos tipos de precipitado. Após um precipitado ter sido coletado, o papel de filtro é queimado, restando para a pesagem somente o precipitado ou um resíduo sólido correlacionado. A Tabela 11.2 mostra vários tipos de papel de filtro disponíveis para a coleta de precipitados como parte de uma análise gravimétrica. Quanto mais reduzido for o tamanho de seus poros, mais o papel será capaz de isolar precipitados com partículas menores. Por outro lado, usar poros de menor tamanho também diminui a velocidade com que o líquido flui pelo filtro, o que prolonga o tempo de filtração.

> **EXERCÍCIO 11.1** Seleção do papel de filtro para uma análise gravimétrica
>
> A análise gravimétrica de íons chumbo com o sulfato como um agente precipitante fornece um precipitado de sulfato de chumbo, $Pb(SO_4)_2$, que tem um tamanho de partícula característico de 10 μm. Que tipo de papel de filtro encontrado na Tabela 11.2 funcionaria melhor nessa análise? Justifique as razões de sua escolha.
>
> **SOLUÇÃO**
>
> Tanto os papéis de filtro de média porosidade quanto os de baixa porosidade da Tabela 11.2 reterão partículas de 10 μm. Usar o papel de baixa porosidade garantirá que as partículas menores de sulfato de chumbo também sejam capturadas, mas esse tipo de papel exigirá um tempo de filtração maior do que o de média porosidade. O papel de alta porosidade não seria adequado para essa análise.

Todos os filtros listados na Tabela 11.2 contêm *papel de filtro quantitativo sem cinzas*, feito de celulose de alta pureza (um carboidrato complexo em fibras vegetais, que tem como fórmula geral $(C_6H_{10}O_5)_n$). Quando o papel sem cinzas é queimado, ele forma somente gás dióxido de carbono e vapor de água, deixando para trás apenas uma quantidade muito pequena de resíduos sólidos por causa de outros componentes residuais no papel. A quantidade dessas impurezas sólidas costuma ser inferior a 0,01 por cento da massa total do papel original, ou menor que 0,1 mg para um filtro de 11 cm de diâmetro.[15] Essa característica é importante porque significa que, quando queimado, o papel de filtro não deixa para trás uma quantidade significativa de material capaz de afetar a massa medida do precipitado remanescente ou do sólido correlacionado.

O papel de filtro para análise gravimétrica costuma ser fornecido na forma circular. Ele é dobrado de modo a formar um cone, como mostra a Figura 11.3, e depois colocado em um funil de vidro para filtragem. Antes de ser colocado no funil, o papel é rasgado em um pequeno canto na lateral que fica encostada à parede do funil. Essa etapa elimina um caminho pelo qual o ar poderia passar pelo funil e penetrar a sua haste. É melhor que a haste esteja cheia de líquido, o que facilita a passagem de mais líquido pelo funil. Além disso, uma pequena quantidade de água é usada para molhar o funil antes da colocação do papel de filtro, o que proporciona um contato efetivo entre o papel e a lateral do funil, evitando assim a presença de bolsas de ar e criando um bom fluxo de fluido. A ponta do funil que contém o papel de filtro é colocada em um balão ou em uma proveta em que o líquido pode ser coletado. A ponta do funil deve tocar a lateral do recipiente para evitar os respingos do líquido que desce pelo funil. O líquido viscoso que contém o precipitado e sua solução é, então, cuidadosamente vertido no funil com a ajuda de um bastão de vidro que está em contato leve com a parte interna do papel. Esse procedimento proporciona um meio pelo qual o precipitado e o líquido podem lentamente alcançar o papel sem respingos ou entupimentos.

Como não é possível remover fisicamente todo o precipitado coletado em um papel de filtro para pesagem, o papel é queimado. Esse processo é chamado de **ignição**.[13,15,16] Para realizar a ignição, o papel de filtro úmido contendo o precipitado coletado é solto com cuidado em um cadinho de porcelana limpa. O cadinho deve ter sido previamente aquecido por ignição (para remover eventuais impurezas voláteis) e pesado. A ignição do precipitado e do papel de filtro é iniciada por aquecimento em um nível baixo com um *queimador de Meker*, um dispositivo que fornece uma chama uniforme sobre uma área relativamente ampla. Aquecendo-se prévia e suavemente o precipitado e a amostra, é possível deixar a água se dissipar desses materiais sob a forma de vapor, sem que nenhum fragmento do precipitado seja carregado com o vapor. Uma tampa é colocada sobre o cadinho, e o aquecimento

Tabela 11.2

Propriedades gerais do papel de filtro para análise gravimétrica.*

Tipo de papel de filtro	Tamanho das partículas retidas	Velocidade de filtração[a]
Alta porosidade	> 20 – 25 μm	Rápida (~12 s/100 mL de água)
Média porosidade	> 8 μm	Média (~55 s/100 mL de água)
Baixa porosidade	> 2,7 μm	Lenta (~250 s/100 mL de água)

*Estas propriedades pertencem ao papel de filtro Whatman, séries 540, 541 e 542. Esses papéis produzem uma quantidade máxima de cinzas de apenas 0,008 por cento (m/m) do peso original do papel.

[a] As velocidades de filtração correspondem a um método ASTM que mede o tempo necessário para 100 mL de água pré-filtrada passar por um papel de filtro com 15 cm de diâmetro, dobrado em quadrantes (como mostra a Figura 11.3).

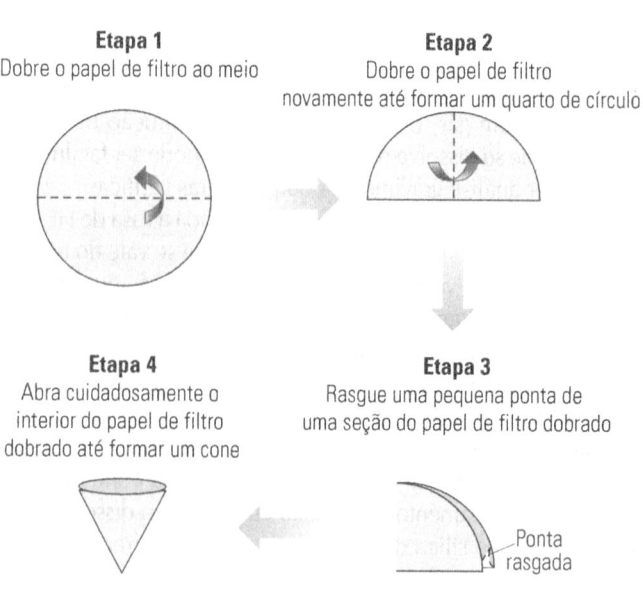

Figura 11.3

Procedimento de preparação do papel de filtro para a coleta de um precipitado em análise gravimétrica.

prossegue. Esse aquecimento contínuo causará a decomposição do papel em CO_2 e H_2O gasosos, deixando para trás o precipitado (ou o sólido correlacionado) e somente uma pequena quantidade de resíduo sólido do papel.

Quando o papel está totalmente queimado (ou 'chamuscado'), retira-se a tampa do cadinho, que é inclinado para permitir o pleno contato de seu conteúdo com o ar. Desse modo, o queimador se acende com força total, e o aquecimento do cadinho e de seu conteúdo prossegue até que o resíduo negro do papel desapareça e o precipitado se incendeie por completo. Durante esse processo, é recomendável girar o cadinho, de vez em quando, para permitir que todo o papel se queime. Quando a ignição estiver concluída, o queimador é desligado e o cadinho posto para resfriar até atingir a temperatura ambiente. O cadinho é colocado em um recipiente fechado com um agente secante e posto novamente para resfriar à temperatura ambiente. A massa do cadinho e de seu conteúdo são então determinadas. Durante esse processo, é uma boa ideia que o aquecimento, o arrefecimento e a pesagem do cadinho sejam repetidos para assegurar que seu conteúdo realmente alcance uma massa constante.

Uso de um cadinho poroso. Um cadinho poroso também pode ser usado para filtrar precipitados. Esses cadinhos estão disponíveis em vários tamanhos de poros para isolar os vários tipos de precipitado. Quanto mais fina a porosidade desse dispositivo, mais precipitados ele vai capturar, porém, mais lenta será a filtração. Para resultados exatos em uma análise gravimétrica, o cadinho deve ser limpo antes de usado para a filtragem; é especialmente importante fazer passar por ele o solvente que será utilizado na etapa de filtração. A limpeza e a lavagem ajudam a remover contaminações remanescentes de usos anteriores. O cadinho é então seco em uma mufla, geralmente colocado em uma proveta mais larga e descoberta que serve para protegê-lo de um derramamento ou do contato com substâncias no fundo da mufla, o que pode ocorrer se ele não tiver sido devidamente limpo e/ou se várias pessoas o estiverem usando simultaneamente. Após a secagem, determina-se a massa do cadinho vazio.

A filtração efetiva de um precipitado com um cadinho de vidro sinterizado começa com o posicionamento do cadinho em um balão de filtragem, que é acoplado a um dispositivo conhecido como *aspirador* (Figura 11.4). O aspirador é conectado a uma torneira e utiliza seu fluxo de água para criar uma diferença de pressão que vai extrair o líquido da suspensão através do funil, fazendo com que o precipitado se acumule no cadinho. Qualquer precipitado restante no recipiente de líquido original também é levado para o cadinho. Esse processo continua até que o máximo possível de líquido tenha sido extraído através do cadinho, após todo o líquido e as soluções de lavagem terem sido aplicados. O cadinho é desligado do aspirador, colocado de volta em uma proveta maior e levado à mufla para secar. Após a secagem, ele é retirado da mufla e colocado em um recipiente de armazenamento seco para que esfrie. Então, determina-se a massa do cadinho e de seu conteúdo, sendo que a secagem e a pesagem podem ser repetidas, se necessário, para garantir a obtenção de uma massa constante.

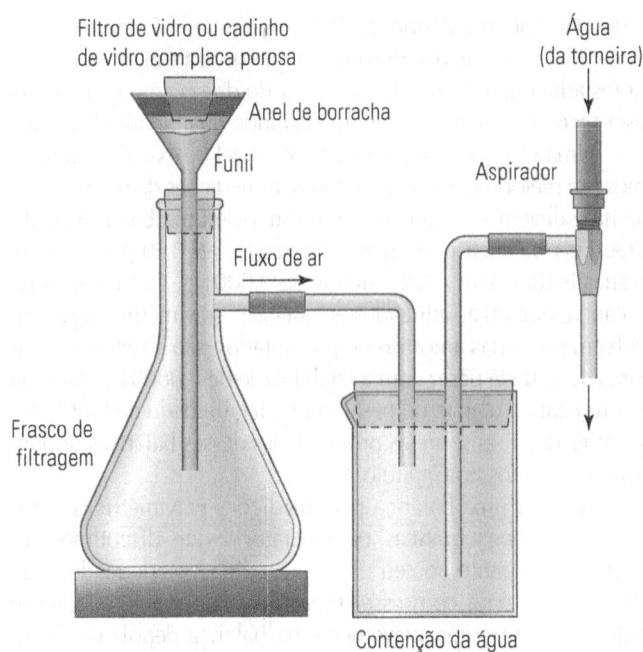

Figura 11.4

Uso de um balão de filtragem com um cadinho de vidro com placa porosa para filtrar um precipitado. Esse aparelho pode ser usado juntamente com qualquer cadinho.

11.2.3 Secagem e pesagem de precipitados

Você já deve ter notado que tanto o papel de filtro quanto o cadinho sinterizado exigem o uso de métodos de secagem do precipitado e de seu recipiente, bem como um meio de medir a massa de ambos. A secagem de precipitados em cadinhos sinterizados costuma ser feita em uma mufla a uma temperatura de aproximadamente 110 °C. As amostras são deixadas na mufla por um período de tempo adequado e deixadas para esfriar em um recipiente seco de armazenamento.

O **dessecador** é um recipiente usado para secar ou armazenar amostras em um local seco.[16] Os tipos mais encontrados na maioria dos laboratórios de análises são em geral aqueles na forma de um gabinete ou de um recipiente de vidro ou plástico com uma ampla abertura na parte superior que pode ser fechada com uma tampa hermética. No fundo de um dessecador geralmente há uma placa de cerâmica ou de plástico contendo vários furos, e que é montada uma ou duas polegadas acima de um agente de secagem usado para remover toda a água do ar no dessecador. Esse agente de secagem, denominado **dessecante**, é um material que possui grande afinidade com a água e o vapor.[16,17] O sulfato de cálcio, o perclorato de magnésio, o cloreto de cálcio e o pentóxido de fósforo podem absorver uma grande quantidade de água e são frequentemente usados como dessecantes.[13] A presença desses materiais ajuda a garantir que o ar no interior de um dessecador esteja sempre seco para que as amostras colocadas no recipiente não absorvam água do ar circundante. (*Observação:* uma substância que absorve ou atrai a umidade do ar é denominada *higroscópica*.)[17] Existem muitos tipos de dessecante disponíveis, e alguns têm até agentes indicadores adicionados que alteram a cor do dessecante quando ele está seco ou quando contém uma grande quantidade de água.

Uma vez que desejamos um alto nível de exatidão ao usarmos um método gravimétrico, todas as medições de massa nessa técnica devem ser realizadas utilizando-se uma balança analítica. Essa balança pode medir massas de até 100 g ou 160 g, e suas leituras têm a legibilidade de 0,0001 g. Outros tipos de balança, por vezes utilizados em análises gravimétricas que envolvem pequenas amostras ou precipitados, são a semimicrobalança (capaz de pesar com a legibilidade de 0,00001 g) ou uma microbalança (capaz de pesar com a legibilidade de 0,000001 g). Mais detalhes sobre as propriedades dessas balanças podem ser encontrados no Capítulo 3.

Ao usar uma balança para medições gravimétricas, lembre-se das boas práticas de laboratório que discutimos no Capítulo 3 quanto ao seu uso e aos cuidados adequados que devemos ter para com esse dispositivo. Por exemplo, sempre coloque as amostras suavemente na balança depois de terem atingido a temperatura ambiente. Nunca coloque substâncias diretamente no prato da balança, sempre use um frasco ou recipiente apropriado para a pesagem. Verifique a leitura da balança pelo menos duas vezes e registre-a antes de remover o objeto sendo pesado. Reajuste a balança para massa igual a zero quando tiver terminado e, antes de deixar a área de trabalho, limpe qualquer derramamento que possa ter ocorrido. Embora as correções de flutuabilidade sejam uma opção em métodos gravimétricos de alta precisão (veja o Capítulo 3), elas não são necessárias na maioria das análises devido às densidades relativamente altas de muitos dos precipitados.

11.2.4 Métodos para a obtenção de precipitados de alta qualidade

No Capítulo 7, discutimos os vários processos que levam à formação de um precipitado. Entretanto, em uma análise gravimétrica, não queremos apenas formar um precipitado, mas usá-lo como um meio de recuperar um analito de uma amostra de modo quantitativo. Queremos também ter um precipitado que seja fácil de ser filtrado e apresente pouca contaminação por outras substâncias na amostra original. T. W. Richards percebeu a importância dessas questões em seu próprio trabalho e dedicou muito de seu tempo ao desenvolvimento de novos métodos de obtenção de sólidos mais puros que fossem mais simples de serem medidos por análise gravimétrica. Discutiremos agora vários procedimentos adotados em laboratórios modernos para alcançar esses mesmos objetivos.

Precipitação da solução homogênea. Em praticamente todas as precipitações destinadas à análise gravimétrica, tentamos adicionar o agente de precipitação lentamente e agitando-o para evitar as altas concentrações locais do agente precipitante onde a gota dele atinge a solução da amostra. Uma adição lenta leva a precipitados mais puros, que podem ser mais facilmente filtrados, melhorando desse modo a análise. Contudo, é impossível evitar a alta concentração local onde a gota do agente de precipitação atinge a solução. Para evitar esse problema, foi desenvolvida a técnica de **precipitação da solução homogênea**. Nela, o agente de precipitação se forma lentamente em uma solução após ela ser agitada e se tornar homogênea.[18-21] Exemplos de reações que podem ser usadas na precipitação a partir de uma solução homogênea constam na Tabela 11.3.

Um bom exemplo desse método é a geração homogênea de íons hidróxido para uso na precipitação de íons Fe^{3+} como hidróxido de ferro.

$$Fe^{3+} + 3\,OH^- \rightleftarrows Fe(OH)_3(s) \qquad (11.4)$$

Nesse caso, podemos gerar íons hidróxido diretamente na solução em vez de adicioná-los como uma solução separada a uma solução contendo íons Fe^{3+}. Essa tarefa é realizada usando-se ureia (H_2NCONH_2), que lentamente reage com a água em uma solução aquosa para formar dióxido de carbono e amônia.

$$H_2NCONH_2 + H_2O \rightarrow CO_2 + 2\,NH_3 \qquad (11.5)$$

O dióxido de carbono que se forma tende a borbulhar da solução porque é muito menos solúvel em água do que a amônia. No entanto, a amônia tende a permanecer presente em uma forma dissolvida que pode então passar por uma reação ácido-base muito rápida com a água para formar íons hidróxido e íons amônio.

$$NH_3 + H_2O \rightleftarrows NH_4^+ + OH^- \qquad (11.6)$$

A amônia e os íons hidróxido subsequentes são formados lentamente na solução em virtude desse processo, de tal modo que nunca há uma região de alta concentração local dos reagentes. Essa situação proporciona uma precipitação lenta e uniforme de hidróxido de ferro(III), que resulta em grandes partículas precipitadas de hidróxido férrico, fáceis de serem filtradas. Esse método pode ser aplicado a qualquer processo de precipitação que requeira íons hidróxido ou um pH básico.[15]

Também é possível usar a precipitação de uma solução homogênea em reações de precipitação que exijam um pH ácido. Nesse caso, podemos fazer uso da reação lenta da água com o composto neutro 2-hidroxietil acetato ($HOCH_2CH_2OCOCH_3$) para formar o ácido acético (CH_3COOH), como indicado na Equação 11.7.

$$HOCH_2CH_2OCOCH_3 + H_2O \rightarrow HOCH_2CH_2OH + CH_3COOH \qquad (11.7)$$

$$CH_3COOH + H_2O \rightleftarrows CH_3COO^- + H_3O^+ \qquad (11.8)$$

Enquanto formamos o ácido acético, esse reagente pode passar por uma reação ácido-base com a água para produzir íons hidrônio (Equação 11.8), o que reduz o pH da solução.

Tabela 11.3

Exemplos de reações usadas na precipitação homogênea.*

Agente precipitante	Reagente e reações para produzir agente precipitante
Hidróxido (OH$^-$)	H_2NCONH_2 + 2 H_2O → 2 NH_3 + CO_2
ou mudança no pH	*Ureia*
	NH_3 + H_2O ⇌ NH_4^+ + **OH$^-$**
Fosfato (PO$_4^{3-}$)	**(CH$_3$CH$_2$O)$_3$ P=O** + 3 H_2O → CH_3CH_2OH + **PO$_4^{3-}$**
	Trietil fosfato
Oxalato (HO$_2$CCO$_2^-$)	**(CH$_3$)$_2$C$_2$O$_4$** + 2 H_2O → 2 CH_3OH + HO_2CCO_2H
	Dimetil oxalato
	HO_2CCO_2H ⇌ H^+ + **HO$_2$CCO$_2^-$**
Sulfato (SO$_4^{2-}$)	**HSO$_3$NH$_2$** + H_2O → H^+ + **SO$_4^{2-}$** + NH_4^+
	Ácido sulfâmico
Sulfeto (S^{2-})	**CH$_3$CSNH$_2$** + H_2O → CH_3CONH_2 + H_2S
	Tioacetamida
	H_2S + H_2O ⇌ HS^- + H_3O^+
	HS^- + H_2O ⇌ **S^{2-}** + H_3O^+

*Estas informações foram obtidas em M. L. Salutsky e W. R. Grace, 'Precipitates: Their Formation, Properties, and Purity.' In: *Treatise on Analytical Chemistry, Part 1, Theory and Practice*, Vol. 1, I. M. Kolthoff e P. J. Elving (eds.), Interscience, Nova York, 1959, Capítulo 18; e em R. B. Fischer e D. G. Peters, *A Brief Introduction to Quantitative Chemical Analysis*, W. B. Saunders, Filadélfia, PA, 1969.

Como exemplo, veremos como usar este último método em uma análise gravimétrica, com base na reação de Ag^+ com Cl^- para produzir cloreto de prata insolúvel. Vimos no Capítulo 9 que a Ag^+ pode formar complexos solúveis com a amônia, o que impediria os íons prata de reagir com o Cl^-. Essa reação exigiria a presença de um pH alto o bastante para que a amônia estivesse presente em sua forma básica (NH_3) para a complexação com Ag^+. Se fôssemos lentamente baixar o pH (usando as reações que acabamos de mostrar), uma quantidade cada vez maior dessa amônia passaria por uma reação ácido-base com água para formar o amônio (NH_4^+). Essa reação vai diminuir a concentração e disponibilizar mais íons prata para a precipitação com o cloreto.

EXERCÍCIO 11.2 Cálculo da extensão da precipitação em uma análise gravimétrica

Suponha que 500 mL de amostra contendo 0,0035 mols de Fe^{3+} foram analisados por análise gravimétrica. Se o produto de solubilidade de $Fe(OH)_3$ é $1,1 \times 10^{-36}$, qual fração de Fe^{3+} seria precipitada se o pH fosse ajustado para 1,0, 2,0, 3,0 e 4,0 por meio de precipitação homogênea?

SOLUÇÃO

A partir das informações dadas, podemos determinar que a concentração original de Fe^{3+} foi de (0,0035 mol)/(0,500L) = $7,0 \times 10^{-3}$ M de Fe^{3+}. Podemos também usar o produto de solubilidade de $Fe(OH)_3$ para relacionar essa concentração de Fe^{3+} com a dos íons hidróxido na mesma solução, onde unidades aparentes de M^4 são fornecidas para K_{ps} para efeito de análise dimensional (ver capítulos 6 e 7).

$$K_{ps} \text{ para Fe(OH)}_3 = [Fe^{3+}][OH^-]^3 = 2,79 \times 10^{-39} \, M^4$$

$$\text{ou } [Fe^{3+}] = (2,79 \times 10^{-39} \, M^4)/[OH^-]^3$$

Podemos então usar essa relação para verificar se Fe^{3+} vai se precipitar como $Fe(OH)_3$ em cada pH de interesse nesse problema. Essa abordagem dá os seguintes resultados em pH 1,0 ou 2,0.

Em pH 1,0:

$$[Fe^{3+}] = (2,79 \times 10^{-39} \, M^4)/(1 \times 10^{-13} \, M)^3 = 2,79 \, M$$

Esse resultado indica que nenhuma precipitação ocorrerá em pH de 1,0, porque o $[Fe^{3+}]$ permitido > $[Fe^{3+}]$ real.

Em pH 2,0:

$$[Fe^{3+}] = (2,79 \times 10^{-39} \, M^4)/(1 \times 10^{-12} \, M)^3 = 2,79 \times 10^{-3} \, M$$

Em pH 2,0 ocorre precipitação e $[Fe^{3+}] = 2,79 \times 10^{-3} \, M$.

Fração de precipitação =

$$(7,0 \times 10^{-3} \, M - 2,79 \times 10^{-3} \, M)/(7,0 \times 10^{-3} \, M)$$
$$= 0,60 \text{ ou } \mathbf{60 \text{ por cento}}$$

> O mesmo tipo de cálculo que o mostrado para um pH 2,0 indica que a precipitação ocorrerá em pH 3,0 até que [Fe^{3+}] = 1,1 × 10^{-6} M, dando uma fração de precipitação igual a (7,0 × 10^{-3} M − 2,79 × 10^{-6} M)/(7,0 × 10^{-3} M) = 0,9996 ou 99,96 por cento. Em um pH 4,0, esse método indica que a precipitação ocorrerá até que [Fe^{3+}] = 2,79 × 10^{-9} M, produzindo uma precipitação de 99,9999 por cento. Assim, apesar de todos esses valores de pH estarem na faixa ácida (pH < 7,0), ainda temos presente hidróxido suficiente, mesmo em um pH 4,0, para produzir uma precipitação quantitativa de Fe^{3+} como Fe(OH)$_3$.

Lavagem de precipitados. Outro problema que podemos encontrar em análise gravimétrica é a *peptização*. No Capítulo 7, aprendemos que a peptização se refere à conversão de um precipitado sólido em uma suspensão coloide. Essa conversão cria um problema em uma análise gravimétrica porque o pequeno tamanho das partículas coloides torna difícil ou impossível a remoção de uma solução por filtragem.

No Capítulo 7, também vimos que a peptização ocorre como resultado da adsorção de íons à superfície de pequenas partículas de um precipitado. Por exemplo, se fôssemos precipitar cloreto de prata adicionando um excedente de cloreto de sódio a uma solução com íons prata, um grande número de íons cloreto em excesso seria adsorvido à superfície das partículas AgCl, concedendo uma carga negativa a cada partícula. Essa partícula negativamente carregada vai, então, atrair cátions da solução circundante, como Na$^+$, que serão fracamente atraídos para a superfície da partícula. Visto que esses íons adsorvidos fornecerão uma massa maior do que a esperada a nosso precipitado, precisaremos removê-los antes da medição. Se simplesmente usarmos água para lavar um precipitado de cloreto de prata que contém íons cloreto e sódio adsorvidos, os íons sódio fracamente ligados serão removidos, mas os íons cloreto mais fortemente ligados permanecerão. Esse tipo de lavagem fará o AgCl formar muitas pequenas partículas com cargas negativas que se repelem entre si, criando uma suspensão coloidal de partículas finas extremamente difícil de ser filtrada.

Para evitar esse problema, é preciso lavar o precipitado com uma solução capaz de substituir seus íons adsorvidos (Cl$^-$ e Na$^+$ em nosso exemplo específico) por outros íons que depois possam ser removidos por outros meios. Muitas vezes, essa lavagem ocorre por meio de uma solução que contém um composto iônico capaz de substituir tais íons, mas que tem íons que podem ser removidos por um processo como o aquecimento. Por exemplo, a solução de lavagem para o cloreto de prata costuma ser uma solução muito diluída de ácido nítrico (em geral 0,5 mL de HNO$_3$ por 200 mL de água destilada). Essa solução de lavagem evita que as partículas de AgCl se tornem carregadas e, mais tarde, o ácido nítrico e a água podem ser facilmente removidos por evaporação enquanto o precipitado é secado.

Reprecipitação de Ostwald. Outra técnica para a obtenção de precipitados com partículas grandes e puras é a **reprecipitação de Ostwald.**[16] Essa técnica envolve o aquecimento de um precipitado em sua solução original a uma temperatura próxima à do ponto de ebulição da solução. O aquecimento se dá por cerca de uma hora e altera o produto de solubilidade (K_{ps}) do precipitado, de modo que mais possa ser dissolvido na solução. Como a solubilidade é um equilíbrio dinâmico, um sólido se forma na mesma velocidade com que a dissolução ocorre. O resultado é uma situação na qual pequenas partículas do precipitado (que têm a maior área de superfície por massa) tendem a se dissolver e a liberar íons. Ao mesmo tempo, partículas maiores tendem a se apropriar de alguns desses íons liberados e crescer em tamanho, fazendo com que as partículas sejam mais fáceis de serem filtradas e removidas da solução. Após esse processo ter sido aprovado e cristais maiores terem sido obtidos, a solução é gradualmente resfriada e filtrada para a coleta do precipitado.

A reprecipitação de Ostwald ajuda a aumentar a pureza do precipitado final. Parte desse aumento ocorre por causa da lenta dissolução e da nova formação de partículas do precipitado, o que possibilita que algumas impurezas presas sejam liberadas das partículas originais. As partículas maiores obtidas também têm uma área de superfície menor do que a coleção original de pequenas partículas. Como vimos na última seção, a superfície externa dessas partículas pode se ligar com íons adicionais que depois devem ser removidos. Se a superfície for reduzida ao se trabalhar com partículas maiores, haverá menos íons adsorvidos a remover ou a causar problemas em nossa análise.

11.3 Exemplos de métodos gravimétricos

O uso da precipitação na análise gravimétrica vem sendo, há muito tempo, uma abordagem comum e relativamente simples para medir substâncias orgânicas e inorgânicas. Há literalmente centenas de métodos gravimétricos descritos em análise química, e alguns dos mais comuns constam na Tabela 11.4 (ver as referências 13 a 15 para outros exemplos). Nesta seção, analisaremos vários métodos gravimétricos específicos e veremos como o conhecimento das reações químicas pode ser usado para ajudar a planejar, otimizar e realizar adequadamente tais ensaios.

11.3.1 Precipitação de prata com cloreto

O primeiro método que examinaremos é a análise gravimétrica da prata pela reação de íons prata em água com um excedente de íons cloreto para formar um precipitado de cloreto de prata, como mostrado a seguir.

$$Ag^+ + Cl^- \text{ (excedente)} \rightleftarrows AgCl(s) \qquad (11.9)$$

Nesse método, é preciso que nos certifiquemos, antes de tudo, de que estamos aplicando condições que permitirão que essencialmente todos os íons prata se precipitem como AgCl.

Tabela 11.4

Exemplos de métodos comuns de análise gravimétrica tradicional.*

Analito	Agente precipitante	Precipitado e produto final pesado[a]
Analitos na forma de cátions		
Alumínio (Al^{3+})	8-hidroxiquinolina (HC_9H_6ON)	$Al(C_9H_6ON)_3$
Bário (Ba^{2+})	Sulfato (SO_4^{2-})	$BaSO_4$
Cálcio (Ca^{2+})	Ácido oxálico ($H_2C_2O_4$)	$CaC_2O_4 \cdot H_2O \rightarrow CaCO_3$ ou CaO
Cobalto ($Co^{2+} \rightarrow Co^{3+}$)[b]	1-nitroso-2-naftol ($HC_{10}H_6O_2N$)	$Co(C_{10}H_6O_2N)_3 \rightarrow CoSO_4$
Cobre ($Cu^{2+} \rightarrow Cu^+$)[c]	Tiocianato (SCN^-)	$CuSCN$
Ferro (Fe^{3+})	Hidróxido (OH^-)	$Fe(OH)_3 \rightarrow Fe_2O_3$
Chumbo (Pb^{2+})	Sulfato (SO_4^{2-})	$PbSO_4$
Níquel (Ni^{2+})	Dimetilglioxima ($HC_4H_7O_2N_2$)	$Ni(C_4H_7O_2N_2)_2$
Prata (Ag^+)	Cloreto (Cl^-)	$AgCl$
Estanho (Sn^{4+})	Cupferron ($NH_4C_6H_5O_2N_2$)	$Sn(C_6H_5O_2N_2)_4 \rightarrow SnO_2$
Analitos na forma de ânions		
Brometo (Br^-)	Prata (Ag^+)	$AgBr$
Cloreto (Cl^-)	Prata (Ag^+)	$AgCl$
Iodeto (I^-)	Prata (Ag^+)	AgI
Fosfato (PO_4^{3-})	Magnésio (Mg^{2+}) em $NH_3(aq)$	$Mg(NH_4)PO_4 \cdot 6H_2O \rightarrow Mg_2(P_2O_7)$
Sulfato (SO_4^{2-})	Bário (Ba^{2+})	$BaSO_4$
Tiocianato (SCN^-)	Cobre (Cu^+)	$CuSCN$

*Mais detalhes sobre estes métodos podem ser encontrados em fontes como as referências 13 a 15.
[a] Nos métodos em que a forma precipitada e a forma final pesada diferem, a forma final pesada é geralmente obtida pela ignição da forma precipitada. A única exceção nessa lista é a conversão de $Co(C_{10}H_6O_2N)_3$ para $CoSO_4$ por meio da redução de Co^{3+} em Co^{2+} e da reação com H_2SO_4.
[b] A precipitação de íons cobalto por 1-nitroso-2-naftolato funciona melhor quando Co^{2+} é previamente oxidado a Co^{3+}; o precipitado mostrado é para o produto formado com Co^{3+}.
[c] A precipitação de íons cobre por tiocianato se forma após os íons Cu^{2+} em uma amostra terem sido reduzidos a Cu^+, o qual então forma um precipitado com SCN^-.

Também precisamos que o precipitado seja o mais puro possível, pois assumiremos em nossa análise que ele contém apenas AgCl. Se uma dessas condições não for atendida, erros sistemáticos surgirão na análise. Se parte do Ag^+ permanecer em solução, o valor final estimado para o teor de prata da amostra será muito baixo. Se o precipitado contiver impurezas além de AgCl, o teor de prata estimado da amostra será muito alto. Portanto, devemos selecionar condições de reação que nos permitam evitar ou minimizar ambos os problemas.

É impossível, porém, precipitar todos os íons prata, pois alguns devem permanecer como Ag^+ em solução para manter um equilíbrio na solução e satisfazer o produto de solubilidade. Ainda temos, contudo, que precipitar uma fração alta do analito a ponto de a parte não precipitada ser demasiado pequena para ser percebida na etapa de pesagem. Uma balança analítica, indicada para esse método, pode medir a massa com aproximação de 0,0001 g. Isso significa que os íons prata não precipitados devem ter massa inferior a 0,00005 g, e que quaisquer impurezas no precipitado AgCl também devem ter massa inferior a 0,00005 g. Podemos determinar que, se formos capazes de pesar com a aproximação de 0,0001 g e desejarmos uma resposta exata com a aproximação de partes por mil, o precipitado pesado deverá ter a massa maior do que (0,0001 g)(1000) = 0,10 g.

Muitas das etapas nessa análise exigirão as operações gerais que discutimos na Seção 11.2, entre elas a preparação e a secagem da amostra, a filtragem do precipitado e a pesagem do produto final. Há, porém, algumas características especiais a se destacar. Por exemplo, o ácido nítrico concentrado é adicionado à amostra dissolvida para impedir a precipitação de óxido de prata que ocorreria em um pH de aproximadamente 7,3, como mostramos a seguir.

$$2Ag^+ + 2OH^- \rightarrow Ag_2O(s) + H_2O \quad (11.10)$$

A água de lavagem também é tornada ligeiramente ácida com ácido nítrico para evitar a peptização do precipitado.

Recomenda-se realizar a precipitação de AgCl sob luz fraca, porque o cloreto de prata reage com a luz para formar metal de prata e uma molécula de cloro, como mostra a Equação 11.11.

$$2\,AgCl(s) \xrightarrow{luz} 2\,Ag(s) + Cl_2(g) \qquad (11.11)$$

Essa é a mesma reação que forma uma imagem fotográfica quando se usa filme preto e branco. Entretanto, esse processo levará a erros ao tentarmos determinar a quantidade de prata na amostra com base na massa do produto (agora, uma mistura de Ag com AgCl).

Outra forma de introduzirmos erros nessa análise é usar um excedente muito grande de Cl^- durante a precipitação. A precipitação que usa uma concentração excedente de cloreto inicial de 1×10^{-3} M permite a precipitação quantitativa de íons prata de soluções que contêm Ag^+ de até 1×10^{-7} M. Se usarmos as concentrações ainda mais elevadas de cloreto, haverá o risco de a prata reagir com Cl^- para formar complexos como $AgCl_2^-$ e $AgCl_3^{2-}$, que passaram a ser solúveis em água e não se precipitam a partir da solução.

EXERCÍCIO 11.3 Análise do minério de prata por análise gravimétrica

Ao usar o método mostrado na Tabela 11.4, qual porcentagem de prata deveria estar presente em um minério se uma amostra de 10,4784 g desse minério formasse 0,1763 g de AgCl?

SOLUÇÃO

A massa de prata no precipitado final é obtida pela massa desse precipitado e sua fórmula conhecida.

$$\text{Massa de Ag} = (0{,}1763 \text{ g AgCl}) \cdot \frac{1\,\text{mol AgCl}}{143{,}321\,\text{g AgCl}} \cdot \frac{1\,\text{mol Ag}}{1\,\text{mol AgCl}} \cdot \frac{107{,}868\,\text{g Ag}}{1\,\text{mol Ag}}$$

$$= 0{,}1327 \text{ g Ag}$$

Por esse resultado, podemos determinar que a porcentagem de prata na amostra de minério original era $100 \cdot (0{,}1327$ g de Ag$)/(10{,}4784$ g de minério$) =$ **1,266 por cento Ag**.

Para facilitar os cálculos em uma análise gravimétrica, às vezes se usa um **fator gravimétrico**. Trata-se de um fator de conversão que pode ser utilizado na multiplicação da massa medida do precipitado para que se obtenha a massa do analito desejado.[13,22] No último exercício, o fator gravimétrico para determinar a quantidade de prata no precipitado de AgCl era (1 mol AgCl/143,321 g AgCl)(1 mol Ag/mol AgCl) (107,868 g Ag/mol Ag) = 0,7526 g Ag/g AgCl. Se tivéssemos apenas aplicado esse fator de conversão em vez do longo termo mostrado em nossa análise dimensional, teríamos chegado à mesma resposta, porque (0,1763 g AgCl)(0,7526 g Ag/g AgCl) = 0,1327 g Ag. O valor do fator gravimétrico vai depender do analito a ser examinado e da fórmula do precipitado que contém o analito. Por exemplo, o fator gravimétrico do cloreto quando se usa um precipitado de AgCl seria o seguinte.

$$\frac{35{,}453\,\text{g Cl}}{\text{mol Cl}} \cdot \frac{1\,\text{mol Cl}}{1\,\text{mol AgCl}} \cdot \frac{1\,\text{mol AgCl}}{143{,}321\,\text{g AgCl}} =$$
$$0{,}2474 \text{ g Cl / g AgCl}$$

É relativamente fácil calcular o valor de um fator gravimétrico quando se conhecem as reações presentes em uma análise gravimétrica. Muitos desses valores também podem ser obtidos em referências como o *CRC Handbook of Chemistry and Physics Handbook* ou o *Lange's Handbook of Chemistry* para uma ampla gama de métodos gravimétricos.[22,23] Quando se aplica um fator gravimétrico, é importante incluir nele, se possível, um número maior de algarismos significativos que estarão presentes em qualquer uma das massas experimentais empregadas no cálculo do resultado da análise. Essa regra ajuda a evitar a introdução de erros de arredondamento no resultado final (como discutido no Capítulo 2).

11.3.2 Precipitação de ferro com hidróxido

O segundo tipo de análise gravimétrica que examinaremos é um método para a análise de ferro. Essa análise baseia-se no fato de que o ferro como Fe^{3+} forma um precipitado insolúvel com o hidróxido, que é frequentemente chamado de hidróxido de ferro(III), ou $Fe(OH)_3$, e se forma em um pH maior do que cerca de 5. O produto de solubilidade desse precipitado é $1{,}6 \times 10^{-39}$, mas sua composição é na verdade uma mistura de $Fe(OH)_3$ com $FeO(OH)$, que pode ser representada pela fórmula $Fe_2O_3 \cdot xH_2O$.

Infelizmente, há muitos problemas associados a essa análise. O precipitado resultante é gelatinoso, difícil de ser filtrado e coprecipita muitas substâncias que podem estar presentes na solução a partir da qual o ferro se precipita. Além disso, o precipitado se torna coloidal quando a força iônica da solução sobrenadante é baixa. Além do mais, muitas amostras contêm íons como Al^{3+} e Cr^{3+}, o que pode formar precipitados de hidróxido insolúveis. Outro fator complicador é o fato de que o ferro costuma estar em solução, pelo menos parcialmente, como Fe^{2+}, que não se precipita com o hidróxido até um pH bem mais elevado do que o necessário para Fe^{3+}.

Em um método gravimétrico, várias etapas podem ser seguidas para superar esses problemas. As amostras podem ser aquecidas com um agente oxidante suave, como água de bromo ou ácido nítrico, para converter Fe^{2+} em Fe^{3+}. Além disso, o pH é elevado para promover a precipitação pela adição de amônia, em vez de NaOH, porque a amônia forma um íon complexo com alguns íons metálicos (como Zn^{2+} e Cu^{2+}), que ajuda a impedir sua coprecipitação como hidróxidos. Além do mais, a amônia é altamente volátil e pode ser facilmente retirada da amostra final de modo a não ser adicionada à massa do precipitado de óxido de ferro(III) final. A amônia é adicionada lentamente e com agitação durante o processo de precipitação para evitar altas concentrações locais de íons hidróxido que podem levar à formação de um precipitado de má qualidade.

Após a etapa de precipitação na análise, a amostra é filtrada em papel, e o líquido, descartado. O precipitado é então redissolvido adicionando-se HCl para baixar o pH. Os íons Fe^{3+} dissolvidos são então levados a se precipitar novamente, adicionando-se amônia pura. A segunda etapa de precipitação ajuda a baixar ainda mais a quantidade de íons metálicos, além de Fe^{3+}, que se precipita. O precipitado final é filtrado em papel, com o máximo de líquido e o mínimo de precipitado possível inicialmente sendo transferido para o papel de filtro. Esse precipitado é lavado várias vezes com uma solução de 1 por cento de nitrato de amônio. Por fim, o precipitado restante é lavado no papel de filtro com mais da solução de lavagem de nitrato de amônio.

O precipitado de hidróxido de ferro(III) gelatinoso presente nesse ponto é a seguir submetido à ignição para convertê-lo na forma mais bem definida de óxido de ferro(III), Fe_2O_3. Para realizar a ignição, papel de filtro contendo hidróxido de ferro(III) úmido é colocado em um cadinho de porcelana. O conteúdo é, então, suavemente aquecido para volatilizar qualquer nitrato de amônio que tenha restado e secar e queimar o papel. O precipitado é depois incinerado a plena potência usando-se o queimador de Meker para que se desidrate completamente e forme Fe_2O_3. Às vezes, parte do ferro(III) é reduzida a ferro(II) pelo monóxido de carbono quente que se forma na queima de papel. Para evitar essa reação, o precipitado incinerado é tratado com algumas gotas de ácido nítrico, após o que ele é reincinerado, resfriado em dessecador e pesado.

EXERCÍCIO 11.4 Determinação do ferro por análise gravimétrica

Um minério de ferro recém-descoberto foi analisado para que se determinasse a porcentagem de ferro no minério. Três amostras foram obtidas com massas de 5,408, 4,768 e 4,209 g, respectivamente. Após tratamento, essas amostras deram origem a 0,3785, 0,3348 e 0,2957 g de precipitado incinerado. Qual é a porcentagem média de ferro nessas amostras? Qual é o fator gravimétrico dessa análise?

SOLUÇÃO

A massa e a porcentagem de Fe na primeira amostra podem ser determinadas como mostrado a seguir.

Amostra 1: massa do ferro = $(0{,}3785\,g\,Fe_2O_3)\cdot$

$$\frac{1\,mol\,Fe_2O_3}{159{,}70\,g\,Fe_2O_3}\cdot\frac{2\,mol\,Fe}{mol\,Fe_2O_3}\cdot\frac{55{,}85\,g\,Fe}{mol\,Fe}=0{,}2647\,g\,Fe$$

%Fe = 100·(0,2647 g Fe / 5,408 g ore) =

4,895 por cento Fe (m/m)

O mesmo cálculo para a segunda e a terceira amostras de minério apresenta valores percentuais de Fe de 4,911 e 4,914 por cento, e a média das três amostras equivale a 4,907 por cento de Fe. O fator gravimétrico dessa análise é mostrado a seguir.

$(1\,mol\,Fe_2O_3/159{,}70\,g\,F_2O_3)\cdot(2\,mol\,Fe/mol\,Fe_2O_3)$

$(55{,}85\,g\,Fe/mol\,Fe)=\mathbf{0{,}6994\,g\,Fe\,/\,g\,Fe_2O_3}$

11.3.3 Precipitação de níquel com dimetilglioxima

O terceiro exemplo de método gravimétrico que consideraremos é o de precipitação homogênea do níquel. Até aqui, discutimos somente a precipitação de íons metálicos por meio de agentes inorgânicos como Cl^- e OH^-. Essa é a abordagem usada na maioria das análises listadas na Tabela 11.4. Mas tentativas têm sido feitas desde o início do século XX para também desenvolver agentes precipitantes orgânicos específicos para cada um dos elementos. Um caso em que essa tentativa foi particularmente bem-sucedida refere-se ao uso de *dimetilglioxima* (ou *dmg*) para precipitação e análise de íons níquel.[13-15, 24]

Íons níquel se precipitam na presença de dmg a partir de uma solução de amoníaco neutra ou fracamente básica, onde dois ânions de dmg se combinam com Ni^{2+} para formar um precipitado vermelho-escuro (Figura 11.5). Cada molécula de dmg perde um íon hidrogênio e as duas moléculas de dmg formam um complexo planar quadrado, neutro, com íon níquel. Cada molécula de dmg também forma ligações de hidrogênio com a outra molécula de dmg para aumentar a estabilidade do complexo. Esse precipitado é então filtrado através de um cadinho de vidro sinterizado, seco a 110 °C e pesado. A filtragem será muito difícil se as devidas precauções não forem tomadas.

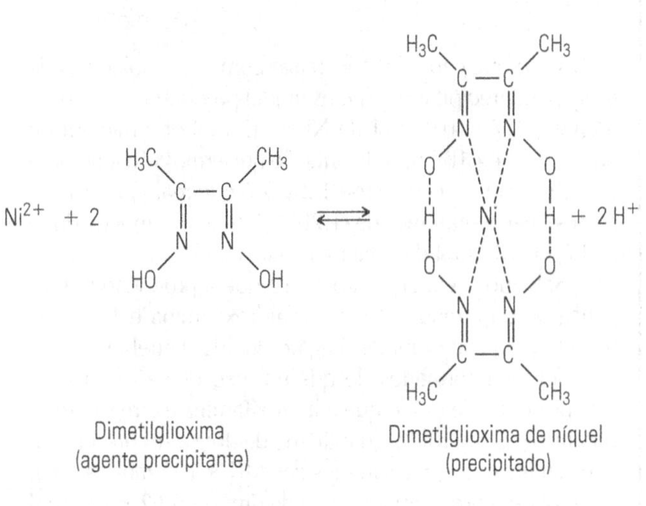

Figura 11.5

Estrutura de dimetilglioxima, ou dmg, e sua reação com Ni^{2+} para formar um precipitado (dimetilglioxima de níquel, ou $Ni(dmg)_2$).

O precipitado que se forma inicialmente é de cristais muito pequenos que às vezes parecem subir pelas paredes ou até para fora do béquer no qual o precipitado foi feito. Essa é uma situação em que a **precipitação de solução homogênea** pode ser útil. Nesse caso, a dimetilglioxima é formada pela reação lenta de biacetil 2,3-butanodiona com a hidroxilamina, como mostra a Equação 11.12.

$$\underset{\text{biacetil 2,3-butanodiona}}{CH_3-\overset{O}{\underset{\|}{C}}-\overset{O}{\underset{\|}{C}}-CH_3} + \underset{\text{hidroxilamina}}{2\ NH_2OH} \rightarrow$$

$$\underset{\text{dimetilglioxima}}{CH_3-\overset{HON}{\underset{\|}{C}}-\overset{NOH}{\underset{\|}{C}}-CH_3} + 2\ H_2O \quad (11.12)$$

Enquanto a dimetilglioxima se forma por tal reação, ela se combinará com Ni^{2+} e precipitará esse íon metálico a partir da solução como $Ni(dmg)_2$.

EXERCÍCIO 11.5 Uso da precipitação homogênea na análise gravimétrica do níquel

Se estivermos usando um excedente de biacetil, quantos gramas de cloreto de hidroxilamônio ($NH_2OH \cdot HCl$, 69,50 g/mol) serão necessários para que se tenha um excesso de 20 por cento de dmg presente durante a precipitação de 0,0687 g de Ni^{2+} a partir de uma solução homogênea?

SOLUÇÃO

Supondo que tenhamos convertido todo o níquel na amostra em íons Ni^{2+}, a quantidade desses íons será a seguinte.

$$(0,0687\ g\ Ni) \cdot \frac{1\ mol\ Ni}{58,69\ g\ Ni} \cdot \frac{1\ mol\ Ni^{2+}}{1\ mol\ Ni} = 1,17 \times 10^{-3}\ mol\ Ni^{2+}$$

Visto que cada íon Ni^{2+} reage com duas moléculas de dmg, para precipitar esses íons níquel precisaremos de pelo menos $(1,17 \times 10^{-3}\ mol\ de\ Ni^{2+}) \cdot (2\ mol\ de\ dmg/mol\ de\ Ni^{2+}) = 2,34 \times 10^{-3}\ mol\ de\ dmg$. Se quisermos um adicional de 20 por cento de dmg (ou 1,2 vez o que realmente precisamos), necessitaremos de $(1,20) \cdot (2,34 \times 10^{-3}\ mol\ de\ dmg) = 2,81 \times 10^{-3}\ mol\ de\ dmg$ para essa análise.

Sabemos pela Equação 11.12 que a produção homogênea de dmg requer 2 mol de hidroxilamina e 1 mol de biacetil para cada mol de dmg produzido. Entretanto, também fomos informados de que um excedente de biacetil está presente, de modo que a hidroxilamina é o reagente limitante que controla a quantidade de dmg a ser produzida. Isso significa que precisaremos de $(2,81 \times 10^{-3}\ mol\ de\ dmg) \cdot (2\ mol\ de\ hidroxilamina/1\ mol\ de\ dmg) = \mathbf{5{,}62 \times 10^{-3}\ mol}$ **de hidroxilamina, ou 0,39 g de $NH_2OH \cdot HCl$.**

Além de dmg, há uma variedade de reagentes orgânicos que podem ser utilizados para precipitar íons metálicos.[14,15] Alguns exemplos são apresentados na Tabela 11.5. Um deles, a 8-hidroxiquinolina (ou oxina), é um agente complexante que foi abordado no Capítulo 9. Na verdade, todos os reagentes listados na Tabela 11.5 formam um precipitado com íons metálicos por meio da criação de complexos metal-ligante. A seguir, esses complexos se precipitam da solução por causa da acentuada diminuição em solubilidade que ocorre quando os íons metálicos formam um complexo muito maior e neutro com um desses reagentes. Apesar de todos esses reagentes reagirem com mais de um tipo de íon metálico (até dmg, que pode precipitar Ni^{2+} ou Pd^{2+}), o tipo de íon metálico que é precipitado pode ser controlado alterando-se fatores como o pH da solução ou a concentração de um ligante secundário, como o ácido etilenodiamino tetracético (EDTA), que é adicionado para ligar e mascarar outros íons metálicos.[14,15]

11.3.4 Análise de combustão

Outra aplicação de métodos gravimétricos no passado foi seu uso em **análise de combustão**. Trata-se de um método no qual uma amostra é queimada para medir a quantidade relativa de carbono, hidrogênio e outros elementos.[10] A análise gravimétrica serve então para determinar a massa dos gases liberados e usar essa informação junto com a massa original da amostra para determinar sua composição original. Essa abordagem difere dos métodos tradicionais discutidos na seção anterior no sentido de que não estamos mais examinando a massa de um precipitado a partir de uma solução. Em vez disso, examinamos as massas de certos gases (como dióxido de carbono e água) que se formam enquanto queimamos a amostra.

A análise de combustão costuma ser realizada pela queima de uma massa conhecida de amostra na presença de um excedente de oxigênio. Nessas condições, todo o carbono na amostra deve combinar com o oxigênio para formar dióxido de carbono, e todo o hidrogênio deve reagir com o oxigênio para formar água. Esse processo pode ser representado pela reação geral a seguir, na qual se usa $C_xH_yO_z$ como a fórmula geral de um composto orgânico comum que compõe nossa amostra.

$$C_xH_yO_z + O_2(g)(excedente) \rightarrow x\ CO_2(g) + y/2\ H_2O(g) \quad (11.13)$$

Enquanto queimamos a amostra, permite-se que a mistura de gases gerada passe por uma série de cartuchos já pesados que podem, cada qual, reagir com um desses gases ou adsorvê-lo. Um exemplo de tal dispositivo é mostrado na Figura 11.6. Um cartucho contendo perclorato de magnésio $Mg(ClO_4)_2$ pode ser utilizado para absorver a água nessa mistura de gás; P_4O_{10} também é frequentemente empregado com essa finalidade.

$$Mg(ClO_4)_2(s) + 2\ H_2O(g) \rightarrow Mg(ClO_4)_2 \cdot H_2O(s) \quad (11.14)$$

Os gases restantes são então passados por um cartucho contendo *ascarite*, que é um material composto de hidróxido de sódio adsorvido em asbesto.[16] A Equação 11.15 mostra como o NaOH no cartucho pode reagir com CO_2 para formar carbo-

Tabela 11.5
Exemplos de agentes precipitantes orgânicos.

Nome e estrutura	Analitos precipitados[a]
Cupferron	Ce^{4+}, Fe^{3+}, Ga^{3+}, Nb^{5+}, Sn^{4+}, Ta^{5+}, Ti^{4+}, VO_2^+, Zr^{4+}
Dimetilglioxima	Ni^{2+}, Pd^{2+}
8-hidroquinolina (oxina)	Al^{3+}, Bi^{3+}, Cd^{2+}, Cu^{2+}, Fe^{3+}, Ga^{3+}, Mg^{2+}, Ni^{2+}, Pb^{2+}, Th^{4+}, UO_2^{2+}, WO_2^{2+}, Zn^{2+}, Zr^{4+}
1-nitroso-2-naftol	Co^{2+}, Fe^{3+}, Pd^{2+}, Zr^{4+}

[a] Esta é uma lista parcial de analitos que podem ser quantitativamente precipitados. Uma lista mais completa e as condições necessárias para causar essa precipitação podem ser encontradas em J. Bassett, R. C. Denney, G. H. Jeffery e J. Mendham, *Vogel's Textbook of Quantitative Inorganic Analysis*, 4ª ed., Longman, Nova York, 1978.

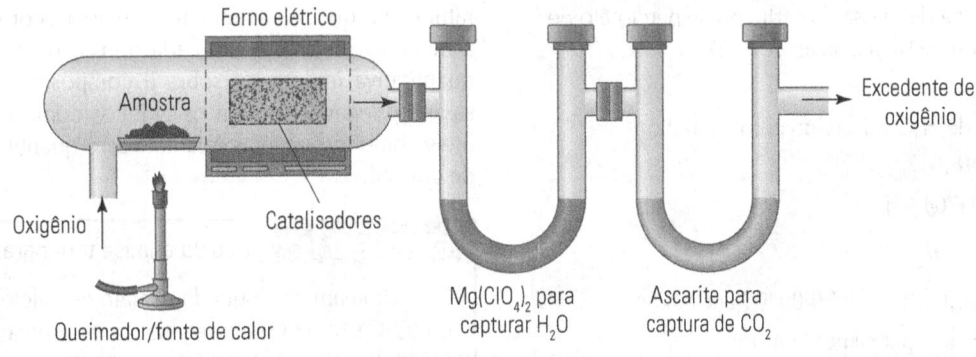

Figura 11.6
Sistema geral para a realização de análise de combustão de hidrogênio e carbono, com base em medições gravimétricas da água e do dióxido de carbono que são liberados quando se queima uma amostra na presença de oxigênio em excesso. Se é sabido que carbono, hidrogênio e oxigênio são os únicos elementos presentes na amostra original, o teor de oxigênio da amostra pode ser calculado tomando-se o peso original da amostra e subtraindo-se a quantidade de hidrogênio e de carbono que foi encontrada na mesma amostra.

nato de sódio e água, que tanto permanece no cartucho quanto é adicionado a sua massa.

$$2\,NaOH(s) + CO_2(g) \rightarrow Na_2CO_3(s) + H_2O(l) \quad (11.15)$$

Uma vez que a amostra foi completamente queimada e todos os gases emitidos foram coletados, pesam-se os cartuchos com os gases adsorvidos. De acordo com a Equação 11.14, o aumento de massa do cartucho de perclorato de magnésio deve ser igual à massa de água que se formou durante a combustão da amostra. O aumento da massa do cartucho de ascarite fornecerá a massa de dióxido de carbono que se formou durante a combustão. Esses valores servem para determinar a massa ou os mols de H (do resultado da água) e de C (da medição de dióxido de carbono), permitindo a determinação do teor de carbono/hidrogênio da amostra. Se é certo que somente o oxigênio compõe o restante da amostra, o teor de oxigênio da amostra também pode ser calculado.

EXERCÍCIO 11.6 — Determinação do conteúdo C/H de uma amostra por análise de combustão

Um novo material orgânico deve ser examinado por análise de combustão. A queima de 0,09303 g da amostra na presença de oxigênio em excesso gera um aumento em massa de 0,04256 g em um cartucho de perclorato de magnésio e de 0,1387 g em um cartucho de ascarite. Se é certo que o carbono, o hidrogênio e o oxigênio são os únicos elementos presentes, qual é a porcentagem de C, H e O na amostra?

SOLUÇÃO

A massa de carbono e a porcentagem de carbono da amostra podem ser determinadas pela mudança em massa do cartucho de ascarite, que se deve à adsorção de CO_2.

Massa de C na amostra =

(0,1387 g de CO_2 adsorvido pelo cartucho) ·

$$(12,01\,g\,C / 44,01\,g\,CO_2)$$
$$= 0,03785\,g\,C$$

Percentual C (m/m) = 100 · (0,03785 g C) /

(0,09303 g de amostra)

= 40,68 por cento C (m/m)

A massa de hidrogênio na amostra pode ser determinada pela mudança de massa do cartucho de perclorato de magnésio, que resulta da adsorção de H_2O.

Massa de H na amostra =

(0,04256 g de H_2O adsorvido pelo cartucho) ·

$$(2,017\,g\,H / 18,017\,g\,H_2O)$$
$$= 0,004764\,g\,H$$

Pecentual H (m/m) =

100 · (0,04764 g H) / (0,09303 g de amostra)

= 5,12 por cento O (m/m)

Por fim, somos informados de que o carbono, o hidrogênio e o oxigênio são os únicos elementos na amostra, o que significa que toda a massa restante da amostra deve ser de oxigênio.

Massa de O na amostra =

0,09303 g de amostra − 0,03785 g C − 0,004764 g H

$$= 0,05042\,g\,O$$

Percentual O (m/m) =

100 · (0,05042 g O) / (0,09303 g de amostra)

= 54,19 por cento O (m/m)

Há muito tempo, a análise gravimétrica tem desempenhado um importante papel na determinação dos resultados de uma análise de combustão. No entanto, atualmente existem outras técnicas de medição mais automatizadas que também se aplicam à análise de combustão, conforme mostrou o Quadro 11.1.

11.3.5 Análise termogravimétrica

Outro método especial que faz uso de medições de massa em análise química é a **análise termogravimétrica** (também conhecida como *TGA* ou *termogravimetria*). Trata-se de uma técnica na qual a massa de uma amostra é medida de acordo com a variação de temperatura da amostra.[11,16] O instrumento que realiza esse tipo de estudo é conhecido como *termobalança* (veja a Figura 11.7), que consiste em uma balança analítica de alta qualidade acompanhada de um forno para aquecer a amostra de modo controlado. Um sistema de computação também é necessário para controlar e monitorar a temperatura da amostra, bem como para medir sua massa conforme sua temperatura varia.[11,30,31]

A análise termogravimétrica é valiosa para analisar como uma amostra muda de acordo com a temperatura. Essa informação é representada por um gráfico chamado *curva termogravimétrica*,[11] no qual a massa medida da amostra é plotada em função da temperatura (veja exemplo na Figura 11.8). Como é mostrado nesse exemplo, a massa de uma amostra costuma diminuir à medida que é aquecida. Essa diminuição de massa ocorre conforme água, dióxido de carbono ou outros componentes gasosos se perdem da amostra. Em alguns casos, é possível que a amostra ganhe peso com a temperatura ao reagir com um gás na atmosfera circundante para criar um produto com massa maior. Os tipos de reação que acarretam tais alterações de massa estão relacionados com as temperaturas em que as mudanças de massa ocorrem. Além disso, a mudança de massa em cada transição fornece informação quantitativa importante sobre a composição da amostra. Essas propriedades tornam os gráficos como o da Figura 11.8 úteis como ferramentas qualitativas e quantitativas na análise de amostras.

EXERCÍCIO 11.7 — Uso da análise termogravimétrica

Uma amostra pura de oxalato de cálcio monohidratado ($CaC_2O_4 \cdot H_2O$) tem massa molar esperada de 146,112 g/mol. Se um químico aquece 2,5100 g de oxalato de cálcio monohidratado supostamente puro em um sistema de TGA, de 100 °C para 300 °C, qual é a mudança da massa esperada para essa amostra? Qual será a massa dessa amostra após ser aquecida a 600 °C?

SOLUÇÃO

Uma variação de 100 °C para 300 °C envolveria a liberação de água da amostra para formar o oxalato de cálcio, como mostra a Figura 11.8. Visto que há um mol de água liberado por mol de oxalato de cálcio monohidratado, a massa de água liberada e a mudança de massa da amostra seriam:

> Massa liberada de $H_2O =$
> $[(2,510 \text{ g } CaC_2O_4 \cdot H_2O)/(146,112 \text{ g/mol } CaC_2O_4 \cdot H_2O)] \cdot$
> $[(1 \text{ mol } H_2O)/(1 \text{ mol } CaC_2O_4 \cdot H_2O)][18,015 \text{ g/mol } H_2O]$
> $= 0,309 \text{ g } H_2O$
>
> Essa perda de água corresponderia a uma diminuição de massa de $100 \cdot (0,309 \text{ g})/(2,510 \text{ g}) = 12,3$ por cento contra a massa da amostra original. Uma elevação adicional de temperatura para 600 °C resultaria na liberação de um mol de monóxido de carbono por mol de oxalato de cálcio monohidratado. Adotando-se a mesma abordagem usada para a perda de água, a mudança de massa devido à perda de monóxido de carbono seria 0,481 g, ou uma diminuição de massa de 19,2 por cento em relação à massa da amostra original.

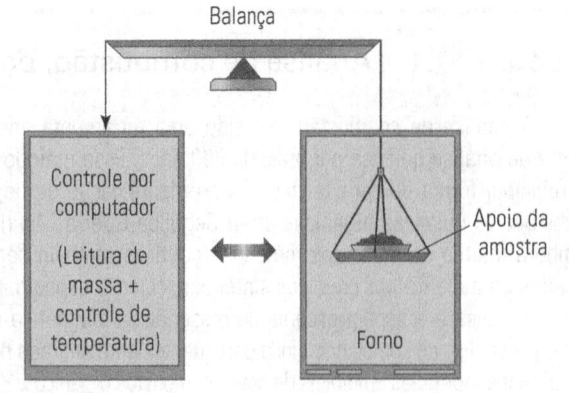

Figura 11.7

Possível projeto de instrumento para a realização de análise termogravimétrica (TGA). A concepção geral mostrada baseia-se em uma balança de ponto nulo, usada em muitos tipos de instrumento de TGA.[11]

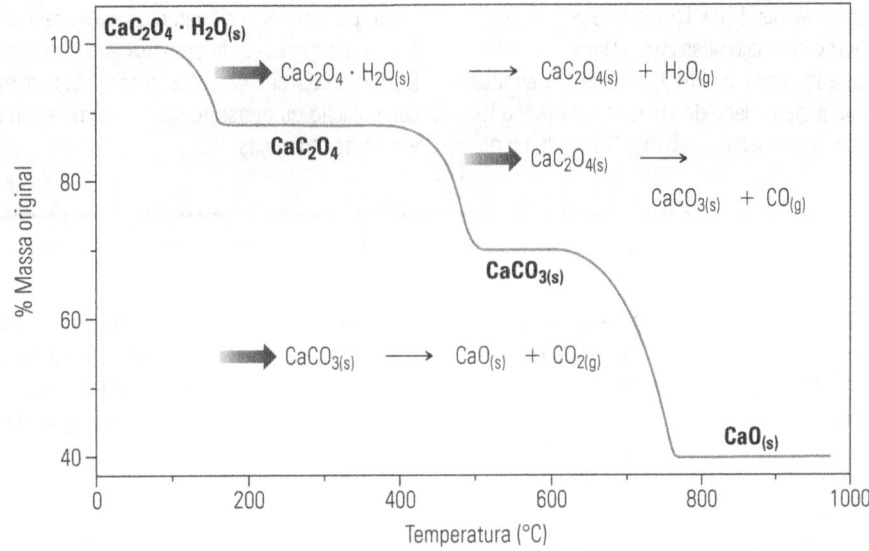

Figura 11.8

Curva termogravimétrica típica obtida ao se aquecer uma amostra de oxalato de cálcio monohidratado ($CaC_2O_4 \cdot H_2O$). Vários platôs bem definidos na massa medida ocorrem à medida que essa amostra é aquecida lentamente entre 100 °C e 900 °C. Primeiramente, o oxalato de cálcio monohidratado forma oxalato de cálcio (CaC_2O_4) pela perda de vapor de água, que então gera um platô com uma leitura de massa uniforme que começa em 182 °C. Depois, o oxalato de cálcio forma carbonato de cálcio ($CaCO_3$) pela perda de monóxido de carbono, o que leva a uma leitura de massa uniforme que começa em 503 °C. Então, o carbonato de cálcio forma óxido de cálcio (CaO) pela perda de dióxido de carbono, o que leva a uma leitura de massa uniforme entre 759 °C e 1020 °C. (Este gráfico é baseado em dados encontrados em D. Dollimore, *Analytical Instrumentation Handbook*, 2ª ed., G.W. Ewing, ed., Marcel Dekker, Nova York, 1997, Capítulo 17.)

Quadro 11.1   Análise de combustão, passado e presente

A análise de combustão tem sido uma ferramenta importante de análise química por mais de 200 anos. Esse método foi a principal forma de caracterização e de identificação de novas substâncias químicas orgânicas até a Segunda Guerra Mundial. Embora muitos outros novos métodos analíticos também sejam usados atualmente por químicos sintéticos (como a espectrometria de massa e a espectroscopia de ressonância magnética nuclear), a análise de combustão ainda é frequentemente utilizada para confirmar as fórmulas empíricas de novos compostos orgânicos.[25]

A análise de combustão foi desenvolvida pelo químico francês Antoine Lavoisier no final da década de 1780, que a usou para examinar a composição de óleos orgânicos. Embora os princípios gerais da análise fossem os mesmos naquela época que os aplicados hoje em dia, a abordagem de Lavoisier exigia mais de 50 g de amostra, vários operadores e equipamentos onerosos. Em torno de 1831, o químico alemão Justus von Liebig desenvolveu um método que permitia que a análise de combustão fosse conduzida com apenas 0,5 g de amostra (1/100 da quantidade requerida por Lavoisier) e por um único trabalhador com equipamento de preço acessível.[27] Um século mais tarde, o médico e químico austríaco Fritz Pregl aprimorou a análise de combustão de modo que a quantidade de amostra necessária foi reduzida em mais 100 vezes, para apenas 3 a 5 mg.[28] Esse último desenvolvimento, pelo qual Pregl ganhou o Prêmio Nobel de química em 1923, facilitou o uso da análise de combustão e da análise gravimétrica para compostos recém-descobertos pelos químicos e revolucionou o campo da química orgânica.[29]

O método de análise gravimétrica usado por Pregl ainda é considerado o padrão para determinar o teor de carbono e de hidrogênio em amostras químicas. No entanto, atualmente existem muitas outras técnicas capazes de alcançar esse mesmo objetivo sem que se utilize a análise gravimétrica. Por exemplo, em vez de coletar e pesar o dióxido de carbono, a água e outros gases produzidos durante a combustão da amostra, esses gases podem ser separados e mensurados por cromatografia gasosa (uma técnica que será discutida no Capítulo 21) ou, se não forem separados, pode-se usar a espectroscopia de infravermelho (veja o Capítulo 18). Esse tipo de instrumento é chamado de *analisador de CHN* porque geralmente se destina a determinar o teor de carbono, hidrogênio e nitrogênio de uma amostra. As vantagens desses dispositivos é que podem ser facilmente automatizados e requerem quantidades ainda menores de amostra do que os métodos gravimétricos. Instrumentos semelhantes estão disponíveis para determinar a composição de quase todos os outros elementos encontrados em amostras orgânicas.[11]

Palavras-chave

Análise de combustão 272
Análise gravimétrica 261
Análise termogravimétrica 274
Calcinação (*dry ashing*) 263
Dessecador 265
Dessecante 265
Digestão ácida (*wet ashing*) 262
Fator gravimétrico 270
Filtração 263
Filtro 263
Fusão 263
Ignição 264
Precipitação de solução homogênea 272
Precipitante 262
Reprecipitação de Ostwald 268

Outros termos

Ascarite 272
Ashing 262
Aspirador 265
Cadinho de vidro sinterizado 265
Curva termogravimétrica 274
Dimetilglioxima 271
Filtrado 263
Fundente 263
Gravimetria 261
Peptização 268
Queimador de Meker 264
Sobrenadante 263
Termobalança 274
Termogravimetria 274

Questões

O que é análise gravimétrica e como ela é utilizada em química analítica?

1. Defina o termo 'análise gravimétrica'. O que é realmente mensurado nessa abordagem? Como essa medição é usada para determinar a quantidade de um analito em particular na amostra?

2. Explique como T. W. Richards aplicou a análise gravimétrica para determinar a massa atômica da prata e de outros elementos. Como isso difere da forma como os químicos modernos costumam usar a análise gravimétrica? Como a abordagem aplicada por Richards se assemelha às utilizadas pelos químicos modernos na análise gravimétrica?

3. Descreva três modos gerais nos quais a medição de massa ou a mudança de massa pode ser usada para uma análise gravimétrica.
4. O que é um 'precipitante'? Como ele é utilizado em muitos dos métodos baseados na análise gravimétrica tradicional?
5. Cite dois exemplos gerais de métodos gravimétricos que envolvem a formação ou a perda de substâncias químicas voláteis.
6. Cite algumas vantagens importantes da análise gravimétrica, e algumas das exigências e limitações desse método.

Estratégias e métodos gerais da análise gravimétrica tradicional

7. Explique por que o pré-tratamento de uma amostra é uma etapa inicial importante em muitos tipos de análise gravimétrica. De que forma uma substância deve estar presente em uma análise gravimétrica tradicional?
8. O que significa o termo 'ashing' em análise química? Por que isso é muitas vezes necessário no exame de metais por análise gravimétrica tradicional?
9. Defina cada um dos termos a seguir e explique como eles podem ser usados no pré-tratamento de uma amostra para uma análise química.
    (a) Digestão ácida.
    (b) Calcinação.
    (c) Fusão.
10. Qual dos métodos de pré-tratamento da questão anterior você usaria para preparar cada uma das amostras a seguir para análise? Justifique suas respostas.
    (a) Determinação do teor de ferro em uma barra de chocolate.
    (b) Determinação da quantidade de níquel em um minério de silicato.
    (c) Medição da quantidade de mercúrio em uma amostra de atum.

Filtração de precipitados

11. O que é 'filtração'? Explique por que isso costuma ser uma parte importante de uma análise gravimétrica.
12. Defina cada um dos termos a seguir. Use-os para descrever a filtração de AgCl de uma mistura preparada pela combinação de soluções aquosas de $AgNO_3$ e NaCl.
    (a) *Slurry*.
    (b) Sobrenadante.
    (c) Filtrado.
13. Quais são as vantagens do uso de papel de filtro em uma análise gravimétrica? Explique por que o tamanho dos poros ou 'porosidade' é um ponto importante a se considerar ao escolher um papel de filtro para a análise gravimétrica.
14. Que tipo de papel de filtro na Tabela 11.2 você usaria para cada um dos precipitados a seguir? Justifique cada uma de suas escolhas.
    (a) Sílica (tamanho de partícula característico, 25 a 40 μm).
    (b) Fosfomolibdato de amônio (tamanho de partícula característico, 20 μm).
    (c) Oxalato de cálcio (tamanho de partícula característico, 15 μm).
15. O uso de reprecipitação pode fazer o tamanho médio das partículas de sulfato de bário aumentar de 3 μm para 8 μm. Explique por que essa reprecipitação facilitará o isolamento desse precipitado por meio de um papel de filtro como os listados na Tabela 11.2.
16. O que é 'papel de filtro quantitativo sem cinzas'? Como ele é usado em análise gravimétrica? Cite algumas das propriedades desejáveis desse papel nessa análise.
17. Descreva como você dobraria e usaria um pedaço de papel de filtro em uma análise gravimétrica.
18. O que é o processo de 'ignição' usado em análise gravimétrica? Qual é o propósito da ignição em tal método?
19. O que é um 'queimador de Meker'? Como é utilizado em uma análise gravimétrica tradicional?
20. Um método para a determinação gravimétrica do magnésio ou do fosfato é a precipitação do sal triplo $Mg(NH_4)PO_4 \cdot 6 H_2O$ (hexahidrato de fosfato de amônio-magnésio). Esse material não pode ser facilmente pesado, e por isso é incinerado para formar pirofosfato de magnésio, ou $Mg_2(P_2O_7)$. Escreva uma equação equilibrada para esse processo de ignição. (*Observação:* você deve supor que um excedente de oxigênio está disponível no ar circundante.)
21. A reação de Sn^{4+} com cupferron produz um precipitado com a fórmula $Sn(C_6H_5O_2N_2)_4$. Esse precipitado é coletado em papel de filtro e convertido em SnO_2 por ignição antes da pesagem. Escreva uma equação equilibrada para a etapa de ignição, supondo que um excedente de oxigênio está presente no ar circundante durante esse processo.
22. Descreva como um cadinho poroso pode ser usado para coletar um precipitado durante uma análise gravimétrica tradicional.
23. Descreva cada um dos dispositivos a seguir e explique como eles podem ser usados em uma análise gravimétrica tradicional: (a) aspirador e (b) cadinho de vidro sinterizado.

Secagem e pesagem de precipitados

24. Por que é necessário que a amostra e o precipitado final estejam secos antes de terem suas massas medidas em uma análise gravimétrica? Quais métodos são normalmente utilizados para secar esses materiais?
25. O que é um 'dessecador'? Qual é a função desse dispositivo em um laboratório de análises?
26. O que é um 'dessecante'? Cite três exemplos de substâncias dessecantes.
27. O que é uma substância química 'higroscópica'? Explique por que um precipitante (ou um reagente associado) higroscópico pode causar problemas durante a análise gravimétrica tradicional.
28. Que tipos de balança são mais usados em análise gravimétrica? Quais propriedades dessas balanças fazem com que sejam úteis nesse método?

29. Por quantas casas decimais a massa de um precipitado de ferro deve ser conhecida para gerar uma incerteza de não mais que 2 partes por mil se a massa da amostra é de 0,1253 g e a amostra contém 1,87 por cento de ferro (m/m)?

30. Se uma amostra sólida contém 2,50 por cento de ferro, qual será o menor tamanho da amostra que poderá gerar uma resposta com um erro menor que 2 partes por mil caso uma balança analítica seja usada para pesar a amostra e o sólido Fe_2O_3 que se forma a partir do ferro?

Métodos de obtenção de precipitados de alta qualidade

31. Descreva o que se entende por 'precipitação de uma solução homogênea'. Quais são as vantagens dessa técnica em relação aos métodos de precipitação mais tradicionais?

32. Discuta como cada um dos reagentes a seguir pode ser produzido para o uso na precipitação de uma solução homogênea. Mostre as reações correspondentes que estão envolvidas em cada um desses processos.
    (a) Fosfato.
    (b) Sulfato.
    (c) Oxalato.

33. O alumínio na forma Al^{3+} pode ser precipitado como $Al(OH)_3$ adicionando-se amônia a uma solução de alumínio, mas o precipitado costuma ser gelatinoso e difícil de ser filtrado. A precipitação a partir de uma solução homogênea fornece um precipitado mais filtrável. A reação utilizada nesse processo é a hidrólise da ureia.

$$H_2NCONH_2 + H_2O \rightarrow 2\,NH_3 + CO_2(g) \quad (11.16)$$

Suponha que essa reação ocorra em uma solução de 100 mL com uma concentração inicial de Al^{3+} de $1,5 \times 10^{-3}$ M. Quantos mols de ureia devem ser hidrolisados para suprir hidróxido suficiente para se combinar estequiometricamente com Al^{3+} e formar o precipitado $Al(OH)_3$? Quantos mols de hidróxido serão formados se 0,500 g de ureia forem hidrolisados e o pH final da solução for 9,5, o pK_a do amônio (NH_4^+)?

34. A precipitação de dimetilglioxima de níquel pode ser realizada pela formação homogênea de dimetilglioxima (dmg) a partir de biacetil (2,3-butanodiona) e hidroxilamina, como mostrado a seguir.

$$\begin{array}{c} O \quad O \\ \| \quad \| \\ H_3C-C-C-CH_3 \end{array} + 2\,NH_2OH \rightarrow$$

$$\begin{array}{c} HON \quad NOH \\ \| \quad \| \\ H_3C-C-C-CH_3 \end{array} + 2\,H_2O \quad (11.17)$$

Quanto de biacetil e de hidroxilamina é necessário para formar dimetilglioxima suficiente para precipitar 0,0587 g de Ni^{2+} se o dobro de excedente de hidroxilamina é necessário para fazer a reação na Equação 11.17 ser infalivelmente concluída?

35. Explique por que a peptização pode ser um problema em análise gravimétrica.

36. Que técnicas podem ser usadas para se evitar a peptização durante uma análise gravimétrica?

37. O que é a 'reprecipitação de Ostwald'? O que ocorre durante esse processo?

38. Explique como a reprecipitação de Ostwald pode ser usada para melhorar a exatidão de uma análise gravimétrica.

Exemplos de métodos tradicionais de gravimetria

39. O que é um 'fator gravimétrico'? Por que esse fator é tão frequentemente utilizado em uma análise gravimétrica?

40. Calcule os fatores gravimétricos de cada um dos métodos da Tabela 11.4 apresentados a seguir.
    (a) Análise de bário usando sulfato como agente precipitante.
    (b) Análise de cobre usando tiocianato como agente precipitante.
    (c) Análise de estanho usando cupferron como agente precipitante.
    (d) Análise de fosfato usando íons magnésio em solução aquosa de amônia para precipitação.

41. A precipitação de cálcio com ácido oxálico pode ser usada para produzir um produto final na forma de $CaCO_3$ ou CaO. Calcule o fator gravimétrico ao utilizar cada um desses produtos finais.

42. Escreva as reações que estão envolvidas na análise gravimétrica da prata por sua precipitação com cloreto. Que outras reações indesejáveis devem ser consideradas durante essa análise? Quais medidas podem ser tomadas para evitar ou minimizar erros devido a essas outras reações?

43. Suspeita-se que uma amostra de metal de prata esteja contaminada com zinco. Uma porção de 0,2365 g desse metal é dissolvida em ácido nítrico e os íons prata precipitados com excedente de NaCl aquoso. Após a filtragem, a secagem e outras etapas, a massa do precipitado é determinada como 0,2865 g. Qual era a pureza do metal de prata original?

44. Qual volume de HCl de 0,15 M deve ser adicionado a 50,0 mL de $AgNO_3$ de 0,035 M para fornecer o dobro de excedente de cloreto para precipitação de Ag^+?

45. Suponha que você precipite uma mistura de AgCl e AgBr a partir de uma amostra de 0,3654 g de NaCl mais NaBr e determine a massa combinada desses haletos de prata como 0,8783 g. Qual era a composição de NaCl e NaBr na amostra original?

46. As mesmas reações que são usadas para a determinação de Ag^+ por precipitação com Cl^- também podem servir para determinar Cl^- por sua precipitação com excedente de Ag^+.
    (a) Escreva as reações desse ensaio. Como as condições para essas reações se assemelham às utilizadas na precipitação de Ag^+ com Cl^-? Em que elas seriam diferentes?
    (b) Nesse tipo de ensaio, calcule a salinidade (ou o teor de NaCl) de uma amostra de água salobra se a precipitação de Cl^- a partir de 100 mL dessa amostra na presença de excedente de nitrato de prata produzir 3,295 g de AgCl. Expresse sua resposta em termos de molaridade e em gramas de NaCl por litro de água.

47. Uma amostra contendo apenas NaCl e NaBr tem massa de 0,8764 g. Essa amostra é colocada em uma solução e alguns dos íons resultantes são precipitados com o excedente de prata, produzindo uma mistura dos sólidos AgCl e AgBr. Essa precipitação tem massa de 1,8758 g. Quais eram as quantidades de NaCl e NaBr na amostra original?

48. Escreva as reações envolvidas na precipitação de Fe^{3+} quando se utiliza o hidróxido como agente de precipitação. Certifique-se de considerar todas as reações envolvidas nessa análise. Cite as possíveis fontes de erro nesse método, e as maneiras de minimizar os efeitos desses erros.

49. Que massa de Fe_2O_3 você esperaria da análise gravimétrica de uma amostra que contém 0,257 mol de ferro?

50. Descreva como o níquel pode ser analisado com dimetilglioxima por precipitação homogênea. Escreva as reações envolvidas nesse método e indique a finalidade de cada reação.

51. O que é dimetilglioxima? Como ela é usada na análise de níquel? Qual é a reação para esse processo?

52. Discuta como um reagente como a dimetilglioxima ou a 8-hidroxiquinolina podem causar a precipitação de um íon metálico.

53. Qual concentração de Ni^{2+} (em unidades de molaridade) em uma solução se 10,00 mL dessa solução dá origem a 0,0658 g de dimetilglioxima de níquel? (*Observação*: para esse exemplo, você deve supor que a reação de Ni^{2+} com dimetilglioxima está quase 100 por cento concluída.)

54. O alumínio pode ser determinado gravimetricamente por precipitação com 8-hidroxiquinolina (C_9H_7NO, ou 8 quinolinolato). Cada uma das três moléculas de 8-hidroxiquinolina perde um íon hidrogênio no grupo OH e forma um complexo insolúvel com um íon alumínio, como mostrado a seguir.

$$Al^{3+} + 3\,HC_9H_6NO \rightarrow Al(C_9H_6ON)_3\,(s) + 3\,H^+ \quad (11.18)$$

(a) Calcule o valor do fator gravimétrico para a determinação de alumínio usando o precipitado que é criado por esse método.

(b) Use o fator gravimétrico da Parte (a) para calcular a massa de alumínio presente em um precipitado de 0,1653 g de $Al(C_9H_6ON)_3$. (*Observação*: você deve supor que o precipitado é essencialmente 100 por cento puro.)

55. Uma moeda norte-americana de 'níquel' que pesa 4,945 g é dissolvida em ácido nítrico e tratada com um excedente de dimetilglioxima. O precipitado tem massa de 6,0797 g. Qual porcentagem da moeda original na verdade consistia do elemento níquel?

Análise de combustão

56. Descreva o que se entende por 'análise de combustão'. Qual é o propósito de tal análise? Como o uso da análise de combustão com gravimetria se assemelha a uma análise gravimétrica baseada em precipitação? Qual a diferença entre elas?

57. Qual é o propósito dos cartuchos de perclorato de magnésio e ascarite em um sistema de análise de combustão? Escreva as reações que ocorrem em cada um dos cartuchos.

58. Uma porção de 0,0537 g de um composto orgânico puro é queimada na presença de oxigênio excedente. O CO_2 é retido e seu peso calculado como 0,1362 g. A quantidade de água captada da amostra queimada tem o peso determinado em 0,04953 g. Não há formação de outros produtos.

(a) Quais são as massas de carbono, hidrogênio e oxigênio nessa amostra?

(b) Qual é a fórmula empírica desse composto orgânico?

59. Calcule a massa esperada de CO_2 e H_2O quando 0,1753 g de colesterol ($C_{27}H_{46}O$) é queimado na presença de oxigênio excedente.

60. O que é um 'equipamento para análise de CHN'? Quais técnicas podem ser usadas em tal dispositivo durante uma análise química?

Análise termogravimétrica

61. O que é 'análise termogravimétrica'? Como essa técnica é realizada?

62. O que é uma 'termobalança'? Cite alguns componentes importantes que compõem esse tipo de dispositivo.

63. O que é uma 'curva termogravimétrica'? Quais informações podem ser obtidas sobre uma amostra usando-se uma curva termogravimétrica?

64. Uma amostra de óxido de ferro contém uma mistura de Fe_2O_3 e FeO(OH). Sabe-se que FeO(OH) perde água por aquecimento a 200 °C de acordo com a reação mostrada a seguir, enquanto Fe_2O_3 não apresenta nenhuma mudança de massa nas mesmas condições de temperatura.

$$2\,FeO(OH)(s) \rightarrow Fe_2O_3(s) + H_2O(g) \quad (11.19)$$

Uma porção de 0,2564 g dessa mistura é submetida a análise termogravimétrica e tem uma perda de peso determinada em 0,0097 g a 300 °C. Encontre a porcentagem de Fe_2O_3 e FeO(OH) na amostra original.

65. Uma amostra consiste em uma mistura de carbonato de amônio, carbonato de sódio e cloreto de sódio. A análise termogravimétrica indica que uma fração de 0,0965 g da amostra perde 0,0574 g na faixa de temperatura de 50 a 75 °C e depois perde mais 0,0124 g a cerca de 800 °C. Qual é a composição da amostra original?

Problemas desafiadores

66. Escreva os procedimentos operacionais padrão para cada um dos métodos a seguir.

(a) Uso adequado de papel de filtro em uma análise gravimétrica.

(b) Uso adequado de um dessecador para armazenamento de produtos químicos.

(c) Secagem de um recipiente de amostra ou de uma amostra para uma análise gravimétrica.

67. Localize as fichas de dados de segurança de cada um dos reagentes a seguir que podem ser usados como parte de uma análise gravimétrica. Que perigos físicos ou químicos estão associados a cada uma dessas substâncias? Quais precauções devem ser seguidas em seu uso?

(a) Ácido perclórico (usado para digestão ácida).

(b) Ácido fluorídrico (usado para pré-tratamento e análise de materiais à base de silício).

(c) Carbonato de sódio (usado na fusão de carbonato de sódio).

68. Obtenha com seu professor ou na literatura um método detalhado de análise gravimétrica de prata ou ferro. Explique as razões de cada etapa desse procedimento.

69. Suponha que um cristal de AgCl seja um cubo com massa de 0,0500 µg e esteja suspenso em uma solução com excedente de íons cloreto.

(a) Calcule quantos íons prata e cloreto são parte desse cristal.

(b) Estime o número de íons cloreto que estão na superfície do cristal e compare esse valor com o número que está no interior do corpo do cristal.

70. Uma amostra de prata é dissolvida em uma solução aquosa e os íons prata resultantes são medidos por análise gravimétrica, com o cloreto atuando como agente precipitante. Um total de 0,1543 g de AgCl é coletado após a filtragem desse precipitado a partir de uma solução de 150 mL que originalmente continha NaCl de 0,020 M.

(a) Quantos mols e gramas de íons prata podemos esperar que permaneçam em solução após o precipitado de AgCl ser coletado? (*Dica*: considere o produto de solubilidade do cloreto de prata.)

(b) Qual dimensão de erro esses íons prata produziriam com o uso dessa análise gravimétrica para determinar o teor de prata total da amostra original?

71. Qual dimensão de erro seria de se esperar em uma determinação gravimétrica de cloreto se essa análise fosse realizada precipitando-se o cloreto como AgCl a partir de uma amostra que também contivesse 0,010 mol de NaBr para cada mol de íons cloreto?

72. Use o *CRC Handbook of Chemistry and Physics* ou outros recursos para localizar os fatores gravimétricos das análises a seguir. Compare esses valores com aqueles que você calcula ao utilizar as massas atômica e molar dos analitos e de produtos especificados.

(a) Determinação de alumínio pela medição de óxido de alumínio.

(b) Determinação de brometo pela medição de brometo de prata.

(c) Determinação de níquel pela medição de dimetilglioxima de níquel.

73. T. W. Richards ficou intrigado quando descobriu que a massa atômica total do chumbo de amostras radioativas variava de acordo com a fonte de tais amostras. Agora sabemos que esse efeito é causado pela presença de diferentes misturas de isótopos de chumbo, que eram desconhecidas na época de Richards. Suponha que um excedente de chumbo dissolvido em uma solução aquosa reaja com uma solução que contém 0,1273 g de Na_2SO_4. Com que exatidão você deve ser capaz de medir a massa de $PbSO_4$ se deseja calcular uma massa atômica para o chumbo que tenha um erro de apenas ±0,01 g/mol?

74. Localize as estruturas dos reagentes a seguir e descreva a forma como cada um pode ser utilizado na análise gravimétrica de íons metálicos.[15,24]

(a) Nitron.

(b) Neocupferron.

(c) Oxima salicilaldeído.

(d) Cloreto de tetrafenil arsônio.

(e) Etilenodiamina.

(f) Pirogalol.

75. Biacetil é um componente natural da manteiga e é usado em óleo com sabor de manteiga em pipoca de micro-ondas. Descreva como você pode medir a quantidade de biacetil nesse óleo fazendo uso de uma análise gravimétrica dimetilglioxima de níquel modificado. (*Dica*: veja a Figura 11.5 e a Equação 11.12.)

76. No estudo da fissão radioativa, quantidades muito pequenas de ^{141}Ba radioativo devem ser convertidas em $BaSO_4$ para remover o bário de outros produtos de fissão. Se uma amostra contém 0,0000024 g desse isótopo de bário em uma solução de 1,50 L, qual fração desse analito será precipitada ao se adicionar 0,10 mol de H_2SO_4? Como essa análise seria melhorada se, antes da adição do ácido sulfúrico, fosse adicionado 0,020 mol de cloreto de bário não radioativo? (*Observação*: nessa segunda situação, o bário é chamado de 'condutor frio', e atua como um agente de coleta do bário radioativo.)

77. O cálcio pode ser determinado usando-se análise gravimétrica por precipitação de íons cálcio na forma de seu oxalato hidratado, $CaC_2O_4 \cdot H_2O$, seguida de ignição para formar $CaCO_3$ ou CaO. Essa precipitação deve ser realizada a partir de uma solução neutra para que o oxalato esteja presente como um diânion em vez de em sua forma protonada. Use o produto de solubilidade do oxalato de cálcio e os valores pK_a do ácido oxálico para calcular a porcentagem de íons cálcio que se precipitarão de uma solução de 100,00 mL que inicialmente contém 0,00300 mol de Ca^{2+} e 0,00800 mol de oxalato em um pH 5,00. Quão elevado deve ser o pH nessa análise para atingir 99,99 por cento de precipitação dos íons cálcio?

Tópicos para discussão e relatórios

78. Em 1997 foi publicado um relatório que analisava as mudanças ocorridas em massas atômicas no decorrer do século passado.[3] Obtenha uma cópia desse artigo e escreva sobre como as massas aceitas de vários elementos se modificaram nesse período. Descreva os tipos de erro que existiam nos valores anteriores e indique como a dimensão de tais erros mudou ao longo do tempo.

79. Muitos outros, além de T. W. Richards, contribuíram para o desenvolvimento de métodos gravimétricos. Um exemplo é J. J. Berzelius, sobre quem falamos no Capítulo 3. A seguir estão vários outros indivíduos que contribuíram para esse campo. Encontre mais informações sobre uma ou mais das seguintes personalidades e descreva o tipo de trabalho que realizaram em análise gravimétrica e química analítica.[6]

(a) Karl Fresenius.
(b) William Hildebrand.
(c) William Ostwald.
(d) Fritz Pregl.
(e) Justus von Liebig.
(f) Torbern Bergman.

80. Usando recursos como as referências 13 a 15, localize um procedimento para realizar uma análise gravimétrica em uma ou mais das situações a seguir. Descreva as reações que ocorrem nesse método e informe o objetivo de cada etapa do procedimento.

(a) Determinação de amônio em uma amostra usando tetrafenilborato de sódio.
(b) Medição da porcentagem de carbonato em uma amostra de pedra calcária.
(c) Determinação de silício em uma amostra de minerais sólidos.
(d) Determinação de zinco em uma amostra de minério.

81. A qualidade do material de laboratório foi, durante muitos anos, um fator limitante na caracterização de substâncias químicas por análise gravimétrica e por outros métodos clássicos. O cadinho é um dispositivo que foi particularmente crucial nesse trabalho. Um estudo recente abordou os cadinhos especiais da região de Hesse na Alemanha, que eram muito procurados pelos químicos no passado por sua força superior e resistência a altas temperaturas e deterioração química.[32] Descreva os achados desse estudo. Compare as propriedades dos cadinhos de Hesse com aquelas listadas pelos fabricantes de cadinhos modernos usados em laboratórios de análises.

82. A análise termogravimétrica não é o único método no qual as propriedades de uma amostra são monitoradas de acordo com a variação de temperatura. Outros exemplos são fornecidos a seguir. Encontre mais informações sobre um desses métodos.[11,30,31]

Elabore um relatório que indique como o método funciona e descreva o equipamento básico usado para executá-lo. Discuta os tipos de informação fornecidos pelo método e liste algumas aplicações.

(a) Análise térmica diferencial (DTA, do inglês, *differential thermal analysis*).
(b) Calorimetria diferencial de varredura (DSC, *differential scanning calorimetry*).
(c) Análise termomecânica (TMA, *thermomechanical analysis*).
(d) Análise de gases desprendidos (EGA, *evolved gas analysis*).

Referências bibliográficas

1. R. T. Sanderson, *Chemical Periodicity*, Reinhold, Nova York, 1960.
2. N. N. Greenwood e A. Earnshaw, *Chemistry of the Elements*, 2 ed., Butterworth, UK, 1997.
3. T. B. Coplen e H. S. Peiser, 'History of the Recommended Atomic-Weight Values from 1882 to 1997: A Comparison of the Differences from Current Values to the Estimated Uncertainties of Earlier Values', *Pure and Applied Chemistry*, 70, 1998, p.237–257.
4. J. B. Conant, 'Theodore William Richards and the Periodic Table', *Science*, 168, 1970, p.425–428.
5. A. J. Ihde, 'Theodore William Richards and the Atomic Weight Problem', *Science*, 164, 1969, p.647–651.
6. F. Szabadvary, *History of Analytical Chemistry*, Pergamon Press, Nova York, 1966.
7. T. W. Richards e M. E. Lembert, 'The Atomic Weight of Lead of Radioactive Origin,' *Journal of the American Chemical Society*, 36, 1914, p.1329–1344.
8. C. M. Beck II, 'A Brief History of Inorganic Classical Analysis'. In: *The Australian Chemistry Resource Book*, Vol. 10, Charles Sturt University Bathurst, New South Wales, Austrália, 2000.
9. C. M. Beck II, 'Classical Analysis: A Look at the Past, Present, and Future', *Analytical Chemistry*, 66, 1994, p.224A–239A.
10. T. S. Ma, 'Organic Elemental Analysis'. In: *Analytical Instrumentation Handbook*, 2 ed., G. W. Ewing, ed., Marcel Dekker, Nova York, 1997, Capítulo 3.
11. D. Dollimore, 'Thermoanalytical Instrumentation and Applications'. In: *Analytical Instrumentation Handbook*, 2 ed., G.W. Ewing, ed., Marcel Dekker, Nova York, 1997, Capítulo 17.
12. *IUPAC Compendium of Chemical Terminology*, versão eletrônica, http://goldbook.iupac.org.
13. H. Diehl, *Quantitative Analysis: Elementary Principles and Practice*, 2 ed., Oakland Street Science Press, Ames, IA, 1974.
14. K. Kodama, *Methods of Quantitative Inorganic Analysis: An Encyclopedia of Gravimetric, Titrimetric and Colorimetric Methods*, Interscience, Nova York, 1963.
15. J. Bassett, R. C. Denney, G. H. Jeffery e J. Mendham, *Vogel's Textbook of Quantitative Inorganic Analysis*, 4 ed., Longman, Nova York, 1978.
16. G. Maludzinska, ed., *Dictionary of Analytical Chemistry*, Elsevier, Amsterdã, Holanda, 1990.
17. *The American Heritage College Dictionary*, 4 ed., Houghton Mifflin, Boston, MA, 2004.
18. D. J. Pietrzyk e C. W. Fank, *Analytical Chemistry*, 2 ed., Elsevier, Amsterdã, Holanda, 1979.

19. P. F. S. Cartwright, E. J. Newman e D. Woodburn, 'Precipitation from Homogeneous Solution', *Analyst*, 92, 1967, p.663–679.
20. L. Gordon, M. L. Salutsky e H. H. Willard, *Precipitation from Homogeneous Solution*, Wiley, Nova York, 1959.
21. M. L. Salutsky e W. R. Grace, 'Precipitates: Their Formation, Properties, and Purity.' In: I. M. Koltoff e P. J. Elving, editores. *Treatise on Analytical Chemistry, Part 1, Theory and Practice*, Vol. 1, Interscience, Nova York, 1959, Capítulo 18.
22. D. R. Lide, Ed., *CRC Handbook of Chemistry and Physics*, 83 ed., CRC Press, Boca Raton, FL, 2002.
23. J. A. Dean, *Lange's Handbook of Chemistry*, 15 ed., McGraw-Hill, Nova York, 1999.
24. M. Windholz, ed., *The Merck Index*, 10 ed., Merck, Rahway, NJ, 1983.
25. F. L. Holmes, 'Elementary Analysis and the Origins of Physiological Chemistry', *Isis*, 54, 1963, p.50–81.
26. A. Lavoisier, *Traité Élémentaire de Chimie*, Vol. 2, Capítulo VII, 1789.
27. J. Liebig, 'Ueber einen neuen Apparat zur Analyse organischer Korper', *Annalen der Physik und Chemie*, 21, 1831, p.1–43.
28. F. Pregl, *Die Quantitative Microanalyse*, J. Springer, Berlim, 1917.
29. *The Nobel Prize Internet Archive*, www.almaz.com/nobel.
30. M. E. Brown, *Introduction to Thermal Analysis: Techniques and Applications*, 2 ed., Springer-Verlag, Nova York, 2001.
31. P. Gabbott, ed., *Principles and Applications of Thermal Analysis*, Blackwell Publishing, Malden, MA, 2007.
32. I. Amato, 'Crucible Secrets', *Chemical & Engineering News*, 14 ago. 2006, p.56.

Capítulo 12
Titulações ácido-base

Conteúdo do capítulo

12.1 Introdução: a revolução das titulações
  - **12.1.1** O que é uma titulação ácido-base?
  - **12.1.2** Como as titulações ácido-base são usadas em química analítica?

12.2 Realização de uma titulação ácido-base
  - **12.2.1** Preparação de soluções de titulante e de amostra
  - **12.2.2** Realizando uma titulação
  - **12.2.3** Determinação do ponto final

12.3 Previsão e otimização de titulações ácido-base
  - **12.3.1** Descrição das titulações ácido-base
  - **12.3.2** Curvas de titulação para ácidos e bases fortes
  - **12.3.3** Curvas de titulação para ácidos e bases fracos
  - **12.3.4** Um exame mais minucioso de titulações ácido-base

Produção industrial de ácidos e bases nos EUA

Classificação – substância química	Produção anual
1 – Ácido sulfúrico	$39,6 \times 10^9$ kg
4 – Ácido fosfórico	$16,2 \times 10^9$ kg
5 – Amônia	$15,0 \times 10^9$ kg
8 – Hidróxido de sódio	$11,0 \times 10^9$ kg
9 – Carbonato de sódio	$10,2 \times 10^9$ kg
11 – Ácido nítrico	$8,0 \times 10^9$ kg
16 – Ácido clorídrico	$4,3 \times 10^9$ kg

Figura 12.1

Níveis normais de produção de ácidos e bases comuns nos Estados Unidos. A classificação mostrada de cada ácido ou base representa sua posição relativa entre os 20 principais produtos químicos produzidos pela indústria química norte-americana, com base em informações de 2000.[3] Esta lista não inclui os minerais que podem ser usados sem processamento (como o sal ou o enxofre) e matérias-primas à base de petróleo.

12.1 Introdução: a revolução das titulações

A Revolução Industrial foi um momento decisivo na história humana. Começou na Europa no final do século XVIII, quando o trabalho manual foi substituído por máquinas em alguns setores. Parte dessa mudança foi desencadeada pelo uso de energia a vapor para impulsionar as máquinas, acarretando aumento na velocidade de produção e redução de custos. A melhoria das redes de transporte contribuiu para estimular o comércio e a distribuição de produtos. Além disso, houve avanços em muitas áreas da ciência, inclusive na química. Esses avanços resultaram no aprimoramento de métodos para a fabricação de aço, corantes para tecidos, tintas e outros produtos.[1,2]

Muitos dos primeiros produtos químicos fabricados durante a Revolução Industrial foram ácidos e bases. O ácido sulfúrico é um exemplo. Esse ácido continua a ser a substância química mais produzida nos Estados Unidos e em muitos outros países. Vários outros ácidos e bases também são produzidos pela indústria em grande escala, como ácido nítrico, ácido clorídrico, ácido fosfórico, amoníaco, hidróxido de sódio e carbonato de sódio (Figura 12.1).[3] Depois de produzidas, essas substâncias são empregadas na fabricação de diversos produtos. Esse processo depende da disponibilidade de métodos analíticos confiáveis para testar a pureza de tais ácidos e bases. Por exemplo, durante a Revolução Industrial essa necessidade levou à criação de laboratórios de análises em muitas fábricas e à criação de melhores métodos para determinar a concentração de ácidos e bases em matérias-primas e produtos.[2]

Um tipo de método de análise importante que surgiu como parte desse processo foi a *titulação ácido-base*.[2] Essa técnica ainda costuma ser aplicada para medir a pureza e a concentração de ácidos e bases. Neste capítulo, aprenderemos os princípios básicos de uma titulação ácido-base e descobriremos como ela é realizada. Veremos também como as equações para descrever o equilíbrio ácido-base (Capítulo 8) podem ser usadas para prever o comportamento de uma titulação ácido-base. Por fim, discutiremos como recorrer a essas informações para desenvolver e otimizar titulações ácido-base na análise química.

12.1.1 O que é uma titulação ácido-base?

A **titulação**, ou 'análise titrimétrica', é um procedimento no qual a quantidade de analito em uma amostra é determinada adicionando-se uma quantidade conhecida de um reagente que reage completamente com o analito de uma forma bem definida.[1,4,5] O reagente combinado com o analito nesse método é conhecido como o **titulante**.[1,4,5] Uma forma comum de realizar uma titulação é mostrada na Figura 12.2. Essa abordagem envolve o uso de uma bureta para dispensar com cuidado um volume conhecido de titulante em uma amostra. Durante o processo, a mistura titulante/amostra é examinada quanto a mudanças em pH, cor ou outra propriedade mensurável que possa servir para sinalizar quando o analito foi completamente consumido pelo titulante. A **titulação ácido-base** é um tipo especial de titulação em que a reação de um ácido com uma base é usada para medir um analito.[4,5] Por exemplo, se o analito fosse um ácido como o clorídrico, o titulante seria uma base como o hidróxido de sódio. De modo análogo, se o analito fosse uma base como o hidróxido de sódio, o titulante seria um ácido como o clorídrico.

O gráfico da resposta medida *versus* a quantidade de titulante adicionado durante uma titulação é chamado de **curva de titulação** (veja o exemplo na Figura 12.2).[4,5] O ponto dessa curva onde uma quantidade exatamente suficiente de titulante foi adicionada para reagir com todo o analito é conhecido como **ponto de equivalência**.[1,4,5] Uma vez determinada a quantidade de titulante a ser adicionada para se alcançar o ponto de equivalência, podemos determinar a quantidade de analito presente na amostra original usando a estequiometria conhecida da reação do titulante com o analito. Além de ter uma reação bem caracterizada entre analito e titulante, também é desejável em uma titulação que a reação seja rápida e apresente uma grande constante de equilíbrio. Essas propriedades ajudarão a garantir que o titulante se combine com rapidez e por completo com o analito à medida que se adiciona o titulante à amostra.

Existem várias maneiras de acompanhar o progresso de uma titulação. Métodos visuais e instrumentais serão discutidos mais adiante neste capítulo (por exemplo, o uso de indicadores de cor e de pH). Embora seja sempre desejável obter a estimativa mais exata possível do ponto de equivalência em uma titulação, o método para detectar esse ponto pode conter algum erro sistemático. A estimativa experimental do ponto de equivalência é chamada de **ponto final**, e a diferença na quantidade de titulante necessária para chegar à equivalência real *versus* o ponto final é chamada de *erro de titulação*.[4,5] O valor absoluto do erro (nesse caso, em unidades de volume da solução titulante) é dado pela Equação 12.1,

$$\text{Erro de titulação} = V_{T,Pt\,final} - V_E \quad (12.1)$$

em que $V_{T,Pt\,final}$ é o volume de titulante necessário para se alcançar o ponto final e V_E é o volume de titulante necessário para se alcançar o ponto de equivalência real. Um tópico que

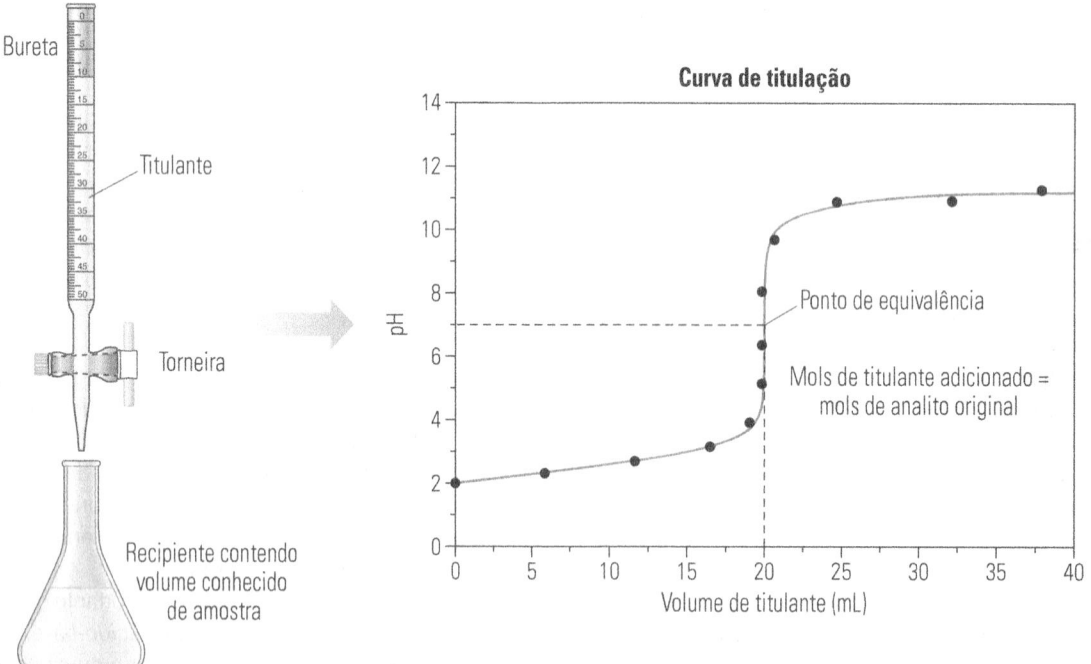

Figura 12.2

Exemplo geral do equipamento utilizado em uma titulação ácido-base e uma curva de titulação característica. A curva mostrada é a mais comum na titulação de um ácido forte monoprótico (como HCl) com uma base forte (como NaOH). As linhas tracejadas no gráfico indicam o volume de titulante necessário para atingir o ponto de equivalência e mostram o pH nesse ponto da titulação. A titulação na qual a resposta medida faz uso de uma expressão logarítmica de concentração ou atividade (como pH) é conhecida como *curva de titulação logarítmica*,[4] que apresenta normalmente a curvatura ilustrada neste exemplo. Também é possível ter uma resposta medida como a absorbância, que está diretamente relacionada com a concentração de um analito ou atividade; este segundo tipo é conhecido como *curva de titulação linear* (veja exemplos em 'titulações espectrofotométricas' no Capítulo 18).

examinaremos mais adiante neste capítulo é como aplicar as boas práticas de laboratório para minimizar erros de titulação e proporcionar medições exatas da amostra.

O tipo geral de titulação ilustrado na Figura 12.2 baseia-se no uso de medições de volume para a quantidade de titulante adicionado à amostra. Essa abordagem em particular é um exemplo de **análise volumétrica**, na qual as medições de volume servem para caracterizar uma amostra.[5] Quando se adotam medições de volume em uma titulação, o método resultante é muitas vezes chamado de *titulação volumétrica*. Trata-se da abordagem que será enfatizada neste capítulo e neste livro ao discutirmos sobre 'titulações'. O titulante em uma análise volumétrica é dispensado por uma *bureta* (Capítulo 3), uma peça da vidraria volumétrica que possibilita tanto dispensar quanto medir com exatidão o titulante enquanto ele é colocado na amostra. Também é possível realizar uma titulação medindo-se a massa de titulante adicionado a uma amostra. Esta segunda abordagem é conhecida como *titulação gravimétrica*, ou 'titulação por peso'. Embora uma titulação gravimétrica tenda a ser mais difícil de realizar do que a volumétrica, ela pode ser útil em situações que exijam medições altamente exatas e precisas de um analito.[6]

12.1.2 Como as titulações ácido-base são usadas em química analítica?

Aplicações de titulações. Há muitas vantagens no uso de titulações ácido-base e métodos correlacionados de titulação (veja os capítulos 13 e 15). Elas costumam ser econômicas e requerem apenas equipamentos de laboratório simples e padronizados. As titulações também são capazes de prover um nível adequado de exatidão e de precisão em análises químicas. As reações ácido-base servem especialmente bem às titulações porque tendem a apresentar uma grande constante de equilíbrio e velocidade de reação. Essas propriedades possibilitam a rápida obtenção de reações estequiométricas entre analito e titulante. A desvantagem de uma titulação ácido-base tradicional é que ela em geral requer, no mínimo, 0,01 mol de analito para medição. Além disso, muitas titulações ácido-base são métodos quase sempre manuais e, portanto, demorados no caso de um grande número de amostras. Entretanto, é possível automatizar essas titulações por meio de um *titulador automático*, capaz de dispensar com precisão várias quantidades de titulante em uma amostra enquanto um eletrodo é usado para medir o pH da mistura amostra/titulante.

A aplicação mais comum de uma titulação é determinar a quantidade de analito em uma amostra. Essa medição é feita usando-se a reação conhecida entre o titulante e o analito e determinando-se a quantidade de titulante necessária para atingir o ponto de equivalência da amostra que contém o analito. A Figura 12.2 mostra uma curva de titulação característica da análise de um ácido forte monoprótico, como o HCl, quando se utiliza uma base forte monoprótica, como o NaOH, como titulante. Nessa situação, H+ de HCl reage na proporção de 1:1 com OH− de NaOH. Os mols de analito ($n_{Analito}$) na amostra ori-

ginal (com concentração molar total de $C_{Analito}$ e volume original de $V_{Analito}$) devem ser iguais aos mols de titulante ($n_{Titulante}$) necessários para atingir o ponto de equivalência da titulação. Os mols de titulante necessários para alcançar o ponto de equivalência podem, por sua vez, ser determinados usando-se o volume medido de titulante necessário para alcançar o ponto de equivalência ($V_{Titulante}$) e a concentração molar conhecida do titulante ($C_{Titulante}$), como mostrado a seguir.

No ponto de equivalência da titulação de um ácido monoprótico com uma base monoprótica:

$$n_{Analito} = n_{Titulante}$$

ou

$$C_{Analito} V_{Analito} = C_{Titulante} V_{Titulante} \quad (12.2)$$

Por exemplo, suponha que constatemos que uma amostra de 10,00 mL de HCl necessite a adição de 20,00 mL de NaOH de 0,005000 M para chegar ao ponto de equivalência em uma titulação ácido-base. Podemos determinar a concentração de HCl na amostra pela Equação 12.2, como mostrado a seguir.

$$C_{HCl} \cdot (0{,}01000 \text{ L HCl})$$
$$= (0{,}005000 \text{ } M \text{ NaOH}) \cdot (0{,}02000 \text{ L NaOH})$$
$$\therefore \quad C_{HCl} = 0{,}01000 \text{ } M \text{ HCl}$$

A mesma abordagem geral serve para determinar a concentração de uma base monoprótica que é titulada com um ácido monoprótico ou para determinar os mols de um titulante monoprótico necessários para alcançar cada ponto de equivalência de um ácido poliprótico ou de uma base poliprótica.

EXERCÍCIO 12.1 Uso da titulação para determinar a concentração de um ácido

Um químico que trabalha em um laboratório de análise industrial titula uma fração de 10,00 mL de uma amostra de ácido sulfúrico com uma solução de hidróxido de sódio de 5,000 × 10⁻³ M. A curva de titulação obtida é ilustrada na Figura 12.3, na qual o ponto final medido ocorre de fato no segundo ponto de equivalência, onde tanto os íons hidrogênio quanto o H_2SO_4 foram titulados. Se a amostra de ácido sulfúrico requer 40,00 mL do titulante NaOH para atingir o segundo ponto de equivalência, qual é a concentração da amostra original de ácido sulfúrico?

SOLUÇÃO

Este problema envolve a reação completa de um ácido diprótico (H_2SO_4) com uma base monoprótica (NaOH). Podemos determinar a concentração de ácido sulfúrico, neste caso, usando a relação a seguir, em que o '2' que aparece antes de '[H_2SO_4]' é usado porque estamos fazendo esse cálculo para o segundo ponto de equivalência, em que ambos os íons hidrogênio de H_2SO_4 foram titulados com NaOH.

$$2[H_2SO_4]V_{H_2SO_4} = [NaOH]V_{NaOH}$$

$$[H_2SO_4] = \frac{[NaOH]V_{NaOH}}{2V_{H_2SO_4}} = \frac{(0{,}005000\,M)\cdot(0{,}04000\,L)}{2\cdot(0{,}01000\,L)}$$

$$\therefore [H_2SO_4] = \mathbf{0{,}01000\,M}$$

Outra forma de expressarmos a concentração de ácido sulfúrico é usando unidades de normalidade (Apêndice A). A normalidade (N) de um ácido está relacionada com o número de mols (ou equivalentes) de íon hidróxido que são necessários para neutralizar um litro de solução do ácido. De modo análogo, a normalidade de uma base é o número de mols (ou equivalentes) de íons hidrogênio que são necessários para neutralizar um litro da base em sua solução. O ácido sulfúrico é um ácido diprótico e, portanto, a normalidade de sua solução será o dobro do valor de sua molaridade, ou (2 equivalentes/mol) · 0,01000 M = 0,02000 N de H_2SO_4. No entanto, visto que NaOH reage com apenas um mol de íons hidrogênio por mol na titulação de H_2SO_4 (ou qualquer outro ácido em água), a solução de NaOH de $5{,}000\times 10^{-3}$ M também terá uma concentração de $5{,}000\times 10^{-3}$ N.

A segunda aplicação correlacionada para titulações é determinar a pureza de uma amostra. Nesse caso, conhecemos a massa molar do analito, mas não sua massa real na amostra, embora saibamos qual é a massa total da amostra. Por exemplo, suponha que um químico farmacêutico deseje determinar a pureza de uma amostra de ácido benzoico (C_6H_5COOH, massa molar = 122,12 g/mol) titulando 0,4370 g dessa amostra com NaOH. Se 25,57 mL de NaOH de 0,08653 M forem necessários para atingir o ponto de equivalência da amostra, a massa de ácido benzoico na amostra poderá ser determinada a partir da relação na Equação 12.2, como segue.

$$n_{Analito} = C_{Analito}V_{Analito} = C_{Titulante}V_{Titulante}$$
$$= (0{,}08653\,mol/L\,NaOH)(0{,}02557\,L\,NaOH)$$
$$\cdot \frac{1\,mol\,\text{ácido benzoico}}{1\,mol\,NaOH}$$
$$= 0{,}002213\,mol\,\text{ácido benzoico}$$

massa de ácido benzoico = (0,002213 mol ácido benzoico)
(122,12 g/mol ácido benzoico)
= 0,2702 g ácido benzoico

Esse resultado significa que a pureza da amostra benzoica era 100 · (0,2702 g ácido benzoico)/(0,4370 g amostra) = 61,83 por cento (m/m). Deve-se ter em mente, contudo, que este cálculo assume que nenhum outro componente da amostra, que não o analito, é capaz de reagir com o titulante.

Uma terceira forma geral em que uma titulação pode ser usada é na determinação de algumas propriedades fundamentais do analito, como sua massa molar. Esta aplicação requer uma amostra pura do analito. Se assumirmos que analito e titulante reagem na proporção de 1:1, os mols de titulante necessários para atingir o ponto de equivalência de uma solução desse analito, de acordo com sua concentração ($M_{Titulante}$) e volume adicionado ($V_{Titulante}$), podem ser combinados com a massa conhecida do analito ($m_{Analito}$) e a concentração do titulante para obter a massa molar do analito ($MM_{Analito}$).

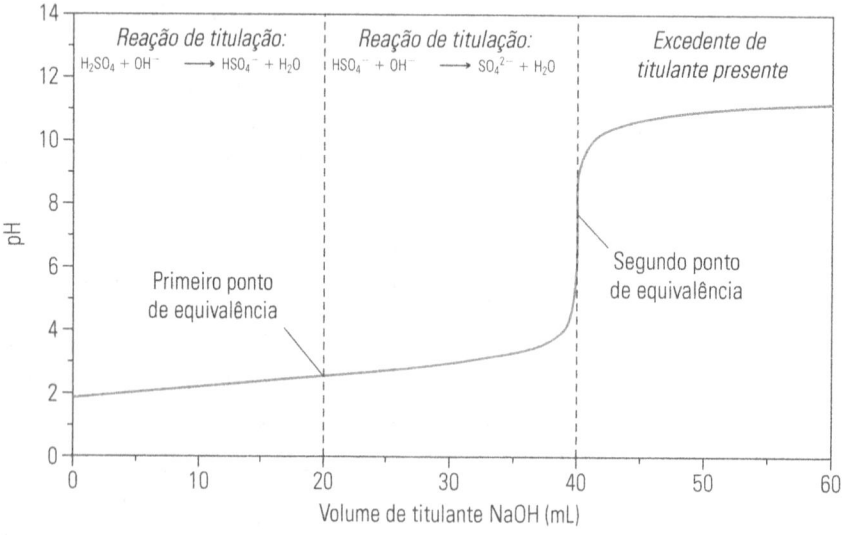

Figura 12.3

Curva de titulação obtida para uma amostra de 10,00 mL de ácido sulfúrico (H_2SO_4) quando se usa hidróxido de sódio de 0,005000 M como titulante. O primeiro ponto de equivalência nesta titulação não é detectável com facilidade na curva devido ao valor relativamente alto de K_a para a base conjugada do ácido sulfúrico (HSO_4^-), mas o segundo ponto de equivalência é observável e fornece um ponto final útil à titulação.

No ponto de equivalência:

$$n_{Analito} = n_{Titulante}$$

ou

$$m_{Analito} / MM_{Analito} = M_{Titulante} V_{Titulante}$$

$$\therefore MM_{Analito} = m_{Analito} / (M_{Titulante} V_{Titulante}) \quad (12.3)$$

Por exemplo, se 0,4370 g de um ácido puro requer 41,38 mL de NaOH de 0,08653 M para atingir o ponto de equivalência, determina-se a massa molar desse ácido como mostrado a seguir.

$$MM_{Analito} = \frac{0,4370 \text{ g}}{(0,08653 \text{ mol/L})(0,04138 \text{ L})} = 122,0 \text{ g/mol}$$

Observe que, neste cálculo, o volume da solução deve ser expresso em litros para que se possa obter a resposta final em unidades adequadas. Se o ácido fosse poliprótico, a massa molar aparente (ou 'peso equivalente') determinada por esse método seria igual à massa molar real dividida pelo número de íons hidrogênio ou íons hidróxido do titulante que reagem com cada molécula do analito. Isso implica que um ácido diprótico como o ácido sulfúrico fornecerá um peso equivalente que é a metade de sua massa molar real se uma amostra pura do ácido for analisada por uma titulação como a da Figura 12.3.

Uma titulação também pode fornecer informações fundamentais sobre as propriedades ácido-base do analito. A posição do ponto final e a forma de uma curva de titulação ácido-base como a da Figura 12.2 podem nos dizer se o analito é monoprótico ou poliprótico e se ele é um ácido ou uma base forte ou fraca. Em alguns casos, podemos utilizar essa curva também para determinar a constante de dissociação do ácido (K_a) ou a constante de ionização da base (K_b) de um analito que seja um ácido ou uma base. Veremos mais sobre como obter essas informações na Seção 12.3.

Tipos gerais de titulação. Existem várias maneiras de se conduzir uma titulação ácido-base ou qualquer outro tipo de titulação. A técnica ilustrada nas figuras 12.2 e 12.3 é conhecida como **titulação direta**. Nela, a quantidade de analito é determinada ao combiná-lo diretamente com o titulante enquanto se monitora o surgimento do ponto final da titulação.[5] A titulação direta é o tipo mais simples, mas ela realmente requer um ponto final nítido, fácil de detectar. Idealmente, uma titulação direta também exige que a reação entre analito e titulante seja rápida e apresente uma grande constante de equilíbrio, fornecendo desse modo um método rápido de determinar com exatidão a quantidade de analito presente na amostra.

Existem métodos alternativos disponíveis caso a reação entre analito e titulante seja lenta ou não apresente uma constante de equilíbrio grande o suficiente. Um exemplo disso é a **titulação de retorno**. Nela, um excedente da quantidade conhecida de um reagente é adicionado a uma amostra para reagir com o analito. A quantidade de reagente que resta desse processo é, então, determinada por titulação.[5,6] A diferença entre a quantidade original do reagente e a quantidade titulada serve para determinar quanto analito havia na amostra.

A titulação de retorno faz parte de uma importante técnica analítica conhecida como **método de Kjeldahl**, usada para medir o teor de nitrogênio em amostras orgânicas (Quadro 12.1).[5,6] Por esse método, o nitrogênio em compostos orgânicos, como proteínas, é convertido em íons amônio que são neutralizados com um grande excesso de NaOH concentrado. Esse processo de neutralização converte os íons amônio em amônia, que é destilada da amostra como um gás. A seguir, a amônia gasosa é redissolvida e coletada em uma solução contendo uma quantidade conhecida de HCl, que excede à quantidade esperada de amônia gerada. Após a amônia ser dissolvida nessa solução e reagir com HCl, mede-se o HCl restante por uma titulação de retorno com NaOH. A quantidade de HCl medida é, então, comparada com a concentração original de HCl. Essa informação fornece os mols de amônia que foram coletados e, portanto, a quantidade de nitrogênio que estava presente na amostra original.

EXERCÍCIO 12.2 Realização de uma análise de Kjeldahl

Um fabricante de pães e similares deseja conhecer a quantidade relativa de proteína (medida como percentual de nitrogênio) presente em um lote de farinha de trigo. Um químico pesa 4,0030 g da farinha e examina a amostra pelo método de Kjeldahl. Após a amostra ser digerida, a amônia que ela produz é retida em um frasco que originalmente contém 50,00 mL de HCl de 0,1450 M. Depois se constata que a solução de HCl com a amônia retida fornece um ponto final em 17,54 mL, quando titulada com NaOH de 0,1290 M. Qual é o percentual (m/m) de nitrogênio na farinha?

SOLUÇÃO

A quantidade de HCl que está originalmente no recipiente de coleta é (0,05000 L)(0,1450 mol/L) = 0,007250 mol. A quantidade de HCl que permanece após a captura da amônia a partir da amostra é igual aos mols de NaOH necessários para uma titulação de retorno da solução final.

mol HCL restante = (0,01754 L NaOH) ·

$$(0,1290 \text{ mol/L NaOH}) \cdot \frac{1 \text{ mol HCl}}{1 \text{ mol NaOH}}$$

$$= 0,002263 \text{ mol}$$

A quantidade de amônia coletada na solução de HCl será igual à diferença entre as quantidades iniciais e remanescentes de HCl.

A quantidade de amônia pode ser usada para fornecer a massa de nitrogênio na amostra original.

Massa de nitrogênio na amostra =

$$(0,004987 \text{ mol NH}_3) \cdot \frac{1 \text{ mol N}}{1 \text{ mol NH}_3} \cdot \frac{14,0067 \text{ g}}{\text{mol N}}$$

$$= 0,06985 \text{ g N}$$

Quadro 12.1 O método de Kjeldahl

O método de Kjeldahl é provavelmente a mais comum de todas as titulações ácido-base em laboratórios industriais modernos. Ele foi descrito pela primeira vez pelo químico dinamarquês Johan Kjeldahl em 1883 como um meio para determinar o teor de nitrogênio em alimentos, fertilizantes e outras amostras.[1,6]

A técnica envolve várias etapas. Primeiro, a amostra é digerida com ácido sulfúrico, fazendo com que todo o nitrogênio em uma amostra de base orgânica seja convertido em íons amônio. Depois, eleva-se o pH da amostra digerida adicionando-se cuidadosamente hidróxido de sódio. A alteração para um pH básico faz os íons amônio se converterem em amônia. Em seguida, a amônia é retirada da amostra por destilação e recolhida em um recipiente separado contendo um volume medido de uma solução ácida padrão, que reage com a amônia e faz com que ela se reconverta em íons amônio. A quantidade de ácido que permanece nessa solução é, então, determinada por uma titulação de retorno com uma base forte. A diferença na concentração da solução ácida antes e após a destilação da amostra serve para determinar a quantidade de amônia que foi capturada, fornecendo desse modo a quantidade de nitrogênio que estava presente na amostra original.[1,5-7]

O método de Kjeldahl continua a ser uma técnica da maior importância para examinar a qualidade da matéria-prima produzida e utilizada na indústria de alimentos e na agricultura. Muitos laboratórios industriais que atuam nessas áreas executam esse método rotineiramente. Embora o método seja intensivo em mão de obra, esses laboratórios recorrem a unidades especiais de destilação e coleta que permitem o processamento de muitas amostras ao mesmo tempo. Esses laboratórios também podem usar dispositivos como o titulador automático para automatizar a titulação das amostras.[8]

Podemos agora calcular o percentual de nitrogênio na amostra usando a seguinte relação:

$$\% \text{ nitrogênio (m/m)} = 100 \cdot \frac{0{,}06985 \text{ g N}}{4{,}0030 \text{ g farinha}}$$

$$= 1{,}745 \text{ por cento de nitrogênio (m/m)}$$

Uma proteína comum tem cerca de 17,5 por cento de nitrogênio, de modo que esse lote de farinha de trigo contém cerca de 100 · (1,745 g N/100 g farinha)/(17,5 g N/100 g proteína) = 9,97 por cento = 10,0 por cento (m/m) de proteína.

12.2 Realização de uma titulação ácido-base

12.2.1 Preparação de soluções de titulante e de amostra

Padronização de titulantes. Para realizar uma titulação de sucesso, é necessário conhecer a concentração do titulante. A determinação da concentração dessa solução é conhecida como *padronização*,[5] e fornece uma solução com uma concentração conhecida exatamente, à qual nos referimos como **solução-padrão**.[4] O ácido forte mais comum usado em titulações ácido-base é o ácido clorídrico, e a base forte mais comum é o hidróxido de sódio. Entretanto, não é possível apenas pesar o HCl ou o NaOH, dissolvê-los em água e identificar com exatidão a molaridade de suas soluções resultantes. O problema com uma preparação comercial de HCl é que ela pode conter uma faixa de concentrações de HCl (de cerca de 36 a 37 por cento de HCl em água, ou HCl de cerca de 12 *M*). O NaOH é vendido em péletes que são apenas cerca de 95 por cento puras, sendo que os 5 por cento restantes consistem em água e carbonato de sódio. Assim, nem HCl, nem NaOH, em suas formas comerciais comuns, apresentam pureza alta o bastante ou reprodutibilidade suficiente para fornecer mais do que dois algarismos significativos na concentração, quando pesados e colocados em uma solução.

Para contornar esse problema, a concentração de HCl ou de NaOH pode ser padronizada pela titulação deles com outra substância química com reconhecido nível de alta pureza. O ácido ou a base usada para determinar a concentração de NaOH ou de HCl nessa situação é um 'padrão primário'. Conforme vimos no Capítulo 3, um padrão primário é uma substância de alta pureza reconhecida que pode ser dissolvida para preparar uma solução com concentração bem conhecida (uma *solução de padrão primário*).[4,5] Essa solução serve, então, para determinar a pureza de outra substância para uso como reagente (referido como um 'padrão secundário') ou a concentração dessa substância em uma solução (produzindo uma *solução de padrão secundário*).[4,5] O hidrogenoftalato de potássio é um ácido de padrão primário usado para titular bases fortes como NaOH, e o carbonato de sódio é uma base de padrão primário comum usada para titular ácidos fortes como HCl. Algumas importantes características desses e outros padrões primários para titulações ácido-base estão listadas na Tabela 12.1.

Há várias propriedades que devem estar presentes para que uma substância química possa servir como um padrão primário. Primeiro, ela deve ser capaz de passar pelo tipo desejado de reação (por exemplo, uma reação ácido-base). Segundo, a reação desse composto deve ser rápida e não ter produtos paralelos. Terceiro, a substância deve estar prontamente disponível em uma forma altamente pura, permitindo seu uso

Tabela 12.1

Padrões primários para titulações ácido-base em água.*

Padrão primário	Peso da fórmula	Notas sobre preparo e uso
Ácidos para padronizar soluções de bases		
Hidrogenoftalato de potássio, $o\text{-}C_6H_4(COOK)(COOH)$	204,221 g/mol	Seque a 105 °C (< 135 °C). Use para titular uma base forte com fenolftaleína como indicador
Hidrogenoiodato de potássio, $KH(IO_3)_2$	389,912 g/mol	Use para titular uma base com qualquer indicador adequado a um ponto final entre pH 5 e 9
Ácido sulfâmico, H_3NSO_3	97,095 g/mol	Use para titular uma base com qualquer indicador adequado a um ponto final entre pH 5 e 9
Bases para padronizar soluções de ácidos		
Tris-hidroximetil aminometano, $(HOCH_3)_3CNH_2$	121,137 g/mol	Seque a 100-103 °C (< 110 °C). Quando usado em titulação para padronizar solução de ácido forte, o ponto final estará aproximadamente entre pH 4,5 e 5
Carbonato de sódio, Na_2CO_3	105,989 g/mol	Obtenha como reagente-grau químico e aqueça por 1 hora a 255-256 °C, seguido de resfriamento em dessecador

*Estas informações foram obtidas em J. A. Dean, *Lange's Handbook of Chemistry*, 15ª ed., McGraw-Hill, Nova York, 1999.

em medições exatas de massa. Quarto, ela não deve absorver quantidades consideráveis de água ou de dióxido de carbono, fazendo com que seja possível determinar com exatidão sua massa, mesmo quando exposta ao ar. Todos os padrões primários na Tabela 12.1 atendem a esses critérios.

EXERCÍCIO 12.3 Padronização de uma solução de hidróxido de sódio

Um químico em um laboratório industrial gostaria de padronizar uma solução de NaOH para uso na titulação de ácidos fracos. Qual é a concentração de NaOH se uma alíquota de 42,83 mL dessa solução é necessária para titular 0,1765 g do hidrogenoftalato de potássio de padrão primário (KHP)?

SOLUÇÃO

No ponto de equivalência dessa titulação, os mols de NaOH adicionado serão equivalentes aos mols de KHP na amostra original. A partir disso, podemos escrever a seguinte relação, baseada na Equação 12.3, entre a concentração e o volume da solução de NaOH e a quantidade de KHP que foi titulada.

$$M_{Titulante} V_{Titulante} = m_{Analito}/MM_{Analito}$$

$$[NaOH] V_{NaOH} = \frac{\text{Massa KHP}}{\text{Massa molar KHP (em g/mol)}}$$

Agora é possível rearranjar essa equação e resolver para encontrar a concentração de NaOH.

$$[NaOH] = \frac{0{,}1765 \text{ g KHP}}{(204{,}221 \text{ g/mol KHP})(0{,}04283 \text{ L})} =$$

0,002043 M NaOH

Por este cálculo, vê-se que essa padronização leva a uma concentração medida de NaOH que terá até quatro algarismos significativos se uma boa técnica for aplicada durante a titulação e se tanto o volume da solução quanto a massa de KHP também foram determinados com pelo menos quatro algarismos significativos.

Efeitos de titulante e concentração da amostra. O efeito geral de alterar a concentração de uma amostra ou o titulante em uma titulação ácido-base é mostrado na Figura 12.4. Este exemplo refere-se à titulação de um ácido forte com uma base forte, mas os efeitos globais se assemelham aos que ocorrem em outros tipos de titulação ácido-base. (*Observação:* no caso de uma titulação de uma base com um ácido forte, o pH, em vez disso, começa com um valor alto e diminui à medida que se adiciona mais titulante.)

Primeiro, analisaremos como uma alteração na concentração do titulante afetará uma titulação ácido-base, como ilustra a Figura 12.4(a). Como estamos usando diferentes concentrações de titulante, mas a quantidade necessária de mols deste permanece a mesma, o ponto de equivalên-

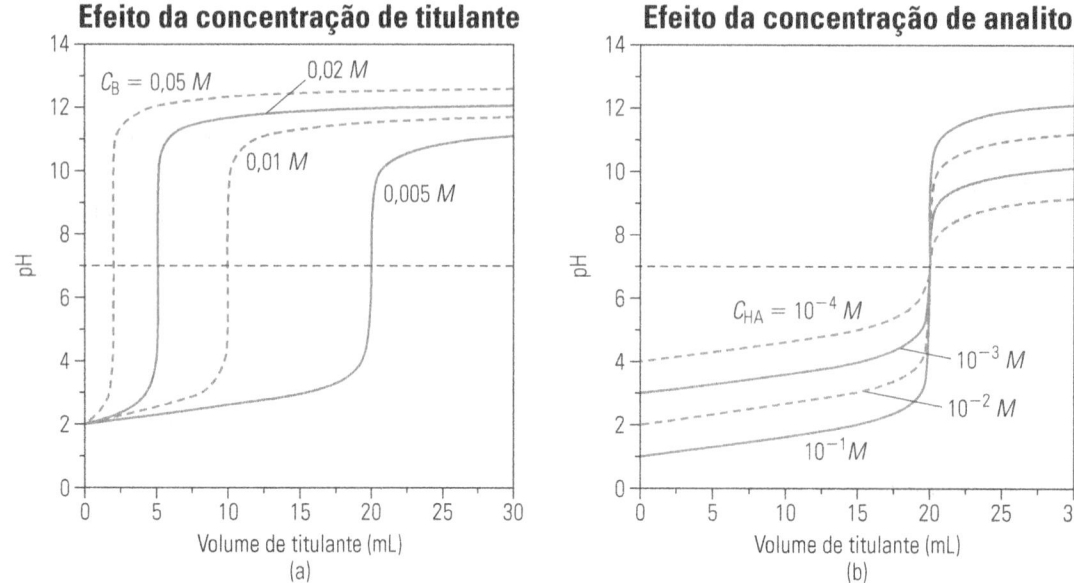

Figura 12.4

Efeitos de (a) concentração de titulante e (b) concentração de analito na curva de titulação que é obtida para uma amostra contendo um ácido forte monoprótico (como HCl), quando titulado com uma solução contendo uma base forte (NaOH). As concentrações mostradas nestes gráficos são as concentrações totais de ácido ou base em suas soluções originais. Em (b), a concentração da base (C_B) sofreu variação para fornecer o mesmo ponto de equivalência usando-se uma concentração de titulante sempre igual à metade da concentração do ácido que era o analito ($C_B = 0,5\ C_A$). A concentração do ácido na amostra original foi mantida constante em 0,01000 M em (a), enquanto o valor do C_B no titulante foi alterado.

cia se desloca para um volume menor quando se aumenta a concentração do titulante. Da mesma forma, o ponto de equivalência se desloca para um volume maior de titulante quando se diminui a concentração deste. A dimensão dessa alteração pode ser prevista pela Equação 12.2. A concentração do titulante também exerce algum efeito sobre o grau relativo em que o pH muda um pouco antes e após o ponto de equivalência. Para alcançar o máximo de exatidão em uma titulação ao usar uma bureta (Seção 12.2.2), a concentração do titulante deve ser selecionada de modo que o ponto de equivalência ocorra quando o volume total de titulante adicionado atingir cerca de 80 por cento da capacidade da bureta.

A concentração do analito também surtirá um grande efeito sobre os resultados obtidos em uma titulação ácido-base. A Figura 12.4(b) ilustra a titulação de um ácido forte com uma base forte, na qual a concentração de titulante também sofre variação para ser exatamente a metade da concentração da amostra, desse modo fornecendo o mesmo volume para o ponto de equivalência nessas titulações. Pode-se ver nesse exemplo que, à medida que a amostra se torna mais diluída, a mudança de pH próximo ao ponto de equivalência se torna mais rasa, e o ácido forte, mais difícil de detectar. Como consequência, essa mudança fica tão pequena que uma titulação ácido-base deixa de ser uma opção viável para medir o analito. Para ácidos e bases fortes, as concentrações de analito que costumam ser examinadas por uma titulação ácido-base estão na faixa de 0,1 M a 0,0001 M, e uma concentração em torno de 0,010 M é a mais comum.

A concentração do analito tem um efeito semelhante quando se titula uma solução contendo um ácido fraco ou uma base fraca, mas a força relativa do ácido fraco ou da base fraca também deve passar a ser considerada. Um analito que é um ácido fraco com um $pK_a = -\log(K_a)$ de cerca de 2,0 ou inferior vai agir mais ou menos como um ácido forte em uma titulação, e uma base fraca com um $pK_b = -\log(K_b)$ de 2,0 ou inferior vai agir mais ou menos como uma base forte em uma titulação ácido-base (Figura 12.5). No entanto, quando se aumenta o pK_a do ácido fraco (ou o pK_b da base fraca), a mudança de pH próximo ao ponto de equivalência torna-se menor, e o ponto final é mais difícil de detectar. O resultado é que, mesmo para uma solução de 0,010 M de analito, não é prático examinar um ácido fraco com pK_a de 10,0 ou mais em água ou, similarmente, uma base fraca com pK_b de 10,0 ou mais em água. Isso significa que é importante considerar tanto a força ácido-base do analito quanto sua concentração esperada quando se está determinando se será viável medir esse analito por uma titulação ácido-base.

12.2.2 Realizando uma titulação

Em uma titulação volumétrica, é importante usar uma bureta para dispensar e medir o titulante enquanto ele se combina

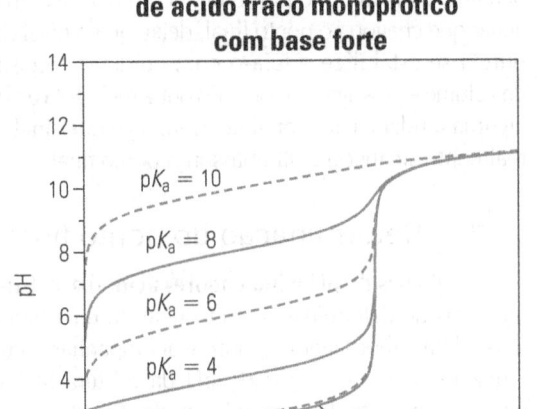
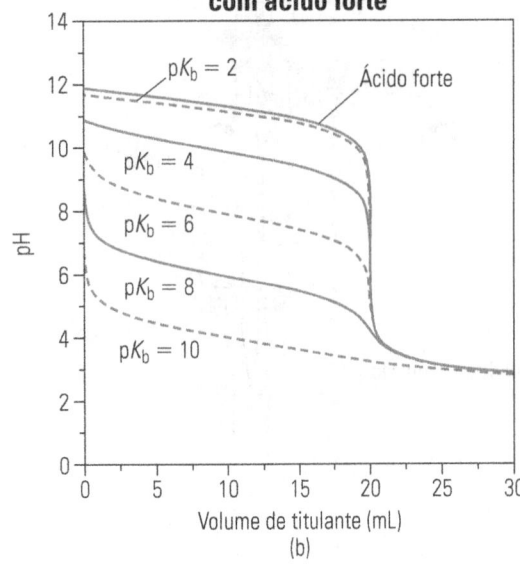

Figura 12.5

Efeitos de (a) força relativa de um ácido fraco, representada por pK_a, durante uma titulação com uma base forte, e (b) força relativa de uma base fraca, representada por pK_b, durante uma titulação com um ácido forte. A concentração do ácido fraco ou da base fraca na amostra original era 0,01000 M e o volume da amostra, 10,00 mL. A concentração do titulante nesses cálculos foi 0,005000 M.

com a amostra. Como vimos no Capítulo 3, a bureta é um tubo de vidro graduado que tem o topo aberto para adição de um titulante, várias marcações para leituras de volume na lateral e uma torneira na parte inferior pela qual o titulante é dispensado em uma amostra. A Figura 12.6 mostra um arranjo experimental comum para o uso de uma bureta, que é presa por uma braçadeira especial e um anel de sustentação. A Tabela 12.2 mostra as propriedades exigidas para buretas classe A. Entre os vários tamanhos disponíveis, as buretas com capacidade total de 25 ou 50 mL são as mais usadas em titulações.

Para realizar uma titulação exata, é necessário seguir os procedimentos operacionais padrão para o uso adequado da vidraria volumétrica listados no Capítulo 3. Por exemplo, é essencial trabalhar com uma bureta limpa para evitar que gotas do titulante fiquem retidas nas paredes enquanto estiver sendo dispensado no recipiente da amostra. Também não deve haver nenhuma bolha de ar em nenhum ponto da bureta após ela ter sido preenchida com o titulante. Uma falha em remover todas as bolhas de ar vai afetar tanto a precisão quanto a exatidão das leituras enquanto o titulante é dispensado no recipiente da amostra.

Também se requer alguma prática para ler corretamente o volume de líquido em uma bureta. Durante uma titulação volumétrica, duas leituras são necessárias para cada adição de titulante. A primeira é feita antes que o volume desejado de titulante seja adicionado, e a segunda depois da adição. A diferença entre essas duas leituras de volume fornecerá o volume de titulante efetivamente dispensado. Ambas devem ser realizadas da mesma forma, com o menisco do líquido na bureta exatamente ao nível dos olhos. Não fazer as duas leituras ao mesmo nível dos olhos acarretará um 'erro de paralaxe' (Capítulo 3). Visto que a quantidade de titulante na bureta muda durante a titulação, você deve ajustar o nível de seus olhos ao verificar o nível do líquido, para minimizar esse erro.

Outro problema na leitura de uma bureta é que o topo curvo de uma coluna de líquido (o 'menisco') age como uma lente, e pode dar a aparência de pelo menos duas superfícies curvas

Tabela 12.2

Características das buretas classe A.*

Capacidade total (mL)	Menor subdivisão (mL)	Erro máximo admissível (mL)
5	0,01	± 0,01
10	0,02 ou 0,05	± 0,02
25	0,10	± 0,03
50	0,10	± 0,05
100	0,20	± 0,10

*Estas propriedades são as especificadas pela American Society for Testing Materials. O termo 'menor subdivisão' refere-se ao menor intervalo de volume que aparece nas marcações na lateral da bureta. O termo 'tolerância' é usado com frequência em vez de 'erro máximo admissível', ao se descreverem as propriedades desses dispositivos.

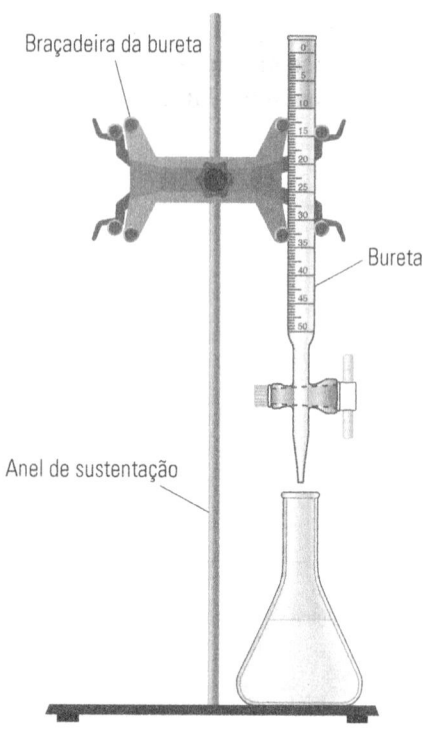

Figura 12.6

Arranjo experimental comum para o uso de uma bureta. (*Observação:* veja a Seção 3.3.3 no Capítulo 3 para uma visão mais detalhada de um menisco e uma discussão sobre erro de paralaxe.) (A figura foi reproduzida com permissão da Wikipédia.)

na região superior do líquido. Também por isso é importante alinhar os olhos com esse menisco ao determinar o nível de titulante em uma bureta. Muitos químicos colocam um cartão branco ou um cartão branco com uma área preta atrás da bureta para facilitar a leitura de um volume.

Ao ler um volume em uma bureta, é *sempre* importante estimar a distância relativa onde cada volume está entre suas marcas mais próximas (veja nossa discussão sobre o uso de uma escala analógica no Capítulo 2). Isso permitirá que você obtenha um algarismo significativo a mais em sua medição de volume. Uma bureta de 25 ou 50 mL tem uma marca a cada 0,1 mL, o que possibilita a um químico experiente estimar o volume de uma solução na bureta com aproximação de 0,01 mL. Ao conduzir uma titulação, leia atentamente o volume inicial e o registre, bem como todos os volumes posteriores de titulante à medida que forem adicionados à amostra.

Com frequência, o titulante pode ser adicionado em um volume bastante grande (em incrementos na escala de mL) nas etapas iniciais da titulação, mas o volume adicionado deve ser reduzido a gotas ou até a uma fração de gota quando o ponto final se aproxima. Você saberá quando fazer isso procurando por uma pequena mudança temporária de cor na mistura, caso um indicador visual seja usado para sinalizar o ponto final (como descrito na próxima seção), ou se o pH medido da mistura começar a subir de modo mais acentuado. Ao chegar de fato perto do ponto final, adicione o titulante gota a gota, ou até em gotas parciais, para atingir o ponto final com mais exatidão. Quando achar que chegou ao ponto final, deixe que o nível de líquido na bureta se estabilize e leia-o com cuidado. Registre a leitura de volume e prossiga adicionando outra meia gota e observando se alguma mudança adicional ocorreu, algo que sinalize que você realmente alcançou e ultrapassou o ponto final.

12.2.3 Determinação do ponto final

Medições de pH e indicadores ácido-base. Existem muitas maneiras de determinar o ponto final de uma titulação ácido-base. Uma abordagem comum é acompanhar o curso de uma titulação com a medição do pH da mistura titulante/amostra enquanto mais titulante é adicionado. Esse tipo de medição é realizado colocando-se um eletrodo de pH na mistura e medindo-se o pH após a amostra ser misturada a cada nova adição de titulante. Um gráfico de pH por volume de titulante adicionado é traçado e usado para localizar o ponto final da titulação. Vários exemplos de gráfico são mostrados nas figuras 12.2 e 12.3. Quando você estiver coletando essas medições de pH, é importante monitorá-las com cuidado e verificar a velocidade na qual aumentam, a cada adição de titulante. O pH de uma titulação ácido-base mostrará a elevação mais acentuada no ponto de equivalência, ou próximo a ele, e por isso é de particular importância que você adicione apenas pequenos volumes do titulante nessa faixa para permitir que uma estimativa exata seja obtida no final da titulação.

Outra forma de acompanhar o curso de uma titulação ácido-base é usando um **indicador ácido-base**. Trata-se de uma substância química, ou uma mistura delas, que muda de cor em uma faixa conhecida de pH. Se essa faixa de pH para transição de cores incluir o pH do ponto de equivalência, o indicador poderá fornecer um meio rápido e fácil de encontrar o ponto final de uma titulação ácido-base.[1,4,5] Basta que você adicione uma pequena quantidade do indicador à amostra e observe a mudança de cor apropriada enquanto o titulante é adicionado.

Um indicador ácido-base é apenas uma substância química que faz parte de um sistema ácido-base fraco em que a forma ácida apresenta uma cor diferente de sua base conjugada. Como resultado, a cor desse indicador vai se alterar de acordo com o pH, e em particular quando o pH mudar na área próxima ao valor de pK_a do indicador. O indicador mais usado em titulações ácido-base é a *fenolftaleína*.

Forma ácida (H_2In)
Sem cor

$pK_a = 9,4$

Forma básica (In^{2-}) + 2 H^+
Cor vermelha/rosa

A fenolftaleína é incolor em meio ácido e vermelha na base, e sua mudança de cor ocorre mais ou menos entre pH 8,0 e pH 10,0. Essa propriedade torna a fenolftaleína útil na titulação de um ácido forte ou de um ácido moderadamente forte com uma base forte, para o qual o ponto de equivalência será pH 7,0 ou um valor apenas um pouco maior.[6,9,10]

A Tabela 12.3 lista vários indicadores ácido-base acompanhados de seus valores K_a e faixas de pH para mudança de cor (veja também encarte colorido no meio deste livro). Em geral, os indicadores mudam de cor em uma faixa de unidades de pH 2,0, centradas em torno de seu pK_a. Quando o pH é igual ao pK_a do indicador, 50 por cento do indicador está em sua forma ácida e 50 por cento em sua forma básica. É comum verificar uma mudança de cor quando 10 por cento do material diferem do restante, o que ocorre quando o pH está uma unidade abaixo ou acima do valor de pK_a. Um bom indicador visual deve ter uma cor intensa, de modo que baste adicionar uma pequena quantidade para que seja perceptível a olho nu. Visto que o indicador faz parte de um sistema ácido-base, ele reagirá com um titulante de base ou ácido para convertê-lo em sua forma conjugada. Isso ocorre quando o pH da mistura amostra/titulante se aproxima do pK_a do indicador, que deve ser escolhido de modo que o ponto final observado se situe o mais próximo possível do pH esperado para o ponto de equivalência na titulação. Por exemplo, a titulação mostrada na Figura 12.7 tem um ponto de equivalência que ocorre em 20,00 mL de titulante e pH 8,14. Dos três indicadores mostrados nessa figura, o vermelho de cresol tem um valor de pK_a que é o mais próximo do valor do pH no ponto de equivalência (pK_a = 8,22), seguido pelo vermelho de fenol (pK_a = 7,9) e pela fenolftaleína (pK_a = 9,4). A faixa de pH para a transição de cor do vermelho de cresol também fornece a melhor correspondência com o pH esperado para o ponto de equivalência. Em suma, desses três indicadores, supõe-se que o vermelho de cresol proporcione o ponto final mais exato e o menor erro de titulação dessa análise.

Métodos gráficos. Se você tiver dificuldade em localizar o ponto final por meio de medições de pH, um tipo de gráfico que poderá ajudar é o de derivadas. Este tipo de gráfico recorre às medições de pH *versus* volume que são obtidas durante uma titulação ácido-base normal. No entanto, neste caso, usamos as

Tabela 12.3

Exemplos de indicadores para titulações ácido-base em água.*

Indicador	pK_a (25 °C)	Faixa de pH para mudança de cor	Mudança de cor (forma ácida → forma básica)
Roxo de cresol	1,51	1,2–2,8	Vermelho → Amarelo
Azul de timol	1,65	1,2–2,8	Vermelho → Amarelo
Tropeolina	2,0	1,3–3,2	Vermelho → Amarelo
Alaranjado de metila	3,40	3,1–4,4	Vermelho → Amarelo
2,6-Dinitrofenol	3,69	2,4–4,0	Incolor → Amarelo
2,4-Dinitrofenol	3,90	2,5–4,3	Incolor → Amarelo
Amarelo de metila	3,3	2,9–4,0	Vermelho → Amarelo
Alaranjado de metila	3,40	3,1–4,4	Vermelho → Alaranjado
Azul de bromocresol[a]	3,85	3,0–4,6	Amarelo → Azul violeta
Verde de bromocresol[a]	4,68	4,0–5,6	Amarelo → Azul
Vermelho de metila	4,95	4,4–6,2	Vermelho → Amarelo
Vermelho de clorofenol	6,0	5,4–6,8	Amarelo → Vermelho
Púrpura de bromocresol[a]	6,3	5,2–6,8	Amarelo → Roxo
p-Nitrofenol	7,15	5,3–7,6	Incolor → Amarelo
Azul de bromotimol[a]	7,1	6,2–7,6	Amarelo → Azul
Vermelho de fenol	7,9	6,4–8,0	Amarelo → Vermelho
Vermelho neutro	7,4	6,8–8,0	Vermelho → Amarelo
m-Nitrofenol	8,3	6,4–8,8	Incolor → Amarelo
Vermelho de cresol[b]	8,2	7,2–8,8	Amarelo → Vermelho
Roxo de cresol	8,32	7,6–9,2	Amarelo → Roxo
Azul de timol	8,9	8,0–9,6	Amarelo → Azul
Fenolftaleína	9,4	8,0–9,6	Incolor → Vermelho
Timolftaleína	10,0	9,4–10,6	Incolor → Azul
Amarelo de alizarina R	11,16	10,1–12,0	Amarelo → Violeta

* Os dados desta tabela foram obtidos em J. A. Dean, *Lange's Handbook of Chemistry*, 15ª ed., McGraw-Hill, Nova York, 1999.
[a] Algumas fontes se referem a esses indicadores como azul de bromcresol, verde de bromcresol, púrpura de bromcresol e azul de bromtimol.
[b] O vermelho de cresol também apresenta a mudança de cor do vermelho para o amarelo que ocorre entre pH 0,2 e pH 1,8.

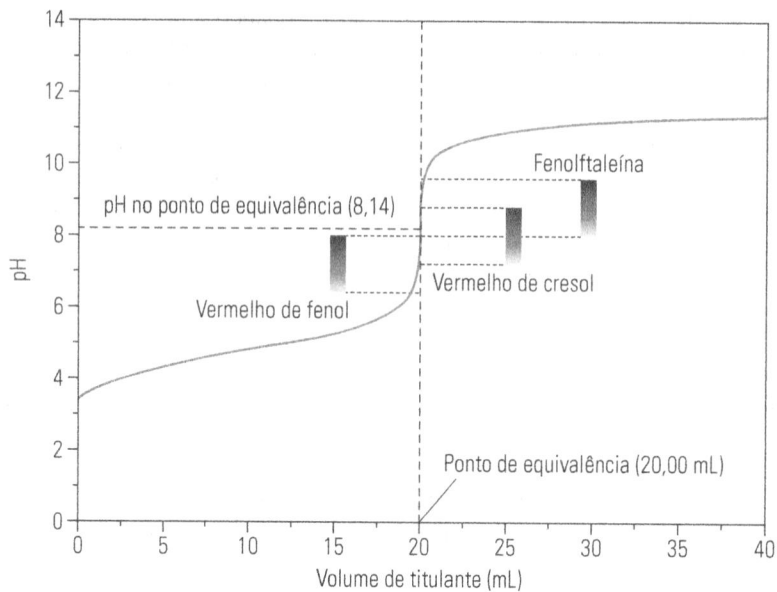

Figura 12.7

Uso de vários indicadores na análise de uma solução de 10,00 mL de ácido acético de 0,01000 M por titulação com NaOH de 0,005000 M. A faixa de pH em que cada um desses indicadores sofre variação de cor é de pH 6,4 a 8,0 para o vermelho de fenol (19,55 a 19,99 mL de titulante), pH 7,2 a 8,8 para o vermelho de cresol (19,93 a 20,04 mL) e pH 8 a 9,6 para a fenolftaleína (19,99 a 20,04 mL).

informações para calcular e plotar a inclinação (ou a primeira derivada, dpH/$dV_{Titulante}$) de nossos dados em relação ao volume adicionado de titulante. Um exemplo desse tipo de gráfico é mostrado na Figura 12.8 para uma situação em que se determina a 'alcalinidade' da amostra de água pela análise de seu teor de íons carbonato e bicarbonato. A mudança de pH no primeiro ponto de equivalência dessa curva (devido à titulação de carbonato) é muito pequena para proporcionar um ponto final devidamente nítido para determinação por um gráfico normal de pH por volume de titulante ou pelo uso de um indicador ácido-base. Quando um gráfico da inclinação é traçado com base nos dados fornecidos, é possível localizar esse ponto final, bem como o segundo ponto final (devido à titulação de bicarbonato). Esses pontos finais são representados por dois picos agudos que aparecem no gráfico da inclinação. O topo de cada um desses picos, onde a inclinação atinge um ponto máximo e passa de um valor crescente a um valor decrescente, é chamado de *ponto de inflexão*. Se o analito for um ácido fraco ou uma base fraca, um segundo ponto de inflexão também estará presente na inclinação mínima no meio da curva de titulação, como ocorre entre volumes de titulante de 5 e 6 mL na Figura 12.8, durante a titulação de bicarbonato.

Um segundo tipo de gráfico que também pode ser usado para localizar e fornecer uma estimativa exata do ponto de equivalência é um **gráfico de Gran**.[5,11,12] Esse gráfico é construído traçando-se uma função especial de pH *versus* o volume de titulante para fornecer uma resposta linear à curva de titulação. No caso da titulação de um ácido fraco, esse tipo de gráfico é criado traçando-se $V_B \, 10^{-pH}$ *versus* V_B com base na Equação 12.4

(veja derivação na Tabela 12.4), onde V_E é o volume de titulante necessário para que se atinja o ponto de equivalência.

Gráfico de Gran para um ácido fraco titulado com uma base forte:

$$V_B \cdot 10^{-pH} = K_a^{\circ} \cdot \frac{(\gamma_{HA})}{(\gamma_{A^-})} \cdot (V_E - V_B) \qquad (12.4)$$

Uma relação e um gráfico semelhantes podem ser aplicados à titulação de uma base fraca por uma base forte.

Gráfico de Gran para uma base fraca titulada com um ácido forte:

$$V_A \cdot 10^{pH} = \frac{(\gamma_B)}{K_a^{\circ}(\gamma_{BH^+})} \cdot (V_E - V_A) \qquad (12.5)$$

Um exemplo de gráfico de Gran para um ácido fraco é dado na Figura 12.9. De acordo com a Equação 12.4, o intercepto x da parte linear desse gráfico deve fornecer um valor de V_B que seja igual a V_E. A constante de dissociação do ácido para o sistema pode ser obtida pela inclinação, que será igual a $K_a^{\circ} \cdot (\gamma_{HA})/(\gamma_{A^-})$.

Um bom recurso do gráfico de Gran é permitir que mais do que apenas um ou alguns pontos de dados sejam usados para determinar a posição do ponto de equivalência. Além disso, não é necessário adquirir os dados diretamente da área do ponto de equivalência para determinar esse valor. Trata-se de vantagens importantes se comparadas às de métodos de detecção de pontos finais dependentes de indicadores ácido-base ou de uma curva de titulação tradicional, que resultam em uma técnica mais precisa e robusta de localização do ponto de equivalência.

Volume de titulante (mL)	pH medido	Inclinação da curva de titulação
0,00	9,35	—
0,20	9,30	−0,25
0,50	9,20	−0,33
1,00	9,00	−0,40
1,25	8,86	−0,56
1,50	8,68	−0,72
1,66	8,56	−0,75
1,76	8,46	−1,00
1,80	8,40	−1,50
1,83	8,35	−1,67
1,86	8,27	−2,67
1,90	8,22	−1,25
1,95	8,16	−1,20
2,05	8,05	−1,10
2,50	7,80	−0,56
3,50	7,17	−0,63
4,50	6,84	−0,33
5,50	6,63	−0,21
6,50	6,38	−0,25
7,50	6,14	−0,24
8,50	5,85	−0,29
9,50	5,39	−0,46
10,00	4,85	−1,08
10,08	4,68	−2,13
10,11	4,60	−2,67
10,14	4,50	−3,33
10,17	4,43	−2,33
10,20	4,40	−1,00
10,25	4,35	−1,00
10,35	4,24	−1,10
10,50	4,12	−0,80
10,70	3,99	−0,65

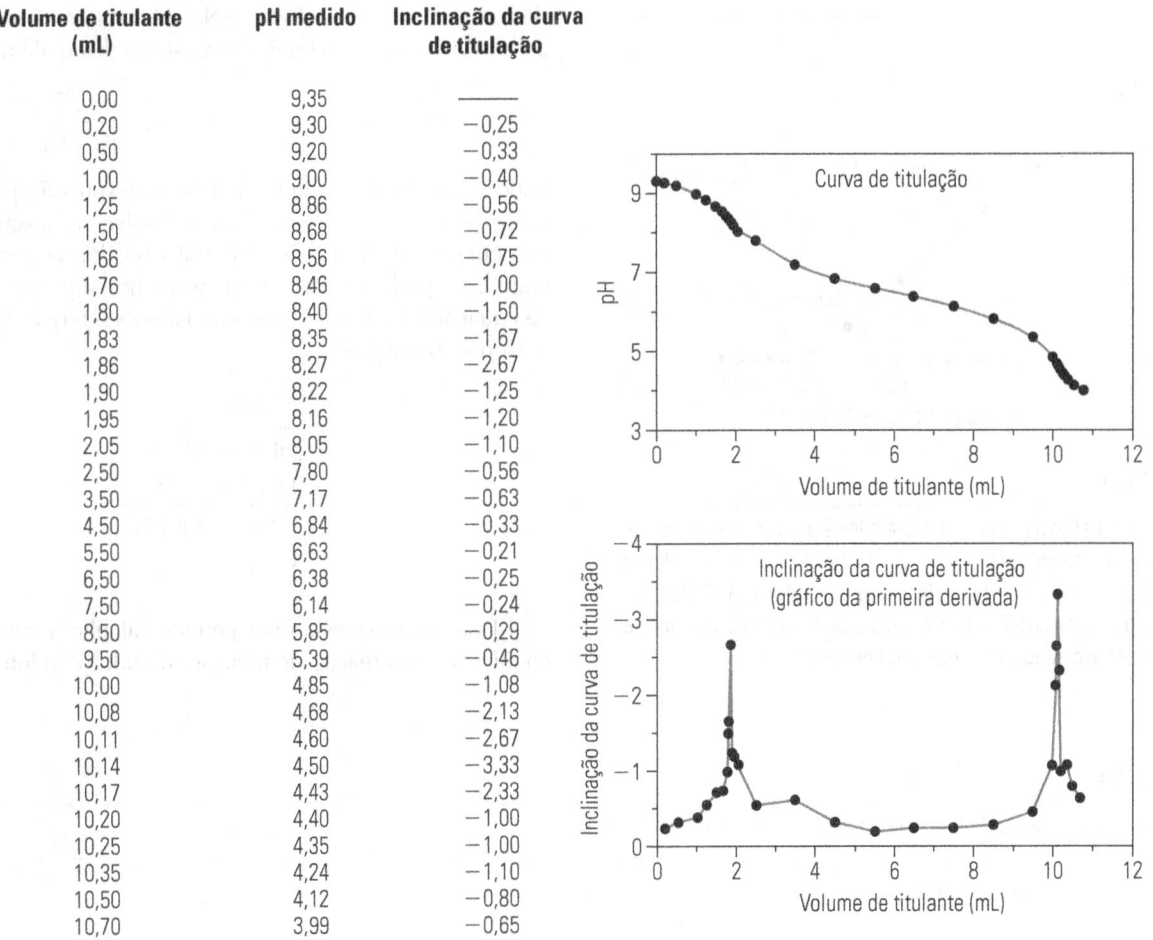

Figura 12.8

Curva de titulação e um gráfico da inclinação (também conhecida como a 'primeira derivada') dessa curva de titulação. O exemplo usado neste caso é a titulação de uma amostra de água natural com um ácido forte para determinar o teor de carbonato e bicarbonato da amostra como uma medida da alcalinidade da água. A titulação de carbonato é representada pelo primeiro ponto final. O segundo ponto final representa a titulação de bicarbonato na amostra original mais o bicarbonato que foi produzido durante a titulação de carbonato, quando se atingiu o primeiro ponto final. (A planilha e o gráfico baseiam-se em dados obtidos de U. S. Geological Survey.)

12.3 Previsão e otimização de titulações ácido-base

12.3.1 Descrição das titulações ácido-base

Agora que já discutimos o conceito básico de uma titulação ácido-base, analisaremos em mais detalhes essa técnica para verificar como podemos descrevê-la e otimizá-la. Primeiro, devemos pensar mais sobre a reação que realmente ocorre durante a titulação. No caso de uma titulação em água que envolve um ácido forte e uma base forte, a reação total é a neutralização de um íon hidrônio com um íon hidróxido, como muitas vezes representado pela reação de H$^+$ com OH$^-$.

$$H_3O^+ + OH^- \rightleftharpoons 2H_2O$$
$$(\text{ou } H^+ + OH^- \rightleftharpoons H_2O) \quad (12.6)$$

Vimos no Capítulo 8 que a constante de equilíbrio desse processo é bastante grande e encontra-se majoritariamente do lado direito da reação, com um valor de $1/K_w = 1,0 \times 10^{14}$ a 25 °C. Essa reação também é rápida, com o íon hidrônio reagindo com um íon hidróxido essencialmente de forma tão rápida quanto esses dois íons se dissipam juntos na solução. Como resultado, essa reação parece ocorrer quase instantaneamente quando o titulante é adicionado à amostra.

Se uma titulação envolve ou um ácido fraco ou uma base fraca, os valores de K_a ou K_b para essas substâncias devem ser considerados. Para ilustrar isso, examinaremos a reação do áci-

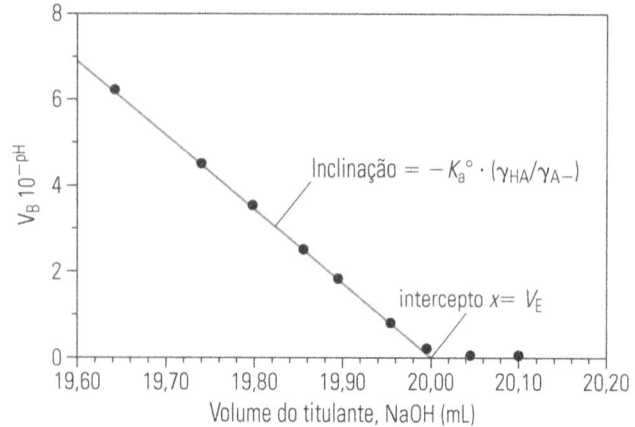

Figura 12.9

Exemplo de um gráfico de Gran para a titulação de um ácido fraco com uma base forte. Esse exemplo em particular se refere à titulação de uma alíquota de 10,00 mL de ácido acético de 0,01000 M com NaOH de 0,005000 M. O intercepto x da regressão linear fornece uma estimativa de V_E, o volume de titulante que é necessário para chegar ao ponto de equivalência.

do fraco HF com a base forte de NaOH, conforme representado pelas seguintes reação líquida e constante de equilíbrio,

$$HF + OH^- \rightleftharpoons H_2O + F^- \qquad K = \frac{(1)[F^-]}{[HF][OH^-]} \qquad (12.7)$$

onde se atribui à atividade da água na expressão para K um valor de $a_{H_2O} = 1$ porque a água é o solvente dessa reação e está em seu estado padrão. Para obter o valor da constante de equilíbrio, podemos multiplicar os termos superior e inferior da Equação 12.7 por $[H^+]$ e rearranjar nossos termos para obter a expressão a seguir.

$$K = \frac{[H^+][F^-]}{[HF][OH^-][H^+]}$$
$$= \frac{[H^+][F^-]}{[HF]} \cdot \frac{1}{[OH^-][H^+]}$$
$$= K_{a,HF/K_w} \qquad (12.8)$$

Essa nova expressão nos permite calcular a constante de equilíbrio dessa reação de titulação usando os valores conhe-

Tabela 12.4

Equação de Gran para um ácido fraco (HA) titulado com uma base forte (OH$^-$).

Reação de titulação:

$$HA + OH^- \longrightarrow A^- + H_2O$$

Expressão de $K_a°$ para ácido fraco:

$$HA \rightleftharpoons H^+ + A^-$$

$$K_a° = \frac{(a_{H^+})(a_{A^-})}{(a_{HA})} = \frac{(\gamma_{H^+})[H^+](\gamma_{A^-})[A^-]}{(\gamma_{HA})[HA]}$$

Equações de equilíbrio de massa:

$$\text{Mol } A^- \text{ produzido} = \text{Mol } OH^- \text{ adicionado} \Rightarrow [A^-] = \frac{C_B V_B}{V_A + V_B}$$

$$\text{Mol HA remanescente} = \text{Mol original HA} - \text{Mol } OH^- \text{ adicionado} \Rightarrow [HA] = \frac{C_A V_A - C_B V_B}{V_A + V_B}$$

Substitua as equações de equilíbrio de massa na expressão de $K_a°$; elimine termos comuns

$$\Rightarrow K_a° = \frac{(\gamma_{H^+})[H^+](\gamma_{A^-})(C_B V_B)/(V_A + V_B)}{(\gamma_{HA})(C_A V_A - C_B V_B)/(V_A + V_B)} = \frac{(\gamma_{H^+})[H^+](\gamma_{A^-})(C_B V_B)}{(\gamma_{HA})(C_A V_A - C_B V_B)}$$

Rearranje para resolver em termos de $V_B(\gamma_{H^+})[H^+]$; substitua em $10^{-pH} = (\gamma_{H^+})[H^+]$

$$\Rightarrow V_B \cdot (\gamma_{H^+})[H^+] = K_a° \cdot \frac{(\gamma_{HA})(C_A V_A - C_B V_B)}{(\gamma_{A^-})C_B}$$

$$\Rightarrow V_B \cdot 10^{-pH} = K_a° \cdot \frac{(\gamma_{HA})(C_A V_A - C_B V_B)}{(\gamma_{A^-})C_B}$$

Substitua em $V_E = (C_A V_A)/C_B$, onde V_E é o volume de titulante no ponto de equivalência:

$$\therefore \quad V_B \cdot 10^{-pH} = K_a° \cdot \frac{(\gamma_{HA})}{(\gamma_{A^-})} \cdot (V_E - V_B) \qquad (12.4)$$

cidos de $K_{a,HF}$ (6,8 × 10⁻⁴) e K_w (1,0 × 10⁻¹⁴), produzindo $K = (6,8 × 10^{-4})/(1,0 × 10^{-14}) = 6,8 × 10^{10}$.

A constante de equilíbrio que calculamos para a titulação de HF com NaOH é relativamente grande, porém muito menor do que o valor de 1,0 × 10¹⁴ que estaria presente na titulação de um ácido forte com uma base forte em água. Isso nos leva à pergunta: 'Qual deve ser o tamanho de K para que uma titulação ácido-base em água seja prática?' Vimos anteriormente, na Figura 12.4, que um ácido deve ter um valor de K_a maior do que 1,0 × 10⁻¹⁰ (ou pK_a menor do que 10,0) para produzir uma curva de titulação que tenha um ponto final fácil de detectar quando se usa uma base forte em água como o titulante. Com base nesse valor de corte de K_a, obtemos uma constante de equilíbrio global (K) de, pelo menos, $K_a/K_w = (1,0 × 10^{-10})/(1,0 × 10^{-14}) = 1,0 × 10^4$ que é necessária para essa titulação. Como veremos no próximo exercício, o mesmo valor mínimo para K é necessário para a titulação de uma base por um ácido forte em água.

EXERCÍCIO 12.4 Determinação da constante de equilíbrio para a titulação de uma base fraca

Um químico que trabalha em uma fábrica de fertilizantes deseja titular a amônia usando HCl como titulante. Qual a constante de equilíbrio que se poderia esperar para essa reação de titulação?

SOLUÇÃO

A reação global e a constante de equilíbrio baseada em concentração para a titulação são mostradas a seguir, onde uma atividade de 1 é usada na expressão de equilíbrio para a água (o solvente).

$$H_3O^+ + NH_3 \rightleftharpoons NH_4^+ + H_2O$$

$$K = \frac{[NH_4^+]a_{H_2O}}{[NH_3][H_3O^+]} = \frac{[NH_4^+]}{[NH_3][H_3O^+]}$$

Podemos reescrever essa expressão de equilíbrio em termos do valor de K_b para a amônia e K_w multiplicando os termos superior e inferior dessa expressão por [OH⁻].

$$K = \frac{[NH_4^+][OH^-]}{[NH_3][H_3O^+][OH^-]}$$

$$= \frac{[NH_4^+][OH^-]}{[NH_3]} \cdot \frac{1}{[OH^-][H_3O^+]} = K_{b,NH_3}/K_w$$

Se utilizarmos agora a nova expressão com os valores conhecidos de K_{b,NH_3} (1,75 × 10⁻⁵) e K_w obteremos uma constante de equilíbrio para essa reação de titulação de $K = (1,75 × 10^{-5})/(1,0 × 10^{-14}) =$ **1,75 × 10⁹**. Este resultado é menor do que o valor máximo de $K = 1/K_w = 1,0 × 10^{14}$ que seria previsível para uma base forte titulada com um ácido forte como HCl em água. No entanto, uma constante de equilíbrio de 1,75 × 10⁹ ainda é muito maior do que o valor mínimo $K = K_b/K_w = (1,0 × 10^{-10})/(1,0 × 10^{-14}) = 1,0 × 10^4$ necessário para tornar a titulação viável, com base em um menor valor de corte para K_b de 1,0 × 10⁻¹⁰ (ou um pK_b menor que 10,0), como observado anteriormente na Figura 12.4.

12.3.2 Curvas de titulação para ácidos e bases fortes

No caso de uma titulação ácido-base, a curva de titulação é normalmente um gráfico de pH para a mistura amostra/titulante *versus* o volume de titulante que foi adicionado. Quando se titula um ácido com uma base, não deve surpreender que o pH aumente à medida que se adiciona a base ao ácido. Determinar a extensão exata dessa mudança é algo importante se queremos identificar as melhores condições para realizar a titulação e detectar o ponto de equivalência. Isso pode ser feito usando-se as ferramentas que vimos no Capítulo 7 para descrever reações ácido-base. Primeiro, veremos como esses métodos podem ser usados para prever a forma de uma curva de titulação para a combinação de um ácido forte com uma base forte; a seguir, prosseguiremos com a análise das titulações de ácidos fracos com bases fracas.

Titulação de um ácido forte. A análise de ácidos fortes, como HCl ou HNO₃, é importante na indústria para determinar a pureza e a concentração desses reagentes. Uma titulação desses ácidos fortes geralmente é realizada usando-se uma base forte como titulante. A forma geral da curva de titulação que será obtida em água é mostrada na Figura 12.10. Essa curva de titulação pode ser dividida em quatro regiões distintas com base na quantidade de titulante que foi adicionado à amostra: (1) a amostra original, (2) o meio da titulação em que somente parte do analito foi titulada, (3) o ponto de equivalência e (4) a área além do ponto de equivalência em que há excesso de titulante. Veremos mais tarde que essas mesmas quatro regiões também existem em qualquer outro tipo de titulação ácido-base.

A *primeira região* da titulação na Figura 12.10 ocorre antes mesmo do início da titulação (um ponto ao qual nos referiremos como '0 por cento de titulação'). Trata-se simplesmente de uma solução de um ácido forte, por isso o pH nessa situação será dado pelo teor de íons hidrogênio da amostra original. Se a concentração total do ácido for maior do que 10⁻⁶ M (permitindo-nos ignorar as contribuições resultantes da água, como discutido no Capítulo 8), a concentração de H⁺ será igual à concentração total do ácido (C_{HA}).

Amostra original (0 por cento de titulação): $[H^+] = C_{HA}$ (12.9)

Uma vez que usamos essa equação para obter [H⁺], podemos calcular o pH usando a relação aproximada pH ≈ –log[H⁺]. (*Observação:* lembre-se de que esta última equação representa uma aproximação, porque o pH, na verdade, baseia-se na atividade e não na concentração.)

A *segunda região* presente em uma titulação ácido-base ocorre quando um titulante foi adicionado à amostra, mas não se atingiu o ponto de equivalência. Para a titulação de um ácido forte com uma base forte em água, cada mol de base adicionada produz um mol de OH⁻, que então reage com um mol de um ácido forte (ou, mais especificamente, com íons H_3O^+/H⁺ produzidos pelo ácido forte em água). Se pudermos ignorar a contribuição do pH da água nessa reação (como ocorre se $C_{HA} >$ 10⁻⁶ M), os mols de íons H⁺ restantes do ácido em qualquer ponto nessa área serão iguais aos mols iniciais do ácido na amos-

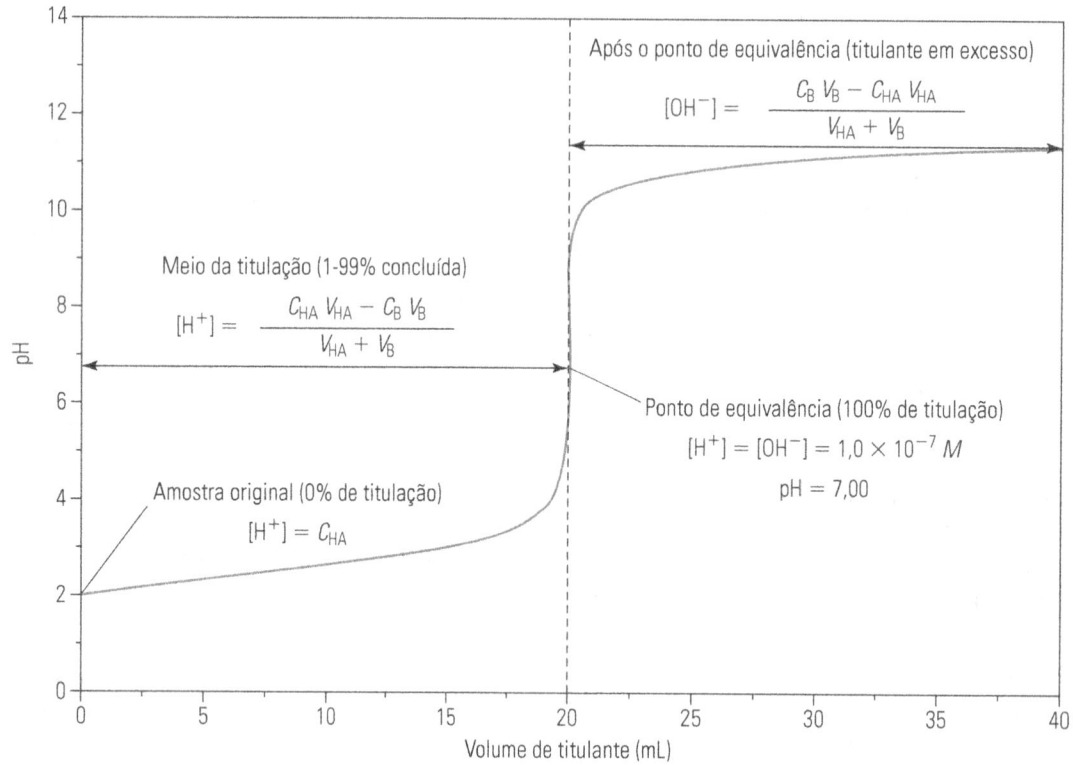

Figura 12.10

Equações para prever a resposta da titulação de um ácido forte monoprótico com uma base forte em água. Estas equações fazem supor que a força iônica é suficientemente baixa para permitir que as concentrações sejam usadas em lugar das atividades químicas. Os efeitos da dissociação da água também não são considerados, exceto pela equação que é dada no ponto de equivalência. Todos os termos aplicados nessas equações foram definidos no texto.

tra ($C_{HA} V_{HA}$) menos os mols da base adicionada ($C_B V_B$), onde C_B é a concentração total da base no titulante, V_{HA} é o volume da amostra original e V_B é o volume do titulante adicionado. Podemos, em seguida, determinar a concentração desses íons hidrogênio dividindo essa diferença em mols pelo volume total da mistura amostra/titulante ($V_{HA} + V_B$), como segue.

Meio da titulação (1-99 por cento concluída):

$$[H^+] = \frac{C_{HA} V_{HA} - C_B V_B}{V_{HA} + V_B} \quad (12.10)$$

A seguir, o pH da mistura amostra/titulante é estimado usando-se o valor calculado para [H^+]. Quando você estiver fazendo esse cálculo, lembre-se de usar as unidades adequadas para obter as dimensões apropriadas na resposta final. Nesse caso, recomenda-se que C_{HA} e C_B sejam fornecidos em unidades de molaridade e que V_{HA} e V_B sejam expressos em unidades de litros, mesmo que os volumes originais sejam dados em mililitros.

A *terceira região* em uma curva de titulação ocorre no ponto de equivalência. Nesse ponto, exatamente o suficiente da base forte na Figura 12.10 foi adicionado para reagir com todo o ácido forte que estava presente. Agora, nessas condições, a única fonte de íons hidrogênio ou íons hidróxido é a água, que atua como solvente nessa titulação. Para determinar o pH nesse ponto, podemos apenas usar a expressão de K_w para a água (K_w = [H^+][OH^-] = 1,0 × 10^{-14} a 25 °C) e o fato de que um íon hidrogênio é formado para cada íon hidróxido se não houver outra fonte de ambos os íons na solução. Quando juntamos essas informações, obtemos o seguinte resultado.

Ponto de equivalência (100 por cento de titulação):

$$[H^+] = [OH^-] = \sqrt{K_w} = 1,0 \times 10^{-7} M$$

ou

$$pH \approx -\log(1,0 \times 10^{-7}) = 7,00 \quad (12.11)$$

Como esse resultado indica, o pH para a titulação de um ácido forte com uma base forte será sempre igual a 7,00 no ponto de equivalência. É útil ter esse número em mente ao planejar tal titulação e determinar quando o ponto de equivalência foi atingido ou quando se está selecionando um indicador ácido-base para detectar o ponto final de uma titulação (veja a Seção 12.2.3).

A *quarta região* em uma curva de titulação ocorre após o ponto de equivalência. Nessa região, todo o analito original foi consumido e agora estamos apenas acrescentando titulante em excesso à amostra. No caso de um ácido forte que esteja sendo titulado com uma base forte, os mols da base em excesso que foram adicionados após o ponto de equivalência serão iguais à diferença nos mols originais de ácido e de base adicionada, ou ($C_B V_B$) − ($C_{HA} V_{HA}$). Também conhecemos o volume total da mistura amostra/titulante ($V_{HA} + V_B$), o que nos permite calcular a concentração de íons hidróxido que estarão presentes em qualquer mistura de titulante e amostra após o ponto de equivalência.

Após o ponto de equivalência (titulante em excesso):

$$[OH^-] = \frac{C_B V_B - C_{HA} V_{HA}}{V_{HA} + V_B} \quad (12.12)$$

Esta equação se baseia na mesma abordagem geral que usamos no Capítulo 8 para determinar a concentração de íons hidróxido de uma base forte em água. Uma vez que conhecemos [OH⁻] da mistura amostra/titulante, podemos determinar o valor de [H⁺] e do pH usando as relações $[H^+] = K_w/[OH^-]$ e pH ≈ −log[H⁺]. No próximo exercício veremos como utilizar tais equações para prever a forma da curva de titulação de um ácido forte submetido à reação com uma base forte.

EXERCÍCIO 12.5 Previsão da titulação de um ácido forte com uma base forte

A curva de titulação na Figura 12.10 foi obtida de uma amostra de 10,00 mL de HCl de 0,01000 M que foi titulado com NaOH de 0,005000 M. Calcule o pH no início da titulação, no meio da titulação, no ponto de equivalência e após 10,00 mL de titulante em excesso terem sido adicionados à amostra.

SOLUÇÃO

O pH da amostra no início da titulação pode ser calculado pela Equação 12.9, o que resulta em [H⁺] = 0,010 M e pH ≈ −log(0,010) = **2,00**.

Para determinar o pH no meio da titulação, primeiro devemos calcular o volume de titulante necessário para atingir o ponto de equivalência. Isso pode ser feito a partir da Equação 12.2 e da estequiometria conhecida da reação entre HCl e NaOH.

mol HCL = mol NaOH ou $C_{HCl} V_{HCl} = C_{NaOH} V_{NaOH}$

Ao rearranjarmos essa relação, obtemos $V_{NaOH} = C_{HCl} V_{HCl}/C_{NaOH}$ = (0,005000 M)(0,02500 L)/(0,01000 M) = 0,02000 L ou 20,00 mL. Isto significa que o volume necessário para chegarmos ao meio da titulação é (20,00 mL)/2 = 10,00 mL. O pH em um ponto intermediário na titulação pode ser calculado usando-se a Equação 12.10.

$$[H^+] = \frac{(0,01000\,M\,HCl)(0,01000\,L\,HCl) -}{0,01000\,L\,HCl + 0,01000\,L\,NaOH}$$

$$\frac{(0,005000\,M\,NaOH)(0,01000\,L\,NaOH)}{0,01000\,L\,HCl + 0,01000\,L\,NaOH}$$

∴[H⁺] = 0,002500 M ou pH ≈ −log(0,002500) = **2,60**

Visto que se trata de uma titulação de um ácido forte com uma base forte, também sabemos pela Equação 12.11 que **pH = 7,00** no ponto de equivalência da titulação.

Se 20,00 mL de titulante são necessários para atingir o ponto de equivalência, um adicional de 10,00 mL resulta no acréscimo total de 30,00 mL de titulante. O pH nesse ponto pode ser dado pela Equação 12.12.

$$[OH^-] = \frac{(0,005000\,M\,NaOH)(0,03000\,L\,NaOH)}{0,03000\,L\,NaOH + 0,01000\,L\,HCl} -$$

$$\frac{(0,01000\,M\,HCl)(0,01000\,L\,HCl)}{0,03000\,L\,NaOH + 0,01000\,L\,HCl}$$

∴[OH⁻] = 0,001250 M

e [H⁺] = (1,0×10⁻¹⁴)/(0,001250 M) = 8,0×10⁻¹² M

ou

pH ≈ −log(8,0×10⁻¹²) = **11,10**

Neste exemplo, apresentamos somente dois dígitos à direita do decimal para os valores finais calculados de pH, embora todas as concentrações e volumes utilizados nesse cálculo tenham quatro algarismos significativos. A razão pela qual o pH foi apresentado dessa maneira é que fizemos algumas simplificações nesses cálculos (por exemplo, aplicamos a concentração em vez das atividades e ignoramos a contribuição da água ao pH antes ou depois do ponto de equivalência), produzindo um pH estimado que, muitas vezes, é exato em apenas dois dígitos significativos nesse tipo de cálculo.

Podemos ver que é bastante fácil estimar o resultado de uma titulação de ácido forte se conhecemos o volume da amostra, sabemos qual é a concentração do titulante e temos um valor aproximado da concentração esperada da amostra. Esse processo também torna possível identificar os volumes de titulante que teremos de usar na análise e os resultados previsíveis de cada um desses volumes. Se for o caso, podemos realizar tais cálculos manualmente e aplicá-los de modo a preparar um gráfico da curva esperada para facilitar a otimização do método. É importante, porém, notar que existem algumas limitações ao uso das equações 12.9 a 12.12 para essa finalidade. Na Seção 12.3.4, examinaremos uma abordagem mais geral empregando planilhas de cálculo e uma única equação para estimar o pH nas quatro regiões da curva de titulação.

Titulação de uma base forte. Uma base forte como NaOH é também importante em um laboratório industrial ou de rotina. Essa análise costuma se dar por titulação da base forte com um ácido forte e resulta em uma curva de titulação como a da Figura 12.11. O pH em diferentes regiões da curva pode ser estimado a partir de uma abordagem semelhante à usada na titulação de um ácido forte com uma base forte. O pH da amostra original pode ser determinado a partir da abordagem apresentada no Capítulo 8 para a solução de uma base forte ($C_B > 10^{-7}\,M$), como representado pela Equação 12.13.

Amostra original (0 por cento de *titulação*): [OH⁻] = C_B (12.13)

A seguir, determinam-se os valores de [H⁺] e do pH da amostra usando-se $[H^+] = K_w/[OH^-]$ e pH ≈ −log[H⁺].

A próxima região da curva de titulação é alcançada quando adicionamos um pouco de ácido, mas não o suficiente para

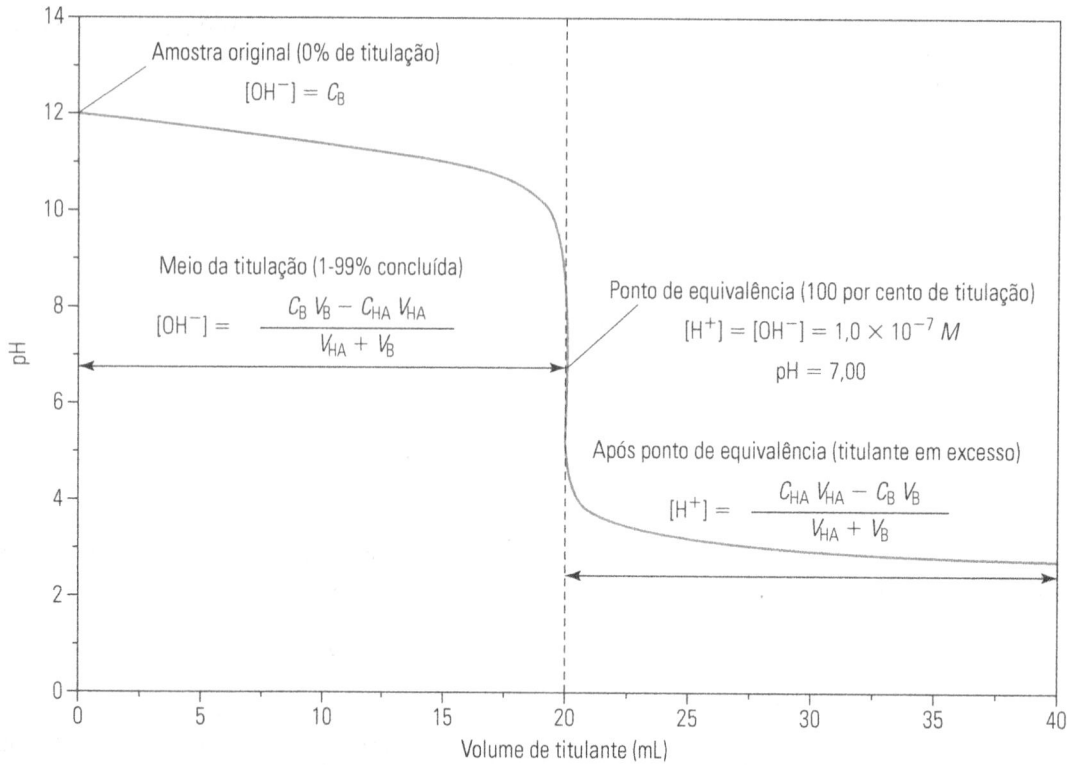

Figura 12.11

Equações para a previsão do resultado da titulação de uma base forte com um ácido forte monoprótico em água. As suposições feitas nessas equações são as mesmas admitidas na Figura 12.9 para a titulação de um ácido forte com uma base forte. Todos os termos utilizados nessas equações foram definidos no texto.

atingirmos o ponto de equivalência. Nessa área, um mol de íon hidróxido da base original será removido para cada mol de íon hidrogênio adicionado no titulante. Pode-se identificar a concentração dos íons hidróxido remanescentes calculando-se a diferença entre os mols iniciais da base e os mols de ácido adicionado ($C_B V_B - C_{HA} V_{HA}$) e dividindo-se isso pelo volume total do titulante e da amostra ($V_{HA} + V_B$).

Meio da titulação (1-99 por cento de titulação):

$$[OH^-] = \frac{(C_B V_B - C_{HA} V_{HA})}{(V_{HA} + V_B)} \qquad (12.14)$$

O valor resultante de [OH⁻] é usado para determinar [H⁺] por meio de [H⁺] = K_w/[OH⁻], que é por sua vez utilizado para calcular o pH da mistura amostra/titulante.

A titulação de uma base forte com um ácido forte também se assemelha à titulação de um ácido forte com uma base forte em relação ao pH no ponto de equivalência. Nessa situação, a base original foi consumida e nenhum outro ácido forte foi adicionado, de tal modo que a água é a única fonte restante de H⁺ e OH⁻. Isto gera o resultado a seguir, quando usamos a expressão K_w para a água e o fato de que um íon hidrogênio é formado para cada íon hidróxido de água.

Ponto de equivalência (100 por cento de titulação):

$$[H^+] = [OH^-] = 1{,}0 \times 10^{-7} M$$

ou

$$pH \approx -\log(1{,}0 \times 10^{-7}) = 7{,}00 \qquad (12.15)$$

É exatamente o mesmo resultado que obtivemos na Equação 12.11 para uma titulação de ácido forte, onde o ponto de equivalência também tinha um pH 7,0.

Após o ponto de equivalência nesta titulação, a base da amostra foi neutralizada e estamos simplesmente adicionando mais titulante. Para determinar o pH da mistura, temos que calcular os mols de ácido em excesso que estão presentes (uma quantidade equivalente a $C_{HA} V_{HA} - C_B V_B$) e dividir o resultado pelo volume total da mistura amostra/titulante ($V_{HA} + V_B$).

Após ponto de equivalência (>101 por cento de titulação):

$$[H^+] = \frac{(C_{HA} V_{HA} - C_B V_B)}{(V_{HA} + V_B)} \qquad (12.16)$$

Uma vez obtido [H⁺], podemos determinar o pH por meio de pH ≈ –log[H⁺]. Trata-se, na essência, da mesma abordagem do Capítulo 8 para determinar o pH de uma solução simples de ácido forte.

EXERCÍCIO 12.6 Previsão da titulação de uma base forte com um ácido forte

A titulação ilustrada na Figura 12.11 é exatamente o oposto da mostrada para uma titulação ácido-base na Figura 12.10 na medida em que agora estamos titulando uma amostra de 10,00 mL de NaOH de 0,01000 M com HCl de 0,005000 M. Estime o pH no início dessa titulação após a adição de 10,00 mL de titulante no ponto de equivalência e após a adição de um excesso de 10,00 mL de titulante à amostra. Como tais resultados podem ser comparados com os da titulação de HCl na Figura 12.10?

SOLUÇÃO

O pH da amostra de NaOH no início da titulação pode ser determinado pela Equação 12.13, onde $[OH^-] = C_B = 0,005000\ M$. Isto resulta em um valor calculado de $[H^+] = K_w/[OH^-] = 1,0 \times 10^{-14}/(0,005000\ M) = 1,0 \times 10^{-12}\ M$ ou pH = **12,00** no início da titulação. Sabemos, também, pela Equação 12.15, que no ponto de equivalência o pH será igual a **7,00**.

Para encontrar o pH após a adição de 10,00 mL de titulante, é preciso determinar o volume de titulante necessário para atingir o ponto de equivalência. Isso pode ser feito com a Equação 12.2, que resulta em $V_{HCl} = C_{NaOH} V_{NaOH}/C_{HCl} = (0,005000\ M)(0,01000\ L)/(0,01000\ M) = 0,02000\ L$ ou 20,00 mL. Isto significa que a adição de 10,00 mL de titulante representa um ponto de titulação de 50 por cento. O pH nesse ponto (após a adição de 10,00 mL de titulante) pode ser calculado usando-se a Equação 12.14.

$$[OH^-] = \frac{(0,01000\ M\ NaOH)(0,01000\ L\ NaOH)}{0,01000\ L\ HCl + 0,01000\ L\ NaOH}$$
$$- \frac{(0,005000\ M\ HCl)(0,01000\ L\ HCl)}{0,03000\ L\ HCl + 0,01000\ L\ NaOH}$$

$\therefore [OH^-] = 0,002500\ M$ e

$[H^+] = (1,00 \times 10^{-14})/(0,002500\ M) = 4,00 \times 10^{-12}\ M$

ou

$$pH \approx -\log(4,00 \times 10^{-12}) = \mathbf{11,40}$$

Sabemos agora que um volume de 20,00 mL de titulante representa o ponto de equivalência e, portanto, um excesso de 10,00 mL de titulante equivaleria a um total de 30,00 mL de titulante que foi adicionado à amostra. A Equação 12.16 serve para determinar o pH nessas condições (a 10,00 mL de titulante em excesso).

$$[H^+] = \frac{(0,005000\ M\ HCl)(0,03000\ L\ HCl)}{0,03000\ L\ HCl + 0,01000\ L\ NaOH}$$
$$- \frac{(0,01000\ M\ NaOH)(0,01000\ L\ NaOH)}{0,03000\ L\ HCl + 0,01000\ L\ NaOH}$$

$\therefore [H^+] = 0,001250\ M$ ou pH $\approx -\log(1,0 \times 10^{-7}) = \mathbf{2,90}$

Todos estes valores mostram conformidade com o pH verificado nos mesmos locais na curva de titulação da Figura 12.11. Fazer esses cálculos em pontos estratégicos durante uma titulação pode fornecer uma boa estimativa da forma da curva de titulação global a ser obtida.

12.3.3 Curvas de titulação para ácidos e bases fracos

As próximas titulações que consideraremos são as que envolvem amostras de ácidos fracos ou bases fracas. Há muito mais ácidos e bases fracos do que ácidos e bases fortes, por isso trata-se de uma situação bastante comum encontrada em titulações ácido-base. Para executar essas titulações, ou uma base forte atua como titulante (quando o analito é um ácido fraco) ou o titulante é um ácido forte (se o analito for uma base fraca).

Titulação de um ácido fraco monoprótico. A titulação de um ácido fraco pela adição de uma base forte resulta em uma curva de titulação como a da Figura 12.12. Esse exemplo se refere à titulação de ácido acético, com o NaOH atuando como titulante. Além de ser um importante componente de muitos produtos alimentícios (como, por exemplo, vinagre e soluções de conservas), o ácido acético é também um importante reagente e solvente na preparação de muitos outros compostos químicos. Vimos no Capítulo 8 que a força de um ácido fraco como o ácido acético é descrita por sua constante de dissociação do ácido (K_a), onde $K_a = [H^+][A^-]/[HA]$. Também vimos no Capítulo 8 como essa expressão pode ser usada para se obter a concentração de íons hidrogênio para uma solução de ácido fraco monoprótico. Esse tipo de cálculo nos fornece o pH inicial de uma amostra de ácido fraco antes de iniciarmos sua titulação.

Amostra original (0 por cento de titulação):

$$K_a = \frac{[H^+]^2}{C_{HA} - [H^+]}$$

ou $0 = [H^+]^2 + K_a[H^+] - K_a C_{HA}$ (12.17)

Logo, se temos uma estimativa da concentração total do ácido fraco (C_{HA}) e conhecemos a constante de dissociação do ácido para esse ácido, podemos usar a Equação 12.17 com a fórmula quadrática para resolver $[H^+]$ e o pH da amostra original.

Ao começarmos a titular essa amostra com uma base forte, convertemos uma parte de nosso ácido fraco original (HA) em sua base conjugada (A^-). Supondo que cada mol de base adicionada converte um mol de HA em A^- (um pressuposto geralmente válido na região de 5 a 95 por cento de titulação), podemos determinar o pH da mistura amostra/titulante usando a equação de Henderson-Hasselbalch, como mostrado na Equação 12.18.

Meio da titulação (5 a 95 por cento de titulação):

$$pH = pK_a + \log\left(\frac{[A^-]}{[HA]}\right) \text{ ou}$$

$$pH \approx pK_a + \log\left(\frac{C_B V_B}{C_{HA} V_{HA} - C_B V_B}\right) \quad (12.18)$$

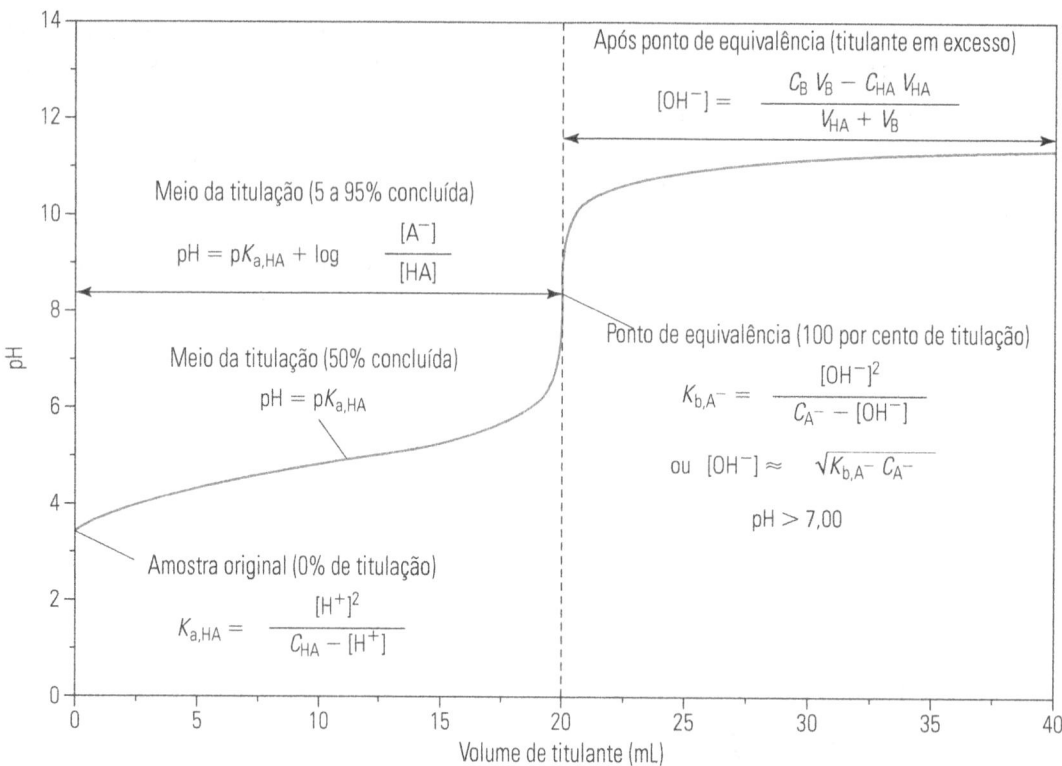

Figura 12.12

Equações para prever o resultado da titulação de um ácido fraco monoprótico (HA) com uma base forte em água. As suposições feitas nestas equações são as mesmas da Figura 12.9 para a titulação de um ácido forte com uma base forte. Todos os termos utilizados nestas equações são definidos no texto.

Quando se usa esta equação para descrever a titulação de um ácido fraco, a relação $[A^-]/[HA]$ é mais ou menos igual para $[(C_B \cdot V_B)/(V_B + V_{HA})]/[(C_{HA} \cdot V_{HA} - C_B \cdot V_B)/(V_B + V_{HA})]$. Esse termo pode ser ainda mais simplificado para a relação $[(C_B \cdot V_B)/(C_{HA} \cdot V_{HA} - C_B \cdot V_B)]$, porque o termo $(V_B + V_{HA})$ que aparece tanto no numerador quanto no denominador se cancelam. Portanto, tudo que você precisa conhecer ao usar a Equação 12.18 para descrever uma curva de titulação de ácido fraco é o pK_a do ácido fraco e as concentrações e os volumes das soluções de ácido e base. Um caso especial dessa equação ocorre no meio da titulação, onde as concentrações do ácido fraco e de sua base conjugada se equivalem, e o termo $\log([A^-]/[HA])$ na Equação 12.18 é igual a zero. Nessas condições, o pH da mistura amostra/titulante será o mesmo que o pK_a do ácido fraco. Essa informação é útil na medida em que ela nos dá um ponto fácil (a 50 por cento da titulação) para estimar o pH e predizer a forma de uma curva de titulação para um ácido fraco. Isso também significa que podemos usar o pH a 50 por cento da titulação de um ácido fraco como meio de determinar o pK_a. Essa parte da curva de titulação de um ácido fraco costuma ser chamada de *região tampão* porque somente uma pequena mudança no pH é produzida com uma grande mudança no volume de titulante adicionado.

No ponto de equivalência de uma titulação de ácido fraco, adicionamos base suficiente no titulante para neutralizar exatamente o ácido fraco na amostra original. Isso significa que convertemos essencialmente todo o nosso ácido fraco original em sua base conjugada (A^-). O pH nesse ponto pode ser determinado usando-se a abordagem descrita no Capítulo 8 para uma solução de base fraca, como mostrado a seguir.

Ponto de equivalência (100 por cento de titulação):

$$K_b = \frac{[OH^-]^2}{C_{A^-} - [OH^-]}$$

$$\text{ou } 0 = [OH^-]^2 + K_b[OH^-] - K_b C_{A^-} \quad (12.19)$$

Neste caso, a concentração total da base conjugada que produzimos a partir do ácido original será determinada pelos mols originais do ácido fraco que estavam na amostra e o volume total da amostra mais o titulante no ponto de equivalência, ou $C_{A^-} = (C_{HA} V_{HA})/(V_B + V_{HA})$. Podemos usar esta concentração com o valor conhecido de K_{b, A^-} para essa base conjugada (onde $K_{b, A^-} = K_w/K_{a,HA}$) para resolver $[OH^-]$ na Equação 12.19. Isso é feito usando-se a fórmula quadrática, em que $x = [OH^-]$, $A = 1$, $B = K_{b, A^-}$ e $C = -K_{b, A^-} C_{A^-}$. Podemos então usar o valor que obtivemos para $[OH^-]$ para calcular $[H^+]$ e o pH.

Durante a titulação de um ácido fraco com uma base forte como o hidróxido, é quase sempre verdadeiro que a concentração da base conjugada resultante será muito maior do que a concentração de hidróxido resultante da dissociação da água. Nessa situação, a Equação 12.19 pode ser simplificada para a forma a seguir.

$$K_{b,A^-} \approx \frac{[OH^-]^2}{C_{A^-}} \quad \text{ou} \quad [OH^-] \approx \sqrt{K_{b,a} - C_{A^-}} \quad (12.20)$$

Isto nos dá uma segunda equação que também pode ser usada para estimar o pH no ponto de equivalência da titulação de um ácido fraco por uma base forte. Independentemente de você usar a Equação 12.19 ou a Equação 12.20, o pH no ponto de equivalência da titulação de um ácido fraco com uma base forte deve ser maior do que 7,00. Isto é verdadeiro porque o produto de uma titulação de ácido fraco agora é a base conjugada do ácido no lugar da água, que cria um pH ligeiramente básico no ponto de equivalência.

Além do ponto de equivalência, o pH da titulação de um ácido fraco é calculado de forma idêntica à descrita na Seção 12.3.2 para a titulação de um ácido forte. Essas duas situações são agora iguais porque, em ambos os casos, o ácido se foi e o pH é controlado pelo excesso de base forte que está sendo adicionado. A concentração de íons hidróxido nessa região é calculada de novo, determinando-se os mols da base em excesso e dividindo-se esse número de mols pelo volume total da mistura amostra/titulante, como indica a Equação 12.21.

Após ponto de equivalência (> 101 por cento de titulação):

$$[OH^-] = \frac{C_B V_B - C_{HA} V_{HA}}{V_{HA} + V_B} \quad (12.21)$$

Uma vez obtida a concentração de hidróxido, podemos determinar o valor de [H$^+$] e o pH usando as relações [H$^+$] = K_w/[OH$^-$] e pH $\approx$ –log[H$^+$], conforme ilustrado na Seção 12.3.2 para a titulação de um ácido forte com uma base forte.

EXERCÍCIO 12.7 — Previsão da titulação de um ácido fraco com uma base forte

A curva de titulação dada na Figura 12.12 foi obtida para uma amostra contendo ácido acético de $1,0 \times 10^{-2}$ M ($K_a = 1,7 \times 10^{-5}$ a 25 °C), que é titulado com NaOH de 0,005000 M. Determine o pH previsível durante a titulação da amostra original, no meio da titulação, no ponto de equivalência e após um excesso de 10,00 mL de titulante ter sido adicionado à amostra.

SOLUÇÃO

O pH da amostra no início da titulação pode ser calculado pela Equação 12.17, onde 0 = [H$^+$]^2 + K_a[H$^+$] – $K_a C_{HA}$. Podemos usar a fórmula quadrática para resolver [H$^+$] na equação, deixando x = [H$^+$], A = 1, B = $1,7 \times 10^{-5}$ e C = –$(1,7 \times 10^{-5})(1,0 \times 10^{-2}$ $M)$. Esse processo dá uma resposta final para [H$^+$] de $4,0\underline{4} \times 10^{-4}$ M, ou pH = **3,39**.

Sabemos que o ponto intermediário da titulação ocorrerá quando pH = pK_a, resultando em um pH = –log(1,7 × 10^{-5}) = **4,77** nessas condições. O volume de titulante necessário para alcançar a equivalência da titulação é V_{NaOH} = $C_{HA} V_{HA}/C_{NaOH}$ = (0,00500 M)(0,01000 L)/(0,005000 M) = 0,02000 L ou 20,00 mL. Logo, o ponto intermediário da titulação ocorrerá quando o volume de titulante adicionado for (0,50)(20,00 mL) = 10,00 mL.

O pH no ponto de equivalência pode ser estimado usando-se a Equação 12.19, na qual a concentração total da base conjugada (acetato) que produzimos a partir do ácido acético será C_{A^-} = (0,01000 M HA)(0,01000 L HA)/(0,01000 L HA + 0,02000 L NaOH) = 0,00333 M. Podemos usar essa concentração com o valor conhecido de K_{b,A^-} de acetato ($K_w/K_{a,HA}$ = $1,0 \times 10^{-14}/6,8 \times 10^{-4}$ = $1,4\underline{7} \times 10^{-11}$) para resolver [OH$^-$] na Equação 12.19. Isso é feito pela fórmula quadrática, onde A = 1, B = K_{b,A^-} = $1,47 \times 10^{-11}$ e C = –$K_{b,A^-} \cdot C_A$ = $-4,9 \times 10^{-14}$. Desse modo, temos [OH$^-$] = $2,21 \times 10^{-7}$ M, o que significa que [H$^+$] = $4,5\underline{2} \times 10^{-8}$ ou pH = **7,35**. O mesmo resultado será obtido se usarmos a expressão simplificada dada na Equação 12.20.

A adição de um excesso de 10,00 mL de titulante representará um volume total de titulante de 10,00 mL + 20,00 mL neste exemplo. O pH nesse ponto pode ser determinado pela Equação 12.21.

$$[OH^-] = \frac{(5,00 \times 10^{-3}\ M\ NaOH)(0,03000\ L\ NaOH) -}{0,03000\ L\ NaOH + 0,01000\ L\ HA}$$

$$\frac{(1,00 \times 10^{-2}\ M\ HA)(0,01000\ L\ HA)}{0,03000\ L\ NaOH + 0,01000\ L\ HA}$$

$$\therefore [OH^-] = 0,00125\ M$$

$$e\ [H^+] = (1,0 \times 10^{-14})/(0,00125\ M)$$

$$= 8,00 \times 10^{-12}\ M$$

ou pH = **11,10**. Este último resultado é o mesmo que obtivemos no Exercício 12.6 para a titulação de idêntica concentração e volume de um ácido forte com a mesma concentração de NaOH como titulante.

Se compararmos as curvas nas figuras 12.10 e 12.12 ao utilizarmos uma base forte para titular um ácido forte como HCl ou um ácido fraco como o ácido acético, podemos ver que as formas dessas curvas de titulação diferem de várias maneiras. Uma diferença é que, durante a primeira parte de uma titulação de ácido forte, há pouca variação no pH, enquanto uma titulação de ácido fraco mostra um rápido aumento inicial de pH até que tenha sido cerca de 10 por cento titulada. Além disso, uma curva de titulação de ácido forte não exibe nenhum ponto de inflexão a 50 por cento da titulação, mas tal inflexão ocorre no meio da curva de titulação do ácido fraco. Essas curvas também diferem em seus pHs no ponto de equivalência. No caso da titulação de um ácido forte com uma base forte, o pH no ponto de equivalência é sempre 7,00, enquanto a titulação de um ácido fraco com uma base forte fornecerá um pH no ponto de equivalência que é maior do que 7,00.

Em todas as equações apresentadas nesta seção, ignoramos a função da água como fonte de íons hidrogênio ou íons hidróxido. Isso não representa um problema durante a maior parte da curva de titulação, quando se lida com as soluções relativamente concentradas de ácidos fracos que são frequentemente encontradas em titulações (> 10^{-3} M). Entretanto, isso pode ser problemático no caso de soluções mais diluídas. Para lidar com tal situação, devem-se considerar o ácido, sua base conjugada e água, como descrito no Capítulo 8. Outra abordagem mais geral para descrever o pH de uma curva de titulação nessas e em outras condições será discutida na Seção 12.3.4.

Titulação de uma base fraca monoprótica. O próximo caso que analisaremos é a titulação de uma base fraca monoprótica com um ácido forte. Um exemplo dessa titulação é dado na Figura 12.13, em que uma solução aquosa contendo a base fraca da amônia é titulada com uma solução de HCl. A amônia é amplamente utilizada na indústria como fertilizante e para produzir outros produtos químicos. A curva de titulação produzida pela amônia também apresenta quatro regiões distintas. Para estimar o pH da amostra ou da mistura amostra/titulante em cada uma dessas regiões, recorreremos a um processo que se assemelha à abordagem descrita por um ácido fraco titulado com uma base forte. Para iniciar essa análise, lembre-se de que a reação de uma base fraca em água pode ser descrita pela constante de equilíbrio K_b para a base fraca, onde $K_b = [HB^+][OH^-]/[B]$. Vimos no Capítulo 8 que essa relação serve para determinar a concentração de íons hidrogênio que se formam quando colocamos uma base fraca em água, como mostrado na Equação 12.22, onde C_B é a concentração total da base fraca.

Amostra original (0 por cento de titulação)

$$K_b = \frac{(K_w/[H^+])^2}{C_B - (K_w/[H^+])} \quad \text{ou}$$

$$0 = K_b C_B [H^+]^2 - K_b K_w [H^+] - K_w^2 \quad (12.22)$$

Podemos resolver esta equação para $[H^+]$ e pH empregando a equação quadrática, na qual $x = [H^+]$, $A = K_b C_B$, $B = -K_b K_w$ e $C = -K_w^2$.

No meio da titulação (5 a 95 por cento), podemos estimar o pH da mistura amostra/titulante pela equação de Henderson-Hasselbalch. Isto pode ser feito pela ionização da base de B para identificar o valor de K_{a,BH^+} para seu ácido conjugado, onde $pK_{a,BH^+} = pK_w - pK_{b,B}$.

Meio da titulação (5 a 95 por cento de titulação):

$$pH = pK_{a,BH^+} + \log\left(\frac{[B]}{[BH^+]}\right) \quad \text{ou}$$

$$pH \approx pK_{a,BH^+} + \log\left(\frac{C_B V_B - C_{HA} V_{HA}}{C_{HA} V_{HA}}\right) \quad (12.23)$$

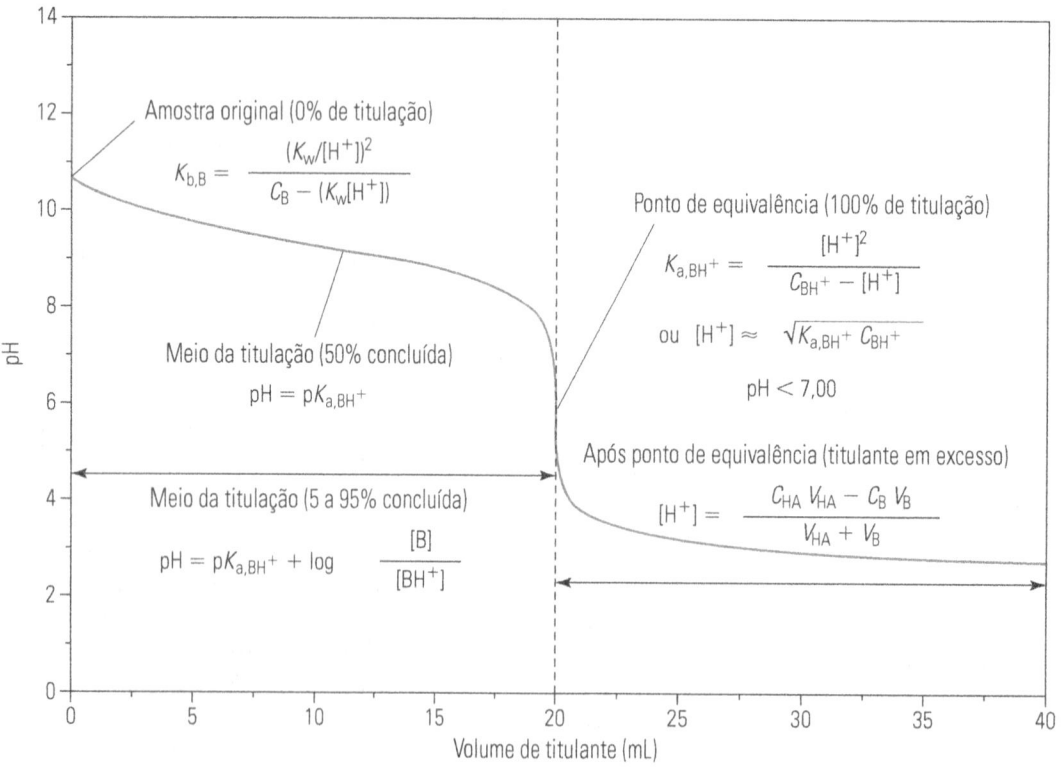

Figura 12.13

Equações para predizer o resultado da titulação de uma base fraca monoprótica com um ácido forte em água. As suposições feitas nestas equações são as mesmas da Figura 12.9 para a titulação de um ácido forte com uma base forte. Todos os termos utilizados nestas equações são definidos no texto.

Neste caso, a segunda relação expressa na Equação 12.23 considera o fato de que cada mol de ácido adicionado levará à formação de um mol de BH$^+$ a partir de B na região central da curva de titulação. Exatamente no meio da titulação, isso criará uma situação em que [B]/[BH$^+$] = 1 e pH = pK_{a,BH^+}, de uma forma semelhante à que ocorre durante a titulação de um ácido fraco com uma base forte. Essa parte central da titulação de uma base fraca representa uma 'região tampão', pois o pH nessa parte da curva de titulação sofre apenas uma pequena mudança à medida que se adiciona titulante à amostra.

No ponto de equivalência de uma titulação de base fraca, a quantidade de ácido forte adicionado será exatamente igual aos mols de base fraca na amostra original. Em outras palavras, convertemos essencialmente toda a base fraca em seu ácido conjugado. O pH dessa mistura pode ser determinado pelas equações dadas no Capítulo 8 para uma solução de ácido fraco monoprótico (aqui representada por BH$^+$).

Ponto de equivalência (100 por cento de titulação):

$$K_{a,BH^+} = \frac{[H^+]^2}{C_{BH^+} - [H^+]} \quad \text{ou}$$

$$0 = [H^+]^2 + K_{a,BH^+}[H^+] - K_a C_{BH^+} \quad (12.24)$$

Nesta situação, a concentração analítica do ácido conjugado (C_{BH^+}) é igual aos mols da base fraca na amostra original divididos pelo volume total da mistura amostra/titulante, como dado por $C_{BH^+} = (C_B V_B)/(V_A + V_B)$. Podemos então resolver [H$^+$] e pH nessa situação ao usarmos a fórmula quadrática ou a aproximação $[H^+] = \sqrt{K_{a,BH^+} C_{BH^+}}$, que é suficiente para a titulação da maioria das bases fracas por ácidos fortes. O pH desse ponto de equivalência será sempre inferior a 7,0, porque o produto dessa titulação é o ácido BH$^+$.

Após o ponto de equivalência, o pH de uma titulação de base fraca é calculado da mesma forma que o de uma base forte. Isso ocorre porque, em ambas as situações, a base original se foi e os valores de [H$^+$] e pH são determinados pelo excesso de ácido forte que foi adicionado e pelo volume total da mistura amostra/titulante.

Após ponto de equivalência (titulação > 101 por cento):

$$[H^+] = \frac{C_A V_A - C_B V_B}{V_A + V_B} \quad (12.25)$$

Uma vez que temos [H$^+$], podemos determinar o pH usando pH ≈ –log[H$^+$], a mesma abordagem empregada na Seção 12.3.2, quando uma base forte foi titulada com um ácido forte.

> **EXERCÍCIO 12.8** Titulação de uma base fraca com um ácido forte
>
> A Figura 12.13 mostra os resultados que se poderiam esperar durante a titulação de 10,00 mL de amônia de 0,01000 M com HCl de 0,005000 M. Estime o pH previsível no início da titulação, a 50 por cento de titulação, no ponto de equivalência e a 150 por cento de titulação.

> **SOLUÇÃO**
>
> No início da titulação, o pH da amostra pode ser determinado pela Equação 12.22 e pela equação quadrática, onde x = [H$^+$], A = (1,76 × 10^{-5})(0,01000 M), B = –(1,76 × 10^{-5})(1,0 × 10^{-14}) e C = –(1,0 × 10^{-14})^2. Isto gera um resultado no qual [H$^+$] = 2,43 × 10^{-11} M e pH = **10,61** para a solução original de amônia.
>
> Em 50 por cento de titulação, o pH é simplesmente igual a **9,25** (o pK_a para BH$^+$), porque neste ponto a relação [BH$^+$]/[B] será igual a zero de acordo com a forma da equação de Henderson-Hasselbalch ilustrada na Equação 12.23.
>
> O volume de titulante necessário para atingir o ponto de equivalência será (0,01000 L)(0,01000 M)/(0,005000 M) = 0,02000 L ou 20,00 mL. O pH nesse ponto pode ser resolvido usando-se a Equação 12.24 ou a aproximação $[H^+] = \sqrt{K_{a,BH^+} C_{BH^+}}$, na qual C_{BH^+} = (0,01000 M)(0,01000 L)/(0,01000 L + 0,02000 L) = 0,003333 M. O resultado no ponto de equivalência é [H$^+$] = 1,38 × 10^{-6} M e pH = **5,86**.
>
> A 150 por cento de titulação, o volume total de (1,5)(20,00 mL) = 30,00 mL de titulante terá sido adicionado. Sabemos pelo Exercício 12.6 que essa situação corresponde a [H$^+$] = 0,001250 M e pH = **2,90**, o que é idêntico ao resultado da Seção 12.3.2, quando o mesmo excesso de HCl foi adicionado a uma amostra de NaOH.

12.3.4 Um exame mais minucioso de titulações ácido-base

Sistemas polipróticos. Até este ponto, examinamos principalmente amostras contendo ácidos ou bases monopróticos, mas há muitas titulações ácidos-base em que se encontram amostras mais complexas. Um exemplo comum ocorre quando uma titulação ácido-base é usada para examinar um analito poliprótico. O ácido ftálico (HOOCC$_6$H$_4$COOH) ilustra isso. Essa substância é o ácido conjugado de hidrogenoftalato de potássio, que agora sabemos ser utilizado com frequência como um padrão primário em titulações ácido-base. O ácido ftálico contém dois íons hidrogênio com pK_{a1} = 2,95 e pK_{a2} = 5,41, e fornece uma curva de titulação como a da Figura 12.14. Essa curva contém dois pontos de equivalência — um para a titulação de cada íon hidrogênio na ordem de seus valores de pK_a. É possível detectar cada um dos pontos de equivalência em um analito poliprótico se o analito apresenta uma concentração razoável e se os valores de pK_a para o analito diferem em 4,0 ou mais unidades. Se os valores de pK_a forem próximos, será difícil detectar as transições correspondentes na curva de titulação.

Se dois ou mais pontos distintos de equivalência são verificados em um analito poliprótico (com formas H$_2$A, HA$^-$ etc.), em geral a resposta antes de cada ponto de equivalência acompanha a curva esperada para cada forma individual do analito. No caso da Figura 12.14, a resposta até o primeiro ponto de equivalência pode ser estimada pelas equações listadas anteriormente para a titulação do ácido fraco H$_2$A por uma

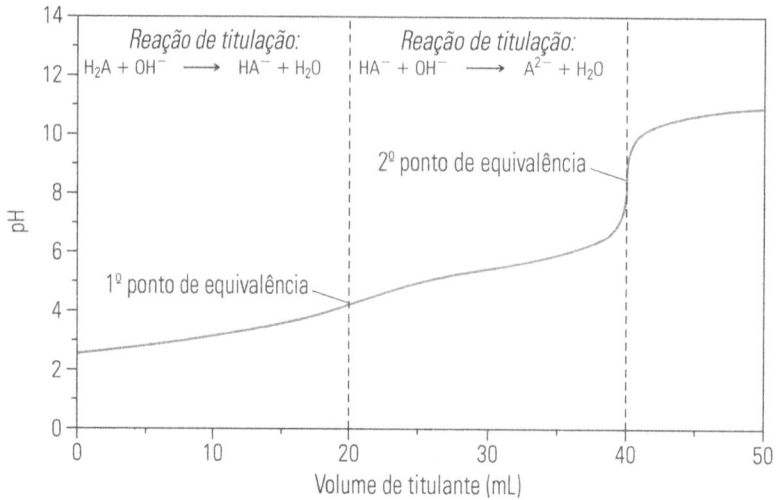

Figura 12.14

Curva de titulação obtida para uma amostra de 10,00 mL de ácido ftálico de 0,01000 M, um ácido fraco diprótico, quando se utiliza hidróxido de sódio de 0,005000 M como titulante.

base forte, onde $pK_a = pK_{a1}$ durante essa parte da titulação. A resposta entre o primeiro e o segundo pontos de equivalência também pode ser estimada pela expressão dada para a titulação de um ácido fraco com uma base forte, mas com o analito agora sendo HA^- e $pK_a = pK_{a2}$. Há, porém, uma diferença nesse sistema que também devemos considerar. Trata-se do fato de que temos, no primeiro ponto de equivalência, um produto da primeira titulação (H_2A produzindo HA^-) que pode atuar tanto como um ácido (prosseguindo para formar A^{2-}) ou como uma base (combinando-se com H_2O para formar novamente H_2A e OH^-). Vimos no Capítulo 8 que o pH dessa solução pode ser estimado usando-se os valores de pK_a (pK_{a1} e pK_{a2}) para as duas reações ácido-base que envolvem esse intermediário, como mostrado a seguir.

Em um ponto de equivalência intermediário para um sistema poliprótico:

$$pH \approx \frac{pK_{a1} + pK_{a2}}{2} \qquad (12.26)$$

Pode-se aplicar a mesma abordagem para estimar o pH em um ponto de equivalência intermediário de qualquer outra titulação que envolva um analito poliprótico.

EXERCÍCIO 12.9 Titulação de um ácido fraco poliprótico com uma base forte

A curva de titulação de ácido ftálico na Figura 12.14 foi obtida a partir de 10,00 mL de uma solução de 0,010 M da forma ácida pura dessa substância, titulando-a com 0,005000 M de NaOH. Estime o pH no início da titulação e depois da adição de 10,00, 20,00, 30,00, 40,00 ou 50,00 mL do titulante à amostra.

SOLUÇÃO

No início da titulação, temos uma solução que contém apenas a forma ácida de ácido ftálico. Neste caso, podemos usar a Equação 12.17 para uma solução de ácido fraco, que dá pH = **2,19** para a amostra original.

A Figura 12.14 indica que o primeiro ponto de equivalência ocorre em um volume de titulante de 20,00 e, portanto, a adição de 10,00 mL de titulante corresponderá à metade do caminho para o primeiro ponto de equivalência. A 50 por cento da titulação, o pH será simplesmente igual a pK_{a1} para o ácido ftálico, ou pH = **2,95**.

No primeiro ponto de equivalência, todo o ácido ftálico original (H_2A) terá sido convertido em sua base conjugada (HA^-), que poderá então sofrer mais reações com a adição de titulante. O pH no primeiro ponto de equivalência é descrito pela Equação 12.26, dando pH = (2,95 + 5,41)/2 = **4,18**. (*Observação:* uma alteração distinta na curva de titulação nesse ponto de equivalência é apenas ligeiramente visível porque a diferença entre pK_{a1} e pK_{a2} é inferior a 4,0.)

Quando 30,00 mL de titulante forem adicionados, a metade do HA^- formado a partir da primeira titulação terá sido convertida em A^{2-}. O pH nesse ponto (representando 150 por cento de titulação em relação ao H_2A original) é simplesmente igual ao pK_a de HA^-, ou pH = **5,41**.

A adição de 40,00 mL de titulante representa o segundo ponto de equivalência desse sistema. Nesse ponto, todo o HA^- foi convertido em A^{2-}. O pH pode ser estimado pelas equações 12.19 ou 12.20, o que gera um pH = **8,97**.

Quando 50,00 mL de titulante forem adicionados, haverá um excesso de titulante, e o pH será determinado pela quantidade de NaOH não submetido à reação que foi adicionado à mistura amostra/titulante. O pH nessa região é determinado pela Equação 12.21 e gera um pH = **10,92**.

Amostras mistas. O mesmo método que adotamos para um ácido poliprótico é aplicável à titulação de uma base poliprótica ou até uma mistura de um ou mais ácidos ou bases. Por exemplo, se um ácido forte como HCl fosse misturado com um ácido fraco, verificaríamos dois pontos de equivalência distintos na curva de titulação, caso a diferença nos valores de pK_a desses dois ácidos fosse maior do que 4,0, e caso o ácido fraco fosse tão fraco a ponto de começar a se ionizar significativamente antes que a maior parte do ácido forte tivesse sido titulada. Nessas condições, o volume de titulante necessário para alcançar o primeiro ponto de equivalência pode ser usado para determinar a concentração do mais forte dos dois ácidos na mistura. A diferença entre esse volume e o necessário para alcançar o segundo ponto de equivalência possibilitará o cálculo da quantidade de ácido fraco que estava presente na amostra original. A mesma ideia também se aplicaria a uma mistura de duas bases com valores significativamente diferentes de K_b.

EXERCÍCIO 12.10 Titulando uma mistura de ácidos ou bases em água

Uma amostra de água de 25,00 mL é titulada com HCl de 0,01500 M para determinar a alcalinidade da água usando a mesma abordagem geral mostrada anteriormente na Figura 12.8. Um ponto final resultante de carbonato é obtido em 2,52 mL, e um segundo ponto final resultante de bicarbonato é detectado em 11,35 mL. Quais eram as concentrações de carbonato e bicarbonato na amostra original?

SOLUÇÃO

A quantidade de mols de HCl necessários para chegarmos ao primeiro ponto final será igual aos mols de carbonato na amostra original.

Mols adicionados no primeiro ponto final =

Mol de carbonato na amostra
(0,01500 mol/L)(0,00252 L) = 3,78 × 10^{-5} mol

A quantidade de HCl necessária para alcançar o segundo ponto final será igual ao número de mols de bicarbonato originalmente presentes na amostra mais o bicarbonato produzido a partir do carbonato quando a mistura amostra/titulante atingiu o primeiro ponto final.

Mols necessários para atingir o segundo ponto final

= Mol carbonato
  + mol de bicarbonato na amostra
= (0,01500 mol/L)·
  (0,01135 L − 0,00252 L)
= 1,324 × 10^{-4} mol

A quantidade de bicarbonato que devia estar presente na amostra original será fornecida pela diferença nesses dois valores, ou (1,324 × 10^{-4} mol − 3,78 × 10^{-5} mol) = 9,46 × 10^{-5} mol de bicarbonato na amostra. Podemos então usar o volume da amostra para calcular as concentrações originais desses dois analitos, chegando a (3,78 × 10^{-5} mol)/(0,02500 L) = **carbonato de 1,51 × 10^{-3} M** e (9,46 × 10^{-5} mol)(0,02500 L) = **bicarbonato de 3,78 × 10^{-3} M**.

Uso da fração de titulação. As equações dadas nas seções 12.3.2 e 12.3.3 nos permitem estimar rapidamente o pH em vários pontos-chave da curva de titulação para um ácido ou uma base monoprótica. Também é possível adotar uma equação mais geral para descrever a curva de titulação ao longo de uma ampla gama de condições. Este segundo tipo de equação pode ser produzido analisando-se a fração de titulação. A **fração de titulação** (*F*) é definida aqui como a razão entre os mols de titulante que foram adicionados a um dado ponto da titulação em relação aos mols do analito originalmente presentes na amostra. Podemos descrever essa fração usando as seguintes expressões.

Titulação de um ácido com uma base:

$$F = \frac{\text{Mols de base adicionados}}{\text{Mols de ácido originais}} = \frac{C_B V_B}{C_A V_A} \quad (12.27)$$

Titulação de uma base com um ácido:

$$F = \frac{\text{Mols de ácido adicionados}}{\text{Mols de base original}} = \frac{C_A V_A}{C_B V_B} \quad (12.28)$$

Ambas as equações se baseiam nos mols de titulante que são necessários para alcançar o primeiro ponto de equivalência de uma titulação, em que $F = 1$. Se o analito é um ácido poliprótico ou uma base poliprótica com múltiplos pontos de equivalência, o primeiro deles ocorrerá quando $F = 1$, o segundo quando $F = 2$ e assim por diante.

A razão por que as definições anteriores para F são úteis é que elas podem ser combinadas com equações de equilíbrio de carga e equilíbrio de massa para que se obtenha uma expressão geral que descreva uma titulação. Por exemplo, se estamos titulando uma solução de HCl com uma solução de NaOH como titulante, a equação de equilíbrio de carga (Capítulo 6) será fornecida pela expressão mostrada no topo da Tabela 12.5. Esta equação baseia-se no fato de que cada mol de HCl presente na amostra original se dissociará completamente para formar H$^+$ e Cl$^-$. Isso também se aplica a NaOH, que é dissolvido na solução de titulação, que se dissocia para formar Na$^+$ e OH$^-$. Eles formam os únicos íons positivos e negativos no sistema. Durante a titulação, cada mol de H$^+$ reagirá com um mol de OH$^-$, reduzindo os valores de ambos os lados, direito e esquerdo, da equação de equilíbrio de carga por quantidades iguais. Essa equação de equilíbrio de carga também inclui as contribuições da dissociação da água, o que leva à formação de um íon H$^+$ para cada OH$^-$ produzido pela água.

Tabela 12.5

Derivação de uma equação de fração de titulação (HCl titulado com NaOH).

Reação da titulação:

$$H^+ \text{ (de HCl)} + OH^- \text{ (de NaOH)} \rightarrow H_2O$$

Equação do equilíbrio de carga:

$$[H^+] + [Na^+] = [Cl^-] + [OH^-]$$

Equações de equilíbrio de massa:

$$\text{Mol de Na}^+ = \text{Mol de NaOH adicionado} \Rightarrow [Na^+] = \frac{C_B V_B}{V_A + V_B}$$

$$\text{Mol de Cl}^- = \text{Mol de HCl original} \Rightarrow [Cl^-] = \frac{C_A V_A}{V_A + V_B}$$

Substitua equações de equilíbrio de massa por equação de equilíbrio de carga:

$$\Rightarrow [H^+] + \frac{C_B V_B}{V_A + V_B} = \frac{C_A V_A}{V_A + V_B} + [OH^-]$$

Reajuste para resolver para $C_B V_B$ e multiplique ambos os lados por $(V_A + V_B)$:

$$\Rightarrow C_B V_B = C_A V_A - (V_A + V_B)([H^+] - [OH^-])$$

Combine termos comuns contendo V_A ou V_B:

$$\Rightarrow C_B V_B + V_B([H^+] - [OH^-]) = C_A V_A - V_A([H^+] - [OH^-])$$

Fatore $C_B V_B$ (à esquerda) e $C_A V_A$ à direita:

$$\Rightarrow C_B V_B \left(1 + \frac{[H^+] - [OH^-]}{C_B}\right) = C_A V_A \left(1 - \frac{[H^+] - [OH^-]}{C_A}\right)$$

Reajuste para obter $(C_B V_B)/(C_A V_A)$ no lado esquerdo da equação:

$$\therefore F = \frac{C_B V_B}{C_A V_A} = \frac{1 - \dfrac{[H^+] - [OH^-]}{C_A}}{1 + \dfrac{[H^+] - [OH^-]}{C_B}} \qquad (12.29)$$

Visto que HCl e NaOH estão ambos completamente dissociados em água, também podemos escrever uma equação de equilíbrio de massa que relacione as concentrações de Cl⁻ e Na⁺ à quantidade de HCl originalmente presente na amostra ou à de NaOH que foi adicionado no titulante. Essas equações de equilíbrio de massa podem então ser aplicadas para determinar a concentração de Cl⁻ e Na⁺ que estará presente em cada ponto da titulação (Tabela 12.5). Agora é possível substituir essas equações de equilíbrio de massa na expressão de equilíbrio de carga da Tabela 12.5 e rearranjar a nova equação de modo que ela forneça a fração de titulação do sistema, conforme representado pelo resultado final na Equação 12.29. O mesmo método geral se aplica à derivação de expressões que descrevem a fração de titulação para outros sistemas (Tabela 12.6).

Uma característica comum às equações na Tabela 12.6 é que elas são escritas de forma que dependem apenas do pH (conforme representado por [H⁺] e [OH⁻]), das concentrações originais do ácido e da base (C_A e C_B) e de outras constantes do sistema, como as constantes de dissociação do ácido ($K_{a,HA}$ ou K_{a,BH^+}). Tal característica torna essas equações úteis quando se deseja verificar qual é a fração de titulação e o volume de titulante adicionado que corresponderão a um pH específico em uma titulação ácido-base. Como mostra o próximo exercício, um exemplo de situação em que você pode desejar esse tipo de informação é quando está estimando o erro de titulação resultante do uso de um indicador ácido-base para acompanhar tal titulação.

Tabela 12.6

Equações de fração de titulação.

Titulação de um ácido forte com uma base forte:

$$F = \frac{C_B V_B}{C_A V_A} = \frac{1 - \dfrac{[H^+]-[OH^-]}{C_A}}{1 + \dfrac{[H^+]-[OH^-]}{C_B}} \quad \text{em que:} \quad [OH^-] = K_w/[H^+] \quad (12.29)$$

Titulação de uma base forte com um ácido forte:

$$F = \frac{C_A V_A}{C_B V_B} = \frac{1 + \dfrac{[H^+]-[OH^-]}{C_B}}{1 - \dfrac{[H^+]-[OH^-]}{C_A}} \quad \text{em que:} \quad [OH^-] = K_w/[H^+] \quad (12.30)$$

Titulação de um ácido fraco monoprótico (HA) com uma base forte:

$$F = \frac{C_B V_B}{C_A V_A} = \frac{\alpha_{A^-} - \dfrac{[H^+]-[OH^-]}{C_A}}{1 + \dfrac{[H^+]-[OH^-]}{C_B}} \quad \text{em que:} \quad [OH^-] = K_w/[H^+] \quad \alpha_{A^-} = \frac{K_{a,HA}}{[H^+] + K_{a,HA}} \quad (12.31)$$

Titulação de uma base fraca monoprótica (B) com um ácido forte:

$$F = \frac{C_A V_A}{C_B V_B} = \frac{\alpha_{BH^+} + \dfrac{[H^+]-[OH^-]}{C_B}}{1 - \dfrac{[H^+]-[OH^-]}{C_A}} \quad \text{em que:} \quad [OH^-] = K_w/[H^+] \quad \alpha_{BH^+} = \frac{[H^+]}{[H^+] + K_{a,BH^+}} \quad (12.32)$$

EXERCÍCIO 12.11 — Estimativa de erro de titulação por meio de uma equação de fração de titulação

Um químico industrial pretende utilizar púrpura de bromocresol como indicador para a titulação descrita no Exercício 12.7, na qual, imagina-se, uma amostra de 10,00 mL contendo ácido acético de $1,0 \times 10^{-2}$ M é combinada com NaOH de $5,000 \times 10^{-3}$ M em água como titulante. Qual é o erro de titulação esperado se o meio da transição de cor de púrpura de bromocresol for usado para sinalizar o ponto final da titulação?

SOLUÇÃO

Pelo Exercício 12.7, sabemos que o volume de titulante necessário para atingir o ponto de equivalência neste exemplo é 20,00 mL e que o pH nesse ponto de equivalência será 7,35. A Tabela 12.3 indica que o púrpura de bromocresol apresentará uma variação de cor na faixa de pH de 5,2 a 6,8, sendo que o centro dessa mudança de cor ocorrerá no pH aproximado de 6,0. O erro de titulação máximo esperado no centro dessa transição de cor pode ser determinado pela Equação 12.31 da Tabela 12.6.

$$[H^+] \approx 10^{-pH}$$
$$= 10^{-6,00} = 1,0\underline{0} \times 10^{-6} M$$
$$[OH^-] = K_w/[H^+]$$
$$= (1,0 \times 10^{-14} M^2)/(1,0\underline{0} \times 10^{-6} M)$$
$$= 1,0\underline{0} \times 10^{-8} M$$

$$\alpha_{A^-} = \frac{K_{a,HA}}{[H^+] + K_{a,HA}}$$
$$= \frac{1,7 \times 10^{-5} M}{1,0\underline{0} \times 10^{-6} M + 1,7 \times 10^{-5} M}$$
$$= 0,94\underline{4}$$

$$F = \cfrac{\alpha_{A^-} - \cfrac{[H^+] - [OH^-]}{C_A}}{1 + \cfrac{[H^+] - [OH^-]}{C_B}}$$

$$= \cfrac{0{,}944 - \cfrac{1{,}00 \times 10^{-6}M - 1{,}00 \times 10^{-8}M}{1{,}0 \times 10^{-2}M}}{1 + \cfrac{1{,}00 \times 10^{-6}M - 1{,}00 \times 10^{-8}M}{5{,}000 \times 10^{-3}M}}$$

$$= 0{,}94\underline{37}$$

Como sabemos tanto o valor de F quanto o de V_E, podemos também determinar o valor de V_B no ponto final aparente (conforme indicado pelo centro da transição de cor para púrpura de bromocresol) e o erro de titulação resultante (Equação 12.1).

$$V_B = F \cdot V_E = (0{,}94\underline{37})(20{,}00\,mL)$$
$$= 18{,}\underline{87}\,mL$$

Erro de intitulação $= V_{B,\,Pt\,final} - V_E = 18{,}\underline{87}\,mL - 20{,}00\,ML$

$$= -1{,}\underline{13}\,mL$$

Este erro corresponderia a um número estimado de concentração para a solução de ácido acético que está defasado em $100 \cdot (V_{B,\,Pt\,final} - V_E)/V_E = 100 \cdot (1{,}13\,mL)/(20{,}00\,mL) = 5{,}6$ por cento.

Outra maneira valiosa de se utilizar as equações de fração de titulação é prevendo a forma geral de uma curva de titulação. Esta aplicação é mais facilmente executada por meio de uma planilha, como mostra a Figura 12.15. Essa planilha é criada para executar o mesmo tipo de cálculo do último exercício para determinar os valores de F e $V_{Titulante}$ que corresponderão a um dado pH. No entanto, a planilha também permite que os valores de F e $V_{Titulante}$ sejam calculados em uma ampla faixa de valores de pH. Traça-se então um gráfico desses valores com $V_{Titulante}$ (ou F) no eixo x e pH no eixo y. Essa abordagem serve para gerar o gráfico de uma curva de titulação inteira ou para identificar o pH e o volume de titulante que corresponderão a um determinado ponto na titulação, como o intermediário ($F = 0{,}50$) ou o ponto de equivalência ($F = 1{,}00$).

Titulação de um ácido fraco monoprótico com uma base forte (NaOH)

pK_a para ácido fraco: 4,76 (ácido acético) K_a para ácido fraco: 1,75E−05

Condições usadas na titulação:
C_A (M) = 0,01 C_B (M) = 0,005
V_A (M) = 0,01 V_E (L) = 0,02

Resultados calculados para a titulação:

pH	[H$^+$]	[OH$^-$]	Alpha A$^-$	Fração para o 1° ponto de equivalência	V_B (L)	V_B (mL)
3,388	4,10E−04	2,44E−11	4,10E−02	0,0000	0,0000	0,00
3,400	3,98E−04	2,51E−11	4,21E−02	0,0021	0,0000	0,04
3,500	3,16E−04	3,16E−11	5,24E−02	0,0196	0,0004	0,39
3,600	2,51E−04	3,98E−11	6,51E−02	0,0381	0,0008	0,76
3,700	2,00E−04	5,01E−11	8,06E−02	0,0584	0,0012	1,17
3,800	1,58E−04	6,31E−11	9,94E−02	0,0810	0,0016	1,62
3,900	1,26E−04	7,94E−11	1,22E−01	0,1068	0,0021	2,14
4,000	1,00E−04	1,00E−10	1,49E−01	0,1362	0,0027	2,72
4,100	7,94E−05	1,26E−10	1,81E−01	0,1699	0,0034	3,40
4,200	6,31E−05	1,58E−10	2,17E−01	0,2082	0,0042	4,16
4,300	5,01E−05	2,00E−10	2,59E−01	0,2513	0,0050	5,03
4,400	3,98E−05	2,51E−10	3,05E−01	0,2990	0,0060	5,98
4,500	3,16E−05	3,16E−10	3,56E−01	0,3509	0,0070	7,02
4,600	2,51E−05	3,98E−10	4,11E−01	0,4061	0,0081	8,12
4,700	2,00E−05	5,01E−10	4,67E−01	0,4634	0,0093	9,27
4,800	1,58E−05	6,31E−10	5,25E−01	0,5215	0,0104	10,43
4,900	1,26E−05	7,94E−10	5,82E−01	0,5789	0,0116	11,58
5,000	1,00E−05	1,00E−09	6,36E−01	0,6341	0,0127	12,68
5,100	7,94E−06	1,26E−09	6,88E−01	0,6859	0,0137	13,72
5,200	6,31E−06	1,58E−09	7,35E−01	0,7334	0,0147	14,67
5,300	5,01E−06	2,00E−09	7,77E−01	0,7761	0,0155	15,52
5,400	3,98E−06	2,51E−09	8,15E−01	0,8136	0,0163	16,27
5,500	3,16E−06	3,16E−09	8,47E−01	0,8461	0,0169	16,92
5,600	2,51E−06	3,98E−09	8,74E−01	0,8738	0,0175	17,48
5,700	2,00E−06	5,01E−09	8,98E−01	0,8971	0,0179	17,94
5,800	1,58E−06	6,31E−09	9,17E−01	0,9165	0,0183	18,33
5,900	1,26E−06	7,94E−09	9,33E−01	0,9325	0,0187	18,65
6,000	1,00E−06	1,00E−08	9,46E−01	0,9457	0,0189	18,91

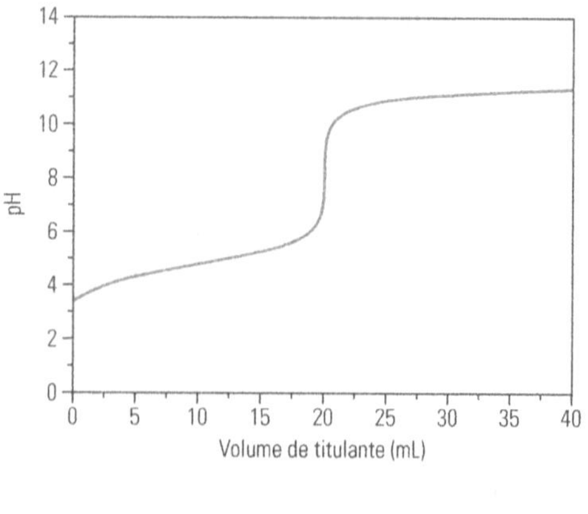

Figura 12.15

Exemplo de uma planilha em que se usa uma equação de fração de titulação para prever o resultado de uma titulação ácido-base. Esta planilha se baseia na Equação 12.31 e é a mesma usada para desenhar a curva de titulação do ácido acético na Figura 12.12. Somente uma parte dos valores reais de pH utilizados no cálculo é mostrada no trecho da planilha incluído nessa figura.

Palavras-chave

Análise volumétrica 285
Curva de titulação 284
Fração de titulação 307
Gráfico de Gran 294
Indicador ácido-base 292

Método de Kjeldahl 287
Ponto de equivalência 284
Ponto final 284
Solução padrão 288
Titulação 284

Titulação ácido-base 284
Titulação de retorno 287
Titulação direta 287
Titulante 284

Outros termos

Curva de titulação linear 284
Curva de titulação logarítmica 284
Erro de titulação 284
Fenolftaleína 292

Padronização 288
Ponto de inflexão 294
Solução de padrão primário 288
Solução de padrão secundário 288

Titulação gravimétrica 285
Titulação volumétrica 285
Titulador automático 285

Questões

O que é uma titulação ácido-base?

1. O que se entende pelo termo 'titulação' em química analítica? E o termo 'titulação ácido-base'?
2. O que é um 'titulante'? Identifique o titulante para a titulação mostrada na Figura 12.3.
3. Descreva o que significa 'curva de titulação' e 'ponto de equivalência'. Use os resultados para o ácido sulfúrico na Figura 12.3 para discutir esses termos.
4. Qual é a diferença entre 'ponto final' e 'ponto de equivalência' em uma titulação? Explique como essa diferença está relacionada ao 'erro de titulação'.
5. Um indicador ácido-base utilizado na titulação de uma amostra padrão de HCl com uma solução de NaOH dá um ponto final quando 17,32 mL de titulante são adicionados. Sabe-se que o ponto de equivalência real da titulação é 18,05 mL. Qual é o erro de titulação dessa análise?
6. Dois estudantes realizam uma titulação de 10,00 mL de ácido acético de 0,1261 M com NaOH de 0,05013 M usando fenolftaleína como indicador ácido-base. O primeiro usa o primeiro sinal de cor rósea que aparece para assinalar o ponto final, o que corresponde à adição de 25,12 mL de titulante. O segundo espera até que o indicador apresente uma cor vermelha mais intensa e registra um volume de titulante de 25,17 mL como representativo do ponto final. O verdadeiro ponto de equivalência ocorre em 25,15 mL. Qual erro de titulação foi incorrido por cada aluno?
7. O que se entende por 'análise volumétrica' em análise química? Explique por que uma titulação como a mostrada na Figura 12.2 ilustra uma análise volumétrica.
8. O que é uma 'titulação gravimétrica'? Como ela difere do tipo de titulação apresentado na Figura 12.2?

Como as titulações ácido-base são usadas em química analítica?

9. Quais são as vantagens do uso de uma titulação em medições químicas? E quais as desvantagens?
10. Explique como uma titulação serve para determinar a quantidade de ácido ou base presente em uma amostra. Apresente uma equação que mostre como a quantidade de analito e a de titulante se relacionam entre si no ponto de equivalência em uma titulação.
11. O ácido acetilsalicílico ($C_9H_8O_4$) é um ácido fraco monoprótico comumente conhecido como o medicamento 'aspirina'. Calcule a massa de aspirina que deve estar presente em um comprimido se um ponto final de 42,76 mL é obtido ao se utilizar NaOH de 0,1354 M como titulante.
12. Uma fração de 10,00 mL de um produto doméstico contendo amônia fornece um ponto final de 46,56 mL quando titulado com HCl de 0,2034 M. Qual é a concentração de amônia nesse produto em unidades de molaridade? Se a densidade total do produto é 0,980 g/mL, qual a quantidade de amônia em termos percentuais (m/m)?
13. Explique como uma titulação pode ser usada para estimar a massa molar de um ácido ou de uma base. Apresente uma equação que mostre como as informações sobre o ponto de equivalência servem para essa aplicação.
14. Uma amostra desconhecida de uma substância química é apresentada como ácida e bastante pura, mas a identidade dessa substância é desconhecida. Para ajudar a identificá-la, sua massa molar é determinada por titulação. Uma amostra de 0,05465 g desse material requer 24,55 mL de NaOH de 0,01265 M para atingir um ponto final que é detectado usando-se a fenolftaleína como ácido-base do indicador. Qual é a massa molar do ácido na amostra?
15. Um material desconhecido é apresentado como uma base pura, cuja identidade não é conhecida. Uma fração de 3,576 g desse material é dissolvida em água e diluída para 250,0 mL. Três frações de 25,00 mL dessa solução são tituladas separadamente com HCl de 0,1380 M e fornecem os pontos finais (utilizando vermelho de metila como indicador) após a adição de 13,15, 13,22 e 13,19 mL de titulante.
    (a) Supondo que essa base seja monoprótica, calcule a massa molar média desse composto e o desvio-padrão dessa massa molar.

(b) Supondo que a base seja diprótica, qual seria a massa molar média?

(c) Qual das duas respostas anteriores faz mais sentido do ponto de vista químico?

16. Explique como uma titulação pode ser usada para determinar a pureza de uma amostra que contém um ácido ou uma base. Qual suposição normalmente é feita nesse tipo de análise?

17. Um produto comercial destinado a evitar o escurecimento de frutas cortadas contém uma mistura de ácido ascórbico ($C_6H_8O_6$) e açúcar ($C_{12}H_{22}O_{11}$). Calcule o percentual (m/m) de ácido ascórbico (um ácido fraco monoprótico) nesse produto sendo que uma fração de 2,0654 g dele requer 34,55 mL de NaOH de 0,2378 M para chegar a um bom ponto final usando fenolftaleína como indicador. (*Observação*: você deve supor que o açúcar não será titulado durante esse processo.)

18. O tris-hidroximetil aminometano (THAM, $C_4H_{11}O_3N$) é uma base fraca monoprótica frequentemente usada como padrão primário em análise de soluções ácidas. Para testar a pureza de uma nova remessa de THAM, várias frações da remessa são tituladas com HCl de 0,05794 M. Observam-se os seguintes pontos finais quando se usa o vermelho de metila como indicador.

Massa THAM (g)	Volume de HCl adicionado no ponto final (mL)
0,1367	19,45
0,1563	22,24
0,1490	21,20

Qual é a pureza média do THAM expressa em unidades percentuais (m/m)? Qual é o desvio-padrão dessa pureza?

19. Além da quantidade que está presente, quais outros tipos de informação podem ser obtidos sobre um analito, seja um ácido ou uma base, quando ele é examinado por meio de uma titulação ácido-base?

20. O que se entende por 'titulação direta'? Cite um exemplo específico de titulação direta.

21. O que é uma 'titulação de retorno'? Como esse método é aplicado? Cite um exemplo de titulação de retorno.

22. Bicarbonato de sódio é o nome comum de $NaHCO_3$. Uma fração de 0,2087 g de bicarbonato de sódio comercial é tratada com 25,00 mL de HCl de 0,1028 M e a seguir submetida a titulação de retorno para dar um ponto final em 2,53 mL durante a adição de NaOH de 0,0565 M. Qual é a pureza do bicarbonato de sódio quando expressa em unidades percentuais (m/m)?

23. Descreva como o método Kjeldahl é conduzido. Qual é a finalidade de cada etapa nesse método e que tipos de informação essa técnica fornece sobre uma amostra?

24. A quantidade de proteína em um novo tipo de cereal foi medida por titulação de Kjeldahl. A amônia produzida para uma porção do cereal (31,1 gramas) foi destilada a partir da amostra digerida e capturada em uma solução de 50,00 mL de HCl de 0,6000 M. Essa solução foi posteriormente examinada em uma titulação de retorno com NaOH de 0,1000 M e forneceu um ponto final em 7,84 mL de titulante adicionado. Calcule o percentual de nitrogênio e o percentual de proteína na amostra original. (*Observação*: lembre-se de que as proteínas normalmente contêm 17,5 por cento de nitrogênio em peso.)

25. O percentual de nitrogênio em um composto químico que é isolado do tabaco deve ser medido pelo método de Kjeldahl. Uma amostra de 0,248 g desse composto isolado é submetida ao processo de digestão de Kjeldahl, e o amoníaco que se forma é destilado em 50,00 mL de HCl de 0,1234 M. A titulação do excesso de HCl restante requer 35,59 mL de NaOH de 0,08736 M para atingir o ponto final. Qual é o percentual de nitrogênio no composto isolado?

Preparação de soluções de titulante e de amostra

26. Descreva por que a padronização é necessária para conduzir uma titulação bem-sucedida. O que é uma 'solução padrão', e como ela se relaciona com esse processo?

27. O que significa o termo 'padrão primário'? Cite alguns exemplos de padrões primários para titulações ácido-base.

28. Quais propriedades devem estar presentes em qualquer composto a ser usado como padrão primário? Use essa lista de propriedades para explicar por que NaOH ou HCl não constituem padrões primários apropriados para uma titulação ácido-base.

29. Um laboratório compra cinco litros de uma solução que supostamente contém NaOH de 0,1000 M e está isento de carbonato. Os profissionais desse laboratório examinam de rotina suas compras por meio de três titulações com o padrão primário KHP. Os dados a seguir foram obtidos após a compra.

Massa KHP (g)	Volume de NaOH adicionado no ponto final (mL)
0,8127	39,86
0,7549	37,03
0,8650	42,44

(a) Qual é a molaridade média da solução recém-adquirida de NaOH?

(b) Existe uma diferença significativa entre a molaridade medida dessa solução e seu valor anunciado de 0,1000 M?

30. Que massa de tris-hidroximetil aminometano (Tris) seria necessária para padronizar uma solução produzida ao se diluir 10,0 mL de HCl concentrado em um balão volumétrico de 250 mL?

31. Explique como um aumento na concentração de titulante afetará a forma geral de uma curva de titulação ácido-base. Quais são as diretrizes gerais úteis à escolha de uma concentração de titulante para esse tipo de titulação?

32. Que efeitos gerais uma mudança na concentração de um analito terá sobre a forma de uma curva de titulação ácido-base? Qual é a faixa de concentrações de analito mais comumente usada nesse tipo de titulação?
33. Explique como a força de um ácido fraco ou de uma base fraca afeta sua capacidade de ser examinado por uma titulação ácido-base. Qual faixa de valores de pK_a ou pK_b normalmente possibilita uma titulação ácido-base de sucesso com esses analitos?

Realização de uma titulação e determinação do ponto final

34. Discuta a função de uma bureta em uma titulação volumétrica. Explique por que uma bureta limpa é importante nesse tipo de análise.
35. Descreva o procedimento adequado para a leitura do nível de uma solução de titulante em uma bureta. Inclua em sua descrição uma discussão sobre erro de paralaxe e abordagens para minimizar esse erro.
36. Explique por que é útil acompanhar o pH durante uma titulação ácido-base. Descreva um sistema geral experimental que possa ser usado para medir o pH de uma mistura amostra/titulante durante uma titulação.
37. Defina o termo 'indicador ácido-base'. Qual é o papel de tal indicador em uma titulação ácido-base?
38. Analise a forma geral como um indicador ácido-base produz uma mudança de cor de acordo com uma mudança no pH. Descreva como a faixa de pH dessa mudança de cor está relacionada com as propriedades do indicador.
39. Quais são as desvantagens do uso de indicadores ácido-base? E quais, na sua opinião, são as suas vantagens?
40. A titulação de uma solução de ácido acético com NaOH dá um ponto de equivalência em um pH 8,20 após a adição de 38,65 mL de titulante. Um estudante usa azul de bromotimol para identificar o ponto final dessa titulação, que se estima que ocorra em pH 7,00 e a 38,08 mL. Qual é o erro de titulação dessa análise? Recomende um indicador ácido-base alternativo que o aluno possa usar para reduzir a margem desse erro.
41. Em um laboratório de análise quantitativa, solicitou-se que cada aluno determinasse a pureza de uma amostra de KHP sólido titulando essa amostra com NaOH. A maioria dos estudantes usou fenolftaleína, mas um deles é daltônico e não consegue ver a mudança de cor desse indicador. Que outro indicador poderia ser usado por esse aluno? Se o ponto de equivalência real dessa titulação ocorre em um pH 8,90, como o tamanho relativo do erro de titulação cometido por esse aluno pode ser comparado aos de outros alunos no laboratório?
42. Explique como um gráfico de derivadas pode ser usado para ajudar a encontrar o ponto de equivalência em uma titulação ácido-base.
43. Os dados a seguir foram coletados por um aluno durante a titulação de uma solução de KHP de 10,00 mL com NaOH de 0,1034 M. Use essas informações para preparar um gráfico de pH *versus* o volume de titulante. Também prepare gráficos que mostrem as primeiras derivadas desses dados. Use esses gráficos para identificar o ponto final da titulação e determinar a concentração de KHP.

NaOH adicionado (mL)	pH	NaOH adicionado (mL)	pH
0,0	3,90	18,26	7,39
3,76	4,39	18,31	8,59
7,86	4,80	18,38	9,11
11,91	5,19	18,55	9,73
15,85	5,74	18,72	10,02
16,94	6,04	18,97	10,31
17,15	6,12	19,10	10,43
17,42	6,25	19,36	10,62
17,85	6,59	20,76	11,07
17,96	6,72	24,77	11,52
18,09	6,93		
18,19	7,16		

44. O que é um gráfico de Gran? Como ele é usado em uma titulação ácido-base?
45. Prepare um gráfico de Gran usando os dados fornecidos na Questão 43. Com base nesse gráfico, determine o ponto final da titulação e determine a concentração da amostra de KHP e o valor de K_a para KHP. Compare seus resultados com os da Questão 43.
46. Um gráfico de Gran para a titulação de uma solução de 25,00 mL de um ácido fraco com NaOH de 0,1250 M dá uma resposta que tem a seguinte regressão linear: $y = -(3,61 \times 10^{-4})x + 1,16 \times 10^{-5}$, onde unidades de litros estão presentes tanto no eixo x quanto no eixo y.
    (a) Qual volume de titulante é necessário para se atingir o ponto de equivalência dessa titulação?
    (b) Qual é o valor aproximado de pK_a do ácido fraco que está sendo titulado?

Descrição de titulações ácido-base

47. Escreva uma reação geral que possa ser usada para descrever a titulação de um ácido forte com uma base forte em água. Qual será a constante de equilíbrio dessa reação a 25 °C? Explique por que a mesma reação também descreve a titulação de uma base forte com um ácido forte em água.
48. Explique por que é importante considerar a K_a de um ácido fraco para determinar a extensão em que esse analito vai sofrer uma titulação com uma base forte. De modo análogo, explique por que é importante considerar a K_b de uma base fraca para determinar a extensão em que esse analito vai sofrer uma titulação com um ácido forte.
49. Um pH 5,35 é medido após 10,75 mL de NaOH de 0,1234 M serem adicionados a uma amostra de 10,00 mL de um ácido fraco monoprótico a 25 °C. Sabe-se que o ponto final dessa titulação ocorre depois da adição de 16,77 mL do titulante. Qual era a concentração do ácido

fraco na amostra original e qual é a constante de dissociação do ácido estimada nessas condições?

50. Um químico deseja determinar a viabilidade de titular o ácido fraco HF com a base fraca de amônia. A reação global dessa titulação é a seguinte:

$$HF + NH_3 \rightleftharpoons NH_4^+ + F^-$$

(a) Escreva uma expressão para a constante de equilíbrio global da titulação, K. Mostre como o valor da constante de equilíbrio K se relaciona com K_a e K_b para HF e NH_3.

(b) Calcule o valor esperado para uma solução aquosa a 25 °C. Como o tamanho dessa constante de equilíbrio se compara com o esperado para a titulação de HF com NaOH?

Curvas de titulação para ácidos e bases fortes

51. Descreva as quatro regiões gerais que estão presentes na titulação de um ácido forte com uma base forte. Descreva como o pH da amostra ou da mistura amostra/titulante pode ser estimada para cada uma dessas regiões.

52. O ácido nítrico é usado para queimar o cobre durante um processo de impressão. Para testar a força de uma solução de ácido nítrico, 5,00 mL de uma preparação comercial desse ácido são dissolvidos em água e diluídos para 100,00 mL em um balão volumétrico. Uma fração de 25,00 mL desse ácido diluído é titulada com NaOH de 0,5365 M e fornece um ponto final em 36,87 mL.

(a) Qual é a concentração do ácido nítrico na preparação comercial original, não diluída?

(b) Qual é o pH esperado da solução de uma amostra nítrica diluída no início da titulação? Qual é o pH esperado no ponto de equivalência?

(c) Qual é o pH esperado durante essa titulação após a adição de 10,00 mL, 25,00 mL e 40,00 mL de titulante?

53. Uma reação libera gás HCl, que é coletado ao ser passado por 50,00 mL de água destilada. Para medir a quantidade de HCl que agora está em solução, ele é titulado com NaOH de 0,1000 M.

(a) Se essa titulação tem um ponto final em 16,08 mL de titulante, quantos gramas de HCl foram liberados na reação original? Qual era a concentração de HCl após sua coleta na água?

(b) Qual pH deveria estar presente na solução original depois de o HCl ter sido coletado na água?

(c) Qual pH deveria estar presente depois da adição de 5,00, 10,00 e 20,00 mL de titulante à solução de HCl coletado? Qual era o pH esperado no ponto de equivalência?

54. Descreva como o pH da amostra ou da mistura amostra/titulante pode ser estimada para cada uma das quatro regiões gerais durante a titulação de uma base forte com um ácido forte. Como esses cálculos se assemelham aos realizados para a titulação de um ácido forte com uma base forte? Como os cálculos para esses dois tipos de titulação diferem um do outro?

55. Uma amostra aquosa de 20,00 mL, que supostamente contém 0,08000 M da base forte KOH, deve ser titulada com uma solução aquosa de HCl de 0,1000 M.

(a) Calcule o pH que será obtido durante essa análise em 0 e 100 por cento de titulação.

(b) Calcule o pH em 50 por cento de titulação e após a adição de um total de 20,00 mL de titulante à amostra.

(c) Use os resultados das partes (a) e (b) para esboçar uma curva de titulação dessa análise.

56. O óxido de cálcio (CaO) é misturado com areia, produzindo argamassa. O óxido de cálcio reage com a água para produzir o hidróxido de cálcio $Ca(OH)_2$, que é uma base forte. Uma amostra de 0,5654 g de uma mistura de argamassa é dissolvida/suspensa em 100,00 mL de água e titulada com HCl de 0,2500 M. Um ponto final em 38,96 mL é encontrado quando se usa o vermelho de metila como indicador.

(a) Qual é o pH esperado para a amostra original se supusermos que o hidróxido de cálcio é a única substância básica (ou ácida) presente em qualquer concentração significativa?

(b) Qual é o pH esperado para essa titulação após a adição de 10,00, 20,00 ou 30,00 mL de titulante?

(c) Qual é o pH esperado para essa titulação no ponto de equivalência ou depois da adição de 40,00 mL de titulante?

(d) Qual é a quantidade de CaO na mistura de argamassa original em termos percentuais (m/m)?

Curvas de titulação para ácidos e bases fracos

57. Explique como o pH da amostra ou da mistura amostra/titulante pode ser estimado para cada uma das quatro regiões gerais durante a titulação de um ácido fraco com uma base forte monoprótica. Como esses cálculos se assemelham aos realizados para a titulação de um ácido forte com uma base forte? Como eles diferem?

58. O ácido fluorídrico é um importante reagente utilizado para eliminar superfícies de óxidos do silício durante a produção de semicondutores e chips de computador. Um químico que trabalha no setor de semicondutores deseja determinar a concentração de uma solução de HF por meio de uma titulação ácido-base. Uma amostra de 25,00 mL que, acredita-se, contém aproximadamente HF de $5,00 \times 10^{-3}$ M deve ser titulada com NaOH de $7,50 \times 10^{-3}$ M. Qual pH deve ser obtido durante essa titulação para a amostra original após 50 por cento do HF serem titulados e no ponto de equivalência da titulação? Qual será o pH depois da adição de 30,00 mL de titulante à solução de HF?

59. Uma fração de 0,3654 g de ácido fórmico puro é dissolvida em 50,00 mL de água e titulada com NaOH de 0,1086 M. Qual será o pH esperado durante essa análise quando a titulação tiver sido 0, 25, 50, 75, 100 e 110 por cento concluída?

60. Uma solução de ácido fraco monoprótico requer 37,65 mL de NaOH de 0,02465 M para atingir o ponto de equivalência.

Durante essa titulação, um pH 5,87 é medido após a adição de 10,87 mL de titulante. Qual é a K_a do ácido fraco nessas condições?

61. Explique como o pH da amostra ou da mistura amostra/titulante pode ser estimado para cada uma das quatro regiões gerais durante a titulação de uma base fraca monoprótica com um ácido forte. Compare e diferencie esses cálculos com aqueles realizados para a titulação de uma base forte com um ácido forte.

62. Uma amostra de 25,00 mL que, acredita-se, contém metilamina (CH_3NH_2) de 0,0445 M é titulada com uma solução de HCl de 0,07000 M. Calcule o pH que se espera quando 0, 10,00 e 20,00 mL de titulante também são adicionados no ponto de equivalência.

63. Um novo composto foi isolado de uma planta incomum, e revelou ter propriedades que permitem que essa substância química atue como uma base fraca monoprótica. Uma amostra pura de 0,0356 g desse composto é dissolvida em 25,00 mL de água destilada. O pH da água após o composto se dissolver totalmente é determinado como sendo 11,42. Essa amostra é então titulada com HCl a 0,01000 M e, após a adição de 22,67 mL, fornece um ponto final a um pH 6,60. Após a adição de 9,45 mL e 16,03 mL de titulante, os valores de pH da mistura amostra/titulante são determinados como sendo 11,02 e 10,49, respectivamente. Estime a massa molar e o pK_b para esse composto. Se você não obtiver o mesmo pK_b de todos os seus cálculos, indique qual valor você considera mais confiável.

Sistemas polipróticos

64. Explique como a curva de titulação para um analito poliprótico difere da de um ácido ou da de uma base monoprótica. Que efeito o tamanho dos valores de pK_a ou pK_b para um analito poliprótico exerce sobre a forma de sua curva de titulação?

65. Apresente uma equação geral que possa ser usada para estimar o pH de um ponto de equivalência intermediário para um ácido poliprótico (por exemplo, o primeiro ponto de equivalência de um ácido diprótico). Explique as origens dessa equação. (*Dica*: veja o Capítulo 8.)

66. Durante a fabricação do náilon, o ácido adípico ($HOOC(CH_2)_4COOH$, um ácido fraco diprótico) é polimerizado por sua combinação com 1,6-diaminohexano ($H_2N(CH_2)_6NH_2$, uma base fraca diprótica). Um químico de polímeros que estuda essa reação pretende analisar uma amostra que, acredita-se, contém ácido adípico de 0,1000 M, titulando-a com NaOH de 0,1000 M.

    (a) Estime o pH da amostra original em ambos os pontos de equivalência, no ponto intermediário até o primeiro ponto de equivalência e no ponto intermediário entre o primeiro e o segundo pontos de equivalência. Use essas informações para preparar um gráfico aproximado de pH *versus* volume de titulante para essa titulação.

    (b) Calcule o pH que se poderia esperar entre pontos que estão a 35 e 70 por cento do caminho para o primeiro ponto de equivalência nessa titulação e a 35 e 70 por cento do caminho entre o primeiro e o segundo pontos de equivalência. Compare esses resultados com aqueles que seriam previstos pelo gráfico traçado na Parte (a).

67. O mesmo químico de polímeros do problema anterior deseja analisar uma amostra que, acredita-se, contém 1,6 diaminohexano de 0,1000 M titulando-a com HCl de 0,1200 M.

    (a) Calcule o pH da amostra original em ambos os pontos de equivalência, no ponto intermediário até o primeiro ponto de equivalência e no ponto intermediário entre o primeiro e o segundo pontos de equivalência.

    (b) Use as informações da Parte (a) para preparar um gráfico aproximado de pH *versus* volume de titulante para essa titulação.

    (c) Como a curva de titulação obtida na Parte (b) para a titulação de 1,6-diaminohexano se compara com a curva de titulação que foi gerada para o ácido adípico no problema anterior? Quais semelhanças estão presentes nesses gráficos? Quais são as diferenças?

68. Uma alíquota de 50,00 mL de uma solução de base fraca monoprótica em água é titulada com HCl de 0,1147 M. Verifica-se que são necessários 37,58 mL desse titulante para se atingir o ponto de equivalência.

    (a) Qual era a concentração da base na amostra original?

    (b) Durante essa titulação, um pH 10,25 é medido para a mistura amostra/titulante após a adição de 20,48 mL de HCl à amostra. Quais são os valores de K_b e pK_b para essa base?

Mistura de amostras

69. Explique como você pode usar as equações na titulação de amostras simples de ácidos ou bases fornecidas anteriormente neste capítulo para ajudar a estimar o pH em vários pontos de uma curva de titulação de uma amostra que contém uma mistura de dois ácidos ou bases diferentes.

70. Exatamente 10,00 mL de uma mistura de HCl (0,2356 M) e ácido fosfórico (0,1075 M) são titulados com NaOH de 0,1000 M. Calcule o pH da titulação em vários pontos na curva de titulação. Escolha locais na curva que sejam importantes para estabelecer a forma da curva.

71. Explique como os pontos de equivalência obtidos durante a titulação de uma amostra mista de ácido ou base podem ser usados para obter informações sobre a composição original de tal amostra.

72. Uma fração de 25,00 mL de uma mistura de ácido oxálico e ácido sulfúrico é titulada com NaOH de 0,1200 M e monitorada com um medidor de pH. Dois pontos finais são observados. O primeiro ocorre após a adição de 17,44 mL e o segundo, no total de 21,98 mL. Quais eram as concentrações dos dois ácidos na amostra original?

73. Uma solução de 25,00 mL de ácido hipocloroso (HOCl) é parcialmente reduzida para formar HCl. Após a realização dessa redução, a solução resultante é titulada com NaOH

de 0,1000 M. Observam-se alterações na resposta da curva de titulação em dois pontos de equivalência: o primeiro a um pH de aproximadamente 3,5 (em 21,66 mL de titulante) e o segundo em um pH aproximado de 9,5 (em 30,17 mL de titulante). Que fração do HOCl original foi reduzida a HCl nessa amostra?

74. Um laboratório industrial recebe uma amostra que, acredita-se, contém uma mistura de ácido sulfúrico (H_2SO_4) e ácido sulfuroso (H_2SO_3). Uma alíquota de 25,00 mL da amostra é titulada com NaOH de 0,1000 M e fornece dois pontos finais reconhecíveis quando o pH da mistura amostra/titulante é monitorado. O primeiro ponto final aparente ocorre quando 37,89 mL de titulante são adicionados (pH da mistura amostra/titulante ≈ 7,0) e resulta da titulação das formas de H_2SO_4 e HSO_4^- de ácido sulfúrico e na forma H_2SO_3 de ácido sulfuroso. O segundo ocorre quando 43,57 mL de titulante são adicionados (pH = 9,8) e corresponde à titulação somente da forma HSO_3^- do ácido sulfuroso. Quais são as concentrações de H_2SO_4 e H_2SO_3 na amostra original?

Uso da fração de titulação

75. Defina o que significa, matematicamente, a 'fração de titulação'. Escreva as equações que seriam usadas para calcular esse valor durante a titulação de um ácido com uma base ou de uma base com um ácido.

76. Descreva como as equações de equilíbrio de carga e de equilíbrio de massa podem ser usadas para obter uma fração da equação de titulação. Use a titulação de um ácido forte com uma base forte como exemplo em sua resposta.

77. Usando uma abordagem semelhante à mostrada na Tabela 12.5, derive a Equação 12.30 que gera a fração de titulação para a titulação de uma base forte com um ácido forte.

78. Um estudante deseja estimar o erro de titulação que estará presente durante a titulação de 25,00 mL de HCl de 0,1000 M com NaOH de 0,1000 M se a fenolftaleína for usada como indicador.
    (a) Use uma equação de fração de titulação para determinar o erro de titulação que estará presente se o aluno utilizar o centro da transição de cor da fenolftaleína para sinalizar o ponto final da titulação. Qual será o erro de titulação se ele usar o início da transição de cor para sinalizar o ponto final?
    (b) Repita os cálculos da Parte (a) usando vermelho de metila ou timolftaleína como indicadores. Compare esses resultados com os que foram encontrados na Parte (a). Com base em seus cálculos, que tipo de indicador você considera melhor para essa titulação em particular?

79. Uma solução de 25,00 mL de NH_3 de 0,1000 M deve ser titulada com HCl de 0,1000 M usando-se o vermelho de metila como indicador para detecção do ponto final.
    (a) Use uma equação de fração de titulação para estimar o volume de titulante que corresponderá ao pH em que 50 por cento do vermelho de metila está ou em sua forma ácida ou em sua forma básica. Quais volumes de titulante corresponderão aos valores de pH em que o vermelho de metila está 10 por cento em sua forma ácida ou 90 por cento em sua forma de base conjugada? (*Dica:* este exercício também poderá requerer o uso da equação de Henderson-Hasselbach.)
    (b) Qual será o erro de titulação esperado se um químico usar o meio da faixa da mudança de cor do vermelho de metila para sinalizar o ponto final da titulação? Qual será o erro de titulação se o início ou o final dessa faixa for utilizado, supondo-se que esses pontos correspondem a um pH em que 10 por cento do vermelho de metila está em sua forma ácida ou 90 por cento está em sua forma básica, respectivamente?

80. Explique como as equações de fração de titulação podem ser usadas com planilhas para construir uma curva de titulação para uma titulação ácido-base.

Problemas desafiadores

81. Quais as vantagens que você acha que haveria no uso de uma titulação gravimétrica em vez de uma titulação volumétrica para determinar a quantidade de titulante que foi adicionado a uma solução de analito? Quais são as possíveis desvantagens de tal abordagem? (*Dica:* veja os capítulos 3 e 11.)

82. Obtenha mais informações sobre cada um dos seguintes tópicos e escreva um procedimento operacional padrão para um determinado equipamento ou uma tarefa que se poderia realizar em um laboratório de análises.
    (a) Uso adequado da bureta para uma titulação ácido-base.
    (b) Uso do hidrogenoftalato de potássio na padronização de uma solução para uso em uma titulação ácido-base.
    (c) Preparo e uso de uma solução de fenolftaleína como indicador ácido-base.

83. Existem muitos indicadores ácido-base disponíveis além daqueles relacionados na Tabela 12.3. Alguns exemplos de outros possíveis indicadores são apresentados a seguir. Usando uma fonte como o *Lange's Handbook of Chemistry* ou o *CRC Handbook of Chemistry and Physics*,[9,10] determine a faixa de pH na qual cada um desses indicadores poderia ser usado e descreva a mudança de cor que produzem.
    (a) Violeta de metila.
    (b) Vermelho congo.
    (c) α-Naftolftaleína.
    (d) Timolftaleína.
    (e) Nitramina.
    (f) Tropeolina.

84. Uma forma de identificar os pontos de inflexão em uma curva de titulação é traçar um gráfico que mostra a mudança de inclinação em relação à mudança de volume do titulante, produzindo um termo que também é conhecido como a segunda derivada, $d(dpH/dV_{Titulante})$. Em um segundo gráfico de derivada, os pontos de inflexão ocorrem onde a segunda derivada cruza o eixo x e tem valor igual a zero.
    (a) Prepare uma planilha para calcular a segunda derivada para a titulação na Figura 12.8.

(b) Use seu gráfico da Parte (a) para localizar os pontos de inflexão na curva de titulação. Com base em seu gráfico, quais volumes de titulante foram necessários para atingir os pontos finais nessa titulação?

(c) Compare o gráfico que você preparou na Parte (a) com o gráfico da inclinação ilustrado na Figura 12.8. Como esses gráficos se assemelham nas informações que fornecem? Como diferem?

85. Derive a equação do gráfico de Gran que é dada na Equação 12.5 para análise de uma base fraca monoprótica usando um ácido forte como titulante. (*Dica:* veja a Tabela 12.4.)

86. Muitos produtos sólidos de lavar louça no passado continham misturas de $Na_3PO_4 \cdot 12H_2O$, Na_2CO_3 e NaOH como os principais ingredientes. Uma amostra de 0,600 g de tal produto foi dissolvida em água e titulada com HCl de 0,1234 M. Quando a titulação se iniciou, fenolftaleína foi adicionada como um indicador e produziu uma alteração de vermelho para incolor após a adição de 25,10 mL de titulante. Em seguida, o verde de bromocresol foi adicionado como um segundo indicador e produziu uma alteração de cor de azul para amarelo em 38,45 mL. Um adicional de 5,00 mL de HCl foi introduzido e a solução ficou amarela. Então, a solução foi aquecida e aerada com nitrogênio, seguindo-se uma titulação de retorno com NaOH de 0,1456 M. Um ponto final de amarelo a azul para o verde de bromocresol foi observado após a adição de 4,24 mL de titulante, e um ponto final de azul para roxo foi observado após a adição de um total de 12,14 mL de NaOH.

(a) Escreva as equações que mostram as reações da titulação que ocorrem durante cada etapa desse processo. Qual você acha que é o propósito da etapa durante a qual a solução é aquecida e aerada com nitrogênio? Qual é o propósito da titulação de retorno?

(b) Use as informações dadas para encontrar a massa e a quantidade relativa, em percentual (m/m), de cada um dos três principais ingredientes na amostra de detergente. Explique como você determinou cada um desses valores.

87. Em 2007 e 2008, descobriu-se que alguns inescrupulosos fornecedores de alimentos na China haviam adicionado a substância rica em nitrogênio melamina ($C_3H_6N_6$) a ração animal e produtos lácteos. O objetivo alegado desse aditivo era levar os analistas que usavam o método de Kjeldahl a crer que o produto contaminado continha um teor de proteína maior do que realmente havia na embalagem. Suponha que um produto alimentar que tem 5,0 por cento (m/m) de proteína também seja contaminado com 1,0 por cento (m/m) de melamina. Quais seriam o percentual de nitrogênio aparente e o percentual de proteína desse produto, conforme determinado pelo método de Kjeldahl, se o teor de nitrogênio comum de 17,5 por cento estivesse presente somente na proteína? Qual seria o erro relativo desse teor medido de proteína quando comparado com o conteúdo real de proteína da amostra?

88. Um estudante usa a Equação 12.10 para estimar o valor de [H^+] no ponto de equivalência para a titulação de HCl com NaOH, e obtém a resposta incorreta de [H^+] = 0. O mesmo problema ocorre quando o aluno usa a Equação 12.12 para estimar esse valor. Explique por que essas equações não podem ser usadas nesse ponto específico da curva de titulação.

89. Prepare uma planilha como a da Figura 12.15 para traçar uma curva de titulação de um ácido fraco. Use-a para preparar um gráfico da titulação de uma amostra de 10,00 mL de ácido fórmico de 0,010 M com NaOH de 0,0050 M. Compare a curva que você obteve com a que foi dada na Figura 12.12, em condições semelhantes, para o ácido acético. Quais semelhanças você vê nessas duas curvas? Quais diferenças você observa?

90. Use a planilha que você preparou na Questão 89 e examine o efeito da concentração da amostra sobre a titulação de uma amostra de 10,00 mL de ácido fórmico com NaOH de 0,005000 M.

(a) Como essa curva de titulação se altera quando se passa de uma concentração da amostra de 0,010 M a 0,0050 M, ou 0,0010 M?

(b) Em qual concentração de ácido fórmico já não é mais viável realizar essa titulação? Justifique sua resposta.

91. Derive a equação de fração de titulação mostrada na Tabela 12.6 para a titulação de uma base forte com um ácido forte. Demonstre as várias etapas que você seguiu para obter essa equação final.

92. Derive a equação de fração de titulação mostrada na Tabela 12.6 para a titulação de um ácido fraco com uma base forte. Demonstre as várias etapas que você cumpriu até obter essa equação final.

Tópicos para discussão e relatórios

93. Localize um laboratório industrial na área em que você vive e saiba como os profissionais que trabalham no local usam as titulações ácido-base, incluindo técnicas correlacionadas, como o método de Kjeldahl. Escreva um relatório sobre suas descobertas.

94. O tornassol é um indicador ácido-base comum bastante usado para identificar soluções ácidas ou básicas em água. Obtenha informações sobre as propriedades químicas e físicas do tornassol. Use essas informações para descrever sua capacidade de agir como um indicador ácido-base.

95. Quando a mudança de cor, devido a um indicador ácido-base, não é nítida o bastante em um ponto final, uma estratégia alternativa consiste em misturar dois indicadores (ou um indicador mais um corante) para produzir uma alteração de cor mais distinta no pH desejado. Alguns exemplos de indicadores mistos podem ser encontrados em fontes como as referências 9, 12 ou 13. Encontre alguns exemplos de indicadores mistos e descreva como eles mudam de cor e o pH em que essa mudança ocorre. Discuta como esses indicadores mistos funcionam e explique por que eles podem fornecer um ponto final mais exato do que quando se usa um único indicador.

96. A seguir, listamos vários cientistas que fizeram contribuições importantes ao método de titulação. Escreva um relatório sobre um deles e indique como ele ajudou no desenvolvimento dessa técnica.

(a) Joseph Louis Gay-Lussac.
(b) Karl Friedrich Mohr.
(c) Claude Louis Berthollet.
(d) Adolf Baeyer.

97. Localize ou recomende um procedimento para a realização de uma titulação ácido-base para uma ou mais das situações a seguir. Descreva as reações que ocorrem durante a execução desse método e declare o propósito de cada etapa do procedimento.

(a) Titulação do ácido sulfúrico em água a partir de resíduos ácidos de minas.
(b) Determinação da pureza de um comprimido de aspirina.
(c) Medição do enxofre percentual em uma amostra de carvão.

Referências bibliográficas

1. *The New Encyclopaedia Britannica*, 15 ed., Encyclopaedia Britannica, Inc., Chicago, IL, 2002.
2. F. Szabadvary, *History of Analytical Chemistry*, Pergamon Press, Nova York, 1966.
3. 'Facts and Figures for the Chemical Industry', *Chemical and Engineering News*, 25 jun. 2001, p.79.
4. *IUPAC Compendium of Chemical Terminology*, versão eletrônica, http://goldbook.iupac.org.
5. G. Maludzinska, ed., *Dictionary of Analytical Chemistry*, Elsevier, Amsterdã, Holanda, 1990.
6. H. Diehl, *Quantitative Analysis: Elementary Principles and Practice*, 2 ed., Oakland Street Science Press, Ames, IA, 1974.
7. T. S. Ma e R. C. Rittner, *Modern Organic Elemental Analysis*, Marcel Dekker, Nova York, 1979.
8. T. S. Ma, 'Organic Elemental Analysis', In: *Analytical Instrumentation Handbook*, 2 ed., G. W. Ewing, ed., Marcel Dekker, Nova York, 1997, Capítulo 3.
9. J. A. Dean, *Lange's Handbook of Chemistry*, 15 ed., McGraw-Hill, Nova York, 1999.
10. D. R. Lide, ed., *CRC Handbook of Chemistry and Physics*, 83 ed., CRC Press, Boca Raton, FL, 2002.
11. G. Gran, 'Determination of the Equivalence Point in Potentiometric Titrations, Part II', *Analyst*, 77, 1952, p.661–671.
12. Kolthoff e Stenger, *Volumetric Analysis*, Vol. 1, Interscience Publishers, Nova York, 1942.
13. Kolthoff e Stenger, *Volumetric Analysis*, Vol. 2, Interscience Publishers, Nova York, 1947.

Capítulo 13
Titulações complexométricas e de precipitação

Conteúdo do capítulo

13.1 Introdução: qual é a dureza da água?
    13.1.1 O que são titulação complexométrica e titulação de precipitação?
    13.1.2 Como titulações complexométricas e de precipitação são usadas em química analítica?
13.2 Realização de uma titulação complexométrica
    13.2.1 Titulantes e soluções padrão
    13.2.2 Uso de ligantes auxiliares e agentes mascarantes
    13.2.3 Determinação do ponto final
    13.2.4 Previsão e otimização de titulações complexométricas
13.3 Realização de uma titulação de precipitação
    13.3.1 Titulantes e soluções padrão
    13.3.2 Determinação do ponto final
    13.3.3 Previsão e otimização de titulações de precipitação

13.1 Introdução: qual é a dureza da água?

A 'água dura' tem sido um problema para os seres humanos desde a invenção do encanamento. A *dureza da água* (aqui relatada como a concentração de carbonato de cálcio em unidades de mg/L ou ppm) representa uma medida da concentração total de íons cálcio e magnésio em água, e é expressa em miligramas de $CaCO_3$ por litro. De modo geral, considera-se 'mole' a água que apresenta valor de dureza menor ou igual a 55 ppm, 'moderadamente dura' a que apresenta um valor de 55 a 120 ppm, 'dura', de 120 a 250 ppm e 'muito dura', um valor superior a 250 ppm. A água dura pode levar ao acúmulo de depósitos minerais em tubos e aparelhos que utilizam água em bases regulares, afetando o desempenho e o tempo de vida útil desses itens. Isso torna a medição da dureza um importante teste conduzido por muitas indústrias e estações de tratamento de água.[1-3]

O grau de dureza da água varia por todo o território norte-americano, e depende da geologia da área de onde ela é extraída. Íons cálcio penetram em águas subterrâneas quando estas entram em contato com o calcário ($CaCO_3$),

$$CaCO_3(s) + H_2O \rightarrow Ca^{2+} + HCO_3^- + OH^- \quad (13.1)$$

um processo que resulta na formação de bicarbonato e de íons hidróxido. Quando a água dura é posteriormente aquecida ou evaporada, volta a formar carbonato de cálcio e deposita esse mineral em superfícies como o interior de um tubo ou de um aquecedor. Outro problema da água dura é que, na presença de sabão, os ácidos graxos formarão um precipitado insolúvel com íons cálcio. Isso leva à formação de uma 'espuma' de sabão e dificulta a limpeza.[1, 2]

A medição de íons cálcio e íons magnésio para determinar a dureza da água é apenas um dos muitos exemplos nos quais íons específicos em água devem ser analisados. Duas abordagens que servem para medir íons específicos em água são a titulação complexométrica e a titulação de precipitação. Discutiremos ambos os métodos neste capítulo e analisaremos suas aplicações.[3-5] Também veremos como prever o comportamento dessas titulações durante uma análise química.

13.1.1 O que são titulação complexométrica e titulação de precipitação?

Titulação complexométrica e titulação de precipitação assemelham-se a uma titulação ácido-base, na medida em que são frequentemente realizadas como métodos volumétricos que usam uma medida do volume de titulante para determinar a quantidade de um analito presente em uma amostra. A diferença é que esses métodos fazem uso de tipos diversos de reação. A **titulação complexométrica** é a que envolve a formação de complexo (veja, no Capítulo 9, uma revisão desse tipo de reação).[6,7] Uma titulação complexométrica comum é mostrada na Figura 13.1, utilizando a análise de Ca^{2+} em água com ácido etilenodiaminotetracético (EDTA) como exemplo. Na maioria das titulações complexométricas, o analito é um ácido de Lewis (como Ca^{2+}) e o agente complexante é uma base de Lewis (como o EDTA), com um ou mais pares de elétrons que podem ser doados para o analito. Também é possível que o agente complexante seja o analito, e uma solução do íon metálico atue como titulante, como pode ocorrer quando padronizamos uma solução de EDTA titulando-a com uma concentração conhecida de Ca^{2+}.

A **titulação de precipitação** é um método de titulação no qual a reação de um titulante com uma amostra produz precipitados insolúveis.[6,7] Este método costuma ser realizado adicionando-se volumes conhecidos de uma solução contendo um agente de precipitação até que mais nenhum precipitado seja

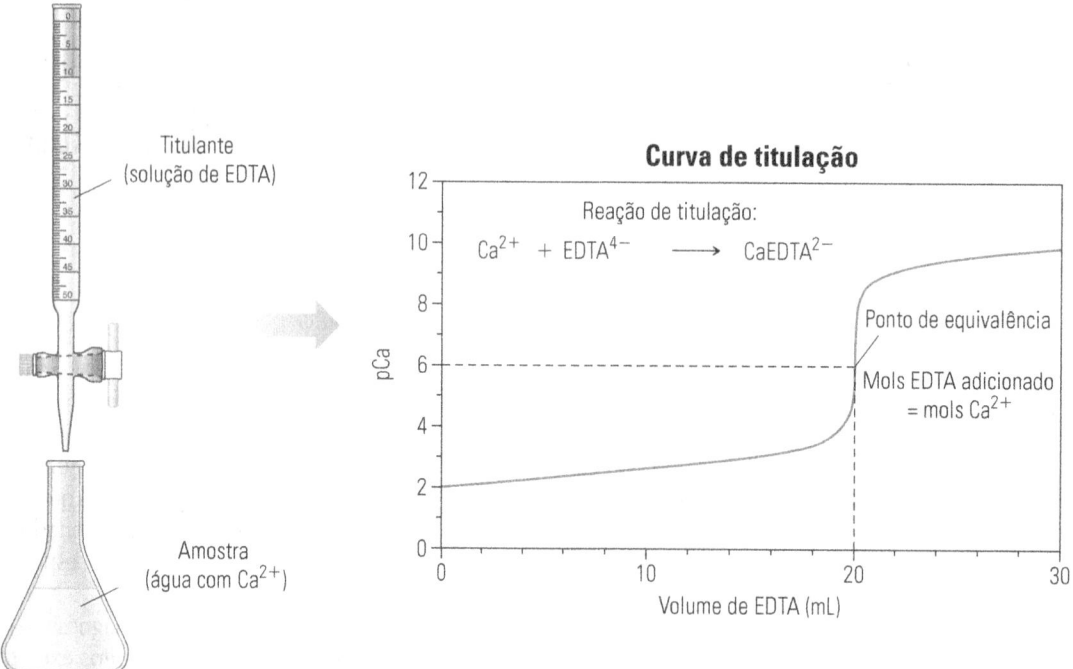

Figura 13.1

Titulação complexométrica comum, usando análise de Ca^{2+} em água por meio de sua titulação com ácido etilenodiaminotetracético (EDTA) como exemplo. As linhas tracejadas que aparecem na curva de titulação indicam o volume do titulante que é necessário para atingir o ponto de equivalência e fornecem a concentração de Ca^{2+} nesse ponto usando a função pCa, em que pCa = $-\log([Ca^{2+}])$. A curva de titulação neste exemplo mostra a resposta esperada para uma alíquota de 10,00 mL de uma solução de Ca^{2+} de 0,01000 M em água de pH 10,00, que é titulada usando-se um EDTA de 0,005000 M.

formado. Um exemplo é ilustrado na Figura 13.2, em que uma amostra contendo Ag^+ é titulada com uma solução contendo uma concentração conhecida de Cl^-, levando à formação de AgCl(s) insolúvel. Quando a ausência de mais precipitação (ou sinal correlacionado) indica que o ponto final foi alcançado, o volume dispensado de titulante (que tem concentração e reação de estequiometria conhecidas com o analito) é usado para determinar a concentração do analito na amostra original. A Figura 13.2 apresenta uma aplicação dessa abordagem para medir um íon metálico, como Ag^+, adicionando-se um titulante que precipitará esse íon metálico a partir da solução de um modo conhecido. Outra forma comum de aplicar esse tipo de titulação é usar um íon metálico como Ag^+ para atuar como titulante na medição de uma substância química que reagirá com esse titulante e formará um precipitado, como se poderia fazer para determinar a concentração de Cl^- na amostra.

As curvas para as titulações complexométrica e de precipitação costumam ser representadas graficamente por uma função da concentração de analito sobre o eixo y e o volume de titulante adicionado no eixo x. A concentração de analito M (nesse caso, representando um íon metálico) é em geral dada no eixo y usando-se uma função que se costuma chamar de **pM**, em que pM = $-\log([M^{n+}])$ para uma solução de íon M^{n+} em água. Como exemplo, o símbolo pCa na Figura 13.1 representa o valor de $-\log([Ca^{2+}])$ em qualquer ponto ao longo da curva de titulação à esquerda. Da mesma forma, pAg é igual ao valor de $-\log([Ag^+])$ para a curva de titulação de precipitação à direita. Isso é semelhante à abordagem que seguimos quando empregamos o pH para representar $-\log(a_{H^+}) \approx -\log([H^+])$ durante uma titulação ácido-base. A mesma técnica geral também serve para descrever a concentração de outros analitos que não sejam íons metálicos (por exemplo, pCl = $-\log([Cl^-])$, se esse analito for titulado com Ag^+).

A forma geral das curvas de titulação nas figuras 13.1 e 13.2 assemelha-se, em muitos aspectos, à da curva de uma titulação que envolve um ácido forte e uma base forte (Capítulo 12). Todas essas curvas apresentam uma pequena mudança das fases iniciais a intermediárias da titulação, seguida por uma brusca mudança em resposta à medida que os mols do titulante se aproximam dos mols do analito na amostra. A seguir, essa resposta produz uma pequena alteração conforme avançamos à região da curva em que um excesso de titulante foi adicionado. Muitos dos termos empregados para descrever titulações ácido-base também são úteis para descrever titulações complexométricas e de precipitação. Por exemplo, o ponto em que os mols de titulante adicionado são exatamente iguais aos mols do analito original é de novo chamado de 'ponto de equivalência', e o ponto em que detectamos que titulante suficiente foi adi-

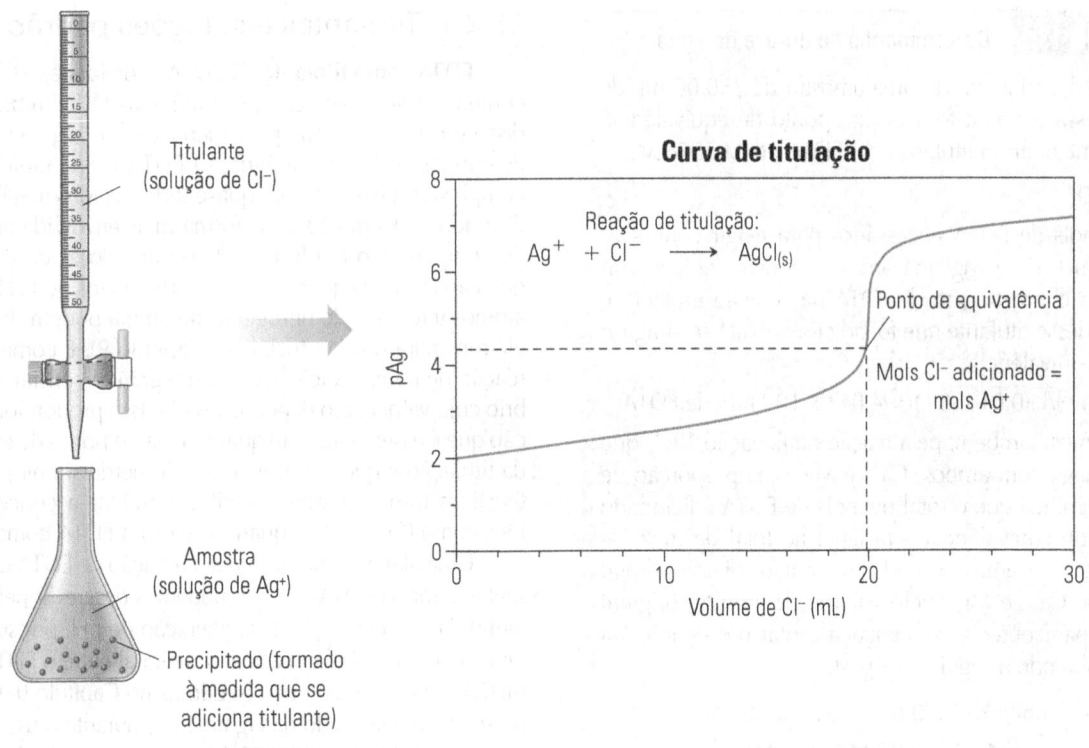

Figura 13.2

Titulação de precipitação comum, usando análise de Ag^+ em solução aquosa por sua titulação com Cl^- como exemplo. Um precipitado insolúvel (nesse caso, AgCl(s)) forma-se à medida que se adiciona titulante à amostra. As linhas tracejadas mostradas na curva de titulação indicam o volume de titulante que é necessário para atingir o ponto de equivalência e gera a concentração de Ag^+ nesse ponto usando a função pAg, em que $pAg = -\log([Ag^+])$. A curva de titulação apresentada é a resposta esperada para uma alíquota de 10,00 mL de uma solução aquosa de Ag^+ de 0,01000 M que é titulada usando-se Cl^- de 0,005000 M.

cionado representa o 'ponto final'. Aprenderemos mais adiante como prever a forma dessas curvas de titulação para ajudar a criar métodos em que o ponto final representa uma boa estimativa do ponto de equivalência. Para isso, usaremos ferramentas semelhantes às descritas no Capítulo 12 para prever a resposta de titulações ácido-base.

13.1.2 Como titulações complexométricas e de precipitação são usadas em química analítica?

Embora as titulações complexométricas e as de precipitação sejam usadas com diferentes tipos de íon, a aplicação principal de ambos os métodos é na determinação do montante de um íon específico que está presente em uma amostra. Como vimos no caso das titulações ácido-base, esse objetivo é alcançado determinando-se a quantidade de titulante que é necessária para atingir o ponto de equivalência de uma amostra e combinando-se essa informação com a reação conhecida que ocorre entre esse titulante e o analito.

O tipo mais comum de titulação complexométrica envolve o uso de EDTA como um agente complexante para íons metálicos (Capítulo 8). Uma característica valiosa do EDTA é sua forte ligação com muitos íons metálicos e o fato de que o produto dessa reação é um complexo de 1:1, como mostrado a seguir.

$$M^{n+} + EDTA^{4-} \rightleftharpoons M(EDTA)^{n-4} \quad (13.2)$$

Nesta reação, os mols de um íon metálico (n_M) na amostra (concentração molar total $= C_M$ e volume original $= V_M$) serão iguais aos mols de EDTA (n_{EDTA}) necessários para atingir o ponto de equivalência. Os mols de titulante requeridos para atingir o ponto de equivalência podem, por sua vez, ser determinados usando-se o volume medido de titulante adicionado à amostra até esse ponto (V_{EDTA}) e a concentração molar total conhecida do titulante (C_{EDTA}), como mostrado a seguir.

No ponto de equivalência da titulação de um íon metálico com EDTA:

$$n_M = n_{EDTA} \quad \text{ou} \quad C_M V_M = C_{EDTA} V_{EDTA} \quad (13.3)$$

Esta relação torna mais fácil determinar a concentração do íon metálico ao utilizar o volume de EDTA necessário para chegar ao ponto final em uma titulação complexométrica. Os mesmos conceitos são aplicáveis na determinação da concentração de um analito pelo uso de uma titulação de precipitação se os mols de titulante necessários para atingir o ponto de equivalência forem determinados e a reação do titulante com o analito tiver uma estequiometria conhecida.

EXERCÍCIO 13.1 — Determinação da dureza da água

Qual é a 'dureza' de uma amostra de 250,00 mL de água, se essa amostra fornece um ponto de equivalência de 15,68 mL quando titulada com EDTA de 0,02578 M?

SOLUÇÃO

Os mols de EDTA necessários para reagir completamente com Ca^{2+} e Mg^{2+} na amostra podem ser determinados pela concentração de EDTA na solução titulante e o volume desse titulante que foi adicionado até se atingir o ponto de equivalência.

$(0,02578 \text{ mol/L})(0,01568 \text{ L}) = 4,042 \times 10^{-4}$ mol de EDTA

Sabemos, também, pela reação na Equação 13.2, que o EDTA reage com ambos, Ca^{2+} e Mg^{2+}, na proporção de 1:1. Isto significa que o total de mols de EDTA adicionado no ponto de equivalência será igual ao total de mols de Ca^{2+} e Mg^{2+} na amostra. Podemos, então, dividir o total de mols de Ca^{2+} e Mg^{2+} pelo volume da amostra original (0,250 L) para obter a concentração total desses íons na amostra, obtendo a seguinte resposta:

$(4,042 \times 10^{-4} \text{ mol})/(0,25000 \text{ L}) = 1,61\underline{7} \times 10^{-3}$ M

$= 1,62 \times 10^{-3}$ M Ca^{2+} e Mg^{2+}

Titulações podem ser usadas para determinar a concentração de um analito não só em molaridade, mas também em outras unidades. Por exemplo, a dureza da água não costuma ser expressa em termos de molaridade total de Ca^{2+} e Mg^{2+}, mas como seu equivalente de concentração em miligramas de $CaCO_3$ por litro de água (ou partes por milhão de $CaCO_3$). Essa conversão se dá supondo-se que toda a dureza da água se deve a Ca^{2+}, embora, na realidade, ambos provavelmente estivessem presentes e tenham reagido com o EDTA. O cálculo é ilustrado a seguir, usando dados do exercício anterior.

Dureza da água (em ppm de $CaCO_3$)

$= (1,617 \times 10^{-3} \text{ mol/L } Ca^{2+} \text{ e } Mg^{2+})$

$\dfrac{1 \text{ mol } CaCO_3}{1 \text{ mol } Ca^{2+}} \cdot \dfrac{100,087 \text{ g}}{\text{mol } CaCO_3} \cdot \dfrac{10^3 \text{ mg}}{\text{g}}$

$= 161,7 \text{ mg/L ou } 161,7 \text{ ppm } CaCO_3$

Esse tipo de cálculo e essas unidades foram usados para preparar o mapa de dureza da água nos Estados Unidos.

13.2 Realização de uma titulação complexométrica

Muitos dos procedimentos usados em titulações complexométricas se assemelham aos descritos no capítulo anterior para as titulações ácido-base. Ambos os métodos usam buretas para dispensar o titulante e envolvem o uso de soluções padrão de titulante. Há, no entanto, algumas diferenças nos aspectos específicos dessas técnicas, como veremos nesta seção.

13.2.1 Titulantes e soluções padrão

EDTA como titulante. O EDTA é, de longe, o titulante mais comum de titulações complexométricas.[3-5, 8] Um bom exemplo disso é o uso de EDTA para medir Ca^{2+} e Mg^{2+} em água para determinar a dureza da água. O EDTA forma rapidamente um complexo estável 1:1 com quase todos os íons metálicos (como ilustrado na Figura 13.3). A forma mais envolvida nessa reação de complexação é a forma tetraprótica do ácido ($EDTA^{4-}$), em que cada um dos quatro ânions carboxilatos no EDTA e os dois átomos terciários de nitrogênio de amina podem doar pares de elétrons para um íon metálico (Capítulo 9). É comum que essa reação de complexação tenha uma grande constante de equilíbrio cujo valor exato depende do pH. Isso proporciona uma reação que é essencialmente quantitativa no ponto de equivalência da titulação e que tem uma estequiometria simples. Tais características tornam bastante fácil determinar a concentração de íons como Ca^{2+} e Mg^{2+} quando se usa o EDTA como titulante.

Uma alteração no pH afetará a fração de EDTA que está presente na forma $EDTA^{4-}$, o que podemos descrever pela fração do termo da espécie $\alpha_{EDTA^{4-}}$. Essa alteração de pH, por sua vez, alterará a constante de formação condicional entre o EDTA e um íon metálico, um assunto que discutimos no Capítulo 9. O resultado desse efeito é ilustrado na Figura 13.4, durante o uso de uma solução de EDTA de 0,005000 M para titular Ca^{2+} de 0,01000 M em 10,00 mL de água, mas se verifica a mesma tendência em outras concentrações de EDTA e na titulação com EDTA de outros íons metálicos. Nesse exemplo, a constante de formação condicional, $K_f' = K_f \alpha_{EDTA^{4-}}$, em que K_f é a constante de formação real para EDTA com Ca^{2+}. Em um pH 11,0, a maior parte do EDTA está na forma $EDTA^{4-}$, de modo que a constante de formação condicional se aproxima da constante de formação real de $\log(K_f) = 10,65$ para essa reação. À medida que o pH da amostra e do titulante diminui, a fração de EDTA que está presente na forma apropriada para a titulação é drasticamente reduzida e há uma mudança correspondente na constante de formação condicional da titulação. Isso produz um patamar mais baixo após o ponto de equivalência e uma mudança menos acentuada em pCa na região em torno do ponto de equivalência. Um valor de K_f' superior a 10^8 (ou $\log(K_f') > 8$) é geralmente desejável na titulação de um íon metálico com EDTA (conforme discutido no Capítulo 9). Tal condição ocorre em um pH de cerca de 8 ou superior, nesse caso. A um pH inferior, a mudança na resposta no ponto de equivalência ou próximo a ele torna-se pequena demais para possibilitar uma análise acurada e reprodutível de Ca^{2+}.

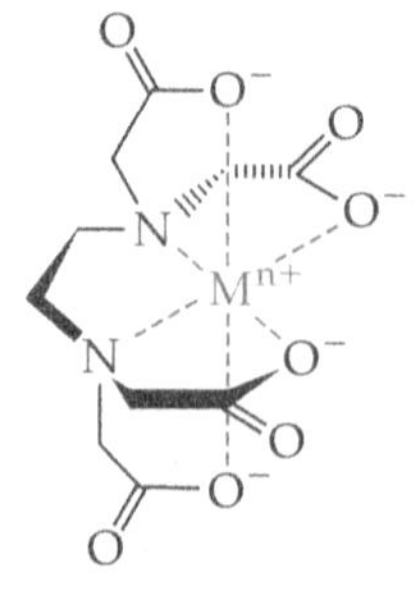

Figura 13.3

Estrutura de complexo 1:1 que se forma entre um íon metálico M^{n+} e $EDTA^{4-}$.

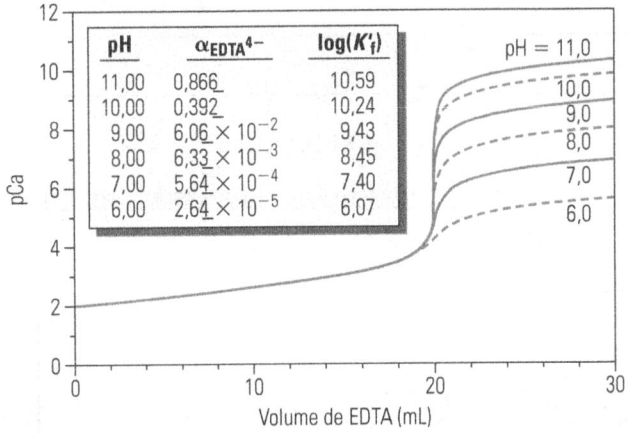

Figura 13.4

Efeito do pH sobre a fração relativa de ácido etilenodiaminotetracético (EDTA) na forma EDTA^{4-} e a consequente mudança na curva de titulação para a titulação complexométrica de Ca^{2+} por EDTA. Esta curva de titulação é a resposta esperada para uma alíquota de 10,00 mL de uma solução de Ca^{2+} de 0,01000 M em água nos pH fornecidos quando se usa EDTA de 0,005000 M como titulante. Supõe-se que nenhuma reação paralela significativa que não a dissociação ácido-base de EDTA ocorra na faixa de pH determinada. Os valores calculados de log(K'_f) foram encontrados pela relação $K'_f = K_f \alpha_{EDTA^{4-}}$ (veja Capítulo 9, Seção 9.4), associada a um valor de log(K_f) = 10,65 ou K_f = 4,47 × 10^{10} para a ligação de EDTA com Ca^{2+}. Os valores de $\alpha_{EDTA^{4-}}$ em cada pH foram obtidos na Tabela 9.8, mas também podem ser encontrados usando-se a Equação 9.17 (Capítulo 9).

Além de uma mudança na distribuição das formas ácido-base de EDTA, outras reações também podem ocorrer à medida que passamos a um pH mais alto. Um exemplo pertinente à titulação de Ca^{2+} por EDTA é a combinação de Ca^{2+} em um pH alto com OH$^-$ para formar CaOH$^+$ (Capítulo 9). Outros íons metálicos (por exemplo, Ni^{2+}) vão se combinar com OH$^-$ a um pH elevado para formar hidróxidos metálicos insolúveis. A um pH mais baixo, outra reação paralela que pode ocorrer é a ligação simultânea de EDTA^{4-} com Ca^{2+} e um íon hidrogênio. O efeito combinado dessas reações paralelas é que elas limitam a faixa de pH na qual um determinado íon metálico pode ser titulado com EDTA. Essa faixa de pH dependerá do tipo de íon metálico que está sendo titulado e da natureza dessas reações paralelas.

Vimos no Capítulo 9 (Seção 9.3.4) como os efeitos globais dessas reações paralelas podem ser previstos com o uso de constantes de formação condicional. A Tabela 13.1 mostra a faixa de pH na qual a titulação por EDTA produzirá uma constante de formação condicional de 10^8 ou superior para um determinado íon metálico sem problemas significativos decorrentes de tais reações paralelas.[4,5,9] Tal informação não somente é útil para determinar qual faixa de pH pode ser usada na titulação de EDTA de um dado analito, mas também serve para controlar a seletividade dessa titulação ajustando-se o pH de modo que um íon metálico ou um grupo de íons metálicos possa ser medido sem a interferência de outros componentes da amostra.

EXERCÍCIO 13.2 Seleção de um pH para uma titulação de EDTA

Um cientista especializado em água pretende usar uma titulação de EDTA para medir o teor de Ca^{2+} da água sem interferências significativas de Mg^{2+}. Um pH 12 é escolhido para essa titulação. Esse pH é apropriado para tal método? Quais valores de pH poderiam ser usados para titular tanto Ca^{2+} quanto Mg^{2+}?

SOLUÇÃO

De acordo com a Tabela 13.1, a faixa global que pode ser utilizada na titulação de EDTA com Ca^{2+} ocorre em um pH de aproximadamente 8,0 ou superior. Mg^{2+} só será titulado por EDTA se um pH de aproximadamente 9,4 a 10,9 for usado. (*Observação:* em um pH mais alto, Mg^{2+} começa a se precipitar como Mg(OH)$_2$ e reage apenas lentamente com EDTA.) Desse modo, deve ser possível obter uma titulação seletiva de Ca^{2+} por EDTA e na presença de Mg^{2+} em pH 12,0. A Tabela 13.1 também indica que a titulação de ambos, Ca^{2+} e Mg^{2+}, com EDTA deve ser possível quando se usa um pH 9,4 a 10,9.

Soluções padrão de EDTA para uso em uma titulação complexométrica podem ser preparadas diretamente de H$_4$EDTA ou Na$_2$H$_2$EDTA · 2H$_2$O comercialmente disponíveis. Nenhuma dessas formas de EDTA se dissolve bem em água a menos que uma base forte como NaOH ou KOH também seja adicionada. É importante assegurar que o EDTA se dissolva completamente ao preparar sua solução para evitar a introdução de um erro sistemático na concentração calculada desse titulante. É também possível preparar uma solução de EDTA para, em seguida, padronizá-la, usando-a para titular uma solução padrão que contenha uma quantidade conhecida do íon metálico desejado. Como exemplo, uma solução padrão preparada dissolvendo-se uma quantidade conhecida de CaCO$_3$ pode ser usada para padronizar uma solução de EDTA para a titulação de Ca^{2+} na análise da dureza da água.

Outros agentes complexantes como titulantes. Vários outros titulantes que podem ser usados em titulações complexométricas são apresentados na Tabela 13.2. Assim como o EDTA, todos os titulantes nessa lista são ligantes polidentados que podem formar um complexo 1:1 com íons metálicos. Essa propriedade fornece curvas de titulação muito mais simples e pontos finais mais nítidos do que quando se utilizam ligantes que formam complexos de ordem superior. No caso de um ligante monodentado como a amônia (que forma complexos com Ni^{2+} de 1:1 a 1:6), uma mistura de complexos estará presente por quase toda a curva de titulação, que cria uma mudança apenas gradual em pM *versus* volume de titulante e dificulta a localização de um ponto final utilizável.

Tabela 13.1

Faixas de pH para a titulação de vários íons metálicos com EDTA.*ª

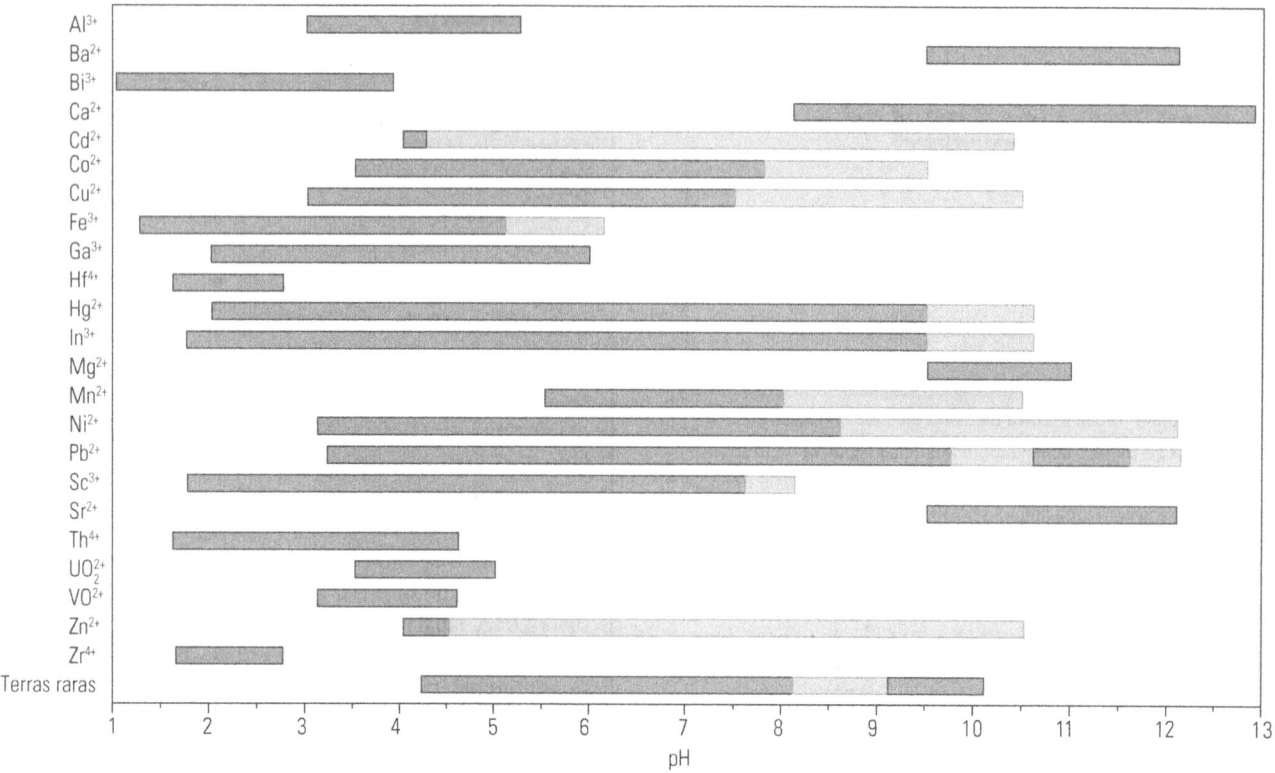

* Esta tabela baseia-se em dados de K. Ueno, *Journal of Chemical Education*, 42, 1965, p.432; R. Pribil, *Applied Complexometry*, Pergamon Press, Nova York, 1982; e A. Ringbom, *Complexation in Analytical Chemistry*, Krieger Publishing, Huntington, NY, 1979.

ª As áreas levemente sombreadas indicam valores de pH em que se necessita de um agente auxiliar para realizar com sucesso a titulação de EDTA.

Apesar de o EDTA ser um titulante de bom propósito geral, alguns agentes complexantes são titulantes melhores do que ele em determinadas situações. O ácido 1,2-diaminociclohexano tetracético (também conhecido como DCTA ou CDTA) forma complexos mais fortes do que o EDTA com alguns íons metálicos, tornando mais fácil titular amostras diluídas desses analitos. Agentes contendo poliamina como trietilenotetramina (trien) ou tetraetilenopentamina (tetren) formam complexos bastante estáveis com elementos de transição, mas não com elementos terrosos como Ca^{2+} ou Mg^{2+}. O ácido etilenoglicoldiamino tetracético (EGTA) forma um complexo muito mais forte com Ca^{2+} do que com Mg^{2+}, permitindo que esse titulante seja usado para, seletivamente, determinar íons cálcio na presença de íons magnésio. Como é o caso do EDTA, cada titulante na Tabela 13.2 faz parte de um sistema ácido-base poliprótico, e por isso a sua capacidade de formar complexos com íons metálicos será afetada pelo pH. Assim como o EDTA, esses agentes tendem a ter ligações mais fortes com íons metálicos quando em sua forma mais desprotonada e básica.

Todos os titulantes mostrados na Tabela 13.2 baseiam-se em agentes complexantes orgânicos, polidentados. Há alguns agentes inorgânicos que também podem ser usados como titulantes em titulações complexométricas. Um bom exemplo é o uso de Ag^+ como titulante para medir CN^- pela formação do complexo $Ag(CN)_2^-$ na presença de amônia, um processo que gera um ponto final acentuado quando I^- é usado como indicador ao reagir com o excesso de Ag^+ para formar $AgI(s)$ sólido. Outro exemplo é o uso de Hg^{2+} como titulante para íons como Br^-, Cl^-, CN^- e SCN^- ao formar complexos solúveis 1:2, como $HgBr_2$, $HgCl_2$, $Hg(CN)_2$ e $Hg(SCN)_2$. Mais exemplos de titulantes orgânicos e inorgânicos aplicáveis em titulações complexométricas podem ser encontrados nas referências 3 a 5.

13.2.2 Uso de ligantes auxiliares e agentes mascarantes

Embora a amônia e outros ligantes monodentados possam não ser adequados como titulantes, eles ainda podem desempenhar um papel útil como reagentes para ajudar a controlar a seletividade de uma titulação complexométrica ou a reduzir os efeitos de reações paralelas indesejáveis. Se outro agente complexante é adicionado para tornar a titulação de um analito mais fácil de conduzir (por exemplo, reduzindo reações paralelas que envolvam o analito), esse agente complexante é chamado de **ligante auxiliar**.[10] Por exemplo, uma reação paralela a ser considerada durante a titulação de Ni^{2+} com o EDTA é a combinação

Tabela 13.2

Titulantes comuns para íons metálicos em titulações complexométricas.

Nome comum e estrutura [a,b]	Propriedades/Aplicações
EDTA	Titulante de propósitos gerais para uma ampla gama de íons metálicos
EGTA	Liga-se a Ca^{2+} mais fortemente do que a Mg^{2+}
DTPA	Complexos formados por DTPA com muitos íons metálicos são mil vezes mais estáveis do que aqueles formados por EDTA
CDTA	Complexos formados por CDTA com grandes íons metálicos são mais estáveis do que aqueles formados por EDTA
Tetren	Liga-se fortemente a íons metálicos de transição, mas não a íons do grupo de elementos IA ou IIA

[a] Abreviações: EDTA = ácido etilenodiaminotetracético; EGTA = ácido etilenoglicol tetracético; DTPA = ácido dietilenotriaminopentacético; CDTA = ácido 1,2-diaminociclohexano tetracético (forma *trans* mostrada); tetren = tetraetilenopentamino.

[b] Estas estruturas mostram a forma neutra de cada agente complexante. A forma mais básica de cada um desses agentes complexantes é a espécie normalmente utilizada em uma titulação complexométrica. A fração dessa espécie em um dado pH pode ser calculada pelos valores pK_a desses agentes, que são fornecidos no Apêndice B.

de Ni^{2+} com OH^- para que se precipitem como $Ni(OH)_2(s)$ em um pH acima de cerca de 8,5. Para evitar essa reação paralela, amônia pode ser adicionada como ligante auxiliar para formar complexos solúveis com Ni^{2+}. Essa reação adicional eleva o valor de pNi (ou diminui [Ni^{2+}]) antes do ponto de equivalência enquanto a amônia se complexa com alguns dos íons níquel e reduz a constante de formação condicional entre Ni^{2+} e EDTA (veja na Figura 13.5 uma titulação realizada a um pH 8,0), mas também evita a perda de Ni^{2+} por sua precipitação com íons hidróxido. O resultado global é uma titulação de Ni^{2+} por EDTA que agora pode ser realizada a um pH de até 12 sem problemas decorrentes de precipitação indesejada do analito.

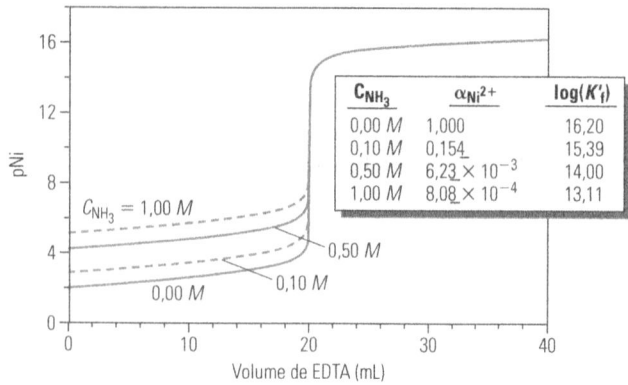

Figura 13.5

Efeito do uso de amônia como ligante auxiliar na titulação de Ni^{2+} com EDTA em pH 8,0. O volume e a concentração da amostra são os mesmos da Figura 13.6; a concentração de EDTA também é a mesma da Figura 13.6. O valor de $\alpha_{Ni^{2+}}$ foi calculado conforme descrito no Capítulo 9, e representa a fração de todas as espécies de níquel em solução que estão presentes na forma Ni^{2+}. O valor de pNi é dado por $-\log[(Ni^{2+})]$ e representa apenas a forma não complexada de Ni^{2+} presente na solução. O valor de K'_f, nesse caso, é dado pela expressão $K'_f = K_f (\alpha_{Ni^{2+}})(\alpha_{EDTA^{4-}})$, também de acordo com os métodos descritos no Capítulo 9 para lidar com reações paralelas durante a formação de complexo.

Se um ligante é adicionado para evitar que o titulante reaja com determinada substância, é chamado de **agente mascarante**.[5,7] Esse tipo de agente é usado quando pode haver mais de uma substância em uma amostra capaz de reagir com o titulante. Uma boa ilustração dessa abordagem é o uso de F^- como agente mascarante para evitar que Fe^{3+} em água reaja com o EDTA durante a titulação de Ca^{2+} para determinar a dureza da água. Neste caso, a constante de formação global do complexo entre F^- e Fe^{3+} (dando o complexo FeF_6^{3-}) é tão grande que o EDTA não pode efetivamente competir com F^- para Fe^{3+}; no entanto, não há nenhum efeito sobre a capacidade do EDTA em reagir com Ca^{2+}. O resultado é que Ca^{2+} será titulado sem nenhuma interferência de Fe^{3+} na amostra.

Em alguns casos, um *agente desmascarante* pode ser usado para liberar um íon metálico de um agente mascarante para que se possa medi-lo novamente.[7] Para ilustrar essa ideia, suponhamos que desejamos determinar a concentração de Zn^{2+} e Ca^{2+} usando EDTA, mas não queremos medir Ni^{2+}. Podemos fazer isso ao adicionar cianeto como um agente mascarante, que formará um complexo forte com Zn^{2+} e Ni^{2+} (impedindo esses íons metálicos de reagirem com EDTA), mas não com íons cálcio. Após Ca^{2+} ser titulado por EDTA, Zn^{2+} pode ser liberado de seu complexo com cianeto colocando-se formaldeído na mistura amostra/titulante. O formaldeído (CH_2O) vai se combinar com a maior parte do cianeto (mostrado aqui como HCN), por meio da seguinte reação:

$$CH_2O + HCN \rightarrow HOCH_2CN \quad (13.4)$$

Esta reação reduz significativamente a concentração de CN^- livre em solução, fazendo com que mais cianeto seja liberado dos complexos que formou em solução. A maior parte desse CN^- é liberada de seu complexo com ZN^{2+}, permitindo que esse íon metálico seja titulado por EDTA. Enquanto isso, muitos dos complexos entre o níquel e o cianeto permanecem intactos, de modo que Ni^{2+} permanece mascarado mesmo durante a segunda etapa de titulação com EDTA.

Há centenas de combinações de titulantes, ligantes auxiliares, agentes mascarantes, agentes desmascarantes e condições de titulação (como pH) que foram propostas e desenvolvidas para as titulações de complexação. Você poderá encontrar mais detalhes sobre esses agentes e tipos específicos de titulações complexométricas em livros como *Vogel's Textbook of Quantitative Inorganic Analysis* e *Complexation in Analytical Chemistry*.[3,5] O conjunto de agentes e condições necessário a uma titulação em particular será determinado pelos tipos de analito e de concentração a serem medidos, bem como a presença de outras substâncias na amostra capazes de interferir na titulação. Outro fator que serve para controlar a resposta de uma titulação é a escolha de um método de detecção de ponto final (veja na próxima seção).

13.2.3 Determinação do ponto final

Indicadores metalocrômicos. O método mais comum para determinar o ponto final de uma titulação complexométrica é o uso de um **indicador metalocrômico**.[6-8] Esse tipo de indicador sofre mudança de cor ou de suas propriedades de fluorescência quando está livre em solução ou complexado a um íon metálico. Adiciona-se uma pequena quantidade do indicador no início da titulação complexométrica, o que vai colocá-lo em um estado em que se ligará a íons metálicos na amostra. À medida que um titulante como o EDTA é adicionado à amostra e se aproxima do ponto de equivalência, esse agente complexante removerá da solução a maior parte dos íons metálicos restantes e, por fim, começará a competir por íons metálicos que estejam ligados pelo indicador. Isso faz o indicador metalocrômico passar de sua forma complexa para uma forma livre, resultando em uma mudança de cor ou na fluorescência que sinaliza o ponto final.

Há muitos indicadores metalocrômicos disponíveis, mas apenas alguns são de uso comum (Tabela 13.3). O *eriocromo preto T* é um indicador metalocrômico aplicado com frequência para indicar o ponto final durante a titulação de Ca^{2+} por EDTA para determinar a dureza da água. E também serve como um indicador ácido-base. Quando não está ligado a um íon metálico, sua espécie inicial é uma forma vermelha (H_2In^-) de pH abaixo de cerca de 6,3, uma forma azul (HIn^{2-}) entre pH 6,3 e 11,5 e uma forma laranja (In^{3-}) acima de pH 11,5. Em qualquer pH nesse intervalo, esse indicador pode se ligar ao cálcio e produzir um complexo vermelho ($CaIn^-$) usado na detecção do ponto final. (*Observação*: a reação fornecida a seguir mostra esse processo começando com a forma HIn^{2-} desse indicador, que é a principal forma presente na faixa de pH utilizada em titulações CaEDTA.)

Há um pré-requisito para que um indicador metalocrômico seja útil na indicação do ponto final de uma titulação complexométrica. A constante de formação condicional entre o íon

Tabela 13.3

Exemplos de indicadores metalocrômicos para titulações complexométricas.*

Indicador	Analitos(log $K_{f,MIn}$)	Cor inicial		Cor final
Calmagite	Ca^{2+} (log $K_{f,CaIn}$ = 6,1) Mg^{2+} (log $K_{f,MgIn}$ = 8,1)	H_2In (Vermelho) $pK_{a1} = 8,1$ $\updownarrow$ HIn^- (Azul) $pK_{a2} = 12,1$ $\updownarrow$ In^{2-} (Laranja)	$\Rightarrow$	MIn (Vermelho)
Eriocromo preto T	Ca^{2+} (log $K_{f,CaIn}$ = 5,4) Mg^{2+} (log $K_{f,MgIn}$ = 7,0) Mn^{2+} (log $K_{f,MnIn}$ = 9,6) Zn^{2+} (log $K_{f,ZnIn}$ = 12,9)	H_2In (Vermelho) $pK_{a1} = 6,3$ $\updownarrow$ HIn^- (Azul) $pK_{a2} = 11,6$ $\updownarrow$ In^{2-} (Laranja)	$\Rightarrow$	MIn (Vermelho)
Pirocatecol violeta	Bi^{3+} (log $K_{f,BiIn}$ = 27,1) Th^{4+} (log $K_{f,ThIn}$ = 23,1)	H_3In (Vermelho) $pK_{a1} = 7,8$ $\updownarrow$ H_2In^- (Amarelo) $pK_{a2} = 9,8$ $\updownarrow$ HIn^{2-} (Violeta) $pK_{a3} = 6,4$ $\updownarrow$ In^{3-} (Vermelho – Roxo)	$\Rightarrow$	MIn (Vermelho)

* As constantes indicadas nesta tabela foram obtidas em H. Freiser, *Concepts & Calculations in Analytical Chemistry*, CRC Press, Boca Raton, FL, 1992.

metálico e o indicador deve ser menor do que a constante de formação condicional entre o mesmo íon metálico e o titulante. É esse requisito que, de fato, possibilita ao titulante competir com o indicador por um íon metálico à medida que a titulação atinge o ponto de equivalência. Essa competição pode ser descrita para uma titulação de EDTA pela reação geral a seguir, na qual MIn e In apresentam cores diferentes. (*Observação:* para simplificar, as cargas e os íons H⁺ não são mostrados como parte desse processo.)

$$MIN + EDTA \rightleftharpoons MEDTA + In \quad (13.5)$$

Também podemos escrever uma reação geral e uma expressão de equilíbrio para a ligação do indicador com o íon metálico,

$$M + In \rightleftharpoons MIn \quad K_{f,MIn} = \frac{[MIn]}{[M][In]} \quad ou \quad (13.6)$$

$$K'_{f,MIn} = \frac{[MIn]}{[M]C_{In}}$$

Indicador livre (H_2In^-) + Ca^{2+} $\rightleftharpoons$ Complexo indicador de Ca^{2-} ($CaIn^{2}$) + $2H^+$

em que $[In] = \alpha_{In} C_{IN}$ e $K_{f',MIn}' = \alpha_{In} K_{f,MIn}$. Nas equações anteriores, a constante de formação condicional $K_{f',MIn}'$ é usada para refletir o efeito do pH na determinação da fração do indicador que existe na forma ácido-base apropriada para reagir com o íon metálico. O erro de titulação poderá ser minimizado nessa análise se tivermos uma mistura 50:50 das formas MIn e In do indicador presente no ponto de equivalência.[3,6,10] Tal situação ocorre quando $[MIn] = C_{In}$ na expressão anterior para a constante de formação condicional $K_{f',MIn}'$, o que também significa que $[MIn] = [In]$ na relação mostrada para $K_{f,MIn}$. Nssas condições, o valor de $K_{f',MIn}'$ deve estar diretamente relacionado com a concentração de M no ponto de equivalência, como mostra a Equação 13.7.

No ponto de equivalência

$$([MIn] = C_{In}) : K_{f'MIn} = \frac{1}{[M]} \quad (13.7)$$

O resultado indica que o erro de titulação pode ser minimizado ajustando-se o pH para que a constante de estabilidade condicional do complexo metal-indicador seja igual ao valor esperado para $1/[M]$ no ponto de equivalência.

Vejamos como essa condição é válida para a titulação Ca-EDTA na Figura 13.1. Nela, $[M] = 4,4 \times 10^{-7}$ M no ponto de equivalência. Tal resultado significa que o valor ideal de $K_{f',MIn}'$ nessa situação é $1/(4,4 \times 10^{-7} M) = 2,3 \times 10^6$ (com unidades aparentes de M^{-1}). Tal condição não pode ser satisfeita por meio de um complexo entre o cálcio e o eriocromo preto T, que tem uma constante de formação bem abaixo desse valor ($K_f = 2,5 \times 10^5$). No entanto, essa condição pode ser facilmente obtida usando-se um complexo entre esse mesmo indicador e Mg^{2+}, que tem uma constante de formação bem maior ($K_f = 1,0 \times 10^7$). Se o cálcio está sendo titulado na ausência de magnésio, isso significa que uma pequena quantidade de Mg^{2+} deve ser adicionada para formar um complexo com eriocromo T e dar um bom ponto final. O pH da titulação também precisa ser ajustado de modo que tanto Ca^{2+} quanto Mg^{2+} possam reagir quantitativamente com o EDTA e ainda fornecer uma boa mudança de cor para o indicador (conforme obtido usando-se um pH em torno de 10). Após todo o Ca^{2+} ser titulado, a pequena quantidade adicionada de Mg^{2+} também será titulada por EDTA. O resultado é uma mudança de cor e um ponto final que ocorre logo após o ponto de equivalência real de Ca^{2+}.

Titulações de retorno. Se a formação do complexo de um metal com o titulante é lenta, pode ser difícil detectar o ponto final ou conduzir essa análise em um período de tempo razoável. Isso pode representar um problema, especialmente próximo ao ponto de equivalência, onde as concentrações do íon metálico e do agente complexante são pequenas e sua reação é bastante lenta. Esse problema pode ser solucionado usando-se uma titulação de retorno (uma técnica discutida no Capítulo 12).

Um bom exemplo do uso de titulação de retorno em um método complexométrico é a titulação por EDTA de Cr^{3+}. A formação do complexo 1:1 de $CrEDTA^-$ é tão lenta que só pode ser conseguida por adição de uma quantidade excedente de EDTA, fervura da mistura por 10 a 15 minutos e resfriamento, seguidos por uma titulação de retorno do excesso de EDTA com bismuto como íons Bi^{3+}. A reação de EDTA com Bi^{3+} é bastante rápida e fornece um ponto final bem nítido. Nessa situação, os mols de EDTA equivalem à soma dos mols de Cr^{3+} e Bi^{3+}. Titulações de retorno podem ser usadas de modo semelhante com outros agentes complexantes ou analitos.

EXERCÍCIO 13.3 Uso da titulação de retorno em uma reação de complexação

Supõe-se que uma amostra contenha Cr(III). Uma fração de 25,00 mL dessa amostra é combinada com 10,00 mL de uma solução 0,0875 M que contém o agente complexante CDTA. Essa mistura é aquecida à ebulição por vários minutos para permitir a complexação do CDTA com a espécie de Cr(III). A mistura é, então, resfriada, e o excesso de CDTA é medido por titulação de retorno com Bi^{3+} de 0,0258 M, exigindo que 4,20 mL atinjam o ponto final. Qual era a concentração original da espécie de Cr(III) na amostra?

SOLUÇÃO

Os mols da espécie de Cr(III) na amostra podem ser determinados pelo cálculo da diferença entre o total de mols de CDTA adicionados à amostra e os mols de CDTA restantes que foram medidos na titulação de retorno com Bi^{3+}.

Mol Cr(III) = mol total CDTA − mol Bi^{3+}
usado em titulação de retorno
= (0,0875 mol/L)(0,01000 L) −
(0,0258 mol/L)(0,00420 L)
= $(8,75 \times 10^{-4}$ mol$) - (1,08 \times 10^{-4}$ mol$)$
= $7,67 \times 10^{-4}$ mol

Podemos determinar, a partir desse resultado e do volume da amostra, que a concentração original da espécie de Cr(III) era $(7,67 \times 10^{-4}$ mol$)/(0,02500$ L$)$ = **$3,07 \times 10^{-2}$ M**

Outras técnicas. Ocasionalmente, você encontrará uma situação em que desejará usar uma titulação complexométrica, mas não haverá nenhum indicador que forneça um ponto final satisfatório para suas condições de analito e titulação. Um modo de lidar com essa situação é conduzir uma **titulação de deslocamento**.[3,7] Este método utiliza um íon metálico que é o analito para competir com outro íon metálico e deslocá-lo do EDTA, no qual o segundo íon metálico tem um indicador adequado disponível para sua detecção. Essa abordagem serve para medir Ni^{2+} fazendo que esses íons níquel desloquem Mg^{2+} do EDTA. A análise é realizada pela adição de uma amostra a uma solução que contenha um excesso de $MgEDTA^{2-}$ versus o teor esperado de Ni^{2+} na amostra. A constante de formação condicional para Ni^{2+} e EDTA é muito maior do que para Mg^{2+} e um EDTA em um dado pH. Isso significa que Ni^{2+} tenderá a deslocar parte do Mg^{2+} e formar $NiEDTA^{2-}$.

$$MgEDTA^{2-} + Ni^{2+} \rightarrow Mg^{2+} + NiEDTA^{2-} \quad (13.8)$$

O Mg^{2+} que foi liberado na solução pode ser titulado com EDTA usando eriocromo preto T como indicador. Os mols de Mg^{2+} medidos nessa titulação equivalerão aos mols de Ni^{2+} que deslocaram Mg^{2+} e que estavam na amostra original.

Outra abordagem para estender os tipos de analito que podem ser examinados usando-se o EDTA ou outros titulantes é a **titulação indireta**.[7] Trata-se de uma técnica pela qual se mede um analito indiretamente pelo efeito que ele exerce sobre a concentração de outra substância química (como um íon metálico) que pode ser titulada em uma solução. Em geral, essa abordagem é utilizada em uma titulação de EDTA para determinar a concentração de um ânion que precipitará um íon metálico que também pode ser prontamente titulado com EDTA. Íons sulfato podem ser determinados dessa forma ao serem adicionados a uma solução que contém uma concentração conhecida e em excesso de Pb^{2+}. Os íons sulfato reagirão com parte do Pb^{2+} para formar $PbSO_4(s)$. Os íons Pb^{2+} que permanecem na solução (após a remoção do sólido) podem, então, ser determinados ao serem titulados com EDTA. Isso torna possível o cálculo da quantidade de sulfato que havia sido adicionada à solução de chumbo usando-se o valor original conhecido de Pb^{2+} e os mols que foram medidos por uma titulação de EDTA após a precipitação.

13.2.4 Previsão e otimização de titulações complexométricas

Abordagem geral para cálculos. É possível usar nosso conhecimento de reações de complexação para prever a forma de uma curva de titulação complexométrica, na qual em geral plotamos o valor de pM em relação ao volume de titulante adicionado. Esse objetivo pode ser realizado dividindo-se a curva de titulação em quatro regiões gerais: (1) amostra original, (2) meio da titulação em que apenas parte do analito foi titulada, (3) ponto de equivalência e (4) região além do ponto de equivalência em que o excesso de titulante está presente. Muito da lógica por trás desse processo é a mesma usada no Capítulo 12 para prever a forma da curva de titulação em uma titulação ácido-base.

A Figura 13.6 fornece as equações úteis para prever uma curva de titulação para o analito M que reage com o titulante L para produzir um complexo 1:1. Isso é o que ocorre quando o EDTA é usado para titular Ca^{2+} ou qualquer outro íon metálico. A *primeira região* em uma titulação complexométrica é representada por uma amostra à qual nenhum titulante foi acrescentado ainda. Para essa solução, podemos determinar o valor de pM usando a concentração original de nosso analito M na amostra (C_M), como mostra a Equação 13.9.

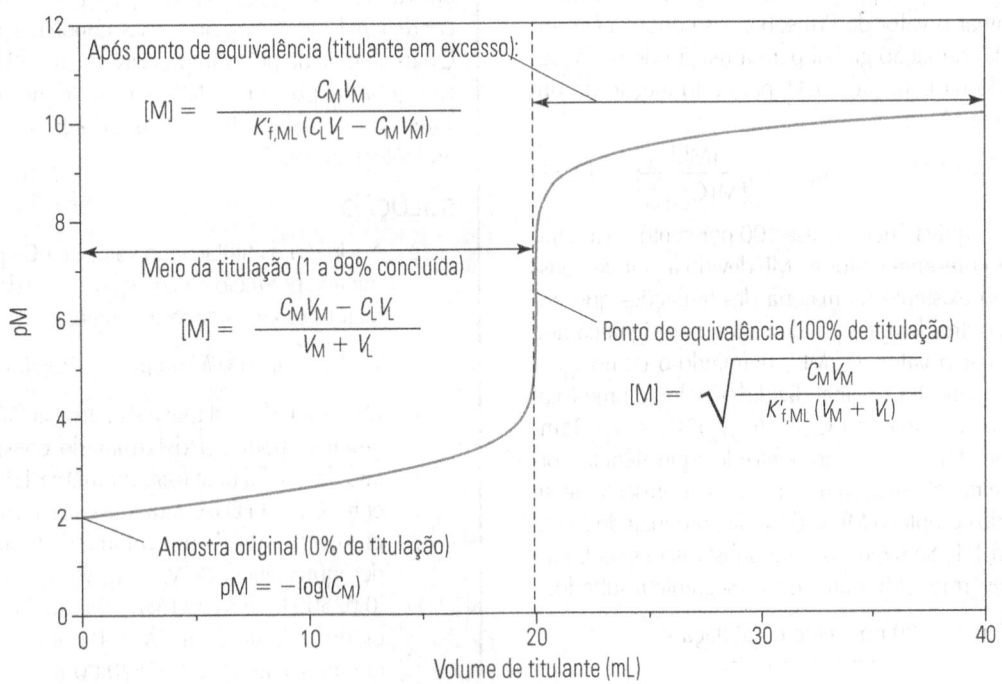

Figura 13.6

Equações usadas na previsão da resposta para a titulação de um íon metálico (M) com um agente complexante (L) para formar um complexo 1:1. Todos os termos utilizados nestas equações foram definidos no texto.

Amostra original (0 por cento de titulação):

$$pM = -\log(C_M) \quad (13.9)$$

A *segunda região* da curva de uma titulação complexométrica ocorre quando um titulante de agente complexante foi adicionado, mas não combinou o suficiente com a amostra para alcançar o ponto de equivalência. Se estamos utilizando um agente complexante 1:1 como o EDTA, os mols de analito que permanecem em solução em qualquer ponto dessa região equivalerão à diferença no total de mols de analito que estavam na amostra original (conforme determinado a partir do produto $C_M V_M$, onde V_M é o volume da amostra que está sendo titulada) e os mols do analito que reagiram para formar um complexo com o titulante (que será igual a $C_L V_L$, onde C_L é a concentração original do titulante e V_L o volume de titulante adicionado à amostra). Podemos então dividir os mols de analito restantes pelo volume total da mistura amostra/titulante ($V_M + V_L$) para encontrar a concentração do analito na mistura, [M].

Meio da titulação (1 a 99 por cento concluído):

$$[M] = \frac{C_M V_M - C_L V_L}{V_M + V_L} \quad (13.10)$$

A seguir, o valor de pM é estimado usando-se o valor calculado de [M] para a mistura amostra/titulante.

A *terceira região* em uma titulação complexométrica ocorre no ponto de equivalência. Nesse ponto, todo o analito original se combinou com o agente complexante, e o único analito não complexado presente é produzido a partir do complexo enquanto ele estabelece um equilíbrio entre reagente e produtos. Podemos determinar o valor de [M] sob essas condições usando a constante de formação global para a reação de titulação, conforme definido na Equação 13.11 para a formação de um complexo 1:1 entre M e L.

$$M + L \rightleftharpoons ML \qquad K_{f,ML}' = \frac{[ML]}{[M]C_{L,Pt,Eq}} \quad (13.11)$$

No ponto de equivalência, quase 100 por cento do analito e do ligante estará presente na forma ML devido à grande constante de formação existente na maioria das titulações que envolvem EDTA ou outros ligantes polidentados. Isso significa que podemos aproximar o valor de [ML], definindo-o como igual aos mols de M na amostra original divididos pelo volume total da mistura amostra/titulante, ou $C_{ML} = (C_M V_M)/(V_M + V_L)$. Também sabemos que $[M] = C_{L,Pt,Eq}$ no ponto de equivalência porque a única maneira pela qual M ou L pode estar presente nesse ponto é se parte do complexo ML se dissociar, produzindo M e L a uma proporção 1:1. Se fizermos essas substituições na Equação 13.11 e resolvermos [M], obteremos o seguinte resultado:

Ponto de equivalência (100 por cento da titulação):

$$[M] = \sqrt{\frac{C_M V_M}{K_{f,ML}'(V_M + V_L)}} \quad (13.12)$$

O valor de pM é, então, calculado usando-se o valor estimado de [M] no ponto de equivalência.

A *quarta região* ocorre após o ponto de equivalência. Nela, um excesso de titulante está sendo adicionado à amostra. O valor de [M] nessa região também é determinado iniciando-se com a expressão para a constante de formação condicional na Equação 13.10. À medida que adicionamos mais titulante à amostra, o valor de [ML] ainda pode ser encontrado definindo-o como igual aos mols de M na amostra original divididos pelo volume total da mistura amostra/titulante, ou $C_{ML} = (C_M V_M)/(V_M + V_L)$. O valor de C_L será aproximadamente igual aos mols de titulante em excesso divididos pelo volume total da mistura amostra/titulante, em que $C_L = (C_L V_L - C_M V_M)/(V_M + V_L)$. Se fizermos essas substituições na Equação 13.11, cancelarmos os termos comuns no numerador e no denominador e resolvermos [M], obteremos a Equação 13.13.

Após ponto de equivalência (titulante em excesso):

$$[M] = \frac{C_M V_M}{K_{f,ML}'(C_L V_L - C_M V_M)} \quad (13.13)$$

Assim como anteriormente, estima-se o valor de pM por esse resultado calculado de [M]. Você poderá praticar esses cálculos no próximo exercício.

EXERCÍCIO 13.4 Previsão do comportamento de uma titulação complexométrica

A curva de titulação na Figura 13.6 foi obtida para a análise de uma alíquota de 10,00 mL de uma solução de Ca^{2+} de 0,0100 M em água a pH 10,00 que foi titulada utilizando-se EDTA de 0,0050 M. A constante de formação condicional para a reação nessas condições é $1,75 \times 10^{10}$. Quais valores de pCa são previsíveis (a) no início da titulação, (b) a 50 por cento da titulação, (c) no ponto de equivalência e (d) após adição de um excesso de 10,00 mL de titulante à amostra?

SOLUÇÃO

a. No início da titulação, o valor de pCa pode ser determinado por meio da Equação 13.9 e da concentração de íons cálcio na amostra original.

$[Ca^{2+}] = 0,0100$ M ou pCa $= -\log(0,0100) =$ **2,000**

b. O volume de titulante a exatamente 50 por cento da titulação pode ser determinado considerando-se o fato de que há uma estequiometria 1:1 para a reação entre Ca^{2+} e EDTA enquanto eles formam um complexo. Isso nos dá um volume de titulante no ponto de equivalência de $V_L = C_M V_M / C_L = (0,005000$ M$)$ $(0,02500$ L$)/(0,01000$ M$) = 0,02000$ L, ou 20,00 mL, ou um volume de EDTA a 50 por cento da titulação que equivale a $(0,5000)(20,00$ mL$) = 10,00$ mL. A seguir, podemos aplicar a Equação 13.10 para determinar o valor de pCa após a adição de 10,00 mL de EDTA de 0,0050 M a uma amostra de 10,00 mL de Ca^{2+} de 0,0100 M.

$[Ca^{2+}] =$
$[(0,01000\ M)(0,01000\ L) - (0,005000\ M)(0,01000\ L)]/$
$(0,01000\ L + 0,01000\ L) = 0,0025\ M$

ou

$pCa = -\log(0,0025) = \mathbf{2,60}$

c. O valor de pCa no ponto de equivalência pode ser calculado por meio da Equação 13.11, e levando-se em conta que $K'_{f,ML} = 1,75 \times 10^{10}$ (com unidades aparentes de M^{-1}) e $V_L = 20,00$ mL nesse ponto da titulação, como calculado na Parte (b).

$[Ca^{2+}] =$

$$\sqrt{\frac{(0,01000\ M)(0,01000\ L)}{(1,75 \times 10^{10}\ M^{-1})(0,01000\ L + 0,01000\ L)}}$$
$$= 5,35 \times 10^{-7}\ M$$

ou

$pCa = -\log(5,3\underline{5} \times 10^{-7}) = \mathbf{6,27}$

d. Após o ponto de equivalência, podemos usar a Equação 13.12 para determinar pCa. Após a adição de um excesso de 10,00 mL de titulante (ou um volume total de titulante de 10,00 mL + 20,00 mL), obtemos o seguinte resultado para pCa, novamente levando-se em conta que $K'_{f,ML} = 1,75 \times 10^{10}$.

$[Ca^{2+}] =$
$(0,01000\ M)(0,01000\ L)/\{(1,75 \times 10^{10}\ M^{-1})[(0,00500\ M)$
$(0,03000\ L) - (0,01000\ M)(0,01000\ L)]\}$
$= 1,1\underline{4} \times 10^{-10}\ M$

ou

$pCa = -\log(1,1\underline{4} \times 10^{-10}) = \mathbf{9,94}$

Uso da fração de titulação. Podemos usar os cálculos gerais descritos na seção anterior ao determinarmos como as condições de uma titulação complexométrica podem afetar a resposta a ser obtida. Cálculos como esses foram utilizados para gerar os resultados na Figura 13.4 e mostrar como a curva de titulação de Ca^{2+} com o EDTA se altera de acordo com o pH. As equações listadas na última seção nos permitem determinar rapidamente o valor de pCa em pontos-chave nessa curva de titulação, mas também é possível usar uma abordagem mais geral para esses cálculos por meio da *fração de titulação (F)*. O valor de F para uma titulação complexométrica que produz um complexo 1:1 entre o analito e o titulante (como a titulação de Ca^{2+} ou outros íons metálicos com o EDTA) é dado pela Equação 13.14.

Titulação de M com L para produzir ML:

$$F = \frac{\text{Mols adicionados ao titulante}}{\text{Mols do analito original}} = \frac{C_L V_L}{C_M V_M} \quad (13.14)$$

Uma relação semelhante pode ser escrita para a análise de L usando M como titulante.

Podemos usar a definição anterior de F, associada a equações de equilíbrio de massa da reação, para obter uma expressão geral que descreva a titulação de M com L. O processo envolvido nessa derivação é mostrado na Tabela 13.4, e resulta na seguinte relação:

Fração da equação de titulação para M + L, produzindo ML:

$$F = \frac{C_L V_L}{C_M V_M} = \frac{1 - \dfrac{[M]}{C_M}}{\dfrac{[M]}{C_L} + \dfrac{K_{f,ML}[M]}{1 + K_{f,ML}[M]}} \quad (13.15)$$

Observe que o valor de F nessa expressão pode ser determinado se conhecermos o valor de [M] (ou pM) que desejamos utilizar no cálculo, as concentrações originais do analito e do titulante (C_M e C_L) e a constante de formação para ML ($K_{f,ML}$). (*Observação:* a mesma relação geral pode ser usada com uma constante de formação condicional substituindo-se $K_{f,ML}$ pelo valor apropriado de $K'_{f,ML}$.) O resultado é que podemos usar essa equação para verificar a fração de titulação e o volume de titulante adicionado que corresponderão a um valor específico de pM, uma prática que pode ser útil quando se está desenvolvendo e otimizando uma titulação complexométrica.

EXERCÍCIO 13.5 Escolha de um indicador para a titulação de Ca^{2+} com EDTA

Foi mencionado na Seção 13.2.2 que um complexo de eriocromo preto T com Mg^{2+} pode ser usado para dar um ponto final razoável durante a titulação de Ca^{2+} com EDTA. Também se afirmou que, para melhor exatidão, o valor de $K'_{f,MIn}$ nesse ponto final deve ser igual a $1/[Ca^{2+}]$. As condições para a titulação na Figura 13.1 fornecem $K'_{f,MIn} = 2,7\underline{5} \times 10^5$ (com unidades aparentes de M^{-1}) quando se aplica uma mistura de eriocromo preto T com Mg^{2+} como o indicador em pH 10,00.[5] Qual é a fração de titulação no ponto final para esse indicador e qual é o erro de titulação resultante para a análise mostrada na Figura 13.1?

SOLUÇÃO

Sabemos pelo exercício anterior que o ponto de equivalência para a titulação na Figura 13.1 ocorre quando pCa $= 6,27$ e $V_L = V_E = 20,00$ mL. A seguir, precisamos determinar qual é a fração de titulação quando pCa $= 5,44$ (ou $[Ca^{2+}] = 1/K'_{f,MIn} = 3,64 \times 10^{-6}\ M$), o ponto em que nosso indicador sinalizará que um ponto final foi atingido. Podemos fazer isso substituindo na Equação 13.15 o valor dado de $[Ca^{2+}]$, associado aos valores conhecidos de C_M, C_L e $K'_{f,ML}$ (usando $K'_{f,CaEDTA} = 1,74 \times 10^{10}\ M$ em pH 10,0, neste caso) para resolver F nesse ponto da curva de titulação.

$$F = \left[1 - \frac{(3,6\underline{4} \times 10^{-6}\ M)}{(0,01000\ M)}\right] / \left[\frac{3,6\underline{4} \times 10^{-6}\ M}{(0,00500\ M)} + \frac{(1,74 \times 10^{10}\ M^{-1})(3,6\underline{4} \times 10^{-6}\ M)}{1 + (1,74 \times 10^{10}\ M^{-1})(3,64 \times 10^{-6}\ M)}\right] = 0,9989$$

Tabela 13.4

Fração da equação de titulação de M com L para produzir ML.*

Reação de titulação:

$$M + L \longrightarrow ML$$

Expressão de equilíbrio:

$$K_f = \frac{[ML]}{[M][L]} \implies [ML] = K_f[M][L]$$

Equações de balanço de massas:

$$C_M = [M] + [ML] = \frac{C_M V_M}{V_M + V_L}$$

$$C_L = [L] + [ML] = \frac{C_L V_L}{V_M + V_L}$$

Substitua a expressão de equilíbrio nas equações de equilíbrio de massa:

$$\implies C_M = [M] + K_f[M][L] = \frac{C_M V_M}{V_M + V_L}$$

$$\implies C_L = [L] + K_f[M][L] = \frac{C_L V_L}{V_M + V_L}$$

Resolva a equação para expressar em termos de [L]:

$$\implies [L] = \frac{C_L V_L}{V_M + V_L} \cdot \frac{1}{1 + K_f[M]}$$

Substitua a equação de [L] na equação de C_M:

$$\implies [M] + \frac{C_L V_L}{V_M + V_L} \cdot \frac{K_f[M]}{1 + K_f[M]} = \frac{C_M V_M}{V_M + V_L}$$

Mutiplique ambos os lados da equação combinada por $(V_M + V_L)$:

$$\implies [M](V_M + V_L) + C_L V_L \cdot \frac{K_f[M]}{1 + K_f[M]} = C_M V_M$$

Combine os termos contendo V_M ou V_L; fatore $C_L V_L$ (à esquerda) e $C_M V_M$ (à direita):

$$\implies [M]V_L + C_L V_L \cdot \frac{K_f[M]}{1 + K_f[M]} = C_M V_M - [M]V_M$$

$$\implies C_L V_L \left(\frac{[M]}{C_L} + \frac{K_f[M]}{1 + K_f[M]} \right) = C_M V_M \left(1 - \frac{[M]}{C_M} \right)$$

Rearranje para obter $(C_L V_L)/(C_M V_M)$ no lado esquerdo da equação:

$$\therefore F = \frac{C_L V_L}{C_M V_M} = \frac{1 - \dfrac{[M]}{C_M}}{\dfrac{[M]}{C_L} + \dfrac{K_f[M]}{1 + K_f[M]}} \quad (13.15)$$

*Termos: F = fração de titulação; C_M = concentração total de M na amostra original; V_M = volume da amostra original; C_L = concentração total de L no titulante; V_L = volume de titulante adicionado em um determinado ponto na titulação; K_f = constante de formação para o complexo ML; [M] = concentração de íon metálico M não complexado na mistura amostra/titulante.

> Uma vez que sabemos os valores de ambos, F e V_E, podemos multiplicar esses números para determinar o volume de titulante adicionado para se chegar a esse ponto da titulação ($V_{L,Pt\,final}$).
>
> $$V_{L,Pt\,final} = F \cdot V_E = (0{,}99\underline{89})(20{,}00\,mL) = 19{,}9\underline{8}\,mL$$
>
> Podemos, então, encontrar o erro de titulação, conforme definido na Equação 12.1 a seguir, extraída do Capítulo 12.
>
> Erro de titulação $= V_{L,Pt\,final} - V_L$
>
> $= 19{,}9\underline{8}\,mL - 20{,}00\,mL = -\mathbf{0{,}02\,mL}$
>
> Trata-se de um erro pequeno que forneceria uma concentração estimada de Ca^{2+} que estaria defasada em apenas $100 \cdot (V_{L,Pt\,final} - V_E)/V_E =$
>
> $100 \cdot (0{,}02\,mL)/(20{,}00\,mL) = 0{,}1$ por cento.

A fração da expressão de titulação apresentada na Equação 13.15 também serve para prever a forma geral de uma titulação complexométrica com o EDTA. A Figura 13.7 mostra uma planilha que pode ser usada com essa equação para tal finalidade. O exemplo é semelhante à planilha mostrada no Capítulo 12, na qual a fração de titulação foi usada para calcular a resposta durante uma titulação ácido-base. Essa planilha pode realizar o mesmo cálculo aplicado no exercício anterior, o de usar um determinado resultado de pM para encontrar os valores de F e $V_{Titulante}$ nesse ponto na curva de titulação, mas agora executa essa tarefa ao longo de uma ampla gama de valores pM. Traça-se, então, um gráfico desses valores com $V_{Titulante}$ (ou F) no eixo x e pM no eixo y para fornecer a curva de titulação. Essa planilha também pode ser usada para verificar como a alteração do pH da titulação ou como a adição de ligantes auxiliares afetarão a resposta por meio da mudança que esses parâmetros causam no valor de K'_f, que é usado para calcular cada fração de titulação.

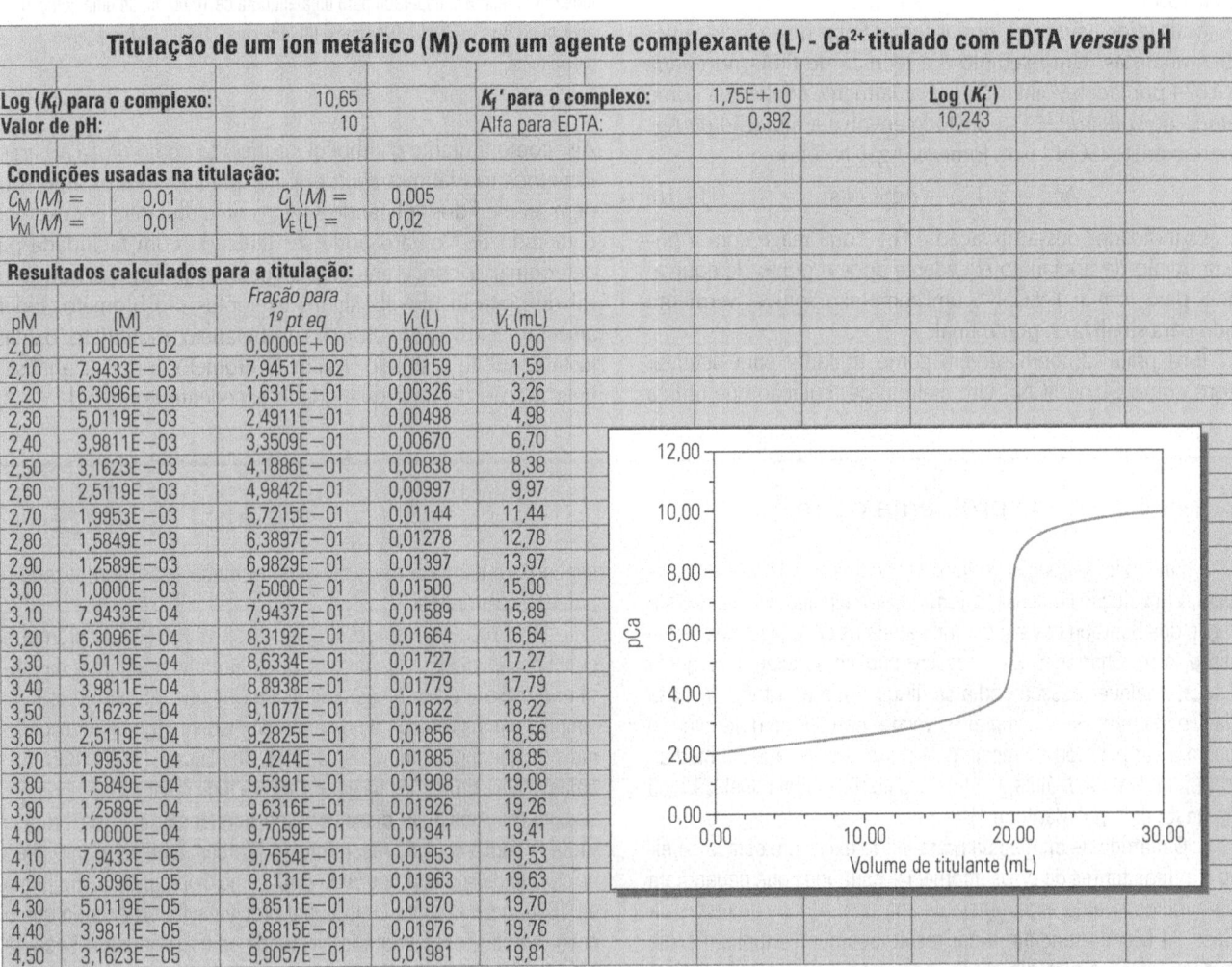

Titulação de um íon metálico (M) com um agente complexante (L) - Ca^{2+} titulado com EDTA versus pH

Log (K_f) para o complexo:	10,65		K_f' para o complexo:	1,75E+10		Log (K_f')	
Valor de pH:	10		Alfa para EDTA:	0,392		10,243	

Condições usadas na titulação:

C_M (M) =	0,01	C_L (M) =	0,005
V_M (M) =	0,01	V_E (L) =	0,02

Resultados calculados para a titulação:

pM	[M]	Fração para 1º pt eq	V_L (L)	V_L (mL)
2,00	1,0000E−02	0,0000E+00	0,00000	0,00
2,10	7,9433E−03	7,9451E−02	0,00159	1,59
2,20	6,3096E−03	1,6315E−01	0,00326	3,26
2,30	5,0119E−03	2,4911E−01	0,00498	4,98
2,40	3,9811E−03	3,3509E−01	0,00670	6,70
2,50	3,1623E−03	4,1886E−01	0,00838	8,38
2,60	2,5119E−03	4,9842E−01	0,00997	9,97
2,70	1,9953E−03	5,7215E−01	0,01144	11,44
2,80	1,5849E−03	6,3897E−01	0,01278	12,78
2,90	1,2589E−03	6,9829E−01	0,01397	13,97
3,00	1,0000E−03	7,5000E−01	0,01500	15,00
3,10	7,9433E−04	7,9437E−01	0,01589	15,89
3,20	6,3096E−04	8,3192E−01	0,01664	16,64
3,30	5,0119E−04	8,6334E−01	0,01727	17,27
3,40	3,9811E−04	8,8938E−01	0,01779	17,79
3,50	3,1623E−04	9,1077E−01	0,01822	18,22
3,60	2,5119E−04	9,2825E−01	0,01856	18,56
3,70	1,9953E−04	9,4244E−01	0,01885	18,85
3,80	1,5849E−04	9,5391E−01	0,01908	19,08
3,90	1,2589E−04	9,6316E−01	0,01926	19,26
4,00	1,0000E−04	9,7059E−01	0,01941	19,41
4,10	7,9433E−05	9,7654E−01	0,01953	19,53
4,20	6,3096E−05	9,8131E−01	0,01963	19,63
4,30	5,0119E−05	9,8511E−01	0,01970	19,70
4,40	3,9811E−05	9,8815E−01	0,01976	19,76
4,50	3,1623E−05	9,9057E−01	0,01981	19,81

Figura 13.7

Exemplo de uma planilha em que se usa uma fração da equação de titulação para prever a resposta de uma titulação complexométrica. Esta planilha se baseia na Equação 13.15, e é a mesma usada para desenhar a curva de titulação para Ca^{+2} por EDTA na Figura 13.1. Somente uma parte dos valores reais de pM (ou de pCa) da Figura 13.1 é mostrada na parte da planilha inserida nesta figura.

13.3 Realização de uma titulação de precipitação

13.3.1 Titulantes e soluções padrão

Métodos baseados em prata. A maioria das titulações de precipitação usadas hoje baseia-se na análise de íons prata ou no uso de Ag^+ como agente precipitante.[3] O mais antigo desses métodos foi o desenvolvido pelo químico francês Joseph Louis Gay-Lussac, em 1829, para determinar a pureza da prata em moedas (veja o Quadro 13.1). Esse método envolvia a dissolução da prata e sua conversão em Ag^+, que era então titulado com Cl^- para produzir cloreto de prata insolúvel. Trata-se da mesma abordagem básica usada na Figura 13.2 como exemplo de titulação de precipitação.[11] Outros titulantes potenciais aplicáveis a essa análise incluem Br^- ou I^- (veja a comparação na Figura 13.8).

Mais tarde, várias melhorias foram feitas nessa técnica por outros analistas. Um exemplo é a técnica de titulação criada em 1874 por Jacob Volhard, que é atualmente conhecida como *método de Volhard*.[3,7,8] Este método envolve a titulação de Ag^+ com tiocianato (SCN^-) para fornecer AgSCN sólido.

$$Ag^+ + SCN^- \rightarrow AgSCN(s) \qquad (13.16)$$

O indicador dessa titulação é Fe^{3+}, que reage com a primeira fração de tiocianato excedente após o ponto de equivalência para formar $FeSCN^{2+}$, um complexo solúvel vermelho usado para sinalizar o ponto final.

Íons prata também servem como titulante para detectar ânions como Cl^- ou SCN^-. Um método de titulação que utiliza

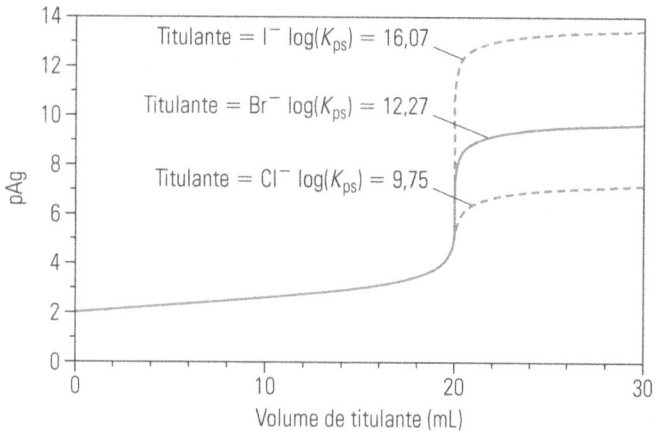

Figura 13.8

Curvas de titulação para a análise de Ag^+ em solução aquosa por sua titulação com I^-, Cl^- ou Br^- para formar um precipitado 1:1. Estas curvas de titulação mostram a resposta esperada para uma alíquota de 10,00 mL de uma solução aquosa de Ag^+ de 0,01000 M que é titulada com 0,005000 M do agente precipitante.

Ag^+ como titulante é também conhecido como *titulação argentométrica* (do latim *argentum* para 'prata').[7] Muitos ânions podem ser medidos aplicando-se Ag^+ como titulante. Por exemplo, o método de Volhard pode ser utilizado com facilidade para determinar a concentração de qualquer ânion que forme um sal de prata insolúvel. Alguns exemplos são brometo, iodeto, arseniato, carbonato, cromato, ferricianeto, molibdato, oxalato, fosfato, sulfito e sulfeto. Assim, o brometo pode ser analisado pela reação de uma quantidade excedente conhecida de Ag^+

Quadro 13.1 O problema do rei

Em 1829, a situação política e econômica da França era caótica. A Revolução Francesa, o Terror, a era napoleônica e a restauração dos Bourbon haviam ocorrido algumas décadas antes. Além disso, o rei Charles X via o tesouro público se exaurir. Naquela época, qualquer pessoa podia se dirigir a um escritório da Casa da Moeda francesa e comprar ou vender prata. Para determinar o preço a ser pago ou oferecido pela prata, sua pureza era medida por meio de uma análise gravimétrica com base na copelação, ou no 'teste de fogo' (Capítulo 1).

O método de análise da prata então existente estava sujeito a muitas fontes de erros e fornecia resultados que dependiam da habilidade e da experiência do analista. Alguns analistas da Casa da Moeda tendiam a dar resultados que continham erros sistemáticos de alta dimensão, enquanto outros forneciam resultados com erros sistemáticos de baixa dimensão. Portanto, era muito rentável para uma pessoa comprar prata no escritório que fornecia resultados baixos de pureza e depois vender a mesma prata em outro escritório que apresentasse valores de alta pureza. O dinheiro angariado nessa operação podia, então, ser usado para comprar mais prata no primeiro escritório, e todo o processo se repetia.

Para resolver esse problema, o rei ofereceu um prêmio a quem desenvolvesse um método para determinar a pureza da prata que fosse preciso e acurado (melhor do que 0,5 parte por mil), simples e mais rápido do que o método vigente (que não exigisse mais do que alguns minutos). Joseph Gay-Lussac (1778-1850) trabalhava com titulações há vários anos e logo reivindicou o prêmio. Seu método envolvia dissolver uma pequena fração da prata e titulá-la com a solução resultante de Ag^+ com uma solução padrão de cloreto de sódio, produzindo AgCl como o precipitado. Em junho de 1830, o rei Charles emitiu uma proclamação ordenando que o novo método fosse adotado em todos os escritórios da Casa da Moeda. Gay-Lussac ficou famoso por esse método e continuou a estender o uso da titulação a outros analitos.[11] O ensaio desenvolvido por Gay-Lussac era usado para examinar a composição de lingotes de prata, que eram peças retangulares desse metal que podiam ser compradas e vendidas em escritórios credenciados na França da época.

para formar AgBr(s). A quantidade de Ag⁺ que permanece em solução é, então, determinada por titulação com tiocianato, dando-nos outro exemplo de 'titulação indireta' (Seção 13.2.3).

A curva de titulação de um método que usa Ag⁺ como titulante apresenta uma característica incomum, na medida em que costuma ser preparado plotando-se no eixo y o valor de pAg (isto é, a quantidade de Ag⁺ solúvel que pode estar presente na mistura titulante/amostra em uma dada concentração do analito), em vez de plotar um valor mais diretamente relacionado com a concentração do analito. Essa abordagem, ilustrada na Figura 13.9, é usada porque muitos dos métodos para detecção do ponto final em uma titulação argentométrica se baseiam em uma alteração na concentração de Ag⁺. Acabamos de ver um exemplo disso na análise de Cl⁻ pelo método de Volhard, no qual a presença de Ag⁺ excedente do titulante produziu uma mudança de cor no ponto final. Outras titulações de precipitação que também podem aplicar Ag⁺ como titulante e na detecção de ponto final são o *método de Mohr* e o *método de Fajans*, conforme discutido na Seção 13.3.2.[3,7,8,11]

Ao preparar um titulante para esses métodos, tanto o nitrato de prata (para preparar uma solução padrão de Ag⁺) quanto o cloreto de potássio (para preparar uma solução de Cl⁻) podem ser usados em uma forma muito pura e como padrões primários para as titulações de precipitação. No entanto, soluções contendo tiocianato de potássio (para preparar uma solução de SCN⁻) devem ser normalizadas por meio de sua titulação com quantidades conhecidas de Ag⁺. Titulações em que íons prata são ou o titulante ou o analito não devem ser realizadas em uma solução básica, porque um pH elevado pode acarretar reações paralelas que formam hidróxido de prata ou óxido de prata como precipitados adicionais.

Outros métodos de precipitação. Outras reações de precipitação foram exploradas no passado para o uso em titulações; entretanto, somente algumas delas ainda são utilizadas em laboratórios modernos. Um exemplo é o uso de Ba^{2+} como titulante para determinar o teor de sulfato em uma amostra por meio da precipitação de $BaSO_4(s)$. Outros métodos de titulação que fazem uso de reações de precipitação são a análise de I⁻ com Tl⁺ para formar TlI(s) e a análise similar de Tl⁺ usando I⁻ como titulante.[8]

13.3.2 Determinação do ponto final

Uma titulação de precipitação é única, no sentido de que podemos facilmente verificar se a reação de titulação está ocorrendo enquanto forma um precipitado insolúvel. Essa característica torna possível determinar visualmente o ponto final por meio de várias abordagens. Por exemplo, podemos simplesmente usar o ponto na titulação em que não se observa mais nenhum precipitado sendo formado enquanto se adiciona titulante à amostra. Essa técnica pode ser chamada de método '*clear-point*', e foi usando esse método que Gay-Lussac e outros inicialmente acompanharam a titulação de Ag⁺ com Cl⁻.[8,11]

Outra possibilidade para a detecção é a utilização de um indicador que forme um produto colorido para sinalizar o ponto final. Essa abordagem é aplicada no método de Volhard pela reação de um excedente de SCN⁻ com um pouco de Fe^{3+} (adicionado como indicador) para formar o complexo colorido $FeSCN^{2+}$. Outro exemplo é o método de Mohr, desenvolvido em 1855 por Fredrich Mohr. Este método detecta um ponto final em uma titulação argentométrica por meio da reação de Ag⁺ com cromato

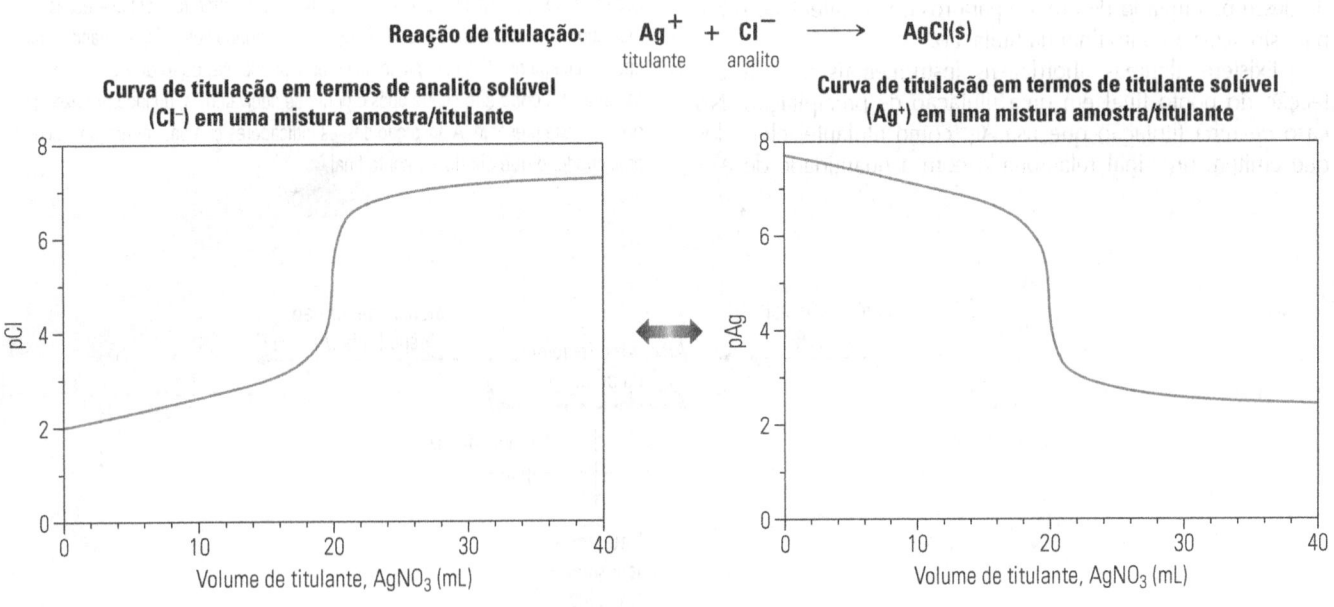

Figura 13.9

Curvas de titulação para análise de Cl⁻ em uma solução aquosa por sua titulação com Ag⁺ para formar AgCl(s). A curva à esquerda mostra a resposta em termos da quantidade de Cl⁻ que permanece em solução, em que pCl = log([Cl⁻]). A curva à direita mostra a resposta em termos da quantidade de titulante solúvel restante usando-se pAg = −log([Ag⁺]) para representar a quantidade de titulante não precipitado que pode estar presente em solução a uma dada concentração de analito. É possível fazer a conversão entre a resposta dessas duas curvas nessa titulação específica por meio da relação $K_{ps,AgCl} = [Ag^+][Cl^-]$ ou $[Ag^+] = K_{ps,AgCl}/[Cl^-]$. Estas curvas de titulação mostram a resposta esperada para uma alíquota de 10,00 mL de uma solução aquosa de Cl⁻ de 0,01000 M, que é titulada com Ag⁺ de 0,005000 M.

(CrO_4^{2-}) para formar cromato de prata (Ag_2CrO_4), um precipitado vermelho.[3,7,8,11,12] Esse produto se forma quando há um excesso de Ag^+ em solução, como ocorre após o ponto de equivalência para a titulação de Cl^- por Ag^+.

Tal método de detecção de ponto final costuma ser empregado na titulação de Cl^- com Ag^+, mas também pode ser usado quando se titula Ag^+ com Cl^-. Nesse segundo caso, um excedente conhecido de cloreto é adicionado a uma amostra de prata dissolvida, com o excesso de cloreto, em seguida, determinado por uma titulação de retorno usando Ag^+ como o titulante e o cromato como o indicador.[12]

O método de Fajans foi criado pelo químico polonês Kasimer Fajans em 1923,[13] e constitui também um meio para a determinação de Cl^- por sua reação com Ag^+. Este método detecta o ponto final por meio de um corante negativo carregado, como a fluoresceína e seus derivados diclorofluoresceína ou tetrabromofluoresceína (Figura 13.10).[8,11] Esses corantes são ácidos fracos utilizados como indicadores na forma In^{2-}. A carga negativa dessa forma fará os corantes se adsorverem à superfície de partículas de precipitado com carga ligeiramente positiva, mas não à de partículas com carga ligeiramente negativa. Por esta razão, esse corante é às vezes chamado de **indicador de adsorção**.[6,7] Durante a titulação de Cl^- com Ag^+, o precipitado terá uma carga líquida negativa antes do ponto de equivalência, quando houver um excesso de Cl^- na solução e adsorvido à camada externa da partícula. No entanto, uma carga positiva estará presente nas partículas de precipitado após o ponto de equivalência, quando um excesso de Ag^+ tiver sido adicionado e parte desses íons se adsorverem na superfície das partículas de AgCl. A presença dessa carga líquida positiva também faz com que o indicador In^{2-} se adsorva, o que altera a cor observada desse precipitado de branco para rosa. Essa alteração serve para sinalizar o ponto final da titulação.

Existem algumas abordagens instrumentais úteis à detecção do ponto final em uma titulação de precipitação. No caso de uma titulação que usa Ag^+ como titulante, eletrodos que emitem um sinal relacionado com a quantidade de Ag^+ em solução podem ser usados para acompanhar o curso da titulação. O método se assemelha à utilização de um eletrodo para medir o pH durante uma titulação ácido-base e recorre a uma técnica conhecida como *potenciometria* (esse tópico é discutido no Capítulo 14). Outro método mais geral de seguir o curso de uma titulação de precipitação consiste em analisar a alteração na *turbidez* (ou 'nebulosidade') de uma mistura amostra/titulante enquanto um precipitado se forma. A turbidez de tal mistura resulta da luz que é espalhada por partículas de precipitado.[7] O espalhamento de luz pode ser medido por meio da técnica de *nefelometria* (Figura 13.11), na qual a intensidade da luz que é espalhada por uma solução se compara com a intensidade original (com a luz espalhada medida a um ângulo reto com a luz que entra). A aplicação desse método com uma titulação de precipitação é às vezes chamada de 'titulação de nefelometria'.

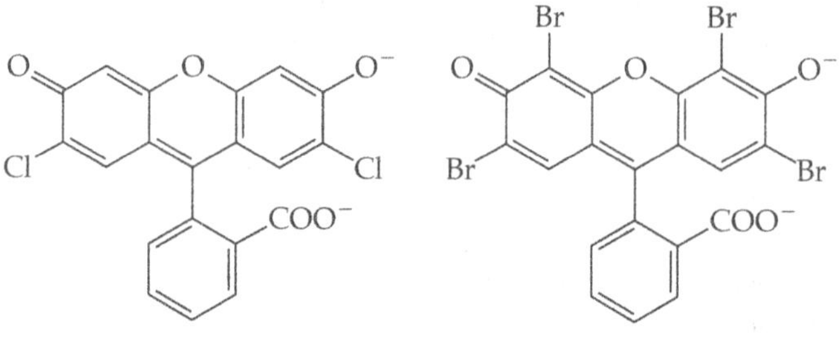

Figura 13.10

Exemplos de dois derivados de fluoresceína, que podem ser utilizados como indicadores de adsorção durante as titulações de precipitação. Estes indicadores são utilizados na forma In^{2-}. A carga negativa dessa forma faz com que esses indicadores se adsorvam à superfície de um precipitado como AgCl, quando uma pequena carga positiva está presente no precipitado. No caso de Ag^+ como o titulante, tal condição ocorre após o ponto de equivalência, quando um excesso de Ag^+ está presente. A adsorção desses indicadores cria uma alteração na cor do precipitado, o que sinaliza o ponto final.

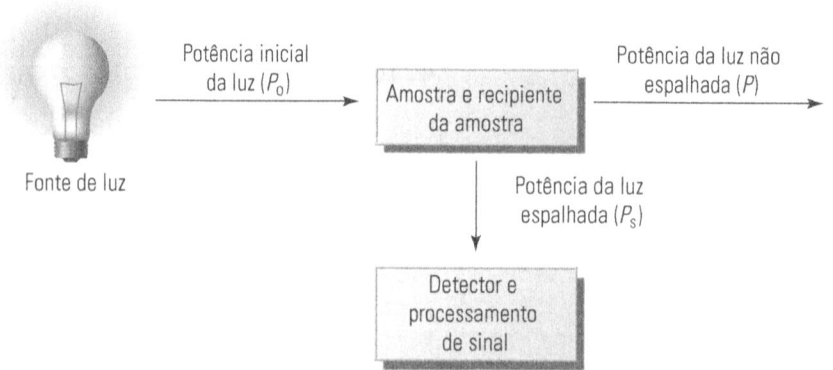

Figura 13.11

Medição da formação de precipitado por nefelometria. Este método compara a potência da luz que é espalhada em um ângulo reto pelo precipitado (P_s) com a potência inicial da luz que entra na amostra (P_0). À medida que mais precipitado fica suspenso na amostra, mais luz é espalhada, e o tamanho de P_s aumenta em relação a P_0, fazendo com que a razão (P_s/P_0) aumente. Também é possível medir a diminuição da potência da luz que atravessa a amostra sem se espalhar (P). Este segundo método é conhecido como *turbidimetria*, e leva a uma diminuição em P e na relação (P/P_0), à medida que mais luz é espalhada pela amostra.

13.3.3 Previsão e otimização de titulações de precipitação

Abordagem geral para cálculos. Assim como vimos neste capítulo sobre titulações complexométricas e no capítulo anterior sobre titulações ácido-base, também podemos prever a forma de uma curva de titulação de precipitação. A resposta a ser obtida será semelhante à de uma titulação complexométrica, na medida em que de novo plotaremos pM *versus* o volume de titulante. No entanto, o valor calculado para pM agora dependerá da reação de precipitação em vez da formação de complexo.

Como exemplo, consideremos a titulação de Ag^+ com Cl^- (veja a Figura 13.12). Podemos outra vez dividir essa titulação em quatro regiões gerais: (1) o início da titulação, (2) antes do ponto de equivalência, (3) no ponto de equivalência e (4) após o ponto de equivalência. No início da titulação, o valor de pM (ou pAg em nosso exemplo) é obtido a partir da concentração do analito na amostra original (C_M).

Amostra original (0 por cento de titulação):

$$pM = -\log(C_M) \qquad (13.17)$$

Uma vez adicionado o titulante (nesse caso, $X = Cl^-$), ele reagirá com o analito para formar um precipitado. Visto que geralmente usamos uma reação de precipitação com baixo produto de solubilidade nesse tipo de titulação, podemos supor com segurança que tal reação utiliza essencialmente todo o titulante adicionado até que a titulação esteja cerca de 99 por cento concluída. Isso significa que podemos determinar a quantidade de analito que permanece em solução apenas subtraindo os mols de titulante adicionado ($C_X V_X$) dos mols originais do analito ($C_M V_M$) e dividindo a diferença pelo volume total da mistura amostra/titulante ($V_M + V_X$). Podemos expressar essa relação usando a Equação 13.18 para a formação de precipitado 1:1.

Meio da titulação (1 a 99 por cento concluída):

$$[M] = \frac{C_M V_M - C_X V_X}{V_M + V_X} \qquad (13.18)$$

O valor de pM é calculado usando-se [M] estimado para a mistura amostra/titulante. Expressões semelhantes, com coeficientes para alguns dos termos anteriores diferentes de 1, podem ser derivadas para a formação de precipitados que não apresentem uma estequiometria 1:1 (por exemplo, MX_2).

No ponto de equivalência, adicionamos exatamente o suficiente de X para precipitar todo o M. Nesse caso, o único M ou X solúvel em solução é aquele produzido do precipitado quando um equilíbrio se estabelece na mistura amostra/titulante. O grau em que M ou X é formado a partir do precipitado MX será descrito pelo produto de solubilidade da reação. Para um precipitado 1:1, M e X se formarão em uma proporção 1:1, enquanto parte de MX volta a se dissolver. Isso significa que [M] = [X], no ponto de equivalência, ou $K_{ps,MX} = [M][X] = [M]^2$. Podemos agora rearranjar essa expressão e usá-la para achar o valor de [M] nesse ponto da curva de titulação.

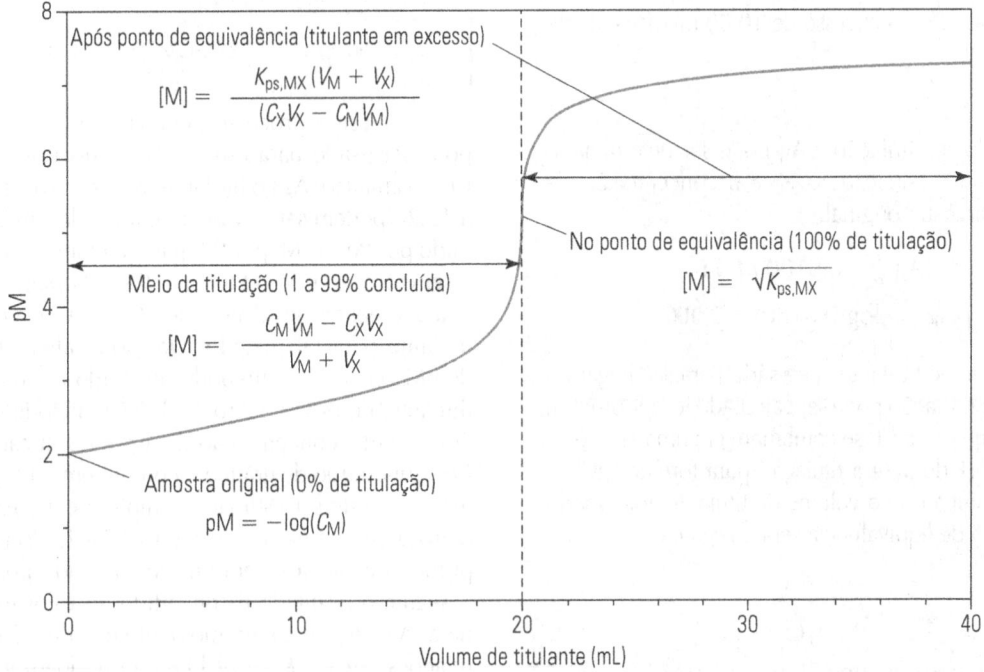

Figura 13.12

Equações para predizer a resposta da titulação de um íon metálico (M), com um agente de precipitação (X) para formar um precipitado 1:1. Todos os termos utilizados nestas equações foram definidos no texto.

Ponto de equivalência para um precipitado 1:1 (100 por cento de titulação)

$$[M] = \sqrt{K_{ps,MX}} \qquad (13.19)$$

Mais uma vez, expressões semelhantes, porém mais complexas, podem ser derivadas para determinar o valor de [M] no ponto de equivalência para um precipitado que não apresenta uma estequiometria 1:1, como ocorre para MX_2.

Após o ponto de equivalência em qualquer titulação de precipitação, a concentração de X em solução será mais ou menos igual aos mols de titulante adicionado em excesso divididos pelo volume total da mistura amostra/titulante, conforme dada por $[X] = (C_X V_X - C_M V_M)/(V_M + V_X)$. Podemos substituir a relação para [X] na expressão $K_{ps,MX} = [M][X]$ e reagrupar essa expressão para determinar [M], como mostrado a seguir.

Após o ponto de equivalência (titulante em excesso)

$$[M] = \frac{K_{ps,MX}(V_M + V_X)}{(C_X V_X - C_M V_M)} \qquad (13.20)$$

Exemplos de tais cálculos serão fornecidos no próximo exercício.

EXERCÍCIO 13.6 Previsão do comportamento de uma titulação de precipitação

A Figura 13.12 mostra a curva de titulação para uma alíquota de 10,00 mL de uma amostra de Ag^+ de 0,0100 M que é titulada com uma solução de AgCl de 0,0050 M. Quais são os valores esperados de pAg (a) no início da titulação, (b) no meio da titulação, (c) no ponto de equivalência e (d) após a adição de um excesso de 10,00 mL de titulante à amostra?

SOLUÇÃO

a. No início da titulação, pAg pode ser determinado usando-se a Equação 13.17 e a concentração de Ag^+ na amostra original.

$$[Ag^+] = 0,0100 \; M \; \text{ou}$$
$$pAg = -\log(0,0100) = \mathbf{2,000}$$

b. O volume de titulante necessário para se chegar ao meio da titulação pode ser calculado levando-se em conta que Ag^+ e Cl^- se combinam em uma estequiometria 1:1 durante a titulação para formar AgCl(s). Isso significa que o volume de titulante adicionado no ponto de equivalência será o seguinte.

$$V_x = \frac{C_M V_M}{C_x}$$
$$= \frac{(0,005000 \; M)(0,02500 \; L)}{0,01000 \; M}$$
$$= 0,02000 \; L \; \text{ou} \; 20,00 \; mL$$

O volume de solução de Cl^- necessário para atingir o ponto intermediário dessa titulação será (0,5000)·(20,00 mL) = 10,00 mL. Essa informação pode ser utilizada juntamente com a Equação 13.17 para determinar o valor de pAg nesse ponto.

$$[Ag^+] = $$
$$\frac{(0,01000 \; M)(0,01000 \; L) - (0,005000 \; M)(0,01000 \; L)}{(0,01000 \; L + 0,01000 \; L)}$$
$$= 0,0025 \; M \; \text{ou} \; pAG = -\log(0,0025) = \mathbf{2,60}$$

c. O valor de pAg no ponto de equivalência pode ser encontrado usando-se a Equação 13.19 e o produto de solubilidade para AgCl(s), em que $K_{ps,AgCl} = 1,77 \times 10^{-10}$ (com unidades aparentes de M^2).

$$[Ag^+] = \sqrt{1,77 \times 10^{-10} \; M^2} = 1,33 \times 10^{-5} \; M$$
$$\text{ou} \; pAg = -\log(1,33 \times 10^{-5}) = \mathbf{4,88}$$

d. Após o ponto de equivalência, o valor de pAg pode ser calculado usando-se a Equação 13.20 e levando-se em conta que um excesso de 10,00 mL de titulante após o ponto de equivalência (a 20,00 mL) nos dará um volume total de titulante de 30,00 mL.

$$[Ag^+] = $$
$$\frac{(1,77 \times 10^{-10} \; M^2)(0,01000 \; L + 0,03000 \; L)}{[(0,00500 \; M)(0,03000 \; L) - (0,01000 \; M)(0,01000 \; L)]}$$
$$= 1,42 \times 10^{-7} \; M$$
$$\text{ou} \; pAg = -\log(1,42 \times 10^{-7}) = \mathbf{6,85}$$

O mesmo processo geral ilustrado no último exercício pode ser usado para estimar uma curva de titulação em que Cl^- é o analito e Ag^+ o titulante. Nesse caso, as equações 13.17 a 13.20 podem ser novamente utilizadas, mas com 'X' substituído por 'M' (e 'M' por 'X') para refletir o fato de que X passou a ser o analito e M o titulante. Essa abordagem torna possível, então, preparar um gráfico de pCl (ou pX) versus o volume de titulante para tal método. De modo alternativo, um gráfico de pM versus titulante pode ser usado mesmo que Ag^+ seja o titulante, porque o ponto final desse método em geral se relaciona com a concentração de Ag^+ em solução (Seção 13.3.1). O segundo tipo de gráfico é comum em titulações argentométricas, e pode ser estimado, simplesmente, realizando-se cálculos baseados nas equações 13.17 a 13.20 para se obter, em primeiro lugar, [Cl^-] em um determinado ponto da titulação. A seguir, o resultado é convertido no valor máximo esperado para [Ag^+] e pAg no mesmo ponto na titulação aplicando-se as relações $[Ag^+] = K_{ps,AgCl}/[Cl^-]$ e $pAg = -\log([Ag^+])$.

Uso da fração de titulação. Uma equação geral para prever a resposta e a fração de uma titulação de precipitação pode ser derivada usando-se equações de equilíbrio de massa tanto para o analito quanto para o titulante. Um exemplo dessa deri-

Tabela 13.5

Fração da equação de titulação para M titulado com X, resultando em MX(s).*

Reação da titulação:

$$M + X \rightarrow MX(s)$$

Expressão de equilíbrio:

$$K_{ps} = [M][X] \Rightarrow [X] = \frac{K_{ps}}{[M]}$$

Equações de equilíbrio de massa:

Equação para M   Total de mols M = mols M em solução + mols M em sólido

$$\Rightarrow C_M V_M = [M](V_M + V_X) + \text{mols MX(s)}$$

$$\Rightarrow \text{mols MX(s)} = C_M V_M - [M](V_M + V_X)$$

Equação para X: Total de mols X = mols X em solução + mols X em sólido

$$\Rightarrow C_X V_X = [X](V_M + V_X) + \text{mols MX(s)}$$

$$\Rightarrow \text{mols MX(s)} = C_X V_X - [X](V_M + V_X)$$

Substitua ambas as expressões de equilíbrio entre si e combine termos de volume comuns:

$$\Rightarrow C_M V_M - [M](V_M + V_X) = C_X V_X - [X](V_M + V_X)$$

$$\Rightarrow C_M V_M - [M]V_M + [X]V_M = C_X V_X + [M]V_X - [X]V_X$$

Fatore $(C_M\ V_M)$ à esquerda e $(C_X\ V_X)$ à direita:

$$\Rightarrow C_M V_M \left(1 - \frac{[M] + [X]}{C_M}\right) = C_X V_X \left(1 + \frac{[M] - [X]}{C_X}\right)$$

Substitua $[X] = K_{ps}/[M]$ da expressão de equilíbrio:

$$\Rightarrow C_M V_M \left(1 - \frac{[M] + K_{ps}/[M]}{C_M}\right) = C_X V_X \left(1 + \frac{[M] - K_{ps}/[M]}{C_X}\right)$$

Rearranje para obter $(C_X V_X)/(C_M V_M)$ no lado esquerdo da equação:

$$\therefore F = \frac{C_X V_X}{C_M V_M} = \frac{\left(1 - \dfrac{[M] + K_{ps}/[M]}{C_M}\right)}{\left(1 + \dfrac{[M] - K_{ps}/[M]}{C_X}\right)} \quad (13.21)$$

*Termos: F = fração de titulação; C_M = concentração total de M na amostra original; V_M = volume da amostra original; C_X = concentração total de X no titulante; V_X = volume de titulante adicionado em um determinado ponto na titulação; K_{ps} = produto de solubilidade para a formação de precipitado MX; [M] = concentração de íon metálico M não complexado na mistura amostra/titulante.

vação é mostrado na Tabela 13.5 para a titulação de M com X para formar um precipitado MX 1:1, como muitas vezes se usa em um método argentométrico. O resultado final é mostrado na Equação 13.21.

$$F = \frac{C_X V_X}{C_M V_M} = \frac{\left(1 - \dfrac{[M] + K_{ps}/[M]}{C_M}\right)}{\left(1 + \dfrac{[M] + K_{ps}/[M]}{C_X}\right)} \quad (13.21)$$

Um processo semelhante ao mostrado na Tabela 13.5 pode servir para se obter uma fração da equação de titulação para a titulação de X com M ou para titulações de precipitação que envolvam um precipitado com estequiometria além de uma combinação 1:1 de M com X.

A Equação 13.21 e as expressões correlacionadas podem servir para prever a resposta de uma titulação de precipitação determinando-se o volume de titulante que corresponderia a uma dada resposta. Esse processo pode ser realizado ou por cálculos individuais ou por uma planilha como a da Figura 13.13. A seguir, essa

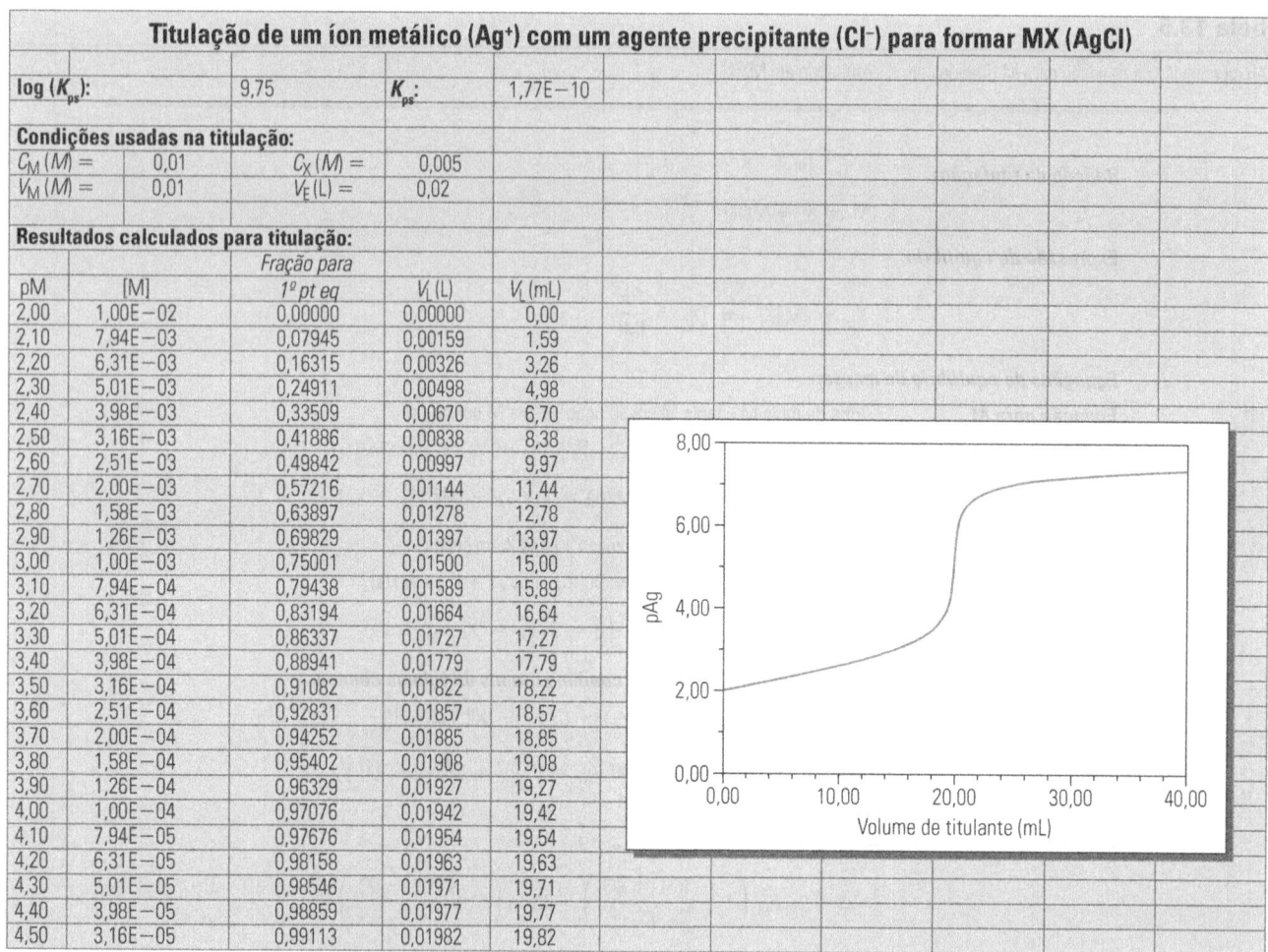

Titulação de um íon metálico (Ag⁺) com um agente precipitante (Cl⁻) para formar MX (AgCl)				
log (K_{ps}):	9,75	K_{ps}:	1,77E−10	
Condições usadas na titulação:				
C_M (M) =	0,01	C_X (M) =	0,005	
V_M (M) =	0,01	V_E (L) =	0,02	
Resultados calculados para titulação:				
pM	[M]	Fração para 1º pt eq	V_t (L)	V_t (mL)
2,00	1,00E−02	0,00000	0,00000	0,00
2,10	7,94E−03	0,07945	0,00159	1,59
2,20	6,31E−03	0,16315	0,00326	3,26
2,30	5,01E−03	0,24911	0,00498	4,98
2,40	3,98E−03	0,33509	0,00670	6,70
2,50	3,16E−03	0,41886	0,00838	8,38
2,60	2,51E−03	0,49842	0,00997	9,97
2,70	2,00E−03	0,57216	0,01144	11,44
2,80	1,58E−03	0,63897	0,01278	12,78
2,90	1,26E−03	0,69829	0,01397	13,97
3,00	1,00E−03	0,75001	0,01500	15,00
3,10	7,94E−04	0,79438	0,01589	15,89
3,20	6,31E−04	0,83194	0,01664	16,64
3,30	5,01E−04	0,86337	0,01727	17,27
3,40	3,98E−04	0,88941	0,01779	17,79
3,50	3,16E−04	0,91082	0,01822	18,22
3,60	2,51E−04	0,92831	0,01857	18,57
3,70	2,00E−04	0,94252	0,01885	18,85
3,80	1,58E−04	0,95402	0,01908	19,08
3,90	1,26E−04	0,96329	0,01927	19,27
4,00	1,00E−04	0,97076	0,01942	19,42
4,10	7,94E−05	0,97676	0,01954	19,54
4,20	6,31E−05	0,98158	0,01963	19,63
4,30	5,01E−05	0,98546	0,01971	19,71
4,40	3,98E−05	0,98859	0,01977	19,77
4,50	3,16E−05	0,99113	0,01982	19,82

Figura 13.13

Exemplo de uma planilha em que se usa uma fração da equação de titulação para prever a resposta de uma titulação de precipitação entre um íon metálico (M) e um agente precipitante (X) para formar um precipitado 1:1. Esta planilha se baseia na Equação 13.21, e é a mesma usada para desenhar a curva de titulação de Ag⁺ por Cl⁻ na Figura 13.2. Somente uma parte dos valores reais de pM (ou pAg) da Figura 13.2 é mostrada na parte da planilha inserida nesta figura.

informação pode, por sua vez, ser usada para determinar como uma mudança específica em condições de reação afetará a titulação. Um exemplo dessa aplicação é apresentado na Figura 13.8, que mostra como a alteração do titulante de Cl⁻ para I⁻, ou Br⁻, afetará a análise de Ag+ em água ao se utilizarem esses reagentes. O exemplo indica claramente que a nitidez da curva de titulação se relacionará com o produto de solubilidade (K_{ps}) para o precipitado resultante. O mesmo tipo de cálculo pode ser feito para verificar como a curva de titulação será modificada quando a concentração do titulante e a concentração ou o volume de analito forem alterados, associado à presença de reações paralelas ou de uma variação na reação de outras condições (por exemplo, pH).

Palavras-chave

Agente mascarante 326
Indicador de adsorção 336
Indicador metalocrômico 326

Ligante auxiliar 324
pM 320
Titulação complexométrica 319

Titulação de deslocamento 328
Titulação de precipitação, 319
Titulação indireta 329

Outros termos

Agente desmascarante 326
Dureza da água 319
Eriocromo preto T 326
Método de Fajans 335

Método de Mohr 335
Método de Volhard 334
Nefelometria 338
Titulação argentométrica 334

Turbidez 336
Turbidimetria 336

Questões

O que são titulação complexométrica e titulação de precipitação?

1. Descreva o que se entende por 'titulação complexométrica'. Explique por que a medição da dureza da água usando-se o EDTA é um exemplo desse tipo de titulação.

2. O que se entende por 'titulação de precipitação'? Como o método difere de uma titulação complexométrica?

3. Descreva como você representaria graficamente uma curva de titulação característica de uma titulação complexométrica ou de precipitação. Defina o termo 'pM' e indique como ele é usado nesse gráfico.

4. Compare e contraste uma titulação complexométrica ou de precipitação com a titulação de um ácido forte com uma base forte. Como esses métodos se assemelham? Como diferem entre si?

Como as titulações complexométricas e as de precipitação são usadas em química analítica?

5. Explique como a concentração de um íon metálico em uma amostra pode ser medida com uma titulação complexométrica.

6. Escreva uma reação de titulação geral entre EDTA e um íon metálico. Use-a para explicar por que o EDTA é bastante usado como titulante em uma titulação complexométrica.

7. Uma fração de 50,00 mL de água requer 7,46 mL de EDTA de 0,02752 M para atingir um bom ponto final.
   (a) Escreva a reação de titulação para essa análise.
   (b) Qual é a dureza da água para essa amostra em unidades de molaridade?
   (c) Qual é a dureza da água para essa amostra em unidades de partes por milhão de $CaCO_3$?

8. Uma amostra de 2,589 g de minério de cobre é dissolvida e os íons Cu^{2+} resultantes são titulados com EDTA. Um ponto final é alcançado após a adição de 7,56 mL de EDTA de 0,02785 M à amostra.
   (a) Escreva a reação de titulação para essa análise.
   (b) Qual é o percentual de cobre (m/m) na amostra original do minério, considerando-se que nenhuma quantidade significativa de outros metais está presente na amostra?

9. Uma amostra contendo 25,00 mL de Ag^+ é titulada usando-se uma solução de Cl^- de 0,01500 M. Um ponto final é atingido após a adição de 15,20 mL do titulante.
   (a) Escreva a reação de titulação para essa análise.
   (b) Qual era a concentração de Ag^+ na amostra original?

10. Explique como a reação da precipitação da Questão 9 poderia ser modificada para a titulação de Cl^- em uma amostra. Como esse novo método difere do utilizado na Questão 9? De que forma esses dois métodos são semelhantes?

Titulantes e soluções padrão para titulações complexométricas

11. Quais são as propriedades de EDTA que o tornam valioso como titulante para titulações complexométricas?

12. Explique por que é importante controlar o pH durante uma titulação complexométrica que usa o EDTA como titulante.

13. Cite alguns exemplos de reações paralelas que podem ocorrer durante a titulação de um íon metálico com o EDTA. Explique como essas reações paralelas podem afetar o pH em que essa titulação pode ser realizada.

14. Qual faixa de valores de pH pode ser usada em cada uma das titulações a seguir?
    (a) Análise de Al^{3+} em uma amostra de minério dissolvido.
    (b) Medição de Hg^{2+} na presença de Cd^{2+}.
    (c) Análise de terras raras na presença de Ga^{3+} e Sc^{3+}.

15. Um geoquímico deseja determinar as concentrações de Fe^{3+}, Al^{3+} e Pb^{2+} presentes em uma solução obtida de uma amostra de mineral dissolvido. Isso deve ser feito por meio de uma série de três titulações usando o EDTA e em diferentes valores de pH. Descreva como uma mudança no pH pode ser usada para determinar o teor de Fe^{3+}, Al^{3+} e Pb^{2+} da amostra.

16. Um cientista especializado em água deseja conhecer as concentrações iônicas tanto do cálcio quanto do magnésio em uma amostra de água. Duas frações de 50,00 mL da amostra são tituladas com EDTA de 0,06500 M. A primeira titulação é realizada em pH 10,00 e requer 18,54 mL de titulante para atingir o ponto final. A segunda ocorre em pH 12,00 com KOH sendo usado para, primeiro, precipitar Mg^{2+} como $Mg(OH)_2$, e requer 13,82 mL do titulante para atingir o ponto final. Quais são as concentrações de Ca^{2+} e Mg^{2+} na amostra de água?

17. Quantos gramas de $Na_2H_2EDTA \cdot 2H_2O$ são necessários para fazer 500 mL de uma solução de EDTA de 0,0800 M para o uso em uma titulação complexométrica?

18. Qual será a concentração (em unidades de molaridade) para uma solução de EDTA preparada a partir de 3,576 g de $Na_2H_2EDTA \cdot 2H_2O$ dissolvidos em água e diluídos a um volume final de 500,0 mL?

19. Explique por que em geral não se usam ligantes monodentados como a amônia como titulantes em titulações complexométricas.

20. Descreva cada um dos seguintes titulantes e explique por que eles poderiam ser usados no lugar de EDTA em uma titulação complexométrica.
    (a) DCTA.
    (b) Trien.
    (c) Tetren.
    (d) EGTA.

21. Uma amostra de 25,00 mL de uma solução contendo tanto Ni^{2+} quanto Mg^{2+} produz um ponto final em 17,86 mL quando titulada com EDTA de 0,04765 M. Uma segunda fração de 25,00 mL da mesma amostra original produz um ponto final em 6,74 mL quando titulada com trietilenotetramina de 0,05643 M. Quais eram as concentrações de íons magnésio e íons níquel na amostra original?

22. A trietilenotetramina de cobre (Cutrien) tem uma coloração muito mais intensa (azul) do que uma solução de Cu^{2+}, mas uma solução contendo apenas trien é incolor. Uma solução de trien de 0,05000 M é adicionada como titulante a 25,00 mL de uma solução de sulfato de cobre. Observa-se que a intensidade da cor na mistura amostra/titulante aumenta até a adição de 19,0 mL da solução de trien. Qual era a concentração aproximada de Cu^{2+} na amostra?

23. Cite dois exemplos de titulações complexométricas que usam agentes inorgânicos como agentes complexantes.

24. Uma das poucas titulações complexométricas que usa um ligante monodentado com sucesso é a titulação do cianeto com íons prata. Suponha que uma fração de 25,00 mL de uma solução contendo CN^- é titulada com $AgNO_3$ 0,1000 M. À medida que se adiciona o titulante, Ag^+ e CN^- reagem, em primeiro lugar, para formar o complexo solúvel $Ag(CN)_2^-$. No entanto, um precipitado de cor creme vai ocorrer quando se adiciona titulante suficiente para também levar $Ag(CN)_2^-$ a formar AgCN(s). Constata-se que esse precipitado aparece após a adição de 18,64 mL de nitrato de prata à amostra. Qual é a concentração de cianeto na amostra original?

Uso de ligantes auxiliares e agentes mascarantes em titulações complexométricas

25. Descreva o que é um 'ligante auxiliar'. Que função pode exercer em uma titulação complexométrica?

26. Explique como a amônia pode servir como ligante auxiliar na titulação de Ni^{2+} com EDTA. Como afeta as condições aplicáveis a essa titulação? Como afeta a aparência da curva de titulação?

27. Calcule a constante de formação condicional para a formação de níquel EDTA na presença de amônia de 0,0100 M em pH 9,00. Como você acha que a curva de titulação mostrada na Figura 13.5 se alteraria se fosse usado um pH 9,00?

28. Use a Tabela 13.1 para determinar a faixa de pH na qual um ligante auxiliar é necessário ao titular cada um dos analitos a seguir com EDTA.
    (a) Mn^{2+}
    (b) Hg^{2+}
    (c) Cu^{2+} mais Zn^{2+}

29. Qual é o propósito de um agente mascarante em uma titulação complexométrica? Qual é o propósito de um agente desmascarante? Dê um exemplo de cada.

30. Íons ferro(III) podem ser mascarados pela adição de NaF a uma solução enquanto se medem íons cálcio e íons magnésio por uma titulação de EDTA. Qual fração da espécie de ferro dissolvido(III) estará presente como Fe^{3+} quando essas espécies estiverem em equilíbrio com uma solução de NaF de 0,050 M em pH 10,00, como costuma se usar durante uma titulação de EDTA para medir a dureza da água? (*Dica*: veja o Capítulo 9.)

31. Para determinar tanto os íons manganês quanto os íons ferro na mesma amostra, pode-se titular a soma desses dois analitos com EDTA e, em seguida, em uma amostra separada, mascarar os íons ferro com cianeto e titular somente os íons manganês. Calcule a concentração de ambos os elementos no caso de uma amostra de 20,00 mL que requer 18,76 mL de EDTA de 0,05753 M para titular ambos os íons e que requer 7,56 mL para atingir um ponto final na presença de cianeto.

32. A concentração total de Zn^{2+} e Ni^{2+} em uma solução pode ser determinada por sua titulação com EDTA. Para medir apenas Zn^{2+}, você pode adicionar cianeto para mascarar os dois tipos de íon metálico de modo que nenhum vá reagir com o EDTA. O Zn^{2+} pode, então, ser desmascarado reagindo essa mistura com formaldeído, que reage com parte do cianeto para formar $HOCH_2CN$. Nessas condições, Ni^{2+} permanecerá mascarado por cianeto. Calcule as concentrações de ambos em uma amostra, se 34,75 mL de EDTA de 0,05000 M são necessários para titular 25,00 mL da amostra original, mas apenas 11,47 mL da solução de EDTA são necessários para titular 25,00 mL da amostra após a adição de cianeto e formaldeído.

Determinação do ponto final para a titulação complexométrica

33. O que significa 'indicador metalocrômico'? Quais propriedades químicas ou físicas são necessárias para que uma substância seja útil como indicador metalocrômico?

34. Explique como o eriocromo T preto pode ser usado como indicador metalocrômico para Ca^{2+}. Discuta como esse indicador também atua como agente complexante.

35. Quais requisitos gerais em termos da constante de formação condicional devem ser atendidos por um indicador metalocrômico para que seja útil em uma determinada titulação? Explique como esse requisito afeta o uso de eriocromo preto T como indicador durante a titulação de Mg^{2+} com EDTA.

36. A murexida é um indicador metalocrômico comumente usado na titulação de Ni^{2+} com EDTA. Este indicador costuma ser adicionado na forma de seu complexo cálcio-murexida. As constantes de formação condicional para murexida contendo ambos, Ca^{2+} e Ni^{2+}, são mostradas na Figura 13.14. Se a titulação de Ni^{2+} com EDTA é conduzida em pH 8, qual alteração se pode esperar na cor do indicador no ponto final? Escreva uma reação que mostre o que acontece com a forma desse indicador uma vez que se ultrapassa o ponto final da titulação.

37. Um químico pretende utilizar murexida como indicador metalocrômico durante a titulação de Cu^{2+} com EDTA. Que mudança de cor pode ser esperada em pH 6, 8 ou 10 no ponto final durante a titulação se a murexida for adicionada na forma de seu complexo de cálcio? Em qual desses valores de pH você espera observar a mudança de cor mais acentuada no ponto final? Justifique sua resposta.

38. A calceína é um indicador que fluoresce quando complexada a Ca^{2+}, mas não fluoresce em sua forma não complexada. Quando Ca^{2+} é titulado com EDTA a pH 12 e iluminado por uma lâmpada ultravioleta, um indicador de calceína fornecerá um súbito desaparecimento em ver-

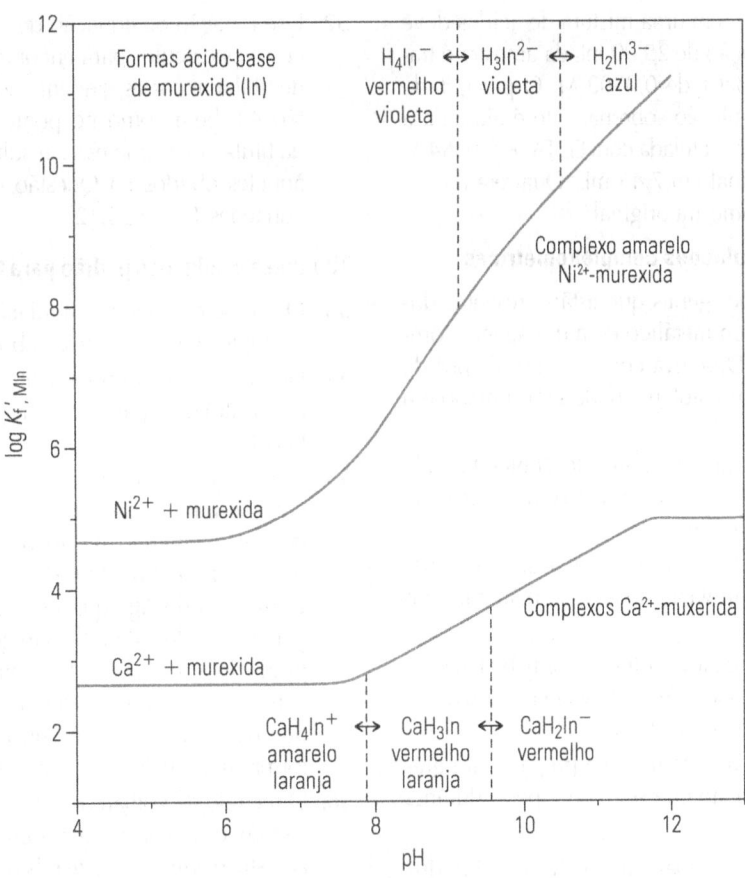

Figura 13.14

Valor da constante de formação condicional $K'_{f',MIn}$ como uma função do pH para os complexos 1:1 que se formam entre a murexida e o Ca^{2+} ou o Ni^{2+}. As formas ácido-base originais de murexida em valores de pH de 4 a 12 também são mostradas neste gráfico (H_4In^-, H_3In^{2-} e H_2In^{3-}). (Baseado em dados encontrados em A. Ringbom, *Complexation in Analytical Chemistry*, R.E. Krieger, Huntington, NY, 1979.)

de fluorescente no ponto final. Escreva uma reação que descreva o que está acontecendo com a calceína no ponto final dessa titulação. Indique claramente as funções que calceína, Ca^{2+} e EDTA desempenham nesse processo.

39. Em que condições uma titulação de retorno deve ser usada em uma análise envolvendo formação de complexo? Cite um exemplo específico.

40. Íons alumínio reagem de modo lento com o EDTA, por isso é melhor medi-los por titulação de retorno. Uma fração de 10,00 mL de uma solução de Al^{3+} é tratada com 5,0 mL de EDTA de 0,1000 M e deixada a reagir por 30 minutos antes de uma titulação de retorno com 8,08 mL de $ZnCl_2$ de 0,02000 M. Qual era a concentração inicial de Al^{3+} na amostra?

41. Uma solução contém íons dissolvidos que representam tanto uma espécie de Cr(III) quanto de Cr(VI). Duas frações de 50,00 mL da amostra são tomadas para análise. Ácido ascórbico em excesso é adicionado a uma das amostras para converter todo o Cr(VI) em Cr(III). Uma fração de 25,00 mL de CDTA de 0,0895 M é adicionada a ambas as amostras, o que representa um excesso de CDTA comparado a todos os íons que contêm cromo na amostra. Ambas as misturas de amostra são aquecidas até o ponto de fervura por vários minutos e resfriadas, e o CDTA em excesso é titulado com nitrato de bismuto de 0,0458 M. A solução tratada com ácido ascórbico requer 5,75 mL do titulante bismuto para atingir o ponto final e a outra amostra requer 9,73 mL do titulante bismuto. Qual era a concentração original das espécies de Cr(III) e Cr(VI) na amostra original?

42. Explique como uma titulação de deslocamento é usada. Dê um exemplo desse tipo de titulação.

43. O EDTA-mercúrio é um agente oxidante suficientemente forte que serve para analisar agentes redutores fortes, como hidroxilamina e hidrazina. Um químico deseja determinar a concentração de hidroxilamina em uma solução de 50,00 mL. Essa solução é combinada com 10,00 mL de $HgEDTA^{2-}$ de 0,0500 M, e os íons mercúrio são reduzidos a mercúrio elementar enquanto a hidroxilamina é oxidada a óxido nitroso. O EDTA liberado é titulado com 7,55 mL de $ZnCl_2$ de 0,0300 M, e dá um ponto final em 7,55 mL. Qual era a concentração de hidroxilamina na amostra?

44. O que é uma 'titulação indireta'? Descreva como esse método pode ser usado para expandir a gama de analitos que podem ser medidos por meio de EDTA ou de agentes complexantes correlatos.

344 Química analítica e análise quantitativa

45. A concentração de sulfato em uma mistura de ácidos deve ser determinada. Uma fração de 25,00 mL da amostra é tratada com 10,00 mL de $BaCl_2$ de 0,0500 M. O precipitado resultante é filtrado e a solução sobrenadante é ajustada a pH 10. Essa solução é, então, titulada com EDTA de 0,0354 M e resulta em um ponto final em 7,45 mL. Qual era a concentração de sulfato na amostra original?

Previsão e otimização de titulações complexométricas

46. Descreva as quatro regiões gerais que estão presentes durante a titulação de um íon metálico com um agente complexante como o EDTA. Descreva como o valor de pM da amostra ou mistura amostra/titulante pode ser estimado em cada uma dessas regiões.

47. Uma amostra de 25,00 mL supostamente contendo Ca^{2+} de 0,01250 M é titulada em pH 10,0 usando uma solução de EDTA de 0,01050 M como titulante.
    (a) Escreva a reação de titulação para essa análise e determine o volume de titulante necessário para atingir o ponto final.
    (b) Estime o valor de pCa para a mistura amostra/titulante no início da titulação, no ponto de equivalência e após a adição de 10,00 ou 30,00 mL de titulante.
    (c) Use as informações da Parte (b) para preparar um gráfico da curva de titulação que se pode esperar durante essa análise.

48. Uma solução de 50,00 mL preparada a partir de cobre dissolvido e supostamente contendo Cu^{2+} de 0,04500 M deve ser titulada com uma solução de EDTA de 0,1011 M em pH 5,00.
    (a) Escreva a reação de titulação para essa análise e determine o volume de titulante no ponto de equivalência.
    (b) Qual é o valor esperado de pCu no início da titulação? Qual é o valor esperado de pCu no ponto de equivalência?
    (c) Qual é o valor esperado de pCu durante essa titulação após a adição de 5,00 mL, 10,00 mL e 20,00 mL de titulante?
    (d) Use as informações das partes (c) e (d) para desenhar uma curva de titulação para essa análise.

49. Descreva como as equações de equilíbrio de massa e uma expressão de equilíbrio podem ser usadas para se obter uma fração da equação de titulação para uma titulação complexométrica. Use a titulação de um íon metálico com ligante para formar um complexo 1:1 para ilustrar sua resposta.

50. Use uma abordagem semelhante à da Tabela 13.4 para obter uma equação que forneça a fração de titulação para titulação de um ligante com um íon metálico e a formação de um complexo 1:1. Compare sua resposta final com a equação mostrada na Tabela 13.4.

51. Uma amostra de água de 25,00 mL supostamente contendo Ca^{2+} de 0,02500 M deve ser titulada com o EDTA de 0,01000 M a pH 10,00. Um complexo de eriocromo preto T com Mg^{2+} é usado como o indicador dessa titulação. Qual é a fração de titulação no ponto final sinalizada por esse indicador? Qual é o erro de titulação resultante dessa análise?

52. Use a fração da equação de titulação na Tabela 13.4 e sucessivos cálculos para encontrar o valor de pM e o volume de titulante correspondente no início da titulação na Questão 48, bem como no ponto de equivalência e no meio da titulação. Como esses resultados podem ser comparados àqueles obtidos na Questão 48, quando foram usadas as equações 13.9 a 13.12?

Titulantes e soluções padrão para titulações complexométricas

53. O que se entende por 'titulação argentométrica'? Cite dois exemplos concretos dessa abordagem.

54. Descreva o método de Volhard. Como essa técnica difere da titulação para prata desenvolvida anteriormente por Gay-Lussac?

55. Uma análise é realizada usando-se o método de Volhard, em que uma fração de 50,00 mL de uma amostra supostamente contendo brometo é tratada com 10,00 mL de $AgNO_3$ de 0,1065 M e deixada a formar um precipitado. O excesso de Ag^+ que permanece em solução é titulado com uma solução de tiocianato de potássio de 0,09875 M, produzindo um ponto final em 8,76 mL. Qual será a concentração de brometo na amostra original se supusermos que não havia nenhum outro ânion presente que pudesse formar um precipitado com Ag^+?

56. O método de Volhard é usado para determinar a concentração de fosfato em uma amostra aquosa de 100,00 mL. Essa amostra é primeiramente misturada com 10,00 mL de $AgNO_3$ de 0,1000 M. O precipitado de fosfato de prata que se forma é isolado por filtração, lavado e dissolvido em 20,00 mL de uma solução aquosa contendo ácido nítrico diluído. O Ag^+ na solução é titulado até um ponto final vermelho quando 12,47 mL de KSCN de 0,06543 M foi adicionado. Qual era a concentração de fosfato na amostra original?

57. Explique por que a curva de titulação de um analito com Ag^+ costuma ser plotada com pAg no eixo y, em vez de um termo de concentração que esteja diretamente relacionado com o analito. Por que esse gráfico deve ser usado para descrever uma titulação realizada pelo método de Volhard?

58. Cite dois exemplos de titulação de precipitação que fazem uso de reações que não envolvem Ag^+. Escreva a reação de titulação para cada um desses métodos.

Determinação do ponto final em uma titulação de precipitação

59. Descreva o método de Mohr. Explique por que, em uma titulação de Mohr, Ag^+ deve estar no titulante, enquanto em uma titulação de Volhard, Ag^+ deve estar no recipiente que contém a amostra.

60. Qual é o percentual de prata em um pedaço de metal que possui uma massa de 0,06978 g e requer 23,98 mL de KCl de 0,02654 M para atingir o ponto final no método de Mohr?

61. A água de Chesapeake Bay é composta, em parte, de água potável do Rio Potomac e, em parte, de água do mar (que conterá uma quantidade significativa de Cl^-). Uma fração de 25,00 mL dessa água requer 16,04 mL de $AgNO_3$ de 0,05647 M para atingir um ponto final no método de Mohr. Qual era a concentração de íons cloreto na amostra?

62. Descreva o método de Fajans. Como essa técnica se compara com o método de Mohr ou o de Volhard?

63. O que é um 'indicador de adsorção'? Explique como esse tipo de indicador é usado no método de Fajans.

64. A salinidade do preparado de uma conserva (conforme representada pela concentração de Cl^-) deve ser medida pelo método de Fajans. Uma fração de 5,00 mL do preparado é transferida para um frasco de Erlenmeyer e diluída com água destilada. O pH é ajustado e a diclorofluoresceína é adicionada como indicador. A solução é na origem incolor, mas forma um precipitado branco quando se adiciona $AgNO_3$ de 0,1000 M como titulante. Esse precipitado continua a se formar e, finalmente, torna-se rosa após a adição de 18,65 mL do titulante. Qual é a concentração de Cl^- no preparado da conserva?

65. A formulação original do antiácido Bromo-seltzer continha brometo de sódio. Este ingrediente deixou de ser usado depois de 1975. Uma fração de 5,00 g de um produto, supostamente um Bromo-seltzer, é titulada com $AgNO_3$ de 0,1000 M na presença de tetrabromofluoresceína. O precipitado de cor amarelo-claro que se forma durante a titulação fica vermelho (sinalizando o ponto final) após a adição de 31,85 mL de titulante. Qual é o peso percentual de NaBr no produto?

66. Descreva o método de nefelometria. Explique como pode ser usado para determinar o ponto final de uma titulação de precipitação.

67. Um estudante observa que iluminar uma mistura amostra/titulante com uma pequena ponteira a laser pode ajudar a determinar o ponto final da titulação de Ag^+ com Cl^-. Explique como essa abordagem pode ser usada para identificar o ponto final da titulação. Qual propriedade da mistura amostra/titulante está sendo examinada por essa abordagem?

Prevendo e otimizando titulações de precipitação

68. Descreva as quatro regiões gerais que estão presentes durante a titulação de um íon metálico com um agente precipitante para criar um precipitado 1:1. Descreva como o valor de pM da amostra ou da mistura amostra/titulante pode ser estimado em cada uma dessas regiões.

69. Uma solução de 50,00 mL supostamente contendo Ag^+ é titulada pela adição de NaCl de 0,02500 M.
    (a) Escreva a reação de titulação para essa análise e determine o volume de titulante necessário para atingir o ponto de equivalência.
    (b) Calcule o valor de pAg para essa titulação no início da titulação, a 50 por cento da titulação, no ponto de equivalência e quando um excesso de 10,00 mL de titulante é adicionado à amostra.
    (c) Use as informações da Parte (b) para preparar uma curva de titulação para esse método.

70. Uma amostra de 25,00 mL supostamente contendo NaCl de 0,0500 M é titulada por adição de $AgNO_3$ de 0,0250 M.
    (a) Escreva a reação de titulação para essa análise e calcule o volume de titulante que será necessário para alcançar o ponto de equivalência.
    (b) Estime o valor de pCl no início da titulação e após a adição de 25,00, 50,00 ou 75,00 mL de titulante. Use esses valores para fazer um gráfico aproximado da curva de titulação.
    (c) Use os valores da Parte (b) para estimar o valor de pAg em cada um dos pontos indicados na titulação. Também utilize esses valores para preparar uma curva de titulação para essa análise.
    (d) Compare os gráficos montados nas partes (b) e (c). Em que situações você poderia usar o gráfico da Parte (b)? E o gráfico da Parte (c)?

71. Descreva como as equações de equilíbrio de massa e uma expressão de produto de solubilidade podem ser usadas para se obter uma equação de fração de titulação para uma titulação de precipitação. Use a titulação de um íon metálico com um agente precipitante para formar um precipitado 1:1 para ilustrar sua resposta.

72. Use uma abordagem como a da Tabela 13.5 para derivar uma equação de fração de titulação para a titulação de X com um íon metálico M para formar um precipitado 1:1. Compare sua equação final com a da Tabela 13.5 para a titulação de M com X. Quais são as semelhanças entre essas duas equações? E quais são as diferenças entre elas?

73. Use a Equação 13.21 e sucessivas aproximações para encontrar o valor de pAg e o volume de titulante correspondente no início da titulação na Questão 69, bem como no ponto de equivalência e no meio da titulação. Como esses resultados podem ser comparados com os obtidos na Questão 69 quando foram usadas as equações 13.17 a 13.19?

Problemas desafiadores

74. Diz-se que a substituição mais rápida de um antigo método analítico por um novo aconteceu com a introdução de EDTA como titulante na medição da dureza da água. O método antigo, utilizado até cerca de 1950, envolvia o uso de uma solução padrão de sabão. Essa solução era adicionada a uma amostra com uma bureta e formava um precipitado insolúvel com íons cálcio e íons magnésio. Quando se adicionava uma quantidade excessiva de sabão, este não precipitava e ficava livre para formar bolhas quando agitado. Desse modo, titulante e indicador eram a mesma substância. Compare e contraste tal abordagem com o método atual de titulação de EDTA para medir a dureza da água em termos de como os métodos são realizados e como o seu ponto final é detectado. Em sua opinião, quais são as vantagens importantes do método de EDTA em relação à antiga técnica?

75. A dureza da água causada pela presença de $Ca(HCO_3)_2$ é chamada de 'dureza temporária', e pode ser removida fervendo-se a água. A dureza da água causada pela presença de $CaSO_4$ é chamada de 'dureza permanente', e não pode ser removida por fervura, mas sim pela adição de Na_2CO_3 à amostra. Use o seu conhecimento sobre reações químicas para explicar essas observações e diferenças.

76. Muitas vezes, a adição de uma base é necessária na preparação de uma solução de EDTA. Um cientista pretende dissolver 1,365 g de H_4EDTA em 500 mL de água. Qual massa de KOH será suficiente para dissolver esse EDTA e elevar o pH da solução para 10,0?

77. Obtenha a estrutura química de um ou mais indicadores metalocrômicos listados na Tabela 13.3. Usando tal estrutura, explique por que esse indicador pode formar um complexo com certos íons metálicos. Use-a também para explicar por que o indicador faz parte de um sistema ácido-base poliprótico. Discuta como se pode esperar que essas propriedades ácido-base afetem a capacidade do indicador de formar um complexo com um íon metálico.

78. No Capítulo 12, observamos que a curva de titulação para um 'ácido fraco' (isto é, um ácido de Brønsted-Lowry) terá uma aparência diferente antes do ponto de equivalência, mas a mesma após esse ponto, quando o K_a do ácido é alterado. No entanto, neste capítulo, vimos que a titulação de um íon metálico com EDTA (um sistema ácido-base de Lewis) produzirá curvas de titulação que parecem as mesmas antes do ponto de equivalência e diferentes após esse ponto, quando o valor de K_f' é alterado. Explique essas diferenças de comportamento.

79. Prepare uma planilha como a da Figura 13.8 para plotar uma curva de titulação de um íon metálico que é titulado com EDTA. Use-a para preparar um gráfico da titulação de uma amostra de 10,00 mL de Mg^{2+} de 0,010 M que é titulada em pH 10,0 com EDTA de 0,0050 M. Compare a curva que você obteve com a dada na Figura 13.8 em condições semelhantes para Ca^{2+}. Quais semelhanças você observa entre essas duas curvas? E quais são as diferenças entre elas? Explique essas diferenças.

80. É possível entender a demanda de Charles X por um método de medição de prata mais preciso ao notarmos como um erro nessa análise afetaria o valor aparente de um pedaço desse metal. Pesquise o preço atual da prata em um jornal ou na Internet, informado em dólar norte-americano por onça troy. (*Observação:* há 31,103 g por onça troy.)
    (a) Suponha que um analista apresente, com consistência, um erro sistemático com valor de massa e de prata que é 2 por cento mais baixo, enquanto outro apresenta um erro sistemático que é 2 por cento mais alto. Quanta prata (em kg) um comerciante teria de comprar e vender nesses locais para obter um lucro de 1.000 dólares?
    (b) Quão exato um ensaio de prata deve ser para justificar todos os algarismos significativos mostrados no preço de tabela desse metal? O que isso lhe diz sobre os métodos modernos de análise da prata?

81. Embora o método de Mohr seja, do ponto de vista histórico, importante ao desenvolvimento de titulações de precipitação, ele não é mais comumente usado em laboratórios modernos de química. Isso ocorre, em grande parte, por causa de alguns riscos à saúde associados com Cr(VI), ou íon cromato, que é um reagente nesse método. Localize uma ficha de dados segurança de materiais (MSDS) para o cromato de sódio e relate os riscos químicos e físicos associados a esse reagente.

82. Quando se aplica o método de Fajans para titular e medir Ag^+, é desejável produzir pequenas partículas precipitadas de AgCl que tenham uma área de superfície.
    (a) Explique por que um precipitado com uma grande área de superfície é desejado nesse método.
    (b) Quais condições gerais de reação podem ser usadas para se obter esse tipo de precipitado? (*Dica:* veja a discussão sobre a formação de precipitados no Capítulo 7.)
    (c) Como essas condições de reação podem ser comparadas às utilizadas para produzir AgCl durante uma análise gravimétrica?

83. Prepare uma planilha como a da Figura 13.13 para traçar uma curva de titulação de um íon metálico que é titulado com um ânion para formar um precipitado 1:1. Use-a para preparar um gráfico da titulação de uma amostra de 10,00 mL de Ag^+ de 0,010 M que é titulada com Br^- de 0,0050 M. Compare a curva que você obteve com a dada na Figura 13.13 para a titulação de Ag^+ com Cl^-. Explique as diferenças observáveis nos dois gráficos.

84. Prepare uma planilha modificada como a da Figura 13.13 para traçar uma curva de titulação de um ânion que é titulado com um íon metálico para formar um precipitado 1:1. Use-a para preparar um gráfico da titulação de uma amostra de 25,00 mL de Br^- de 0,0050 M que é titulada com Ag^+ de 0,0050 M, em que o valor de pBr é dado no eixo y. Também prepare um gráfico no qual o valor de pAg é mostrado no eixo y, em que $pAg = -\log([Ag^+])$ e $[Ag^+] = K_{ps}/[Br^-]$. Compare a resposta dessas curvas. Explique por que você pode usar um gráfico com pAg no eixo y quando está otimizando esse tipo de titulação.

Tópicos para discussão e relatórios

85. Obtenha mais informações sobre a dureza da água. Escreva um relatório descrevendo a natureza desse problema, seu impacto econômico e os métodos analíticos usados para análise da dureza da água.

86. Entre em contato com um laboratório ambiental ou de teste de água local. Discuta com eles como se usam titulações complexométricas em suas instalações. Discuta suas descobertas com a classe.

87. Há muitos outros indicadores metalocrômicos além dos apresentados na Tabela 13.3. Obtenha mais informações sobre um dos indicadores a seguir. Forneça sua estrutura, relacione os tipos de íons metálicos aos quais ele se liga e descreva a mudança de cor que está associada a esse indicador. Também inclua uma discussão sobre as propriedades ácido-base do indicador.
    (a) Murexida.
    (b) PAN, ou 1-(2-piridilazo)-2-naftol.
    (c) Calceína.
    (d) Vermelho de pirogalol.
    (e) Azul de metiltimol.
    (f) Hematoxilina.

88. Embora existam muitos tipos de reação de precipitação que podem ser usados para análise gravimétrica (Capítulo 11),

apenas os que envolvem halogenetos de prata costumam ser utilizados em reações de precipitação. Indique um ou mais motivos por que os seguintes compostos insolúveis não são determinados por titulações de precipitação: $CaCO_3$, $PbCl_2$, CuS e $BaCrO_4$.

89. Localize ou recomende um procedimento para a realização de uma titulação complexométrica ou de precipitação para uma ou mais das situações a seguir. Descreva as reações que ocorrem nesse método e informe o objetivo de cada etapa no procedimento.
    (a) Mensuração do percentual de cálcio no cimento Portland.
    (b) Determinação da quantidade de cobre em papel alumínio.
    (c) Dosagem do teor de fosfato em uma amostra de $BiPO_4$.

Referências bibliográficas

1. F. R. Spellman, *The Science of Water: Concepts and Applications*, Taylor & Francis, Nova York, 2007.
2. J. C. Briggs e J. F. Ficke, *Quality of Rivers of the United States, 1975 Water Year — Based on the National Stream Quality Accounting Network (NASQAN): U.S. Geological Survey Open- File Report 78-200*, U.S. Department of the Interior, Washington, DC, 1977.
3. J. Bassett, R. C. Denney, G. H. Jeffery e J. Mendham, *Vogel's Textbook of Quantitative Inorganic Analysis*, 4 ed., Longman, Nova York, 1978.
4. R. Pribil, *Applied Complexometry*, Pergamon Press, Nova York, 1982.
5. A. Ringbom, *Complexation in Analytical Chemistry*, Krieger Publishers, Huntington, NY, 1979.
6. J. Inczedy, T. Lengyel e A. M. Ure, *Compendium of Analytical Nomenclature*, 3 ed., Blackwell Science, Malden, MA, 1997.
7. G. Maludzinska, ed; *Dictionary of Analytical Chemistry*, Elsevier, Amsterdã, Holanda, 1990.
8. H. Diehl, *Quantitative Analysis*, Oakland Street Science Press, Ames, IA, 1970.
9. K. Ueno, 'Guide for Selecting Conditions for EDTA Titrations', *Journal of Chemical Education*, 42, 1965, p.432.
10. H. Frieser, *Concepts & Calculations in Analytical Chemistry: A Spreadsheet Approach*, CRC Press, Boca Raton, FL, 1992.
11. F. Szabadvary, *History of Analytical Chemistry*, Pergamon Press, Nova York, 1966.
12. K. F. Mohr, *Lehrbuch der chemish-analytishen Titrirmethode*, 1877, Vieweg, Braunschweig.
13. K. Fajans, 'Eine neue Methode zur Titration von Silverund Halogenionen mit organischen Farbstoffindicatoren (nach Versuchen von O. Hassel)', *Chemiker Zeitung*, 47, 1923, p.427.

Capítulo 14
Introdução à análise eletroquímica

Conteúdo do capítulo

14.1 Introdução: um sorriso mais radiante
    14.1.1 Unidades de medições elétricas
    14.1.2 Métodos de análise eletroquímica
14.2 Princípios gerais de potenciometria
    14.2.1 Potenciais de célula e a equação de Nernst
    14.2.2 Componentes de célula em potenciometria
    14.2.3 Aplicações da potenciometria
14.3 Eletrodos íon-seletivos e dispositivos correlacionados
    14.3.1 Eletrodos de membrana de vidro
    14.3.2 Eletrodos íon-seletivos em estado sólido
    14.3.3 Eletrodos compostos

14.1 Introdução: um sorriso mais radiante

Na década de 1940, verificou-se que crianças em algumas regiões do mundo tinham menos cáries e seus dentes eram menos deteriorados do que os de crianças de outras áreas. No fim, foi constatado que essa diferença se devia à presença de flúor na água potável. Atualmente, muitos bebedouros públicos nos Estados Unidos contêm flúor como um componente natural ou adicionado à água para prevenir cáries. Essa prática foi classificada pelos U.S. Centers for Disease Control como uma das dez maiores conquistas do setor de saúde pública no século XX.[1,2]

Ao adicionar flúor à água potável (ou a produtos como creme dental), é importante assegurar que somente a quantidade certa dessa substância esteja presente. Isso significa que as instalações de tratamento de água devem medir regularmente o nível de flúor presente na água potável. Hoje, tal medida é executada por meio de um eletrodo capaz de medir íons fluoreto seletivamente.[3] Antes do desenvolvimento desse eletrodo, a medição de flúor na água se baseava em um demorado ensaio colorimétrico. Agora, no entanto, ficou fácil fazer essa medição rotineiramente, ou até de forma contínua, medindo-se o potencial elétrico que se forma entre o eletrodo flúor-seletivo e um eletrodo de referência na presença de água potável ou da amostra desejada.

No Capítulo 10, vimos que o estudo das reações eletroquímicas e suas aplicações fazem parte de um campo conhecido como 'eletroquímica'. Neste capítulo, referimo-nos ao uso da eletroquímica para a análise de substâncias químicas como **análise eletroquímica**. Existem muitos métodos que podem ser empregados na análise eletroquímica. Por exemplo, a abordagem utilizada no caso do eletrodo de fluoreto é conhecida como *potenciometria*. Neste capítulo, discutiremos os conceitos e os termos básicos usados na análise eletroquímica. A seguir, analisaremos com mais detalhes o método de potenciometria, incluindo uma discussão de como as medições de pH, atividades de íons fluoreto ou concentrações, dentre outras, podem ser realizadas usando-se essa técnica. Nos capítulos 15 e 16, examinaremos outras abordagens à análise eletroquímica, como titulações redox, voltametria e coulometria.

14.1.1 Unidades de medições elétricas

Antes de começarmos a analisar a potenciometria e outras técnicas de análise eletroquímica, precisamos examinar várias quantidades importantes que são medidas ou utilizadas nessas técnicas. A Tabela 14.1 fornece um resumo das unidades SI fundamentais e unidades SI derivadas que são aplicadas em medições eletroquímicas.[4,5] Uma propriedade com frequência usada, medida ou controlada em métodos eletroquímicos é a **carga**. Este termo é definido nesse tipo de aplicação como equivalente à integral de corrente elétrica ao longo do tempo. A carga é representada pelo símbolo Q e descrita no sistema SI por uma unidade conhecida como coulomb (C).

A menor quantidade de uma carga elementar (representada pelo símbolo e) é a carga '+1' que está associada a um único próton, ou a carga '–1' que está presente em um único elétron.[6] A presença de um grande número de partículas carregadas pode ser descrita em coulombs, onde um mol de elétrons é igual a uma carga de 96.485 C. Como observado no Capítulo 10, esse valor de 96.485 C/mol é chamado de *constante de Faraday* (F), e exatamente um mol de elétrons é, por vezes, chamado de um 'Faraday'.[6] O valor da constante de Faraday serve para determinar os mols de elétrons (n_e) necessários para fornecer uma determinada carga, como mostra a Equação 14.1.

$$Q = n_e F \qquad (14.1)$$

Com base nesta equação, a carga de um elétron pode ser escrita como $Q = (1 \text{ mol}/6{,}023 \times 10^{23}) \cdot (96.485 \text{ C/mol}) = 1{,}602 \times 10^{-19}$ C.

Tabela 14.1

Unidades SI e unidades SI derivadas para medições eletroquímicas.

Quantidade medida (símbolo)	Unidade (símbolo)	Relação com outras unidades SI
Corrente elétrica (I)	ampère (A)	Unidade SI fundamental[a]
Carga elétrica (Q)	coulomb (C)	1 C = 1 A · s
Potencial elétrico (E)	volt (V)	V = 1 W/A = 1 J/A · s
Resistência elétrica (R)	ohm (Ω)	1 Ω = 1 V/A
Tempo (t)	segundo (s)	Unidade SI fundamental[b]
Frequência	hertz (Hz)	1 Hz = 1/s

[a] Um ampère é definido como a corrente constante que produz uma força de 2 × 10⁻⁷ newton por metro de comprimento quando mantida em dois condutores paralelos e retilíneos, de comprimento infinito e seção transversal circular desprezível, que são colocados a um metro de distância, em um vácuo.

[b] Um segundo é definido como a quantidade de tempo igual a 9.192.631.770 períodos da radiação correspondente à transição entre os dois níveis hiperfinos do estado fundamental do césio-133.

Outra propriedade que costuma ser usada ou medida em métodos eletroquímicos é a **corrente**. Representada pelo símbolo I, trata-se de uma medida da quantidade de carga elétrica que flui através de um meio condutor em um determinado período de tempo. A unidade SI fundamental para a corrente é o ampère (A, ou 'amp'). Diversas técnicas eletroquímicas envolvem pequenas correntes, e por isso as unidades correlacionadas de miliampères (mA = 10^{-3} A) e microampères (μA = 10^{-6} A) são muitas vezes utilizadas nesses métodos.[5-7]

A corrente está relacionada com a carga e a quantidade de tempo (t) que essa carga leva para passar através de um sistema. Essa relação de um sistema com uma corrente constante é a seguinte,

$$I = Q/t \quad \text{ou} \quad Q = I \cdot t \quad (14.2)$$

em que a expressão à direita é um lembrete de que a carga é de fato a integral da corrente ao longo do tempo.[6-8] Com base nas equações anteriores, a corrente para uma medição eletroquímica é, por vezes, dada em unidades de coulombs por segundo (C/s), em que 1 A = 1 C/s. Pode-se dizer também, a partir das expressões na Equação 14.2, que 1 C = 1 A · s.

EXERCÍCIO 14.1 Relação entre corrente e carga

Uma célula eletroquímica tem uma corrente constante de 250 μA que é deixada a fluir através de um fio de 220,0 s. Qual é a carga (em unidades de C) que se permitiu que passasse através do sistema? Quantos mols de elétrons devem ter passado pelo fio para produzir essa corrente e essa carga?

SOLUÇÃO

Primeiro, podemos determinar a carga que passou por esse sistema usando a corrente e o tempo de fluxo de corrente conhecidos, com a expressão do lado direito da Equação 14.2. (*Observação:* para obter uma resposta final para a carga em unidades de coulombs, é necessário certificar-se de que a corrente esteja expressa em unidades de ampères, e o tempo, em segundos.)

$$Q = I \cdot t$$
$$= (250 \times 10^{-6} \text{ A})(220,0 \text{ s}) = \mathbf{5,50 \times 10^{-2} \text{ C}}$$

Podemos, então, determinar quantos mols de elétrons foram necessários para produzir essa mudança por meio da Equação 14.1 e da constante de Faraday.

$$n_e = Q/F$$
$$= (5,50 \times 10^{-2} \text{ C})/(96.485 \text{ C/mol})$$
$$= 5,70 \times 10^{-7} \text{ mols de elétrons}$$

O exercício anterior e a Equação 14.2 indicam que o tempo é outro parâmetro importante em muitos tipos de medição eletroquímica. Neste capítulo, representamos o tempo com o símbolo t e usamos a unidade SI fundamental do segundo (s) para descrever esse parâmetro. Um termo intimamente relacionado com o tempo é a *frequência* (um termo que discutiremos no Capítulo 17), que é a medida de quantos ciclos de um evento ocorrem por unidade de tempo. A frequência é expressa no sistema SI em unidades de hertz (Hz), onde 1 Hz = 1/s.

Outro fator que é controlado ou medido em métodos eletroquímicos é o *potencial elétrico* (ou 'potencial'). O potencial elétrico foi definido no Capítulo 10 como uma medida do trabalho que é necessário para levar uma carga de um ponto a outro. A diferença de potencial elétrico entre dois pontos (E) é expressa em unidade de volts (V) no sistema SI. Já discutimos o uso das diferenças de potencial elétrico para descrever células eletroquímicas no Capítulo 10. Essa definição se reflete na Tabela 14.1 pela forma como a unidade de volt está relacionada com outras unidades SI, em que 1 volt é igual a 1 watt de potência por ampère. Um termo que pode ser usado em lugar de potencial em uma célula eletroquímica que não tenha nenhum fluxo de corrente considerável é *força eletromotriz*, ou 'fem'. Em cada uma dessas situações, o potencial elétrico representa a força motriz por trás do movimento de elétrons através de um meio condutor.[4-8]

Sempre que houver um potencial elétrico que cria um fluxo de corrente, haverá também alguma resistência a esse fluxo.

Essa **resistência (R)** é expressa em uma unidade chamada 'ohm', conforme representado pela letra maiúscula grega ômega (Ω, onde $1\ \Omega = 1\ V/A$). A recíproca da resistência ($1/R$) é conhecida como *condutância*, um valor em geral dado em unidades de 'mho' (Ω^{-1}, onde $1\ \Omega^{-1} = A/V$), ou o siemen (S).

Potencial, corrente e resistência de um sistema eletroquímico estão relacionados pela **lei de Ohm**, demonstrada na seguinte fórmula.

$$\text{Lei de Ohm: } E = I \cdot R \quad (14.3)$$

Pela lei de Ohm, é possível relacionar diretamente o potencial de um sistema elétrico com a corrente e com a resistência ao fluxo de corrente. Esta relação torna a lei de Ohm útil para determinar um dos três fatores se os outros dois parâmetros na Equação 14.3 já forem conhecidos. Uma relação como essa pode ser bastante valiosa na concepção e na descrição de sistemas para análise eletroquímica.

EXERCÍCIO 14.2 Uso da Lei de Ohm

Se a resistência do fio no Exercício 14.2 era 1000. ohms, qual potencial elétrico devia estar presente para criar uma corrente constante de 250. μA?

SOLUÇÃO

Conhecemos a corrente (250×10^{-6} A) e a resistência neste caso, portanto podemos usar a lei de Ohm para determinar também o potencial elétrico.

$$E = I \cdot R$$
$$= (250{,}0 \times 10^{-6}\ A)(1000{,}0\ \Omega) = \mathbf{2{,}50 \times 10^{-2}\ V}$$

Note que, neste cálculo, um valor em unidades de volts é obtido se I é fornecida em unidades de ampères e R em ohms (Ω). Podemos mostrar que deve ser este o caso por meio da análise dimensional, usando essas unidades de I e R, porque $(1\ A)(1\ \Omega) = (1\ A)(1\ V/A) = 1\ V$.

Existem dois tipos de corrente que podem ser usados em sistemas elétricos e em métodos de análise eletroquímica. Se a direção do movimento de elétrons e a corrente sempre prosseguem na mesma direção, ela é chamada de *corrente direta* (*CD*). A maioria dos métodos eletroquímicos discutidos neste livro usa esse tipo de corrente, mas existem outros que, em vez disso, aplicam uma *corrente alternada* (*CA*).[9,10] Em um sistema de corrente alternada, a direção do movimento de elétrons se inverte a uma taxa regular. As baterias são exemplos de fontes de alimentação que produzem uma corrente CD, enquanto a eletricidade usada na maioria das casas é baseada em uma corrente CA, na qual a direção da corrente é alternada com uma frequência sinusoidal de 60 Hz, ou 60 ciclos por segundo.

14.1.2 Métodos de análise eletroquímica

Existem muitos métodos de análise eletroquímica. A Tabela 14.2 resume alguns dos principais tipos de técnica de análise eletroquímica e lista os que discutimos neste livro. O primeiro deles é a **potenciometria**. Trata-se de uma técnica de análise eletroquímica que se baseia na medição de um potencial de célula com corrente essencialmente zero que passa através do sistema.[7-10] O potencial medido está relacionado com a composição química dos dois eletrodos e as soluções nas quais estão colocados. A potenciometria é o tipo de método eletroquímico que forma a base para utilização do eletrodo de flúor e do eletrodo de pH. É também a técnica que focalizaremos no restante deste capítulo.

Uma subcategoria especial da potenciometria é a *titulação potenciométrica*. Esta abordagem utiliza uma medição de potencial para seguir o curso de uma titulação à medida que várias quantidades de titulante são combinadas com o analito.[7,8] Já vimos vários exemplos de titulações potenciométricas no Capítulo 12, onde discutimos o uso de um medidor de pH para seguir o curso de uma titulação ácido-base. Mais exemplos serão dados no Capítulo 15, na utilização de medições do potencial de célula durante as titulações que envolvem reações de oxidação-redução.

Dois métodos complementares e correlacionados de análise eletroquímica são as técnicas de amperometria e voltametria. Em **amperometria**, a corrente que passa por uma célula eletroquímica é medida em um potencial fixo. Em **voltametria** também se mede a corrente, mas nesse caso o potencial varia ao longo do tempo.[7-10] O potencial de célula pode ser alterado de várias maneiras, o que cria um grande número de subcategorias para os métodos, todas envolvendo o uso de voltametria. Alguns exemplos dessas subcategorias que analisaremos no Capítulo 16 incluem voltametria de corrente contínua, voltametria de redissolução anódica e voltametria cíclica.

Um terceiro tipo de método de análise eletroquímica é a **coulometria**. Essa técnica utiliza a medição de carga para análise química.[7,10] Por exemplo, a quantidade de corrente necessária para reduzir completamente um determinado analito pode

Tabela 14.2

Exemplos de métodos de análise eletroquímica.

Método	Definição[a]
Potenciometria	Método pelo qual se mede o potencial de célula, utilizado em análise química, em condições que produzam um fluxo de corrente essencialmente igual a zero
Amperometria	Método pelo qual se mede a corrente, utilizado em análise química, a um potencial de célula constante
Voltametria	Método pelo qual se mede a corrente, utilizado em análise química, a um potencial de célula que varia
Coulometria	Método pelo qual se mede a carga, utilizado em análise química

[a] Estas definições são baseadas naquelas encontradas em J. Inczedy, T. Lengyel e A. M. Ure, *International Union of Pure and Applied Chemistry—Compendium of Analytical Nomenclature: Definitive Rules 1997*, Blackwell Science, Malden, MA.

ser medida sob condições nas quais nenhum outro material sofre redução. O número de mols de elétrons necessário para produzir a corrente é então calculado e usado para localizar os mols de analito que foram reduzidos. O mesmo tipo de abordagem serve para analisar a oxidação de uma substância química. Uma discussão mais detalhada sobre coulometria e métodos correlacionados é fornecida no Capítulo 16.

14.2 Princípios gerais de potenciometria

14.2.1 Potenciais de célula e a equação de Nernst

Qualquer análise química que seja realizada ao se usar a potenciometria envolverá a medição de uma diferença de potencial entre dois eletrodos em uma célula eletroquímica. A Figura 14.1 mostra uma célula geral que poderia ser usada em potenciometria. Esses componentes incluem as mesmas características básicas que vimos em outras células eletroquímicas no Capítulo 10. Esse tipo de sistema inclui pelo menos dois eletrodos, aqui identificados como um eletrodo indicador e um de referência, que agem como o cátodo e o ânodo. Cada eletrodo está em contato ou com a amostra (no caso do 'eletrodo indicador') ou com uma solução de referência (no caso do 'eletrodo de referência'). Há também, de costume, algum tipo de ponte salina presente para proporcionar o contato entre essas duas partes da célula eletroquímica. O circuito é completado por meio de um contato elétrico entre os dois eletrodos, o que também fornece um meio para medir a diferença de potencial através da célula.

É importante lembrar, com base na definição de potenciometria, que as medições por esse método são feitas em condições em que uma corrente essencialmente igual a zero está fluindo através do sistema. Isso significa que, embora uma reação de oxidação-redução tenha o potencial de passar de reagentes a produtos, a resistência do circuito elétrico que é usado para medir esse potencial é alta o suficiente para evitar que essa reação ocorra de forma significativa durante a medição.

Vimos no Capítulo 10 que o potencial de cada eletrodo em uma célula eletroquímica pode ser descrito em termos de potencial do eletrodo padrão da semirreação que ocorre nesse eletrodo e das atividades ou concentrações das espécies que estão envolvidas nessa semirreação. A relação de uma semirreação reversível como a da Equação 14.4 a 25 °C é dada pela equação de Nernst na Equação 14.5 (veja no Capítulo 10 uma forma mais geral da equação de Nernst para trabalhar em outras temperaturas).

Semirreação geral:

$$Ox + n\,e^- \rightleftarrows Red \tag{14.4}$$

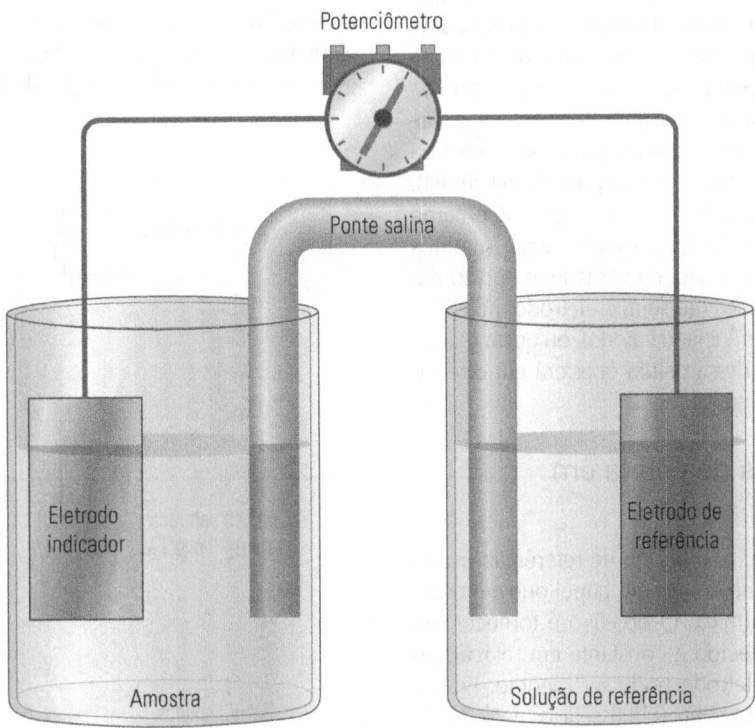

Figura 14.1

Componentes gerais de uma célula eletroquímica para potenciometria. Em muitos tipos de eletrodo para potenciometria, vários desses componentes são combinados na estrutura do eletrodo. Por exemplo, a ponte salina costuma estar presente como um vidro poroso no lado do eletrodo indicador. Em outros casos, ambos, os eletrodos e a ponte salina, são utilizados como parte de um 'eletrodo combinado', como discutido na Seção 14.3.1.

Equação de Nernst a 25 °C:

$$E = E° - \frac{0{,}05916\,\text{V}}{n} \log\left[\frac{a_{\text{Red}}}{a_{\text{Ox}}}\right] \quad (14.5)$$

Se usarmos a equação de Nernst para determinar os potenciais esperados no cátodo e no ânodo em uma célula eletroquímica, a diferença de potencial medida entre esses eletrodos será dada pela Equação 14.6, se nenhuma corrente estiver presente.

$$E_{\text{Célula}} = E_{\text{Cátodo}} - E_{\text{Ânodo}} \quad (14.6)$$

O **eletrodo indicador** de uma célula eletroquímica para potenciometria é o que está em contato com a amostra e fornece um potencial relacionado com a atividade e a concentração do analito. O eletrodo de referência fornece um potencial fixo em relação ao qual o potencial do eletrodo indicador pode ser medido. Por convenção, inicialmente se atribui ao eletrodo de referência o papel de 'ânodo' em uma célula eletroquímica utilizada em potenciometria, e o eletrodo indicador faz o papel de 'cátodo'. Essa atribuição significa que a Equação 14.7 pode também ser escrita na forma a seguir, durante uma medição realizada por potenciometria,

$$E_{\text{Célula}} = E_{\text{Ind}} - E_{\text{Ref}} \quad (14.7)$$

em que E_{Ind} e E_{Ref} agora são os potenciais presentes no eletrodo indicador e no eletrodo de referência, respectivamente, e $E_{\text{Célula}}$ é a diferença de potencial que é medida entre eles.[7,10]

As medições com potenciometria lidam com células galvânicas, nas quais medimos o potencial de uma célula à medida que se aproxima do equilíbrio ao se submeter a uma reação de oxidação-redução espontânea (veja a Seção 10.3.1 no Capítulo 10). Esse tipo de célula deve ter um valor para $E_{\text{Célula}}$ que seja positivo (indicando que ainda não atingiu o equilíbrio) ou igual a zero (indicando que o equilíbrio está presente na célula). Um potencial de célula que é determinado por potenciometria e fornece um valor 'negativo' de $E_{\text{Célula}}$ simplesmente significa que os papéis dos dois eletrodos são, na verdade, o oposto daqueles que lhes foram atribuídos (ou seja, o eletrodo indicador é o ânodo e o eletrodo de referência, o cátodo), ou que a reação de oxidação-redução global dessa célula ocorrerá em direção oposta àquela em que está escrita.

14.2.2 Componentes de célula em potenciometria

Eletrodos de referência. O eletrodo de referência usado em potenciometria desempenha o mesmo papel que em qualquer tipo de célula eletroquímica. O objetivo é fornecer um potencial reprodutível, conhecido e constante em relação ao qual o potencial de outro eletrodo pode ser medido. Embora o eletrodo padrão de hidrogênio (EPH) seja o eletrodo de referência final contra o qual todos os outros potenciais são comparados (Capítulo 10), ele é muito inconveniente para uso geral. O problema se deve aos componentes de reação que são necessários ao EPH, conforme indicado pela seguinte semirreação para esse eletrodo.

Eletrodo padrão de hidrogênio:

$$2\,\text{H}^+ + 2\,\text{e}^- \rightleftarrows \text{H}_2 \quad E° = 0{,}000\ldots\,\text{V} \quad (14.8)$$

No Capítulo 10, afirmamos que o EPH deve ter tanto íons hidrogênio quanto gás hidrogênio em uma atividade de 1,000. Isso é fácil de conseguir para os íons hidrogênio, mas o trabalho com o gás hidrogênio é mais difícil e exige que um gás hidrogênio a uma pressão de 1 bar esteja presente em torno de um eletrodo de platina. Além disso, o eletrodo de platina é revestido com uma forma muito porosa de platina chamada 'platina preta', que é capaz de absorver materiais além de H_2 ou H^+. Esses outros materiais podem levar a uma 'contaminação' do eletrodo de platina e alterar suas propriedades, criando um sistema que já não mais fornece um potencial reprodutível.

Dois eletrodos de referência mais convenientes e úteis na potenciometria são os baseados em **eletrodo de prata/cloreto de prata** e no **eletrodo de calomelano** (ou o eletrodo de mercúrio/cloreto de mercúrio, no qual 'calomelano' é outro nome para cloreto de mercúrio (I)). As semirreações para esses dois eletrodos são dadas a seguir.

Eletrodo de prata/cloreto de prata

$$\text{AgCl} + \text{e}^- \rightleftarrows \text{Ag} + \text{Cl}^- \quad E° = 0{,}2222\,\text{V} \quad (14.9)$$

Eletrodo de calomelano:

$$\text{Hg}_2\text{Cl}_2 + 2\,\text{e}^- \rightleftarrows 2\,\text{Hg} + 2\,\text{Cl}^- \quad E° = 0{,}268\,\text{V} \quad (14.10)$$

A estrutura geral dos eletrodos é mostrada nas figuras 14.2 e 14.3. Em cada um deles, um sal cloreto insolúvel reveste o elemento livre (Ag ou Hg), e tanto o sal quanto o elemento livre estão imersos em uma solução de KCl de concentração conhe-

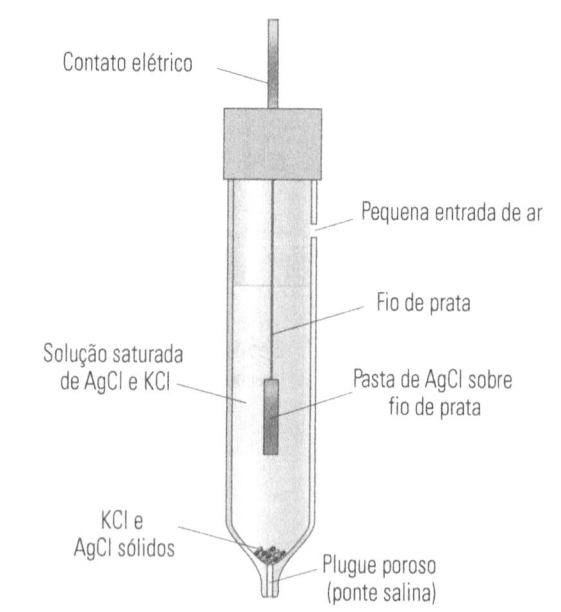

Figura 14.2

Estrutura geral de um eletrodo de prata/cloreto de prata (Ag/AgCl).

cida (geralmente, KCl saturada). Um eletrodo de calomelano que contém uma solução saturada de KCl também é conhecido como *eletrodo de calomelano saturado* (*ECS*), que tem um potencial de 0,242 V a 25 °C.[7-10]

Eletrodos indicadores. Muitos eletrodos indicadores podem ser usados em potenciometria. Eles podem ser divididos em várias categorias, com base em como seu sinal está relacionado com a atividade de um analito.[7,10] A Tabela 14.3 enumera quatro classes de eletrodos indicadores que fazem uso de um metal. Uma possibilidade é a utilização de um metal inerte como eletrodo para oxidar ou reduzir outra substância. Esse tipo de eletrodo indicador é conhecido como *eletrodo indicador metálico*, e é feito de um material como platina, paládio ou ouro. Um exemplo seria usar um fio de platina como um cátodo para reduzir Fe^{3+} em Fe^{2+}. A semirreação e a equação de Nernst para essa parte da semirreação são mostradas a seguir.

Redução de semirreação:

$$Fe^{3+} + e^- \rightleftarrows Fe^{2+} \quad (14.11)$$

Equação de Nernst a 25 °C:

$$E_{Fe^{3+}/Fe^{2+}} = E°_{Fe^{3+}/Fe^{2+}} - \frac{0,05916\ V}{1} \log[\frac{a_{Fe^{2+}}}{a_{Fe^{3+}}}] \quad (14.12)$$

Observe nas equações anteriores que somente Fe^{3+} e Fe^{2+} são mostrados participando da semirreação e da medição de resposta desse eletrodo. A razão é que o eletrodo de platina atua apenas como uma fonte de elétrons para a semirreação, sem se alterar como parte desse processo redox.

Um *eletrodo classe um* ('eletrodo de primeira espécie') consiste em um metal que está em contato com uma solução contendo íons metálicos desse elemento. Esse tipo de eletrodo é usado para produzir um potencial relacionado com a atividade dos íons metálicos na amostra em fase de solução. Um exemplo desse tipo de eletrodo seria um fio de prata que está imerso em uma solução de nitrato de prata. O potencial desse eletrodo vai depender da atividade e da concentração dos íons Ag^+ em solução, conforme indicado pela equação de Nernst para esse eletrodo. (*Observação:* uma atividade de 1,0 é utilizada para Ag(s) na equação de Nernst porque isso representa um estado padrão da prata.)

Redução de semirreação:

$$Ag^+ + e^- \rightleftarrows Ag(s) \quad (14.13)$$

Equação de Nernst a 25 °C:

$$E_{Ag^+/Ag(s)} = E°_{Ag^+/Ag(s)} - \frac{0,05916\ V}{1} \log[\frac{1}{a_{Ag^+}}] \quad (14.14)$$

Tabela 14.3

Tipos gerais de eletrodo indicador baseado em metais.

Tipo de eletrodo[a]	Definição
Indicador metálico redox	Um eletrodo feito de material inerte como platina, paládio ou ouro
Exemplo:	Um eletrodo de platina que serve como um local para a troca de elétrons entre Fe^{3+} e Fe^{2+}
Eletrodo classe um	Um eletrodo de metal em contato com uma solução que contém íons metálicos do mesmo elemento
Exemplo:	Um eletrodo de prata em uma solução que contém Ag^+
Eletrodo classe dois	Um eletrodo de metal em contato com um sal levemente solúvel desse metal e em uma solução contendo o ânion do sal
Exemplo:	Um fio de prata em contato com AgCl(s) e em uma solução que contém íons cloreto
Eletrodo classe três	Um eletrodo de metal em contato com um sal do íon metálico (ou um complexo desse íon metálico) e uma segunda reação acoplada, envolvendo um sal semelhante (ou complexo), com um íon metálico diferente
Exemplo:	Um fio de chumbo em contato com oxalato de chumbo insolúvel, que está em contato com uma solução contendo Ca^{2+} e em contato com oxalato de cálcio insolúvel

[a] Estas classificações são baseadas em J. Inczedy, T. Lengyel e A. M. Ure, *International Union of Pure and Applied Chemistry—Compendium of Analytical Nomenclature: Definitive Rules 1997*, Blackwell Science, Malden, MA. Neste esquema, um indicador metálico redox é chamado de 'eletrodo classe zero'.

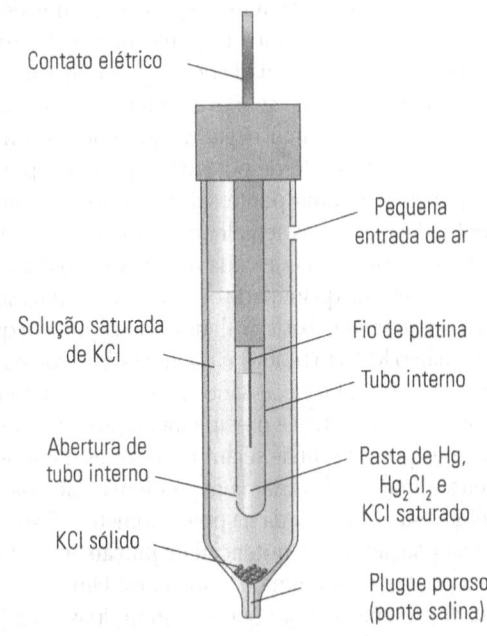

Figura 14.3

Concepção geral de um eletrodo de calomelano saturado (ECS). Um eletrodo de calomelano tem a mesma estrutura básica, mas não tem KCl sólido no fundo. O eletrodo de calomelano tem uma concentração menor, porém fixa e conhecida, de KCl em vez de uma solução saturada de KCl.

Isso resulta em um eletrodo no qual o valor obtido para $E_{Ag^+/Ag(s)}$ (representando E_{Ind} nesse exemplo) varia conforme o valor de a_{Ag^+} muda na solução em torno do eletrodo de prata.

Um *eletrodo classe 2* ('eletrodo de segunda espécie') consiste em um metal que está em contato com um sal ligeiramente solúvel desse metal e que está em uma solução contendo o ânion desse sal. Um exemplo de eletrodo classe 2 seria um fio de prata que está em contato com AgCl(s) e imerso em uma solução contendo íons cloreto (o ânion que reage com Ag^+ para formar AgCl sólido). A semirreação combinada e a equação de Nernst modificada que obtemos para esse processo geral são mostradas a seguir (veja no Capítulo 10 uma discussão mais aprofundada sobre semirreações combinadas).

Semirreação de redução: $Ag^+ + e^- \rightleftarrows Ag(s)$

Reação de solubilidade: $AgCl(s) \rightleftarrows Ag^+ + Cl^-$

Semirreação combinada:

$$AgCl(s) + e^- \rightleftarrows Ag(s) + Cl^- \quad (14.15)$$

Equação de Nernst global a 25 °C:

$$E_{AgCl(s)/Ag(s)} = E^\circ_{Ag^+/Ag(s)} - \frac{0{,}05916\,V}{1} \log\left[\frac{a_{Cl^-}}{K_{ps,AgCl}}\right] \quad (14.16)$$

O resultado desse sistema é um eletrodo que agora fornece uma resposta relacionada com a atividade do ânion que está presente na solução circundante.

Um *eletrodo classe três* ('eletrodo de terceira espécie') usa um eletrodo de metal que está em contato com um sal de seu íon metálico (ou um complexo desse íon metálico) e uma segunda reação acoplada, envolvendo um sal semelhante (ou complexo) com um íon metálico diferente. Esse tipo de eletrodo é ilustrado pelo uso de um fio condutor que está em contato com o oxalato de chumbo insolúvel que, por sua vez, está em contato com uma solução contendo Ca^{2+} e está em contato com o oxalato de cálcio insolúvel.

Semirreação de redução: $Pb^{2+} + 2e^- \rightleftarrows Pb(s)$

Reação de solubilidade: $Pb(Oxalato)(s) \rightleftarrows Pb^{2+} + Oxalato^{2-}$

Reação de precipitação: $Ca^{2+} + Oxalato^{2-} \rightleftarrows Ca(Oxalato)(s)$

Semirreação combinada:

$Pb(Oxalato)(s) + Ca^{2+} + 2e^-$

$$\rightleftarrows Pb(s) + Ca(Oxalato)(s) \quad (14.17)$$

Equação de Nernst global a 25 °C:

$$E_{Pb(Oxalato)(s)/Pb(s)} = E^\circ_{Pb^{2+}/Pb(s)} - \frac{0{,}05916\,V}{2}\left[\frac{K_{ps,Ca(Oxalato)}}{K_{ps,Pb(Oxalato)}a_{Ca^{2+}}}\right] \quad (14.18)$$

A única espécie na semirreação combinada desse sistema que não é um sólido e está presente em um estado padrão é Ca^{2+}. O resultado é um potencial medido para o eletrodo que está relacionado com a atividade de Ca^{2+}, como indicado pela expressão de Nernst na Equação 14.18.

Além dessas quatro classes de eletrodos de metal, existem vários outros tipos de eletrodos indicadores que podem ser utilizados em potenciometria. A maioria deles usa uma fina película ou uma membrana como um elemento de reconhecimento para detectar um analito em particular. Voltaremos a esse outro grupo de eletrodos indicadores na Seção 14.3, quando discutirmos o eletrodo de pH e outros eletrodos íon-seletivos.

Pontes salinas e potenciais de junção. Se dois eletrodos são colocados em soluções separadas e conectados a um potenciômetro, nenhuma leitura pode ser feita. Isso ocorre porque deve existir algum contato entre as duas soluções. Esse contato é necessário para permitir que o fluxo de íons complete o circuito elétrico. No entanto, não queremos que a solução do eletrodo de referência seja contaminada pela amostra que está em contato com o eletrodo indicador. Foi mostrado no Capítulo 10 que o problema pode ser resolvido usando-se uma ponte salina para conectar as duas semicélulas desse sistema, mantendo separado o conteúdo de cada semicélula.

Uma ponte salina pode tomar muitas formas, mas a mais comum é a de um tubo de vidro em forma de U (Figura 14.1). O tubo é preenchido com um agar que contém uma solução aquosa de cloreto de potássio. Agar é um gel que evita a mistura das soluções de ambos os lados da ponte salina, enquanto a solução dentro do agar permitirá o deslocamento de íons entre essas soluções. Quando uma solução em uma semicélula de um lado dessa ponte salina começa a se exaurir de carga negativa, íons cloreto migrarão da ponte para o eletrodo de modo a restabelecer a neutralidade de carga. Ao mesmo tempo, íons potássio na ponte salina se moverão na outra direção para combater o excesso de carga negativa que começou a surgir no outro eletrodo. O cloreto de potássio é quase sempre usado como componente de uma ponte salina porque os íons K^+ e Cl^- têm mobilidades iônicas semelhantes em um meio aquoso. Essa característica significa que cada um desses íons será capaz de transportar a mesma quantidade de corrente em uma solução aquosa e na ponte salina. Existem algumas situações em que outros sais que não o KCl são usados na ponte salina. Por exemplo, um sal diferente de KCl é necessário quando se lida com uma solução contendo Ag^+, que se precipitará na presença de Cl^-.

Embora as pontes salinas sejam necessárias à maioria das células eletroquímicas, elas criam um problema adicional quando essa célula está sendo usada na potenciometria. Esse problema advém da criação de um **potencial de junção** em cada interface entre a ponte salina e uma das soluções. Um potencial de junção estará presente sempre que existirem duas soluções ou regiões em uma célula eletroquímica que tenham composições químicas diferentes.[9,10] A Figura 14.4 mostra um exemplo de *potencial de junção líquida*, que se forma entre duas soluções de composição diferente, como quando um eletrodo está em uma solução aquosa de HCl de 0,10 M e a solução está em contato com uma solução aquosa de NaCl de 0,10 M que está em con-

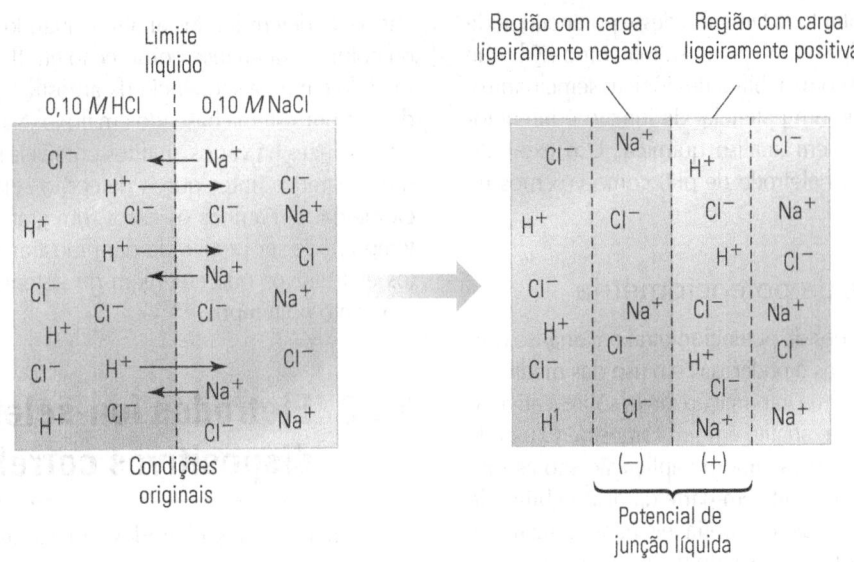

Figura 14.4

Exemplo da criação de um potencial de junção líquida.

tato com um segundo eletrodo. No limite entre essas soluções, haverá movimento de íons através da interface para equalizar as concentrações de cada lado. A velocidade desse movimento ocasionado por uma diferença de concentração (conhecida como 'difusão', processo discutido no Capítulo 20) dependerá dos tipos de íons presentes em cada lado da interface e de suas concentrações em cada lado.

No exemplo mostrado na Figura 14.4, os íons cloreto já estão presentes na mesma concentração em ambas as soluções e, portanto, esses íons não terão nenhum movimento líquido em todo o limite entre as soluções. No entanto, as concentrações de H^+ e Na^+ de fato diferem de um lado e de outro, de modo que alguns desses íons tendem a migrar para a outra solução. Apesar de originalmente H^+ e Na^+ terem concentrações iguais em suas respectivas soluções na Figura 14.4, H^+ apresenta uma velocidade de trajetória muito mais acelerada em água do que Na^+. Isto implica que H^+ tenderá a atravessar o limite da solução e entrar na solução de NaCl mais rápido que Na^+ consegue entrar na solução de HCl. O resultado desse processo inicial é que a carga no limite do lado do HCl torna-se ligeiramente mais negativa que a do lado do limite diante da solução de NaCl. Essa diferença de carga representa uma pequena mudança no potencial elétrico que cria um potencial de junção.

A Tabela 14.4 fornece alguns exemplos de valores para potenciais de junção líquida. Esses valores costumam ficar na faixa de 5 a 30 mV. Um potencial de junção líquida pode surgir até entre duas soluções que contenham a mesma substância química, mas em diferentes concentrações, como mostra a Tabela 14.4 para as várias soluções de KCl que forma uma fronteira limite com uma solução saturada de KCl. É importante considerar potenciais de junção líquida em medições de potencial, pois esse fator contribuirá para a diferença global em um potencial observado para uma célula eletroquímica. Esse efeito é dado pela seguinte equação,

$$E_{\text{Célula, Observada}} = E_{\text{Célula}} + E_{\text{Junção líq}} \quad (14.19)$$

em que $E_{\text{Célula, Observada}}$ é o potencial experimentalmente medido da célula, $E_{\text{Célula}}$ é a verdadeira diferença de potencial entre o cátodo e o ânodo e $E_{\text{Junção líq}}$ é a contribuição ocasionada por um potencial de junção líquida. O tamanho exato do potencial de junção líquida costuma ser uma quantidade desconhecida em uma cé-

Tabela 14.4

Exemplos de potencial de junção líquida.*

Composição de soluções no limite		
Solução A	Solução B	Potencial de junção líquida (mV)[a]
KCl, 0,1 M	KCl, Saturado	1,8
KCl, 1,0 M	KCl, Saturado	0,7
KCl, 4,0 M	KCl, Saturado	0,1
KCl, Saturado	KCl, Saturado	0,0
HCl, 0,01 M	KCl, Saturado	3,0
HCl, 0,1 M	KCl, Saturado	4,6
HCl, 4,0 M	KCl, Saturado	14,1
NaOH, 0,01 M	KCl, Saturado	2,3
NaOH, 0,1 M	KCl, Saturado	−0,4
NaOH, 1,0 M	KCl, Saturado	−8,6

*Estes dados foram obtidos em R.G. Bates, *Determination of pH*, 2ª ed., Wiley, Nova York, 1973.

[a] Estes potenciais de junção líquida servem para uma junção baseada em uma solução A | KCl, Saturada a 25 °C.

lula eletroquímica. No entanto, o tamanho desse potencial pode ser minimizado utilizando-se uma ponte salina como KCl, que tem um cátion e um ânion com mobilidades iônicas semelhantes. Há também casos em que um potencial de junção é intencionalmente criado e usado em análise química. Um exemplo disso ocorre no uso de um eletrodo de pH, como veremos na próxima seção.

14.2.3 Aplicações da potenciometria

Há inúmeras aplicações da potenciometria em análise química. Uma das mais comuns e poderosas é o uso das medições de potencial para fornecer uma informação direta sobre a atividade ou a concentração de um analito em uma amostra. O uso de potenciometria mais eficaz nesse tipo de aplicação são as medições de pH. Sua eficácia resulta em parte da disponibilidade de equipamentos de baixo custo e confiáveis para realizar tais medições (veja o Quadro 14.1 a respeito da invenção do medidor de pH).[11,12] Outra razão para o sucesso da potenciometria na área é a seletividade com que as medições de pH podem ser feitas por tal abordagem. Na próxima seção, analisaremos como um eletrodo de pH funciona e descobriremos por que ele tem essa alta seletividade para íons hidrogênio.

Medições diretas de analito não são a única aplicação da potenciometria. Uma aplicação estreitamente correlacionada é o uso de medições de potencial para seguir o curso de uma titulação, como ocorre em uma titulação potenciométrica. Tal abordagem é realizada usando-se um eletrodo de referência e um eletrodo indicador adequados para acompanhar o progresso de uma titulação. Exemplos dessa técnica foram apresentados no Capítulo 12 em relação ao uso de um eletrodo de pH e a medições de pH para acompanhar o curso de uma titulação ácido-base. Mais exemplos serão dados no Capítulo 15, na discussão sobre titulações redox.

A potenciometria também pode ser combinada com outros métodos de detecção de analito. Dois exemplos são o uso de medições de potencial para monitorar analitos eletroativos em amostras que estão sendo processadas com análise por injeção em fluxo e cromatografia líquida (veja capítulos 18 e 21). Em ambas as técnicas, a potenciometria serve para medir a concentração de determinados analitos quando eles saem de um tubo ou coluna. Na análise por injeção em fluxo, o mesmo analito é medido em uma sequência de amostras que estão sendo injetadas em um sistema baseado em fluxo. Na cromatografia líquida, muitas vezes há vários analitos possíveis na mesma amostra que são separados antes que a detecção seja realizada por potenciometria. Em ambos os casos, um gráfico de potencial *versus* tempo pode ser preparado para mostrar a quantidade de analitos eletroativos que emergem do sistema em um determinado momento no tempo.[13,14]

14.3 Eletrodos íon-seletivos e dispositivos correlacionados

A maioria dos eletrodos indicadores fornecerá uma resposta ou interagirá com inúmeras espécies químicas. Isso pode ser uma vantagem se o objetivo for empregar um método geral de análise. Há muitas outras ocasiões em que o objetivo é medir, em vez disso, a atividade ou a concentração de um analito em particular, mesmo que ele esteja presente em uma mistura complexa. A potenciometria pode ser usada nesse segundo tipo de aplicativo, se acompanhada de outro eletrodo indicador que seja seletivo para o analito desejado. Um **eletrodo íon-seletivo (ISE)** é um eletrodo indicador capaz de responder aos diversos tipos de ânions e de cátions, além de ser uma ferramenta que pode ser utilizada em tal tarefa.[3,10]

14.3.1 Eletrodos de membrana de vidro

Eletrodo de pH. O tipo mais comum de ISE é o **eletrodo de pH**, um eletrodo indicador que é seletivo para a detecção de íons hidrogênio. O tipo mais comum de eletrodo de pH é um **eletrodo de membrana de vidro**, que é um tipo que utiliza uma fina membrana de vidro para detectar seletivamente o íon desejado (neste caso, H^+). O vidro de um eletrodo de pH comum é baseado em uma mistura especial de lítio, bário, lantânio e óxidos de silício (Tabela 14.5). A membrana de vidro do eletrodo de pH foi usada pela primeira vez como parte de um

---

Quadro 14.1 Criação do medidor de pH

No início do século XX, a maioria das análises químicas envolvia gravimetria ou titulometria. Isso começou a mudar na década de 1930, com a introdução de técnicas instrumentais para a análise química. Um dos principais eventos da época foi o desenvolvimento do medidor de pH por Arnold Beckman (1900-2004), em 1935.

Beckman construiu seu primeiro medidor de pH para ajudar um químico da Califórnia que trabalhava com citricultura e necessitava medir a acidez do suco de limão. Ele fez isso construindo um potenciômetro baseado na amplificação do tubo a vácuo que mediria um potencial com apenas uma corrente muito pequena. Muitos haviam passado diversos anos examinando o comportamento dos ácidos em solução, e o conceito de pH havia sido desenvolvido há muitos anos. A contribuição de Beckman foi projetar e construir um instrumento que poderia ser facilmente usado com um eletrodo íon-seletivo para tomar essa importante medida.

Com a sua invenção, o pH de uma amostra passou a ser medido em segundos, e por meio de um dispositivo que não afetava em nada a amostra. Isso foi conseguido fazendo o instrumento tomar uma simples medição do potencial elétrico envolvendo um eletrodo íon-seletivo para íons hidrogênio e convertendo esse potencial medido em uma leitura de pH. O resultado foi um método novo e útil para a análise química e que está em uso até hoje.

Tabela 14.5

Composição de eletrodos íon-seletivos baseados em membranas de vidro.*

Tipo de eletrodo	Composição do vidro	Faixa utilizável (M)	Seletividade
Eletrodo de pH	Li, Ba, La e Si óxidos	$1-10^{-14}$	$H^+ \gg Li^+, Na^+ > K^+$
Eletrodo de sódio	Na, Al e Si óxidos	$1-10^{-6}$	$Ag^+ > H^+ > Na^+ \gg Li^+, K^+, NH_4^+$
Eletrodo para cátions univalentes	Na, Al e Si óxidos	$1-10^{-5}$	$K^+ > NH_4^+ > Na^+, H^+, Li^+$

*Estes dados foram obtidos em T.S. Light, 'Potentiometry: pH and Ion-Selective Electrodes'. In: *Analytical Instrumentation Handbook*, 2ª ed., G.W. Ewing, ed., Marcel Dekker, Nova York, 1997, Capítulo 18.

sistema instrumental para a análise química no final na década de 1930.[12]

A estrutura de um eletrodo de pH moderno comum é apresentada na Figura 14.5. Na verdade, o projeto contém dois eletrodos em um, produzindo um dispositivo conhecido como *eletrodo combinado*. Nesse dispositivo, tanto os eletrodos internos quanto os externos são eletrodos Ag/AgCl. A parte externa do dispositivo contém um eletrodo de Ag/AgCl que está cercado por uma solução saturada encapsulada contendo AgCl e KCl. A parte interna tem um segundo eletrodo Ag/AgCl e uma solução saturada de AgCl com uma concentração fixa de HCl. Uma membrana fina de vidro separa o eletrodo interno da amostra. Um plugue poroso que atua como uma ponte salina também está presente entre o eletrodo externo e a amostra. Esse plugue torna possível completar um circuito elétrico quando se mede o potencial entre os eletrodos internos e externos nesse eletrodo combinado.[3,7]

A capacidade do eletrodo combinado de fazer medições de pH decorre da utilização de vidro dentro da fina membrana que é seletiva a íons hidrogênio. Quando o eletrodo combinado é colocado em uma amostra aquosa, a outra superfície da membrana de vidro funciona como um trocador de íons. A membrana aceita íons hidrogênio mais prontamente do que qualquer outro tipo de cátion. Tal interação seletiva resulta na formação de um potencial de junção entre a membrana de vidro e a amostra circundante (Seção 14.2.2). Um potencial de junção semelhante se forma no interior da membrana de vidro, onde uma concentração fixa de HCl está presente. Se a atividade de íons hidrogênio na amostra for diferente daquela na solução interior, também existirá uma diferença nos dois potenciais de junção que se formam. A diferença nesses potenciais de junção é, então, medida e utilizada para fornecer um sinal de que está relacionado com a atividade de íons hidrogênio na amostra.

A relação entre o potencial medido e a atividade de íons hidrogênio de um eletrodo de pH pode ser descrita pela seguinte equação:

$$E = K + 0{,}05916 \, (pH)$$

$$\text{ou } E = K - 0{,}05916 \log(a_{H^+}) \quad (14.20)$$

A equação descreve a diferença de potenciais de junção entre o interior e o exterior da membrana de vidro, no caso em que as potencialidades dos eletrodos internos e externos são iguais, assim como ocorre no dispositivo mostrado na Figura 14.5. O termo K, nesta equação, é uma constante do sistema que varia de um eletrodo de pH para o próximo. No entanto, ainda é possível usar a Equação 14.20 e o eletrodo de pH para medições de pH, primeiro calibrando esse sistema com tampões que têm valores conhecidos de pH. A calibração deve ser feita em cada tipo de medidor de pH que estiver sendo usado. Esse processo deverá também, idealmente, envolver o uso de pelo menos dois tampões de referência com valores de pH que correspondem à faixa de pHs que são esperados na amostra.[3,7]

As principais interferências para esse tipo de eletrodo de pH são os íons metálicos alcalinos, como Na^+, Li^+ e K^+ (veja a Tabela 14.5). Esses íons também podem interagir com a superfície externa da membrana de vidro e criar um potencial de junção não mais relacionado apenas com a atividade de íons hi-

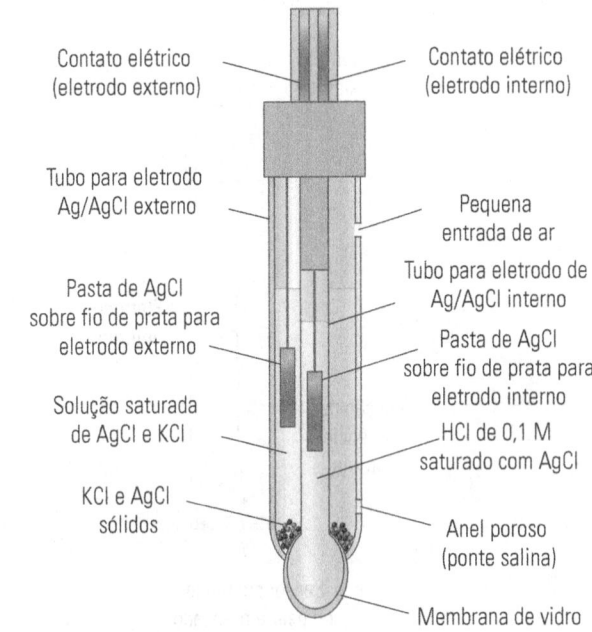

Figura 14.5

Estrutura de um eletrodo de pH moderno. Trata-se de um exemplo de eletrodo combinado, porque tanto o eletrodo indicador quanto o de referência são incluídos no mesmo dispositivo.

drogênio dentro da amostra. Embora Li⁺ exerça um efeito maior sobre os potenciais de junção, esse tipo de interferência é em geral chamado de 'erro de sódio', porque os sais de sódio estão presentes com mais frequência em amostras de sais de lítio. Tal erro só acontece quando a atividade de íons hidrogênio é baixa (o que representa um pH alto). Por exemplo, o erro pode ocorrer se NaOH for usado para ajustar o pH de uma solução a um valor alto. Uma maneira simples de reduzir esse efeito é usar KOH em vez de NaOH para ajustar o pH de uma solução aquosa quando uma leitura de pH exata for necessária. Outra abordagem possível é a utilização de um eletrodo de pH que contenha uma membrana de vidro que apresente menos interferência quando na presença de íons sódio.[3]

Eletrodo íon-seletivo de sódio. Várias composições de vidro podem ser preparadas para criar eletrodos íon-seletivos para cátions diferentes de H⁺. Uma formulação com base em uma mistura de óxidos de sódio, alumínio e silício é usada para fazer um *eletrodo íon-seletivo de sódio*. Esse tipo de eletrodo cria um sinal do mesmo modo geral que um eletrodo de pH. O sinal é novamente baseado na diferença que há no potencial de junção formado em ambos os lados da membrana de vidro. Na parte externa do eletrodo a amostra e uma solução de referência no interior do eletrodo, esta última com uma concentração fixa do íon de interesse.

O vidro usado em um eletrodo de sódio ainda tem uma resposta que é quase 100 vezes maior para H⁺ do que para Na⁺ quando esses íons estão presentes em níveis iguais. Isto requer a utilização desse tipo de eletrodo em uma solução alcalina (isto é, que tem baixa atividade de íons hidrogênio). Uma solução tampão é com frequência adicionada a amostras e a padrões para controlar o pH (e a força iônica) para o uso com esses eletrodos e para ajudar a fornecer uma resposta que esteja relacionada com a concentração de íons sódio. A resposta do eletrodo íon-seletivo de sódio nessas condições será proporcional ao valor de pNa, em que $pNa = -\log(a_{Na^+}) \approx -\log([Na^+])$. Esse tipo de eletrodo também responderá de maneira forte a íons prata. Uma outra mistura de óxidos de sódio, alumínio e silício pode ser preparada para fornecer um eletrodo íon-seletivo para uma variedade de cátions univalentes. Esse tipo de eletrodo produz uma forte resposta para K⁺, seguida por uma resposta menor para NH_4^+ e outros cátions.[3]

14.3.2 Eletrodos íon-seletivos em estado sólido

Outros materiais além do vidro servem para fazer eletrodos íon-seletivos. Um exemplo é um **eletrodo íon-seletivo em estado sólido**, ou 'eletrodo de membrana sólida'. Tal eletrodo contém um elemento de detecção que é um material cristalino ou um pélete prensado homogeneamente. Nesse tipo de eletrodo é necessário que o elemento sensor tenha adsorção ou interações seletivas com o íon de interesse. Esse elemento também deve ser capaz de conduzir uma pequena quantidade de corrente quando usado para fornecer uma medição potencial. Trata-se dos mesmos requisitos gerais exigidos quando se utilizam membranas de vidro no eletrodo de pH e outros eletrodos íon-seletivos.

A estrutura geral desse tipo de eletrodo é mostrada na Figura 14.6. Ela consiste em um eletrodo de referência interno que

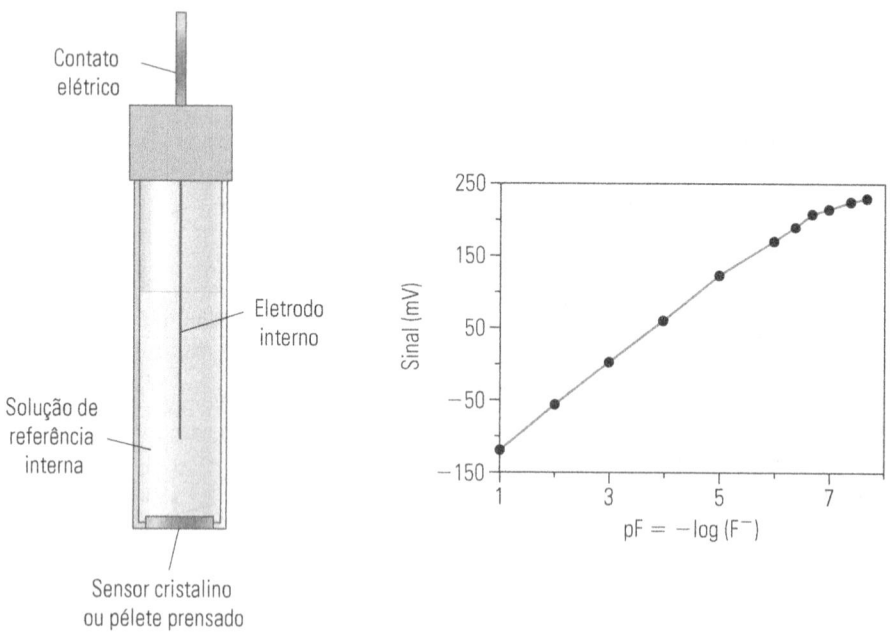

Figura 14.6

Estrutura geral de um eletrodo íon-seletivo em estado sólido (à esquerda), e um exemplo da resposta de um eletrodo íon-seletivo de fluoreto que se baseia nessa estrutura (à direita).

está em contato com uma solução de referência contendo uma concentração fixa do íon de interesse. A solução de referência está, então, em contato com o elemento sensor cristalino ou o pélete prensado. O elemento sensor também está em contato com a solução da amostra em sua superfície externa. Um eletrodo de referência à parte também está em contato com a amostra, e é utilizado para completar o circuito da medição do potencial. O elemento sensor interage de preferência com os íons desejados nas soluções tanto na superfície interna quanto na externa. Se as duas soluções contêm diferentes atividades desse íon, haverá diferentes potenciais de junção criados nessas superfícies. O resultado é uma diferença de potencial que se relaciona com a atividade desse íon na amostra.

Muitos tipos de eletrodo íon-seletivo em estado sólido foram desenvolvidos. Um exemplo comum é o *eletrodo íon-seletivo de fluoreto*, usado para medir o flúor em água potável. Neste caso, o elemento sensor do eletrodo é um pélete de fluoreto de lantânio (LaF_3) que contém uma quantidade traço de fluoreto de európio (EuF_2). O LaF_3 é altamente insolúvel em água, com um valor de K_{ps} de apenas 7×10^{-17}. A superfície de um cristal de LaF_3 atuará como um trocador de íon para íons fluoreto, bem como para íons lantânio. Tal característica faz desse eletrodo uma ferramenta útil para medir a atividade do flúor em amostras de água. Quando o LaF_3 é colocado em água que não contém íons fluoreto, parte do sólido vai se dissolver de acordo com a reação de solubilidade e a expressão de K_{ps} a seguir.

$$LaF_3(s) \rightleftarrows La^{3+} + 3F^-$$
$$K_{ps} = [La^{3+}][F^-]^3 = 7 \times 10^{-17} \quad (14.21)$$

De acordo com esta expressão de K_{ps}, a solubilidade máxima de LaF_3 em água durante o processo será dada por $K_{ps} = [F^-]^4/3 = 7 \times 10^{-17}$ ou $[F^-] = (2{,}1 \times 10^{-16})^{1/4} = 1{,}2 \times 10^{-4}$ M. Sempre que a concentração de flúor de uma amostra for muito inferior ao limite de solubilidade para LaF_3 de $1{,}2 \times 10^{-4}$ M, o potencial medido começará a refletir o flúor que se dissolveu fora do eletrodo. Nesse ponto, o eletrodo passa a não reagir ao teor real do flúor da amostra. A dissolução ocorre lentamente quando o LaF_3 está em um pélete compacto.

A Figura 14.6 mostra a resposta de um eletrodo de flúor quando plotado em função de pF, onde $pF = -\log(a_{F^-}) \approx -\log([F^-])$. A resposta é característica de muitos eletrodos íon-seletivos na medida em que fornece uma resposta linear em relação ao logaritmo negativo de atividade ou à concentração de analito em uma ampla faixa. Esse tipo de eletrodo é relativamente fácil de usar e pode ser empregado como parte de um sistema de monitoramento contínuo de uma amostra, assim como é usado em muitas estações de água para monitorar o teor de flúor da água potável. Há também algumas limitações práticas de um eletrodo de flúor relacionadas com a composição do pH e da amostra. Se um solução contendo flúor tem um pH muito baixo, o flúor existirá em sua maior parte na solução como HF. Visto que o eletrodo de flúor responde a F^- e não a HF, o pH usado com esse tipo de eletrodo deve estar, no mínimo, duas unidades acima do pK_a de HF ($3{,}17 + 2 = 5{,}17$). Em um pH maior do que 10, outro problema possível é que o íon hidróxido (que tem a mesma carga e tamanho semelhante a F^-) também pode formar um sal de lantânio insolúvel, adsorver à superfície do cristal e produzir uma falsa leitura alta. Se a amostra contém íons metálicos, como Fe^{3+} ou Al^{3+}, alguns desses íons metálicos podem formar íons complexos solúveis com flúor e impedi-lo de interagir com o elemento sensor LaF_3. Para lidar com tais problemas, a solução pode ser adicionada primeiro a cada amostra e a cada padrão para ajustar o pH, controlar a força iônica e complexar íons metálicos (por exemplo, Fe^{3+} e Al^{3+}) com ácido etilenodiamino tetracético (EDTA).[3]

14.3.3 Eletrodos compostos

Eletrodos sensíveis a gás. Dispositivos como o eletrodo de pH não se limitam à detecção de substâncias químicas em fase de solução, mas também podem ser modificados para aplicação em outros tipos de medição. A modificação de um eletrodo de pH ou outro tipo de eletrodo íon-seletivo para a medição de outros analitos produz um dispositivo conhecido como *eletrodo composto*. Eletrodos compostos são aqueles que foram modificados para análise de certos gases. O resultado é conhe-

Tabela 14.6

Exemplos de reações usadas em eletrodos sensíveis a gás.*

Substância que entra no eletrodo	Reação no eletrodo	Substância detectada
CO_2	$CO_2 + H_2O \rightleftarrows H^+ + HCO_3^-$	H^+
SO_2	$SO_2 + H_2O \rightleftarrows H^+ + HSO_3^-$	H^+
NH_3	$NH_3 + H_2O \rightleftarrows NH_4^+ + OH^-$	H^+
	$H^+ + OH^- \rightleftarrows H_2O$	
NO_2	$2NO_2 + H_2O \rightleftarrows NO_3^- + NO_2^- + 2H^+$	H^+ ou NO_3^-

* Exemplos adicionais podem ser encontrados em T.S. Light, 'Potentiometry: pH and Ion-Selective Electrodes.' In: *Analytical Instrumentation Handbook*, 2ª ed., G.W. Ewing, ed., Marcel Dekker, Nova York, 1997, Capítulo 18.

cido como **eletrodo sensível a gás**. Alguns exemplos são apresentados na Tabela 14.6.

Um eletrodo sensível a gás de amônia (ilustrado na Figura 14.7) é capaz de sentir um gás e detectar uma espécie molecular. Esse dispositivo é um eletrodo de pH revestido com uma membrana que permite a passagem apenas de gases de baixo peso molecular. A membrana costuma ser feita de uma peça muito fina de Teflon ou polietileno. Entre a membrana de revestimento e o vidro sensível a pH está um pequeno volume de uma solução eletrolítica interna (KCl de 0,1 M) que tem uma concentração essencialmente fixa de NH_4^+. Quando a amônia dissolvida entra na solução através da membrana, a relação entre $[NH_4^+]$ e $[NH_3]$ se altera e o pH é aumentado, como mostram as reações na Tabela 14.6. Essa mudança cria uma resposta do eletrodo de pH que está relacionada com a atividade de amônia que havia na amostra. Eletrodos semelhantes podem ser criados para responder a outros gases básicos ou ácidos, como CO_2, SO_2 e NO_2.

Eletrodos enzimáticos. Eletrodos ainda mais complexos podem ser criados usando-se enzimas para converter analitos em produtos que podem ser medidos por potenciometria. Esse tipo de eletrodo composto é chamado de **eletrodo enzimático** ou 'eletrodo de substrato enzimático'. Um exemplo é o eletrodo enzimático que foi criado para medir ureia. Ele é construído imobilizando-se a enzima urease em uma membrana semipermeável. A urease catalisa a hidrólise da ureia em amônia e dióxido de carbono.

$$H_2NC(O)NH_2 + H_2O \rightleftarrows 2NH_3 + CO_2 \quad (14.22)$$

Como a amônia é muito mais solúvel do que o dióxido de carbono em água, o CO_2 basicamente borbulha para fora da solução e não reduz o pH. A amônia, no entanto, é dissolvida e atravessa a membrana para elevar o pH de uma solução eletrolítica que envolve um eletrodo de pH. O aumento do pH é causado por uma mudança na atividade e na concentração do íon hidróxido, que é proporcional à quantidade de amônia produzida pela enzima e pelo valor original de ureia que estava na amostra. Um eletrodo íon-seletivo para NH_4^+ também pode ser usado com um sistema desse tipo na medição final.[3] O uso de outras enzimas permite que analitos adicionais sejam detectados por tal abordagem. Entre os exemplos de outros produtos químicos que podem ser detectados pelo uso de eletrodos enzimáticos estão glicose, aminoácidos, alcoóis, penicilina e colesterol.[3]

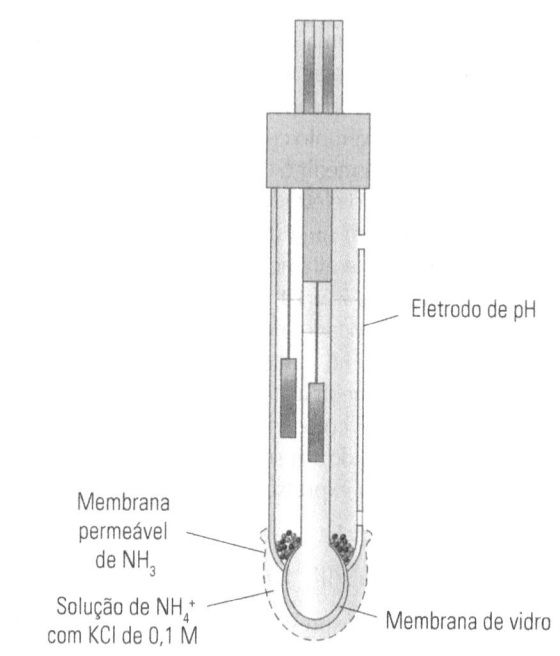

Figura 14.7

Estrutura de um eletrodo sensível a gás para amônia, baseada no uso de um eletrodo de pH com membrana de vidro para detecção.

Palavras-chave

Amperometria 350
Análise eletroquímica 348
Carga 348
Corrente 349
Coulometria 350
Eletrodo de calomelano 352
Eletrodo de membrana de vidro 356

Eletrodo de pH 356
Eletrodo de prata/cloreto de prata 352
Eletrodo enzimático 360
Eletrodo indicador 352
Eletrodo íon-seletivo 356
Eletrodo íon-seletivo em
    estado sólido 358

Eletrodo sensível a gás 360
Lei de Ohm 350
Potencial de junção 354
Potenciometria 350
Resistência 350
Voltametria 350

Outros termos

Condutância 350
Corrente alternada 350
Corrente direta 350
Eletrodo classe dois 353
Eletrodo classe três 353

Eletrodo classe um 353
Eletrodo combinado 357
Eletrodo composto 359
Eletrodo de calomelano saturado 353
Eletrodo indicador metálico 353

Eletrodo íon-seletivo de flúor 359
Eletrodo íon-seletivo de sódio 358
Força eletromotriz 349
Potencial de junção líquida 354
Titulação potenciométrica 350

Questões

Unidades de medições elétricas e métodos de análise eletroquímica

1. O que significa o termo 'análise eletroquímica'? Cite um exemplo específico desse tipo de análise.
2. Defina cada um dos termos a seguir e indique quais unidades são empregadas com cada um desses parâmetros no sistema SI.
   (a) Corrente.
   (b) Carga.
   (c) Potencial elétrico.
   (d) Resistência.
3. O que é a 'constante de Faraday'? Explique como esse termo se relaciona com a carga.
4. Forneça uma equação que mostre como a carga está relacionada com a corrente em uma análise eletroquímica. Defina cada termo dessa equação.
5. Uma célula eletroquímica tem uma corrente constante de 125 μA que passa através da célula de 500,0 s. Qual é a carga (em coulombs) que passou por esse sistema ao longo desse período de tempo? Quantos mols de elétrons foram necessários para transportar essa carga?
6. Uma análise de Cu^{2+} deve ser realizada reduzindo-se Cu^{2+} ao metal de cobre na superfície de um eletrodo. Uma corrente de 560 μA é passada através desse sistema por 2,50 min antes de todo o Cu^{2+} em uma solução de amostra ser reduzido.
   (a) Qual foi a carga que passou pelo sistema durante esse período de tempo? Quantos mols de elétrons foram necessários para transportá-la?
   (b) Se toda a corrente aplicada foi destinada a reduzir Cu^{2+} para Cu(s), qual massa de metal de cobre foi depositada na superfície do eletrodo?
7. Defina 'potencial elétrico'. Quais unidades são usadas para descrever uma diferença de potencial elétrico? O que é 'força eletromotriz'?
8. O que se entende por 'resistência' em um sistema eletroquímico? Quais unidades são usadas para descrever a resistência?
9. O que é 'condutância'? Como a condutância se relaciona com a resistência? Quais unidades são usadas para descrever a condutância?
10. O que é 'lei de Ohm'? Explique como a lei de Ohm pode ser usada para examinar um sistema eletroquímico.
11. Qual corrente deve estar presente em uma célula eletroquímica se o potencial for 140 mV e a resistência for 4×10^{12} ohms?
12. Qual deve ser a resistência através de uma determinada parte de um circuito elétrico se a corrente através desse componente for 8,5 μA, quando o potencial aplicado for 59,1 mV?
13. A membrana de vidro em um eletrodo de pH tem uma resistência de 200.000.000 ohms. Qual corrente passa através dessa membrana se o potencial medido é de 400 mV?
14. Explique a diferença entre uma 'corrente contínua' e uma 'corrente alternada'. Cite um exemplo de aplicação para cada um desses dois tipos de corrente.
15. Plote um gráfico de tempo *versus* corrente para um sinal de 5,0 A baseado em uma corrente contínua direta e um sinal de 5,0 A baseado em uma corrente alternada de 60 Hz.

Tipos de métodos para análise eletroquímica

16. O que se entende por 'potenciometria'? Explique por que o uso de um eletrodo íon-seletivo de fluoreto é um exemplo de potenciometria.
17. Defina os termos 'amperometria' e 'voltametria.' Quais são as semelhanças entre esses dois métodos? E quais são as diferenças?
18. O que é 'coulometria'? Explique por que a constante de Faraday é usada com frequência em coulometria.

Potenciais de célula e a equação de Nernst

19. Descreva as partes gerais de uma célula eletroquímica usadas em potenciometria. Compare os componentes gerais dessa célula com os que foram descritos no Capítulo 10 para o estudo das reações de oxidação-redução.
20. Por que é necessário em potenciometria ter 'fluxo de corrente essencialmente igual a zero'? O que aconteceria se a corrente não estivesse perto de zero?
21. Discuta como a equação de Nernst pode ser usada em potenciometria.
22. O que se entende por um 'eletrodo indicador'? Qual é o papel desse eletrodo em potenciometria?
23. O que significa quando um potencial de células 'negativo' é medido em potenciometria? Explique como tal situação pode ocorrer.

Componentes de célula em potenciometria

24. Por que é incomum usar um eletrodo padrão de hidrogênio como eletrodo de referência na potenciometria?
25. Descreva um eletrodo de prata/cloreto de prata. Quais são seus principais componentes, e como ele funciona?
26. O que é um 'eletrodo de calomelano'? Descreva como esse tipo de eletrodo funciona.
27. O que é um 'eletrodo de calomelano saturado'?
28. Liste quatro tipos de eletrodo indicador metálico. Cite um exemplo de cada tipo.
29. Determine se os eletrodos a seguir são eletrodos indicadores metálicos ou eletrodos de classe um, dois ou três.
   (a) Um fio de cobre em uma solução de sulfato de cobre.
   (b) Um fio de ouro em uma solução contendo V(II) e V(III).
   (c) Mercúrio revestido com Hg_2Cl_2 em uma solução contendo NaCl.

30. Uma solução contém uma concentração total de íons ferro de 0,0763 M em 1 M de HCl. Um eletrodo de platina colocado nessa solução fornece um potencial medido de 0,465 V versus ECS.
    (a) Se não há outras espécies além de Fe^{2+} e Fe^{3+} sendo detectadas, qual é a relação $[Fe^{2+}]/[Fe^{3+}]$ nessa solução?
    (b) Quais são as concentrações individuais de Fe^{2+} e Fe^{3+} nessa solução?
31. O que é uma 'ponte salina'? Qual é o papel que uma ponte salina desempenha em uma célula eletroquímica?
32. Defina o termo 'potencial de junção'. Como um potencial de junção afeta a diferença em potencial medida de uma célula eletroquímica?
33. Explique como um potencial de junção pode ser formado pela presença de uma ponte salina em uma célula eletroquímica.
34. O que é um 'potencial de junção líquida'? Dê um exemplo.
35. Às vezes, ambos os eletrodos podem ser colocados na mesma solução, mas isso é raro porque, nesse caso, a reação redox pode ocorrer no béquer, sem influenciar os eletrodos. Um exemplo eficaz de uma 'célula sem junção' é aquele em que o primeiro eletrodo é Ag/AgCl em uma solução de HCl e o outro é um eletrodo de hidrogênio na mesma solução de HCl. Qual é o possível benefício do uso desse tipo de 'célula sem junção'?

Aplicações da potenciometria

36. Quais são as possíveis vantagens do uso de potenciometria em análise química? (*Dica:* use a medição de pH como um exemplo.)
37. Em uma amostra de água, o íon cálcio foi medido utilizando-se um eletrodo cálcio-seletivo. Uma fração de 50 mL da água revelou um potencial de –0,0650 V versus ECS. Quando uma fração de 1,0 mL de uma solução de $Ca(NO_3)_2$ de 0,0850 M foi adicionada, o potencial se alterou para –0,0477 V. Qual era a concentração original de cálcio?
38. Explique como a potenciometria pode ser usada como parte de uma titulação. Cite um exemplo específico desse tipo de abordagem.
39. Discuta como a potenciometria pode ser usada junto com métodos como análise por injeção em fluxo ou cromatografia líquida. Em sua opinião, quais são as possíveis vantagens da utilização dessas combinações de métodos?

Eletrodos de membrana de vidro

40. Defina os termos 'eletrodo íon-seletivo' e 'eletrodo de membrana de vidro'. Ilustre as duas ideias usando um eletrodo de pH comum.
41. Descreva como um eletrodo de pH moderno é construído. Explique por que esse tipo de eletrodo também é conhecido como 'eletrodo combinado'.
42. Explique como o pH é medido por um eletrodo de pH. Qual é o papel da membrana de vidro nesse processo?
43. Indique por que é necessário calibrar um eletrodo de pH.
44. O que é 'erro de sódio'? Por que é importante considerar esse tipo de erro quando se utiliza um eletrodo de pH? Que medidas podem ser tomadas para minimizar o erro de sódio?
45. Um medidor de pH lê pH = 2,50 quando presente em uma solução diluída de HCl. Preveja o que aconteceria se NaCl sólido fosse adicionado à solução.
46. Explique como um eletrodo íon-seletivo de sódio funciona. Como ele se assemelha a um eletrodo de pH comum? Quais as diferenças entre os dois tipos de eletrodo?
47. A atividade de um íon sódio conforme medido por um eletrodo sódio-seletivo é 0,0674 M. Se a força iônica da solução é 0,0500, qual é a concentração do íon sódio na solução?
48. Um eletrodo sódio-seletivo tem uma taxa de resposta de 2,00 para o sódio em comparação com íons hidrogênio. Qual é a menor concentração do íon sódio que terá um erro menor que 10 por cento se a medição for feita em um pH 7,00?

Eletrodos íon-seletivos em estado sólido

49. O que é um 'eletrodo íon-seletivo em estado sólido'? Como ele se assemelha a um eletrodo íon-seletivo de membrana de vidro? Quais são as diferenças entre os dois tipos?
50. Descreva a concepção geral de um eletrodo íon-seletivo em estado sólido.
51. Explique como um eletrodo íon-seletivo de fluoreto produz um sinal que está relacionado com a atividade ou a concentração de flúor.
52. Indique por que, muitas vezes, é necessário controlar o pH e a força iônica e adicionar EDTA a amostras e padrões quando se usa um eletrodo íon-seletivo de fluoreto.
53. Os dados a seguir representam potenciais de um eletrodo íon-seletivo de fluoreto versus SCE para várias soluções. Todas as soluções são formuladas de modo a controlar seu pH e sua força iônica, e contêm EDTA adicionado. Prepare um gráfico da medida potencial versus pF com base nas informações e determine a concentração de fluoreto em cada solução desconhecida.

Solução(M)	Potencial (mV)
$5,0 \times 10^{-2}$	−22,4
$5,0 \times 10^{-3}$	36,8
$5,0 \times 10^{-4}$	96,0
$5,0 \times 10^{-5}$	155,2
Desconhecido 1	74,3
Desconhecido 2	190,6
Desconhecido 3	−54,3

54. Se uma solução de íons prata e íons cobre é precipitada pela adição de íon sulfeto, uma mistura de Ag_2S e CuS se forma. Esse material, quando usado em joias, é chamado de 'niello'. Quando coletado por filtração, seco e prensado em um pélete fino, pode se transformar em uma membrana adequada para tornar um eletrodo sensível a íons prata

ou íons cobre. Visto que o cobre, em especial, pode estar em equilíbrio com ligantes, como o EDTA, para produzir concentrações extremamente baixas de Cu^{2+}, esse eletrodo pode ser usado para detectar o ponto final de uma titulação de cobre por EDTA.

$$Cu^{2+} + H_2EDTA^{2-} \rightleftarrows CuEDTA^{2-} + 2H^+ \quad (14.23)$$

A formação condicional constante de cobre com EDTA é conhecida como sendo maior do que 10^{10} em um pH acima de 4,0. Isso significa que, se a concentração total de cobre é de 0,05 M e a concentração total de EDTA é 0,10 M, então, o real $[Cu^{2+}] < 10^{-10}$ M. O eletrodo pode responder a concentrações tão baixas. Qual é o valor de pCu, se a constante de formação eficaz é $1,0 \times 10^{14}$, a concentração total de íons cobre é 0,050 M e a concentração total de EDTA é 0,10 M?

Eletrodos compostos

55. O que se entende por 'eletrodo composto'? Cite dois exemplos gerais.
56. O que é um 'eletrodo sensível a gás'? Descreva um exemplo específico.
57. Descreva como um eletrodo de pH pode ser modificado para detecção de amônia.
58. Usando a Tabela 14.6 como guia, descreva como o eletrodo na Figura 14.7 poderia ser modificado para detecção de CO_2 em vez de amônia.
59. A quantidade de proteína em uma amostra de farinha de trigo deve ser medida. Uma fração de 0,3476 g é dissolvida em ácido sulfúrico concentrado e aquecida à ebulição na presença de íon cobre, que serve como um catalisador para destruir as biomoléculas na amostra e converter o nitrogênio proteico em íon amônio. Após o resfriamento, elevando-se o pH com NaOH e diluindo-se a solução a 100 mL, um eletrodo amônio-seletivo é usado para medir a concentração de amônio como 0,32 M. A proteína costuma ser 16 por cento nitrogênio. Calcule o percentual de proteína na amostra. Explique como um comerciante de grãos sem escrúpulos poderia fazer o grão parecer mais rico em proteínas ao adicionar melamina ($C_3H_6N_6$) a ele.
60. Um eletrodo sensível a gás é usado para medir a concentração de carbonato em uma solução que também contém outras substâncias básicas. Explique o que acontece quando a solução é tornada ácida com ácido sulfúrico enquanto é monitorada com um eletrodo sensível a gás.
61. O que é um 'eletrodo enzimático'? Quais as semelhanças entre ele e um eletrodo sensível a gás? E quais as diferenças?
62. Descreva como um eletrodo de pH pode ser feito para a detecção de ureia usando-se enzimas.

Problemas desafiadores

63. Suponha que tanto um eletrodo pH quanto um pF sejam utilizados durante a titulação de uma solução de HF de 0,10 M com NaOH de 0,10 M. Esboce a resposta de ambos os eletrodos *versus o* volume de NaOH.
64. Obtenha mais informações a partir de fontes como a Referência 3 sobre os eletrodos de calomelano e de calomelano saturado. Utilize a informação para explicar por que um eletrodo de calomelano de KCl de 0,10 M será superior a ECS se o eletrodo for usado em diferentes temperaturas.
65. Explique por que, para medir o pCa, usa-se o eletrodo aparentemente complicado de terceira espécie descrito neste capítulo em vez de um eletrodo classe um que utiliza cálcio elementar.
66. Use o produto de solubilidade K_{ps} de AgBr para calcular o potencial esperado de um eletrodo de referência semelhante em estrutura ao eletrodo Ag/AgCl mostrado na Figura 14.3, mas que usa AgBr no lugar de AgCl.
67. O sulfato de bário é quase tão insolúvel quanto AgCl. Indique por que um eletrodo de referência de $BaSO_4$ nunca foi seriamente considerado.
68. Qual será o erro na medida de pH se o pH real for 4,56, mas a medida do potencial do eletrodo de pH for 1,0 mV acima?
69. Um eletrodo íon-seletivo de fluoreto tem uma resposta cerca de 1000 vezes maior para F^- *versus* Cl^- na mesma concentração. Você acha que um eletrodo forneceria resultados confiáveis para medições de flúor na água do mar? Justifique sua resposta.

Tópicos para discussão e relatórios

70. Contate uma estação de tratamento de água na área em que você mora que realize fluoretação da água. Pergunte aos trabalhadores da unidade sobre as abordagens que utilizam para acompanhar os níveis de flúor adicionado à água. Discuta suas descobertas.
71. Eletrodos sensíveis a gás costumam ser usados em medições de gás no sangue. Converse com um profissional de laboratório hospitalar ou de uma sala de cirurgia para obter mais informações sobre o uso de medições de gás no sangue.
72. Eletrodos de membrana líquida são outra classe de dispositivos que podem ser usados em potenciometria para a detecção seletiva de íons. Obtenha mais informações sobre o tema e elabore um relatório sobre um exemplo específico desse tipo de eletrodo.
73. Transistores íon-seletivos de efeito de campo (ISFET) são mais um grupo de sensores que podem ser usados em potenciometria. Localize um artigo ou um livro sobre esse tema. Descreva como esse tipo de sensor atua e liste algumas de suas aplicações.

Referências bibliográficas

1. L. W. Ripa, 'A Half-Century of Community Water Fluoridation in the United States: Review and Commentary', *Journal of Public Health Dentistry*, 53, 1993, p.17–44.
2. CDC, 'Ten Great Public Health Achievements—United States, 1900–1999', *Journal of the American Medical Association*, 281, 1999, p.1481.
3. T. S. Light, 'Potentiometry: pH and Ion-Selective Electrodes'. In: *Analytical Instrumentation Handbook*, 2 ed., G. W. Ewing, ed., Marcel Dekker, Nova York, 1997.
4. B. N. Taylor, ed., *The International System of Units (SI)*, NIST Special Publication 330, National Institute of Standards and Technology, Gaithersburg, MD, 1991.
5. *Correct SI Metric Usage*, United States Metric Association.
6. *IUPAC Compendium of Chemical Terminology*, versão eletrônica, http://goldbook.iupac.org
7. J. Inczedy, T. Lengyel e A. M. Ure, *International Union of Pure and Applied Chemistry—Compendium of Analytical Nomenclature: Definitive Rules 1997*, Blackwell Science, Malden, MA, 1998.
8. G. Maludzinska, ed., *Dictionary of Analytical Chemistry*, Elsevier, Amsterdã, Holanda, 1990.
9. A. J. Bard e L. R. Faulkner, *Electrochemical Methods: Fundamentals and Applications*, 2 ed., Wiley, Hoboken, NJ, 2001.
10. D. A. Skoog, F. J. Holler e T. A. Nieman, *Principles of Instrumental Analysis*, 5 ed., Saunders, Filadélfia, PA, 1998.
11. E. Wilson, 'Arnold Beckman at 100', *Chemical and Engineering News*, 78, 2000, p.17–20.
12. J. Poudrier e J. Moynihan, 'Instrumentation Hall of Fame'. In: *Made to Measure: A History of Analytical Instrumentation*, J. F. Ryan, ed., American Chemical Society, Washington, DC, 1999, p.10–38.
13. J. Ruzicka e E. H. Hansen, *Flow Injection Methods*, 2 ed., Wiley, Nova York, 1988.
14. C. F. Poole e S. K. Poole, *Chromatography Today*, Elsevier, Nova York, 1991.

Capítulo 15

Titulações redox

Conteúdo do capítulo

15.1 Introdução: demanda química de oxigênio
    15.1.1 O que é uma titulação redox?
    15.1.2 Como as titulações redox são usadas em química analítica?
15.2 Realização de uma titulação redox
    15.2.1 Preparação de titulantes e amostras
    15.2.2 Determinação do ponto final
15.3 Previsão e otimização de titulações redox
    15.3.1 Abordagem geral para cálculos de titulações redox
    15.3.2 Cálculo da forma de uma curva de titulação redox
    15.3.3 Uso da fração de titulação
15.4 Exemplos de titulações redox
    15.4.1 Titulações que envolvem o cerato
    15.4.2 Titulações que envolvem o permanganato
    15.4.3 Titulações que envolvem o dicromato
    15.4.4 Titulações que envolvem o iodo

Medição de demanda química de oxigênio

Etapa 1: Reação da amostra com dicromato

$$C_2H_5OH + 2\,Cr_2O_7^{2-} + 16\,H^+ \rightarrow 2\,CO_2 + 11\,H_2O + 4\,Cr^{3+}$$
Dicromato
(em excesso)

Etapa 2: Titulação de retorno do dicromato remanescente

$$Cr_2O_7^{2-} + 6\,Fe^{2+} + 14\,H^+ \rightarrow 2\,Cr^{3+} + 6\,Fe^{3+} + 7\,H_2O$$
Titulante

Etapa 3: Cálculo de DQO da quantidade de dicromato que reagiu com a amostra titulante

Figura 15.1

Determinação da demanda química de oxigênio (DQO) para uma amostra de água, utilizando o etanol como exemplo de um composto orgânico simples que pode estar presente na água. As reações na figura mostram o que ocorre quando a DQO da amostra é determinada pelo uso de dicromato como agente oxidante.

15.1 Introdução: demanda química de oxigênio

A água, no meio ambiente, muitas vezes contém uma grande variedade de compostos orgânicos dissolvidos. Esses compostos podem ser oxidados por O_2, que também se dissolve em água e se renova pelo contato da água com o ar. Se a quantidade de compostos orgânicos na água for muito grande, como frequentemente ocorre em águas poluídas, a transferência de O_2 do ar para a água não consegue acompanhar a taxa de dissipação do oxigênio enquanto ele reage com esses compostos. Essa situação faz a concentração de oxigênio na água diminuir drasticamente e dificulta a sobrevivência de peixes e outros organismos aquáticos.

Uma descrição comum do teor global de poluentes orgânicos na água é feita a partir da **demanda química de oxigênio** (ou **DQO**).[1,2] Em uma medição de DQO, uma amostra de água é submetida à reação em condições ácidas com um excesso de um agente oxidante forte como o **dicromato** ($Cr_2O_7^{2-}$). Esse agente oxidante reage com compostos orgânicos na água para formar o dióxido de carbono, produzindo uma reação de oxidação-redução semelhante à que ocorre entre tais compostos e o oxigênio (veja exemplo na Figura 15.1). A quantidade de agente oxidante que resta após o processo é medida por meio de uma titulação de retorno, que também envolve uma reação de oxidação-redução. A diferença nos valores iniciais e remanescentes de agente oxidante serve para calcular a quantidade equivalente de oxigênio que teria sido consumida pelos mesmos compostos orgânicos, o que dá o valor de DQO da amostra.[1,2] Essa técnica de medição de DQO exemplifica um método de análise conhecido como *titulação redox*. Este capítulo discute os princípios fundamentais de uma titulação redox e analisa os meios de realizá-la. Abordagens para prever a resposta de titulações redox também serão consideradas. Examinaremos, então, as várias aplicações desse método de análise química.

15.1.1 O que é uma titulação redox?

Uma **titulação redox** (antes conhecida como *titulação de oxidação-redução*) é um método de titulação que usa uma reação de oxidação-redução.[3-5] No caso de uma análise de DQO, o titulante é um agente redutor (Fe^{2+}), e o analito (dicromato em excesso), um agente oxidante. Um sistema com frequência usado na execução de uma titulação redox é mostrado na Figura 15.2. Esse sistema tem muitos dos mesmos componentes aplicados em outras titulações, como uma bureta para dispensar titulante na amostra e um meio de detectar o ponto final. O ponto final em uma titulação redox pode ser detectado visualmente ou por um método instrumental (por exemplo, por meio de medições de potencial).

Como outros tipos de titulação, uma titulação redox eficaz baseia-se em uma reação que tem uma estequiometria conhecida entre o analito e o titulante, uma grande constante de equilíbrio e uma taxa de reação rápida. A Equação 15.1 mostra como calcular a constante de equilíbrio $K°$ a 25 °C para uma titulação redox com base no potencial-padrão ($E°_{global}$) para a reação de oxidação-redução que ocorre entre o analito e o titulante (veja derivação no Capítulo 10).

$$K° = 10^{(nE°_{global})/(0,05916V)} \quad (15.1)$$

Neste caso, obter uma constante de equilíbrio grande exige um valor positivo relativamente grande de $E°_{global}$, o que ocorre se as semirreações do analito e do titulante tiverem potenciais de redução padrão bastante diferentes. Por exemplo, a titulação de dicromato com Fe^{2+}, em uma análise de DQO, apresenta um valor para $E°_{global}$ de 0,59 V e uma constante de equilíbrio maior do que 10^{59} a 25 °C. As taxas de reações de oxidação-redução são mais difíceis de prever, mas devem resultar rapidamente na detecção exata do ponto final. Esta é uma razão do uso de uma titulação de retorno durante uma análise de DQO; a reação de dicromato com compostos orgânicos em uma amostra pode ocorrer em uma taxa variável e muitas vezes desconhecida, enquanto a reação do dicromato com Fe^{2+} é rápida e permite a fácil detecção de um ponto final.

15.1.2 Como as titulações redox são usadas em química analítica?

Assim como as titulações ácido-base e as complexométricas, as redox são usadas principalmente para determinar a concentração de um analito em uma dada massa ou em um dado volume de amostra. Titulações redox, no entanto, são muito mais variadas do que as de ácido-base ou complexométricas no que se refere aos possíveis titulantes e analitos com os quais podem ser utilizadas. Além disso, muitas titulações redox não envolvem uma reação 1:1 entre o analito e o titulante. Um exemplo disso é a titulação de dicromato com Fe^{2+}, que reage a uma razão 1:6 durante a titulação de retorno que se realiza como parte de uma medição de DQO (veja as reações na Figura 15.1). Esta característica geralmente torna as titulações redox mais desafiadoras na hora de serem usadas e descritas do que as reações ácido-base ou as titulações complexométricas.

Para descrever uma titulação redox, precisamos, primeiro, escrever a reação equilibrada global que ocorre durante a titulação, como indicado a seguir para a *oxidação* do analito A pelo titulante T.

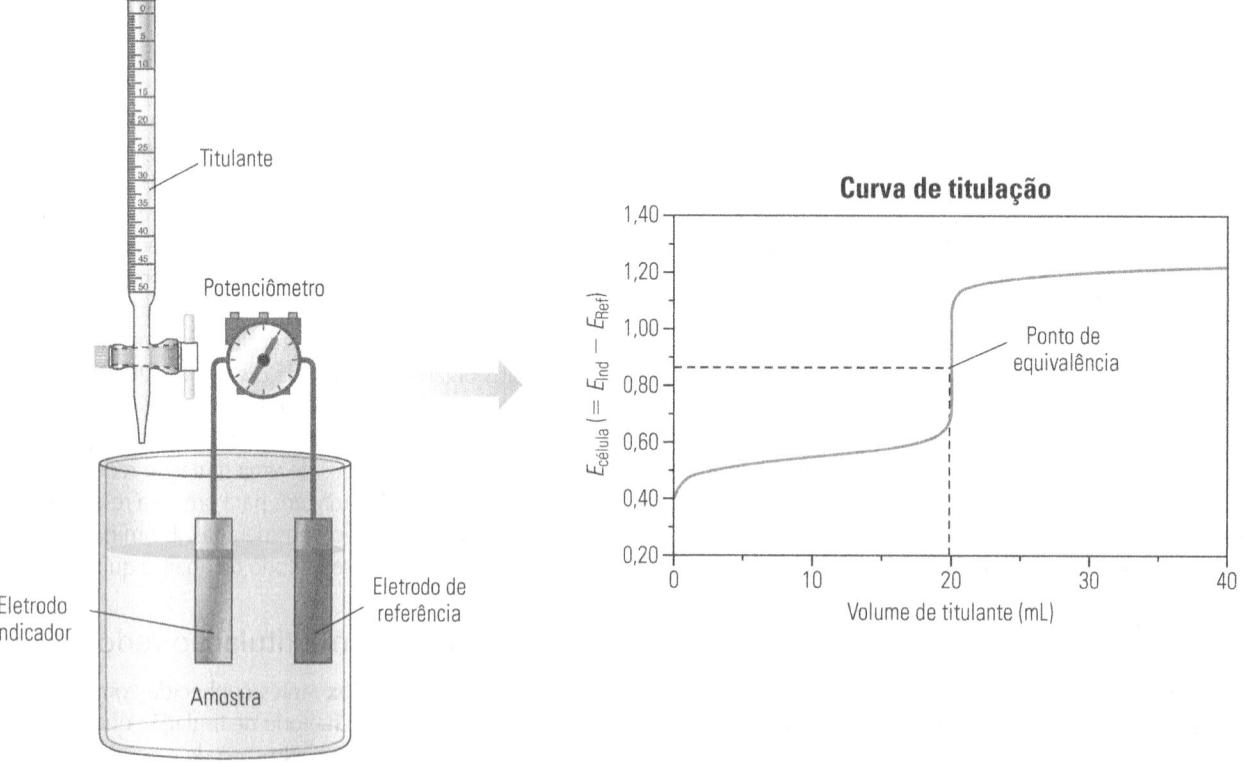

Figura 15.2

Sistema usado de rotina para realizar uma titulação redox que é monitorada pelo uso de medições de potencial. A curva de titulação mostrada aqui destina-se à análise de uma fração de 10,00 mL de uma solução de Fe^{2+} de 0,01000 M usando Ce^{4+} de 0,005000 M como titulante.

Semirreação de oxidação:

$$A_{red} \leftrightarrows A_{ox} + n_A e^-$$

(ou $n_T A_{red} \leftrightarrows n_T A_{ox} + n_T n_A e^-$)

Semirreação de redução:

$$T_{ox} + n_T e^- \leftrightarrows T_{red}$$

(ou $n_A T_{ox} + n_T n_A e^- \leftrightarrows n_A T_{red}$)

Reação de titulação global:

$$n_T A_{red} + n_A T_{ox} \leftrightarrows n_T A_{ox} + n_A T_{red} \qquad (15.2)$$

Nestas reações, n_A representa o número de elétrons liberados durante a oxidação de A_{red} para A_{ox}, e n_T representa o número de elétrons consumidos durante a redução de T_{ox} para T_{red}. Podemos ver, a partir dessa reação geral, que A e T devem reagir na proporção n_T/n_A para que equilibrem apropriadamente o número de elétrons que estão sendo transferidos nesse processo de oxidação-redução. Uma das consequências de se ter uma razão n_T/n_A diferente de 1,0, como ocorre com frequência em titulações redox, é que a curva da titulação resultante não é simétrica na região próxima ao ponto de equivalência. Esse efeito é ilustrado na Figura 15.3 para a titulação de dicromato com Fe^{2+}, durante uma análise de DQO.

A estequiometria de uma reação equilibrada de titulação redox pode ser usada para relacionar a concentração do titulante (C_T) e o volume de titulante que foi adicionado no ponto de equivalência ($V_T = V_E$) com o volume da amostra (V_A) e a concentração de analito na amostra (C_A). O resultado é a seguinte relação para a titulação geral que é representada pela Equação 15.2.

No ponto de equivalência de uma titulação redox.

$$n_T C_T V_T = n_A C_A V_A$$

ou

$$(n_T/n_A) \cdot (mol\ T) = mol\ A \qquad (15.3)$$

Esta expressão torna possível determinar a concentração de um analito pelo volume de titulante necessário para atingir o ponto final e pela estequiometria da reação de titulação.

EXERCÍCIO 15.1 Medição da demanda química de oxigênio da água

Uma amostra de 50,00 mL de água de rio é tratada com 10,00 mL de $K_2Cr_2O_7$ de 0,2000 M em pH 0,0. Após aquecida e submetida à reação, a mistura é resfriada e o dicromato remanescente é titulado com Fe^{2+} de 0,3000 M, produzindo um ponto final quando se adicionam 24,65 mL do titulante. (a) Quais semirreações estão envolvidas nessa titulação (veja a Figura 15.1)? (b) Quantos mols de dicromato reagiram com a amostra original? (c) Se cada dois mols de dicromato que reagem com um composto orgânico equivalem à reação do composto com três mols de O_2, qual é a DQO da amostra de água do rio quando expressa em unidades de amostra mg O_2/L?

SOLUÇÃO

(a) As duas semirreações que estão presentes nessa titulação são mostradas a seguir. Na reação global, um mol de $Cr_2O_7^{2-}$ será titulado e reduzido para cada seis mols de Fe^{2+} que são adicionados.

Semirreação de oxidação:

$Fe^{2+} \leftrightarrows Fe^{3+} + e^-$
(ou $6\ Fe^{2+} \leftrightarrows 6\ Fe^{3+} + 6\ e^-$)

Semirreação de redução:

$Cr_2O_7^{2-} + 14\ H^+ + 6\ e^- \leftrightarrows 2\ Cr^{3+} + 7\ H_2O$

Reação de titulação global:

$6\ Fe^{2+} + Cr_2O_7^{2-} + 14\ H^+ \leftrightarrows 6\ Fe^{3+} + 2\ Cr^{3+} + 7\ H_2O$

(b) Com base na reação global dessa titulação, a Equação 15.3 pode ser escrita como segue.

No ponto de equivalência para a titulação de dicromato com Fe^{2+}:

$$\text{Mol de dicromato titulado} =$$
$$(0{,}3000\ M\ Fe^{2+})(0{,}02465\ L) \cdot \frac{1\ mol\ dicromato}{6\ mol\ Fe^{2+}}$$
$$= 0{,}001232\underline{5}\ mol$$

Podemos agora usar a diferença entre o total de dicromato adicionado e a quantidade restante de dicromato antes da titulação de retorno para determinar a quantidade de dicromato que reagiu com os compostos orgânicos da água.

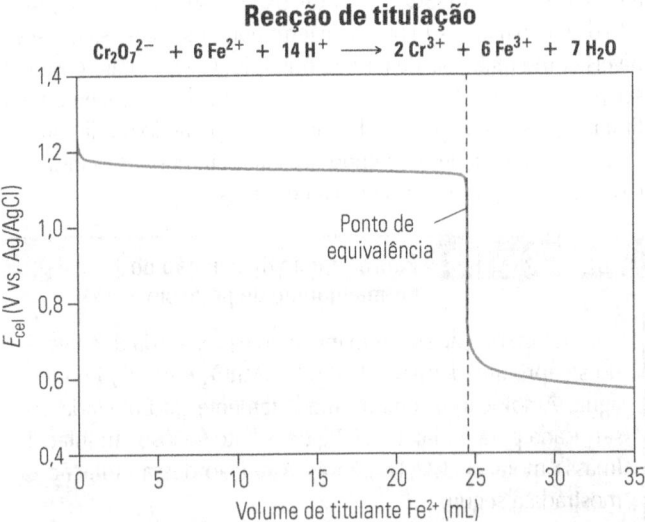

Figura 15.3

Curva de titulação para a análise do excesso de dicromato em uma amostra de água de 10,00 mL usando uma solução de Fe^{2+} de 0,005000 M como titulante. Esta titulação mostra os resultados que seriam obtidos quando a amostra de água tratada contém dicromato em excesso com uma concentração de 0,01000 M. A forma assimétrica da curva na região do ponto de equivalência resulta principalmente do fato de que um mol de dicromato é reduzido para cada seis mols de Fe^{2+} que são oxidados durante a titulação. Outra característica incomum desta reação de análise é que cada mol de dicromato produz dois mols de Cr^{3+} na reação de titulação.

Mol de dicromato que reagiu com a amostra =
(Mol adicionado de dicromato) − (Mol titulado de dicromato)
= (0,2000 M)(0,01000 L) − (0,0012325 mol)
= 0,0007675 mol = **0,00768 mol**

(c) A reação dos compostos orgânicos com 0,007675 mol de dicromato seria equivalente à reação desses mesmos compostos com (0,0007675 mol de dicromato)(3 mols de O_2/2 mols de dicromato) = 0,001151 mol de O_2. Agora podemos usar a quantidade equivalente de O_2 para obtermos um valor de DQO que é expresso em unidades de mg O_2/L.

DQO = (0,001151 mol de O_2) · (31,999 g O_2/mol) ·
(1000 mg/g)/(0,05000 L)
= 736,6 mg/L = **737 mg O_2/L**

Este resultado representa um valor comum para a água de rio, que costuma ter uma DQO de 15-2000 mg O_2/L.

15.2 Realização de uma titulação redox

15.2.1 Preparação de titulantes e amostras

Padronização de titulantes. Uma vez que há tamanha variedade de titulantes que podem ser usados em titulações redox, também existem muitos métodos para prepará-los. Exemplos desses métodos podem ser encontrados em recursos como as referências 6 a 9. Alguns titulantes redox podem ser preparados diretamente de reagentes que são padrões primários, enquanto outros devem ser normalizados após sua preparação usando-se reagentes adicionais que são padrões primários.

EXERCÍCIO 15.2 Preparação de uma solução de dicromato de potássio

O dicromato de potássio ($K_2Cr_2O_7$, 294,19 g/mol) não é utilizado apenas em medições de DQO, podendo ser usado diretamente como titulante em titulações redox. Essa substância está disponível em uma forma estável e pura e é considerada um padrão primário. A semirreação de redução de dicromato para Cr^{3+} em solução ácida é mostrada a seguir, do modo como pode ser usada durante uma titulação redox ou análise de DQO.

Semirreação de redução:

$$Cr_2O_7^{2-} + 14\,H^+ + 6\,e^- \rightleftharpoons 2\,Cr^{3+} + 7\,H_2O$$

(a) Qual massa de $K_2Cr_2O_7$ é necessária para preparar 500,0 mL de uma solução de dicromato de 0,02500 M? (b) A *normalidade* de uma solução para uma substância química que participa de uma reação de oxidação-redução é o número de pesos equivalentes dessa substância por litro, onde o peso equivalente é a massa da substância, que requer um mol de elétrons para a sua oxidação ou a sua redução.[6]

Com base nessa definição, qual é a concentração de uma solução de dicromato de 0,02500 M em unidades de normalidade?

SOLUÇÃO

(a) A massa de dicromato de potássio necessária para preparar uma solução de 0,02500 M pode ser determinada a partir da massa molar dessa substância e do volume da solução final desejada.

Massa de $K_2Cr_2O_7$ = (0,02500 mol/L) · (0,5000 L) ·
(294,19 g/mol) = **3,677 g**

(b) Visto que a semirreação de redução de dicromato envolve seis elétrons por íon dicromato, um mol de dicromato é o mesmo que seis equivalentes. Assim, a concentração em unidades de normalidade para dicromato de 0,02500 M será (6 eq/mol de dicromato)(0,02500 mol de dicromato/L) = **0,1500 N**.

Dois titulantes para titulações redox que devem ser normalizados usando-se outras substâncias químicas são o **permanganato** (MnO_4^-) e o **tiossulfato** ($S_2O_3^{2-}$). Nenhum desses reagentes pode ser preparado diretamente como titulante utilizável porque suas formas sólidas têm pureza e estabilidade insuficientes para funcionar como padrões primários. As soluções de permanganato são instáveis porque o MnO_4^- é capaz de oxidar a água. Essa reação é bastante lenta, mas as soluções de permanganato devem ser normalizadas no mesmo dia em que forem usadas em uma titulação. Com frequência, uma solução de permanganato é padronizada ao ser usada para titular amostras de sulfato ferroso amoniacal ($Fe(NH_4)_2(SO_4)_2 \cdot 6\,H_2O$), óxido arsenioso ($As_2O_3$), oxalato de sódio ($Na_2C_2O_4$) ou fio de ferro puro, os quais estão disponíveis como materiais de padrão primário. O tiossulfato costuma ser padronizado utilizando-se uma solução desse reagente para titular uma solução padrão de triiodeto de potássio ou dicromato de potássio. Soluções contendo tiossulfato também são instáveis e devem ser padronizadas no dia de seu uso.

EXERCÍCIO 15.3 Padronização da solução de permanganato de potássio

Uma solução de permanganato é preparada dissolvendo-se aproximadamente 1,6 g de $KMnO_4$ em 500,0 mL de água. A solução é, então, imediatamente padronizada ao ser usada para titular 1,2167 g de sulfato ferroso amoniacal (massa molar = 392,16 g/mol). A reação dessa titulação é mostrada a seguir.

$$MnO_4^- + 5\,Fe^{2+} + 8\,H^+ \rightarrow Mn^{2+} + 5\,Fe^{3+} + 4\,H_2O$$

Se 41,79 mL da solução de permanganato são necessários para atingir o ponto final da titulação, qual é a concentração dessa solução de permanganato?

SOLUÇÃO

A reação de titulação anterior mostra que cinco mols de MnO_4^- reagirão com um mol de Fe^{2+} do sulfato ferroso amoniacal. Podemos usar essa estequiometria e a massa molar do sulfato ferroso amoniacal para encontrar a concentração da solução de permanganato.

> Conc. MnO_4^- = (1,2167 g sulfato ferroso amoniacal) · (1 mol/392,16 g)/(0,04179 L)
>
> = **0,01478 M**
>
> Uma vez padronizada a solução de permanganato, podemos usá-la como um titulante para os analitos que podem ser oxidados por esse reagente.

Métodos de pré-tratamento da amostra. Em geral, é desejável que todo o analito esteja no mesmo estado de oxidação no início de uma titulação redox, mas esse pode não ser o caso da amostra original. Por exemplo, se a quantidade total de um analito deve ser medida por oxidação durante uma titulação redox, ele deve estar todo no mesmo estado de oxidação baixo antes que a titulação comece. Se algum analito estiver presente em um estado de oxidação mais elevado, esse estado deve ser antes reduzido por um processo de pré-tratamento da amostra chamado *pré-redução*. Esse processo deve ser conduzido de modo a não deixar nenhum agente redutor na amostra que possa reagir com o titulante e gerar erros na análise.

Uma forma de realizar a pré-redução da amostra é usar um **redutor**, que consiste em um dispositivo composto de uma coluna que contém uma forma insolúvel de um agente redutor (veja a Figura 15.4).[7-9] Exemplos desses dispositivos incluem um *redutor de Jones* (ou 'redutor de zinco'),[10-12] que contém zinco amalgamado, e um *redutor de Walden* (ou 'redutor de prata'), que contém granulados de prata.[13] A Tabela 5.1 compara a capacidade desses dois dispositivos de reduzir várias substâncias químicas. O zinco é mais comumente usado do que a prata para pré-redução porque é um forte agente mais redutor e menos oneroso. A prata, porém, tem algumas vantagens sobre o zinco, como o fato de que não reduzirá Cr^{3+} a Cr^{2+}. Outros tipos de redutor podem conter amálgamas de cádmio ou de chumbo.[7]

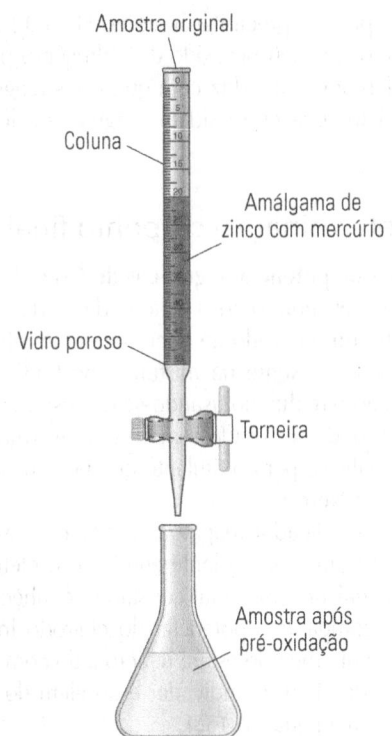

Figura 15.4

Estrutura característica de um redutor de Jones para pré-oxidação de analitos. Este dispositivo leva o nome do químico norte-americano Harry Clair Jones (1865-1916), que usou um tubo cheio de partículas de zinco no pré-tratamento de amostras. Uma década depois, o trabalho de outros revelou que a atividade de redução desse dispositivo pode ser melhorada usando-se um amálgama de zinco com mercúrio no lugar de partículas de zinco.[10-12]

Tabela 15.1

Comparação de redutores comuns para o pré-tratamento de uma amostra.*

	Produto reduzido[a]	
Substância química	Redutor de Jones	Redutor de Walden
Ag^+	Ag^0	Não aplicável[b]
CrO_4^{2-}	Cr^{2+}	Cr^{3+}
Cu^{2+}	Cu^0	$CuCl_3^{2-}$
Fe^{3+}	Fe^{2+}	Fe^{2+}
MnO_4^-	Mn^{2+}	Mn^{2+}
MoO_4^{2-}	Mo^{3+}	Mo^{3+}
Ti^{4+}	Ti^{3+}	Sem redução
UO_2^{2+}	U^{3+}/U^{4+}	U^{4+}
VO_3^-	V^{2+}	VO^{2+}

*Estas informações foram obtidas em H. Diehl, *Quantitative Analysis: Elementary Principles and Practice*, 2ª ed., Oakland Street Science Press, Ames, IA, 1974.

[a] Os produtos para o redutor de Jones são mostrados em uma reação realizada na presença de uma solução de ácido sulfúrico. Os produtos para o redutor de Walden são para uma reação realizada na presença de uma solução de ácido clorídrico.

[b] O redutor de Walden não pode ser usado neste caso porque ele usa prata como agente redutor.

A pré-redução também pode ser realizada em uma solução ou por meio de uma suspensão. Por exemplo, podem-se adicionar partículas de prata ou amálgama de zinco a uma amostra em vez de recorrer a um redutor de Jones ou de Walden. Essas partículas podem ser removidas por filtração antes que a amostra pré-tratada seja titulada. Reagentes redutores como sulfeto de hidrogênio (H_2S) e ácido sulfuroso (H_2SO_3) podem ser adicionados a uma amostra e depois removidos por ebulição. O cloreto estanoso ($SnCl_2$) é outro agente redutor que pode ser adicionado a uma amostra de pré-tratamento, na qual o excesso de $SnCl_2$ é posteriormente eliminado oxidando-se Sn^{2+} com $HgCl_2$ para formar Sn^{4+} e Hg_2Cl_2 insolúvel.[7-9]

Há casos em que uma substância deve ser convertida de um estado de oxidação inferior para outro superior antes de ser submetida a uma titulação redox. Esse tipo de pré-tratamento da amostra é chamado de *pré-oxidação*. Uma série de substâncias serve como reagente nesse processo. O bismutato de sódio ($NaBiO_3$), o dióxido de chumbo (PbO_2), o periodato de potássio (KIO_4), o persulfato de potássio ($K_2S_2O_8$, geralmente usado com Ag^+ como catalisador), o ozônio (O_3) e o peróxido de hidrogênio (H_2O_2) podem ser empregados para essa finalidade.[7-9] Resquícios de bismutato de sódio ou de dióxido de chumbo podem ser removidos por filtração. A remoção de periodato de uma amostra se dá por sua precipitação como $Hg_5(IO_6)_2$. O excesso de persulfato, ozônio ou peróxido de hidrogênio pode ser eliminado por fervura, o que faz com que esses reagentes sejam consumidos à medida que oxidam a água para formar o gás oxigênio.[7-9]

15.2.2 Determinação do ponto final

Medições de potencial e gráficos de Gran. Titulações redox costumam ser monitoradas pela medição da diferença de potencial entre um eletrodo de referência e um eletrodo indicador que esteja presente na mistura amostra/titulante. Esse tipo de titulação é realizado usando-se um sistema como o da Figura 15.2, e pode ser usado sempre que tivermos semirreações para o analito e para o titulante que possam ser descritas pela equação de Nernst.

O eletrodo indicador reagirá à atividade de espécies eletroativas na amostra e no titulante enquanto o eletrodo de referência fornecerá um potencial constante, conhecido, com o qual se pode comparar o potencial do eletrodo indicador. O potencial de célula medido estará relacionado com a diferença nos potenciais do eletrodo indicador e do eletrodo de referência, como mostra a Equação 15.4.

$$E_{Célula} = E_{Ind} - E_{Ref} \quad (15.4)$$

A forma da curva de titulação resultante assemelha-se à que se obtém por medições de pH durante uma titulação ácido-base, na qual o potencial de célula se altera apenas um pouco nos estágios iniciais de uma titulação, mas muda drasticamente na região próxima ao ponto de equivalência (veja as figuras 15.2 e 15.4). Essa semelhança decorre do fato de que tanto o potencial de célula quanto o pH estão relacionados com uma função logarítmica da atividade (ou concentração) de seus respectivos analitos. No caso de medições de potencial, a relação é descrita pela equação de Nernst. Em uma titulação ácido-base, ela é resultante da definição de trabalho de pH, em que $pH = -\log(a_{H^+})$.

Titulações ácido-base e titulações redox também se assemelham no sentido de que os dados obtidos por medições de potencial durante uma titulação redox podem ser convertidos em uma forma linear por meio de um gráfico de Gran.[14] A Tabela 15.2 mostra como desenvolver uma equação para o gráfico de Gran para a reação geral de titulação redox que foi dada na Equação 15.2. Com base no resultado final mostrado na Equação 15.5, pode-se traçar o gráfico de Gran para uma titulação redox plotando-se a função $(V_T \cdot 10^{-n_A E_{célula}/0{,}05916\,V})$ em relação ao volume de titulante adicionado (V_T).

A Figura 15.5 ilustra um gráfico de Gran para a titulação de Fe^{2+} por cerato (Ce^{4+}). De acordo com a Equação 15.5, esse tipo de gráfico linear deverá fornecer uma relação linear para a titulação antes do ponto de equivalência se a força iônica da mistura amostra/titulante for essencialmente constante. O intercepto x desse gráfico vai, então, ser igual ao volume de titulante necessário para atingir o ponto final (V_E). Mesmo que a força iônica varie durante a titulação, ainda é possível aplicar um gráfico de Gran para determinar V_E empregando-se um intervalo mais limitado de volumes de titulante, como os que compõem os últimos 10 a 20 por cento da titulação antes do ponto final.

Detecção visível e indicadores. Outra semelhança entre titulações redox e titulações ácido-base é que ambos utilizam indicadores visuais como um meio adicional para a detecção do ponto final. Há situações em que a cor do titulante ou amostra pode ser aplicada diretamente para monitorar o progresso de uma titulação redox. Isso ocorre quando se usa o permanganato como titulante. Uma solução de permanganato tem uma cor roxa intensa, mas fica clara quando submetida a uma reação de oxidação-redução com uma amostra. Como resultado, podemos encontrar o ponto final de uma titulação que usa o permanganato, observando em que ponto a adição de titulante primeiramente fornece uma cor permanente roxa ou rosa para a mistura amostra/titulante se nenhum outro material colorido estiver presente na amostra.

Diferentemente das titulações de permanganato, a maioria das outras titulações redox (incluindo a análise do excesso de dicromato durante a análise de DQO) exige a adição de um indicador separado à amostra ou titulante para a detecção visual de um ponto final. Em uma titulação ácido-base, seleciona-se um indicador visual que passará por uma mudança de cor próxima do pH do ponto de equivalência real. Em uma titulação redox, seleciona-se o indicador que passará por uma mudança de cor em um potencial de célula que está no potencial do ponto de equivalência, ou em suas adjacências. Esse requisito implica que o indicador de uma titulação redox deve ser uma substância química que também possa sofrer uma reação de oxidação-redução. Por isso, tal substância química é conhecida como **indicador redox**.[3-5]

Existem muitos indicadores redox disponíveis que permitem a visualização da mudança de cor em uma ampla faixa de potenciais (Tabela 15.3). Um exemplo comum é a *ferroína* (veja estrutura a seguir e a Figura 15.6), que costuma ser aplicada na detecção do ponto final em uma análise de DQO.[2,6,15] A ferroína tem a cor alterada quando submetida a uma redução de

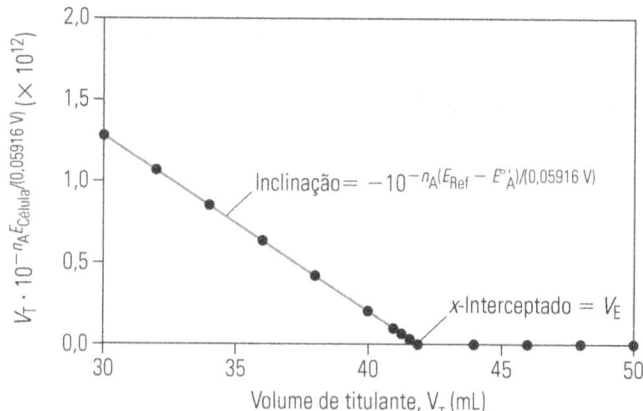

Figura 15.5

Gráfico de Gran característico para uma titulação redox, utilizando análise de uma amostra de 50,00 mL de Fe^{2+} de 0,08374 M com Ce^{4+} de 0,1000 M como titulante.

Tabela 15.2

Equação de Gran para um analito (A_{red}) titulado com um agente oxidante (T_{ox}).

Reações de titulação:

Semirreação de oxidação: $\quad A_{red} \rightleftarrows A_{ox} + n_A e^- \quad$ (ou $\quad n_T A_{red} \rightleftarrows n_T A_{ox} + n_T n_A e^-$)
Semirreação de redução: $\quad T_{ox} + n_T e^- \rightleftarrows T_{red}$ (ou $\quad n_A T_{ox} + n_T n_A e^- \rightleftarrows n_A T_{red}$)
Reação de titulação global: $\quad n_T A_{red} + n_A T_{ox} \rightleftarrows n_T A_{ox} + n_A T_{red}$

Equação de Nernst a 25 °C para o analito:

$$E_A = E_A^\circ - \frac{0{,}05916\ V}{n_A} \log\left(\frac{a_{A_{red}}}{a_{A_{ox}}}\right)$$

Equações de equilíbrio de massa (supondo-se uma reação essencialmente completa de A_{red} com T_{ox}):

$$\text{mol } A_{ox} \text{ produzido} = (n_A/n_T)(\text{mol } T_{ox} \text{ adicionado}) \quad \Rightarrow \quad [A_{ox}] = \frac{(n_A/n_T)C_T V_T}{V_A + V_T}$$

$$\text{mol } A_{ox} \text{ restante} = (\text{mol original } A_{ox} - \text{mol } T_{ox} \text{ adicionado}) \Rightarrow \quad [A_{red}] = \frac{C_A V_A - (n_A/n_T)C_T V_T}{V_A + V_T}$$

Substituir equações de equilíbrio de massa na Equação de Nernst e eliminar termos comuns:

$$E_A = E_A^\circ - \frac{0{,}05916\ V}{n_A} \log\left[\frac{(\gamma_{A_{red}})[A_{red}]}{(\gamma_{A_{ox}})[A_{ox}]}\right]$$

$$\Rightarrow E_A = E_A^\circ - \frac{0{,}05916\ V}{n_A} \log\left[\frac{(\gamma_{A_{red}})[C_A V_A - (n_A/n_T)C_T V_T]}{(\gamma_{A_{ox}})(n_A/n_T)C_T V_T}\right]$$

$$\Rightarrow E_A = \underbrace{E_A^\circ - \frac{0{,}05916\ V}{n_A}\log\left[\frac{\gamma_{A_{red}}}{\gamma_{A_{ox}}}\right]}_{E_A^{\circ\prime}} - \frac{0{,}05916\ V}{n_A}\log\left[\frac{C_A V_A - (n_A/n_T)C_T V_T}{(n_A/n_T)C_T V_T}\right]$$

Substituir $(n_A/n_T)(V_E C_T) = (C_A V_A)$, onde V_E é o volume titulante no ponto de equivalência:

$$\Rightarrow E_A = E_A^{\circ\prime} - \frac{0{,}05916\ V}{n_A}\log\left(\frac{(n_A/n_T)C_T V_E - (n_A/n_T)C_T V_T}{(n_A/n_T)C_T V_T}\right)$$

$$\Rightarrow E_A = E_A^{\circ\prime} - \frac{0{,}05916\ V}{n_A}\log\left(\frac{V_E - V_T}{V_T}\right)$$

Deixe $E_{Célula} = E_A - E_{Ref}$ e rearranje a Equação de Nernst combinada para $E_{Célula}$:

$$E_{Célula} = E_A - E_{Ref}$$

$$\Rightarrow E_{Célula} = (E_A^{\circ\prime} - E_{Ref}) - \frac{0{,}05916\ V}{n_A}\log\left(\frac{V_E - V_T}{V_T}\right)$$

$$\Rightarrow -[E_{Célula} - (E_A^{\circ\prime} - E_{Ref})]\cdot\frac{n_A}{0{,}05916\ V} = \log\left(\frac{V_E - V_T}{V_T}\right)$$

Determine o antilogaritmo de ambos os lados da equação e rearranje:

$$\Rightarrow 10^{-n_A[E_{Célula} - (E_A^{\circ\prime} - E_{Ref})]/(0{,}05916\ V)} = \frac{V_E - V_T}{V_T}$$

$$\Rightarrow V_T \cdot 10^{-n_A E_{Célula}/(0{,}05916\ V)} \cdot 10^{(E_A^{\circ\prime} - E_{Ref})/(0{,}05916\ V)} = V_E - V_T$$

$$\therefore \underbrace{V_T \cdot 10^{-n_A E_{Célula}/(0{,}05916\ V)}}_{y} = \underbrace{-10^{-n_A(E_{Ref} - E_A^{\circ\prime})/(0{,}05916\ V)}}_{m} \cdot \underbrace{V_T}_{x} + \underbrace{10^{-n_A(E_{Ref} - E_A^{\circ\prime})/(0{,}05916\ V)}\cdot V_E}_{+b} \tag{15.5}$$

Forma oxidada (azul claro)

Forma reduzida (vermelho)

Tabela 15.3

Exemplos de indicadores redox.*

Indicador	$E^{\circ\prime}$ (V)	Cor do indicador	
		Forma oxidada	Forma reduzida
Azul de metileno	0,53 ($n=2$)	Azul ↔	Incolor
Difenilamina	0,76 ($n=2$)	Violeta ↔	Incolor
Ácido de difenilamina-4-sulfônico	0,85 ($n=2$)	Violeta ↔	Incolor
Ferroína	1,06 ($n=1$)	Azul ↔	Vermelho
Tris(5-nitro-1,10-fenantrolina) ferro	1,25 ($n=1$)	Azul ↔	Vermelho

*Estas informações foram obtidas em J. A. Dean, *Lange's Handbook of Chemistry*, 15ª ed., McGraw Hill, Nova York, 1999. Os potenciais formais indicados são para uma solução aquosa a 30 °C que tem pH 0,0 ou, no caso da ferroína, contém H_2SO_4 de 1,0 M. Os valores entre parênteses representam o número de elétrons envolvidos na semirreação de redução para cada indicador, conforme obtido em A. Hulanicki e S. Glab, *Pure and Applied Chemistry*, 40, 1978, p.468-498.

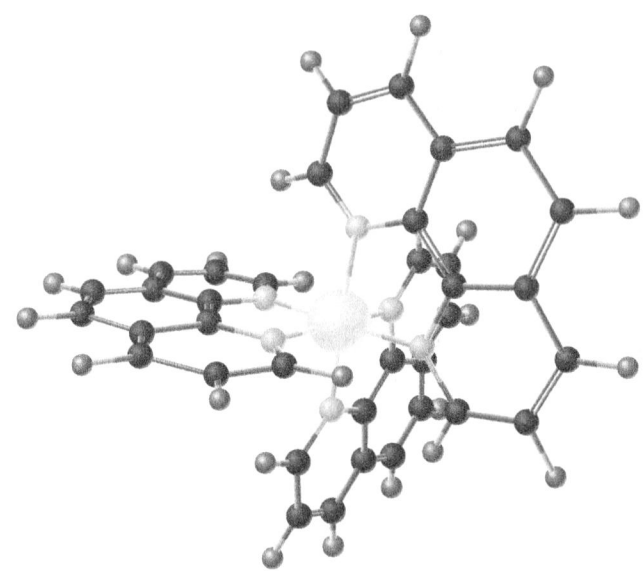

Figura 15.6

Estrutura da ferroína.

um elétron a partir de um estado '+3' para um estado '+2'. O potencial de redução padrão para essa semirreação é +1,11 V (*versus* o eletrodo padrão de hidrogênio [EPH]) a 25 °C, e o potencial formal é 1,06 V (*versus* EPH) em temperatura ambiente e na presença de H_2SO_4 de 1 M. Isso significa que a ferroína serve como indicador visual de uma titulação redox que tenha um ponto de equivalência que ocorra em tal potencial, ou próximo a ele.

Podemos calcular o intervalo de potenciais pelo qual um indicador redox produzirá uma mudança de cor usando a semirreação do indicador e a equação de Nernst, conforme mostrado a seguir (*Observação*: muitos indicadores redox são também ácidos fracos ou bases fracas, de modo que o potencial formal de $E^{\circ\prime}$ é frequentemente usado em lugar de E° na Equação 15.6 para descrever o valor de E_{In} que se espera em um dado pH).

Para um indicador redox a 25 °C:

$$In_{ox} + n\,e^- \rightleftarrows In_{red}$$

$$E_{In} = E_{In}^\circ - \frac{0,05916\ V}{n} \log\left[\frac{a_{In_{red}}}{a_{In_{ox}}}\right] \quad (15.6)$$

Nestas equações, as formas oxidada e reduzida do indicador são representadas por In_{ox} e In_{red}, onde se omitem as cargas das espécies para que se mantenha a simplicidade. A mudança de cor em um indicador ocorre com frequência quando se passa de uma razão de 10:1 das formas oxidadas e reduzidas para uma razão 1:10 das mesmas formas. Quando substituímos essas proporções no lugar das atividades na Equação 15.6 e combinamos essa expressão com a Equação 15.4, o resultado é a equação a seguir, que descreve os potenciais de célula nos quais o indicador produzirá uma mudança de cor visível.

$$E_{Célula} = E_{In}^\circ \pm \left[\frac{0,05916\ V}{n}\right] - E_{Ref} \quad (15.7)$$

Ao usar a ferroína na presença de um ácido sulfúrico de 1 M e em uma célula na qual um eletrodo de prata/cloreto de prata é utilizado como referência, a Equação 15.7 prevê que uma mudança de cor ocorrerá entre (+1,06 V) + (0,05916 V/1) − (+0,222 V) = +0,89$\underline{7}$ V e (+1,06 V) − (0,05916 V/1) − (+0,222 V) = +0,77$\underline{9}$ V. No caso de uma análise de DQO, pode-se verificar pela curva de titulação na Figura 15.3 que essa faixa de potencial ocorre logo após o ponto de equivalência para a titulação de excesso de dicromato por Fe^{2+}, tornando a ferroína um indicador adequado para esse método.

Um *indicador de amido* é um tipo especial de indicador visual empregado em titulações redox que têm o iodo como titulante ou analito.[6-9] Um íon iodeto (I^-) não tem nenhuma reação com amido, mas o iodo (I_2, provavelmente na forma do íon linear I_3^-) pode ser inserido na estrutura helicoidal do amido para formar um complexo de cor azul intensa (veja a Figura 15.7). Esse tipo de indicador às vezes é descrito como tendo $E° = 0,54$ V (*versus* EPH), que é simplesmente o potencial de redução padrão para o par redox iodo/triiodeto. O amido funciona melhor como indicador quando o iodo é o titulante. Quando o iodo é o analito, o complexo violeta amido/iodo se forma de modo que fica lento para se dissociar. Como resultado, quando o iodo é o analito, o amido só deve ser adicionado quando a titulação está quase no ponto de equivalência, como se pode avaliar pela dissipação da cor amarela do iodo quando dissolvido em uma solução aquosa.

15.3 Previsão e otimização de titulações redox

15.3.1 Abordagem geral para cálculos de titulações redox

Podemos usar a equação de Nernst para prever a forma de uma curva de titulação redox quando essa titulação envolve semirreações *reversíveis*. Esse processo requer que se calcule o valor de $E_{Célula}$ que se pode esperar em um determinado volume de titulante adicionado. Nas próximas seções, veremos como realizar isso no caso da titulação redox geral que foi dada na Equação 15.2. Como exemplo específico, analisaremos a titulação de Fe^{2+} com Ce^{4+}, um agente oxidante comum para titulações redox. As equações a seguir mostram as duas semirreações e a reação de oxidação-redução global que ocorrem durante essa análise.

Semirreação de oxidação: $\quad Fe^{2+} \leftrightarrows Fe^{3+} + e^-$ (15.8)

Semirreação de redução: $\quad \underline{Ce^{4+} + e^- \leftrightarrows Ce^{3+}}$ (15.9)

Reação de titulação global: $Fe^{2+} + Ce^{4+} \leftrightarrows Fe^{3+} + Ce^{3+}$ (15.10)

Para monitorar esta titulação, podemos colocar um eletrodo indicador feito de um material inerte como a platina na mistura amostra/titulante. Podemos, então, usar esse eletrodo para determinar a diferença de potencial entre a mistura e um eletrodo de referência, dando $E_{Célula}$ (Equação 15.4).

Visto que o eletrodo de referência tem um potencial fixo, qualquer mudança em $E_{Célula}$ verificada enquanto se adiciona mais titulante à amostra se deverá apenas a uma alteração no potencial para a amostra/titulante e as correspondentes semirreações que estão ocorrendo na mistura. Isso, por sua vez, significa que podemos determinar o valor esperado de $E_{Célula}$ se, em primeiro lugar, calcularmos E_{Ind} pela equação de Nernst. Entretanto, a questão que surge é: 'Qual semirreação usamos para esse cálculo?' Quando misturamos amostra e titulante, criamos um sistema com dois pares redox presentes — um representando as formas oxidada e reduzida do analito e o outro, as formas oxidada e reduzida do titulante. Em nosso exemplo específico, Fe^{2+} e Fe^{3+} seriam o primeiro par redox, enquanto Ce^{4+} e Ce^{3+}, o segundo. Cada par redox tem sua própria equação de Nernst para descrever sua semirreação, como se vê a seguir.

Equação de Nernst a 25 °C para Fe^{2+} e Fe^{3+}:

$$E_{Fe^{3+}/Fe^{2+}} = E°_{Fe^{3+}/Fe^{2+}} - \frac{0{,}05916 \text{ V}}{1}\log\left[\frac{a_{Fe^{2+}}}{a_{Fe^{3+}}}\right] \quad (15.11)$$

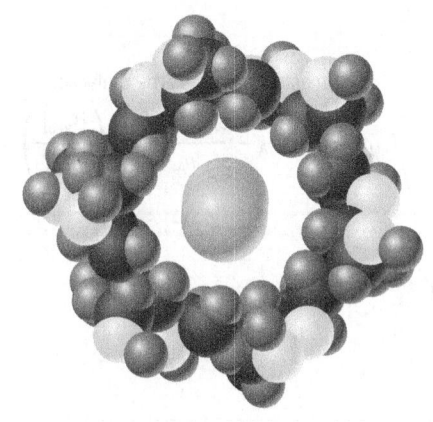

Amido (amilose)   Complexo de amido com I_3^-

Figura 15.7

Estrutura da amilose (à esquerda), um carboidrato linear que é um componente importante do amido, e o complexo colorido (à direita) que esse componente de amido forma com o íon triiodeto, I_3^-. Para produzir esse complexo, um filamento de amilose forma uma hélice em torno de um íon linear I_3^-. O amido também contém um carboidrato ramificado conhecido como amilopectina.

Equação de Nernst a 25 °C para Ce^{4+} e Ce^{3+}:

$$E_{Ce^{4+}/Ce^{3+}} = E°_{Ce^{4+}/Ce^{3+}} - \frac{0{,}05916 \text{ V}}{1} \log\left[\frac{a_{Ce^{3+}}}{a_{Ce^{4+}}}\right] \quad (15.12)$$

Uma vez que colocamos o eletrodo indicador em uma mistura da amostra com o titulante, ambas as semirreações estarão presentes durante a titulação de Fe^{2+} com Ce^{4+}. Como resultado, a equação de Nernst para *qualquer* um, analito ou titulante, pode ser aplicada para calcular E_{Ind}. No entanto, costuma ser mais fácil usar um ou outro par redox para uma parte específica da curva de titulação. Na próxima seção, veremos qual desses pares é mais apropriado para prever a forma de uma curva de titulação redox.

15.3.2 Cálculo da forma de uma curva de titulação redox

O valor de $E_{Célula}$ no curso de uma titulação redox pode ser estimado dividindo-se a curva de titulação em quatro regiões gerais: (1) a amostra original, (2) o meio da titulação em que apenas parte do analito foi titulado, (3) o ponto de equivalência e (4) a região além do ponto de equivalência em que há titulante em excesso (veja a Figura 15.8). Esse processo segue o mesmo padrão descrito nos capítulos 12 e 13 para prever a forma de curvas de titulação de titulações ácido-base, complexométricas e de precipitação, mas exige o uso da equação de Nernst.

A *primeira região* de uma titulação redox ocorre quando temos apenas a amostra original. Visto que ainda não adicionamos nenhum titulante, só é possível usar a equação de Nernst para o par redox do analito para calcular E_{Ind} nesse ponto. Tal situação é representada pela Equação 15.13.

Amostra original (0 por cento de titulação):

$$E_{Ind} = E_A \text{ e } E_A = E°'_A - \frac{0{,}05916 \text{ V}}{n_A} \log\left[\frac{[A_{red}]}{[A_{ox}]}\right] \quad (15.13)$$

onde usamos o potencial formal ($E°'_A$) em lugar do potencial de redução padrão ($E°$) para corrigir o fato de que incluímos as concentrações de A_{red} e A_{ox} na equação, em vez de suas atividades (Capítulo 10). Nesse ponto, você pode es-

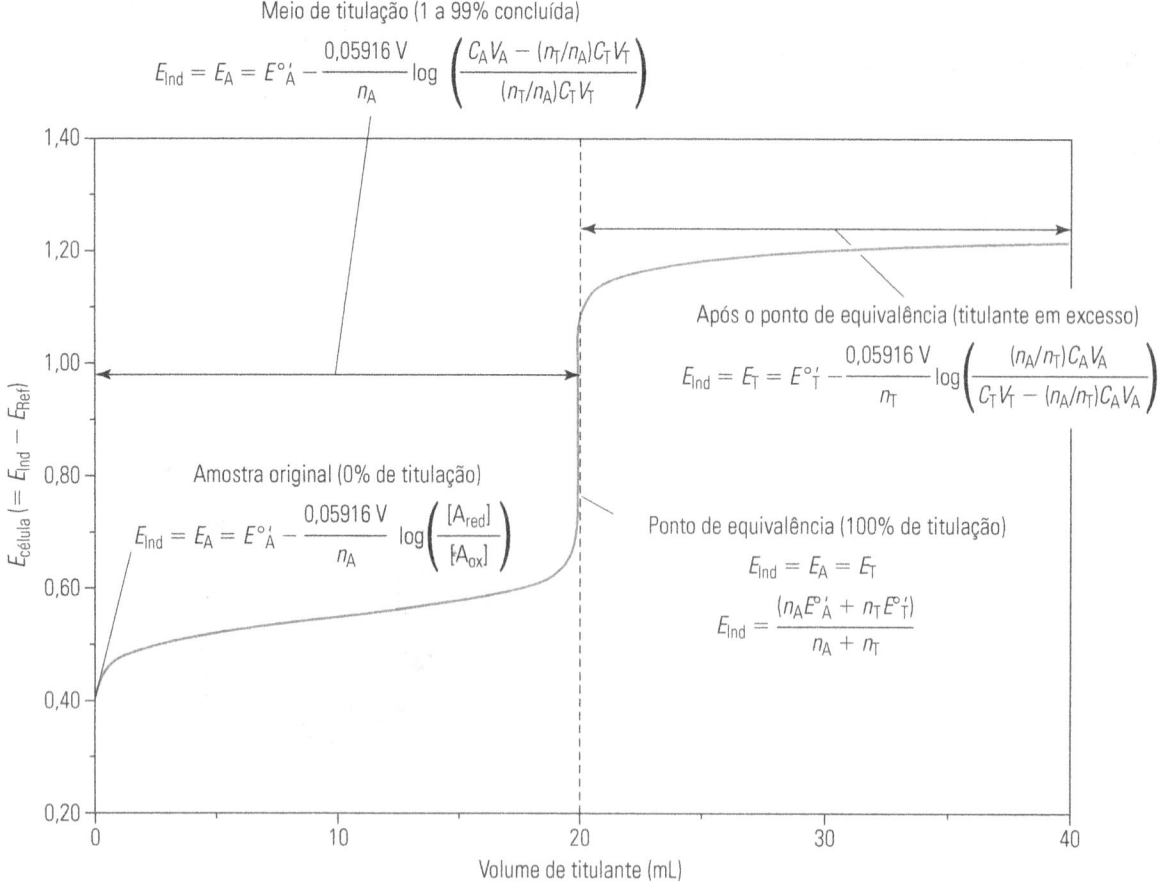

Figura 15.8

Quatro regiões gerais em uma curva de titulação redox. A curva específica aqui mostrada refere-se à análise de uma amostra de 10,00 mL de Fe^{2+} de 0,0100 M com Ce^{4+} de 0,005000 M como o titulante.

tar se perguntando como é possível usar a Equação 15.13 se apenas a forma original do analito está presente na amostra. A resposta é que uma pequena quantidade da outra forma do analito também deve estar presente se esse par redox faz parte de uma semirreação realmente reversível, como supõe a equação de Nernst. A quantidade dessa outra espécie (Fe^{3+}, se estamos titulando Fe^{2+}) costuma ser muito pequena ou ter um valor desconhecido. Assim, no início de uma titulação redox, em geral não é possível prever E_{Ind} a menos que mais informações sejam fornecidas sobre as condições da amostra. Nessa situação, uma abordagem alternativa é calcular o valor de $E_{Célula}$ em um ponto inicial da titulação (por exemplo, a 1 por cento do caminho para o ponto de equivalência) usando o método descrito no parágrafo a seguir (veja a Equação 15.14). No entanto, se temos informações suficientes para estimar o valor de E_{Ind} usando a Equação 15.13, podemos obter $E_{Célula}$ pela relação $E_{Célula} = E_{Ind} - E_{Ref}$, onde E_{Ref} é uma constante conhecida.

A *segunda região* de uma curva de titulação redox ocorre quando algum titulante foi adicionado à amostra, mas não se atingiu o ponto de equivalência. Nessa região, têm-se quantidades significativas de ambos os estados de oxidação do analito. Também podemos estimar as concentrações de ambas as formas do analito com base na concentração original do analito, na quantidade de titulante adicionado e na estequiometria da reação entre analito e titulante. Por exemplo, na titulação redox geral representada pela Equação 15.2, mols n_T do produto A_{ox} se formarão para cada mol n_T do analito (A_{red}) que reage com mols n_A de titulante (T_{ox}). Se soubermos que essa reação de titulação tem uma grande constante de equilíbrio, podemos afirmar com segurança que essencialmente todo o titulante adicionado reagirá com o analito enquanto houver analito em excesso. Nessas condições, os mols restantes do analito (A_{red}) serão iguais aos mols iniciais do analito ($C_A V_A$) menos o termo (n_T/n_A)($C_T V_T$), onde C_A é a concentração original do analito, C_T é a concentração total do titulante, V_A é o volume da amostra original, V_T é o volume de titulante adicionado e (n_T/n_A) é a razão estequiométrica para o analito e o titulante na reação de titulação. Os mols de A_{ox} que se formam serão (n_T/n_A)($C_T V_T$), e a concentração do analito ou desse produto será igual aos mols de cada uma dessas espécies divididos pelo volume total da mistura amostra/titulante ($V_A + V_T$). Ao colocarmos essa informação na equação de Nernst para o analito, recebemos o seguinte resultado:

Meio da titulação (1 a 99 por cento concluída):

$$E_{Ind} = E_A \text{ e } E_A =$$

$$E_A^{\circ\prime} - \frac{0{,}05916 \text{ V}}{n_A} \log\left[\frac{C_A V_A - (n_T/n_A)C_T V_T}{(n_T/n_A)C_T V_T}\right] \quad (15.14)$$

Obtém-se o mesmo tipo de expressão geral quando o titulante atua como agente redutor, em vez de agente oxidante, caso em que os termos no numerador e no denominador na porção logarítmica da Equação 15.14 são trocados porque A_{ox} passaria a ser o analito e A_{red}, o produto.

EXERCÍCIO 15.4 Antes do ponto de equivalência, durante a titulação de Fe^{2+} com Ce^{4+}

A curva de titulação na Figura 15.8 foi obtida para uma amostra de 10,00 mL de Fe^{2+} de 0,01000 M que foi titulada com Ce^{4+} de 0,005000 M. Supõe-se que a amostra original também contenha $1{,}0 \times 10^{-5}$ M Fe^{3+}, resultante da oxidação de Fe^{2+} a Fe^{3+} pelo oxigênio dissolvido na amostra. Estime o valor de $E_{Célula}$ em (a) no início da titulação e (b) no meio da titulação, se um eletrodo de prata/cloreto de prata for usado como eletrodo de referência. Além disso, determine (c) o valor de $E_{Célula}$ que se poderia esperar após somente 1,00 por cento de Fe^{2+} inicial ter sido titulado. Como este último valor pode ser comparado com os resultados obtidos nas partes (a) e (b)?

SOLUÇÃO

(a) O valor de E_{Ind} no início da titulação pode ser encontrado pela equação de Nernst para o par redox Fe^{3+}/Fe^{2+}, e supondo que as atividades para Fe^{3+}/Fe^{2+} nessa amostra sejam aproximadamente equivalentes às concentrações listadas para essas substâncias químicas.

$$E_{Ind} = E_{Fe^{3+}/Fe^{2+}} \approx$$

$$E_{Fe^{3+}/Fe^{2+}}^{\circ} - \frac{0{,}05916 \text{ V}}{1}\log\left[\frac{[Fe^{2+}]}{[Fe^{3+}]}\right]$$

$$= (+0{,}77\text{V}) - \frac{0{,}05916 \text{ V}}{1}\log\left[\frac{0{,}01000\,M}{1{,}0\times 10^{-5}\,M}\right] = +0{,}59\underline{2}\text{V}$$

Podemos, então, utilizar esse valor com a Equação 15.4 e o valor da E_{Ref} para o eletrodo de prata/cloreto de prata (+0,222 V) para determinar $E_{Célula}$. A resposta que obtemos por esse processo é $E_{Célula} = (+0{,}59\underline{2}\text{ V}) - (+0{,}222\text{ V}) =$ **+0,37 V** (*versus* Ag/AgCl).

(b) O ponto de equivalência para essa titulação ocorrerá quando o volume de titulante adicionado for (0,01000 M Fe^{2+})(0,01000 L Fe^{2+})/(0,005000 M Ce^{4+}) = 0,02000 L Ce^{4+}, de modo que apenas metade do caminho até esse ponto exigirá ½ (0,02000 L) = 0,01000 L Ce^{4+}. O valor de E_{Ind} nesse ponto intermediário da titulação pode ser calculado pela equação de Nernst para o par redox Fe^{3+}/Fe^{2+} na forma que é dada pela Equação 15.14, onde (n_T/n_A) = 1.

$$E_{Ind} = (+0{,}77\text{V}) - \frac{0{,}05916 \text{ V}}{1} \cdot$$
$$\log\bigl[\{(0{,}01000\,M)(0{,}01000\,L) -$$
$$(1)(0{,}005000\,M)(0{,}01000\,L)\}/$$
$$\{(1)(0{,}005000\,M)(0{,}01000\,L)\}\bigr]$$
$$= (+0{,}77\text{V}) - (0{,}000\text{V})$$
$$= +0{,}77\underline{0}\text{ V}$$

(*Observação*: no caso em que há uma relação 1:1 entre A_{ox} e A_{red}, o valor de E_{Ind} no ponto intermediário de uma titulação redox será igual a $E°$ para o par A_{ox}/A_{red}.) A seguir, usamos esse valor de E_{Ind} e E_{Ref} para o eletrodo de prata/cloreto de prata para determinar $E_{Célula}$, fornecendo uma resposta de $E_{Célula}$ = (+0,77$\underline{0}$ V) – (+0,222 V) = **+0,59 V** (*versus* Ag/AgCl).

(c) Constatou-se na parte (b) que 0,02000 L de titulante eram necessários para se atingir o ponto de equivalência, de modo que o volume de titulante necessário para titular de 1,00 por cento do analito original seria (0,01)(0,02000 L) = 0,000200 L. O valor de E_{Ind} nesse ponto pode ser determinado pela equação de Nernst para o par redox Fe^{3+}/Fe^{2+}, novamente com base na Equação 15.14 com $(n_T/n_A) = 1$.

$$E_{Ind} = (+0,77\text{V}) - \frac{0,05916\text{ V}}{1} \cdot$$
$$\log\bigl[\{(0,01000 M)(0,01000\text{ L}) -$$
$$(1)(0,005000 M)(0,000200\text{ L})\}/$$
$$\{(1)(0,005000 M)(0,000200\text{ L})\}\bigr]$$
$$= (+0,77\text{V}) - (0,11\underline{8}\text{V})$$
$$= +0,65\underline{2}\text{V} = +0,65\text{ V}$$

O valor correspondente de $E_{Célula}$ nesse ponto seria $E_{Célula}$ = (+0,65$\underline{2}$ V) – (+0,222 V) = **+0,43 V** (*versus* Ag/AgCl), que se aproxima do valor de $E_{Célula}$ calculado na parte (a) para a amostra original. Isso indica que um resultado calculado em 1,00 por cento da titulação poderia ter sido usado para descrever $E_{Célula}$ nas etapas iniciais da titulação se não tivéssemos informações adicionais sobre a quantidade de Fe^{2+} e Fe^{3+} inicialmente presente na amostra.

A *terceira região* em uma curva de titulação redox ocorre no ponto de equivalência, onde titulante em uma quantidade exata suficiente foi adicionado para reagir com todo o analito original. A única fonte importante para qualquer das espécies na mistura resultante atravessa o equilíbrio estabelecido por sua reação de oxidação-redução. Em geral, não conhecemos os valores exatos das quantidades de traço de analito e titulante que estão presentes nesse ponto, e por isso é difícil determinar E_{Ind} usando as equações de Nernst separadas para o analito ou para o titulante. Podemos, porém, usar ambas as equações de Nernst ao mesmo tempo para resolver E_{Ind}. Para isso, primeiro é necessário equiparar as duas equações de Nernst a E_{Ind}.

$$E_{Ind} = E_A = E_A^{°\prime} - \frac{0,05916\text{ V}}{n_A}\log\left(\frac{[A_{red}]}{[A_{ox}]}\right) \quad (15.15)$$

$$E_{Ind} = E_T = E_T^{°\prime} - \frac{0,05916\text{ V}}{n_T}\log\left(\frac{[T_{red}]}{[T_{ox}]}\right) \quad (15.16)$$

Em seguida, podemos multiplicar cada equação pelo número de elétrons que estão envolvidos nas semirreações (n_A ou n_T) e somar as duas equações.

$$n_A E_{Ind} = n_A E_A^{°\prime} - (0,05916\text{ V})\log\left(\frac{[A_{red}]}{[A_{ox}]}\right)$$
$$+ n_T E_{Ind} = n_T E_T^{°\prime} - (0,05916\text{ V})\log\left(\frac{[T_{red}]}{[T_{ox}]}\right)$$
$$\overline{(n_A + n_T)E_{Ind} = (n_A E_A^{°\prime} + n_T E_T^{°\prime})}$$
$$- (0,05916\text{ V})\log\left(\frac{[A_{red}][T_{red}]}{[A_{ox}][T_{ox}]}\right) \quad (15.17)$$

Pela estequiometria da reação de titulação, sabemos também que, no ponto de equivalência, pode-se dizer que $(n_A/n_T)[A_{ox}] = [T_{red}]$ e $(n_A/n_T)[A_{red}] = [T_{ox}]$. Quando substituímos essa informação na Equação 15.17, obtemos a expressão simplificada na Equação 15.18.

$$(n_A + n_T)E_{Ind} = (n_A E_A^{°\prime} + n_T E_T^{°\prime})$$
$$- (0,05916\text{ V})\log\left(\frac{[A_{red}](n_A/n_T)[T_{red}]}{[A_{ox}](n_A/n_T)[T_{ox}]}\right)$$
$$\Rightarrow (n_A + n_T)E_{Ind} = (n_A E_A^{°\prime} + n_T E_T^{°\prime}) - (0,05916\text{ V})\log(1)$$
$$\Rightarrow (n_A + n_T)E_{Ind} = (n_A E_A^{°\prime} + n_T E_T^{°\prime}) \quad (15.18)$$

Esta última equação pode agora ser rearranjada para resolver E_{Ind} no ponto de equivalência.

No ponto de equivalência (100 por cento de titulação):

$$E_{Ind} = \frac{(n_A E_A^{°\prime} + n_T E_T^{°\prime})}{(n_A + n_T)} \quad (15.19)$$

Assim, o valor de E_{Ind} no ponto de equivalência dessa titulação redox geral é uma média ponderada dos potenciais de redução padrão para o analito e para o titulante. Você deve observar que essa derivação assumiu que havia uma estequiometria 1:1 nos pares redox, tanto para o analito quanto para o titulante. Se não for esse o caso, termos adicionais que estejam relacionados tanto com o analito quanto com o titulante podem também aparecer em uma relação como a Equação 15.19. Veremos um exemplo disso na Seção 15.4.3 ao discutirmos o uso de dicromato como reagente em titulações redox.

A *quarta região* em uma curva de titulação redox ocorre após o ponto de equivalência. Nela, todo o analito original foi consumido e estamos apenas adicionando titulante em excesso à amostra. Como resultado, passam a existir montantes significativos de ambos os estados de oxidação do titulante. Além disso, podem-se estimar as concentrações de cada uma dessas formas com base nos mols originais do analito na amostra, os mols de titulante que foram adicionados e a estequiometria da reação entre analito e titulante. No caso da reação de titulação geral na Equação 15.2, os mols do produto para o titulante (T_{red}) serão iguais a $(n_A/n_T)(C_A V_A)$, enquanto os mols de titulante em excesso resultarão da diferença no total de mols do titulante adicionado ($C_T V_T$) e $(n_A/n_T)(C_A V_A)$. Também sabemos que o volume total da mistura amostra/titulante é ($V_A + V_T$), que podemos usar para ajudar a calcular as concentrações das formas oxidada e reduzida do titulante. Se substituirmos esses valores na equação de Nernst para o titulante, obteremos o seguinte resultado quando o titulante for um agente oxidante.

Após o ponto de equivalência (titulante em excesso):

$$E_{Ind} = E_T \quad \text{e} \quad E_T = E_T^{\circ\prime} - \frac{0{,}05916\,V}{n_T} \cdot$$

$$\log\left(\frac{(n_A/n_T)C_A V_A}{C_T V_T - (n_A/n_T)C_A V_A}\right) \quad (15.20)$$

Obtém-se uma expressão semelhante quando o titulante é um agente redutor, caso em que o numerador e o denominador na porção logarítmica da Equação 15.20 seriam trocados em relação àquilo que acabamos de mostrar, porque T_{red} passaria a ser o titulante e T_{ox}, seu produto.

EXERCÍCIO 15.5 — No ponto de equivalência, ou além dele, para a titulação de Fe^{2+} com Ce^{4+}

Qual valor de $E_{Célula}$ é esperado no ponto de equivalência da titulação na Figura 15.8? Qual valor de $E_{Célula}$ é esperado após a adição de 30 mL de titulante?

SOLUÇÃO

De acordo com a Equação 15.19, o potencial do eletrodo indicador no ponto de equivalência e o potencial de célula nesse ponto serão como segue.

$$E_{Ind} \approx [(1) + (+0{,}77\,V) + (1)(+1{,}44\,V)]/2 = +1{,}10\underline{5}\,V$$

e

$$E_{Célula} = (+1{,}10\underline{5}\,V) - (+0{,}222\,V) = +\mathbf{0{,}88\,V}\ (\textit{versus}\ \text{Ag/AgCl})$$

Pelo exercício anterior, sabemos que o ponto de equivalência dessa titulação ocorre quando 20,00 mL de titulante foram adicionados. Portanto, a adição de 30,00 mL de titulante se dará na região da curva de titulação que fica após o ponto de equivalência. O valor de E_{Ind} nesse ponto, pode ser determinado usando-se a Equação 15.20 e a equação de Nernst para o par redox do titulante.

$$E_{Ind} \approx E^{\circ}_{Ce^{4+}/Ce^{3+}} - \frac{0{,}05916\,V}{1} \cdot$$

$$\log\left(\frac{\{(1)(0{,}01000\,M)(0{,}01000\,L)\}/(0{,}005000\,M)}{(0{,}03000\,L) - (1)(0{,}01000\,M)(0{,}01000\,L)\}}\right)$$

$$= (+1{,}44\,V) - (0{,}01\underline{8}\,V) = +1{,}42\underline{2}\,V$$

Podemos, então, usar este valor calculado para E_{Ind} com a Equação 15.4 para determinar o potencial de célula, o que resulta em $E_{Célula} = (+1{,}42\underline{2}\,V) - (+0{,}222\,V) = +\mathbf{1{,}20\,V}$ (*versus* Ag/AgCl).

15.3.3 Uso da fração de titulação

Uma segunda maneira de prevermos o comportamento de uma titulação redox é usando a *fração de titulação (F)*, um conceito inicialmente discutido no Capítulo 12. O valor de F para a titulação redox geral na Equação 15.2 pode ser definido usando-se a seguinte relação:[5]

Titulação de A com T:

$$F = \frac{n_A\,(\text{mols de titulante adicionado})}{n_T(\text{mols do analito original})} = \frac{n_A C_T V_T}{n_T C_A V_A} \quad (15.21)$$

Podemos utilizar esta definição associada às equações de equilíbrio de massa de nossa titulação para obtermos uma expressão geral que descreva a titulação de A com T, como mostrado a seguir e na Tabela 15.4.

Equação da fração de titulação para titulação de A com T:

$$F = \frac{n_A C_T V_T}{n_T C_A V_A} = \frac{1 + 10^{-n_A[E_{Célula} + E_{Ref} - E_A^\circ]/(0{,}05916\,V)}}{\dfrac{10^{-n_T[E_{Célula} + E_{Ref} - E_T^\circ]/(0{,}05916\,V)}}{1 + 10^{-n_T[E_{Célula} + E_{Ref} - E_T^\circ]/(0{,}05916\,V)}}} \quad (15.22)$$

De acordo com esta relação, podemos calcular o valor de F em qualquer ponto da titulação redox usando o valor de $E_{Célula}$ nesse ponto com os potenciais de redução padrão conhecidos ou os potenciais formais do analito e do titulante e o número de elétrons envolvidos nessas semirreações. Podemos, então, utilizar o valor calculado de F para encontrar o volume de titulante que seria necessário para atingir esse ponto na titulação para uma determinada concentração de analito e titulante (C_A e C_T) e volume de nossa amostra original (V_A). A Figura 15.9 mostra uma planilha que pode ser usada com a Equação 15.22 para prever a forma de uma curva de titulação redox. Essa abordagem também serve para verificar como uma mudança nas condições afetará a titulação, como demonstra o exercício a seguir.

EXERCÍCIO 15.6 — Escolha de um indicador para uma titulação redox

Um cientista ambiental pretende utilizar ácido de difenilamina-4-sulfônico, em vez de ferroína, como indicador para a titulação de Fe^{2+} com Ce^{4+} no Exercício 15.5, que será realizado em pH 0,0. Qual será o erro de titulação se o ponto final ocorrer quando $E_{Ind} = E^{\circ\prime}$ para difenilamina? Qual seria o erro de titulação se a ferroína fosse utilizada como indicador?

SOLUÇÃO

O exercício anterior mostrou que o ponto de equivalência dessa titulação ocorre quando $E_{Ind} = +1{,}10\underline{5}\,V$ (*versus* EPH) e $V_T = V_E = 20{,}0$ mL. A Tabela 15.3 também mostrou que $E^{\circ\prime}$ para o ácido de difenilamina-4-sulfônico é $+0{,}85$ V (*versus* EPH) em pH 0,0. Isso equivaleria a um potencial de célula medido de $E_{Célula} = (+0{,}85\,V) - (+0{,}222\,V) = +0{,}62\underline{8}\,V$ (*versus* Ag/AgCl). Podemos agora substituir essa informação na Equação 15.22 para determinar F nesse potencial de célula.

$$F=\cfrac{1+10^{-1[0,628\text{ V}+0,222\text{ V}-0,77\text{ V}]/(0,05916\text{ V})}}{\cfrac{10^{-1[0,628\text{ V}+0,222\text{ V}-1,44\text{ V}]/(0,05916\text{ V})}}{1+10^{-1[0,628\text{ V}+0,222\text{ V}-1,44\text{ V}]/(0,05916\text{ V})}}}=0,95\underline{75}$$

Em seguida, podemos usar os valores de F e V_E para encontrar V_T no ponto final e calcular o erro de titulação resultante (veja nossa discussão anterior sobre erros de titulação no Capítulo 12).

$V_L = F \cdot V_E = (0,95\underline{75})(20,00\text{ mL}) = 19,1\underline{5}$ mL
Erro de titulação $= V_{L,\text{Pt final}} - V_L =$
$\qquad\qquad\qquad 19,1\underline{5}$ mL $- 20,00$ mL $= \mathbf{-0,85}$ **mL**

Estas condições geram um erro de titulação relativamente grande e uma concentração estimada para Fe^{2+} que é alta em 4,3 por cento. Se esse cientista usasse ferroína como indicador ($E°' = +1,06$ V *versus* EPH), o erro de titulação seria de apenas 0,24 μL, e a concentração medida para Fe^{2+} teria um erro de apenas 0,0012 por cento.

15.4 Exemplos de titulações redox

15.4.1 Titulações que envolvem o cerato

Na Seção 15.3, vimos como Ce^{4+}, ou **cerato**, pode ser usado como titulante em uma titulação redox para Fe^{2+}. O cerato é um agente oxidante forte usado com mais frequência nesse e em outros tipos de titulação redox. Soluções de Ce^{4+} podem ser preparadas usando-se $(NH_4)_2Ce(NO_3)_6$ como padrão primário. Cerato é um agente oxidante de um elétron cujo potencial formal não muda com o pH, como se observa na seguinte semirreação.

Semirreação de redução:

$$Ce^{4+} + e^- \leftrightarrows Ce^{3+} \qquad (15.9)$$

No entanto, é importante controlar o pH quando se usa Ce^{4+} como titulante porque esse reagente pode formar um hidróxido insolúvel ($Ce(OH)_4$) em uma solução neutra ou básica. Titulações com cerato são normalmente realizadas em uma so-

Tabela 15.4

Derivação de uma equação de fração de titulação para titular A_{red} com T_{ox}.

Reações de titulação:

Semirreação de oxidação: $\quad A_{red} \leftrightarrows A_{ox} + n_A e^- \quad$ (ou $\quad n_T A_{red} \leftrightarrows n_T A_{ox} + n_T n_A e^-$)
Semirreação de redução: $\quad T_{ox} + n_T e^- \leftrightarrows T_{red} \quad$ (ou $\quad n_A T_{ox} + n_T n_A e^- \leftrightarrows n_A T_{red}$)
Reação de titulação global: $\quad n_T A_{red} + n_A T_{ox} \leftrightarrows n_T A_{ox} + n_A T_{red}$

Equações de equilíbrio de massa:

Equilíbrio de massa para A: Mol total de A $= C_A V_A = $ mol $A_{red} + $ mol A_{ox}
$\qquad\qquad\qquad\qquad\qquad\qquad\qquad = \alpha A_{red}(C_A V_A) + \alpha A_{ox}(C_A V_A)$

Equilíbrio de massa para T: Mol total de T $= C_T V_T = $ mol $T_{red} + $ mol T_{ox}
$\qquad\qquad\qquad\qquad\qquad\qquad\qquad = \alpha T_{red}(C_T V_T) + \alpha T_{ox}(C_T V_T)$

Para reação de titulação: $\qquad n_T$ (mol A_{ox}) $= n_A$ (mol T_{red})

$\Rightarrow n_T \alpha A_{ox}$ (Mol total de A) $= n_A \alpha T_{red}$ (Mol total de T)

$\Rightarrow n_T \alpha A_{ox}(C_A V_A) = n_A \alpha T_{red}(C_T V_T)$

$\Rightarrow \cfrac{n_A C_T V_T}{n_T C_A V_A} = \cfrac{\alpha_{A_{ox}}}{\alpha_{T_{red}}}$

Equações de Nernst para titulação:

Equação de Nernst para A: $\quad E_A = E_A^{°'} - \cfrac{0,05916\text{ V}}{n_A}\log\left[\cfrac{[A_{red}]}{[A_{ox}]}\right]$

$\qquad\qquad\qquad\qquad$ (mol A_{red})/(mol A_{ox}) $= (1 - \alpha_{A_{ox}})/(\alpha_{A_{ox}})$

Equação de Nernst para T: $\quad E_T = E_T^{°'} - \cfrac{0,05916\text{ V}}{n_T}\log\left[\cfrac{[T_{red}]}{[T_{ox}]}\right]$

$\qquad\qquad\qquad\qquad$ (mol T_{red})/(mol T_{ox}) $= (\alpha_{T_{red}})/(1 - \alpha_{T_{red}})$

(continua)

Tabela 15.4

Derivação de uma equação de fração de titulação para titular A_{red} com T_{ox} (*continuação*).

Rearranje a Equação de Nernst para obter expressões alfa para A_{ox} e T_{red}:
  Uso da equação de Nernst para A:

$$\Rightarrow \quad (E_A - E_A^{o\prime}) = -\frac{0{,}05916 \text{ V}}{n_A} \log\left[\frac{1-\alpha_{A_{ox}}}{\alpha_{A_{ox}}}\right]$$

$$\Rightarrow \quad 10^{-n_A[E_A - E_A^{o\prime}]/(0{,}05916 \text{ V})} = \frac{1-\alpha_{A_{ox}}}{\alpha_{A_{ox}}}$$

$$\Rightarrow \quad \alpha_{A_{ox}} \cdot 10^{-n_A[E_A - E_A^{o\prime}]/(0{,}05916 \text{ V})} = 1-\alpha_{A_{ox}}$$

$$\Rightarrow \quad \alpha_{A_{ox}} = \frac{1}{1+10^{-n_A[E_A - E_A^{o\prime}]/(0{,}05916 \text{ V})}}$$

  Uso da equação de Nernst para T:

$$\Rightarrow \quad (E_T - E_T^{o\prime}) = -\frac{0{,}05916 \text{ V}}{n_T} \log\left(\frac{\alpha_{T_{red}}}{1-\alpha_{T_{red}}}\right)$$

$$\Rightarrow \quad 10^{-n_T[E_T - E_T^{o\prime}]/(0{,}05916 \text{ V})} = \frac{\alpha_{T_{red}}}{1-\alpha_{T_{red}}}$$

$$\Rightarrow \quad (1-\alpha_{T_{red}}) \cdot 10^{-n_T[E_T - E_T^{o\prime}]/(0{,}05916 \text{ V})} = \alpha_{T_{red}}$$

$$\Rightarrow \quad \alpha_{T_{red}} = \frac{10^{-n_T[E_T - E_T^{o\prime}]/(0{,}05916 \text{ V})}}{1+10^{-n_T[E_T - E_T^{o\prime}]/(0{,}05916 \text{ V})}}$$

Substitua nas expressões alfa $E_{Ind} = E_T$ ou E_A e $E_{Ind} = E_{Célula} + E_{Ref}$:

$$\Rightarrow \quad \alpha_{A_{ox}} = \frac{1}{1+10^{-n_A[E_{Célula} + E_{Ref} - E_A^{o\prime}]/(0{,}05916 \text{ V})}}$$

$$\Rightarrow \quad \alpha_{T_{red}} = \frac{10^{-n_T[E_{Célula} + E_{Ref} - E_T^{o\prime}]/(0{,}05916 \text{ V})}}{1+10^{-n_T[E_{Célula} + E_{Ref} - E_T^{o\prime}]/(0{,}05916 \text{ V})}}$$

Substitua em expressões alfa na equação de equilíbrio de massa para titulação:

$$\therefore \quad F = \frac{n_A C_T V_T}{n_T C_A V_A} = \frac{\dfrac{1}{1+10^{-n_A[E_{Célula}+E_{Ref}-E_A^{o\prime}]/(0{,}05916 \text{ V})}}}{\dfrac{10^{-n_T[E_{Célula}+E_{Ref}-E_T^{o\prime}]/(0{,}05916 \text{ V})}}{1+10^{-n_T[E_{Célula}+E_{Ref}-E_T^{o\prime}]/(0{,}05916 \text{ V})}}} \quad (15.22)$$

lução fortemente ácida (geralmente contendo H_2SO_4 de 1 M) para manter todas as espécies em solução. Além disso, o potencial formal dessa semirreação pode variar dependendo da identidade e da concentração de ânions presentes, além de Ce^{4+}, em solução (Tabela 15.5).[7-9]

A solução aquosa de Ce^{4+} é alaranjada e a de Ce^{3+}, amarelada, mas essas cores não são suficientemente intensas ou diferentes para serem usadas diretamente na detecção do ponto final durante uma titulação redox. O indicador redox mais comumente usado na titulação de cério é a ferroína. Titulações envolvendo Ce^{4+} também podem ser monitoradas por medições de potencial, como indica a Seção 15.3.2.

Tabela 15.5

Potenciais formais para o par redox Ce^{4+}/Ce^{3+} a 25 °C.

Condições	$E^{o\prime}_{Ce^{4+}/Ce^{3+}}$ (V vs. EPH)*
1,0 M HClO$_4$	+1,70
1,0 M HNO$_3$	+1,61
0,5 M H$_2$SO$_4$	+1,44
1,0 M HCl	+1,28

* Estas informações foram obtidas em J. A. Dean, *Lange's Handbook of Chemistry*, 15ª ed., McGraw-Hill, Nova York, 1999.

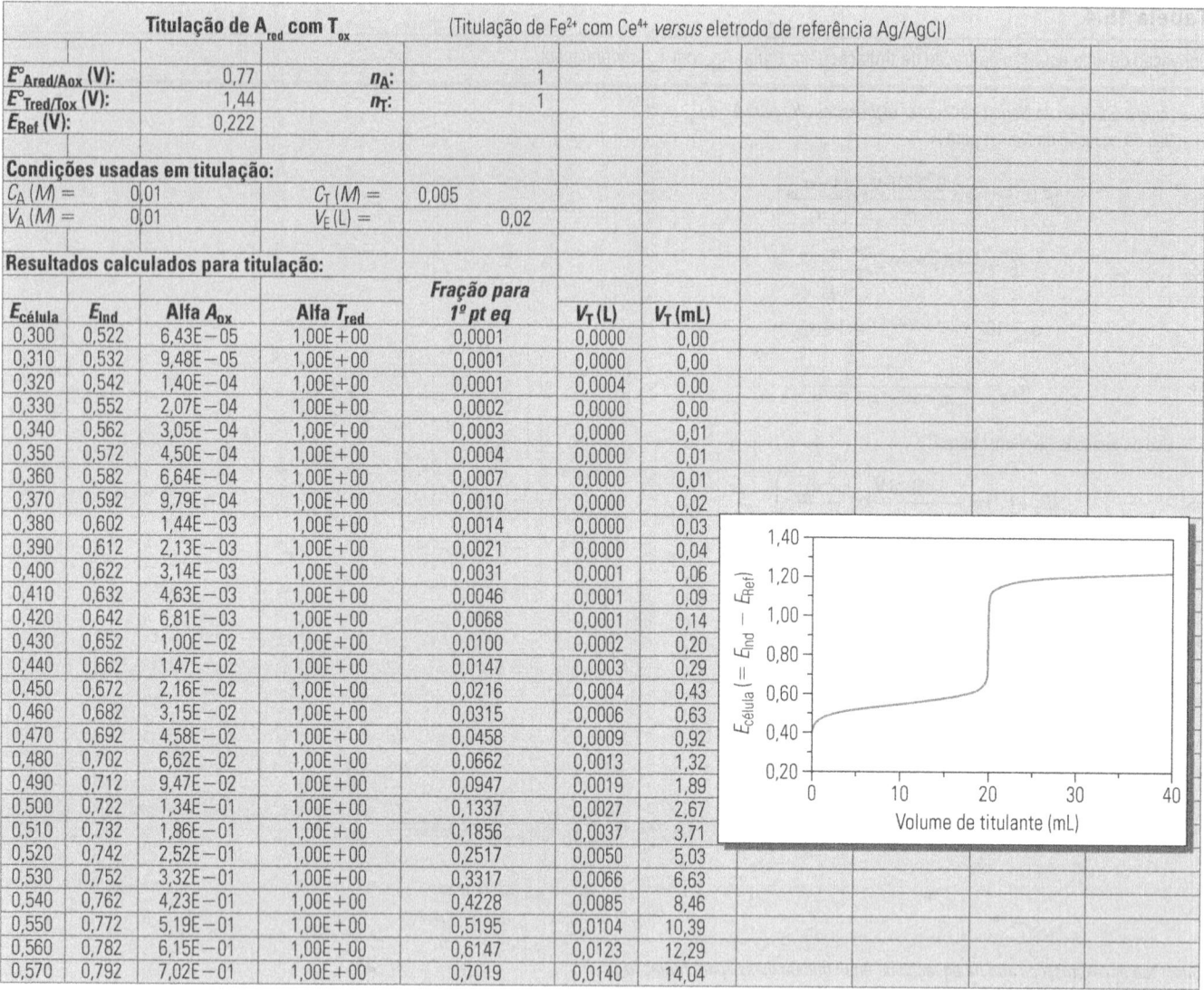

Figura 15.9

Exemplo de planilha que pode ser usada com a fração da expressão de titulação na Equação 15.22 para prever a forma e a resposta de uma curva de titulação.

15.4.2 Titulações que envolvem o permanganato

O permanganato é outro titulante usado com frequência em titulações redox. O manganês no permanganato de potássio ($KMnO_4$) está em seu estado de oxidação mais elevado (+7), e possui um grande valor positivo de $E°$ (+1,51 V versus EPH). Tais propriedades fazem do permanganato de potássio um bom agente oxidante, bastante utilizado em análise química, bem como em síntese orgânica e em processos industriais.[7-9] Embora o permanganato de potássio possa ser aplicado em uma análise de DQO, o dicromato é o preferido para essa finalidade, porque é mais eficaz em oxidar uma ampla gama de compostos orgânicos em água.

Soluções de permanganato devem ser normalizadas titulando-se uma fração de um padrão primário, como sulfato ferroso amoniacal e sulfato ferroso etilenodiamônio. Como observamos na Seção 15.2.2, a intensa cor roxa do permanganato permite o uso direto desse titulante na detecção visual de um ponto final. As titulações que envolvem o permanganato também podem ser seguidas pelo uso de medições de potencial.

A forma reduzida de permanganato que se forma durante uma reação de oxidação-redução dependerá do pH em que ela ocorre. Em uma solução ácida, o produto reduzido de permanganato é o quase incolor íon Mn^{2+}. Em uma solução com pH neutro, o produto será o sólido insolúvel marrom-preto MnO_2. As duas semirreações desses processos são as seguintes:

Semirreação de redução (pH ácido):

$$MnO_4^- + 8\,H^+ + 5\,e^- \leftrightarrows Mn^{2+} + 4\,H_2O \quad (15.23)$$

Semirreação de redução (pH neutro):

$$MnO_4^- + 4\,H^+ + 3\,e^- \leftrightarrows MnO_2(s) + 2\,H_2O \quad (15.24)$$

Titulações à base de permanganato costumam ser realizadas sob condições fortemente ácidas (por exemplo, em H_2SO_4 de 1 M) para evitar a formação de $MnO_2(s)$ e manter todas as espécies de interesse na solução.

Existem algumas diferenças relevantes entre Ce^{4+} e o permanganato que afetarão os cálculos usados para estimar suas curvas de titulação. Tais diferenças podem ser ilustradas comparando-se a titulação de Fe^{2+} usando esses dois agentes. As semirreações e a reação global que ocorrem durante a titulação de Fe^{2+} com permanganato são mostradas a seguir.

Semirreação de oxidação:

$$Fe^{2+} \leftrightarrows Fe^{3+} + e^- \quad (\text{ou} \quad 5\,Fe^{2+} \leftrightarrows Fe^{3+} + 5\,e^-) \quad (15.8)$$

Semirreação de redução:

$$MnO_4^- + 8\,H^+ + 5\,e^- \leftrightarrows Mn^{2+} + 4\,H_2O \quad (15.23)$$

Reação de titulação global:

$$5\,Fe^{2+} + MnO_4^- + 8\,H^+ \leftrightarrows 5\,Fe^{3+} + Mn^{2+} + 4\,H_2O \quad (15.24)$$

Uma das diferenças entre essa titulação e aquela que analisamos para Fe^{2+} com Ce^{4+} nas equações 15.8 a 15.10 é que a titulação de Fe^{2+} com MnO_4^- baseia-se na transferência de cinco elétrons, enquanto a de Fe^{2+} com Ce^{4+} envolve a transferência de um único elétron entre esses agentes. Isso significa que uma solução de permanganato com a mesma concentração molar (M) de uma solução de Ce^{4+} requer um volume de titulante menor para atingir o ponto de equivalência em uma amostra de Fe^{2+} (Figura 15.10). Contudo, as duas análises exigirão o mesmo volume de titulante se esses reagentes tiverem a mesma concentração em unidades de normalidade (N), que expressa a quantidade dos agentes usando equivalentes em vez de mols. As formas dessas curvas de titulação também vão diferir ligeiramente por causa dos diferentes números de elétrons que estão envolvidos em suas reações de oxidação-redução.

Uma segunda diferença entre o permanganato e o cerato é que a semirreação de redução do permanganato tem uma forte dependência de pH, como mostra a Equação 15.25, ao contrário da semirreação de redução de Ce^{4+}.

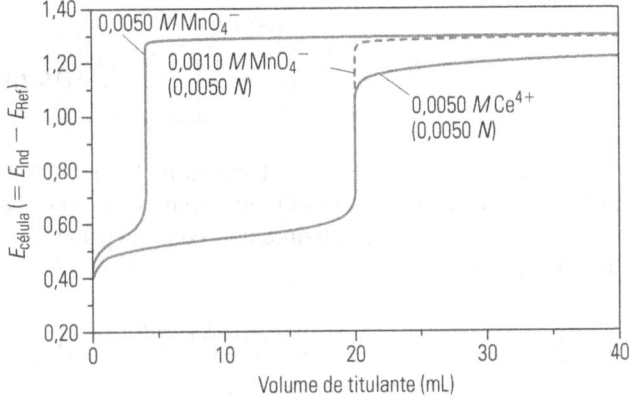

Figura 15.10

Comparação entre curvas de titulação para a reação de uma amostra de 10,00 mL de Fe^{2+} de 0,01000 M usando o cerato e o permanganato no titulante.

$$E_{MnO_4^-/Mn^{2+}} = E°_{MnO_4^-/Mn^{2+}} - \frac{0{,}05916\,V}{5} \log\left(\frac{a_{Mn^{2+}}}{(a_{MnO_4^-})(a_{H^+})^8}\right) \quad (15.25)$$

Ainda podemos usar as equações na Figura 15.10 para prever a resposta da titulação, separando a atividade do termo do íon hidrogênio dos outros termos na logarítmica da Equação 15.25.

$$E_{MnO_4^-/Mn^{2+}} = \underbrace{E°_{MnO_4^-/Mn^{2+}} - \frac{0{,}05916\,V}{5}\log\left(\frac{1}{(a_{H^+})^8}\right)}_{E°'_{MnO_4^-/Mn^{2+}}} - \frac{0{,}05916\,V}{5}\log\left(\frac{a_{Mn^{2+}}}{(a_{MnO_4^-})}\right) \quad (15.26)$$

Este termo logarítmico adicional pode ser combinado com o potencial de redução padrão para fornecer um potencial formal ($E°'$) que corresponda a um dado pH e a um conjunto de condições de solução. Se desejarmos, poderemos também usar um potencial formal para combinar os efeitos do pH com a utilização de concentrações em lugar de atividades na Equação 15.26. Esse potencial formal possibilita o trabalho direto com as expressões descritas nas seções 15.3.2 e 15.3.3 para prever o comportamento de uma titulação que envolva o uso de permanganato como reagente ou como analito.

EXERCÍCIO 15.7 — No ponto de equivalência para a titulação de Fe^{2+} com permanganato

Uma titulação de Fe^{2+} com permanganato é realizada em pH 1,00, adicionando-se um pouco de ácido sulfúrico à amostra e ao titulante. Qual valor de $E_{Célula}$ será esperado no ponto de equivalência da titulação se um eletrodo de prata/cloreto de prata for usado como eletrodo de referência?

SOLUÇÃO

Primeiro, precisamos encontrar o potencial formal do permanganato em pH 1,00 (ou $a_{H^+} = 10^{-1,00} = 0{,}100$). Podemos fazer isso usando a informação fornecida na Equação 15.26.

$$E_{MnO_4^-/Mn^{2+}} = E°_{MnO_4^-/Mn^{2+}} - \frac{0{,}05916\,V}{5}\log\left[\frac{1}{(a_{H^+})^8}\right]$$

$$= (+1{,}51\,V) - \frac{0{,}05916\,V}{5}\log\left[\frac{1}{(0{,}100)^8}\right] = +1{,}41\underline{5}\,V$$

O valor de E_{Ind} para esta titulação no ponto de equivalência pode ser determinado por meio da Equação 15.19.

$$E_{Ind} = \frac{(+0{,}77\,V) + 5(+1{,}415\,V)}{1+5} = +1{,}30\underline{8}\,V$$

Quando usamos este valor com E_{Ref} para o eletrodo de prata/cloreto de prata, obtemos $E_{Célula} = (+1{,}30\underline{8}\,V) - (+0{,}222\,V) = \mathbf{+1{,}09\,V}$ (*versus* Ag/AgCl).

15.4.3 Titulações que envolvem o dicromato

O dicromato é outro reagente bastante usado em titulações redox. Já vimos como utilizar essa substância em uma análise de DQO para oxidação de material orgânico em água. Entretanto, o dicromato também pode ser usado diretamente como titulante em uma titulação redox.[7-9] Uma solução padrão de dicromato pode ser preparada diretamente dissolvendo-se uma quantidade adequada de $K_2Cr_2O_7$ em água. O cromo no dicromato está em seu estado de oxidação mais alto (+6), e tem um grande valor positivo de $E°$ (1,36 V). Como vimos no caso do permanganato, tais propriedades fazem do dicromato de potássio um agente oxidante adequado para titulações redox.

A semirreação de redução para esse dicromato é mostrada na Equação 15.27.

Semirreação de redução:

$$Cr_2O_7^{2-} + 14\ H^+ + 6\ e^- \leftrightarrows 2\ Cr^{3+} + 7\ H_2O \quad (15.27)$$

Esta reação indica que a titulação redox que envolve o dicromato como agente oxidante fornecerá um potencial que dependerá fortemente do pH. Esta semirreação também é, de certo modo, única no sentido de que dois mols da espécie reduzida de cromo (Cr^{3+}) são produzidos para cada mol da espécie oxidada ($Cr_2O_7^{2-}$) que sofre uma redução.

O dicromato é utilizado como titulante em uma solução ácida. Isso porque seu produto de redução em uma solução ácida é o íon Cr^{3+} solúvel, mas em soluções neutras ou básicas sua redução leva à produção do verde insolúvel sólido Cr_2O_3. Além disso, sob condições neutras ou básicas, o dicromato se converte em cromato (CrO_4^{2-}), como mostrado a seguir.

$$Cr_2O_7^{2-} + 2\ OH^- \leftrightarrows 2\ CrO_4^{2-} + H_2O \quad (15.28)$$

Por essas razões, as soluções-padrão de dicromato de potássio costumam ser preparadas em uma solução aquosa ácida, muitas vezes contendo ácido sulfúrico de 1,0 M. Soluções de dicromato preparadas dessa maneira são bastante estáveis se mantidas em recipientes fechados, e continuam confiáveis para uso por muitos meses após sua preparação. Um aspecto adicional a se considerar quando se utiliza o dicromato de potássio é que ele está listado como carcinogênico e perigoso para o meio ambiente. Assim, precauções de segurança e procedimentos de manipulação química apropriados devem ser seguidos ao se usar esse reagente.

Medições de potencial podem ser usadas para acompanhar o curso de uma titulação à base de dicromato. Embora o dicromato de potássio seja alaranjado, sua coloração não é intensa o suficiente para permitir o uso como um meio direto para a detecção visual de um ponto final. O indicador mais adequado para uma titulação redox envolvendo o dicromato é a difenilamina, que costuma ser obtida na forma sulfonada para aumentar sua solubilidade. Após sua oxidação, a difenilamina se converte irreversivelmente de uma forma incolor para difenilbenzidina (um produto que também é incolor) e, depois, para difenilbenzidina violeta (cuja intensa cor roxa serve para sinalizar o ponto final).

O dicromato se assemelha ao permanganato como titulante porque a redução de ambos é um processo dependente de pH que envolve múltiplos elétrons. Isso significa que os cálculos realizados em uma titulação de dicromato também seguem uma abordagem semelhante à que foi descrita na última seção de dicromato. Agora, entretanto, também é necessário considerar o fato de que *dois* mols de Cr^{3+} são produzidos para *cada* mol de $Cr_2O_7^{2-}$ submetido a uma redução. Esse recurso acrescenta um nível extra de complexidade ao cálculo do potencial medido no ponto de equivalência e após o ponto de equivalência.

O cálculo do potencial de célula durante uma titulação à base de dicromato pode ser ilustrado analisando-se a medição de Fe^{2+} por tal abordagem. As semirreações e a titulação global nessa análise são dadas pelas seguintes reações:

Semirreação de oxidação:

$$Fe^{2+} \leftrightarrows Fe^{3+} + e^-$$

$$(\text{ou } 6\ Fe^{2+} \leftrightarrows 6\ Fe^{3+} + 6\ e^-) \quad (15.8)$$

Semirreação de redução:

$$Cr_2O_7^{2-} + 14\ H^+ + 6\ e^- \leftrightarrows 2\ Cr^{3+} + 7\ H_2O \quad (15.27)$$

Reação de titulação global:

$$6\ Fe^{2+} + Cr_2O_7^{2-} + 14\ H^+ \leftrightarrows$$
$$6\ Fe^{3+} + 2\ Cr^{3+} + 7\ H_2O \quad (15.29)$$

O valor de E_{Ind} no início e no meio da titulação pode ser determinado pela equação de Nernst para o par redox Fe^{3+}/Fe^{2+}, conforme descrito na Seção 15.3.2. Contudo, precisamos considerar tanto o pH quanto o Cr^{3+} ao determinar o valor de E_{Ind} no ponto de equivalência, e além dele, quando se emprega o dicromato como titulante.

Pode-se lidar com efeito do pH sobre o par redox de dicromato por meio de um potencial formal, como mostramos a seguir.

$$E_{Cr_2O_7^{2-}/Cr^{3+}} = \underbrace{E°_{Cr_2O_7^{2-}/Cr^{3+}} - \frac{0{,}05916\ V}{6}\log\left(\frac{1}{(a_{H^+})^{14}}\right)}_{E°'_{Cr_2O_7^{2-}/Cr^{3+}}}$$
$$-\frac{0{,}05916\ V}{6}\log\left(\frac{(a_{Cr^{3+}})^2}{a_{Cr_2O_7^{2-}}}\right) \quad (15.30)$$

Usando a mesma abordagem discutida na Seção 15.3.2, podemos combinar esse potencial formal com as equações de Nernst para Fe^{3+} e Cr^{3+} para obtermos uma equação para E_{Ind} no ponto de equivalência.

$$E_{Ind} = \frac{(E°'_{Fe^{3+}/Fe^{2+}} + 6E°'_{Cr_2O_7^{2-}/Cr^{3+}}) - (0{,}05916\ V)\log([Cr^{3+}])}{(1+6)} \quad (15.31)$$

Diferentemente da expressão geral dada na Equação 15.19 para E_{Ind}, esta relação depende da concentração de um dos produtos redox (Cr^{3+}), porque o dicromato e o Cr^{3+} não têm estequiometria 1:1 em sua semirreação. Felizmente, podemos estimar o valor de [Cr^{3+}] porque, essencialmente, toda a espécie de cromo dissolvido estará presente nessa forma no ponto de equivalência. Isso significa que é possível obter uma boa estimativa para [Cr^{3+}] a partir do total de mols de $Cr_2O_7^{2-}$ adicionados, do volume total da mistura amostra/titulante e da estequiometria da reação de titulação. Informações semelhantes podem ser usadas com o potencial formal e com a equação de Nernst na Equação 15.30 para encontrar o valor de E_{Ind} após o ponto de equivalência quando se adota o dicromato como titulante.

EXERCÍCIO 15.8 Titulação de Fe^{2+} com o dicromato

Uma solução aquosa de 10,00 mL de Fe^{2+} de 0,010000 M é titulada em pH 1,00 com uma solução de dicromato de potássio de 0,005000 M. Essa titulação é seguida por meio de medições de potencial usando um eletrodo de referência de prata/cloreto de prata. Qual valor de $E_{Célula}$ é esperado no ponto de equivalência da titulação?

SOLUÇÃO

A Equação 15.31 pode ser usada para determinar E_{Ind} para essa titulação no ponto de equivalência, mas, em primeiro lugar, precisamos encontrar [Cr^{3+}] nesse ponto. A quantidade total de Fe^{2+} na amostra original era (0,01000 M)(0,01000 L) = 1,000 × 10^{-4} mol. Também sabemos, como indica a reação de titulação na Equação 15.29, que seis mols de Fe^{2+} reagem com cada mol de dicromato adicionado à amostra. Como resultado, os mols de dicromato necessários para atingir o ponto de equivalência serão (1,000 × 10^{-4} mol)/(6 mol Fe^{2+}/mol $Cr_2O_7^{2-}$) = 1,66$\underline{7}$ × 10^{-5} mol $Cr_2O_7^-$, e o volume de titulante necessário para alcançar esse ponto é (1,66$\underline{7}$ × 10^{-5} mol $Cr_2O_7^-$)/(0,005000 mol/L) = 0,00333$\underline{3}$ L ou 3,33 mL. Se todo o dicromato reagiu com Fe^{2+}, a concentração de Cr^{3+} no ponto de equivalência é a seguinte:

[Cr^{3+}] = {(1,667 × 10^{-5} mol $Cr_2O_7^-$) · (2 mol Cr^{3+} / 1 mol $Cr_2O_7^-$)}/ (0,01000 L + 0,00333$\underline{3}$ L) = 2,50$\underline{0}$ × 10^{-3} M

Em seguida, precisamos considerar o efeito do pH na titulação, calculando o potencial formal do par redox de dicromato em pH 1,00. Isso pode ser feito usando-se a expressão $E^{o'}_{Cr_2O_7^{2-}/Cr^{3+}}$ para a Equação 15.30 com $E^{o}_{Cr_2O_7^{2-}/Cr^{3+}}$ = +1,36 V e a_{H^+} = 10^{-pH} = 0,10$\underline{0}$ em pH = 1,0.

$$E^{o'}_{Cr_2O_7^{2-}/Cr^{3+}} = (+1,36\text{ V}) - \frac{0,05916\text{ V}}{6}\log\left(\frac{1}{(0,10\underline{0})^{14}}\right) = +1,22\underline{2}\text{ V}$$

Agora podemos colocar os valores calculados para [Cr^{3+}] e $E^{o'}_{Cr_2O_7^{2-}/Cr^{3+}}$ na Equação 15.31 e, assim, resolver E_{Ind}, o que torna possível estimar $E_{Célula}$:

E_{Ind} = {(+0,77 V) + 6(+1,22$\underline{2}$ V) − (0,05916 V) log (2,50$\underline{0}$ × 10^{-3} M)}/(1 + 6)
= +1,17$\underline{9}$ V

ou $E_{Célula}$ = (+1,17$\underline{9}$ V) − (+0,222 V)
= **+0,96 V** (*versus* Ag/AgCl)

15.4.4 Titulações que envolvem o iodo

Outro grupo importante de titulações redox envolve a utilização de iodo como reagente, titulante ou analito. Esse tipo de método é chamado de **titulação iodométrica** (ou *iodometria*).[3,4,7-9] O iodo é um agente oxidante mais suave do que Ce^{4+}, permanganato ou dicromato, e pode ser usado em praticamente qualquer pH. O iodo na forma I_2 tem solubilidade limitada em água (~ 1,1 × 10^{-3} M), mas essa solubilidade pode ser aumentada pela reação de I_2 com iodeto (I^-) para formar o triiodeto (I_3^-), que é altamente solúvel.

$$I_2 + I^- \rightleftarrows I_3^- \quad (15.32)$$

Titulações iodométricas são usadas em várias formas, mas quase sempre envolvem a reação de iodo (ou triiodeto) com tiossulfato ($S_2O_3^{2-}$) para formar iodeto e tetrationato ($S_4O_6^{2-}$). Essa reação pode ser escrita usando-se iodo ou triiodeto como reagente, conforme mostramos a seguir.[7-9]

$$I_2 + 2\,S_2O_3^{2-} \rightleftarrows 2\,I^- + S_4O_6^{2-}$$

ou $$I_3^- + 2\,S_2O_3^{2-} \rightleftarrows 3\,I^- + S_4O_6^{2-} \quad (15.33)$$

Uma titulação iodométrica não costuma ser seguida por medições de potencial, mas, sim, pelo uso do amido como um indicador visual. Como vimos na Seção 15.2.2, o amido (em especial a amilose, o principal componente do amido na batata) pode formar um complexo com um íon triiodeto. Esse complexo tem coloração azul escura quando o triiodeto se liga com a amilose, e uma cor violeta menos intensa quando envolve a ligação do triiodeto com a amilopectina, outro importante componente do amido.[9,16]

A maioria das titulações iodométricas envolve um método indireto pelo qual se adiciona um excesso de iodeto a uma amostra que contém uma substância capaz de oxidar o iodeto para formar o iodo. A seguir, o iodo que se forma é titulado com o tiossulfato, tendo o amido como indicador.[7] Os analitos que atuam como agentes oxidantes de iodeto nessa abordagem incluem peróxido de hidrogênio, ozônio, hipoclorito, iodato, bromato, Fe^{3+} e bromo. Este método também pode ser usado para medir o permanganato, o dicromato e o Ce^{4+}. Durante a titulação do iodo (ou triiodeto) com tiossulfato, o indicador de amido só deve ser adicionado próximo ao ponto final. Se for adicionado cedo demais, o amido será exposto a uma alta concentração de triiodeto, o que produzirá uma espécie azul que protegerá o triiodeto e diminuir a sua taxa de reação com o tiossulfato, o que levará a um erro na detecção do ponto final. Em vez disso, o amido deve ser adicionado quando a cor amarela proveniente do iodo esmaecer, indicando que a maior parte do iodo já foi titulada com o tiossulfato.

EXERCÍCIO 15.9 Realização de uma titulação iodométrica

A concentração de peróxido de hidrogênio em uma amostra aquosa deve ser determinada por titulação iodométrica. Neste método, um excesso de iodeto é inicialmente submetido à reação com o peróxido de hidrogênio na amostra (ver a reação a seguir). O iodo que se forma é, então, titulado com o tiossulfato.

$$H_2O_2 + 2\,I^- + 2\,H^+ \rightarrow 2\,H_2O + I_2$$

Uma fração de 50,00 mL da amostra é tratada com 50,00 mL de KI de 0,20 M e titulada com $Na_2S_2O_3$ de 0,1087 M. O ponto final é sinalizado por um indicador de amido após a adição de 17,53 mL do titulante. Qual era a concentração de peróxido de hidrogênio na amostra?

SOLUÇÃO

Primeiro, precisamos descobrir quantos mols de tiossulfato foram adicionados no ponto final.

$$\text{mol } S_2O_3^{2-} = (0{,}01753\text{ L})(0{,}1087\text{ mol/L}) = 0{,}001905\text{ mol}$$

A reação na Equação 15.33 mostra que um mol de I_2 (ou I_3^-) será titulado para cada dois mols de $S_2O_3^{2-}$ necessários para a titulação. Portanto, havia 0,5 (0,001905 mol) = 0,009525 mol I_2 (ou I_3^-) na amostra depois da reação com o iodeto em excesso. Também podemos verificar, a partir da reação produzida entre iodeto e peróxido de hidrogênio, que um mol de I_2 se formou para cada mol de peróxido de hidrogênio que reagiu com I^-. Isto significa que também tínhamos 0,009525 mol de H_2O_2 na amostra, ou que a concentração original de peróxido de hidrogênio era $[H_2O_2]$ = **(0,0095925 mol)/(0,05000 L) = 1,906 × 10^{-2} M.**

Existem muitas aplicações para titulações iodométricas. Um exemplo importante é o **método de Karl Fischer** para análise da água[17] (veja o Quadro 15.1). Outro uso comum é a análise de gorduras insaturadas. Este processo envolve a adição de iodo por meio de ligações duplas de carbono-carbono em uma gordura insaturada, como mostrado a seguir.

$$I_2 + R\text{—}CH\text{=}CH\text{—}R \rightarrow R\text{—}CHI\text{—}CHI\text{—}R \quad (15.34)$$

Os mols de iodo consumidos pelo processo podem ser determinados pela medição da quantidade de I_2 restante de sua titulação com tiossulfato. A seguir, o resultado é usado para calcular o *número de iodo*, que se define como os gramas de I_2 reagidos por 100 g de gordura.[20,21] A Tabela 15.6 apresenta números de iodo comuns para vários tipos de gordura.

Tabela 15.6

Números de iodo para vários tipos de gordura e óleo.*

Tipo de gordura ou óleo	Número de iodo (g I_2 consumido/100 g amostra)
Óleo de coco	6–10
Manteiga	26–38
Manteiga de cacau	33–42
Sebo bovino	35–42
Gordura de frango	66–72
Azeite de oliva	79–88
Óleo de amendoim	88–98
Óleo de milho	111–128
Óleo de soja	122–134
Óleo de cártamo	122–141
Óleo de girassol	129–136
Óleo de fígado de bacalhau	137–166

*Estas informações foram obtidas em J. A. Dean, *Lange's Handbook of Chemistry*, 15ª ed., McGraw-Hill, Nova York, 1999.

Quadro 15.1 O método de Karl Fischer

Uma titulação redox serve não somente para medir analitos em água, mas também pode ser usada para medir o teor de água em uma amostra. Esse tipo de medição visa a detectar a quantidade de água em medicamentos, alimentos e produtos domésticos comuns. Tais medições são realizadas por meio de uma titulação redox especial desenvolvida pelo químico alemão Karl Fischer em 1935.[18] Esse tipo de medição, conhecido como **método de Karl Fischer**, costuma ser realizado na presença de uma mistura de metanol e piridina, que também contém uma concentração conhecida de SO_2 e I_2.[19]

As reações que ocorrem durante uma titulação de Karl Fischer são mostradas na Figura 15.11, tendo o metanol como solvente. Primeiro, o metanol reage com o SO_2 dissolvido no titulante por meio de um tipo especial de reação ácido-base, conhecido como *solvólise*. A seguir, os produtos dessa reação se combinam com uma base dissolvida (piridina) por meio de uma segunda reação ácido-base para formar um alquil sulfato (conforme representado por $BH^+SO_3^-$ na Figura 15.11). Quando se adiciona esse titulante a uma amostra contendo água, ocorre uma reação de oxidação-redução em que o enxofre em $BH^+SO_3^-$ é oxidado

Reações no método de Karl Fischer

1) **Reação de metanol (ROH) com SO_2**

$$2\,ROH + SO_2 \rightleftharpoons RSO_3^- + ROH_2^+$$

2) **Reação ácido-base com piridina (B)**

$$B + RSO_3^- + ROH_2^+ \rightleftharpoons BH^+RSO_3^- + ROH$$

3) **Reação de oxidação-redução**

$$\underset{\text{Analito}}{H_2O} + \underbrace{I_2 + BH^+RSO_3^- + 2\,B}_{\text{Titulante}} \longrightarrow BH^+RSO_4^- + 2\,BHI$$

Figura 15.11

Reações envolvidas na titulação de Karl Fischer para a medição de água.[19] O reagente geral 'ROH' é utilizado neste esquema para representar o metanol ou qualquer álcool na reação de Karl Fischer, enquanto 'B' representa uma base, como a piridina, que é usada como parte desta reação.

para formar o produto BH⁺SO₄R⁻ e o iodo em I_2 é reduzido para produzir I⁻ (representado por 'BHI' na presença de BH⁺). O método pode ser realizado adicionando-se vários volumes de um titulante contendo I_2 à amostra ou usando-se uma célula eletrolítica para gerar I_2 a partir de I⁻ para a titulação da água.[19]

O ponto final de uma titulação de Karl Fischer é detectado analisando-se o ponto em que a adição de titulante produz uma pequena quantidade de I_2 não reagido. O amido não pode ser empregado como um indicador nesse caso, porque é em geral usado como uma solução aquosa, o que colocaria mais água na amostra e geraria um erro na análise. Uma abordagem alternativa na detecção do ponto final é buscar diretamente pela cor do reagente de Karl Fischer, que fará a mistura amostra/titulante passar de amarelo a marrom ao se adicionar um ligeiro excesso de titulante. Também é possível detectar o ponto final por meio de medições eletroquímicas baseadas em biamperometria (conforme descrito no Capítulo 16), o que produzirá uma resposta somente quando quantidades significativas, tanto de I_2 quanto de I⁻, estiverem presentes na mistura amostra/titulante.[19]

Um método semelhante que usa bromo em vez de iodo é empregado em medições modernas de gorduras insaturadas e o 'número de iodo'. O bromo reage com ligações duplas de modo mais rápido e confiável do que o iodo, fornecendo uma avaliação mais exata do grau de insaturação da gordura. Essa análise é inicialmente realizada reagindo-se um excesso de bromo com a amostra para assegurar que todas as ligações duplas sejam bromadas (Equação 15.35). O bromo restante é, então, submetido à reação com um excesso de iodeto para formar iodo (Equação 15.36).

$$Br_2 + R\text{—}CH\text{=}CH\text{—}R \rightarrow R\text{—}CHBr\text{—}CHBr\text{—}R \quad (15.35)$$

$$Br_2 + 2\,I^- \rightarrow I_2 + 2\,Br^- \quad (15.36)$$

O iodo que se formou é titulado com o tiossulfato para determinar a quantidade de bromo que reagiu com a gordura na amostra.[22]

Palavras-chave

Cerato 378
Demanda química de oxigênio 365
Dicromato 365
Indicador redox 370

Método de Karl Fischer 384
Permanganato 368
Redutor 369
Tiossulfato 368

Titulação iodométrica 383
Titulação redox 365

Outros termos

Ferroína 370
Indicador de amido 373
Iodometria 383

Número de iodo 384
Pré-oxidação 369
Pré-redução 369

Redutor de Jones 369
Redutor de Walden 369

Questões

O que é titulação redox?

1. O que se entende por 'titulação redox'? Explique por que uma análise de DQO é um exemplo de método que utiliza titulação redox.
2. Explique como uma titulação redox se assemelha a uma titulação ácido-base ou a uma titulação complexométrica. Como uma titulação redox difere desses outros métodos?
3. Quais são os requisitos para que uma determinada reação de oxidação-redução seja útil como base para uma titulação redox?
4. Por que é importante ter um valor positivo relativamente grande de $E°_{global}$ para que uma titulação redox seja bem-sucedida?
5. Por que é necessário que haja uma taxa de reação rápida entre titulante e analito para uma titulação redox ser bem-sucedida?
6. Explique por que uma análise de DQO é feita por titulação de retorno.

Como as titulações redox são usadas em análise química?

7. Explique por que as titulações redox são muitas vezes mais difíceis de descrever do que titulações ácido-base ou titulações complexométricas envolvendo EDTA.
8. Discuta por que a estequiometria para a reação entre analito e titulante em uma titulação redox muitas vezes não é 1:1.
9. Forneça uma equação geral que possa ser usada para relacionar as concentrações e os volumes de analito e de titulante no ponto de equivalência de uma titulação redox. Justifique todos os termos que aparecem na equação.
10. Uma amostra de 50,00 mL de água de rio é tratada com 25,00 mL de $K_2Cr_2O_7$ de 0,2306 M em pH 0,0. Após ser aquecida e deixada a reagir, a mistura é resfriada, e o

dicromato restante é titulado com Fe^{2+} de 0,3165 M, produzindo um ponto final quando da adição de 34,24 mL do titulante. Quantos mols de dicromato reagiram com a amostra original? Qual é a DQO dessa amostra de água de rio quando expressa em unidades de mg O_2/L?

11. Uma fração de 25,00 mL de uma amostra contendo tanto Fe^{2+} quanto Fe^{3+} fornece um ponto final que é detectado pela ferroína quando 17,86 mL de Ce^{4+} de 0,1234 M são usados como titulante. Uma segunda fração de 25,00 mL da mesma amostra original é passada por um redutor de Jones e titulada com 22,54 mL da mesma solução de cério. Quais eram as concentrações de Fe^{2+} e Fe^{3+} na amostra?

12. Uma solução contendo arsênio na forma de arsenito (AsO_3^{3-}) é titulada até um bom ponto final com 37,55 mL de $KMnO_4$ de 0,05895 M na presença de H_2SO_4 de 0,05 M. Quantos gramas de arsênico estavam na amostra original?

Preparação de titulantes e amostras

13. Cite um exemplo de um titulante redox que pode ser preparado diretamente de um reagente primário. Quais propriedades são necessárias para que o reagente primário seja útil como titulante? (*Dica:* veja a discussão sobre padrões primários no Capítulo 12.)

14. Cite dois exemplos de titulantes redox que devem ser normalizados. Que tipos de padrões primários são utilizados durante esse processo?

15. Um químico deseja preparar 2,0 L de uma solução de dicromato de 0,02000 M.
    (a) Qual massa de dicromato de potássio será necessária para preparar essa solução?
    (b) Se esse titulante deve conter 1,0 M de ácido sulfúrico, qual volume de H_2SO_4 concentrado deve ser adicionado para produzir um volume total de 2,0 L para a solução final de dicromato?

16. Uma solução de permanganato é padronizada ao ser usada para titular várias frações cuidadosamente pesadas de puro $Fe(NH_4)_2(SO_4)_2 \cdot 6\,H_2O$. Use os dados fornecidos na tabela a seguir para determinar a concentração média observada nessa solução de permanganato (em unidades de molaridade) e o desvio-padrão dessa concentração estimada.

Massa de $Fe(NH_4)_2(SO_4)_2 \cdot 6\,H_2O$ (g)	Volume de titulante adicionado no ponto final (mL)
1,3657	37,86
1,4498	40,23
1,5108	41,95

17. Explique por que um pré-tratamento da amostra é por vezes necessário antes da realização de uma titulação redox.

18. Qual é a diferença entre 'pré-oxidação' e 'pré-redução'? Em quais situações cada uma pode ser usada como parte de um método analítico que envolve uma titulação redox?

19. O que é um 'redutor de Jones'? E um 'redutor de Walden'? Explique como cada um deles funciona.

20. Que tipos gerais de pré-tratamento seriam necessários antes que uma titulação redox pudesse ser usada para as seguintes medições?
    (a) Análise tanto do cromo total quanto do teor de Cr(VI) em uma amostra que também contém Cr(III).
    (b) Medição do teor total de manganês em uma amostra que contém $MnSO_4$ e MnO_2.
    (c) Determinação de nitritos e nitratos em uma solução aquosa.

21. Duas frações de 25,00 mL de solução contendo ferro dissolvido são tituladas com Ce^{4+} de 0,0254 M em H_2SO_4 de 1,0 M. A primeira é titulada sem tratamento prévio, e requer 17,08 mL de titulante para atingir um ponto final. A segunda solução é misturada com zinco granular, deixada em repouso até chegar ao ponto de equilíbrio, e o zinco restante é filtrado e a solução de ferro titulada com 24,57 mL do titulante. Quais eram as concentrações de ferro(II) e ferro(III) na solução original?

Detecção do ponto final

22. Explique como as medições de potencial podem ser usadas para seguir o curso de uma titulação redox. Esboce um diagrama simples de um sistema comumente usado nesse tipo de medição.

23. Qual é a forma típica de uma curva de titulação obtida por meio do uso de medições de potencial? Como esse tipo de curva se assemelha à obtida durante uma titulação ácido-base quando se utilizam medições de pH?

24. Explique como um gráfico de Gran pode ser usado para analisar os dados obtidos a partir de uma titulação redox. Indique como tal gráfico é preparado e descreva as informações que ele fornece.

25. A titulação de uma amostra de 50,00 mL de solução aquosa de Fe^{2+} com Ce^{4+} de 0,09553 M produz os seguintes potenciais de célula quando são usados um eletrodo indicador de platina e um eletrodo de referência Ag/AgCl (em KCl de 1 M). Use um gráfico de Gran para determinar a concentração de Fe^{2+} na amostra.

Volume de titulante adicionado (mL)	Potencial de célula medido (V)
32,00	0,600
34,00	0,608
36,00	0,617
38,00	0,629
40,00	0,649
42,00	1,355
46,00	1,444
50,00	1,461

26. Cite um exemplo de titulante que também pode ser usado como um indicador visual durante uma titulação redox. Que mudança de cor é observada no ponto final quando se usa esse titulante?

27. O que significa o termo 'indicador de redox'? Cite um exemplo específico de indicador redox e explique como ele funciona.

28. Explique por que é importante considerar o potencial esperado no ponto de equivalência para uma titulação redox quando se está selecionando um indicador visual para detectar o ponto final dessa titulação.

29. Em qual faixa de potencial você espera que o indicador de ácido de difenilamina-4-sulfônico mude de cor em uma titulação usando uma solução de dicromato de 0,1000 M como titulante?

30. Em qual faixa de potencial você espera que o tris(5-nitro-1,10-fenantrolina) ferro (II) mude de cor quando usado como indicador durante a titulação de Fe^{2+} com Ce^{4+}? Esse é um indicador adequado para essa titulação?

31. Descreva como o amido pode ser usado como indicador visual para uma titulação redox. Qual titulante ou reagente específico é detectado pelo amido durante esse processo?

Abordagem geral para cálculos de titulações redox

32. Explique por que dois eletrodos são necessários quando usamos medições de potencial para seguir o curso de uma titulação redox. Qual é a função de cada eletrodo nesse sistema?

33. Explique por que pelo menos duas semirreações estão realmente presentes na mistura amostra/titulante no curso de uma titulação redox.

34. Explique por que a equação de Nernst para qualquer uma das duas semirreações mencionadas na Questão 33 pode ser usada, em tese, para estimar o potencial durante uma titulação redox.

Cálculo da forma de uma curva de titulação redox

35. Quais são as quatro regiões gerais que estão presentes durante uma titulação redox?

36. Explique, de modo geral, como o potencial de célula pode ser estimado para cada uma das quatro regiões em uma curva de titulação redox.

37. Por que às vezes é difícil estimar o potencial de célula no início de uma titulação redox? Por que isso é mais difícil do que calcular o pH no início de uma titulação ácido-base ou o pM no início de uma titulação complexométrica?

38. Uma amostra de 100,00 mL de Fe^{2+} de 0,0200 M em H_2SO_4 de 0,5 M é titulada com uma solução de Ce^{4+} de 0,05000 M. Supõe-se que a amostra original também contenha Fe^{3+} de $1,5 \times 10^{-5}$ M. O curso dessa titulação é seguido por medições de potencial usando-se um eletrodo indicador de platina e um eletrodo de referência de prata/cloreto de prata.
    (a) Escreva as semirreações e a reação global de oxidação-redução desse processo. Qual volume de titulante será necessário para atingir o ponto de equivalência?
    (b) Qual potencial de célula é esperado antes que qualquer titulante seja adicionado à amostra? Qual é o potencial esperado após 1,00 por cento do analito ser titulado? Qual é o potencial de célula esperado após 10,00 mL de titulante ser adicionado?
    (c) Qual será o potencial de célula no ponto de equivalência? Qual será o potencial de célula após titulante suficiente ter sido adicionado para ultrapassar em 20,00 mL o ponto de equivalência?

39. Uma amostra aquosa de 10,00 mL supostamente contendo Fe^{2+} de 0,2547 M deve ser titulada com $KMnO_4$ de 0,01543 M na presença de H_2SO_4 de 1,0 M usando-se um eletrodo indicador de platina e um eletrodo de referência de prata/cloreto de prata.
    (a) Escreva as semirreações e a reação global de oxidação-redução desse processo. Qual volume de titulante será necessário para se atingir o ponto de equivalência?
    (b) Calcule o potencial de célula que será obtido após a titulação estar 1 por cento, 30 por cento ou 70 por cento concluída.
    (c) Calcule o potencial de célula no ponto de equivalência dessa titulação e após a adição de um excesso de 30 por cento de titulante. (*Dica:* veja a discussão sobre o permanganato na Seção 15.4.2.)
    (d) Use as informações das partes (a) a (c) para traçar uma curva de titulação aproximada para essa análise.

40. Uma amostra de 25,00 mL contendo vanádio deve ser titulada com uma solução de dicromato de 0,05746 M na presença de H_2SO_4 de 1,0 M usando-se um eletrodo indicador de platina e um SCE como referência. Antes da titulação, todo o vanádio na amostra é pré-reduzido a V^{2+}, que é então oxidado a VO^{2+} pelo dicromato durante a titulação redox. A solução de amostra pré-tratada resultante supostamente contém V^{2+} de 0,0750 M no início da titulação.
    (a) Escreva as semirreações e a reação global de oxidação-redução para esse processo. Escreva a semirreação de vanádio que ocorre quando ele é pré-reduzido durante o pré-tratamento da amostra.
    (b) Qual volume de titulante será necessário para alcançar o ponto de equivalência dessa titulação?
    (c) Estime o potencial de células a ser obtido após a titulação estar 1 por cento, 25 por cento, 50 por cento ou 75 por cento concluída. Estime o potencial de células no ponto de equivalência da titulação e após a adição de um excesso de 10,00 mL de titulante. (*Dica:* veja a discussão sobre o dicromato na Seção 15.4.3.)
    (d) Use as informações das partes (b) e (c) para traçar uma curva de titulação aproximada para essa análise.

Uso da fração de titulação

41. Descreva como as equações de equilíbrio de massa e uma expressão de equilíbrio podem ser usadas para se obter uma fração da equação de titulação para uma titulação redox.

42. Use uma abordagem semelhante à da Tabela 15.4 para derivar uma equação que forneça a fração de titulação para um método em que o titulante seja um agente redutor. Use a reação entre T_{red} e A_{ox} na Equação 15.2 para essa derivação. Compare o resultado com a Equação 15.22 para a titulação de A_{red} com T_{ox} como agente oxidante.

43. Use a fração da expressão de titulação na Equação 15.22 para comparar o erro de titulação que ocorrerá caso o ponto final ocorra em +0,900 V (*versus* Ag/AgCl) para a titulação de Fe^{2+} com Ce^{4+} de 0,0050 M, ou MnO_4^- na Figura 15.10.

44. Use a equação de fração de titulação da Tabela 15.4 e as aproximações sucessivas para determinar $E_{Célula}$ e o volume de titulante correspondente nos pontos de equivalência e nos pontos intermediários da titulação na Questão 43.

Titulações que envolvem o cerato

45. Discuta as propriedades de Ce^{4+} que o tornam útil em titulações redox.

46. Explique por que titulações que usam Ce^{4+} geralmente são realizadas em uma solução ácida.

47. Descreva como a detecção de ponto final pode ser realizada durante uma titulação redox à base de cerato.

48. Escreva as semirreações e a reação de titulação global que seriam esperadas para cada um dos seguintes analitos quando medidos usando-se Ce^{4+} como titulante.
   (a) Sn^{2+}
   (b) Nitrito (NO_2^-)
   (c) Hidroxilamina (NH_2OH)

49. Qual volume de Ce^{4+} de 0,0543 M será necessário para atingir o ponto de equivalência em uma solução de 25,00 mL que contém 6,54 mg de $FeSO_4$ dissolvido?

50. Calcule o volume necessário de Ce^{4+} para atingir o ponto final que será marcado por uma mudança de cor em ferroína quando esta substância for usada como indicador redox na titulação da Questão 49. Qual mudança de cor será observada? Qual percentual de Fe^{2+} na amostra será realmente titulado nesse ponto final?

51. Uma amostra de minério de 5,00 g contendo urânio é dissolvida e pré-reduzida para converter toda a espécie de urânio em U^{4+}. Essa solução de amostra, que tem um volume total de 25,00 mL, é titulada a seguir para produzir UO_2^{2+} adicionando-se Ce^{4+} de 0,08755 M. O ponto final da titulação é detectado após a adição de 31,25 mL de titulante. Qual era o teor de urânio em unidades de % (m/m) na amostra de minério?

Titulações que envolvem o permanganato

52. Quais são as propriedades de permanganato que o tornam útil, como reagente, em redox?

53. Explique por que titulações que usam permanganato são realizadas em uma solução ácida. O que acontece se o permanganato for usado em uma solução com pH neutro ou básico?

54. Descreva como realizar a detecção do ponto final durante uma titulação redox à base de permanganato. Qual característica do permanganato torna mais fácil a detecção do ponto final nessas titulações?

55. Escreva as semirreações e a reação de titulação global que seriam esperadas para cada um dos analitos a seguir ao serem medidos utilizando-se o permanganato como titulante.
   (a) Peróxido de hidrogênio (H_2O_2)
   (b) Brometo (Br^-)
   (c) H_3AsO_3

56. Explique como os cálculos de potencial de célula durante uma titulação redox à base de permanganato são diferentes daqueles para uma titulação que utiliza Ce^{4+} como titulante. De que maneiras esses cálculos são semelhantes?

57. Uma amostra aquosa de 50,00 mL supostamente contendo Fe^{2+} de 0,01500 M em H_2SO_4 de 1,0 M é titulada com uma solução de permanganato de potássio de 0,01000 M que também foi preparada em H_2SO_4 de 1,0 M. O curso dessa titulação é seguido por medições de potencial usando-se um eletrodo indicador de platina e um eletrodo de referência de prata/cloreto de prata.
   (a) Escreva as semirreações e a reação global de oxidação-redução desse processo. Qual volume de titulante será necessário para atingir o ponto de equivalência?
   (b) Qual é o potencial de célula esperado no meio da titulação?
   (c) Qual será o potencial de célula no ponto de equivalência?
   (d) Qual será o potencial de célula após uma quantidade suficiente da solução de permanganato ter sido adicionada para ultrapassar em 10,00 mL o ponto de equivalência?

58. Uma amostra de 10,00 mL que, supostamente, contém H_3AsO_3 de 0,113 M deve ser titulada com uma solução de $KMnO_4$ de 0,02000 M. Tanto a amostra quanto o titulante foram preparados em HCl de 1 M, de modo que os produtos da reação de titulação são Mn^{2+} e H_3AsO_4. O curso da titulação é seguido por medições de potencial usando-se um eletrodo indicador de platina e um eletrodo de referência de prata/cloreto de prata.
   (a) Escreva as semirreações e a reação global de oxidação-redução do processo. Qual volume de titulante será necessário para atingir o ponto de equivalência?
   (b) Qual é o potencial de célula esperado no meio dessa titulação?
   (c) Qual será o potencial de célula no ponto de equivalência?
   (d) Qual será o potencial de célula após uma quantidade suficiente da solução de permanganato ser adicionada para ultrapassar em 10,00 mL o ponto de equivalência?

Titulações que envolvem o dicromato

59. Quais são as propriedades do dicromato que o tornam útil como reagente em titulações redox? Quais propriedades do dicromato relacionadas com questões de saúde ou de segurança podem levar à seleção de um reagente alternativo para uma titulação redox?

60. Explique por que as titulações que usam dicromato são realizadas em uma solução ácida. O que acontece se o dicromato for usado em uma solução com pH neutro ou básico?

61. Descreva como a detecção de ponto final pode ser realizada durante uma titulação redox à base de dicromato.

62. Escreva as semirreações e a reação de titulação global que seriam esperadas de cada um dos analitos a seguir ao serem medidos utilizando-se o dicromato como titulante.
   (a) Sn^{2+}
   (b) Tiossulfato ($S_2O_3^{2-}$)
   (c) UO^{2+} (para formar UO_2^{2+})

63. Explique como os cálculos de potencial de célula, durante uma titulação redox à base de dicromato, são diferentes daqueles para a titulação que usa Ce^{4+} ou permanganato como titulante. De que maneira esses cálculos são semelhantes?

64. Se você pudesse escolher entre realizar uma titulação utilizando Ce^{4+} de 0,10 M, MnO_4^- de 0,10 M ou $Cr_2O_7^{2-}$ de 0,10 M como titulante, qual desses reagentes exigiria maior volume para atingir o ponto de equivalência, quando adicionados a 25,00 mL de Fe^{2+} de 0,10 M? Qual desses titulantes terá de ser adicionado em menor volume para alcançar o ponto de equivalência da titulação?

65. Uma amostra aquosa de 50,00 mL supostamente contendo Fe^{2+} de 0,01500 M em H_2SO_4 de 1,0 M é titulada com uma solução de dicromato de potássio de 0,01000 M que também foi preparada em H_2SO_4 de 1,0 M. O curso dessa titulação é seguido por medições de potencial usando-se um eletrodo indicador de platina e um eletrodo de referência de prata/cloreto de prata.
    (a) Escreva as semirreações e a reação global de oxidação-redução desse processo. Qual volume de titulante será necessário para atingir o ponto de equivalência?
    (b) Qual é o potencial de célula esperado no meio dessa titulação?
    (c) Qual será o potencial de célula no ponto de equivalência?
    (d) Qual será o potencial de célula após uma quantidade suficiente da solução de dicromato ser adicionada para ultrapassar em 10,00 mL o ponto de equivalência?

66. Para medir a demanda química de oxigênio de uma amostra de água, 5,00 mL da água são tratados com 5,0 mL de ácido sulfúrico com $K_2Cr_2O_7$ de 0,100 M e aquecidos até que todo o material orgânico tenha sido oxidado a CO_2. O dicromato remanescente é titulado com uma solução de Fe^{2+} de 0,100 M. Quanto do dicromato foi reduzido pela matéria orgânica, se 17,23 mL da solução de Fe^{2+} são necessários para alcançar um ponto final adequado?

Titulações que envolvem o iodo

67. O que é uma 'titulação iodométrica'? Quais são as propriedades do iodo que o tornam útil como reagente em uma titulação iodométrica?

68. Explique por que tiossulfato é utilizado com frequência como reagente em uma titulação iodométrica. Qual é a função do reagente?

69. Descreva como o amido pode ser usado na detecção do ponto final durante uma titulação iodométrica. Qual é a base química desse meio de detecção de ponto final?

70. Explique como uma titulação iodométrica pode ser usada para medir um agente oxidante como o peróxido de hidrogênio. Escreva as reações que são usadas para o tratamento e para a análise de amostras nesse método.

71. Escreva as semirreações e a reação de titulação global que seriam esperadas de cada um dos analitos a seguir ao serem medidos utilizando-se uma titulação iodométrica.
    (a) H_3AsO_3
    (b) Hidrazina (N_2H_4), formando N_2.
    (c) Formaldeído (CH_2O), formando ácido fórmico (HCO_2H).

72. Qual volume de $Na_2S_2O_3$ de 0,123 M será necessário para titular o iodo formado se 100 mL de ozônio de 0,00456 M reagir com um excesso de KI?

73. Qual é a concentração de Cu^{2+} em uma solução se 5,00 mL dela forem tratados com iodeto em excesso, e o iodo resultante requerer 17,84 mL de uma solução de $Na_2S_2O_3$ de 0,0548 M para atingir um ponto final do amido?

74. O que é o método de Karl Fischer? O que esse método analisa? Explique por que essa técnica é um exemplo de titulação redox e de método iodométrico.

75. Uma porção de 5,00 g de farinha de trigo é dissipada em metanol anidro e titulada pelo método de Karl Fischer. Observa-se um ponto após a adição de 7,84 mL de um titulante que se combinará com cerca de 5,0 mg de água por mL de titulante. Para padronizar esse titulante, ele é usado para medir uma amostra conhecida por conter 0,0525 g de água dissolvida em 5,00 mL de metanol anidro, que requer 10,62 mL do titulante para atingir o ponto final. Qual é a concentração do titulante, e qual é o teor percentual de água na amostra de farinha?

76. Analise como usar uma titulação iodométrica para determinar o número de iodo para uma amostra que contém gordura insaturada. Por que o bromo costuma ser usado em lugar do iodo em uma parte dessa análise?

77. Uma amostra de 11,54 g de gordura é tratada com 25,00 mL de uma solução de Br_2 de 0,350 M. Essa mistura é deixada reagir, então KI é adicionado em excesso e o iodo resultante é titulado com $Na_2S_2O_3$ de 0,576 M. O ponto final da titulação ocorre após a adição de 4,87 mL do titulante. Qual é o 'número de iodo' dessa gordura?

78. O íon bromato reage com o iodeto para gerar iodo e brometo. Escreva uma equação equilibrada para essa reação. Qual é a concentração de bromato em 25,00 mL de uma solução que é tratada com um excesso de KI e o iodo resultante titulado a um ponto final de amido com 7,24 mL de uma solução de tiossulfato de sódio de 0,0453 M?

Problemas desafiadores

79. Obtenha mais informações sobre cada um dos seguintes tópicos e escreva um procedimento operacional padrão para a tarefa dada.
    (a) Preparação e manipulação de uma solução de dicromato de potássio para uso como titulante.
    (b) Preparação e padronização de uma solução de permanganato de potássio.
    (c) Preparação de uma solução de amido para uso como um indicador visual em uma titulação iodométrica.

80. Há muitos indicadores redox além dos enumerados na Tabela 15.3. Alguns exemplos de outros indicadores possíveis são fornecidos a seguir. Usando uma fonte como o *Lange's Handbook of Chemistry* ou uma referência correlacionada,[6,15] determine a faixa de potencial em que cada um desses indicadores pode ser utilizado e descreva a mudança de cor a ser observada.

(a) Monossulfato de índigo.
(b) Erioglaucina A.
(c) Ácido N-fenilantranílico.
(d) Tris(2,2'-bipiridina) rutênio.
(e) Fenosafranina.
(f) Setopalina.

81. Pesquise os valores de iodo para óleo de abacate, óleo de gergelim, óleo de peixe e gordura ovina.[6]
    (a) Qual é o valor mais elevado de iodo que se pode encontrar para tais gorduras e óleos?
    (b) O que acontece com o número de iodo de uma gordura quando ela é em parte hidrogenada e totalmente hidrogenada? O que mais acontece com a gordura durante o processo de hidrogenação?

82. O cério(IV) oxida o vanádio(II) em múltiplas etapas até que este chegue a vanádio(V). Pesquise as semirreações e os potenciais-padrão dessas espécies e monte uma curva de titulação para uma solução de Ce^{4+} de 0,1000 M que seja usada para titular uma amostra de 10,00 mL que contenha V(II) de 0,10 M.

83. Em uma base forte (KOH de 2 M), o permanganato oxida lentamente muitos compostos orgânicos ao íon carbonato e forma o íon de manganato(VI) verde (MnO_4^{2-}).
    (a) Escreva uma equação equilibrada para essa reação.
    (b) Suponha que 50,00 mL de $KMnO_4$ de 0,1000 M reajam com 25,00 mL de uma solução de glicerina ($C_3H_8O_3$) até que toda a glicerina tenha formado carbonato. Uma vez atingido o equilíbrio, a solução será acidificada e os elevados estados de oxidação do manganês serão titulados com 19,13 mL de Fe^{2+} de 0,1235 M. Quanta glicerina havia na amostra original?

84. Imagine que você tenha uma amostra que contenha significativas quantidades de Fe^{2+} e Fe^{3+}. A concentração total de ambas as espécies é 0,01000 M, com Fe^{3+} perfazendo 30,0 por cento dessa concentração inicial. Uma fração de 25,00 mL da amostra é titulada usando-se uma solução de Ce^{4+} de 0,1000 M em um pH ácido. Essa titulação é seguida por meio de medições de potencial utilizando-se a platina como eletrodo indicador e um eletrodo de referência de prata/cloreto de prata.
    (a) Qual volume de titulante será necessário para se alcançar o ponto de equivalência dessa titulação?
    (b) Qual será o potencial de célula medido no início da titulação?
    (c) Qual será o potencial de célula no meio da titulação? Como este resultado pode ser comparado com o que você esperaria se não houvesse quantidade significativa de Fe^{3+} na amostra original?
    (d) Qual é o potencial de célula esperado no ponto de equivalência? Como esse resultado pode ser comparado com o esperado se não houvesse uma quantidade significativa de Fe^{3+} na amostra original?
    (e) Qual será o potencial de célula após a adição de um excesso de 20,00 mL de titulante à amostra? Como este resultado pode ser comparado com o esperado se não houvesse quantidade significativa de Fe^{3+} na amostra original?

85. O ferrato de potássio (K_2FeO_4) tem recebido uma atenção considerável por seu uso como agente oxidante forte. Essa substância reage muito rapidamente com a água em uma solução neutra ou ácida, mas lentamente em uma base. A pureza do ferrato de potássio pode ser determinada se ele for tratado com um excesso de $Cr(OH)_4^-$ em NaOH de 1,0 M e se o Cr(IV) resultante for titulado com Fe^{2+} em uma solução ácida.
    (a) Escreva as semirreações e a reação global para a etapa de pré-tratamento envolvida nessa análise.
    (b) Escreva as semirreações e a reação de titulação global para essa análise.
    (c) Na sua opinião, por que a etapa de pré-tratamento da amostra e essa abordagem de titulação indireta são necessárias para a análise do ferrato de potássio?

86. Na titulação de uma amostra contendo Fe^{2+} com Ce^{4+}, o potencial de célula do eletrodo de platina antes da adição de qualquer cério é 0,234 V *versus* SCE. Qual é a razão Fe^{3+}/Fe^{2+} nesse ponto na titulação? Como isso contribuirá com o erro no teor percentual estimado de ferro da amostra, conforme determinado por essa titulação, se o ponto final for observado após a adição de 17,64 mL de Ce^{4+} de 0,08765 M à amostra?

Tópicos para discussão e relatórios

87. Outro método para monitorar a poluição da água, além da análise de DQO, é medir o oxigênio requerido pelos micro-organismos para oxidar a matéria orgânica dissolvida em água. Esse tipo de medição fornece um valor chamado de *demanda biológica de oxigênio* (ou DBO). Obtenha mais informações sobre a DBO e descreva em um relatório como essa medição é feita. Como a informação fornecida por uma análise de DBO pode ser comparada com aquelas obtidas quando se busca a DQO para uma amostra de água? Quais são as vantagens e as desvantagens da utilização de medições de DBO *versus* DQO?

88. Localize um laboratório de teste de água na região em que você vive e descubra como o pessoal desse laboratório faz e usa as medições de DQO. Discuta suas descobertas com seus colegas.

89. Obtenha mais informações sobre o método de Karl Fischer e suas aplicações. Elabore um relatório sobre suas descobertas.

90. Encontre ou sugira um procedimento para a realização de uma titulação redox em uma ou mais das situações a seguir. Descreva as reações que ocorrem nesse método e indique a finalidade de cada passo do procedimento.
    (a) Determinação do teor de urânio em uma amostra de minério.
    (b) Medição da quantidade de iodo em uma amostra de alga marinha seca. (*Observação*: quando seca, a alga marinha é usada como fonte comercial de iodo.)
    (c) Determinação da pureza do borohidreto de sódio ($NaBH_4$), um agente redutor usado com muita frequência em laboratórios químicos e em síntese orgânica

91. A reação 'Blue Bottle' é uma demonstração química bem conhecida. Nela, um frasco fechado contendo uma solução

aquosa incolor de glicose, hidróxido de potássio e azul de metileno é agitado, fazendo com que ela fique azul. Após alguns minutos, a solução se torna incolor novamente, mas basta agitar o frasco para restaurar a cor azul. A sequência pode ser repetida muitas vezes. Explique o que provoca a mudança de cor.

Referências bibliográficas

1. C. N. Sawyer, P. L. McCarty e G. F. Perkin, *Chemistry for Environmental Engineering and Science*, 5 ed., McGraw-Hill, Nova York, 2003.
2. L. S. Clescerl, A. E. Greenberg e A. D. Easton, ed., *Standard Methods for Examination of Water and Wastewater*, 20 ed., American Public Health Association, Washington, DC, 1999.
3. G. Maludziska, ed., *Dictionary of Analytical Chemistry*, Elsevier, Amsterdã, Holanda, 1990.
4. J. Inczedy, T. Lengyel e A. M. Ure, *Compendium of Analytical Nomenclature*, 3 ed., Blackwell Science, Malden, MA, 1997.
5. H. Frieser, *Concepts & Calculations in Analytical Chemistry: A Spreadsheet Approach*, CRC Press, Boca Raton, FL, 1992.
6. J. A. Dean, ed., *Lange's Handbook of Chemistry*, 15 ed., McGraw-Hill, Nova York, 1999.
7. H. Diehl, *Quantitative Analysis: Elementary Principles and Practice*, 2 ed., Oakland Street Science Press, Ames, IA, 1974.
8. K. Kodama, *Methods of Quantitative Inorganic Analysis: An Encyclopedia of Gravimetric, Titrimetric and Colorimetric Methods*, Interscience, Nova York, 1963.
9. J. Bassett, R. C. Denney, G. H. Jeffery e J. Mendham, *Vogel's Textbook of Quantitative Inorganic Analysis*, 4 ed., Longman, Nova York, 1978.
10. I. M. Kolthoff e P. J. Elving, *Treatise on Analytical Chemistry*, Part 1, Vol. II, Wiley, Nova York, 1975.
11. P. W. Shimer, 'A Simplified Reductor', *American Chemical Society Journal*, 21, 1899, p.723.
12. F. Szabadvary, *History of Analytical Chemistry*, Pergamon Press, Nova York, 1966.
13. G. H. Walden, Jr., L. P. Hammett e S. M. Edmonds, *Journal of the American Chemical Society*, 56, 1934, p.350.
14. G. Gran, 'Equivalence Volumes in Potentiometric Titrations', *Analytica Chimica Acta*, 206, 1988, p.111.
15. A. Hulanicki e S. Glab, 'Redox Indicators, Characteristics and Applications', *Pure and Applied Chemistry*, 40, 1978, p.468–498.
16. R. D. Hancock e B. J. Tarbet, 'The Other Double Helix: The Fascinating History of Starch,' *Journal of Chemical Education*, 77, 2000, p.988.
17. K. Fischer, 'A New Method for the Volumetric Determination of the Water Content of Liquids and Solids', *Zeitschrift fur Analytische Chemie*, 48, 1935, p.394–396.
18. S. K. MacLeod, 'Moisture Determination Using Karl Fischer Titrations', *Analytical Chemistry*, 63, 1991, p.557A–566A.
19. R. P. Ruiz, 'Karl Fisher Titration'. In: *Handbook of Food Analytical Chemistry: Water, Proteins, Enzymes, Lipids and Carbohydrates*, 2005, p.13–16.
20. *Official and Tentative Methods of Analysis*, 4 ed., Association of Official Agricultural Chemists, Washington D.C., 1935.
21. W. C. Forbes e H. A. Neville, 'Wijs Iodine Numbers for Conjugated Double Bonds', *Industrial and Engineering Chemistry, Analytical Edition*, 12, 1940, p.72–72.
22. H. D. DuBois e D. A. Skoog, 'Determination of Bromine Addition Numbers: An Electrometric Method', *Analytical Chemistry*, 20, 1948, p.624–627.

Capítulo 16
Coulometria, voltametria e métodos correlatos

Conteúdo do capítulo

16.1 Introdução: a zona morta
16.2 Eletrogravimetria
16.3 Coulometria
    16.3.1 Coulometria direta
    16.3.2 Titulações coulométricas
    16.3.3 Coulometria de potencial constante
16.4 Voltametria e amperometria
    16.4.1 Voltametria de corrente direta
    16.4.2 Amperometria
    16.4.3 Voltametria de redissolução anódica

Nos dois capítulos anteriores, focalizamos um método eletroquímico conhecido como potenciometria, no qual se usa a medição de uma diferença de potencial em análise química. Essas medições são feitas na presença de uma corrente essencialmente igual a zero. Tais condições são adotadas em potenciometria para assegurar que nenhuma quantidade considerável de quaisquer reações de oxidação-redução ocorra na amostra durante a medição, embora uma diferença de potencial que favoreça tal reação possa existir. Neste capítulo, lidaremos com outros métodos de análise eletroquímica nos quais uma corrente mensurável flui entre dois eletrodos, como no eletrodo de oxigênio dissolvido. Exemplos importantes incluem eletrogravimetria, coulometria, voltametria e amperometria.[3-5]

16.1 Introdução: a zona morta

A concentração de oxigênio dissolvido em oceanos, rios e lagos é importante para a sobrevivência de peixes e outras formas de vida nessas águas. O oxigênio não é muito solúvel em água, há somente $2,9 \times 10^{-4}$ M em água saturada com ar a 20 °C. Essa solubilidade diminui em temperaturas mais altas e se houver solutos oxidáveis como poluentes presentes. Os peixes necessitam de oxigênio dissolvido tanto quanto nós de oxigênio no ar como parte de nosso metabolismo. Plantas verdes na água liberam oxigênio enquanto vivas, mas removem oxigênio quando morrem e se decompõem. A correspondente falta de oxigênio na água pode levar à criação de uma região no oceano ou em outros corpos de água conhecida como 'zona morta'. A concentração de oxigênio dissolvido em águas naturais é, portanto, algo importante a ser medido para que se evite a criação de tal zona pela poluição e para assegurar que um teor adequado de oxigênio esteja presente para que peixes e a vida selvagem sobrevivam e se desenvolvam.[1,2]

É difícil recolher amostras de água de rios ou de oceanos e levá-los a um laboratório para que sejam feitas medições de oxigênio dissolvido. A dificuldade surge porque o contato com o ar ou uma mudança de temperatura podem afetar o teor de oxigênio na amostra. Por isso, é necessário fazer a medição dos níveis de oxigênio dissolvido no campo, enquanto a amostra de água ainda está em seu meio original. Essa tarefa costuma ser realizada por meio de um eletrodo de oxigênio dissolvido, que mede a redução de O_2 em água por um método conhecido como *voltametria* (Figura 16.1).

16.2 Eletrogravimetria

A **eletrogravimetria**, ou 'eletrodeposição', é um tipo de análise gravimétrica em que um analito dissolvido é convertido em um sólido por oxidação ou redução, de tal forma que o produto esteja estreitamente ligado a um eletrodo inerte. O aumento da massa do eletrodo após o analito ser depositado sobre ele pode ser usado como uma medida direta da quantidade de analito que estava originalmente na amostra.[6,7] Cobre e prata são elementos que podem ser medidos com facilidade por eletrogravimetria por meio das seguintes semirreações de redução:

$$Cu^{2+} + 2\,e^- \rightleftharpoons Cu(s) \quad (16.1)$$

$$Ag^+ + e^- \rightleftharpoons Ag(s) \quad (16.2)$$

Uma característica necessária nesse tipo de análise é que na essência todo o analito deve ser reduzido e ligado ao eletrodo. Isso significa que a massa de qualquer soluto que não seja reduzida deve ser menor que a menor quantidade detectável pela balança, que em geral é 0,0001 g.

O eletrodo empregado em eletrogravimetria costuma ser um pedaço de gaze de platina com área de alguns centímetros quadrados, como ilustra o sistema na Figura 16.2. Visto que a redução está ocorrendo nesse eletrodo, ele representa o cátodo na célula eletroquímica. Nessa situação, o cátodo é eletricamente negativo, de modo que cátions metálicos serão atraídos a ele e ganharão elétrons quando se converterem de íons solúveis em um metal insolúvel. O outro eletrodo, onde ocorre a oxidação, representa o ânodo, e também é feito de platina. O produto de

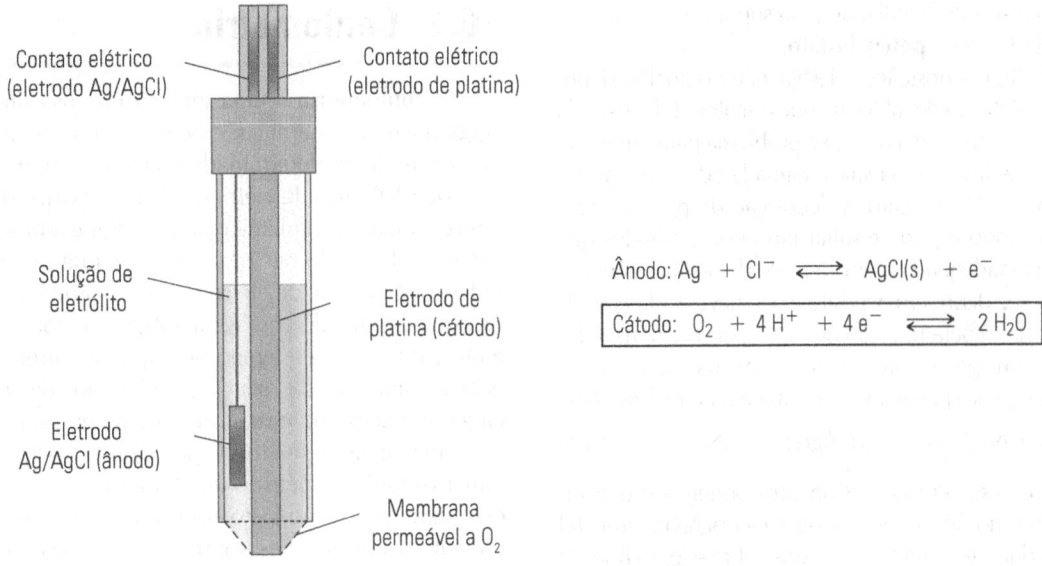

Figura 16.1

Concepção geral de um eletrodo para medição de oxigênio dissolvido. Este tipo de eletrodo é também conhecido como 'eletrodo de Clark', e leva o nome do químico norte-americano Leland Clark, que foi o primeiro a desenvolvê-lo na década de 1950. A estrutura mostrada aqui ilustra um eletrodo combinado (tópico discutido no Capítulo 14), em que tanto o ânodo quanto o cátodo fazem parte de um único dispositivo de detecção. O eletrodo Ag/AgCl, nesse dispositivo, age como o ânodo e o eletrodo de referência. O eletrodo de platina é o cátodo e o eletrodo indicador do oxigênio, que é capaz de atravessar a membrana permeável a gás e penetrar a solução eletrolítica que cerca o eletrodo.

oxidação que se cria no ânodo pode envolver a formação de gás oxigênio a partir da água, como mostra a Equação 16.3, ou a oxidação de algum outro componente na amostra.

$$2H_2O \rightleftharpoons O_2 + 4H^+ + 4e^- \quad (16.3)$$

Embora a redução seja bastante usada em eletrogravimetria para a análise de íons metálicos, há casos em que se pode empregar também uma reação de oxidação. Um exemplo de íon metálico que pode ser convertido em uma forma sólida por meio de oxidação é Pb^{2+}. O produto de oxidação do Pb^{2+} em uma solução aquosa é PbO_2, que vai aderir ao ânodo à medida que o chumbo é oxidado do estado +2 em Pb^{2+} para o estado +4 em PbO_2. A semirreação dessa etapa de oxidação é a que segue.

$$Pb^{2+} + H_2O \rightleftharpoons PbO_2 + 4H^+ + 2e^- \quad (16.4)$$

Quando apenas um tipo de íon metálico está presente em uma solução, há certa facilidade em selecionar um potencial aplicável em eletrogravimetria. No entanto, essa situação se complica quando mais de um tipo de íon metálico está presente. Esse conceito pode ser ilustrado tomando-se uma mistura de Ag^+ e Cu^{2+} como exemplo. O potencial-padrão de redução da prata é +0,80 V *versus* um eletrodo-padrão de hidrogênio (EPH), e o de Cu^{2+} é 0,34 V *versus* EPH. Esses valores indicam que, se Ag^+ e Cu^{2+} estiverem na mesma solução, os íons prata serão mais facilmente reduzidos. Assim, é possível ter uma posição seletiva de eletrodo para Ag^+ utilizando-se um potencial alto o suficiente para reduzir íons prata, mas não alto o suficiente para reduzir íons cobre. Essa abordagem se chama **eletrólise de potencial**

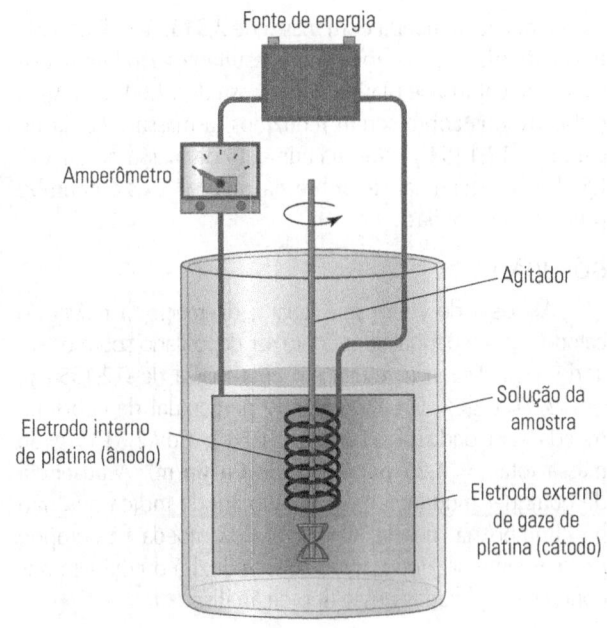

Figura 16.2

Sistema de análise eletrogravimétrica de metais. Este dispositivo contém dois eletrodos de platina concêntricos. O eletrodo externo de gaze de platina funciona como um cátodo, e é onde um íon metálico é reduzido e depositado como metal sólido. O eletrodo interior de platina atua como um ânodo. A agitação mecânica é usada para promover a movimentação dos íons metálicos do volume da solução da amostra para a superfície do cátodo, para redução.

controlado, e o dispositivo utilizado para suprir o potencial desejado é conhecido como **potenciostato**.

Durante a eletrodeposição, é desejável ter o analito depositado sobre um eletrodo de tal forma que o material depositado possa ser pesado facilmente. Isso não é problema para um metal como o cobre, que forma uma suave camada aderente em um eletrodo de platina. No entanto, a deposição de prata a partir de uma solução aquosa pode resultar em cristais grandes que aderem de forma inadequada a um eletrodo de platina, e muitas vezes caem. Em vez disso, um depósito mais suave e aderente de prata pode ser obtido pela redução de Ag^+ a partir de uma solução que contém um agente complexante, como o cianeto. A reação de redução líquida que ocorre é mostrada na Equação 16.5.

$$Ag(CN)_2^- + e^- \rightleftharpoons Ag(s) + 2CN^- \qquad (16.5)$$

Há também casos em que os analitos podem ser depositados no cátodo e no ânodo usando-se a eletrogravimetria. Tal situação ocorre durante a medição de íons cobre e íons chumbo em uma amostra dissolvida de latão. Nesse caso, os íons cobre são reduzidos e depositados como metal de cobre no cátodo, de acordo com a semirreação de redução na Equação 16.1, e os íons chumbo são oxidados e depositados no ânodo como PbO_2, de acordo com a semirreação de oxidação na Equação 16.4. Após a lavagem e a secagem de cada eletrodo, a massa de ambos os metais na amostra original pode ser determinada.

EXERCÍCIO 16.1   Uso da eletrogravimetria

Uma nova moeda com massa de 2,5133 g é dissolvida em ácido nítrico, e os íons cobre resultantes são laminados sobre um cátodo de platina com massa de 12,0476 g. Após todos os íons cobre serem reduzidos, a massa medida no cátodo é 12,1454 g. Não há aumento de massa no ânodo. Qual é o percentual de cobre na moeda? Existe chumbo presente na moeda?

SOLUÇÃO

A massa do cobre será igual à diferença da massa do cátodo antes e depois de o cobre ser depositado sobre o eletrodo. Essa diferença resulta em uma massa de (12,1554 g) − (12,0476 g) = 0,1078 g Cu. O percentual de cobre na moeda será dado por 100 · (0,1078 g Cu)/(2,5133 g de massa total) = **4,25 por cento de Cu (m/m)**. A ausência de qualquer mudança na massa do ânodo indica que não há chumbo na moeda. O restante da moeda se compõe praticamente de zinco, que não se reduzirá ou oxidará nas condições aplicadas nesse tipo de análise.

É importante notar que em eletrogravimetria é necessário 100 por cento de conversão da forma solúvel do analito para a forma sólida, mas usar 100 por cento da corrente aplicada para esse processo não é necessariamente obrigatório. Se uma parte de água ou outras espécies também for oxidada ou reduzida, não haverá problema, desde que as reações colaterais não depositem quaisquer produtos sólidos sobre os eletrodos. Esse não é o caso do próximo método que vamos analisar, uma técnica conhecida como 'coulometria'.

16.3 Coulometria

A **coulometria** é uma técnica que usa uma medida de carga na análise química.[6,8] Nela, o valor de um analito eletroativo pode ser determinado com base em uma medição do total de coulombs de eletricidade necessários para oxidar ou reduzir quantitativamente o analito. Por exemplo, a semirreação de redução de Ag^+ para metal de prata na Equação 16.1 indica que um mol de elétrons é necessário para cada mol de Ag^+ que é reduzido para formar $Ag(s)$. Se conhecermos a corrente e o período de tempo pelo qual a corrente foi aplicada para a realização da redução, poderemos determinar quanta carga foi necessária e usar a constante de Faraday (F, em que F = uma carga de 96.485 C por mol de elétrons) para determinar os mols de elétrons que foram necessários para atingir essa corrente, como visto no Capítulo 14. Assim, podemos utilizar as informações sobre a carga (conforme obtida da corrente e do tempo) para medir a quantidade de Ag^+ que sofreu redução. Um exemplo desse processo é dado no exercício a seguir.

EXERCÍCIO 16.2   Análise da prata por coulometria

Permite-se que uma corrente constante de 5,00 mA flua através de uma célula eletroquímica de 528 s enquanto Ag^+ é reduzido a metal de prata a partir de uma amostra aquosa de 100,0 mL. Se todo o Ag^+ foi reduzido e toda a corrente aplicada foi usada no processo de redução, qual era a concentração original de Ag^+ na amostra?

SOLUÇÃO

Podemos, em primeiro lugar, determinar quantos mols de elétrons (n_e) passaram por esse sistema usando as equações 14.1 e 14.2 do Capítulo 14, onde I é a corrente, t é o tempo e Q é a carga correspondente.

Equação 14.2: $Q = I \cdot t$

$$= (5,00 \times 10^{-3} \text{ A})(528 \text{ s}) = 2,640 \text{ C}$$

Equação 14.1: $Q = n_e F$

$$2,640 \text{ C} = n_e(96.485 \text{ C/mol})$$

$$n_e = (2,64 \text{ C})/(96.485 \text{ C/mol})$$

$$= 2,736 \times 10^{-5} \text{ mol}$$

A reação na Equação 16.1 indica que cada mol de elétrons que é consumido terá como resultado a redução de um mol de íons prata se os elétrons não estiverem participando de outras reações de oxidação-redução. Desse modo, os mols de Ag^+ que foram reduzidos também serão $2,736 \times 10^{-5}$ mol. Essa informação pode, então, ser aplicada para determinar a concentração de Ag^+ na amostra original.

$$\text{Conc. Ag}^+ = (2,736 \times 10^{-5} \text{ mol Ag}^+)/(0,1000 \text{ L})$$

$$= \mathbf{2{,}74 \times 10^{-4} \text{ } M}$$

16.3.1 Coulometria direta

O exemplo no exercício anterior envolveu o uso tanto da coulometria de corrente constante quanto da coulometria direta. O termo **coulometria de corrente constante** se refere ao fato de que a corrente é mantida em um nível constante durante a análise, enquanto a **coulometria direta** significa que o analito em si é o que está sendo oxidado ou reduzido durante a análise coulométrica. Para que esse tipo de análise seja exata, dois requisitos devem ser cumpridos. Primeiro, deve haver *100 por cento de eficiência de corrente*.[6-8] Esse termo se refere a todos os elétrons que passam através da célula eletroquímica e que devem servir para oxidar ou reduzir o analito. No exercício anterior, supôs-se que tal exigência foi cumprida pela afirmação de que toda a corrente aplicada era utilizada para reduzir íons prata e nada mais, como água ou íons hidrogênio.

A segunda exigência é que, na essência, todo o analito deve ser oxidado ou reduzido durante a análise coulométrica. Pode ser desafiador atender a essas exigências e à necessidade de 100 por cento de eficiência de corrente. No exercício anterior, tais condições exigiriam que Ag^+ fosse a espécie mais facilmente reduzida na amostra, mesmo quando sua concentração se tornasse bastante baixa após a redução da maior parte da prata. Se não for esse o caso, qualquer outra espécie capaz de sofrer uma redução (ou oxidação) semelhante deve ser primeiramente removida ou mascarada para que não interfira na análise. É claro que é teoricamente impossível reduzir *todos* os íons prata do último exemplo, porque o equilíbrio químico exige que reste um pouco. Essa pequena quantidade não criará problemas, desde que seja insignificante em comparação com a quantidade total de analito e ainda forneça o nível desejado de exatidão para a medição final.

O progresso da redução coulométrica de Ag^+ pode ser monitorado por potenciometria, usando-se um eletrodo de prata (veja a discussão sobre 'eletrodos classe um' no Capítulo 14). Nesse caso, a diferença de potencial entre o eletrodo de prata e um eletrodo de referência mudará à medida que diminui a concentração de íons prata (Figura 16.3). A rápida mudança de potencial à medida que a redução se aproxima da conclusão pode servir para sinalizar quando esse processo deve ser interrompido. O sistema eletroquímico usado para executar e acompanhar a redução, na verdade, consistirá em quatro eletrodos. Dois deles serão utilizados para realizar a redução de Ag^+ por coulometria, enquanto um eletrodo atuará como o ânodo e outro, como o cátodo. Haverá também dois eletrodos que funcionarão como o eletrodo indicador e o eletrodo de referência para medir qualquer Ag^+ restante por potenciometria.

16.3.2 Titulações coulométricas

Uma **titulação coulométrica** é um tipo especial de titulação no qual o titulante é gerado por coulometria e na presença do analito.[6,8] Esse método contrasta com a coulometria direta, na qual os elétrons são usados diretamente para reduzir ou oxidar o analito. Um bom exemplo de titulação coulométrica é a determinação de ácido ascórbico, ou vitamina C. A vitamina C ($C_6H_8O_6$, veja a estrutura apresentada a seguir) é encontrada em muitas frutas e legumes e constitui um dos aditivos mais populares em produtos alimentícios. Trata-se de um ácido orgânico moderadamente forte e um bom agente redutor.

Ácido ascórbico   Ácido dehidroascórbico

É difícil medir a vitamina C por coulometria direta, mas esse analito pode ser medido usando-se uma titulação coulométrica que tenha o iodo como agente oxidante. A Equação 16.6 mostra a reação da vitamina C com o iodo, na qual o produto reduzido da vitamina C é o ácido dehidroascórbico ($C_6H_6O_6$).

$$C_6H_8O_6 + I_3^- \rightarrow C_6H_6O_6 + 2H^+ + 3I^- \quad (16.6)$$

A volatilidade torna I_2 difícil de preparar e usar em soluções padrão para titulações, por isso um excesso de I^- também é adicionado para combinar com I_2 e formar o íon triiodeto (I_3^-), que atua na Equação 16.6 como o titulante verdadeiro. Uma forma eficaz de titular algo com iodo é gerar I_2 (e I_3^-) por meio da oxidação de I^-. Essa produção é realizada quantitativamente entre dois eletrodos de platina controlando-se a corrente e o tempo durante o qual se permite que a oxidação de I^- ocorra. As reações que levam à eventual formação de I_3^- durante o processo são dadas nas equações 16.7 e 16.8.

$$2I^- \rightleftharpoons I_2 + 2e^- \quad (16.7)$$

$$I_2 + I^- \rightleftharpoons I_3^- \quad (16.8)$$

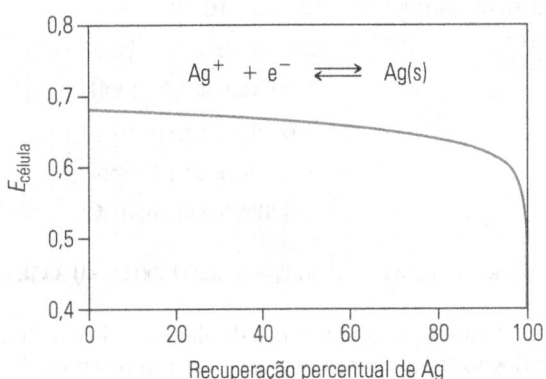

Figura 16.3

Mudança esperada no potencial aplicado durante a conversão de Ag^+ para $Ag(s)$ para análise por eletrogravimetria. Essa curva foi calculada para um experimento conduzido a 25 °C e supõe que toda a corrente que passa pelo sistema segue para a redução de Ag^+ em uma solução inicialmente contendo esse íon metálico em uma concentração de 0,010 M. O potencial de célula foi calculado usando-se a equação de Nernst para o sistema e um eletrodo de hidrogênio padrão como o método de referência.

No cátodo, a semirreação de redução correspondente que normalmente ocorre na presença de uma solução aquosa é a redução de íons hidrogênio a partir da água circundante.

Essa titulação é realizada pela geração de iodo por coulometria na presença de vitamina C e pelo uso de amido como indicador visual. Quando o ácido ascórbico ainda está presente, o titulante reage com ele tão rapidamente quanto o iodo, formando, portanto, I_3^-. Quando não há mais vitamina C presente, o excesso de triiodeto vai reagir com o amido para produzir a cor azul característica que marca o ponto final. O tempo de aplicação da corrente para alcançar o ponto final é, então, observado e usado para determinar a quantidade de analito presente. Um exemplo desse tipo de análise é fornecido pelas figuras coloridas no meio deste livro. Os cálculos utilizados nessa abordagem são ilustrados no próximo exercício.

EXERCÍCIO 16.3 — Titulações coulométricas

O teor de vitamina C em uma amostra de 25,00 mL de um suco de fruta é analisado por titulação coulométrica, tendo I_3^- como o titulante e amido como o indicador. Uma corrente de 25,00 mA requer 6 min e 17 s para atingir um ponto final durante a titulação. Qual é a concentração de vitamina C no suco de fruta (em unidades de g/L)?

SOLUÇÃO

Os mols de vitamina C podem ser determinados com base no fato de que cada mol de I_2 gerado até o ponto final fornecerá um mol de I_3^- que reage com um mol de vitamina C. Podemos determinar quantos mols de I_2 foram gerados até o ponto final por meio da corrente e da quantidade exata de tempo de aplicação da corrente. A massa e a concentração de vitamina C na amostra podem, então, ser calculadas a partir dessas informações, como mostrado a seguir.

Massa de vitamina C = $(25,00 \times 10^{-3}$ C/s$) \cdot$
$(377$ s$) \cdot (1$ mol e$^-/96.485$ C$) \cdot$
$(1$ mol vitamina C/mol $I_2) \cdot$
$(1$ mol I_2/2 mol e$^-) \cdot$
$(176$ g vitamina C/mol$)$
$= 0,008596$ g vitamina C

Conc. de vitamina C = $(0,008596$ g$)/(0,02500$ L$)$ = **0,3438 g/L**

Outra titulação coulométrica de alta precisão é a titulação de ácidos fortes ou fracos pela geração coulométrica de íons hidróxido. Estes são produzidos a partir da redução da água, conforme dado pelas seguintes semirreações de redução:

$$2H_2O + 2e^- \rightleftharpoons H_2 + 2OH^- \quad (16.9)$$

Quando realizado com cuidado, esse método pode fornecer seis algarismos significativos na resposta final. O ponto final dessa titulação ácido-base pode ser detectado pela utilização ou de um indicador ácido-base ou de um eletrodo de pH. Assim como esse exemplo e o anterior demonstram, uma grande vantagem da titulação coulométrica em comparação com a titulação volumétrica é que não há a necessidade de se preparar ou manter soluções-padrão de titulante. Em vez disso, o titulante é gerado em uma quantidade conhecida, de acordo com a necessidade, durante a análise.

A coulometria de prata é um método antigo utilizado para determinar o valor da constante de Faraday. Uma massa pesada de prata era dissolvida e, em seguida, reduzida de volta ao metal de prata por meio de coulometria de corrente constante. O produto da corrente e do tempo servia para determinar o número de coulombs necessários para reagir com uma quantidade conhecida de prata. Uma vez que a massa atômica da prata também era conhecida com bastante exatidão a partir de métodos químicos, a constante de Faraday podia ser calculada, dividindo-se o número de coulombs usados pelos mols de prata reduzidos. Essa abordagem levou a um valor para a constante de Faraday de 96.485 C/mol que permanece válido até hoje, embora medições mais avançadas e modernas tenham-lhe fornecido algarismos significativos adicionais.

16.3.3 Coulometria de potencial constante

O potencial necessário a uma oxidação ou redução eficiente em coulometria se altera à medida que a concentração do analito diminui. Isso pode ser ilustrado pela equação de Nernst.

Equação de Nernst a 25 °C:

$$E = E° - \frac{0,05916\,V}{n} \log\left(\frac{a_{Red}}{a_{Ox}}\right) \quad (16.10)$$

No caso em que um analito sofre redução, a razão $(a_{Red})/(a_{Ox})$ aumenta à medida que o analito é reduzido por coulometria. A diminuição dessa proporção significa que um termo maior é subtraído de $E°$, ou que o potencial do eletrodo se torna cada vez mais negativo. Se outro componente da amostra também pode ser reduzido a esse potencial menor, outras espécies além do analito passarão a utilizar parte da corrente aplicada.

Uma solução consiste em manter o potencial em um valor fixo enquanto se conduz a coulometria. Tal abordagem é conhecida como **coulometria de potencial constante**. Um fator complicador nesse caso é que a corrente diminui à medida que a coulometria prossegue, e funciona somente com uma única espécie que diminui em concentração ao longo do tempo. Nessas condições, a carga que passa pelo sistema não será mais o simples produto de corrente e tempo, mas, sim, a área integrada de um gráfico de corrente versus tempo (Figura 16.4). Isso é previsível, porque a carga se define como a integral da corrente elétrica ao longo do tempo,[6,7] como discutido no Capítulo 14.

16.4 Voltametria e amperometria

Outro importante conjunto de métodos em análise eletroquímica é aquele em que se mede a corrente enquanto se con-

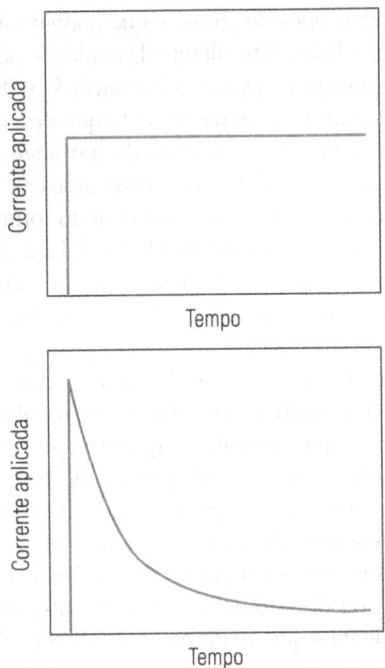

Figura 16.4

Gráficos característicos da corrente aplicada em função do tempo em coulometria de corrente constante (acima) e em coulometria de potencial constante (abaixo).

trola o potencial. Entre as técnicas desse grupo estão a voltametria e a amperometria. **Voltametria** é um método no qual uma corrente é medida enquanto o potencial é alterado em função do tempo. **Amperometria** é um método no qual a corrente é medida em um potencial constante.[1] Muitos tipos de voltametria se baseiam na redução de analito, mas, em alguns casos, um processo de oxidação também pode ser útil. Um exemplo disso é o uso de um eletrodo de oxigênio dissolvido para medir O_2 em água, como discutimos no início deste capítulo.

16.4.1 Voltametria de corrente direta

O tipo mais simples de voltametria é aquele em que o potencial aumenta gradualmente (ou 'ascende') de zero a um valor mais negativo. Esse método se chama 'voltametria de corrente direta', ou **voltametria CD**. Para que uma reação redox específica seja estudada por esse método, ou por qualquer outro tipo de voltametria, a espécie eletroativa de interesse deve estar na superfície do eletrodo quando se aplica um potencial adequado para que a reação redox desejada ocorra. Sem dúvida, a maioria das espécies está na solução longe da superfície do eletrodo. Há três meios pelos quais um íon soluto pode chegar ao eletrodo: convecção, migração e difusão.[3,5]

A convecção implica que o solvente está em movimento, o que em geral significa que a solução está sendo agitada. Logo, a convecção pode ser eliminada apenas usando-se uma solução imóvel, não agitada. A migração ocorre quando o eletrodo e

o analito têm carga oposta. Por exemplo, um cátion tenderá a migrar para um eletrodo de carga negativa. O efeito da migração pode ser minimizado com uma concentração muito maior de íons não eletroativos presentes na solução. A voltametria é geralmente realizada na presença de uma alta concentração de um sal inerte, como o KCl, que atua como um 'eletrólito de suporte'. A difusão é representada pelo movimento aleatório de íons dissolvidos e solutos através do solvente. Esse processo costuma ser o mecanismo desejado de transporte em voltametria.[3,5]

Um exemplo de aplicação analítica da voltametria é seu uso para examinar a concentração de íons cádmio em águas residuais. A semirreação de redução para esse processo é a seguinte.

$$Cd^{2+} + 2\,e^- \rightleftharpoons Cd(s) \qquad (16.11)$$

Em uma amostra homogênea de água residual, os íons cádmio se difundem em todas as direções, a uma variedade de velocidades. Uma pequena fração atingirá o eletrodo, onde terá a chance de ser reduzida. Se o eletrodo não for negativo o bastante, os íons cádmio simplesmente sofrerão nova difusão e não se reduzirão. No entanto, à medida que o potencial aplicado no eletrodo torna-se mais negativo, há uma boa chance de que os íons cádmio sejam reduzidos ao atingirem a superfície do eletrodo. Essa redução causará o fluxo de corrente através do eletrodo e da célula eletroquímica.

A Figura 16.5 mostra um gráfico característico de corrente *versus* potencial aplicado obtido por voltametria (produzindo um gráfico conhecido como **voltamograma**). A corrente no platô de tal voltamograma é chamada de *corrente limitante de difusão* (I_d), e implica que 100 por cento do analito que atinge a superfície passam por uma reação de oxidação-redução. Em nosso exemplo, a totalidade dos íons cádmio que atingem o eletrodo nesse ponto é reduzida a metal de cádmio, que depois adere ao eletrodo. O potencial a meio caminho da elevação da onda nesse gráfico denomina-se *potencial de meia-onda* ($E_{1/2}$), e está relacionado ao potencial de eletrodo padrão da espécie que sofre a reação eletroquímica. Em nosso exemplo, esse pon-

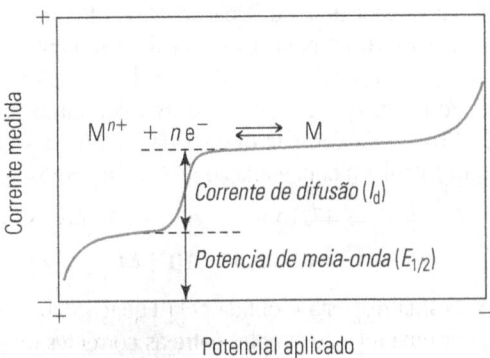

Figura 16.5

Exemplos de um voltamograma geral para voltametria CD. O tamanho da corrente de difusão (I_d) está relacionado com a concentração do analito que está sendo reduzido. A localização do potencial de meia-onda ($E_{1/2}$) está relacionada com o potencial padrão de redução do analito.

to representa uma situação na qual o potencial aplicado reduzirá metade dos íons cádmio que atingirem o eletrodo, enquanto a outra metade se dispersará em solução sem se reduzir.[3,5]

O tamanho da corrente limitante de difusão está relacionado ao tamanho do eletrodo, ao coeficiente de difusão da espécie e ao número de elétrons envolvidos na semirreação desejada. Ele também é diretamente proporcional à concentração do analito que está sendo examinado na solução. Desse modo, tanto as informações qualitativas sobre a identidade da espécie (pelo potencial de meia-onda) como as quantitativas sobre a concentração (pela corrente limitante de difusão) podem ser obtidas por meio dessa análise. A relação geral entre a corrente limitante de difusão e a concentração do analito (C) é dada pela Equação 16.12.

$$I_d = k \cdot C \qquad (16.12)$$

Nesta equação, a constante de proporcionalidade k está relacionada ao coeficiente de difusão do analito, às propriedades dos eletrodos, ao número de elétrons sendo transferidos e assim por diante.[3,5] O valor exato dessa constante não precisa ser conhecido, desde que seja constante durante a análise de amostras e padrões. Quando se utiliza a Equação 16.12, também é necessário subtrair a corrente de fundo e de carga da corrente global medida no platô do voltamograma para se obter o valor correto de I_d.

EXERCÍCIO 16.4 — Uso da voltametria

Uma solução padrão contendo $CdCl_2$ de $3,50 \times 10^{-3}$ M é examinada por voltametria e fornece uma corrente limitante de difusão no platô de 65,3 mA. Uma amostra desconhecida de água, supostamente contendo também íons cádmio, é analisada sob condições idênticas e produz uma corrente limitante de difusão de 45,3 mA. Qual é a concentração de Cd^{2+} na amostra?

SOLUÇÃO

Uma forma de resolver a concentração de Cd^{2+} na amostra desconhecida é usar os resultados do padrão para determinar o valor de k na Equação 16.12. Rearranjando-se a Equação 16.12 para resolver essa constante, temos $k = I_d/C = (65,3 \text{ mA})/(3,50 \times 10^{-3} \text{ M } Cd^{2+}) = 1,86\underline{6} \times 10^4$ mA/M. Podemos, então, utilizar este valor junto com a Equação 16.12 e a corrente medida da amostra desconhecida para calcular a concentração de Cd^{2+} na amostra.

$$I_d = k \cdot C \Rightarrow 45,3 \text{ mA} = (1,86\underline{6} \times 10^4 \text{ mA/M}) C$$

$$\therefore C = \mathbf{2,43 \times 10^{-3}} \text{ M}$$

A mesma resposta é obtida pela Equação 16.12 para configurar uma relação simples entre as correntes medidas da amostra padrão e desconhecida, em que $C = (3,50 \times 10^{-3} \text{ M})(45,3 \text{ mA}/65,3 \text{ mA}) = 2,43 \times 10^{-3}$ M. Ambas as abordagens supõem que a redução de Cd^{2+} seja a única fonte de corrente limitante de difusão durante a medição, e que todas as outras fontes de corrente foram contabilizadas durante a medição de I_d.

Existem dois tipos de corrente que podem estar presentes durante essa medição. A resultante de oxidação ou redução do analito ou alguma outra espécie eletroativa é conhecida como *corrente faradaica*. Trata-se da corrente que desejamos medir, e está relacionada à concentração de um analito que passa por oxidação ou por redução em nossa amostra. No entanto, há também uma corrente que surge quando, primeiro, alteramos o potencial aplicado de um eletrodo. Essa corrente 'não faradaica' é criada por um carregamento da camada elétrica dupla na interface da solução do eletrodo quando mudamos o potencial, e é conhecida como *corrente de carga* ou 'corrente de dupla camada'. Tal corrente de carga é produzida porque o eletrodo e a solução imediatamente em contato com esse eletrodo atuam como capacitor enquanto o potencial se altera e enquanto uma dupla camada elétrica de íons se acumula na interface. Por exemplo, um eletrodo colocado em um potencial mais negativo atrairá íons positivamente carregados do eletrólito de suporte. A carga positiva atrai íons negativos em outra camada de difusão até que por fim obtemos a mesma composição de íons que temos no corpo da solução, longe do eletrodo. Esse acúmulo de íons representa apenas um movimento de carga, e não está associado a uma reação de oxidação-redução. Logo, a corrente faradaica que pretendemos medir deve ser maior do que a corrente de carga para tomarmos uma medida útil de um analito por voltametria (veja o Quadro 16.1 e a Figura 16.6).[3,5,9]

Em vez de usar apenas dois eletrodos, a voltametria costuma ser realizada com um sistema de três eletrodos. Primeiro, há um **eletrodo de trabalho** onde se dá a redução (ou oxidação) do analito. O eletrodo é feito de um material inerte, e não se oxida ou se reduz à medida que o analito passa por uma reação redox. Por muitos anos, o eletrodo de trabalho foi, em muitos casos, o mercúrio líquido, mas hoje a maioria da voltametria mais moderna é feita com um eletrodo sólido composto de materiais como platina, carbono e ouro. Em segundo lugar, há um eletrodo de referência que é usado para controlar e definir o potencial do eletrodo de trabalho. Há corrente suficiente fluindo durante um experimento em voltametria, tanto que se essa mesma corrente também passasse pelo eletrodo de referência, causaria uma mudança química dentro do eletrodo e alteraria seu potencial ao longo do tempo. Para contornar esse problema, recorre-se a um terceiro eletrodo chamado de **eletrodo auxiliar** ou 'contra-eletrodo'. É esse terceiro eletrodo usado para passar corrente e fornecer a semirreação complementar àquela que ocorre no eletrodo de trabalho (por exemplo, a oxidação ocorreria nesse caso se uma redução estivesse acontecendo no eletrodo de trabalho). É possível, dessa forma, produzir um circuito elétrico completo sem correr o risco de mudar as propriedades do eletrodo de referência ao longo do tempo.[3,5]

É importante notar que a composição da solução e o pH podem tornar o potencial de meia-onda diferente até em situações aparentemente simples. A Tabela 16.1 mostra os diferentes potenciais de meia-onda para alguns solutos. Se mais de uma espécie redutível estiver presente em solução e se seus potenciais de meia-onda diferirem o bastante, ondas separadas pode-

Tabela 16.1

Potenciais de meia-onda para Cd^{2+} e Zn^{2+} versus um eletrodo de calomelano saturado a 25 °C.*

Condições de solução	$E_{1/2}$ para Cd^{2+} (V)	$E_{1/2}$ para Zn^{2+} (V)
1 M NaOH	−0,78	−1,53
Ácido acético/acetato de amônio 2 M	−0,65	−1,1
1 M KCl	−0,64	−1,00
1 M Na citrato + 0,1 M NaOH	−1,46	−1,43
1 M NH$_3$ + 1 M NH$_4$Cl	−0,81	−1,35

*Baseado em dados extraídos de L. Meites, *Polarographic Techniques*, Interscience Publishers, Nova York, 1955.

rão ser observadas nessas espécies. Por exemplo, Cd^{2+} e Zn^{2+}, em um tampão de acetato, mostrarão duas ondas bem separadas em voltametria CD que podem servir para medir as duas espécies.

16.4.2 Amperometria

No método de voltametria, mede-se a corrente à medida que se altera o potencial aplicado ao longo do tempo. A medição de corrente, quando o eletrodo de trabalho é mantido em um potencial constante adequado, chama-se *amperometria*.[6] Por exemplo, uma titulação amperométrica é realizada medindo-se a corrente associada à redução (ou à oxidação) de um soluto eletroativo ou titulante no curso de uma titulação. Um exemplo é a titulação de precipitação de chumbo tendo cromato como titulante.

$$Pb^{2+} + CrO_4^{2-} \rightleftharpoons PbCrO_4(s) \quad (16.13)$$

Se medirmos a corrente associada à redução de Pb^{2+} enquanto adicionamos cromato, teremos uma curva que se aproxima de uma corrente igual a zero à medida que a concentração de íons chumbo se aproxima de zero. Um aspecto útil dessa titulação é que ela não requer dados especificamente no ponto final. Em vez disso, pode-se usar a extrapolação da resposta antes e após o ponto de equivalência para determinar o ponto final.

EXERCÍCIO 16.5 Uso da amperometria

O potencial de meia-onda para a redução de Pb^{2+} para Pb(s) ocorre em aproximadamente −0,5 V versus EPH. Uma titulação amperométrica é realizada em −0,7 V versus EPH em uma amostra de 50,00 mL contendo Pb^{2+} e usando o cromato como titulante. Os seguintes resultados foram obtidos quando a amostra foi titulada com Na$_2$CrO$_4$ de 0,0654 M. Qual era a concentração original de Pb^{2+} na amostra?

Volume de titulante (mL)	Corrente medida (mA)
0,00	43,7
5,00	32,6
10,00	21,5
15,00	10,4
20,00	0,0
25,00	0,0

SOLUÇÃO

Quando preparamos um gráfico de corrente *versus* volume de titulante, a corrente atinge um valor de 0,0 mA a 19,68 mL de titulante adicionado. Nesse ponto, já adicionamos (0,01968 L)(0,0654 M CrO_4^{2-}) = 0,001287 mol CrO_4^{2-}. A reação na Equação 16.13 mostra que Pb^{2+} reagirá com CrO_4^{2-} na proporção de 1:1 e, por isso, 0,001287 mol de Pb^{2+} também deve ter estado presente na amostra original. A concentração de Pb^{2+} seria, então, $[Pb^{2+}]$ = (0,001287 mol)/(0,05000 L) = **2,57 × 10^{-2} M**.

Uma técnica bem conhecida de análise que utiliza um esquema de detecção amperométrica é o 'método de Karl Fischer' para medir água em uma amostra, conforme discutido no Capítulo 15. A principal reação no método de Karl Fischer se dá em uma solução de metanol contendo piridina. A água da amostra é o reagente limitante que é titulado com um reagente que se compõe de uma solução-padrão de SO_2 dissolvido em metanol com piridina e iodo. A reação geral da titulação é mostrada a seguir de uma forma simplificada e discutida em detalhes no Capítulo 15.

$$H_2O + SO_2 + I_2 \rightarrow 2HI + SO_3 \quad (16.14)$$

Esta titulação é conduzida na presença de dois eletrodos, cada um dos quais tem um potencial controlado tal que a corrente só fluirá quando tanto o iodo quanto o iodeto estiverem presentes na solução. Adiciona-se o reagente de Karl Fisher até que a água tenha reagido. Nesse ponto, a próxima gota do titulante resulta na presença de iodo em excesso, de modo que tanto I_2 quanto I^- estão presentes na solução. Nessas condições, uma corrente significativa passará a existir, sinalizando que o ponto final da titulação foi alcançado. Visto que nessa abordagem o potencial de ambos os eletrodos é controlado, esse método de detecção é chamado de *biamperometria*.[6,8]

Provavelmente, o tipo mais comum de análise realizado por amperometria é a medição de oxigênio dissolvido (Figura 16.1). O oxigênio é um excelente agente oxidante, e pode ser facilmente reduzido a um eletrodo. Em um potencial aplicado que seja mais negativo do que cerca de −1,5 V versus EPH, o oxigênio será reduzido a água em um processo de quatro elétrons, como mostra a Equação 16.15. Essa redução produz uma cor-

Quadro 16.1 Voltametria cíclica

Há muitas maneiras de variar o potencial durante um experimento que usa voltametria. Um método popular que muitos eletroquímicos usam para estudos preliminares é o de *voltametria cíclica*. Trata-se de um tipo de voltametria no qual o potencial é escaneado para a frente e para trás de modo linear por um período de tempo. A corrente produzida por uma amostra é, então, medida durante a varredura em um eletrodo sob condições nas quais nenhuma convecção esteja presente na solução. O resultado desse tipo de experimento é mostrado como um gráfico da corrente medida *versus* o potencial aplicado, conhecido como *voltamograma cíclico*.

Um experimento de voltametria cíclica comum é mostrado na Figura 16.6. Nesse caso, apenas a forma oxidada do analito está inicialmente presente em qualquer concentração significativa na solução. O experimento se inicia em um potencial de partida que está acima do potencial de redução padrão esperado ($E°$) para o analito. Esse potencial ascende de forma linear em direção a um valor mais negativo ('varredura direta'), enquanto se mede a corrente resultante no eletrodo de trabalho. À medida que o potencial do analito se aproxima de $E°$, a substância será reduzida, e uma corrente positiva 'catódica' será medida. A redução continua enquanto o potencial se torna mais negativo, mas a quantidade de analito que pode atingir a superfície do eletrodo logo se torna limitada por difusão e faz com que a corrente diminua. Uma troca ocorre, e o potencial ascende de volta em uma direção positiva, como parte de uma 'varredura reversa'. A varredura faz com que o analito que foi reduzido no eletrodo seja reoxidado à medida que o potencial do analito aplicado novamente se aproxima de $E°$, produzindo uma corrente negativa 'anódica'. Essa corrente por fim se aproxima de zero enquanto o potencial é aumentado ainda mais e a quantidade de analito reduzido no eletrodo é esgotada.

A voltametria cíclica pode fornecer uma variedade de informações em uma reação de oxidação-redução. Por exemplo, o número de ondas que se observam pode indicar quantos eventos de oxidação-redução estão ocorrendo em um analito. A localização dos picos fornecerá os potenciais em que esses eventos ocorrem. A diferença de potencial entre os picos catódico e anódico está relacionada ao número de elétrons envolvidos em uma reação de oxidação-redução. Uma comparação do tamanho da corrente de pico catódico com a corrente de pico anódico indicará se a reação é totalmente reversível ou se as formas reduzida e oxidada do analito apresentam reações colaterais. Alterar a taxa das varreduras para a frente e para trás também pode suprir informações sobre as velocidades das reações colaterais.[5, 8,9]

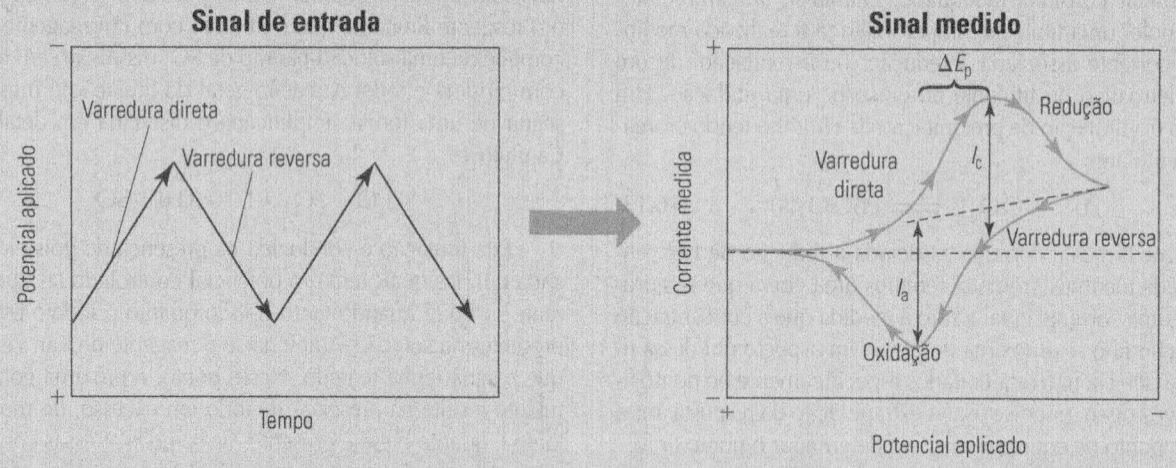

Figura 16.6

Entrada de sinal geral e resposta gráfica para voltametria cíclica. Os resultados apresentados neste caso se referem a uma reação de oxidação-redução reversível, sem reações colaterais. As correntes de pico medidas para a corrente catódica (I_c) e para a corrente anódica (I_a) estão relacionadas com a quantidade de analito que foi reduzida e oxidada novamente durante as varreduras direta e reversa, respectivamente. A diferença nos potenciais de pico (ΔE_p) está relacionada ao número de elétrons envolvidos no processo de oxidação-redução.

rente de difusão que é proporcional à concentração de oxigênio dissolvido.

$$O_2 + 4H^+ + 4e^- \rightleftharpoons 2H_2O \quad (16.15)$$

Instrumentos especiais concebidos para medir oxigênio dissolvido usam um eletrodo de ouro que é coberto com uma fina membrana plástica. A membrana permite a passagem de gases dissolvidos, mas impede que íons ou moléculas grandes alcancem o eletrodo de trabalho. Eletrodos de oxigênio dissolvido costumam ser alimentados com um longo cabo de conexão, e geralmente incluem um sensor de temperatura. Tais características permitem que esses eletrodos sejam úteis à medição direta de oxigênio dissolvido e da temperatura no fundo de oceanos, lagos, rios ou poços.[6,9]

16.4.3 Voltametria de redissolução anódica

A **voltametria de redissolução anódica** é uma combinação de coulometria e de voltametria que se emprega na medição de íons metálicos traço.[4,9] Nesse método, primeiro o eletrodo de trabalho é ajustado a um potencial que seja adequado à redução do analito (Figura 16.7). Deixa-se a redução ocorrer nesse potencial por vários minutos em uma solução agitada. Nesse período, o produto de redução se acumula sobre o eletrodo de trabalho. A redução não é exaustiva, como seria no caso de coulometria direta ou da eletrogravimetria, por isso a maior parte do analito se mantém dissolvida na amostra. No uso de voltametria de redissolução anódica para medir Pb^{2+}, a primeira etapa da análise seria representada pela seguinte semirreação.

$$Pb^{2+} + 2\,e^- \rightleftharpoons Pb(s) \quad (16.18)$$

Durante a segunda etapa do método, o potencial aplicado é alterado para um valor positivo, e o analito previamente reduzido é reoxidado enquanto se escaneia o potencial em uma direção positiva. No exemplo da análise de Pb^{2+}, todo o chumbo acumulado no eletrodo durante a etapa de redução é oxidado a um potencial mais elevado. A corrente e o tempo necessários à reoxidação são, então, determinados e usados para calcular quantos mols de chumbo foram colocados sobre o eletrodo durante a primeira etapa. Esse processo é realizado na amostra e também em um conjunto de padrões sob o mesmo conjunto de condições de análise. A comparação desses resultados em seguida torna possível determinar a concentração do analito na amostra. Misturas simples de dois ou três analitos de baixa concentração e eletroativos na faixa de 10^{-8} a 10^{-10} M podem ser examinadas por esse método, se as espécies puderem ser reduzidas juntas, mas têm potenciais de oxidação diferentes o bastante.

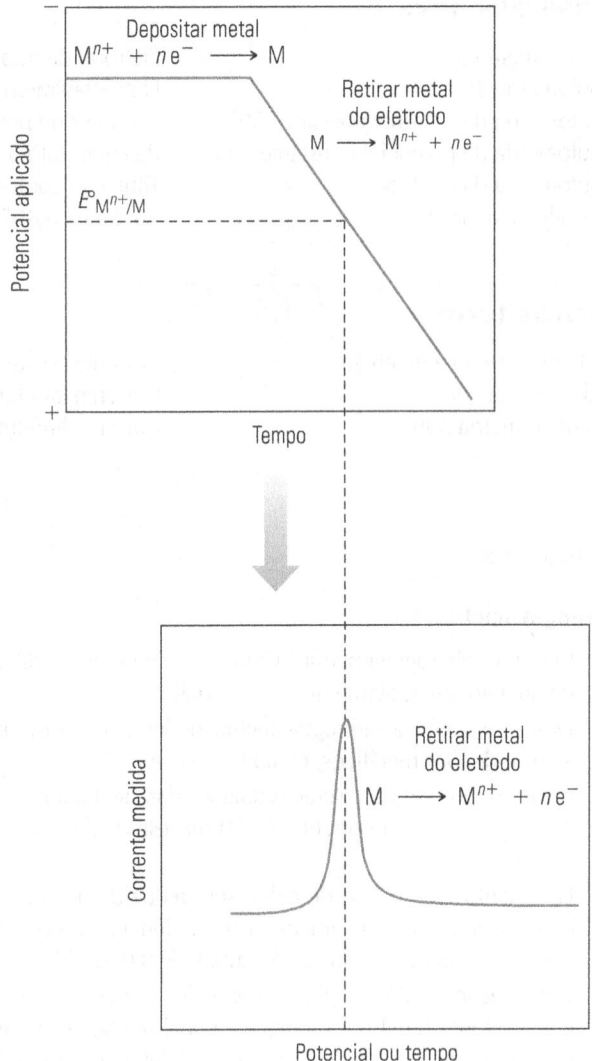

Figura 16.7

Exemplo do uso da voltametria de redissolução anódica na redução e posterior oxidação de um íon metálico de uma solução de amostra. O gráfico de cima mostra como o potencial aplicado se altera ao longo do tempo durante a análise. O gráfico na parte inferior apresenta um exemplo do pico de corrente que é produzido quando o metal depositado é oxidado de volta à forma de íons metálicos. O tamanho desse pico pode ser usado com a análise de padrões semelhantes para medir a quantidade de determinados íons metálicos na amostra original. Este método também permite que vários íons metálicos sejam examinados em série caso os metais correspondentes tenham diferenças suficientes em seus potenciais de redução padrão.

Palavras-chave

Amperometria 397
Coulometria 394
Coulometria de corrente constante 395
Coulometria de potencial constante 396
Coulometria direta 395
Eletrodo auxiliar 398

Eletrodo de trabalho 398
Eletrogravimetria 392
Eletrólise de potencial controlado 393
Potenciostato 394
Titulação coulométrica 395
Voltametria 397

Voltametria CD 397
Voltametria de redissolução anódica 401
Voltamograma 397

Outros termos

100 por cento de eficiência de corrente 395
Biamperometria 399

Corrente de carga 398
Corrente faradaica 398
Corrente limitante de difusão 397

Potencial de meia-onda 397
Voltametria cíclica 400
Voltamograma cíclico 400

Questões

Eletrogravimetria

1. O que é 'eletrogravimetria'? Como essa abordagem difere de uma análise gravimétrica tradicional?

2. Descreva como a eletrogravimetria poderia ser usada na análise de íons metálicos, como Cu^{2+} ou Ag^+.

3. Quantos mols de Cu^{2+} serão reduzidos durante uma eletrogravimetria se uma corrente de 5,0 mA estiver fluindo por 7 min e 36 s?

4. Em quanto uma massa de cobre será reduzida quando se conduz uma eletrogravimetria a um potencial apropriado em 150 mL de uma solução de $CuSO_4$ de 0,0764 M?

5. Uma fração de 250,0 mL de uma solução contendo íons cobre e íons chumbo é submetida à análise eletrogravimétrica. A massa do cátodo original é 23,9854 g, e a massa do ânodo, 10,6489 g. Quando a análise é concluída, os dois eletrodos têm massas de 24,5673 g e 10,9858 g, respectivamente. Qual era a concentração de íons cobre e de íons chumbo na solução original?

6. Uma amostra de 4,5631 g de bronze contendo somente cobre e zinco é analisada por eletrogravimetria. A massa do cátodo aumenta em 3,7618 g, e a massa do ânodo não se altera. Qual é a composição da amostra?

7. Uma fração 1,2764 g de minério de cobre foi dissolvida em ácido, filtrada para produzir uma solução de cor azul e diluída a 250 mL. A solução foi, então, submetida à eletrogravimetria. A massa original do eletrodo de platina era 15,7649 g e, após a deposição ter sido completada, era 16,0467 g. Qual é o percentual de cobre no minério?

8. Qual é a precisão esperada da concentração de íons prata em uma amostra se uma pipeta de 25,00 mL é usada para dispensar a amostra em eletrogravimetria, se a massa do cátodo aumenta de 27,8645 g para 28,7654 g?

9. O que significa 'eletrólise de potencial controlado'? Explique como o termo está relacionado ao método de eletrogravimetria.

10. O que é um 'potenciostato'? Qual é sua função?

Coulometria direta

11. O que é 'coulometria'? O que se mede nesse método e como essa informação é utilizada em análise química?

12. O que significa '100 por cento de eficiência de corrente'? Por que é importante ter 100 por cento de eficiência de corrente em coulometria, mas não em eletrogravimetria?

13. Defina o que se entende por 'coulometria direta' e por 'coulometria de corrente constante'. Cite um exemplo de análise que faça uso dessas técnicas.

14. Uma fração 25,00 mL de uma solução de íons níquel e uma fração de 25,00 mL de uma solução de íons prata exigem, cada qual, a mesma quantidade de tempo para serem totalmente reduzidas na mesma corrente constante. É, portanto, correto afirmar que as concentrações de ambas as soluções são iguais? Justifique.

15. Quantos coulombs são necessários para produzir 100 por cento de redução de Ag^+ que está presente em uma solução de 100,0 mL de $AgNO_3$ de 0,100 M?

Titulações coulométricas

16. Descreva como uma titulação coulométrica característica é executada. Como ela difere de uma titulação volumétrica mais tradicional?

17. A análise de uma amostra sólida (250 mg) contendo vitamina C resulta em um ponto final com amido como indicador depois de 6 min e 24 s, quando analisada por uma titulação coulométrica de corrente constante com iodo em uma corrente de 30,00 mA. Qual é percentual de vitamina C na amostra?

18. Um químico forense deseja medir a concentração de EDTA em uma solução por geração coulométrica de íons cobre a partir de metal de cobre. Qual é a concentração de EDTA em uma porção de 100,0 mL da amostra, se são necessários 198,5 s para alcançar o ponto final quando a corrente é 0,01000 A?

Coulometria de potencial constante

19. Usando a equação de Nernst, explique por que o potencial muda quando se executa a coulometria de corrente constante.

20. O que é 'coulometria de potencial constante'? Quais são as vantagens e as desvantagens desse método em comparação com a coulometria de corrente constante?

21. A área sob um gráfico de corrente *versus* tempo de determinação coulométrica de potencial constante ($E = -0,320$ V) de íons níquel ($E° = -0,236$ V) na presença de íons cádmio ($E° = -0,403$ V) é 458 A · s. O volume total da solução é 250 mL. O que se pode dizer sobre as concentrações desses dois íons na solução?

Voltametria de corrente contínua

22. O que é 'voltametria'? Qual é o parâmetro medido por esse método? Qual é o parâmetro variado ou controlado nesse método?

23. Quais são as três maneiras pelas quais um soluto pode chegar à superfície de um eletrodo durante a voltametria?

24. O que é voltametria CD? Como esse método é realizado e como ele pode ser usado em uma análise química?

25. Defina ou descreva cada um dos seguintes termos e explique como eles são utilizados em voltametria.
   (a) Voltamograma.
   (b) Corrente limitante de difusão.
   (c) Potencial de meia-onda.

26. Qual é a diferença entre uma corrente faradaica e uma corrente de carga? Como cada uma dessas correntes é criada? Qual dessas correntes pode ser relacionada à concentração de um analito eletroativo?

27. A voltametria pode distinguir diferentes estados de oxidação do mesmo elemento. Por exemplo, CrO_4^{2-} é reduzido a Cr^{3+} em um potencial de 1,33 V, enquanto Cr^{3+} é reduzido a Cr^{2+} em $-0,41$ V e Cr^{2+} é ainda mais reduzido para $Cr(s)$ em $-0,91$ V. Um voltamograma mostra uma corrente limitante de difusão de 34,5 mA em um potencial no qual CrO_4^{2-} é reduzido, 46,0 mA em um potencial no qual Cr^{3+} também é reduzido e, por fim, 69,0 mA em um potencial no qual Cr^{2+} é também reduzido. Qual era a composição da amostra original em termos desses três estados de oxidação solúvel? (*Observação:* neste caso, você pode supor que a reação de CrO_4^{2-} com Cr^{2+} para produzir Cr^{3+} pode ser ignorada; entretanto, na prática, essa reação ocorrerá com razoável rapidez e dificultará a observação das três ondas para uma dada espécie em um voltamograma.)

28. Calcule a concentração de peróxido de hidrogênio (H_2O_2) em uma amostra de água aerada a 20 °C caso um voltamograma mostre uma primeira onda com uma corrente de difusão de 43,5 mA e uma segunda onda de corrente de difusão total de 104,6 mA.

29. Uma solução contendo íons cobre e íons prata foi submetida à voltametria. Duas ondas catódicas foram observadas, a primeira com uma corrente de difusão de 12,4 mA e a segunda com uma corrente de difusão total de 34,2 mA. Qual onda corresponde a qual metal? Quais são as concentrações relativas de ambos os íons metálicos? Você pode supor que os dois íons tenham coeficientes de difusão iguais.

30. A corrente de carga em uma medição voltamétrica é 0,065 mA, e uma solução de $CdCl_2$ de $2,5 \times 10^{-2}$ M fornece uma corrente de difusão de 56,8 mA durante a medição. Qual será o limite de detecção da análise se esse limite for igual à concentração de $CdCl_2$, produzindo uma corrente faradaica três vezes maior que a corrente de carga?

31. Explique por que um sistema de três eletrodos é utilizado em voltametria. Qual é a função de cada eletrodo no âmbito de tal sistema?

32. Por que é importante controlar o pH e a composição da solução durante uma medição baseada em voltametria?

Amperometria

33. O que é 'amperometria'? Explique como ela pode ser usada como ferramenta para realizar uma titulação amperométrica.

34. Descreva o método de Karl Fischer. Forneça a reação de titulação para esse processo e explique como o ponto final é detectado.

35. Explique como a amperometria é usada para determinar a concentração de oxigênio dissolvido na água.

36. Uma sonda de oxigênio dissolvido é inserida em um lago profundo partindo de uma canoa. Essa sonda produz uma leitura de 8,0 ppm na superfície e para os primeiros 15 pés de profundidade, mas de repente muda para 2,3 ppm a 20 pés, o valor diminuindo de 2,3 ppm para 1,3 ppm quando a sonda atinge o fundo do lago a 70 pés. Explique essas informações.

Voltametria de redissolução anódica

37. Descreva o método 'voltametria de redissolução anódica' e indique como ele é usado em análise química.

38. Em uma medição de redissolução anódica do cádmio, 100 mL da solução de amostra é submetida à eletrólise de 500 s para reduzir Cd^{2+} ao cádmio elementar. Verifica-se que o cádmio que é extraído necessita de $4,0 \times 10^{-6}$ coulombs de carga para ser reoxidado a Cd^{2+}.
   (a) Qual massa de cádmio foi reduzida na fase de eletrólise?
   (b) Quantos coulombs de carga seriam necessários caso a eletrólise passasse a 1.000?
   (c) Se a solução original contivesse Cd^{2+} de $4,5 \times 10^{-8}$ M, qual fração desse cádmio original teria sido reduzida e posteriormente reoxidada?

39. A quantidade de íons chumbo na água deve ser medida utilizando-se voltametria de redissolução anódica. Uma fração de 100 mL de solução da amostra é pré-eletrolisada por exatamente 10,0 min. Após a redissolução anódica, a área de pico correspondente ao chumbo é $17,5 \times 10^{-7}$ A · s. Uma solução padrão de chumbo ($5,0 \times 10^{-8}$ M) submetida ao mesmo processo produziu uma área do pico de $27,8 \times 10^{-7}$ A · s. Qual é a concentração de íons chumbo na amostra? Que fração do chumbo original foi reduzida na etapa de pré-eletrólise?

Problemas desafiadores

40. Na sua opinião, por que, em eletrogravimetria, é importante usar eletrodos com grandes áreas de superfície, embora isso não seja importante em coulometria ou em voltametria?

41. É possível que um erro seja introduzido em um experimento de coulometria se água destilada for ocasionalmente esguichada para lavar a solução? Responda à mesma pergunta, mas para o caso de a medição ser feita por voltametria. Justifique.

42. A concentração de oxigênio dissolvido em um grande rio é medida em vários pontos a montante e a jusante de uma usina que utiliza a água do rio para remover o excesso de calor. Os resultados a seguir são medidos a uma profundidade de 1,0 metro no centro do rio. Explique a diferença entre essas medidas.

Posição	Concentração de O_2 dissolvido (ppm)
500 m a montante	7,3
25 m a jusante	3,0
500 m a jusante	3,2
2000 m a jusante	7,0

Tópicos para discussão e relatórios

43. Obtenha mais informações na literatura ou na Internet sobre uma sonda de oxigênio usada na medição da demanda biológica de oxigênio (DBO). Explique como ela funciona.

44. Descubra quais são os requisitos para o oxigênio dissolvido e para a temperatura de peixes e outros organismos aquáticos em sua cidade. Os corpos de água em sua cidade atendem a esses requisitos?

45. As primeiras voltametrias bem-sucedidas foram realizadas utilizando-se um eletrodo gotejante de mercúrio (DME). Esse eletrodo tinha uma lâmpada de mercúrio ligada a um capilar de pequeno diâmetro de onde gotas de mercúrio líquido caíam na solução da amostra a cada poucos segundos. Essa técnica é chamada de *polarografia*. Sugira algumas vantagens e desvantagens do uso de tal eletrodo, e enumere algumas razões pelas quais ele foi tão utilizado por anos, mas tão pouco hoje em dia.

46. Quem, no início, desenvolveu o método de polarografia foi Jaroslav Heyrovsky. Busque mais informações sobre a vida e a carreira científica de Heyrovsky e escreva um relatório sobre suas descobertas.

47. Leia sobre a história da medição da constante de Faraday e o papel que os métodos eletroanalíticos desempenham nessas medições. Escreva um relatório sobre suas descobertas.

48. Localize um artigo em uma revista científica no qual o método de voltametria cíclica seja utilizado em parte do estudo. Descreva como essa técnica foi utilizada no estudo em questão e indique os tipos de informação fornecidos por ela.

49. Existem muitos tipos de voltametria além daqueles discutidos neste capítulo. A seguir, relacionamos alguns exemplos. Obtenha mais informações sobre qualquer um deles. Descreva, em um breve relatório, o modo como esse método é conduzido e os tipos de informação que ele pode fornecer sobre um analito eletroativo.
  (a) Polarografia de pulso diferencial.
  (b) Voltametria de onda quadrada.
  (c) Voltametria hidrodinâmica.

50. Tem-se verificado um grande interesse sobre o uso de microeletrodos e ultramicroeletrodos em voltametria. Obtenha algumas informações sobre o tema e discuta as vantagens que esses pequenos eletrodos oferecem em medições eletroquímicas.

Referências bibliográficas

1. R. J. Diaz e R. Rosenberg, 'Spreading Dead Zones and Consequences for Marine Ecosystems', *Science*, 321, 2008, p.926–929.
2. D. T. Sawyer, A. Sobkowiak e J. L. Roberts, Jr., *Electrochemistry for Chemists*, 2 ed., Wiley, Nova York, 1995.
3. B. H. Vassos, 'Voltammetry'. In: *Analytical Instrumentation Handbook*, 2 ed., G. W. Ewing, ed., Marcel Dekker, Nova York, 1997, Capítulo 19.
4. J. Wang, 'Instrumentation for Stripping Analysis'. In: *Analytical Instrumentation Handbook*, 2 ed., G. W. Ewing, ed., Marcel Dekker, Nova York, 1997, Capítulo 20.
5. A. J. Bard e L. R. Faulkner, *Electrochemical Methods: Fundamentals and Applications*, 2 ed., Wiley, Hoboken, NJ, 2001.
6. J. Inczedy, T. Lengyel e A. M. Ure, *International Union of Pure and Applied Chemistry—Compendium of Analytical Nomenclature: Definitive Rules 1997*, Blackwell Science, Malden, MA, 1998.
7. G. Maludzinska, ed., *Dictionary of Analytical Chemistry*, Elsevier, Amsterdã, Holanda, 1990.
8. D. A. Skoog, F. J. Holler e T. A. Nieman, *Principles of Instrumental Analysis*, 5 ed., Saunders, Filadélfia, PA, 1998.
9. W. R. Heineman e P. T. Kissinger, 'Cyclic Voltammetry', *Journal of Chemical Education*, 60, 1983, p.702–706.

Capítulo 17

Introdução à espectroscopia

Conteúdo do capítulo

- **17.1** Introdução: a visão de cima
    - 17.1.1 O que é espectroscopia?
    - 17.1.2 Como se usa a espectroscopia em química analítica?
- **17.2** As propriedades da luz
    - 17.2.1 O que é a luz?
    - 17.2.2 Captação e liberação de luz pela matéria
    - 17.2.3 Interações físicas entre a luz e a matéria
- **17.3** Análise quantitativa baseada em espectroscopia
    - 17.3.1 Análise baseada em emissão
    - 17.3.2 Análise baseada em absorção

17.1 Introdução: a visão de cima

Em abril de 1999, a NASA lançou o *Terra*, o primeiro de uma série de satélites que, atualmente, estão em uso para fazer estudos detalhados das formas de vida, das terras, dos oceanos e da atmosfera da Terra. Esse satélite tem o tamanho de um ônibus escolar, e contém diversos pequenos instrumentos para analisar a radiação que é refletida ou absorvida pela Terra. Tais instrumentos servem para obter imagens do planeta, e fornecem informações detalhadas sobre sua composição química e física.[1,2]

O uso do satélite *Terra* e de outros para fornecer tais informações é chamado de *sensoriamento remoto*, que pode ser definido como a utilização de um instrumento analítico para examinar uma amostra à distância, como ocorre quando um satélite grava uma imagem por meio da luz que se reflete da superfície da Terra. No caso do *Terra*, há cinco conjuntos de sensores que foram projetados para medir diferentes tipos de luz. Os cientistas usam essa informação para saber sobre a distribuição da vida vegetal no planeta e os efeitos das mudanças climáticas na atmosfera, na terra e no mar.[3,4]

O sensoriamento remoto costuma envolver medições de luz, porque esta pode interagir de várias maneiras com a matéria e percorrer grandes distâncias com rapidez. Muitos instrumentos laboratoriais também recorrem à luz para mensurações químicas e físicas. O uso da luz na obtenção de informações sobre as propriedades químicas e físicas de uma amostra é uma técnica conhecida como **espectroscopia**. Neste capítulo, conheceremos os princípios básicos da espectroscopia e verificaremos como o método pode ser usado em análises quími-

cas. Os capítulos 18 e 19 analisarão algumas aplicações mais específicas da espectroscopia, como o exame de determinados elementos ou de tipos específicos de molécula.

17.1.1 O que é espectroscopia?

A espectroscopia refere-se ao campo da ciência que trata da mensuração e da interpretação da luz que é absorvida ou emitida por uma amostra.[5] Esse tipo de análise, muitas vezes, envolve o uso de um **espectro**, que é o padrão que se observa quando a luz é separada em suas diversas cores, ou bandas espectrais.[5,6] Exemplos de alguns espectros são mostrados na Figura 17.1, que mostra a luz emitida pelo Sol e sua intensidade após atravessar a atmosfera e interagir com as substâncias químicas no ar. A Tabela 17.1 indica que existem vários tipos de instrumentos e equipamentos para coletar tal espectro. Neste livro, vamos nos concentrar no tipo geral de instrumento conhecido como **espectrômetro**, projetado para medir eletronicamente a quantidade de luz que há em um espectro de uma determinada banda espectral ou de um grupo de bandas.[5,6]

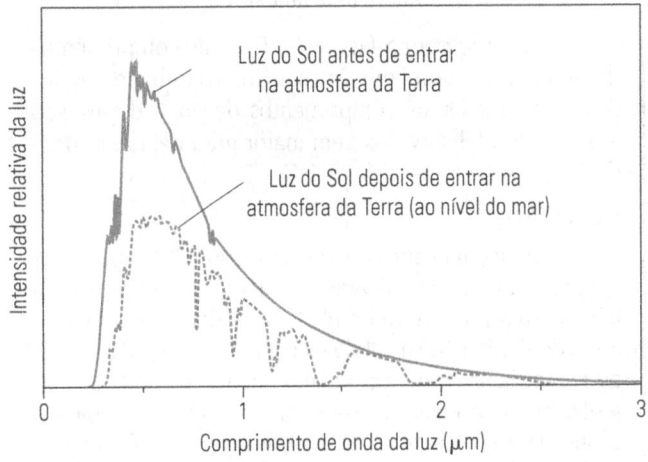

Figura 17.1

Espectros da luz que são emitidos pelo sol e da luz solar que atravessou a atmosfera da Terra. Os valores na parte superior do gráfico indicados pela linha contínua estão relacionados à potência ou à intensidade dessa luz. Os valores na parte inferior do gráfico indicados pela linha tracejada mostram o percentual da luz que é transmitida em cada comprimento de onda. (Estes dados se baseiam em informações da American Society of Testing Materials Terrestrial Reference Spectra.)

Tabela 17.1

Tipos gerais de instrumentos utilizados na execução da espectroscopia.

Tipo de instrumento	Descrição[a]
Espectrômetro	Instrumento com uma fenda de entrada e uma ou mais fendas de saída que faz medições pela varredura de um espectro (ponto a ponto) ou por monitoramento simultâneo de várias posições em um espectro; a quantidade medida é uma função do poder radiante.
Espectrofotômetro	Espectrômetro associado a outro equipamento, que se destina a fornecer a relação (ou uma função da razão) do poder radiante de dois feixes de luz em função da posição em um espectro.
Espectrógrafo	Instrumento com uma fenda e um seletor de comprimento de onda que usa a fotografia para obter o registro simultâneo de um espectro.
Espectroscópio	Instrumento com uma fenda e um seletor de comprimento de onda que forma um espectro para a inspeção visual.

[a] Estas definições foram adaptadas de 'Guide for Use of Terms in Reporting Data: Spectroscopy Nomenclature', *Analytical Chemistry*, 62, 1990, 91–92; e de G. Maludzinska, ed., *Dictionary of Analytical Chemistry*, Elsevier, Amsterdã, Holanda, 1990.

O eixo *x* de um espectro indica o tipo de luz que está sendo medida ou observada. Por exemplo, na Figura 17.1, esse eixo faz distinção entre os diferentes tipos de luz por 'comprimento de onda', um termo que discutiremos na Seção 17.2.1. O eixo *y* de um espectro mostra a quantidade de luz que é emitida por uma determinada fonte (como o Sol), ou que interage com uma amostra (atmosfera da Terra). Um espectro pode fornecer informações qualitativas sobre a composição química de uma fonte ou amostra por meio dos tipos de luz que se detectam e também por informações quantitativas sobre essa composição com base na quantidade de luz detectada.

EXERCÍCIO 17.1 Uso de um espectro para saber mais sobre uma amostra

De acordo com a Figura 17.1, quais comprimentos de onda da luz têm emissão mais intensa quando emitidos pelo Sol? Quais comprimentos de onda da luz são tomados (ou 'absorvidos') em maior grau pela atmosfera da Terra?

SOLUÇÃO

O gráfico na parte superior da Figura 17.1 mostra que a maior parte da emissão de luz intensa do Sol ocorre na faixa de 0,5 μm (ou 500 nm). A partir do gráfico inferior, aprendemos que, ao nível do mar, há uma intensidade mais ou menos igual de luz com comprimentos de onda de 500 a 650 nm. (*Observação:* esses comprimentos de onda são o que dá a cor amarela ao Sol.) Ocorre uma diminuição na intensidade em vários comprimentos de onda específicos após a passagem da luz solar pela atmosfera. A diminuição resulta da captação da luz por gases como o vapor d'água, o dióxido de carbono e o ozônio presentes no ar, e serve para medir essas substâncias químicas na atmosfera. O sensoriamento remoto para examinar a superfície da Terra pode ocorrer selecionando-se outros comprimentos de onda da luz capazes de passar através da atmosfera e permitir que a luz interaja com essa superfície.

17.1.2 Como se usa a espectroscopia em química analítica?

A espectroscopia é uma das ferramentas analíticas mais usadas em análises químicas, tanto nas qualitativas quanto nas quantitativas. Um modo de classificar os métodos espectroscópicos é fazê-lo de acordo com o uso dessas técnicas. Por exemplo, a aplicação de espectroscopia para identificar uma amostra ou medir substâncias químicas em uma amostra é chamada de *análise espectroquímica*, enquanto sua aplicação para mensurar um espectro é conhecida como *espectrometria*.[5,6] Os métodos espectroscópicos também podem ser subdivididos de acordo com o tipo de analito que estão examinando ou tipos de luz que empregam. Por exemplo, o uso desses métodos para estudar analitos que sejam moléculas é chamado de 'espectroscopia molecular' (Capítulo 18), enquanto para estudar átomos ou elementos é denominado 'espectroscopia atômica' (Capítulo 19).

Provavelmente, a forma mais comum de classificar técnicas espectroscópicas é fazê-lo de acordo com o tipo de radiação empregada e a maneira como a radiação interage com a matéria. Muitos exemplos desse tipo de classificação são apresentados na Tabela 17.2. Esses métodos não incluem somente aqueles que usam raios ultravioleta ou visíveis, mas também os que fazem uso de luz infravermelha, raios X, ondas de rádio e micro-ondas, entre outros modos de interação.

Os tipos de interação que podem ocorrer entre a matéria e essa radiação variam de alterações de baixo consumo energético envolvendo uma mudança no estado de *spin* (como em espectroscopia de ressonância magnética nuclear [RMN]) a transições eletrônicas (espectroscopia ultravioleta/absorção visível) e transições em elétrons no núcleo central (fluorescência de raios X). Discutiremos os princípios e as aplicações de muitas dessas técnicas nos próximos dois capítulos.

Em análise química, a espectroscopia pode ser usada isoladamente ou combinada com outros métodos analíticos. Os capítulos 12, 13 e 15 apresentam exemplos deste último caso no uso de indicadores visuais do ponto final de uma titulação.

Tabela 17.2

Tipos comuns de métodos espectroscópicos.

Método[a]	Tipo de radiação empregada[b]	Processo examinado
Espectroscopia RMN	Ondas de rádio ($\lambda = 100$ cm para 10 m)	Alteração em *spin* nuclear
Espectroscopia ESR	Ondas de rádio ($\lambda = 1$ cm para 100 cm)	Alteração em *spin* do elétron
Espectroscopia de micro-ondas	Micro-ondas ($\lambda = 100$ μm para 1 cm)	Alteração em rotação química
Espectroscopia de infravermelho	Luz infravermelha ($\lambda = 1$ μm para 100 μm)	Alteração em vibração química
Espectroscopia de UV-visível	Raios ultravioleta e raios visíveis ($\lambda = 10$ nm para 1 μm)	Alteração em distribuição de elétrons (elétrons de casca externa)
Espectroscopia de raios X	Raios X ($\lambda = 100$ pm para 10 nm)	Alteração em distribuição de elétrons (elétrons de casca interna)
Espectroscopia de raios gama	Raios gama ($\lambda = 10$ nm para 1 μm)	Alteração em configuração nuclear

[a]Abreviações: RMN, ressonância magnética nuclear; ESR, ressonância de *spin* eletrônico; UV-visível, ultravioleta-visível.
[b]Regiões de comprimento de onda fornecidas para cada método e tipo de processo são aproximadas e baseadas em valores fornecidos em C.N. Banwell, *Fundamentals of Molecular Spectroscopy*, 3ª ed., McGraw-Hill, Nova York, 1983, p. 7.

Nessa situação, a mudança de 'cor' (ou o espectro observado visualmente) do indicador serve para nos ajudar a determinar quando o ponto final foi alcançado na titulação. Às vezes, também é possível, durante uma titulação, determinar o ponto final observando-se a mudança de cor e de espectro do analito ou do titulante à medida que ele se combina para formar um produto (Capítulo 18). Muitas vezes, os espectrômetros também podem ser usados como detectores de outros métodos de análise (ver os capítulos 22 e 23 sobre cromatografia líquida e eletroforese).

A cor tem sido usada desde tempos antigos como um meio de avaliar corantes e outros produtos comerciais, mas o uso de espectroscopia na análise química é um acontecimento mais recente. A área de espectroscopia começou em 1672, quando Isaac Newton (1642-1727) usou um prisma para separar um feixe de luz branca em cores como vermelho, laranja, amarelo, verde e azul.[7,8] Ele fez em seu caderno um experimento em que usou um prisma de vidro para separar um feixe de luz solar em várias cores distintas. Nesse experimento, Newton primeiro fez a luz solar passar por uma pequena fenda em uma veneziana da janela. O feixe de luz, então, passava através de uma lente e se projetava em um prisma, o qual servia para separar a luz em diversas faixas de cores, que foram observadas em uma tela. Newton também usou um segundo prisma para testar se uma das bandas de cor (vermelho, neste caso) poderia ser separada em mais componentes. Ele chamou esse trabalho de 'experimento crucial', ou *experimentum crucis*, porque pressentia que de fato provaria para os muito céticos que a luz branca era uma mistura de muitas cores. Esse recurso permitiu que outros cientistas soubessem que o tipo de luz emitida por um material está relacionado à composição química da amostra. Por exemplo, em 1752, um escocês chamado Thomas Melville notou que a adição de sal marinho a uma amostra de álcool produzia uma cor amarela em uma chama (um efeito que hoje sabemos que se deve à presença de sódio no cloreto de sódio).[8] Em 1826, outro escocês, William Henry Talbot, descobriu que mudar os tipos de sal que eram adicionados às amostras criava diferentes cores de chama.[7,8] Esses foram os primeiros exemplos de espectroscopia utilizada em análise química. Os químicos modernos usam espectroscopia para examinar uma grande variedade de materiais e para obter grandes quantidades de informação sobre sua composição química.

17.2 As propriedades da luz

Para entender a espectroscopia, é necessário, primeiro, conhecer as propriedades da luz, e como a luz interage com a matéria. Veremos, nos próximos dois capítulos, como essas propriedades e interações podem ser úteis no projeto de espectrômetros e em análises químicas.

17.2.1 O que é a luz?

Uma resposta para a pergunta 'O que é a luz?' foi buscada por cientistas durante muitos séculos. Os cientistas modernos definem a **luz** como uma *radiação eletromagnética*, que é uma onda de energia que se propaga através do espaço com componentes de campo elétrico e também de campo magnético.[5,9-11] Mas, na verdade, há duas maneiras de descrever a luz. Um ponto de vista considera que a luz tem propriedades de uma onda, enquanto o outro entende que ela se compõe de partículas distintas de energia. Juntas, essas duas perspectivas formam o que se chama de 'dualidade onda-partícula' da luz. Embora pareça estranho, à primeira vista, que se possa entender a luz tanto como uma onda quanto como uma partícula, ambos os pontos de vista são necessários para descrever adequadamente como a luz se comporta e interage com a matéria.[9,10,12]

A natureza da luz como uma onda. A primeira visão da luz é a de uma onda de energia que se move através do espaço. Essa onda pode percorrer o vácuo ou outros meios de transmissão, como ar, água e vidro. A Figura 17.2 fornece um diagrama de como a luz é retratada quando se utiliza o modelo de ondas. Nesse modelo, uma onda de luz consiste de um campo elétrico oscilante que é perpendicular a um campo magnético oscilante. Como qualquer outra onda, tais campos oscilantes produzem regiões regulares de alta ou máxima intensidade (chamadas de 'cristas') e regiões de baixa ou mínima intensidade ('vales'). A intensidade dessa onda, medida pela altura das cristas, é conhecida como *amplitude*.[11] A ideia de que a luz atua como uma onda foi sugerida pela primeira vez em 1678 por Christian Huygens, um matemático e físico holandês. Nossa atual descrição matemática da luz como radiação eletromagnética resulta do trabalho do físico escocês James Maxwell em meados do século XIX.[9,10]

Há várias propriedades que podemos usar para descrever a luz como uma onda. Primeiro, tem-se a velocidade em que a luz se desloca. A luz tem a taxa de percurso mais rápida em um vácuo real. Essa velocidade é uma constante física representada pelo símbolo c, que no sistema SI é exatamente igual a 299.792.458 m/s. A velocidade da luz em um meio que não o vácuo é representada pelo símbolo 'v'. A relação entre essas duas velocidades fornece um parâmetro conhecido como **índice refrativo (n)**, também chamado 'índice de refração'.[11]

$$\text{Definição de índice refrativo: } n = c/v \quad (17.1)$$

A Tabela 17.3 apresenta o índice refrativo de vários materiais comuns. Visto que a velocidade da luz através de um meio que não o vácuo será inferior ou igual a c, o resultado será um índice refrativo desse meio maior ou igual a 1,000. (*Observação:* o ar tem um índice refrativo comum de 1,0003, o que nos permite aplicar um valor arredondado de $3,00 \times 10^8$ m/s para descrever a velocidade em um vácuo real ou no ar.) O valor de n é adimensional, mas depende do tipo de luz que é aplicada na medição.

O índice refrativo é muito característico de um material, e dependerá da concentração e da composição química de uma amostra. Tais propriedades tornam o índice de refração útil, tanto na medição quanto na identificação química.

EXERCÍCIO 17.2 Relação entre velocidade da luz e índice refrativo

Isaac Newton separou a luz solar em várias cores usando um prisma de vidro. O material utilizado em um tipo de prisma de vidro tem um índice refrativo de aproximadamente 1,61 para luz vermelha e 1,65 para luz azul. Qual é a velocidade de cada um desses tipos de luz enquanto passam pelo prisma?

SOLUÇÃO

Podemos rearranjar a Equação 17.1 e usar os valores indicados de n para resolver a velocidade de cada tipo de luz no prisma. Um exemplo desse processo é mostrado a seguir, para a luz vermelha.

Resolvendo v: $\quad n = c/v \Rightarrow v = c/n$

Luz vermelha:

$$v = (3,00 \times 10^8 \text{ m/s})/(1,61) = \mathbf{1,86 \times 10^8 \text{ m/s}}$$

Luz azul:

$$v = (3,00 \times 10^8 \text{ m/s})/(1,65) = \mathbf{1,82 \times 10^8 \text{ m/s}}$$

Como indica o exemplo anterior, o índice refrativo de um material (e a velocidade correspondente da luz nesse material) vai depender do tipo de luz que examinamos. Foi essa diferença que permitiu a Isaac Newton usar um prisma de vidro para separar (ou 'dispersar') a luz solar em vermelho, azul e outras bandas de cor. O mesmo efeito é aplicado em muitos instrumentos analíticos modernos para se obter um espectro e realizar uma análise química por meio de tipos específicos de luz.

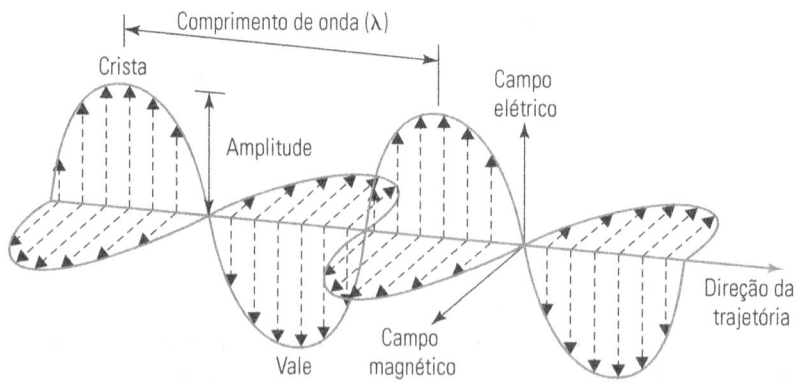

Figura 17.2

Modelo de onda da luz. Neste modelo, a luz é tida como uma onda oscilante com um componente de campo elétrico (mostrado nesta figura movendo-se de cima para baixo) e um componente perpendicular de campo magnético (na imagem, em movimento da esquerda para a direita). A crista representa o ponto máximo de cada onda, e o vale é o ponto em que a onda atinge seu mínimo. A altura da crista da onda é representada pela amplitude, e a distância entre uma crista e outra é conhecida como o comprimento de onda.

Tabela 17.3

Valores de índice refrativo de vários materiais comuns.

Tipo de material ou meio		Índice refrativo (n)[a]
Estado de referência	Vácuo	1,00000 (valor exato)
Gases	Ar	1,0003 (25 °C, 1 atm)
	Hélio	1,000036 (0 °C, 1 atm)
	Dióxido de carbono	1,00045 (0 °C, 1 atm)
	Oxigênio	1,00027 (0 °C, 1 atm)
Líquidos	Etanol	1,36
	Água	1,333 (20 °C)
	Solução de açúcar (30 por cento)	1,38
	Solução de açúcar (80 por cento)	1,49
Sólidos	Vidro Crown	1,52
	Diamante	2,417
	Vidro	1,575 (sílex leve) – 1,89 (sílex mais pesado)
	Gelo	1,309
	Poliestireno	1,55
	Quartzo (fundido)	1,46
	Rubi/Safira	1,77
	Cloreto de sódio (sal)	1,544 (tipo 1) – 1,644 (tipo 2)
	Acetato de celulose (duro)	1,53

[a] Estes valores de n foram determinados usando-se a luz a partir da linha de sódio D em 589 nm. As informações contidas nesta tabela foram extraídas de D.R. Lide, ed., *CRC Handbook of Chemistry and Physics*, 83ª ed., CRC Press, Boca Raton, FL, 2002.

Um segunda propriedade da luz como onda é a **frequência**, que consiste no número de ondas (ou 'ciclos') que ocorrem em um determinado período de tempo.[6,11,13] A frequência da luz é representada pelo símbolo ν (a letra grega *niu*) e fornecida em unidades de ciclos por segundo ou hertz (Hz), onde 1 Hz = 1/s. A frequência é uma propriedade característica da luz e independe de sua taxa de percurso ou do meio que percorre. Veremos mais adiante nesta seção, que a frequência da luz está *diretamente* relacionada com sua energia, onde a luz de alta frequência tem uma energia maior do que a luz de baixa frequência.

A terceira e correlata propriedade da luz como onda é o **comprimento de onda**, que consiste na distância entre quaisquer duas cristas vizinhas em uma onda.[6,11,13] O comprimento de onda da luz é representado pelo símbolo λ (a letra grega *lambda*) e medido em unidades de distância, como metros, nanômetros (nm) ou micrômetros (μm). Alguns textos e recursos antigos também usam o angstrom (Å) como unidade de distância para descrever comprimentos de onda, onde 10 Å = 1 nm. O comprimento de onda da luz é *inversamente* proporcional a sua energia, o que significa que a luz com comprimento de onda longo terá energia mais baixa do que a luz com comprimento de onda curto. Um termo estreitamente relacionado que é diretamente proporcional à energia é o *número de onda* ($\bar{\nu}$, chamado 'barra *niu*').[6,9] O número de ondas para qualquer tipo de luz é igual à recíproca do comprimento de onda, onde $\bar{\nu} = 1/\lambda$. O número de onda representa o número de ondas que ocorrem por unidade de distância, e é expresso em unidades como cm^{-1}.

O comprimento de onda e a frequência da luz podem se relacionar entre si por meio da velocidade da luz, como demonstram as seguintes relações.

$$\nu = c/\lambda \quad \text{(em um vácuo)}$$

$$\text{ou} \quad \nu = v/\lambda \quad \text{(em qualquer meio)} \quad (17.2)$$

Equações semelhantes podem ser escritas para relacionar a frequência de luz com o número de onda.

$$\nu = c\bar{\nu} \quad \text{(em um vácuo)}$$

$$\text{ou} \quad \nu = v\bar{\nu} \quad \text{(em qualquer meio)} \quad (17.3)$$

Essas expressões podem ser usadas para determinar o comprimento de onda ou o número de onda de luz que tenha uma determinada frequência, ou podem servir para calcular a frequência de luz que tenha um comprimento de onda ou número de onda conhecido. O exercício a seguir ilustra o processo.

EXERCÍCIO 17.3 Cálculo do comprimento de onda e da frequência da luz

O comprimento de onda mais intenso de luz que chega à Terra vindo do Sol tem um comprimento de onda de cerca de 500 nm (Figura 17.2). Qual é a frequência dessa luz no espaço? Qual é o número de onda dessa luz?

> **SOLUÇÃO**
>
> A velocidade dessa luz no vácuo do espaço será igual a c. Essa informação pode ser aplicada nas equações 17.2 e 17.3 para determinar a frequência e o número de onda da luz com comprimento de onda igual a 500 nm.
>
> Conversão para frequência:
>
> $\nu = c/\lambda$
>
> $= [(3{,}00 \times 10^8 \text{ m/s})(1\text{s}/\text{Hz})]/[(500 \text{ nm})(10^{-9} \text{ m}/1\text{nm})]$
>
> $\therefore \nu = 6{,}00 \times 10^{14} \text{ Hz}$
>
> Conversão para números de onda:
>
> $\bar{\nu} = 1/\lambda$
>
> $= 1/[(500 \text{ nm})(10^{-9} \text{ m}/1\text{nm})(10^2 \text{ cm}/1\text{m})]$
>
> $\therefore \bar{\nu} = 2{,}00 \times 10^4 \text{ cm}^{-1}$
>
> É interessante notar que, se realizássemos os mesmos cálculos para a luz que passa através de um prisma de vidro, ela teria a mesma frequência ($\nu = 6{,}00 \times 10^{14}$ s^{-1}), mas o número de onda e o comprimento de onda se alterariam à medida que a velocidade da luz diminuísse. O número de onda e o comprimento de onda retornam a seus valores originais após a luz deixar o prisma e penetrar o ar circundante, que possui índice refrativo próximo de 1,000.

A Figura 17.1 mostra que a luz solar é composta de diferentes comprimentos de onda. Alguns deles ocorrem em um intervalo visível a olho nu (a 'faixa visível'), enquanto outros estão acima ou abaixo desse intervalo. A Figura 17.3 mostra a gama completa de radiação eletromagnética. Os seres humanos enxergam a luz com comprimentos de onda que vão de aproximadamente 380 nm (luz violeta) a 780 nm (luz vermelha). Há, no entanto, uma faixa *muito* mais ampla de radiação eletromagnética que se estende tanto a comprimentos de onda superiores quanto aos inferiores. A radiação com comprimentos de onda mais baixos (e energias mais altas) do que a luz visível inclui os raios ultravioleta, X e gama. A radiação com comprimentos de onda mais longos (e energias mais baixas) do que a luz visível inclui a luz infravermelha, as micro-ondas e as ondas de rádio.[12,13] Todos esses comprimentos de onda são aplicáveis à química analítica, mas fornecem informações sobre diferentes propriedades químicas ou tipos de matéria (por exemplo, veja o Quadro 17.1).

A natureza da luz como partícula. Uma visão muito diferente do modelo de ondas foi sugerida pela primeira vez por Isaac Newton, que propôs que a luz era composta de pequenas partículas que se moviam em grande velocidade.[7,8] Entre as evidências dessa 'teoria das partículas', estava um trabalho realizado em 1905 por Albert Einstein, que havia descoberto que os elétrons eram ejetados quando 'partículas' de luz atingiam a

Tipo de luz	Faixa de comprimento de onda	Tipo de luz	Faixa de comprimento de onda
Raios gama	<0,1 nm	Violeta	380–420 nm
Raios X	0,01 nm–10 nm	Azul-violeta	420–440 nm
		Azul	440–470 nm
Raio ultravioleta	10 nm–380 nm	Verde-azul	470–500 nm
Luz visível	380 nm–780 nm	Verde	500–520 nm
		Amarelo-verde	520–550 nm
Luz infravermelha	780 nm–0,3 mm	Amarelo	550–580 nm
		Alaranjado	580–620 nm
Micro-ondas	0,3 mm–1 m	Vermelho-alaranjado	620–680 nm
Ondas de rádio	>1 m	Vermelho	680–780 nm

Figura 17.3

Vários tipos de radiação eletromagnética, ou 'luz'. São mostrados comprimentos de onda aproximados para cada tipo de radiação eletromagnética, com a escala à direita mostrando uma visão ampliada dos comprimentos de onda que compõem a luz visível. (Os intervalos de comprimento de onda utilizados nesta figura são baseados principalmente naqueles incluídos em 'Guide for Use of Terms in Reporting Data in Analytical Chemistry: Spectroscopy Nomenclature', *Analytical Chemistry*, 62, 1990, p.91–92; os intervalos aproximados fornecidos para as cores da luz visível variam ligeiramente de uma fonte para outra na literatura. Uma versão colorida desta figura, representando a faixa de luz visível, pode ser encontrada nas páginas centrais deste livro.)

Quadro 17.1 RMN: sintonia com a estrutura química

A *espectroscopia de ressonância magnética nuclear* (mais conhecida como 'espectroscopia de RMN') é um método espectroscópico valioso para determinar estruturas moleculares.[14,15] A RMN usa o fato de que os núcleos de alguns átomos possuem um '*spin*'. (*Observação:* isso é semelhante ao *spin* presente nos elétrons.) Os estados de *spin* de um determinado tipo de núcleo têm energia equivalente na ausência de um campo magnético, mas diferem por uma quantidade pequena quando os núcleos são colocados em um campo magnético. Tal diferença ocorre na faixa de energias que corresponde à radiação eletromagnética na faixa de radiofrequência (RF). A energia necessária para essa transição é determinada pelos tipos de núcleo que são examinados e seus ambientes locais, inclusive como um átomo contendo cada núcleo está ligado a outros átomos. Esse aspecto resulta em um espectro de RMN no qual um gráfico da intensidade da radiação absorvida *versus* a frequência dessa radiação pode ser usado para identificar as moléculas e determinar suas estruturas (veja a Figura 17.4).

O uso prático da espectroscopia de RMN em análises químicas foi relatado pela primeira vez em 1946 pelos cientistas norte-americanos Felix Bloch e Edward Purcell,[16,17] que foram agraciados com o Prêmio Nobel de física em 1952 por esse trabalho. O Prêmio Nobel de química foi concedido mais tarde, em 1991, ao químico suíço Richard Ernst, que introduziu o método de 'RMN por transformada de Fourier', e em 2002 ao químico suíço Kurt Wüthrich pelo uso de espectroscopia de RMN em estudos tridimensionais de macromoléculas biológicas, como as proteínas.[18] A espectroscopia moderna de RMN é aplicada em muitos campos, incluindo química orgânica, química inorgânica, química analítica e bioquímica. O uso da espectroscopia de RMN em diagnósticos médicos por imagem também é comum, sob o nome de 'ressonância magnética por imagens' (RMI).[19,20]

Um espectro de RMN característico é apresentado na Figura 17.4, utilizando-se uma solução de etanol dissolvido em D_2O como exemplo. Esse espectro mostra a resposta medida para ^1H, que é encontrado na maioria dos compostos orgânicos e compõe 99,985 por cento de todo o hidrogênio na natureza. A posição dos picos nesse espectro reflete a frequência de ressonância natural do núcleo de ^1H, bem como os ambientes locais dos núcleos de ^1H em etanol, o que causa pequenas diferenças nos locais desses picos. Esse efeito, conhecido como 'deslocamento químico', justifica a existência de três grupos de picos no espectro de RMN de ^1H em etanol. Tais grupos têm áreas relativas de 1:2:3, e representam as frações de –OH, –CH_2– e –CH_3 de etanol. É possível, a partir do padrão de divisão em cada grupo de picos, determinar quantos átomos de ^1H estão nos átomos de carbono vizinhos em etanol. A diferença de energias entre os picos individuais em cada padrão de divisão pode ser usada para ajudar a determinar qual dos átomos de ^1H detectados está presente em átomos vizinhos. Essa informação torna possível identificar uma molécula ou determinar sua estrutura. Uma abordagem similar pode ser usada junto com medições baseadas no isótopo de carbono ^{13}C (que constitui 1,11 por cento de carbono na natureza) ou com uma combinação de medições analisando ^1H e ^{13}C (um método conhecido como 'espectroscopia de RMN 2D'), bem como métodos usando outros isótopos (por exemplo, ^{15}N, ^{19}F ou ^{13}P). Embora a Figura 17.4 mostre apenas uma aplicação simples de espectroscopia de RMN, a mesma abordagem básica pode ser empregada para estudar moléculas orgânicas muito mais complexas e até grandes moléculas biológicas como as proteínas.[14,15]

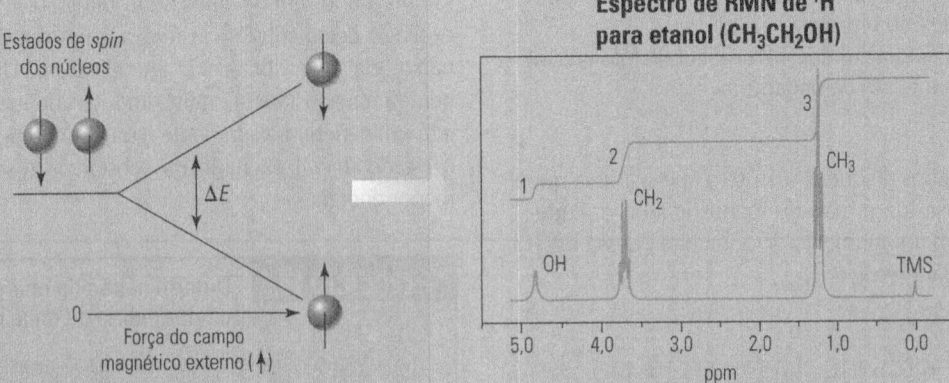

Figura 17.4

Efeito de um campo magnético externo sobre a diferença de energia (ΔE) entre os dois estados de *spin* em um determinado tipo de núcleo, e um exemplo de um espectro RMN de ^1H característico, utilizando etanol como exemplo. As posições dos picos para os núcleos de ^1H nas diversas frações de etanol são mostradas neste espectro RMN de ^1H associadas ao sinal para os núcleos de ^1H em trimetilsilano (TMS), que foi adicionado à amostra como uma referência. O rastreamento superior no espectro de RMN de ^1H mostra os resultados obtidos quando os picos detectados são integrados e representam o número relativo de núcleos ^1H equivalentes que estão presentes em cada uma das posições indicadas em etanol.

superfície de certos materiais (um fenômeno conhecido como *efeito fotoelétrico*).[11,21] O termo **fóton** passou a ser usado para descrever essas partículas individuais de luz.[11]

A energia de um único fóton de luz ($E_{Fóton}$) pode ser relacionada com sua frequência (ν, uma propriedade de onda) usando-se a *equação de Planck*.[11]

$$E_{Fóton} = h\nu \quad (17.4)$$

Esta equação leva o nome de seu descobridor, o físico alemão Max Planck.[22] Nela, os valores de $E_{Fóton}$ e ν relacionam-se entre si por meio de um termo de proporcionalidade conhecido como *constante de Planck (h)*. Essa constante tem valor aproximado de $6,626 \times 10^{-34}$ J · s, independentemente do tipo de luz ou de fóton sendo examinado.[11]

A equação de Planck é útil para determinar a energia de um fóton a partir de sua frequência, ou a frequência de luz a partir de sua energia. Além disso, essa equação é a origem do símbolo '$h\nu$', bastante usado por cientistas como uma abreviação de luz. A Equação 17.4 também pode ser combinada com as expressões nas equações 17.2 e 17.3 para relacionar a energia de um fóton ao comprimento de onda e ao número de onda dessa luz.

Relações para um vácuo real:

$$E_{Fóton} = hc/\lambda \quad (17.5)$$

$$E_{Fóton} = hc\bar{\nu} \quad (17.6)$$

Expressões similares podem ser escritas para outros tipos de meio usando-se a velocidade v em lugar de c nas equações 17.5 e 17.6. O resultado é uma série de relações aplicáveis a uma fácil conversão entre a energia da luz e propriedades como o comprimento de onda e a frequência.

EXERCÍCIO 17.4 Uso da equação de Planck

a. Qual é a energia de um fóton que tem comprimento de onda de 500 nm, se $n = 1,00$?
b. Qual é a energia contida em um mol de fótons com esse comprimento de onda?

SOLUÇÃO

(a) Fomos informados de que $n = 1,00$, o que significa que a velocidade dessa luz é mais ou menos igual a c. Podemos, então, usar o comprimento de onda dado dessa luz e a Equação 17.5 para resolver $E_{Fóton}$.

$$E_{Fóton} = hc/\lambda$$
$$= \frac{(6,626 \times 10^{-34} \text{ J·s})(3,00 \times 10^8 \text{ m/s})}{(500 \text{ nm})(10^{-9} \text{ m/nm})}$$
$$= 3,98 \times 10^{-19} \text{ J}$$

(b) Podemos determinar a energia (E_{Total}) contida em um mol de fótons com comprimento de onda de 500 nm, tomando a energia em um único fóton e multiplicando esse valor do número de Avogadro.

$$E_{total} = E_{Fóton} N_A$$
$$= (3,98 \times 10^{-19} \text{ J})(6,023 \times 10^{23} \text{ mol}^{-1})$$
$$= 2,40 \times 10^5 \text{ J ou } 240 \text{ kJ}$$

O mesmo processo pode ser usado para determinar a energia contida em qualquer quantidade de fótons. Esse processo será particularmente útil se quisermos analisar o modo como a luz interage com a matéria, como veremos na próxima seção.

17.2.2 Captação e liberação de luz pela matéria

Existem várias maneiras de interação entre luz e matéria. Uma delas pode ocorrer quando a luz é liberada ou capturada pela matéria. Por exemplo, o satélite *Terra* faz uso da luz que é liberada pela matéria no Sol, e alguns sensores examinam como essa radiação é absorvida por substâncias químicas na atmosfera ou na superfície da Terra (Figura 17.5). Os mesmos processos são aplicados em outros tipos de análise química para estudar a composição das amostras.

Emissão de luz. A liberação de luz pela matéria é chamada de **emissão**.[6] A emissão de luz ocorre quando uma matéria, como um átomo, um íon ou uma molécula passa de um estado excitado para outro de menor energia. A Figura 17.6 ilustra esse processo. No caso de átomos e outras espécies químicas que emitem luz a partir do Sol, esse estado excitado de energia é criado por energia térmica. Também é possível criar um estado excitado em uma substância química por outros meios, como por absorção de luz (como ocorre na 'fluorescência') ou pelo fornecimento de energia a partir de uma reação química (como ocorre na 'quimiluminescência'). (*Observação:* tais processos são discutidos em detalhes no Capítulo 18.)[12] Quando o estado excitado dessa substância relaxa a um estado de energia mais baixo, ela deve liberar sua energia extra. Uma maneira de liberá-la é a substância emitir um fóton de luz. O fóton liberado terá uma energia exatamente igual à diferença de energia entre o estado inicial excitado da substância e seu estado final de menor energia.

EXERCÍCIO 17.5 Determinação da energia e do comprimento de onda da luz emitida

Uma das aplicações da emissão em sensoriamento remoto é feita na detecção de incêndios florestais. O satélite *Landsat* tem um sensor que detecta incêndios em progresso examinando sua emissão na região do comprimento de onda de 1,55 μm para 1,75 μm.

a. Que tipo de luz (ultravioleta, visível etc.) é detectado pelo sensor?
b. Quais são as energias dos fótons individuais de luz nesses comprimentos de onda?

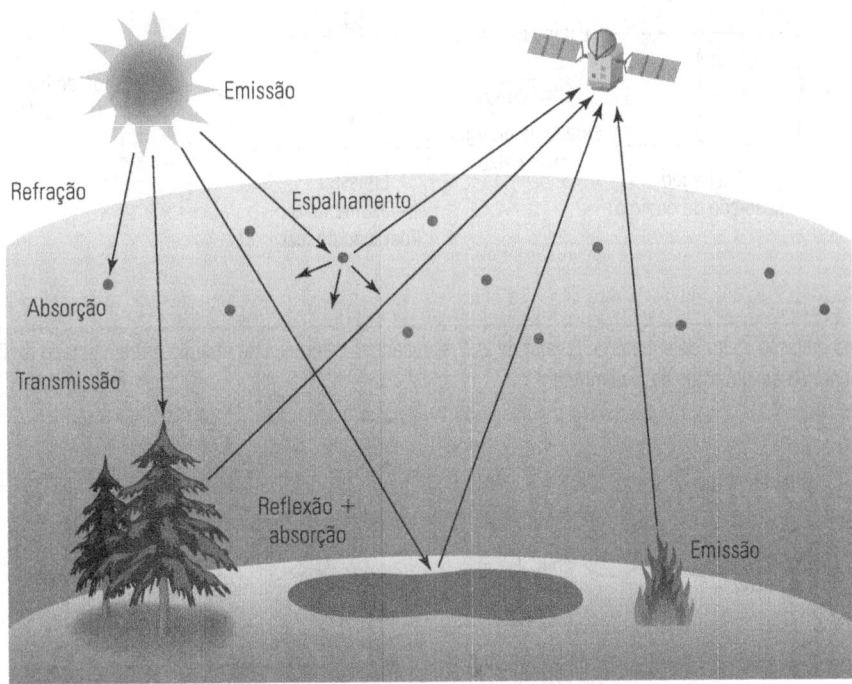

Figura 17.5

Interações da luz solar com a atmosfera e com a Terra durante sensoriamento remoto, incluindo emissão, absorção, transmissão, reflexão, refração e espalhamento. Também ocorre emissão durante o sensoriamento remoto quando a radiação é emitida pelo Sol ou por fontes como um incêndio na Terra. Este exemplo se baseia em *sensoriamento remoto passivo*, como o realizado pelo satélite *Terra*, no qual um satélite só usa radiação que se origina do Sol ou da Terra. Também é possível realizar *sensoriamento remoto ativo*, no qual a radiação eletromagnética (por exemplo, ondas de rádio) é enviada do satélite para a Terra e registrada assim que retorna ao satélite.

SOLUÇÃO

(a) De acordo com a Figura 17.3, comprimentos de onda de 1,55 μm para 1,75 μm estão na faixa esperada para a luz infravermelha. Esse tipo de radiação representa parte do 'calor' que está sendo emitido pelo incêndio florestal.
(b) A Equação 17.5 pode ser usada para calcular a energia de fótons individuais que terão os comprimentos de onda fornecidos se supusermos que a velocidade da luz no ar é aproximadamente igual a c.

Para luz de 1,55 μm:

$$E_{\text{Fóton}} = hc/\lambda$$
$$= \frac{(6{,}626 \times 10^{-34}\ \text{J} \cdot \text{s})(3{,}00 \times 10^{8}\ \text{m/s})}{(1{,}55\ \mu\text{m})(1\ \text{m}/10^{6}\ \mu\text{m})}$$
$$= 1{,}28 \times 10^{-19} \cdot \text{J}$$

A mesma abordagem fornece uma quantidade de energia igual a **$1{,}14 \times 10^{-19}$ J** para luz de 1,75 μm. Ambas as energias são menores do que o resultado obtido para a luz de menor comprimento de onda no exercício anterior ($2{,}40 \times 10^{5}$ J a 500 nm, o que representa a luz visível). Este é o caso porque os processos que levam à emissão de luz visível envolvem uma alteração na energia maior do que as mudanças que resultam na liberação de luz infravermelha. Saberemos mais sobre esses processos nos capítulos 18 e 19.

Um gráfico da intensidade de luz emitida por uma matéria em vários comprimentos de onda, frequências ou energias é conhecido como *espectro de emissão*.[6] Um exemplo foi apresentado na Figura 17.2 para a luz que é liberada do Sol. Vimos também, no Exercício 17.1, que são os comprimentos de onda da luz visível emitidos por um objeto que dão a esse objeto uma cor em particular (por exemplo, a cor amarela do Sol). A diferença de energia de uma substância que passa de um estado excitado para outro de energia mais baixa costuma ser um valor único para essa substância. Esse fato, por sua vez, significa que podemos usar um espectro de emissão e a energia, a frequência ou o comprimento de onda medidos da luz emitida como meios de identificar uma substância química ou um material (por exemplo, como é feito na detecção de um incêndio florestal). A quantidade de luz liberada estará diretamente relacionada com a quantidade de substância química que emitiu a luz. Como resultado, a intensidade da luz pode ser usada para determinar quanto da substância estará presente em uma amostra se compararmos essa emissão à obtida com amostras padrão.

Absorção de luz. A segunda maneira pela qual a matéria pode interagir com a luz é por meio da **absorção**, que pode ser definida como a transferência de energia de um campo eletromagnético (como o que a luz possui) para uma entidade química (por exemplo, um átomo ou uma molécula).[6] O processo geral que ocorre durante a absorção de luz é mostrado na Figura 17.7. Ao contrário da emissão, neste caso começamos com uma

Figura 17.6

Processos gerais envolvidos na emissão de luz pela matéria. O valor de ΔE representa a diferença de energia entre o estado excitado e o de menor energia. O valor de $E_{Fóton}$ representa a energia em um fóton de luz emitida.

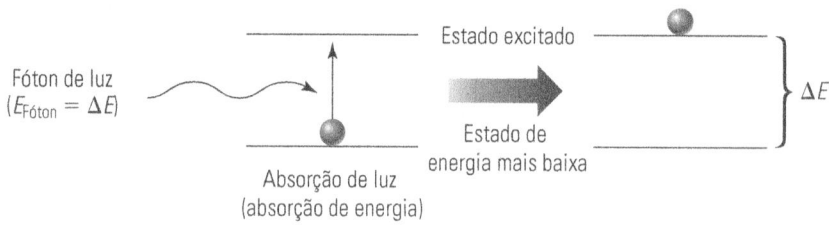

Figura 17.7

Processos gerais envolvidos na absorção de luz pela matéria. O valor de ΔE representa a diferença de energia entre o estado excitado e o de menor energia. O valor de $E_{Fóton}$ representa a energia em um fóton de luz absorvida.

espécie química que está em um estado de baixa energia e a movemos para um estado de energia mais elevado, fazendo que ela absorva um fóton de luz. Este processo, novamente, exige que o fóton tenha uma energia que seja exatamente igual à diferença de energia da substância em seu estado original de baixa energia e seu estado final excitado.

O resultado da absorção da luz é que a intensidade dessa luz após deixar a amostra será menor do que seu valor original na energia ou no comprimento de onda que foi absorvido pela amostra. Diz-se que a luz remanescente que atravessou a amostra sofreu **transmissão**,[5] que pode ser definida como a passagem de radiação eletromagnética através da matéria sem que ocorra alteração em energia. A quantidade de luz que é transmitida somada à quantidade que é absorvida pela amostra será igual ao total de luz que originalmente entrou na amostra. Um gráfico da intensidade da luz que é absorvida (ou transmitida) por uma amostra em vários comprimentos de onda, frequências ou energias é chamado de *espectro de absorção*.[5,6] A Figura 17.8 fornece um exemplo desse tipo de espectro, baseado na absorção de luz pelas clorofilas a e b (isto é, os pigmentos que criam a cor verde em plantas e algas e que levam à absorção de luz para a fotossíntese).

EXERCÍCIO 17.6 Uso do espectro de absorção

As interações da luz com a clorofila são usadas em sensoriamento remoto para o exame do teor de vegetais e de algas na terra e no mar.

a. Quais comprimentos de onda da luz na Figura 17.8 são os mais fortemente absorvidos pelas clorofilas a e b? Quais comprimentos de onda são os mais facilmente transmitidos por esses pigmentos?
b. Quais comprimentos de onda você escolheria se quisesse usar a absorção de luz para medir o teor das clorofilas a e b em uma amostra? Quais tipos de luz (visível, ultravioleta etc.) estariam presentes nesses comprimentos de onda?

SOLUÇÃO

(a) A maior absorção de luz para a clorofila a ocorre em cerca de 435 nm e 660 nm. A absorção de luz mais intensa para a clorofila b ocorre ao redor de 460 nm e 635 nm. Comprimentos de onda entre 500 nm e 600 nm apresentam o maior grau de transmissão pelas clorofila a e b. Pequenas diferenças nesses intervalos de comprimento de onda estão presentes nos dois tipos de clorofila por causa de suas diferentes estruturas químicas, que criam pequenas diferenças em seus níveis de energia e nos tipos de luz que podem absorver.

(b) Se ignorássemos os efeitos de outras substâncias químicas na amostra, as medições das clorofilas a e b seriam mais bem realizadas usando-se os comprimentos de onda em que tais pigmentos absorveriam a luz mais intensamente (435 nm ou 660 nm para a clorofila a e 460 nm ou 635 nm para a clorofila b, o que representa a luz visível).

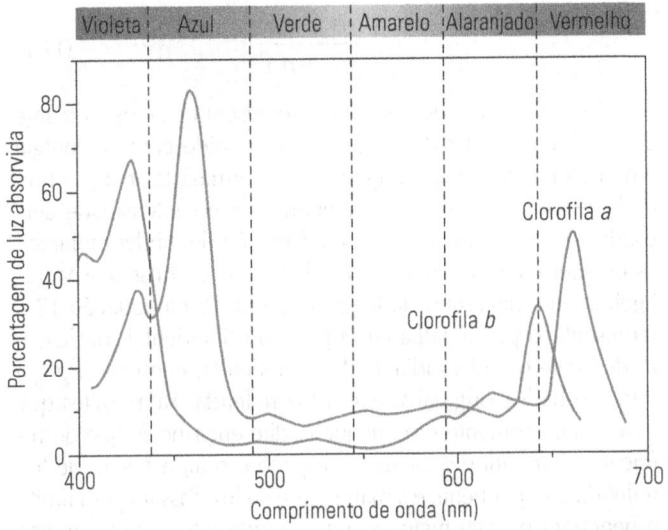

Figura 17.8

Espectros de absorção da clorofila *a* e da clorofila *b*. A escala no topo serve como um lembrete das cores que estão associadas a vários comprimentos de onda da luz visível.

Se analisarmos atentamente a Figura 17.8, observaremos que é a luz que não é absorvida pelas clorofilas *a* e *b* entre 500 e 600 nm que dá a esses pigmentos e plantas a sua cor verde/amarela. Este último efeito é bastante comum na natureza, na qual a cor de um objeto absorvente é determinada pelos tipos remanescentes de luz que são transmitidos (ou refletidos) pelo objeto. Por exemplo, a passagem de luz branca através de uma solução azul de sulfato de cobre indica que a luz azul está sendo transmitida enquanto sua cor complementar (alaranjada, nesse caso) está sendo absorvida. A Tabela 17.4 mostra como outras cores podem ser criadas pela absorção de certos tipos de luz visível por uma amostra química. Essa informação pode ser útil para estimar comprimentos de onda de luz que são absorvidos por um objeto com base em sua aparência.

17.2.3 Interações físicas entre a luz e a matéria

Além de ser emitida ou absorvida, é possível que a luz interaja de outras maneiras com a matéria. Em muitos casos, ocorrem interações físicas que não afetam a energia ou a frequência da luz, mas, na verdade, afetam fatores como velocidade e direção. Essas interações físicas também são importantes, e devem ser levadas em conta na utilização da luz em medições químicas. Exemplos de tais interações são reflexão, refração, alguns tipos de espalhamento e difração.

Reflexão. O processo de **reflexão** ocorre sempre que a luz encontra um limite entre duas regiões com índices refrativos diferentes, onde pelo menos parte da luz muda a direção de sua trajetória e retorna para o meio que estava percorrendo originalmente (veja a Figura 17.9).[12] Usamos esse processo cada

Tabela 17.4

Relação entre luz absorvida e cor observada.*

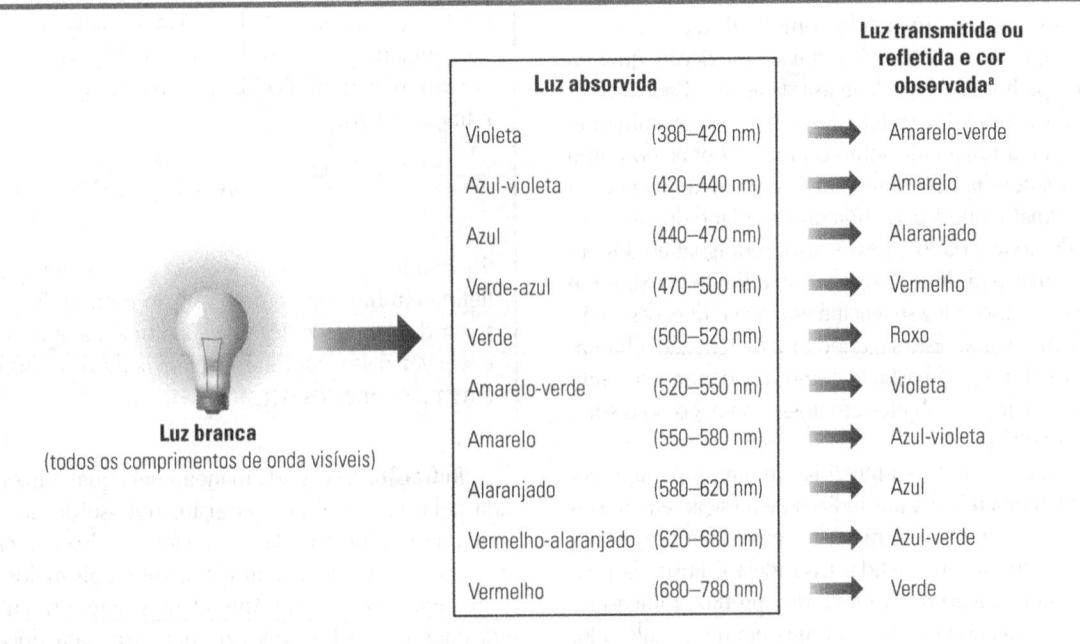

* Os comprimentos de onda e gamas de cores são aproximados, e podem variar conforme a fonte.

[a] A cor roxa é criada pela combinação de vermelho e violeta. A cor marrom (não mostrada nesta lista) requer uma combinação de pelo menos três cores, como vermelho, azul e amarelo. Uma cor observada de preto é produzida pela ausência de luz transmitida ou refletida na faixa visível.

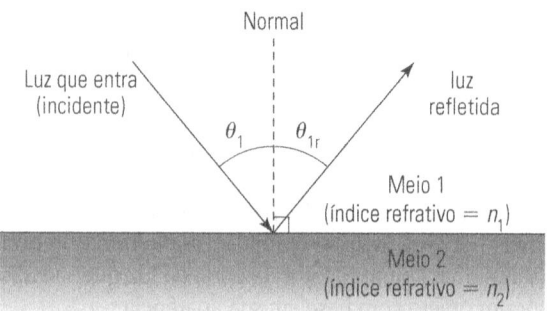

Figura 17.9

O processo de reflexão. O modelo mostra o ângulo de reflexão esperado (θ_{1r}) da luz que se aproxima de uma superfície planar em um ângulo de incidência de θ_1 (*versus* a normal) e entre dois meios com índices de refração de n_1 e n_2. Exemplifica-se com dois tipos de reflexão. A especular, ou 'regular', ocorre para a luz que é refletida da água parada, enquanto a difusa (envolvendo uma superfície irregular) ocorre para a luz que é refletida, por exemplo de uma paisagem na água. Ambos os tipos de reflexão ocorrem durante o sensoriamento remoto.

vez que olhamos para um reflexo em um espelho. Também se empregam espelhos e reflexão em instrumentos analíticos para controlar a forma como a luz passa por dentro do instrumento. Além disso, a reflexão é usada em alguns tipos de espectroscopia para obter informações sobre uma amostra. Um bom exemplo em sensoriamento remoto é quando a reflexão da luz solar é utilizada por satélites para obter informações sobre a estrutura e a composição da superfície da Terra.

Existem vários tipos de reflexão. Se o limite entre duas regiões que causam a reflexão for uma superfície plana, a luz será refletida de um modo bem definido e reterá sua imagem original. Esse processo é conhecido como 'reflexão especular' (ou 'reflexão regular'), e é o tipo de reflexão que ocorre quando olhamos um espelho ou a superfície lisa da água.[12] Podemos facilmente prever como a luz se refletirá nesse caso examinando o ângulo no qual a luz incide sobre o limite (conhecido como ângulo de incidência, θ_1), em comparação com uma linha de referência (a 'normal'), que é perpendicular ao plano do limite. O ângulo de reflexão (θ_{1r}) da luz, nesse caso, será igual ao ângulo de incidência, mas terá direção oposta. Se o limite for áspero e irregular em vez de liso, a luz se refletirá em muitas direções e não reterá a imagem original. Este segundo tipo de reflexão, chamado de 'reflexão difusa',[12] é bastante comum, e ocorre enquanto a luz se reflete em muitos objetos em nosso meio, como o solo, as árvores e os edifícios.

O grau em que a luz será refletida em uma superfície dependerá da diferença relativa nos índices de refração em ambos os lados da superfície. Quanto maior for essa diferença, maior será a fração da luz a ser refletida. Essa ideia é ilustrada pela Equação 17.7 (a *equação de Fresnel*), que produz a fração de luz que será refletida ao penetrar no limite em um ângulo reto. (*Observação:* uma forma expandida desta expressão é necessária para lidar com outros ângulos.)[12]

$$\frac{P_R}{P_0} = \frac{(n_2 - n_1)^2}{(n_2 + n_1)^2} \qquad (17.7)$$

O símbolo P, nesta equação, representa o *poder radiante* da luz (em unidades de watts), que é definido como a energia em um feixe de luz que atinge uma determinada área por unidade de tempo. (*Observação:* embora o termo 'intensidade' seja usado com frequência como uma variação de 'poder radiante', os dois termos têm diferentes unidades e referem-se a aspectos ligeiramente diferentes da luz.)[13] O termo P_0 na Equação 17.7 representa o poder radiante original ou 'incidental' da luz, e P_R descreve o poder radiante da luz refletida, enquanto P_R/P_0 é a fração da luz original *versus* a luz refletida. Para limites que apresentam somente uma pequena diferença no índice de refração, como entre o vácuo no espaço e o ar, a fração de luz refletida será pequena, e a maior parte da luz passará pelo limite e penetrará o novo meio. Se uma grande diferença no índice refrativo estiver presente, como ocorre entre o ar ou o vidro e a superfície revestida de prata de um espelho, uma grande fração de luz será refletida.

EXERCÍCIO 17.7 Lidando com a reflexão

Alguns sensores no satélite *Terra* usam padrões de reflexão para mapear a superfície da Terra.
a. Se um feixe de luz passa através do ar ($n = 1,0003$) e atinge a superfície lisa da água ($n = 1,333$) em um ângulo reto, qual fração dela será refletida pela água de volta para o ar?
b. Se esse feixe de luz atinge a água a um ângulo de 65,0°, qual será o ângulo de reflexão?

SOLUÇÃO

(a) A fração relativa de luz refletida, neste caso, pode ser determinada por meio da Equação 17.7 e dos valores fornecidos para n_2 (índice de refração da água) e n_1 (índice de refração do ar).

$$\frac{P_R}{P_0} = \frac{(1,333 - 1,0003)^2}{(1,333 + 1,0003)^2} = \mathbf{0,0203} \text{ (ou 2,03 por cento de reflexão)}$$

(b) Se a luz passa por reflexão regular perfeita, ela será refletida em um ângulo de 65,0° do outro lado da normal a partir da luz incidente. Se a superfície da água for irregular e, em vez disso, ocorrer reflectância difusa, a luz se refletirá em muitos ângulos diferentes.

Refração. A segunda maneira pela qual a luz pode ser afetada pela matéria é por **refração**. Trata-se de um processo no qual a direção percorrida por um feixe de luz é alterada quando ela passa *através* de uma fronteira entre dois meios com índices de refração diferentes.[12] Aprendemos anteriormente que a luz terá diferentes velocidades de percurso para dois meios com diferentes valores de índice refrativo, n. Essa mudança de velocidade também pode afetar o ângulo no qual a luz se desloca.

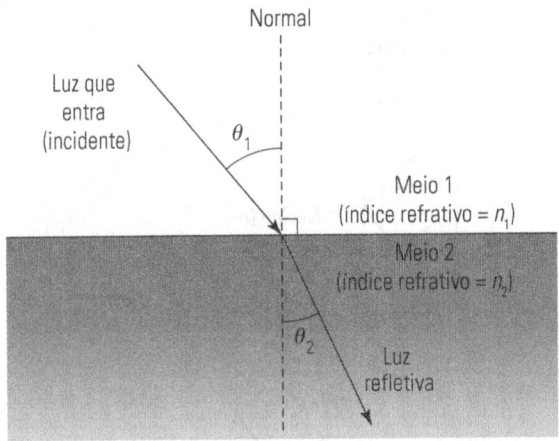

Figura 17.10

Processo de refração. A imagem mostra o ângulo de refração da luz (θ_2) que atinge um limite planar em um ângulo de θ_1 (*versus* a normal) e que passa entre dois meios com índices refrativos n_1 e n_2. A relação entre os ângulos θ_1 e θ_2 é dada pela lei de Snell (veja a Equação 17.8).

A ideia é ilustrada na Figura 17.10, que compara o ângulo de incidência da luz que entra *versus* o ângulo de refração da luz no novo meio. Ambos os ângulos são outra vez comparados com a normal (isto é, uma linha de referência traçada perpendicularmente ao plano do limite).

Se o valor do índice refrativo do novo meio for maior do que para o meio original em que a luz estava viajando ($n_2 > n_1$), o ângulo da trajetória da luz se inclinará em direção à normal. Da mesma forma, esse ângulo se afastará da normal se n_2 for menor do que n_1. É fácil prever o tamanho desses ângulos usando uma relação conhecida como **lei de Snell** (também denominada 'lei de Descartes').[11,12]

Lei de Snell: $n_2 \cdot \text{sen}(\theta_2) = n_1 \cdot \text{sen}(\theta_1)$

ou $$\text{sen}(\theta_2) = \frac{n_1 \cdot \text{sen}(\theta_1)}{n_2} \quad (17.8)$$

onde n_1 é o índice refrativo do meio em que a luz se desloca originalmente, n_2 é o índice refrativo do meio em que a luz entra, θ_1 é o ângulo de incidência em que a luz se aproxima do limite do meio 1 e θ_2 é o ângulo no qual a luz é refratada após atravessar o limite e penetrar no meio 2. Um exemplo de como usar esta equação para examinar a refração da luz é dado no exercício a seguir.

EXERCÍCIO 17.8 Previsão da refração da luz

a. Em que ângulo a luz seria refratada se passasse do ar ($n = 1{,}0003$) para a água ($n = 1{,}333$), atingindo a água em um ângulo de 45,0° em relação à normal?

b. Se parte dessa luz fosse refletida de volta à superfície da água em um ângulo de 45,0°, em qual ângulo essa luz seria refratada ao sair da água e reingressar no ar?

SOLUÇÃO

(a) Quando a luz passa do ar para a água, o valor de n_1, de acordo com a lei de Snell, será igual ao índice refrativo do ar, e o valor de n_2 será igual o índice refrativo da água. Também sabemos que o ângulo de incidência (θ_1) é 45,0°, o que torna possível a resolução do ângulo de refração (θ_2).

$$\text{sen}(\theta_2) = \frac{(1{,}0003 \cdot \text{sen}(45{,}0°))}{(1{,}333)}$$

$\text{sen}(\theta_2) = 0{,}531$ ou $\theta_2 = \mathbf{32{,}0°}$

Este resultado nos diz que o feixe de luz se dobra em direção à normal, porque a água tem um índice de refração maior do que o ar. (b) A refração da luz que se move da água de volta para o ar também pode ser determinada pela lei de Snell. No entanto, agora o valor de n_1 é o índice refrativo da água, e o de n_2, o índice refrativo do ar. Para efeito de comparação, o ângulo de incidência (θ_1) que estamos analisando é novamente dado como 45,0°. Nessas condições, o ângulo de refração da luz quando ela se move da água para o ar seria calculado como segue.

$$\text{sen}(\theta_2) = \frac{(1{,}0003 \cdot \text{sen}(45{,}0°))}{(1{,}0003)}$$

$\text{sen}(\theta_2) = 0{,}942$ ou $\theta_2 = \mathbf{70{,}4°}$

A resposta indica que a direção da trajetória da luz se afasta da normal quando ela se move de um meio com maior índice refrativo do que o meio no qual a luz está entrando.

Vimos que tanto a refração quanto a reflexão são criadas por um limite entre meios com diferentes índices refrativos. Esta característica, por sua vez, significa que a quantidade de luz que é refletida afetará a quantidade que pode ser refratada e depois absorvida ou transmitida por uma amostra. Por exemplo, se 2 por cento da luz são refletidos enquanto ela percorre o ar e atinge o limite com a água, os outros 98 por cento serão capazes de entrar na água e sofrer refração. Se aumentarmos a diferença no índice de refração dos nossos dois meios, a fração de luz que é refletida aumentará e a quantidade que é refratada diminuirá. É ainda possível que, em alguns casos, haja condições em que 100 por cento da luz são refletidos. Esta situação pode ocorrer quando há uma grande diferença no índice de refração do outro lado do limite e quando a luz atinge esse limite em um ângulo apropriado que a impede de atravessar o limite. Este efeito é empregado no desenvolvimento de fibras óticas (veja a Figura 17.11), e pode ser útil no controle da trajetória da luz no interior de instrumentos analíticos, ou para e de amostras.[12]

Espalhamento. O termo **espalhamento** é usado em química e física para se referir à mudança no curso de uma partícula (como um fóton), causada por colisão com outra partícula (por exemplo, um átomo ou uma molécula).[12] Um tipo comum é o *espalhamento Rayleigh*, ou 'espalhamento de partículas pequenas' (veja a Figura 17.12), que ocorre quando fótons de luz são

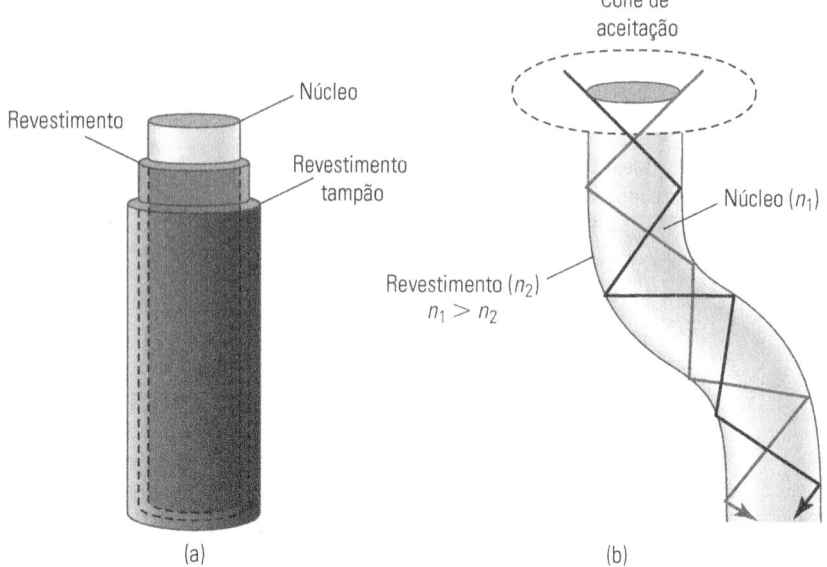

Figura 17.11

Estrutura geral e uso de uma fibra ótica. Uma fibra ótica (a) contém pelo menos duas camadas com diferentes índices refrativos. No centro de uma fibra ótica está o 'núcleo' (meio 1), que é um cilindro de vidro fino através do qual a luz se desloca. Em torno do núcleo está o 'revestimento' (meio 2), um material que tem um índice de refração menor do que o núcleo ($n_2 < n_1$), e que serve para manter a trajetória da luz dentro do núcleo. Muitas vezes, costuma haver um revestimento externo tampão que protege a fibra ótica da água e do ambiente externo. Se a luz penetra a fibra ótica (b) em um ângulo apropriado (uma faixa de ângulos conhecida como 'cone de aceitação'), ela pode ter um ângulo refrativo entre o núcleo e o revestimento que é igual ou superior a 90° (em relação à normal), uma condição que faz toda a luz ser refletida do revestimento de volta para o núcleo. Esse efeito é conhecido como *reflexão interna total*, e é o que permite que fibras óticas transportem luz a grandes distâncias e por vários caminhos, sem grande perda de intensidade.

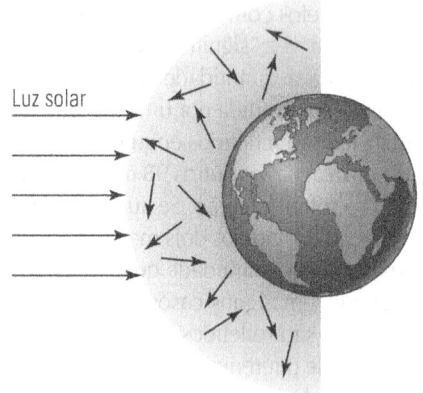

Figura 17.12

Espalhamento da luz solar por partículas como átomos e moléculas na atmosfera da Terra. Este processo, que se baseia no *espalhamento Rayleigh*, é mais eficaz para a luz com o comprimento de onda curto (como a luz azul). Tal espalhamento é a razão pela qual o céu parece azul durante o dia. O efeito também explica por que o céu é avermelhado ao por do sol, ponto no qual enxergamos melhor a luz vermelha do Sol que se propaga através da atmosfera.

espalhados por partículas como átomos ou moléculas que são muito menores que o comprimento de onda da luz (diâmetro da partícula $< 0,05\ \lambda$). O espalhamento Rayleigh resulta em feixes de luz que são redirecionados em um padrão simétrico acerca das partículas, mas não implica qualquer mudança na energia da luz. Esse processo realmente depende do comprimento de onda da luz, sendo que os mais curtos se espalham com mais eficácia do que os longos. Tal efeito é o que cria a cor do céu, porque a luz azul tem um comprimento de onda menor do que outros tipos de luz visível, e por isso é mais bem espalhada por partículas na atmosfera.[12]

É importante considerar o espalhamento ao medir a absorção ou a emissão de luz, porque esse processo afetará a quantidade de luz capaz de se deslocar de sua fonte e da amostra para o detector. Por exemplo, o espalhamento de luz por partículas na atmosfera é um fator a ser considerado durante o sensoriamento remoto. O processo de espalhamento também pode ser usado isoladamente como um meio de detectar e medir substâncias químicas. Veremos uma ilustração referente a esse processo no Capítulo 22, ao discutirmos o uso de um 'detector de espalhamento de luz evaporativo' na cromatografia líquida.

Difração. O processo de **difração** refere-se à propagação de uma onda, como a luz, em torno de um objeto (veja a Figura 17.13).[12] Enquanto a onda se move em torno de um obstáculo, a distância que diferentes partes dela devem percorrer variará um pouco. À medida que essas diferentes frações de onda se recombinam, as cristas e os vales podem não estar mais nas mesmas posições no espaço. O resultado é um efeito conhecido como *interferência*, conforme ilustrado na Figura 17.14. Em um extremo, ondas que têm regiões com cristas equiparadas se combinarão para fornecer uma amplitude geral observada que é aumentada (conhecida como 'interferência construtiva'), enquanto as regiões nas quais as cristas de algumas ondas se combinam com os vales de outras produzirão uma amplitude geral observada que é reduzida ('interferência destrutiva'). Tal efeito se torna em particular proeminente quando o obstáculo encontrado pela luz se aproxima em tamanho do comprimento de onda da luz. O resultado é o que se chama de *padrão de difração*, que contém regiões com interferência construtiva ou destrutiva.

A difração é aplicada de várias maneiras em análises químicas. Por exemplo, o método de cristalografia de raios X (veja o Capítulo 7) recorre à difração de raios X por substâncias químicas em cristais para fornecer informações sobre o arranjo dos átomos nessas moléculas. Há também vários dispositivos empregados em espectrômetros, que fazem uso da difração para isolar um determinado tipo de luz. Um deles é a grade de difração, da qual um exemplo simples é fornecido pelo sistema de duas fendas na Figura 17.13. Esse tipo de dispositivo produz um padrão de interferência no qual diferentes comprimentos de

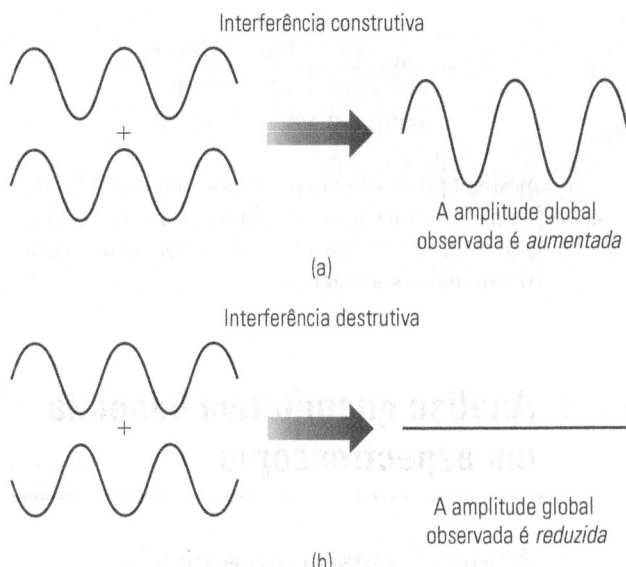

Figura 17.14

Exemplos de (a) interferência construtiva e (b) interferência destrutiva de duas ondas que se sobrepõem. Várias formas intermediárias de interferência construtiva e destrutiva também são possíveis.

onda de luz gerarão regiões de interferência construtiva em diferentes locais ao redor do dispositivo. Em seguida, é possível selecionar a luz de uma dessas regiões (como, por exemplo, pelo uso de uma fenda) e fazê-la passar através de uma amostra ou por dentro de um detector que será usado em uma análise.[5,12]

EXERCÍCIO 17.9 Difração de raios X por um cristal

É possível prever os ângulos em que uma interferência construtiva será observada na difração de raios X pelos átomos em um cristal. Isso pode ser obtido pela *equação de Bragg*,

$$n\lambda = 2d\,\text{sen}(\theta) \qquad (17.9)$$

onde λ é o comprimento de onda dos raios X que passam pelo cristal, d é a distância interplanar (ou 'espaçamento reticular') entre os átomos no cristal e n é a ordem de difração para a banda de interferência construtiva observada (por exemplo, $n = 1$ para interferência de primeira ordem). O termo θ representa o ângulo específico em que os raios X vão atingir a superfície do cristal e produzir, do outro lado da normal e no mesmo ângulo, uma banda de difração para determinada ordem de interferência construtiva.[12] Se raios X com comprimento de onda de 0,711 Å são difratados por um cristal de cloreto de sódio ($d = 2,820$ Å), em que ângulo uma interferência construtiva de primeira ordem será observada nesse cristal?

SOLUÇÃO

Podemos rearranjar a Equação 17.9, como mostrado a seguir, e resolver o ângulo θ, substituindo os valores conhecidos de n, d e λ.

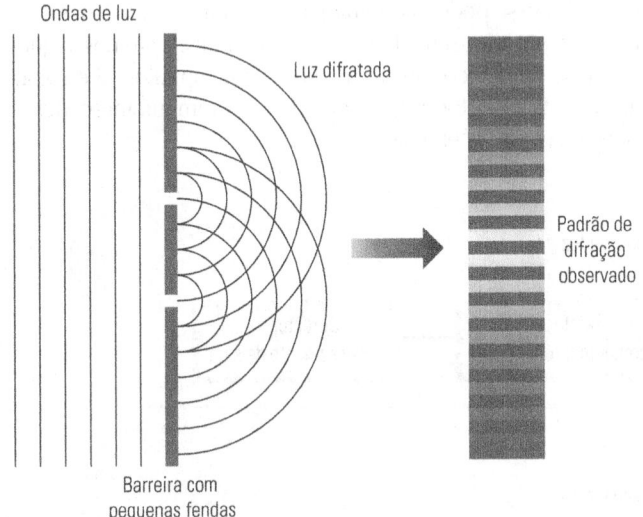

Figura 17.13

Produção de um padrão de difração quando ondas paralelas de luz atingem uma barreira formada por uma série de pequenas fendas. O padrão de difração resulta de interferências construtivas e destrutivas à medida que as ondas difratadas se sobrepõem. A posição das bandas nesse padrão de difração depende do comprimento de onda da luz que está sendo difratada e do espaçamento das fendas. O dispositivo que utiliza esse efeito para separar diferentes comprimentos de onda da luz chama-se *grade de difração*.

$$\text{sen}(\theta) = \frac{n\lambda}{2d} = \frac{(1)(0,0711\text{nm})}{(2)(0,2820)}$$
$$\therefore \text{sen}(\theta) = 0,126 \text{ ou } \theta = 7,24°$$

O mesmo tipo de cálculo prevê que outras bandas de interferências construtivas serão observadas em ângulos de 14,6° ($n = 2$), 22,2° ($n = 3$) e assim por diante, para ordens superiores de interferência.

17.3 Análise quantitativa baseada em espectroscopia

17.3.1 Análise baseada em emissão

Instrumentação geral. A Figura 17.15(a) mostra um espectrômetro simples que poderia ser usado no exame da emissão de uma amostra. Esse aparelho compõe-se dos seguintes componentes básicos: (1) a amostra e um meio de excitar substâncias nessa amostra, (2) um seletor de comprimento de onda para isolar um determinado tipo de luz para análise e (3) um detector para registrar a luz. Trata-se dos mesmos três componentes aplicados por Isaac Newton no estudo da emissão de luz pelo Sol. Por exemplo, no trabalho de Newton, o Sol era a 'amostra' e a alta temperatura do Sol era o meio de excitar as substâncias químicas e fazer com que elas emitissem luz. O seletor de comprimento de onda no experimento de Newton era constituído da fenda na janela, da lente e do prisma, que serviram para separar um feixe de luz solar em várias bandas de cor. O detector e o dispositivo de registro consistiam na tela que Newton usou para permitir a visualização das bandas de cor em separado.

Os instrumentos modernos são um pouco mais complexos e elaborados do que o equipamento usado por Newton, mas os três componentes básicos mostrados na Figura 17.7 ainda fazem parte de qualquer espectrômetro que mede a emissão de luz. Na detecção de incêndios florestais por sensoriamento remoto, o fogo e seu calor seriam a amostra e a fonte de excitação, enquanto o seletor de comprimento de onda e o detector estariam presentes em um satélite como o *Terra*. Um instrumento laboratorial para a realização de uma análise química com base em emissão também teria todos esses componentes, embora em pequena escala. Veremos vários exemplos desses instrumentos no Capítulo 19, ao discutirmos o método de espectroscopia de emissão atômica.

Emissão e concentração química. A quantidade de luz que é emitida por uma amostra está diretamente relacionada à concentração de átomos ou de moléculas na amostra que criam essa emissão. Podemos representar essa relação por meio da seguinte equação,

$$P_E = kC \qquad (17.10)$$

onde P_E representa o poder radiante da luz emitida, C é a concentração da espécie que emite a luz e k é uma constante de proporcionalidade.[12] Esta equação pode ser usada tanto se o estado excitado do átomo ou da molécula é produzido pelo calor (como no caso do sol) quanto por outros métodos (por exemplo, uma reação química).

Embora seja necessário corrigir qualquer sinal de fundo decorrente de outras fontes de luz, pode-se fazer esse tipo de correção mediante a preparação de uma curva de calibração na qual se usa a emissão de amostras padrão para determinar a resposta que se poderia esperar para o analito em amostras com uma composição semelhante à dos padrões. Veremos alguns exemplos específicos de tais medições nos capítulos 18 e 19, ao discutirmos os métodos de fluorescência, quimiluminescência e espectroscopia de emissão atômica.

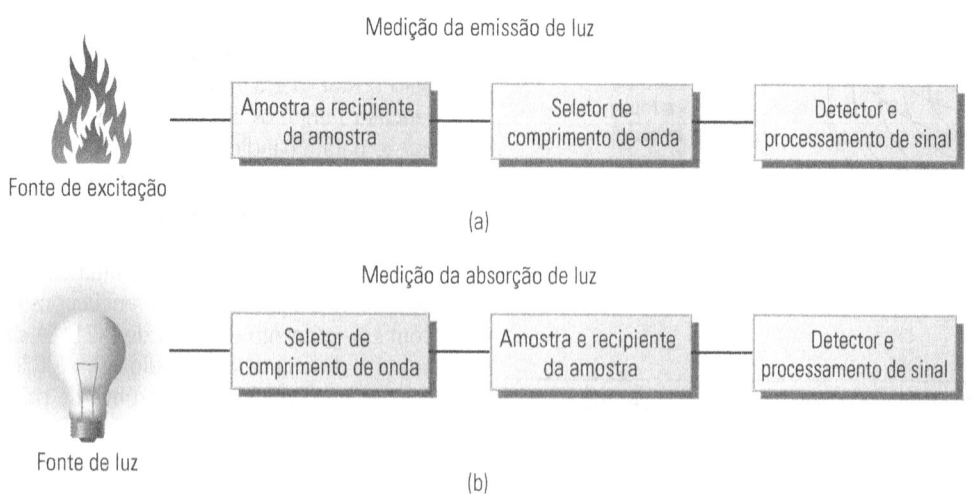

Figura 17.15

Estrutura de um espectrômetro simples para detectar (a) emissão de luz ou (b) absorção de luz.

17.3.2 Análise baseada em absorção

Instrumentação geral. A análise de um espectrômetro básico para medições de absorção é mostrada na Figura 17.15(b). Esse instrumento contém quatro componentes principais: (1) uma fonte de luz, (2) um seletor de comprimento de onda para isolar um determinado tipo de luz que será usado na análise, (3) a amostra e o recipiente da amostra e (4) um detector para registro da quantidade de luz que passa através da amostra.

A adição da fonte de luz, em comparação com o sistema de espectrômetro de emissão na Figura 17.15, é necessária porque agora analisamos uma amostra que absorve ou transmite luz aplicada de uma fonte externa em vez da luz que se origina na amostra. A fonte de luz, o seletor de comprimento de onda e o detector específicos a serem utilizados nesse sistema dependerão do tipo de luz a ser examinado. Veremos alguns exemplos desses instrumentos mais adiante, ao discutirmos o uso de medições de absorção em espectroscopia molecular e espectroscopia atômica (capítulos 18 e 19).

Absorção e a lei de Beer. Para medir a quantidade de luz que é absorvida por uma amostra, devemos comparar a quantidade inicial de luz que é aplicada a uma amostra com a quantidade que é transmitida pela amostra. Se o poder radiante inicial dessa luz é representado por P_0 e o poder da luz após a passagem através de uma amostra (ou o 'poder radiante transmitido') é dado por P, a fração de luz transmitida pode ser determinada usando-se um termo conhecido como T, a **transmitância**.[6, 13]

$$T = P/P_0 \quad (17.11)$$

Um valor intimamente relacionado é o *percentual de transmitância* (% T), em que % $T = 100 \cdot T$.

Embora T e % T possam ser facilmente medidos por meio de um espectrômetro como o da Figura 17.15(b), esses valores apresentam uma relação intrinsecamente não linear com a concentração de uma substância absorvente. O termo que se relaciona melhor com a concentração é a **absorbância** (A), uma medida da absorção que se calcula usando-se o logaritmo de base 10 da transmitância.[6,13]

$$A = -\log(T) = \log(P_0 / P) \quad \text{ou} \quad T = 10^{-A} \quad (17.12)$$

A Tabela 17.5 relaciona alguns valores comuns para a absorbância e para a transmitância, que ajudam a demonstrar a relação logarítmica entre A e T. Assim como a transmitância, a absorbância de uma amostra é adimensional. Em alguns recursos mais antigos, a absorbância também é conhecida como a 'densidade ótica' de uma amostra.

A absorbância de uma amostra homogênea pode ser relacionada à concentração de um analito absorvente diluído por uma expressão chamada 'lei de Beer-Lambert', ou **lei de Beer** (veja o Quadro 17.2 e a derivação no Apêndice A).[12,23]

$$\text{Lei de Beer}: A = \varepsilon bC \quad (17.13)$$

Tabela 17.5

Relação entre transmitância e absorbância.

Transmitância (T)	% de Transmitância (% T = 100 T)	Absorbância = $-\log(T)$
0,00010	0,010	4,00
0,0010	0,10	3,00
0,010	1,0	2,00
0,10	10	1,00
0,25	25	0,602
0,50	50	0,301
0,75	75	0,125
1,00	100	0,000

Quadro 17.2 Um exame mais atento da lei de Beer

A equação que atualmente chamamos de 'lei de Beer' ou 'lei de Beer-Lambert' resultou de uma pesquisa realizada por muitos cientistas ao longo de mais de 100 anos.[7, 8] Esse processo começou em 1729, quando um cientista francês chamado Pierre Bouguer (1698-1758) notou que a mesma fração relativa de luz era absorvida por cada unidade adicional de distância que a luz devia percorrer na matéria. Por exemplo, se metade da luz fosse absorvida por uma placa de vidro, então, metade da luz remanescente (ou um quarto da quantidade original) seria absorvida pela próxima placa, e assim por diante.[24] A mesma observação foi feita mais tarde pelo físico alemão Johann Lambert (1728-1777), que em 1760 publicou uma 'lei de absorção', na qual ele fornecia uma descrição matemática da relação entre quantidade de luz absorvida e distância de percurso.[25] Essa mesma relação é representada em nossa versão moderna da lei de Beer-Lambert pelo fato de que o comprimento do caminho de célula b é diretamente proporcional à absorbância A, onde $A = -\log(P/P_0)$.

Outra descoberta importante ocorreu em 1852, quando a descrição da absorção de luz foi estendida a soluções pelo cientista alemão August Beer (1825-1863).[26] Beer constatou que a quantidade de luz que fosse absorvida por uma solução aquosa seria proporcional à quantidade de uma substância química absorvente que estivesse presente na solução. (*Observação*: essa ideia foi também relatada mais ou menos na mesma época por um cientista francês chamado F. Bernard.)[27] Agora, representamos esse conceito na lei de Beer-Lambert, mostrando a absorbância A como proporcional a C, a concentração do analito. Beer também usou uma constante de proporcionalidade para relacionar o grau de luz absorvida à concentração do analito.[7, 8] Empregamos a mesma abordagem geral na versão moderna da lei de Beer-Lambert quando usamos a absortividade molar (ε) como uma constante para relacionar a absorbância medida de uma amostra com a concentração de um analito e o comprimento do caminho de célula.

A lei de Beer é útil à análise química porque fornece uma relação linear entre a absorbância medida A de um analito e a concentração desse analito (C). Essa forma particular da lei de Beer tem C como a concentração molar da espécie absorvente (em unidades de M, ou mol/L). O termo b é o *caminho ótico*, ou a distância que a luz deve percorrer através da amostra (em unidades de cm), e o termo ε (a letra grega *épsilon*) é a **absortividade molar** (com unidades de L/mol · cm).[6] A absortividade molar é uma constante de proporcionalidade, e terá um valor que depende do comprimento de onda da luz que é usado, da identidade da espécie absorvente e do meio da espécie absorvente. Se unidades diferentes de mol/L e de cm forem usadas na concentração e no caminho ótico, a constante de proporcionalidade na lei de Beer terá unidades além de L/mol · cm e passará a se chamar 'absortividade' (com unidades recomendadas de kg/m^3 ou g/L) ou 'coeficiente de extinção'.[6,13]

EXERCÍCIO 17.10 Cálculo da absorbância e uso da lei de Beer

O ozônio não é encontrado somente em sua forma natural na atmosfera, mas também é usado como um forte agente oxidante no tratamento de água. Uma maneira de medir a concentração de ozônio na água é por meio de sua absorção da luz ultravioleta. Uma solução de ozônio dissolvido em água fornece um percentual de transmitância de 83,4 por cento quando medido a 258 nm e usando-se um recipiente de amostra que tenha um caminho ótico de 5,00 cm. A absortividade molar do ozônio em 258 nm é conhecida como 2950 L/mol · cm.

a. Qual é a absorbância da amostra e qual é a concentração de ozônio na amostra?
b. Se nenhuma outra espécie absorvente estiver presente na amostra, qual concentração de ozônio poderíamos esperar que fornecesse uma absorbância de 0,250 nessas condições?

SOLUÇÃO

(a) A absorbância da amostra pode ser encontrada pela Equação 17.12 e pela transmitância medida, onde $T = 0,834$ ou % $T = 83,4$ por cento.

$$A = -\log(0,834) = \mathbf{0,0788}$$

Caso se saiba que nenhuma outra espécie absorvente está presente na amostra, podemos usar a absortividade molar do ozônio, associada à lei de Beer, para determinar a concentração de ozônio.

Resolvendo C: $A = \varepsilon b C \Rightarrow C = A/(\varepsilon b)$

$$\therefore C = (0,0788)/[(5,00 \text{ cm})(2950 \text{ L/mol} \cdot \text{cm})]$$
$$= \mathbf{5,34 \times 10^{-6}} \, M$$

(b) A mesma abordagem usada para resolver a concentração de ozônio em $A = 0,0788$ pode servir para estimar a absorbância a ser produzida por essa substância em outras concentrações, se o comprimento de onda e outras condições forem mantidos inalterados.

Resolvendo C: $A = \varepsilon b C \Rightarrow C = A/(\varepsilon b)$

$$\therefore C = (0,0250)/[(5,00 \text{ cm})(2950 \text{ L/mol} \cdot \text{cm})]$$
$$= \mathbf{1,69 \times 10^{-5}} \, M$$

Este procedimento também pode ser usado para estimar as concentrações de ozônio que dão origem a outros valores de absorbância, desde que tais concentrações não sejam grandes a ponto de criar desvios em relação à resposta prevista pela lei de Beer (um tópico que examinaremos na próxima seção deste capítulo).

O exercício anterior indica que, em alguns casos, é possível usar a lei de Beer associada a uma medição realizada usando-se um padrão único para relacionar a absorbância de um analito com sua concentração. No entanto, é comum que haja mais de uma espécie absorvente em uma solução ou amostra, o que cria um sinal de 'fundo' para a medição de absorbância. Ainda se pode aplicar a lei de Beer nessa situação por meio de vários padrões, e elaborar um gráfico da absorbância medida para esses padrões *versus* a sua concentração para o analito (veja a Figura 17.16). Esse tipo de gráfico, conhecido como *gráfico da lei de Beer*, costuma ter um intercepto diferente de zero, como ocorre na presença de outras espécies que não o analito capazes de absorver a luz ou de fazer com que a quantidade de luz transmitida seja reduzida (por exemplo, por meio de espalhamento de luz).

A absorbância medida global (A) para uma amostra que contém várias espécies absorventes é a soma da absorbância de cada uma das espécies (A_1, A_2 e assim por diante). A Equação 17.14 ilustra essa relação em duas espécies absorventes,

$$A = A_1 + A_2$$
$$= \varepsilon_1 b C_1 + \varepsilon_2 b C_2 \qquad (17.14)$$

em que ε_1 e C_1 são a absortividade molar e a concentração da espécie 1, enquanto ε_2 e C_2 são a absortividade molar e a concentração da espécie 2. (*Observação:* o caminho ótico b é o mesmo para ambas as espécies, porque estão na mesma amostra.) Se, no entanto, prepararmos uma série de padrões na qual apenas a concentração do analito (espécie 1) varia, a absorção do outro componente será constante. O resultado será uma curva de calibração como a da Figura 17.16, na qual um intercepto diferente de zero está presente, mas ainda produz uma linha reta que pode ser usada para determinar a concentração de um analito em amostras desconhecidas, com composições semelhantes às dos padrões. No próximo capítulo, veremos também como as medições de absorbância tomadas em vários comprimentos de onda servem para determinar as concentrações de várias espécies químicas que têm diferentes valores de absortividade molar nos comprimentos de onda fornecidos.

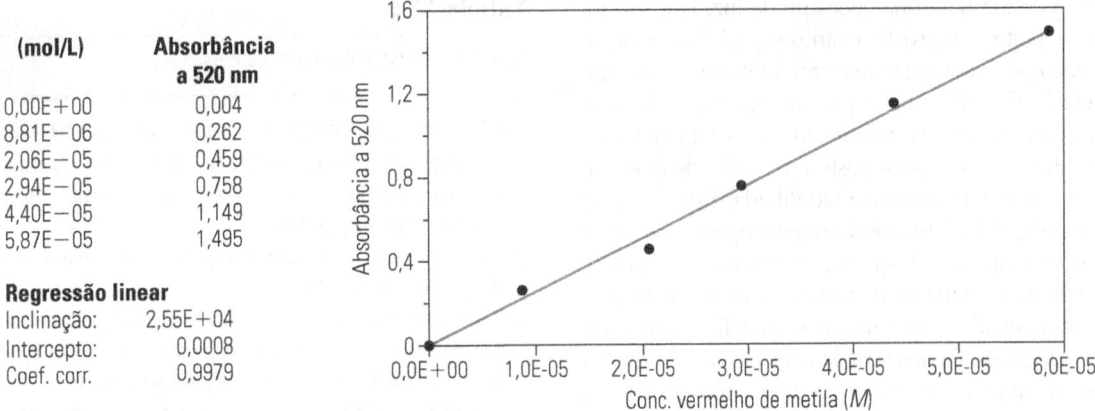

Figura 17.16

Gráfico da lei de Beer e uma planilha para a preparação deste gráfico, conforme demonstrado para a medição de vermelho de metila em água.

Outro fator a ser considerado quando medimos a absorbância e a transmitância é que várias fontes de erros aleatórios podem limitar a precisão desses valores. Alguns gráficos característicos de precisão para espectrômetros de absorção são mostrados na Figura 17.17. Em um grau de baixa absorbância (alta transmitância), há perda de precisão porque fica mais difícil para o espectrômetro diferenciar a quantidade de luz que é transmitida na presença e na ausência da amostra (ou P está próximo de P_0). Em um grau de alta absorbância (baixa transmitância), há uma grande diferença entre P e P_0, mas agora P é muito pequeno, o que torna a medição sujeita a imprecisão devido a fatores como o ruído do detector. O maior grau de precisão em medições de transmitância e absorbância ocorrerá em algum valor intermediário, que é indicado pelo mínimo em % DPR obtido em uma absorbância de aproximadamente 0,4 para o instrumento na Figura 17.17(a). Felizmente, mesmo os espectrômetros de absorção simples podem ser usados em uma faixa de absorbância um tanto ampla e fornecer um bom grau de precisão (normalmente, $A = 0,1$ a $0,8$). Mais instrumentos sofisticados, como o da Figura 17.17(b), tendem a fornecer uma alta precisão por uma gama cada vez maior de valores de absorbância.[12]

Limitações da lei de Beer. A grande vantagem da lei de Beer é que ela pode ser usada para relacionar a concentração

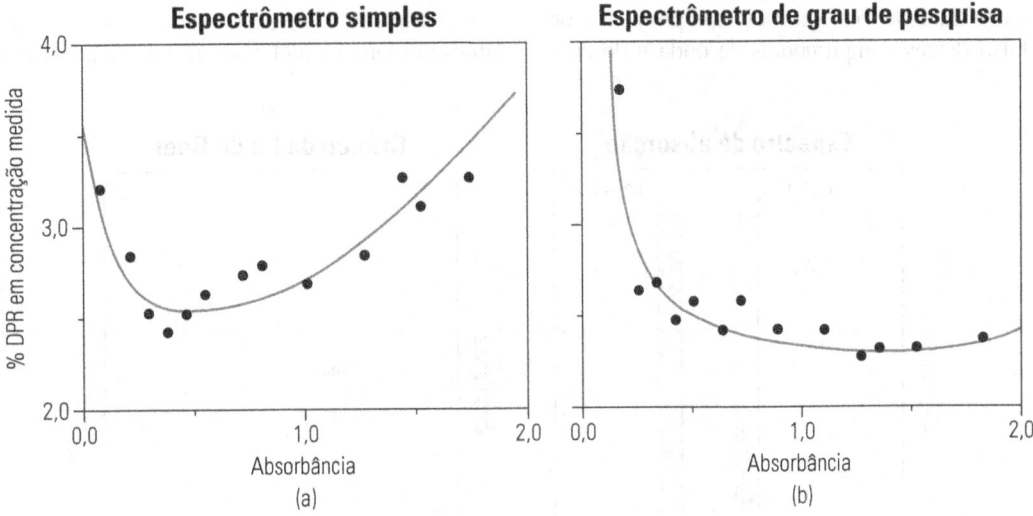

Figura 17.17

Curvas de precisão para dois espectômetros de absorção de UV-visível. A curva em (a) refere-se a um instrumento relativamente simples que é muito usado em laboratórios de ensino (o Spectronic 20), enquanto a curva em (b) refere-se a um instrumento mais avançado usado em laboratórios de pesquisa (o Cary 118). Os valores de *percentual de desvio-padrão relativo* (% DPR) foram calculados pela fórmula % DPR $= 100\,(D_p/C)$, onde C é a concentração medida e D_p o desvio-padrão da concentração medida. (Estes resultados foram baseados em L.D. Rothman, S.R. Crouch e J.D. Ingle, *Analytical Chemistry*, 44, 1972, p.1375.)

com a absorção de luz para qualquer tipo de luz. Deve-se ter em mente, no entanto, que existem várias suposições incorporadas a essa equação que limitam as circunstâncias de sua utilização (Tabela 17.6).[12] O primeiro pressuposto na lei de Beer é que todas as espécies absorventes na amostra agem de forma *independente* entre si. Este pressuposto torna a lei de Beer válida apenas para amostras relativamente diluídas (isto é, quase sempre abaixo de 0,01 M). Desvios desse pressuposto ocorrerão em concentrações mais elevadas à medida que a distância entre os analitos individuais torna-se pequena o bastante para permitir que o campo elétrico em torno de um analito afete a absorção de luz por outro. Efeitos semelhantes ocorrerão se altas concentrações de outras espécies (em particular, íons) estiverem presentes na solução (veja a discussão sobre a atividade química no Capítulo 6). O resultado é uma absorbância menor do que a esperada em amostras e padrões de concentração elevada, o que causa um desvio negativo em um gráfico da lei de Beer.

Outra maneira de uma alta concentração de analito levar a desvios da lei de Beer é por meio de uma mudança correspondente no índice refrativo. Esse efeito ocorre porque a absortividade molar depende do índice refrativo, e este depende da composição e da concentração de uma amostra. Felizmente, será possível corrigir esse efeito se o índice refrativo for conhecido ou medido para a amostra. Essa correção se dá pela $(E n)/(n^2 + 2)^2$ no lugar de ε na lei de Beer, mas não costuma ser necessária para analitos com concentrações abaixo de 0,01 M.[12]

A segunda suposição incorporada à lei de Beer é que a absorbância da amostra é medida somente por meio de *luz monocromática* (isto é, luz que contém apenas um comprimento de onda). Não existe algo como uma luz perfeitamente monocromática, mas espectrômetros modernos chegam bem perto de fornecer tal luz em medições de absorbância. O que esses espectrômetros realmente fornecem é *luz policromática* (ou luz que contém uma mistura de dois ou mais comprimentos de onda), onde a faixa desses comprimentos de onda é descrita pelo termo $\Delta\lambda$. Os efeitos da luz policromática sobre um gráfico da lei de Beer são mostrados na Figura 17.18. A presença de luz policromática não criará desvios significativos da lei de Beer, desde que a mudança na absortividade molar do analito ($\Delta\varepsilon$) seja pequena pela faixa de comprimento de onda $\Delta\lambda$ presente. Uma mudança na absortividade molar inferior a 1 por cento ($\Delta\varepsilon/\varepsilon < 0,01$) costuma ser desejável. Por isso, as medições de absorbância são, muitas vezes, realizadas no topo, ou próximo, de um pico em um espectro de absorção, onde ε é aproximadamente constante. Se uma faixa de comprimento de onda for usada no lado de um pico ou $\Delta\varepsilon/\varepsilon$ mudar por causa da presença de luz policromática, o resultado será um gráfico da lei de Beer curvo, onde uma absorbância menor que a esperada é medida enquanto a concentração de analito é aumentada.[12]

Uma terceira suposição feita na lei de Beer é a de que toda a luz transmitida através da amostra tem a mesma distância de percurso. Esse pressuposto exige que o caminho ótico b seja uma constante para a medição de uma determinada amostra, e é geralmente alcançado usando-se uma célula quadrada de amostra e raios paralelos de luz que atingem a célula de amostra

Tabela 17.6

Suposições importantes na lei de Beer.

(1) Todas as espécies absorventes agem de forma independente entre si.
(2) A luz que é utilizada na medição de absorbância é 'monocromática'.
(3) Todos os raios de luz detectados que passam através da amostra têm a mesma distância de percurso.
(4) A concentração de espécies absorventes é constante ao longo do caminho ótico da amostra.
(5) A luz usada para medir a absorbância não se espalha pela amostra.
(6) A quantidade de luz que entra na amostra não é grande o suficiente para causar a saturação das espécies absorventes na amostra.

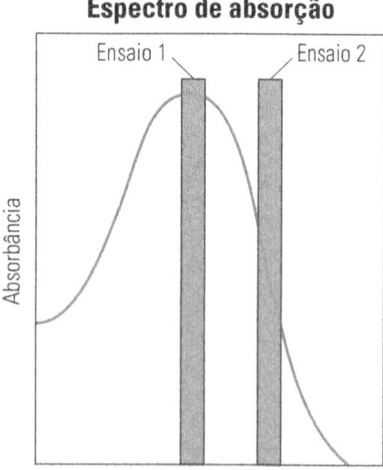
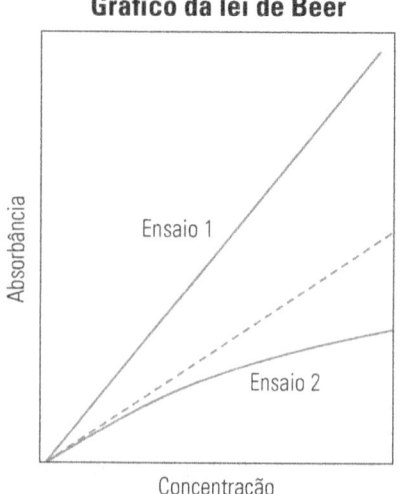

Figura 17.18

Efeitos de luz policromática em gráficos traçados de acordo com a lei de Beer.

perpendicularmente à superfície da célula. Se, em vez disso, uma célula redonda de amostra for usada (como pode ocorrer em alguns instrumentos baratos), curvatura e desvios negativos podem surgir em altas concentrações de analito em um gráfico da lei de Beer.

Existem vários outros pressupostos inerentes à lei de Beer. Por exemplo, uma quarta suposição é que a concentração da espécie absorvente é constante em todo o comprimento do caminho da luz através da amostra. Desse modo, devemos ter certeza de que estamos lidando com uma amostra homogênea ao usar a lei de Beer para relacionar a absorbância com a concentração de analito nessa amostra. A quinta suposição na lei de Beer é que toda a luz que penetra a amostra ou é transmitida ou é absorvida. Essa suposição deverá ser atendida se a relativa diferença em P versus P_0 for usada para determinar a absorbância e a transmitância da luz através da amostra. Por fim, de acordo com a sexta suposição da lei de Beer, a quantidade de luz recebida (como dada por P_0) não é grande o suficiente para causar a saturação da espécie absorvente. Este último requisito é necessário para garantir que o valor medido de P aumente proporcionalmente a P_0 e que o valor de P/P_0 não seja afetado pelo tamanho de P. Desvios em relação a esse pressuposto podem ocorrer quando se utilizam fontes de luz de alta intensidade, como os raios laser (veja o Capítulo 19).

Outra situação em que uma curvatura pode ocorrer em um gráfico da lei de Beer é quando a espécie absorvente está envolvida em uma reação química que vai alterar a concentração dessa espécie em particular à medida que sua concentração analítica total varia. Esse problema pode aparecer em reações que envolvem ácidos fracos ou bases fracas. Por exemplo, vimos no Capítulo 8 que, conforme a concentração da solução de um ácido fraco na água aumenta, a fração desse ácido na forma dissociada diminui (isto é, a razão [A⁻]/[HA] diminui). Se a absortividade molar é diferente para as duas espécies, HA e A⁻, um gráfico da absorbância medida global em relação à concentração analítica total pode gerar uma relação curva (veja a Figura 17.19). Efeitos similares podem ocorrer em reações que envolvam formações de dímero, pareamento de íons e outros tipos de equilíbrio.

Existem algumas limitações instrumentais que também podem causar desvios em um gráfico da lei de Beer. Por exemplo, a luz que atinge o detector sem passar pela amostra (conhecida como *luz difusa*) pode causar erros na absorbância medida.[12] A luz difusa (que pode ser representada como se tivesse um poder radiante de P_S) se somará aos valores de P e P_0, como mostrado na Equação 17.15. O resultado líquido é uma absorbância observada (A_{Obs}) menor do que a absorbância real da amostra.

Efeito da luz difusa: $A_{Obs} = -\log\left(\dfrac{P + P_S}{P_0 + P_S}\right)$

$$\approx -\log\left(\dfrac{P + P_S}{P_0}\right) \quad (\text{se } P_0 \gg P_S) \quad (17.15)$$

O resultado desse espalhamento é um aumento na quantidade aparente de luz transmitida (ou uma diminuição em A_{Obs}), levando a desvios *negativos* em um gráfico da lei de Beer.

A reflexão da luz nas superfícies da célula da amostra também criará desvios à lei de Beer devido ao instrumento. Nesse caso, os reflexos resultarão em luz que atravessará a amostra, mas não atingirá o detector. Esse efeito diminuirá a absorbância observada de acordo com a relação mostrada na Equação 17.16,

Efeito de reflexão: $A_{Obs} = -\log\left(\dfrac{P - P_R}{P_0 - P_R}\right)$

$$\approx -\log\left(\dfrac{P - P_R}{P_0}\right) \quad (\text{se } P_0 \gg P_R) \quad (17.16)$$

onde P_R representa o poder da luz refletida. Esta mudança, por sua vez, aumenta a absorção aparente de luz e produz desvios *positivos* em um gráfico da lei de Beer.

É importante considerar todas essas possíveis fontes de desvio ao usar a lei de Beer para conduzir uma análise química. Minimizar tais efeitos ajudará a aumentar a faixa linear de um gráfico da lei de Beer. No entanto, mesmo que se tomem precauções para reduzi-los, é fundamental *sempre* examinar com atenção um gráfico da lei de Beer para determinar se ele fornece ou não uma resposta linear nas concentrações que se pretende medir. Essa linearidade pode facilmente ser examinada por inspeção visual do gráfico da lei de Beer ou usando-se ferramentas como um gráfico residual (conforme discutido no Capítulo 5). Se quisermos analisar uma amostra que tenha uma concentração maior do que essa faixa linear, uma opção comum é diluir a amostra até que ela atinja uma concentração nessa faixa.

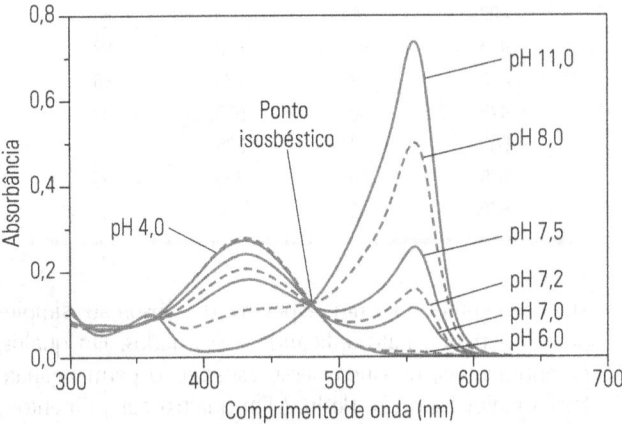

Figura 17.19

Mudança no espectro de absorção para o vermelho de fenol com variação de pH. A mudança do pH observada neste gráfico se deve à conversão da forma ácida do vermelho de fenol para a sua forma básica, que têm diferentes espectros de absorção. Este gráfico mostra a localização de um ponto isosbéstico a 480 nm. Há também outros dois pontos isosbésticos, que ocorrem em 367 e em 338 nm.

Palavras-chave

Absorbância 421	Espectro 405	Lei de Snell 417
Absorção 413	Espectrômetro 405	Luz 407
Absortividade molar 422	Espectroscopia 405	Reflexão 415
Comprimento de onda 409	Fóton 412	Refração 416
Difração 419	Frequência 409	Transmissão 414
Emissão 412	Índice refrativo 408	Transmitância 421
Espalhamento 417	Lei de Beer 421	

Outros termos

Amplitude 408	Equação de Planck 412	Luz difusa 425
Análise espectroquímica 406	Espalhamento Rayleigh 417	Luz monocromática 424
Ângulo de incidência 416	Espectro de absorção 414	Luz policromática 424
Ângulo de reflexão 416	Espectro de emissão 413	Número de onda 409
Caminho ótico 422	Espectrometria 406	Padrão de difração 419
Constante de Planck 412	Espectroscopia de ressonância magnética nuclear 411	Percentual de transmitância 421
Efeito fotoelétrico 412		Poder radiante 416
Equação de Bragg 419	Gráfico da lei de Beer 422	Radiação eletromagnética 407
Equação de Fresnel 416	Interferência 419	Sensoriamento remoto 405

Questões

O que é espectroscopia e como ela é utilizada em análises químicas?

1. O que é 'espectroscopia'? O que é um 'espectrômetro'? Explique como a luz é usada por cada um desses dois itens.
2. O que é 'sensoriamento remoto'? Como se pode usar a espectroscopia em sensoriamento remoto?
3. O que é um 'espectro'? Quais informações são utilizadas ao se traçar o gráfico de um espectro? Como essa informação pode ser utilizada em análise química?
4. A Figura 17.20 mostra um espectro que foi obtido para o complexo Fe(1,10-fenantrolina)$_3^{2+}$, que é frequentemente usado para medir a concentração de ferro em amostras de água. Em qual comprimento de onda esse complexo tem sua absorção mais forte de luz? Qual(is) comprimento(s) de onda você usaria para medir esse complexo em espectroscopia de absorção?

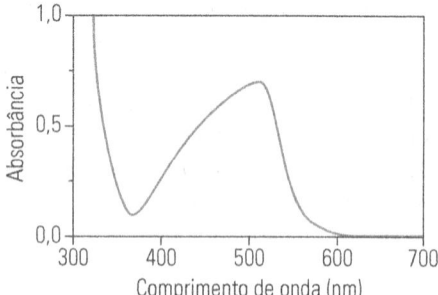

Figura 17.20

Espectro para Fe(1,10-fenantrolina)$_3^{2+}$. Este espectro foi obtido por meio de uma solução aquosa de $6,26 \times 10^{-5}$ M desse complexo e de uma célula de amostra com caminho ótico de 1,00 cm.

5. Os dados a seguir foram obtidos em vários comprimentos de onda para uma solução de permanganato de $3,6 \times 10^{-4}$ M mantida em um cadinho quadrado com caminho ótico de 1,00 cm.

Comprimento de onda (nm)	% T	Comprimento de onda (nm)	% T
400	89	575	50
425	92	600	82
450	83	625	86
475	60	650	88
500	27	675	93
525	15	700	96
550	29		

Trace o gráfico de um espectro de absorção simples para o permanganato aplicando esses dados. Em qual(is) comprimento(s) de onda nesse espectro o permanganato tem a maior absorção de luz? Em qual(is) comprimento(s) de onda ele tem a absorção de luz mais fraca?

6. Qual é a diferença entre 'análise espectroquímica' e 'espectrometria'?
7. Liste dois tipos de espectroscopia que sejam classificados com base nos tipos de analito a serem examinados. Liste dois tipos de espectroscopia que sejam classificados com base no tipo de luz que empregam.
8. Descreva sucintamente três maneiras diferentes de se usar a espectroscopia em análise química.

O que é a luz?

9. Explique como a 'luz' é definida por cientistas modernos. Como essa definição difere do uso comum do termo quando nos referimos a 'luz visível'?

10. O que se entende pela 'dualidade onda-partícula' da luz? Explique por que esse conceito é essencial para a compreensão das propriedades da luz.

11. Defina os seguintes termos em relação ao modelo de onda de luz.
    (a) Crista.
    (b) Vale.
    (c) Amplitude.
    (d) Frequência.
    (e) Comprimento de onda.
    (f) Número de onda.

12. Qual é o valor da constante c? Qual é seu significado físico?

13. Qual é a definição de 'índice refrativo'? Como esse índice se relaciona com a velocidade da luz?

14. Calcule os seguintes valores.
    (a) A velocidade da luz de 589 nm em água pura ($n = 1{,}333$ a 25 °C).
    (b) A velocidade da luz de 250 nm em quartzo fundido ($n = 1{,}507$ a 25 °C).
    (c) O índice refrativo da luz branca em CO_2(g) ($v = 2{,}9965 \times 10^8$ m/s a 25 °C e 1 atm).
    (d) O índice refrativo de luz de 589 nm em acetona ($v = 2{,}2063 \times 10^8$ m/s a 20 °C).

15. Um espectrômetro tem um caminho de 25 cm que deve ser percorrido por um feixe de luz. A maior parte do percurso ocorre no ar, que tem um índice de refração médio de 1,0003 para a luz. Quanto tempo aproximadamente o feixe de luz levará para percorrer essa distância?

16. Em 1999, um grupo de cientistas usou um tipo especial de matéria conhecido como condensado de Bose-Einstein para desacelerar um feixe de luz a uma velocidade de apenas 17 m/s (veja a Referência 8). Qual era o índice refrativo desse condensado?

17. Calcule os valores a seguir, utilizando uma velocidade de c para a luz. Em cada caso, indicar que tipo de radiação eletromagnética está presente (por exemplo, luz visível, raio ultravioleta etc.).
    (a) Frequência de luz de 3,50 μm.
    (b) Número de onda de luz de 635 nm.
    (c) Comprimento de onda para radiação de $2{,}1 \times 10^8$ Hz.
    (d) Número de onda para radiação de $5{,}5 \times 10^{11}$ Hz.

18. Um cientista pretende estudar uma substância química cuja transição de energia ocorre em $4{,}5 \times 10^{14}$ Hz. Quais são o comprimento de onda (em nm) e o número de onda (em cm^{-1}) da radiação eletromagnética que serão necessários para estudar essa transição? Que tipo geral de radiação eletromagnética (visível, ultravioleta etc.) será necessário nesse experimento?

19. Um químico orgânico utiliza tanto a luz infravermelha quanto a ultravioleta para examinar um produto químico recém-sintetizado. Constata-se que o produto apresenta forte absorção de luz em 2,5 μm e 400 nm. Quais são os tipos gerais de luz absorvidos em cada um desses comprimentos de onda? Quantos fótons de luz em 2,5 μm são necessários para produzir a mesma energia que um fóton de luz em 400 nm?

20. Um químico pretende usar um espectrômetro capaz de discriminar entre a luz com comprimento de onda de 500 nm e a luz com comprimento de onda de 501 nm (quando percorre o ar a temperatura e pressão padrão [STP]). Qual é a diferença de frequência nesses dois tipos de luz? Qual é a diferença de energia de um fóton de luz em cada um desses comprimentos de onda?

21. A ligação oxigênio-oxigênio em peróxido de hidrogênio contém 145 kJ/mol de energia. Essa ligação poderá ser quebrada se o peróxido de hidrogênio absorver um fóton que tenha a mesma quantidade de energia que é armazenada na ligação. Qual comprimento de onda de luz será necessário para quebrar essa ligação?

Captação e liberação de luz por matéria

22. Defina o termo 'emissão' em relação à luz. Descreva o processo de emissão de luz pela matéria.

23. O sódio que é aquecido em uma chama emite luz em 589 nm. Esse processo se deve à queda de um elétron de orbital 3p para orbital 3s.
    (a) Explique o que acontece durante esse processo de emissão usando o esquema na Figura 17.6 como guia.
    (b) A luz a 589 nm é a emissão mais intensa que se observa para o sódio. Use as transições que estão envolvidas nesse processo para explicar por que isso ocorre.

24. Explique como as substâncias químicas em uma chama emitem luz usando o modelo da Figura 17.6 como exemplo.

25. O que é um 'espectro de emissão'? Como se pode usá-lo em análise química?

26. Qual cor e tipo de luz seriam associados à luz emitida em cada um dos comprimentos de onda a seguir?
    (a) 475 nm.
    (b) 250 nm.
    (c) 675 nm.
    (d) 1000 nm.

27. O que se entende pelos termos 'absorção' e 'transmissão' quando estão relacionados à luz? Explique como esses dois termos se relacionam entre si.

28. Como a absorção de luz difere da emissão de luz?

29. O que é um 'espectro de absorção'? Discuta como esse tipo de espectro pode ser usado em análise química.

30. Com base no espectro da Figura 17.1, em quais faixas de comprimento de onda a luz solar é absorvida melhor pela atmosfera da Terra? Use a mesma figura para explicar por que se diz com frequência que a atmosfera é 'transparente' para a faixa visível da luz solar.

31. Explique como os comprimentos de onda de luz absorvida estão relacionados à cor de uma substância química.
32. Qual é a cor esperada de uma solução que absorve fortemente a luz de 450 a 500 nm? Qual é a cor esperada de uma solução que absorve fortemente apenas 250 a 300 nm?
33. Uma empresa farmacêutica desenvolve um teste de gravidez no qual um produto se forma em uma tira de teste que absorve luz visível e tem coloração azul escura. Quais comprimentos de onda de luz visível são provavelmente absorvidos por esse produto colorido?

Interações físicas de luz com matéria

34. O que é 'reflexão' de luz? O que é necessário para que ela ocorra?
35. Defina os seguintes termos.
    (a) Reflexão especular.
    (b) Reflexão difusa.
    (c) Ângulo de incidência.
    (d) Ângulo de reflexão.
36. O que é a 'equação de Fresnell' e como ela é utilizada?
37. Quais fatores determinam a fração de luz refletida que será refletida por uma superfície? Você acha que essa fração de reflexão também será afetada pelo comprimento de onda da luz? Justifique.
38. Estime a fração de luz que será refletida em cada um dos exemplos a seguir. Em cada caso, considere que a luz atinge o limite em um ângulo reto (90° em relação ao plano do limite). (*Observação:* você pode supor que a luz tem um comprimento de onda de 589 nm, a não ser que exista uma indicação diferente.)
    (a) Luz passando através do ar e incidindo sobre um diamante.
    (b) Luz passando através da água e incidindo sobre gelo.
    (c) Luz passando do ar para uma superfície composta de acetato de celulose dura.
    (d) Luz passando através do hélio e incidindo sobre um cadinho feito de vidro Flint leve.
39. É possível estimar a quantidade de reflexão que ocorre para a luz solar pela atmosfera da Terra usando um modelo semelhante ao mostrado na Figura 17.6. Nesse modelo, vamos supor que há um limite bem definido entre o espaço e a atmosfera, e que a atmosfera tem um índice refrativo médio de 1,0003 para a luz visível.
    (a) Calcule a fração de reflexão que se pode esperar para a luz visível nesse limite. Com base em seus resultados, você acha que essa reflexão vai desempenhar um papel importante no uso de luz solar para o sensoriamento remoto?
    (b) A mudança real do espaço para a atmosfera da Terra é mais gradual do que o modelo na Figura 17.5, e o índice refrativo do ar mudará conforme a altitude e outras condições. Em geral, como você acha que esses fatores afetarão a quantidade de luz visível que é refletida pela atmosfera da Terra?
40. O que é 'refração' da luz? O que é necessário para que a refração ocorra?
41. O que é a 'lei de Snell'? Quais fatores constam nessa lei?
42. Em que ângulo a luz será refratada se passar do ar ($n = 1,0003$) para o vidro ($n = 1,5171$) e incidir sobre o vidro em um ângulo de 30° em relação à normal? Como esse ângulo de refração mudará se a luz atingir o vidro a 45° ou 60° em relação à normal?
43. Diferentes tipos de vidro terão diferentes valores de índice refrativo da luz. Por exemplo, a luz com um comprimento de onda de 589 nm tem os seguintes valores de n para vários tipos de vidro: 1,51714 (vidro Crown comum), 1,52430 (borosilicato) e 1,65548 (vidro Flint denso).
    (a) Calcule o ângulo de refração da luz de 589 nm à medida que ela passa do ar para cada um desses vidros em um ângulo de 50° em relação à normal.
    (b) Repita o cálculo da Parte (a), mas agora calcule o ângulo refrativo da luz de 589 nm à medida que ela passa de água pura para cada vidro a 50° em relação à normal.
    (c) Use os resultados das partes (a) e (b) para classificar os três tipos de vidro com base em sua capacidade de refratar a luz de 589 nm. Qual tipo de vidro produz a maior mudança na direção de percurso dessa luz? Qual tipo de vidro produz a menor alteração devido à refração? Explique esses resultados pela lei de Snell.
44. O que se entende por 'espalhamento' da luz? O que é 'espalhamento de Rayleigh'?
45. Por que o espalhamento é tão importante em análise química?
46. Defina os termos a seguir. Explique como a difração e a interferência estão relacionadas.
    (a) Difração.
    (b) Interferência.
    (c) Padrão de difração.
    (d) Interferência construtiva.
    (e) Interferência destrutiva.
47. Quais são duas maneiras de se usar difração em análise química?
48. O que é a 'equação de Bragg'? Que termos aparecem nessa equação?
49. Um químico deseja examinar difração por um cristal de topázio que é exposto a raios X com um comprimento de onda de 0,63 Å. Se a distância interplanar do topázio for 1,356 Å, em que ângulo uma banda de interferência construtiva de primeira ordem será observada para esse cristal?
50. Grades de difração são usadas com frequência no lugar de prismas como seletores de comprimento de onda para espectroscopia de ultravioleta-visível (UV-vis). As grades mais usadas nesses dispositivos têm 300-2400 sulcos por milímetro. Se a luz se aproximar da grade em um ângulo reto, o ângulo θ no qual a interferência construtiva ocorrerá para a luz é dado pela Equação 17.17,

$$d\, \text{sen}\, \theta = n\lambda \qquad (17.17)$$

onde λ é o comprimento de onda da luz, *d* a distância entre sulcos adjacentes na grade e *n* a ordem de difração para a banda de interferência construtiva observada.[12]

(a) Em que ângulo se observará uma interferência construtiva de primeira ordem para luz de 600 nm que incide a um ângulo reto sobre uma grade que contém 1000 sulcos por mm?

(b) Em que ângulo se observará uma interferência construtiva de primeira ordem para a luz de 610 nm utilizando-se a mesma grade da Parte (a)?

(c) Se bandas de interferência construtiva são observadas a uma distância perpendicular situada a 10,0 cm da grade, qual será a distância das bandas de interferência de primeira ordem nesse local para a luz 600 nm e 610 nm?

Análise baseada em emissão

51. Liste os principais componentes de um espectrômetro simples para medir a emissão de luz. Descreva a função de cada componente.

52. Forneça uma equação geral que se possa usar para relacionar a quantidade de emissão de luz com a concentração química de uma amostra. Descreva cada termo que aparece na equação.

53. Uma série de padrões de cálcio e duas soluções desconhecidas são medidas sob as mesmas condições a 620 nm por espectroscopia de emissão de chama. Os resultados a seguir são registrados. Determine as concentrações de Ca^{2+} nas amostras desconhecidas.

Concentração de Ca^{2+} (M)	Intensidade de emissão relativa medida
0,000	0,0010
$1,00 \times 10^{-4}$	5,02
$2,00 \times 10^{-4}$	10,4
$3,00 \times 10^{-4}$	16,1
$5,00 \times 10^{-4}$	26,5
$10,00 \times 10^{-4}$	51,3
Desconhecida nº 1	20,5
Desconhecida nº 2	57,0

54. O mesmo sistema da Questão 53 fornece um sinal de 127,6 para uma amostra desconhecida. (*Observação*: sabe-se que o sistema produz uma resposta linear até um sinal em torno de 150.) O aluno que analisa a amostra toma uma alíquota de 10,00 mL, coloca-a em um balão volumétrico de 50,00 mL e enche-o com água deionizada até a marca. Qual é o sinal aproximado esperado para a amostra diluída? Qual é a concentração de Ca^{2+} nessa amostra?

Análise baseada em absorção

55. Liste os principais componentes de um espectrômetro simples para medir a absorção de luz. Descreva a função de cada componente.

56. Defina 'transmitância', 'percentual de transmitância' e 'absorbância'. Mostre como esses termos se relacionam entre si.

57. Complete a tabela a seguir, calculando todos os valores que faltam.

Transmitância	Percentual de transmitância	Absorbância
0,156	—	—
—	35,8	—
—	—	0,251
0,689	—	—
—	78,0	—
—	—	1,250

58. O que é a 'lei de Beer'? Que termos aparecem nessa lei?

59. Calcule a absortividade molar de um analito se uma solução de $3,40 \times 10^{-4}$ M dessa substância química for colocada em uma célula de amostra com caminho ótico de 5,0 cm e for determinado que seu valor para %T é de 67,4 em 450 nm.

60. Calcule a concentração de um analito em solução colocado em uma célula de amostra de 1,00 cm de largura se a absorbância medida da amostra for 0,367 e o analito tiver uma absortividade molar conhecida de $6,87 \times 10^3$ L/mol · cm.

61. Na presença de uma solução que tem absorbância de fundo de 0,050, constata-se que uma solução de $1,0 \times 10^{-4}$ M de um analito fornece uma absorbância global de 0,350 (b = 1,00 cm). Uma solução semelhante que contenha $3,0 \times 10^{-4}$ M do mesmo analito produz uma medição de absorbância global de 0,900. Qual é a absortividade molar desse analito no comprimento de onda usado nesses experimentos?

62. O que é um 'gráfico da lei de Beer'? Como ele é usado em análise química?

63. No Capítulo 2, um gráfico da lei de Beer foi demonstrado para a medição de 'proteína A' (Figura 2.11). Com base nesse gráfico, qual seria a concentração esperada da proteína em uma amostra desconhecida que tenha uma leitura de absorbância de 0,76? Qual seria a concentração em uma amostra que tivesse um percentual de transmitância de 51 por cento? Explique como você obteve suas respostas.

64. Os resultados a seguir foram obtidos por um químico clínico ao medir morfina em 285 nm usando um cadinho quadrado de 1,00 cm como recipiente da amostra.[28]

Concentração de morfina (M)	Absorbância
$5,0 \times 10^{-5}$	0,229
$1,0 \times 10^{-4}$	0,308
$2,0 \times 10^{-4}$	0,467
$5,0 \times 10^{-4}$	0,942

Prepare um gráfico da lei de Beer para esses dados. Use o gráfico para determinar a concentração de morfina em uma amostra desconhecida que fornece uma medida de absorbância de 0,615 nesse ensaio.

65. Demonstre como a absorbância medida global de uma amostra será afetada pela presença de dois ou mais analitos que absorvem luz no mesmo comprimento de onda. Forneça uma equação que descreva essa relação.

66. Quais são as fontes de erros aleatórios que podem afetar as medições de absorbância ou de transmitância?

67. Foi dito neste texto que os espectrômetros de absorção simples tendem a fornecer as medidas mais confiáveis para valores de absorbância entre 0,1 e 0,8. Use a Figura 17.17 (a) para explicar essa afirmação. Também explique por que esse intervalo não é necessariamente válido para todos os espectrômetros usados em medições de absorbância.

68. Um químico farmacêutico deseja determinar o intervalo em que ambos os espectrômetros na Figura 17.17 fornecerão um determinado nível de precisão para uma medição de absorbância.

    (a) Sobre qual faixa de valores de absorbância o instrumento na Figura 17.17(a) pode ser usado para fornecer uma precisão de 2,5 por cento ou melhor? Sobre qual faixa de valores de absorbância esse instrumento fornecerá uma precisão de 3,0 por cento ou melhor?

    (b) Sobre qual faixa de valores de absorbância o instrumento na Figura 17.17(b) produzirá uma precisão de 2,5 por cento ou melhor? Sobre qual intervalo a precisão será de 3,0 por cento ou melhor?

69. Explique por que um gráfico da lei de Beer pode mostrar desvios de uma linha reta à medida que a concentração de um analito aumenta. Cite duas razões pelas quais esses desvios ocorrem.

70. Defina os termos 'luz monocromática' e 'luz policromática'. Qual tipo de luz se supõe que esteja presente quando se usa a lei de Beer?

71. O que acontece com um gráfico da lei de Beer quando há um aumento na faixa de comprimentos de onda que são usados para fazer uma medição de absorbância? Explique como a escolha de comprimentos de onda adequados (por exemplo, aqueles que estão no topo de um pico em um espectro *versus* aqueles do lado de um pico) pode minimizar esse efeito.

72. Com base nos espectros da Figura 17.8, indique como você espera que a inclinação e a faixa linear se igualem em gráficos da lei de Beer traçados para cada um dos seguintes pares de comprimentos de onda.

    (a) 465 nm *versus* 645 nm para a clorofila b.
    (b) 645 nm *versus* 660 nm para a clorofila a.
    (c) 475 nm *versus* 645 nm para a clorofila b.
    (d) 440 nm *versus* 660 nm para a clorofila a.

73. O que é 'luz difusa'? Como ela pode afetar uma medição de absorbância? Como ela afeta um gráfico da lei de Beer?

74. Discuta por que a reflexão em um espectrômetro pode afetar uma medição de absorbância.

75. Sabe-se que uma amostra tem a absorbância observada de 1,30, ou % $T = 5,0$. Qual será a absorbância aparente da amostra na presença de luz difusa com poder radiante igual a 1,0 por cento do poder radiante incidente ($P_s = 0,010\ P_0$)? Qual será o tamanho do erro na absorbância observada *versus* a absorbância real da amostra?

76. Qual será a absorbância observada da amostra na Questão 72 caso não haja luz difusa, mas haja reflexão da luz a um nível equivalente a 1,0 por cento do poder radiante inicial da luz ($P_R = 0,010\ P_0$)? Qual será o tamanho do erro na absorbância observada *versus* a absorbância real da amostra?

Problemas desafiadores

77. Existem vários tipos de espectrômetro usados em química analítica. Podemos classificá-los de acordo com os meios que usam para detectar a luz. Pesquise na Internet ou em outras fontes, como por exemplo as referências 5 e 6, e determine como cada um dos tipos de espectrômetro a seguir é capaz de detectar a luz.

    (a) Espectrofotômetro.
    (b) Espectrógrafo.
    (c) Espectroscópio.

78. Localize o índice refrativo de cada um dos seguintes materiais usando o *CRC Handbook of Chemistry e Physics*[11] ou outros recursos.

    (a) Benzeno (luz de sódio D – 589 nm, 20 °C).
    (b) Sal de rocha (1,229 μm de luz infravermelha).
    (c) 10 por cento (m/m) de solução aquosa de sacarose (luz de sódio D – 589 nm, 20 °C).
    (d) Plástico de polietileno (densidade média, luz de sódio D – 589 nm).

79. O princípio da incerteza de Heisenberg estabelece certos limites na precisão com que certos pares de parâmetros físicos podem ser calculados. Dois desses parâmetros relacionados são o tempo de vida de um átomo ou de uma molécula em seu estado excitado e a energia que é liberada quando esse estado excitado passa para um estado de energia mais baixo. Essa relação é representada pela seguinte equação,

    $$\Delta E \cdot \Delta t \geq h/4\pi \qquad (17.18)$$

    onde ΔE é a incerteza na energia dessa transição, Δt o tempo de vida do estado excitado e h é a constante de Planck. Um dos resultados dessa relação é que é impossível ter luz de fato monocromática decorrente de um processo de emissão porque a Equação 17.18 afirma que quanto mais curto o tempo de vida do estado excitado, maior a incerteza em sua energia e, portanto, maior a incerteza no comprimento de onda da luz que é emitida desse estado excitado.

    (a) Luz com comprimento de onda 589,3 nm é frequentemente emitida por átomos de sódio. Se a vida útil desses átomos de sódio em seu estado excitado é de 10 ns, qual é a incerteza na energia dessa luz emitida?

    (b) Qual será a incerteza no comprimento de onda de luz que é emitida pelos átomos de sódio na Parte (a)? A partir dessa informação, determine a faixa de comprimentos de onda que são realmente emitidos pelos átomos de sódio enquanto liberam luz de 589,3 nm.

(c) De acordo com a Equação 17.18, o que seria necessário para se ter uma emissão de luz monocromática de fato (isto é, o que acontece se $\Delta E = 0$)?

80. Ao passar através de uma célula de amostra de vidro, a luz encontrará diversos limites entre regiões com diferentes índices refrativos. Primeiro, passa do ar para a parede de vidro da célula. A seguir, passa através do vidro e penetra o limite entre o vidro e a amostra. Então, percorre a amostra até alcançar o outro lado da célula de amostra de vidro. Após entrar novamente no vidro, a luz passa para o exterior da célula de amostra, onde volta para o ar circundante e se move para o detector.

(a) Em cada um desses limites uma pequena quantidade de luz será perdida devido à reflexão. Estime a fração de luz que se reflete em cada etapa do processo, supondo que a luz incida sobre cada limite em um ângulo normal (90° em relação ao plano do limite).

(b) Qual é a fração total de luz que se perde por reflexão nesse sistema? Quais limites levam à maior perda de luz devido à reflexão?

81. Absortividade molar não é a única maneira de descrever a capacidade de uma substância química para absorver luz. Outro parâmetro intimamente relacionado é a *seção transversal de absorção*, a qual pode ser calculada diretamente a partir da absortividade molar usando-se conversões de unidades e análise dimensional.[6,12]

(a) Quais unidades são obtidas a partir do valor de ε quando se aplica a substituição 1 L = 1000 cm³? Quais unidades são obtidas quando se faz uma substituição adicional por meio do número de Avogadro, onde $N_A = 6,023 \times 10^{23}$ moléculas/mol? Use seus resultados para explicar por que nos referimos ao valor resultante como uma 'seção transversal' de absorção.

(b) O espectro de absorção para o benzeno dá um pico com uma absortividade molar de 60.000 L/mol · cm em 184 nm.[29] Qual é a seção transversal de absorção para o benzeno nesse comprimento de onda? Como esse valor pode ser comparado à seção transversal real do benzeno de aproximadamente $2,5 \times 10^4$ pm²?

82. Qualquer objeto aquecido emite um espectro contínuo de comprimentos de onda. Esse efeito, conhecido como 'radiação de corpo negro', é responsável pela ampla gama de comprimentos de onda que são emitidos pelo sol.

(a) A Equação 17.19 mostra como o comprimento de onda de emissão máxima ($\lambda_{máx}$) muda conforme a temperatura para uma fonte de corpo negro,

$$\lambda_{máx} = 2,879 \times 10^6 / T \quad (17.19)$$

onde $\lambda_{máx}$ é dada em unidades de nm e T é a temperatura absoluta em unidades de Kelvin.[12] O Sol costuma ser modelado como uma fonte de corpo negro com temperatura de 5.900 K. Qual é o valor esperado para $\lambda_{máx}$ Nessas condições? Como esse valor pode ser comparado ao comprimento de onda de emissão máxima que foi mostrado anteriormente na Figura 17.1?

(b) A quantidade de luz que é emitida em um determinado comprimento de onda por uma fonte de corpo negro também dependerá da temperatura. Essa relação é descrita pela Equação 17.20,

$$B = (2hc^2 / \lambda^5)(1 / e^{hc/(\lambda kT)} - 1) \quad (17.20)$$

onde B é a radiação total, um valor que é proporcional à intensidade relativa de luz emitida.[12] Os outros termos na equação incluem a velocidade da luz (c), a temperatura absoluta (T, em Kelvin), o comprimento de onda de luz (λ, em metros), a constante de Planck (h) e a constante de Boltzmann (k). Use a Equação 17.20 e uma planilha para traçar o espectro esperado entre os comprimentos de onda de 0,1 e 3,0 μm para uma fonte de corpo negro, como o Sol, em 5900 K. (*Observação:* certifique-se de usar unidades SI consistentes para todos os termos na Equação 17.20 ao fazer seus cálculos.) Como os seus resultados podem ser comparados ao espectro de emissão real mostrado na Figura 17.1?

83. As fibras óticas são um modo eficiente de mover a luz de um lugar para o outro. Sua composição consiste em um núcleo transparente com índice refrativo de n_1. Esse núcleo é cercado por um material de revestimento com índice refrativo menor (n_2, onde $n_2 < n_1$). Uma reflexão interna total ocorrerá para a luz se ela incidir sobre a interface núcleo/revestimento a um ângulo igual ou superior a θ, em que sen(θ) ≥ (n_2/n_1). O ângulo (90° − θ), para o caso em que θ é dado em graus, descreve o cone de aceitação da fibra ótica, como mostrado anteriormente na Figura 17.11. Uma determinada fibra ótica tem um núcleo com índice refrativo de 1,3334 e um revestimento com índice refrativo de 1,4567. Qual faixa de ângulos compõe o cone de aceitação dessa fibra ótica?

84. O índice refrativo do quartzo fundido, que varia a vários comprimentos de onda, é o seguinte: n = 1,54727 (202 nm), 1,53386 (214 nm), 1,46968 (404 nm), 1,46690 (434 nm), 1,45674 (644 nm) e 1,45640 (656 nm).

(a) Um gráfico de índice refrativo *versus* comprimento de onda para um material é chamado de curva de dispersão. Usando os dados anteriores e uma planilha, prepare uma curva de dispersão do quartzo fundido.

(b) Use sua planilha para determinar o ângulo em que cada um dos comprimentos de onda listados sofrerá refração caso a luz nesses comprimentos de onda passe através do ar e atinja a superfície de um prisma de quartzo fundido em um ângulo incidente de 45°. Trace um gráfico que mostre como esse ângulo de refração se altera com o comprimento de onda da luz.

(c) Com base em seus resultados na Parte (b), quais comprimentos de onda de luz, em sua opinião, serão os mais facilmente separados a partir de sua refração por um prisma de quartzo fundido? Quais cores de luz visível serão as mais facilmente separadas por esse prisma?

85. Os dados a seguir foram obtidos ao se utilizarem medições de absorbância para determinar a quantidade de ferro em uma amostra de corrosão retirada de um navio da época da Guerra Civil dos Estados Unidos afundado no oceano na década de 1860. Uma porção 0,0465 g da amostra foi dissolvida em ácido e diluída a 100,00 mL. Uma fração de 1,00 mL da solução foi então tratada com 1,10-fenantrolina, hidroxilamina e tampão de acetato antes de ser diluída em um volume total de 100,00 mL. Várias soluções padrão foram preparadas a partir do sulfato ferroso amoniacal e tratadas da mesma maneira. Os resultados a seguir foram obtidos depois de feita a medição das absorbâncias das amostras e dos padrões a 510 nm.

Concentração de ferro (mg / L)	Absorbância
0,000	0,02
0,359	0,077
1,198	0,127
2,995	0,256
5,990	1,090
8,985	1,556
Amostra desconhecida	0,406

(a) Prepare uma planilha aplicando esses dados na montagem de um gráfico da lei de Beer.

(b) Use sua planilha para analisar a regressão linear em seu gráfico da lei de Beer. Qual é a faixa linear aproximada desse gráfico? Quais são a inclinação de regressão linear e o intercepto sobre essa faixa linear?

(c) Qual é a concentração de ferro na amostra desconhecida? Qual absorbância se poderia esperar caso a amostra contivesse 4,15 mg/L de ferro? Qual teria sido a absorbância aproximada de uma amostra contendo 15,7 mg/L de ferro?

86. Embora um gráfico da lei de Beer seja uma forma comum de plotar dados de absorção, uma outra maneira de analisar esses dados é utilizar um *gráfico de Ringbom*. Esse gráfico é preparado traçando-se a transmitância de uma amostra *versus* a concentração de um analito absorvente na amostra.[30]

(a) Use uma planilha para calcular a transmitância de cada amostra e de cada padrão listados na Questão 85. Use esses novos valores para preparar um gráfico de Ringbom. Que tipo de resposta se verifica nesse gráfico?

(b) Use seu gráfico de Ringbom para determinar a concentração da amostra desconhecida na Questão 85. Como sua resposta pode ser comparada ao resultado obtido quando se usou o gráfico da lei de Beer na Questão 85?

(c) A partir da definição de transmitância, derive uma equação que mostre como a transmitância de uma amostra contendo um único analito absorvente estará relacionada com a concentração desse analito. Use essa derivação para explicar a resposta obtida pelo gráfico de Ringbom na Parte (a).

Tópicos para discussão e relatórios

87. Encontre mais informações sobre a área de sensoriamento remoto e sua aplicação. Discuta um exemplo de sensoriamento remoto com seus colegas de classe. Indique como a espectroscopia é usada nessa aplicação.

88. Obtenha informações sobre uma das personalidades a seguir e indique quem contribuiu para o campo da espectroscopia ou para nossa compreensão atual sobre a luz.
   (a) James Clerk Maxwell.
   (b) Heinrich Hertz.
   (c) Max Planck.
   (d) Robert Bunsen.

89. Medições de índice refrativo são com frequência usadas para identificar ou confirmar a identidade de um composto químico relativamente puro. Esse tipo de medição é realizado por meio de um instrumento conhecido como refratômetro. Obtenha mais informações sobre refratômetros na literatura e com fabricantes desses dispositivos, e descubra como eles são usados para medir o índice refrativo. Discuta o que você aprender com seus colegas de classe.

90. Visite um laboratório que tenha um instrumento que faça uso de espectroscopia de RMN para medições químicas. Descreva como a espectroscopia de RMN é usada nesse laboratório e os tipos de equipamentos utilizados para realizar esses estudos.

91. A espectroscopia de RMN é também uma importante ferramenta para o estudo de sistemas bioquímicos. Encontre um artigo que aborde uma pesquisa que tenha utilizado a espectroscopia de RMN para examinar um sistema bioquímico. Elabore um relatório breve que explique como a espectroscopia de RMN foi usada na pesquisa discutida no artigo.

92. Obtenha mais informações sobre um dos métodos a seguir. Relate como o método é realizado, os tipos de substâncias químicas que ele costuma examinar e as informações fornecidas sobre essas substâncias.
   (a) Espectroscopia de absorção de micro-ondas.
   (b) Espectroscopia de raios gama.
   (c) Espectroscopia de ressonância de *spin* de elétrons.

93. Localize um artigo de pesquisa que tenha sido publicado recentemente em uma revista como a *Analytical Chemistry*, no qual se descreve a utilização de fibras óticas na análise química. Descreva o tipo da análise realizada e indique como as fibras óticas foram usadas para tornar essa análise possível.

Referências bibliográficas

1. National Aeronautics and Space Administration, *Terra: Flagship of the Earth Observing System*, Release No. 99-120, 1999.
2. M. Sharpe, 'Focus Analyst in the Sky: Satellite-Based Remote Sensing', *Journal of Environmental Monitoring*, 2, 2000, p.41N–44N.
3. T. M. Lillesand, R. W. Kiefer e J. W. Chipman, *Remote Sensing and Image Interpretation*, 6 ed., Wiley, Nova York, 2007.
4. C. Elachi e J. Van Zyl, *Introduction to the Physics and Techniques of Remote Sensing*, 2 ed., Wiley, Nova York, 2006.
5. G. Maludzinska, ed., *Dictionary of Analytical Chemisty*, Elsevier, Amsterdã, Holanda, 1990.
6. J. Inczedy, T. Lengyel e A. M. Ure, *Compendium of Analytical Nomenclature*, 3 ed., Blackwell Science, Malden, MA, 1997.
7. F. Szabadvary, *History of Analytical Chemistry*, Pergamon Press, Nova York, 1966.
8. H. A. Laitinen e G. W. Ewing, *A History of Analytical Chemistry*, Maple Press, Nova York, PA, 1977.
9. *The New Encyclopaedia Britannica*, 15 ed., Encyclopaedia Britannica, Chicago, IL, 2002.
10. H. D. Young, R. A. Freedman, A. L. Ford e T. Sandlin, *University Physics*, Addison-Wesley, Nova York, 2007.
11. D. R. Lide, ed., *CRC Handbook of Chemistry and Physics*, 83 ed., CRC Press, Boca Raton, FL, 2002.
12. J. D. Ingle Jr. e S. R. Crouch, *Spectrochemical Analysis*, Prentice Hall, Upper Saddle River, NJ, 1988.
13. 'Guide for Use of Terms in Reporting Data in Analytical Chemistry: Spectroscopy Nomenclature', *Analytical Chemistry*, 62, 1990, p.91–92.
14. H. Geunther, *NMR Spectroscopy: Basic Principles, Concepts and Applications in Chemistry*, Wiley, Nova York, 1995.
15. J. W. Akitt e B. E. Mann, *NMR and Chemistry: An Introduction to Modern NMR Spectroscopy*, Thornes, Londres, 2000.
16. F. Bloch, W. W. Hansen e M. Packard, "The Nuclear Induction Experiment", *Physics Review*, 70, 1946, p.474–485.
17. E. M. Purcell, R. V. Pound e N. Bloembergen, "Nuclear Magnetic Resonance Absorption by Hydrogen Gas", *Physics Review*, 70, 1946, p.980–987.
18. The Nobel Prize Internet Archive, http://www.almaz.com/nobel/
19. C. Westbrook, C. K. Roth e J. Talbot, *MRI in Practice*, Wiley, Nova York, 2007.
20. S. C. Bushong, *Magnetic Resonance Imaging: Physical and Biological Principles*, Mosby, Amsterdã, Holanda, 2003.
21. A. Einstein, "Heuristic Viewpoint on the Production and Conversion of Light", *Annalen der Physik*, 17, 1905, p.132–148.
22. G. Gamow, *Thirty Years that Shook Physics: The Story of Quantum Theory*, Dover, Dover, DE, 1985.
23. L. D. Rothman, S. R. Crouch e J. D. Ingle Jr., "Theoretical and Experimental Investigation of Factors Affecting Precision in Molecular Absorption Spectrophotometry", *Analytical Chemistry*, 47, 1975, p.1226–1233.
24. P. Bougouer, *Essais d'Optique sur la Graduation de la Lumière*, Paris, 1729.
25. J. Lambert, *Photometria*, 1760.
26. A. Beer, 'Bestimmung der Absorption des rothen Lichts in farbigen Fl" ussigketiten', *Annalen der Physik*, 86, 1852, p.78–88.
27. D. R. Malinin e J. H. Yoe, 'Development of the Laws of Colorimetry: A Historical Sketch', *Journal of Chemical Education*, 38, 1961, p.129–131.
28. F. D. Snell e C. T. Snell, *Colorimetric Methods of Analysis, Including Photometric Methods*, Vol. IVAA, Van Nostrand Reinhold, Nova York, 1970.
29. D. A. Skoog, F. J. Holler e S. R. Crouch, *Principles of Instrumental Analysis*, 6 ed., Brooks/Cole, Pacific Grove, CA, 2006.
30. A. Ringbom, 'Accuracy of Colorimetric Determinations. Part 1', *Zeitschrift fur Analytische Chemie*, 115, 1939, p.332–343.

Capítulo 18
Espectroscopia molecular

Conteúdo do capítulo

18.1 Introdução: o bom e o mau
- **18.1.1** O que é espectroscopia molecular?
- **18.1.2** Como a espectroscopia molecular é usada em análise química?

18.2 Espectroscopia de ultravioleta-visível
- **18.2.1** Princípios gerais de espectroscopia de ultravioleta-visível
- **18.2.2** Instrumentação para a espectroscopia de ultravioleta-visível
- **18.2.3** Aplicações de espectroscopia de ultravioleta-visível

18.3 Espectroscopia no infravermelho
- **18.3.1** Princípios gerais de espectroscopia no infravermelho
- **18.3.2** Instrumentação para a espectroscopia no infravermelho
- **18.3.3** Aplicações de espectroscopia no infravermelho

18.4 Luminescência molecular
- **18.4.1** Princípios gerais de luminescência
- **18.4.2** Instrumentação para medições de luminescência
- **18.4.3** Aplicações de luminescência molecular

18.1 Introdução: o bom e o mau

O colesterol é frequentemente considerado uma molécula indesejável. Essa visão é verdadeira na medida em que se associam altos níveis de colesterol na dieta com doenças cardíacas, que constituem uma das principais causas de morte nos Estados Unidos e em muitas nações industrializadas.[1-3] Como resultado disso, a triagem e a medição dos níveis de colesterol no sangue passaram a ser rotineiros nos exames médicos nesses países. No entanto, apenas medir o teor de colesterol total do sangue fornece somente uma imagem parcial da função dessa molécula nas doenças do coração.[2-4]

Na verdade, existem várias 'formas' de colesterol no sangue. Elas consistem em diferentes partículas de proteínas, fosfolipídios, triglicerídeos, colesterol ou ésteres de colesterol que transportam o colesterol por todo o organismo.[4] Dois tipos importantes dessas partículas portadoras de colesterol são a lipoproteína de baixa densidade (LDL, do inglês, *low-density lipoprotein*) e a lipoproteína de alta densidade (HDL, do inglês, *high-density lipoprotein*) (veja a estrutura geral apresentada na Figura 18.1). As partículas de LDL transportam colesterol e ésteres de colesterol que se formam no fígado e levam essas substâncias químicas a outras partes do corpo. Uma grande quantidade de LDL pode acarretar a formação de placas nas artérias, fazendo com que esse tipo de lipoproteína represente o 'colesterol ruim' na circulação sanguínea. As partículas de HDL agem para remover o excesso de colesterol no organismo e carregá-lo de volta ao fígado, para excreção ou reciclagem. Esta ação deu ao HDL o rótulo de 'colesterol bom', porque ajuda a prevenir doenças do coração. O resultado de um desequilíbrio entre esses dois tipos de partículas portadoras de colesterol resulta nos efeitos 'perigosos' das doenças cardiovasculares.[2,4]

A espectroscopia é uma ferramenta valiosa usada de diversas maneiras por laboratórios clínicos para estudar e medir o colesterol, assim como muitas outras moléculas de interesse para o diagnóstico e o tratamento de doenças. Neste capítulo, analisaremos um conjunto de métodos conhecido como *espectroscopia molecular*, que examina a interação da luz com uma molécula intacta.[5-7] Várias abordagens podem ser aplicadas a essas medições, como a espectroscopia ultravioleta-visível (UV-vis), a espectroscopia no infravermelho e a espectroscopia de luminescência. Também discutiremos como cada uma dessas técnicas é realizada, e conheceremos algumas de suas aplicações comuns e resultados.

18.1.1 O que é espectroscopia molecular?

A **espectroscopia molecular** pode ser definida como o exame das interações entre a luz e as moléculas.[5-7] As moléculas podem absorver, emitir e dispersar luz. Todas essas interações podem levar a informações químicas. No Capítulo 17, mostramos como a absorção ocorre quando um analito absorve energia de um fóton, eleva-se a um nível mais alto de energia e, depois, emite luz enquanto o analito passa de um alto nível de energia para outro inferior. A absorção nas moléculas pode envolver uma alteração nos níveis de energia eletrônica, bem como nos níveis de energia vibracional e rotacional. Essa característica torna a espectroscopia uma ferramenta útil para prover informações qualitativas e quantitativas sobre as moléculas.

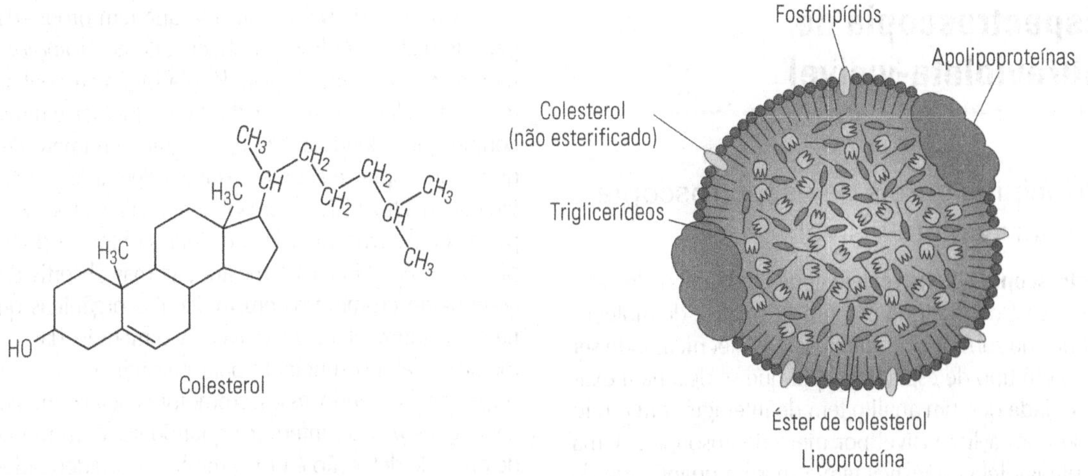

Espectroscopia molecular **435**

Figura 18.1

Estrutura do colesterol e estrutura básica de uma lipoproteína, como a de alta densidade (HDL) ou a de baixa densidade (LDL). As lipoproteínas contêm um núcleo apolar de triglicerídeos e ésteres de colesterol que está cercado por uma camada externa de fosfolipídios, colesterol e proteínas especiais conhecidas como 'apolipoproteínas'. As lipoproteínas são usadas no sangue para ajudar a dispensar e transportar colesterol, triglicerídeos e outros agentes relacionados por todo o organismo. (O diagrama da lipoproteína é cortesia de M. Sobansky.)

18.1.2 Como a espectroscopia molecular é usada em análise química?

A espectroscopia molecular tem muitos usos em análise química. A espectroscopia UV-vis é utilizada principalmente na análise quantitativa ou em testes de triagem, enquanto a espectroscopia no infravermelho serve principalmente para identificar substâncias moleculares. A espectroscopia visível começou com uma técnica chamada *colorimetria*,[6,7] na qual o analito é combinado com um reagente que formará um produto colorido. A cor desse produto é, então, comparada com a dos padrões, o que possibilita determinar a quantidade de analito presente na amostra ou apenas verificar se o analito está presente acima de um certo nível como parte de um teste de triagem. Plínio, o Velho, foi um dos primeiros que, conhecidamente, usou a colorimetria, por volta do ano 60 d.C., quando recorreu a um extrato de noz-de-galha para testar a presença de ferro no vinagre.[8] A colorimetria continua sendo empregada na análise química moderna; exemplos comuns são o uso de reações baseadas em cores dos testes caseiros para a detecção de gravidez ou para o monitoramento dos níveis de colesterol no sangue.[9]

Nas décadas de 1830 e 1840 foram desenvolvidos métodos para medir as concentrações de íons metálicos específicos em tubos delgados. Esse método foi desenvolvido em 1846 pelo químico italiano Augustin Jacquelain para analisar Cu^{2+} na presença de amônia na água, produzindo $Cu(NH_3)_4^{2+}$ como um produto colorido.[8] A cor de uma solução desconhecida foi comparada com vários padrões por meio dessa abordagem para determinar a concentração da solução desconhecida. Colorímetros de comparação visual ainda são muito utilizados para medir uma ampla variedade de substâncias em medições de campo (por exemplo, químicos ambientais), de modo que as amostras não precisam ser levadas a um laboratório para serem medidas. Entretanto, a maioria das medições quantitativas feitas por espectroscopia molecular é conduzida em laboratório, utilizando-se instrumentos que se destinam a realizar medições mais exatas e precisas de absorção ou emissão de luz em análise química.[7,10,11] Veremos vários exemplos de tais instrumentos nas seções 18.2 e 18.4.

A espectroscopia também serve para ajudar a identificar substâncias químicas e fornecer informações sobre sua estrutura. Alguma informação sobre identidade química pode ser obtida por meio das interações das substâncias com o raio ultravioleta ou a luz visível, mas o infravermelho (IV) é mais frequentemente utilizado para essa finalidade. Isso ocorre porque o espectro de IV de uma molécula costuma ter muitos picos em vez de um ou dois como normalmente se verifica na absorção de raio ultravioleta ou de luz visível por moléculas. Além disso, a localização, o número e a intensidade dos picos em um espectro de IV formam um padrão de impressões digitais útil para uma molécula, e pode ajudar na identificação ou na determinação dos tipos de grupos funcionais que essa molécula possui.[7,10,11] A aplicação do raio IV e da espectroscopia IV para esse propósito é discutida em mais detalhes na Seção 18.3.

18.2 Espectroscopia de ultravioleta-visível

18.2.1 Princípios gerais de espectroscopia de ultravioleta-visível

A **espectroscopia UV-visível** (em geral chamada de 'espectroscopia UV-vis') é um método comum de análise de moléculas e outros tipos de substâncias químicas. Essa técnica pode ser definida como um tipo de espectroscopia que se destina a examinar a capacidade que um analito tem de interagir com o raio ultravioleta ou com a luz visível por meio de absorção.[5] Uma luz na faixa ultravioleta ou visível tem a mesma quantidade de energia encontrada entre os níveis de energia de alguns elétrons em moléculas. Se a energia dessa luz corresponde exatamente à diferença em um dos níveis de energia, o elétron se move de um orbital em um estado de energia mais baixo para um orbital vazio em um estado de energia mais alto, se a molécula absorver a luz.

A absorção tanto do raio ultravioleta quanto da luz visível, em especial na faixa de 200-780 nm, costuma envolver transições eletrônicas em moléculas por elétrons π ou elétrons não ligantes (n) enquanto passam para um estado de elétrons excitados, π^*. Por essa razão, moléculas orgânicas somente com ligações simples e elétrons σ, mas sem elétrons π ou elétrons não ligantes (n), tendem a não absorver nessa região do espectro UV-vis.[7,11] Isso significa que os hidrocarbonetos saturados não podem ser medidos por espectroscopia UV-vis de rotina, porque contêm somente ligações simples e elétrons σ. No entanto, uma molécula como o colesterol, que contém uma série de ligações duplas carbono-carbono e átomos de oxigênio (que possuem elétrons não ligantes), tem uma absorbância intensa acima de 200 nm, como indica o espectro da Figura 18.2.

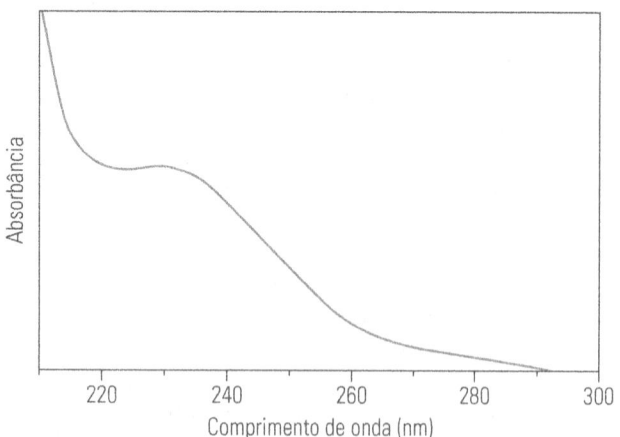

Figura 18.2

Um espectro de absorção ultravioleta-visível (UV-vis) característico, que usa análise de colesterol como exemplo. Este espectro ilustra as amplas bandas de absorção que muitas vezes se veem em moléculas de raio ultravioleta ou luz visível.

A porção de uma molécula que tem propriedades que lhe permitem absorver luz é conhecida como *cromóforo*.[5-7] Um cromóforo comum em uma molécula orgânica conterá ligações π (como aquelas em ligações duplas ou triplas), e muitas vezes terá conjugação estendida (isto é, um grande número de ligações sequenciais duplas e simples), que tendem a absorver o raio ultravioleta ou a luz visível com eficiência. Esse processo de absorção pode ser descrito pela lei de Beer, conforme discutido no Capítulo 17. A Tabela 18.1 mostra algumas absortividades molares comuns de cromóforos em moléculas orgânicas que absorvem na faixa ultravioleta ou visível. A dimensão das absortividades molares é alta o suficiente para permitir que muitos compostos orgânicos contendo esses cromóforos sejam medidos em concentrações μM ou inferiores quando se usam um comprimento de onda de detecção e um caminho ótico adequados à amostra.

EXERCÍCIO 18.1 Estimativa do limite de detecção de um analito em espectroscopia ultravioleta-visível

Um composto orgânico insaturado deve ser examinado por espectroscopia UV-vis. A absorbância de uma solução aquosa contendo esse composto é medida em 450 nm quando se usa um caminho ótico de 1,0 cm. O menor valor de absorbância a ser medido por esse instrumento é 0,002 unidade de absorbância. Sabe-se que esse composto tem uma absortividade molar de $1,5 \times 10^4$ L/mol · cm em 450 nm e que não há nenhuma absorbância considerável de quaisquer outros componentes na solução nesse comprimento de onda. Qual é o limite inferior de detecção esperado para esse analito sob tais condições quando sua absorbância é medida a 450 nm?

SOLUÇÃO

Podemos determinar o limite inferior de detecção para a concentração do analito (C_{LOD}) pela lei de Beer (veja a Equação 17.12 no Capítulo 17). Isso pode ser feito utilizando-se a menor medida de absorbância confiável ($A = 0{,}002$) associada à absortividade molar conhecida para o analito ($\varepsilon = 1{,}5 \times 10^4$ L/mol · cm) e o comprimento do caminho da luz através da amostra ($b = 1{,}0$ cm).

Lei de Beer: $A = \varepsilon b C$
$$(0{,}002) = (1{,}5 \times 10^4 \text{ L/mol·cm})(1{,}0 \text{ cm}) C_{LOD}$$
$$\therefore C_{LOD} = \frac{0{,}002}{(1{,}5 \times 10^4 \text{ L/mol·cm})(1{,}0 \text{ cm})}$$
$$= \mathbf{1{,}3 \times 10^{-7}\ M}$$

Um limite ainda mais baixo de detecção seria esperado para uma substância com maior absortividade molar. Por exemplo, uma molécula que tenha um valor 10 vezes maior para ε ($1{,}5 \times 10^5$ L/mol · cm) teria um limite 10 vezes menor de detecção ($C_{LOD} = 1{,}3 \times 10^{-8}$ M).

A absorção de luz na faixa ultravioleta ou visível também é possível no caso de íons metálicos de transição enquanto passam por transições eletrônicas que envolvem elétrons de camadas

Tabela 18.1

Exemplos de cromóforos em espectroscopia ultravioleta-visível para moléculas orgânicas.*

Cromóforo	Comprimento de onda de absorbância máxima (nm)	Absortividade molar (L/mol · cm)
C=C	182	25
	174	16.000
	170	16.500
	162	10.000
—C≡C—	172	2.500
C=C—C=C	209	25.000
(benzeno)	255	200
	200	6.300
	180	100.000
(naftaleno)	270	5.000
	221	100.000
C=O	295	10
	185	Intensa

* Os dados desta tabela são de J.D. Ingle Jr. e S.R. Crouch, *Spectrochemical Analysis*, Prentice Hall, Upper Saddle River, NJ, 1988. Outros exemplos de cromóforos podem ser encontrados nessa referência.

d ou f.[7,11] Verifica-se esse tipo de absorção nos íons da maioria dos elementos lantanídeos e actinídeos na tabela periódica. Espécies químicas capazes de se submeter à absorção por transferência de carga também são bastante importantes em muitos métodos de ensaio por causa de sua grande absortividade molar e facilidade de medição por espectroscopia UV-vis. Esse tipo de absorção de luz ocorre em muitos complexos inorgânicos. Alguns exemplos comuns incluem o complexo que se forma entre Fe^{2+} e 1,10-fenantrolina e os complexos que são produzidos quando Fe^{3+} reage com tiocianato e fenol. Esse tipo de processo também é responsável por CrO_4^{2-} e MnO_4^- absorverem a luz visível de forma intensa.[7]

Um espectro de absorção UV-vis característico foi apresentado na Figura 18.2, usando-se o colesterol como exemplo. Nesse caso específico, comprimentos de onda de no máximo 300 nm são mostrados no espectro porque o colesterol não absorve comprimentos de onda mais elevados, entre 300 e 800 nm. O eixo x para esse tipo de espectro costuma ser plotado em termos de comprimento de onda, em geral expresso em unidades de nanômetros para raio ultravioleta ou luz visível. O eixo y costuma ser plotado usando-se a absorbância medida em um determinado comprimento de onda. Ao lidar com analitos que são moléculas, as bandas em tal espectro tendem a ser bastante amplas. Por exemplo, o colesterol tem uma banda de absorção que se estende por pelo menos 30 a 40 nm, de 225 a 260 nm na Figura 18.2. O que explica a largura das bandas de absorção molecular são os níveis de energia eletrônicos envolvidos nesses processos de absorção, que também contêm muitas transições menores vibracionais e rotacionais. O resultado são muitas transições possíveis em uma molécula que tem apenas pequenas diferenças em energia, o que cria o amplo pico observado no espectro de absorção. Além disso, os espectros obtidos para uma molécula em uma solução são amplos porque cada molécula colide rápida e repetidamente com as moléculas vizinhas no solvente. As colisões encurtam o tempo de vida de cada estado vibracional/rotacional da molécula a tal ponto de o princípio da incerteza de Heisenberg entrar em ação (veja os problemas no final do Capítulo 17). Esse efeito provoca uma perda de precisão nas mudanças medidas de energia devido à absorção de luz e nos comprimentos de onda de luz absorvida observados.[7]

18.2.2 Instrumentação para a espectroscopia de ultravioleta-visível

Componentes de sistema comuns. O instrumento usado para examinar a absorção de luz em espectroscopia UV-vis é conhecido como *espectrômetro de absorbância UV-vis*. No Capítulo 17, vimos que um espectrômetro de absorção tem quatro componentes básicos: uma fonte de luz, um meio de selecionar um determinado tipo de luz para análise, um recipiente de amostra e um detector. Um espectrômetro de absorção UV-vis tem todos esses componentes, mas cada um deles deve ser capaz de lidar com o raio ultravioleta ou a luz visível.

Uma fonte de luz comum para a luz visível é uma *lâmpada de tungstênio*, como a ilustrada na Figura 18.3. Nesse dispositivo, um filamento de tungstênio aquecido libera um amplo espectro de luz com intensidade e comprimento de onda máximos que dependem da temperatura do fio. Esse tipo de emissão de luz é conhecido como 'radiação de corpo negro' (veja os problemas no final do Capítulo 17). O tungstênio é usado na lâmpada porque pode ser aquecido a uma temperatura mais alta do que qualquer outro metal sem que ocorra fusão, tornando possível a obtenção de comprimentos de onda de emissão ampla e intensa com esse material. A uma temperatura normal de funcionamento (2.000 a 3.000 K), o comprimento de onda de emissão máxima é de cerca de 1.000 nm para uma lâmpada de tungstênio, com uma faixa utilizável que abrange de 320 a 2.500 nm.[7]

Uma forma modificada do esquema anterior é a *lâmpada de tungstênio/halogênio*. Nesse dispositivo, uma pequena quantidade de iodo também está presente no interior da lâmpada de tungstênio. À medida que o tungstênio esquenta, pequenas quantidades de átomos de tungstênio sublimarão da superfície e cobrirão o interior da lâmpada com um sólido cinza. A presença do iodo, porém, fará os átomos em fase gasosa do tungstênio reagirem para formar iodeto de tungstênio(II), WI_2.

$$W + I_2 \rightarrow WI_2 \qquad (18.1)$$

WI_2 é estável a baixas temperaturas, mas, se uma molécula de WI_2 atinge o filamento de tungstênio quente, ela se decompõe e coloca o tungstênio de volta no filamento (os átomos de iodo também se recombinam para formar I_2 como parte do processo). Dessa forma, cria-se uma lâmpada mais estável que pode ser operada a uma temperatura mais elevada (até 3.600 K) e com emissão de luz mais intensa. A lâmpada pode emitir luz com comprimentos de onda de até cerca de 3.000 nm.[7] Ambas as lâmpadas, de tungstênio e de tungstênio/halogênio, são principalmente utilizadas na região visível do espectro, e emitem quase toda a sua radiação como luz infravermelha ou visível. O resultado é que um tipo diferente de fonte de luz é necessário para o trabalho na região ultravioleta em espectroscopia UV-vis.

A *lâmpada de hidrogênio* e a *lâmpada de deutério* são duas outras fontes de luz que podem ser usadas em espectroscopia UV-vis.[7,11] Ambas se compõem de dois eletrodos inertes através dos quais uma alta voltagem é imposta a um bulbo de quartzo que está preenchido com H_2 ou D_2 a baixa pressão. A presença de alta voltagem resulta na excitação de H_2 ou de D_2, e em sua dissociação em átomos H ou D com emissão de luz. Uma lâmpada de hidrogênio foi usada por Neils Bohr em sua busca por compreender a natureza e a estrutura eletrônica do átomo de hidrogênio. O interesse de Bohr estava nas várias linhas brilhantes de luz emitida que correspondiam a elétrons caindo de um orbital mais elevado para o orbital $n = 2$. Esse mesmo tipo de luz fornece uma fonte contínua de radiação na região ultravioleta por meio de luz que é emitida quando um elétron cai de um nível de energia não quantizado para o orbital $n = 2$ do que havia sido um íon hidrogênio de fase gasosa. Lâmpadas de hidrogênio e deutério fornecem uma radiação ultravioleta como uma faixa contínua que se estende desde cerca de 180 a 370 nm. A lâmpada de deutério é mais comum em laboratórios modernos porque produz uma emissão de luz mais intensa do que a de hidrogênio.[7]

O seletor de comprimento de onda (ou monocromador) em um instrumento de absorbância consiste em geral em uma fenda estreita através da qual a luz entra, em um dispositivo para separar a luz em seus vários comprimentos de onda e em outra fenda estreita através da qual se permite que uma parte específica da luz saia e passe para a amostra e para o detector. Instrumentos para medição de absorção em espectroscopia UV-vis costumam usar um prisma ou uma grade para separar a luz. A utilização de um prisma para esse fim é demonstrada na Figura 18.4. Prismas usados na região visível são feitos de vidro. A diferença no índice refrativo do vidro em função do comprimento de onda cria a separação da luz em suas várias cores. Quanto maior essa mudança de ângulo no comprimento de onda, mais eficaz será a separação da luz com comprimentos de onda nessa faixa do espectro.

Existem dois tipos de grade que servem como monocromadores. A *grade de transmissão* é aquela em que se produz difração fazendo-se com que a luz passe através de uma grade composta por uma série de pequenas fendas que criam interferência construtiva e destrutiva da luz (veja essa discussão no Capítulo 17). Diferentes comprimentos de onda de luz têm diferentes ângulos em que eles vão produzir uma interferência construtiva, tornando possível, assim, selecionar esses comprimentos de onda para uso em medições de absorbância. Uma *grade de reflexão* é mais comum em instrumentos modernos. Esse tipo usa uma superfície polida e reflexiva que tem uma série de degraus paralelos e espaçados cortados em sua superfície, como também ilustra a Figura 18.4. Quando um feixe de luz é refletido em sua superfície, novamente se criam padrões de interferência construtiva e destrutiva em que determinados ângulos têm interferência construtiva para determinados comprimentos de onda. Alterar a orientação e o ângulo de amostra de uma grade, seja de transmissão, seja de reflexão, pode permitir que os comprimentos de onda desejados de luz com interferência construtiva atinjam uma fenda de saída e passem para amostra e detector para uso em medições de absorbância.[7,11]

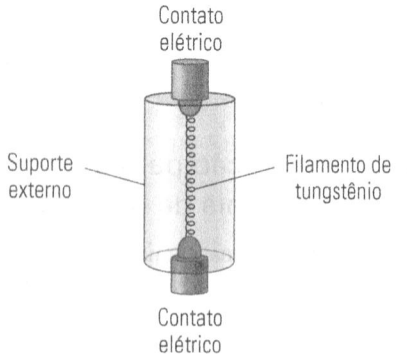

Figura 18.3

Concepção geral de uma lâmpada de tungstênio. Uma lâmpada de tungstênio/halogênio tem estrutura semelhante, mas inclui um pouco de I_2 na câmara que envolve o filamento de tungstênio.

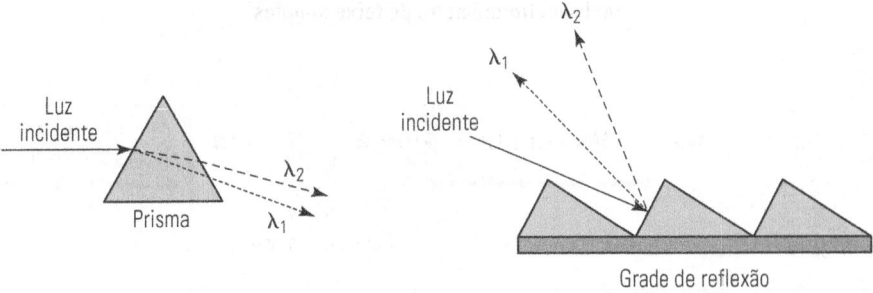

Figura 18.4

Uso de um prisma (à esquerda) ou de uma grade de reflexão (à direita) para separar a luz contendo vários comprimentos de onda.

O recipiente da amostra em espectroscopia UV-vis é em geral uma cubeta na qual se coloca uma amostra ou uma solução-padrão. A cubeta deve ser transparente para os comprimentos de onda de luz a serem utilizados na medição e ter uma geometria bem definida. As cubetas para trabalhar com a luz na região visível costumam ser feitas de vidro ou de plástico transparente. Para lidar com raios ultravioleta, cubetas de quartzo ou de sílica fundida são necessárias, porque o vidro e muitos tipos de plástico absorvem esse tipo de luz. Muitos espectrômetros modernos usam cubetas com uma seção transversal quadrada e um comprimento de caminho ótico de 1,00 cm. Entretanto, alguns instrumentos usam cubetas parecidas com tubos de ensaio cilíndricos com caminho ótico mais longo.[7]

Muitos detectores usados para monitorar raios ultravioleta ou luz visível fazem uso do efeito fotoelétrico, como discutido no Capítulo 17, que ocorre quando a luz incide sobre certas substâncias e provoca a ejeção de um elétron a partir da superfície. Tal efeito pode ser usado em um fototubo ou em tubo fotomultiplicador para detectar a luz (veja um exemplo disso na Figura 18.5). Ambos os dispositivos são projetados de modo que a luz possa penetrar neles e atingir uma substância fotoativa. O resultado é a produção de elétrons e de uma corrente que é proporcional em tamanho ao número de fótons que atingiram a superfície fotoativa. A absorção de um maior número de fótons pela amostra resultará em um fluxo menor atingindo o fototubo e uma medição reduzida de corrente.[7,10,11]

Instrumentos de feixe simples e duplo. Dois tipos comuns de dispositivo de espectroscopia UV-vis são os instrumentos de 'feixe simples' e de 'feixe duplo'. Como o próprio nome indica, um **instrumento de feixe simples** tem um único caminho para que a luz percorra através do instrumento, como mostra a Figura 18.6(a).[7,11] A luz nesse instrumento se origina da fonte, um comprimento de onda é selecionado por meio do monocromador, essa luz é transmitida pela amostra em uma cubeta e a intensidade da luz remanescente é medida por um detector. Visto que transmitância e absorbância são definidas em termos da relação da intensidade de luz que passa através da amostra dividida pela intensidade de luz que está entrando na amostra, deve haver uma forma de medir ambas as quantidades nesse dispositivo. Em um instrumento de feixe simples, o dispositivo é, primeiro, ajustado de modo a gerar uma leitura de 0 por cento de transmitância quando o obturador é fechado e nenhuma luz atinge a amostra (a 'corrente escura'). O instrumento é em seguida ajustado para uma leitura de 100 por cento de transmitância (ou $A = 0$) quando uma solução (*branco*), que não contém analito, está disponível. Em seguida, a amostra é introduzida e seu percentual de transmitância (% T) ou absorbância é medido. Com instrumentos mais antigos de feixe simples, deve-se redefinir a corrente escura e a corrente 100 por cento T sempre que o comprimento de onda é alterado. Nos instrumentos modernos de feixe simples, um computador lembra as configurações durante a coleta de todo um espectro. Um possível problema é que a intensidade de luz ou a resposta do detector pode sofrer alteração entre os momentos em que o instrumento é ajustado e a amostra é analisada. Tal alteração, se não for corrigida, pode gerar um erro sistemático no resultado final.

Um **instrumento de feixe duplo** em espectroscopia é um dispositivo no qual o feixe original de luz se divide de tal forma que metade dela passa através de uma solução de referência (ou 'branco'), enquanto a outra metade passa pela amostra.[7,11]

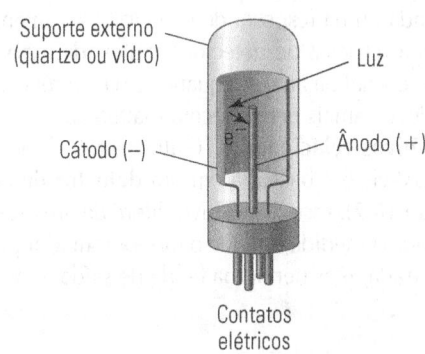

Figura 18.5

Componentes básicos de um fototubo. Quando a luz entra neste dispositivo e atinge o cátodo, elétrons são emitidos por um material fotoemissor na superfície do cátodo. Em seguida, eles se deslocam para o ânodo mais positivo. Isso produz uma corrente que está relacionada com a intensidade da luz que entra no fototubo e atinge o cátodo. Um tubo fotomultiplicador tem estrutura semelhante, mas contém vários eletrodos intermediários entre o cátodo e o ânodo que estão, cada qual, em um potencial progressivamente mais positivo; essa estrutura resulta na produção de um grande número de elétrons para cada colisão de um fóton com o cátodo.

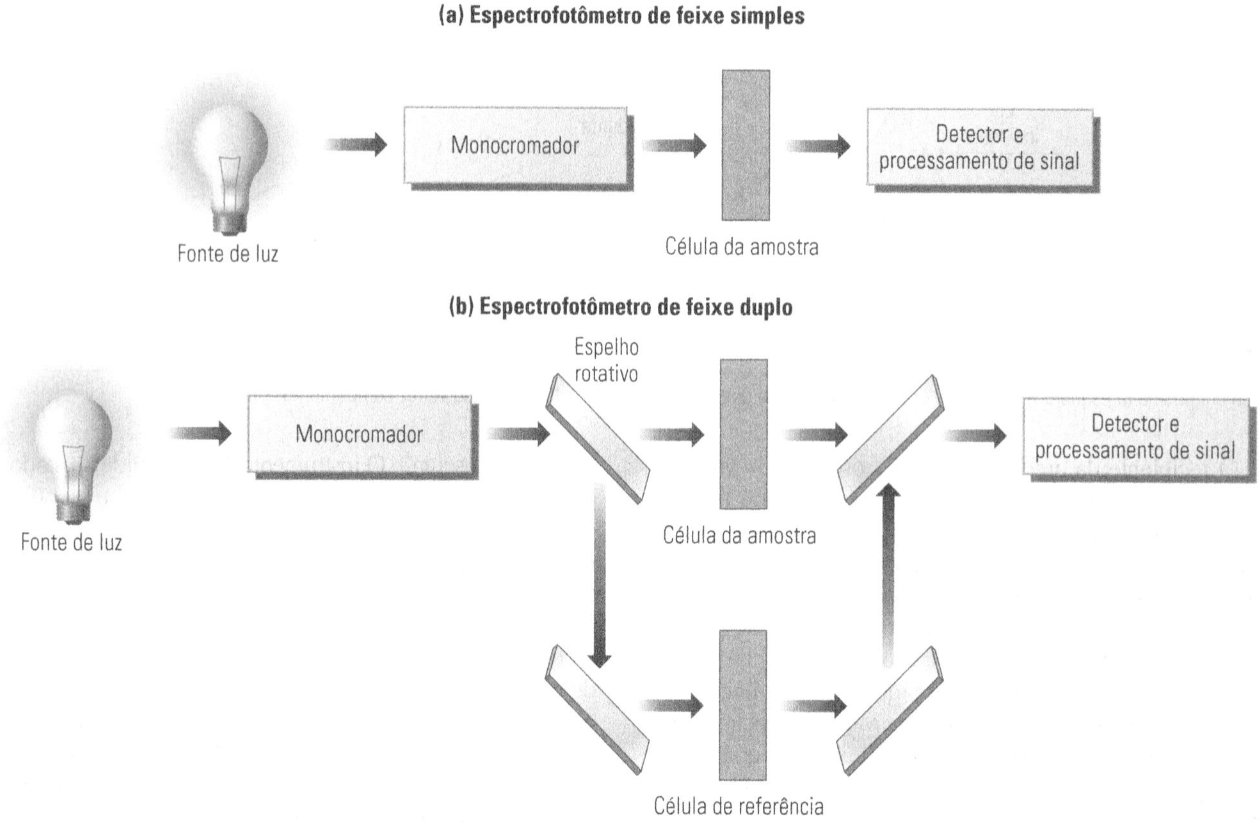

(a) Espectrofotômetro de feixe simples

(b) Espectrofotômetro de feixe duplo

Figura 18.6

Concepção geral de (a) um instrumento de feixe único, ou (b) um instrumento de feixe duplo para a espectroscopia UV-vis.

Esse tipo de instrumento, mostrado na Figura 18.6(b), ajuda a minimizar os erros causados por qualquer desvio na intensidade da lâmpada ou na resposta do detector. Se a intensidade da lâmpada ou a resposta do detector for alterada, essa mudança afetará tanto o sinal da amostra quanto o da *referência*, enquanto a razão desses sinais permanecerá inalterada.

Dispositivos relacionados. Outra estrutura de espectrofotômetro UV-vis é a baseada em um **detector de arranjo de diodo** (Figura 18.7). Esse dispositivo difere de um espectrofotômetro padrão na medida em que o monocromador possui uma fenda de entrada, mas nenhuma fenda de saída, o que permite que luz de muitos comprimentos de onda entre na amostra e seja detectada simultaneamente por um conjunto de detectores de diodo de pequeno porte. Nesse arranjo, cada diodo monitora uma pequena faixa de comprimentos de onda que foram separados *após* terem passado através da amostra. O processo permite a medição simultânea do espectro inteiro de uma amostra. Esses são instrumentos de feixe simples com um computador que lembram o sinal em todos os comprimentos de onda da corrente escura e o sinal de 100 por cento T, bem como monitoram a luz em cada um dos fotodiodos no detector múltiplo.[7,11-13]

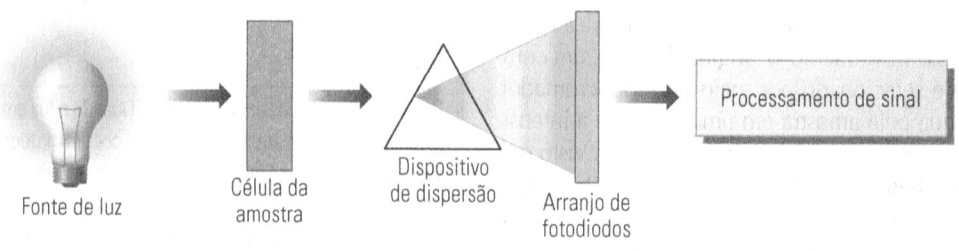

Figura 18.7

Concepção geral de um detector de arranjo de diodo na espectroscopia UV-vis. Embora esta estrutura mostre um prisma como o dispositivo de dispersão por uma questão de simplicidade, grades para dispersão de luz também podem ser usadas nesse tipo de instrumento.

A *análise por injeção em fluxo* (*FIA*, do inglês, *flow injection analysis*) é uma forma útil de usar espectroscopia UV-vis para realizar um grande número de análises de rotina em um curto período de tempo. Nessa abordagem, amostras são injetadas em sequência em um fluxo contínuo de reagente, que então reage com o conteúdo das amostras para produzir um produto colorido.[14-15] Após o desenvolvimento da cor, o fluxo contínuo passa através de um espectrofotômetro que faz parte do sistema FIA (veja a Figura 18.8). A absorbância da solução que resulta da reação do analito com o reagente corante é medida, permitindo que se determine a concentração do analito. As análises mais desejáveis de FIA são aquelas em que o produto colorido se forma rapidamente, de modo que apenas alguns segundos decorrem entre a injeção da amostra no fluxo de reagente e a medição de sua absorbância. A FIA é muito utilizada em laboratórios em que os mesmos analitos são monitorados com regularidade e em um grande número de amostras. Um bom exemplo é o uso da FIA e de dispositivos correlacionados baseados em fluxo para determinar a concentração de colesterol em amostras de sangue em um laboratório clínico.[2,4]

18.2.3 Aplicações de espectroscopia de ultravioleta-visível

Medições diretas. O uso mais comum de espectrofotometria na análise química está na medição direta de analitos por meio de colorimetria. O termo 'colorimetria' é com frequência usado para descrever o uso de espectrometria na região visível do espectro, onde se pode observar visualmente a cor de uma amostra. Essa abordagem também pode ser usada na forma de medições diretas feitas por instrumentos na região ultravioleta. Nessa técnica, a concentração de um analito é determinada pela comparação da absorbância de uma concentração desconhecida de uma substância com a absorbância de uma concentração conhecida do mesmo material. A lei de Beer é, então, utilizada para relacionar a absorbância medida de uma substância à sua concentração.

Se a absortividade molar do analito é conhecida e uma amostra tem uma absorbância de fundo conhecida ou insignificante, a concentração do analito pode ser determinada diretamente pela lei de Beer. Por exemplo, suponha que a absortividade molar de um analito seja $5{,}34 \times 10^3$ L/mol · cm em um determinado comprimento de onda. O mesmo analito fornece uma absorbância de 0,573 em uma amostra colocada em um recipiente de 2,00 cm, no qual um branco é usado para corrigir qualquer absorbância de fundo da amostra. Uma forma de estimar a concentração de analito na amostra é pelo rearranjo da lei de Beer para produzir $C = A/(\varepsilon b)$ ou $C = 0{,}573/(5{,}34 \times 10^3$ L/mol · cm$)(2{,}00$ cm$) = 5{,}36 \times 10^{-5}$ M. Embora tal método de ponto único seja simples de executar, muitas vezes está sujeito a erros, caso a amostra e o padrão não estejam ambos na região de resposta linear da lei de Beer (veja a discussão sobre os desvios da lei de Beer no Capítulo 17) ou caso haja diferenças nas condições, como o pH da solução ou pequenas variações no comprimento de onda de detecção que tenham sido usadas para examinar essas soluções. Uma abordagem mais eficiente seria aplicar vários padrões e preparar um gráfico da lei de Beer (veja a Figura 18.9), onde esses padrões são medidos de acordo com a mesma solução e condições de comprimento de onda que serão utilizadas nas amostras. A concentração de um analito em uma amostra pode ser determinada comparando-se a absorbância da amostra com a resposta do gráfico.

Método de adição de padrão. Outra abordagem aplicável à espectroscopia UV-vis para medição de analitos é o **método de adição de padrão**.[5-7] Trata-se de uma técnica usada para determinar a concentração de um analito em uma amostra que tem uma matriz ou condições de solução (como pH e força iônica) difíceis de reproduzir em uma solução-padrão. Para assegurar que esses parâmetros sejam os mesmos no padrão e na solução desconhecida, o material-padrão é adicionado diretamente a uma fração da amostra. O sinal da amostra original e o da amostra que foi contaminada com o padrão são medidos e usados para calcular a concentração de analito na amostra original.

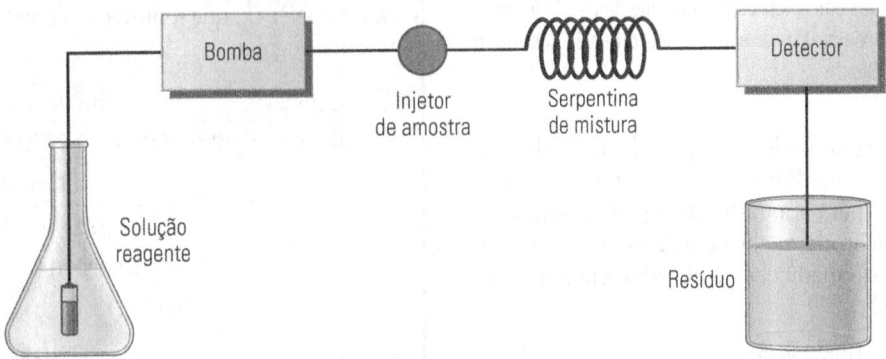

Figura 18.8

Exemplo de um sistema simples para realizar análise por injeção em fluxo (FIA). Neste caso, a amostra é injetada em um fluxo contínuo de reagente que resulta na formação de um produto que é monitorado depois no detector. Uma serpentina de mistura está presente entre o injetor de amostra e o detector, fazendo com que haja tempo para que a reação ocorra. Sistemas mais avançados que utilizam múltiplos reagentes e fluxos contínuos e controle de temperatura para a serpentina de mistura também podem ser desenvolvidos com base nessa concepção geral.

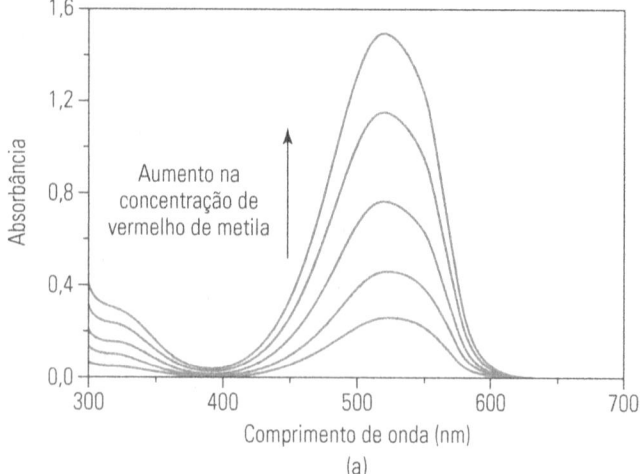

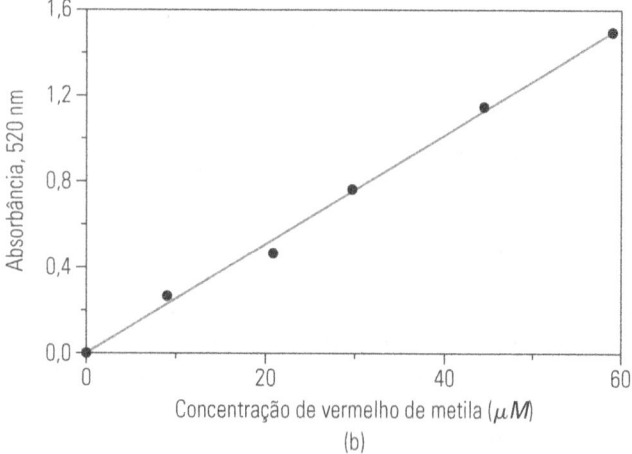

Figura 18.9

(a) Uma série de espectros de absorção e (b) um gráfico da lei de Beer para um analito que está sendo examinado por espectroscopia UV-vis, tendo o vermelho de metila como exemplo. Estes resultados foram obtidos em soluções aquosas de vermelho de metila que foram preparadas em uma solução ácida (pH < 4,4) e medidas em 520 nm usando-se uma cubeta com caminho ótico de 1 cm. As mesmas soluções de vermelho de metila foram utilizadas para se obter os espectros e os valores de absorbância que foram usados no gráfico da lei de Beer.

A derivação a seguir pode ser aplicada para ilustrar como esse método funciona. Primeiro, precisamos supor que o sinal que mediremos para a amostra ou o padrão será proporcional à concentração do analito em cada um. Podemos representar essa ideia de medições de absorbância por meio das seguintes relações,

Absorbância da amostra original: $A_o = k\, C_o$ \hfill (18.2)

Absorbância da amostra contaminada: $A_{sp} = k\, C_{sp}$ \hfill (18.3)

onde C_o é a concentração do analito na amostra original, C_{sp} é a concentração total de analito na amostra que foi contaminada com uma quantidade conhecida do analito e k é uma constante de proporcionalidade. (*Observação:* $k = \varepsilon b$, para uma medida de absorbância com base na lei de Beer.) Supomos que a constante k seja a mesma para a amostra original e também para a amostra contaminada, o que deve ser verdadeiro se elas contêm a mesma matriz e trabalhamos na faixa linear da lei de Beer. Também supomos, nesse caso, que não haja absorção de fundo da amostra ou de sua matriz.

Além das absorbâncias medidas da amostra original e da amostra contaminada, também conhecemos nesse método (1) o volume original da amostra (V_o), (2) o volume da solução padrão que foi contaminada na amostra (V_s) e (3) a concentração de analito na solução padrão (C_s). Essas informações podem ser combinadas para determinar o valor de C_o, que é o objetivo do método de adição de padrão. Para isso, dividimos a Equação 18.2 pela Equação 18.3 para calcular a razão A_o/A_{sp} e fazer a substituição com base no fato de que $C_{sp} = (C_o V_o + C_s V_s)/(V_o + V_s)$.

$$\frac{A_o}{A_{sp}} = \frac{C_o(V_o + V_s)}{C_o V_o + C_s V_s} \quad (18.4)$$

Com essa equação combinada, podemos usar a razão medida A_o/A_{sp} para calcular o valor de C_o, pois conhecemos os valores de todos os outros termos da expressão. O processo é ilustrado no exercício a seguir.

EXERCÍCIO 18.2 — O método de adição de padrão

Um químico realiza um ensaio colorimétrico que mede seletivamente o ferro. Uma fração de 20,0 mL da amostra original fornece uma leitura de absorbância de 0,367, e uma fração de 20,00 mL da mesma amostra que foi contaminada com 5,00 mL de uma solução de ferro de $2,00 \times 10^{-2}\ M$ dá uma absorbância de 0,538. Qual era a concentração de ferro na amostra original?

SOLUÇÃO

Este é um exemplo do método de adição de padrão. Recebemos informações sobre a absorbância medida da solução, os volumes da solução e a concentração da solução de ferro que foi contaminada na amostra. Basta colocarmos essas informações na Equação 18.4 e rearranjá-la para resolver C_o, que representa a concentração de ferro na amostra original.

$$\frac{0{,}367}{0{,}538} = \frac{C_o(0{,}02000\ L + 0{,}00500\ L)}{C_o(0{,}02000\ L) + (0{,}005000\ L)(2{,}00\times 10^{-2} M)}$$

$$\Rightarrow 0{,}682\underline{2} = \frac{C_o(0{,}02500\ L)}{C_o(0{,}02000\ L) + (1{,}00\times 10^{-4}\ mol)}$$

$$\Rightarrow (0{,}682\underline{2})[C_o(0{,}02000\ L) + (1{,}00\times 10^{-4}\ mol)]$$
$$= C_o(0{,}02500\ L)$$

$$\Rightarrow (0{,}682\underline{2})(1{,}00\times 10^{-4}\ mol)$$
$$= C_o(0{,}02500\ L - 0{,}02000\ L)$$

$$\therefore C_o = \frac{(0{,}682\underline{2})(1{,}00\times 10^{-4}\ mol)}{(0{,}02500\ L - 0{,}02000\ L)}$$
$$= 0{,}0136\underline{4}\ M = \mathbf{0{,}0136\ M}$$

A equação anterior mostra como realizar a adição de padrão quando se utiliza somente uma amostra contaminada. Também é possível usar múltiplas contaminações de um padrão em uma amostra, caso em que se mede a resposta do ensaio em cada amostra contaminada. Os resultados desse ensaio seriam, então, utilizados para preparar um gráfico de $A_{sp}(V_o + V_s)$ no eixo y e $C_s(V_s / V_o)$ no eixo x (veja o exemplo na Figura 18.10). Para medições de absorbância feitas na região linear da lei de Beer, o gráfico resultante deve mostrar uma linha reta, onde o valor do intercepto x é igual a $-C_o$, que fornece a concentração do analito na amostra original.

Titulações espectrofotométricas. Uma maneira comum de empregar a espectroscopia UV-vis em titulações é pela detecção de indicadores visuais (veja os capítulos 12, 13 e 15). Por exemplo, o indicador ácido-base vermelho de metila (veja os espectros na Figura 18.11), que já discutimos, é um 'indicador de duas cores', que é vermelho em uma solução ácida e amarelo em uma solução com pH básico. Ambas as formas são capazes de absorver fortemente a luz visível, mas em comprimentos de onda diferentes, desse modo justificando o fato de terem cores diferentes. À medida que o pH se altera no curso de uma titulação, modificamos a quantidade relativa de vermelho de metila que existe na forma ácida ou básica. Essa alteração na quantidade relativa dessas duas espécies é o que leva à mudança de cor observada no ponto final da titulação.

Além de usar um indicador visual e nossos olhos para localizar o ponto final de uma titulação, é possível usar espectroscopia UV-vis para seguir o curso de uma titulação medindo-se a absorbância devido a um indicador, ao analito, ao titulante ou ao produto da titulação. No caso de um indicador como o vermelho de metila, o ponto final pode ser detectado medindo-se a absorbância no comprimento de onda em que ou a forma ácida ou a forma básica do indicador tem uma absortividade molar diferente. Medições em vários comprimentos de onda também podem ser usadas para determinar as quantidades relativas das diferentes formas do indicador em um dado ponto durante a titulação (como discutiremos na próxima seção). Durante essa análise, é importante selecionar um comprimento de onda no qual as duas formas do indicador tenham espectros de absorção muito diferentes. Isso não será possível se usarmos um comprimento de onda no qual os espectros das duas formas se cruzem (como ocorre na Figura 18.11, no comprimento de onda de 464 nm). Esse ponto de intersecção nos espectros para as duas espécies de absorção é chamado de *ponto isosbéstico* (veja o Capítulo 17), e representa um lugar em que as duas formas têm absortividade molar idêntica.[5, 6] Embora um ponto isosbéstico não deva ser usado caso estejamos tentando diferenciar entre duas espécies de absorção, ele pode ser útil quando queremos medir a quantidade *total* dessas espécies ou trabalhar em um comprimento de onda que não provocará uma alteração na absorbância quando se altera a fração relativa das duas espécies.

A espectroscopia de absorção também serve para seguir uma titulação se o analito, o titulante ou o produto da reação de titulação tiverem qualquer tipo de absorção significativa de luz visível ou UV. Nesse caso, podemos usar a espectroscopia UV-vis para medir a absorbância em diferentes pontos ao longo da titulação e usar as informações para localizar o ponto final. Essa abordagem é chamada de **titulação espectrofotométrica**.[5-7] A forma real da curva de titulação nesse tipo de medição dependerá do tamanho relativo da absortividade molar do analito, do titulante e do produto da titulação (veja os exemplos gerais na Figura 18.12 e um exemplo específico nas páginas centrais deste livro). No entanto, em cada caso há uma série de regiões lineares, e seu ponto de intersecção pode ser usado para localizar o ponto final. A razão pela qual essas curvas de titulação têm uma forma linear

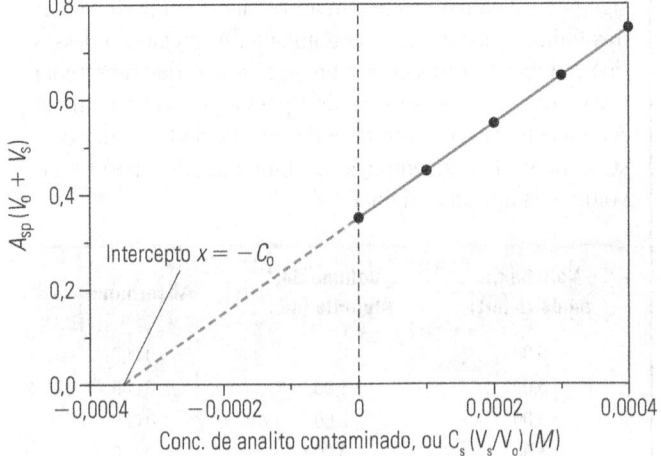

Figura 18.10

Gráfico para determinar a concentração de analito em uma amostra pelo método de adição de padrão. A quantidade aparente de analito contaminado que corresponde ao valor negativo do intercepto x é determinada, o que fornece um valor que produz a quantidade de analito na amostra original.

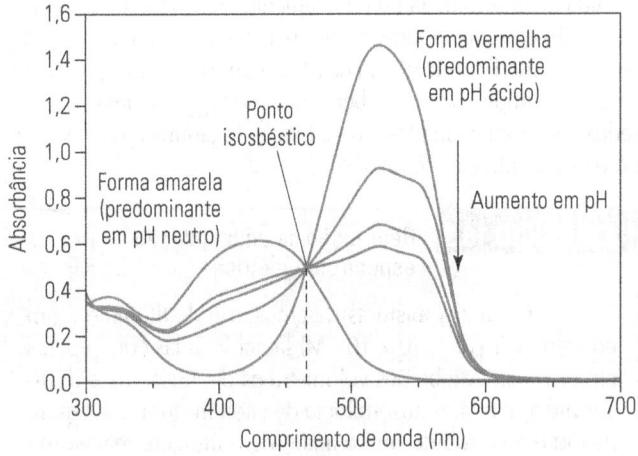

Figura 18.11

Espectros de absorção obtidos em vários valores de pH de vermelho de metila, um indicador visual comum em titulações ácido-base. A faixa de pH usada aqui corresponde ao mesmo intervalo no qual o vermelho de metila é utilizado como indicador, em que essa substância é vermelha em uma solução ácida (pH < 4,4) e amarela em uma solução mais básica (pH > 6,2). O ponto isosbéstico aproximado dessas formas de ácido e base ocorre em 464 nm nestes espectros.

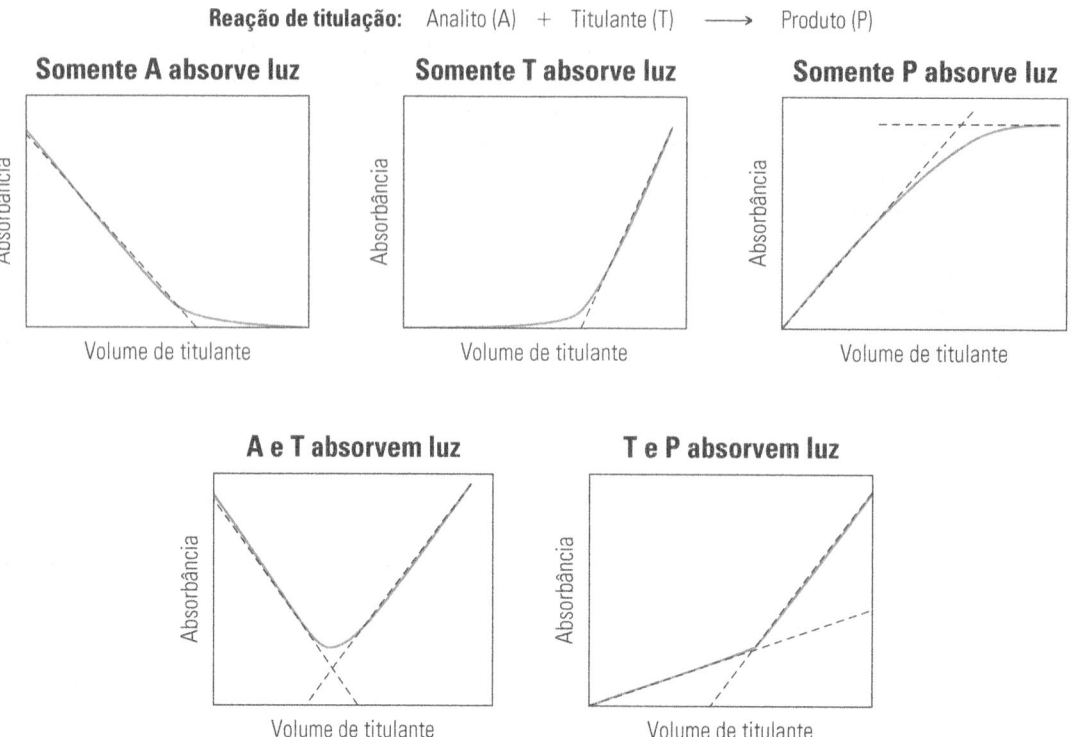

Figura 18.12

Exemplo de gráficos gerais obtidos em uma titulação espectrofotométrica. Os gráficos são de vários tipos de analito, titulante e produto em termos de sua capacidade de absorver a luz que está sendo usada para se obter a titulação. Um exemplo desse tipo de titulação é apresentado nas fotografias coloridas localizadas nas páginas centrais deste livro.

(em vez da resposta não linear que normalmente verificamos ao medir o pH ou o pM nos capítulos 12 e 13) é que a quantidade medida de absorbância está diretamente relacionada com a concentração de espécies absorventes pela lei de Beer. Em contraste, os valores medidos de pH ou de pM durante uma titulação ácido-base ou complexométrica (bem como de $E_{Célula}$ em uma titulação redox) estão relacionados a uma função logarítmica da atividade ou da concentração do analito.

EXERCÍCIO 18.3 Realização de uma titulação espectrofotométrica

As seguintes misturas de amostra e de titulante (com concentração de $2{,}50 \times 10^{-3}$ M) são colocadas com pipetas em uma série de balões volumétricos de 25,00 mL e diluídas até a marca. A absorbância de cada mistura é, a seguir, medida. Se é sabido que o analito e o titulante reagem na proporção de 1:1, qual volume de titulante é necessário para se atingir o ponto de equivalência dessa titulação? Qual era a concentração do analito na amostra original?

SOLUÇÃO

Uma curva de titulação pode ser preparada a partir desses dados traçando-se um gráfico da absorbância *versus* o volume de titulante adicionado. Esse gráfico fornece uma região linear para as cinco primeiras misturas amostra/titulante com uma inclinação de 0,040 unidade de absorbância por mL, seguida por uma região sem nenhuma mudança significativa na inclinação em absorbância = 0,170 para as três últimas misturas amostra/titulante. A interseção dessas duas regiões lineares ocorre em 4,25 mL, o que representa o volume de titulante necessário para atingir o ponto final. A concentração da amostra pode ser calculada a partir desse volume, da concentração do titulante adicionado e do volume da amostra original.

Volume da amostra (mL)	Volume do titulante (mL)	Absorbância
5,00	0,00	0,000
5,00	1,00	0,040
5,00	2,00	0,080
5,00	3,00	0,120
5,00	4,00	0,160
5,00	5,00	0,170
5,00	6,00	0,170
5,00	7,00	0,170

Conc. analito =

$$\frac{(2{,}50 \times 10^{-3}\,M\text{ titulante})(0{,}00425\text{ L titulante})}{0{,}00500\text{ L analito}}$$

$$(1\text{ mol analito}/1\text{ mol titulante})$$

$$= 2{,}12\underline{5} \times 10^{-3}\,M = \mathbf{2{,}12 \times 10^{-3}\,M}$$

Apesar de uma bureta não ter sido utilizada nesta análise, trata-se de um exemplo de método de titulação e volumétrico porque usa um volume medido e de uma concentração conhecida de titulante para determinar a concentração de um analito na amostra.

Medição de múltiplos analitos. Em alguns casos, é possível usar espectroscopia UV-vis para determinar a concentração de várias espécies absorventes (A, B e assim por diante) em uma amostra, se essas espécies têm espectros de absorção significativamente diferentes na faixa de UV-vis. Isso se dá pela medição da absorbância total da amostra em dois comprimentos de onda (ε_1 e ε_2) que tenham absortividades molares significativamente diferentes para, pelo menos, uma das espécies absorventes. Podemos, então, usar a lei de Beer para relacionar esses valores medidos de absorbância (A_1 e A_2) com as concentrações das duas espécies (C_A e C_B) e da absortividade molar de cada espécie nos dois comprimentos de onda utilizados nessas medições (ε_{A_1} e ε_{A_2} para as espécies A, e ε_{B_1} e ε_{B_2} para as espécies B).

Absorbância no comprimento de onda ε_1:

$$A_1 = (\varepsilon_{A_1} b C_A) + (\varepsilon_{B_1} b C_B) \tag{18.5}$$

Absorbância no comprimento de onda ε_2:

$$A_2 = (\varepsilon_{A_2} b C_A) + (\varepsilon_{B_2} b C_B) \tag{18.6}$$

Se medirmos A_1 e A_2 e conhecermos os valores de b e as absortividades molares (conforme obtidas pela análise dos padrões), poderemos rearranjar as equações 18.5 e 18.6 para resolver tanto C_A quanto C_B. A mesma abordagem serve para analisar mais dois componentes da amostra, desde que um número igual ou maior de comprimentos de onda seja utilizado para as medições de absorbância correspondentes e esses comprimentos de onda tenham absortividades molares significativamente diferentes para cada um dos analitos fornecidos.

EXERCÍCIO 18.4 Análise espectroscópica de uma mistura ácido-base

Sabe-se que as duas formas ácido-base do vermelho de metila presentes na faixa de pH na qual ele muda de cor têm as seguintes absortividades molares em 515 e 425 nm.

$\lambda_1 = 515$ nm	$\lambda_2 = 425$ nm
Forma de ácido:	
$\varepsilon_{A_1} = 2{,}49 \times 10^4$ L/mol·cm	$\varepsilon_{A_2} = 2{,}04 \times 10^3$ L/mol·cm
Forma de base:	
$\varepsilon_{B_1} = 1{,}49 \times 10^3$ L/mol·cm	$\varepsilon_{B_2} = 1{,}06 \times 10^4$ L/mol·cm

Uma solução de concentração total de vermelho de metila de $5{,}00 \times 10^{-5}\,M$ é colocada em uma amostra, e a absorbância da mistura é medida em uma cubeta com o caminho ótico de 1,0 cm. Obtêm-se uma absorbância de 0,379 a 515 nm e outra de 0,419 a 425 nm. Sabe-se, com base em medições anteriores, que não existem outras substâncias químicas na amostra que absorvam nesses comprimentos de onda. Quais são as concentrações das formas ácida e básica do vermelho de metila na amostra?

SOLUÇÃO

Esta análise é o mesmo sistema representado pelas equações 18.5 e 18.6, nas quais temos duas equações e duas incógnitas (as concentrações das formas de ácido e de base do vermelho de metila, C_A e C_B). Para resolver as equações, podemos primeiro rearranjar a Equação 18.5 para resolver C_A.

Absorbância em 515 nm (λ_1): $A_1 = (\varepsilon_{A_1} b C_A) + (\varepsilon_{B_1} b C_B)$

$$\Rightarrow \quad C_A = \frac{A_1 - (\varepsilon_{B_1} b C_B)}{(\varepsilon_{B_1} b)}$$

Podemos agora substituir esta equação para C_A na Equação 18.5 e obter uma expressão combinada que tem somente C_B como uma quantidade desconhecida.

Absorbância em 425 nm (λ_2): $A_2 = (\varepsilon_{A_2} b C_A) + (\varepsilon_{B_2} b C_B)$

$$\Rightarrow \quad A_2 = (\varepsilon_{A_2} b) \cdot \frac{A_1 - (\varepsilon_{B_1} b C_B)}{(\varepsilon_{A_1} b)} + (\varepsilon_{B_2} b C_B)$$

Em seguida, inserimos nossos valores conhecidos de absorbâncias medidas, absortividades molares e comprimento do caminho na nova equação e resolvemos C_B.

$$0{,}419 = (2{,}04 \times 10^3\text{ L/mol·cm})(1{,}00\text{ cm}) \cdot$$

$$\frac{0{,}397 - (1{,}49 \times 10^3\text{ L/mol·cm})(1{,}00\text{ cm})C_B}{(2{,}49 \times 10^4\text{ L/mol·cm})(1{,}00\text{ cm})}$$

$$+ (1{,}06 \times 10^4\text{ L/mol·cm})(1{,}00\text{ cm})C_B$$

$$\Rightarrow \quad 0{,}419 = 0{,}0325 - (1{,}221 \times 10^2\text{ L/mol})C_B$$

$$+ (1{,}06 \times 10^4\text{ L/mol})C_B$$

$$C_B = \frac{0{,}419 - 0{,}032\underline{5}}{(1{,}06 \times 10^4\text{ L/mol}) - (1{,}22\underline{1} \times 10^2\text{ L/mol})}$$

$$= \mathbf{3{,}69 \times 10^{-5}\,M}$$

Colocar nosso valor calculado para C_B e nossos outros parâmetros conhecidos de volta na Equação 18.5 permite-nos também calcular a concentração da forma ácida do vermelho de metila (C_A), ou podemos apenas tomar a diferença entre a concentração total conhecida do vermelho de metila e C_B para determinar C_A. Qualquer uma dessas abordagens fornece uma concentração de $\mathbf{1{,}31 \times 10^{-5}\,M}$ para a forma ácida.

18.3 Espectroscopia no infravermelho

18.3.1 Princípios gerais de espectroscopia no infravermelho

Em espectroscopia UV-vis, a absorção de luz visível ou de raios ultravioleta pode levar a um aumento na energia das moléculas absorventes por causa de *transições eletrônicas*. As moléculas também podem absorver outros tipos de radiação, mas esses processos podem envolver tipos de transição diferentes daqueles que fazem uso de uma variação em estado eletrônico. Se uma molécula absorve luz infravermelho (que tem energia mais baixa do que a luz visível ou os raios ultravioleta), essa absorção se baseia em uma mudança de energia devido a vibrações ou rotações que ocorrem na molécula. Um método de espectroscopia que utiliza luz infravermelho para estudar ou medir substâncias químicas é chamado de **espectroscopia no infravermelho** (ou 'espectroscopia IV').[5]

O tipo mais simples de vibração de ligação envolve o alongamento de uma ligação entre dois átomos. Por exemplo, a água é com frequência descrita como uma molécula triatômica dobrada, com um ângulo de ligação aproximado de 105° e comprimentos de ligação aproximados de 96 pm. Esse modelo sugere que uma molécula de água é um objeto estático, mas na realidade uma molécula de água está sempre passando por alguma variação em seus ângulos de ligação e comprimentos de ligação (veja exemplos de tais processos na Figura 18.13). O modelo estático apenas descreve os ângulos e comprimentos *médios* de ligação, podendo apresentar valores ligeiramente superiores ou inferiores em qualquer ponto dado no tempo. O melhor é considerar que esses títulos atuam como pequenas molas em vez de barras fixas. Mesmo a uma temperatura de zero absoluto, as moléculas vibrarão enquanto as ligações continuam a se contrair e a se expandir.

A absorção de energia é necessária para fazer uma vibração molecular ocorrer com mais energia, e os níveis de energia que descrevem tais vibrações ocorrem em valores distintos (ou são 'quantizados'). As diferenças nesses níveis de energia vibracional costumam ser muito menores do que as diferenças de energia presentes em transições eletrônicas. Por conseguinte, a energia de um fóton que é necessária para causar excitação em uma vibração também é muito menor e está na mesma faixa que é encontrada na luz infravermelho. Quantidades de energia ainda menores são necessárias para acelerar a rotação das moléculas, o que corresponde à energia presente na radiação por micro-ondas. Essas pequenas alterações em energias rotacionais muitas vezes se sobrepõem às mudanças nas energias vibracionais que se verificam em espectroscopia IV e acarretam a ampliação das bandas de absorção observadas. Esse alargamento ocorre de modo semelhante à forma como transições vibracionais e rotacionais mais transições eletrônicas levam a grandes bandas de absorção de moléculas em espectroscopia UV-vis (veja a Seção 18.2.1).

A Figura 18.14 mostra um espectro de absorção IV característico, tendo mais uma vez o colesterol como exemplo. Ao comparar esse espectro com o do colesterol na Figura 18.2, pode-se observar que o aparecimento de um espectro de absorção no infravermelho é totalmente diferente daquele de um espectro de absorção UV ou visível. A maioria dos espectros de absorção UV-vis apresenta uma ou duas bandas largas, enquanto os espectros IV podem ter dezenas de picos muito estreitos. Isso ocorre porque somente uma ou duas transições eletrônicas costumam dominar um espectro UV-vis, mas cada molécula pode se submeter de muitas formas a transições vibracionais para produzir um espectro IV.

Espectros IV são mais comumente representados por um gráfico de % *T versus* o número de onda (em unidades de cm^{-1}), embora alguns espectros sejam traçados em termos de % *T versus* comprimento de onda (expresso em unidades de micrômetros). Essa forma de plotar um espectro contrasta com a dos espectros UV-vis, que são quase sempre plotados em termos de absorbância *versus* comprimento de onda (em unidades de nanômetros). O resultado é que um espectro IV tem uma aparência muito

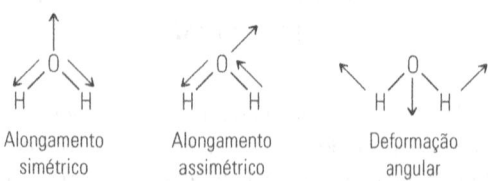

Figura 18.13

Modos vibracionais da água. As legendas abaixo de cada um desses modos vibracionais são termos comumente usados para descrever esses tipos de vibração. Tanto esses quanto tipos alternativos de vibrações podem ocorrer em outros tipos de molécula.

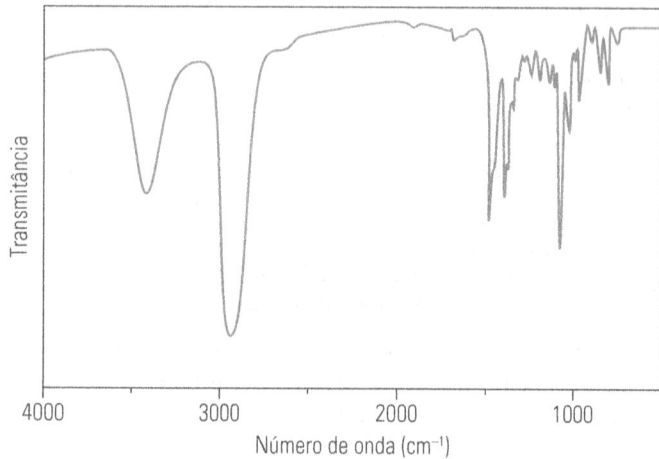

Figura 18.14

Espectro de absorção IV característico que usa o colesterol como exemplo. Neste tipo de espectro o eixo *y* é com frequência expresso em termos de transmitância ou percentual de transmitância, em vez de absorbância. O eixo *x* costuma ser fornecido em termos de número de onda de luz em vez de comprimento de onda da luz.

diferente de um espectro UV-vis comum. O primeiro costuma apresentar um grande número de picos, e cada um dos quais é bastante estreito em relação a toda a faixa de comprimentos de onda no espectro. Em contraste, os espectros UV-vis em geral têm apenas uma ou algumas bandas para cada analito (veja o Quadro 18.1).

Quadro 18.1 Espectroscopia Raman

A espectroscopia IV não constitui a única maneira de se obter informações sobre transições vibracionais em uma molécula. A *espectroscopia Raman* é outro método que fornece informações sobre tais transições. A técnica leva o nome de Chandrasekhara Vancata Raman, cientista da Índia que recebeu o Prêmio Nobel de Física em 1930. Raman estudou um efeito no qual a dispersão da luz por moléculas envolvia, em alguns casos, uma pequena variação no comprimento de onda da luz. Nesse sentido, a diferença de energia entre a luz da fonte original e a luz espalhada é igual à diferença de energia dos níveis vibracionais de uma molécula. A espectroscopia Raman é um método que aplica esse fenômeno (conhecido como 'espalhamento Raman') no estudo ou na medição de substâncias químicas.[7,10,11]

O processo geral do espalhamento Raman é ilustrado na Figura 18.15. Neste caso, a luz é espalhada enquanto interage com uma molécula. A quantidade de tempo decorrido durante essa interação é de cerca de 10^{-13} s. Nesse período, a molécula é temporariamente elevada a um nível maior de energia, chamado 'estado excitado', e retorna a um estado de energia inferior após a dispersão da luz. A maioria dessas moléculas retorna a seu nível original de energia, o que dá à luz incidente e à luz espalhada o mesmo comprimento de onda (um processo conhecido como 'espalhamento Rayleigh'). No entanto, de modo ocasional, uma molécula também sofrerá uma mudança no nível vibracional durante o processo de dispersão. Tal mudança significa que a luz espalhada e a luz incidente passarão a apresentar uma diferença de energia que é igual à energia envolvida na transição vibracional. Esse efeito fornece esses dois tipos de luz com comprimentos de onda ligeiramente diferentes.[7,10]

Essas mudanças no comprimento de onda são bastante pequenas, e só podem ser observadas quando se usa uma luz incidente que seja monocromática. Raman realizou seus experimentos utilizando uma lâmpada de descarga intensa de mercúrio, mas os instrumentos modernos de espectroscopia Raman empregam o laser como fonte de luz. A espectroscopia Raman assemelha-se à espectroscopia IV no sentido de que ambas as técnicas podem ser usadas para identificar ou mensurar substâncias químicas por meio da espectroscopia para examinar transições vibracionais em moléculas. Contudo, as possibilidades de se usar laser como fonte de luz e luz visível em vez de luz infravermelha nas medições são duas vantagens importantes da espectroscopia Raman.[7,10,11]

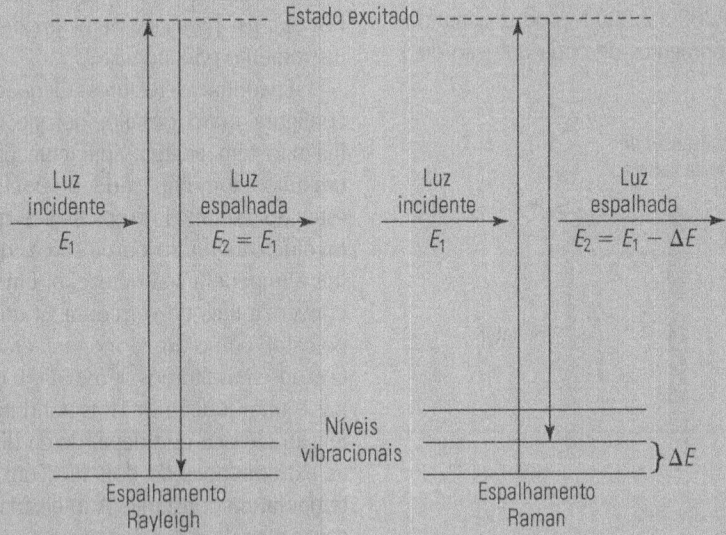

Figura 18.15

Ilustração dos tipos de transição de energia que ocorrem no espalhamento Rayleigh *versus* espalhamento Raman. Neste exemplo, um fóton de luz incidente em cada tipo de espalhamento tem energia igual a E_1. No espalhamento Rayleigh, a luz espalhada tem a mesma energia da luz incidente. No espalhamento Raman, a luz espalhada difere por um valor de ΔE da energia da luz incidente. O tipo de espalhamento Raman mostrado aqui, no qual a molécula termina em um estado de maior energia vibracional e a luz perde energia, é conhecido como 'espalhamento Stokes'. Também é possível que uma molécula perca energia e termine em um estado vibracional mais baixo, caso em que a luz espalhada ganha energia; esse processo é conhecido como 'espalhamento anti-Stokes'.

18.3.2 Instrumentação para a espectroscopia no infravermelho

Componentes de sistema comuns. A espectroscopia IV assemelha-se à espectroscopia UV-vis, pois requer uma fonte de luz, um meio de separar a luz em diferentes comprimentos de onda, um recipiente de amostra e um detector. Entretanto, os componentes específicos da instrumentação para espectroscopia IV são feitos de materiais diferentes e, muitas vezes, operam por princípios diferentes do que os dispositivos usados em espectroscopia UV-vis.

A fonte de luz em espectroscopia no infravermelho costuma ser uma haste inerte que é aquecida a uma temperatura muito mais baixa do que a aplicada às fontes de luz em espectroscopia visível. O resultado disso é que a absorbância máxima que agora se obtém por radiação de corpo negro ocorrerá na região do infravermelho. Vidro e sílica fundida são opacos em comprimentos de onda superiores a 2,5 μm, e por isso a fonte incandescente não deve estar em um bulbo de vidro e nem em um recipiente feito com essas substâncias. O material aquecido pode ser o carbeto de silício (SiC, que produz um dispositivo chamado *globar*) ou uma mistura de óxidos de terras raras (que produz um dispositivo conhecido como *fonte de Nernst*).[7,10-11] A construção geral de tal dispositivo, o emissor de Nernst, é mostrada na Figura 18.16. Esse projeto inclui o material a ser aquecido, uma fonte de calor e um refletor para ajudar a passar a radiação resultante na direção desejada. A luz que é produzida por tal dispositivo se aproxima bastante do que se poderia esperar da radiação de corpo negro. Para um globar aquecido de 1.300 a 1.500 K, a luz utilizável é fornecida em comprimentos de onda de 0,4 a 20 μm. Uma fonte de Nernst, que é aquecida de 1.200 a 2.000 K produz quantidades adequadas de luz em comprimentos de onda que vão de 1 a 40 μm.[7]

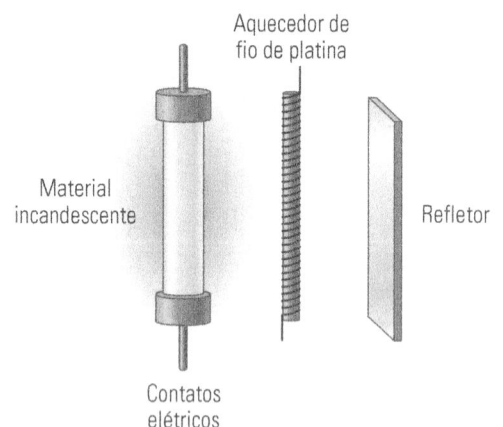

Figura 18.16

Estrutura geral de um emissor de Nernst. O elemento incandescente nesta fonte de luz contém um material semicondutor que emite luz infravermelha quando uma corrente é passada através do material e um aquecimento resistente ocorre. O material deve ser preaquecido para atingir a condutância, conforme a que se realiza com um aquecedor de filamento de platina à parte. Um refletor ajuda a captar a radiação emitida por essa fonte e faz com que ela seja orientada na direção pretendida para o uso.

Um prisma de vidro ou de quartzo não pode ser usado como parte de um monocromador para separar a luz de diferentes comprimentos de onda em espectroscopia IV por causa da absorbância de radiação IV por esses materiais. Felizmente, uma grade pode ser utilizada para esse fim. (*Observação:* outro dispositivo que tem essa mesma finalidade é o 'interferômetro', que será discutido mais adiante nesta seção.) Uma grade em espectroscopia IV funciona da mesma maneira que em espectroscopia UV-vis, diferindo apenas no espaçamento das linhas. Em espectroscopia UV-vis, esse espaçamento costuma ser de 300 a 2.400 ranhuras por milímetro, enquanto em espectroscopia no infravermelho ele costuma ser de 300 ranhuras/mm, para uso com luz em comprimentos de onda de 2 a 5 μm, e 100 ranhuras/mm para uso com luz em comprimentos de onda de 5 a 16 μm.

Materiais como o vidro e o quartzo também não podem ser usados em recipientes de amostras para a espectroscopia IV. Em vez disso, deve-se utilizar sais iônicos como NaCl, KBr e CsBr, que são transparentes à radiação infravermelha. Esses materiais, porém, não são ideais para o uso como recipientes de amostras porque não podem ser modelados em vários formatos tão facilmente quanto o vidro, além de dissolverem na água. Para contornar este último problema, pode-se recorrer aos sais menos solúveis, como CaF_2 e AgCl. Todos os solventes comuns têm espectros IV complexos, e por isso é preferível medir espectros de substâncias puras em vez de uma solução, especialmente uma solução diluída. Por isso, é comum que uma gota de uma amostra líquida seja apenas colocada em uma janela de NaCl com outra janela semelhante de NaCl colocada sobre ele, ambas devidamente empilhadas, e um espectro seja tomado do filme resultante. Amostras sólidas podem ser misturadas com KBr seco e prensadas em um disco fino, que é colocado no instrumento para análise.[7,11]

Encontrar detectores adequados para a espectroscopia IV configura outro desafio, porque os fótons de luz infravermelha não têm energia suficiente para desalojar um elétron em um tubo fotomultiplicador ou um fototubo. Outro problema com estes dois últimos dispositivos é que eles são cobertos por um invólucro de vidro ou de sílica, que absorve a luz infravermelha e impede a sua detecção. Em vez disso, instrumentos mais convencionais de varredura IV utilizam um detector de sensor de calor, como um *termopar*. A radiação IV aquece o termopar fazendo seus átomos se moverem mais rapidamente. Um termopar é uma junção de dois condutores diferentes que gera uma tensão elétrica que depende da diferença de temperatura entre as extremidades de dois fios, um dos quais é mantido a uma temperatura constante. A intensidade da radiação IV que incide sobre esse detector provoca o aquecimento e uma mudança de voltagem, tornando possível a detecção da radiação.[7]

Instrumentos de varredura e espectroscopia no infravermelho por transformada de Fourier. Uma das dificuldades no uso da espectroscopia IV é que o CO_2 e o H_2O no ar absorvem consideravelmente a radiação infravermelha e obscurecem o espectro da amostra desejada. Por essa razão, os espectrofotômetros IV costumam ser dispositivos de duplo feixe nos quais o espectro de ar é subtraído do espectro da amostra, deixando somente o espectro da amostra desejada.

Até há pouco tempo, a maioria dos instrumentos de IV era de varredura de duplo feixe. Isto é, o comprimento de onda se alterava gradualmente à medida que o % T era medido e o espectro resultante era plotado. Um instrumento mais comum encontrado em laboratórios modernos é aquele que usa **espectroscopia no infravermelho por transformada de Fourier** (**FTIR**, do inglês, *Fourier transform infrared*).[7,11] Um instrumento FTIR permite que todos os comprimentos de onda da radiação IV incidam sobre a amostra ao mesmo tempo. Em vez de separar os comprimentos de onda no tempo ou no espaço, a dependência de comprimento de onda de % T é obtida com a utilização de um dispositivo chamado *interferômetro*, que acarreta interferência positiva e negativa em comprimentos de onda sequenciais enquanto um espelho em movimento altera o comprimento do caminho do feixe de luz (veja a Figura 18.17).[7] O resultado inicial do detector não se parece em nada com um espectro, mas esse resultado direto é transformado em um espectro pela aplicação de uma operação matemática chamada 'transformada de Fourier'. A grande vantagem da FTIR está na velocidade com que um espectro pode ser obtido, geralmente em questão de segundos. Isso significa que um grande número de espectros pode ser coletado em um curto espaço de tempo. Essa alta taxa de aquisição de dados também torna possível combinar muitos espectros para ajudar a remover flutuações aleatórias no sinal, ou 'ruídos'. Quanto mais espectros são obtidos na média, melhor será a relação sinal-ruído. Essa abordagem, por sua vez, sugere que podem ser obtidos um espectro adequado para uma pequena concentração de analito e também um limite inferior de detecção para a medição do analito.

18.3.3 Aplicações de espectroscopia no infravermelho

A espectroscopia IV é mais frequentemente empregada em identificação qualitativa de compostos quase puros. Visto que cada composto fornece vários picos, é muito difícil de interpretar o espectro IV de uma mistura. Os grupos de átomos que chamamos de 'grupos funcionais' têm energias vibracionais características e comprimentos de onda de absorção IV característicos que podem ser utilizados nesse processo.

A Tabela 18.2 ilustra um gráfico de correlação aplicável à identificação de grupos funcionais em um composto a partir de seu espectro IV. Por exemplo, o colesterol tem um grupo de OH com bandas de absorção entre 3.300 e 1.100 cm^{-1}. O colesterol também tem um grande número de ligações simples C–C (produzindo uma banda em 2.900 cm^{-1}), uma ligação dupla C=C (com uma banda a 1.650 cm^{-1}) e inúmeras ligações C–H (com uma banda

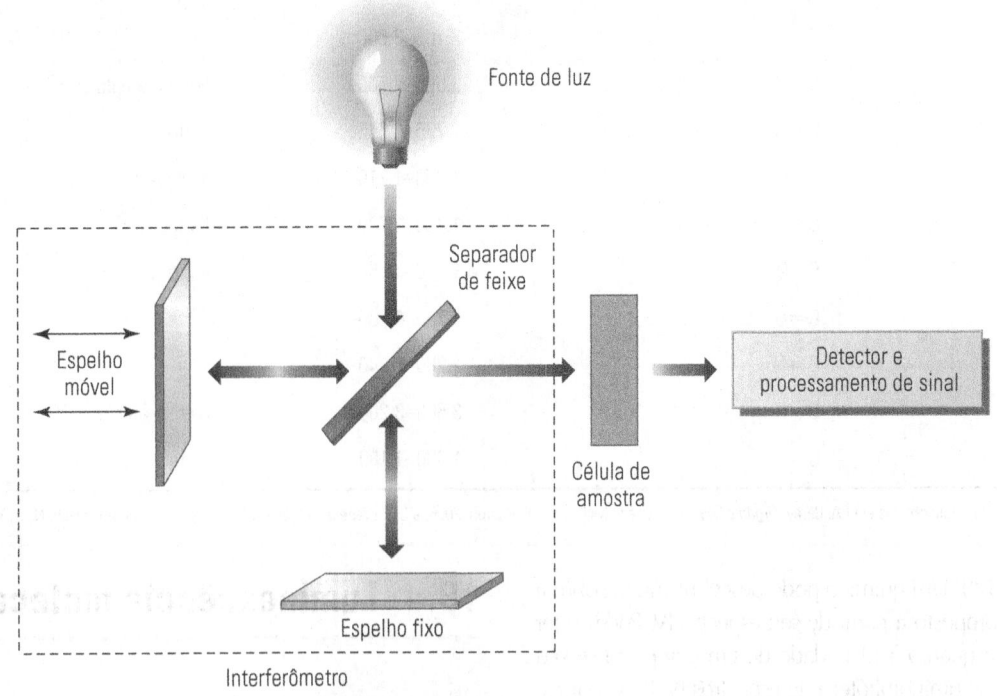

Figura 18.17

Concepção geral de um instrumento para espectroscopia FTIR. À medida que um espelho se move neste dispositivo, diferentes comprimentos de onda de luz da fonte original apresentarão interferência construtiva e a transferirão para a amostra. Ao mover o espelho, é possível fazer diferentes conjuntos de comprimentos de onda passarem para a amostra. A absorção de luz para cada conjunto de comprimentos de onda e em cada posição do espelho é medida e convertida em um espectro usando-se o processo de transformada de Fourier. Um laser (não mostrado) também é usado nesse dispositivo para registrar a posição do espelho móvel com precisão. A seção do instrumento que está na caixa tracejada e serve para a seleção de comprimento de onda é conhecida como *interferômetro*.

Tabela 18.2

Gráfico de correlação para vários tipos de molécula orgânica em espectroscopia IV.*

Grupo funcional	Ligação	Número(s) de onda, cm^{-1}	Intensidade relativa
Haleto de acila	C=O	1.815–1.770	
Álcool	C–O	1.200–1.100	Forte, 3° > 2° > 1°
	O–H	3.500–3.200	Forte e ampla
Aldeído	C–H	2.850–2.700	
	C=O	1.740–1.685	Forte
Alcano	sp^3 C–H	2.950–2.850	Forte
	C–C	1.200	
Alqueno	sp^2 C–H	3.100–3.000	Média, acentuada
	C=C	1.680–1.620	
Z-Alqueno	C=C	730–665	
E-Alqueno	C=C	980–960	
Alquino	C≡C	2.200–2.100	
	sp C–H	3.300	Média-fraca, acentuada
Amida	C=O	1.695–1.616	Forte
Amida, amina	N–H	3.500–3.350	Ampla (com *spikes*)
Aromático	C–H	3.100–3.000	
Ácido carboxílico	O–H	3.600–2.500	Forte e ampla
	C=O	1.725–1.665	Forte
	C–O	1.350–1.210	Média-forte
Éster	C=O	1.750–1.730	Forte
	C–O	1.310–1.160	Forte
Cetona	C=O	1.750–1.660	Forte
Nitrila	C≡N	2.280–2.240	
Fenol	O–H	3.500–3.200	Forte e ampla
	C–O	1.300–1.180	Forte

*As informações desta tabela foram obtidas em F.A. Carey, *Organic Chemistry*, 6ª ed., McGraw-Hill, Boston, 2006, e L.G. Wade Jr., *Organic Chemistry*, 7ª ed., Prentice Hall, Nova York, 2010.

de quase 3.000 cm^{-1}). Um químico pode descobrir muito sobre a estrutura de um composto a partir de seu espectro IV. Pode-se ter ainda mais certeza quanto à identidade de um composto se seu espectro faz parte de uma biblioteca de espectros IV. Uma correspondência entre o espectro medido de uma incógnita e um espectro de biblioteca é considerada uma boa prova de que a substância desconhecida é a mesma que a identidade do espectro de biblioteca. Modernos instrumentos de IV costumam vir acompanhados de um computador que contém uma biblioteca de várias centenas ou milhares de compostos que podem ser pesquisados rapidamente para uma associação com um espectro medido.

18.4 Luminescência molecular

18.4.1 Princípios gerais de luminescência

A *luminescência* é um termo geral que descreve a emissão de luz a partir de uma substância química em estado excitado. Consideraremos três tipos específicos de luminescência: fluorescência, fosforescência e quimiluminescência. O uso desses processos em espectroscopia para estudar moléculas também é conhecido como *espectroscopia de luminescência molecular*.

Fluorescência é o termo que descreve a luz emitida por uma amostra após ela se tornar eletronicamente excitada por absorbância de um fóton, sendo a emissão de luz decorrente de uma transição rotacional permitida (como uma transição singlete-singlete).[5,6] Esse processo está ilustrado na Figura 18.18. A luz emitida em fluorescência costuma se situar na região visível, enquanto a luz original absorvida pelo analito costuma estar na região ultravioleta, mas também pode ocorrer na faixa visível. Em baixas concentrações de um composto fluorescente, a relação entre a intensidade de fluorescência e a concentração é praticamente linear (veja o Capítulo 17). A fluorescência ocorre de modo rápido, com o estado excitado quase sempre durando menos de 10 nanossegundos. O método que utiliza a fluorescência para caracterizar ou medir substâncias químicas é chamado de **espectroscopia de fluorescência**.[7,11]

A maioria das moléculas não apresenta fluorescência eficiente. Em vez de liberar a maior parte da energia de seu estado excitado sob a forma de luz, grande parte dela é perdida na forma de calor para seu entorno. As moléculas que apresentam fluorescência em geral têm estruturas rígidas que muitas vezes são planas, e têm grupos aromáticos, como ilustra o exemplo na Figura 18.19. A eficiência de fluorescência de uma substância química é descrita por meio de um *rendimento quântico de fluorescência* (φ_F). Essa quantidade é a razão do número de fótons de fluorescência que são produzidos dividido pelo número de fótons absorvidos. Uma substância com fluorescência perfeita terá todos os seus fótons absorvidos levando à emissão de outros fótons por fluorescência e produzindo um valor máximo para φ_F de 1,0. Uma substância que absorve luz, mas que não sofre qualquer fluorescência, tem valor igual a zero para φ_F. O rendimento quântico de fluorescência para outros produtos químicos estará em algum ponto entre esses dois limites, com os compostos que têm um grau de fluorescência apropriado para a análise normalmente apresentando valores para φ_F maiores do que 0,01.[5-7]

A **fosforescência** também segue a excitação de uma molécula, mas em vez de sofrer fluorescência imediata, o elétron excitado passa primeiro por um intersistema que cruza um estado triplete.[5-7] Isso significa que a liberação de luz a partir do estado excitado agora exige uma −1 transição 'rotacional proibida' do estado triplete para o estado singlete. Esse tipo de processo de emissão é muito menos provável de ocorrer e mais lento do que as transições singlete-singlete que levam à emissão de luz por fluorescência. A técnica de espectroscopia que utiliza a fosforescência para caracterizar ou medir substâncias químicas é chamada de **espectroscopia de fosforescência**.[7,11]

É muito mais difícil medir a fosforescência do que a fluorescência. A medição de fosforescência em geral requer o uso de nitrogênio líquido para o trabalho em baixas temperaturas, de modo a fornecer um sinal razoável. A razão pela qual baixas temperaturas são necessárias é que o tempo de vida de um estado excitado triplete é muito maior do que um estado excitado singlete (em geral, 10^{-4} s a 10^1 s *versus* 10^{-9} s a 10^{-8} s, respectivamente). Esse tempo de vida maior significa que a probabilidade de perda de energia por meio de colisões e perda de calor também é muito maior na fosforescência do que na fluorescência. O uso de uma temperatura mais baixa nessa medição minimizará o grau de movimentação molecular ao redor do analito e tornará sua colisão com o solvente ou outros componentes da amostra menos provável. Isso, por sua vez, aumenta a chance de o estado excitado triplete emitir energia na forma de fosforescência enquanto retorna ao estado fundamental.[7]

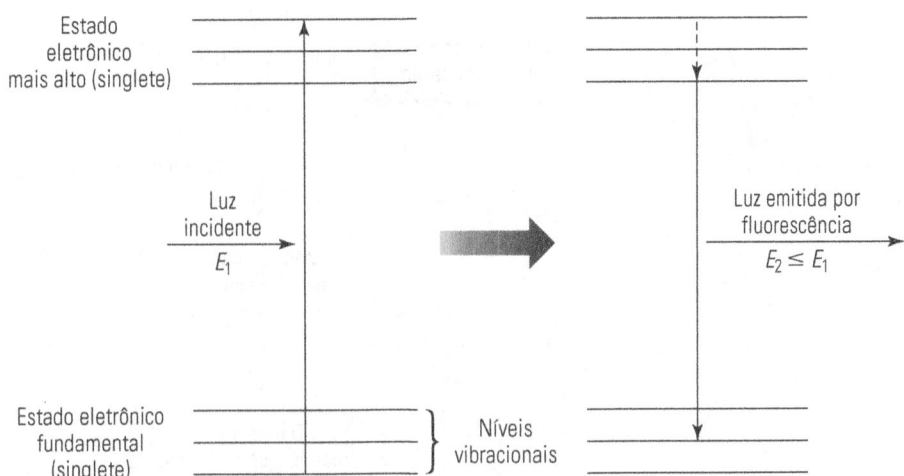

Figura 18.18

Processos básicos que levam à emissão de luz por fluorescência. Após a absorção de luz por uma molécula, parte dessa energia será perdida na forma de calor por meio de colisões enquanto os elétrons se movem ao nível vibracional mais baixo do estado de excitação eletrônica (um processo conhecido como 'relaxamento vibracional'). Quando, a seguir, o estado excitado da molécula emite luz, esses elétrons em estado de excitação eletrônica podem retornar aos vários estados vibracionais no estado eletrônico inferior. O resultado é a criação de uma série de comprimentos de onda de emissão, mesmo quando se usa um único comprimento de onda de luz para excitação. A fosforescência é um processo semelhante, mas também implica que o elétron em estado excitado seja convertido de um estado singlete para um estado triplete, antes que a emissão de luz ocorra.

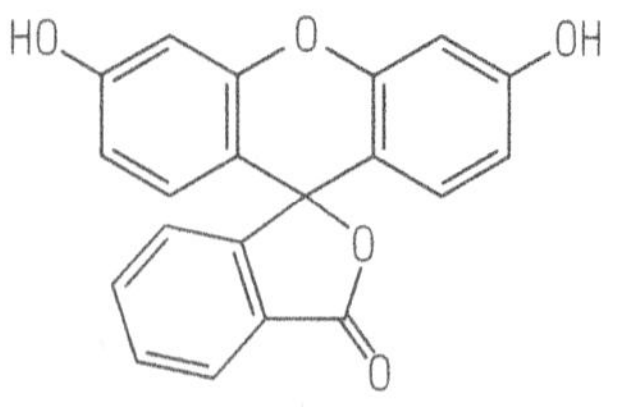

Figura 18.19

Estrutura da fluoresceína, uma molécula usada com frequência como marcação fluorescente em ensaios químicos.

A **quimiluminescência** resulta da emissão de luz por um estado excitado que se forma em uma reação química.[7,16,17] Às vezes, o termo *bioluminescência* também é usado quando a reação química é de origem biológica. Vagalumes são exemplos bem conhecidos de bioluminescência. Um bom exemplo de substância não biológica que pode sofrer quimiluminescência é o luminol (5-amino-1,4-ftalazinadiona), que reage com peróxido de hidrogênio para formar a molécula excitada mostrada na Figura 18.20, a qual rapidamente emite um fóton para produzir luz azul. A reação desse processo é apresentada na Figura 18.20. Seu tempo de duração é determinado principalmente pela velocidade da reação química subjacente e varia de uma reação de quimiluminescência para outra. Em alguns casos, esse processo é bastante rápido, como na explosão de bioluminescência que ocorre em vagalumes. Em outros casos, pode durar vários segundos ou minutos, como ocorre em bastões luminosos (varetas luminosas) e em reações quimiluminescentes baseadas em luminol.[16,17]

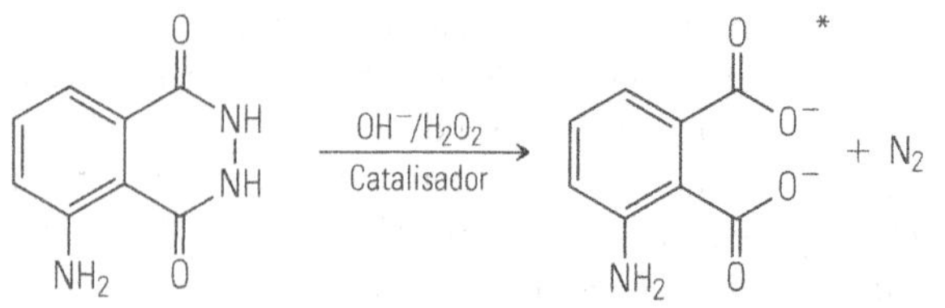

Figura 18.20

Reações envolvidas na produção de quimiluminescência por luminol. Primeiro, o luminol reage sob condições básicas com o agente oxidante H_2O_2 e na presença de um catalisador. Essa reação resulta em um produto que é uma molécula de 3-aminoftalato em estado excitado. Parte do produto excitado libera sua energia extra em forma de luz.

18.4.2 Instrumentação para medições de luminescência

O instrumento usado na realização da espectroscopia de fluorescência é conhecido como **espectrofluorímetro** (caso envolva a utilização de um monocromador sofisticado) ou *fluorímetro* (se usa de filtros simples para a seleção de comprimento de onda).[5-7] Um espectrofluorímetro permite a seleção do comprimento de onda excitante e permite a varredura do espectro da luz emitida por meio de fluorescência. Tal instrumento tem uma fonte de luz, um monocromador antes da amostra e outro monocromador entre a amostra e o detector (veja a Figura 18.21). Isso permite

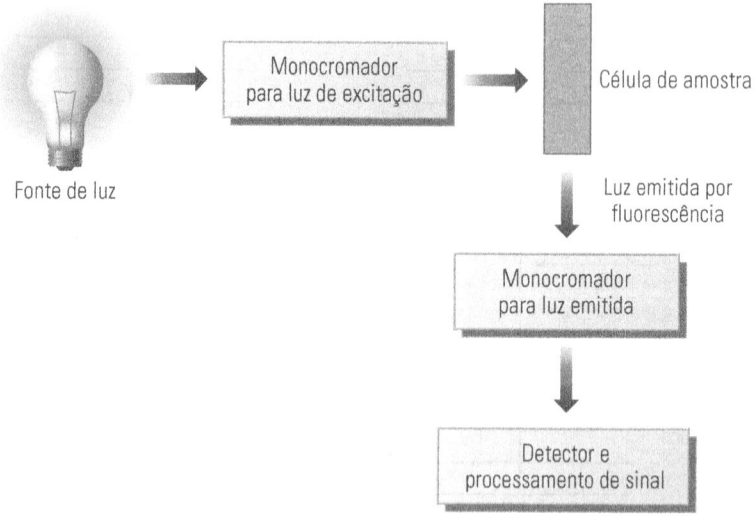

Figura 18.21

Esquema de um espectrofluorímetro. Dois monocromadores são utilizados neste instrumento. O primeiro seleciona os comprimentos de onda de luz que passarão da fonte de luz à amostra, para excitação. O segundo monocromador seleciona os comprimentos de onda que são emitidos pela amostra por meio de fluorescência, para medição. Se o comprimento de onda no primeiro monocromador é variado e o ajuste de comprimento de onda no segundo é mantido constante, o gráfico resultante da intensidade de fluorescência *versus* o comprimento de onda é conhecido como 'espectro de excitação'. Se o comprimento de onda no primeiro monocromador é mantido constante e o ajuste de comprimento de onda no segundo é variado, o gráfico resultante de intensidade de fluorescência *versus* comprimento de onda é conhecido como 'espectro de emissão' (ou 'espectro de fluorescência').

ao experimentador escolher as melhores condições para a análise. Se o comprimento de onda de excitação é fixado em um determinado comprimento de onda e a intensidade é plotada em função do comprimento de onda de emissão, o resultado é chamado de 'espectro de emissão'. A outra possibilidade é fixar o comprimento de onda em que a intensidade de fluorescência é medida variando-se o comprimento de onda de excitação. Isso resulta em um 'espectro de excitação', e se assemelha ao espectro de absorção do analito que está passando por fluorescência.[5,6]

O projeto de um fluorímetro é mais simples do que o de um espectrofluorímetro, e usa filtros para selecionar apenas o comprimento de onda de luz que é usado para excitação e analisado por fluorescência. Embora essa estrutura não permita a obtenção de um espectro de fluorescência, ela torna possível medir a intensidade de emissão em um dado conjunto de comprimentos de onda para a análise quantitativa de um analito que passe por fluorescência nesses comprimentos de onda.[7,11]

Um instrumento destinado a medições de fosforescência é semelhante, mas difere em dois aspectos importantes. O primeiro é que a amostra costuma ser mantida a uma temperatura baixa, o que se faz com o gelo seco e com o nitrogênio líquido. Segundo, a fluorescência, muitas vezes, ocorre simultaneamente com a fosforescência, de modo que um método se faz necessário para diferenciar a fluorescência, que é rápida, da fosforescência, muito mais lenta. Em geral, permite-se que a radiação de excitação atinja a amostra somente por um período de tempo muito curto (isto é, alguns milissegundos, no máximo). Portanto, a fluorescência rápida se dissipa em alguns nanossegundos, enquanto a fosforescência continua por, pelo menos, alguns milissegundos, e sua dependência de comprimento de onda é medida de modo mais conveniente com um detector de fotodiodos.[7,11]

O instrumento utilizado para medir a quimiluminescência é o **luminômetro**. Ele inclui um dispositivo que mistura o analito com um reagente, o que leva à formação de um produto luminescente. O dispositivo de mistura é colocado perto de um tubo fotomultiplicador para medir a intensidade da luz emitida pelo produto excitado. Um dispositivo simples apenas mede a intensidade, enquanto outro mais complicado passa a luz através de um monocromador para permitir o estudo dos comprimentos de onda da luminescência.[16]

18.4.3 Aplicações de luminescência molecular

A fluorescência, e em menor grau a fosforescência, é uma ferramenta útil para medir analitos em baixas concentrações. Os requisitos mais rigorosos exigidos para que os solutos sejam submetidos a esses processos também oferecem fluorescência e fosforescência com seletividade mais elevada e limites mais baixos de detecção do que as medições de absorbância para as moléculas.[7,10,11] Também é possível usar uma abordagem baseada em fluorescência para examinar vários tipos de substâncias não fluorescentes, fazendo esses analitos, para começar, sofrerem uma reação na presença de um reagente que os converta em uma forma fluorescente. Um bom exemplo é a detecção de aminas e aminoácidos por fluorescência. A maioria dos aminoácidos que não possui uma fluorescência considerável pode ser combinada com o reagente o-ftalaldeído para gerar um produto fortemente fluorescente. Reações similares estão disponíveis para produtos químicos que contenham grupos de alcoóis, aldeídos ou cetonas como parte de sua estrutura.[7,11,18]

EXERCÍCIO 18.5 Uso da fluorescência na análise química

Calcule a concentração de glicina na amostra desconhecida a seguir com base na intensidade de fluorescência que é medida para essa amostra e uma série de padrões que reagiram, cada qual, com um excesso de o-ftalaldeído para criar um produto fluorescente.

Concentração de glicina (μM)	Intensidade de fluorescência medida (I_f)
0,00	0,10
0,20	3,4
0,40	6,9
1,00	17,1
2,00	34,3
5,00	83,2
10,0	152,0
Amostra	22,8

SOLUÇÃO

Um gráfico de intensidade de fluorescência medida *versus* concentração de glicina nos padrões fornece uma resposta linear da faixa de concentrações que foram examinadas nesse estudo (por exemplo, veja no Capítulo 17 a relação esperada entre um sinal de emissão e a concentração de um analito). Neste gráfico, a regressão linear tem uma inclinação de 15,3 μM^{-1} e um intercepto de 1,77. Com base nesse gráfico e na intensidade de fluorescência obtida para a amostra, a concentração de glicina na amostra é estimada em **1,37 μM**.

A quimiluminescência também pode ser usada como um meio seletivo de medição de analitos em amostras. Por exemplo, a quimiluminescência serve para medir óxido nítrico (NO) na atmosfera ao fazer com que NO reaja, primeiro, com o ozônio (O_3).

$$\text{Etapa 1: } NO + O_3 \rightarrow NO_2^* + O_2 \quad (18.7)$$

$$\text{Etapa 2: } NO_2^* \rightarrow NO_2 + h\nu$$

Na primeira etapa do processo, uma molécula em estado excitado de NO_2^* é produzida. Essa molécula excitada retorna, a seguir, a seu estado fundamental, emitindo luz que pode ser utilizada na sua detecção. Exemplos de muitas outras reações baseadas em quimiluminescência e de aplicações analíticas de tais reações podem ser encontrados nas referências 16 e 17.

Palavras-chave

Espectrofluorímetro 452
Espectroscopia de fluorescência 451
Espectroscopia de fosforescência 451
Espectroscopia de UV-visível 436
Espectroscopia molecular 434
Espectroscopia no infravermelho 446

Espectroscopia no infravermelho por transformada de Fourier 448
Fluorescência 451
Fosforescência 451
Instrumento de feixe duplo 439
Instrumento de feixe simples 439

Luminômetro 453
Método de adição de padrão 441
Quimiluminescência 451
Titulação espectrofotométrica 443

Outros termos

Análise por injeção em fluxo 441
Bioluminescência 452
Colorimetria 435
Cromóforo 436
Espectrômetro de absorbância UV-vis 437
Espectroscopia de luminescência molecular 450
Espectroscopia Raman 447

Fluorímetro 452
Fonte de Nernst 448
Globar 448
Grade de reflexão 438
Grade de transmissão 438
Interferômetro 449
Lâmpada de deutério 438
Lâmpada de hidrogênio 438

Lâmpada de tungstênio 438
Lâmpada de tungstênio/halogênio 438
Luminescência 450
Ponto isosbéstico 443
Rendimento quântico de fluorescência 451
Termopar 448

Questões

O que é espectroscopia molecular e como ela é usada em análise química?

1. Explique o que se entende pelo termo 'espectroscopia molecular'.
2. Quais são as três maneiras pelas quais as moléculas podem interagir com a luz?
3. Que tipos de nível de energia podem estar envolvidos no estudo ou na medição de analitos por espectroscopia molecular? Indique um tipo específico de espectroscopia molecular que use de cada uma dessas mudanças em níveis de energia.
4. Descreva o método de 'colorimetria'. Cite um exemplo de uma aplicação antiga que tenha sido desenvolvida em análise química com base na colorimetria.
5. Explique como a espectroscopia molecular pode ser utilizada na medição ou na identificação de uma molécula. Indique um tipo específico de espectroscopia que seja comumente usado em cada uma dessas aplicações gerais.

Princípios gerais da espectroscopia de ultravioleta-visível

6. O que é 'espectroscopia UV-vis'? Explique por que os raios ultravioleta e a luz visível são úteis nas medições de absorbância de muitos tipos de molécula orgânica.
7. Defina a palavra 'cromóforo'. Quais são os recursos comuns encontrados em um cromóforo de uma molécula orgânica que pode absorver raio ultravioleta ou luz visível?
8. Classifique os compostos a seguir na ordem em que, na sua opinião, será mais fácil fazer uma medição usando-se a espectrometria UV-vis. Justifique a ordem de sua classificação das substâncias químicas a seguir.

   (a) $CH_3 - CH_2 - CH_2 - CH_2 - CH_2 - CH_3$
   (b) $CH_2 = CH - CH_2 - CH_2 - CH_2 - CH_3$
   (c) $CH_3 - CH = CH - CH_2 - CH = CH_2$
   (d) $CH_3 - CH = CH - CH = CH - CH_3$

9. Explique por que a lei de Beer é com frequência utilizada na medição de analitos em espectroscopia UV-vis.
10. Um analito deve ser medido por espectroscopia UV-vis, e tem absortividade molar de $5{,}6 \times 10^5$ L/mol·cm no comprimento de onda escolhido para sua medição. Se a menor absorbância a ser medida é 0,002 e a cubeta da amostra tem um caminho ótico de 1,00 cm, qual é o limite inferior esperado de detecção desse analito?
11. Uma solução tem concentração de analito de $5{,}7 \times 10^{-3}$ M que fornece uma transmitância de 43,6 por cento a 480 nm, quando medida em uma cubeta de 5,00 cm. Calcule a absortividade molar do analito. Qual é o limite inferior esperado de detecção para esse analito se a menor absorção que pode ser medida pelo instrumento é de 0,001?
12. Qual será o limite superior da faixa linear do analito na Questão 11 caso seja constatado que desvios à lei de Beer ocorrem em uma absorbância de cerca de 1,00?

Instrumentação em espectroscopia de ultravioleta-visível

13. Descreva os componentes básicos de um espectrômetro de absorção UV-vis. Indique a função de cada um desses componentes.
14. Explique o funcionamento uma lâmpada de tungstênio, incluindo a base da forma como essa lâmpada emite luz.
15. Como funciona uma lâmpada de hidrogênio? Como uma lâmpada de deutério difere de uma lâmpada de hidrogênio?
16. Quais são os dois tipos de monocromador usados em espectroscopia UV-vis?

17. Quais são os requisitos para um recipiente de amostra em espectroscopia UV-vis? Descreva a composição de uma cubeta comumente usada para essa finalidade.
18. Indique dois tipos de detector de luz aplicáveis à espectroscopia UV-vis. Descreva como cada um deles detecta a luz.
19. Qual é a diferença entre um 'instrumento de feixe simples' e um 'instrumento de feixe duplo'? Quais as vantagens e desvantagens de cada um deles?
20. Explique o que se entende por um 'detector de arranjo de diodos'. Como esse dispositivo difere de um instrumento de feixe simples ou de feixe duplo utilizado em espectroscopia UV-vis?
21. Defina 'análise por injeção em fluxo' e explique como a espectroscopia UV-vis pode ser usada nesse método.

Aplicações da espectroscopia de ultravioleta-visível

22. Explique como podem ser realizadas as medições diretas de um analito por espectroscopia UV-vis. Descreva o papel da lei de Beer em tal análise.
23. O complexo de Fe^{2+} com 1,10-fenantrolina tem absortividade molar de aproximadamente 11,000 L/mol · cm em água a 510 nm. Uma amostra de água de 20,00 mL supostamente contendo Fe^{2+} é misturada a um excesso de 1,10-fenantrolina. Ácido acético, acetato de sódio e hidroxilamina também são adicionados como tampão da solução e para assegurar que todo o ferro seja reduzido a Fe(II). A mistura é diluída com água destilada para um volume total de 50,00 mL, e se constata que a solução final produz uma absorbância de 0,762 a 510 nm quando se usa uma cubeta de 1,0 cm.
    (a) Se supusermos que não existem espécies absorventes na solução que não o complexo Fe^{2+} com 1,10-fenantrolina, qual a concentração de Fe^{2+} na amostra original?
    (b) Discuta como a presença de outras espécies que também absorvem em 510 nm afetaria a precisão da medição. Obteríamos um erro positivo ou negativo?
24. Um geoquímico deseja estimar o volume de um reservatório de água com formato irregular. A tarefa deve ser realizada colocando-se uma quantidade conhecida de corante de alta intensidade na solução para, em seguida, medir a absorbância por meio desse corante após ele ser colocado no reservatório. Para isso, o geoquímico usa uma solução de 1,00 L de corante que possui absorbância de 0,768 quando medida em uma cubeta de 1 mm, a 450 nm. Após toda a solução ser colocada no reservatório e misturada completamente, uma amostra da água do reservatório é coletada, e é constatado que ela tem absorbância a 450 nm de 0,142 em uma cubeta de 10,00 cm. Qual é o volume do reservatório? Quais suposições são feitas durante a análise?
25. Quatro soluções padrão e uma amostra desconhecida contendo o mesmo composto fornecem as seguintes leituras de absorbância a 535 nm quando se utiliza cubetas de 1,00 cm. Qual é a concentração do analito na amostra?

Solução	Concentração de analito (M)	Absorbância
Padrão 1	0,00	0,005
Padrão 2	$2,5 \times 10^{-3}$	0,085
Padrão 3	$5,0 \times 10^{-3}$	0,175
Padrão 4	$25,0 \times 10^{-3}$	0,805
Amostra desconhecida	?	0,456

26. O teor de nitrato de nitrogênio na água pode ser medido evaporando-se uma quantidade conhecida de água (100,00 mL) até secar. O resíduo resultante é misturado ao ácido fenoldissulfônico e aquecido até que todo o material sólido seja dissolvido. Essa solução é diluída a um volume de 50,00 mL com água e amônia, produzindo uma solução de cor amarela que está relacionada com o montante de nitrato de nitrogênio na amostra original. A absorbância da amostra e dos padrões que são preparados da mesma maneira é medida a 410 nm, usando-se uma cubeta de 1,00 cm. Os dados a seguir foram obtidos em uma série de padrões e em uma amostra desconhecida que foram examinadas por esse método. Qual a concentração de nitrato de nitrogênio na amostra original?

Massa de nitrato de nitrogênio na amostra/padrão (mg)	Absorbância
0,00	0,000
0,10	0,103
0,25	0,257
0,50	0,515
Amostra desconhecida	0,318

27. O que é o 'método de adição de padrão'? Em quais circunstâncias esse método costuma ser usado para análise?
28. Uma amostra de café é analisada para determinar sua concentração de cafeína. Duas frações dessa amostra são preparadas para análise. A primeira parte contém 50,0 mL de café preparado, ao qual se adicionam 10,0 mL de água. A segunda parte contém 50,0 mL de café coado que foi contaminada com 10,0 mL de uma solução aquosa contendo $1,0 \times 10^{-2}$ M de cafeína. É constatado que a primeira parte da amostra produz absorbância de 243 unidades, e a segunda parte, 387 unidades. Qual é a concentração de cafeína no preparado de café?
29. Uma amostra aquosa contendo Fe^{2+} é tratada com 1,10-fenantrolina para formar um complexo colorido para detecção. A solução tratada dá uma absorbância de 0,367 quando medida com uma cubeta de 1,00 cm em 510 nm. Em seguida, 5,0 mL de uma solução de Fe^{2+} de 0,0200 M são adicionados a 10,0 mL da amostra desconhecida tratada com 1,10-fenantrolina da mesma forma que no exemplo anterior, constatando-se uma absorbância de 0,538 a 510 nm. Com base nessa informação, qual a concentração de Fe^{2+} na amostra desconhecida original?

30. Explique por que uma mudança na cor ocorre quando um indicador ácido-base é utilizado na detecção do ponto final. Use o vermelho de metila como exemplo para ilustrar sua resposta.
31. O que é uma 'titulação espectrofotométrica'? O que se mede nesse tipo de titulação? Como se detecta o ponto final?
32. Explique por que normalmente se verifica uma resposta linear em uma titulação espectrofotométrica.
33. Uma titulação espectrofotométrica que é realizada tem a reação geral A + T → P, onde A é o analito, T o titulante e P o produto da reação. Trace a curva de titulação que se poderia esperar em cada uma das condições a seguir. Indique claramente em cada diagrama a resposta previsível tanto antes quanto depois do ponto de equivalência.

	ε_A	ε_T	ε_P
(a)	0	0	500
(b)	500	0	0
(c)	0	500	0
(d)	200	0	400
(e)	200	0	200

34. Os resultados a seguir foram obtidos em uma titulação espectrofotométrica que foi realizada em 600 nm para medir Cu^{2+} em uma amostra de água que reage com trietilenotetramina (trien) para formar um complexo colorido, como mostrado a seguir.

$$Cu^{2+} + trien \rightarrow Cu(trien)^{2+}$$

Uma amostra de 10,00 mL foi usada nesta análise e misturada com vários volumes de uma solução de trietilenotetramina de 0,0500 M e água destilada para produzir um volume final total de solução de 50,00 mL. A absorbância de cada mistura foi, então, determinada, fornecendo os seguintes resultados.

Volume de amostra (mL)	Volume de trien (mL)	Volume de H_2O (mL)	Absorbância
10,00	0,0	40,0	0,005
10,00	2,0	38,0	0,217
10,00	4,0	36,0	0,428
10,00	6,0	34,0	0,643
10,00	8,0	32,0	0,750
10,00	10,0	30,0	0,750

(a) Qual a concentração de Cu^{2+} na amostra original?
(b) Explique a forma da curva de titulação obtida nessa análise. O que essa curva revela sobre a capacidade do analito, do titulante e do produto para absorver a luz no comprimento de onda que foi usado para se obter a titulação?
(c) Use as informações fornecidas para estimar o valor das absortividades molares do analito, do titulante e do produto em 600 nm.

35. Explique como usar a espectroscopia UV-vis para examinar diversos analitos em uma amostra usando-se medições de absorbância em múltiplos comprimentos de onda. Quais requisitos devem ser observados para que essa abordagem funcione?
36. Um cientista deseja medir três analitos que têm espectros significativamente diferentes na faixa UV-vis. Quantas medições de absorbância da amostra serão necessárias para essa análise? Quais critérios devem ser utilizados na seleção dos comprimentos de onda para as medições de absorbância?
37. O que é um 'ponto isosbéstico'? Quando se deve evitar medições de absorbância em um ponto isosbéstico? Quando ele é útil em tais medições?
38. Uma solução desconhecida contém duas espécies absorventes, P e Q, ambas as quais devem ser medidas por espectroscopia UV-vis. O composto P tem absortividades molares de 570 L/mol · cm a 400 nm e 35 L/mol · cm a 600 nm. O composto Q tem absortividades molares de 220 L/mol · cm a 400 nm e 820 L/mol · cm a 600 nm. A mistura desconhecida de P e Q é colocada em uma cubeta de 1,00 cm de caminho ótico e gera valores de absorbância de 0,436 a 400 nm e 0,644 a 600 nm. Se nenhuma outra espécie absorvente estiver presente na amostra, quais serão as concentrações de P e de Q?
39. O pH da solução de vermelho de metila no Exercício 18.4 era de 5,20. Com base nas informações dadas anteriormente nesse exercício, determine o valor de K_a para a transição ácido-base presente em tais condições.

Princípios gerais da espectroscopia no infravermelho

40. Que tipos de transição de energia em uma molécula estão envolvidos na absorção de luz em espectroscopia IV? Como essas transições de energia diferem daquelas usadas em espectroscopia UV-vis?
41. Descreva o que acontece com a movimentação dentro de uma molécula quando essa molécula absorve radiação infravermelha.
42. Como a espectroscopia IV é normalmente utilizada em análise química? Como a aplicação comum de espectroscopia IV em análises químicas difere das aplicações de espectroscopia UV-vis? Por que essas diferenças existem?
43. Descreva a aparência de um espectro de IV característico, incluindo os termos que são plotados nos eixos x e y. Como esse tipo de espectro difere do espectro de absorbância usado em espectroscopia UV-vis?

Instrumentação para a espectroscopia no infravermelho

44. Como a concepção geral de um instrumento para a espectroscopia de IV se assemelha a um que é usado em espectroscopia UV-vis? Como esses dois tipos de instrumento diferem?
45. Descreva uma fonte de luz comum para a espectroscopia de infravermelho. Quais são os requisitos especiais desse tipo de fonte de luz?
46. O que é uma 'fonte de Nernst'? O que é um 'globar'? Como cada um desses dispositivos é utilizado na espectroscopia IV?
47. Explique por que um prisma de vidro ou de quartzo não pode ser usado em espectroscopia no infravermelho.

48. Como uma grade de difração é utilizada em espectroscopia IV? Como uma grade de difração em espectroscopia IV difere da usada em espectroscopia UV-vis?
49. Que tipos de material são usados em recipientes de amostra em espectroscopia IV? Quais propriedades são desejáveis nesses materiais?
50. Descreva como você prepararia uma amostra líquida para análise por espectroscopia IV. Como você prepararia uma amostra sólida para análise por espectroscopia IV?
51. Quais problemas estão associados ao encontro de um detector adequado para radiação IV? Cite um exemplo de um dispositivo que pode ser usado em espectroscopia IV para esse fim.
52. Compare e contraste a concepção de um instrumento de duplo feixe para espectroscopia no infravermelho com a de outro mais moderno de feixe simples.
53. O que se entende por 'espectroscopia no infravermelho por transformada de Fourier'? Como se faz a medição de um espectro IV usando-se esse método?
54. Descreva como a espectroscopia IV pode ser utilizada na identificação de substâncias químicas. Quais características de um espectro de IV são úteis a esse tipo de aplicação?
55. O que é um 'gráfico de correlação'? Explique como você pode usar esse tipo de gráfico de identificação química em espectroscopia IV.
56. Um estudante recebe um composto orgânico desconhecido que pode ser cicloexano ou cicloexeno. Explique como ele poderia usar a espectroscopia IV para determinar qual desses dois compostos está presente na amostra. Seja o mais específico possível em sua resposta.
57. Uma lata de solvente é encontrada na cena de uma tentativa de incêndio criminoso, e um laboratório forense considera que a substância química presente é uma mistura de hidrocarbonetos ou de acetona, $(CH_3)_2C=O$. Um espectro IV para uma amostra desse solvente não revela nenhuma absorbância apreciável na região de 1.700 cm^{-1}. Das possibilidades apresentadas, qual é a identidade mais provável do solvente?
58. Sabe-se que um composto possui uma ligação dupla ou tripla carbono-carbono em sua estrutura. Um espectro de IV para essa substância tem um pico agudo em 2.200 cm^{-1}, mas nada a 1.650 cm^{-1}. Determine se uma ligação dupla ou tripla carbono-carbono está presente no composto.
59. Descreva a forma como computadores e bibliotecas de espectros podem ser usados na identificação química em espectroscopia IV.

Princípios gerais de luminescência

60. O que é 'fluorescência'? Descreva o processo geral pelo qual a luz é emitida durante a fluorescência.
61. Quais recursos são com frequência encontrados em moléculas submetidas à fluorescência?
62. Explique por que o comprimento de onda de luz resultante de fluorescência é maior do que a luz excitante, mas a luz resultante de fluorescência por um átomo tem o mesmo comprimento de onda que a luz excitante.
63. Como a intensidade da luz que é emitida por fluorescência se relaciona com a concentração de um analito que está passando por fluorescência?
64. O que é 'fosforescência'? Como a luz é emitida durante esse processo?
65. Como a fosforescência se assemelha à fluorescência? Como esses dois processos diferem?
66. Como a intensidade da luz que é emitida por fosforescência está relacionada com a concentração do analito que é submetido a essa fosforescência?
67. O que é 'quimiluminescência'? Descreva como a luz é emitida por esse processo.
68. O que é 'bioluminescência'? Dê um exemplo desse processo.

Instrumentação para medições de luminescência

69. Descreva a concepção geral de um espectrofluorímetro. Explique a função de cada componente importante nesse projeto.
70. Descreva a concepção geral de um fluorímetro simples. Como esse projeto difere daquele de um espectrofluorímetro?
71. O que é um 'espectro de excitação' em espectroscopia de fluorescência? O que é um 'espectro de emissão'?
72. Quais são as diferenças de um instrumento que é utilizado para medir fosforescência e outro que é usado para medir fluorescência? Como esses dois tipos de instrumento são semelhantes?
73. O que é um 'luminômetro'? Descreva a forma como esse tipo de instrumento funciona.

Aplicações de luminescência molecular

74. A riboflavina emite luz verde-amarelada por meio de fluorescência quando essa molécula é excitada com luz ultravioleta. Os seguintes dados foram obtidos ao se medir a intensidade de fluorescência desse analito em uma série de padrões e em uma amostra. Calcule a concentração de riboflavina na amostra.

Concentração (M)	Intensidade de fluorescência, I_F
$1,0 \times 10^{-5}$	4,0
$2,0 \times 10^{-5}$	8,0
$4,0 \times 10^{-5}$	16,0
$8,0 \times 10^{-5}$	32,0
16×10^{-5}	58,0
32×10^{-5}	105
64×10^{-5}	170
Amostra desconhecida	25,8

Problemas desafiadores

75. Qual é a cor provável de uma solução aquosa que mostra uma absortividade molar máxima em (a) 500 nm ou (b) 320 nm?
76. As substâncias mais abundantes no ar não poluído são nitrogênio, oxigênio, argônio, dióxido de carbono e água. Explique por que somente CO_2 e H_2O são considerados gases de efeito estufa.

77. A absortividade molar tem unidades de L/mol · cm. Considerando-se que um litro equivale a um decímetro cúbico, mostre como você pode calcular a seção transversal aparente de um cromóforo se souber qual é a absortividade molar.

78. Um composto tem uma absortividade molar de 15.460 L/mol·cm em 585 nm. A intensidade da radiação nesse comprimento de onda que incide sobre uma amostra de $2,40 \times 10^{-4}$ M em uma cubeta de 5,0 cm é de 450 lúmens. Qual é a intensidade transmitida dessa luz, em unidades de lúmens?

79. A oxidação do ácido lático (LA) por NAD^+ forma o ácido pirúvico e NADH, e H^+ é lento a menos que seja catalisada pela enzima desidrogenase do ácido lático (LDH). A reação global desse processo é mostrada a seguir.

$$\underset{\text{Ácido lático}}{C_3H_6O_3} + NAD^+ \xrightarrow{LDH} \underset{\text{Ácido pirúvico}}{C_3H_4O_3} + NADH + H^+$$

O progresso da reação pode ser monitorado em uma cubeta de 1,0 cm a 340 nm, um comprimento de onda no qual NADH tem um máximo de absorção ($\varepsilon = 6.000$ L/mol·cm), mas NAD^+ e os outros reagentes ou produtos não têm nenhuma absorção de luz. Essa reação é de primeira ordem com relação a ambos, reagentes e catalisador. Suponha que as condições iniciais nessa reação incluam uma concentração lática de $1,0 \times 10^{-3}$ M e a concentração de NAD^+ de $2,0 \times 10^{-5}$ M para uma amostra com concentração desconhecida de LDH. As seguintes absorbâncias são medidas para o sistema em função do tempo.

Tempo (s)	Absorbância
0	0,000
40	0,060
80	0,090
120	0,105
400	0,120

Determine a concentração do catalisador LDH caso a lei da taxa fixa para esse processo seja Taxa = $k[LA][NAD^+][LDH]$ e a constante de velocidade da reação seja $k = 2,4 \times 10^6$.

80. Uma técnica relacionada à titulação espectrofotométrica é o método de variação contínua, também chamado de método de Job. Esse procedimento é diferente do anterior, pois a concentração total de ambos os reagentes permanece a mesma em vez de manter a concentração de uma espécie constante. Raramente o objetivo do método de Job é conhecer a concentração de uma amostra desconhecida, mas, sim, conhecer a estequiometria de uma reação corante. Um exemplo de dados para esse método é fornecido a seguir para a reação de U com R para formar o produto P, que absorve ao comprimento de onda a ser utilizado para a medição de absorbância.

Concentração de U (M)	Concentração de R (M)	Absorbância de P
0,000	0,008	0,000
0,001	0,007	0,250
0,002	0,006	0,500
0,003	0,005	0,750
0,004	0,004	0,950
0,005	0,003	0,750
0,006	0,002	0,500
0,007	0,001	0,250
0,008	0,000	0,000

Use as informações anteriores para preparar um gráfico de 'absorbância de P' versus concentração de U. O que você pode afirmar sobre a estequiometria da reação entre U e R com base nesse gráfico?

Tópicos para discussão e relatórios

81. Visite um laboratório clínico local e obtenha informações sobre como métodos como a espectroscopia UV-vis ou a espectroscopia de fluorescência são usados em análise química.

82. Encontre um artigo de pesquisa que aborde a análise por injeção em fluxo em medições químicas. Elabore um relatório sobre suas descobertas.

83. A espectroscopia IV costuma ser usada como base na detecção de álcool em exames de bafômetro. Obtenha mais informações sobre esse tipo de dispositivo e elabore um relatório sobre como ele funciona.

84. Encontre mais informações sobre a espectroscopia Raman e sua utilização em análises químicas. Discuta como essa abordagem foi utilizada e os tipos de informação que forneceu sobre as amostras que estavam sendo examinadas.

85. A espectroscopia fotoacústica é outra técnica que pode ser usada para medir e estudar os vários tipos de transição em moléculas. Encontre informações sobre esse método e como ele é realizado. Elabore um relatório sobre o método e descreva algumas de suas aplicações.

86. Use as referências 16 e 17 ou recursos relacionados para obter mais informações sobre o tema da quimiluminescência e da bioluminescência. Descreva um tipo específico de reação que tenha esses processos como base e seja utilizado em análise química. Cite um exemplo de um aplicativo no qual esse tipo de análise foi conduzido.

Referências bibliográficas

1. W. J. Marshall, *Clinical Chemistry*, Elsevier, Amsterdã, Holanda, 2004.
2. C. A. Burtis, E. R. Ashwood e D. E. Bruns, eds., *Tietz Fundamentals of Clinical Chemistry*, 6 ed., Elsevier, Amsterdã, Holanda, 2007.
3. A. G. Gornall, ed., *Applied Biochemistry of Clinical Disorders*, 2 ed., J. P. Lippincott, Nova York, 1986.
4. W. Clarke e D. R. Dufour, eds., *Contemporary Practice in Clinical Chemistry*, AACC Press, Washington, DC, 2006.
5. J. Inczedy, T. Lengyel e A. M. Ure, *International Union of Pure and Applied Chemistry — Compendium of Analytical Nomenclature: Definitive Rules 1997*, Blackwell Science, Malden, MA, 1998.
6. G. Maludzinska, ed., *Dictionary of Analytical Chemistry*, Elsevier, Amsterdã, Holanda, 1990.
7. J. D. Ingle e S. R. Crouch, *Spectrochemical Analysis*, Prentice Hall, Upper Saddle River, NJ, 1988.
8. F. Szabadvary, *History of Analytical Chemistry*, Pergamon Press, Nova York, 1966.
9. J. Ross, 'Home Test Measures Total Cholesterol', *The Nurse Practitioner*, 28, 2003, p.52–53.
10. G. W. Ewing, ed., *Analytical Instrumentation Handbook*, 2 ed., Marcel Dekker, Nova York, 1997.
11. D. A. Skoog, F. J. Holler e T. A. Nieman, *Principles of Instrumental Analysis*, 5 ed., Saunders, Filadélfia, 1998.
12. D. G. Jones, 'Photodiode Array Detectors in UV/Vis Spectroscopy: Part I', *Analytical Chemistry*, 57, 1985, p.1057A––1073A.
13. S. A. Borman, 'Photodiode Array Detectors for LC', *Analytical Chemistry*, 55, 1983, p.836A–842A.
14. J. Ruzicka e E. H. Hansen, *Flow Injection Methods*, 2 ed., Wiley, Nova York, 1988.
15. S. D. Xoleve e I. D. McKelvie, eds., *Advances in Flow Injection Analysis and Related Techniques*, Elsevier, Amsterdã, Holanda, 2008.
16. A. K. Campbell, *Chemiluminescence*, VCH Publishers, Nova York, 1988.
17. K. Van Dyke, ed., *Bioluminescence and Chemiluminescence: Instruments and Applications*, CRC Press, Boca Raton, FL, 1985.
18. G. Lunn e L. C. Hellwig, *Handbook of Derivatization Reactions for HPLC*, Wiley, Nova York, 1998.

Capítulo 19
Espectroscopia atômica

Conteúdo do capítulo

19.1 Introdução: luz estelar, brilho estelar
- **19.1.1** O que é espectroscopia atômica?
- **19.1.2** Como a espectroscopia atômica é usada em análise química?

19.2 Princípios da espectroscopia atômica
- **19.2.1** Atomização da amostra
- **19.2.2** Excitação da amostra
- **19.2.3** Propriedades da chama
- **19.2.4** Medição do analito

19.3 Espectroscopia de absorção atômica
- **19.3.1** Instrumentos de fluxo laminar
- **19.3.2** Instrumentos de forno de grafite
- **19.3.3** Otimização de espectroscopia de absorção atômica

19.4 Espectroscopia de emissão atômica
- **19.4.1** Instrumentos de chama
- **19.4.2** Instrumentos de plasma

19.1 Introdução: luz estelar, brilho estelar

A IC 1613 é uma galáxia anã localizada na constelação Cetus. Está a cerca de 2,4 milhões de anos-luz da Terra e tem sido objeto de muitos estudos astronômicos.[1] Os cientistas investigam a composição das estrelas examinando a luz que é emitida por elas. Nas elevadas temperaturas dentro de uma estrela, nenhuma ligação química pode existir, e tudo está presente na forma de átomos livres e íons atômicos. Sabe-se há algum tempo que os comprimentos de onda da luz emitida por átomos quentes são característicos do elemento que está sendo aquecido. Esse fato tem sido usado não apenas para medir amostras de elementos em chamas, mas também para examinar a composição elementar das estrelas a partir de sua luz. Também é possível estimar o tempo de vida das estrelas a partir dessas medições, como ao determinar a razão hidrogênio/hélio presente.

Esta abordagem foi utilizada há pouco tempo com o telescópio espacial Hubble para analisar a composição elementar de estrelas na galáxia IC 1613 (veja a Figura 19.1). A emissão de luz de três estrelas supergigantes foi medida para estimar as quantidades relativas de quinze elementos contidos nelas: O, Na, Mg, Al, Si, Ca, Sc, Ti, Cr, Fe, Co, Ni, La, Eu e H. A razão ferro/hidrogênio e outros elementos também foi determinada para estimar o tempo de vida das estrelas. Constatou-se que os resultados eram condizentes com as teorias modernas de formação de galáxias e estrelas.[2]

A mesma abordagem geral baseada na luz e em medições envolvendo átomos é aplicada em laboratórios químicos para determinar a composição elementar de amostras. Essa técnica é conhecida como *espectroscopia atômica*. Neste capítulo, examinaremos seus princípios e descobriremos como executá-la. Também veremos como a espectroscopia atômica pode servir em análises químicas e como essa técnica se compara à espectroscopia molecular (Capítulo 18).

19.1.1 O que é espectroscopia atômica?

A **espectroscopia atômica** se refere à medição do comprimento de onda ou da intensidade de luz que é emitida ou absorvida por átomos livres.[3] Para fazer essa medição, é necessário, em primeiro lugar, converter uma amostra em átomos. Tal processo é automático no caso do hélio e de outros gases nobres, e é um tanto fácil para o mercúrio, mas pode ser um desafio para alguns dos outros elementos. Supondo-se que essa tarefa possa ser realizada, temos duas escolhas de como fazer nossa medição. Podemos analisar a luz que é emitida pelos átomos ou examinar a luz que é absorvida por eles. Essas abordagens são conhecidas como **espectroscopia de emissão atômica** (AES, do inglês, *atomic emission spectroscopy*) e **espectroscopia de absorção atômica** (AAS, do inglês, *atomic absorption spectroscopy*), respectivamente.[3-7]

O requisito em espectroscopia atômica de que a amostra seja convertida em átomos livres é único em comparação com a espectroscopia molecular, na qual desejamos que os componentes da amostra mantenham sua identidade química como moléculas, íons poliatômicos ou outras substâncias. As espectroscopias atômica e molecular também diferem no sentido de que os átomos podem sofrer transições eletrônicas, mas não apresentam quaisquer alterações de energia devido a transições vibracionais ou rotacionais. Tal característica torna os espectros obtidos para os átomos muito mais simples e mais penetrantes do que os espectros observados para moléculas ou espécies poliatômicas (veja o Capítulo 18).

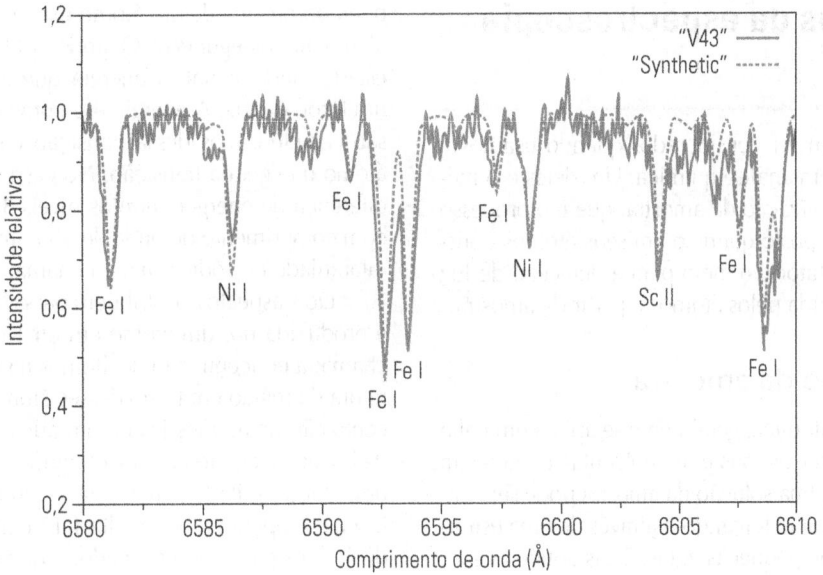

Figura 19.1

Espectro obtido para a estrela V43 na galáxia anã irregular IC 1613. O espectro mostra tanto o somatório de vários espectros individuais (linha contínua) quanto um espectro previsto para os elementos que foram detectados (linha pontilhada). (O espectro foi reproduzido de G. Tautvaisievne et al., 'First Stellar Abundances in the Dwarf Irregular Galaxy IC 1613', *The Astronomical Journal*, 134, 2007, p. 2318–2327.)

A espectrometria de emissão atômica foi utilizada na análise química quase um século antes da espectroscopia de absorção atômica. Pouco tempo depois de inventar o 'bico de Bunsen', Robert Bunsen começou a colocar materiais na chama daquele dispositivo e descobriu que as cores da chama variavam de acordo com as substâncias químicas utilizadas. Bunsen logo constatou que muitas amostras produziam cores dominadas por elementos abundantes (especialmente o sódio), que obscureciam a luz emitida por outros elementos menos abundantes. Seu colega, Robert Kirchoff, sugeriu que eles passassem essa luz através de um prisma para mostrar as cores em separado. Foi assim que eles conseguiram observar as cores fracas de luz emitida a partir de elementos secundários, ainda que os elementos mais abundantes estivessem presentes. Eles também foram capazes de fazer um registro permanente dessa luz em uma placa fotográfica. A posição das linhas na foto permitia identificar o elemento que produzia cada uma delas, e a tonalidade das linhas era um indicador do quanto de cada elemento estava presente. Tal observação levou ao uso de espectrometria de emissão atômica tanto na análise qualitativa quanto na análise quantitativa de elementos.[6]

Por mais de 50 anos, a origem das chamas coloridas permaneceu inexplicada. No início do século XX, Neils Bohr demonstrou que luz era emitida a partir de átomos quando um de seus elétrons era excitado pelo calor da chama e, em seguida, voltava a seu estado normal de energia, liberando o excesso de energia como fóton de luz. Essa explicação não poderia ter sido obtida por Bunsen, porque em sua época as partículas subatômicas eram desconhecidas. Essa tarefa foi executada depois por Thompson, Einstein, Bohr e outros, que forneceram a compreensão da espectroscopia atômica que permitiria explicar as várias faixas de luz observadas por esse método.

19.1.2 Como a espectroscopia atômica é usada em análise química?

Há duas questões gerais a serem tratadas pela espectroscopia atômica. São elas: 'Qual é a concentração de um determinado elemento na minha amostra?' e 'Quais elementos estão presentes na minha amostra e quais são as suas concentrações?' A primeira pergunta pode ser respondida por meio de um método seletivo que examina a luz resultante de um elemento específico. A técnica usada pela primeira vez por Bunsen exemplifica essa abordagem e é hoje chamada de **espectroscopia de emissão de chama** (**FES**, do inglês, *flame emission spectroscopy*), que é um tipo de espectroscopia de emissão atômica.[3, 4] A espectroscopia de absorção atômica é outro tipo de espectroscopia atômica aplicável ao exame de um determinado elemento.

A segunda pergunta é respondida de modo mais apropriado por meio de uma técnica que permite a vários elementos serem medidos ao mesmo tempo. Idealmente, essa abordagem permitiria a medição de todos os elementos adequados, sem conhecimento prévio dos elementos presentes. Esse foi o método que Bunsen e Kirchoff usaram para separar o espectro de luz emitida por uma amostra e, assim, determinar o tipo e a quantidade de cada elemento presente.[6] Um exemplo de método hoje empregado em tal análise é a espectroscopia de emissão atômica por plasma acoplado indutivamente, como discutido na Seção 19.4.2.

19.2 Princípios da espectroscopia atômica

Vários fatores devem ser considerados quando usamos a espectroscopia atômica em análise química. Um deles é o método utilizado para a *atomização* da amostra, que é o processo de conversão de um composto químico em seus átomos constituintes.[3-5] Um segundo fator é o meio para a detecção de luz que é transmitida ou emitida pelos átomos a partir da amostra.

19.2.1 Atomização da amostra

Na espectroscopia atômica, geralmente se aplica uma alta temperatura para converter os íons e as moléculas da amostra em átomos para análise. Uma solução da amostra pode ser examinada desse modo, de início forçando-a através de uma estreita abertura para que forme pequenas gotas. Essas gotículas são, em seguida, passadas por uma fonte de calor, como uma chama. À medida que as gotas penetram na fonte de calor, várias coisas acontecem rapidamente. Primeiro, o solvente é removido nas gotículas por evaporação ou por combustão. Esse processo é chamado de *dessolvatação*, e deixa para trás um aglomerado de pequenas partículas contendo o analito e materiais não voláteis da amostra. Segundo, o aquecimento adicional dessas partículas leva à *volatilização*, na qual o analito entra na fase gasosa. A terceira etapa do processo ocorre quando a energia térmica das fontes de calor faz com que todas as ligações químicas no analito se quebrem e produzam átomos, em um processo conhecido como *dissociação* (ou 'atomização').[3-5]

Após a formação desses átomos, alguns podem receber energia adicional da fonte de calor, levando a sua *excitação*.[5] Esta etapa será útil se o objetivo for, posteriormente, medir a emissão de luz desses átomos excitados enquanto retornam a um estado de energia mais baixo. Alguns átomos podem receber muita energia e até mesmo formar íons de fase gasosa, criando *ionização*.[5] Na espectroscopia atômica, a ionização costuma ser indesejável porque reduz o número de átomos disponíveis para análise. Todas essas etapas devem ocorrer rapidamente para permitir uma medição eficaz dos átomos produzidos a partir de uma amostra enquanto esta passa por aquecimento. O tempo permitido para esse processo em uma chama costuma ser inferior a 10^{-4} s. Se o analito não se converter em átomos nesse curto espaço de tempo, ele não poderá ser medido antes que saia da região que contém a fonte de calor.

19.2.2 Excitação da amostra

Mesmo os elementos que contêm poucos elétrons podem ter padrões bastante complexos de níveis de energia. Por exemplo, um átomo de sódio no estado fundamental tem a configuração de elétron $1s^2 2s^2 2p^6 3s^1$, e apresenta muitas transições possíveis de seus elétrons para níveis mais elevados. Um importante estado excitado de sódio é produzido quando a absorção de energia eleva o elétron 3s a um nível 3p, fornecendo um átomo de sódio com a configuração eletrônica $1s^2 2s^2 2p^6 3p^1$. Em geral, o tempo de vida de um átomo excitado como esse é de apenas alguns nanossegundos. Quando o átomo excitado retorna ao estado fundamental, a energia que adquiriu é liberada como um fóton de luz. A energia e o comprimento de onda do fóton são característicos dessa transição em particular e do tipo de átomo que gera a transição. No caso de um átomo de sódio, a diferença de energia entre os níveis 3p e 3s corresponde à luz com comprimento de onda de 589 nm, que leva à cor amarelo-alaranjado do sódio em uma chama.

Dois aspectos contribuem para o brilho da luz emitida que é produzida por um átomo em uma fonte de calor como uma chama: a concentração de átomos na fonte de calor e a temperatura da região em torno desses átomos. Um aumento na concentração de átomos leva a um aumento direto na intensidade da luz que é emitida por esses átomos à medida que eles vão de um estado excitado para o estado fundamental. O aquecimento a uma temperatura mais alta fará com que haja maior fração de átomos em estado excitado, o que também produzirá maior intensidade de emissão de luz.

Alguns elementos podem ser detectados em concentrações muito inferiores à de outros. Esse fato está relacionado com a energia exigida para causar a excitação de um átomo do estado fundamental para um elemento específico. Se essa excitação de energia for baixa, uma temperatura moderada poderá levar um significativo número de átomos do elemento a excitação. Se for alta, apenas alguns átomos serão excitados em uma temperatura moderada, produzindo uma pequena emissão de sinal. Para esse segundo tipo de elemento, uma temperatura mais elevada é necessária para excitar mais átomos e, mais tarde, produzir emissão de luz suficiente para gerar sinal suficiente para a medição.[5, 7]

19.2.3 Propriedades da chama

A chama no início usada por Bunsen e Kirchoff na espectroscopia de emissão atômica era produzida por meio de um combustível gasoso.[7] Essa técnica ainda é bastante empregada em espectroscopia de emissão de chama. A Tabela 19.1 lista várias combinações de combustível e as temperaturas mais comumente alcançadas ao se usar cada uma delas.[5-7] Uma chama é um sistema químico muito heterogêneo, e por isso as temperaturas listadas na Tabela 19.1 não estão presentes em todas as regiões da chama. Por exemplo, a base é bem mais fria. A Figura 19.2 mostra as regiões gerais de uma chama. A localizada no centro e na base é chamada de *zona de combustão primária*, e é aí que a combustão da amostra começa. Acima, está uma relativamente estreita *região interzonal*, onde a temperatura da chama atinge seu máximo e um equilíbrio local térmico é alcançado. Além disso, esse é o cone externo e a *zona de combustão secundária*, onde o oxigênio do ar circundante pode levar à combustão adicional.[3,5,8]

Uma técnica mais recente usada em espectroscopia de emissão atômica utiliza um plasma, geralmente envolvendo argônio, para atingir temperaturas muito mais elevadas do que se pode alcançar com uma chama. O método mais utilizado para se obter um plasma de argônio baseia-se na utilização de um plasma acoplado indutivamente. Em tal dispositivo, um plasma

Tabela 19.1

Combustíveis e oxidantes comuns usados em chamas na espectroscopia atômica.*

Combustível	Oxidante	Temperatura máxima[a] (K)
Propano	Ar	2267
Hidrogênio	Ar	2380
Acetileno	Ar	2540
Hidrogênio	Oxigênio	3080
Propano	Oxigênio	3094
Acetileno	N_2O (óxido nitroso)	3150
Acetileno	Oxigênio	3342

* Estas informações foram obtidas em C.Th.J. Alkemade e R. Herrmann, *Fundamentals of Spectroscopy*, Halsted Press, Nova York, 1979.

[a] As temperaturas aqui listadas representam valores teóricos. As temperaturas reais alcançadas de modo experimental são ligeiramente inferiores. Em comparação com esses valores, a temperatura de um plasma de argônio usado em espectroscopia de emissão atômica por plasma acoplado indutivamente pode atingir de 6.000 a 10.000 K.

é criado quando se insere um fluxo de gás argônio em um campo elétrico alternado de alta frequência (veja mais detalhes na Seção 19.4.2). Esse tipo de fonte de calor pode atingir temperaturas de 6.000 a 10.000 K,[8,9] mas também fornece um plasma com regiões análogas à região de preaquecimento, à região interconal e ao cone exterior na chama.

A vantagem de se usar uma temperatura elevada em espectroscopia de emissão atômica está relacionada à concentração de equilíbrio de átomos excitados em função da temperatura.[5,8] Essa relação é regida pela **distribuição de Boltzmann**, como mostra a Equação 19.1,

$$\frac{N_i}{N_0} = \frac{P_i}{P_0} e^{-\Delta E/(kT)} \quad (19.1)$$

em que N_i e N_0 são o número de átomos excitados e em estado fundamental; P_i e P_0 são integrais que descrevem o número de formas possíveis em que os dois níveis de energia podem acontecer, ΔE é a diferença de energia entre esses dois estados por átomo, k é a constante de Boltzmann (com um valor de 1,38 × 10^{-23} J/K) e T é a temperatura absoluta (em Kelvin). A Tabela 19.2 apresenta alguns resultados comuns quando se usa a equação de Boltzmann para descrever átomos de sódio em temperaturas diversas, incluindo os obtidos tanto em fontes de chama quanto em fontes de plasma.

A Tabela 19.2 indica que, mesmo em altas temperaturas, apenas uma pequena fração de átomos de sódio estará em estado excitado em um dado momento. Ainda assim, fica claro que, ao comparar uma temperatura de 2.000 K com 3.000 K, o que pode ser obtido usando-se diferentes tipos de chama, há quase 60 vezes mais átomos de sódio excitados à temperatura mais alta. Isso resultará em uma intensidade de luz 60 vezes maior a ser emitida enquanto átomos se movem do maior nível de energia para o estado fundamental e fornecem maior sensibilidade e menor limite de detecção. Uma das desvantagens do uso de temperaturas mais altas é que os átomos que têm energia de ionização baixa podem ser ionizados em vez de apenas excitados. Íons também podem ser excitados e emitir luz, mas farão isso em comprimentos de onda diferentes daqueles dos átomos correspondentes. A emissão de luz por íons pode ser utilizada na análise química em algumas condições.

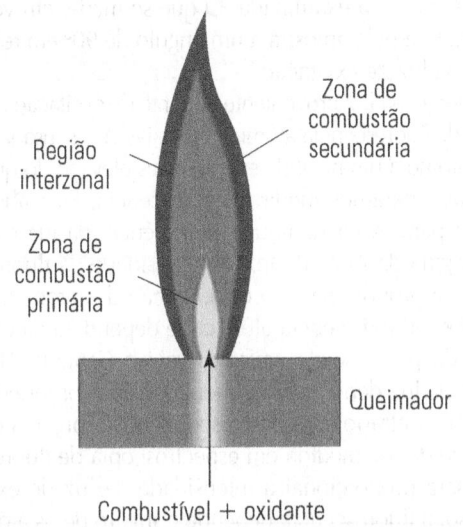

Figura 19.2

Regiões gerais de uma chama. O papel desempenhado em cada uma dessas regiões é descrito no texto.

Tabela 19.2

Fração de átomos de sódio nos orbitais 3p *versus* 3s em várias temperaturas.

Temperatura (K)	Fração de Na em orbitais 3p *versus* 3s[a]
1000	7,5 × 10^{-11}
2000	1,5 × 10^{-5}
3000	8,8 × 10^{-4}
6000	5,1 × 10^{-2}

[a] Estes valores foram calculados usando-se a equação de Boltzmann, como citado no texto. A fração de sódio nos orbitais 3p *versus* 3s é representada pela razão (N_i/N_0) na equação de Boltzmann para este exemplo.

EXERCÍCIO 19.1 — Uso da distribuição de Boltzmann

O lítio emite luz no comprimento de onda de 670,8 nm quando colocado sobre uma chama de hidrogênio/oxigênio (temperatura de 3.100 K). Essa emissão de luz ocorre como resultado de uma transição eletrônica, onde $P_i = 2$ e $P_0 = 1$ para o estado excitado e o estado fundamental, respectivamente. Na temperatura fornecida para a chama, qual fração dos átomos de lítio vai estar presente no estado excitado? Como essa fração se alteraria caso a temperatura da chama fosse aumentada para 3.300 K?

SOLUÇÃO

Primeiro, precisamos saber a diferença na energia ΔE envolvida nessa transição. Isso pode ser feito por meio da seguinte relação entre ΔE e o comprimento de onda da luz emitida, λ (ver discussão no Capítulo 17).

$$\Delta E = hc/\lambda$$
$$= \frac{(6{,}62 \times 10^{-34}\,\text{J}\cdot\text{s})(3{,}00 \times 10^{8}\,\text{m/s})}{(670{,}8\,\text{nm})(1 \times 10^{-9}\,\text{m/nm})}$$
$$= 2{,}96 \times 10^{-19}\,\text{J}$$

É importante notar que este resultado corresponde à energia de um único fóton emitido. Podemos agora colocar esta informação na Equação 19.1, com a temperatura e a constante de Boltzmann determinadas, para calcular a fração de átomos de lítio que estará presente no estado excitado, conforme representado pela razão N_i/N_0.

$$\frac{N_i}{N_0} = \frac{2}{1} \cdot e^{-2{,}96 \times 10^{-19}\,\text{J}/[(1{,}38 \times 10^{-23}\,\text{J/K})(3100\,\text{K})]} = 0{,}0020$$

Este resultado indica que 0,2 por cento dos átomos de lítio estarão no estado excitado a 3.100 K. Se tivéssemos usado uma temperatura de chama de 3.300 K, o mesmo tipo de cálculo indicaria que 0,3 por cento de átomos de lítio estariam no estado excitado.

19.2.4 Medição do analito

Existem três técnicas principais por meio das quais se podem medir analitos por espectroscopia atômica. São elas: (1) espectroscopia de emissão atômica, (2) espectroscopia de absorção atômica e (3) espectroscopia de fluorescência atômica. Em espectroscopia de emissão atômica, a intensidade da luz emitida em um comprimento de onda adequado será diretamente proporcional à concentração de analito na chama e, portanto, proporcional à concentração de analito na solução que entra na chama. A constante de proporcionalidade dessa relação é uma função de muitas variáveis, como a temperatura da chama e a velocidade com que a solução é submetida à chama.

Nas medições feitas por espectroscopia de absorção atômica, a lei de Beer pode ser usada para relacionar a absorbância (A) que se observa em um analito à concentração detectada de átomos (C) que estão relacionados a esse analito, como mostra a Equação 19.2.

$$A = -\log(T) = \log(P_0/P) = \varepsilon b C \qquad (19.2)$$

Assim como ocorre na espectroscopia molecular, os valores de A e C estão ligados um ao outro pela Equação 19.2, onde ε é a absortividade molar dos átomos no comprimento de onda de detecção e b é o comprimento do caminho ótico que passa através desses átomos. Outros termos mostrados na Equação 19.2 incluem a transmitância da amostra, a intensidade da luz (P_0) e a intensidade da luz que é transmitida através da amostra (P).

Algumas das limitações da lei de Beer que foram discutidas no Capítulo 17 são aspectos importantes a considerar na espectroscopia de absorção atômica. O requisito de a fonte de luz ser monocromática é de grande relevância porque o pico de absorção de um átomo é extremamente estreito. Essa característica significa que, mesmo uma estreita faixa de luz isolada por um monocromador produzirá uma gama de valores de absortividade molar enquanto é absorvida pelo átomo. Um meio de lidar com o problema será descrito na próxima seção.

A **espectroscopia de fluorescência atômica** (**AFS**, do inglês, *atomic fluorescence spectroscopy*) assemelha-se à espectroscopia de emissão atômica, já que ambas examinam luz que é emitida pela amostra.[3-5] Entretanto, esses métodos diferem na medida em que a amostra de espectroscopia de fluorescência atômica emite luz depois que seus átomos foram excitados pela absorção de um fóton, em vez de por excitação térmica (como é o caso na espectroscopia de emissão atômica). A fonte de luz em AFS costuma ser um laser (veja o Quadro 19.1 e a Figura 19.3). O uso desse tipo de fonte de luz intensa ajuda a aumentar a intensidade da fluorescência observada que é medida. Não é importante ter uma banda especialmente estreita de comprimentos de onda na luz de excitação nesse caso, porque a luz transmitida não é a examinada. O que se mede, em vez disso, é a luz emitida pela amostra a um ângulo de 90° em relação ao caminho da luz de excitação.[5]

A energia da luz proveniente da fonte de excitação na espectroscopia de fluorescência atômica é, muitas vezes, usada para excitar um átomo a um nível de energia mais elevado do que aquele do qual esperamos medir a fluorescência. Essa abordagem é adotada para evitar qualquer interferência da luz espalhada que se origina da fonte de luz. A intensidade da fluorescência medida será proporcional à concentração dos átomos que são submetidos a fluorescência atômica, e dependerá da eficiência quântica do processo de emissão (veja o Capítulo 18). A intensidade da luz dependerá também de várias propriedades do sistema. Ao contrário da espectroscopia de absorção atômica, a intensidade da luz medida em espectroscopia de fluorescência atômica será proporcional à intensidade da luz de excitação. Além disso, a fluorescência depende primeiro de os átomos absorverem um fóton de luz, o que significa que uma alta absortividade molar criará um maior número de átomos excitados que poderá, mais tarde, ser submetido a fluorescência.

Quadro 19.1 Ajustando-se ao laser

A invenção do laser na década de 1960 revolucionou muitos aspectos da espectroscopia. A palavra 'laser' é formada pelas iniciais do nome mais formal '**L**ight **A**mplification by **S**timulated **E**mission of **R**adiation'. Esse tipo de fonte é útil em espectroscopia porque fornece luz monocromática intensa e altamente direcional (isto é, toda a produção do laser segue a mesma direção, ao contrário de uma lâmpada que emite luz em todas as direções). Alguns raios laser operam apenas em um comprimento de onda fixo, mas outros podem ser ajustados para funcionar em uma gama bastante ampla. Uma variedade de materiais foi usada como meio para 'irradiar raios laser' (veja o diagrama na Figura 19.3). Eles incluem sólidos como o rubi, gases como o hélio e o neônio, e corantes e semicondutores como o arseneto de gálio.[5, 8,10,11]

Um laser funciona pela criação de uma 'inversão de população'. O termo significa que existem mais espécies químicas no estado excitado do que no estado fundamental. Essa situação se opõe ao comportamento descrito pela equação de Boltzmann, segundo a qual, normalmente, sempre haverá mais espécies químicas no estado fundamental do que em um estado excitado. A inversão de população é realizada por 'bombeamento' da irradiação de laser com uma fonte de luz intensa ou uma descarga elétrica. Quando isso acontece, as espécies excitadas no meio de irradiação de laser emitem luz, o que estimula as outras espécies excitadas no meio a fazerem o mesmo. Espelhos são usados para passar a maior parte da luz emitida de volta pelo laser e, desse modo, produzir mais emissão. Um dos espelhos tem 100 por cento de refletividade e o outro é em parte transparente, refletindo cerca de 99 por cento da luz. A pequena fração de luz que não é refletida pelo espelho é liberada e forma o feixe de laser aplicável à medição ou à aplicação desejadas.[5,10,11]

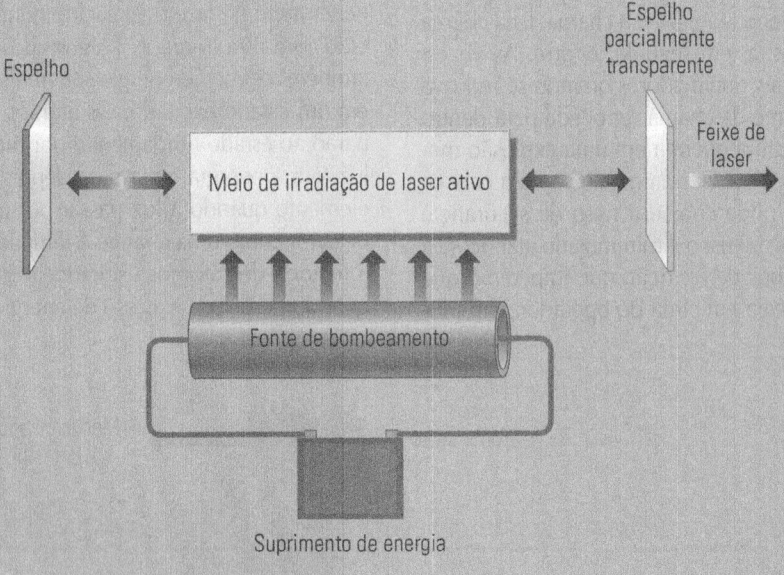

Figura 19.3

Concepção geral de um laser típico. A descrição de como um laser funciona é fornecida no texto. Embora espelhos planos sejam mostrados neste diagrama, os espelhos esféricos são normalmente utilizados para minimizar a perda de luz por difração.[5]

19.3 Espectroscopia de absorção atômica

A espectrometria de absorção atômica começou com a observação, na década de 1820, por Joseph von Fraunhofer, de linhas escuras no espectro solar.[6] Ele observou e catalogou 576 das tais linhas e percebeu que elas eram inerentes à luz proveniente do Sol, e não a algum artefato instrumental. Mais tarde, demonstrou-se que os comprimentos de onda dessas linhas escuras são iguais aos das linhas brilhantes de elementos terrestres quando absorvem luz em uma chama. Isso foi útil para Bohr em seu estudo sobre a origem de cores específicas de luz emitida e dos níveis de energia nos átomos. A interpretação moderna é que as linhas escuras no espectro solar são causadas por átomos mais frios na atmosfera do Sol que absorvem um pouco da luz solar emitida. Esse mesmo princípio pode ser usado na análise química utilizando-se chamas e outras fontes de calor para determinar a composição de certos elementos em uma amostra.

19.3.1 Instrumentos de fluxo laminar

Existem vários tipos de instrumento que se destinam à espectroscopia de absorção atômica. Um importante dispositivo desse tipo é o que usa fluxo laminar na análise de amostras. A expressão 'fluxo laminar' descreve a maneira como a amostra, o combustível e o oxidante são introduzidos na região onde a chama está presente. Essa abordagem contrasta com os 'queimadores de consumo total' como o bico de Bunsen, que são bastante usados em espectroscopia de emissão de chama, mas muito pouco em medições de absorção atômica.

Um tipo de instrumento de absorção atômica utiliza um **queimador de fluxo laminar** (veja a Figura 19.4).[5,6] Nele, combustível e oxidante são misturados em uma câmara abaixo da chama. Essa câmara é alimentada com uma amostra líquida, e a amostra passa por um dispositivo (conhecido como 'nebulizador') que dispersa a solução para formar uma névoa de gotículas. As que são grandes demais se condensarão em um 'defletor', descem ao fundo da câmara e escoam por um dreno para um recipiente de resíduos. Deixa-se que a mistura combustível/oxidante e o restante das gotículas subam à cabeça do queimador através de uma fenda longa até a chama. É na chama que a atomização da amostra, em seguida, ocorre. Às vezes, ocorre um problema com tais queimadores quando se reduz o fluxo de gás para que a frente da chama retroceda para dentro da câmara, onde toda a mistura queima em uma explosão menor, chamada de 'flashback'. Isso normalmente sopra a cabeça do queimador para o ar e pode criar um risco de segurança. Nos instrumentos modernos, tal risco é minimizado atando-se a cabeça do queimador a cabos de restrição que impedirão que ela voe pelo laboratório e caia em cima do operador. Um plugue *blow-out* na base do queimador também costuma ser usado para evitar *flashbacks*.

Foi somente por volta de 1955 que a espectroscopia de absorção atômica começou a ser praticada em laboratórios de análises. Seu uso em análise química de rotina primeiro exigia uma fonte de luz adequada para garantir que a luz que passasse através da amostra tivesse o comprimento de onda ideal para absorção pelos átomos desejados. Hoje, a **lâmpada de cátodo oco** é a fonte de luz mais empregada para esse fim (veja a Figura 19.5).[3-6] Esse tipo lâmpada contém um pequena peça cilíndrica oca do mesmo elemento metálico que a lâmpada que, mais tarde, será usada na medição de uma chama. Esse pedaço oco de material destina-se a fazer o papel do cátodo, o eletrodo negativamente carregado nessa lâmpada. Uma voltagem é aplicada entre esse cátodo e um ânodo vizinho. A diferença de voltagem causa a ionização de parte do argônio ou do gás neônio que preenche a lâmpada de cátodo oco e resulta em íons Ar^+ ou Ne^+. Esses íons positivos vão, então, se deslocar para o cátodo e colidir com ele em alta velocidade. Tais colisões levam alguns átomos do metal a se desalojarem do cátodo e penetrarem na fase de gás circundante. Esse processo é conhecido como *sputtering*.[5,7,8] Alguns dos átomos de metal *sputtered* também receberão energia suficiente da colisão para colocá-los em um estado excitado. Os átomos excitados mais tarde retornarão ao estado fundamental por meio da emissão de luz. Essa luz terá a energia certa para depois excitar átomos do mesmo elemento quando a luz passar por uma amostra em uma fonte de calor como uma chama. A lâmpada é projetada de modo que a maioria dos átomos excitados retorna à superfície do cátodo quando perde seu excesso de energia. Esse recurso permite que

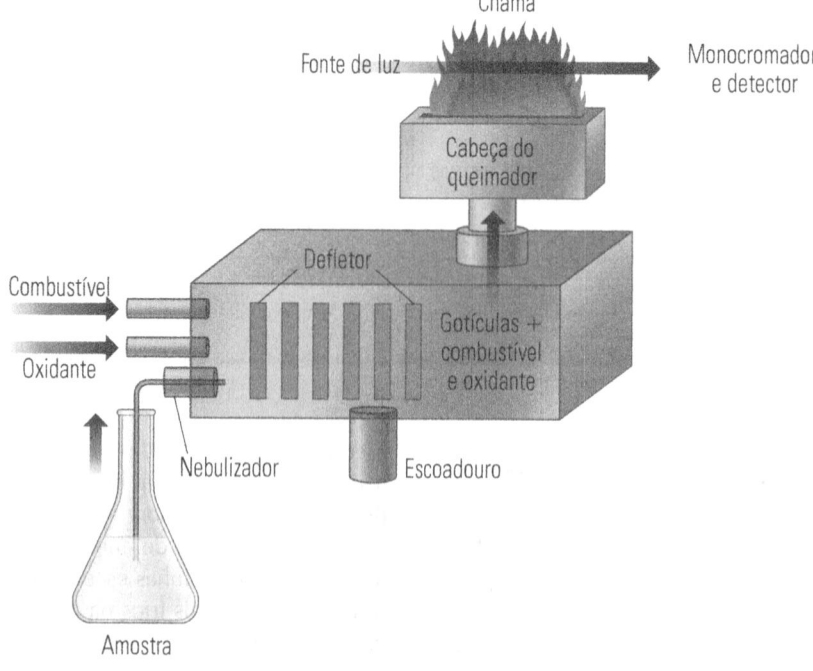

Figura 19.4

Projeto de um queimador de fluxo laminar para espectroscopia de absorção atômica. As funções dos vários componentes deste dispositivo são descritas no texto.

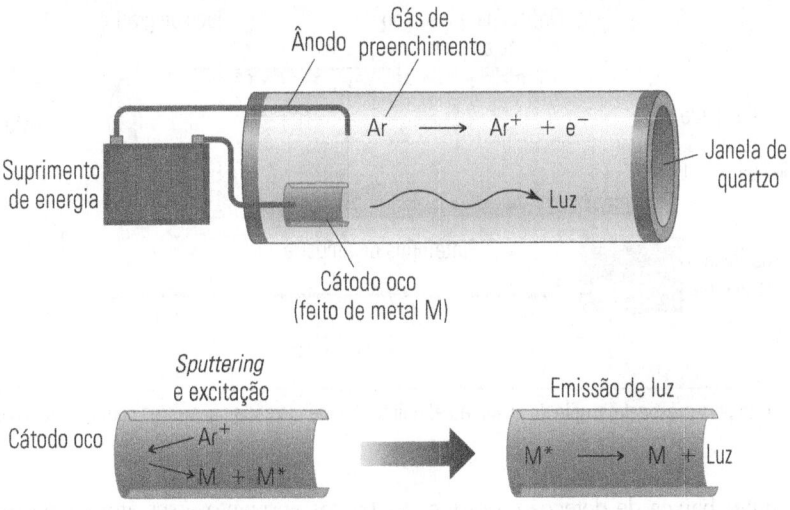

Figura 19.5

Projeto geral de uma lâmpada de cátodo oco (topo) e o mecanismo pelo qual a luz é emitida por essa fonte de luz (parte inferior).

os átomos voltem a ser excitados mais tarde e sejam reutilizados na emissão de luz.

Vimos no Capítulo 17 que a lei de Beer pressupõe o uso de luz monocromática na medição da absorção. Tal pressuposto requer que a largura de banda da radiação incidente seja estreita com respeito ao espectro de absorção de um analito. Tal requisito não costuma representar um problema em espectroscopia molecular devido à ampla banda de absorção de moléculas e espécies poliatômicas. No entanto, a questão pode se revelar um problema sério em espectroscopia de absorção atômica porque o espectro de absorção de um átomo é bastante estreito. É por essa razão que a lâmpada de cátodo oco é tão útil em espectroscopia de absorção atômica, na qual a luz emitida por um elemento desse tipo de lâmpada corresponde exatamente à luz que pode ser absorvida por esse mesmo elemento em uma amostra.

Nesse ponto, você pode estar se perguntando: 'O que causa uma dada largura no espectro de absorção de um átomo?' e 'Por que essa banda de absorção não se constitui somente de um único comprimento de onda, em vez de uma banda muito estreita de comprimentos de onda?' Há vários fatores que contribuem para a largura de uma linha de absorção em espectroscopia atômica. O fator mais fundamental é o *princípio da incerteza de Heisenberg*, já mencionado, que indica que não podemos conhecer com exatidão nem a vida útil de um átomo em estado excitado (Δt), nem a incerteza na energia que está associada a este estado excitado (ΔE).

$$\Delta E \Delta t \geq h/4\pi \qquad (19.3)$$

Visto que o tempo de vida do estado excitado costuma ser muito curto em espectroscopia atômica (isto é, o valor de Δt é pequeno), o valor da incerteza na energia do átomo (ΔE) será um tanto grande. Isso resulta em uma distribuição de energias e comprimentos de onda quando examinamos a absorção ou a emissão de luz por átomos.[5]

As colisões de átomos excitados com outros em uma chama podem reduzir ainda mais o tempo de vida de um átomo em estado excitado, o que leva a um novo aumento em ΔE na Equação 19.3. Outro fator que cria uma distribuição de comprimentos de onda no espectro de absorção ou de emissão de um átomo é o *efeito Doppler*. Na alta temperatura de uma chama, os átomos se movem muito depressa em todas as direções. Aqueles que se deslocam em direção ao detector darão origem a fótons que parecem ter uma energia mais elevada do que os que estão se afastando do detector, levando assim a um aumento na distribuição observada de energias e comprimentos de onda da luz.[5]

19.3.2 Instrumentos de forno de grafite

Outra abordagem para a atomização da amostra em espectroscopia de absorção atômica é a utilização de um **forno de grafite** em vez de uma chama (veja a Figura 19.6).[3,4,5,7] Um forno de grafite consiste em uma peça oca e cilíndrica de grafite, em geral medindo 10 cm de comprimento e cerca de 3 cm de diâmetro. O grafite pode transportar uma corrente elétrica, mas também gera alguma resistência e aquecimento quando uma corrente passa através dele. Vários projetos de fornos de grafite estão disponíveis, mas todos eles permitem que uma quantidade fixa de amostra (como uma gota de 10 μL) seja introduzida no cilindro e aquecida, passando-se uma corrente através do cilindro, o que leva a um 'aquecimento resistivo'. O aquecimento pode ser realizado gradual ou rapidamente. A principal vantagem dessa concepção é que, uma vez atomizada uma amostra, os átomos resultantes permanecerão no forno por vários segundos, em vez de uma fração de milissegundo, como é comum em uma chama. Esse tempo de permanência mais longo no forno permite que cada átomo seja excitado e relaxe muitas vezes. Tal recurso é bastante útil quando lidamos com amostras pequenas, porque elas não precisam ser continuamente alimentadas no instrumento durante a medição. Uma única gota de amostra

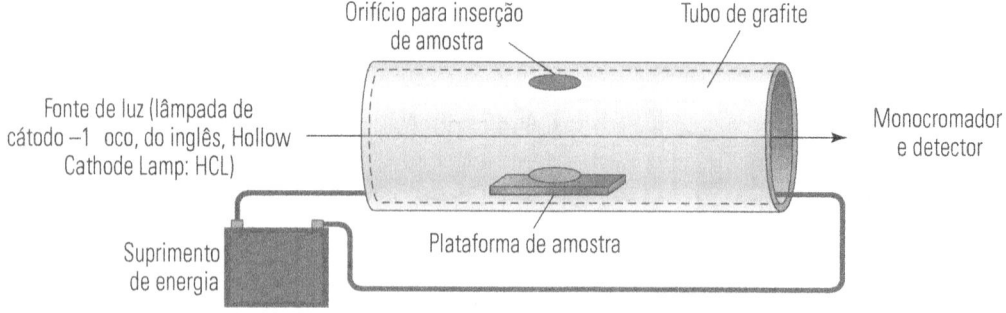

Figura 19.6

Concepção geral de um forno de grafite para a espectroscopia de absorção atômica. O papel de cada um desses componentes é descrito no texto.

é suficiente para fornecer limites baixos de detecção, porque cada átomo é medido várias vezes conforme absorve luz dentro do forno. Apesar de um instrumento de forno de grafite em geral ter um limite consideravelmente menor de detecção do que um dispositivo de fluxo laminar, o primeiro tende a ser menos preciso do que o segundo. Mesmo pequenas quantidades de contaminação a partir de uma partícula de poeira também podem criar um problema quando se usa um instrumento de forno de grafite.

19.3.3 Otimização de espectroscopia de absorção atômica

Diversas variáveis podem afetar os resultados obtidos por espectroscopia de absorção atômica. A temperatura da chama e a composição da amostra são decerto importantes. A chama deve estar quente o suficiente para atomizar a amostra com eficiência. Ela não precisa excitar átomos para essa medição, mas alguma excitação é inevitável. Se estiver muito quente, uma extensa ionização de átomos da amostra pode ocorrer, e isso reduzirá o sinal obtido dos átomos não ionizados.

Vimos na Seção 19.2.3 que o tipo de oxidante em relação ao combustível utilizado para produzir a chama afetará sua temperatura (veja a Tabela 19.1). Um excesso de oxidante costuma ser usado para garantir que o combustível seja totalmente consumido e não deixe partículas de carbono não queimado (ou 'fuligem') na chama. Partículas de fuligem são indesejáveis porque vão dispersar luz e gerar erros nas medições de absorção. No entanto, alguns metais reagem com o oxigênio a uma temperatura elevada e produzem óxidos metálicos que não formam átomos prontamente. Esses óxidos são considerados 'refratários'. O alumínio e o molibdênio são dois metais que formam óxidos refratários em chamas ricas em oxigênio. Tal situação cria um problema porque as amostras têm menos de um milésimo de segundo para atomizar em uma chama antes que estejam fora da região de análise. Uma forma de superar o problema dos elementos que formam óxidos refratários é usar, como alternativa, o óxido nitroso, N_2O, como oxidante. Usar N_2O como oxidante evita os átomos livres e reativos de oxigênio na chama e, desse modo, evita-se a formação de óxidos metálicos enquanto esses átomos de óxido se combinam com os metais. Outro benefício do uso de óxido nitroso como oxidante é que ele combina com um combustível como o etileno (C_2H_2) em uma reação altamente exotérmica, como mostrado a seguir.

$$C_2H_2 + 5\,N_2O \rightarrow 2CO_2 + H_2O + 5\,N_2 \qquad (19.4)$$

Esta reação combustível-oxidante resulta em uma chama com uma temperatura de cerca de 3.100 K (veja a Tabela 19.2), e não deixa vestígio de nenhum átomo de oxigênio livre ou moléculas que possam interferir nas medições de absorção.

A localização e o comprimento do caminho da luz através da chama também são importantes quando se utiliza a espectroscopia de absorção atômica. O longo eixo da chama, que costuma medir 10 cm de comprimento, deve ser cuidadosamente alinhado com o feixe de luz para controlar e maximizar o caminho ótico (veja na Figura 19.5 a localização do caminho ótico em um forno de fluxo laminar e na Figura 19.6 sua localização em um forno de grafite). A altura do queimador em relação ao caminho da luz determina qual parte da chama é analisada durante a medição de absorção. Lembre-se de que a temperatura da chama (e, portanto, a extensão da atomização) varia conforme a posição na chama, o que significa que a composição dos átomos também varia de modo considerável em toda a chama. Felizmente, esse parâmetro pode ser otimizado com facilidade por meio de amostras-padrão do analito desejado antes que amostras desconhecidas sejam examinadas sob um determinado conjunto de condições.

Formação de compostos não-voláteis. Além da formação de óxidos refratários quando há excesso de oxigênio presente na chama, vários componentes de uma amostra podem levar à formação de sólidos refratários. O cálcio é um excelente exemplo. Se íons fosfato ou sulfato estão presentes em uma solução, eles interferem na análise de Ca^{2+} na mesma solução. O sulfato de cálcio e o fosfato de cálcio são materiais pouco solúveis, mas baixas concentrações de cálcio e de fosfato ou de ânions sulfato podem coexistir em uma solução. Quando a água evapora de tal solução à medida que gotículas dela entram na chama, as concentrações desses íons logo se tornam altas o suficiente para formar fosfato de cálcio sólido ou sulfato de cálcio. Ambos são sólidos refratários que, em temperaturas normais, não atomizam de forma eficaz.

Problemas relacionados à formação de substâncias refratárias em uma chama podem ser superados por meio de diversos métodos químicos. Por exemplo, no caso de íons cálcio pode-se adicionar a amostras e a padrões uma substância química que atuará como 'agente liberador' ou 'agente protetor'. Um **agente liberador** é um reagente que faz um ânion precipitante (sulfato ou fosfato, nesse caso) formar um precipitado com outra substância. Por exemplo, muitas vezes se adiciona cloreto de lantânio a uma solução cujo teor de cálcio deve ser medido. O lantânio formará compostos com o sulfato e o fosfato, que são ainda menos solúveis do que os compostos correspondentes de cálcio. Desse modo, o cálcio é liberado do fosfato ou do sulfato e permanece sob uma forma facilmente mensurável (veja a Figura 19.7). Um **agente protetor** é um reagente que impede a formação do composto refratário por um mecanismo diferente. Por exemplo, o ácido etilenodiaminotetracético (EDTA) costuma ser adicionado a amostras de cálcio para atrelar íons cálcio como complexos de CaEDTA^{2-} solúveis, o que mais uma vez impede que os íons cálcio se combinem com os íons fosfato ou sulfato. Quando CaEDTA^{2-} penetra uma chama, o EDTA prontamente entra em combustão no calor, permitindo que o cálcio seja convertido em átomos que podem ser medidos. O EDTA pode também servir como agente protetor na análise de muitos outros elementos que formam complexos com esse agente (veja o Capítulo 9).

Geração de hidretos. Outro método para aumentar a volatilidade de algumas espécies químicas é alterá-las antes de introduzi-las em uma chama. Arsênio, selênio, antimônio, bismuto, germânio, estanho, telúrio e chumbo podem ser convertidos em hidretos metálicos voláteis para essa finalidade. Um exemplo dessa reação é mostrado na Equação 19.5 para o arsênio (presente em uma solução aquosa ácida na forma H_3AsO_3), que reage com o borohidreto de sódio para formar o hidreto metálico AsH_3 antes dessa solução entrar em uma chama.

$$4\ H_3AsO_3 + 3H^+ + 3\ NaBH_4 \rightarrow 3\ H_3BO_3 + 4\ AsH_3 + 3\ H_2O + 3\ Na^+ \quad (19.5)$$

Hidretos metálicos como AsH_3 são compostos voláteis que entram em uma chama como moléculas, mas logo entram em combustão para formar água e deixam para trás o átomo metálico central para análise. Como esse método remove o analito de sua matriz, ele pode melhorar os limites de detecção em 10 a 100 vezes.[7,8]

Interferências de ionização. Ainda outra dificuldade para realizar uma análise quantitativa por métodos de chama é que, embora geralmente se escolham condições para minimizar a ionização de átomos, alguma ionização ocorrerá. O íon de um elemento terá um espectro de emissão ou absorção diferente do átomo de origem, de modo que esse processo reduz o sinal que pode ser obtido do átomo e forma um espectro mais complexo para a amostra. Uma forma de minimizar a ionização de uma amostra é usar uma temperatura mais baixa de chama, mas essa abordagem também afeta a atomização da amostra (e a excitação, no caso de espectroscopia de emissão atômica), portanto nem sempre será a melhor opção.

Outra forma de lidar com os efeitos da ionização é adicionar um **tampão de ionização** à amostra.[3,5] Esta ideia pode ser ilustrada tomando-se o sódio como exemplo.

$$Na \rightleftarrows Na^+ + e^- \quad K_{i,Na} = \frac{[Na^+][e^-]}{[Na]} \quad (19.6)$$

A reação de ionização anterior pode ser descrita por uma constante de equilíbrio que é chamada de *constante de ionização* e cujo valor depende fortemente da temperatura. De muitas maneiras, esta constante de equilíbrio pode ser tratada da mesma forma que a reação de um ácido fraco em água. O percentual de ionização variará de acordo com a concentração, sendo que a razão $[Na^+]/[Na]$ diminui em altas concentrações de íon sódio. Isso resultará em uma inclinação não constante e crescente de um gráfico de intensidade de emissão contra $[Na^+]$ para a solução aquosa que penetra a chama. Podemos superar essa dificuldade adicionando uma fonte de elétron (ou um tampão de ionização) para manter uma concentração constante de elétrons livres na chama, o que ajudará a manter uma relação constante para $[Na^+]/[Na]$. É comum o cloreto de lítio ser adicionado à amostra para que as medições de sódio ou de potássio produzam uma concentração constante de elétrons.

$$Li \rightleftarrows Li^+ + e^- \quad K_{i,Li} = \frac{[Li^+][e^-]}{[Li]} \quad (19.7)$$

Se o lítio está presente em uma concentração elevada o bastante, ele manterá uma concentração constante de elétrons

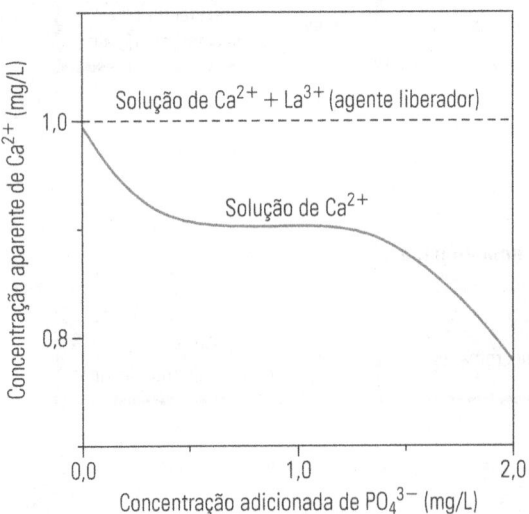

Figura 19.7

Efeito da adição de La^{3+} como agente protetor na concentração aparente de Ca^{2+} que é medida por espectroscopia de absorção atômica para amostras que contêm diferentes concentrações de fosfato, PO$_4^{3-}$. Na ausência de La^{3+}, o fosfato se combinará com Ca^{2+} e formará um material um pouco mais solúvel, além de reduzir o número de átomos de cálcio que se formam na chama para análise. A presença de lantânio impede que essa reação ocorra enquanto o excesso de La^{3+} (adicionado neste exemplo em uma concentração de 1.000 mg/L) se combina com íons fosfato. (Este gráfico se baseia em dados obtidos da empresa Perkin-Elmer.)

livres exatamente como uma solução tampão aquosa mantém um pH constante no uso de um ácido ou base.

Design de instrumento. Muitas características são as mesmas para emissão de chama e espectroscopia de absorção atômica. Isso significa que a maioria dos instrumentos de absorção atômica de chama também serve para a espectroscopia de emissão atômica. As características necessárias para ambos os métodos são uma chama, um monocromador e um detector. Para medição de absorção atômica, há a necessidade adicional de uma fonte de luz, como uma lâmpada de cátodo oco. A concepção geral de instrumentos para a realização de medições de emissão atômica, absorção atômica e fluorescência atômica é mostrada na Figura 19.8, que resume as semelhanças e as diferenças de tais dispositivos.

A Figura 19.8 indica que todos esses instrumentos têm o monocromador colocado *após* a chama ou fonte de calor. Essa estrutura é importante em medições de emissão atômica nas quais apenas a característica do comprimento de onda do analito deve ser examinada. Tal estrutura também é importante em medições de absorção atômica e de fluorescência atômica, porque queremos que um único comprimento de onda da fonte de luz atinja o detector, mas uma fonte de calor como uma chama ou plasma pode atuar como fonte de muitos comprimentos de onda da luz.

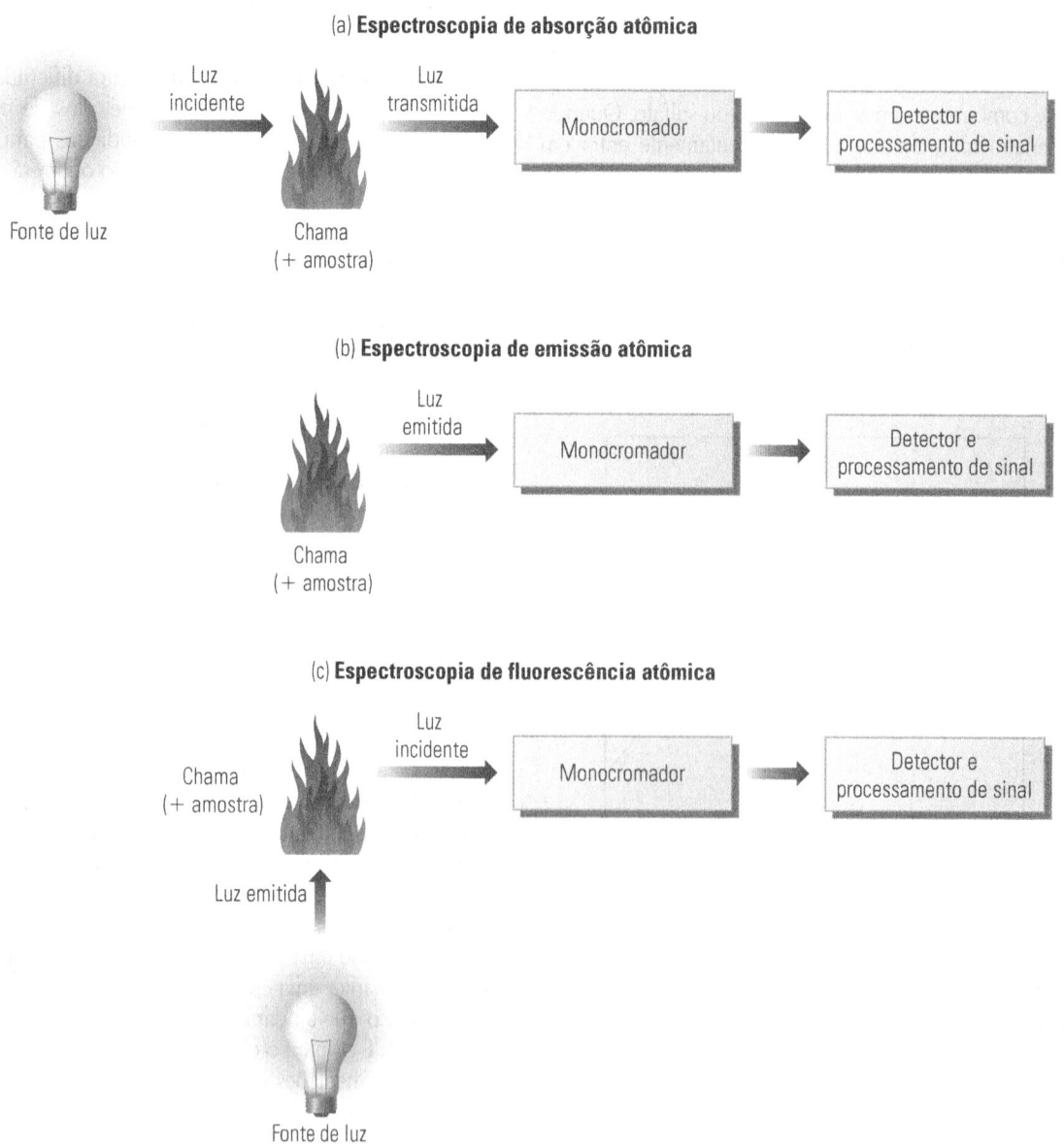

Figura 19.8

Comparação da concepção geral de instrumentos para realização de (a) espectroscopia de absorção atômica, (b) espectroscopia de emissão atômica e (c) espectroscopia de fluorescência atômica.

Há duas fontes de luz capazes de interferir em medições de absorção atômica. A primeira é a luz emitida por átomos além do analito na chama. A segunda são outros comprimentos de onda emitidos pela lâmpada de cátodo oco usada como fonte de luz. Além disso, a luz que é emitida pelo analito na chama interferirá quando a absorção atômica, e não a emissão, deve ser medida.

A luz de outros comprimentos de onda pode ser removida por meio de um bom monocromador, mas a luz emitida pelo analito terá o mesmo comprimento de onda da luz emitida pela lâmpada de cátodo oco para uso em medição da absorção. Há vários esquemas disponíveis para se lidar com essa questão. O mais simples é usar um *cortador de sinal* (*signal chopper*). Trata-se de uma hélice que gira no caminho de luz entre a lâmpada de cátodo oco e a chama. Ela libera e bloqueia alternadamente o caminho da luz incidente que está sendo emitida pela lâmpada de cátodo oco, mas não exerce efeito sobre a luz que é emitida por átomos na chama. Portanto, o detector vê de forma alternada uma luz no comprimento de onda característico que é a soma da luz transmitida e da luz emitida quando a hélice está aberta, mas só vê luz emitida quando a hélice bloqueia a luz incidente. O resultado é um sinal no detector que é uma onda quadrada. Nela, o alto valor é a soma da intensidade da luz emitida e da luz transmitida, e o baixo valor é a intensidade somente da luz emitida (veja a Figura 19.9). A diferença nesses dois valores fornece a intensidade da luz transmitida, que é usada para calcular a absorbância real da amostra.

19.4 Espectroscopia de emissão atômica

Existem duas abordagens usadas em laboratórios modernos para a realização de experimentos baseados em espectroscopia de emissão atômica: instrumentos de chama e instrumentos de plasma. Essas duas classes de instrumento diferem nos métodos que utilizam para atomizar amostras e para excitar átomos para medições de emissão. Uma grande vantagem dos instrumentos de emissão é que eles podem ser concebidos para medir vários elementos ao mesmo tempo. Isso contrasta com os instrumentos de absorção atômica, que servem para medir somente um elemento por vez.

19.4.1 Instrumentos de chama

A concepção geral de um instrumento de espectroscopia de emissão atômica assemelha-se à utilizada em espectroscopia de absorção atômica, como mostrado na Figura 19.8. Uma das diferenças é que os instrumentos de emissão atômica não re-

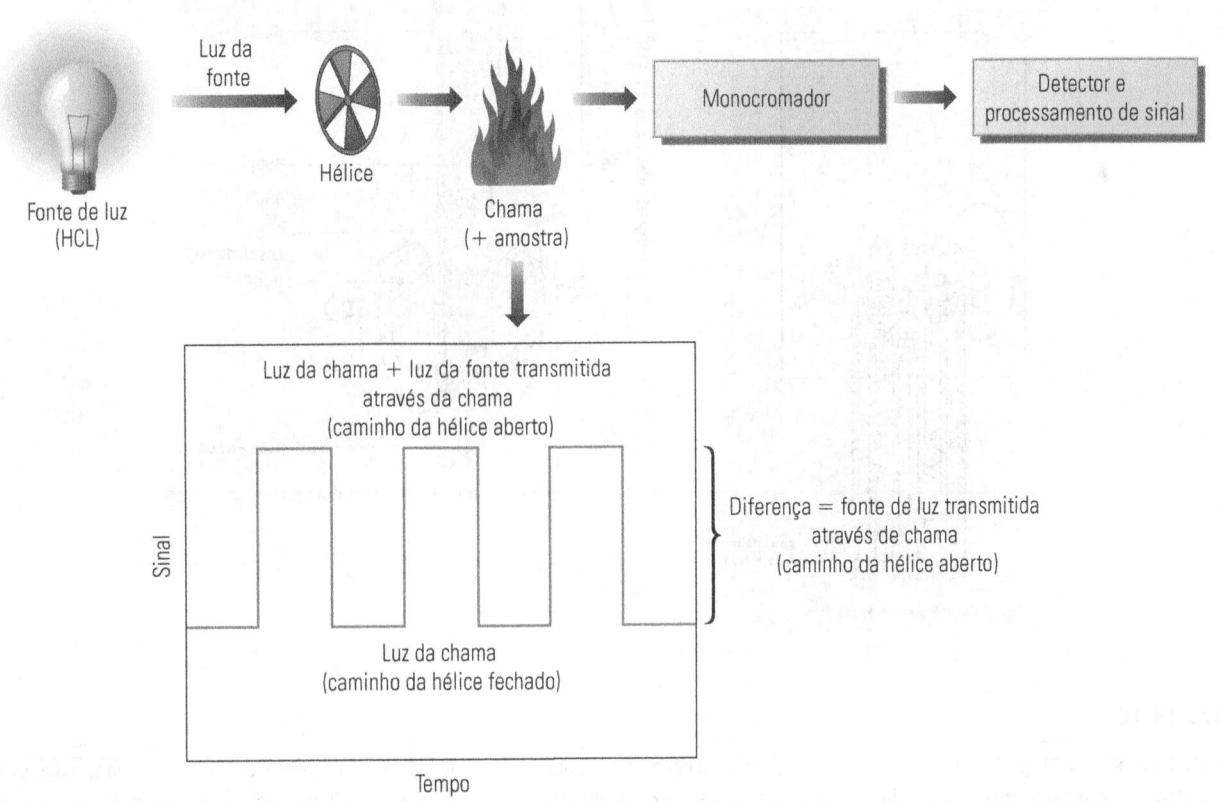

Figura 19.9

Uso de uma hélice em um instrumento de fluxo laminar para corrigir a emissão de luz da chama.

querem uma lâmpada de cátodo oco como fonte de luz e nem uma hélice para distinguir entre a luz proveniente da fonte e a que está sendo emitida pela chama. Os elementos do grupo IA e IIA são em geral determinados por espectroscopia de emissão de chama porque têm valores de energias de excitação bem pequenos. Tal característica significa que esses elementos terão forte emissão, permitindo-lhes ser detectados mesmo a temperaturas relativamente baixas produzidas por misturas combustível-oxidante comuns em chamas (cerca de 2.200 a 3.300 K, como indica a Tabela 19.1). Instrumentos específicos de espectroscopia de emissão de chama podem ser desenvolvidos para medir elementos individuais examinando-se somente os comprimentos de onda da luz que seria emitida pelos átomos desses elementos. Um exemplo comum é o uso de instrumentos em laboratórios clínicos para medir o sódio e o potássio em amostras de sangue, urina, suor.

19.4.2 Instrumentos de plasma

Instrumentos de plasma usam um plasma de alta temperatura em vez de uma chama para atomização e excitação da amostra. Esses dispositivos são utilizados no método de **espectrometria de emissão atômica em plasma acoplado indutivamente (ICP-AES**, do inglês, *inductively coupled plasma atomic emission spectrometry*).[3,8,9] Um exemplo desse tipo de fonte de plasma é apresentado na Figura 19.10. As duas principais vantagens dos instrumentos de plasma são as altas temperaturas que eles podem alcançar em medições de emissão e sua capacidade de examinar muitos elementos ao mesmo tempo. A maioria dos instrumentos de plasma usa argônio como fonte e é alimentada por uma corrente alternada (AC) de radiofrequência que passa através de uma bobina de cobre enrolada como um indutor em torno do fluxo de argônio. Uma faísca injeta elétrons na região de carga da bobina do plasma. Os elétrons interagem com o campo magnético oscilante produzido por meio de indução pela corrente oscilante de radiofrequência na bobina de carga. As colisões entre os elétrons e os átomos de argônio que se seguem ionizam o argônio para criar elétrons adicionais que levam a mais episódios de ionização. O resultado é um plasma em uma região confinada com temperatura muito alta. Um aerossol da amostra é carregado para o centro do plasma por um segundo fluxo de gás argônio. A terceira corrente de argônio passa através do tubo estreito externo como um revestimento de refrigeração para impedir que as partes do instrumento que cercam o plasma derretam. O fluxo de argônio nas três correntes é fundamental para gerar um plasma estável.

O argônio é bem mais caro do que os gases hidrocarbonetos como o metano ou o acetileno, e oxidantes como o ar ou oxigê-

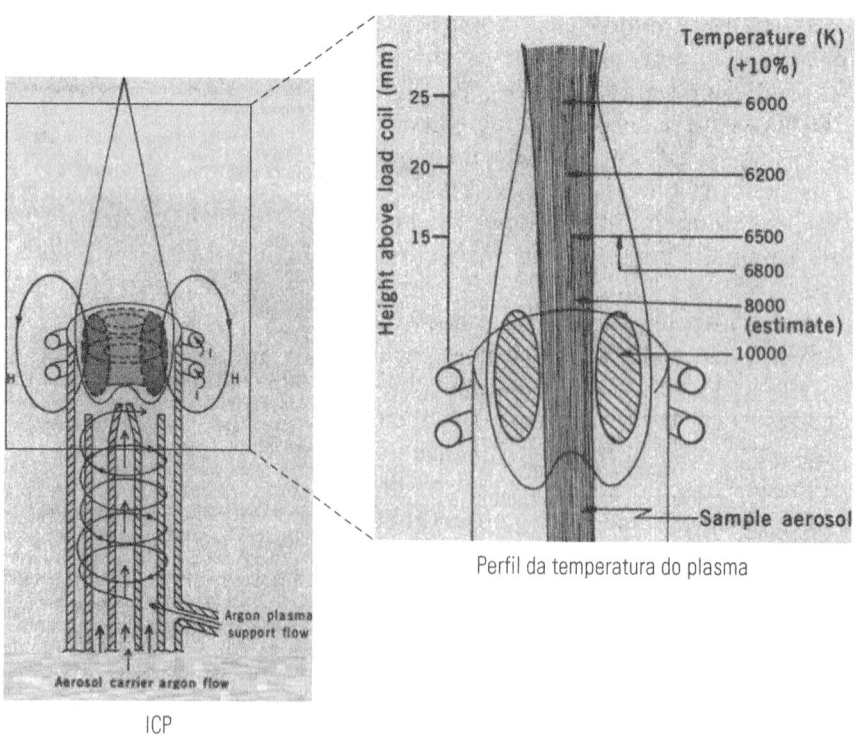

Figura 19.10

A concepção geral de um dispositivo para criar um plasma de argônio em espectroscopia de emissão atômica (à esquerda) por plasma acoplado indutivamente (ICP) e o perfil de temperatura do plasma (à direita). As bobinas na parte externa do aparelho têm uma corrente alternada de radiofrequência I que passa através deles e cria um campo magnético H. Este campo magnético, por sua vez, leva ao movimento e às colisões de elétrons e íons argônio no plasma, produzindo calor. (Estas figuras foram reproduzidas de AAAS de V.A. Fassel, 'Quantitative Elemental Analysis by Plasma Emission Spectroscopy', *Science*, 202, 1978, p.183–191.)

nio que são utilizados em espectroscopia de absorção atômica. Isso torna a execução de ICP-AES mais onerosa. Entretanto, o argônio é um gás inerte que não leva à formação de óxidos refratários. Sem contar que a ICP-AES tem limites de detecção que podem ser reduzidos de 10 a 100 vezes em comparação com os obtidos com uma chama como fonte de calor.[8,9] Sem contar que a ICP-AES pode ser facilmente usada para realizar uma análise multielementar. Os instrumentos que são utilizados na ICP-AES têm uma faixa dinâmica linear extremamente ampla, capaz de abranger mais de seis ordens de magnitude em concentração.

Há três principais concepções de um instrumento para ICP-AES, que diferem na forma como os múltiplos elementos são manipulados. Em uma delas, o instrumento é montado na fábrica com várias fendas e fotomultiplicadores alinhados em posições para monitorar a emissão de luz por elementos específicos. É muito difícil modificar esses instrumentos para medir elementos que não foram considerados no projeto original. Esses dispositivos, no entanto, permitem a análise simultânea de até 40 a 50 elementos. Uma segunda estrutura comum é a que permite a medição sequencial de vários elementos. Esse instrumento é programado para mover seus componentes óticos para posições ideais para quaisquer elementos desejados. Tais medições levam mais tempo para serem realizadas do que o primeiro tipo, porém são mais flexíveis no tocante à gama de elementos que podem medir. Um terceiro dispositivo baseia-se no uso de um detector de arranjo que pode medir muitos elementos ao mesmo tempo ou ser definido para qualquer elemento que o operador pretenda examinar.

Palavras-chave

Agente liberador 469
Agente protetor 469
Distribuição de Boltzmann 463
Espectrometria de emissão atômica por plasma acoplado –1 indutivamente 472

Espectroscopia atômica 460
Espectroscopia de absorção atômica 460
Espectroscopia de emissão atômica 460
Espectroscopia de emissão de chama 461
Espectroscopia de fluorescência atômica 464

Forno de grafite 467
Lâmpada de cátodo oco 466
Queimador de fluxo laminar 466
Tampão de ionização 469

Outros termos

Atomização 462
Constante de ionização 469
Cortador de sinal 471
Dessolvatação 462
Dissociação 462

Efeito Doppler 467
Excitação 462
Ionização 462
Princípio da incerteza de Heisenberg 467
Região interzonal 462

Sputtering 466
Volatilização 462
Zona de combustão primária 462
Zona de combustão secundária 462

Questões

O que é espectroscopia atômica?

1. O que se entende por 'espectroscopia atômica'? Qual requisito básico deve ser atendido antes que se examine uma amostra por esse método?
2. Qual é a diferença entre espectroscopia de emissão atômica e espectroscopia de absorção atômica? Explique por que ambos os métodos são tipos de espectroscopia atômica.
3. Explique por que o espectro de um analito em espectroscopia atômica é muito mais simples que um espectro comumente obtido em espectroscopia molecular.
4. Por que o espectro de emissão de átomos de hidrogênio é mais simples do que de moléculas de hidrogênio (H_2)?
5. No início do século XX, o tempo de vida e a temperatura de um grande número de estrelas foram estimados com base na espectroscopia de emissão. Explique como isso foi feito.

Como a espectroscopia atômica é utilizada em análise química?

6. Quais são os dois métodos baseados em espectroscopia atômica que podem ser usados para medir um elemento específico em uma amostra?
7. O que é 'espectroscopia de emissão de chama'? Descreva como esse método foi desenvolvido.
8. Descreva como a espectroscopia atômica pode ser aplicada para medir vários elementos ao mesmo tempo. Cite um tipo específico de espectroscopia atômica que possa servir para essa finalidade.
9. Ernest Rutherford determinou que as partículas alfa observadas em alguns tipos de decaimento radioativo eram realmente núcleos de hélio. Explique como ele poderia ter determinado que os núcleos de hélio eram partículas alfa usando a espectroscopia atômica.

Atomização de amostra

10. Qual o significado de 'atomização' quando se lida com espectroscopia atômica? Por que a atomização é importante nesse método?
11. Explique o que acontece durante cada um dos episódios a seguir em atomização de amostra.
    (a) Dessolvatação.
    (b) Volatilização.

(c) Dissociação.

(d) Excitação.

(e) Ionização.

12. Quais dos episódios listados na Questão 11 são necessários em qualquer tipo de espectroscopia atômica realizada com uma amostra líquida? Quais deles são necessários em espectroscopia de emissão atômica, mas não em espectroscopia de absorção atômica? Quais deles são indesejáveis em ambos os métodos?

13. Qual é o tempo permitido para a atomização de amostra quando se usa uma chama em espectroscopia atômica? Use essas informações para explicar por que a velocidade e a eficiência da atomização da amostra são importantes na obtenção de um sinal melhor em espectroscopia atômica.

14. Uma gota característica que passa pela chama de um instrumento de espectroscopia de absorção atômica deve ter diâmetro de 1,5 µm. Se essa gota se forma a partir de uma solução aquosa contendo $CaCl_2$ de $2,5 \times 10^{-5}$ M, qual massa de $CaCl_2$ permanecerá como uma partícula sólida após essa gota se submeter à dessolvatação?

Excitação de amostra

15. Em sua opinião, por que o espectro de emissão a partir de átomos de hidrogênio é mais simples do que o espectro de emissão de átomos de qualquer outro elemento?

16. Explique o que acontece durante a absorção ou a emissão de luz de sódio quando os elétrons se movem entre os orbitais 3s e 3p. Qual desses episódios seria associado à absorção da luz? Qual deles seria associado à emissão de luz?

17. Calcule a variação de energia que ocorre quando um elétron se move entre o estado eletrônico de nível fundamental 3s para o sódio e seu primeiro estado excitado no nível 3p se o comprimento de onda de luz absorvida que leva a essa transição é 589,0 nm. Qual frequência de luz será emitida pelo sódio caso ele emita luz quando ela retorna do nível 3p para 3s?

18. Além da bem conhecida emissão de sódio a 589 nm, há emissões mais fracas que podem ser observadas em 330 nm (transição 4p → 3s) e 285 nm (5p → 3s), bem como 818 nm (3d → 3p) e 1.140 nm (4s → 3p).

    (a) Explique por que esses outros comprimentos de onda de emissão são tão mais fracos do que aquele que ocorre em 589 nm para o sódio.

    (b) Qual é a energia de um fóton que é emitida em cada um desses comprimentos de onda? Qual é a frequência para cada um desses comprimentos de onda de emissão?

    (c) Em quais energia e comprimento de onda você prevê que a emissão de luz de uma transição (5p → 3s) ocorrerá?

19. Quais são os dois fatores gerais que contribuem para a intensidade de emissão de luz por uma amostra durante a espectroscopia atômica?

Propriedades de chama

20. Explique por que há mais de um tipo de chama disponível para o uso em espectroscopia atômica. Por que a temperatura de tal chama é importante nesse método?

21. Qual é a temperatura aproximada associada a cada uma das misturas combustível-oxidante a seguir quando usadas para criar uma chama em espectroscopia atômica?

    (a) Propano-ar.

    (b) Acetileno-oxigênio.

    (c) Hidrogênio-oxigênio.

22. Explique por que uma chama é considerada um sistema heterogêneo. Por que é importante lembrar esse fato quando se realiza uma espectroscopia atômica?

23. Desenhe um diagrama simples do perfil de temperatura em uma chama. Marque cada uma das seguintes regiões no diagrama: zona de combustão primária, região interzonal, zona de combustão secundária.

24. Discuta como a equação de Boltzmann serve para descrever a quantidade relativa de excitação que está presente em uma população de átomos enquanto a temperatura é variada. Explique como o tamanho relativo das populações está relacionado com o sinal que se observa em espectroscopia de emissão atômica.

25. Qual é a intensificação de sinal de emissão para a transição de sódio 3p → 3s que você esperaria caso a temperatura da chama usada para atomizar e excitar essa amostra fosse elevada de 2.000 a 3.000 K?

26. Qual é a intensificação de sinal de emissão para a transição de sódio 3p → 3s que você esperaria caso o método usado para atomizar e excitar essa amostra fosse alterado de uma chama de propano-ar para um plasma indutivamente acoplado?

Medição do analito

27. Quais são as três abordagens gerais aplicáveis à medição de analitos por meio de espectroscopia atômica? Que tipo de sinal é medido em cada uma delas? Descreva como esse sinal está relacionado à concentração de analito.

28. Em uma medição de cobre realizada por espectroscopia de emissão atômica, uma solução de referência dá uma intensidade medida em 216,6 nm de 0,2 unidade. Uma solução de 1,00 ppm de Cu^{2+} que é medida nas mesmas condições dá uma intensidade de emissão de 18,4 unidades e uma amostra desconhecida produz uma intensidade de emissão de 12,7 unidades. Qual é a concentração de cobre na amostra?

29. O lítio é com frequência usado como padrão interno na medição de sódio. Uma solução de 5,0 ppm de Li^+ dá uma emissão de sinal de 46,7 unidades quando medida a 671 nm, e uma solução 5,0 ppm de Na^+ dá um sinal de emissão de 35,5 unidades em 589 nm. Uma alíquota de 50,0 mL de solução desconhecida contendo Na^+ é misturada a uma solução de 5,0 mL contendo 30,0 ppm de Li^+ e constata-se que produz um sinal de emissão de 54,5 unidades em 589 nm e 21,3 unidades em 671 nm. Qual era a concentração de Na^+ na amostra desconhecida original?

30. Uma medição de cobre é feita por espectroscopia de absorção atômica da mesma amostra e padrão que foram examinados na Questão 28. Uma solução de referência gera uma leitura de absorbância de 0,004 unidade em 216,6 nm, e o padrão de 1,00 ppm de Cu^{2+} apresenta absorbância de 0,305. Qual o seu prognóstico para a absorção da solução desconhecida da Questão 28?

31. A espectroscopia de absorção atômica é utilizada para determinar a concentração de zinco em uma série de padrões e em uma amostra desconhecida. Os valores de transmitância a seguir são medidos quando uma lâmpada de cátodo oco de zinco é usada como fonte de luz, com uma chama laminar que tem um caminho ótico com comprimento de 10 cm. Qual é a concentração de zinco na amostra?

Concentração da amostra de Zn (ppm)	% Transmitância
0,00	89,5
0,50	67,4
1,00	50,8
2,00	28,8
5,00	5,27
Desconhecido	35,6

32. A espectroscopia de absorção atômica é utilizada para medir o teor de zinco de uma amostra desconhecida por meio do método de adição de padrão. Duas frações de 5,00 mL de uma solução da amostra desconhecida de zinco são colocadas em balões volumétricos de 10,00 mL. O primeiro é diluído até a marca com água destilada e o segundo é diluído até a marca com uma solução aquosa contendo 1,00 ppm de zinco. A primeira solução dá uma leitura de absorbância de 0,386, e a segunda, uma absorbância de 0,497. Qual é a concentração de zinco na solução da amostra original desconhecida?

33. O que é 'espectroscopia de fluorescência atômica'? Como esse método se assemelha ao de espectroscopia de emissão atômica? Como esses métodos diferem entre si?

34. Explique como a luz que é emitida por átomos aquecidos pode ser distinguida da luz que é emitida a partir do mesmo tipo de átomo por fluorescência.

35. Quando se usa espectroscopia de fluorescência atômica para medir a concentração de manganês em uma solução, constata-se que, quando a hélice está aberta, o sinal é de 17,4 unidades, e quando a hélice está fechada o sinal é de 3,5 unidades. Uma solução que se sabe conter 12,0 ppm de manganês dá um sinal de 28,5 unidades quando a hélice está aberta e 5,7 unidades quando ela está fechada. Qual é a concentração de manganês na solução?

36. Explique por que a espectroscopia de fluorescência atômica pode fornecer um limite significativamente menor para a medição de um elemento em comparação com a espectroscopia de absorção atômica.

Fluxo laminar e instrumentos de forno de grafite

37. Descreva a concepção geral de um instrumento de fluxo laminar. Explique como esse tipo de instrumento é usado na atomização de uma amostra em espectroscopia de absorção atômica.

38. Se o limite de detecção de zinco em espectrometria de absorção atômica é de 2 ng/mL e a taxa de fluxo da amostra em um queimador de fluxo laminar é de 1 mL/min, quantos átomos de zinco estão entrando no queimador por segundo quando se analisa uma amostra com essa concentração de zinco? Se esse sinal do queimador de fluxo laminar tiver em média um período de 10 s, quantos átomos de zinco serão analisados nesse período?

39. Quais questões de segurança estão associadas ao 'flashback' em um queimador de fluxo laminar? Como esse problema pode ser minimizado ou evitado?

40. Descreva a concepção geral de uma lâmpada de cátodo oco. Explique como você construiria uma lâmpada de cátodo oco capaz de produzir luz que seja seletiva para um determinado elemento, como o alumínio.

41. Existem várias lâmpadas de cátodo oco disponíveis que podem ser usadas para vários elementos.
    (a) Explique como você construiria esse tipo de lâmpada para análise de alumínio, zinco, ferro, níquel e cobre.
    (b) Quais características da espectroscopia atômica tornam possível usar essa lâmpada de cátodo oco multielementar em medições de absorbância?

42. A lei de Beer supõe que se usa a luz monocromática durante uma medição da absorção. Discuta por que uma lâmpada de cátodo oco pode ser usada para atender a essa exigência em espectroscopia de absorção atômica.

43. Explique como cada um dos seguintes fatores contribui para a ampliação de uma banda de absorção de um átomo: o princípio de incerteza de Heisenberg e o efeito Doppler.

44. Descreva a concepção geral de um forno de grafite. Explique como esse tipo de instrumento é utilizado na atomização da amostra em espectroscopia de absorção atômica.

45. Quais são as vantagens e as desvantagens de se usar um forno de grafite em comparação com um instrumento de fluxo laminar em espectroscopia de absorção atômica?

Otimização da espectroscopia de absorção atômica

46. Por que um excesso de oxidante costuma ser utilizado na mistura de combustível em espectroscopia atômica? Qual a possível desvantagem de se usar um excesso de oxidante?

47. Discuta por que o óxido nitroso é às vezes usado no lugar de oxigênio ou de ar como oxidante em uma chama em espectroscopia atômica.

48. Explique por que a posição do caminho ótico através da chama é importante em espectroscopia de absorção atômica.

49. Por que a posição desse caminho ótico precisa ser alterada e otimizada cada vez que a temperatura e as condições dentro da chama mudam? Descreva um procedimento simples que você pode usar para otimizar essa posição para um analito em particular.

50. O que é um 'óxido refratário'? Cite dois exemplos de óxidos refratários. Descreva como esses materiais podem criar problemas quando você está conduzindo uma medição usando espectroscopia de absorção atômica.

51. Suponha que o nitrato de cálcio seja usado para preparar soluções padrão em medições de absorção atômica de cálcio em amostras desconhecidas que também contêm baixas concentrações de fosfato. Qual erro pode ocorrer durante essa análise, devido à matriz da amostra? Como essa medição pode ser melhorada para minimizar esse erro?

52. O que é um 'agente liberador', e como ele é usado em espectroscopia atômica? Dê um exemplo específico de agente liberador.

53. O que é um 'agente protetor', e como ele é usado em espectroscopia atômica? Dê um exemplo específico de um agente protetor.

54. Um químico de alimentos quer medir a concentração de cálcio no leite usando a espectroscopia de absorção atômica. Uma alíquota de 10,00 mL do leite é primeiro evaporada por completo, e a matéria orgânica, destruída por incineração usando-se a digestão ácida em ácido nítrico. Essa solução ácida é transferida para um balão volumétrico de 100,00 mL e diluída ao volume com água destilada. Uma alíquota de 5,00 mL da amostra diluída é transferida para um balão volumétrico de 50,00 mL, ao qual uma solução de pH 9 de EDTA é adicionada até a marca no balão volumétrico. A absorbância medida nessa última solução é determinada em 0,543 quando medida em 422,6 nm. Um reagente de referência dá uma absorbância de 0,000 nas mesmas condições, e um padrão com concentração de cálcio de 10,0 ppm, que é preparado da mesma forma apresenta absorbância de 0,768.
    (a) Qual é a concentração de cálcio no leite?
    (b) Qual é a finalidade de adicionar EDTA à amostra diluída? Como você acha que os resultados seriam alterados caso o EDTA não fosse adicionado?

55. Explique como a geração de hidretos pode ser usada para aumentar a volatilidade de alguns analitos em análise por espectroscopia atômica.

56. Por que a ionização de átomos representa um problema em espectroscopia atômica? Como uma mudança na temperatura afeta o processo de ionização?

57. Descreva o que se entende por 'tampão de ionização' em espectroscopia atômica. Qual é a função do tampão de ionização?

58. A emissão de luz medida para o potássio em espectroscopia de emissão atômica é maior na presença de lítio do que em sua ausência. Explique por que essa diferença ocorre.

59. Quais são as duas fontes de luz que podem interferir durante uma medição realizada por espectroscopia de absorção atômica?

60. O que é um 'cortador de sinal'? Explique como um cortador de sinal torna possível perceber a diferença entre a luz transmitida e a emitida em espectroscopia de absorção atômica.

61. Desenhe um gráfico que mostre a dependência temporal da intensidade de luz que atinge o detector quando uma concentração moderada de analito está sendo medida usando-se uma hélice durante a espectroscopia de absorção atômica. Trace um gráfico semelhante para amostras que possuam alta ou baixa concentração desse analito, bem como um gráfico para uma referência. Use esses gráficos para explicar por que é difícil medir tanto as concentrações altas de analito quanto as baixas nesse tipo de análise.

62. O sinal que é produzido usando-se um cortador de sinal durante uma medição de absorção atômica dá uma intensidade de luz específica de 24,5 unidades quando a hélice está aberta e 16,6 unidades quando ela está fechada. A solução de referência gera uma leitura de 86,5 unidades quando a hélice está aberta e 0,4 unidade quando ela está fechada. Qual é a absorbância da amostra?

Espectroscopia de emissão atômica

63. Compare e contraste a concepção geral de um instrumento de chama que seria usado em espectroscopia de emissão atômica *versus* espectroscopia de absorção atômica. Quais partes desses instrumentos são iguais? Quais partes são diferentes?

64. Descreva o método de espectroscopia de emissão atômica em plasma indutivamente acoplado. Como esse método se assemelha à espectroscopia de emissão de chama? Como eles diferem entre si?

65. Explique como o plasma é criado em ICP-AES.

66. O limite de detecção de cálcio é de 1 ng/mL por um instrumento de fluxo laminar em AAS; 0,02 por um forno de grafite em AAS; 0,1 por uma fonte de chama em AES; e 0,02 por ICP-AES. Explique por que esses limites de detecção diferem tanto um do outro.

67. Descreva duas maneiras de se usar um instrumento de ICP-AES em análise multielementar. Quais são as vantagens e desvantagens de cada abordagem?

Problemas desafiadores

68. Que comprimento de onda aproximado você espera ser uma importante linha de emissão de neônio?

69. Pesquise os comprimentos de onda de emissão importantes para o hélio e para o sódio. Use essas informações para explicar por que se pensava que a primeira observação de hélio (a partir do espectro solar) era a do sódio. Note-se que o hélio ainda não tinha sido descoberto.

70. A ampliação de Doppler é um componente importante da largura de uma linha de emissão atômica. A ampliação causada pelo efeito Doppler é dada pela seguinte relação,

$$\Delta\lambda_D = 7{,}16 \times 10^{-7} (\lambda_m)(T/M)^{1/2} \qquad (19.8)$$

em que λ_m é o comprimento de onda no ponto médio da banda de emissão (por exemplo, dada em unidades de angstroms ou nm), T é a temperatura absoluta (em Kelvin) e M é a massa molar do átomo (em unidades de g/mol).

(a) Que ampliação, devido ao efeito Doppler, poderia ser esperada na emissão na linha de 589 nm de sódio em 3.000 K?

(b) Que ampliação, devido ao efeito Doppler, poderia ser esperada na emissão na linha de 330 nm de sódio em 3.000 K?

(c) Que ampliação, devido ao efeito Doppler, poderia ser esperada nas emissões nas linhas de 589 nm e 330 nm de sódio a 6.000 K?

Tópicos para discussão e relatórios

71. Localize um artigo científico em que a espectroscopia tenha sido utilizada como uma ferramenta da astronomia. Determine que tipo de espectroscopia foi aplicada no estudo e descreva como esse método foi utilizado no estudo.

72. Outro método que pode ser usado para determinar a diferença entre a luz transmitida e a emitida a partir de uma chama é uma abordagem baseada no efeito Zeeman.[5,7] Encontre informações sobre o efeito Zeeman e como esse método pode ser usado para corrigir problemas de interferências relacionados às emissões durante a espectroscopia de absorção atômica. Elabore um relatório de descobertas.

73. Algumas outras técnicas que são utilizadas para determinar a diferença entre a luz transmitida e a emitida em chamas estão listadas a seguir.[5,7] Obtenha informações sobre uma das técnicas e discuta a base de sustentação dessa abordagem.

(a) Método de correção com fonte contínua.

(b) Método de correção de duas linhas.

(c) Método de correção de Smith-Hieftje.

74. Use uma fonte de referência, como 10 e 11, ou a Internet para localizar um exemplo no qual o laser tenha sido usado como parte de um sistema em análise química. Identifique como o laser foi utilizado no estudo e por que esse tipo de fonte de luz foi útil na medição em questão.

75. Os relógios atômicos são considerados os medidores de tempo mais precisos do mundo. Sua operação se baseia no uso da espectroscopia atômica. Encontre mais informações sobre os relógios atômicos em fontes como a Referência 12. Discuta como funcionam e como usam as transições na energia dos átomos.

76. Uma área na qual a espectroscopia atômica é bastante empregada é a geologia. Métodos baseados em plasma indutivamente acoplado como fonte de calor são muito úteis nesse trabalho. Encontre informações na literatura científica ou na Internet sobre as aplicações da espectrometria de massa ICP-AES ou ICP em geologia. Elabore um relatório sobre suas descobertas.

77. Uma abordagem alternativa de análise elementar é a utilização de fluorescência de raios X.[7,8] Obtenha informações sobre esse método e saiba como ele funciona. Compartilhe seus resultados com seus colegas. Discuta as vantagens e as desvantagens que esse método pode ter em relação à espectroscopia de absorção atômica ou à espectroscopia de emissão atômica.

Referências bibliográficas

1. NASA/IPAC Extragalactic Database.
2. G. Tautvaisievne et al., 'First Stellar Abundances in the Dwarf Irregular Galaxy IC 1613', *The Astronomical Journal*, 134, 2007, p.2318–2327.
3. J. Inczedy, T. Lengyel e A. M. Ure, *International Union of Pure and Applied Chemistry-Compendium of Analytical Nomenclature: Definitive Rules 1997*, Blackwell Science, Malden, MA.
4. G. Maludzinska, (ed.), *Dictionary of Analytical Chemistry*, Elsevier, Amsterdã, Holanda, 1990.
5. J. D. Ingle e S. R. Crouch, *Spectrochemical Analysis*, Prentice Hall, Upper Saddle River, NJ, 1988.
6. F. Szabadvary, *History of Analytical Chemistry*, Pergamon Press, Nova York, 1966.
7. G. W. Ewing, (dd.), *Analytical Instrumentation Handbook*, 2 ed., Marcel Dekker, Nova York, 1997.
8. D. A. Skoog, F. J. Holler e T. A. Nieman, *Principles of Instrumental Analysis*, 5 ed., Saunders, Philadelphia, 1998.
9. V. A. Fassel e R. N. Kniseley, 'Inductively Coupled Plasmas', *Analytical Chemistry*, 46, 1974, p.1155A–1164A.
10. D. L. Andrews, *Lasers in Chemistry*, Springer-Verlag, Nova York, 1986.
11. J. Wilson e J. F. B. Hawkes, *Lasers: Principles and Applications*, Prentice-Hall, Englewood Cliffs, NJ, 1987.
12. D. W. Ball, 'Atomic Clocks: An Application of Spectroscopy', *Spectroscopy*, 21, 2007, p.14–20.

Capítulo 20
Introdução a separações químicas

Conteúdo do capítulo

20.1 Introdução: a Revolução Verde
    20.1.1 O que é uma separação química?
    20.1.2 Como as separações químicas são utilizadas em química analítica?

20.2 Separações químicas baseadas em extrações
    20.2.1 O que é uma extração?
    20.2.2 Uso e descrição das extrações
    20.2.3 Uma análise mais detalhada sobre as extrações

20.3 Separações químicas baseadas em cromatografia
    20.3.1 O que é cromatografia?
    20.3.2 Uso e descrição da cromatografia

20.4 Uma análise mais detalhada sobre a cromatografia
    20.4.1 Retenção do analito em cromatografia
    20.4.2 Alargamento de pico cromatográfico
    20.4.3 Controle das separações cromatográficas

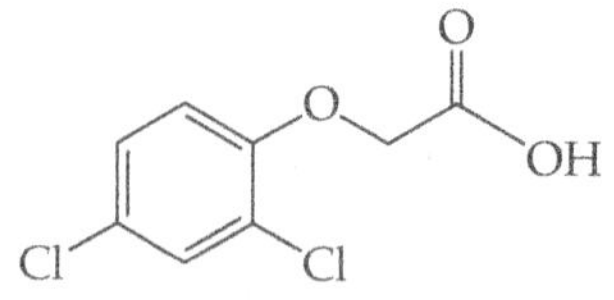

Figura 20.1

Ácido 2,4-diclorofenoxiacético (2,4-D).

20.1 Introdução: a Revolução Verde

O termo 'Revolução Verde' refere-se a uma grande mudança na produção de alimentos, que começou na década de 1940. Os cientistas da época se dedicavam a melhorar a produção agrícola em países do terceiro mundo usando culturas novas e mais resistentes, além de melhores técnicas agrícolas. Como resultado desse esforço, o México passou de importador de metade do que consumia de trigo a grande exportador do grão na década de 1960. As mesmas técnicas foram, então, adotadas por outras nações como um meio de aumentar a produção de alimentos.[1,2]

Uma mudança acarretada pela Revolução Verde foi o aumento do uso de produtos químicos no controle de ervas daninhas e insetos. O primeiro composto químico a ser utilizado em larga escala para esse fim foi o ácido 2,4-diclorofenoxiacético (2,4-D), um herbicida que serve para matar ervas daninhas de folha larga (veja a Figura 20.1). O uso de herbicidas 2,4-D e outros gerou um aumento extraordinário na produção de alimentos em todo o mundo.[3,4] Esse uso também levou ao aparecimento de muitos desses produtos químicos em nossa água, solo e alimentos. Em consequência, órgãos governamentais norte-americanos como U.S. Environmental Protection Agency e U.S. Food and Drug Administration passaram a monitorar e a regular as quantidades do herbicida 2,4-D e outras substâncias em alimentos e em água potável.[5]

Muitos métodos são empregados na medição de 2,4-D e de outros produtos químicos em amostras ambientais. Esse tipo de análise requer técnicas capazes de lidar com uma variedade de amostras complexas, desde água e solo até plantas e tecidos animais. Para ajudar em tal análise, muitas vezes é necessário, em primeiro lugar, isolar o analito de interesse dos demais componentes da amostra.[6,7] Neste capítulo, trataremos da extração e da cromatografia, duas ferramentas frequentemente utilizadas em tais separações.

20.1.1 O que é uma separação química?

Isolar 2,4-D de uma amostra ambiental é um exemplo de **separação química**, método que envolve o isolamento completo ou parcial de uma substância química de outra em uma mistura de duas ou mais substâncias. Há muitas formas de se realizar uma separação química. Por exemplo, vimos no Capítulo 11 como a precipitação pode servir para remover íons metálicos de uma solução para análise. Outros métodos comuns de separação incluem filtração, centrifugação e destilação.

Existem várias estratégias para a realização de uma separação química.[8] A primeira utiliza dois ou mais ambientes químicos ou físicos (denominados 'fases') para separar os produtos químicos. A precipitação de íons metálicos ilustra esse tipo de processo ao utilizar a conversão de íons solúveis em um precipitado sólido. Outro exemplo é a destilação, em que os componentes de uma mistura líquida são separados com base em sua capacidade de se deslocar da fase líquida para a fase de vapor. Tais separações demandam que as substâncias químicas em uma amostra tenham diferentes constantes de equilíbrio para sua transferência de uma fase para outra. Quanto maiores forem essas diferenças, mais fácil será separar as substâncias químicas.

Uma segunda estratégia de separação química é aquela na qual as substâncias químicas têm diferentes velocidades de percurso através de um sistema.[8] A centrifugação exemplifica esse método, no qual um campo gravitacional é usado para separar partículas grandes (como um precipitado) de um material menor (por exemplo, uma molécula ou um íon dissolvido). Uma separação baseada em velocidade de percurso requer o uso de uma força externa como a gravidade ou um campo elétrico para mover as substâncias químicas através do sistema. Em alguns casos, várias estratégias são combinadas para isolar uma substância, como ocorre quando precipitamos uma substância (uma separação baseada em fases) e recorremos à centrifugação para remover esse precipitado de um líquido (separação baseada em velocidade).

20.1.2 Como as separações químicas são utilizadas em química analítica?

Muitas técnicas de medição funcionam bem com amostras contendo poucas substâncias químicas, mas não quando elas têm muitas substâncias presentes. Essa questão torna-se um problema quando examinamos amostras complexas, como é o caso de quando procuramos um traço químico como o 2,4-D em águas subterrâneas ou em alimentos. Separações químicas são muito úteis nessa situação, na qual servem para remover uma substância de outros agentes que possam interferir na medição. Uma separação química também pode ser utilizada para colocar um analito em uma matriz que seja mais compatível com o método de análise. Um exemplo seria se quiséssemos medir 2,4-D em uma amostra de água, mas antes tivéssemos que transferir o 2,4-D a um solvente orgânico para análise. Também podemos usar a separação química para ajustar o volume da amostra (e, desse modo, a concentração de analito) a um nível mais compatível com o método de medição.

Outra razão para se realizar uma separação química é examinar diversos analitos em uma amostra, como no caso do herbicida 2,4-D e de outros correlacionados em água. Esse tipo de análise requer uma separação capaz de isolar as substâncias entre si e fazê-las passar por um dispositivo que emite um sinal relacionado à quantidade de cada substância. Tal método pode envolver a coleta de uma amostra e sua separação em várias frações (por exemplo, compostos solúveis em água e compostos solúveis orgânicos) que podem ser examinadas em separado. Como alternativa, tal análise pode envolver a combinação do método de separação com um dispositivo de detecção como parte de um único sistema. Veremos exemplos de ambas as abordagens mais adiante, quando discutirmos os métodos de extração e de cromatografia.

20.2 Separações químicas baseadas em extrações

Um tipo comum de separação química é a extração, uma técnica usada com frequência na preparação de amostras onde é necessário remover analitos de interferentes, transferir analitos para solventes alternativos e concentrar analitos antes de sua análise.

20.2.1 O que é uma extração?

Definição de extração. Uma **extração** é uma técnica de separação que usa diferenças na capacidade dos solutos de se distribuírem entre duas fases mutuamente insolúveis. Essas fases insolúveis podem ser dois líquidos imiscíveis, um líquido e um sólido ou um gás e um sólido. A Figura 20.2 mostra uma extração realizada com dois líquidos imiscíveis, um dos quais é a amostra. Esse método é conhecido como **extração líquido-líquido**, pois as duas fases usadas na extração são líquidas.[9,10] Após o analito se dividir entre os dois líquidos, essas fases se tornam separáveis. Após esses dois líquidos formarem camadas distintas, a fase superior nesse exemplo e seu conteúdo são removidos para uso ou análise posterior. O líquido no fundo é extraído ou descartado. A amostra ou fase que continha as substâncias químicas de interesse é conhecida como *refinado*, e o líquido combinado com a amostra é o *extrator*. A mistura final do analito com a fase de extração costuma ser chamada de 'extrato'.[9]

A distribuição de uma substância entre as duas fases de uma extração é um exemplo de equilíbrio de solubilidade (veja o Capítulo 6). Nesse tipo de processo, não alteramos a natureza química de um analito, mas mudamos o seu ambiente. No caso da extração do analito A entre duas fases líquidas (fase 1 e fase 2), podemos descrever esse processo como segue.

$$A_{\text{Fase 1}} \rightleftharpoons A_{\text{Fase 2}} \quad (20.1)$$

Também podemos escrever uma expressão de equilíbrio para essa extração com base na concentração ou na atividade de A em cada um dos dois líquidos.

$$K_D^\circ = \frac{a_{A,\text{Fase 2}}}{a_{A,\text{Fase 1}}} \quad \text{ou} \quad K_D = \frac{[A]_{\text{Fase 2}}}{[A]_{\text{Fase 1}}} \quad (20.2)$$

Estas expressões de equilíbrio são escritas de modo que a fase 1 é o solvente mais polar (em geral a água), e a fase 2, o solvente menos polar (em geral um solvente orgânico). A constante de equilíbrio baseada em atividade (K_D°) na Equação 20.2 é chamada de **constante de partição**, enquanto a constante de equilíbrio baseada em concentração (K_D) é conhecida como **razão de partição**.[9] Ambos os termos são adimensionais porque representam apenas a relação entre duas atividades ou concentrações. Os valores de K_D° e K_D relacionam-se por meio dos coeficientes de atividade de A em cada uma das duas fases, aplicando-se uma abordagem semelhante à utilizada em outros tipos de constante de equilíbrio nos capítulos 6 a 10. Ambas as constantes de equilíbrio são específicas de determinados analito

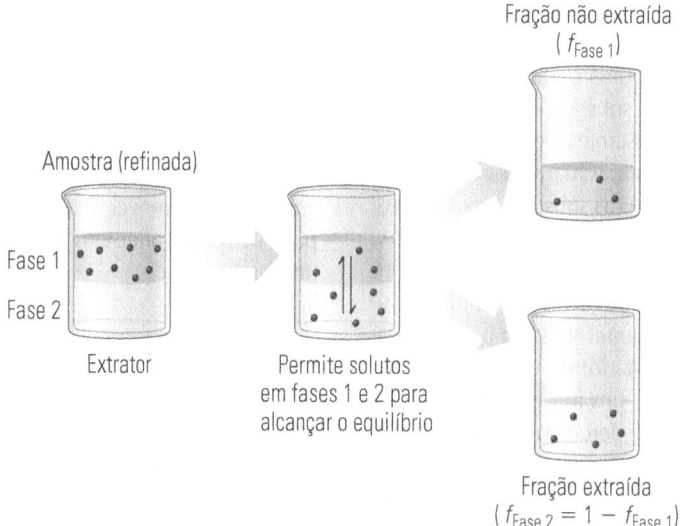

Figura 20.2

Exemplo de extração líquido-líquido, mostrando a distribuição de um soluto entre duas fases mutuamente insolúveis. Os termos f_{Fase1} e f_{Fase2} se referem à fração de um soluto que permanece na Fase 1 após a extração ou que é extraído na Fase 2, respectivamente. Neste método, o líquido de menor densidade (muitas vezes um solvente orgânico) aparecerá acima do líquido mais denso (em geral a água). Em alguns casos, um agente adicional também é colocado no sistema para se ligar aos analitos e melhorar sua capacidade de ir para o extrator. Um exemplo seria o uso de um agente complexante para ligar íons metálicos e convertê-los em um complexo metal-ligante neutro que pode entrar em uma fase orgânica. Se empregado, tal agente é chamado de *agente de extração*.

e conjunto de fases; elas também dependem da temperatura e da pressão do sistema. A razão de partição, mas não a constante de partição, pode variar de acordo com a quantidade total de analito no sistema, porque esse valor pode afetar os coeficientes de atividade do analito nas duas fases.

Muitos analitos podem existir em múltiplas formas de solução. Exemplos disso são os ácidos fracos e as substâncias químicas que formam complexos com outras substâncias. Já vimos como usar uma concentração analítica (C_A) para representar a quantidade total de um analito como esse, independentemente de suas várias formas. Embora cada uma dessas formas tenha sua própria constante de partição ou razão de partição durante uma extração, podemos utilizar concentrações analíticas para descrever a distribuição global de uma substância em duas fases. Essa tarefa é realizada usando-se a **razão de distribuição** (D_C), definida a seguir.[9]

$$D_C = \frac{C_{A,Fase2}}{C_{A,Fase1}} \quad (20.3)$$

Assim como K_D, o valor de D_C é adimensional, e dependerá de fatores como o tipo de soluto e as fases que estão sendo empregadas, além da temperatura e da pressão. No entanto, D_C pode ser afetado pelo pH ou pela concentração de quaisquer substâncias que possam reagir com o analito em reações paralelas. Se uma substância existe em apenas uma forma em ambas as fases, 1 e 2, sua razão de distribuição será igual à razão de partição, ou $D_C = K_D$. Porém, esses dois valores não serão iguais caso o analito tenha múltiplas formas em qualquer uma das fases. Muitas vezes, é possível usar nosso conhecimento sobre equilíbrio químico para determinar como D_C pode se alterar em determinado conjunto de condições, como demonstra o próximo exercício.

EXERCÍCIO 20.1 Relação entre razão de distribuição e razão de partição

2,4-D é um ácido fraco monoprótico com K_a de $1,20 \times 10^{-3}$ a uma força iônica igual a zero. Em uma extração baseada em água e acetato de etila, a forma de ácido fraco (HA) de 2,4-D e sua base conjugada (A^-) têm valores K_D distintos. Somente a forma de ácido fraco neutra tem um grau de extração apreciável ($K_{D,HA} = 550$ e $K_{D,A^-} \approx 0$). Mostre como D_C para 2,4-D está relacionada às concentrações de HA e A^-, bem como com as razões de partição individuais de HA e A^-.

SOLUÇÃO

Visto que há duas espécies de 2,4-D que podem existir em água (fase 1), a concentração analítica de 2,4-D nessa fase será $C_{A,Fase1} = [HA]_{Fase1} + [A^-]_{Fase1}$. Sabemos também que nada de A^- é solúvel no acetato de etila, porque sua razão de partição nessa fase é igual a zero. Desse modo, a concentração analítica de 2,4-D na fase 2 será $C_{A,Fase2} = [HA]_{Fase2}$. Isso fornece a seguinte expressão para D_C nesse sistema.

$$D_C = \frac{C_{A,Fase2}}{C_{A,Fase1}} \approx \frac{[HA]_{Fase2}}{[HA]_{Fase1} + [A^-]_{Fase1}}$$

> Podemos usar essa expressão para relacionar D_c à razão de partição e a constante de dissociação de ácido para HA primeiro dividindo o numerador e o denominador por $[HA]_{Fase 1}$. Podemos então fazer a substituição em $K_{D,HA} = [HA]_{Fase 2}/[HA]_{Fase 1}$ e $K_a/[H^+] = [A^-]_{Fase 1}/[HA]_{Fase 1}$. O resultado é a Equação 20.4.
>
> $$D_c \approx \frac{[HA]_{Fase 2}/[HA]_{Fase 1}}{1 + [A^-]_{Fase 1}/[HA]_{Fase 1}} = \frac{K_{D,HA}}{1 + K_a/[H^+]} \quad (20.4)$$
>
> Veremos mais adiante como essa relação pode ser aplicada para determinar o efeito de uma mudança no pH sobre a extração de um ácido fraco como 2,4-D. Contudo, já podemos prever que mais de 2,4-D será extraído em um pH baixo, porque o valor de D_c para 2,4-D vai aumentar à medida que $[H^+]$ aumenta.

O valor de D_c (ou K_D^o e K_D) reflete a capacidade de um soluto de solubilizar em uma fase em relação a outro. Se um soluto tem um valor para D_c que é maior do que 1,0, isso significa que ele tende a ocupar a fase 2 *versus* a fase 1. Se D_c é inferior a 1,0, a amostra original (fase 1) conterá uma concentração maior total do soluto do que a fase 2. Uma consequência prática desta relação é que deveremos ter uma diferença nos valores de D_c para dois solutos se quisermos separar essas substâncias usando um determinado conjunto de fases. Quanto maior a diferença em D_c, mais fácil será separar os solutos por extração.[8]

Tipos gerais de extração. O único tipo de extração que consideramos até aqui foi a extração líquido-líquido. Alguns outros estão listados na Tabela 20.1. Uma maneira de agrupar tais métodos é fazê-lo de acordo com as fases que empregam. Por exemplo, uma extração líquido-líquido utiliza dois líquidos imiscíveis, enquanto um líquido e um sólido são as duas fases presentes em uma extração líquido-sólido. Também é possível usar tipos mais exóticos de fase, como o fluido supercrítico descrito no Quadro 20.1.

Uma segunda maneira de agrupar extrações é fazê-lo de acordo com o mecanismo pelo qual separam produtos químicos. Um mecanismo possível é o 'particionamento', que envolve uma substância que entra nas duas fases empregadas na extração. A extração líquido-líquido é um exemplo do método de particionamento. Outro mecanismo para a realização de extração é a 'adsorção', que ocorre quando solutos interagem com a superfície de um sólido. Adsorção é o mecanismo de separação utilizado em uma extração de fase sólida, na qual um suporte exposto é a fase de extração. Um suporte sólido também pode ser usado para particionamento se contiver um revestimento líquido ou uma camada quimicamente ligada em sua superfície.[8,10]

20.2.2 Uso e descrição das extrações

Extrações de etapa única. O tipo mais simples de extração usa uma etapa para colocar uma amostra em contato com a fase de extração. Essa técnica é chamada de **extração de etapa única**. Se chamarmos a amostra de 'fase 1' (a que na origem contém o analito) e o extrator de 'fase 2' (a utilizada para remover alguns analitos da amostra), pode-se demonstrar por meio do equilíbrio de massa que a fração de A remanescente na fase 1 após uma extração ($f_{Fase 1,1}$) é dada pela Equação 20.5.

Extração de etapa única:

$$f_{Fase 1,1} = \frac{1}{1 + D_c(V_2/V_1)} \quad (20.5)$$

Nesta equação, V_1 e V_2 são os volumes das fases 1 e 2, e D_c é a razão de distribuição da concentração de A nessas fases. O termo V_2/V_1 fornece a quantidade relativa das duas fases *versus* uma em relação à outra, e é conhecido como *razão de fase*.[9] Se

Tabela 20.1

Tipos gerais de extração.

Tipo de extração	Descrição
Extração acelerada por solvente	Uso de temperatura e pressão elevadas para aumentar a velocidade e a extensão de uma extração.
Adsorção gás-sólido	Uso de um material sólido para adsorver e separar gases em uma mistura gasosa.
Extração líquido-líquido	Extração de uma amostra líquida com uma fase líquida.
Extração assistida por micro-ondas	Uso de radiação de micro-ondas para aumentar a velocidade e a extensão de uma extração.
Extração em fase sólida	Extração de uma amostra líquida ou gasosa com suporte sólido contendo superfície adsorvente ou revestimento químico capaz de interagir com analitos.
Microextração em fase sólida	Uso de fibras revestidas ou não revestidas expostas por uma seringa na extração de analitos.
Extração de Soxhlet	Uso combinado de destilação e extração na obtenção de analitos das amostras sólidas.
Extração com fluido supercrítico	Uso de fluido supercrítico como fase de extração.

Quadro 20.1 Extrações usando-se o fluido supercrítico

Embora a maioria das extrações use um líquido (ou, às vezes, um gás) como solvente de extração, um *fluido supercrítico* também pode ser usado para esta finalidade. Um fluido supercrítico é um estado da matéria que existe acima de certa temperatura e pressão crítica em determinada substância química.[1] Nessas condições, a substância não é nem um gás nem um líquido, mas tem propriedades intermediárias de ambos. Por exemplo, acima de uma pressão de 73,8 bar (72,9 atm) e uma temperatura de 31,1 °C (um pouco acima da temperatura ambiente), o dióxido de carbono se torna um fluido supercrítico (veja a Figura 20.3). Neste estado, o dióxido de carbono tem densidade mais alta e maior capacidade de solvatação do que sua forma gasosa, mas densidade e viscosidade menores do que sua forma líquida. Além disso, a densidade do fluido supercrítico pode ser ajustada alterando-se a temperatura e a pressão, tornando possível controlar as propriedades do dióxido de carbono quando nesse estado.

Todas essas propriedades tornaram os fluidos supercríticos úteis como solventes de extração, especialmente quando se lida com amostras sólidas. O método de extração resultante é conhecido como *extração com fluido supercrítico* (SFE).[1,11-13] Um exemplo disso é a extração de cafeína dos grãos de café por dióxido de carbono supercrítico para a produção de café descafeinado. A mesma técnica é usada em menor escala para extrair cafeína e outros produtos químicos de amostras sólidas para análise. O dióxido de carbono é com frequência usado nessas aplicações por ser barato e fácil de converter em fluido supercrítico. O dióxido de carbono supercrítico também é ecologicamente correto por não ser tóxico, reduzir a utilização de solventes orgânicos e diminuir a geração de resíduos químicos resultantes da análise química. Esses recursos criaram um grande interesse no uso de fluidos supercríticos em aplicações que vão desde síntese e análise química até processamento de alimentos e produtos naturais.

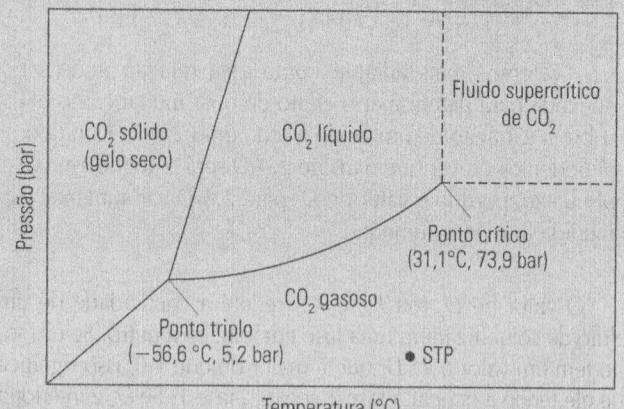

Figura 20.3

Diagrama de fases para o dióxido de carbono, mostrando as condições nas quais esta substância existe como fluido supercrítico. O ponto crítico é a pressão (73,9 bar) e a temperatura (31,1 °C) acima do qual o dióxido de carbono torna-se um fluido supercrítico. O ponto triplo do dióxido de carbono (aquele em que as formas sólida, líquida e gasosa desta substância existem) foi incluído nesse gráfico, com a localização aproximada das condições-padrão de temperatura e de pressão (STP, do inglês, Standard Temperature and Pressure Conditions; veja o Capítulo 6).

---

conhecermos a fração de A que permanece na amostra, também poderemos determinar a fração que foi transferida para a fase 2 após uma extração ($f_{Fase2,1}$), como mostrado a seguir.

$$f_{Fase\,2,1} = 1 - f_{Fase\,1,1}$$
$$\text{ou } 1 = f_{Fase1,1} + f_{Fase2,1} \quad (20.6)$$

O exercício a seguir ilustra como estas equações podem prever a extensão da extração que ocorrerá em um analito entre dois líquidos.

EXERCÍCIO 20.2 — Previsão do grau de extração do ácido 2,4-diclorofenoxiacético

Uma amostra de 25,0 mL de água contendo 2,4-D é ajustada a um pH 4,00 e combinada com 10,0 mL de acetato de etila para uma extração líquido-líquido. Qual é o percentual de extração do 2,4-D sob essas condições em uma amostra diluída? (*Observação:* suponha que a quantidade de 2,4-D é pequena o bastante para tornar tanto D_c quanto K_D independente de sua concentração.)

SOLUÇÃO

A fração de 2,4-D que permanece na amostra original de água ou é transferida para o acetato de etila pode ser estimada pelas equações 20.5 e 20.6. Esse cálculo exige $V_2/V_1 = (10,0 \text{ mL}/25,0 \text{ mL})$. Podemos determinar D_c para 2,4-D por meio da relação derivada no Exercício 20.1 associada aos valores conhecidos de K_a (1,20 × 10^{-3}) e K_D (550). Isso fornece $D_c \approx (550)/(1 + 20 \times 10^{-3}/10^{-4,00})) = 42,\underline{3}$. Colocando esses valores nas equações 20.5 e 20.6, temos os seguintes resultados.

$$f_{Fase\,1,1} = \frac{1}{1 + 42,\underline{3}\,(10,0\,\text{mL}/25,0\,\text{mL})}$$

$$= \mathbf{0{,}058} \text{ (ou 5,58\% 2,4-D ainda na amostra)}$$

$$f_{Fase\,2,1} = 1 - 0{,}0558\underline{0} = \mathbf{0{,}9442} \text{ (ou 94,42\% extraído)}$$

Este resultado faz sentido, porque o valor de D_c é muito maior que um, o que indica que o ácido 2,4-D favorece o acetato de etila em lugar da água como solvente em pH 4,00.

Além de nos permitir determinar quanto do soluto será extraído, as equações 20.5 e 20.6 fornecem pistas de como alterar a extensão da extração. Uma forma de aumentar a quantidade de soluto extraído é elevando-se a razão de fase (V_2/V_1). Esta razão pode ser aumentada elevando-se o volume ou a quantidade da fase 2 (o extrator) em relação à fase 1 (a amostra). Um aumento na razão de fase vai produzir um denominador maior na Equação 20.5 e criar uma redução na fração de soluto que permanece na fase 1 ($f_{Fase\,1,1}$). Outra maneira de alterarmos a extração é mudando D_c. Isto pode ser feito alterando-se as fases utilizadas na extração. Modificar a temperatura ou a pressão cria um efeito semelhante. Outra possibilidade é alterar a distribuição do soluto entre suas várias formas, o que altera D_c, mas não os valores de K_D para essas espécies. Esta última abordagem pode ser conduzida por meio de reações paralelas durante a extração, como será discutido mais adiante nessa seção.

Extração multietapas. Outra maneira de aumentar a extensão de uma extração é usar várias porções da fase 2. Tal método é conhecido como **extração multietapas**. Se extrairmos, várias vezes, uma amostra com volumes iguais, porém separados, de uma segunda fase, a fração do soluto remanescente que é removida a cada etapa de extração será a mesma. Entretanto, a quantidade global de soluto extraído aumentará. Podemos descrever a extensão global dessa extração multiplicando primeiro cada uma das frações não extraídas. O resultado disso é mostrado na Equação 20.7, onde n é o número de vezes que a amostra foi extraída com frações puras de fase 2, e $f_{Fase\,1,n}$ é a fração total do soluto na fase 1 após n etapas de extração.

Para uma extração multietapas:

$$f_{Fase\,1,n} = \left[\frac{1}{1 + D_c(V_2/V_1)}\right]^n \quad (20.7)$$

A fração total de soluto transferida para a fase 2 após n etapas ($f_{Fase\,2,n}$) é a seguinte:

$$f_{Fase\,2,n} = 1 - f_{Fase\,1,n} \quad (20.8)$$

As equações 20.7 e 20.8 são idênticas às equações 20.5 e 20.6, quando usamos somente uma extração ($n = 1$). Entretanto, a Equação 20.7 indica que, à medida que aumentamos o número de extrações, o tamanho de $f_{Fase\,1,n}$ diminui (aproximando-se do valor mais baixo possível de zero), e o valor de $f_{Fase\,2,n}$ aumenta (aproximando-se de um valor máximo de 1,0).

EXERCÍCIO 20.3 Uso de extrações múltiplas para o ácido 2,4-diclorofenoxiacético

Usando o mesmo pH e a mesma amostra do Exercício 20.2, qual fração do 2,4-D será removida de 25,0 mL de água depois de duas, três e quatro extrações com frações puras de 10,0 mL de acetato de etila?

SOLUÇÃO

A razão de fase e o valor de D_c são os mesmos do Exercício 20.2 para que possamos simplesmente colocar esses valores na Equação 20.7 com $n = 2$, 3 ou 4 (para duas a quatro etapas de extração) e determinar a fração de 2,4-D que permanece na amostra. O resultado de duas extrações é apresentado a seguir.

$$f_{Fase\,1,2} = \left(\frac{1}{1 + 42{,}3(10{,}0\,mL/25{,}0\,mL)}\right)^2$$

$= \mathbf{0{,}0031}$ (ou 0,31% restante na amostra)

$f_{Fase\,2,2} = 1 - 0{,}0031\underline{1} = \mathbf{0{,}9969}$ (ou 99,69% extraído)

É importante notar que a fração de 2,4-D extraído é agora maior do que era no Exercício 20.2 na extração de única etapa (94,42 por cento). Esta tendência persiste em três extrações (99,98 por cento extraído) e em quatro extrações (mais de 99,99 por cento extraído).

Extrações com reações paralelas. Outra maneira de controlar o grau de extração é usar as reações paralelas para converter um analito em uma forma que seja mais fácil ou mais difícil de extrair. A Tabela 20.2 mostra como as reações ácido-base podem ser utilizadas para essa finalidade. Por exemplo, vimos antes que a razão de partição em um ácido fraco dependerá do valor de seu

Tabela 20.2

Expressões de razão de distribuição de analitos com propriedades ácido-base.

Tipo de extração	Razão de distribuição
Extração de um ácido fraco monoprótico (HA) $$\begin{array}{c} HA \xrightleftharpoons{K_a} H^+ + A^- \quad \text{Fase 1} \\ K_{D,HA} \updownarrow \\ HA \quad \text{Fase 2} \end{array}$$	$D_c \approx \dfrac{[HA]_{Fase\,2}}{[HA]_{Fase\,1} + [A^-]_{Fase\,1}} = \dfrac{K_{D,HA}}{1 + K_a/[H^+]}$
Extração de uma base fraca monoprótica (B) $$\begin{array}{c} B + H_2O \xrightleftharpoons{K_b} BH^+ + OH^- \quad \text{Fase 1} \\ K_{D,B} \updownarrow \\ B \quad \text{Fase 2} \end{array}$$	$D_c \approx \dfrac{[B]_{Fase\,2}}{[B]_{Fase\,1} + [BH^+]_{Fase\,1}} = \dfrac{K_{D,B}}{1 + K_b/[OH^-]}$ $= \dfrac{K_{D,B}}{1 + K_b[H^+]/K_w}$

K_a e do pH da solução circundante. Essa característica significa que podemos ajustar o pH para converter um ácido fraco de uma forma neutra (HA, que pode ser extraído por um solvente orgânico) em uma forma carregada (A⁻, que tem pouca ou nenhuma solubilidade pelo mesmo solvente). Nesta situação, o mais alto grau de extração será obtido quando aplicarmos um pH abaixo do pK_a de um ácido fraco monoprótico. O efeito oposto ocorrerá em uma base fraca monoprótica, que será extraída melhor em sua forma neutra básica (B) em oposição a sua forma de ácido conjugado (BH⁺).

Uma forma de usar essas reações paralelas é mover um soluto de sua fase de extração de volta para uma fração pura de seu solvente original. Esta abordagem é conhecida como *retroextração*, e costuma ser usada para colocar um analito em uma fase mais apropriada para medição ou para remover um analito de outras substâncias extraídas. Por exemplo, se o pH for alterado de 4,00 para 8,00, a Equação 20.4 prevê que D_c para 2,4-D vai mudar de 42,3 para 0,00458 quando se usam água e acetato de etila como sistema bifásico. Em uma razão de fase de 10,0 mL/25,0 mL, ajustar o pH em 8,0 resultará em 99,82 por cento do 2,4-D migrando do acetato de etila de volta para água.

Ao lidar com analitos que são íons metálicos, reações de complexação também podem ser utilizadas para controlar a extensão de uma extração. Neste caso, adiciona-se um ligante que formará um complexo neutro com o íon metálico, tornando possível extrair esse íon em um solvente orgânico. A oxina é um ligante que pode servir a esse propósito (veja a Figura 20.4). Ao usar tais ligantes, a concentração do ligante e o pH podem ser ajustados para controlar o grau de extração metal-íon, porque a oxina e os ligantes correlacionados costumam ser ácidos fracos ou bases fracas.[8,10]

20.2.3 Uma análise mais detalhada sobre as extrações

Grau de extração *versus* pureza do soluto. Agora sabemos que um aumento no número de etapas de extração aumentará a quantidade de analito extraído. Então, por que não usamos sempre um grande número de etapas de extração? A razão é que múltiplas etapas de extração também aumentam a extração de todas as outras substâncias na amostra. Este problema é ilustrado na Figura 20.5 para duas substâncias químicas (A e B) que têm valores D_c de 2 e 0,1, respectivamente. Se a razão de fase for 1,0 em uma extração de etapa única, 66,7 por cento do soluto A será extraído, mas somente 9,1 por cento do soluto B será removido da amostra. Após duas extrações, a quantidade total de A extraído sobe para 88,9 por cento, enquanto a de B aumenta para 17,4 por cento. Após cinco extrações, mais de 99 por cento de A foram extraídos e 38 por cento de B. Se continuarmos, acabaremos chegando a um ponto no qual praticamente se extraiu todo A e B, produzindo a mesma quantidade relativa que tínhamos na amostra original! Esse efeito é conhecido como *coextração*, e representa um problema sempre que se usam extrações múltiplas.[10]

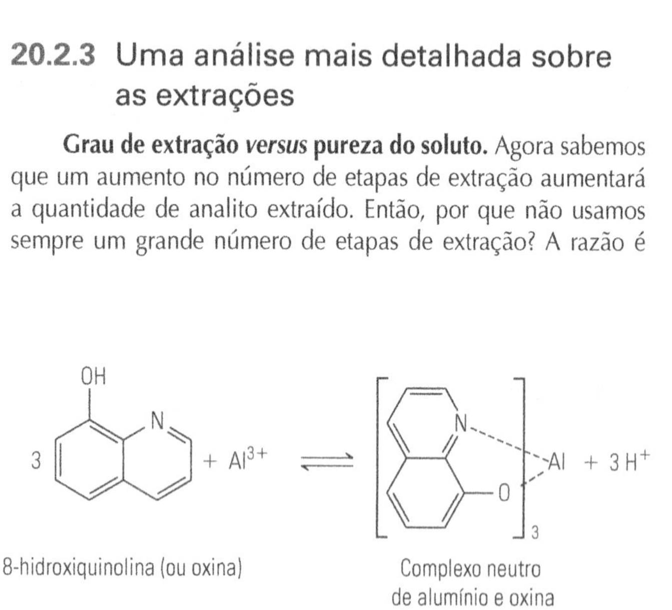

O grau de coextração de duas substâncias químicas dependerá de suas razões de distribuição. Se houver quantidades iguais de duas substâncias em uma amostra, uma extração funcionará melhor para separá-las, se tiverem uma diferença em D_c de pelo menos 100 vezes e D_c for grande para uma das substâncias, mas pequena para a outra. Um soluto com $D_c = 10$ será 90,9 por cento extraído em uma única etapa com razão de fase de 1,0, enquanto somente 9,1 por cento de um soluto com $D_c = 0,1$ será coextraído. Separações ainda melhores são obtidas com maiores diferenças em razões de distribuição. Tal efeito torna-se menos pronunciado com múltiplas extrações, o que gera uma oportunidade maior para os solutos fracamente extraídos entrarem na segunda fase. Por conseguinte, extrações envolvendo múltiplos solutos sempre apresentam uma compensação entre a quantidade de analito recuperado e o grau em que o analito se submete a coextração com outros solutos.

Extrações contracorrente. Uma forma de aumentar a pureza de uma substância após uma extração sem deixar de obter uma boa recuperação é empregar uma **extração contracorrente** (veja a Figura 20.6). Esse método difere de uma extração tradicional na medida em que usa várias frações de *ambas* as fases, 1 e 2. Neste sistema, uma fase é mantida em uma série de tubos ou recipientes, cada qual contendo um montante fixo da segunda fase. Após atingir o equilíbrio, cada fração da fase superior é movida para baixo em um tubo. A amostra é aplicada ao primeiro tubo do sistema. Como os componentes da amostra são distribuídos entre as duas fases e são extraídos com a segunda fase superior, eles vão de um tubo ao próximo baseados em seus valores D_c.[8]

A Tabela 20.3 mostra alguns resultados obtidos por extração contracorrente. Solutos com pequenas razões de distribuição passam do primeiro tubo para o último no menor número de etapas, enquanto compostos com grandes valores D_c levam mais tempo para alcançar o último tubo. O resultado disso é uma extração na qual há uma melhora na recuperação de analito e menos problemas devido à coextração. Um dos problemas dessa técnica é que ela pode ser demorada e entediante de se realizar. O químico norte-americano L.C. Craig inventou um dispositivo no início da década de 1940 que automatizava esse método e superava esses problemas no isolamento e no estudo de medicamentos contra malária.[14-16] Esse

Figura 20.4

Reação de 8-hidroxiquinolina (ou oxina) com Al^{3+}, convertendo íons alumínio em um complexo metal-ligante neutro que pode ser extraído por um solvente orgânico. Esta mesma reação pode ser usada para precipitar Al^{3+} a partir de uma solução aquosa em análise gravimétrica.

Tabela 20.3

Distribuição relativa de três analitos (D_c = 2, 4 e 8) em um aparelho de Craig com 100 tubos após 50, 100 e 200 transferências (razão de fase = 1).

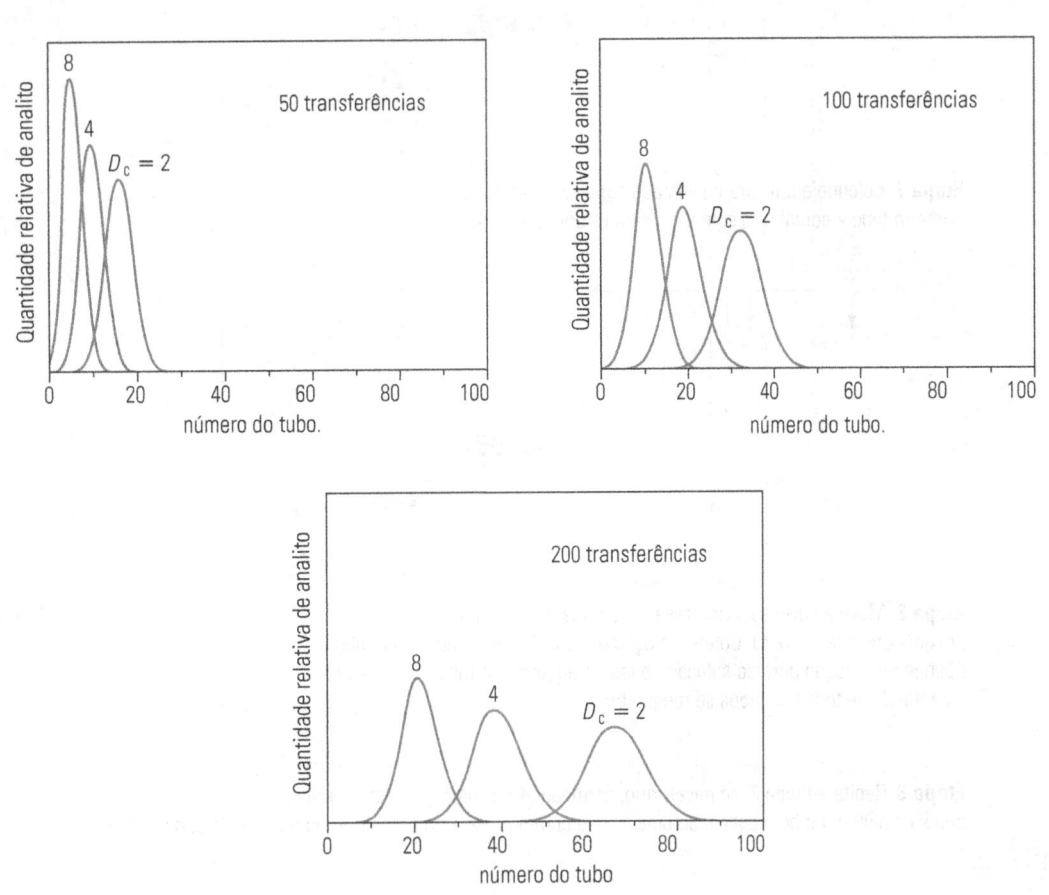

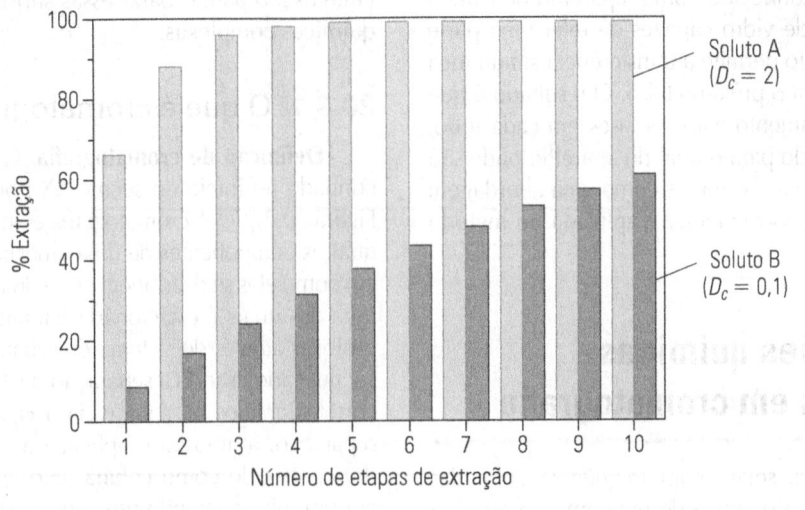

Figura 20.5

Ilustração da extensão de extração do soluto quando se usam de 1 a 10 extrações (razão de fase = 1,0) para uma mistura de dois solutos (A e B), com razões de distribuição de concentração de 2 e 0,1.

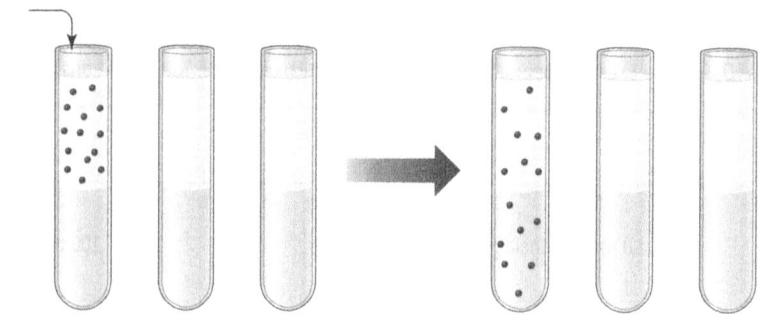

Etapa 1: Coloque a amostra na camada superior (fase 1) do primeiro tubo e equilibre-a com a camada inferior (fase 2).

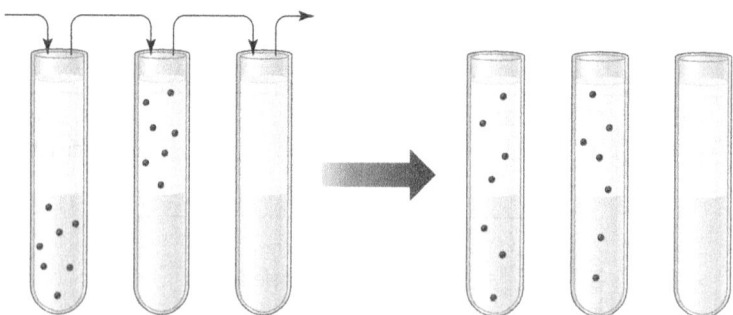

Etapa 2: Mova a parte superior (fase 1) de cada tubo para a próxima unidade à direita. Colete a fração da fase 1 que sai do último tubo e aplique uma fração pura de solução de fase 1 ao primeiro tubo. Permita que o conteúdo de todos os tubos se reequilibre.

Etapa 3: Repita a Etapa 2, se necessário, continuando a coletar a fração de fase 1 que sai do último tubo e aplicando uma fração pura da fase 1 ao primeiro tubo no final de cada ciclo.

Figura 20.6

Uso de uma extração contracorrente em separação química. O resultado do processo é, em alguns casos, conhecido como 'distribuição contracorrente de Craig'.

dispositivo (atualmente conhecido como 'aparelho de Craig') usa uma série de tubos de vidro capazes de reter uma parte fixa de uma fase, enquanto permite a transferência simultânea de cada fase superior para o próximo tubo. O resultado é que solutos sofrem particionamento entre as fases em cada tubo, mas acabam se deslocando para o final do aparelho onde são coletados. Na próxima seção, veremos como uma abordagem semelhante, porém mais conveniente, é aplicada no método de **cromatografia**.

20.3 Separações químicas baseadas em cromatografia

Embora as extrações sejam com frequência aplicadas para isolar uma substância química de uma amostra ou para remover interferências, existem limitações a essa abordagem quando separamos substâncias intimamente relacionadas. A cromatografia consiste em outro método de separação bastante usado para separar essas substâncias e analisar misturas químicas complexas.

20.3.1 O que é cromatografia?

Definição de cromatografia. O termo 'cromatografia' foi cunhado no início do século XX por Mikhail S. Tswett (veja a Figura 20.7).[17-20] A cromatografia é uma técnica de separação na qual os componentes de uma amostra são separados com base em como eles se distribuem entre duas fases químicas ou físicas, uma das quais é estacionária enquanto a outra é livre para se deslocar através do sistema de separação.[9] Esse processo pode ser ilustrado usando a separação de 2,4-D a partir de herbicidas correlacionados na água (veja a Figura 20.8). Para começar a separação, a amostra é aplicada ao topo de um tubo recheado, conhecido como **coluna**.[9] No exemplo, a coluna consiste em um tubo contendo um suporte sólido revestido, no qual o revestimento do suporte interage com herbicidas à medida que estes passam através do sistema. Uma fase à parte (um líquido, nesse caso) é usada para aplicar a amostra à coluna e passar os

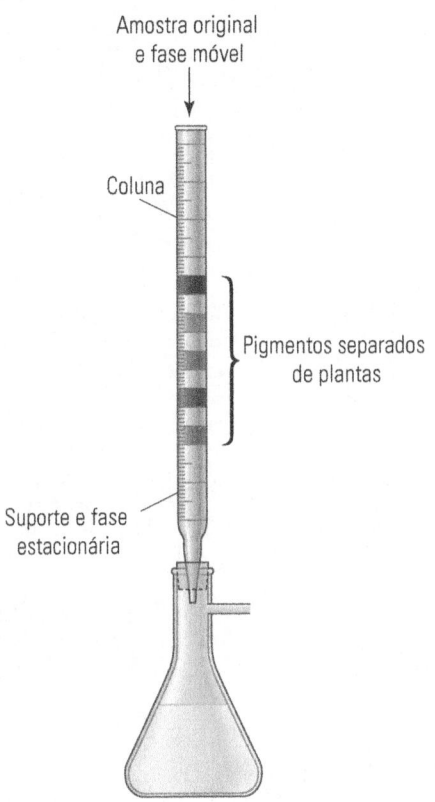

Figura 20.7

Um exemplo de separação que Mikhail Semenovich Tswett (1872-1919) obteve por cromatografia.[17-19] Tswett era um botânico russo interessado em isolar e estudar pigmentos vegetais como a clorofila. Para facilitar o seu trabalho, ele desenvolveu um método no qual um tubo, ou 'coluna', era preenchido com um material sólido e usado para separar pigmentos vegetais à medida que passavam através da coluna na presença de um fluxo líquido. Ele descreveu o novo método publicamente pela primeira vez em 1903, chamando a técnica de 'cromatografia', que significa literalmente 'escrita de cor' nas palavras gregas *khroma* ('cor') e *graphein* ('escrever'). Os diagramas foram adaptados de trabalhos de Tswett que descreviam a sua técnica.[20]

componentes da amostra à outra extremidade. As substâncias que têm as interações mais fracas com a fase fixa na coluna se deslocarão mais depressa do que aquelas com interações fortes, resultando em uma separação.

A Figura 20.8 mostra que três componentes principais compõem um sistema cromatográfico. O primeiro deles é a fase que flui através da coluna e faz os componentes da amostra se moverem em direção ao final da coluna. Esse componente é chamado de **fase móvel**, uma vez que se desloca através da coluna. O segundo é a fase fixa, que reveste o interior da coluna ou está ligado a ela, e chama-se **fase estacionária** porque sempre permanece no sistema. A fase estacionária é responsável por retardar o movimento de compostos enquanto se movem através da coluna. O terceiro componente essencial de um sistema cromatográfico é o **suporte** no qual a fase estacionária está revestida ou ligada. Essa combinação de fase estacionária, fase móvel e suporte, e um equipamento associado compõe um dispositivo conhecido como *cromatógrafo*.[9,21]

Assim como as extrações, a cromatografia usa duas fases (a móvel e a estacionária) para isolar uma substância química a partir de outra. No entanto, a cromatografia também se baseia nas diferentes velocidades de percurso que as substâncias apresentam através do sistema. Essa segunda característica torna uma cromatografia semelhante à extração contracorrente (veja a Seção 20.2.3), mas há uma importante diferença entre os dois métodos. Em particular, uma extração contracorrente tem um número bem definido de etapas de contato entre as duas fases. Uma delas ocorre cada vez que as fases 1 e 2 são combinadas e deixadas em repouso até que alcancem o ponto de equilíbrio em um tubo. Em contraste com isso, os solutos se movem para a frente e para trás entre as fases móvel e estacionária de modo contínuo enquanto atravessam a coluna. Essa diferença torna a cromatografia muito mais fácil de usar do que as extrações contracorrente em análise e isolamento de substâncias químicas.

Tipos gerais de cromatografia. Há diversas formas de cromatografia. Todas elas podem ser classificadas de acordo com suas fases móvel, estacionária e suporte (veja a Tabela 20.4). A principal maneira de categorizar técnicas cromatográficas é de acordo com sua fase móvel.[9] Se um gás é a fase móvel, o método chama-se 'cromatografia gasosa' ou 'CG' (uma técnica discutiremos no Capítulo 21). Se a fase móvel é um líquido, a técnica denomina-se 'cromatografia líquida' ou 'CL' (veja o Capítulo 22). É possível até usar um fluido supercrítico como a fase móvel, criando um método conhecido como *cromatografia de fluido supercrítico* ou CFL. Todos esses métodos podem ser divididos em subcategorias em função de seu mecanismo de separação e tipo de fase estacionária. Por exemplo, o uso de partículas sólidas não derivatizadas em CG ou CL como a fase estacionária dá origem aos métodos de 'cromatografia gás-sólido' e 'cromatografia líquido-sólido'.[9]

Outra forma de agrupar métodos cromatográficos é fazê-lo de acordo com o tipo de suporte que utilizam.[9,21] Um método no qual uma coluna contém o suporte e a fase estacionária é conhecido como *cromatografia em coluna*. Se a coluna é preenchida com partículas de suporte que contêm a fase estacionária, o método chama-se *cromatografia de leito recheado*. Se a fase estacionária é, em vez disso, colocada diretamente sobre a parede interior da coluna, temos uma *cromatografia tubular aberta*. Também é possível que o suporte e a fase estacionária estejam presentes em uma superfície plana (como uma lâmina de papel, vidro ou plástico); esse formato gera um método conhecido como *cromatografia planar*. Como indica a Tabela 20.4, há muitas combinações possíveis para as fases móvel, estacionária e suporte. Essa variedade é o que torna a cromatografia tão útil para separar e analisar uma vasta gama de substâncias e amostras.

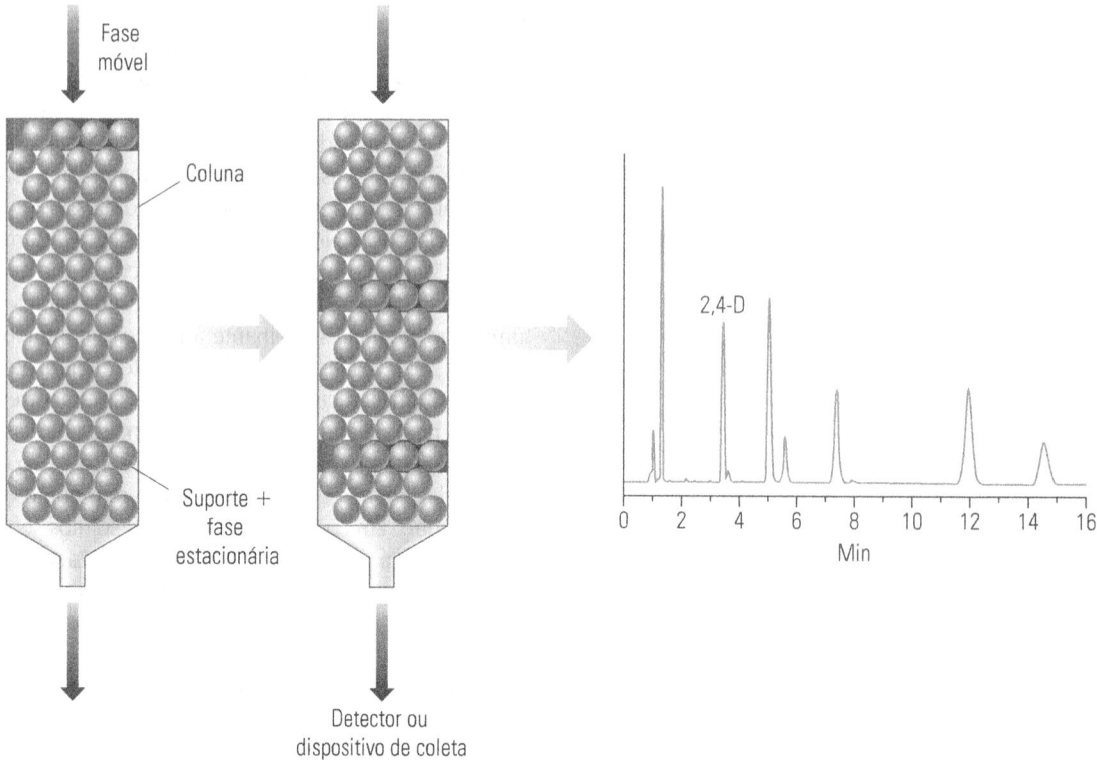

Figura 20.8

Separação de 2,4-D a partir de outros componentes da amostra por cromatografia. Os principais componentes do sistema cromatográfico (fase móvel, fase estacionária e suporte, que juntos formam a 'coluna') são mostrados à esquerda. O gráfico à direita (chamado de cromatograma) mostra a quantidade medida de cada substância que deixa a coluna após um determinado período de tempo (ou volume de fase móvel aplicada). (O cromatograma foi uma cortesia da Sigma-Aldrich).

Tabela 20.4

Categorias gerais de métodos cromatográficos.

Categorias baseadas em fase móvel e fase estacionária	
Cromatografia gasosa	*Tipo de fase estacionária*
Cromatografia gás-sólido	Suporte sólido, não derivatizado
Cromatografia gás-líquido	Suporte líquido revestido
Cromatografia líquida	*Tipo de fase estacionária*
Cromatografia de adsorção	Suporte sólido, não derivatizado
Cromatografia de partição	Suporte líquido revestido ou derivatizado
Cromatografia de troca iônica	Suporte contendo cargas fixas
Cromatografia de exclusão	Suporte poroso, inerte
Cromatografia de afinidade	Suporte com o ligante biológico imobilizado

Categorias baseadas no suporte	
Nome do método	*Tipo de suporte*
Cromatografia de leito recheado	Matriz porosa constituída por um material sólido (um único polímero ou pequenas partículas) recheada em uma coluna
Cromatografia tubular aberta	A parede interior de uma coluna ou um suporte que reveste essa parede
Cromatografia planar	Suporte composto por uma superfície plana, como uma lâmina de papel, vidro ou plástico

20.3.2 Uso e descrição da cromatografia

Uma das grandes vantagens da cromatografia é sua capacidade de tomar os componentes individuais de uma amostra e isolá-los um dos outros para que possam ser mais facilmente identificados ou medidos. Essa capacidade foi ilustrada na Figura 20.8 para a separação de herbicidas em uma amostra de água. A cromatografia é, muitas vezes, necessária em métodos analíticos que lidam com amostras complexas. Essas amostras representam um desafio a muitas técnicas de detecção, que podem funcionar bem em soluções simples, mas não em uma mistura de muitas substâncias químicas. Ao mesmo tempo, a cromatografia exige outras técnicas que ajudem a monitorar a passagem de substâncias através da coluna e a identificá-las e quantificá-las. O resultado é uma combinação de separação e detecção que torna a cromatografia útil como método de análise de amostras simples ou complexas.

Descrição de separações cromatográficas. A maneira mais comum de realizar a cromatografia em análise química é injetar um pequeno volume de amostra em uma coluna e observar o tempo ou o volume de fase móvel que cada componente da amostra leva para passar através do sistema. O movimento de solutos através da coluna, nesse caso, é referido como 'eluição', e a fase móvel usada para passar solutos através da coluna é conhecida como 'eluente'.[9,21]

O resultado de uma separação cromatográfica é mostrado por um gráfico da resposta medida por um detector no final da coluna em função do tempo ou do volume de fase móvel que é necessário para a eluição. Um exemplo de tal gráfico, conhecido como **cromatograma**,[9,21] foi fornecido na Figura 20.8 para o ácido 2,4-D. A Figura 20.9 mostra um exemplo mais geral, e inclui vários termos usados para descrever esses gráficos. Nesse gráfico, há sempre um montante mínimo de tempo necessário para que qualquer substância (mesmo da fase móvel) passe através do sistema. O termo **tempo de morto** (t_M) é usado para representar esse período de tempo e é medido determinando-se o tempo necessário para uma substância totalmente sem interação (ou 'não retida') passar pela coluna.[21] Se uma substância possui interação (ou é 'retida') pela fase estacionária, ela se deslocará mais devagar através da coluna e sairá em algum momento posterior. O tempo médio desse processo é conhecido como **tempo de retenção** (t_R) da substância.[9,21] O comprimento desse tempo de retenção é determinado pela estrutura da substância submetida à eluição, bem como os tipos de fase estacionária e de fase móvel a serem utilizados no sistema cromatográfico. A relação entre o tempo de retenção e a estrutura química torna t_R útil como um meio de identificar os picos nos cromatogramas.

O volume de eluição é outra maneira de descrever o movimento de substâncias em cromatografia. O volume médio de fase móvel que é preciso para mover um composto através da coluna é chamado de **volume de retenção do composto** (V_R). Da mesma forma, o volume de fase móvel necessário para eluir uma substância totalmente não retida é conhecido como **volume de morto** da coluna (V_M). Os valores de t_R e V_R, bem como t_M e V_M, estão relacionados uns com os outros por meio da razão de fluxo (F) da fase móvel (em unidades de volume por tempo), como mostrado a seguir.[9,21]

$$V_R = t_R F \qquad (20.9)$$

$$V_M = t_M F \qquad (20.10)$$

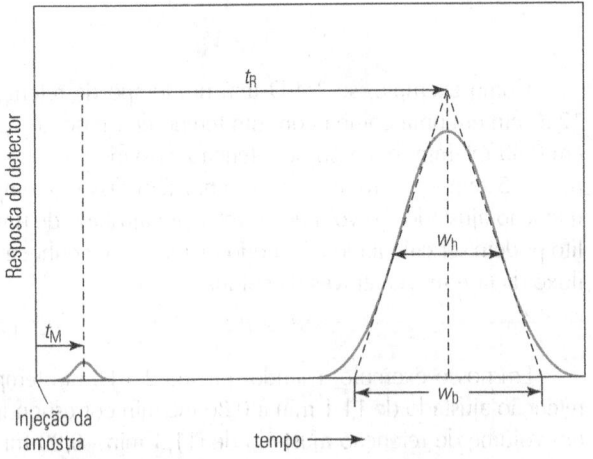 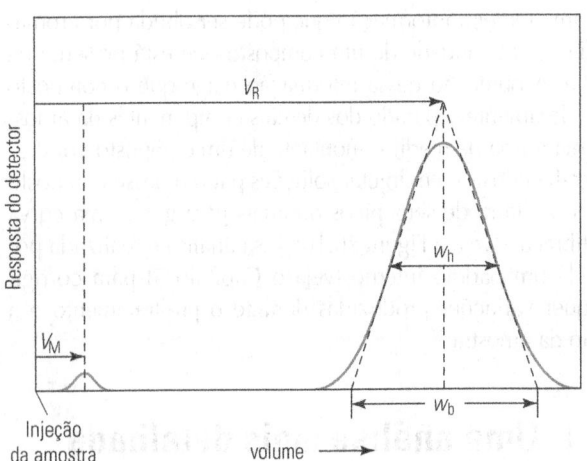

Figura 20.9

Exemplos de cromatogramas plotados em função do tempo (imagem à esquerda) e do volume de fase móvel aplicada (imagem à direita). Os termos t_M e V_M nestes gráficos representam o tempo de morto e o volume de morto, enquanto t_R e V_R representam o tempo de retenção e o volume de retenção para os compostos injetados. Os termos w_b e w_h indicam a largura de base e a meia-altura dos picos mostrados nesses cromatogramas.

Por exemplo, suponha que 2,4-D saia de uma coluna com um tempo de retenção de 12,3 min e a um fluxo de 1,25 mL/min. O tempo de morto nessas mesmas condições será de 0,84 min.

Usando as equações 20.9 e 20.10, obtemos um volume de retenção de (12,3 min)(1,25 mL/min) = 15,4 mL para 2,4-D e um volume de morto de (0,84 min)(1,25 mL/min) = 1,05 mL.

À medida que substâncias químicas se deslocam através de um sistema cromatográfico, a largura da região que contém cada composto (também conhecida como 'pico' do composto ou 'banda') torna-se gradualmente mais ampla. Esse processo é conhecido como **alargamento de pico**, e ocorre mesmo em substâncias com pouca ou nenhuma ligação com a fase estacionária.[21,22] O alargamento de pico ocorre porque é improvável que duas moléculas, átomos ou íons individuais (ainda que do mesmo tipo) levem exatamente o mesmo período de tempo para percorrer o sistema. Até uma substância pura produzirá um pico em um cromatograma que apresenta uma distribuição de tempos de eluição, como se pode observar para o ácido 2,4-D na Figura 20.8. Discutiremos os processos que levam ao alargamento de pico mais adiante neste capítulo.

Aplicações de cromatografia. A primeira informação que a cromatografia pode fornecer sobre uma amostra de múltiplos componentes é a aparência geral do cromatograma. Por meio do número, posição e tamanho dos picos do cromatograma, obtemos um padrão de impressão digital ou perfil químico que é característico da amostra a ser analisada. Esse padrão pode ser útil na análise e na comparação do conteúdo geral das amostras. Podemos aprender ainda mais examinando a posição de cada pico. Essa segunda informação pode ser obtida usando-se os tempos de retenção e os volumes de retenção da substância submetida à eluição. Tais valores, por sua vez, estão relacionados com a estrutura da substância e ajudam na identificação química.[17]

Uma terceira informação que pode ser obtida por cromatografia é a quantidade de um composto que está presente na amostra. A obtenção dessa informação exige que o composto esteja claramente separado dos demais componentes da amostra. Uma forma de medir o montante de um composto por cromatografia consiste em injetar soluções padrão desse composto e medir a altura de seus picos ou áreas para gerar uma curva de calibração (veja a Figura 20.10). Essa análise é realizada por meio de um padrão interno (veja o Capítulo 5) para corrigir quaisquer variações produzidas durante o pré-tratamento e a injeção da amostra.[17]

20.4 Uma análise mais detalhada sobre a cromatografia

A separação de compostos por cromatografia deve atender a dois requisitos. Primeiro, deve haver alguma diferença no grau de retenção dos compostos injetados. Segundo, o alargamento de pico deve ser pequeno o suficiente para permitir que os picos produzidos por cada composto sejam facilmente distinguíveis uns dos outros.

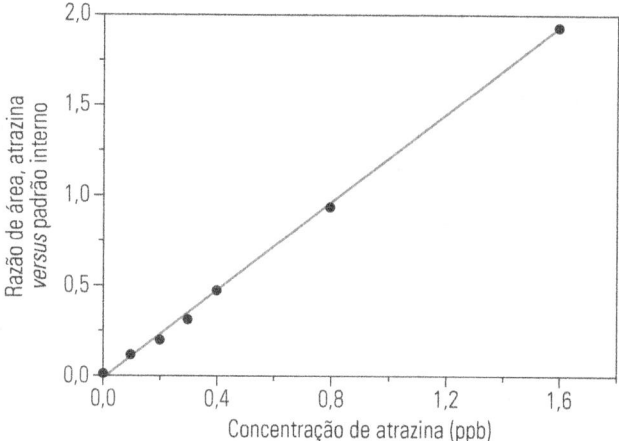

Figura 20.10

Curva de calibração para a quantificação de atrazina em amostras de água por cromatografia gasosa. A terbutilazina foi usada como padrão interno. (Baseado em dados de T.R. Shepherd, Tese de doutorado, University of Nebraska-Lincoln, Lincoln, 1991.)

20.4.1 Retenção do analito em cromatografia

Medidas de retenção. Sabemos agora que o tempo de retenção e o volume de retenção de uma substância química estão relacionados à estrutura da substância e podem ser usados para identificar esse analito em um cromatograma. Duas medidas intimamente relacionadas de retenção de soluto em cromatografia são o *tempo de retenção ajustado* (t'_R) e o *volume de retenção ajustado* (V'_R), que são definidos como segue.[9]

$$t'_R = t_R - t_M \qquad (20.11)$$

$$V'_R = V_R - V_M \qquad (20.12)$$

Como exemplo, se 2,4-D tem um tempo de retenção de 12,5 min em uma coluna com um tempo de morto de 1,2 min em 0,80 mL/min, o tempo de retenção ajustado para 2,4-D seria (12,5 min – 1,2 min) = 11,3 min. Além disso, o tempo de retenção ajustado e o volume de retenção ajustado de um analito podem ser calculados de modo recíproco se conhecemos o fluxo da fase móvel através da coluna.

$$V'_R = t'_R F \qquad (20.13)$$

Em nosso exemplo, usando o ácido 2,4-D, um tempo de retenção ajustado de 11,1 min a 0,80 mL/min corresponderia a um volume de retenção ajustado de (11,3 min · 0,80 mL/min) = 9,0 mL.

Assim como t_R e V_R, o tempo de retenção ajustado e o volume de retenção ajustado são úteis como índices de retenção de analito. Os valores de t'_R e V'_R também podem ser considerados medidas diretas da força da interação entre o analito e o sistema cromatográfico, porque corrigem a contribuição do tempo de morto ou volume de morto da coluna para t_R e V_R. A mesma correção ocorre quando usamos um parâmetro conhecido como

fator de retenção (anteriormente chamado de 'fator de capacidade'). O fator de retenção é representado pelo símbolo **k** (ou k') e calculado por uma das seguintes relações:[9, 21]

$$k = t'_R/t_M \quad \text{ou} \quad k = V'_R/V_M \quad (20.14)$$

Nestes cálculos, é importante aplicar as mesmas unidades em t'_R e t_M (ou V'_R e V_M), o que resulta em um valor adimensional de k. Qualquer uma das expressões na Equação 20.14 deve fornecer o mesmo resultado para k devido ao fato de que t'_R é diretamente proporcional a V'_R, e t_M a V_M (equações 20.10 e 20.13).

EXERCÍCIO 20.4 Cálculo e uso de fatores de retenção

Um método de cromatografia líquida para análise de 2,4-D fornece um tempo de retenção de 8,43 min para esse composto em 1,25 mL/min. O tempo de morto da coluna sob tais condições é de 1,38 min. Quais são t'_R e k para 2,4-D nessas condições? Como esses valores mudariam caso o fluxo fosse aumentado para 1,50 mL/min?

SOLUÇÃO

O tempo de retenção ajustado pode ser determinado pela Equação 20.11, onde $t'_R = (8{,}43 \text{ min} - 1{,}38 \text{ min}) = 7{,}05$ min. Podemos, então, colocar os valores de t'_R e t_M na Equação 20.14, produzindo $k = (7{,}05 \text{ min})/(1{,}38 \text{ min}) = \mathbf{5{,}11}$. Uma resposta idêntica seria encontrada se usássemos, alternativamente, V'_R e V_M para determinar o fator de retenção.

Se aumentarmos a vazão de 1,25 mL/min para 1,50 mL/min, sem qualquer outra alteração no sistema, todos os compostos que passarem pela coluna terão redução nos tempos de eluição. Na verdade, t_R, t'_R e t_M diminuirão na proporção de (1,25 mL/min)/(1,50 mL/min) = 0,80, ou terão 80 por cento de seu tempo observado a 1,25 mL/min. Os fatores de retenção desses compostos não serão afetados por essa mudança. Isso ocorre porque k é a razão de t'_R e t_M, e ambos os termos estão sendo alterados pela mesma quantidade à medida que variamos o fluxo.

O valor de k não é afetado pelo fluxo, tornando-se uma medida de retenção mais confiável do que t_R ou t'_R. Outra vantagem de se usar k é que se trata de um valor relativo, adimensional, no qual o tempo de retenção ajustado ou o volume de retenção ajustado de um analito é comparado com o tempo de morto ou com o volume de morto da coluna. Um modo de examinar esse conceito é dizer que k representa a quantidade relativa de tempo que um analito gasta na fase estacionária em relação à fase móvel (uma ideia que retomaremos na próxima seção). Sob esse ponto de vista, a retenção de um soluto com fator de retenção k será igual a volumes de morto ou tempos de morto $k + 1$ para a coluna.

Fatores que afetam a retenção. A retenção de um analito em cromatografia é em geral determinada pelas forças intermoleculares que ocorrem entre o analito, a fase estacionária e a fase móvel. Vimos no Capítulo 7 que as forças intermoleculares podem ocorrer *entre* duas espécies químicas como resultado de forças de dispersão, interações dipolo-dipolo, ligações de hidrogênio e interações iônicas. Individualmente, essas forças são muito mais fracas do que aquelas envolvidas na formação de ligações químicas, mas elas costumam ser importantes na determinação do ponto de ebulição de um composto, de sua solubilidade e de sua capacidade de partição entre duas fases químicas ou físicas.

A distribuição de um analito entre a fase estacionária e a fase móvel em uma coluna cromatográfica pode ser descrita pelo processo geral,

$$A_M \rightleftharpoons A_S \quad (20.15)$$

onde A_M e A_S representam o analito quando presente na fase móvel e na fase estacionária, respectivamente. A Equação 20.15 é semelhante à reação utilizada na Equação 20.1 para descrever uma extração. Essa similaridade ocorre porque tanto a cromatografia quanto as extrações utilizam duas fases para separar os compostos. Quando um analito atinge o equilíbrio entre a fase estacionária e a fase móvel, podemos escrever a seguinte expressão para sua razão de partição (K_D).

$$K_D = \frac{[A]_S}{[A]_M} \quad (20.16)$$

Esta expressão refere-se a uma separação baseada em partição, na qual $[A]_S$ e $[A]_M$ representam as efetivas concentrações de analito na fase estacionária e na fase móvel *em equilíbrio*. Você pode estar se perguntando agora como é possível haver equilíbrio em cromatografia se a fase móvel e os componentes da amostra estão em constante movimento através do sistema. A resposta é que se considera que os analitos aplicados se aproximam de um *equilíbrio local*, que ocorre no centro de seus picos cromatográficos. À medida que o pico de um analito se move através da coluna, o centro do pico e a posição do equilíbrio local também se movem pelo sistema.

A Equação 20.16 mostra que uma substância que apresente fortes interações com a fase estacionária (um valor maior para $[A]_S$ do que para $[A]_M$) terá uma razão de partição grande. Seria previsível que isso, por sua vez, resultasse em um grande tempo de retenção e de volume de retenção. Da mesma forma, uma substância que tem somente interações fracas com a fase estacionária deve ter um valor pequeno para sua razão de partição e produzir um pequeno tempo de retenção ou volume de retenção. A relação entre retenção e K_D pode ser demonstrada de um modo mais quantitativo por meio do fator de retenção. É importante lembrar que o fator de retenção é uma medida da quantidade relativa de tempo que um composto gasta na fase estacionária em relação à fase móvel, ou $k = t'_R/t_M$. Esse fato significa que k será proporcional aos mols relativos desse composto na fase estacionária em relação à fase móvel em equilíbrio, ou $k = (\text{mol A})_S/(\text{mol A})_M$. Se fizermos a conversão de mols em concentração multiplicando o topo e a base dessa expressão pelos volumes da fase estacionária (V_S) e da fase móvel (V_M), obteremos a Equação 20.17.

$$k = \frac{[A]_S V_S}{[A]_M V_M} = K_D(V_S/V_M) \quad (20.17)$$

Esta relação indica que k estará diretamente relacionada tanto com o grau de interações do composto com a fase estacionária (K_D) quanto com a quantidade relativa de fase estacionária na coluna (ou a razão de fase, V_S/V_M).[9]

A separação de duas substâncias químicas por cromatografia sempre exige que elas apresentem alguma diferença em sua retenção. A forma mais comum de ocorrência dessa situação é quando as substâncias têm diferentes constantes de equilíbrio na sua distribuição entre a fase móvel e a fase estacionária. Uma grande diferença nas constantes de equilíbrio torna mais fácil a separação dessas substâncias. Em alguns casos, também é possível haver diferenças na razão de fase para dois analitos, especialmente se há uma grande diferença de tamanho entre eles. O resultado em ambos os casos é que os analitos terão diferentes velocidades de deslocamento através da coluna, o que levará a sua separação.

20.4.2 Alargamento de pico cromatográfico

Um segundo fator a se considerar em cromatografia é o grau de alargamento de pico que ocorre nos analitos enquanto eles se deslocam através de uma coluna. Esse fator determina a extensão em que dois compostos com eluição parecida podem ser diferenciados um do outro. Os termos 'eficiência' e 'desempenho' são em geral usados em cromatografia para descrever a capacidade de um sistema de produzir picos estreitos. Se o sistema cromatográfico produz picos estreitos, diz-se que tem 'alta eficiência' ou 'alto desempenho'. Se dá origem a picos amplos, é descrito como sendo de 'baixa eficiência ' ou 'baixo desempenho'. É sempre preferível ter um sistema que produza picos estreitos, porque eles facilitarão a separação de compostos com pequenas diferenças em sua retenção.

Medições de alargamento de pico. Um meio de medir o alargamento de pico em cromatografia é usando a largura de um pico em seu nível de base (w_b) ou a largura de um pico a meia-altura (w_h) (veja a Figura 20.11). Essas larguras de pico também podem estar relacionadas a medições mais fundamentais da distribuição de resultados experimentais, como o desvio-padrão (σ) ou variação (σ^2) de um pico (veja o Capítulo 4). Muitos pacotes de software para aquisição de dados podem determinar o desvio-padrão ou a variância de um pico cromatográfico. Também é possível calculá-los manualmente a partir da forma geral do pico. Se o pico se encaixa em uma curva de Gauss, w_b e w_h podem ser usados para determinar σ pelas seguintes fórmulas.[9, 21]

$$w_b = 4\sigma \quad (20.18)$$

$$w_h = 2{,}355\sigma \quad (20.19)$$

Estas equações representam relações conhecidas entre o desvio-padrão de um pico de Gauss e a largura relativa desse tipo de pico em diferentes alturas. Relações semelhantes podem ser utilizadas em outros tipos de pico.

Embora larguras de pico sejam úteis como uma primeira aproximação para descrever o alargamento de pico e a eficiência de coluna, elas são altamente dependentes do tempo de re-

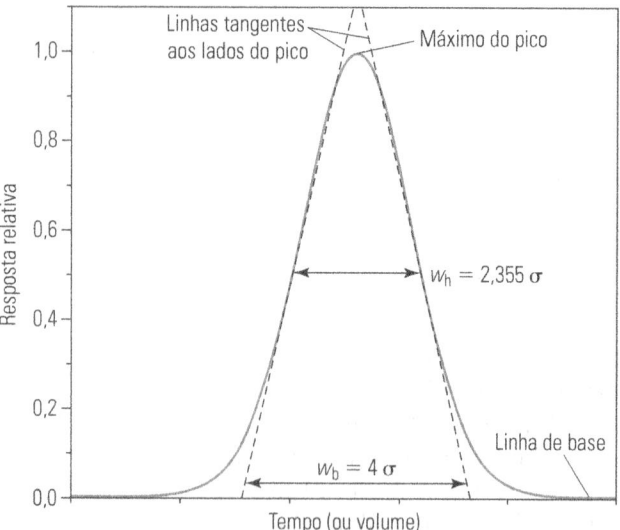

Figura 20.11

Método para a medição manual da largura de linha de base (w_b) e da largura a meia-altura (w_h) para um pico gaussiano. A 'meia-altura' do pico é a altura medida à metade da distância entre a linha de base e o valor máximo do pico de Gauss. A 'largura da linha de base' é determinada traçando-se linhas que são tangentes a ambos os lados do pico e analisando-se onde essas linhas cruzam a linha de base do cromatograma. As relações matemáticas mostradas entre w_h ou w_b e o desvio-padrão do pico são aquelas previstas para um pico que segue uma distribuição gaussiana real.

tenção (ou volume de retenção) do composto a ser utilizado para sua medição. Para comparar o alargamento de pico em substâncias com diferentes tempos de retenção, usa-se o **número de pratos teóricos** (N). A Equação 20.20 mostra as fórmulas mais gerais utilizadas para determinar N em cromatografia.[9, 21]

$$\text{Definição geral: } N = (t_R/\sigma)^2 \quad (20.20)$$

Ao usar esta expressão, as mesmas unidades devem ser empregadas tanto em t_R quanto em σ, o que resulta em um valor adimensional de N, ou que muitas vezes é dado apenas como um 'número de prato'.

A Tabela 20.5 fornece alguns números de pratos usuais para as colunas cromatográficas comuns. Esses valores são às vezes fornecidos em relação ao número de pratos obtidos por unidade de comprimento da coluna (como pratos por metro) para comparar colunas de tamanhos diferentes. Como podemos verificar na Tabela 20.4, o valor de N dependerá tanto do tipo de coluna quanto do método cromatográfico usado em uma separação. É sempre verdadeiro que, à medida que nos movemos para um valor maior de N em uma coluna, esta produzirá uma separação mais eficiente de compostos. Um modo de ilustrar esse conceito é considerar N como mais ou menos igual ao número de vezes que uma substância se 'equilibrará' entre a fase móvel e a fase estacionária enquanto se desloca através da coluna. Na realidade, o termo 'número de pratos' foi no início em-

Tabela 20.5

Comprimentos, números de prato e alturas de prato comuns em colunas cromatográficas.*

Tipo de coluna	Comprimento, L	Número de pratos teóricos, N	Altura de prato, H
Cromatografia gasosa			
Coluna recheada clássica	2 m	3.500–4.000	0,50–0,55 mm
Coluna capilar SCOT	15 m	15.800–27.300	0,55–0,95 mm
Coluna capilar WCOT	30 m	43.900–480.000	0,06–0,68 mm
Cromatografia líquida[a]			
Coluna recheada (4,6 mm diâmetro interno)	10–25 cm	6.000–25.500	0,01–0,04 mm
Coluna de microboro (1,0 mm diâmetro interno)	25–100 cm	18.000–100.000	0,01–0,04 mm

* Esta tabela é baseada em informações fornecidas por C. F. Poole e S. K. Poole, *Chromatography Today*, Elsevier, Amsterdã, Holanda, 1991. Os tópicos de colunas SCOT (tubular aberta com suporte revestido) e WCOT (tubular aberta com parede revestida) serão discutidos em mais detalhes no Capítulo 21.

[a] Os dados mostrados para a cromatografia líquida referem-se a colunas usadas em cromatografia líquida de alta eficiência (CLAE ou HPLC, do inglês, *high-performance liquid chromatography*). Esta informação inclui colunas com partículas que caem na faixa de 5 a 20 μm.

pregado para esse propósito em destilações, onde uma série de pratos de vidro era utilizada para aumentar o número de etapas de condensação e vaporização para separar duas substâncias voláteis. Da mesma forma, se um composto é capaz de passar por mais etapas de 'equilíbrio' em cromatografia (conforme representado por um N grande), ficará mais fácil para a coluna diferenciar esse composto de outras substâncias na amostra.

Se lidamos com um sistema de cromatografia capaz de calcular automaticamente o desvio-padrão ou a variância em um pico, esses valores podem ser usados diretamente com a Equação 20.20 para calcular N. O valor de N também pode ser obtido com base em medições da largura da linha de base ou da largura a meia-altura. Se sabemos que um pico tem o formato de uma gaussiana, as equações 20.18 ou 20.19 podem ser substituídas pela Equação 20.20 para que se obtenha as seguintes expressões para N.[9]

Para um pico gaussiano $N = 16(t_R/w_b)^2$

$$\text{ou } N = 5{,}545(t_R/w_h)^2 \quad (20.21)$$

É importante ter em mente que estas expressões valem *somente* para um pico de Gauss. Se um pico assume alguma outra forma, deve-se aplicar a Equação 20.20 ou uma relação alternativa.

EXERCÍCIO 20.5 Cálculo do número de pratos teóricos em uma coluna

A eficiência de uma nova coluna de CG com comprimento de 30 m é avaliada por meio da injeção de uma amostra-padrão de pentadecano. O tempo de retenção medido para essa substância é de 10,05 min, e sua largura a meia-altura é 0,064 min. Determine o número de pratos teóricos da coluna supondo que o pentadecano tem um pico em forma de uma gaussiana. Expresse a resposta em termos do número total de pratos teóricos e também do número de pratos teóricos por metro de comprimento da coluna.

SOLUÇÃO

O tempo de retenção do pentadecano é de 10,05 min, e sua largura a meia-altura é de 0,064 min. Se supusermos que esse pico tem uma forma gaussiana, N poderá ser calculado usando-se a Equação 20.18.

$N = 5{,}545(t_R/w_h)^2 = 5{,}545(10{,}05 \text{ min}/0{,}064 \text{ min})^2$
$= \mathbf{137.000}$ pratos para uma coluna de 30 m

Outra forma de descrever a eficiência desse sistema seria dizer que temos (137.000 pratos/30 m) = **4.570 pratos/m**.

Supõe-se, com frequência, que os picos de eluição de um sistema cromatográfico são gaussianos em sua forma, mas essa suposição nem sempre é verdadeira. Picos não gaussianos podem ocorrer quando lidamos com (1) uma coluna sobrecarregada, (2) uma coluna que contém grandes espaços vazios, (3) um analito com uma ligação lenta ou uma liberação lenta da fase estacionária ou (4) uma coluna com mais de um tipo de posição que interage com analitos. Qualquer uma dessas situações pode resultar em uma distorção da forma de pico observada, criando um '*peak tailing*' ou assimetria posterior (um pico com uma borda frontal mais acentuada do que a posterior) ou um '*peak fronting*' ou assimetria frontal (um pico com uma borda posterior mais acentuada do que a frontal).[9,21]

Um teste pode ser conduzido para verificar se um pico é realmente simétrico por meio de um parâmetro conhecido como *Razão A/B* (ou *fator assimétrico*).[22,23] A Figura 20.12 mostra como a razão A/B é medida. Primeiro, o nível da linha de base do pico é determinado com o tempo (ou com o volume) em que o pico máximo de resposta aparece. Linhas horizontais são traçadas paralelamente à linha de base e à metade ou a um décimo da distância entre a linha de base e o máximo de pico. Em seguida, uma linha vertical é traçada desde o topo do pico, e a largura dos segmentos de linha à metade ou a um décimo da altura são medidos em ambos os lados da linha vertical.

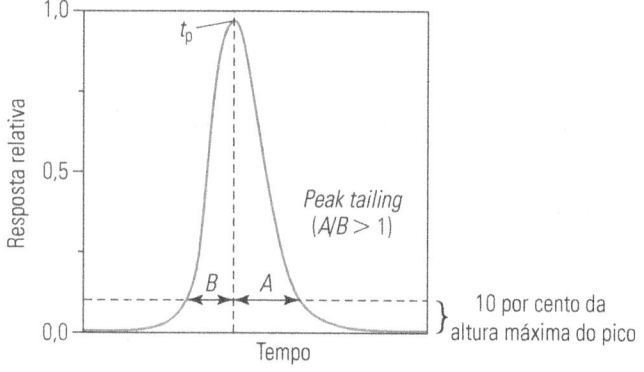

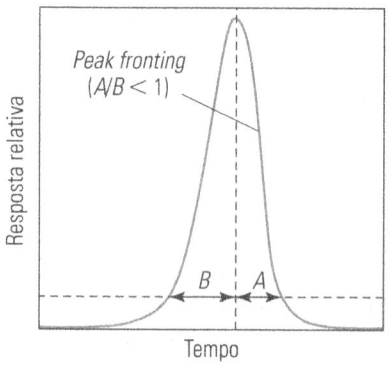

Figura 20.12

Determinação da assimetria de picos cromatográficos com base em razões A/B. As distâncias A e B são medidas desde os lados de um pico até a localização do máximo de pico (t_p) e ao longo de uma linha que (neste caso) é traçada a um décimo da altura total do pico. Exemplos de *peak tailing* e de *peak fronting* são mostrados nesta figura com seus respectivos valores para a razão A/B.

A largura obtida entre a linha vertical e a borda traseira do pico (a distância 'A') é, então, dividida pela largura entre essa linha vertical e a borda frontal do pico (a distância 'B').[23] Para uma curva de Gauss, os valores de A e B serão os mesmos, produzindo uma razão A/B igual a 1. Se houver *peak tailing*, uma razão A/B maior do que 1 será obtida. Uma razão A/B menor do que um será observada para um sistema em que houver *peak fronting*.

Embora N seja útil para descrever a eficiência de coluna, ele tem a desvantagem de ser dependente do comprimento da coluna. Um modo de usar N para comparar colunas de tamanhos diferentes é determinar o número de pratos gerados por unidade de comprimento de coluna (por exemplo, expressando a eficiência em termos de pratos por metro). Também podemos usar uma medida relacionada de eficiência conhecida como **altura equivalente de um prato teórico** ou 'altura do prato' (HETP, do inglês, *height equivalent of a theoretical plate* ou H, do inglês, *height*).[9,21] O valor de H é calculado a partir de N usando-se a Equação 20.22,

$$H = L/N \qquad (20.22)$$

onde L é o comprimento da coluna. O valor que obtemos para H está em unidades de distância e fornece o comprimento da coluna que corresponde a um prato teórico, ou uma etapa de 'equilíbrio' do analito com a fase estacionária. Sabemos que um *grande* número de pratos teóricos ajuda a fornecer boas eficiências de coluna e larguras de pico estreitas, e por isso uma altura de prato *pequena* também é desejável. Valores comuns de altura de prato para sistemas cromatográficos são dados pela Tabela 20.5.

EXERCÍCIO 20.6 Cálculo da altura do prato de um sistema cromatográfico

Determine a altura do prato para o sistema cromatográfico no Exercício 20.5. Como a altura do prato e o número do prato desse sistema se alterariam caso o comprimento da coluna fosse multiplicado por dois?

SOLUÇÃO

Anteriormente, determinamos N como 137.000 para uma coluna de 30 m de comprimento. Podemos usar essa informação com a Equação 20.22 para obter a altura do prato para essa coluna.

$$H = (30 \text{ m})/(137.000 \text{ pratos})$$
$$= 2{,}2 \times 10^{-4} \text{ m (ou } 0{,}22 \text{ mm)}$$

O valor de H é na essência independente do comprimento da coluna, e deve se manter inalterado ao multiplicarmos o comprimento da coluna por dois. Um aumento de duas vezes em L levará a um aumento de duas vezes em N, supondo-se que o alargamento dos picos devido aos demais componentes do sistema seja insignificante.

Fontes de alargamento de pico. Há muitos processos que podem fazer com que um pico de amostra inicialmente estreito se torne maior à medida que se desloca através de um sistema cromatográfico. Esses processos têm uma coisa em comum — cada qual leva os solutos individuais (até do mesmo tipo) a ter velocidades ligeiramente diferentes de deslocamento através do sistema. Muitos desses processos dependem da rapidez com que os solutos individuais se movem em uma solução. Esse movimento é descrito por *difusão* e por *transferência de massa*. Difusão refere-se ao movimento de um soluto de uma região de alta concentração para outra de menor concentração; a transferência de massa também descreve um movimento de soluto de uma região para outra, mas, nesse caso, não necessariamente de uma alta para uma baixa concentração.[8,9,21]

A taxa de difusão de um soluto depende de um termo conhecido como **coeficiente de difusão** (D).[21] O valor de D é uma constante característica do tamanho e da forma de um soluto, bem como a temperatura e o tipo de fase em que o soluto está presente. Alguns coeficientes de difusão comuns estão listados na Tabela 20.6. Grandes valores de D, como os que ocorrem em pequenos solutos como a água e o benzeno, representam o movimento rápido de uma substância pelo seu entorno. Pequenos coeficientes de difusão, como os de proteínas como a hemoglobina e a miosina, representam um movimento muito mais lento. Em cromatografia, um grande coeficiente de difusão resultará

Tabela 20.6

Coeficientes de difusão comuns para compostos em gases e líquidos.*

	Substância (massa molar)	Coeficiente de difusão (cm²/s)	Meio circundante
Difusão em gases			
	Água (18 g/mol)	1,020	H_2 (1 atm, 27 °C)
	Água (18 g/mol)	0,277	Ar (1 atm, 30 °C)
	Benzeno (78 g/mol)	0,096	Ar (1 atm, 25 °C)
Difusão em líquidos			
	Amônia (17 g/mol)	$1,76 \times 10^{-5}$	Água (20 °C)
	Sacarose (342 g/mol)	$4,59 \times 10^{-6}$	Água (20 °C)
	Ribonuclease (13.683 g/mol)	$1,19 \times 10^{-6}$	Água (20 °C)
	Hemoglobina (68.000 g/mol)	$6,9 \times 10^{-7}$	Água (20 °C)
	Miosina (493.000 g/mol)	$1,1 \times 10^{-7}$	Água (20 °C)

* Valores extraídos de E.N. Fuller, P.D. Schettler e J.C. Giddings, 'A New Method for Prediction of Binary Gas-Phase Diffusion Coefficients', *Industrial and Engineering Chemistry*, 58, 1966, p.19–27; e C.R. Cantor e P.R. Schimmel, *Biophysical Chemistry, Part II: Techniques for the Study of Biological Structure and Function*, Freeman, São Francisco, 1980, Capítulo 10.

em um movimento rápido de um soluto entre a fase móvel e a fase estacionária ou outras regiões do sistema.

A Figura 20.13 mostra cinco principais processos de alargamento de pico que ocorrem dentro de uma coluna cromatográfica característica.[8,21,22] Um deles é a *difusão longitudinal*, que se refere ao alargamento do pico de um composto por causa da difusão de solutos ao longo do comprimento da coluna. Nesse processo, a difusão faz as moléculas se afastarem do centro do pico (isto é, a região de maior concentração) para as regiões de menor concentração nas bordas frontais e traseiras

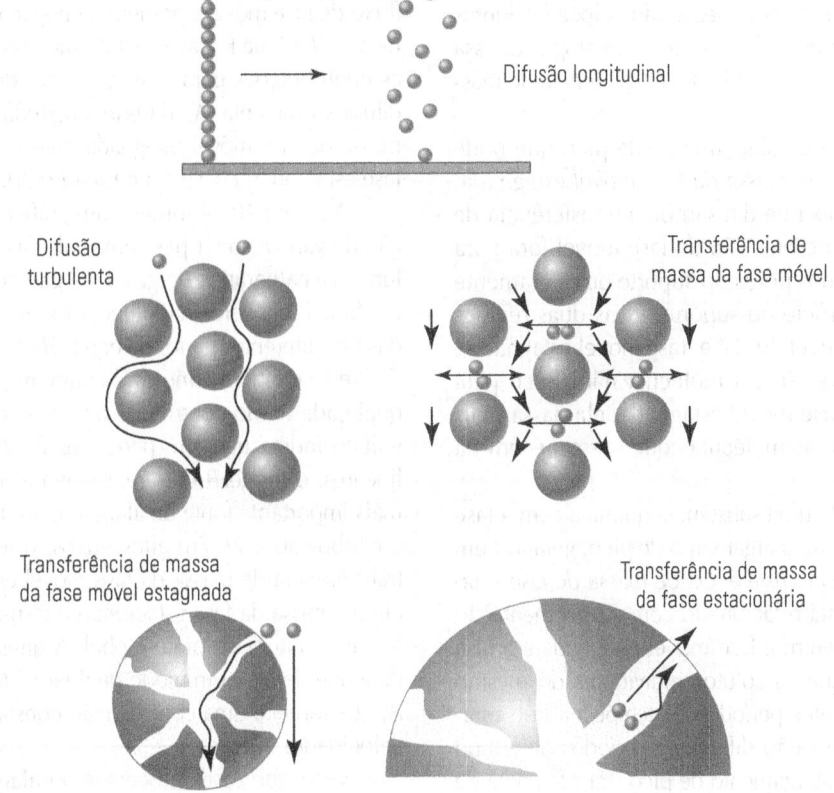

Figura 20.13

Processos de alargamento de banda que podem ocorrer em cromatografia.

do pico. Esse processo tem um efeito maior quando o analito passa um longo período de tempo na fase móvel, como ocorre em baixo fluxo.

A *difusão turbulenta* é um processo de alargamento de pico que ocorre sempre que há partículas de suporte dentro de uma coluna. Apesar do nome, esse processo na verdade nada tem a ver com uma difusão em si. Em vez disso, é produzida pela presença de um grande número de caminhos de fluxo em torno de partículas de suporte, sendo que cada caminho tem um comprimento um pouco diferente. Enquanto uma amostra se move através da coluna, alguns solutos chegarão ao final antes dos outros por causa dos diferentes caminhos que tomam. A difusão turbulenta não é afetada pelo fluxo da fase móvel, mas depende do tamanho e da forma das partículas de suporte e da eficácia com que são acondicionadas na coluna (isto é, fatores que determinam o número e os tipos de caminho de fluxo no sistema).

A *transferência de massa de fase móvel* é outro processo de alargamento de pico que ocorre por causa da presença de partículas de suporte. Nele, cria-se um alargamento de pico a partir das diferentes velocidades de deslocamento de um soluto *através* de qualquer fatia da coluna. Felizmente, os solutos individuais também passam por difusão entre os canais de fluxo enquanto se movem para baixo na coluna, o que tende a nivelar qualquer alargamento de pico resultante de diferenças nos fluxos através do raio da coluna. Visto que a transferência de massa de fase móvel e a difusão turbulenta envolvem os fluxos presentes dentro da coluna, eles às vezes são colocados juntos ao se descrever o alargamento de pico em cromatografia. Essa combinação de processos é chamada de 'transferência de massa por convecção'.

Um quarto processo de alargamento de pico que pode ocorrer é a *transferência de massa da fase móvel estagnada*. Isso está relacionado à taxa de difusão ou à transferência de massa de solutos enquanto eles vão da fase móvel fora para a fase móvel no interior dos poros do suporte ou diretamente em contato com a superfície do suporte. Essas duas regiões são chamadas de 'fase móvel fluida' e 'fase móvel estagnada', respectivamente. Uma vez que a molécula não desce pela coluna quando está na fase móvel estagnada, ela passa mais tempo na coluna do que as moléculas que permanecem na fase móvel fluida.

A efetiva interação de uma substância química com a fase estacionária também leva ao alargamento de pico, gerando um processo conhecido como *transferência de massa de fase estacionária*. Esse processo está relacionado com a movimentação de substâncias químicas entre a fase móvel estagnada e a fase estacionária. Uma vez que os solutos individuais do mesmo tipo podem passar diferentes períodos de tempo na fase estacionária, eles também passarão diferentes períodos de tempo na coluna, o que leva ao alargamento de pico. Transferência de massa de fase estacionária e transferência de massa de fase móvel costumam ser os dois tipos mais importantes de alargamento de pico em cromatografia, mas são minimizadas na presença de difusão rápida e no uso de fluxos lentos.

Além do alargamento de banda que ocorre em uma coluna, é possível que o alargamento de um pico ocorra antes ou após a entrada na coluna, em um processo conhecido como *alargamento de banda extracoluna*. Esse tipo de alargamento de banda pode ser produzido quando a amostra deixa um dispositivo de injeção ou quando ela passa por um tubo antes ou após a coluna. Da mesma forma, o alargamento pode se dar por meio de um detector através do qual os analitos passam depois de deixar a coluna. Embora o alargamento de banda extracoluna seja geralmente pequeno em comparação com o alargamento de banda dentro de uma coluna, ele pode ser útil quando se trabalha com um sistema cromatográfico pequeno ou muito eficiente.

Equação de van Deemter. A altura de prato de uma coluna não é usada somente para descrever o alargamento de banda e a eficiência. Em cromatografia ela também serve para verificar como um determinado fator experimental (como vazão ou diâmetro do suporte) pode afetar o alargamento de banda. Muitas equações com base em alturas de prato foram desenvolvidas para esse fim, sendo a **equação de van Deemter** a mais famosa delas.[21,22,24]

Equação de van Deemter: $H = A + B/u + Cu$ (20.23)

O termo u nesta equação representa a *velocidade linear* (uma medida da velocidade de deslocamento em unidades de distância por tempo),[9,21] que está diretamente relacionada ao fluxo de fase móvel por meio da equação $u = (F \cdot L)/V_M$. Os termos A, B e C na Equação 20.23 são constantes que representam as contribuições para o alargamento de banda decorrentes de difusão turbulenta (A), difusão longitudinal (B) e transferência de massa da fase móvel estagnada mais transferência de massa da fase estacionária (C) (veja o Quadro 20.2).

A Figura 20.14 fornece um gráfico característico da equação de van Deemter para uma substância injetada em uma coluna cromatográfica de gás. Esse gráfico mostra como H muda em função da velocidade linear (ou fluxo). O tamanho relativo das três diferentes partes da equação de van Deemter (os termos A, B e C) também é mostrado para indicar a quantidade com a qual cada termo contribui à altura do prato total medida. Esse gráfico indica que, em pequenos fluxos e baixas velocidades lineares, o termo B (que representa a difusão longitudinal) é a mais importante fonte de alargamento de banda, e gera a maior contribuição a H. Em altos fluxos, o termo C (que representa transferência de massa da fase móvel estagnada e a transferência de massa da fase estacionária) torna-se o maior contribuinte para a altura do prato global. A difusão turbulenta (que não depende de nenhum modo de fluxo) é representada pelo termo A, que fornece uma contribuição constante para H em todas as velocidades lineares.[22]

Visto que esses processos de alargamento de banda são afetados de modo diferente por uma variação no fluxo, o resultado global da Figura 20.14 apresenta uma curva em forma de

Quadro 20.2 Uma análise aprofundada da equação de van Deemter

Alturas e números de pratos são usados desde 1941 para descrever a eficiência de coluna em cromatografia, mas somente em meados da década de 1950 demonstrou-se como esses valores se relacionavam com os processos responsáveis pelo alargamento de banda em colunas cromatográficas. Essa tarefa foi realizada por J. J. van Deemter, F. J. Zuiderweg e A. Klinkenberg,[25] que na época trabalhavam na Shell Oil Company com a nova técnica de cromatografia gás-líquido. Eles estavam interessados em utilizá-la para separar compostos voláteis, como os encontrados em produtos petrolíferos. Como parte de seu trabalho, van Deemter e seus colegas buscavam determinar como vários fatores afetavam a eficiência obtida em cromatografia gás-líquido, tornando possível desenvolver formas mais eficientes de separação dos compostos por esse método.[10]

Em seu trabalho, o grupo de cientistas presumiu que vários processos independentes de alargamento de banda ocorriam simultaneamente quando um composto passava pela coluna. A seguir, desenvolveram equações para descrever a distribuição dos tempos de eluição resultantes de cada processo. As larguras dessas distribuições estavam relacionadas aos parâmetros físicos do sistema cromatográfico, como o diâmetro das partículas de suporte na coluna e o fluxo da fase móvel. Após essas equações serem desenvolvidas para cada efeito de alargamento de banda, elas foram combinadas para demonstrar o efeito líquido de um determinado parâmetro sobre a eficiência global e a altura do prato da coluna. O resultado obtido para uma coluna empacotada é mostrado a seguir.

$$H = 2\lambda d_p + \frac{2\lambda D_m}{u} + \frac{8k d_s^2 u}{\pi^2 (1+k)^2 D_s} \qquad (20.24)$$

Nesta equação, H é a altura da placa medida para a coluna e u representa a velocidade linear da fase móvel, enquanto D_m e D_s são os coeficientes de difusão do composto injetado na fase móvel e na fase estacionária, respectivamente. O termo k é o fator de retenção, d_p representa o diâmetro das partículas de suporte na coluna e d_s constitui a espessura do revestimento de fase estacionária. Os demais termos da equação são constantes usadas para descrever a estrutura de empacotamento das partículas de suporte na coluna (λ) e a mudança na difusão do analito na presença dessas partículas (γ).

Van Deemter e seus colegas também usaram a equação para prever como a eficiência de uma coluna se altera em função do fluxo ou da velocidade linear (u). Os outros parâmetros na Equação 20.24 foram entendidos como constantes e agrupados para produzir o que hoje se conhece como a 'equação de van Deemter'.

Equação de van Deemter: $H = A + B/u + Cu$ (20.23)

onde

$$A = 2\lambda d_p \qquad B = 2\lambda D_m$$
$$C = [8k d_s^2]/[\pi^2(1+k)^2 D_s]$$

De acordo com o modelo usado por van Deemter e seus colegas, os termos A, B e C nesta equação representam o alargamento de banda que surge a partir de difusão turbulenta (A), difusão longitudinal (B) e de uma combinação de transferência de massa da fase estacionária mais transferência de massa da fase móvel estagnada (C). A transferência de massa de fase móvel foi, mais tarde, adicionada a versões modificadas da equação por outros cientistas que desenvolveram modelos aprimorados para descrever o alargamento de banda em cromatografia. A maioria dessas outras relações tem a mesma forma geral da Equação 20.23, mas inclui constantes ligeiramente diferentes nos termos A, B e C.[5]

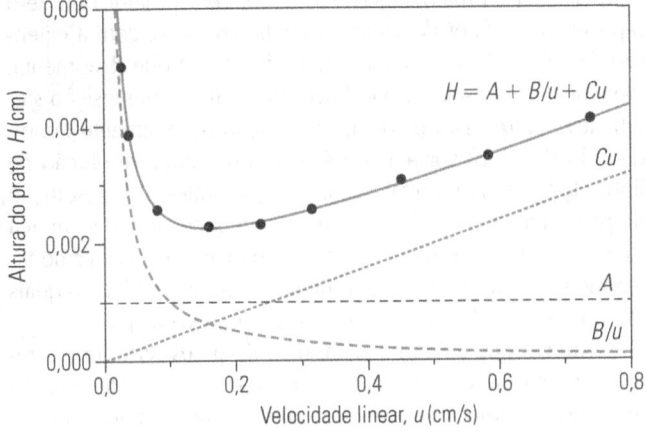

Figura 20.14

Gráfico característico de van Deemter para a cromatografia gasosa. A linha contínua mostra o gráfico global de van Deemter, enquanto as linhas tracejadas mostram as contribuições dos vários termos na equação de van Deemter para o gráfico.

'U' na qual há uma 'velocidade linear ótima' ($u_{ótima}$), onde H tem seu valor mais baixo (conhecido como 'altura do prato ótima', $H_{ótima}$). Uma razão pela qual devemos usar esse gráfico é que por meio dele podemos determinar qual fluxo produzirá uma eficiência maior para uma coluna. Outra aplicação do gráfico de van Deemter consiste em comparar as alturas do prato de colunas que contêm diferentes suportes. Essa informação é valiosa para cientistas que tentam desenvolver colunas mais eficientes ou comparar o desempenho de várias colunas existentes.

EXERCÍCIO 20.7 Uso da equação de van Deemter

Quais são a velocidade linear ótima e a altura do prato ótima para a coluna na Figura 20.14? Como a altura e o número de pratos teóricos dessa coluna mudam à medida que a velocidade linear é alterada de $u_{ótima}$ para 0,5 cm/s? Como a eficiência dessa coluna se compara à de outra do mesmo tamanho que produz um número de prato de 350.000 a 0,5 cm/s?

SOLUÇÃO

O ponto de mínimo na Figura 20.14 ocorre em velocidade linear de cerca de 0,16 cm/s e altura do prato de 0,0023 cm, de modo que esses são os valores de $u_{ótima}$ e $H_{ótima}$. Alterar uma velocidade linear de 0,16 cm/s para 0,5 cm/s causará um aumento na altura do prato de cerca de 0,0032 cm. Esse aumento na altura do prato resultará em um sistema menos eficiente. O novo valor de N pode ser determinado pela Equação 20.22 e pelo comprimento de coluna fornecido de 15,0 m.

$$H = L/N$$
$$3{,}2 \times 10^{-5}\,m = (15{,}0\,m)/N$$
$$\therefore N = 470.000$$

Este valor de N é maior do que o número de pratos de 350.000 dado para a segunda coluna, de modo que a primeira coluna é mais eficiente a 0,5 cm/s.

20.4.3 Controle das separações cromatográficas

Medição da separação de picos. O sucesso final de qualquer separação cromatográfica depende de quão bem separados os picos de interesse estão. Há várias maneiras de avaliar a extensão dessa separação. Uma delas é usar o **fator de separação** (α) entre o pico de interesse e seu vizinho mais próximo. O fator de separação constitui uma medida da diferença relativa na retenção de dois solutos à medida que passam através de uma coluna. O valor de α é calculado como mostrado a seguir, onde k_1 representa o fator de retenção do soluto que sai primeiro da coluna e k_2, o fator de retenção do segundo soluto.[9,21]

$$a = k_2 / k_1 \qquad (20.25)$$

Tal como o fator de retenção, o de separação é um parâmetro adimensional. O fator de separação aumenta à medida que a diferença relativa de retenção entre os dois picos aumenta. Essa característica torna α útil para descrever a eficiência de uma separação cromatográfica. O fator de separação também pode indicar se é viável resolver dois compostos por uma determinada coluna, na qual um valor maior do que 1 é necessário para que uma separação ocorra.

Outra abordagem para descrever a separação de dois picos é usar a **resolução de pico** (R_s). O valor de R_s para dois picos adjacentes pode ser calculado pela seguinte fórmula.[9,21]

$$R_s = \frac{t_{R_2} - t_{R_1}}{(w_{b_2} + w_{b_1})/2} \qquad (20.26)$$

Nesta relação, t_{R_1} e w_{b_1} são o tempo de retenção e a largura da linha de base (ambos nas *mesmas* unidades de tempo) para o primeiro pico de eluição, enquanto t_{R_2} e w_{b_2} são o tempo de retenção e a largura da linha de base do segundo pico. Isso produz um valor adimensional de R_s que representa o número de larguras de linha de base que separam os centros dos dois picos.

Uma importante vantagem de usar a resolução de pico, em vez do fator de separação, é que R_s considera tanto a diferença na retenção entre dois compostos (conforme representado por $t_{R_2} - t_{R_1}$) quanto o grau de alargamento de banda (conforme representado por w_{b_1} e w_{b_2}). Um pouco de prática no cálculo do fator de separação e de resolução de pico é fornecido no próximo exercício.

EXERCÍCIO 20.8 | Descrição da separação de picos cromatográficos

Um cientista especializado em solo utiliza a cromatografia líquida para medir a quantidade de atrazina e seu produto de degradação hidroxiatrazina em extratos de solo. Ao fazer injeções de padrões, o pico causado pela atrazina apresenta um tempo de retenção de 6,09 min e uma largura de base de 0,21 min, enquanto o pico causado pela hidroxiatrazina apresenta um tempo de retenção de 5,71 min e uma largura de base de 0,20 min. O tempo de morto da coluna nessas condições é de 0,75 min. Quais fatores de separação e de resolução de pico seriam previsíveis para esses picos caso a atrazina e a hidroxiatrazina fossem injetadas como uma mistura?

SOLUÇÃO

Os valores de α e R_s são determinados pelas equações 20.25 e 20.26, onde k_2 (atrazina) = (6,09 min − 0,75 min)/(0,75 min) = 7,12 e k_1 (hidroxiatrazina) = (5,71 min − 0,75 min)/(0,75 min) = 6,61.

$$\alpha = (7{,}12)/(6{,}61) = \mathbf{1{,}08}$$

$$R_s = \frac{(6{,}09\,min - 5{,}71\,min)}{(0{,}21\,min + 0{,}21\,min)/2} = \mathbf{1{,}85}$$

A Figura 20.15 mostra como o valor de R_s muda de acordo com os diferentes fatores de separação do pico. O menor valor possível para R_s é zero, o que ocorre quando dois picos têm exatamente o mesmo fator de retenção e não são separados pelo sistema cromatográfico. Um valor de R_s maior que zero representa um fator de separação entre os picos, com a extensão da separação se tornando maior à medida que R_s aumenta. Idealmente, é desejável não haver nenhuma sobreposição significativa entre esses picos. Essa situação normalmente ocorre quando R_s é superior a 1,5 e é tida como uma 'resolução de linha de base'. Em muitas separações, os valores de resolução de pico entre 1,0 e 1,5 também são adequados. Isso se aplica especialmente se os picos são aproximadamente do mesmo tamanho e podem ser medidos utilizando alturas de pico, as quais são menos afetadas pela sobreposição de áreas de pico.

Fatores que afetam a separação de picos. Visto que a resolução entre dois picos é uma medida tanto da diferença na retenção de compostos quanto de alargamento de banda, quaisquer fatores que afetem a retenção ou as larguras de pico também afetam a R_s. Os efeitos desses fatores sobre a resolução são fornecidos pela Equação 20.27.[25]

$$R_s = \frac{\sqrt{N}}{4} \cdot \frac{(\alpha - 1)}{\alpha} \cdot \frac{k}{(1 + k)} \qquad (20.27)$$

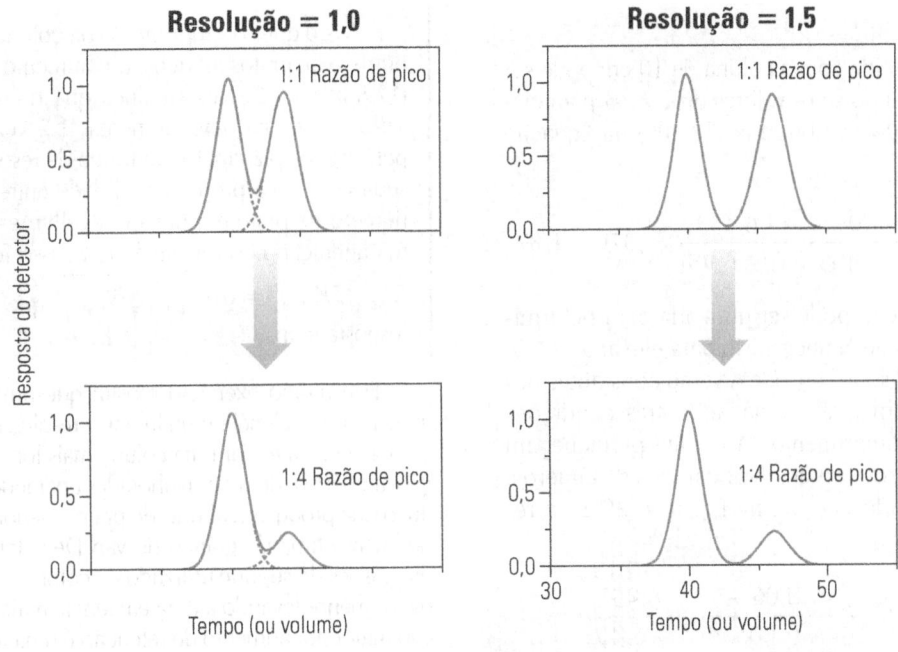

Figura 20.15

Fator de separação obtido entre dois picos com tamanhos de razão de 1:1 ou 1:4 quando uma resolução (R_s) de 1,0 ou 1,5 está presente entre os picos de tamanho semelhante.

Nesta equação, k é o fator de retenção para o segundo pico, α o fator de separação entre o primeiro e o segundo picos e N o número de pratos teóricos para a coluna em uso na separação. Essa relação é chamada de **equação de resolução** de cromatografia,[21] e constitui apenas uma versão modificada da Equação 20.26, onde t_R e w_b foram substituídos por k, α e N (veja a derivação no Apêndice A). Esta equação é útil, pois mostra de forma quantitativa que o fator de separação em cromatografia será afetado por três fatores: (1) a extensão do alargamento de banda na coluna (N), (2) o grau geral de retenção de pico (k) e (3) a seletividade da fase estacionária da coluna ao se ligar a um composto em oposição a outro (α). A mudança obtida na resolução quando se varia cada um desses parâmetros é mostrada na Figura 20.16. Também é possível estimar como a alteração desses parâmetros afetará a resolução de uma separação cromatográfica real, como mostra o próximo exercício.

EXERCÍCIO 20.9 Controle e otimização de resolução

Sabe-se que a separação dos herbicidas intimamente relacionados atrazina e cianazina por uma coluna de cromatografia líquida produz um fator de retenção de 6,45 para cianazina e 6,08 para atrazina. A coluna de 10 cm utilizada na separação tem um número de pratos de aproximadamente 12.500. Que resolução é esperada para essa separação? Quais são o número de pratos e o comprimento de coluna mínimos necessários, sob as mesmas condições, para fornecer uma resolução de 1,5 para essa separação?

Equação de resolução:

$$R_s = \frac{\sqrt{N}}{4} \cdot \frac{(\alpha - 1)}{\alpha} \cdot \frac{k}{(1 + k)}$$

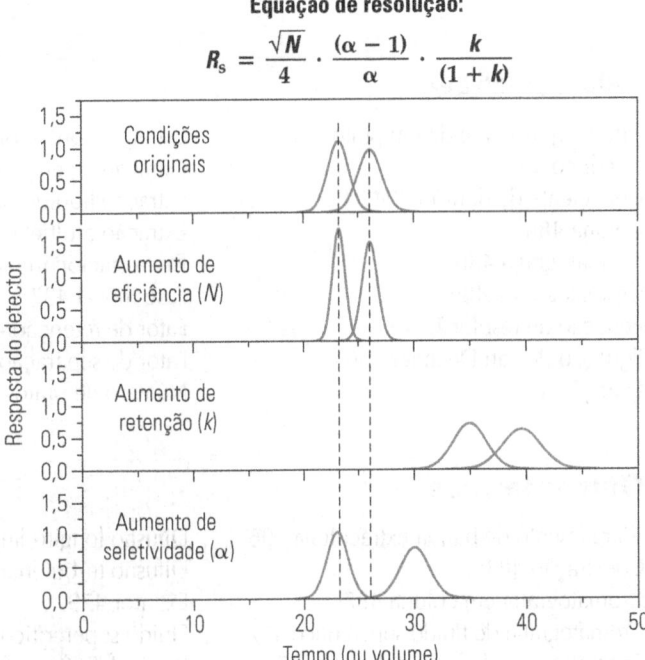

Figura 20.16

Efeitos das mudanças em número de pratos teóricos (N), fator de retenção (k) ou fator de separação (α) sobre o fator de separação que se obtém entre picos vizinhos em um cromatograma.

> **SOLUÇÃO**
>
> A resolução obtida com a coluna de 10 cm pode ser determinada colocando-se os valores de k (6,45 para cianazina), α (6,45/6,08 = 1,06) e N (12.500) na Equação 20.27.
>
> $$R_s = \frac{\sqrt{12.500}}{4} \cdot \frac{1,06-1}{1,06} \cdot \frac{6,45}{(1+6,45)} = 1,37\underline{0} = \mathbf{1{,}37}$$
>
> A mesma relação pode ser utilizada para determinar o valor mínimo de N necessário para elevar R_s a 1.5. Para isso, podemos supor que k e α serão constantes nas colunas antiga e nova caso todas as outras condições além de N e do comprimento da coluna permaneçam inalteradas. Podemos, então, colocar esses números, com o valor desejado para R_s, na Equação 20.27 e resolver N.
>
> $$R_s = 1{,}50 = \frac{\sqrt{N}}{4} \cdot \frac{(1,06-1)}{1,06} \cdot \frac{6,45}{(1+6,45)}$$
>
> $$\sqrt{N} = \left[1{,}50 \cdot 4 \cdot \frac{1,06}{(1,06-1)} \cdot \frac{(1+6,45)}{6,45} \right]$$
>
> ou $\quad N = 14{,}9\underline{9}0 = \mathbf{15.000}$
>
> Visto que o comprimento da coluna é proporcional ao número de pratos teóricos, um aumento de N por (15.000)/(12.500) = 1,20 vez significa que o comprimento necessário da coluna deve aumentar 1,2 vez, ou de 10 cm a, pelo menos, 12 cm. Outra forma de resolver esse problema seria criar uma proporcionalidade entre o novo e o velho número de prato e a nova e a velha resolução. Se nenhuma alteração ocorrer em k ou α, isso fornecerá a relação $R_{s,Novo}/R_{s,Velho} = \sqrt{N_{Novo}}/\sqrt{N_{Velho}}$, que resulta na mesma resposta final.

Este último exercício mostra que uma maneira prática de aumentar a eficiência e melhorar a resolução em uma separação cromatográfica é usar uma coluna mais longa. Eficiência e resolução também podem ser melhoradas operando-se em condições de fluxo que produzam alturas de pratos menores (como à velocidade linear ótima do gráfico de van Deemter), ou alterando-se as dimensões do suporte utilizado na coluna (com partículas de diâmetro menor levando a uma eficiência maior). Obter uma resolução maior por aumento de retenção é uma terceira possibilidade, que geralmente envolve alterar a fase móvel ou a fase estacionária. Mudar a seletividade do sistema cromatográfico costuma ser a opção mais difícil em termos de aumento da resolução, porque ela exige o conhecimento detalhado das interações que ocorrem entre os compostos injetados e a coluna.

Palavras-chave

Altura equivalente de um prato teórico 494
Coeficiente de difusão 494
Coluna 486
Cromatografia 486
Cromatograma 489
Equação de resolução 499
Equação de van Deemter 496
Extração 479

Extração contracorrente 484
Extração de etapa única 481
Extração líquido-líquido 479
Extração multietapas 483
Fase estacionária 487
Fase móvel 487
Fator de retenção 491
Fator de separação 498
Número de pratos teóricos 492

Razão de distribuição 480
Razão de partição 479
Resolução de pico 498
Separação química 478
Suporte 487
Tempo de morto 489
Tempo de retenção 489
Volume de morto 489
Volume de retenção 489

Outros termos

Alargamento de banda extracoluna 496
Coextração 484
Cromatografia em coluna 487
Cromatografia de fluido supercrítico 487
Cromatografia de leito recheado 487
Cromatografia em coluna tubular aberta 487
Cromatografia planar 487
Cromatógrafo 487
Difusão 494

Difusão longitudinal 495
Difusão turbulenta 496
Extrator 479
Fluido supercrítico 482
Razão A/B (fator de assimetria) 493
Razão de fase 481
Refinado 479
Retroextração 484
Tempo de retenção ajustado 490

Transferência de massa 494
Transferência de massa da fase estacionária 496
Transferência de massa da fase móvel 496
Transferência de massa da fase móvel estagnada 496
Velocidade linear 496
Volume de retenção ajustado 490

Questões

O que é uma separação química e como ela é utilizada em química analítica?

1. O que é uma 'separação química'? Cite alguns exemplos de métodos de separação química.
2. Qual estratégia geral em separação química é usada em cada um dos métodos a seguir?
   (a) Destilação.
   (b) Centrifugação.
   (c) Extração.
   (d) Cromatografia.
3. Quais são as quatro razões gerais por que uma separação química pode ser usada como parte de um procedimento analítico?
4. Qual é o papel da etapa de separação química em cada um dos procedimentos a seguir?
   (a) Filtragem de areia de uma amostra de água de rio na análise dos poluentes da água.
   (b) Precipitação de sulfato de bário de uma amostra na análise gravimétrica do bário.
   (c) Evaporação da água de uma solução de proteína, deixando um resíduo seco da proteína para análise.

O que é uma extração?

5. O que é uma 'extração'? Como é usada em separações químicas?
6. O que é uma 'extração líquido-líquido'? Descreva a forma como esse método é realizado.
7. Defina cada um dos termos a seguir e indique como são usados para descrever a extração de um soluto.
   (a) Coeficiente de partição.
   (b) Razão de partição.
   (c) Razão de distribuição.
8. Escreva expressões semelhantes às da Equação 20.2 e descreva a constante de partição e a razão de partição para a extração de benzeno de água em clorofórmio. Mostre como os valores dessa constante de partição e da razão de partição estão relacionados entre si.
9. Para um ácido fraco monoprótico (HA), o que acontece com o valor de D_c na Equação 20.4 quando se reduz o pH? De qual valor D_c se aproxima nessas condições? O que acontece com o valor de D_c quando se aumenta o pH? Justifique as mudanças com base nas propriedades ácido-base de HA.
10. Derive uma equação que relacione a razão de distribuição com a razão de partição e as constantes de dissociação do ácido para a extração de um ácido fraco diprótico (H_2A), onde a única forma extraída é a espécie diprotonada. Escreva a sua expressão final em termos de K_D das constantes de dissociação desse ácido e $[H^+]$. Como o seu resultado se compara com a expressão mostrada na Equação 20.4 para um ácido fraco monoprótico?
11. A amitriptilina é um antidepressivo tricíclico que também é uma base fraca monoprótica. Um químico clínico deseja extrair essa droga com clorofórmio a partir de uma amostra de sangue para análise. Derive uma expressão que mostre como a razão de distribuição desse composto está relacionada com seu coeficiente de partição entre a água e o clorofórmio e sua constante de associação de base. (*Observação:* suponha que somente a forma neutra dessa base tenha algum grau significativo de extração.) Escreva sua expressão final em termos de K_D, a constante de ionização de base para a amitriptilina, e de $[OH^-]$.
12. Explique por que uma diferença significativa das razões de distribuição de duas substâncias químicas faz com que seja mais fácil separá-las por extração.
13. Liste três diferentes tipos de extração. Quais fases são utilizadas nesses métodos?
14. Qual é a diferença entre uma extração baseada em partição e outra baseada em adsorção?

Uso e descrição de extrações

15. Descreva a abordagem geral usada para realizar uma extração de etapa única.
16. O que é a 'razão de fase'? Por que é importante considerar esse termo quando se realiza uma extração?
17. Quais são as duas formas em que a quantidade de analito extraído pode ser variada em uma extração de etapa única?
18. A quantidade traço de clorofórmio em uma amostra de água deve ser extraída usando-se o pentano. O coeficiente de partição do clorofórmio nesses solventes é de aproximadamente 110. Se uma amostra de 200,0 mL de água é extraída com 15,0 mL de pentano, qual percentual de clorofórmio será removido após uma extração simples?
19. O que acontecerá com o percentual de extração de clorofórmio na Questão 18 se o volume de pentano for alterado para 25,0 mL? Qual é o volume mínimo de pentano necessário para extrair 99 por cento do clorofórmio de uma amostra de 200,0 mL de água?
20. Muitas vezes, os químicos farmacêuticos usam a razão de distribuição para uma droga em água *versus* octanol como meio de caracterizar a polaridade de uma droga e sua capacidade de atravessar as membranas celulares. Tal razão de distribuição é chamada de 'coeficiente de partição octanol-água' (K_{ow}, um termo discutido no Capítulo 7). Constata-se que uma nova droga em pH 7,4 é 87,5 por cento extraída de uma amostra aquosa de 100,0 mL após uma extração com 15,0 mL de octanol. Qual é o valor de K_{ow} para essa droga?
21. A cafeína em uma amostra de chá é extraída pela combinação de 80,0 mL de chá com 15,0 mL de diclorometano. Se 89 por cento da cafeína são extraídos após uma única etapa, qual é a razão de distribuição de cafeína nessas condições?

22. Como o grau de extração de um soluto se altera quando se passa de uma extração de etapa única para uma extração multietapas?

23. Se 74,3 por cento de um herbicida são extraídos de 100,0 mL de um extrato alimentar quando se utilizam 15,0 mL de éter etílico em uma extração de etapa única, qual percentual total desse herbicida será extraído de uma fração pura de 100,0 mL da mesma amostra de alimento quando se usam três extrações, cada qual envolvendo a utilização de 5,0 mL de éter etílico?

24. Um químico orgânico deseja usar extração para isolar um produto natural de uma amostra aquosa preparada a partir de uma planta. Esse produto tem um valor de 19,0 D_c na presença de água e éter.
   (a) Qual fração desse produto será extraída de 50,0 mL de água após uma etapa, usando-se 10,0 mL de éter?
   (b) Qual fração total do composto químico será extraída da mesma amostra de água após duas etapas, cada qual utilizando frações puras de 10,0 mL de éter?
   (c) Quantas etapas de extração com 10,0 mL de éter são necessárias para recuperar pelo menos 99 por cento desse produto da amostra original?

25. Descreva como uma reação paralela pode ser usada para alterar a extensão da extração de um soluto. Cite dois exemplos de como usar reações ácido-base para alterar a extensão de uma extração.

26. O que é 'retroextração'? Descreva como usar uma retroextração para purificar um produto químico de outras substâncias contaminantes em uma amostra.

27. Um bioquímico está tentando isolar um produto natural que é um ácido fraco monoprótico. O valor de pK_a desse composto é estimado em 6,21 a 25 °C. Experimentos preliminares indicam que o composto tem razão de distribuição de 75 entre água e acetato de etila, em pH 3,00, onde a principal espécie é a forma protonada e neutra. A base conjugada desse composto não apresenta qualquer extração apreciável em qualquer pH.
   (a) Qual fração do composto será extraída de uma amostra de 30,0 mL de água em 20,0 mL de acetato de etila, em pH 4,00?
   (b) Qual fração do composto que entra no acetato de etila em pH 4,00 voltará a uma fração pura de 30,0 mL de água a pH 8,00?
   (c) Qual fração total do composto na amostra original estará presente na fração pura de água após o bioquímico realizar a retroextração da Parte (b)?

28. Uma empresa farmacêutica planeja usar uma extração líquido-líquido para purificar uma droga que é uma base fraca monoprótica. Esse produto químico tem pK_b de 9,52 a 25 °C. A K_D para a forma neutra do produto químico (B) é de 210 quando se utilizam água e clorofórmio a 25 °C.
   (a) Qual fração da droga será extraída de uma amostra aquosa de 15,0 mL para 10,0 mL de clorofórmio em pH 9,00 e a 25 °C?
   (b) Qual fração da droga sofrerá retroextração a 25 °C a partir de 10,0 mL de clorofórmio e em 50,0 mL de fração pura de água que é tamponada em pH 2,00?
   (c) Qual fração global da droga será isolada da amostra original e colocada na fração final de 50,0 mL de água nessas condições?

29. Um químico clínico pretende criar um método de extração para amostras de urina que possa ser usado para detectar uma variedade de drogas. Elas podem ser divididas em três categorias gerais: (1) as que são ácidos fracos, (2) as que são bases fracas e (3) drogas que não são nem ácidos nem bases. Descreva como, usando-se reações colaterais, um esquema geral baseado em extrações pode ser desenvolvido para se obterem amostras separadas extraídas de cada uma dessas três classes de composto.

30. Explique como a formação de complexação pode ser usada para alterar a extensão de uma extração. Cite o exemplo de um agente de ligação que ajude a extrair alguns íons metálicos.

Uma análise mais detalhada sobre as extrações

31. Descreva por que a pureza de um soluto extraído é afetada quando ocorre um aumento no número de extrações realizadas em uma amostra. O que acontece com a recuperação do soluto nas mesmas condições?

32. Duas substâncias químicas estão presentes na mesma amostra, sendo que o composto A é o analito de interesse e B é um possível agente de interferência. Sabe-se que A tem uma razão de distribuição de 26,7 em pH 7,0 quando extraído de água com tolueno. O composto B tem razão de distribuição de 0,24 nas mesmas condições.
   (a) Qual percentual de cada composto será extraído de uma amostra de 100,0 mL de água quando se utilizam 20,0 mL de tolueno em uma extração de etapa única?
   (b) Quais são os percentuais de A e B extraídos após duas, três e quatro extrações, se cada etapa de extração utiliza uma fração pura de 20,0 mL de tolueno?
   (c) Descreva como a recuperação e a pureza do composto A mudam à medida que o número de extrações aumenta nessa amostra.

33. Repita os cálculos da Questão 32 para duas substâncias que tenham razões de distribuição de 26,7 e 2,4 em pH 7,0. Como os resultados podem ser comparados aos da Questão 32? Explique as diferenças que você observa. Quais alterações poderiam ser feitas para melhorar a separação dessas substâncias?

34. O que é uma extração contracorrente? Como esse método é realizado? Quais são as vantagens de usá-lo em vez de uma extração multietapas simples?

35. O que é um aparelho de Craig? Como esse dispositivo é utilizado para realizar uma extração contracorrente?

O que é cromatografia?

36. Explique o que se entende pelo termo 'cromatografia'.

37. Quais são os três principais componentes de um sistema cromatográfico? Que papel é desempenhado por cada um desses componentes?
38. Defina os termos 'coluna' e 'cromatógrafo' em relação à cromatografia.
39. Como a cromatografia e as extrações são semelhantes na forma como separam produtos químicos? Como esses métodos diferem?
40. Defina os termos 'cromatografia líquida', 'cromatografia gasosa' e 'cromatografia com fluido supercrítico'. Qual é a diferença fundamental entre esses métodos?
41. Explique como o mecanismo de separação e o tipo de fase imóvel podem servir para classificar métodos cromatográficos. Liste duas classes específicas de métodos cromatográficos com base em tal esquema.
42. Qual é a diferença entre 'cromatografia de leito recheado', 'cromatografia tubular aberta' e 'cromatografia planar'?

Uso e descrição da cromatografia

43. Quais são as vantagens do uso da cromatografia juntamente com outros métodos de análise?
44. O que é um 'cromatograma'? Qual é a forma geral de um cromatograma?
45. Defina cada um dos seguintes termos relativos à cromatografia.
    (a) Tempo de morto.
    (b) Volume de morto.
    (c) Tempo de retenção.
    (d) Volume de retenção.
46. O que é 'alargamento de pico'? Como afeta os picos obtidos em um cromatograma? Quais tipos de informação podem ser obtidos sobre um analito ou uma amostra por cromatografia? Como um cromatograma fornece essa informação?
47. Uma separação de alcoóis por cromatografia gasosa fornece um pico para o ar (representando uma substância não retida) em 0,45 min a uma vazão de 10,0 mL/min. O tempo de retenção para o 2-propanol é de 3,01 min. Qual é o volume de morto desse sistema de cromatografia? Qual o volume de retenção total de 2-propanol nesse sistema?
48. Um bioquímico utiliza cromatografia líquida para purificar uma proteína de uma amostra de cultura de células. A proteína é eluída da coluna com um volume de retenção de aproximadamente 20,5 mL. O volume de morto da coluna é de 4,5 mL. Quais serão o tempo de retenção e o tempo de morto da proteína e da coluna se a separação for conduzida em um sistema de bancada de baixo custo a uma vazão de 0,050 mL/min (isto é, aproximadamente uma gota por minuto)? Quais serão o tempo de retenção e o tempo de morto se um sistema um pouco mais caro for usado para criar um fluxo de 0,5 mL/min?
49. Um químico ambiental obtém os seguintes dados para a injeção de uma série de padrões de atrazina em um sistema cromatográfico.

Concentração de atrazina (μg/L):	1,00	2,00	4,00	6,00	10,00	15,00
Altura relativa de pico:	2,05	4,13	7,99	12,96	21,14	29,84

A injeção de uma amostra de água potável nas mesmas condições fornece uma altura relativa de pico de 5,13 para um pico de atrazina. O limite permitido de atrazina em água potável é 3 μg/L. A concentração de atrazina na amostra de água excede a esse limite?

50. Os seguintes dados foram obtidos para uma série de padrões de álcool injetados em um sistema cromatográfico, onde 1-propanol representa o padrão interno.

	Teor	
Número de padrão	Metanol (mg/L)	1-Propanol (mg/L)
1	250	250
2	500	250
3	1.000	250
4	2.000	250

	Áreas relativas de pico	
Número de padrão	Metanol (mg/L)	1-Propanol (mg/L)
1	1.325	13.120
2	2.419	11.996
3	5.208	12.875
4	10.063	12.530

Uma amostra desconhecida é analisada nas mesmas condições e constata-se que ela fornece picos de metanol e 1-propanol com áreas de 2.258 e 12.486. Assim como os padrões já citados, sabe-se que a concentração final de 1-propanol colocado na amostra é de 250 mg/L e também que nenhum 1-propanol estava presente na amostra original. Determine a concentração de metanol presente na amostra desconhecida de sangue.

Retenção do analito em cromatografia

51. Defina cada um dos termos a seguir. Quais as vantagens de se usar esses parâmetros em vez do tempo de retenção total ou do volume de retenção total para descrever a ligação de um analito a uma coluna?
    (a) Fator de retenção.
    (b) Tempo de retenção ajustado.
    (c) Volume de retenção ajustado.
52. A Figura 20.17 mostra um cromatograma que foi obtido por uma mistura de drogas redutoras de colesterol. O tempo de morto nessa separação ocorre em aproximadamente 2,0 min.
    (a) Meça ou calcule os tempos de retenção e os volumes de retenção para os picos 1-5.

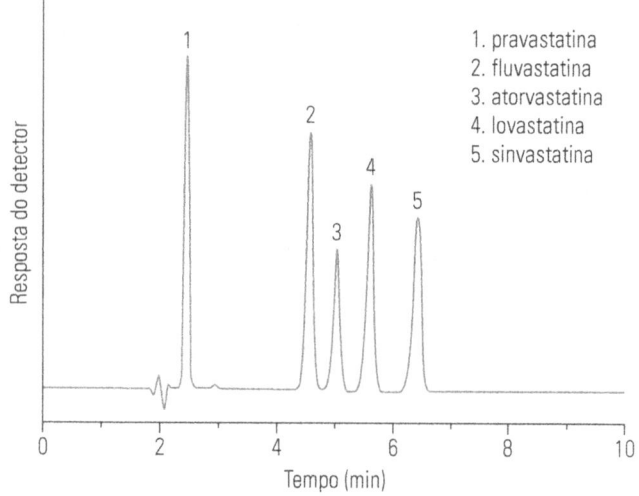

Figura 20.17

Separação de medicamentos para baixar o colesterol (estatinas) por cromatografia líquida de fase normal em uma coluna com 4,6 mm de diâmetro interno e 15 cm de comprimento em 1,0 mL/min. As drogas na mistura injetada foram (1) pravastatina, (2) fluvastatina, (3) atorvastatina, (4) lovastatina e (5) sinvastatina.
(Reproduzido da Sigma-Aldrich).

(b) Determine os tempos de retenção ajustados e os volumes de retenção ajustados para os picos 1-5.

(c) Calcule os fatores de retenção para os picos 1-5.

53. Para o mesmo sistema cromatográfico da Figura 20.17, determine como os valores de k, t_R e V_R mudarão para o pico 5 quando (1) o fluxo médio da fase for reduzida de 1,0 para 0,75 mL/min e (2) o comprimento da coluna for aumentado de 15 cm para 25 cm.

54. Uma empresa que supervisiona a limpeza de uma fábrica de explosivos pretende determinar as quantidades de vários explosivos (por exemplo, TNT) presentes no solo retirado de uma das antigas áreas de deposição de resíduos da fábrica. A análise deve ser feita pela extração dessas substâncias a partir de amostras de solo, seguida por sua separação e medição por meio de cromatografia líquida. Isso fornece os seguintes dados a uma taxa de fluxo de 1,50 mL/min.[26]

Composto	Tempo de retenção (min)
Nitrato (adicionado para atuar como um composto não retido)	2,00
TNT (2,4,6-trinitrotolueno)	5,00
RDX (hexaidro-1,3,5-trinitro--1,3,5-triazina)	6,15
Tetril (metil-2, 4,6--trinitrofenilnitramina)	7,36
HMX (octaidro-1,3,4,5-tetranitro--1,3,5,7-tetrazocina)	8,35

(a) Determine o tempo de retenção ajustado e o volume de retenção ajustado de cada composto.

(b) Quais os fatores de retenção de TNT, RDX, Tetril e HMX?

(c) Como o tempo de retenção total e o tempo de retenção ajustado para TNT, RDX, Tetril e HMX seriam afetados caso a vazão utilizada no método de cromatografia líquida (CL) fosse acidentalmente reduzida de 1,50 para 1,00 mL/min? Como os fatores de retenção desses mesmos compostos seriam afetados?

55. Por que as forças intermoleculares costumam ser importantes em cromatografia? Como essas interações se relacionam com a retenção de um analito em uma coluna?

56. Uma série de fenóis foram separados por cromatografia líquido-líquido usando 1,2,3-tris (2-cianoetóxi) propano como fase estacionária e 2,3,4-trimetilpentano como fase móvel.

(a) Escreva uma reação geral que represente um fenol (P) que se distribui entre essas duas fases.

(b) Escreva uma expressão geral para o coeficiente de partição (K_D) para P fenol nesse sistema cromatográfico.

(c) Escreva uma equação geral que forneça o fator de retenção (k) para P fenol nesse sistema. Mostre como o valor de k está relacionado com K_D para o fenol.

57. Por que, em cromatografia, uma diferença de retenção é necessária para que uma separação seja eficaz? Quais são as maneiras gerais de produzir essa diferença de retenção?

58. Constata-se que três compostos aromáticos substituídos têm fatores de retenção de 2,32, 4,58 e 7,89 em uma coluna que é operada em condições constantes de fase móvel e vazão. Se todos esses compostos têm a mesma razão de fase na coluna, o que é o tamanho relativo de suas razões de partição nesse sistema cromatográfico?

59. Um químico ambiental pretende usar a cromatografia gasosa para medir o herbicida atrazina em amostras de água. Essa análise é primeiro realizada em uma coluna tubular aberta com 10 m de comprimento e diâmetro interno de 0,53 mm contendo um revestimento com espessura de 1,20 μm de uma fase estacionária, o que dá um fator de retenção de 10,5 para atrazina. Depois, o químico troca a coluna por outra do mesmo tamanho e tipo que tem um filme com espessura de 2,65 μm de fase estacionária (um aumento em V_S de 2,2 vezes), mas com mais ou menos o mesmo volume de morto da fase móvel. Se todas as demais condições forem mantidas inalteradas, em quanto o fator de retenção da atrazina mudará entre a coluna antiga e a nova?

Alargamento do pico cromatográfico

60. O que significa o termo 'alargamento de pico' em cromatografia? O que se entende por 'alta eficiência' ou 'alto desempenho' quando esses termos são usados para descrever um sistema cromatográfico?

61. Defina cada uma das medidas de alargamento de banda a seguir. Quais são as vantagens e as desvantagens de se utilizar cada um deles na descrição de alargamento de banda?

(a) w_b
(b) w_h
(c) σ
(d) N
(e) H

62. Explique por que as expressões na Equação 20.21 se aplicam somente a um pico de Gauss. Que expressão alternativa você poderia usar se tivesse um pico não gaussiano?

63. A Figura 20.18 mostra um cromatograma obtido por uma mistura padrão de vários compostos relacionados com naftaleno. Utilizando as informações obtidas para os picos 3-6, estime o número de pratos teóricos e a altura do prato do sistema.

64. Explique como a aparência do cromatograma na Figura 20.18 mudaria caso (1) o número de pratos teóricos fosse aumentado ou (2) a altura do prato fosse reduzida. Suponha que todas as outras condições sejam mantidas constantes para obter a mesma retenção para cada substância química injetada.

65. O que os termos 'peak tailing' e 'peak fronting' significam em cromatografia? Quais fatores podem produzi-los?

66. Defina o que se entende por 'fator de assimetria' para um pico cromatográfico. Descreva como isso é determinado.

67. Qual forma geral de pico (por exemplo, 'peak fronting', 'peak tailing' ou 'gaussiano') é representada por cada uma das razões A/B a seguir?
   (a) $A/B = 1{,}49$
   (b) $A/B = 0{,}78$
   (c) $A/B = 1{,}00$

68. A Figura 20.19 mostra um conjunto de cromatogramas obtidos para injeção separada de dois herbicidas (diquat e paraquat) em uma coluna cromatográfica líquida de fase reversa. Use as informações desse cromatograma para determinar a razão A/B para diquat e paraquat sob essas condições. Esses picos representam peak tailing e peak fronting? Como você acha que a assimetria desses picos afetaria sua separação se tanto diquat quanto paraquat estivessem presentes na mesma amostra?

69. Defina os termos a seguir e indique por que eles são importantes em cromatografia.
   (a) Difusão.
   (b) Transferência de massa.
   (c) Coeficiente de difusão.

70. Descreva cada um dos processos a seguir e como cada estado contribui para alargamento de banda cromatográfica.
   (a) Difusão turbulenta.
   (b) Difusão longitudinal.
   (c) Transferência de massa da fase móvel.
   (d) Transferência de massa da fase estacionária.
   (e) Transferência de massa da fase móvel estagnada.
   (f) Alargamento de banda extracoluna.

71. O que é a equação de van Deemter? Quais processos de alargamento de banda são representados por cada parte dessa equação? Explique por que um gráfico da equação de van Deemer segue uma curva em formato de 'U'.

72. Como o valor da altura do prato da Figura 20.14 mudaria caso a velocidade linear fosse aumentada de 0,16 cm/s para 0,60 cm/s? Quais seriam as vantagens de se usar velocidades lineares maiores? Quais seriam as desvantagens?

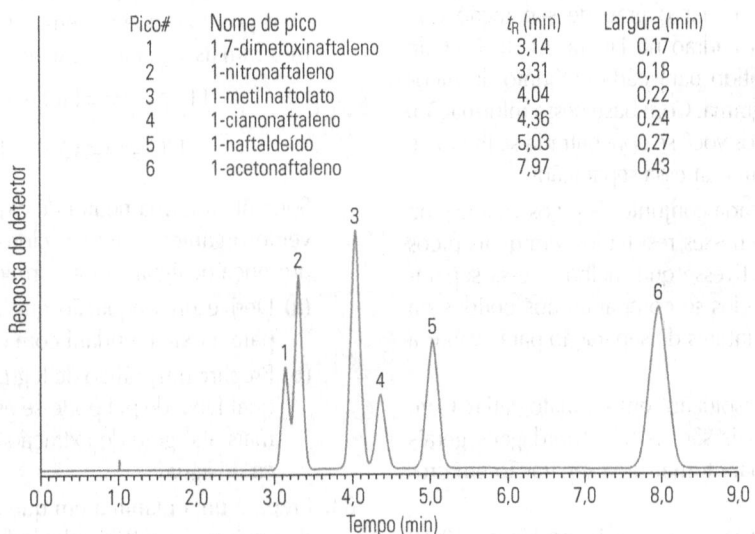

Figura 20.18

Separação de vários compostos relacionados com naftaleno por cromatografia líquida de fase reversa em uma coluna com diâmetro interior de 4,1 mm e 25 cm de comprimento em 1,0 mL/min. O tempo de morto da separação é de 1,02 min. As larguras listadas são as de linha de base dos picos (w_b). (Este cromatograma foi gerado pelo software DryLab, cortesia de LCResources.)

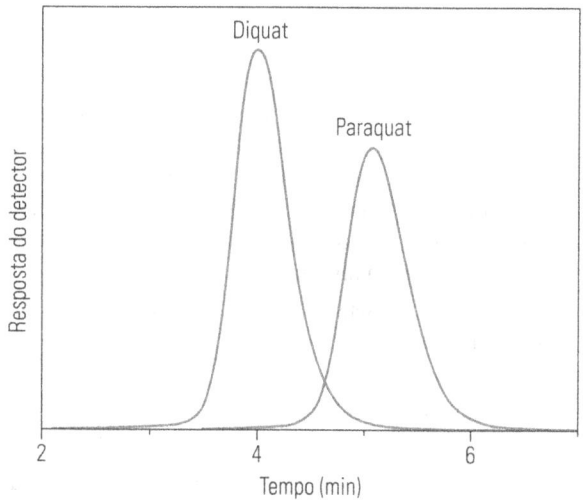

Figura 20.19

Separação entre diquat e paraquat em uma coluna cromatográfica.

73. Um químico de alimentos que utiliza cromatografia gasosa percebe que a altura do prato de um determinado analito é de 0,41 mm a uma velocidade linear de 12 cm/s; 0,25 mm a 20 cm/s; 0,32 mm a 50 cm/s; e 0,50 mm a 70 cm/s. Qual é a razão dessa mudança observada na altura do prato?

Controle das separações cromatográficas

74. Qual é a definição de 'fator de separação' em cromatografia? Como isso é usado para descrever separações? Quais as vantagens e desvantagens de utilizar esse parâmetro?
75. O que se entende por 'resolução de pico' em cromatografia? Como isso é determinado? Quais as vantagens e as desvantagens de se usar esse parâmetro?
76. Um cientista que trabalha para a U. S. Food and Drug Administration deseja determinar o grau de separação que ocorre em uma amostra padrão na Figura 20.18. Calcule o fator de separação obtido para cada conjunto de picos vizinhos nesse cromatograma. Com base nessa informação, em quais picos específicos você se concentraria se lhe fosse atribuída a tarefa de aprimorar essa separação?
77. Calcule a resolução de cada conjunto de picos vizinhos na Figura 20.18. Com base nesses resultados, em quais picos você se concentraria se tivesse que melhorar essa separação? Como esses resultados se comparam aos obtidos na Questão 76 ao usarmos fatores de separação para avaliar a separação dos picos?
78. Qual é a 'equação de resolução' em cromatografia? Com base nessa equação, quais são as três abordagens gerais que podem ser usadas para tornar uma separação em cromatografia mais eficaz?
79. Um químico deseja ajustar a separação na Figura 20.18 para que uma melhor resolução seja obtida entre 1,7-dimetoxinaftaldeído e 1-nitro-naftaleno (que têm fatores de retenção de 2,1 e 2,2, e uma resolução de 0,96). Determine como a resolução entre esses dois picos mudaria se cada uma das alterações a seguir fosse feita separadamente do sistema cromatográfico.
    (a) Um aumento no comprimento da coluna de 25,0 cm para 50,0 cm, com todas as outras condições permanecendo constantes.
    (b) Uma mudança na fase móvel para que os tempos de retenção de 1-naftaldeído e 1-acetofenona sejam cada qual alterados em cerca de 2,5 vezes (com valores de k de 5,2 e 5,5, respectivamente).
    (c) Uma troca para um tipo semelhante, porém ligeiramente diferente, de coluna de CL que tem aproximadamente o mesmo número de pratos que a coluna original, mas que agora fornece fatores de retenção de 2,0 e 2,2 para 1-naftaldeído e 1-acetofenona.

Problemas desafiadores

80. É possível estimar a razão de partição (K_D) de um soluto não iônico entre dois líquidos usando a solubilidade (S) de um analito em cada um dos líquidos.
    (a) Usando o fato de que $K_{ps,Fase1} = S_{Fase1}$ e $K_{ps,Fase2} = S_{Fase2}$ para um analito não iônico sem reações paralelas significativas, derive uma equação que mostre como K_D, para esse analito, estará relacionado com S_{Fase1} e S_{Fase2}.
    (b) Sabe-se que o iodo tem solubilidade em água e em tetracloreto de carbono de $1,32 \times 10^{-3}$ M e 0,115 M, respectivamente. Qual é o coeficiente de partição previsto para o iodo quando extraído usando-se esses dois solventes? Como o seu resultado pode ser comparado ao coeficiente de partição medido de 82,6?
81. Derive a relação dada na Tabela 20.2 entre D_C e o coeficiente de partição para uma base fraca. (*Dica:* veja o processo utilizado no Exercício 20.1.)
82. A oxina (agente quelante mostrado na Figura 20.4) tem duas posições que podem atuar como ácidos fracos, como mostram as seguintes reações gerais.

$$H_2Q^+ \rightleftharpoons HQ + H^+ \qquad pK_{a_1} = 5,0$$
$$HQ \rightleftharpoons Q^- + H^+ \qquad pK_{a_2} = 9,9$$

Somente a forma neutra de oxina (HQ) entrará em um solvente orgânico, como o clorofórmio, onde $K_D = 400$ na presença de água e clorofórmio.[8]
    (a) Derive uma equação que mostre como o valor de D_C para a oxina mudará com o pH.
    (b) Prepare um gráfico de $\log(D_C)$ para oxina *versus* pH. Em qual faixa de pH pode-se esperar que a oxina atinja seu mais alto grau de extração com clorofórmio na presença de água?
83. Prepare uma planilha em que o percentual de extração de dois solutos (A e B) é calculado para um determinado conjunto de razões de distribuição e uma determinada razão de fase.
    (a) Teste sua planilha utilizando-a para calcular o percentual de extração de A e B nas mesmas condições da Figura

20.5. Com base em sua planilha, após quantas extrações percentuais maiores que 90, 95 ou 99 por cento de A serão extraídos? Qual percentual de B será extraído nessas mesmas condições?

(b) Como os resultados de seu cálculo se alterariam caso a razão de fase fosse modificada de 1,0 para 2,0 ou 0,5? O que acontece quando a alteração é de 1,0 a 20? O que isso lhe diz sobre o papel que o volume de extração de solvente pode desempenhar na determinação da eficiência de tal extração líquido-líquido?

(c) Como os resultados de seu cálculo se alterariam caso a razão de fase fosse mantida em 1,0, mas D_c para ambos os solutos fosse modificada dos valores de 2,0 e 0,1 para os valores de 10,0 e 0,1? O que acontece quando esses valores são alterados para 2,0 e 0,02? O que isso lhe diz sobre a importância de D_c na determinação da extensão de uma extração e da pureza de um soluto extraído?

84. O *fator de resposta* (f) do analito em um sistema de detecção de dados pode ser calculado pela comparação da área dos picos do analito ($Área_A$) com a área obtida para uma quantidade equivalente de um composto de referência ($Área_R$),[9]

$$f = [(Área_A)/(Área_R)] f_R \qquad (20.28)$$

onde f_R (ao qual geralmente se atribui valor de um) é um fator de multiplicação usado para corrigir quaisquer diferenças conhecidas no analito e no composto de referência.

(a) Um padrão de medicamento contendo uma mistura de barbitúricos foi analisado pelo método de cromatografia gasosa. Cada barbitúrico nessa mistura estava presente a uma concentração de 5 mg/mL. As áreas médias de pico (em unidades arbitrárias) obtidas para injeções múltiplas desse padrão foram as seguintes: butabarbital, 9,05; barbital, 9,01; pentobarbital, 8,24; secobarbital, 9,02, e hexobarbital, 6,32. Determine o fator de resposta de cada uma dessas drogas usando o butabarbital como composto de referência.

(b) Os dados a seguir foram obtidos para a injeção de uma série de padrões de butabarbital no mesmo sistema da Parte (a).

Concentração de butabarbital (mg/mL):	2,50	5,00	7,50	10,00
Área média de pico:	4,35	9,05	12,98	18,43

A injeção de uma amostra de um paciente nas mesmas condições forneceu uma área de pico para o secobarbital de 23,53. Determine a concentração aproximada de secobarbital na amostra do paciente.

85. Um modelo simples de cromatografia pode ser elaborado com base na distribuição contracorrente de Craig.[8]

$$P_{r,n} = \frac{r!}{n!(r-n)!} p^n q^{r-n} \qquad (20.29)$$

Nesta equação, $P_{r,n}$ é a quantidade relativa de uma substância que será encontrada no tubo n do aparelho (com o primeiro tubo sendo tubo 0, o segundo, tubo 1, e assim por diante) depois de um número r de transferências. Os valores de p e q são a fração relativa de analito a ser encontrada na fase móvel e na fase estacionária de cada tubo, respectivamente, em equilíbrio. Esses valores, por sua vez, podem ser relacionados diretamente com o fator de retenção do analito pelas equações 20.30 e 20.31.

$$p = 1/(1 + k) \qquad (20.30)$$
$$q = k/(1 + k) \qquad (20.31)$$

(a) Use essas equações para preparar uma planilha que represente um sistema de Craig com 100 tubos. Calcule e plote a fração de três analitos ($k = 2, 4$ e 8) em cada tubo do sistema em $r = 50$ e 100. Verifique seu gráfico comparando os resultados aos da Tabela 20.3.

(b) Use sua planilha para representar sistemas de Craig com 50, 100 ou 200 tubos e para analitos com valores de k de 2, 4 ou 8 após 50 e 100 transferências. Como esses resultados podem ser comparados uns aos outros?

(c) Quais observações você pode fazer com base nos gráficos das partes (a) e (b) sobre os efeitos de retenção do analito (k) e do comprimento do sistema (n) sobre essas separações? Como você pode relacionar essas observações aos fatores indicados neste capítulo como importantes à separação de analitos por cromatografia?

86. O número de pratos teóricos para um pico assimétrico pode ser estimado da seguinte forma,

$$N = \frac{4,17 (t_p/w_{0,1})}{A/B_{0,1} + 1,25} \qquad (20.32)$$

onde t_p é o tempo de eluição para o topo do pico, $w_{0,1}$ é a largura total do pico (em unidades de tempo) a um décimo do nível de altura e $A/B_{0,1}$ é o valor assimétrico obtido a um décimo do nível de altura (como, por exemplo, foi usado na Figura 20.12).[27,28] Calcule as razões $A/B_{0,1}$ e os valores de N para os picos de diquat e paraquat na Figura 20.19. Como esses resultados poderiam ser comparados àqueles obtidos se você utilizasse as relações na Equação 20.21, que se aplicam somente aos picos que se seguem a uma distribuição de Gauss? Quais conclusões você pode extrair dessa comparação?

87. O tempo médio que uma molécula ou um átomo de uma substância leva para percorrer uma determinada distância através de um líquido ou gás (ou qualquer outro meio) pode ser calculado usando-se a *equação de Stokes-Einstein*.[29]

$$d = (2Dt)^2 \qquad ou \qquad t = d^2/(2D) \qquad (20.32)$$

Nessas equações, D é o coeficiente de difusão para a substância que está se movendo, t é o período de tempo que a substância é submetida à difusão para longe de sua posição inicial e d é a distância média (ou média quadrática) percorrida pela substância no período de tempo t.

(a) Se um coeficiente de difusão normal de uma substância química pequena em um gás a temperatura ambiente é de 1 cm²/s, determine a tempo médio que essa substância vai levar para percorrer 0,1 mm de um gás (um raio comum para uma cromatografia gasosa (CG) de coluna tubular aberta).

(b) Se um coeficiente de difusão normal de uma substância química pequena em um líquido à temperatura ambiente é de 10^{-5} cm^2/s, quanto tempo mais ou menos levará para esse composto percorrer 0,1 mm em um líquido? A partir desses resultados e os da Parte (a), o que você pode concluir sobre a velocidade de difusão e a transferência de massa em cromatografia gasosa em comparação com a cromatografia líquida?

88. Um meio de descrever o poder de separação de um sistema cromatográfico é determinar quantos picos podem ser resolvidos a uma resolução de linha de base dentro de uma determinada seção de um cromatograma. Isso pode ser determinado por meio de uma quantidade conhecida como *número de separação* (SN, do inglês *separation number*), que se calcula pela seguinte fórmula,[9]

$$SN = \frac{t_{R,(z+1)} - t_{R,z}}{w_{h,z} + w_{h,(z+1)}} \quad (20.34)$$

em que $t_{R,z}$ e $t_{R,(z+1)}$ são os tempos totais de retenção observados em uma coluna para dois hidrocarbonetos saturados que têm cadeias de carbono com comprimento de z ou $(z+1)$ unidades de carbono, e onde $w_{h,z}$ e $w_{h,(z+1)}$ são as larguras medidas a meia-altura para esses picos.

(a) Uma separação de *n*-alcanos por cromatografia gasosa fornece tempos de retenção de 15,3 min para *n*-heptano e 21,8 min para *n*-octano. As larguras de meia-altura desses picos são 0,18 min e 0,26 min, respectivamente. Calcule a resolução desses dois picos e o número de pratos teóricos para a coluna. Qual é o número de separação na região do cromatograma entre os dois picos?

(b) Uma coluna semelhante, porém mais longa, é usada nas mesmas condições, gerando tempos de retenção de 30,5 min e 43,5 min para *n*-heptano e *n*-octano e larguras de pico de meia-altura de 0,25 min e 0,36 min. Qual é a nova resolução entre esses picos e o número de pratos do sistema? Qual é o número de separação para a coluna mais longa? Como esse resultado se compara ao obtido na Parte (a)? O que esses resultados lhe dizem sobre o efeito de eficiência da coluna sobre a resolução e a capacidade de separar múltiplas substâncias químicas em uma amostra?

89. Monte uma planilha na qual a Equação 20.27 é utilizada para examinar os efeitos de α, k e N em R_s.

(a) Use a sua planilha para preparar um gráfico em que R_s é plotado em função de k na faixa de 0 a 10 para uma separação na qual $N = 10.000$ e $\alpha = 1,1$. Em qual faixa de fatores de retenção se obtém a maior melhora em resolução? Qual é o fator de retenção mínimo necessário para se obter uma resolução de linha de base? Quais você acha que são as vantagens e os desafios de se usar fatores de retenção ainda maiores para a separação?

(b) Prepare um segundo gráfico no qual R_s é plotado contra N na faixa de 0 a 50.000 para uma separação na qual $k = 2$ e $\alpha = 1,1$. Em qual faixa de números de pratos ocorre o maior melhora em resolução? Qual é o valor mínimo de N necessário neste exemplo para que se obtenha a resolução de linha de base? Quais, na sua opinião, são as vantagens e os desafios possíveis de usar números de pratos ainda maiores para tal separação?

(c) Monte um terceiro gráfico no qual R_s é plotado contra α na faixa de 1,0 a 1,5 para uma separação na qual $k = 2$ e $N = 10.000$. Em qual faixa de fatores de separação se obtém um maior aumento na resolução? Qual é o menor fator de separação necessário nesse caso para se obter uma resolução de linha de base? Quais você acha que são as possíveis vantagens e desafios de se utilizar fatores de separação ainda maiores para essa separação?

Tópicos de discussão e relatórios

90. Encontre um artigo de pesquisa recente que descreva a análise de 2,4-D ou outro herbicida. Descreva como as separações químicas foram utilizadas nesse artigo.

91. Métodos de separação química como extração e cromatografia são usados em uma ampla gama de indústrias e laboratórios de pesquisa. Visite um laboratório local e verifique como tais métodos são utilizados em suas instalações. Discuta suas descobertas com a classe.

92. Usando a Internet ou outros recursos, obtenha mais informações sobre uma das técnicas de extração listadas a seguir. Elabore um relatório sobre esse método, incluindo uma descrição de como ele funciona e os tipos de substâncias ou amostras aos quais ele se aplica.

(a) Extração em fase sólida.

(b) Microextração em fase sólida.

(c) Extração assistida por micro-ondas.

(d) Extração de Soxhlet

93. Obtenha informações na Internet ou em outras fontes que descrevam o uso adequado de um funil de separação para extrações líquido-líquido. Use essas informações para preparar um procedimento operacional padrão de acordo com esse método.

94. Há muitos agentes, além da oxina, que podem ser usados para complexar íons metálicos e ajudar em sua extração. Outros reagentes que podem ser empregados para esse fim estão listados a seguir.[8,10] Para qualquer um desses reagentes, encontre mais informações sobre sua estrutura, propriedades e uso como agente de ligação de metais. Elabore um relatório sobre esse reagente.

(a) Cupferron.

(b) 8-Mercaptoquinolina.

(c) Ditizona.

(d) Piridilazonaftol (PAN).

95. Um dos mais antigos métodos de separação química é a destilação. Elabore um relatório sobre a história das destilações[30,31] ou sobre as aplicações modernas da técnica.[8] Compare o método escolhido para extração e cromatografia no que se refere ao mecanismo pelo qual ele separa substâncias químicas.

Referências bibliográficas

1. R. E. Evenson e D. Gollin, 'Assessing the Impact of the Green Revolution, 1960 to 2000', *Science*, 300, 2003, p.151–167.
2. G. Conway, *The Doubly Green Revolution*, Cornell University Press, Ithaca, Nova York, 1998.
3. M. Windholz, ed., *The Merck Index*, 10 ed., Merck & Co., Rahway, NJ, 1983.
4. International Programme on Chemical Safety, *2,4-dichloropheoxyacetic acid (2,4-D)*, World Health Organization, Genebra, Suíça, 1984.
5. U.S. Environmental Protection Agency Report, '2,4-D RED Facts', *EPA-738-F-05-002*, U.S. EPA, Washington, DC, 2005.
6. T. Cairns e J. Sherma, *Emerging Strategies for Pesticide Analysis*, CRC Press, Boca Raton, FL, 1992.
7. R. Grover, *Environmental Chemistry of Herbicides*, CRC Press, Boca Raton, FL, 1988.
8. B. L. Karger, L. R. Snyder e C. Horvath, *An Introduction to Separation Science*, Wiley, Nova York, 1973.
9. J. Inczedy, T. Lengyel e A. M. Ure, *International Union of Pure and Applied Chemistry—Compendium of Analytical Nomenclature: Definitive Rules 1997*, Blackwell Science, Malden, MA, Capítulo 9.
10. J. Rydberg, C. Musikas e G. R. Choppin, eds., *Principles and Practices of Solvent Extraction*, Marcel Dekker, Nova York, 1992.
11. T. L. Chester, J. D. Pinkston e D. E. Raynie, 'Supercritical Fluid Chromatography and Extraction', *Analytical Chemistry*, 64, 1992, p.153R–170R.
12. M. A. McHugh e V. J. Krukonis, *Supercritical Fluid Extraction: Principles and Practice*, 2 ed., Elsevier, Amsterdã, Holanda, 1994.
13. L. T. Taylor, *Supercritical Fluid Extraction*, Wiley, Nova York, 1996.
14. N. Kresge, R. D. Simoni e R. L. Hill, 'Lyman Creighton Craig: Developer of the Counter-Current Distribution Method', *Journal of Biological Chemistry*, 280, 2005, p.e4–e6.
15. L. C. Craig, 'Identification of Small Amounts of Organic Compounds by Distribution Studies. Application to Atabrine', *Journal of Biological Chemistry*, 150, 1943, p.33–45.
16. L. C. Craig, 'Identification of Small Amounts of Organic Compounds by Distribution Studies. II. Separation by Counter-current Distribution', *Journal of Biological Chemistry*, 155, 1944, p.519–534.
17. M. Tswett, 'Physikalisch-chemische Studien über das Chlorophyll. Die Adsorptionen', *Berichten der Deutschen Botanischen Gesellschaft*, 24, 1906, p.316–323.
18. M. Tswett, 'Adsorptionanalyse und chromatographische Methode. Anwendung auf die Chemie des Chlorophylls', *Berichten der Deutschen Botanischen Gesellschaft*, 24, 1906, p.384–393.
19. M. Tswett, *Chromophylls in the Plant and Animal Kingdom*, Karbasnikov, Warsaw, 1910.
20. L. S. Ettre, 'M.S. Tswett and the Invention of Chromatography', *LC-GC*, 21, 2003, p.458–467.
21. R. E. Majors e P. W. Carr, 'Glossary of Liquid-Phase Separation Terms', *LC-GC*, 19, 2001, p.124–162.
22. C. F. Poole e S. K. Poole, *Chromatography Today*, Elsevier, Nova York, 1991.
23. B. A. Bidlingmeyer and F. V. Warren Jr., 'Column Efficiency Measurement', *Analytical Chemistry*, 56, 1984, p.1583A–1596A.
24. J. J. van Deemter, F. J. Zuiderweg e A. Klinkenberg, 'Longitudinal Diffusion and Resistance to Mass Transfer as Causes of Non Ideality in Chromatography' *Chemical and Engineering Science*, 5, 1956, p.271–289.
25. A. S. Said, 'Comparison Between Different Resolution Equations', *Journal of High Resolution Chromatography*, 2, 2005, p.193–194.
26. *EPA Method 8330, Determination of Concentration of Nitroaromatics and Nitramines by High-Performance Liquid Chromatography*, U.S. Environmental Protection Agency, Washington, DC.
27. J. P. Foley e J. G. Dorsey, 'Equations for the Calculation of Chromatographic Figures of Merit for Ideal and Skewed Peaks', *Analytical Chemistry*, 55, 1983, p.730–737.
28. J. P. Foley e J. G. Dorsey, 'A Review of the Exponentially Modified Gaussian (EMG) Function: Evaluation and Subsequent Calculation of Universal Data', *Journal of Chromatographic Science*, 22, 1984, p.40–46.
29. C. R. Cantor e P. R. Schimmel, *Biophysical Chemistry, Part II: Techniques for the Study of Biological Structure and Function*, Freeman, São Francisco, 1980.
30. F. Szabadvary, *History of Analytical Chemistry*, Pergamon Press, Nova York, 1966.
31. A. J. Liebmann, 'History of Distillation', *Journal of Chemical Education*, 33, 1956, p.166–173.

Capítulo 21
Cromatografia gasosa

Conteúdo do capítulo

21.1 Introdução: há algo no ar
- 21.1.1 O que é cromatografia gasosa?
- 21.1.2 Como a cromatografia gasosa é realizada?

21.2 Fatores que afetam a cromatografia gasosa
- 21.2.1 Requisitos para o analito
- 21.2.2 Fatores que determinam a retenção em cromatografia gasosa
- 21.2.3 Eficiência de coluna em cromatografia gasosa

21.3 Cromatografia gasosa, fases móveis e métodos de eluição
- 21.3.1 Fases móveis comuns em cromatografia gasosa
- 21.3.2 Métodos de eluição em cromatografia gasosa

21.4 Suportes e fases estacionárias em cromatografia gasosa
- 21.4.1 Materiais de suporte em cromatografia gasosa
- 21.4.2 Fases estacionárias em cromatografia gasosa

21.5 Detectores de cromatografia gasosa e manipulação de amostra
- 21.5.1 Tipos de detector em cromatografia gasosa
- 21.5.2 Injeção de amostra e pré-tratamento

21.1 Introdução: há algo no ar

Comunicado da Imprensa, Cidade do México, 31 de março de 2006: 'Cidade do México, um laboratório vivo para o estudo de poluição':

> *Se esta cidade tem o ar mais poluído do mundo é uma questão discutível: autoridades mexicanas indignadas fizeram uma campanha para que ela fosse retirada do Livro de Recordes Mundiais do Guinness deste ano depois de deter o título por dois anos consecutivos. O que não está em questão é a atração que ela exerce sobre as centenas de cientistas especializados em clima que estão concluindo um estudo que já dura um mês sobre o alcance e o impacto da poluição na Cidade do México [...] Cientistas e estudantes universitários têm trabalhado 14 horas por dia para medir a gigantesca nuvem de gases, poeira e partículas que emerge da Cidade do México diariamente e que costuma se desviar para o nordeste, de vez em quando se estendendo até o Golfo do México. No curso de horas, as emissões se misturam e são alteradas pela luz solar para criar os assim chamados poluentes secundários — alguns apenas irritantes, outros carcinogênicos. Usando as leituras de instrumentos de terra, balões meteorológicos, aviões e satélites da NASA, os cientistas esperam descobrir como eles se formam e até onde se deslocam.*[1]

Problemas com névoa e poluição do ar tornaram-se comuns em cidades modernas e nações em desenvolvimento.[2,3] A névoa se forma pela reação de óxidos nitrogenados com compostos orgânicos voláteis (VOCs, do inglês, *volatile organic compounds*), ambos os quais são emitidos quando um combustível é queimado por automóveis, fábricas e casas (veja a Figura 21.1). Os VOCs se compõem de um grande grupo de pequenos compostos orgânicos com ponto de ebulição abaixo de 200 °C. Esses baixos pontos de ebulição permitem que os compostos entrem facilmente na atmosfera. Uma vez no ar, os VOCs podem reagir com os óxidos nitrogenados na presença de luz para formar ozônio troposférico, o principal componente da névoa.[4-7]

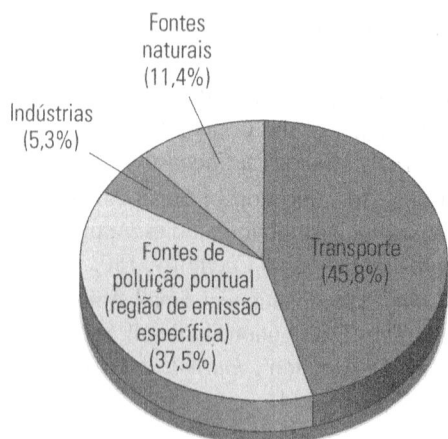

Figura 21.1

A névoa resultante da poluição cobre a Cidade do México durante muitos dias do ano. Os compostos orgânicos voláteis (VOCs) e os óxidos de nitrogênio (NO_2) que compõem esta névoa advêm de fontes como automóveis e transporte público, indústrias, incêndio e fontes naturais. (Esse gráfico é baseado em dados fornecidos em S. Guzman, 'Suspiro de Vida', *EJ Magazine*, outono de 2003, <http://www.ejmagazine.com/2003bsuspiro.html>.)

Verifica-se um esforço permanente nos Estados Unidos e na Europa de monitorar e reduzir as causas dessa névoa e da poluição do ar. Programas semelhantes surgem no México e em outros países. Tais programas têm contribuído para melhorar a qualidade do ar nos Estados Unidos,[2] mas ainda há necessidade de uma evolução mundial nessa área.[1,3] Uma parte crucial desse esforço tem sido o uso de métodos analíticos para controlar as fontes de poluição e determinar os níveis de ozônio, óxido de nitrogênio e compostos orgânicos voláteis no ar. Neste capítulo, examinaremos a técnica de *cromatografia gasosa* (CG), uma ferramenta importante no exame de VOCs e de outras substâncias químicas voláteis.

21.1.1 O que é cromatografia gasosa?

A **cromatografia gasosa** (**CG**) é um tipo de cromatografia no qual a fase móvel é um gás.[8] A presença de uma fase móvel gasosa torna a CG útil à separação de substâncias como os compostos orgânicos voláteis que ocorrem naturalmente como gases ou podem ser colocados com facilidade em fase gasosa. Essa mesma característica torna a CG útil no exame de muitas substâncias químicas voláteis que são de interesse em áreas como testes ambientais, análise forense e atividades na indústria do petróleo.

21.1.2 Como a cromatografia gasosa é realizada?

A Figura 21.2 mostra um sistema comum para a realização de CG, conhecido como *cromatógrafo a gás*.[9] O primeiro dos principais componentes de um cromatógrafo a gás é a fonte que abastece a fase móvel. Essa fonte costuma ser um cilindro de gás equipado com reguladores de pressão para dispensar a fase móvel a uma velocidade controlada. A segunda parte do cromatógrafo a gás é seu sistema de injeção, que em geral consiste em uma câmara aquecida dentro da qual a amostra é colocada e convertida em forma gasosa. A terceira parte do sistema é a coluna, que contém a fase estacionária e o material de suporte para a separação de componentes em uma amostra. Essa coluna fica em uma área fechada conhecida como *forno*, que mantém a temperatura em um valor bem definido. A quarta parte do sistema de CG consiste em um detector e no dispositivo de registro associado a ele, que monitora os componentes da amostra que saem da coluna.

O gráfico que representa a resposta do detector em relação ao tempo decorrido desde a injeção da amostra em um sistema de CG é conhecido como *cromatograma gasoso*. Um exemplo de tal gráfico é apresentado na Figura 21.3. No Capítulo 20, vimos como usar um gráfico como esse para identificar e medir os componentes de uma amostra injetada. Pistas sobre a identidade de um pico podem ser obtidas comparando-se o tempo de retenção do pico com aquele observado na injeção de uma amostra conhecida da substância química suspeita. Esse processo ainda pode ser auxiliado pelo uso de um detector capaz de, seletivamente, monitorar ou confirmar a estrutura da substância submetida à eluição, como veremos na Seção 21.5.1. Uma vez que um pico é identificado, a quantidade de analito contida nele pode ser determinada pela comparação da área ou da altura do pico que se obtém para injeções de padrões contendo o mesmo analito, ou um analito semelhante. Um padrão interno também é usado com frequência como parte desse processo (veja o Capítulo 5) para corrigir variações no teor do analito que podem ter ocorrido durante o pré-tratamento da amostra ou durante a injeção no sistema de CG.

EXERCÍCIO 21.1 Análise de substâncias químicas por CG

Um químico ambiental pretende utilizar o método da Figura 21.3 para determinar o acetileno em amostras de ar. Descreva como esse método pode ser usado para identificar e quantificar o acetileno.

SOLUÇÃO

Uma identificação inicial do acetileno em uma amostra desconhecida pode ser realizada verificando-se se há um pico com tempo de retenção em torno 23,4 min, o tempo de eluição do acetileno na Figura 21.3. A presença de acetileno pode ser confirmada examinando-se o pico suspeito com um detector seletivo como um espectrômetro de massa, uma abordagem que discutiremos na Seção 21.5.1.

A quantidade de acetileno em uma amostra desconhecida pode ser medida pela comparação do tamanho de seu pico com aqueles obtidos para padrões contendo quantidades conhecidas de acetileno. De um modo ideal, a amostra e os padrões devem conter uma quantidade fixa de um padrão interno (como uma forma isotopicamente marcada de acetileno quando se realiza a detecção por espectrometria de massa). Uma curva de calibração é, então, preparada a partir dos dados obtidos dos padrões plotando-se sobre o eixo y a área do pico ou a razão de altura para o acetileno em relação ao padrão interno (por exemplo, Área$_{Acetileno}$/Área$_{Padrão\ Interno}$), com a quantidade de acetileno nos mesmos padrões sendo plotada no eixo x. A quantidade de acetileno em uma amostra desconhecida pode ser determinada usando-se essa curva e a área do pico ou a razão de altura da amostra desconhecida em relação ao padrão interno.

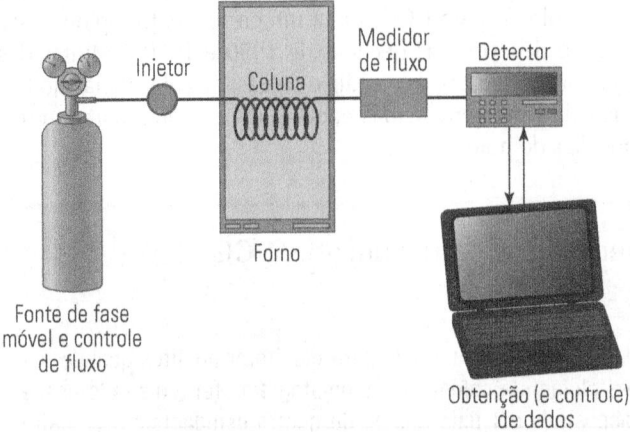

Figura 21.2

Diagrama de um cromatógrafo a gás comum.

Legenda do pico	Nome	Massa	Ponto de ebulição (°C)	Legenda do pico	Nome	Massa	Ponto de ebulição (°C)
1	etano	30,0694	−88,6	13	*iso*pentano	72,1498	30
2	etileno	28,0536	−103,7	14	*n*-pentano	72,1498	36,1
3	propano	44,0962	−42,06	15	*E*-2-penteno	70,134	37
4	propileno	42,0804	−47,4	16	3-metil-1-buteno	70,134	20
5	*iso*butano	58,123	−11,7	17	1-penteno	70,134	30
6	*n*-butano	58,123	−0,45	18	*Z*-2-penteno	70,134	37
7	acetileno	26,0378	−28,1 (sublimado)	19	2,2-dimetil-butano	86,1766	49,7
8	*E*-2-buteno	56,1072	0,88	20	2-metil-pentano	86,1766	62
9	1-buteno	56,1072	−6,1	21	2,3-dimetil-butano	86,1766	58
10	*iso*buteno	56,1072	−6,9	22	*iso*preno	68,1182	34
11	*Z*-2-buteno	56,1072	3,7	23	4-metil-1-penteno	84,1608	54
12	ciclopentano	70,134	49	24	2-metil-1-penteno	84,1608	62

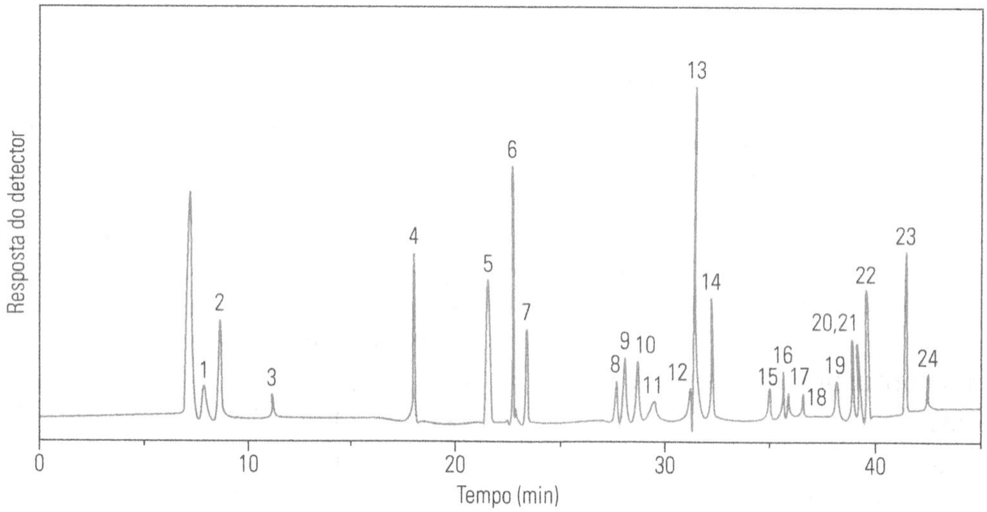

Figura 21.3

Cromatograma para a análise de compostos orgânicos voláteis no ar urbano. (Este cromatograma é baseado em dados obtidos da Perkin Elmer.)

Por servir para identificação, quantificação e separação de substâncias químicas voláteis, a CG tem sido uma ferramenta de análise química popular há muitas décadas. As origens da técnica remontam a pouco depois do fim da Primeira Guerra Mundial, quando os pesquisadores começaram a estudar a adsorção seletiva de gases em sólidos para uso em máscaras de gás e a recuperação da gasolina a partir do gás natural. Esses mesmos sólidos foram usados com controle de temperatura para aplicações analíticas como a determinação de hidrocarbonetos em gás natural e a separação de ácidos orgânicos voláteis.[10] O primeiro sistema moderno de cromatografia gasosa foi desenvolvido em 1945-1947 por uma química alemã chamada Erika Cremer (veja o Quadro 21.1).[10-12] Dispositivos semelhantes foram depois criados por outras pessoas que usaram separações baseadas em partição, nas quais os líquidos eram revestidos em sólidos para serem usados como fases estacionárias. A melhoria combinada nos sistemas e nas colunas para CG levou a um crescimento rápido nessa área no decorrer das décadas de 1950 e 1960.[10] Muitas das técnicas de separação e análise de gases e substâncias químicas voláteis desenvolvidas naquela época continuam em uso nos dias de hoje.

Quadro 21.1 Erika Cremer (1900-1996) e o primeiro sistema moderno de CG desenvolvido em seu laboratório

Ela começou seu trabalho em cromatografia gasosa na Universidade de Innsbruck, na Áustria, durante a Segunda Guerra Mundial. Além de criar o primeiro protótipo do moderno cromatógrafo a gás, Erika Cremer também desenvolveu muitos termos e conceitos que ainda são usados para descrever separações de CG. Seu cromatógrafo a gás usava um detector de condutividade térmica para monitorar analitos quando estes eluíam da coluna. Um cromatograma foi registrado nesse dispositivo por uma equipe de quatro estudantes: o primeiro deles operava o instrumento, o segundo monitorava o tempo, o terceiro examinava e lia os resultados no detector e o quarto registrava os resultados.[11,12]

21.2 Fatores que afetam a cromatografia gasosa

21.2.1 Requisitos para o analito

Volatilidade e estabilidade térmica. Para examinar uma substância química por cromatografia gasosa, é necessário colocá-la em fase gasosa móvel para que o analito possa entrar e passar através da coluna de CG. Esse requisito significa que o analito injetado deve ser *volátil*, ou capaz de passar facilmente à fase gasosa. A volatilidade de uma substância química está relacionada a sua pressão de vapor e a seu ponto de ebulição. Por exemplo, substâncias químicas voláteis como as classificadas como VOCs apresentarão altas pressões de vapor e baixos pontos de ebulição. Essa é a propriedade que permite aos VOCs entrar na atmosfera e reagir com óxidos nitrogenados para formar o ozônio. A mesma propriedade também torna fácil para a cromatografia gasosa separar e analisar tais compostos.

Existem várias informações que podemos usar para formar um palpite bem fundamentado sobre se um analito será volátil o suficiente para uma análise por cromatografia gasosa. Uma informação útil é o tamanho do analito. De modo geral, uma substância química com massa molar acima de 600 g/mol terá uma volatilidade baixa demais para operar com CG.[13] Muitas substâncias menores podem ser analisadas por cromatografia gasosa, mas a presença de grupos funcionais polares pode dificultar o exame de algumas substâncias de baixa massa. Por isso, o ponto de ebulição de uma substância química deve ser sempre considerado ao se averiguar se ela pode ser estudada por CG. Uma substância com ponto de ebulição abaixo de 500 °C a 1 atm deve ser volátil o suficiente para uma análise por CG.[9] Isso pode ser confirmado injetando-se uma amostra do analito em um sistema de CG e verificando-se se ela elui da coluna em período de tempo razoável.[14]

> **EXERCÍCIO 21.2** Volatilidade química em CG
>
> Os pontos de ebulição e as massas de vários VOCs estão listados na Figura 21.3. Como esses valores poder ser comparados às propriedades gerais necessárias para tornar um analito adequado à CG?
>
> **SOLUÇÃO**
>
> Todos os VOCs na Figura 21.1 têm massa molar abaixo de 600 g/mol e pontos de ebulição bem inferiores a 500 °C-550 °C (faixa de –104 °C para o etileno a 61 °C para 2-metil-1-penteno). Tais valores condizem com as diretrizes gerais fornecidas para os requisitos de analito do CG. Isso explica por que a CG funciona tão bem com essas substâncias. Uma análise mais aprofundada da Figura 21.1 indica que analitos com massas e pontos de ebulição mais baixos (etano e etileno) eluem primeiro da coluna, enquanto os analitos que têm massas e pontos de ebulição mais altos (veja os picos de 19-21 e 22-24) tendem a eluir muito mais tarde. Essa tendência indica que a volatilidade também é um importante fator na determinação da retenção de analitos em um sistema de CG.

Além de ser volátil, uma substância deve ter boa estabilidade térmica se tiver que ser examinada por CG. Um analito que não é termicamente estável pode se degradar quando exposto às altas temperaturas que são utilizadas com frequência durante a injeção e a separação de amostras por CG. Esse tipo de degradação pode dificultar a detecção e a medição de tal analito. Muitas vezes, é difícil saber com antecedência se determinada substância química será estável o suficiente para análise por CG. Essa estabilidade pode ser testada injetando-se um analito em um novo sistema de CG e verificando-se se ele produz um cromatograma com um único pico bem definido, com boas propriedades de retenção e detecção. Se a estabilidade térmica for um problema, em alguns casos, tal degradação poderá ser minimizada ou eliminada selecionando-se uma técnica adequada de injeção da amostra (veja a Seção 21.5.2) ou utilizando-se a derivatização química, como será discutido na próxima seção.

Derivatização química. Embora alguns analitos possam ser injetados diretamente em um sistema de CG, muitas substâncias químicas não são voláteis ou estáveis o suficiente para essa técnica. Uma solução comum para esse problema consiste em mudar a estrutura do analito para dar à substância uma forma mais volátil ou termicamente mais estável. O processo de alterar a estrutura química de uma substância é conhecido como **derivatização**.[15,16] A derivatização em CG costuma envolver a substituição de um ou mais grupos polares em um analito, como uma função álcool ou um grupo amina, com menos grupos polares. Essa mudança reduz as interações intermoleculares da substância alterada, tornando-a mais volátil e mais fácil de ser colocada em fase gasosa. O mesmo tipo de mudança também tende a tornar um composto termicamente mais estável.

A derivatização não é necessária em CG para substâncias como os VOCs, mas sim para os compostos maiores e menos voláteis como o colesterol (que estudamos no Capítulo 18). O colesterol tem volatilidade relativamente baixa, devido tanto a sua massa (387 g/mol) quanto à presença de um grupo funcional álcool em sua estrutura, o que pode levar à formação de ligações de hidrogênio com as moléculas vizinhas. Tais características levam o colesterol a produzir um pico largo com um longo tempo de retenção quando esse analito é injetado em uma coluna de CG (veja a Figura 21.4). O grupo funcional álcool do colesterol também pode causar a degradação desse composto em altas temperaturas, como ocorre quando a hidroxila se combina com um hidrogênio em um carbono vizinho do colesterol para liberar um equivalente de água por desidratação.[17]

É importante notar que cada um desses problemas de CG na análise de colesterol resulta da função álcool do composto. Tal observação sugere que poderíamos superar os problemas alterando o grupo funcional álcool do colesterol por derivatização. Por

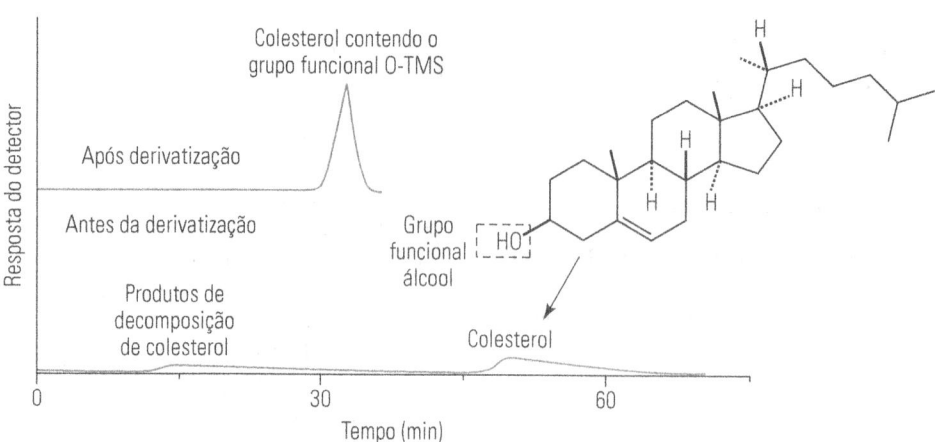

Figura 21.4

Análise de colesterol (parte de baixo) antes da derivatização e (topo) após derivatização em uma coluna de CG contendo um suporte não desativado. Ambos os cromatogramas foram obtidos nas mesmas condições. (Reproduzido de W. J. A. Vanden Heuvel, 'Some Aspects of the Chemistry of Gas-Liquid Chromatography'. In: *Gas Chromatography of Steroids in Biological Fluids*, M.B. Lipsett (ed.), Plenum Press, Nova York, 1965, p.277–295.)

exemplo, poderíamos substituir o hidrogênio da função álcool por — Si $(CH_3)_3$, também conhecido por trimetilsilil (TMS).

$$H_3C-\underset{\underset{CH_3}{|}}{\overset{\overset{CH_3}{|}}{Si}}-Cl + HO-R \longrightarrow H_3C-\underset{\underset{CH_3}{|}}{\overset{\overset{CH_3}{|}}{Si}}-O-R + HCl$$

Cloreto de trimetilsilano
(TMSCl, um reagente sililante)

Composto organo-silício

(21.1)

O produto dessa reação é conhecido como *derivado de TMS*.[15,16] A substituição de um hidrogênio da hidroxila por um grupo TMS mais volumoso e menos polar significa que a forma derivatizada de colesterol será mais estável termicamente. Embora tenhamos aumentado a massa de nosso analito adicionando o grupo TMS (um aumento em massa de 72 g/mol), também passamos a ter um derivado que apresenta uma possibilidade menor de formar ligações de hidrogênio do que o colesterol não derivatizado. Isso torna o derivado mais volátil. O resultado da mudança é um cromatograma melhorado que leva menos tempo para ser executado e contém somente um único pico bem definido para o derivado do colesterol (veja o topo da Figura 21.4).

Há muitas maneiras de derivatizar substâncias químicas para uma análise de CG.[15,16] Além de aumentar a volatilidade e a estabilidade térmica de um composto, a derivatização pode alterar a resposta de um analito em certos detectores de CG. Por exemplo, o processo serve para colocar átomos de halogênio (I, Cl, Br ou F) em um analito para melhorar sua resposta em um detector de captura eletrônica, dispositivo discutido na Seção 21.5.1. A derivatização também pode ser aplicada para alterar uma separação por CG alterando-se as posições dos picos sobrepostos ou impedindo picos amplos causados pelas interações entre o suporte de colunas e os grupos polares em um analito.

21.2.2 Fatores que determinam a retenção em cromatografia gasosa

No Capítulo 20, vimos que há dois fatores gerais que determinam a capacidade da cromatografia de separar substâncias químicas: retenção e eficiência de coluna. Assim como é válido para qualquer método cromatográfico, a retenção de um composto em CG será determinada pelo tempo que essa substância passa na fase móvel em relação à fase estacionária. Em CG, essa retenção será afetada por (1) volatilidade de um composto injetado, (2) temperatura da coluna e (3) grau em que o composto interage com a fase estacionária.

A baixa densidade dos gases faz os analitos que passam através de uma coluna de CG terem pouca ou nenhuma interação com a fase móvel. Como resultado, a volatilidade de um analito é o principal fator que o leva a permanecer na fase móvel durante uma separação por CG. Esse fato também significa que os analitos mais voláteis de uma amostra tendem a passar mais tempo na fase móvel e eluem mais depressa de uma coluna de CG. Essa ideia é ilustrada na Figura 21.5, que analisa uma amostra que consiste em um grupo de hidrocarbonetos saturados, de cadeia simples, conhecidos como 'n-alcanos'. Compostos como esses que têm a mesma estrutura geral, mas diferem no comprimento de uma cadeia de carbono simples, são conhecidos como *homólogos* (ou uma 'série homóloga'). A volatilidade diminui e a retenção aumenta à medida que ampliamos o tamanho da cadeia carbônica em um grupo homólogo, como mostra a Figura 21.5 ao ir do pico 1 (obtido por um *n*-alcano contendo uma cadeia com 6 átomos de carbono) até o pico 16 (para um *n*-alcano com uma cadeia de 40 carbonos).

A temperatura também desempenha um papel importante nas separações por CG. Os efeitos da variação de temperatura da coluna são mostrados na Figura 21.6. Reduzir a temperatura da coluna leva a uma retenção maior, porque isso faz os analitos injetados serem menos voláteis e passarem menos tem-

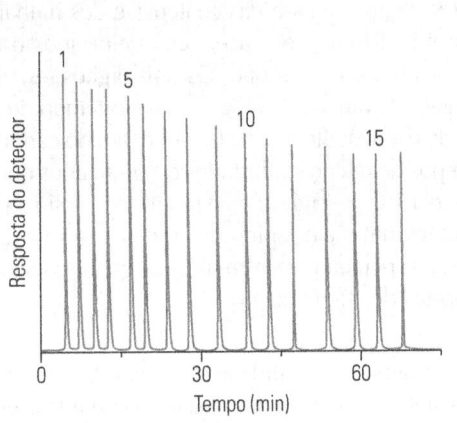

Número do pico	Nome da substância	Estrutura química	Ponto de ebulição (°C)
1	n-Hexano	$CH_3(CH_2)_4CH_3$	69
2	n-Heptano	$CH_3(CH_2)_5CH_3$	98
3	n-Octano	$CH_3(CH_2)_6CH_3$	126
4	n-Nonano	$CH_3(CH_2)_7CH_3$	151
5	n-Decano	$CH_3(CH_2)_8CH_3$	174
6	n-Undecano	$CH_3(CH_2)_9CH_3$	196
7	n-Dodecano	$CH_3(CH_2)_{10}CH_3$	216
8	n-Tetradecano	$CH_3(CH_2)_{12}CH_3$	254
9	n-Hexadecano	$CH_3(CH_2)_{14}CH_3$	287
10	n-Octadecano	$CH_3(CH_2)_{16}CH_3$	316
11	n-Eicosano	$CH_3(CH_2)_{18}CH_3$	343
12	n-Tetracosano	$CH_3(CH_2)_{22}CH_3$	391
13	n-Octacosano	$CH_3(CH_2)_{26}CH_3$	432
14	n-Dotriacontano	$CH_3(CH_2)_{30}CH_3$	468
15	n-Hexatriacontano	$CH_3(CH_2)_{34}CH_3$	498
16	n-Tetracontano	$CH_3(CH_2)_{38}CH_3$	525

Figura 21.5

Separação por CG de uma série de n-alcanos. Uma rampa de aquecimento foi usada para a eluição do analito durante a separação. (Baseado em dados da Alltech.)

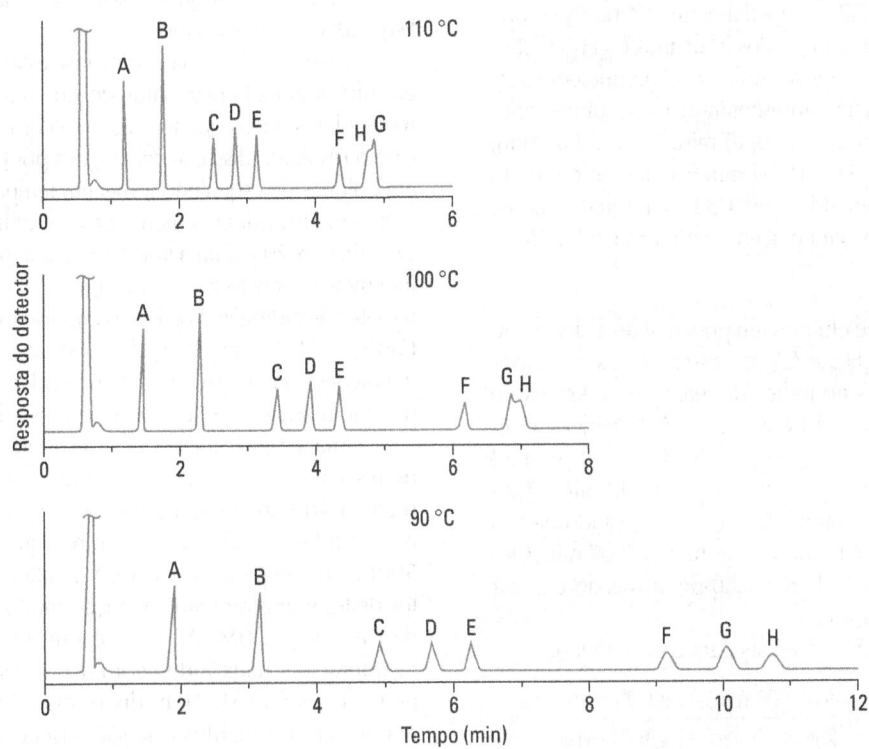

Figura 21.6

Separação por CG de uma mistura-teste de de oito componentes em coluna a diferentes temperaturas. Os compostos da amostra eram (A) n-nonano, (B) n-decano, (C) 1-octanol, (D) n-undecano, (E) 2,6-dimetilfenol, (F) 2,4-dimetilanilina, (G) naftaleno e (H) n-dodecano.
(Adaptado de J. V. Hinshaw, 'Optimizing Column Temperature', *LC-GC*, 9, 1991, p.94–98.)

po na fase móvel. Elevar a temperatura produz o efeito oposto, com os analitos tornando-se mais voláteis e se deslocando pela coluna mais depressa à medida que passam mais tempo na fase móvel. Esse efeito é a razão pela qual os sistemas de CG contêm um forno de coluna para controle da temperatura.

Muitas das medidas de retenção discutidas no Capítulo 20 (como t_R, V_M e k) são afetadas pela temperatura. Uma medida alternativa de retenção que revela uma pequena variação de acordo com a temperatura é o **índice de retenção de Kováts (I)**.[18,19] Esse índice é calculado pela Equação 21.2. Nela, a retenção de um analito em uma determinada coluna é comparada com a retenção observada à mesma temperatura e na mesma coluna para uma série de n-alcanos usados neste cálculo como compostos de referência.[8]

$$I = 100z + 100 \cdot \frac{\log t'_{Rx} - \log t'_{Rz}}{\log t'_{R(z+1)} - \log t'_{Rz}} \quad (21.2)$$

O valor de t'_{Rx} na Equação 21.2 é o tempo de retenção ajustado do analito (*Observação:* vimos no Capítulo 20 que $t'_R = t_R - t_M$ para um analito, onde t_R é o tempo de retenção e t_M, o tempo de morto da coluna).[20] Esse valor é comparado a t'_{Rz} (o tempo de retenção ajustado para um *n*-alcano que se verifica que elui pouco antes do analito) e $t'_{R(z+1)}$ (o tempo de retenção ajustado para um *n*-alcano que elui logo após o analito). Os valores de z e (z +1) na Equação 21.2 referem-se ao número de átomos de carbono nos *n*-alcanos. Visto que esses *n*-alcanos são homólogos, o *n*-alcano com z átomos de carbono deve eluir mais rapidamente do que os *n*-alcanos com z + 1 átomos de carbono.

> Os dígitos na casa das centenas e dos milhares desse índice nos dizem que o acenafteno elui após o *n*-alcano com 14 átomos de carbono. Os dois dígitos restantes indicam que, em uma escala logarítmica, o tempo de retenção ajustado do acenafteno é de 60 por cento do caminho entre os tempos de retenção ajustados dos *n*-alcanos que contêm 14 (z) e 15 (z + 1) átomos de carbono. Assim, esse índice fornece um meio rápido de comparar a retenção desse analito à esperada para os *n*-alcanos quando usados como compostos de referência.

EXERCÍCIO 21.3 — Cálculo de um índice de retenção de Kováts

Uma amostra de acenafteno (uma substância química usada em plásticos) foi injetada em uma coluna de CG de 25 m de comprimento x 0,3 mm de diâmetro interno da coluna de CG a 140 °C. Uma amostra dos *n*-alcanos $C_{14}H_{30}$, $C_{15}H_{32}$ e $C_{16}H_{34}$ foi injetada na mesma coluna sob condições idênticas.[21] Essas substâncias apresentaram os seguintes tempos de retenção: acenafteno, 10,40 min; $C_{14}H_{30}$, 8,04 min; $C_{15}H_{32}$, 12,42 min; $C_{16}H_{34}$, 19,64 min.[22] O tempo de morto da coluna foi determinado como 1,33 min. Qual o índice de retenção de Kováts para o acenafteno nessa coluna?

SOLUÇÃO

Os *n*-alcanos que eluíram um pouco antes e depois do acenafteno foram $C_{14}H_{30}$ e $C_{15}H_{32}$. Esses são os *n*-alcanos que devem ser usados no índice de retenção de Kováts do acenafteno, fazendo z = 14 e z + 1 = 15. O tempo de retenção ajustado para $C_{14}H_{30}$ é t'_{Rz} = (8,04 min – 1,33 min) = 6,71 min (t'_{Rz}) e para $C_{15}H_{32}$ é $t'_{R(z+1)}$ = (12,42 min – 1,33 min) = 11,09 min. O tempo de retenção ajustado para o acenafteno é t'_{Rx} = (10,40 min – 1,33 min) = 9,07 min. Obtemos o seguinte índice de retenção de Kováts ao colocar esses valores na Equação 21.2.

Índice de retenção de Kováts para o acenafteno:

$$I = 100(14) + 100 \cdot \frac{\log(9{,}07 \text{ min}) - \log(6{,}71 \text{ min})}{\log(11{,}09 \text{ min}) - \log(6{,}71 \text{ min})}$$

$$= 1460$$

Temperatura e volatilidade de composto não são os únicos fatores a afetar a retenção de substâncias químicas em CG. Outro fator que afeta a retenção é o grau de interação de uma substância injetada com a fase estacionária. Essa ideia é ilustrada na Tabela 21.1 aplicando-se o índice de retenção de Kováts para comparar a retenção de vários compostos-modelo em colunas de CG que contêm duas fases estacionárias muito diferentes: Esqualeno e Carbowax M.

O esqualeno é uma grande fase estacionária apolar baseada em um hidrocarboneto saturado que tem somente forças intermoleculares fracas quando interage com a maioria dos analitos. Como resultado disso, as separações por CG que são executadas em colunas de esqualeno fornecem tempos de retenção que são determinados principalmente pela volatilidade de cada analito. O Carbowax 20M é uma fase estacionária polar que pode ter forças intermoleculares fortes com analitos polares, como por meio de ligações de hidrogênio ou forças dipolo-dipolo, como discutido no Capítulo 7. Esse aspecto significa que tanto a volatilidade quanto as interações com a fase estacionária podem determinar a retenção de muitos analitos em uma coluna de Carbowax 20M.

Uma análise atenta dos resultados para os compostos de teste na Tabela 21.1 indica que todos eles têm índices de retenção de Kováts semelhantes em uma coluna de esqualeno, com tempos de eluição entre aqueles do *n*-pentano (I = 500) e do *n*-heptano (I = 700). No entanto, todos esses compostos de teste mostram uma retenção muito maior em uma coluna de Carbowax 20M. A razão é que os compostos têm agora interações mais fortes com a fase estacionária na coluna de Carbowax 20M. Além disso, esse aumento na retenção é maior para os analitos que são suscetíveis à forte ligação do hidrogênio ou possuem grandes momentos de dipolo, como 1-butanol, piridina e 1-nitropropano. Esse tipo de compara-

$$\begin{array}{c} CH_3 \\ | \\ HC-(CH_2)_3-CH-(CH_2)_3-CH-(CH_2)_4-CH-(CH_2)_3-CH-(CH_2)_3-CH \\ | \\ CH_3 \end{array}$$

Esqualeno

$$HO-[CH_2-CH_2-O]_n-H$$

Carbowax 20M (n ≈ 450)

Tabela 21.1

Comparação da retenção de alguns compostos modelo em duas colunas de cromatografia gasosa.*

Nome e estrutura do composto injetado	Índice de retenção de Kováts Esqualeno ($I_{Esqualeno}$)	Índice de retenção de Kováts Carbowax 20M ($I_{Carbowax\ 20M}$)	Diferença de retenção Δ ($I = I_{Carbowax\ 20M} - I_{Esqualeno}$)
Benzeno	653	975	322 ($\Delta I_{Benzeno} = X'$)
1-Butanol $HOCH_2CH_2CH_2CH_3$	590	1126	536 ($\Delta I_{1\text{-}Butanol} = Y'$)
2-Pentanona $CH_3CCH_2CH_2CH_3$ (O=)	627	995	368 ($\Delta I_{2\text{-}Pentanona} = Z'$)
1-Nitropropano $CH_2CH_2CH_3NO_2$	652	1224	572 ($\Delta I_{1\text{-}Nitropropano} = U'$)
Piridina	699	1209	510 ($\Delta I_{Piridina} = S'$)

* Os números desta tabela foram obtidos em W.O. McReynolds, 'Characterization of Some Liquid Phases', *Journal of Chromatographic Science*, 8, 1970, p.685–691. Os símbolos entre parênteses à direita representam as constantes de McReynolds para cada um destes compostos.

ção baseada na injeção de um dado conjunto de compostos de teste é útil como meio de comparar as propriedades de retenção de várias fases estacionárias de CG. O tema é discutido no Quadro 21.2.

21.2.3 Eficiência de coluna em cromatografia gasosa

Uma vantagem de usar um gás como fase móvel é que, nesse caso, a CG produz uma eficiência muito alta e picos estreitos (por exemplo, veja as figuras 21.3 e 21.5). Picos acentuados e estreitos facilitam a medição de pequenas quantidades de analito e permitem que a CG separe um grande número de compostos em uma única série. Há várias razões para a alta eficiência dos sistemas de CG, muitas delas relacionadas com o fato de que se usa um gás como fase móvel. A baixa densidade dos gases implica que seus analitos podem mover-se depressa por difusão. Essa característica é importante porque a maioria dos processos que provocam alargamento de pico em cromatografia será reduzida pela presença de difusão rápida, com exceção, sobretudo, da difusão longitudinal (veja o Capítulo 20). A ocorrência de um alargamento de picos menor, por sua vez, torna mais fácil para a coluna discriminar entre o analito e os demais componentes da amostra.

Baixa viscosidade é outra característica dos gases que promove a alta eficiência em CG. Quando a viscosidade diminui em uma fase móvel, é possível usar uma coluna mais longa. Esta terá um número maior de pratos teóricos, o que aumentará a resolução das separações executadas nessa coluna (veja o Capítulo 20). Em consequência se chegará a um ponto no qual o aumento no tamanho da coluna criará pressão demais para que a fase móvel passe através da coluna. Felizmente, a viscosidade muito menor dos gases em relação aos líquidos significa que, de modo geral, colunas bem mais longas e eficientes podem ser empregadas mais em CG do que em cromatografia líquida, método que discutiremos no Capítulo 22.

21.3 Cromatografia gasosa, fases móveis e métodos de eluição

21.3.1 Fases móveis comuns em cromatografia gasosa

Assim como qualquer tipo de cromatografia, a fase móvel em CG serve para aplicar e transportar compostos através da coluna. Uma diferença importante entre a CG e as outras técnicas cromatográficas é que uma fase móvel gasosa desempenhará pouca ou nenhuma função na determinação da retenção de um composto. Em vez disso, a retenção é determinada pela volati-

Quadro 21.2 Comparação entre fases estacionárias de cromatografia gasosa

Os compostos mostrados na Tabela 21.1 costumam servir para comparar e avaliar as propriedades de retenção das fases estacionárias de CG. Essa técnica usa valores conhecidos como *constantes de McReynolds*.[23] As constantes de McReynolds para uma fase estacionária de CG são determinadas pela medição dos índices de retenção de Kováts para compostos modelo tanto na fase estacionária de interesse quanto na fase estacionária apolar de referência (esqualeno) à mesma temperatura. A diferença em I para cada composto nas duas fases estacionárias (ΔI) é, então, determinada pela Equação 21.3.

$$\Delta I = I_{\text{Fase estacionária de interesse}} - I_{\text{Esqualeno}} \quad (21.3)$$

Os compostos na Tabela 21.1 foram selecionados para avaliar colunas de CG porque representam substâncias químicas com vários tipos possíveis de força intermolecular. O benzeno é um padrão geral para compostos capazes de interagir principalmente por meio de forças de dispersão com uma fase estacionária. O 1-nitropropano representa compostos que têm momentos de dipolo e fortes interações relacionadas a um dipolo. O 1-butanol pode participar de ligações de hidrogênio e atuar tanto como receptor quanto como doador de prótons. A 2-pentanona contém um grupo funcional carbonila que também lhe permite participar de ligações de hidrogênio como receptor de prótons. O nitrogênio aromático da piridina faz a substância atuar como uma base que também pode formar ligações de hidrogênio e agir como receptor de prótons.

É comum que os fabricantes de fases estacionárias de CG forneçam os valores das constantes de McReynolds ao descrever seus produtos. As constantes de McReynolds também provêm um meio para os cientistas compararem diferentes fases estacionárias de CG e escolherem aquelas que funcionarão de forma mais apropriada na maioria das aplicações. Veremos um exemplo de uma lista desse tipo quando tratarmos das fases estacionárias recomendadas para cromatografia gás-líquido (Seção 21.4.2). Por convenção, o valor de ΔI relatado nessas listas é referido como X' se medido para benzeno, Y' para 1-butanol, Z' para 2-pentanona, U' para 1-nitropropano e S' para piridina. A média desses valores de ΔI também é reportada em alguns casos.[16]

---

lidade do composto, pela temperatura da coluna e pelas interações de substâncias químicas injetadas com a fase estacionária. Visto que o principal objetivo da fase móvel em CG é apenas mover solutos ao longo da coluna, a fase móvel nessa técnica costuma ser chamada de **gás de arraste**.[8]

Exemplos de gases de arraste comumente usados em CG são hidrogênio (H_2), hélio (He), nitrogênio (N_2) e argônio (Ar). Todos eles são relativamente baratos, fáceis de se obter e (com exceção do hidrogênio) inertes e seguros para uso. Esses gases são em geral supridos por um cilindro de gás padrão, mas às vezes são fornecidos por um gerador de gás conectado ao sistema de CG. Por exemplo, um gerador pode ser adotado para isolar o nitrogênio do ar ou para produzir H_2 passando uma corrente elétrica através da água e, desse modo, quebrá-la em gás oxigênio e hidrogênio.

O gás de arraste deve ter sempre um alto grau de pureza para evitar contaminação ou danos à coluna e ao sistema de CG. Impurezas como oxigênio, água, substâncias orgânicas e material particulado podem ser removidas passando-se o gás de arraste por uma série de armadilhas e filtros antes de sua entrada na coluna. A fonte desse tipo de gás também deve ser equipada com regulador de pressão e controlador de fluxo. Em alguns casos, é necessário o uso de dispositivos especiais para manter o fluxo constante, enquanto a temperatura ou a pressão do sistema variam. Isso é aplicável em especial aos casos nos quais as condições da coluna são alteradas ao longo do tempo, como discutiremos na próxima seção.

21.3.2 Métodos de eluição em cromatografia gasosa

Problema geral de eluição. Vimos que a temperatura é um fator importante para determinar a intensidade com que um composto será mantido em uma coluna de CG. Se a temperatura aplicada for a mesma por toda a separação, a isso se dará o nome de **método isotérmico** ('isotérmico' significa 'temperatura constante').[8] Um método isotérmico funciona bem se a amostra é simples ou se tem poucos compostos conhecidos. Em geral é usado em amostras contendo apenas analitos relativamente voláteis (por exemplo, compostos de baixa massa com pontos de ebulição inferiores a 100 °C).[16] O ponto forte dessa abordagem é a sua simplicidade. O fato de que não se necessita de um período de resfriamento ou reequilíbrio da coluna entre as amostras também contribui para minimizar o tempo decorrido entre as injeções de amostra.

Usar as mesmas condições ao longo de uma separação de CG é conveniente, mas isso cria um problema quando se lida com amostras complexas. Estas provavelmente contêm substâncias químicas com uma vasta gama de volatilidades ou interações com a fase estacionária. Um exemplo é mostrado na Figura 21.7 para análise de *n*-alcanos que têm de 10 a 18 carbonos em sua estrutura ($C_{10} - C_{18}$). Algumas dessas substâncias ($C_{10} - C_{13}$) passam pela coluna rapidamente, criando picos com baixa retenção e tornando-os difíceis de resolver. Outras substâncias na amostra (por exemplo, C_{18}) são bem resolvidas, mas se deslocam pela coluna muito devagar e fornecem picos de base larga com longos períodos de eluição. O ideal seria que todas as substâncias injetadas se situassem entre esses dois extremos, como os picos mostrados para $C_{14} - C_{17}$, os quais são bem resolvidos, mas também passam pela coluna em um período razoável de tempo.

Muitas vezes é difícil encontrar em cromatografia, ou em qualquer outro método de separação, um único conjunto de condições pelo qual se possam separar todos os componentes de uma amostra complexa com uma resolução adequada e um período de tempo razoável. Essa dificuldade é conhecida como **problema geral de eluição**. Uma forma de lidar com isso consiste em variar as condições de separação durante a análise de uma amostra, o que resulta em uma abordagem chamada **eluição por gradiente** (ou *programação de gradiente*).[8] Um método comum que utilize eluição por gradiente começará com as condições que permitam aos primeiros compostos eluídos permanecerem na coluna por mais tempo, contribuindo para que sejam separados de modo mais eficiente. As condições são alteradas ao longo do tempo para ajudar outros compostos a também eluírem com boa resolução e dentro de um período de tempo satisfatório.

Gradiente de temperatura. A forma mais comum de realizar eluição por gradiente em CG é variar a temperatura da coluna ao longo do tempo, um técnica conhecida como **gradiente de temperatura**.[8] Um exemplo é apresentado na Figura 21.8 para o mesmo conjunto de *n*-alcanos que foram injetados na Figura 21.7 em condições isotérmicas. Esse método aplica a conhecida relação entre retenção de analito e temperatura de coluna em CG, pela qual um aumento na temperatura leva a uma diminuição na retenção. Essa relação pode melhorar a separação na Figura 21.7 ao se iniciar com uma temperatura mais baixa para que as substâncias mais voláteis presentes na amostra ($C_{10} - C_{13}$) sejam mais retidas. A temperatura pode ser aos poucos elevada de modo a permitir que outros analitos na amostra passem por eluição com tempos razoáveis de retenção enquanto ainda se resolvem entre si.

De modo geral, uma programação de temperatura começa com uma etapa isotérmica inicial, a uma temperatura relativamente baixa de coluna. É durante essa etapa que se injeta a amostra, permitindo que os compostos mais voláteis interajam com a coluna e sejam separados. A próxima etapa é conhecida como rampa de aquecimento, na qual analitos com pontos de ebulição intermediários ou altos são eluídos da coluna. Uma variação de temperatura linear ao longo do tempo costuma ser adotada por causa de sua simplicidade e capacidade de eluir compostos com uma grande variedade de volatilidade. A velocidade com que a temperatura é elevada durante a inclinação vai variar de um método de CG para outro, mas costuma se situar na faixa de 1-30 °C/min.[9] Em alguns casos, uma variação não linear de temperatura ou uma série de rampas lineares também podem ser aplicadas.

Uma vez concluída a rampa de temperatura, a terceira parte de uma programação de temperatura é uma etapa isotérmica na qual se mantém a temperatura por algum tempo no limite superior da inclinação. Essa etapa é opcional, porém útil para assegurar que todos os analitos tenham tempo de eluir e que não restem substâncias de baixa volatilidade na coluna de uma injeção de amostra para a seguinte. A quarta etapa consiste em um período de resfriamento durante o qual a coluna retorna à temperatura inicial. É importante haver tempo suficiente para o processo de resfriamento. Caso contrário, a temperatura da coluna de CG poderá estar muito alta quando a próxima amostra for aplicada, o que significa que os compostos mais voláteis na amostra se deslocarão muito depressa através da coluna e não serão separados de modo correto. O Quadro 21.3 mostra como tanto a eluição isotérmica quanto a programação de temperatura foram usadas em importantes aplicações analíticas de CG.

21.4 Suportes e fases estacionárias em cromatografia gasosa

21.4.1 Materiais de suporte em cromatografia gasosa

Colunas recheadas. As colunas de CG podem ser classificadas em duas grandes categorias com base no tipo de suporte empregado: recheadas e tubulares abertas. A **coluna recheada** é preenchida com pequenas partículas de suporte que atuam como um adsorvente ou são revestidas com a fase estacionária desejada.[8,9] Em CG, uma coluna recheada é composta por um tubo de vidro ou metal que em geral mede de 1 a 2 m de comprimento e alguns milímetros de diâmetro.

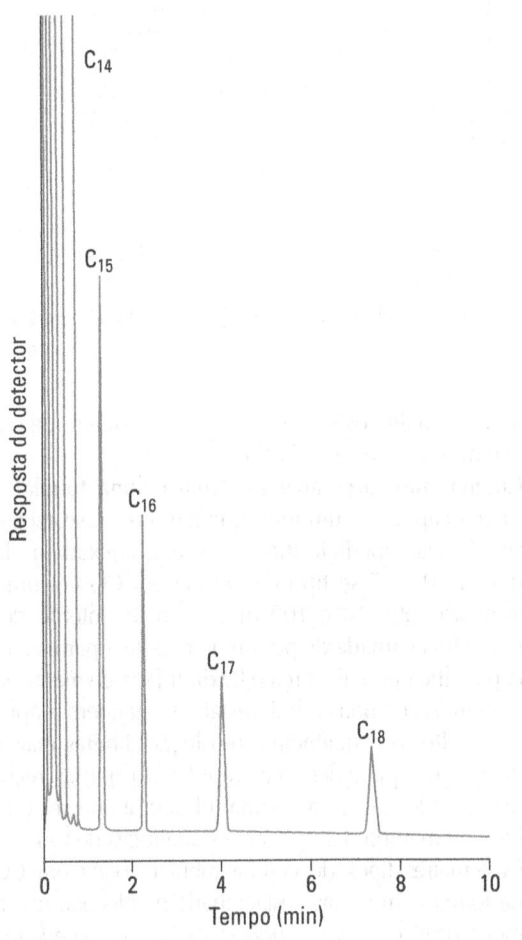

Figura 21.7

Exemplo de problema geral de eluição conforme demonstrado pela separação do decano de *n*-alcanos ($C_{10} = C_{10}H_{22}$) por octadecano $C_{18} = C_{18}H_{38}$ à temperatura constante. (Reproduzido de S. Nygren, 'Faster GC Analyses Performed by Flow Programming in Short Capillary Columns', *Journal of High Resolution Chromatography*, 2, 1979, p.319–323.)

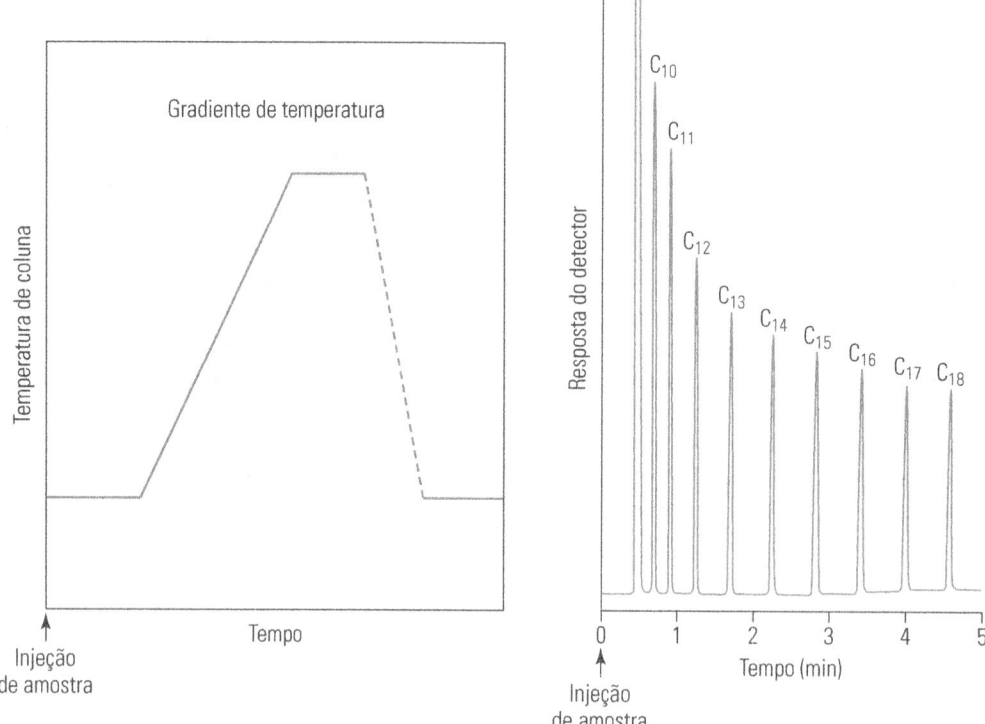

Figura 21.8

Separação do decano de n-alcanos ($C_{10} = C_{10}H_{22}$) por octadecano ($C_{18} = C_{18}H_{38}$) por programação de temperatura. O gráfico à esquerda mostra a programação de temperatura utilizada e o gráfico à direita mostra o cromatograma resultante.
(Reproduzido de S. Nygren, 'Faster GC Analyses Performed by Flow Programming in Short Capillary Columns', *Journal of High Resolution Chromatography*, 2, 1979, p.319–323.)

A *terra de diatomáceas* é um suporte comum colocado em colunas recheadas de CG.[16] Esse material é formado de diatomáceas fósseis e consiste principalmente em dióxido de silício ou *sílica* (sendo a sua fórmula empírica SiO_2). Muitos outros materiais também servem para esse tipo de coluna. A terra de diatomáceas e os suportes correlacionados são usados, sobretudo, em *cromatografia gás-líquido* (discutida na Seção 21.4.2), na qual fornecem uma superfície que pode ser revestida por uma fase estacionária ou ter essa fase anexada a ela.[8] Suportes como peneiras moleculares ou polímeros porosos têm superfícies capazes de adsorver certas substâncias químicas, permitindo que esses materiais atuem tanto como suporte quanto como fase estacionária no sistema de CG (uma técnica chamada de *cromatografia de gás-sólido*, discutida na Seção 21.4.2).[8]

Colunas recheadas de CG são úteis quando uma grande quantidade de amostra deve ser separada. Isso ocorre porque as partículas de suporte recheadas têm uma extensa área de superfície que pode ser usada com grandes quantidades de uma fase estacionária. Essa característica torna possível injetar amostras ou quantidades de substâncias químicas relativamente grandes em tais colunas. Uma desvantagem das colunas recheadas é que elas costumam apresentar um grau de eficiência mais baixo do que as baseadas em suporte tubular aberto (veja a discussão na próxima seção). Por isso, colunas recheadas são empregadas em métodos analíticos somente quando o número de compostos a serem separados é limitado.[9]

Colunas tubulares abertas. Uma **coluna tubular aberta** (ou 'coluna capilar') é um tubo que tem uma fase estacionária que reveste sua superfície interna ou está anexada a ela (veja a Figura 21.10).[8,9] Esse tipo de coluna em CG costuma ter o comprimento entre 10 e 100 m e diâmetro interno de 0,1 a 0,75 mm. Uma camada de poliimida reveste a parte externa da coluna para lhe dar mais força e flexibilidade de manuseio e armazenagem. As colunas tubulares abertas tendem a apresentar graus mais altos de eficiência e resolução, limites mais baixos de detecção e separações mais rápidas do que as recheadas. Tais propriedades fazem a coluna tubular aberta ser o suporte escolhido na maioria das aplicações analíticas de CG.

Existem três tipos de coluna tubular aberta em CG com base na forma como a fase estacionária é colocada na coluna.[8] O primeiro deles é a *coluna tubular aberta com parede revestida* (WCOT, do inglês, *wall-coated open-tubular*), na qual uma fina película de uma fase estacionária líquida é colocada diretamente sobre a parede da coluna. Essas colunas são muito eficientes, mas têm pequena capacidade de amostra em decorrência de sua baixa área de superfície. O segundo tipo é uma *coluna tubular aberta revestida com suporte* (SCOT, do inglês, *support-coated open-tubular*). A coluna SCOT tem parede interna revestida com uma fina

Quadro 21.3 Química analítica no espaço

Uma aplicação de CG é sua utilização no estudo do espaço e de outros planetas. Por exemplo, sistemas de CG foram enviados há pouco tempo em uma sonda para estudar a atmosfera e a superfície de Titã, e estão previstas futuras sondas robotizadas para explorar a superfície de Marte.[24,25] Sistemas de CG também estavam presentes nas duas sondas Viking que os Estados Unidos pousaram em Marte no final da década de 1970. A localização desse dispositivo na nave Viking é mostrada na Figura 21.9, que incluiu um cromatógrafo a gás e um detector de espectrometria de massa. Um braço robótico serviu como amostrador de superfície para coletar amostras de solo marciano para análise pelo sistema de CG, o qual separava qualquer composto volátil na amostra antes de sua detecção e identificação. O objetivo da análise era determinar a presença de qualquer composto orgânico no solo de Marte como um teste para a possível existência de vida nesse planeta.[26] Por causa do grande número de compostos que poderiam estar presentes, o gradiente de temperatura fez parte da análise.

Sistemas de CG também foram incluídos em sondas enviadas pelos Estados Unidos e pela antiga União Soviética a Vênus.[27,28] Por exemplo, em 1978, uma sonda Pioneer Venus usou um sistema de CG para analisar a atmosfera de Vênus por meio de uma sonda que descia em direção à superfície do planeta. Um perfil da atmosfera foi gerado pela análise dos gases primários em intervalos regulares durante a descida da sonda. Visto que essa análise envolvia um número muito menor de analitos possíveis do que a sonda de Marte (gases primários *versus* compostos orgânicos residuais), optou-se por um método de eluição isotérmica. Uma vantagem de usar eluição isotérmica em vez de programação de temperatura, nesse caso, foi a possibilidade de um processamento mais rápido das amostras durante a descida da sonda, já que isso não exigia nenhum reequilíbrio da temperatura da coluna no final de cada análise.

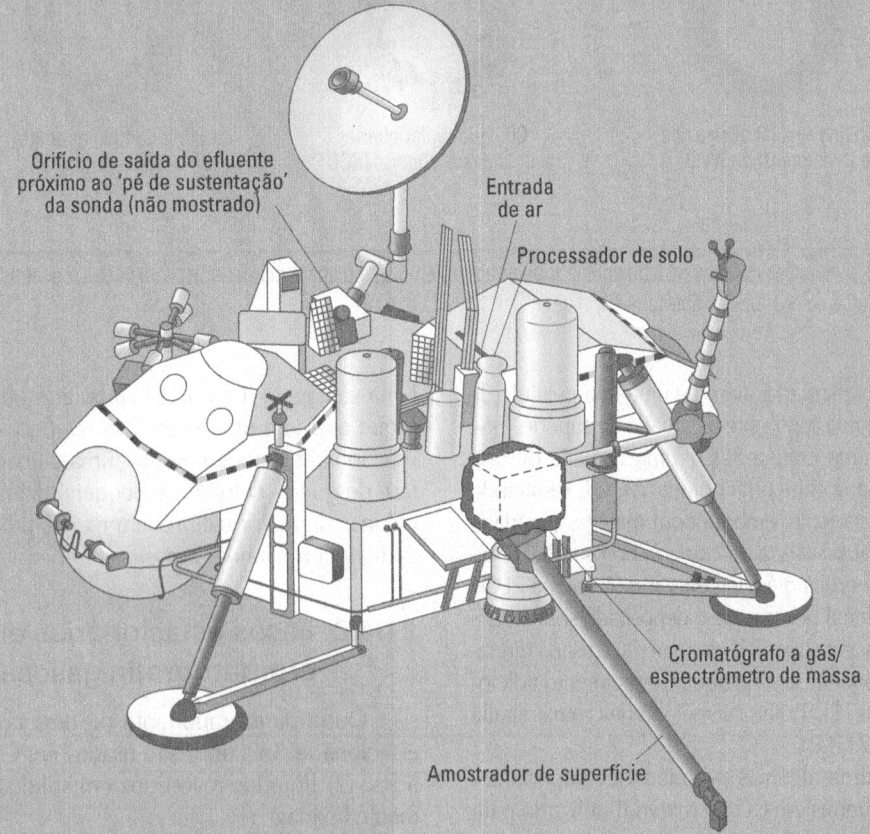

Figura 21.9

Localização do cromatógrafo a gás, equipado com um espectrômetro de massa como o detector na sonda Viking de Marte.
(Adaptado de D. R. Rushneck et al., 'Viking Gas Chromatograph-Mass Spectrometer', *Reviews of Scientific Instrumentation*, 49, 1978, p.817–834.)

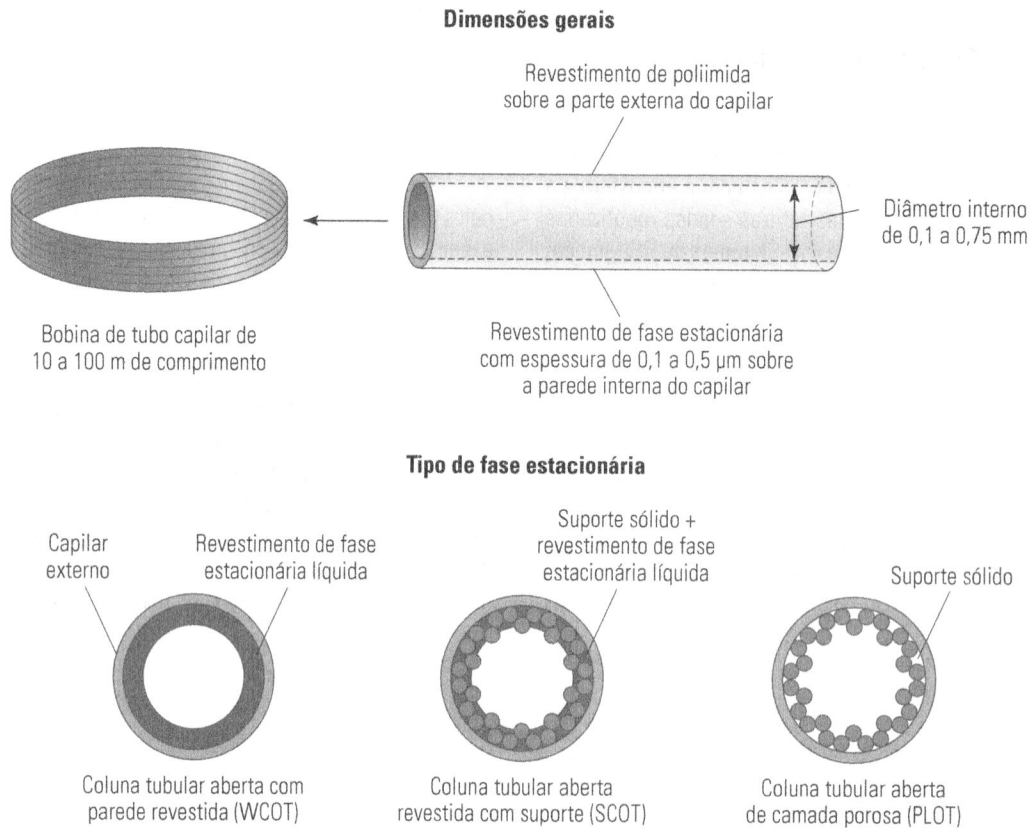

Figura 21.10

A imagem no topo mostra as dimensões normais de uma coluna tubular aberta em CG, e a imagem inferior mostra várias maneiras de colocar o suporte e a fase estacionária dentro de uma coluna tubular aberta.

camada de um suporte particulado, além de uma fina película de uma fase estacionária líquida que cobre a camada de suporte. Esse revestimento confere a uma coluna SCOT uma camada de fase estacionária mais espessa do que uma coluna WCOT, resultando em uma coluna menos eficiente, embora com maior capacidade de amostra. A *coluna tubular aberta de camada porosa* (PLOT, do inglês, *porous-layer open-tubular*) é o terceiro tipo. A coluna PLOT também contém um material poroso que é depositado sobre a parede interna da coluna, mas a superfície do material é usada diretamente como fase estacionária, sem qualquer revestimento adicional.[9] Isso torna as colunas PLOT úteis no método de cromatografia gás-sólido (veja a Seção 21.4.2).

A Tabela 21.2 resume algumas propriedades importantes das colunas tubulares abertas em CG. O material utilizado para compor o tubo externo das versões mais modernas dessa coluna é a sílica fundida. Esse material fornece um grupo de suportes também conhecido como coluna tubular aberta de sílica fundida (FSOT, do inglês, *fused-silica open-tubular*).[9,16] Uma diferença dessa coluna está em seu diâmetro interno, que varia de 0,10 a 0,75 mm. Colunas tubulares abertas com diâmetros menores apresentam eficiência e poder de resolução melhores do que colunas de maior calibre. Isso resulta das distâncias mais curtas pelas quais os analitos devem se difundir em capilares estreitos enquanto se deslocam entre a fase móvel e a fase estacionária.

Uma vantagem das colunas tubulares abertas de maior calibre é que elas têm uma superfície maior a ser revestida pela fase estacionária e podem conter uma camada mais espessa dessa fase do que as colunas de pequeno diâmetro. Por conseguinte, colunas de maior calibre têm menos problemas de sobrecarga ao lidar com grandes amostras.

21.4.2 Fases estacionárias em cromatografia gasosa

Outra parte importante de uma coluna de CG é a fase estacionária. Três tipos são usados em CG: (1) adsorventes sólidos, (2) líquidos revestidos em sólidos e (3) fases quimicamente ligadas.

Cromatografia gás-sólido. Se um adsorvente sólido é usado como fase estacionária em CG, o método resultante é conhecido como **cromatografia gás-sólido (CGS)**. Essa técnica utiliza o mesmo material tanto como suporte quanto como fase estacionária, com a retenção ocorrendo por meio da adsorção dos analitos à superfície do suporte.[8] Um exemplo de suporte para CGS é a *peneira molecular*.[9,16] Trata-se de um material poroso que é composto de uma mistura de sílica (SiO_2), alumina (Al_2O_3), água e um óxido de metal alcalino ou metal alcalino terroso, como o sódio ou o cálcio. Quando estes se

Tabela 21.2

Propriedades de tipos comuns de coluna em cromatografia gasosa.*

Tipo de coluna	Eficiência de coluna (número de pratos/metro)	Volume máximo de injeção de amostra (μL)
Colunas recheadas		
2 mm de diâmetro interno	2.000	10
Colunas tubulares abertas		
0,75 mm de diâmetro interno (megabore)	1.100	6
0,53 mm de diâmetro interno (wide-bore)	1.000	5
0,32 mm de diâmetro interno (medium-bore)	3.200	2
0,25 mm de diâmetro interno (narrow-bore)	4.000	1
0,10 mm de diâmetro interno (ultranarrow-bore)	10.000	0,5

* Estes resultados referem-se às seguintes quantidades de fase estacionária: coluna recheada, 5 por cento de revestimento m/m; 0,10 mm de diâmetro interno de coluna tubular aberta, revestimento de 0,2 μm; 0,25 mm de diâmetro interno de coluna, revestimento de 1,0 μm; 0,32 mm de diâmetro interno de coluna, revestimento de 1,0 μm; 0,53 mm de diâmetro interno de coluna, revestimento espesso de 5,0 μm; 0,75 mm de diâmetro interno de coluna, revestimento espesso de 5,0 μm.[13,18] Os valores desta tabela são aproximados e variarão de acordo com o comprimento da coluna, a quantidade de fase estacionária e o tipo de fase estacionária ou analito.

combinam em uma determinada proporção, eles produzem um suporte que tem uma série de poros com tamanhos e regiões de ligação bem definidos. A capacidade de adsorção de uma substância a esse suporte dependerá do tamanho do analito e da força com que ele interage com a superfície do suporte. Peneiras moleculares são úteis para reter substâncias como pequenos hidrocarbonetos e gases como oxigênio, hidrogênio, monóxido de carbono e nitrogênio.[9,16]

Outros suportes aplicáveis à CGS incluem polímeros orgânicos, como o poliestireno poroso, e substâncias inorgânicas, como sílica ou alumina. Tais suportes podem ser colocados tanto em colunas recheadas quanto em colunas tubulares abertas de camada porosa.[29] A extensão na qual uma substância se ligará a esses materiais será determinada pela área de superfície total, o tamanho dos poros e os grupos funcionais localizados na superfície do suporte. Aumentar a superfície de um suporte de CGS aumentará a razão de fase e resultará em uma retenção maior de analitos. O tamanho dos poros é importante porque somente compostos menores do que esses poros serão capazes de entrar em contato com a área de superfície dentro desse espaço. A polaridade do suporte e seus grupos funcionais também afetam o modo como os analitos se ligarão a eles. Suportes apolares como o poliestireno poroso terão apenas forças intermoleculares fracas e serão bastante não seletivos em suas ligações. Suportes polares, como peneiras moleculares, sílica e alumina, tendem a ter forte ligação, especialmente em compostos polares que podem formar ligações de hidrogênio.[9,16]

Cromatografia gás-líquido. Outro tipo de método da CG é aquele em que um revestimento químico, ou camada, é colocado no suporte e usado como fase estacionária. O método é conhecido como **cromatografia gás-líquido (CGL)** e representa o tipo mais comum de cromatografia gasosa.[8] A Tabela 21.3 lista vários tipos de líquido utilizados como fases estacionárias em CGL. Todos eles têm altos pontos de ebulição e baixas volatilidades, o que lhes permite permanecer dentro da coluna sob as temperaturas um tanto altas que costumam ser aplicadas em CG para a injeção de amostra e eluição. Esses líquidos também são 'higroscópicos', o que significa que são fáceis de colocar sobre um suporte como uma camada fina e uniforme.

Muitas das fases estacionárias na Tabela 21.3 são baseadas em um *polisiloxano* que tem a seguinte estrutura geral.[16]

$$\left[\begin{array}{c} R_1 \\ | \\ -Si-O- \\ | \\ R_2 \end{array}\right]_n \left[\begin{array}{c} R_3 \\ | \\ -Si-O- \\ | \\ R_4 \end{array}\right]_m$$

Esta estrutura consiste em uma estrutura principal de átomos de silício e oxigênio unidos em longas cadeias de ligações Si–O–Si. Em CGL, o tamanho total dessas cadeias varia de mas-

Tabela 21.3

Fases estacionárias recomendadas em cromatografia gás-líquido.

Fase estacionária[a]	Polaridade relativa[b]
100% dimetilpolisiloxano	16 (**Apolar**)
5% fenil–95% metilpolisiloxano	33
14% cianopropilfenil–86% metilpolisiloxano	67
50% fenil–50% metilpolisiloxano	119
50% trifluoropropil–50% metilpolisiloxano	146
50% cianopropilmetil–50% fenilmetilpolisiloxano	228
Polietileno glicol	322 (**Polar**)

[a] Estes dados foram extraídos das seguintes referências: R.L. Grob, *Modern Practice of Gas Chromatography*, 3ª ed., Wiley, Nova York, 1995; S.O. Falwell, 'Modern Gas Chromatographic Instrumentation'. In: *Analytical Instrumentation Handbook*, G.W. Ewing, ed., Marcel Dekker, Nova York, 1997, Capítulo 23; H.M. McNair, 'Method Development in Gas Chromatography', *LC-GC*, 11, 1993, p.794–800.
[b] Estas classificações são baseadas na constante de McReynolds para o benzeno (X'), aqui utilizado como uma medida global da polaridade da fase estacionária.

sas moleculares de até alguns milhares até mais de um milhão,[16] o que dá a esses polímeros uma baixa volatilidade. As duas ligações restantes em cada átomo de silício estão unidas a grupos laterais (R_1–R_4) que podem ter várias estruturas. Os grupos variam de grupos metila (a menos polar dessas cadeias laterais) a grupos cianopropil (a mais polar). Em alguns polisiloxanos, somente um tipo de grupo lateral é utilizado em toda a cadeia; em outros, uma mistura de dois ou mais grupos é empregado. Alterando-se a quantidade e o tipo desses grupos, é possível produzir fases estacionárias com diversas polaridades e especificidades. Essa flexibilidade, além de uma boa estabilidade de temperatura, tornou os polisiloxanos populares como fase estacionária para CGL.

Fases quimicamente ligadas. Uma das dificuldades do uso de uma fase estacionária líquida em CG é que mesmo o mais volátil dos líquidos evaporará lentamente ou se quebrará e deixará a coluna ao longo do tempo. Esse processo é conhecido como *sangramento de coluna*.[16, 20] A perda de fase estacionária modificará as características de retenção da coluna. O sangramento de coluna também pode levar alguns detectores de CG a ter um fundo alto e um sinal ruidoso quando a fase estacionária sai da coluna e entra no detector. Há várias técnicas para se minimizar o sangramento de coluna. Uma delas consiste em usar uma fase estacionária covalentemente ligada ao suporte, resultando em uma **fase quimicamente ligada**.[16,20] Uma fase quimicamente ligada pode ser produzida pela reação de grupos em uma fase estacionária de polisiloxano com *grupos silanois* (fórmula geral, –Si–OH) que estão localizados na superfície de um suporte de sílica. Uma segunda técnica para minimizar sangramento de coluna é a ligação cruzada na fase estacionária. Essa abordagem forma uma *fase estacionária com ligação cruzada* que passa a ter uma estrutura maior e mais estável termicamente.[16,20] Tanto uma fase quimicamente ligada quanto uma fase estacionária com ligações cruzadas proporcionarão uma coluna mais estável que pode ser usada em temperaturas mais elevadas do que as colunas que contêm uma fase estacionária revestida. É por esta razão que as fases estacionárias quimicamente ligadas e com ligações cruzadas são preferidas em aplicações analíticas de CG.

21.5 Detectores de cromatografia gasosa e manipulação de amostra

21.5.1 Tipos de detector em cromatografia gasosa

O detector de um sistema de CG serve para determinar quando algo está eluindo da coluna, para medir a quantidade dessa substância e, em alguns casos, para ajudar a identificá-la. Os detectores mais empregados em CG estão listados na Tabela 21.4. Alguns deles são detectores gerais que respondem a uma ampla gama de substâncias, enquanto outros são detectores seletivos que respondem somente a um conjunto específico de compostos.

Detectores gerais. O **detector de condutividade térmica** (**TCD**, do inglês, *thermal conductivity detector*) serve para compostos orgânicos e inorgânicos. Um TCD mede as capacidades que possuem o gás de arraste de eluição e a mistura de analito de dissipar calor de um filamento quente, uma propriedade conhecida como 'condutividade térmica'. Essa capacidade variará enquanto diferentes analitos saem da coluna de CG, proporcionando um meio de detectá-los e também de medi-los.[9,16,20]

Tabela 21.4

Propriedades de detectores comuns em cromatografia gasosa.*

Nome do detector	Compostos detectados	Limites de detecção[a]
Detectores gerais		
Detector de condutividade térmica (TCD)	Universal — todos os compostos	10^{-9} g
Detector de ionização de chama (FID)	Todos os compostos orgânicos	10^{-12} g carbono
Detectores seletivos		
Detector de nitrogênio-fósforo (NPD)	Compostos contendo nitrogênio e fósforo	$10^{-14} - 10^{-13}$ g nitrogênio
		$10^{-14} - 10^{-13}$ g fósforo
Detector de captura de elétrons (ECD)	Compostos com grupos eletronegativos	$10^{-15}-10^{-13}$ g
Detectores de estrutura específica		
Espectrometria de massa	Universal — modo *full-scan*	$10^{-10} - 10^{-9}$ g (Modo full-scan)
	Seletiva — modo SIM	$10^{-12} - 10^{-11}$ g (Modo SIM)

* Estes dados foram obtidos dos fabricantes desses detectores e das seguintes referências: B. Erickson, 'Measuring Nitrogen and Phosphorus in the Presence of Hydrocarbons', *Analytical Chemistry*, 70, 1998, p.599A–602A; D. Noble, 'Electron Capture Detection for GC', *Analytical Chemistry*, 67, 1995, p.439A–442A.

[a] Os detectores FID, NPD e ECD são sensíveis a fluxo, e seus limites de detecção são mais bem expressos em termos de massa de analito detectado por tempo (por exemplo, g/s); os limites de detecção dos dispositivos aqui apresentados são fornecidos para um pulso de um segundo de analito, de modo que podem ser fornecidos em unidades de g/s. O TCD é um detector sensível à concentração com um limite de detecção que deve ser expresso em gramas de analito detectado por unidade de volume; o limite de detecção anterior refere-se a um intervalo de 1 s, a um fluxo de gás de arraste de 6 mL/min ou 0,1 mL/s.

Um tipo comum de TCD baseia-se em um circuito eletrônico conhecido como 'ponte de Wheatstone' (Figura 21.11). Um circuito é composto por quatro resistências dispostas em um circuito paralelo, com duas resistências presentes em cada lado. Quando esses resistores estão equilibrados eletronicamente, a diferença de tensão por todo o centro do circuito é igual a zero. Mas se qualquer um desses resistores sofre alterações em suas propriedades elétricas, uma tensão diferente de zero é produzida. Quando se aplica esse circuito em um TCD, pelo menos duas das resistências consistem em filamentos de arame que são expostos ao gás de arraste puro ou à mistura analito/gás de arraste que está eluindo da coluna de CG. Quando uma corrente passa pela ponte de Wheatstone, as resistências começam a se aquecer. Parte do calor será removido pelo gás que circunda os dois resistores expostos. Se os gases em torno dos dois resistores não são os mesmos (como ocorre quando os analitos são eluídos da coluna), as quantidades de calor removidas deles serão diferentes. Isso causa um desequilíbrio no circuito e produz um sinal elétrico que está relacionado à quantidade de analito que elui da coluna.

O gás de arraste usado com um TCD deve ter uma condutividade térmica tão diferente quanto possível da condutividade térmica de quaisquer compostos a serem detectados. A Tabela 21.5 mostra a condutividade térmica de gases de arraste comuns de CG e alguns analitos representativos. O hidrogênio e o hélio são utilizados quase sempre com um TCD porque são os dois gases de arraste com a maior diferença de condutividade térmica em relação à maioria dos analitos. O hélio é mais usado com um TCD nos Estados Unidos por questões de segurança; no

Tabela 21.5

Condutividade térmica de compostos e gases de arraste representativos.

	Condutividade térmica (mW/m·K)[a]	Massa molar (g/mol)
Compostos inorgânicos		
Hidrogênio (H_2)	240	2,02
Hélio (He)	193	4,00
Nitrogênio (N_2)	34	28,01
Argônio (Ar)	23	39,95
Oxigênio (O_2)	37	32,00
Dióxido de carbono (CO_2)	29	44,01
Compostos orgânicos		
Metano (CH_4)	54	16,04
Etano (CH_3CH_3)	39	30,07
Propano ($CH_3CH_2CH_3$)	34	44,10
n-Butano ($CH_3CH_2CH_2CH_3$)	32	58,12
n-pentano ($CH_3CH_2CH_2CH_2CH_3$)	29	72,15

[a] Os valores listados referem-se a gases puros à pressão de 1 atm e à temperatura de 150 °C. Estas condições de temperatura e pressão são mais ou menos as mesmas presentes em um detector de condutividade térmica comum.

entanto, o hidrogênio é bastante usado em outros países ou nos casos em que o hélio é o analito a ser medido. A principal vantagem de um TCD é sua capacidade de responder a qualquer analito que seja diferente do gás de arraste e esteja presente em quantidade suficiente para ser medido. Isso torna o TCD útil à detecção de uma grande variedade de compostos orgânicos e inorgânicos. Um TCD também é não destrutivo, o que permite a passagem de analitos por um segundo tipo de detector para posterior análise ou coletá-los após a sua saída do TCD. Uma desvantagem do TCD é que ele reage a impurezas no gás de arraste, a uma fase estacionária que esteja sangrando da coluna ou ao ar que vaza para dentro do sistema de CG. O TCD também pode ser sensível a mudanças nas condições de separação, como pode ocorrer durante uma programação de temperatura. Outra desvantagem é seu limite inferior de detecção um tanto fraco em comparação com outros detectores comuns de CG. Por isso, o TCD é usado mais em amostras de concentração relativamente elevada e analitos que não produzem uma boa resposta com outros detectores, como H_2, N_2, CO, H_2O, SO_2, NO_2 e CO_2.

O **detector de ionização de chama** (**FID**, do inglês, *flame ionization detector*) é outro tipo de detector geral de CG. O FID detecta compostos orgânicos medindo sua capacidade de produzir íons quando queimados em uma chama.[9,16,20] A estrutura de um FID comum é mostrada na Figura 21.12. Em geral, a chama do FID se forma pela queima dos compostos eluídos em uma mistura de hidrogênio e ar. Uma quantidade adicional de um gás '*makeup*' como o nitrogênio é, às vezes, combinada com o gás de arraste e o hidrogênio antes da entrada na chama; isso se destina a ajudar a fornecer um fluxo constante, ideal para a detecção. Íons positivamente carregados produzidos pela

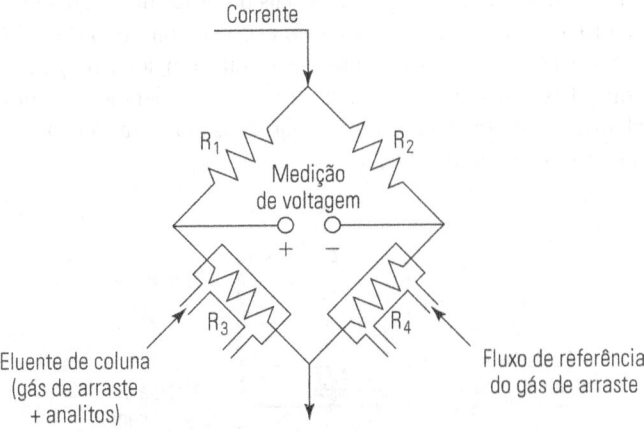

Figura 21.11

Circuito simples de ponte de Wheatstone usado em detectores de condutividade térmica para CG. Os símbolos R_1, R_2, R_3 e R_4 representam os quatro resistores que estão presentes no circuito. A resistência exposta é composta de um material como tungstênio ou uma liga de tungstênio-rênio que alterará sua capacidade de transportar uma corrente à medida que a temperatura varia. Este esboço mostra um detector de duas células. Também se pode utilizar um detector de quatro células, no qual a mistura gás de arraste/analito é passada por duas das resistências (por exemplo, R_2 e R_3), enquanto o fluxo de referência do gás de arraste passa pelos outros dois resistores (R_1 e R_4).

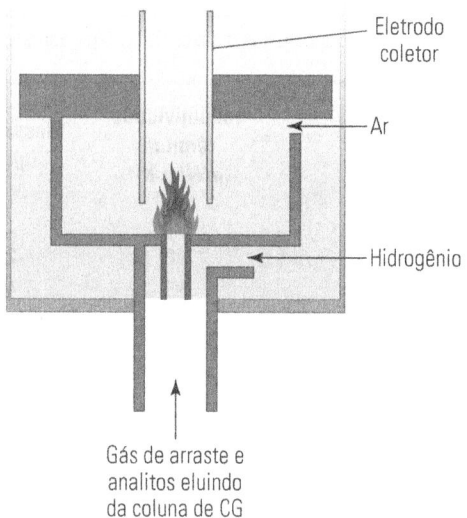

Figura 21.12

Detector de ionização de chama.

chama são coletados por um eletrodo negativo que a envolve. Quando estão sendo produzidos, esses íons criam uma corrente no eletrodo e, desse modo, permitem a presença do composto de eluição a ser detectado.

Quando o gás de arraste e os analitos são passados pelo FID, eles são combinados com um fluxo de hidrogênio e vão para o centro da chama enquanto se permite que o ar penetre pela parte externa da chama. Esse processo cria uma chama que tem uma área rica em hidrogênio no meio e uma grande quantidade de oxigênio que envolve o seu exterior. Quando analitos orgânicos entram na chama, primeiro encontram a região rica em hidrogênio, onde as ligações são quebradas entre o carbono e a maioria dos outros átomos em compostos orgânicos. Isso leva à formação de íons CHO^+, que podem sofrer uma reação ácido-base com a água na chama para produzir H_3O^+. Quando esses íons H_3O^+ em fase gasosa alcançam o eletrodo coletor, eles produzem uma resposta relacionada com o número de átomos de carbono no analito original.

Uma vantagem de usar um FID na análise de compostos orgânicos é que esse detector gera pouco ou nenhum sinal para muitos dos pequenos compostos inorgânicos como He, Ar e N_2 (gases de arraste comuns) ou O_2, CO_2 e H_2O (contaminantes comuns de gases de arraste). Isso fornece ao FID um baixo sinal de ruído e cria limites de detecção para compostos orgânicos que são de 100 a 1.000 vezes menores do que aqueles resultantes de um TCD. O FID também pode ser usado junto com a programação de temperatura e tem uma grande faixa linear, tornando-se uma boa escolha quando uma detecção sensível é necessária em uma análise de rotina de compostos orgânicos. Uma das desvantagens do FID é ele ser um detector destrutivo, que quebra os analitos durante o processo de medição. Isso impede que um FID seja conectado diretamente a outros tipos de detector ou a técnica de análise de compostos. É possível, porém, dividir o fluxo de gás de arraste após a coluna de CG de modo que uma parte vá para um FID e a outra, para um detector diferente.

Detectores seletivos. Um segundo grupo de detectores de CG são aqueles específicos de um determinado tipo de substância química. Um exemplo é o **detector de nitrogênio-fósforo** (**NPD**, do inglês, *nitrogen-phosphurus detector*), que é seletivo na determinação de compostos contendo nitrogênio ou fósforo.[9,16,20] O NPD se assemelha a um detector de ionização de chama já que se baseia na medição de íons que são produzidos a partir de compostos de eluição. No entanto, um NPD não usa uma chama na produção de íons. Em vez disso, ele usa aquecimento térmico na superfície, ou acima dela, que possa fornecer elétrons a qualquer espécie eletronegativa circundante, formando íons carregados negativamente. Esse mecanismo de formação de íons é particularmente eficaz em compostos contendo nitrogênio ou fósforo, o que torna o NPD seletivo para essas substâncias.

Os detectores modernos de NPD usam o sistema ilustrado na Figura 21.13. Assim como no caso do FID, fluxos de gás tanto de hidrogênio quanto do ar se misturam com os analitos e o gás de arraste que estão eluindo da coluna de CG. Mas, em um NPD, o fluxo de hidrogênio é mantido em um valor muito pequeno para produzir uma chama autossustentável. O que acontece, em vez disso, é que o hidrogênio e os analitos são passados por uma resistência elétrica aquecida que contém rubídio. A superfície aquecida da resistência faz alguns analitos e o hidrogênio se dissociarem em radicais de carbono e átomos de hidrogênio livres. Moléculas contendo nitrogênio ou fósforo que penetram nessa região aquecida tendem a se quebrar para formar radicais ·CN ou ·PO_2. Esses radicais contêm elétrons ímpares e são altamente eletronegativos, por isso tendem a adquirir elétrons adicionais da resistência aquecida. A forma exata como esse processo acontece não está de todo esclarecida, mas sabe-se que ele resulta em íons negativos como CN^- ou PO_2^-. Esses íons são, então, coletados em um eletrodo e criam uma corrente que é usada para detectar e medir um analito de eluição.

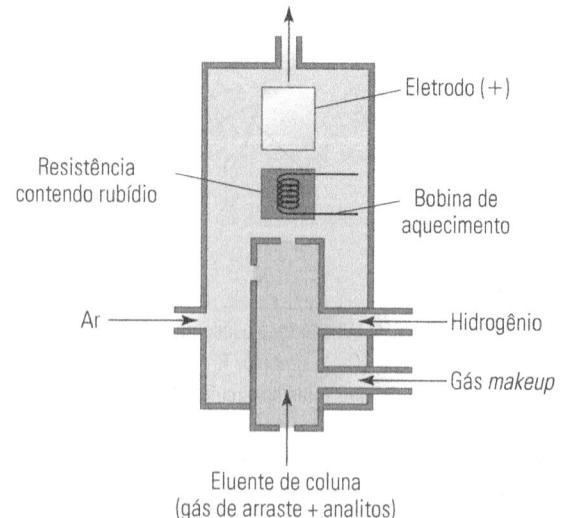

Figura 21.13

Detector de nitrogênio-fósforo.

O ponto forte do NPD é sua seletividade eficaz e seus baixos limites de detecção de compostos que contenham nitrogênio e fósforo. Na verdade, o NPD fornece os limites de detecção mais baixos disponíveis para a análise por CG de tais substâncias. Assim como um FID, o NPD não detecta muitos gases de arraste ou impurezas comuns. Ao se usar um NPD, é necessário mudar periodicamente o material aquecido, porque ele vai se degradar aos poucos com o tempo. Também é importante controlar com cuidado o aquecimento da resistência e o fluxo de hidrogênio pelo NPD, de modo a obter um sinal estável para o detector. Diversos gases de arraste podem ser utilizados juntamente com um NPD, mas as condições de aquecimento e o fluxo de hidrogênio precisam ser otimizados para cada uma dessas fases móveis.

O **detector de captura de elétrons** (**ECD**, do inglês, *electron capture detector*) é outro detector seletivo utilizado em CG. Esse dispositivo detecta compostos que possuem átomos ou grupos eletronegativos em sua estrutura, como átomos de halogênio (I, Br, Cl e F) e grupos nitro (–NO_2).[9,16,20] Um ECD também serve para detectar compostos aromáticos polinucleares, anidridos e compostos carbonílicos conjugados, entre outros. A estrutura de um ECD comum é mostrada na Figura 21.14. Ele detecta compostos com base na captura de elétrons por átomos ou grupos eletronegativos na molécula. Os elétrons são produzidos por uma fonte radioativa, como ^3H ou ^{63}Ni. Ambas as fontes emitem partículas beta (elétrons de alta energia) como parte de seu processo de decaimento. Quando liberadas, algumas dessas partículas colidirão com o gás de arraste. Quando essas colisões ocorrem, o gás de arraste assume parte da energia da partícula e gera a liberação de um grande número de elétrons secundários em energias mais baixas.

Quando não há nenhum analito eluindo da coluna de CG, somente o gás de arraste entra no detector, e um fluxo constante de elétrons secundários é produzido. Esses elétrons são passados para um eletrodo coletor positivo e geram uma corrente mensurável. Quando um analito que contém átomos eletronegativos elui da coluna, os átomos desse composto capturam alguns dos elétrons secundários e reduzem o número de elétrons que atingem o eletrodo coletor. Essa redução de corrente permite que o composto seja detectado.

Compostos que contêm múltiplos átomos de halogênio são bastante eficazes em captar esses elétrons secundários, o que lhes proporciona limites de detecção baixos em um ECD. Substâncias com apenas um átomo de halogênio ou outros tipos de grupos eletronegativos também fornecerão uma resposta. Uma das desvantagens do ECD é sua faixa linear relativamente estreita. Outra é que requer uma fonte radioativa. Usar ^3H produz um número de partículas β maior do que ^{63}Ni, mas este é menos problemático de se lidar em relação a um risco radioativo. O argônio e o nitrogênio são os gases de arraste preferenciais para esse detector porque são maiores em comparação com o hidrogênio e o hélio, o que facilita a colisão entre ambos e as partículas beta emitidas. Uma pequena quantidade de metano também pode ser incluída no gás de arraste para manter a produção de elétrons secundários e criar uma resposta estável do detector.

Cromatografia gasosa/espectrometria de massa. Outro detector muito usado em CG é o espectrômetro de massa, um dispositivo que vimos pela primeira vez no Capítulo 3. A combinação resultante é conhecida como **cromatografia gasosa acoplada à espectrometria de massa (CG-EM)**, e constitui uma ferramenta poderosa para medir e identificar analitos que saem de uma coluna de CG.[16] Esse método primeiro converte uma parte dos analitos eluídos em íons de fase gasosa que podem ser separados e detectados. O processo pode envolver a simples colocação de uma carga no analito original, produzindo um 'íon molecular', ou a quebra do íon molecular em pequenos pedaços conhecidos como 'fragmentos iônicos' (veja o Capítulo 3). A quantidade (ou intensidade) dos íons que são produzidos por uma substância química em espectrometria de massa pode ser usada na medição de uma substância química. Esta também pode ser identificada analisando-se a massa do íon molecular (que está relacionada com o peso molecular do analito original) ou os tipos de fragmentos que são produzidos (conforme determinados pela estrutura do analito). O padrão geral dos íons também pode ser comparado aos padrões dos compostos de referência para identificar uma substância desconhecida.

A Figura 21.15 mostra um espectrômetro de massa bastante usado em CG-EM. Os analitos que entram nesse dispositivo devem antes passar por uma câmara de ionização na qual algumas de suas moléculas são convertidas em íons. A criação de íons nesse exemplo dá-se pela *ionização por impacto de elétrons* (EI, do inglês, *electron-impact ionization*), na qual os analitos eluídos passam por um feixe de elétrons de alta energia (em geral 70 eV). Esses elétrons bombardeiam algumas das moléculas do analito (M), fazendo com que um elétron seja removido e formando um íon molecular ($M^{+\bullet}$). O íon molecular

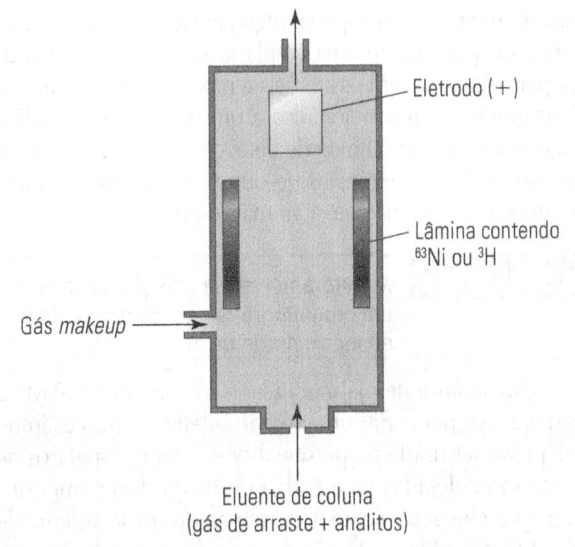

Figura 21.14

Detector de captura de elétrons. Argônio ou nitrogênio são os gases de arraste preferidos para serem usados com este detector. A preferência se justifica pelo grande volume desses gases em comparação com hidrogênio e hélio, que facilita a colisão do argônio e do nitrogênio com as partículas beta emitidas.

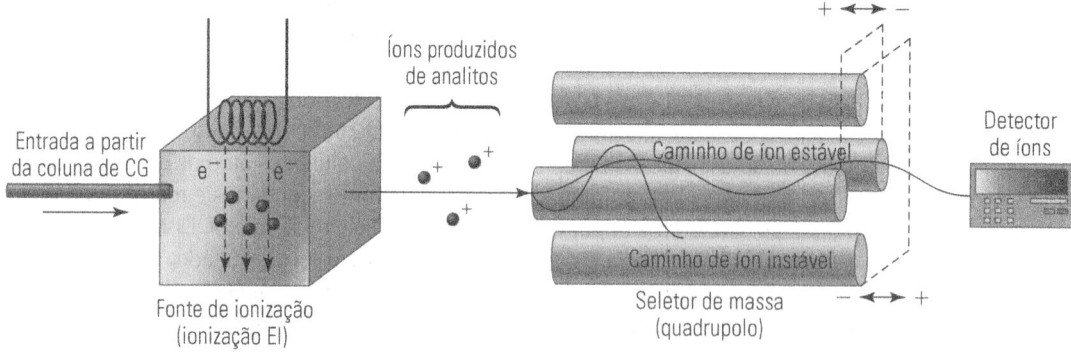

Figura 21.15

Espectrômetro de massa quadrupolo de transmissão com fonte de ionização por impacto de elétrons para uso em cromatografia gasosa acoplada à espectrometria de massa (CG-EM). Outros espectrômetros de massa aplicáveis a CG-EM incluem armadilhas de íons, instrumentos de tempo de voo e instrumentos de setor magnético.

pode, então, ser submetido a um rearranjo ou decomposição para produzir fragmentos.[30] Outro tipo de método de ionização que pode ser usado em espectrometria de massa é a *ionização química* (CI, do inglês, *chemical ionization*), que faz uso de um ácido em fase gasosa para protonar o analito e formar um íon molecular com estrutura geral MH^+. CI é um processo de ionização mais suave do que EI, e costuma gerar um sinal maior para o íon molecular e menos fragmentos.[30]

Após algumas moléculas de analito serem convertidas em íons de fase gasosa, estes são separados uns dos outros com base em suas razões massa/carga. Na Figura 21.15, essa separação ocorre em um *analisador de massa quadrupolo*. Esse dispositivo utiliza uma série de quatro barras paralelas que são mantidas em potenciais AC e DC bem definidos. Cada par de barras opostas é mantida no mesmo potencial, e quaisquer duas barras vizinhas são mantidas em potenciais exatamente opostos. Com o tempo, os potenciais nessas barras são continuamente variados. Isso cria um campo elétrico variável através do qual somente os íons com determinada razão massa/carga serão capazes de passar. Se os potenciais nas barras são alterados ao longo do tempo, íons com diferentes razões massa/carga podem ser capturados e medidos.[30]

Existem várias maneiras de se analisar a informação obtida em CG-EM. A primeira delas é usar um *espectro de massa*. Como vimos no Capítulo 3, um espectro de massa é um gráfico da intensidade de cada íon detectado em uma faixa de razões massa/carga. No caso de CG-EM, o gráfico é montado em razão dos dados que são coletados em um determinado tempo de retenção (geralmente de 50 a 600 unidades de massa atômica). Esse tipo de gráfico pode identificar uma substância química em um pico cromatográfico. O segundo tipo de gráfico empregado em CG-EM é um *cromatograma de massa*, que plota o número de íons medidos por tempo de eluição. Um cromatograma de massa pode ser traçado usando-se as intensidades medidas para todos os íons medidos (veja a Figura 21.16) ou usando-se somente íons com razões massa/carga específicas. É esta última propriedade que permite o uso de CG-EM como um detector geral ou seletivo.

O uso de CG-EM como um detector geral que coleta informações sobre uma ampla variedade de íons é conhecido como *modo full-scan* de CG-EM. Esse modo é útil para examinar uma vasta gama de compostos em uma única análise ou determinar a identidade de um composto desconhecido a partir de seu espectro de massa. O uso de CG-EM para coletar informações sobre alguns poucos íons é chamado de *monitoramento por seleção de íons* (SIM, do inglês, *selected ion monitoring*). Nessa técnica, somente alguns íons característicos dos compostos de interesse são examinados. Emprega-se o SIM quando baixos limites de detecção são desejados e quando se sabe de antemão quais compostos devem ser analisados e que tipos de íon eles produzem no espectrômetro de massa. O SIM fornece limites de detecção que são cerca de 100 a 1.000 vezes inferiores aos do *modo full-scan*, porque monitora íons em apenas algumas razões massa/carga em vez de íons que cobrem uma ampla faixa de massas. Essa diferença permite que o SIM gaste mais tempo na coleta de um sinal de íons que estejam relacionados a um determinado analito, o que ajuda a melhorar o limite de detecção do analito ao mesmo tempo que evita interferências de outros compostos na amostra fornecendo um meio de detecção mais específico.

> **EXERCÍCIO 21.4** Monitoramento por seleção de íons em cromatografia gasosa acoplada à espectrometria de massa
>
> Um analista deseja modificar o método de CG-EM na Figura 21.16 para criar um método seletivo para o estireno que possa ser usado na presença de *o*-xileno. Espectros de massa são coletados para cada um desses dois compostos enquanto eles são injetados em separado nesse sistema de CG-EM (veja a Figura 21.17). A partir desses resultados, explique como poderíamos modificar o método de CG-EM para realizar uma análise seletiva de estireno.
>
> **SOLUÇÃO**
>
> Este problema exige a aplicação de SIM. O espectro de massa de estireno contém o maior número de íons em

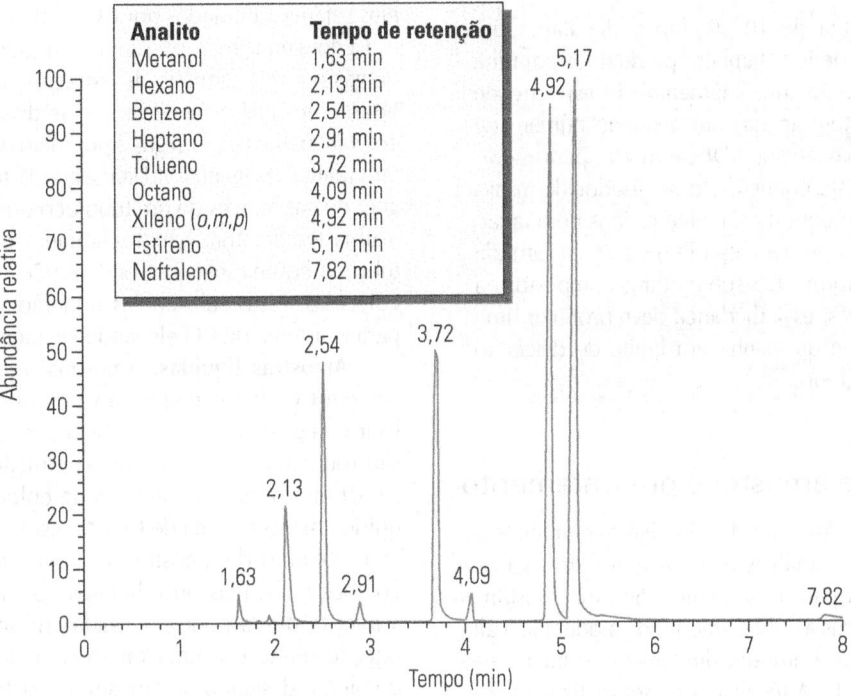

Figura 21.16

Cromatograma obtido por cromatografia gasosa acoplada à espectrometria de massa (CG-EM) para um padrão de VOC. Essa amostra continha 10 ppb de 11 compostos orgânicos voláteis. (Reproduzido de S. Basiaga, University of Nebraska, Lincoln.)

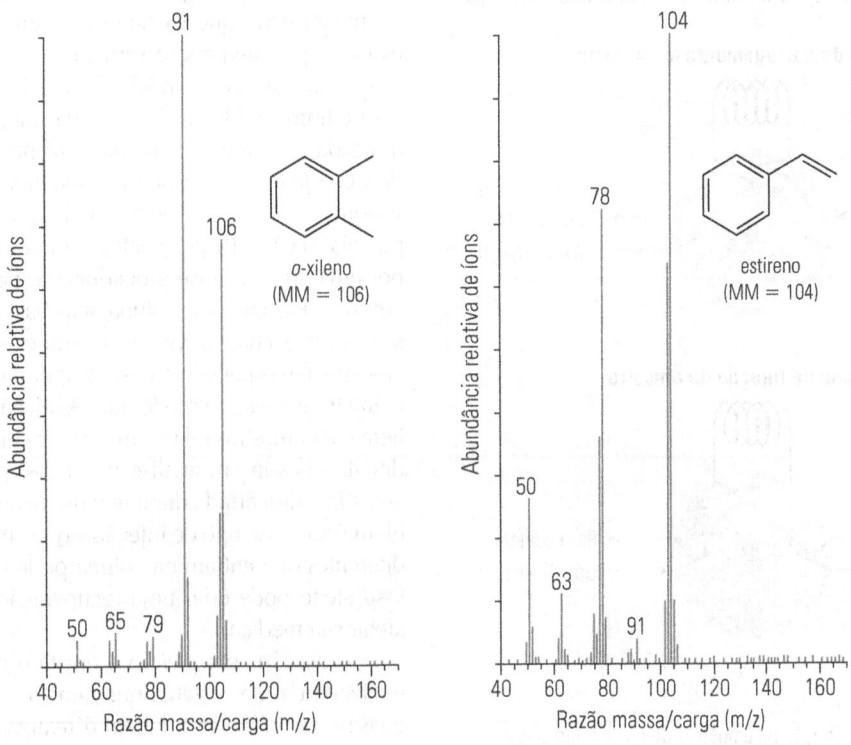

Figura 21.17

Espectros de massa para amostras separadas de *o*-xileno e estireno, conforme obtidos por cromatografia gasosa acoplada à espectrometria de massa (CG--EM) utilizando ionização por impacto de elétrons.

uma razão massa/carga de 104 (o íon molecular), com um número razoável de íons também produzidos em uma razão massa/carga de 78 (um fragmento). O espectro de massa para o-xileno tem apenas um pequeno número de íons nessas razões massa/carga. Desse modo, para modificar esse método, basta configurar o analisador de massa para que ele passe a monitorar somente os íons com razão massa/carga de 104 (a primeira escolha) ou 78 (a segunda opção). Embora as informações sobre outros compostos na amostra sejam perdidas, essa mudança deve produzir uma técnica mais seletiva e que tenha um limite de detecção mais baixo para o estireno.

21.5.2 Injeção de amostra e pré-tratamento

Amostras gasosas. Visto que a CG exige que analitos entrem na fase gasosa para análise, analitos e amostras gasosas são candidatos naturais para essa técnica. Se uma substância está presente como um gás a concentrações de moderada a alta, deve ser possível coletar a amostra diretamente e injetar esse gás em um sistema de CG. A técnica pode ser realizada fazendo a amostra passar através de uma válvula de vedação de gás como a mostrada na Figura 21.18. Em vez desse tipo de válvula, pode-se usar uma seringa com vedação para injetar um volume conhecido de gás em um sistema de CG.

Para os componentes-traço de gases como os compostos orgânicos voláteis (VOCs) que são encontrados no ar, muitas vezes é necessário coletar e concentrar esses analitos antes que eles sejam examinados por CG. Uma forma de realizar a coleta e a concentração é passando um grande volume da amostra de gás por um cartucho de extração em fase sólida ou por um líquido no qual os analitos vão se dissolver. Outra maneira de coletar analitos em um gás é por meio de uma *armadilha fria* (ou 'armadilha criogênica'). Esta segunda técnica envolve a passagem do gás através de um tubo oco ou de uma bobina mantida a uma temperatura baixa. Enquanto os analitos entram nesse tubo ou bobina, eles se condensarão e serão recolhidos. Após coletadas, essas substâncias poderão ser liberadas e passadas para o sistema de CG elevando-se a temperatura.

Amostras líquidas. Amostras líquidas são bastante usadas em CG. Por exemplo, a CG tem sido utilizada para analisar compostos orgânicos voláteis no sangue de pessoas que são rotineiramente expostas à poluição atmosférica. A Figura 21.19 mostra várias maneiras de colocar a amostra de um líquido em um sistema de CG. Ao usar colunas capazes de lidar com volumes de amostra um tanto grandes (6 a 10 μL para colunas recheadas ou tubulares abertas de amplo diâmetro), a *injeção direta* pode ser usada em uma amostra líquida.[20] A injeção direta usa uma microsseringa calibrada para aplicar o volume desejado de amostra no sistema. A microsseringa é introduzida através de um septo com vedação de gás e penetra uma câmara aquecida, onde a amostra líquida e seu conteúdo são vaporizados e carregados pelo gás de arraste para a coluna. A abordagem permite a transferência de 100 por cento dos analitos para a coluna. A principal limitação das injeções diretas é que elas não podem ser usadas com muitas colunas tubulares abertas, o que muitas vezes exige volumes de amostra menores do que os que poderiam ser administrados com exatidão por uma microsseringa.

A *injeção com divisão* é uma forma comum de superar esse último problema. Nela, uma microsseringa é novamente utilizada para injetar uma amostra de líquido em um sistema de CG. Quando a amostra é convertida em gás no injetor, seus vapores são divididos de tal modo que somente uma pequena parcela (0,01 a 10 por cento) vai para a coluna (o restante sai por uma purga).[20] Esse procedimento permite que o volume da amostra que chega à coluna seja bastante reduzido. O resultado é uma chance menor de sobrecarregar a coluna com a amostra, em especial no caso de colunas tubulares abertas com diâmetro estreito ou moderado. A injeção com divisão funciona bem para amostras relativamente concentradas, porém pode ser difícil aplicá-la em análise de traços, porque grande parte da amostra é descartada durante o processo de injeção. Outro problema com esse tipo de injeção é que analitos com volatilidades diferentes que entram na coluna podem não ter frações iguais. Esse efeito pode criar uma recuperação variável de analitos e afetar sua medição.

A *injeção sem divisão* é um tipo de injeção direta que é realizada em um sistema que também serve para injeção com divisão. Essa técnica também é realizada usando-se microsseringas e colunas tubulares abertas, mas a purga do sistema de injeção é mantida fechada para que a maior parte da amostra injetada e vaporizada entre na coluna.[2] Após a entrada dos analitos na coluna, o respiradouro lateral é aberto para expulsar

Posição de carregamento de amostra

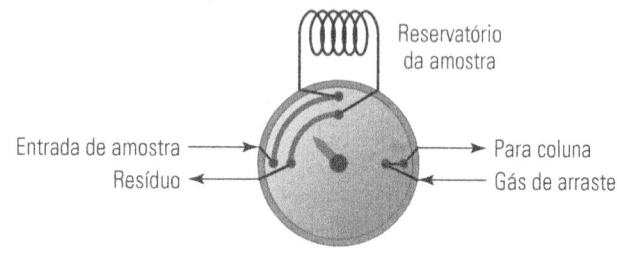

Posição de injeção de amostra

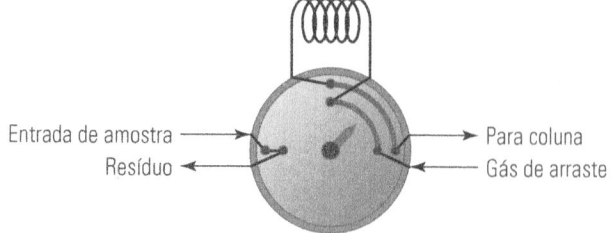

Figura 21.18

Válvula de amostragem para injeção de amostras de gás em um sistema de cromatografia gasosa (CG). Os caminhos que a amostra e o gás de arraste percorrem através da válvula são mostrados tanto para a posição de carregamento de amostra quanto para a posição de injeção de amostra da válvula.

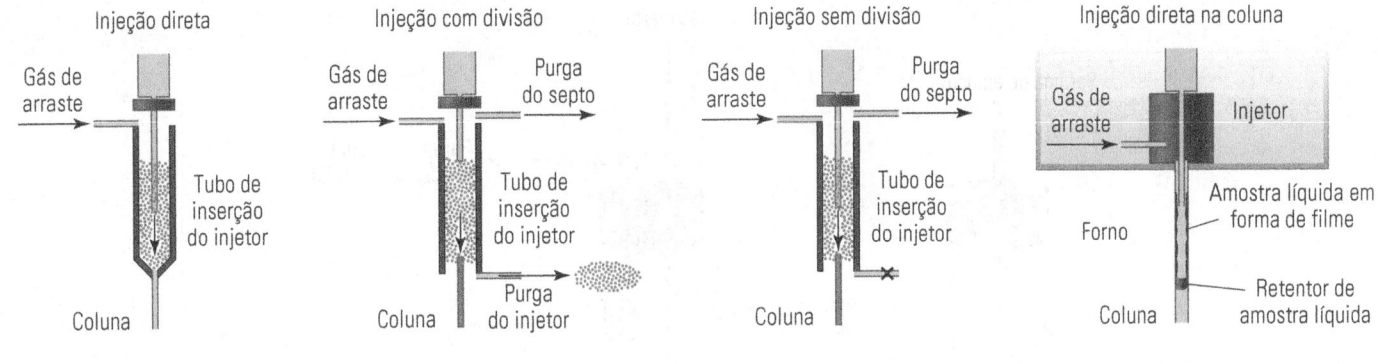

Figura 21.19

Técnicas comuns de injeção de amostras líquidas em cromatografia gasosa (CG). As regiões pontilhadas em cada diagrama representam os componentes da amostra injetada depois de vaporizados. (Reproduzido de K. Grob, 'Injection Techniques in Capillary GC', *Analytical Chemistry*, 66, 1994, p.1009A–1019A.)

vapores indesejados do injetor antes que a próxima amostra seja aplicada. Visto que uma pequena fração da amostra se perde durante a injeção, essa técnica é mais apropriada do que a injeção com divisão quando se realiza uma análise de traços. No entanto, a injeção sem divisão tem mais dificuldade com a sobrecarga da coluna provocada por uma amostra.

Outra forma de aplicar uma amostra de líquido em um sistema de CG é a *injeção na coluna a frio*. Nessa técnica, uma microsseringa que contém a amostra é passada através do 'injetor' diretamente na coluna ou em uma pré-coluna sem fase estacionária. A região em torno da seringa é de início mantida refrigerada para que a amostra possa ser depositada na coluna como um filme líquido. Esse líquido é depois aquecido, fazendo os analitos entrarem no gás de arraste para começar sua passagem através da coluna.[20] Como a amostra é aplicada diretamente na coluna ou na pré-coluna nesse método, 100 por cento de cada analito estão disponíveis para medição. Esse método poderá apresentar problemas se houver quaisquer substâncias de baixa volatilidade na amostra, que vão se acumular no topo da coluna ou pré-coluna e alterar as propriedades do sistema de CG ao longo do tempo. Em uma situação como essa, a injeção sem divisão é preferível, pois permite que tais componentes sejam removidos entre as injeções.

É bastante comum a necessidade de um pré-tratamento antes que uma amostra líquida seja analisada por CG. Na Seção 21.2.1, vimos como muitas vezes se usa a derivatização para converter analitos em uma forma mais volátil ou termicamente estável. Trata-se de um dos tipos de pré-tratamento da amostra. Outro pré-tratamento comum é mover os analitos da amostra original para um solvente que seja mais adequado para injeção em um sistema CG. Em especial, amostras de água e aquosas (como o sangue) *não* devem ser injetadas diretamente na maioria das colunas de CG. A água se liga fortemente a muitas colunas de CG e pode criar problemas com o comportamento de longo prazo e a reprodutibilidade dessas colunas. Além disso, pode conter sólidos, sais ou outros compostos não voláteis dissolvidos que não são adequados para a injeção em um sistema de CG.

Para evitar esses problemas com a água, com frequência as amostras aquosas são pré-tratadas antes de uma análise por CG usando-se extração líquido-líquido, extração em fase sólida ou microextração em fase sólida (métodos discutidos no Capítulo 20). Tanto a extração líquido-líquido quanto a extração em fase sólida servem para transferir os analitos da água para um solvente mais volátil e ajudar a removê-los das substâncias não voláteis presentes na amostra. Esses métodos também podem ser usados com a evaporação do solvente para reduzir o volume final do extrato e aumentar a concentração do analito no extrato para facilitar a detecção.[14] Na microextração em fase sólida, os analitos podem ser extraídos de uma amostra aquosa por meio de uma fibra revestida que é depois colocada diretamente no sistema de CG. Esse método mais uma vez remove analitos da água ou de substâncias não voláteis na amostra. A microextração em fase sólida também reduz os efeitos de sobrecarga da coluna porque pouco ou nenhum líquido é injetado além dos analitos.

A **análise por *headspace*** é outra técnica que torna possível evitar a introdução de água e de compostos não voláteis em um sistema de CG. A análise por *headspace* baseia-se no fato de que os analitos voláteis em uma amostra líquida ou sólida também estarão presentes na fase gasosa (ou '*headspace*') que está localizada acima da amostra. Se uma parte desse vapor for coletada, poderá servir para medir analitos voláteis, sem a interferência de outros compostos menos voláteis que estavam na amostra original.[20] Essa técnica é muitas vezes usada para examinar VOCs em água.

A análise por *headspace* pode ser realizada por dois métodos: estático e dinâmico (veja a Figura 21.20). No método estático, a amostra é colocada em um recipiente fechado e seu conteúdo pode se distribuir entre a amostra e sua fase gasosa. Após o equilíbrio ser atingido, uma parte da fase gasosa é recolhida e injetada em um sistema de CG. No método dinâmico (também chamado de técnica '*purge-and-trap*'), um gás inerte é passado através da amostra para carregar os compostos voláteis. Esse gás é passado através de uma armadilha fria ou adsorvente sólido para coletar e concentrar esses solutos voláteis para análise. Em-

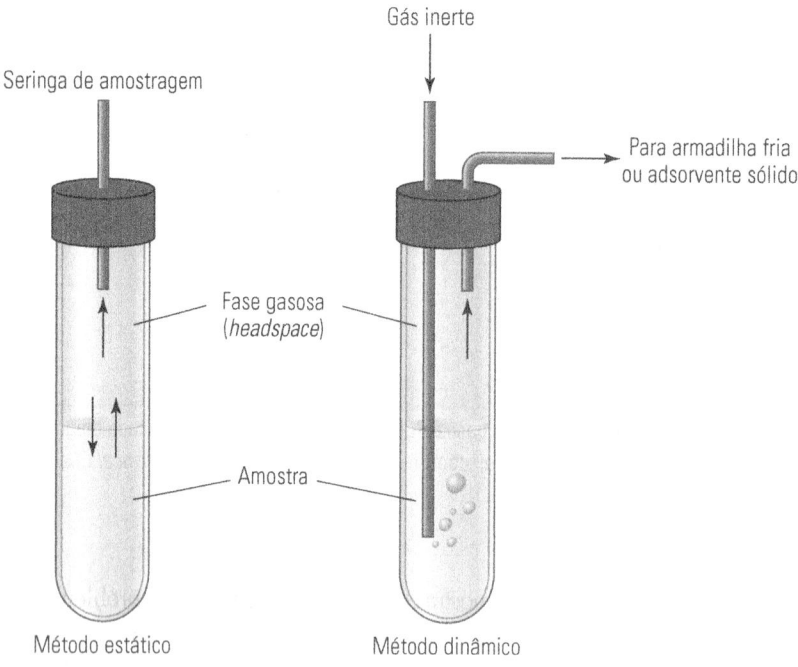

Figura 21.20

Os métodos estático e dinâmico de análise por *headspace*. (Reproduzido de J. V. Hinshaw, 'Headspace Sampling', *LC-GC*, 8, 1990, p.362–368.)

bora o método dinâmico demande mais tempo e esforço do que o estático, ele é mais reprodutível e permite uma detecção mais eficaz de compostos com volatilidades relativamente baixas.

Amostras sólidas. A CG também pode ser adaptada para lidar com substâncias químicas que são adsorvidas ou retidas dentro de amostras sólidas. Um exemplo disso é o uso de CG para medir VOCs que são adsorvidos pelo solo. Um modo comum de lidar com esse tipo de análise é, primeiro, extrair os compostos de interesse do material sólido. Isso pode ser realizado por extração líquido-líquido ou extração com fluido supercrítico (veja o Capítulo 20). Os analitos extraídos são, a seguir, colocados em um solvente orgânico e tratados como amostras líquidas, conforme descrito na seção anterior.

Também é possível analisar alguns sólidos sem realizar uma extração. Por exemplo, a análise por *headspace* pode ser usada para examinar compostos voláteis presentes em um sólido. Para substâncias menos voláteis, há o método de *dessorção térmica*, que envolve a colocação de uma quantidade conhecida do sólido em uma câmara onde o sólido pode ser aquecido. Enquanto o sólido é aquecido, seus componentes voláteis entrarão na fase gasosa, permitindo que eles sejam presos ou colocados em um sistema de CG para teste.

A composição geral de um sólido também pode ser examinada por um método conhecido como *cromatografia gasosa de pirólise* (ou *CG de pirólise*).[16,20] Essa técnica é útil no caso de substâncias sólidas como plásticos e polímeros que não são voláteis e não podem ser facilmente derivatizadas em uma forma volátil. A CG de pirólise envolve o aquecimento de uma amostra sólida de um modo controlado para quebrar o sólido em fragmentos químicos menores, mais voláteis. Quando essas substâncias mais voláteis são separadas pela coluna de CG, o resultado é um tipo especial de cromatograma conhecido como *pirograma*. O padrão de substâncias de eluição no pirograma forma uma 'impressão digital' química da substância em análise. Essa característica torna possível usar um pirograma para caracterizar a estrutura do sólido original ou identificar esse sólido, comparando-o com amostras padrão conhecidas.

Palavras-chave

Análise por *headspace* 531
Coluna recheada 519
Coluna tubular aberta 520
Cromatografia gás-líquido 523
Cromatografia gasosa 527
Cromatografia gasosa acoplada à espectrometria de massa 527

Cromatografia gás-sólido 522
Derivatização 513
Detector de captura de elétrons 527
Detector de condutividade térmica 524
Detector de ionização de chama 525
Detector de nitrogênio-fósforo 526
Eluição por gradiente 519

Fase quimicamente ligada 524
Gás de arraste 518
Gradiente de temperatura 519
Índice de retenção de Kováts 515
Método isotérmico 518
Problema geral de eluição 518

Outros termos

Analisador de massa quadrupolo 528
Armadilha fria 530
Coluna tubular aberta com parede revestida 520
Coluna tubular aberta de camada porosa 522
Coluna tubular aberta de sílica fundida 522
Coluna tubular aberta revestida com suporte 520
Constantes de McReynolds 518
Cromatografia gasosa de pirólise 532
Cromatógrafo a gás 511
Cromatograma de massa 528
Cromatograma gasoso 511
Dessorção térmica 532
Fase estacionária com ligação cruzada 524
Homólogos 514
Injeção com divisão 530
Injeção direta 530
Injeção na coluna a frio 531
Injeção sem divisão 530
Ionização por impacto de elétrons 527
Ionização química 528
Modo *full-scan* (de CG-EM) 528
Monitoramento por seleção de íons 528
Peneira molecular 522
Pirograma 532
Polisiloxano 523
Programação de gradiente 519
Sangramento de coluna 524
Sílica 520
Terra de diatomáceas 20

Questões

O que é cromatografia gasosa e como ela é realizada?

1. O que é 'cromatografia gasosa' e como ela é usada em análise química?
2. Cite cada um dos principais componentes de um cromatógrafo básico de CG. Explique a função de cada componente.
3. Defina cada um dos seguintes termos: (a) cromatograma, (b) cromatógrafo a gás e (c) forno de coluna. Como cada um deles é utilizado em cromatografia gasosa?
4. Discuta como a CG pode ser usada na separação e na quantificação química.
5. A quantidade de morfina em uma amostra de sangue é determinada por CG. Primeiramente, uma amostra de 2 mL de sangue é ajustada para pH 9,9, e 20 μg de nalorfina são adicionados como padrão interno. A morfina e a nalorfina são, então, extraídas em uma mistura de tolueno:hexano:álcool isoamílico, evaporadas e posteriormente derivatizadas com *N*-metil-*bis*-trifluoroacetamida (MBTFA). De um volume total de cerca de 40 μL, 1 μL é injetado em um sistema de CG e analisado. Os resultados a seguir são obtidos para a amostra e uma série de padrões. Qual é a concentração de morfina na amostra desconhecida?

Concentração (ng/mL)	Área de pico relativa	
	Morfina-MBTFA	Nalorfina-MBTFA
0	0,1	56,0
20	15,2	49,2
40	32,5	52,4
60	50,1	54,1
80	65,3	52,3
Desconhecida	45,8	53,9

6. Os seguintes dados foram obtidos em um sistema CG-EM usando o tolueno como um padrão de VOC e uma quantidade fixa de tolueno deuterado como padrão interno.

Concentração de tolueno (ppb)	Altura de pico relativa	
	Tolueno	Tolueno deuterado
0	12	233
100	76	228
200	167	247
300	250	249
400	291	218

(a) Uma amostra desconhecida que é injetada nas mesmas condições que os padrões produz uma altura de pico relativa de 178 para tolueno e 229 para tolueno deuterado. Qual é a concentração de tolueno na amostra?

(b) O detector que é usado nesse sistema de CG tem um fator de resposta de 0,71 de isopentano *versus* tolueno. Se uma amostra produz uma altura de pico relativa de 88 para isopentano e 238 para tolueno deuterado, qual é a concentração de isopentano nessa amostra?

Requisitos para o analito

7. Quais características gerais um composto deve ter para ser analisado por cromatografia gasosa?
8. Qual das seguintes substâncias químicas deve ser adequada para análise por CG? Explique suas respostas. (*Observação*: bp, do inglês *boiling point*, é o ponto de ebulição, a 1 atm.)
   (a) Tolueno (C_7H_8, bp 110,6 °C).
   (b) Naftaleno ($C_{10}H_8$, bp 218 °C).
   (c) Ácido decanoico ($C_9H_{19}CO_2H$, bp 270 °C).
   (d) Meleno ($C_{30}H_{60}$, bp 380 °C).
9. Se as substâncias na Questão 8 fossem injetadas em uma coluna apolar de CG, qual seria sua ordem de eluição esperada com base na volatilidade?
10. O que se entende por 'estabilidade térmica'? Por que a estabilidade térmica é importante em CG?

11. Discuta como é possível determinar experimentalmente se uma substância tem estabilidade térmica suficiente para uma análise por CG. Quais são as maneiras gerais de superar problemas de estabilidade térmica em CG?

12. O que se entende por 'derivatização' química? Quais são as razões para o uso de derivatização química em CG?

13. O que é um 'composto organo-silício'? Como isso pode tornar um composto mais adequado para CG?

14. A estrutura do dicamba (ácido 3,6-dicloro-2-metoxi-benzoico), um herbicida comum, é mostrada a seguir. Esboce uma reação que mostre como o composto reagiria com o cloreto de trimetilsilano quando esse reagente fosse usado para derivatizar o dicamba em uma análise por CG. Explique como essa reação muda a estrutura do dicamba para que seja mais fácil analisá-la por cromatografia gasosa.

Dicamba

15. A seguinte reação refere-se à derivatização de um ácido carboxílico com metanol na presença de BF_3. O resultado é um derivado conhecido como 'éster metílico'.

$$R-COH + CH_3OH \xrightarrow{BF_3} R-COCH_3 + H_2O$$

Ácido carboxílico (analito) — Metanol (agente derivatizante) — Éster metílico derivado

Explique por que esse tipo de derivatização pode ser útil em CG no que se refere às mudanças que produz na volatilidade ou na estabilidade térmica.

Fatores que determinam a retenção em cromatografia gasosa

16. Explique por que a volatilidade química é importante em CG. De modo geral, como um aumento na volatilidade afeta a retenção de uma substância química em CG?

17. O que se entende por 'homólogos'? Que tipo de comportamento é esperado quando uma mistura de homólogos é injetada em um sistema de CG?

18. Qual é a ordem de eluição esperada em CG para cada um dos compostos homólogos a seguir?

    (a) Uma amostra de álcool que contém 1-butanol ($CH_3(CH_2)_3OH$), etanol (CH_3CH_2OH), metanol (CH_3OH) e 1-propanol ($CH_3(CH_2)_2OH$).

    (b) Combustível diesel que contém benzeno (C_6H_6), etilbenzeno ($C_6H_5CH_2CH_3$) e tolueno ($C_6H_5CH_3$).

    (c) Uma amostra de manteiga que contém ácido butírico ($CH_3(CH_2)_2CO_2H$) e ácido caproico ($CH_3(CH_2)_4CO_2H$, também conhecido como ácido hexanoico).

19. Como a temperatura afeta a retenção de compostos em colunas de CG? O que acontece com a retenção de uma substância química em CG quando se eleva a temperatura?

20. O que é o índice de retenção de Kováts? Como é calculado? Como é usado em CG?

21. Uma injeção de etano, butano, propano, pentano, hexano, heptano e octano em uma coluna de esqualeno em condições isotérmicas fornece tempos de retenção de 3,51, 4,98, 7,30, 11,00, 16,85, 26,12 e 40,8 min, respectivamente. O ar, que é não retido, elui em 1,00 min. Uma injeção de benzeno, butanol, nitropropano, piridina e 2-pentanona nas mesmas condições fornece tempos de retenção de 20,00, 6,50, 4,10, 10,05 e 10,35 min. Quais são os índices de retenção de Kováts de benzeno, butanol, nitropropano, piridina e 2-pentanona nessas condições?

22. Uma nova coluna de CG que é usada nas mesmas condições da Questão 21 fornece tempos de retenção para etano n-alcanos (C_2H_6) por octano (C_8H_{18}) iguais a 3,00, 3,82, 4,98, 6,62, 8,94, 12,22 e 16,80 min. O ar, que é não retido por essa coluna, elui em 1,00 min nessas condições. A injeção de benzeno, butanol, nitropropano, piridina e 2-pentanona fornece tempos de retenção de 13,05, 5,30, 4,10, 6,60 e 14,10 min, respectivamente.

    (a) Quais são os índices de retenção de Kováts para benzeno, butanol, nitropropano, piridina, e 2-pentanona nessa nova coluna?

    (b) Como os índices de retenção de Kováts calculados para essa nova coluna de CG podem ser comparados aos obtidos na Questão 21 para uma coluna de CG que contém esqualeno como fase estacionária? Que informações isso lhe dá sobre as propriedades de retenção dessa nova coluna?

23. Um dos recursos úteis do índice de retenção de Kováts é que um gráfico de I ou $\log(t'_R)$ versus o número de átomos de carbono em uma cadeia para uma série de homólogos produz uma relação linear sob condições isotérmicas. Com base em tal tendência, quais são os tempos de retenção ajustados esperados e os tempos de retenção para o nonano (C_9H_{20}) e o decano ($C_{10}H_{22}$) quando se utiliza a mesma coluna e as mesmas condições que foram empregadas na Questão 22?

Eficiência de coluna em cromatografia gasosa

24. Explique como a baixa densidade e a baixa viscosidade ajudam a manter um alto grau de eficiência em cromatografia gasosa.

25. Explique por que, muitas vezes, colunas de CG podem ser mais compridas e usadas em fluxos mais elevados do que as colunas usadas em cromatografia líquida.

26. Usando as informações fornecidas pela Tabela 21.2, estime o número total de pratos teóricos que se poderia esperar de cada uma das colunas de CG a seguir. Quais seriam as alturas de prato aproximadas para essas mesmas colunas?

    (a) Uma coluna recheada de 2 m de comprimento e 2 mm de diâmetro interno.

    (b) Uma coluna tubular aberta de 20 m de comprimento e 0,32 mm de diâmetro interno.

    (c) Uma coluna tubular aberta de 50 m de comprimento e 0,10 mm de diâmetro interno.

27. Um cromatograma para a análise de compostos orgânicos voláteis em gasolina sem chumbo que utiliza uma coluna de 100 m de comprimento produziu uma separação com 400 mil pratos teóricos. Com base nessa informação, estime as larguras de linha de base previsíveis para os picos devido ao *n*-pentano (t_R = 10 min), tolueno (t_R = 33 min) e 1,2,4-trimetilbenzeno (t_R = 58 min) nessa separação. Você pode supor que cada pico tem uma forma gaussiana.

Fases móveis comuns em cromatografia gasosa

28. Qual é o papel da fase móvel em CG?

29. O que significa 'gás de arraste'? Quais gases de arraste são frequentemente utilizados em CG?

30. Por que é importante usar gases de alta pureza em CG? Que tipos de impureza podem ser encontrados no gás de arraste?

31. Por que a pressão e o controle de fluxo são importantes para o gás de arraste em CG?

Métodos de eluição em cromatografia gasosa

32. Em CG, o que significa 'método isotérmico'? Quais são as vantagens de um método isotérmico?

33. O que é o 'problema geral de eluição'? Explique como pode afetar a separação de uma mistura de amostras complexas.

34. O que é 'eluição por gradiente'? Como isso ajuda a resolver o problema geral de eluição?

35. O que é 'gradiente de temperatura'? Explique por que isso pode ser usado em CG para ajudar a resolver o problema geral de eluição.

36. Descreva as etapas comuns de um gradiente de temperatura para CG. Explique a finalidade de cada uma dessas etapas.

Materiais de suporte em cromatografia gasosa

37. O que é uma 'coluna recheada'? Quais são as dimensões características de uma coluna recheada em CG?

38. O que é terra de diatomáceas? Como ela é utilizada em CG?

39. Em quais circunstâncias é útil usar uma coluna recheada em CG? Quais são as desvantagens de colunas recheadas em CG?

40. O que é uma 'coluna tubular aberta'? Quais são as dimensões características de uma coluna tubular aberta de CG?

41. Compare e contraste cada um dos itens a seguir.
(a) Coluna tubular aberta com parede revestida.
(b) Coluna tubular aberta revestida com suporte.
(c) Coluna tubular aberta com camada porosa.

42. O que é uma 'coluna tubular aberta de sílica fundida'? Como isso é usado em CG?

Fases estacionárias em cromatografia gasosa

43. O que é 'cromatografia gás-sólido'? Que tipos gerais de fase estacionária são usados em cromatografia gás-sólido?

44. O que é uma 'peneira molecular'? Como elas são usadas em cromatografia gás-sólido?

45. O que é 'cromatografia gás-líquido'? Que tipos gerais de fase estacionária são usados nesse método?

46. Qual é a estrutura geral de um polisiloxano? Por que polisiloxanos são úteis como fase estacionária em cromatografia gasosa?

47. O que é 'sangramento de coluna'? O que causa isso em CG?

48. Defina cada um dos termos a seguir. Como esses itens são usados para contornar o sangramento de coluna em CG?
(a) Fase quimicamente ligada.
(b) Grupo silanol.
(c) Fase estacionária com ligações cruzadas.

Tipos de detectores em cromatografia gasosa

49. Descreva a maneira pela qual cada um dos detectores gerais de CG a seguir produz um sinal. Quais propriedades de um analito determinarão sua capacidade de produzir um sinal em cada um desses detectores?
(a) Detector de condutividade térmica.
(b) Detector de ionização de chama.

50. Descreva a maneira pela qual cada um dos detectores seletivos de CG a seguir produz um sinal. Quais propriedades de um analito determinarão sua capacidade de produzir um sinal em cada um desses detectores?
(a) Detector de nitrogênio-fósforo.
(b) Detector de captura de elétrons.

51. Qual dos seguintes compostos você esperaria que fornecesse uma boa resposta em um detector de nitrogênio-fósforo?

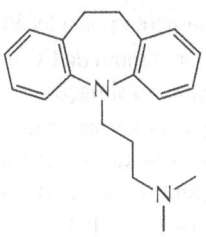

(a) Paration.
(b) Imipramina.
(c) Etilenoglicol.

52. Qual dos seguintes compostos você esperaria que fornecesse uma boa resposta em um detector de captura eletrônica?

(a) DDT.
(b) Tetraidrofurano.
(c) Freon-12.

53. O que é 'cromatografia gasosa acoplada à espectrometria de massa'? Explique por que essa técnica pode ser usada tanto na detecção geral quanto na detecção seletiva de analitos.

54. O que é um íon molecular? O que é um fragmento iônico? Qual informação é fornecida por cada um desses diferentes tipos de íons em espectrometria de massa?

55. O que é 'ionização por impacto de elétrons'? O que é 'ionização química'? Como cada uma dessas técnicas é utilizada em espectrometria de massa?

56. Explique como um espectrômetro de massa quadrupolo pode ser usado para separar íons com diferentes razões massa/carga.

57. Defina ou descreva cada um dos seguintes termos em relação a CG-EM:
    (a) Espectro de massa.
    (b) Cromatograma de massa.
    (c) Modo *full-scan*.
    (d) Monitoramento por seleção de íons.

58. Qual detector comum de CG você recomendaria para cada uma das seguintes situações? Justifique cada escolha.
    (a) Análise de amostras de urina nos Jogos Olímpicos para determinar se um atleta está tomando drogas que potencializam seu desempenho.
    (b) Análise de traço de bifenilas policloradas em amostras de água.
    (c) Determinação de oxigênio, dióxido de carbono e água como componentes semirresiduais em uma amostra de hélio.

Injeção e pré-tratamento de amostra

59. Descreva como amostras gasosas são injetadas ou colocadas em um sistema de CG.

60. Descreva cada uma das seguintes técnicas de injeção de líquidos em um sistema de CG. Quais são as vantagens e desvantagens de cada uma delas?
    (a) Injeção direta.
    (b) Injeção com divisão.
    (c) Injeção sem divisão.
    (d) Injeção direta na coluna.

61. Por que a injeção direta de amostras baseadas em água cria problemas com muitas colunas de CG? Discuta como esse problema pode ser evitado com o uso de uma extração.

62. O que é 'análise por *headspace*'? Como isso é utilizado em CG?

63. Descreva os métodos dinâmicos e estáticos de análise por *headspace*.

64. Explique como o conteúdo de uma amostra sólida pode ser analisado por CG usando-se a extração.

65. Defina cada um dos itens a seguir e descreva como eles são usados em CG.
    (a) Dessorção térmica.
    (b) Cromatografia gasosa de pirólise.
    (c) Pirograma.

66. Discuta as razões por trás de cada uma das seguintes seleções de injeção de amostra e método de pré-tratamento:
    (a) No método EPA 505, a CG é utilizada na análise de pesticidas clorados em água potável seguindo-se à extração da amostra original com hexano.
    (b) Uma empresa utiliza CG de pirólise para caracterizar o grau de ramificação que ocorre na preparação de polietileno de alta densidade (HDPE, do inglês, High Density Poly Ethylene).
    (c) A análise por *headspace* é utilizada por um laboratório de polícia para determinar níveis de álcool no sangue.
    (d) O endrim (usado no passado como inseticida) tende a se rearranjar para formar um aldeído ou uma cetona endrin quando aplicado a um sistema de CG por injeção sem divisão, mas não faz isso quando se usa PTV (do inglês, Programmable Temperature Vaporization) ou injeção na coluna a frio.

Problemas desafiadores

67. Pesquise os pontos de ebulição (se disponíveis) e as massas molares de cada um dos compostos a seguir, utilizando recursos como o *CRC Handbook of Chemistry and Physics* ou o *Merck Index*.[31,32] Use essas informações para determinar se cada uma dessas substâncias pode ser examinada por CG sem que seja necessário o uso de derivatização.
    (a) Glicose.
    (b) Quinoleína.
    (c) Eritromicina.
    (d) Insulina.
    (e) Trieptilamina.
    (f) Cumarina.

68. Alguns dados sobre a estabilidade térmica de substâncias químicas também podem ser obtidos a partir de recursos como o *CRC Handbook of Chemistry and Physics* ou o *Merck Index*.[31,32] Por exemplo, as referências 31 e 32 indicam se um

composto é termicamente instável, fornecendo uma abreviatura como 'd', 'dec' ou 'decomp' ao lado da informação sobre os pontos de fusão e/ou pontos de ebulição do composto. Com base nessas informações, determine qual(is) das seguintes substâncias tem baixa estabilidade térmica e indique as temperaturas aproximadas em que elas começam a se decompor.

(a) Benzeno.
(b) Glicina.
(c) Ácido fólico.
(d) *t*-butilamina.
(e) Tetradecano.
(f) Ácido pirúvico.

69. Os seguintes tempos de retenção foram medidos para 1-octanol, 2,4-dimetilanilina e *n*-dodecano por CG em uma coluna na qual o tempo de morto foi de 0,55 min.[33]

Temperatura (°C)	Tempo de retenção (min)		
	1-octanol	2,4-dimetilanilina	*n*-dodecano
80	8,50	13,74	17,16
90	5,57	8,87	10,56
100	3,86	5,92	6,86
110	2,79	4,27	4,72
120	2,10	3,12	3,31
130	1,60	2,37	2,46

(a) Faça um gráfico do tempo de retenção *versus* a temperatura da coluna *T* (em °C) para cada composto. Quais observações você pode fazer a partir desses gráficos?

(b) Crie uma segunda série de gráficos em que o logaritmo do tempo de retenção ajustado de cada composto, ou log(t'_R), é plotado *versus* 1/T (agora expressa em Kelvin). Quais observações você pode fazer a partir desse novo grupo de gráficos?

(c) Com base nos resultados na Parte (b), discuta as vantagens relativas da utilização de log(t'_R) em vez de t_R como medida de retenção ao calcular um índice de retenção de Kováts.

70. Os mesmos compostos listados na Tabela 21.1 foram utilizados para examinar uma coluna comercial que continha uma fase estacionária líquida com a marca registrada 'OV-17'. Essa coluna forneceu índices de retenção de Kováts de 772 para o benzeno, 748 para 1-butanol, 789 para 2-pentanona, 895 para 1-nitropropano e 901 para piridina. Quais são as constantes de McReynolds para OV-17?

71. Um catálogo lista os dados a seguir para algumas colunas comerciais de CG. Com base nessas informações, classifique as colunas em termos de (a) polaridade global e (b) sua capacidade de reter compostos como benzeno, butanol, piridina, nitropropano e 2-pentanona. Quais colunas são as mais semelhantes em seus rankings? Quais são as mais diferentes? Explique como você chegou a suas respostas.

Tipo de coluna	Constantes de McReynolds				
	X'	Y'	Z'	U'	S'
Diglicerol	371	826	560	676	854
Ethofat 60/40	191	382	244	380	333
Igepal CO-630	192	381	353	382	344
OV-1	16	55	44	65	42

72. A seleção adequada de uma fase estacionária para CG depende de fatores como a natureza física e as propriedades químicas dos analitos, suas diferentes interações químicas e as temperaturas a serem utilizadas durante a separação. Por exemplo, a cromatografia gás-sólido costuma ser o método escolhido quando se lida com analitos muito voláteis que ocorrem como gases à temperatura ambiente, enquanto a CGL tende a funcionar melhor para analitos menos voláteis. Explique cada uma das seguintes opções de fases estacionárias para CG.

(a) Um químico de petróleo usa uma coluna PLOT contendo polímero poroso de poliestireno/divinilbenzeno na análise de hidrocarbonetos saturados $C_1 – C_{10}$ (metano a *n*-decano).

(b) Uma coluna OV-1 (que contém 100 por cento de dimetilpolisiloxano como fase estacionária) é empregada para análise de compostos orgânicos voláteis no ar.

(c) Um químico troca uma coluna DB-5 (que contém 5 por cento de fenil-95 por cento de metilpolisiloxano como fase estacionária) por uma coluna Carbowax 20M para a análise de uma mistura de alcoóis, como etanol, metanol, *n*-propanol e 2-propanol.

73. Embora o gás de arraste não afete a retenção do soluto, a escolha do gás a ser usado como fase móvel é importante de outras maneiras a um método de CG. Os fatores a serem considerados na escolha de um gás de arraste incluem o tipo de detector em uso e os possíveis riscos ou perigos envolvidos na utilização do gás.

(a) Discuta os riscos relativos que estariam associados ao uso de hidrogênio, hélio, nitrogênio e argônio como gases de arraste. Quais tipos de riscos químicos e físicos estão associados a cada um desses gases?

(b) Quais detectores discutidos neste capítulo podem ser usados com cada um dos seguintes gases: hidrogênio, hélio, nitrogênio ou argônio? Explique como isso está relacionado com os princípios por trás da operação desses detectores de CG.

(c) Uma das vantagens do uso de um gás de arraste de baixa massa como o hidrogênio ou o hélio é que isso produz taxas de difusão de compostos muito mais rápidas do que gases de arraste mais pesados como o nitrogênio ou o argônio. Na sua opinião, como o uso de um gás de arraste de baixa massa afeta a eficiência de uma separação por CG?

Tópicos para discussão e relatórios

74. A velocidade e a eficiência da CG tornaram essa técnica popular na separação química e na análise química em um grande número de campos.[9,16] Obtenha informações sobre como se emprega CG em uma ou mais das seguintes áreas.
    (a) Química clínica.
    (b) Ciência ambiental.
    (c) Ciência forense.
    (d) Petroquímica.
    (e) Ciência de polímeros.
    (f) Ciência dos alimentos.

75. Contate um laboratório de análises na área em que você vive que faça uso da cromatografia gasosa. Discuta como a CG é usada nesse laboratório e descreva os tipos de analito e de amostra usados nas análises.

76. Há vários anos tem havido interesse no desenvolvimento de colunas de CG com limites de temperatura acima daqueles da maioria das colunas de CG atuais. Isso levou a uma área conhecida como *cromatografia gasosa de alta temperatura* (HTGC, do inglês, High Temperature Gas Chromatography).[16] Procure informações sobre os tipos de coluna que são usados nessa técnica. Quais vantagens podem ser obtidas em uma coluna com um limite de temperatura máxima mais alta? Quais são as aplicações de HTGC?

77. Em *cromatografia gasosa criogênica*, o sistema de CG é modificado para que possa ser usado na realização de separações que estão bem abaixo da temperatura ambiente.[16] Quais modificações específicas são feitas no sistema de CG para que essa técnica seja usada? Que tipos de analito você acha que seriam mais bem analisados nessas condições de baixa temperatura? Como o uso de uma temperatura mais baixa poderia afetar os tipos de fase estacionária que podem ser usados no método de CG? Que tipos de fase estacionária são mais utilizados em tais separações?

78. Além do gradiente de temperatura, outro tipo de eluição por gradiente que pode ser usado em CG é a *programação de fluxo* (também conhecida como *programação de pressão*).[8,9,16] Obtenha informações sobre a técnica e discuta como ela é realizada. Quais são as vantagens desse método em comparação com o gradiente de temperatura? Quais são suas desvantagens? Cite alguns exemplos de suas aplicações.

79. Além dos detectores mencionados neste capítulo, há muitos outros tipos de dispositivo de monitoramento que podem ser usados com colunas de CG. Alguns exemplos são listados a seguir. Encontre informações sobre um ou mais desses detectores. Relate os princípios que regem a operação do detector e compare-os com outros detectores de CG discutidos neste livro. Indique que tipos de composto podem ser monitorados pelo detector e discuta algumas de suas aplicações características em análise química.[9,13,16]
    (a) Detector eletrolítico de condutividade.
    (b) Detector fotométrico de chama.
    (c) Detector de fotoionização.
    (d) Detector de emissões termiônicas.
    (e) Equilíbrio da densidade do gás.
    (f) Detector de quimiluminescência de enxofre.

80. Os primeiros sistemas comerciais de cromatografia gasosa surgiram cerca de 50 anos atrás.[34] Obtenha mais informações sobre a história da instrumentação de CG e elabore um relatório que resuma os acontecimentos que ocorreram nesse campo.

81. A *cromatografia gasosa de alta resolução* (CGAR) é uma área de contínua pesquisa.[35] Descreva essa técnica e como ela é realizada. Quais são as suas vantagens e as suas desvantagens? Como sua instrumentação difere daquela utilizada em CG normal? Quais são as aplicações desse método?

Referências bibliográficas

1. S. Enriquez, 'Mexico City a Living Laboratory for Smog Study, *Los Angeles Times*, 31 mar. 2006, A.20.
2. J. M. Lentz e W. J. Kelley, 'Clearing the Air in Los Angeles', *Scientific American*, 268, 1993, p.32–39.
3. D. Cyranoski e I. Fuyuno, 'Climatologists Seek Clear View of Asia's Smog', *Nature*, 434, 2005, p. 128.
4. S. Sillman, 'Photochemical Smog: Ozone and Its Precursors', *Handbook of Weather, Climate and Water*, 1, 2003, p.227–242.
5. P. B. Kelter, J. D. Carr e A. Scott, *Chemistry: A World of Choices*, WCB/McGraw-Hill, St. Louis, MO, 1999, Capítulo 12.
6. *Photochemical Smog: Contribution of Volatile Organic Compounds*, Organization for Economic Co-operation and Development (OECD), Paris, 1982.
7. *Photochemical Oxidants*, World Health Organization, Suíça, Genebra, 1979.
8. J. Inczedy, T. Lengyel e A. M. Ure, *Compendium of Analytical Nomenclature*, 3 ed., Blackwell Science, Malden, MA, 1997.
9. S. O. Falwell, 'Modern Gas Chromatographic Instrumentation'. In: *Analytical Instrumentation Handbook*, G. W. Ewing, ed., Marcel Dekker, Nova York, 1997, Capítulo 23.
10. H. A. Laitinen e G. W. Ewing, *A History of Analytical Chemistry*, Maple Press, Nova York, 1977, Capítulo 5.
11. L. S. Grinstein, R. K. Rose e M. H. Rafailovich, *Women in Chemistry and Physics: A Biobibliographic Sourcebook*, Greenwood Press, Westport, CT, 1993, p.129–135.
12. J. V. Hinshaw, 'Handling Fast Peaks', *LC-GC*, 19, 2001, p.1136–1140.
13. R. L. Grob, *Modern Practice of Gas Chromatography*, 3 ed., Wiley, Nova York, 1995.
14. H. M. McNair, 'Method Development in Gas Chromatography', *LC-GC*, 11, 1993, p.794–800.

15. J. Drozd, *Chemical Derivatization in Gas Chromatography*, Elsevier, Amsterdã, Holanda, 1981.
16. C. F. Poole e S. K. Poole, *Chromatography Today*, Elsevier, Amsterdã, Holanda, 1991, Capítulo 8.
17. W. J. A. VandenHeuvel, 'Some Aspects of the Chemistry of Gas-Liquid Chromatography'. In: *Gas Chromatography of Steroids in Biological Fluids*, M. B. Lipsett, ed., Plenum Press, Nova York, (1965), 277–295.
18. E. sz. Kováts, 'Gas Chromatographic Characterization of Organic Substances in the Retention Index System', *Advances in Chromatography*, Vol. 1, J. C. Giddings e R. A. Keller, eds., Marcel Dekker, Nova York, 1965, Capítulo 7.
19. L. S. Ettre, 'Retention Index Systems. Its Utilization for Substance Identification and Liquid-Phase Characterization', *Chromatographia*, 6, 1973, p.489–495.
20. J. V. Hinshaw, 'A Compendium of GC Terms and Techniques', *LC-GC*, 10, 1992, p.516–522.
21. W. J. A. VandenHeuvel, 'Some Aspects of the Chemistry of Gas-Liquid Chromatography'. In: *Gas Chromatography of Steroids in Biological Fluids*, M. B. Lipsett, Ed., Plenum Press, Nova York, 1965, p.277–295.
22. J. F. Sprouse e A. Varano, 'Development of a GC Retention Index Library', *American Laboratory*, 16, 1984, p.54–68.
23. W. O. McReynolds, 'Characterization of Some Liquid Phases', *Journal of Chromatographic Science*, 8, 1970, p.685–691.
24. S. O. Akapo, J. M. Dimandja, D. R. Kojiro, J. R. Valentin e G. C. Carle, 'Gas Chromatography in Space', *Journal of Chromatography A*, 843, 1999, p.147–162.
25. M. C. Pietrogrande, M. G. Zampolli, F. Dondi, C. Szopa, R. Sternberg, A. Buch e F. Raulin, 'In Situ Analysis of the Martial Soil by Gas Chromatography: Decoding of Complex Chromatograms of Organic Molecules of Exobiological Interest', *Journal of Chromatography A*, 1071, 2005, p.255–261.
26. D. R. Rushneck et al., 'Viking Gas Chromatograph-Mass Spectrometer', *Reviews of Scientific Instrumentation*, 49, 1978, p.817–834.
27. V. I. Oyama, G. C. Carle, F. Woeller, J. B. Pollack, R. T. Reynolds, e R. A. Craig, 'Pioneer Venus Gas Chromatography of the Lower Atmosphere of Venus', *Journal of Geophysical Research*, 85, 1980, p.7891–7901.
28. B. G. Gel'man, Y. V. Drozdov, V. V. Mel'nikov, V. A. Rotin, V. N. Khokhlov, V. B. Bondarev, G. G. Dol'nikov, A. V. D'yachkov, D. F. Nenarokov, L. M. Mukhin, N. V. Porshnev e A. A. Fursov, 'Chemical Analysis of Aerosol in the Venusian Cloud Layer by Reaction Gas Chromatography on Board the Vega Landers,' *Document NASA-TM-88421*, National Aeronautics and Space Administration, Washington, DC, 1986, p.1–6.
29. Z. Ji e R. E. Majors, 'Porous-Layer Open-Tubular Capillary GC Columns and Their Applications', *LC-GC*, 16, 1998, p.620–632.
30. D. A. Skoog, E. J. Holler, e T. A. Nieman, *Principles of Instrumental Analysis*, 5 ed., Harcourt Brace, Filadélfia, PA, 1998.
31. D. R. Lide, ed., *CRC Handbook of Chemistry and Physics*, 83 ed., CRC Press, Boca Raton, FL, 2002.
32. M. Windholz, ed., *The Merck Index*, 10 ed., Merck & Co., Rahway, NJ, 1983.
33. J. V. Hinshaw, 'Optimizing Column Temperature', *LC-GC*, 9, 1991, p.94–98.
34. L. S. Ettre, 'Fifty Years of GC Instrumentation', *LC-GC Europe*, 18, 2005, p.416–421.
35. R. Sacks, H. Smith e M. Nowak, 'High-Speed Gas Chromatography', *Analytical Chemistry*, 70, 1998, p. 29A–37A.

Capítulo 22
Cromatografia líquida

Conteúdo do capítulo

22.1 Introdução: combate a uma epidemia moderna
    22.1.1 O que é cromatografia líquida?
    22.1.2 Como a cromatografia líquida é realizada?
22.2 Fatores que afetam a cromatografia líquida
    22.2.1 Requisitos do analito
    22.2.2 Eficiência de coluna em cromatografia líquida
    22.2.3 O papel da fase móvel em cromatografia líquida
22.3 Tipos de cromatografia líquida
    22.3.1 Cromatografia de adsorção
    22.3.2 Cromatografia de partição
    22.3.3 Cromatografia de troca iônica
    22.3.4 Cromatografia de exclusão por tamanho
    22.3.5 Cromatografia de afinidade
22.4 Sistema de cromatografia líquida e pré-tratamento de amostra
    22.4.1 Tipos de detectores em cromatografia líquida
    22.4.2 Equipamentos de cromatografia líquida e pré--tratamento de amostra

22.1 Introdução: combate a uma epidemia moderna

Em 2006, a comunidade médica dos Estados Unidos reavaliava os 25 anos da batalha travada contra uma epidemia moderna. Essa batalha começou em 1981, quando o U.S. Center for Disease Control (órgão norte-americano de controle de doenças) observou um número incomum de infecções fatais que acometiam jovens do sexo masculino na região de Los Angeles. A doença foi chamada de 'síndrome da imunodeficiência adquirida' ou Aids. Os cientistas logo perceberam que a Aids estava ligada à exposição ao sangue infectado com o vírus da imunodeficiência humana (HIV, do inglês *human immunodeficiency virus*). Em 1986 ainda não se conhecia uma cura para a doença. Um esforço concentrado foi, então, empreendido para encontrar um tratamento.[1,2]

A primeira droga disponibilizada para o combate à Aids foi o 3'-azido-3'-desoxitimidina, ou AZT (veja a Figura 22.1). Tratava-se de um análogo da timidina, um dos quatro nucleotídeos que compõem o DNA. Quando fosforilado pelo organismo, o AZT inibe a replicação do vírus HIV ao bloquear a transcriptase reversa, uma enzima necessária à produção do vírus. O AZT foi testado pela primeira vez em 1985, e foi aprovado para uso em pacientes com Aids somente dois anos mais tarde pela U.S. Food and Drug Administration. Embora ainda não tenha cura, o AZT e drogas correlatas têm contribuído para tratar essa doença que antes era considerada fatal.[3]

O processo de desenvolvimento de drogas como o AZT envolve uma grande quantidade de análises químicas. Por exemplo, devem-se fazer medições durante os estudos em animais e seres humanos para determinar os efeitos e as doses apropriadas de um novo medicamento. Técnicas analíticas também são adotadas pelos fabricantes de medicamento para monitorar a qualidade de uma droga quando ela está pronta para ser lançada no mercado. Um método utilizado com frequência durante o desenvolvimento e a produção de drogas é a *cromatografia líquida*. Neste capítulo, apresentaremos essa técnica e descobriremos como empregá-la na separação química e na análise química.

22.1.1 O que é cromatografia líquida?

A **cromatografia líquida (CL)** é uma técnica cromatográfica na qual a fase móvel é um líquido.[4-7] Esse tipo de cromatografia foi de início desenvolvido pelo botânico rus-

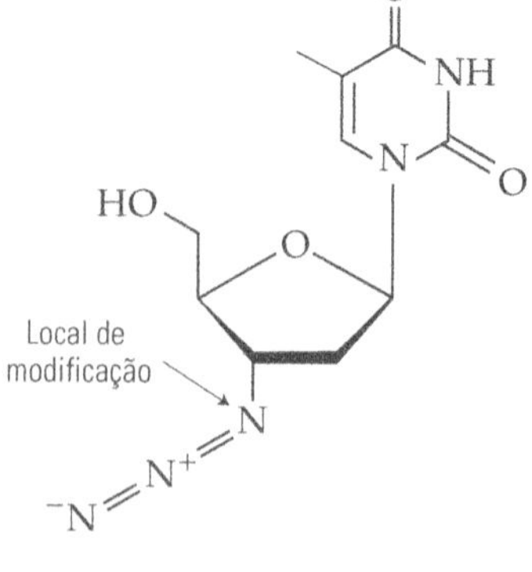

Figura 22.1

Estrutura do AZT. A posição no AZT é modificada a partir da estrutura de timidina. Quando fosforilado, o AZT atua sobre a enzima de transcriptase reversa, impedindo a replicação do HIV.

so Mikhail Tswett em 1903 (veja o Capítulo 20). Tswett conduziu esse trabalho usando um aparelho no qual aplicou a gravidade para passar uma fase móvel líquida e uma mistura de pigmentos vegetais através de uma coluna empacotada.[8] Esse método geral continua sendo usado até hoje na purificação de substâncias químicas em uma variedade de amostras. Embora somente na década de 1960 a cromatografia líquida tenha se tornado um importante instrumento de análise, hoje ela representa o principal tipo de cromatografia encontrado em laboratórios de análise.[9] A popularidade da CL se deve, em grande parte, à capacidade de lidar diretamente com amostras líquidas, o que a torna útil em áreas como as de testes de alimentos, testes ambientais e biotecnologia.[6,7,10,11]

22.1.2 Como a cromatografia líquida é realizada?

A cromatografia líquida pode ser realizada de várias maneiras, porém, os mais modernos laboratórios de análises usam um sistema de CL como o mostrado na Figura 22.2. Esse sistema, usado para realizar CL (e conhecido como *cromatógrafo líquido*), em geral inclui um suporte e uma fase estacionária contidos em uma coluna e uma fase móvel líquida que é depositada em uma coluna por meio de uma bomba. Em aplicações analíticas, um dispositivo de injeção aplica amostras à coluna, enquanto um detector monitora e mede os analitos à medida que deixam a coluna. Um dispositivo de coleta também pode ser colocado após a coluna para capturar os analitos que eluem.

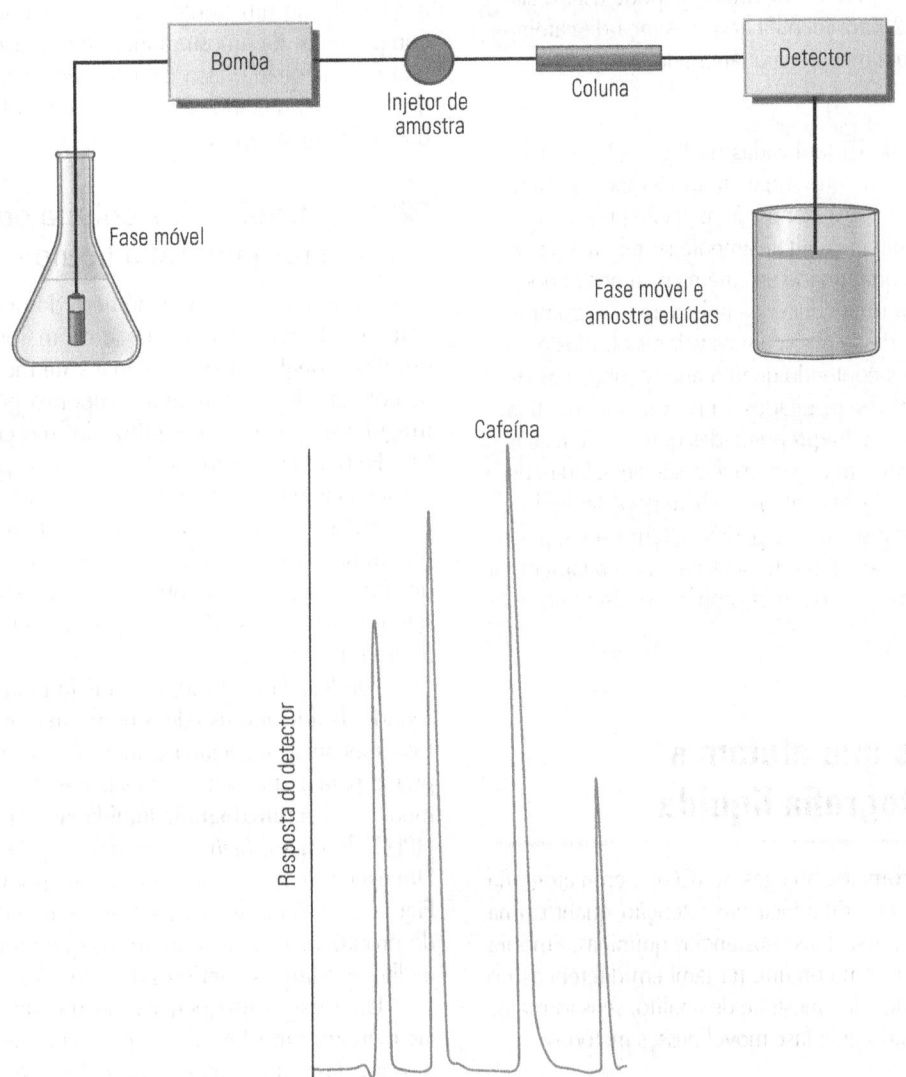

Figura 22.2

Separação obtida com moderno sistema para a realização de análise química por cromatografia líquida. Este sistema é um exemplo de cromatografia líquida de alta eficiência. (A separação mostrada baseia-se em dados da Alltech.)

Um gráfico baseado nesses resultados mostra a resposta do detector em função das quantidades de tempo e volume da fase móvel necessária para que os componentes da amostra deixem a coluna. Esse gráfico é conhecido em CL como um *cromatograma líquido*. O tempo e o volume de retenção de um pico no gráfico podem ajudar a identificar um componente da amostra, enquanto o tamanho do pico pode ser relacionado com a quantidade desse componente na amostra.

> **EXERCÍCIO 22.1** A cromatografia líquida em análise qualitativa e quantitativa
>
> Um químico que trabalha em um laboratório de controle de qualidade pensa em empregar a cromatografia líquida no monitoramento da quantidade de cafeína em um produto farmacêutico. Descreva como ele pode usar o sistema na Figura 22.2 para identificar a presença de cafeína nesse medicamento e medir sua quantidade.
>
> **SOLUÇÃO**
>
> As condições de CL utilizadas na Figura 22.2 fornecem um pico de cafeína que surge em um tempo de retenção de cerca de 6 min. Esse tempo de retenção proporciona um meio de determinar qualitativamente se há cafeína na amostra injetada. A quantidade de cafeína na amostra pode ser determinada por uma curva de calibração para comparar a altura e a área desse pico com os valores obtidos para a injeção de padrões contendo quantidades conhecidas de cafeína. Para melhores resultados, uma quantidade fixa de um padrão interno com propriedades químicas e físicas semelhantes à cafeína (mas que podem ser detectadas de forma independente desse analito) também deve ser incluída nos padrões e amostras. Esse padrão interno serve para corrigir as variações que ocorrem durante o pré-tratamento e a injeção de amostras e padrões, conforme discutido no Capítulo 10.

22.2 Fatores que afetam a cromatografia líquida

Assim como a cromatografia gasosa (CG), a cromatografia líquida requer tanto uma diferença em retenção quanto uma boa eficiência para separar duas substâncias químicas. Embora CL e CG tenham muito em comum, há também diferenças no que se refere a requisitos de amostra e de analito, seus formatos e o papel desempenhado pela fase móvel nesses métodos.

22.2.1 Requisitos do analito

O primeiro requisito a ser cumprido antes de examinar uma substância química por cromatografia líquida é checar a possibilidade de colocá-la em um líquido que possa ser injetado na coluna. Atender a esse requisito não costuma ser um problema, porque muitas substâncias são solúveis em algum tipo de líquido. Tal propriedade popularizou a cromatografia líquida como método de separação de compostos biológicos, polímeros e outros produtos químicos que não podem ser facilmente analisados por CG ou por outros métodos. O uso de um líquido como fase móvel também permite que se realize a CL a uma temperatura muito menor do que a que costuma ser usada em CG, o que torna a CL mais adequada para compostos termicamente instáveis.

O segundo requisito em cromatografia líquida é a existência de uma diferença de retenção entre os analitos a serem separados. Vimos no Capítulo 21 que a retenção em CG pode ser alterada ajustando-se a temperatura e o tipo de fase estacionária na coluna. Em CL, a retenção também pode ser alterada mudando-se a fase móvel. Essa diferença se deve à maior densidade dos líquidos em relação aos gases, o que significa que a retenção de um soluto em CL dependerá da interação dos componentes da amostra tanto com a fase móvel quanto com a fase estacionária. Essa característica torna a CL mais flexível do que a CG quando se otimiza e controla o grau de retenção obtido em uma separação.

22.2.2 Eficiência de coluna em cromatografia líquida

Em função do menor número de pratos encontrados em colunas CL, com frequência se dá maior ênfase à eficiência ou 'desempenho' dessas colunas. Até meados de 1960, todas as colunas de CL continham suportes grandes e de formato irregular semelhantes aos utilizados nas colunas recheadas de CG. Embora esses suportes fossem úteis para separar algumas substâncias químicas por CL, muitas vezes eles forneciam picos largos e separações pobres. Também apresentavam uma estabilidade mecânica limitada e só podiam ser utilizados sob um fluxo de gravidade ou a baixas pressões. Neste capítulo, referimo-nos ao uso desse tipo de suporte como 'cromatografia líquida clássica'.

Na década de 1960, teve início uma mudança em CL no sentido de adotar o uso de suportes mais eficientes e menores.[9] Essa mudança, associada à inclusão de instrumentação apropriada para a utilização de tais materiais, deu origem à técnica moderna de **cromatografia líquida de alta eficiência** (**CLAE**, ou HPLC, do inglês, *high performance liquid cromatography*).[4,9-11] Um exemplo de separação produzida por CLAE foi ilustrado na Figura 22.2. A presença de um suporte mais eficaz nesse método produz picos mais estreitos, o que proporciona separações melhores e limites inferiores de detecção.

Uma das consequências do uso de suportes de partículas menores em CLAE é a necessidade de maior pressão para passar a fase móvel através da coluna. A maioria das colunas de CLAE mais modernas demanda pressões de operação de algumas centenas a alguns milhares de libras por polegada quadrada (psi, onde 1 atm = 14,7 psi). Essas condições requerem bombas especiais e componentes de sistema capazes de operar tais pressões. A amostra em CLAE é aplicada por meio de um sistema fechado (por exemplo, uma válvula de injeção), e a detecção costuma ser realizada usando-se um detector de fluxo contínuo. Prazos de análise rápidos, bons limites de detecção e facilidade de automação da CLAE tornam essa técnica de CL a preferencial na maioria das aplicações analíticas.[10,11] Entre as desvantagens da CLAE em relação à cromatografia líquida clássica estão o custo mais alto e a necessidade de operadores mais qualificados. As colunas de CLAE também tendem a ter menor capacidade de amostra do que o método clássico.

Desde o princípio do desenvolvimento do CLAE, tem se verificado um esforço contínuo de criar suportes ainda mais eficientes para o método. Essa tendência é demonstrada na Tabela 22.1, que mostra uma consistente mudança para suportes menores.[9] Suportes menores ajudam a gerar uma transferência de massa mais rápida, o que, por sua vez, produz alturas de prato menores, números de pratos maiores e picos mais estreitos. Um importante fator que limita a extensão da redução de tamanho dos suportes é o aumento correspondente de pressão necessária para passar a fase móvel através da coluna. Sistemas mais modernos de CLAE podem funcionar sob pressões de até 5.000 a 6.000 psi. Sistemas especializados habilitados a operar sob pressões ainda mais elevadas foram desenvolvidos recentemente para operar em um método conhecido como *cromatografia líquida de ultra-alta pressão*.[12,13]

Muitos tipos de partícula e formatos de suporte para aplicação em CLAE têm surgido (veja a Figura 22.3).[9] Em uma partícula porosa tradicional, em geral a fase móvel flui ao redor — mas não através — da partícula. Essa situação implica que os analitos devem atravessar a partícula por meio de difusão, processo um tanto lento e que leva a um significativo alargamento de banda. Uma forma de aperfeiçoar esse processo é utilizar *partículas de perfusão*, cujos poros maiores permitem à fase móvel passar tanto através quanto em torno das partículas de suporte.[4,9,14] Esse tipo de fluxo reduz a distância média em que os solutos se difundem para atingir a fase estacionária e resulta em um alargamento de banda menor. Obtém-se um efeito semelhante usando-se um *suporte não poroso* ou que tenha uma camada fina porosa ou uma casca porosa.[4,9] Outra forma de melhorar a transferência de massa é usar uma coluna que contenha um suporte poroso de leito contínuo. Trata-se de um tipo de suporte feito com um polímero poroso especialmente preparado e conhecido como *coluna monolítica*.[15,16]

Todas as separações de CL que analisamos até aqui se baseiam em 'cromatografia de coluna', na qual o suporte se mantém dentro de um sistema fechado como um tubo (veja o Capítulo 20).[4,5] Também é possível em CL conduzir uma separação na qual se coloca a fase estacionária em uma superfície plana para executar a 'cromatografia planar' (veja o Quadro 22.1).[4,5] Neste capítulo, focamos nos princípios e nas aplicações analíticas da cromatografia de coluna, mas muitos deles também se aplicam à cromatografia líquida planar.

Tabela 22.1

Mudanças nos suportes de cromatografia líquida ao longo dos últimos 50 anos.*

Ano(s) de aceitação	Tamanho de partícula	Tamanhos nominais mais populares (μm)	Pratos/15 cm (aprox.)
1950	Formato irregular	100	200
1967	Conta de vidro	50 (pelicular)[a]	1.000
1972		10	6.000
1985		5	12.000
1992		3–3,5	22.000
1998[b]		1,5 (pelicular)[a,b]	30.000
1999		5,0 (casca porosa)	8.000[c]
2000		2,5	25.000
2003		1,8	32.500

* Reproduzido com permissão de R. E. Majors, *American Laboratory*, out. 2003, p.46–54.
[a] O temor 'pelicular' refere-se a uma partícula que tem núcleo sólido e camada externa porosa.
[b] Sílica ou resinas não porosas.
[c] Para proteína MM 5700.

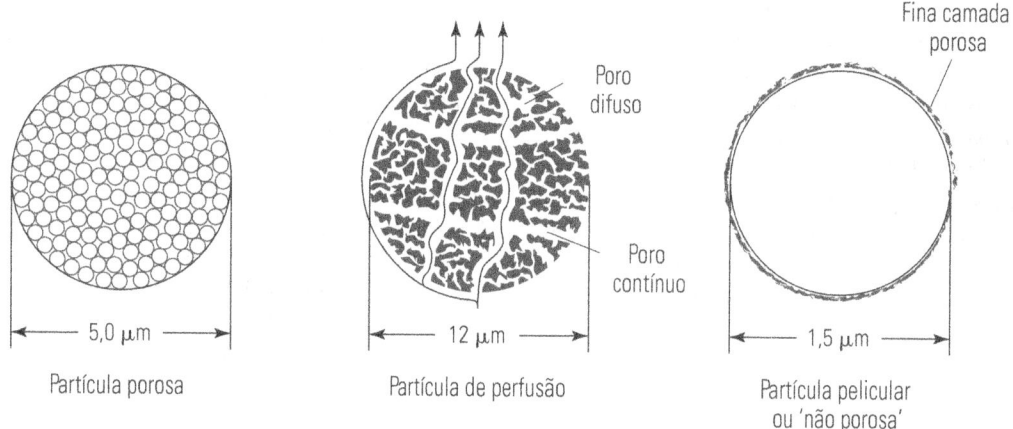

Figura 22.3

Estruturas gerais de partícula de perfusão, porosa e pelicular usadas em cromatografia líquida de alta eficiência (CLAE). (Reproduzido de R. E. Majors, *American Laboratory*, out. 2003, p.46–54.)

22.2.3 O papel da fase móvel em cromatografia líquida

Em CL, a retenção de solutos dependerá de interações envolvendo *ambas* as fases, móvel e estacionária. A situação difere em CG, na qual a fase móvel serve principalmente para passar substâncias através da coluna sem afetar sua retenção. Os termos 'fase móvel fraca' e 'fase móvel forte' descrevem como os solutos são mantidos em uma coluna de CL na presença de um determinado líquido.

Uma **fase móvel forte** em CL é um solvente ou uma solução pura que logo elui um analito retido de uma coluna. Essa situação surge quando o analito favorece a permanência na fase móvel em detrimento da fase estacionária, como ocorre quando o analito é mais solúvel na fase móvel ou tem interações apenas limitadas com a fase estacionária. Uma **fase móvel fraca** em CL é um líquido que elui devagar um analito retido. Esta segunda situação ocorre quando o analito tem maior solubilidade na fase estacionária do que na fase móvel, ou quando a fase móvel promove interações eficazes do soluto com a fase estacionária. Veremos vários exemplos de fases móveis fortes ou fracas mais adiante neste capítulo.

Modificar a composição da fase móvel é um importante meio de alterar a retenção dos analitos em colunas de CL. O uso de uma composição de fase móvel constante para eluição se chama **eluição isocrática**.[4,5] Nesse caso, o líquido usado para eluição costuma ser a mistura de um solvente que é uma fase móvel fraca e outro solvente que é uma fase móvel forte; a mistura fornece uma nova fase móvel que produz um grau intermediário de retenção para o analito. Embora seja simples e barata de realizar, a eluição isocrática torna difícil eluir todos os solutos com boa resolução e em um período de tempo razoável (devido ao problema de eluição geral; veja o Capítulo 21). Mudar a composição da fase móvel ao longo do tempo resulta em um tipo de eluição por gradiente conhecido como **gradiente de solvente**.[5,6] Este segundo método começa com uma fase móvel fraca que permite que os solutos fracamente retidos eluam mais lentamente da coluna. Uma transferência se dá ao longo do tempo para uma fase móvel forte que permite que solutos muito retidos eluam mais rapidamente da coluna. Por convenção, a fase móvel fraca na programação de solvente é chamada de 'solvente A', e a fase móvel forte, de 'solvente B'.[4] A programação de solvente pode ser realizada em uma ou mais etapas e por meio de uma mudança linear ou não linear no conteúdo da fase móvel ao longo do tempo.

22.3 Tipos de cromatografia líquida

Uma forma comum de agrupar as técnicas de CL é fazê-lo de acordo com os mecanismos pelos quais elas separam os solutos. Isso resulta em cinco tipos principais de CL, como ilustra a Figura 22.5. Essas categorias incluem (1) cromatografia de adsorção, (2) cromatografia de partição, (3) cromatografia de troca iônica, (4) cromatografia de exclusão por tamanho e (5) cromatografia de afinidade.[5]

22.3.1 Cromatografia de adsorção

Princípios gerais. O primeiro tipo principal de CL é a **cromatografia de adsorção**.[4,5] Trata-se de uma técnica cromatográfica que separa os solutos com base em sua adsorção à superfície de um suporte. Em CL, esse método também é conhecido como *cromatografia líquido-sólido* (CLS);[4] o equivalente em CG é a cromatografia gás-sólido. A cromatografia de adsorção usa o mesmo material tanto na fase estacionária quanto no suporte. Na verdade, muitos dos suportes utilizados em cromatografia gás-sólido também são aplicáveis em cromatografia líquido-sólido.

Quadro 22.1 Cromatografia em papel e em CCD

Há duas maneiras principais de se usar um suporte planar em cromatografia líquida: em papel e em camada delgada. A *cromatografia em papel* é a mais antiga das duas técnicas, e utiliza papel como suporte. A *cromatografia em camada delgada* (CCD, ou TLC, do inglês, *thin-layer chromatography*) é mais popular do que a cromatografia em papel nos laboratórios modernos, e emprega um suporte particulado como a sílica, revestida de vidro ou de lâmina de plástico.[5-7]

Ambos os métodos são realizados primeiro com a aplicação de uma pequena quantidade da amostra próximo a uma borda do plano (veja a Figura 22.4). Essa borda é colocada em contato com a fase móvel, que entra e se desloca ao longo da superfície do plano. Quase sempre se usa ação capilar para criar o fluxo da fase móvel nesses métodos. À medida que passa sobre a amostra, a fase móvel começa a carregar os analitos consigo pelo suporte e pela fase estacionária. Mais tarde, o suporte é removido da fase móvel antes que a frente do solvente alcance a outra borda do prato, e este é examinado para determinar a localização das bandas do analito.[6,7]

Tanto na cromatografia em papel quanto na CCD, os analitos que não interagem com a fase estacionária se deslocarão à mesma velocidade que a fase móvel (ou a 'frente do solvente'). Os analitos que efetivamente interagem com a fase estacionária terão velocidades mais lentas de deslocamento. Essa retenção é descrita em cromatografia planar por meio da relação entre a distância percorrida por um dado analito (D_s) e a distância percorrida no mesmo período de tempo pela frente do solvente (D_f). Isso gera um valor conhecido como fator de retenção (R_F).

$$R_F = D_s/D_f \qquad (22.1)$$

O valor de R_F é baixo para analitos com retenção forte, e estará sempre entre zero e um, porque D_s deve ser menor ou igual a D_f.[5,6]

A CCD e a cromatografia em papel são econômicas e fáceis de realizar. Tais vantagens popularizaram essas técnicas em química orgânica para análise e isolamento de compostos recém-sintetizados.[17] Elas também são utilizadas em larga escala em testes qualitativos de exame de drogas em funcionários e em química clínica para examinar o teor de aminoácido em várias amostras.[18,19] As desvantagens da CCD e da cromatografia em papel incluem o fato de que elas costumam ser realizadas manualmente e têm uma resolução menor, precisão deficiente e limites de detecção menos eficientes do que a CLAE (o método preferencial para a maioria das aplicações que envolvem análise quantitativa por cromatografia líquida).[6,7] No entanto, é possível, em parte, superar esses inconvenientes usando-se suportes mais eficientes e realizando-se a CCD como parte de um sistema automatizado.[6,20]

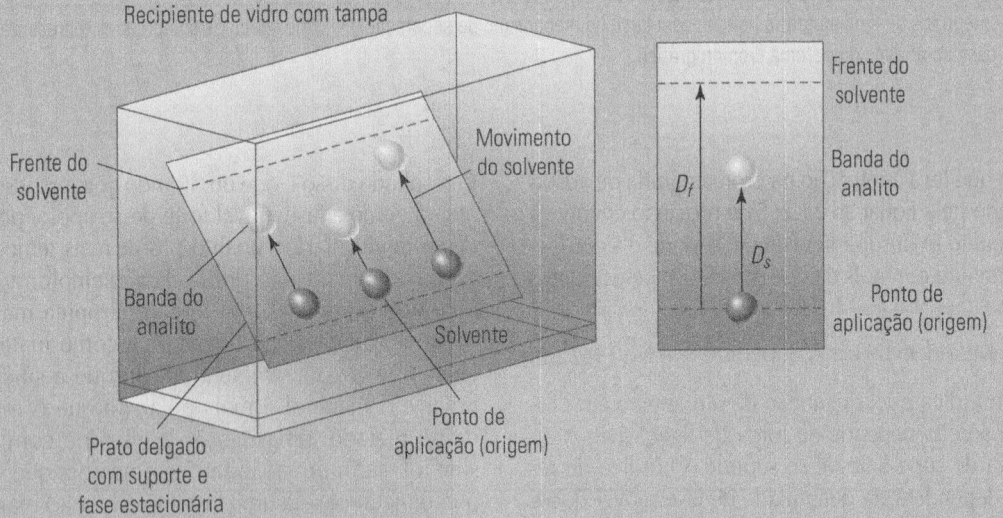

Figura 22.4
Sistema comum usado na realização da cromatografia em camada delgada (CCD).

Cromatografia de adsorção:
solutos adsorvem à superfície de um suporte

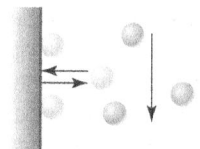

Cromatografia de exclusão por tamanho:
suporte poroso separa solutos com base em tamanho/formato

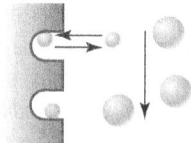

Cromatografia de partição:
solutos sofrem partição em uma camada polar ou apolar

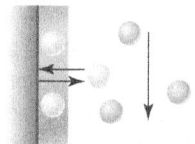

Cromatografia de troca iônica:
solutos carregados se ligam a cargas fixas

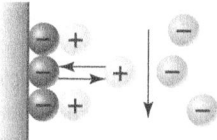

Cromatografia de afinidade:
solutos se ligam de modo seletivo a um ligante biologicamente relacionado

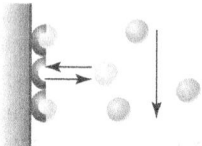

Figura 22.5

As cinco principais categorias de cromatografia líquida, com base no mecanismo de separação. Os vários círculos sombreados representam os diferentes tipos de soluto que passam através do sistema cromatográfico.

O processo que leva à retenção na cromatografia de adsorção é representado pela Equação 22.2. Esse processo envolve a ligação de um analito (A) à superfície de um suporte e a competição entre esse analito e n mols da fase móvel (M) pelos pontos de ligação.

$$A + n\,\text{M-Superfície} \rightleftarrows \text{A-Superfície} + n\,\text{M} \quad (22.2)$$

Este modelo indica que a retenção de um analito em cromatografia de adsorção depende da força de ligação de A ao suporte e da área de superfície desse suporte. O índice de retenção também dependerá da quantidade de fase móvel que é deslocada da superfície por A, da força com que a fase móvel se liga ao suporte e da quantidade relativa de fase móvel que é deslocada pelo analito.[6]

A força de uma fase móvel em cromatografia de adsorção se caracteriza por um termo conhecido como *força elutrópica* (ε^o).[4,6,7] A força elutrópica mede a intensidade com que uma determinada mistura de solvente ou de líquido adsorve à superfície de um determinado suporte. Alguns exemplos de força elutrópica estão listados na Tabela 22.2 para suportes de sílica e alumina. Um líquido com grande força elutrópica adsorverá fortemente a um determinado suporte, o que (como indica a Equação 22.2) impedirá que o analito se ligue ao suporte.

O resultado disso é que um líquido com grande força elutrópica atuará como a fase móvel forte desse apoio, porque a presença desse líquido fará o analito passar mais tempo na fase móvel e eluir depressa da coluna. Por exemplo, a Tabela 22.2 indica que o metanol tem força elutrópica maior do que o n-pentano quando se utiliza sílica como material de suporte. Esses números fazem sentido, porque a sílica é um suporte polar e o metanol é mais polar do que o n-pentano, o que dá ao metanol uma ligação mais forte com a superfície da sílica. Essa informação também nos diz que se pode esperar que o metanol seja uma fase móvel muito mais forte do que o n-pentano quando se utiliza uma coluna contendo sílica em uma cromatografia de adsorção.

Fases estacionária e móvel. A sílica (fórmula empírica, SiO_2) é o suporte mais popular em cromatografia de adsorção. Visto que é polar por natureza, a sílica reterá mais os compostos polares. Uma fase móvel forte para a sílica também será polar. A alumina (fórmula empírica, Al_2O_3) é outro material polar usado em cromatografia de adsorção. Assim como a sílica, a alumina é um suporte de uso geral, mas pode reter alguns solutos polares tão fortemente que eles serão adsorvidos de modo irreversível em sua superfície. Às vezes, materiais à base de carbono servem como suportes apolares em uma cromatografia de adsorção,

Tabela 22.2

Força elutrópica (ε^o) em vários solventes de sílica e alumina.*

Solvente	ε^o em sílica	ε^o em alumina
n-Pentano	0	0
n-Hexano	0	0,01
Tetracloreto de carbono	0,11	0,17
Éter isopropílico	0,32	0,28
Clorofórmio	0,26	0,36
Diclorometano	0,30	0,40
Tetraidrofurano	0,53	0,51
Acetato de etila	0,48	0,60
Acetonitrila	0,52	0,55
Dioxano	0,51	0,61
Isopropanol	0,60	0,82
Metanol	0,70	0,95
Água	>0,73	>0,95

* Dados obtidos de E. Katz et al., eds., *Handbook of HPLC*, Marcel Dekker, Nova York, 1998, e C.F. Poole e S.K. Poole, *Chromatography Today*, Elsevier, Amsterdã, Holanda, 1991.

produzindo colunas que retêm solutos apolares e têm uma fase móvel forte que é apolar. Um aumento na área de superfície de qualquer desses suportes em geral leva a uma retenção mais forte do analito, porque isso aumenta a quantidade de fase estacionária em relação à fase móvel (ou a razão de fase).[4,6,7]

Vimos que a força elutrópica serve para descrever a capacidade de uma fase móvel de se ligar a um determinado suporte em cromatografia de adsorção. Para qualquer suporte, líquidos que têm maior força elutrópica representarão fases móveis mais fortes. Essa situação torna-se mais complicada quando se utilizam misturas líquidas, porque a força elutrópica muda de um modo não linear quando diferentes solventes são combinados. Esse efeito é ilustrado na Figura 22.6, na qual mesmo a adição de uma pequena quantidade de um solvente polar como isopropanol a um solvente apolar como o hexano resulta em uma grande mudança na força elutrópica sobre a sílica. Esse comportamento não linear dificulta o uso de gradiente de solventes em cromatografia de adsorção. É também importante usar solventes de alta pureza nas fases móveis em cromatografia de adsorção, pois até mesmo uma impureza residual (por exemplo, uma pequena contaminação da água em um solvente apolar como o hexano) pode causar uma alta variação na força elutrópica.

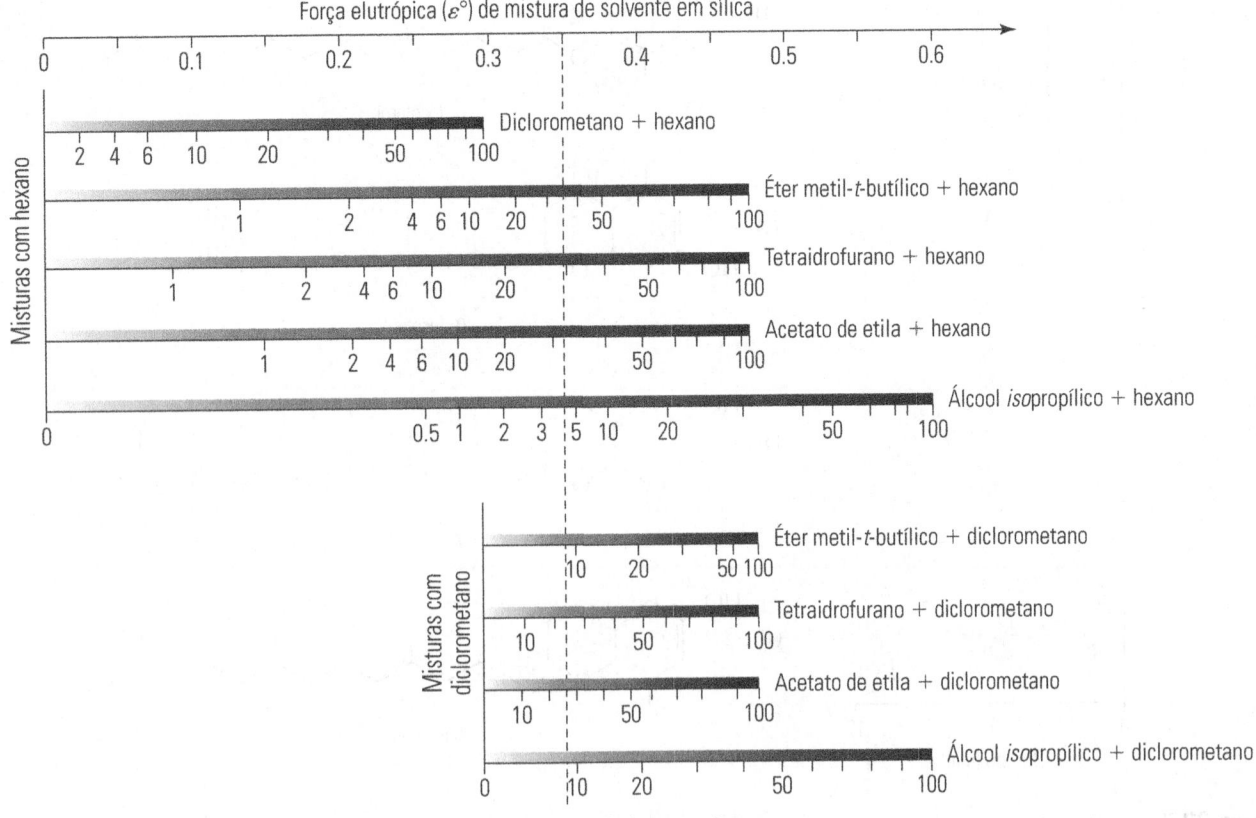

Figura 22.6

Forças elutrópicas de solventes para várias misturas de dois solventes em sílica. (Adaptado de V.R. Meyer e M.D. Palamereva, *Journal of Chromatography*, 641, 1993, p.391.)

Mudar para um líquido com menor força elutrópica em cromatografia de adsorção produzirá uma fase móvel que se liga mais de modo mais fraco ao suporte. O resultado é um líquido que atua como uma fase móvel fraca, porque o analito será capaz de se ligar facilmente ao suporte na presença desse líquido, levando a uma alta retenção. Se, em vez disso, uma troca é feita em uma fase móvel com força elutrópica maior, será mais difícil para os analitos adsorverem ao suporte e haverá uma menor retenção do analito. Ajustes na fase móvel também podem ser usados para alterar o fator de seletividade em cromatografia de adsorção, passando-se de uma mistura de solvente para outra com força elutrópica equivalente. Na Figura 22.6, isso poderia ser feito mudando-se de uma mistura de 33 por cento: 67 por cento (v/v) de metil-t-butil éter (MTBE) em hexano para uma mistura de 29: 71 por cento de tetraidrofurano (THF) em hexano ou uma mistura de 8: 92 por cento de isopropanol em diclorometano, todos os quais têm força elutrópica de 0,35. Isso resultaria em um cromatograma no qual os índices de retenção de muitos analitos são praticamente os mesmos, mas com ocorrências de algumas variações de retenção que podem levar a uma resolução melhor entre picos de eluição intimamente relacionados.[6]

Aplicações. O custo um tanto baixo e a disponibilidade generalizada tornaram suportes como a alumina e a sílica populares como ferramentas de preparação usadas por químicos especializados em substâncias sintéticas para purificar novas substâncias. A sílica e a alumina separam bem as substâncias químicas presentes em um solvente orgânico, que atuará como uma fase móvel fraca para esses suportes. A cromatografia de adsorção é especialmente útil na separação de isômeros geométricos e substâncias pertencentes a uma determinada classe de substâncias (como ilustra a Figura 22.7). Tal abordagem pode ser usada por um químico especializado em substâncias sintéticas para remover subprodutos indesejados durante a concepção de métodos aprimorados para a síntese de AZT e de outras drogas.[6,7]

Existem alguns problemas no uso da cromatografia de adsorção em aplicações analíticas. Entre eles, natureza heterogênea da superfície em sílica ou alumina e a capacidade dessas superfícies de agir como catalisadores para algumas reações químicas. Tais suportes também podem criar uma retenção não reprodutível para compostos polares e exigirem o uso de solventes de boa qualidade para as fases móveis de modo a produzir forças elutrópicas consistentes. Muitas dessas dificuldades

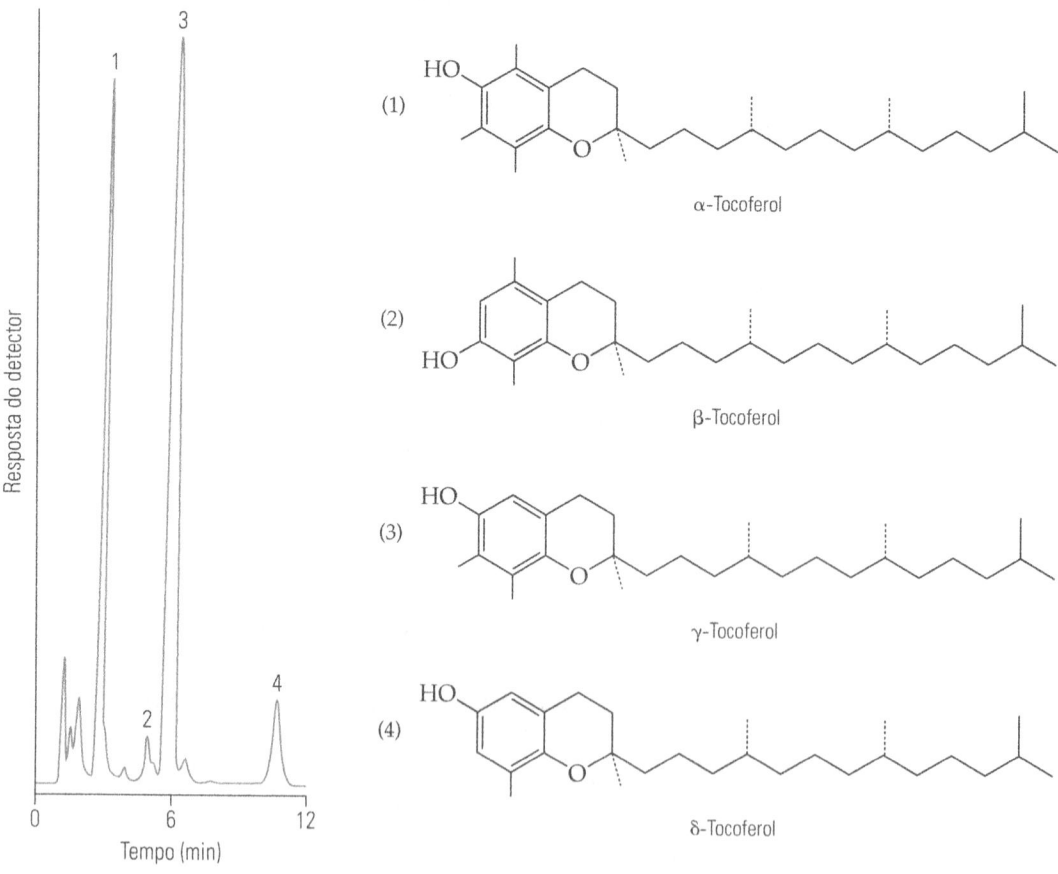

Figura 22.7

Separação de tocoferóis em óleo de milho por cromatografia de adsorção, utilizando sílica como suporte e fase estacionária. Observe que, neste caso, a adição ou mudança de posição de um único grupo metil provoca uma grande mudança na retenção para essa classe de analitos. Essa separação envolveu eluição isocrática em 1,0 mL/min com uma fase móvel contendo 0,3 por cento de álcool isopropílico em iso-octano. (Reproduzido de B.A. Bidlingmyer, *Practical HPLC Methodology and Applications*, Wiley, Nova York, 1992.)

são as mesmas que aquelas observadas em cromatografia gás-sólido (veja o Capítulo 21).

22.3.2 Cromatografia de partição

Princípios gerais. A **cromatografia de partição** é o segundo principal tipo de cromatografia líquida.[5] Trata-se de uma técnica cromatográfica na qual os solutos são separados com base em sua partição entre uma fase móvel líquida e uma fase estacionária revestida em um suporte sólido. De modo geral, o suporte usado é de sílica, mas pode ser de outros materiais. Na origem, a cromatografia de partição envolvia revestir o suporte com uma fase estacionária líquida que fosse imiscível com a fase móvel. A maioria das colunas mais modernas para esse tipo de cromatografia emprega fases estacionárias quimicamente ligadas ao suporte.

Existem duas categorias principais de cromatografia de partição: a *cromatografia de fase normal* e a *cromatografia de fase reversa*.[4-7] A principal diferença entre esses métodos é a polaridade de suas fases estacionárias. A **cromatografia de fase normal** (também chamada de 'cromatografia líquida de fase normal' ou 'NPLC', do inglês, *normal-phase liquid chromatography*) é um tipo de cromatografia de partição que usa fase estacionária polar.[4,5] Exemplos disso são mostrados na Tabela 22.3 e, de modo geral, contêm grupos capazes de formar ligações de hidrogênio ou de sofrer interações de dipolo. Uma vez que possui uma fase estacionária polar, a NPLC retém compostos polares mais fortemente. A fase móvel fraca em NPLC é um líquido apolar (por exemplo, *n*-hexano ou tolueno), usado como o solvente de injeção. Uma fase móvel forte é um líquido polar, como água ou metanol.

A **cromatografia de fase reversa** (também conhecida como 'cromatografia líquida de fase reversa' ou 'RPLC', do inglês, *reversed-phase liquid chromatography*) é o segundo tipo de cromatografia de partição. A RPLC usa uma fase estacionária apolar, que é oposta ou tem polaridade 'revertida' em relação à fase estacionária utilizada em cromatografia de fase normal. (*Observação*: historicamente, a NPLC foi desenvolvida antes da RPLC.)[4,5] Algumas fases estacionárias bastante aplicadas em RPLC também são mostradas na Tabela 22.3. Essas fases estacionárias em geral contêm grupos alcanos saturados como as cadeias de C_8 ou C_{18}, que formam uma camada apolar sobre o suporte. A RPLC é atualmente o tipo mais popular de cromatografia líquida.[6,10,11,21] A principal razão da popularidade é que a fase móvel fraca em RPLC é um solvente polar, assim como a água. Isso torna a RPLC ideal para separar solutos em sistemas aquosos, incluindo medicamentos em amostras clínicas ou farmacêuticas.[6,7,10,11]

A retenção de solutos na cromatografia de partição pode ser descrita pelo equilíbrio de solubilidade da Equação 22.3. Esse processo é descrito por uma constante de distribuição (K_D) da mesma forma que foi usada para descrever a distribuição de um analito em uma extração (veja o Capítulo 20).[7]

$$A_{\text{fase móvel}} \xrightleftharpoons{K_D} A_{\text{fase estacionária}}$$

$$K_D = \frac{[A]_{\text{fase estacionária}}}{A_{\text{fase móvel}}} \quad (22.3)$$

A constante de distribuição para o analito na fase móvel e na fase estacionária da coluna pode ser diretamente relacionada ao índice de retenção do soluto (k), como mostrado a seguir,

$$k = K_D (V_S/V_M) \quad (22.4)$$

Tabela 22.3

Fases estacionárias comuns em cromatografia de partição.

Cromatografia líquida de fase normal (NPLC)		
Nome da fase estacionária	Abreviatura	Estrutura
Fase cianopropil	CN	Suporte-$CH_2CH_2CH_2CN$
Fase aminopropil	NH_2	Suporte-$CH_2CH_2CH_2NH_2$
Fase diol	Diol	Suporte-$(CH_2)_3OCH_2CHCH_2$ com OH OH

Cromatografia líquida de fase reversa (RPLC)		
Nome da fase estacionária	Abreviatura	Estrutura
Fased octadecil	C_{18}	Suporte-$(CH_2)_{17}CH_3$
Fase octil	C_8	Suporte-$(CH_2)_7CH_3$
Fase ciclohexil	CH	Suporte—⬡
Fase fenil	PH	Suporte—⬡

em que V_S é o volume da fase estacionária na coluna e V_M, o volume de morto da coluna. Esta equação indica que o índice de retenção aumenta em cromatografia de partição quando sobe a tendência desse soluto de entrar na fase estacionária (K_D) ou aumenta o volume relativo de fase estacionária em relação à fase móvel na coluna (V_S/V_M, a razão de fase).

A força relativa de uma fase móvel em NPLC ou em RPLC pode ser descrita por meio do *índice de polaridade do solvente (P)*.[22,23] De acordo com a Tabela 22.4, o valor de P é baixo para um solvente apolar, e ele aumenta à medida que avançamos para solventes mais polares como a água. Uma vantagem do uso do índice de polaridade para descrever a força da fase móvel em NPLC e em RPLC é que P varia linearmente quando se misturam dois solventes diferentes. Isso torna esse índice útil ao ajuste da composição da fase móvel e a retenção do analito. Para calcular o índice de polaridade do solvente para uma mistura de dois solventes, aplica-se a seguinte fórmula,

$$P_{tot} = \varphi_A P_A + \varphi_B P_B \qquad (22.5)$$

em que P_{tot} é o índice de polaridade do solvente para a mistura dos solventes A e B que têm índice de polaridade individual de P_A ou P_B, e φ_A ou φ_B são as frações de volume dos solventes na nova fase móvel.[23] Um exemplo desse cálculo é fornecido no exercício a seguir.

Tabela 22.4

Polaridades do solvente para vários líquidos em cromatografia de partição.*

Líquido	Índice de polaridade do solvente, P
Tetracloreto de carbono	1,56
Éter *iso*propílico	1,83
Clorofórmio	4,31
Diclorometano	4,29
Tetraidrofurano	4,28
Acetato de etila	4,24
Acetonitrila	5,64
Dioxano	5,27
*Iso*propanol	3,92
Metanol	5,10
Água	10,2

Dados obtidos de E. Katz et al., eds., *Handbook of HPLC*, Marcel Dekker, Nova York, 1998.

EXERCÍCIO 22.2 Cálculo do índice de polaridade do solvente em uma fase móvel

Um químico farmacêutico que trabalha com o AZT começa a lidar com uma coluna de RPLC usando uma mistura de 10: 90 por cento (v/v) de acetonitrila e água como fase móvel. Qual é o índice de polaridade do solvente dessa mistura? Qual seria o índice de polaridade do solvente se a fase móvel fosse alterada para uma mistura de 25: 75 por cento (v/v) de acetonitrila na água?

SOLUÇÃO

Pela Tabela 22.4, podemos obter os índices de polaridade do solvente da acetonitrila e da água, que nos dá valores de 5,64 para $P_{Acetonitrila}$ e 10,2 para P_{H_2O}. Sabemos que as frações de volume desses solventes na fase móvel são 0,10 e 0,90, ou 10 por cento e 90 por cento (v/v). Podemos, então, usar essas informações na Equação 22.5 para calcular o P_{tot} da mistura.

$$P_{tot} = (0,10)(5,64) + (0,90)(10,2) = \mathbf{9,74}$$

Um cálculo semelhante para uma mistura de 25: 75 por cento de acetonitrila e água fornece um P_{tot} de **9,06**.

Fases estacionárias e fases móveis. Os primeiros trabalhos com NPLC e RPLC envolviam o uso de fases estacionárias líquidas revestidas em suportes sólidos. Por essa razão, a cromatografia de partição também é conhecida como 'cromatografia líquido-líquido'. No entanto, a utilização de fases estacionárias líquidas pode conduzir a um sangramento de coluna, como vimos no Capítulo 21, quando usamos tais fases estacionárias em CG. Este problema pode ser resolvido aplicando-se fases estacionárias quimicamente ligadas ao suporte. Essas fases ligadas passaram a ser muito empregadas em cromatografia de partição por causa de uma estabilidade e de uma eficiência maiores em comparação com as fases estacionárias líquidas. Com frequência, a sílica serve como suporte para colunas NPLC ou RPLC. Para colocar fases quimicamente ligadas sobre esse suporte, grupos silanóis na superfície da sílica são antes tratados com um composto organo-silício contendo a fase estacionária desejada como uma cadeia lateral. Um exemplo de tal reação é apresentado na Figura 22.8, na qual grupos C_{18} são colocados em sílica para serem usados em RPLC. Quando preparamos um suporte de fase quimicamente ligada com a sílica, é importante que o composto organo-silício cubra ou sofra reação com o maior número possível de grupos silanóis da fase estacionária. Caso contrário, o resultado é um suporte que interage com os analitos em mais de uma maneira. Essas interações de 'modo misto' podem criar picos mais largos e de baixa resolução. Esses efeitos podem ser minimizados posteriormente pela reação da sílica com um composto organo-silício de baixo peso molecular (como o cloro trimetilsilano) capaz de alcançar mais grupos silanóis na superfície da sílica. Esse processo é conhecido como *endcapping*.[4] Agentes como a trietilamina e o ácido trifluoroacético também podem ser adicionados à fase móvel para evitar a ligação de grupos silanol a analitos.[6,7,23]

Uma fase móvel fraca para NPLC será um solvente ou uma mistura de solventes com um baixo índice de polaridade do solvente (P_{tot}) enquanto uma fase móvel forte terá P_{tot} de valor elevado. A fase móvel fraca para RPLC apresentará P_{tot} alto enquanto a fase móvel forte um P_{tot} baixo. Se estamos lidando com um analito que é um ácido fraco ou uma base fraca, o pH da fase móvel é outro fator que pode exercer grande efeito sobre a retenção em cromatografia de partição. Por exemplo, em RPLC, a forma neutra protonada de um ácido fraco monoprótico (HA)

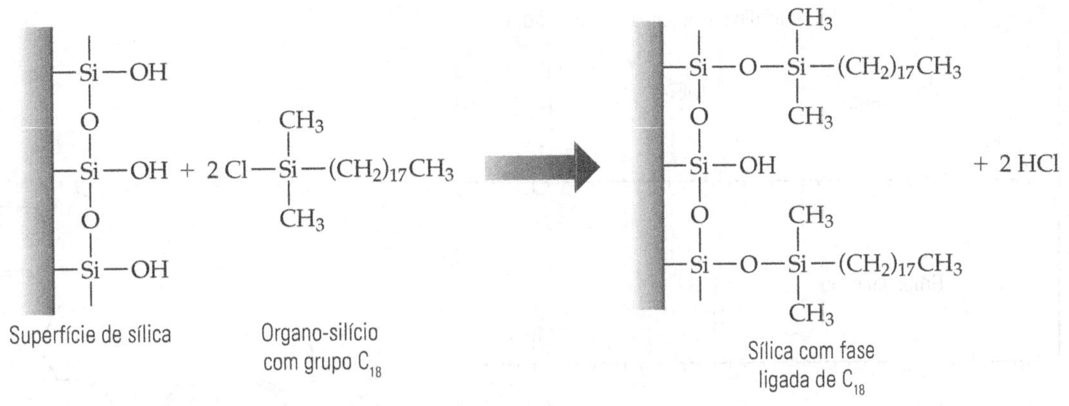

Figura 22.8

Reação de grupos silanóis na superfície de sílica com um composto organo-silício para formar uma fase estacionária ligada de C_{18} em cromatografia de fase reversa. O tamanho relativamente grande desse organo-silício em particular vai impedi-lo de reagir com todos os grupos silanóis disponíveis de sílica. Alguns dos grupos silanóis restantes poderão ser removidos depois por sua reação com um organo-silício de menor peso molecular como o cloreto de trimetilsilano (reagente discutido no Capítulo 21), em um processo conhecido como *endcapping*.

vai eluir depois de sua base conjugada (A^-). Quando alteramos o pH, alteramos as quantidades relativas dessas espécies. Visto que a maioria das reações ácido-base acontece muito rápido, o que em geral se observa é apenas um pico com média ponderada dos tempos de retenção do ácido e da base conjugada. Um efeito semelhante ocorre com os analitos que sofrem outros tipos de reação rápida, como a formação de complexos com aditivos de fase móvel.[6]

Aplicações. A cromatografia de partição é hoje o tipo mais comum de cromatografia líquida utilizado em laboratórios analíticos. A NPLC tem aplicações similares às listadas antes para a cromatografia de adsorção com sílica ou com alumina. Essas aplicações em geral envolvem o uso de NPLC para separar os analitos em solventes orgânicos e em substâncias químicas que contêm grupos funcionais polares. Exemplos de substâncias para as quais se emprega NPLC incluem esteroides, pesticidas, terpenoides, detergentes não iônicos, açúcares e metais complexos.[6,10,11,23]

A RPLC é de longe o tipo mais popular de cromatografia de partição e de cromatografia líquida. Há várias razões para essa popularidade. Primeiro, a RPLC separa substâncias químicas com base em sua polaridade geral, o que a torna útil para uma ampla gama de substâncias. O fato de a fase móvel fraca de RPLC ser um solvente polar como a água constitui outro recurso valioso que permite que amostras aquosas sejam injetadas diretamente em uma coluna de fase reversa. Essa característica torna a RPLC apropriada para examinar amostras clínicas, biológicas e ambientais, como indica a lista de possíveis analitos na Tabela 22.5.[6,10,11,23] A RPLC é frequentemente empregada na indústria farmacêutica como um método para separar e analisar drogas em fase de testes e desenvolvimento. Isso é ilustrado na Figura 22.9, onde os níveis de um medicamento e seus metabólitos para Aids são medidos após esse agente ser ministrado a seres humanos e a animais.

Tabela 22.5

Aplicações comuns da cromatografia líquida de fase reversa.

Área	Analitos
Bioquímica	Aminoácidos, proteínas, carboidratos, lipídios
Química clínica	Drogas, metabólitos, ácidos biliares, aminoácidos
Química ambiental	Pesticidas, herbicidas, fenóis, bifenilas policloradas
Química alimentar	Adoçantes artificiais, antioxidantes, aflatoxinas, aditivos
Química forense	Drogas, venenos, álcool, narcóticos
Química industrial	Aromáticos condensados, corantes, propulsores, surfactantes
Química farmacêutica	Antibióticos, sedativos, esteroides, analgésicos

22.3.3 Cromatografia de troca iônica

Princípios gerais. A **cromatografia de troca iônica** (**IEC**, do inglês, *ion-exchange chromatography*) é uma técnica de cromatografia líquida na qual os solutos são separados por sua adsorção a um suporte contendo cargas fixas na superfície.[4,5] A troca iônica constitui uma técnica utilizada de rotina em setores da indústria para remoção ou substituição de íons em produtos. Um purificador de água doméstico é um exemplo comum do uso de troca iônica. Esse processo também é usado em cromatografia para separar compostos carregados, incluindo íons inorgânicos, íons orgânicos, aminoácidos, proteínas e ácidos nucleicos.[6,7,10,11,23]

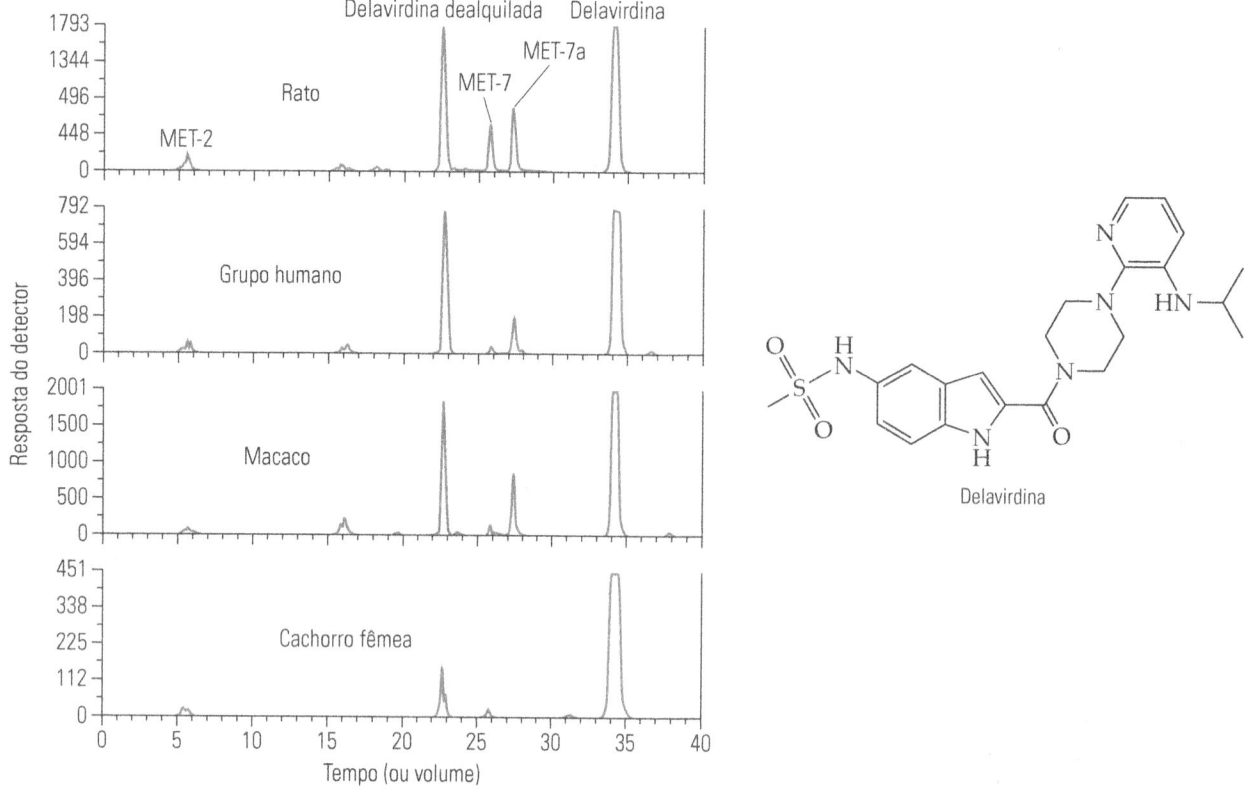

Figura 22.9

Uso de cromatografia de fase reversa na análise da concentração do medicamento para Aids, delavirdina, e seus metabólitos (desalyl delavirdina, MET-2, MET-7 e MET-7a) em várias amostras biológicas. (Reproduzido de R. L. Voorman et al., *Drug Metabolism and Disposition*, 26, 1998, p. 631-639.)

A seguir, mostramos uma reação de troca iônica característica, que descreve a competição de um cátion da amostra (A^+) e um cátion que compete (C^+) por um local de troca iônica negativamente carregado em um suporte.

$$A^+ + Apoio^-(C^+) \rightleftharpoons Apoio^-(A^+) + C^+ \quad (22.6)$$

$$K_{A,C} = \frac{[Apoio^-(A^+)][C^+]}{[A^+][Apoio^-(C^+)]} \quad (22.7)$$

Pode-se escrever um processo semelhante para a ligação de um ânion da amostra (A^-) a um suporte com grupos positivamente carregados na presença de um ânion concorrente (C^-). A constante de equilíbrio, $K_{A,C}$, para tal reação de troca iônica é chamada de *coeficiente de seletividade*, pois descreve a efetividade com que o analito compete com determinado íon concorrente pelos locais de troca iônica.[4] À medida que aumenta o tamanho desse coeficiente seletivo, temos uma retenção maior para o analito.[6,23]

Vários fatores afetam a retenção de analitos carregados em uma coluna de troca iônica. Esses fatores incluem (1) a natureza dos grupos de troca iônica e sua acessibilidade ao suporte, (2) o tipo e a concentração de íons do analito e (3) a natureza e a concentração dos íons concorrentes na fase móvel. O pH da fase móvel também será importante se tivermos locais de troca iônica, analitos ou íons concorrentes que sejam ácidos fracos ou bases fracas, porque uma mudança no pH poderá afetar as cargas sobre tais agentes.

Fases estacionárias e fases móveis. Há dois tipos gerais de fase estacionária usados em cromatografia de troca iônica. O primeiro deles é um 'trocador de cátions', que tem um grupo com carga negativa e serve para separar íons positivos. O segundo tipo é um 'trocador de ânions', que tem um grupo com carga positiva e serve para separar íons negativos. Esses dois grupos de fases estacionárias são utilizados nos métodos de **cromatografia de troca catiônica** e **cromatografia de troca aniônica**, respectivamente.[4,5] A Tabela 22.6 mostra alguns grupos carregados que servem como fases estacionárias nesses métodos. Na cromatografia de troca catiônica, a fase estacionária é a base conjugada de um ácido forte (por exemplo, um ácido sulfônico) ou a base conjugada de um ácido fraco (como um grupo carboxilato). Na cromatografia de troca aniônica, o ácido conjugado de uma base forte (como uma amina quaternária) ou uma base fraca (como uma amina terciária) é usado como fase estacionária.[6,7,10,23]

A sílica poderá ser usada como suporte para a cromatografia de troca iônica caso tenha sido modificada para conter grupos carregados em sua superfície. Outro suporte bastante

Tabela 22.6

Fases estacionárias comuns na cromatografia de troca iônica.

Cromatografia de troca catiônica Nome	Tipo de trocador	Estrutura
Ácido sulfônico	Ácido forte	Suporte -$SO_3^-H^+$
Sulfoetil (SE)	Ácido forte	Suporte -$O(CH_2)_2SO_3^-H^+$
Sulfopropril (SP)	Ácido forte	Suporte -$O(CH_2)_3SO_3^-H^+$
Ácido carboxílico	Ácido fraco	Suporte -COO^-H^+
Carboximetil	Ácido fraco	Suporte -$OCH_2COO^-H^+$

Cromatografia de troca aniônica Nome	Tipo de trocador	Estrutura
Amino quaternária	Base forte	Suporte -$CH_2N(CH_3)_3^+Cl^-$
Trietilaminoetil (TEAE)	Base forte	Suporte —$O(CH_2)_2N^+(CH_2CH_3)_3 Cl^-$
Dietil(2-hidroxipropil) amino quaternária (QAE)	Base forte	Suporte —$O(CH_2)_2N^+(CH_2CH_3)_2(CH_2CHOHCH_3) Cl^-$
Dietilaminoetil (DEAE)	Base fraca	Suporte —$O(CH_2)_2NH^+(CH_2CH_3)_2 Cl^-$
p-Aminobenzil (PAB)	Base fraca	Suporte —OCH_2—C$_6$H$_4$—$NH_3^+Cl^-$

utilizado em cromatografia de troca iônica para pequenos íons inorgânicos e orgânicos é o *poliestireno*. Ele é preparado pela polimerização de estireno na presença de divinilbenzeno, um agente de ligação cruzada (veja a Figura 22.10). A quantidade de divinilbenzeno na mistura determina o grau de ligação cruzada do suporte, que afeta seu tamanho de poro, inchaço e rigidez. Locais de troca iônica costumam ser adicionados ao poliestireno após sua polimerização. O poliestireno e outros suportes poliméricos orgânicos aplicados em cromatografia também são chamados de 'resinas'.[6,23]

Os 'géis' baseados em carboidrato constituem outro tipo comum de suporte para a cromatografia de troca iônica. Esses materiais são preparados tomando-se um carboidrato que ocorre naturalmente e modificando-o quimicamente para colocar grupos funcionais iônicos em sua estrutura. Esses suportes são especialmente úteis à separação de compostos biológicos, que podem ter uma ligação muito forte e indesejável com resinas de polímero orgânico como o poliestireno. A *agarose* é um gel de carboidrato utilizado como suporte em cromatografia de troca iônica (veja a estrutura na Figura 22.11). Géis de ligação cruzada de dextran ou celulose também são usados às vezes. Um grande número de grupos de álcool está presente em todos esses suportes, o que os torna hidrofílicos e lhes proporciona uma ligação baixa e não específica com moléculas biológicas. Esses mesmos grupos servem para colocar locais de troca iônica em suportes de carboidrato. Outra característica importante desses suportes são seus poros grandes, o que os torna atrativos quando se trabalha com analitos grandes como proteínas e ácidos nucleicos.[4,6,23]

Em geral, uma fase móvel forte em cromatografia de troca iônica é uma solução que contém uma alta concentração de íons concorrentes. Como podemos verificar pela reação na Equação 22.6, uma alta concentração de íons concorrentes (C^+) tornará mais difícil para um íon analito (A^+) se vincular à fase estacionária, levando a uma menor retenção do analito. Mudar a concentração desses íons concorrentes é a forma mais comum de alterar a retenção dos analitos na cromatografia de troca iônica. A retenção dos analitos nesse método também será afetada pelo tipo de íon concorrente e pelo tipo de locais de troca iônica que estiverem presentes, ambos os quais afetam o tamanho do coeficiente de seletividade na Equação 22.7. Além disso, o pH da fase móvel pode ser ajustado para alterar a retenção quando se trabalha com analitos, íons concorrentes ou locais de troca que sejam ácidos fracos ou bases fracas. A adição de um agente complexante à fase também pode afetar a carga de um analito e alterar a sua retenção. Por exemplo, a complexação de Fe^{3+} com um excesso de Cl^- pode servir para formar um complexo $FeCl_4^-$, que pode então ser retido por cromatografia de troca aniônica.[6,7,10,23]

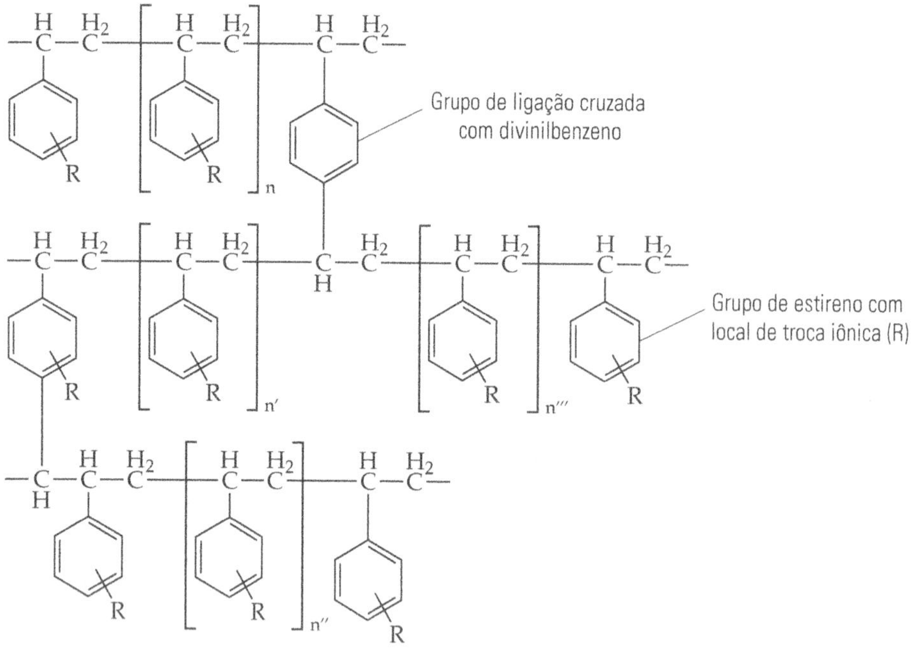

Figura 22.10

Estrutura de poliestireno. Os grupos 'R' representam os locais de troca iônica que são colocados no poliestireno e que podem aparecer em várias posições nos anéis de estireno.

Aplicações. Com frequência, a troca iônica é empregada na remoção de certos tipos de íon de amostras e soluções. Por exemplo, resinas de troca iônica são comumente utilizadas em sistemas de purificação de água para a produção de água deionizada (veja o Capítulo 2). Neste caso, suportes de troca catiônica são usados para substituir os cátions na água por H⁺ e suportes de troca aniônica para substituir ânions por OH⁻, que se combinam para formar a água. A cromatografia de troca iônica também tem sido útil por muitos anos em bioquímica, como ferramenta de preparação de purificação de proteínas, peptídeos e nucleotídeos. Além disso, os suportes de troca iônica são frequentemente empregados na concentração de pequenos íons inorgânicos e orgânicos de amostras de alimentos, ambientais e de produtos comerciais para analisar metais-traço ou contaminantes iônicos.[6,7,10,23]

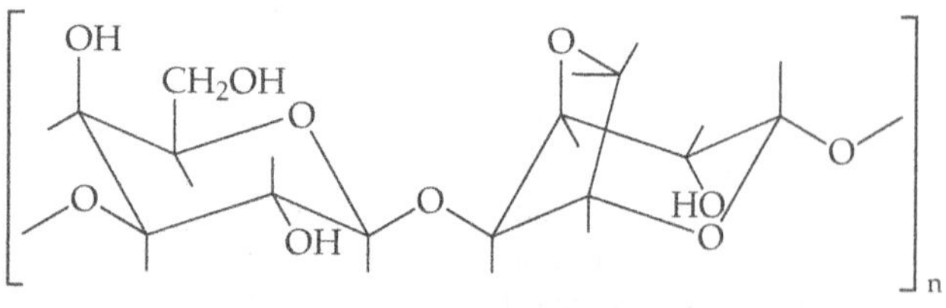

Outra aplicação da cromatografia de troca iônica consiste na separação e na análise direta de amostras. No entanto, no caso de suportes tradicionais de troca iônica, muitas vezes é necessário utilizar uma concentração relativamente elevada de íons concorrentes para eluir os analitos da coluna. Essa elevada concentração de íons pode dificultar a detecção da eluição de analitos quando esta é monitorada por um dispositivo como o detector de condutividade (veja a Seção 22.4.1). Uma maneira de contornar o problema é usar um tipo especial de cromatografia de troca iônica conhecido como **cromatografia iônica (CI)**.[4] Nesse método, o sinal de fundo de íons concorrentes é reduzido, usando-se um baixo número de locais carregados para a fase estacionária, o que exige uma concentração menor de íons concorrentes para a eluição dos íons da amostra. Esse método costuma ser usado com uma segunda coluna ou um separador de membrana (de carga oposta à primeira coluna de troca iônica), que substitui íons concorrentes de alta condutividade por íons de menor condutividade. O uso de uma segunda coluna ou separador de membrana para essa finalidade resulta em uma técnica conhecida como *cromatografia de íon com supressor*.[4]

A Figura 22.12 mostra um sistema característico de realização de cromatografia de íons com supressor. Nesse exemplo, uma amostra contendo íons flúor, cloreto e brometo é primeiro aplicada a uma coluna de troca aniônica de baixa capacidade. Esses íons são eluídos da coluna na presença de uma fase móvel que contém uma solução diluída de NaOH, com OH⁻ agindo

Figura 22.11

Estrutura da agarose, um polímero composto de unidades repetidas de D-galactose e 3,6-anidro-L-galactose. Quando essas cadeias de polímero são aquecidas e deixadas a esfriar, formam um gel que contém uma rede de poros grandes que são úteis em trabalhos com macromoléculas biológicas como o DNA e as proteínas.

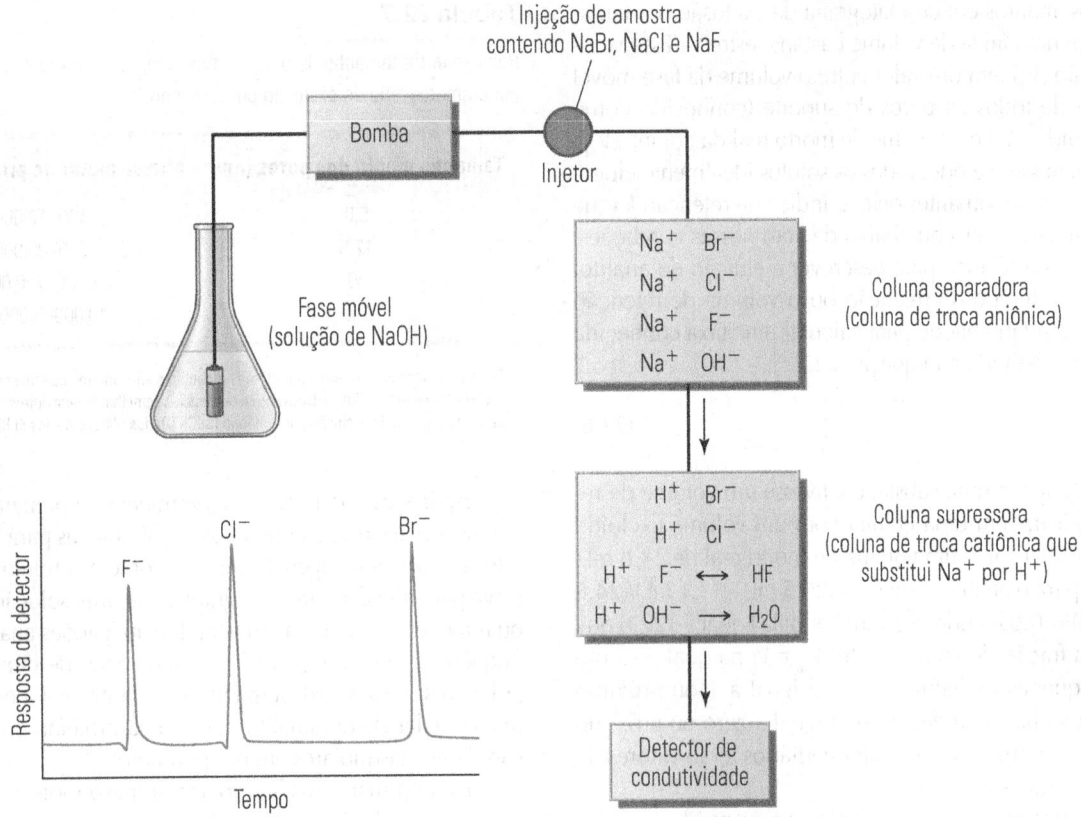

Figura 22.12

Concepção geral de um sistema para a realização de cromatografia de íons com coluna ou membrana supressora. Este exemplo se refere ao uso de uma coluna de troca aniônica na separação de Br⁻, Cl⁻ e F⁻. Na coluna separadora (uma coluna de troca aniônica, que usa OH⁻ como o contraíon da fase móvel), brometo, cloreto, fluoreto e hidróxido estarão presentes em suas formas iônicas, e Na⁺ é o principal contraíon para todas essas espécies. Quando a mistura separada entra na coluna supressora (uma coluna de troca catiônica que usa H⁺ como contraíon), o Na⁺ na fase móvel será substituído por H⁺. O brometo e o cloreto permanecerão como íons Br⁻ e Cl⁻ nessa coluna porque HBr e HCl constituem ácidos fortes que se dissociam quase completamente em água. Uma fração significativa do flúor também estará presente como F⁻, se o pH não estiver baixo demais, porque o HF é um ácido fraco com uma constante de dissociação de ácido moderadamente alta ($K_a = 6,8 \times 10^{-4}$). Entretanto, a maioria dos íons hidróxido vai se combinar com os íons H⁺ para formar água, o que diminui a condutância da fase móvel e facilita a detecção de íons da amostra.

como um ânion concorrente. À medida que eluem da primeira coluna, os ânions do analito são aplicados a uma coluna ou membrana supressora que contém uma resina de troca catiônica com H⁺ em sua superfície. Nessa coluna supressora, todos os cátions associados à amostra e os ânions da fase móvel (principalmente Na⁺, neste exemplo) são substituídos por íons hidrogênio. Isso converte o íon concorrente OH⁻ em H_2O, que é não condutivo. No entanto, ânions como F⁻, Cl⁻ e Br⁻ (que são as bases conjugadas de ácidos fortes ou moderadamente fortes como HF, HCl e HBr) não mudam de forma e mantêm sua alta condutividade. Essa conversão faz com que a condutividade devida aos íons concorrentes diminua sem afetar o sinal de íons da amostra, permitindo que se obtenham limites melhores de detecção. Um esquema semelhante pode ser realizado com cátions por meio de uma coluna analítica de troca catiônica e uma coluna ou membrana supressora de troca aniônica.

22.3.4 Cromatografia de exclusão por tamanho

Princípios gerais. O quarto tipo geral de cromatografia líquida é a **cromatografia de exclusão por tamanho** (**SEC**, do inglês, *size-exclusion chromatography*).[4,5] Trata-se de uma técnica de CL que separa substâncias de acordo com diferenças de tamanho. Baseia-se nas diferentes capacidades que os analitos têm para acessar a fase móvel no interior dos poros de um suporte. Não há nenhuma fase estacionária real nesse sistema. Em vez disso, a cromatografia de exclusão por tamanho utiliza um suporte que possui uma determinada faixa de tamanhos de poro. Enquanto os solutos se deslocam através desse suporte, as moléculas pequenas podem entrar nos poros, ao contrário das moléculas grandes. O resultado é uma separação com base em tamanho ou massa molar.

Todos os analitos em cromatografia de exclusão por tamanho eluem em uma faixa de volume bastante estreita. Esse volume de retenção (V_R) terá um valor entre o volume da fase móvel que está fora de todos os poros do suporte (conhecido como 'volume excluído', V_E) e o volume de morto real da coluna (V_M). Uma vez que, nesse método, todos os solutos idealmente eluem no volume de morto, ou antes dele, o índice de retenção k (que teria valores iguais a zero ou abaixo de zero nessas condições) não é usado nessa técnica para descrever a eluição do analito. Em vez disso, o tempo de retenção ou o volume de retenção são aplicados diretamente ou para calcular uma taxa conhecida como K_o, que é definida na Equação 22.8.[23]

$$K_o = \frac{(V_R - V_E)}{(V_M - V_E)} \quad (22.8)$$

Por exemplo, se uma substância tivesse um volume de retenção de 20,5 mL em uma coluna com um volume excluído conhecido de 13,1 mL e um volume de morto real de 24,8 mL, o valor de K_o para o analito seria K_o = (20,5 mL – 13,1 mL)/(24,8 mL – 13,1 mL) = 0,63. Podemos verificar pela Equação 22.8 que K_o é apenas a fração de volume entre V_M e V_E na qual o soluto elui. Para pequenas moléculas, K_o será igual a 1 ou próximo de 1. Para moléculas grandes, K_o será igual a zero ou próximo de zero. Solutos com tamanhos intermediários terão valores de K_o entre esses limites.

Fases estacionárias e fases móveis. O suporte ideal na SEC consiste em um material poroso que não interage diretamente com o soluto injetado. Muitos dos materiais que já discutimos podem ser usados em SEC. Suportes à base de carboidratos, como o dextran e a agarose em sua forma não derivatizada, podem ser usados em SEC para compostos biológicos e amostras aquosas, assim como um material conhecido como gel de poliacrilamida (veja o Capítulo 23). Pode-se utilizar o poliestireno em SEC quando se lida com amostras em solventes orgânicos, e a sílica contendo uma fase ligada de diol quando se lida com amostras aquosas.[6,10,23]

Uma característica importante de todos esses suportes é que eles têm uma estrutura porosa. A faixa de tamanho de seus poros determina o tamanho dos compostos que eles separarão. Essa relação é ilustrada na Tabela 22.7, na qual a massa molar de proteínas que podem entrar em suportes de exclusão por tamanho torna-se menor à medida que seu grau de ligação cruzada aumenta e o tamanho médio de seus poros diminui. É também essencial que as superfícies desses suportes interajam pouco ou nada com os analitos, tornando possível a medição da retenção devido aos efeitos da exclusão por tamanho.

A fase móvel na SEC pode ser um solvente polar ou apolar. Visto que não há uma fase estacionária real, também não há uma fase móvel 'fraca' ou 'forte' nesse método. Em vez disso, a seleção da fase móvel depende principalmente da solubilidade dos analitos e da estabilidade do suporte. Se uma fase móvel aquosa é usada em cromatografia de exclusão por tamanho, a técnica é chamada de *cromatografia de filtração em gel*. No caso de uma fase móvel orgânica, a técnica é conhecida como *cromatografia de permeação em gel*.[4]

Tabela 22.7

Relação entre tamanho de poros e massa molar de proteínas separadas por cromatografia de exclusão por tamanho.*

Tamanho médio dos poros (nm)	Massa molar de proteína (Da)
5,0	100–10.000
12,5	500–80.000
50	1.000–700.000
100	40.000–5.000.00

* Estas informações se referem a proteínas globulares em suportes de etilenoglicol e copolímero de metacrilato. Observam-se tendências semelhantes em outros suportes e analitos de cromatografia de exclusão por tamanho (SEC). (Dados obtidos de Tosoh Bioscience.)

Aplicações. Por ser uma ferramenta de preparação, a SEC é muitas vezes usada com amostras biológicas para remover solutos pequenos de agentes grandes como as proteínas. Também serve para transferir analitos grandes de uma solução para outra ou remover sais de uma amostra. Em aplicações analíticas, com frequência se emprega a SEC na separação de biomoléculas e polímeros. Essa abordagem também é aplicável à estimativa da massa molar de um analito como uma proteína ou à distribuição de massas molares em um polímero.

Para estimar a massa molar (ou 'peso molecular', MM), a coluna de exclusão por tamanho é usada primeiro para se examinar compostos-padrão que se assemelhem ao analito, mas que tenham massas conhecidas. Esses padrões devem cobrir uma variedade de massas que vão desde as totalmente incluídas nos poros do suporte (eluição em V_M) àquelas totalmente excluídas dos poros (eluição em V_E). Um gráfico de log(MM) versus K_o (ou tempo de retenção ou volume de retenção) é então preparado de acordo com esses padrões, como mostra a Figura 22.13. Esse gráfico costuma ser curvo, com uma faixa linear entre V_E e V_M. Essa faixa linear torna possível determinar MM para analitos que eluem nesse intervalo comparando sua retenção à observada nos padrões.[23]

EXERCÍCIO 22.3 Cálculo da massa molar de uma proteína por cromatografia de exclusão por tamanho

Um bioquímico deseja usar a coluna da Figura 22.13 para estimar a massa molar de uma proteína viral recém-isolada. Essa proteína dá um pico que elui em 13,5 mL sob as mesmas condições experimentais. Qual é a K_o dessa proteína? Qual é sua massa molar?

SOLUÇÃO

O volume excluído na Figura 22.13 é 11,0 mL, e o volume de morto, 16,0 mL, de modo que K_o para a proteína desconhecida é (13,5 mL – 11,0 mL)/(16,0 mL – 11,0 mL) = **0,50**. Além disso, podemos observar pela curva de calibração que um volume de retenção de 13,5 mL corresponderia a um valor de log(MM) de 4,65, ou uma massa molar de $10^{4,65}$ = **45.000 g/mol** para a proteína isolada.

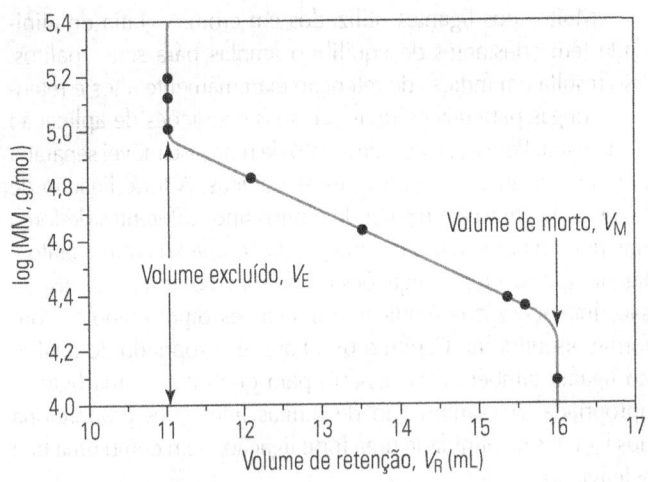

Figura 22.13

Curva de calibração característica obtida na separação de proteínas por cromatografia de exclusão por tamanho. (Baseado em informações fornecidas em C.F. Poole e S.K. Poole, *Chromatography Today*, Elsevier, Amsterdã, Holanda, 1991.)

22.3.5 Cromatografia de afinidade

Princípios gerais. O quinto tipo de cromatografia líquida é a **cromatografia de afinidade (CA)**.[4,5,24] Trata-se de um método baseado em interações biologicamente relacionadas, que usa as interações seletivas reversíveis que caracterizam a maioria dos sistemas biológicos, como, por exemplo, sistemas como a ligação de uma enzima com seu substrato, de um anticorpo com um antígeno ou de um hormônio com seu receptor. As interações biológicas são usadas em cromatografia de afinidade imobilizando-se uma molécula de um par que interage em um suporte sólido e colocando-a em uma coluna. A molécula imobilizada é conhecida como *ligante de afinidade*, e representa a fase estacionária na coluna.[24] A coluna contendo o ligante imobilizado pode, então, ser utilizada como um adsorvente seletivo para a molécula complementar.

Colunas de afinidade são muitas vezes usadas em um formato 'on/off' de eluição, como mostra a Figura 22.14. Nesse método, a amostra é aplicada à coluna na presença de um tampão de aplicação. Por causa da natureza forte e seletiva da maioria das interações biológicas, o ligante de afinidade vai se ligar ao analito de interesse durante essa etapa, enquanto permite que a maior

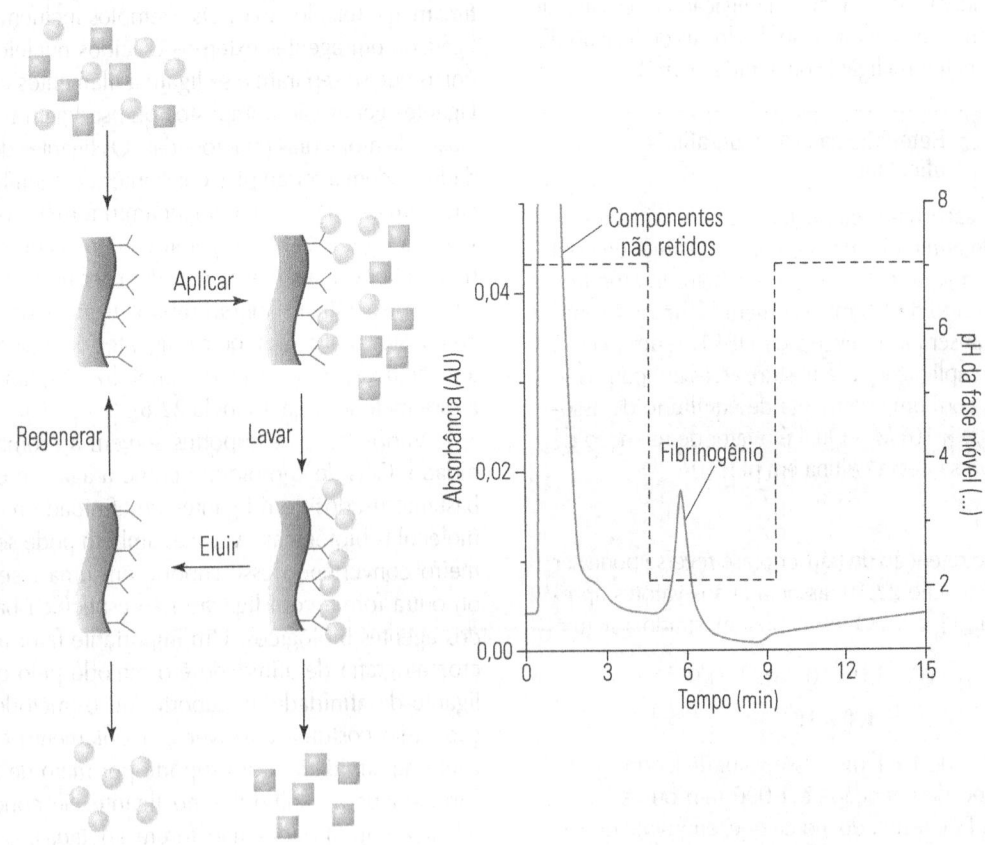

Figura 22.14

Modo de eluição 'on/off' da cromatografia de afinidade e uma separação comumente obtida por esse método. O exemplo apresentado se refere à análise de fibrinogênio em plasma humano utilizando anticorpos como ligantes de afinidade. A linha tracejada mostra como o pH da fase móvel se alterou durante a separação em decorrência da troca entre um tampão de aplicação com pH 7 e um tampão de eluição com pH 2. (Adaptado de J.P. McConnell e D.J. Anderson, *Journal of Chromatography*, 615, 1993, 67.)

parte dos outros componentes da amostra passe como um pico não retido. Após esses componentes não retidos serem lavados da coluna, um tampão de eluição separado é aplicado para liberar o analito retido. Esse analito é detectado quando deixa a coluna ou quando é coletado para uso posterior. A coluna e o ligante de afinidade são, a seguir, colocados de volta à fase móvel original, para que se regenerem antes da injeção da próxima amostra.[23,24]

A retenção do analito (A) em uma coluna de afinidade pode ser descrita por uma reação de complexação na qual A se combina com o ligante de afinidade (L) para formar o complexo (A-L),

$$A + L \xrightleftharpoons{K_A} A-L \quad K_A = \frac{[A-L]}{[A][L]} \quad (22.9)$$

em que K_A é a constante de equilíbrio de associação para a formação do complexo A-L. Se um complexo 1:1 se forma entre A e L, o fator de retenção para A na coluna de afinidade pode ser relacionado a K_A e à quantidade de ligante de afinidade pela Equação 22.10.[24]

$$k = K_A(m_L/V_M) \quad (22.10)$$

O termo m_L na equação representa o total de mols dos locais de ligante ativos na coluna, e V_M, o volume de morto da coluna. Esta equação indica que o índice de retenção na cromatografia de afinidade dependerá tanto da força da ligação entre o analito e o ligante (K_A) quanto da concentração dos locais de ligação disponíveis para um analito no ligante de afinidade (m_L/V_M).

EXERCÍCIO 22.4 Retenção na cromatografia de afinidade

Anticorpos são quase sempre usados como ligantes na cromatografia de afinidade. Uma coluna de afinidade com 10 cm de comprimento e 4,1 mm de diâmetro interno tem um volume de morto de 1,0 mL e contém 10 nmol de anticorpos para a transcriptase reversa de HIV-1. A um pH 7,0 (as condições de aplicação da amostra), esses anticorpos se ligam à enzima com uma constante de equilíbrio de associação igual a $1,0 \times 10^8$ M^{-1}. Qual é o fator de retenção de transcriptase reversa nessa coluna em pH 7,0?

SOLUÇÃO

O índice de retenção de transcriptase reversa pode ser estimado pela Equação 22.10, associada aos valores apresentados para m_L, V_M e K_A. O resultado é mostrado a seguir.

$$k = (1,0 \times 10^8 \ M^{-1})(1,0 \times 10^{-8} \ \text{mol})/(1,0 \times 10^{-3} \ \text{L})$$
$$= \mathbf{1,0 \times 10^3}$$

A uma vazão de 1 mL/min, esse valor de k corresponderia a um tempo de retenção de 1.000 min ou cerca de 16,7 h em pH 7. Este resultado indica que, enquanto outros solutos passam quase imediatamente através da coluna, a transcriptase reversa vai se ligar com firmeza e eluir somente após um longo tempo. Contudo, podemos acelerar o processo por meio da aplicação de uma fase móvel separada que promova a liberação do analito, alterando, por exemplo, o pH para baixar os valores de K_A e k.

Muitos dos ligantes utilizados em cromatografia de afinidade têm constantes de equilíbrio amplas para seus analitos. Isso resulta em índices de retenção extremamente altos e retenções longas para tais colunas sob suas condições de aplicação de amostra. Por isso, é comum o uso de uma fase móvel separada para liberar analitos retidos dessas colunas. A forte ligação de ligantes de afinidade resulta de muitos tipos diferentes de força que podem participar na formação do complexo entre analito e ligante (por exemplo, ligações de hidrogênio, forças de dispersão, interações coulômbicas e interações dipolo-dipolo, conforme discutido no Capítulo 6). O ajuste apropriado do analito ao ligante também é necessário para que ocorra uma ligação apropriada. A combinação de muitas interações proporciona aos ligantes de afinidade uma forte ligação, bem como uma boa seletividade.

Fases estacionárias e fases móveis. A fase estacionária em uma coluna de afinidade é representada pelo ligante de afinidade, que constitui o principal fator a determinar quais compostos podem ser separados por uma coluna. Há vários tipos de ligante de afinidade, como mostra a Tabela 22.8, mas todos eles se classificam em uma de duas categorias: 'ligantes de alta especificidade' e 'ligantes gerais'.[24] Os de alta especificidade são compostos que se ligam a apenas uma ou poucas moléculas intimamente relacionadas. Os exemplos incluem anticorpos para ligação com agentes externos e ácidos nucleicos de filamento único que se separam e se ligam a filamentos complementares. Ligantes gerais são compostos que se ligam a uma família ou classe de moléculas relacionadas. Os ligantes de alta especificidade tendem a ter amplas constantes de equilíbrio em sua ligação com os analitos, e demandam o formato on/off de eluição visto na Figura 22.14. Os gerais tendem a apresentar constantes de equilíbrio mais baixas e podem ser usados às vezes com a eluição isocrática. Embora muitos ligantes de afinidade sejam compostos biológicos, outros agentes de ligação, como corantes sintéticos e íons metálicos imobilizados, também se aplicam a esse método (veja a Tabela 22.8).

Vários tipos de suportes servem à cromatografia de afinidade. Géis de carboidrato como a agarose e a celulose são bastante usados com ligantes de afinidade na purificação de moléculas biológicas. A sílica também pode ser utilizada, primeiro convertendo esse suporte em uma fase ligada de diol ou outra forma com ligação não específica baixa na maioria dos agentes biológicos. Um importante fator a considerar em cromatografia de afinidade é o método pelo qual se anexa o ligante de afinidade ao suporte, ou o 'método de imobilização'. Isso costuma envolver o acoplamento covalente do ligante de afinidade a um suporte por meio de grupos aminas, carboxílicos ou sulfidrilas no ligante. Se condições de imobilização apropriadas não forem adotadas, o ligante poderá ser desnaturado ou ligado de forma a bloquear sua ligação ao analito. Para a imobilização de moléculas pequenas, o uso de um 'braço espaçador' entre o ligante e o suporte também pode ser necessário para evitar o impedimento estérico durante a ligação devido à proximidade do ligante de afinidade com o suporte.[23,24]

Tabela 22.8

Exemplos de ligantes de afinidade.*

Ligante de afinidade	Substâncias retidas
Ligantes biológicos	
Anticorpos	Antígenos (drogas, hormônios, peptídeos, proteínas, vírus, componentes celulares)
Inibidores, substratos, cofatores, coenzimas	Enzimas
Lectinas	Açúcares, glicoproteínas, glicolipídeos
Ácidos nucleicos	Ácidos nucleicos complementares, proteínas de ligação com DNA/RNA
Proteína A/proteína G	Anticorpos
Ligantes não biológicos	
Boratos	Açúcares, glicoproteínas, compostos contendo diol
Corantes triazina	Enzimas e proteínas de ligação com nucleotídeos
Quelatos metálicos	Aminoácidos, peptídeos e proteínas de ligação com metais

* Reproduzido com a permissão de D. S. Hage, 'Affinity Chromatography'. In: *Handbook of HPLC*, E. Katz, R. Eksteen, P. Schoenmakers e N. Millier, eds., Marcel Dekker, Nova York, 1998, Capítulo 13.

Uma fase móvel fraca em cromatografia de afinidade é aquela que permite uma forte ligação entre analito e ligante de afinidade. Em geral, um solvente que imita o pH, a força iônica e a polaridade do ligante de afinidade em seu ambiente natural é conhecido como *tampão do aplicativo*. Este é normalmente utilizado durante as etapas de aplicação, lavagem e regeneração mostradas na Figura 22.14. A fase móvel forte em cromatografia de afinidade é um solvente que pode facilmente remover o analito do ligante de afinidade, também chamado de *tampão de eluição*. O pH, a força iônica e a polaridade da fase móvel podem ser alterados para baixar a constante de equilíbrio de associação na interação analito-ligante (um método conhecido como 'eluição inespecífica'), ou um agente concorrente pode ser adicionado à fase móvel para deslocar o analito do ligante de afinidade (uma técnica chamada 'eluição bioespecífica').[24] Ambas as abordagens levam o analito a passar mais tempo na fase móvel e acarretam uma retenção menor.

Aplicações. A cromatografia de afinidade é com frequência usada como um método de purificação em grande escala para enzimas e proteínas. Esse tipo de aplicativo usa colunas que contêm agentes imobilizados capazes de se ligar seletivamente às substâncias desejadas e retê-las na presença de outros componentes da amostra. A cromatografia de afinidade também serve como um método para a preparação de amostras. Exemplos incluem o uso de colunas de afinidade contendo anticorpos para o isolamento de proteínas celulares ou o uso de íons metálicos imobilizados para isolar proteínas recombinantes contendo tags de histidina como parte de sua estrutura.

A seletividade da cromatografia de afinidade também a tornou atraente para uso na análise direta de amostras biológicas complexas. Um exemplo é o uso de colunas de afinidade de boronato na medição de hemoglobina glicada, um indicador de níveis prolongados de açúcar no sangue em diabetes. As colunas de afinidade também têm sido usadas com CLAE na medição de hormônios, proteínas, medicamentos, herbicidas e outros agentes em amostras biológicas e ambientais. Outra aplicação importante de ligantes de afinidade e agentes de ligação seletivos ocorre na área de separações quirais (veja o Quadro 22.2).

A cromatografia de afinidade também pode ser aplicada no estudo de interações biológicas. Por exemplo, como vimos na Equação 22.10, a retenção de um analito injetado pode servir para a obtenção de informações sobre a constante de equilíbrio entre o analito e o ligante imobilizado. Outras informações disponíveis a partir de tais experiências incluem o número de locais de ligação de um analito sobre o ligante e a velocidade da ligação analito–ligante.[24]

22.4 Sistema de cromatografia líquida e pré-tratamento de amostra

22.4.1 Tipos de detectores em cromatografia líquida

Existem vários tipos de detectores disponíveis para CLAE (veja a Tabela 22.9). Eles incluem tanto dispositivos gerais quanto específicos que medem os índices de refração, absorbância, fluorescência, condutividade e propriedades eletroquímicas de analitos de eluição. A espectrometria de massa também é aplicável tanto à detecção geral quanto à seletiva em cromatografia líquida.[6,23,28]

Detectores gerais. Um **detector de absorbância** serve para monitorar muitos tipos de analito em CLAE. No Capítulo 17, vimos que a absorbância mede a capacidade de uma substância de absorver luz em um determinado comprimento de onda. Detectores de absorbância para cromatografia líquida usam luz na faixa do ultravioleta ou visível e incluem uma célula especial de amostra conhecida como 'célula de fluxo'. Essa célula destina-se a permitir que a fase móvel e os analitos passem pelo detector de forma contínua à medida que saem da coluna. Idealmente, ela deve ter um comprimento de caminho razoavelmente longo para fornecer limites de detecção baixos para o analito. O volume dessa célula também precisa ser mantido a um nível mínimo para evitar a adição de grandes quantidades de alargamento de banda extracoluna ao sistema.

O tipo mais simples de detector de absorbância para CLAE é um *detector de absorbância de comprimento de onda fixo*. Esse dispositivo é ajustado para sempre acompanhar um comprimento de onda específico. Esse comprimento de onda costuma ser de 254 nm, porque as lâmpadas de mercúrio (uma fonte de luz comum) têm emissão intensa nesse comprimento de onda e muitos compostos orgânicos com grupos aromáticos ou ligações insaturadas absorvem luz nessa faixa. Um *detector de*

Quadro 22.2 Separações quirais

Quando um composto orgânico tem quatro átomos ou grupos diferentes ligados a um carbono, ele terá duas formas 'quirais' diferentes, que são imagens espelhadas uma da outra. Embora a maioria das propriedades químicas e físicas dessas formas seja idêntica, elas podem ter diferentes interações intermoleculares com outros compostos quirais. Tal diferença pode ser relevante porque as proteínas e os peptídeos em nosso organismo também são quirais (sendo compostos de L-aminoácidos em oposição a D-aminoácidos). Por conseguinte, não é incomum que diferentes formas quirais de um produto químico apresentem diferentes interações com agentes biológicos, como as proteínas, criando grandes diferenças de atividade e toxicidade desses agentes no corpo.[25-27]

É possível usar a cromatografia para separar e examinar as formas individuais de um composto quiral por meio de uma fase estacionária que também seja quiral (conhecida como *fase estacionária quiral*, ou CSP, do inglês, *chiral stationary phase*).[25-27] Um exemplo de tal separação é mostrado na Figura 22.15. Existem muitos tipos de substância que podem ser adotados como CSPs. Por exemplo, muitos agentes biológicos grandes como os carboidratos, as proteínas e os peptídeos podem servir como CSPs, porque se compõem de aminoácidos e açúcares simples que são quirais. As ciclodextrinas (veja o Capítulo 9) constituem um grupo de carboidratos utilizados para esse fim tanto em cromatografia líquida quanto em cromatografia gasosa. As CSPs também podem se basear em compostos orgânicos sintéticos ou em cavidades quirais que se formam na superfície do suporte.[6,10,11,24-27] Outro modo de realizar uma separação quiral é colocar na fase móvel quiral um agente de ligação (como a ciclodextrina) que tenha diferentes interações com as formas individuais de um analito quiral, levando a diferenças na retenção dessas formas em uma coluna cromatográfica.[25,27]

Antes da década de 1990, muitas drogas e aditivos alimentares eram usados como uma mistura de suas formas individuais quirais. No entanto, essa prática mudou quando a criação de novas fases estacionárias para CL e CG tornou as separações quirais possíveis para um grande número de drogas e outras substâncias. Esse desenvolvimento permitiu que mais dados fossem obtidos sobre como as diferentes formas quirais de uma droga podem afetar o organismo. Esses dados, por sua vez, levaram, em 1992, a uma regulamentação mais rígida da U. S. Food and Drug Administration em relação à produção, ao uso e à comercialização de drogas quirais.[25]

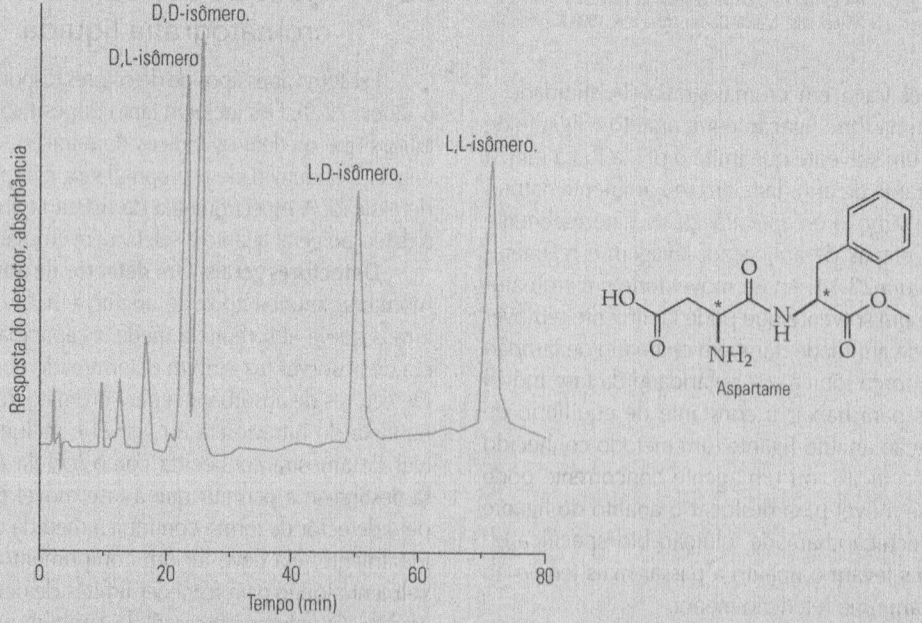

Figura 22.15

Separação quiral das várias formas de aspartame (ingrediente ativo do adoçante artificial NutraSweet). Esta separação foi realizada em uma coluna que usou éter de coroa como fase estacionária quiral. O aspartame é um dipeptídeo que tem dois carbonos capazes de atuar como centros quirais (veja os asteriscos). A presença desses dois centros quirais resulta em quatro espécies químicas distintas: D, L-aspartame, D, D-aspartame, L, D-aspartame e L, L-aspartame. (*Observação*: a forma L, L é usada como adoçante em produtos comerciais.) Espécies químicas que têm diferenças em apenas um centro quiral e produzem um conjunto de compostos espelhados são conhecidas como *enantiômeros* (por exemplo, D, D-aspartame e L, L-aspartame). Espécies químicas que apresentam diferenças em seus centros quirais e que não são imagens espelhadas uma da outra são conhecidas como *diastereoisômeros* (como D, L-aspartame e D, D-aspartame). (Adaptado de S. Motellier e I. W. Wainer, *Journal of Chromatography*, 516, 1990, p.365–373.)

Tabela 22.9
Propriedades de detectores comuns em cromatografia líquida.*

Nome do detector	Compostos detectados	Gradiente compatível?	Limites de detecção
Detectores gerais			
Detector de índice de refração	Universal (todos os compostos)	Não	0,1 – 1 μg
Detector de absorbância UV–Vis	Compostos com cromóforos	Sim	0,1 – 1 ng
Detector evaporativo de dispersão de luz	Compostos não voláteis	Sim	10 μg
Detectores seletivos			
Detector de fluorescência	Compostos fluorescentes	Sim	1–10 pg
Detector de condutividade	Compostos iônicos	Não	0,5–1 ng
Detector eletroquímico	Compostos eletroquimicamente ativos	Não	0,01–1 ng
Detectores de estrutura específica			
Espectrometria de massa	Universal (modo *full-scan*)	Sim	0,1–1 ng
	Seletiva (modo SIM)		

* Estes dados referem-se aos instrumentos comerciais, conforme obtido em C. F. Poole e S. K. Poole, *Chromatography Today*, Elsevier, Amsterdã, Holanda, 1991, p. 568, e com os fabricantes desses detectores. Os limites de concentração de detecção para esses dispositivos podem ser estimados dividindo-se os valores indicados por 10–100 μL, volumes de injeção comumente adotados em CLAE.

absorbância de comprimento de onda variável é uma estrutura mais flexível que permite que o comprimento de onda monitorado varie em uma ampla faixa (por exemplo, 190 a 900nm). Isso se dá pela adição de um monocromador mais avançado ao sistema. Uma terceira estrutura possível é o *detector de arranjos de fotodiodo* (PDA, do inglês, *photodiode-array detector*) (veja a Figura 22.16). Um PDA é um detector de absorbância que usa um arranjo de pequenas células detectoras para medir simulta-

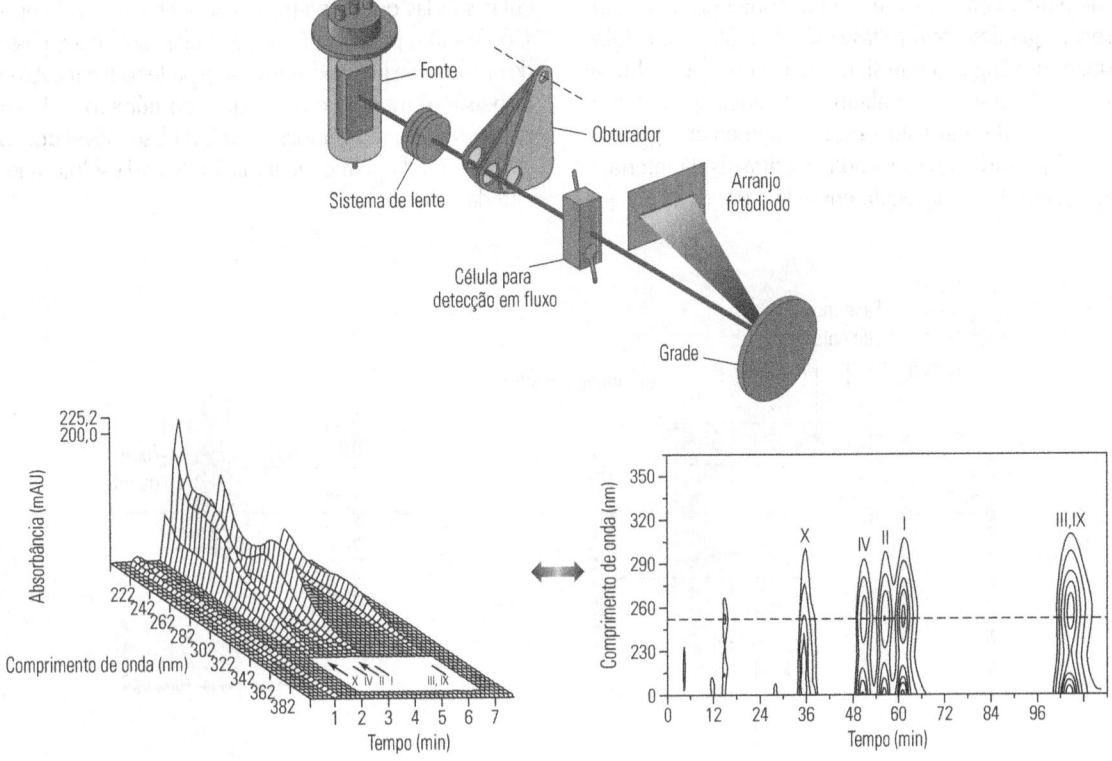

Figura 22.16

Detector de arranjo de fotodiodos e exemplos de dados que podem ser coletados por esse tipo de detector quando usado com CLAE. (O detector de arranjo de fotodiodos esquemático foi reproduzido de S.A. Borman, *Analytical Chemistry*, 55, 1983, p.836A–842A; as figuras inferiores foram reproduzidas de D.G. Jones, *Analytical Chemistry*, 57, 1985, p.1057A–1073A.)

neamente a variação de absorbância a vários comprimentos de onda. Esse arranjo torna possível registrar todo o espectro de um composto enquanto ele elui de uma coluna, o que pode ser útil na identificação de picos sobrepostos.[6,11,23]

Os detectores de absorbância podem detectar qualquer composto que absorva luz no comprimento de onda que está sendo monitorado. Detectores de absorbância podem ser utilizados com facilidade com eluição por gradiente, desde que as fases móveis fracas e fortes não apresentem diferenças significativas em suas absorbâncias nos comprimentos de onda a serem submetidos à detecção. Os limites de detecção para esses dispositivos também são bastante razoáveis, em geral na faixa de 10^{-8} M. Sua principal desvantagem é que exigem que um composto tenha um cromóforo capaz de absorver nos comprimentos de onda que estão sendo monitorados ou de ser derivatizado para uma forma que absorva. Além disso, esses detectores fornecem pouca informação sobre a estrutura de um analito. No entanto, são valiosos à quantificação de analitos, uma vez obtidas as curvas de calibração com soluções-padrão desses compostos.

O **detector por índice de refração (IR)** é um dos mais universais disponíveis para CLAE.[11,23] Ele mede a capacidade da fase móvel e dos analitos de refratar ou dobrar a luz. O índice de refração muda de acordo com a variação na composição da fase móvel, como quando os analitos eluem de uma coluna. Um tipo de detector de IR usado em CLAE é mostrado na Figura 22.17. Nesse projeto, a luz de uma fonte de luz visível é passada através de duas células de fluxo, uma contendo uma fase móvel de eluição da coluna e a outra contendo uma solução de referência (geralmente uma fase móvel pura). Essas células de fluxo formam um ângulo entre si, o que faz com que a luz se dobre em sua interface se houver alguma diferença no conteúdo e no índice refrativo de suas soluções. Para aumentar o grau de refração, a luz é passada uma segunda vez através da interface por meio de um espelho e, a seguir, enviada a um detector que seja sensível à posição do feixe de luz. À medida que os analitos saem da coluna, o índice refrativo da solução na célula de fluxo da amostra será diferente daquele na célula de fluxo de referência. Essa diferença no índice refrativo faz com que o feixe de luz se dobre e produza uma resposta no detector.

Uma das principais vantagens que o detector de IR oferece é que ele responderá a qualquer composto que tenha um índice de refração diferente da fase móvel, desde que haja soluto suficiente para gerar um sinal mensurável. Isso torna esse detector útil quando se lida com um analito que não pode ser facilmente medido por outros dispositivos ou quando a natureza ou as propriedades de um analito ainda não são conhecidas. Por exemplo, detectores de IR são úteis em separações de carboidratos, que em geral não possuem cromóforos adequados para a detecção de absorbância. Uma desvantagem desse tipo de detector é que ele não tem limites de detecção tão baixos quanto os detectores de absorbância ou muitos outros detectores de CLAE. Além disso, seu sinal é sensível a mudanças na composição e na temperatura da fase móvel, tornando-o difícil de ser combinado à eluição por gradiente.

Um terceiro detector geral para CLAE é o **detector evaporativo de espalhamento de luz** (**ELSD**, do inglês, *evaporative light-scattering detector*).[11] Ele pode ser usado com qualquer soluto que seja menos volátil do que a fase móvel. O funcionamento de um ELSD é ilustrado na Figura 22.18. Primeiro, uma fase móvel que deixa a coluna é convertida em um *spray* de gotículas. À medida que o solvente evapora nessas gotículas, pequenas partículas sólidas que contêm componentes não voláteis da amostra são deixadas para trás. Essas partículas são, então, passadas através de um feixe de luz, onde dispersam parte da luz recebida. O grau de dispersão é medido e dependerá do número e do tamanho das partículas que são geradas a partir da fase móvel que, por sua vez, é determinada pela concentração de cada soluto não volátil que elui da coluna.

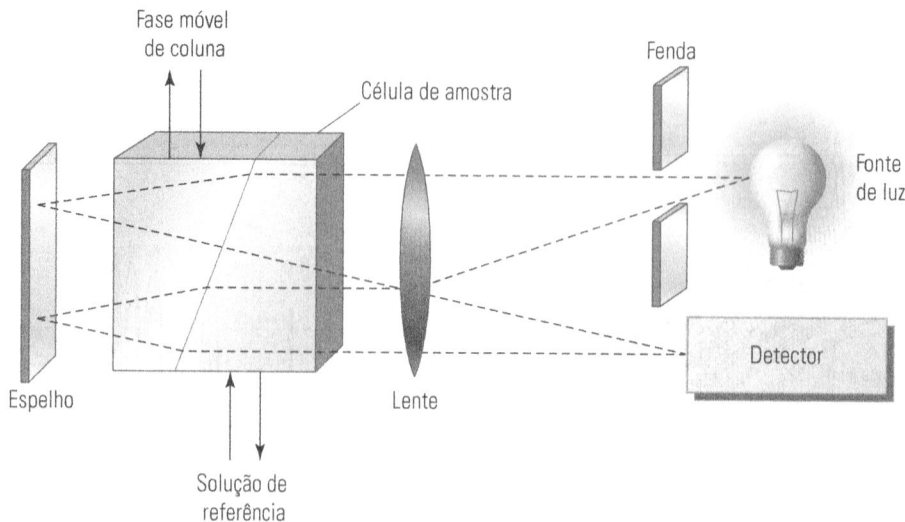

Figura 22.17

Estrutura geral de um detector de índice refrativo.

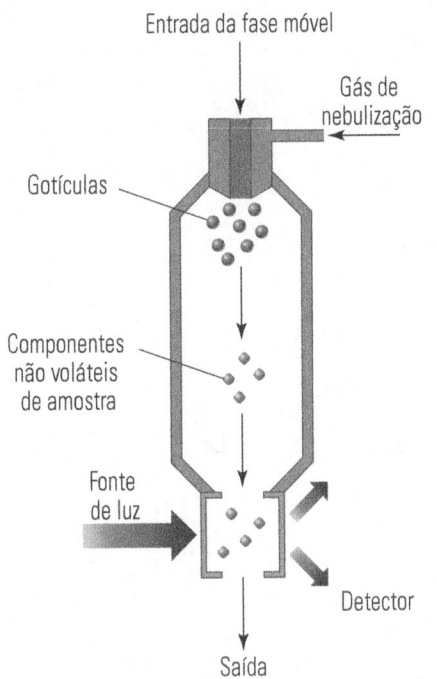

Figura 22.18

Operação de um detector evaporativo de dispersão de luz.

Um ELSD é complementar aos detectores de IR e de absorbância. Por exemplo, um ELSD tem um baixo sinal de fundo e um limite mais apropriado de detecção do que um detector de IR, e pode ser usado com a eluição por gradiente. Embora os detectores de absorbância tenham limites de detecção inferiores, um ELSD não exige que um cromóforo esteja presente no analito. Essa propriedade torna um ELSD capaz de examinar analitos como lipídios e carboidratos, que muitas vezes não são detectáveis por absorbância.

Detectores seletivos. Existem vários detectores específicos que podem ser usados em CLAE. Um bom exemplo disso é o **detector de fluorescência**.[6,11,23] Esse dispositivo mede a capacidade que as substâncias químicas têm de absorver e emitir luz em um conjunto específico de comprimentos de onda. Visto que esses comprimentos de onda são característicos de uma determinada substância, esse método pode fornecer um sinal que tenha um fundo baixo e seja bastante específico para o analito de interesse. A fluorescência se aplica à detecção seletiva de qualquer analito que absorva e emita luz em determinada excitação e comprimentos de onda de emissão. Apesar de relativamente poucas substâncias serem fluorescentes, aquelas que apresentam fluorescência costumam ser de grande importância. Os exemplos incluem muitas drogas e seus metabólitos, aditivos alimentares e poluentes ambientais. A fluorescência também pode ser usada para detectar analitos que são primeiro convertidos em um derivado fluorescente; entre os compostos que podem ser detectados dessa forma estão os alcoóis, as aminas, os aminoácidos e as proteínas.

O **detector de condutividade** é um dispositivo que pode monitorar compostos iônicos em CLAE medindo a capacidade que a fase móvel e seu conteúdo têm de conduzir uma corrente quando colocada em um campo elétrico.[6,23] A concepção desse tipo de detector é ilustrada na Figura 22.19, e consiste em uma célula de fluxo e dois eletrodos. Estes aplicam um campo elétrico à solução na célula de fluxo e medem a corrente resultante. Detectores de condutividade podem ser usados para detectar qualquer composto iônico, e são muito utilizados em cromatografia de íons e análise de componentes iônicos de amostras de alimentos, industriais e ambientais. Esse tipo de dispositivo pode ser empregado com eluição por gradiente, desde que a força iônica (e possivelmente o pH) da fase móvel seja mantida constante. Também é necessário que a condutância de fundo da fase móvel seja baixa o suficiente para que os íons da amostra possam ser detectados.

Um **detector eletroquímico** é outro dispositivo usado para monitorar compostos específicos em CLAE (veja a Figura 22.20),[6,11,23] uma combinação conhecida como *cromatografia líquida acoplada a detecção eletroquímica (ou CL-DE)*. Um detector eletroquímico serve para medir a capacidade de uma substância se submeter a oxidação ou redução. Uma maneira de monitorar tal reação é medir a variação na corrente (ou seja, o fluxo de elétrons) que uma reação produz quando presente em um potencial constante. Outra maneira consiste em medir a variação no potencial quando se aplica uma corrente constante. Exemplos de compostos detectáveis por sua redução incluem aldeídos, cetonas, oximas, ácidos conjugados, ésteres, nitrilas, compostos insaturados, aromáticos e haletos ativados. Compostos que podem ser detectados por sua oxidação incluem fenóis, mercaptanas, peróxidos, aminas aromáticas, diaminas, purinas e alguns carboidratos. A resposta de um detector eletroquímico depende do grau de oxidação ou de redução que ocorre em um determinado potencial do eletrodo. O limite de detecção pode ser bastante baixo, como resultado da precisão com a qual medições elétricas (especialmente de corrente) podem ser tomadas.

Cromatografia líquida acoplada à espectrografia de massa. Outro tipo de detector para CLAE é um espectrômetro de massa. O resultado é uma técnica conhecida como **cromatografia líquida acoplada à espectrometria de massa (CL-EM)**.[6,11] Ela se assemelha à cromatografia gasosa acoplada à espectrografia de massa (CG-EM) (veja o Capítulo 21), em que o uso combinado de espectrometria de massa com CLAE torna possível tanto quantificar quanto identificar substâncias químicas com base na massa de seus íons moleculares ou íons fragmentados. Se analisarmos todos os íons que são produzidos no espectrômetro de massa (o 'modo *full-scan*', como discutido no Capítulo 21), a CL-EM pode ser usada como um método geral de detecção. Se, em vez disso, analisarmos alguns íons que são característicos de um conjunto de analitos em particular ('monitoramento de íons selecionados'), a CL-EM pode ser usada na detecção seletiva. Um exemplo é mostrado na Figura 22.21, na qual CL-EM é aplicada em estudos farmacêuticos para identificação e medição dos níveis de um medicamento e seus metabólitos para Aids em amostras biológicas.

A forma mais comum de realizar CL-EM é por meio da **ionização por eletrospray** (**ESI**, do inglês, *electrospray ioniza-*

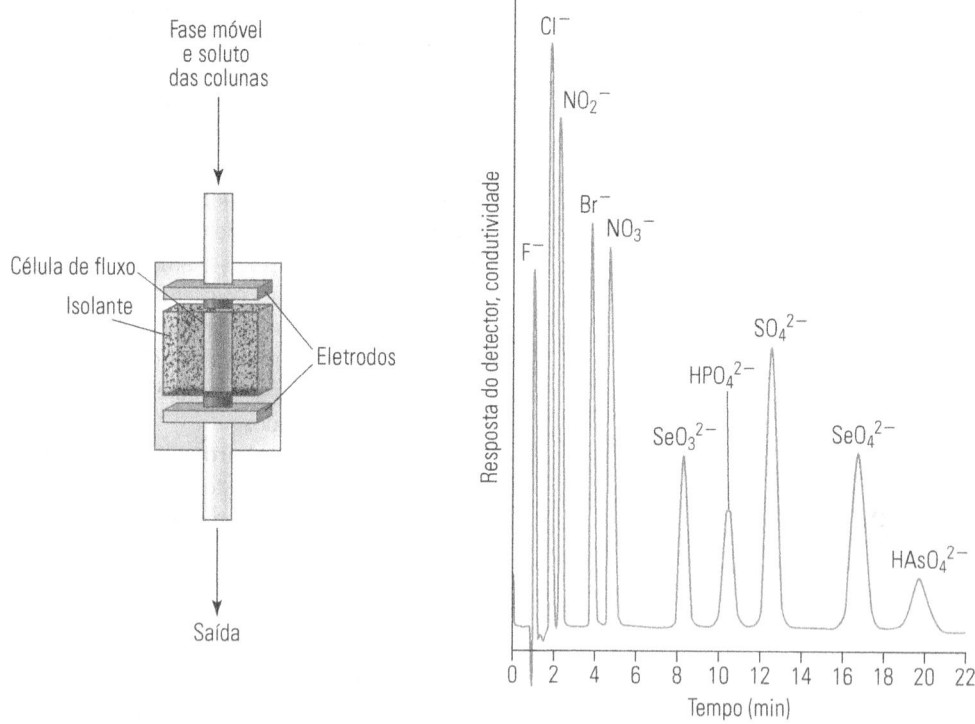

Figura 22.19

Concepção geral de um detector de condutividade e um exemplo do uso desse detector em cromatografia de íons. (O cromatograma foi reproduzido de C.F. Poole e S.K. Poole, *Chromatography Today*, Elsevier, Amsterdã, Holanda, 1991.)

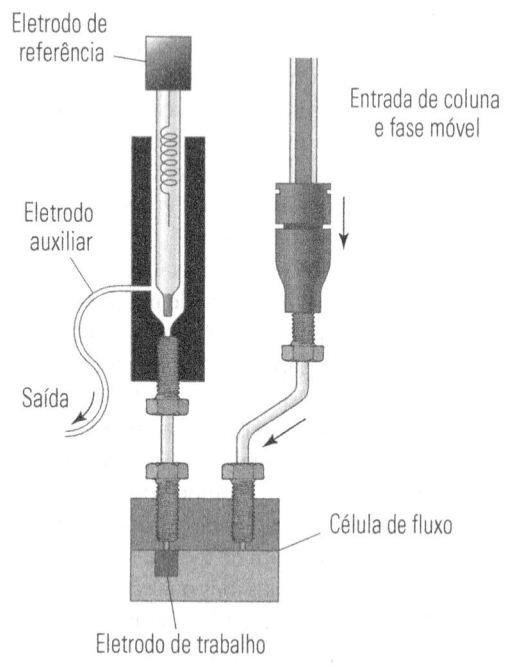

Figura 22.20

Concepção de um detector eletroquímico para cromatografia líquida. O propósito do eletrodo auxiliar, do eletrodo de trabalho e do eletrodo de referência em tal dispositivo é descrito no Capítulo 22. (Reproduzido de P. T. Kissinger, *Analytical Chemistry*, 49, 1977, p. 447A–456A.)

tion),[28] como ilustra a Figura 22.21. Nesse método de ionização, a amostra é colocada em um solvente e pulverizada com uma agulha altamente carregada (3-5 kV). O solvente nas gotículas carregadas se evapora depressa, produzindo gotas menores com um excesso de carga positiva ou negativa. Em algum ponto crítico, as forças coulômbicas nessa gota ultrapassarão suas forças coesivas e causarão a divisão da gota (um processo conhecido como 'explosão coulômbica'). Por fim, as moléculas na gota serão liberadas como íons e entrarão na fase gasosa. Esses íons podem ser examinados por vários analisadores de massa, como um quadrupolo (veja o Capítulo 21).

A ionização por eletrospray pode ser usada em CL-EM para analisar substâncias que vão desde pequenos compostos polares a proteínas. Ou também com métodos de eluição por gradiente. A aplicação de CL-EM com ionização por eletrospray é particularmente útil à análise de proteínas e peptídeos, que tendem a produzir íons com razões massa/carga que estão fora da faixa de massa de muitos analisadores. Em ESI, esse problema é superado pelo fato de que muitas cargas costumam ser colocadas em uma biomolécula, fornecendo íons com razões massa/carga razoavelmente baixas. Por exemplo, uma proteína com massa molar de 20.000 g/mol que carrega 20 cargas por molécula após a ESI produzirá um íon com uma razão massa/carga de 1.000, um valor fácil de examinar com um analisador de massas quadrupolo. Uma dificuldade associada a esse processo é que uma única proteína ou peptídeo pode criar muitos

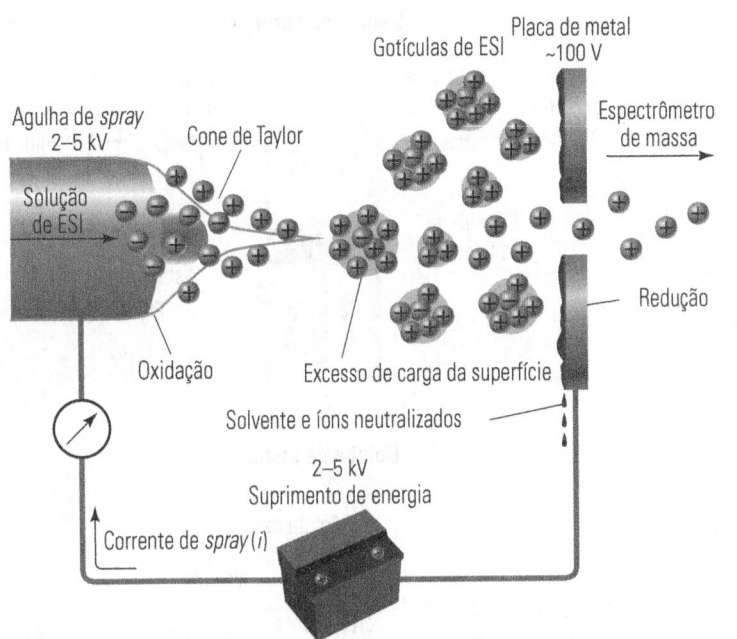
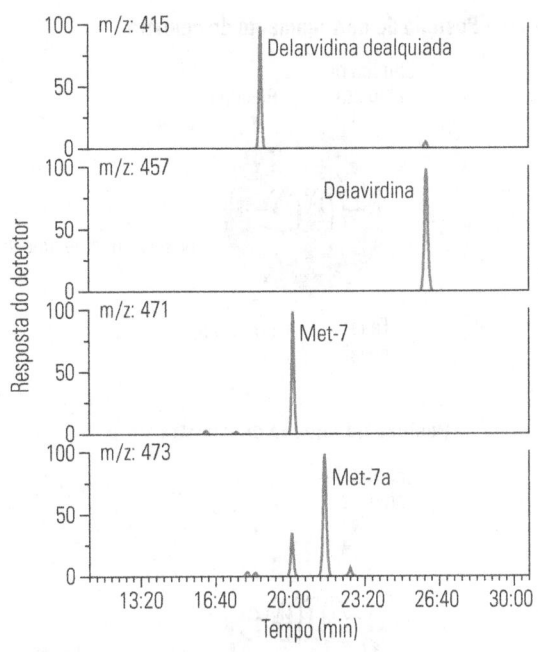

Figura 22.21

Esquema pelo qual a ionização por eletrospray (ESI) produz íons. Nesse método, uma solução da amostra é bombeada através de uma agulha mantida a uma tensão positiva. Isso resulta na produção de gotículas com um excesso de carga positiva. À medida que elas se deslocam pelo espaço, o solvente se evapora, a carga começa a se concentrar e as gotas começam a se separar. Por fim, algumas moléculas nessas gotículas são ejetadas como íons carregados positivamente (por exemplo, a molécula original agora associada a n H$^+$ produz M(H$^+$)$_n$) que são enviados a um analisador de massa. Os termos 'oxidação' e 'redução' são mostrados para indicar que os processos de oxidação-redução estão ocorrendo no sistema durante a formação de íons, fazendo do dispositivo um tipo de célula eletroquímica. Os cromatogramas à direita mostram o uso do método no monitoramento de íons selecionados do medicamento para tratamento de Aids, a delavirdina e seus metabólitos. (O diagrama do sistema de ESI foi reproduzido de N.B. Cech e C.G. Enke, *Mass Spectrometry Reviews*, 20, 2001, p.362; os cromatogramas foram reproduzidos de R. L. Voorman, et al., *Drug Metabolism and Disposition*, 26, 1998, p.631–639.)

íons moleculares. No entanto, essa dificuldade pode ser tratada por programas de computação concebidos para analisar espectros e prover as massas molares reais de proteínas a partir de tais informações.

22.4.2 Equipamentos de cromatografia líquida e pré-tratamento de amostra

Uma válvula de injeção costuma ser utilizada em CLAE para introduzir uma amostra no sistema. A Figura 22.22 mostra uma válvula usada para essa finalidade, na qual uma seringa aplica a amostra por uma abertura e para dentro de um pequeno *loop* de amostra. O excesso de amostra passa por esse *loop* e sai pelo outro lado, caindo em um recipiente de resíduos. Quando se injeta a amostra, a posição da válvula é trocada de modo que seus três canais de fluxo interno se movam e se conectem com uma diferente série de entradas e saídas. Essa troca coloca o circuito de amostra no caminho da fase móvel e leva a amostra a ser transferida para a coluna. A válvula é depois devolvida à posição original e a próxima amostra é injetada. Esse processo pode ser realizado manual ou automaticamente.[11,23]

Outro elemento necessário quando se utiliza CLAE é o meio de aplicar a fase móvel em uma pressão alta o suficiente para permitir que ela se mova através da coluna. Essa pressão é gerada por meio de uma ou mais bombas mecânicas. Dois tipos de bomba para CLAE são apresentados na Figura 22.23. O primeiro deles é uma *bomba de pistão*, onde um eixo rotativo é usado para mover um pistão para dentro e para fora de uma câmara de solvente; o movimento do pistão faz a fase móvel fluir para dentro da câmara e em direção à coluna. Uma bomba de pistão é muito utilizada com colunas convencionais de CLAE e em vazões na faixa de mL/min. Para vazões menores e colunas pequenas, pode-se empregar uma *bomba de seringa*. Essa bomba consiste em uma seringa na qual um êmbolo é pressionado por um motor, criando o fluxo da fase móvel para fora da seringa. O dispositivo gera um fluxo regular e funciona bem em vazões pequenas, na faixa de μL/min.[11]

Algumas dimensões mais comuns para colunas de CLAE são mostradas na Tabela 22.10. Uma coluna de CLAE característica para aplicações analíticas tem de 10 a 25 cm de comprimento, e de 4,1 a 4,6 mm de diâmetro interno. Colunas mais longas ou capilares com diâmetros menores também servem para fornecer um maior número de pratos teóricos e separações

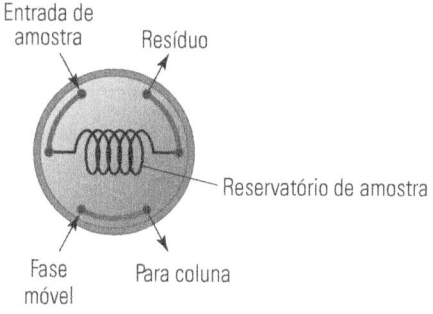

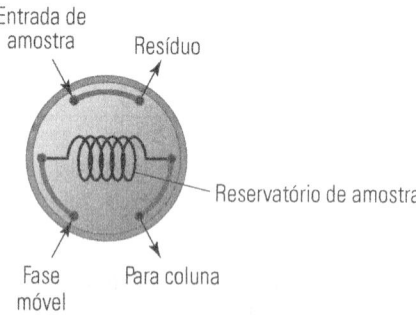

Figura 22.22

Válvula de injeção de seis aberturas para CLAE.

mais eficientes (por exemplo, 'colunas de microporo' e 'colunas capilares empacotadas'). Uma desvantagem de passar para colunas mais longas e mais estreitas é que devemos usar pequenas quantidades de amostra para evitar uma sobrecarga do sistema. Essas colunas também requerem vazões mais lentas para fornecer pressões de operação razoáveis. Em alguns casos, vazões mais lentas podem representar uma vantagem, como em uma CL-EM, porque isso significa que menos solvente terá de ser removido antes que os íons do analito possam ser separados e examinados por um espectrômetro de massa.[6,23]

Outros equipamentos também podem ser incluídos como parte de um sistema de CLAE, muitos dos quais abrangem computadores para controlar o sistema de bombas e outros componentes, bem como para registrar os resultados da separação. Também é possível usar dispositivos que permitem que a quase totalidade

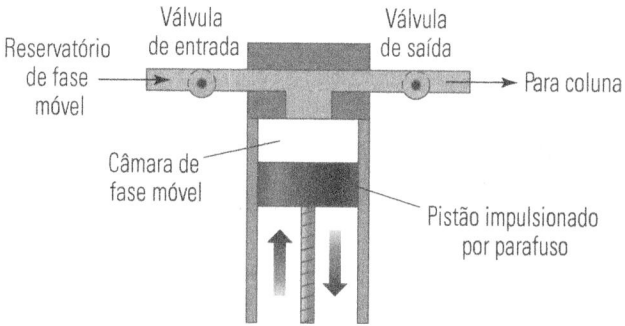

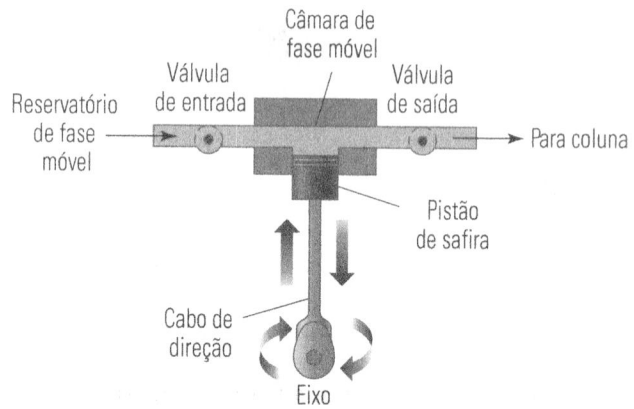

Figura 22.23

Concepção de bombas de seringa e bombas de pistão para CLAE.

ou uma parte da fase móvel seja reciclada e usada para injeção de amostras múltiplas. Essa característica é importante porque os solventes da fase móvel podem constituir uma grande fração dos resíduos químicos gerados por um laboratório de análises.

Uma vez que os analitos examinados por CLAE são injetados como uma solução na coluna, eles devem ser colocados primeiro em um líquido que seja compatível com a fase móvel utilizada no início do método de separação (isto é, a fase móvel fraca). Uma ou mais etapas de pré-tratamento podem ser necessárias para dissolver e transferir essas substâncias a um solvente apropriado. Por exemplo, compostos que estão em um solvente orgânico apolar e que

Tabela 22.10

Tamanhos comuns de coluna para aplicações analíticas de cromatografia líquida.*

Tipo de coluna	Comprimento	Diâmetro interno (mm)	Vazão característica
Coluna empacotada convencional	5–30 cm	4–5	1–3 mL/min
Coluna de microporo	10–100 cm	1–2	0,05–0,2 mL/min
Capilar empacotado	20–200 cm	0,1–0,5	0,1–20 μL/min
Capilar semi empacotada	1–100 m	0,02–0,1	0,1–2 μL/min
Coluna tubular aberta	1–100 cm	0,01–0,075	0,05–2 μL/min

*Dados reproduzidos com permissão de C.F. Poole e S.K. Poole, *Chromatography Today*, Elsevier, Amsterdã, Holanda, 1991.

devem ser separados por RPLC teriam que ser antes extraídos ou colocados em água ou outro solvente polar. Se houvesse matéria sólida na amostra, essa matéria seria removida por centrifugação ou filtração antes da injeção para evitar o entupimento da coluna e do sistema cromatográfico.[11,23]

Existem situações nas quais os analitos são derivatizados em CLAE, mas isso ocorre por motivos diferentes daqueles em CG, porque uma boa volatilidade de amostra e uma boa estabilidade térmica não são necessárias em cromatografia líquida. Em vez disso, a derivatização é muitas vezes empregada em CLAE para melhorar a resposta de um analito em dispositivos como os detectores de fluorescência ou eletroquímicos. A derivatização também é usada para melhorar a separação do soluto a partir de outros componentes da amostra ao se alterar a estrutura do soluto e sua retenção na coluna. Ao contrário da CG, a derivatização em CLAE pode ocorrer antes que a amostra seja injetada ('derivatização pré-coluna') ou depois que o analito tenha eluído de uma coluna ('derivatização pós-coluna'). Métodos pré-coluna podem ser usados para alterar a retenção de um soluto ou aperfeiçoar o modo como ele responde a um detector, enquanto as técnicas pós-coluna são utilizadas apenas para aumentar a capacidade de detectar um analito.[23,29]

Palavras-chave

Cromatografia de adsorção 544
Cromatografia de afinidade 557
Cromatografia de exclusão por tamanho 555
Cromatografia de fase normal 549
Cromatografia de fase reversa 549
Cromatografia de partição 549
Cromatografia de troca aniônica 552

Cromatografia de troca catiônica 552
Cromatografia de troca iônica 551
Cromatografia iônica 554
Cromatografia líquida 540
Cromatografia líquida de alta eficiência 542
Detector de absorbância 559
Detector de condutividade 563

Detector de fluorescência 563
Detector eletroquímico 563
Eluição isocrática 544
Fase móvel forte 544
Fase móvel fraca 544
Gradiente de solvente 544
Ionização por eletrospray 563

Outros termos

Agarose 553
Bomba de pistão 565
Bomba de seringa 565
Coeficiente de seletividade 552
Coluna monolítica 543
Cromatografia de filtração em gel 556
Cromatografia de íon com supressor 554
Cromatografia de permeação em gel 556
Cromatografia em camada delgada 545
Cromatografia em papel 545

Cromatografia líquida acoplada por detecção eletroquímica (CL-DE) 563
Cromatografia líquido-sólido 544
Cromatógrafo líquido 541
Cromatograma líquido 542
Detector de absorbância de comprimento de onda fixo 559
Detector de absorbância de comprimento de onda variável 559
Detector de arranjos de fotodiodo 561

Endcapping 550
Fase estacionária quiral 560
Força elutrópica 546
Ligante de afinidade 557
Partículas de perfusão 543
Poliestireno 553
Suporte não poroso 543
Tampão de eluição 559
Tampão do aplicativo 559

Questões

O que é cromatografia líquida e como ela é realizada?

1. Defina 'cromatografia líquida' e explique, em linhas gerais, como esse método é usado em análises químicas.
2. O que é um 'cromatógrafo líquido'? Quais são os componentes encontrados em um cromatógrafo líquido?
3. O que é 'cromatografia líquida'? Que tipos de informação ela pode fornecer sobre uma substância ou amostra?
4. O fabricante de uma coluna de fase reversa C_{18} menciona os seguintes fatores de retenção de substâncias químicas que ele recomenda para a mistura-padrão de teste: resorcinal, 0,2; acetofenona, 1,4; naftaleno, 4,3; e antraceno, 9,8. Um cromatograma efetivamente obtido usando-se essa mistura é mostrado na Figura 22.24. Estime o tempo de retenção e o índice de retenção para cada pico no cromatograma. Use essas informações para identificar cada pico.
5. Uma série de íons terrosos alcalinos é examinada e quantificada por cromatografia de troca catiônica. A injeção de uma mistura-padrão desses cátions em uma coluna de 1,5 mL/min fornece os seguintes tempos de retenção: Mg^{2+}, 3,65 min; Ca^{2+}, 4,32 min; Sr^{2+}, 5,73 min; e Ba^{2+}, 10,14 min. O tempo de morto da coluna nessas mesmas condições é de 0,55 min.
   (a) Uma série de padrões Ca^{2+} nessas condições produz áreas com picos de 235 unidades a 1 ppm, 468 unidades a 2 ppm, 695 unidades a 3 ppm e 950 unidades a

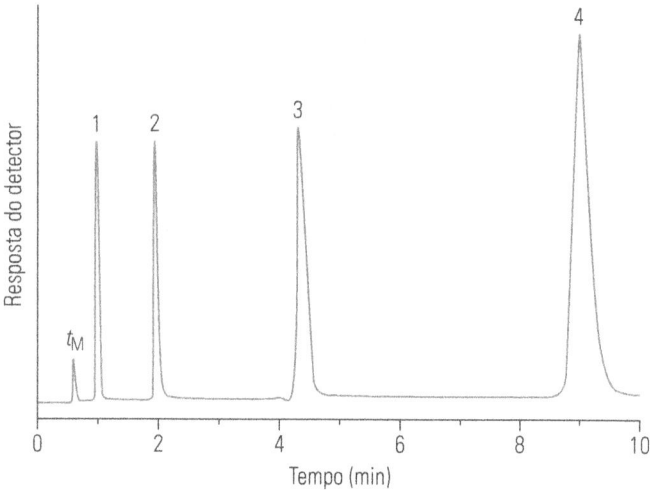

Figura 22.24

Separação de uma mistura-padrão de teste de uma coluna de fase reversa C_{18}.

4 ppm. Uma amostra desconhecida de Ca^{2+} produz uma área de pico de 579 unidades. Qual é a concentração de Ca^{2+} nessa amostra?

(b) A injecção de uma amostra desconhecida nessa mesma coluna de 1,0 mL/min, usando a mesma coluna e mesma fase móvel, fornece um pico com tempo de retenção de 6,48 min. O tempo de morto da coluna nessa vazão é 0,83 min. Qual é a identidade mais provável do cátion no pico desconhecido?

Requisitos do analito

6. Qual é o primeiro requisito a ser atendido antes de uma substância química ou amostra poder ser utilizada em cromatografia líquida (CL)?

7. Que papel a fase móvel desempenha em CL quanto à retenção do analito? Como esse papel difere do da fase móvel em cromatografia gasosa (CG)?

8. Um químico farmacêutico deseja comparar dois tipos de coluna de fase reversa para separação e análise da droga fenitoína em amostras de soro. A primeira coluna com diâmetro interno de 3,0 mm e comprimento de 6,0 cm contém uma fase estacionária de C_{18} e partículas de suporte de 3 μm de diâmetro. A segunda coluna com diâmetro interno de 4,6 mm e comprimento de 10,0 cm contém também uma fase estacionária de C_{18}, mas partículas de suporte de 5 μm. Ambas as colunas têm razões de fase semelhantes e proporcionam os mesmos índices de retenção de fenitoína na presença de fases móveis equivalentes.

   (a) Em 1,0 mL/min, a primeira coluna tem um tempo de morto de 0,34 min e fornece um tempo de retenção de 30,52 min para fenitoína no solvente A e 10,27 min no solvente B. Qual é o fator de retenção de fenitoína em ambos os solventes?

   (b) Se a segunda coluna tem um tempo de morto de 1,33 min em 1,0 mL/min, qual é o tempo de retenção esperado para fenitoína nessa coluna nos solventes A e B?

9. Explique por que a CL tende a ter um alargamento de banda maior do que a CG. Por que também é importante considerar as diferenças de viscosidade dos líquidos em relação aos gases quando se compara CL com CG?

Eficiência de coluna em cromatografia líquida

10. Explique o que se entende por 'cromatografia líquida de alta eficiência'. Como ela difere da 'cromatografia líquida clássica'?

11. Descreva as diferenças entre cada um dos tipos de suporte para cromatografia líquida a seguir.
    (a) Partículas porosas.
    (b) Partículas de perfusão.
    (c) Suporte não poroso.
    (d) Coluna monolítica.

12. A largura de linha de base de fenitoína medida na Questão 8, na primeira coluna no solvente B, foi de 0,46 min a uma vazão de 1,0 mL/min. A largura de linha de base de fenitoína medida na segunda coluna, nas mesmas condições, foi de 2,16 min. Qual é o número de pratos teóricos e a altura do prato para cada uma dessas colunas? Qual coluna é mais eficiente nessa separação, a primeira ou a segunda?

13. Use os dados na Tabela 22.1 para estimar cada um dos valores a seguir.
    (a) O número esperado de pratos teóricos para uma coluna de 25 cm de comprimento e 4,6 mm de diâmetro interno, empacotada com partículas porosas de 5 μm de diâmetro (tipo tradicional, não de casca porosa).
    (b) O valor de N para uma coluna de 5 cm de comprimento e 2,1 mm de diâmetro interno empacotada com partículas porosas de 2,5 μm de diâmetro.
    (c) A altura equivalente de um prato teórico para uma coluna de 25 cm de comprimento e 10 mm de diâmetro interno empacotada com partículas peliculares de 50 μm de diâmetro.
    (d) O valor de H para uma coluna de 3 cm de comprimento e 2,1 mm de diâmetro interno empacotada com partículas peliculares de 1,5 μm de diâmetro.

14. Explique como a CL pode ser usada na execução de uma 'cromatografia em coluna' ou uma 'cromatografia planar'.

Papéis da fase móvel em cromatografia líquida

15. Como o papel da fase móvel em CL difere de seu papel em CG? Quais aspectos da fase móvel nesses dois métodos são semelhantes?

16. O que se entende pelos termos 'fase móvel forte' e 'fase móvel fraca' em CL?

17. Defina 'eluição isocrática' e 'gradiente de solvente.' Como cada um desses métodos é realizado?

18. Uma amostra contendo várias proteínas deve ser separada em uma coluna de troca iônica (dietilamino) etílica (DEAE). Essa amostra é injetada na coluna, na presença de uma fase móvel que contém um tampão de tris com pH 8,2 e 20 mM. A fase móvel é alterada para tris de pH 8,2 e 20 mM mais NaCl de 0,25 M no curso de 40 min durante a separação.

(a) Identifique a fase móvel fraca e a fase móvel forte nesse exemplo. Qual representa o 'solvente A' e qual representa o 'solvente B'?

(b) Discuta o propósito de cada fase móvel fraca e forte nesse exemplo no tocante ao problema de eluição geral.

Cromatografia de adsorção

19. O que é 'cromatografia de adsorção'? Que tipo de fase estacionária é usado nesse método?

20. Cite uma reação geral que pode ser usada para descrever a retenção de um analito por cromatografia de adsorção. Com base nessa reação, quais fatores podem ser considerados importantes na determinação da retenção de um analito nesse método?

21. O que é uma 'força elutrópica'? Como ela é usada na cromatografia de adsorção?

22. Liste duas fases estacionárias comuns usadas em cromatografia de adsorção. Quais tipos de solvente são fases móveis fortes para cada uma dessas fases estacionárias?

23. Descreva como a retenção de solutos pode ser ajustada em cromatografia de adsorção. Descreva como o fator de seletividade para uma separação pode ser ajustado nesse método.

24. Uma substância é injetada em uma coluna de sílica e eluída com hexano como fase móvel. Nessas condições, ela elui com um longo tempo de retenção. Para diminuir essa retenção, um pouco de tetraidrofurano deve ser adicionado à fase móvel.

    (a) Qual é a força elutrópica aproximada do hexano em sílica?
    (b) Qual é a força elutrópica de tetrahidrofurano em sílica?
    (c) Qual desses dois solventes é uma fase móvel forte nessa fase estacionária?
    (d) Mais ou menos quanto tetrahidrofurano, em % (v/v), deve ser adicionado ao hexano para mudar a força elutrópica dessa fase móvel em 0,10 unidade? E em 0,20 ou 0,30 unidade?

25. Constata-se que uma mistura de 20 por cento de tetraidrofurano e 80 por cento de hexano elui um analito a partir de uma coluna de sílica em um período de tempo razoável, mas o pico do analito apresenta resolução insuficiente dos picos vizinhos. Indique uma mistura de outros dois solventes que tenha a mesma força elutrópica e que poderia ser usada no lugar da mistura de tetraidrofurano/hexano como fase móvel.

26. Quais são as aplicações da cromatografia de adsorção? Quais tipos gerais de substâncias são separados por esse método?

Cromatografia de partição

27. O que é 'cromatografia de partição'? Como ela difere da cromatografia de adsorção?

28. Compare e contraste a cromatografia líquida de fase reversa com a cromatografia líquida de fase normal. Em que aspectos esses métodos são semelhantes? E como diferem um do outro?

29. Quais são as fases estacionárias comuns em cromatografia líquida de fase normal? Que tipos de solvente são fases móveis fortes nesse método? Quais solventes atuam como fases móveis fracas?

30. Quais são as fases estacionárias comuns em cromatografia líquida de fase reversa? Quais solventes são fases móveis fortes e fracas nessa técnica?

31. Cite uma reação geral que pode ser usada para descrever a retenção de um analito por cromatografia de partição. Com base nessa reação, quais fatores você considera importantes na determinação da retenção de um analito por esse método?

32. O que é um 'índice de polaridade de solvente'? Como ele é usado em cromatografia de partição?

33. Determine o índice de polaridade de solvente para cada uma das fases móveis a seguir.

    (a) Acetonitrila.
    (b) Hexano.
    (c) 30 por cento tetraidrofurano: 70 por cento hexano.
    (d) 50 por cento *iso*propanol: 50 por cento água.

34. Uma técnica que pode ser usada em cromatografia líquida de fase reversa (RPLC) e cromatografia líquida de fase normal (NPLC) para ajudar a melhorar a seletividade de uma separação é variar os tipos de solvente que são combinados para gerar um determinado índice de polaridade de solvente. Um químico ambiental deseja usar essa abordagem com RPLC por meio de diferentes misturas de acetonitrila, metanol e água como fase móvel. Uma mistura que fornece boa retenção para o analito alvo é aquela que contém 60 por cento de acetonitrila, 20 por cento de etanol e 20 por cento de água (v/v).

    (a) Qual é o índice de polaridade de solvente dessa mistura?
    (b) Qual mistura de acetonitrila e água gerará o mesmo índice de polaridade de solvente gerado na Parte (a)?
    (c) Qual mistura de água e metanol resultará no mesmo índice de polaridade de solvente que a encontrada na Parte (a)?

35. Por que as fases ligadas são comuns em RPLC e NPLC modernas?

36. Descreva como uma fase ligada como um grupo C_{18} pode ser colocada sobre sílica para uso em RPLC.

37. O que é '*endcapping*'? Por que esse método é importante na preparação de fases ligadas na cromatografia líquida?

38. A mudança no índice de retenção ao se passar de uma fase móvel para outra em cromatografia de partição pode ser estimada usando-se as seguintes razões,[23]

$$\text{Para RPLC: } \log(k_1/k_2) = (P_{tot1} - P_{tot2})/2 \quad (22.11)$$

$$\text{Para NPLC: } \log(k_1/k_2) = (P_{tot2} - P_{tot1})/2 \quad (22.12)$$

em que k_1 e k_2 são os fatores de retenção para o mesmo analito na presença de duas fases móveis com índice de polaridade de solvente de P_{tot1} e P_{tot2}.

(a) Com base em seu conhecimento de RPLC e NPLC, explique as diferenças entre as duas equações anteriores.

(b) Constata-se que uma substância elui de uma coluna de fase reversa com um índice de retenção de 12,5 quando uma mistura de 20 por cento isopropanol/80 por cento água é usada como fase móvel. Qual fator de retenção seria esperado para o mesmo analito caso a fase móvel fosse alterada para uma mistura de 10 por cento isopropanol/90 por cento água?

(c) Que mistura de isopropanol e água seria necessária caso o analito na Parte (b) devesse ser eluído com um fator de retenção de 5,0?

39. O herbicida de ácido 2,4-diclorofenoxiacético (2,4-D) (discutido no Capítulo 21) tem maior retenção em uma coluna de fase reversa em um pH ácido do que em um pH neutro. Explique por que ocorre essa diferença de retenção. Com base em sua explicação, como você espera que a retenção de 2,4-D vá mudar em uma coluna de troca aniônica sob as mesmas condições?

40. Quais são as aplicações mais comuns da NPLC? Quais são as aplicações mais comuns da RPLC? Na sua opinião, por que a RPLC é hoje o mais popular desses dois métodos?

Cromatografia de troca iônica

41. Defina 'cromatografia de troca iônica'. Qual é o mecanismo de separação nesse método?

42. O que é 'cromatografia de troca catiônica'? O que é 'cromatografia de troca aniônica'? Que tipos de analitos são mantidos em cada um desses métodos?

43. Indique se você usaria cromatografia de troca catiônica ou cromatografia de troca aniônica em cada uma das seguintes situações:

(a) Separação e análise de Ba^{2+}, Ca^{2+}, Mg^{2+} e Sr^{2+}.

(b) Separação e análise de Br^-, Cl^-, NO_3^- e SO_4^{2-}.

(c) Separação de aminoácidos sob condições básicas (pH> pI dos aminoácidos).

44. Escreva uma reação de cromatografia de troca aniônica que seja semelhante àquela apresentada na Equação 20.7 por cromatografia de troca catiônica. Escreva uma expressão para a constante de equilíbrio de sua reação. Como a sua reação e a sua equação diferem daquelas na Equação 22.7?

45. O que é um 'coeficiente de seletividade' em cromatografia de troca iônica? Qual é o coeficiente de seletividade para a reação que você escreveu na Questão 43?

46. Quais são os fatores gerais que afetam a retenção de um analito em cromatografia de troca iônica?

47. Relacione os vários tipos de suporte usados na cromatografia de troca iônica. Descreva as propriedades e aplicações úteis para cada suporte em tais separações.

48. Que tipo de solvente é uma fase móvel fraca em cromatografia de troca iônica? O que é uma fase móvel forte? Quais fatores podem ser variados para ajustar a retenção dos analitos nesse método?

49. Quais são as aplicações gerais de cromatografia de troca iônica?

50. O que é 'cromatografia de íons com supressor'? Discuta como esse tipo de cromatografia funciona utilizando o sistema da Figura 22.12 como exemplo.

Cromatografia de exclusão por tamanho

51. Defina 'cromatografia de exclusão por tamanho'. Qual é o mecanismo de separação nesse método?

52. Explique por que todos os analitos em cromatografia de exclusão por tamanho eluem dentro de uma faixa um tanto estreita de volumes de retenção. Quais são os limites inferiores e superiores para essa faixa de volumes? Como esses limites se relacionam com a coluna e seu material de suporte?

53. Quais propriedades são desejáveis em um suporte em cromatografia de exclusão por tamanho? Que tipos gerais de suporte são utilizados nesse método? Por que o tamanho dos poros do suporte é importante?

54. Explique por que não há fase móvel fraca ou forte em cromatografia de exclusão por tamanho.

55. O que é 'cromatografia de filtração em gel'? O que é 'cromatografia de permeação em gel'?

56. Quais são as aplicações mais comuns de cromatografia de exclusão por tamanho?

57. Uma amostra de polímero tem um volume de retenção de 25,2 mL em uma coluna de exclusão por tamanho que tem um volume de morto relatado de 29,3 mL e um volume excluído de 14,1 mL. Qual é o valor médio de K_o para essa amostra de polímero?

58. Os seguintes dados foram obtidos para uma série de padrões de proteína injetados em uma coluna de exclusão por tamanho. Uma proteína desconhecida injetada nas mesmas condições tem um volume de eluição de 16,75 mL.

Proteína/analito	Massa molar (g/mol)	Volume de retenção (mL)
Blue dextran	>10^6	11,00
Monômero da Ferritina	450.000	11,22
Gamaglobulina	167.000	13,36
Hexoquinase	104.000	14,85
Albumina bovina	68.000	15,92
Ovalbumina	45.000	16,97
Inibidor de Tripsina	24.000	18,68
Citicromo C	12.500	19,01

(a) Quais são os valores aproximados de V_M e V_e para essa coluna?

(b) Qual é a K_o da proteína desconhecida?

(c) Qual é a massa molar aproximada da proteína desconhecida?

Cromatografia de afinidade

59. O que é 'cromatografia de afinidade'? Que tipos de interação formam a base da cromatografia de afinidade?

60. Defina ou descreva os seguintes termos em relação à cromatografia de afinidade:
    (a) Ligante de afinidade.
    (b) Método de imobilização.
    (c) Ligante de alta especificidade.
    (d) Ligante geral.
    (e) Tampão de aplicação.
    (f) Tampão de eluição.

61. Descreva o método de eluição 'on/off' mais comum para a cromatografia de afinidade. Qual é o propósito de cada etapa desse processo?

62. Quais fatores gerais determinam o índice de retenção de um analito em cromatografia de afinidade? Escreva uma equação que mostre como esses fatores estão relacionados a k.

63. Uma coluna de afinidade com volume de morto de 1,5 mL contém 150 nmol da proteína A, um ligante de afinidade que se liga fortemente a muitos anticorpos. A constante de equilíbrio de associação para a ligação da proteína A com um tipo de anticorpo (IgG de coelho) é de cerca de $4,0 \times 10^8 \, M^{-1}$ a um pH 7,4.
    (a) Qual é o índice de retenção aproximado para o IgG de coelho nessa coluna em pH 7,4?
    (b) A um pH 7,4, quanto tempo seria necessário para eluir o IgG de coelho da coluna a 1,0 mL/min?

64. Quando um tampão de eluição de pH 2,5 é aplicado à coluna da proteína A na Questão 63, o IgG de coelho elui em 3 min a 1,0 mL/min. Qual é a constante de equilíbrio de associação máxima que pode estar presente entre a proteína A e o IgG de coelho nessas condições?

65. O que é uma 'separação quiral'? Que tipos de fase estacionária são usados em separações quirais? Por que essas separações são importantes na análise farmacêutica?

66. Que tipos de suporte são utilizados em cromatografia de afinidade?

67. Descreva qual tipo de solvente é uma fase móvel forte ou uma fase móvel fraca em cromatografia de afinidade.

68. O que se entende pelos termos 'eluição bioespecífica' e 'eluição inespecífica' em cromatografia de afinidade? Como cada um desses métodos funciona?

Tipos de detectores em cromatografia líquida

69. Como funciona um detector de índice refrativo? Quais são as vantagens e as desvantagens desse detector quando usado em CL?

70. Descreva três tipos de detector de absorbância usados em CL. Quais são suas vantagens e desvantagens?

71. Descreva como cada um dos detectores seletivos a seguir é utilizado em CL. Que tipos de analito cada um desses detectores pode monitorar?
    (a) Detector de fluorescência.
    (b) Detector evaporativo de espalhamento da luz.
    (c) Detector de condutividade.
    (d) Detector eletroquímico.

72. O que é ionização por eletrospray, e como ela funciona? Como esse método é usado em cromatografia líquida acoplada à espectrometria de massa (CL-EM)?

73. Os cromatogramas mostrados nas figuras 22.9 e 20.21 para delavidina e seus metabólitos foram obtidos usando-se CL-EM operada em um modo de detecção geral e em um modo de detecção seletiva, respectivamente.
    (a) Como esses cromatogramas são semelhantes no que se refere a suas respostas medidas? Como eles diferem entre si?
    (b) Explique como um detector baseado em espectrometria de massa de ionização por eletrospray pode ser usado na obtenção de qualquer um desses dois conjuntos de cromatograma.

Equipamentos de cromatografia líquida e pré-tratamento de amostra

74. Descreva como as amostras costumam ser injetadas ou colocadas em um sistema de CL.

75. Quais são os tipos comuns de bomba usados em CLAE?

76. Cite alguns exemplos de métodos de pré-tratamento de amostra empregados em CL.

77. Defina 'derivatização pré-coluna' e 'derivatização pós-coluna'. Como cada uma delas pode ser aplicada em cromatografia líquida?

Problemas desafiadores

78. Defina os seguintes termos:
    (a) Cromatografia em papel.
    (b) Cromatografia em camada delgada.
    (c) Frente de solvente.
    (d) Fator de retenção.

79. Um laboratório que realiza testes clínicos de drogas obtém um ponto em um prato de cromatografia em camada delgada (CCD) que percorre uma distância de 3,47 cm quando a frente do solvente se desloca por 4,50 cm.
    (a) Qual é o valor de R_F para o composto que compõe esse ponto?
    (b) O fabricante desse kit de CCD lista os valores de R_F a seguir para medicamentos comuns. Qual é a identidade mais provável do composto na amostra desconhecida?

Composto	Valor de R_F
Morfina	0,14
Cafeína	0,22
Quinina	0,38
Meperidina	0,53
Amitriptilina	0,63
Metadona	0,67
Pentazocina	0,73
Fenobarbital	0,77
Fenciclidina	0,79
Propoxifene	0,81
Xilocaína	0,82
Metaqualona	0,87

80. É possível demonstrar que R_F, em cromatografia planar, pode estar relacionado ao índice de retenção (k) para um soluto em uma coluna quando ambos os sistemas utilizam a mesma fase estacionária e a mesma fase móvel.

$$k = (1 - R_F)/R_F \quad \text{ou} \quad R_F = 1/(1 + k) \quad (22.13)$$

Um químico orgânico deseja utilizar CCD para estimar a retenção que se poderia esperar durante a separação de uma série de novos compostos sintetizados em uma coluna de sílica. A triagem da mistura de reação feita com um prato de sílica de CCD fornece três bandas principais, com distâncias de migração de 1,23, 1,86 e 2,59 cm de uma frente de solvente que percorre 5,28 cm. Quais são os fatores de retenção esperados para os compostos nessas faixas em uma coluna de sílica nas mesmas condições da fase móvel?

81. Descreva um tipo de CL (adsorção, partição, exclusão por tamanho etc.) que poderia ser usada em cada um dos casos a seguir. Justifique suas respostas.
    (a) Remoção de sais a partir de uma amostra de proteína antes da análise por espectrometria de massa.
    (b) Análise da morfina e de seus metabólitos em amostras de soro.
    (c) Isolamento de uma proteína bacteriana específica a partir de uma cultura de células.
    (d) Análise do teor de nitrato e nitrito em íons de água potável.

82. O fator de retenção k de um soluto em cromatografia de adsorção pode ser descrito pela equação a seguir,[6]

$$\log k = \log(V_a \cdot w / V_M) + \alpha'(S_0 - A_s \varepsilon_1) \quad (22.14)$$

em que V_a é o volume de solvente adsorvido por unidade de massa de suporte, w o peso do suporte na coluna, V_M o volume de morto da coluna, α' o parâmetro da atividade do suporte (relacionado com a energia de superfície do suporte), S_0 a energia livre de adsorção para o analito no suporte, A_s a área transversal do analito e ε_1 a força elutrópica da fase móvel. Usando a equação anterior, determine se haverá aumento ou redução de k na ocorrência de um aumento no termo ($V_a \cdot w / V_M$). O que acontece com k quando há um aumento em A_s ou ε_1? Como você explica essas tendências?

83. Baseado em seu conhecimento sobre interações intermoleculares e polaridade química (veja o Capítulo 7), preveja a ordem na qual os seguintes compostos eluem de uma coluna de fase reversa C_{18} em pH 8,0: ácido octanoico ($C_7H_{15}COOH$), 1-octanol ($C_7H_{15}CH_2OH$), ácido octadecanoico ($C_{17}H_{35}COOH$).

84. A retenção de um analito pequeno em RPLC pode ser descrita pela Equação 22.15,

$$\log k = \log k_w + a\varphi + b\varphi^2 \quad (22.15)$$

em que k_w é o fator de retenção medido na presença de água, φ a fração de volume de um solvente orgânico na fase móvel e a ou b são constantes para uma dada combinação de soluto e solvente.[6] A análise do herbicida atrazina por RPLC produz os seguintes parâmetros de regressão linear para a Equação 22.15: $\log k_w = 2{,}42$, $a = -6{,}2$, $b = 4{,}1$.[30]
   (a) Use uma planilha para preparar gráficos de $\log k$ e k versus φ para atrazina entre $\varphi = 0{,}0$ e $0{,}6$. Com base nos resultados, o fator de retenção vai aumentar ou diminuir para a atrazina quando mais solvente orgânico for adicionado à fase móvel? Como a resposta se encaixa em seu conhecimento de cromatografia de fase reversa?
   (b) A que valores de φ um fator de retenção maior do que 2,0 será obtido para a atrazina? Em quais condições o fator de retenção será inferior a 2,0? Qual será o fator de retenção estimado para atrazina se nenhum modificador orgânico estiver presente?

85. Um cientista pretende desenvolver um sistema de cromatografia de íons para a análise de cátions pequenos, como Na^+, K^+ e Ca^{2+}.
   (a) A primeira parte desse sistema tem um forte trocador catiônico que contém inicialmente H^+ como o contraíon. Indique uma fase estacionária específica que poderia ser usada para essa finalidade. Se uma solução diluída de HCl for utilizada como fase móvel, as combinações resultantes dos cátions do analito e dos cátions concorrentes com seus contraíons deverão ter condutividade baixa ou alta?
   (b) A segunda parte desse sistema é uma coluna supressora que contém um trocador aniônico com OH^- como contraíon. Indique uma fase estacionária específica que poderia ser usada em uma coluna. Depois de passar por essa coluna, as combinações resultantes dos cátions do analito e dos cátions concorrentes com seus contraíons devem apresentar alguma mudança em condutividade? Como isso afetará sua habilidade de detectar analitos?

86. Um cientista observa que a injeção de padrões contendo íons fosfato (PO_4^{3-}) ou fosfito (PO_3^{3-}) produz picos separados quando examinados por cromatografia iônica, enquanto as injeções de fosfato ou monohidrogeno fosfato (HPO_4^{2-}) parecem dar um único pico. Explique por que isso ocorre. (*Dica:* considere as reações ácido-base de fosfato, como discutido no Capítulo 8.)

87. O fator de retenção k para um analito durante a eluição bioespecífica em cromatografia de afinidade pode ser descrito pela Equação 22.16,

$$k = \frac{K_{A,A}(m_L/V_M)}{1 + K_{A,I}[I]} \quad (22.16)$$

em que $K_{A,A}$ é a constante de equilíbrio de associação para a ligação do analito ao ligante imobilizado, $K_{A,I}$ a constante de equilíbrio de associação para a ligação de um agente concorrente na fase móvel ao mesmo ligante, $[I]$ a concentração da fase móvel do agente concorrente, m_L os mols de pontos de ligação para o analito na coluna e V_M o volume de morto da coluna.[24]

(a) Se uma substância tem um fator de retenção de cerca de 250 na ausência de qualquer agente concorrente (onde $K = K_{A'A}(m_L/V_M)$) e o agente concorrente tem um valor de $K_{A,I}$ de $1,0 \times 10^3$ M^{-1}, qual concentração de agente concorrente será necessária para produzir um índice de retenção de 20 para o analito? E um fator de retenção de 5?

(b) Como os resultados na Parte (a) mudariam caso $K_{A,I}$ tivesse um valor de $1,0 \times 10^4$ M^{-1}?

(c) Discuta como você pode usar a Equação 22.16 para determinar o valor de $K_{A,I}$ nesse sistema.

Tópicos para discussão e relatórios

88. Selecione uma substância química ambiental que pode ser encontrada em água e obtenha informações sobre como essa substância pode ser examinada por cromatografia líquida. Indique o tipo de cromatografia líquida que foi usado na separação e na análise da substância, incluindo os tipos de fase estacionária, fase móvel e método de detecção empregados.

89. Uma série de outros métodos cromatográficos especializados está listada a seguir.[6,7,10,11,23,24] Encontre mais informações sobre um ou mais desses métodos e prepare um relatório. Discuta em seu relatório como o método funciona, incluindo uma descrição das fases estacionárias e fases móveis que são mais usadas junto com essa técnica. Também cite alguns exemplos de aplicações comuns do método.

   (a) Cromatografia de afinidade de íon metálico imobilizado.
   (b) Cromatografia de par iônico.
   (c) Cromatografia de interação hidrofóbica.
   (d) Cromatografia rápida de proteína-líquido.
   (e) Cromatografia líquida de microporo.
   (f) Cromatografia líquida de escala de processo.

90. Obtenha mais informações sobre o método de cromatografia líquida de pressão ultra-alta.[12,13] Quais são as vantagens desse método em comparação com a CLAE tradicional? Quais são os desafios adicionais e os problemas que devem ser enfrentados quando se lida com cromatografia líquida de pressão ultra-alta?

91. Há muitos detectores para cromatografia líquida, além dos já listados neste capítulo.[6,23,25] Obtenha informações sobre um dos detectores a seguir. Descreva como funciona e indique quais tipos de analito ele pode monitorar.

   (a) Detector fotométrico de chama.
   (b) Detector de emissão atômica ICP.
   (c) Detector de quimiluminescência.
   (d) CL-RMN.
   (e) CL-IV.
   (f) Detector de atividade ótica.

92. Obtenha mais informações sobre a utilização de cromatografia líquida em uma das seguintes áreas. Para cada aplicação, indique quais tipos de fase estacionária, fase móvel e métodos de detecção estão sendo usados atualmente.

   (a) Separações quirais.
   (b) Proteômica.
   (c) Monitoração de drogas terapêuticas.
   (d) Análise de tamanho de polímero.

93. Procure a ficha de segurança (MSDS) de um ou mais dos solventes listados a seguir utilizados em cromatografia líquida. Descreva os riscos químicos e físicos associados a cada um e indique quais são os métodos adequados para manipulá-los e descartá-los. Além disso, cite pelo menos um tipo de cromatografia líquida na qual o solvente pode ser utilizado.

   (a) Metil-*t*-butil cetona.
   (b) Hexano.
   (c) Acetonitrila.
   (d) Isopropanol.

94. Obtenha informações sobre uma das seguintes fases estacionárias quirais.[6,10,11,24-27] Discuta como é usada em separações quirais e dê alguns exemplos de suas aplicações.

   (a) Ciclodextrinas.
   (b) Colunas Pirkle.
   (c) Derivados de celulose.
   (d) α_1-Ácido glicoproteína.

95. Uma *sonda de microdiálise* é uma ferramenta explorada nos últimos anos como um meio de colocar amostras biológicas de tempo real em um sistema de CLAE.[31] Obtenha mais informações sobre esse método. Escreva um relatório sobre como funciona e descreva algumas de suas aplicações.

96. Um tipo especial de fase estacionária recentemente desenvolvido para cromatografia de afinidade e separações quirais é um *polímero molecularmente impresso*, ou MIP (do inglês, *molecularly imprinted polymer*).[24,32,33] Esse polímero é preparado colocando-se um polímero poroso em torno de um analito alvo e depois removendo o analito para que reste uma cavidade que é complementar a esse alvo em sua forma e interações. Obtenha mais informações sobre os polímeros molecularmente impressos. Descreva para a sua classe como eles são preparados e usados em aplicações de cromatografia.

97. O tópico de fluidos supercríticos foi discutido no Capítulo 20 como uma fase alternativa para a realização de extrações. Os fluidos supercríticos também servem como fases móveis em cromatografia, gerando uma técnica conhecida como *cromatografia de fluido supercrítico*.[4,23,34-36] Obtenha mais informações sobre esse método. Discuta suas vantagens em comparação com CG e CL e descreva algumas de suas aplicações.

Referências bibliográficas

1. A. Verghese, 'AIDS at 25: An Epidemic of Caring', *New York Times*, 4 jun. 2006.
2. World Health Organization, AIDS, *Profile of an Epidemic*, WHO, Washington, DC, 1989.
3. Amanda Yarnell, 'AZT', *Chemical & Engineering News*, 83, 2005, p.48.
4. R. E. Majors e P. W. Carr, 'Glossary of Liquid-Phase Separation Terms', *LC-GC*, 19, 2001, p.124–162.
5. J. Inczedy, T. Lengyel e A. M. Ure, *International Union of Pure and Applied Chemistry—Compendium of Analytical Nomenclature: Definitive Rules 1997*, Blackwell Science, Malden, MA, Capítulo 9.
6. C. F. Poole e S. K. Poole, *Chromatography Today*, Elsevier, Nova York, 1991.
7. B. L. Karger, L. R. Snyder e C. Horvath, *An Introduction to Separation Science*, Wiley, Nova York, 1973.
8. L. S. Ettre, 'M.S. Tswett and the Invention of Chromatography', *LC-GC*, 21, 2003, p.458–467.
9. R. E. Majors, 'A Review of HPLC Column Packing Technology', *American Laboratory*, out. 2003, p.46–54.
10. E. Katz, R. Eksteen, P. Schoenmakers e N. Miler, eds., *Handbook of HPLC*, Marcel Dekker, Nova York, 1998, Capítulo 10.
11. W. J. Lough e I. W. Wainer, *High Performance Liquid Chromatography: Fundamentals Principles and Practice*, Blackie Academic, Nova York, 1995.
12. J. W. Thompson, J. S. Mellors, J. W. Eschelbach e J. W. Jorgenson, 'Recent Advances in Ultrahigh-Pressure Liquid Chromatography', *LC-GC*, 24, 2006, p.16–20.
13. J. E. McNair, K. C. Lewis e J. W. Jorgenson, 'Ultrahigh-Pressure Reversed-Phase Liquid Chromatography in Packed Capillary Columns', *Analytical Chemistry*, 69, 1997, p.983–989.
14. N. B. Afeyan, S. P. Fulton e F. E. Regnier, 'Perfusion Chromatography: Recent Developments and Applications', *Applied Enzyme Biotechnology*, 9, 1991, p.221–231.
15. M. Jacoby, 'Monolithic Chromatography', *Chemical & Engineering News*, 84, 2006, p.14–19.
16. F. Svec e C. G. Huber, 'Monolithic Materials: Promises, Challenges, Achievements', *Analytical Chemistry*, 78, 2006, p.2100–2108.
17. A. Braithwaite e F. J. Smith, *Chromatographic Methods*, Chapman and Hall, Nova York, 1985, Capítulo 3.
18. A. I. Vogel, A. R. Tatchell, B. S. Furnis, A. J. Hannaford e P. W. G. Smith, *Vogel's Textbook of Practical Organic Chemistry*, 5 ed., Longman, Londres, 1989.
19. N. W. Tietz, ed., *Textbook of Clinical Chemistry*, Saunders, Filadélfia, PA, 1986.
20. C. F. Poole, 'Progress in Planar Chromatography', *Trends in Analytical Chemistry*, 4, 1985, p.209–213.
21. R. E. Majors, 'Current Trends in HPLC Column Usage', *LC-GC*, 15, 1997, p.1008–1015.
22. L. Rohrschneider, 'Solvent Characterization by Gas-Liquid Partition Coefficients of Selected Solutes', *Analytical Chemistry*, 45, 1973, p.1241–1247.
23. B. Ravindranath, *Principles and Practice of Chromatography*, Wiley, Nova York, 1989.
24. D. S. Hage, ed., *Handbook of Affinity Chromatography*, CRC Press, Boca Raton, FL, 2005.
25. D. W. Armstrong, 'Direct Enantiomeric Separations in Liquid Chromatography and Gas Chromatography'. In: *A Century of Separation Science*, H. J. Issaq, ed., Marcel Dekker, Nova York, 2002, Capítulo 33.
26. G. Guebitz e M. G. Schmid, 'Chiral Separation Principles: An Introduction', *Methods in Molecular Biology*, 243, 2004, p.1–28.
27. S. Allenmark, *Chromatographic Enantioseparations: Methods and Applications*, 2 ed., Ellis Horwood, Nova York, 1991.
28. G. W. Ewing, ed., *Analytical Instrumentation Handbook*, 2 ed., Marcel Dekker, Nova York, 1997.
29. G. Lunn e L. C. Hellwig, *Handbook of Derivatization Reactions for HPLC*, Wiley-Interscience, Nova York, 1998.
30. J. G. Rollag, M. Beck-Westermeyer e D. S. Hage, 'Analysis of Pesticide Degradation Products by Tandem High-Performance Immunoaffinity Chromatography and Reversed-Phase Liquid Chromatography', *Analytical Chemistry*, 68, 1996, p.3631–3637.
31. C. E. Lunte, D. O. Scott e P. T. Kissinger, 'Sampling Living Systems using Microdialysis Probes', *Analytical Chemistry*, 63, 1991, p.773A–780A.
32. K. Haupt, 'Molecularly Imprinted Polymers: Artificial Receptors for Affinity Separations'. In: *Handbook of Affinity Chromatography*, 2 ed., D. S. Hage, ed., CRC Press, Boca Raton, FL, 2005, Capítulo 30.
33. M. Komiyama, T. Takeuchi, T. Mukawa e H. Asanuma, *Molecular Imprinting: From Fundamentals to Applications*, Wiley-VCH, Weinheim, Alemanha, 2002.
34. R. M. Smith e S. B. Hawthorne, eds., *Supercritical Fluids in Chromatography and Extraction*, Elsevier, Amsterdã, Holanda, 1997.
35. M. D. Palmieri, 'An Introduction to Supercritical Fluid Chromatography. Part 1: Principles and Instrumentation', *Journal of Chemical Education*, 65, 1988, p.A254–A259.
36. M. D. Palmieri, 'An Introduction to Supercritical Fluid Chromatography. Part 2: Applications and Future Trends', *Journal of Chemical Education*, 66, 1989, p.A141–A147.

Capítulo 23
Eletroforese

Conteúdo do capítulo

23.1 Introdução: o Projeto Genoma Humano
  - **23.1.1** O que é eletroforese?
  - **23.1.2** Como a eletroforese é realizada?

23.2 Princípios gerais da eletroforese
  - **23.2.1** Fatores que afetam a migração do analito
  - **23.2.2** Fatores que afetam o alargamento de banda

23.3 Eletroforese em gel
  - **23.3.1** O que é eletroforese em gel?
  - **23.3.2** Como a eletroforese em gel é realizada?
  - **23.3.3** Quais são os tipos especiais de eletroforese em gel?

23.4 Eletroforese capilar
  - **23.4.1** O que é eletroforese capilar?
  - **23.4.2** Como a eletroforese capilar é realizada?
  - **23.4.3** Quais são os tipos especiais de eletroforese capilar?

23.1 Introdução: o Projeto Genoma Humano

Em fevereiro de 2001, soube-se de uma das maiores conquistas da ciência moderna. Foi nessa época que surgiram dois artigos científicos, um na revista *Science* e outro na revista *Nature*, relatando a sequência do DNA humano (ou o 'genoma humano').[1,2] Esses artigos foram resultado de um grande esforço de pesquisa conhecido como o Projeto Genoma Humano, iniciado em 1990 sob o patrocínio do U. S. Department of Energy e do National Institutes of Health.[3]

Apesar da previsão de que levaria 15 anos para ser terminado, esse projeto foi 'concluído' em cerca de uma década. Essa conclusão antecipada foi possível graças a vários avanços ocorridos nas técnicas de sequenciamento de DNA. Um método comum de sequenciamento é o chamado Sanger (veja a Figura 23.1). Nele, a seção de DNA a ser examinada (conhecida como 'fragmento') é misturada a um segmento de DNA que se liga à parte dessa sequência (o 'iniciador'). A mistura é colocada em quatro recipientes que têm os nucleotídeos e as enzimas necessários para construir o modelo. Esses recipientes também têm nucleotídeos especiais marcados que interromperão o alongamento de DNA após a adição de um C, um G, um A ou um T a sua sequência. As fitas de DNA formadas em cada recipiente são separadas de acordo com seu tamanho. Comparando-se o comprimento delas e sabendo-se quais nucleotídeos marcados estão no final de cada uma, a sequência de DNA pode ser determinada.[4]

O método de Sanger foi originalmente desenvolvido como uma técnica manual que levava longos períodos de tempo para ser executada. Por isso, algo que devia ser abordado no início do Projeto Genoma Humano era a criação de sistemas mais rápidos, automatizados, para o sequenciamento de DNA.[5,6] Tanto os sistemas tradicionais para realizar esse sequenciamento quanto os novos utilizam um método de separação conhecido como *eletroforese*. Neste capítulo, discutiremos a eletroforese, analisaremos suas aplicações e veremos como as melhorias nessa técnica tornaram o Projeto Genoma Humano possível.

23.1.1 O que é eletroforese?

A **eletroforese** é uma técnica pela qual os solutos são separados por suas diferentes taxas de migração em um campo elétrico (veja a Figura 23.2).[7-10] Para realizá-la, primeiro se coloca uma amostra em um recipiente ou suporte, que também contém um eletrólito de fundo (ou 'tampão de corrida'). Quando se aplica um campo elétrico ao sistema, os íons no tampão de corrida fluem de um eletrodo para o outro e fornecem a corrente necessária para manter a voltagem aplicada. Ao mesmo tempo, os íons positivamente carregados na amostra se moverão na direção do eletrodo negativo (o cátodo), enquanto os íons com carga negativa avançarão em direção ao eletrodo positivo (o ânodo). O resultado é uma separação desses íons com base em sua carga e tamanho. Uma vez que muitos compostos biológicos têm cargas ou grupos ionizáveis (por exemplo, DNA e proteínas), a eletroforese é frequentemente utilizada em bioquímica e pesquisas médicas. Esse método também pode ser adaptado para lidar com íons pequenos (como Cl^- ou NO_3^-) ou para partículas grandes carregadas (como células e vírus).

Embora já se saiba há cem anos que substâncias como proteínas e enzimas têm uma velocidade de deslocamento característica em um campo elétrico,[11-13] a eletroforese só se tornou um método de separação de rotina por volta da década de 1930. Um avanço notável ocorreu em 1937, quando um cientista chamado Arne Tiselius usou eletroforese na separação de proteínas de soro (Figura 23.3).[3,14] Tiselius conduziu essa separação com um tubo em forma de U, no qual

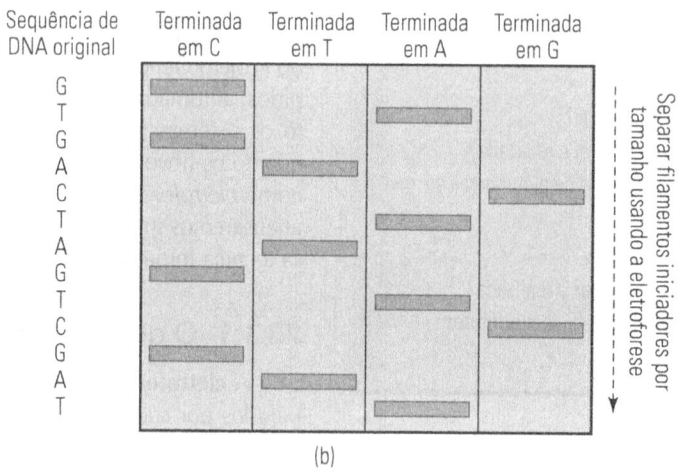

Figura 23.1

Sequenciamento de DNA pelo método de Sanger, que leva o nome de F. Sanger, um dos cientistas que descreveram a técnica.[4] A sequência final de DNA é determinada analisando-se a sequência dos filamentos iniciadores e usando-se os nucleotídeos complementares (C para G, A para T, G para C e T para A) para descrever a sequência do DNA original.

ele colocou sua amostra e o eletrólito de corrida. Ao aplicar um campo elétrico, as proteínas na amostra começaram a se separar enquanto migravam em direção ao eletrodo de carga oposta. Entretanto, o uso de um grande volume de amostra produziu uma série de regiões amplas e apenas parcialmente resolvidas, que continham diferentes misturas das proteínas originais.[15]

O método utilizado por Tiselius ficou conhecido como *eletroforese por fronteira móvel*, porque produzia uma série de limites que se deslocam entre as regiões contendo diferentes misturas de proteínas, como mostra a Figura 23.3.[10,16] Hoje é mais comum o uso de pequenas amostras para permitir que os analitos sejam separados em bandas ou zonas estreitas, criando um método conhecido como *eletroforese por zona*.[8-10,16] Um exemplo disso é ilustrado na Figura 23.1, na qual o DNA é sequenciado pela separação de seus fios de vários comprimentos em faixas estreitas em um gel.

Há muitas maneiras de se aplicar a eletroforese à análise química. Incluem-se aí o sequenciamento de DNA, bem como a purificação de proteínas, peptídeos e outras biomoléculas. Em química clínica, a eletroforese é uma importante ferramenta de análise dos padrões de aminoácidos, proteínas séricas, enzimas e lipoproteínas no organismo. Ela também é utilizada na análise de íons orgânicos e inorgânicos em alimentos, produtos comerciais e amostras ambientais. Além disso, trata-se de um componente essencial da medicina e da pesquisa farmacêutica para a caracterização de proteínas em células normais e doentes e para a busca de nova substâncias.[10]

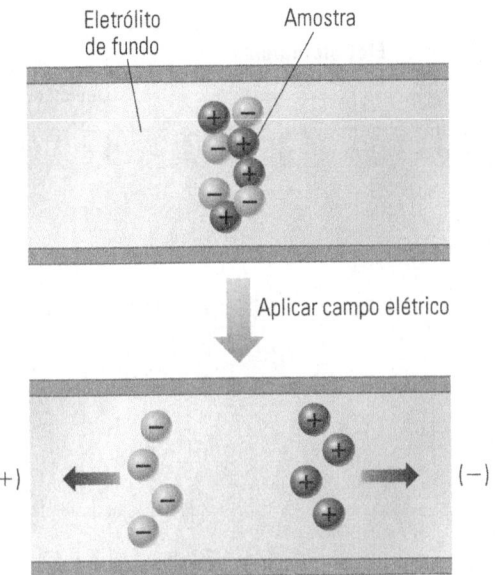

Figura 23.2

Separação de analitos com carga positiva e negativa em uma amostra usando-se a eletroforese.

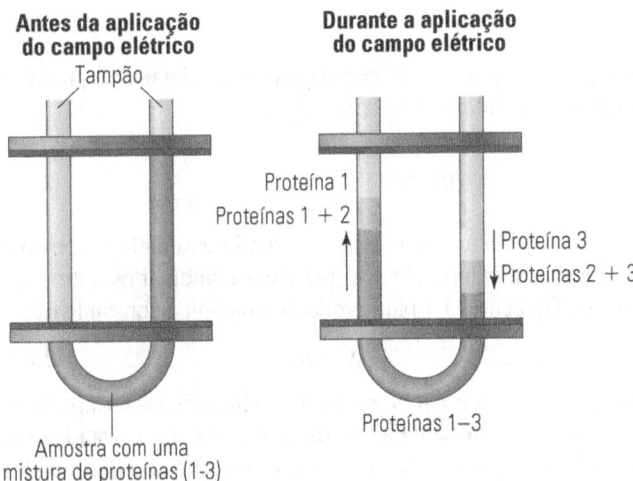

Figura 23.3

Exemplo de separação de proteínas de Arne W. K. Tiselius (1902-1971) realizado usando-se a eletroforese por fronteira móvel. Tiselius foi um cientista sueco que ganhou o Prêmio Nobel de Química em 1948 por seus primeiros trabalhos no campo da eletroforese. Ele iniciou essa pesquisa enquanto trabalhava como estudante de pós-graduação na Universidade de Uppsala, na Suécia. Obteve o doutorado em 1930 e retornou mais tarde, em 1937, para a Universidade de Uppsala como professor de bioquímica. Foi lá que ele explorou o uso de eletroforese por fronteira móvel para separar as proteínas quimicamente semelhantes no sangue.[3,15] A eletroforese ainda é usada hoje por químicos clínicos quando examinam o padrão de proteínas maiores e menores no sangue, urina e outras amostras do corpo.

23.1.2 Como a eletroforese é realizada?

A eletroforese pode ser realizada em uma diversidade de formatos (veja a Figura 23.4). Um modo é aplicar pequenas quantidades de uma amostra a um suporte (geralmente um gel) e permitir que os analitos da amostra se desloquem em um eletrólito de corrida através do suporte quando um campo elétrico for aplicado. Esse método é conhecido como *eletroforese em gel* (um método que discutiremos na Seção 23.3).[17-19] Também é possível separar os componentes de uma amostra usando um capilar estreito que é preenchido com um tampão de corrida e colocado em um campo elétrico. Esse segundo formato é chamado de *eletroforese capilar* (discutido na Seção 23.4).[17,19-22]

Dependendo do tipo de eletroforese utilizado, a separação resultante pode ser considerada em uma de duas maneiras. No caso da eletroforese em gel, a separação é interrompida antes que os analitos se desloquem para fora do suporte. O resultado é uma série de bandas em que a **distância de migração (d_m)** caracteriza a extensão em que cada analito interagiu com o campo elétrico. Essa abordagem se assemelha à utilizada para caracterizar a retenção dos analitos em cromatografia em camada delgada e cromatografia em papel (veja o Capítulo 22). Visto que a distância de migração de uma substância através de um gel de eletroforese dependerá da voltagem exata e do tempo decorrido na separação, é comum incluir amostras-padrão no mesmo suporte da amostra para ajudar na identificação do analito. A intensidade da banda do analito é, então, aplicada para medir a quantidade dessa substância na amostra.

Na eletroforese capilar, todos os analitos percorrem a mesma distância do ponto de injeção até a extremidade oposta, onde há um detector. Os analitos diferem entre si, porém, no tempo que levam para percorrer essa distância, de modo semelhante àquilo que ocorre nos métodos de cromatografia gasosa (CG) e cromatografia líquida de alta eficiência (CLAE). Nessa situação, o **tempo de migração (t_m)** de cada analito é medido e registrado.[7] O gráfico resultante da resposta do detector em função do tempo de migração é chamado de **eletroferograma**. Os tempos de migração no gráfico podem ajudar na identificação do analito, enquanto as alturas ou áreas de pico servem para determinar a quantidade de cada analito. Um padrão interno é em geral injetado com a amostra para corrigir variações durante a injeção ou pequenas flutuações nas condições experimentais durante a separação.

23.2 Princípios gerais da eletroforese

A separação de analitos por eletroforese tem dois requisitos principais. O primeiro deles é que deve haver uma diferença na forma como os analitos interagirão com a separação do sistema. Na eletroforese, essa exigência significa que os analitos devem ter diferentes tempos de migração ou distâncias de migração. O segundo requisito é que as bandas ou os picos dos analitos devem ser estreitos o suficiente para permitir que eles sejam resolvidos.

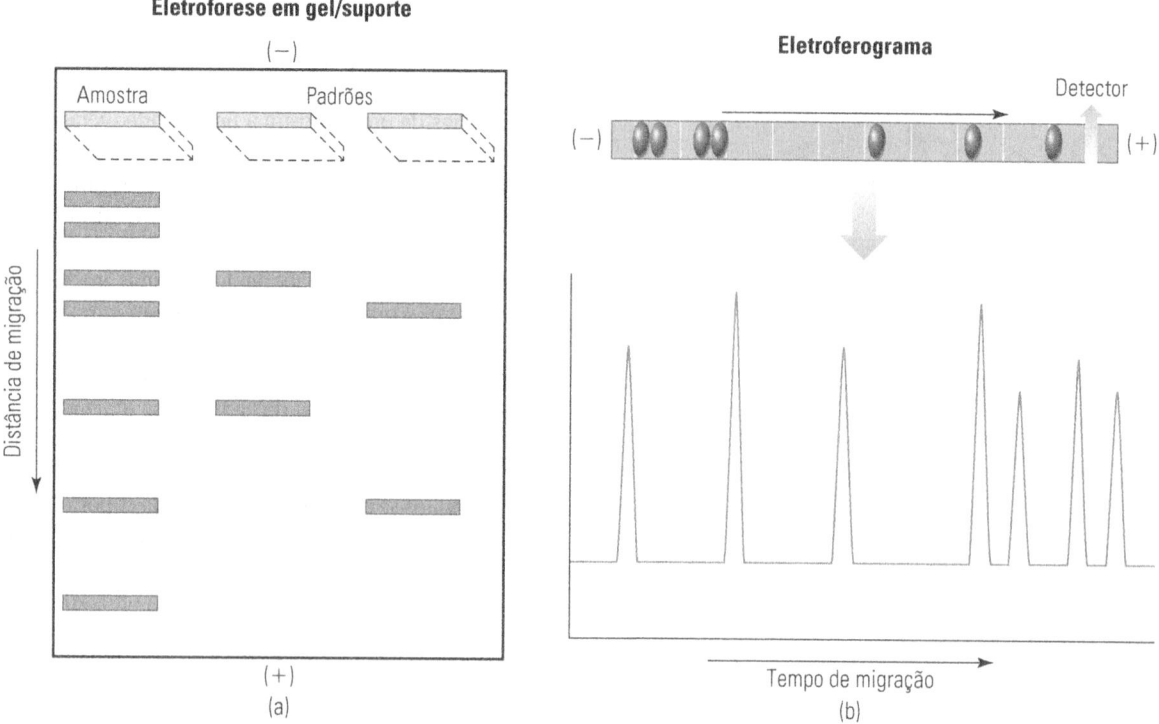

Figura 23.4

Exemplos dos resultados produzidos por (a) eletroforese em gel e (b) eletroforese capilar.

23.2.1 Fatores que afetam a migração do analito

Mobilidade eletroforética. A eletroforese se assemelha à cromatografia já que ambas envolvem a separação de compostos por migração diferencial. A cromatografia acarreta migração diferencial por meio de interações químicas entre analitos com a fase estacionária e a fase móvel. Na eletroforese, a migração diferencial é produzida pelo movimento de analitos em um campo elétrico, onde sua taxa de migração dependerá de seu tamanho e carga.

A taxa global de deslocamento de um soluto carregado em eletroforese dependerá de duas forças opostas (veja a Figura 23.5). A primeira delas (F_+) é a atração de um soluto carregado em direção ao eletrodo de carga oposta, e depende da força do campo elétrico aplicado (E, unidades de volts por distância) e da carga sobre o soluto (z). A segunda força que atua sobre o soluto é a resistência a seu movimento, criada pelo meio circundante. A força dessa resistência (F_-) depende do 'tamanho' do soluto (conforme descrito por seu raio solvatado, r), da viscosidade do meio (η) e da velocidade de migração do soluto (v, em unidades de distância por tempo).

Quando um campo elétrico é aplicado, um soluto vai acelerar em direção ao eletrodo de carga oposta até que as forças F_+ e F_- se igualem em tamanho (apesar de opostas em direção).[10,21] Nesse ponto, cria-se uma situação de estado estacionário na qual o soluto começa a se mover em uma velocidade constante. Essa velocidade pode ser determinada definindo-se as expressões para F_+ e F_- como iguais entre si e rearranjando-se a equação resultante em termos de v.

$$6\pi r\eta v = Ez \quad \text{ou} \quad v = \frac{Ez}{6\pi r\eta} \quad (23.1)$$

Para verificar como essa velocidade será afetada somente pela força do campo elétrico, podemos combinar os outros termos na Equação 23.1 para produzir uma única constante (μ),

$$v = \mu E \quad (23.2)$$

em que $\mu = z/(6\pi r\eta)$. Essa nova combinação de termos é conhecida como **mobilidade eletroforética**, e é representada pelo símbolo μ.[7,9] O valor de μ costuma ser expresso em unidades de $m^2/V \cdot s$ ou $cm^2/kV \cdot min$, e é constante para um dado analito

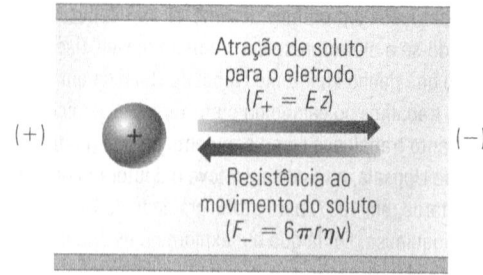

Figura 23.5

Forças que determinam a mobilidade eletroforética.

sob um determinado conjunto de temperaturas e condições de solvente. O valor de μ também depende do tamanho aparente e da carga do soluto, conforme representado pela razão z/r na Equação 23.1. Esta última característica significa que quaisquer dois solutos com diferentes razões carga/tamanho podem, em teoria, ser separados por eletroforese.

EXERCÍCIO 23.1 Cálculo da mobilidade eletroforética de um analito

A mobilidade eletroforética aparente de um analito em eletroforese capilar pode ser determinada reescrevendo-se a Equação 23.2 na forma mostrada a seguir.

$$\mu = \frac{v}{E} = \frac{(L_d/t_m)}{(V/L)} \quad (23.3)$$

Nesta equação, V é a tensão aplicada ao sistema eletroforético ao longo de um comprimento L e L_d é a distância percorrida desde o ponto de aplicação até o detector pelo analito no tempo de migração t_m.

Uma amostra de várias proteínas é aplicada a um capilar com revestimento neutro e comprimento total de 25,0 cm e distância até o detector de 22,0 cm. Duas das proteínas na amostra fornecem tempos de migração de 15,3 min e 16,2 min quando se usa uma tensão aplicada de 20,0 kV. Quais são as velocidades de migração e as mobilidades eletroforéticas dessas proteínas sob tais condições? Quais serão suas mobilidades eletroforéticas e tempos de migração em uma tensão aplicada de 10,0 kV?

SOLUÇÃO

A mobilidade eletroforética da primeira proteína pode ser calculada substituindo-se os valores conhecidos de L_d (22,0 cm), t_m (15,3 min), V (20,0 kV) e L (25,0 cm) na Equação 23.3.

Proteína 1:

$$\mu = \frac{(22,0 \text{ cm}/15,3 \text{ min})}{(20,0 \text{ kV}/25,0 \text{ cm})} = 1,80 \text{ cm}^2/\text{kV} \cdot \text{min}$$

Um cálculo semelhante para a segunda proteína dá uma mobilidade eletroforética de **1,70 cm²/kV · min**. A menor mobilidade eletroforética da segunda proteína faz sentido, porque leva mais tempo para ela migrar através do sistema. As velocidades de migração dessas proteínas podem ser determinadas pela simples divisão de sua distância percorrida por seus tempos de migração ($v = L_d/t_m$), resultando em (22,0 cm/15,3 min) = **1,44 cm/min** e (22 cm/ 16,2 min) = **1,36 cm/min** para as proteínas 1 e 2.

Se baixarmos a tensão aplicada de 20 kV para 10 kV (uma mudança duplicada), os tempos de migração aumentarão e as velocidades de migração das proteínas diminuirão (também por duas vezes), mas suas mobilidades eletroforéticas permanecerão exatamente as mesmas. Essa situação ocorre porque a mobilidade eletroforética independe da tensão e da intensidade do campo elétrico, ao contrário dos tempos e das velocidades de migração. Portanto, se houver redução em V e E, a Equação 23.3 indica que deverá ocorrer uma redução proporcional em v e t_m para que μ seja mantida constante.

Interações secundárias. Para obter separações eficazes em eletroforese, é quase sempre necessário ajustar as condições desse método para alterar a mobilidade eletroforética de um soluto. Podemos alcançar esse objetivo utilizando reações secundárias que alteram a carga ou o tamanho aparente do soluto. Se um analito é um ácido fraco ou uma base fraca, por exemplo, sua carga líquida pode ser variada por alteração do pH. No caso de um ácido fraco monoprótico, a principal espécie em um pH muito abaixo de pK_a será a forma neutra do ácido (HA), enquanto a espécie dominante em um pH muito maior do que pK_a será a base conjugada carregada negativamente (A⁻). Em um pH intermediário, teremos uma mistura dessas duas formas e a carga média para todas essas espécies vai estar em algum ponto entre '0' e '−1'. Como resultado disso, a mobilidade eletroforética global observada para tal composto (bem como para outros ácidos fracos e bases fracas) pode ser ajustada pela variação do pH.

Também é possível usar reações paralelas para mudar o tamanho e a carga efetivos do analito. Esse efeito ocorre em um método conhecido como eletroforese em gel por poliacrilamida dodecil sulfato de sódio (SDS-PAGE), uma técnica de separação das proteínas de acordo com seu tamanho (veja a Seção 23.4.3). Essa análise começa com a desnaturação das proteínas e seu revestimento com dodecil sulfato de sódio, um surfactante carregado negativamente. O processo de revestimento pode ser considerado um tipo de reação de complexação. O revestimento negativo não só altera a carga global, mas ajuda a converter uma proteína em uma estrutura na forma de haste, que altera seu tamanho e seu formato.[18,19]

Outro modo de alterar a mobilidade eletroforética aparente de um analito é usar um equilíbrio de solubilidade. Por exemplo, podemos incluir uma segunda fase no eletrólito de corrida no qual o analito particiona enquanto se move através do sistema (como através do uso de micelas, um método que examinaremos na Seção 23.4.3). Visto que o analito, em um sistema desse tipo, costuma apresentar diferentes mobilidades quando está presente no eletrólito de corrida ou na segunda fase, a partição de um analito entre essas regiões leva a uma alteração na taxa de deslocamento do analito através do sistema eletroforético. Interações físicas também podem afetar a migração do analito. Por exemplo, o sequenciamento de DNA por eletroforese em gel utiliza um suporte poroso para separar fitas de DNA de diferentes comprimentos. A mesma estratégia é usada em SDS-PAGE para separar proteínas.

Eletrosmose. Até aqui, examinamos somente o movimento direto de um analito em um campo elétrico. Também é possível que um eletrólito de corrida se mova nesse campo. Esse fenômeno poderá ocorrer se houver quaisquer cargas fixas presentes no sistema, como na superfície interna de um sistema de eletroforese ou em um suporte dentro do sistema (veja a Figura 23.6). A presença dessas cargas fixas atrai íons de carga oposta do tampão de corrida e cria uma dupla camada elétrica na superfície do

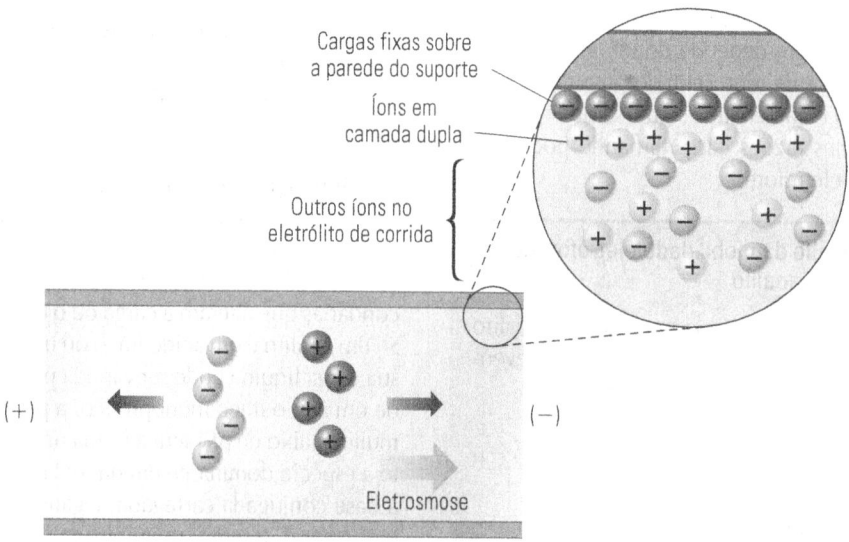

Figura 23.6

Produção e efeitos da eletrosmose. Este exemplo mostra um suporte que tem um interior carregado negativamente. Tal situação é muitas vezes encontrada quando se trabalha com um suporte que é um capilar de sílica não revestido. A parede interna do capilar tem grupos silanóis em sua superfície, que podem atuar como ácidos fracos e formar uma base conjugada com uma carga negativa. A extensão da eletrosmose neste caso vai depender do pH do eletrólito de corrida, porque isso afetará a quantidade relativa dos grupos silanóis que estão presentes na forma ácida neutra ou na forma de base conjugada carregada.

suporte. Na presença de um campo elétrico, essa dupla camada age como um pistão que provoca um movimento líquido do tampão em direção ao eletrodo de carga oposta em relação aos grupos iônicos fixos. Tal processo é conhecido como **eletrosmose**, e resulta em um fluxo líquido do tampão e de seu conteúdo através do sistema.[7]

A extensão em que a eletrosmose afeta o tampão e os analitos em eletroforese é descrita com um termo conhecido como *mobilidade eletrosmótica* (ou μ_{eo}).[7] Esse termo possui as mesmas unidades que a mobilidade eletroforética μ. O valor de μ_{eo} depende de fatores como a dimensão do campo elétrico, do tipo de eletrólito de corrida em uso e do tipo de carga presente no suporte. Essa relação é descrita pela Equação 23.4,

$$\mu_{eo} = (\varepsilon \zeta E)/\eta \qquad (23.4)$$

em que E é o campo elétrico, ε e η são a constante dielétrica e a viscosidade do eletrólito de corrida e ζ é o potencial zeta (que representa a carga sobre o suporte).

Dependendo da direção do fluxo do tampão, a eletrosmose pode funcionar a favor ou contra a migração inerente de um analito através do sistema de eletroforese. A mobilidade eletroforética global observada (μ_{global}) de um analito será igual à soma de sua própria mobilidade eletroforética (μ) e da mobilidade do eletrólito de corrida devido ao fluxo eletrosmótico μ_{eo}:

$$\mu_{global} = \mu + \mu_{eo} \qquad (23.5)$$

Na eletroforese em gel, o fluxo eletrosmótico costuma ser pequeno em comparação com a taxa de migração inerente do analito. De modo geral, isso não se aplica à eletroforese capilar, na qual o suporte tem uma carga relativamente grande e uma área de superfície elevada em relação ao volume do eletrólito de corrida (veja a Seção 23.3).

23.2.2 Fatores que afetam o alargamento de banda

Os mesmos termos usados para descrever a eficiência em cromatografia (por exemplo, o número de pratos teóricos N e a altura equivalente de um prato teórico H) servem para descrever o alargamento de banda em eletroforese. Dois processos de particular importância de alargamento de banda em eletroforese são (1) difusão longitudinal e (2) aquecimento Joule.

Difusão longitudinal. Você deve se lembrar que vimos no Capítulo 20 que a difusão longitudinal ocorre quando um soluto se dispersa do centro de sua banda seguindo a direção de deslocamento, fazendo com que essa banda se amplie no decorrer do tempo e se torne menos concentrada. Um fator que afeta a extensão do alargamento de banda é o 'tamanho' do soluto de difusão, ou seu raio de solvatação. Como os analitos maiores têm difusão mais lenta, eles serão menos afetados pela difusão longitudinal do que as substâncias menores. A taxa de difusão também diminui à medida que aumentamos a viscosidade do eletrólito de corrida ou baixamos a temperatura do sistema.

A extensão da difusão longitudinal dependerá da quantidade de tempo alocado para que o processo ocorra.[10] Esse tempo, por sua vez, será afetado em eletroforese pelo tamanho do campo elétrico, porque campos elétricos menores resultam em velocidades de migração mais baixas e tempos de migração mais longos.[22] A eletrosmose também afetará o tempo necessário para separação e difusão eletroforética. Se a eletrosmose se move em uma direção oposta à desejada para a separação de analitos, a taxa efetiva de deslocamento desses analitos é reduzida e o tempo permitido para a difusão longitudinal é aumentado. Se, em vez disso, a eletrosmose ocorre na mesma direção que a migração do analito, a difusão longitudinal é diminuída.

Uma forma de minimizar os efeitos da difusão longitudinal em eletroforese é fazer um analito se mover através de um suporte poroso. Se os poros do suporte forem pequenos o bastante, eles vão inibir o movimento dos analitos devido à difusão e ajudar a fornecer bandas mais estreitas. Se o tamanho dos poros se tornar demasiado pequeno, uma separação baseada no tamanho também será criada. Embora essa última característica nem sempre seja desejável, em alguns casos pode representar uma vantagem, como no sequenciamento de DNA por eletroforese em gel.

Aquecimento Joule. O processo mais importante de alargamento de banda em eletroforese é, com frequência, o *aquecimento Joule*.[21-23] Esse processo é causado pelo aquecimento que ocorre sempre que um campo elétrico é aplicado ao sistema. De acordo com a *lei de Ohm* (veja o Capítulo 14), colocar uma tensão V através de um meio com resistência R requer que uma corrente I esteja presente para manter essa tensão por todo o meio.[10]

$$\text{Lei de Ohm: } V = I \cdot R \quad (23.6)$$

À medida que a corrente flui através do sistema, gera-se calor. Essa produção de calor depende de tensão, corrente e tempo t que a corrente passa através do sistema, como mostrado a seguir.

$$\text{Calor} = V \cdot I \cdot t \quad (23.7)$$

Com a geração de calor, a temperatura do sistema eletroforético começará a subir. A elevação de temperatura aumentará a difusão longitudinal e levará a um alargamento de banda maior. Além disso, se o calor não for distribuído de modo uniforme por todo o sistema eletroforético, a temperatura não será a mesma em todo o sistema. Uma temperatura irregular levará a regiões com diferentes densidades (causando uma mistura) e diferentes taxas de difusão, o que resulta em mais alargamento de banda. Outros problemas criados pela elevação de temperatura incluem uma possível degradação dos analitos ou dos componentes do sistema e a evaporação do solvente do eletrólito de corrida, o último dos quais pode alterar o pH e a composição do tampão. Todos esses fatores acarretam em perda de reprodutibilidade e eficiência do sistema.

Uma forma de reduzir o aquecimento Joule é baixar a tensão de separação. Uma tensão mais baixa, porém, reduzirá as velocidades de migração dos analitos e acarretará maior tempo de separação. Uma alternativa é o uso de um resfriamento mais eficiente do sistema, o que permitiria que voltagens mais altas fossem utilizadas e proporcionaria tempos de separação mais curtos. Outra possibilidade é adicionar um suporte ao sistema de eletroforese que minimize os efeitos do aquecimento Joule devido a uma distribuição desigual de calor e a gradientes de densidade no eletrólito de corrida. Exemplos dessas abordagens serão fornecidos mais adiante, quando examinarmos os métodos de eletroforese em gel e eletroforese capilar.

Outro fator que afeta o aquecimento Joule é a força iônica do eletrólito de corrida. Uma força iônica menor nesse tampão reduzirá a geração de calor, porque sob baixas forças iônicas existem menos íons. A força iônica menor cria maior resistência R ao fluxo de corrente em qualquer tensão dada porque menos íons estão disponíveis para transportar a corrente. Podemos verificar pela lei de Ohm aplicada na Equação 23.6 que, à medida que R aumenta, uma corrente menor é necessária à tensão V. Essa corrente menor, por sua vez, acarretará menor produção de calor, como mostra a Equação 23.7.

Outros fatores. A difusão turbulenta (processo que discutimos no Capítulo 20 em cromatografia) constitui outro fator que pode, em alguns casos, levar a um alargamento de banda em eletroforese. Esse tipo de alargamento de banda pode ocorrer se um suporte for usado para minimizar os efeitos do aquecimento Joule, uma situação que cria caminhos de fluxo para múltiplos analitos através do suporte. Se o suporte interage com os analitos, o alargamento de banda por causa dessas interações secundárias será introduzido também; o alargamento de banda adicional também ocorre quando as interações secundárias são usadas para ajustar a mobilidade do analito, como reações de complexação ou de partição em uma micela. Estes últimos efeitos são semelhantes aos descritos no Capítulo 20 para a transferência de massa da fase estacionária em cromatografia. O alargamento dos picos antes ou depois da separação pode ser outro problema quando se lida com sistemas altamente eficientes, como aqueles usados em eletroforese capilar.

Wick flow é outra fonte de alargamento de banda que ocorre em eletroforese em gel.[19] Em tal sistema, o gel é mantido em contato com os eletrodos e com os reservatórios do tampão pelo uso de *wicks*. Como esse suporte costuma ser aberto, a presença de qualquer aquecimento Joule levará a alguma evaporação do solvente no eletrólito de corrida do suporte. À medida que esse solvente se perde, ele é reabastecido pelo fluxo de mais solvente através dos *wicks* e dos reservatórios do tampão. O fluxo conduz a um movimento completo do tampão de cada reservatório em direção ao centro do suporte. A vazão do fluxo depende da taxa de evaporação de solvente, e por isso vai aumentar com o uso de uma alta voltagem ou alta corrente. A extensão desse fluxo varia através do suporte, com as taxas mais rápidas ocorrendo mais longe do centro do suporte.

23.3 Eletroforese em gel

23.3.1 O que é eletroforese em gel?

Um dos tipos mais comuns de eletroforese é o método de **eletroforese em gel**. Trata-se de uma técnica eletroforética que se realiza por meio da aplicação de uma amostra a um suporte de gel que é, então, colocado em um campo elétrico.[17-20] Separações em geral obtidas por eletroforese em gel foram mostradas nas figuras 23.1 e 23.4. Nesse tipo de sistema, várias amostras costumam ser aplicadas ao gel e deixadas a migrar ao longo do suporte na presença de um campo elétrico aplicado.

A separação é interrompida antes que os analitos deixem o final do gel, com a localização e as intensidades sendo determinadas em seguida.

É importante lembrar que, na eletroforese em gel, a velocidade de movimento de um analito estará relacionada à distância percorrida no tempo de separação determinado (conforme representado pela distância de migração). Quanto mais longe essa distância estiver do ponto de aplicação da amostra, maior será a velocidade de migração do analito e maior será sua mobilidade eletroforética. Essa distância de migração estará, por sua vez, relacionada com o tamanho e com a carga do analito, e poderá ser usada na identificação de tal substância.

23.3.2 Como a eletroforese em gel é realizada?

Equipamentos e suportes. Os sistemas mais comuns de realização de eletroforese em gel podem ter um suporte mantido na posição vertical ou horizontal, e que contém um eletrólito de corrida com íons que carregam uma corrente através dele quando um campo elétrico é aplicado. Para repor esse eletrólito e seus componentes enquanto se movem através do suporte ou evaporam, as extremidades do suporte são colocadas em contato com dois reservatórios contendo o mesmo eletrólito de corrida e os eletrodos. Uma vez colocadas as amostras no suporte, os eletrodos são conectados a uma fonte de energia e usados para aplicar uma tensão ao suporte. Esse campo elétrico é transmitido através do sistema por um determinado período de tempo, fazendo os componentes da amostra migrarem. Após o campo elétrico ser desligado, o gel é removido e examinado para que se localize as bandas do analito.

O tipo de suporte usado em um sistema desse tipo dependerá dos analitos e das amostras.[17,19] Acetato de celulose, papel de filtro e amido são suportes úteis para trabalhar com moléculas relativamente pequenas, como aminoácidos e nucleotídeos. A eletroforese envolvendo grandes moléculas pode ser realizada em agarose, um suporte que discutimos no Capítulo 22. A abordagem resultante é conhecida como 'eletroforese em gel de agarose'. Além de sua baixa ligação inespecífica com muitos compostos biológicos, a agarose tem baixa carga inerente. Também tem poros relativamente largos que permitem que ela seja empregada em trabalhos com grandes moléculas, como o de sequenciamento do DNA.

O suporte mais comum usado em eletroforese em gel é a *poliacrilamida*. Essa combinação é muitas vezes chamada de *eletroforese em gel de poliacrilamida*, ou PAGE (do inglês, *polyacrylamide gel electrophoresis*).[17-19] Trata-se de um polímero sintético transparente preparado como mostra a Figura 23.7. Pode ser feita com diversos tamanhos de poro que são menores do que os da agarose e de um tamanho mais adequado à separação de proteínas e misturas de peptídeos. Assim como a agarose, a poliacrilamida tem baixa ligação inespecífica com muitos compostos biológicos e não possui nenhum grupo carregado inerente em sua estrutura.

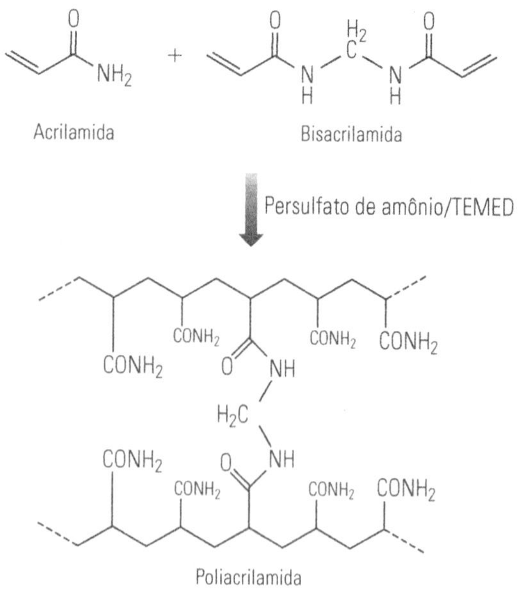

Figura 23.7

Preparação de um gel de poliacrilamida. Nesta reação, a acrilamida é usada como monômero, e a bisacrilamida, como agente de ligação cruzada. A reação desses dois agentes é iniciada pela adição de persulfato de amônio, sendo que o persulfato ($S_2O_8^{2-}$) forma radicais sulfato (SO_4^-) que fazem a acrilamida e a bisacrilamida se combinarem. *N, N, N', N'*-tetrametiletilenodiamina (TEMED) é adicionada à mistura como um reagente que estabiliza os radicais sulfato. O tamanho dos poros que se formam no gel de poliacrilamida estará relacionado à quantidade usada de bisacrilamida *versus* acrilamida. À medida que a quantidade de bisacrilamida é aumentada, mais ligações cruzadas ocorrem, e poros menores são formados no gel. À medida que se usa menos bisacrilamida, poros maiores são formados, mas o gel também se torna menos rígido.

Aplicação da amostra. As amostras na eletroforese em gel são aplicadas a pequenos 'poços' que se formam no gel durante a sua preparação (veja a Figura 23.4). Uma amostra de volume de 10 a 100 μL é colocada em um desses poços com uma micropipeta. Esses volumes de amostra ajudam a fornecer uma quantidade suficiente de analito para posterior detecção e coleta, mas também criam o risco de introdução de alargamento de banda ao criar uma grande banda de amostra no início da separação.

Uma maneira comum de criar bandas estreitas de amostra consiste em empregar dois tipos de gel no sistema: um 'gel de empilhamento' e um 'gel de corrida'.[19] O gel de corrida é o suporte utilizado na separação eletroforética de substâncias na amostra. Em um sistema vertical de eletroforese em gel, esse gel se forma, em primeiro lugar, e se coloca ao longo da seção intermediária e inferior do sistema. O gel de empilhamento tem menor grau de ligação cruzada (o que lhe dá poros maiores) e está localizado na parte superior do gel de corrida. O gel de empilhamento é também a seção do suporte onde os poços de amostra estão localizados. Depois de uma amostra ser colocada nos poços e um campo elétrico ser aplicado, os analitos se deslocarão depressa pelo gel de empilhamento até atingirem o seu limite com o gel de corrida.

Então, essas substâncias se deslocarão muito mais devagar, permitindo que outras partes da amostra recuperem o atraso e formem uma faixa mais estreita, mais concentrada, no topo do gel de corrida. O resultado é um sistema que pode usar volumes maiores de amostra sem introduzir um alargamento de banda significativo na separação final de eletroforese.

Métodos de detecção. Existem várias maneiras de detectar analitos por eletroforese em gel. Bandas de analito podem ser examinadas diretamente no gel ou ser transferidas a um suporte diferente para detecção. A detecção direta pode às vezes ser realizada visualmente (quando se tratar de proteínas intensamente coloridas como a hemoglobina) ou por meio de medições de absorbância e um dispositivo de varredura conhecido como *densitômetro*.[9, 20]

A maneira mais comum de detecção por eletroforese em gel é tratar o suporte com uma mancha ou reagente que facilite a visualização das bandas do analito. São exemplos de manchas aplicadas em proteínas o Amido preto, o Coomassie Brilliant azul e o Ponceau S. As manchas são corantes altamente conjugados com grandes absortividades molares (veja o Capítulo 18). O nitrato de prata é usado em um método conhecido como *coloração com prata* para detectar proteínas de baixa concentração. Bandas de DNA podem ser detectadas com brometo de etídio (veja o Capítulo 2). Ao separar enzimas, a capacidade natural de catalisação dessas substâncias pode ser empregada em sua detecção, como ocorre quando se utiliza o composto fluorescente NAD(P)H para detectar enzimas que geram essa substância em suas reações.[19, 20]

Outra abordagem possível para a detecção por eletroforese em gel é transferir uma parte das bandas de analito para um segundo suporte (como a nitrocelulose), onde são submetidas à reação com um agente rotulado. Essa abordagem é conhecida como '*blotting*', ou borramento.[19] Existem vários métodos de *blotting*. Um deles é o **Southern blot** (assim nomeado em homenagem a seu descobridor Edwin Southern, um biólogo britânico).[24] Um Southern blot é utilizado para detectar sequências específicas de DNA fazendo com que essas sequências se liguem a uma sequência adicional e conhecida de DNA que é marcada com um átomo radioativo (^{32}P) ou com um reagente que pode sofrer quimiluminescência. Um **Northern blot** (desenvolvido após o Southern blot) é semelhante, mas usado para detectar sequências específicas de RNA por meio de uma sonda marcada de DNA.[25]

Outro tipo de *blotting* é o **Western blot**,[26, 27] que serve para detectar proteínas específicas em um suporte de eletroforese. Nesta técnica, as proteínas são primeiro separadas em um suporte de eletroforese e depois borradas em um segundo suporte como nitrocelulose ou náilon. O segundo suporte é, então, tratado com anticorpos marcados que podem se ligar especificamente às proteínas de interesse. Após os anticorpos e as proteínas serem autorizados a formar complexos, quaisquer anticorpos extras são lavados e os anticorpos ligados restantes são detectados através de suas marcações, indicando se há qualquer proteína de interesse presente. Este método é usado para fazer a triagem de sangue para o vírus HIV, procurando a presença de proteínas desse vírus em amostras.

Também tem-se verificado um interesse crescente pelo uso de métodos instrumentais na análise de bandas nos suportes de eletroforese. Por exemplo, a espectrometria de massa está se tornando um método popular para determinar a massa molecular de uma proteína em uma determinada banda. Tal análise é realizada pela remoção de uma parte da banda do gel (ou, às vezes, analisando-se o gel diretamente), e examinando essa banda por *espectrometria ionização/dessorção a laser assistida por matriz por tempo de voo* (MALDI-TOF MS) (veja o Quadro 23.1). Essa abordagem torna possível identificar um analito em particular (como uma proteína) por sua massa molecular, mesmo quando há muitos analitos semelhantes em uma amostra.

23.3.3 Quais são os tipos especiais de eletroforese em gel?

Eletroforese em gel de poliacrilamida dodecil sulfato de sódio. Sempre que um suporte poroso estiver presente em um sistema de eletroforese, é possível que grandes analitos sejam separados com base em seu tamanho, bem como suas mobilidades eletroforéticas. Esta separação por tamanho ocorre de forma semelhante à da cromatografia de exclusão por tamanho, e pode ser usada para determinar o peso molecular de biomoléculas. Esse tipo de análise é realizado em proteínas por meio de uma técnica conhecida como **eletroforese em gel de poliacrilamida dodecil sulfato de sódio** ou **SDS-PAGE** (veja a Figura 23.9).[18,19]

Em SDS-PAGE, as proteínas em uma amostra são primeiro desnaturadas, e suas ligações dissulfeto são quebradas pelo uso de um agente redutor. Esse pré-tratamento converte as proteínas em um conjunto de polipeptídeos de filamento único, que são tratados com *dodecil sulfato de sódio* (*SDS*), um surfactante com cauda apolar e um grupo sulfato de carga negativa. A extremidade apolar do surfactante reveste cada proteína, formando hastes mais ou menos lineares que têm uma camada exterior de carga negativa. O resultado para uma mistura de proteínas é uma série de hastes com comprimentos diferentes, mas razões carga/massa semelhantes. A seguir, as hastes de proteína são passadas através de um gel de poliacrilamida porosa na presença de um campo elétrico. As cargas negativas nas hastes (do revestimento de SDS) fazem todas se moverem em direção ao eletrodo positivo, enquanto os poros do gel permitem às pequenas hastes se deslocarem mais depressa para o eletrodo do que hastes maiores.

No final de uma corrida de SDS-PAGE, as posições das bandas de proteínas resultantes de uma amostra são comparadas com as obtidas para padrões conhecidos de proteínas aplicados ao mesmo gel. Essa comparação é feita tanto qua-

Quadro 23.1 Espectrometria ionização/dessorção a laser assistida por matriz por tempo de voo

A espectrometria ionização/dessorção a laser assistida por matriz por tempo de voo (MALDI-TOF MS) é um tipo de espectrometria de massa na qual uma matriz especial capaz de absorver luz de um laser é usada em ionização química. O termo 'MALDI' foi utilizado pela primeira vez em 1985 para descrever a aplicação de um laser que provocava a ionização do aminoácido alanina na presença de triptofano (a 'matriz', nesse caso).[28] Em 1988, dois grupos de pesquisa, um na Alemanha e outro no Japão, demonstraram quase ao mesmo tempo que a MALDI-TOF MS também se aplicava ao trabalho com grandes biomoléculas, como as proteínas.[29,30] O valor do método foi reconhecido em 2002, quando os membros de ambos os grupos dividiram o Prêmio Nobel de química pelo desenvolvimento dessa técnica.

A Figura 23.8 mostra o modo mais comum pelo qual uma amostra é analisada por MALDI-TOF MS. Primeiro, mistura-se a amostra com uma matriz capaz de absorver a luz UV prontamente. A seguir, a mistura é colocada em um suporte no instrumento MALDI-TOF, no qual pulsos de um laser UV são dirigidos à amostra e à matriz. Ao absorver parte da luz, a matriz transfere sua energia para as moléculas na amostra, fazendo com que elas formem íons. Esses íons são, então, passados por um campo elétrico em um analisador de massa de tempo de voo, no qual íons de diferentes razões massa/carga se deslocarão a diferentes velocidades. O número de íons que chegam à outra extremidade é medido em vários momentos, permitindo que um espectro de massa seja obtido em analitos na amostra.[31]

MALDI-TOF MS é um método de ionização suave que resulta em uma grande quantidade de íons moleculares e poucos, se houver, íons fragmentados para a maioria dos analitos. Esse método também tem sinal de fundo baixo, massa de alta exatidão e aplicabilidade em uma ampla faixa de massas. Tais propriedades tornam MALDI-TOF MS útil ao estudo e à identificação de proteínas que foram separadas por técnicas como SDS-PAGE ou eletroforese bidimensional (2-D) (veja a Seção 23.3). MALDI-TOF MS também serve para analisar peptídeos, polissacarídeos, ácidos nucleicos e alguns polímeros sintéticos.[31,32]

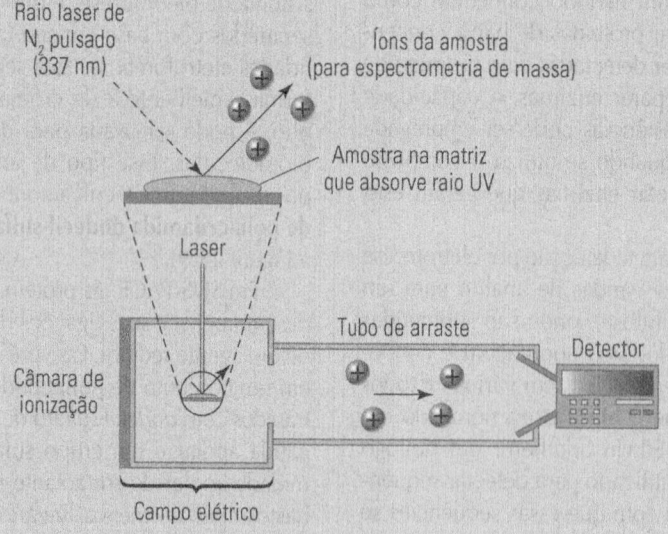

Figura 23.8

Análise de uma amostra por MALDI-TOF MS. As etapas desta análise são descritas no texto.

litativamente quanto mediante a elaboração de uma curva de calibração. Esta é em geral preparada traçando-se o log da massa molecular (MM) para os padrões de proteínas *versus* sua distância de migração (d_m) ou *fator de retenção* (R_f). Calcula-se o fator de retenção para uma banda de analito em SDS-PAGE por meio da razão da distância de migração de uma proteína sobre a distância de migração de um pequeno composto marcador (d_s), onde $R_f = d_m / d_s$. O gráfico resultante de log(MM) *versus* d_m ou R_f dá uma resposta curva com uma região linear intermediária para proteínas com tamanhos que não são nem totalmente excluídas dos poros, nem capazes de acessar todos os poros do suporte.

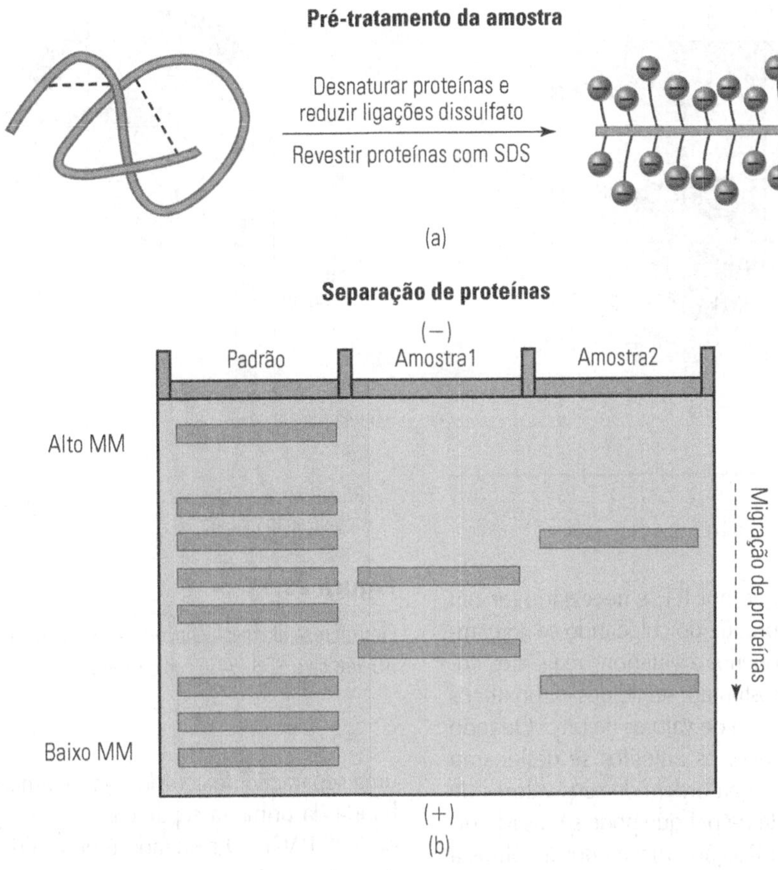

Pré-tratamento da amostra

Desnaturar proteínas e reduzir ligações dissulfato

Revestir proteínas com SDS

(a)

Separação de proteínas

(−)

Padrão   Amostra1   Amostra2

Alto MM

Baixo MM

(+)

(b)

Migração de proteínas

Figura 23.9

Preparação de proteínas e sua separação por eletroforese em gel de poliacrilamida dodecil sulfato de sódio (SDS-PAGE).

EXERCÍCIO 23.2 Utilização de SDS-PAGE para estimar a massa molecular de uma proteína

As proteínas no padrão da Figura 23.9 têm pesos moleculares (de cima para baixo) de 200, 116, 97, 66, 45, 31, 23 e 14 kDa. Quais são os pesos moleculares das proteínas na amostra 1?

SOLUÇÃO

A primeira banda da amostra 1 está mais ou menos no mesmo local em que se encontra a banda de **66 kDa** na amostra-padrão. A segunda banda na amostra 1 aparece entre as bandas de 45 kDa e 31 kDa do padrão, dando a essa segunda proteína uma massa de cerca de **38 kDa**. Uma análise similar para a segunda amostra fornece proteínas com massas estimadas de 31 e 97 kDa.

Focalização isoelétrica. Outro tipo de eletroforese que muitas vezes emprega suportes é a **focalização isoelétrica** (**IEF**, do inglês, *isoelectric focusing*).[10] Trata-se de um método para separar zwitterions (substâncias com grupos ácidos ou básicos, conforme discutido no Capítulo 8). Os zwitterions são separados por IEF com base em seus pontos isoelétricos, fazendo esses compostos migrarem em um campo elétrico através de um gradiente de pH. Nesse gradiente de pH, cada zwitterion migrará até atingir uma região onde o pH é igual a seu ponto isoelétrico. Nesse ponto, o zwitterion não terá mais nenhuma carga líquida, e sua mobilidade eletroforética será igual a zero, fazendo o analito parar de migrar.[1] O resultado é uma série de bandas estreitas, sendo que cada banda aparece no ponto onde pH = pI de um dado zwitterion.

A razão por que a focalização isoelétrica produz bandas estreitas para esses analitos é que, mesmo que um zwitterion momentaneamente se dissipe para fora da região onde o pH é igual a seu pI, o sistema tenderá a 'focalizar' o zwitterion de volta para essa região (veja a Figura 23.10). Essa focalização ocorre por causa da maneira como o gradiente de pH está alinhado com o campo elétrico. Um pH alto ocorre em direção ao eletrodo negativo, de modo que, à medida que os solutos se dispersam para fora de sua banda e em direção a essa região, eles assumirão uma carga mais negativa e serão atraídos de volta para o eletrodo positivo. Ao mesmo tempo, os zwitterions que se movem em direção ao eletrodo positivo e à região de pH mais baixo adquirirão uma carga mais positiva e serão atraídos de volta para o eletrodo negativo. É essa propriedade de focalização que torna possível à IEF separar zwitterions com apenas pequenas diferenças em seus valores de pI.

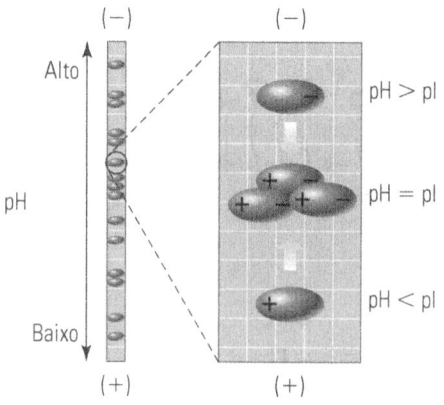

Figura 23.10

Focalização isoelétrica.

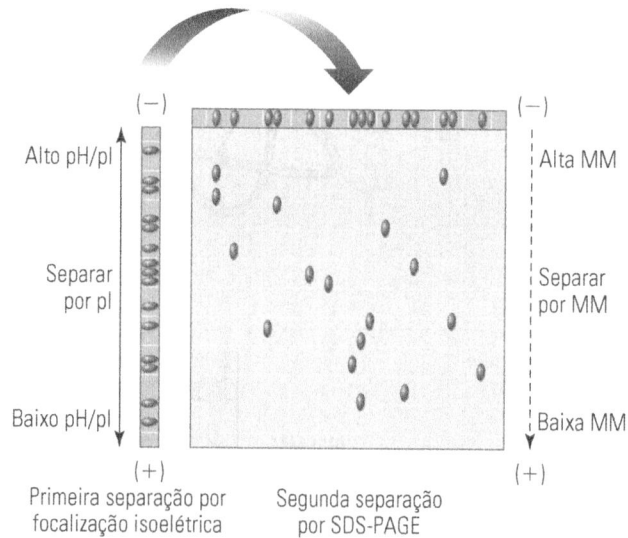

Figura 23.11

Eletroforese bidimensional em gel, usando uma combinação de focalização isoelétrica e SDS-PAGE como exemplo.

Para se obter uma separação por IEF, é necessário ter um gradiente de pH estável. Isso é produzido colocando-se no campo elétrico uma mistura de pequenos zwitterions reagentes conhecidos como *anfólitos*. Eles costumam ser ácidos carboxílicos polipróticos aminos com uma faixa de valores de pK_a.[6] Quando colocados em um campo elétrico, os anfólitos se deslocarão através do sistema e se alinharão na ordem de seus valores de pK_a. O resultado é um gradiente de pH que pode ser usado diretamente ou por meio de uma ligação cruzada dos anfólitos a um suporte para mantê-los fixos no sistema.

IEF é uma ferramenta útil na separação de proteínas e outros compostos que contêm cargas positivas e negativas. Entre eles estão algumas drogas, além de bactérias, vírus e células. Aplicações desse método abrangem desde biotecnologia e bioquímica até análise forense e teste de paternidade. IEF é útil em particular para fornecer separações de alta resolução entre as diferentes formas de enzima ou produto celular. Por exemplo, por meio desse método, é possível separar proteínas com diferenças de valores de pI tão pequenas quanto 0,02 unidade de pH.

Eletroforese bimensional. Também é possível aplicar a eletroforese em gel usando-se a **eletroforese bidimensional** (ou **2-D**), que consiste em uma técnica de alta resolução usada para analisar misturas complexas de proteínas.[19,33] Nela, dois tipos diferentes de eletroforese são conduzidos em uma única amostra. A primeira separação em geral se baseia em um ponto isoelétrico, como no caso da focalização isoelétrica. A separação (SDS-PAGE) ocorre de acordo com o tamanho da molécula.

Um método comum de eletroforese 2-D é ilustrado na Figura 23.11. Primeiro, uma pequena banda de amostra é aplicada na parte superior de um suporte para uso em focalização isoelétrica. O suporte comumente utilizado nesse caso é a agarose ou um gel de poliacrilamida com poros largos. Uma vez concluída a primeira separação, algumas proteínas terão sido separadas com base em seus valores de pI, mas ainda podem restar muitas delas com pontos isoelétricos semelhantes e sobreposição de bandas. Outra separação é obtida virando-se o primeiro gel de lado e colocando-o no topo de um segundo suporte (gel de poliacrilamida) para uso em SDS-PAGE. Esse processo dá uma separação de acordo com o tamanho da molécula, e cada banda da primeira separação tem seu próprio caminho no gel de SDS-PAGE. O resultado é uma série de picos separados em duas dimensões (uma baseada em pI e outra em tamanho) por todo o gel. O fato de que duas características diferentes de cada proteína são utilizadas em sua separação torna possível resolver um número muito maior de proteínas do que seria possível por IEF ou SDS-PAGE isoladamente.

Uma vez concluída a separação por 2-D, as bandas de proteína podem ser detectadas por meio dos métodos discutidos na Seção 23.3.2. O Coomassie azul e o nitrato de prata são frequentemente utilizados na localização e na medição dessas bandas. A análise por espectrometria de massa é outra opção. Outras questões a considerar são a interpretação e a análise das bandas das muitas proteínas que podem ocorrer em uma única amostra. Isso requer o uso de computação para gerar uma imagem e realizar a catalogação da localização de cada banda e correlacionar essas informações com as obtidas por outros métodos, como a espectrometria de massa.

23.4 Eletroforese capilar

23.4.1 O que é eletroforese capilar?

Outro tipo de eletroforese é a **eletroforese capilar (EC)**. Trata-se de uma técnica que separa analitos por eletroforese e é conduzida em um capilar. Relatada pela primeira vez no final da década de 1970 e início da década de 1980, também é conhecida como 'eletroforese capilar de zona'.[23,34] A EC, em sua forma atual, costuma ser realizada em capilares com diâmetro interno de 20 a 100 μm e comprimentos de 20 a 100 cm.[7] O uso de tubos estreitos proporciona uma remoção eficiente de aquecimento Joule ao permitir que o calor se dissipe rapidamente para o meio circundante.[8, 17,23] A remoção de calor ajuda a reduzir o alargamento de banda e fornece separações muito mais eficientes e rápidas do que a eletroforese em gel (veja a Figura 23.12).

Uma razão pela qual a eletroforese capilar é mais eficiente do que a em gel é que o aquecimento Joule é bastante reduzido como fonte de alargamento de banda. Além disso, a eletroforese capilar costuma ocorrer sem a presença de qualquer gel ou suporte, o que elimina a difusão turbulenta e as interações secundárias com o suporte (à exceção da parede capilar). Como resultado disso, a difusão longitudinal passa a ser a principal fonte de alargamento de banda. Nessas condições, o número de pratos teóricos (N) esperado para o sistema é fornecido pelas seguintes equações,

$$N = \frac{\mu E L_d}{2D} \quad \text{ou} \quad N = \frac{\mu V L_d}{2DL} \quad (23.8)$$

em que D é o coeficiente de difusão do analito, μ a mobilidade eletroforética do analito, E a intensidade do campo elétrico, L o comprimento total do capilar, L_d a distância do ponto de injeção até o detector e V a tensão aplicada (onde $E = V/L$).[8]

A Equação 23.8 mostra que o valor de N (representando a eficiência do sistema de EC) aumenta à medida que usamos campos elétricos e tensões maiores. Este resultado faz sentido porque maiores campos elétricos levarão o analito a migrar mais depressa e passar menos tempo no capilar. Tempos de migração mais curtos reduzirão o alargamento de banda porque menos tempo é alocado à difusão longitudinal. O resultado é uma separação rápida com alta eficiência e picos estreitos.

EXERCÍCIO 23.3 Efeito da intensidade do campo elétrico sobre a eficiência na eletroforese capilar

A proteína 1 do Exercício 23.1 tem coeficiente de difusão de cerca de $2,0 \times 10^{-7}$ cm²/s em seu eletrólito de corrida. Se a difusão longitudinal é o único processo significativo de alargamento de banda presente durante a separação da proteína por eletroforese capilar, qual é o número máximo de pratos teóricos previsível para o pico de proteína em uma tensão aplicada de 20,0 e 30,0 kV? Quais fatores podem causar a obtenção de valores menores de N?

SOLUÇÃO

Podemos usar a Equação 23.8 associada às condições dadas no Exercício 23.1 e à mobilidade eletroforética calculada anteriormente para a proteína 1 para obter o valor esperado de N em 20,0 kV.

$$N = \frac{(1,80 \text{ cm}^2/\text{kV} \cdot \text{min}) \cdot 20,00 \text{ kV} \cdot 22,0 \text{ cm}}{2 \cdot (2,0 \times 10^{-7} \text{ cm}^2/\text{s}) \cdot (60 \text{ s/min}) \cdot 25,0 \text{ cm}}$$

$$= \mathbf{1,3 \times 10^6 \text{ pratos teóricos}}$$

Se aumentarmos a tensão aplicada de 20,0 kV para 30,0 kV (ou vezes 1,5), a Equação 23.8 indica que verificaremos um aumento proporcional de 1,5 vez em N, de $1,3 \times 10^6$ para $\mathbf{1,9 \times 10^6}$ **pratos**. Fatores que podem produzir números de pratos inferiores incluem a presença de adsorção entre a proteína e a parede capilar, alargamento de banda extracoluna ou elevação no aquecimento Joule em decorrência do aumento da tensão.

Além de proporcionar separações eficientes, verificamos que o uso de campos elétricos elevados em eletroforese capilar também reduz o tempo de execução necessário. Essa relação pode ser demonstrada reescrevendo-se a Equação 23.3 para fornecer o tempo de migração esperado de um analito em relação ao campo elétrico, a mobilidade eletroforética do analito e o comprimento do capilar.

$$t_m = \frac{L_d L}{\mu V} = \frac{L_d}{\mu E} \quad (23.9)$$

Por exemplo, a Equação 23.9 indica que o tempo de migração da proteína do Exercício 23.3 diminuirá 1,5 vez (de 15,3 min para 10,2 min) se aumentarmos a tensão aplicada de 20,0 kV para 30,0 kV. O resultado é uma situação na qual podemos melhorar a eficiência e a velocidade de uma separação pelo aumento da tensão. Tal característica tornou a eletroforese capilar popular na análise de amostras complexas, como as usadas no sequenciamento de DNA. Infelizmente, há um limite para a elevação

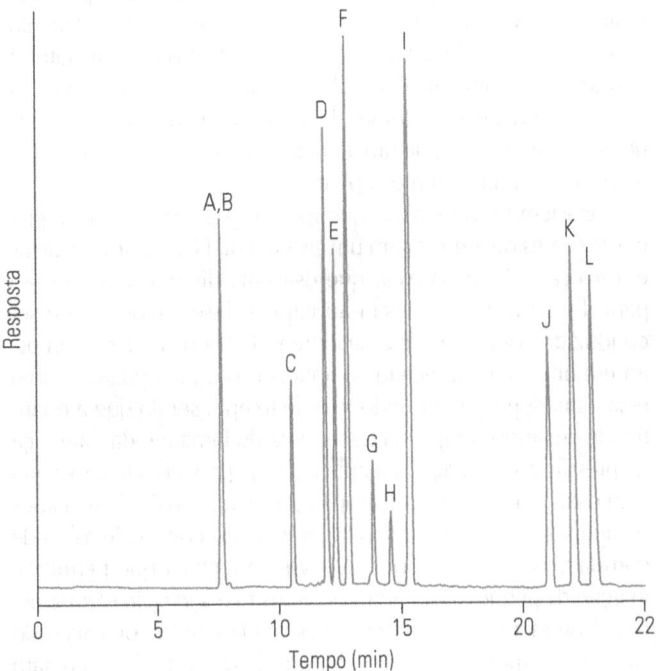

Figura 23.12

Um dos primeiros exemplos de eletroforese capilar, usado aqui para separar aminoácidos dansilados (representados pelos picos A–L). (Reproduzido de J.W. Jorgenson e K.D. Lukacs, 'Capillary Zone Electrophoresis', *Science*, 222, 1983, p.266–272.)

da tensão alta antes que o aquecimento Joule passe a ser uma preocupação. A maioria dos sistemas de EC é capaz de usar tensões de até 25 a 30 kV, mas um considerável aquecimento Joule pode surgir em tensões mais baixas.

23.4.2 Como a eletroforese capilar é realizada?

Equipamentos e suportes. Além de mais rápida e eficiente do que a eletroforese em gel, a eletroforese capilar é mais fácil de executar como parte de um sistema instrumental. Um exemplo de sistema de EC é mostrado na Figura 23.13.[8,21] Além do capilar, esse sistema inclui uma fonte de energia e de eletrodos para a aplicação do campo elétrico, dois recipientes que criam um contato entre esses eletrodos e a solução dentro do capilar, um detector on-line e um meio de injetar amostras no capilar. Visto que suportam tensões de até 25 a 30 kV, esses instrumentos incluem itens de segurança que protegem o usuário da região de alta tensão e podem desativar a voltagem quando o sistema é aberto para manutenção ou para a inserção de amostras e reagentes.

O capilar em um sistema de EC costuma ser composto por sílica fundida. Ele pode ser usado diretamente ou modificado para conter várias camadas em sua superfície interna. Um capilar de sílica não revestido pode acarretar uma quantidade significativa de fluxo devido à eletrosmose quando se trabalha em um pH neutro ou básico, por causa da desprotonação dos grupos silanóis na superfície da sílica. Um recurso útil da eletrosmose é que ela tende a fazer com que todos os analitos, independentemente de carga, sigam na mesma direção através do capilar. Esse efeito implica que uma amostra contendo muitos tipos de íon pode ser injetada em uma extremidade do capilar (no eletrodo positivo), e a eletrosmose se encarrega de levá-la até a outra extremidade (para o eletrodo negativo) e passá-la pelo detector on-line. Esse formato é chamado de 'modo de polaridade normal' de EC.[8] Nessa situação, é importante lembrar que uma separação de íons ainda vai ocorrer, mas que a mobilidade observada será igual à soma da mobilidade eletroforética inerente de um analito mais a mobilidade criada por eletrosmose (veja a Equação 23.5). Esse efeito sobre a mobilidade observada, por sua vez, afetará o tempo de migração observado, bem como a eficiência e a resolução obtidas para a separação.

Embora muitos analitos se desloquem na mesma direção do fluxo eletrosmótico através de um sistema de EC, é possível que alguns tenham taxas de migração mais rápidas do que a eletrosmose, o que os conduzirá na direção oposta. A análise desses íons em um capilar de sílica é realizada injetando-os no final pelo eletrodo negativo e permitindo que migrem para o eletrodo positivo e contra o fluxo eletrosmótico. Este método é conhecido como 'modo de polaridade reversa' de EC.[8] Além disso, o fluxo eletrosmótico pode ser alterado por uma mudança de pH (o que modifica o grau de desprotonação e a carga da sílica), ou pela colocação de um revestimento na superfície do suporte. Neste segundo caso, um revestimento neutro ajuda a reduzir a eletrosmose, enquanto um revestimento de carga positiva inverte o sentido do fluxo em direção ao eletrodo positivo em vez do negativo.

Técnicas de injeção. Há duas características da eletroforese capilar que impõem demandas especiais sobre como as amostras devem ser injetadas. Primeiro, é necessário levar em conta o pequeno volume de um capilar de EC. Um capilar comum para EC com 50 μm de D.I. × 25 cm de comprimento conterá somente 0,5 μL de eletrólito de corrida. Outro fator a considerar é a alta eficiência da eletroforese capilar. Ambos os fatores restringem os volumes de amostra que podem ser injetados sem a introdução de um alargamento de banda significativo (< 10 nL para um volume capilar de 0,5 μL).[8]

Existem duas técnicas que tornam possível injetar pequenos volumes de amostra em um sistema de EC. A primeira delas é a *injeção hidrodinâmica*, que usa uma diferença de pressão para dispensar uma amostra ao capilar. Esse método pode ser conduzido colocando-se uma extremidade do capilar na amostra em uma câmara fechada e aplicando-se uma pressão sobre essa câmara por um período fixo de tempo, sendo que a quantidade de amostra injetada dependerá do tamanho da diferença de pressão e da duração da aplicação de pressão. Uma vez que a amostra tenha entrado no capilar, a separação é iniciada após o capilar ser colocado de volta em contato com o eletrólito de corrida e com os eletrodos. A segunda técnica que permite a injeção de pequenos volumes de amostra é a *injeção eletrocinética*. Esse método mais uma vez se inicia com a colocação do capilar na amostra, mas um eletrodo também está em contato com a amostra. Quando um campo elétrico é aplicado por todo o capilar, o fluxo eletrosmótico e a mobilidade eletroforética dos analitos os levarão a entrar no capilar. A quantidade de cada analito a ser injetada por esse método depende da mobilidade eletroforética do analito, do campo elétrico e do tempo durante o qual o campo é aplicado.[8]

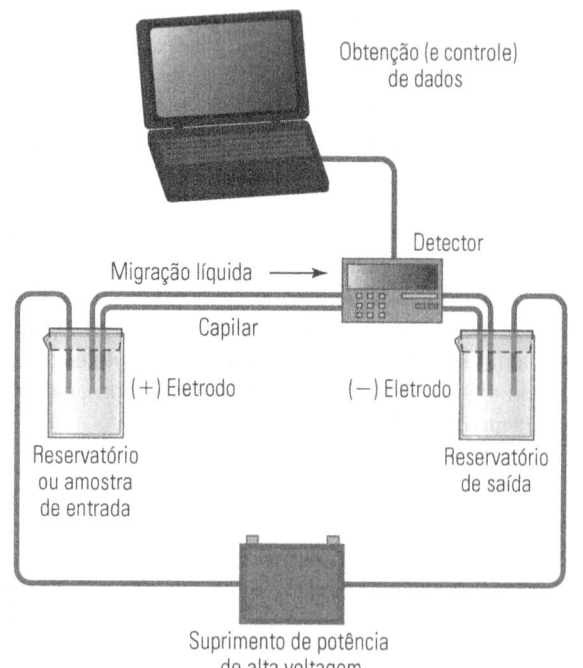

Figura 23.13

Concepção geral de um sistema de eletroforese capilar.

Existem vários métodos de concentrar amostras e fornecer bandas estreitas de analito em EC. Um deles é o *empilhamento de amostras* (veja a Figura 23.14).[21] Isso ocorre quando a força iônica (e, portanto, a condutividade) da amostra é menor do que o eletrólito de corrida. Quando um campo elétrico é aplicado a tal sistema, os analitos migram rapidamente através da matriz da amostra até chegarem ao limite entre a amostra e o eletrólito de corrida. Como este tem uma força iônica maior do que a amostra, a taxa de migração do analito diminui nesse limite. A redução da taxa de migração faz os analitos se concentrarem em uma faixa mais estreita ao entrarem no eletrólito de corrida. O efeito global é semelhante ao de quando se utilizam géis de empilhamento na eletroforese tradicional.

Métodos de detecção. Exemplos de métodos de detecção utilizados em eletroforese capilar são mostrados na Tabela 23.1. Muitos deles também se aplicam à cromatografia líquida (veja o Capítulo 22).[8,21] Uma importante diferença entre a detecção em CL e em EC é que, em EC, há a necessidade do uso de métodos capazes de lidar com amostras de tamanho muito pequeno. Essa necessidade resulta dos volumes de injeção menores que são requeridos em eletroforese capilar para evitar um excessivo alargamento de banda. Métodos de monitoramento seletivo que funcionam bem para esse fim são a detecção eletroquímica e a detecção de fluorescência. Absorbância de ultravioleta-visível (UV-vis), condutância e detecção de espectrometria de massa também são frequentemente empregadas em EC.

Outra diferença entre a detecção em CL e em EC diz respeito a como os sinais variam de acordo com a retenção ou migração do analito. Em CL, todos os analitos passam à mesma vazão (da fase móvel) através do detector e despendem a mesma quantidade de tempo nesse dispositivo. Este efeito possibilita comparar diretamente as áreas de pico de dois analitos com diferentes tempos de retenção. Entretanto, na eletroforese capilar, os analitos com diferentes tempos de migração também passam diferentes quantidades de tempo no detector. Será preciso corrigir essa diferença se quisermos comparar as áreas de dois analitos na mesma corrida de EC. Podemos fazer tal ajuste usando uma área de pico corrigida (A_c), que é igual à razão da área de pico medida (A) para um analito dividida por seu tempo de migração.

$$A_c = A/t_m \qquad (23.10)$$

A correção permite a comparação de áreas de diferentes analitos, bem como de áreas que são obtidas para o mesmo analito em diferentes condições eletroforéticas.

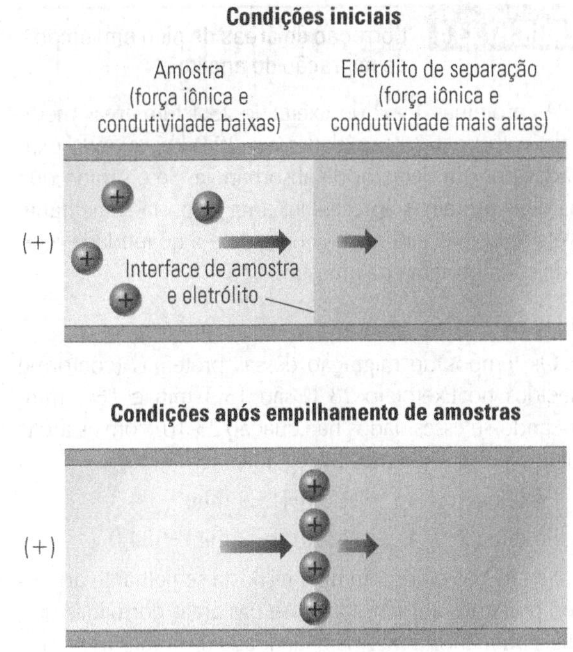

Figura 23.14

Princípio de autoempilhamento de amostras

Tabela 23.1

Propriedades de detectores comuns de eletroforese capilar.*

Nome do detector	Compostos detectados	Limites de detecção
Detectores gerais		
Detector de absorbância de ultravioleta-visível (UV-vis)	Compostos com cromóforos	10^{-13}–10^{-16} mol
Detectores seletivos		
Detector de fluorescência	Compostos fluorescentes	10^{-15}–10^{-17} mol
Detector de fluorescência induzida por laser	Compostos fluorescentes	10^{-18}–10^{-20} mol
Detector de condutividade	Compostos iônicos	10^{-15}–10^{-16} mol
Detector eletroquímico	Compostos eletroquimicamente ativos	10^{-18}–10^{-19} mol
Detectores de estrutura específica		
Espectrometria de massa	Compostos que formam íons de fase gasosa	10^{-16}–10^{-17} mol

*Estes dados se referem a instrumentos comerciais.

EXERCÍCIO 23.4 — Correção de áreas de pico em tempos de migração do analito

As proteínas 1 e 2 do Exercício 23.1 têm áreas medidas de 1.290 e 1.360 unidades em 20,0 kV, quando examinadas por um detector de absorbância. Se é sabido que essas duas proteínas apresentam uma resposta semelhante ao detector, qual será a área corrigida e a quantidade relativa de cada proteína na amostra?

SOLUÇÃO

Os tempos de migração dessas proteínas (conforme fornecidos no Exercício 23.1) são 15,3 min e 16,2 min. Colocando-se esses dados na Equação 23.10, com as áreas de pico medidas, teremos os seguintes resultados.

Proteína 1: $A_{c,1} = (1290)/(15,3 \text{ min}) = 84,3$

Proteína 2: $A_{c,2} = (1360)/(16,2 \text{ min}) = 84,0$

Se tais proteínas têm uma resposta semelhante ao detector, podemos afirmar com base nas áreas corrigidas que há mais ou menos a mesma quantidade de ambas as proteínas na amostra. Se tivéssemos usado as áreas não corrigidas nesse cálculo, teríamos concluído de modo incorreto que a proteína 2 estaria presente em um nível maior.

Além dos vários métodos de detecção discutidos para cromatografia líquida no Capítulo 22, outro usado em eletroforese capilar é a **fluorescência induzida por laser** (**FIL**, ou **LIF**, do inglês, *laser-induced fluorescence*).[6,8,21] Este método emprega um laser para excitar um composto fluorescente, permitindo a detecção desse agente por meio de sua subsequente emissão de luz. Existem várias vantagens em se usar um laser como fonte de excitação. Primeiro, o laser é monocromático e tem alta intensidade, o que permite a excitação seletiva e forte de um composto com um espectro de excitação que coincide com o comprimento de onda de emissão do laser. O feixe de laser também pode ser focalizado em uma faixa muito estreita. Esse recurso é de grande utilidade no trabalho com os capilares de pequeno calibre encontrados em eletroforese capilar. Uma limitação da detecção de FIL é que ela exige um analito que seja naturalmente fluorescente ou que possa ser convertido em um derivativo fluorescente. Essa segunda opção faz uso de um marcador fluorescente como a fluoresceína ou a rodamina (veja o Capítulo 18).

A detecção de FIL a partir da EC foi utilizada nos sistemas automatizados de sequenciamento de DNA que tornaram possível a conclusão antecipada do Projeto Genoma Humano. Essa detecção envolveu o uso de vários corantes fluorescentes, um para cada um dos quatro nucleotídeos de terminação presentes durante a reação de Sanger. Esses filamentos marcados de DNA foram separados com base em seus comprimentos por eletroforese capilar (veja a Figura 23.15). Foi possível aumentar ainda mais a velocidade da análise por meio de um feixe de laser único para examinar ao mesmo tempo toda uma gama de capilares, cada qual sequenciando um segmento diferente de DNA. A utilização de múltiplos capilares em um sistema único de EC é conhecida como *eletroforese multicapilar* (*CAE*, do inglês, *capillary array electrophoresis*).[6,7,35] Tal sistema pode examinar muitas sequências de DNA ao mesmo tempo, o que aumenta a vazão da amostra e reduz o custo por análise.

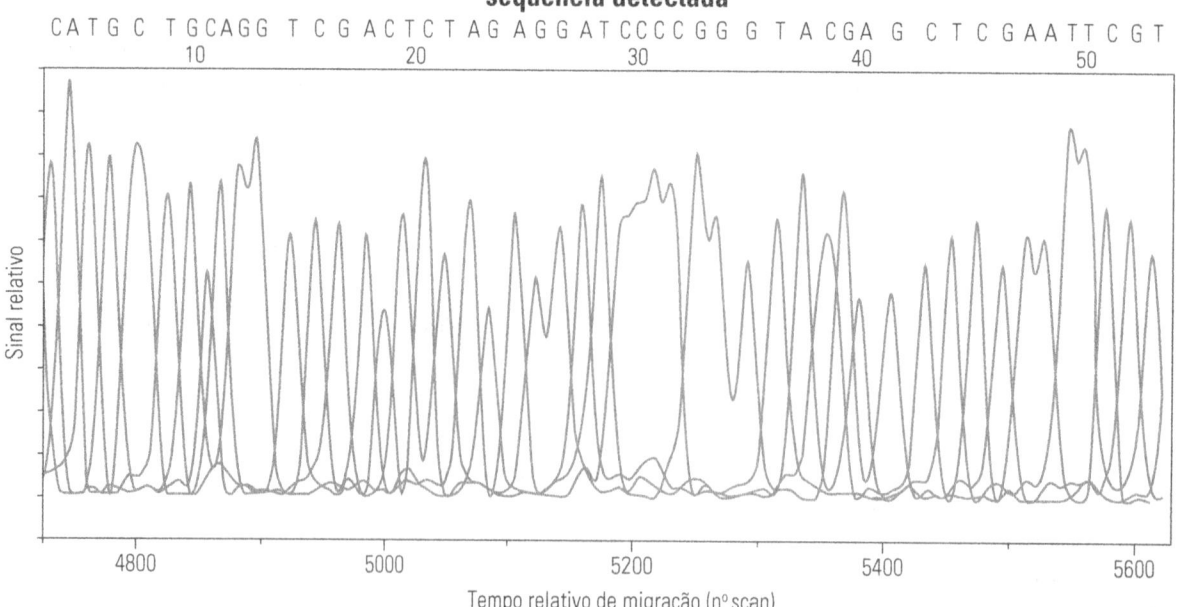

Figura 23.15

Sequenciamento de DNA por um sistema de eletroforese capilar. O painel superior mostra os dados originais da eletroforese, e o painel inferior mostra os mesmos dados após terem sido processados para determinar a sequência de nucleotídeos do segmento de DNA em análise (conforme os símbolos A, C, T e G). (Baseado em dados de J. Bashkin, em *Capillary Electrophoresis of Nucleic Acids*, K.R. Mitchelson e J. Cheng, eds., Humana Press, Totowa, NJ, 2001, Capítulo 7.)

23.4.3 Quais são os tipos especiais de eletroforese capilar?

O principal método de eletroforese capilar discutido até aqui foi a eletroforese por zona, na qual as diferenças na razão carga/tamanho dos analitos são o único meio utilizado para sua separação. É possível incluir outras substâncias químicas e interações físicas em um sistema de EC para criar outros tipos de separação. Exemplos incluem métodos de EC que separam analitos com base em tamanho, pontos isoelétricos ou interações com aditivos no eletrólito de corrida. O uso de CE em sistemas de microanálise também tem gerado grande interesse (veja o Quadro 23.2).

Eletroforese capilar de peneiramento. Um recurso útil da eletroforese em gel é a capacidade de alguns suportes de separar analitos com base no tamanho, como ocorre no caso das proteínas em SDS-PAGE. O mesmo efeito pode ser obtido em eletroforese capilar incluindo-se um agente no sistema de EC

Quadro 23.2 Química analítica em um chip

O desenvolvimento de microchips de silício criou uma revolução nas indústrias de computação e eletrônica. O resultado ao longo das últimas décadas tem sido uma constante redução no tamanho de aparelhos eletrônicos e um aumento de suas capacidades. Uma mudança semelhante está ocorrendo em química analítica. Essa mudança começou em 1979, quando os métodos desenvolvidos para a criação de microchips foram usados para fazer um sistema de cromatografia em fase gasosa em um material lamelar de silício.[36] Em 1990, foi sugerido que todos os componentes de uma análise química poderiam até ser colocados em um sistema miniaturizado. O dispositivo resultante ficou conhecido como '*lab-on-a-chip*' ou *sistema de microanálise total (μTAS)*.[37]

A eletroforese capilar foi um dos primeiros métodos de análise adaptado para uso em um microchip.[38] Um exemplo de tal dispositivo é apresentado na Figura 23.16. Hoje, existem muitos relatos de utilização de microchips em EC.[39-41] Uma característica que torna EC e microchips uma boa combinação é a necessidade em EC de canais estreitos para evitar os efeitos do aquecimento Joule. Além disso, a eliminação do aquecimento Joule permite à EC trabalhar com canais de separação curtos e campos elétricos altos, como mostra a Figura 23.16. A criação de um campo elétrico para separar analitos e gerar um fluxo eletrosmótico para EC é de certa forma fácil de obter com um microchip incluindo-se eletrodos como parte do dispositivo. A disponibilidade de esquemas de detecção como a FIL, que sejam capazes de lidar com volumes pequenos de detecção, também é útil, quando se coloca um sistema de CE em um microchip.[38-41]

A EC não é o único método de análise realizado em microchips. Outros incluem cromatografia líquida, eletroforese em gel, biossensoriamento, análise de água, análise por injeção de fluxo e extração de fase sólida. Existem várias vantagens potenciais na utilização de microchips com essas técnicas. Uma delas são os pequenos requisitos de amostra desses dispositivos. A capacidade de tornar esses sistemas totalmente portáteis ou descartáveis representa vantagens adicionais. A possibilidade de fabricar microchips em larga escala e com baixo custo são outros atrativos.[39-41]

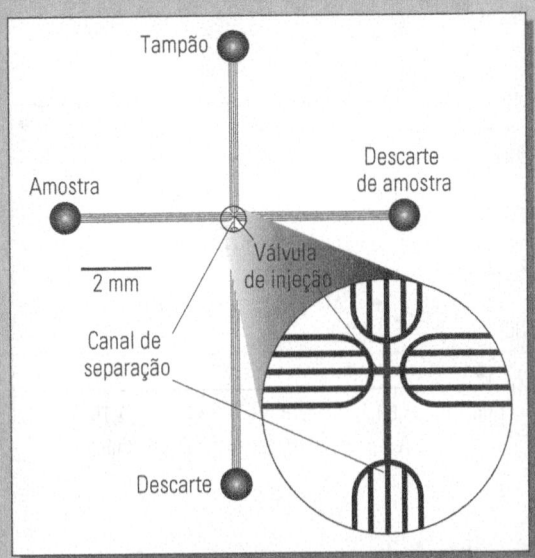 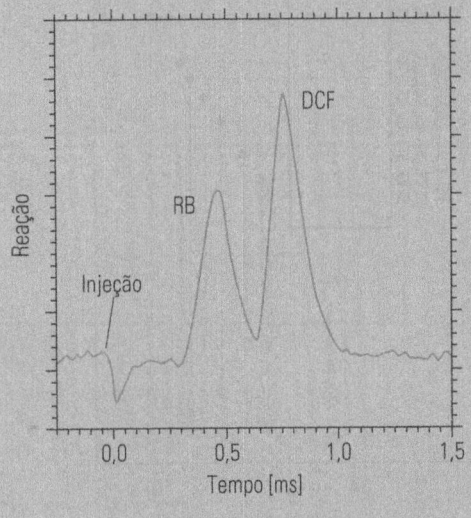

Figura 23.16

Projeto de um sistema baseado em microchip para a realização de eletroforese e sua utilização na separação rápida dos corantes rodamina B (RB) e diclorofluoresceína (DCF). (Reproduzido de S.C. Jacobson, C.T. Culbertson, J.E. Daler e J.M. Ramsey, *Analytical Chemistry*, 70, 1998, p.3476–3480.)

que 'peneira' os analitos ou os separa com base em seus tamanhos. Essa técnica é conhecida como **eletroforese capilar de peneiramento (CSE)**.[7] Uma comparação dos resultados da CSE com uma separação por tamanho da eletroforese em gel (por exemplo, por SDS-PAGE) é apresentada na Figura 23.17.

Há várias maneiras de realizar a eletroforese capilar de peneiramento. A primeira é colocar um gel poroso no capilar, como os de poliacrilamida empregados em SDS-PAGE. Esse método se chama *eletroforese capilar em gel* (CGE, do inglês, *capillary gel electrophoresis*).[7] Um dos problemas desses géis é que eles nem sempre são estáveis em campos elétricos altos como os usados em eletroforese capilar, e com frequência têm que ser substituídos. A segunda abordagem, e a utilizada hoje em sequenciamento de DNA por EC, consiste em adicionar ao eletrólito de corrida um polímero de grande porte capaz de se emaranhar com os analitos e alterar suas taxas de migração. Essa abordagem proporciona um sistema com uma reprodutibilidade e uma estabilidade maiores do que aqueles à base de gel, porque o polímero é continuamente renovado conforme o eletrólito de corrida passa pelo capilar.

Cromatografia eletrocinética. A eletroforese capilar comum funciona bem na separação de cátions e ânions, mas não serve para separar substâncias neutras umas das outras. Em vez disso, essas substâncias migram como um único pico que se desloca com o fluxo eletrosmótico. É possível empregar EC com tais compostos se colocarmos no eletrólito de corrida um agente carregado que possa interagir com essas substâncias, em uma abordagem chamada *cromatografia eletrocinética*. Um modo comum de realizá-la é empregar micelas como aditivos, produzindo um subconjunto de cromatografia eletrocinética conhecido como **cromatografia eletrocinética micelar** (MEKC, do inglês, *micellar electrokinetic chromatography*).[7,21,42,43]

Uma *micela* é uma partícula formada pela agregação de um grande número de moléculas de surfactante, como o dodecil sulfato de sódio (SDS). Vimos que o SDS tem uma longa cauda apolar ligada a um grupo de sulfato de carga negativa. Quando a concentração de um surfactante como o SDS atinge um determinado nível limiar (conhecido como 'concentração crítica de micela'), algumas moléculas de surfactante se juntam para formar micelas. Se elas se formam em um solvente polar como água, as caudas apolares dos surfactantes estarão no interior do agregado (produzindo um interior apolar), enquanto os grupos carregados na outra extremidade estarão do lado de fora junto ao solvente (veja a Figura 23.18).

Quando micelas à base de SDS são colocadas no eletrólito de corrida de um sistema de EC, elas são atraídas para o eletrodo positivo. Se uma amostra com vários compostos neutros é injetada no sistema, algumas dessas substâncias neutras podem entrar nas micelas e interagir com seu interior apolar. Essa interação envolve um processo de partição semelhante ao encontrado na extração líquido-líquido e alguns tipos de cromatografia líquida (veja os capítulos 20 e 22), no qual as micelas atuam como a 'fase estacionária'. Embora esses compostos neutros em geral se desloquem com o fluxo eletrosmótico através do capilar, enquanto estão nas micelas eles as acompanham, migrando na direção oposta. O resultado é uma separação dos compostos neutros com base em seu grau de penetração nas micelas. Estas também podem alterar os tempos de migração de substâncias carregadas através da partição e de interações de carga entre analitos e micelas.

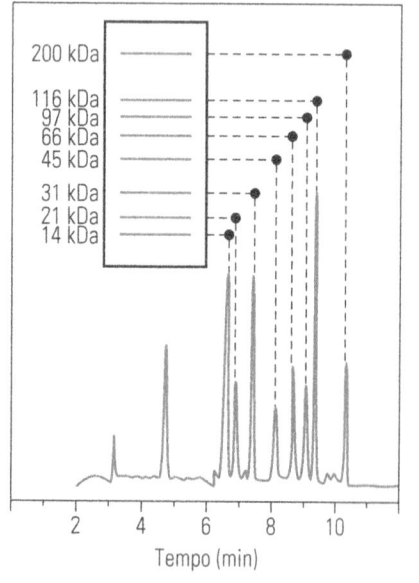
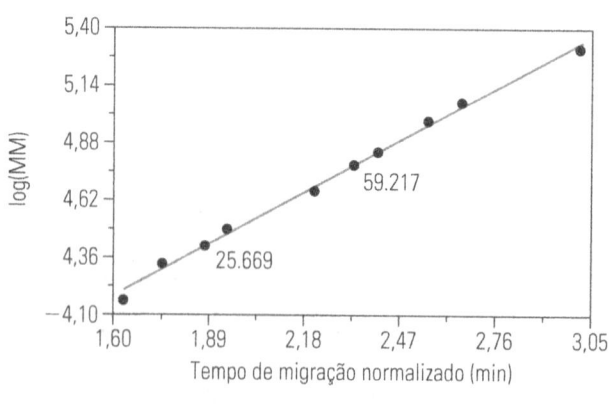

Figura 23.17

Comparação entre eletroforese capilar e tradicional de SDS-PAGE na separação e na análise de proteínas. A figura à esquerda mostra um eletroferograma obtido para uma série de proteínas com massas moleculares que vão de 14 a 200 kDa. A inserção mostra um gel SDS-PAGE para as mesmas proteínas. A curva de calibração à direita mostra como os tempos de migração das proteínas em EC estão relacionados às suas massas moleculares. (Adaptado de Bio-Rad Laboratories.)[8]

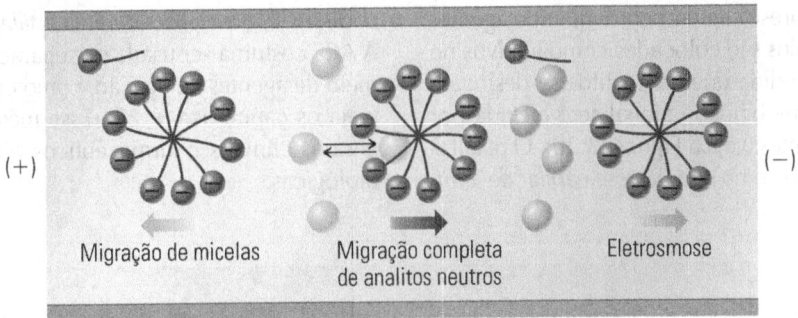

Figura 23.18

Cromatografia eletrocinética micelar. Os círculos representam os analitos da amostra injetada. Um surfactante carregado negativamente, como o dodecil sulfato de sódio, é usado neste exemplo, conforme representado pelos círculos que contêm cargas negativas e caudas apolares.

Outros métodos. Muitos outros tipos de EC têm sido explorados para aplicação em análises e separações químicas. Por exemplo, a focalização isoelétrica pode ocorrer em um capilar, criando o método de *focalização isoelétrica capilar* (CIEF, do inglês, *capillary isoelectric focusing*).[7,21] Essa técnica envolve a produção de um gradiente de pH através do capilar para a separação de zwitterions. Um modo de conduzir a CIEF é mostrado na Figura 23.19. Nesse exemplo, os eletrodos estão em contato com duas soluções eletrolíticas diferentes: (1) o 'católito', que é uma solução básica localizada junto ao cátodo, e (2) o 'anólito', que é uma solução ácida localizada junto ao ânodo. O capilar contém uma mistura de anfólitos que criará um gradiente de pH quando um campo elétrico for aplicado entre os eletrodos. Um capilar revestido também é usado nesse caso para minimizar ou eliminar o fluxo eletrosmótico. Quando uma amostra (geralmente uma mistura de proteínas) é injetada no sistema, seus zwitterions vão migrar até atingir uma região onde o pH é igual a seu pI. Uma vez formadas, essas bandas são empurradas através do capilar e passadas pelo detector aplicando-se pressão ao sistema.

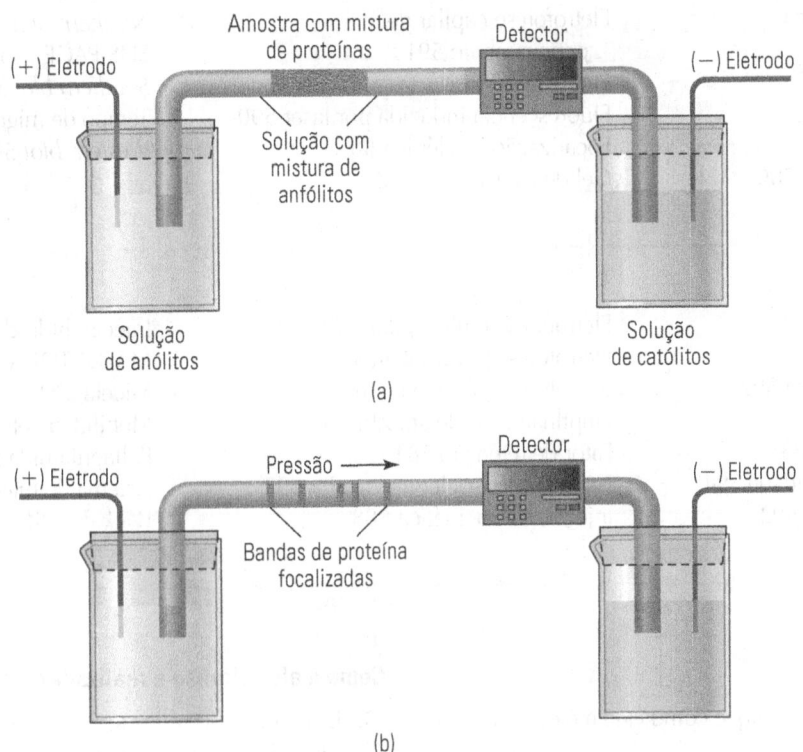

Figura 23.19

Focalização isoelétrica capilar. O diagrama em (a) mostra a configuração inicial do sistema antes da aplicação de um campo elétrico. O diagrama em (b) mostra a separação de proteínas da amostra original após a aplicação do campo elétrico. Depois, essas bandas de proteínas são passadas pelo capilar e o detector aplicando-se pressão no sistema.

Outro tipo de eletroforese capilar ocorre quando agentes biologicamente relacionados são colocados como aditivos no eletrólito de corrida. À medida que os analitos se deslocam através do eletrólito, sua mobilidade global será afetada por sua ligação com esses agentes (veja a Figura 23.20). O resultado é um método conhecido como *eletroforese capilar de afinidade* (ACE, do inglês, *affinity capillary electrophoresis*).[7,21,44,45] A ACE costuma ser usada na separação de analitos quirais por meio de agentes de ligação, como ciclodextrinas ou proteínas (veja os capítulos 8 e 22). Esse método também é usado em ensaios clínicos e farmacêuticos e no estudo das interações biológicas.

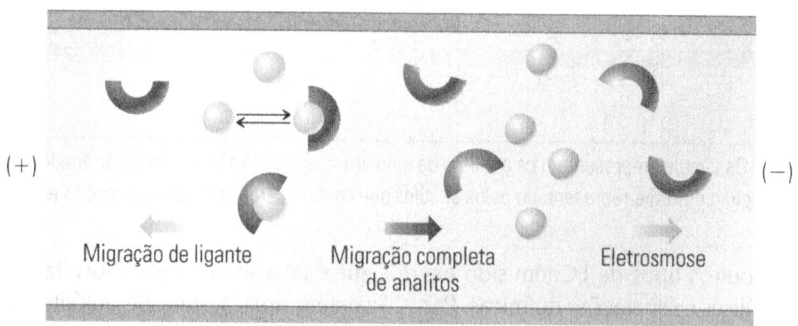

Figura 23.20

Eletroforese capilar de afinidade. Os círculos representam os analitos da amostra injetada. Os semicírculos representam um agente de ligação para um ou mais desses analitos que tenham sido adicionados ao eletrólito de corrida.

Palavras-chave

Aquecimento Joule 581
Cromatografia eletrocinética micelar 592
Distância de migração 577
Eletroferograma 577
Eletroforese 575
Eletroforese bidimensional 586

Eletroforese capilar 586
Eletroforese capilar de peneiramento 591
Eletrosmose 579
Fluorescência induzida por laser 590
Focalização isoelétrica 585
Gel de eletroforese 578

Mobilidade eletroforética 578
Northern blot 583
SDS-PAGE 583
Southern blot 583
Tempo de migração 577
Western blot 583

Outros termos

Anfólitos 586
Coloração com prata 583
Cromatografia eletrocinética 592
Densitômetro 583
Dodecil sulfato de sódio 583
Eletroforese capilar de afinidade 594
Eletroforese capilar em gel 592

Eletroforese multicapilar 590
Eletroforese por fronteira móvel 576
Eletroforese por zona 576
Empilhamento de amostras 589
Fator de retenção 584
Focalização isoelétrica capilar 593
Injeção eletrocinética 588

Injeção hidrodinâmica 588
MALDI-TOF MS 584
Micela 592
Mobilidade eletrosmótica 580
Poliacrilamida 582
Sistema de microanálise total 591
Wick flow 581

Questões

O que é eletroforese?

1. Defina 'eletroforese' e explique como esse método é usado em separações químicas.
2. O que é 'eletroforese por zona'? Como essa técnica difere da 'eletroforese por fronteira móvel'? Qual delas é mais comum em laboratórios modernos?

Como a eletroforese é realizada?

3. Defina cada um dos termos a seguir e explique como eles são utilizados em eletroforese.
   (a) Distância de migração.
   (b) Tempo de migração.
   (c) Eletroferograma.

4. Sabe-se que o cloreto migra por uma distância de 35 cm de um sistema de eletroforese capilar com um tempo de migração de 5,63 min. Qual é a velocidade de migração do cloreto nessas condições? Na mesma velocidade, qual distância o cloreto teria percorrido em 2,5 min?

5. Sabe-se que uma proteína migra por uma distância de 3,2 cm em 30 min quando se aplicam 100 V a um gel de poliacrimida com 10 cm de comprimento. Qual é a velocidade de migração da proteína? Se a tensão aplicada passar a ser de 200 V, quanto tempo a mesma proteína levará para percorrer a distância de todo o comprimento do gel, 10 cm?

Fatores que afetam a migração do analito

6. Explique por que uma substância carregada tenderá a se mover em uma velocidade constante através de um campo elétrico. Quais forças estão envolvidas nesse processo?

7. O que é 'mobilidade eletroforética'? Como esse termo está relacionado com o movimento de uma substância em um campo elétrico? Quais são os fatores gerais que afetam o tamanho da mobilidade eletroforética de um analito?

8. Constata-se que um peptídeo tem um tempo de migração de 8,31 min em uma tensão aplicada de 10,0 kV em um sistema de eletroforese capilar com comprimento total de 25,0 cm. O detector está localizado a 21,5 cm do ponto de injeção da amostra, e as condições adotadas produzem um fluxo eletrosmótico insignificante. Qual é a velocidade de migração do peptídeo? Qual é a sua mobilidade eletroforética?

9. Como a velocidade de migração e o tempo de migração do peptídeo da questão anterior se alterariam caso a tensão fosse alterada para 15,0 kV? Que mudança, se houvesse alguma, ocorreria na mobilidade eletroforética?

10. Cite alguns exemplos de interações secundárias que podem afetar a migração do analito em eletroforese.

11. O dicamba é um herbicida comumente usado para combater ervas daninhas de folha larga. Seu principal metabólito é o ácido dicloroli sacílico (DCSA). Ambos os compostos são ácidos fracos. O dicamba tem um único grupo de ácido fraco, que é um grupo de ácido carboxílico com pK_a de 1,94. O DCSA tem dois grupos de ácido fraco: um grupo de ácido carboxílico com pK_a de 2,08 e um grupo fenol com pK_a de 8,60. A separação desses compostos em pH 7,4 por eletroforese capilar (EC) produz um tempo de migração de 2,05 min para o dicamba e de 2,35 min para o DSCA. Os mesmos compostos possuíam tempos de migração de 2,06 min e 4,1 min em pH 10,0.[46] Explique por que há uma mudança grande no tempo de migração do DCSA nessa faixa de pH, mas nenhuma mudança significativa no tempo de migração do dicamba.

12. Duas formas quirais de uma droga têm mobilidades eletroforéticas idênticas em um sistema de EC. No entanto, é possível separar essas formas quando β-ciclodextrina (um agente complexante discutido no Capítulo 7) é colocada como aditivo no eletrólito de corrida. Baseado em seu conhecimento sobre reações químicas, explique por que a presença de β-ciclodextrina pode acarretar essa separação.

13. O que é 'eletrosmose'? O que provoca a eletrosmose? Como a eletrosmose afeta o movimento dos analitos em um sistema de eletroforese?

14. O que é 'mobilidade eletrosmótica'? Quais fatores afetam essa mobilidade?

15. Um composto neutro injetado em um sistema de eletroforese capilar tem um tempo de migração de 1,52 min ao longo de um capilar com 50 cm de comprimento em 30,0 kV, sendo que o detector está localizado a 30,0 cm do ponto de injeção. Se supusermos que a mobilidade eletroforética observada desse composto é igual à mobilidade eletrosmótica, qual será o valor de μ_{eo} nessas condições?

16. A mobilidade eletrosmótica de uma determinada separação é $8,3 \times 10^{-10}$ m^2/V · s. Um capilar com 25 cm de comprimento é usado nessa separação a uma tensão aplicada de 20,0 kV, e o detector está localizado a 20 cm do ponto de injeção. Qual é o tempo de migração esperado para um analito neutro nesse sistema (isto é, um analito que se desloca pelo sistema devido somente ao fluxo eletrosmótico)?

Fatores que afetam o alargamento de banda

17. Use as mesmas equações fornecidas para a cromatografia no Capítulo 20 para calcular os seguintes valores. (*Observação*: você pode supor que há picos gaussianos presentes.)

    (a) O número de prato de um pico em eletroforese capilar que tem um tempo de migração de 7,30 min e largura de linha de base de 0,12 min.

    (b) A altura do prato do sistema na Parte (a) para um capilar com comprimento total de 35,0 cm.

    (c) O número de prato de uma banda na eletroforese em gel com distância de migração de 4,2 cm e largura de linha de base de 2,1 mm.

18. Use as equações fornecidas no Capítulo 20 para calcular os seguintes valores:

    (a) A resolução de dois picos na eletroforese capilar com tempos de migração de 10,1 e 10,4 min e larguras de linha de base de 0,15 e 0,16 min, respectivamente.

    (b) A resolução de duas bandas na eletroforese em gel com distâncias de migração de 2,3 e 2,6 cm e uma largura de linha de base média de 1,5 mm.

19. Como a difusão longitudinal afeta o alargamento de banda em eletroforese? Como esse tipo de alargamento de banda está relacionado ao tempo de separação e ao tamanho dos analitos? Por que um suporte poroso pode contribuir para minimizar os efeitos desse processo?

20. O que é o 'aquecimento Joule'? O que causa esse aquecimento? Por que o aquecimento Joule resulta em alargamento de banda em eletroforese?

21. Quais métodos podem ser usados para minimizar os efeitos do aquecimento Joule em eletroforese?

22. Uma ferramenta útil para otimizar a separação por eletroforese capilar é o 'gráfico da lei de Ohm'. Esse gráfico é preparado traçando-se a corrente medida do sistema de eletroforese em várias voltagens aplicadas.[21]

(a) Com base na Equação 23.6, quais informações serão fornecidas pela inclinação do gráfico?

(b) Os desvios de linearidade são, muitas vezes, observados quando há alta tensão nos gráficos da lei de Ohm. Em sua opinião, qual é, em geral, a origem desses desvios?

23. Em quais condições a difusão turbulenta estará presente durante a eletroforese?

24. O que é 'wick flow'? Como ele cria o alargamento de banda? Em que tipos de eletroforese ele pode ser importante?

O que é eletroforese em gel?

25. O que é 'eletroforese em gel'? Como essa técnica é utilizada na identificação e na medição de um analito?

26. Um bioquímico à procura de uma proteína específica em uma amostra de células obtém os resultados a seguir ao usar a eletroforese em gel e um *Western blot* para comparar essa amostra com padrões contendo a mesma proteína. Qual é a quantidade aproximada dessa proteína na amostra de células desconhecidas?

Quantidade de proteína (ng)	Área relativa de banda
0,0	50
5,0	560
10,0	1120
20,0	2040
Amostra desconhecida	980

27. A Figura 23.21 mostra um resultado obtido com frequência na análise de uma amostra de soro humano por eletroforese em gel. Explique como essa informação poderia ser utilizada por um médico para detectar alterações qualitativas e quantitativas nas proteínas de soro para seus pacientes.

Como a eletroforese em gel é realizada?

28. Esboce um diagrama de um sistema comum de eletroforese em gel e marque seus principais componentes. Explique a diferença entre os sistemas horizontais e verticais da eletroforese em gel.

29. Liste alguns suportes que podem ser usados na eletroforese em gel. Qual tipo de suporte costuma ser utilizado com o DNA? Qual tipo costuma ser utilizado com as proteínas?

30. Descreva como as amostras costumam ser aplicadas a um suporte na eletroforese em gel. Explique o propósito de um 'gel de empilhamento' em relação ao 'gel de corrida'.

31. Descreva como cada um dos itens a seguir pode ser usado na detecção por eletroforese em gel.
    (a) Densitômetro.
    (b) Coomassie Brilliant azul.
    (c) Coloração com prata.
    (d) *Blotting*.

32. Qual é a diferença entre um *Southern blot* e um *Northern blot*? Qual é a diferença entre um *Southern blot* e um *Western blot*? Como cada um desses métodos é realizado?

33. O que é MALDI-TOF MS (espectrometria de ionização por dessorção a laser assistida por matriz baseada em tempo de voo)? Explique como esse método pode ser usado para identificar o conteúdo de bandas na eletroforese em gel.

Quais são os tipos especiais de eletroforese em gel?

34. Explique como a SDS-PAGE (eletroforese em gel de poliacrilamida dodecil sulfato de sódio) é executada. Descreva por que a SDS-PAGE pode fornecer informações sobre a massa molecular de uma proteína.

35. A massa molecular de uma proteína deve ser estimada por SDS-PAGE. As seguintes distâncias de migração são obtidas para proteínas de massa conhecida no gel: 200 kDa, 0,33 cm; 116,3 kDa, 0,57 cm; 66,3 kDa, 0,91 cm; 36,5 kDa, 1,63 cm; 21,5 kDa, 1,96 cm; 14,4 kDa, 2,24 cm. A proteína desconhecida tem uma distância de migração de 1,25 cm no mesmo gel. Qual é o peso molecular aproximado da proteína?

36. Um bioquímico usa as mesmas condições da questão anterior para analisar proteínas com massas aproximadas de 18,5 kDa, 40,2 kDa e 91,8 kDa. Quais são as distâncias de migração esperadas para essas proteínas no gel?

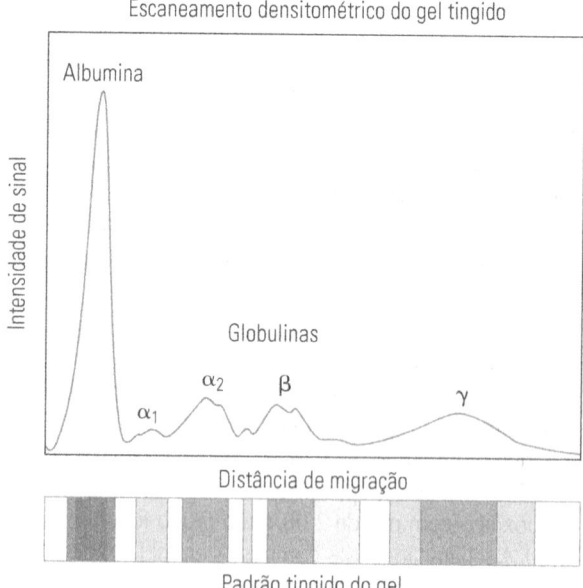

Figura 23.21

Padrão obtido por meio da coloração de proteínas do soro que foram separadas por eletroforese em gel. O gráfico inferior mostra as bandas de proteína no gel após a coloração, e o superior mostra a intensidade dessas bandas conforme determinado por um densitômetro. As marcações das bandas se referem aos tipos de proteína presentes em uma determinada região ou zona. A localização geral dessas bandas pode ser usada para identificar as proteínas em uma amostra desconhecida, enquanto a sua intensidade serve para indicar a quantidade relativa de cada proteína que está presente. (Baseado em dados de J. M. Anderson e G. A. Tetrault, 'Electrophoresis'. In: *Laboratory Instrumentation*, 4ª ed., M.C. Haven, G.A. Tetrault e J.R. Schenken, eds., Van Nostrand Reinhold, Nova York, 1995, Capítulo 12.)

37. O que é 'focalização isoelétrica'? Descreva como esse método separa analitos.
38. O que é um 'anfólito'? Como ele é usado em focalização isoelétrica?
39. O que é 'eletroforese 2-D'? Que tipos de eletroforese são mais utilizados nesse método? Quais são as vantagens de se usar eletroforese 2-D em amostras complexas?

O que é eletroforese capilar?

40. O que se entende por 'eletroforese capilar'? Como esse método difere da eletroforese em gel?
41. A quantidade de um nitrato em uma amostra desconhecida deve ser determinada por eletroforese capilar. Outro ânion é adicionado a todas as amostras e padrões como um padrão interno (IS) antes da injeção. Os resultados obtidos estão listados a seguir. Qual é a quantidade de nitrato na amostra desconhecida?

Concentração de nitrato (mg/L)	Altura de pico	Concentração de padrão interno (mg/L)	Altura de pico
0,0	0,2	2,5	9,8
5,0	18,8	2,5	10,2
10,0	43,1	2,5	11,5
15,0	55,2	2,5	10,1
Amostra desconhecida	15,1	2,5	9,7

42. A eletroforese capilar e a detecção de fluorescência induzida por laser foram usadas para determinar a quantidade de um peptídeo marcado com fluoresceína em uma amostra biológica. Uma quantidade fixa de fluoresceína não conjugada foi adicionada a cada amostra como um padrão interno. Os resultados a seguir foram obtidos por esse método para uma série de padrões.

Concentração de peptídeo (nM)	Área de pico – Peptídeo	Área de pico – Fluoresceína
0,0	109	546
15,0	2.185	598
25,0	3.174	532
50,0	7.046	601

A amostra desconhecida forneceu medições de áreas de pico de 4.098 e 556 para o peptídeo marcado e para a fluoresceína. Qual a concentração do peptídeo na amostra desconhecida?

43. O que contribui para a alta eficiência da eletroforese capilar? Quais processos são normalmente os mais importantes em EC para determinar o alargamento da banda desse método?
44. Um pequeno ânion com um coeficiente de difusão de 3,0 × 10^{-5} cm^2/s e uma mobilidade eletroforética de 1,58 cm^2/kV · min deve ser analisado a 20,0 kV por um sistema de eletroforese capilar. O sistema tem um comprimento total de 40,0 cm, e o detector está localizado a 33,0 cm do ponto de injeção. Na ausência de fluxo eletrosmótico, qual é o número máximo de pratos teóricos que podem ser obtidos para o ânion (isto é, supondo-se que a difusão longitudinal seja o único processo de alargamento de banda)? Qual será o tempo de migração do analito nessas condições?
45. Um químico pretende utilizar o número de prato medido por EC para estimar o coeficiente de difusão de uma nova droga. Essa droga é injetada em um capilar revestido neutro de 42,5 cm de comprimento que não tem ligação com a droga e produz um fluxo eletrosmótico desprezível. O detector está localizado a 38,0 cm do ponto de injeção. A droga tem um tempo de migração medido de 14,8 min e uma largura de linha de base de 26 s, quando uma tensão de 15,0 kV é aplicada através do capilar.
    (a) Qual é o número de pratos teóricos para o pico devido à droga se é sabido que esse pico tem uma forma de Gauss?
    (b) Qual é o coeficiente de difusão da droga (em unidades de cm^2/s)? Quais suposições você fez para chegar à resposta?

Como a eletroforese capilar é realizada?

46. Quais são os principais componentes de um sistema de eletroforese capilar? Como esse sistema difere do equipamento usado em eletroforese em gel?
47. Por que o uso de um capilar de sílica não revestido leva a um fluxo eletrosmótico em eletroforese capilar? Qual é a direção desse fluxo? Como a eletrosmose afeta a migração aparente de analitos por meio do sistema de EC?
48. O que é o modo de 'polaridade normal' de EC? O que é o modo de 'polaridade reversa'? Em que situações gerais esses dois modos são utilizados?
49. Explique por que, em eletroforese capilar, é necessário usar pequenos volumes de injeção. Quais são as dificuldades em lidar com esses pequenos volumes? Quais são as vantagens?
50. O que é 'injeção hidrodinâmica'? O que é 'injeção eletrocinética'? Como cada um desses métodos funciona?
51. O que é 'empilhamento de amostras'? Descreva uma forma como o empilhamento de amostras pode ser realizado em eletroforese capilar.
52. Liste alguns detectores gerais e seletivos que são usados em eletroforese capilar. Como essa lista se compara à apresentada no Capítulo 22 para a cromatografia líquida?
53. Constata-se que duas isoformas de uma proteína eluem com tempo de migração de 20,3 e 24,5 min a partir de um sistema de eletroforese capilar. Esses picos de proteína têm áreas medidas de 3.430 e 1.235 unidades, respectivamente. Qual é a quantidade relativa de cada proteína na amostra?
54. Descobre-se que uma droga tem uma área de pico de 11.250 unidades e migra através de um capilar de 50,0 cm na presença de uma tensão aplicada de 15,0 kV. O detector está localizado a uma distância de 45,0 cm do ponto de injeção. Qual será a área esperada da amostra se ela for injetada no mesmo sistema, mas com uma tensão aplicada de 20,0 kV?

55. O que é 'fluorescência induzida por laser'? Explique por que essa técnica é útil em eletroforese capilar.

Quais são os tipos especiais de eletroforese capilar?

56. O que é 'eletroforese capilar de peneiramento'? Cite duas formas de realizar esse método.
57. Uma proteína é injetada no mesmo sistema usado na Figura 23.17. Qual será o peso molecular dessa proteína se ela tiver um tempo de migração normalizado de 2,65?
58. Defina cada um dos termos a seguir.
    (a) Cromatografia eletrocinética.
    (b) MEKC.
    (c) Micela.
    (d) Concentração micelar crítica.
59. O que é 'focalização isoelétrica capilar'? Descreva um modo de realizar esse método.
60. O que é 'eletroforese capilar de afinidade'? Quais são as aplicações desse método?

Problemas desafiadores

61. Compare o sistema de eletroforese capilar na Figura 23.13 com as células eletroquímicas discutidas no Capítulo 10.
    (a) Que semelhanças podem ser encontradas entre esses dois tipos de sistema? Com base nessa comparação, qual parte da célula eletroquímica seria equivalente ao capilar em um sistema de EC? Qual parte de uma célula eletroquímica, na sua opinião, seria equivalente ao gel ou suporte em um sistema de eletroforese em gel?
    (b) Descreva como a corrente é carregada da fonte de energia por todo um sistema de eletroforese. Qual é o papel do eletrólito de corrida nesse caso? Quais são as funções dos eletrodos?
    (c) Uma ferramenta que usamos no Capítulo 6 para solucionar problemas químicos foi a utilização do método de equilíbrio de carga, segundo o qual o número de cargas positivas e negativas em um sistema deve ser igual. No entanto, em eletroforese usamos um campo elétrico para separar analitos em cargas positivas e negativas. Por que você acha que essa separação é possível? (*Dica*: pense em suas respostas para as partes (a) e (b).)
62. O efeito do fluxo eletrosmótico sobre a mobilidade eletroforética global (μ_{global}) e sobre a velocidade de migração global t_m observada em um analito na eletroforese é fornecido pelas seguintes equações,

$$v = \mu_{global} E = \frac{(\mu + \mu_{osm})v}{L} \qquad (23.11)$$

$$t_m = \frac{L_d L}{(\mu + \mu_{osm})V} = \frac{L_d}{\mu_{global} E} \qquad (23.12)$$

onde todos os termos são os mesmos já descritos neste capítulo.[21, 23]

   (a) Um cátion tem mobilidade eletroforética de 2,50 cm²/kV·min em um sistema de EC contendo um capilar neutro revestido de 30,0 cm de comprimento com um detector localizado a 25,0 cm do ponto de injeção. Quais tempo de migração e velocidade de migração podemos esperar para esse cátion quando se usa uma tensão aplicada de 15,0 kV?
   (b) Quais tempo e velocidade de migração seriam obtidos do mesmo cátion da Parte (a) se uma troca fosse feita do capilar neutro para um capilar com carga negativa de tamanho idêntico, mas que produzisse uma mobilidade eletrosmótica de 4,10 cm²/kV · min?
   (c) Repita os cálculos das partes (a) e (b) usando um ânion que tenha mobilidade eletroforética de –2,50 cm²/kV · min. Compare seus resultados com os obtidos para o cátion. O que essa comparação lhe diz sobre o papel desempenhado pelo fluxo eletrosmótico na análise de cátions e ânions em EC?
63. O efeito do fluxo eletrosmótico sobre a eficiência e a resolução de uma separação em eletroforese é dada pelas seguintes equações:[23]

$$N = \frac{(\mu + \mu_{osm})V}{2D} \qquad (23.13)$$

$$R_s = 0{,}177(\mu_1 - \mu_2)\sqrt{\frac{V}{D(\mu_{média} - \mu_{osm})}} \qquad (23.14)$$

em que μ_1 e μ_2 são as mobilidades eletroforéticas do primeiro e do segundo soluto de eluição, $\mu_{média}$ a mobilidade eletroforética média dos solutos 1 e 2, e D o coeficiente de difusão.

   (a) A mesma proteína do Exercício 23.1 é examinada em um sistema de EC com um capilar negativamente carregado com 25,0 cm de comprimento (22,0 cm para o detector) a 20,0 kV. Esse novo capilar tem mobilidade eletrosmótica de 3,0 cm²/kV · min. Se a proteína ainda tem uma mobilidade eletroforética inerente de 1,70 cm²/kV · min e um coeficiente de difusão de 2,0 × 10⁻⁷ cm²/s, quantos pratos teóricos são possíveis para esse sistema? Como esse resultado se compara ao do Exercício 23.1?
   (b) Esboce um gráfico mostrando qual seria a resolução esperada em diferentes valores de μ_{osm} no caso em que a tensão aplicada fosse de 10,0 kV e dois picos do analito tivessem mobilidade eletroforética de 1,70 e 1,72 cm²/kV · min, com um coeficiente de difusão médio de 2,0 × 10⁻⁷ cm²/s. Em quais valores de μ_{osm} *versus* $\mu_{média}$ as maiores resoluções serão obtidas? Quais valores de μ_{osm} produzirão as menores resoluções?
64. A quantidade de amostra aplicada a um capilar por injeção hidrodinâmica pode ser determinada pela seguinte forma da equação de Hagen-Poiseuille,

$$\text{Volume de amostra} = \frac{\Delta P d^4 \pi t}{128 \eta L} \qquad (23.15)$$

onde ΔP é a pressão aplicada por todo o capilar durante a injeção, d o diâmetro interno do capilar, t o tempo durante o qual a pressão é aplicada, η a viscosidade da solução aplicada e L o comprimento total do capilar.[8]

(a) Qual volume de amostra seria aplicado a um capilar de 50 μm de DI × 20 cm de comprimento se uma pressão de 0,5 psi fosse aplicada durante 1 s em uma solução com viscosidade de 0,01 poise?

(b) Qual quantidade de amostra seria aplicada sob as mesmas condições, mas usando um pulso de 1 s em um capilar de 25 μm de DI × 20 cm de comprimento?

65. A quantidade de um analito que é aplicada a um capilar por injeção eletrocinética é descrita pela Equação 23.16,

$$Q = \frac{(\mu + \mu_{osm})VACt}{L} \qquad (23.16)$$

em que Q é a quantidade de analito injetado, μ a mobilidade eletroforética do analito, μ_{osm} a mobilidade devido à eletrosmose, V a tensão aplicada, A a área de seção transversal do capilar, C a concentração do analito na amostra original, t o tempo durante o qual o campo elétrico é aplicado para injeção e L a distância pela qual a tensão é aplicada.[8]

(a) Com base na Equação 23.16, que tipos de analito terão as maiores quantidades injetadas na injeção eletrocinética: aqueles que se movem com o fluxo eletrosmótico ou contra ele?

(b) Como o valor de Q muda com o tamanho do fluxo eletrosmótico? Valores pequenos ou valores grandes de μ_{osm} são desejáveis nesse método?

66. Compare os seguintes métodos analíticos em termos da forma como os analitos são separados.

(a) Cromatografia eletrocinética e cromatografia de fase reversa.
(b) Eletroforese capilar e cromatografia de troca iônica.
(c) SDS-PAGE e eletroforese capilar em gel.
(d) Eletroforese capilar de afinidade e cromatografia de afinidade.

Tópicos para discussão e relatórios

67. Obtenha mais informações sobre o Projeto Genoma Humano. Discuta os desafios que esse projeto apresentou à química analítica. Quais mudanças nos métodos de sequenciamento de DNA foram feitas para tornar esse projeto possível?

68. Agora que o DNA humano foi sequenciado, os cientistas começaram a examinar o grande número de proteínas que são codificadas por esse DNA. Essa pesquisa levou a uma área conhecida como 'proteômica'. Obtenha mais informações sobre a proteômica e os desafios que ela apresenta à análise química. Descreva alguns métodos analíticos que são utilizados nesse campo.

69. Contate ou visite um laboratório hospitalar ou um laboratório bioquímico na área em que você vive. Relate como a eletroforese é usada nesses laboratórios.

70. Compare as vantagens e as desvantagens de cada um dos seguintes pares de métodos:

(a) Eletroforese em gel *versus* eletroforese capilar.
(b) Eletroforese em gel *versus* CLAE.
(c) Eletroforese capilar *versus* CLAE.

71. Use a Internet para obter a folha de dados de segurança de material (MSDS) das várias substâncias químicas mostradas na Figura 23.7 para a preparação de um gel de poliacrilamida. Identifique todos os riscos químicos e físicos que estejam associados a esses reagentes.

72. Trabalhar com *Northern* e *Southern blots* na eletroforese em gel muitas vezes envolve o uso de fósforo-32 (^{32}P) como um marcador radioativo. Obtenha mais informações sobre quaisquer requisitos, treinamento ou instalações especiais que sejam necessários para lidar com esse agente. Além disso, descubra por que o fósforo-32 é usado como marcador nessas aplicações. Elabore um relatório sobre suas descobertas.

73. Existem vários tipos adicionais de eletroforese, além daqueles que foram discutidos neste capítulo. Alguns exemplos são listados a seguir.[10,17] Elabore um relatório sobre um desses métodos. Inclua a descrição de como o método separa os analitos, quais são as suas aplicações, e suas vantagens e desvantagens.

(a) Isotacoforese.
(b) Eletroforese de campo pulsado.
(c) Dieletroforese.
(d) Imunoeletroforese.

74. A necessidade de amostras de pequenas dimensões originalmente criou vários desafios à concepção de instrumentos de EC. Esse mesmo aspecto tornou a eletroforese capilar atraente para análise de amostras em que somente pequenos volumes estão disponíveis. Por exemplo, foi demonstrado que a EC pode ser usada para analisar o conteúdo de células individuais. Encontre um artigo de pesquisa ou uma crítica recente sobre esse assunto. Elabore um relatório sobre como a EC foi utilizada para analisar uma única célula nesse caso.

75. Alguns exemplos antigos de eletroforese capilar podem ser encontrados nas referências 23 e 34. Procure artigos a esse respeito e examine como a eletroforese era realizada naquela época. Como os métodos descritos nesses artigos podem ser comparados àqueles que são agora comumente usados em EC, conforme descrito neste capítulo?

76. A *eletrocromatografia capilar* é um método no qual o movimento de um analito através de uma fase estacionária ocorre por meio do fluxo eletrosmótico, em vez de somente por uma diferença de pressão.[7,47,48] Obtenha mais informações sobre esse método. Descreva o seu funcionamento e algumas de suas aplicações recentes. Discuta como esse método está relacionado tanto com a cromatografia líquida tradicional quanto com a eletroforese capilar, embora seja classificado geralmente como um método cromatográfico.

77. Quatro substâncias químicas que podem ser usadas como matrizes em MALDI-TOF MS são o ácido nicotínico, o ácido sinapínico, o ácido α-ciano-4-hidroxicinâmico e o 2,5--ácido dihidroxibenzoico. Obtenha mais informações sobre uma ou mais dessas substâncias e descubra como elas são usadas em MALDI-TOF MS. Quais propriedades químicas e físicas fazem com que essas substâncias sejam utilizadas nesse método? Quais são os analitos que podem ser examinados com essas matrizes?

78. Encontre um artigo de pesquisa recente que descreva ou use um dispositivo 'lab-on-a-chip' ou um μTAS. Descreva o dispositivo e o modo como ele foi empregado. Quais vantagens e desvantagens foram relatadas em relação a esse dispositivo em comparação com métodos mais tradicionais de análise química?

Referências bibliográficas

1. J. C. Venter et al., 'The Sequence of the Human Genome', *Science*, 291, 2001, p.1304–1351.
2. E. S Lander et al., 'Initial Sequencing and Analysis of the Human Genome', *Nature*, 409, 2001, p.890–921.
3. *The New Encyclopaedia Britannica*, 15 ed., Encyclopaedia Britannica, Inc., Chicago, IL, 2002.
4. F. Sanger, 'The Early Days of DNA Sequences', *Nature Medicine*, 7, 2001, p.267–268.
5. 'A History of the Human Genome Project', *Science*, 291, 2001, p.1195.
6. N. J. Dovichi e J. Zhang, 'How Capillary Electrophoresis Sequenced the Human Genome', *Angewandte Chemie International Edition*, 39, 2000, p.4463–4468.
7. M.-L. Riekkola, J. A. Jonsson e R. M. Smith, 'Terminology for Analytical Capillary Electromigration Techniques (IUPAC Recommendations 2003)', *Pure and Applied Chemistry*, 76, 2004, p.443–451.
8. T. Blanc, D. E. Schaufelberger e N. A. Guzman, 'Capillary Electrophoresis'. In: *Analytical Instrumentation Handbook*, 2 ed., G. W. Ewing, ed., Marcel Dekker, Nova York, 1997, Capítulo 25.
9. J. Inczedy, T. Lengyel e A. M. Ure, *Compendium of Analytical Nomenclature*, 3 ed., Blackwell Science, Malden, MA, 1997.
10. B. L. Karger, L. R. Snyder e C. Hovath, *An Introduction to Separation Science*, Wiley, Nova York, 1973, Capítulo 17.
11. W.B. Hardy, 'On the Coagulation of Proteid by Electricity', *Journal of Physiology*, 26, 1899, p.288–304.
12. W. B. Hardy, 'Colloidal Solution. The Globulins', *Journal of Physiology*, 33, 1905, p.251–337.
13. L. Michaelis, 'Elektrische Uberfuhrung von Fermenten', *Biochemische Zeitschrift*, 16, 1909, p.81–86.
14. A. W. K. Tiselius, 'A New Apparatus for Electrophoretic Analysis of Colloidal Mixtures', *Transactions of the Faraday Society*, 33, 1937, p.524–531.
15. Nobel Lectures, Chemistry 1942–1962, Elsevier, Amsterdã, Holanda, 1964.
16. J. W. Jorgenson, 'Electrophoresis', *Analytical Chemistry*, 58, 1986, p.743A–760A.
17. J. C. Giddings, *Unified Separation Science*, Wiley, Nova York, 1991, Capítulo 8.
18. L. Stryer, *Biochemistry*, Freeman, Nova York, 1988, Capítulo 3.
19. D. S. Hage, 'Chromatography and Electrophoresis'. In: *Contemporary Practice in Clinical Chemistry*, W. Clarke e D. R. Dufour, eds., AACC Press, Washington, DC, 2006, Capítulo 7.
20. J. M. Anderson e G. A. Tetrault, 'Electrophoresis'. In: *Laboratory Instrumentation*, 4 ed., M. C. Haven, G. A. Tetrault e J. R. Schenken, eds., Van Nostrand Reinhold, Nova York, 1995, Capítulo 12.
21. J. P. Landers, *Handbook of Capillary Electrophoresis*, CRC Press,Boca Raton, FL, 1992.
22. P. Camilleri, ed., *Capillary Electrophoresis*, CRC Press, Boca Raton, FL, 1997.
23. J. W. Jorgenson e K. D. Lukacs, 'Zone Electrophoresis in Open-Tubular Glass Capillaries', *Analytical Chemistry*, 53, 1981, p.1298–1302.
24. E. M. Southern, 'Detection of Specific Sequences among DNA Fragments Separated by Gel Electrophoresis', *Journal of Molecular Biology*, 98, 1975, p.503–517.
25. J. C. Alwine, D. J. Kemp e G. R. Stark, 'Method for Detection of Specific RNAs in Agarose Gels by Transfer to Diazobenzyloxymethyl-Paper and Hybridization with DNA Probes', *Proceedings of the National Academy of Science USA*, 74, 1977, p. 5350–5354.
26. J. Renart, J. Reiser e G. R. Stark, 'Transfer of Proteins from Gels to Diazobenzyloxymethyl-Paper and Detection with Antisera: A Method for Studying Antibody Specificity and Antigen Structure', *Proceedings of the National Academy of Science USA*, 76, 1979, p.3116–3120.
27. W. N. Burnette, 'Western Blotting: Electrophoretic Transfer of Proteins from Sodium Dodecyl Sulfate-Polyacrylamide Gels to Unmodified Nitrocellulose and Radiographic Detection with Antibody and Radioiodinated Protein A', *Analytical Biochemistry*, 112, 1981, p.195–203.
28. M. Karas, D. Bachmann e F. Hillenkamp, 'Influence of the Wavelength in High-Irradiance Ultraviolet Laser Desorption Mass Spectrometry of Organic Molecules', *Analytical Chemistry*, 57, 1985, p.2935–2939.
29. M. Karas e F. Hillenkamp, 'Laser Desorption Ionization of Proteins with Molecular Masses Exceeding 10,000 Daltons', *Analytical Chemistry*, 60, 1988, p.2299–2301.
30. K. Tanaka, H. Waki, Y. Ido, S. Akita, Y. Yoshida e T. Yoshida, 'Protein and Polymer Analyses up to m/z 100 000 by Laser Ionization Time-of-Flight Mass Spectrometry', *Rapid Communications in Mass Spectrometry*, 2, 1988, p.151–153.
31. F. Hillenkamp e J. Peter-Katalinic, eds., *MALDI MS: A Practical Guide to Instrumentation, Methods and Applications*, Wiley, Nova York, 2007, 31.
32. M. J. Stump, R. C. Fleming, W.-H. Gong, A. J. Jaber, J. J. Jones, C. W. Surber e C. L. Wilkins, 'Matrix-Assisted Laser Desorption Mass Spectrometry', *Applied Spectroscopy Reviews*, 37, 2002, p.275–303.
33. D. E. Garfin, 'Two-Dimensional Gel Electrophoresis: An Overview,' *Trends in Analytical Chemistry*, 22, 2003, p.263–272.

34. F. E. P. Mikkers, F. M. Everaerts e Th. P. E. M. Verheggen, 'High-Performance Zone Electrophoresis', *Journal of Chromatography*, 169, 1979, p.11–20.
35. K. R. Mitchelson e J. Cheng, Eds., *Capillary Electrophoresis of Nucleic Acids*, Humana Press, Totowa, NJ, 2001.
36. S. C. Terry, G. H. Jerman e J. B. Angell, 'A Gas Chromatographic Air Analyzer Fabricated on a Silicon Wafer', *IEEE Transactions on Electron Devices*, 12, 1979, p.1880–1886.
37. A. Manz, N. Graber e H. M. Widmer, 'Miniaturized Total Chemical Analyses Systems. A Novel Concept for Chemical Sensing', *Sensors and Actuators*, B1, 1990, p.244.
38. D. J. Harrison, K. Fluri, K. Seiler, Z. Fan, C. S. Effenhauser e A. Manz, 'Micromachining a Miniaturized Capillary Electrophoresis-Based Chemical Analysis System on a Chip', *Science*, 261, 1993, p.895–897.
39. M. Freemantle, 'Downsizing Chemistry', *Chemical & Engineering News*, 77, 1999, p.27–36.
40. O. Geschke, H. Klank e P. Telleman, *Microsystem Engineering of Lab-on-a-Chip Devices*, Wiley-VCH, Weinheim, Alemanha, 2004.
41. Charles S. Henry, ed., *Microchip Capillary Electrophoresis*, Springer-Verlag, Nova York, 2006.
42. S. Terabe, K. Otsuka, K. Ichikawa, A. Tsuchiya e T. Ando, 'Electrokinetic Separations with Micellar Solutions and Open-Tubular Capillaries', *Analytical Chemistry*, 56, 1984, p.111–113.
43. S. Terable, K. Otsuka e T. Ando, 'Electrokinetic Chromatography with Micellar Solution and Open-Tubular Capillary', *Analytical Chemistry*, 57, 1985, p.834–841.
44. N. H. H. Heegaard e C. Schou, 'Affinity Ligands in Capillary Electrophoresis'. In: *Handbook of Affinity Chromatography*, D. S. Hage, ed., CRC Press, Boca Raton, FL, 2005, Capítulo 26.
45. R. Neubert e H.-H. Ruttinger, eds., *Affinity Capillary Electrophoresis in Pharmaceutics and Biopharmaceutics*, CRC Press, Boca Raton, FL, 2003.
46. J. Yang, X.-Z. Wang, D. S. Hage, P. L. Herman e D. P. Weeks, 'Analysis of Dicamba Degradation by Pseudomonas Maltophilia Using High-Performance Capillary Electrophoresis', *Analytical Biochemistry*, 219, 1994, p.37–42.
47. S. Eeltink e W. Th. Kok, 'Recent Applications in Capillary Electrochromatography', *Electrophoresis*, 27, 2006, p.84–96.
48. Z. Deyl e F. Svec, eds., *Capillary Electrochromatography*, Elsevier, Amsterdã, Holanda, 2001.

Apêndice A

Apêndice A.1 Exemplo de uma ficha de dados de segurança de materiais (MSDS, do inglês, *material safety data sheet*)*

SIGMA-ALDRICH

Material Safety Data Sheet
Version 3.2
Revision date 03/25/2009
Print date 05/19/2009

1. PRODUCT AND COMPANY IDENTIFICATION

Product name : Benzene

Product number : 401765
Brand : Sigma-Aldrich

Company : Sigma-Aldrich
3050 Spruce Street
SAINT LOUIS MO 63103
USA

Telephone : +1 800-325-5832
Fax : +1 800-325-5052
Emergency phone # : (314) 776-6555

2. COMPOSITION/INFORMATION ON INGREDIENTS

Formula : C_6H_6
Molecular Weight : 78.11 g/mol

CAS-No	EC-No	Index-No	Concentration
Benzene			
71-43-2	200-753-7	601-020-00-8	-

3. HAZARDS IDENTIFICATION

Emergency overview

OSHA hazards
Flammable liquid, target organ effect., Irritant, carcinogen, mutagen

Target organs
Blood, eyes, female reproductive system, bone marrow

HMIS classification
Health hazard: 2
Chronic health hazard: *
Flammability: 3
Physical hazards: 0

NFPA rating:
Health hazard: 2
Fire: 3
Reactivity hazard: 0

Potential health effects

Inhalation   May be harmful if inhaled. Causes respiratory tract irritation.
Skin   May be harmful if absorbed through skin. Causes skin irritation.

Sigma-Aldrich - 401765   Sigma-Aldrich Corporation
www.sigma-aldrich.com

Eyes   Causes eye irritation.
Ingestion   Aspiration hazard if swallowed - can enter lungs and cause damage.
              May be harmful if swallowed.

4. FIRST AID MEASURES

General advice
Consult a physician. Show this safety data sheet to the doctor in attendance. Move out of dangerous area.

If inhaled
If breathed in, move person into fresh air. If not breathing give artificial respiration. Consult a physician.

In case of skin contact
Wash off with soap and plenty of water. Take victim immediately to hospital. Consult a physician.

In case of eye contact
Rinse thoroughly with plenty of water for at least 15 minutes and consult a physician.

If swallowed
Do NOT induce vomiting. Never give anything by mouth to an unconscious person. Rinse mouth with water. Consult a physician.

5. FIRE-FIGHTING MEASURES

Flammable properties
  flash point   −11.0 °C (12.2 °F) - closed cup
  ignition temperature 562 °C (1,044 °F)

Suitable extinguishing media
For small (incipient) fires, use media such as "alcohol" foam, dry chemical, or carbon dioxide. For large fires, apply water from as far as possible. Use very large quantities (flooding) of water applied as a mist or spray; solid streams of water maybe ineffective. Cool all affected containers with flooding quantities of water.

Specific hazards
Flash back possible over considerable distance. Container explosion may occur under fire conditions.

Special protective equipment for fire-fighters
Wear self contained breathing apparatus for fire fighting if necessary.

Further information
Use water spray to cool unopened containers.

6. ACCIDENTAL RELEASE MEASURES

Personal precautions
Use personal protective equipment. Avoid breathing vapors, mist or gas. Ensure adequate ventilation. Remove all sources of ignition. Evacuate personnel to safe areas. Beware of vapours accumulating to form explosive concentration. Vapours can accumulate in low areas.

Environmental precautions
Prevent further leakage or spillage if safe to do so. Do not let product enter drains.

Methods for cleaning up
Contain spillage, and then collect with non-combustible absorbent material, (e.g. sand, earth, diatomaceous earth, vermiculite) and place in container for disposal according to local/national regulations (see section 13).

7. HANDLING AND STORAGE

Handling
Avoid inhalation of vapour or mist.
Keep away from sources of ignition - No smoking. Take measures to prevent the build up of electrostatic charge.

Sigma-Aldrich - 401765   Sigma-Aldrich Corporation
www.sigma-aldrich.com

---

*Esta MSDS foi reproduzida com permissão e por cortesia da Sigma-Aldrich.

Storage
Keep container tightly closed in a dry and well-ventilated place. Containers which are opened must be carefully resealed and kept upright to prevent leakage. Store in cool place.

8. EXPOSURE CONTROLS/PERSONAL PROTECTION

Components with workplace control parameters

Components	CAS-No	Value	Control Parameters	Update	Basis
Benzene	71-43-2	TWA	0.5 ppm	2007-01-01	USA. ACGIH threshold limit values (TLV)
Remarks					Leukemia Substances for which there is a Biological Exposure Index or Indices (see BEI section) confirmed human carcinogen: The agent is carcinogenic to humans based on the weight of evidence from epidemiologic studies. Danger of cutaneous absorption
		STEL	2.5 ppm	2007-01-01	USA. ACGIH threshold limit values (TLV)
					Leukemia Substances for which there is a Biological Exposure Index or Indices (see BEI section) confirmed human carcinogen: The agent is carcinogenic to humans based on the weight of evidence from epidemiologic studies. Danger of cutaneous absorption
		TWA	1 ppm	1989-03-01	USA. OSHA - TABLE Z-1 Limits for Air Contaminants - 1910.1000
					Sec. 1910.1028 Benzene The final benzene standard in 1910.1028 applies to all occupational exposures to benzene except some subsegments of industry where exposures are consistently under the action level (i.e. distribution and sale of fuels, sealed containers and pipelines, coke production, oil and gas drilling and production, natural gas processing, and the percentage exclusion for liquid mixtures): for the excepted subsegments, the benzene limits in Table Z-2 apply. See Table Z-2 for the limits applicable in the operations or sectors excluded in 1910.1028.
		STEL	5 ppm	1989-03-01	USA. OSHA - TABLE Z-1 Limits for Air Contaminants - 1910.1000
					See Table Z-2 for the limits applicable in the operations or sectors excluded in 1910.1028. The final benzene standard in 1910.1028 applies to all occupational exposures to benzene except some subsegments of industry where exposures are consistently under the action level (i.e. distribution and sale of fuels, sealed containers and pipelines, coke production, oil and gas drilling and production, natural gas processing, and the percentage exclusion for liquid mixtures): for the excepted subsegments, the benzene limits in Table Z-2 apply. Sec. 1910.1028 Benzene
		TWA	1 ppm	1993-08-30	USA. Occupational Exposure Limits (OSHA) - TABLE Z-1 Limits for Air Contaminants
		STEL	5 ppm	1993-06-30	USA. Occupational Exposure Limits (OSHA) - TABLE Z-1 Limits for Air Contaminants
		TWA	10 ppm	2007-01-01	USA. Occupational Exposure Limits (OSHA) - TABLE Z2
					Z37.40-1989
		CEIL	25 ppm	2007-01-01	USA. Occupational Exposure Limits (OSHA) - TABLE Z2
					Z37.40-1989
		Peak	50 ppm	2007-01-01	USA. Occupational Exposure Limits (OSHA) - TABLE Z2
					Z37.40-1989
					Sec. 1910.1028. See Table Z-2 for the limits applicable in the operations or sectors excluded in 1910.1028. The final benzene standard in 1910.1028 applies to all occupational exposures to benzene except some subsegments of industry where exposures are consistently under the action level (i.e. distribution and sale of fuels, sealed containers and pipelines, coke production, oil and gas drilling and production, natural gas processing, and the percentage exclusion for liquid mixtures): for the excepted subsegments, the benzene limits in Table Z-2 apply.

Personal protective equipment

Respiratory protection
Where risk assessment shows air-purifying respirators are appropriate use a full-face respirator with multi-purpose combination (US) or type ABEK (EN14387) respirator cartridges as a backup to engineering controls. If the respirator is the sole means of protection, use a full-face supplied air respirator. Use respirators and components tested and approved under appropriate government standards such as NIOSH (US) or CEN (EU).

Hand protection
Handle with gloves.

Eye protection
Safety glasses

Skin and body protection
Choose body protection according to the amount and concentration of the dangerous substance at the work place.

Hygiene measures
Avoid contact with skin, eyes and clothing. Wash hands before breaks and immediately after handling the product.

9. PHYSICAL AND CHEMICAL PROPERTIES

Appearance
Form   Liquid
Colour   Colourless

Safety data	
pH	no data available
Melting point	5.5 °C (41.9 °F)
Boiling point	80 °C (178 °F)
Flash point	−11 °C (12.2 °F) - closed cup
Ignition temperature	562 °C (1,044 °F)
Lower explosion limit	1.3 % (V)
Upper explosion limit	8 % (V)
Vapour pressure	221.3 hPa (166.0 mmHg) at 37.7 °C (99.9 °F) 99.5 hPa (74.6 mmHg) at 20.0 °C (68.0 °F)
Density	0.874 g/mL at 25 °C (77 °F)
Water solubility	no data available

10. STABILITY AND REACTIVITY

Storage stability
Stable under recommended storage conditions

Conditions to avoid
Heat, flames and sparks

Materials to avoid
acids, bases, halogens, strong oxidizing agents, metallic salts

Hazardous decomposition products
Hazardous decomposition products formed under fire conditions - carbon oxides

Hazardous reactions
Vapours may form explosive mixture with air.

11. TOXICOLOGICAL INFORMATION

Acute toxicity

LD50 Oral - rat - 2,990 mg/kg

LD50 Inhalation - rat - female - 4 h - 44,700 mg/m³

LD50 Dermal - rabbit - 8,263 mg/kg

Irritation and corrosion

Skin - rabbit - skin irritation

Eyes - rabbit - eye irritation

Sensitisation
no data available

Chronic exposure

Carcinogenicity - human - male - inhalation
Tumorigenic:Carcinogenic by RTECS criteria. Leukemia blood:thrombocytpenia.

Carcinogenicity - rat - oral
Tumorigenic:Carcinogenic by RTECS criteria. Endocrine:Tumors. Leukemia.

This is or contains a component that has been reported to be carcinogenic based on its IARC, OSHA, ACGIH, NTP, or EPA classification.

IARC: 1 - Group 1: Carcinogenic to humans (Benzene)

NTP: Known to be human carcinogen (Benzene)

Genotoxicity in vitro - human - lymphocyte
Sister chromatid exchange

Genotoxicity in vitro - mouse - lymphocyte
Mutation in mammalian somatic cells.

Genotoxicity in vitro - mouse - inhalation
Sister chromatid exchange

Laboratory experiments have shown mutagenic effects.

Developmental toxicity - rat - inhalation
Effects on embryo or fetus: extra embryonic structures (e.g., placenta, umbilical cord). Effects on embryo or fetus: fetotoxicity (except death, e.g., stunted fetus).

Developmental toxicity - mouse- inhalation
Effects on embryo or fetus: cytological changes (including somatic cell genetic material). specific developmental abnormalities: blood and lymphatic system (including spleen and marrow).

Reproductivity toxicity - mouse - intraperitoneal
Effects on fertility: pre-implantation mortality (e.g., reduction in number of implants per female; total number of implants per corpora lutea). Effects on embryo or fetus: fetal death.

Signs and symptoms of exposure

Nausea, dizziness, headache, narcosis, inhalation of high concentrations of benzene may have in initial stimulatory effect on the central nervous system characterized by exhilaration, nervous excitation and/or giddiness, depression, drowsiness, or fatigue. The victim may experience tightness in the chest, breathlessness, and loss of consciousness, tremors, convulsions, and death due to respiratory paralysis or circulatory collapse can occur in a few minutes to several hour following severe exposures. Aspiration of small amounts of liquid immediately causes pulmonary edema and hemorrhage of pulmonary tissue. Direct skin contact may cause erythema. Repeated or prolonged skin contact may result in drying, scaling dermatitis, or development of secondary skin infections. The chief target organ is the hematopietce system. Bleeding from the nose, gums, or mucous membranes and the development of purpuric spots, pancytopenia, leukopenia, thrombocytopenia, aplastic or hyperplastic, and may not correlate with peripheral blood-forming tissues. The onset of effects of prolonged benzene exposure may be delayed for many months or years after the actual exposure has ceased.. blood disorders

Potential health effects

Inhalation	May be harmful if inhaled. Causes respiratory tract irritation.
Skin	May be harmful if absorbed through skin. Causes skin irritation.
Eyes	Causes eye irritation.
Ingestion	Aspiration hazard if swallowed - can enter lungs and cause damage. May be harmful if swallowed.
Target organs	Blood. eyes. female reproductive system. bone marrow.

Additional information
RTECS: CY 1400000

12. ECOLOGICAL INFORMATION

Elimination information (persistence and degradability)

Biodegradability   Result: - Readily biodegradable.

Bioaccumulation	Leuciscus idus (golden orfe) - 3 d Bioconcentration factor (BCF) - 10		
Ecotoxicity effects Toxicity to fish	LC50 - Oncorhynchus mykiss (rainbow trout) - 5.90 mg/l - 98 h LC50 - Pimephales promelas (fathead minnow) - 15.00-32.00 mg/l - 98 h LC50 - Lepomis macrochirus (bluegill) - 230.00 mg/l - 96 h NOEC - Pimephales promelas (fathead minnow) - 10.2 mg/l - 7 d LOEC - Pimephales promelas (fathead minnow) - 17.20 mg/l - 7 d		
Toxicity to daphnia and other aquatic invertebrates.	EC50 - Oncorhynchus mykiss (water flea) - 22.00 mg/l - 48 h EC50 - Daphnia magna (water flea) - 9.20 mg/l - 48 h		
Toxicity to algae	EC50 - Pseudokirchneriella subcapitata (green algae) - 29.00 mg/l - 72 h		
Further information on ecology no data available			

13. DISPOSAL CONSIDERATIONS

Product
Burn in a chemical incinerator equipped with an afterburner and scrubber but exert extra care in igniting as this materials is highly flammable. Observe all federal, state, and local environmental regulations. Contact a licensed professional waste disposal service to dispose of this material.

Contaminated packaging
Dispose of as unused product.

14. TRANSPORT INFORMATION

DOT (US)
UN-number: 1114 Class: 3 Packing group: II
Proper shipping name: Benzene
Marine pollutant: no
Poison inhalation hazard: no

IMDG
UN-number: 1114 Class: 3 Packing group: II EMS-No: F-E, S-D
Proper shipping name: Benzene
Marine pollutant: no

IATA
UN-number: 1114 Class: 3 Packing group: II
Proper shipping name: Benzene

15. REGULATORY INFORMATION

OSHA hazards
Flammable liquid, target organ effect, irritant, carcinogen, mutagen

DSL status
All components of this product are on the Canadian DSL list.

SARA 302 Components SARA 302: No chemicals in this material are subject to the reporting requirements of SARA Title III. section302.			
SARA 313 Components			
Benzene		CAS-No. 71-43-2	Revision date 2007-07-01
SARA 311/312 Hazards Fire hazard, acute health hazard, chronic health hazard			
Massachusetts right to know components			
Benzene		CAS-No. 71-43-2	Revision date 2007-07-01
Pennsylvania right to know components			
Benzene		CAS-No. 71-43-2	Revision date 2007-07-01
New Jersey right to know components			
Benzene		CAS-No. 71-43-2	Revision date 2007-07-01
California Prop. 65 components WARNING! This product contains a chemical known in the state of California to cause cancer.			
Benzene		CAS-No. 71-43-2	Revision date 2004-05-12
California Prop. 65 components WARNING! This product contains a chemical known in the state of California to cause birth defects or other reproductive harm.			
Benzene		CAS-No. 71-43-2	Revision date 2004-05-12

16. OTHER INFORMATION

Further information
Copyright 2009 Sigma-Aldrich Co. License granted to make unlimited paper copies for internal use only.
The above information is believed to be correct but does not purport to be all inclusive and shall be used only as a guide. The information in this document is based on the present state of our knowledge and is applicable to the product with regard to appropriate safety precautions. It does not represent any guarantee of the properties of the product. Sigma-Aldrich Co., shall not be held liable for any damage resulting from handling or from contact with the above product. See reverse side of invoice or packing slip for additional terms and conditions of sale.

Apêndice A.2 Como calcular o número de algarismos significativos em um resultado

Regras para determinar o número de algarismos significativos em um resultado dado

As seguintes regras devem ser seguidas ao se estimar o número de algarismos significativos (ou alg. signif.) em um valor dado. Essas diretrizes deverão ser adotadas somente se não forem fornecidas informações sobre a precisão medida ou calculada do valor, tal como determinado pela propagação de erros (veja o Capítulo 4).

Regra 1. O valor final de um resultado experimental deve ser escrito de modo a ter apenas um algarismo com alguma incerteza significativa.

Exemplo: **57,3** ($\pm 0,2$) (3 alg. signif.)
8,9381 ($\pm 0,0001$) (5 alg. signif.)

(*Observação:* se nenhuma incerteza for relatada para um valor, ficará implícito que há uma variação de 0,5 unidade no último número fornecido à direita.)

Regra 2. Todos os dígitos diferentes de zero em um número dado (salvo aqueles em um expoente) são considerados significativos.

Exemplos: **13,32** (4 alg. signif.)
3,32 $\times 10^{34}$ (3 alg. signif.)

Regra 3. Todos os zeros que aparecem em um número dado entre dígitos diferentes de zero (salvo em um expoente) são considerados significativos.

Exemplos: **180.088** (6 alg. signif.)
6,022 $\times 10^{23}$ (4 alg. signif.)

Regra 4. Os zeros que aparecem à esquerda de todos os dígitos diferentes de zero apenas indicam a magnitude de um número e não são considerados significativos.

Exemplos: 0,00**289** (3 alg. signif.)
0,**528** $\times 10^9$ (3 alg. signif.)

Regra 5. Zeros que aparecem à direita de todos os dígitos diferentes de zero serão significativos somente se houver um ponto decimal.

Exemplos: **257**.000 (3 alg. signif.)
2,570 $\times 10^5$ (4 alg. signif.)

(*Observação:* esta regra é importante para evitar confusão quando um zero no final de um número representa de fato um algarismo significativo.)

Regra 6. Um número que é um algarismo inteiro (1, 2, 3 etc.) tem um número infinito de algarismos significativos.

Exemplos: **1** = 1,000 ...
2 = 2,000 ...

Regra 7. Ao eliminar algarismos não significativos, arredonde o resultado final ao primeiro dígito que tenha alguma incerteza em seu valor.

Exemplos: 789,33 (± 1) = **789**
2,375 ($\pm 0,2$) = **2,4**

Regra 8. Se os algarismos não significativos estiverem em um ponto intermediário entre os valores ímpares e pares mais próximos do primeiro algarismo significativo, use o valor par.

Exemplos: 88,950 ($\pm 0,5$) = **89,0**
2385 (± 20) = **2380**

Procedimentos para estimar o número de algarismos significativos em um resultado calculado

Os seguintes procedimentos devem ser seguidos quando se estima o número de algarismos significativos em um valor resultante de um cálculo. Note-se que essas regras são apenas diretrizes aproximadas, e que um método melhor para estimar a precisão de um valor calculado é usar a propagação de erros, como discutido no Capítulo 4.

Adição ou subtração: alinhe os números no ponto decimal. Arredonde o resultado final à mesma posição do número que tem seu dígito à direita em uma posição mais alta do que o decimal.

Exemplo:

567,29 (significativo na posição de centésimos)
4,018 (significativo na posição de milésimos)
±2.881,4 (significativo na posição de *décimos*)
3.452,708 = **3.452,7** (cinco algarismos significativos na posição de *décimos*)

Multiplicação ou divisão: ao resultado final atribui-se o mesmo número de algarismos significativos que o valor no cálculo que tem o menor número de algarismos significativos.

Exemplo: 567,29 (cinco algarismos significativos)
× 4,018 (*quatro* algarismos significativos)
2.279,3712 = **2.279** (*quatro* algarismos significativos)

Logaritmos e antilogaritmos: para tirar o logaritmo (ou 'log') de um número, a mantissa de log (isto é, os dígitos à direita do decimal) deve ter o mesmo número de algarismos significativos que o número original. No caso de um antilogaritmo (ou 'antilog'), o resultado calculado deve ter o mesmo número de algarismos significativos que a mantissa do logaritmo original.

Exemplo: log (1,59 $\times 10^{-9}$) = **–8,799** (*três* algarismos significativos em mantissa)
antilog (–8,799) = $10^{-8,799}$
= **1,59** $\times 10^{-9}$ (*três* algarismos significativos)

Cálculos mistos: nos cálculos que envolvem uma combinação de etapas, arredonde para o número correto de algarismos significativos apenas após obter a resposta final. Para isso, fique atento ao número de algarismos significativos que resultam de cada etapa. Execute as operações que estão entre parênteses ou colchetes em primeiro lugar. Se não houver parênteses ou colchetes, execute primeiro os cálculos log/antilog; em segundo, a multiplicação/divisão; e, em terceiro, a adição/subtração.

Exemplo: $x = 1,78 + (3,58 + 5,9789)/29,3$
$= 1,78 + (9,55\underline{89})/29,3$
$= 1,78 + 0,326\underline{24}$
$= 2,10624 = \mathbf{2,11}$ (*três* algarismos significativos)

(*Observação:* os valores sublinhados no cálculo anterior são conhecidos como *dígitos de guarda*, que servem para evitar erros gerados por arredondamento prematuro de números.)

Outras orientações: visto que um verdadeiro inteiro (1, 2, 3 etc.) tem um número infinito de algarismos significativos, isso pode ser ignorado com segurança ao se estimar o número de algarismos significativos de um cálculo. Quando se usa uma constante química ou física (por exemplo, π ou um número de Avogadro), deve-se aplicar um valor a essa constante que tenha, pelo menos, tantos algarismos significativos quanto os outros números em seu cálculo, de preferência até mais. Isso evita erros desnecessários de arredondamento.

Exemplo: $C = 2\pi r$
$= 2(3,1416)(2,890\ cm)$
$= 18,158 = \mathbf{18,16}$ (*quatro* algarismos significativos)

(*Observação:* neste exemplo, o inteiro '2' não foi considerado na determinação do número de algarismos significativos, porque tem muitos mais do que qualquer um dos outros números na equação. Além disso, se $\pi = 3,14$ tivesse sido usado em vez de 3,1416 no cálculo anterior, isso teria limitado indevidamente o resultado final a três algarismos significativos e gerado uma resposta de 18,1.)

Apêndice A.3 Normalidade

Na maior parte deste livro, descrevemos as concentrações de solutos em termos de molaridade e de quantidade de material em unidades de mols. No entanto, outra maneira usual de expressar a concentração de ácidos e bases polipróticos e de materiais submetidos a reações de oxidação-redução é por meio de unidades de normalidade. Esse método requer o uso de 'equivalentes' como medida de valor. Um 'equivalente' é a quantidade de material que reage com um mol de H^+ ou OH^- em uma reação ácido-base ou com um mol de elétrons em uma reação de oxidação-redução.

A normalidade de um ácido está relacionada com o número de mols de íons hidróxido que são necessários para neutralizar um litro de solução do ácido. De modo análogo, a normalidade de uma base está relacionada ao número de mols de íons hidrogênio que são necessários para neutralizar um litro da base em sua solução.

Por exemplo, o ácido sulfúrico é um ácido diprótico, de modo que a normalidade (*N*) de uma solução de 0,0100 *M* será o dobro do valor de sua molaridade, ou (2 equivalentes/mol) · 0,0100 *M* = 0,0200 *N* H_2SO_4. Isso significa que o peso equivalente do ácido sulfúrico, em unidades de gramas por equivalente (g/eq), é a metade do peso molecular, porque (98,0 g/mol)/(2 eq/mol) = 49,0 g/eq. De modo análogo, a normalidade de uma solução de $KMnO_4$ de 0,100 *M* utilizada para titular o ferro em uma solução ácida é 0,500 *N* porque $KMnO_4$ é um agente oxidante de cinco elétrons (veja a semirreação na Equação A3.1).

$$MnO_4^- + 8H^+ + 5e^- \rightleftarrows Mn^{2+} + 4H_2O \quad (A3.1)$$

O peso equivalente de $KMnO_4$, neste caso, seria (158,0 g/mol)/(5 eq/mol) = 31,6 g/eq.

Um risco inerente ao uso da normalidade como unidade de concentração é que seu valor depende da reação que está sendo descrita. Por exemplo, se uma solução de $KMnO_4$ de 0,100 *M* está sendo usada em uma solução neutra, o produto é MnO_2 e o estado de oxidação de Mn nessa substância se altera por apenas três unidades, como mostra a seguinte reação:

$$MnO_4^- + 4H^+ + 3e^- \rightleftarrows MnO_2 + 2H_2O \quad (A3.2)$$

Neste caso, a concentração da solução de $KMnO_4$ de 0,100 *M* em termos de normalidade seria 0,300 *N*. O peso equivalente de $KMnO_4$ nessa situação é (158,0 g/mol)/(3 eq/mol) = 52,7 g/eq.

Apêndice A.4 Derivação de fórmulas de propagação de erros

Propagação de erros em operações matemáticas comuns

O processo pelo qual os erros aleatórios são transportados de um número para o seguinte através de um cálculo é conhecido como **propagação de erros aleatórios**, ou apenas como **propagação de erros**. No Capítulo 4, foram fornecidas diversas equações que podem servir para determinar como os erros aleatórios afetam os resultados de operações matemáticas como adição/subtração, multiplicação/divisão, exponenciação e logaritmos ou antilogaritmos. Neste apêndice, veremos como tais equações foram obtidas, e descobriremos quais tipos de suposição foram feitos durante o desenvolvimento dessas relações.

Descrição geral da propagação de erros aleatórios

Para começar nossa derivação das equações na Tabela 4.2, precisamos de uma forma geral de relacionar o erro aleatório gerado em um resultado calculado '*y*' com o que está presente em qualquer um dos parâmetros usados para determinar o valor de *y*. Iniciamos esse processo utilizando a equação a seguir para indicar que *y* é uma função de todos os números (*a*, *b*, *c*...) que são usados no cálculo do valor de *y*.

$$y = f(a, b, c \ldots) \quad (A4.1)$$

Nosso objetivo aqui é relacionar a precisão de y, conforme descrita por seu desvio-padrão (s_y), com a incerteza e a precisão de cada parâmetro no lado direito da Equação A4.1, onde as precisões de a, b, c... são representadas pelo desvio-padrão s_a, s_b, s_c...

Para cumprir nossa meta, precisamos obter um meio de descrever como o valor de y vai mudar quando pequenas variações (causadas por erros aleatórios) estiverem presentes em a, b, c... Isso é feito escrevendo-se uma equação diferencial na qual a mudança esperada em y (conforme dada por seu **desvio**, d_y) está relacionada com os desvios que podem estar presentes em cada fator no lado direito da Equação A4.1 (d_a, d_b, d_c...). A equação diferencial que usaremos nesse caso é fornecida pela Equação A4.2. Além dos termos d_a, d_b, d_c e assim por diante, essa relação inclui as derivadas parciais de nossa função original relativas a cada um de nossos parâmetros de partida. Essas derivadas parciais demonstram como a equação para calcular y é afetada por mudanças em nossos parâmetros iniciais. Na Equação A4.2, as derivadas parciais de nossa função de y, com relação a a, b, c e assim por diante, são representadas pelos termos $(\partial y/\partial a)$, $(\partial y/\partial b)$ e $(\partial y/\partial c)$... .

$$dy = (\partial y/\partial a)\, da + (\partial y/\partial b)\, db + (\partial y/\partial c)\, dc + \ldots \quad (A4.2)$$

A próxima etapa de nossa derivação envolve descrever a precisão gerada em nosso resultado final *médio* (y) em termos do erro aleatório que pode estar presente para qualquer resultado *individual* (aqui expresso como y_i). Esse erro aleatório pode ser expresso em termos do desvio em y_i (escrito como dy_i), que é definido como segue.

$$dy_i = (y_i - y) \quad (A4.3)$$

O mesmo tipo de definição pode ser usado para descrever um erro aleatório presente em qualquer valor específico de a_i, b_i, c_i..., usando-se um desvio correspondente para esse termo (da_i, db_i, dc_i etc.).

Em um conjunto de resultados ($y_1 \ldots y_n$) para o resultado médio desse conjunto (y), o desvio líquido em nosso resultado final (d_y) deve ser igual à soma dos desvios dos resultados individuais (ou $dy_1 \ldots dy_n$). Isso é representado matematicamente pela Equação A4.4.

$$dy = \sum (dy_i) \quad (A4.4)$$

De novo, o mesmo argumento pode ser feito para os parâmetros a, b, c... definindo-se da como igual a $\sum(da_i)$, db igual a $\sum(db_i)$, dc igual a $\sum(dc_i)$, e assim por diante.

Se pretendemos descrever a precisão utilizando o desvio-padrão, precisamos levar em conta como os termos do desvio, como dy, da, db, dc... estão relacionados a s_y, s_a, s_b, s_c... Isso pode ser feito retomando-se a fórmula dada pela Equação 4.7 no Capítulo 4 para determinar o desvio-padrão de um grupo de resultados. Uma versão um pouco modificada dessa relação é mostrada a seguir em uma forma que se baseia em nosso resultado calculado (y).

$$s_y = \sqrt{\sum(y_i - y)^2/(n-1)} \quad (A4.5)$$

Voltando a analisar as equações A4.3 e A4.4, podemos verificar que $(y_i - y)$ foi definido como igual a dy_i, e que dy foi determinado sendo como igual a (dy_i). Ao fazer essas substituições na Equação A4.5, obtemos as seguintes expressões.

$$s_y = \sqrt{\sum(dy_i)^2/(n-1)} \quad (A4.6)$$

$$= \sqrt{(dy)^2/(n-1)} \quad (A4.7)$$

ou

$$(s_y)^2 = (dy)^2/(n-1) \quad (A4.8)$$

A Equação A4.8 será útil mais adiante, porque fornece um meio de relacionar s_y diretamente com dy. Usando-se a mesma abordagem geral e os mesmos tipos de relação, também podemos relacionar s_a com da, s_b com db, s_c com dc, e assim por diante.

Um pequeno problema com o qual ainda temos de lidar antes de utilizar s_y, s_a, s_b, s_c... em lugar de dy, da, db, dc... é o fato de que a relação dada entre esses fatores na Equação A4.8 é baseada nos *quadrados* desses termos. Isso é necessário para passar de dy para s_y, porque um termo de desvio como dy pode ser positivo ou negativo em valor, mas um desvio-padrão como s_y deve ser sempre positivo. Desse modo, antes de podermos substituir dy por s_y, da com s_a e assim por diante, na Equação A4.2 (nossa meta inicial para essa derivação), devemos primeiro elevar ao quadrado ambos os lados da Equação A4.2. Isso produz o seguinte resultado:

$$(dy)^2 = [(\partial y/\partial a)(da) + (\partial y/\partial b)(db) + (\partial y/\partial c)(dc) + \ldots]^2 \quad (A4.9)$$

À medida que expandirmos e multiplicarmos o lado direito da expressão anterior, teremos dois diferentes tipos de combinação de parâmetros. Um tipo de combinação consiste nos *termos quadrados reais*, como $(\partial y/\partial a)^2(da)^2$ e $(\partial y/\partial b)^2(db)^2$, que são produzidos sempre que multiplicamos o mesmo fator ou conjunto de fatores por eles mesmos. Uma propriedade importante desses termos quadrados é que seu produto é sempre positivo. Isso significa que os produtos dos termos quadrados nunca anulam um ao outro quando somados. Por isso, esses termos sempre serão úteis quando analisarmos a propagação de erros aleatórios em cálculos.

O outro tipo de combinação que obtemos quando multiplicamos pelo lado direito da Equação A4.9 são os *termos cruzados*. Estes são produzidos quando dois diferentes grupos de parâmetros são multiplicados juntos, sendo $[(\partial y/\partial a)(da)][(\partial y/\partial b)(db)]$ um exemplo disso. Termos cruzados diferem dos quadrados na medida em que seus produtos podem ser positivos ou negativos em valor. Essa informação é útil porque, ao se presumir que os desvios presentes nos parâmetros individuais (da_i, db_i, dc_i...) são de fato aleatórios e independentes, então, os produtos dos termos cruzados tendem a se cancelar, e sua soma a se aproximar de zero; isso será verdadeiro quando o número de valores individuais (n) for grande.

Se for verdade que os erros aleatórios em nossos parâmetros de partida são realmente aleatórios e independentes entre si, e se o número de nossos valores de parâmetro individual for grande o suficiente, poderemos supor que a contribuição total dos termos cruzados na Equação A4.9 é na essência igual a zero. Isso nos deixa apenas com os termos quadrados reais, o que permite que a Equação A4.9 seja simplificada para a seguinte forma:

$$(dy)^2 = (\partial y/\partial a)^2(da)^2 + (\partial y/\partial b)^2(db)^2 + (\partial y/\partial c)^2(dc)^2 + \ldots \quad (A4.10)$$

Dividindo ambos os lados da Equação A4.10 por $(n-1)$, obtemos o resultado mostrado na Equação A4.11.

$$(dy)^2/(n-1) = (\partial y/\partial a)^2(da)^2/(n-1) + (\partial y/\partial b)^2(db)^2/(n-1) + (\partial y/\partial c)^2(dc)^2/(n-1) + \ldots \quad (A4.11)$$

Se compararmos essa nova relação com a Equação A4.8, veremos que agora é um tanto fácil substituir $(dy)^2/(n-1)$ por $(s_y)^2$, $(da)^2/(n-1)$ por $(s_a)^2$, e assim por diante. Isso nos fornece a relação final da propagação de erro aleatório que é dada na Equação A4.12.

$$(s_y)^2 = (\partial y/\partial a)^2(s_a)^2 + (\partial y/\partial b)^2(s_b)^2 + (\partial y/\partial c)^2(s_c)^2 + \ldots \quad (A4.12)$$

Esta equação final é uma relação geral que mostra como se pode esperar que erros aleatórios afetem um resultado obtido por qualquer tipo de operação matemática. Nas próximas seções, veremos como ela pode ser ainda mais simplificada quando se lida com tipos específicos de cálculo.

Propagação de erros aleatórios em operações de adição e subtração

Adição e subtração fazem parte do primeiro grupo de operações matemáticas que examinaremos em relação à propagação de erros aleatórios. Como exemplo geral, analisaremos como a incerteza ou a precisão final que obtemos em nosso resultado y serão afetadas pela incerteza nos valores de a, b e c no seguinte cálculo:

$$y = a - b + c \quad (A4.13)$$

Para relacionar o desvio-padrão de nosso resultado (s_y) com o desvio-padrão de a, b e c (conforme dado por s_a, s_b e s_c), começamos com a seguinte relação geral obtida pela Equação A4.12.

$$(s_y)^2 = (\partial y/\partial a)^2(s_a)^2 + (\partial y/\partial b)^2(s_b)^2 + (\partial y/\partial c)^2(s_c)^2 \quad (A4.14)$$

Em seguida, tomamos as derivadas da equação a ser utilizada em nosso cálculo (Equação A4.13) para determinar os valores das derivadas parciais $(\partial y/\partial a)$, $(\partial y/\partial b)$ e $(\partial y/\partial c)$. Os resultados que obtemos para essas derivadas parciais são fornecidos nas equações A4.15 a A4.17.

$$(\partial y/\partial a) = 1 \quad (A4.15)$$

$$(\partial y/\partial b) = -1 \quad (A4.16)$$

$$(\partial y/\partial c) = 1 \quad (A4.17)$$

Essas derivadas parciais são inseridas na Equação A4.14. Simplificando ainda mais essa nova equação, obtemos o resultado que foi produzido na Equação 4.6 do Capítulo 4.

$$(s_y)^2 = (1)^2(s_a)^2 + (-1)^2(s_b)^2 + (1)^2(s_c)^2 \quad (A4.18)$$

$$= (s_a)^2 + (s_b)^2 + (s_c)^2 \quad (A4.19)$$

ou

$$s_y = \sqrt{(s_a)^2 + (s_b)^2 + (s_c)^2} \quad (4.6)$$

Propagação de erros aleatórios em operações de multiplicação e divisão

A expressão geral da propagação de erros derivada na Equação A4.12 também pode ser usada na produção de uma relação simplificada para examinar como a incerteza em um resultado de y é determinada pela multiplicação ou divisão de números, como se faz no exemplo a seguir.

$$y = (ab)/c \quad (A4.20)$$

A abordagem para relacionar a precisão e o desvio-padrão de y com a precisão de a, b e c é a mesma que empregamos no exemplo anterior para adição e subtração. Começamos pela Equação A4.12 para escrever uma fórmula geral de propagação de erros aleatórios para nossa operação matemática, como mostra a Equação A4.21.

$$(s_y)^2 = (\partial y/\partial a)^2(s_a)^2 + (\partial y/\partial b)^2(s_b)^2 + (\partial y/\partial c)^2(s_c)^2 \quad (A4.21)$$

Em seguida, usamos a Equação A4.20 para determinar as derivadas parciais de y com respeito a a, b e c (veja equações A4.22 a A4.24).

$$(\partial y/\partial a) = (b/c) \quad (A4.22)$$

$$(\partial y/\partial a) = (a/c) \quad (A4.23)$$

$$(\partial y/\partial c) = (-a\,b/c^2) \quad (A4.24)$$

Essas derivadas parciais são, então, inseridas na Equação A4.21 para produzir a Equação A4.25.

$$(s_y)^2 = (b/c)^2(s_a)^2 + (a/c)^2(s_b)^2 + (-a\,b/c^2)^2(s_c)^2 \quad (A4.25)$$

A última etapa envolve a divisão de ambos os lados da Equação A4.25 pelo quadrado de nossa fórmula original na Equação A4.20 (isto é, dividimos o lado esquerdo por y^2 e o lado direito por (a^2b^2/c^2).

$$(s_y/y)^2 = (s_a/a)^2 + (s_b/b)^2 + (s_c/c)^2 \quad (A4.26)$$

Ao tomar a raiz quadrada de ambos os lados dessa relação, temos a fórmula final de propagação de erros de multiplicação e divisão que foi originalmente apresentada na Equação 4.7 do Capítulo 4.

$$(s_y/y) = \sqrt{(s_a/a)^2 + (s_b/b)^2 + (s_c/c)^2} \quad (4.7)$$

Propagação de erros aleatórios em exponenciação

O terceiro tipo de cálculo que analisaremos em propagação de erros aleatórios é a exponenciação. Essa operação matemática pode ser representada pela fórmula geral,

$$y = a^x \quad (A4.27)$$

em que a é uma variável e x é uma constante. Para derivar uma fórmula de propagação de erros nesse caso, começamos outra vez pela Equação A4.12, que tem a seguinte forma para a operação anterior:

$$(s_y)^2 = (\partial y/\partial a)^2 (s_a)^2 \quad (A4.28)$$

Há de fato apenas um termo geral no lado direito da equação, e por isso podemos simplificar essa relação tomando a raiz quadrada de ambos os lados, o que resulta na Equação A4.29.

$$s_y = (\partial y/\partial a)s_a \quad (A4.29)$$

A seguir, obtemos uma equação para a derivada parcial $(\partial y/\partial a)$ utilizando nossa expressão inicial na Equação A4.27.

$$(\partial y/\partial a) = x\, a^{(x-1)} \quad (A4.30)$$

Ao substituir a Equação A4.30 pela Equação A4.29, obtemos a seguinte expressão:

$$s_y = [x\, a^{(x-1)}]s_a \quad (A4.31)$$

Por fim, podemos simplificar a Equação A4.31 dividindo ambos os lados dessa relação por nossa função original ($y = a^x$). Isso nos fornece o mesmo resultado que foi dado no Capítulo 4.

$$s_y/y = (x a^{(x-1)}/a^x)s_a \quad (A4.32)$$

ou

$$(s_y/y) = x(s_a/a) \quad (4.12)$$

Propagação de erros aleatórios no uso de logaritmos

O próximo tipo de cálculo que examinaremos é o que envolve tomar o logaritmo de um número. Vamos supor que estamos tomando o logaritmo natural (ln) de a, o que gera o resultado y.

$$y = \ln(a) \quad (A4.33)$$

Começando de novo com a Equação A4.12, a expressão geral da propagação de erro aleatório nessa situação pode ser representada pela relação dada na Equação A4.34.

$$(s_y)^2 = (\partial y/\partial a)^2 (s_a)^2 \quad (A4.34)$$

Assim como no caso da exponenciação que já analisamos, na realidade, há apenas um termo geral no lado direito da Equação A4.34, de modo que podemos simplificá-la tomando a raiz quadrada de ambos os lados. Isso produz o resultado mostrado na Equação A4.35.

$$s_y = (\partial y/\partial a)s_a \quad (A4.35)$$

A segunda etapa do processo é determinar o valor da derivada parcial $(\partial y/\partial a)$ para a Equação A4.33. O resultado é apresentado a seguir.

$$(\partial y/\partial a) = 1/a \quad (A4.36)$$

Em seguida, inserimos essa derivada parcial na Equação A4.35 para produzir a seguinte relação entre s_y e s_a.

$$s_y = (s_a/a) \quad (4.9)$$

O mesmo processo geral pode ser usado para descrever a propagação de erros aleatórios quando se toma o logaritmo base 10 (ou log) de um número, representado pela Equação A4.37.

$$y = \log(a) \quad (A4.37)$$

Para determinar a propagação de erros nessa situação, primeiro convertemos o logaritmo na base 10 em um logaritmo natural (ou ln) usando o log do fator de conversão (e), que é mais ou menos igual 0,434.

$$y = 0{,}434\ \ln(a) \quad (A4.38)$$

Em seguida, usamos a mesma abordagem já descrita para logaritmos naturais para derivar uma fórmula de propagação de erros para a Equação A4.37. A expressão resultante para um logaritmo na base 10 (veja a Equação 4.8) só difere da expressão derivada para logaritmos naturais (Equação 4.9) na medida em que inclui o fator de conversão log/ln, 0,434.

$$\mathbf{s_y = 0{,}434\,(s_a/a)} \quad (4.8)$$

Propagação de erros aleatórios no uso de antilogaritmos

O último tipo de cálculo que examinaremos é a conversão de um número em seu antilogaritmo. Um exemplo dessa operação matemática é mostrado na Equação A4.39.

$$y = e^a \quad (A4.39)$$

À primeira vista, parece haver semelhança com a exponenciação que já examinamos. No entanto, essas duas operações são diferentes uma da outra na medida em que a exponenciação envolve a criação de uma variável a alguma potência constante, enquanto a determinação de um antilogaritmo envolve tomar uma constante (neste caso, o número 'e') e elevá-la a uma potência variável, a. Uma consequência dessa diferença é que os erros aleatórios se propagam de maneiras diferentes nesses dois tipos de cálculo.

A fórmula de propagação de erro inicial que usamos no caso de antilogaritmos é obtida escrevendo-se a Equação A4.12 da seguinte forma:

$$(s_y)^2 = (\partial y/\partial a)^2 (s_a)^2 \quad (A4.40)$$

De novo, há apenas um termo combinado no lado direito dessa relação, e por isso podemos simplificar essa equação tomando a raiz quadrada de ambos os lados.

$$s_y = (\partial y/\partial a)s_a \quad (A4.41)$$

O valor da derivada parcial $(\partial y/\partial a)$ para a Equação A4.39 pode ser descrito pela relação na Equação A4.42.

$$(\partial y/\partial a) = \mathbf{e}^a \quad (A4.42)$$

Inserir essa derivada parcial na Equação A4.41 fornece a seguinte expressão.

$$s_y = \mathbf{e}^a s_a \quad (A4.43)$$

Para concluir, se dividirmos a Equação A4.43 por nossa função original ($y = e^a$), temos a fórmula de propagação de erro aleatório que foi fornecida no Capítulo 4.

$$s_y/y = (\mathbf{e}^a/\mathbf{e}^a)s_a \quad (A4.44)$$

ou

$$(s_y/y) = s_a \quad (4.11)$$

Um tipo semelhante de propagação de erros aleatórios ocorre quando se toma um antilogaritmo na base 10 (ou antilog) de um número, como vemos na Equação A4.45.

$$y = 10^a \quad (A4.45)$$

Para determinar a equação de propagação de erro nesse caso, modificamos primeiro a Equação A4.45 para uma forma que passe a ser escrita em termos de **e**. Isso é feito usando-se o fator de conversão de ln (10), ou cerca de 2,303.

$$y = \mathbf{e}^{2,303a} \quad (A4.46)$$

O procedimento para determinar a propagação de erros na Equação A4.43 é o mesmo que usamos para a Equação A4.39. A única diferença é que a relação final derivada para o antilogaritmo base 10 (Equação 4.10) contém o fator de conversão base 10/base e de 2,303.

$$(s_y/y) = 2{,}303 s_a \quad (4.10)$$

Apêndice A.5 Método dos mínimos quadrados

As equações apresentadas no Capítulo 4 para determinar a inclinação e o intercepto de uma regressão linear foram obtidas por meio de uma técnica conhecida como **método dos mínimos quadrados**. Segundo esse método, a regressão linear de qualquer equação para um conjunto de dados é obtida quando os parâmetros desse ajuste produzem a menor diferença nos resultados reais e previstos. Para determinar essa diferença, usamos um valor que é conhecido como a *soma dos quadrados das diferenças*, ou o **valor dos mínimos quadrados**. Isso é representado pelo termo $\sum(r_i)^2$, que é determinado por meio da seguinte relação,

$$\sum(r_i)^2 = \sum(y_{i,calc} - y_i)^2 \quad (A5.1)$$

em que y_i representa cada um dos valores experimentais individuais ($y_1 \ldots y_n$) e $y_{i,calc}$ é o valor calculado de acordo com o mesmo conjunto de condições usando-se os parâmetros de melhor ajuste e a equação correspondente de interesse. Por exemplo, se uma linha reta estivesse sendo ajustada a um conjunto de valores (x_i, y_i), então, $y_{i,calc}$ seria estimado para cada ponto pela Equação A5.2,

$$y_{i,calc} = m x_i + b \quad (A5.2)$$

em que m é a inclinação da regressão linear e b é o intercepto da regressão linear. Nessa situação, a Equação A5.2 pode ser usada em lugar de y_i, vale na Equação A5.1 para produzir a seguinte relação equivalente.

$$\sum(r_i)^2 = \sum(\{m x_i + b\} - y_i)^2 \quad (A5.3)$$

Como já foi dito, uma forma de usar a Equação A5.3 é determinar o grau em que uma equação linear se encaixa em um conjunto de valores (x,y). Mas essa relação também pode ser empregada para determinar quais valores da inclinação (m) e do intercepto (b) fornecem o melhor ajuste de uma equação a nossos dados. Para utilizar mínimos quadrados para esse efeito, precisamos primeiro fazer algumas suposições simplificadoras. Por exemplo, é comum a suposição de que a variável independente (x) seja conhecida exatamente (ou seja, $s_x = 0$) e que somente a variável dependente ($y_1, y_2, \ldots, y_n$) apresenta alguma variabilidade. Além disso, quase sempre se supõe que o erro nos valores y é aleatório e que o erro aleatório em todos os valores y segue o mesmo tipo de distribuição. E, finalmente, em geral se supõe que o tamanho do erro aleatório em y é mais ou menos o mesmo em toda a faixa de valores x que está sendo testada.

Para determinar os melhores valores de ajuste de inclinação e intercepto, começamos a tomar a derivada parcial de $\sum(r_i)^2$ *versus* tanto m quanto b, como mostrado nas Equações A5.4 e A5.5.

$$\partial[\sum(r_i)^2]/\partial m = \sum 2(\{m x_i + b\} - y_i)(x_i)$$
$$= 2[m(\sum x_i^2) + b(\sum x_i) - (\sum x_i y_i)] \quad (A5.4)$$

$$\partial[\sum(r_i)^2]/\partial b = \sum 2(m x_i + b - y_i)$$
$$= 2[m(\sum x_i) + n b - (\sum y_i)] \quad (A5.5)$$

Em seguida, determinamos o valor mínimo de $\sum(r_i)^2$ (isto é, a regressão linear), definindo cada uma de suas derivadas parciais como sendo iguais a zero e calculando os valores de m e b que atendem a essa condição.

Para $\partial[\sum(r_i)^2]/\partial m$:

$$2[m(\sum x_i^2) + b(\sum x_i) - (\sum x_i y_i)] = 0 \quad (A5.6)$$

$$b = [(\sum x_i y_i) - m(\sum x_i^2)]/(\sum x_i) \quad (A5.7)$$

Para $\partial[\sum(r_i)^2]/\partial b$:

$$2[m(\sum x_i) + n b - (\sum y_i)] = 0 \quad (A5.8)$$

$$b = [(\sum y_i) - m(\sum x_i)]/n \quad (A5.9)$$

Uma vez que as expressões nos lados direito das equações A5.7 e A5.9 são iguais a b, podemos definir ambas como iguais entre si e usá-las para resolver m. Isso dá origem à Equação 4.27, que foi listada na Tabela 4.9 do Capítulo 4 para o cálculo da inclinação de uma regressão linear.

$$[(\sum x_i y_i) - m(\sum x_i^2)]/(\sum x_i) = [(\sum y_i) - m(\sum x_i)]/n \quad (A5.10)$$

$$\Rightarrow n(\sum x_i y_i) - nm(\sum x_i^2) = (\sum x_i)(\sum y_i) - m(\sum x_i)^2 \quad (A5.11)$$

$$\Rightarrow m[n(\sum x_i^2) - (\sum x_i)^2] = n(\sum x_i y_i) - (\sum x_i)(\sum y_i) \quad (A5.12)$$

$$\therefore m = [n(\sum x_i y_i) - (\sum x_i)(\sum y_i)]/[n(\sum x_i^2) - (\sum x_i)^2] \quad (4.28)$$

Ao substituirmos a Equação 4.27 por m na Equação A5.9, temos a seguinte solução para b, que foi apresentada como Equação 4.28 no Capítulo 4.

$$b = [(\sum y_i)(\sum x_i^2) - (\sum x_i y_i)(\sum x_i)]/[n(\sum x_i^2) - (\sum x_i)^2] \quad (4.29)$$

Os desvios-padrão em m e em b também podem ser calculados por meio da propagação de erros. Por exemplo, o desvio-padrão da inclinação (s_m) é dado pela seguinte equação.

$$(s_m)^2 = (\partial m/\partial y_1)^2 (s_{Y_1})^2 + (\partial m/\partial y_2)^2 (s_{Y_2})^2 + \ldots$$
$$= \sum [(\partial m/\partial y_i)^2 (s_{Y_i})^2] \quad (A5.13)$$

Note que nesta equação supusemos que todos os valores x são conhecidos exatamente, ou $s_X = 0$. Isso é indicado pelo fato de que nenhum termo relacionando s_m com s_X aparece na Equação A5.13.

Para obtermos uma equação mais exata para s_m, precisamos a seguir avaliar a necessidade da derivada parcial $(\partial m/\partial y_i)$. Podemos fazer isso voltando à equação que derivamos ao valor de regressão para m e usá-la para tomar a derivada parcial desejada de m versus y_i.

$$m = [n(\sum x_i y_i) - (\sum x_i)(\sum y_i)]/[n(\sum x_i^2) - (\sum x_i)^2] \quad (A5.14)$$

$$(\partial m/\partial y_i) = [n(\sum x_i) - (\sum x_i)]/[n(\sum x_i^2) - (\sum x_i)^2] \quad (A5.15)$$

Inserir as derivadas parciais anteriores na fórmula de propagação de erros para s_m e supor que $s_y = s_{y_i}$ (que é uniforme a variância por todo o gráfico) gera o resultado mostrado a seguir.

$$(s_m)^2 = \sum [(\partial m/\partial y_i)^2 (s_{Y_i})^2]$$
$$= \sum [([n(\sum x_i) - (\sum x_i)]/[n(\sum x_i^2) - (\sum x_i)^2])^2 (s_{Y_i})^2] \quad (A5.16)$$

$$(s_m)^2 = (n/[n(\sum x_i^2) - (\sum x_i)^2])(s_Y)^2 \quad (A5.17)$$

ou

$$\therefore s_m = \sqrt{n/[n(\sum x_i^2) - (\sum x_i)^2]}(s_Y) \quad (4.31)$$

Usando-se um tratamento similar, pode-se demonstrar que o desvio-padrão do intercepto (s_b) é fornecido pela seguinte fórmula.

$$(s_b)^2 = ((\sum x_i^2)/[n(\sum x_i^2) - (\sum x_i)^2])(s_Y)^2 \quad (A5.18)$$

ou

$$s_b = \sqrt{(\sum x_i^2)/[n(\sum x_i^2) - (\sum x_i)^2]}(s_Y) \quad (4.32)$$

Observe que, para determinar s_m ou s_b, é necessário determinar o desvio-padrão de todos os valores y (s_y). Isso é dado por

$$s_y = \sqrt{\sum (y_i - y_{i,calc})^2 /(n-2)} \quad (A5.19)$$

em que $(n-2)$, os graus de liberdade para uma regressão linear. Usando o fato de que $y_{i,calc} = (mx_i + b)$, temos a seguinte relação para s_y, como dito anteriormente no Capítulo 4.

$$s_y = \sqrt{\sum (y_i - mx_i - b)^2 /(n-2)} \quad (4.30)$$

Apêndice A.6 Resumo de termos e testes para descrever e comparar dados

Item a ser abordado	Ferramenta ou teste	Equações a usar	
Descrição de resultados experimentais			
'Quão perto meu resultado está da resposta real?'	Erro absoluto (e)	$e = x - \mu$	(4.1)
	Erro relativo (e_r)	$e_r = (x - \mu)/\mu$	(4.2)
'Qual é o valor mais representativo para meus resultados?'	Média ou mediana ($\bar{x}$)	$\bar{x} = \sum (x_i)/n$	(4.3)
'Em que medida meu resultado experimental é reprodutível?'	Faixa (R_x)	$R_x = x_{alto} - x_{baixo}$	(4.4)
	Desvio-padrão (s)	$s = \sqrt{\sum (x_i - \bar{X})^2/(n-1)}$	(4.5)
A propagação de erros			
'Como os erros aleatórios afetam meus cálculos?'	Propagação de erros	Veja Equações na Tabela 4.1	
Distribuição de amostras e intervalos de confiança			
'Como posso descrever um grande conjunto de números?'	Distribuição normal, média real (μ) e desvio-padrão real (σ)	$y = \dfrac{1}{\sigma\sqrt{2\pi}} \cdot e^{1/2[(x-\mu)^2/(\sigma^2)]}$	(4.13)
'Qual é o grau de precisão de minha média estimada?'	Desvio-padrão da média	$s_{\bar{X}} = s/\sqrt{n}$	(4.14)
'Quão confiável é a média obtida para um pequeno conjunto de dados?'	Intervalo de confiança	I.C. $= \bar{x} + t \cdot s_{\bar{X}}$ (ou s)	(4.15-4.16)
Comparação de resultados experimentais e detecção de valores anômalos			
'Um resultado experimental é o mesmo que um valor de referência?'	Teste t de Student	$t = \dfrac{|\bar{x} - \mu|}{s_{\bar{X}}}$	(4.17)
'Duas médias experimentais têm o mesmo valor?'	Teste t de Student	$s_{pool} = \sqrt{\{(n_1-1)\cdot(s_1)^2 + (n_2-1)\cdot(s_2^2)\}/(n_1+n_2-2)}$	(4.18)
		$s_{\bar{X}pool} = \dfrac{s_{pool}}{\sqrt{(n_1 \cdot n_2)/(n_1+n_2)}}$	(4.19)
		$t = |\bar{x}_1 - \bar{x}_2|/s_{\bar{X}pool}$	(4.20)
'Dois grupos de médias experimentais têm o mesmo valor?'	Teste t de Student pareado	$s_d = \sqrt{\sum (d_i - \bar{d})^2/(n-1)}$	(4.21)
		$s_{\bar{d}} = s_d/\sqrt{n}$	(4.22)
		$t = |\bar{d}|/s_{\bar{d}}$	(4.23)
'Dois resultados experimentais têm a mesma precisão?'	Teste F	$F = (s_2)^2/(s_1)^2$ (onde $s_2 \geq s_1$)	(4.24)
'Um valor alto ou baixo em um conjunto de dados é um valor anômalo?'	Teste Q	$Q = |x_0 - x_n|/(x_{alto} - x_{baixo})$	(4.25)
	Teste T_n	$T_n = |x_0 - \bar{X}|/s$	(4.26)
Ajuste de resultados experimentais			
'Qual é a regressão linear de um conjunto de dados?'	Regressão linear	Veja as equações na Tabela 4.8	
'Quão bem a regressão linear descreve os dados?'	Coeficiente de correlação (r)	Ver equações na Tabela 4.8	
	Gráficos residuais		

Apêndice A.7 Equilíbrio entre reações de oxidação-redução

Uma reação de oxidação-redução equilibrada deve ter um número igual de átomos de cada elemento em ambos os lados e a mesma carga total para o reagente e para os lados do produto. Neste processo, com frequência conhecemos muitos dos reagentes e produtos na reação de oxidação-redução, o que serve como um ponto de partida útil. No entanto, também temos de equilibrar os átomos e as cargas de cada lado. Veremos agora como fazer isso em reações que ocorrem em soluções de pH ácido, básico ou neutro.

Reações em solução ácida. Uma técnica que pode ser usada para equilibrar as reações de oxidação-redução envolve primeiro escrever as duas semirreações desse processo, uma para a redução e a outra para a oxidação. Prosseguimos equilibrando as duas semirreações separadamente para, a seguir, combiná-las para obter a equação de oxidação-redução de equilíbrio global. Esse método, chamado de 'método da semirreação', baseia-se na conservação de massa, o que significa que não pode haver ganho ou perda de átomos ou elétrons na reação equilibrada final. Como resultado, o número de elétrons perdidos pelo agente redutor deve ser o mesmo que o número de elétrons ganhos pelo agente oxidante.

Para mostrar como essa abordagem é realizada por uma solução aquosa ácida, usaremos a oxidação do metal de cobre em ácido nítrico como exemplo.

$$Cu(s) + HNO_3(aq) \rightleftarrows Cu^{2+}(aq) + NO(g) \quad (A7.1)$$

Embora mostre a maioria dos reagentes e produtos da reação, esta equação ainda não está equilibrada. Não há átomos de hidrogênio mostrados à direita, os números de átomos de oxigênio são diferentes nos dois lados da equação e a carga total não é a mesma em ambos os lados.

A primeira etapa para equilibrar esta equação é identificar as semirreações atribuindo-se números de oxidação. Isso produz o seguinte resultado:

Número de oxidação:

$$Cu(s) + HNO_3(aq) \rightleftarrows Cu^{2+}(aq) + NO(g)$$
$$0 \quad\quad +5 \quad\quad\quad +2 \quad\quad +2 \quad (A7.2)$$

Com base nessa informação, podemos ver que o cobre é oxidado porque seu número de oxidação se altera de 0 para +2. O nitrogênio é reduzido, à medida que passa de um número de oxidação +5 a um +2. O oxigênio tem um número de oxidação de –2 em ambos os lados da reação. Esse processo produz as duas seguintes semirreações iniciais, que ainda não são equilibradas:

Semirreação de oxidação inicial:

$$Cu(s) \rightleftarrows Cu^{2+}(aq) \quad (A7.3)$$

Semirreação de redução inicial:

$$HNO_3(aq) \rightleftarrows NO(g) \quad (A7.4)$$

A segunda etapa do método da semirreação consiste em equilibrar cada uma das semirreações. Isto, por sua vez, envolve várias etapas menores. A primeira delas é equilibrar os elétrons em cada semirreação pela adição de elétrons no lado da equação para o qual os números de oxidação são mais positivos. Isso exige a adição de dois elétrons à direita da Equação A7.3 e três elétrons à esquerda da Equação A7.4, fornecendo as seguintes semirreações modificadas:

$$Cu(s) \rightleftarrows Cu^{2+}(aq) + 2e^- \quad (A7.5)$$

$$HNO_3(aq) + 3e^- \rightleftarrows NO(g) \quad (A7.6)$$

Em seguida, precisamos equilibrar todos os átomos que não são nem de oxigênio, nem de hidrogênio. Neste caso, tanto os átomos de cobre quanto os átomos de nitrogênio já estão equilibrados, então não há mais nada a fazer. Em seguida, equilibramos os átomos de oxigênio na semirreação de ácido nítrico atribuindo-lhes duas moléculas de água como produtos de reação. Os hidrogênios são, então, equilibrados colocando-se 3 H^+ no lado esquerdo da Equação A7.6, o que gera o resultado mostrado a seguir.

$$HNO_3(aq) + 3H^+ + 3e^- \rightleftarrows NO(g) + 2H_2O \quad (A7.7)$$

Neste ponto, equilibramos tanto a carga quanto a massa de nossas duas semirreações, permitindo-nos escrevê-las com um sinal igual entre os lados direito e esquerdo. Os alunos costumam perguntam por que é permitido colocar água, íons hidrogênio ou hidróxido de íons em cada lado de uma reação redox equilibrada. A abordagem será válida se a reação for realizada na água, porque há muita água disponível e ela está sempre em equilíbrio com ambos os íons, hidrogênio e hidróxido. Costuma se saber se a reação é realizada em solução ácida ou básica. Isso determina se H^+ e OH^- devem ser usados para equilibrar as semirreações. (*Observação:* durante esse processo, é importante lembrar que as semirreações redox *não* devem ser equilibradas pela adição de H_2 ou O_2 em cada lado, porque a adição dessas substâncias resultaria em uma mudança no estado de oxidação dos átomos de H e O na reação.) As duas semirreações equilibradas que agora temos em nosso exemplo são as seguintes:

Semirreação de oxidação equilibrada:

$$Cu(s) \rightleftarrows Cu^{2+}(aq) + 2e^- \quad (A7.8)$$

Semirreação de redução equilibrada:

$$HNO_3(aq) + 3H^+ + 3e^- \rightleftarrows NO(g) + 2H_2O \quad (A7.9)$$

A terceira etapa importante no método da semirreação é igualar o número de elétrons transferidos nas duas semirreações. Isso é necessário porque o mesmo número de elétrons deve ser adquirido e perdido na reação. Portanto, devemos multiplicar cada reação por números que permitirão que as reações façam a troca de números idênticos de elétrons. Para as duas semirreações nas equações A7.8 e A7.9, dois elétrons estão envolvidos em uma das semirreações e três estão envolvidos nas demais. Para obtermos um número igual de elétrons, devemos multiplicar a semirreação com dois elétrons por três, e aquela com dois por três. Isso dá seis elétrons em cada uma de nossas semirreações modificadas, como mostrado a seguir.

$$3\,Cu \rightleftarrows 3\,Cu^{2+} + 6\,e^{-} \quad (A7.10)$$

$$2\,HNO_3 + 6\,H^+ + 6\,e^- \rightleftarrows 2\,NO + 4\,H_2O \quad (A7.11)$$

Na quarta etapa para equilibrar uma equação de oxidação-redução, devemos adicionar as semirreações e cancelar termos comuns para obtermos a reação final de oxidação-redução.

Semirreação de oxidação: $3\,Cu \rightleftarrows 3\,Cu^{2+} + 6\,e^-$

Semirreação de redução:

$$2\,HNO_3 + 6\,H^+ + 6\,e^- \rightleftarrows 2\,NO + 4\,H_2O$$

Reação global:

$$3\,Cu + 2\,HNO_3 + 6\,H^+ + 6\,e^- \rightleftarrows 3\,Cu^{2+} + 2\,NO + 4\,H_2O + 6\,e^- \quad (A7.12)$$

Os únicos termos comuns à direita e à esquerda da equação geral neste exemplo são os seis elétrons que aparecem em ambos os lados. Quando removemos esses elétrons de ambos os lados, obtemos a seguinte reação final:

$$3\,Cu + 2\,HNO_3 + 6\,H^+ \rightleftarrows 3\,Cu^{2+} + 2\,NO + 4\,H_2O \quad (A7.13)$$

A quinta etapa do método da semirreação é verificar a reação final e assegurar que ela esteja equilibrada, no que diz respeito a massa e carga. Quando fazemos isso, descobrimos que o mesmo número de átomos de cada elemento está presente em ambos os lados da equação. A carga total também está equilibrada, com um valor de '+6' em ambos os lados. Desse modo, confirmamos que atingimos nossa resposta final.[1]

EXERCÍCIO A7.1 Equilíbrio de uma equação de oxidação-redução em condições ácidas

Equilibre a seguinte reação de oxidação-redução que é realizada em uma solução ácida aquosa.

$$Cr_2O_7^{2-} + NO(g) \rightleftarrows Cr^{3+} + NO_3^-$$

SOLUÇÃO

Primeiro, precisamos determinar os números de oxidação de nossos reagentes e produtos, como mostrado a seguir.

$$\begin{array}{ccccc} Cr_2O_7^{2-} & + & NO & \rightleftarrows & Cr^{3+} & + & NO_3^- \\ +6 & & +2 & & +3 & & +5 \end{array}$$

Este resultado nos diz que o nitrogênio está sendo oxidado enquanto passamos de NO para NO_3^-, e o cromo está sendo reduzido enquanto passamos de $Cr_2O_7^{2-}$ para Cr^{3+}. Em seguida, temos de equilibrar os átomos e a carga em cada uma dessas semirreações.

Semirreação de oxidação:

$$NO(g) \rightleftarrows NO_3^-$$
$$NO(g) \rightleftarrows NO_3^- + 3\,e^-$$
$$NO(g) \rightleftarrows NO_3^- + 4\,H^+ + 3\,e^-$$
$$NO(g) + 2\,H_2O \rightleftarrows NO_3^- + 4\,H^+ + 3\,e^-$$

Semirreação de redução:

$$Cr_2O_7^{2-} \rightleftarrows Cr^{3+}$$
$$Cr_2O_7^{2-} + 6\,e^- \rightleftarrows 2\,Cr^{3+}$$
$$Cr_2O_7^{2-} + 14\,H^+ + 6\,e^- \rightleftarrows 2\,Cr^{3+}$$
$$Cr_2O_7^{2-} + 14\,H^+ + 6\,e^- \rightleftarrows 2\,Cr^{3+} + 7\,H_2O$$

Neste ponto, a semirreação de oxidação envolve três elétrons, mas a de redução envolve seis. Para igualar esses números, devemos multiplicar a semirreação de oxidação por dois. Podemos, então, combinar as duas semirreações e eliminar os termos comuns.

Semirreação de oxidação:

$$2\,NO + 4\,H_2O \rightleftarrows 2\,NO_3^- + 8\,H^+ + 6\,e^-$$

Semirreação de redução:

$$Cr_2O_7^{2-} + 14\,H^+ + 6\,e^- \rightleftarrows 2\,Cr^{3+} + 7\,H_2O$$

Reação global:

$$Cr_2O_7^{2-} + 2\,NO(g) + 6\,H^+ \rightleftarrows 2\,Cr^{3+} + 2\,NO_3^- + 3\,H_2O$$

Ao verificar nossa resposta, observamos que existem dois átomos de cromo, dois de nitrogênio, nove de oxigênio e seis de hidrogênio em cada lado. Há também uma carga total de '+4' em cada lado, de modo que essa equação de oxidação-redução agora está equilibrada.

Reações em soluções básicas ou neutras. A seção anterior mostrou como podemos equilibrar uma equação de oxidação-redução em uma reação que ocorre em água a um pH ácido. O método da semirreação também pode ser empregado em soluções com pH básico por meio de uma abordagem semelhante à descrita para meios ácidos. A principal diferença entre essas situações é que as soluções ácidas têm uma concentração de íons H^+ relativamente elevada, enquanto as soluções básicas em água têm maior concentração de íons OH^-. Portanto, quando estamos equilibrando os átomos de hidrogênio em uma equação de oxidação-redução em um pH básico, usamos OH^- em vez de H^+ para equilibrar os átomos de hidrogênio em ambos os lados da equação. Essa ideia é ilustrada no próximo exercício.

EXERCÍCIO A7.2 — Equilíbrio de uma equação de oxidação-redução em condições básicas

Equilibre a reação de oxidação-redução no Exercício A7.1 para o caso em que a reação é realizada em uma solução aquosa a um pH básico.

SOLUÇÃO

Podemos começar esse processo usando os mesmos números de oxidação e semirreações iniciais que identificamos no Exercício A7.1. Quando equilibramos essas semirreações, os resultados são mostrados a seguir.

Semirreação de oxidação:

$$NO(g) \rightleftarrows NO_3^-$$
$$NO(g) \rightleftarrows NO_3^- + 3e^-$$
$$NO(g) + 4\,OH^- \rightleftarrows NO_3^- + 3e^-$$
$$NO(g) + 4\,OH^- \rightleftarrows NO_3^- + 2H_2O + 3e^-$$

Semirreação de redução:

$$Cr_2O_7^{2-} \rightleftarrows Cr^{3+}$$
$$Cr_2O_7^{2-} + 6e^- \rightleftarrows 2Cr^{3+}$$
$$Cr_2O_7^{2-} + 6e^- \rightleftarrows 2Cr^{3+} + 14\,OH^-$$
$$Cr_2O_7^{2-} + 7H_2O + 6e^- \rightleftarrows 2Cr^{3+} + 14\,OH^-$$

Temos outra vez o mesmo problema que tínhamos no Exercício A7.1, em que a semirreação de oxidação envolve três elétrons, mas a semirreação de redução envolve seis. Resolvemos isso da mesma forma que antes, multiplicando a semirreação de oxidação por dois. Podemos, então, combinar as duas semirreações e eliminar os termos comuns.

Semirreação de oxidação:

$$2NO + 8\,OH^- \rightleftarrows 2NO_3^- + 4H_2O + 6e^-$$

Semirreação de redução:

$$Cr_2O_7^{2-} + 7H_2O + 6e^- \rightleftarrows 2Cr^{3+} + 14\,OH^-$$

Reação global:

$$Cr_2O_7^{2-} + 2NO(g) + 3H_2O \rightleftarrows 2Cr^{3+} + 2NO_3^- + 6\,OH^-$$

Ao verificar nossa resposta, observamos que existem dois átomos de cromo, dois de nitrogênio, doze átomos de oxigênio e seis de hidrogênio em cada lado. Há também uma carga total de '–2' em cada lado, de modo que essa equação está equilibrada.

Agora que temos equações equilibradas de oxidação-redução que ocorrem em soluções ácidas ou básicas, você pode estar querendo saber como fazer isso com as soluções de pH neutro. A resposta é que, em uma solução de pH neutro, pode-se equilibrar a reação como se ela estivesse presente em *qualquer* uma das soluções, ácida ou básica. Além disso, um exame minucioso dos dois últimos exercícios revela que as equações equilibradas não são realmente tão diferentes assim, mas apenas maneiras diferentes de expressar a mesma equação equilibrada de oxidação-redução. Uma dessas respostas (Exercício A7.1) é apenas mais conveniente no caso de soluções com pH baixo, e a outra (Exercício A7.2) é mais funcional em uma solução com pH elevado. Há, no entanto, outras ocorrências possíveis em um pH alto ou baixo que criam comportamentos diferentes em uma reação de oxidação-redução. Por exemplo, em uma solução básica, o produto real de Cr(III) não é Cr^{3+}, mas sim um complexo de Cr^{3+} com OH^-, produzindo $Cr(OH)_3$ ou $Cr(OH)_4^-$. Além disso, o dicromato não existe em pH elevado; em vez disso, converte-se em dois mols de cromato. Como resultado disso, a equação global equilibrada no exercício anterior seria escrita de modo mais apropriado como segue.

Reação global:

$$2\,CrO_4^{2-} + 2NO(g) + 4H_2O \rightleftarrows 2\,Cr(OH)_3 + 2NO_3^- + 2\,OH^- \quad (A7.14)$$

Além do método da semirreação aqui descrita, existem outros métodos para equilibrar as reações redox, mas todos eles resultam em uma descrição de produtos e reagentes que segue a lei da conservação de massa.

Referência bibliográfica

1. J. D. Carr, 'Stoichiometry for Copper Dissolution in Nitric Acid: A Comment', *Journal of Chemical Education*, 67, 1990, p.183.

Apêndice A.8 Derivação da lei de Beer

A derivação da lei de Beer é baseada no modelo apresentado aqui. A potência da luz nesse modelo é dada pela variável P, e a distância que a luz percorre é representada pela variável x, onde $x = 0$ no início da amostra e $x = b$ (o comprimento total do caminho) no final da amostra. A potência inicial da luz que entra na amostra desse modelo é igual a P_0, e a potência final da luz emergente é $P_{x=b}$.

Este modelo assume que o analito é uniformemente distribuído na amostra. Supõe-se também que todos os raios de luz que passam através da amostra têm a mesma distância de percurso. Essa última hipótese é representada no modelo através do uso de um feixe paralelo de raios que atingem uma célula quadrada de amostra em um ângulo perpendicular à superfície da célula.

Para iniciar a derivação da lei de Beer, analisaremos o que ocorre quando esse feixe de luz passa através de uma determinada região da amostra com espessura de dx. Chamaremos de P a potência da luz que entra nessa região. A potência da luz que permanece após a passagem da luz através da região especificada na amostra é fornecida pelo termo $(P - dP)$, onde dP é a mudança na potência da luz devido à absorção de luz pelo analito nessa seção da amostra.

Podemos relacionar a redução na potência da luz ($-dP$) à potência da luz que entra (P) e à espessura da região da amostra através da seguinte equação diferencial,

$$-dP = c\, P\, dx \tag{A8.1}$$

em que c é uma constante de proporcionalidade. Esta equação apenas afirma que a quantidade de luz absorvida é diretamente proporcional à espessura da camada através da qual a luz passa. A seguir, podemos rearranjar a equação para combinar todos os termos contendo P (ou dP) de um lado e todos os termos relacionados com x (incluindo dx) do outro lado.

$$\frac{-dP}{P} = c\, dx$$

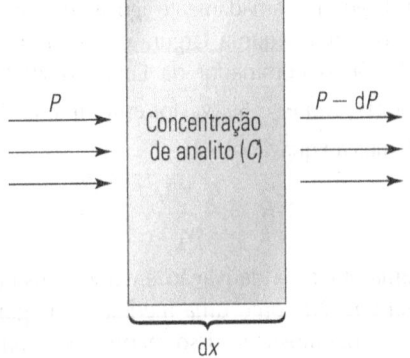

Figura A8

Modelo da derivação da lei de Beer.

Para usar essa relação para determinar a intensidade final da luz após ela ter passado por toda a amostra, podemos integrar ambos os lados da equação passando de uma distância de $x = 0$ para $x = b$ no lado direito e de uma potência inicial de P_0 para a potência final de $P_{x=b}$ (ou simplesmente 'P') no lado esquerdo.

$$\int_{P_0}^{P_{x=b}} \frac{-dP}{P} = c \int_{x=0}^{x=b} dx \tag{A8.3}$$

A expressão integrada que resulta desse processo é apresentada a seguir.

$$-\ln(P) - \{-\ln(P_0)\} = c(b) - c(0)$$

ou

$$-\ln\!\left(\frac{P}{P_0}\right) = c\, b \tag{A8.4}$$

Na Equação 17.11 do Capítulo 17, afirmou-se que a relação P/P_0 também era igual à transmitância (T), onde $T = P/P_0$. A absorbância (A) também foi definida no Capítulo 17 como o logaritmo na base 10 da transmitância.

$$A = -\log(T) = \log(P_0 / P) \tag{17.12}$$

Ao combinarmos a Equação A8.4 com a Equação 17.12, temos a seguinte equação.

$$A = c\, b \tag{A8.5}$$

As contribuições para o termo c são divididas entre a concentração do analito (C, como dada em unidades de molaridade) e a absortividade molar inerente do analito (ε, com unidades de L/mol·cm, se b tiver unidades de cm e C estiver em molaridade). Substituindo o fato de que $c = \varepsilon C$ na Equação A8.5, teremos a seguinte equação,

Lei de Beer: $\qquad A = \varepsilon\, b\, C \tag{17.13}$

que é a forma final da lei de Beer-Lambert (ou 'lei de Beer'), como fornecida na Equação 17.13 do Capítulo 17.

Efeito da luz policromática sobre a lei de Beer

Uma suposição feita pela lei de Beer é a de que se mede a absorbância da amostra por meio apenas da 'luz monocromática' (isto é, luz que contém apenas um comprimento de onda). Na realidade, não existe algo como uma luz perfeitamente monocromática, mas os monocromadores de instrumentos modernos para medições analíticas baseadas em espectroscopia fornecem uma luz muito próxima disso em medições de absorbância. Descrevemos a faixa de comprimentos de onda que atingem a amostra como $\Delta\lambda$.

Ao considerar se essa luz é 'monocromática' ou 'policromática' (isto é, se ela contém mais do que um comprimento de onda), o que é importante quando se utiliza a lei de Beer é se a absortividade molar do analito se altera acima dessa faixa de comprimento de onda ou não. Essa variação na absortividade molar ($\Delta\varepsilon$) deve ser pequena para que a lei de Beer produza uma boa descrição da absorção de luz. Isso em geral significa que a variação relativa na absortividade molar ($\Delta\varepsilon / \varepsilon$) é menor do que 0,01 em comparação com o valor médio de ε sobre a faixa de comprimentos de onda que está sendo usada na análise. É por essa razão que as medidas de absorbância são em geral feitas em comprimentos de onda que correspondem a um pico máximo no espectro de absorção, porque está na região onde ($\Delta\varepsilon / \varepsilon$) será muito pequena.

Esse método pode ser justificado matematicamente da seguinte maneira: primeiro, em dois comprimentos de onda que passam através da amostra (λ_1 e λ_2), o analito de interesse tem absortividades molar de ε_1 e ε_2. Além disso, digamos que f_1 e f_2 representem a fração de energia radiante incidente nesses comprimentos de onda em relação ao total de energia de luz que entra na amostra. Usaremos os termos $P_{0,1}$ e $P_{0,2}$ para representar a energia incidente original de luz nesses dois comprimentos de onda, e P_1 e P_2 serão usados para representar a energia de luz transmitida a esses mesmos dois comprimentos de onda. Primeiro, podemos escrever uma expressão simples na qual a potência total da luz transmitida (P) será igual ao valor de P_1 e P_2, se supusermos que apenas os dois comprimentos de onda de luz especificados passam através da amostra.

$$P = P_1 + P_2 \quad (A8.6)$$

Podemos, então, usar a lei de Beer em cada um dos dois comprimentos de onda para derivar as seguintes relações.

$$P_1/P_{0,1} = 10^{-\varepsilon_1 bC} \text{ ou } P_1 = P_{0,1} \cdot 10^{-\varepsilon_1 bC} \quad (A8.7)$$

$$P_2/P_{0,2} = 10^{-\varepsilon_2 bC} \text{ ou } P_2 = P_{0,2} \cdot 10^{-\varepsilon_2 bC} \quad (A8.8)$$

Substituindo as equações A8.7 e A8.8 na Equação A8.6, temos a seguinte expressão.

$$P_1 = P_{0,1} \cdot 10^{-\varepsilon_1 bC} + P_{0,2} \cdot 10^{-\varepsilon_2 bC} \quad (A8.9)$$

Também podemos relacionar os valores de $P_{0,1}$ e $P_{0,2}$ com o total combinado e a energia radiante da luz incidente (P_0) usando as seguintes equações:

$$P_{0,1} = f_1 P_0 \quad (A8.10)$$

$$P_{0,2} = f_2 P_0 \quad (A8.11)$$

Substituindo as equações A8.9 a A8.11 na relação entre a absorbância A e a razão P/P_0, temos a Equação A8.12.

$$A = -\log(P/P_0) = -\log(f_1 10^{-\varepsilon_1 bC} + f_2 10^{-\varepsilon_2 bC}) \quad (A8.12)$$

Podemos agora verificar como esses dois comprimentos de onda afetam a inclinação do gráfico da lei de Beer, tomando a primeira derivada da absorbância A na Equação A8.12 em relação à concentração C.

$$dA/dC = \frac{\varepsilon_1 f_1 b 10^{-\varepsilon_1 bC} + \varepsilon_2 f_2 b 10^{-\varepsilon_2 bC}}{f_1 10^{-\varepsilon_1 bC} + f_2 10^{-\varepsilon_2 bC}} \quad (A8.13)$$

No caso em que a luz é 'monocromática' (ou $\varepsilon_1 = \varepsilon_2$), a Equação 18.13 se reduz a $dA/dC = \varepsilon b$, que é a inclinação constante idealmente verificada para a lei de Beer em um gráfico de A versus C. No entanto, se a luz é policromática e ε_1 não equivale a ε_2, o lado direito da Equação 18.13 não se reduz a uma simples combinação de constantes. Em vez disso, o resultado é uma alteração na inclinação com uma concentração que sempre será côncava em direção ao eixo de concentração se $\Delta\varepsilon > 0$. Além disso, a extensão dessa curvatura se tornará pior à medida que a diferença $|\varepsilon_1 - \varepsilon_2|$ aumenta.

Apêndice A.9 Derivação da equação de resolução

A equação de resolução, conforme mostrada na Equação 20.27 e no Capítulo 20, é uma relação muito importante para otimizar separações em cromatografia ou para prever como estas podem se alterar à medida que as condições experimentais variam.

$$Rs = \frac{\sqrt{N}}{4} \cdot \frac{(\alpha - 1)}{\alpha} \cdot \frac{k}{(1+k)} \quad (20.27)$$

Essa equação mostra que a resolução de pico (R_s) obtida entre dois picos vizinhos em cromatografia será afetada por três fatores. O primeiro deles é a extensão do alargamento do pico na coluna, conforme representada pelo número de pratos teóricos (N). O segundo fator é o grau geral de retenção de pico, conforme representado pelo fator de retenção para o segundo dos dois picos (k). O terceiro fator é a seletividade da coluna na retenção dos compostos nos dois picos, conforme representada pelo fator de separação (α).

A forma da equação de resolução que é mostrada na Equação 20.27 pode ser derivada partindo-se da seguinte fórmula usada para calcular R_s a partir de dados experimentais, como também foi fornecido anteriormente no Capítulo 20.

$$R_s = \frac{t_{R_2} - t_{R_1}}{(w_{b_2} + w_{b_1})/2} \quad (20.26)$$

Nessa relação, t_{R_1} e w_{b_1} são o tempo de retenção e a largura de linha de base do primeiro pico de eluição, enquanto t_{R_2} e w_{b_2} são o tempo de retenção e a largura de linha de base do segundo pico. A primeira suposição a fazer para passar da Equação 20.26 para a Equação 20.27 é que as larguras dos dois picos vizinhos são aproximadamente iguais, ou que $w_{b_1} \approx w_{b_2}$. Essa suposição significa que a largura da linha de base média ($w_{b_2} + w_{b_1}$)/2 no denominador da Equação 20.26 pode ser substituída por w_{b_1} ou w_{b_2}. Se w_{b_2} for escolhido para essa substituição, obtemos a Equação A9.1.

$$R_s = \frac{t_{R_2} - t_{R_1}}{w_{b_2}} \quad (A9.1)$$

A próxima etapa da derivação envolve o uso do número de pratos teóricos (N) como uma medida de largura de pico, em vez de w_b. Podemos fazer isso recorrendo a uma segunda suposição de que ambos os picos em avaliação têm a forma de Gauss. Esse pressuposto nos permite usar a relação fornecida na Equação 20.21 do Capítulo 20 para calcular N de w_b e t_R.

Para um pico de Gauss: $N = 16(t_R/w_b)^2$ (20.21)

Um rearranjo simples dessa equação torna possível obter as seguintes expressões que relacionam w_b com t_R e N.

$$w_b = t_R \sqrt{16/N} \quad \text{ou} \quad w_b = (t_R 4)/\sqrt{N} \quad (A9.2)$$

Usando a Equação A9.2, podemos substituir o valor de w_{b_2} na Equação A9.1 pelo termo equivalente $(t_{R_2} 4)\sqrt{N}$. Essa substituição e um rearranjo das expressões resultantes produzem a Equação A9.3.

$$R_s = \frac{t_{R_2} - t_{R_1}}{(t_{R_2} 4)/\sqrt{N}} \quad \text{ou}$$

$$R_s = \frac{\sqrt{N}}{4} \cdot \frac{t_{R_2} - t_{R_1}}{t_{R_2}} \quad (A9.3)$$

A terceira etapa na obtenção da equação de resolução consiste em substituir cada tempo de retenção na Equação A9.3 por um fator de retenção correspondente (k). Podemos realizar isso combinando a relação $k = t'_R/t_M$, como consta do Capítulo 20 na Equação 20.14, com a relação $t'_R = t_R - t_M$, conforme dada na Equação 20.11, na qual t'_R é o tempo de retenção ajustado e t_M é o tempo de morto.

$$k = t'_R/t_M \quad \text{ou} \quad k = (t_R - t_M)/t_M \quad (A9.4)$$

A Equação A9.4 pode ser rearranjada em termos de t_R, o que resulta na Equação A9.5.

$$t_R = t_M(k+1) \quad (A9.5)$$

Usando a Equação A9.5, podemos modificar a Equação A9.3 substituindo t_{R2} por $t_M(k_2 + 1)$ e t_{R1} por $t_M(k_1 + 1)$. O resultado é a Equação A9.6, onde todos os termos t_M se cancelam, porque aparecem tanto no numerador quanto no denominador.

$$R_s = \frac{\sqrt{N}}{4} \cdot \frac{t_M(k_2+1) - t_M(k_1+1)}{t_M(k_2+1)}$$

ou

$$R_s = \frac{\sqrt{N}}{4} \cdot \frac{k_2 - k_1}{k_2 + 1} \quad (A9.6)$$

A etapa final na derivação da equação de resolução envolve a substituição do fator de retenção pela eluição do primeiro pico (k_1) pelo termo equivalente com base no fator de separação, α. O termo α foi definido pela Equação 20.25 no Capítulo 20 como $\alpha = k_2/k_1$, que também pode ser escrita da seguinte forma.

$$k_1 = k_2/\alpha \quad (A9.7)$$

Rearranjar ligeiramente essa equação permite que um dos dois fatores de retenção (por exemplo, k_1) seja calculado a partir do outro se o valor de α for conhecido. Se usarmos a Equação A9.7 para substituir k_1 por k_2/α na Equação A9.6, obteremos a expressão modificada para R_s que é mostrada na Equação A9.8.

$$R_s = \frac{\sqrt{N}}{4} \cdot \frac{k_2 - (k_2/\alpha)}{k_2 + 1}$$

ou

$$R_s = \frac{\sqrt{N}}{4} \cdot \frac{k_2(1 - 1/\alpha)}{k_2 + 1} \quad (A9.8)$$

Se substituirmos agora k_2 por 'k' e levarmos em conta que $(1 - 1/\alpha)$ também pode ser escrito como $(\alpha - 1)/\alpha$, chegaremos à equação de resolução final na Equação 20.27.

Apêndice B

Apêndice B.1 Coeficientes de atividade individuais estimados para íons orgânicos em água a 25 °C*

Tipo de íon	Parâmetro de tamanho de íon, a (pm)	Coeficiente de atividade em força iônica I (M)							
		$I = 0,0005$	0,001	0,002	0,005	0,01	0,02	0,05	0,10
Carga = +1 ou −1									
$(C_3H_7)_4N^+$, $(C_6H_5)_2CHCOO^-$	$a = 800$	0,97<u>6</u>	0,96<u>6</u>	0,95<u>4</u>	0,93<u>2</u>	0,91<u>1</u>	0,88<u>6</u>	0,84<u>8</u>	0,81<u>6</u>
$CH_3OC_6H_4COO^-$, $(C_3H_7)_3NH^+$, $(NO_2)_3C_6H_2O^-$	700	0,97<u>5</u>	0,96<u>6</u>	0,95<u>4</u>	0,93<u>1</u>	0,90<u>9</u>	0,88<u>2</u>	0,84<u>1</u>	0,80<u>6</u>
$C_6H_5COO^-$, $HOC_6H_4COO^-$, $ClC_6H_4COO^-$, $C_6H_5CH_2COO^-$, $(CH_3CH_2)_4N^+$, $(C_3H_7)_2NH_2^+$, $CH_2=CHCH_2COO^-$, $(CH_3)_2CHCH_2COO^-$	600	0,97<u>5</u>	0,96<u>6</u>	0,95<u>3</u>	0,93<u>0</u>	0,90<u>7</u>	0,87<u>8</u>	0,83<u>3</u>	0,79<u>5</u>
$(CH_3CH_2)_3NH^+$, $(C_3H_7)NH_3^+$, Cl_2CHCOO^-, Cl_3CCOO^-	500	0,97<u>5</u>	0,96<u>5</u>	0,95<u>2</u>	0,92<u>8</u>	0,90<u>4</u>	0,87<u>4</u>	0,82<u>5</u>	0,78<u>3</u>
CH_3COO^-, $ClCH_2COO^-$, $(CH_3)_4N^+$, $(CH_3CH_2)_2NH_2^+$, $H_2NCH_2COO^-$	450	0,97<u>5</u>	0,96<u>5</u>	0,95<u>2</u>	0,92<u>8</u>	0,90<u>3</u>	0,87<u>2</u>	0,82<u>1</u>	0,77<u>6</u>
$^+H_3NCH_2COOH$, $(CH_3)_3NH^+$, $CH_3CH_5NH_3^+$	400	0,97<u>5</u>	0,96<u>5</u>	0,95<u>2</u>	0,92<u>7</u>	0,90<u>1</u>	0,86<u>9</u>	0,81<u>6</u>	0,76<u>9</u>
$(CH_3)_2NH_2^+$, $HCOO^-$, $H_2Citrato^-$, $CH_3NH_3^+$	350	0,97<u>5</u>	0,96<u>5</u>	0,95<u>1</u>	0,92<u>6</u>	0,90<u>0</u>	0,86<u>7</u>	0,81<u>1</u>	0,76<u>2</u>
Carga = +2 ou −2									
$CH_2(CH_2CH_2(COO)_2^{2-}$, $CH_2CH_2CH_2(COO)_2^{2-}$, Vermelho Congo^{2-}	$a = 700$	0,90<u>5</u>	0,87<u>1</u>	0,82<u>6</u>	0,75<u>1</u>	0,68<u>2</u>	0,60<u>6</u>	0,50<u>0</u>	0,42<u>3</u>
$C_6H_4(COO)_2^{2-}$, $H_2C(CH_2COO)_2^{2-}$, $(CH_2CH_2COO)_2^{2-}$	600	0,90<u>4</u>	0,87<u>0</u>	0,82<u>4</u>	0,74<u>7</u>	0,67<u>5</u>	0,59<u>5</u>	0,48<u>2</u>	0,40<u>0</u>
$H_2C(COO)_2^{2-}$, $(CH_2COO)_2^{2-}$, $(CHOHCOO)_2^{2-}$	500	0,90<u>4</u>	0,86<u>8</u>	0,82<u>2</u>	0,74<u>3</u>	0,66<u>8</u>	0,58<u>3</u>	0,46<u>4</u>	0,37<u>6</u>
$C_2O_4^{2-}$, $HCitrato^{2-}$	450	0,90<u>3</u>	0,86<u>8</u>	0,82<u>1</u>	0,74<u>0</u>	0,66<u>4</u>	0,57<u>7</u>	0,45<u>4</u>	0,36<u>3</u>
Carga = +3 ou −3									
Citrato^{3-}	$a = 500$	0,79<u>6</u>	0,72<u>8</u>	0,64<u>4</u>	0,51<u>2</u>	0,40<u>3</u>	0,29<u>7</u>	0,17<u>7</u>	0,11<u>1</u>

*Esta tabela é baseada em dados fornecidos em J. Kielland, 'Individual Activity Coefficients of Ions in Aqueous Solutions', *Journal of the American Chemical Society*, 1937, 59, p.1675–1678. O último número sublinhado à direita em cada um dos coeficientes de atividade é um dígito de guarda (veja a discussão sobre dígitos de guarda no Capítulo 2).

Apêndice B.2 Produtos de solubilidade para vários sais em água*

Cátion	Ânion	Reação de dissociação	Produto de solubilidade, K_{ps}	$pK_{ps} = -\log(K_{ps})$
Alumínio (Al^{3+})	Hidróxido (OH^-)	$Al(OH)_3(s) \rightleftharpoons Al^{3+} + 3\,OH^-$	$[Al^{3+}][OH^-]^3 = 1,3 \times 10^{-33}$	32,89
	Fosfato (PO_4^{3-})	$AlPO_4(s) \rightleftharpoons Al^{3+} + PO_4^{3-}$	$[Al^{3+}][PO_4^{3-}] = 9,84 \times 10^{-21}$	20,01
	8-Quinolinolato[a]	$AlL_3(s) \rightleftharpoons Al^{3+} + 3\,L^-$	$[Al^{3+}][L^-]^3 = 1,00 \times 10^{-29}$	29,00
	Sulfeto (S^{2-})	$Al_2S_3(s) \rightleftharpoons 2\,Al^{3+} + 3\,S^{2-}$	$[Al^{3+}]^2[S^{2-}]^3 = 2 \times 10^{-7}$	6,7
Bário (Ba^{2+})	Carbonato (CO_3^{2-})	$BaCO_3(s) \rightleftharpoons Ba^{2+} + CO_3^{2-}$	$[Ba^{2+}][CO_3^{2-}] = 2,58 \times 10^{-9}$	8,59
	Cromato (CrO_4^{2-})	$BaCrO_4(s) \rightleftharpoons Ba^{2+} + CrO_4^{2-}$	$[Ba^{2+}][CrO_4^{2-}] = 1,17 \times 10^{-10}$	9,93
	Fluoreto (F^-)	$BaF_2(s) \rightleftharpoons Ba^{2+} + 2\,F^-$	$[Ba^{2+}][F^-]^2 = 1,84 \times 10^{-7}$	6,74
	Fostato (PO_4^{3-})	$Ba_3(PO_4)_2(s) \rightleftharpoons 3\,Ba^{2+} + 2\,PO_4^{3-}$	$[Ba^{2+}]^3[PO_4^{3-}]^2 = 3,4 \times 10^{-23}$	22,47
	Sulfato (SO_4^{2-})	$BaSO_4(s) \rightleftharpoons Ba^+ + SO_4^{2-}$	$[Ba^+][SO_4^{2-}] = 1,08 \times 10^{-10}$	9,97
Bismuto (Bi^+)	Hipoclorito (OCl^-)	$BiOCl(s) \rightleftharpoons Bi^+ + OCl^-$	$[Bi^+][OCl^-] = 1,8 \times 10^{-31}$	30,75
Cádmio (Cd^{2+})	Iodato (IO_3^-)	$Cd(IO_3)_2(s) \rightleftharpoons Cd^{2+} + 2\,IO_3^-$	$[Cd^{2+}][IO_3^-]^2 = 2,5 \times 10^{-8}$	7,60
	Sulfeto (S^{2-})	$CdS(s) \rightleftharpoons Cd^{2+} + S^{2-}$	$[Cd^{2+}][S^{2-}] = 8,0 \times 10^{-27}$	26,10
Cálcio (Ca^{2+})	Carbonato (CO_3^{2-})	$CaCO_3(s) \rightleftharpoons Ca^{2+} + CO_3^{2-}$	$[Ca^{2+}][CO_3^{2-}] = 2,8 \times 10^{-9}$	8,54
	Fluoreto (F^-)	$CaF_2(s) \rightleftharpoons Ca^{2+} + 2\,F^-$	$[Ca^{2+}][F^-]^2 = 5,3 \times 10^{-9}$	8,28
	Hidróxido (OH^-)	$Ca(OH)_2(s) \rightleftharpoons Ca^{2+} + S^{2-}$	$[Ca^{2+}][OH^-]^2 = 5,5 \times 10^{-6}$	5,26
	Oxalato ($C_2O_4^{2-}$)	$CaC_2O_4(s) \rightleftharpoons Ca^{2+} + C_2O_4^{2-}$	$[Ca^{2+}][C_2O_4^{2-}] = 2,32 \times 10^{-9}$	8,63 (na verdade um hidrato)
	Fosfato (PO_4^{3-})	$Ca_3(PO_4)_2(s) \rightleftharpoons 3\,Ca^{2+} + 2\,PO_4^{3-}$	$[Ca^{2+}]^3[PO_4^{3-}]^2 = 2,07 \times 10^{-29}$	28,68
	8-Quinolinolato[a]	$CaL_2(s) \rightleftharpoons Ca^{2+} + 2\,L^-$	$[Ca^{2+}][L^-]^2 = 7,6 \times 10^{-12}$	11,12
	Sulfato (SO_4^{2-})	$CaSO_4(s) \rightleftharpoons Ca^{2+} + SO_4^{2-}$	$[Ca^{2+}][SO_4^{2-}] = 4,93 \times 10^{-5}$	4,31
Cério(III) (Ce^{3+})	Hidróxido (OH^-)	$Ce(OH)_3(s) \rightleftharpoons Ce^{3+} + 3\,OH^-$	$[Ce^{3+}][OH^-]^3 = 1,6 \times 10^{-20}$	19,80
Cério(IV) (Ce^{4+})	Hidróxido (OH^-)	$Ce(OH)_4(s) \rightleftharpoons Ce^{4+} + 4\,OH^-$	$[Ce^{4+}][OH^-]^4 = 2 \times 10^{-48}$	47,7
Cromo(II) (Cr^{2+})	Hidróxido (OH^-)	$Cr(OH)_2(s) \rightleftharpoons Cr^{2+} + 2\,OH^-$	$[Cr^{2+}][OH^-]^2 = 2 \times 10^{-16}$	15,7
Cromo(III) (Cr^{3+})	Hidróxido (OH^-)	$Cr(OH)_3(s) \rightleftharpoons Cr^{3+} + 3\,OH^-$	$[Cr^{3+}][OH^-]^3 = 6,3 \times 10^{-31}$	30,20
Cobre(I) (Cu^+)	Brometo (Br^-)	$CuBr(s) \rightleftharpoons Cu^+ + Br^-$	$[Cu^+][Br^-] = 6,27 \times 10^{-9}$	8,20

Cátion	Ânion	Reação de dissociação	Produto de solubilidade, K_{ps}	$pK_{ps} = -\log(K_{ps})$
	Cloreto (Cl^-)	$CuCl(s) \rightleftharpoons Cu^+ + Cl^-$	$[Cu^+][Cl^-] = 1{,}72 \times 10^{-7}$	6,76
	Cianeto (CN^-)	$CuCN(s) \rightleftharpoons Cu^+ + CN^-$	$[Cu^+][CN^-] = 3{,}47 \times 10^{-20}$	19,46
	Hidróxido (OH^-)	$CuOH(s) \rightleftharpoons Cu^+ + OH^-$	$[Cu^+][OH^-] = 1 \times 10^{-14}$	14,0
	Iodeto (I^-)	$CuI(s) \rightleftharpoons Cu^+ + I^-$	$[Cu^+][I^-] = 1{,}27 \times 10^{-12}$	11,90
	Sulfeto (S^{2-})	$Cu_2S(s) \rightleftharpoons 2\,Cu^+ + S^{2-}$	$[Cu^+]^2[S^{2-}] = 2{,}5 \times 10^{-48}$	47,60
	Tiocianato (SCN^-)	$CuSCN(s) \rightleftharpoons Cu^+ + SCN^-$	$[Cu^+][SCN^-] = 1{,}77 \times 10^{-13}$	12,75
Cobre (II) (Cu^{2+})	Carbonato (CO_3^{2-})	$CuCO_3(s) \rightleftharpoons Cu^{2+} + CO_3^{2-}$	$[Cu^{2+}][CO_3^{2-}] = 1{,}4 \times 10^{-10}$	9,86
	Cromato (CrO_4^{2-})	$CuCrO_4(s) \rightleftharpoons Cu^{2+} + CrO_4^{2-}$	$[Cu^{2+}][CrO_4^{2-}] = 3{,}6 \times 10^{-6}$	5,44
	Hidróxido (OH^-)	$Cu(OH)_2(s) \rightleftharpoons Cu^{2+} + 2\,OH^-$	$[Cu^{2+}][OH^-]^2 = 2{,}2 \times 10^{-20}$	19,66
	Fosfato (PO_4^{3-})	$Cu_3(PO_4)_2(s) \rightleftharpoons 3\,Cu^{2+} + 2\,PO_4^{3-}$	$[Cu^{2+}]^3[PO_4^{3-}]^2 = 1{,}40 \times 10^{-37}$	36,85
	Sulfeto (S^{2-})	$CuS(s) \rightleftharpoons Cu^{2+} + S^{2-}$	$[Cu^{2+}][S^{2-}] = 6{,}3 \times 10^{-36}$	35,20
Ferro(II) (Fe^{2+})	Hidróxido (OH^-)	$Fe(OH)_2(s) \rightleftharpoons Fe^{2+} + 2\,OH^-$	$[Fe^{2+}][OH^-]^2 = 4{,}87 \times 10^{-17}$	16,31
	Carbonato (CO_3^{2-})	$FeCO_3(s) \rightleftharpoons Fe^{2+} + CO_3^{2-}$	$[Fe^{2+}][CO_3^{2-}] = 3{,}13 \times 10^{-11}$	10,50
	Sulfeto (S^{2-})	$FeS(s) \rightleftharpoons Fe^{2+} + S^{2-}$	$[Fe^{2+}][S^{2-}] = 6{,}3 \times 10^{-18}$	17,20
Ferro(III) (Fe^{3+})	Hidróxido (OH^-)	$Fe(OH)_3(s) \rightleftharpoons Fe^{3+} + 3\,OH^-$	$[Fe^{3+}][OH^-]^3 = 2{,}79 \times 10^{-39}$	38,55
	Fosfato diidratado	$FePO_4 \cdot 2H_2O(s) \rightleftharpoons Fe^{3+} + PO_4^{3-} + 2\,H_2O$	$[Fe^{3+}][PO_4^{3+}] = 9{,}91 \times 10^{-16}$	15,00
Lantânio (La^{3+})	Fluoreto (F^-)	$LaF_3(s) \rightleftharpoons La^{3+} + 3\,F^-$	$[La^{3+}][F^-]^3 = 7 \times 10^{-17}$	16,2
	Hidróxido (OH^-)	$La(OH)_3(s) \rightleftharpoons La^{3+} + 3\,OH^-$	$[La^{3+}][OH^-]^3 = 2{,}0 \times 10^{-19}$	18,70
	Fosfato (PO_4^{3-})	$LaPO_4(s) \rightleftharpoons La^{3+} + PO_4^{3-}$	$[La^{3+}][PO_4^{3-}] = 3{,}7 \times 10^{-23}$	22,43
Chumbo (Pb^{2+})	Carbonato (CO_3^{2-})	$PbCO_3(s) \rightleftharpoons Pb^{2+} + CO_3^{2-}$	$[Pb^{2+}][CO_3^{2-}] = 7{,}4 \times 10^{-14}$	13,13
	Cloreto (Cl^-)	$PbCl_2(s) \rightleftharpoons Pb^{2+} + 2\,Cl^-$	$[Pb^{2+}][Cl^-]^2 = 1{,}70 \times 10^{-5}$	4,77
	Fluoreto (F^-)	$PbF_2(s) \rightleftharpoons Pb^{2+} + 2\,F^-$	$[Pb^{2+}][F^-]^2 = 3{,}3 \times 10^{-8}$	7,48
	Hidróxido (OH^-)	$Pb(OH)_2(s) \rightleftharpoons Pb^{2+} + 2\,OH^-$	$[Pb^{2+}][OH^-]^2 = 1{,}43 \times 10^{-15}$	14,84
	Sulfato (SO_4^{2-})	$PbSO_4(s) \rightleftharpoons Pb^{2+} + SO_4^{2-}$	$[Pb^{2+}][SO_4^{2-}] = 2{,}53 \times 10^{-8}$	7,60
	Sulfeto (S^{2-})	$PbS(s) \rightleftharpoons Pb^{2+} + S^{2-}$	$[Pb^{2+}][S^{2-}] = 8{,}0 \times 10^{-28}$	27,10
Magnésio (Mg^{2+})	Amônio fosfato	$Mg(NH_4)PO_4(s) \rightleftharpoons Mg^{2+} + NH_4^+ + PO_4^{3-}$	$[Mg^{2+}][NH_4^+][PO_4^{3-}] = 2{,}5 \times 10^{-13}$	12,60
	Carbonato (CO_3^{2-})	$MgCO_3(s) \rightleftharpoons Mg^{2+} + CO_3^{2-}$	$[Mg^{2+}][CO_3^{2-}] = 6{,}82 \times 10^{-6}$	5,17

Cátion	Ânion	Reação de dissociação	Produto de solubilidade, K_{ps}	$pK_{ps} = -\log(K_{ps})$
	Fluoreto (F$^-$)	$MgF_2(s) \rightleftharpoons Mg^{2+} + 2F^-$	$[Mg^{2+}][F^-]^2 = 5,16 \times 10^{-11}$	10,29
	Hidróxido (OH$^-$)	$Mg(OH)_2(s) \rightleftharpoons Mg^{2+} + 2OH^-$	$[Mg^{2+}][OH^-]^2 = 5,61 \times 10^{-12}$	11,25
	8-Quinolinolato[a]	$MgL_2(s) \rightleftharpoons Mg^{2+} + 2L^-$	$[Mg^{2+}][L^-]^2 = 4,0 \times 10^{-16}$	15,40
Potássio (K$^+$)	Perclorato (ClO$_4^-$)	$KClO_4(s) \rightleftharpoons K^+ + ClO_4^-$	$[K^+][ClO_4^-] = 1,05 \times 10^{-2}$	1,98
Prata (Ag$^+$)	Brometo (Br$^-$)	$AgBr(s) \rightleftharpoons Ag^+ + Br^-$	$[Ag^+][Br^-] = 5,35 \times 10^{-13}$	12,27
	Carbonato (CO$_3^{2-}$)	$Ag_2CO_3(s) \rightleftharpoons 2Ag^+ + CO_3^{2-}$	$[Ag^+]^2[CO_3^{2-}] = 8,46 \times 10^{-12}$	11,07
	cloreto (Cl$^-$)	$AgCl(s) \rightleftharpoons Ag^+ + Cl^-$	$[Ag^+][Cl^-] = 1,77 \times 10^{-10}$	9,75
	Cromato (CrO$_4^-$)	$Ag_2CrO_4(s) \rightleftharpoons 2Ag^+ + CrO_4^{2-}$	$[Ag^+]^2[CrO_4^{2-}] = 1,12 \times 10^{-12}$	11,95
	Cianeto (CN$^-$)	$AgCN(s) \rightleftharpoons Ag^+ + CN^-$	$[Ag^+][CN^-] = 5,97 \times 10^{-17}$	16,22
	Iodeto (I$^-$)	$AgI(s) \rightleftharpoons Ag^+ + I^-$	$[Ag^+][I^-] = 8,52 \times 10^{-17}$	16,07
	Sulfeto (S^{2-})	$Ag_2S(s) \rightleftharpoons 2Ag^+ + S^{2-}$	$[Ag^+]^2[S^{2-}] = 6,3 \times 10^{-50}$	49,20
	Tiocianato (SCN$^-$)	$AgSCN(s) \rightleftharpoons Ag^+ + SCN^-$	$[Ag^+][SCN^-] = 1,03 \times 10^{-12}$	11,99
Estrôncio (Sr^{2+})	Fluoreto (F$^-$)	$SrF_2(s) \rightleftharpoons Sr^{2+} + 2F^-$	$[Sr^{2+}][F^-]^2 = 4,33 \times 10^{-9}$	8,36
Zinco (Zn^{2+})	Fluoreto (F$^-$)	$ZnF_2(s) \rightleftharpoons Zn^{2+} + 2F^-$	$[Zn^{2+}][F^-]^2 = 3,04 \times 10^{-2}$	1,52
	Carbonato (CO$_3^{2-}$)	$ZnCO_3(s) \rightleftharpoons Zn^{2+} + CO_3^{2-}$	$[Zn^{2+}][CO_3^{2-}] = 1,46 \times 10^{-10}$	9,94
	Hidróxido (OH$^-$)	$Zn(OH)_2(s) \rightleftharpoons Zn^{2+} + 2OH^-$	$[Zn^{2+}][OH^-]^2 = 3 \times 10^{-17}$	16,5
	Sulfeto (S^{2-})	$ZnS(s) \rightleftharpoons Zn^{2+} + S^{2-}$	$[Zn^{2+}][S^{2-}] = 1,6 \times 10^{-24}$	23,80 [b]

* Estes valores K_{ps} foram determinados com base em *Lange's Handbook of Chemistry*, 15^a ed., J. A. Dean, (ed.), McGraw-Hill, Nova York, 1999. Os valores listados foram obtidos em temperaturas entre 18 °C e 25 °C.
[a] Este reagente também é conhecido como 8-hidroxiquinolina.
[b] Este valor é referente à forma α de ZnS. A forma β tem K_{ps} igual a $2,5 \times 10^{-22}$.

Apêndice B.3   Constantes de dissociação do ácido em água

Ácido	Reação de dissociação do ácido	Constante de dissociação do ácido, K_a (25 °C)[a]	pK_a = −log(K_a)
Ácido acético	$CH_3COOH \rightleftarrows CH_3COO^- + H^+$	$1{,}75 \times 10^{-5}$	4,757
Ácido acetilsalicílico	$C_6H_4(C_2H_3O_2)COOH \rightleftarrows C_6H_4(C_2H_3O_2)COO^- + H^+$	$3{,}3 \times 10^{-4}$	3,48
Ácido adípico	$HOOC(CH_2)_4COOH \rightleftarrows HOOC(CH_2)_4COO^- + H^+$	$3{,}71 \times 10^{-5}$	4,43
	$HOOC(CH_2)_4COO^- \rightleftarrows {}^-OOC(CH_2)_4COO^- + H^+$	$3{,}89 \times 10^{-6}$	5,41
Alanina [b]	${}^+H_3NCH(R)COOH \rightleftarrows {}^+H_3NCH(R)COO^- + H^+$	$4{,}57 \times 10^{-3}$	2,34
	${}^+H_3NCH(R)COO^- \rightleftarrows H_2NCH(R)COO^- + H^+$	$1{,}35 \times 10^{-10}$	9,87
4-Aminopiridina (conj. acid) [c]	$C_5H_5NNH_3^+ \rightleftarrows C_5H_5NNH_2 + H^+$	$4{,}26 \times 10^{-10}$	9,37
Amônia	$NH_4^+ \rightleftarrows NH_3 + H^+$	$5{,}62 \times 10^{-10}$	9,25
Arginina [b]	${}^+H_3NCH(RH^+)COOH \rightleftarrows {}^+H_3NCH(RH^+)COO^- + H^+$	$1{,}51 \times 10^{-2}$	1,82
	${}^+H_3NCH(RH^+)COO^- \rightleftarrows H_2NCH(RH^+)COO^- + H^+$	$1{,}02 \times 10^{-9}$	8,99
	$H_2NCH(RH^+)COO^- \rightleftarrows H_2NCH(R)COO^- + H^+$	$7{,}9 \times 10^{-13}$	12,1
Ácido ascórbico	$C_6H_8O_6 \rightleftarrows C_6H_7O_6^- + H^+$	$7{,}94 \times 10^{-5}$	4,10
	$C_6H_7O_6^- \rightleftarrows C_6H_6O_6^{2-} + H^+$	$1{,}62 \times 10^{-12}$	11,79
Asparagina [b]	${}^+H_3NCH(R)COOH \rightleftarrows {}^+H_3NCH(R)COO^- + H^+$	$6{,}92 \times 10^{-3}$	2,16
	${}^+H_3NCH(R)COO^- \rightleftarrows H_2NCH(R)COO^- + H^+$	$1{,}86 \times 10^{-9}$	8,73
Ácido aspártico [b]	${}^+H_3NCH(RH)COOH \rightleftarrows {}^+H_3NCH(RH)COO^- + H^+$	$1{,}02 \times 10^{-2}$	1,99
	${}^+H_3NCH(RH)COO^- \rightleftarrows H_3NCH(R^-)COO^- + H^+$	$1{,}26 \times 10^{-4}$	3,90
	${}^+H_3NCH(R^-)COO^- \rightleftarrows H_2NCH(R^-)COO^- + H^+$	$1{,}0 \times 10^{-10}$	10,00
Ácido benzoico	$C_6H_5COOH \rightleftarrows C_6H_5COO^- + H^+$	$6{,}28 \times 10^{-5}$	4,202
Ácido bórico	$B(OH)_2OH \rightleftarrows B(OH)_2O^- + H^+$	$5{,}79 \times 10^{-10}$	9,237
Ácido bromoacético	$BrCH_2COOH \rightleftarrows BrCH_2COO^- + H^+$	$2{,}05 \times 10^{-3}$	2,69
Ácido butanoico	$C_3H_7COOH \rightleftarrows C_3H_7COO^- + H^+$	$1{,}52 \times 10^{-5}$	4,82
Ácido carbônico	$H_2CO_3 \rightleftarrows HCO_3^- + H^+$	$4{,}46 \times 10^{-7}$	6,351
	$HCO_3^- \rightleftarrows CO_3^{2-} + H^+$	$4{,}69 \times 10^{-11}$	10,329
Ácido clórico [d]	$HClO_3 \rightleftarrows ClO_3^- + H^+$	Ácido forte na água	—
Ácido cloroacético	$ClCH_2COOH \rightleftarrows ClCH_2COO^- + H^+$	$1{,}40 \times 10^{-3}$	2,85
Ácido crômico	$H_2CrO_4 \rightleftarrows HCrO_4^- + H^+$	$1{,}8 \times 10^{-1}$	0,74
	$HCrO_4^- \rightleftarrows CrO_4^{2-} + H^+$	$3{,}20 \times 10^{-7}$	6,49

Ácido	Reação de dissociação do ácido	Constante de dissociação do ácido, K_a (25 °C)[a]	$pK_a = -\log(K_a)$
Ácido cítrico	$HOOC(CH_2COOH)COOH \rightleftharpoons HOOC(CH_2COOH)COO^- + H^+$	$7,45 \times 10^{-4}$	3,128
	$HOOC(CH_2COOH)COO^- \rightleftharpoons {}^-OOC(CH_2COOH)COO^- + H^+$	$1,73 \times 10^{-5}$	4,761
	${}^-OOC(CH_2COOH)COO^- \rightleftharpoons {}^-OOC(CH_2COO^-)COO^- + H^+$	$4,02 \times 10^{-7}$	6,396
Cisteína [b]	${}^+H_3NCH(RH)COOH \rightleftharpoons {}^+H_3NC(RH)COO^- + H^+$	$2,0 \times 10^{-2}$	1,7
	${}^+H_3NCH(RH)COO^- \rightleftharpoons {}^+H_3NCH(R^-)COO^- + H^+$	$4,37 \times 10^{-9}$	8,36
	${}^+H_3NCH(R^-)COO^- \rightleftharpoons H_2NCH(R^-)COO^- + H^+$	$1,82 \times 10^{-11}$	10,74
1,6-Diaminoexano (conj. acid)[c]	${}^+H_3N(CH_2)_6NH_3^+ \rightleftharpoons H_2N(CH_2)_6NH_3^+ + H^+$	1×10^{-10}	10,0
	$H_2N(CH_2)_6NH_3^+ \rightleftharpoons H_2N(CH_2)_6NH_2 + H^+$	8×10^{-12}	11,1
Dimetilamina [c]	$(CH_3)_2NH_2^+ \rightleftharpoons (CH_3)_2NH + H^+$	$1,7 \times 10^{-11}$	10,77
Etilamina [c]	$CH_3CH_2NH_3^+ \rightleftharpoons CH_3CH_2NH_2 + H^+$	$2,3 \times 10^{-11}$	10,63
Ácido etilenodiaminatetraacético	$H_6EDTA \rightleftharpoons H_5EDTA^+ + H^+$	1,0	0,0
	$H_5EDTA^+ \rightleftharpoons H_4EDTA + H^+$	$3,2 \times 10^{-2}$	1,5
	$H_4EDTA \rightleftharpoons H_3EDTA^- + H^+$	$1,02 \times 10^{-2}$	1,99
	$H_3EDTA^- \rightleftharpoons H_2EDTA^{2-} + H^+$	$2,14 \times 10^{-3}$	2,67
	$H_2EDTA^{2-} \rightleftharpoons HEDTA^{3-} + H^+$	$6,92 \times 10^{-7}$	6,16
	$HEDTA^{3-} \rightleftharpoons EDTA^{4-} + H^+$	$6,46 \times 10^{-11}$	10,19
Ácido fórmico	$HCOOH \rightleftharpoons HCOO^- + H^+$	$1,77 \times 10^{-4}$	3,75
Ácido glutâmico [b]	${}^+H_3NCH(RH)COOH \rightleftharpoons {}^+H_3NCH(RH)COO^- + H^+$	$6,92 \times 10^{-3}$	2,16
	${}^+H_3NCH(RH)COO^- \rightleftharpoons {}^+H_3NCH(R^-)COO^- + H^+$	$5,01 \times 10^{-5}$	4,30
	${}^+H_3NCH(R^-)COO^- \rightleftharpoons H_2NCH(R^-)COO^- + H^+$	$1,10 \times 10^{-10}$	9,96
Glutamina [b]	${}^+H_3NCH(R)COOH \rightleftharpoons {}^+H_3NCH(R)COO^- + H^+$	$6,46 \times 10^{-3}$	2,19
	${}^+H_3NCH(R)COO^- \rightleftharpoons H_2NCH(R)COO^- + H^+$	$1,00 \times 10^{-9}$	9,00
Glicina [b]	${}^+H_3NCCH_2COOH \rightleftharpoons {}^+H_3NCH_2COO^- + H^+$	$4,47 \times 10^{-3}$	2,35
	${}^+H_3NCH_2COO^- \rightleftharpoons H_2NCH_2COO^- + H^+$	$1,66 \times 10^{-10}$	9,78
Histidina [b]	${}^+H_3NCH(RH^+)COOH \rightleftharpoons {}^+H_3NC(RH^+)COO^- + H^+$	$2,5 \times 10^{-2}$	1,6
	${}^+H_3NCH(RH^+)COO^- \rightleftharpoons {}^+H_3NCH(R)COO^- + H^+$	$1,07 \times 10^{-6}$	5,97
	${}^+H_3NCH(R)COO^- \rightleftharpoons H_2NCH(R)COO^- + H^+$	$5,25 \times 10^{-10}$	9,28
Ácido bromídrico[d]	$HBr \rightleftharpoons Br^- + H^+$	Ácido forte em água	—
Ácido clorídrico[d]	$HCl \rightleftharpoons Cl^- + H^+$	Ácido forte em água	—
Ácido hipocloroso	$HOCl \rightleftharpoons OCl^- + H^+$	$2,95 \times 10^{-8}$	7,53

Ácido	Reação de dissociação do ácido	Constante de dissociação do ácido, K_a (25 °C)[a]	$pK_a = -\log(K_a)$
Ácido fluorídrico	$HF \rightleftharpoons F^- + H^+$	$6,8 \times 10^{-4}$	3,17
Ácido ciânico	$HOCN \rightleftharpoons OCN^- + H^+$	$3,3 \times 10^{-4}$	3,48
Ácido cianídrico	$HCN \rightleftharpoons CN^- + H^+$	$4,93 \times 10^{-10}$	9,31
Sulfeto de hidrogênio	$H_2S \rightleftharpoons HS^- + H^+$	$9,5 \times 10^{-8}$	7,02
	$HS^- \rightleftharpoons S^{2-} + H^+$	1×10^{-14}	14
Ácido tiociânico	$HSCN \rightleftharpoons SCN^- + H^+$	8×10^{-2}	1,1
Ácido iodídrico[d]	$HI \rightleftharpoons I^- + H^+$	Ácido forte em água	—
Ácido hipobromoso	$HOBr \rightleftharpoons OBr^- + H^+$	$2,06 \times 10^{-9}$	8,69
Ácido hipoiodoso	$HOI \rightleftharpoons OI^- + H^+$	$2,3 \times 10^{-11}$	10,64
Ácido hipofosforoso	$H_3PO_2 \rightleftharpoons H_2PO_2^- + H^+$	$6,3 \times 10^{-2}$	1,2
Ácido iodoacético	$ICH_2COOH \rightleftharpoons ICH_2COO^- + H^+$	$7,5 \times 10^{-4}$	3,12
Isoleucina[b]	$^+H_3NCH(R)COOH \rightleftharpoons {^+}H_3NCH(R)COO^- + H^+$	$4,79 \times 10^{-3}$	2,32
	$^+H_3NCH(R)COO^- \rightleftharpoons H_2NCH(R)COO^- + H^+$	$1,74 \times 10^{-10}$	9,76
Ácido lático	$CH_3CH(OH)COOH \rightleftharpoons CH_3CH(OH)COO^- + H^+$	$1,35 \times 10^{-4}$	3,87
Leucina[b]	$^+H_3NCH(R)COOH \rightleftharpoons {^+}H_3NCH(R)COO^- + H^+$	$4,68 \times 10^{-3}$	2,33
	$^+H_3NCH(R)COO^- \rightleftharpoons H_2NCH(R)COO^- + H^+$	$1,82 \times 10^{-10}$	9,74
Lisina[b]	$^+H_3NCH(RH^+)COOH \rightleftharpoons {^+}H_3NCH(RH^+)COO^- + H^+$	$1,70 \times 10^{-2}$	1,77
	$^+H_3NCH(RH^+)COO^- \rightleftharpoons H_2NCH(RH^+)COO^- + H^+$	$8,51 \times 10^{-10}$	9,07
	$H_2NCH(RH^+)COO^- \rightleftharpoons H_2NCH(R)COO^- + H^+$	$1,52 \times 10^{-11}$	10,82
Ácido málico	$HOOCCH_2CH(OH)COOH \rightleftharpoons HOOCCH_2CH(OH)COO^- + H^+$	$3,9 \times 10^{-4}$	3,40
	$HOOCCH_2CH(OH)COO^- \rightleftharpoons {^-}OOCCH_2CH(OH)COO^- + H^+$	$7,8 \times 10^{-6}$	5,11
Ácido malônico	$HOOCCH_2COOH \rightleftharpoons HOOCCH_2COO^- + H^+$	$1,49 \times 10^{-3}$	2,83
	$HOOCCH_2COO^- \rightleftharpoons {^-}OOCCH_2COO^- + H^+$	$2,03 \times 10^{-6}$	5,69
Metionina[b]	$^+H_3NCH(R)COOH \rightleftharpoons {^+}H_3NCH(R)COO^- + H^+$	$6,61 \times 10^{-3}$	2,18
	$^+H_3NCH(R)COO^- \rightleftharpoons H_2NCH(R)COO^- + H^+$	$8,32 \times 10^{-10}$	9,08
Metilamina	$CH_3NH_3^+ \rightleftharpoons CH_3NH_2 + H^+$	$2,70 \times 10^{-11}$	10,657
Ácido nítrico[d]	$HNO_3 \rightleftharpoons NO_3^- + H^+$	Ácido forte em água	—
Ácido 2-nitrobenzoico	$C_6H_4(NO_2)COOH \rightleftharpoons C_6H_4(NO_2)COO^- + H^+$	$6,6 \times 10^{-3}$	2,18
Ácido 3-nitrobenzoico	$C_6H_4(NO_2)COOH \rightleftharpoons C_6H_4(NO_2)COO^- + H^+$	$3,5 \times 10^{-4}$	3,46
Ácido 4-nitrobenzoico	$C_6H_4(NO_2)COOH \rightleftharpoons C_6H_4(NO_2)COO^- + H^+$	$3,6 \times 10^{-4}$	3,44
2-nitrofenol (o-nitrofenol)	$C_6H_4(NO_2)OH \rightleftharpoons C_6H_4(NO_2)O^- + H^+$	$6,8 \times 10^{-8}$	7,17

Ácido	Reação de dissociação do ácido	Constante de dissociação do ácido, K_a (25 °C)[a]	$pK_a = -\log(K_a)$
3-Nitrofenol (*m*-nitrofenol)	$C_6H_4(NO_2)OH \rightleftarrows C_6H_4(NO_2)O^- + H^+$	$5,3 \times 10^{-9}$	8,28
4-Nitrofenol (*p*-nitrofenol)	$C_6H_4(NO_2)OH \rightleftarrows C_6H_4(NO_2)O^- + H^+$	$7,0 \times 10^{-8}$	7,15
Ácido nitroso	$HNO_2 \rightleftarrows NO_2^- + H^+$	$4,6 \times 10^{-4}$	3,37
Ácido oxálico	$HOOCCOOH \rightleftarrows HOOCCOO^- + H^+$	$5,90 \times 10^{-2}$	1,23
	$HOOCCOO^- \rightleftarrows {^-}OOCCOO^- + H^+$	$6,40 \times 10^{-5}$	4,19
Ácido perclórico[d]	$HClO_4 \rightleftarrows ClO_4^- + H^+$	Ácido forte em água	—
Fenol	$C_6H_5OH \rightleftarrows C_6H_5O^- + H^+$	$1,28 \times 10^{-10}$	9,89
Fenilalanina[b]	$^+H_3NCH(R)COOH \rightleftarrows {^+}H_3NCH(R)COO^- + H^+$	$6,31 \times 10^{-3}$	2,20
	$^+H_3NCH(R)COO^- \rightleftarrows H_2NCH(R)COO^- + H^+$	$4,90 \times 10^{-10}$	9,31
Ácido fosfórico	$H_3PO_4 \rightleftarrows H_2PO_4^- + H^+$	$7,11 \times 10^{-3}$	2,148
	$H_2PO_4^- \rightleftarrows HPO_4^{2-} + H^+$	$6,34 \times 10^{-8}$	7,198
	$HPO_4^{2-} \rightleftarrows PO_4^{3-} + H^+$	$4,22 \times 10^{-13}$	12,375
Ácido fosforoso	$H_3PO_3 \rightleftarrows H_2PO_3^- + H^+$	$1,0 \times 10^{-2}$ (18 °C)	2,00
	$H_2PO_3^- \rightleftarrows HPO_3^{2-} + H^+$	$2,6 \times 10^{-7}$ (18 °C)	6,59
Ácido ftálico	$HOOCC_6H_4COOH \rightleftarrows HOOCC_6H_4COO^- + H^+$	$1,12 \times 10^{-3}$	2,950
	$HOOCC_6H_4COO^- \rightleftarrows {^-}OOCC_6H_4COO^- + H^+$	$3,90 \times 10^{-6}$	5,408
Piperazina	$^+H_2NC_4H_8NH_2^+ \rightleftarrows HNC_4H_8NH_2^+ + H^+$	$2,76 \times 10^{-6}$	5,56
	$HNC_4H_8NH_2^+ \rightleftarrows HNC_4H_8NH + H^+$	$1,48 \times 10^{-10}$	9,83
Piperidina	$C_5H_{10}NH_2^+ \rightleftarrows C_5H_{10}NH + H^+$	$7,53 \times 10^{-12}$	11,123
Prolina[b]	$^+H_3NC(R)COOH \rightleftarrows {^+}H_3NC(R)COO^- + H^+$	$1,12 \times 10^{-2}$	1,95
	$^+H_3NC(R)COO^- \rightleftarrows H_2NC(R)COO^- + H^+$	$2,29 \times 10^{-11}$	10,64
Ácido propanoico	$C_3H_7COOH \rightleftarrows C_3H_7COO^- + H^+$	$1,34 \times 10^{-5}$	4,87
Piridina	$C_5H_5NH^+ \rightleftarrows C_5H_5N + H^+$	$5,62 \times 10^{-6}$	5,25
Ácido pirofosfórico	$H_4P_2O_7 \rightleftarrows H_3P_2O_7^- + H^+$	$1,4 \times 10^{-1}$	0,85
	$H_3P_2O_7^- \rightleftarrows H_2P_2O_7^{2-} + H^+$	$3,2 \times 10^{-2}$	1,49
	$H_2P_2O_7^{2-} \rightleftarrows HP_2O_7^{3-} + H^+$	$1,7 \times 10^{-6}$	5,77
	$HP_2O_7^{3-} \rightleftarrows P_2O_7^{4-} + H^+$	6×10^{-9}	8,22
Ácido salicílico	$C_6H_4(OH)COOH \rightleftarrows C_6H_4(OH)COO^- + H^+$	$1,07 \times 10^{-3}$	2,97
	$C_6H_4(OH)COO^- \rightleftarrows C_6H_4(O^-)COO^- + H^+$	$3,98 \times 10^{-14}$	13,40

Ácido	Reação de dissociação do ácido	Constante de dissociação do ácido, K_a (25 °C)[a]	$pK_a = -\log(K_a)$
Serina[b]	$^+H_3NCH(R)COOH \rightleftharpoons {}^+H_3NCH(R)COO^- + H^+$	$6,46 \times 10^{-3}$	2,19
	$^+H_3NCH(R)COO^- \rightleftharpoons H_2NCH(R)COO^- + H^+$	$6,17 \times 10^{-10}$	9,21
Ácido succínico	$HOOC(CH_2)_2COOH \rightleftharpoons HOOC(CH_2)_2COO^- + H^+$	$6,21 \times 10^{-5}$	4,207
	$HOOC(CH_2)_2COO^- \rightleftharpoons {}^-OOC(CH_2)_2COO^- + H^+$	$2,32 \times 10^{-6}$	5,635
Ácido sulfúrico[d]	$H_2SO_4 \rightleftharpoons HSO_4^- + H^+$	Ácido forte em água	—
	$HSO_4^- \rightleftharpoons SO_4^{2-} + H^+$	$1,03 \times 10^{-2}$	1,987
Ácido sulfuroso	$H_2SO_3 \rightleftharpoons HSO_3^- + H^+$	$1,54 \times 10^{-2}$	1,81
	$HSO_3^- \rightleftharpoons SO_3^{2-} + H^+$	$1,02 \times 10^{-7}$	6,91
Ácido tartárico	$HOOC(CHOH)_2COOH \rightleftharpoons HOOC(CHOH)_2COO^- + H^+$	$1,05 \times 10^{-3}$	2,98
	$HOOC(CHOH)_2COO^- \rightleftharpoons {}^-OOC(CHOH)_2COO^- + H^+$	$4,57 \times 10^{-5}$	4,34
Treonina[b]	$^+H_3NCH(R)COOH \rightleftharpoons {}^+H_3NCH(R)COO^- + H^+$	$8,13 \times 10^{-3}$	2,09
	$^+H_3NCH(R)COO^- \rightleftharpoons H_2NCH(R)COO^- + H^+$	$7,94 \times 10^{-10}$	9,10
Ácido tricloroacético	$CCl_3COOH \rightleftharpoons CCl_3COO^- + H^+$	$1,99 \times 10^{-1}$	0,70
Trimetilamina[c]	$(CH_3)_3NH^+ \rightleftharpoons (CH_3)_3N + H^+$	$1,6 \times 10^{-10}$	9,80
Triptofano[b]	$^+H_3NCH(R)COOH \rightleftharpoons {}^+H_3NCH(R)COO^- + H^+$	$4,27 \times 10^{-3}$	2,37
	$^+H_3NCH(R)COO^- \rightleftharpoons H_2NCH(R)COO^- + H^+$	$4,68 \times 10^{-10}$	9,33
Tirosina[b]	$^+H_3NCH(RH)COOH \rightleftharpoons {}^+H_3NCH(RH)COO^- + H^+$	$5,75 \times 10^{-3}$	2,24
	$^+H_3NCH(RH)COO^- \rightleftharpoons H_2NCH(RH)COO^- + H^+$	$6,46 \times 10^{-10}$	9,19
	$H_2NCH(RH)COO^- \rightleftharpoons H_2NCH(R^-)COO^- + H^+$	$3,39 \times 10^{-11}$	10,47
Valina[b]	$^+H_3NCH(R)COOH \rightleftharpoons {}^+H_3NCH(R)COO^- + H^+$	$5,13 \times 10^{-3}$	2,29
	$^+H_3NCH(R)COO^- \rightleftharpoons H_2NCH(R)COO^- + H^+$	$1,91 \times 10^{-10}$	9,72
Água	$H_2O \rightleftharpoons OH^- + H^+$	$1,01 \times 10^{-14}$	13,997

[a] A maioria dos valores para K_a neste apêndice foram obtidos em *NIST Database* 46. Alguns valores foram obtidos em J. A. Dean, ed., *Lange's Handbook of Chemistry*, 15ª ed., McGraw-Hill, Nova York, 1999, e em *CRC Handbook of Chemistry and Physics*, 81ª ed., CRC Press, Boca Raton, FL, 2000. Os valores sublinhados são os dígitos de guarda.
[b] O símbolo 'R' representa a cadeia lateral do referido aminoácido; as estruturas completas dos aminoácidos são fornecidas na Tabela 8.8 do Capítulo 8.
[c] Os valores de K_a e pK_a mostrados para estas bases se referem aos ácidos conjugados correspondentes.
[d] Os valores de K_a para estes ácidos são maiores, ou se aproximam, de $10^{1,74} = 55,5$, o K_a aproximado para H_3O^+.

Apêndice B4.1 Constantes de formação para íons metálicos usando-se vários agentes quelantes

	Agente quelante e log K_f para íon metálico[a]			
Íon metálico	EDTA	Trien	CDTA	EGTA
Al^{3+}	16,4		19,5	13,90
Ba^{2+}	7,88		8,58	8,30
Ca^{2+}	10,65	1,4	13,1	10,86
Cd^{2+}	16,5	10,7	19,7	16,5
Co^{2+}	16,45	10,9	19,7	12,3
Cu^{2+}	18,78	20,06	22,0	17,7
Fe^{2+}	14,30	7,72	18,9	11,8
Fe^{3+}	25,1		30,0	20,5
Hg^{2+}	21,5	24,7	24,8	22,9
Li^+	2,95			
Mg^{2+}	8,79	1,4	11,0	5,28
Mn^{2+}	13,89	4,87	17,5	12,2
Na^+	1,86			
Ni^{2+}	18,4	14,0	20,2	13,5
Ra^{2+}	7,07			
Sr^{2+}	8,72		10,5	8,42
Ti^{3+}	21,3			
V^{2+}	12,7	10,7		
Zn^{2+}	16,5	11,95	19,3	12,6

Abreviaturas: EDTA, ácido etilenodiaminotetracético; Trien, trietilenotetramina; CDTA, ácido trans-1,2-diaminocicloexanotetracético; EGTA, ácido etileneglicoldiaminotetracético.
[a] Estes valores foram obtidos em *NIST Standard Reference Database 46—NIST Critically Selected Stability Constants for Metal Complexes Database*, vol. 8.0, NIST, Gaithersburg, MD, 2004.
[b] As constantes de formação para outros íons metálicos com EDTA podem ser encontradas na Tabela 9.6 do Capítulo 9.

Apêndice B4.2 Constantes de formação geral (β) para íons metálicos com vários ligantes

Ligante	Íon metálico	Valor de log (β_n) para ligantes com íon metálico[a]					
		$\beta_1 = K_{f1}$	β_2	β_3	β_4	β_5	β_6
Amônia (NH_3)	Ag^+	3,40	7,40				
	Cu^{2+}	4,13	7,61	10,48	12,59	12,54	10,54
	Cd^{2+}	2,60	4,5	6,04	6,92	6,6	4,9
	Co^{2+}	2,05	3,62	4,61	5,31	5,43	4,75
	Hg^{2+}	8,80	17,50	18,5	19,4		
	Ni^{2+}	2,72	4,88	6,54	7,67	8,33	8,31
	Zn^{2+}	2,27	4,61	7,01	9,06		
Cloreto (Cl^-)	Ag^+	2,9	4,7	5,0	5,9		
	Hg^{2+}	6,7	13,2	14,1	15,1		
Cianeto (CN^-)	Ag^+		21,1	21,8	20,7		
	Au^+		38,3				
	Cd^{2+}	6,0	11,1	15,6	17,9		
	Hg^{2+}	18,0	34,7	38,5	41,5		
	Ni^{2+}				31,3		
	Pb^{2+}				10		
	Zn^{2+}				16,7		
Fluoreto (F^-)	Al^{3+}	6,1	11,15	15,0	17,7	19,4	19,7
	Be^{2+}	5,1	8,8	11,8			
	Cr^{3+}	4,4	7,7	10,2			
	Fe^{3+}	5,2	9,2	11,9			
Hidróxido (OH^-)	Al^{3+}				33,3		
	Ca^{2+}	1,3					
	Cd^{2+}	4,3	7,7	10,3	12,0		
	Ce^{4+}	13,3	27,1				
	Fe^{3+}	11,0	21,7				
	Zn^{2+}	4,4		14,4	15,5		
	Zr^{4+}	13,8	27,2	40,2	53		
Tiocianato (SCN^-)	Ag^+	7,6	9,1	10,1			
	Au^+		25				
	Au^{3+}		42				
	Cu^{2+}	1,7	2,5	2,7	3,0		
	Fe^{3+}	2,3	4,2	5,6	6,4	6,4	
	Hg^{2+}		16,1	19,0	20,9		
	Ni^{2+}	1,2	1,6	1,8			
	Zn^{2+}	0,7	1,04	1,2	1,6		
Tiosulfato ($S_2O_3^{2-}$)	Ag^+	8,82	13,5				
	Cu^+	10,3	12,2	13,8			
	Hg^{2+}	29,86	32,26				

[a] Estes valores foram obtidos em A. Ringbom, *Complexation in Analytical Chemistry*, Krieger Publishing, Huntington, NY, 1979, e em NIST Standard Reference Database 46—*NIST Critically Selected Stability Constants for Metal Complexes Database*, vol. 8.0, NIST, Gaithersburg, MD, 2004.

Apêndice B.5 Potenciais-padrão para semirreações de redução

Semirreação	Potencial-padrão $E°$ (V) versus EPH
Alumínio	
$Al^{3+} + 3\,e^- \rightleftarrows Al$	−1,71
Arsênico	
$H_3AsO_4 + 2H^+ + 2\,e^- \rightleftarrows HAsO_2 + 2H_2O$	+0,58
(ou $H_3AsO_4 + 2H^+ + 2\,e^- \rightleftarrows H_3AsO_3 + H_2O$)	
Bário	
$Ba^{2+} + 2\,e^- \rightleftarrows Ba$	−2,90
Bismuto	
$Bi^{3+} + 3\,e^- \rightleftarrows Bi$	+0,31
$BiOCl + 2H^+ + 3\,e^- \rightleftarrows Bi + Cl^- + H_2O$	+0,16
Bromo	
$2\,BrO_3^- + 12H^+ + 10\,e^- \rightleftarrows Br_2 + 6H_2O$	+1,52
$Br_2 + 2\,e^- \rightleftarrows 2\,Br^-$	+1,09
Cálcio	
$Ca^{2+} + 2\,e^- \rightleftarrows Ca$	−2,76
Cádmio	
$Cd^{2+} + 2\,e^- \rightleftarrows Cd$	−0,40
Cério	
$Ce^{4+} + e^- \rightleftarrows Ce^{3+}$	+1,72
$Ce^{4+} + e^- \rightleftarrows Ce^{3+}$ ($HClO_4$ de 1,0 M)	+1,70
$Ce^{4+} + e^- \rightleftarrows Ce^{3+}$ (HNO_3 de 1,0 M)	+1,61
$Ce^{4+} + e^- \rightleftarrows Ce^{3+}$ (H_2SO_4 de 0,5 M)	+1,44
$Ce^{4+} + e^- \rightleftarrows Ce^{3+}$ (HCl de 1,0 M)	+1,47
Cloro	
$HClO + H^+ + e^- \rightleftarrows \tfrac{1}{2}Cl_2 + H_2O$	+1,63
$Cl_2 + 2\,e^- \rightleftarrows 2\,Cl^-$	+1,40
Crômio	
$Cr_2O_7^{2-} + 14H^+ + 6\,e^- \rightleftarrows 2\,Cr^{3+} + 7H_2O$	+1,36
$CrO_4^{2-} + 4H_2O + 3\,e^- \rightleftarrows Cr(OH)_3 + 5\,OH^-$	−0,12
$Cr^{3+} + 2\,e^- \rightleftarrows Cr^{2+}$	−0,41
$Cr^{2+} + 2\,e^- \rightleftarrows Cr$	−0,56

Semirreação	Potencial-padrão $E°$ (V) versus EPH
Cobalto	
$Co^{2+} + 2e^- \rightleftarrows Co$	−0,28
Cobre	
$Cu^{2+} + 2e^- \rightleftarrows Cu$	+0,34
$Cu^{2+} + e^- \rightleftarrows Cu^+$	+0,16
Flúor	
$F_2 + 2e^- \rightleftarrows 2F^-$	+2,87
Ouro	
$Au^+ + e^- \rightleftarrows Au$	+1,68
$Au^{3+} + 3e^- \rightleftarrows Au$	+1,42
Hidrogênio	
$2H^+ + 2e^- \rightleftarrows H_2(g)$	0,000... (Referência)
$2H_2O + 2e^- \rightleftarrows H_2(g) + 2OH^-$	−0,83
Índio	
$In^{3+} + 3e^- \rightleftarrows In$	−0,34
Iodo	
$IO_3^- + 6H^+ + 5e^- \rightleftarrows \frac{1}{2}I_2 + 3H_2O$	+1,20
$I_2 + 2e^- \rightleftarrows 2I^-$	+0,53
Ferro	
$FeO_4^{2-} + 8H^+ + 3e^- \rightleftarrows Fe^{3+} + 4H_2O$	+2,20
$Fe^{3+} + e^- \rightleftarrows Fe^{2+}$	+0,77
$Fe^{3+} + e^- \rightleftarrows Fe^{2+}$ ($HClO_4$ de 1 M)	+0,77
$Fe^{3+} + e^- \rightleftarrows Fe^{2+}$ (HNO_3 de 1 M)	+0,75
$Fe^{3+} + e^- \rightleftarrows Fe^{2+}$ (H_2SO_4 de 0,5 M)	+0,68
$Fe^{3+} + e^- \rightleftarrows Fe^{2+}$ (H_3PO_4 de 1 M)	+0,44
$Fe^{3+} + e^- \rightleftarrows Fe^{2+}$ (HCl de 1 M)	+0,73
$Fe^{2+} + 2e^- \rightleftarrows Fe$	−0,41
$Fe^{3+} + 3e^- \rightleftarrows Fe$	−0,04
Chumbo	
$PbO_2 + SO_4^{2-} + 4H^+ + 2e^- \rightleftarrows PbSO_4 + 2H_2O$	+1,68
$PbO_2 + 4H^+ + 2e^- \rightleftarrows Pb^{2+} + 2H_2O$	+1,46
$Pb^{2+} + 2e^- \rightleftarrows Pb$	−0,13

Semirreação	Potencial-padrão $E°$ (V) versus EPH
Lítio	
$Li^+ + e^- \rightleftarrows Li$	−3,04
Magnésio	
$Mg^{2+} + 2e^- \rightleftarrows Mg$	−2,36
Manganês	
$MnO_4^- + 4H^+ + 3e^- \rightleftarrows MnO_2 + 2H_2O$	+1,68
$MnO_4^- + 8H^+ + 5e^- \rightleftarrows Mn^{2+} + 4H_2O$	+1,51
$Mn^{3+} + e^- \rightleftarrows Mn^{2+}$	+1,51
$MnO_2 + 4H^+ + 2e^- \rightleftarrows Mn^{2+} + 2H_2O$	+1,21
$MnO_4^- + 2H_2O + 3e^- \rightleftarrows MnO_2 + 4OH^-$	+0,59
Mercúrio	
$Hg^{2+} + 2e^- \rightleftarrows Hg$	+0,85
$Hg_2^{2+} + 2e^- \rightleftarrows 2Hg$	+0,80
$Hg_2Cl_2 + 2e^- \rightleftarrows 2Hg + 2Cl^-$	+0,268
$Hg_2Cl_2 + 2e^- \rightleftarrows 2Hg + 2Cl^-$ (KCl de 0,1 M)	+0,334
$Hg_2Cl_2 + 2e^- \rightleftarrows 2Hg + 2Cl^-$ (KCl saturado)	+0,242[b]
$Hg_2Cl_2 + 2e^- \rightleftarrows 2Hg + 2Cl^-$ (NaCl saturado)	+0,236
Níquel	
$Ni^{2+} + 2e^- \rightleftarrows Ni$	−0,23
Nitrogênio	
$NO_3^- + 3H^+ + 2e^- \rightleftarrows HNO_2 + H_2O$	+0,94
Oxigênio	
$O_3 + 2H^+ + 2e^- \rightleftarrows O_2 + H_2O$	+2,07
$H_2O_2 + 2H^+ + 2e^- \rightleftarrows 2H_2O$	+1,78
$O_2 + 4H^+ + 4e^- \rightleftarrows 2H_2O$	+1,23
$O_2 + 2H^+ + 2e^- \rightleftarrows H_2O_2$	+0,68
$O_2 + 2H_2O + 4e^- \rightleftarrows 4OH^-$	+0,40
Fósforo	
$H_3PO_4 + 2H^+ + 2e^- \rightleftarrows H_3PO_3 + H_2O$	−0,28
Plutônio	
$Pu^{4+} + e^- \rightleftarrows Pu^{3+}$	+0,97
$Pu^{3+} + 3e^- \rightleftarrows Pu$	−2,00

Semirreação	Potencial-padrão $E°$ (V) versus EPH
Rutênio	
$Ru^{3+} + e^- \rightleftarrows Ru^{2+}$	+0,25
Prata	
$Ag^+ + e^- \rightleftarrows Ag$	+0,80
$AgCl + e^- \rightleftarrows Ag + Cl^-$	+0,222
Sódio	
$Na^+ + e^- \rightleftarrows Na$	−2,71
Enxofre	
$S + 2H^+ + 2e^- \rightleftarrows H_2S(g)$	+0,17
$S + 2H^+ + 2e^- \rightleftarrows H_2S(aq)$	+0,14
Tálio	
$Tl^{3+} + 2e^- \rightleftarrows Tl^+$	+1,25
$Tl^+ + e^- \rightleftarrows Tl$	−0,34
Estanho	
$HSnO_2^- + H_2O + 2e^- \rightleftarrows Sn + 3OH^-$	−0,91
$Sn^{4+} + 2e^- \rightleftarrows Sn^{2+}$	+0,14
$Sn^{2+} + 2e^- \rightleftarrows Sn$	−0,14
Urânio	
$U^{3+} + 3e^- \rightleftarrows U$	−1,8
Vanádio	
$VO_2^+ + 2H^+ + e^- \rightleftarrows VO^{2+} + H_2O$	+1,00
$VO^{2+} + 2H_2O + e^- \rightleftarrows V^{3+} + H_2O$	+0,34
$V^{3+} + e^- \rightleftarrows V^{2+}$	−0,26
$V^{2+} + 2e^- \rightleftarrows V$	−1,2
Zinco	
$Zn^{2+} + 2e^- \rightleftarrows Zn$	−0,76

[a] Todos os potenciais-padrão são mostrados para a semirreação de redução a 25 °C em relação ao eletrodo padrão de hidrogênio. As substâncias em negrito incluem o elemento que está sendo oxidado ou reduzido na referida semirreação. A abreviatura 'EPH' representa o eletrodo padrão de hidrogênio. Os valores listados foram obtidos em J. A. Dean, ed., *Lange's Handbook of Chemistry*, 15ª ed., McGraw-Hill, Nova York, 1999, e em *CRC Handbook of Chemistry and Physics*, 81ª ed., CRC Press, Boca Raton, FL, 2000. Na maioria dos casos, os valores listados foram arredondados para o 0,01 V mais próximo; os potenciais-padrão listados com dígitos mais significativos são os que correspondem aos eletrodos de referência comum.
[b] Esse potencial representa o eletrodo de calomelano saturado.

Apêndice C

Uso de uma planilha de análise de dados

No Capítulo 2, uma planilha foi definida como um programa que serve para registrar, analisar e manipular dados. Trata-se de uma ferramenta útil para realizar cálculos repetitivos ou preparar gráficos (por exemplo, veja a Figura 2.8 no Capítulo 2 e a Figura 12.15 no Capítulo 12). Uma planilha é montada inserindo-se em uma tabela uma série de dados baseados em texto, números ou fórmulas. Esses dados podem, então, ser usados em cálculos ou gráficos. Neste apêndice, discutiremos as características básicas da maioria dos programas de planilhas e verificaremos como aplicá-las para efetuar cálculos ou construir um gráfico. Usamos o programa Microsoft Excel como base para essa discussão, mas as mesmas características gerais que discutirmos para esse programa também podem ser encontradas em outros tipos de planilha. Mais ajuda sobre o uso de planilhas pode ser obtida acessando-se o menu 'Ajuda' do programa. Informações adicionais sobre o Microsoft Excel também podem ser encontradas por meio de recursos como as referências 1-4.

Concepção básica de uma planilha

O corpo principal de uma planilha é disposto em uma grade que contém uma série de caixas, conhecidas como 'células', nas quais se fazem entradas individuais. As colunas da grade são representadas no topo da grade por uma série de letras, de A em diante, conforme necessário. As linhas da grade são representadas por uma série de números que são mostrados ao longo da lateral. A localização de uma determinada célula é identificada pela coluna e linha na qual ela está posicionada. Por exemplo, uma célula que se localiza na coluna B e na linha 2 seria referida como célula 'B2'. A localização do cursor na planilha pode ser visualizada na 'caixa de nome', que fica à esquerda e logo acima da tabela. O conteúdo da célula é mostrado à direita da caixa de nome, em uma 'barra de fórmulas', que é identificada pelo símbolo 'f_x' no Microsoft Excel 2007.

Barras de rolagem estão localizadas nas partes inferior e lateral da tabela para permitir que você se mova de uma área da tabela em uma planilha para outra. Trata-se de um recurso útil, pois algumas planilhas criadas para análise de dados podem envolver células que estão localizadas ao longo de um grande número de colunas e linhas. Uma barra de menu fica no topo da planilha, e contém vários menus que podem ser acessados para realizar análise de dados ou construir gráficos. No Microsoft Excel 2007, esses menus incluem 'Página inicial', 'Inserir', 'Layout da página', 'Fórmulas', 'Dados', 'Revisão' e 'Exibição'. Abaixo da barra de menu está uma barra de ferramentas que mostra as várias opções disponíveis no menu selecionado. Há também um menu para abrir, fechar, imprimir e salvar arquivos no canto superior esquerdo ao lado do logotipo circular no Microsoft Excel 2007. No canto superior direito há uma opção para acessar um menu de ajuda ao lado do círculo que tem um ponto de interrogação.

Inserção de dados, texto e fórmulas em células

Há quatro tipos básicos de entrada que podem ser inseridos em uma célula de uma planilha: números, texto, funções e fórmulas (isto é, combinações de números, funções e, por vezes, texto). Você pode selecionar a célula que deseja usar para inserir dados apontando para essa célula e clicando sobre ela com o mouse ou movendo-se o cursor. A célula ativa (isto é, aquela em que todos os dados de entrada serão digitados) tem uma caixa com borda em negrito para que se possa facilmente identificá-la na planilha. A inserção pode ser feita diretamente na célula ou colocando o dado na caixa da fórmula após a célula ativa desejada ter sido selecionada.

Texto e números podem ser inseridos de forma normal em uma célula. Uma função deve ser inserida em um formato específico que dependerá do tipo de planilha que você estiver usando. No Microsoft Excel, as funções começam com o símbolo '@' e são seguidas por um nome ou sigla que represente um determinado tipo. (*Observação:* nas versões recentes do Excel, o símbolo '=' também pode ser usado no lugar de '@' no início do nome para uma função.) Alguns exemplos de funções comuns na análise de dados estão listados a seguir (consulte seu programa específico de planilha para outros exemplos).

@MÉDIA (valores)	Fornece a média aritmética ou média dos valores selecionados
@DESVPAD (valores)	Fornece o desvio-padrão dos valores selecionados

@MED (valores)   Fornece a mediana dos valores selecionados

@LOG10 (valor)   Fornece o logaritmo base 10 do valor selecionado

@LOG (valor)   Fornece o logaritmo natural do valor selecionado

Para cada função, um valor ou um conjunto de valores devem ser selecionados para serem colocados entre parênteses após o nome. Esses valores são os números a serem avaliados na busca do resultado para determinada função. Os valores usados aqui podem ser selecionados apontando-se o cursor ou mouse a uma célula que os contenham quando uma função é inserida, ou digitando-se diretamente na função.

Uma fórmula pode ser construída pela combinação de números, funções e, às vezes, texto. Esse tipo de entrada deve começar com um sinal de '=' ou '+' para informar à planilha que uma fórmula, em vez de um texto, está sendo inserida. Dá-se, então, seguimento à entrada com a inserção de uma série de números, funções e sinais para operações matemáticas (por exemplo, '+' ou '−' para adição ou subtração; '*' ou '/' para multiplicação ou divisão; '^' para exponenciação ou para elevar um valor a alguma potência). Por exemplo, a seguinte fórmula seria escrita para representar a adição de um valor constante (4,52) ao logaritmo base 10 para o resultado de 2,0 dividido por 2,5.

$$+4{,}52+@LOG10(2{,}0/2{,}5)$$

Uma característica útil de fórmulas e funções em planilhas é que se pode fazer com que o 'valor' utilizado nesses cálculos se refira a uma entrada em uma determinada célula, em vez de o valor numérico ser digitado diretamente na fórmula ou função. Por exemplo, uma função semelhante à anterior pode ser escrita como segue,

$$+C8+@LOG10(B9/D9)$$

em que os valores que aparecem nas células C8, B9 e D9 são agora usados para determinar o resultado final da fórmula. Uma fórmula ou função também pode ser configurada dessa maneira para usar o valor de uma célula com um local específico em relação à célula com a fórmula (por exemplo, duas células à direita, com entrada por cursor ou mouse). O valor de uma célula específica que sempre tem a mesma localização absoluta na planilha também pode ser usado na fórmula colocando-se o sinal '$' no nome da célula (por exemplo, usando A2 para se referir à localização absoluta da célula A2). Esse recurso de possibilidade de uso dos dados e valores de outras células em fórmulas e cálculos é o que torna as planilhas particularmente úteis na análise de tabelas com grandes quantidades de números ou dados.

Criação de um gráfico usando-se uma planilha

Muitos tipos de gráfico podem ser criados com um programa de planilha. Alguns exemplos são o de barras, o de linhas, o de dispersão e o de pizza. A maioria dos que usamos neste livro pode ser criada no Microsoft Excel por meio de um gráfico de dispersão. Para prepará-lo, primeiro é preciso digitar nele uma série de valores x e y. Uma maneira de fazer isso é criando duas colunas adjacentes de dados, uma para os valores x e outra para os valores y correspondentes. Esses valores devem ser selecionados com o mouse e o cursor. O menu 'Inserir' deve ser selecionado, e 'Dispersão' pode ser selecionado para o tipo de gráfico que será preparado a partir desses dados na opção 'Gráficos'. Se você tiver destacado os valores de x e y com antecedência, um gráfico que contenha esses valores deverá aparecer. Há também a opção de primeiro selecionar o tipo de gráfico e depois os valores x e y a serem utilizados, apontando-se para a caixa de gráfico e clicando-se o botão direito do mouse para ir para 'Selecionar dados'. Esta segunda abordagem é útil quando os valores x e y não estão em colunas adjacentes ou se o que se quer é fazer vários gráficos no mesmo gráfico com dados de diferentes partes da planilha. Nessa situação, cada conjunto de dados é referido pelo programa da planilha como uma 'série' de números diferentes no gráfico. O mesmo método geral pode ser usado para fazer outros tipos de gráfico utilizando-se a planilha.

Uma vez criado o seu gráfico básico, você pode editá-lo e mudar sua aparência usando as opções que aparecem ao clicar no gráfico com o botão direito do mouse. Algumas dessas opções permitem que se altere a aparência da área do gráfico geral, o tipo que está sendo usado e os dados que são aplicados. Opções também estão disponíveis para a seleção do formato dos números que aparecem nos eixos x e y, as marcações para esses eixos, o número e a localização das marcas de escala e a presença ou ausência de marcas de grade. A formatação dos eixos pode ser alterada clicando-se sobre o eixo a ser mudado e selecionando-se a opção 'Formatar eixo'. O tipo de marcador e se uma linha é mostrada (ou não) para uma determinada série de dados podem ser selecionados clicando-se na série de dados desejada no gráfico e escolhendo-se a opção 'Formatar série de dados'.

No Capítulo 4, discutimos como a regressão linear pode ser realizada em um conjunto de dados para se obter uma regressão linear. As equações que servem para tal fim são fornecidas nesse capítulo, e um exemplo de como uma planilha pode ser construída para usar essas equações é apresentado nos problemas ao final. No entanto, a regressão linear também está disponível como uma função *de análise* para programas de planilha. No caso do Microsoft Excel 2007, uma regressão linear sobre os dados em um gráfico selecionado pode ser realizada por meio do menu 'Layout' no topo da página (*Observação: o* gráfico deve ser selecionado para que essa opção do menu apareça), seguida pela seleção da opção 'Linha de tendência' e depois 'Linha de tendência linear'. Isso coloca uma regressão linear para os dados no gráfico. Para obter mais informações sobre esse ajuste, você pode selecionar 'Mais opções de Linha de tendência' na parte inferior da opção 'Linha de tendência' e escolher 'Exibir equação no gráfico' e 'Exibir valor de R ao quadrado no gráfico'. Essas seleções farão com que a equação para regressão linear apareça, bem como o coeficiente de determinação (r^2). O coeficiente de correlação (r) pode ser encontrado apenas tomando-se a raiz quadrada do valor de r^2.

Referências bibliográficas

1. S. Copestake, *Excel 2002 in Easy Steps*, Barnes & Noble, Warkwickshire, UK, 2003.
2. E. J. Billo, *Microsoft Excel for Chemists*, 2 ed., Wiley, Nova York, 2001.
3. R. De Levie, *How to Use Excel in Analytical Chemistry and in General Scientific Data Analysis*, Cambridge University Press, Cambridge, UK, 2001.
4. J. Cronan, *Microsoft Office Excel 2007 QuickSteps*, McGraw Hill, Nova York, 2007.

Respostas selecionadas

Capítulo 1

1.6
a. Amostra = carvão, analito = enxofre, matriz = grupo de todas as substâncias no carvão
b. Amostra = comprimido de medicamento, analito = droga, matriz = grupo de todas as substâncias no comprimido
c. Amostra = fumaça emitida por uma fábrica, analito = monóxido de carbono, matriz = grupo de todas as substâncias na fumaça

1.8
a. Componentes principais
b. Componente principal
c. Componente secundário

1.14
a. A análise qualitativa seria utilizada de início para determinar se essas drogas estão presentes nas amostras acima do limite aceito. Se qualquer uma das amostras produzisse resultados positivos para as drogas, ela provavelmente seria reanalisada por um método quantitativo para determinar a quantidade de droga que estaria presente.
b. Uma análise estrutural poderia ser usada para fornecer informações sobre a estrutura do composto, o qual poderia ser utilizado para identificar a substância química. A caracterização de propriedade também pode ser usada para essa finalidade.
c. A análise quantitativa seria utilizada na determinação da quantidade de droga que estaria presente no produto.
d. Esse é um exemplo de análise espacial, pois busca obter informações sobre como uma substância está distribuída no espaço ao longo do leito de um rio. Esse trabalho também envolveria análise quantitativa à medida que a quantidade de poluente é medida em diferentes locais no rio.

Capítulo 2

2.12
a. Agente oxidante, corrosivo
b. Corrosivo
c. Nenhuma propriedade de risco considerável
d. Carcinogênico, tóxico, perigoso para o ambiente
e. Inflamável, nocivo ou irritante
f. Inflamável, pode ser explosivo

2.14 Acetonitrilo: inflamabilidade – líquido inflamável (ponto de fulgor abaixo de 37,8 °C); reatividade – estável; saúde – pode ser prejudicial se inalado ou engolido

Boroidreto de sódio: inflamabilidade – combustível, se aquecido; reatividade – instável ou pode reagir violentamente se misturado com água; saúde – pode ser prejudicial se inalado ou engolido; especial – reativo com água

2.31
a. 6.855 m
b. $5,76 \times 10^5$ Pa
c. 59 kg
d. 193 km/h
e. 9.200 J
f. 94,6 L

2.32
a. 37,0 °C ou 310,2 K
b. −273,15 °C ou −459,67 °F
c. 293 K ou 68 °F
d. −4 °F ou 253 K

2.33
a. 25,8 pg ou 0,0258 ng
b. 125 µL ou 0,125 mL
c. 150 kg/mol ou 150 kDa
d. 589 nm ou 0,589 µm
e. 600 MHz ou 0,600 GHz
f. 25 kV ou 0,025 MV

2.35 % de transmitância estimado = 53,7 por cento; absorbância estimada = 0,270

2.38
a. 9   b. 7   c. 3   d. 5 (para milhas)   e. 3 (para cm)   f. 3

2,39
a. 1,52 M
b. 7,463
c. $6,63 \times 10^{-34}$ J·s
d. 5,52 ns
e. 8,37
f. 0,165

2.44
a. 143,321
b. 2,453
c. 0,984
d. −5,697
e. $1,29 \times 10^{-3}$
f. $1,5 \times 10^{-7}$

2.47
a. 1,789 g Cu
b. 0,0148 mol/L NaOH (ou 0,0148 M)
c. 342,3025 g/mol $C_{12}H_{22}O_{11}$
d. 11 g/cm³

Capítulo 3

3.5 A mudança de atração gravitacional entre a que ocorre a 340 metros acima do nível do mar e a que ocorre a 5.280 pés acima do nível do mar responde pelo erro.

3.12
a. Balança macroanalítica ou semimicro
b. Balança de precisão
c. Microbalança ou ultramicrobalança

3.13 A balança de precisão tem uma resolução de 200.000; essa balança seria usada para pesar o carbonato de cálcio. A resolução da balança analítica é de 800.000, e ela seria usada para pesar o EDTA.

3.17 5,3083 g

3.28
a. Pipeta volumétrica
b. Micropipeta
c. Vários dispositivos podem ser usados aqui, como uma pipeta volumétrica de 2,00 mL, uma micropipeta ou uma pipeta de Mohr
d. Vários dispositivos podem ser usados aqui, como uma micropipeta, uma pipeta de Mohr ou uma pipeta sorológica
e. Seringa
f. Bureta

3.32
a. 50,008 mL
b. 50,003 mL

3.35 Essa solução contém 161 mols de etileno glicol e 278 mols de água e, portanto, a água é o solvente e o etileno glicol é o soluto.

3.37
a. 12,5 por cento (v/v) de acetonitrila, 25,0 por cento (v/v) de metanol
b. 70,3 por cento (m/m) de ferro, 17,6 por cento (m/m) de cromo, 8,03 por cento (m/m) de níquel, 2,01 por cento (m/m) de manganês, 1,01 por cento (m/m) de silício, 0,803 por cento (m/m) de carbono, 0,257 por cento (m/m) de outros elementos
c. 5,0 g/L de sólidos dissolvidos

3.39
a. $5,0 \times 10^{-6}$ g/L ou 5,0 ppm de Cu^{2+}
b. $8,3 \times 10^{-6}$ g/L ou 8,3 ppm de Be^{+2}
c. $1,7 \times 10^{-4}$ g/L ou 0,17 partes por mil de $NaIO_3$

3.44
a. 1,014 M c. 0,1242 M
b. 0,02285 M d. 0,1081 M

3.45 1,87 M ou 1,94 m de formaldeído

3.48 Concentrações individuais, 0,0108 M de ácido acético e 0,00642 M de acetato; concentração analítica de ácido acético mais acetato, 0,0172 M

3.58 120 mL

3.59 0,425 mM de creatinina

3.62 M 50,1 µM a 4 °C, 49,7 µM a 45 °C

Capítulo 4

4.2
a. Erro aleatório   b. Erro sistemático   c. Erro sistemático

4.6 Resultado, erro absoluto e erro relativo (%): 117 µmol/mL, 5 µmol/mL, 4,1 por cento; 119 µmol/mL, 3 µmol/mL, 2,5 por cento; 111 µmol/mL, 11 µmol/mL, 9,0 por cento; 115 µmol/mL, 7 µmol/mL, 5,7 por cento; 120 µmol/mL, 2 µmol/mL, 1,6 por cento

4.10
a. 89,3 mg
b. 279,0 nm
c. 134,9 s

4.15
a. Faixa, 34,1 min – 32,8 min = 1,3 min; desvio-padrão, 0,55 min
b. Faixa, 0,24 por cento – 0,19 por cento = 0,05 por cento e desvio-padrão de 0,022 por cento
c. Faixa, 0,01018 M – 0,00998 M = 0,0002 M e desvio-padrão de 0,00010 M

4.17 Média, 99,8 mg / dL; faixa, 112 mg / dL – 88 mg / dL = 24 mg / dL; desvio-padrão de 5,6 mg / dL; desvio-padrão relativo, 5,7 por cento

4.23
a. 3,05 (± 0,04)   d. 65 (± 6)
b. 10,18 (± 0,07)   e. 43,6 (± 0,4)
c. 77.600 (± 1.200)   f. 6,9 (± 0,3) × 10^6

4.25
a. 0,30458 (± 0,00017)   d. 1,696 (± 0,002)
b. 6,0 (± 0,3) × 10^{-4} e. 0,186 (± 0,004)
c. 242 (± 6)   f. 2,53 (± 0,02)

4.28
a. 0,147 (± 0,003)   d. 6,0 (± 0,3) × 10^{-4}
b. 186 (± 4)   e. –0,34 (± 0,03)
c. 30,069 (± 0,002)   f. 1,4 (± 0,9) × 10^{-12}

4.30 0,0636 (± 0,0003) M

4.33 –6,5 (± 0,2) × 10^4 J / mol

4.38 $\bar{x}$ = 10,4 mg / dL, $s_{\bar{x}}$ = 0,3 mg / dL

4.42 90 por cento C.I. = 3,0 ± 0,3 µg / L (n = 5)

4.49 t (0,11) < t_c (2,36), os resultados são os mesmos no nível de confiança de 95 por cento

4.51 t (1,8) < t_c (1,94), os resultados são os mesmos no nível de confiança de 90 por cento

4.53 t (6,8) > t_c (2,18), os resultados não são os mesmos no nível de confiança de 95 por cento

4.55 $t(1,7) < t_c(2,78)$, os resultados são os mesmos no nível de confiança de 95 por cento

4.58
a. $t(1,37) < t_c(2,31)$, os resultados médios são os mesmos no nível de confiança de 95 por cento
b. O novo empregado obteve um resultado com maior grau de variação. O nível de precisão não foi o mesmo no nível de confiança de 95 por cento.

4.60 $F(30,3) > F_c(6,39)$, há uma melhoria significativa em precisão no nível de confiança de 95 por cento

4.64 Nenhum ponto pode ser rejeitado

4.69 Inclinação = 0,0062, intercepto = 0,0022

Capítulo 5

5.10 Erro absoluto = 0,019 por cento (m/m); erro relativo = 2,2 por cento

5.12 Percentual de recuperação = 98,7 por cento

5.15 $t(3,\underline{6}) > t_c(2,36)$, os resultados não são os mesmos no nível de confiança de 95 por cento

5.20 Desvio-padrão = 0,6 mg / mL, desvio-padrão relativo = 4 por cento

5.24 RSD de 15 a 35 mg / L varia de 2,5 a 8 por cento; a faixa de concentração que dá um RSD igual ou inferior a 5 por cento é de aproximadamente 18 a 47 mg / L.

5.26
a. Precisão interoperador
b. Precisão diária
c. Precisão intraensaio

5.30 LOD = 0,02 ng / mL; LOQ = 0,08 ng / mL

5.33 A faixa dinâmica se estende desde o limite inferior de detecção (dados insuficientes para estimar, nesse caso) até pelo menos 20,00 mg / L. A faixa linear para os dados que se encaixa dentro de 10 por cento de uma regressão linear se estende desde o limite inferior de detecção até cerca de 12,50 mg / L.

5.38 A sensibilidade de calibração (ou inclinação) em 7,50 mg / L é cerca de 0,022 L / mg. Esse valor é consistente ao longo da faixa linear, mas começa a diminuir em concentrações que estejam acima da faixa linear.

5.45 Tempo de análise total = 35 min

5.51 Usar uma faixa admissível de $\bar{x} \pm 2s$ corresponderia a valores de 8,61 a 9,58 no gráfico de controle. Os valores que estão fora dessa faixa são os obtidos nos dias 7 e 11. As amostras de controle nesses dias terão de ser reanalisadas, e uma possível ação corretiva tomada antes que o ensaio possa ser utilizado para examinar amostras e padrões.

Capítulo 6

6.6
a. Gás oxigênio puro a uma pressão de 1 bar (antigo 1 atm)
b. Cristais de cloreto de sódio puro
c. Metanol líquido puro
d. Uma solução de 1,00 M de NaCl em água
e. Uma solução de 1,00 M de metanol em água
f. Gás hélio puro a uma pressão de 1 bar (antigo 1 atm)

6.10 Coeficientes de atividade = 0,734

6.13 $I = 0,00163 M$

6.14 I para solução de NaCl = 0,100 M; I para solução de Na_2SO_4 = 0,300 M

6.17 Os coeficientes de atividade individuais para Na^+ e Cl^- são ambos cerca de 0,85, nesse caso.

6.21
a. Coeficiente de atividade para H^+ = 0,93; coeficiente de atividade para NO_3^- = 0,92
b. Coeficiente de atividade para K^+ = 0,86; coeficiente de atividade para OH^- = 0,87
c. Coeficiente de atividade para Ba^{2+} = 0,53; coeficiente de atividade para Cl^- = 0,84

6.22
a. Coeficiente de atividade médio = 0,92$\underline{5}$
b. Coeficiente de atividade médio = 0,86$\underline{5}$
c. Coeficiente de atividade médio = 0,61$\underline{8}$

6.26 $\gamma = 1,16$

6.34
a. $K^\circ = (a_{H_3O^+})(a_{HSO_4^-})/(a_{H_2SO_4})(a_{H_2O})$
b. $K^\circ = (a_{Zn(NH_3)_2^{2+}})/(a_{Zn^{2+}})(a_{NH_3})$
c. $K^\circ = (a_{Pb^{2+}})(a_{Cl^-})^2/(a_{PbCl_2})$

6.35
a. $K = [H_3O^+][HSO_4^-]/[H_2SO_4]$
b. $K = [Zn(NH_3)^{2+}]/[Zn^{2+}][NH_3]$
c. $K = [Pb^{2+}][Cl^-]^2$

6.36 $K = (3,6 \times 10^{-4})(1,0 \times 10^{-4})/(2,0 \times 10^{-4}) = 1,8 \times 10^{-4}$

6.39 $\Delta G^\circ = -9.140$ J / mol

6.42 $Q = 1,1 \times 10^{-12}$; esse valor é menor do que a constante de equilíbrio e, por isso, parte do sólido se dissolverá para formar mais íons em solução.

6.46 $C_{\text{Ácido fosfórico}} = [H_3PO_4] + [H_2PO_4^-] + [HPO_4^{2-}] + [PO_4^{3-}]$

6.49 $2[Ca^{2+}] + [Na^+] + 2[Mg^{2+}] = [Cl^-]$

6.52
a. Raízes para x, $-0,33\underline{8}$ e $-0,037\underline{0}$
b. Raízes para x, $0,42\underline{4}$ e $-0,42\underline{6}$
c. Raízes para x, $3,3\underline{4}$ e $0,15\underline{5}$
d. Primeiro divida todos os termos por x e, a seguir, obtenha as raízes para x, $32,\underline{5}$ e $-0,0049\underline{4}$

6.55
a. $x = -1,8$
b. $x = -2,5 \times 10^{-3}$
c. $x = 0,77$
d. $x = 0,0779$

Capítulo 7

7.9 Esses três íons são precipitados com hidróxido de $Al(OH)_3$, $Fe(OH)_3$ e $Cr(OH)_3$, como ocorre durante a adição de uma solução de amoníaco diluído. Se NaOH concentrado for adicionado, porém, o alumínio e o cromo se dissolvem, formando $Al(OH)_4^-$ e $Cr(OH)_4^-$ enquanto o hidróxido de ferro permanece insolúvel. A adição de H_2O_2 à solução oxida o cromo a dicromato ($Cr_2O_7^{2-}$), que se precipita como o sólido amarelo $BaCrO_4$ após a adição de $BaCl_2$.

7.15
a. Do mais polar para o menos polar: dimetilsulfóxido > acetona > clorofórmio > benzeno; o dimetilsulfóxido e a acetona se misturam melhor com água, enquanto o benzeno se mistura melhor com o octano
b. A acetona pode sofrer ligações de hidrogênio, interações dipolo-dipolo e interações que envolvam forças de dispersão; o benzeno pode sofrer interações que envolvam forças de dispersão; o clorofórmio pode sofrer interações dipolo-dipolo e interações que envolvam forças de dispersão; o dimetilsulfóxido pode sofrer interações dipolo-dipolo, ligações de hidrogênio e interações que envolvam forças de dispersão

7.16
a. Do mais polar para o menos polar: ácido acético > propanol > propano > cicloexano
b. O ácido acético e o propanol são os mais solúveis em água; o cicloexano é o mais solúvel em octanol
c. O ácido acético pode sofrer ligações de hidrogênio, interações dipolo-dipolo e interações que envolvam forças de dispersão; cicloexano e propano podem sofrer interações que envolvam forças de dispersão; n-propanol pode sofrer ligações de hidrogênio e interações que envolvam forças de dispersão

7.23 $S = 2,79 \times 10^{-2}\ M$

7.26
a. $K°_{ps} = (a_{Ag^+})(a_{Br^-})$ ou $K_{ps} = [Ag^+][Br^-]$
b. $K°_{ps} = (a_{Sr^{2+}})(a_{F^-})^2$ ou $K_{ps} = [Sr^{2+}][F^-]^2$
c. $K°_{ps} = (a_{Ca^{2+}})^3(a_{PO_4^{3-}})^2$ ou $K_{ps} = [Ca^{2+}]^3[PO_4^{3-}]^2$
d. $K°_{ps} = (a_{Mg^{2+}})(a_{NH_4^+})(a_{PO_4^{3-}})$ ou $K_{ps} = [Mg^{2+}][NH_4^+][PO_4^{3-}]$

7.28
a. $S = 1,3 \times 10^{-12}\ M$ para a forma α de ZnS ou $1,6 \times 10^{-11}\ M$ a forma β
b. $S = 8,9 \times 10^{-14}\ M$

7.35
a. $[C_6H_6] = 0,0229\ M$
b. Volume = 2,04 mL

7.37 $S = 0,477\ M$; volume = 1,05 L

7.41 $C_{soluto} = 2,09 \times 10^{-4}\ M$

7.57 Os precipitados de $Ni(dmg)_2$ são conhecidos por formar pequenos cristais extremamente difíceis e lentos para filtrar. O segundo aluno, mais paciente, tinha um precipitado composto por cristais muito maiores e mais facilmente filtráveis.

7.60
a. $Q = 5,6 \times 10^{-5} > K_{ps} = 2,53 \times 10^{-8}$ (precipitação vai ocorrer); o sulfato é o reagente limitante, portanto a massa de $PbSO_4$ formada é (0,010 mol / L) (100/150) (0,150 L) (303,3 g / mol) = 0,15 g
b. $Q = [Pb^{2+}][Cl^-]^2 = \{(0,080)(50/250)\}\{(0,0050)(200/250)\}^2 = 2,56 \times 10^{-7}$; isso é menor do que o K_{ps} de $1,7 \times 10^{-5}$, portanto, a precipitação não vai ocorrer.

7.63 Massa precipitada = 0,25 g

7.68 $[Ag^+] = 7,3 \times 10^{-7}\ M$ em água pura; $[Ag^+] = 5,4 \times 10^{-11}\ M$ em KBr de 0,010 M

7.70
a. $[CuI] = 1,17 \times 10^{-6}\ M$
b. $[CuI] = 2,54 \times 10^{-11}\ M$

7.73
a. pH = 2,81
b. $[Fe^{3+}] = 8,8 \times 10^{-20}\ M$

Capítulo 8

8.7
a. $K_a° = (a_{H_3O^+})(a_{OCN^-})/(a_{HOCN})(a_{H_2O})$
b. $K_a° = (a_{H_3O^+})(a_{C_2H_5COO^-})/(a_{C_2H_5COOH})(a_{H_2O})$
c. $K_a° = (a_{S^{2-}})(a_{H_3O^+})/(a_{HS^-})(a_{H_2O})$
d. $K_a° = (a_{CH_3COOH_2^+})(a_{CH_3COO^-})/(a_{CH_3COOH})^2$

8.9
a. $H_3PO_4 > H_2PO_4^- > HPO_4^{2-}$
b. $HClO > HBrO > HIO$
c. $H_3PO_2 > H_3PO_3 > H_3PO_4$

8.13
a. $K_b = (a_{RNH_3^+})(a_{OH^-})/(a_{RNH_2})(a_{H_2O})$
b. $K_b = (a_{HClO})(a_{OH^-})/(a_{ClO^-})(a_{H_2O})$
c. $K_b = (a_{RCOOH})(a_{OH^-})/(a_{RCOO^-})(a_{H_2O})$
d. $K_b = (a_{CH_3OH_2^+})(a_{CH_3O^-})/(a_{CH_3OH})^2$

8.15
a. A metilamina é um pouco mais forte do que a etilamina, que é bem mais forte do que a amônia
b. $PO_4^{3-} > HPO_4^{2-} > H_2PO_4^-$
c. Piperidina >> piridina > 2,2'-bipiridina

8.17 A autoprotólise ocorre quando uma molécula doa um íon hidrogênio para outra molécula de um mesmo composto. Para água: $H_2O + H_2O \rightleftarrows H_3O^+ + OH^-$
Para metanol: $Pb^{2+} + EDTA^{4-} \rightleftarrows Pb(EDTA)^{2-}\ k_f = 1,0 \times 10^{18}$

8.19
a. $3{,}7 \times 10^{-11}\,M$ b. $1{,}96 \times 10^{-10}\,M$ c. $5{,}40 \times 10^{-8}\,M$

8.24
a. $HCOO^-$, $K_b = 5{,}71 \times 10^{-11}$
b. $C_6H_5O^-$, $K_b = 7{,}89 \times 10^{-5}$
c. $HCrO_4^-$, $K_b = 5{,}6 \times 10^{-14}$
d. CrO_4^{2-}, $K_b = 3{,}16 \times 10^{-8}$

8.28 Em pH 6,8, $[H^+] = 1{,}\underline{6} \times 10^{-7}\,M$; em pH 5,2, $[H^+] = 6{,}\underline{6} \times 10^{-6}\,M$

8.30
a. pH = 5,20   c. pOH = 11,332
b. pK_b = 7,084   d. pCl = 3,82

8.38
a. pH = 1,52   c. pH = 2,10
b. pH = 11,78   d. pH = 11,7

Cada um desses cálculos supõe que uma dissociação total está presente, e que os coeficientes de atividade para a espécie resultante são todos 1,00.

8.40 [HCl] = 0,480 M, pH = 0,319

8.43 É provável que essas soluções sejam muito diluídas para ignorar a contribuição devido à autoprotólise da água. Se a autoprotólise for considerada, os resultados serão os seguintes:
a. pH = 7,064   c. pH = 6,97
b. pH = 6,20   d. pH = 7,011

8.47
a. pH = 2,76   c. pH = 1,60
b. pH = 3,96   d. pH = 3,02

8.49   pH = 1,63

8.52
a. pH = 3,75   b. pH = 7,43

8.56
a. pH = 4,16   b. pH = 4,24   c. pH = 8,91

8.57
a. pH = 4,61
b. Depois de 25 mL de NaOH, mols da base conjugada = $2{,}5 \times 10^{-4}$ mol
Depois de 50 mL de NaOH, mols da base conjugada = $5{,}0 \times 10^{-4}$ mol
Depois de 100 mL de NaOH, mols da base conjugada = $9{,}0 \times 10^{-4}$ mol
c. Depois de 25 mL de NaOH, pH = 6,76
Depois de 50 mL de NaOH, pH = 7,27
Depois de 100 mL de NaOH, pH = 10,70

8.61 $[H_3PO_4] = 6{,}16 \times 10^{-3}\,M$, $[H_2PO_4^-] = 4{,}38 \times 10^{-2}\,M$

8.62 pH = 10,81

8.65
a. Em pH 7,0, $[Na_2HPO_4]/[NaH_2PO_4] = 0{,}634$
Em pH 6,5, $[Na_2HPO_4]/[NaH_2PO_4] = 0{,}200$
Em pH = 7,5, $[Na_2HPO_4]/[NaH_2PO_4] = 2{,}00$
b. A concentração total da espécie de fosfato será 0,20 M.
c. Volumes iguais (500 mL cada) nas duas soluções são necessários. Para $Na_2HPO_4 \cdot H_2O$, a massa seria 17,8 g, e para $NaH_2PO_4 \cdot 2H_2O$ a massa seria de 15,6 g.

8.71 A curva atinge seu máximo ao pK_a do ácido que compõe o tampão. A curva mostraria um máximo em pH = 6,99 para imidazol porque esse é o pH que equivale ao pK_{a1} de imidazol.

8.75 Fração de $H_2A^{2+} = 0{,}27$, fração de $HA^+ = 0{,}73$, fração de A = 0,00011

8.77
a. Fração de $NH_3 = 0{,}98$
b. $[NH_3] = 0{,}024\underline{6}\,M$
c. Fração de $NH_3 = 0{,}0056$; há muito mais amônia livre em pH 11 do que em pH 7.

8.81
a. pH = 2,37   c. pH = 4,67
b. pH = 11,50   d. pH = 9,78

8.88
a. pI = 5,44   c. pI = 5,63
b. pI = 6,29   d. pI = 5,32

Capítulo 9

9.8
a. Mg^{2+} é o ácido de Lewis e OH^- é a base de Lewis
b. Ag^+ é o ácido de Lewis e Cl^- é a base de Lewis
c. Fe^{3+} é o ácido de Lewis e $EDTA^{4-}$ é a base de Lewis
d. CH_3COOH é o ácido de Bronsted e NH_3 é a base de Bronsted. Eles também são o ácido e a base de Lewis, porque H^+ do ácido acético aceita um par de elétrons da amônia para formar amônio

9.12 A reação 1 mostra o que de fato acontece quando as moléculas de água são substituídas por amônia. A reação 2 é uma representação simplificada, e enfatiza o que a maioria das pessoas considera ser importantes mudanças que estão ocorrendo nessa reação.

9.15
a. $K_f = [BaOH^+] / [Ba^{2+}][OH^-]$
b. $K_f = [Cu(NH_3)_2^{2+}] / [Cu^{2+}][NH_3]^2$
c. $K_f = [Ni(CN)_4^{2-}] / [Ni^{2+}][CN^-]^4$
d. $K_f = [FeF_6^{3-}] / [Fe^{3+}][F^-]^6$

9.20 $\beta_4 = 8{,}6 \times 10^{17}$

9.21 $K_{f1} = 59$, $K_{f2} = 6{,}7$, $K_{f3} = 2{,}5$, $K_{f4} = 0{,}2$

9.22 $[Ni^{2+}] = 1{,}6 \times 10^{-6}\,M$

9.24
a. $C_{Cu(II)} = [Cu^{2+}] + [Cu(NH_3)^{2+}] + [Cu(NH_3)_2^{2+}] + [Cu(NH_3)_3^{2+}] + [Cu(NH_3)_4^{2+}] + [Cu(NH_3)_5^{2+}] + [Cu(NH_3)_6^{2+}]$

b. $\alpha_{Cu^{2+}} = 1/(1 + \beta_1[NH_3] + \beta_2[NH_3]^2 + \beta_3[NH_3]^3 + \beta_4[NH_3]^4 + \beta_5[NH_3]^5 + \beta_6[NH_3]^6)$
$\alpha_{Cu(NH_3)_4^{2+}} = \beta_4[NH_3]^4/(1 + \beta_1[NH_3] + \beta_2[NH_3]^2 + \beta_3[NH_3]^3 + \beta_4[NH_3]^4 + \beta_5[NH_3]^5 + \beta_6[NH_3]^6)$

c. $\alpha_{Cu^{2+}} = 2{,}2 \times 10^{-9}$ $\alpha_{Cu(NH_3)_4^{2+}} = 0{,}857$

9.36 $Pb^{2+} + EDTA^{4-} \rightleftarrows Pb(EDTA)^{2-}$ $k_f = 1{,}0 \times 10^{18}$

Ambos os átomos de nitrogênio de EDTA e seus quatro oxigênios carboxilato podem ligar-se de modo simultâneo a um íon metálico de grande porte como Pb^{2+} para formar um complexo altamente estável.

9.38 Massa = 3,7223 g, concentração de EDTA = 0,0269 M

9.40
a. $\alpha_{EDTA^{4-}} = 1{,}9 \times 10^{-3}$
b. A forma principal em pH 7,5 é $HEDTA^{3-}$

9.46
a. $K'_f = 2{,}6 \times 10^{10}$
b. $K'_f = 1{,}5 \times 10^{17}$
c. $K'_f = 2{,}0 \times 10^{14}$
d. $K'_f = 1{,}8 \times 10^{-2}$

9.49 $K'_f = 0{,}029$ a um pH 5, $K'_f = 444$ a um pH 10; o valor de pH 10 é mais próximo da constante de formação real

9.56 $K_A = 1{,}6 \times 10^9$ M

Capítulo 10

10.7
a. Zn/Zn^{2+} e Ag^+/Ag
b. Pb/Pb^{2+} e PbO_2/Pb^{2+}
c. I_2/I^- e $S_2O_3^{2-}/S_4O_6^{2-}$

10.11
a. Cl, 0
b. Au, 0
c. Ca, +2; O, −2
d. K, +1; S, −6; O, −2
e. O, −2; Fe; 8/3
f. H, +1; O, −1
g. F, −1; Xe, +4
h. N, −3; H, +1; Cr, +6; O, −2
i. H, +1; O, −2; C, −2

10.14
a. Fe é reduzido de +3 para +2; Al é oxidado de 0 a +3; O está sempre em um número de oxidação de −2
b. Co é reduzido de +3 para +2; Sn é oxidado de 0 a +2; O está em um número de oxidação de −2 e H é +1
c. Um O é reduzido de −1 a −2, e o outro oxigênio é oxidado de −1 a 0; H está em +1
d. F é reduzida de 0 a −1; Br é oxidado de −1 a 0

10.15
a. Não
b. Sim, Cl é reduzido de 0 a −1 e I é oxidado de +1 a 0
c. Não
d. Sim, Zn é oxidado de 0 a +2 e Cu é reduzido de +2 a 0

10.18 Fe^{2+} é oxidado de acordo com a semirreação:

$$Fe^{2+} \rightleftarrows Fe^{3+} + 1e^-$$

Cr(VI) é reduzido de acordo com a semirreação:

$$Cr_2O_7^{2-} + 14H^+ + 6e^- \rightleftarrows 2Cr^{3+} + 7H_2O$$

10.20
a. Sn^{2+} é oxidado e Hg(II) é reduzido. Dois elétrons são transferidos.

$$Sn^{2+} \rightleftarrows Sn^{4+} + 2e^- \text{ e } 2HgCl_2 + 2e^- \rightleftarrows Hg_2Cl_2 + 2Cl^-$$

b. I_2 é reduzido e S(IV) é oxidado. Dois elétrons são transferidos.

$$I_2 + 2e^- \rightleftarrows 2I^- \text{ e } 2S_2O_3^{2-} \rightleftarrows S_4O_6^{2-} + 2e^-$$

c. Fe^{2+} é oxidado e O(−1) é reduzido. Dois elétrons são transferidos.

$$Fe^{2+} \rightleftarrows Fe^{3+} + 1e^- \text{ e } H_2O_2 + 2H^+ + 2e^- \rightleftarrows 2H_2O$$

d. Br^- é oxidado e Br(V) é reduzido. Assim como está escrito, cinco elétrons são transferidos.

$$2Br^- \rightleftarrows Br_2 + 2e^- \text{ e } BrO_3^- + 6H^+ + 5e^- \rightleftarrows 1/2\,Br_2 + 3H_2O$$

10.21
a. $K° = (a_{Sn^{4+}})(a_{Hg_2Cl_2})(a_{Cl^-})^2 / \{(a_{Sn^{2+}})(a_{HgCl_2})^2\}$
b. $K° = (a_{I^-})^2(a_{S_4O_6^{2-}}) / \{(a_{I_2})(a_{S_2O_3^{2-}})^2\}$
c. $K° = (a_{H_2O})^2(a_{Fe^{3+}})^2 / \{(a_{H_2O_2})(a_{Fe^{2+}})^2(a_{H^+})^2\}$
d. $K° = (a_{Br_2})^3(a_{H_2O})^3 / \{(a_{Br^-})^5(a_{BrO_3^-})(a_{H^+})^6\}$

10.24 $K = 1{,}95 \times 10^5$

10.28 A capacidade de sofrer redução é também a classificação da força dessas substâncias químicas como agentes oxidantes:

$$O_3 > Cl_2 > Cr^{3+} > Zn^{2+} > Na^+$$

10.31
a. $E°_{global} = +0{,}17$ V
b. $E°_{global} = -1{,}10$ V
c. $E°_{global} = +0{,}27$ V

A ordem de tendência decrescente para essas reações ocorrerem é

$$c > a > b$$

10.35 $E°_{global} = 1{,}53$ V, $\Delta G° = -2{,}95 \times 10^5$ J ou 295 kJ

10.38 $K = 1{,}5 \times 10^{37}$

10.40
a. $Zn + Cu^{2+} \rightleftarrows Cu + Zn^{2+}$ $K = 1{,}7 \times 10^{37}$
b. $[Zn^{2+}] = 0{,}050$ M, $[Cu^{2+}] = 3{,}2 \times 10^{-39}$ M ≈ 0 M
Massa de metal de cobre = 0,159 g, massa de metal de zinco = 0,837 g

10.48
a. $E°_{Célula} = +2{,}48$ V
b. $E°_{Célula} = +0{,}74$ V
c. $E°_{Célula} = +0{,}36$ V
d. $E°_{Célula} = +0{,}36$ V

10.54 $E°_{Célula} = +0{,}242$ V (com base em um eletrodo de calomelano contendo KCl saturado)

10.55
a. Semirreação de cátodo: $Cu^{2+} + 2\,e^- \rightleftarrows Cu$
   Semirreação de ânodo: $H_2 \rightleftarrows 2\,H^+ + 2\,e^-$
b. $E°_{Célula} = +0{,}34$ V

10.59
a. $E = E° - \{RT/(1\,F)\}\ln\{a_{Cu^+}/a_{Cu^{2+}}\}$
b. $E = E° - \{RT/(2\,F)\}\ln\{1/a_{Hg^{2+}}\}$
c. $E = E° - \{RT/(1\,F)\}\ln\{1/a_{Tl^+}\}$
d. $E = E° - \{RT/(2\,F)\}\ln\{a_{Sn^{2+}}/a_{Sn^{4+}}\}$

10.63
a. $E = 0{,}222 - 0{,}05916\,\log\{a_{Cl^-}\}$
b. $E = -0{,}83 - 0{,}02958\,\log\{(a_{H_2})(a_{OH^-})^2\}$
c. $E = +0{,}94 - 0{,}02958\,\log\{(a_{NO_2^-})(a_{OH^-})^2/(a_{NO_3^-})\}$
d. $E = +1{,}63 - 0{,}02958\,\log\{(a_{Cl_2})/[a_{HOCl}]^2(a_{H^+})^2]\}$

10.66 $E_{Célula} = +1{,}09$ V

10.68 $3\,Ag^+ + Bi_{(s)} \rightleftarrows Bi^{3+} + 3\,Ag_{(s)} \quad E_{global} = +0{,}41$ V

10.69
a. $Ni^{2+} + 2\,e^- \rightleftarrows Ni$ e $Co^{2+} + 2\,e^- \rightleftarrows Co$
b. $E°$ para a semirreação de níquel é $-0{,}23$ V (*versus* EPH) e $E°$ para a semirreação de cobalto é $-0{,}28$ V (*versus* EPH); visto que o valor de $E°$ do níquel é mais positivo, podemos esperar, somente com base nessa informação, que o níquel seja o cátodo e o cobalto seja o ânodo.
c. $E_{Célula} = -0{,}01$ V
d. O sinal negativo para a resposta na Parte (c) nos diz que escolhemos incorretamente o eletrodo de níquel como cátodo. Na verdade, o potencial da célula é $+0{,}01$ V, sendo o cobalto, cátodo, e o níquel, ânodo.

10.75
a. $E_{Célula} = +0{,}62$ V
b. Erro = 0,03 V

10.76 As reações que são diretamente afetadas por uma mudança no pH são (a), (c) e (d).

10.77 Se o pH aumenta em uma unidade, a atividade de OH^- aumenta em dez vezes. Essa alteração acarretará uma mudança no termo do log da equação de 0,011 V por unidade de pH.

10.79 Em pH 2,00, $E_{Célula} = 1{,}15$ V; em pH 4,00, $E_{Célula} = 0{,}97$ V

10.84
a. Fe^{2+}
b. $Fe(OH)_2$
c. Fe^{3+}
d. FeO_4^{2-}

10.86
a. $E_{Célula} = +0{,}90$ V; o cátodo é a platina na solução de cério e o ânodo é a platina na solução de ferro.

b. $E_{Célula} = 0{,}69$ V
c. $E_{Célula} = 0{,}71$ V

Capítulo 11

11.10
a. A calcinação (*dry ashing*) derreteria o chocolate e o queimaria o CO_2, deixando para trás o ferro e outros óxidos metálicos.
b. A fusão de carbonato de sódio dissolverá o silicato para formar silicato de sódio solúvel em água.
c. A digestão (*wet ashing*) manterá o mercúrio dissolvido em solução, em vez de o mercúrio ser volatilizado nos outros métodos de alta temperatura.

11.14
a. Porosidade média ou grossa
b. Porosidade fina ou média
c. Porosidade fina ou média

11.20 $2\,Mg(NH_4)PO_4 \cdot 6\,H_2O \rightarrow Mg_2(P_2O_7) + 13\,H_2O + 2\,NH_3$

11.30 O sólido final a ser pesado deve ter massa maior que 0,0500 g, e a amostra original deve ter massa de pelo menos 1,40 g.

11.32
a. Use a hidrólise de ureia ($H_2N-CO-NH_2$) para gradualmente aumentar o pH de uma solução que contém um pouco de fosfato de hidrogênio (ou a espécie mais ácida, o ácido fosfórico etc.). À medida que o pH aumenta, mais espécie de fosfato estará presente como PO_4^{3-} para ser usada na precipitação.

$H_2N-CO-NH_2 + H_2O \rightarrow CO_2 + 2\,NH_3$

$NH_3 + H_2O \rightleftarrows NH_4^+ + OH^-$

$HPO_4^{2-} \rightleftarrows PO_4^{3-} + H^-$

b. Hidrólise de ácido sulfâmico:
$NH_2SO_3H + H_2O \rightarrow NH_4^+ + H^+ + SO_4^{2-}$

c. Hidrólise de dimetiloxalato:
$(COOCH_3)_2 + H_2O \rightarrow 2\,CH_3OH + (COOH)_2$

11.34 São necessários 0,0040 mol de 2,3-dicetobutano e 0,0080 mol de hidroxilamina

11.40
a. Fator gravimétrico = 0,5884
b. Fator gravimétrico = 0,5224
c. Fator gravimétrico = 0,7877
d. Fator gravimétrico = 0,8534

11.43 Pureza do metal de prata original = 91,18 por cento.

11.45 Massa de NaCl = 0,3368 g; massa de NaBr = 0,0286 g

11.48 $Fe^{3+} + 3\,OH^- \rightarrow Fe(OH)_3$

$$2\,Fe(OH)_3 \rightarrow Fe_2O_3 + 3\,H_2O$$

11.49 Massa de Fe_2O_3 = 20,5 g

11.53 $[Ni^{2+}]$ = 0,0228 M

11.54
  a. Fator gravimétrico = 0,05873
  b. Massa de Al = 0,009708 g

11.58
  a. Massa de C = 0,03717 g (ou 0,00309 mol); massa de H = 0,00554 g (ou 0,00550 mol); massa de O = 0,0110 g (ou 0,00069 mol)
  b. Fórmula empírica, C_5H_8O

11.65 0,0574 g de carbonato de amônio; 0,0298 g de carbonato de sódio; 0,0093 g de NaCl

Capítulo 12

12.5 Erro de titulação = –0,73 mL

12.11 Massa da aspirina = 1,0431 g

12.12 Teor de amoníaco = 1,64 por cento (m/m)

12.14 Massa molar = 176,0 g / mol

12.17 Percentual de ácido ascórbico = 70,06 por cento (m/m)

12.24 Teor de nitrogênio = 1,44 por cento (m/m); teor de proteína = 8,25 por cento (m/m)

12.30 Para o menor erro relativo, devem-se utilizar cerca de 40 mL de uma bureta de 50 mL para análise. HCl concentrado é cerca de 12 M, de modo que HCl diluído é cerca de 12 (10/250) = 0,48 M. A massa de TRIS necessária para análise é 2,3 g.

12.40 Erro de titulação = –0,57 mL

12.41 O azul de timol se altera de amarelo para azul em uma faixa de pH 8,0 a 9,6. Essa é a mesma faixa de pH da fenolftaleína, portanto o erro desse aluno não deve ser pior do que para um aluno que usa a fenoloftaleína.

12.46
  a. Ponto de equivalência = 32,13 mL
  b. pK_a = 3,44

12.49 [HA] = 0,1326 M; K_a = 8,0 × 10^{-6} ou pK_a = 5,10

12.50
  a. $K = [NH_4^+][F^-]/[NH_3][HF] = (K_{b,NH_3} K_{a,HF})/K_w$
  b. K = 1,2 × 10^6, que é muito menor do que K para HF titulado com NaOH ($K_{a,HF}/K_w$ = 6,8 × 10^{10})

12.52
  a. $[HNO_3]$ = 15,82 M
  b. No início da titulação, pH = 0,10; no ponto de equivalência, pH = 7,00
  c. Em 10,00 mL, pH = 0,38; em 25,00 mL, pH = 0,89; em 40,00 mL, pH = 12,34

12.55
  a. Em 0 por cento de titulação, pH = 12,90; em 100 por cento de titulação, pH = 7,00
  b. Em 50 por cento de titulação, pH = 12,35

12.58 Amostra original, pH = 2,73; em 50 por cento de titulação, pH = 3,17; em 100 por cento de titulação, pH = 7,32; em 30,00 mL de titulante, pH = 11,33

12.60 K_a = 5,47 × 10^{-7}

12.62 Em 0 mL de titulante, pH = 12,45; em 10 mL de titulante pH = 10,42; em 20 mL de titulante, pH = 2,15; no ponto de equivalência, pH = 6,10

12.66
  a. Em 0 por cento de titulação, pH = 2,71; em 50 por cento de titulação, pH = 4,43; em 100 por cento de titulação, pH = 4,92; em 150 por cento de titulação, pH = 5,41; em 200 por cento de titulação, pH = 9,21
  b. Em 35 por cento de titulação, pH = 4,70; em 70 por cento de titulação, pH = 4,80; em 135 por cento de titulação (35 por cento entre o primeiro e o segundo pontos de equivalência), pH = 5,14; na titulação de 170 por cento de titulação (70 por cento entre o primeiro e o segundo pontos de equivalência), pH = 5,78

12.68
  a. Concentração de base = 0,0862 M
  b. K_b = 2,1 × 10^{-4}, pK_b = 3,67

12.72 $[H_2SO_4]$ = 0,03096 M, [ácido oxálico] = 0,02179 M

12.74 $[H_2SO_3]$ = 0,02272 M, $[H_2SO_4]$ = 0,06442 M

12.78
  a. No ponto intermediário da mudança de cor de fenolftaleína (pH = 8,8), erro de titulação = –0,0026 mL (–0,013 por cento); no início da faixa (pH = 8,0), erro de titulação = –0,00025 mL (–0,001 por cento)
  b. No ponto intermediário da mudança de cor de vermelho de metila (pH 5,3), erro de titulação = –0,00125 mL (–0,005 por cento); no ponto intermediário da mudança de cor de timolftaleína (pH 10,0), erro de titulação = 0,025 mL (0,10 por cento). A fenolftaleína e o vermelho de metila fornecerão pontos finais com erros de titulação pequenos, mas a timolftaleína vai produzir um ponto final visivelmente tardio.

Capítulo 13

13.7
  a. $Ca^{2+} + EDTA^{4-} \rightarrow CaEDTA^{2-}$
  b. $[Ca^{2+}]$ = 4,10 × 10^{-3} M
  c. Dureza da água = 411 ppm $CaCO_3$

13.9
  a. $Ag^+ + Cl^- \rightarrow AgCl_{(s)}$
  b. $[Ag^+]$ = 0,00912 M

13.14
  a. pH 3-5,25

b. pH 2,0-4,1, ou pH 10,4-10,6 na presença de agente auxiliar
c. pH 8,2-10,2 (pH 8,2-9,1 na presença de um agente auxiliar)

13.16 $[Ca^{2+}] = 0,01797\ M$, $[Mg^{2+}] = 0,00614\ M$

13.17 Massa de $Na_2H_2EDTA \cdot 2H_2O = 14,8896$ g

13.21 $[Ni^{2+}] = 0,01521\ M$, $[Mg^{2+}] = 0,01883\ M$

13.24 $[CN^-] = 0,1491\ M$

13.28
a. pH 8,0-10,5   b. pH 9,5-10,6   c. pH 7,5-10,5

13.30 $\alpha_{Fe^{3+}} = 1,0 \times 10^{-8}$

13.32 $[Zn^{2+}] = 0,02294\ M$, $[Ni^{2+}] = 0,04656\ M$

13.36 O complexo de cálcio de murexida em pH 8 é CaH_3I, que é vermelho-alaranjado. O complexo de níquel é amarelo e, portanto, a mudança de cor no ponto final é de amarelo a vermelho-alaranjado. A reação que ocorre no terminal é a seguinte:
$HEDTA^{3-} + NiH_3I \rightarrow NiEDTA^{2-} + CaH_3I + H^+$

13.40 $[Al^{3+}] = 3,38 \times 10^{-2}\ M$

13.43 $[NH_2OH] = 4,53 \times 10^{-3}\ M$

13.45 $[SO_4^{2-}] = 0,1894\ M$

13.47
a. $Ca^{2+} + EDTA^{4-} \rightarrow CaEDTA^{2-}$
Volume de titulante necessário = 29,76 mL
b. Em 0 mL de titulante, pCa = 1,90; no ponto de equivalência, pCa = 6,17; em 10,00 mL de titulante, pCa = 2,23; em 30,00 mL de titulante, pCa = 8,48

13.55 $[Br^-] = 4,00 \times 10^{-3}\ M$

13.60 Teor de prata = 98,38 por cento (m/m)

13.64 $[Cl^-] = 0,373\ M$

13.69
a. $Ag^+ + Cl^- \rightarrow AgCl_{(s)}$
Volume de titulante necessário = 100,00 mL
b. A 0 por cento de titulação, pAg = 1,30; a 50 por cento de titulação, pAg = 1,90; a 100 por cento de titulação, pAg = 4,88; a 10,00 mL de titulante em excesso, pAg = 6,95

Capítulo 14

14.6
a. Carga = 0,0840 C, o que corresponde a $5,24 \times 10^{17}$ elétrons
b. Massa de cobre = $2,77 \times 10^{-5}$ g

14.11 $I = 3,5 \times 10^{-14}$ A

14.29
a. Eletrodo de classe um
b. Eletrodo de indicador metálico
c. Eletrodo de classe dois

14.30
a. $[Fe^{2+}]/[Fe^{3+}] = 2,45$

b. $[Fe^{2+}] = 0,0542\ M$, $[Fe^{3+}] = 0,0221\ M$

14.47 $[Na^+] = 0,0625\ M$

14.48 $[Na^+]$ deve ser maior que $5 \times 10^{-7}\ M$

14.53 [Desconhecido 1] = $1,16 \times 10^{-3}\ M$, [Desconhecido 2] = $1,26 \times 10^{-5}\ M$, [Desconhecido 3] = $1,73 \times 10^{-1}\ M$

Capítulo 15

15.10 COD = 4.810 mg O_2/L

15.11 $[Fe^{3+}] = 0,02310\ M$, $[Fe^{2+}] = 0,08816\ M$

15.15
a. Massa $K_2Cr_2O_7 = 11,7676$ g
b. Volume de $H_2SO_4 = 106$ mL

15.21 $[Fe^{2+}] = 0,01735\ M$, $[Fe^{3+}] = 0,00761\ M$

15.29 O $E^{o\prime}$ para esse indicador é 0,85 V, e a mudança de cor deve ocorrer em uma faixa que é (0,05916 V)/2 abaixo e acima desse valor, e por isso deve mudar ao longo da faixa 0,82 V a 0,88 V.

15.38
a. $Fe^{2+} \rightleftarrows Fe^{3+} + e^-$
$Ce^{4+} + e^- \rightleftarrows Ce^{3+}$
Reação de titulação: $Fe^{2+}\ Ce^{4+} \rightleftarrows Fe^{3+} + Ce^{4+}$
Volume de titulante = 40,00 mL
b. Em 0 por cento de titulação, $E_{Célula} = +0,27$ V; após 10,00 mL de cério ser adicionado, $E_{Célula} = +0,43$ V
c. No ponto de equivalência, $E_{Célula} = +0,84$ V; após 20,00 mL de titulante em excesso, $E_{Célula} = +1,18$ V

15.43 O erro de titulação nesse caso é de apenas +0,062 μL, ou 3,1 ppm para a titulação de Fe^{2+} com Ce_{4+} de 0,0050 N

15.49 Volume = 0,793 mL

15.51 Conteúdo de urânio = 26,05 por cento (m/m)

15.57
a. $Fe^{2+} \rightleftarrows Fe^{3+} + e^-$
$MnO_4^- + 8H^+ + 5e^- \rightleftarrows Mn^{2+} + 4H_2O$
Reação de titulação:
$MnO_4^- + 5Fe^{2+} + 8H^+ \rightleftarrows Mn^{2+} + 5Fe^{3+} + 4H_2O$
Volume de titulante = 15,00 mL
b. A 50 por cento de titulação, $E_{Célula} = +0,46$ V
c. No ponto de equivalência, $E_{Célula} = +1,17$ V
d. Após um excesso de 10,00 mL de titulante, $E_{Célula} = +1,29$ V

15.66 Mols de dicromato reduzidos por compostos orgânicos = $2,13 \times 10^{-4}$ mol

15.72 Volume de $NaS_2O_3 = 0,02224$ L ou 22,24 mL

15.75 Concentração de titulante = 0,00494 g / mL, teor de água = 0,775 por cento (m/m)

15.77 Número de iodo = 16,1

Capítulo 16

16.5 $[Pb^{2+}] = 4,88 \times 10^{-3}\ M$, $[Cu^{2+}] = 3,66 \times 10^{-2}\ M$

16.7 Teor de cobre = 22,08 por cento (m/m)

16.14 Não, Ag^+ requer um elétron por íon para ser reduzido a metal de prata, enquanto Ni^{2+} requer dois elétrons por íon a serem reduzidos a metal de níquel. Portanto, a concentração original de Ag^+ deve ter sido o dobro da concentração original de Ni^{2+} para que essa situação tenha ocorrido.

16.17 Teor de vitamina C = 4,20 por cento (m/m)

16.27 Somente os níveis relativos dos três estados solúveis de oxidação podem ser determinados nesse caso (porque não são fornecidos os dados para os padrões), mas esses resultados indicam que CrO_4^{2-}, Cr^{3+} e Cr^{2+} estavam inicialmente presentes em concentrações idênticas.

16.30 $[Ag^+]/[Cu^{2+}] = 1,14$

16.30 LOD para $[Cd^{2+}] = 8,6 \times 10^{-5}\ M$

16.36 Os primeiros 15 pés do lago estão em equilíbrio com o oxigênio atmosférico. Isso já não ocorre abaixo da marca de 'termocline' a 15 pés. Água abaixo desse nível é mais reduzida e tem menos oxigênio. Esse efeito torna-se mais pronunciado à medida que a profundidade aumenta de 15 para 75 pés abaixo da superfície.

16.38
a. Massa de cádmio = $2,3 \times 10^{-9}$ g
b. Carga = $8,0 \times 10^{-6}$ C
c. Fração de cádmio original que foi reduzida e posteriormente reoxidada = 0,0046

Capítulo 17

17.4 510 nm

17.5 A absorção mais forte ocorre em 525 nm, e a mais fraca, em 700 nm.

17.14
a. $v = 2,249 \times 10^8$ m/s   c. $n = 1,0005$
b. $v = 1,989 \times 10^8$ m/s   d. $n = 1,3588$

17.15 $t = 8,3 \times 10^{-10}$ s

17.17
a. $8,56 \times 10^{13}\ s^{-1}$, luz infravermelho
b. $1,57 \times 10^6\ m^{-1}$, luz visível
c. 0,14 nm, raios X
d. $1,83 \times 10^1\ cm^{-1}$, luz infravermelho (IV distante)

17.19 Um comprimento de onda de 2,5 μm está na faixa do infravermelho, e 400 nm está na faixa visível. O número de fótons de 2,5 μm que teria a energia equivalente a um fóton de 400 nm seria 6,25, mas não se pode ter apenas uma fração de um fóton e, portanto, pelo menos 7 fótons seriam necessários para fornecer pelo menos tanta energia quanto um fóton de 400 nm.

17.20 Diferença de frequência = $1,197 \times 10^{12}\ s^{-1}$; diferença de energia = $7,93 \times 10^{-22}$ J

17.26
a. 475 nm está na região verde-azul da luz visível
b. 250 nm está na região do ultravioleta
c. 675 nm está na região vermelho-alaranjado da luz visível
d. 1.000 nm está na região do infravermelho

17.32 Para a primeira solução, a luz com comprimento de onda de 450 a 500 nm é azul para verde-azul, por isso, se for absorvida, o objeto aparecerá com a cor complementar, que é vermelho-alaranjado. Se a solução absorve luz de 250 a 300 nm, essa luz é ultravioleta e o objeto aparecerá incolor.

17.39
a. $F = 2,25 \times 10^{-8}$; esta fração é pequena demais para ser um problema relevante quando se utiliza a luz solar para sensoriamento remoto.
b. Reflexão da luz por matéria particulada na atmosfera seria um fator importante.

17.42 A 30°, $\theta_2 = 19,25°$; a 45°, $\theta_2 = 27,79°$; a 60°, $\theta_2 = 34,82°$

17.53 Concentração do desconhecido nº 1 = $3,94 \times 10^{-4}\ M$; concentração do desconhecido nº 2 = $1,10 \times 10^{-3}\ M$

17.57

Transmitância	% Transmitância	Absorbância
0,156	15,6	0,807
0,358	35,8	0,446
0,561	56,1	0,251
0,689	68,9	0,162
0,780	78,0	0,108
0,056	5,6	1,250

17.59 $\epsilon = 124\ L/mol \cdot cm$

17.60 $C = 5,34 \times 10^{-5}\ M$

17.64 Concentração desconhecida = $2,94 \times 10^{-4}\ M$

17.68
a. Cerca de 0,3 a 0,4 para 2,5 por cento e 0,1 a 1,3 para 3 por cento
b. Cerca de 0,3 a mais do que 2,0 para 2,5 por cento e 0,20 a mais do que 2,0 para 3 por cento

17.72
a. A absorbância a 465 nm é baixa e ao lado de um pico, enquanto 645 nm é um pico máximo; portanto, um gráfico traçado com dados obtidos em 645 nm terá maior inclinação e melhor linearidade do que outro com dados obtidos em 465 nm.

b. A absorbância a 645 nm é baixa, mas 660 nm é um máximo de pico; portanto, um gráfico traçado com dados obtidos em 660 nm terá maior inclinação.

17.75 A absorbância medida será 1,23, em vez de 1,30, o que é um erro relativo de 5,4 por cento.

Capítulo 18

18.8 Na ordem do mais fácil para o mais difícil: d > c > b > a (não possível)

18.10 $C = 3,6 \times 10^{-9}\ M$

18.12 $C = 1,58 \times 10^{-2}\ M$

18.23
 a. $[Fe^{2+}] = 1,73 \times 10^{-4}\ M$
 b. Se alguma outra espécie absorve no comprimento de onda especificado, a absorbância medida será muito alta e interpretada de modo impreciso como uma concentração maior de Fe^{2+}.

18.24 Volume = 541 L; presume-se que o corante seja distribuído de modo uniforme por todo o lago, e que nenhum outro soluto contido nele absorve significativamente a 450 nm.

18.25 $C = 14,1 \times 10^{-3}\ M$

18.28 Concentração de cafeína no café preparado = $3,37 \times 10^{-3}\ M$

18.34
 a. $[Cu^{2+}] = 3,53 \times 10^{-2}\ M$
 b. O analito em si tem uma absorção muito pequena, mas o complexo cobre-Trien possui absortividade elevada. Passado o ponto final, quando apenas mais Trien é adicionado, não há aumento de absorbância; esse resultado significa que o Trien não tem absorbância mensurável no comprimento de onda especificado.

18.38 $[Q] = 7,65 \times 10^{-4}\ M$, $[P] = 4,69 \times 10^{-4}\ M$

18.56 Ligações duplas absorvem a cerca de 1.650 cm^{-1} (6,0 μm); alcanos não são absorventes nesse caso.

18.57
 a. Cetonas, assim como a acetona, mostram forte absorção próximo a 1.700 cm^{-1}. Não há nenhuma absorção como essa presente nesse caso, de modo que o solvente deve ser a mistura de hidrocarbonetos.
 b. A absorção em 2.950 cm^{-1} se deve a um estiramento C-H, e a absorção a 1.450 cm^{-1} a um estiramento C-C, que estão presentes tanto em óleo vegetal quanto mineral. A ausência de um pico próximo a 1.720 cm^{-1}, que é característico de um grupo éster, demonstra que a amostra não pode ser de óleo vegetal. Assim, deve ser um óleo mineral.

18.74 $C = 6,45 \times 10^{-5}\ M$

Capítulo 19

19.14 Massa de $CaCl_2 = 4,9 \times 10^{-18}$ g

19.17 $\Delta E = 3,37 \times 10^{-19}$ J, $\nu = 5,09 \times 10^{14}$ s^{-1} (ou Hz)

19.21
 a. 2.267 K   b. 3.342 K   c. 3.080 K

19.25 Com base na equação de Boltzmann, a fração de átomos de sódio no orbital 3p *versus* 3s a essas temperaturas serão $1,5 \times 10^{-5}$ e $8,8 \times 10^{-4}$. Como resultado, a melhoria na intensidade do sinal apenas por causa desse efeito será $(8,8 \times 10^{-4})/(1,5 \times 10^{-5})$, que é um aumento de 59 x na intensidade.

19.28 Concentração de $Cu^{2+} = 0,687$ ppm

19.29 Concentração de Na^+ em solução original = 10,8 ppm

19.30 $A = 0,209$

19.31 Concentração de $Zn^{2+} = 1,62$ ppm

19.35 Concentração de manganês = 7,3 ppm

19.38 Número de átomos de zinco = $3,0 \times 10^{11}$ átomos/s ou $3,0 \times 10^{12}$ átomos em 10 s

19.51 Adicione La^{3+} para formar fosfato de lantânio ou EDTA para formar CaEDTA, ambos os quais impedem a formação de fosfato de cálcio (*Observação:* o EDTA se queimará totalmente na chama)

19.54
 a. Concentração de cálcio original no leite = 707 ppm
 b. O EDTA foi adicionado como um agente protetor para assegurar que fosfato de cálcio não seja formado na chama. O leite é rico em fosfato, o que representa uma séria preocupação nessa medição. Se EDTA não fosse adicionado, haveria uma boa chance de se obter um resultado baixo.

19.62 $A = 1,038$

Capítulo 20

20.10 $D_C = K_{D,H2A}[H^+]^2 / ([H^+]^2 + K_{a1}[H^+] + K_{a1}K_{a2})$

20.18 89,2 por cento de extração

20.21 $D_c = 43,2$

20.23 86,8 por cento de extração

20.27
 a. 98,0 por cento de extração
 b. 55,6 por cento de extração reversa
 c. 54,5 por cento de extração reversa global em água

20.32
 a. Composto A, 84,2 por cento de extração; composto B, 4,6 por cento de extração
 b. Composto A, 97,5 por cento de extração ($n = 2$); 99,6 por cento de extração ($n = 3$); 99,9 por cento de extração ($n = 4$); composto B, 8,95 por cento de extração ($n = 2$); 13,1 por cento de extração ($n = 3$); 17,1% de extração ($n = 4$)

c. A recuperação do composto A aumenta, mas sua pureza diminui à medida que mais extrações são realizadas na amostra.

20.47 Volume de morto = 4,5 mL, volume de retenção total para 2-propanol = 30,1 mL

20.49 Concentração de atrazina = 2,41 µg/L, que está abaixo do limite permissível

20.54
a. TNT, t'_R = 3,00 min, V'_R = 4,50 mL; RDX, t'_R = 4,15 min, V'_R = 6,22 mL; Tetril, t'_R = 5,36 min, V'_R = 8,04 mL; HMX, t'_R = 6,35 min, V'_R = 9,52 mL
b. TNT, k = 1,50; RDX, k = 2,08; Tetril, k = 2,68; HMX, k = 3,18
c. Os tempos de retenção total e ajustado aumentariam em 1,5 vez, mas os fatores de retenção não seriam afetados.

20.59 O fator de retenção vai aumentar em 2,2 vezes.

20.67
a. *Peak tailing*
b. *Peak fronting*
c. Pico gaussiano

20.73 Uma velocidade linear de 12 cm/s está abaixo da ideal na curva de van Deemter, de 20 cm/s está próxima da ideal e de 50 cm/s ou 70 cm/s estão acima desse valor ideal.

20.77 Picos 1 e 2, R_s = 0,97; picos 2 e 3, R_s = 3,65; picos 3 e 4, R_s = 1,39; picos 4 e 5, R_s = 2,63; picos 5 e 6, R_s = 8,4

Capítulo 21

21.5 Concentração de morfina = 54,5 ng/mL

21.8 Todos esses compostos têm massas molares inferiores a 600 g/mol e pontos de ebulição abaixo de 500 °C a 1 atm, e por isso é possível (em teoria) analisar cada um por CG. No entanto, alguma derivatização pode ser necessária para o ácido decanoico, e espera-se que o meleno tenha retenção forte em uma coluna de CG, devido a seu grande tamanho e elevado ponto de ebulição.

21.9 A ordem aproximada de eluição, da primeira à última, seria a seguinte: tolueno, naftaleno, ácido decanoico e meleno. Isso pressupõe que o ácido decanoico tem estabilidade térmica suficiente para análise de CG.

21.18 A ordem aproximada de eluição, da primeira à última, seria a seguinte:
a. Metanol, etanol, 1-propanol e 1-butanol
b. Benzeno, tolueno e etilbenzeno
c. Ácido butírico e ácido caproico

21.21 Índices de retenção de Kováts: benzeno, I = 639; butanol, I = 370; nitropropano, I = 246; piridina, I = 478; 2-pentanona, I = 485

21.27 n-Pentano, w_b = 0,063 min; tolueno, w_b = 0,21 min; 1,2,4-trimetilbenzeno, w_b = 0,37 min

21.51 a. Paration e b. Imipramina

21.52 a. DDT e c. Freon-12

Capítulo 22

22.5
a. Concentração de Ca^{2+} = 2,47 ppm
b. Esse pico se deve ao Ca^{2+}

22.8
a. No solvente A, k = 88,8; no solvente B, k = 29,2
b. No solvente A, t_R = 119 min; no solvente B, t_R = 40,2 min

22.12 Coluna 1, N = 7.980, H = 7,5 µm; coluna 2, N = 5.540, H = 18 µm. A coluna 1 é mais eficiente do que a coluna 2.

22.18 a) Fase móvel fraca = pH 8,2, 20 mM tampão Tris (solvente A); fase móvel forte = pH 8,2, 20 mM Tris acrescido de NaCl de 0,25 M (solvente B)

22.25 Uma mistura de 2 por cento de álcool isopropílico: 98 por cento de hexano ou uma mistura de 10 por cento de acetato de etila: 90 por cento de diclorometano são duas possibilidades.

22.33
a. P = 5,64
b. P = 0,1
c. P_{tot} = 1,35
d. P_{tot} = 7,06

22.38
a. A diferença nos sinais à direita reflete a diferença nas polaridades da fase estacionária em RPLC e NPLC.
b. k = 25,8
c. Aproximadamente 33 por cento isopropanol: 67 por cento de água

22.39 2,4-D é um ácido fraco, que terá sua forma neutra e ácida assim como a espécie principal a um pH baixo. Essa espécie é o que leva à maior retenção em uma coluna de fase reversa em um pH ácido *versus* um pH neutro. A mesma dependência do pH também levará a uma diminuição na retenção de 2,4-D em uma coluna de troca aniônica à medida que o pH for reduzido.

22.43
a. Cromatografia de troca catiônica
b. Cromatografia de troca aniônica
c. Sob essas condições, os aminoácidos terão uma carga negativa líquida; use a cromatografia de troca aniônica

22.57 K_o = 0,730

22.58
a. V_M = 11,00 mL, V_e = 19,01 mL
b. K_o = 0,718
c. Massa molar = 69.000 g/mol

22.63
 a. $k = 4,0 \times 10^4$ b. $t_R = 60.000$ min ou 1.000 h

Capítulo 23

23.4 $v = 6,22$ cm/min, distância em 2,5 min = 15,6 cm

23.8 $v = 2,59$ cm/min, $\mu = 6,47$ cm^2/kV · min

23.11 A principal espécie de dicamba por toda a faixa de pH especificada é a base conjugada, A$^-$. O pK_a do dicamba é baixo o suficiente para a quantidade relativa dessa base conjugada *versus* alteração não significativa do dicamba pela mudança no pH. No entanto, o segundo pK_a para DCSA ocorre na faixa sobre a qual o pH é alterado. Isso significa que as quantidades relativas das formas de ácido-base de DCSA estão mudando, o que altera a mobilidade aparente que se observa para esse composto.

23.15 $\mu_{eo} = 32,9$ cm^2/kV · min

23.17
 a. $N = 59.200$ b. $H = 5,9$ c. $N = 6.400$

23.18
 a. $R_s = 1,94$ b. $R_s = 2,00$

23.26 Quantidade de proteína = 9,1 ng

23.35 Peso molecular = 52 kDa

23.41 Quantidade de nitrato = 4,3 mg/L

23.44 $N = 434.500$; tempo de migração = 41,8 min

23.53 A quantidade relativa da primeira isoforma *versus* a segunda é 3,35.

Glossário

100 por cento de eficiência de corrente. Condição na qual todos os elétrons que passam por uma célula eletroquímica são usados para oxidar ou reduzir o analito.

Absorbância (A). Valor usado para descrever a absorção da luz pela matéria que é igual ao valor negativo do logaritmo na base 10 da transmitância (T), onde $A = -\log(T)$; também conhecida como *densidade óptica*.

Absorção. Transferência de energia de um campo eletromagnético (como o da luz) para uma entidade química (por exemplo, um átomo ou uma molécula).

Absortividade (a). Termo usado para designar a constante de proporcionalidade na lei de Beer, quando essa constante é expressa em unidades diferentes de L/mol · cm; também conhecida como *coeficiente de extinção*.

Absortividade molar. Termo usado para a constante de proporcionalidade na lei de Beer quando essa constante é expressa em unidades de L/mol · cm.

Ácido Arrhenius. Substância química que resulta em aumento de íons hidrogênio em solução aquosa.

Ácido Brønsted–Lowry. Substância química que doa um próton (ou íon hidrogênio) a outra substância (uma base).

Ácido conjugado. Ácido produzido através da reação de sua base conjugada com outro ácido.

Ácido de Lewis. Substância química que pode aceitar um par de elétrons de outra substância.

Ácido etilenodiaminotetracético (EDTA). Agente quelante comum de íons metálicos.

Ácido forte. Ácido que sofre dissociação essencialmente completa para formar íons hidrogênio (ou prótons) em um dado solvente.

Ácido fraco. Ácido que se dissocia apenas em parte para formar íons hidrogênio (ou prótons) em um dado solvente.

Ácido monoprótico. Ácido que pode doar apenas um íon hidrogênio a uma base.

Ácido poliprótico. Ácido que pode doar mais de um íon hidrogênio a uma base.

Adsorção gás-sólido. Uso de um material sólido para adsorver e separar gases em uma mistura gasosa.

Adsorção. Processo pelo qual uma substância química interage com uma superfície; um processo pelo qual as impurezas podem aderir à superfície de um cristal.

Afinidade. Veja *Constante de associação*.

Agarose. Gel de carboidrato que consiste em um polímero formado por unidades repetidas de D-galactose e 3,6-anidro-L--galactose.

Agente de liberação. Reagente que causa a precipitação de um ânion para formar um precipitado com algum agente químico que não o analito.

Agente de proteção. Reagente que impede a formação de um composto refratário em uma chama por meio da criação de uma espécie química alterativa que é capaz de queimar e se dissociar em átomos facilmente.

Agente de radiocontraste. Substância utilizada para absorver os raios X.

Agente desmascarante. Agente que é usado para liberar um íon metálico de um agente mascarante para que o íon metálico possa ser medido.

Agente etiológico. Micro-organismo ou toxina relacionada que pode causar doenças no homem.

Agente extrator. Substância que é colocada em um sistema de extração para reagir com analitos e melhorar sua capacidade de ir para a fase de extração.

Agente mascarante. Ligante que é adicionado para evitar que um titulante reaja com uma substância em particular.

Agente oxidante. Substância química que pode facilmente sofrer redução, levando outras substâncias químicas à oxidação.

Agente quelante. Ligante que tem múltiplas interações com um íons metálicos.

Agente redutor. Substância química que é facilmente oxidada, fazendo outras substâncias químicas serem reduzidas; também conhecida como *redutor*.

Água deionizada (água DI). Água preparada por deionização, onde cátions ou ânions na água são trocados por íons hidrogênio (H^+) e íons de hidróxido (OH^-), a maioria dos quais se combinam para formar água.

Água destilada. Água que é preparada pelo processo de destilação, em que a água é aquecida até o ponto de ebulição, e o vapor que se desprede é em seguida recondensado e usado como água purificada.

Alargamento de banda extra-coluna. Alargamento de um pico antes ou depois que ele entra em uma coluna cromatográfica.

Alargamento de banda. Processo que ocorre à medida que substâncias químicas percorrem um sistema cromatográfico ou outro dispositivo de separação, e pelo qual a região que contém cada substância gradualmente se alarga.

Alérgeno. Substância que pode provocar reação alérgica.

Algarismos significativos. Dígitos que podem ser usados para confiavelmente registrar ou relatar um número.

Alíquota. Fração de uma solução estoque ou amostra que é extraída para a preparação de uma segunda solução, menos concentrada.

Altura do prato. Veja *Altura equivalente de um prato teórico*.

Altura equivalente de um prato teórico (H). Medida de eficiência em cromatografia e outros métodos de separação conforme determinado tomando-se a razão entre o número de pratos teóricos (N) e o comprimento do sistema de separação (L), onde $H = L/N$; também conhecido como *altura do prato*.

Altura ótima do prato (H_{opt}). A menor altura do prato para cromatografia ou outro tipo de sistema de separação.

Alumina. Material com a fórmula empírica Al_2O_3; um suporte polar empregado na cromatografia de adsorção.

Amadurecimento de Ostwald, ou reprecipitação de Ostwald. Técnica para a obtenção de precipitados com partículas maiores e também mais puras em que um precipitado é aquecido em sua solução original a uma temperatura próxima ao ponto de ebulição da solução.

Amostra aleatória. Amostra que é adquirida tomando-se arbitrariamente parte de um material e testando-a para obter informações sobre a totalidade do teor do material.

Amostra em branco. Amostra que não contém analito.

Amostra representativa. Amostra que reflete a composição global e as propriedades do material original.

Amostra. Porção de um material que é submetida a análise química.

Ampère (A). Unidade fundamental de corrente elétrica do sistema SI; definida como a corrente constante que produz uma força de 2×10^{-7} newton por metro de comprimento quando mantida em condutores paralelos retilíneos de comprimento infinito e sessão circular desprezível, que são colocados a um metro de distância um do outro, no vácuo.

Amperometria. Método de análise eletroquímica em que a corrente que atravessa uma célula eletroquímica é medida a um potencial fixo.

Amplitude. Intensidade de uma onda de luz (ou radiação eletromagnética), conforme medida da altura dos picos dessa onda.

Analisador CHN. Instrumento que se destina a determinar o teor de carbono, hidrogênio e nitrogênio de uma amostra.

Analisador de massas tipo quadrupolo. Tipo de espectrômetro de massa que usa uma série de quatro barras horizontais que são mantidas a potenciais AC e DC bem definidos. Cada par de hastes opostas é mantido sob o mesmo potencial, e quaisquer duas hastes vizinhas são mantidas exatamente sob potenciais opostos. Ao longo do tempo, os potenciais dessas hastes são continuamente variados. Isso cria um campo elétrico variado através do qual somente íons com uma determinada relação massa/carga serão capazes de passar; também conhecido como *espectrômetro de massa quadrupolo de transmissão*.

Análise. Ato de executar uma medição química ou o próprio método utilizado para examinar uma amostra ou analito dentro dessa amostra; também conhecido como *ensaio* ou *determinação* do analito em uma amostra.

Análise de combustão. Método em que a combustão de uma amostra é usada para medir a quantidade relativa de carbono, hidrogênio e outros elementos em uma amostra.

Análise de componentes minoritários. Medição de um ou mais componentes minoritários em uma amostra.

Análise de componentes principais. Medição de um ou mais componentes principais de uma amostra; também conhecida como *constituinte principal*.

Análise de *headspace*. Técnica baseada no fato de que analitos voláteis em uma amostra de líquido ou sólido também estarão presentes na fase de vapor que se localiza acima da amostra; se uma parcela desse vapor (*headspace*) for coletada, ela pode ser usada para medir analitos voláteis sem a interferência de outros compostos menos voláteis que faziam parte da amostra original.

Análise de superfície. Análise das camadas mais externas de um material.

Análise de traços. Medição de um ou mais componentes residuais em uma amostra.

Análise dependente do tempo. Estudo de como um ou mais analitos variam em uma amostra ao longo do tempo; também conhecido como *análise temporal*.

Análise dimensional. Processo pelo qual as unidades de um conjunto de números usados em um cálculo são registradas e comparadas para assegurar que o resultado final seja expresso na forma desejada.

Análise eletroquímica. Utilização da eletroquímica na análise de substâncias químicas.

Análise espacial. Estudo da maneira pela qual um determinado analito está distribuído em uma matriz.

Análise espectroquímica. Uso da espectroscopia para identificar uma amostra ou medir substâncias químicas em uma amostra.

Análise estrutural. Medição química na qual o objetivo é determinar características como massa molar, composição elementar, grupos funcionais e/ou estrutura do analito.

Análise por injeção em fluxo. Método em que as amostras são injetadas sequencialmente em um fluxo contínuo de reagente, que então reage com o conteúdo dessas amostras para produzir uma mudança de sinal, como o que ocorre na formação de um produto colorido.

Análise qualitativa. Medida em que o objetivo é determinar se existe ou não um analito em particular presente em uma amostra acima de um determinado nível mínimo.

Análise quantitativa. Medida em que o objetivo é fornecer um valor numérico para a quantidade de um analito dentro de uma amostra.

Análise temporal. Veja *Análise dependente de tempo*.

Análise termogravimétrica. Método analítico que utiliza apenas medições de massa e estequiometria de reação para determinar a quantidade de substância na amostra; também conhecida como *gravimetria*.

Análise termogravimétrica. Técnica em que a massa de uma amostra é medida enquanto a temperatura da amostra varia; também conhecida como *termogravimetria*.

Análise titulométrica. Veja *Titulação*.

Análise volumétrica. Processo em que as medições de volume são utilizadas para caracterizar uma amostra.

Analito. Substância química que está sendo medida ou estudada em uma amostra.

Anfiprótico. Substância que pode atuar como um ácido ou como uma base.

Anfólitos. Uma mistura de pequenos *zwitterions* que é usada em focalização isoelétrica para produzir um gradiente de pH estável.

Ângulo de incidência (θ_i). Ângulo em que um feixe luz incide sobre o limite entre duas regiões que possuem valores diferentes para seu índice de refração; esse ângulo é medido em relação a uma linha conhecida como 'normal', que é perpendicular ao limite entre as duas regiões.

Ângulo de reflexão (θ_r). Ângulo em que um feixe de luz é refletido no limite entre duas regiões que possuem valores diferentes para seu índice de refração; esse ângulo é medido em relação a uma linha conhecida como 'normal', que é perpendicular ao limite entre as duas regiões.

Ânodo. O eletrodo em uma célula eletroquímica em que a oxidação ocorre.

Anólito. Solução ácida localizada pelo ânodo no ponto isoelétrico capilar.

Anticorpo. Proteína produzida pelo sistema imunológico humano que possui a capacidade específica de se ligar a um agente externo, como célula bacteriana, vírus ou proteína de outro organismo.

Aparelho de Craig. Dispositivo usado para realizar uma extração contracorrente, que usa uma série de tubos de vidro que podem reter uma porção fixa de uma fase enquanto permite a transferência simultânea de cada fase superior para o próximo tubo.

Aproximações sucessivas. Método para resolver equações em que as estimativas são colocadas na equação e usadas na obtenção de novas estimativas para a resposta real.

Aquecimento joule. Aquecimento que ocorre quando um campo elétrico é aplicado a um sistema de eletroforese.

Armadilha criogênica. Veja *Armadilha fria*.

Armadilha fria. Meio de coletar analitos de um gás que envolve passar o gás por um tubo oco ou uma serpentina mantidos a uma baixa temperatura. Quando os analitos entram no tubo ou na serpentina, eles se condensam e podem ser coletados. Após a coleta, essas substâncias são liberadas aumentando-se a temperatura; também conhecida como *armadilha criogênica*.

Ascarite. Material feito de hidróxido de sódio adsorvido em um material à base de argila.

Asfixiante. Uma substância química que interfere no transporte de oxigênio pelo corpo.

Atividade (a). Veja *Atividade química*.

Atividade química. Medida da diferença em potencial químico entre uma substância em um determinado estado (μ) *versus* um estado de referência-padrão para essa mesma substância ($\mu°$), onde $a = e^{(\mu - \mu°)/(RT)}$, sendo R a constante da lei dos gases ideais e T a constante temperatura absoluta; esse é um termo adimensional, também conhecido como *atividade* ou *atividade relativa*.

Atividade relativa. Veja *Atividade química*.

Atomização. Processo de conversão de um composto químico em seus átomos constituintes.

Autoprotólise. Reação ácido-base em que a mesma substância química atua tanto como ácido quanto como base.

Avaliação de erro. Processo de identificação de todas as fontes de erro que podem ocorrer em um método e de determinação de como corrigir esses erros.

Balança. Instrumento de pesagem que mede com precisão pequenas massas.

Balança analítica. Balança com uma área fechada de pesagem, que normalmente possui legibilidade de 0,1 miligrama ou menos.

Balança de carga superior. Veja *Balança de precisão*.

Balança de prato único. Balança que tem um único prato e um conjunto de contrapesos removível de um lado de uma trave de equilíbrio, e um contrapeso de massa conhecida, do outro lado; a massa de um objeto sobre o prato é determinada por adição ou remoção de contrapesos até este lado estar em equilíbrio com a massa conhecida do outro lado.

Balança de precisão. Balança com uma área aberta de pesagem, que normalmente tem legibilidade de 1 mg ou mais; também conhecida como *balança de carga superior*.

Balança eletrônica. Balança que utiliza um mecanismo elétrico para determinar a massa de um objeto.

Balança mecânica. Balança que usa uma abordagem mecânica para determinar a massa de um objeto.

Balanço de massas. Aplicação da lei de conservação de massa, segundo a qual a matéria não é criada nem destruída como resultado de uma reação química comum.

Balão volumétrico. Peça de vidro usada para preparar e diluir soluções para um volume específico (geralmente na faixa de 1 a 2.000 mL); consiste em uma parte inferior arredondada e com fundo plano para misturar e reter soluções, um gargalo longo superior com marcação calibrada e uma abertura no topo onde um vedante inerte pode ser colocado de forma segura para misturar a solução dentro do balão.

Base Brønsted–Lowry. Substância química que pode aceitar um próton (ou íon hidrogênio) de outra substância (um ácido).

Base conjugada. Base produzida através da reação de seu ácido conjugado com outra base.

Base de Arrhenius. Substância química que resulta no aumento de íons hidróxidos em uma solução aquosa.

Base de Lewis. Substância química que pode doar um par de elétrons para outra substância.

Base forte. Base que sofre uma reação completa quando aceita íons hidrogênio (ou prótons) de um ácido.

Base fraca. Base que sofre apenas uma reação parcial enquanto aceita íons hidrogênio (ou prótons) de um ácido.

Base monoprótica. Base que pode aceitar apenas um íon hidrogênio de um ácido.

Base poliprótica. Base que pode aceitar mais de um íon hidrogênio de um ácido.

Bateria. Uma série de células eletroquímicas.

Biamperometria. Método de detecção usado na titulação de Karl Fisher, que emprega dois eletrodos, cada qual com potencial controlado tal que a corrente somente fluirá quando tanto o iodo quanto o iodeto estiverem presentes na solução.

Bioluminescência. Quimiluminescência produzida pela reação química de um agente biológico.

Boas Práticas de Laboratório (BPL). Conjunto de diretrizes que promovem trabalho e conduta apropriados dentro do laboratório.

Bomba de infusão de seringa. Bomba que consiste de uma seringa em que um êmbolo é pressionado para dentro por um motor para criar um fluxo de fase móvel ou forçar o solvente para fora da seringa.

Bomba recíproca. Bomba na qual uma câmera rotativa é utilizada para movimentar um pistão para dentro e para fora de uma câmara de solvente, criando o fluxo da fase móvel ou solvente de e para essa câmara.

Borramento, Blotting. Abordagem para a detecção por eletroforese em gel, na qual uma fração de uma faixa de analito é transferida para um suporte, como a nitrocelulose, onde os analitos são submetidos a uma reação com um agente marcado.

Bureta. Um dispositivo volumétrico utilizado para medir com precisão e prover quantidades variáveis de um líquido; compõe-se de um tubo graduado de vidro com uma abertura no topo para a adição de um líquido e uma torneira na parte inferior para a aplicação precisa desse líquido em outro recipiente.

Caderno de laboratório. Registro dos procedimentos usados por um cientista, dos resultados experimentais obtidos e das conclusões extraídas dessas experiências.

Caderno eletrônico de laboratório. Registro digital de um experimento de laboratório em que o texto pode ser combinado diretamente com gráficos, estruturas, imagens e outras fontes de informação digital.

Cadinho de Gooch. Cadinho que contém um fundo poroso, mas é usado com um disco de fibra de vidro como filtro.

Cadinho de vidro com placa porosa. Veja *Cadinho de vidro sinterizado*.

Cadinho de vidro sinterizado. Cadinho que tem um filtro de vidro poroso no fundo, que pode ser usado para coleta direta de um precipitado; também conhecido como *cadinho de vidro poroso*.

Calcinação. Um método de preparação da amostra na qual uma fração pesada da amostra é aquecida ao rubro em um cadinho de porcelana em contato com o ar.

Calibração. A utilização de padrões e suas respectivas respostas para determinar a quantidade de um analito em uma amostra; essa tarefa costuma ser realizada por meio de um gráfico dos sinais fornecidos por um método de padrões que contêm quantidades conhecidas do analito.

Camada de hidratação. Cápsula de água que circunda um íon quando ele está em uma solução aquosa.

Candela (cd). Unidade fundamental de intensidade luminosa no sistema SI, definida como a intensidade luminosa medida em uma determinada direção de uma fonte que emite uma radiação monocromática com frequência de 540×10^{12} hertz e que tem intensidade radiante de 1/638 watt por esterradiano na direção observada.

Capacidade (de uma balança). A maior massa que pode ser confiavelmente medida com uma balança específica; também conhecida como a *carga máxima* de uma balança.

Capacidade tampão. Mols de um ácido forte ou de uma base forte que devem ser adicionados por litro de uma solução tampão, para alterar o pH em 1,0 unidade.

Caracterização de propriedade. Medição de alguma propriedade química ou física específica de um analito (por exemplo, sua cor, forma do cristal e resistência mecânica, ou sua capacidade de interagir com luz, elétrons e outras substâncias químicas).

Carcinogênico. Uma substância que causa câncer.

Carga máxima (de uma balança). Veja *Capacidade*.

Carga. Integral da corrente elétrica ao longo do tempo.

Cátodo. O eletrodo em uma célula eletroquímica na qual a redução ocorre.

Católito. Solução básica localizada pelo cátodo em focalização isoelétrica capilar.

Célula eletrolítica. Célula eletroquímica na qual uma fonte de alimentação externa é usada para aplicar uma corrente elétrica e causar uma reação de oxidação-redução específica.

Célula eletroquímica. Sistema ou dispositivo no qual os processos de oxidação e redução de uma reação de oxidação-redução ocorrem em diferentes locais, com elétrons que fluem de um local para outro através de um circuito externo.

Célula galvânica. Célula eletroquímica na qual uma reação de oxidação-redução ocorre espontaneamente, resultando em um fluxo de elétrons; também conhecido como *célula voltaica*.

Célula voltaica. Veja *célula galvânica*.

Cerato. Um agente oxidante forte com a fórmula Ce^{4+} frequentemente usado em titulações redox.

Ciclodextrina. Polímero cíclico de glicose formado por certos tipos de bactéria, o que resulta em uma estrutura em forma de cone com seu interior apolar e bordas superior e inferior polares, as quais são cercadas por grupos de alcoóis.

Cinética química. Campo da química que trata da velocidade dos processos químicos.

Coagulação. Processo pelo qual as partículas aderem umas às outras devido a atrações eletrostáticas de íons de cargas opostas em partículas vizinhas.

Coeficiente de atividade média ($\gamma_\pm$). Coeficiente de atividade que é uma média ponderada dos coeficientes de atividade para íons carregados tanto negativamente quanto positivamente em solução.

Coeficiente de atividade, baseado em concentração (γ_c). Termo usado para relacionar a atividade (*a*) de uma substância química à sua concentração (*c*) em uma solução; trata-se de um termo adimensional utilizado na relação $a = \gamma_c (c/c°)$, onde $c°$ é a concentração da substância de interesse em um estado-padrão. (*Observação:* $c°$ é geralmente igual a um molar, quando a molaridade é a unidade de concentração usada na substância química de interesse; portanto, nem sempre é escrita como parte da relação entre *a*, γ_c e *c*.)

Coeficiente de correlação (*r*). Parâmetro calculado que é utilizado para avaliar a qualidade do ajuste entre a regressão linear e os dados experimentais; o valor numérico de *r* fica sempre entre -1 e 1, sendo que um valor de 1 ou -1 (ou $|r| = 1$) representa a perfeita correlação entre a regressão linear e os dados, ao passo que um valor igual a zero não representa nenhuma correlação entre a regressão linear e os dados.

Coeficiente de determinação (r^2). Fator que é calculado para determinar o grau de concordância entre a regressão linear e os dados experimentais; esse número é igual ao quadrado do coeficiente de correlação e gera um valor que está sempre entre zero e um, sendo que um indica um ajuste perfeito e zero, uma relação aleatória entre a regressão linear e os dados.

Coeficiente de difusão (*D*). Termo usado para descrever a taxa de difusão de um soluto; o valor de *D* é uma característica constante do tamanho e da forma de um soluto, bem como da temperatura e do tipo de fase em que o soluto está presente.

Coeficiente de extinção. Veja *Absortividade*.

Coeficiente de partição (K_D). Constante de equilíbrio que dá a razão entre as concentrações de um soluto em duas fases à medida que esse soluto se distribui entre essas fases em uma determinada pressão e temperatura.

Coeficiente de seletividade ($K_{A,C}$). Tipo de constante de equilíbrio usado para descrever uma reação de troca iônica; medida de especificidade de um método analítico, conforme determinado pela comparação do sinal relativo que é produzido por uma substância em relação a outra nesse método.

Coeficiente de variação (CV). Veja *Desvio-padrão relativo*.

Coeficiente salino. Constante usada para descrever o efeito da força iônica sobre o coeficiente de atividade de um agente neutro.

Coextração. Extração de mais de um soluto em um determinado conjunto de condições.

Coloide. Veja *Dispersão coloidal*.

Coloração com prata. Método de coloração que utiliza nitrato de prata na detecção de proteínas de baixa concentração.

Colorimetria. Método analítico em que o analito é combinado com um reagente para formar um produto colorido; a cor desse produto é então comparada com a cor dos padrões, tornando possível determinar a quantidade de analito presente na amostra ou simplesmente se a substância está presente acima de certo nível, como parte de um teste de triagem.

Coluna. Tubo ou recipiente fechado que contém a fase imobilizada de um sistema de cromatografia.

Coluna capilar. Veja *Coluna tubular aberta*.

Coluna monolítica. Coluna que contém um suporte que é um leito contínuo em vez de um leito composto de muitas pequenas partículas; esse tipo de suporte é obtido utilizando-se como suporte um polímero poroso especialmente preparado.

Coluna recheada. Coluna cromatográfica preenchida com pequenas partículas de suporte que funcionam como um adsorvente ou que são revestidas com a fase estacionária desejada.

Coluna tubular aberta com parede revestida. Tipo de coluna tubular aberta de cromatografia gasosa a qual uma fina película de uma fase estacionária líquida reveste ou é colocada diretamente sobre a parede da coluna.

Coluna tubular aberta. Coluna cromatográfica que consiste em um tubo que tem uma fase estacionária revestida em sua superfície interna ou anexa a ela; também conhecida como *coluna capilar*.

Colunas tubulares abertas com camada porosa (TACP). Tipo de coluna tubular aberta em cromatografia gasosa que contém um material poroso que é depositado na parede interna de uma coluna, com a superfície desse material sendo utilizado como fase estacionária.

Colunas tubulares abertas de sílica fundida (FSOT, do inglês *Fused-Silica Open-Tubular*). Coluna tubular aberta na qual o tubo exterior é feito de sílica fundida.

Colunas tubulares abertas revestidas com suporte. Tipo de coluna tubular aberta em cromatografia gasosa que tem uma parede interior revestida com uma fina camada de um suporte particulado; uma fina película de uma fase estacionária líquida então reveste essa camada de material de suporte.

Combustão espontânea. Termo usado para descrever um material que pode se inflamar espontaneamente.

Combustível. Termo que descreve uma substância que é relativamente fácil de queimar.

Complexo de metal de coordenação. Veja *Complexo metal-ligante*.

Complexo metal-ligante. Complexo formado entre um íon metálico e um ligante que envolve a criação de uma ligação coordenada; também conhecido como *complexo de metal de coordenação*.

Complexo. Produto de uma reação de formação de complexo.

Componente majoritário. Substância que compõe mais de 1 por cento da composição total de uma amostra.

Componente minoritário. Substância que compõe de 0,01 a 1 por cento da composição total de uma amostra.

Componente residual. Substância que representa menos de 0,01 por cento (100 partes por milhão por volume) da composição total de uma amostra.

Composição fracionária da titulação. A razão entre os mols de titulante que foram adicionados em qualquer ponto na titulação e os mols do analito de início presente na amostra.

Comprimento de onda (λ). Distância entre duas cristas vizinhas de uma onda.

Comprimento do caminho (b). Distância que a luz deve percorrer por uma amostra.

Concentração. Quantidade de uma substância em um determinado volume ou massa de solução.

Concentração analítica. A concentração total de uma substância química em uma solução, independentemente da forma final ou do número de espécies da substância; também conhecida como *concentração total*.

Concentração micelar crítica. Limiar de concentração de um tensoativo, acima do qual as moléculas tensoativas se agregam para formar micelas.

Concentração total. Veja *Concentração analítica*.

Condutância. Inverso da resistência.

Condutividade térmica. Propriedade que descreve a rapidez com que o calor pode ser transferido através de um material, como um gás ou uma mistura gasosa.

Constante da lei de Henry. Veja *Lei de Henry*.

Constante de aceleração gravitacional (g). Medida da atração da gravidade sobre um objeto em um determinado local; na Terra, o valor de g varia com a altitude e a latitude.

Constante de acidez. Veja *Constante de dissociação do ácido*.

Constante de associação (K_a). Termo usado com ligantes biológicos no lugar do termo *constante de formação*; também conhecido como *afinidade* de um ligante biológico.

Constante de associação de esfera externa (K_{os}). Constante de equilíbrio que descreve a associação de um complexo de íon metálico com um ligante que está presente na camada de moléculas que se situa imediatamente próxima a esse complexo.

Constante de autoprotólise. Uma constante de equilíbrio usada para descrever a autoprotólise de uma substância química; para água, a autoprotólise é também conhecida como K_w.

Constante de basicidade. Veja *Constante de ionização de base*.

Constante de dissociação (K_D). Termo que é igual ao inverso da constante de associação para a ligação de um ligante biológico com um composto alvo.

Constante de dissociação do ácido. Constante de equilíbrio usada para descrever a força de um ácido; essa constante de equilíbrio está relacionada com a capacidade do ácido de se dissociar e transferir um íon hidrogênio (ou próton) para uma base, geralmente água; também conhecida como *constante de acidez* ou K_a.

Constante de equilíbrio dependente da concentração (K). Constante de equilíbrio que é escrita em termos de concentrações químicas.

Constante de equilíbrio termodinâmico (K^o). Constante de equilíbrio que é escrita em termos somente das atividades químicas.

Constante de equilíbrio. Razão usada para descrever a relação das atividades ou concentrações dos produtos *versus* os reagentes em uma reação de equilíbrio; geralmente representada pelo símbolo K.

Constante de estabilidade efetiva. Veja *Constante de formação condicional*.

Constante de estabilidade. Veja *Constante de formação*.

Constante de Faraday (F). Constante que gera a carga que está presente em um mol de elétrons (ou carga elementar), igual a cerca de $9,6485 \times 10^4$ C/mol.

Constante de formação (K_f). Constante de equilíbrio para uma dada fase durante um processo de formação de complexo; também conhecida como *constante de estabilidade*.

Constante de formação condicional (K'_f). Constante de equilíbrio que descreve a formação de complexo sob um determinado conjunto de condições de reação; também conhecida como *constante de estabilidade efetiva*.

Constante de formação cumulativa. Veja *Constante de formação global*.

Constante de formação global (β_n). Produto das constantes de formação para todas as etapas reacionais entre um metal (M) e um ligante (L), levando ao complexo M(L)$_n$, onde $\beta_n = K_{f1}, K_{f2}...K_{FN}$; também conhecido como *constante de formação cumulativa*.

Constante de formação multietapas. Constante de formação de uma reação individual em um processo de reação por etapas.

Constante de ionização. Constante de equilíbrio que descreve a ionização de uma espécie química, como em uma chama.

Constante de ionização de base. Constante de equilíbrio usada para descrever a força de uma base; essa constante de equilíbrio está relacionada com a capacidade da base de aceitar um íon hidrogênio (ou próton) de um determinado ácido, geralmente água; também conhecida como *constante de basicidade, constante de protonação* ou K_b.

Constante de partição ($K_D^°$). Constante de equilíbrio que dá a razão entre as atividades de um soluto em duas fases à medida que esse soluto se distribui entre essas fases a uma determinada pressão e temperatura.

Constante de Planck (*h*). Constante de proporcionalidade usado na equação de Planck para relacionar a energia e a frequência de um fóton de luz; essa constante tem um valor de aproximadamente $6,626 \times 10^{-34}$ J · s, independentemente do tipo de luz ou de fótons que estão sendo examinados; também conhecida como *constante Planck*.

Constante de protonação. Veja *Constante de ionização de base*.

Constante de solubilidade. Constante de equilíbrio que descreve a colocação de uma substância química sólida em uma solução.

Constante dielétrica (ε). Medida do grau em que um solvente ou material vai permitir que a força eletrostática de um corpo carregado (como um íon) afete outro; às vezes usado como um indicador aproximado da polaridade de uma substância química.

Constantes de McReynolds. Constantes usadas para comparar as propriedades de retenção da fase estacionária em cromatografia gasosa, conforme determinado pela medição dos índices de retenção de Kováts para compostos-modelo tanto na fase estacionária de interesse quanto na fase estacionária de referência apolar (esqualano) à mesma temperatura.

Constituinte principal. Veja *Componente majoritário*.

'Conter' (TC, do inglês 'to contain'). Marcação encontrada em alguns tipos de vidraria volumétrica, indicando que elas servem para conter a quantidade de líquido para a qual foram calibradas.

Contra-eletrodo. Veja *Eletrodo auxiliar*.

Controle de qualidade. Processo de monitoramento do desempenho rotineiro de um método; utilização de medições químicas ou físicas para determinar se a composição ou as propriedades de um determinado produto ou matéria-prima são de qualidade satisfatória para venda ou uso posterior.

Copelação. Veja *Ensaio de fogo*.

Coprecipitação. Presença de íons e outras impurezas na estrutura de um cristal em crescimento ou de uma precipitação.

Correção da flutuabilidade. Processo de ajuste para o efeito da flutuação da massa medida de um objeto, o que exige algum conhecimento da densidade da amostra, da densidade dos pesos utilizados para calibrar o equilíbrio e da densidade do meio circundante.

Corrente. Quantidade de carga elétrica que flui através de um meio condutor em um determinado período de tempo.

Corrente alternada. Uma corrente em que a direção do movimento dos elétrons inverte-se periodicamente.

Corrente de carga. Corrente gerada quando o potencial aplicado de um eletrodo é modificado, como a criada pela carga de dupla camada elétrica da interface de solução do eletrodo.

Corrente de dupla camada. Veja *Corrente de carregamento*.

Corrente direta. Uma corrente na qual a direção do movimento do elétron procede sempre na mesma direção.

Corrente faradaica. Corrente que é criada pela oxidação ou pela redução do analito ou de outras espécies eletroativas.

Corrente limitante de difusão. Corrente medida como o platô em gráfico de corrente *versus* potencial aplicado, conforme obtida por voltametria de corrente direta ou uma técnica correlata.

Corrosivo. Substância química que provoca a destruição de tecidos vivos no sítio de contato.

Coulometria. Técnica que usa uma medida de carga para análise química.

Coulometria com corrente constante. Tipo de coulometria em que a corrente é mantida em um nível constante durante a análise.

Coulometria de potencial constante. Tipo de coulometria em que o potencial é mantido em um valor fixo durante a análise.

Coulometria direta. Tipo de coulometria em que o analito é o que está sendo oxidado ou reduzido.

Crescimento de cristais. Processo pelo qual moléculas ou íons são adicionados a núcleos já existentes de uma substância química em precipitação.

Crista. A região de intensidade máxima em uma onda.

Cristal. Sólido relativamente puro e que apresenta um alto grau de ordem em sua estrutura.

Cristalização. Utilização de precipitação para formar cristais.

Cristalografia de raio X. Método para examinar a estrutura de uma substância química com base no padrão de difração que é produzido quando um cristal dessa substância é exposto a raios X.

Cromatografia. Técnica de separação na qual os componentes de uma amostra são separados com base em como eles se distribuem entre duas fases químicas ou físicas, uma das quais é estacionária enquanto a outra pode se mover pelo sistema de separação.

Cromatografia de adsorção. Técnica cromatográfica que separa solutos com base em sua adsorção à superfície de um suporte; também conhecida como *cromatografia líquido-sólido* ou *LSC* (do inglês, *liquid–solid chromatography*).

Cromatografia de afinidade (AC, do inglês Affinity Chromatography). Método de cromatografia líquida baseada em interações bioespecíficas.

Cromatografia de exclusão por tamanho. Técnica de cromatografia líquida que separa as substâncias de acordo com as diferenças em seu tamanho.

Cromatografia de fase normal. Tipo de cromatografia de partição que usa uma fase estacionária polar; também conhecida como *cromatografia líquida de fase normal* ou *NPLC*.

Cromatografia de filtração em gel. Tipo de cromatografia de exclusão por tamanho que usa uma fase aquosa móvel.

Cromatografia iônica com supressão. Tipo de cromatografia de íons em que o uso de uma segunda coluna ou membrana separadora (de carga oposta à primeira coluna de troca iônica) substitui íons concorrentes que têm alta condutividade por íons de menor condutividade.

Cromatografia de íons (CI). Tipo especial de cromatografia de troca iônica em que o sinal de fundo decorrente de íons concorrentes é reduzido pelo uso de um número baixo de sítios carregados para a fase estacionária, para diminuir a concentração de íons concorrentes que serão necessários para eluir os íons da amostra; esse método também é muitas vezes usado com uma segunda coluna ou membrana separadora (de carga oposta à primeira coluna de troca iônica) para substituir íons concorrentes que têm alta condutividade com íons de menor condutividade.

Cromatografia de leito recheado. Tipo de cromatografia de coluna em que esta está recheada de partículas de suporte que contêm a fase estacionária.

Cromatografia de partição. Técnica de cromatografia líquida em que solutos são separados com base em sua partição entre uma fase líquida móvel e uma fase estacionária revestida com um suporte sólido.

Cromatografia de permeação em gel. Tipo de cromatografia de exclusão por tamanho que usa uma fase orgânica móvel.

Cromatografia de troca aniônica. Um tipo de cromatografia de troca iônica que utiliza um grupo positivamente carregado para separar íons negativos.

Cromatografia de troca catiônica. Um tipo de cromatografia de troca iônica que utiliza um grupo de carga negativa para separar íons positivos.

Cromatografia de troca iônica (IEC). Técnica de cromatografia líquida na qual os solutos são separados por sua adsorção sobre um suporte contendo cargas fixas em sua superfície.

Cromatografia eletrocinética micelar. Subconjunto de cromatografia eletrocinética que emprega micelas como aditivos de solução tampão.

Cromatografia eletrocinética. Tipo de eletroforese capilar em que um agente carregado é colocado na solução tampão para interagir com analitos.

Cromatografia em camada delgada. Tipo de cromatografia planar em que um suporte particulado de sílica é revestido com uma folha de vidro ou plástico.

Cromatografia em coluna. Tipo de cromatografia em que uma coluna contém o suporte e a fase estacionária.

Cromatografia em fase reversa. Tipo de cromatografia de partição que usa uma fase estacionária não polar; também conhecida como *cromatografia líquida de fase reversa* ou *RPLC*.

Cromatografia em fluido supercrítico. Tipo de cromatografia que utiliza um fluido supercrítico como fase móvel.

Cromatografia em papel. Tipo de cromatografia planar que usa papel como suporte.

Cromatografia gás-líquido, ou cromatografia de partição. Método de cromatografia em fase gasosa no qual um revestimento ou uma camada química líquida é colocada sobre o suporte sólido e utilizada como fase estacionária.

Cromatografia gasosa (CG). Tipo de cromatografia em que a fase móvel é um gás.

Cromatografia gasosa de pirólise. Método utilizado em cromatografia gasosa que envolve o aquecimento de uma amostra sólida de modo controlado para quebrar o sólido em fragmentos químicos menores, mais voláteis, que são separados por uma coluna.

Cromatografia gasosa acoplada à espectrometria de massa (CG-EM). Uso combinado de cromatografia gasosa com espectrômetro de massa.

Cromatografia gás-sólido, ou cromatografia de adsorção. Essa técnica envolve a utilização do mesmo material como suporte e fase estacionária, sendo retenção baseada na adsorção dos analitos para a superfície de suporte.

Cromatografia líquida (CL). Técnica de cromatografia em que a fase móvel é um líquido.

Cromatografia líquida clássica. Tipo de cromatografia líquida que faz uso de um suporte que consiste de partículas relativamente grandes e irregulares.

Cromatografia líquida de alta eficiência (CLAE). Forma instrumental moderna de cromatografia líquida que faz uso de suportes pequenos e eficientes, que muitas vezes requerem a utilização de altas pressões.

Cromatografia líquida de fase normal (NPLC, do inglês Normal-Phase Liquid Chromatography). Veja *Cromatografia de fase normal*.

Cromatografia líquida de fase reversa (RPLC, do inglês Reversed-Phase Liquid Chromatography). Veja *Cromatografia em fase reversa*.

Cromatografia líquida de ultra-alta pressão. Tipo de cromatografia líquida que é realizada a pressões maiores que a faixa de

5.000 a 6.000 psi que é normalmente utilizada em cromatografia líquida de alto desempenho.

Cromatografia líquida acoplada à detecção eletroquímica (ou CL-EC). Método que combina cromatografia líquida com um detector eletroquímico.

Cromatografia líquida acoplada à espectrometria de massa (CL-EM). Utilização de cromatografia líquida com um espectrômetro de massa.

Cromatografia líquido-líquido. Tipo de cromatografia de partição que envolve o uso de uma fase estacionária líquida que é revestida com um suporte sólido.

Cromatografia líquido-sólido (CLS). Veja *cromatografia de adsorção*.

Cromatografia planar. Tipo de cromatografia em que o suporte e a fase estacionária estão presentes em uma superfície plana, como um pedaço de papel, vidro ou plástico.

Cromatografia tubular aberta. Tipo de cromatografia de coluna em que a fase estacionária é colocada diretamente na parede interior da coluna.

Cromatógrafo. Instrumento usado para realizar a cromatografia.

Cromatógrafo a gás. Sistema usado para executar a cromatografia gasosa.

Cromatógrafo líquido. Sistema usado para executar a cromatografia líquida.

Cromatograma. Gráfico da resposta em cromatografia que é medida por um detector no final da coluna em função do tempo ou do volume da fase móvel que é necessário para a eluição.

Cromatograma de massa, ou espectro de massa. Gráfico do número de íons que são medidos por espectrometria de massa em um dado tempo de eluição de uma coluna cromatográfica.

Cromatograma gasoso. Gráfico da resposta do detector em relação ao tempo decorrido desde a injeção da amostra em um sistema cromatográfico em fase gasosa.

Cromatograma líquido. Gráfico da resposta do detector *versus* o tempo decorrido desde a injeção da amostra em um sistema cromatográfico líquido.

Cromóforo. Fração de uma molécula que possui propriedades que lhe permitem absorver a luz.

Curva de calibração. Um gráfico dos sinais fornecidos por um método de padrões que contêm quantidades conhecidas do analito.

Curva de Gauss. Veja *Distribuição normal*.

Curva de titulação. Gráfico da resposta medida contra a quantidade de titulante adicionado.

Curva de titulação linear. Titulação em que a resposta medida usa um valor como a absorbância que esteja diretamente relacionada com a concentração ou atividade de um analito.

Curva de titulação logarítmica. Titulação em que a resposta medida faz uso de uma expressão logarítmica de concentração ou atividade (como o pH).

Curva termogravimétrica. Gráfico feito por análise termogravimétrica, em que a massa medida da amostra é plotada em relação à temperatura.

Deionização. Veja *Água deionizada*.

Demanda química de oxigênio (DQO). Uso de um agente oxidante forte, como o dicromato, para determinar a quantidade equivalente de oxigênio que seria consumido por compostos orgânicos em uma amostra de água.

Densidade (ρ). Massa (m) por unidade de volume (V) de uma substância, onde $\rho = m/V$.

Densidade ótica. Veja *Absorbância*.

Densitômetro. Dispositivo de varredura utilizado na detecção de analitos em eletroforese em gel e em outros métodos analíticos que utilizam um suporte plano.

Derivados de TMS. Produto de uma reação de derivatização que ocorre entre uma substância química e o trimetilsilil (TMS).

Derivatização. Processo de alterar a estrutura química de um analito.

Dessecador. Recipiente utilizado para armazenar amostras em local seco.

Dessecante. Material que absorve vapor d'água do ar.

Dessolvatação. Remoção de solvente de uma amostra; pode ser por evaporação ou queima desse solvente em uma chama.

Dessorção térmica. Método utilizado em cromatografia gasosa (CG) para examinar compostos voláteis em um sólido. Esse método é realizado pela colocação de uma quantidade conhecida do sólido em uma câmara onde ela é aquecida. À medida que os analitos seguem para a fase gasosa, eles são presos ou colocados em um sistema de CG para análise.

Destilação. Veja *Água destilada*.

Desvio-padrão (s ou σ). Medida da variação dentro de um conjunto de valores, que é calculada usando-se a seguinte equação,

$$s = \sqrt{\sum(x_i - \overline{x})^2/(n-1)}$$

onde n é o número de valores dentro do conjunto, $\overline{x}$ é a média aritmética para esse conjunto de valores e x_i representa qualquer valor individual; o símbolo s é usado para representar o desvio-padrão estimado de um pequeno grupo de resultados, enquanto o símbolo σ é usado para descrever o desvio-padrão geral de uma grande população de valores.

Desvio-padrão da média ($s_{\overline{x}}$). Fator que é usado para descrever a precisão de uma média determinada experimentalmente, conforme dado pela seguinte fórmula, $s_{\overline{x}} = s/\sqrt{n}$, onde ($s$) é o desvio-padrão do conjunto de dados completo e n é o número de valores nesse conjunto; também conhecido como *erro padrão* ou *erro da média, EPM*.

Desvio-padrão relativo. Medida de precisão que é igual ao desvio-padrão de um número dividido pelo valor desse número; também conhecido como *coeficiente de variação* ou *CV*.

Detector de absorbância. Dispositivo usado para medir a capacidade de uma substância em absorver a luz em um comprimento de onda específico.

Detector de absorbância de comprimento de onda fixo. Detector de absorbância que sempre monitora um comprimento de onda específico.

Detector de absorbância de comprimento de onda variável. Tipo de detector de absorbância que permite que o comprimento de onda monitorado varie em uma ampla gama.

Detector de arranjo de diodo. Espectrofotômetro em que o monocromador tem uma fenda de entrada, mas nenhuma fenda de saída, permitindo que luz de vários comprimentos de onda penetre a amostra e seja detectada simultaneamente por um arranjo de detectores de diodo de pequeno porte.

Detector de arranjos de fotodiodos. Detector de absorbância que usa um arranjo de pequenas células detectoras para simultaneamente medir a variação de absorbância em vários comprimentos de onda.

Detector de captura de elétron (DCE). Detector seletivo utilizado em CG, que se baseia na captura de elétrons por átomos ou grupos eletronegativos em um analito.

Detector de condutividade. Dispositivo capaz de monitorar compostos iônicos medindo a capacidade de uma solução e de seu conteúdo para conduzir uma corrente quando em um campo elétrico.

Detector de condutividade térmica. Detector geral para cromatografia gasosa que mede a capacidade do gás de arraste de eluição e da mistura de analito para dissipar o calor a partir de um filamento quente.

Detector de fluorescência. Um dispositivo que mede a capacidade das substâncias químicas de absorver e emitir luz em um determinado conjunto de comprimentos de onda.

Detector de índice de refração. Detector utilizado em cromatografia líquida que mede a capacidade que a fase móvel e os analitos têm de refratar ou curvar a luz.

Detector de ionização de chama (DIC). Detector geral de cromatografia em fase gasosa que detecta compostos orgânicos medindo sua capacidade de produzir íons quando esses compostos são queimados em uma chama.

Detector de nitrogênio e fósforo, ou detector termoiônico de nitrogênio/fósforo. Detector usado em cromatografia gasosa para a determinação de compostos que contenham nitrogênio ou fósforo, com base na medição de íons que são produzidos a partir de tais analitos.

Detector eletroquímico. Dispositivo que pode ser usado para medir a capacidade de um analito em sofrer oxidação ou redução; esse dispositivo pode medir a variação de corrente que uma reação produz quando presente com potencial constante, ou pode medir a variação de potencial que essa reação gera quando uma corrente constante é aplicada ao sistema.

Detector evaporativo de dispersão de luz (ELSD, do inglês *Evaporative Light-Scattering Detector*). Detector utilizado em cromatografia líquida para monitorar solutos que são menos voláteis do que a fase móvel; esse detector converte a fase móvel deixando a coluna em um *spray* de gotículas que podem evaporar e deixar para trás pequenas partículas sólidas que contêm componentes não-voláteis da amostra; essas partículas, então, passam através de um feixe de luz, onde dispersam parte da luz que entra e são medidas.

Determinação. Veja *Análise*.

Diagrama da NFPA (National Fire Prevention Association), ou Diagrama de Hommel e Diamante de Risco. Meio de identificação de riscos químicos que normalmente é desenhado na forma de um diamante com quatro áreas coloridas (azul = risco para a saúde geral, vermelho = inflamabilidade, amarelo = reatividade com outras substâncias, branco = reatividade com a água ou a capacidade para oxidar outros compostos).

Diagrama de Pourbaix. Gráfico do potencial *versus* pH que é utilizado para mostrar as principais espécies de um elemento que estarão presentes em determinado conjunto de condições de reação.

Diatomita. Veja *Terra de diatomáceas*.

Dicromato. Agente oxidante forte de fórmula $Cr_2O_7^{2-}$ e que é com frequência usado em titulações redox.

Difração. Processo pelo qual uma onda, como a luz, espalha-se em torno de um objeto em seu caminho.

Difração de monocristal. Uso da cristalografia de raios X para examinar um único cristal de uma substância química.

Difração de pó. Uso da cristalografia de raios X para examinar um pó que é preparado a partir de pequenos cristais de uma substância química.

Difusão. Processo através do qual um soluto se move de uma região de alta concentração para outra de menor concentração.

Difusão longitudinal. Alargamento do pico de uma substância química devido a sua difusão ao longo do comprimento de uma coluna cromatográfica ou sistema de separação.

Digestão ácida. Técnica em que uma quantidade pesada de amostra é colocada em um ácido concentrado e aquecida até ao ponto de ebulição do ácido, geralmente em um prato de porcelana; isso é feito de forma a oxidar qualquer material orgânico para que ele se perca como CO_2, mas os componentes minerais permanecem dissolvidos no ácido.

Dígito de guarda. Algarismo extra não significativo que acompanha um número por todo o cálculo até o resultado final ser obtido; utilizado como meio de se proteger contra erros de arredondamento.

Diluição. Solução preparada pela adição de mais solvente a um reagente ou amostra; o processo de preparação de uma solução mais diluída.

Dimetilglioxima (dmg). Agente quelante orgânico que é com frequência utilizado em precipitação e análise de íons níquel.

Dispersão coloidal. Sistema que contém uma dispersão de partículas menores com tamanhos entre 1 nm e 1 m; também chamado de *coloide*.

Dissociação. Processo pelo qual uma substancia iônica se dissolve formando íons; quebra de ligações químicas em um soluto.

Dissociação do ácido. Processo pelo qual um ácido sofre dissociação para formar íons de hidrogênio.

Distância de migração (d_m). Distância que um analito percorre sobre um suporte em um determinado período de tempo, como nas separações baseadas em eletroforese em gel.

Distribuição contracorrente de Craig. Resultado de uma extração contracorrente, em geral realizada em um aparelho de Craig.

Distribuição de Boltzmann. A distribuição relativa de espécies químicas em diferentes estados de energia em função da temperatura, conforme dada pela seguinte equação,

$$\frac{N_i}{N_0} = \frac{P_i}{P_0} e^{-\Delta E/(K \cdot T)}$$

onde N_i e N_0 representam o número de espécies químicas excitadas e em estado fundamental, P_i e P_0 são números inteiros que descrevem o número de formas possíveis em que esses dois níveis de energia podem ocorrer, ΔE é a diferença de energia entre esses dois estados por átomo (ou por molécula), k é a constante de Boltzmann (com um valor de $1{,}38 \times 10^{-23}$ J/K) e T é a temperatura absoluta (em kelvin).

Distribuição normal. Modelo matemático comum usado para descrever erros aleatórios e vários tipos de medida experimental; também conhecida como *curva gaussiana* ou *curva de Gauss*.

Dodecil sulfato de sódio. Tensoativo com cauda apolar e um grupo de sulfato carregado negativamente usado em métodos como SDS-PAGE.

Dry-ashing: calcinação (óxidos metálicos); wet-ashing: digestão da amostra com ácidos fortes (íons metálicos); digestão. Pré-tratamento de uma amostra por método seco ou úmido que converte metais na amostra em íons de metal em uma solução.

Dureza da água. Concentração total de íons cálcio e magnésio na água expressa em unidades de miligramas de $CaCO_3$ por litro de água.

Efeito do íon comum. Efeito que ocorre quando uma fonte adicional está presente para um ou mais íons de sal dissolvido; muitas vezes, esse efeito resulta em uma menor solubilidade do sal dissolvido.

Efeito Doppler. Efeito que cria uma distribuição das energias e comprimentos de onda da luz observados no espectro de absorção ou de emissão de átomos, devido a alguns átomos que se movem em direção ao detector, enquanto outros se afastam dele.

Efeito dos múltiplos caminhos (*difusão turbulenta*). Processo de alargamento de faixa que ocorre sempre que há partículas de suporte dentro de uma coluna, como as produzidas pela presença de grande número de caminhos de fluxo entre as partículas de suporte.

Efeito fotoelétrico. Ejeção de elétrons de certos materiais quando estes são atingidos por fótons de luz.

Efeito nivelador. Reação de água com um ácido forte para formar H_3O^+, ou reação de água com uma base forte para formar OH^-; o resultado é que a água tende a igualar a força de ambos, os ácidos e as bases fortes, quando eles são colocados nesse solvente.

Efeito quelato. Tendência dos agentes quelantes de prover complexos mais estáveis com íons metálicos do que com ligantes monodentados.

Efeito *salting-out*. Redução na solubilidade de um composto neutro quando a força iônica é aumentada.

Efluentes. A mistura de fase móvel e analitos que é eluída a partir do final de uma coluna ou sistema cromatográfico.

Eletrodeposição. Veja *Eletrogravimetria*.

Eletrodo. Material condutor em que uma das semirreações em uma célula eletroquímica está ocorrendo.

Eletrodo auxiliar. Eletrodo adicional usado em algumas células eletroquímicas para passar corrente e produzir uma semirreação complementar àquela que está ocorrendo no eletrodo de trabalho, desse modo provendo um circuito elétrico completo sem correr o risco de alterar as propriedades do eletrodo de referência ao longo do tempo; também conhecido como *contra-eletrodo*.

Eletrodo combinado. Eletrodo de pH que contém um eletrodo de referência e um eletrodo indicador.

Eletrodo composto. Dispositivo no qual a modificação de um eletrodo de pH ou outro tipo de eletrodo íon-seletivo permite a medição de outros analitos.

Eletrodo de calomelano. Um eletrodo de referência comum para potenciometria, baseado em um eletrodo de mercúrio/cloreto de mercúrio.

Eletrodo de calomelano saturado. Eletrodo de calomelano que contém uma solução saturada de KCl.

Eletrodo de hidrogênio padrão. Eletrodo de platina inerte em que a semirreação envolve a redução de íons hidrogênio para formar gás hidrogênio, ao qual se atribui um valor de referência de exatamente 0,000 V para determinar os potenciais de redução padrão de todas as outras semirreações.

Eletrodo de membrana de vidro. Eletrodo indicador que utiliza uma membrana de vidro fino para detectar seletivamente o íon desejado.

Eletrodo de pH. Eletrodo indicador que é seletivo para a detecção de íons de hidrogênio.

Eletrodo de prata/cloreto de prata. Eletrodo de referência comum que consiste de um fio de prata revestido com cloreto de prata.

Eletrodo de primeira classe. Eletrodo metálico que está em contato com uma solução que contém íons metálicos desse elemento; também conhecido como *eletrodo de primeiro tipo*.

Eletrodo de primeiro tipo. Veja *Eletrodo de primeira classe*.

Eletrodo de segunda classe. Eletrodo metálico que está em contato com um sal levemente solúvel desse metal e que está em uma solução contendo o ânion do sal; também conhecido como *eletrodo de segundo tipo*.

Eletrodo de segundo tipo. Veja *Eletrodo de segunda classe*.

Eletrodo de substrato enzimático. Veja *Eletrodo enzimático*.

Eletrodo de terceira classe. Eletrodo metálico que está em contato com um sal de seu íon metálico (ou um complexo do íon metálico) e uma segunda reação acoplada envolvendo um sal semelhante (ou complexo) com um íon metálico diferente; também conhecido como *eletrodo de terceiro tipo*.

Eletrodo de terceiro tipo. Veja *Eletrodo de terceira classe*.

Eletrodo de trabalho. Eletrodo em uma célula eletroquímica no qual a redução (ou oxidação) do analito é realizada.

Eletrodo enzimático. Eletrodo composto que utiliza enzimas para converter analitos em produtos que podem ser medidos por potenciometria; também conhecido como *eletrodo de substrato enzimático*.

Eletrodo indicador. Eletrodo em potenciometria que dá um potencial relacionado com a atividade e a concentração do analito.

Eletrodo indicador metálico. Eletrodo feito de um metal inerte que é usado em uma célula eletroquímica para oxidar ou reduzir outra substância; esse tipo de eletrodo indicador é feito a partir de um material como platina, paládio ou ouro.

Eletrodo íon-seletivo de fluoreto. Eletrodo íon-seletivo de estado sólido utilizado na medição de fluoreto.

Eletrodo íon-seletivo de sódio. Eletrodo indicador que contém uma membrana de vidro e é relativamente seletivo na medição de íons sódio.

Eletrodo íon-seletivo em estado sólido. Eletrodo íon-seletivo em que o elemento sensor é um material cristalino ou um pellet prensado homogêneo.

Eletrodo íon-seletivo. Eletrodo indicador capaz de responder aos diversos tipos de ânion ou cátion.

Eletrodo sensível a gás. Eletrodo composto que foi modificado para análise de um gás.

Eletroferograma. Gráfico da resposta do detector *versus* o tempo de migração na eletroforese.

Eletroforese. Técnica em que os solutos são separados por suas diferentes taxas de migração em um campo elétrico.

Eletroforese bidimensional (eletroforese 2-D). Método em que dois tipos diferentes de eletroforese são realizados em uma única amostra; a primeira dessas separações normalmente se baseia na focalização isoelétrica, e a segunda, em eletroforese em gel de poliacrilamida dodecil sulfato de sódio.

Eletroforese capilar (EC). Tipo de eletroforese que é realizado por meio de um capilar estreito que é preenchido com uma solução tampão, também conhecida como eletroforese capilar de zona (CZE, do inglês Capillary Zone Electrophoresis).

Eletroforese capilar de afinidade (ACE, do inglês, *Affinity Capillary Electrophoresis*). Um tipo de eletroforese capilar em que substâncias bioespecíficas são usadas como aditivos no eletrólito de corrida.

Eletroforese capilar de peneiramento (CSE). Tipo de eletroforese capilar em que se inclui na separação um agente capaz de separar os analitos com base em seu tamanho.

Eletroforese capilar de zona (CZE, do inglês *Capillary Zone Electrophoresis*). Veja *Eletroforese capilar*.

Eletroforese capilar em gel (CGE, do inglês *Capillary Gel Electrophoresis*). Uso de um gel poroso em eletroforese capilar.

Eletroforese em gel. Método eletroforético que é executado pela aplicação de uma amostra a um suporte em gel que é depois colocado em um campo elétrico.

Eletroforese em gel de agarose. Tipo de eletroforese em que a agarose é usada como material de suporte.

Eletroforese em gel de poliacrilamida (PAGE, do inglês *Polyacrylamide Gel Electrophoresis*). Método eletroforético em que um gel de poliacrilamida é utilizado como suporte.

Eletroforese em gel de poliacrilamida dodecil sulfato de sódio (SDS-PAGE). Método eletroforético para separação de proteínas com base no tamanho, pelo qual as proteínas são primeiramente desnaturadas e suas ligações de dissulfeto quebradas com a utilização de um agente redutor. Os polipeptídeos de fita única resultantes são em seguida tratados com dodecil sulfato de sódio e passam por um gel de poliacrilamida porosa na presença de um campo elétrico para sua separação.

Eletroforese multicapilar (CAE, do inglês *Capillary Array Electrophoresis*). A utilização de múltiplos capilares em um único sistema de eletroforese capilar.

Eletroforese por fronteira móvel. Método eletroforético que produz uma série de fronteiras móveis entre as regiões que contêm diferentes misturas de analitos.

Eletroforese por zona. Método eletroforético que usa pequenas quantidades de amostra para permitir que os analitos sejam separados em bandas ou zonas estreitas.

Eletrogravimetria. Tipo de análise gravimétrica em que um analito dissolvido é convertido em um sólido, ou por oxidação, ou por redução, de tal forma que o produto é depositado em um eletrodo inerte para uso posterior em uma medição de massa, proporcionando uma medida direta da quantidade de analito presente na amostra; também conhecido como *eletrodeposição*.

Eletrólise. Fluxo de corrente e a reação que ele cria em uma célula eletrolítica.

Eletrólise de potencial controlado. Tipo de eletrólise em que o potencial é controlado durante a análise.

Eletrólito. Solução de íons que circunda um eletrodo em uma célula eletroquímica.

Eletroquímica. Estudo das reações eletroquímicas e suas aplicações.

Eletrosmose. Movimento do tampão em eletroforese, como o causado pela presença de cargas fixas no sistema e a criação de uma dupla camada elétrica na superfície do suporte.

Eluente. Fase móvel que é usada para passar solutos por uma coluna em cromatografia.

Eluição. Movimento de solutos por uma coluna em cromatografia.

Eluição bioespecífica. Técnica de eluição usada em cromatografia por afinidade, em que um agente competitivo é adicionado à fase móvel, para deslocar o analito do ligante de afinidade.

Eluição inespecífica. Técnica de eluição utilizada na cromatografia por afinidade em que o pH, a força iônica ou a polaridade da fase móvel é alterada para diminuir a constante de equilíbrio de associação para a interação analito-ligante.

Eluição isocrática. Uso de uma composição de fase móvel constante para a eluição em cromatografia.

Emissão. Liberação da luz pela matéria.

Emissor de Nernst. Fonte de luz usada em espectroscopia de infravermelho que consiste em uma haste aquecida inerte que é feita de uma mistura de óxidos de terras raras.

Empilhamento de amostras. Método de concentração de amostras e fornecimento de bandas estreitas de analito na eletroforese capilar, que faz uso de uma amostra que tem menor força iônica (e menor condutividade) do que a solução tampão.

Emulsão. Suspensão de gotículas de um líquido em outro líquido imiscível.

Endcapping. Tratamento de sílica com um reagente organossilano pequeno para reagir com grupos silanóis e cobri-los.

Energia de Gibbs parcial molar. Veja *Potencial químico*.

Ensaio de fogo. Técnica utilizada desde a antiguidade para determinar a pureza do ouro e da prata, também conhecida como *copelação*.

Ensaio de triagem. Técnica analítica que se destina a determinar se existe ou não um analito presente em uma amostra acima de certo nível mínimo; método que é usado para decidir se mais testes, mais rigorosos, devem ser realizados em uma amostra.

Ensaio. Veja *Análise*.

Equação de balanço de carga. Abordagem para a solução de equações químicas que faz uso do fato de que a soma de todas as cargas positivas e negativas em um sistema fechado deve ser igual a zero.

Equação de Bragg. Equação usada para prever os ângulos em que uma interferência construtiva será observada na difração de raio X pelos átomos em um cristal, conforme dado por $n\lambda = 2d\,\text{sen}(\theta)$, onde λ é o comprimento de onda dos raios X que passam pelo cristal, d é a distância interplanar (ou 'espaçamento reticular') entre átomos no cristal e n é a ordem de difração para a faixa de interferência construtiva observada.

Equação de composição fracionária da espécie. Equação que mostra como a fração de uma espécie química mudará quando um determinado parâmetro for modificado em um sistema químico.

Equação de Debye-Hückel. Equação que relaciona o coeficiente de atividade de um íon à força iônica de sua solução, à carga no íon e a três parâmetros ajustáveis (a, A e B).

Equação de Fresnel. Relação que produz a fração de luz que será refletida à medida que incide sobre o limite em um ângulo reto (uma forma expandida dessa equação é usada para trabalhar com outros ângulos).

Equação de Henderson-Hasselbalch. Equação que recebeu esse nome em homenagem a Lawrence J. Henderson e Karl A. Hasselbalch, e que descreve como uma mudança na razão entre os valores de uma base conjugada e um ácido afetará o pH de uma solução que contém essas substâncias químicas e que está em equilíbrio.

Equação de Nernst. Equação utilizada para uma semirreação reversível com o objetivo de relacionar o potencial de redução sob condições fora do padrão (E) e as atividades dos reagentes, produtos e ao potencial de redução padrão da semirreação ($E°$).

Equação de Planck. Equação que relaciona a energia ($E_{\text{fóton}}$) e a frequência (ν) de um fóton de luz por meio de uma constante de proporcionalidade (h), onde $E_{\text{Fóton}} = h\nu$.

Equação de resolução. Equação usada para mostrar a relação entre resolução de pico, retenção de pico, eficiência e seletividade em cromatografia.

Equação de van Deemter. Equação utilizada em cromatografia para mostrar a relação entre a altura do prato (H) de um sistema e a velocidade linear (u); tem a forma geral $H = A + B/u + Cu$, onde A, B e C são constantes do sistema.

Equação do balanço de massas. Equação que mostra como a concentração total de uma substância química está relacionada com as concentrações de suas várias espécies.

Equação quadrática. Equação na qual o maior termo de ordem para 'x' é x^2; esse tipo de equação é comumente escrita na forma geral $0 = Ax^2 + Bx + C$, onde A, B e C são constantes.

Equilíbrio de solubilidade. Processo em que uma substância química entra em uma solução e atinge o equilíbrio entre seus estados dissolvido e sólido.

Equilíbrio químico. Situação em que as reações direta e inversa são idênticas.

Equivalente. Medida de composição química que descreve a quantidade de substância química disponível para um tipo específico de reação.

Erro absoluto (e). Diferença entre um resultado experimental (x) e o valor real do resultado (t), onde $e = x - t$; usado como medida da exatidão de um resultado experimental.

Erro aleatório. Erro que resulta de variações aleatórias em dados experimentais.

Erro alfa. Veja *Erro tipo 1*.

Erro beta. Veja *Erro tipo 2*.

Erro de amostragem. Erro criado quando somente uma fração de uma substância não uniforme é utilizada em uma análise.

Erro de arredondamento. Erro que é produzido quando um número é arredondado muito cedo em um cálculo.

Erro de paralaxe. Erro produzido na leitura de uma marca ou escala calibrada, quando vista em qualquer ângulo não perpendicular, produzindo leituras que podem ser demasiado altas ou baixas em valor.

Erro de titulação. Diferença na quantidade de titulante que é necessária para atingir a equivalência verdadeira *versus* o ponto final.

Erro padrão. Veja *Desvio-padrão da média*.

Erro padrão da média (EPM). Veja *Desvio-padrão da média*.

Erro relativo (e_r). Medida de exatidão que é obtida dividindo-se o erro absoluto de um resultado experimental (x) pelo valor real (τ), onde $e_r = (x - \tau)/\tau$.

Erro relativo percentual ($e_r\%$). Medida de exatidão obtida dividindo-se o erro absoluto do resultado de um experimento (x) pelo valor verdadeiro (τ) e multiplicando-se a resposta final por 100, onde $e_r(\%) = 100(x - \tau)/\tau$.

Erro sistemático. Erro que resulta em um viés constante dos resultados da resposta verdadeira.

Erro tipo 1. Erro que ocorre em um teste estatístico quando se conclui que o valor modelo e o experimental não são iguais quando eles realmente são equivalentes; também conhecido como *erro alfa*.

Erro tipo 2. Erro que ocorre em um teste estatístico quando se conclui que o valor modelo e o experimental são iguais quando o resultado faz parte de um conjunto completamente diferente de dados; também conhecido como *erro beta*.

Escala de pH. Escala usada para descrever o pH da água e amostras aquosas.

Esfera de coordenação. Íon metálico e ligantes que o circundam em um complexo.

Espalhamento. Mudança no curso de uma partícula (como um fóton) devido a sua colisão com outra partícula (por exemplo, um átomo ou molécula).

Espalhamento Raman. Efeito no qual o espalhamento de luz por moléculas envolve uma pequena mudança no comprimento de onda da luz.

Espalhamento Rayleigh. Espalhamento de fótons de luz por partículas como átomos ou moléculas que são muito menores do que o comprimento de onda da luz (partículas de diâmetro < 0,05).

Especiação. Capacidade de discriminar entre diferentes formas de uma substância.

Especificidade. Veja *Seletividade*.

Espectro. Padrão que se observa quando a luz é separada em suas diversas cores ou bandas espectrais; também usado em espectrometria de massa para descrever um gráfico da intensidade de íons *versus* a razão massa/carga de um íon; forma plural, *espectros*.

Espectro de absorção. Gráfico da intensidade da luz que é absorvida (ou transmitida) por uma amostra em vários comprimentos de onda, frequências ou energias.

Espectro de emissão. Gráfico da intensidade da luz que é emitida pela matéria em vários comprimentos de onda, frequências ou energias.

Espectrofluorímetro. Instrumento que é usado para executar a espectrofotometria de fluorescência e que envolve o uso de um sofisticado monocromador.

Espectrofotometria. Técnica que utiliza a luz para obter informação quantitativa ou qualitativa sobre as propriedades químicas ou físicas de uma amostra.

Espectrofotometria de absorção atômica (EAA). Tipo de espectroscopia que examina a luz absorvida pelos átomos.

Espectrofotometria de emissão atômica (EEA). Tipo de espectroscopia que examina a luz emitida pelos átomos.

Espectrofotometria de fluorescência atômica (EFA). Tipo de espectroscopia que examina a luz emitida pelos átomos, após eles terem sido excitados pela absorção de um fóton.

Espectrometria. Uso da espectroscopia para medir um espectro.

Espectrometria de emissão atômica em plasma acoplado indutivamente (ICP, do inglês *Inductively Coupled Plasma*). Um tipo de espectrometria de emissão atômica que utiliza um plasma de alta temperatura para atomização e excitação da amostra.

Espectrometria de ionização por dessorção a laser assistida por matriz baseada em tempo de voo (MALDI-TOF MS). Método utilizado para ionização e volatilização em espectrometria de massa, no qual uma amostra é misturada com uma matriz que pode facilmente absorver raios ultravioleta, seguindo-se a exposição dessa mistura a pulsos de um laser ultravioleta que transfere parte de sua energia às moléculas da amostra e forma íons.

Espectrômetro. Instrumento que é usado para coletar um espectro.

Espectrômetro de absorbância UV-VIS. Instrumento que é utilizado para analisar a absorção de luz em espectroscopia UV-VIS.

Espectrômetro de massa. Instrumento pelo qual os íons são separados (ou analisados) com base em suas razões massa/carga; usado para medir as massas de átomos ou moléculas individuais, primeiramente convertendo esses átomos ou moléculas em íons.

Espectrômetro de massa quadrupolo. Veja *Analisador de massas tipo quadrupolo*.

Espectroscopia atômica. Medição do comprimento de onda ou da intensidade da luz que é emitida ou absorvida por átomos livres.

Espectroscopia de emissão de chama. (FES) Tipo de espectroscopia de emissão atômica que usa uma chama como fonte de atomização e de excitação.

Espectroscopia de fluorescência. Método que utiliza a fluorescência para caracterizar ou medir substâncias químicas.

Espectroscopia de fosforescência. Técnica de espectroscopia que utiliza fosforescência para caracterizar ou medir substâncias químicas.

Espectroscopia de infravermelho. Método espectroscópico que usa luz infravermelha para estudar ou medir substâncias químicas; também conhecida como *espectroscopia de IV*.

Espectroscopia de luminescência molecular. Uso da emissão de luz de uma substância química em estado excitado para estudar moléculas.

Espectroscopia de ultravioleta-visível. Veja *Espectroscopia UV-VIS*.

Espectroscopia IV. Veja *Espectroscopia de infravermelho*.

Espectroscopia molecular. Análise das interações da luz com moléculas.

Espectroscopia no infravermelho por transformada de Fourier. Tipo de espectroscopia de infravermelho no qual um interferômetro é usado para fazer com que interferência positiva e negativa ocorram em comprimentos de onda sequenciais enquanto um espelho em movimento muda o comprimento do trajeto de um feixe de luz incidente, e a transformada de Fourier é usada para converter essas informações em um espectro.

Espectroscopia Raman. Método que utiliza o espalhamento Raman para estudar ou medir substâncias químicas.

Espectroscopia UV-VIS. Tipo de espectroscopia que é usado para examinar a capacidade de um analito para interagir com raios ultravioleta ou através da absorção de luz visível.

Estado de oxidação. Veja *Número de oxidação*.

Estado-padrão. Forma de referência para uma substância química que se considera que tenha uma quantidade de energia por mol inerente que é igual ao potencial químico padrão; o estado-padrão de uma substância química tem uma atividade de exatamente um, e se baseia ou na forma pura de uma substância química, ou em uma determinada concentração dessa substância.

Estequiometria. Número de mols de reagentes *versus* produtos que aparecem em uma reação química balanceada.

Estudo de contaminação/recuperação. Estudo conduzido tomando-se uma amostra típica e adicionando-se a uma fração dessa amostra uma quantidade conhecida do analito; as quantidades do analito no meio original e as amostras contaminadas são então medidas, com a diferença entre esses valores sendo em seguida comparada com a quantidade adicionada à amostra contaminada.

Estudo de correlação. Técnica para avaliar a exatidão de um método analítico que toma um grupo de várias amostras e mede a quantidade de analitos em cada uma, usando tanto o método de interesse quanto uma segunda técnica estabelecida.

Etapa única de extração. Extração na qual uma etapa é usada para colocar uma amostra em contato com uma fase de extração.

Etilenodiamina. Agente quelante comum, que tem como fórmula $H_2NCH_2CH_2NH_2$.

Exatidão. Grau de concordância entre um resultado experimental e seu valor real.

Excitação. Um aumento na energia de uma espécie química, como um átomo ou uma molécula, que coloca essa espécie em estado excitado.

Explosivo. Substância que pode provocar uma reação química repentina e violenta com a liberação de gás e calor.

Exposição aguda. Exposição a uma dose única concentrada de uma substância química ou outra substância.

Exposição crônica. Exposição a uma dose repetida e prolongada de uma substância química ou outra substância.

Extração acelerada por solvente (ASE, do inglês *Accelerated Solvent Extraction*). Método que utiliza o calor e a pressão elevada para aumentar a velocidade e a eficiência de uma extração; também conhecida como *extração pressurizada com solvente*.

Extração assistida por micro-ondas. Utilização de radiação de micro-ondas para aumentar a velocidade e a extensão de uma extração.

Extração com fluido supercrítico. Tipo de extração que utiliza um fluido supercrítico como uma das fases.

Extração contracorrente. Tipo especial de extração que usa várias frações tanto do solvente da amostra original quanto da fase de extração.

Extração de Soxhlet. Uso combinado de destilação e extração para a obtenção de analitos de amostras sólidas.

Extração em fase sólida. Extração de uma amostra líquida ou gasosa com um suporte sólido que contém uma superfície de adsorção ou revestimento químico que podem interagir com analitos.

Extração líquido-líquido. Extração em que as duas fases (a extratora e a refinada) são líquidas.

Extração multietapas. Tipo de extração em que várias etapas são usadas para colocar a amostra em contato com uma fase de extração.

Extração pressurizada com solventes. Veja *Extração acelerada por solvente*.

Extração. Técnica de separação que faz uso das diferenças na distribuição de solutos entre duas fases mutuamente insolúveis.

Extrator. Fase que se combina com uma amostra e é usada para extrair seu soluto.

Faixa (R_x). Diferença entre o maior e o menor valor em um conjunto de dados; utilizado para descrever a variação dentro de um grupo de números.

Faixa dinâmica. A faixa mais ampla possível que pode ser usada por uma técnica analítica, estendendo-se desde o limite inferior de detecção até o limite superior de detecção.

Faixa linear. Fração da faixa de um método que dá uma dependência linear entre sua resposta e a concentração ou propriedade medida de um analito.

Fase estacionária. Fase fixa em uma coluna ou em um sistema cromatográfico que é responsável por dificultar a circulação de substâncias químicas que percorrem a coluna ou o sistema.

Fase estacionária quimicamente ligada. Fase estacionária quimicamente ligada a um suporte cromatográfico.

Fase estacionária quiral. Fase estacionária para cromatografia que é quiral e utilizada na separação de substâncias quirais.

Fase ligada. Fase estacionária que está de modo covalente ligada a um material de suporte.

Fase móvel. Fase na cromatografia que flui através da coluna e que faz com que os componentes de amostra se movam para o fim de uma coluna.

Fase móvel forte. Fase móvel em cromatografia que rapidamente elui um soluto retido de uma coluna.

Fase móvel fraca. Fase móvel em cromatografia que lentamente elui um soluto retido de uma coluna.

Fator de assimetria. Veja *Razão A/B*.

Fator de capacidade. Veja *Fator de retenção*.

Fator de retardamento (R_f). Medida de retenção na eletroforese em gel, onde a distância de migração de um analito (d_m) é dividida pela distância de migração de pequeno composto marcador (d_s), onde $R_f = d_m/d_s$.

Fator de retenção (R_F). Na cromatografia planar, a razão entre a distância percorrida por um dado soluto (D_s) e a distância percorrida ao longo do tempo pela fase móvel na frente do solvente (D_f), como dada na equação $R_F = D_s/D_f$.

Fator de separação (α). Medida da diferença relativa de retenção de dois solutos ao passarem por uma coluna, conforme determinado pela razão $\alpha = k_2/k_1$, onde k_1 é o fator de retenção do soluto que sai primeiro da coluna e k_2 é o fator de retenção do segundo soluto.

Fator gravimétrico. Fator de conversão quase sempre utilizado em cálculos de uma análise gravimétrica, em que o fator de conversão é empregado para multiplicar a massa medida de um precipitado e obter a massa do analito desejado.

Fenolftaleína. Indicador ácido-base amplamente utilizado em titulações ácido-base.

Ferroína. Indicador redox comum constituído por um íon de ferro que é complexado com três moléculas de 1,10-fenantrolina; esse indicador sofre mudança de cor ao passar por um processo de redução de um elétron.

Figuras de mérito. Propriedades usadas para caracterizar um método analítico.

Filtração. Processo no qual um filtro é usado para separar fisicamente um material sólido de um líquido.

Filtrado. Líquido que passa por um filtro durante o processo de filtração.

Filtro. Estrutura porosa que forma uma barreira às partículas sólidas, mas que permite a passagem de líquidos.

Fluido supercrítico. Estado de matéria que existe acima de certa temperatura crítica e pressão por uma dada substância química; nessas condições, a substância não é nem um gás nem um líquido, mas tem propriedades intermediárias de ambos.

Fluorescência induzida por laser. Método que emprega um laser para excitar um composto fluorescente, permitindo a detecção desse agente por meio de sua emissão posterior de luz.

Fluorescência. Emissão de luz por uma amostra após esta se tornar eletronicamente excitada com a absorção de um fóton, sendo que a emissão de luz se deve a uma transição rotacional permitida, como uma transição singlete-singlete.

Fluorímetro. Instrumento usado para executar a espectroscopia de fluorescência e que faz uso de filtros simples de seleção de comprimento de onda.

Flutuabilidade. Uma força que atua em oposição à gravidade quando se está pesando um objeto; a intensidade dessa força dependerá tanto da densidade do material que está sendo pesado quanto da densidade do meio que o cerca.

Focalização isoelétrica capilar (CIEF, do inglês *Capillary Isoelectric Focusing*). Focalização isoelétrica realizada em um sistema de eletroforese capilar.

Focalização isoelétrica. Método eletroforético utilizado para separar zwitterions com base em seus pontos isoelétricos fazendo com que esses compostos migrem em um campo elétrico por meio de um gradiente de pH.

Força de dispersão. Força intermolecular que ocorre quando o movimento dos elétrons em uma molécula cria um momento de dipolo temporário que induz outro momento de dipolo temporário, mas complementar, em uma molécula vizinha; também conhecida como *forças de London* ou *forças de van der Waals*.

Força eletromotriz (emf). Termo usado para descrever o potencial de uma célula eletroquímica em que nenhuma corrente apreciável está fluindo.

Força eluotrópica (ε^o). Medida da força com que uma fase móvel é adsorvida para um suporte sólido.

Força iônica, baseada na concentração (I_c). Termo usado para representar a quantidade de carga decorrente de todos os íons presentes em uma solução; é calculada pela fórmula $I_c = 1/2 \sum (c_i z_i^2)$, onde c_i é a concentração do íon i e z_i é a carga sobre o mesmo íon; I_c tem as mesmas unidades que o termo concentração (c_i) que é utilizado em seu cálculo.

Forças de London. Veja *Força de dispersão*.

Forças de van der Waals. Veja *Força de dispersão*.

Forças intermoleculares. Interações eletrostáticas não covalentes que causam atração ou repulsão entre moléculas ou substâncias químicas separadas, porém vizinhas.

Formação de complexo. Reação na qual ocorre uma ligação reversível entre duas ou mais espécies químicas distintas, tais como EDTA e Fe^{3+}.

Formalidade (F). Unidade de concentração igual à quantidade de mols de um composto iônico que estão presentes por litro de solução; por exemplo, uma solução que contém 1,0 mol de tal soluto em um volume final de solução de 1,0 L é referido como uma solução 1,0 F ou 1,0 *formal*.

Fórmula quadrática. Fórmula utilizada para calcular as raízes de uma equação quadrática.

Fórmula-grama. Número de gramas contidos em um mol de uma substância iônica (F.g. = gramas da substância iônica/mol); veja *massa molar*.

Forno da coluna. Área dentro de um sistema cromatográfico a gás que é usada para sustentar a coluna e mantê-la a uma temperatura bem definida.

Forno de grafite. Dispositivo para atomização de amostra em espectroscopia atômica de absorção, que utiliza uma peça oca e cilíndrica de grafite, a qual é aquecida eletricamente passando-se uma corrente através do cilindro.

Fosforescência. Emissão de luz por uma amostra após esta se tornar eletronicamente excitada pela absorbância de um fóton, com a emissão de luz ocorrendo após o elétron excitado passar por um intersistema que cruza um estado triplet; essa situação requer uma transição rotacional proibida a partir do estado triplete para um estado singlete para a emissão de luz.

Fóton. Termo usado para descrever uma partícula individual de luz.

Frequência (ν). Número de ondas que passam por um dado ponto no espaço em um determinado período de tempo; número de ciclos de um evento que ocorrem por unidade de tempo.

Frequência analítica. Número de amostras que podem ser processadas por um método analítico em um determinado período de tempo.

Fundente. Agente de fusão que é usado no método de fusão para pré-tratamento e dissolução de amostras de rochas ou metais para a análise de íons metálicos.

Fusão. Método de pré-tratamento de amostra que envolve a fusão de um fundente, usado para dissolver amostras de rochas ou metais para análise de íons metálicos.

Fusão com carbonato de sódio. Forma de pré-tratamento e dissolução de amostras sólidas para análise pesando-se a amostra em pó e sua mistura com carbonato de sódio sólido em um cadinho de platina, antes do aquecimento dessa mistura a uma temperatura alta.

Gás comprimido. Gás que é mantido em um recipiente fechado sob pressão elevada.

Gás de arraste. A fase móvel em cromatografia gasosa.

Gases inorgânicos dissolvidos. Contaminantes presentes na água que incluem gases dissolvidos, como dióxido de carbono e oxigênio.

Gel de corrida. Suporte usado para uma separação eletroforética de substâncias em uma amostra.

Gel de empilhamento. Gel com um grau relativamente baixo de poros grandes e em ligação cruzada que está localizado na parte superior do gel de corrida em um sistema de eletroforese em gel.

General Conference on Weights and Measures (CGPM). Conferência internacional que se realiza periodicamente para atualizar o sistema SI; também conhecido em francês como *Conférence Générale des Poids et Mesures*.

Gestão de resíduos de laboratório. Procedimentos para eliminação ou manipulação de substâncias químicas usadas.

Globar. Fonte de luz usada em espectroscopia de infravermelho que consiste de uma haste aquecida e inerte, feita de carboneto de silício.

Grade de reflexão. Grade que contém uma superfície polida e refletiva, que possui uma série de degraus paralelos e estreitamente espaçados em sua superfície.

Grade de transmissão. Grade em que a difração é produzida pela passagem da luz através de uma grade composta por uma série de pequenas fendas que criam interferência construtiva e destrutiva da luz.

Gradiente de eluição. Método de eluição em cromatografia no qual as condições de separação são alteradas durante a análise de uma amostra; também conhecido como *programação de gradiente*.

Gráfico da lei de Beer. Gráfico da absorbância medida *versus* a concentração do analito absorvente.

Gráfico de composição fracionária da espécie. Gráfico que mostra como a fração de uma espécie química mudará quando um determinado parâmetro for modificado em um sistema químico.

Gráfico de controle. Gráfico que utiliza os resultados obtidos com um material de controle para acompanhar o desempenho de um método analítico ao longo do tempo.

Gráfico de correlação. Gráfico em que os resultados de um novo método são plotados em relação aos obtidos por uma técnica de referência.

Gráfico de Gran. Tipo de gráfico que pode ser usado para localizar e fornecer uma estimativa precisa do ponto de equivalência de uma titulação, traçando uma função especial de pH *versus* o volume de titulante, para dar uma resposta linear à curva de titulação.

Gráfico de interferência. Gráfico em que a quantidade aparente de analito medido por um método é plotada em relação à quantidade de uma segunda substância adicionada à amostra.

Gráfico de Levey-Jennings. Veja *Gráfico individual*.

Gráfico de precisão. Diagrama que fornece uma representação visual de como a precisão de um método altera a concentração ou propriedade medida de uma substância.

Gráfico de Shewhart. Tpo de gráfico de controle que é usado frequentemente em laboratórios industriais e em situações onde há tempo suficiente e material disponível para realizar diversas medições em cada amostra.

Gráfico individual. Gráfico de controle usado em situações nas quais se realiza apenas uma medição por analito em uma amostra; também conhecido como *gráfico de Levey-Jennings*.

Gráfico residual. Gráfico de análise visual de dados para detectar qualquer desvio de uma regressão linear elaborado plotando-se a diferença, ou residual, nos valores experimentais e calculados de y (y_i - $ycalc$) *versus* os valores correspondentes de x.

Grau biotecnológico. Substâncias químicas e solventes que foram purificados e preparados para uso em biotecnologia; com frequência utilizado em biologia molecular, ensaios de eletroforese e sequenciamento e síntese de DNA/RNA ou peptídeo.

Grau BP. Reagente químico que atende ou excede as especificações estabelecidas pela British Pharmacopeia (BP).

Grau CLAE (HPLC). Substâncias químicas que foram purificadas e preparadas para uso em cromatografia líquida de alta eficiência (CLAE).

Grau de certificação ACS. Substância química que atenda ou exceda as especificações estabelecidas pela American Chemical Society (ACS).

Grau de metal residual. Substâncias químicas preparadas para ter baixos níveis de metais residuais; utilizado na preparação de reagentes e amostras para análise de traços de metais.

Grau EP. Reagente químico que atende ou excede as especificações estabelecidas pela European Pharmacopeia.

Grau FCC. Reagente químico que atende ou excede as especificações estabelecidas pelo Food Chemicals Codex (FCC).

Grau laboratório. Veja *Grau técnico*.

Grau NF. Reagente químico que atende ou excede as especificações estabelecidas pelo National Formulary (NF).

Grau técnico. Substâncias químicas de pureza razoável para casos em que não existam padrões oficiais para os níveis de qualidade ou impureza; com frequência utilizado nas aplicações de fabricação ou laboratoriais gerais; também conhecido como *Grau de laboratório*.

Grau USP. Reagente químico que atende ou excede as especificações estabelecidas pela United States Pharmacopeia (USP).

Graus de liberdade (f). Quantidade estatística que descreve o número de valores de um conjunto de dados que é necessário para definir a população geral dos resultados; em cálculos envolvendo múltiplas variáveis, os graus de liberdade são iguais ao número total de valores menos o número de parâmetros ajustados.

Gravimetria. Veja a *análise gravimétrica*.

Grupo silanol. Grupo químico com a fórmula geral –Si-OH que está localizado na superfície da sílica.

Hepatotoxina. Substância química que causa danos ao fígado (*sistema hepático*).

Hidrogenoftalato de potássio (KHP). Padrão primário comum em titulações ácido-base.

Higroscópico. Termo usado para descrever uma substância que absorve ou atrai a umidade do ar.

Hipótese. Declaração que descreve uma estimativa inicial para o resultado de um experimento.

Hipótese alternativa (H_1). Em testes estatísticos, uma hipótese inicial em que o modelo e os resultados experimentais são considerados diferentes em dado nível de confiança.

Hipótese nula (H_0). Em testes estatísticos, uma hipótese inicial na qual os resultados modelo e experimentais são considerados indistinguíveis em um determinado nível de confiança.

Homólogos. Compostos que têm a mesma estrutura geral, mas que diferem no comprimento de uma única cadeia de carbono.

Identificação química. Uso de testes químicos para identificar uma substância desconhecida em uma amostra.

Ignição. Uso de uma chama em uma análise gravimétrica para remover o papel de filtro após um precipitado ter sido coletado para pesagem.

Imagens por raio X. Método de imagens com base na exposição de uma amostra de raios X.

Imiscível. Termo usado para descrever dois líquidos que não se dissolvem entre si, em qualquer proporção considerável.

Imunoensaio. Método analítico que utiliza um anticorpo como reagente.

Imunoensaio de ligação competitiva. Imunoensaio que envolve a incubação do analito na amostra com uma quantidade fixa de um analito análogo marcado (facilmente mensurável) e uma quantidade limitada de anticorpos que se liga tanto ao analito original quanto a seu análogo marcado.

Imunoensaio sanduíche. Imunoensaio que utiliza dois tipos diferentes de anticorpo, cada qual se ligando ao analito de interesse; o primeiro desses dois anticorpos é ligado a um suporte de fase sólida e usado para a extração do analito das amostras, enquanto o segundo anticorpo contém uma marcação de fácil mensuração e serve para colocar um rótulo sobre o analito em uma medição.

Imunoglobulina. Anticorpo.

Inclinação. Mudança na variável dependente *versus* a mudança na variável independente em um gráfico; para uma relação linear a inclinação tem um valor constante, e é representada pelo termo m na equação $y = mx + b$, onde b é a interseção da linha no eixo y, x é a variável independente e y é a variável dependente.

Inclusão. Processo pelo qual um precipitado pode incluir alguns íons que são diferentes do cátion e do ânion desejados no precipitado, mas que têm tamanhos e cargas semelhantes.

Indicador ácido–base. Substância química ou composto químico que muda de coloração dentro de uma faixa conhecida de pH.

Indicador de adsorção. Corante iônico que serve como indicador para a titulação de precipitação; a adsorção desse indicador para precipitar partículas, que possui uma leve carga oposta à do corante, é usada para sinalizar o ponto final.

Indicador de amido. Indicador visual que é empregado em titulações redox que têm iodo como o titulante ou como o analito, em que o iodo (provavelmente na forma do íon linear I_3^-) forma um complexo com amido de coloração azul intensa.

Indicador metalocrômico. Substância química que sofre alteração de cor ou propriedades de fluorescência quando está livre em solução ou complexado com um íon metálico.

Indicador redox. Indicador que sofre uma alteração de cor ao passar por uma reação de oxidação-redução.

Índice de polaridade de solvente (P). Medida da força da fase móvel em cromatografia de partição; por exemplo, em cromatografia líquida de fase normal (NPLC) ou em cromatografia líquida de fase reversa (RPLC).

Índice de refração. Veja *Índice refrativo*.

Índice de retenção (k). Medida de retenção de soluto em cromatografia que é calculada usando-se $k = t'_R/t_M$ ou $k = V'_R/V_M$, onde é t'_R é o tempo de retenção ajustado do soluto, t_M é o tempo de morto da coluna, V'_R é o volume de retenção ajustado para o soluto e V_M é o volume de morto da coluna; também conhecido como *fator de capacidade*.

Índice de retenção de Kováts (I). Medida de retenção em cromatografia gasosa, conforme determinada ao se comparar a retenção de um composto em uma determinada coluna à retenção observada sob idênticas condições para n-alcanos.

Índice refrativo (n). Razão entre a velocidade da luz em um vácuo verdadeiro (c) e a velocidade da luz em um meio específico (v), onde $n = c/v$; também conhecido como *índice de refração*.

Índice tampão (β). Mols de um ácido forte ou de uma base forte que são necessários para produzir dada alteração no pH por unidade de volume.

Inflamáveis. Termo usado para descrever uma substância relativamente fácil de queimar.

Inflamável. Um termo que descreve um material que se incendeia facilmente.

Injeção com divisão. Método de injeção de amostra em cromatografia gasosa (CG) em que uma microsseringa é usada para colocar uma amostra na porta de injeção aquecida do sistema de CG, mas em que apenas uma parte dos vapores resultantes são permitidos de entrar na coluna.

Injeção direta. Método de injeção de cromatografia gasosa que usa uma microsseringa calibrada para aplicar o volume desejado de líquido no sistema.

Injeção eletrocinética. Técnica de injeção utilizada em eletroforese capilar, na qual um campo elétrico é aplicado em todo o capilar, permitindo o fluxo eletro-osmótico e a mobilidade eletroforética dos analitos para fazer com que entrem no capilar.

Injeção hidrodinâmica. Técnica de injeção empregada em eletroforese capilar que utiliza uma diferença de pressão para introduzir uma amostra no capilar.

Injeção na coluna a frio. Técnica de injeção para cromatografia gasosa, em que uma microsseringa contendo uma amostra é passada pelo 'injetor' e penetra diretamente na coluna ou em uma pré-coluna sem fase estacionária. A região em torno da seringa de início é mantida sob refrigeração para que a amostra possa ser depositada como um filme líquido. Esse líquido é depois aquecido, colocando analitos no gás de arraste, para a separação.

Injeção sem divisão. Tipo de injeção direta em cromatografia gasosa realizada em um sistema que também pode ser usado para a injeção com divisão. Essa abordagem é realizada com microsseringas e colunas tubulares abertas, mas a purga do sistema de injeção é mantida fechada de modo que a maioria da amostra injetada e vaporizada irá para a coluna. Depois que os analitos entram na coluna, a purga pode ser reaberta para expulsar vapores indesejáveis da câmara de injeção, antes que a próxima amostra seja aplicada.

Instrumento de duplo feixe. Dispositivo em espectroscopia no qual o feixe de luz original é dividido de modo que metade da luz atravessa uma solução de referência enquanto a outra metade passa pela amostra, minimizando os erros causados por oscilação na intensidade da luz ou na resposta do detector.

Instrumento de feixe único. Dispositivo usado em espectroscopia que tem um único caminho a tomar para a luz através do instrumento.

Interação dipolo-dipolo. Força intermolecular que ocorre entre duas substâncias químicas que têm momentos de dipolo permanentes.

Interação iônica. Tipo de força intermolecular em que ocorre atração eletrostática entre dois íons com cargas opostas ou repulsão entre dois íons com a mesma tipo de carga.

Interceptação. Ponto sobre um eixo que é interceptado por uma regressão linear ou um conjunto de dados, geralmente se referindo à interseção no eixo y; para uma relação linear, a interceptação é representada pelo termo b na equação $y = mx + b$, onde m é a inclinação, x a variável independente e y a variável dependente.

Interferência. Combinação de ondas que produz ou um aumento geral da amplitude observada (interferência construtiva), ou uma diminuição da amplitude observada (interferência destrutiva).

Interferência construtiva. Tipo de interferência no qual ondas que se cruzam têm cristas e vales que se combinam para produzir um aumento na amplitude global observada.

Interferência destrutiva. Tipo de interferência em que ondas que se cruzam têm cristas e vales que se anulam para produzir uma diminuição na amplitude global observada.

Interferômetro. Dispositivo que faz interferências positivas e negativas ocorrerem em comprimentos de onda sequenciais à medida que um espelho em movimento muda o comprimento do caminho do feixe de luz.

International Bureau of Weights and Measures (BIPM). Organização responsável pela manutenção do sistema SI, também conhecido em francês como *Bureau International des Poids et Mesures*.

Intervalo de confiança (IC). Intervalo que se segue a um número experimental para expressar o grau de confiança que pode ser atribuído a esse resultado; é expresso da seguinte forma

$$I.C. = \bar{x} \pm t s_{\bar{x}} \text{ (ou } s\text{)}$$

onde $\bar{x}$ é o resultado da média que está sendo relatado, t é o valor de t de Student para o número dado de medições e nível de confiança desejado, s é o desvio-padrão para o grupo global de resultados e $s_{\bar{x}}$ é o desvio-padrão da média.

Iodometria. Veja *Titulação iodométrica*.

Ionização por *electrospray* (IES). Método de ionização utilizado em espectrometria de massa, no qual a amostra é colocada em um solvente e pulverizada com uma agulha altamente carregada; o solvente nas gotas carregadas evapora rapidamente, produzindo gotas menores com um excesso de carga positiva ou negativa, que acabará fazendo com que cada gota se divida e as moléculas nas gotículas sofram dessorção na forma de íons que entram na fase gasosa.

Ionização por impacto de elétron (EI, do inglês *Electron-Impact Ionization*). Método para criação de íons em espectrometria de massa, através do qual os analitos são passados através de um feixe de elétrons de alta energia; esses elétrons bombardeiam algumas das moléculas do analito (M), fazendo com os que elétrons sejam removidos do analito para formar íons moleculares (M^+) e íons fragmentados.

Ionização química (CI, do inglês *Chemical Ionization*). Método de ionização em espectrometria de massa que faz uso de um ácido em fase gasosa para a protonação do analito e a formação de um íon molecular com estrutura geral MH^+.

Irritante. Substância química corrosiva que provoca inflamação reversível (inchaço e vermelhidão) em contato com tecidos vivos.

Kelvin (K). Unidade fundamental de temperatura no sistema SI; a escala de temperatura Kelvin é definida de modo que à menor temperatura possível (zero absoluto) seja atribuída um valor de 0 K e o ponto triplo da água (onde os estados físicos de gás, sólido e líquido da água estão todos em equilíbrio) ocorre a 273,16 K.

Kimax. Veja *Vidro borosilicato*.

K_w. Constante de autoprotólise da água.

Lab-on-a-Chip. Veja *Sistema de microanálise total*.

Laboratory Information Management System (LIMS). Pacote de software para coletar dados de instrumentos em um laboratório e processar essas informações de modo adequado para um relatório.

Lâmpada de cátodo oco. Fonte de luz comumente usada em espectroscopia de absorção atômica, que contém uma pequena peça cilíndrica oca do metal/elemento que a lâmpada usará para analisar em uma chama; esse cilindro atua como um cátodo e é bombardeado com íons positivos, como Ar^+ ou Ne^+, o que faz com que alguns átomos sejam desalojados do cátodo para serem excitados e depois emitam luz.

Lâmpada de deutério. Fonte de luz, em geral usada em espectroscopia UV/VIS, que consiste em dois eletrodos inertes, através dos quais uma alta tensão é aplicada em um bulbo de quartzo preenchido com D_2 sob pressão reduzida.

Lâmpada de hidrogênio. Fonte de luz muito usada em espectroscopia ultravioleta/visível, que consiste de dois eletrodos inertes, através dos quais uma alta tensão é aplicada em um bulbo de quartzo que é preenchido com H_2 a pressão reduzida.

Lâmpada de tungstênio. Fonte de luz que utiliza um filamento de tungstênio aquecido.

Lâmpada de tungstênio/halogênio. Lâmpada de tungstênio em que uma pequena quantidade de iodo está também presente na lâmpada.

Lei de Beer. Equação usada para relacionar a absorbância (A) de uma amostra homogênea com a concentração (C) de um analito absorvente diluído nessa amostra, conforme dado por $A = \varepsilon\, b\, C$, onde C está em unidades de M (ou mol/L), b é o *caminho ótico* (em cm) e o termo ε é a absortividade molar (em unidades de L/mol · cm); também conhecida como *lei de Beer-Lambert*.

Lei de Beer–Lambert. Veja *Lei de Beer*.

Lei de Descartes. Veja *Lei de Snell*.

Lei de Henry. Relação usada para descrever a solubilidade de um gás em um líquido; essa relação pode ser expressa como $C_{soluto} = K_H P_{soluto}$, onde C_{soluto} é a concentração saturada de gás em um determinado líquido, P_{soluto} é a pressão parcial do gás em equilíbrio com a solução e K_H é um fator de proporcionalidade conhecido como *constante da lei de Henry*.

Lei de Ohm. A relação entre o potencial (E), a corrente (I) e a resistência (R) em um sistema elétrico ou eletroquímico, dada pela seguinte fórmula $E = I \cdot R$.

Lei de Snell. Relação que prevê o ângulo de refração da luz com base no ângulo de incidência da luz e nos índices de refração do meio original que a luz percorria e o meio novo em que está entrando; também conhecido como *lei de Descartes*.

Lei limite de Debye-Hückel (DHLL, do inglês, Debye-Hückel limiting law). Versão simplificada da equação de Debye-Hückel para uso em baixa força iônica; essa equação é dada como log $(\gamma) = -0{,}51\, z^2\, I^{1/2}$, onde z é a mudança em um íon, γ é o coeficiente de atividade do íon e I é a força iônica.

Leitura (de uma balança). Tamanho da menor divisão de massa que é exibido no mostrador de uma balança.

'Liberar/Soprar'. Marcação que indica que um dispositivo volumétrico liberará o volume medido somente quando a última gota de seu conteúdo for soprada com um bulbo de pipeta ou por algum outro meio de entrega forçada.

'Liberar' (TD, do inglês 'to deliver'). Marcação que indica que um dispositivo volumétrico vai liberar o volume correto medido quando o conteúdo do dispositivo for liberado ao se permitir que o dispositivo se esvaia, sem qualquer sopro ou liberação forçada, no receptáculo desejado.

Ligação coordenada. Tipo de vínculo que se forma quando uma substância química compartilha um par de elétrons com um íon metálico; também conhecido como *ligação coordenada covalente* ou *ligação dativa*.

Ligação coordenada covalente. Veja *Ligação coordenada*.

Ligação dativa. Veja *Ligação coordenada*.

Ligações de hidrogênio. Interação intermolecular em que um átomo de hidrogênio é compartilhado em uma ligação não covalente entre moléculas que contêm átomos, como nitrogênio e oxigênio.

Ligante. Substância química que compartilha um par de elétrons com um íon metálico, a partir do termo latino *ligare*, que significa 'ligar' ou 'amarrar'.

Ligante auxiliar. Agente complexante adicional que é introduzido para reduzir reações colaterais durante uma titulação de complexação.

Ligante bidentado. Um ligante que possui dois sítios de ligação para um íon metálico.

Ligante de afinidade. Molécula imobilizada que é utilizada em cromatografia de afinidade como fase estacionária.

Ligante monodentado. Substância química, como amônia, água ou Cl^-, que pode doar apenas um par de elétrons para um íon metálico; também conhecido como *ligante simples*.

Ligante polidentado. Ligante que possui vários sítios de ligação para íons metálicos.

Ligante simples. Veja *Ligante monodentado*.

Ligante tetradentado. Ligante que tem quatro sítios de ligação em um íon metálico.

Ligante tridentado. Ligante que tem três sítios de ligação para um íon metálico.

Limite de confiança. Intervalo de valores que se segue a uma média em um intervalo de confiança.

Limite de detecção (LD). Maior ou menor quantidade de analito que pode ser detectado por um método.

Limite de quantificação (LQ). Menor ou maior quantidade de analito que pode ser medida em um determinado intervalo de exatidão e/ou precisão.

Limite inferior de detecção. Menor quantidade de analito que pode ser analisada por um método.

Limite superior de detecção. Maior quantidade de analito que pode ser medido de modo confiável por um método.

Líquido sobrenadante. Veja *Sobrenadante*.

Luminescência. Emissão de luz a partir de uma substância química em estado excitado.

Luminômetro. Instrumento utilizado para medir a quimiluminescência.

Luz. Outro termo para 'radiação electromagnética', ou uma onda de energia que se propaga através do espaço com os componentes elétrico e de campo magnético.

Luz difusa. Luz que atinge um detector sem passar por uma amostra.

Luz monocromática. Luz que contém apenas um comprimento de onda.

Luz policromática. Luz que contém uma mistura de dois ou mais comprimentos de onda.

MALDI-TOF MS. Veja *Espectrometria de ionização por dessorção a laser assistida por matriz baseada em tempo de voo*.

Massa atômica (peso atômico). Número de gramas que está contido em um mol de um tipo de átomo em particular. (Massa atômica = átomo grama/mol.)

Massa. Quantidade de matéria em um objeto; essa propriedade é constante independentemente da localização do objeto.

Massa molar (peso molecular, MM). Número de gramas contidas em um mol de uma substância (MM = substância em gramas/mol); embora seja muito usada para descrever tanto compostos moleculares quanto iônicos, às vezes é utilizado apenas para se referir a substâncias moleculares; também conhecido como *fórmula-grama*.

Material de controle. Substância que é analisada periodicamente por meio de um método analítico para determinar se o procedimento está funcionando de maneira consistente.

Material de referência certificado (CRM, do inglês *Certified Reference Material*). Material que tem valores documentados em sua composição química ou propriedades físicas.

Material heterogêneo. Material com uma composição que varia de um ponto a outro dentro de sua estrutura.

***Material Safety Data Sheet* (MSDS) — Ficha de Dados sobre Segurança dos Materiais.** Conjunto de uma ou mais fichas que, por lei, devem ser enviadas com cada substância química que seja produzida por um fabricante ou importada para distribuição; os itens em uma MSDS incluem (1) uma lista das substâncias químicas encontradas no material e os respectivos nomes usuais; (2) informações sobre as propriedades químicas e físicas do material; (3) os riscos à saúde que estão associados ao material; (4) o limite máximo permitido de exposição à substância química; (5) a indicação de que o produto químico é um carcinogênico conhecido ou potencial; e (6) as precauções a seguir para manipulação e utilização segura do material.

Matriz. Todo grupo de produtos e substâncias químicas que compõem uma amostra; também conhecida como *matriz da amostra*.

Matriz da amostra. Veja *Matriz*.

Média. Veja *Média aritmética*.

Média aritmética (média, $\bar{x}$). Soma de uma série de valores divididos pelo número total de valores nesse conjunto; usada para fornecer um único número representativo para um grupo de observações; também conhecida como *média*.

Média experimental ($\bar{x}$). Média aritmética, ou mediana, que é calculada para um grupo de valores experimentais; aproxima-se da verdadeira média (μ) à medida que o número de valores no conjunto de dados torna-se maior.

Média verdadeira (μ). Aritmética média verdadeira de um grupo de valores, conforme obtida por um grande número de valores ou na ausência de qualquer erro aleatório.

Mediana (x_m). Valor que ocorre exatamente no centro de um grupo de números dispostos em ordem crescente; se houver um número ímpar de valores, esse valor será aquele com igual número de resultados que são mais altos e mais baixos no conjunto de dados; se houver um número par de resultados, então a mediana é a média dos dois resultados centrais.

Menisco. Superfície curva superior de um líquido.

Método analítico. Abordagem específica utilizada para executar uma análise química; também conhecida como *técnica analítica*.

Método clássico. Técnica analítica que produz um resultado usando apenas quantidades determinadas experimentalmente, como uma massa ou um volume medido, junto com pesos atômicos ou moleculares conhecidos e reações químicas bem definidas (por exemplo, uma titulação ou método gravimétrico).

Método de adição de padrão. Técnica utilizada para determinar a concentração de um analito em uma amostra por meio da medição dos sinais da amostra desconhecida e das frações dessa amostra que foram contaminadas com quantidades conhecidas do analito.

Método de Fajans. Titulação de precipitação para a determinação de cloretos por sua reação com íons de prata e que faz uso de um corante carregado negativamente, como a fluoresceína e derivados relacionados, como um indicador de adsorção.

Método de imobilização. Termo usado em cromatografia por afinidade para o método pelo qual o ligante de afinidade é anexado ao suporte.

Método de Kjeldahl. Técnica analítica que usa digestão, destilação e titulação de retorno para medir o teor de nitrogênio presente em amostras orgânicas.

Método de Mohr. Método para detectar o ponto final em uma titulação argentimétrica por meio da reação de Ag^+ com cromato para formar um precipitado vermelho de cromato de prata.

Método de separação. Abordagem usada para remover um tipo de substância química a partir de outra.

Método de Volhard. Método de titulação que envolve a titulação de Ag^+ com o tiocianato para produzir AgSCN sólido; o indicador é Fe^{3+}, que reage com o primeiro pedaço de tiocianato em excesso após o ponto de equivalência para formar $FeSCN^{2+}$, um complexo vermelho solúvel.

Método dos mínimos quadrados. Método para determinar os parâmetros de melhor ajuste entre uma equação e um conjunto de dados, conforme obtidos pela minimização da soma dos quadrados das diferenças entre a equação e os dados.

Método geral. Procedimento que pode detectar uma vasta gama de compostos; também chamado de *método universal*.

Método instrumental. Técnica analítica que utiliza um sinal gerado por instrumento para detectar a presença de um analito ou determinar a quantidade de um analito em uma amostra.

Método isotérmico. Método que é realizado a uma temperatura constante.

Método universal. Veja *Método geral*.

Metro (m). Unidade fundamental de comprimento no sistema SI; definido como a distância percorrida pela luz no vácuo, em 1/299.792.458 de um segundo. (*Observação:* essa definição também fixa a velocidade da luz no valor de 299.792.458 m/s).

Micela. Partícula formada pela agregação de um grande número de moléculas tensoativas, como o dodecil sulfato de sódio.

Microbalança de cristal de quartzo. Dispositivo que usa um fino cristal de quartzo oscilante como sensor de substâncias químicas nas amostras; se as substâncias adsorvem à superfície desse cristal, ele muda a sua frequência de vibração, o que fornece um sinal relacionado com a massa do material depositado.

Microextração em fase sólida. Uso de fibras, revestidas ou não, aplicadas por uma seringa para a extração dos analitos.

Micro-organismos. Organismos, como bactérias e algas; frequentemente encontrados como contaminantes na água.

Micropipeta. Pipeta usada para fornecer volumes extremamente pequenos, tipicamente na ordem de 0,1 para 5.000 L; essas pipetas têm pontas descartáveis que podem ser trocadas com facilidade entre as amostras e muitas vezes podem ser ajustadas para oferecer soluções em uma ampla gama de volumes; também conhecida como *micropipetador*.

Micropipetador. Veja *Micropipeta*.

Microscopia de força atômica (AFM, do inglês *Atomic Force Microscopy*). Método em que um pequeno balanço com uma ponta pontiaguda passa sobre a superfície de uma amostra enquanto as leves deflexões dessa ponta são medidas, para criar uma imagem da superfície.

Microscopia de varredura por sonda. Tipo de microscopia que usa uma sonda física para fazer a varredura de uma superfície e criar a imagem de uma amostra.

Microscópio de força atômica. Instrumento utilizado para executar uma microscopia de força atômica.

Miscível. Termo usado para descrever dois líquidos que podem formar uma solução estável quando são misturados em qualquer proporção.

Mobilidade eletroforética (μ). Constante utilizada na eletroforese para relacionar a velocidade de migração (v) de um soluto carregado com a força do campo elétrico aplicado (E), onde $v = \mu E$.

Mobilidade eletrosmótica (μ_{eo}). Mobilidade observada devido a eletrosmose na eletroforese.

Modelo. Componente de uma técnica estatística que representa o resultado, o método ou comportamento previsível ao qual um valor experimental está sendo comparado.

Modelo de Brønsted–Lowry. Modelo para descrever ácidos e bases, que define o ácido como uma substância química que doa um próton (íon hidrogênio) para outra substância enquanto uma base é uma substância que aceita um próton de outra substância (um ácido).

Modo de polaridade normal. Método utilizado na eletroforese capilar, durante o qual uma amostra é injetada em uma extremidade do capilar (o eletrodo positivo, quando se usa um capilar de sílica não revestida) e transportada por eletrosmose a um detector próximo da outra extremidade do capilar (o eletrodo negativo, nesse caso).

Modo de polaridade reversa. Método utilizado na eletroforese capilar durante o qual uma amostra é injetada em uma extremidade do capilar (o eletrodo negativo, quando se usa um capilar de sílica não revestida) e migra contra a eletrosmose para um detector próximo à outra extremidade do capilar (o eletrodo positivo, nesse caso).

Modo de varredura completa. A utilização de um espectrômetro de massa, como cromatografia gasosa acoplada à espectrometria de massa, com um detector geral para coleta de informações sobre uma faixa ampla de íons.

Molalidade (m). Unidade de concentração igual aos mols de um soluto que estão presentes por quilograma de solvente; por exemplo, uma solução que contém 1,0 mol de um soluto em 1,0 kg de solvente é referido como solução 1,0-m, ou 1,0-molal.

Molaridade (M). Unidade de concentração igual aos mols de um soluto que estão presentes por litro de solução; por exemplo, uma solução que contém 1,0 mol de um soluto em um volume de solução final de 1,0 L é chamado de solução 1,0 M, ou 1,0 molar.

Mole (mol). Unidade fundamental para descrever a quantidade de uma substância no sistema SI; definido como o número de entidades individuais de uma substância que é igual ao número de átomos de carbono em 0,012 quilogramas de carbono-12.

Momento de dipolo. Medida da polaridade de uma substância química, como dada em unidades de Debye (D).

Monitoramento de íons selecionados (MIS). Utilização de cromatografia gasosa acoplada a espectrometria de massa para coletar informações sobre apenas uns poucos íons.

Mostrador analógico. Exibe um sinal sob a forma de uma faixa contínua de valores.

Mostrador digital. Exibe um sinal sob a forma de um número distinto e fixo de valores possíveis.

Mutagênico. Substância que provoca uma alteração no DNA.

Nefelometria. Técnica em que a intensidade de luz que é dispersa por uma solução é comparada com a intensidade original dessa luz, sendo que a luz difusa é medida em ângulo reto em relação à luz incidente.

Nefrotoxina. Substância que provoca danos aos rins (o sistema nefrítico).

Negro de Eriocromo T. Indicador cromóforo de íons metálicos usado para sinalizar o ponto final durante a titulação de Ca^{2+} por EDTA.

Neurotoxina. Substância química que cria um efeito adverso sobre o sistema nervoso central.

Nível de confiança. Grau de probabilidade, ou confiança, que é desejado ao se afirmar que dois valores são iguais ou que um resultado medido está compreendido dentro de um intervalo especificado de valores.

Normalidade (N). Unidade de concentração igual ao número de pesos equivalente-grama (ou equivalentes) de um soluto por litro de solução; por exemplo, uma solução que contém 1,0 equivalente de um soluto em 1,0 L de uma solução é chamada de solução 1,0 N, ou 1,0 normal.

Northern blot. Método de *borramento* usado para detectar sequências específicas de RNA por meio de sua ligação com uma sonda de DNA marcada.

Nucleação. Processo pelo qual pequenas partículas (ou 'núcleos') se formam de uma substância química em precipitação.

Número de iodo. Medida do grau de insaturação em compostos orgânicos, como gorduras, descrito como os gramas de I_2 que reagem por 100 g de gordura.

Número de observações (n). O número total de medidas ou valores observados dentro de um grupo de resultados; por vezes também conhecido como *tamanho da amostra*.

Número de onda ($\bar{v}$). Valor igual ao recíproco do comprimento de onda (λ), onde $\bar{v} = 1/\lambda$.

Número de oxidação. Carga que um elemento de uma substância química teria se esse elemento existisse como um íon solitário, mas ainda possuísse o mesmo número de elétrons que possui na substância química dada; também conhecido como *estado de oxidação*.

Número de pratos teóricos (N). Medida de alargamento de banda em cromatografia e outros métodos de separação; a fórmula mais geral usada para a determinação de N em cromatografia é $N = (t_R/\sigma)^2$, onde t_R é o tempo de retenção de um soluto, e é o desvio-padrão para o soluto de pico; também conhecido como *número de pratos*.

Número do prato. Ver *Número de pratos teóricos*.

Oclusão. Acúmulo de impurezas moleculares e de solvente dentro de um precipitado; também conhecido como *oclusão molecular*.

Oclusão molecular. Veja *Oclusão*.

Orgânicos dissolvidos. Contaminantes na água, que consistem em uma variedade de compostos orgânicos de origem natural ou atividades humanas.

Outlier. Ponto de dados que não se encaixa em uma tendência geral observada para um grupo de resultados que são obtidos sob condições supostamente idênticas; também conhecido como *valor remoto* ou *valor extremo*.

Oxidação. Processo em que uma substância química perde um ou mais elétrons.

Oxidante. Substância que facilmente gera oxigênio para suportar a combustão ou a oxidação de outras substâncias químicas. Veja *Agente oxidante*.

Padrão. Material que se sabe que contém o analito de interesse, sendo que o analito está presente em um montante conhecido ou produz uma propriedade conhecida no material.

Padrão de difração. Padrão causado pela difração de uma onda, que resulta em regiões de interferência construtiva ou destrutiva; uma imagem que é produzida quando um cristal de uma substância química é exposto a raios X; em que essa imagem depende do espaçamento e das distâncias dos átomos no cristal.

Padrão interno. Substância adicionada que não está na amostra original, mas que tem propriedades similares às do analito e a capacidade de ser detectada separadamente desse composto.

Padrão primário. Substância pura que é estável durante o armazenamento, pode ser pesada com precisão e apresenta uma reação conhecida em solução quando utilizada para caracterização.

Padrão secundário. Reagente ou solução reagente que se caracteriza por usar um padrão primário.

Padronização. Processo de determinação da concentração de um titulante ou algum outro tipo de solução padrão.

PAGE. Veja *Eletroforese em gel de poliacrilamida*.

Papel de filtro quantitativo sem cinzas. Papel que, quando queimado, deixa pouca ou nenhuma cinza, como costuma se usar em análises gravimétricas.

Par redox. Par de duas formas diferentes oxidadas e reduzidas do mesmo elemento em uma reação de oxidação-redução.

Parcialmente miscíveis. Termo usado para descrever dois líquidos que produzem uma diferença no volume de sua mistura em função dos volumes totais dos dois líquidos antes de serem combinados.

Partes por bilhão (ppb). Meio de expressar a composição química na qual há uma parte do analito ou da substância química de interesse para cada 10^9 partes de uma mistura; muitas vezes usado para descrever razões peso/peso, volume/volume e peso/volume.

Partes por mil (‰). Meio de expressar a composição química na qual há uma parte do analito ou da substância química de interesse para cada mil peças de uma mistura; muitas vezes usado para descrever razões peso/peso, volume/volume e peso/volume.

Partes por milhão (ppm). Meio de expressar a composição química na qual há uma parte do analito ou da substância química de interesse para cada 10^6 partes de uma mistura; muitas vezes usado para descrever razões peso/peso, volume/volume e peso/volume.

Partes por trilhão (ppt). Meio de expressar a composição química na qual há uma parte do analito ou da substância química de interesse para cada 10^{12} partes de uma mistura; muitas vezes usado para descrever razões peso/peso, volume/volume e peso/volume.

Partição. Processo pelo qual uma substância química entra em ambas as fases distintas, como o que ocorre em uma extração líquido-líquido.

Partículas. Grandes partículas em suspensão que são encontradas como contaminantes em água.

Partículas de perfusão. Tipo de suporte utilizado em cromatografia líquida que contém grandes poros que permitem à fase móvel passar através e ao redor das partículas de suporte.

Peak Fronting (assimetria frontal). Condição na qual um pico cromatográfico tem uma borda traseira mais aguda do que a frontal.

Peak Tailing (assimetria posterior). Condição na qual um pico cromatográfico tem uma borda frontal mais aguda do que a traseira.

Peneira molecular. Material poroso que é composto de uma mistura de sílica (SiO_2), alumina (Al_2O_3), água e um óxido de um metal alcalino ou metal alcalino terroso, como sódio ou cálcio; quando esses materiais são combinados em uma determinada razão, eles produzem um suporte com uma série de poros com tamanhos bem definidos e regiões de ligação; também conhecido como *zeólito*.

Peptização. Conversão de um precipitado sólido em uma suspensão de coloide.

Percentual de recuperação. Medida de exatidão de um método analítico, conforme determinado pelo cálculo da variação percentual na quantidade medida de um analito em uma amostra após um montante conhecido do mesmo analito ter sido acrescido à amostra.

Percentual de transmitância (%T). O percentual de luz que é transmitido por uma amostra, onde $\%T = 100(T)$ e T é a transmitância medida.

Permanganato. Agente oxidante forte com a fórmula MnO_4^- que é frequentemente usado em titulações redox e análises químicas.

Pesagem. Processo de determinar a massa ou o peso de uma substância.

Pesagem comparativa. Procedimento de pesagem em que uma amostra de interesse e um peso de referência são medidos na mesma balança, e a diferença de peso e a massa conhecida da referência são utilizadas para determinar a massa da amostra.

Pesagem direta. Procedimento de pesagem em que um objeto é colocado em um prato da balança e a massa é registrada diretamente do mostrador da balança.

Peso molecular (MM). Veja *Massa molar*.

Peso por diferença. Procedimento de pesagem em que a massa de uma amostra é determinada tomando-se a diferença entre a massa de seu recipiente e a massa do recipiente mais a amostra.

Peso por volume (m/v). Medida da composição química de uma mistura que é determinada tomando-se a massa do analito ou substância de interesse e dividindo esse valor pelo volume total da mistura; pode ser expresso como uma porcentagem ou como uma medida relacionada (ppm, ppb ou ppt) se a densidade da solução for aproximadamente igual a 1,0 g / mL, como é o caso de soluções aquosas diluídas próximas da temperatura ambiente.

Peso. Medida da atração de uma força, como a gravidade, sobre um objeto.

Peso/peso (m/m). Medida da composição química de uma mistura determinada tomando-se a massa do analito ou substância de interesse e dividindo esse valor pela massa total da mistura; comumente expresso em termos de percentuais ou uma medida relacionada, como ppm, ppb ou ppt.

pH (*definição de notação*). Definição de trabalho do pH, dada nesse texto como pH = $-\log(a_{H+}) \approx -\log([H^+])$, onde a_{H+} é a atividade de íons hidrogênio (ou íons hidrônios em uma solução aquosa), e $[H^+]$ é a concentração correspondente desses íons.

Pilha de Daniel. Célula eletroquímica que faz uso da capacidade de íons Cu^{2+} em uma solução aquosa a serem reduzidos pelo zinco metálico e formar cobre metálico mais íons Zn^{2+}, resultando em uma corrente.

Pipeta de medição. Veja *Pipeta de Mohr*.

Pipeta de Mohr. Pipeta que contém muitas marcações calibradas que lhe permitem medir e prover uma variedade de volumes dentro dessa faixa calibrada; como uma pipeta volumétrica, a pipeta de Mohr destina-se a 'liberar' o volume desejado de solvente somente por meio do processo de drenagem natural, e não por sopro ou qualquer liberação forçada; também conhecida como *pipeta de medição*.

Pipeta de Ostwald-Folin. Pipeta utilizada para medir e dispensar um volume único e específico de um líquido para outro recipiente, como um frasco volumétrico; é semelhante a uma pipeta volumétrica, mas nesse caso traz a marcação 'Liberar/Soprar', o que significa que fornece o volume indicado apenas quando a última gota de seu conteúdo é dispensada com um bulbo da pipeta.

Pipeta de transferência. Veja *Pipeta volumétrica*.

Pipeta sorológica. Pipeta que contém muitas marcações calibradas que lhe permitem medir e oferecer uma variedade de volumes dentro dessa faixa calibrada; essa pipeta traz a marcação 'Liberar/Soprar', o que significa que ela fornece o volume indicado somente quando a última gota de seu conteúdo é liberada com um bulbo de pipeta.

Pipeta volumétrica. Pipeta (ou pipetador) que é usada para medir e liberar um volume único e específico de um líquido em outro recipiente, como um frasco volumétrico; também conhecido como *pipeta de transferência*.

Pirofórico. Termo usado para descrever uma substância química que pode se inflamar na presença de ar ou umidade.

Pirogênios. Pedaços de paredes celulares bacterianas e lipopolissacarídeos de bactérias que podem estar presentes como contaminantes em água; podem dificultar o crescimento de células ou tecidos em ensaios biológicos.

Pirograma. Tipo de cromatograma gasoso produzido na cromatografia gasosa de pirólise, que fornece uma imagem ou um padrão de impressão digital dos compostos voláteis que são desprendidos quando substância de teste é aquecida.

pK_a. Valor igual a $-\log(K_a)$, onde K_a é uma constante de dissociação do ácido.

pK_w. Valor igual a $-\log(K_w)$, onde K_w é a constante de autoprotólise de água.

Planilha. Programa de computador utilizado para registrar, analisar e manipular dados.

Plano de amostragem. Abordagem específica utilizada na aquisição de uma amostra.

Plano de higiene química (CHP, do inglês *Chemical Hygiene Plan*). Conjunto de procedimentos operacionais padrão que visam a promover a segurança em um laboratório.

pM. Valor igual a $-\log[M^{n+}]$ para uma solução de íons M^{n+}.

Poder radiante (P). Intensidade da luz, expressa em unidades de watts.

Poliacrilamida. Polímero sintético que é usado frequentemente como um suporte na eletroforese em gel.

Poliestireno. Material produzido por meio da polimerização de estireno na presença de divinilbenzeno.

Polisiloxano. Tipo de substância química que consiste de uma cadeia de átomos de silício e oxigênio ligados em longas cadeias Si–O–Si, com as duas ligações restantes em cada átomo de silício se ligando a grupos secundários que podem ter uma variedade de estruturas; tipo comum de fase estacionária em cromatografia gasosa.

Ponte de Wheatstone. Circuito eletrônico que consiste de quatro resistores arranjados em um circuito paralelo, com dois resistores presentes em cada lado; se esses resistores forem balanceados eletronicamente de modo correto, a diferença de voltagem por todo o centro do circuito será igual a zero, mas, se algum desses resistores sofrer alteração em suas propriedades elétricas, uma tensão diferente de zero será produzida.

Ponte salina. Dispositivo que permite o fluxo de corrente entre dois eletrodos, evitando a mistura de seus eletrólitos.

Ponto de equivalência. Ponto em uma curva de titulação no qual um titulante em quantidade exatamente suficiente foi adicionado para reagir com todo o analito.

Ponto de inflexão. Ponto em um gráfico em que a inclinação passa por um nível máximo ou mínimo e muda de um valor crescente para um valor decrescente.

Ponto final. Estimativa experimental do ponto de equivalência em uma titulação.

Ponto isoelétrico. O pH no qual um composto zwitteriônico tem uma carga líquida igual a zero.

Ponto isoiônico. O pH que surge quando somente a forma neutra de um composto zwitteriônico é colocado em uma solução.

Ponto isosbéstico (ou ponto isoabsortivo). Ponto de intersecção nos espectros de duas espécies absorventes, representando um lugar onde essas espécies têm uma absortividade molar idêntica.

Potência radiante incidente (P_0). Intensidade inicial de luz que incide sobre o limite entre dois meios ou que penetra uma amostra.

Potencial. Veja *Potencial elétrico*.

Potencial condicional. Veja *Potencial formal*.

Potencial de célula padrão ($E°_{célula}$). Potencial que se desenvolve entre um ânodo e um cátodo quando todos os componentes de uma célula eletroquímica estão em seus estados-padrão.

Potencial de eletrodo padrão ($E°$). Potencial esperado em condições padrão para uma determinada semirreação em relação a um eletrodo de hidrogênio padrão.

Potencial de junção líquida. Potencial de junção formado no limite entre duas soluções com diferentes composições.

Potencial de junção. Potencial que está presente sempre que duas soluções ou regiões existem em uma célula eletroquímica que tem diferentes composições químicas.

Potencial de meia onda ($E_{1/2}$). Potencial que equivale à metade do valor-limite da onda em um gráfico da corrente *versus* o potencial aplicado, conforme obtido pela voltametria de corrente direta ou uma técnica correlata.

Potencial elétrico. Trabalho exigido por uma unidade de carga para mover uma partícula carregada de um ponto a outro, ou de uma substância química para outra; também conhecido como *potencial*.

Potencial formal ($E°'$). O potencial esperado para um dado par redox, quando as atividades da espécie submetida a oxidação ou a redução são exatamente iguais a 1,0 e quando se usa um tipo específico de solução ou eletrólito; também conhecido como *potencial condicional*.

Potencial químico (μ). Medição da quantidade de energia por mol, que está disponível através da reação de uma substância química, quando ela está presente em um determinado estado; geralmente expresso em unidades de J/mol, também é conhecido como *energia parcial molar de Gibbs*.

Potencial químico padrão ($\mu°$). Medida da quantidade de energia por mol que é disponibilizada por meio da reação de uma substância química quando ela está presente em seu estado-padrão, geralmente expressa em unidades de J/mol.

Potencial-padrão. Veja *Potencial de eletrodo padrão*.

Potenciometria. Técnica de análise eletroquímica que se baseia na medição do potencial de uma célula com essencialmente zero de corrente passando pelo sistema.

Potenciômetro. Dispositivo usado para medir a diferença de potencial entre dois eletrodos em uma célula eletroquímica; também conhecido como *voltímetro*.

Potenciostato. Dispositivo que controla a diferença de potencial que é aplicada a uma célula eletroquímica.

Precipitação a partir de solução homogênea. Técnica em que um agente de precipitação é formado lentamente na solução depois de ela ter sido agitada e homogeneizada.

Precipitação posterior. Processo pelo qual as impurezas são coletadas de um precipitado depois de ele ter sido formado, mas ainda permanece em sua solução original.

Precipitação. Processo que ocorre quando uma fração de uma substância química dissolvida deixa uma solução para formar um sólido.

Precipitado. Sólido que se forma enquanto uma substância química dissolvida deixa uma solução que contém mais do que o limite de solubilidade da substância.

Precipitante. Agente de precipitação que é adicionado durante uma análise gravimétrica para formar um sólido pesável, cuja massa pode ser usada para calcular a massa de qualquer analito presente.

Precisão. Variação nos resultados individuais obtidos em condições idênticas.

Precisão diária. Variação nos resultados que se obtêm durante vários dias quando se utiliza um método analítico específico.

Precisão interlaboratorial. Variação obtida a partir de um único método analítico e amostra, mas por diferentes laboratórios.

Precisão interoperador. Variação obtida a partir de um único método analítico e amostra, mas por diferentes analistas.

Precisão intra-dia. Variação obtida para um método analítico durante um único dia, geralmente ao longo de várias séries.

Precisão intra-ensaio. Medida da variação de uma análise para uma única amostra durante uma sessão de análise, ou 'série'.

Pré-oxidação. Processo de pré-tratamento de uma amostra utilizado para oxidar e converter um analito para um estado de maior oxidação.

Pré-redução. Processo de pré-tratamento de uma amostra utilizado para reduzir e converter um analito para um estado de menor oxidação.

Princípio da Incerteza de Heisenberg. Princípio segundo o qual não é possível conhecer perfeitamente tanto sobre o tempo de vida de um átomo em estado excitado (Δt) quanto sobre a incerteza na energia que está associada a esse estado excitado (ΔE).

Princípio de Le Châtelier. Princípio segundo o qual, quando uma alteração acentuada ocorre em um sistema em equilíbrio (como uma alteração nas concentrações de reagente ou produto), o sistema responde de modo a atenuar em parte essa alteração (por exemplo, criando mais produtos ou reagentes).

Problema geral de eluição. Problema que surge em cromatografia e outros métodos de separação ao se trabalhar com uma amostra complexa, quando muitas vezes é difícil encontrar um único conjunto de condições capazes de separar todos os componentes da amostra com a resolução adequada e uma quantidade razoável de tempo.

Procedimento operacional padrão (POP). Conjunto específico de instruções que descreve como se deve realizar um determinado método ou tarefa.

Procedimento. Todo o grupo de operações (incluindo preparação da amostra, medição e manipulação de dados) que é usado por um método de análise química; também conhecido como *protocolo* de um método.

Produto de solubilidade. Constante de equilíbrio que descreve as condições necessárias para saturar uma solução com um sólido iônico dissolvido; representado pelo termo K_{ps}.

Produto iônico. Produto das concentrações ou atividades de íons individuais que são formados quando um sólido iônico se dissolve em um solvente.

Programação de gradiente. Veja *Gradiente de eluição*.

Programação de solvente. Tipo de eluição por gradiente em que a composição da fase móvel se altera ao longo do tempo.

Programação de temperatura. Método de executar eluição de gradiente em uma cromatografia gasosa em que a temperatura da coluna varia com o tempo.

Propagação de erro. Modo em que os erros são perpetuados em um cálculo ou em uma série de fases experimentais.

Protocolo. Veja *Procedimento*.

Pulverização catódica. Colisão de íons positivos, tais como Ar^+ com um cátodo oco, fazendo com que alguns átomos metálicos nesse cátodo sejam desalojados e entrem na fase do gás circundante.

Pyrex. Veja *Vidro de borosilicato*.

Quantificar. Ato de medir a quantidade de um analito dentro de uma amostra.

Quantizar. Ato de medir a quantidade de um analito dentro de uma amostra.

Queimador de fluxo laminar. Tipo de queimador utilizado em espectroscopia de absorção atômica no qual um spray de gotículas de amostra é misturado a um combustível e a um oxidante e queimado em uma chama longa e estreita.

Queimador do tipo Meker. Tipo especial de queimador que fornece uma chama uniforme sobre uma área relativamente grande.

Quelato. Tipo de complexo que se forma entre um íon metálico e um agente quelante; da palavra grega *chele* para 'garra' de lagostas e caranguejos.

Quilograma (kg). Unidade fundamental de massa no sistema SI; definido como a massa de um cilindro de platina-irídio que é mantida como o padrão internacional para o quilo no International Bureau of Weights and Measures.

Química analítica. Ciência das medições químicas; campo da química que trata do uso e do desenvolvimento de ferramentas e processos para examinar e estudar as substâncias químicas.

Quimiluminescência. Emissão de luz como resultado de uma reação química.

Quociente de reação (Q). Relação das atividades ou concentrações dos produtos *versus* os reagentes em uma reação química, como dado sob condições de não equilíbrio.

Radiação eletromagnética. Uma onda de energia que se propaga pelo espaço com ambos os componentes de campo, o elétrico e o magnético; também conhecida como *luz*.

Radioativo. Termo usado para descrever um material que emite radiação ionizante.

Raio hidratado. Tamanho de um íon mais a cápsula de água que o cerca, quando o íon está em uma solução aquosa.

Razão A/B. Parâmetro usado para verificar se um pico cromatográfico é simétrico; também chamado *fator de assimetria*.

Razão de distribuição (D_c). A relação entre as concentrações analíticas de um soluto em duas fases à medida que esse se soluto distribui entre essas fases sob determinada pressão e temperatura; também conhecido como *razão de distribuição de concentração*.

Razão de distribuição de concentração. Veja *Razão de distribuição*.

Razão de partição octanol-água (K_{ow}). Termo usado para classificar substâncias com base em sua polaridade relativa, comparando suas capacidades de se dissolver na água *versus* 1-octanol.

Reação ácido–base. No modelo de Brønsted–Lowry, um processo que envolve a transferência do íon hidrogênio de um ácido para uma base.

Reação de oxidação-redução. Reação que envolve a oxidação e a redução de substâncias químicas; também conhecida como *reação eletroquímica*.

Reação eletroquímica. Veja *Reação de oxidação-redução*.

Reação em cadeia da polimerase. Método para aumentar a quantidade de sequências dadas de DNA, realizado por meio de uma série de ciclos em que as fitas de DNA são separadas, combinadas com iniciadores e reagentes apropriados e reconvertidas em DNA de fitas duplas.

Reação multietapas. Reação com várias etapas muito usada para descrever uma série de reações de formação de complexos.

Reage com água. Termo usado para descrever uma substância química que reagirá com a água para se tornar inflamável ou emitir uma grande quantidade de substâncias inflamáveis ou tóxicas.

Recortador de sinal. Hélice que gira no caminho da luz entre a lâmpada e a chama em um instrumento de espectroscopia atômica; o recortador alternadamente abre e bloqueia o caminho da luz incidente que está sendo emitida pela lâmpada, mas não afeta a luz da chama.

Redução. Processo em que uma substância química ganha um ou mais elétrons.

Redutor de Jones. Redutor que consiste em uma coluna que contém zinco amalgamado como agente redutor; também conhecido como *redutor de zinco*.

Redutor de prata. Veja *Redutor de Walden*.

Redutor de Walden. Redutor que consiste em uma coluna que contém grânulos de prata como agente redutor; também conhecido como *redutor de prata*.

Redutor de zinco. Veja *Redutor de Jones*.

Redutor. Dispositivo usado para pré-redução de amostra que consiste em uma coluna que contém uma forma insolúvel de um agente redutor. Veja *Agente redutor*.

Refinada. Amostra ou fase de uma extração que na origem contém os compostos químicos de interesse.

Reflexão. Processo que ocorre sempre que a luz encontra uma fronteira entre duas regiões com diferentes índices de refração, onde pelo menos uma parte da luz muda a direção de seu caminho e retorna ao meio que estava originalmente percorrendo.

Reflexão difusa. Tipo de reflexão que ocorre quando o limite entre duas regiões com diferentes índices de refração é irregular, em vez de linear, fazendo com que a luz seja refletida em várias direções e não mantenha sua imagem original.

Reflexão especular. Tipo de reflexão que ocorre quando a luz atinge a fronteira entre duas regiões que é um plano, fazendo com que a luz seja refletida de uma forma bem definida e mantenha sua imagem original; também conhecida como *reflexão regular*.

Reflexão regular. Veja *Reflexão especular*.

Refração. Processo em que a direção do caminho da luz é alterada ao passar por uma fronteira entre duas regiões com diferentes índices de refração.

Região interzonal. Região intermediária em uma chama onde a temperatura atinge seu máximo e um equilíbrio térmico local é atingido.

Regressão linear. Procedimento no qual um dado conjunto de valores (x, y) é ajustado a uma equação linear, que tem a forma geral $y_{i,calc} = mx_i + b$, onde m é a inclinação da regressão linear, b é o intercepto, x_i é um dado valor de x no conjunto de dados e $y_{i,calc}$ é o valor previsto dado pela regressão linear para x_i.

Regressão linear. Uma linha que produz a melhor descrição possível e os menores desvios gerais dos pontos de dados individuais em um gráfico.

Relação entre fases. Razão que dá a quantidade relativa de uma fase contra outra em uma extração ou método cromatográfico.

Relação sinal-ruído (S/R). A relação entre o 'ruído' (ou variação aleatória no sinal branco) contra o 'sinal' de uma amostra (ou a mudança evidente na resposta medida entre o branco e a amostra).

Rendimento quântico de fluorescência (ϕ_F). Eficiência de fluorescência por uma substância química, determinada pela relação entre o número de fótons de fluorescência dividido pelo número de fótons absorvidos.

Reprecipitação. Técnica utilizada para melhorar a pureza de um precipitado; neste método, o precipitado original é removido do restante de sua solução original, redissolvido em um solvente puro e depois precipitado novamente a partir dessa nova solução.

Resistência. Resistência ao fluxo de corrente na presença de um potencial elétrico aplicado.

Resolução (de uma balança). Carga máxima de uma balança dividida pela leitura da balança; uma medida do número de massas distintas que pode ser determinada por uma balança.

Resolução (R_s). Parâmetro usado para descrever a separação de dois picos em cromatografia; o valor de R_s para dois picos adjacentes pode ser calculado usando-se a seguinte fórmula

$$R_s = \frac{t_{R_2} - t_{R_1}}{(w_{b_2} + w_{b_1})/2}$$

onde t_{R_1} e w_{b_1} são o tempo de retenção e a largura da linha de base (ambos nas mesmas unidades de tempo) para o primeiro pico de eluição e t_{R_2} e w_{b_2} são o tempo de retenção e a largura da linha de base do segundo pico.

Resolução de linha de base. Situação em que não há sobreposição significativa entre dois picos em uma separação cromatográfica ou eletroforética.

Resposta. Sinal de um método analítico quando se mede uma determinada quantidade de analito ou propriedade.

Retroextração. Tipo de extração que permite que um soluto se distribua a partir de sua fase de extração de volta para uma fração pura de seu solvente original.

Retrotitulação. Técnica em que o excesso de uma quantidade conhecida de um reagente é adicionado para reagir com um analito em uma amostra; a quantidade de reagente que resta após esse processo será determinada por meio de uma titulação, em que a diferença entre a quantidade original de reagente e a quantidade titulada será empregada para determinar quanto do analito estava presente na amostra.

Risco biológico. Substância biológica que apresenta risco à saúde.

Risco químico. Qualquer substância química que represente um risco físico ou à saúde; também conhecido como *produto químico perigoso*.

Robustez. A capacidade de uma técnica analítica em fornecer uma resposta consistente quando são feitas pequenas variações em suas condições experimentais.

Ruído. Termo utilizado na validação de métodos e testes estatísticos que se refere à variação aleatória em um sinal.

Sangramento de coluna. Perda de uma fase estacionária de uma coluna cromatográfica ao longo do tempo.

SDS-PAGE. Veja *Eletroforese em gel de poliacrilamida dodecil sulfato de sódio*.

Segundo (s). Unidade fundamental de tempo no sistema SI; definido como a quantidade de tempo igual a 9.192.631.770 períodos da radiação correspondente à transição entre os dois níveis hiperfinos do estado fundamental do césio-133.

Seletividade. Capacidade de um método analítico em detectar e discriminar entre um analito e outras substâncias químicas em uma amostra; muitas vezes chamada de *especificidade*.

Semirreação. Reação química que é escrita para mostrar os elétrons entre os produtos ou os reagentes.

Semirreação de oxidação. Semirreação na qual os elétrons são um dos produtos.

Semirreação de redução. Semirreação na qual os elétrons são um dos reagentes.

Sensibilidade de calibração. Inclinação em um determinado ponto de uma curva de calibração.

Sensibilidade. Medida de como a resposta de uma análise muda em função da variação da quantidade de analito ou uma propriedade da amostra.

Sensoriamento remoto. Utilização de um instrumento analítico para examinar uma amostra distante.

Separação química. Método que envolve o isolamento completo ou parcial de uma substância química de outra, em uma mistura de duas ou mais substâncias.

Seringa. Dispositivo composto por um cilindro de vidro ou plástico graduado com uma flange e uma agulha aberta que leva um gás ou um líquido para o cilindro e usa um êmbolo de metal, vidro ou plástico para empurrar e dispensar o gás ou o líquido; geralmente usado para medir e dispensar volumes de 0,5 a 500 L.

Sílica. Material composto de dióxido de silício (fórmula empírica, SiO_2), que é frequentemente utilizado como um suporte sólido em cromatografia.

Sinal. Mudança evidente na resposta entre um branco e uma amostra que se sabe que contém o analito.

Sistema de microanálise total (μTAS). Sistema miniaturizado que contém todos os componentes necessários para uma análise química; também conhecido como *lab-on-a-chip*.

Sistema SI (Sistema Internacional de Unidades). Sistema que fornece um conjunto de normas padronizadas para descrever unidades como massa, comprimento, tempo e outras grandezas mensuráveis; também conhecido em francês como *Système Internationale d'Unités*.

Sobrenadante. Líquido que está em contato com um precipitado; também conhecido como *líquido sobrenadante*.

Sólidos inorgânicos dissolvidos. Contaminantes na água, que consistem de vários íons, minerais e metais.

Solubilidade. Concentração ou quantidade máxima de uma substância química que pode ser colocada em um solvente para formar uma solução estável.

Solução. Mistura uniforme de uma substância (o soluto) dentro de outra (o solvente).

Solução ácida (em água). Solução aquosa com pH menor que 7,0.

Solução básica (em água). Solução aquosa com pH maior do que 7,0.

Solução formal. Veja *Formalidade*.

Solução insaturada. Solução em que a concentração final de um soluto adicionado é dada pela quantidade total que foi adicionada à solução.

Solução molal. Veja *Molalidade*.

Solução molar. Veja *Molaridade*.

Solução neutra (na água). Solução aquosa com pH igual a 7,0.

Solução padrão primária. Solução que é preparada utilizando-se uma substância química que é um padrão primário.

Solução padrão secundária. Solução que é preparada utilizando-se uma substância química que é um padrão secundário.

Solução saturada. Solução em que a concentração dissolvida de um soluto é igual a sua máxima solubilidade em equilíbrio.

Solução supersaturada. Solução em que a concentração de uma substância química dissolvida é temporariamente maior que sua capacidade máxima de solubilidade em equilíbrio.

Solução tampão de corrida. O eletrólito de fundo na eletroforese.

Solução tampão. Mistura de um ácido e sua base conjugada, que produz uma solução que tenderá a manter o mesmo pH, mesmo quando pequenas quantidades de ácido, base ou água são adicionadas a ela.

Solução-estoque. Solução reagente que é usada para fazer outras soluções menos concentradas para uso em um ensaio.

Solução-padrão. Solução com uma concentração conhecida com exatidão, tornando-a adequada para uso como um padrão em uma análise química.

Soluto. Substância que é dissolvida em outra (o solvente) para produzir uma solução.

Solvente. Substância que dissolve outra (o soluto) para produzir uma solução.

Southern blot. Método utilizado para detectar sequências específicas de DNA, com base na ligação dessas sequências a uma sonda conhecida de DNA que é marcada com átomos radioativos ou com um reagente que pode passar por quimiluminescência.

Substância química perigosa. Veja *Risco químico*.

Suporte não poroso. Suporte para cromatografia líquida que tem uma fina camada porosa ou casca porosa.

Suporte. Material com o qual a fase estacionária está revestida ou ligada em um sistema cromatográfico.

Tamanho da amostra. Ver *Número de observações*.

Tampão de aplicação. Fase móvel fraca na cromatografia por afinidade, que permite uma ligação forte entre o analito e o ligante de afinidade; essa fase móvel fraca é em geral um solvente que imita o pH, a força iônica e a polaridade do ligante de afinidade em seu ambiente natural.

Tampão de eluição. Fase móvel forte em cromatografia por afinidade, que age para prontamente remover o analito do ligante de afinidade.

Tampão de ionização. Espécie facilmente ionizável que é adicionada a uma chama e a uma amostra para evitar a ionização de outras espécies na chama.

Tampões de Good. Grupo de tampões zwitteriônicos que receberam esse nome em homenagem a Norman E. Good, o primeiro a propor a utilização de tais agentes na pesquisa biológica.

Tarar (tarear). Procedimento que envolve, primeiro, colocar o recipiente de pesagem na balança e fazer a balança redefinir eletronicamente seu mostrador (pressionado-se um botão 'tara'), para que sua leitura seja zero quando o recipiente estiver presente.

Técnica analítica. Veja *Método analítico*.

Tempo de migração (t_m). Tempo necessário para um analito percorrer uma determinada distância, como em separações baseadas em eletroforese capilar.

Tempo de morto (t_M). Tempo necessário para uma substância totalmente não ligante (ou não retida) para atravessar a coluna durante a cromatografia; também conhecido como *hold-up time*.

Tempo de retenção (t_R). Tempo médio necessário para que uma dada substância retida passe por um sistema cromatográfico; também conhecido como *tempo de retenção total*.

Tempo de retenção ajustado (t'_R). Medida de retenção do soluto em cromatografia, calculado a partir de t_R pela equação $t'_R = t_R - t_M$, onde t_M é o tempo de morto da coluna.

Tempo de retenção total. Veja *Tempo de retenção*.

Tempo global de análise. Tempo necessário para todas as etapas de preparação e análise de uma amostra.

Teratogênico. Substância que leva à produção de defeitos congênitos não hereditários.

Termobalança. Instrumento para a realização de uma análise termogravimétrica que inclui uma balança de alta qualidade analítica juntamente com um forno para o aquecimento controlado da amostra.

Termodinâmica química. Campo da química que trata das mudanças de energia que ocorrem durante as reações químicas ou durante as transições de fase e da extensão total em que tais processos podem ocorrer.

Termogravimetria. Veja *Análise termogravimétrica*.

Termopar. Detector sensível ao calor usado em espectroscopia de infravermelho em que a junção de dois condutores diferentes gera uma voltagem elétrica que depende da diferença de temperatura entre as extremidades de dois fios.

Terra de diatomáceas. Material composto de diatomáceas fossilizadas, e que consiste principalmente de dióxido de silício; usado como material de suporte em colunas de CG recheadas.

Teste de Ames. Método que usa microorganismos para testar a capacidade de uma substância química em provocar mutações no DNA.

Teste de Dixon. Veja teste Q.

Teste estatístico. Fator que é calculado em um teste estatístico para verificar se os dois valores concordam ou diferem em seus valores no nível de confiança desejado; um exemplo é o valor *t* de Student, que pode ser usado como um teste estatístico para comparar um resultado experimental com um valor verdadeiro ou com outro resultado experimental.

Teste F. Teste estatístico para comparar os desvios-padrão ou as variações de resultados experimentais; isso é determinado usando-se um teste estatístico conhecido como o valor *F*, que é calculado por $F = (s_2)^2/(s_1)^2$, onde s_2 e s_1 são os dois desvios-padrão que estão sendo comparados, com o maior desses dois termos aparecendo sempre no topo dessa relação.

Teste Q. Teste estatístico para a detecção de *outliers*; é realizado tomando-se a diferença absoluta entre o valor dos *outliers* suspeitos (x_o) e seu valor vizinho mais próximo (x_n) e comparando-se essa diferença com a faixa total de valores presentes no conjunto de dados ($x_{alto} - x_{baixo}$) usando a equação $Q_{exp} = |x_o - x_n|/(x_{alto} - x_{baixo})$; também conhecido como *teste de Dixon*.

Teste *t* de Student. Método estatístico que utiliza o valor *t* de Student para comparar um valor experimental com um valor conhecido ou para comparar dois valores experimentais; para a comparação de uma média experimental com um valor conhecido, calcula-se a equação $t = |\bar{x} - \mu|/s_{\bar{x}}$, onde $\bar{x}$ é a média experimental que está sendo testada, μ é o valor verdadeiro para o mesmo conjunto de dados e $s_{\bar{x}}$ é o desvio-padrão da média.

Teste t de Student pareado. Teste estatístico que é utilizado para comparar dois conjuntos de amostras idênticas, que são analisados por diferentes métodos com desvios-padrão semelhantes para seus resultados.

Teste T_n. Teste estatístico para a detecção de *outliers*; é realizado tomando-se a diferença absoluta entre o valor dos *outliers* suspeitos (x_o) e valor médio do conjunto de dados ($\bar{x}$) e comparando essa diferença ao desvio-padrão de todo o conjunto de dados (*s*) por meio da razão $T_n = |x_o - \bar{x}|/s$.

Tiosulfato. Reagente de fórmula $S_2O_3^{2-}$ que é geralmente usado em titulações iodométricas e métodos de análise química envolvendo iodo.

Titulação. Procedimento no qual a quantidade de um analito em uma amostra é determinada pela adição de uma quantidade conhecida de um reagente que reage completamente com o analito de uma forma bem definida; também conhecida como *análise titulométrica*.

Titulação ácido–base. Titulação na qual a reação de um ácido com uma base é usada para mensurar um analito.

Titulação argentimétrica. Método de titulação que usa Ag^+ como titulante.

Titulação complexométrica. Titulação que envolve formação de complexo.

Titulação coulométrica. Tipo de titulação em que o titulante é gerado por meio de coulometria e na presença do analito.

Titulação de deslocamento. Titulação em que um íon metálico (o analito) desloca outro íon metálico do EDTA; este método é utilizado no caso em que o segundo íon metálico tem um indicador adequado disponível para sua detecção.

Titulação de oxidação-redução. Veja *Titulação redox*.

Titulação de precipitação. Método de titulação em que a reação de um titulante com uma amostra leva a um precipitado insolúvel.

Titulação direta. Titulação em que a quantidade de analito é determinada pela combinação direta com o titulante, enquanto o surgimento do ponto final dessa titulação é monitorado.

Titulação espectrofotométrica. Uso de espectrofotometria de absorção para seguir o curso de uma titulação quando um analito, titulante ou produto da reação de titulação absorve significativamente a luz visível ou a luz ultravioleta.

Titulação gravimétrica. Titulação na qual se mede a massa do titulante; também conhecida como *titulação de peso*.

Titulação indireta. Método que mede indiretamente um analito por meio do efeito que ele exerce na concentração de outra substância (como um íon metálico) que pode ser titulada em uma solução.

Titulação iodométrica. Grupo de titulações redox que envolve o uso de iodo como titulante, reagente ou analito; também conhecida como *iodimetria*.

Titulação por peso. Veja *titulação gravimétrica*.

Titulação potenciométrica. Uso de uma medição do potencial para seguir o curso de uma titulação.

Titulação redox. Titulação de que faz uso de uma reação de oxidação-redução; também conhecida como *titulação de oxidação-redução*.

Titulação volumétrica. Titulação em que as medições de volume são utilizadas para caracterizar uma amostra.

Titulador automático. Sistema projetado para uso na automatização de uma titulação ácido-base ou de outro tipo; esse sistema é capaz de prover com precisão várias quantidades de titulante para uma amostra enquanto um eletrodo ou outro dispositivo é usado para medir uma resposta (como pH) para o sistema amostra/titulante.

Titulante. Reagente que é combinado com o analito durante a titulação.

Toxicologia. Estudo de como as substâncias químicas afetam os organismos vivos.

Toxina aguda. Substância química que causa efeito danoso após uma única exposição.

Toxina crônica. Substância química que causa um efeito nocivo após exposição prolongada.

Toxina hematopoiética. Substância química que prejudica a formação ou o desenvolvimento do sangue (*sistema hematopoiético*).

Toxina reprodutiva. Agente que causa danos ao sistema reprodutor.

Transferência de massa em fase estacionária. Processo de alargamento de banda relacionado com o movimento de substâncias químicas entre a fase de estagnação móvel e a fase estacionária.

Transferência de massa em fase móvel estagnada. Processo de alargamento de banda relacionado com a taxa de difusão ou com a transferência de massa de solutos quando eles passam da fase móvel fora dos poros do suporte à fase móvel no interior dos poros do suporte ou diretamente em contato com a superfície do suporte.

Transferência de massa na fase móvel. Processo de alargamento de banda que resulta das diferentes velocidades de percurso que um soluto apresenta em qualquer porção de uma coluna cromatográfica.

Transferência de massa por convecção. Termo usado para descrever os efeitos combinados da transferência de massa da fase móvel e do efeito dos múltiplos caminhos (*difusão turbulenta*) em cromatografia.

Transferência de massa. Movimento de um soluto de uma região para outra.

Transmissão. Passagem da radiação eletromagnética através da matéria sem que ocorra nenhuma mudança de energia.

Transmitância (*T*). Quantidade relativa de luz que é transmitida através de uma amostra.

Trompa de vácuo. Dispositivo conectado a uma torneira que utiliza o fluxo de água para criar uma diferença de pressão, normalmente empregada para filtrar um líquido por um funil e coletar um precipitado.

Turbidez. A 'névoa' de uma solução devido à presença de uma substância de dispersão da luz, como um precipitado.

Turbidimetria. Técnica para analisar o grau de luz que está espalhada em uma amostra, medindo-se a diminuição da potência de luz que consegue atravessar a amostra sem se dispersar.

Unidade SI aceita. Unidade de medida importante ou comum relacionada com unidades SI fundamentais, embora não derive diretamente delas.

Unidade SI derivada. Unidade de medida que pode ser obtida combinando-se as unidades fundamentais do sistema SI.

Unidade SI fundamental (de base). Unidade básica de medida no sistema SI com a qual outras unidades de medida podem ser descritas; as unidades SI de base atuais incluem metro, quilograma, segundo, mol, kelvin, ampères e candela.

Vale. Região de intensidade mínima em uma onda.

Validação de método. Processo de caracterizar uma técnica analítica e provar que ela cumprirá sua finalidade.

Valor crítico. Em um teste estatístico, valor de corte máximo ou mínimo em relação ao qual a estatística de um teste é comparada para verifcar se o valor modelo e experimental de interesse pode ser considerado diferente no nível de confiança selecionado e nos graus de liberdade estipulados.

Valor remoto. Veja *Outlier*.

Valor *t* de Student (*t*). Fator matemático utilizado para corrigir o maior grau de incerteza que está presente quando se trabalha com pequenos conjuntos de dados em vez de conjuntos maiores; esse fator é muito usado tanto no cálculo dos intervalos de confiança quanto na comparação dos valores experimentais; ver *Teste t de Student* e *Intervalos de confiança*.

Valores extremos. Veja *Outlier*.

Variância (*V* ou σ^2). Quadrado do desvio-padrão para uma população de resultados; usada para descrever a variação em um grupo de resultados.

Variável dependente (*y*). Quantidade medida ou calculada cujo valor é analisado como uma função da variável independente em um experimento; um exemplo é o conjunto dos valores que são plotados no eixo y de um gráfico linear.

Variável independente (*x*). Quantidade medida ou calculada cujos valores são escolhidos (arbitrariamente ou não) ao se realizar um experimento; um exemplo é o conjunto de valores que são plotados no eixo *x* de um gráfico linear.

Velocidade linear (*u*). Medida da velocidade de percurso em unidades de distância pelo tempo.

Velocidade linear ótima (μ_{opt}). Velocidade linear em cromatografia ou método de separação que produz a menor altura do prato e a melhor eficiência do sistema.

Veneno. Substância que pode matar, ferir ou prejudicar a vida de um organismo.

Vidraria classe A. Materiais em vidro que seguem as especificações 'classe A' para medições de volume, conforme estipuladas pela American Society for Testing and Materials (ASTM), segundo a qual os materiais em vidro classe A têm exatidão geralmente duas vezes superior aos da classe B.

Vidraria classe B. Materiais em vidro que seguem as especificações 'classe B' para medições de volume, conforme estipulado pela American Society for Testing and Materials (ASTM), segundo a qual os materiais em vidro classe B têm em geral metade da exatidão dos da classe A.

Vidro borosilicato. Um tipo de vidro que contém maior porcentagem de óxido de boro e menor porcentagem de óxido de sódio do que o vidro comum; são exemplos dele o Pyrex e o Kimax.

Volatilização. Conversão de uma substância química de uma fase sólida ou líquida para a fase gasosa, como na presença de calor.

Voltametria. Método no qual uma corrente é medida conforme o potencial varia em função do tempo.

Voltametria cíclica. Tipo de voltametria em que o potencial passa por varreduras lineares diretas e inversas ao longo do tempo.

Voltametria CD. Tipo de voltametria em que o potencial é aumentado aos poucos de zero a um valor mais negativo; também conhecida como *voltametria de corrente direta*.

Voltametria de corrente direta. Veja *Voltametria CD*.

Voltametria de redissolução anódica. Combinação de coulometria e voltametria, em que o eletrodo de trabalho é primeiramente ajustado a um potencial que seja adequado à redução do analito, seguido por uma varredura do potencial em uma direção positiva para reoxidar o analito reduzido e medir a corrente resultante.

Voltamograma. Gráfico de corrente *versus* potencial aplicado que é obtido em voltametria.

Voltamograma cíclico. Um gráfico da corrente medida *versus* o potencial aplicado, conforme obtido por voltametria cíclica.

Voltímetro. Veja *Potenciômetro*.

Volume de retenção (V_R). Volume médio da fase móvel necessário para que uma dada substância retida passe por um sistema cromatográfico; também conhecido como *volume de retenção total*.

Volume de retenção ajustado (V'_R). Medida de retenção do soluto em cromatografia, calculado a partir de $V'_R = V_R - V_M$, onde V_M é o volume morto da coluna.

Volume de retenção total. Veja *Volume de retenção*.

Volume morto (V_M). Volume de fase móvel necessário para eluir uma substância totalmente não retida de um sistema cromatográfico; volume de fase móvel dentro de um sistema cromatográfico; também conhecido como *hold-up volume*.

Volume por volume (v/v). Medida da composição química de uma mistura de gás ou líquido, determinada tomando-se o volume do gás ou líquido específico de interesse e dividindo-o pelo volume total da mistura; normalmente expresso em termos de um por cento ou alguma medida relacionada, como ppm, ppb ou ppt.

Volume. Quantidade de espaço que é ocupado por um objeto tridimensional; a unidade de base oficial de volume no sistema SI é o metro cúbico (m^3), mas os químicos costumam usar a unidade correlacionada do litro, que é igual a 1×10^{-3} m^3 ou mil centímetros cúbicos (1.000 cm^3).

Western blot. Método de *borramento* utilizado para detectar proteínas específicas, com base na transferência dessas proteínas para um suporte como nitrocelulose ou náilon seguido pelo tratamento desse suporte com anticorpos marcados que podem ligar especificamente as proteínas de interesse.

Wick flow. Fonte de alargamento de banda na eletroforese em gel devido à evaporação de solvente nos 'wicks', como na presença de aquecimento Joule.

Zeólita. Veja *Peneira molecular*.

Zona de combustão primária. Região no centro e no fundo de uma chama onde se inicia a combustão de uma amostra.

Zona de combustão secundária. Cone exterior de uma chama, onde o oxigênio do ar circundante pode levar a mais combustão.

Zwitterion. Substância química que possui uma carga líquida igual a zero, mas contém grupos com igual número de cargas negativas e positivas.

Índice remissivo

Observação: Um número de página com um 't' em itálico anexado denota o material contido em uma tabela. Um número da página com um 'b' em itálico anexado denota material contido em um quadro.

[H^+], 175-1764, 175
[OH^-], 175
100 por cento de eficiência de corrente, 394-395

A

Absorção e lei de Beer
  absorbância, 421
  absortividade molar, 422
  transmitância, 421
Ácido
Ácido conjugado, 169-170
Ácido de Lewis, 206-207
Ácido etilenodiaminotetracético. *Ver* EDTA
Ácido forte monoprótico
  efeito da concentração sobre pH estimado e real de água c tendo ácido forte monoprótico, 180t
  soluções concentradas, 177-178
Ácido fraco monoprótico
  ácido sulfúrico (H_2SO_4) produção nos Estados Unidos, 283-284
  misturas de ácidos e bases conjugadas, 181-182
  soluções simples, 177-182
Adsorção, 154-156, *155*
Afinidade. *Ver* constante associação (K_A)
AFM. *Ver* microscopia de força atômica (AFM)
Agente de proteção, 469
Agente mascarante, 324-328
Agente oxidante, 237-238
Agente quelante
  complexos de, com íons metálicos, 214-221
  definição de, 214-215
  efeito, 215
  ligante bidentado, 214-215
  ligante polidentado, 214-215
  ligante tetradentados, 214-215
  quelato, 214-215
Agente redutor, 237-238
Água (H_2O)
  deionizada (DI), 54
  densidade sob diferentes temperaturas, 49t
  destilada, 54
  gases inorgânicos dissolvidos, 54t
  micro-organismos, 54t
  orgânicos dissolvidos, 54t
  partículas, 54t
  pirogênios, 54, 54t
  sólidos inorgânicos dissolvidos, 54t
  tipos de contaminante, 54t
Água deionizada (água DI), 54
Água dura
  $CaCO_3$ na tubulação, 320
  definição de, 319
  dureza média de água, 320
  exemplo de, 320
Água, propriedades de, ácido e base
  anfoprótico, 173t
  constante de autoprotólise da água (K_w), 171-173, 173t
  efeito nivelador, 173-174, 173t
Aids, 540-541
Ajuste de resultados experimentais
  análise dos mínimos quadrados, 8
  fórmulas para determinação dos parâmetros da regressão linear para uma linha reta (y_i, calc $= m\,x_i + b$), 85t
  gráfico residual, 87
  mudança no coeficiente de correlação (r) conforme o número de valores em um conjunto de dados é aumentado, 86
  regressão linear, 84
  teste de ajuste, 85-88
Alargamento de banda cromatográfica
  coeficiente de difusão (D), 494-496
  coeficientes de difusão comuns de c postos em gases e líquidos, 495t
  difusão turbulenta, 494-496
  equação de van Deemter, 496
  processos de alargamento de banda que podem ocorrer em cromatografia, 495
  transferência de massa na fase estacionária, 494-496
  transferência de massa na fase estagnada, 494-496
  transferência de massa na fase móvel, 494-496
  transferência de massa, 491-496
Algarismos significativos, 28-29, 42-43
  definição de, 28
  dígitos de guarda, 29
  erros de arredondamento, 29

mostrador digital, 28
preparação de gráfico, 28, 29
registro de resultados, 28
resultados da combinação, 28-29
Alíquota, 54
Alíquotas e diluição
efeito da temperatura sobre a concentração, exercício, 55-56
preparação de uma solução diluída, exercício, 54-55
relação entre a quantidade de uma substância química presente em uma alíquota e a concentração final diluída em uma solução, 55
variação de volume e concentração molar de uma solução com temperatura, 56
Alíquotas e diluições, 54-55
Amianto, 99
Aminoácidos
ponto isoelétrico (pI), 194
Tampões de Good, 195t
Amosite. *Ver* amianto
Amostra em branco, 102
Amostra, 3
Amostras líquidas
injeção a frio na coluna, 530
injeção com divisão, 530
injeção direta, 530
injeção sem divisão, 530
técnicas comuns de injeção em cromatografia gasosa (CG) para amostras líquidas, 531
Amostras, 49-54
Ampère (A), definição de, 26t
Amperometria, 350-351
biamperometria, 399-400
concepção geral de um eletrodo para medir oxigênio dissolvido, 393
definição de, 399-399
método de Karl Fischer, 399-400
Análise de componentes secundários, 4
Análise de precipitação, 143-146
Análise de superfície
definição de, 7
questões abordadas por, 6t
Análise dependente do tempo
definição de, 7-9
questões abordadas por, 6t
Análise dos mínimos quadrados, 84
Análise e comparação de DNA em amostras forenses, 12
Análise eletroquímica
amperometria, 350-351
coulometria, 350-351
métodos, 350-352
potenciometria, 350-351
voltametria, 350-351
Análise espacial
definição de, 7
questões abordadas por, 6t

Análise estrutural
definição de, 7
questões abordadas por, 6t
Análise por *headspace*
definição de, 532-533
métodos estático e dinâmico de análise por *headspace*, 532
Análise qualitativa
definição de, 7
ensaio de triagem, 7
questões abordadas por, 6t
Análise quantitativa com base em absorção
absorbância, 421, 421t
absorção e lei de Beer, 420, 421-423
transmitância, 421t
Análise quantitativa com base em emissão
emissão e concentração química, 419-421
instrumentação, 419-421, 420
Análise quantitativa
calibração, 7
curva de calibração, 7
definição de, 7
questões abordadas por, 6t
Análise química moderna
aplicações comuns de química analítica no mundo atual, 3
controle de qualidade, 2
espectrometria de massa (EM), 3
espectroscopia de absorção na região doinfravermelho (IV), 3
polímeros, síntese e uso de, 3
Prêmio Nobel, 3
Prêmios Nobel concedidos para desenvolvimentos em análise química, 4t
Análise química, origens de
Arquimedes, 1, 2
Bergman, Torbern, 1-2
Handbuch der analytischen Chemie (Pfaff), 2
história, 1-3
Opuscula physica et chemica (Bergman), 2
Pfaff, C. H., 2
referências bíblicas, 1
referências históricas, 1
teste de fogo, 1, 2
Análise temporal. *Ver* análise dependente do tempo
Análise titrimétrica. *Ver* titulação ácido-base
Analito, 3, 7
Anfiprótico
definição de, 171-173
exemplos de solventes anfipróticos e reações de autoprotólise, 172
Anticorpo
definição de, 221
estrutura de um anticorpo típico, 222
Aplicações analíticas da formação do complexo
mascaramento, 206
separação de substâncias químicas, 206
titulação, 206

Aproximações sucessivas, 136t
Armazenamento químico, 19-21
Arrhenius, Svante, 167-168
Atividade química (a)
   atividade de estimativa, 122-125
   coeficiente de atividade (γ), 121-122
   definição de, 117-119
   equação estendida de Debye-Hückel, 123-124, 126-127
   estado padrão, 121, 119t
   fatores que afetam, 126-127
   força iônica (I), 121-123
   métodos analíticos, 122-127
   mudança na atividade medida de H^+ e Cl^- em água conforme a concentração total de HCl é variada, 121
   potencial químico (μ), 121
   potencial químico padrão (μ^o), 121
Atração iônica, 144, 146
Autoprotólise
   constante de autoprotólise da água (K_w), 171-173
   reação, 172t
Avaliação de erro, 105-106
AZT, 540

B

Balança analítica, 40-41, 40t
Balança de braços iguais
   determinação de peso de um objeto, equação, 37-38
   forças de flutuabilidade e gravidade, 37
Balança de carga superior. *Ver* balança de precisão
Balança de precisão, 40-41, 40t
Balança de substituição, 38-40
Balança eletrônica, 38
Balança mecânica de prato único, 28-40
Balança mecânica, 37-38
Balança, legibilidade, 40-41
Balança. *Ver também* balanças de laboratório
   descrição de, 36-37
   de braços iguais, 37-38
Balanças de laboratório
   balança analítica, 40-41
   balança de precisão, 40-41
   balança mecânica de prato único, 38-40
   boas práticas de laboratório para uso, 41t
   capacidade, 40-41
   cuidado e manutenção, 41t
   de braços iguais, 37-38
   eletrônicas, 38
   legibilidade, 40-41
   localização, 41t
   manipulação da amostra, 41t
   mecânicas, 37-38
   microbalança de cristal de quartzo (QCM), 38, 40
   registro de medições, 41t
   resolução, 40-41
   seleção, 41t
   tipos comuns, 40-41, 40t

Balão volumétrico
   calibração de, 49
   características da classe A, 44t
   classe A, 44-45
   classe B, 44-45
   concepção geral, *45*
   para Conter, 44-45
   procedimento para uso, 44-45
   TC, 44-45
BALCO, 64-65
Base conjugada, 169-170
Base de Lewis, 206-207
Base forte monoprótica
   efeito da concentração sobre pH estimado e real de água contendo ácido forte monoprótico, 180t
   soluções concentradas, 177-178
Base fraca monoprótica
   misturas de ácidos e bases conjugadas, 181-182
   soluções simples, 180-182
Base
   Arrhenius, 167-168
   constante de ionização de base, 172t, 171-173
   definição de, 167-168
   exemplos de bases fortes e fracas na água, 172t
   forte, 171-173
   fraca, 171-173
   importância em análise química, 169-171
   modelo de Arrhenius 167-168
   monoprótica forte, 177-179
   poliprótica, 186-187
   propriedades de uma solução, 174-177. *Ver também* pH
   reação ácido-base, 167-168
Bateria, 237-238
Bay Area Laboratory Cooperative. *Ver* BALCO
Beckman, Arnold, 356, 356b
Benzeno (C_6H_6), 19-20
Bergman, Torbern, 1-23
Berzelius, J. J.
   determinação do peso atômico, 36
   equipamentos de laboratório, 36-37
   invenções de vidraria de laboratório, 36
   sistema de símbolos elementares, 36
   vidraria, 43-44
Berzelius, JJ, invenções de vidraria de laboratório, 36
Bilanx (latim), 36-37. *Ver também* balança; balanças de laboratório
Bioluminescência. *Ver* Quimiluminescência
Biometrika (Gossett), 75b
Bloch, Felix, 411b
Boas práticas de laboratório (BPL)
   algarismos significativos, 28-29
   caderno de laboratório, 11-13
   estabelecimento, 12-13
   preparação de gráfico, *29*
   procedimento operacional padrão (POP), 12-13
Boyle, Robert, 1

BPL. *Ver* boas práticas de laboratório (BPL)
Brometo de etídio ($C_{21}H_{20}N_3Br$), 19-20
Brønsted, Johannes, 169*b*
Bureta
   características, 46
   características da buretas classe A, 291*t*
   descrição de, 46
   exemplo de, *284, 292,* 291*t*

C

Caderno de laboratório
   caderno eletrônico de laboratório (ELN), 21
   exemplo de um bom registro em caderno de laboratório, 23-24
   práticas recomendadas, 20-21, 22*t*
   referência histórica, 20-21
Caderno eletrônico de laboratório (ELN). *Ver* também sistema de gerenciamento de informações de laboratório (LIMS);
   definição de, 21
   planilha, 24, *25*
   questões de segurança, 21
Calibração de dispositivos volumétricos, 48-49
Calibração, 7
Camada de hidratação, 126-127
Candela (cd), definição de, 26*t*
Capacidade, de uma balança, 40-41
Caracterização de propriedades, 7, 6*t*
Carbonato de cálcio ($CaCO_3$), 320
Carbono-14
   datação, 120*b*
   decaimento, 52-54, *120*
   produção e decaimento, 120
Carga (Q), 348-349
Carga (z), 126-167
Carga, máxima, de uma balança, 450
Célula eletrolítica
   galvanoplastia, 242
Célula eletroquímica
   ânodo, 239-240
   bateria, 237-238
   cátodo, 240-241
   célula eletrolítica, 242
   componentes celulares, 351-353
   componentes gerais, *351*
   concepção de uma célula eletroquímica que poderia ser usada para estudar a corrosão do aço na presença de oxigênio e água, 241
   definição de, 239-240
   descrição, notacional, 241*b*
   eletrodo de calomelano, 352-353
   eletrodo indicador, 351-353
   eletrodo padrão de hidrogênio (EPH), 242-244
   eletrodo, 239-240
   eletrolítico, 242
   galvânico, 240-242
   pilha de Daniell, 239-241

potencial de junção, *355,* 354-356
potencial-padrão de célula ($E°_{Célula}$), 242
Cerato (Ce^{4+}), 377-380
Chuva ácida
   nível de pH, 167
   processos envolvidos na formação de, 168
Ciclodextrina, 221
Cidade do México, poluição, 510-511
Cinética química, 118-119
Clark, Leland, *393*
Classificação de National Fire Prevention Associationa (NFPA), 16-19
Classificação NFPA. Veja classificação de National Fire Prevention Associationa (NFPA)
Coeficiente de atividade (γ)
   coeficiente médio de atividade ($\gamma_\pm$), 122-123
   coeficientes de atividade individuais estimados para íons inorgânicos em água a 25 °C, 124*t*
   concentração de base (γ_c), 121-122
Coeficiente de atividade ($\gamma_\pm$), média, 122-123
Coeficiente de correlação (r)
   coeficiente de determinação (r^2), 85
   definição de, 85
   mudança no coeficiente de correlação (r) conforme o número de valores em um conjunto de dados aumenta, 86
Coeficiente de determinação (r^2), 85
Coeficiente de partição octanol-água (K_{ow}), 147
Coeficiente de variação (CV). *Ver* desvio-padrão relativo (RSD)
Coeficiente médio de atividade ($\gamma_\pm$), 122, 123
Colesterol
   estrutura do colesterol e da estrutura básica de uma lipoproteína, 435
   formas de, 434
Coleta de amostra
   amostra representativa, 105
   erro de amostragem, 107-108
   plano de amostragem, 107-108, *107*
   tipos gerais de amostra analítica, 108*t*
Coluna recheada, 519-522
Colunas tubulares abertas
   colunas tubulares abertas de sílica fundida, 520, 522
   dimensões típicas, 522
   tubular aberta revestida com suporte (SCOT), 522
   tubular com parede revestida (WCOT), 522
Comparação de duas médias, *78*
Comparação de resultados experimentais com um valor de referência, teste *t* de Student, 76-77
Complexo de coordenação metálico. Veja complexo metal-ligante
Complexo metal-ligante simples
   definição de, 206-207
   ligação coordenada, 206-207
   reação de Cu^{2+} com amônia em água para formar complexo de cor azul. $Cu(NH_3)4^{2+}$, 206

Complexo metal-ligante
  ácido de Lewis, 206-207
  base de Lewis, 206-207
  constantes de formação, 208-211
  definição de, 206-207
  descrição de, 207-208
  equações de fração de espécie para complexos de Ni^{2+} e íons níquel e amônia relacionados na água, 211t
  expressões de equilíbrio para reação de Ni^{2+} e espécies relacionadas de níquel com amônia em água, 209t
  formação, 206-208
  ligante, 206-207
Complexo
  complexo metal-ligante simples, 206-207
  definição de, 205-206
  outros tipos, 220-221
Complexto de associação de esfera externa (K_{os}), 210b
Componente principal, 3
Componentes traço, 4
Compostos orgânicos voláteis (VOCs), 510-511
Comprimento do caminho, 422
Concentração analítica (C), 52-54
Concentração de superfície, 52-54
Concentração, 50
Concepção de instrumentos, 470
Constante aceleração gravitacional (g), 36-37
Constante da lei de Henry (KH)
  constantes para vários gases em água a 25 °C, 153t
  relação com solubilidade do gás, 152-153
Constante de acidez. *Ver* ácido constante de dissociação (K_a)
Constante de associação (K_A), 221-222
Constante de basicidade. *Ver* constante de ionização de base
Constante de dissociação (K_D), 220-221
Constante de dissociação do ácido (K_a), 170-171
Constante de equilíbrio (K)
  baseada em concentração, 129-131, 131t
  constante de equilíbrio termodinâmico ($K°$), 127, 128
  definição de, 118-119
  energia livre de Gibbs ($\Delta G°$), 128-129
  estequiometria, 127
  princípio de Le Chatelier, 128-129
  quociente de reação (Q), 128-129
  uso, 128-129
Constante de equilíbrio termodinâmico ($K°$), 127, 129, 131t
Constante de equilíbrio termodinâmico ($K°_{ps}$), 148-149
Constante de equilíbrio. *Ver* constante de solubilidade
Constante de estabilidade efetiva. *Ver* constante de formação condicional
Constante de estabilidade. *Ver* constantes de formação para complexos metal-ligante
Constante de Faraday (F), 348-349
Constante de Faraday, 237-238, 394
Constante de formação condicional
  definição de, 218-219
  efeito global de pH sobre a constante de formação condicional de EDTA para Ca^{2+}, 220
    efeitos de previsão de, 219-220
    fração calculada de $EDTA^{4-}$ em função do pH a 25 °C, 218t
Constante de formação global, 211-212
Constante de ionização de base, 171-173
Constante de protonação. *Ver* constante de ionização de base
Constante de solubilidade, 148-149
Constante dielétrica (ε), 126-127
Constante dielétrica, 147
Constante formativa cumulativa. *Ver* constante formação global
  Constantes de formação de complexos metal-ligante, 209t
  definição de, 208
Constituinte principal. *Ver* componente principal
Controle de qualidade
  coleta de amostra, 106-109
  definição de, 105-106
  erro de avaliação, 105-106
  gráfico de controle, 105-107
  material de controle, 105-106
  requisitos gerais para, 105-106
Copelação. *Ver* teste de fogo
Coprecipitação, 154-156
Corrente alternada (AC), 350-351
Corrente direta (DC), 350-351
Corrente faradaica, 398-399
Coulomb (C), definição de, 26t
Coulometria de corrente constante, 394-395
  gráfico comum de corrente aplicada *em função de* tempo em, 397
Coulometria direta
  definição de, 394-395
  mudança esperada no potencial aplicado durante a conversão de Ag^+ a $Ag(s)$ para análise eletrogravimétrica, 395
Coulometria potencial constante
  definição de, 396-397
  gráfico comum de tempo de corrente aplicada em, 397
Coulometria, 233-234, 350-351
  constante de Faraday, 394
  coulometria de potencial constante, 396-397
  coulometria direta, 394-395
Crescimento de cristal, 154-156
Cristal, 143-144
Cristalização, 143-144
Cristalografia de raios X
  agente de radiocontraste, 142
  cristalografia, 143-144
  definição de, 143-144
  difração de cristal único, 145b
  difração de pó, 145b
  imagem, 142
  sulfato de bário ($BaSO_4$), 142
  usada para determinar a estrutura cristalina de uma substância química, 145, 145b
CRM. *Ver* material de referência certificado (CRM)
Cromatografia de adsorção
  aplicações, 550-551
  fases estacionárias, 546-548

fases móveis, 546-548
força elutrópica, 544, 546
princípios gerais, 544-548
Cromatografia de afinidade (AC)
aplicações, 557, 559
fases estacionárias e fases móveis, *557*, 558-559, 559*t*
ligante de afinidade, 556-557
princípios gerais, 556-558
Cromatografia de fase normal (NPLC), 548-549
Cromatografia de fase reversa (RPLC)
aplicações comuns de cromatografia líquida de fase reversa, 551*t*
uso de cromatografia de fase reversa, 552, 551*t*
uso de cromatografia de fase reversa para examinar concentração do medicamento anti-aids delavirdina e seus metabólitos em várias amostras biológicas, 552
Cromatografia de partição
aplicações, 550-551, 551*t*
cromatografia de fase normal (NPLC), 548-549
cromatografia de fase reversa (RPLC), 548-550
fases estacionárias e fases móveis, 550-551, 549*t*
princípios gerais, 548-550, 550*t*
Cromatografia de troca iônica (IEC)
aplicações, 554-556
concepção geral para realização de cromatografia iônica, 555
fases estacionárias e fases móveis, 552-554, 553*t*
princípios gerais, 550-556
Cromatografia eletrocinética
cromatografia eletrocinética micelar (MEKC), 591, 592
micela, 591
Cromatografia em camada fina
descrição de, 545*b*
fator de retenção (RF), 545*b*
sistema comumente usado para executar cromatografia em camada fina, 544
Cromatografia em papel. *Ver* cromatografia em camada delgada
Cromatografia gás-líquido, fases estacionárias
fase estacionária com ligação cruzada, 524
fases estacionárias recomendadas para cromatografia gás--líquido, 523*t*
fases quimicamente ligadas, 524
grupos silanóis, 524
polisiloxano, 523
Cromatografia gasosa (CG), 108-109
Cromatografia gasosa acoplada à espectrometria de massa (CG-EM)
cromatograma obtida por CG-EM para um padrão VOC, 528
espectrômetro de massa quadrupolo de transmissão, 528
ionização química, 528
modo *full-scan*, 529
Cromatografia gasosa
Cremer, Erika, 511-513, 512*b*
cromatógrafo típico, 511
cromatograma gasoso, 511, 512
definição de, 510-511

eficiência de coluna, 517-518
fases estacionárias, comparação, 518*b*
métodos, 511-513
Cromatografia gasosa, injeção e pré-tratamento de amostra
amostras gasosas, 528-530
amostras líquidas, *530-531*, 530-532
amostras sólidas, 531-532
análise por *headspace*, 531-532,
armadilha fria, *530-531*
Cromatografia gasosa, detectores e manipulação de amostra
cromatografia gasosa acoplada à espectrometria de massa (CG-EM), 527-528, 529
detectores gerais, 524-525
detectores seletivos, 526
Cromatografia gasosa, fases móveis comuns
gás de arraste, 517-519
gases de arraste comuns, 517-518
Cromatografia gasosa, fatores de retenção
grau em que o composto interage com o composto, 514-515
temperatura do composto, 514-515
volatilidade, 514-515
Cromatografia gasosa, fatores que afetam derivatização química, 513-515
separação por CG de mistura de teste de oito colunas sob várias temperaturas, 515-516
índice de retenção de Kováts (*I*), 514-516
volatilidade e estabilidade, 513-514
Cromatografia gasosa, métodos de eluição
gradiente de eluição, 518-519
gradiente de temperatura, 518-519, 520
método isotérmico, 517-518
problema geral de eluição, 519
Cromatografia gasosa, suportes e fases estacionárias
colunas tubulares abertas, 520, 522
coluna recheada, 519-520, 522
Cromatografia gás-sólido, fases estacionárias
cromatografia gás-sólido, 520-523
peneira molecular, 522
Cromatografia líquida de alta eficiência (HPCL), 542-544
Cromatografia líquida, 108-111
cromatografia de adsorção, 544-549
cromatografia de afinidade, 556-559
cromatografia de exclusão por tamanho, 555-557
cromatografia de partição, 548-551
cromatografia de troca iônica (IEC), 550-556
cromatografia líquida 541
cromatografia líquida de alta eficiência (CLAE), 542-544
cromatografia líquida de ultra-alta pressão, 542-544
cromatógrafo líquido, 541
definição de, 540-541
detectores e pré-tratamento de amostra, 559-565, 561*t*
eficiência de coluna, 542-544
equipamentos e pré-tratamento da amostra, 563-567, *565*
papel da fase móvel, 542-546
requisitos de analito, 542-544
sistema moderno para realização de cromatografia líquida, 540
tipos, 544-559

Cromatografia por exclusão de tamanho
  aplicações, 556-558
  fases estacionárias e fases móveis, 556-557, 556t
  princípios gerais, 555-557
Cromatografia
  coluna, 486-487
  definição de, 486-487
  fase móvel, 486-487
  separação de 2,4-D a partir de outros componentes da amostra, 488
  suporte, 486-487
  tipos, 487
Cromatografia, aplicações
  cromatograma, aparência, 490
  curva de calibração, *490*
Cromatografia, retenção do analito
  fator de retenção (k), 490-491
  fatores que afetam, 490-492
  tempo de retenção ajustado (t'_R), 490
  volume de retenção ajustado (V'_R), 490
Cromatografia, tipos de
  categorias gerais de métodos cromatográficos, 488t
  líquida, 487
Cromatografia, uso e descrição
  alargamento de banda, 488, 490
  tempo de morto, 489
  tempo de retenção, 489
  volume de morto (V_M), 489
  volume de retenção (V_R), 489
Curva de distribuição normal, 72-73, 74
Curva de titulação
  estimativa da forma de, 373-377
  gráfico de Gran, 294
  para ácidos e bases fortes, 297-301
  ponto de inflexão, 294
  quatro regiões gerais, *374*, 374-377

D

Dados, relatório de, 25-29
Daniell, John Frederic, 240-241
Debye (D) (unidade de polaridade), 147
Debye, Peter, 123-124, 123b
Deionização, 54
Demanda química de oxigênio (DQO)
  definição de, 365
  determinação de, 365
Densidade (d ou ρ), 43-44
Densidade, de água a diferentes temperaturas, 49t
Derivatização química
  análise de colesterol antes e após derivatização, 514
  composto organo-silício, *515*
  definição de, 513-515
Dessolvatação, 462
Destilação, 54
Desvio-padrão agrupado (s_{pool}), 77, 79

Desvio-padrão da média ($s_{\bar{x}}$), 73
Desvio-padrão real (σ), 66-67
Desvio-padrão relativo (RSD), 66-67
Desvio-padrão
  definição de, 66-67
  desvio-padrão relativo (RSD), 66-67
  efeitos da alteração da média real (μ) ou o desvio-padrão real (σ) sobre a distribuição normal, 72-73
  variância (V), 66-67
Detecção visível, 369-370
Detector seletivo
  detector de condutividade, 563, 564
  detector de fluorescência, 563
  detector eletroquímico, 563-565
Detectores e pré-tratamento de amostra para cromatografia líquida
  cromatografia líquida acoplada à espectrometria de massa (CL-EM), 563-565
  detectores gerais, 561-564
  detectores seletivos, 564
  propriedades de detectores comuns de cromatografia líquida, 561t
Detectores gerais para cromatografia
  arranjo de fotodiodos (PDA), 559-562, 561
  detector de absorbância de comprimento de onda fixo, 559-563, 562-563
  detector de absorbância de comprimento de onda variável, 559-562
  detector de absorbância, 559-562
  detector de condutividade térmica, 524
  detector de índice de refração (IR), 562, 562-563
  detector de ionização de chama (FID), 525, 526
  detector evaporativo de espalhamento de luz (ELSD), 562, 562-563
  Ponte de Wheatstone, 524, 525
Detectores seletivos
  detector de captura de elétrons, 527
  detector de nitrogênio-fósforo, 526-527
Determinação da massa, 36-38
Determinação do peso atômico, 36
Determinação do ponto final
  gráficos de Gran, 369-370
  medições de pH, 292-295
  medidas de potencial, 369-370
  método gráfico, 295
Dia (d), definição de, 26t
Diagrama de Pourbaix, 250, 251
Dicromato ($Cr_2O_7^{2-}$), 365
Difração. *Ver também* cristalografia de raios X
  interferência, 419
  padrão de difração, 418, 420
  processo, 419
Diluição, 54
Diluições e alíquotas. *Ver* alíquotas e diluições
Dispositivos volumétricos
  aminoácidos, 191-196
  anfiprótico, 171-172, 172t

Arrhenius, 167-168
autoprotólise, 171-173
Brønsted-Lowry, 168
calibração, 48-49
constante de autoprotólise da água (K_w), 171-173
constante de dissociação do ácido (K_a), 170t
definição de, 167-168
dispositivos volumétricos
dissociação do ácido, 170-171
exemplos de ácidos fortes e fracos na água, 170t
forte, 170-171
fraco, 170-171
importância na análise química, 169-171
modelo de Arrhenius, 167-168
modelo de Brønsted-Lowry, 168
poliprótico, 186-187
propriedades de uma solução, 174-177. Ver também pH
seleção e uso, 47-48
sistemas ácido-base polipróticos, 186-189, 186-191
Dióxido de carbono (CO_2)
temperaturas médias globais desde 1860
tratado de Kyoto, 117
Dissociação, 142-143
Distribuição t de Student, 76. Ver também valor t de Student (t)
Distribuições da amostra
áreas sob uma curva de distribuição normal em várias distâncias da média, 73t
desvio-padrão da média (s_x), 73
distribuição gaussiana, 72
distribuição normal, 72
formato de sino, 72-73
grande conjunto de dados, 72-73
intervalo de confiança (IC), 73-77
pequenos conjuntos de dados, 73-77
valor t de Student (t), 74-76
DNA
análise e comparação de amostras forenses, 12
etapas básicas em amplificação de, 13
Dois pratos. Ver balança de braços iguais
Doyle, Arthur Conan, 1
Dureza, da água. Ver água dura

E

EDTA
como titulante, 321-323
constante de formação condicional, 218-219
constantes de formação para complexos formados entre EDTA e íons metálicos a 25 °C, 216t
distribuição das frações de várias formas ácido-base de EDTA em função do pH, 217
efeito do pH sobre a fração relativa de EDTA na forma $EDTA^{4-}$, 322
estrutura de, 215-216
estrutura de, e seus complexos com íons metálicos (Ca^{2+}), 215
estrutura do complexo 1:1 formado entre um íon metálico M^{n+} e $EDTA^{4-}$, 322
faixas aplicáveis à titulação de íons metálicos com vários EDTA, 324t
fração calculada de $EDTA^{4-}$ em função do pH a 25°C, 218t
ingrediente de maionese, 205
propriedades ácido-base de, 216-219
reações paralelas, 218-219
usos, 205-206
valores de pK_a de EDTA, 217t
Efeito Doppler, 467
Efeito iônico comum, 157-159
Efeito nivelador, 173-174
Efeito quelato, 215
Efeito *salting-out*, 125
Eficiência de coluna
coluna monolítica, 542-544
cromatografia líquida de alta eficiência (CLAE), 541, 542-544
cromatografia líquida de ultra-alta pressão, 541
estruturas de partículas de perfusão, porosas e peliculares usadas em cromatografia líquida (CLAE), 544
mudança em suportes de cromatografia líquida ao longo dos últimos 50 anos, 543t
Eletrodeposição. Ver eletrogravimetria
Eletrodo composto
eletrodo de enzima, 360-361
eletrodo sensível a gás, 359-360
Eletrodo de calomelano, 352
Eletrodo de membrana de vidro, 356, 357t
Eletrodo de membrana sólida. Ver elétrodo íon-seletivo em estado sólido
Eletrodo de pH, 356-357
Eletrodo de prata/cloreto de prata, 352-353, 352
Eletrodo flúor-seletivo, 348
Eletrodo indicador
eletrodo classe dois, 353-354
eletrodo classe três, 353-354
eletrodo íon-seletor, 355-356
exemplo, 351-352
tipos gerais baseados em metais, 353t
Eletrodo íon-seletivo de sódio, 358-359
Elétrodo íon-seletivo em estado sólido, 358-359
Eletrodo íon-seletivo
definição de, 355-356
eletrodo de membrana de vidro, 356-357
eletrodo de pH, 356-357
eletrodo íon-seletivo de estado sólido, 358-359
eletrodo íon-seletivo de sódio, 358-359
Eletrodo padrão de hidrogênio (EPH), 242-243
Eletrodo sensível a gás
descrição de, 359-360
exemplos de reações usadas em eletrodos sensíveis a gás, 359t
Eletrodos de referência, 351-353
Eletroforese capilar (CE)
cromatografia eletrocinética, 591

definição de, 586-588
eletroforese capilar de peneiramento, 590, 591
equipamentos e suportes, 587-588
métodos de detecção, 589-590, 589t
outros métodos, 591-594
técnicas de injeção, 588-589
Eletroforese capilar de afinidade (ACE), 594
Eletroforese capilar de peneiramento
aplicações de amostra, 582-583
definição de, 580-582
eletroforese em gel de poliacrilamida (PAGE), 582
equipamentos e apoia, 582
métodos de detecção, 583
tipos especiais, 583-587
Eletroforese em gel
eletroforese capilar em gel (CGE), 591
gel poroso, 591
Eletroforese
definição de, 575-576, 577
distância de migração (dm), 577
eletroferograma, 577
eletroforese capilar (CE), 577, 586-591
eletroforese de fronteira móvel, 575-576
eletroforese de zona, 575-576
eletroforese em gel, 577
fatores que afetam a migração do analito, 577-578
fatores que afetam o alargamento de banda, 579-581
separação de proteínas, 577
Tiselius, Arne, 577
Eletrogravimetria
amperometria, 398-400
coulometria, 394-397
definição de, 392
eletrodo usado em, 393
eletrólise em potencial controlado, 392-394
sistema para análise gravimétrica de metais, 393
Eletrólise em potencial controlado, 392-393
Elétron-volt (eV), definição de, 26t
Eletroquímica, 232
ELN. *Ver* caderno eletrônico de laboratório (ELN)
Emissão de espectro, 413
Emulsão, 152-153. *Ver também* suspensão coloidal
Energia livre de Gibbs (ΔG^o), padrão, 128-129
Energia livre padrão. *Ver* energia livre de Gibbs (ΔG^o), padrão
Ensaio colorimétrico, 348
Ensaio de triagem, 7
EPH. *Ver* eletrodo padrão de hidrogênio (EPH)
Equação de Debye-Hückel, estendida
camada de hidratação, 126-127
carga (z), 126-127
coeficiente de *salting*, 125
raio hidratado, 126-127
Equação de equilíbrio de carga, 132-133
Equação de equilíbrio de massa, 132-133, 134t
Equação de Henderson-Hasselbalch, 182-185

Equação de Nernst
derivação, 244
princípios gerais, 243-244
semirreação complexa, 245-247
semirreação simples, 243-246
uma análise mais detalhada, 245b
Equação de Planck, 410, 412
Equação de van Deemter
derivação de, 497b
gráfico comum para cromatografia gasosa, 497
Equação quadrática, 133-135
Equilíbrio de distribuição, 117-118
Equilíbrio de solubilidade, 117-118
Equilíbrio químico
constante de equilíbrio (K), 127
definição de, 126-127
reação de hidratação, 130-131
resolução de problemas, 130-137, 132t
Equilíbrio, químico. *Ver* equilíbrio químico
Equipamento de laboratório
balança, 36-37
primeiros desenhos, 36-37
equipamento volumétrico. *Ver também* vidraria volumétrica
balão volumétrico, 44-45
bureta, 45-46
pipeta de Mohr, 47
pipeta micro, 47
pipeta sorológica, 47
pipeta volumétrica, 44-46
seringa, 47
tipos, 44-47
Equipamentos e pré-tratamento da amostra
bomba de pistão, 566
bomba de seringa, 566
tamanhos comuns de coluna para aplicações analíticas de cromatografia líquida, 566t
Ernst, Richard, 411b
Erro absoluto (e), 65-66
Erro aleatório, 64-65
Erro de laboratório
erro absoluto (e), 64-65
erro aleatório, 64-65
erro relativo (e_r), 66
erro sistemático, 64-65
precisão, 64-65
propagação de, 68
variações aleatórias, 64-65
viés de inclinação, 64-65
Erro de paralaxe, 48
Erro sistemático, 64-65
Erro. *Ver* erro de laboratório
Esfera de coordenação, 210b
Espalhamento
de luz solar por partículas na atmosfera, 418
espalhamento Rayleigh, 40-41

Especificidade
   coeficiente de seletividade, 104
   definição de, 104
   gráfico de interferências, 104
   método universal (geral), 104
Espectro de absorção, 414-415, 415
Espectro de massa, 38, 40
Espectrometria de ionização por dessorção a laser assistida por matriz baseado em tempo de voo (MALDI-TOF MS), 584, 584b
Espectrometria de massa (EM), 3
Espectrômetro de massa, 38, 40
Espectroscopia atômica, aplicações
   espectroscopia de absorção, 460-461
   espectroscopia de emissão de chama (FES), 460-462
Espectroscopia atômica, princípios
   atomização da amostra, 462
   excitação da amostra, 462
Espectroscopia de absorção atômica
   concepção de forno de grafite, 468
   instrumentos de fluxo laminar, 466
   instrumentos de forno de grafite, 467
   von Fraunhofer, Joseph, 464-465
Espectroscopia de absorção na região do infravermelho (IV), 3
Espectroscopia de absorção na região do infravermelho
   aplicações, 448-449, 450t
   espectro de absorção típico de IV, *446*
   espectroscopia Raman, *447*, *447b*
   modos vibracionais da água, *446*
   princípios gerais, 445-446, 448
Espectroscopia de absorção na região do infravermelho, instrumentação
   globar, 446, 448
   instrumentos de varredura, 448-449
   Nernst glower, 446, 448
   transformada de Fourier (FTIR), espectroscopia, 448-449
Espectroscopia de emissão atômica, 110, 111
   instrumentos chama, 471-472
   instrumentos de plasma, 471-474
Espectroscopia de fosforescência, 451-452
Espectroscopia de ressonância magnética nuclear (RMN)
   Bloch, Felix, 411b
   definição de, 411b
   efeito de um campo magnético externo sobre a diferença de energia entre os estados de *spin* para um determinado tipo de núcleo, 411
   Ernst, Richard, 411b
   transformada de Fourier de RMN, 411b
   Purcell, Edward, 411
   Wüthrich, Kurt, 411b
Espectroscopia de ultravioleta-visível, aplicações
   medição de analitos múltiplos, 444-446
   medições diretas, 441
   método pela adição de padrão, 441-443
   titulações espectrofotométricas, 443, 444
Espectroscopia de ultravioleta-visível. *Ver* espectroscopia UV-Vis

Espectroscopia molecular
   colorimetria, 435-436
   definição de, 434
   usos em análise química, 435-436
Espectroscopia UV-Vis
   análise por injeção em fluxo (FIA), 441
   cromóforo, 436-437
   definição de, 441
   espectro comum de absorção ultravioleta-visível, 436
   exemplo, 441
   exemplos de cromóforos em espectroscopia de ultravioleta-visível para moléculas Orgânicas, 437t
   instrumentação, 437-441
   medições diretas por colorimetria, 441
Espectroscopia UV-Vis, instrumentação
   detector de arranjo de diodos, 439, 440
   espectrômetro de absorbância UV-Vis, 437-438
   fototubo, 438, 439
   grade de reflexão, 438, 439
   instrumento de duplo feixe, 439-440
   instrumento de feixe único, 439-440
   lâmpada de deutério, 438
   lâmpada de hidrogênio, 438
   lâmpada de tungstênio, 437-438, *438*
   lâmpada de tungstênio/lâmpada de halogênio, 437-438
   tubo fotomultiplicador, 439-440
Espectroscopia
   análise espectroquímica, 406
   definição de, 405-406
   espectro, 405-406
   espectrometria, 406-407
   espectrômetro, 405-406
   instrumentos, 406t
   prisma, 407-408
   tipos comuns de método espectroscópico, 407t
   usos em química analítica, 406-407
Estação de trabalho robótica para preparação de amostras, 110
Estado padrão, 121, 119t
Estados padrão de várias substâncias, 119t
Estatística de teste, 76-77
Estequiometria, 127
Exatidão
   definição de, 64-65
   ilustração de diferença em relação a precisão, 65
Exposição aguda, 17b
Exposição crônica, 17b
Extração em contracorrente
   distribuição relativa de três analitos em um aparelho de Craig, 484
   uso de extracção em contracorrente para separação química, 486
Extração multietapas, 482-483
   uso e descrição de extrações, 482-483
Extração
   definição de, 479-480
   extração em contracorrente, 479-480

extração líquido-líquido, 479-480
extrações de líquido supercrítico, 482b
grau de extração *versus* pureza de soluto, 483-484
líquido-líquido, 479-480
tipos gerais de extração, 481t
uso e descrição de extrações, 481-483
Extrações por fluido supercrítico, *482*

F

Faixa (R_x), 66-67
Faixa de ensaio
   faixa dinâmica, 103
   faixa linear, 103-104
Faixa dinâmica, 103
Faixa linear, 103-104
Fajans, Kasimer, 336
Faraday, 348-349
Fases estacionárias e fases móveis
   cromatografia de filtração em gel, 556-557
   cromatografia de permeação em gel, 556-557
   cromatografia de troca aniônica, 552-553
   cromatografia de troca catiônica, 552-553
   end capping, 550-551
   estrutura do agar, *554*
   estrutura do poliestireno, *554*
   fases estacionárias comuns de cromatografia de troca iônica, 553t
   tampão de aplicação, 559
   tampão de eluição, 559
Fatores que afetam alargamento de banda
   aquecimento Joule, 580-581
   difusão longitudinal, 579-581
   outros fatores, 580-581
Fatores que afetam atividade química (*a*), 126-127
Fatores que afetam migração de analito
   mobilidade eletroforética, 577-579
   interações secundárias, 578-580
Ferroína
   descrição de, 370, 372
   estrutura, 372-373
Ficha de dados de segurança de materiais (MSDS), 19
Figuras de mérito, 99
Fischer, Karl, 385
Fluoresceína, 336
   exemplos de dois derivados, 336-337
Fluorescência
   espectroscopia de fluorescência, 450-451
   fluoresceína, 452
   rendimento quântico de fluorescência, 450-451
Fluoretação da água, 348
Flutuabilidade
   correção, processo, 42-43
   correções em medição de massa, 41-43
   definição de, 37-38
   força devido a, equação, 37-38

forças que atuam sobre um objeto e um peso de referência em uma balança de braços iguais, *37*
Focalização isoelétrica (IEF), *585*, 585-587
Focalização isoelétrica capilar (CIEF), 591-593
Fontes de informação sobre produtos químicos, 19-20
Força elutrópica (ϵ)
   forças elutrópicas ($\epsilon°$) para vários solventes, 547t
   forças elutrópicas de solventes para várias misturas de dois solventes em sílica, 547
Força iônica (*I*), 121-123
Forças de dispersão, 144, 146
Forças de London. *Ver* forças de dispersão
Forças de Van der Waals. *Ver* forças de dispersão
Forças intermoleculares, 144, 146
   atração iônica, 144, 146
   coeficiente de partição octanol-água (K_{ow}), 147
   constante dielétrica, 147
   definição de, 144, 146
   exemplos, 146
   interação dipolo-dipolo, 144, 146
   ligação de hidrogênio, 144, 146
   momento de dipolo, 147
Forças que atuam sobre um objeto e um peso de referência em uma balança de braços iguais, 37
Formação de complexo
   anticorpo, 221
   aplicações analíticas, 206
   constante de associação (K_A), 220-221
   constante de dissociação (K_D), 220-221
   definição de, 117-118, 205-206
   descrição geral, 220-221
   imunoensaio, 221
Formação de compostos não voláteis
   agente de liberação, 469
   agente de proteção, 469
   efeito da adição de La^{3+} como agente de proteção, 469
Formação de precipitados
   crescimento de cristal, 154-156
   nucleação, 154-156
Fórmula quadrática, 133-135
Fototubo, *439*
Fração da titulação (*F*)
   definição de, 378-379t
   derivação de uma equação de fração de titulação para A_{Red} titulada com T_{Ox}, 378-379t, 380t
   derivação de uma equação de fração de titulação para HCl titulada com NaOH, 308t
   equação de fração de titulação de M com L para produzir ML, 332t
   equação de fração de titulação para M titulado com X, produzindo MX(s), 339t
   equações, 309t, 338-340
   exemplo de uma planilha usando uma equação de fração de titulação para prever a resposta de uma titulação complexométrica, 335
   permanganato (MnO_4^-), 377-380

titulação de um ácido fraco monoprótico com uma base forte, 310
Frações de espécie, 186-189
  definição de, 186-187
  derivação de equação de fração de espécie para ácido carbônico, 187t
  equação, 187-188
  espécie química, 186-187
  gráfico de glicina em água, *194*
  gráfico para ácido carbônico, bicarbonato e carbonato em água, *188*
Frequência da luz, 409-410

G

g. Ver constante de aceleração gravitacional (g)
Gases dissolvidos
  constante da lei de Henry (K_H), 152-153
  lei de Henry, 152-153
Gay-Lussac, Louis Joseph, 333-335, 334b
Gestão de resíduos de laboratório, 20-21
Gossett, William S.
  identidade de Student, 75b
Grade de transmissão, 438
Gráfico de controle de Levey-Jennings, 106-107
Gráfico de controle
  gráfico de controle de Levey-Jennings, 106-107
  gráfico de Shewhart, 106-107
Gráfico de correlação, 80-81
  definição de, 100
  exemplo de gráfico de correlação, 100
Gráfico de precisão, 100-101
Gráfico de Shewhart, 106-107
Gráfico residual
  definição de, 87
  exemplos de gráficos residuais, 88
Gráficos de Gran
  equação de Gran comum para uma titulação redox, 370, 372
  equação de Gran para uma substância (A_{Red}) titulada com um agente oxidante (T_{Ox}), 371t
Grau biotecnológico, 52-54, 54t
Grau Celsius (°C), definição de, 26t
Grau CLAE, 52-54, 54t
Grau de extração *versus* pureza do soluto, 485
Grau laboratório, 52-54, 54t
Grau metal traço, 52-54, 54t
Grau metal traço, 52-54, 54t
Grau técnico, 52-54, 54t
Graus de liberdade (f), 68

H

Handbuch der analytischen Chemie (Pfaff), 2
Hasselbalch, Karl A., 184-185
Henderson, Lawrence J., 184-185
Hertz (Hz), definição de, 27t
Hipótese alternativa, 76-77
Hipótese nula, 76-77
Hipótese
  alternativa, 76-77
  definição de, 76-77
  hipótese nula, 76-77
HIV, 540-541, *540*
Holmes, Sherlock, 1
Hora (h), definição de, 26t
Hückel, Erich, 123, 124, *123b*
Huygens, Christian, 407-408

I

IC 1613 (galáxia)
  emissão de luz, 460
  espectro obtido a partir da estrela V43 na galáxia, 461
  imagem, 461
Identificação química, 7, 6t
Imunoensaio de ligação competitiva, 222
Imunoensaio sanduíche, 221, 223b
Imunoensaio
  ciclodextrina, 221
  definição de, 221
  imunoensaio de ligação competitiva, 221, 223b
  imunoensaio sanduíche, 221, 223b
  imunoglobulina, 221
  radioimunoensaio, 223
Inclusão, 154-156
Indicador de adsorção, 336-337
Indicador de amido
  descrição de, 372-373
  estrutura da amilose, 372-373
Indicador metalocrômico, 326-328
  definição de, 326-328
Indicador redox
  cálculos, 372-374
  curva de titulação, estimativa da forma de, 373-374, *374*
  exemplos de indicadores redox, 370t
  ferroína, 370t
  titulação iodimétrica, 382-383
Indicadores ácido-base
  descrição de, 295-298
  uso de vários indicadores para análise, 294
Indicadores, ácido-base, 293t
Índice refrativo (n)
  definição de, 407, 408
  valores do índice refrativo para diversos materiais comuns, 409t
Instrumentos de fluxo laminar
  concepção de queimador de fluxo laminar, 466
  concepção geral de uma lâmpada de cátodo oco, 466
  lâmpada de cátodo oco, 466
  queimador de fluxo laminar, 466
Instrumentos de plasma, espectrometria de emissão atômica de plasma indutivamente acoplado (ICP-AES), 471-474
  interação dipolo-dipolo, 144, 146
  forças de dispersão, 144, 146

Interações secundárias
　eletrosmose, 579-580
　mobilidade eletrosmótica (μ_{eo}), 579-580
Interferômetro, 448-449
Intervalo de confiança (IC)
　definição de, 73-76
　erro de tipo 1, 79, *78*
　erro de tipo 1, 79, *78*
　escolha de, *78b*
　limite de confiança, 73
Íon hidrogênio
　atividade na chuva, 169
　estruturas em água, *169*
Íon
　bicarbonato, 319
　hidróxido, 319
Ionização de eletrospray (ESI), 563-565, *565*
　sistema pelo qual a ionização de eletrospray produz íons, 565

J
Joule (J), definição de, 26*t*

K
Kelvin (*K*), definição de, 26*t*
Kjeldahl, Johan, *288*, 288*b*

L
Lâmpada de tungstênio, *438*
Lâmpada de tungstênio/lâmpada de halogênio, 438
Lasers, 465*b*
　concepção geral, 464-465
　operação, 465*b*
Lei de Beer, 421*b*
　efeitos de luz policromática sobre gráficos da lei de Beer, 425
　gráfico da lei de Beer, 422-423
　limitações, 422-425, 424*t*
　luz difusa, 425-426
　mudança no espectro de absorção para o vermelho de fenol com uma variação de pH, 425
　perspectiva histórica, 421*b*
　　efeitos de luz policromática sobre gráficos da lei de Beer, 425
　　gráfico da lei de Beer, 422-423, *423*
　　limitações, 422-425, 424*t*
　　luz difusa, 425-426
　　mudança no espectro de absorção para o vermelho de fenol com uma variação de pH, 425
　　suposições, 424*t*
　suposições, 424*t*
　transmitância percentual, 421
Lei de Ohm, 349-350
Lei limitante de Debye-Hückel (DHLL), 124
Lewis, Gilbert N., 206-207
Ligação coordenada, 206-207
Ligação de hidrogênio, 144, 146

Ligante auxiliar, 324-326
　efeito do uso de amônia (NH_3) como ligante auxiliar na titulação de Ni^{2+} com EDTA, 326
Ligante bidentado, 214-215
Ligante monodentado
　definição de, 207-208
　exemplo de complexo entre um íon metálico (Cu^{2+}) e um ligante monodentado (NH_3), *207*
　exemplos, 208*t*
Ligante polidentado, 214-215
Ligante simples. *Ver* ligante monodentado
Ligante, 206-207, 214-215
Limite de detecção (LOD)
　curva de calibração, 103
　limite superior de detecção, 101-102
　razão sinal-ruído (S/N), 102
Limite de quantificação (LOQ)
　curva de calibração, 103
　definição de, 102, 103
　gráfico de precisão, 101
Limite mínimo de detecção
　amostra em branco, 102
　definição de, 102
LIMS. *Ver* sistema de gerenciamento de informações de laboratório (LIMS)
Linearidade, 103-104
Litro (L), definição de, 26*t*
LOD. *Ver* limite de detecção (LOD)
LOQ. *Ver* limite de quantificação (LOQ)
Lowry, Thomas M., *169b*
Luminescência molecular
　luminescência, 450-451
　princípios gerais, 450-452
Luminescência
　fluorescência, 450-451
　fosforescência, 450-452
　molecular, medições, 452-455
　quimiluminescência, 451-452
Luz polarizada/microscópio de contraste de fase, 99
Luz
　infravermelho, 410, 412
　ultravioleta, 410, 412
Luz, absorção e liberação pela matéria
　absorção, 413-416
　difração, 418, 420
　espalhamento, 417-418, *418*
　reflexão, 415-416, *416*
　refração, 416-417
　transmissão, 414-415
Luz, natureza das partículas de
　efeito fotoelétrico, 410, 412
　equação de Planck, 410, 412
　fóton, 410, 412
Luz, natureza ondulatória de
　comprimento de onda (λ), 405, 408
　crista, 407-408

frequência, 410, 412
radiação eletromagnética, 410
vale, 407-408
Luz, propriedades de
comprimento de onda (λ), 409-410
frequência, 409-410
número de onda ($\bar{v}$), 409-410
velocidade (c), 407-408

M

MALDI-TOF MS. *Ver* Espectrometria de ionização por dessorção a laser assistida por matriz baseado em tempo de voo (MALDI-TOF MS)
Mapa de Vinland, 98, 99b
Mascaramento, 206
Massa (m)
correções de flutuabilidade, 36-38 (*Ver também* balanças de laboratório)
definição de, 36-37
determinação, 36-38 (*Ver também* pesagem)
diferença de massas reais e medidas, 42
versus peso, 36-37
versus volume, 43-44
Massa atômica. *Ver* massa molar
Massa de fórmula. *Ver* massa molar
Massa molar, 50-51
Material de controle, 105-106
Material de referência certificado (CRM), 99-100
Matriz, 3
Maxwell, James, 407
Média agrupada (s_x^-), 77, 79
Média aritmética ($\bar{x}$), 66
Média experimental ($\bar{x}$)
definição de, 66
efeito de aumentar o número de pontos em um conjunto de dados, 67
Média real (μ), 66-67
Média. *Ver* média experimental ($\bar{x}$)
Medição de pH
Beckman, Arnold, 356b
medidor de pH, 356b
Medição de precisão
gráfico de precisão, 100-101
método analítico, 100-101
precisão interlaboratorial, 100-101
precisão interoperador, 100-101
precisão intra-série, 100-101
Medição química
análise de superfície, 7
análise dependente do tempo, 7-9
análise espacial, 7
análise estrutural, 7, 6t
análise qualitativa, 7, 6t
análise quantitativa, 7, 6t
caracterização de propriedades, 7, 6t
ensaio de triagem, 7

Medições analíticas de volume, 43-45
Medições de luminescência, instrumentos
concepção geral de um espectrofluorímetro, 452
espectrofluorímetro, 452-453
luminômetro, 452-453
Medições de volume, 42-49
Melville, Thomas, 406-407
Menisco, 44-46, 48
leitor, *292*
técnica de leitura exata, *292*
Método analítico
controle de qualidade, 105-106
cromatografia, 144, 146
especiação, 99
extração, 144, 146
gráfico de correlação, 100
mapa de Vinland, 98
medições de precisão, 100-101
microscopia óptica, 99b
precisão, 99-100
propriedades, outras, 105-106
questões a considerar ao escolher uma substância química
método de análise, 98t
resposta de ensaio, 101-106
resposta, 101
titulação de precipitação, 143-144
validação de método, 99
Método clássico, 5-7
Método de Fajans, 336
Método de Karl Fischer, 399-400
equipamento utilizado para executar titulação automática de Karl Fischer, 385
solvólise, 385b
Método de Kjeldahl
descrição de, 286-287
Método de Mohr, 335
definição de, 7
Método de separação
padrão, 7
método de Volhard, 333-335
Método instrumental, 7
Método, análise química, questões a considerar na escolha
questões relacionadas a amostra, 98t
questões relacionadas a método, 98t
Métodos analíticos
atividade de estimativa, 122-125
atividade química, 122-127
Métodos analíticos, tipos de
análise qualitativa, 7, 6t
análise quantitativa, 7
identificação química, 7
método clássico, 4-7
método de separação, 7
método instrumental, 5-7
Metros (m), definição de, 26t
Microbalança de cristal de quartzo (QCM), 38, 40

Microscopia de força atômica (AFM), 38, 39
Microscopia ótica
  luz polarizada/microscópio de contraste de fase, 99-100, 99b
  usada para detectar amianto, 99
Microscopia, 38
Microscópio. *Ver também* microscopia ótica; luz polarizada/microscópio de contraste de fase
  força atômica, 38
Minuto (m), definição de, 26t
Miscibilidade. *Ver* misturas de líquidos
Misturas de líquidos
  emulsão, 152-153
  imiscíveis, 151-152,
  miscíveis, 150-152, *151*
  parcialmente miscíveis, 151-152
Modelo de Arrhenius 167-168
Modelo de Brønsted-Lowry, 168
Mol (mol), definição de, 26t
Molalidade (*m*)
  definição de, 50-51
  usada para descrever uma solução, exercício, 52
Molaridade (*M*)
  definição de, 50-51
  usada para descrever uma solução, exercício, 52
Momento dipolo, 147
MSDS. *Ver* ficha de dados de segurança de materiais

N

Nefelometria, 336-337
Negro de eriocromo T, 326-328, 327t
Nernst glower, 448
Nernst, Walther H., 244, 245b
Newton (N), definição de, 26t
Newton, Isaac, 406-407
Nível de confiança. *Ver* intervalo de confiança (IC)
Normalidade (*N*), 52-54
Notação científica, 27-28
Nucleação, 154-156
Número de iodo
  definição de, 383-384
  números de iodo para vários tipos de gordura e óleo, 384t
Números de oxidação, regras de atribuição, 235t

O

Oclusão, 154-156, *155*
Ohm (Ω), definição de, 26t
Opuscula physica et chemica (Bergman), 2
Origens da análise química. *Ver* análise química, origens de
Otimização de espectroscopia de absorção atômica
  concepção de instrumento, 469
  formação de compostos não voláteis, 468-469
  interferências de ionização, 469
Outros fatores que afetam alargamento de banda
  difusão turbulenta, 580-581
  wick flow, 580-581
Oxidação, 232

Oxidante. *Ver* agente oxidante
Oxidante. *Ver* agente oxidante
Óxido de titânio (TiO_2), 98, 99b
Oxigênio, dissolvido, concentração de, em água
  concepção de um eletrodo para medição de oxigênio dissolvido, 392-394
  eletrodo de Clark, *393*
  medição, 392

P

Padrão de difração, 145b. *Ver também* cristalografia de raios X
Padrão interno, 110
Padrão primário, 52-54
Padrão secundário, 52-54
Padronização de titulante
  métodos de pré-tratamento de amostra, 368-370
  permanganato (MnO_4^{2-}), 368-369
  pré-oxidação, 369-370
  redutor, 368-369
  tiossulfato ($S_2O_3^{2-}$), 368-369
Papel da fase móvel
  fase móvel forte, 544
  fase móvel fraca, 544
  gradiente de solvente, 544
Partes por bilhão (ppb), 50
Partes por mil, 50
Partes por milhão (ppm), 50
Partes por trilhão (ppt), 50
Pascal (Pa), definição de, 26t
PCR. *Ver* reação em cadeia de polimerase (PCR)
Peneira molecular
  definição de, 522
Permanganato (MnO_4^-), 368-369, 381
Pesagem. *Ver também* determinação da massa
  correções de flutuabilidade, 36-38
  direta, 40-41
  métodos, 40-42
  por diferença, 41-42
  tara, 41-42
Peso atômico. *Ver* massa molar
Peso de fórmula. *Ver* massa molar
Peso molecular (MM). *Ver* massa molar
Peso
  constante de aceleração gravitacional (*g*), 36-38
  conversão para massa, 36-38
  definição de, 36-37
  força devido à gravidade, equação, 36-37
  forças que atuam sobre um objeto e um peso de referência em uma balança de braços iguais, *37*
  por diferença, 41-42
  tara, 41-42
  versus massa, 36-37
Pfaff, C. H., 2
pH
  [H^+], 175-176
  [OH^-], 175

Índice remissivo **699**

definição notacional, 174-175
em sistemas polipróticos, 189-191
escala de pH em água, 177
escala de pH, 175-178
estimativa, soluções ácido-base simples, 177-182
fatores que afetam, 177-178, 180t
neutro, definição de, 175-176
pK_a, 175-176
pK_w, 175-176
pOH, 175-176
relação geral entre pH, pOH, [H⁺] e [OH⁻], *175*
Sørensen, S. P. L., 174-175
valor logarítmico, 177
Pilha de Daniell
  concepção geral, 240
  descrição de, 239-241
  ponte salina, 240-241
Pipeta de Mohr
  descrição de, 46
  para Dispensar, 46
Pipeta de Ostwald-Folin
  descrição de, 46
  para Dispensar/Soprar, 46
Pipeta de transferência. *Ver* pipeta volumétrica
Pipeta sorológica
  descrição de, 46
  para Dispensar/Soprar, 46
Pipeta volumétrica
  classe A, 44-46
  classe B, 44-46
  concepção geral, *45*
  para Dispensar, 45-46
  procedimento para uso, 45-46
  TD, 45-46
Pipeta. *Ver* micropipeta
Planck, Max, 409-410
Planilha
  definição de, 24
  exemplo, 25
  titulação de um ácido fraco monoprótico com uma base forte, 310
Planilhas, 136t
Plano de higiene química, 15-16
pM, 320
Poder radiante, 421
Polaridade do solvente, 549-550
  polaridades do solvente para vários líquidos em cromatografia de partição, 550t
Polímeros, síntese e uso de, 3
Polimetilpenteno, 44-45
Polipropileno, 44-45
Poluição, névoa, 509, 510
Ponte salina, 351-352, 354-355
  agar, 354-355
  descrição de , 354-355
  exemplo, 351-352

Ponto isoelétrico (pI), 194
Ponto isosbéstico, 443-444
POP. *Ver* procedimento operacional padrão (POP)
Potenciais-padrão
  agente oxidante, 237-238
  agente redutor, 237-238
  cálculo da diferença potencial líquida sob condições padrão ($E°_{global}$) que ocorre durante a corrosão do ferro em água, *238*
  constante de Faraday, 237-238
  potencial elétrico padrão ($E°$), 237-238
  potencial elétrico, 237-238
Potencial condicional. *Ver* potencial formal ($E°'$)
Potencial de junção
  descrição de, 354-356
  exemplos, 353t, 354-356
Potencial de meia onda ($E_{1/2}$), 399
  potenciais para Cd^{2+} e Zn^{2+} *versus* eletrodo de calomelano saturado 399t
Potencial formal ($E°'$)
  definição de, 251-252
  potenciais formais para redução de Fe^{3+} para Fe^{2+} na água, 251t
Potencial químico (μ), 121
Potenciometria
  aplicações, 355-356
  componentes gerais de uma célula eletroquímica para, 351-352
  princípios de, 350-351
  titulação potenciométrica, 35-351
Potenciostato, 392-394
Pratos teóricos, número de, 492-493
Precipitação
  adsorção, 154-156, *155*
  coprecipitação, 154-156
  cristalização, 143-144
  definição de, 143
  determinação da ocorrência de, 156-157
  efeito de outras reações em, 157-160
  efeito de outras substâncias químicas em, 157-160
  efeito iônico comum, 157-159
  estimativa da extensão de, 156-158
  formação de precipitados, 154-156
  inclusão, 154-156
  introdução de impurezas, 154-156
  oclusão molecular, 154-156
  oclusão, 154-156, *155*
  pós-precipitação, 154-156
  precipitado, 143-144
  problemas durante, 154-156
  processo de, 154-156
  reações paralelas, 158-160
  solução insaturada, 143
  solução saturada, 143-144
  solução supersaturada, 143-144
Precipitado
  cristal, 143-146
  cristalografia de raios X, 143-144
  definição de, 117-118, 143-144
  suspensão coloidal (coloide), 143-144

Precisão dia a dia, 101*t*
Precisão interlaboratorial, 101
Precisão interoperador, 101
Precisão intradia, 101
Precisão intra-série, 101
Precisão
  definição de, 64-65
  ilustração da diferença de exatidão, 65
Prefixos SI
  nomes e símbolos, 26*t*
  notação científica, 27-28
Prêmio Nobel
  análise química moderna, 3
  prêmios para desenvolvimentos em análise química, 4*t*
Preparação de amostra
  cromatografia gasosa (CG), 108-109
  cromatografia líquida, 108-111
  espectroscopia de emissão atômica, 110-111
  estação de trabalho robótica para preparação de amostra, 110
  métodos de preparação, 108-110
  padrão interno, 110
  precauções, 110
Preparação de titulante
  padronização de titulante, 288-289
  solução padrão, 288-289
Previsão da distribuição de complexos metal-ligante
  constante de formação global (β), 211-212
  constante de formação gradual, 211-212
  constantes de velocidade para perda de água por íons metálicos, 210*b*
  derivação das equações de fração de espécie para complexos de Ni^{2+} e íons níquel relacionados com amônia ema água, 212*t*
  distribuição de várias espécies de níquel em água, na presença de amônia como ligante, 214
  formação metal-ligante, 210*b*
  previsão da distribuição de, 208-215
Previsão e otimização dos cálculos de titulação de precipitação, 336-339
Princípio da incerteza de Heisenberg, 467
Procedimento operacional padrão (POP), 14
Procedimentos de medição de volume, 47-49
Processo analítico
  análise, 4
  determinação, 4
  ensaio, 4
  etapas gerais em um procedimento, 5
  método analítico, 5
  técnica analítica, 5
Produção química de ácidos e bases nos Estados Unidos, 283
Produto de solubilidade
  constante de equilíbrio termodinâmico ($K°_{sp}$), 148-149
  produtos de solubilidade para substâncias iônicas com baixas solubilidades em água, 150*t*
  uso para examinar precipitação, 156-158

Propagação de erros
  adição, 68-70
  antilogaritmos, 70-72
  cálculos mistos, 71, 72
  divisão, 69-70
  expoentes, 70-72
  logaritmos, 70-72
  multiplicação, 69-70
  subtração, 68-70
Propriedades das chamas
  combustíveis e oxidantes comumente usados para chamas em espectroscopia atômica, 463*t*
  distribuição de Boltzmann, 462-463
  fração de átomos de sódio no orbital 3p *versus* orbital 3s sob diferentes temperaturas, 463*t*
  propriedades das chamas, 462-464
  região interzonal, 462, 463
  regiões geral em uma chama, 463
  zona de combustão primária, 462, 463
  zona de combustão secundária, 462, 463
Propriedades de medição elétrica. *Ver também* unidades de medição elétrica
  carga, 348-349
  condutância, 348-349
  corrente, 348-349
  potencial elétrico, 349-350
  resistência, 349-350
Propriedades de métodos analíticos, outras
  robustez, 105-106
  tempo de análise total, 105-106
  vazão da amostra, 105-106
Purcell, Edward, 411*b*
Pureza química
  água deionizada (água DI), 54
  água destilada, 54
  deionização, 54
  destilação, 54
  grau ACS certificado, 54*t*
  grau biotecnológico, 52-54, 54*t*
  grau CLAE, 52-54
  grau laboratorial, 52-54
  grau metal traço, 52-54, 54*t*
  grau técnico, 52-54
  graus comuns de substâncias químicas disponíveis no mercado, 54*t*
  padrão primário, 52-54
  padrão secundário, 52-54

Q

QCM. *Ver* microbalança de cristal de quartzo (QCM)
Qualidade, 11-14
Quantificar. *Ver* análise quantitativa
Quantizar. *Ver* análise quantitativa
Quilograma (kg), definição de, 26*t*
Química analítica
  definição de, 1
  questões comuns abordadas por, 6*t*

Química apolar, 147
Química, analítica. *Ver* química analítica
Quimiluminescência
   definição de, 451-452
   reação envolvida na produção de quimiluminescência por luminol, 451
Quociente de reação (Q), 128-129

R

Radiação eletromagnética, tipos, 410
Raio hidratado, 126-127
Raman, C. V., 447, 447b
Razão A / B, 493-94, 494
Razão massa/carga (m/z), 38, 40
Razão peso/peso (m / m), 50
Razão peso/volume (m / v), 50-51
   água contaminada com nitrato, 50-51
Razão volume-volume (v / v), 50
Razões de volume e peso. *Ver* razões de peso e volume
Razões peso/volume
   concentração de superfície, 52-54
   massa molar, 50-51
   molalidade, 50-51
   normalidade (N), 52-54
   partes por bilhão (ppb), 50-51
   partes por mil, 50-51
   partes por milhão (ppm), 50-51
   partes por trilhão (ppt), 50-51
   razão peso/peso (m / m), 50
   razão peso/volume (m / v), 50-51
   razão volume/volume, 50
   trabalho com razões peso/volume, exercício, 50-51
Reação ácido-base, 117-118, 169-170
   ácido conjugado, 169-170
   base conjugada, , 169-170
Reação de oxidação-redução
   cálculo de potenciais para, 247t
   coulometria, 233-234
   definição de, 117-118, 232
   descrição de, 233-234
   eletroquímica, 232
   exemplo de uma possível reação que possa levar à corrosão de aço em água, 233
   identificação, 234
   oxidação, 232
   previsão da extensão de, 235-240
   princípios gerais, 233-240
   redução, 232-234
   seção transversal corroída de uma amostra de casco de aço do *USS Arizona*, 233
   uso em química analítica, 233-234
   voltametria, 233-234
Reação de oxidação-redução, cálculo de potenciais para
   abordagem geral, 245-248
   diagrama de Pourbaix, 250
   efeito do uso de concentração para calcular potencial de células, 248t
   efeitos do pH, 245-248
   equação geral para calcular potencial de células, 247t
   potencial formal ($E^{o\prime}$), 251-252
   reações colaterais, 249-252
Reação de oxidação-redução, descrição
   par redox, 233-234
   sistema redox, 233-234
Reação de oxidação-redução, identificação
   estado de oxidação, 234
   número de oxidação, 234
   regras para atribuição de números de oxidação, 235t
   semirreações, 234-237
Reação de oxidação-redução, previsão da extensão de
   padrão potenciais, 237-240
   uso de constante de equilíbrio, 235-238
   uso de potenciais-padrão, 237-240
Reação de precipitação
   definição de, 117-118
   precipitado, 117-118
Reação em cadeia da polimerase (PCR), 11-13, 13b
Reação química
   cinética química, 118-119
   constante de equilíbrio, 118-119
   descrição de, 117-119
   formação de complexo, 117-119
   química atividade (a), 118-120
   reação ácido-base, 117-118
   reação de oxidação-redução, 117-118
   reação de precipitação, 117-118
   termodinâmica, 117-118
   tipos de, 117-118, 118t
Reação redox. *Ver* reação de oxidação-redução
Reações paralelas, reação de 8-hidroxiquinolina (ou oxina) com Al^{3+}, 484
Reagentes, 49-54
Recuperação contaminada, 99-100
   definição de, 99-100
   material de referência certificado (CRM), 99-100
   recuperação percentual, 100
Redução, 232
Redutor de Jones, 368-369
Redutor de Walden, 368-369
Redutor
   comparação de redutores comum para pré-tratamento da amostra, 370t
   concepção comum, 369
   redutor de Jones, 368-369, 369, 369t
   redutor de prata, 368-369
   redutor de Walden, 368-369
   redutor de zinco, 368-369
Redutor. *Ver* agente redutor
Reflexão. *Ver também* refração
   ângulo de incidência (θ_1), 416
   ângulo de reflexão (θ_{1r}), 416

Refração. *Ver também* reflexão
   definição de, 416-417
   fibra ótica, 417-418
   inclinação, 84
   índice refrativo (n), 416-417
   intercepto, 84
   lei de Snell, 416-417
   prisma, 408
   processo de refração, 417
   Regressão linear
Relação sinal/ruído (S/N)
   definição de, 102
   determinação de, 102
   ruído, 102
   sinal, 102
Requisitos gerais para comparação de dados
   estatística de teste, 76-77
   hipótese, 76-77
   nível de confiança, 76-77
   valor crítico, 76-77
Resolução de problema de equilíbrio químico
   aproximações sucessivas, 134-137
   concentração analítica, 132-133
   equação de equilíbrio de carga, 132-133
   equação de equilíbrio de massa, 132-133, 134t
   equação quadrática, 133-135
   outras ferramentas, 133-137
   planilhas, 135-137, 136t
   questões a considerar, 130-133, 132t
Resolução
   de uma balança, 40-41
   definição de, 40-41
Resposta de ensaio
   especificidade, 104
   faixa de ensaio, 103-104
   limite de detecção (LOD), 101-102
   limite de detecção, 101-102
   linearidade, 103-104
   precisão intradia, 101
   sensibilidade, 104
Resposta
   limite de detecção (LOD), 101-102
   limite de quantificação (LOQ), 102
Resultados experimentais
   ajuste, 84-85
   comparação de duas médias, 78
   comparação de duas ou mais, 77-81
   comparada a um valor de referência, 76-77
   descrição de, 66-68
   desvio-padrão real (σ), 66-67
   desvio-padrão, 66-68
   erro de tipo 1, 79
   erro de tipo 2, 78
   faixa (R_x), 66-67
   gráfico de correlação, 80-81
   grupos de valores, 79-82
   média aritmética ($\bar{x}$), 66
   média experimental ($\bar{x}$), 66-67
   média real (μ), 66-67
   requisitos gerais para comparação de dados, 76-77
   Teste F, 80-82
   teste t de Student, 79-82, 80t
   valor anômalo, 81-82
   valor representativo, 66-67
Revolução Verde
   2,4-D e seus níveis de consumo anual nos Estados Unidos, *478*
   2,4-D, 478
Risco químico
   classificação da National Fire Prevention Association (NFPA), 19
   definição de, 15-18
   exposição aguda, 17b
   exposição crônica, 17b
   gestão de resíduos de laboratório, 20-21
   identificação, 19, *19*
   marcações, 16-19
   símbolos comuns para, 18
   símbolos, 16-19
   termos para descrever substâncias químicas perigosas, 16t
   teste de Ames para riscos químicos, 17
Rrro relativo (e_r), 66

S

Sangramento de coluna, 524
Sceptical Chymist, The (Boyle), 1
Segundo (s), definição de, 26t
Segurança de laboratório
   armazenamento químico, 19-21
   características de segurança comumente encontradas e laboratórios químicos, 15t
   classificação da National Fire Prevention Association (NFPA), 16-19
   componentes comuns de, 15-16
   determinação de segurança de substâncias químicas, 17b
   eliminação de resíduos químicos, 20-21
   ficha de dados de segurança de materiais (MSDS), 19
   gestão de resíduos de laboratório, 20-21
   manipulação correta de substâncias químicas, 19-21
   outras fontes de informação, 19-20
   plano de higiene química, 15-16
   toxicologia, 17b
Segurança, laboratório. *Ver* segurança de laboratório
Seleção e utilização de dispositivos volumétricos, 47-48
Semirreações, de oxidação-redução
   exemplos de semirreações de redução, 236t
   semirreação de redução, 234-235
Sensibilidade de calibração, 104
Sensibilidade
   curva de calibração, 104
   definição de, 104
   sensibilidade de calibração, 104
Sensoriamento remoto, 405
Separação cromatográfica, controle
   equação de resolução, 498-499
   fatores que afetam a separação de picos, 499

grau de separação obtido entre dois picos com proporções de tamanho de 1:1 ou 1:4, quando uma resolução (R_s) de 1,0 ou 1,5 está presente entre picos de tamanho similar, 499
medição da separação de picos, 497-499
Separação de tocoferóis em óleo de milho por cromatografia de adsorção, 548
Separação química
  aplicações em química analítica, 478-479
  centrifugação, 478
  cromatografia, 486-487
  definição de, 478
  destilação, 478
  extrações, 479-480
  filtração, 478
  precipitação, 478
Separações quirais
  ciclodextrinas, 560b
  fase estacionária quiral (CSP), 560b
  separação quiral das várias formas do aspartame, 560
Sequenciamento de DNA, 575, 576
Seringa, 47
Sistema ácido-base poliprótico
  definição de, 186-189
  frações de espécie, 186-189
  zwitterion, 191-196
Sistema de gerenciamento de informações de laboratório (LIMS), 21. Ver também caderno eletrônico de laboratório (ELN); caderno de laboratório
Sistema de retenção de Kováts
  comparação da retenção de alguns compostos modelo em duas colunas de gás, 517t
  equação, 515-516
Sistema SI
  análise dimensional, 26-27
  base histórica, 25
  litro (L), 43-44
  metro cúbico (m³), 43-44
  prefixos, 27-28, 27t
  unidades aceitas, 25-27
  unidades de base, 43-44
  unidades de conversão, 26-28
  unidades derivadas, 25-27, 26t
  unidades fundamentais, 25-27, 26t
Sólidos iônicos, 148, 149. Ver também substâncias iônicas
  constante de equilíbrio termodinâmico ($K°_{sp}$), 148, 149
  produto de solubilidade, 148-150
  produto iônico, 148, 149
  produtos de solubilidade para substâncias iônicas com baixas solubilidades em água, 150t
Sólidos moleculares
  equilíbrio de solubilidade, 147-149
  solubilidade constante, 148-149
Solubilidade química. Ver solubilidade
Solubilidade
  análise de precipitação, 143-144, 146
  constante, 152-153
  de vários alcoóis em água a 20 °C, 152t
  definição de, 142

descrição de, 147-154
determinação de, 153-156
dissociação, 142-143
fatores determinantes, 144-148
gases dissolvidos, 152-154
importância na análise química, 143-144, 146
misturas de líquidos, 150-153
sólidos iônicos, 148-151
sólidos moleculares, 147-149
Solução de padrão primário
  definição de, 288-289
  propriedades necessárias, 288-289
Solução de padrão secundário, 288-289
Solução insaturada, 143
Solução padrão, 321-326
  solução de padrão primário, 288-289
  solução de padrão secundário, 288-289
Solução saturada, 143, *143*
Solução supersaturada, 143-144, *143*
Solução
  preparação, 52-54
  pureza química, 52-54
Soluções, 49-54
Solvente, 49
Sonda Viking com cromatógrafo a gás, 521, 521b
Sørensen, S. P. L., 174-175
Study in Scarlet, A (Doyle), 1
Substância química polar, 145
Substâncias iônicas, 149-151. Ver também sólidos iônicos
Substâncias químicas
  disposição, 20-21
  exposição a, 19-20
  fontes de informação, 19-20
  manipulação adequada, 19-21
Substâncias químicas, manipulação adequada de
  armazenamento químico, 19-21
  minimizando a exposição, 19-21
Suspensão coloidal (coloide), 143-144
Suspensão coloidal, 143. Ver também emulsão

T

Tabela periódica dos elementos, 36
Talbot, William Henry, 406-407
Tampão de ionização, 469
Tampão
  capacidade de, 1843-187, *186*
  definição de, 182
  índice de tampão (β), 185-186, *186*
Tampões de Good, aminoácidos, 195t
  equação de Henderson-Hasselbalch, 182-185
  preparação de tampões, 183b
  usados como padrões primários, 183t
Técnica analítica, 4
Técnicas de injeção
  empilhamento de amostra, 589
  injeção eletrocinética, 589
  injeção hidrodinâmica, 588
Teflon, 44-45

Terminologia da análise química
   amostra, 3
   análise, 4
   analito, 3
   componente principal, 3
   componente residual, 4
   componente secundário, 4
   determinação, 4
   ensaio, 4
   matriz, 3
   métodos analíticos, 5-9
   processo analítico, 4-5
   termos relacionados a amostra, 3-4, 5t
   termos relacionados a método, 4-9
Termodinâmica, 117-118
Termopar, 448-449
Termos relacionados a amostra, 3-4, 56t
Termos relacionados a método, 4-9
Teste de Ames para riscos químicos, 17
Teste de fogo, 1, 334b
Teste F, 80-82
   definição de, 80-82
   valores críticos de teste F, 81t
Teste Q, 81-82
   valores críticos (Q_c) para teste Q, 82t
Teste t de Student pareado, 79-82, 80t
Teste T_n
   definição de, 81-83
   valores críticos (T^*_n) para teste T_n, 83t
Testes de ajuste, coeficiente de correlação (r), 85
Tiossulfato ($S_2O_3^{2-}$), 368-369
Tipos especiais de eletroforese em gel
   eletroforese em gel de poliacrilamida dodecil sulfato de sódio (SDS-PAGE), 583, 585
   focalização isoelétrica (IEF), 585-587
   focalização isoelétrica, 585-587
Tiselius, Arne, 577
Titulação ácido-base
   análise volumétrica, 284-285
   bureta, 284-285, 284, 292
   curva de titulação, 284-285, 284, 286, 295
   de um ácido forte, 297-301, 299
   de um ácido fraco monoprótico, 301-304
   de uma base forte, 299-301, 300
   de uma base fraca monoprótica, 304-305
   definição de, 283-284
   descrição de, 295-298
   determinação do ponto final, 292-295
   efeitos da titulação e concentração da amostra, 289-290, 291
   equação de Gran para um ácido fraco titulado com uma base forte, 296t
   erro de titulação, 284-285
   exemplo de equipamentos, 284
   fração da titulação (F), 306-310
   método de Kjeldahl, 286-287
   ponto de equivalência, 284-285, 284
   preparação de titulante, 287-290
   sistemas polipróticos, 305-306, 306
   tipos de, 286-289
   titulação direta, 286-287
   titulação reversa, 286
   titulação, 283-284
   titulador automático, 284
   titulante, 283-284
Titulação complexométrica. *Ver* titulação, complexométrica
Titulação de oxidação-redução. *Ver* titulação redox
Titulação de precipitação. *Ver* titulação, precipitação
Titulação iodimétrica
   descrição de, 382-384
   iodimetria, 382-383
   método de Karl Fischer, 383-385
Titulação redox
   cerato (Ce^{4+}), 377-380
   definição de, 365
   dicromato, 381-383
   iodo, 382-385
   potenciais formais para o par redox Ce^{4+}/Ce^{3+}, 379t
Titulação redox
   curva de titulação, estimativa da forma de, 373-374
   detecção visível, 369-373
   determinação do ponto final, 369-370
   fração de titulação, 376-380
   gráfico de Gran, 369-370, 372
   indicador redox, 370, 372, 370t
   indicadores, 369-373
   medições de potencial, 369-370
   titulação de dicromato ($Cr_2O_7^{2-}$), 366-367, *367*
   uso em química analítica, 366-368
Titulação, complexométrica. *Ver também* titulação de precipitação,
   agente desmascarante, 324-326
   agente mascarante, 324-328
   argentométrica, 333-335
   cálculos, 328-331
   curva de titulação, 319-320
   definição de, 320
   fração de titulação, 330-335
   ligante auxiliar, 324-326
   solução padrão, 321-326
   titulação comum, 319-320
   titulação de deslocamento, 328
   titulação reversa, 328
   titulante, 321-326
   titulantes comuns para íons metálicos em titulações complexométricas, 324
   uso de EDTA, 319
Titulação, precipitação. *Ver também* titulação, complexométrica
   curva de titulação, 320
   definição de, 319-320
   determinação do ponto final, 335
   fração de titulação, 338-340
   método de Fajans, 335, 336
   método de Volhard, 333-335
   métodos baseados em prata, 333-335
   nefelometria, 336-337
   outros métodos, 335
   pM, 320

previsão e otimização, 336-339, *337*
    titulação comum, *321*
Titulação. *Ver* titulação ácido-base
Titulador automático, 284
Titulante
    EDTA, 321-323
    outros agentes, 323-326
    titulantes comuns para íons metálicos em titulações complexométricas, 325
Toxicologia, 17*b*
Toxicologia, 17*b*
Transição de fase, 117-118
Transição química
    cinética química, 118-119
    constante de equilíbrio, 118-119
    definição de, 117-118
    equilíbrio de distribuição, 117-118
    equilíbrio de solubilidade, 117-118
    sublimação, 117-118
    termodinâmica, 117-118
    tipos de, 117-118, 118*t*
    transição de fase, 117-118
Tratado de Kyoto, 117
Tswett, Mikhail S., *487*
Turbidez, 336-337
Turbidimetria, 336-337

U

Unidade de massa atômica (u), definição de, 26*t*
Unidade de massa atômica. *Ver* unidade de massa atômica (u), definição de
    ampere (A), 348-349
    coulomb (C), 348-349
    mho (Ω^{-1}), 348-349
    ohm (Ω), 348-349
Unidades de medição elétrica, 349. *Ver também* propriedades de medição elétrica
    unidades SI e unidades SI derivadas para medições eletroquímicas, 349*t*
    volt (V), 348-349
Uso e descrição de extrações. *Ver também* extração
    com reações colaterais, 483-484
    multietapas, 482-483
    única etapa, 481-483
USS Arizona
    Memorial, 233
    reação de oxidação-redução, 232

V

Validação de método
    definição de, 99
    figuras de mérito, 99
Valor anômalo
    definição de, 81-82
    detecção, 81-82
    teste Q, 81-82
    teste T_n, 81-83
Valor crítico, 76-77

Valor de referência, comparando os resultados experimentais com teste *t* de Student, 76-77
Valor *t* de Student (*t*). *Ver também* distribuição *t* de Student
    Gossett, William S., 75*b*
    identidade de Student, 75*b*
Valores críticos (Q_c) para teste C, 82*t*
Variância (*V*), 66-68
Vidraria volumétrica
    boas práticas de laboratório para uso, 48*t*
    calibração, 48*t*
    condição, 48*t*
    limpeza, 48*t*
    manipulação, 48*t*
    registro de resultados, 48*t*
    seleção de, 48*t*
Vidro borosilicato
    como usado em laboratórios, 43-44
    mudança de volume com temperatura, 49*t*
Vidro
    borosilicato, 43-44
    polimetilpenteno como um substituto para, 44-45
    polipropileno como um substituto para, 44-45
    sódio-cálcico, 43-44
    teflon como um substituto para, 44-45
Viés, constante, 64-65
Volhard, Jacob, 333-335
Volt (V), definição de, 26*t*
Voltametria cíclica, 400, 400*b*
Voltametria de redissolução anódica, 401, 399-402
Voltametria, 233-234, 350-351
    cíclica, 400*b*
    definição de, 396-397
    eletrodo auxiliar, 398-399
    eletrodo de trabalho, 398-399
    redissolução anódica, 399-402
    voltametria DC, 396-397
    voltamograma, 397-398
Voltamograma
    corrente faradaica, 398-399
    corrente limitante de difusão (I_d), 397-398
    definição de, 397-398
    exemplo de um voltamograma geral para voltametria DC, 397
    potencial de meia-onda ($E_{1/2}$), 397-398, 399*t*
Volume (*V*)
    medições analíticas, 43-45
    definição de, 42-43
    determinação de, 43-45
    versus massa, 43-44

W

Watt (W), definição de, 26*t*
Wüthrich, Kurt, 411*b*

Y

Yalow, Rosalyn S., 223

Z

Zwitterion, 191-196

Tabela periódica de elementos

Principais grupos

☐ Metais   ■ Metaloides

Grupo	1A[a] / 1	2A / 2	3B / 3	4B / 4	5B / 5	6B / 6	7B / 7	8B / 8	8B / 9
1	1 **H** Hidrogênio 1,00794								
2	3 **Li** Lítio 6,941	4 **Be** Berílio 9,012182							
3	11 **Na** Sódio 22,989770	12 **Mg** Magnésio 24,3050							
4	19 **K** Potássio 39,0983	20 **Ca** Cálcio 40,078	21 **Sc** Escândio 44,955910	22 **Ti** Titânio 47,867	23 **V** Vanádio 50,9415	24 **Cr** Cromo 51,9961	25 **Mn** Manganês 54,938049	26 **Fe** Ferro 55,845	27 **Co** Cobalto 58,933200
5	37 **Rb** Rubídio 85,4678	38 **Sr** Estrôncio 87,62	39 **Y** Ítrio 88,90585	40 **Zr** Zircônio 91,224	41 **Nb** Nióbio 92,90638	42 **Mo** Molibdênio 95,94	43 **Tc** Tecnécio [98]	44 **Ru** Rutênio 101,07	45 **Rh** Ródio 102,90550
6	55 **Cs** Césio 132,90545	56 **Ba** Bário 137,327	57 **La** Lantânio 138,9055	72 **Hf** Háfnio 178,49	73 **Ta** Tântalo 180,9479	74 **W** Tungstênio 183,84	75 **Re** Rênio 186,207	76 **Os** Ósmio 190,23	77 **Ir** Irídio 192,217
7	87 **Fr** Frâncio [223,02]	88 **Ra** Rádio [226,03]	89 **Ac** Actínio [227,03]	104 **Rf** Ruterfórdio [261,11]	105 **Db** Dúbnio [262,11]	106 **Sg** Seabórgio [266,12]	107 **Bh** Bório [264,12]	108 **Hs** Hássio [269,13]	109 **Mt** Meitnério [268,14]

Metais de transição

Séries de lantanídeos	58 **Ce** Cério 140,116	59 **Pr** Praseodímio 140,90765	60 **Nd** Neodímio 144,24	61 **Pm** Promécio [145]	62 **Sm** Samário 150,36
Série de actinídeos	90 **Th** Tório 232,0381	91 **Pa** Protactínio 231,03588	92 **U** Urânio 238,0289	93 **Np** Neptúnio 237,0482	94 **Pu** Plutônio [244,06]

[a] As marcações no topo (1A, 2A etc.) são de uso comum nos Estados Unidos. As marcações abaixo dessas (1, 2 etc.) são as recomendadas pela International Union of Pure and Applied Chemistry.
Massas atômicas entre colchetes são as massas dos isótopos de vida mais longa ou mais importantes de elementos radioativos.

Principais grupos

Não metais

	3A 13	4A 14	5A 15	6A 16	7A 17	8A 18
						2 **He** Hélio 4,002602
	5 **B** Boro 10,811	6 **C** Carbono 12,0107	7 **N** Nitrogênio 14,00674	8 **O** Oxigênio 15,9994	9 **F** Flúor 18,9984032	10 **Ne** Neônio 20,1797
	13 **Al** Alumínio 26,981538	14 **Si** Silício 28,0855	15 **P** Fósforo 30,973761	16 **S** Enxofre 32,066	17 **Cl** Cloro 35,4527	18 **Ar** Argônio 39,948

10	1B 11	2B 12						
28 **Ni** Níquel 58,6934	29 **Cu** Cobre 63,546	30 **Zn** Zinco 65,39	31 **Ga** Gálio 69,723	32 **Ge** Germânio 72,61	33 **As** Arsênico 74,92160	34 **Se** Selênio 78,96	35 **Br** Bromo 79,904	36 **Kr** Criptônio 83,80
46 **Pd** Paládio 106,42	47 **Ag** Prata 107,8682	48 **Cd** Cádmio 112,411	49 **In** Índio 114,818	50 **Sn** Estanho 118,710	51 **Sb** Antimônio 121,760	52 **Te** Telúrio 127,60	53 **I** Iodo 126,90447	54 **Xe** Xenônio 131,29
78 **Pt** Platina 195,078	79 **Au** Ouro 196,96655	80 **Hg** Mercúrio 200,59	81 **Tl** Tálio 204,3833	82 **Pb** Chumbo 207,2	83 **Bi** Bismuto 208,98038	84 **Po** Polônio [208,98]	85 **At** Astato [209,99]	86 **Rn** Radônio [222,02]
110 **Ds** Darmstádio [271]	111 **Rg** Roentgênio [272]	112 * [277]	113 [284]	114 [289]	115 [288]	116 [292]		

63 **Eu** Európio 151,964	64 **Gd** Gadolínio 157,25	65 **Tb** Térbio 158,92534	66 **Dy** Disprósio 162,50	67 **Ho** Hólmio 164,93023	68 **Er** Érbio 167,26	69 **Tm** Túlio 168,93421	70 **Yb** Itérbio 173,04	71 **Lu** Lutécio 174,967
95 **Am** Amerício [243,06]	96 **Cm** Cúrio [247,07]	97 **Bk** Berquélio [247,07]	98 **Cf** Califórnio [251,08]	99 **Es** Einstênio [252,08]	100 **Fm** Férmio [257,10]	101 **Md** Mendelévio [258,10]	102 **No** Nobélio [259,10]	103 **Lr** Laurêncio [262,11]

O elemento 112 tem um nome proposto de Copernício, que está, no momento desta publicação, em revisão pela IUPAC.

Constantes físicas comuns[a]

Símbolo	Nome[b]	Valor	Incerteza (± 1 D. P.)
c	Velocidade da luz no vácuo	$2{,}997\,924\,58 \times 10^8$ m/s	Valor exato
F	Constante de Faraday	$9{,}648\,533\,99 \times 10^4$ C/mol	$\pm 0{,}000\,000\,24 \times 10^4$ C/mol
h	Constante de Planck	$6{,}626\,068\,96 \times 10^{-34}$ J · s	$\pm 0{,}000\,000\,33 \times 10^{-34}$ J · s
k	Constante de Boltzmann	$1{,}380\,6504 \times 10^{-23}$ J/K	$\pm 0{,}000\,0024 \times 10^{-23}$ J/K
N_A	Número de Avogadro	$6{,}022\,141\,79 \times 10^{23}$ mol^{-1}	$\pm 0{,}000\,000\,30 \times 10^{23}$ mol^{-1}
R	Constante dos gases ideais	$8{,}314\,472$ J/(mol · K) ou $8{,}205\,746 \times 10^{-2}$ L · atm/(mol · K)	$\pm 0{,}000\,014 \times 10^{-2}$ L · atm/(mol · K)

[a] Esses valores são os recomendados pela CODATA 2006, conforme previsto U.S. National Institute of Standards and Technology (NIST). As incertezas listadas são apresentadas em termos de um desvio-padrão (1 D.P.).

[b] O número de Avogadro, N_A, é oficialmente listado pelo NIST como a 'constante de Avogadro' e R é a 'constante dos gases molares'; F também é chamado de 'constante de Faraday', h de 'constante de Planck' e k de 'constante de Boltzmann'.